Medizinische Physik

Wolfgang Schlegel · Christian P. Karger · Oliver Jäkel
(Hrsg.)

Medizinische Physik

Grundlagen – Bildgebung – Therapie – Technik

Mit Beiträgen von Peter Bachert, Mark Bangert,
Simone Barthold-Beß, Rolf Bendl, Moritz Berger, Andreas K. Bitz,
Michael Bock, Mathies Breithaupt, Stefan Delorme, Gernot Echner,
Martin Fast, Klaus Gasthaus, Kristina Giske, Steffen Greilich,
Günter Hartmann, Frank Hensley, Michael Imhoff, Oliver Jäkel,
Klaus-Vitold Jenderka, Marc Kachelrieß, Christian P. Karger,
Michael Kaschke, Antje-Christin Knopf, Annette Kopp-Schneider,
Dorde Komljenovic, Werner Korb, Marc Kraft, Tristan A. Kuder,
Mark E. Ladd, Beate Land, Rotem Shlomo Lanzman,
Michael Laßmann, Wolfgang Lauer, Frederik B. Laun,
Norbert Leitgeb, Mirjam Lenz, Reinhard Loose, Andreij Machno,
Gerald Major, Michael Mix, Berno J.E. Misgeld, Ute Morgenstern,
Armin M. Nagel, Oliver Nix, Julia-Maria Osinga-Blättermann,
Jörg Peter, Uwe Pietrzyk, Harald H. Quick, Michael S. Rill,
Ralf Ringler, Philipp Ritt, Wolfgang Schlegel, Olaf Simanski,
Roland Simmler, Ekkehard Stößlein, Christian Thieke, Wiebke Werft,
Hans-Jörg Wittsack, Peter Ziegenhein

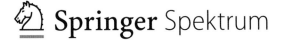

Springer Spektrum

Herausgeber

Wolfgang Schlegel
Medizinische Physik in der Strahlentherapie (E040)
Deutsches Krebsforschungszentrum (DKFZ)
Heidelberg, Deutschland

Christian P. Karger
Medizinische Physik in der Strahlentherapie (E040)
Deutsches Krebsforschungszentrum (DKFZ)
Heidelberg, Deutschland

Oliver Jäkel
Medizinische Physik in der Strahlentherapie (E040)
Deutsches Krebsforschungszentrum (DKFZ)
Heidelberg, Deutschland
Heidelberger Ionenstrahl-Therapiezentrum am Universitätsklinikum
Heidelberg, Deutschland

ISBN 978-3-662-54800-4   ISBN 978-3-662-54801-1 (eBook)
https://doi.org/10.1007/978-3-662-54801-1

Die Deutsche Nationalbibliothek verzeichnet diese Publikation in der Deutschen Nationalbibliografie; detaillierte bibliografische Daten sind im Internet über http://dnb.d-nb.de abrufbar.

Springer Spektrum

Planung: Margit Maly
Lektorat: Martina Mechler

Gedruckt auf säurefreiem und chlorfrei gebleichtem Papier

Springer Spektrum ist ein Imprint der eingetragenen Gesellschaft Springer-Verlag GmbH, DE und ist ein Teil von Springer Nature.
Die Anschrift der Gesellschaft ist: Heidelberger Platz 3, 14197 Berlin, Germany

Qualifizierung in der Strahlentherapie

dkfz.

DEUTSCHES KREBSFORSCHUNGSZENTRUM
IN DER HELMHOLTZ-GEMEINSCHAFT

Forschen für ein Leben ohne Krebs

 Promovieren Weiterbilden Fortbilden

PHD-PROGRAMM

Strukturiertes PhD Programm am DKFZ für Physiker im Bereich Medizinische Physik

WEITERBILDUNGEN

Zertifizierte Weiterbildungen für Graduierte und junge Wissenschaftler aus dem Bereich Physik

FORTBILDUNGEN

Zertifizierte Fortbildungen und Spezialkurse für Radioonkologen und Medizinphysik - Experten

INTERESSE?
Mehr Informationen unter
www.dkfz.de/medphys_edu

Deutsches Krebsforschungszentrum
Medizinische Physik in der
Strahlentherapie
Im Neuenheimer Feld 280
69120 Heidelberg

HIRO
Heidelberger Institut
für **Radioonkologie**

UNIVERSITÄTS
KLINIKUM
HEIDELBERG

Heidelberger Ionenstrahl-Therapiezentrum

UNIVERSITÄT
HEIDELBERG
ZUKUNFT
SEIT 1386

Vorwort

Das vorliegende Werk ist, wie auch das vorausgegangene dreibändige Lehrbuch „Medizinische Physik 1–3" [1–3], größtenteils aus den Weiterbildungsveranstaltungen „Medizinische Physik für Physiker" hervorgegangen, welche die Universität Heidelberg in Zusammenarbeit mit dem Deutschen Krebsforschungszentrum regelmäßig durchführt [4]. Der Inhalt des Buches orientiert sich dabei am Stoffkatalog der Deutschen Gesellschaft für Medizinische Physik e.V. (DGMP) [5], wobei wir keinen Anspruch auf vollständige Abdeckung aller im Stoffkatalog genannten Gebiete erheben.

Im **physikalischen Grundlagenteil** (nach der DGMP-Nomenklatur das Gebiet N0) haben wir neben der Struktur der Materie die Strahlungswechselwirkungen und die Strahlungsmessung aufgenommen.

In den **medizinisch orientierten Grundlagen** des Buches werden die Biomathematik (N3), medizintechnische Themen (N4) und organisatorische und rechtliche Aspekte des Gesundheitswesens (N5) abgehandelt und die Grundlagen des Strahlenschutzes (N19) dargestellt. Außerdem geben wir eine kurze Einführung in die Medizinische Informatik.

Grundlagengebiete wie die Anatomie, Physiologie, Pathologie, Onkologie und die medizinischen Aspekte der Strahlentherapie haben wir im vorliegenden Buch nicht aufgenommen. Hier möchten wir auf die sehr vielfältigen Lehrbücher verweisen (z. B. [6–15]), die uns auch für Nicht-Mediziner als Einführung geeignet erscheinen.

Der Schwerpunkt des Buches liegt auf den **Gebieten der Medizinischen Physik** in der Strahlentherapie (N6), der Nuklearmedizin (N7), der Röntgendiagnostik (N8) sowie der Ultraschall- (N12) und der Magnetresonanz-Bildgebung (N13).

Am Ende jedes Kapitels sind Fragen und Aufgaben formuliert, die sich auf das Kapitel beziehen und zur Selbstkontrolle des Gelernten gedacht sind. Das Buch wird durch die Website www.dkfz.de/ springerbuch ergänzt, welche es uns ermöglicht, den Lesern zusätzliche Materialien zu Verfügung zu stellen, wie zum Beispiel Musterlösungen zu den Aufgaben sowie vertiefendes Text- und Bildmaterial. Diese Website wird von den Verfassern laufend ergänzt und aktualisiert.

Buch und Website dienen zukünftig als Arbeitsgrundlage für die in Blockform angebotenen Weiterbildungskurse an der Universität Heidelberg [4]. Darüber hinaus hoffen wir mit diesem Werk eine Lücke im Lehrbuchangebot zu schließen: So gibt es im deutschsprachigen Raum mittlerweile ein ganze Reihe von Studienangeboten zur Medizinischen Physik, aber kein entsprechendes Lehrbuch, welches sowohl die Themen Strahlentherapie als auch die medizinische Bildgebung umfassend behandelt. Das Buch wendet sich vor allem an Physikerinnen und Physiker, eignet sich aber selbstverständlich auch als Einführung für alle Interessierten und diejenigen, die sich im Gebiet der Medizinischen Physik weiterbilden wollen.

An dieser Stelle möchten wir uns bei allen Autorinnen und Autoren für ihre Beiträge herzlich bedanken. Unser besonderer Dank gilt den Koordinatoren der einzelnen Fachgebiete, insbesondere Prof. Mark Ladd (Magnetresonanz-Tomographie), Prof. Mark Kachelrieß (Röntgendiagnostik), Dr. Jörg Peter (Nuklearmedizinische Diagnostik und Therapie) sowie Prof. Werner Korb und Prof. Olaf Simanski (Medizintechnik). Prof. Dimos Baltas danken wir für das Redigieren des Brachytherapie-Kapitels. Sehr dankbar sind wir Herrn Alexander Neuholz und Herrn Tom Russ für die Mitarbeit bei der Textverarbeitung, Formatierung und Zusammenstellung des Manuskriptes. Bedanken möchten wir uns auch bei Frau Wibke Johnen für die Gestaltung des Titelbildes sowie der Abschnittsbilder und bei Herrn Marcel Schäfer und Dr. Ina Niedermaier für die Koordination und Organisation der Herausgebertreffen. Schließlich bedanken wir uns auch bei den Springer-Redakteurinnen Frau Martina Mechler und Frau Margit Maly für die gute Zusammenarbeit während der Entstehung dieses Buchs.

Literatur

Grundlagen für dieses Buch

[1] Bille J, Schlegel W (1999) Medizinische Physik 1: Grundlagen. 1 Aufl. Springer, Berlin Heidelberg. https://doi.org/10.1007/978-3-642-58461-9

[2] Schlegel W, Bille J (2002) Medizinische Physik 2: Medizinische Strahlenphysik. 1 Aufl. Springer, Berlin Heidelberg. https://doi.org/10.1007/978-3-642-56259-4

[3] Bille J, Schlegel W (2005) Medizinische Physik 3: Medizinische Optik und Laserphysik. 1 Aufl. Springer, Berlin Heidelberg. https://doi.org/10.1007/b137806

[4] Universität Heidelberg Weiterbildungsveranstaltung „Medizinische Physik für Physiker". http://www.uni-heidelberg.de/wisswb/medtechnik/medphysik/. Zugegriffen: 30.01.2017

[5] Deutsche Gesellschaft für Medizinische Physik e.V. (DGMP) (2015) Weiterbildungsordnung (WBO2015) zur Fachanerkennung in Medizinischer Physik, Weiterbildungsordnung der DGMP in der Fassung vom 09. Februar 2015

Weiterführende Literatur zur Anatomie, Physiologie und Pathophysiologie

[6] Böcker W, Denk H, Heitz PU, Moch H, Höfler G, Kreipe H (2012) Pathologie. 5 Aufl. Urban & Fischer in Elsevier, München

[7] Hall JE (2015) Pocket companion to Guyton & Hall textbook of medical physiology. Elsevier Health Sciences

[8] Menche N (2016) Biologie Anatomie Physiologie. 8 Aufl. Urban & Fischer in Elsevier, München

[9] Schmidt RF, Lang F, Heckmann M (2011) Physiologie des Menschen – Mit Pathophysiologie. Springer-Lehrbuch, 31 Aufl. Springer, Berlin Heidelberg. https://doi.org/10.1007/978-3-642-01651-6

[10] Schwegler JS, Lucius R (2016) Der Mensch: Anatomie und Physiologie. 6 Aufl. Thieme, Stuttgart

[11] Silbernagl S (2012) Taschenatlas Physiologie. Georg Thieme

[12] Tillmann BN (2016) Atlas der Anatomie des Menschen. Springer-Lehrbuch, 3 Aufl. Springer, Berlin Heidelberg. https://doi.org/10.1007/978-3-662-49288-8

Weiterführende Literatur zur Strahlentherapie und Onkologie

[13] Aigner KR, Stephens FO (2016) Onkologie Basiswissen 1 Aufl. Springer, Berlin Heidelberg. https://doi.org/10.1007/978-3-662-48585-9

[14] Sauer R (2009) Strahlentherapie und Onkologie. 5 Aufl. Urban & Fischer in Elsevier, München

[15] Wannemacher M, Wenz F, Debus J (2013) Strahlentherapie. 2 Aufl. Springer, Berlin Heidelberg. https://doi.org/10.1007/978-3-540-88305-0

Heidelberg, im Mai 2018   W. Schlegel, C. P. Karger und O. Jäkel

Inhaltsverzeichnis

Herausgeber- und Autorenverzeichnis

Über die Herausgeber

Wolfgang Schlegel Medizinische Physik in der Strahlentherapie (E040), Deutsches Krebsforschungszentrum (DKFZ), Heidelberg, Deutschland

Christian P. Karger Medizinische Physik in der Strahlentherapie (E040), Deutsches Krebsforschungszentrum (DKFZ), Heidelberg, Deutschland

Oliver Jäkel Medizinische Physik in der Strahlentherapie (E040), Deutsches Krebsforschungszentrum (DKFZ), Heidelberg, Deutschland
Heidelberger Ionenstrahl-Therapiezentrum am Universitätsklinikum, Heidelberg, Deutschland

Autorenverzeichnis

Peter Bachert Medizinische Physik in der Radiologie (E020), Deutsches Krebsforschungszentrum (DKFZ), Heidelberg, Deutschland

Mark Bangert Medizinische Physik in der Strahlentherapie (E040), Deutsches Krebsforschungszentrum (DKFZ), Heidelberg, Deutschland

Simone Barthold-Beß Medizinische Physik in der Strahlentherapie (E040), Deutsches Krebsforschungszentrum (DKFZ), Heidelberg, Deutschland

Rolf Bendl Medizinische Physik in der Strahlentherapie (E040), Deutsches Krebsforschungszentrum (DKFZ), Heidelberg, Deutschland

Moritz Berger Medizinische Physik in der Radiologie (E020), Deutsches Krebsforschungszentrum (DKFZ), Heidelberg, Deutschland

Andreas K. Bitz Medizinische Physik in der Radiologie (E020), Deutsches Krebsforschungszentrum (DKFZ), Heidelberg, Deutschland
Fachbereich Elektrotechnik und Informationstechnik, Fachhochschule Aachen, Aachen, Deutschland

Michael Bock Radiologie, Medizinphysik, Universitätsklinikum Freiburg, Freiburg, Deutschland

Mathies Breithaupt Medizinische Physik in der Radiologie (E020), Deutsches Krebsforschungszentrum (DKFZ), Heidelberg, Deutschland

Stefan Delorme Radiologie (E010), Deutsches Krebsforschungszentrum (DKFZ), Heidelberg, Deutschland

Gernot Echner Medizinische Physik in der Strahlentherapie (E040), Deutsches Krebsforschungszentrum (DKFZ), Heidelberg, Deutschland

Martin Fast Department of Radiation Oncology, The Netherlands Cancer Institute, Amsterdam, Niederlande

Klaus Gasthaus Klinik für Nuklearmedizin, Helios Universitätsklinikum Wuppertal, Universität Witten/Herdecke, Wuppertal, Deutschland

Kristina Giske Medizinische Physik in der Strahlentherapie (E040), Deutsches Krebsforschungszentrum (DKFZ), Heidelberg, Deutschland

Steffen Greilich Medizinische Physik in der Strahlentherapie (E040), Deutsches Krebsforschungszentrum (DKFZ), Heidelberg, Deutschland

Günter H. Hartmann Medizinische Physik in der Strahlentherapie (E040), Deutsches Krebsforschungszentrum (DKFZ), Heidelberg, Deutschland

Frank Hensley Radioonkologie und Strahlentherapie, Universitätsklinikum Heidelberg, Heidelberg, Deutschland

Michael Imhoff Medizinische Informatik, Biometrie und Epidemiologie, Ruhr-Universität Bochum, Bochum, Deutschland

Oliver Jäkel Medizinische Physik in der Strahlentherapie (E040), Deutsches Krebsforschungszentrum (DKFZ), Heidelberg, Deutschland
Heidelberger Ionenstrahl-Therapiezentrum am Universitätsklinikum, Heidelberg, Deutschland

Klaus-Vitold Jenderka FB INW–Physik, Sensorik und Ultraschalltechnik, Hochschule Merseburg, Merseburg, Deutschland

Marc Kachelrieß Röntgenbildgebung und CT (E025), Deutsches Krebsforschungszentrum (DKFZ), Heidelberg, Deutschland

Christian P. Karger Medizinische Physik in der Strahlentherapie (E040), Deutsches Krebsforschungszentrum (DKFZ), Heidelberg, Deutschland

Michael Kaschke Carl Zeiss AG, Oberkochen, Deutschland

Antje-Christin Knopf Faculty of Medical Sciences, Radiotherapy, University of Groningen, Groningen, Niederlande

Dorde Komljenovic Medizinische Physik in der Radiologie (E020), Deutsches Krebsforschungszentrum (DKFZ), Heidelberg, Deutschland

Annette Kopp-Schneider Biostatistik (C060), Deutsches Krebsforschungszentrum (DKFZ), Heidelberg, Deutschland

Werner Korb Fakultät Elektrotechnik und Informationstechnik, Hochschule für Technik, Wirtschaft und Kultur Leipzig, Leipzig, Deutschland

Marc Kraft Institut für Maschinenkonstruktion und Systemtechnik, TU Berlin, Berlin-Charlottenburg, Deutschland

Tristan A. Kuder Medizinische Physik in der Radiologie (E020), Deutsches Krebsforschungszentrum (DKFZ), Heidelberg, Deutschland

Mark E. Ladd Medizinische Physik in der Radiologie (E020), Deutsches Krebsforschungszentrum (DKFZ), Heidelberg, Deutschland

Beate Land Fakultät für Wirtschaft, Duale Hochschule Baden-Württemberg Mannheim, Mannheim, Deutschland

Rotem Shlomo Lanzman Institut für Diagnostische und Interventionelle Radiologie, Universitätsklinikum Düsseldorf, Düsseldorf, Deutschland

Michael Laßmann Klinik und Poliklinik für Nuklearmedizin, Universitätsklinikum Würzburg, Würzburg, Deutschland

Wolfgang Lauer Bundesinstitut für Arzneimittel und Medizinprodukte, Bonn, Deutschland

Frederik B. Laun Medizinische Physik in der Radiologie (E020), Deutsches Krebsforschungszentrum (DKFZ), Heidelberg, Deutschland

Norbert Leitgeb Institut für Health Care Engineering mit Europaprüfstelle für Medizinprodukte, Technische Universität Graz, Graz, Österreich

Mirjam Lenz Institut für Neurowissenschaften und Medizin / INM-4, Forschungszentrum Jülich GmbH, Jülich, Deutschland

Reinhard Loose Institut für Medizinische Physik, Klinikum Nürnberg Nord, Nürnberg, Deutschland

Andreij Machno Martin-Luther-Universität Halle-Wittenberg, Halle (Saale), Deutschland

Gerald Major Radioonkologie und Strahlentherapie, Universitätsklinikum Heidelberg, Heidelberg, Deutschland

Berno J.E. Misgeld Lehrstuhl für Medizinische Informationstechnik, Helmholtz-Institut, RWTH Aachen, Aachen, Deutschland

Michael Mix Klinik für Nuklearmedizin, Universitätsklinikum Freiburg, Medizinische Fakultät, Albert-Ludwigs-Universität Freiburg, Freiburg, Deutschland

Ute Morgenstern Institut für Biomedizinische Technik, Technische Universität Dresden, Dresden, Deutschland

Armin M. Nagel Medizinische Physik in der Radiologie (E020), Deutsches Krebsforschungszentrum (DKFZ), Heidelberg, Deutschland
Radiologisches Institut, Friedrich-Alexander Universität (FAU) Erlangen-Nürnberg, Erlangen, Deutschland

Oliver Nix Qualitätsmanagement klinischer und kliniknaher Forschung (M011), Deutsches Krebsforschungszentrum (DKFZ), Heidelberg, Deutschland

Julia-Maria Osinga-Blättermann Dosimetrie für Strahlentherapie und Röntgendiagnostik, Physikalisch-Technische Bundesanstalt Braunschweig, Braunschweig, Deutschland
Medizinische Physik in der Strahlentherapie (E040), Deutsches Krebsforschungszentrum (DKFZ), Heidelberg, Deutschland

Jörg Peter Medizinische Physik in der Radiologie (E020), Deutsches Krebsforschungszentrum (DKFZ), Heidelberg, Deutschland

Uwe Pietrzyk Institut für Neurowissenschaften und Medizin, Forschungszentrum Jülich GmbH, Jülich, Deutschland

Harald H. Quick Erwin L. Hahn Institute for Magnetic Resonance Imaging, Universität Duisburg-Essen, Essen, Deutschland

Michael S. Rill Carl Zeiss AG, Jena, Deutschland

Ralf Ringler Fakultät Wirtschaftsingenieurwesen, Medizinische Physik/Medizintechnik, Ostbayerische Technische Hochschule Amberg-Weiden, Weiden i.d. OPf., Deutschland

Philipp Ritt Nuklearmedizinische Klinik, Universitätsklinikum Erlangen, Erlangen, Deutschland

Wolfgang Schlegel Medizinische Physik in der Strahlentherapie (E040), Deutsches Krebsforschungszentrum (DKFZ), Heidelberg, Deutschland

Olaf Simanski Fakultät für Ingenieurwissenschaften Bereich Elektrotechnik und Informatik, Hochschule Wismar, Wismar, Deutschland

Roland Simmler Hirslanden AG, Glattpark, Schweiz

Ekkehard Stößlein Bundesinstitut für Arzneimittel und Medizinprodukte, Bonn, Deutschland

Christian Thieke Klinik für Strahlentherapie und Radioonkologie, LMU München, Klinikum der Universität München, München, Deutschland

Wiebke Werft Fakultät für Maschinenbau, Hochschule Mannheim, Mannheim, Deutschland

Hans-Jörg Wittsack Institut für Diagnostische und Interventionelle Radiologie Medizinische Physik, Universitätsklinikum Düsseldorf, Düsseldorf, Deutschland

Peter Ziegenhein Joint Department of Physics, The Royal Marsden NHS Foundation Trust, Institute of Cancer Research (ICR), London, Großbritannien

Grundlagen

Das klassische Aufgabenfeld des klinisch arbeitenden und forschenden Medizinphysikers ist die radiologische Diagnostik, die nuklearmedizinische Diagnostik und Therapie sowie die Strahlentherapie. Die heute sehr komplexen und immer stärker vernetzten Verfahren von Bildgebung und Therapie erfordern selbstverständlich einschlägige Fachkenntnisse im jeweiligen Gebiet. Gleichzeitig sind diese Gebiete stark mit anderen Gebieten der biomedizinischen Forschung verbunden. So wird von einem Medizinphysiker erwartet, dass er sich auch in diesem interdisziplinären Umfeld sicher bewegt und grundlegendes Verständnis für die Inhalte der Nachbardisziplinen aufbringt.

Ein wichtiger Aspekt ist dabei die Strahlenphysik. Dieses Kapitel soll eine Verbindung zwischen den grundlegenden physikalischen Inhalten, die der Leser bereits in seiner Ausbildung gelernt hat, und den einschlägigen strahlenphysikalischen Kenntnissen, wie sie in der Radiologie, Nuklearmedizin und Strahlentherapie benötigt werden, herstellen.

Bei der Beurteilung eigener oder publizierter Messergebnisse benötigt der Medizinphysiker den Begriffs- und Methodenapparat der Biostatistik. Obwohl hier nur die wichtigsten Grundlagen dargestellt werden, so sind sie doch beispielhaft für andere, fortgeschrittene Verfahren und erleichtern das Verständnis beim Studium von weiterführender Literatur.

Sowohl in der klinischen Anwendung als auch in der Forschung kommt der Medizinphysiker mit Medizinischen Informationssystemen, Datenformaten, Fragen der Datensicherheit sowie Signal- und Bildverarbeitung oder sogar eigener Softwareentwicklung in Berührung. Diese Aspekte werden der Medizinischen Informatik zugerechnet und ihnen ist ein eigenes Kapitel gewidmet.

Besonders der im Krankenhaus arbeitende Medizinphysiker findet sich anfangs in einer komplexen Umgebung vieler unterschiedlicher Abteilungen und Berufsbilder wieder, deren Handeln von zahlreichen Rechtsvorschriften geregelt ist und die dennoch reibungslos zusammenarbeiten sollen. Das Kapitel „Organisatorische und rechtliche Aspekte" gibt hierüber einen Überblick. Eine Sonderrolle bei den Regelwerken nimmt der Strahlenschutz ein, da die Verantwortlichkeit hierfür oft beim Medizinphysiker liegt. Dazu zählen rechtliche, organisatorische und messtechnische Aufgaben. Aufgrund dieser Vielfalt und Bedeutsamkeit wird der Strahlenschutz in einem eigenen Kapitel besprochen.

Es sei an dieser Stelle noch einmal darauf hingewiesen, dass die genannten Bereiche weder das gesamte Themenspektrum abdecken noch inhaltlich erschöpfend behandelt werden. Möchte sich der Leser in einem bestimmten Bereich spezialisieren und sein Wissen erweitern, werden ihm weiterführende und vertiefende Literaturempfehlungen gegeben.

Strahlenphysik

Steffen Greilich und Julia-Maria Osinga-Blättermann

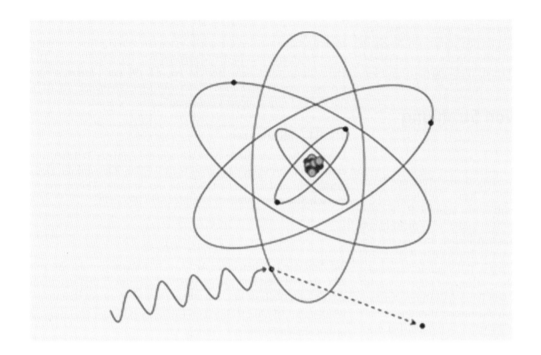

© Springer-Verlag GmbH Deutschland, ein Teil von Springer Nature 2018
W. Schlegel, C.P. Karger, O. Jäkel (Hrsg.), *Medizinische Physik*, https://doi.org/10.1007/978-3-662-54801-1_1

In diesem Kapitel wird zunächst eine Einführung in die quantitative Beschreibung von Strahlung gegeben. Darauf aufbauend wird die grundsätzliche Entstehung sowie gezielte Erzeugung von Strahlung behandelt. In Hinblick auf die Relevanz in der medizinischen Anwendung werden hierbei radioaktive Zerfälle und Kernreaktionen sowie die Erzeugung von Bremsstrahlung und Teilchenstrahlung behandelt. Im dritten Teil werden die Wechselwirkungsmechanismen von Strahlung mit Materie erläutert, welche in der medizinphysikalischen Anwendung eine Rolle spielen. Der letzte Abschnitt zur Messung von Strahlung knüpft direkt an den vorherigen Abschnitt an, da hier die Frage behandelt wird, wie man die zuvor behandelten Wechselwirkungen dazu nutzen kann, Strahlung nachzuweisen.

1.1 Beschreibung von Strahlung

Steffen Greilich

Das Wort **Strahlung** bezeichnet im physikalischen Sinne Energie, die sich frei im Raum ausbreiten kann. Frei heißt dabei, dass die Energie ein Trägermedium haben kann, z. B. das Gewebe bei Ultraschallwellen in der Sonografie, aber nicht haben muss, wie dies bei elektromagnetischen Wellen im Vakuum der Fall ist. Strahlung kann in Form von Teilchen oder Wellen auftreten – im Folgenden wird zumeist das Teilchenbild verwendet werden. **Ionisierend** wird Strahlung dann genannt, wenn ihre Energie ausreicht, Elektronen von ihren jeweiligen Atomen zu lösen und auf diese Weise auch chemische Bindungen aufzubrechen. Die Schwellenenergie befindet sich dabei bei etwa 5 eV („Elektronenvolt", $1\,\mathrm{eV} \approx 1{,}602 \cdot 10^{-19}$ J). Dies entspricht elektromagnetischer Strahlung im fernen UV mit einer Wellenlänge von etwa 250 nm. Die Auswirkungen der Überschreitung dieser Schwelle sind erheblich. So kann durch langwellige elektromagnetische Strahlung eine erhebliche Energie in den Körper eingebracht werden, ohne dass dies zu Schädigungen führt, z. B. bei der medizinischen Anwendung einer Infrarot-Lampe mit deutlicher Erwärmung des Gewebes. Dagegen entspricht die Dosis, die beim Menschen mit 50-prozentiger Wahrscheinlichkeit zum Tod nach Strahlenexposition innerhalb von 30 Tagen führt, die LD(50/30), bei Gammastrahlen ca. 4 Gy – also einer Erwärmung von gerade einmal 0,001 K.

Die Anwendung ionisierender Strahlung auf dem Gebiet der Medizinischen Physik unterteilt sich in diagnostische und therapeutische Anwendungen. Während in der Diagnostik, also der Untersuchung der Anatomie und Physiologie, das Spektrum der möglichen Pathologien sehr breit ist, fokussiert sich die therapeutische Anwendung mit einigen Ausnahmen auf die Behandlung von Krebserkrankungen. Hierbei wird die Teilungsfähigkeit der Tumorzellen durch indirekte oder direkte Schädigung der DNA-Bindungen beeinflusst. Ausgelöst durch Signalprozesse und Botenstoffe findet in Folge eine Vielzahl weiterer Prozesse im Gewebe statt, welche u. a. Entzündungsreaktionen, eine Stimulation von Reparaturprozessen und eine Stimulation des Immunsystems hervorrufen. Um dabei aber den Einfluss auf das gesunde Gewebe so gering wie möglich zu halten (was auch für jede diagnostische Untersuchung gilt), muss das Strahlenfeld, seine Wechselwirkungen mit dem Gewebe und die im Gewebe abgegebene Energie bekannt sein. Dies ist die Grundlage für Radiometrie und Dosimetrie. Aufgrund der steilen Dosis-Wirkungsbeziehung ionisierender Strahlung besteht ein hoher Anspruch an die Genauigkeit der Modelle und Messungen, der i. A. bei weit unter 5 % liegt.

1.1.1 Radiometrische Größen

Im Folgenden werden die wichtigsten Größen zur Beschreibung eines Strahlenfeldes in der Medizinischen Physik erläutern. Die Darstellung folgt dem Bericht Nr. 85 [9] der „*International Commission on Radiation Units and Measurements*" (ICRU), der die Definition dieser Größen obliegt.

1.1.1.1 Teilchenzahl

Die grundlegende Größe N beschreibt die Zahl der Teilchen, die emittiert, übertragen oder absorbiert werden. Obwohl die Definition sehr einfach scheint, können die Abhängigkeiten von N je nach Situation durchaus komplex sein. So stellt

$$\frac{\mathrm{d}^4 N_j(\vec{r}, \vec{\Omega}, E, t)}{\mathrm{d}\vec{A}_\perp \cdot \mathrm{d}\Omega \cdot \mathrm{d}E \cdot \mathrm{d}t} \tag{1.1}$$

die Zahl der Teilchen einer Art j (z. B. Elektronen) dar, die mit einer kinetischen Energie im Intervall $\mathrm{d}E$ um E und innerhalb des Zeitintervalls $\mathrm{d}t$ um t an einem Punkt $\vec{r}$ in einem Raumwinkelelement $\mathrm{d}\Omega$ durch eine dem Einheitsvektor der Richtung $\vec{\Omega}$ orthogonalen Fläche $\mathrm{d}\vec{A}_\perp$ treten.

1.1.1.2 Strahlungsenergie

Die Strahlungsenergie R bezieht sich auf die Energie der durch N beschriebenen Teilchen unter Ausschluss ihrer Ruheenergie. Obwohl die SI-Einheit Joule ist, wird meist das Elektronenvolt aufgrund der adäquaten Größenordnung verwendet. Im Falle eines monoenergetischen Feldes einer definierten Strahlenart ist die Beziehung zwischen N und R denkbar einfach:

$$R = E \cdot N \tag{1.2}$$

In den meisten Fällen betrachtet man allerdings Felder von Teilchen mit unterschiedlichen Energien, so dass die Verteilung von R in Bezug auf E verwendet wird:

$$R_E = \frac{\mathrm{d}R}{\mathrm{d}E} = E \cdot N_E = E \cdot \frac{\mathrm{d}N}{\mathrm{d}E}, \tag{1.3}$$

wobei $\mathrm{d}N$ die Zahl der Teilchen mit einer Energie im Intervall zwischen E und $E + \mathrm{d}E$ darstellt. Die Konvention, eine Variable als Index zu verwenden, findet häufige Verwendung. Um aus R_E nun die totale Strahlungsenergie zu erhalten, muss über das gesamte, in dieser Situation auftretende Energiespektrum integriert werden:

$$R = \int_{E_\mathrm{min}}^{E_\mathrm{max}} R_E \cdot \mathrm{d}E \tag{1.4}$$

Die zwei Aspekte Teilchenzahl und -energie werden sich in vielen der folgenden Größen wiederfinden.

1.1.1.3 Teilchen- und Energiefluss

Die Teilchenrate (Strahlungsenergierate) wird Teilchenfluss (Energiefluss) genannt:

$$\dot{N} = \frac{dN}{dt} \quad (1.5)$$

und

$$\dot{R} = \frac{dR}{dt}, \quad (1.6)$$

mit den SI-Einheiten s^{-1} bzw. W. Die Bezeichnung dieser Größen kann sich in anderen Bereichen der Physik unterscheiden. In der Medizinischen Physik sollten sie aber keinesfalls mit der (Energie-) Fluenz verwechselt werden.

1.1.1.4 (Energie-)Fluenz

Die Teilchenfluenz Φ ist eine der zentralen radiometrischen Größen. Sie beschreibt die Teilchenzahldichte und ist – wie später zu sehen sein wird – eng mit der Dosis verbunden. Sie ist definiert als die Teilchenzahl N pro Flächeneinheit, die senkrecht auf eine Fläche A trifft (Abb. 1.1). Daher muss bei nicht-senkrechtem Einfall der Polarwinkel θ in Betracht gezogen werden. Die allgemeine Definition der Fluenz ist der Differenzialquotient

$$\Phi = \frac{dN}{dA}, \quad (1.7)$$

wobei dN die Zahl der Teilchen ist, die in eine Kugel mit der Querschnittsfläche dA eintreten. Sie gilt für unidirektionale Felder. Für die Fluenz wird meist die Einheit cm^{-2} verwendet. Die Energiefluenz ist analog definiert als

$$\Psi = \frac{dR}{dA}. \quad (1.8)$$

Wie die Strahlungsenergie ist diese mit der Teilchenfluenz verknüpft über

$$\Psi_E = E \cdot \Phi_E. \quad (1.9)$$

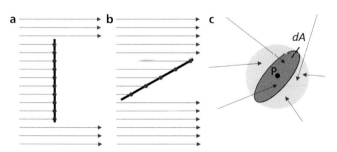

Abb. 1.1 Fluenz eines senkrecht einfallenden, homogenen Teilchenfeldes (**a**) – vereinfachend in seitlicher Ansicht. Treffen die Teilchen unter einem Winkel auf, verringert sich bei gleicher Fläche die Fluenz (**b**, hier um einen Faktor $1/\cos 60° = 2$). **c** die Illustration der allgemeinen Definition der Fluenz mittels einer von einer rotierenden Kreisscheibe mit der Fläche dA aufgespannten Kugel

Die spektrale Teilchenfluenz Φ_E wird oft als Energiespektrum bezeichnet. Alternativ (und völlig äquivalent) kann die Fluenz auch als

$$\Phi = \frac{dL}{dV} \quad (1.10)$$

definiert werden, wobei dL die Summe der Länge aller Teilchenbahnen im Volumen dV darstellt. Diese Definition berücksichtigt den Einfallwinkel und auch Effekte wie Teilchenerzeugung und Vernichtung und kann z. B. für die Dosisberechnung in Strahlungstransport-Simulationen vorteilhaft sein.

Die Teilchen- bzw. Energieflussdichte wird durch Zeitableitung der entsprechenden Fluenz gebildet:

$$\dot{\Phi} = \frac{d\Phi}{dt} \quad \text{bzw.} \quad \dot{\Psi} = \frac{d\Psi}{dt} \quad (1.11)$$

1.1.1.5 Vektorielle Größen

Radiometrische Größen können durch die Angabe einer Richtung ergänzt werden, wenn dies das zu lösende Problem erfordert. So ist zum Beispiel die vektorielle Radianz (die raumwinkelbezogene Teilchenflussdichte) in einer Richtung $\vec{\Omega}$ gegeben durch:

$$\dot{\vec{\Phi}}_\Omega = \vec{\Omega} \cdot \dot{\Phi}_\Omega \quad (1.12)$$

1.1.1.6 Strahlungsgleichgewicht

Messungen oder Berechnungen, die Strahlenfeldgrößen beinhalten, können zum Teil erheblich erleichtert oder sogar erst ermöglicht werden, wenn eine Ortsunabhängigkeit in einem betrachteten Bereich vorliegt.

So spricht man von einem „Strahlungsgleichgewicht", wenn Ψ (und damit auch Φ) innerhalb eines Volumens V konstant sind. Dies bedeutet anschaulich, dass für jedes Teilchen mit einem bestimmten Impuls, das sich aus V entfernt, ein identisches Teilchen mit gleicher kinetischer Energie in V eintritt. Diese Situation ist gegeben, wenn in einem umgebenden Volumen V', das in jeder Richtung mindestens um die Reichweite der betrachteten Teilchen größer als V ist, die in Tab. 1.1 angegebenen Bedingungen erfüllt sind.

Ein Gleichgewicht kann dabei auch nur für eine Teilchengruppe vorliegen: Von besonderer Bedeutung ist das „Sekundärelektronengleichgewicht" (engl. „charged particle equilibrium" oder CPE), dass sich nur auf die Energiefluenz Ψ_e der Elektronen in einem Photonenfeld bezieht.

Tab. 1.1 Bedingungen im Volumen V' für ein Strahlungs- (linke Spalte) und Sekundärelektronengleichgewicht in V

Gleichförmig verteilte Strahlenquelle *bzw.* Homogenes Photonenfeld
Einheitliche Massendichte
Einheitliche chemische Zusammensetzung
Keine äußeren elektromagnetischen Felder

1.1.1.7 Radioaktivität

Die folgenden Größen beschreiben radioaktive Zerfälle. Es sei dabei betont, dass Radioaktivität und ionisierende Strahlung zwei unterschiedliche Dinge sind. Letzte ist im Allgemeinen eine Folge der ersteren, aber ionisierende Strahlung kann auch durch andere Prozesse erzeugt werden. Dies wird deutlich in der Unterscheidung von Photonen als Gamma- (aus Kernzerfällen) und Röntgenstrahlung (aus Bremsstrahlungsprozessen).

Die **Aktivität** A ist gegeben durch die Zahl der Zerfälle pro Zeit

$$A = -\frac{dN}{dt}, \tag{1.13}$$

mit der SI-Einheit Bq (Bequerel, s^{-1}). Eine nicht mehr empfohlene Einheit ist Curie ($1\,Ci = 3{,}7 \cdot 10^{10}\,Bq$). In der Nuklearmedizin ist oft die Aktivität einer Injektionsgabe und nicht das Volumen die interessante Angabe. Auch der spezifischen Aktivität A/m kommt eine Bedeutung zu.

Obgleich es prinzipiell unmöglich ist, vorherzusagen, wann ein bestimmtes Atom zerfällt, ist für eine (unendlich) große Anzahl die relative Zahl der Zerfälle pro Zeiteinheit konstant und wird als **Zerfallskonstante** bezeichnet:

$$\lambda = -\frac{dN/N}{dt} \tag{1.14}$$

Aus dieser Gleichung folgt direkt die exponentielle Abnahme der Zahl der Teilchen bzw. der Aktivität:

$$N(t) = N_0 \cdot e^{-\lambda t} \tag{1.15}$$

$$A(t) = A_0 \cdot e^{-\lambda t} \tag{1.16}$$

Die Zeit $\tau_{1/2}$, in der die Aktivität eines Radionuklides um 50 % abgenommen hat, wird als die **Halbwertszeit** bezeichnet. Die Halbwertszeit berechnet sich zu $\tau_{1/2} = \ln(2)/\lambda$. Sie kann von Sekundenbruchteilen bis zu Milliarden von Jahren reichen, ist (wie auch Zerfallsart und -energien) spezifisch für ein Nuklid und kann nicht durch Umweltbedingungen (Druck, Temperatur) beeinflusst werden.

1.1.2 Dosimetrische Größen

Die Dosis macht das Gift (Paracelsus, 1493–1541).

Die Dosis ist ein zentraler Begriff im Umgang mit ionisierender Strahlung, denn wie in der Pharmakologie benötigt man eine mit ausreichender Genauigkeit physikalisch messbare Größe, die zur Vorhersage der Wirkung befähigt. Allgemein sind dosimetrische Größen mit den Strahlungsfeld-Größen über folgende, symbolische Beziehung verknüpft:

$$\begin{aligned} \textit{Dosimetrische Größe} = \textit{Interaktions-Koeffizient} \\ \cdot \textit{Radiometrische Größe} \end{aligned} \tag{1.17}$$

„Interaktion" beschreibt dabei die Wechselwirkung zwischen Strahlungsfeld und Absorber und hängt im Allgemeinen von Eigenschaften beider ab. Die Gleichung zeigt auch, dass Dosimetrie und Strahlungsmessung nicht dasselbe sind. So kann man beispielsweise nicht auf direktem Wege aus einer gegebenen Aktivität auf die Dosis im Patienten schließen.

1.1.2.1 Energieübertrag

Unter Energieübertrag (englisch „energy deposit") wird die Energie ϵ_i verstanden, die der Strahlung in einer einzelnen Interaktion entzogen wird, also

$$\epsilon_i = \epsilon_{ein} - \epsilon_{aus} + Q, \tag{1.18}$$

wobei ϵ_{ein} die Energie aller einlaufenden und ϵ_{aus} die Energie aller Teilchen ist, die den Interaktionsort verlassen (jeweils ohne Ruheenergien). Q bezeichnet die Umwandlung von Ruheenergie und ist > 0, wenn die Ruheenergie abnimmt. Ein Beispiel für eine Interaktion mit $Q = 0$ ist der photoelektrische Effekt, bei dem die kinetische Energie aller resultierenden Teilchen (Photo-Elektron, Auger-Elektronen, Fluoreszenz-Photonen) von der des einlaufenden Photons abgezogen wird. Bei der Paarproduktion hingegen gilt $Q < 0$, bei der Elektron-Positron-Vernichtung $Q > 0$.

1.1.2.2 Spezifische Energie

Die insgesamt übertragene mikroskopische Energie ϵ (engl. „energy imparted") auf ein Volumen V (mit Masse m) ist die Summe aller Energieüberträge ϵ_i in diesem Volumen:

$$\epsilon = \sum_V \epsilon_i = R_{ein} - R_{aus} + \sum Q \tag{1.19}$$

Da sich die übertragene Energie je nach Material innerhalb eines Volumens unterscheiden kann, sollte immer ein Bezugsmaterial (Wasser, Luft) angegeben werden. Als spezifische Energie (engl. „specific energy") z (Abb. 1.2) wird der Quotient

$$z = \frac{\epsilon}{m} \tag{1.20}$$

bezeichnet.

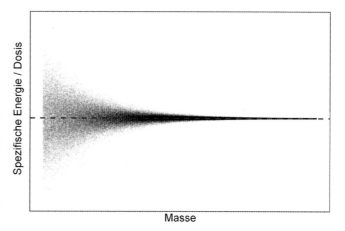

Abb. 1.2 Spezifische Energie z in Abhängigkeit von der Masse m eines kleinen Bezugsvolumens (logarithmische Auftragung). Jeder Punkt symbolisiert einen bei einer Einzelmessung erhaltenen Messwert der stochastischen Größe z. Die spezifische Energie geht mit zunehmender Masse in den Erwartungswert von z, also in die makroskopische Energiedosis D über (*rote Linie*)

1.1.2.3 Stochastische und nicht-stochastische Größen

Durch die den Wechselwirkungen inhärenten Zufallskomponente sind ϵ und z stochastische Größen, deren Wert im Einzelfall örtlichen und zeitlichen Schwankungen unterliegt und daher durch eine Wahrscheinlichkeitsverteilung f beschrieben werden. Erst für eine große Anzahl von Beobachtungen erhält man den Erwartungswert, im Fall der spezifischen Energie $\langle z \rangle$

$$\langle z \rangle = \int\limits_0^\infty z \cdot f(z)\mathrm{d}z = \frac{\overline{\epsilon}}{m}, \tag{1.21}$$

wobei $\overline{\epsilon}$ die **im Mittel zugeführte Energie** („mean energy imparted") bezeichnet. Diese mikroskopischen Größen sind keine Zufallsgrößen mehr, beinhalten aber immer noch ein endliches Bezugsvolumen. Makroskopische physikalische Größen, die stetig und differenzierbar sein sollen, werden daher als Differenzialquotienten definiert, die (a) sich auf den Mittelwert an demjenigen Punkt beziehen, für den die Größe gilt, und die (b) den Grenzwert für ein verschwindend kleines Volumen (Masse) darstellen. Dies war implizit bereits bei der Definition der Fluenz (Abschn. 1.1.1.4) der Fall.

1.1.2.4 Absorbierte Energiedosis

Das nicht-stochastische Analogon der spezifischen Energie wird als Quotient aus mittlerer zugeführter Energie und Masse

$$D = \frac{\mathrm{d}\overline{\epsilon}}{\mathrm{d}m} = \lim_{m \to 0} \langle z \rangle \tag{1.22}$$

definiert und als absorbierte Energiedosis, kurz Dosis, bezeichnet. Die SI-Einheit ist, wie für die spezifische Energie auch, das Gray (1 Gy = 1 J/kg). Da die zugeführte Energie wiederum vom Material abhängt, ist es essenziell, auch für die Dosis ein Bezugsmaterial anzugeben. Die Wasser-Energiedosis ist aufgrund des Zusammenhangs mit der Wirkung ionisierender Strahlung und der Zusammensetzung menschlichen Gewebes *die* zentrale dosimetrische Größe. Weitere, im Folgenden diskutierte dosimetrische Größen spielen eine wichtige Rolle bei Dosisberechnungen (siehe Abschn. 21.1) oder Dosisumrechnungen (siehe Abschn. 21.2.1.1).

Das Phänomen der Stochastik der Energiedeposition wirkt sich insbesondere bei sehr kleinen (makroskopischen) Dosen oder Dosisraten oder in sehr kleinen Bezugsvolumina, z. B. einem Zellkern, aus (Abb. 1.2). Die mikroskopische Energiedeposition ist hier selbst bei therapeutisch relevanten Dosen keinesfalls als homogen anzusehen. Bei einer nicht-linearen Dosis-Wirkungsbeziehung kann ein beobachteter Zusammenhang zwischen der makroskopischen Energiedosis D und der Strahlenwirkung nicht ohne Kenntnis der mikroskopischen Verteilung verallgemeinert werden.

1.1.2.5 Kerma

Während die Dosis die letztendliche Energiedeposition im Absorber (Gewebe) angibt, bezieht sich die sogenannte Kerma (ein Kunstwort aus „*k*inetic *e*nergy *r*eleased per unit *ma*ss") auf den vorangehenden Schritt: Sie ist definiert als Differenzialquotient der von ungeladenen Primärteilchen (z. B. Photonen) auf geladene Sekundärteilchen (z. B. Elektronen) mittleren übertragenen Energie E_{tr} und der Masse des Bezugsvolumens:

$$K = \frac{\mathrm{d}E_{\mathrm{tr}}}{\mathrm{d}m} \tag{1.23}$$

Kerma besitzt ebenfalls die Einheit Gy und kann in zwei Komponenten aufgeteilt werden, die Stoß- und die Strahlungskerma („collision kerma", „radiative kerma"):

$$K = K_{\mathrm{col}} + K_{\mathrm{rad}} \tag{1.24}$$

$$K_{\mathrm{col}} = (1 - g) \cdot K \tag{1.25}$$

Dabei ist K_{col} der Anteil der Energie, der nach der Übertragung auf Elektronen lokal über Stöße im Absorber deponiert wird, und K_{rad} derjenige, der als Photonen (z. B. aus Bremsstrahlungsprozessen der sekundären Elektronen) das Bezugsvolumen zumeist verlässt. Der Faktor g gibt diesen relativen Strahlungsverlust an. Die Kerma bezieht ihre Bedeutung u. a. aus der Tatsache, dass sie unter bestimmten Strahlungsgleichgewichtsbedingungen mit der Dosis gleichgesetzt werden kann oder dieser zumindest proportional ist („Kerma-Approximation"). Die Dosis lässt sich im Gegensatz hierzu nicht auf einfache Weise aus radiometrischen Größen berechnen. Ein illustrativer Vergleich von Kerma und Dosis findet sich in Abb. 1.3.

1.1.2.6 Terma

Die Terma ähnelt der Kerma, bezieht sich aber als „*t*otal *e*nergy *r*eleased per unit *ma*ss",

$$T = \frac{\mathrm{d}E}{\mathrm{d}m}, \tag{1.26}$$

auf die gesamte, dem primären Strahl ungeladener Teilchen entzogene Energie. Sie beinhaltet so beispielsweise auch gestreute Photonen, die nicht zur Kerma beitragen. Die Terma ist vor allem für die analytische Berechnung von Dosisverteilungen mit Hilfe von Dosiskernen interessant.

1.1.2.7 Cema

Die „*c*onverted *e*nergy per unit *ma*ss" ist ein der Kerma analoger Begriff für geladene Primärteilchen, also v. a. Elektronen oder Ionen,

$$C = \frac{\mathrm{d}E_{\mathrm{el}}}{\mathrm{d}m}, \tag{1.27}$$

wobei E_{el} die gesamte, den Primärteilchen bei Wechselwirkung mit sekundären geladenen Teilchen entzogene Energie ist. Sie schließt also im Gegensatz zur Kerma die zu überwindende Bindungsenergie der Sekundärteilchen mit ein – daher der Begriff „converted" statt „released".

1.1.2.8 Exposure

Die Gesamtladung (positiv oder negativ), die von den geladenen Sekundärteilchen eines Photonenstrahls in einem Luft-Bezugsvolumen der Masse m erzeugt wird, wenn alle Sekundärteilchen auch in Luft stoppen,

$$X = \frac{\mathrm{d}q}{\mathrm{d}m}, \tag{1.28}$$

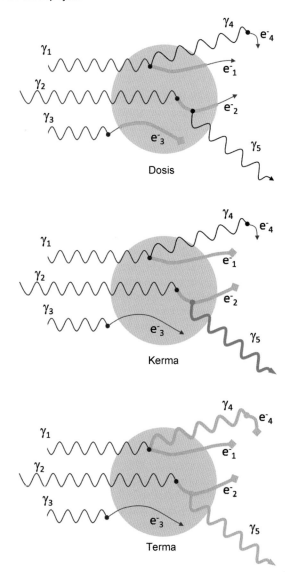

Abb. 1.3 Illustration der Definitionen von Dosis, Kerma und Terma. Für die Dosis werden alle innerhalb des betrachteten Volumens V (*grau*) deponierten Energiebeträge (*gelb*) betrachtet – also auch die des außerhalb von V erzeugten Photoelektrons e_3^- – nicht aber Energie, die von denselben Teilchen außerhalb von V deponiert wird. Zur Stoßkerma (*gelb*) wird dagegen die gesamte Energie des Compton-Elektrons e_1^- und des Photoelektrons e_2^- bis zum Ende der Reichweite gezählt, auch wenn diese außerhalb von V abgegeben wird. e_3^- (und natürlich auch e_4^-) werden außerhalb von V erzeugt und daher nicht berücksichtigt. Die Energie des Bremsstrahlungsphotons γ_5 trägt zur Strahlungskerma (*blau*) bei – nicht aber die des gestreuten Photons γ_4. Zur Terma wiederum wird dieses aber sehr wohl hinzugezählt, ebenso wie das außerhalb von V von γ_4 letzten Endes erzeugte Photoelektron e_4^-

wird als „Exposure" bezeichnet. Die traditionelle Einheit ist das Röntgen (1 Röntgen $= 2{,}58 \cdot 10^{-4}$ C/kg). X entspricht numerisch der Luft-Stoßkerma bzw. der sogenannten Standard-Ionendosis. Sie findet u. a. Anwendung bei der Dosismessung mit luftgefüllten Ionisationskammern, da sie über den W-Wert, also die für die Erzeugung eines Ionen-Paares benötigte Energie, mit der Dosis verknüpft werden kann.

1.2 Erzeugung von Strahlung

Julia-Maria Osinga-Blättermann

In diesem Kapitel soll die Frage behandelt werden, wie Strahlung entsteht bzw. wie man Strahlung künstlich erzeugen kann. Der Fokus liegt dabei auf den Strahlungsarten, die in der medizinischen Therapie und Diagnostik genutzt werden. Neben der elektromagnetischen Strahlung, d. h. den Photonen in Form von Röntgen- und γ-Strahlung, wird auch die Teilchenstrahlung zunehmend medizinisch genutzt. In Tab. 1.2 sind die medizinisch relevanten Strahlungsarten zusammengefasst, wobei jeweils beispielhaft typische Strahlungsquellen genannt werden. Zusätzlich sind die zugehörigen medizinischen Anwendungen aufgeführt, deren physikalisch-technischen Grundlagen in späteren Kapiteln dieses Lehrbuchs beschrieben werden. Im Folgenden sollen die grundlegenden physikalischen Prozesse behandelt werden, durch die Strahlung entsteht, wobei in radioaktive Zerfälle und Kernreaktionen (Abschnitt Radionuklide), Bremsstrahlung und Teilchenstrahlung untergliedert wird. Für weiterführende Literatur sei bereits an dieser Stelle auf Lehrbücher der Kernphysik verwiesen.

1.2.1 Radionuklide

Radionuklide sind instabile Atomkerne, die sich unter Teilchenemission spontan umwandeln können oder aus angeregten Kernzuständen unter Aussendung von γ-Strahlung in ihren Grundzustand übergehen. Der Zeitpunkt des Zerfalls eines Atomkerns ist nicht vorhersagbar, jedoch kann über das Verhalten einer großen Anzahl von Kernen desselben Radionuklids eine statistische Vorhersage getroffen werden. Die Zerfallsrate, also die Zahl der pro Sekunde auftretenden Zerfälle, wird als **Aktivität** bezeichnet und in Bequerel (1 Bq $= 1$/s) angegeben. Radionuklide, die in der Strahlentherapie verwendet werden, zeigen typischerweise eine Aktivität von 10^{13}–10^{15} Bq, während in der nuklearmedizinischen Diagnostik Werte im Bereich 10^7–10^8 Bq üblich sind [21]. Im Folgenden sollen die verschiedenen radioaktiven Zerfälle und die daraus resultierende Strahlung sowie die medizin-physikalische Nutzung von Kernreaktionen behandelt werden.

1.2.1.1 Radioaktive Zerfälle

α-Zerfall Beim α-Zerfall zerfällt ein Mutterkern X unter Emission eines Heliumkerns (2 n $+$ 2 p), dem sogenannten α-Teilchen, in einen Tochterkern X', wobei die Differenz der Bindungsenergie zwischen Mutter- und Tochterkern ΔE in kinetische Energie des α-Teilchens umgewandelt wird:

$$^{A}_{Z}X \rightarrow {}^{A-4}_{Z-2}X' + \alpha + \Delta E. \tag{1.29}$$

Daraus resultiert, dass α-Strahlung eines bestimmten Zerfalls immer monoenergetisch ist. α-Strahler findet man im Periodensystem häufig bei Elementen oberhalb von Blei ($Z = 82$). Für leichte Atome mit $Z \leq 82$ existiert im Allgemeinen eine stabile

Tab. 1.2 Übersicht der medizinisch genutzten Strahlungsarten mit Beispielen typischer Strahlungsquellen und den zugehörigen medizinischen Anwendungen, wobei nähere Informationen den zugehörigen späteren Kapiteln in diesem Lehrbuch entnommen werden können. SPECT: Single Photon Emission Computed Tomography, PET: Positronen-Emissions-Tomographie, LINAC: Linearbeschleuniger. (Daten nach [21] und [20])

Strahlungsart	Quelle	Medizinische Anwendung
Photon	Radionuklide ($\leq$ wenige MeV), bspw.:	
	• ^{137}Cs	Brachytherapie, Prüfstrahler für Gammaspektrometer
	• ^{99m}Tc ^{123}I, ^{131}I (Abb. 1.4b), ^{67}Ga, ^{111}In	Planare Szintigraphie, SPECT
	• ^{60}Co (Abb. 1.4c)	Teletherapie (weitgehend durch LINACs ersetzt), Brachytherapie
	• ^{192}Ir, ^{125}I, ^{198}Au, ^{103}Pd	Brachytherapie
	LINAC, Röntgenröhren (keV–MeV)	Teletherapie, Röntgendiagnostik, Computertomographie
Elektron	Radionuklide ($\leq$ wenige MeV), bspw.:	
	• ^{131}I (Abb. 1.4b), ^{177}Lu, ^{90}Y	Nuklearmedizinische Therapie
	• ^{90}Sr, ^{106}Ru	Brachytherapie
	LINAC, Betatron (keV–MeV)	Teletherapie
Positron	Radionuklide ($\leq$ wenige MeV), bspw.:	
	• ^{11}C, ^{13}N, ^{15}O, ^{18}F, ^{68}Ga	PET
	• ^{15}O, ^{11}C, ^{10}C (β^+-Zerfall durch induzierte Kernreaktion bei der Strahlentherapie mit Protonen oder Ionen)	*In-vivo* Dosisverifikation mittels PET
α-Strahlung	Radionuklide ($\leq$ wenige MeV), bspw.:	
	• ^{226}Ra (Abb. 1.4a)	Teletherapie (historische Bedeutung)
	• ^{223}Ra	Nuklearmedizinische Therapie
Protonen, Ionen	Teilchenbeschleunigung im Synchrotron oder Zyklotron	Teletherapie
Neutronen	Radionuklide ($\leq$ wenige MeV), bspw.:	
	• ^{252}Cf	Brachytherapie (relativ selten, bspw. auch in Zusammenhang mit Bor-Einfangtherapie), Kalibrierung von Neutronendosimetern
	Neutroneninduzierte Kernspaltung in Kernreaktoren oder induzierte Kernreaktionen in Beschleunigungsanlagen (Neutronengeneratoren)	Teletherapie (heute kaum noch verwendet), Bor-Einfangtherapie

Kernkonfiguration, so dass die Wahrscheinlichkeit für einen α-Zerfall vernachlässigbar ist.

α-Strahler haben heutzutage als externe oder implantierte Strahlenquelle kaum noch Relevanz. In den Anfängen der Strahlentherapie wurde der α-Strahler ^{226}Ra (Abb. 1.4a) jedoch intensiv genutzt. Da beim Zerfall von Radium das radioaktive Edelgas ^{222}Rn entsteht, wurde die Verwendung von Radium aus Strahlenschutzgesichtspunkten wieder aufgegeben. Die Strahlenbelastung durch den natürlichen α-Strahler ^{222}Rn ist für den größten Anteil der natürlichen Strahlenbelastung verantwortlich.

Auch in der nuklearmedizinischen Therapie sind α-Strahler relativ selten, wobei sie hier in den letzten Jahren an Bedeutung gewinnen. Ein Beispiel ist der α-Strahler ^{223}Ra-Dichlorid (Handelsname Xofigo), welcher seit Ende 2013 in Europa für die Behandlung von Knochenmetastasen beim kastrationsresistenten Prostatakarzinom zugelassen ist [19]. ^{223}Ra-Dichlorid reichert sich hauptsächlich im Knochen an und ermöglicht so aufgrund der geringen Reichweite der emittierten α-Strahlung eine lokale Bestrahlung mit dem Ziel das Wachstum der Metastasen zu hemmen.

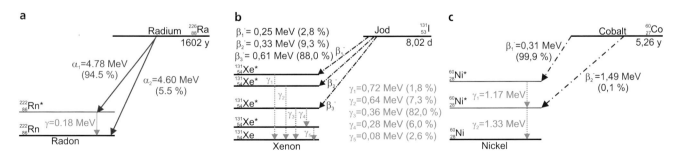

Abb. 1.4 Zerfallsschemata von **a** ^{226}Ra, **b** ^{131}I und **c** ^{60}Co. (Nach [21] und [20])

β-Zerfall Beim β-Zerfall entsteht neben dem Tochterkern ein β-Teilchen und ein Neutrino ν, so dass die beim Zerfall frei werdende Energie in zufälliger Weise auf diese beiden Teilchen und den Tochterkern aufgeteilt werden kann. Demnach ist β-Strahlung nicht monoenergetisch, sondern zeigt bis zu einer Maximalenergie E_{max} ein kontinuierliches Spektrum. Je nach Umwandlungsprozess wird in β⁻-Zerfall, β⁺-Zerfall und Elektroneneinfang unterschieden, welche im Folgenden separat behandelt werden. Allen ist jedoch gemein, dass die Massezahl A des β-Strahlers erhalten bleibt und sich lediglich die Ordnungszahl Z je nach Zerfall um eins erhöht oder um eins vermindert.

β⁻-Zerfall Beim β⁻-Zerfall wandelt sich im Kern ein Neutron n in ein Proton p um, so dass der Tochterkern X′ eine um eins erhöhte Ordnungszahl gegenüber dem Mutterkern hat. Bei diesem Prozess werden ein Elektron und ein Antineutrino emittiert, so dass gilt:

$$n \rightarrow p + e^- + \bar{\nu} + \Delta E \text{ bzw. } {}^A_Z X \rightarrow {}^A_{Z+1} X' + e^- + \bar{\nu} + \Delta E. \tag{1.30}$$

β⁻-Strahler sind daher Radionuklide, die einen Neutronenüberschuss aufweisen und durch Umwandlung eines Neutrons in ein Proton eine stabile Nukleonenkonfiguration einnehmen. In der Nuklearmedizin wird der β⁻-Strahler ¹³¹I (Abb. 1.4b) beispielsweise sowohl in der Therapie als auch in der Diagnostik verwendet. In der Therapie nutzt man dabei die emittierte β⁻-Strahlung beim Zerfall von Iod in angeregte Zustände von Xenon, während man in der Diagnostik die bei der Abregung des angeregten Tochterkerns emittierte γ-Strahlung detektiert. β⁻-Strahler werden außerdem in der Radioimmuntherapie eingesetzt. Bei dieser Therapieform koppelt man Radioisotope gezielt an z. B. Antikörper, welche spezifisch an Tumore binden und damit eine lokale Therapie mit reduzierter Dosisbelastung im Normalgewebe ermöglichen. In jüngster Zeit steht mit dem prostataspezifischen Membranantigen (PSMA) ein vielversprechender Marker zur Verfügung, welcher in hoher Dichte auf der Oberfläche von metastasierenden Prostatakarzinomzellen vorkommt. Radioaktiv markierte PSMA-Liganden ermöglichen so eine spezifische Bindung an metastasierende Prostatakarzinomzellen und werden sowohl in der nuklearmedizinischen Diagnostik (mit ⁶⁸Ga, β⁺-Strahler) als auch in der Radioimmuntherapie (mit ¹⁷⁷Lu, β⁻-Strahler) eingesetzt. Im Gegensatz zur Xofigo-Therapie, welche im vorherigen Abschnitt angesprochen wurde, können damit auch Patienten mit Lymphknotenmetastasen oder Organmetastasen behandelt werden [11].

β⁺-Zerfall β⁺-Strahler sind hingegen Radionuklide, die einen Protonenüberschuss aufweisen und durch Umwandlung eines Protons in ein Neutron unter Emission eines Positrons e⁺, dem positiv geladenen Antiteilchen des Elektrons, und eines Neutrinos in einen energetisch günstigeren Zustand übergehen:

$$p \rightarrow n + e^+ + \nu + \Delta E \text{ bzw. } {}^A_Z X \rightarrow {}^A_{Z-1} X' + e^+ + \nu + \Delta E. \tag{1.31}$$

β⁺-Strahler werden in der nuklearmedizinischen Diagnostik bei der Positronen-Emissions-Tomographie (PET) verwendet. Hier nutzt man aus, dass das beim Zerfall entstehende Positron nach seiner Entstehung wieder mit einem Elektron zerstrahlt, wobei eine Vernichtungsstrahlung (Photonen) von $2 \times 511\,\text{keV}$ frei wird, die außerhalb des Körpers (Entstehungsort) detektiert werden kann und somit für die Bildgebung verwendet wird. Ein häufig verwendeter β⁺-Strahler ist dabei ¹⁸F.

Elektroneneinfang (EC) Alternativ zum β⁺-Zerfall kann ein Proton des Kerns zusammen mit einem Elektron aus der K-Schale der Elektronenhülle ein Neutron und ein Neutrino bilden:

$$p + e^- \rightarrow n + \nu \tag{1.32}$$

Dieser Prozess wird Elektroneneinfang (auch EC vom Englischen *electron capture*) genannt. Das dabei entstehende Elektronenloch in der K-Schale wird durch ein äußeres Elektron der Hülle aufgefüllt, wobei charakteristische Röntgenstrahlung emittiert wird. Diese monoenergetische Strahlung wird wiederum in der Strahlentherapie genutzt. Als Beispiel sei hier ¹²⁵I genannt, welches in der Brachytherapie verwendet wird.

Innere Konversion (IC) Die Energiespektren beim β-Zerfall zeigen neben der genannten kontinuierlichen Energieverteilung der emittierten Elektronen oftmals ausgeprägte Linien bei diskreten Energien. Die Erklärung dafür liefern die sogenannten Konversionselektronen, die entstehen, wenn der angeregte Tochterkern seine Energie direkt auf ein Elektron der K-, L- oder M-Schale überträgt. Die Energie des angeregten Zustands verringert um die Bindungsenergie der Elektronen der jeweiligen Schale entspricht dabei der Energie des Elektrons. Wie auch beim EC wird das Loch durch ein Elektron einer anderen Schale aufgefüllt, wobei charakteristische Röntgenstrahlung oder ein Elektron, genannt Auger-Elektron, emittiert wird.

γ-Strahlung Nach einem α- oder β-Zerfall befindet sich der Tochterkern oftmals in einem angeregten Zustand. Unter Emission von elektromagnetischer Strahlung, der sogenannten γ-Strahlung, kann der angeregte Kern in einen niedriger angeregten Zustand oder direkt in den Grundzustand übergehen. Die Halbwertszeit (HWZ) des angeregten Zustands der meisten Kerne ist sehr kurz ($< 10^{-6}\,\text{s}$), so dass sie fast augenblicklich in ihren Grundzustand übergehen. Es gibt aber auch Kerne, deren angeregter Zustand eine relativ lange HWZ von wenigen Minuten bis Stunden hat. Man spricht daher auch von metastabilen Zuständen und kennzeichnet die entsprechenden Radionuklide mit einem m. Solche langlebigen γ-Strahler werden überwiegend in der nuklearmedizinischen Diagnostik mittels γ-Kamera-Szintigraphie verwendet. Das wohl am häufigsten verwendete Radioisotop ist in diesem Zusammenhang ⁹⁹ᵐTc, welches mit einer HWZ von etwa 6 h unter Emission von γ-Strahlung in den Grundzustand ⁹⁹Tc übergeht. Ein weiteres wichtiges Isotop ist das künstlich erzeugte ⁶⁰Co (Abb. 1.4c), welches nach β⁻-Zerfall in angeregte Zustände von ⁶⁰ᵐNi unter Emission von γ-Strahlung in den Grundzustand übergeht. ⁶⁰Co hat als γ-Strahler ab etwa 1950 eine sehr wichtige Rolle in der Teletherapie gespielt, wobei es heutzutage in der klinischen Routine weitgehend durch Linearbeschleuniger ersetzt wurde. In speziellen Teletherapie-Geräten wie beispielsweise dem *Gammaknife* oder Hybridgeräten zur MR-geführten Therapie (s. Abschn. 20.5.1.2) kommt es aber auch heute noch zum Einsatz.

1.2.1.2 Kernreaktionen

Unter Kernreaktion versteht man den physikalischen Prozess, bei dem ein Atomkern durch den Zusammenstoß mit einem anderen Atomkern oder einzelnen Kernbestandteilen seinen Zustand oder seine Zusammensetzung verändert. In der Medizin werden Kernreaktionen intensiv genutzt, um künstliche Radionuklide für die Anwendung in der Therapie und der Diagnostik herzustellen. Um Radionuklide zu erzeugen, muss das n-p-Verhältnis des stabilen Kerns gestört werden. Das erreicht man, indem man die stabilen Kerne mit Kernmaterie beschießt und damit den Einfang von Protonen- oder Neutronen bewirkt. Die technisch wichtigste Methode zur Erzeugung von β^--Strahlern ist die Neutronenaktivierung in Kernreaktoren, bei der stabile Kerne mit Neutronen beschossen werden. Durch Neutroneneinfangreaktionen entstehen so Nuklide mit einem Neutronenüberschuss, welche daher i. d. R. β^--aktiv sind. Typische Vertreter für neutronenaktivierte Radionuklide sind ^{192}Ir für die Brachytherapie sowie ^{60}Co (Abb. 1.4c) für Brachy- und Teletherapie, wobei man bei beiden primär die γ-Emission nutzt. Auch das als Neutronenquelle in der Brachytherapie (relativ selten) oder zur Kalibrierung von Neutronendosimetern verwendete Radioisotop ^{252}Cf wird in Kernreaktoren aus Uran oder Plutoniumisotopen durch eine Vielzahl aufeinander folgender Neutroneneinfänge und β-Zerfälle erzeugt. Zur Herstellung β^+-aktiver Radionuklide, welche von besonderer Bedeutung für die nuklearmedizinische Diagnostik mittels PET sind, benötigt man Kernreaktionen, bei denen die Kernladungszahl des Targetkerns erhöht wird. Daher beschießt man die stabilen Targetkerne mit Protonen, Deuteronen, Tritium oder auch α-Teilchen, um durch Protoneneinfangreaktionen einen Teil der Ladung auf den Targetkern zu übertragen. Im Gegensatz zur Neutronenaktivierung handelt es sich hierbei um geladene Einschussteilchen, welche daher vom elektrischen Gegenfeld des Targetkerns abgestoßen werden. Um die Coulombbarriere des Kerns überwinden zu können, muss die kinetische Energie der Einschussteilchen genügend hoch sein. Dies erreicht man i. d. R. durch die Beschleunigung mittels Zyklotron. β^+-Strahler, wie beispielsweise das bei der PET verwendete ^{18}F, sind darüber hinaus meist deutlich kurzlebiger als β^--Strahler, weshalb sie nahe der Klinik erzeugt werden müssen.

Der Vollständigkeit halber sei an dieser Stelle auch die Möglichkeit der Radionuklidgewinnung durch Kernspaltung schwerer Kerne genannt, bei der hochinstabile, schnell zerfallende Spaltfragmente mit erheblichem Neutronenüberschuss entstehen können. Medizinisch ist insbesondere die neutroneninduzierte Spaltung von ^{235}U, ^{238}U und ^{239}Pu von Interesse, bei der zwei Spaltfragmente mit einem mittleren Massenzahlverhältnis von 3 : 2 sowie mehrere schnelle Neutronen entstehen. Ein viel verwendetes Spaltfragment aus dem leichteren Spaltfragmentbereich ist ^{99}Mo, welches das Mutternuklid des in der nuklearmedizinischen Diagnostik genutzten ^{99m}Tc ist. Typische medizinisch genutzte Spaltfragmente aus dem schweren Spaltfragmentbereich sind dagegen ^{137}Cs und ^{131}I. Neben der Radionuklidgewinnung ist die induzierte Kernspaltung im Kernreaktor eine wichtige Quelle für strahlentherapeutisch genutzte Neutronen. Alternativ zur Kernspaltung können auch durch induzierte Kernreaktionen, bei denen in sogenannten Neutronengeneratoren spezifische Targets mit beschleunigten Protonen, Deuteronen oder α-Teilchen bestrahlt werden, Neutronen mit therapeutisch nutzbaren Energien hergestellt werden.

Kernreaktionen treten auch bei der Strahlentherapie mit Protonen oder Ionen wie ^{12}C auf. Durch den Zusammenstoß der Einschussteilchen mit Atomen des bestrahlten Gewebes können Kernreaktionen zur Entstehung von β^+-aktiven Radionukliden wie beispielsweise ^{15}O (Fragment vom bestrahlten Gewebe) oder ^{11}C und ^{10}C (Fragmente vom primären ^{12}C) führen. Diese bei der Bestrahlung als „Nebenprodukte" entstandenen PET-Nuklide können genutzt werden, um mit Hilfe der entsprechenden Bildgebung *in vivo* Rückschlüsse auf die tatsächliche Bestrahlungssituation zu ziehen.

1.2.2 Bremsstrahlung

Photonen, die in der medizinischen Therapie und Diagnostik genutzt werden, haben in der Regel zwei Quellen: Zum einen die Radionuklide, die γ-Strahlung emittieren, und zum anderen die Bremsstrahlung. Von Bremsstrahlung spricht man, wenn ein geladenes Teilchen beschleunigt wird und in Folge dessen elektromagnetische Strahlung emittiert. Die Beschleunigung kann dabei sowohl positiv als auch negativ sein, wobei sich der Begriff Bremsstrahlung im engeren Sinn auf die negative Beschleunigung bezieht. Diesen Effekt nutzt man beispielsweise zur Erzeugung von **Röntgenstrahlung**. Elektronen, die durch Glühemission erzeugt werden, treten dabei aus einer Kathode aus und werden im elektrischen Feld zwischen Anode und Kathode beschleunigt. Beim Auftreffen auf die Anode werden die Elektronen stark abgebremst, wodurch Bremsstrahlung, in diesem Fall auch Röntgenstrahlung genannt, emittiert wird. Das Spektrum der emittierten Photonen ist bis zu einer maximalen Energie kontinuierlich. Diese Energie wird dabei durch die kinetische Energie E_{kin} der beschleunigten Elektronen und damit direkt von der angelegten elektrischen Spannung U bestimmt. Für die maximale Frequenz ν_{max} der emittierten Photonen bzw. der minimalen Wellenlänge λ_{min} des Spektrums gilt demnach:

$$E_{kin} = e \cdot U \Rightarrow \nu_{max} = \frac{c \cdot U}{h} \quad \text{bzw.} \quad \lambda_{min} = \frac{c \cdot h}{e \cdot U}. \quad (1.33)$$

Dabei ist e die Elementarladung, c die Lichtgeschwindigkeit und h das Planck'sche Wirkungsquantum. Zusätzlich zum kontinuierlichen Spektrum kann Strahlung diskreter Energie entstehen, wenn die beschleunigten Elektronen direkt mit den Anodenatomen wechselwirken und diese ionisieren. Das so entstandene Loch in der Elektronenschale wird durch Elektronen höherer Schalen aufgefüllt, wobei die überschüssige Energie in Form von elektromagnetischer Strahlung emittiert wird. Diese Strahlung ist charakteristisch für das jeweilige Anodenmaterial, weshalb auch von charakteristischer Röntgenstrahlung gesprochen wird. Ein häufig verwendetes Anodenmaterial ist hierbei Wolfram.

Röntgenstrahlung wird in vielen medizinischen Bereichen genutzt. Die offensichtlichsten Anwendungen sind die Röntgendiagnostik und die Computertomographie, bei der Energien in der Größenordnung von 100 keV genutzt werden. In der Teletherapie wurde lange Zeit die γ-Emission von ^{60}Co verwendet (Abb. 1.4c), wobei die Behandlung tiefliegender Tumore mit dieser relativ niedrigen Photonenenergie von etwa 1 MeV problematisch war. Mit Hilfe von Linearbeschleunigern können heute Bremsstrahlungsphotonen mit Energien im Bereich von etwa 6–25 MeV klinisch hergestellt werden. Das grundlegende Prinzip geht auch hier auf die Röntgenröhre zurück, wobei entlang der Beschleunigerstrecke höhere Elektronenenergien erreicht werden können und somit die entstehende Bremsstrahlung höherenergetisch ist. An dieser Stelle sei auf Kap. 20 verwiesen, in dem die Bestrahlungsgeräte für die Teletherapie im Detail erläutert werden.

1.2.3 Teilchenstrahlung

Die derzeit medizinisch genutzte Teilchenstrahlung für die Teletherapie umfasst Elektronen, Neutronen (sehr selten), Protonen und Kohlenstoffionen. Aus Tab. 1.2 ist ersichtlich, dass die kinetische Energie der Elektronen, welche beim β$^-$-Zerfall entstehen, in der Regel weniger als einige MeV beträgt. Die sich daraus ergebende Reichweite der Elektronen in Gewebe ist für eine Anwendung in der Teletherapie zu gering, so dass β$^-$-emittierende Radionuklide vorwiegend in der Brachytherapie und Nuklearmedizin eingesetzt werden. Um klinisch relevante Energien im Bereich von etwa 6–25 MeV zu erreichen, muss Elektronenstrahlung daher beschleunigt werden. Dies gilt auch für die Strahlentherapie mit Protonen oder Kohlenstoffionen: Um tiefliegende Tumore zu bestrahlen, müssen diese sogar auf einige 100 MeV pro Nukleon (MeV/u) beschleunigt werden. Für eine Reichweite von 30 cm in Wasser benötigen Protonen bspw. eine kinetische Energie von 220 MeV, während Kohlenstoffionen etwa 425 MeV/u benötigen. Warum Protonen und Kohlenstoffionen für die gleiche Reichweite unterschiedliche kinetische Energien benötigen lässt sich an Hand der Wechselwirkungsmechanismen von Strahlung mit Materie erklären, welche im nächsten Abschnitt behandelt werden.

Zur Beschleunigung von geladenen Teilchen gibt es zwei grundlegende Verfahren: Linearbeschleuniger und Kreisbeschleuniger (z. B. Zyklotron, Synchrotron). Zur Beschleunigung von Elektronen werden in der klinischen Anwendung heute praktisch ausschließlich Linearbeschleuniger verwendet. Dabei handelt es sich meist um die gleichen Geräte, die auch für die Photonentherapie verwendet werden, nur dass hier die Elektronen direkt und nicht für die Erzeugung der Bremsstrahlung genutzt werden. Klinische Linearbeschleuniger werden daher in der Regel als Kombi-Geräte für die Photonen- und Elektronentherapie genutzt. Zur Beschleunigung von Protonen und Kohlenstoffionen auf 220 MeV bzw. 425 MeV/u ist es deutlich effektiver die Beschleunigungsstrecke nicht nur einmal, wie beim Linearbeschleuniger, sondern vielfach zu nutzen. Daher verwendet man zur Beschleunigung von Protonen und Kohlenstoffionen Kreisbeschleuniger (p: Zyklotron; p, ^{12}C: Synchrotron), bei denen das gleiche elektrische Feld mehrmals durchlaufen wird und daher

mehr kinetische Energie akkumuliert werden kann. Für Literatur zu den physikalisch-technischen Grundlagen von medizinischen Kreisbeschleunigern sei hier auf [16] und [15] verwiesen.

1.3 Wechselwirkung von Strahlung

Steffen Greilich

Im Folgenden sollen die für Medizinphysik relevanten Wechselwirkungen ionisierender Strahlung mit Materie vorgestellt werden. Es ist offensichtlich, dass es sich hierbei um eine verkürzte Darstellung ausgewählter Inhalte handelt. Zur Vertiefung des Studiums werden daher beispielhaft die Bücher von Evans [8], Johns und Cunningham [10] und Attix [2] empfohlen, die die beschriebenen Phänomene in großer Detailschärfe und methodologischer Strenge behandeln.

1.3.1 Definitionen

1.3.1.1 Elektronendichte

Die Elektronendichte ist eine zentrale Größe für die meisten Wechselwirkungsprozesse, da sie die Häufigkeit der Streuzentren beschreibt. Für ein einzelnes Element ist sie definiert als

$$\rho_e = \frac{Z}{A} \cdot \frac{N_A}{M_C}, \tag{1.34}$$

wobei Z die Ordnungs- und A die Massenzahl des Elementes sind, N_A die Avogadro-Zahl ($\approx 6{,}022 \cdot 10^{23}$ mol^{-1}) und M_C die molare Massenkonstante (1 g mol^{-1}). ρ_e gibt die Zahl der Elektronen pro Masse an, $\rho_e^V = \rho_e \cdot \rho$ die Zahl der Elektronen pro Volumen (mit der Massendichte ρ). Im Falle von chemischen Verbindungen werden Ordnungs- und Massenzahl mit den relativen atomaren Massenanteilen gewichtet:

$$Z = \sum_i w_i Z_i \tag{1.35}$$

$$A = \sum_i w_i A_i \tag{1.36}$$

$$w_i = \frac{m_i}{\sum_j m_j} \tag{1.37}$$

1.3.1.2 Wechselwirkungsquerschnitt

Die Wahrscheinlichkeit für eine Interaktion pro Streuzentrum (also z. B. pro Elektron) wird durch den Wechselwirkungsquerschnitt beschrieben:

$$\sigma = \frac{N}{\Phi}, \tag{1.38}$$

wobei N die Zahl der interagierenden Teilchen und Φ die einfallende Teilchenfluenz ist. Die klassische Interpretation von σ ist die Querschnitts-Fläche von Absorberatomen, die von punktförmigen Teilchen getroffen werden. Die Einheit ist eine Fläche, wobei häufig auch 1 barn = 10^{-28} m^{-2} benutzt wird. Oft werden einfach- oder doppelt-differenzielle Querschnitte angegeben, so z. B. $d\sigma/dE$, $d\sigma/d\Omega$ oder $d^2\sigma/(dE \cdot d\Omega)$, um die Häufigkeit des Auftretens einer bestimmten Energie oder eines Streuwinkels nach der Wechselwirkung zu beschreiben.

1.3.1.3 Massenbelegung

Die (triviale) Abhängigkeit vieler Interaktionskoeffizienten von der Massendichte ρ wird oft direkt berücksichtigt (z. B. μ/ρ in Abschn. 1.3.2). Dann wird die Dicke eines Absorbers Δx in Massenbelegung angegeben:

$$\rho_A = \Delta x \cdot \rho, \qquad (1.39)$$

mit der Einheit $\mathrm{kg\,m^{-2}}$ bzw. häufiger $\mathrm{g\,cm^{-2}}$. Die Massenbelegung entspricht der Masse pro Fläche, die aus der Strahlrichtung „gesehen" wird, und kann z. B. auch für Überschlagsrechnungen genutzt werden. So entspricht die Schwächung eines hochenergetischen Photonenstrahls in 1 m Luft ($\rho \approx 1{,}3 \cdot 10^{-3}\,\mathrm{g\,cm^{-3}}$) ganz grob der in 1,3 mm Wasser oder 120 µm Blei ($\rho \approx 11{,}3\,\mathrm{g\,cm^{-3}}$).

1.3.1.4 Tiefendosiskurven

Viele Aspekte der in diesem Kapitel beschriebenen Wechselwirkungen können am Verlauf der Dosis entlang der Strahlachse in Wasser illustriert werden (Abb. 1.5). Zudem ist das Verständ-

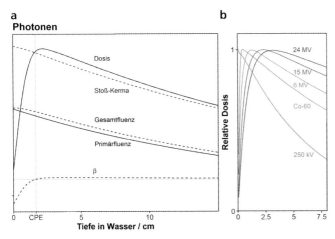

Abb. 1.5 **a** Schematische Tiefenkurven entlang des Zentralstrahls für ein typisches Photonenspektrum eines 15-MV-Linacs. Deutlich ist der annähernd exponentielle Verlauf der Photonenfluenz (*blau*) und die zur Fluenz proportionale Stoßkerma (*grün*) zu erkennen. Vor allem durch Compton-Streuung liegt die Gesamtfluenz der Photonen über der Primärfluenz. Die Dosis (*schwarz*) folgt zunächst nicht dem Verlauf der Kerma – im ersten Teil der Kurve baut sich zunächst ein Sekundärelektronengleichgewicht (CPE) auf. Dieses ist in ca. 2 cm erreicht, hier besitzen Stoßkerma und Dosis den gleichen Wert ($\beta = 1$). Jenseits dieses Punktes herrscht ein Übergangsgleichgewicht, d. h., die Energiedeposition findet durch Elektronen statt, die etwas oberhalb des jeweiligen Bezugspunktes erzeugt wurden. **b** Die Tiefe des Dosismaximums zeigt ungefähr die Reichweite der Sekundärelektronen an und verschiebt sich bei höheren Energien (Orthovolt-Strahlung, ^{60}Co-Quelle, 6-MV-, 15-MV-, 24-MV-Linac) zu größeren Tiefen. Der Aufbaueffekt bei hohen Photonenenergien trägt zudem maßgeblich zur Hautschonung bei

nis dieser Tiefendosiskurven (engl. „(percentage) depth dose curve", PDD) für die Anwendungen ionisierender Strahlung in der Medizinphysik und insbesondere in der Strahlentherapie essenziell. Die Daten für die in diesem Kapitel gezeigten Tiefenkurven wurden durch eine Strahlungstransportrechnung („Monte-Carlo Simulation") für planparallele Strahlen erzeugt – in realistischen Geometrien tragen zusätzliche Effekte zur exakten Form der Kurven bei, wenn beispielsweise statt der Dicke des Materials vor dem Messort die Tiefe des Messorts angepasst wird. In diesem Fall muss zusätzlich die Strahldivergenz mit Hilfe des Abstandquadratgesetzes berücksichtigt werden. Der Isozentrumsabstand der als punktförmig angenommenen Strahlenquelle liegt für Photonen im Bereich von 1 m, ist für Ionen dagegen viel größer, sodass nur sehr kleine Korrekturen entstehen.

1.3.2 Photonen

1.3.2.1 Massenabsorptionskoeffizient

Aus der Vielzahl von möglichen Wechselwirkungen zwischen einem Atom, seinen Bestandteilen und einem einfallenden Photon sind für den in der Medizinphysik meist betrachteten Energiebereich von ca. 10 keV bis 10 MeV nur einige wenige relevant:

- Die elastische (kohärente) Streuung eines Photons an einem Atom (**Rayleigh-Streuung**)
- Die Absorption eines Photons durch ein Atom und die nachfolgende Emission eines atomaren Elektrons (**photoelektrischer Effekt**)
- Die inelastische (inkohärente) Streuung eines Photons an einem atomaren Elektron (**Compton-Streuung**)
- Die Erzeugung eines Elektron-Positron-Paares durch ein Photon im elektrischen Feld eines Atomkernes (**Paarbildung**) oder (seltener) eines Hüllenelektrons (**Triplettbildung**)

Allen Prozessen ist gemeinsam, dass das Photon entweder aus dem primären Strahl herausgestreut oder komplett absorbiert wird. Im Gegensatz zu geladenen Teilchen (Abschn. 1.3.3) zeigen Photonen eine oder wenige „katastrophale" Wechselwirkungen – oder verlassen den Absorber wieder mit der ursprünglichen Richtung und Energie, was oft die Grundlage diagnostischer Verfahren darstellt.

In der Näherung eines schmalen Strahlenbündels und dünner betrachteter Absorberschicht ($\mu \cdot \Delta x \ll 1$) wird dem Strahl pro durchstrahlter Länge Δx ein konstanter relativer Anteil μ von Primärphotonen entnommen:

$$-\Delta N = \mu \cdot \Delta x \cdot N \qquad (1.40)$$

μ ist hierbei der lineare Schwächungskoeffizient. Wie beim radioaktiven Zerfall folgt aus dieser Gleichung direkt die exponentielle Abschwächung des primären Photonenstrahls in einem Absorber (Abb. 1.5):

$$\Phi = \Phi_0 \cdot e^{-\mu \cdot x} \qquad (1.41)$$

Abb. 1.6 Zweidimensionale Darstellung der Kerma (**a**) und der Dosis (**b**) für einen 3-MeV-Photonenstrahl (*Pfeil*) in Wasser. Die Wasseroberfläche befindet sich bei 0 cm, in 3 cm ist ein zylindrischer, luftgefüllter Hohlraum („cavity"), wie ihn z. B. eine Ionisationskammer darstellen kann. Zu erkennen ist die Äquivalenz von Kerma und Dosis, wobei Letztere auf der Größenskala der Sekundärelektronen-Reichweite verschmiert ist. Die Kerma kann zudem den Einfluss der im umgebenden Wasser erzeugten Elektronen auf den Hohlraum nicht reproduzieren

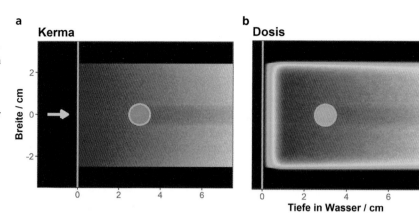

Der Schwächungskoeffizient μ bzw. der Massenschwächungskoeffizient μ/ρ sind abhängig von der Photonenenergie und der Ordnungszahl des Absorbers (Abschn. 1.3.2.8). Für Materialien, die aus mehreren Elementen bestehen, kann der Massenschwächungskoeffizient aus der gewichteten Summe ermittelt werden:

$$\left(\frac{\mu}{\rho}\right) = \sum_i w_i \left(\frac{\mu}{\rho}\right)_i \tag{1.42}$$

Die Dicke eines Absorbers, die notwendig ist, um einen Strahl um einen Faktor zwei abzuschwächen, die sogenannte Halbwertsdicke, wird als Strahlqualitätsindex verwendet.

Die dem Primärstrahl entzogene Energie – die Terma, also eine dosimetrische Größe – kann mit Hilfe des Massenschwächungskoeffizienten mit der Energiefluenz, einer Strahlenfeld-Größe, verknüpft werden:

$$T = \frac{\mu}{\rho} \cdot \Psi \tag{1.43}$$

1.3.2.2 Energieübertragungskoeffizient

Derjenige Teil der Energie, der bei Wechselwirkungen der Photonen pro Längeneinheit auf geladene Sekundärteilchen übertragene Energie wird, ist durch den Energieübertragungskoeffizienten gegeben:

$$\mu_{tr} = \mu \cdot \frac{\overline{E}_{tr}}{E_{ph}}, \tag{1.44}$$

wobei $\overline{E}_{tr}/E_{ph}$ das Verhältnis der mittleren, pro Interaktion übertragenen Energie und der Energie des einlaufenden Photons ist. μ_{tr} ist somit kleiner oder gleich μ und ermöglicht die wichtige Verknüpfung zwischen der Energiefluenz der Photonen und der Kerma:

$$K = \frac{\mu_{tr}}{\rho} \cdot \Psi_{ph} \tag{1.45}$$

Hier bezieht sich Ψ_{ph} nicht nur auf die Primär-, sondern auf alle Photonen, schließt also Beiträge aus kohärenter und inkohärenter Streuung, Bremsstrahlung und Annihilation mit ein.

Tab. 1.3 Relativer Anteil g der durch Strahlungprozesse verlorenen, nicht lokal deponierten Energie. Dieser steigt für höhere Energien und schwerere Absorber-Materialien an

E_{ph}/MeV	$\frac{\mu_{tr} - \mu_{ab}}{\mu_{tr}}$ /%	
	$Z = 6$	$Z = 82$
0,1	0	0
1	0	4,8
10	3,5	26

1.3.2.3 Energieabsorptionskoeffizient

Der Energieanteil $\overline{E}_{ab}$, der nicht nur zunächst von Photonen auf sekundäre geladene Teilchen übertragen, sondern danach auch durch Stoßprozesse lokal deponiert wird, ist durch den Energieabsorptionskoeffizienten definiert:

$$\mu_{ab} = \mu \cdot \frac{\overline{E}_{ab}}{E_{ph}} = (1 - g) \cdot \mu_{tr}, \tag{1.46}$$

wobei g wie in Abschn. 1.1.2.5 den Strahlungsverlust angibt. Somit kann analog zum Energieübertragungskoeffizienten μ_{tr} eine Relation von Strahlenfeld zur Stoßkerma hergestellt werden:

$$K_{col} = \frac{\mu_{ab}}{\rho} \cdot \Psi_{ph} \tag{1.47}$$

Die Werte von μ_{tr} und μ_{ab} sind bei leichten Materialien und geringen bis mittleren Energien praktisch gleich (Tab. 1.3).

Die absorbierte Energiedosis ist proportional zur Stoßkerma (Abb. 1.6)

$$D \stackrel{\text{(T)CPE}}{=} \beta \cdot K_{col}, \tag{1.48}$$

wenn ein sogenanntes Übergangsgleichgewicht der Sekundärelektronen vorliegt (engl. „transient charged particle equilibrium"), bei vollständigem Sekundärelektronengleichgewicht ist $\beta = 1$.

1.3.2.4 Compton-Streuung

Der Compton-Streuprozess stellt nicht nur den bei therapeutischen Photonenenergien wichtigsten, sondern auch einen der analytischen Betrachtung gut zugänglichen Vorgang dar. Bereits

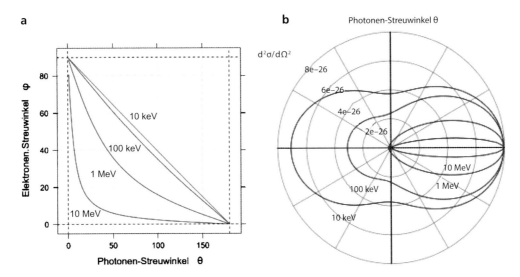

Abb. 1.7 a Korrelation von Elektronen- und Photonen-Streuwinkel beim Comptoneffekt, **b** Differenzieller Streuquerschnitt für den Comptoneffekt. Aufgetragen ist die Wahrscheinlichkeit für eine Photonenstreuung in einen bestimmten Polarwinkel

aus der einfachen kinematischen Betrachtung eines Photons an einem als ungebunden angenommenen Elektron lassen sich aus Impuls- und Energieerhaltungsgründen die folgenden Schlussfolgerungen ziehen:

- Die Streuwinkel φ (Elektron) und θ (Photon) sind korreliert und betragen zwischen 0 und 90° bzw. 0° und 180° (Abb. 1.7a). Der maximale Energieübertrag findet naheliegender Weise bei Vorwärtsstreuung des Elektrons und Rückwärtsstreuung des Photons statt.
- Die Wellenlängenverschiebung des Photons

$$\Delta\lambda = \Delta\lambda_C \cdot (1 - \cos\theta) \qquad (1.49)$$

der sogenannte „Compton shift", ist unabhängig von der Energie E_{ph} des einfallenden Photons. $\Delta\lambda_C$, die Compton-Wellenlänge beträgt ca. $2{,}426 \cdot 10^{-10}$ cm und entspricht einem Photon mit einer Energie, die äquivalent zur Ruhemasse des Elektrons ist.

- Der relative Energieübertrag steigt mit der Photonenenergie. Während niederenergetische Photonen maximal nur einen Bruchteil ihrer Energie verlieren (2 % für ein rückgestreutes Photon mit $E_{ph} = 10$ keV), kann dieser bei hochenergetischen Photonen erheblich sein (97,5 % bei 10 MeV).
- Ein kompletter Energieübertrag ist nicht möglich, bei sehr hohen Photonenenergien nähert sich die Energie des gestreuten Photons der Hälfte der Ruheenergie eines Elektrons, also ca. 255 keV.
- Durch die Compton-Streuung erzeugte sekundäre Elektronen besitzen Energien in der Größenordnung des einfallenden Photons, in der Therapie also im MeV-Bereich, und damit entsprechende Reichweiten von bis zu einigen mm in Gewebe.

Um die Wechselwirkungsquerschnitte für die Wahrscheinlichkeit der Compton-Streuung oder auch die Winkelverteilung der gestreuten Teilchen zu finden, verwendeten Oskar Klein und Yoshio Nishina in den 1920er-Jahren die damals gerade erst veröffentlichte relativistische Wellengleichung von Paul Dirac. Ihre auf der Quantenelektrodynamik beruhende Formel ist bis heute eine äußerst präzise Beschreibung des Phänomens. Sie zeigt, dass für höhere Photonenenergien die Wahrscheinlichkeit für eine Wechselwirkung geringer wird und sich die gestreuten Elektronen erheblich stärker in Vorwärtsrichtung bewegen (Abb. 1.7b). Der Gesamtwirkungsquerschnitt pro Elektron σ_{inc} kann über die Elektronendichte mit dem Massenschwächungskoeffizienten verknüpft werden, damit ist σ_{inc}/ρ praktisch unabhängig von der Ordnungszahl Z des Absorbers.

1.3.2.5 Rayleigh-Streuung

Im Gegensatz zur Compton-Streuung wechselwirkt bei der Rayleigh-Streuung das Photon mit dem gesamten Atom, das daraufhin ein Photon gleicher Energie emittiert. Dieser Prozess ist lediglich aufgrund der Richtungsänderung interessant, da keine Energie auf den Absorber übertragen wird. Der Massenschwächungskoeffizient σ_{coh}/ρ steigt mit der Ordnungszahl des Absorbers und fällt gleichzeitig stark mit anwachsender Photonenenergie, so dass die kohärente Streuung für leichte Materialien und Photonenenergien über 100 keV meist vernachlässigt werden kann. Auch treten im relevanten Energiebereich meist nur kleine Streuwinkel auf.

1.3.2.6 Photoelektrischer Effekt

Die photoelektrische Absorption war bis zu den Arbeiten zur Compton-Streuung der einzige konklusive Nachweis einer Teilchennatur des Lichtes. Im Gegensatz zur inkohärenten Streuung ist hier als Folge der Interaktion mit dem gesamten Atom der Transfer der gesamten Photonenenergie möglich. Die kinetische Energie des Photoelektrons entspricht dann der einfallenden Photonenenergie abzüglich der Bindungsenergie. Liegt die Photonenenergie unterhalb der Schwelle der geringsten Bindungsenergie, kann der Prozess nicht stattfinden. Er ist allerdings am wahrscheinlichsten, wenn E_{ph} gerade gleich oder etwas größer

Abb. 1.8 Verlauf des Massenschwächungskoeffizienten μ/ρ für Wolfram und Wasser (mit den Einzelbeiträgen für Photoeffekt, Compton-Streuung und Paarbildung). Im niedrigen Energiebereich sind die K- und L-Kanten für Wolfram deutlich zu erkennen. Für Wasser ist zusätzlich der Massenabsorptionskoeffizient μ_{en}/ρ aufgetragen, der für die photoelektrische Absorption mit dem Schwächungskoeffizienten zusammenfällt – durch die Energie der gestreuten Compton-Photonen aber zunehmend abweicht. (Daten: NIST XCOM)

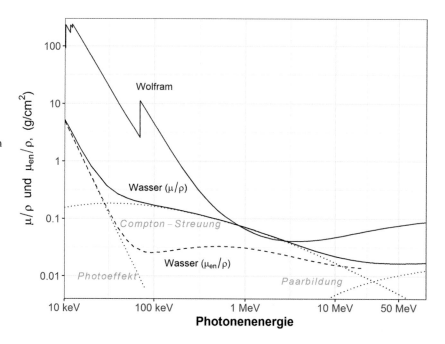

als die jeweilige Bindungsenergie ist. Dies führt zum Auftreten von K-, L- etc. Kanten im Schwächungskoeffizienten bei den entsprechenden Energien. Die K-Elektronen tragen hierbei am stärksten zur Absorption bei (zwei K-Elektronen leisten ca. den fünffachen Beitrag der acht L-Elektronen). Für schwerere Elemente liegen diese Kanten im Bereich der diagnostischen Röntgenspektren (s. Abb. 1.8).

Der photoelektrische Schwächungskoeffizient τ/ρ fällt sehr schnell mit der Photonenenergie ab (E_{ph}^{-3}). Gleichzeitig steigt er sehr stark mit der Ordnungszahl (Z^{3-4}). Erst der letztere Zusammenhang erlaubt die Bildgebung der knöchernen Anatomie ($Z_P = 15$, $Z_{Ca} = 20$) im umliegenden Weichgewebe ($Z \approx 7$) durch Röntgenstrahlen.

Der Photoeffekt ist oft von der Emission von Auger-Elektronen und charakteristischer Fluoreszenz begleitet, da ein angeregter Zustand der Hüllenelektronen resultiert. In Gewebe sind die Werte für den Schwächungs-, den Energietransfer- und Absorptionskoeffizienten des Photoeffektes aufgrund der lokalen Absorption der relativ niedrigenergetischen Photoelektronen ungefähr gleich. Wie auch bei der Compton-Streuung tritt bei höherer Photonenenergie verstärkt eine Streuung unter kleinen Winkeln (Vorwärtsstreuung) auf.

1.3.2.7 Paarerzeugung

Ist die Photonenenergie größer als die zweifache Ruheenergie eines Elektrons, also $2 \cdot 511\,\mathrm{keV} = 1{,}022\,\mathrm{MeV}$, kann es im Feld eines Atomkernes (welcher aus Gründen der Impulserhaltung notwendig ist) zur Bildung eines Elektron-Positron-Paares kommen. Die Wahrscheinlichkeit für diesen Vorgang und somit der verbundene Massenschwächungskoeffizient κ/ρ steigt stark mit der Photonenenergie und linear mit der Ordnungszahl des Absorbers an. Das Positron kann sich je nach kinetischer Energie bis zu einigen mm weit bewegen, bevor es unter Bildung eines

Positronium-Systems in zwei bzw. selten auch in drei Photonen zerstrahlt. Im ersten Fall erhalten beide Photonen 511 keV und entfernen sich praktisch auf einer Linie voneinander, was die Grundlage für die Positronen-Emissions-Tomographie (PET) darstellt.

1.3.2.8 Totaler Schwächungskoeffizient

Abb. 1.8 zeigt den Verlauf des totalen Massenschwächungskoeffizienten μ/ρ als Funktion der Photonenenergie, der sich als Summe der Einzelprozesse zusammensetzt:

$$\frac{\mu}{\rho} = \frac{\tau}{\rho} + \frac{\sigma_{coh}}{\rho} + \frac{\sigma_{inc}}{\rho} + \frac{\kappa}{\rho} \tag{1.50}$$

Grob lässt sich für Wasser (Gewebe) der Verlauf unterteilen in die in Tab. 1.4 angegebenen Bereiche. Bei sehr hohen Photonenenergien (etwa 8 MeV) können zusätzlich noch photonukleare Wechselwirkungen stattfinden, die über (γ, p)- bzw. (γ, n)-Reaktionen in geringem Maße zur Dosisbelastung des Patienten oder Aktivierung von Geräten führen können, hier aber vernachlässigt werden.

Tab. 1.4 Relevante Photonenwechselwirkungen für Wasser im Bereich zwischen 10 keV und 10 MeV

Photonenenergie E_{ph}	Wechselwirkungsprozesse
$\leq 50\,\mathrm{keV}$	Photoelektrische Absorption dominiert
$60\text{–}90\,\mathrm{keV}$	Photoeffekt und Compton-Streuung treten auf
$0{,}2\text{–}2\,\mathrm{MeV}$	Compton-Streuung praktisch alleinige Interaktion
$5\text{–}10\,\mathrm{MeV}$	Paarbildung beginnt relevant zu werden
$> 10\,\mathrm{MeV}$	Paarbildung dominiert

1.3.3 Geladene Teilchen I: Protonen und schwerere Ionen

Im Gegensatz zu Photonen findet bei ausreichend schnellen geladenen Teilchen eine Vielzahl von elektromagnetischen Wechselwirkungen statt. Elektronen, Ionen und andere geladene Teilchen werden kontinuierlich abgebremst und haben anders als Photonen oder Neutronen eine definierte Reichweite. Ein Proton mit 1 MeV kinetischer Energie hat ungefähr 100.000 Wechselwirkungen, bevor es praktisch zum Stillstand kommt.

Die Betrachtung beginnt hier mit schweren geladenen Teilchen, da sich einige Umstände aufgrund der um beinahe zweitausend Mal größeren Ruhemasse der Nukleonen gegenüber den Elektronen vereinfachen. Der Verlust an Strahlungsenergie $d\Psi$ pro Wegstrecke dx kann wie folgt ausgedrückt werden:

$$-\frac{d\Psi}{dx} = \frac{dE}{dx} \cdot \Phi + E \cdot \frac{d\Phi}{dx} \qquad (1.51)$$

Der erste Term auf der rechten Seite der Gleichung beschreibt dabei den Verlust kinetischer Energie (Abbremsen) einer gleichbleibenden Zahl von Primärteilchen durch elektromagnetische Stöße, während der zweite Term den Verlust von Teilchen ausdrückt. Im Allgemeinen sind das inelastische Kernstöße, die durch die starke Wechselwirkung vermittelt werden.

1.3.3.1 Energieverlust

Der Energieverlust ΔE in jedem einzelnen Streuereignis oder auch über eine endliche Wegstrecke Δx ist eine stochastische Größe mit einer gewissen Streubreite. Wie für andere makroskopische Größen zuvor, wird als Differenzialquotient der mittlere Energieverlust pro Längeneinheit $d\overline{E}/dx$ gebildet und als Bremsvermögen S (engl. „stopping power") bezeichnet. Dabei findet der weitaus größte Energieübertrag durch Stoßbremsung mit den Elektronen der Absorberatome statt (S_{col}, elektronisches Bremsvermögen), während Stöße mit den Atomkernen (S_{nuc}, „nukleares" Bremsvermögen[1]) weitgehend elastisch verlaufen und die Projektile hierbei nur einen sehr geringen Energieverlust in Form eines Rückstoßes des beteiligten Kerns, aber z. T. starke Richtungsänderungen (Streuung) erfahren. Die Emission von Photonen über Bremsstrahlung (S_{rad}, Strahlungsbremsung) spielt dagegen bei Ionen eine vernachlässigbare Rolle.

Analog zu Schwächungskoeffizient und Stoßkerma bei Photonen kann das elektronische Massenbremsvermögen mit der Cema verknüpft werden:

$$D \approx C = \frac{1}{\rho} \cdot \Phi \cdot S_{col} \qquad (1.52)$$

Durch die geringe Energie der sekundären Elektronen wird meist keine Unterscheidung zwischen Cema und Dosis gemacht. Zu beachten ist, dass in der Gleichung die Fluenz und nicht die Energiefluenz verwendet wird[2].

Eine vereinfachte Herleitung des Energieverlustes durch elektronische Stoßbremsung führt zur klassischen Beschreibung nach Bohr und enthält bereits die maßgeblichen Abhängigkeiten. Die relativistische und quantenmechanische Betrachtung des Problems durch Hans Bethe resultierte in der heute allgemein verwendeten Beschreibung:

$$\frac{S_{col}}{\rho} = k \cdot \frac{Z}{A} \cdot \frac{z^2}{\beta^2} \cdot L(\beta) \qquad (1.53)$$

mit einem Faktor $k \approx 0{,}307\,\text{MeV} \cdot \text{cm}^2/\text{g}$, der reduzierten Elektronendichte Z/A des Absorbers und der Ladung z bzw. der Geschwindigkeit β des Projektils. $L(\beta)$, die sogenannte Bremszahl

$$L(\beta) = \frac{1}{2}\ln\left(\frac{2m_e c^2 \beta^2}{1-\beta^2}\right) - \beta^2 - \ln I \qquad (1.54)$$

enthält weitere (schwächere) Abhängigkeiten von der Geschwindigkeit sowie vom mittleren Anregungspotenzial I des Absorbers. I stellt den geometrischen Mittelwert aller Anregungs- und Ionisationsenergien dar und wird meist experimentell durch Messungen der Reichweite oder des Bremsvermögens bestimmt – eine sehr grobe Abschätzung bietet die Bloch-Regel: $I = Z \cdot 10\,\text{eV}$. Selbst für Wasser bestehen immer noch Unsicherheiten bezüglich des genauen Betrags von I. In der Literatur finden sich Werte im Bereich zwischen 67,2 und 81 eV, wobei sich ein Wert von 75 eV bzw. 78 eV durchgesetzt hat. Für Verbindungen kann das Massenbremsvermögen bzw. der I-Wert durch die Summationsregel von Bragg ermittelt werden:

$$\frac{S_{col}}{\rho} = \sum w_i \left(\frac{S_{col}}{\rho}\right)_i \qquad (1.55)$$

$$\ln I = \frac{\sum w_i \cdot \frac{Z_i}{A_i} \ln I_i}{\sum w_i \cdot \frac{Z_i}{A_i}} \qquad (1.56)$$

Die Antiproportionalität des Energieverlustes von der Geschwindigkeit lässt sich anschaulich mit der geringeren Wechselwirkungszeit bei schnellen Teilchen begründen und führt, da der Energieverlust kontinuierlich mit dem Abbremsen des Projektils zunimmt, zur Ausbildung einer Dosisspitze am Ende der Reichweite, dem sogenannten „Bragg-Peak". Durch gleichzeitig zunehmenden Elektroneneinfang des geladenen Projektils verringert sich allerdings auch die Ladung z, und S nimmt endliche Werte an.

Eine Reihe von Korrekturen werden in der Berechnung des Stoßbremsvermögens in den häufig verwendeten Referenz-Quellen (ICRU Bericht 37, 49 und 73; NIST ESTAR/PSTAR/ASTAR etc.) angewendet. So wird $L(\beta)$ erweitert als

$$L(\beta) = L_0(\beta) + z \cdot L_1(\beta) + z^2 \cdot L_2(\beta), \qquad (1.57)$$

wobei $L_0(\beta)$ den um Schalen- (C/Z) und Dichtekorrektur ($\delta/2$) erweiterten o. g. Ausdruck darstellt und die sogenannte Barkas-Korrektur (L_1) den Einfluss des Ladungsvorzeichens des Projektils und die Bloch-Korrektur (L_2) Effekte der von Bethe verwendeten Rechentechnik berücksichtigt. Der Einfluss der Schalen- und Dichtekorrektur ist hierbei am deutlichsten, aber selbst in den jeweilig relevanten Bereichen geringer bzw. hoher Projektilenergie für schwere geladene Teilchen kleiner als 10 %.

---

[1] Nicht zu verwechseln mit den inelastischen Kernstreuungen!

[2] Bei der späteren Berechnung der Cema für Elektronen darf zudem nur die Fluenz der primären Elektronen, nicht aber die der sekundären Elektronen („Delta-Elektronen") verwendet werden, die sich durchaus in einem ähnlichen Energiebereich befinden können!

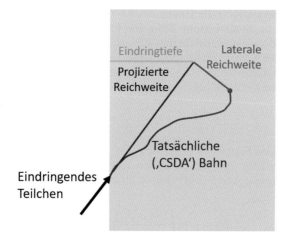

Tab. 1.5 Unbeschränkte LET-Werte für ausgesuchte Strahlqualitäten in keV/μm. Bei ungeladenen Teilchen ist der LET nicht definiert, stattdessen wird hier der Mittelwert über den LET des Sekundärteilchenspektrums angegeben

Röntgenstrahlen (250 kV)	2,0
Röntgenstrahlen (3 MV)	0,3
^{60}Co-γ-Strahlung	0,3
Elektronen (1 keV)	12
Elektronen (10 keV)	2,3
Elektronen (1 MeV)	0,25
Neutronen (14 MeV)	12
Protonen (1 MeV)	26
Protonen (10 MeV)	4,5
Protonen (100 MeV)	0,7
α-Teilchen (2,5 MeV)	170
Kohlenstoff (1 MeV/u)	720
Kohlenstoff (10 MeV/u)	165
Kohlenstoff (100 MeV/u)	26

Abb. 1.9 Geladene Teilchen bewegen sich nicht auf einer geraden Linie durch einen Absorber. Daher weicht die projizierte von der tatsächlichen Reichweite um einen gewissen Faktor („detour factor") ab, der allerdings nur für Protonen erkennbar von 1 abweicht. Bei schrägem Einfall muss zudem zwischen der Reichweite und der Eindringtiefe unterschieden werden

1.3.3.2 Reichweite

Die Reichweite R unter Annahme einer kontinuierlichen Abbremsung („continous slowing down approach", CSDA, Abb. 1.9), also der Weg entlang einer Teilchenspur kann aus dem Bremsvermögen durch Integration berechnet werden:

$$R(E) = \int_E^0 \frac{dE'}{S(E')} \qquad (1.58)$$

Im klinischen Energiebereich ist R ungefähr proportional zu $E^{1,5-1,75}$. Während für das Bremsvermögen nach der Bethe-Gleichung die Masse des Projektils keine Rolle spielt, hängt die Reichweite sehr wohl davon ab, da hier die kinetische Gesamtenergie entscheidend ist. CSDA-Reichweiten von Teilchen gleicher spezifischer kinetischer Energie (d. h. pro Nukleon) können näherungsweise mit Hilfe der folgenden Relation skaliert werden:

$$\frac{R_1}{R_2} = \frac{M_1}{M_2} \cdot \frac{z_2^2}{z_1^2}, \qquad (1.59)$$

wobei M_1 und M_2 die Massen und z_1 und z_2 die Ladungen der beiden Teilchen sind. So bewegen sich die leichten Fragmente eines Kohlenstoffstrahls, die mit ähnlicher Energie pro Nukleon wie das Primärteilchen erzeugt werden, aufgrund ihres geringeren Ladungsquadrat-Masse-Verhältnisses weiter als der Primärstrahl und tragen zur Dosis distal des Bragg-Peaks bei.

1.3.3.3 Beschränktes Bremsvermögen, LET

Der Energieverlust durch Elektronenstöße pro Längeneinheit, bei dem nur Sekundärelektronen mit einer kinetischen Energie unterhalb einer Schwelle Δ betrachtet werden, wird als beschränktes Stoß-Massenbremsvermögen oder beschränkter linearer Energietransfer (LET) L_Δ bezeichnet[3]. Durch die Begrenzung der Energie werden nur Energieüberträge in einen endlichen Bereich um die Teilchenbahn berücksichtigt. Dieser hat einen Radius, welcher der Reichweite der Sekundärelektronen mit der Schwellenenergie Δ entspricht. Der LET findet Verwendung in der Radiobiologie (wo er mit einer erhöhten relativen biologischen Wirksamkeit, RBW, verknüpft ist) und der Dosimetrie (Hohlraum-Theorie nach Spencer-Attix). Der Begriff wird auch verwendet, um dicht ionisierende „Hoch-LET-Strahlung" (also Kohlenstoffstrahlen oder langsame Protonen) von „Niedrig-LET-Strahlung" zu unterscheiden. Tab. 1.5 fasst typische LET-Werte für einige Strahlqualitäten zusammen.

1.3.3.4 Winkel- und Reichweiten-Streuung

Die einzelnen Ablenkungswinkel eines geladenen Projektils werden durch den $(\sin^{-4}\theta)$-Term des Rutherford-Wirkungsquerschnitts dominiert. Allerdings ist man eher am kumulativen Effekt der Winkelstreuung (engl. „scattering") nach Durchdringung einer gewissen Dicke eines Absorbers als an den Einzelstreuungen interessiert. Dieser wird durch – recht komplexe – Vielfach-Streutheorien („Theories of multiple Coulomb scattering") beschrieben. Die bekannteste, die Molière-Theorie, liefert in erster Näherung eine Normalverteilung der Streuwinkel. Die Änderung des mittleren kumulativen Streuwinkels θ_r wird durch das Streuvermögen („scattering power") $d\langle\theta_r^2\rangle/dx$ beschrieben. Das unterschiedliche Streuvermögen von Wasser und verschiedenen Polymeren ist beispielsweise in der Dosimetrie zu beachten, wenn Kunststoff als leicht handhabbarer Ersatz für ein Wasserphantom verwendet wird.

Neben der Streuung der Winkel tritt auch eine stochastische Energiestreuung auf (engl. „straggling"). Daher weist in einer ausreichend großen Tiefe ein ursprünglich monoenergetischer Strahl von Teilchen ein näherungsweise normalverteiltes Energiespektrum auf, dessen Breite σ_E bis zum Bragg-Peak mit folgender Gesetzmäßigkeit („Bohr straggling") zunimmt:

$$\frac{d\sigma_E^2}{dx} = 4\pi\rho \cdot \frac{Z}{A} \cdot \frac{N_A}{M_C} \cdot z^2 e^4 \qquad (1.60)$$

---

[3] Wobei geringfügige, im Allgemeinen vernachlässigbare Unterschiede in der Definition der beiden Begriffe bestehen.

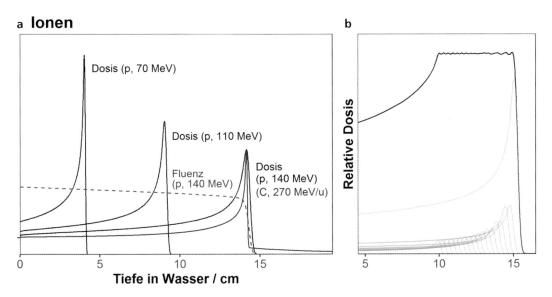

Abb. 1.10 Tiefenkurven für monoenergetische Ionen in Wasser (**a**). Deutlich zu sehen ist die größere Reichweite bei höherer Energie, aber auch das geringere Verhältnis von Maximal- zu Eingangsdosis („peak-plateau ratio") und die größere Breite der Bragg-Peaks. Das Verhältnis der Reichweitenstreuung zwischen Protonen und Kohlenstoff bei gleicher Reichweite beträgt ca. 0,3, da die Wurzel des Massenunterschiedes eingeht. Die Protonenfluenz (*grün*) nimmt durch inelastische Kernstöße bis zum Bragg-Peak hin ab. Für Kohlenstoff ist der Dosisschwanz durch leichte Fragmente zu erkennen. In der Strahlentherapie wird durch Überlagerung mehrerer monoenergetischer Strahlen (*grau*) ein breites Dosisplateau (*rot*) in der Tiefe erreicht werden („spread-out Bragg peak", **b**), wodurch allerdings das peak-plateau ratio verschlechtert wird

Die Energieaufstreuung übersetzt sich somit in eine Reichweitenstreuung $\sigma_R = \sigma_E/(\frac{dE}{dx})$, die die Breite des Bragg-Peaks bzw. das Verhältnis der maximalen Dosis zur Dosis am Eintrittsort in den Absorber („peak-plateau ratio") beeinflusst (Abb. 1.10).

1.3.3.5 Inelastische Kernstreuungen

Wenn das Projektil energetisch in der Lage ist, den Coulomb-Wall zu überwinden, können von der starken Wechselwirkung vermittelte Kernreaktionen stattfinden. Eine anschauliche Beschreibung für Kern-Kern-Reaktionen ist die Abscherung der Nukleonen im Überlappungsbereich von Projektil- und Target-kern. Dies hat einen hochangeregten „Feuerball" aus (schnellen) Fragmenten zur Folge, welche eine ähnliche Energie und Richtung wie das Projektil aufweisen. In einem zweiten Schritt evaporieren (langsame) einzelne Nukleonen oder Nukleonen-verbände durch Abregung der Fragmente. Ebenso können Photonen („prompte" Gammaquanten) emittiert werden. Diese Vorgänge resultieren bei schwereren Ionen wie Kohlenstoff in einer Vielzahl von leichteren Fragmenten im Strahl. Die Zahl der primären Teilchen nimmt hierbei langsam exponentiell mit etwa 4 %/cm (1 %/cm) für Kohlenstoffionen (Protonen) ab, d. h., nur ca. die Hälfte der primären Kohlenstoffionen erreicht den Bragg-Peak in einer Tiefe von 12 cm. Die Fragmentation ist verantwortlich für die Produktion von β^+-Emittern wie ^{11}C oder ^{15}O, die zur Reichweite-Verifikation von Ionenstrahlbehandlungen mittels PET genutzt werden können. Sie bildet auch die Grundlage experimenteller In-vivo-Verifikationsverfahren wie „Prompt-Gamma-Imaging" oder „Interaction-Vertex-Imaging", welches sekundäre Protonen nutzt. Die Produktion sekundärer Neutronen durch Wechselwirkung mit dem Patienten und Material im Strahlerkopf ist insbesondere für den Strahlenschutz

relevant. Durch die sekundären Neutronen kann auch eine erhebliche Aktivierung insbesondere schwerer Materialien im Strahlengang erfolgen.

1.3.4 Geladene Teilchen II: Elektronen und Positronen

1.3.4.1 Energieverlust

Hans Bethe hatte in seiner Ableitung des Stoßbremsvermögens zwischen zwei Arten von Kollisionen unterschieden:

- Stöße mit einem Stoßparameter, der sehr viel größer ist, als der Atomradius. Diese treten aus offensichtlichen geometrischen Gründen sehr häufig auf, zeigen aber nur einen geringen Energieübertrag (engl. „soft collisions"). Das Projektil stört hierbei die Elektronenstruktur des gesamten Atoms. Eine anschauliche, klassische Obergrenze für den Stoßparameter (bzw. ein minimaler Energieübertrag) wurde von Bohr mit der Entfernung gefunden, für die die Wechselwirkungszeit vergleichbar wird mit typischen Umlaufgeschwindigkeiten der Elektronen, so dass diese quasi adiabatisch dem Feld des Projektils folgen können und keine Energie mehr übertragen wird.
- Stöße mit einem Stoßparameter in der Größenordnung eines Atomradius. Diese selteneren Kollisionen zeigen einen erheblich höheren Energieübertrag („hard collisions", „knock-on collisions") und betrachten ein einzelnes atomares Elektron als Stoßpartner. Daher spielt für diese Stöße auch die genaue Natur (Spin etc.) der Stoßpartner eine Rolle.

Abb. 1.11 Tiefendosiskurven für monoenergetische Elektronenstrahlen von 6, 12, und 24 MeV (**a**). Der Bragg-Peak ist im Gegensatz zu Ionen durch die viel stärkere Winkelstreuung bei Elektronen nicht mehr zu erkennen. Trotzdem zeigen Elektronen eine definierte, von der Energie abhängige Reichweite, die therapeutisch genutzt werden kann. Bei der 24-MeV-Kurve zeigt sich zudem ein geringer Anteil von Bremsstrahlung, der für einen Dosisschwanz jenseits der eigentlichen Reichweite von ca. 12 cm sorgt. **b** laterale Dosisverteilung für 24-MeV-Elektronen. Während Photonen (Abb. 1.6), Protonen und insbesondere schwerer Ionen recht scharfe Feldgrenzen besitzen, bilden Elektronen breite Halbschatten aus

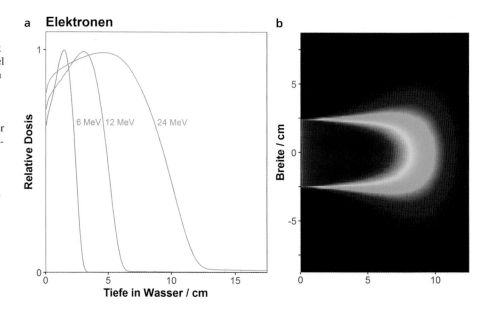

Während also für das Bremsvermögen der Elektronen derselbe Term für energiearme Stöße wie in den Betrachtungen für Ionen genutzt werden kann, muss der „hard collision"-Term also aus der Møller- (Elektronen) bzw. Bhabha-Streuung (Positronen) abgeleitet werden. Da bei Elektronen zudem die Stoßpartner identische Teilchen sind und nicht unterschieden werden können, wird per Konvention das nach dem Stoß energiereichere als das Primärteilchen festgelegt. Damit entspricht die maximal übertragbare Energie der halben einfallenden kinetischen Elektronenenergie E. Die modifizierte Version der Bethe-Gleichung ist (mit $\tau = E/m_ec^2$):

$$\frac{S_{\text{col}}}{\rho} = k \cdot \frac{Z}{A} \cdot \frac{1}{\beta^2} \cdot \left[\frac{1}{2} \ln \frac{\tau^2(\tau+2)}{2(\frac{I}{m_ec^2})^2} + F(\tau) - \frac{C}{Z} - \frac{\delta}{2} \right]$$

(1.61)

Der Term $F(\tau)$ berücksichtigt die Unterschiede für Positronen und Elektronen. Eine wichtigere Rolle als bei schweren geladenen Teilchen nimmt die Dichtekorrektur $\delta/2$ ein, die die Abnahme des Bremsvermögens durch die Polarisation des Absorbers beschreibt und für 10-MeV-Elektronen in Wasser bereits 10 % beträgt.

1.3.4.2 Strahlungsbremsung

Im Gegensatz zu schweren geladenen Teilchen ist die Erzeugung von Bremsstrahlung für leichte geladene Teilchen relevant (Abb. 1.11). In die Bethe-Heitler-Beschreibung des Strahlungsbremsvermögens

$$\frac{S_{\text{rad}}}{\rho} \propto \frac{e^4}{(mc^2)^2} \cdot \frac{Z^2}{A} \cdot (E + m_ec^2)$$

(1.62)

geht die inverse Projektilmasse im Quadrat ein, womit der Effekt für Elektronen $4 \cdot 10^6$ Mal größer ist als für Protonen. Technisch wird die Strahlungsbremsung für die Erzeugung von Röntgenstrahlen in entsprechenden Röhren genutzt, die auf grund der Abhängigkeit von der Ordnungszahl des Absorbers

Anoden aus Wolfram oder ähnlich schweren Materialien besitzen. Um den Bremsstrahlungsanteil zu reduzieren, sollten daher zur Abschirmung von Elektronen (im Gegensatz zu Photonen) leichte Materialien eingesetzt werden.

1.3.4.3 Rückstreuung

Durch ihre geringe Masse können Elektronen auch in Rückwärtsrichtung aus einem Absorber herausgestreut werden. Dieser Effekt ist besonders stark bei geringeren Energien und schweren Materialen. So beträgt die Albedo, also der Anteil der rückgestreuten Elektronen, für Elektronenenergien von 1 MeV bei Kohlenstoff 2 %, bei Aluminium 8 % und bei Gold 50 %!

1.3.5 Neutronen

Neutronen sind elektrisch ungeladen und ionisieren somit indirekt. Über Kernstöße werden als geladene Sekundärteilchen v. a. langsame Rückstoßprotonen mit einem vergleichsweise hohen LET erzeugt. Neutronenstrahlen zeigen wie Photonen eine exponentiell abfallende Tiefendosiskurve. Sie sind immer auch von einer Photonenkomponente begleitet. Neutronen werden sowohl im MeV-Bereich („schnelle" Neutronen) als auch als thermische Neutronen (< eV) verwendet und in den siebziger Jahren des vergangenen Jahrhunderts als vielversprechender Hoch-LET-Strahlentherapie-Ansatz untersucht, da sie aufgrund der Sekundärteilchen eine erhöhte biologische Wirksamkeit ähnlich den Ionenstrahlen im Bragg-Peak aufweisen können. Neutronen zeigen allerdings eine geringere Varianz der Dosis und des LETs im bestrahlten Gewebe (s. Abb. 1.12). Dies steht im Gegensatz zu Ionenstrahlen, welche gerade im distalen Dosismaximum einen höheren LET und somit auch eine höhere RBW aufweisen. Der hohe LET der Neutronen führte daher zu teils drastischen Nebenwirkungen im Normalgewebe. Die Neutronentherapie wird nur noch von wenigen Zentren weltweit

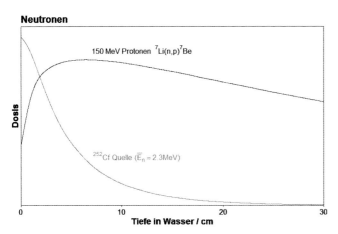

Abb. 1.12 Tiefendosiskurven für Neutronen, die aus schnellen Protonen mit ähnlicher kinetischer Energie über ein Lithium-Target erzeugt werden und für eine ^{252}Cf-Quelle mit deutlich langsameren Neutronen. Wie Photonen zeigen auch Neutronen einen energieabhängigen Aufbaueffekt (v. a. durch sekundäre Protonen) und einen weiteren exponentiellen Verlauf. Das Kerma-Konzept wird auch auf Neutronen angewendet

für spezielle Indikationen, z. B. Speicheldrüsentumoren, angewandt. In Protonen- und Ionenstrahlen sowie hochenergetischen Photonenstrahlen sind Neutronen dagegen ein unerwünschtes Nebenprodukt.

Der dominante Wechselwirkungsprozess bei schnellen Neutronen ist die elastische Streuung an Atomkernen. Die dabei durchschnittlich übertragene Energie ist

$$\overline{\Delta E} = \frac{2A}{(A+1)^2} \cdot E_n, \qquad (1.63)$$

wobei E_n die kinetische Energie des Neutrons und A die Massenzahl des Absorbers ist. Hieraus folgt, dass das effektivste Absorbermaterial Wasserstoff ($A = 1$) ist. Blei ist daher (anders als bei Photonen) ein ungeeignetes Abschirmungsmaterial für Neutronen. Die Moderation, also das Abbremsen auf thermische Energien ($\approx 0{,}025\,\text{eV}$) von 2-MeV-Neutronen benötigt in Wasserstoff durchschnittlich 27, in Kohlenstoff 120 und in Uran 2200 Stöße.

Bei thermischen Neutronen wird die meiste Energie über Produkte von Kernreaktionen deponiert, besonders prominent dabei ist die Bor-Einfang-Reaktion:

$$^{10}\text{B}\,(n, \alpha)\,^{7}\text{Li}, \qquad (1.64)$$

wobei das Lithium eine kinetische Energie von 0,85 MeV und das α-Teilchen von 1,45 MeV besitzen, also mit einer hohen Ionisationsdichte ihre Energie in unmittelbarer Nachbarschaft zum Interaktionspunkt deponieren. Diese Reaktion wird daher auch zur Tumortherapie in der sogenannten Bor-Einfangtherapie genutzt, bei der versucht wird, Bor im Tumor anzureichern und so einen differenziellen Effekt zwischen Tumor und Normalgewebe zu erzielen.

1.4 Messung von Strahlung

Julia-Maria Osinga-Blättermann

Strahlung, ob direkt ionisierend oder indirekt ionisierend, kann man weder sehen, hören noch fühlen. Um Strahlung nachzuweisen, nutzt man daher einen physikalischen oder chemischen Effekt, welcher durch die Wechselwirkung von Strahlung mit Materie hervorgerufen wird. In Tab. 1.6 sind die wichtigsten Strahlungseffekte aufgeführt, die zum Nachweis von ionisierender Strahlung in der Strahlentherapie, der Diagnostik und im Strahlenschutz Verwendung finden.

Je nach Messaufgabe, d. h. vom rein qualitativen Teilchennachweis über die exakte Bestimmung von Teilchenart und Energie bis hin zur Messung der absorbierten Energiedosis in Wasser, gibt es eine Vielzahl an Detektortypen und Bauarten. Im Folgenden soll ein Überblick über die Messmethoden gegeben werden, die für die in diesem Lehrbuch behandelten Themen am wichtigsten sind. Dabei soll der Fokus auf dem grundlegenden Verständnis der jeweiligen Nachweisprinzipien liegen.

Viele der grundlegenden Konzepte knüpfen an die anschaulichen Darstellungen der Lehrbücher von Krieger [13] sowie Johns und Cunningham [10] an, auf die an dieser Stelle zur weiteren Vertiefung verwiesen sei. Die in den folgenden Abschnitten aufgeführten Detektoreigenschaften und ihre Anwendungen basieren hauptsächlich auf dem 2014 erschienen Übersichtsartikel von Seco et al. [22], in dem die Anwendungen der verschiedenen Detektoren in der Dosimetrie und Bildgebung zusammengefasst dargestellt sind. Hinweise zu weiterführender Spezialliteratur werden jeweils am Ende der Abschnitte gegeben.

1.4.1 Strahlungseffekt: Wärme

Bestrahlt man ein Material mit Photonen oder Teilchen, so wird durch die im vorherigen Abschnitt beschriebenen Wechselwirkungen (Abschn. 1.3) Energie von diesen auf das Material übertragen und absorbiert. Dies führt zu einer Erwärmung des Materials, dessen Temperaturerhöhung ΔT gemessen werden kann. Unter der Annahme, dass die Energie vollständig in Wärme umgesetzt wird, kann man durch Multiplikation der gemessenen strahlungsinduzierten Temperaturerhöhung ΔT mit der spezifische Wärmekapazität des Absorbermaterials $c_{m,p}$, die pro Masse Δm im Material absorbierte Energie ΔE berechnen. Dies entspricht der Definition der Energiedosis, welche im vorherigen Abschnitt bereits vorgreifend eingeführt wurde und in Kap. 21 detailliert erläutert wird:

$$\Delta T \cdot c_{m,p} = \frac{\Delta E}{\Delta m} = D_m. \qquad (1.65)$$

Im Allgemeinen kann man mit Hilfe dieses prinzipiell einfachen Messverfahrens ohne zusätzliches Wissen über die Strahlungsqualität (d. h. Art der Strahlung, Energiespektrum etc.) die im Absorbermaterial deponierte Energiedosis direkt bestimmen.

Tab. 1.6 Übersicht von Strahlungseffekten, den entsprechenden Messgrößen und der in diesem Kapitel vorgestellten Detektoren zum Nachweis und zur Dosimetrie ionisierender Strahlung

Strahlungseffekt	Messgröße	Detektoren
Wärme	Temperatur	Wasserkalorimeter
		Graphitkalorimeter
Erzeugung von freien Ladungsträgern	Ladung, Strom	Ionisationskammer
		Zählrohr (s. Abschn. 12.2)
		Diamantdetektor
		Halbleiterdiode
		Flachbilddetektor aus amorphem Silizium
Lumineszenz	Licht	Szintillationsdetektor
		Verstärkungsfolie
		Leuchtschirm
		Speicherfolie
		Thermolumineszenz-Detektor
		Optisch stimulierter Lumineszenz-Detektor
Chemische Reaktionen	Fe^{3+}-Konzentration	Fricke-Dosimeter
	Polymerisation	Gel-Dosimeter
		Radiochromer Film
	Freie Radikale	Alanin-Dosimeter
	Schwärzung	Radiographischer Film

Dies unterscheidet die Kalorimetrie von den vielzähligen anderen Messmethoden in der Dosimetrie, weshalb die Kalorimetrie als die fundamentalste Methode zur absoluten Dosisbestimmung betrachtet werden kann.

Von zentraler Bedeutung in der klinischen Dosimetrie ist die Bestimmung der Wasser-Energiedosis D_W, weshalb als Materialien für die Kalorimetrie Wasser und Graphit besonders interessant sind – Wasser aus offensichtlichen Gründen und Graphit, da es radiologisch gesehen den Wechselwirkungseigenschaften von Gewebe mit Strahlung sehr nahe kommt und als Festkörperkalorimeter durchaus Vorteile gegenüber dem Wasserkalorimeter hat. Sowohl das Wasserkalorimeter als auch das Graphitkalorimeter werden international als **Primärstandard** zur Bestimmung der absoluten Wasser-Energiedosis D_W für Photonenstrahlung verwendet und sollen daher im Folgenden hinsichtlich ihrer Eigenschaften, Besonderheiten und Herausforderungen in der praktischen Anwendung näher betrachtet werden. Beim Abwägen der Vor- und Nachteile beider Kalorimetertypen sollte man aber nicht vergessen, dass das Vorhandensein beider Primärstandards für die Dosimetrie von großem Wert ist: Die Möglichkeit, eine Messgröße mit verschiedenen unabhängigen Messverfahren zu bestimmen, steigert deren Robustheit gegen systematische Messungenauigkeiten und ermöglicht daher im Fall der Wasser-Energiedosis ein sehr stabiles Kalibriersystem. Weiterführende Literatur hierzu finden Sie beispielsweise im Übersichtsartikel von Seuntjens et al. [23], auf dem viele der folgenden Ausführungen beruhen.

1.4.1.1 Wasserkalorimetrie

Die Besonderheit der Wasserkalorimetrie ist, dass man die absorbierte Energiedosis direkt in Wasser misst und nicht von einem anderen Absorbermaterial (bspw. Graphit) in die Energiedosis umrechnen muss, die man unter gleichen Bestrahlungsbedingungen in Wasser gemessen hätte.

Die Betrachtung in Gl. 1.65 hat jedoch außer Acht gelassen, dass in manchen Absorbermaterialien, wie beispielsweise Wasser, die absorbierte Energie nicht vollständig in Wärme umgesetzt wird, sondern ein Teil der Energie zu chemischen Veränderungen des Materials und chemischen Reaktionen führt (z. B. Radiolyse des Wassers). Je nach Material können exotherme und/oder endotherme Reaktionen auftreten, welche die messbare Temperaturerhöhung direkt beeinflussen und damit die so bestimmte Energiedosis verfälschen. Diesen Effekt nennt man **kalorischen Defekt** h, welcher bei der Bestimmung der Energiedosis mit dem materialspezifischen Korrekturfaktor k_h berücksichtigt wird:

$$D_m = \Delta T \cdot c_{m,p} \cdot k_h. \tag{1.66}$$

k_h ist dabei größer eins für endotherme Reaktionen und kleiner eins für exotherme Reaktionen.

Die genaue Kenntnis des kalorischen Defekts von Wasser gehört zu den fundamentalen Herausforderungen in der Wasserkalorimetrie. Unter Bestrahlung bilden sich im Wasser sogenannte primäre Produkte der Radiolyse (z. B. „reaktionsfreudige" Radikale), welche dann im weiteren Verlauf der Bestrahlung eine Vielzahl von chemischen Reaktionen (sowohl endotherm als auch exotherm) mit Wassermolekülen oder mit im Wasser gelösten Verunreinigungen (z. B. auch Gasen) eingehen können. Um solche Reaktionen einzugrenzen bzw. zu kontrollieren, wird an der Physikalisch-Technischen Bundesanstalt (PTB) hochreines Wasser mit Stickstoff oder Wasserstoff gesättigt um insbesondere den hochreaktiven Sauerstoff zu reduzieren. Dies verhindert zwar nicht die Bildung von Wasserradikalen, wohl aber das Ablaufen zusätzlich denkbarer chemischer Reaktionen im Messvolumen. Nichtsdestotrotz können selbst in diesem sehr kontrollierten System noch immer mehr als 50 verschiedene chemische Reaktionen stattfinden. Allerdings haben detaillierte Modellrechnungen zu dem an der PTB verwendeten System

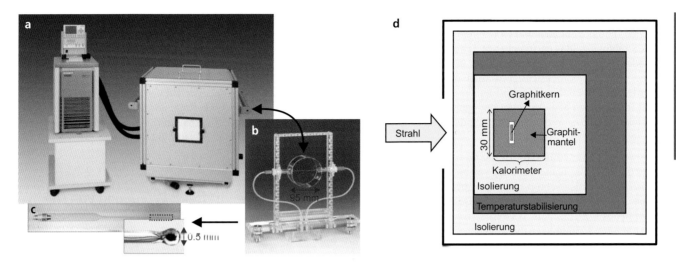

Abb. 1.13 a Transportables Wasserkalorimeter der PTB mit Kühlaggregat. **b** Der kalorimetrische Detektor bestehend aus einem Glaszylinder mit hochreinem Wasser sowie Thermistoren zur Temperaturmessung. **c** zeigt eine vergrößerte Darstellung eines Thermistors. Abbildungen mit freundlicher Genehmigung der PTB. **d** Schematische Darstellung des transportablen Graphitkalorimeters des *National Physical Laboratory* (NPL, Großbritannien). (Nach [18]. © Institute of Physics and Engineering in Medicine. Reproduced by permission of IOP Publishing. All rights reserved.)

Tab. 1.7 Relevante physikalische und chemische Eigenschaften von Wasser (bei 4 °C) [12, 14] und Graphit [18] bezüglich der kalorischen Bestimmung der Wasser-Energiedosis

	Wasser	Graphit
Wärmeleitfähigkeit λ [W m^{-1} K^{-1}]	0,569	134
Spezifische Wärmekapazität c_p [J kg^{-1} K^{-1}]	4206,8	726
Strahlungsinduzierte Temperaturdifferenz $\Delta T / D$ für $h = 0$ [mK Gy^{-1}]	0,24	1,4

gezeigt, dass sich nach einmaliger Vorbestrahlung ein konstanter kalorischer Defekt von null einstellt. Demnach kann man annehmen, dass die absorbierte Energie vollständig in Wärme umgesetzt wird, so dass k_h in Gl. 1.66 einen Wert von 1,0 annimmt.

Abb. 1.13a–c zeigt den Aufbau des transportablen Wasserkalorimeters der PTB, welches unter anderem zur Bestimmung der absoluten Wasser-Energiedosis für Photonenstrahlung verwendet wird. Der grundsätzliche Aufbau besteht aus einem Wasserphantom (üblicherweise $30 \times 30 \times 30\,\text{cm}^3$) mit temperiertem ruhendem Wasser, welches gegen äußere Einflüsse thermisch isoliert ist. In diesem Wasserphantom befindet sich ein abgeschlossener Glaszylinder mit hochreinem, gesättigtem Wasser, in dem die eigentliche Messung der strahlungsinduzierten Temperaturerhöhung stattfindet.

Aufgrund der geringen Wärmeleitfähigkeit λ von Wasser (s. a. Tab. 1.7) kann man bei der Bestrahlung von ruhendem Wasser näherungsweise annehmen, dass die durch die Bestrahlung im Wasser induzierte Temperaturverteilung für eine gewisse Zeit konstant bleibt. Dies ermöglicht es, die Temperaturerhöhung ΔT an einem Punkt zu messen und demnach die absorbierte Wasser-Energiedosis punktuell zu bestimmen.

Zu den technischen Herausforderungen gehört die genaue Bestimmung von ΔT. Aufgrund der großen spezifischen Wärmekapazität von Wasser (4206,8 J kg^{-1} K^{-1}) beträgt die Temperaturerhöhung pro 1 Gy absorbierter Energiedosis nur 0,24 mK. Diese geringen strahlungsinduzierten Temperaturdifferenzen werden üblicherweise mit kalibrierten Thermistoren (Kunstwort

aus „**therm**al" und „**res**istor") gemessen. Das sind Halbleitermaterialien, die schon bei kleinen Temperaturänderungen eine deutliche Widerstandsänderung zeigen, so dass über eine Messung des temperaturabhängigen Widerstandes die Temperatur sehr präzise bestimmt werden kann.

Neben diesem technischen Aspekt ist die Minimierung von Wärmetransporteffekten essenziell für eine akkurate Dosimetrie. Wärmestrahlung kann aufgrund der geringen strahlungsinduzierten Temperaturdifferenzen in Wasser vernachlässigt werden. Um auch Wärmekonvektion, eine weitere Form des Wärmetransports, ausschließen zu können, betreibt man das Kalorimeter üblicherweise bei einer Wassertemperatur von 4 °C, da die Dichte von Wasser dort maximal ist ($d\rho/dT = 0$). Die geringen strahlungsinduzierten Temperaturdifferenzen (0,24 mK/Gy!) resultieren in diesem Bereich der Dichtekurve in minimalen Dichteunterschieden, weshalb Konvektion, deren treibende Kraft Dichteunterschiede sind, ebenfalls vernachlässigt werden kann. Obwohl die Wärmeleitfähigkeit von Wasser sehr gering ist (0,569 W m^{-1} K^{-1} bei 4 °C und damit fast 3 Größenordnungen kleiner als bspw. von Kupfer), kann dieser Wärmetransporteffekt für eine genaue Bestimmung von ΔT nicht vernachlässigt werden.

Woher kommen nun also die Temperaturgradienten, die Wärmeleitung verursachen? Zum einen von der Bestrahlung von Materialien im Strahlengang, die nicht aus Wasser bestehen und daher eine andere spezifische Wärmekapazität haben. Als Beispiel sei hier der Glaszylinder genannt, dessen Wärmekapazität deutlich kleiner als die von Wasser ist und der daher unter gleichen Bestrahlungsbedingungen wärmer wird. Zudem verursachen Inhomogenitäten und Gradienten in der Dosisverteilung des Strahlungsfeldes entsprechende Temperaturverteilungen im Wasser, die zu Wärmeleitung führen und daher bei der Messung von ΔT berücksichtigt werden müssen. Diese Effekte werden in numerischen (Finite-Elemente-Methode) Wärmeleitungsrechnungen berücksichtigt und gehen als Wärmeleitungskorrekturfaktor k_c in die Bestimmung der Wasser-Energiedosis D_w ein.

Ein weiterer Korrekturfaktor ist der Pertubationsfaktor k_p, welcher die Absorption und Streuung von nicht-wasseräquivalenten Materialien berücksichtigt und experimentell bestimmt werden kann. Demnach erhält man für die Bestimmung der Wasser-Energiedosis D_w mittels Wasserkalorimetrie unter gegebenen Bestrahlungsbedingungen die folgende Gleichung:

$$D_w = \Delta T \cdot c_{w,p} \cdot k_h \cdot k_c \cdot k_p. \qquad (1.67)$$

Zusammenfassend kann man sagen, dass die Kunst der Wasserkalorimetrie in der akkuraten Bestimmung dieser Korrekturfaktoren liegt. Gelingt dies, so erlaubt die Wasserkalorimetrie die Bestimmung der Wasser-Energiedosis im ^{60}Co-Strahl mit einer Standardmessunsicherheit von nur 0,2 %, welche momentan von keinem anderen Detektor erreicht wird. Der große, mit dieser Genauigkeit, verbundene Messaufwand macht aber auch deutlich, dass sich die Wasserkalorimetrie nicht als dosimetrisches Routineverfahren im klinischen Alltag eignet. Stattdessen wird die Wasserkalorimetrie in nationalen Metrologieinstituten wie der PTB als Primärstandard zum Eichen und Kalibrieren von „handlicheren" Dosimetern, wie beispielsweise Ionisationskammern, verwendet. Weiterführende Literatur zur Wasserkalorimetrie finden Sie beispielsweise in [12].

1.4.1.2 Graphitkalorimetrie

Die Graphitkalorimetrie unterscheidet sich in drei wesentlichen Punkten von der Wasserkalorimetrie:

1. Die spezifische Wärmekapazität von Graphit ist etwa 6-mal kleiner als die von Wasser (s. a. Tab. 1.7), so dass man in Graphit pro Gray absorbierter Energiedosis eine Temperaturänderung von 1,4 mK messen kann (i. Vgl. dazu Wasser: 0,24 mK/Gy). Daraus resultiert ein 6-mal besseres Signal-zu-Rausch-Verhältnis bei der Temperaturmessung.

2. Die Wärmeleitfähigkeit von Graphit ist etwa 200-mal größer als die von Wasser, so dass sich die strahlungsinduzierte Wärme im Graphit sehr schnell über das gesamte Absorbermaterial ausbreitet. Daher misst man mit einem Thermistor punktuell die über das gesamte Absorbermaterial gemittelte Temperatur und bestimmt damit eine gemittelte Energiedosis. Eine weitere Konsequenz ist, dass der Isolieraufwand beim Graphitkalorimeter deutlich größer als beim Wasserkalorimeter ist (Abb. 1.13d). Das Absorbermaterial, in dem die Energiedosis bestimmt wird, ist daher vom umgebenden Graphit durch Vakuum getrennt, um so Wärmeverluste aufgrund von Wärmetransportmechanismen zu minimieren.

3. Graphit ist ein Festkörper, bei dem man unter Bestrahlung im Vakuum davon ausgehen kann, dass keine strahlungsinduzierten chemischen Veränderungen der Kristallstruktur stattfinden und man daher einen kalorischen Defekt ausschließen kann (d. h. $k_h = 0$).

Da mit dieser Methode nicht die Energiedosis in Wasser, sondern in Graphit bestimmt wird, benötigt man zur Bestimmung der Wasser-Energiedosis strahlungsqualitätsabhängige Umrechnungsfaktoren. Analog zur Umrechnung von Luft-Energiedosis in Wasser-Energiedosis für luftgefüllte Ionisationskammern spielt hier das Verhältnis der Bremsvermögen von Graphit zu Wasser eine entscheidende Rolle und trägt wesentlich zur Unsicherheit des Verfahrens bei. Weiterführende Literatur zu diesem Thema finden Sie beispielsweise in [18].

1.4.2 Strahlungseffekt: Erzeugung von freien Ladungsträgern

Das Grundprinzip des auf diesem Effekt beruhenden Strahlungsnachweises ist die Detektion von freien Ladungsträgern, welche durch die Wechselwirkung von ionisierender Strahlung mit dem bestrahlten Material entstehen. Am anschaulichsten kann man sich diese Nachweismethode bei der Bestrahlung eines Gases vorstellen: Durch die Wechselwirkung ionisierender Strahlung mit den Gasmolekülen wird das Gas ionisiert, d. h., es entstehen freie Elektronen und positiv geladene Ionen (s. Abb. 1.14). Die freien Elektronen-Ionen-Paare können durch eine angelegte äußere Spannung getrennt und ihre Ladung mit Hilfe eines Elektrometers gemessen werden. Eine solche Messanordnung nennt man Ionisationskammer, deren gemessene Ladung unter bestimmten Umständen proportional zur Energiedosis, zur Größe des Messvolumens und zur Luftdichte selbst ist. Die Ionisationskammer unterscheidet sich von anderen gasgefüllten Detektoren durch ihre Betriebsspannung, die um einige 100 V niedriger liegt als bei Proportional- und Auslösezählrohren, die in anderen Bereichen der medizinischen Physik (z. B. Nuklearmedizin, s. Abschn. 12.2) und im Strahlenschutz Anwendung finden.

Nach dem Prinzip der Erzeugung von Ladungsträgern arbeiten auch mit dielektrischen Flüssigkeiten gefüllte Flüssigkeitsionisationskammern, die durch ihr hohes Ansprechvermögen die Herstellung sehr kleiner Kammern oder auch linearer Mehrfachkammersysteme, sogenannter *Arrays*, zur Messung von Dosisprofilen erlauben. Wie in Gasen und Flüssigkeiten kann

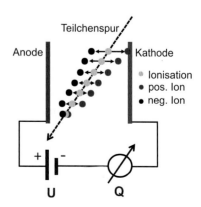

Abb. 1.14 Grundlegendes Messprinzip einer Ionisationskammer

man auch in Festkörpern durch Bestrahlung freie Ladungsträgerpaare in Form von Elektronen und Löchern erzeugen, die durch ein äußeres elektrisches Feld „abgesaugt" und gemessen werden können. Ob sich ein Festkörper für den Nachweis von Strahlung eignet, hängt von seiner elektrischen Leitfähigkeit ab. Leitende Festkörper wie Metalle eignen sich nicht für den Strahlungsnachweis, da der natürliche Stromfluss beim Anlegen einer äußeren Spannung den strahlungsinduzierten Strom deutlich übersteigt. Isolatoren, wie beispielsweise Diamant, sowie bestimmte Halbleitermaterialien eignen sich hingegen sehr gut zum Nachweis strahlungsinduzierter Ladungen, da Isolatoren unter Normalbedingungen nur eine sehr geringe natürliche Leitfähigkeit zeigen und man Halbleitermaterialien als Diode betreibt, um die natürliche Leitfähigkeit herabzusetzen.

Generell ist zu bemerken, dass die etwa tausendfach höhere Ladungsträgerdichte, welche bei Bestrahlung in kondensierter Materie gegenüber Luft auftritt, zu einem signifikanten Einfluss der Ladungsträgerrekombination führt, wodurch die erzielbare Genauigkeit abnimmt. Daher kommt den luftgefüllten Ionisationskammern eine besondere Rolle als Referenzdosimeter in der klinischen Routine zu.

1.4.2.1   Erzeugung von freien Ladungsträgern in Gasen: Ionisationskammer

Luftgefüllte Ionisationskammern sind die am häufigsten verwendeten Detektoren für die Dosimetrie in der Strahlentherapie, da sie sehr einfach in der Handhabung sind und eine sehr genaue Dosimetrie erlauben. Um mit Hilfe der luftgefüllten Ionisationskammer von der gemessenen Ladung auf die in Luft deponierte Energiedosis zu schließen, muss sichergestellt sein, dass bei der Messung alle strahlungsinduzierten Ladungen, aber auch nur diese, erfasst werden. Die Driftgeschwindigkeit, mit der die erzeugten Elektronen und Ionen zur entsprechenden Elektrode wandern, hängt linear von der elektrischen Feldstärke und damit direkt von der angelegten Spannung ab. Aufgrund der geringeren Masse haben Elektronen eine etwa 1000-fach größere Beweglichkeit im elektrischen Feld als die schweren positiv geladenen Ionen. Im Fall von Luft werden die Elektronen jedoch sehr schnell bei Stößen mit den besonders elektron-affinen Sauerstoffatomen eingefangen, so dass negativ geladene Ionen entstehen, die eine vergleichbare Driftgeschwindigkeit aufweisen wie die positiv geladenen Ionen.

Auf dem Weg der Ionen zur entsprechenden Elektrode, können Sie mit entgegengesetzt geladenen Ionen zusammenstoßen und rekombinieren, d. h. wieder neutral werden. Somit werden sie messtechnisch nicht erfasst. Dieser Effekt wird **Rekombination mit Ladungsverlust** genannt und hängt maßgeblich von der Konzentration der erzeugten Ladungsträger und ihrer Diffusionszeit im Messvolumen ab. Da diese Größen ihrerseits von der Strahlungsqualität (Ionisationsdichte der Strahlung, Dosisleistung, gepulste oder kontinuierliche Strahlung etc.), der angelegten Spannung und der Bauform der Ionisationskammer abhängen, ist die Theorie der Rekombination komplex (s. beispielsweise [13] zu den Grundzügen der Rekombinationstheorie).

Die angelegte Spannung darf jedoch auch nicht zu hoch gewählt werden, da die geladenen Teilchen im elektrischen Feld sonst so stark beschleunigt werden, dass ihre kinetische Energie ausreicht ihrerseits Luftmoleküle zu ionisieren. Die gemessene Ladung wäre in diesem Fall zu groß. Der Soll-Arbeitsbereich einer Ionisationskammer ist daher der **Sättigungsbereich**, in dem alle primär durch die Bestrahlung erzeugten Ladungen (und nur diese) messtechnisch erfasst werden bzw. nicht vermeidbare Verluste genau bekannt sind, um so das Messergebnis mit Hilfe einer **Sättigungskorrektur** zu korrigieren. Um nun von der vollständig gemessenen bzw. gegebenenfalls korrigierten Ladung auf die in Luft absorbierte Energie zu schließen, muss man wissen, wie viel Energie im Mittel pro erzeugtem Ionenpaar vom bestrahlten Material absorbiert wird. Dieser Wert wird **Ionisierungskonstante W** genannt. Entgegen ihrem Namen ist die Ionisierungskonstante bei genauerem Betrachten aber gar keine Konstante, da ihr Wert von der Strahlungsqualität und der Energie der Strahlung abhängt. Kennt man darüber hinaus die Masse m der sich im Messvolumen befindlichen Luft, so kann man die in Luft absorbierte Energie pro Masse, d. h. die Luft-Energiedosis, berechnen:

$$D = \frac{Q \cdot W}{m} \qquad (1.68)$$

Wie man von der gemessenen Luft-Energiedosis auf die in der Praxis relevante Wasser-Energiedosis schließen kann und welche dosimetrischen Konzepte und daraus resultierenden Anforderungen an die Messtechnik dahinter stecken, wird in Kap. 21 detailliert erläutert. Luftgefüllte Ionisationskammern eignen sich im Allgemeinen für die Absolutdosimetrie, wobei sie aus praktischen Gründen in der klinischen Anwendung meist mit Hilfe eines Standards kalibriert und dann als Referenzdosimeter verwendet werden.

Ionisationskammern gibt es in vielen verschiedenen Bauarten, die sich beispielsweise in Form und Größe des Ionisationsvolumens und der Sammelelektrode, durch Material und Dicke der Kammerwand sowie der Art des Füllgases unterscheiden. Da die Empfindlichkeit einer Ionisationskammer direkt von der zur Verfügung stehenden Gasmasse abhängt, verwendet man beispielsweise zum Nachweis von niedrigen Dosisleistungen großvolumige Kammern, Füllgase mit einer höheren Ordnungszahl als Luft (bspw. Argon) und/oder einen höheren Gasdruck.

Großvolumige Kugelkammern (Abb. 1.15a) finden beispielsweise im Strahlenschutz zur Raumüberwachung Anwendung. Flachkammern und Zylinderkammern (Abb. 1.15b, c) hingegen sind die am häufigsten verwendeten Ionisationskammern für die Dosimetrie in der Strahlentherapie, wobei Luft aufgrund seiner dosimetrisch gesehen weitgehenden Gewebeäquivalenz ein häufig verwendetes Füllgas ist. Für weitere Details zu den verschiedenen Bauarten und ihren Anwendungen sei an dieser Stelle auf [13] verwiesen.

1.4.2.2   Erzeugung von freien Ladungsträgern in Festkörpern: Diamantdetektor, Halbleiterdiode

Diamantdetektor

Diamant hat bei Raumtemperatur eine Bandlücke E_g von etwa 5,5 eV und zeigt daher als Isolator eine unter Normalbedingun-

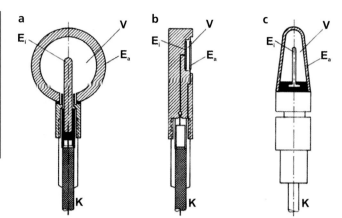

Abb. 1.15 Details zum Aufbau von drei grundlegenden Ionisationskammer-Bauformen im Strahlenschutz und der klinischen Strahlentherapie. *Schraffiert*: Luftäquivalentes Material mit leitender Oberfläche, *schwarz*: Isolatoren, V: Messvolumen, E_a: Außenelektrode, E_i: Innenelektrode, K: Koaxialkabel zum Elektrometerverstärker. **a** Kugelkammer zur Raumüberwachung im Strahlenschutz, **b** Flachkammer und **c** Fingerhutkammer (Zylinderkammer mit abgerundeter Spitze) für die Dosimetrie in der Strahlentherapie. Flachkammern besitzen eine strahlungsdurchlässige Außenelektrode mit einem exakt definierten Messort direkt auf der Rückseite der Strahleintrittsfolie, wobei sie eine ausgeprägte Richtungsabhängigkeit ihres Ansprechvermögens zeigen. Zylindrische Kammern hingegen zeigen bei seitlicher Einstrahlung eine vernachlässigbare Richtungsabhängigkeit des Ansprechvermögens und sind die wichtigsten Gebrauchsdosimeter in der Strahlentherapie. (Abbildungen nach [13])

gen vernachlässigbare natürliche Leitfähigkeit. Bestrahlt man das Material nun mit Photonen oder Teilchen deren Energie größer als die Bandlücke ist, so entstehen Elektron-Loch-Paare. In Analogie zum klassischen Prinzip einer Ionisationskammer kann man auch hier durch Anlegen einer äußeren Spannung die Ladungsträger „absaugen". Grundvoraussetzung dafür ist, dass die strahlungsinduzierten freien Ladungsträger die Elektrode auch wirklich erreichen und somit gemessen werden können. Um zu verstehen, warum diese Bedingung bei einem Isolator wie Diamant nicht zwangsläufig erfüllt ist, muss man sich zunächst den Unterschied zwischen idealen und realen Kristallen vor Augen führen:

Idealer vs. realer Kristall am Beispiel eines Ionenkristalls: In realen kristallinen Festkörpern existieren durch natürliche Defekte, wie beispielsweise Fehlstellen oder Verunreinigungen mit Fremdatomen, zusätzliche Energieniveaus im ansonsten verbotenen Bereich zwischen Valenz- (VB) und Leitungsband (LB). Dies kann man sich anschaulich am Beispiel des Natriumiodid-Kristalls (NaI) vorstellen, der aus gleich vielen, kubisch angeordneten Na^+ und I^- Ionen besteht und somit insgesamt neutral ist (Abb. 1.16a). Wird nun ein Gitterplatz fehlbesetzt, d. h., beispielsweise ein Na^+-Gitterplatz mit einem Kalzium-Ion (Ca^{2+}) besetzt, so erhält man eine Störstelle, die eine örtlich gebundene, positive Überschussladung trägt (Abb. 1.16b). Diese Störstelle wirkt anziehend auf freie Elektronen und erzeugt daher Energiezustände nahe unterhalb der Leitungsbandkante. Im Grundzustand (d. h. keine freien Ladungsträger) liegen diese Zustände oberhalb der Fermienergie E_F und sind daher nicht besetzt.

Erzeugt man nun durch Bestrahlung des Kristalls freie Ladungsträger, so werden die freien Elektronen bevorzugt von diesen Energiezuständen gebunden und können sich ohne äußere Energiezufuhr nicht befreien. Das durch die positive Überschussladung erzeugte Energieniveau wirkt also wie eine Elektronenfalle und wird daher im Englischen *electron trap* genannt. Da reale Kristalle immer bestrebt sind elektrisch neutral zu sein, befindet sich mit großer Wahrscheinlichkeit eine örtlich gebundene, negative Überschussladung in der Nähe der positiven Störstelle. Diese könnte beispielsweise durch einen unbesetzten Na^+-Gitterplatz entstehen (Abb. 1.16c). Solche Störstellen wirken anziehend auf Löcher und erzeugen daher Energiezustände nahe oberhalb der Valenzbandkante. Sie werden analog zu Elektronenfallen auch Löcherfallen (*hole trap*) genannt.

Gebunden in *traps* können die Elektronen ähnlich wie in der Hülle von Atomen diskrete Energieniveaus annehmen. Übergange innerhalb dieser lokalen Energieniveaus unter Absorption bzw. Emission von sichtbarem Licht sind unter anderem für die Farbe eines Kristalls verantwortlich. Solche in *traps* lokalisierten Elektronen können daher als **Farbzentren** wirken. ◄

Abb. 1.16 Bildung von Elektronen- und Lochfallen in einem realen Kristall am Beispiel von Natriumiodid (NaI). Erklärungen hierzu siehe Text

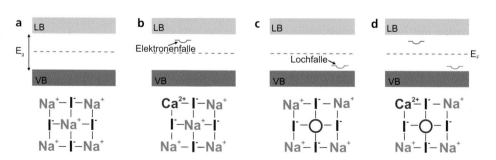

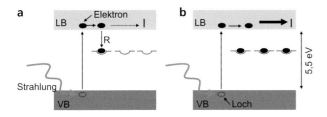

Abb. 1.17 Grundlegendes Prinzip eines Leitfähigkeitsdetektors am Beispiel von Diamant im stark vereinfachten Elektronenbild. Erläuterungen siehe Text. (Graphische Darstellung in Anlehnung an [13])

An Hand dieses Beispiels kann man sich vorstellen, dass auch in Diamant natürliche Kristalldefekte zur Bildung von *traps* in der Bandlücke führen. Zu Bestrahlungsbeginn werden die *traps* zunächst bevorzugt mit freien Ladungsträgern aufgefüllt, so dass der strahlungsinduzierte Strom gering ist (Abb. 1.17a). In Folge der Bestrahlung füllen sich die *traps*, so dass die Rekombinationsverluste abnehmen und die mittlere Lebensdauer der Ladungsträger zunimmt (Abb. 1.17b). Der Ionisationsstrom steigt an und erreicht einen stabilen Sättigungswert, welcher proportional zur Dosisleistung ist. Um dosimetrische Fehler bei der Verwendung von Diamantdetektoren zu vermeiden, sollte der Detektor vor jedem Einsatz vorbestrahlt werden, um sicher zu stellen, dass alle *traps* gefüllt sind. Dieser Prozess wird **Priming** genannt.

Warum verwendet man Diamantdetektoren?

In Diamant beträgt die im Mittel absorbierte Energie bei der Bildung eines freien Elektron-Loch-Paares, gegeben durch den W-Wert, 13 eV [22]. Im Vergleich zu Luft (W-Wert rund 34 eV [6]) entstehen in Diamant daher bei gleicher Energiedeposition die 2,6-fache Zahl an freien Elektron-Loch-Paaren. Gleichzeitig ist die Dichte von Diamant etwa 2900 Mal höher als die von Luft, so dass die Empfindlichkeit von Diamant insgesamt etwa 7600 Mal so groß ist wie die einer gleich großen, unter Normaldruck betriebenen luftgefüllten Ionisationskammer. Daher kann man Diamantdetektoren deutlich kleiner als Ionisationskammern bauen und selbst mit Messvolumen von nur wenigen mm³ ionisierende Strahlung effizient nachweisen. Durch diese kompakte Bauweise kann man sehr hohe räumliche Auflösungen erreichen, wobei das Material eine vernachlässigbare Temperatur-, Richtungs- und Energieabhängigkeit im therapeutischen Bereich (Photonen: 4–25 MV, Elektronen 5–20 MeV) zeigt. Darüber hinaus ist Diamant, also Kohlenstoff, nahezu wasseräquivalent und daher besonders attraktiv für die Dosimetrie sehr kleiner Bestrahlungsfelder, bei denen die Bedingungen (siehe Kap. 21) für eine Umrechnung von Luft- zu Wasser-Energiedosis teilweise nicht mehr erfüllbar sind. Diese besonderen Eigenschaften haben jedoch ihren Preis: Nicht jeder natürliche Diamant ist für die Dosimetrie geeignet und auch bei künstlich hergestellten Diamanten erfüllt nur ein Bruchteil die hohen Materialanforderungen für die Anwendung in der klinischen Dosimetrie [22].

Halbleiterdiode

Halbleitermaterialien haben typischerweise Bandlücken im Bereich von 0,2–2,0 eV, so dass die thermische Energie bei Raumtemperatur schon ausreicht, um Elektronen vom Valenzband ins Leitungsband anzuregen und das Material leitend zu machen. Diese natürliche, temperaturabhängige Leitfähigkeit ist zu groß, um reine Halbleitermaterialien als Dosimeter zu verwenden. Daher werden zur Minimierung dieses Stroms p-n-Kombinationen, d. h. Halbleiterdioden, verwendet. Diese werden in Sperrrichtung betrieben, so dass der natürliche Stromfluss vernachlässigbar klein wird und die intrinsische Zone analog zum Messvolumen einer klassischen Ionisationskammer aufgefasst werden kann.

Die bei Bestrahlung in der intrinsischen Schicht entstehenden Ladungsträger werden dann durch die äußere Spannung abgesaugt und gemessen. Diesen Aufwand betreibt man, da Silizium, das am häufigsten verwendete Material für klinische Halbleiterdetektoren, im Vergleich zu Diamant noch weniger Energie zur Erzeugung von freien Ladungsträgerpaaren benötigt. Der W-Wert von Silizium beträgt 3,6 eV, so dass man im Vergleich zu einer gleich großen, bei Normaldruck betriebenen luftgefüllten Ionisationskammer aufgrund der zusätzlich um den Faktor 1940 erhöhten Dichte einen Empfindlichkeitsgewinn in der Größenordnung von 20.000 erhält [22]. Daher können auf Dioden basierende Detektoren noch kompakter gebaut werden als Diamantdetektoren. Zusätzlich zeigen sie eine lineare Abhängigkeit von der absorbierten Energiedosis. Für detaillierte Ausführungen zur Bauweise von Halbleiterdetektoren insbesondere auch in Hinblick auf Anwendungen in der Nuklearmedizin sei an dieser Stelle auf Kap. 12 verwiesen.

Im Bereich der Dosimetrie sind Halbleiterdioden aufgrund der genannten Eigenschaften für in-vivo-Anwendungen interessant, bei denen man online die während der Bestrahlung tatsächlich im Patienten deponierte Energiedosis misst. Darüber hinaus eignen sie sich wegen ihrer hohen Ortsauflösung sehr gut für die relative Messung von Dosisverteilungen im Rahmen der klinischen Qualitätssicherung, wobei sich dafür insbesondere 2-dimensionale Detektor-Arrays anbieten. Da die meisten Teilchen aufgrund der hohen Materialdichte in der intrinsischen Schicht, d. h. dem Messvolumen der Diode, vollständig stoppen, kann man über die Ladungsmessung und den entsprechenden W-Wert die kinetische Energie der Teilchen vor Eintritt in den Detektor bestimmen. Halbleiterdetektoren zeigen dabei eine sehr gute Energieauflösung.

Neben den bisher erwähnten Vorteilen haben auch Si-Dioden Nachteile: Durch Bestrahlungsschäden entstehen im Material neue Rekombinationszentren, so dass das Messsignal über die Zeit kontinuierlich abnimmt. Dieser Empfindlichkeitsverlust liegt typischerweise in der Größenordnung von 1 % pro kGy bestrahlter Dosis. Darüber hinaus zeigen Si-Dioden eine Richtungsabhängigkeit ihres Ansprechvermögens von bis zu 15 % und trotz Betrieb in Sperrrichtung eine Temperaturabhängigkeit von 0,1 % pro 1 °C. Silizium ist außerdem nicht gewebeäquivalent und zeigt eine zu berücksichtigende Energieabhängigkeit des Messsignals [22]. Um bei dieser Vielzahl an Abhängigkeiten eine akkurate Dosimetrie zu gewährleisten, ist eine regelmäßige Kalibrierung (bspw. gegen eine luftgefüllte Ionisationskammer) notwendig.

Halbleiter-Detektoren finden nicht nur in der Dosimetrie eine große Anwendung, sondern sind auch für die radiologische Bildgebung von großem Interesse, wobei das grundsätzliche

Teil I

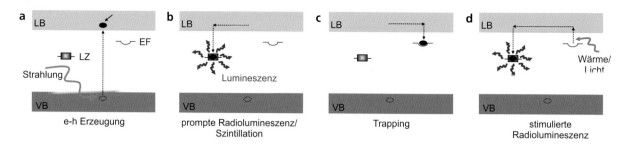

Abb. 1.18 Vereinfachte Darstellung der Entstehung von Radiolumineszenz in einem Phosphor. Für weitere Erklärungen siehe Text. LZ: Lumineszenzzentrum, EF: Elektronenfalle, VB: Valenzband, LB: Leitungsband

Anwendungsprinzip als Diode i. d. R. erhalten bleibt. Ein großer Anwendungsbereich in der Radiologie ist beispielsweise der Ersatz von radiographischen Filmen und Speicherfolien durch 2-dimensionale Dioden-Arrays aus amorphem Silizium, den sogenannten **Flachbilddetektoren**, deren großer Vorteil ein direktes, elektrisches Auslesen ist. In der indirekten Bauweise wird die einfallende Röntgenstrahlung zunächst mit Hilfe eines Szintillators (bspw. Gd_2O_2S:Tb) in sichtbares Licht umgewandelt und dadurch verstärkt (etwa 4500 sichtbare Photonen pro 60 keV Röntgenphoton). In der sich darunter befindlichen Schicht aus amorphem Silizium wird dann pro Bildpunkt (Pixel) das Licht mit Hilfe einer Diode in Elektronen umgewandelt, die resultierende Ladung von einem Kondensator gespeichert und im letzten Schritt mit Hilfe eines Dünnfilmtransistors pixelweise ausgelesen. Weiterführende Literatur zu diesen Themen finden Sie beispielsweise in [22].

1.4.3 Strahlungseffekt: Lumineszenz

Ganz allgemein ist Lumineszenz die Fähigkeit eines Materials, absorbierte Energie in sichtbares Licht umzuwandeln, wobei Wärmestrahlung nicht als Lumineszenz gilt. Dabei kann die Art der absorbierten Energie zur Anregung der Lumineszenz sehr verschieden sein: Photolumineszenz wird beispielsweise durch die Absorption von Licht (oft im UV-Bereich) erzeugt, während **Radiolumineszenz** bei der Bestrahlung mit ionisierender Strahlung entsteht. Detektiert man das durch die Radiolumineszenz emittierte Licht, so kann man daraus Rückschlüsse auf die sie verursachende ionisierende Strahlung ziehen. Diesen Strahlungseffekt nutzt man nicht nur in der Dosimetrie ionisierender Strahlung, sondern auch in der radiologischen und nuklearmedizinischen Bildgebung.

Um nachzuvollziehen warum dieser Strahlungseffekt so vielseitig einsetzbar ist, muss man zunächst die Entstehung der Lumineszenz verstehen. Alle lumineszierenden Materialien, auch **Phosphore** genannt, enthalten sogenannte Lumineszenzzentren, die durch Energiezufuhr in einen angeregten Zustand angehoben werden und bei der Relaxation in den Grundzustand sichtbares Licht emittieren. An Stelle von Lumineszenzzentren wird in der Literatur auch häufig von Aktivatorzentren gesprochen. Dabei ist der Aktivator das aktive Element des Zentrums und für die Lumineszenz verantwortlich. Dieses stark vereinfachte Bild

soll zunächst für das grundlegende Verständnis der Lumineszenz beibehalten werden, wobei der Begriff Aktivator und die physikalischen Hintergründe im späteren Verlauf näher erläutert werden.

In vielen Phosphoren wird die Energie nicht direkt vom Lumineszenzzentrum absorbiert, sondern beispielsweise von einem anderen Ion oder, im Fall eines Kristalls, vom gesamten Gitter, welches dann seinerseits das Zentrum anregt. Grundsätzlich kann man Lumineszenz nicht nur in Festkörpern, sondern auch in Flüssigkeiten und Gasen beobachten.

Im Folgenden soll der Fokus auf anorganischen kristallinen Festkörpern liegen, da diese Materialien bei der klinischen Anwendung der Radiolumineszenz von besonderer Bedeutung sind. In diesem Zusammenhang kann man zur weiteren Erklärung das Bänderdiagramm verwenden. Damit das bei der Lumineszenz entstehende Licht detektiert werden kann, muss es den Kristall verlassen können. Daraus ergibt sich eine grundsätzliche Bedingung für anorganische kristalline Phosphore: Der strahlende Übergang muss sich in der Bandlücke eines Halbleiters oder Isolators befinden, so dass die Energie der emittierten Strahlung kleiner als die Energie der Bandlücke ist und damit Re-Absorption vom Kristall minimiert wird.

Wie schon in Abschn. 1.4.2.2 gesehen, entstehen bei der Bestrahlung von Kristallen mit ionisierender Strahlung freie Elektronen im Leitungsband und zurückbleibende Löcher im Valenzband (Abb. 1.18a). Die freien Ladungsträger rekombinieren bevorzugt in Lumineszenzzentren, wobei die dabei frei werdende Energie zur Anregung des Aktivators genutzt wird, welcher dann unter Emission von Licht in seinen Grundzustand relaxiert (Abb. 1.18b). Phosphore, die wie hier beschrieben direkt bei der Bestrahlung mit ionisierender Strahlung sichtbares Licht emittieren, d. h. **prompte Radiolumineszenz** zeigen, werden häufig als **Szintillatoren** bezeichnet. Der Begriff Szintillator wird in der Literatur jedoch nicht einheitlich verwendet. Materialien, die prompte Radiolumineszenz zeigen, finden in der diagnostischen Bildgebung große Anwendung. Beispielhaft soll im Folgenden auf die **Verstärkungsfolien und Leuchtschirme** in der Röntgendiagnostik und die **Detektoren bei der Positronen-Emissions-Tomographie (PET)** in der nuklearmedizinischen Diagnostik eingegangen werden.

Es bleibt aber noch die Frage zu klären, welche Physik sich hinter dem Begriff Aktivator verbirgt. Die grundsätzliche Entstehung eines Lumineszenzzentrums, d. h. eines Aktivatorniveaus in der Bandlücke, soll mit Hilfe eines Beispiels veranschaulicht werden. In Abschn. 1.4.2.2 wurde an Hand des Ionenkristalls NaI die Entstehung von Elektronen- und Lochfallen durch natürliche Kristalldefekte erklärt. Dieser Kristall ist auch für die Radiolumineszenz von großer Bedeutung und findet als Szintillator in der Gamma-Spektroskopie Anwendung. Dafür wird NaI mit Thallium (Tl^{3+}) dotiert. Nimmt Tl^{3+} den Gitterplatz eines Na^+ ein, so entsteht eine lokale positive Überschussladung. Tl^{3+} wirkt daher anziehend auf freie Elektronen, wodurch ein zunächst unbesetztes Energieniveau nahe unterhalb der Leitungsbandkante entsteht. Fängt ein Tl^{3+}-Ion ein Elektron aus dem Kristall ein, entsteht Tl^{2+} – das Thalliumion ist nun aktiviert.

Entstehen bei der Bestrahlung freie Elektronen im Leitungsband und Löcher im Valenzband, so kann das Elektron des Tl^{2+} mit einem Loch im Valenzband rekombinieren. Die dabei frei werdende Energie regt das zurückbleibende Tl^{3+} an, welches dann unter Emission von Licht in seinen Grundzustand relaxiert. Tl^{3+} ist im Fall des NaI:Tl daher der Aktivator des Lumineszenzzentrums. Der Aktivator muss aber nicht zwangsläufig eine aktivierte Elektronenfalle sein. Die gleiche Erklärung gilt, wenn durch Dotierung mit geeigneten Ionen Lochfallen entstehen, die dann durch Einfangen eines Lochs aktiviert werden. Diese können dann mit strahlungsinduzierten Elektronen rekombinieren, wobei der jeweilige Aktivator angeregt wird und durch Emission von Licht relaxiert. Im Allgemeinen müssen Aktivatoren nicht zwangsläufig durch Dotierung entstehen, sondern können auch durch intrinsische Defekte im Kristall enthalten sein.

Prompte Radiolumineszenz ist nur dann möglich, wenn die strahlungsinduzierten Ladungsträger auch wirklich mit dem entsprechenden Aktivator rekombinieren. Werden die Ladungsträger bereits von *traps* eingefangen (Abb. 1.18c), so stehen sie zunächst nicht für die Rekombination und damit für die Emission von Licht zur Verfügung. In Abhängigkeit von der Tiefe der *traps* und der Temperatur bei der Bestrahlung unterscheidet man zwei Fälle:

- Sind die Ladungsträger in flachen *traps* gefangen und die Raumtemperatur reicht aus, um die Ladungsträger zu befreien, so kann man auch noch einige Zeit nach der Bestrahlung die Emission von Licht beobachten. Dieser Effekt wird *Afterglow* genannt und ist bei vielen Szintillatoren ein unerwünschter Nebeneffekt.
- Sind die *traps* jedoch so tief dass die thermische Energie bei Raumtemperatur nicht ausreicht, um die Ladungsträger zu befreien, so können diese nur unter Energiezufuhr von außen die *traps* verlassen – es kommt daher nicht zur prompten Rekombination. Die bei der Bestrahlung auf den Kristall übertragene Energie ist daher in diesen langlebigen Niveaus gespeichert. Man kann diese Strahlungsinformation zu einem anderen Zeitpunkt abrufen, indem man durch Zufuhr von äußerer Energie die gefangenen Ladungsträger ins Leitungsband (bei Elektronen) bzw. Valenzband (bei Löchern) anhebt, so dass sie für eine Rekombination mit dem Lumineszenzzentrum unter Emission von Licht zur Verfügung stehen (Abb. 1.18d). Materialien, die ein solches Strahlungsgedächtnis zeigen, werden daher auch **Speicherphosphore** genannt. Besonders interessant für die Dosimetrie sind dabei Materialien, bei denen man die nö-

tige Energie zum Stimulieren der Lumineszenz entweder thermisch, also durch Erhitzen des Materials, oder optisch, durch Bestrahlung mit Licht entsprechender Wellenlänge, hinzufügt. Die auf diesem Radiolumineszenz-Mechanismus beruhenden Detektoren nennt man daher **Thermolumineszenzdetektoren (TLD)** bzw. **optisch stimulierte Lumineszenzdetektoren** (**OSLD**), auf die im Folgenden aufgrund ihrer breiten Anwendung in der Dosimetrie näher eingegangen werden soll. Dabei ist es wichtig festzuhalten, dass die Energie der Lumineszenz beim TLD und OSLD nicht aus der thermischen bzw. optischen Anregung stammt, sondern bei der ursprünglichen Bestrahlung mit ionisierender Strahlung auf den Kristall übertragen wurde. Das Lumineszenzlicht kann daher im Vergleich zum thermischen bzw. optischen Stimulus zu kleineren Wellenlängen verschoben sein. Ein weiteres Beispiel der Speicherphosphore ist in der diagnostischen Radiologie der Ersatz klassischer radiographischer Filme durch **Speicherfolien.**

In der Realität ist Lumineszenz häufig deutlich komplexer, als man an Hand der hier gegebenen Beispiele vermuten könnte. Den direkten Konkurrenten der Lumineszenz, den strahlungslosen Übergang, sowie die Energietransfer-Mechanismen zwischen mehreren Lumineszenzzentren wurden beispielsweise an dieser Stelle zur Vereinfachung der Darstellung gar nicht erwähnt. Zur weiteren Vertiefung sei daher auf das folgende Lehrbuch zur Lumineszenz verwiesen [4].

1.4.3.1 Anwendungen in der diagnostischen Bildgebung

Kurz nach seiner Entdeckung der Röntgenstrahlung 1895 hatte Röntgen bereits erkannt, dass radiographische Filme Röntgenstrahlung nicht sehr effektiv absorbieren und die Schwärzung der Filme auf diese Art und Weise höchst ineffizient ist. Um trotzdem ausreichend gute Röntgenbilder für die Diagnostik zu erhalten, mussten die Belichtungszeiten, d. h. die Bestrahlungszeiten des Patienten, entsprechend lang gewählt werden. Um die Dosisbelastung des Patienten bei der Bildgebung zu reduzieren, hat Röntgen kurz darauf die Suche nach einem lumineszierenden Material initiiert. Dieses sollte Röntgenstrahlung effektiv absorbieren und in sichtbares Licht umwandeln, welches besser auf die Absorptionseigenschaften von radiographischen Filmen angepasst ist. Bereits 10 Jahre später hatte Pupin $CaWO_4$ als geeignetes Lumineszenzmaterial vorgeschlagen, das bei Bestrahlung mit Röntgenstrahlung prompte Radiolumineszenz zeigt.

Unter Verwendung von $CaWO_4$-Kristalliten als flächige **Verstärkungsfolie** in Kombination mit einem gewöhnlichen radiographischen Film konnte so die Schwärzungseffizienz um 3 Größenordnungen gesteigert werden, wodurch wiederum bei gleichbleibender Filmbelichtung die Bestrahlungsdauer und damit die Dosis um 3 Größenordnungen gesenkt werden konnte. Ein negativer Aspekt bei der Verwendung von Verstärkungsfolien ist jedoch, dass die Richtungsinformation der ursprünglichen Röntgenstrahlung durch die willkürliche Emission des Lumineszenzlichts und dessen Streuung zu einem Verschmieren des Röntgenbilds führen. Diesen Effekt kann man minimieren, indem man für die Herstellung der Verstärkungsfolie möglichst kleine Kristallite verwendet, eine hohe Packungsdichte wählt und insgesamt dünne Schichten verwendet. $CaWO_4$ wurde 75 Jahre lang für die Herstellung von Verstärkungsfolien verwendet und erst später durch noch effektivere Szintillatoren, die häufig auf der Verwendung von seltenen Erden als Aktivatoren beruhen, ersetzt.

Ein weiterer Detektor, welcher ebenfalls auf prompter Radiolumineszenz basiert, ist der **Leuchtschirm**. Im Wesentlichen besteht ein Leuchtschirm aus einer flächigen Trägerschicht, auf der der eigentliche Leuchtstoff (häufig silberdotiertes Zink-Kadmiumsulfid) aufgebracht und nach außen durch eine Schutzschicht abgeschlossen ist. Durch Beobachtung des Leuchtschirms während einer Bestrahlung kann man diese direkt, so zu sagen live, sichtbar machen und verfolgen. Neben Anwendungen als quantitativer Detektor, hat der Leuchtschirm aus diesem Grund historische Bedeutung in der Röntgendiagnostik erlangt, da der Arzt die Durchleuchtung des Patienten direkt auf dem Schirm beobachten konnte. Heutzutage sind Leuchtschirme in der Röntgendiagnostik allerdings größtenteils durch modernere Detektoren (bspw. Speicherfolie, Flachbilddetektor) abgelöst.

Optisch stimulierbare Speicherphosphore finden als **Speicherfolien** in der Röntgenbildgebung Anwendung. Durch Verwendung von Speicherfolien an Stelle radiographischer Filme kann die Bestrahlungsinformation in langlebigen Zuständen gespeichert und durch optische Stimulation zeitversetzt abgerufen werden. Das latente Bild kann so mit Hilfe eines He-Ne-Lasers örtlich aufgelöst ausgelesen, d. h. „entwickelt", werden. Die dabei emittierten Lumineszenzphotonen werden üblicherweise mit einem Photomultiplier detektiert, so dass man schnell ein digitales Bild erhält. Die Empfindlichkeit dieses Systems ist durch die Verwendung von sensitiven Photomultipliern im Vergleich zu radiographischen Filmen sogar erhöht, was wiederum eine Verringerung der Bestrahlungszeit ermöglicht. Darüber hinaus zeigen Speicherfolien einen weiten Dynamikbereich, da ihr Ansprechvermögen über mindestens vier Größenordnungen linear zur Dosis ist. Ein negativer Aspekt ist jedoch, dass die Streuung des stimulierenden Laserstrahls die erreichbare Ortsauflösung reduziert und diese daher niedriger als bei radiographischen Filmen ist. Als prominentes Beispiel für ein viel verwendetes Speicherphosphor sei hier $BaFBr:Eu^{2+}$ (Eu^{2+} wirkt hier als Aktivator) genannt.

Man kann sich leicht vorstellen, dass die in der Röntgendiagnostik so beliebten Phosphore auch für die **Computer-Tomographie (CT)** von großem Interesse sind, wobei sie häufig in Kombination mit Siliziumdioden verwendet werden. Auch in der **Positronen-Emissions-Tomographie (PET)** finden Szintillatoren hoher Massendichte, wie beispielsweise LYSO ($Lu_{1,9}Y_{0,1}SiO_5:Ce$), große Anwendung zum Nachweis der bei der Annihilation entstehenden γ-Quanten. Da bei der PET die zeitlich koinzidente Messung beider Gammaquanten wichtig ist, sind hier besonders schnelle Szintillationsdetektoren mit sehr kurzen Abklingzeiten erforderlich.

Für weiterführende Literatur sowie einen Überblick über die historische Entwicklung der jeweiligen Phosphore in der klinischen Bildgebung sei an dieser Stelle auf [4] verwiesen.

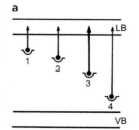
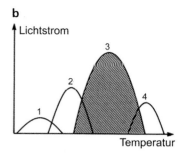

Abb. 1.19 **a** Darstellung der Lage verschieden tiefer Elektronenfallen in der Bandlücke eines TLD. **b** Komponenten der zugehörigen Glowkurve beim Ausheizen eines bestrahlten TLD. In diesem Beispiel ist *trap* 3 am stärksten besetzt, da die zugehörige Fläche unter dem Peak am größten ist. Weitere Erläuterungen siehe Text. (Abbildung nach [13])

1.4.3.2 Anwendungen in der Dosimetrie

Thermolumineszenz-Detektor (TLD)

Um die in den TLDs gespeicherte Bestrahlungsinformation abzurufen, werden sie in lichtdichten Auslesegeräten auf bis zu 300–400 °C aufgeheizt. Das daraufhin emittierte Lumineszenz-Licht wird mit Hilfe von Photomultipliern detektiert und in Abhängigkeit von der Temperatur dargestellt. Solche Kurven nennt man **Glowkurven** (Abb. 1.19b). Typischerweise weist eine solche Glowkurve mehrere Maxima auf, da TL-Materialien meist mehrere, unterschiedlich tiefe *traps* besitzen (Abb. 1.19a). Die Fläche unter der Glowkurve, d. h. die insgesamt emittierte Lichtmenge, ist dabei näherungsweise proportional zu der im Kristall gespeicherten Energiedosis.

Ein großer Vorteil von TLDs ist ihre hohe Sensitivität, die es erlaubt auch sehr kleine Energiedosen nachzuweisen. Das am häufigsten verwendete TL-Material, Lithiumfluorid, dotiert mit Magnesium und Titan (LiF:Mg,Ti, auch bekannt unter dem Herstellernamen TLD100) deckt beispielsweise einen Messbereich von 0,05 mGy bis 500 Gy ab. Verwendet man hingegen LiF:Mg,Cu,P, so kann man sogar Strahlungsdosen von 0,5 µGy bis 12 Gy nachweisen [22]. Der eingeschränkte Messbereich im Vergleich zu LiF:Mg,Ti wird dabei durch die verbesserte Reproduzierbarkeit und Linearität kompensiert. Weitere Alternativen zu LiF sind CaF_2:Mn und α-Al_2O_3:C, wobei das letztere Material noch interessanter für die OSL-Dosimetrie ist.

Die Eigenschaften von TLDs hängen jedoch sehr empfindlich von vielen Parametern ab. Es ist daher noch nicht möglich TLDs als Absolutdosimeter zu verwenden, da ihr Signal in nicht vorhersagbarer Weise von den individuellen Eigenschaften des Materials und der Strahlungsvorgeschichte des Detektors abhängt. In der klinischen Anwendung kalibriert man TLDs daher beispielsweise gegen Ionisationskammern und verwendet sie als Referenzdosimeter. Um eine genaue Dosimetrie zu gewährleisten, ist es dabei entscheidend, dass alle Abläufe in der klinischen Anwendung denen bei der Kalibrierung entsprechen. Dies gilt insbesondere für die zeitlichen Abstände zwischen Bestrahlung und dem Auslesen, die einen signifikanten Einfluss auf das

Messergebnis haben können. Das liegt daran, dass es immer eine endliche Wahrscheinlichkeit gibt, mit der die vermeintlich in den *traps* gefangenen Elektronen diese spontan verlassen und ihr Signal damit für die Auswertung nicht mehr zur Verfügung steht. Dieser Effekt wird *fading* genannt. Darüber hinaus hat auch der zeitliche Verlauf des Heizens während des Auslesens, das Heizprotokoll, einen direkten Einfluss auf die Glowkurve und damit auf die Bestimmung der Energiedosis. Durch geeignete, sehr reproduzierbare Protokolle lassen sich jedoch viele dieser Abhängigkeiten kompensieren.

Ein weiterer Vorteil von TLDs ist ihre Wiederverwendbarkeit. Durch das sogenannte *Annealing* kann man das Strahlungsgedächtnis der TLDs nach dem Ausleseprozess löschen und sie so erneut für die Dosimetrie verwenden. Dazu werden die TLDs typischerweise eine weitere Stunde bei 300–400 °C gelagert und anschließend für mindestens 20 Stunden bei 80 °C kontrolliert gekühlt, so dass alle *traps* geleert werden und der Kristall wieder in seinen thermischen Grundzustand versetzt wird.

Unter Verwendung eines einheitlichen Auslese- und *Annealing*-Protokolls kann man mit TLDs in der klinischen Routine eine Genauigkeit in der Bestimmung der Energiedosis von 2 bis 3 % erreichen, so dass sich der Aufwand eines sehr reproduzierbaren Auswerteprotokolls lohnt. Da TLDs sehr klein (bspw. mit Durchmessern von 1 mm) und formflexibel hergestellt werden können, ist ein großer Anwendungsbereich die *in-vivo*-Dosimetrie am Menschen. Das ist insbesondere dann interessant, wenn eine akkurate Dosimetrie unter bestimmten Bestrahlungsbedingungen schwierig ist. Bei der Ganzkörperbestrahlung werden TLDs beispielsweise direkt auf die Haut geklebt und anschließend ausgewertet. Darüber hinaus besteht die Möglichkeit, TLDs in Kathetern anzubringen und so im Körper, beispielsweise in der Nähe von Risikoorganen, die Energiedosis zu bestimmen. Da TLDs die Dosisinformation speichern, werden sie häufig in der Personendosimetrie eingesetzt. Personen, die mit Strahlung arbeiten, tragen die TLDs am Körper und senden sie an eine Auswertestelle, wo dann die während des Tragezeitraums deponierte Energiedosis bestimmt wird. Da die Sensitivität der TL-Materialien von der Art und Energie der Strahlung abhängt, bieten TLDs außerdem die Möglichkeit zur Diskriminierung verschiedener Strahlungsarten.

Weiterführende Literatur zur Dosimetrie mittels TLDs kann beispielsweise in [5] und [13] gefunden werden

Optisch stimulierter Lumineszenzdetektor (OSLD)

Das Grundprinzip der OSLDs ist sehr ähnlich dem der TLDs, wobei hier die Lumineszenz des bestrahlten OSL-Materials optisch, d. h. mit Licht einer bestimmten Wellenlänge, stimuliert wird. Wurde der Detektor zuvor mit Hilfe einer bekannten Energiedosis kalibriert, kann man wie beim TLD aus der integrierten emittierten Lichtmenge des stimulierten Detektors die Energiedosis berechnen. Durch ein entsprechendes Verfahren kann auch das Strahlungsgedächtnis des OSLD gelöscht werden und ermöglicht somit eine erneute Verwendung des Detektors. Trotz dieser Gemeinsamkeiten bieten OSLDs Vorteile gegenüber der konventionellen TL-Technik:

- OSLDs werden rein optisch ausgelesen, so dass kein aufwendiges und reproduzierbares Heizverfahren für eine genaue Energiedosisbestimmung notwendig ist.
- OSLDs werden bei Temperaturen ausgelesen, bei denen noch keine thermische **Fluoreszenzlöschung** (englisch *Quenching*) des Lumineszenzsignals auftritt, welche bei TLDs oftmals die Lichtausbeute und damit die Sensitivität des Detektors verringert. Unter Fluoreszenzlöschung im Allgemeinen versteht man dabei Prozesse, die zu einer Abnahme der Lumineszenzintensität führen, indem entweder die Anregung des Lumineszenzzentrums durch verschiedenste Prozesse unterbunden wird oder aber das angeregte Lumineszenzzentrum strahlungslos in den Grundzustand überführt wird. Im Fall der thermischen Fluoreszenzlöschung wird die Energie des angeregten Aktivators in Form von Wärme an das Kristallgitter abgegeben, wodurch der Aktivator strahlungslos in den Grundzustand übergeht. Als Beispiel sei hier Al_2O_3:C genannt, welches sowohl als TLD als auch als OSLD verwendet werden kann. Experimentell konnte gezeigt werden, dass Al_2O_3:C als TLD aufgrund der thermischen Fluoreszenzlöschung ein deutlich kleineres Messsignal liefert, als bei der Verwendung als OSLD.
- Die Sensitivität der OSL-Technik kann noch weiter erhöht werden, indem man zur Stimulierung der Lumineszenz einen gepulsten Laser verwendet und das emittierte Licht nur in den Pulspausen detektiert. Das hat den Vorteil, dass die detektierten Photonen reine Lumineszenzphotonen sind und das Laserlicht nicht zusätzlich herausgefiltert werden muss. Die gesteigerte Sensitivität bei der gepulsten OSL-Technik erlaubt bereits aus einem Teil der gespeicherten Strahlungsinformation die Energiedosis verlässlich zu bestimmen. Da so nur ein Teil der in den *traps* gefangenen Elektronen stimuliert wird, stehen für weitere Ausleseprozesse noch Elektronen zur Verfügung. Die Möglichkeit des mehrmaligen Auslesens ist dabei insbesondere für die Qualitätssicherung interessant, da man mit Hilfe des vorhandenen Restsignals eine unabhängige Energiedosisbestimmung zur Verifikation durchführen kann.
- Das OSL-Signal kann deutlich schneller als das TL-Signal ausgelesen werden, da man durch Erhöhung der Laserleistung die Intensität des Stimulus erhöhen kann.
- OSLD bieten darüber hinaus die Möglichkeit der Echtzeit-Dosimetrie, bei der der OSLD während der Bestrahlung wiederholt ausgelesen wird.

Mit Al_2O_3:C als OSLD kann man Energiedosen von bis zu 5 µG sehr genau bestimmen, wobei das Ansprechvermögen des Detektors über 7 Größenordnungen linear ist [17]. Messungen haben gezeigt, dass bezogen auf hoch-energetische Photonen und Elektronen eine Genauigkeit in der Bestimmung der Energiedosis von $\sim 0{,}7$ % erreicht werden kann [22]. Neben den erwähnten Vorteilen ist zu beachten, dass auch OSL-Materialien *fading* zeigen können und man daher auch hier reproduzierbare Ausleseprotokolle benötigt.

Die Anwendungen der OSLD sind sehr ähnlich zu denen der TLD mit einem Schwerpunkt in der Personendosimetrie. Weiterführende Literatur zu diesem Thema finden Sie beispielsweise in [17].

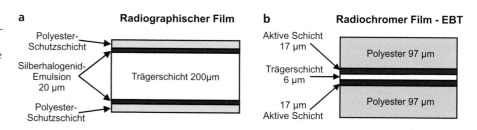

Abb. 1.20 Typischer Aufbau eines beidseitigen radiographischen Silberhalogenidfilms (**a**) sowie eines radiochromen EBT-Films (**b**). (Nach [7, 22]. © Institute of Physics and Engineering in Medicine. Reproduced by permission of IOP Publishing. All rights reserved)

1.4.4 Strahlungseffekt: Chemische Reaktionen

Man kann sich vorstellen, dass durch die Bestrahlung eines Materials chemische Reaktionen initiiert werden können, die zu einer Veränderung des Systems führen. Anders als in der Wasserkalorimetrie, bei der man einen großen Aufwand betreibt, um strahlungsinduzierte chemische Reaktionen zu unterbinden, gibt es Systeme, in denen man gerade diese zum Strahlungsnachweis und sogar zur Dosimetrie nutzt.

Als Klassiker sei hier das **Fricke-Dosimeter** genannt, welches darauf basiert, dass Eisenionen (Fe^{2+}) einer sogenannten Fricke-Lösung (10^{-3} M Ammoniumeisen(II)-sulfat und 10^{-3} M Natriumchlorid in $0{,}4$ M Schwefelsäure) unter Bestrahlung zu Fe^{3+} oxidieren. Die resultierende Fe^{3+}-Konzentration ist dabei proportional zur absorbierten Energiedosis, so dass man durch Messung der Änderung der optischen Dichte bei 303 nm die im Mittel in der Fricke-Lösung absorbierte Energiedosis bestimmen kann. Grundsätzlich kann das Fricke-Dosimeter für die Absolutdosimetrie verwendet werden, wobei es heutzutage kaum noch Anwendung findet.

Ein anderes Beispiel für chemische Dosimeter sind **polymere Gele**, die im Wesentlichen aus einer Gelatine-Matrix mit Monomeren bestehen. Durch die Bestrahlung bilden sich im Material freie Radikale, die ihrerseits chemische Kettenreaktionen katalysieren und zu einer Polymerisation der Monomere führen. Die sich so ergebenen Strukturen sind räumlich fixiert und führen zu einer Abnahme der T_2-Relaxationszeiten bei der Bildgebung mittels Magnet-Resonanz-Tomographie (MRT). Je höher der Grad der Polymerisation, d. h., je höher die während einer Bestrahlung im Gel deponierte Energiedosis ist, desto geringer ist die mittels MRT messbare T_2-Relaxationszeit. Diese Abhängigkeit bietet die interessante Möglichkeit der 3D-Dosimetrie, wobei Sensitivitätsvariationen von Gel zu Gel bisher nur eine eingeschränkte Anwendung von polymeren Gelen zur relativen Dosimetrie erlauben. Detailliertere Informationen zur Gel-Dosimetrie finden Sie beispielsweise im Übersichtsartikel von Baldock et al. [3].

Eine weitere Möglichkeit, strahlungsinduzierte chemische Reaktionen zur Bestimmung der Energiedosis zu nutzen, ist die **Alanin-Dosimetrie**. Das grundlegende Prinzip beruht darauf, dass sich bei der Bestrahlung der Aminosäure Alanin stabile freie Radikale (ungepaarte Elektronen) bilden, deren Konzentration mit Hilfe der Elektronenspinresonanz(ESR)-Spektroskopie sehr genau bestimmt werden kann und sich proportional zur absorbierten Energiedosis verhält. Alanin zeigt dabei als Dosimetermaterial viele wünschenswerte Eigenschaften: Es ist nahezu wasseräquivalent, zeigt eine vernachlässigbare Energie-

abhängigkeit, ein isotropes Ansprechvermögen und kann sehr klein gefertigt werden (in Pellets von wenigen mm). Hält man eine Mindestwartezeit von 24 Stunden zwischen Bestrahlung und dem Auslesen zur Signalstabilisierung ein, so kann man relative Ungenauigkeiten von weniger als $0{,}5\,\%$ (gemessen bei ^{60}Co, Dosisbereich: 5–25 Gy) in der Dosimetrie erreichen [1]. Alanin eignet sich daher sehr gut für die Dosimetrie kleiner Felder und für Kalibriermessungen spezieller Bestrahlungsbedingungen wie beispielsweise der Brachytherapie und der Tomotherapie. Aufgrund der relativ geringen Sensitivität des Verfahrens sind für eine akkurate Dosimetrie bei kleinen Feldern Bestrahlungsdosen von ≥ 10 Gy nötig. Da nicht jede Klinik über ein ESR-Auslesesystem verfügt, gibt es Überlegungen die notwendige Wartezeit zwischen Bestrahlung und dem Auslesen dahingehend zu nutzen, die bestrahlten Alanin-Dosimeter an eine zentrale Auswertestelle zu schicken.

Die momentan in der klinischen Anwendung gebräuchlichsten chemischen Dosimeter sind **radiographische und radiochrome Filme**, auf die im Folgenden näher eingegangen wird.

1.4.4.1 Radiographische Filme

Radiographische Filme werden sowohl in der Röntgendiagnostik (üblicherweise in Kombination mit Verstärkungsfolien, s. a. Abschn. 1.4.3.1) als auch in der Dosimetrie eingesetzt und eignen sich zum Nachweis aller Arten ionisierender Strahlung. Sie bestehen typischerweise aus einer Suspension von Silberhalogenid-Körnchen (meist Silberbromid, $0{,}2$–$10\,\mu$m Größe je nach Anwendung) in einem Bindemittel (beispielsweise Gelatine). Diese photographische Emulsion wird je nach Anwendung einseitig oder beidseitig auf eine Trägerplatte (häufig Kunststoff) aufgebracht und nach außen durch eine dünne Schutzschicht abgeschlossen (Abb. 1.20a).

Die bei der Bestrahlung des Films durch den Photoeffekt oder Comptoneffekt entstehenden Elektronen aktivieren die Silberatome der photographischen Emulsion, die dann bei der anschließenden chemischen Entwicklung zu elementarem Silber reduziert werden. Der Prozess ist vereinfacht in Abb. 1.21 dargestellt und führt zu einer sichtbaren Schwärzung des Films, welche ein Maß für die vom Film absorbierte Energiedosis ist.

Als Messgröße für die Schwärzung verwendet man üblicherweise die **optische Dichte** OD, welche als negativer dekadischer Logarithmus der Transmission T definiert ist:

$$OD = -\log_{10}(T) = -\log_{10}\left(\frac{\Phi}{\Phi_0}\right) = \log_{10}\left(\frac{\Phi_0}{\Phi}\right). \quad (1.69)$$

Dabei ist Φ_0 der Lichtstrom, mit dem der Film belichtet wird, und Φ der hinter dem Film austretende Lichtstrom.

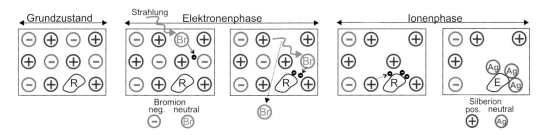

Grundzustand   Strahlung   Elektronenphase   Ionenphase

Bromion
neg.   neutral

Silberion
pos.   neutral

Abb. 1.21 Entstehung eines latenten Bildes bei der Bestrahlung einer Silberhalogenid-Emulsion (hier Silberbromid). Durch gezieltes Einbringen von Kristallbaufehlern (Störstellen) entstehen im Silberbromid-Gitter sogenannte Reifekeime (R), welche als Elektronenfallen wirken. In der Elektronenphase werden Bromionen durch Bestrahlung in neutrale Bromatome und Elektronen aufgespalten. Die Elektronen werden im positiv geladenen Reifekeim gefangen, während die neutralen Bromatome das Gitter verlassen. In der darauf folgenden Ionenphase lagern sich die positiven Silberionen am nun negativ geladenen Reifekeim an und reduzieren so zu elementarem Silber. Durch die Anlagerung des photolytisch gebildeten Silbers an den Reifekeimen entstehen die Entwicklungskeime (E). Bei der Entwicklung werden die ungebundenen Silberionen weggespült und das latente Bild um ein Vielfaches verstärkt

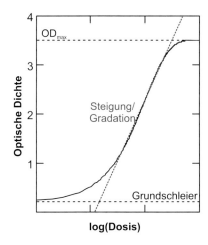

Abb. 1.22 Theoretische optische Dichtekurve eines radiographischen Films [7, 22]. (© Institute of Physics and Engineering in Medicine. Reproduced by permission of IOP Publishing. All rights reserved)

Trägt man die optische Dichte OD gegen den dekadischen Logarithmus der Energiedosis D auf, so erhält man die charakteristische, S-förmige optische Dichtekurve (Abb. 1.22) eines radiographischen Films. Dabei ist der lineare Teil der Kurve von besonderem Interesse, da hier eine eindeutige Zuordnung von Dosis zu optischer Dichte möglich ist. Die Steigung dieses linearen Kurvenbereichs bestimmt den Kontrast des jeweiligen Films und wird als **Gradation** γ bezeichnet. Filme, die eine hohe Gradation aufweisen, liefern daher in der Röntgendiagnostik sehr kontrastreiche Bilder, während Filme mit kleiner Gradation die simultane Darstellung über weite Graustufenbereiche erlauben. Wenn man sich die optische Dichtekurve genauer anschaut, erkennt man, dass selbst der unbestrahlte Film eine von null verschiedene optische Dichte zeigt. Diese filmspezifische Grundschwärzung nennt man **Grundschleier** eines Films. Er wird hervorgerufen durch die immer vorhandene natürliche Umweltstrahlung, die Tatsache, dass auch einige unbestrahlte Silberionen bei der chemischen Entwicklung zu elementarem Silber reduziert werden, sowie komplexe thermische und chemische Prozesse. Gleichzeitig gibt es auch einen Maximalwert

der optischen Dichte, welcher dann erreicht ist, wenn alle Silberbromid-Körnchen bei der Bestrahlung und anschließenden Entwicklung zu elementarem Silber reduziert wurden. Die optische Dichtekurve geht ab diesem Maximalwert in Sättigung, so dass eine weitere Erhöhung der Energiedosis zu keiner weiteren Erhöhung der optischen Dichte führt.

Bei der Verwendung radiographischer Filme ist es wichtig zu beachten, dass die Gradation und der gesamte Verlauf der optischen Dichtekurve stark von der jeweiligen Herstellercharge (teilweise sogar von Film zu Film innerhalb einer Charge), den Entwicklungsbedingungen sowie der Energie und Art der Strahlung abhängen. Demnach kann man durch Belichtung radiographischer Filme in einem unbekannten Strahlungsfeld nicht direkt auf die zugehörige Energiedosis schließen. Um radiographische Filme für die Referenzdosimetrie zu verwenden, muss für jede Herstellercharge und Strahlungsqualität eine eigene Kalibrierkurve aufgenommen werden. Diese erhält man, indem man Filme einer spezifischen Charge mit bekannten Energiedosen bestrahlt, anschließend einem festen Protokoll folgend die Filme entwickelt, die entsprechenden optischen Dichten bestimmt und daraus eine eigens für diese Charge gültige optische Dichtekurve erstellt.

Filmdosimeter sind im Strahlenschutz zur Personendosimetrie weit verbreitet. Dabei tragen strahlenschutzüberwachte Personen ein Filmdosimeter am Körper, welches in regelmäßigen Abständen (bspw. einmal monatlich) an eine Auswertestelle geschickt wird. Dort werden die Filme dann entwickelt und die Strahlungsbelastung der jeweiligen Person an Hand der im Film deponierten Energiedosis bestimmt. In der Strahlentherapie hingegen werden radiographische Filme aufgrund der hohen Genauigkeitsanforderungen meist nur für relative Messungen verwendet. Aufgrund ihrer hohen Ortsauflösung und 2D-Information eignen sie sich sehr gut für die Charakterisierung von Bestrahlungsfeldern mit starken Dosisgradienten sowie zur allgemeinen Qualitätssicherung von Bestrahlungsfeldern hinsichtlich Größe und Homogenität.

1.4.4.2 Radiochrome Filme

Mit der Einführung radiochromer Filme Anfang 1990, die unter dem Firmennamen GAFCHROMIC bekannt geworden sind, hat ein Wandel in der Filmdosimetrie begonnen. Im Vergleich zu den deutlich älteren radiographischen Filmen gibt es die folgenden grundsätzlichen Unterschiede und die daraus resultierenden Vorteile:

- Die auf Polydiacetylen basierenden radiochromen Filme polymerisieren bei Bestrahlung mit ionisierender Strahlung und verändern dadurch direkt ihre Farbe. Daher benötigen radiochrome Filme keine zusätzliche chemische Entwicklung und können direkt mit einem einfachen Flachbettscanner digitalisiert werden.
- Radiochrome Filme sind relativ unempfindlich gegenüber Tageslicht und benötigen demnach keine lichtdichte Verpackung. Da die Filme ein anisotropes Ansprechvermögen zeigen, muss unbedingt darauf geachtet werden, dass die Orientierung bei Kalibrierung und Anwendung konsistent ist. Bei Nichtbeachtung können Fehler in der Dosisbestimmung von bis zu 10 % auftreten.

Darüber hinaus sind radiochrome Filme nahezu gewebeäquivalent, zeigen eine sehr gute räumliche Auflösung, eine geringe Energieabhängigkeit ihres Ansprechvermögens, decken einen großen Dosisbereich ab und sind leicht in der Handhabung. Aufgrund dieser Eigenschaften sind radiochrome Filme sehr interessant für die Dosisverifikation in der intensitätsmodulierten Radiotherapie (IMRT), für die Dosimetrie kleiner Felder einschließlich der Mikro-Dosimetrie sowie der Dosimetrie für radiobiologische Experimente.

Trotzdem ist zu beachten, dass der grundlegende Strahlungsnachweis ein chemischer Prozess ist, so dass man, wie auch bei den radiographischen Filmen, zur Gewährleistung einer hohen Genauigkeit bei der Energiedosisbestimmung ein standardisiertes Ausleseverfahren benötigt. Dabei sind beispielsweise die zeitliche Abfolge von Bestrahlung und dem Auslesen sowie die Temperatur, bei der die Filme gelagert werden, entscheidend. Da die Polymerisation relativ langsam abläuft und sich der Film daher noch mindestens 8 Stunden nach der Bestrahlung „selbst entwickelt", wird empfohlen radiochrome Filme erst 8 Stunden nach der Bestrahlung auszulesen. Folgt man einem sehr reproduzierbaren Protokoll, so kann bereits nach ca. 30-minütiger Entwicklungszeit mit einer Genauigkeit von etwa 1 % die Energiedosis bestimmt werden. Da die Polymerisation i. d. R. auch nach 8 Stunden nicht beendet ist, dunkelt der Film mit der Zeit weiter nach. Um mit Hilfe dieses lang entwickelten Films dennoch die Energiedosis zu bestimmten, benötigt man eine auf diesen zeitlichen Verlauf angepasste Kalibrierkurve.

Speziell für die externe Strahlentherapie wurden bisher drei Produkte (EBT, EBT2, EBT3) entwickelt, deren grundlegendes Prinzip dem hier beschriebenen entspricht. Ein Problem des originalen EBT-Films, welcher schematisch in Abb. 1.20 dargestellt ist, ist, dass Unterschiede in der Dicke der sensitiven Schicht zu Variationen des Messsignals von bis zu 2 % führen können. Dieses Problem wurde im EBT2-Film gelöst: Es wird ein zusätzlicher Farbstoff in die sensitive Schicht eingebracht, welcher beim Scannen in einem separaten Farbkanal ausgelesen wird. Das Signal dieses Farbkanals korreliert mit der Dicke der sensitiven Schicht und wird dazu verwendet das eigentliche strahlungsinduzierte Messsignal der anderen Farbkanäle zu korrigieren. Eine Übersicht zu den bisherigen „EBT-Film-Versionen", ihren Charakteristika sowie den Details bei dem Auslesen mit verschiedenen Farbkanälen zur Steigerung der Genauigkeit in der Bestimmung der Energiedosis finden Sie beispielsweise in [7].

Aufgaben

1.1 Welcher Dosis entspricht die Erwärmung von 1 K in Wasser (Wärmekapazität $c_W \approx 4,2 \text{kJ}/(\text{K} \cdot \text{kg})$). Welche Dichte von Ionenpaaren wird erzeugt ($W/e \approx 25\,\text{eV}$)? Welchem Prozentsatz entspricht das?

1.2 Die Dosis eines hochenergetischen Elektronenstrahls, der senkrecht auf einen Absorber fällt, steigt – wie auch bei einem Photonenstrahl – zunächst an. Überlegen Sie mit Hilfe der volumetrischen Definition der Fluenz, worin dieser Effekt seine Ursache hat.

1.3 Co-60 zeigt zwei, praktisch gleich wahrscheinliche γ-Emissionen bei 1,17 und 1,33 MeV. Oft wird vereinfacht nur mit einer effektiven Energie gerechnet. Wie kann diese berechnet werden?

1.4 Errechnen Sie die Dosisleistung (in Luft) für eine Radonkonzentration (z. B. in einem Bergwerkstollen) von $50\,\text{kBq/m}^3$ (Rn-222, α-Energie 5,6 MeV) in Annahme eines vollständigen Strahlungsgleichgewichtes.

1.5 Warum ist α-Strahlung eines bestimmten Zerfalls immer monoenergetisch, während β-Strahlung bis zu einer maximalen Energie ein kontinuierliches Spektrum aufweist?

1.6 Welchen radioaktiven Zerfall nutzt man bei der Positronen-Emissions-Tomographie (PET) und welche Strahlungsart wird letztendlich im Tomographen detektiert?

1.7 Welche Strahlungsarten verwendet man in der Teletherapie?

1.8 Die Reichweite für ein Proton mit einer kinetischen Energie von 100 MeV beträgt in Wasser ungefähr 7,8 cm. Schätzen Sie ab, wie groß die Reichweite für einen Helium-Kern (bzw. ein Kohlenstoff-Ion) mit 100 MeV/u und ein 200-MeV-Proton ist.

1.9 Sowohl Röntgenröhren für die Diagnostik als auch Linearbeschleuniger für die Strahlentherapie nutzen die Strahlungsbremsung zur Erzeugung von Photonen. Während beispielsweise in Computertomographen gekühlte Wolfram-Anoden zum Einsatz kommen, muss das Target in Linearbeschleunigern nicht gekühlt werden und kann auch aus leichten Materialien wie Aluminium bestehen – warum?

1.10 Berechnen Sie die masse- und die volumenbezogenen Elektronendichten ρ_e und ρ_e^V für die unten genannten Materialien. Was fällt Ihnen auf?

a. Wasserstoff ($\rho = 8{,}99 \cdot 10^{-5}\,\mathrm{g/cm3}$)
b. Kohlenstoff ($\rho = 2{,}25\,\mathrm{g/cm^3}$)
c. Luft ($\rho = 1{,}29 \cdot 10^{-3}\,\mathrm{g/cm^3}$, $w_N = 0{,}755$, $w_O = 0{,}232$, $w_{Ar} = 0{,}013$)
d. Wasser
e. Blei ($\rho = 11{,}3\,\mathrm{g/cm^3}$)
f. Knochen (Hydroxylapatit, $Ca_{10}(PO_4)_6(OH)_2$, $\rho = 1{,}85\,\mathrm{g/cm^3}$)

1.11 Welche Aussagen treffen zu?

a. Der Soll-Arbeitsbereich einer Ionisationskammer für Anwendungen in der Dosimetrie ist der Sättigungsbereich.
b. Für die Referenz-Dosimetrie mit radiographischen Filmen benötigt man nur eine allgemeingültige Kalibrierkurve, da ihr Messsignal unabhängig von der Strahlungsqualität ist.
c. Thermolumineszenz-Detektoren basieren auf der prompten Radiolumineszenz.
d. Unter „Priming" versteht man die notwendige Vorbestrahlung von Diamantdetektoren zur sukzessiven Füllung im Material vorhandener „traps".

1.12 Wie kann man die natürliche Leitfähigkeit von Halbleitermaterialien wie Silizium bei Raumtemperatur herabsetzen, um sie als sensitive Festkörper-Ionisationskammern in der Dosimetrie zu verwenden?

1.13 Welche Dosimeter eignen sich *nicht* für die Absolutdosimetrie?

a. Fricke-Dosimeter
b. Wasserkalorimeter
c. Geldosimeter
d. Graphitkalorimeter

Literatur

1. Anton M (2006) Uncertainties in alanine/ESR dosimetry at the Physikalisch-Technische Bundesanstalt. Phys Med Biol 51(21):5419–5440. https://doi.org/10.1088/0031-9155/51/21/003
2. https://www.wiley.com/en-us/Fundamentals+of+Ionizing+Radiation+Dosimetry-p-9783527409211
3. Baldock C, De Deene Y, Doran S, Ibbott G, Jirasek A, Lepage M, McAuley KB, Oldham M, Schreiner LJ (2010) Polymer gel dosimetry. Phys Med Biol 55(5):R1–R63. https://doi.org/10.1088/0031-9155/55/5/R01
4. Blasse G, Grabmaier BC (1994) Luminescent materials. Springer, Berlin Heidelberg
5. Bos AJJ (2001) High sensitivity thermoluminescence dosimetry. Nucl Instrum Meth B 184(1–2):3–28. https://doi.org/10.1016/S0168-583x(01)00717-0
6. Burns D, Picard S, Kessler C, Roger P (2014) Use of the BIPM calorimetric and ionometric standards in megavoltage photon beams to determine W_{air} and I_c. Phys Med Biol 59(6):1353
7. Devic S (2011) Radiochromic film dosimetry: past, present, and future. Phys Med 27(3):122–134. https://doi.org/10.1016/j.ejmp.2010.10.001
8. Evans RD, Noyau A (1955) The atomic nucleus. McGraw-Hill, New York
9. International Commission on Radiation Units and Measurements (ICRU) (2011) Report 85: Fundamental quantities and units for ionizing radiation. J ICRU. https://doi.org/10.1093/jicru/ndr011
10. Johns HE, Cunningham JR (1983) Physics of radiology, 4. Aufl. Charles C. Thomas, Springfield
11. Kratochwil C, Giesel FL, Stefanova M, Benesova M, Bronzel M, Afshar-Oromieh A, Mier W, Eder M, Kopka K, Haberkorn U (2016) PSMA-targeted radionuclide therapy of metastatic castration-resistant prostate cancer with ^{177}Lu-labeled PSMA-617. J Nucl Med 57(8):1170–1176. https://doi.org/10.2967/jnumed.115.171397
12. Krauss A (2006) The PTB water calorimeter for the absolute determination of absorbed dose to water in ^{60}Co radiation. Metrologia 43(3):259
13. Krieger H (2011) Strahlungsmessung und Dosimetrie. Vieweg+Teubner, Wiesbaden
14. Lemmon E, McLinden M, Friend D (2014) Thermophysical properties of fluid systems. NIST chemistry webbook, NIST standard reference database number 9 69
15. Linz U (2012) Ion beam therapy: fundamentals, technology, clinical applications. Springer, Heidelberg
16. Ma CC-M, Lomax T (2013) Proton and carbon Ion therapy. CRC Press, Boca Raton
17. McKeever SWS (2001) Optically stimulated luminescence dosimetry. Nucl Instrum Meth B 184(1–2):29–54. https://doi.org/10.1016/S0168-583x(01)00588-2
18. Palmans H, Thomas R, Simon M, Duane S, Kacperek A, DuSautoy A, Verhaegen F (2004) A small-body portable graphite calorimeter for dosimetry in low-energy clinical proton beams. Phys Med Biol 49(16):3737–3749
19. Parker C, Nilsson S, Heinrich D, Helle SI, O'Sullivan JM, Fossa SD, Chodacki A, Wiechno P, Logue J, Seke M, Widmark A, Johannessen DC, Hoskin P, Bottomley D, James ND, Solberg A, Syndikus I, Kliment J, Wedel S, Boehmer S, Dall'Oglio M, Franzen L, Coleman R, Vogelzang NJ, O'Bryan-Tear CG, Staudacher K, Garcia-Vargas J, Shan M, Bruland OS, Sartor O, Investigators A (2013) Alpha emitter radium-223 and survival in metastatic prostate cancer. N Engl J Med 369(3):213–223. https://doi.org/10.1056/NEJMoa1213755
20. Schicha H, Schober O (2003) Nuklearmedizin: Basiswissen und klinische Anwendung, 5. Aufl. Schattauer, Stuttgart
21. Schlegel W, Bille J (2002) Medizinische Physik 2: Medizinische Strahlenphysik, 1. Aufl. Springer, Berlin Heidelberg https://doi.org/10.1007/978-3-642-56259-4
22. Seco J, Clasie B, Partridge M (2014) Review on the characteristics of radiation detectors for dosimetry and imaging. Phys Med Biol 59(20):R303–R347. https://doi.org/10.1088/0031-9155/59/20/R303
23. Seuntjens J, Duane S (2009) Photon absorbed dose standards. Metrologia 46(2):S39–S58. https://doi.org/10.1088/0026-1394/46/2/S04

Grundlagen der Statistik

Annette Kopp-Schneider und Wiebke Werft

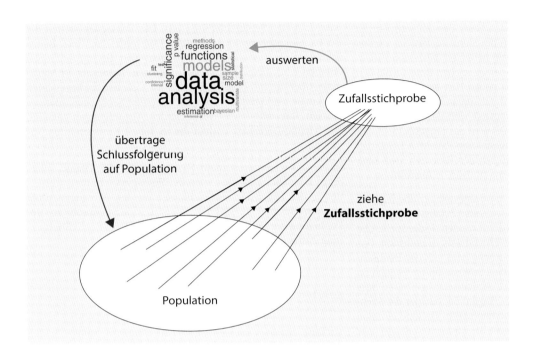

© Springer-Verlag GmbH Deutschland, ein Teil von Springer Nature 2018
W. Schlegel, C.P. Karger, O. Jäkel (Hrsg.), *Medizinische Physik*, https://doi.org/10.1007/978-3-662-54801-1_2

Statistik umfasst die Lehre von der Datenerhebung, der Datenanalyse sowie der Interpretation und der Darstellung von Analyseergebnissen. Statistische Ämter erstellen Statistiken, indem sie Beobachtungen zusammentragen und übersichtlich darstellen. Die Rolle der Statistik in der biomedizinischen Forschung geht über die Zusammenfassung in Tabellen und Grafiken hinaus. Hier hat Statistik die Aufgabe, Methoden für Entscheidungen bei Vorliegen von Unsicherheiten zur Verfügung zu stellen: Ärzte und Medizinphysiker möchten z. B. untersuchen, ob ein neuer Bestrahlungsplan für einen Hirntumor erfolgreicher ist als der Standardplan. Sie werden sich nicht auf den Behandlungserfolg bei einem einzelnen Patienten verlassen wollen. Vielmehr werden in solchen Untersuchungen eine Reihe von Patienten nach dem neuen Plan und parallel dazu vergleichbare Patienten nach dem Standardplan bestrahlt. Nach einer ausreichenden Nachbeobachtungszeit wird der Therapieerfolg anhand der Tumorgröße beurteilt. Oft wird das Ergebnis nicht eindeutig sein, da nur eine kleine Auswahl von Patienten behandelt wurde und die Schwankungen zwischen den Patienten groß sind. Dies ist eine typische Situation für eine statistische Auswertung.

Nachdem sich die Wissenschaftler die Fragestellung überlegt haben, werden sie als erstes eine repräsentative Zufallsstichprobe aus der Patientenpopulation ziehen. Zunächst werden sie die Stichprobe beschreiben, um die Ergebnisse des Experiments zu berichten. Das Ziel einer wissenschaftlichen Untersuchung ist es, aus den Beobachtungen der Stichprobe allgemeingültige Schlüsse für die Population zu ziehen. In die Sprache der Statistiker übersetzt heißt dies, dass Aussagen über einen Parameter der Population, aus der die Stichprobe gezogen wurde, getroffen werden sollen. Da jede einzelne Beobachtung mit Variabilität assoziiert ist, wird eine Aussage über die Population auf Basis der Stichprobe mit Unsicherheit verbunden sein. Die Quantifizierung dieser Unsicherheit ist die Aufgabe der Statistik. Schematisch lässt sich das statistische Vorgehen in Abb. 2.1 zusammenfassen.

2.1 Grundlagen

Zur Illustration der statistischen Konzepte und Verfahren verwenden wir einen öffentlich zugänglichen Datensatz, in dem die Daten von 1309 Passagieren des im Jahr 1912 untergegangenen Passagierschiffs Titanic zusammengetragen sind (Informationen zum Datensatz unter http://biostat.mc.vanderbilt.edu/wiki/pub/Main/DataSets/titanic3info.txt). Die Passagiere stellen die Beobachtungseinheiten in diesem Datensatz dar. Eine Beobachtungseinheit ist die kleinste Einheit, über die Informationen erhoben wird. Insgesamt gibt es in diesem Datensatz 14 Merkmale, über die Information erhältlich ist. Statistiker bezeichnen Merkmale als Variablen. Variablen werden beobachtet oder gemessen. Ihre möglichen Werte werden Ausprägungen genannt. Der Titanic-Datensatz enthält die in Tab. 2.1 aufgeführten Variablen.

Insgesamt waren weit mehr Passagiere auf der Titanic, allerdings konnten nicht alle Daten der Passagiere ermittelt werden und in den Datensatz eingeschlossen werden. Wir nehmen bei unserem Beispiel an, dass der Datensatz eine Stichprobe aus der Population der Schiffspassagiere für eine Transatlantiküberquerung Anfang des 20. Jahrhunderts darstellt.

2.1.1 Skalen von Variablen

Variable haben verschiedene Typen. Zunächst unterscheiden sich die *qualitativen* grundsätzlich von den *quantitativen* Variablen. *Nominale* qualitative Variable haben Ausprägungen, die nicht angeordnet werden können. Beispiele im Titanic-Datensatz sind der Name, der Einschiffungs- oder der Heimat-/

Abb. 2.1 Das Prinzip der schließenden Statistik

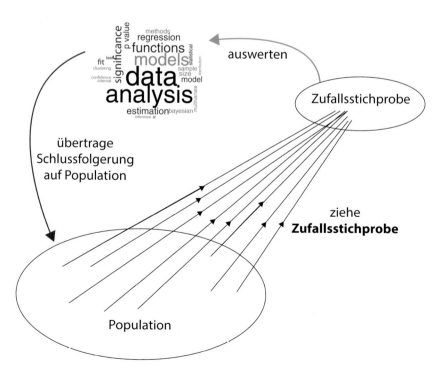

2.1 Mathematischer Hintergrund: Wahrscheinlichkeitstheorie und Statistik
Definitionen und grundlegende Rechenregeln

Im folgenden Abschnitt werden in aller Kürze diejenigen Grundlagen der Wahrscheinlichkeitstheorie und Statistik erörtert, die für das Verständnis der nachfolgenden Teile notwendig sind.

Es ist in der Statistik Konvention, Variablen mit Großbuchstaben zu bezeichnen, etwa X, und ihre Ausprägungen mit Kleinbuchstaben, etwa x.

Wahrscheinlichkeitsverteilungen Die Verteilung einer Variablen gibt an, mit welcher Wahrscheinlichkeit jede der Ausprägungen einer Variablen beobachtet wird. Die *Wahrscheinlichkeitsverteilung* einer Variablen X ist also $P(X = x)$ für alle Ausprägungen x einer Variablen X, wobei P – ‚probability‘ – die Wahrscheinlichkeit bezeichnet. Die Notation $P(X = x)$ ist strenggenommen nur für qualitative und für diskrete Variable korrekt.

Für stetige Variable ist die *Verteilungsdichte* der Variablen X diejenige nichtnegative integrierbare Funktion $f(x)$, für die gilt

$$P(a \leq X \leq b) = \int_a^b f(x)\,\mathrm{d}x, \qquad (2.1)$$

wobei

$$\int_{-\infty}^{\infty} f(x)\,\mathrm{d}x = 1. \qquad (2.2)$$

Aus der Dichtefunktion bzw. der Wahrscheinlichkeitsverteilung lässt sich für quantitative Variablen die Verteilungsfunktion $F(x) = P(X \leq x)$ berechnen. Damit ist $F(x) = \int_{-\infty}^{x} f(t)\,\mathrm{d}t$. Hat eine Variable X die Verteilungsfunktion $F(x)$, so wird dies üblicherweise als $X \sim F(x)$ dargestellt.

Quantile Für eine Verteilungsfunktion F einer Variablen X ist das α-*Quantil* diejenige Zahl x_α, für die gilt $P(X \leq x_\alpha) \geq \alpha$ und $P(x_\alpha \leq X) \geq 1 - \alpha$. Ist eine Verteilung symmetrisch um 0, so gilt $x_\alpha = -x_{1-\alpha}$. Abb. 2.2[1] zeigt den Zusammenhang zwischen Größe der Fläche unter der Verteilungsdichte f, α, und dem Quantil x_α.

---

[1] Die y-Achsen sind bei allen Darstellungen von Dichten nicht gezeigt, da sich die y-Werte aus der Normierung der Fläche unterhalb der Dichtefunktion ergeben.

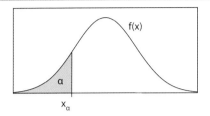

Abb. 2.2 Das Quantil x_α

Erwartungswert Aus der Verteilung einer Variablen lässt sich ihr *Erwartungswert* berechnen. Der Erwartungswert $E[X]$ beschreibt diejenige Zahl, die die Variable X im Mittel annimmt. Wegen des Gesetzes der großen Zahlen ist der Erwartungswert diejenige Zahl, gegen die der arithmetische Mittelwert (vgl. (2.2.1)) für große Stichproben konvergiert. Für diskrete Variable gilt

$$E[X] = \sum_x x \cdot P(X = x). \qquad (2.3)$$

Für kontinuierliche Variable gilt

$$E[X] = \int_{-\infty}^{\infty} x \cdot f(x)\,\mathrm{d}x. \qquad (2.4)$$

Wegen der Linearität der Integration ist der Erwartungswert einer linearen Transformation der Zufallsvariablen die lineare Transformation des Erwartungswertes: $E[aX + b] = a\,E[X] + b$ für reelle Zahlen a und b.

Varianz Die *Varianz* einer Variablen ist definiert als

$$\mathrm{Var}(X) = E[(X - E[X])^2] = E[X^2] - E[X]^2. \qquad (2.5)$$

Damit ergibt sich die Varianz der Lineartransformation einer Variablen durch

$$\begin{aligned}
\mathrm{Var}(aX + b) &= E[((aX + b) - E[aX + b])^2] \qquad (2.6)\\
&= E[(aX + b - a\,E[X] - b)^2]\\
&= a^2\,E[(X - E[X])^2]\\
&= a^2\,\mathrm{Var}(X).
\end{aligned}$$

Die Wurzel der Varianz wird als *Standardabweichung* bezeichnet.

Tab. 2.1 Variablen im Titanic-Datensatz

Variablenbezeichnung	Bedeutung	Ausprägung
pclass	Passagierklasse	erste, zweite und dritte Klasse
survival	Überleben	ja/nein
name	Name	Buchstaben
sex	Geschlecht	männlich/weiblich
age	Alter (in Jahren)	Zahl
sibsp	Anzahl von Geschwistern/Ehepartnern an Bord	Zahl
parch	Anzahl von Eltern/Kindern an Bord	Zahl
ticket	Ticket-Nummer	alphanumerisch
fare	Fahrpreis (in Britischen Pfund)	Zahl
cabin	Kabine	alphanumerisch
embarked	Einschiffungsort	Cherbourg, Queenstown, Southampton
boat	Rettungsbootnummer	Zahl
home.dest	Heimat- bzw. Zielort	Buchstaben

Zielort. Eine nominale Variable mit lediglich zwei Ausprägungen heißt *binär*. Jede Variable, zu der eine Frage nur mit ja/nein beantwortet werden kann, ist daher binär. Im Datensatz der Titanic-Passagiere ist etwa das Geschlecht eine binäre Variable. Die Ausprägungen von *ordinalen* qualitativen Variablen hingegen haben eine intrinsische Ordnung, wie etwa die Passagierklasse.

Quantitative Variable haben grundsätzlich Zahlen als Ausprägungen. Für quantitative Variablen gibt es mehrere Typisierungen. *Kontinuierliche* Variable können Ausprägungen in einem Zahlenkontinuum annehmen, im Titanic-Datensatz ist das Alter ein Beispiel dafür. Eine *diskrete* Variable nimmt endlich viele oder abzählbar unendlich viele Ausprägungen an. Die Anzahl von Geschwistern/Ehepartnern an Bord ist ein Beispiel für eine diskrete Variable.

Eine weitere Einteilung von quantitativen Variablen betrifft die Definition des Nullpunktes. Ist ein Nullpunkt für eine quantitative Variable natürlicherweise gegeben, so heißt die Variable *verhältnisskaliert*. Ein Beispiel hierfür ist das Alter der Passagiere der Titanic. Bei verhältnisskalierten Variablen ist es sinnvoll, für den Vergleich von zwei Werten ihren Quotienten zu bilden, es ist also sinnvoll, davon zu sprechen, dass eine Person doppelt so alt wie eine andere ist. Verhältnisskalierte Variable sind grundsätzlich nicht-negativ. Gibt es keine natürliche Definition des Nullpunktes, nennt man die Variable *intervallskaliert*. Im Titanic-Datensatz befindet sich keine intervallskalierte Variable, die nicht verhältnisskaliert ist. Ein Beispiel für eine solche ist die Temperatur in Grad Celsius – im Gegensatz zur Temperatur in Grad Kelvin, die eine verhältnisskalierte Variable ist. Ein Vergleich von Temperaturen in Grad Celsius macht nur Sinn, wenn Differenzen verglichen werden. Es kann heute 11 Grad Celsius wärmer sein als gestern, aber eine Angabe wie z. B. „doppelt so warm wie gestern" macht keinen Sinn, da diese Aussage abhängig wäre von der Einheit, in der die Temperatur gemessen wird.

Nicht immer ist es eindeutig, welchen Skalentyp eine Variable hat. So können kontinuierliche Variablen diskretisiert werden, indem zur nächsten ganzen Zahl gerundet wird. Häufig werden quantitative Variable kategorisiert und damit zu ordinalen Variablen transformiert: die quantitative Variable „Alter" kann man z. B. in folgende Kategorien einteilen: Babys (bis 1 Jahr), Kinder (1 bis 13 Jahre), Jugendliche (zwischen 13 und 18 Jahren) und Erwachsene (ab 18 Jahre).

2.1.2 Normalverteilung

Die zentrale Verteilung der Statistik ist die von Carl Friedrich Gauß (1777–1855) erstmalig beschriebene Normalverteilung. Der Grund für ihre große Bedeutung ist die Tatsache, dass viele kontinuierliche Variablen normalverteilt sind, da der zentrale Grenzwertsatz zeigt, dass Variablen, die sich aus vielen kleinen Beiträgen additiv zusammensetzen, asymptotisch einer Normalverteilung genügen. Die Bedeutung der Normalverteilung spiegelt sich daran wider, dass C. F. Gauß und die Dichtefunktion der Normalverteilung auf dem 10-DM-Schein abgebildet war (siehe Abb. 2.3).

Die Dichte einer normalverteilten Variablen X mit Erwartungswert μ und Varianz σ^2 ist gegeben durch

$$f_\mathfrak{N}(x) = \frac{1}{\sqrt{2\pi}\sigma} e^{-\frac{(x-\mu)^2}{2\sigma^2}}. \qquad (2.7)$$

Die Normalverteilung ist also vollständig durch Erwartungswert und Varianz bestimmt. Daher wird eine normalverteilte Variable X mit Erwartungswert μ und Varianz σ^2 notiert als $X \sim \mathfrak{N}(\mu, \sigma^2)$.

Der Graph der Dichte wird wegen seiner Form auch Gauß'sche Glockenkurve genannt. Die Kurve zeigt, dass die Verteilung symmetrisch zu ihrem Erwartungswert ist. Diejenige Normalverteilung mit Erwartungswert 0 und Varianz 1 wird als *Standardnormalverteilung* bezeichnet. Da die Verteilungsfunktion einer Standardnormalverteilung nicht geschlossen dargestellt, sondern nur numerisch bestimmt werden kann, gibt es Tabellen dafür bzw. ist die Funktion in Statistikprogrammen hinterlegt. Das α-Quantil (Mathematischer Hintergrund 2.1) der Standardnormalverteilung wird üblicherweise mit z_α bezeichnet. Die Standardnormalverteilung ist symmetrisch zur 0. Daher gilt für die Quantile der Standardnormalverteilung $z_\alpha = -z_{1-\alpha}$

Teil I

Abb. 2.3 Banknote mit dem Bild von C. F. Gauß und der Dichtefunktion der Normalverteilung

Tab. 2.2 Ausgewählte Quantile der Standardnormalverteilung

α	$1-\alpha$	$z_{1-\alpha}$
0,500	0,500	0,000
0,200	0,800	0,842
0,159	0,841	1,000
0,100	0,900	1,282
0,050	0,950	1,645
0,025	0,975	1,960
0,023	0,977	2,000
0,010	0,990	2,326
0,005	0,995	2,576
0,001	0,999	3,000
0,001	0,999	3,090

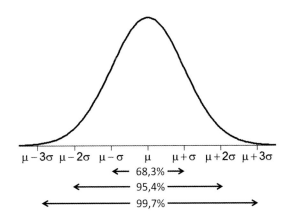

Abb. 2.4 Die σ-Regeln für eine normalverteilte Variable

(vgl. Mathematischer Hintergrund 2.1). Da die Quantile der Standardnormalverteilung im Weiteren immer wieder benötigt werden, zeigt Tab. 2.2 ausgewählte Quantile. Wegen der Symmetrie sind nur die positiven Quantile aufgeführt.

Eine besondere Eigenschaft der Normalverteilung ist, dass die Lineartransformation einer normalverteilten Größe ebenfalls normalverteilt ist. Eine besonders nützliche Lineartransformation ist die Standardisierung, d. h. die Zentrierung am Erwartungswert und zusätzlich die Normierung durch die Standardabweichung. Diese Lineartransformation wird *z-Transformation* genannt. Für eine $\mathfrak{N}(\mu, \sigma^2)$-verteilte Variable X wird die z-Transformation durch

$$Z = \frac{X - \mu}{\sigma} \qquad (2.8)$$

berechnet. Aus den im Mathematischen Hintergrund 2.1 für Erwartungswert und Varianz hergeleiteten Rechenregeln ergibt sich damit, dass Z eine Standardnormalverteilung hat. Mit Hilfe der z-Transformation kann also jede beliebige Normalverteilung in eine Standardnormalverteilung transformiert werden. Daher genügt es, wenn nur die Standardnormalverteilung tabelliert ist.

Um den Nutzen der z-Transformation zu zeigen, betrachten wir den diastolischen Blutdruck in einer Population von gesunden Zwanzigjährigen. Approximativ kann diese Variable als normalverteilt angenommen werden mit Erwartungswert $\mu = 80$ mmHg und Varianz $\sigma^2 = 100$ mmHg^2, d. h. Standardabweichung $\sigma = 10$ mmHg. Mit Hilfe der z-Transformation können

wir berechnen, welcher Anteil von gesunden Zwanzigjährigen erhöhten Blutdruck hat, d. h. etwa einen Blutdruck über 100 mmHg aufweist:

$$Z = \frac{X - \mu}{\sigma} = \frac{100 - 80}{10} = 2. \qquad (2.9)$$

Aus Tab. 2.2 kann die Wahrscheinlichkeit abgelesen werden: Da $z_{0,977} = 2$ ist, haben 97,7 % der Population einen Blutdruck, der unter 100 mmHg liegt, daher wird dieser Wert von 2,3 % der Population überschritten.

Mit Hilfe der z-Transformation und durch Benutzung von Tab. 2.2 für die Verteilungsfunktion der Standardnormalverteilung ergeben sich die σ-Regeln, die in Abb. 2.4 gezeigt sind:

$$P(|X - \mu| < \sigma) = 0{,}683 \qquad (2.10)$$
$$P(|X - \mu| < 2\sigma) = 0{,}954$$
$$P(|X - \mu| < 3\sigma) = 0{,}997$$

Die σ-Regeln können als Daumenregeln genutzt werden, um abzuschätzen, in welchem Intervall Messwerte erwartet werden. So kann im Beispiel des diastolischen Blutdrucks festgestellt werden, dass 95,4 % der gesunden Zwanzigjährigen einen diastolischen Blutdruck zwischen $(80 - 2 \cdot 10)$ mmHg $= 60$ mmHg und $(80 + 2 \cdot 10)$ mmHg $= 100$ mmHg hat. Bei der Auswertung von Messreihen wird gelegentlich die 3σ-Regel angewandt, um durch Messfehler bedingte Fehlmessungen zu identifizieren.

2.1.3 Binomialverteilung

Die Verteilung einer binären Variablen heißt *Binomialverteilung*. Im Titanic-Beispiel ist das Geschlecht der Passagiere eine binäre Zufallsvariable. Zählt man in der Stichprobe die Anzahl der Frauen unter den insgesamt $n = 1309$ Passagieren und benennt die Variable X, so erhält man grundsätzlich eine Zahl zwischen 0 und 1309. Im vorliegenden Datensatz gab es $x = 466$ weibliche Passagiere. Der beobachtete Anteil weiblicher Passagiere war damit $p = x/n = 0{,}36$.

Ein Beispiel für eine binäre Variable ist das Ergebnis eines Würfelwurfs, bei dem das Würfeln einer Sechs das interessierende Ereignis ist und damit die möglichen Ergebnisse „Sechs" oder „Nicht-Sechs" sind. Bei einem fairen Würfel erwartet man mit Wahrscheinlichkeit $\pi = \frac{1}{6}$ eine Sechs. Wird der Würfel n-mal geworfen und bezeichnet X die Anzahl Sechser in n Würfen, so gilt für die Verteilung von X:

$$P(X = x) = \binom{n}{x} \pi^x (1 - \pi)^{n-x} \qquad (2.11)$$

für $0 \leq x \leq n$, wobei $\binom{n}{x} = \frac{n!}{x!(n-x)!}$ der Binomialkoeffizient und die Fakultät einer natürlichen Zahl n als $n! = n \cdot (n-1) \cdot \ldots \cdot 2 \cdot 1$ definiert ist. Die Variable X wird als $X \sim \mathfrak{B}(n, \pi)$ bezeichnet.

Die Wahrscheinlichkeit, bei 10-maligem Würfeln genau 4-mal eine Sechs zu würfeln, lässt sich also berechnen zu:

$$P(X = 4) = \binom{10}{4} \left(\frac{1}{6}\right)^4 \left(1 - \frac{1}{6}\right)^{10-4} = 0{,}054$$

Eine binomialverteilte Variable $X \sim \mathfrak{B}(n, \pi)$ hat Erwartungswert $E[X] = n \cdot \pi$ und Varianz $\mathrm{Var}(X) = n \cdot \pi \cdot (1-\pi)$. Betrachtet man nicht die Anzahl der Ereignisse, sondern ihren relativen Anteil $P = X/n$, so gilt $E[P] = \pi$ und $\mathrm{Var}(P) = \pi \cdot (1-\pi)/n$.

Ist die Anzahl der Versuche n groß genug, so kann die Binomialverteilung durch eine Normalverteilung approximiert werden: Ist $X \sim \mathfrak{B}(n, \pi)$ mit $n \cdot \pi > 10$ und $n \cdot (1-\pi) > 10$, so ist X approximativ $\mathfrak{N}(n \cdot \pi, n \cdot \pi \cdot (1-\pi))$-verteilt.

Mit der Normalapproximation kann man berechnen, mit welcher Wahrscheinlichkeit bei 100 Würfen zwischen 20 und 25 Sechser zu erwarten sind. Bei 100 Würfen ist $E[X] = \frac{100}{6} = 16{,}7$ und $\mathrm{Var}(X) = 100 \cdot \frac{1}{6} \cdot (1 - \frac{1}{6}) = 13{,}9$. Unter Benutzung der z-Transformation gilt:

$$\begin{aligned} P(20 \leq X \leq 25) &= P\left(\frac{20 - 16{,}7}{\sqrt{13{,}9}} \leq \frac{X - 16{,}7}{\sqrt{13{,}9}} \leq \frac{25 - 16{,}7}{\sqrt{13{,}9}}\right) \\ &= P(0{,}89 \leq Z \leq 2{,}24) \\ &= 0{,}17 \end{aligned}$$

Die hier benötigten Quantile der Standardnormalverteilung sind nicht in Tab. 2.2 aufgeführt und können z. B. unter http://de.wikipedia.org/wiki/Tabelle_Standardnormalverteilung nachgeschlagen werden.

2.2 Deskriptive Statistik

Die deskriptive Statistik befasst sich mit der Zusammenfassung von Daten in aussagekräftigen Maßzahlen. Diese können z. B. Lage- und Streuungsparameter sein. Darüber hinaus werden die Daten durch geeignete Grafiken illustriert.

2.2.1 Maße der Lage

Je nach Skalenniveau der Daten können unterschiedliche Lagemaße angegeben werden.

Der *Modalwert* oder *Modus* ist der Wert mit der größten Häufigkeit in einer Stichprobe. Er kann prinzipiell bei allen Skalenniveaus angegeben werden, sinnvoll kommt er bei nominal skalierten Merkmalen zur Anwendung. Bei stetigen Merkmalen kommen identische Messungen selten vor. Im Titanic-Datensatz ist das Geschlecht (sex) ein nominales Merkmal. Es gibt 466 Frauen und 843 Männer, somit ist „male" hier Modalwert des Merkmals „sex".

Seien $x_1, \ldots, x_n$ Merkmalsausprägungen (Beobachtungen) des Merkmals X. Dann bezeichnet

$$\overline{x} = \frac{1}{n} \sum_{i=1}^{n} x_i$$

den *arithmetischen Mittelwert*, wobei n die Anzahl der Beobachtungen ist. Der arithmetische Mittelwert ist das am häufigsten benutze Lagemaß, da es leicht zu interpretieren ist und über statistische Eigenschaften verfügt, die häufig implizit genutzt werden. Der arithmetische Mittelwert ist nur anwendbar bei quantitativen Merkmalen. Zum Beispiel ist der Mittelwert des Alters der männlichen Titanic-Passagiere 30,59 Jahre und der weiblichen Passagiere 28,69 Jahre. Da extreme Beobachtungen einen großen Einfluss auf den arithmetischen Mittelwert haben, bezeichnet man ihn als ausreißeranfällig.

Der *Median* ist der Wert, der die geordnete Stichprobe in zwei Hälften teilt. Bei gerader Anzahl an Beobachtungen wird der Mittelwert der beiden mittleren Beobachtungen berechnet. Seien $x_{(1)} \leq \ldots \leq x_{(n)}$ die geordneten Werte der Beobachtungen des Merkmals X, dann definiert

$$x_{0{,}5} = \begin{cases} x_{\left(\frac{n+1}{2}\right)} & \text{falls } n \text{ ungerade} \\ \frac{1}{2}\left(x_{\left(\frac{n}{2}\right)} + x_{\left(\frac{n+2}{2}\right)}\right) & \text{falls } n \text{ gerade} \end{cases}$$

den Median. Um den Median bestimmen zu können, muss das Merkmal mindestens ordinalskaliert sein. Der Median ist robust gegen Ausreißer bzw. Extremwerte, da eine oder auch mehrere extreme Beobachtungen den Median nicht verändern. Dies ist der besondere Vorteil des Medians im Vergleich zum arithmetischen Mittelwert. Der Median des Alters der männlichen Titanic-Passagiere beträgt 28 Jahre und der der weiblichen Passagiere 27 Jahre. Der Median ist in diesem Beispiel etwas kleiner als der arithmetische Mittelwert, was auf eine rechtsschiefe Verteilung hindeutet.

Abb. 2.5 Balkendiagramm (**a**) und Kreis-diagramm (**b**) für die Geschlechterverteilung der $n = 1309$ Titanic-Passagiere

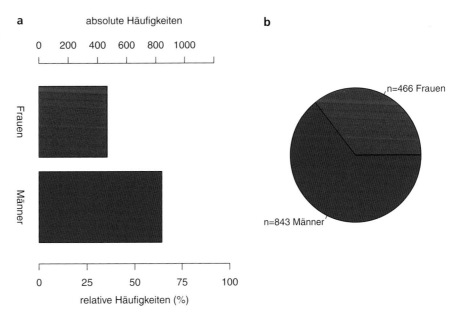

Allgemein wurde das α-Quantil bereits im mathematischen Hintergrund 2.1 definiert. An dieser Stelle wollen wir nun spezielle Quantile vorstellen. Unterteilt man den Datensatz in vier gleich große Teile, so wird das 0,25-Quantil auch als 1. Quartil bezeichnet ($Q_1 = x_{0,25}$), das 0,5-Quantil (der Median) als 2. Quartil ($x_{0,5}$) und das 0,75-Quantil als 3. Quartil ($Q_3 = x_{0,75}$). Des Weiteren ist auch der Begriff des Perzentils anstelle des Quantils gebräuchlich, dabei entspricht das $\alpha \cdot 100\%$-Perzentil dem α-Quantil, z. B. ist das 0,25-Quantil das 25 %-Perzentil.

2.2.2 Maße der Streuung

Deskriptive Maße, die die Variabilität der Daten beschreiben, nennt man Streuungsmaße.

Seien wie oben $x_{(1)} \leq \ldots \leq x_{(n)}$ die geordneten Werte der Beobachtungen des Merkmals X. Die *Spannweite* (Range) ist die Differenz zwischen dem größten und dem kleinsten Beobachtungswert

$$R = x_{(n)} - x_{(1)}.$$

Dieses Streuungsmaß ist extrem ausreißeranfällig und liefert wenig Information über die Stichprobe.

Informativer und robust gegen Ausreißer ist der *Interquartilsabstand* (IQR, von „interquartile range"), der die Differenz zwischen dem 3. Quartil und dem 1. Quartil bezeichnet:

$$\mathrm{IQR} = Q_3 - Q_1$$

Die *Stichprobenvarianz* oder *empirische Varianz* gibt die mittlere quadratische Abweichung vom arithmetischen Mittelwert $\overline{x}$ an. Sie ist definiert als

$$\mathrm{var} = \frac{1}{n-1} \sum_{i=1}^{n} (x_i - \overline{x})^2.$$

Da sich die n Differenzen zum Mittelwert $x_i - \overline{x}$ zu Null addieren, ist die letzte Differenz $x_n - \overline{x}$ durch die vorherigen $n-1$ Differenzen bestimmt. Damit stehen für die Mittelung nicht mehr n, sondern nur noch $n - 1$ sogenannte *Freiheitsgrade* zur Verfügung. In der Formel wird daher durch $n-1$ und nicht durch n geteilt. Würde man durch n anstatt durch $n - 1$ teilen, würde man systematisch die Varianz unterschätzen.

Die *Stichprobenstandardabweichung* oder *empirische Standardabweichung* ist definiert als

$$s = \sqrt{\mathrm{var}} = \sqrt{\frac{1}{n-1} \sum_{i=1}^{n} (x_i - \overline{x})^2}.$$

Die empirische Standardabweichung ist also die Wurzel der empirischen Varianz. Meist wird der arithmetische Mittelwert zusammen mit der empirischen Standardabweichung berichtet, da die Standardabweichung die gleiche Einheit wie der Mittelwert besitzt.

2.2.3 Grafische Darstellung

Für nominal skalierte Daten macht eine Aufbereitung in Tabellen mit Häufigkeitsangaben Sinn. So ist zum Beispiel das Geschlecht der Titanic-Passagiere wie in Tab. 2.3 darstellbar.

Entsprechende grafische Darstellungen nominal skalierter Daten sind über *Balkendiagramme* bzw. *Kreisdiagramme* möglich (vgl. Abb. 2.5). Balkendiagramme können für relative oder absolute Häufigkeiten erstellt werden. Wenn relative Häufigkeiten gezeigt werden, ist es notwendig, die Fallzahl n in der Legende aufzuführen.

Tab. 2.3 Geschlechterverteilung der Titanic-Passagiere

	Absolute Häufigkeit (Anzahl)	Relative Häufigkeit (%)
Frauen	466	35,6
Männer	843	64,4
Summe	**1309**	**100**

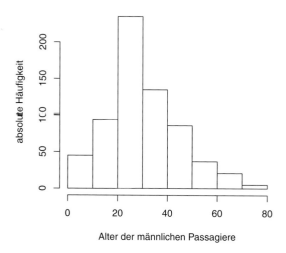

Abb. 2.6 Histogramm für die Altersverteilung der $n = 843$ männlichen Titanic-Passagiere

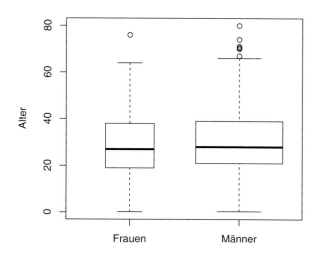

Abb. 2.7 Boxplot für die Altersverteilung der $n = 843$ männlichen und $n = 466$ weiblichen Titanic-Passagiere

Quantitative Daten kann man in einem *Histogramm* darstellen. Abb. 2.6 zeigt ein Histogramm des Alters der männlichen Passagiere der Titanic. Für die Darstellung des Histogramms werden die quantitativen Daten in Klassen unterteilt und es wird für jede Klasse die Häufigkeit dargestellt. Prinzipiell sind die Klassenbreiten beliebig wählbar. Allerdings sind gleichbreite Klassen zu empfehlen, da im Histogramm – anders als im Balkendiagramm – nicht die Höhe des Balkens, sondern seine Fläche die Häufigkeit angibt. Bei unterschiedlichen Klassenbreiten muss die Höhe des Balkens gemäß der Breite angepasst werden. Bei gleichbreiten Klassen kann die absolute oder die relative Häufigkeit angegeben werden. Üblicherweise gehören bei der Histogrammerstellung die linken Klassengrenzen dazu, d. h. die Intervalle sind links abgeschlossen und rechts offen. Eine Empfehlung für die Klassenanzahl ist die Wurzel des Stichprobenumfangs $\sqrt{n}$.

Eine kompakte Darstellung für quantitative Daten ist der *Box-and-Whiskers-Plot* (kurz Boxplot). Er besteht aus einer rechteckigen Box und den Whiskers (englisch: Schnurrhaare, Barthaare), die am oberen und unteren Ende der Box beginnen. Die obere Kante der Box wird durch das 3. Quartil, die untere Kante durch das 1. Quartil festgelegt. Somit entspricht die Höhe der Box dem Interquartilsabstand. Der horizontale Strich in der Box markiert den Median. Befindet sich der Median in der Mitte der Box, ist die Verteilung eher symmetrisch. Liegt der Median hingegen eher am unteren oder oberen Rand, spricht man von einer schiefen Verteilung. Die Breite der Box ist beliebig wählbar, kann aber bei einer gemeinsamen Darstellung mehrerer Untergruppen die Fallzahl pro Gruppe widerspiegeln. Die Länge der Whiskers kann unterschiedlich definiert werden und ist immer bei der Darstellung mit anzugeben. Oft wird das 0,05- bzw. 0,95-Quantil verwendet, man kann die Whiskers aber auch bis zum Minimum oder Maximum der Daten zeichnen. Eine aussagekräftige Darstellung ist, die Whiskers bis zum kleinsten Wert oberhalb von $Q_1 - 1{,}5 \cdot \text{IQR}$ bzw. bis zum größten Wert unterhalb von $Q_3 + 1{,}5 \cdot \text{IQR}$ zu zeichnen, siehe Abb. 2.7. Datenpunkte, die außerhalb der Whiskers liegen, werden einzeln durch Punkte kenntlich gemacht. Ein großer Vorteil des Box-

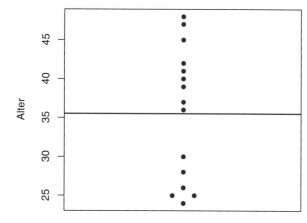

Abb. 2.8 Scattered Dot-Plot des Alters der ersten $n = 15$ männlichen Passagiere. Die *horizontale Linie* gibt den arithmetischen Mittelwert dieser Datenpunkte an

plots ist die Möglichkeit, mehrere Boxplots nebeneinander zu stellen und auf diese Weise z. B. Untergruppen grafisch miteinander zu vergleichen.

Die Darstellung in einem Boxplot ist sinnvoll, wenn die Fallzahl mindestens $n = 20$ beträgt. Bei kleineren Fallzahlen sollte man anstelle des Boxplots die Originaldaten einzeln darstellen. Damit die Datenpunkte mit ähnlichen oder identischen Werten sich nicht gegenseitig verdecken, verwendet man einen Scattered Dot-Plot. Unterstützend kann man noch eine Hilfslinie für den Mittelwert oder den Median einzeichnen (vgl. Abb. 2.8).

An dieser Stelle möchten wir darauf hinweisen, dass eine Darstellung des arithmetischen Mittelwerts als Balken und der Standardabweichung (oder auch des Standardfehlers, siehe Abschn. 2.3) als Whisker, wie in Abb. 2.9 gezeigt, wesentlich weniger informativ ist als ein Boxplot, da diese Darstellung lediglich ein Maß der Lage und ein Maß der Streuung angibt, während der Boxplot zusätzlich zum Median vier weitere La-

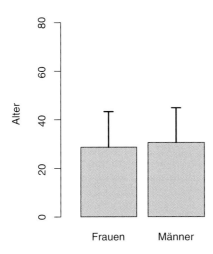

Abb. 2.9 Altersverteilung dargestellt in einem Balkendiagramm. Die Grafik enthält erheblich weniger Informationen als der Boxplot in Abb. 2.7

gemäße abbildet, extreme Beobachtungen aufzeigt und einen Hinweis auf die Symmetrie der Datenverteilung gibt. Leider ist die Darstellungsweise wie in Abb. 2.9 in vielen biomedizinischen Zeitschriften zu finden.

2.3 Konfidenzintervalle

In Abschn. 2.2 wurde beschrieben, wie Lage- und Streuungsmaße von Merkmalen einer Stichprobe geschätzt werden können. Wie bereits erwähnt, wurde die Stichprobe aus einer Grundgesamtheit gezogen. Der arithmetische Mittelwert schätzt den Erwartungswert der Verteilung in der Grundgesamtheit. Die Schätzer, so wie sie in Abschn. 2.2 eingeführt wurden, sind Punktschätzer, geben also einen präzisen Wert für den Parameter der Verteilung an. Aufgrund von Zufallsschwankungen beim Ziehen der Stichprobe ist es höchst unwahrscheinlich, dass der Punktschätzer tatsächlich genau mit dem wahren Parameterwert der Populationsverteilung übereinstimmt. Vielmehr ist zu erwarten, dass der Schätzwert in der Nähe des wahren Wertes liegt, und zwar umso näher am wahren Wert, je größer die Stichprobe ist. Statt lediglich einen aus einer Stichprobe ermittelten Schätzwert für den Parameter einer Population anzugeben, kann es wesentlich informativer sein, einen Bereich, also ein Intervall, anzugeben, in dem der wahre, aber unbekannte Populationsparameter mit großer Wahrscheinlichkeit liegt. Dies ist das Konzept des Konfidenzintervalls, das in diesem Abschnitt am Beispiel des Konfidenzintervalls für den Erwartungswert einer Normalverteilung behandelt wird.

2.3.1 Standardfehler

Betrachten wir zur Illustration als Variable wieder den diastolischen Blutdruck in einer Population von gesunden Zwanzigjäh-

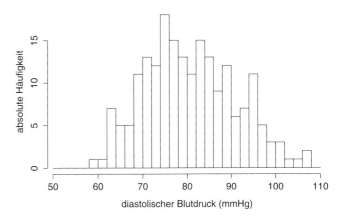

Abb. 2.10 Histogramm des Blutdrucks von 200 gesunden Zwanzigjährigen

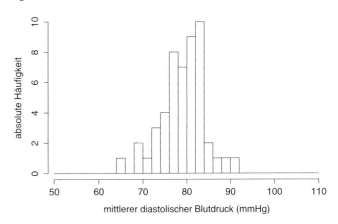

Abb. 2.11 Histogramm des mittleren Blutdrucks von 50 Stichproben des Umfangs $n = 5$

rigen, die als approximativ normalverteilt mit Erwartungswert $\mu = 80$ mmHg und Standardabweichung $\sigma = 10$ mmHg angenommen werden kann. Ein Histogramm einer Stichprobe von 200 Probanden ist in Abb. 2.10 zu sehen. Der Mittelwert in dieser Stichprobe war 80,7 mmHg und die Standardabweichung 10,2 mmHg.

Stellen wir uns vor, dass wir aus dieser Population Stichproben des Umfangs $n = 5$ ziehen und jeweils den Mittelwert für jede Stichprobe berechnen. Bei 50-maliger Wiederholung haben wir genügend viele Mittelwerte erzeugt, um sie im Histogramm gut darstellen zu können (Abb. 2.11). Der Mittelwert der 50 Mittelwerte liegt bei 79,1 mmHg und damit sehr nahe am wahren Populationsmittelwert. Die Standardabweichung der 50 Mittelwerte beträgt 5,1 mmHg.

Im zweiten Schritt wiederholen wir dieses Experiment und erhöhen den Stichprobenumfang von 5 auf 20. Wieder berechnen wir die Mittelwerte von 50 Stichproben und stellen diese in einem weiteren Histogramm dar (Abb. 2.12). Der Mittelwert der 50 neuen Mittelwerte liegt bei 79,9 mmHg und ist wieder sehr nahe dem wahren Populationsmittelwert. Die Standardabweichung der 50 Mittelwerte beträgt 2,4 mmHg, ist damit deutlich

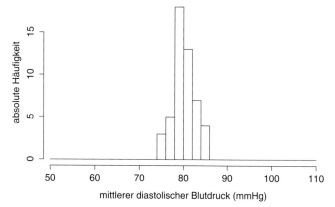

Abb. 2.12 Histogramm des mittleren Blutdrucks von 50 Stichproben des Umfangs $n = 20$

kleiner als im ersten Experiment und zeigt, was auch intuitiv klar ist, dass die Mittelwertberechnung für einen größeren Stichprobenumfang genauer wird.

Die Standardabweichung für den Mittelwert wird als Standardfehler bezeichnet. Sie gibt die Variabilität der Mittelwertbildung wieder. Bei bekannter Standardabweichung σ in der Population ist der Standardfehler für die Mittelwertbildung aus Stichproben des Umfangs n durch $\sigma/\sqrt{n}$ gegeben. Die Mittelwertbildung unterliegt größerer Schwankung, wenn die Messwerte selber stärker schwanken (Abhängigkeit von σ) und sie schwankt in geringerem Maß, wenn der Stichprobenumfang n steigt.

Normalerweise sind weder der Populationsmittelwert μ noch die Populationsstandardabweichung σ bekannt und es wird auch nur eine einzige Stichprobe aus der Population gezogen. Um trotzdem die Schwankung der Mittelwertbildung abschätzen zu können, wird die Stichprobe dazu benutzt, neben dem Populationsmittelwert auch die Populationsstandardabweichung zu schätzen, und zwar durch die empirische Standardabweichung der Stichprobe s. Insgesamt resultiert daraus die Formel für den Standardfehler (auch standard error (of the mean) genannt und s.e. (bzw. SEM) abgekürzt)

$$s.e. = s/\sqrt{n}. \qquad (2.12)$$

Unter Benutzung der im Mathematische Hintergrund 2.1 hergeleiteten Regeln kann man leicht zeigen, dass für den arithmetischen Mittelwert von n normalverteilten Zufallsvariablen gilt $\mathrm{E}[\bar{X}] = \mathrm{E}[X]$ und $\mathrm{Var}(\bar{X}) = \mathrm{Var}(X)/n$.

2.3.2 Herleitung des Konfidenzintervalls für den Mittelwert μ einer Normalverteilung

Unter der Annahme, dass die Populationsstandardabweichung σ bekannt ist, ist der arithmetische Mittelwert von n normalver-

Tab. 2.4 Quantile der t-Verteilung

Freiheitsgrade	Quantile			
	0,990	0,975	0,950	0,90
1	31,821	12,706	6,314	3,078
2	6,965	4,303	2,920	1,886
5	3,365	2,571	2,015	1,476
10	2,764	2,228	1,812	1,372
20	2,528	2,086	1,725	1,325
85	2,371	1,989	1,663	1,292
100	2,364	1,984	1,660	1,292
∞	2,326	1,960	1,645	1,282

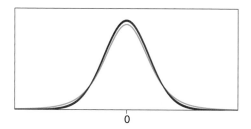

Abb. 2.13 Die Dichte der Standardnormalverteilung (*blau*), der t_5-Verteilung (*grün*) und der t_{20}-Verteilung (*rot*)

teilten Zufallsvariablen $\bar{X}$ ebenfalls normalverteilt. Damit kann man die z-Transformation auf $\bar{X}$ anwenden und erhält

$$0,95 = P\left(-1,96 \leq \frac{\bar{X} - \mu}{\sigma/\sqrt{n}} \leq 1,96\right) \qquad (2.13)$$
$$= P\left(-1,96 \cdot \frac{\sigma}{\sqrt{n}} \leq \bar{X} - \mu \leq 1,96 \cdot \frac{\sigma}{\sqrt{n}}\right)$$
$$= P\left(\bar{X} - 1,96 \cdot \frac{\sigma}{\sqrt{n}} \leq \mu \leq \bar{X} + 1,96 \cdot \frac{\sigma}{\sqrt{n}}\right).$$

Das Intervall $[\bar{X} - 1,96 \cdot \frac{\sigma}{\sqrt{n}}; \bar{X} + 1,96 \cdot \frac{\sigma}{\sqrt{n}}]$ überdeckt also den wahren, aber unbekannten Populationsmittelwert μ mit Wahrscheinlichkeit 95 %. Wie oben bemerkt, ist allerdings im Allgemeinen σ nicht bekannt, so dass dieses Intervall nicht berechnet werden kann. Ersetzt man den Populationsparameter σ durch die empirische Schätzung aus der Stichprobe s, ist auch diese Schätzung mit Variabilität assoziiert. Um diese Variabilität auszugleichen, wird das 0,975-Quantil der Standardnormalverteilung ersetzt durch das (etwas größere) 0,975-Quantil der t-Verteilung mit $n - 1$ Freiheitsgraden. Dies rechtfertigt sich dadurch, dass die Verteilung der Größe $\frac{\bar{X} - \mu}{s/\sqrt{n}}$ einer t-Verteilung mit $n - 1$ Freiheitsgraden folgt. Abb. 2.13 zeigt die t-Verteilung mit $n = 5$ und $n = 20$ Freiheitsgraden sowie die Standardnormalverteilung im Vergleich. In Tab. 2.4 sind die 0,99-, 0,975- und 0,95-Quantile der t-Verteilung für eine kleine Auswahl von Freiheitsgraden aufgelistet.

Tab. 2.4 und Abb. 2.13 zeigen, dass die t-Verteilung sich mit zunehmender Anzahl von Freiheitsgraden der Standardnormalverteilung nähert.

Insgesamt ergibt sich das $(1-\alpha)$-Konfidenzintervall für den Mittelwert μ einer Normalverteilung bei unbekanntem σ zu

$$\left[\bar{x} - t_{n-1;1-\alpha/2}\frac{s}{\sqrt{n}} ; \bar{x} + t_{n-1;1-\alpha/2}\frac{s}{\sqrt{n}}\right]. \qquad (2.14)$$

Die Breite des Konfidenzintervalls hängt ab von der Vertrauenswahrscheinlichkeit $1-\alpha$, von der Variabilität der Daten (d. h. von s) und vom Stichprobenumfang n.

Im Titanic-Datensatz können 86 Ehepaare identifiziert werden. Wenn die Fragestellung ist, die mittlere Altersdifferenz zwischen Ehemännern und Ehefrauen zu schätzen, so bekommt man als Mittelwert der 86 Altersdifferenzen $\bar{x} = 4{,}2$ und als Standardabweichung $s = 7{,}7$ Jahre. Für die Berechnung des 95 %-Konfidenzintervalls benötigt man das $0{,}975$-Quantil der t-Verteilung mit $86 - 1 = 85$ Freiheitsgraden, das aus Tab. 2.4 zu $1{,}989$ abgelesen werden kann. Damit ist das 95 %-Konfidenzintervall gegeben durch

$$\left[4{,}2 - 1{,}989\,\frac{7{,}7}{\sqrt{86}} ; 4{,}2 + 1{,}989\,\frac{7{,}7}{\sqrt{86}}\right] = [2{,}5 ; 5{,}8].$$

Aus dem Konfidenzintervall kann geschlossen werden, dass in der Population der Ehepaare, die Anfang des 20. Jahrhunderts eine Transatlantiküberquerung mit dem Schiff unternahmen, die mittlere Altersdifferenz mit Wahrscheinlichkeit 95 % zwischen 2,5 und 5,8 Jahren liegt.

2.4 Statistische Hypothesentests

Das statistische Hypothesentesten fällt in den Bereich der induktiven Statistik. Man möchte eine Fragestellung über eine Grundgesamtheit beantworten, kann aber nicht die gesamte Population untersuchen. Man könnte zum Beispiel die Frage beantworten wollen, ob bei Ehepaaren, die Anfang des 20. Jahrhunderts eine Transatlantiküberquerung mit dem Schiff unternehmen, der Mann im Mittel genauso alt ist wie die Frau, oder anders formuliert, ob der Erwartungswert der Altersdifferenz zwischen Mann und Frau null ist. Statistisches Hypothesentesten untersucht Parameter von Verteilungen,[2] im Beispiel den Erwartungswert μ der Verteilung der Altersdifferenzen von Ehepaaren.

Ein statistischer Test versucht, die Fragestellung anhand einer Stichprobe zu beantworten. Die Antwort ist abhängig von der ausgewählten Stichprobe und kann daher für die Grundgesamtheit falsch sein. Der Rückschluss von der Stichprobe auf die Population ist mit Unsicherheit behaftet. Diese Unsicherheit wird mit der Methode des statistischen Testens quantifiziert und kann auf diese Weise kontrolliert werden. Die wahre Antwort auf die Fragestellung bleibt unbekannt.

---

[2] In der Statistik werden Parameter von Verteilungen grundsätzlich mit griechischen Buchstaben bezeichnet, um den Unterschied zu den aus Stichproben berechneten empirischen Größen zu verdeutlichen, z. B. ist μ der Populationsmittelwert und $\bar{x}$ der Stichprobenmittelwert.

2.4.1 Null- und Alternativhypothese

Um eine Fragestellung mit Hilfe eines statistischen Tests konfirmatorisch zu beantworten, muss diese in eine statistische Testhypothese umformuliert werden. Eine Hypothese ist eine Aussage, die entweder richtig oder falsch ist. Ein statistischer Test basiert auf zwei Hypothesen, der *Nullhypothese* H_0 und der gegenteiligen *Alternativhypothese* H_1. Da Hypothesen üblicherweise über die Parameter von Verteilungen definiert werden, decken H_0 und H_1 zusammen den gesamten Parameterraum ab.

Meistens werden H_0 und H_1 für eine zweiseitige Fragestellung definiert, d. h., H_0 enthält einen einzigen Parameterwert und H_1 dann als Komplement eine unendliche Parametermenge, z. B. beim Test auf den Erwartungswert einer Normalverteilung $H_0 : \mu = \mu_0$ gegen $H_1 : \mu \neq \mu_0$. Gelegentlich wird einseitig getestet, also für eine einseitige Fragestellung nach rechts: $H_0 : \mu \leq \mu_0$ gegen $H_1 : \mu > \mu_0$, bzw. für eine einseitige Fragestellung nach links: $H_0 : \mu \geq \mu_0$ gegen $H_1 : \mu < \mu_0$.

2.4.2 Fehler 1. und 2. Art

Jede auf einer Stichprobe basierende Testentscheidung beinhaltet die Möglichkeit der Fehlentscheidung. Zwei Arten von Fehlern können auftreten (vgl. Abb. 2.14). Wird durch den Test die Nullhypothese abgelehnt, obwohl sie wahr ist, spricht man von einem *Fehler 1. Art*. Den *Fehler 2. Art* begeht man, wenn fälschlicherweise die Nullhypothese beibehalten wird, obwohl die Alternativhypothese gilt.

Ein statistischer Test wird so konstruiert, dass die Wahrscheinlichkeit für den Fehler 1. Art höchstens α beträgt. Die maximale Fehlerwahrscheinlichkeit 1. Art α bezeichnet man als *Signifikanzniveau* oder auch *Irrtumswahrscheinlichkeit*. Typische Werte von α sind 5 % oder auch 1 %. Die Wahrscheinlichkeit für den Fehler 2. Art wird mit β bezeichnet. Sie kann nicht allgemein angegeben werden, sondern hängt vom Parameterwert aus der Alternativhypothese ab, für die man sie berechnet. Die *Power* eines Tests gibt die Wahrscheinlichkeit an, die Nullhypothese korrekterweise abzulehnen $(1 - \beta)$, und kann, wie der Fehler 2. Art, nur für einen spezifischen Parameterwert aus der Alternative berechnet werden.

	H$_0$ ist wahr	H$_1$ ist wahr
H$_0$ wird beibehalten	richtig	falsch Fehler 2. Art
H$_0$ wird abgelehnt	falsch Fehler 1. Art	richtig

Stichprobe

Abb. 2.14 Fehler 1. und 2. Art beim statistischen Testen

Die Bezeichnung der Fehler legt nahe, dass die Wahl von Null- und Alternativhypothese unsymmetrisch ist. Ein statistischer Test basiert auf dem Prinzip „Beweis durch Widerspruch". Ziel ist es, die Nullhypothese abzulehnen und sich für die Alternativhypothese zu entscheiden. Durch Festlegung des Signifikanzniveaus wird die Irrtumswahrscheinlichkeit auf einen kleinen Wert, z. B. $\alpha = 5\%$, begrenzt. Die Aussage, die gezeigt werden soll, muss als Alternativhypothese H_1 formuliert werden. Dieses Konzept wird besonders klar in der Medikamententestung. Wird etwa der Effekt eines neuen Medikaments im Vergleich zu einer Standardtherapie untersucht, so wird man als H_0 formulieren, dass es keinen Unterschied im Effekt des neuen Medikaments im Vergleich zur Standardtherapie gibt, während in H_1 ein unterschiedlicher Effekt postuliert wird. Hier begrenzt α also die (schwerwiegendere) Fehlerwahrscheinlichkeit, ein neues Medikament für wirksam zu halten, wenn es dies in Wahrheit nicht ist. In dieser Situation entsteht der Fehler 2. Art, wenn die Studie die Wirksamkeit des tatsächlich wirksamen neue Medikaments nicht belegen kann.

Die maximale Fehlerwahrscheinlichkeit 1. Art α wird vor Beginn der Studie festgelegt. Die Fehlerwahrscheinlichkeit 2. Art β zu einem spezifischen Parameterwert aus der Alternative kann durch die Wahl der Fallzahl beeinflusst werden (s. Abschn. 2.5).

2.4.3 Vorgehen beim statistischen Testen

Soll ein statistischer Test durchgeführt werden, wird zunächst spezifiziert, welche Beobachtungseinheit, Merkmal, Grundgesamtheit, Stichprobe und Verteilungsmodell von Interesse sind, um das statistische Modell festzulegen. Die Umformulierung der interessierenden Fragestellung in Null- und Alternativhypothese geschieht meist über geeignete Parameter (z. B. Lageparameter) der Wahrscheinlichkeitsverteilung. Abhängig vom statistischen Modell wird eine Teststatistik T (Prüfgröße) identifiziert, die aus der Stichprobe berechnet und anhand derer die Testentscheidung gefällt wird.

Vor Durchführung des Tests erfolgt die Wahl einer maximalen Irrtumswahrscheinlichkeit α für den Fehler 1. Art (Signifikanzniveau). Aus der Verteilung der Teststatistik T unter der Nullhypothese H_0 bestimmt man den kritischen Wert t_{krit} für die Testentscheidung. Je nachdem, ob der Test einseitig oder zweiseitig durchgeführt wird, entspricht der kritische Wert dem $(1-\alpha)$- bzw. $(1-\alpha/2)$-Quantil der Verteilung der Teststatistik T.

Nach Durchführung des Versuchs und Erhebung der Daten wird der Wert der Teststatistik aus der Stichprobe berechnet. Die Testentscheidung erfolgt dann über den Vergleich des Wertes der Teststatistik t mit dem kritischen Wert t_{krit}. Beim zweiseitigen Test ist $t_{\text{krit}} = t_{1-\alpha/2}$ und es wird geprüft, ob $|t| > t_{1-\alpha/2}$ ist. Ist dies der Fall, wird die Nullhypothese abgelehnt, andernfalls muss sie beibehalten werden. Durch die Wahl von $t_{\text{krit}} = t_{1-\alpha/2}$ wird gewährleistet, dass die Fehlerwahrscheinlichkeit 1. Art durch α begrenzt wird. Abb. 2.15 veranschaulicht das Vorgehen beim zweiseitigen Testen. Die möglichen Werte der Teststatistik werden beim zweiseitigen Test also eingeteilt in drei Intervalle:

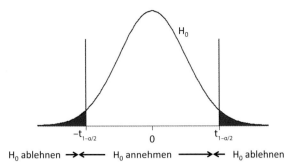

Abb. 2.15 Annahme- und Ablehnungsbereiche beim zweiseitigen statistischen Testen

einen Annahmebereich in der Mitte und zwei Ablehnungsbereiche außerhalb.

Im einseitigen Test nach rechts ist $t_{\text{krit}} = t_{1-\alpha}$ und es wird geprüft, ob $t > t_{1-\alpha}$ ist. Im einseitigen Test nach links ist entsprechend $t_{\text{krit}} = -t_{1-\alpha}$ und es wird geprüft, ob $t < -t_{1-\alpha}$ ist.

Alternativ kann eine Testentscheidung auch über den sogenannten p-Wert erfolgen. Der p-Wert, auch „Überschreitungswahrscheinlichkeit" genannt, ist definiert als die Wahrscheinlichkeit, den beobachteten Wert der Teststatistik t oder einen in Richtung der Alternative extremeren Wert zu erhalten, wenn die Nullhypothese gilt. In der zweiseitigen Testsituation ist also der p-Wert $p = P(|T| > |t|)$. Abb. 2.16 veranschaulicht den p-Wert im zweiseitigen Test, die rotmarkierte Fläche links bzw. rechts gibt die Wahrscheinlichkeit an, dass die Teststatistik T kleiner als $-t$ bzw. größer als t ist, d. h. extremer in Richtung Alternative. In der einseitigen Testsituation nach rechts ist $p = P(T > t)$, in der einseitigen Testsituation nach links entsprechend $p = P(T < t)$. Der p-Wert ist also abhängig von der Wahl der Null- und Alternativhypothese. Bei symmetrischen Verteilungen der Teststatistik ist der p-Wert im einseitigen Test immer halb so groß wie der p-Wert im entsprechenden zweiseitigen Test.

Der p-Wert wird üblicherweise bei statistischen Analysen vom Computerprogramm ausgegeben. Anhand des p-Werts wird ein statistischer Test durchgeführt, indem er mit dem vorgegebenen Signifikanzniveau α verglichen wird. Ist $p \leq \alpha$, so wird die

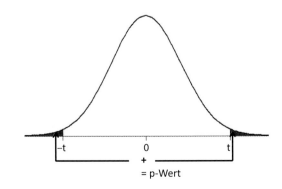

Abb. 2.16 Der p-Wert (Summe der rotmarkierten Flächen) zum Wert t der Teststatistik im zweiseitigen Test

Nullhypothese verworfen, ansonsten muss sie beibehalten werden. Bei der Testentscheidung auf Basis des p-Werts werden also Wahrscheinlichkeiten und damit Flächen verglichen, während bei der Testentscheidung auf Basis des kritischen Werts der Wert der Teststatistik selbst, also entlang der x-Achse, verglichen wird.

Zum Schluss erfolgt die Interpretation des Testergebnisses. Lehnt der Test die Nullhypothese ab, ist die Wahrscheinlichkeit, einen Fehler 1. Art begangen zu haben, durch das vorher festgelegte Signifikanzniveau kontrolliert. Kann die Nullhypothese im Test nicht abgelehnt werden, bedeutet dies nicht notwendigerweise, dass die Nullhypothese gilt. In diesem Fall kann ein Fehler 2. Art aufgetreten sein. Die Wahrscheinlichkeit für den Fehler 2. Art β ist unbekannt und kann nur berechnet werden, wenn ein Parameterwert aus der Alternative postuliert wird. Die Kontrolle des Fehlers 2. Art ist für einen vorher festgelegten relevanten Effekt über eine Fallzahlplanung möglich (vgl. Abschn. 2.5).

2.4.4 Einstichproben-t-Test

Der *Einstichproben-t-Test* prüft, ob der Mittelwert einer normalverteilten Grundgesamtheit μ sich von einem vorgegebenen Sollwert μ_0 unterscheidet. Voraussetzung für die Validität des Tests ist, dass die Daten der Stichprobe einer Normalverteilung folgen, d.h. $X \sim \mathfrak{N}(\mu, \sigma^2)$, wobei die Varianz σ^2 unbekannt ist. Der Wert der Teststatistik für den Einstichproben-t-Test ist

$$t = \frac{\bar{x} - \mu_0}{s/\sqrt{n}}, \qquad (2.15)$$

wobei $\bar{x}$ den Mittelwert und s die Standardabweichung der Stichprobe bezeichnet. Die Teststatistik ist unter der Nullhypothese t-verteilt mit $n - 1$ Freiheitsgraden.

Im Folgenden führen wir einen Einstichproben-t-Test für die mittlere Altersdifferenz von insgesamt $n = 86$ Ehemännern und Ehefrauen (vgl. Abschn. 2.3) durch. Wir vermuten, dass die Altersdifferenz nicht null ist, und formulieren die Fragestellung also zweiseitig als Nullhypothese $H_0 : \mu = 0$ und Alternativhypothese $H_1 : \mu \neq 0$. Der Test soll zum 5 %-Signifikanzniveau durchgeführt werden. Der kritische Wert ist dementsprechend das $(1 - \alpha/2)$-Quantil der t-Verteilung mit $n - 1 = 85$ Freiheitsgraden, d.h. $t_{\text{krit}} = t_{n-1;1-\alpha/2} = t_{85;0,975} = 1,989$. Der Wert der Teststatistik für die Stichprobe ist $t = 5,03$. Da $|t| > t_{\text{krit}}$, kann die Nullhypothese verworfen werden. Die Testinterpretation ist, dass es eine zum Niveau 5 % signifikante Altersdifferenz zwischen Ehemännern und Ehefrauen gibt.

Hier haben wir den Einstichproben-t-Test als Test für die Differenzen von Werten aus zwei Stichproben eingeführt. Dabei sind die beiden Stichproben (Ehefrauen und Ehemänner) verbunden, d.h., es gibt eine eindeutige Zuordnung, welche Beobachtung aus der einen Stichprobe zu welcher Beobachtung der anderen Stichprobe gehört. Daher wird dieser Test *t-Test für verbundene Stichproben* genannt. Dieser Test kommt auch immer dann zur Anwendung, wenn z.B. an einem Patienten zwei Messungen zu unterschiedlichen Zeitpunkten, etwa vor und nach einer Behandlung, durchgeführt werden.

2.4.5 Zweistichproben-t-Test

Der *Zweistichproben-t-Test* prüft, ob sich die Mittelwerte zweier normalverteilter Grundgesamtheiten unterscheiden. Der Test wertet zwei unabhängige Stichproben X und Y vom Umfang n_x bzw. n_y aus, wobei $X \sim \mathfrak{N}(\mu_X, \sigma^2)$ und $Y \sim \mathfrak{N}(\mu_Y, \sigma^2)$ mit derselben unbekannten Standardabweichung σ. Daher wird der Zweistichproben-t-Test auch als *t-Test für unverbundene Stichproben* bezeichnet. Ist die Gleichheit der Standardabweichungen nicht gegeben, kann man auf den Welch-Test ausweichen. Der Wert der Teststatistik für den Zweistichproben-t-Test ist

$$t = \frac{\bar{x} - \bar{y}}{s \cdot \sqrt{\frac{1}{n_x} + \frac{1}{n_y}}} \qquad (2.16)$$

mit den Stichprobenmittelwerten $\bar{x}$ und $\bar{y}$ und der gepoolten Standardabweichung

$$s = \sqrt{\frac{(n_x - 1) \cdot s_x^2 + (n_y - 1) \cdot s_y^2}{n_x + n_y - 2}}, \qquad (2.17)$$

wobei s_x und s_y die empirischen Standardabweichungen der einzelnen Stichproben sind. Die Teststatistik ist unter der Nullhypothese t-verteilt mit $n_x + n_y - 2$ Freiheitsgraden.

Wir führen einen Zweistichproben-t-Test am Beispiel des Titanic-Datensatzes durch. Wir interessieren uns für die Frage, ob es einen Unterschied im mittleren Alter zwischen den Überlebenden und den nicht Überlebenden gibt ($H_0 : \mu_X = \mu_Y$ vs. $H_1 : \mu_X \neq \mu_y$). Insgesamt haben $n_x = 427$ Passagiere den Untergang der Titanic überlebt und ihr mittleres Alter beträgt $\bar{x} = 28,92$ Jahre. Das mittlere Alter der $n_y = 619$ Untergangsopfer beträgt $\bar{y} = 30,55$ Jahre ($n_x + n_y = 1046 \neq 1309$, da nicht für alle Reisenden Altersangaben vorliegen). Der Wert der Teststatistik ergibt sich zu

$$t = \frac{28,92 - 30,55 - 0}{14,38 \cdot \sqrt{\frac{1}{427} + \frac{1}{619}}} = 1,7964$$

mit

$$s = \sqrt{\frac{(427 - 1) \cdot 15,06^2 + (619 - 1) \cdot 13,92^2}{427 + 619 - 2}} = 14,38.$$

Der kritische Wert für die Testentscheidung ist das $(1 - \alpha/2)$-Quantil der t-Verteilung mit $n_x + n_y - 2 = 1044$ Freiheitsgraden, d.h. $t_{\text{krit}} = 1,962$ für $\alpha = 5$ %. Da $|t| < t_{\text{krit}}$ kann die Nullhypothese nicht verworfen werden. Zum Niveau 5 % kann daher kein signifikanter Altersunterschied zwischen den Überlebenden und den Untergangsopfern festgestellt werden.

2.4.6 Rangsummentests

Sowohl der Einstichproben- als auch der Zweistichproben-t-Test basiert auf der Voraussetzung, dass die Daten Stichproben aus normalverteilten Grundgesamtheiten sind. Wenn diese Voraussetzung nicht erfüllt ist, kommen nichtparametrische Testverfahren zur Anwendung. Mit diesen Tests wird als Populationsparameter der Median der Verteilung untersucht. Diese Verfahren werten nicht die Daten selber, sondern lediglich die Ränge der Daten aus. Der *Rang* einer Beobachtung gibt an, wie viele Beobachtungen in der Stichprobe kleiner oder gleich dieser Beobachtung sind. Damit ist der Rang der kleinsten Beobachtung in einer Stichprobe vom Umfang n gleich 1 und der der größten Beobachtung gleich n. Bei der Anordnung von Beobachtungen (vgl. auch die Definition des Medians) spielen Beobachtungen mit identischem Wert eine besondere Rolle. Diese sogenannten *Bindungen* müssen natürlich denselben Rang bekommen. Daher bekommen alle Beobachtungen mit identischem Wert den Durchschnitt der Ränge, die ansonsten auf die Beobachtungen entfallen würden.

Zur Illustration des Vorgehens zeigt Tab. 2.5 die Vergabe von Rängen in einer Stichprobe vom Umfang $n = 12$. In diesem Datensatz treten Bindungen auf: Der Wert 10 tritt zweimal auf, daher bekommt er beide Male den mittleren Rang aus 3 und 4, also 3,5. Der Wert 17 tritt sogar dreimal auf, so dass hier der Rang $\frac{7+8+9}{3} = 8$ sogar dreimal vergeben wird. Die Summe der Ränge in einer Stichprobe vom Umfang n beträgt grundsätzlich $\frac{n \cdot (n+1)}{2}$.

Eine nichtparametrische Alternative zum Einstichproben-t-Test ist der *Wilcoxon-Vorzeichen-Rang-Test*. Wie der Einstichproben-t-Test wird auch der Wilcoxon-Vorzeichen-Rang-Test meist in der Situation gepaarter Stichproben verwendet und wertet die Differenzen der gepaarten Messungen aus. Der Wilcoxon-Vorzeichen-Rang-Test prüft, ob der Median der Verteilung, aus der die Stichprobe gezogen wurde, bzw. der Median der Differenzen der gepaarten Stichproben gleich 0 ist. Die Teststatistik V für den Wilcoxon-Vorzeichen-Rang-Test wird durch folgenden Algorithmus bestimmt:

1. Berechne die Absolutwerte der Stichprobe und vermerke, welche Absolutwerte von urspünglich negativen und welche von ursprünglich positiven Werten resultieren.
2. Streiche Beobachtungen mit Wert 0. Dadurch reduziert sich der ursprüngliche Stichprobenumfang von n auf n_r.
3. Ordne die Absolutwerte der Stichprobe an und vergebe die Ränge von 1 bis n_r. Bei Auftreten von Bindungen vergebe Durchschnittsränge.
4. Berechne die Summe der Ränge:
   T_+ : Summe der Ränge von ursprünglich positiven Werten,
   T_- : Summe der Ränge von ursprünglich negativen Werten.
5. $V = \min(T_+, T_-)$

Tab. 2.5 Vergabe von Rängen in einer Stichprobe vom Umfang $n = 12$

Wert	5	7	10	10	11	16	17	17	17	25	30	41
Rang	1	2	3,5	3,5	5	6	8	8	8	10	11	12

Ein kleiner Wert der Teststatistik entsteht dann, wenn die Anzahl der positiven und negativen Werte unausgeglichen ist und damit eine der beiden Anzahlen klein ist. Ist z. B. die Anzahl der negativen Werte klein und sind zusätzlich die Absolutwerte der negativen Werte klein und haben damit kleine Ränge, dann deutet dies darauf hin, dass der Median größer als 0 ist.

Die kritischen Werte der Teststatistik V können in Tabellen nachgeschlagen werden. Alternativ wird genutzt, dass für Stichprobengrößen $n_r > 10$ die Teststatistik V approximativ normalverteilt ist. Daher wird der Wert der Teststatistik

$$z = \frac{V - \frac{n_r \cdot (n_r+1)}{4}}{\sqrt{\frac{n_r \cdot (n_r+1) \cdot (2n_r+1)}{24}}}$$

mit dem Quantil der Standardnormalverteilung verglichen.

Im Beispiel, das wir für den Einstichproben-t-Test verwendet haben, also bei der Frage, ob die mediane Altersdifferenz von insgesamt $n = 86$ Ehemännern und Ehefrauen verschieden von 0 ist, liegt die mediane Altersdifferenz bei 4 Jahren und wir erhalten einen p-Wert von $p = 10^{-7}$, also einen hochsignifikanten Hinweis darauf, dass sich das mediane Alter von Ehepartnern, die Anfang des 20. Jahrhunderts den Atlantik überqueren, unterscheidet.

Auch für den Zweistichproben-t-Test gibt es eine nichtparametrische Alternative, die auf der Auswertung von Rängen basiert. Der *Wilcoxon-Rangsummentest* prüft die Gleichheit der Mediane der beiden Gruppen, aus denen die Stichproben gezogen wurden. Voraussetzung hierfür ist, dass die Verteilung der beiden Gruppen sich nur durch eine Verschiebung unterscheiden. Die Teststatistik W für den Wilcoxon-Rangsummentest wird durch folgenden Algorithmus bestimmt:

1. Ordne die beiden Stichproben des Umfangs n_x und n_y gemeinsam an und vermerke die Zugehörigkeit der Werte zu den Gruppen. Vergebe die Ränge von 1 bis $n_x + n_y$, bei Bindungen vergebe Durchschnittsränge, auch wenn die Bindungen beide Gruppen betreffen.
2. Berechne die Summe der Ränge:
   W_x: Rangsumme in der Stichprobe der n_x Werte,
   W_y: Rangsumme in der Stichprobe der n_y Werte.
3. $W = W_x$, falls $n_x \leq n_y$, ansonsten $W = W_y$.

Ein extremer Wert der Teststatistik entsteht dann, wenn in einer Gruppe vor allem Werte mit großen bzw. mit kleinen Rängen auftreten, d. h. in der gemeinsamen Anordnung die Werte der beiden Gruppen mehr oder weniger getrennt liegen.

Die Quantile auch dieser Teststatistik sind in Tabellenwerken angegeben. Alternativ wird genutzt, dass W approximativ normalverteilt ist, wenn beide Gruppengrößen größer als 10 sind. Basierend auf einer der beiden Rangsummen – hier z. B. für die x-Werte – wird der Wert der approximativen Teststatistik

$$z = \frac{W_x - \frac{n_x \cdot (n_x+n_y+1)}{2}}{\sqrt{\frac{n_x \cdot n_y \cdot (n_x+n_y+1)}{12}}}$$

mit dem Quantil der Standardnormalverteilung verglichen.

Dieser Test wird auch als *Mann-Whitney-U-Test* bezeichnet. Im Mann-Whitney-U-Test wird eine zum Wilcoxon-Test äquivalente Teststatistik berechnet, die daher auch zur selben Testentscheidung führt.

Wie für den Zweistichproben-t-Test benutzen wir wieder das Beispiel aus dem Titanic-Datensatz, um die Frage zu beantworten, ob es einen Unterschied im medianen Alter zwischen den Überlebenden und den nicht Überlebenden gibt. Das mediane Alter der $n_x = 427$ Passagiere, die den Untergang der Titanic überlebt haben, sowie der $n_y = 619$ Untergangsopfer beträgt 28 Jahre. Folgerichtig kann die Nullhypothese der Gleichheit der Mediane mit einem p-Wert von $p = 0{,}18$ nicht abgelehnt werden.

Rangbasierte Testverfahren müssen immer dann angewendet werden, wenn nicht angenommen werden kann, dass die Daten aus Normalverteilungen gezogen wurden. Folgen die Daten einer Normalverteilung, dann ist bei genügend großen Stichproben die Power von rangbasierten Verfahren nicht viel schlechter als die der entsprechenden t-Tests. Andererseits können bei großem Stichprobenumfang die t-Tests benutzt werden, selbst wenn quantitative Daten nicht ideal normalverteilt sind. Grundsätzlich sind Daten aus schiefen Verteilungen nicht normalverteilt. Schiefe Verteilungen treten bei Verteilungen von Zeitdauern auf, oder auch bei einigen Laborparametern, die üblicherweise kleine Werte aufweisen, aber bei denen auch große Werte möglich sind wie z. B. beim PSA-Spiegel. Wenn theoretische Überlegungen nicht ausreichen, um zu entscheiden, ob die Daten einer Normalverteilungsannahme genügen, wird gelegentlich der *Shapiro-Wilk-Test* auf Normalverteilung durchgeführt.

2.4.7 Chi-Quadrat-Test

Ganz allgemein kann man mit dem *Chi-Quadrat-Test* (χ^2-Test) überprüfen, ob zwei oder mehr qualitative Variablen unabhängig voneinander sind. Speziell betrachten wir hier den einfachsten Fall dieser Situation, den χ^2-Test für den Vergleich von zwei binomialverteilten Variablen. Als Beispiel betrachten wir wieder den Titanic-Datensatz und stellen die Frage, ob das Überleben eines Passagiers unabhängig vom Geschlecht ist. Die Daten lassen sich in einer Vierfeldertafel darstellen (vgl. Tab. 2.6).

Die Fragestellung kann umformuliert werden zur Frage, ob der Anteil π_F der Überlebenden bei Frauen gleich dem Anteil π_M bei Männern ist. Die Nullhypothese lässt sich dann als $H_0 : \pi_F = \pi_M$ und die Alternativhypothese als $H_1 : \pi_F \neq \pi_M$ formulieren.

Tab. 2.6 Beobachtete Verteilung von Überlebenden nach Geschlecht im Titanic-Datensatz

	Nicht überlebt	Überlebt	Summe
Frauen	127	339	466
Männer	682	161	843
Summe	**809**	**500**	**1309**

Tab. 2.7 Unter H_0 erwartete Verteilung von Überlebenden nach Geschlecht im Titanic-Datensatz

	Nicht überlebt	Überlebt	Summe
Frauen	$466 \cdot 0{,}618 = 288$	$466 \cdot 0{,}382 = 178$	466
Männer	$843 \cdot 0{,}618 = 521$	$843 \cdot 0{,}382 = 322$	843
Summe	**809**	**500**	**1309**

Zur Herleitung der Teststatistik betrachten wir die Darstellung der Daten in einer Vierfeldertafel (Tab. 2.6). Setzt man die Gültigkeit der Nullhypothese voraus, dass die Anteile Überlebender sich zwischen den Geschlechtern nicht unterscheiden, ergibt sich die Wahrscheinlichkeit zu überleben zu $500/1309 = 38{,}2\%$ und die Wahrscheinlichkeit nicht zu überleben zu $809/1309 = 61{,}8\%$. Wenn die Wahrscheinlichkeit zu überleben unabhängig vom Geschlecht wäre, d. h. unter der Gültigkeit der Nullhypothese, erwartet man für die gegebenen Anzahlen von 466 Frauen und 843 Männern sowie 500 Überlebenden die Vierfeldertafel (Tab. 2.7).

Nun vergleicht man die beiden Vierfeldertafeln Tab. 2.6 und 2.7 und berechnet die quadratische Abweichung:

$$\chi^2 = \sum_{\text{Zellen}} \frac{(\text{Beobachtet} - \text{Erwartet})^2}{\text{Erwartet}} \qquad (2.18)$$

Diese Prüfgröße χ^2 ist χ^2_f-verteilt mit einem Freiheitsgrad ($f = 1$), sie ist per Definition nicht-negativ und nur große Werte sprechen gegen die Gültigkeit von H_0.

In Tab. 2.8 sind die 0,99-, 0,95- und 0,90-Quantile der χ^2_f-Verteilung für eine kleine Auswahl von Freiheitsgraden f aufgelistet.

In unserem Beispiel ist der Wert der Teststatistik

$$\chi^2 = \frac{(127 - 288)^2}{288} + \frac{(339 - 178)^2}{178}$$
$$+ \frac{(682 - 521)^2}{521} + \frac{(161 - 322)^2}{322} = 365{,}88. \qquad (2.19)$$

Wählt man das Signifikanzniveau zu $\alpha = 5\%$, ist der kritische Wert das 95 %-Quantil der χ^2_1-Verteilung, also $t_{\text{krit}} = \chi^2_{1;1-\alpha} = 3{,}841$. Da der Wert der Teststatistik größer als der kritische Wert ist, kann die Nullhypothese verworfen werden. Es gibt also einen zum Niveau 5 % signifikant unterschiedlichen Anteil von Überlebenden bei Männern und Frauen.

Tab. 2.9 zeigt eine allgemeine Vierfeldertafel. Mit dieser Notation ist eine mathematisch äquivalente Formel für die Teststatistik

Tab. 2.8 Quantile der χ^2_f-Verteilung mit Freiheitsgrad f

Freiheitsgrade	Quantile		
	0,990	0,950	0,90
1	6,635	3,841	2,706
2	9,210	5,991	4,605
5	15,086	11,070	9,236
10	23,209	18,307	15,987

Tab. 2.9 Allgemeine Vierfeldertafel

	Ereignis (disease)	Kein Ereignis (healthy)	Summe
Gruppe 1	d_1	h_1	n_1
Gruppe 2	d_2	h_2	n_2
Summe	**d**	**h**	**n**

gegeben durch

$$\chi^2 = \frac{n \cdot (d_1 \cdot h_2 - d_2 \cdot h_1)^2}{d \cdot h \cdot n_1 \cdot n_2}. \qquad (2.20)$$

Der χ^2-Test beruht auf der Approximation der Binomialverteilung durch die Normalverteilung und ist damit nur asymptotisch gültig. Für kleine Fallzahlen ($n < 40$) bzw. wenn Einträge in der Tabelle der erwarteten Anzahlen kleiner fünf auftreten, sollte man anstelle des χ^2-Tests den exakten Test von Fisher verwenden.

Die Vierfeldertafel ist ein Spezialfall einer sogenannten *Kontingenztafel* mit r Zeilen und c Spalten, d.h., die erste Variable hat r und die zweite c Ausprägungen. In der Tabelle werden also $r \cdot c$ Häufigkeiten dargestellt mit entsprechenden Zeilen- und Spaltensummen. Der χ^2-Test auf Unabhängigkeit der beiden Variablen kann analog mit der Formel (2.18) durchgeführt werden, wobei $r \cdot c$ Summanden eingehen. Die Teststatistik ist unter H_0 wieder χ^2_f-verteilt und die Anzahl der Freiheitsgrade bestimmt sich aus $f = (r-1) \cdot (c-1)$. Hier sieht man auch, dass bei einer Vierfeldertafel mit $r = 2$ und $c = 2$ der Freiheitsgrad $f = 1$ folgt.

2.4.8 Zusammenfassung der vorgestellten Testverfahren für Maße der Lage

Die in den vorangegangenen Abschnitten vorgestellten Testverfahren stellen einen nur sehr kleinen Ausschnitt aus der großen Anzahl von statistischen Testverfahren dar, die zur Verfügung stehen, um eine Vielzahl von Fragestellungen zu beantworten. Tab. 2.10 zeigt zusammenfassend die in Abschn. 2.4 vorgestellten Testverfahren.

Ziel dieses Buchkapitels ist die Einführung in die Statistik und in die statistische Denkweise anhand von wenigen ausgewählten Standardtests. Noch nicht einmal Tab. 2.10 ist vollständig

ausgefüllt, obwohl für alle Zellen Standardverfahren zur Verfügung stehen. Es gibt sehr viele exzellente Statistikbücher, in denen das Methodenspektrum für typische Anwender dargelegt wird, siehe auch die unter „Methodensammlungen" angegeben Bücher im Literaturverzeichnis. Die Auswahl des passenden Testverfahrens jenseits der hier gezeigten Methoden benötigt häufig aber auch zusätzlich die Unterstützung durch statistische Beratung von professionellen Statistikern.

2.4.9 Der Zusammenhang zwischen Hypothesentests und Konfidenzintervallen

Grundsätzlich gibt es zwei Möglichkeiten, Hypothesen über Populationsparameter zu prüfen. Ist z.B. von Interesse, ob der Mittelwert μ einer Normalverteilung gleich einem vorgegebenen Wert μ_0 ist, so kann man aus einer Stichprobe das 95%-Konfidenzintervall herleiten und prüfen, ob der interessierende Wert μ_0 im Intervall enthalten ist. Ist dies nicht der Fall, so kann (mit einer Irrtumswahrscheinlichkeit von 5%) geschlossen werden, dass der Mittelwert der Normalverteilung μ von μ_0 verschieden ist. Der andere Ansatz ist, mittels statistischem Test die Nullhypothese $H_0 : \mu = \mu_0$ gegen die Alternative $H_1 : \mu \neq \mu_0$ z.B. auf dem 5%-Niveau zu testen. Vergleicht man die Formeln für das statistische Testen und das Konfidenzintervall im Fall des Einstichproben-t-Tests, so wird deutlich, dass das $(1 - \alpha)$-Konfidenzintervall genau dann den interessierenden Wert μ_0 nicht enthält, wenn der Test die Nullhypothese $H_0 : \mu = \mu_0$ zum Niveau α ablehnt.

Diese Eigenschaft der Übereinstimmung der Aussagen von Konfidenzintervall und statistischem Test ist generell gültig, Ausnahmen sind aber z.B. approximative Tests wie der Binomial- und der χ^2-Test. Ganz allgemein ist (nicht immer, aber oft) die Teststatistik nach dem Prinzip konstruiert, dass der Schätzer für den interessierenden Parameter durch seinen Standardfehler geteilt wird:

$$\text{Teststatistik} = \frac{\text{Parameterschätzer}}{\text{Standardfehler}_{\text{Parameterschätzer}}} \qquad (2.21)$$

und diese Teststatistik mit dem Quantil $x_{1-\alpha/2}$ ihrer Verteilung unter der Nullhypothese verglichen wird. Das entsprechende

Tab. 2.10 Übersicht der in Abschn. 2.4 vorgestellten Testverfahren zum Vergleich von Lagemaßen. In kursiv stehen die nichtparametrische Alternativen

Testsituation	Quantitative Daten	Qualitative Daten
Eine Stichprobe	Einstichproben-t-Test	
	Wilcoxon-Vorzeichen-Rang-Test	
Zwei verbundene Stichproben	Einstichproben-t-Test der Differenzen	
	Wilcoxon-Vorzeichen-Rang-Test der Differenzen	
Zwei unabhängige Stichproben	Zweistichproben-t-Test	χ^2-Test
	Wilcoxon-Rangsummentest	
Mehr als zwei unabhängige Stichproben		χ^2-Test

$(1 - \alpha)$-Konfidenzintervall hat als untere Grenze

$$\text{Parameterschätzer} - x_{1-\frac{\alpha}{2}} \cdot \text{Standardfehler}_{\text{Parameterschätzer}}$$
$$(2.22)$$

und als obere Grenze dementsprechend:

$$\text{Parameterschätzer} + x_{1-\frac{\alpha}{2}} \cdot \text{Standardfehler}_{\text{Parameterschätzer}} \cdot$$
$$(2.23)$$

2.4.10 Signifikanz vs. Relevanz

In der medizinischen Forschung werden üblicherweise Hypothesentests durchgeführt und die Ergebnisse oft nur mit der Angabe von p-Werten berichtet, ohne sie in Hinblick auf ihre klinische Relevanz zu prüfen. Implizit wird dabei die (statistische) Signifikanz mit der klinischen Relevanz gleichgesetzt, d. h., es wird angenommen, dass ein statistisch signifikantes Ergebnis z. B. für den Patienten relevant ist. Die Relevanz eines Ergebnisses hängt allerdings nicht von der statistischen Signifikanz ab, was mit dem folgenden hypothetischen und stark vereinfacht dargestellten Beispiel verdeutlicht werden soll.

Es werden mit drei Medikamenten Studien zur Senkung des diastolischen Blutdrucks bei Patienten mit Bluthochdruck durchgeführt. In jeder dieser Studien wird zunächst der Basalwert des diastolischen Blutdrucks ohne Gabe von Medikamenten bestimmt. Anschließend werden die Patienten zufällig dem Placebo- oder dem Behandlungsarm zugeteilt. Nach einer angemessenen Behandlungszeit wird erneut der Blutdruck bestimmt und die Differenz zum Basalwert berechnet. Diese Werte werden im Behandlungs- und im Placeboarm erhoben und es wird dann die Differenz zwischen Behandlungs- und Placeboarm ermittelt. Medizinische Überlegungen legen nahe, dass eine Senkung des Blutdrucks um 20 mmHg eine relevante Verbesserung darstellt, dass ein Arzt also Patienten mit dem Medikament behandeln würde, falls in der Patientenpopulation durch das Medikament im Mittel ein Senkung von 20 mmHg zu erwarten wäre und dieser Effekt Behandlungskosten und Nebenwirkungen des Medikaments rechtfertigen würde. Die Ergebnisse der Studien sind in Tab. 2.11 dargestellt und werden im Folgenden diskutiert.

In der Pilotstudie 1 mit Apolol wurde eine mittlere Differenz zwischen Behandlungs- und Placeboarm, d. h. ein mittlerer Effekt von 17,5 mmHg beobachtet. Aufgrund der kleinen Fallzahl von $n = 20$ war allerdings der Standardfehler groß, also das Konfidenzintervall weit und der p-Wert groß. In dieser Studie zeigt das Konfidenzintervall, dass Apolol sowohl positive als auch negative Wirkung haben könnte und dass insbesondere der als relevant betrachtete Wert von 20 mmHg im Intervall liegt, also durchaus mit den Daten vereinbar ist. Der Effekt war daher potenziell relevant, allerdings nicht signifikant. In der (nachfolgenden) Studie 2 mit Apolol wurde die Fallzahl im Vergleich zu Studie 1 um den Faktor 100 erhöht. Der Standardfehler wurde dementsprechend wesentlich kleiner, das Konfidenzintervall sehr viel kürzer und der p-Wert sehr klein. Anhand des Konfidenzintervalls zeigt sich, dass das Intervall sogar jenseits des angestrebten Effekts von 20 mmHg liegt und also ausnahmslos medizinisch relevante Werte umfasst. In diesem Fall zeigte die Studie ein hochsignifikantes Ergebnis, das medizinisch relevant ist. Retrospektiv kann man aus dem Ergebnis von Studie 2 schließen, dass in Studie 1 wahrscheinlich ein Fehler 2. Art aufgetreten ist. Ebenfalls wird hier klar, dass der nicht-signifikante p-Wert in Studie 1 nicht als Hinweis genommen werden kann, dass die Nullhypothese gilt. Bei nicht signifikantem Ergebnis sollte man also stets vor Augen haben, dass die fehlende Evidenz für einen Effekt nicht die Evidenz für die Abwesenheit des Effekts bedeutet.

In der Pilotstudie (Studie 3) mit Bemid zeigte sich ein ähnliches Ergebnis wie in Studie 1, nämlich ein nicht signifikanter, aber potenziell relevanter Effekt. Die Erhöhung der Fallzahl in Studie 4 zeigt aber durch Beurteilung des Konfidenzintervalls, dass Bemid keine relevante Wirkung hat und der p-Wert zeigt, dass auch kein signifikantes Ergebnis erzielt wurde. In der Pilotstudie war vermutlich kein Fehler 2. Art aufgetreten, es war vielmehr so, dass die Pilotstudie ein potenziell vielversprechendes Ergebnis zeigte, das sich in der großen Studie nicht erhärten ließ.

In Studie 5 wurde Cemil gleich mit großer Fallzahl getestet. Hier zeigt sich ein Ergebnis, das auf dem 5 %-Niveau signifikant ist. Das Konfidenzintervall überdeckt allerdings nur Werte, die im medizinischen Zusammenhang nicht als relevant bewertet werden. Zwar ist 0 mmHg nicht im Konfidenzintervall enthalten, aber diese große Studie hat mit großer Präzision gezeigt, dass Cemil im wesentlichen wirkungslos ist. Hier könnte die ausschließliche Angabe des p-Wertes dazu verleiten, Cemil für die Behandlung der Patienten zu empfehlen. Erst das Konfidenzintervall zeigt, dass dies nicht gerechtfertigt wäre. An dieser Stelle sei erwähnt, dass es fast immer möglich ist, durch Einsatz einer hohen Fallzahl, ein signifikantes Ergebnis zu erzeugen, das aber, wie die Studie 5 zeigt, nicht unbedingt relevant sein muss.

Tab. 2.11 Studien zur Blutdrucksenkung

Studie	Medikament	Fallzahl	Mittelwert der Differenz	Standardfehler der Differenz	Konfidenzintervall für die Differenz	p-Wert
1	Apolol	20	17,5	17,9	$[-18,6;53,8]$	0,33
2	Apolol	2000	21,3	1,6	$[20,4;26,5]$	$< 0,0001$
3	Bemid	20	10,4	16,7	$[-23,5;44,2]$	0,54
4	Bemid	2000	0,1	1,6	$[-3,1;3,2]$	0,97
5	Cemil	2000	5,0	1,6	$[1,8;8,1]$	0,002

2.4.11 Bewertung von p-Werten, Multiplizität von Tests und Publikationsbias

Ergebnisse statistischer Hypothesentests beinhalten konstruktionsbedingt die Möglichkeit, Fehler zu begehen. Die Wahrscheinlichkeit des Fehlers 1. Art ist durch das Signifikanzniveau des Tests nach oben begrenzt. Wenn man also 100 Hypothesentests zum Niveau 5 % durchführt und alle 100 Nullhypothesen H_0 wahr sind, dann sind 5 falsch positive, d. h. fälschlicherweise zum 5 %-Niveau signifikante Ergebnisse zu erwarten. Diese Möglichkeit von falsch positiven Ergebnissen ist bei der Bewertung von Testergebnissen zu berücksichtigen. Werden in einer Studie große Anzahlen von statistischen Tests durchgeführt, muss die Anzahl der erzielten signifikanten Ergebnisse im Kontext der zufällig zu erwartenden falsch positiven Ergebnisse gesehen werden. Da dieses Problem bei der Auswertung molekularbiologischer Daten mit hunderttausenden von Variablen besondere Bedeutung hat, sind in den letzten Jahrzehnten viele statistische Verfahren entstanden, um für diese sogenannte Multiplizität von Tests zu adjustieren.

Werden viele Tests durchgeführt, reicht die Angabe eines p-Werts daher allein nicht aus, um die Stärke des Ergebnisses zu beurteilen. In einer Situation mit 2000 Tests (zum Niveau $\alpha = 5\%$ und mit Power $1 - \beta = 80\%$), bei denen in 1000 Fällen die Nullhypothese H_0 und in 1000 Fällen die Alternativhypothese H_1 zutrifft, werden 50 falsch positive und 200 falsch negative Ergebnisse erwartet. Der Anteil der falsch positiven Ergebnisse (False Positive Discovery Rate, FDR) beträgt damit $50/850 = 0,06$. Stehen Nullhypothese und Alternative im Verhältnis 10:1, d. h. bei sogenannten „fishing expeditions" mit wenigen zu erwartenden interessanten Ergebnissen, wie etwa in genomischen Untersuchungen, steigt die FDR auf 0,38 und andersherum in einem Gebiet mit vielen erfolgversprechenden Studien, also z. B. bei einem Verhältnis $H_0 : H_1$ von 1:10, sinkt die FDR auf 0,006. Die FDR lässt sich durch Änderung der Testkennzahlen Signifikanzniveau α und Power $1 - \beta$ beeinflussen.

Ein großes Problem bei der Bewertung von veröffentlichten p-Werten stellt der sogenannte Publikationsbias dar, der hier kurz angerissen werden soll. Studien mit statistisch signifikanten Ergebnissen haben sehr viel größere Chancen, publiziert zu werden, als Studien, in denen kein signifikantes Ergebnis gefunden wurde. Ebenso berichten Publikationen oft nur die signifikanten Ergebnisse, während die nicht-signifikanten nicht weiter erwähnt werden. Diese durch die Auswahl der veröffentlichten Resultate entstandene Verzerrung macht eine Bewertung sehr schwierig. Wurden zu einer Fragestellung 100 Studien durchgeführt und lediglich die zu erwartenden 5 auf dem Signifikanzniveau 5 % falsch positiven Ergebnisse veröffentlicht, so kann im Fachgebiet fälschlicherweise der Eindruck entstehen, die untersuchte Fragestellung sei geklärt. Eine Meta-Analyse aller Ergebnisse wird durch den Publikationsbias erschwert und liefert verzerrte Ergebnisse.

2.5 Fallzahlberechnung

Im Abschn. 2.4 ist das Konzept des statistischen Hypothesentestens eingeführt worden. Ein statistischer Test kontrolliert im Falle der Ablehnung der Nullhypothese die Wahrscheinlichkeit, einen Fehler 1. Art begangen zu haben, durch das vorgegebene Signifikanzniveau α. Behält der Test die Nullhypothese bei, kann nicht gefolgert werden, dass sie tatsächlich gilt, denn es könnte auch ein Fehler 2. Art aufgetreten sein. Wie im Abschn. 2.4 bereits festgestellt, kann der Fehler 2. Art nur zu einem spezifischen Parameterwert aus der Alternative berechnet werden. Er ist nicht automatisch durch die Konstruktion eines statistischen Signifikanztests kontrolliert. Dieser Abschnitt befasst sich mit der Kontrolle des Fehlers 2. Art für einen festgelegten Parameterwert der Alternativhypothese durch Anpassung der Fallzahl.

Die *Power* (Macht, Güte) eines statistischen Tests ist die Wahrscheinlichkeit, dass der Test die Nullhypothese ablehnt, wenn in Wahrheit tatsächlich die Alternativhypothese gilt, und es gilt Power $= 1 - \beta$. Da die Power nur für einen festgelegten Parameterwert der Alternativhypothese berechnet werden kann, wird als Parameterwert derjenige Wert eingesetzt, der einem relevant erachteten Unterschied zur Nullhypothese entspricht. Dieser relevante Unterschied wird mit Δ bezeichnet. Wünschenswert sind hohe Werte der Power von 80 % oder 90 %.

Im Zweistichproben-t-Tests hängt die Power vom relevanten Unterschied Δ, dem Signifikanzniveau α, der Fallzahl n und der Standardabweichung σ der Daten ab. Im Folgenden wird diese Abhängigkeit für den zweiseitigen Test veranschaulicht. Abb. 2.17 zeigt die Verteilung der Teststatistik unter der Nullhypothese und einer spezifisch gewählten Alternative. Der relevante Unterschhied Δ entspricht dem Abstand zwischen den beiden Verteilungen. Die Fehlerwahrscheinlichkeit 1. Art α ist wie in Abb. 2.15 als Summe der beiden roten Flächen zu sehen. Die Fehlerwahrscheinlichkeit 2. Art β ist blau eingefärbt. Da die Fläche unterhalb einer Dichtefunktion eins ist, repräsentiert die Fläche unter H_1 rechts von β die Power.

Abb. 2.18 zeigt, wie sich die Fläche β verändert, wenn der Effekt größer wird. Die Power hängt vom Parameter in H_1 ab, für den sie berechnet wird. Sie kann als Gütefunktion in Abhän-

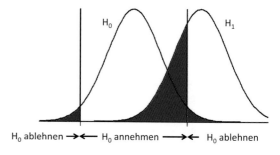

Abb. 2.17 Fehler 1. Art und 2. Art im zweiseitigen Test

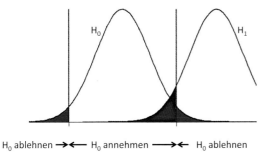

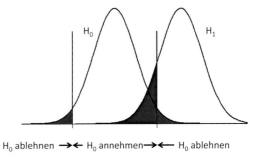

H_0 ablehnen →←— H_0 annehmen —→← H_0 ablehnen

H_0 ablehnen →←— H_0 annehmen→← H_0 ablehnen

Abb. 2.18 Fehler 1. Art und 2. Art im zweiseitigen Test bei im Vergleich zu Abb. 2.17 größerem relevantem Unterschied

Abb. 2.20 Fehler 1. Art und 2. Art im zweiseitigen Test bei im Vergleich zu Abb. 2.17 größerem Stichprobenumfang oder kleinerer Standardabweichung

gigkeit des wahren Parameters angegeben werden. Je weiter der wahre Parameter von H_0 entfernt ist, d. h., je größer der relevante Unterschied Δ ist, desto größer ist die Power $1 - \beta$. Die Power steigt also für steigenden relevanten Unterschied Δ.

In Abb. 2.19 wird die Abhängigkeit der Power vom Signifikanzniveau α gezeigt. Hier ist bei ansonsten gleichen Bedingungen α größer als in Abb. 2.17 und dies führt zu kleinerem β. Je größer also das Signifikanzniveau, umso höher die Power.

In Abb. 2.20 wird die Abhängigkeit der Power von der Standardabweichung σ der Grundgesamtheit gezeigt. Je kleiner die Standardabweichung σ, desto kompakter die Verteilung. Bei gleichbleibendem Signifikanzniveau α wird β entsprechend kleiner. Je kleiner also die Standardabweichung, desto höher ist die Power. Derselbe Effekt zeigt sich, wenn die Fallzahl der Stichprobe erhöht wird. Eine Fallzahlerhöhung führt zu einer Verkleinerung der Standardabweichung des Mittelwerts und damit ebenso zu einer kompakteren Verteilung. Je größer also die Fallzahl n ist, umso höher die Power. Zusammenfassend kann man festhalten: Die Power steigt für steigendes Signifikanzniveau α, für steigenden relevanten Unterschied Δ, für steigende Fallzahl n und für sinkende Standardabweichung der Daten σ.

Bisher haben wir die Größe der Power bei gegebenem Signifikanzniveau α, relevantem Unterschied Δ, Standardabweichung

σ und Fallzahl n betrachtet. Bei der Planung eines Versuchs wird dieser Zusammenhang genutzt, um diejenige Fallzahl zu bestimmen, die im statistischen Test zu vorgegebenem Signifikanzniveau α einen relevanten (Mindest-)Effekt Δ mit vorgegebener Power von $1 - \beta$ findet. Es gibt keine allgemein gültige Formel für die optimale Fallzahl, vielmehr hängt die Fallzahl von der Fragestellung und dem genutzten statistischen Test ab. Die Standardabweichung σ muss für die Fallzahlplanung aus vorherigen unabhängigen Versuchen oder aus der Literatur geschätzt werden. Der relevante Mindesteffekt Δ ergibt sich aus der sachwissenschaftlichen Fragestellung. Er kann nicht vom Statistiker vorgegeben werden. Da die Stichprobengröße von diesen Annahmen abhängt, ist eine sorgfältige Schätzung von σ und Δ entscheidend.

Im Folgenden wollen wir exemplarisch an zwei Beispielen die Fallzahlberechnung vorstellen:

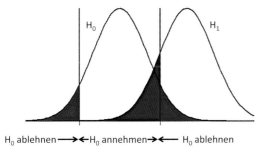

H_0 ablehnen —→←H_0 annehmen→← H_0 ablehnen

Abb. 2.19 Fehler 1. Art und 2. Art im zweiseitigen Test bei im Vergleich zu Abb. 2.17 größerem Signifikanzniveau

Fallzahl für den Zweistichproben-t-Test

Der Zweistichproben-t-Test ist in Abschn. 2.4 eingeführt worden. Die approximative Fallzahlformel für den zweiseitigen t-Test liefert die Fallzahl einer Gruppe

$$n_{\text{Gruppe}} = \frac{2 \cdot (z_{1-\frac{\alpha}{2}} + z_{1-\beta})^2}{(\Delta/\sigma)^2}, \qquad (2.24)$$

wobei sich $\Delta = \mu_1 - \mu_2$ ergibt und σ die Standardabweichung der Daten ist.

Die Gesamtfallzahl ergibt sich zu $N = 2 \cdot n_{\text{Gruppe}}$.

Für $\alpha = 5\%$ ist $z_{1-\alpha/2} = 1{,}96$, für $\beta = 20\%$, d. h. $1 - \beta = 80\%$ ist $z_{1-\beta} = 0{,}84$. Somit ergibt sich $n_{\text{Gruppe}} = 15{,}7/(\Delta/\sigma)^2$ bzw. für die gesamte Studie $N = 2 \cdot n_{\text{Gruppe}} = 31{,}4/(\Delta/\sigma)^2$. ◄

Fallzahl für den χ^2-Test für die Vierfeldertafel

Der χ^2-Test ist in Abschn. 2.4 eingeführt worden. Die folgende approximative Fallzahlformel liefert die Fallzahl einer Gruppe

$$n_{\text{Gruppe}} = \frac{\left(z_{1-\frac{\alpha}{2}} \sqrt{\bar{\pi} \cdot (1 - \bar{\pi})} + z_{1-\beta} \sqrt{\pi_1 \cdot (1 - \pi_1) + \pi_2 \cdot (1 - \pi_2)} \right)^2}{\Delta^2} \tag{2.25}$$

Der relevante Unterschied Δ ist hier $\pi_1 - \pi_2$ und $\bar{\pi} = \frac{\pi_1 + \pi_2}{2}$.

Die Fallzahl für die gesamte Studie ergibt sich zu $N = 2 \cdot n_{\text{Gruppe}}$. ◀

Die bei der Fallzahlplanung geschätzte Stichprobengröße bezieht sich auf die Anzahl Messungen für die statistische Auswertung. Ist damit zu rechnen, dass bei der Endauswertung nicht alle Messungen verfügbar sein werden, muss die Fallzahl so gewählt werden, dass der Versuchsausfall ausgeglichen wird. Abschließend wollen wir betonen, dass eine Fallzahlplanung vor Beginn einer Versuchsreihe durchgeführt werden muss. Für viele Standardsituationen können Fallzahlschätzungen mittels Computerprogrammen zur Fallzahlplanung bestimmt werden. Für komplexe Fallzahlplanungen sollten Sie sich von einem Statistiker helfen lassen.

2.6 Korrelation und lineare Regression

In diesem Abschnitt werden Methoden entwickelt, um den Zusammenhang zwischen zwei quantitativen Variablen zu quantifizieren. Dies führt unmittelbar zu den Begriffen Korrelation und Regression.

2.6.1 Korrelation

In Abschn. 2.4.7 haben wir anhand des χ^2-Tests untersucht, ob die beiden Variablen Geschlecht und Überleben der Titanic-Passagiere in einem Zusammenhang stehen oder ob sie unabhängig voneinander sind. Hierbei handelte es sich um zwei nominale Merkmale, die man in einer Vierfeldertafel zusammenfassen konnte. Wie geht man aber vor, wenn zum Beispiel zwei quantitative Merkmale vorliegen? Wir betrachten dazu folgendes Beispiel:

Allgemein kann die Fitness eines Menschen über die Fähigkeit, Sauerstoff („Oxygen") aufzunehmen, gemessen werden. Die Sauerstoffaufnahme („Oxygen") ist nur schwer zu bestimmen und es wäre daher praktisch, sie durch Messung einer anderen

Tab. 2.12 Sauerstoffaufnahme („Oxygen") und Zeitdauer für einen 3-km-Lauf („Run Time") für 10 gesunde männliche Probanden. Auszug aus einem öffentlich verfügbaren SAS-Beispieldatensatz (SAS User Manual, SAS Institute Inc., Cary, NC, US)

Proband	Oxygen [ml/min kg bw]	Run Time [min]
1	44,609	11,37
2	45,313	10,07
3	54,297	18,65
4	59,571	8,17
5	49,874	9,22
6	44,811	11,63
7	45,681	11,95
8	49,091	10,85
9	39,442	13,08
10	60,055	8,63

Größe (Surrogat-Parameter) zu ersetzen. Als alternative Messmethode wurden die Zeiten eines 3-km-Laufs („Run Time") von 10 Männern in einer Studie gemessen. Die Frage ist nun, ob es einen Zusammenhang zwischen den beiden Variablen „Run Time" und „Oxygen" gibt, so dass man zur Überprüfung der Fitness die Zeiten eines 3-km-Laufs anstelle des mühsam zu bestimmenden Sauerstoffwertes verwenden kann. Die Daten der Studie sind in Tab. 2.12 zusammengefasst.

In Abb. 2.21 sind die Datenpunkte in blau dargestellt, außerdem ist vertikal der Mittelwert der „Run Time"-Variable $\bar{x} = 10{,}4$ min und horizontal der Mittelwert der „Oxygen"-Variable $\bar{y} = 49{,}3$ ml/min kg bw (kg bw = bodyweight in kg) eingezeichnet.

Die *empirische Kovarianz* oder *Stichprobenkovarianz* zweier Variabler X und Y ist eine Maßzahl, die die gemeinsame Streuung quantifiziert. Sie ist definiert als die mittlere Abweichung

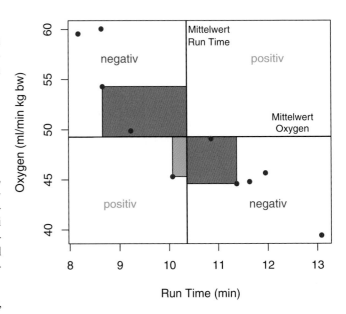

Abb. 2.21 Punktwolke der Sauerstoffaufnahme („Oxygen") und Zeitdauer für einen 3-km-Lauf („Run Time") für 10 gesunde männliche Probanden. Darstellung der Berechnung für die empirische Kovarianz

der Beobachtungspaare (x_i, y_i) von deren jeweiligen arithmetischen Mittelwerten:

$$s_{xy} = \frac{1}{n-1} \sum_{i=1}^{n} (x_i - \bar{x})(y_i - \bar{y}), \qquad (2.26)$$

wobei $\bar{x} = \frac{1}{n} \sum_{i=1}^{n} x_i$ und $\bar{y} = \frac{1}{n} \sum_{i=1}^{n} y_i$ die arithmetischen Mittelwerte der Beobachtungen x_i bzw. y_i sind.

Anschaulich beschreibt die Kovarianz die Summe der Rechteckflächen (vgl. Abb. 2.21), wobei Flächen im ersten Quadranten (oben rechts) und im dritten Quadranten (unten links) positiv zählen und Flächen im zweiten (oben links) und vierten (unten rechts) negativ. Gibt es also einen „positiven" Zusammenhang zwischen den Variablen X und Y, so befinden sich die meisten Beobachtungspaare im ersten und dritten Quadranten. Für das Beispiel ergibt sich eine negative Kovarianz von $-10{,}25$ ml/kg bw, da die meisten Beobachtungspaare im zweiten und vierten Quadranten (vgl. Abb. 2.21) liegen. Die Kovarianz ist von den jeweiligen Einheiten der Variablen abhängig (hier hat sie die Einheit ml/kg bw) und somit kann die empirische Kovarianz nicht für einen Vergleich über verschiedene Datensituationen genutzt werden. Um Vergleichbarkeit zu erzeugen, wird die Kovarianz normiert, indem sie durch die Standardabweichungen der beiden Variablen X und Y geteilt wird. Dies führt zum *Korrelationskoeffizienten nach Pearson*:

$$r = \frac{s_{xy}}{s_x \cdot s_y} = \frac{\sum_{i=1}^{n} (x_i - \bar{x})(y_i - \bar{y})}{\sqrt{\sum_{i=1}^{n} (x_i - \bar{x})^2 \cdot \sum_{i=1}^{n} (y_i - \bar{y})^2}}. \qquad (2.27)$$

Der Pearson-Korrelationskoeffizient ist eine dimensionslose Maßzahl für den linearen Zusammenhang zweier Variablen und nimmt Werte zwischen -1 und 1 an. Der Wert -1 (1) steht dabei für einen vollständigen negativen (positiven) Zusammenhang, bei dem dann alle Beobachtungspaare auf einer Geraden liegen. Bei einem Korrelationskoeffizienten von $r = 0$ gibt es keinen linearen Zusammenhang zwischen den beiden Variablen, ein nicht-linearer Zusammenhang kann aber nicht ausgeschlossen werden. Eine wesentliche Voraussetzung für die Anwendung des Pearson-Korrelationskoeffizienten ist daher, dass die beiden Variablen in linearem Zusammenhang stehen. Dies wird am Beispiel des sogenannten Anscombe-Quartetts deutlich (vgl. dazu den Beispielkasten „Anscombe-Quartett").

Sind beide Variablen normalverteilt, lässt sich ein Signifikanztest mit Hilfe der t-Verteilung durchführen. Es wird dabei die Nullhypothese getestet, dass der Pearson-Korrelationskoeffizient in der Population ρ gleich null ist, d. h. $H_0 : \rho = 0$ gegen $H_1 : \rho \neq 0$. Der Wert der Teststatistik ist gegeben durch

$$t = r \sqrt{\frac{n-2}{1-r^2}}, \qquad (2.28)$$

wobei n die Anzahl der Beobachtungspaare in der Stichprobe und r den Pearson-Korrelationskoeffizienten in der Stichprobe angibt. Unter der Nullhypothese ist diese Teststatistik t-verteilt mit $n - 2$ Freiheitsgraden.

Kann man nicht von einer Normalverteilung der Variablen ausgehen, muss man auf sogenannte Rangkorrelationskoeffizienten (z. B. Kendall τ oder Spearman ρ) ausweichen.

Für das Fitness-Beispiel ergibt sich ein Pearson-Korrelationskoeffizient von $-0{,}91$. Führt man einen Signifikanztest zum Niveau $\alpha = 5\,\%$ durch, muss der Wert der Teststatistik

$$t = r \sqrt{\frac{n-2}{1-r^2}} = -0{,}91 \sqrt{\frac{10-2}{1-(-0{,}91)^2}} = -6{,}1205$$

mit dem kritischen Werten $t_{\text{krit}} = 2{,}306$ (d. h. dem $(1 - \alpha/2)$-Quantil aus der t-Verteilung mit 8 Freiheitsgraden) verglichen werden. Da $|t| > t_{\text{krit}}$ können wir für die zehn Beobachtungspaare schließen, dass ein signifikanter Zusammenhang zwischen den Variablen „Oxygen" und „Runtime" existiert.

2.6.2 Lineare Regression

Die Punktwolke in Abb. 2.21 zeigt, dass die Variablen „Run Time" und „Oxygen" in linearem Zusammenhang stehen. Der Pearson-Korrelationskoeffizient ist negativ und zeigt einen zum Niveau $\alpha = 5\,\%$ signifikanten Zusammenhang. Dies legt nahe, dass man in Zukunft die Fitness durch die Bestimmung von „Run Time" statt durch die aufwendige Messung der Sauerstoffaufnahme bestimmen kann. Daher ist es von Interesse, den funktionalen Zusammenhang zwischen „Run Time" (als Variable x) und „Oxygen" (als Variable y) mit dem Ziel zu bestimmen, aus „Run Time" die erwartete Sauerstoffaufnahme vorherzusagen, d. h. Parameter β_0 und β_1 zu bestimmen mit $y = \beta_0 + \beta_1 \cdot x$.

Es gibt viele Geraden, die durch die Punktwolke gelegt werden könnten. Da es das Ziel ist, eine optimale Vorhersage für die y-Variable zu erzielen, ist die gesuchte Gerade diejenige, die die Abstände zwischen den beobachteten und den vorhergesagten y-Werten minimiert, wie in Abb. 2.22 gezeigt. Es soll

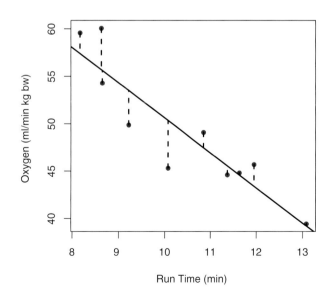

Abb. 2.22 Minimierung der Abstände in y-Richtung

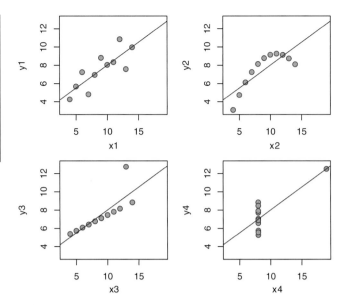

Abb. 2.23 Anscombe-Quartett

also eine Ausgleichsgerade durch die Punktwolke gelegt werden, die den Erwartungswert der y-Variablen für gegebenes x beschreibt. Das statistische Modell für diese Fragestellung lässt sich schreiben als

$$y = f(x) = \beta_0 + \beta_1 \cdot x + \varepsilon,$$

wobei $\varepsilon \sim \mathfrak{N}(0, \sigma^2)$ den Fehlerterm bezeichnet.

Es ist also das Minimierungsproblem

$$\sum_{i=1}^{n} [y_i - (\beta_0 + \beta_1 x_i)]^2 = \min_{\beta_0, \beta_1} \qquad (2.29)$$

zu lösen. Dieses Extremwertproblem hat die Lösung

$$\beta_1 = \frac{\sum_{i=1}^{n}(x_i - \bar{x})(y_i - \bar{y})}{\sum_{i=1}^{n}(x_i - \bar{x})^2} \qquad (2.30)$$

für den Steigungsparameter und

$$\beta_0 = \bar{y} - \beta_1 \bar{x} \qquad (2.31)$$

für den Achsenabschnitt.

Am Vergleich der Formeln (2.27) und (2.30) zeigt sich, dass der Korrelationskoeffizient und der Steigungsparameter über

$$r = \beta_1 \frac{s_x}{s_y} \qquad (2.32)$$

in Zusammenhang stehen.

Im Beispiel ergibt sich für die Variablen „Oxygen" und „Run Time" der lineare Zusammenhang:

Oxygen [ml/min kg bw]
$$= 87{,}670 \,[\text{ml/min kg bw}]$$
$$- 3{,}705 \,[\text{ml/min}^2 \,\text{kg bw}] \cdot \text{RunTime [min]}. \qquad (2.33)$$

Diese Gerade beschreibt den funktionalen Zusammenhang zwischen der (unabhängigen) x-Variable und der (abhängigen) y-Variable. Die Funktion kann genutzt werden, um für x-Werte (im Bereich der beobachteten x-Werte) den erwarteten y-Wert vorherzusagen, z. B. erwartet man bei einer „Run time" von 11 min eine Sauerstoffaufnahme von 46,915 [ml/min kg bw].

Anscombe-Quartett

Das Anscombe-Quartett besteht aus vier Datensätzen, die jeweils elf Datenpunkte (x_i, y_i) enthalten. Alle vier Datensätze haben die gleichen statistischen Eigenschaften:

Mittelwert x-Werte:	9,00
Mittelwert y-Werte:	7,50
Standardabweichung x-Werte:	3,32
Standardabweichung y-Werte:	2,03
Korrelation zwischen x und y:	0,816
Lineare Regression:	$y = 3{,}00 + 0{,}50 \cdot x$

Sie sehen aber in der grafischen Darstellung vollkommen unterschiedlich aus (siehe Abb. 2.23).

Die erste Grafik (oben links) lässt einen einfachen linearen Zusammenhang vermuten, die x- und y-Werte scheinen korreliert und normalverteilt zu sein. Die zweite Grafik (oben rechts) legt einen nicht-linearen Zusammenhang zwischen den Variablen nahe, die Daten sind nicht normalverteilt. Hier sind die Voraussetzungen für die Berechnung des Pearson-Korrelationskoeffizienten verletzt. Die dritte Grafik (unten links) zeigt einen fast vollständig linearen Zusammenhang, nur der Ausreißer reduziert den Korrelationskoeffizienten von 1 auf 0,816. In der vierten Grafik (unten rechts) gibt es keinen Zusammenhang zwischen den beiden Variablen. Dieser entsteht nur scheinbar durch einen Ausreißer.

Das Anscombe-Quartett verdeutlicht, wie wichtig es ist, die Daten vor der statistischen Auswertung grafisch darzustellen, um zu prüfen, ob der Pearson-Korrelationskoeffizient oder die lineare Regression berechnet werden darf.

Literatur: Anscombe, Francis J. (1973) Graphs in statistical analysis. American Statistician, 27, 17–21. ◄

Will man mittels eines statistischen Tests prüfen, ob der Steigungsparameter von 0 verschieden ist, so ist dieser Test äquivalent zum Test des Pearson-Korrelationskoeffizienten und wird daher hier nicht nochmals aufgeführt.

Die lineare Regressionsgerade kann nur genutzt werden, um y-Werte aus x-Werten vorherzusagen, die im Bereich der beobachteten Daten liegen, d. h., es kann nur interpoliert werden.

Extrapolation ist unzulässig, da außerhalb des Datenbereichs unbekannt ist, ob y linear von x abhängt.

In realen Studien werden meist mehr als zwei Variablen erhoben und es soll ein Zusammenhang zwischen einem quantitativen Endpunkt y und Einflussgrößen $x_1, x_2, \cdots, x_p$ untersucht werden. In Analogie zur einfachen linearen Regression kann eine multiple lineare Regression berechnet werden. Vom Prinzip her ist das Verfahren identisch zur einfachen linearen Regression, die ausführliche Behandlung sprengt aber den Rahmen dieses Buchkapitels.

2.7 Auswertung von Ereigniszeitdaten

Die Auswertung von Ereigniszeitdaten (Survivalanalyse) spielt in der medizinischen Statistik eine wichtige Rolle, da die Zeitdauer bis zum Auftreten eines Ereignisses (z. B. Tumorrezidiv oder Tod des Patienten) in onkologischen Studien häufig der interessierende Endpunkt ist. In dem vorliegenden einführenden Kapitel soll daher dieses Teilgebiet der Statistik behandelt werden. Die Besonderheiten der Überlebenszeitanalyse werden kurz dargestellt und es werden die Prinzipien zur Auswertung solcher Daten erläutert.

Zur Illustration für dieses Teilgebiet der Statistik nutzen wir einen Datensatz der German Breast Cancer Study Group (GBSG) von 686 Brustkrebspatientinnen (vgl. W. Sauerbrei und P. Royston, Building multivariable prognostic and diagnostic models: transformation of the predictors using fractional polynomials. Journal of the Royal Statistical Society, Series A 162: 71-94). Dieser Datensatz enthält für alle 686 Patientinnen Informationen über Alter, Menopausenstatus, Tumorgröße, Tumorgrad, Anzahl befallener Lymphknoten, Progesteron- und Östrogenrezeptorstatus und ob Tamoxifen gegeben wurde sowie die Zeit bis zum Rezidiv bzw. die Nachbeobachtungszeit, falls kein Rezidiv aufgetreten ist.

2.7.1 Eigenschaften von Ereigniszeitdaten

Aus dem Datensatz der German Breast Cancer Study Group zeigen Tab. 2.13 und Abb. 2.24 die Beobachtungszeiten der ersten vier Patientinnen dieses Datensatzes. Hier zeigt sich schon die Problematik von Ereigniszeitdaten: Nicht alle Patientinnen erleiden ein Rezidiv, es gibt also Patientinnen, die zumindest bis zum Ende ihrer Beobachtungszeit das Ereignis „Rezidiv" nicht zeigen.

Die Patientinnen 1, 3 und 4 zeigen während der Beobachtungszeit kein Rezidiv. Patientin 1 wurde 5,03 Jahre in der Studie beobachtet. Dass ihre Beobachtungszeit endet, kann verschiedene Gründe haben. Ein möglicher Grund ist, dass die Studie 5,03 Jahre nach Einschluss der Patientin geendet hat (administrative Zensierung). Ein anderer möglicher Grund ist, dass die Patientin 5,03 Jahre nach Einschluss in die Studie umgezogen ist und bei

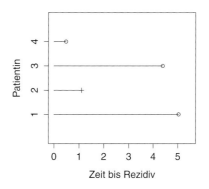

Abb. 2.24 Zeit bis Rezidiv für die ersten vier Patientinnen der GBSG

Studienende unbekannt war, ob sie ein Rezidiv erlitten hat oder nicht (loss-to-follow-up). Die einzige gesicherte Erkenntnis ist die, dass sie bis 5,03 Jahre nach Studieneinschluss kein Rezidiv hatte.

Ereigniszeitdaten sind grundsätzlich Paare von Beobachtungen: die erste Komponente ist die *Beobachtungszeit* Y_i, und in der anderen Komponente wird mittels Indikatorvariable, der *Zensierungsvariable* δ_i, festgehalten, ob das interessierende Ereignis eingetreten ist oder nicht. Grundsätzliche Voraussetzung für alle Methoden, die im Folgenden beschrieben werden, ist die Annahme, dass jeder Patient das Ereignis erleben würde, wäre nur die Beobachtungszeit lang genug. Formal hat also jeder Patient i eine Ereigniszeit T_i und eine Zensierungszeit C_i. Die Beobachtungszeit ist dann

$$Y_i = \min(T_i, C_i)$$

und der Zensierungsindikator

$$\delta_i = \begin{cases} 1 & T_i \leq C_i \\ 0 & T_i > C_i \end{cases}.$$

In diesem Beispiel sind diejenigen Beobachtungen zensiert, deren Ereigniszeit nach der Zensierungszeit liegt. Zensierungen diesen Typs nennt man *rechtszensiert*. Eine Grundvoraussetzung für die Auswertung von zensierten Daten ist, dass der Zensierungsprozess C und der Ereigniszeitprozess T unabhängig voneinander sind. Wenn z. B. eine Patientin nicht mehr zur Nachuntersuchung kommt, weil es ihr schlecht geht – und möglicherweise das Rezidiv demnächst eintritt – dann ist ihr Zensierungsprozess nicht unabhängig vom Ereignisprozess.

Auch wenn in der Survivalanalyse das interessierende Ereignis nicht immer der Tod ist (sondern beispielsweise ein Tumorrezidiv wie im einführenden Datenbeispiel), so spricht man

Tab. 2.13 Beobachtungszeit bzw. Zeit bis Rezidiv für die ersten vier Patientinnen der GBSG

Patientin	Zeit	Rezidiv
1	5,03	nein
2	1,10	ja
3	4,39	nein
4	0,48	nein

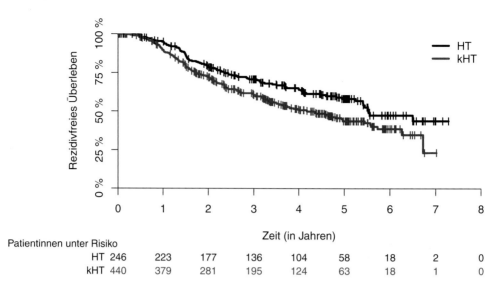

Abb. 2.25 Kaplan-Meier-Schätzer für die Zeit bis zum Rezidiv für Brustkrebspatientinnen, die Hormontherapie erhalten haben (HT) und Patientinnen, die keine Hormontherapie erhalten haben (kHT)

trotzdem der Einfachheit halber von „überleben", wenn das Ereignis nicht eintritt. Die Funktion

$$S(t) = P(T \geq t)$$

bezeichnet daher die *Survivalfunktion*. Die Dichte für die Verteilung der Ereigniszeiten wird mit $f(t)$ bezeichnet. Eine für die Statistik der Ereigniszeiten zentrale Größe ist die *Hazardfunktion* $h(t)$. Sie beschreibt das Risiko, im nächsten Augenblick ein Ereignis zu erleiden, wenn bisher noch kein Ereignis aufgetreten ist. Es ist also

$$h(t)\mathrm{d}t = P(t \leq T < t + \mathrm{d}t \mid T > t). \qquad (2.34)$$

Damit ist

$$h(t) = \frac{f(t)\mathrm{d}t}{S(t)} = \frac{-S'(t)}{S(t)} \qquad (2.35)$$

und es gilt

$$S(t) = 1 - \mathrm{e}^{-\int_0^t h(s)\mathrm{d}s}. \qquad (2.36)$$

Die Hazardfunktion ist immer nicht-negativ und beschreibt die Rate der Ereignisse. Damit ist sie keine Wahrscheinlichkeit und kann Werte größer als 1 annehmen. Ist die Hazardfunktion konstant, d. h. $h(t) \equiv \lambda$, dann sind die Ereigniszeiten exponentialverteilt. Ist beispielsweise $h(t) \equiv 0{,}5$ pro Monat, dann erleidet im Mittel alle zwei Monate ein Patient ein Ereignis.

2.7.2 Kaplan-Meier-Schätzer für die Survivalfunktion

Damit ein Patient einen Zeitpunkt t überleben kann, muss er bis unmittelbar vor diesen Zeitpunkt t überlebt haben. Der *Kaplan-Meier-Schätzer* für die Survivalfunktion basiert auf diesem Zusammenhang. Bezeichne n_t die Anzahl Patienten, die zum Zeitpunkt t leben, die also zum Zeitpunkt t unter Risiko sind, das Ereignis zu erleiden, und d_t die Anzahl Patienten,

die das Ereignis in t erleiden. Das Prinzip des Kaplan-Meier-Schätzers ist es, die Wahrscheinlichkeit, t zu überleben, mit $p(t)$ zu schätzen. Diese Wahrscheinlichkeit ergibt sich als Anteil der Patienten, die t überleben unter allen n_t, die zum Zeitpunkt t unter Risiko stehen. Für jeden Zeitpunkt t ist also

$$\widehat{p(t)} = \frac{n_t - d_t}{n_t}. \qquad (2.37)$$

Sind $t_1, t_2, \ldots, t_n$ die in der Studie beobachteten (angeordneten) Ereigniszeiten und bezeichnet n_{t_i} die Anzahl Patienten unter Risiko zur Ereigniszeit t_i, d_{t_i} die Anzahl Ereignisse in t_i und c_{t_i} die Anzahl der Zensierungen zwischen t_{i-1} und t_i, dann gilt

$$n_{t_{i+1}} = n_{t_i} - d_{t_i} - c_{t_i}.$$

Zur Schätzung der Survivalfunktion im Zeitpunkt t wird für alle Ereigniszeiten $t_1, t_2, \ldots, t_n$, die vor t liegen, $\widehat{p(t_i)}$ bestimmt und der Schätzer für die Survivalfunktion ist

$$\widehat{S(t)} = \widehat{p(t_1)} \cdot \widehat{p(t_2)} \cdot \ldots \cdot \widehat{p(t_n)} = \prod_{t_i \leq t} \widehat{p(t_i)}. \qquad (2.38)$$

Insgesamt kann also die Survivalfunktion geschätzt werden durch

$$\widehat{S(t)} = \prod_{t_i \leq t} \frac{n_{t_i} - d_{t_i}}{n_{t_i}}. \qquad (2.39)$$

Der Kaplan-Meier-Schätzer macht keine Annahmen über die Verteilung der Ereigniszeiten und ist daher ein nichtparametrischer Schätzer für die Verteilung der Ereigniszeiten. Er ändert sich nur zu Ereigniszeiten, während zu Zensierungszeiten keine Änderung des Schätzers stattfindet. Allerdings vermindert sich die Anzahl der unter Risiko stehenden Patienten, die für die nächste Ereigniszeit ausgewertet wird, um die Anzahl der Ereignisse und Zensierungen zum vorherigen Ereigniszeitpunkt.

Abb. 2.25 zeigt eine grafische Darstellung des Kaplan-Meier-Schätzers für die Zeit bis zum Auftreten eines Rezidivs in der

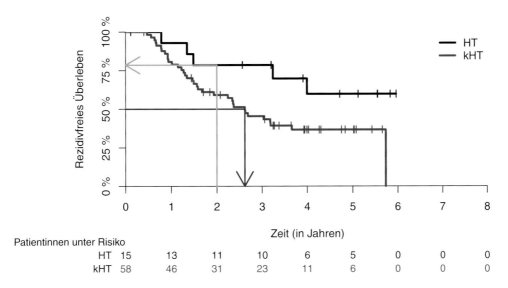

Abb. 2.26 Kaplan-Meier-Schätzer für die Zeit bis zum Rezidiv für Brustkrebspatientinnen unter 40 Jahren (*blaue Linie*: medianes Überleben; *grüne Linie*: Rezidivfreies Überleben nach 2 Jahren

Brustkrebsstudie. In dieser Darstellung wurden die Patientinnen in zwei Gruppen aufgeteilt, je nachdem, ob sie eine Hormontherapie erhalten hatten oder nicht.

Jeder Sprung in der Kaplan-Meier-Kurve entspricht einem oder mehreren Ereignissen und die Sprunghöhe ist proportional zum Anteil der Ereignisse. Zensierungszeitpunkte werden in den Kurven durch senkrechte Striche markiert.

In Abb. 2.26 ist zur besseren Sichtbarkeit der Details der Datensatz eingeschränkt auf diejenigen Patientinnen, die jünger als 40 Jahre alt sind. Der Kaplan-Meier-Schätzer kann genutzt werden, um das mediane Überleben (bzw. hier die mediane Zeit bis zum Auftreten des Rezidivs) zu schätzen. Grafisch geschieht dies, indem die zu $y = 0,5$ entsprechende Zeitdauer auf der x-Achse abgelesen wird. Hier ist also an der blauen Linie abzulesen, dass die mediane Zeit bis zum Auftreten des Rezidivs bei Patientinnen unter 40 Jahren ohne Hormontherapie bei 2,6 Jahren liegt. Man sieht auch, dass die mediane Zeit bis zum Rezidiv bei Patientinnen unter 40 Jahren mit Hormontherapie nicht geschätzt werden kann, da bis zum Ende der Nachbeobachtungszeit mehr als 50 % überleben. Ebenso kann zu einer gewählten Zeitdauer, z. B. 2 Jahren, auf der y-Achse der geschätzte Anteil der Überlebenden abgelesen werden. An der grünen Linie erkennt man, dass nach 2 Jahren etwa 79 % der Patientinnen unter 40 Jahren mit Hormontherapie rezidivfrei sind.

Konfidenzintervalle für Kaplan-Meier-Schätzer können berechnet und ebenfalls in die Grafik eingezeichnet werden. Wenn die Anzahl der unter Risiko stehenden Patienten klein ist, so sind die Konfidenzintervalle breit und die Schätzung der Überlebenswahrscheinlichkeit ungenau. Häufig wird aus Gründen der Übersichtlichkeit auf die grafische Darstellung der Konfidenzintervalle verzichtet. Um trotzdem einen Eindruck über die Präzision der Schätzung zu geben, sollte die Anzahl der Patienten unter Risiko im Verlauf der Studie angegeben werden. Dies ist in den Abb. 2.25 und 2.26 unter der Grafik zu

sehen. Das Ende der Kurve ist oft wegen geringer Fallzahlen mit großer Vorsicht zu interpretieren. Erlebt derjenige Patient mit der längsten Beobachtungszeit ein Ereignis, so springt die Kaplan-Meier-Kurve auf Wahrscheinlichkeit 0, wie in Abb. 2.26 zu sehen, andernfalls bleibt sie bis zum Ende auf dem letzten Wert konstant.

2.7.3 Logrank-Test

Will man im Fall der Brustkrebspatientinnen die Zeit bis zum Rezidiv in der Gruppe der hormontherapierten (HT) mit der Zeit bis zum Rezidiv in der Gruppe der nicht hormontherapierten (kHT) Patientinnen vergleichen, so vergleicht man dies auf Ebene der Hazardfunktionen und äquivalent also der Survivalfunktionen. Eine Nullhypothese lässt sich also als $H_0 : S_{HT} = S_{kHT}$ formulieren, die Alternative als $H_1 : S_{HT} \neq S_{kHT}$. Für den Vergleich von zwei oder mehr Ereigniszeitverteilungen benutzt man den *Logrank-Test*. Der Logrank-Test wertet für jede Ereigniszeit, die in der Gesamtstudie aufgetreten ist, eine Vierfeldertafel aus und vergleicht beobachtete und erwartete Ereignisse in den Gruppen. Es ergibt sich für die i-te Ereigniszeit die Tab. 2.14, wobei d_{HT_i} die Anzahl Ereignisse in HT und n_{HT_i} die Patientinnen unter Risiko in HT bezeichnet (kHT entsprechend).

Tab. 2.14 Vierfeldertafel für die i-te Ereigniszeit. HT: Hormontherapie, kHT: keine Hormontherapie

Behandlung	Ereignis	Kein Ereignis	Unter Risiko
Hormontherapie	d_{HT_i}	$n_{HT_i} - d_{HT_i}$	n_{HT_i}
Keine Hormontherapie	d_{kHT_i}	$n_{kHT_i} - d_{kHT_i}$	n_{kHT_i}
Summe	d_i	$n_i - d_i$	n_i

Unter H_0, also falls die Ereigniszeitverteilungen sich in beiden Gruppen nicht unterscheiden, gilt (vgl. den Chi-Quadrat-Test in Abschn. 2.4)

$$\mathrm{E}[d_{HT_i}] = \frac{n_{HT_i} d_i}{n_i}$$

und

$$\mathrm{Var}(d_{HT_i}) = \frac{d_i n_{HT_i} n_{kHT_i}(n_i - d_i)}{n_i^2 (n_i - 1)}.$$

Die Teststatistik des Logrank-Tests ergibt sich durch Summation über alle Ereigniszeitpunkte zu

$$\mathrm{Logrank} = \frac{(\sum_{i=1}^k (d_{HT_i} - \mathrm{E}[d_{HT_i}]))^2}{\sum_{i=1}^k \mathrm{Var}(d_{HT_i})}. \qquad (2.40)$$

Unter H_0 ist die Teststatistik asymptotisch χ_1^2-verteilt.

Im Gesamtdatensatz der Brustkrebspatientinnen ergibt der Logrank-Test einen Wert der Teststatistik von 8,60, was einem p-Wert von 0,0034 entspricht. Es zeigt sich also, dass es einen signifikanten Unterschied in der Zeit bis zum Rezidiv zwischen den beiden Behandlungsgruppen gibt.

Der Logrank-Test kann auf den Vergleich $k > 2$ Gruppen verallgemeinert werden. Unter H_0 ist die Teststatistik dann χ_{k-1}^2-verteilt.

Die Voraussetzung für die Anwendung des Logrank-Tests ist, dass die Hazardfunktionen in den verschiedenen Gruppen sich nur durch einen konstanten Faktor unterscheiden. Diese Voraussetzung wird „Proportional Hazards Assumption" genannt. Es stehen viele Verfahren zur Verfügung, diese Annahme zu prüfen. In der grafischen Darstellung der Survivalkurven spricht ein Kreuzen der Survivalkurven gegen die Gültigkeit der Proportional Hazards Assumption.

Fällt der Logrank-Test wie im hier gewählten Beispiel signifikant aus, so kann man anhand der Kaplan-Meier-Schätzer schließen, dass die Zeit bis zum Rezidiv unter HT länger ist als unter kHT. Dies betrifft die gesamte Verteilung der Ereigniszeiten, insbesondere gilt dies auch für die mediane Zeit bis zum Rezidiv.

2.7.4 Cox Proportional Hazards-Regression

Der Logrank-Test zeigt an, ob es einen Unterschied in der Verteilung der Ereigniszeit in verschiedenen Gruppen gibt. Allerdings quantifiziert er den Effekt nicht, obwohl dies wünschenswert wäre (siehe Abschnitt „Signifikanz vs. Relevanz"). Ein Ansatz, um den Effekt zu quantifizieren ist es, den *Hazardquotienten* (Englisch: Hazardratio) zwischen den Gruppen zu bestimmen, also den Quotienten zwischen den Hazardfunktionen. Grundvoraussetzung hierfür ist, dass der Quotient zwischen den Hazardfunktionen über die Zeit konstant bleibt, also die schon im vorherigen Abschnitt erwähnte Proportional Hazards Assumption erfüllt ist. Die Idee der *Cox Proportional*

Hazards-Regression (abgekürzt: Cox PH-Regression) ist es, die Hazardfunktion zu modellieren als

$$h(t; x_1, x_2, \ldots, x_p) = h_0(t) \cdot e^{\beta_1 x_1 + \beta_2 x_2 + \ldots + \beta_p x_p}, \qquad (2.41)$$

wobei x_i Kovariablen bezeichnen, d. h. Charakteristika der Patienten, die potenziell Einfluss auf die Hazardfunktion haben können. Die sogenannte Baseline-Hazardfunktion $h_0(t)$ braucht nicht weiter spezifiziert zu werden und daher wird die Cox PH-Regression auch als semi-parametrisches Verfahren bezeichnet. Die Baseline-Hazardfunktion $h_0(t)$ spiegelt rein theoretisch die Hazardfunktion für diejenigen Patienten wider, für die alle Kovariablen $x_i = 0$ sind, auch wenn diese Patienten in Wirklichkeit nicht in der Studie enthalten sind.

Berechnet man den Hazardquotienten für zwei Konstellationen von Kovariablen $x_1, x_2, \ldots, x_p$ und $x_1', x_2', \ldots, x_p'$, so erhält man

$$\frac{h(t; x_1, x_2, \ldots, x_p)}{h(t; x_1', x_2', \ldots, x_p')} = \frac{h_0(t) \cdot e^{\beta_1 x_1 + \beta_2 x_2 + \ldots + \beta_p x_p}}{h_0(t) \cdot e^{\beta_1 x_1' + \beta_2 x_2' + \ldots + \beta_p x_p'}}$$
$$= e^{\beta_1 (x_1 - x_1') + \beta_2 (x_2 - x_2') + \ldots + \beta_p (x_p - x_p')}.$$

Der Hazardquotient ist also unabhängig von der Baseline-Hazardfunktion und damit unabhängig von der Zeit t.

Nimmt man bei den Brustkrebspatientinnen nur die Hormontherapie als Kovariable in das Modell auf und bezeichnet man mit $x_1 = 1$ die Patientinnen, die Hormontherapie erhalten, und mit $x_1 = 0$ die Patientinnen, die keine Hormontherapie erhalten, so erhält man durch Anpassung des Cox PH-Modells an den Datensatz einen Schätzer für den Koeffizienten $\beta_1 = -0,36$. Dieser kann durch Potenzieren zu einem Hazardquotienten von $\exp(-0,364) = 0,695$ übersetzt werden. Dies bedeutet, dass Patientinnen mit Hormontherapie ein um den Faktor 0,695 verringertes Risiko haben, ein Rezidiv zu erleiden.

An dieser Stelle kann nur ein kurzer Abriss der Cox PH-Regression gegeben werden und eine Erläuterung, wie die Schätzer für die Koeffizienten β_i genau bestimmt werden, sprengt den Rahmen dieser Einführung. Das Schätzverfahren liefert nicht nur den Punktschätzer für den Koeffizienten β_i, sondern auch dessen Standardfehler, aus dem das Konfidenzintervall berechnet werden kann. Da sich der Hazardquotient durch Potenzieren aus dem Parameterschätzer β_i ergibt, ist das Konfidenzintervall nicht symmetrisch um den Punktschätzer für den Hazardquotienten. Im Beispiel der Brustkrebspatientinnen reicht das 95 %-Konfidenzintervall für den Hazardquotient von 1,13 bis 1,84. Ein Hazardquotient von 1 steht für die Gleichheit der Hazardfunktionen. Da die 1 nicht im Konfidenzintervall enthalten ist, gibt es – wie schon mit dem Logrank-Test gezeigt – einen zum 5 %-Niveau signifikanten Unterschied zwischen den beiden Survivalkurven.

Die Cox PH-Regression wird für die Modellierung von Ereigniszeitdaten mit vielen Kovariablen eingesetzt, so dass der Einfluss jeder Variablen untersucht werden kann, wenn für die anderen Einflussvariablen korrigiert wird. Es soll noch einmal betont werden, dass die Cox PH-Regression nur zu validen Ergebnissen führen kann, wenn die Proportional Hazards Assumption gilt.

Ausführliche Einführungen in das Gebiet der Analyse von Ereigniszeiten finden sich in einschlägigen Lehrbüchern der Statistik.

Aufgaben

2.1 Deskriptive Statistik

In einer Studie wurde bei 54 Patienten mit Angina die Inkubationszeit in Stunden erhoben:

19, 24, 26, 29, 29, 32, 33, 35, 36, 38, 38, 40, 41, 42, 42, 42, 43, 45, 46, 46, 47, 48, 48, 48, 49, 50, 51, 51, 53, 55, 56, 57, 57, 59, 61, 62, 64, 67, 67, 70, 70, 75, 77, 78, 80, 83, 85, 88, 90, 94, 99, 105, 115, 118.

- Erstellen Sie ein Histogramm.
- Bestimmen Sie den arithmetischen Mittelwert, Median, Spannweite und Standardabweichung.
- Erstellen Sie einen Boxplot.

2.2 z-Transformation

Die Größe von erwachsenen Frauen kann als approximativ normalverteilt mit Erwartungswert $\mu = 165$ cm und Standardabweichung $\sigma = 7$ cm angenommen werden.

- Wie groß ist der Anteil an Frauen, die kleiner als 158 cm sind?
- Wie groß muss eine Frau sein, damit sie zu den 5 % größten Frauen gehört?

2.3 Konfidenzintervall für den Erwartungswert einer Normalverteilung

In einer Studie wurde die fiebersenkende Wirkung eines Medikaments untersucht. Dafür wurde bei 21 Patienten mit Fieber die Temperatur vor und eine Stunde nach Gabe des Medikaments bestimmt und die Temperaturdifferenz vorher/nachher berechnet. Die mittlere Temperaturdifferenz bei den 21 Patienten lag bei 0,9 °C und die empirische Standardabweichung bei 0,8 °C.

- Berechnen Sie das Konfidenzintervall für die Temperaturdifferenz.
- Beschreiben Sie in Worten die Bedeutung des Konfidenzintervalls.
- Testen Sie auf dem 5 %-Niveau, ob das Medikament einen fiebersenkenden Effekt hat.

2.4 Interpretation von p-Werten

- Wenn ein Test ein zum 5 %-Niveau signifikantes Ergebnis liefert, ist das Ergebnis auch zum 1 %-Niveau signifikant?
- Wenn ein Test ein zum 1 %-Niveau signifikantes Ergebnis liefert, ist das Ergebnis auch zum 5 %-Niveau signifikant?
- Testet man zum 5 %-Niveau und erhält einen p-Wert von 0,02. Welche Schlussfolgerung kann man ziehen? Welcher statistische Fehler könnte aufgetreten sein? Mit welcher Wahrscheinlichkeit ist dieser Fehler aufgetreten?

- Testet man zum 5 %-Niveau und erhält einen p-Wert von 0,20. Welche Schlussfolgerung kann man ziehen? Welcher statistische Fehler könnte aufgetreten sein?

2.5 Wahl des Hypothesentests

Bestimmen Sie für jede der folgenden Situationen den passenden statistischen Test:

- Es soll geprüft werden, ob bei zwei Roulettetischen die „0" mit unterschiedlicher Häufigkeit vorkommt.
- Es soll geprüft werden, ob Radfahrer und Autofahrer verschiedene Vitalkapazität haben.
- Die Wirkung zweier Sonnenschutzmittel soll verglichen werden. Dafür wird Testpersonen auf dem linken Arm das eine und auf dem rechten Arm das andere Mittel aufgetragen und es wird ein quantitatives Maß für die Rötung der Haut ermittelt.
- Es soll geprüft werden, ob sich die Zeit bis zu einer notwendigen Autoreparatur für Autos unterscheidet, die in zwei verschiedenen Werkstätten gewartet werden.

2.6 Korrelation und Regression
Im Rahmen einer Studie zur Lungenfunktion wurde bei 8 Frauen die Körpergröße und die Vitalkapazität gemessen. Die Werte sind in Tab. 2.15 angegeben.

Tab. 2.15 Größe und Vitalkapazität von 8 gesunden weiblichen Probanden

Proband	Größe [m]	Vitalkapazität [l]
1	1,57	285,7
2	1,61	296,4
3	1,62	311,2
4	1,65	314,9
5	1,68	306,8
6	1,72	316,8
7	1,73	327,9
8	1,76	325,8

- Stellen Sie die Daten grafisch dar.
- Berechnen Sie die Korrelation zwischen Größe und Vitalkapazität und testen Sie auf dem 5 %-Niveau, ob die beiden Variablen korreliert sind.
- Berechnen Sie einen funktionalen Zusammenhang zwischen Vitalkapazität und Größe.
- Welche Vitalkapazität ist bei einer Frau von 170 cm Größe zu erwarten?

2.7 Ereigniszeitdaten

Im Datensatz der German Breast Cancer Study Group (GBSG) betrachten wir die Teilmenge der über 65-jährigen Brustkrebspatientinnen. Die Daten stehen in Tab. 2.16.

- Stellen Sie die Daten grafisch dar.
- Testen Sie, ob es einen Unterschied in der Zeit bis Rezidiv gibt für Brustkrebspatientinnen, die Hormontherapie erhalten haben (HT), und Patientinnen, die keine Hormontherapie erhalten haben (kHT).

Tab. 2.16 Therapiearm, Zeit bis Rezidiv (t) und Zensierungsindikator δ der über 65-jährigen Patientinnen der GBSG

Therapie	t	δ	Therapie	t	δ
HT	1,54	1	kHT	4,97	1
kHT	2,63	1	HT	2,59	0
kHT	5,51	0	HT	5,89	0
HT	0,5	1	HT	4,47	0
kHT	3,97	1	kHT	5,45	1
HT	0,46	0	HT	4,5	0
kHT	1,29	1	HT	4,64	0
kHT	2,04	1	kHT	4,94	1
kHT	0,99	1	HT	3,07	1
HT	5,41	0	HT	4,15	0
HT	1,41	1	kHT	4,67	0
HT	1,96	0	HT	2,01	0
HT	3,93	0	HT	4,77	0
kHT	4,53	0	HT	4,99	0
kHT	1,45	1	kHT	6,54	0
kHT	1,6	1	HT	4,88	0
HT	2,34	1	kHT	3,55	0
kHT	0,53	1	HT	1,9	0
kHT	2,99	0	kHT	2,4	1
HT	5,04	0	kHT	1,52	1
HT	2,26	0	HT	1,01	0
HT	1,58	1	HT	6,01	0
kHT	1,68	0	HT	2,05	0
kHT	2,34	0	kHT	4,59	1
kHT	2,59	1	kHT	6,26	1
kHT	3,31	0	kHT	6,54	0
kHT	3,95	0	HT	1,08	1
kHT	2,11	1	HT	4,12	0
HT	2,66	0	HT	5,41	1
HT	5,02	0	HT	6,49	0
HT	5,22	0	kHT	2,66	0
HT	4,11	1	HT	3,35	0
HT	1,57	1	HT	2,08	0

Literatur

Grundlagen der Statistik

1. Adlung L, Hopp C, Köthe A, Schnellbächer N, Staufer O (2014) Tutorium Mathe für Biologen. Von Studenten für Studenten. Springer
2. Bland, M (2000) An introduction to medical statistics. 3. Aufl. Oxford University Press
3. Fahrmeier L, Künstler R, Pigeot I, Tutz G (2012) Statistik: Der Weg zur Datenanalyse. 7. Aufl. Springer
4. Kirkwood BR, Sterne JAC (2003) Essential medical statistics. 2. Aufl. Blackwell Science
5. Motulsky H (2017) Intuitive Biostatistics. 4. Aufl. Oxford University Press

Methodensammlungen

6. Fahrmeier L, Kneib T, Lang S (2009) Regression: Modelle, Methoden und Anwendungen. 2. Aufl. Springer
7. Hartung J, Elpelt B, Klösener K-H (2009) Statistik: Lehr- und Handbuch der angewandten Statistik. 15. Aufl. Oldenbourg
8. Hollander M, Wolfe DA, Chicken E (2014) Nonparametric Statistical Methods. 3. Aufl. John Wiley & Sons
9. Sachs, L (2003) Angewandte Statistik. 11. Aufl. Springer

Auswertung von Ereigniszeiten

10. Klein JP, Moeschberger ML (2003) Survival Analysis: Techniques for Censored and Truncated Data. 2. Aufl. Springer
11. Marubini E, Valsecchi MG (1995) Analysing Survival Data from Clinical Trials and Observation Studies. John Wiley & Sons
12. Schumacher M, Schulgen G (2008) Methodik Klinischer Studien: Methodische Grundlagen der Planung, Durchführung und Auswertung. 3. Aufl. Springer

Medizinische Informatik

3

Kristina Giske und Rolf Bendl

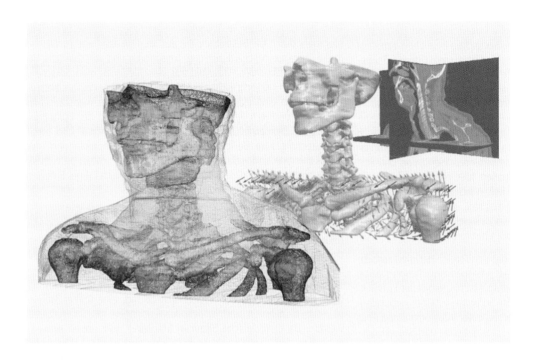

Die medizinische Informatik ist ein Fachgebiet, das sich der Erschließung von medizinischen Daten widmet. Erschließung umfasst hierbei nicht nur etwa Sammlung, Aufbewahrung und Bereitstellung von Daten, sondern – und hier liegt die Herausforderung im klinischen Alltag – ihre systematische Klassifikation, die eine Weiterverarbeitung und Bereitstellung der benötigten Information im richtigen Moment der richtigen Person überhaupt erst ermöglicht.

Aufgrund der unterschiedlichen Vielfalt der erhobenen Daten und Anforderungen in verschiedenen medizinischen Bereichen vereinigt die medizinische Informatik unterschiedliche spezialisierte Teilbereiche in sich: Eines der ersten Beschäftigungsfelder bildete die Erforschung und der Aufbau von medizinischen Informationssystemen zur medizinischen Dokumentation, die die administrative und logistische Verwaltung von Patientendaten und medizinischen Leistungen erlaubten. In der spezialisierten Form fallen auch Radiologische-, Labor-Informationssysteme oder Bildarchivierungssysteme darunter. Die standardisierte Datenrepräsentation und entsprechende Datenschutzaspekte spielen hier eine entscheidende Rolle. Nur mit Hilfe solcher Systeme ließen sich im Verlauf auf nationaler Ebene verschiedene Krankheitsregister, wie das Krebsregister, aufbauen und auf lokaler Ebene zum Beispiel radiologische Daten zur Planung von Behandlungen in die Chirurgie transferieren.

Eine immer größere Bedeutung erlangt der Bereich der medizinisch-technisch orientierten Informatik. Fast jede medizinische Innovation in den Bereichen Diagnostik und Therapie ist heute mit der Entwicklung unterstützender oder tragender Softwaresysteme verbunden. Die Bandbreite reicht von der Steuerung einer Infusionspumpe über die Vernetzung unterschiedlichster Informations- und Steuerungssysteme im OP bis hin zu komplexen Therapieplanungssystemen für die Strahlentherapie und unterschiedlichen chirurgischen Disziplinen inklusive innovativer Assistenzsysteme sowie der Steuerung von Telemanipulatoren und Medizinrobotern. Da Softwaresysteme in diesem Bereich als Medizinprodukte anzusehen sind, spielen regulatorische Fragen für die Zulassung der Systeme eine immer größere Rolle.

Bei der Planung und Durchführung solcher komplexen Therapieformen werden Informationen gewonnen, die, zusammengeführt mit den Informationen in den klassischen Klinik-Informationssystemen, wichtige Grundlagen für neue medizinische Studien liefern. Die Informationen können genutzt werden, um Ursachen für suboptimale Therapieverläufe bzw. optimale Therapieansätze zu identifizieren. Sie dienen damit für individuelle Erfolgs- und Risikostratifizierungen.

In Verbindung mit der Bioinformatik, die Informationen auf Zellebene liefert, entwickeln sich wichtige Beiträge zur personalisierten Medizin. Durch die Einbeziehung von Informationen auf Zellebene und sogenannter „Omics"-Daten aus den Bereichen der Genanalyse und Molekularbiologie erweitert sich das diagnostische Spektrum deutlich. Dadurch besteht berechtigte Hoffnung, Ursachen für unterschiedliche Therapieerfolge bei bisher vermuteten gleichen Grunderkrankungen zu identifizieren und durch eine Individualisierung der therapeutischen Ansätze die Erfolge standardisierter Therapien zu steigern.

Aufbauend auf der fortschreitenden Vernetzung wächst der Bereich Consumer Health Informatics sehr stark. Hier geht es zum einen darum, medizinische Laien in die Lage zu versetzen, sich fundiert auf

verständlichem Niveau über gesundheitliche Themen zu informieren. Der Bereich der Online-Akquisition und Auswertung medizinischer Parameter erstreckt sich fließend von Lifestyle-Applikationen bis zur telemedizinischen Überwachung von Vitalfunktionen. Entwicklungen im Bereich Ambient Assisted Living zielen darauf, älteren Menschen möglichst lange ein eigenständiges Leben in gewohnter Umgebung zu ermöglichen.

Trotz der Unterteilung in Teilgebiete verschmelzen diese heute immer mehr durch die Bestrebungen, aus Studien abgeleitetes Wissen in die Therapieentscheidungen zu integrieren und verschiedene Informationen über den Patienten aus verschiedenen medizinischen, biologischen und technischen Fachbereichen optimal zusammenzuführen. Auch eine klare Abgrenzung zwischen der medizinischen Informatik und den verwandten Fachgebieten, wie der Epidemiologie oder Biometrie, aber auch medizinischen Physik und Ingenieurstechnik zum Beispiel im Bereich der Therapieplanung, der Bildakquisition und -rekonstruktion ist nur noch schwer zu ziehen, da Methoden der medizinischen Informatik immer häufiger Eingang in die entsprechende Anwendungen finden.

Das folgende Kapitel erhebt nicht den Anspruch auf Vollständigkeit in der Beschreibung des Forschungsfeldes der medizinischen Informatik und kann in diesem Rahmen auch nicht den generellen Überblick über das gesamte Repertoire des Forschungsfeldes geben. Hier soll der Fokus auf Teilbereichen liegen, die im Besonderen Berührungspunkte zur medizinischen Physik haben und zukünftig, dank der technologischen Weiterentwicklung, eine immer stärkere Rolle einnehmen und in den Anwendungen mit ihr verzahnt werden. Da medizinische Bilder in Medizin-Physik nahen Anwendungsbereichen als grundlegende Informationsträger in Diagnostik und Therapie betrachtet werden können, werden im Folgenden die Themen der medizinischen Informatik betrachtet, die sich hauptsächlich auf Bilddaten und ihre Verarbeitung fokussieren.

3.1 Medizinische Informationssysteme

Die Bezeichnung *Medizinische Informationssysteme* stellt einen Überbegriff für verschiedene sozio-technische Systeme dar, die es Menschen durch die Unterstützung von Technik ermöglichen, medizinische Aufgaben nach festgelegten Regeln zu erfüllen. Ein medizinisches Informationssystem dient der Speicherung, Verarbeitung und Bereitstellung von Informationen. Meist stellt man sich darunter ein reines Softwaresystem vor, obwohl im Allgemeinen auch papierbasierte Komponenten enthalten sein können. Wegen der Vorteile, die mit maschineller Datenverarbeitung einhergehen, strebt man jedoch an, die meisten Komponenten durch Software abzubilden.

Medizinische Informationssysteme lassen sich aufgrund ihres Einsatzes und ihrer Spezialisierung für unterschiedliche medizinische Fachbereiche unterteilen. Ein Krankenhausinformationssystem (KIS) dient der Erfassung und Verwaltung administrativer Daten im Krankenhausumfeld. Es umfasst die medizinische Dokumentation der Patientenstammdaten und Falldaten, zum Beispiel Anamneseerhebung, ICD-Klassifizierung (International Code of Disease), Arztbriefe, Pflegeplanung, Verwaltung und Klassifizierung der erbrachten medizinischen Leistung zur Abrechnung mit den Kostenträgern usw. Krankenhausinformationssysteme ermöglichen damit die Planung, Optimierung und Qualitätssicherung der Patientenlogistik oder auch den Zugriff auf strukturiert gesammeltes medizinisches Wissen. Beispiele für spezialisierte Informationssysteme stellen Radiologie-Informationssysteme (RIS) oder Bildarchive wie PACS (Picture Archiving and Communication System) dar. Ein PACS wird in der Radiologie und Nuklearmedizin genutzt, um Bilddaten der Patienten, kombiniert mit den Untersuchungsinformationen, in einer zentralen Einheit außerhalb der lokalen Installationen am bildgebenden Gerät zu verwalten und für eine multi-modale bildgestützte Diagnostik und Therapieplanung bereitzustellen. Da im Rahmen dieses Kapitels dieses Teilgebiet nicht erschöpfend dargestellt werden kann, sei der interessierte Leser auf weiterführende Literatur verwiesen [3].

3.2 Standardisierung der Datenformate

Bildarchive wie das PACS und der Austausch von Bilddaten zwischen Geräten, zum Beispiel zwischen Bildgebungsgeräten, Therapieplanungssystemen und Therapiegeräten, wurden erst durch die Standardisierung der Bilddatenformate ermöglicht. Die Datenrepräsentation von rekonstruierten medizinischen Bilddaten und der dazugehörigen Information obliegt in erster Linie den Geräteherstellern. Das Einspielen und der Austausch der Bilddaten in einem gemeinsamen System erfordert aber ein einheitliches Datenformat.

Zu diesem Zweck wurde ein offener Standard für Bilddaten und das Protokoll zu ihrem Austausch eingeführt. Das *Digital-Imaging-and-Communications-in-Medicine*(DICOM)-Format wird heute von allen Herstellern entsprechend dem Standard in kommerziellen Produkten implementiert. Die Systemfähigkeiten von DICOM-kompatiblen Geräten müssen veröffentlicht sein, um eine Interoperabilität zu gewährleisten. Sie sollten für jedes Produkt in einem *DICOM Conformance Statement* spezifiziert werden.

Ein DICOM-Datensatz ist ein Container, der sowohl die Objektdefinitionen wie Bilddaten oder geometrische Informationen als auch Metainformationen, z. B. demographische Patientendaten, Diagnosen, behandelnde Ärzte und verwendete Geräteparameter enthält. Alle Objekte innerhalb des DICOM-Datensatz sind eindeutig dem Patienten zuzuordnen und können über *Unique Identifiers* (UIDs) referenziert werden. Alle Informationen und Objekte werden über achtstellige hexadezimal codierte Attribute festgelegt und in Modulen zu logischen Einheiten gruppiert. Der Standard schreibt vor, welche Attribute zwingend definiert werden müssen und durch zusätzliche optionale Informationen ergänzt werden können. Darüber hinaus erlaubt er die Definition von sogenannten *Private Tags*, in denen Hersteller beliebige zusätzliche Informationen ablegen können. Ohne Beschreibung des Herstellers sind diese nicht interpretierbar.

Im DICOM-Standard liegen die Objektdaten binär vor. Abhängig vom generierenden System sind unterschiedliche Formate

möglich. Wie die Binärdaten zu interpretieren sind, wird durch den *Transfer Syntax* beschrieben. Darin werden u. a. die Byte-Order und eingesetzte Kompressionsverfahren definiert. Kompressionsverfahren werden eingesetzt, um den Speicherbedarf für die Archivierung der Daten zu reduzieren. Bei der Kompression medizinischer Bilddaten sollte darauf geachtet werden, dass die Kompression verlustfrei erfolgt. Insofern werden vor allem verlustfreie Verfahren eingesetzt (RLE (run length encoding), JPEG2000). Die Bilddaten sind in einer Hierarchie abgelegt, die es erlaubt, jedes Bild einer Serie, diese einer Studie, und diese wiederum einem Patienten zuzuordnen. Eine neue Serie beginnt zum Beispiel bei wechselnder Bildgebungsmodalität, jeder neuen Aufnahmeposition oder wechselnden Aufnahmeparametern. Die einzelnen DICOM-Bilder können unterschiedliche Dateierweiterungen haben, obwohl laut Spezifikation keine Endung vorgehsehen ist. Die Daten von 3D-oder 4D-Bildern liegen innerhalb einer Serie in der Regel als Single-Frame-Bilder vor, also in mehreren 2D-Bilddateien. Multi-Frame-Dateien, die einen 3D-Datensatz in einer Datei enthalten, werden ebenfalls unterstützt, aber derzeit noch selten genutzt.

Die Grundlagen von DICOM wurden seit 1982 von einer Arbeitsgruppe der *National Electrical Manufacturers Association* (NEMA) entwickelt. (Weitere Informationen und DICOM-Neuigkeiten finden sich unter [6].) Nach zwei Vorversionen wurde 1993 DICOM 3.0 veröffentlicht. Er wird seitdem kontinuierlich in neuen Revisionen erweitert, in denen Anpassungen an Weiterentwicklungen aus allen medizinischen Feldern vorgenommen werden. Ein Beispiel hierfür ist der DICOM-RT-Standard, der zur Abbildung von Therapieplänen und anderer therapierelevanter Informationen wie Feldgeometrien, Bestrahlungsgerätespezifikationen und Dosisverteilungen für die Strahlentherapie definiert wurde.

3.3 Datensicherheit und Datenschutzaspekte

Die Erfassung, Speicherung und Bereitstellung von medizinischen Daten in medizinischen Informationssystemen und ihre Überführung in große intergierte Systeme fordert die Berücksichtigung der gesetzlichen Vorgaben zu Datensicherheit (Schutz der Daten, nur autorisierte Personen haben Zugriff) und Datenschutz (Schutz des Rechtes auf informationelle Selbstbestimmung und der Persönlichkeitsrechte). Neben der physikalischen Sicherheit der Rechner, Netze und Datenträger, sowie verschlüsselter Datenspeicherung und -übertragung muss auch die Konfiguration der minimalen Zugriffsrechte auf die persönlichen Daten gewährleistet sein.

Eine Benutzer-basierte Zugriffskontrolle wird bei realer, meist verteilter Systemarchitektur in der Krankenversorgung häufig zu unübersichtlich. Deshalb werden Zugriffsberechtigungen in Informationssystemen i. d. R. anhand von definierten Benutzerrollen realisiert. Eine Rollen-basierte Zugriffskontrolle verallgemeinert die Zugriffsberechtigungen anhand der Arbeitsprozesse. So können, zum Beispiel therapierelevante Patientendaten nur von Benutzern einer berechtigten Gruppe, wie Ärzten, eingesehen oder übermittelt werden. Weiterhin können Daten selektiv nach zu erzielenden Aufgaben klassifiziert geschützt werden. Zum Beispiel muss ein Radiologe Zugriff auf Identifikationsdaten und medizinische Daten des Patienten haben, aber nicht unbedingt auf erfasste genetische Daten.

Sollen Daten zu Forschungszwecken herangezogen und verarbeitet werden, müssen sie anonymisiert oder pseudonymisiert werden. Die Anonymisierung ist durch die Veränderung der Daten gekennzeichnet, so dass alle personenbezogenen Informationen nicht mehr oder nur mit unverhältnismäßig großem Aufwand einer Person zugeordnet werden können. Dabei ist die Anonymisierung nicht allein durch Entfernen von Identifikationsdaten zu erzielen, auch die Vergröberung der Nutzdaten kann notwendig werden. Einfach einzusehen ist die Möglichkeit der Identifikation einer Person aus einem hochaufgelösten CT vom Kopfbereich. Aber auch das Vorhandensein von Prothesen in anonymisierten Bilddaten kann die Re-Identifizierung ermöglichen. Für die Verwendung von Daten in Langzeitstudien sind Anonymisierungen problematisch, da häufig Verlaufsdaten miteinbezogen werden müssen. Dies ist nach erfolgter Anonymisierung nicht mehr möglich. Pseudonymisierungskonzepte tragen dem Rechnung, indem sie dafür Möglichkeiten bereitstellen und die Daten eines Patienten mit einer anonymen ID ausstatten. Hier ist es unter bestimmten Voraussetzungen erlaubt, doch auf die ursprüngliche Identität zurückzuschließen. Um dem Datenschutz Genüge zu leisten, werden Pseudonymisierungen häufig durch vertrauenswürdige dritte Instanzen (Trust Center) verwaltet. Da sie in der Lage sind, die ursprünglichen PatientenIDs zu rekonstruieren, können sie neu hinzugefügte Daten mit derselben pseudonymisierten ID ausstatten.

3.4 Digitale Biosignalverarbeitung

Das Aufgabenfeld der Biosignalverarbeitung wird durch die Analyse von gemessenen Biosignalen und deren Verarbeitung zur Extraktion weiterer Informationen definiert. Medizinisch relevant sind sowohl eindimensionale Signale, die z. B. durch Auslösung von Aktionspotenzialen in erregbaren Zellen entstehen, wie Elektrokardiogramme (EKGs) oder Elektroenzephalogramme (EEGs), als auch höherdimensionale Signale, die aus der Wechselwirkung von physikalischen Teilchen mit dem Gewebe rekonstruiert werden, wie 2D-, 3D- oder 4D-Bilddaten.

Damit fällt die biomedizinische Bildverarbeitung ebenfalls in den Bereich der Biosignalverarbeitung. Wegen der unterschiedlichen medizinischen Anwendungsbereiche werden beide Themengebiete aber häufig separat behandelt. Dennoch werden in beiden Fächern ähnliche Methoden zur Analyse der Informationen angewendet. Selbstverständlich beschränkt sich die Biosignalverarbeitung nicht nur auf bioelektrische Signale, sondern bezieht alle auf Basis biochemischer Aktivität erzeugte Signale mit ein (Herzschall, Atemstrom und -volumen, Blutdruck, Sauerstoffsättigung, Laborwerte, kardiale Druckwerte usw.), die es erlauben, aus den Signaleigenschaften auf Körperfunktionen und Organzustände zu schließen. Da die Repräsentationsregeln

der Signalparameter a priori meist nicht bekannt sind, beschäftigt sich ein wesentlicher Teil der Biosignalverarbeitung mit der Erforschung entsprechender Zusammenhänge.

Eine digitale Signalverarbeitung durch Computerprogramme setzt eine Diskretisierung der kontinuierlichen Signale mit Hilfe eines Analog-Digital-Wandlers voraus. Dabei ist es wichtig, dass durch diese Abtastung das ursprüngliche Signal weitgehend unverfälscht im Rechner ankommt. Einen wesentlichen Einfluss darauf haben die Abtastrate des Wandlers (die ausreichend hoch sein muss), sowie die Wandlerbreite und der Eingangsspannungsbereich, auf den das Signal (ggf. durch Vorverstärkung) angepasst werden muss. Der Einhaltung des Abtasttheorems kommt dabei eine entscheidende Bedeutung für alle nachfolgenden Schritte zu.

Im Anschluss an eine initiale Signalaufzeichnung erfolgen i. d. R. Maßnahmen zur Signalrestaurierung oder -verbesserung, da aufgrund der Aufnahmebedingungen oder durch Limitationen der Aufnahmesysteme häufig Signale nicht unverfälscht aufgezeichnet werden können. Störeinflüsse vermindern die Signalqualität und sind Ursache für Artefakte. Diese Störungen und Artefakte erschweren die nachfolgende Interpretation der Signale und können zu fehlerhaften diagnostischen und therapeutischen Entscheidungen führen.

Signale, Störeinflüsse und das frequenzabhängige Übertragungsverhalten von Mess- und Aufzeichnungssystemen können häufig im Frequenzbereich leichter analysiert und beschrieben werden. Deshalb werden Signale sowohl im Zeit- als auch im Frequenzraum repräsentiert und analysiert. Über die Fourier-Transformation lässt sich ein zeitabhängiges Signal in seine Frequenzkomponenten zerlegen. Analog zur klassischen Fourier-Analyse und Synthese werden je nach Fragestellung auch andere Basissysteme genutzt (Laplace-Transformation, Z-Transformation, Wavelet-Transformation).

Die Betrachtung eines Signals im Frequenzbereich sowie das frequenzabhängige Übertragungsverhalten von Mess- und Aufzeichnungsgeräten ermöglicht die gezielte Entwicklung von Gegenmaßnahmen. So bildet das Frequenzspektrum eines Signals die Grundlage für nützliche Filteroperationen. Um hochfrequentes Rauschen zu unterdrücken, wendet man z. B. Tiefpass-Filter an. So lassen sich Signalbeiträge reduzieren, die durch Rauschen verursacht wurden. Solch ein Filter kann dazu dienen, das Signal-zu-Rausch-Verhältnis einer Messung zu verbessern, und damit zum Beispiel die Merkmalserkennung im Nutzsignal erleichtern. Auch andere Artefakte können über Bandpassfilter unterdrückt werden, wenn ihr Frequenzverhalten bekannt ist. Der Einfluss einer 50-Hz-Netzspannung kann z. B. durch ein geeignetes Notch-(Kerb-)Filter unterdrückt werden. Allerdings ist zu beachten, dass die Filter nicht nur Artefakte, sondern auch die entsprechenden Frequenzkomponenten im Signal selbst entfernen.

Darüber hinaus enthält die „Trickkiste" der Signalverarbeiter eine Vielzahl weiterer Filter und die Kunst besteht häufig darin, abhängig vom Signal und der Aufnahmesituation Filter zu designen, die genau bestimmte Bereiche ausblenden oder verstärken.

Um die zeitliche Veränderung des Signals zu quantifizieren, können unterschiedliche Verfahren genutzt werden. Innere Zusammenhänge des Signals lassen sich zum Beispiel durch die Autokorrelationsfunktion quantifizieren und können genutzt werden, um periodische Komponenten aufzudecken. So lassen sich auch zwei verschiedene Signale miteinander durch die Korrelationsfunktion, in diesem Fall Kreuzkorrelationsfunktion, auf ihre Ähnlichkeit überprüfen.

Im Anschluss an Signalaufzeichnung und Verbesserung erfolgt eine Merkmalsextraktion, d. h. die Aggregation oder auch Reduktion der Signalwerte auf bestimmte bedeutungstragende Abschnitte und Informationen. Die extrahierten Merkmale bilden abschließend die Grundlage für Klassifikationsverfahren, die zur Interpretation und Entscheidungsunterstützung dienen.

3.5 Digitale biomedizinische Bildverarbeitung

Bilder oder Bildserien sind zwei- oder dreidimensionale Signale. Sie definieren einen Helligkeitswert oder eine Farbe in Abhängigkeit des Ortes. Deshalb gelten für diese zweidimensionalen Signale, für die Abtastung und für die Weiterverarbeitung die gleichen Regeln wie für eindimensionale Signale und es können äquivalente Verfahren zur Filterung und Signalverbesserung angewendet werden. Auch hier kann man den Frequenzraum zur Analyse von Bildern und Bildverarbeitungsoperatoren nutzen und abhängig von der Fragestellung werden unterschiedliche Transformationssysteme genutzt.

Neben der Signalverbesserung (Entfernung von Rauschen, Kontrastanpassung etc.) ist das Ziel von Bildverarbeitungsoperationen, zusätzliches Wissen über die abgebildeten Objekte aus den Bildern computergestützt zu extrahieren. Dabei finden hier häufig komplexere Modellierungsverfahren Einsatz, um gezielt Objekte zu erkennen und nachzuverfolgen. Sie basieren häufig auf der Ableitung grundlegender Bildeigenschaften mit Hilfe entsprechender Faltungsoperatoren (z. B. Kantendetektion zur Bestimmung von Objektgrenzen) oder der Berechnung von Grauwertstatistiken, um die Textur der Objekte zu beschreiben. Aufgrund der beschränken Bildinformationen (limitierte Auflösung etc.), die häufig auch nur ein Surrogat für unterschiedliche physikalische Parameter darstellen, reichen solche einfachen Rechenoperationen meist nicht aus, um aus den Bildern die gewünschten Informationen zu extrahieren. Häufig sind Fragen nur unter Einbeziehung von zusätzlichem Wissen zu beantworten und erfordern eine umfangreiche algorithmische Aufarbeitung.

Die beiden großen Themen der Bildverarbeitung sind die Segmentierung von zusammenhängenden Objekten im Bild und die Bildregistrierung, die eine Veränderung der abgebildeten Objekte zwischen zwei Bildaufnahmen quantifiziert oder kompensieren soll. Eine korrekte Bildregistrierung ist eine unverzichtbare Voraussetzung für eine multi-modale Diagnostik. Nur wenn Bilder, die zu unterschiedlichen Zeiten mit verschiedenen Geräten vom gleichen Objekt gemacht werden, miteinander registriert

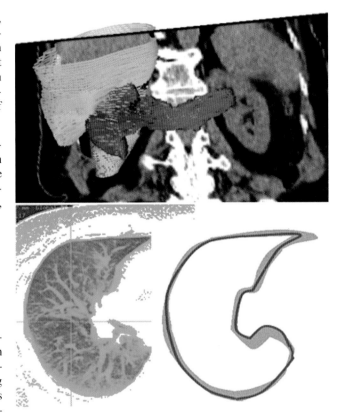

Abb. 3.1 Segmentierung in der medizinischen Bildverarbeitung. *Oben*: 3D-Segmentierung eines Abdomen-CTs mit angeschnittener Leber (*grün*), Pankreas (*lila*) und einer Niere (*gelb*). Die Kontourlinien jeder transversalen CT-Schicht grenzen die Organe ab und definieren so strukturell zusammenhängende Volumina. *Unten*: Schwellwertbasiertes Segmentierungsverfahren einer Lunge in einer CT-Aufnahme. Das Lungengewebe ist im Lungenfenster gut von der restlichen Anatomie abgrenzbar (Hell-Dunkel-Kontrast). Voxel (Pixel in einer 3D-Bildserie) mit Intensitätswerten über einem gewählten Schwellwert sind grün markiert: Die Variation des Schwellwertes erlaubt die gewünschte Organabgrenzung (*magenta*)

wurden, können Informationen aus einer Bildserie in Bezug zu anderen gebracht und genutzt werden.

Abb. 3.1 zeigt ein exemplarisches Segmentierungsergebnis und verdeutlicht den Segmentierungsprozess. Die Segmentierung wird u. a. zur Volumenbestimmung in der Diagnostik eingesetzt, um zum Beispiel die Klassifizierung des Tumorstaging vornehmen zu können oder dynamisch das Ansprechen einer Läsion zu quantifizieren. In der Strahlentherapie und der Chirurgie werden Segmentierungen zur Erstellung eines Patientenmodells für die Therapieplanung benötigt. In der Nuklearmedizin spielt z. B. die Quantifizierung des *Standardized Uptake Value* (SUV) durch die Segmentierung des aufnehmenden Bereichs eine wichtige Rolle. Ebenfalls wird eine Segmentierung häufig als Vorverarbeitungsschritt für Klassifikationsalgorithmen oder modellbasierte Registrierungsmethoden benötigt.

Abb. 3.2 zeigt die Anwendung einer Registrierung an zwei CT-Aufnahmen von unterschiedlichen Tagen im Kopf-Hals-Bereich.

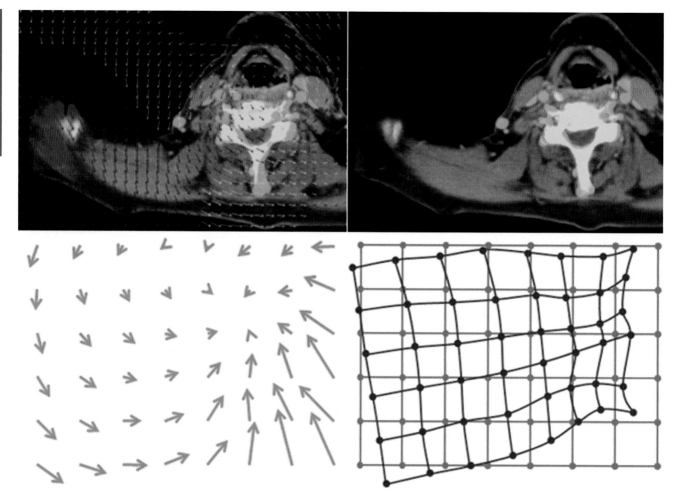

Abb. 3.2 Bildregistrierung zwischen zwei CT-Aufnahmen in der medizinischen Bildverarbeitung. Oben: Rot-Grün-Fusion von einer transversalen Schicht aus zwei CT-Aufnahmen nach einer rigiden Bildregistrierung (*links*) und nach einer elastischen Bildregistrierung (*rechts*). Areale mit unterschiedlichen Intensitätswerten in beiden Aufnahmen machen sich mit Rot- bzw. Grüntönen bemerkbar. Gelbtöne deuten auf ähnliche und gleiche Intensitätswerte in den beiden Bildern an der jeweiligen Position. Im *linken Bild* ist zusätzliche das Vektorfeld, das aus der elastischen Registrierung resultiert, farbkodiert eingeblendet: *Rote Pfeile* sind vom Betrachter weg in die Bildebene gerichtet, *blaue Pfeile* aus der Ebene auf den Betrachter zu gerichtet. *Unten*: Verdeutlichung wie ein Vektorfeld aus einer elastischen Bildregistrierung den Inhalt des ursprünglichen Bildes verformt, um den Bildinhalt anzugleichen

Eine Auswahl von verwendeten Verfahren und ihren Funktionsweisen wird im Folgenden dargestellt. Auch hier ist die Auswahl nicht erschöpfend, im Wesentlichen soll damit beispielhaft die komplexe algorithmische Herangehensweise der meistgenutzten Verfahren demonstrieren werden. Für einen detaillierteren Überblick über Verfahren und ihre Einsatzmöglichkeiten muss hier auf weiterführende Literatur verwiesen werden [4].

3.5.1 Bildsegmentierungsverfahren

Einfache Schwellwertverfahren auf Intensitätshistogrammen zur Abgrenzung von Bildobjekten führen in medizinischen Bilddaten in der Regel nicht zum Erfolg. Es werden komplexere Methoden benötigt, um erwünschte Organsegmentierungen zu erreichen.

Alternativ werden häufig Volumenwachstumsverfahren zur semi-automatischen Segmentierung von Geweben eingesetzt. Hierbei wird die Segmentierung ausgehend von manuell definierten Saatpunkten anhand eines Homogenitätskriteriums in der Nachbarschaft expandierend durchgeführt. Die Qualität der Segmentierungsergebnisse hängt dabei von der Wahl der Saatpunkte und des Homogenitätskriteriums ab. Es kann zum Beispiel durch ein Intensitätsintervall festgelegt sein oder durch sekundäre Bildmerkmale, die die lokale Intensitätsverteilung beschreiben (Mittelwert, Standardabweichung oder unterschiedliche Texturparameter).

Ein anderes Verfahren, das Methoden aus Informatik und Physik ideal kombiniert, ist der auf der Graphentheorie basierende Random Walker [2]. Interaktiv definierte Saatpunkte bilden unterschiedliche Labels für verschiedene, gleichzeitig zu segmentierende Objekte. Diese Saatpunkte dienen als Endpunkte für *Random Walks,* zufällige Wege, die von einem zu klassifizierenden Voxel starten. Der Saatpunkt, der mit der höchsten Wahrscheinlichkeit erreicht wird, bestimmt, wie das betrachtete Voxel klassifiziert wird. Die Intensitätsunterschiede auf dem Weg durch das Bild bestimmen die Wahrscheinlichkeitsverteilung für den Verlauf, den die *Random Walks* nehmen. Der Vorteil dieses Verfahrens ist, dass es durch die Berücksichtigung der zusätzlichen geometrischen Verhältnisse auch Objekte trennen kann, die aufgrund ihrer Intensitätswerte nur schwer gegeneinander abgegrenzt werden können.

Aktiven Konturen, oder auch *Snakes* [5], nutzen geschlossene parametrische Kurven, um Objektkonturen zu beschreiben. Oft wird die Initialisierung der Kurvenform interaktiv vorgenommen. Diese wird dann im Verlauf des Segmentierungsprozesses abhängig von internen und externen Energietermen korrigiert. Die externen Energieterme werden meist von Bildgradienten an der Position der Kontur bestimmt. Die Konturform kann durch eine innere Energie mit Parametern wie Krümmung oder Glattheit gesteuert werden. In einem Optimierungsschritt werden die Parameter so variiert, dass die Gesamtenergie minimal wird. Anschaulich kann man sich die Segmentierung von zum Beispiel einer Leber so vorstellen: Man beginnt mit einer kleinen Ellipse innerhalb der Leber. Die externe Energie zieht die Ellipse, basierend auf dem Bildgradienten, bis zur Lebergrenze auf. Die internen Energieterme erhalten die Form der Ellipse, solange sie in die Leberform hineinpasst. An der Grenze zum umliegenden Gewebe muss sich die Kurvenform verändern, um den stärker werdenden Bildgradienten zu folgen. Die Anpassungsfähigkeit wird durch die vorgegebene Krümmung limitiert.

Statistische Form- und Erscheinungsmodelle [1] bilden derzeit den fortschrittlichsten Ansatz zur Multi-Objekt-Segmentierung in medizinischen Bildern. Zur Generierung solcher Modelle sind bereits segmentierte Trainingsdaten erforderlich. Sie beschreiben die prinzipielle Form und die Häufigkeit bzw. Wahrscheinlichkeit für mögliche lokale Abweichungen. Dadurch lassen sie sich besser an individuelle Strukturen anpassen als aktive Konturen, die nur über globale Eigenschaften zu parametrisieren sind. Neben dem Wissen über mögliche Formen bzw. Formvariationen können die Übergänge zur Umgebung ebenfalls lokal durch beliebige Intensitätsprofile beschrieben und bei der Suche nach der optimalen Strukturgrenze berücksichtigt werden.

Der Unterschied der statistischen Formmodelle zur atlasbasierten Segmentierung liegt im Wesentlichen in der parametrischen Beschreibung des Formmodells. In der einfachsten Form stellt ein Atlas eine exemplarische Segmentierung auf einem anderen Bilddatensatz dar. Er wird durch eine Bildregistrierung auf den neu zu segmentierenden Datensatz transformiert. Die Registrierung ermittelt die räumliche Korrespondenz zwischen dem Atlasbild und dem aktuell zu segmentierenden unter einer bestimmten Transformation. Ist die Transformation genau genug etabliert, können die Atlaskonturen auf das Zielbild übertragen werden.

Automatisierte Verfahren werden von Anwendern nur akzeptiert, wenn sie nachweislich akzeptable Ergebnisse liefern. Die Zuverlässigkeit von Segmentierungsverfahren wird i. d. R. durch einen Vergleich mit Segmentierungen nachgewiesen, die von Experten vorgenommen worden sind. Als Vergleichsmaße werden am häufigsten statistische Metriken zum Ausmaß der räumlichen Überlappung zwischen den zur vergleichenden Segmentierungen, wie der Dice-Koeffizient oder auch Abstandsmetriken wie die Hausdorff-Distanz herangezogen. Die Hausdorff-Distanz wird durch den maximalen geodätischen Abstand zwischen den Oberflächenpunkten der Segmentierungen bestimmt und quantifiziert somit den maximalen Unterschied zwischen den zu vergleichenden Oberflächen.

3.5.2   Bildregistrierungsverfahren

Eine Bildregistrierung dient dem Auffinden einer Transformation zwischen zwei Bildern, so dass deren korrespondierende Inhalte möglichst korrekt überlagert werden. Während die Lösung für Landmarken-basierte Verfahren bei bekannten Korrespondenzen analytisch berechnet werden kann, werden Verfahren, die nur die Intensitätswerte berücksichtigen, als Optimierungsprozess formuliert.

Es lassen sich verschiedene Komponenten eines Registrierungsverfahrens unterscheiden: Die Zielfunktion, das Transformationsmodell und die Optimierungsstrategie.

Als Zielfunktion dienen Distanz- oder Ähnlichkeitsmetriken. Die *Kreuzkorrelation*, die in der Biosignalverarbeitung zum Auffinden ähnlicher Verläufe genutzt wird, lässt sich auch auf höherdimensionalen Daten anwenden. Sie zeigt die Abhängigkeit des Inhalts in einem Bildausschnitt vom Inhalt des verglichenen Ausschnitts auf. Aber auch einfachere und schnell zu berechnende Ähnlichkeitsmaße wie die *Sum of Squared Differences* (SSD) dienen als Zielfunktion im Registrierungsprozess. Beide Metriken sind nur zum Vergleich monomodaler Bilddaten geeignet. Sie setzen eine lineare Beziehung zwischen den korrespondierenden Grauwerten der zu vergleichenden Bilder voraus. Wurden die Bilder mit unterschiedlichen Modalitäten aufgenommen (z. B. CT – MR, T1 gewichtetes MR – T2 gewichtetes MR), die eine komplexere Korrespondenzbeziehung zwischen den Intensitätsdarstellung des gleichen Gewebes zeigen, benötigt man eine multimodale Ähnlichkeitsmetrik. Hier hat sich die *Mutual Information* (MI) [9], ein entropiebasiertes Maß, durchgesetzt. Die MI quantifiziert die Unordnung in der Korrespondenzbeziehung im gemeinsamen Intensitätshistogramm (Abb. 3.3): Die geringste Unordnung entspricht der größten Abhängigkeit beider verglichenen Signale und damit der größten Bildähnlichkeit.

Das Transformationsmodell bestimmt, wie sich im Registrierungsprozess die Bilder verändern dürfen. Da das gesuchte Ergebnis der Optimierung eine Transformationsvorschrift ist, bestimmt das Transformationsmodell die Größe des Suchraums und die Qualität der erreichbaren Bildähnlichkeit.

Die Transformation eines rigider Körpers wird zum Beispiel durch sechs Bewegungsfreiheitsgrade (drei Translationen und drei Rotationen) vollständig bestimmt. Wird dieses Transformationsmodell in der Registrierung eingesetzt, nennt man sie rigide Bildregistrierung. Da Patienten keine starren Körper sind,

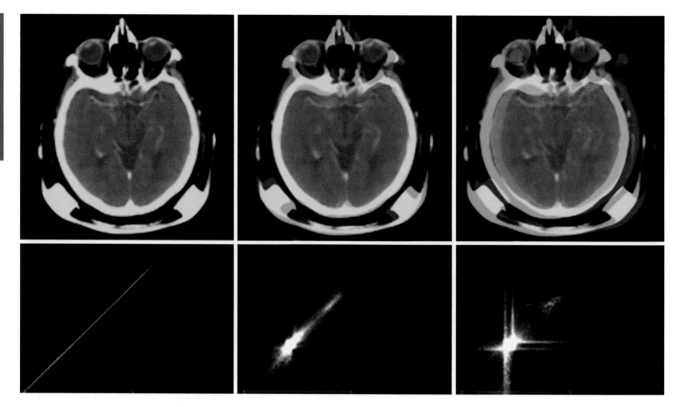

Abb. 3.3 Das Mutual-Information-Ähnlichkeitsmaß quantifiziert die Unordnung der Intensitätswertkorrespondenzen im Bildraum der überlagerten Bildpaare. Im Falle einer perfekten Überlagerung des Bildinhaltes (*linke Spalte*) herrscht im gemeinsamen Histogramm (*untere Zeile*) die größtmögliche Ordnung und es sind die wenigsten Zustände besetzt. Verschiebt man die Bildinhalte gegeneinander (*mittlere Spalte*), verteilen sich die Intensitätswerte in benachbarte Besetzungszustände, so dass das gemeinsame Histogramm immer mehr auffächert und damit die Unordnung im System steigt

muss man darauf achten, dass sie bei den verschiedenen Aufnahmen möglichst gleichartig gelagert werden. Wenn diese Bedingungen nicht eingehalten werden können, können anatomische Strukturen ihre Lage und Form verändern. Aus diesem Grund arbeitet man an Verfahren, die auch veränderte Patienten- und Organgeometrien ausreichend gut berücksichtigen können.

Aus der Computergrafik wurden frühzeitig *Free-Form-Deformation*-Modelle übernommen. Diese erlauben beliebigen Kontrollpunkten eine freie Translationsbewegung im Bildraum. Die Transformation zwischen den Kontrollpunkten wird mit Polynomialfunktionen interpoliert. Dieses Konzept des Transformationsmodells wird sehr häufig in Form der *B-Splines*-Registrierung [8] eingesetzt. Die Kontrollpunkte sind auf einem regelmäßigen Gitter im Bildraum verteilt. Zur Verformung des Bildraums dazwischen werden Basisfunktionen mit kompaktem Träger genutzt, die Basis-Splines genannt werden. Änderung der einzelnen Koeffizienten dieser Basisfunktionen wirken sich nur lokal aus, so dass sich eine Gesamttransformation durch die lokalen Koeffizienten gut modellieren lässt. Modifikationen dieses Ansatzes erlauben zum Beispiel auch eine unregelmäßige Kontrollpunktverteilung, wenn Radialbasisfunktionen, wie die *Thin Plates Splines*, eingesetzt werden.

Eine dedizierte Optimierungsstrategie bestimmt die Reihenfolge, in der die Transformationsparameter des Transformationsmodells im Suchraum abgesucht werden, um möglichst in

das globale Optimum der Zielfunktion zu konvergieren. Die Wahl des Verfahrens wird meist von der Anwendung bestimmt und dem damit einhergehenden Verhalten der Zielfunktion. Am sichersten konvergieren Optimierungsverfahren, wenn sich Zielfunktionen konvex verhalten. In biomedizinischen Aufgabenstellungen ist dies jedoch nur selten der Fall.

Gradientenbasierte Optimierungsverfahren konvergieren zwar schnell, aber je nach Zielfunktion nicht notwendigerweise in das gesuchte globale Maximum. Wenn der Gradient nicht bestimmt werden kann, werden zum Beispiel Hill-Climbing-Strategien, wie das Downhill-Simplex-Verfahren eingesetzt. Um das Konvergieren in lokale Extrema zu verhindern, wurden heuristische Strategien wie das *Simulated Annealing* entwickelt. Insgesamt gibt es beliebig viele Optimierungsstrategien, die für den Einsatz an speziellen Fragestellungen entwickelt wurden und sich auch im Rahmen von Registrierungsprozessen einsetzen lassen. Neben der Größe des Suchraums bestimmt die Optimierungsstrategie die Laufzeit eines Registrierungsprozesses, denn sie gibt vor, an wie vielen Punkten des Suchraums die Zielfunktion ausgewertet werden muss.

Abhängig von der Anwendung bieten sich Registrierungsansätze mit unterschiedlich zusammengesetzten Komponenten an. *Block-Matching* wird häufig zur Nachverfolgung von sich bewegenden Objekten eingesetzt. Die Nachverfolgung oder das *Tracking* von Objekten, meist in 2D-Bilddaten mit ho-

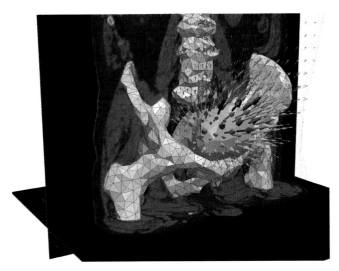

thropomorphe Phantome. Die Limitation der realen Phantome liegt in der Komplexität der abzubildenden Deformationen. Es ist schwer, deformierbare Phantome mit Materialeigenschaften zu konstruieren, um den ganzen Bereich des Organverhaltens im menschlichen Körper nachzustellen. Daher spielen virtuelle anthropomorphe Phantome zunehmend eine Rolle. Hierbei reichen die Fähigkeiten der Phantome von einfachen, durch lokal-rigide Transformationen approximierten Verformungen über bio-mechanisch bewegte und verformte anthropomorphe Geometrien bis zu detaillierten *In-silico*-Patienten, deren Nutzung und Weiterentwicklung zukünftig auch im Aufgabenfeld der medizinisch-technischen Informatik liegen wird.

Abb. 3.4 Starke Veränderungen der Blasenfüllung stellen eine lokale Deformation der Anatomie dar. Während die Blase ihr Volumen verdoppeln kann, dürfen die drum herumliegenden Knochen nicht verformt werden. Bio-mechanische Modelle helfen hier, Bildinhalte gewebsspezifisch zu verformen und so die intensitätsbasierte Bildregistrierung zu verbessern. Bild mit freundlicher Genehmigung von Markus Stoll (dkfz)

3.6 Softwareentwicklung für Diagnostik und Therapie

In den vorherigen Abschnitten wurden exemplarisch einige, im Wesentlichen bildverarbeitungsorientierte, Methoden aus dem Bereich der medizinischen Informatik erläutert, die im Kontext der Medizinischen Physik und einer bildgestützten Therapieplanung eine wichtige Rolle spielen. Ein sehr wichtiger Aspekt bei der Entwicklung und Anwendung solcher Konzepte im medizinischen Bereich sind die Konsequenzen, die sich aus der Anwendung in der Forschung und in der klinischen Routine ergeben.

her Frame-Rate, verlangt nach schnellen Verfahren, die im Stande sind, kleine Bildänderungen sicher zu detektieren. Das Block-Matching-Verfahren unterteilt das Bild in Blöcke, deren Bewegung mittels rigider Translation im Optimierungsprozess bestimmt wird. Da dieses Verfahren meist auf Bildserien mit hohen Aufnahmeraten eingesetzt wird, genügen hier monomodale, schnell zu berechnende Ähnlichkeitsmetriken, wie die *Mean Absolute Difference* (MAD) oder die oben beschriebene SSD. B-Spline-basierte Verfahren in Kombination mit der Mutual Information als Zielfunktion erfreuen sich großer Beliebtheit im Aufgabenbereich der 3D-3D-Registrierung. Beispiele sind der Einsatz in der adaptiven Strahlentherapie (Abschn. 26.6) oder auch bei der bereits diskutierten atlasbasierten Segmentierung sowohl für die Strahlentherapieplanung als auch für diagnostische Zwecke in der Radiologie. Für Navigationslösungen in der Chirurgie werden Registrierungsverfahren benötigt, die die Daten aus intra-operativer 2D-Bildgebung mit präoperativ generierten 3D-Bildserien abgleichen können.

Registrierungsverfahren, die organspezifische Deformationen erlauben, aber nur die Intensitätswerte der Pixel einbeziehen, erzeugen häufig Anpassungen, die die realen Gewebeeigenschaften nicht berücksichtigen. Deshalb versucht man u. a. die Verfahren mit bio-mechanischen Modellen zu koppeln, über die gewebespezifische Randbedingungen formuliert werden. Abb. 3.4 zeigt ein Beispiel im Falle von sich verändernder Organfüllung.

Die Herausforderung für den klinischen Einsatz ist aber die Validierung der Verfahren und ihre Zuverlässigkeit. Aus diesem Grund entwickelt man zur Evaluierung von Registrierungsergebnissen sowohl physikalische als auch virtuelle an-

Ein fehlerhaftes Verhalten entsprechender Algorithmen kann zu falschen Diagnosen und in der Folge zu falschen Therapieentscheidungen führen und den Patienten schädigen. Eine fehlerhafte Bildregistrierung kann zum Beispiel zu einer falschen Lokalisierung einer verdächtigen Struktur führen. Fehlerhafte Koordinaten führen in einer folgenden Biopsie zur Gewebeentnahme an einer falschen Stelle. Der darauf folgende histologische Befund, gibt keinen Hinweis auf eine Erkrankung und eine notwendige Therapie wird nicht eingeleitet. Eine fehlerhafte Segmentierung kann zu einem falschen Patientenmodell in der Strahlentherapie führen und dazu, dass der Tumor nicht ausreichend bestrahlt wird und die Therapie fehlschlägt.

Fehler in diesen Verfahren können deshalb ähnlich schlimme Konsequenzen haben, wie eine fehlerhafte Dosisberechnung in der Strahlentherapie oder eine falsche Einschätzung der OP-Situation durch den Chirurgen. Medizinische Anwender müssen sich in einer kritischen Situation darauf verlassen können, dass die Informationen, die ihnen von einer Software präsentiert werden, korrekt sind. Man kann nicht erwarten, dass sie zusätzlich zu ihren primären Aufgaben alle möglichen Randbedingungen und Fallstricke in ihre Entscheidungen einbeziehen, die mit dem Einsatz der Software verbunden sein könnten. Deshalb sind besondere Qualitätsanforderungen an die Entwicklung von Software in diesem Bereich zu stellen.

Software, die Einfluss auf diagnostische und therapeutische Entscheidungen hat, gilt deshalb nach dem Medizinprodukte-Gesetz als *Medizinprodukt*. Für die Entwicklung und insbesondere für das Inverkehrbringen von Medizinprodukten gelten ähnlich strenge Regeln, wie für Arzneimittel.

Das *Medizinprodukte-Gesetz* (MPG) ist die deutsche Umsetzung der europäischen *Medical Device Directive* (MDD). EU-Richtlinien, konkretisiert durch harmonisierte Normen, nennen dabei nur grundlegende Sicherheitsanforderungen, und müssen in nationales Recht umgesetzt werden.

Das MPG soll die Sicherheit, die Eignung und Leistung von Medizinprodukten sowie den Schutz von Patienten, Anwendern und Dritten sicherstellen. Es enthält Bestimmungen über die Anforderungen an Medizinprodukte und an deren Betrieb, Bestimmungen zur Leistungsbewertung und klinischen Prüfung, zur Überwachung und zum Schutz vor Risiken. Es definiert *Benannte Stellen* und zuständige Behörden. Es verweist auf eine Serie von Rechtsverordnungen, in denen die Einzelheiten geregelt sind.

Das MPG schreibt vor, dass ein Medizinprodukt nur dann in Verkehr gebracht werden darf, wenn es mit einem *CE-Zeichen* versehen ist. Mit einem CE-Zeichen dürfen Medizinprodukte nur versehen werden, wenn die *Grundlegenden Anforderungen* erfüllt sind und ein *Konformitätsbewertungsverfahren* durchgeführt worden ist. Die *Zweckbestimmung* des Produkts muss genau festgelegt sein und es muss auf Basis vorgegebener Regeln einer von vier Risikoklassen zugeordnet werden.

- Klasse I: geringes Risikopotenzial, z. B. Heftpflaster, Krankenhausbett
- Klasse IIa: erhöhtes Risikopotenzial, z. B. Einmalspritzen
- Klasse IIb: hohes Risikopotenzial, z. B. LINAC, BPL-System, Defibrillator
- Klasse III: höchstes Risikopotenzial, z. B. Herzschrittmacher, -katheder

Abhängig von der Risikoklasse müssen zusätzliche Voraussetzungen erfüllt sein. So sind für ein Produkt der Klasse IIb die Etablierung eines vollständigen Qualitätssicherungssystems erforderlich und die Auditierung/Zertifizierung durch eine *Benannte Stelle* notwendig.

Für die Inbetriebnahme von Medizinprodukten aus Eigenherstellung gelten ähnlich strenge Regelungen. Das heißt, jedes Produkt und jede Software, die Einfluss auf Diagnostik und Therapie haben kann, darf nur eingesetzt werden, wenn die entsprechenden Regelungen eingehalten wurden und die *Grundlegenden Anforderungen* erfüllt sind. Sie erfordern unter anderem:

- Vertretbare Risiken müssen mit der nützlichen Wirkung und evtl. unerwünschten Nebenwirkungen verglichen werden (Risiko-Nutzen-Analyse)
- Das Design der Produkte muss nach den Grundsätzen der integrierten Sicherheit unter Berücksichtigung des Standes der Technik erfolgen
- Die Zweckbestimmung muss während der gesamten Lebensdauer erfüllt sein
- Keine Beeinträchtigung des Produkts durch Verpackung, Lagerung oder Transport
- Eine technische Dokumentation

Ein wesentliches Element ist die Risikoanalyse, die in der Norm DIN EN 14971 beschrieben wird. Alle Aspekte eines Produkts müssen auf ihr Risikopotenzial überprüft und klassifiziert werden. Übersteigen Risiken definierte Grenzen, müssen Maßnahmen zur Risikominimierung etabliert werden.

Abhängig vom Verwendungszweck der Geräte oder Programme sollten die einschlägigen Normen umgesetzt werden. Dies ist nicht immer zwingend notwendig, die Nichtbeachtung führt aber in einem Streitfall zu einer Beweislastumkehr, d. h., der Hersteller muss nachweisen, dass entstandene Schäden nicht durch sein Produkt verursacht worden sind.

Speziell für den Bereich der Softwareentwicklung gibt es die DIN EN 62304, die im Wesentlichen ein Vorgehensmodell für den Entwicklungsprozess definiert. Vorgehensmodelle regeln, wie die Softwareentwicklung ablaufen soll, damit die Anforderungen an die Software richtig erhoben und korrekt umgesetzt werden und das Produkt schließlich die spezifizierten Anforderungen erfüllt.

Darüber hinaus gibt es eine Reihe weiterer Normen, die für die Softwareentwicklung zu berücksichtigen sind, auf die im Rahmen dieser Einführung aber nicht detailliert eingegangen werden kann. Mehr Informationen können in weiterführender Literatur gefunden werden [7]. Wichtig in diesem Zusammenhang ist die Erkenntnis, dass Software, die Einfluss auf die Qualität von Diagnose- und Therapieentscheidungen haben kann, nach strengen Qualitätsrichtlinien entwickelt werden muss, wenn sie tatsächlich in diesem Bereich eingesetzt werden soll.

3.7 Zusammenfassung

Medizinische Informatik und Medizinische Physik sind im Bereich der bildgestützten Diagnostik und Therapie sehr stark miteinander verwoben. In diesem Beitrag wurden exemplarisch einige Methoden – im Wesentlichen aus dem Bereich der medizinischen Bildverarbeitung – erläutert, die die Bedeutung der Medizinischen Informatik speziell in dieser Domäne der Medizinischen Physik beschreiben. In der Praxis erfolgen Entwicklungen deshalb häufig in interdisziplinären Teams aus Physikern, Informatikern, Medizintechnikern und Medizinern, die immer miteinbezogen werden müssen, damit resultierende Produkte die Anforderungen der Anwender erfüllen.

Bezogen auf den Überblick über die Medizinische Informatik im einleitenden Abschnitt wird klar, dass in diesem Kapitel nur auf einen kleinen Ausschnitt aus dem Bereich der Medizinischen Informatik fokussiert wurde. Das Gebot zur Entwicklung qualitativ hochwertiger und zuverlässiger Software gilt natürlich in allen anderen Bereichen entsprechend, insbesondere wenn die Systeme Einfluss auf die Qualität diagnostischer und therapeutischer Entscheidungen haben.

Aufgaben

3.1   Medizinische Informationssysteme

a. Welche Aufgabe hat ein PACS?
b. Welcher Zweck wird mit der ICD-Klassifizierung verfolgt?

3.2   Standardisierung von Datenformaten

a. Welche zwei wesentlichen Aspekte werden durch den DICOM-Standard definiert?
b. Nennen Sie die wichtigsten Eigenschaften, die durch den DICOM-Transfersyntax beschrieben werden.
c. Wie unterscheiden sich Single-Frame- und Multi-Frame-Dateien?

3.3   Datensicherheit und Datenschutz

a. Was versteht man unter rollenbasierten Zugriffsrechten?
b. Was versteht man unter Pseudonymisierung?

3.4   Biosignalverarbeitung

a. Nennen Sie wichtige, klinisch relevante Biosignale.
b. Wozu dient die Fourier-Analyse?

3.5   Bildverarbeitung

a. Nennen Sie ein Beispiel für die Notwendigkeit, eine anatomische Struktur in einer Bildserie zu segmentieren.
b. Nennen Sie Verfahren zur semi-automatischen Segmentierung anatomischer Strukturen.
c. Wozu dienen Ähnlichkeitsmaße bei der Bildregistrierung?

3.6   Softwareentwicklung für Diagnostik und Therapie

a. Was versteht man unter MPG-konformer Softwareentwicklung?
b. Welche Grundlegenden Anforderungen muss ein Medizinprodukt erfüllen, damit es in Verkehr gebracht werden darf?
c. Was definiert ein Vorgehensmodell in der Softwareentwicklung?

Literatur

1. Cootes TF, Taylor CJ, Cooper DH, Graham J (1995) Active shape models – their training and application. Comput Vis Image Underst 61(1):38–59. https://doi.org/10.1006/cviu.1995.1004
2. Grady L (2006) Random walks for image segmentation. IEEE Trans Pattern Anal Mach Intell 28(11):1768–1783. https://doi.org/10.1109/TPAMI.2006.233
3. Haas P (2005) Medizinische Informationssysteme und elektronische Krankenakten, 1. Aufl. Springer, Berlin, Heidelberg https://doi.org/10.1007/b138207
4. Handels H (2009) Medizinische Bildverarbeitung: Bildanalyse, Mustererkennung und Visualisierung für die computergestützte ärztliche Diagnostik und Therapie, 2. Aufl. Vieweg+Teubner, https://doi.org/10.1007/978-3-8348-9571-4
5. Kass M, Witkin A, Terzopoulos D (1988) Snakes: active contour models. Int J Comput Vis 1(4):321–331
6. National Electrical Manufacturers Association (NEMA) DICOM News. http://dicom.nema.org/Dicom/News/Current/index.html. Zugegriffen: 22. Dez. 2016
7. Samra T (2013) Medical device software: software development lifecycle methodologies, tools and risk management. Scholar's Press
8. Vemuri BC, Huang S, Sahni S, Leonard CM, Mohr C, Gilmore R, Fitzsimmons J (1998) An efficient motion estimator with application to medical image registration. Med Image Anal 2(1):79–98
9. Wells WM 3rd, Viola P, Atsumi H, Nakajima S, Kikinis R (1996) Multi-modal volume registration by maximization of mutual information. Med Image Anal 1(1):35–51

Organisatorische und rechtliche Aspekte

4

Beate Land, Wolfgang Lauer und Ekkehard Stößlein

© Springer-Verlag GmbH Deutschland, ein Teil von Springer Nature 2018
W. Schlegel, C.P. Karger, O. Jäkel (Hrsg.), *Medizinische Physik*, https://doi.org/10.1007/978-3-662-54801-1_4

4.1 Struktur des Gesundheitswesens

Beate Land

4.1.1 Gesundheitspolitik

An der Spitze des deutschen Gesundheitssystems steht das 1961 gegründete Ministerium für Gesundheit (BMG) mit erstem Dienstsitz in Bonn und zweitem Dienstsitz in Berlin. Zu den Hauptaufgaben des BMG gehören die Sicherung der Leistungsfähigkeit der Gesetzlichen Krankenversicherung (GKV) und der Pflegeversicherung (PV) sowie die Stabilisierung der Beitragssätze. Zudem soll unter Wahrung der Wirtschaftlichkeit die Qualität des Gesundheitssystems kontinuierlich weiterentwickelt werden.

Dem BMG unterstehen fünf Bundesoberbehörden, die unterschiedliche Aufgaben übernehmen:

- Das Bundesinstitut für Arzneimittel und Medizinprodukte (BfArM), das für die Zulassung neuer Arzneimittel und die Risikoüberwachung bei Arzneimitteln und Medizinprodukten zuständig ist. Unerwartete Nebenwirkungen beim Einsatz von Medikamenten oder Medizinprodukten müssen von Betreibern, Ärzten oder sonstigen Anwendern an das BfArM bzw. bei Sera und Blutprodukten an das Paul-Ehrlich-Institut gemeldet werden.
- Das Paul-Ehrlich-Institut (PEI), durch das die Zulassung biomedizinischer Arzneimittel wie Impfstoffe oder Antikörper erfolgt.
- Das Robert-Koch-Institut (RKI), zu dessen Kernaufgaben insbesondere die Erkennung, Verhütung und Bekämpfung von Infektionskrankheiten gehören. Auf Basis wissenschaftlicher Erkenntnisse werden z. B. Empfehlungen zum Umgang mit multiresistenten Keimen in Kliniken veröffentlicht [12].
- Die Bundeszentrale für gesundheitliche Aufklärung.
- Das Deutsche Institut für Medizinische Dokumentation und Information (DIMDI), welches Informationssysteme und Datenbanken für Arzneimittel und Medizinprodukte bereitstellt und Bewertungen diagnostischer bzw. therapeutischer Verfahren in Form von Health Technology Assessment Berichten (HTA-Berichte) veröffentlicht [8].

Auf Landes- bzw. kommunaler Ebene übernehmen die entsprechenden Behörden (Untersuchungs- und Gesundheitsämter) die Umsetzung gesundheitspolitischer Ziele.

4.1.2 Der Leistungskatalog der GKV

Ob diagnostische oder therapeutische Verfahren von der GKV erstattet werden, hängt davon ab, ob sie in den Leistungskatalog der GKV im Sozialgesetzbuch (SGB V) aufgenommen wurden. Über die Aufnahme medizinischer Verfahren entscheidet der Gemeinsame Bundesausschuss (GBA), der sich aus Vertretern der GKV, der Krankenhäuser, der niedergelassenen Vertragsärzte und aus (nicht stimmberechtigten) Patientenvertretern zusammensetzt. Bei seinen Entscheidungen über den Ausschluss oder die Aufnahme von Leistungen in das SGB V wird der GBA

vom Institut für Qualität und Wirtschaftlichkeit im Gesundheitswesen (IQWIG) unterstützt. Dieses erstellt auf Basis von wissenschaftlichen Studienergebnissen evidenzbasierte Gutachten zu Wirksamkeit und Wirtschaftlichkeit von Arzneimitteln, Operationsmethoden, Diagnoseverfahren oder Behandlungsleitlinien. Vor Aufnahme in den Leistungskatalog der GKV müssen neue Verfahren also nicht nur ihre Wirksamkeit in klinischen Studien unter Beweis stellen, sondern auch eine Kosten-Nutzen-Bewertung bestehen.

4.1.3 Finanzierung des Gesundheitssystems

In Deutschland besteht eine gesetzliche Pflicht zur Mitgliedschaft in einer privaten oder gesetzlichen Kranken- und Pflegeversicherung. Finanziert werden medizinische Leistungen über die Beiträge, die bei sozialversicherungspflichtig Beschäftigten nach dem Paritätsprinzip zum Teil vom Arbeitgeber getragen werden. Überschreitet das Bruttojahreseinkommen die Versicherungspflichtgrenze, steht es dem Einzelnen frei, sich bei einer privaten Krankenversicherung zu versichern oder freiwillig in der GKV zu bleiben. Die zu zahlenden Beiträge bemessen sich bis zur (regelmäßig angepassten) Beitragsbemessungsgrenze am Bruttojahreseinkommen.

Private Krankenversicherungen sind privatrechtliche Unternehmen, die Versicherungsleistungen unter Gewinnerzielung anbieten. Sie unterliegen dem Versicherungsrecht und dürfen ihre Mitglieder vor Aufnahme einer Gesundheitsprüfung unterziehen, anhand derer sich die Beitragssätze berechnen. Diese können beträchtlich von denen der gesetzlichen Versicherungen abweichen.

Gesetzliche Krankenversicherungen hingegen dürfen keine Gewinne erzielen. Als Körperschaften öffentlichen Rechts unterstehen sie der Rechtsaufsicht des BMG. Sowohl für die PKV wie auch für die GKV gilt der Kontrahierungszwang, d. h., unabhängig vom Gesundheitszustand oder Alter müssen die Versicherungen neue Mitglieder aufnehmen. Auch die PKV muss einen Basistarif anbieten, der nicht über dem der GKV liegen darf, allerdings auch keine über die GKV-Leistungen hinausgehenden Leistungen enthält.

Eine wesentliche Grundlage der gesetzlichen Krankenversicherung ist das Solidaritätsprinzip. Das bedeutet, dass die Inanspruchnahme von Versicherungsleistungen nur den Kriterien der medizinischen Notwendigkeit unterliegt, unabhängig von der Versicherungsdauer oder der Höhe der Beiträge. Nicht sozialversicherungspflichtig beschäftigte Familienmitglieder sind beitragsfrei mitversichert. So finanzieren die finanziell stärkeren Mitglieder finanziell schwächere Mitglieder mit und gesunde bzw. alleinstehende Mitglieder tragen zur Versorgung der kranken bzw. der mitversicherten Familienangehörigen bei. Allerdings wird mit dem gesetzlich verankerten Subsidiaritätsprinzip jeder Bürger im Rahmen seiner finanziellen Möglichkeiten verpflichtet, sich zum Teil an seinen Krankheitskosten oder denen seiner Familienangehörigen, z. B. durch Zuzahlungen zu beteiligen.

Die von Arbeitnehmern und Arbeitgebern eingezahlten gesetzlichen Krankenversicherungsbeiträge fließen zusätzlich mit Bundeszuschüssen aus dem Steueraufkommen in den Gesundheitsfonds. Von dort werden sie an die gesetzlichen Krankenversicherungen verteilt. Die zugewiesenen Beträge sind abhängig von der Versichertenstruktur und werden nach einem morbiditätsadjustierten Risiko-Struktur-Ausgleich (Morbi-RSA) berechnet, d. h., Krankenkassen mit sehr alten oder vielen chronisch kranken Mitgliedern erhalten mehr Geld aus dem Gesundheitsfonds, als Krankenkassen mit durchschnittlich gesünderen Mitgliedern. Mit diesen Beträgen müssen die Versicherungen die gesamte medizinische Versorgung ihrer Versicherten sicherstellen, also die Versorgung mit Arznei- und Hilfsmitteln, die ambulante und stationäre Versorgung, Rehabilitationsleistungen, Leistungen der Rettungsdienste und gesetzlich vorgeschriebene Präventionsleistungen.

4.1.4 Ambulante Versorgung

Die ambulante ärztliche Versorgung erfolgt in Deutschland zum größten Teil durch niedergelassene Fachärzte. Die Abrechnung dieser Leistungen erfolgt nicht direkt zwischen Arzt und GKV, sondern durch die Kassenärztlichen Vereinigungen (KV) eines jeden Bundeslandes. Die ambulant tätigen Ärzte müssen Mitglied (Vertragsarzt) in einer KV sein. Damit haben sie das Recht, medizinische Leistungen für GKV-Versicherte zu erbringen und abzurechnen, aber auch den Sicherstellungsauftrag, d. h. die Pflicht, im Rahmen von Notdiensten für eine umfassende ambulante Versorgung auch nachts und an Wochenenden zu sorgen. Im Rahmen des Sicherstellungsauftrags haben die Vertragsärzte auf ihr Streikrecht verzichtet. Der Spitzenverband der GKV handelt jährliche Beträge aus, die mit befreiender Wirkung an die KV der Länder gezahlt werden und mit denen sämtliche ambulante ärztliche Leistungen abgegolten sind. Die Verteilung dieser Beträge obliegt den KV. Um eine Ausweitung ambulanter ärztlicher Leistungen zu verhindern, die von diesem Betrag nicht mehr finanziert werden könnten, werden Regelleistungsvolumina (RLV) festgelegt, die anhand der Patientenstruktur jeder einzelnen Praxis einen finanziellen Rahmen festlegen, innerhalb dessen medizinische Leistungen erbracht werden können. Überschreitet der Arzt das festgelegte RLV, werden darüber hinausgehende Leistungen nur noch mit Abschlägen vergütet. Auch für die Verschreibung von Arzneimitteln und Heilmitteln (z. B. Physiotherapie oder Ergotherapie) gibt es einen vorab festgelegten finanziellen Rahmen. Bei Überschreitung dieses Verordnungsvolumens um mehr als 15 % drohen den Ärzten Regressforderungen von Seiten der GKV.

Am Ende jedes Quartals reicht der ambulant tätige Vertragsarzt die nach dem Einheitlichen Bewertungsmaßstab (EBM) berechneten Nachweise der erbrachten Leistungen bei der KV seines Bundeslandes ein. Diese hat gegenüber der GKV die Gewährleistungspflicht, d. h., Abrechnungen werden auf Richtigkeit und Wirtschaftlichkeit geprüft. Damit nicht nur alle drei Monate die Leistungen erstattet werden, erhalten die Ärzte monatliche Abschlagszahlungen, die am Quartalsende dann verrechnet werden.

Darüber hinaus nehmen in privatärztlicher Praxis tätige Ärzte an der ambulanten Versorgung teil. Diese dürfen aber nicht mit der GKV abrechnen, sondern lediglich mit selbstzahlenden oder privat versicherten Patienten. Die Vergütung der erbrachten Leistungen erfolgt nach der Gebührenordnung für Ärzte (GOÄ). In einigen Bundesländern bzw. unterversorgten Gebieten sind auch Privatärzte verpflichtet, am ärztlichen Notdienst teilzunehmen, obwohl sie kein Mitglied der KV sind.

Eine Sonderform der ambulanten Versorgung bieten die aus der Tradition der Polikliniken der ehemaligen DDR entstandenen Medizinischen Versorgungszentren (MVZ). Sie stellen einen fachübergreifenden Zusammenschluss von Vertragsärzten und angestellten Ärzten mit Angehörigen weiterer Heilberufe (z. B. Apothekern, Physiotherapeuten u. a.) dar (siehe § 95 Abs. 1 S. 2 SGB V). Für MVZ, die unter ärztlicher Leitung stehen müssen, sind unterschiedliche Rechtsformen zugelassen. Gesellschafter eines MVZ können allerdings nur zugelassene Leistungserbringer nach dem SGB V sein, also auch Krankenhäuser. So können sich beispielsweise Fachärzte für Onkologie mit Palliativärzten und Strahlentherapeuten zu einem MVZ mit onkologischem Schwerpunkt zusammenschließen. Grundidee ist das Angebot einer fachübergreifenden ambulanten Versorgung unter einem Dach, die durch enge Zusammenarbeit (z. B. gemeinsame Patientenakten, interdisziplinäre Qualitätszirkel, kurze Informationswege) eine umfassende sektorenübergreifende Versorgung gewährleistet. Angestellte Ärzte können im niedergelassenen Bereich arbeiten, ohne das wirtschaftliche Risiko einer Praxisgründung tragen zu müssen.

4.1.5 Stationäre Versorgung

Die im stationären Bereich erbrachten Leistungen werden, anders als im ambulanten Bereich, ohne zwischengeschaltete Institution vergütet. Eine Ausnahme bilden die im Krankenhaus erbrachten ambulanten Leistungen von eigens dazu ermächtigten Ärzten. Die Krankenhäuser senden die Abrechnungen über stationär erbrachte Leistungen direkt an die Krankenversicherung des Patienten. Diese wird durch den Medizinischen Dienst der Krankenkassen (MDK) geprüft und anschließend beglichen. Während früher sämtliche stationär erbrachten Leistungen und Pflegetage vergütet wurden, erfolgt die Vergütung der stationären Leistungen seit der Umstellung des Abrechnungssystems im Jahr 2004 nach Fallpauschalen. Alle Patienten werden abhängig von Geschlecht, Alter, Haupt- und Nebendiagnose und durchgeführten Maßnahmen in sogenannte Diagnosis Related Groups (DRG) eingeteilt. Diese sollen den ökonomischen Aufwand einer Erkrankung abbilden, d. h. die durchschnittlichen Kosten, die durch die Diagnose bzw. Therapie einer Erkrankung verursacht werden. Die Vergütung erfolgt dabei innerhalb bestimmter Grenzen unabhängig von der Verweildauer. Krankenhäuser, die durch gut geplante Prozesse bzw. Behandlungsmethoden ihre Patienten schneller entlassen, sollen damit einen finanziellen Vorteil erhalten. Um eine zu frühe Entlassung der Patienten zu verhindern, wurden vom Gesetzgeber verpflichtende Qualitätssicherungsmaßnahmen und Grenzverweildauern definiert. Bei deren Unterschreitung werden Leistungen nicht mehr im vollen Umfang vergütet. In den letzten Jahren ist die durchschnittliche Verweildauer stationärer Patienten von 14 Tagen im Jahr 1991 auf durchschnittlich 7,4 Tage im Jahr 2015 [13] gesunken. Dabei hat die Anzahl stationär behandelter Patienten zugenommen, was insgesamt zu einer deutlichen Arbeitsverdichtung in den Kliniken geführt hat.

In Deutschland erfolgt die Finanzierung von Krankenhäusern in Form der Dualen Finanzierung von zwei Seiten. Mit den erwirtschafteten Beträgen aus den mit der GKV und der PKV abgerechneten DRGs werden die laufenden Kosten der Kliniken finanziert. Dazu gehören z. B. alle Kosten für Medikamente und Verbrauchsmaterialien, Betriebskosten und v. a. die Personalkosten, die mit mehr als 60 % den größten Anteil ausmachen. Zusätzlich können (nach § 115 a SGB V) Zusatzentgelte für bestimmte Leistungen mit hohem Sachkostenanteil (z. B. Behandlung von Bluterkranken, Chemotherapie mit monoklonalen Antikörpern) abgerechnet werden, die sich nicht sachgerecht über eine Fallpauschale abbilden lassen. Für neue Untersuchungs- und Behandlungsmethoden (NUBs), die mit den Fallpauschalen und Zusatzentgelten noch nicht sachgerecht vergütet werden können, können nach Antragstellung klinikspezifische auf ein Jahr befristete, fallbezogene Entgelte vereinbart werden.

Um eine Ausweitung stationärer Leistungen zu limitieren, vereinbart der Spitzenverband der GKV mit den Kliniken ein jährliches Erlösbudget für voll- und teilstationäre Leistungen. Für abgerechnete Leistungen, die über das vereinbarte Budget hinausgehen, müssen die Kliniken (nach § 4 KHEntgG) Mehrleistungsabschläge hinnehmen.

Der Sicherstellungsauftrag, d. h. die verpflichtende Bereitstellung ausreichender Kapazitäten für die stationäre Versorgung, liegt bei den Bundesländern. Daher sind diese auch verpflichtet, sich an der Finanzierung der Krankenhäuser zu beteiligen. Jedes Bundesland legt entsprechend seiner Bevölkerungsstruktur fest, welche Anzahl stationärer Versorgungskapazitäten für die einzelnen Fachbereiche bereitgestellt werden müssen. Diese Pläne werden regelmäßig an die sich ändernden Strukturen angepasst. Alle Krankenhäuser, die in den Landeskrankenhausplan aufgenommen wurden, erhalten unabhängig von ihrer Trägerschaft Investitionsförderungen z. B. für Neubauten, Sanierungsmaßnahmen oder den Kauf medizinischer Großgeräte wie beispielsweise MRT. Durch die Finanzknappheit der Bundesländer wurde in den letzten Jahren der Investitionsbedarf nur teilweise gedeckt, was zu einem beträchtlichen Investitionsstau geführt hat [5]. Eine weiterführende Beschreibung des deutschen Gesundheitssystems findet sich in [6].

4.2 Organisatorischer Aufbau von Krankenhäusern

Beate Land

4.2.1 Krankenhauslandschaft in Deutschland

Wahrend es im Jahr 2000 noch 2240 Krankhäuser in Deutschland gab, ist ihre Zahl durch Zusammenschlüsse und Schließungen auf 1951 im Jahr 2016 gesunken. Auch die Anzahl der Krankenhausbetten ist von 559.651 im Jahr 2000 auf 489.796 im Jahr 2016 gesunken [13].

Krankenhäuser lassen sich nach Trägerschaft und Leistungsspektrum unterscheiden. Etwa je ein Drittel der deutschen Krankenhäuser befindet sich in öffentlicher (29,5 %), privater (35,8 %) und freigemeinnütziger (34,7 %) Trägerschaft [7]. Sie sind je nach ihrer Versorgungsstufe im Landeskrankenhausplan der einzelnen Bundesländer berücksichtigt.

Die Versorgungsstufe einer Klinik wird je nach angebotenem Leistungsspektrum und Bettenzahl in den Bundesländern z. T. unterschiedlich definiert. Verbreitet ist die Unterteilung in 4 Versorgungsstufen in Häuser der Grund-, Regel-, Schwerpunkt- und Maximalversorgung [4].

Eine Sonderrolle nehmen Universitätskliniken ein, die einen übergreifenden Versorgungsauftrag erfüllen und darüber hinaus Forschung und Lehre betreiben. In der Ausbildung angehender Ärzte werden sie von akademischen Lehrkrankenhäusern unterstützt, d. h. von nicht-universitären Kliniken, die sich an der Ausbildung von Medizinstudenten beteiligen.

Für die Versorgung besonderer Patientengruppen wie Schwerstverbrannte oder Schwerstverletzte gelten besonders hohe Anforderungen. Mit dem Ziel der Steigerung der Behandlungsqualität ist daher vom Gesetzgeber eine Konzentration auf wenige hochspezialisierte Behandlungszentren gewünscht, weshalb in Deutschland nur wenige (i. d. R. universitäre) Kliniken für die Behandlung von Verletzungen aller Schweregrade zugelassen sind.

Neben den Kliniken der interdisziplinären Krankenversorgung gibt es Fachkrankenhäuser, die sich auf die Behandlung bestimmter Krankheitsbilder spezialisiert haben, z. B. orthopädische oder internistische Fachkliniken.

Außer der stationären Versorgung haben viele Krankenhäuser eine Zulassung zur ambulanten Versorgung bestimmter Patientengruppen, z. B. zur ambulanten chirurgischen Notfallversorgung. In manchen Kliniken sind auch sogenannte Belegärzte tätig, d. h. niedergelassene Vertragsärzte, die Leistungen innerhalb von Krankenhäusern anbieten. Dazu zählen z. B. Gynäkologen, die Geburten ihrer ambulanten Patientinnen im Krankenhaus betreuen, oder HNO-Ärzte, die ihre Patienten im Krankenhaus operieren. Diese Leistungen werden getrennt nach ambulanter ärztlicher Leistung und stationärer Krankenhausleistung abgerechnet.

4.2.2 Organisationsstruktur

Im Jahr 2015 waren von den insgesamt rund 5,3 Mio. Beschäftigten im Gesundheitswesen knapp 1,2 Mio. in Krankenhäusern beschäftigt [13]. Funktional werden sie unterschieden in einen ärztlichen und pflegerischen Bereich, den technischen und den Verwaltungsbereich.

Zum medizinischen Bereich gehören die Fachstationen, Operationssäle, Ambulanzen und ggf. angegliederte medizinische Versorgungszentren, therapeutische Bereiche wie Physiotherapie oder Ergotherapie und die Funktionsbereiche wie z. B. Radiologie, Endoskopie oder Labor. Die Versorgung mit Medikamenten wird entweder von einer eigenen Krankenhausapotheke übernommen, häufiger jedoch von einer Zentralapotheke, die im Verbund mehrere Kliniken versorgt.

Der Verwaltungsbereich lässt sich je nach Organisationsstruktur der einzelnen Klinik in einen allgemeinen Verwaltungsbereich inklusive Personalwirtschaft, einen Finanzbereich und einen materialwirtschaftlichen bzw. technischen Bereich unterteilen. Das Qualitätsmanagement ist i. d. R. als Stabsstelle direkt der Klinikleitung unterstellt und verantwortlich für Implementierung und Evaluation der Qualitätssicherungsmaßnahmen und die Erstellung der verpflichtenden jährlichen Qualitätsberichte.

Dem technischen Bereich werden die Instandhaltung der Gebäude und Außenanlagen, die Ver- und Entsorgung und die Haus-, Kommunikations- und Medizintechnik inklusive der informationstechnischen Sicherheit zugeordnet.

In der Vergangenheit hat diese funktionale Unterscheidung eine ganzheitliche Sicht auf Prozesse erschwert und durch Koordinations- und Kommunikationsschwierigkeiten zu Reibungsverlusten geführt. Daher verlassen mittlerweile viele Kliniken im Sinne eines Wechsels hin zu einer prozessbezogenen Ablauforganisation diese traditionelle Organisationsstruktur und bilden Indikations-bzw. prozessspezifische Versorgungseinrichtungen.

4.3 Berufsbilder und Verantwortlichkeiten im Krankenhaus

Beate Land

Die öffentliche Wahrnehmung der Krankenhäuser ist v. a. durch ärztliches und pflegerisches Personal geprägt, obwohl an der Versorgung der Patienten direkt oder indirekt viele weitere Berufsgruppen beteiligt sind.

4.3.1 Ärztlicher Bereich

Jeder Arzt absolviert im Anschluss an sein Medizinstudium eine Facharztweiterbildungszeit, die je nach Fachgebiet zum Teil auch in dazu ermächtigten niedergelassenen Facharztpraxen absolviert werden kann. Der erfolgreiche Abschluss der Weiterbildung, der durch eine bestandene Prüfung vor der jeweiligen Landesärztekammer nachgewiesen wird, bestätigt die fachliche Kompetenz und führt zur Erteilung der Facharztbezeichnung für ein Fachgebiet. Die Gebietsdefinition bestimmt die Grenzen für die Ausübung der fachärztlichen Tätigkeit, also z. B. Unfallchirurgie oder Radiologie. (Weiterbildungsordnung Landesärztekammer BW 2014)

Die in klinischen Fachabteilungen tätigen Fachärzte und Assistenzärzte in Weiterbildung unterliegen der organisatorischen Weisungsbefugnis der Oberärzte, die z. T. Leiter von Versorgungsbereichen mit Budgetverantwortung sind (z. B. Intensivstation) und zusätzliche administrative Aufgaben im Klinikalltag übernehmen. Die Leitung einer Fachabteilung oder eines Teilbereichs unterliegt den Chefärzten, die die Verantwortung für den medizinischen und wirtschaftlichen Erfolg ihres Fachbereichs tragen. Der ärztliche Direktor einer Klinik wird entweder direkt von der Klinikleitung angestellt oder einer der Chefärzte wird zum ärztlichen Direktor ernannt. Er vertritt die leitenden Ärzte in der Krankenhausleitung und ist an der strategischen Weiterentwicklung der Klinik beteiligt [10].

Zur kontinuierlichen Qualitätssicherung und zur Weiterentwicklung des Versorgungsstandards sind alle im ambulanten und stationären Bereich arbeitenden Ärzte gesetzlich verpflichtet, sich regelmäßig weiterzubilden. Der Besuch entsprechender Fortbildungsveranstaltungen muss in Form eines Punktesystems (Continuing Medical Education, CME) gegenüber der jeweiligen Ärztekammer nachgewiesen werden.

4.3.2 Pflegerischer und therapeutischer Bereich

Die mehr als 320.000 im medizinischen Pflegebereich arbeitenden Gesundheits- und Krankenpfleger [13] haben im Anschluss an ihre 3-jährige Ausbildung eine Staatsexamensprüfung absolviert und sind damit zur eigenständigen Pflege, Betreuung und Beratung von Patienten qualifiziert. Ärzte sind lediglich im medizinischen Bereich weisungsbefugt, ansonsten unterstehen die Pflegekräfte den Weisungen der Pflegedienstleitung. Neben der klassischen Pflegeausbildung innerhalb der Klinik oder in angegliederten Krankenpflegeschulen besteht auch die Möglichkeit zum Bachelorstudium Pflege (z. B. im Rahmen eines dualen Studiums). Im Anschluss an eine mindestens einjährige Berufserfahrung als Pflegekraft kann eine Fachweiterbildung für spezielle Funktionsbereiche wie OP oder Intensivstation absolviert werden, die mit einem deutlich erweiterten Handlungsspektrum einhergeht. Im Zuge des sich ändernden Selbstverständnisses der Pflegeberufe durch Übernahme von Managementaufgaben, im Rahmen der Akademisierung sowie durch den Fachkräftemangel in deutschen Kliniken, wird eine Ausweitung der Verantwortlichkeiten der Pflegekräfte diskutiert. Während patientenfremde Tätigkeiten zunehmend an nachgeordnetes Servicepersonal delegiert werden, übernehmen Pflegekräfte auch Aufgaben der Beratung und Schulung von Patienten und deren Angehörigen. Die immer älter werdenden Patienten mit teilweise komplexen Krankheitsbildern und Pflegesituationen erfordern eine aufwendige Pflege, die im DRG-System bisher unzureichend abgebildet ist und eine interdisziplinäre Zusammenarbeit von Ärzten, Pflegekräften und weiteren therapeutischen Berufen wie z. B. Physiotherapeuten erforderlich macht.

4.3.3 Medizinisch-technischer Bereich

Im medizinisch-technischen Bereich wird die Patientenversorgung unterstützt durch medizinisch-technische Assistenzberufe, die ihre Berufsqualifikation durch eine 3-jährige Ausbildung an einer Klinik und einer Berufsfachschule bzw. durch ein Bachelorstudium erwerben. Dazu zählen medizinisch-technische Laboratoriumsassistenten (MTLA), die für die Aufbereitung und Analyse von entnommenem Gewebe, z. B. Zellproben oder Blut, verantwortlich sind, medizinisch-technische Assistenten für Funktionsdiagnostik (MTAF), die diagnostische Funktionsprüfungen wie z. B. EKG oder Lungenfunktionsprüfungen durchführen, und medizinisch-technische Radiologieassistenten, die unter ärztlicher Leitung radiologische Untersuchungen durchführen.

In der Diskussion um die Delegationsfähigkeit ärztlicher Leistungen insbesondere hinsichtlich eines drohenden Ärztemangels in den Kliniken sind neue Berufe wie z. B. der chirurgische Operationsassistent (COA) oder der operationstechnische Assistent (OTA) entstanden. Diese nichtärztlichen Assistenzberufe sollen u. a. die Abläufe im OP organisieren und die Operationsteams unterstützen, ohne jedoch die pflegerische Versorgung der Patienten vor oder nach der Operation zu übernehmen [9].

Das Berufsbild des Arztassistenten (Physician Assistant) umfasst die Unterstützung der ärztlichen Tätigkeiten durch vorbereitende bzw. assistierende Tätigkeiten z. B. bei kleineren Eingriffen und die administrative Entlastung des Arztes und die medizinische Dokumentation u. a. bei Verlegungen bzw. Überweisungen. Zudem soll er das ärztliche Personal bei der Patientenberatung und -aufklärung unterstützen. Die Letztverantwortung in der Patientenbehandlung bleibt jedoch in allen Fällen beim Arzt.

Zu den ureigenen Tätigkeiten eines Arztes, die nicht an Pflegepersonal oder Assistenzberufe delegiert werden können, gehören die Anamnese, die Indikationsstellung, die Untersuchung des Patienten einschließlich invasiver diagnostischer Leistungen, Diagnosestellung, Aufklärung und Beratung des Patienten, Entscheidungen über die Therapie und Durchführung invasiver Therapien und operativer Eingriffe [11].

Insbesondere in den technischen Funktionsbereichen wie OP oder Radiologie bzw. Strahlentherapie sind weitere technische Berufe vertreten. Medizintechniker, die ihre Ausbildung an Fachschulen bzw. im Rahmen eines Bachelorstudiums absolviert haben, sind für die Wartung, Funktions- und Sicherheitsprüfung und die wirtschaftliche Betriebsweise von medizinisch-technischen Geräten zuständig [1].

Im herzchirurgischen OP übernehmen Kardiotechniker unter der Verantwortung des Chirurgen den Einsatz der Herz-Lungen-Maschine während der Herzoperation [3].

Darüber hinaus sind im Bereich der Radiologie und Strahlentherapie speziell ausgebildete Physiker (Medizinphysiker) maßgeblich an der Bestrahlungsplanung und Dosimetrie beteiligt. Auch die Umsetzung des Strahlenschutzes und der Qualitätssicherung sowie die Entwicklung und Implementierung neuer Bestrahlungstechniken und die Optimierung der Behandlungsabläufe fallen in den Aufgabenbereich des Medizinphysikers.

4.3.4 Interprofessionelle Zusammenarbeit

Angesichts des wirtschaftlichen Drucks auf die Krankenhäuser, des Fachkräftemangels im Gesundheitswesen sowie der Herausforderungen, die immer älter werdende Patienten an die medizinische Versorgung stellen, gewinnt die interprofessionelle Zusammenarbeit aller beteiligten Berufsgruppen zunehmend an Bedeutung. In der Zukunft werden die Kliniken gezwungen sein, die noch immer bestehenden starren hierarchischen Strukturen zu überwinden. Durch z. B. klinikinterne indikationsspezifische Behandlungswege („klinische Pfade") wurde bereits versucht, eine interdisziplinäre, die Abteilungsgrenzen überschreitende und auf den Patienten ausgerichtete Behandlungsoptimierung zu erreichen. Kompetenzteams, bestehend aus Experten der unterschiedlichen Professionen, können abteilungsübergreifend die Versorgung von Patienten mit bestimmten Krankheitsbildern übernehmen. Komplexe Krankheitsbilder machen nicht an Fachgebietsgrenzen halt, sondern erfordern eine enge Zusammenarbeit und Lotsenfunktion der Mitarbeiter im stationären Bereich, um Reibungsverluste zum ambulanten und Pflegebereich zu verringern.

4.4 Rechtliche Rahmenbedingungen

Wolfgang Lauer und Ekkehard Stößlein

4.4.1 Überblick

4.4.1.1 Rechtlicher Rahmen

Der rechtliche Rahmen bei Medizinprodukten ist in großen Teilen auf europäischer Ebene geregelt. Insbesondere Verfahren und Anforderungen für das erstmalige Inverkehrbringen entsprechender Produkte werden durch europäische Richtlinien vorgegeben, die in nationales Recht übertragen und durch nationale Verordnungen ergänzt werden.

Anders als im Arzneimittelbereich werden Medizinprodukte in Europa nicht behördlich zugelassen, sondern durchlaufen ein sogenanntes „Konformitätsbewertungsverfahren", das vom jeweiligen Hersteller (bzw. bei außereuropäischen Herstellern vom europäischen Bevollmächtigten) eigenverantwortlich durchgeführt wird. Im Rahmen dieses Verfahrens muss nachgewiesen werden, dass das entsprechende Medizinprodukt die sogenannten „Grundlegenden Anforderungen" an die Sicherheit und Leistungsfähigkeit entsprechender Produkte erfüllt. Diese Grundlegenden Anforderungen sind in den Anhängen I der europäischen Richtlinien 90/385/EWG [19] bzw. 93/42/EWG [20] benannt und beziehen sich z. B. auf die chemische, elektrische, biologische und physikalische Sicherheit unter den vorgesehenen Anwendungsbedingungen. Konkretisiert werden sie durch den jeweils aktuellen Stand der Technik, z. B. in Form

Tab. 4.1 Risikoklassen bei Medizinprodukten

Klasse I	Klasse IIa	Klasse IIb	Klasse III
z. B. Mundspatel, Gehhilfen, Patientenfixiergurte, Kühlakkus	z. B. Ultraschallgeräte, Zahnfüllstoffe, Röntgenfilme	z. B. Röntgengeräte, Zahnimplantate, externe Defibrillatoren	z. B. Hüftimplantate, Herzklappen, Stents, Brustimplantate, Produkte mit unterstützendem Arzneimittelanteil
Geringes Risikopotenzial			Hohes Risikopotenzial

sogenannter „harmonisierter" technischer Normen. Dies sind europäische Normen, die durch entsprechende Normungsorganisationen im Auftrag der Europäischen Kommission erarbeitet und im Amtsblatt der EU veröffentlicht werden. Harmonisierte Normen lösen eine Vermutungswirkung dahingehend aus, dass die zuständigen Behörden davon ausgehen, dass bei deren Anwendung die Grundlegenden Anforderungen erfüllt sind. Dabei sind sowohl allgemeine Normen – wie z. B. zur elektrischen Sicherheit von Medizinprodukten – zu berücksichtigen, als auch spezielle Produktnormen, wie z. B. für Brustimplantate oder Röntgengeräte.

4.4.1.2 Einteilung in Risikoklassen

Medizinprodukte werden in verschiedene Risikoklassen eingeteilt (siehe Tab. 4.1). Die Klassifizierungsregeln basieren auf der Verletzbarkeit des menschlichen Körpers und berücksichtigen die potenziellen Risiken im Zusammenhang mit der technischen Auslegung der Produkte und mit ihrer Herstellung. Sie werden im Anhang IX der europäischen Richtlinie 93/42/EWG [20] genannt und beziehen sich im Wesentlichen auf folgende Aspekte:

- Anwendungsdauer (z. B. ununterbrochene Anwendung von weniger als 60 min wie z. B. bei Skalpellen bis hin zu mehr als 30 Tagen z. B. bei Implantaten)
- Invasivität (z. B. Anwendung ausschließlich auf unverletzter Haut z. B. bei Orthesen bis hin zu chirurgisch invasiver Anwendung z. B. von Stents)
- Aktivität des Produktes (rein passive Produkte wie z. B. Herzklappen oder Produkte mit eigener Energiequelle wie z. B. Herzschrittmacher)
- Anwendung am zentralen Nerven- oder Kreislaufsystem als besonders risikobehafteten Strukturen
- Beinhaltung eines Stoffes, der bei gesonderter Verwendung als Arzneimittel angesehen werden kann, im Zusammenhang mit der Anwendung des Medizinproduktes jedoch nur unterstützende Wirkung hat (z. B. Medikamentenbeschichtungen bei Stents, die dazu gedacht sind, das Zellwachstum lokal zu hemmen)
- Sonderregeln mit Klassenvorgabe für bestimmte Produkte wie z. B. Gelenkimplantate

Aus der Anwendung der Regeln resultiert letztlich die Risikoklasse des Produktes, wobei jeweils die höhere Risikoklasse zu wählen ist, wenn mehrere Regeln zutreffend sind. Software, die ein Produkt steuert oder dessen Anwendung beeinflusst, wird automatisch derselben Risikoklasse zugeordnet, wie das Produkt selbst. Zubehör wird unabhängig von dem Produkt, mit dem es verwendet wird, gesondert klassifiziert. Wesentlich für die Anwendung der Regeln ist jeweils die Zweckbestimmung, die der Hersteller für sein Medizinprodukt vorgegeben hat und in der er z. B. festlegen kann, an welchen Teilen des Körpers

sein Produkt anzuwenden bzw. nicht anzuwenden ist. Aktive Implantate wie z. B. implantierbare Herzschrittmacher und Defibrillatoren sind der Risikoklasse III gleichgestellt.

4.4.1.3 Konformitätsbewertung

Je nach Risikoklasse des Medizinproduktes ist die Konformitätsbewertung in einem unterschiedlichen Detaillierungsgrad durch eine der in Europa staatlich Benannten Stellen zu überprüfen, ggf. hat diese später z. B. auch Audits des Qualitätssicherungssystems des Herstellers durchzuführen. Bei Zustimmung erteilt die Benannte Stelle anschließend ein Zertifikat, das eine wesentliche Voraussetzung für die Aufbringung des CE-Kennzeichens durch den Hersteller und damit für den freien Handel der Produkte in Europa darstellt.

Zwingender Bestandteil jedes Konformitätsbewertungsverfahrens ist eine klinische Bewertung auf Basis klinischer Daten. Dabei können klinische Daten zum Nachweis der Leistungsfähigkeit und Sicherheit im Zusammenhang mit der vorgesehenen Anwendung aus klinischen Prüfungen des betreffenden oder eines nachweisbar gleichartigen Medizinproduktes oder aus Berichten über sonstige klinische Erfahrungen mit dem betreffenden oder einem nachweisbar gleichartigen Medizinprodukt stammen. Für implantierbare Produkte und Produkte der Risikoklasse III sind grundsätzlich klinische Prüfungen durchzuführen, eine Ausnahme ist nur dann möglich, wenn die Verwendung bereits bestehender klinischer Daten ausreichend gerechtfertigt ist.

4.4.1.4 Marktbeobachtung und korrektive Maßnahmen

Nach dem erstmaligen Inverkehrbringen eines Medizinproduktes ist der Hersteller verpflichtet, eine kontinuierliche Marktbeobachtung durchzuführen und Erkenntnisse, die er z. B. aus Reklamationen, Zwischenfällen oder der wissenschaftlichen Literatur erlangt, in die Aktualisierung der klinischen Bewertung bzw. der Risikoanalyse seines Produktes einzubeziehen. Entsprechende Informationen können direkt aus der klinischen Anwendung des Produktes stammen oder z. B. aus sonstigen Kundenrückmeldungen, Risikohinweisen zu vergleichbaren Produkten oder der aktuellen wissenschaftlichen Literatur.

Ergeben sich dabei Hinweise auf neue oder gravierendere Risiken, so ist der Hersteller verpflichtet, diese zu bewerten und ggf. eigenverantwortlich korrektive Maßnahmen durchzuführen, die dem Prinzip der integrierten Sicherheit entsprechen müssen (Abschn. 4.4.3.2). In der Praxis kann dies von Änderungen an den Gebrauchsinformationen über konstruktive Veränderungen für neue Produkte bis hin zum vollständigen Anwendungsstopp und Rückruf der im Markt befindlichen Produkte reichen.

Alle entsprechenden Maßnahmen muss der Hersteller eigenverantwortlich planen, durchführen und qualitätssichern. Dabei werden er sowie die Betreiber und professionellen Anwender von Medizinprodukten durch staatliche Behörden überwacht. Aufgrund des föderalen Systems besteht in Deutschland eine Aufteilung der Aufgaben und Kompetenzen zwischen dem Bund und den Ländern. Während die Bundesoberbehörden BfArM (Bundesinstitut für Arzneimittel und Medizinprodukte) und PEI (Paul-Ehrlich-Institut) für die zentrale wissenschaftliche Risikobewertung bei der Anwendung und Verwendung von Medizinprodukten zuständig sind, liegt die Überwachung von Herstellern und Betreibern (z. B. Kliniken) einschließlich entsprechender Inspektionen in der Zuständigkeit der jeweiligen Landesbehörden. Auch die Überwachung der deutschen Benannten Stellen liegt in der Zuständigkeit der Länder und wird zentral durch die ZLG (Zentralstelle der Länder für den Gesundheitsschutz bei Arzneimitteln und Medizinprodukten) wahrgenommen.

Im Bereich der Medizinprodukte ist die Zuständigkeit für die Vigilanz bestimmter In-vitro-Diagnostika (IVD des Anhanges II der europäischen IVD-Richtlinie [21] zur Prüfung der Unbedenklichkeit oder Verträglichkeit von Blut oder Gewebespenden sowie Infektionskrankheiten betreffend) beim PEI angesiedelt, das BfArM ist für die Vigilanz bei allen anderen Medizinprodukten und In-vitro-Diagnostika zuständig.

4.4.2 Klinische Prüfungen

4.4.2.1 Antragsverfahren und Änderungen

Seit März 2010 muss für alle in Deutschland durchgeführten klinischen Prüfungen von Medizinprodukten entsprechend der o. g. Zuständigkeit beim BfArM bzw. PEI eine Genehmigung beantragt werden. Zusätzlich ist für die Durchführung der Prüfung eine zustimmende Bewertung der nach Landesrecht gebildeten zuständigen Ethikkommission erforderlich.

Die Antragsprüfung durch Ethikkommissionen und Bundesoberbehörden erfolgt dabei parallel, unabhängig voneinander und mit jeweils eigenen, gesetzlich festgelegten Schwerpunkten. Während die zuständige Bundesoberbehörde insbesondere die wissenschaftlichen und technischen Gesichtspunkte der eingereichten Antragsunterlagen prüft, bewertet die zuständige Ethikkommission vor allem die ethischen und rechtlichen Aspekte einschließlich der Überprüfung der Qualifikation von Prüfstellen und Prüfärzten. Die Einreichung entsprechender Anträge findet nach gesetzlicher Vorgabe auf rein elektronischem Wege über das Medizinprodukte-Informationssystem des Deutschen Instituts für Medizinische Dokumentation und Information (DIMDI) statt. Verpflichtende Antragsinhalte sind in der Verordnung über klinische Prüfungen von Medizinprodukten (MPKPV [16]) festgelegt und umfassen für die Antragstellung bei den Bundesoberbehörden u. a.:

- Prüfplan
- Handbuch des klinischen Prüfers
- Beschreibung der vorgesehenen medizinischen Prozedur

- Präklinische Bewertung
- Informationen zur sicheren Anwendung des Medizinproduktes
- Bewertung und Abwägung der vorhersehbaren Risiken, Nachteile und Belastungen gegenüber der voraussichtlichen Bedeutung für die Heilkunde und gegen den erwarteten Nutzen für die Probanden
- Nachweis der biologischen Sicherheit
- Nachweis der sicherheitstechnischen Unbedenklichkeit
- Zum Verständnis der Funktionsweise des Medizinproduktes erforderliche Beschreibungen und Erläuterungen
- Risikoanalyse und -bewertung einschließlich Beschreibung der bekannten Restrisiken
- Liste über die Einhaltung der Grundlegenden Anforderungen
- Gegebenenfalls Angaben zu geeigneten Aufbereitungs- oder Sterilisationsverfahren
- Beschreibung der Verfahren zur Dokumentation, Bewertung und Meldung von schwerwiegenden unerwünschten Ereignissen an die zuständige Bundesoberbehörde

Die zuständige Bundesoberbehörde prüft den Antrag innerhalb gesetzlich festgelegter Fristen nach formalen und inhaltlichen Gesichtspunkten (z. B. 30-Tages-Frist für die inhaltliche Prüfung nach formaler Vollständigkeit). Sie kann dabei einmalig zusätzliche inhaltliche Informationen beim Sponsor der klinischen Prüfung einholen. Äußert sie innerhalb der gesetzlichen Frist keine Einwände, gilt der Antrag als genehmigt. Bei Einwänden hat der Sponsor 90 Tage Zeit zur Stellungnahme, die anschließend innerhalb von 15 Tagen von der Bundesoberbehörde geprüft und bewertet werden muss. Abschließend ergeht eine Genehmigung oder Ablehnung des Antrages bzw. gilt der Antrag ebenfalls als genehmigt, sofern sich die Bundesoberbehörde nicht innerhalb der gesetzlichen Frist äußert.

Die zuständige Ethikkommission hat innerhalb von 60 Tagen nach Eingang der erforderlichen Unterlagen eine Entscheidung zu treffen. Eine implizite zustimmende Bewertung ist hier allerdings nicht vorgesehen, sodass mit der klinischen Prüfung, neben der Genehmigung durch die Bundesoberbehörde, faktisch erst bei Vorliegen einer zustimmenden Bewertung durch die Ethikkommission begonnen werden kann.

Während einer laufenden klinischen Prüfung eines Medizinproduktes sind die zuständige Bundesoberbehörde und Ethikkommission zudem bei jeglichen nachträglichen Änderungen an der Studie zuständig, auch wenn es sich im Extremfall um bloße Änderungen von Satzzeichen handelt.

4.4.2.2 Schwerwiegende unerwünschte Ereignisse (SAE)

Eine wichtige Aufgabe kommt den Bundesoberbehörden bei der Risikoerfassung und -bewertung sogenannter „schwerwiegender unerwünschter Ereignisse" (Serious Adverse Event, SAE) zu, die in einer klinischen Prüfung auftreten. Entsprechend § 2 Abs. 5 der Medizinprodukte-Sicherheitsplanverordnung MPSV [18] ist ein solches SAE „jedes in einer genehmigungspflichtigen klinischen Prüfung oder einer genehmigungspflichtigen Leistungsbewertungsprüfung (Anm. des Kapitelautors: von IVD) auftretende ungewollte Ereignis, das unmittelbar oder mittelbar zum Tod oder zu einer schwerwiegenden Verschlechterung des Gesundheitszustandes eines Probanden, eines Anwenders oder einer anderen Person geführt hat, geführt haben könnte oder führen könnte ohne zu berücksichtigen, ob das Ereignis vom Medizinprodukt verursacht wurde …" Aufgabe der zuständigen Bundesoberbehörde ist es dabei, festzustellen, ob vor dem Hintergrund entsprechender Ereignisse die Durchführung der klinischen Prüfung nach wie vor vertretbar ist oder ob korrektive Maßnahmen bis hin zum Ruhen oder Abbruch der Prüfung erforderlich sind. Auch hier steht der Sponsor als der für die Durchführung der klinischen Prüfung Verantwortliche in der Pflicht, seinerseits bei Bekanntwerden entsprechender Meldungen diese zu bewerten, die Ursachen zu untersuchen und ggf. eigeninitiativ risikominimierende Maßnahmen zu ergreifen. Die jeweils zuständigen Landesbehörden sind wiederum für die Überwachung der Prüfstellen sowie des Sponsors oder seines Vertreters in ihrer Region zuständig.

4.4.3 Risikoerfassung und -bewertung

4.4.3.1 Grundlagen und Meldepflichten

Auch nach dem erstmaligen Inverkehrbringen ist der Hersteller für die Marktbeobachtung seiner Produkte, die Meldung von Vorkommnissen an die zuständige Bundesoberbehörde sowie für deren Untersuchung und ggf. die Durchführung korrektiver Maßnahmen verantwortlich. Dabei ist zu beachten, dass, anders als bei Arzneimitteln, das Ergebnis der Anwendung nicht nur vom Produkt selbst und von den anatomischen und physiologischen Spezifika des Patienten abhängig ist, sondern maßgeblich auch durch den Anwender beeinflusst wird. So erfordern z. B. moderne Implantate im Bereich des Hüftgelenkersatzes eine hohe Genauigkeit bei der Implantation, also u. a. besondere handwerkliche Fertigkeiten der Operateure. Werden vorgegebene Toleranzen überschritten, kann dies zu stark verminderter Leistung und deutlich verkürzter Lebensdauer des Implantats führen. Eine Risikobewertung der Anwendung von Medizinprodukten muss daher immer auch Fragen der ergonomischen Qualität und Gebrauchstauglichkeit des Produktes, also mögliche fehlerförderliche Produkteigenschaften einbeziehen.

In der Richtlinie 93/42/EWG über Medizinprodukte werden im Artikel 10 die Mitgliedsstaaten verpflichtet, ein zentrales System zur Erfassung, Bewertung und Auswertung von Vorkommnissen (gem. § 2 Abs. 1 MPSV definiert als Produktprobleme, die in einem tatsächlichen oder vermuteten Zusammenhang zu Tod oder schwerwiegender Verschlechterung des Gesundheitszustandes eines Menschen geführt haben, hätten führen können oder führen könnten) und daraus resultierenden korrektiven Maßnahmen des Herstellers zu installieren. Die Hersteller wiederum werden in den jeweils relevanten Anhängen verpflichtet, ein System zur Marktbeobachtung zu errichten und auf dem neuesten Stand zu halten, mit dem sie in der Lage sind, Vorkommnisse zu erfassen, die notwendigen korrektiven Maßnahmen zu ergreifen und beides an die zuständigen Behörden zu melden. Der in der Richtlinie indirekt definierte Begriff „Vorkommnis" weist einen wesentlichen Unterschied z. B. zu den schwerwiegenden Nebenwirkungen im

Arzneimittel-Vigilanzsystem auf: Von Medizinprodukten können auch Risiken ausgehen, die den Anwender oder primär Unbeteiligte, z. B. Reinigungs- oder Rettungskräfte, betreffen können. Als Beispiele seien herabfallende, an der Decke montierte Trägersysteme im OP genannt oder das Hineinziehen eines Feuerwehrmannes mit seiner Atemschutzausrüstung in einen Magnetresonanztomographen, dessen Magnetfeld nicht zuvor deaktiviert wurde.

Weitere Anforderungen sind in der Richtlinie nicht enthalten. Daher ist die Medizinprodukte-Vigilanz bisher noch eine primär nationale Angelegenheit und es werden nur Grundzüge eines europäischen Vigilanzsystems in einer Leitlinie (MEDDEV 2.12/1 [22]) niedergelegt. Leitlinien sind jedoch rechtlich unverbindlich.

Die praktischen Aspekte des deutschen Medizinprodukte-Beobachtungs- und Meldesystems, welches der o. g. Leitlinie bis auf wenige Ausnahmen entspricht, und die wesentlichen Aufgaben des BfArM bzw. des PEI sind in der MPSV geregelt. Durch den Hersteller wie auch den Anwender sind in Deutschland aufgetretene Vorkommnisse entsprechend der Eilbedürftigkeit der Risikobewertung, spätestens jedoch nach 30 Tagen dem BfArM oder bei Zuständigkeit dem PEI als zuständigen Bundesoberbehörden zu melden.

Wenn Hersteller aufgrund von Vorkommnissen sicherheitsrelevante korrektive Maßnahmen auch in Deutschland durchführen, sind diese spätestens mit Beginn der Umsetzung der zuständigen Behörde, in aller Regel dem BfArM, zu melden. Alle Meldungen haben grundsätzlich elektronisch auf den vom BfArM veröffentlichten Formularen bzw. per XML-Datei zu erfolgen.

4.4.3.2 Risikobewertung

Die MPSV hat den zuständigen Bundesoberbehörden PEI und BfArM die Aufgabe zugewiesen, eine Risikobewertung für alle ihr bekannt gewordenen Meldungen über Vorkommnisse und korrektive Maßnahmen durchzuführen. Ziel ist es, aus behördlicher Sicht festzustellen, ob ein unvertretbares Risiko vorliegt und welche korrektiven Maßnahmen geboten sind.

Sofern der Hersteller eigenverantwortlich korrektive Maßnahmen durchführt, beinhaltet die Bewertung auch die Prüfung und Feststellung, ob diese Maßnahme dem Prinzip der integrierten Sicherheit entspricht. Dieses Prinzip verlangt vom Hersteller, unter Berücksichtigung des allgemein anerkannten Standes der Technik und unabhängig von ökonomischen Erwägungen bei der Auslegung und Konstruktion die nachfolgenden Grundsätze in dieser Reihenfolge anzuwenden:

- Beseitigung oder Minimierung der Risiken durch Integration des Sicherheitskonzeptes in die Entwicklung und den Bau des Produktes
- Ergreifen angemessener Schutzmaßnahmen einschließlich Alarmierungsvorrichtungen gegen nicht zu beseitigende Risiken
- Unterrichtung der Anwender über Restrisiken, für die keine angemessenen Schutzmaßnahmen getroffen werden können

Die MPSV verpflichtet die Bundesoberbehörde explizit, sicherzustellen, dass eilbedürftige Vorgänge entsprechend behandelt werden. Sofern sie von einer Eilbedürftigkeit ausgeht, wird sie unmittelbar Kontakt mit dem Hersteller aufnehmen und kurzfristig weitere Schritte bis hin zum temporären Vermarktungs- und/oder Anwendungsstopp diskutieren sowie ggf. diese den Landesbehörden empfehlen.

Sofern eine Meldung nicht vom Hersteller oder einer ihm zuzuordnenden Organisation (z. B. dem deutschen Vertreiber) stammt, wird der Hersteller aufgefordert, ebenfalls eine Vorkommnismeldung abzugeben oder zu begründen, warum es sich aus seiner Sicht nicht um ein Vorkommnis gemäß der in der MPSV niedergelegten Definition handelt. Andere Kriterien sind nicht zulässig. Liegt aus Sicht der Behörde ein Vorkommnis vor, kann sie vom Hersteller unabhängig von dessen Bewertung die Abgabe einer Erstmeldung verlangen.

Der Hersteller führt die notwendigen Untersuchungen durch und berichtet der Behörde von den durchgeführten Untersuchungen, deren Ergebnisse und seinen Schlussfolgerungen hinsichtlich der Ursache des Vorkommnisses. Die Behörde prüft diesen Bericht zusammen mit ggf. weiteren wissenschaftlichen Erkenntnissen zum Thema und verwendet für die eigene Bewertung u. a. die nachfolgenden Kriterien:

- Die Auftretenswahrscheinlichkeit des Ereignisses
- Den (potenziellen) bzw. eingetretenen Schaden
- Die Häufigkeit vergleichbarer Vorkommnisse bei vergleichbaren Produkten des gleichen Herstellers oder derer des Wettbewerbs
- Die Ursachenermittlung des Herstellers
- Ist eine besonders schützenswerte Gruppe (bewusstseinseingeschränkte Personen, ungeborenes Leben, Neugeborene, Kleinkinder, Senioren, ...) betroffen?
- Aussagen über das dem Stand der Technik entsprechende Sicherheitsniveau in den relevanten Normen
- Aussagen innerhalb der Risikoanalyse des Herstellers zu dem Problem

Kommen die Bundesoberbehörde und der Hersteller zu dem Schluss, dass weder ein systematischer Produktfehler vorliegt, noch anderweitig eine korrektive Maßnahme geboten ist, wird der Fall abgeschlossen.

Ist das BfArM im Gegensatz zum Hersteller im Rahmen der Bewertung zu der Auffassung gekommen, dass eine korrektive Maßnahme notwendig ist, wird der Hersteller aufgefordert, eine solche entsprechend dem Prinzip der integrierten Sicherheit zu implementieren. Die Details, also z. B. wie die Designänderung konkret aussieht, liegen in der Verantwortung des Herstellers. Teilt der Hersteller diese Auffassung nicht, hat er seine Gründe ausführlich darzulegen. Bleibt das BfArM bei seiner Bewertung, empfiehlt es der zuständigen Landesbehörde die Anordnung der aus seiner Sicht notwendigen Maßnahmen.

In der Öffentlichkeit wird oft davon ausgegangen, dass das BfArM die Ergebnisse seiner Risikobewertung selbst durchsetzen und den Hersteller ggf. zur Durchführung korrektiver Maßnahmen zwingen kann. Die entsprechenden Befugnisse der Bundesoberbehörden sind jedoch auf die wissenschaftliche Risikobewertung und das Aussprechen von Empfehlungen zu als erforderlich angesehenen Maßnahmen beschränkt. Wesentlich ist, dass die Landesbehörden nicht an die Bewertung des BfArM

gebunden sind. Da die Landesbehörden nach § 28 MPG [14] (Verfahren zum Schutz vor Risiken) alle erforderlichen Maßnahmen zum Schutz der Bevölkerung ergreifen, wenn der Hersteller die notwendigen Maßnahmen nicht eigenverantwortlich durchführt, können sie basierend auf eigenen Untersuchungen und Überlegungen die Bewertung des BfArM in jeglicher Hinsicht ändern und ggf. durchsetzen. Gleiches gilt, wenn das BfArM die eigenverantwortliche korrektive Maßnahme des Herstellers als ausreichend zur Risikominimierung ansieht. Mit der Mitteilung der abschließenden Bewertung an alle an dem Verfahren beteiligten Parteien (Landesbehörden, Hersteller und Meldender) endet die Risikobewertung der Bundesoberbehörden. Im Lichte neuer Erkenntnisse kann eine erneute Bewertung des Sachverhaltes notwendig werden.

4.4.4 Medizinprodukte aus Eigenherstellung

Gemäß der Definition in § 3 Nummer 21 des Medizinproduktegesetzes sind Medizinprodukte aus Eigenherstellung solche, die in einer Gesundheitseinrichtung hergestellt und angewendet werden, ohne dass sie in Verkehr gebracht werden (also an Dritte außerhalb der Gesundheitseinrichtung abgegeben werden) oder die Voraussetzungen einer Sonderanfertigung (Produkte, die für einen namentlich genannten Patienten individuell hergestellt werden) erfüllen. Beispiele für Medizinprodukte aus Eigenherstellung sind Hard- oder Softwareprodukte, die in einer Gesundheitseinrichtung entwickelt und ausschließlich dort angewendet werden. Eine Gesundheitseinrichtung kann sich dabei durchaus über mehrere, weit entfernte Zweigstellen erstrecken.

Medizinprodukte aus Eigenherstellung müssen die grundlegenden Anforderungen gemäß Anhang 1 der Richtlinie über Medizinprodukte erfüllen und es muss das für diese Produkte vorgesehene Konformitätsbewertungsverfahren durchgeführt worden sein. Dieses Konformitätsbewertungsverfahren ist in der Medizinprodukteverordnung, dort im § 7 Absatz. 9, näher beschrieben. Bezüglich des Vigilanzsystems wird mittels Verweis auf § 4 Absatz 2 Satz 7 der Medizinprodukteverordnung der Eigenhersteller, genauso wie die Hersteller aller anderen Produkte, verpflichtet, die zuständige Bundesoberbehörde unverzüglich über Vorkommnisse und korrektive Maßnahmen zu unterrichten. Daher gelten auch für die in Eigenherstellung produzierten und angewendeten Produkte die oben genannten Kriterien und Bedingungen für ein Vigilanzsystem (siehe auch Abschn. 4.4.3).

4.4.5 Zusammenfassung

Wesentlich für das Verständnis des europäischen und damit auch des deutschen Rechtsrahmens für Medizinprodukte ist, dass der Hersteller (bzw. bei außereuropäischen Herstellern deren europäischer Bevollmächtigter) in der zentralen Verantwortung für die Einhaltung der Grundlegenden Anforderungen bzgl. der Sicherheit und Leistungsfähigkeit seines Medizinproduktes steht. Dies ist die Basis für das erstmalige Inverkehrbringen und beinhaltet auch die Verpflichtung der kontinuierlichen Marktbeobachtung und Fortschreibung der Risikoanalyse sowie der klinischen Risiko-Nutzen-Bewertung über die gesamte Produktlebensdauer. Bei allen Medizinprodukten, deren Risikoklasse höher als Klasse I ist, sowie bei Klasse-I-Produkten zur sterilen Anwendung oder mit Messfunktion muss der Hersteller seine Konformitätsbewertung durch eine Benannte Stelle diesbezüglich überprüfen und die erfolgreiche Durchführung zertifizieren lassen, bevor er das CE-Kennzeichen auf seinem Produkt aufbringen und es damit in Europa in Verkehr bringen darf Abschn. 4.4.1.3. Entsprechende Zertifikate sind zeitlich befristet und können nach Überprüfung durch die Benannte Stelle verlängert werden. Bestandteil der Konformitätsbewertung ist zwingend eine klinische Bewertung auf Basis klinischer Daten, die im Falle von Produkten der Klasse III oder bei Implantaten bis auf begründete Ausnahmen aus klinischen Prüfungen resultieren müssen. Entsprechende Prüfungen dürfen in Deutschland nur durchgeführt werden, wenn sie von der zuständigen Bundesoberbehörde (BfArM oder PEI) genehmigt und von der zuständigen Ethikkommission nach Landesrecht zustimmend bewertet wurden (Abschn. 4.4.2).

Bei der Anwendung von Medizinprodukten auftretende Vorkommnisse, also nachweislich oder potenziell durch einen Produktmangel bedingte, tatsächliche oder mögliche schwerwiegende Verschlechterungen des Gesundheitszustandes Beteiligter bis hin zum Tod, müssen von professionellen Anwendern wie auch vom Hersteller an die zuständige Bundesoberbehörde gemeldet und eigenverantwortlich hinsichtlich ggf. erforderlicher korrektiver Maßnahmen untersucht werden (Abschn. 4.4.3.1). Unter Einbeziehung der Ergebnisse führt die Bundesoberbehörde eine eigene wissenschaftliche Risikobewertung bzw. der zukünftigen Anwendung entsprechender Produkte und der Erforderlichkeit bzw. Angemessenheit eventueller korrektiver Maßnahmen durch. Die alleinige Befugnis zur Entscheidung über die behördliche Anordnung entsprechender Maßnahmen auf Basis der wissenschaftlichen Empfehlung des BfArM oder PEI liegt jedoch aufgrund des föderalen Systems in Deutschland letztlich in der Zuständigkeit der Landesbehörden (Abschn. 4.4.3.2). Für Medizinprodukte aus Eigenherstellung gelten die gleichen Vorgaben zur Risikoerfassung und -minimierung (Abschn. 4.4.4).

Hinweis Zum Zeitpunkt der Texterstellung dieses Kapitels erfolgte eine Überarbeitung und Überführung der europäischen Richtlinien 90/385/EWG, 93/42/EWG und 98/79/EG in zwei europäische Verordnungen zu Medizinprodukten und In-vitro-Diagnostika. Diese europäischen Verordnungen (Regulation on Medical Devices MDR 2017/745 [24] und Regulation on In-vitro-Diagnostic Medical Devices IVDR 2017/746 [25]) sind am 05. Mai 2017 im Amtsblatt der Europäischen Union veröffentlicht worden und am 20. Tag nach der Veröffentlichung in Kraft getreten. Mit einigen Ausnahmen erlangen die dort genannten Bestimmungen ihre Gültigkeit drei (MDR) bzw. fünf (IVDR) Jahre nach dem Inkrafttreten, also am 26.05.2020 bzw. 26.05.2022. Diese Verordnungen werden dann unmittelbar Gültigkeit in allen europäischen Mitgliedsstaaten haben und lediglich in Teilen durch nationales Recht ergänzt werden. Entsprechend werden sich Änderungen gegenüber den o. g.

rechtlichen Rahmenbedingungen ergeben, die in späteren Auflagen des Buches berücksichtigt werden. Aktuelle Informationen zum Medizinprodukterecht finden sich u. a. auf den Webseiten der Europäischen Kommission [23], des Bundesgesundheitsministeriums [17] sowie des Bundesinstituts für Arzneimittel und Medizinprodukte [15].

Aufgaben

4.1 Die angehende Radiologin Dr. Petermann steht kurz vor ihrer Facharztprüfung zur Radiologin und Strahlentherapeutin und möchte sich anschließend mit einer eigenen Praxis selbstständig machen. Welche Voraussetzungen müssen erfüllt sein, damit sie gesetzlich versicherte Patienten behandeln und mit der GKV abrechnen darf? Welche Verpflichtungen sind mit einer Niederlassung in eigener Praxis verbunden?

4.2 Eine Forschergruppe hat ein neues Therapieverfahren zur Behandlung von malignen Melanomen („schwarzer Hautkrebs") entwickelt und in klinischen Studien getestet. Die Therapieerfolge in den Studien sind beeindruckend. Jetzt möchte man das Verfahren auch außerhalb von klinischen Studien für Patienten im Rahmen der regulären Versorgung anbieten. Was ist notwendig, damit die Behandlungskosten von der GKV übernommen werden? Welche Gruppen/Gremien sind an dieser Entscheidung beteiligt?

4.3 Sie haben mit Ihrer Beförderung auch eine deutliche Gehaltserhöhung erhalten. Ihre gesetzliche Krankenversicherung, bei der Sie bisher versichert waren, teilt Ihnen mit, dass Sie nun die Versicherungspflichtgrenze überschritten haben, und bietet Ihnen gleichzeitig an, weiterhin als „freiwilliges Mitglied" in der GKV versichert zu bleiben. Sie wundern sich über die Freiwilligkeit, wissen Sie doch um die Versicherungspflicht in der Krankenversicherung. Was bedeutet eine „freiwillige Mitgliedschaft" in der GKV? Welche Konsequenzen hat es für Sie, in die private Krankenversicherung zu wechseln?

4.4 Sie haben eine große Summe geerbt und möchten eine private Klinik zur Behandlung onkologischer Patienten eröffnen. Gebäude und Personal haben Sie schon. Warum sollten Sie sich bemühen, in den Landeskrankenhausplan Ihres Bundeslandes aufgenommen zu werden? Welche Konsequenzen hat das für Sie?

4.5 Sie haben sich eine unangenehme „Sommergrippe" zugezogen und suchen Ihren Hausarzt auf. Dieser schreibt Sie für die nächsten Tage krank. Am Ende der Woche haben Sie zusätzlich Fieber und einen hartnäckigen Husten bekommen und suchen erneut den Hausarzt auf. Dieser schickt Sie zur radiologischen Untersuchung. Die dort diagnostizierte Lungenentzündung wird für die nächsten Tage mit einem Antibiotikum behandelt. Als es Ihnen besser geht, fragen Sie sich, woher u. a. der Hausarzt und der Radiologe eigentlich ihre medizinische Leistung vergütet bekommen.

4.6 Was versteht man unter den sogenannten „Grundlegenden Anforderungen" an Medizinprodukte?

4.7 Welche Bedeutung hat das Konformitätsbewertungsverfahren bei Medizinprodukten und wer ist daran beteiligt?

4.8 Mit welchem Ziel und nach welchen Kriterien erfolgt die Einteilung in Risikoklassen?

4.9 Wann darf in Deutschland mit einer klinischen Prüfung eines Medizinproduktes begonnen werden?

4.10 Was ist ein „Vorkommnis" und welche Pflichten hat der Hersteller eines Medizinproduktes in diesem Zusammenhang?

Literatur

1. Bundesagentur für Arbeit Techniker/in – Medizintechnik. https://berufenet.arbeitsagentur.de/berufenet/faces/index;BERUFENETJSESSIONID=Gh0nX9FbtY-5MlWel6apWyMsiS9jtPAQXZyn6RE7JM4rACVNTcsa!2079086434?path=null/kurzbeschreibung&dkz=6047. Zugegriffen: 22. Dez. 2016
2. Bundesinstitut für Arzneimittel und Medizinprodukte (BfArM). https://www.bfarm.de/DE/Medizinprodukte/RisikoerfassungUndBewertung/RisikenMelden/_node.html. Zugegriffen 26. Juni 2018
3. Deutsche Gesellschaft für Kardiotechnik e. V. (DGfK) Berufsfeld Kardiotechnik. http://www.dgfkt.de/berufsfeld/berufsfeld.html
4. Deutsche Krankenhausgesellschaft e. V. (DKG) (2007) Bestandsaufnahme zur Krankenhausplanung und Investitionsfinanzierung in den Bundesländern
5. Deutsche Krankenhausgesellschaft e. V. (DKG) (2014) Bestandsaufnahme zur Krankenhausplanung und Investitionsfinanzierung in den Bundesländern
6. Land B (2018) Das deutsche Gesundheitssystem – Struktur und Finanzierung: Wissen für Pflege- und Therapieberufe. Kohlhammer Verlag
7. Deutsche Krankenhausgesellschaft e. V. (DKG) (2015) Krankenhausstatistik
8. Deutsches Institut für Medizinische Dokumentation und Information (DIMDI)
9. Gerst T, Hibbeler B (2010) THEMEN DER ZEIT: Nichtärztliche Fachberufe im Krankenhaus: Hilfe oder Konkurrenz? Dtsch Arztebl 107(13):596
10. Hollmann J, Schröder B (2010) STATUS: Ärztliche Direktoren: Keine zahnlosen Tiger. Dtsch Arztebl 107(26):1327
11. Kassenärztliche Bundesvereinigung (KBV) (2013) Vereinbarung über die Delegation ärztlicher Leistungen an nichtärztliches Personal in der ambulanten vertragsärztlichen Versorgung gemäß § 28 Abs. 1 S. 3 SGB V
12. Robert-Koch-Institut (RKI). http://www.rki.de. Zugegriffen: 22. Dez. 2016
13. Statistisches Bundesamt Zahlen und Fakten Krankenhäuser. https://www.destatis.de/DE/ZahlenFakten/GesellschaftStaat/Gesundheit/Krankenhaeuser/Krankenhaeuser.html. Zugegriffen: 13. Okt. 2017
14. Bundesgesetzblatt (BGBl) (2013) Medizinproduktegesetz in der Fassung der Bekanntmachung vom 7. August 2002 (BGBl. I S. 3146), das zuletzt durch Artikel 4 Absatz 62 des Gesetzes vom 7. August 2013 (BGBl. I S. 3154) geändert worden ist
15. Bundesinstitut für Arzneimittel und Medizinprodukte. http://www.bfarm.de. Zugegriffen: 22. Dez. 2016
16. Verordnung über klinische Prüfungen von Medizinprodukten (MPKPV) vom 10. Mai 2010 (BGBl. I S. 555), die durch Artikel 3 der Verordnung vom 25. Juli 2014 (BGBl. I S. 1227) geändert worden ist
17. Bundesministerium für Gesundheit Medizinprodukte. https://www.bundesgesundheitsministerium.de/themen/gesundheitswesen/medizinprodukte.html. Zugegriffen: 22. Dez. 2016
18. Verordnung über die Erfassung, Bewertung und Abwehr von Risiken bei Medizinprodukten (Medizinprodukte-Sicherheitsplanverordnung – MPSV) vom 24. Juni 2002 (BGBl. I S. 2131), zuletzt geändert durch Artikel 3 der Verordnung über klinischen Prüfungen von Medizinprodukten und zur Änderung medizinprodukterechtlicher Vorschriften vom 10. Mai 2010 (BGBl. I S. 555)
19. Europäisches Parlament und Rat der Europäischen Union Richtlinie 90/385/EWG des Rates vom 20. Juni 1990 zur Angleichung der Rechtsvorschriften der Mitgliedstaaten über aktive implantierbare medizinische Geräte (ABl. L 189, 20.07.1990, S. 17), zuletzt geändert durch die Richtlinie 2007/47/EG des Europäischen Parlaments und des Rates vom 5. September 2007 (ABl. L247, 21.09.2007, S. 21)
20. Europäisches Parlament und Rat der Europäischen Union Richtlinie 93/42/EWG des Rates vom 14. Juni 1993 über Medizinprodukte (ABl. L 169, 12.07.1993, S. 1), zuletzt geändert durch die Richtlinie 2007/47/EG des Europäischen Parlaments und des Rates vom 5. September 2007 (ABl. L247, 21.09.2007, S. 21)
21. Europäisches Parlament und Rat der Europäischen Union Richtlinie 98/79/EG des Europäischen Parlaments und des Rates vom 27. Oktober 1998 über In-vitro-Diagnostika (ABl. L 331, 07.12.1998, S. 1), zuletzt geändert durch Richtlinie 2011/100/EU der Kommission vom 20. Dezember 2011 (ABl. L341, 20.12.2011, S. 50)
22. European Commission (2013) MEDDEV-Dokument 2.12-1/ rev. 8 „Guidelines on a Medical Devices Vigilance System"
23. European Commission Regulatory framework. https://ec.europa.eu/growth/sectors/medical-devices/regulatory-framework_en. Zugegriffen: 22. Dez. 2016
24. Verordnung (EU) 2017/745 des Europäischen Parlaments und des Rates vom 5. April 2017 über Medizinprodukte, zur Änderung der Richtlinie 2001/83/EG, der Verordnung (EG) Nr. 178/2002 und der Verordnung (EG) Nr. 1223/2009 und zur Aufhebung der Richtlinien 90/385/EWG und 93/42/EWG des Rates
25. Verordnung (EU) 2017/746 des Europäischen Parlaments und des Rates vom 5. April 2017 über In-vitro-Diagnostika und zur Aufhebung der Richtlinie 98/79/EG und des Beschlusses 2010/227/EU der Kommission

Strahlenschutz

Gerald Major

© Springer-Verlag GmbH Deutschland, ein Teil von Springer Nature 2018
W. Schlegel, C.P. Karger, O. Jäkel (Hrsg.), *Medizinische Physik*, https://doi.org/10.1007/978-3-662-54801-1_5

Der Anwendung von ionisierender Strahlung in der Diagnostik oder Therapie kommt in der Medizin seit der Entdeckung der Röntgenstrahlung durch Wilhelm Conrad Röntgen und der Radioaktivität durch Henri Becquerel Ende des 19. Jahrhunderts eine große Bedeutung zu. Sie ist aufgrund der Wechselwirkungen der Strahlung mit den Atomen im Gewebe allerdings auch mit zum Teil hohen gesundheitlichen Risiken verbunden. Selbst wenn gerade die schädigende Wirkung ionisierender Strahlung speziell in der Therapie ausgenutzt wird, ist doch besondere Aufmerksamkeit auf die Gefahren für zu schonende Organe, aber auch für die nähere Umgebung und die Umwelt zu richten. Der Strahlenschutz in der Medizin dient dabei dem Schutz von Patienten, Mitarbeitern und unbeteiligten Personen in beiden Anwendungsbereichen.

Beginnend bei den baulichen Anforderungen für Räume und Geräte über die Organisationsform, die Zuständigkeiten und die Regelungen zu Grenzwerten, Betriebsabläufen, Melderegelungen bis zur Qualitätssicherung bei der Applikation der Strahlung sowie der Entsorgung radioaktiver Stoffe steuert der Strahlenschutz in der Medizin die möglichst nebenwirkungsarme Anwendung ionisierender Strahlung in der Heilkunde zum größtmöglichen Nutzen der Patienten.

Dies wird geleitet durch die Strahlenschutz-Grundsätze, die in den Empfehlungen der internationalen Strahlenschutzkommission (ICRP) [4] beschrieben werden. Sie sind nicht auf die Anwendung ionisierender Strahlung in der Medizin beschränkt. In der Heilkunde werden oft hohe Strahlenmengen verwendet und es ist dort besonders wichtig stets alle Wirkungen von ionisierender Strahlung in die Entscheidung zur Anwendung oder Nutzung einzubeziehen:

Grundsatz der Rechtfertigung Jede Entscheidung, die zu einer Veränderung der Strahlenexpositionssituation führt, soll mehr nutzen als schaden. Das heißt, dass durch die Einführung einer neuen Strahlenquelle, durch Verringerung einer bestehenden Exposition oder durch Herabsetzung des Risikos einer potenziellen Exposition ein hinreichender individueller oder gesellschaftlicher Nutzen erzielt werden sollte, der den dadurch verursachten Schaden aufwiegt [4].

Grundsatz der Optimierung des Schutzes Die Wahrscheinlichkeit, Expositionen zu erhalten, die Anzahl exponierter Personen und der Wert ihrer individuellen Dosen sollen jeweils so niedrig gehalten werden, wie es unter Berücksichtigung wirtschaftlicher und gesellschaftlicher Faktoren vernünftigerweise erreichbar ist. Das bedeutet, dass unter den gegebenen Umständen das beste Schutzniveau erzielt werden sollte, indem die Spanne zwischen Nutzen und Schaden maximiert wird [4].

Der Grundsatz der Anwendung von Dosisgrenzwerten
Die Gesamtdosis einer jeden Person aus regulierten Quellen in geplanten Expositionssituationen soll die entsprechenden von der Kommission empfohlenen Grenzwerte nicht überschreiten. Eine Ausnahme bilden medizinische Expositionen [4].

Dieser Grundsatz ist aufgrund der letztgenannten Ausnahme für Patienten nicht relevant, für das beruflich strahlenexponierte medizinische Personal aber geboten.

Die Umsetzung findet sich in der Strahlenschutzverordnung (StrlSchV) in den §§ 4 bis 6 (und sinngemäß in den §§ 2a ff. der Röntgenverordnung (RöV)). Insbesondere besteht die Verpflichtung, „jede unnötige Strahlenexposition oder Kontamination von Mensch und Umwelt zu vermeiden" und „jede Strahlenexposition oder Kontamination von Mensch und Umwelt unter Beachtung des Standes von Wissenschaft und Technik und unter Berücksichtigung aller Umstände des Einzelfalls auch unterhalb der Grenzwerte so gering wie möglich zu halten" [18].

Die in diesem Kapitel angegebenen Verweise und Paragraphen beziehen sich auf die aktuell gültige Rechtslage. Zurzeit befindet sich das Strahlenschutzrecht jedoch in einer Phase der Neugestaltung und Novellierung. Diese basiert auf den Empfehlungen der Veröffentlichung Nr. 103 der internationalen Strahlenschutzkommission (ICRP) [4], welche auch die Grundlage dieses Kapitels ist. Abweichungen zur bisherigen Gesetzgebung werden dabei gegenübergestellt.

Der bisherige Gesetzesentwurf mit Begründungen lässt erkennen, dass das Strahlenschutzrecht inhaltlich nicht grundlegend geändert wird; vielmehr soll es umfassend neu strukturiert und erweitert werden. Hintergrund ist die Umsetzung der Richtlinie 2013/59/Euratom vom 5. Dezember 2013 in einem Gesetz zum Schutz vor der schädlichen Wirkung ionisierender Strahlung (Strahlenschutzgesetz) [11]. Diese Umsetzung in nationales Recht sollte bis Februar 2018 abgeschlossen sein. Das Gesetz wurde zwischenzeitlich im Bundesgesetzblatt veröffentlicht. Es tritt zu großen Teilen erst zum 31.12.2018 in Kraft. Im neuen Strahlenschutzgesetz sind mehrere Dutzend Ermächtigungen vorgesehen, um weitere untergeordnete Verordnungen für einzelne Kapitel und Abschnitte des Gesetzes durch die Bundesregierung oder einzelne Ministerien zu erlassen. Diese Verordnungen sollen das aktuelle Strahlenschutzrecht in die neuen Bestimmungen integrieren sowie das Strahlenschutzgesetz detaillieren und die bessere praktische Umsetzung ermöglichen. Sie sollen ebenfalls bis zum o. g. Zeitpunkt fertiggestellt sein. Damit wird ein geordneter Übergang möglich und ein rechtsfreier Zeitraum wird vermieden.

Einige Regelungen aus der Strahlenschutzverordnung (StrlSchV) und der Röntgenverordnung (RöV) finden sich jetzt unter anderen Paragraphen in dem neu verabschiedeten Strahlenschutzgesetz wieder und bekommen damit Gesetzescharakter. Andere werden in die neu zu erstellenden Verordnungen übernommen. Zudem werden andere Gesetze und Verordnungen geändert und angepasst (z. B. Atomgesetzt, Medizinproduktegesetz, Atomrechtliche Deckungsvorsorge-Verordnung) oder aufgehoben (Strahlenschutzvorsorgegesetz).

Das Strahlenschutzgesetz wird der Euratom-Richtlinie und der ICRP 103 folgend in Bestimmungen zu geplanten, bestehenden und notfallbedingten radiologischen Expositionssituationen eingeteilt. Darin werden beispielsweise Aspekte des betrieblichen Strahlenschutzes, der Genehmigungserteilung, des Verbraucherschutzes, der Tätigkeiten im Zusammenhang mit kosmischer Strahlung und natürlich vorkommender Radioaktivität, des Notfallmanagements im Katastrophenfall sowie der durch Altlasten radioaktiv kontaminierten Gebiete behandelt.

Tab. 5.1 Schwellendosis von strahlensensiblen Organen für deterministische Strahlenschäden bei einer einmaligen, kurzzeitigen Strahlenexposition. (Aus ICRP-Veröffentlichung 41, 1984 [12])

Deterministischer Strahlenschaden	Schwellendosis [Sv]
Hoden – zeitweilige Sterilität	0,15
Hoden – permanente Sterilität	3,5–6,0
Ovarien (Sterilität)	2,5–6,0
Augenlinse (Katarakt)	5,0
Knochenmark (Unterdrückung der Blutbildung)	0,5

5.1 Strahlenschäden

Für den Strahlenschutz ist die biologische Wirkung von ionisierender Strahlung relevant, also die Auswirkungen, die sie auf lebendes Gewebe hat. Leider sind die biologischen Nachweismethoden zeitaufwendig und außerhalb von Laborbedingungen schwierig reproduzierbar. Ein allgemein gebräuchliches Personendosimeter aus lebenden und sich vermehrenden Zellen, bei denen im Rahmen der Auswertung die Überlebensrate oder sogar die Zellschädigungen bestimmt werden, ist technisch nicht umsetzbar.

Deutlich einfacher ist es physikalische Wechselwirkungen zu nutzen, um dann eine Konversion auf biologische Effekte zu definieren. Dabei werden keine individuellen Strahlensensibilitäten oder -resistenzen berücksichtigt. Dies ist jedoch nicht relevant, da für den allgemeinen Strahlenschutz im Wesentlichen kleine Dosiswerte eine Rolle spielen. Bei Strahlungsunfällen oder geplanten Einsätzen mit hohen individuellen Dosen ist ohnehin eine genauere Bestimmung des biologischen Schadens durch entsprechendes Fachpersonal anzuraten, als es die Faktoren aus den Regelungen des Strahlenschutzes ermöglichen.

Im Strahlenschutz wird durch die ICRP-Empfehlungen [4] aufgrund fehlender gesicherter Daten im niedrigen Dosisbereich[1] aktuell die Verwendung des LNT-Modells (LNT: linear no-threshold) favorisiert. Dabei geht man von einer linearen Dosis-Wirkungs-Beziehung ohne Schwellendosis aus, bei der das Risiko von Strahlenschäden direkt proportional zur Expositionsdosis zunimmt (vgl. Abb. 5.1).

5.1.1 Deterministische Strahlenschäden

Ist eine lebende Zelle einer genügend hohen Energiedosis ausgesetzt, wird sie irreparabel geschädigt. Sie wird dann die Apoptose (kontrollierter Zelltod) einleiten, nekrotisch werden oder nach der nächsten Zellteilung nicht lebensfähige Tochterzellen hinterlassen.

Dieser Effekt tritt kurz- bis mittelfristig nach der Strahlenexposition auf. Ist davon eine größere Zellgruppe betroffen, kann das

---

[1] Niedrige Strahlungsdosen werden in der ICRP 103 als ein Wert < 100 mSv angesetzt [4].

Abb. 5.1 Mögliche Verläufe von Dosis-Wirkungs-Beziehungen bei kleinen Strahlungsdosen im Gewebe.
a LNT (linear no-threshold): aktuell in ICRP 103 angewandtes Modell [4].
b Ein Überansprechen von Gewebe auf Strahlung im Vergleich zum LNT-Modell bei kleinen Strahlendosen ist vorstellbar, wenn man annimmt, dass Reparaturmechanismen geschädigter Zellen erst bei Überschreiten einer bestimmten (gewebeabhängigen) Dosisschwelle (threshold) in Gang gesetzt werden. Hier kann die Dosisschwelle für unterschiedliche Organe und Gewebe, die sich in direkter räumlicher Nähe befinden können, differieren.
c Es gibt Studien, die eine Hormesis bei geringen Strahlendosen vermuten lassen, also eine positive Wirkung auf Gewebe. Dabei ist nicht geklärt, wie gewebespezifisch dieser positive Effekt ausfällt

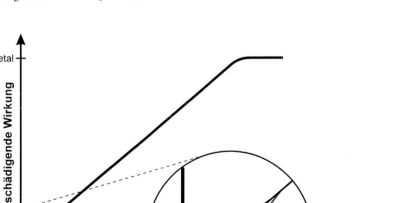

Tab. 5.2 Toleranzdosen [Gy] für Normalgewebe bei Strahlenbehandlungen

Organ	TD5/5	TD50/5	Schwere Nebenwirkung
Blase	65	80	Zystitis, Schrumpfblase
Gehirn	45	60	Nekrose, Infarkt
Hirnstamm	50	63	Nekrose, Infarkt
Augenlinse	10	18	Linsenkatarakt
Parotis	32	46	Xerostomie
Lunge	17,5	24,5	Pneumonie
1/3 der Lunge	45	65	Pneumonie
Herz	40	50	Perikarditis, Pankarditis
Rückenmark	47[a]	70[a]	Myelitis, Nekrose
Dünndarm	40	55	Darmverschluss, Perforation, Fistelbildung
Dickdarm	45	55	Darmverschluss, Perforation, Ulcus, Fistelbildung
Rektum	60	80	Schwere Entzündung, Nekrosen, Fistelbildung, Stenose
Leber	30	40	Leberversagen

Aufgeführt ist eine Auswahl von Geweben mit ihren Toleranzdosen TD5/5 und TD50/5 in Gy nach [8]. Die erste Ziffer bezeichnet die Eintrittswahrscheinlichkeit schwerer Nebenwirkungen in Prozent 5 Jahre (zweite Ziffer) nach der Strahlentherapie. Sie gelten für Erwachsene und Behandlungen mit wöchentlich fünf Fraktionen bei Einzeldosen zwischen 1,8 und 2 Gy

Bei doppelt vorhandenen Organen beziehen sich die Dosen auf jedes einzelne Teil

Die angegebenen Toleranzdosen führen zum benannten Effekt, sofern das gesamte Organvolumen mit dieser Dosis bestrahlt wurde. Sind lediglich Teilvolumina der Organe exponiert, sind die Toleranzdosen oft höher (vgl. Lunge)

[a] Bezogen auf eine Länge von 20 cm

zum Funktionsverlust von Organteilen oder des ganzes Organes führen. Dies wird als deterministische Strahlenwirkung bezeichnet. Für den Eintritt dieses Schadens muss eine Schwellendosis überschritten werden, die gewebe- bzw. organspezifisch ist und zudem für einzelne Individuen schwanken kann (Tab. 5.1). Die Abschätzung der Toleranzdosen von Risikoorganen und Zielvolumendosis, denen 5 % schwere Nebenwirkungen 5 Jahre nach Strahlentherapieende zugrunde liegen (TD5/5), basiert auf diesen deterministischen Strahlenschäden (Tab. 5.2).

5.1.2 Stochastische Strahlenschäden

Die Energiedeposition durch ionisierende Strahlung in Gewebe ist grundsätzlich ein statistischer Prozess. Auch wenn die Menge der Dosis noch nicht ausreichend ist, um deterministische Effekte hervorzurufen, gibt es strahleninduzierte Effekte einzelner Zellen. Bei diesen sogenannten stochastischen Strahlenwirkungen werden sie so geschädigt oder mutiert, dass langfristig mit Entartungen zu rechnen ist, die maligne Erkrankungen hervorrufen (karzinogene Wirkung) und falls Keimzellen betroffen sind, zu vererbbaren Defekten führen.

Stochastische Strahlenschäden bedingen keine Schwellendosis und sind auch bei kleinen Energiedosen möglich. Mit der Höhe der Dosis steigt hier nicht die Ausprägung des Effektes, sondern die Wahrscheinlichkeit des Auftretens. Strahlenwirkungen, die zu deterministischen Schäden führen, können jedoch dabei gleichzeitig auch stochastische Strahlenschäden verursachen.

Die Erhöhung der Gesamtsterblichkeit wird in der ICRP-Veröffentlichung 103 [4] mit dem gerundeten Risikokoeffizienten von 5 % pro Sv angegeben.

5.2 Dosisgrößen und Dosisbegriffe im Strahlenschutz

Strahlenschutz ist vom Grundsatz her eine präventive Maßnahme. Ziel ist es, im Voraus zu wissen, für welche Expositionssituationen Dosen auftreten können und wie hoch Belastungen durch ionisierende Bestrahlungen für einzelne Mitarbeiter, kleine Personenkollektive oder ganze Bevölkerungsgruppen ausfallen können. Nur im Falle eines Unfalls sind die individuellen Dosiswerte nach Möglichkeit zusätzlich unter Expositionsbedingungen zu verifizieren.

Die im Strahlenschutz verwendeten Dosisbegriffe unterscheiden sich von der reinen im Gewebe deponierten Energiedosis (vgl. Abschn. 21.1). Um die Schädigung des strahlenexponierten Körpers oder von Teilen des Körpers zu quantifizieren, müssen die biologischen Effekte auch unterschiedlicher Strahlenarten oder Energien berücksichtigt werden.

Alle hier aufgeführten Definitionen finden sich sowohl in der Röntgenverordnung als auch der Strahlenschutzverordnung und entstammen den Empfehlungen der ICRP 103 [4] bzw. dem ICRU Report 51 [13] respektive dem ICRU Report 39 [14].

5.2.1 Energiedosis

Als physikalische Basisgröße wird die im Gewebe deponierte Energiedosis D zugrunde gelegt. Diese wird in Abschn. 21.1.2

beschrieben:

$$D = \frac{d\bar{\varepsilon}}{dm} \qquad (5.1)$$

Einheit: Gray (Gy), SI-Einheit: $J \cdot kg^{-1}$

Auf die Energiedosis bauen die Faktoren auf, die die Bewertung des biologischen Effektes ermöglichen.

Speziell interessant ist der Sonderfall der mittleren Energiedosis D_T in einem Gewebe oder Organ T:

$$D_T = \frac{\varepsilon_T}{m_T} \qquad (5.2)$$

ε_T: Mittlere auf das Organ/Gewebe T übertragene Energie und m_T: Masse des Organs/Gewebes T

(Definition aus [4])

5.2.2 Äquivalentdosis und Umgebungs-Äquivalentdosis, Faktor Q

Die Äquivalentdosis H ist eine Strahlenschutzgröße und berechnet sich aus der deponierten Energiedosis D und einem Qualitätsfaktor Q, der die biologische Wirksamkeit basierend auf dem unbeschränkten LET (vgl. Abschn. 1.3.3.3) an einem Punkt im Gewebe berücksichtigt. Als Gewebe wird in Röntgenverordnung und Strahlenschutzverordnung das ICRU-Weichteilgewebe zugrunde gelegt (gewebeäquivalentes Material mit der Dichte 1 g/cm^3, Zusammensetzung: 76,2 % Sauerstoff, 11,1 % Kohlenstoff, 10,1 % Wasserstoff, 2,6 % Stickstoff).

Die Äquivalentdosis ist eine messbare Größe:

$$H = D \cdot Q \qquad (5.3)$$

Einheit: Sievert (Sv), SI-Einheit: $J \cdot kg^{-1}$

(Definition aus [4])

Dabei ist Q definiert als Funktion des unbeschränkten LET L:

$$Q(L) = \begin{cases} 1, & L < 10 \frac{keV}{\mu m} \\ 0{,}32L - 2{,}2, & 10 \leq L \leq 100 \frac{keV}{\mu m} \\ \frac{300}{\sqrt{L}}, & L > 100 \frac{keV}{\mu m} \end{cases} \qquad (5.4)$$

Formal muss die Verteilung aller Dosisbeiträge am Bezugsort durch unterschiedliche Teilchen- und Sekundärteilchenarten (insbesondere bei Neutronenwechselwirkungen) mit ihrem unterschiedlichen LET berücksichtigt werden ($D_L = dD/dL$):

$$Q = \frac{1}{D} \int_{L=0}^{\infty} Q(L) D_L \, dL \qquad (5.5)$$

(Definitionen aus [4])

L liegt beispielsweise für Photonen und Elektronen stets deutlich unterhalb 10 keV/µm.

Die Angabe der Äquivalentdosis ist sowohl für Personendosis als auch für Ortsdosis (Umgebungs-Äquivalentdosis) möglich (siehe Abschn. 5.2.6).

5.2.3 Organdosis und Strahlungs-Wichtungsfaktor w_R

Die Organdosis $H_{T,R}$ eines Gewebes oder Organes T ist das Produkt aus der Organ-Energiedosis ($D_{T,R}$), die aufgrund der Strahlungsart R deponiert wird, und dem zugehörigen Strahlungs-Wichtungsfaktor w_R:

$$H_{T,R} = w_R D_{T,R} \qquad (5.6)$$

Wird der Dosisbeitrag durch unterschiedliche Strahlungsarten (und/oder Energien) verursacht, werden die einzelnen Produkte summiert. Die gesamte Organdosis H_T beträgt dann:

$$H_T = \sum_R w_R D_{T,R} \qquad (5.7)$$

Einheit: Sievert (Sv), SI-Einheit: $J \cdot kg^{-1}$ [18]

Der Strahlungs-Wichtungsfaktor[2] w_R (Tab. 5.3) ist ein „dimensionsloser Faktor, mit dem die Energiedosis im Organ oder im Gewebe multipliziert wird, um die höhere biologische Wirksamkeit von Strahlung mit hohem im Vergleich zu Strahlung mit niedrigem LET zu berücksichtigen" [4].

Speziell für Neutronen empfiehlt die ICRP 103 [4] für die Festlegung von w_R eine stetige Funktion der folgenden Form zu verwenden:

$$w_R = \begin{cases} 2{,}5 + 18{,}2e^{-\frac{[\ln(E_n)]^2}{6}}, & E_n < 1\,\text{MeV} \\ 5{,}0 + 17{,}0e^{-\frac{[\ln(2E_n)]^2}{6}}, & 1\,\text{MeV} \leq E_n \leq 50\,\text{MeV} \\ 2{,}5 + 3{,}25e^{-\frac{[\ln(0{,}04E_n)]^2}{6}}, & E_n > 50\,\text{MeV} \end{cases}$$

$$\qquad (5.8)$$

E_n Neutronenenergie in MeV [18]

5.2.4 Effektive Dosis und Gewebe-Wichtungsfaktor w_T

Um das Gesamtmaß der Schädigung des Körpers zu bestimmen, muss berücksichtigt werden, welche Organe empfindlicher als andere Gewebearten auf Strahlung reagieren. Die Summe der gewichteten Organdosen in den in Tab. 5.4 angegebenen

---

[2] Die Strahlungs-Wichtungsfaktoren der StrlSchV wie auch die Gewebe-Wichtungsfaktoren von Röntgenverordnung und Strahlenschutzverordnung entstammen den Empfehlungen der ICRP-Veröffentlichung 60 aus dem Jahr 1990. Sie sind in den deutschen Verordnungen noch nicht den aktuellen Empfehlungen der ICRP-Veröffentlichung 103 von 2007 angepasst (Abschn. 5.3.1). Der Grund liegt darin, dass es sich bei den Vorgaben um eine Umsetzung von EURATOM Richtlinien (von 1997) [9] handelt. Neuerungen der ICRP werden ohne europäisches Mandat durch die deutsche Legislative nicht ohne Weiteres umgesetzt. Hier unterscheiden sich die deutsche (und europäische) Gesetzgebung vom Stand von Wissenschaft und Technik.

Tab. 5.3 Strahlungs-Wichtungsfaktoren w_R

Strahlungsart R	ICRP 60 (1990)/StrlSchV[a]		Empfohlen nach ICRP 103 (2007)
Photonen	1		1
Elektronen und Myonen	1		1
Protonen und geladene Pionen	5		2
Alphateilchen, Spaltfragmente und Schwerionen	20		20
Neutronen	Energie	Neutronen	Eine stetige Funktion der Neutronenenergie (siehe Gl. 5.8)
	$< 10\,\mathrm{keV}$	5	
	$10\,\mathrm{keV}$ bis $100\,\mathrm{keV}$	10	
	$> 100\,\mathrm{keV}$ bis $2\,\mathrm{MeV}$	20	
	$> 2\,\mathrm{MeV}$ bis $20\,\mathrm{MeV}$	10	
	$> 20\,\mathrm{MeV}$	5	

Alle Werte beziehen sich auf die Strahlung, die auf den Körper auftrifft oder die – im Falle interner Strahlenquellen – vom jeweiligen inkorporierten Radionuklid abgestrahlt wird
[a] Die Röntgenverordnung benötigt nur den Strahlungs-Wichtungsfaktor $w_R = 1$

Tab. 5.4 Gewebe-Wichtungsfaktoren w_T

Organ/Gewebe	ICRP 60 (1990)/StrlSchV/RöV	Empfohlen nach ICRP 103 (2007)
Knochenmark (rot)	0,12	0,12
Dickdarm	0,12	0,12
Lunge	0,12	0,12
Magen	0,12	0,12
Brust	0,05	0,12
Restliche Gewebe	–	0,12[a]
Keimdrüsen	0,20	0,08
Schilddrüse	0,05	0,04
Speiseröhre	0,05	0,04
Blase	0,05	0,04
Leber	0,05	0,04
Knochenoberfläche	0,01	0,01
Haut[b]	0,01	0,01
Gehirn	0,05[c]	0,01
Speicheldrüsen	–	0,01

[a] Restliche Gewebe (ICRP 103): Nebennieren, Obere Atemwege, Gallenblase, Herz, Nieren, Lymphknoten, Muskelgewebe, Mundschleimhaut, Bauchspeicheldrüse, Prostata, Dünndarm, Milz, Thymus, Gebärmutter/Gebärmutterhals
[b] Zur Ermittlung der effektiven Dosis ist die Energiedosis der Haut in 0,07 mm Gewebetiefe über die ganze Haut zu mitteln
[c] Zusammen mit Nebennieren, Dünndarm, Nieren, Muskeln, Bauchspeicheldrüse, Milz, Thymusdrüse und Gebärmutter (StrlSchV/RöV)

Geweben oder Organen des Körpers durch äußere oder innere Strahlenexposition ergibt die effektive Dosis E [18]:

$$E = \sum_T w_T \sum_R w_R D_{T,R} \qquad (5.9)$$

und mit Gl. 5.7:

$$E = \sum_T w_T H_T \qquad (5.10)$$

Der Gewebe-Wichtungsfaktor w_T definiert den Beitrag des jeweiligen Gewebes oder Organs am Schadensmaß des gesamten Körper in Relation zu den anderen Geweben. Für die Summe aller w_T gilt:

$$\sum_T w_T = 1 \qquad (5.11)$$

Strahlungs-Wichtungsfaktor w_R vs. Faktor Q der Äquivalentdosis

Der Unterschied der Strahlungs-Wichtungsfaktoren w_R zum Qualitätsfaktor Q ist historisch bedingt. 1991 führte die ICRP die Strahlenschutzgrößen „Organdosis" und „effektive Dosis" ein und löste sich bei den Strahlungs-Wichtungsfaktoren (w_R) von der Koppelung an den LET, wie es beim Qualitätsfaktor Q der Fall ist. In der ICRP-Veröffentlichung 103 [4] findet sich die Erklärung: Die ICRP „wählte 1991 einen Satz von Strahlungs-Wichtungsfaktoren (w_R), die für die Verwendung im Strahlenschutz als geeignet angesehen wurden." Die Strahlungs-Wichtungsfaktoren w_R leiten sich also von den Qualitätsfaktoren Q für die Äquivalentdosis ab und stellen eine für Strahlenschutzzwecke ausreichende Vereinfachung dar [4].

Die Äquivalentdosis mit dem Qualitätsfaktor Q ist also keinesfalls obsolet geworden. So liefert sie für einige Strahlenarten genauere Werte, wenn man in einer Expositionssituation den Wert des LET kennt.

Konzept Organdosis und effektive Dosis (Schutzgrößen)

Bei Organdosis und effektiver Dosis handelt es sich um sogenannte Schutzgrößen, die nicht messbar sind.

Um diese Werte abzuschätzen, bedient man sich Messgrößen oder Werten aus Phantommessungen oder Rechnungen, um prospektive Planungen durchzuführen. In der Personendosimetrie werden die Organdosis bzw. die effektive Dosis mit den zur Verfügung stehenden Messwerten gleichgesetzt.

5.2.5 Körperdosis

Der Begriff Körperdosis wird in der Röntgen- und der Strahlenschutzverordnung lediglich als „Sammelbegriff für Organdosis und effektive Dosis" definiert [17, 18].

5.2.6 Operationelle Größen für äußere Strahlung

Für die Messung der Äquivalentdosis und zur Bestimmung von Organdosen und der effektiven Dosis werden operationelle Messgrößen eingesetzt. Die Definition liefert die ICRP 103 [4]:

„Bei externer Exposition versteht man" unter operationellen Größen „Dosismessgrößen, die bei praktischen Anwendungen für die Überwachung und Prüfung von Situationen verwendet werden. Sie sind messbar und dienen zur Abschätzung von Körperdosen.

Zur Dosisermittlung bei Inkorporation wurden keine Messgrößen definiert, die direkt eine Abschätzung der Organdosen oder der effektiven Dosis ergeben, statt dessen werden verschiedene Methoden zur Abschätzung der Organdosis oder der effektiven Dosis durch Radionuklide im menschlichen Körper angewendet. Diese beruhen auf Aktivitätsmessungen und der Anwendung biokinetischer Modelle (Rechenmodelle)" [4]. Solche Modelle liefern beispielsweise Referenz-Dosiskoeffizienten (Einheit: Sv pro Bq), die im Folgenden eine Dosisberechnung in Abhängigkeit von der zugeführten Aktivität ermöglichen.

Berücksichtigt werden dabei Folgedosen durch Tochternuklide, Anreicherung von Nukliden im Gewebe in Bezug zu Ausscheidungsraten (biologische Halbwertszeit), physikalische Halbwertszeit und die biologische Wirkung der beim radioaktiven Zerfall entstehenden Art der ionisierten Strahlung.

Für externe Strahlung werden die Bereiche Ortsdosis und Personendosis unterschieden. Zur Bestimmung der Ortsdosis (und der Ortsdosisleistung – also der Ortsdosis pro Zeiteinheit) wird ein 30 cm durchmessendes, kugelförmiges Phantom aus ICRU-Weichteilgewebe[3] zugrunde gelegt. Die Dosis wird auf ein idealisiertes Strahlenfeld an diesem Phantom zurückgeführt, das aufgeweitet und ausgerichtet ist: Für ein ausreichend großes Volumen, das die ICRU-Kugel umschließt, herrscht für das aufgeweitete Strahlungsfeld und das reale Strahlungsfeld (am interessierenden Punkt) Gleichheit bezüglich der spektralen und der raumwinkelbezogenen Teilchenflussdichte; alle Stahlrichtungen werden zusätzlich einheitlich ausgerichtet [17, 18].

Für die Personendosis wird direkt die Äquivalentdosis in der gewünschten Gewebetiefe herangezogen.[4]

Es sind folgende Messgrößen definiert und in der Röntgen- sowie der Strahlenschutzverordnung gesetzlich verbindlich eingeführt:

Die Umgebungs-Äquivalentdosis $H*(10)$ am interessierenden Punkt im tatsächlichen Strahlungsfeld ist die Äquivalentdosis, die im zugehörigen ausgerichteten und aufgeweiteten Strahlungsfeld in 10 mm Tiefe auf dem der Einfallsrichtung der Strahlung entgegengesetzt orientierten Radius der ICRU-Kugel erzeugt würde [17, 18].

Die **Richtungs-Äquivalentdosis $H'(0{,}07, \Omega)$** am interessierenden Punkt im tatsächlichen Strahlungsfeld ist die Äquivalentdosis, die im zugehörigen aufgeweiteten Strahlungsfeld in 0,07 mm Tiefe auf einem in festgelegter Richtung Omega orientierten Radius der ICRU-Kugel erzeugt würde [17, 18].

Die **Tiefen-Personendosis $H_p(10)$** entspricht der Äquivalentdosis in 10 mm Tiefe im Körper an der Stelle, an der das Personendosimeter getragen wird [17, 18].

Die **Oberflächen-Personendosis $H_p(0{,}07)$** entspricht der Äquivalentdosis in 0,07 mm Tiefe im Körper an der Stelle, an der das Personendosimeter getragen wird [17, 18].

Eine weitere Empfehlung ist die Dosis $H_p(3)$, die für die Abschätzung der Dosis der Augenlinse (in 3 mm Tiefe) verwendet werden kann [4]. Dieser Parameter hat keinen Einzug in die Röntgen- oder Strahlenschutzverordnung gefunden.

---

[3] ICRU-Weichteilgewebe wird im Report Nr. 44 der ICRU (International Commission on Radiation Units and Measurements) „Tissue Substitutes in Radiation Dosimetry and Measurement" beschrieben und in der Strahlenschutz- bzw. Röntgenverordnung übernommen (gewebeäquivalentes Material der Dichte 1 g/cm³, Zusammensetzung: 76,2 % Sauerstoff, 11,1 % Kohlenstoff, 10,1 % Wasserstoff, 2,6 % Stickstoff).
[4] Für die Kalibrierung von Dosimetern in Personen-Äquivalentdosis wird in ICRU Report Nr. 47 „Measurement of Dose Equivalents from External Photon and Electron Radiations" ein 30 cm × 30 cm × 15 cm großes Phantom aus ICRU-Weichteilgewebe eingeführt.

5.3 Rechtsnormen des Strahlenschutzes in Deutschland – Normenhierarchie

5.3.1 International (Orientierung an ICRP)

Das deutsche Strahlenschutzrecht basiert auf der Umsetzung von europäischem Recht (Richtlinien der Europäischen Atomgemeinschaft (EURATOM)).

Die gesetzlichen Regelungen für den Strahlenschutz in der Medizin in Deutschland sind dabei weitgehend identisch mit denen von kerntechnischen Einrichtungen und nichtmedizinischen Anlagen zur Erzeugung ionisierender Strahlung. Sie orientieren sich – wie auch das Strahlenschutzrecht anderer Länder – an den Empfehlungen der Internationalen Strahlenschutzkommission (International Commission on Radiological Protection, ICRP). Die aktuelle Version dieser Empfehlungen ist die ICRP-Veröffentlichung 103 von 2007 [4]. Es handelt sich um eine Zusammenfassung von Strahlenschutzkonzepten, Strahlenschutzmaßnahmen, Definitionen und Grenzwertempfehlungen, die jedoch viele etablierte Prinzipien und Vorschläge der Vorgängerversion (ICRP 60 von 1990) beibehalten hat.

5.3.2 Atomgesetz

Die für den Strahlenschutz in Deutschland primäre Rechtsverordnung ist das Gesetz über die friedliche Verwendung der Kernenergie und den Schutz gegen ihre Gefahren (*Atomgesetz*).

Ziel ist die Regelung der Verwendung von Kernenergie und ionisierender Strahlung und insbesondere der Schutz vor deren schädlicher Wirkung und den daraus resultierenden Gefahren. Zudem enthält es die Bestimmungen über die Zuständigkeiten des Bundes und der Länder. Das Atomgesetz ist die Ermächtigungsgrundlage für die Röntgen- und die Strahlenschutzverordnung (Abb. 5.2).

Das Atomgesetz regelt auch die notwendige Haftpflichtversicherung und die Deckungsvorsorge für Schadensersatzverpflichtungen eines Antragstellers, für eine Genehmigung zum Betrieb von Anlagen zur Erzeugung ionisierender Strahlung oder den Umgang mit radioaktiven Stoffen. Auch die Bestimmungen zu Verstößen gegen die Strahlenschutzgesetzgebung finden sich im Atomgesetz.

5.3.3 Röntgenverordnung/ Strahlenschutzverordnung

Für die praktische Arbeit in der Medizin sind die Röntgenverordnung (RöV) und die Strahlenschutzverordnung (StrlSchV) relevant. Diese beiden dem Atomgesetz untergeordneten Verordnungen grenzen sich ab durch ihren Anwendungsbereich, der jeweils zu Beginn definiert ist:

Die Röntgenverordnung gilt für Röntgeneinrichtungen mit Röntgenstrahlungsenergien ab 5 Kiloelektronenvolt (keV), sofern sie durch bis zu einem Megaelektronenvolt (MeV) beschleunigte Elektronen erzeugt wurden. Das beinhaltet in der Medizin alle diagnostischen Röntgenanlagen sowie Röntgenstrahler zu Therapiezwecken im genannten Energiebereich.

Abb. 5.2 Hierarchie der Rechtsnormen im medizinischen Strahlenschutz in Deutschland. *Links* befinden sich die Rechtsnormen, auf der *rechten Seite* sind die in Deutschland zuständigen Gremien und Personen aufgeführt, die die entsprechende Rechtsnorm erlassen. Erläuterungen zu den Rechtsnormen befinden sich in den nachfolgenden Abschnitten

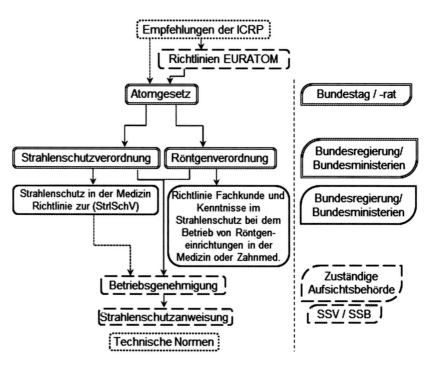

Die Strahlenschutzverordnung hingegen umfasst das gesamte Spektrum des Umgangs mit radioaktiven Stoffen und ionisierender Strahlung (> 5 keV) mit Ausnahme des Gültigkeitsbereiches der Röntgenverordnung. Unter die Strahlenschutzverordnung fallen also Methoden, bei denen Radionuklide unabhängig von der Zerfallsart und der emittierten Energie Verwendung finden sowie Geräte zur Erzeugung ionisierender Strahlung. In der Medizin sind das Anwendungen im Bereich der Nuklearmedizin und Brachytherapie bzw. mit Teilchenbeschleunigern inklusive der in der Strahlentherapie häufig verwendeten Elektronenlinearbeschleuniger (i. d. R. Teletherapie) mit Beschleunigungsenergien über 1 MeV.

Zum November 2011 erfolgte vom Gesetzgeber eine Vereinheitlichung der Inhalte der beiden Verordnungen durch wortgleiche Formulierungen bei identischen Regelungen.

Die Röntgenverordnung gliedert sich in verschiedene Abschnitte, die von Allgemeinen Vorschriften und Strahlenschutzgrundsätzen, Überwachungsvorschriften, Vorschriften für den Betrieb, arbeitsmedizinische Vorsorge, außergewöhnliche Ereignisabläufe oder Betriebszustände, Formvorschriften, Ordnungswidrigkeiten bis hin zu Schlussvorschriften reichen. Ergänzt wird die Röntgenverordnung durch die Anlagen 1 bis 5.

Die Struktur der Strahlenschutzverordnung basiert auf fünf Teilen: Allgemeine Vorschriften, Schutz von Mensch und Umwelt vor radioaktiven Stoffen oder ionisierender Strahlung aus der zielgerichteten Nutzung bei Tätigkeiten, Schutz von Mensch und Umwelt vor natürlichen Strahlungsquellen bei Arbeiten, Schutz des Verbrauchers beim Zusatz radioaktiver Stoffe zu Produkten sowie dem Teil 5: Gemeinsame Vorschriften. Hinzu kommen die Anlagen I bis XVI.

5.3.4 Richtlinie Strahlenschutz in der Medizin

Die Richtlinie Strahlenschutz in der Medizin (Richtlinie zur Verordnung über den Schutz vor Schäden durch ionisierende Strahlung (Strahlenschutzverordnung)) ist ebenfalls im Jahr 2011 novelliert worden, die letzten Anpassungen erfolgten im Juli 2014. Sie beinhaltet zusätzliche Erläuterungen zur Strahlenschutzverordnung und wurde durch das Bundesministerium für Umwelt, Naturschutz, Bau und Reaktorsicherheit (BMU) herausgegeben. Sie richtet sich primär an die zuständigen Genehmigungs- und Aufsichtsbehörden sowie die Antragsteller von Genehmigungen und Fachkunden im Strahlenschutz im Gültigkeitsbereich der Strahlenschutzverordnung.

Zudem soll die Richtlinie „dem im medizinischen Bereich tätigen Personal auf dem entsprechenden Anwendungsgebiet Hinweise zur Umsetzung der Strahlenschutzgrundsätze geben." Ebenfalls in den Vorbemerkungen der Richtlinie wird jedoch explizit darauf hingewiesen, dass die Richtlinie von sich aus keine Gültigkeit hat. Grundsätzlich fehlt ihr die rechtliche Legitimation[5]. Sie wird erst dann bindend, wenn sie z. B. als Genehmigungsauflage zur Einhaltung verpflichtend gemacht

wurde oder der Betreiber selbst sie in der Strahlenschutzanweisung zur Beachtung vorschreibt.

Die Richtlinie bietet trotzdem für den Anwender sinnvolle Interpretationshilfen und trägt vor allem dazu bei, dass mit Berufung auf die Richtlinie deutschlandweit ähnliche Standards gelten und damit verbunden eine Planungssicherheit bei der Antragstellung erreicht wird. Darüber hinaus liefert sie Tabellen zur Bestimmung des Mindestpersonalbedarfs an Ärzten, Medizinphysik-Experten und Medizinisch-technischen Radiologieassistenten in Abhängigkeit von den betriebenen Anlagen, den angewandten Techniken und dem Patientenaufkommen, regelt die Fachkunde im Strahlenschutz für die verschiedenen Berufsgruppen und beinhaltet Muster-Bescheinigungen, Muster-Patienten-Informationen und Muster-Patienten-Merkblätter.

5.3.5 Genehmigung/Anzeige

Weitere Rechtsvorschriften für den Umgang oder die Anwendung von radioaktiven Stoffen am Menschen in der Heilkunde sowie für den Betrieb von Geräten zur medizinischen Nutzung ionisierender Strahlen sind die jeweiligen Genehmigungen durch die zuständige Aufsichtsbehörde für die genannten Vorhaben und Geräte. Diese sind allerdings nur relevant, soweit es aufgrund der entsprechenden Verordnung auch erforderlich ist. Insbesondere Röntgeneinrichtungen zu diagnostischen Zwecken, die eine Bauartzulassung haben und nach dem Medizinproduktegesetz erstmalig in Verkehr gebracht werden, bedürfen in der Regel keiner Genehmigung, sondern sind lediglich anzeigepflichtig. Die Strahlenschutzverordnung definiert auch, wann schon die Errichtung einer Anlage zur Erzeugung ionisierender Strahlung – also bevor der Betrieb überhaupt begonnen werden kann – genehmigungspflichtig ist.

In der Genehmigung finden sich neben den technischen Daten und dem Anwendungszweck auch zusätzliche Erklärungen, Einschränkungen oder Ausnahmen, die individuell für die Anwendung oder Anlage gelten. Für die Aufsichtsbehörde besteht hier die Möglichkeit, verschärfend oder entschärfend auf besondere Umstände und spezielle Bedingungen einzugehen, die beim Antragsteller vorliegen.

5.3.6 Strahlenschutzanweisung

Vom Inhaber einer Genehmigung für den Umgang mit bzw. die Anwendung von radioaktiven Stoffen oder für eine Anlage zur Erzeugung von ionisierender Strahlung ist eine Strahlenschutzanweisung zu erlassen. Dies ist im Rahmen der Strahlenschutzverordnung immer zu tun (§ 34), nach Röntgenverordnung (§ 15a) nur, sofern die zuständige Behörde ihn dazu verpflichtet.

---

[5] Dies wird auch im Urteil Az. 10 S 1340/12 des Verwaltungsgerichtshofs Baden-Württemberg vom 17. Dezember 2012 bestätigt: Die Richtlinie ist weder eine Rechtsnorm noch eine allgemeine Verwaltungsvorschrift nach Art. 85 Abs. 2 Satz 1 GG noch eine normkonkretisierende Verwaltungsvorschrift. Dem Urteil zufolge fehlt es an einer gesetzlichen Ermächtigung. Es „enthalten weder die Strahlenschutzverordnung noch andere Normen für den Bereich des Strahlenschutzes in der Medizin eine Ermächtigungsgrundlage für den Erlass von Verwaltungsvorschriften".

Die Strahlenschutzanweisung beinhaltet die für den Betrieb einzuhaltenden Schutzmaßnahmen und die für den sicheren Umgang mit ionisierender Strahlung relevanten Regelungen aus Atomgesetz, Röntgen- bzw. Strahlenschutzverordnung sowie der Genehmigung.

Die geforderten Elemente diesbezüglich sind in den beiden Verordnungen weitgehend identisch:

- „die Aufstellung eines Planes für die Organisation des Strahlenschutzes, erforderlichenfalls mit der Bestimmung, dass ein oder mehrere Strahlenschutzbeauftragte bei der genehmigten Tätigkeit ständig anwesend oder sofort erreichbar sein müssen,
- die Regelung des für den Strahlenschutz wesentlichen Betriebsablaufs,
- die für die Ermittlung der Körperdosis vorgesehenen Messungen und Maßnahmen entsprechend den Expositionsbedingungen,
- die Führung eines Betriebsbuchs, in das die für den Strahlenschutz wesentlichen Betriebsvorgänge einzutragen sind,
- die regelmäßige Funktionsprüfung und Wartung von Bestrahlungsvorrichtungen, Anlagen zur Erzeugung ionisierender Strahlen, Ausrüstung und Geräten, die für den Strahlenschutz wesentlich sind, sowie die Führung von Aufzeichnungen über die Funktionsprüfungen und über die Wartungen,
- die Aufstellung eines Planes für regelmäßige Alarmübungen sowie für den Einsatz bei Unfällen und Störfällen, erforderlichenfalls mit Regelungen für den Brandschutz und Vorbereitung der Schadensbekämpfung und
- die Regelung des Schutzes gegen Störmaßnahmen oder sonstige Einwirkungen Dritter, gegen das Abhandenkommen von radioaktiven Stoffen oder gegen das unerlaubte Inbetriebsetzen einer Bestrahlungsvorrichtung oder einer Anlage zur Erzeugung ionisierender Strahlen" [18].

In der Richtlinie Strahlenschutz in der Medizin finden sich weitere Erläuterungen zur Ausarbeitung einer Strahlenschutzanweisung inklusive einer Anlage mit Details zum Inhalt.

5.3.7 Stand der Technik/Normen

Sofern es keine detaillierten gesetzlichen Regelungen gibt, gilt es, vornehmlich den Stand der Technik (gemäß RöV) zu erreichen bzw. einzuhalten. Dabei handelt es sich nicht um die jeweils aktuell erforschten Sachverhalte auf dem jeweiligen Anwendungsgebiet, sondern vielmehr um anerkannte und etablierte Verfahren. Diese werden in Normen (z. B. DIN oder ISO) oder medizinischen und technischen Leitlinien beschrieben (Regeln der Technik). Sie werden damit indirekt vorgeschrieben. Ihre Anwendung hängt von den verwendeten Diagnose- und Therapietechniken ab und kann auch nur in Teilen erfolgen.

Beim Deutschen Institut für Normung e. V. (DIN) ist der Normenausschuss Radiologie (NAR) für die Entwicklung der Normen für den Strahlenschutz und die Anwendung von radioaktiven Stoffen und ionisierender Strahlung in der Medizin unter

der Beteiligung von Anwendern, Sachverständigen, Aufsichtsbehörden und Industrie zuständig. Dort erhält man auch eine Liste der rund 200 gültigen Normen dieses Ausschusses [7].

Die Strahlenschutzverordnung fordert, den Stand von Wissenschaft und Technik zu beachten. Dabei handelt es sich zusätzlich um alle relevanten und anwendbaren Erkenntnisse der wissenschaftlichen Forschung. Zur Anwendung können also auch Ergebnisse aus Veröffentlichungen in Fachjournalen sowie Berichte, Reports und Leitlinien anderer Länder (z. B. AAPM, IPEM u. a.) oder internationaler Einrichtungen (z. B. IAEA, ICRP, ICRU u. a.) kommen.

5.4 Medizinische Strahlenschutzorganisation

5.4.1 Strahlenschutzverantwortlicher und Strahlenschutzbeauftragter

Der gesetzliche Vertreter der Einrichtung, die den Genehmigungsantrag stellt bzw. die Anzeige einreicht, ist der Strahlenschutzverantwortliche (Genehmigungsinhaber). Gibt es hier nur eine juristische oder mehrere natürliche Personen, muss eine Person festgelegt werden, die als Strahlenschutzverantwortlicher (SSV) fungiert. Sie muss nicht ein direkter Vorgesetzter sein, in der Regel handelt es sich aber um den Arbeitgeber bzw. eine der führenden Personen der Unternehmensleitung (Abb. 5.3).

Oft tritt der Fall ein, dass Strahlenschutzverantwortliche sich mit ionisierender Strahlung nicht auskennen. Das ist in größeren Einrichtungen denkbar, in denen Geschäftsführung und Direktorenstellen mit Fachleuten aus dem kaufmännischen oder juristischen Bereich besetzt sind. Nicht selten sind auch Politiker in ihrer Eigenschaft als Landrat o. Ä. in dieser Funktion. Besonders für diesen Fall gibt es die Möglichkeit, einen Strahlenschutzbevollmächtigten zu bestimmen.

Der Strahlenschutzverantwortliche muss für die genehmigten Tätigkeiten Strahlenschutzbeauftragte (SSB) in ausreichender Anzahl bestellen. Sollte er selbst im Strahlenschutz für das entsprechende Anwendungsgebiet fachkundig sein, entfällt diese Verpflichtung, sofern keine weiteren Strahlenschutzbeauftragten notwendig sind. Die Bestellung muss schriftlich unter der Nennung des Aufgabengebietes, des „innerbetrieblichen Entscheidungsbereiches" und der zur Wahrnehmung seiner Aufgaben erforderlichen Befugnisse" erfolgen [17, 18]. Zudem erhält die Aufsichtsbehörde die Bestellung in Kopie.

Strahlenschutzverantwortlicher und Strahlenschutzbeauftragter tragen die Verantwortung, dass die Vorschriften der Strahlenschutzverordnung respektive der Röntgenverordnung und des Atomgesetzes beachtet und umgesetzt werden. Dazu gehören auch die Auflagen der Aufsichtsbehörde in der Genehmigung.

5.4.1.1 Strahlenschutzverantwortliche

„Der Strahlenschutzverantwortliche hat unter Beachtung des Standes von Wissenschaft und Technik zum Schutz des Men-

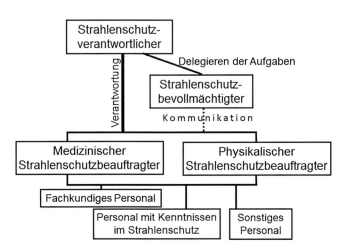

Abb. 5.3 Strahlenschutzorganisation in der Medizin (Erläuterungen siehe Text)

schen und der Umwelt vor den schädlichen Wirkungen ionisierender Strahlung durch geeignete Schutzmaßnahmen, insbesondere durch Bereitstellung geeigneter Räume, Ausrüstungen, Schutzvorrichtungen, Geräte und Schutzausrüstungen für Personen, durch geeignete Regelung des Betriebsablaufs und durch Bereitstellung ausreichenden und geeigneten Personals, erforderlichenfalls durch Außerbetriebsetzung, dafür zu sorgen, dass [...] die folgenden Vorschriften eingehalten werden." [Einleitung der Abs. 1 des § 33, StrlSchV und § 15, RöV] Nachfolgend sind in den Verordnungen die Pflichten des Strahlenschutzverantwortlichen und von den Strahlenschutzbeauftragten aufgelistet. Dabei wird jeweils auf die relevanten Abschnitte, Kapitel, Paragraphen und Sätze der jeweiligen Verordnung verwiesen.

Zudem hat der Strahlenschutzverantwortliche Sorge zu tragen, dass jede unnötige Strahlenexposition von Menschen vermieden wird sowie Dosisgrenzwerte eingehalten und Strahlenexpositionen so klein wie möglich gehalten werden [18].

Die vom Strahlenschutzbeauftragten abweichenden Pflichten des Strahlenschutzverantwortlichen sind das Einhalten der Vorschriften, die ihn als Genehmigungsinhaber selbst oder auch als Arbeitgeber betreffen. Dies sind beispielsweise Bestellung und Entpflichtung der Strahlenschutzbeauftragten, Erlassen der Strahlenschutzanweisung, Vorbereitung der Brandbekämpfung in Zusammenarbeit mit der Feuerwehr, Vorhalten von Personal und Ausrüstung, um Gefahren auf dem Betriebsgelände zu beseitigen, falls erforderlich, Information der Bevölkerung zum Verhalten bei radiologischen Notstandssituationen, Beschränkung der Anlagenzahl zur Untersuchung/Therapie von Patienten auf das notwendige Maß, die Meldepflicht bei der ärztlichen Stelle oder die Stilllegung von Geräten, falls sie dem Strahlenschutz nicht mehr genügen.

5.4.1.2 Strahlenschutzbevollmächtigte

Die Einführung der Funktion des Strahlenschutzbevollmächtigten ist ursprünglich vom Fachverband für Strahlenschutz e. V. (Arbeitskreises Rechtsfragen zur Strahlenschutzorganisation) empfohlen worden. Ziel ist es, den Strahlenschutzverant-

wortlichen zu entlasten, insbesondere wenn dieser nicht die notwendige Fachkenntnis im Strahlenschutz besitzt. Der Vorschlag hat mit der Novellierung der Richtlinie Strahlenschutz in der Medizin 2011 auch Einzug in die medizinischen Strahlenschutzvorschriften gefunden.

Auf den Strahlenschutzbevollmächtigten kann die Durchführung der Aufgaben des Strahlenschutzverantwortlichen übertragen werden (Abb. 5.3). Ergänzend arbeitet er ihm zu, kann aber nicht dessen Verantwortung übernehmen.

5.4.1.3 Strahlenschutzbeauftragte

Strahlenschutzbeauftragte gibt es für den medizinischen Bereich (Ärzte) den medizinisch-technischen Bereich (MPE, Abschn. 5.4.2) oder für nur technische Bereiche. Für die Anwendung von radioaktiven Stoffen oder ionisierender Strahlung am Menschen in der Heilkunde ist stets mindestens ein approbierter Arzt mit der erforderlichen Fachkunde im Strahlenschutz zu bestellen. Für therapeutische Anwendungen ist zusätzlich mindestens ein MPE, ebenfalls mit der Fachkunde im Strahlenschutz für den Bereich, für den er strahlenschutzbeauftragt werden soll, zu bestellen. Die Tätigkeit als medizinischer und medizinisch-technischer Strahlenschutzbeauftragter (oder Strahlenschutzverantwortlicher) in einer Person zu vereinen (fachkundiger Arzt, der auch MPE ist), ist nicht vorgesehen.

Neben der spezifischen Fachkunde muss ein Strahlenschutzbeauftragter auch die notwendige Zuverlässigkeit für die Tätigkeit als Strahlenschutzbeauftragter besitzen.

Die weiteren gemeinsamen Pflichten des Strahlenschutzverantwortlichen und des Strahlenschutzbeauftragten, bei Letzterem, sofern sie bei der Bestellung zum Strahlenschutzbeauftragten schriftlich benannt wurden, sind beispielsweise Beachtung der diagnostischen Referenzwerte, Sicherstellung der Durchführung von Abnahmeprüfungen und Konstanzprüfungen, Einhaltung von Aufbewahrungs-, Aufzeichnungs- und Meldepflichten, Veranlassung einer Sachverständigenprüfung, der arbeitsmedizinischen Vorsorge, Aushang der jeweilig relevanten Verordnung, Erstellung schriftlicher Arbeitsanweisungen, Einrichtung, Abgrenzung, Beschilderung und Beachtung der Zutrittsbeschränkungen von Strahlenschutzbereichen, korrekte Stellung der rechtfertigenden Indikation, Ermittlung der Köperdosis, Einhaltung der Dosisgrenzwerte, Beachtung der Anwendungsgrundsätze, Beschränkung der Strahlenexposition, Verdünnungsverbot bei Abgabe radioaktiver Stoffe, Organisation der jährlichen Unterweisung, Erfassung radioaktiven Abfalls, Dokumentation der Untersuchung bzw. Behandlung u. a.

Die Weisungsbefugnis den Strahlenschutz betreffend ergibt sich aus der Bestellung des Strahlenschutzbeauftragten. Sie ist unabhängig von Vorgesetztenhierarchien der Einrichtung oder Abteilung. Auf jeden Fall hat der Strahlenschutzbeauftragte dem Strahlenschutzverantwortlichen gegenüber eine unverzügliche Mitteilungspflicht bei Mängeln, die den Strahlenschutz betreffen.

Es ist zu beachten, dass Strahlenschutzverantwortlicher und Strahlenschutzbeauftragte stets die Verantwortung für Tätigkeiten und Dokumentationen von anderem im Strahlenschutz fachkundigem Personal tragen, die unmittelbare Auswirkungen auf das Behandlungsergebnis oder die Gesundheit haben können (korrekte Stellung der rechtfertigenden Indikation, Aufzeichnungspflichten, Einhalten der Zutrittsbeschränkungen zu Strahlenschutzbereichen etc.). Es empfiehlt sich, diese Punkte in die jährliche Unterweisung (Abschn. 5.4.5) aufzunehmen oder anderweitig zu schulen. Darüber hinaus helfen eindeutige schriftliche Anweisungen den ordnungsgemäßen Ablauf sicherzustellen. Auch eine regelmäßige Prüfung der entsprechenden Dokumentation durch den Strahlenschutzbeauftragten bzw. Strahlenschutzverantwortlichen können als Maßnahme angesehen werden, der Pflicht zur Einhaltung der Vorschriften im Strahlenschutz nachzukommen.

5.4.1.4 Nachweis der Zuverlässigkeit

Die im Strahlenschutzrecht geforderte notwendige Zuverlässigkeit sowohl des Genehmigungsinhabers als auch jedes Strahlenschutzbeauftragten ist für die zuständige Behörde relativ schwierig zu beurteilen. Der Nachweis wird durch ein Führungszeugnis erbracht. Bei Ärzten wird in der Regel auch die Approbation anerkannt, für die wiederum zuvor bereits ein Führungszeugnis eingereicht werden musste. Hier kann es bei zeitlich auseinanderliegenden Genehmigungen dazu kommen, dass die Behörde erneut die Approbation (oder ein Führungszeugnis) einfordert, um den aktuellen Stand zu beurteilen.

5.4.2 Fachkunde im Strahlenschutz

5.4.2.1 Fachkunde

In früheren Röntgenverordnungen war die Anwendung von ionisierender Strahlung in der Heilkunde noch jedem approbierten Arzt erlaubt. Zunehmende Technisierung, die Vielfalt der Nutzung, der Schutz der Patienten vor ionisierender Strahlung und nicht zuletzt die Verbesserung der Ergebnisqualität der Untersuchung oder Behandlung machten es nötig, den Anwenderbereich einzuschränken und ausreichende Erfahrung im Umgang mit ionisierender Strahlung als Voraussetzung zu fordern.

Die Röntgenverordnung und die Strahlenschutzverordnung sehen für die Anwendung von ionisierender Strahlung oder radioaktiven Stoffen am Menschen Personal mit der notwendigen Fachkunde im Strahlenschutz vor.[6] Nur ein approbierter Arzt mit der entsprechenden Fachkunde darf die rechtfertigende Indikation (Abschn. 5.8.1) für die Anwendung dieser Strahlung bzw. radioaktiver Stoffe in der Heilkunde stellen und die Aufsicht führen. Auch für die Bestellung zum Strahlenschutzbeauftragten ist die Fachkunde Voraussetzung.

Die Fachkunden im Strahlenschutz für die Anwendung von Strahlung in der Heilkunde sowie die Voraussetzungen für den Erwerb sind in der „Richtlinie zur Röntgenverordnung, Fachkunde und Kenntnisse im Strahlenschutz bei dem Betrieb von Röntgeneinrichtungen in der Medizin oder Zahnmedizin" (Fachkunderichtlinie) [1] sowie der „Richtlinie Strahlenschutz in der Medizin" (nach StrlSchV) [19] dargestellt. Hier finden sich auch die Beschreibungen der notwendigen Strahlenschutzkurse und deren Inhalte.

Grundsätzlich ist die Erteilung der Fachkunde ein Akt der zuständigen Aufsichtsbehörde (Medizinphysik-Experten, MPE) bzw. der beauftragten Ärztlichen Stellen (für Mediziner). Für den Antrag zur Fachkunde müssen drei Dinge nachgewiesen werden:

- Passender Ausbildungsabschluss
- Sachkunde über einen spezifizierten Zeitraum
- Entsprechende fachkundespezifische Strahlenschutzkurse (Grundkurs/Spezialkurs)

Der Fachkundeerwerb unterscheidet sich zum einen für die einzelnen Berufsgruppen. Trotz vieler themenbedingten Gemeinsamkeiten gibt es speziell Fachkunden für Ärzte, MTRA/MTA und MPE. Zum anderen ist die Fachkunde verordnungsspezifisch, also davon abhängig, ob die Anwendung der Strahlung nach Röntgenverordnung oder Strahlenschutzverordnung erfolgt. Innerhalb der Verordnungen sind wiederum Teilfachkunden für verschiedene Anwendungsgebiete zu unterscheiden. Die größte Variation gibt es hier für Ärzte.

Medizinisch-technische Radiologieassistenten (MTRA) bekommen mit dem erfolgreichen Abschluss ihrer Ausbildung automatisch die Fachkunde im Strahlenschutz nach Röntgenverordnung und Strahlenschutzverordnung. Ebenso ist es bei Medizinisch-technischen Assistenten (MTA), sofern entsprechendes Fachwissen in der Ausbildung und Prüfung enthalten ist.

Angehende Medizinphysik-Experten[7] (MPE) benötigen ein erfolgreich abgeschlossenes Hochschul- oder Fachhochschulstudium in einem naturwissenschaftlich-technischen Fach sowie den Nachweis, dass das in der Anlage 2 Abschnitt 3 der Richtlinie Strahlenschutz in der Medizin beschriebene Fachwissen in medizinischer Physik vorhanden ist [19]. Sie müssen grundsätzlich mindestens 24 Monate Sachkunde erwerben, wobei eine Verweildauer von jeweils 6 Monaten für die Anwendungsbereiche Teletherapie, Brachytherapie, Nuklearmedizin (jeweils StrlSchV) und Röntgen (nach RöV) erforderlich ist. Es ist möglich Fachkunde nur für Teilgebiete zu erhalten, wobei die 24 Monatsgrenze trotzdem nicht unterschritten werden darf.

Ärzte müssen approbiert sein oder die Erlaubnis haben, den ärztlichen Beruf auszuüben. Die Fachkunderichtlinie (zur RöV) sieht 13 verschiedene Anwendungsgebiete vor, die zum Teil noch weiter untergliedert sind (Tab. 5.5). Für den Geltungsbereich der Strahlenschutzverordnung sind es mindestens 10 verschiedene Anwendungsgebiete (Tab. 5.6). Die Fachkunden werden diesen Anwendungsgebieten entsprechend ausgestellt.

---

[6] Im Folgenden wird die Bezeichnung „Fachkunde im Strahlenschutz" bzw. „im Strahlenschutz fachkundig" zur flüssigeren Lesbarkeit des Textes vereinfacht mit den Worten Fachkunde bzw. fachkundig abgekürzt. Gemeint ist jedoch stets die Fachkunde im Strahlenschutz bezogen auf die Anwendung ionisierender Strahlung oder radioaktiver Stoffe in der Heilkunde.

[7] Die Position des Medizinphysik-Experten ist in der Röntgen- und der Strahlenschutzverordnung wortgleich definiert: „In medizinischer Physik besonders ausgebildeter Diplom-Physiker mit der erforderlichen Fachkunde im Strahlenschutz oder eine inhaltlich gleichwertig ausgebildete sonstige Person mit Hochschul- oder Fachhochschulabschluss und mit der erforderlichen Fachkunde im Strahlenschutz." [17, 18].

Tab. 5.5 Fachkunden nach Röntgenverordnung für Ärzte: Übersicht der Anwendungsgebiete, Mindestanforderungen bezüglich Patientenuntersuchungen und Strahlungsanwendungen sowie Sachkundezeiten

Nr.	Anwendungsgebiet	Untersuchungen/Anwendungen	Mindestzeit [Monate]
Rö1	Gesamtbereich Röntgendiagnostik inkl. CT	5000	36 (12 CT)
Rö2	Notfalldiagnostik – Röntgendiagnostik ohne CT für Erstversorgung: Schädel-, Stamm- und Extremitätenskelett, Thorax, Abdomen	600	12
Rö3	Röntgendiagnostik eines Organsystems		
Rö3.1	Skelett	1000	12
Rö3.2	Thorax (ohne Rö3.4, Rö3.5 und Rö3.6)	1000	12
Rö3.3	Abdomen	200	12
Rö3.4	Mamma	500	12
Rö3.5	Gefäßsystem (periphere/zentrale Gefäße)	100	12
Rö3.6	Gefäßsystem des Herzens	100	12
Rö4	Röntgendiagnostik in einem sonstigen begrenzten Anwendungsbereich – z. B. Schädeldiagnostik in HNO, Endoskopie, intraoperative Röntgendiagn., Thoraxdiagn. auf Intensivstation, Nieren u. ableitende Harnwege, weibl. Genitalorgane u. a. begrenzte Anwendungsgebiete	je 100	je 6
Rö5	CT	1000	12
Rö5.1	CT – nur in Verbindung mit Rö3.1, Rö3.2 und Rö3.3	1000	12
Rö5.2	CT Schädel – nur in Verbindung mit Rö3.1	300	8
Rö6	Röntgendiagn. bei Kindern in einem speziellen Anwendungsgeb. in Verbindung mit Rö3 oder Rö4	100	6
Rö7	Anwendung von Röntgenstrahlung bei fluoroskopischen Interventionen eines Organsystems – nur in Verbindung mit Rö1, Rö4 oder einem Anwendungsgeb. aus Rö3	100	6
Rö8	Röntgendiagnostik inkl. CT für Personen mit Fachkunde für das Gesamtgebiet „offene radioaktive Stoffe – Diagnostik und Therapie" (StrlSchV) – umfasst Anwendungsgeb. Rö3.1, Rö3.2, Rö3.3, Rö5.1	3200	24
Rö9	Digitale Volumentomographie (DVT) ohne CT – in Verbindung mit jeweiligem Organsyst./Anwendungsgeb. aus Rö3 oder Rö4		
Rö9.1	DVT im Bereich der Hals-Nasen-Ohren-Heilkunde	50	3
Rö9.2	Sonstige tomographische Verfahren ohne CT – z. B. Cone-Beam-Verfahren, 3D-Bildgebung Skelett, Gefäße oder Organe mit fluoroskopischen C-Bögen	100	6
Rö10	Knochendichtemessung mit Röntgenstrahlung (Dual-Röntgen-Absorptiometrie DXA/DEXA) oder periphere quantitative Computertomographie (pQCT), ohne Computertomographie (QCT)	20	2
Rö11	CT und sonstige tomographische Verfahren zur Therapieplanung u. Verifikation sowie für die bildgeführte Strahlentherapie	200	12
Rö12	Simulation u. Verifikation mittels Fluoroskopie u. Radiographie	200	12
Rö13	Röntgentherapie		18 inkl. 12 Mon. prakt.
Rö13.1	Röntgentherapie – perkutan	40	Erfahrung in Tele- oder
Rö13.2	Röntgentherapie – intraoperativ, endoluminal und endokavitär	40	Brachytherapie

Angegeben ist eine verkürzte, zusammenfassende Darstellung. Details sind den Tabellen 4.2.1, 4.4.1 und 4.5.1 der Fachkunderichtlinie zu entnehmen. Nicht enthalten sind die Anwendungsgebiete 1–4 in der Zahnheilkunde (Tabelle 4.3.1 der Fachkunderichtlinie)
Bei der Mindestzeit ist von einer Vollzeitstelle auszugehen

Neue Anwendungen können hinzukommen (z. B. Therapien mit Partikelstrahlung). Die Notwendigkeit und die Erteilung einer entsprechenden Fachkunde werden dann im Rahmen einer Einzelfallentscheidung durch die zuständige Stelle getroffen. Dies ist auch für Medizinphysik-Experten möglich.

5.4.2.2   Kenntnisse im Strahlenschutz

Kenntnisse im Strahlenschutz sind die Vorstufe zur Fachkunde bzw. eine Möglichkeit zur Weiterbildung für Personen mit einer erfolgreich abgeschlossenen sonstigen medizinischen Ausbildung, um bei der Anwendung ionisierender Strahlung am Menschen technisch mitzuwirken.

Details finden sich wieder in der Richtlinie Strahlenschutz in der Medizin (Gültigkeitsbereich der Strahlenschutzverordnung) bzw. der Richtlinie Fachkunde und Kenntnisse im Strahlenschutz bei dem Betrieb von Röntgeneinrichtungen in der Medizin oder Zahnmedizin (Gültigkeitsbereich der Röntgenverordnung). Die Kenntnisse im Strahlenschutz unterscheiden sich also je nach Rechtsverordnung und nach der bisherigen Ausbildung des Personals.

Teil I

Tab. 5.6 Fachkunden nach Strahlenschutzverordnung für Ärzte: Übersicht der Anwendungsgebiete, Mindestanforderungen bezüglich Patientenuntersuchungen und Strahlungsanwendungen sowie Sachkundezeiten

Nr.	Anwendungsgebiet	Untersuchungen/Anwendungen	Mindestzeit [Monate]
2.1.1	Gesamtgebiet „offene radioaktive Stoffe" (Diagnostik und Therapie)	2200 mind. 500 PET	36, mind. 24 Diagnostik und 6 Therapie
2.1.2	Nuklearmedizinische Diagnostik (einschließlich tomographischer Techniken (PET, SPECT))	2000 mind. 500 PET	30
2.1.3	Organbezogene Diagnostik (offene radioaktive Stoffe)		18 mind. 12 auf betreffendem Organgebiet, bei Erweiterung auf weitere Organgebiete je 6
	– Zentralnervensystem	150	
	– Skelett und Gelenksystem	800	
	– kardiovaskuläres System	500	
	– Respirationssystem	200	
	– Gastrointestinaltrakt	50	
	– Urogenitalsystem	250	
	– endokrine Organe	800	
	– hämatopoetisches und lymphatisches System (einschl. Onkologie und Entzündungsdiagn.)	400	
2.1.4	Bildgebende nuklearmedizinische Diagnostik (z. B. PET/CT; ohne Schilddrüse und In-vitro-Diagnostik) für Personen mit Rö1	1600, mind. 800 nicht in PET- oder SPECT-Technik	24 Diagnostik mit komb. PET/CT-Untersuchungsverf.
2.1.5	Nuklearmed. Therapie (nur in Verbind. mit Nr. 2.1.2)	200, davon	6 in Verbindung mit 2.1.2
	– benigne Schilddrüsen-Erkr.	100	
	– maligne Schilddrüsen-Erkr.	25	
	– andere solide oder systemische maligne Tumoren und/oder benigne Erkrankungen (einschl. 2.1.6)	10	
2.1.6	Endoluminale, endovaskuläre und endokavitäre Strahlentherapie mit offenen radioaktiven Stoffen (z. B. SIRT, RSO, Re-Ballonkatheter)	10 je Technik	–/–, nur zusätzlich zu Nr. 2.1.1 bzw. 2.1.5
2.2.1	Gesamtgebiet „Strahlenbehandlungen Tele- und Brachytherapie"		36 davon mind. 12 Indikationsstellung und Strahlentherapieplanung mit bildgeb. Verfahren mind. 18 Anwendungen mit Teletherapiegeräten: Linearbeschleuniger (mind. 12; Nr. 2.2.5) und Gamma-Bestrahlungsv. mind. 12 Therapie mit Afterloadingv. und umschlossenen radioakt. Stoffen ggf. inkl. 3 endovaskuläre Strahlentherapie
	– Therapieplanungen	200	
	– Therapien	200	
	– Brachytherapie	60 in angemessener Gewichtung über alle Anwendungen	
2.2.2	Brachytherapie	60 in angemessener Gewichtung über alle Anwendungen	24, mind. 12 Anwend. mit Afterloadingv., Anw. mit umschlossenen radioakt. Stoffen zur temporären Appl. können mit max. 6 anerkannt werden. Anerkennung von max. 6 aus bereits erworbenen Sachkunden
2.2.3	Anwendung umschlossener radioaktiver Stoffe zur permanenten Implantation	jeweils 40 (z. B. Auge, Haut, Gehirn, Prostata), bei Erweiterung auf weitere Organgeb. mind. 25 Anwendungen je Organgeb.	erstes Organgebiet 18 einschließlich mind. 9 Strahlentherapieplanung, Differenzialindikationsstellung und Betreuung von Patienten in einer strahlentherapeutischen Einrichtung
2.2.4	Endovaskuläre Strahlentherapie mit umschlossenen radioaktiven Stoffen	25	6 (kann innerhalb Sachkunde für Nr. 2.2.1 erworben werden)
2.2.5.1	Gesamtgebiet Teletherapie (Anlagen zur Erzeugung ionisier. Strahlen und Gamma-Bestrahlungsvorrichtungen)	Therapieplanung: 200 Therapien: 200	mind. 36 Strahlentherapie inkl. mind. 12 Strahlentherapieplanung sowie mind. 12 Tätigkeit an Anlage zur Erzeugung ionisierender Strahlen, davon alternativ 6 an Gamma-Bestrahlungsv.
2.2.5.2	Organspezifische Anwendungen (z. B. Gehirn)	40	18 auf Gebiet der Strahlentherapie einschl. mind. 9 Strahlentherapieplanung auf jeweiligem Organ-Anwendungsgeb.
2.2.5.3	Neue Anwendungen (z. B. Therapien mit Partikelstrahlung)	siehe rechts	legt zuständige Behörde fest

Angegeben ist eine verkürzte, zusammenfassende Darstellung. Details sind der Anlage A1 der Richtlinie Strahlenschutz in der Medizin [19] zu entnehmen
Bei der Mindestzeit ist von einer Vollzeitstelle auszugehen

Tab. 5.7 Spezialkurse im Strahlenschutz für Ärzte (RöV und StrlSchV)

Nr.	Spezialkurs im Strahlenschutz	Zugehörige Fachkunde	Dauer [Stunden]
1.2 (StrlSchV)	Beim Umgang mit offenen radioaktiven Stoffen in der Nuklearmedizin	2.1.1 bis 2.1.4	24
1.3 (StrlSchV)	In der Teletherapie	2.2.1, 2.2.5.1, 2.2.5.2	28
1.4 (StrlSchV)	In der Brachytherapie	2.2.1, 2.2.2, 2.2.3, 2.2.4	18
2.1 (RöV)	Bei der Untersuchung mit Röntgenstrahlung (Diagnostik)	Rö1 bis Rö9	20
2.2 (RöV)	Computertomographie	Rö1, Rö5, Rö8	8
2.3 (RöV)	Interventionsradiologie	Rö7	8
2.4 (RöV)	Digitale Volumentomographie und sonstige tomographische Verfahren für Hochkontrastbildgebung außerhalb der Zahnmedizin	Rö9.1, Rö9.2	8
2.5 (RöV)	Kurs im Strahlenschutz bei der Anwendung von Röntgenstrahlung zur Knochendichtemessung[a]	Rö10	10
3.2 (RöV)	Für Zahnärzte	2–4	8
4.1 (RöV)	Bei der Behandlung mit Röntgenstrahlung – perkutane Röntgentherapie	Rö11, Rö12, Rö13.1	28, entspricht StrlSchV 1.3 Teletherapie
4.2 (RöV)	Bei der Behandlung mit Röntgenstrahlung – intraoperative, endoluminale und endokavitäre Röntgentherapie	Rö13.2	18, entspricht StrlSchV 1.4 Brachytherapie

Der Spezialkurs 4.1 (RöV) respektive 1.3 (StrlSchV) ist ausreichend für die Anwendungsgebiete Rö11 (CT zur Bestrahlungsplanung) und Rö12 (Simulation und Verifikation mittels Röntgen)

[a] Bei alleinigem Anwendungsgebiet kein Grundkurs notwendig

Für die Strahlenschutzverordnung legt die Richtlinie Strahlenschutz in der Medizin fest, dass der Erwerb der Kenntnisse im Strahlenschutz vor dem Beginn des Sachkundeerwerbs liegen muss. Ärzte müssen hierfür einen Grundkurs (24 Stunden bzw. Unterrichtseinheiten[8]) erfolgreich absolviert haben. Hinzu kommen noch der Erwerb praktischer Kenntnisse (4 Unterrichtseinheiten), die sich auf die Gegebenheiten am Ort der Tätigkeiten beziehen, sowie eine Strahlenschutzunterweisung vor Anwendung von ionisierender Strahlung am Menschen.

Für den Gültigkeitsbereich der Röntgenverordnung gibt es für Ärzte einen speziellen Kurs zum Erwerb von Kenntnissen im Strahlenschutz (Dauer: 8 Stunden). Dieser Kurs ist der Fachkunderichtlinie zufolge keine Voraussetzung für den Besuch des Grund- oder eines Spezialkurses. Vielmehr wird er für den Kenntniserwerb benötigt, der wiederum Bedingung für den Beginn des Sachkundeerwerbs ist. Da die Fachkunde aber nur mit der notwendigen Sachkunde erworben werden kann, wird der 8-Stunden-Kenntniskurs damit indirekt zur Voraussetzung für ärztliche Fachkunden nach der Röntgenverordnung.

Die Kurse zur Vermittlung von Kenntnissen im Strahlenschutz für Personen mit einer erfolgreich abgeschlossenen sonstigen medizinischen Ausbildung sind deutlich umfangreicher (StrlSchV: mind. 40 Unterrichtseinheiten, RöV: mind. 90 Stunden).

Für MTRA in Ausbildung reicht eine „für das jeweilige Anwendungsgebiet geeignete Einweisung und praktische Erfahrung" für den Erwerb von entsprechenden Kenntnissen aus [17, 18].

Für angehende Medizinphysik-Experten ist das formale Ausbildungsziel „Kenntnisse im Strahlenschutz" nicht definiert, da sie während der Ausbildung bei der Anwendung von ionisierender Strahlung am Menschen niemals technisch mitwirken dürfen. Nichtsdestotrotz steht vor Beginn des Erwerbs der Sachkunde wiederum der Erwerb der erforderlichen Kenntnisse im Strahlenschutz nebst arbeitsplatzspezifischer Unterweisung. Der Besuch des Grundkurses analog der Ärzte sollte hier den Anforderungen der Aufsichtsbehörden genügen.

5.4.2.3 Strahlenschutzkurse für die Fachkunde

MTRA bekommen während ihrer Ausbildung die zu den Strahlenschutzkursen äquivalenten Inhalte vermittelt. Neben dem Grundkurs (24 Stunden, RöV und StrlSchV) für Ärzte und Medizinphysik-Experten gibt es für Letztere den Spezialkurs Röntgen (28 Stunden) und den Spezialkurs für alle Anwendungsgebiete nach Strahlenschutzverordnung (48 Stunden) bzw. die Möglichkeit, die ärztlichen Spezialkurse 1.2 bis 1.4 für Teilanwendungsgebiete zu besuchen. Ärzte haben bei den Spezialkursen ein ähnlich umfangreiches Angebot, wie für die Anwendungsgebiete vorgesehen ist (Tab. 5.7). Als Voraussetzung für den Besuch des Spezialkurses wird in den Richtlinien zu beiden Verordnungen ein erfolgreich abgeschlossener Grundkurs verlangt (Ausnahme ist der Spezialkurs für die alleinige Fachkunde Rö10 zur Knochendichtemessung).

5.4.2.4 Sachkunde

Die Bescheinigung der praktischen Erfahrung in einer geeigneten Einrichtung durch einen Mitarbeiter mit der gleichen Fachkunde im Strahlenschutz wird als Sachkunde bezeichnet. Die Form einer Sachkundebescheinigung ist in der Richtlinie Strahlenschutz in der Medizin in den Anlagen A4 und A5 bzw. in der Fachkunderichtlinie in der Anlage 13 dargestellt.

---

[8] Die Richtlinie Strahlenschutz in der Medizin definiert als Zeiteinheit der Strahlenschutzkurse eine Stunde mit der Dauer von 45 min. Dies ist hier mit dem Wort Unterrichtseinheit dargestellt. Die Fachkunderichtlinie (zur RöV) bringt diese Definition formal nicht, auch wenn die Kurse in der Realität nach dem 45-Minuten-Zeitansatz gestaltet sind. Zumindest der Grundkurs nach Strahlenschutzverordnung beinhaltet gemäß Richtlinie Strahlenschutz in der Medizin auch den Grundkurs nach Röntgenverordnung.

Die Bescheinigung besteht aus drei Teilen. Der erste Teil beinhaltet eine kurze Beschreibung der Klinik oder Praxis, an der die Sachkunde erworben wurde. Dies dient der Beurteilung, dass die Rahmenbedingungen ausreichend sind, um dort das notwendige Wissen für die entsprechende Fachkunde im Strahlenschutz vermitteln zu können. Gegebenenfalls gehört auch der Nachweis der Fachkunde des Ausstellenden dazu.

Zu bestätigen sind im zweiten Teil die Zeitdauer und die für den Erwerb der Fachkunde relevanten Tätigkeiten und praktischen Erfahrungen, die erworben wurden, für Ärzte zusätzlich die in Tab. 5.5 und 5.6 geforderten Fallzahlen und Arten der Untersuchungen bzw. Anwendungen mit ionisierender Strahlung. Hilfreich bei der Formulierung sind stets die Anforderungen der entsprechenden Richtlinien. Damit hat es auch die zuständige Behörde einfacher die Sachkunde formal zu prüfen.

Der letzte Teil soll insbesondere bestätigen, dass derjenige, dem die Sachkunde bescheinigt wird, „die erforderlichen Kenntnisse und Erfahrungen besitzt, die Voraussetzung für die Erteilung der Fachkunde im Strahlenschutz sind" [19].

5.4.2.5 Aktualisierung der Fachkunde

„Die Fachkunde im Strahlenschutz muss mindestens alle fünf Jahre durch eine erfolgreiche Teilnahme an einem von der zuständigen Stelle anerkannten Kurs oder anderen [...] als geeignet anerkannten Fortbildungsmaßnahmen aktualisiert werden!", das ist übereinstimmend so in der Röntgenverordnung (§ 18a) und der Strahlenschutzverordnung (§ 30) vorgesehen [17, 18]. Verantwortlich für die rechtzeitige Teilnahme ist der Inhaber der Fachkunde selbst.

Nun ist es aber so, dass bei fehlender Aktualisierung die Fachkunde nicht sofort verfällt. Sie wird auch nicht automatisch inaktiv. Denn seit November 2011 hat die aufsichtsführende Behörde explizit die Möglichkeit, die Fachkunde (durch einen behördlichen Akt) abzuerkennen oder Auflagen zur Gültigkeit zu erteilen. Dies kann erfolgen, wenn trotz Aufforderung Nachweise zur Aktualisierung nicht erbracht wurden oder sich Umstände ergeben haben, die bei der Behörde Zweifel an der Zuverlässigkeit oder der Eignung des Inhabers der Fachkunde aufkommen lassen. Da mit diesem Passus eindeutig definiert ist, wie man die Fachkunde verlieren kann, gibt es keinen anderen zulässigen Weg. Auch ein sofortiges Ruhen der Fachkunde oder sogar der Strahlenschutzbeauftragung ist nicht definiert und damit nicht vorgesehen. Eine nicht fristgerechte Aktualisierung sollte also nicht automatisch dazu führen, dass jemand seine Aufgaben nicht mehr wahrnehmen darf (z. B. technische Durchführung als MTRA, Stellung der rechtfertigenden Indikation, Führen der Aufsicht u. a.). Damit rückt auch die Frage, wann genau die 5-Jahres-Frist abläuft, in den Hintergrund. Relevant ist die Nachricht von der Behörde, die den Mangel, dass es keinen Nachweis einer geeigneten Fortbildung gibt, zur Kenntnis bringt und diesbezüglich Maßnahmen bestimmt oder androht. Bezüglich der Strahlenschutzbeauftragung gilt, dass die Aufsichtsbehörde gegenüber dem Strahlenschutzverantwortlichen formal feststellen muss, dass sie eine Strahlenschutzbeauftragung eines Mitarbeiters nicht (mehr) anerkennt.

Es ist jedoch hervorzuheben, dass die Behörde nicht die Aufgabe eines Erinnerungsservices wahrnimmt. Das vorsätzliche Hinauszögern der Fachkundeaktualisierung ist nicht empfehlenswert, ist doch gerade für den Umgang mit ionisierender Strahlung oder radioaktiven Stoffen und insbesondere für die Strahlenschutzbeauftragung gesetzlich auch eine gewisse Zuverlässigkeit gefordert. Im Übrigen stellt das nicht rechtzeitige Aktualisieren der Fachkunde aber keine Ordnungswidrigkeit nach Röntgen- oder Strahlenschutzverordnung dar (vgl. Abschn. 5.4.6).

Zu beachten ist, dass Fachkunden, die verschiedenen Verordnungen zugeordnet sind, auch verschiedener Aktualisierungen bedürfen. Es gibt Kurse für Aktualisierungen medizinischer Fachkunden nach Röntgenverordnung, nach Strahlenschutzverordnung sowie für technische Fachkunden entsprechend den beiden Verordnungen. Oft werden kombinierte Fortbildungsveranstaltungen angeboten, bei denen man Fachkunden nach Röntgen- und nach Strahlenschutzverordnung aktualisieren kann. Besitzt man die Teilfachkunde im Rahmen des Gültigkeitsbereiches nur einer Verordnung (z. B. lediglich Teletherapie und Brachytherapie), ist der Besuch eines Kurses diese Verordnung betreffend ausreichend.

§ 30 der Strahlenschutzverordnung bzw. § 18a der Röntgenverordnung regeln die Kenntnisse im Strahlenschutz. Auch diese sind analog zur Fachkunde durch geeignete Fortbildungsmaßnahmen zu aktualisieren.

5.4.3 Zuständige Aufsichtsbehörde

Die Überwachung der Einhaltung der Strahlenschutzgesetzgebung in Deutschland obliegt den Ländern und für kerntechnische Anlagen auch dem Bundesamt für Strahlenschutz (BfS). Oft ist eine Dienststelle für alle Belange des medizinischen Strahlenschutzes zuständig. In Bayern und Sachsen wird jedoch zusätzlich nach Röntgenverordnung und Strahlenschutzverordnung unterschieden. Eine Auflistung der zuständigen Aufsichtsbehörden der Länder für den medizinischen Strahlenschutz gibt die Tab. 5.8.

Die Aufsichtsbehörden wiederum bestimmen die Ärztlichen, Zahnärztlichen und Tierärztlichen Stellen. In der Regel sind diese den entsprechenden Landesärztekammern angegliedert. Dies muss aber nicht immer zutreffen, so wurde nach einem Ausschreibungsverfahren im Januar 2014 die TÜV Süd Life Service GmbH als Ärztliche Stelle in Hessen benannt.

5.4.4 Unabhängige Sachverständige

Sowohl für Bestrahlungsanlagen nach Röntgenverordnung als auch für Anlagen zur Erzeugung ionisierender Strahlung, Bestrahlungsvorrichtungen und Gammaradiographiegeräten nach Strahlenschutzverordnung sehen die Verordnungen Prüfungen durch unabhängige Sachverständige vor. Wer als Sachverständiger zugelassen ist, wird von der zuständigen Aufsichtsbehörde

Tab. 5.8 Zuständigkeiten der Länder für medizinischen Strahlenschutz

Nr.	Bundesland	Zuständige Genehmigungs- und Aufsichtsbehörde	Politische Zuordnung
1	Baden-Württemberg	Örtlich zuständiges Regierungspräsidium (im Rahmen der staatlichen Gewerbeaufsicht BW)	Ministerium für Arbeit und Sozialordnung, Familie, Frauen und Senioren
2	Bayern	StrlSchV: Bayerisches Landesamt für Umwelt (LfU):	LfU: Behörde im Geschäftsbereich des Bayerischen Staatsministeriums für Umwelt und Verbraucherschutz
		RöV: Gewerbeaufsichtsämter	Gewerbeaufsichtsämter: Regierungspräsidium der jeweiligen Bezirksregierung
3	Berlin	Landesamt für Arbeitsschutz, Gesundheitsschutz und technische Sicherheit Berlin	Senatsverwaltung für Arbeit, Integration und Frauen Berlin
4	Brandenburg	Landesamt für Arbeitsschutz (LAS)	Ministerium für Arbeit, Soziales, Frauen und Familie (MASF)
5	Bremen	Gewerbeaufsicht als Arbeits- und Immissionsschutzbehörde	Senatsbehörde für Wissenschaft, Gesundheit und Verbraucherschutz
6	Hamburg	Amt für Arbeitsschutz	Senatsbehörde für Gesundheit und Verbraucherschutz
7	Hessen	Örtlich zuständiges Regierungspräsidium	Hessisches Ministerium des Innern und für Sport bzw. Hessisches Ministerium für Umwelt, Klimaschutz, Landwirtschaft und Verbraucherschutz
8	Mecklenburg-Vorpommern	Referat 360 Technischer Arbeitsschutz, Bio- und Gefahrstoffe	Ministerium für Arbeit, Gleichstellung und Soziales Mecklenburg-Vorpommern
9	Niedersachsen	Staatliche Gewerbeaufsichtsämter	Niedersächsisches Ministerium für Umwelt, Energie und Klimaschutz (Strahlenschutz) gemeinsam mit Niedersächsischem Ministerium für Soziales, Frauen, Familie, Gesundheit und Integration (Medizinprodukte)
10	Nordrhein-Westfalen	Örtlich zuständige Bezirksregierungen	Ministerium für Arbeit, Integration und Soziales
11	Rheinland-Pfalz	Regionalstellen Gewerbeaufsicht der Struktur- und Genehmigungsdirektion Nord bzw. Süd	Ministerium für Wirtschaft, Klimaschutz, Energie und Landesplanung
12	Saarland	Landesamt für Umwelt- und Arbeitsschutz	Ministerium für Umwelt und Verbraucherschutz
13	Sachsen	Vollzug der StrlSchV (überwiegend): Sächsisches Landesamt für Umwelt, Landwirtschaft und Geologie. Belange des Strahlenschutzes nach RöV: örtlich zuständige Dienststelle der Landesdirektion Sachsen – Arbeitsschutz	Sächsisches Staatsministerium für Umwelt und Landwirtschaft
14	Sachsen-Anhalt	Dezernate im Fachbereich 5 des Landesamtes für Verbraucherschutz	Ministerium für Arbeit und Soziales
15	Schleswig-Holstein	Referat Strahlenschutz	Ministerium für Energiewende, Landwirtschaft, Umwelt und ländliche Räume
16	Thüringen	Örtlich zuständige Regionalinspektion des Thüringer Landesamtes für Verbraucherschutz	Thüringer Ministerium für Arbeit, Soziales, Gesundheit, Frauen und Familie

Die Zuständigkeit für den technischen Strahlenschutz oder die Aufsicht über Kernenergie kann in einzelnen Bundesländern abweichend geregelt sein
Stand: September 2015

bestimmt. Diese Information befindet sich in der Regel auch in dem jeweiligen Genehmigungsbescheid. Das Prüfungsintervall beträgt im Geltungsbereich der Röntgenverordnung 5 Jahre und für die Strahlenschutzverordnung ein Jahr. Letzteres kann durch die jeweilige Aufsichtsbehörde für bestimmte Anlagen verlängert werden. Die Sachverständigenprüfung muss vom Betreiber selbstständig und rechtzeitig initiiert werden, das Ergebnis der Prüfung ist unverzüglich an die zuständige Stelle weiterzuleiten.

Die Strahlenschutzverordnung fordert vor der Inbetriebnahme von Anlagen zur Erzeugung ionisierender Strahlen zur Behandlung von Menschen neben der Abnahmeprüfung durch den Hersteller auch die Durchführung eines sogenannten End-to-

End-Tests. Dabei handelt es sich um eine Prüfung, „die alle eingebundenen Systeme zur Lokalisation, Therapieplanung und Positionierung" berücksichtigt. Die ausreichende Qualität der Ergebnisse wird über den Sachverständigen der Behörde nachgewiesen.

5.4.5 Unterweisung im Strahlenschutz

Eine Unterweisung gemäß § 38 Strahlenschutzverordnung bzw. § 36 der Röntgenverordnung ist notwendig vor dem erstmaligen Betreten des Kontrollbereiches oder außerhalb von Kontrollbereichen bei genehmigungs- oder anzeigepflichtigen Tätigkeiten im Umgang mit radioaktiven Stoffen oder der Anwendung ionisierender Strahlung.

Sie ist jährlich zu wiederholen. Der Inhalt der Unterweisung ist abhängig vom Grund des Betretens des Kontrollbereiches, Gleiches gilt für die Aufbewahrungsfrist. Sie beträgt 5 Jahre für Auszubildende und Studenten sowie für Personen, die darin tätig werden, ansonsten ein Jahr. Der Zeitpunkt und die Inhalte der Unterweisung sind zu dokumentieren und durch die Teilnehmer mit Unterschrift zu bestätigen. Es ist nicht vorgeschrieben, dass der Strahlenschutzverantwortliche oder der Strahlenschutzbeauftragte die Unterweisung selbst durchzuführen hat, jedoch gehört es zu den Pflichten jedes Strahlenschutzbeauftragten (also unabhängig der Einstufung des Strahlenschutzbeauftragten für den medizinischen oder medizinisch-technischen Bereich), an der Festlegung der Inhalte mitzuwirken und dafür zu sorgen, dass neben den Arbeitsmethoden, möglichen Gefahren, den Schutz- und Sicherheitsmaßnahmen auch die relevanten Bestimmungen der Verordnungen, der Genehmigung sowie der Strahlenschutzanweisung vermittelt werden. Dabei gilt auch derjenige als unterwiesen, der die Unterweisung durchführt. Strahlenschutzbeauftragte müssen aber auch unterwiesen werden, da sie die oben genannten Bedingungen in der Regel ebenfalls erfüllen und nicht von der Pflicht zur Unterweisung ausgenommen sind. In einer Einrichtung mit nur einer Person, die dann meist auch Strahlenschutzbeauftragter ist, muss diese sich formal jährlich einmal selbst unterweisen und dies entsprechend dokumentieren.

Die Geräteeinweisung in ein Medizinprodukt nach Medizinproduktegesetz ersetzt die Unterweisung nach Strahlenschutzverordnung oder Röntgenverordnung nicht, kann jedoch durchaus mit der Unterweisung zusammen erfolgen.

5.4.6 Haftung

Das Atomgesetz (§ 46) sowie die Röntgenverordnung und die Strahlenschutzverordnung listen mit Bezug auf das Atomgesetz in den § 44 bzw. § 116 mögliche Ordnungswidrigkeiten auf, wenn Vorschriften der Rechtsnormen nicht beachtet werden. Die Aufzählung ist umfangreich und umfasst insbesondere die potenziellen Verfehlungen von Strahlenschutzbeauftragtem und Strahlenschutzverantwortlichem. Sofern keine anderen Straftatbestände hinzukommen, bleibt es bei Verstößen gegen die Strahlenschutzgesetzgebung in Deutschland nach Atomgesetz bei einer Geldbuße, deren Höhe bis zu 50.000 Euro betragen kann. Diejenigen, die den Verstoß zu verantworten haben, haften persönlich. Da es sich bei einer Geldbuße um eine Maßnahme mit Strafcharakter handelt, darf sie nicht abgemildert werden und ist somit nicht versicherbar. Auch der Arbeitgeber ist aus diesem Grund nicht verpflichtet einen Ausgleich zu leisten und muss die Zahlung nicht übernehmen. Lediglich Schäden gegen Dritte oder Rechtshilfekosten sind, beispielsweise über eine entsprechende Dienst-Haftpflicht, die auch in grob fahrlässigen Fällen Zahlungen leisten sollte, versicherbar.

Für den Fall, dass aufgrund der genehmigten Tätigkeit ein Schaden entsteht, muss der Genehmigungsinhaber eine sogenannte Deckungsvorsorge vorlegen. Eine Genehmigung zum Betrieb von Anlagen zur Erzeugung ionisierender Strahlen oder für den Umgang mit radioaktiven Stoffen, wird von der Behörde nur dann erteilt, wenn der Nachweis erbracht wird, dass die „erforderliche Vorsorge für die Erfüllung gesetzlicher Schadensersatzverpflichtungen getroffen ist" [18]. Die Höhe des Betrages wird von der Genehmigungsbehörde vorgegeben. Die Deckungsvorsorge wird bei einer Versicherung abgeschlossen, wenn sie nicht anderweitig, beispielsweise durch die Bürgschaft eines Landes oder des Bundes, abgedeckt ist.

5.4.7 Fristen und Intervalle

Eine Übersicht über die wichtigsten Archivierungs- und Prüffristen liefert Tab. 5.9.

Für die Qualitätssicherung der Geräte definiert die Röntgenverordnung in den §§ 16 und 17 einige grundlegende Vorschriften zur Durchführung (z. B. monatliche Konstanzprüfung der Bildqualität und die Höhe der Strahlenexposition). Weitere Details sind den Regeln der Technik zu entnehmen. Dies gilt auch für Anlagen, die der Strahlenschutzverordnung unterliegen. In den zugehörigen Normen sind auch die Prüfintervalle festgelegt.

Seit 2011 ist eine genehmigungsfreie elektronische Archivierung möglich. Insbesondere für Patientendaten gilt jedoch, dass der Datenschutz beachtet werden muss. Aufzeichnungen sind gegen unbefugten Zugriff und unbefugte Änderung zu sichern. Die Lesbarkeit der Daten muss im Rahmen der Aufbewahrungsfristen garantiert werden. Wird ein Datenkompressionsverfahren bei der Archivierung angewandt, muss zudem sichergestellt sein, dass möglichst keine Informationsverluste auftreten und die Bilder weiterhin zur Befundung geeignet bleiben. Auch der Datenexport muss gewährleistet werden, wenn die Ärztliche Stelle Einsicht nehmen will oder ein anderer weiterbehandelnder Arzt auf die Information zurückgreifen möchte.

5.5 Strahlenschutzbereiche

5.5.1 Einrichten von Strahlenschutzbereichen

Orte, an denen mit radioaktiven Stoffen oder ionisierender Strahlung umgegangen wird, bedürfen abhängig von der zu erwartenden effektiven Dosis und speziellen Organdosen von Personen bzw. der Ortsdosisleistung einer Klassifikation und gegebenenfalls einer Kennzeichnung (Abb. 5.5). Zum Schutz der Mitarbeiter und dritter Personen wird der Zutritt zu diesen Strahlenschutzbereichen beschränkt (vgl. Abb. 5.4 und 5.6).

Auch wenn vom Grundsatz her der Betrieb von Anlagen zur Erzeugung ionisierender Strahlen und Bestrahlungsvorrichtungen (mit Aktivitäten größer $5 \cdot 10^{10}$ Bq) im Rahmen der Heilkunde in der Strahlenschutzverordnung und der Röntgenverordnung nur innerhalb von Räumen vorgeschrieben ist, sind Strahlenschutzbereiche nicht auf baulich umschlossene Räume beschränkt. Sie können Teile eines Raumes oder Bereiche sein, die sich in angrenzenden Räumen befinden, mehrere Räume umfassen oder

Tab. 5.9 Aufbewahrungsfristen von Aufzeichnungen und wiederkehrende Intervalle

	Nach RöV	Nach StrlSchV
Sachverständigenprüfung von Anlagen zur Erzeugung ionisierender Strahlung	Alle 5 Jahre	Jährlich
Wartungsintervall (Anlagen zur Erzeugung ionisierender Strahlen, Bestrahlungsvorrichtungen, Gammaradiographiegeräte)	–	Jährlich
Dokumentation: Untersuchungen		10 Jahre
Dokumentation Behandlungen		30 Jahre
Fachkundeaktualisierung		5 Jahre
Wiederholung von Unterweisungen		Jährlich
Aufzeichnungen zur Unterweisung, nur Zutritt zu Kontrollbereichen		1 Jahr
Aufzeichnungen zur Unterweisung, Zutritt zu Kontrollbereichen durch Personen, die im Rahmen der dortigen Betriebsvorgänge tätig werden und Auszubildende/ Studenten		5 Jahre
Abnahmeprüfungen		Dauer des Betriebes der Anlage
Alte Abnahmeprüfung, wenn sie durch eine neue vollständige Abnahmeprüfung ersetzt wurde		Mind. 2 Jahre
Regelmäßig betriebsinterne Qualitätssicherung	2 Jahre	10 Jahre
Messung von Ortsdosis und Ortsdosisleistung	30 Jahre	–
Prüfungen von Strahlungsmessgeräten		Alle 10 Jahre
Messung der Körperdosis		Bis zur Beendigung des 75. Lebensjahres, mind. 30 Jahre nach Beendigung der Beschäftigung
Löschung der Personendosis		Spätestens 100 Jahre nach Geburt der betroffenen Person
Aufklärungen von Probanden (med. Forschung)		30 Jahre
Wiederholung der Untersuchung einer beruflich strahlenexponierten Person der Kategorie A durch einen ermächtigten Arzt		Innerhalb eines Jahres
Aufbewahrung der Messergebnisse von Personendosimetern durch Messstelle		5 Jahre
Mitteilung an Behörde: Bestand radioaktiver Stoffe mit Halbwertszeit > 100 Tage	–	Zum Ende des Kalenderjahres

Erforderlichenfalls kann die zuständige Behörde andere Fristen festlegen

Für die Einhaltung der Zeiträume ist der Betreiber zuständig. Stellt die Praxis bzw. die Klinik den Betrieb ein, sind die Unterlagen bei einer von der zuständigen Behörde bestimmten Stelle zu hinterlegen

Abb. 5.4 Strahlenschutzbereiche nach RöV und StrlSchV

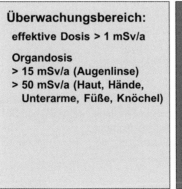

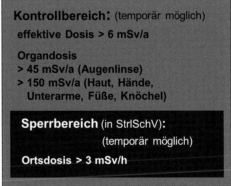

Betriebsgelände / allgemeines Staatsgebiet: ≤ 1 mSv/a

außerhalb von Gebäuden abgegrenzt werden. Auch sind solche Bereiche in Fahrzeugen, auf Schiffen und in Flugzeugen oder um sie herum denkbar.

Ist eine effektive Dosis von mehr als 1 mSv pro Jahr zu erwarten, muss ein Überwachungsbereich eingerichtet werden. Ebenfalls wenn Organdosisüberschreitungen von 15 mSv für die Augenlinse oder 50 mSv für Haut, Hände, Unterarme, Füße oder Knöchel auftreten können.

Eine mögliche effektive Jahresdosis von mehr als 6 mSv erfordert die Einrichtung und Kennzeichnung eines Kontrollbereiches, ebenso bei Überschreitung der Organdosen von

45 mSv für die Augenlinse oder 150 mSv für Haut, Hände, Unterarme, Füße oder Knöchel. Die Grenzwert für die Organ-Äquivalentdosis der Augenlinse wird für beruflich strahlenexponiertes Personal im neuen Strahlenschutzgesetz auf 20 mSv reduziert. Es ist zu erwarten, dass der Dosiswert für die Augenlinse für die Einstufung eines Kontrollbereichs ebenfalls herabgesetzt wird.

Im Rahmen der Gültigkeit der Strahlenschutzverordnung muss bei Ortsdosisleistungen ab 3 mSv pro Stunde ein Sperrbereich eingerichtet werden. In der Röntgenverordnung ist dieser Bereich jedoch nicht definiert. Der maximal einzurichtende Strahlenschutzbereich ist hier der Kontrollbereich.

Abb. 5.5 *Links*: Strahlenzeichen gemäß Anlage IX in Verbindung mit § 68 der Strahlenschutzverordnung [18]. *Rechts*: Schilder zur Kennzeichnung eines Kontrollbereiches und eines Sperrbereiches nach DIN 25430. Der Ausdruck „Vorsicht Strahlung" kann auch durch das Wort „Radioaktiv" ersetzt werden

Überwachungsbereiche sind explizit nicht Teil eines Kontrollbereiches. Die beiden Bereiche können jedoch bei entsprechender Kennzeichnung direkt in den anderen übergehen. Ein Sperrbereich hingegen ist immer eine Teilmenge eines Kontrollbereiches.

Alle anderen im Rahmen des Strahlenschutzes nicht klassifizierten Orte, deren Zutritt durch einen Strahlenschutzverantwortlichen beschränkt werden kann, werden als Betriebsgelände bezeichnet. Für darüber hinausgehende Bereiche hat sich der Begriff „allgemeines Staatsgebiet" etabliert.

Die Röntgenverordnung definiert in § 19 für den Kontrollbereich eine Kennzeichnung mit der gut sichtbaren Aufschrift „Kein Zutritt – Röntgen" [17]. Die Beschreibung der Warnzeichen für den Strahlenschutz befindet sich in § 36 der Strahlenschutzverordnung und der DIN 25430. Darin finden sich Symbol, Wortlaut, Größenverhältnisse und Farbkennzeichnung für die Warnung vor ionisierender Strahlung beziehungsweise vor radioaktiven Stoffen sowie für Sperrbereiche und Kontrollbereiche (Abb. 5.5).

In der Röntgenverordnung gelten die Strahlenschutzbereiche nur, während die Röntgenanlagen eingeschaltet sind. Die temporäre Einrichtung eines Strahlenschutzbereiches im Rahmen der Strahlenschutzverordnung erfordert die Genehmigung der

Aufsichtsbehörde. Damit kann dann der Bereich nur während der Anwendung der ionisierenden Strahlung oder des Strahlers, also abhängig von Einschaltzuständen, definiert werden.

Sofern keine nachzuweisenden Gründe bestehen, die eine Abweichung rechtfertigen, ist für die Festlegung der Einrichtung eines Kontroll- oder Überwachungsbereiches nach Röntgen- bzw. Strahlenschutzverordnung eine Aufenthaltszeit von 2000 Stunden (40 Stunden pro Woche und 50 Wochen im Jahr) anzusetzen [17, 18].

Anlagen zur Erzeugung ionisierender Strahlung emittieren im inaktiven Zustand oft keine oder durch Aktivierung von Luft und Bauteilen lediglich eine kurze Zeit bzw. eine geringe Menge Strahlung. Gerade in der Medizin ist die zeitliche Beschränkung eines Strahlenschutzbereiches oft sinnvoll. Dadurch wird der Zutritt zu den Räumlichkeiten erheblich vereinfacht. Insbesondere Servicedienstleister und Handwerker fremder Firmen dürfen Kontrollbereiche nicht ohne Weiteres betreten (siehe auch Abschn. 5.5.2).

Bei C-Bögen wird der Kontrollbereich in der Regel durch einen vom Durchmesser des Bildverstärkers abhängigen Radius definiert (üblich sind 3–5 m). Dies erfolgt spätestens bei der Erstprüfung zur Inbetriebnahme durch den Sachverständigen.

5.5.2 Zutrittsberechtigungen zu Strahlenschutzbereichen

Entsprechend der Einstufung als Strahlenschutzbereich ist die Berechtigung des Zutritts in der Strahlenschutzverordnung (§ 37) und der Röntgenverordnung (§ 22) identisch geregelt. Das Betriebsgelände unterliegt vom Strahlenschutz her keinen Zutrittsbeschränkungen.

Sperrbereiche (nur StrlSchV) dürfen von Patienten, Probanden und helfenden Personen nur betreten werden, wenn die schriftliche Zustimmung eines Arztes mit der erforderlichen Fachkunde im Strahlenschutz vorliegt und dieser die Notwendigkeit zuvor geprüft hat. Sofern die Betriebsvorgänge oder andere zwingende Gründe es erfordern, dürfen auch andere Personen einen Sperrbereich betreten. Dies gilt allerdings nur, soweit sie „unter der

Abb. 5.6 Zutrittsberechtigte Personen zu Strahlenschutzbereichen

Überwachungsbereich:
- Patient / helfende Personen
- Mitarbeiter, die betriebliche Aufgaben wahrnehmen
- Auszubildende / Studenten
- Besucher

Kontrollbereich:
- Patient / helfende Personen (nach Zustimmung eines fachkundigen Arztes)
- Mitarbeiter, die betriebliche Aufgaben wahrnehmen
- Auszubildende / Studenten

Sperrbereich (in StrlSchV):
- Patient / helfende Person (nach <u>schriftlicher</u> Zustimmung eines fachkundigen Arztes)

Betriebsgelände / allgemeines Staatsgebiet: keine Beschränkungen

Kontrolle eines Strahlenschutzbeauftragten oder einer von ihm beauftragten Person, die die erforderliche Fachkunde im Strahlenschutz besitzt, stehen" [18]. Auf den Einsatz von helfenden Personen (Abschn. 5.8.4) im Sperrbereich wird in der Medizin jedoch nach Möglichkeit verzichtet. Hier greift man auf geeignete Immobilisationshilfen und Narkosetechniken zurück.

Für den Zutritt zu Kontrollbereichen reicht Patienten, Probanden, helfenden Personen oder Tierbegleitpersonen die Zustimmung eines Arztes mit der erforderlichen Fachkunde im Strahlenschutz. Personal und anderen Personen ist es gestattet, Kontrollbereiche zu betreten, sofern sie eine für den Betrieb der Anlage relevante Tätigkeit verrichten. Den neu eingerichteten Kontrollbereich eines Kollegen lediglich besichtigen zu wollen, ist also formal nicht ohne Weiteres erlaubt. Bei Auszubildenden oder Studierenden ist Bedingung, dass der Aufenthalt im Kontrollbereich zum Erreichen ihres Ausbildungszieles notwendig ist. Dazu kann wiederum die Vorführung des Kontrollbereiches oder der darin stehenden Anlagen zählen.

Den Überwachungsbereich dürfen Personen betreten, wenn sie darin eine betriebliche Aufgabe ausführen oder sie Patient, Proband, helfende Person oder Tierbegleitperson sind. Bei Auszubildenden oder Studierenden muss der Zutritt analog zum Kontrollbereich dem Erreichen des Ausbildungszieles dienen. Zudem dürfen sich Besucher in einem Überwachungsbereich aufhalten.

Eine weitere Voraussetzung für den Zutritt zu Kontrollbereichen (und damit auch zu Sperrbereichen) ist die personendosimetrische Überwachung des Betretenden, sofern die Behörde keine andere Methode zur Ermittlung der Körperdosis zugelassen hat. Dies gilt für alle Personen mit Ausnahme von Patienten, die sich in dem Bereich zur eigenen Behandlung bzw. Untersuchung aufhalten (§ 35 RöV, § 81 StrlSchV). Außerdem muss vor dem Betreten eines Kontrollbereiches eine Unterweisung (Abschn. 5.4.5) durchgeführt werden.

Im Übrigen gilt explizit, dass „Betretungsrechte aufgrund anderer gesetzlicher Regelungen unberührt bleiben" (§ 37 StrlSchV, § 22 RöV), beispielsweise für Feuerwehr, Polizei, Aufsichtsbehörde u. a.

Unternehmen benötigen formal eine Genehmigung nach § 15 der Strahlenschutzverordnung, um in Kontrollbereichen von fremden Einrichtungen tätig zu werden, sowie einen Vertrag, der die Aufgaben und Zuständigkeiten der beteiligten Firmen abgrenzt. Außerdem muss das Unternehmen das Personal personendosimetrisch überwachen und mit Strahlenpässen ausstatten sowie ggf. eigene Strahlenschutzbeauftragte bestellen. Wenn Reinigungs- oder technische Dienste aus wirtschaftlichen Gründen outgesourct und diese Fremdunternehmen dann in den Strahlenschutzbereichen eingesetzt werden, muss dies im Strahlenschutz und bei den Zutrittsberechtigungen entsprechend berücksichtigt werden.

Für Bereiche, in denen (genehmigungspflichtig) mit offenen radioaktiven Stoffen umgegangen wird, besteht seitens der Strahlenschutzverordnung die Verpflichtung „ein Verhalten zu untersagen, bei dem [...] Personen von dem Umgang herrührende radioaktive Stoffe in den Körper aufnehmen können,

insbesondere durch Essen, Trinken, Rauchen, durch die Verwendung von Gesundheitspflegemitteln oder kosmetischen Mitteln" [18]. Dieses Verbot schließt neben der Nahrungsaufnahme und dem Eincremen durchaus auch Kaugummikauen, Lutschen von Bonbons, Nägelkauen und Mukophagie ein.

5.6 Dosisgrenzwerte

5.6.1 Personendosisüberwachung

Die Messung der Personendosis dient der Bestimmung der Körperdosis. Sie erfolgt mit Dosimetern einer amtlichen Messstelle, die von der zuständigen Aufsichtsbehörde benannt wird. Bestimmt wird die Dosis $H_p(10)$ bzw. $H_p(0,07)$. Der Messwert des Dosimeters wird als repräsentativ für den ganzen Körper eingestuft, sofern keine detaillierten Daten (z. B. eines zusätzlichen amtlichen oder nicht amtlichen Dosimeters) vorliegen. Die zulässige Tragezeit eines Dosimeters beträgt in der Regel einen Monat, kann jedoch durch die Aufsichtsbehörde auf maximal drei Monate verlängert werden. Wenn es die überwachte Person verlangt, ist ihr „ein Dosimeter zur Verfügung zu stellen, mit dem die Personendosis jederzeit festgestellt werden kann" [17, 18]. Besteht der Verdacht, dass ein Dosisgrenzwert überschritten ist, „so ist die Körperdosis unter Berücksichtigung der Expositionsbedingungen zu ermitteln" [17, 18].

Für Patienten, helfende Personen und Tierbegleitpersonen gelten keine Dosisgrenzwerte. Für die beiden Letztgenannten ist die Dosis aber zu ermitteln und zu dokumentieren sowie durch Schutzmaßnahmen so niedrig wie möglich zu halten [17, 18].

Genehmigungspflichtiger Umgang mit radioaktiven Stoffen ist für Personen unter 18 Jahren ausgeschlossen. Die zuständige Aufsichtsbehörde kann zulassen, dass für Auszubildende und Studenten ab 16 Jahren unter ständiger Aufsicht und Anleitung durch eine im Strahlenschutz fachkundige Person ein Umgang doch zugelassen wird. Dies erfolgt unter der Einschränkung, dass dieser Umgang zum Erreichen des Ausbildungszieles notwendig ist. Die Grenzwerte für unter 18-Jährige werden in Abschn. 5.6.3 vorgestellt.

Auch die Anwendung von (persönlichen) Schutzmaßnahmen ist verpflichtend geregelt: „Bei Personen, die sich im Kontrollbereich aufhalten (bzw. mit offenen radioaktiven Stoffen oberhalb der Freigrenze umgehen), ist sicherzustellen, dass sie die erforderliche Schutzkleidung tragen und die erforderlichen Schutzausrüstungen verwenden" [17, 18]. Ein Personendosimeter ist stets unter der Schutzkleidung zu tragen, sofern ein Schutz für das zu überwachende Köperteil besteht (Gegenbeispiel: Fingerringdosimeter bei Interventionen im Röntgenstrahlungsfeld).

5.6.2 Nicht beruflich strahlenexponierte Personen

Nicht beruflich strahlenexponierte Personen haben einen Grenzwert für die effektive Dosis von 1 mSv pro Kalenderjahr. Unabhängig vom Grenzwert für die effektive Dosis beträgt der Grenzwert pro Kalenderjahr der Organdosis für die Augenlinse 15 mSv, für die Organdosis der Haut 50 mSv (§ 32 RöV, § 5 und § 46 StrlSchV). Relevant sind diese Grenzwerte, sofern die Dosen unter anderem durch den Umgang mit künstlich erzeugten radioaktiven Stoffen oder den Betrieb von Anlagen zur Erzeugung ionisierender Strahlen, wie sie in der Medizin Anwendung finden, verursacht werden.

5.6.3 Beruflich strahlenexponierte Person

Beruflich strahlenexponierte Personen stehen in einem Beschäftigungs- oder Ausbildungsverhältnis, welches eine Arbeit oder Tätigkeit nach Röntgenverordnung bzw. Strahlenschutzverordnung beinhaltet, oder führen diese selbst aus. In der Medizin können das Ärzte sein, die ionisierende Strahlung oder radioaktive Stoffe am Patienten anwenden, sowie Personen, denen die technische Mitwirkung erlaubt ist (MTRA, MPE etc.), und Personal, das die Qualitätssicherung durchführt, aber auch Auszubildende und Studenten, technisches Personal, Sachverständige u. a.

Der Grenzwert für die effektive Dosis von beruflich strahlenexponierten Personen beträgt 20 mSv pro Kalenderjahr. Für die Organdosis der Augenlinse gilt der Grenzwert von 150 mSv pro Jahr (20 mSv mit Einführung des neuen Strahlenschutzgesetzes), für die Organdosis der Hände, der Unterarme, der Füße und der Knöchel jeweils ein Wert von 500 mSv. Die Organdosen der Keimdrüsen, der Gebärmutter und des (roten) Knochenmarks haben den Grenzwert von 50 mSv pro Jahr, Knochenoberfläche und Schilddrüse besitzen den Grenzwert 300 mSv pro Jahr. Für Dickdarm, Lunge, Magen, Blase, Brust, Leber, Speiseröhre, Nebennieren, Gehirn, Dünndarm, Nieren, Muskeln, Bauchspeicheldrüse, Milz und Thymusdrüse gilt jeweils ein jährlicher Grenzwert von 150 mSv.

Dabei ist die lokale Hautdosis „das Produkt der gemittelten Energiedosis der Haut in 0,07 mm Gewebetiefe mit dem Strahlungs-Wichtungsfaktor w_R. Die Mittelungsfläche beträgt 1 cm², unabhängig von der exponierten Hautfläche" [18].

5.6.3.1 Grenzwertüberschreitungen und spezielle Grenzwertregelungen

Wird einer der oben genannten Grenzwerte überschritten, muss die jeweilige Dosis in den vier Folgejahren so klein gehalten werden, dass die Summe aus den insgesamt fünf Jahren (Jahr der Grenzwertüberschreitung plus die vier nachfolgenden Jahre) nicht größer wird als das Fünffache des entsprechenden Grenzwertes. Ist absehbar, dass der Grenzwert auch nach dieser Berechnung nicht eingehalten werden kann, obliegt es der Behörde, zusammen mit einem ermächtigten Arzt eine Ausnahme zu erlauben.

Besteht der Verdacht der Überschreitung der jährlichen effektiven Dosis von 50 mSv oder von einem der anderen genannten Grenzwerte für Organdosen, ist die Person sofort durch einen ermächtigten Arzt zu untersuchen.

Für den Grenzwert der effektiven Dosis der strahlenexponierten Personen über 18 Jahre kann die zuständige Behörde darüber hinaus „im Einzelfall für ein einzelnes Jahr eine effektive Dosis von 50 mSv zulassen, wobei für fünf aufeinander folgende Jahre 100 mSv nicht überschritten werden dürfen" [18].

Weiterhin sieht die Strahlenschutzverordnung als besonders zugelassene Strahlenexposition die Möglichkeit vor, dass für Freiwillige, die beruflich strahlenexponierte Personen der Kategorie A (siehe unten) sein müssen, in Einzelfällen höhere Grenzwerte durch die Aufsichtsbehörde zuglassen werden können (effektive Dosis: 100 mSv, Organdosis Augenlinse: 300 mSv, Organdosis für Haut, Hände, Unterarme, Füße und Knöchel: jeweils 1000 mSv). Diese Regelung ist „notwendigen spezifischen Arbeitsvorgängen" vorbehalten und die Exposition muss vor dem Einsatz gerechtfertigt werden. Dabei sind neben der Behörde verschiedene Entscheidungsträger zu involvieren: die zu bestrahlende Person, der ermächtigter Arzt, Betriebs- bzw. Personalrat sowie Arbeitssicherheitsfachkräfte [18].

Bei beruflich strahlenexponierten Personen unter 18 Jahren beträgt der Grenzwert der effektiven Dosis analog zur nicht beruflich strahlenexponierten Bevölkerung im Kalenderjahr 1 mSv. Demzufolge sind auch die Grenzwerte für die Augenlinse (15 mSv) und für die Haut, die Hände, die Unterarme, die Füße und Knöchel (jeweils 50 mSv) im Kalenderjahr einzuhalten. Ausnahmen kann die Behörde für Auszubildende und Studierende zwischen 16 und 18 Jahren erlauben, sofern es dem Ausbildungsziel dienlich ist. Dann gilt als Grenzwert für die effektive Dosis 6 mSv, für die Organdosis der Augenlinse weiterhin 15 mSv und die Grenzwertdosis der Haut, der Hände, der Unterarme, der Füße und Knöchel von 150 mSv.

Für gebärfähige Frauen ist ein weiterer Grenzwert von 2 mSv pro Monat für die Dosis der Gebärmutter vorgeschrieben. Zu den speziellen Regelungen für schwangere Mitarbeiterinnen und das ungeborene Kind siehe Abschn. 5.6.4.

Der Grenzwert für die Berufslebensdosis (effektive Dosis) beträgt 400 mSv. Unter Einbeziehung eines ermächtigten Arztes und mit Einwilligung der strahlenexponierten Person kann anschließend ein individueller jährlicher Grenzwert von der zuständigen Behörde festgelegt werden, der maximal 10 mSv sein darf.

Bei Maßnahmen zur Abwehr von Gefahren für Personen ist anzustreben, dass eine effektive Dosis von mehr als 100 mSv nur einmal im Kalenderjahr und eine effektive Dosis von mehr als 250 mSv nur einmal im Leben auftritt [18].

Jeweils 1/10 des jeweiligen Jahresgrenzwertes von effektiver Dosis und lokaler Hautdosis wird als sogenannte Meldeschwelle bezeichnet. Hier erfolgt die besondere Hervorhebung des Messwertes auf dem Überwachungsbogen für den jeweiligen Überwachungszeitraum durch die Messstelle sowie die Meldung an die zuständige Aufsichtsbehörde [2].

Die Richtlinie für die physikalische Strahlenschutzkontrolle zur Ermittlung der Körperdosen [3] definiert zudem Überprüfungsschwellen (Ganzkörper: 5 mSv $H_p(10)$, Augenlinse: 15 mSv $H_p(0,07)$, Haut etc.: 50 mSv $H_p(0,07)$) zur Bewertung der Personendosis im Überwachungszeitraum. Vorausgesetzt die zulässige Jahresdosis ist noch nicht überschritten, ist der Strahlenschutzverantwortliche bei Erreichen dieser Werte verpflichtet, die Dosisermittlung auf mögliche Fehlmessung, Trageort und Expositionsbedingungen hinsichtlich der Nenngebrauchsbedingungen zu überprüfen. Gegebenenfalls muss eine Ersatzdosis berechnet oder festgelegt werden.

5.6.3.2 Kategorien strahlenexponierter Personen

Für die Kontrolle und die arbeitsmedizinische Vorsorge sehen die Verordnungen die Klassifikation in zwei verschiedene Kategorien vor:

- „Beruflich strahlenexponierte Personen der Kategorie A: Personen, die einer beruflichen Strahlenexposition ausgesetzt sind, die im Kalenderjahr zu einer effektiven Dosis von mehr als 6 mSv oder einer höheren Organdosis als 45 mSv für die Augenlinse (neuer Wert wird nach Strahlenschutzgesetz [11] auf Verordnungsebene festgelegt) oder einer höheren Organdosis als 150 mSv für die Haut, die Hände, die Unterarme, die Füße oder Knöchel führen kann.
- Beruflich strahlenexponierte Personen der Kategorie B: Personen, die einer beruflichen Strahlenexposition ausgesetzt sind, die im Kalenderjahr zu einer effektiven Dosis von mehr als 1 mSv oder einer höheren Organdosis als 15 mSv für die Augenlinse oder einer höheren Organdosis als 50 mSv für die Haut, die Hände, die Unterarme, die Füße oder Knöchel führen kann, ohne in die Kategorie A zu fallen" [17, 18].

Maßgeblich ist die Dosis, die durch die gesamte genehmigte Aktivität oder Strahlzeit bei der Tätigkeit der beruflich strahlenexponierten Person während der üblichen Aufenthaltszeit im Strahlenschutzbereich entstehen kann. Bei den Dosiswerten handelt es sich nicht um Grenzwerte, sondern lediglich um Einstufungskriterien für die Zuordnung in eine der beiden Kategorien.

5.6.4 Schwangere

5.6.4.1 Schwangere in Strahlenschutzbereichen

Werdende Mütter sollen möglichst keine Beschränkung bei der Berufsausübung erfahren, lediglich unter dem Aspekt des zu schützenden Lebens des ungeborenen Kindes als höherwertiges Gut können Einschränkungen erfolgen. Grundsätzlich ist eine schwangere Frau als Patient, helfende Person, Tierbegleitperson, Probandin in der medizinischen Forschung oder als Personal zu unterscheiden.

Für Schwangere als Patientin ist die Dringlichkeit des Zutritts zu Kontrollbereichen und speziell zu Sperrbereichen durch den Arzt mit der notwendigen Fachkunde im Strahlenschutz besonders zu prüfen. Gleiches gilt für die Anwendung ionisierender Strahlung und von radioaktiven Stoffen bei einer Schwangeren; die rechtfertigende Indikation ist sehr sorgfältig abzuwägen. Bei der Applikation radioaktiver Stoffe ist auch zu prüfen, ob die Patientin stillt. Gegebenenfalls sind Maßnahmen zu ergreifen, die

die Inkorporation der radioaktiven Stoffe durch das Kind vermeiden oder minimieren.

Der Zutritt zu Sperrbereichen als helfende Person, Tierbegleitperson, Probandin oder als Personal ist einer Schwangeren nicht gestattet. Der Zutritt zu Kontrollbereichen als Tierbegleitperson oder als Probandin ist einer Schwangeren ebenfalls nicht erlaubt. Sie darf einen Kontrollbereich als helfende Person nur betreten, wenn zwingende Gründe dies erfordern. Die Entscheidung trifft der Arzt mit der erforderlichen Fachkunde im Strahlenschutz. Für den Zutritt von Schwangeren zu einem Überwachungsbereich gibt es keine zusätzlichen Beschränkungen als die in Abschn. 5.5.2 allgemein genannten. Es sind stets alle Möglichkeiten zur Herabsetzung der Strahlenexposition der Schwangeren und insbesondere des ungeborenen Kindes auszuschöpfen.

5.6.4.2 Schwangere und Stillende als strahlenexponiertes Personal

Wird eine Frau, die zum strahlenexponierten Personal gehört, schwanger, ist zu beachten, dass der besondere Dosisgrenzwert für das ungeborene Kind der gleiche ist wie für nicht strahlenexponierte Personen der Bevölkerung. Der Strahlenschutzverantwortliche und der Strahlenschutzbeauftragte sind unter Mitwirkung der werdenden Mutter verpflichtet dafür zu sorgen, dass der Wert von 1 mSv (Organdosis der Gebärmutter) für die Dauer der Schwangerschaft ab dem Zeitpunkt der Mitteilung eingehalten wird. Der Wert der Dosisermittlung ist zu dokumentieren.

Die Schwangere muss „im Hinblick auf die Risiken einer Strahlenexposition für das ungeborene Kind" [17, 18] den Strahlenschutzbeauftragten so früh wie möglich informieren. Demzufolge sind alle gebärfähigen Frauen in der jährlichen Unterweisung darüber zu unterrichten, dass diese Verpflichtung besteht. Für die Zeit, in der die Schwangerschaft noch nicht offensichtlich erkennbar ist, sollte seitens des Arbeitgebers und der Strahlenschutzbeauftragten Vertraulichkeit sichergestellt werden.

Eine schwangere Mitarbeiterin darf Kontrollbereiche (siehe Abschn. 5.5) betreten, sofern der fachkundige Strahlenschutzverantwortliche bzw. der Strahlenschutzbeauftragte ausdrücklich zugestimmt hat. Es muss sichergestellt sein, dass eine berufliche Inkorporation radioaktiver Stoffe (auch wieder zusätzlich für Stillende) ausgeschlossen ist (z. B. Umgang mit offenen radioaktiven Stoffen, wegen Luftanregung bei Elektronenlinearbeschleunigern mit Photonenenergien > 10 MeV Protonen- und Ionenbeschleunigeranlagen). Die „berufliche Strahlenexposition ist arbeitswöchentlich zu ermitteln und der Schwangeren mitzuteilen" [17, 18].

Der Einsatz für besonders zugelassene Strahlenexpositionen (§ 58 StrlSchV) oder Rettungsmaßnahmen ist für Schwangere ausgeschlossen. „An schwangeren Frauen dürfen radioaktive Stoffe oder ionisierende Strahlung in der medizinischen Forschung nicht angewendet werden" (§ 88 StrlSchV) [18].

Im Weiteren regelt das Mutterschutzgesetz den über den Strahlenschutz hinausgehenden Arbeitsschutz während der Schwangerschaft.

5.7 Praktischer Strahlenschutz

5.7.1 ALARA

Für jeden Umgang mit radioaktiven Stoffen und ionisierender Strahlung und damit auch für jede Anwendung in der Medizin gilt das Minimierungsgebot. Dies gehört zu den Grundsätzen im Strahlenschutz und ist auch in den Rechtsverordnungen festgeschrieben (§ 2c RöV, § 6 StrSchV). Das Ziel ist es, den Menschen, aber auch die Umwelt vor unnötiger Strahlenbelastung zu schützen, indem man sie vermeidet. Hier hat sich der Begriff ALARA für „as low as reasonably achievable" etabliert. Dieser Anglizismus führt zu einer deutlich einprägsameren Abkürzung, als es für „so wenig wie möglich, so viel wie nötig" der Fall ist, was sich als durchaus hilfreich für die Einhaltung der Strahlenschutzgrundsätze herausgestellt hat.

Weitere wirksame Strahlenschutzregeln ergeben sich einfach aus physikalischen Gesetzen und den Wechselwirkungen der verwendeten Strahlung. Dabei ist baulichen oder technischen Maßnahmen und geeigneten Arbeitsverfahren nach Möglichkeit der Vorrang vor anderen organisatorischen Regelungen zu geben (Schutzvorkehrungen: § 43 StrlSchV, § 21 RöV).

5.7.2 Die drei großen A des Strahlenschutzes

Die drei großen A beschreiben die wichtigsten Verhaltensregeln im Strahlenschutz. Sie ergeben sich ebenfalls als direkte Folgerung aus den Strahlenschutzgrundsätzen der Verordnungen, die Exposition durch ionisierende Strahlung zu minimieren.

5.7.2.1 Abstand halten

Gemäß des Abstands-Quadrat-Gesetzes verteilt sich die aus einer punktförmigen Strahlenquelle emittierte Strahlung auf die Oberfläche einer Kugel deren Mittelpunkt diese Quelle darstellt. Mit zunehmendem Radius vergrößert sich die Oberfläche der Kugel während die Anzahl der ausgesandten Photonen bzw. Teilchen konstant bleibt. Die Fluenz nimmt mit dem Quadrat des Abstandes ab. Da die übertragene Energie direkt proportional zur Zahl der Photonen bzw. Teilchen ist, wird die Dosis im gleichen Maße reduziert.

Im Vakuum und ohne weitere Einflüsse elektromagnetischer Felder gilt das Abstands-Quadrat-Gesetz für alle Strahlenfelder. In Luft wird es nur für indirekt ionisierende Strahlung angewandt. Direkt ionisierende Strahlung wechselwirkt zusätzlich mit der Luft und die Dosis reduziert sich dadurch noch einmal mit Vergrößerung des Radius.

Aufgrund der im Quadrat zur Entfernung abnehmenden Strahlenfluenz gilt „Abstand halten" als primäre Schutzmethode.

5.7.2.2 Aufenthaltsdauer minimieren

Muss man innerhalb eines Strahlenfeldes tätig werden, gilt es, die Aufenthaltsdauer zu begrenzen und Interventionen dort auf die minimal nötige Zeit zu beschränken. Handgriffe und Arbeitsabläufe sollten nach Möglichkeit zuvor eingeübt werden, so dass sie unter Einwirkung ionisierender Strahlung effektiv und mit minimalem Zeitaufwand ausgeführt werden können.

Übertragen auf medizinische Anwendungen gilt es, eine Untersuchung mit so wenig ionisierender Strahlung wie unbedingt nötig zu optimieren.

5.7.2.3 Abschirmungen verwenden

Es macht zusätzlich Sinn, jede Gelegenheit zu nutzen, die Strahlung abzuschirmen. Dabei muss der Entstehungsort der Strahlung berücksichtigt werden. Bei Röntgenstrahlung ist die Röntgenröhre in der Regel gut abgeschirmt und die Streustrahlung, die im Patienten oder anderer durchstrahlter Materie entsteht, hat den größten Anteil an der Strahlenbelastung von Patient und Umgebung. So macht es wenig Sinn, dem Patienten bei einer Thorax-Röntgenaufnahme einen Gonadenschutz als Schürze tragen zu lassen. Die im Thorax entstehende Streustrahlung kann auf ihrem Weg zu den Gonaden ohne einen größeren operativen Eingriff nicht sinnvoll abgeschirmt werden. Allenfalls schützt die Schürze vor aus der Wand oder dem bildgebenden System zurückstreuender Strahlung. Dazu müsste sie dann jedoch zur Wand hin ausgerichtet sein. Der Anteil gegenüber der im Patienten selbst erzeugten Streustrahlung ist dabei jedoch vernachlässigbar gering.

Lediglich Gebiete, von denen aus man die Quelle der (Streu-)Strahlung sehen kann und die damit eine Möglichkeit bieten Material dazwischen einzubringen, lassen sich also sinnvoll abschirmen. Die Röntgenschürze (erforderliche Schutzkleidung) für den Untersucher und für alle anderen Personen, die sich im Kontrollbereich aufhalten, ist also obligatorisch (Abschn. 5.6.1) [17] genauso wie der Schutz des restlichen Körpers des Patienten beispielsweise bei Zahnaufnahmen oder bei Röntgenaufnahmen von Extremitäten. Es gibt auch mobile Stellwände und Vorhänge aus Abschirmmaterialien, die bei Bedarf genutzt werden können, um die Strahlenbelastung der Umgebung zu reduzieren.

In der Strahlentherapie wird das Prinzip der Abschirmung am Patienten in Form von Ausblendungen von Risikoorganen umgesetzt.

5.7.2.4 Viertes und fünftes A

Neuere Konzepte nehmen ergänzend noch zwei weitere A in den praktischen Strahlenschutz mit auf. Ein viertes A steht für den Hinweis „Aktivitäten begrenzen". Dies ist in der medizinischen Anwendung jedoch nur eingeschränkt möglich, da die Detektoren für eine gute Bildgebung stets ein ausreichend hohes Signal erfordern. Auch in der Therapie ist die Verwendung einer wohldefinierten Aktivität notwendig, um das entsprechende Heilungsergebnis zu erzielen. Eine allgemein geforderte Reduktion ist demnach in der Medizin außer für Testmessungen ohne Patient nicht sinnvoll (vgl. ALARA-Prinzip).

Ein fünftes A für „Aufnahme vermeiden" erschließt sich sofort als sinnvoller Grundsatz für Personal und die unbeteiligte Bevölkerung. Für den Patienten ist diese Maßnahme jedoch wiederum ungeeignet.

5.7.3 Strahlenschutz bei der praktischen Anwendung von Photonenstrahlung zur Bildgebung

Von allen ionisierenden Strahlungsarten in der Medizin haben Photonen die höchste Zahl an Anwendungsmöglichkeiten (Röntgen). Aufgrund der vergleichsweise hohen Durchdringungsfähigkeit und großen Reichweite, gepaart mit erheblichen Streueffekten bei den verwendeten Energiespektren ist der Strahlenschutz beim Umgang mit Photonenstrahlung besonders relevant. Die Röntgenquellen sind in der Regel sehr gut gegen Durchlassstrahlung abgeschirmt, für die Strahlenbelastung von Umstehenden und für gesunde Organe des Patienten außerhalb des Nutzstrahlungsfeldes stellt jedoch die gestreute Strahlung einen zu berücksichtigen Faktor dar.

Die folgenden Beispiele sollen die praktische Anwendung von Strahlenschutzmaßnahmen verdeutlichen.

5.7.3.1 Bildgebende Effekte

Die Bildgebung mit ionisierender Strahlung macht es möglich, Abbildungen hoher Auflösung und mit hervorragendem Kontrast zu erstellen. Gute diagnostische Bildqualität definiert sich aus dem optimalen Verhältnis zwischen dem Untersuchungsziel und der dazu notwendigen optischen Bildgüte sowie dem Strahlenschutz des Patienten.

Leider liegt genau darin ein Widerspruch. Die Wechselwirkungseigenschaften von Photonenstrahlung mit Materie schließen ein hohes Maß an Strahlenschutz für den Patienten bei gleichzeitig optisch „schönen" Bildern aus: Für „schöne" Bilder sollte möglichst wenig Streustrahlung auf den Bilddetektor treffen (viel Photoeffekt, wenig Compton-Effekt). Für den Strahlenschutz des Patienten soll erreicht werden, dass relativ zum Signal am Bilddetektor möglichst wenig Strahlung im Patienten absorbiert wird und dort zu einer Strahlendosisbelastung führt. Die erforderliche, den Patienten besser durchdringendere Röntgenstrahlung hat eine hohe Energie, die jedoch wiederum zu viel Compton-Effekten (Zunahme der Streuung) und der damit zwangsläufig verbundenen Verschlechterung der optischen Bildqualität führt. Gute Röntgenbildgebung stellt also immer einen Kompromiss dar zwischen Strahlenschutz des Patienten und gerade noch für die Befundung ausreichender optischer Bildgüte.

Die diagnostischen Referenzwerte (Abschn. 5.8.3) sind hierbei das gesetzlich vorgeschriebene Maß für eine tolerierbare Strahlendosis, während die Leitlinien der Bundesärztekammer zur Qualitätssicherung in der Röntgendiagnostik [16] und Computertomographie [15] Empfehlungen für geeignete Gerätetypen und deren Einstellparameter enthalten, um eine ausreichende Bildqualität bei optimalem Strahlenschutz zu erhalten.

Ähnliche Überlegungen muss man bei der Diagnose mit radioaktiven Stoffen machen. Die Verbesserung des Bildes kann durch die Optimierung des Signal-Rausch-Verhältnisses erreicht werden. Dies erfolgt durch Erhöhen des Signales gegenüber

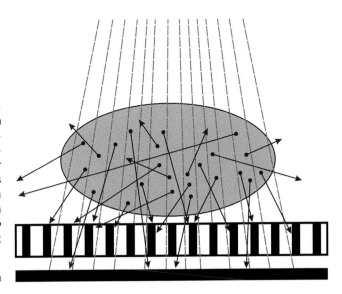

Abb. 5.7 Prinzip eines Streustrahlenrasters. *Dunkler Balken* Bildebene, die Nutzstrahlung (*gestrichelte Linien*) wird gering geschwächt, die Streustrahlung (*Pfeile*) wird in den Lamellen des Rasters abgefangen. Das Raster kann fest stehend oder als bewegtes Raster (Lamellen werden während der Aufnahme über das Bild verschoben) ausgeführt sein. Mit mindestens 4–6 Lamellen pro Millimeter ist das Raster auf der Aufnahme für das Auge kaum sichtbar [16]

dem Untergrundsignal. Das Verabreichen einer höheren Aktivität führt aber zwangsläufig wieder zu einer erhöhten Strahlenbelastung des Patienten.

Für die Wahl der Strahlenfeldgröße gilt wieder das ALARA-Prinzip. Alle relevanten Körperbereiche müssen erfasst sein, für die Befundung unnötige Bildbereiche sollen ausgeblendet werden. Ein weiterer Vorteil ist, dass kleine Felder weniger bestrahltes Volumen haben und somit der Anteil der produzierten Streustrahlung reduziert wird, der den Bilddetektor trifft. Das verbessert wiederum die Bildqualität und erleichtert die radiologische Befundung.

5.7.3.2 Streustrahlenraster

Die Verwendung eines Streustrahlenrasters (Abb. 5.7) zwischen Patient und bildgebendem System erhöht aufgrund der Kompensation der Signalschwächung zwar die Patientendosis, gleichzeitig verbessert sich aber der Kontrast erheblich durch selektive Filterung der Streustrahlung. Insbesondere bei großen Feldern in Untersuchungsregionen mit ausgeprägter Gewebedicke kann dies vorteilhaft sein. In der Pädiatrie sind wegen der kleineren Feldgrößen und der günstigeren Anatomie die Streueffekte weniger stark ausgeprägt. Deswegen kann in der Regel auf den Einsatz eines Streustrahlenrasters verzichtet und die zusätzlich notwendige Dosis zur Durchdringung des Rasters eingespart werden.

5.7.3.3 Nutzung der Aufnahmegeometrie

Nachdem der Strahl im Patienten wechselgewirkt hat, ist die Photonenfluenz hinter dem Patienten – abhängig von der vorgewählten Energie – auf einige Promille reduziert. Daher ist

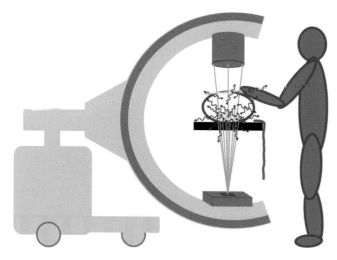

Abb. 5.8 Position des Untersuchers beim Röntgen. Ist es notwendig, dass der Untersucher neben dem Bestrahlungsfeld stehen oder sogar im Strahlenfeld manipulieren muss, ist die Geometrie der Anordnung von Röntgenröhre bzw. Bildverstärker, des Patienten und des Untersuchers zueinander für einen optimalen Strahlenschutz relevant (weitere Erläuterungen siehe Text)

die Seite zwischen Patienten und Bildgebungseinheit (i. d. R. ein elektronischer Bildverstärker) der Bereich mit der geringsten Strahlenbelastung innerhalb des Nutzstrahlenfeldes. Dies ist auch einer der Gründe für die Untertischanordnung der Röntgenröhre beim Betrieb von C-Bögen. Der Untersucher kann ohne zusätzliche Probleme den Eingriff durchführen, lediglich der Bildverstärker schränkt ihn aufgrund der baulichen Dimensionen etwas ein.

Innerhalb des Patienten ist der Streustrahlenanteil auf der fokusnahen Patienteneintrittsseite wiederum wegen der größeren Photonenfluenz größer als auf der Austrittsseite. Mit einer zusätzlichen verstellbaren Strahlenschutzwand oder einem Strahlenschutzvorhang kann der Untersucher effektiv davor abgeschirmt werden (Abb. 5.8).

5.7.3.4 Fluoroskopie

Bei Durchleuchtungen ist es normalerweise nicht notwendig mit kontinuierlicher Strahlung zu arbeiten. Das menschliche Auge nimmt Bilder mit einer Frequenz von 24–30 Hz bereits als ununterbrochenen Film wahr. Eine höhere Frequenz ist somit auch für eine gepulste Durchleuchtung nicht notwendig und würde zu unnötiger Strahlenbelastung des Patienten und des umgebenden Personals führen. Oft ist es auch sinnvoll, die Bildwiederholungsrate weiter zu reduzieren. Bei der intravaskulären Applikation eines Katheders unter Durchleuchtung ist die Vorschubgeschwindigkeit des Katheders beispielsweise so gering, dass wenige Bilder pro Sekunde bei der Durchleuchtung für genaues Arbeiten ausreichen. Das Dosiseinsparpotenzial ist erheblich. Die Gerätehersteller bieten inzwischen alle Optionen für gepulste Durchleuchtung in wählbaren Schritten an, oft ist eine kontinuierliche Fluoroskopie gar nicht mehr möglich.

Für Manipulationen im Strahlenfeld ist es nicht sinnvoll, Strahlenschutz-Handschuhe zu verwenden. Da man normaler-

weise eine Belichtungsautomatik verwendet, um eine optimale Bildgebung zu erhalten, würde diese Automatik des Gerätes die Energie des Strahls unnötig verstärken, um den Schutz durch dringen zu können. Für Arbeiten im Streustrahlungsbereich des Patientenfeldes ist das Tragen spezieller verstärkter und sterilisierbarer Handschuhe jedoch zur Reduktion der Hautdosis sinnvoll.

5.8 Anwendung ionisierender Strahlung und radioaktiver Stoffe in der Heilkunde

5.8.1 Rechtfertigende Indikation

Die rechtfertigende Indikation ist die „Entscheidung eines Arztes [...] mit der erforderlichen Fachkunde im Strahlenschutz, dass und in welcher Weise ionisierende Strahlung oder radioaktive Stoffe (bzw. Röntgenstrahlung) am Menschen in der Heilkunde [...] angewendet wird". Diese Definition ist in der Röntgenverordnung und Strahlenschutzverordnung nur in der anzuwendenden Strahlungsart unterschiedlich. Dabei ist zu beachten, dass die rechtfertigende Indikation nur innerhalb der Anwendungsgebiete gestellt werden darf, für die man auch die Fachkunde besitzt (Abschn. 5.4.2).

Die rechtfertigende Indikation beinhaltet die Bestätigung, „dass der gesundheitliche Nutzen der Anwendung am Menschen gegenüber dem Strahlenrisiko überwiegt." (§ 23 RöV bzw. § 80 StrlSchV) Für beide Verordnungen gilt auch, dass die rechtfertigende Indikation stets vor der Anwendung der ionisierenden Strahlung bzw. des radioaktiven Stoffes am Patienten zu stellen ist. Bei der Therapie mit ionisierender Strahlung wird i. d. R. zuvor ein Bestrahlungsplan erstellt, der von einem fachkundigen Arzt (sowie von einem Medizinphysik-Experten) geprüft und abgenommen wird. Hier ist also Gelegenheit, die rechtfertigende Indikation formal zu stellen, organisatorisch einfach einzuplanen.

Mit dem Ziel unnötige Strahlenexpositionen zu vermeiden, müssen in jedem Fall Informationen aus vorherigen Untersuchungen (auch ohne Strahlungsanwendung) bei der Stellung der rechtfertigenden Indikation berücksichtigt werden. Dazu sind diese Untersuchungen unter Umständen zuvor anzufordern. Der untersuchende Arzt ist verpflichtet, den Patienten aufzuklären und entsprechend zu befragen und sich bei Patientinnen auch Auskunft über Schwangerschaft bzw. Stillzeit geben zu lassen.

Speziell im Geltungsbereich der Röntgenverordnung ist vorgesehen, dass der fachkundige Arzt, der die rechtfertigende Indikation stellt, in der Lage sein muss, den Patienten an dem die Röntgenstrahlung angewendet werden soll, untersuchen zu können. Das bedeutet im Umkehrschluss, dass dieser Arzt den Patienten nicht zwingend untersucht oder sogar noch nicht einmal gesehen haben muss, um die rechtfertigende Indikation zu stellen, solange die notwendigen Informationen vorliegen.

5.8.2 Anwendung von ionisierender Strahlung und radioaktiven Stoffen am Menschen

Die Röntgenverordnung definiert in den Begriffsbestimmungen (§ 2, Nr. 1), was unter der Anwendung von Röntgenstrahlung am Menschen zu verstehen ist. Für die Anwendung von ionisierender Strahlung oder radioaktiver Stoffe am Menschen für den Bereich der Strahlenschutzverordnung gibt es diese Definition erst in der Richtlinie Strahlenschutz in der Medizin, die aber analog zur Definition der Röntgenverordnung angelegt ist:

„Unter dem Begriff Anwendung sind die technische Mitwirkung (bzw. Durchführung) und

a. die Befundung einer Untersuchung oder
b. die Beurteilung der Ergebnisse einer Behandlung

mit radioaktiven Stoffen oder ionisierender Strahlung zu verstehen, nachdem ein Arzt mit der erforderlichen Fachkunde im Strahlenschutz die individuelle rechtfertigende Indikation gestellt hat." [19].

Fachkundige Ärzte dürfen (im Rahmen ihrer Fachkunde) uneingeschränkt ionisierende Strahlung am Patienten anwenden. Ärzten ohne die erforderliche Fachkunde ist dies nur erlaubt, wenn sie unter ständiger Aufsicht eines entsprechend fachkundigen Arztes stehen.

Bei der technischen Mitwirkung bzw. Durchführung dürfen nur folgende Personen helfen:

1. Fachkundige MTRA,
2. fachkundige Personen mit einer staatlich anerkannten erfolgreich abgeschlossenen Ausbildung, wenn die technische Mitwirkung Gegenstand der Ausbildung bzw. Prüfung war.
3. Auszubildende zu 1 oder 2, wenn sie die erforderlichen Kenntnisse im Strahlenschutz besitzen und unter ständiger Aufsicht eines entsprechend fachkundigen Arztes stehen.
4. Absolventen einer sonstigen medizinischen Ausbildung mit erforderlichen Kenntnissen im Strahlenschutz unter ständiger Aufsicht eines entsprechend fachkundigen Arztes.
5. Medizinphysik-Experten unter ständiger Aufsicht eines entsprechend fachkundigen Arztes.

In der Richtlinie Strahlenschutz in der Medizin wurde im Juli 2014 konkretisiert, was unter ständiger Aufsicht für Personal der Gruppen Nr. 3 bis Nr. 5 im Zusammenhang mit der Anwendung von ionisierender Strahlung bzw. radioaktiven Stoffen zu verstehen ist: Hier ist die direkte Aufsicht gemeint, bei der der fachkundige Arzt unmittelbar bei dem Anwendenden stehen muss, um korrigierend eingreifen zu können. Hintergrund ist das Urteil vom Verwaltungsgerichtshof Baden-Württemberg aus Abschn. 5.3.4. Für den Gültigkeitsbereich der Röntgenverordnung gilt diese Einschränkung (noch) nicht.

5.8.3 Diagnostische Referenzwerte

Um zu gewährleisten, dass bei diagnostischen Untersuchungen deutschlandweit nach ähnlichen Standards gearbeitet wird, hat

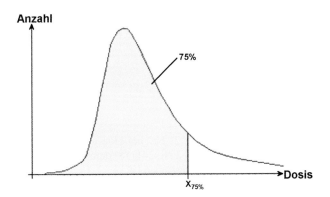

Abb. 5.9 Bestimmung der diagnostischen Referenzwerte mittels des 75. Perzentils. Der Dosiswert $X_{75\%}$ entspricht dem Wert, den 75 % der Betreiber erreicht oder unterschritten haben

das Bundesamt für Strahlenschutz (BfS) basierend auf Empfehlungen der ICRP und der 97/43/EURATOM-Richtlinien diagnostische Referenzwerte (DRW) veröffentlicht [5].

Bei den diagnostischen Referenzwerten handelt es sich um Dosis- bzw. Aktivitätswerte, für typische Untersuchungen mit ionisierender Strahlung oder radioaktiven Arzneimitteln. Sie sind nur für Patientengruppen mit Standardmaßen (oder standardisierte Phantome) definiert und gelten für die spezielle Untersuchungsart und dafür geeignete Bestrahlungsgeräte bzw. einzelne Gerätekategorien.

Diagnostische Referenzwerte sind nicht als Dosisgrenzwerte einzustufen. Der diagnostische Referenzwert ist vom Grundsatz her bei der gewählten Untersuchung zu beachten, eine Überschreitung ist schriftlich zu begründen. Weichen Patienten von den Standardmaßen (z. B. Gewicht: 70 ±3 kg) ab, kann das ein Grund sein, weswegen der diagnostische Referenzwert nicht einzuhalten ist.

Sowohl die Röntgenverordnung [17] als auch die Strahlenschutzverordnung [18] sehen die Anwendung von diagnostischen Referenzwerten für Röntgenuntersuchungen bzw. nuklearmedizinische Diagnostik vor. Das Konzept der diagnostischen Referenzwerte ist aufgrund der individuellen Gegebenheiten nicht für Behandlungen mit ionisierender Strahlung oder radioaktiven Stoffen geeignet.

Bestimmt wurden die diagnostischen Referenzwerte für Röntgendiagnostik aus dem „75. Perzentil der Verteilung der Mittelwerte der Patientenexposition bei einer großen Zahl von Betreibern" [5] aus den Jahren 2010 bis 2015 (siehe Abb. 5.9). Die Festlegung der diagnostischen Referenzwerte für Aktivitäten ist das Ergebnis eines Expertenfachgespräches.

Die Angabe der diagnostischen Referenzwerte erfolgt in Messgrößen, die einfach zu ermitteln sind, da sie inzwischen vom Gerät ohnehin angezeigt werden müssen: Dosis-Flächen-Produkt (DFP), für CT-Untersuchungen das Dosis-Längen-Produkt (DLP) bzw. der effektive gewichtete Dosisindex (CTDI$_{\text{vol}}$). Gegenüber der vorherigen Bekanntmachung konnten die Referenzwerte um bis zu 25 % bei konventionellen Projektionsaufnahmen sowie diagnostischen Durchleuchtungsuntersuchungen am Erwachsenen und um bis zu 40 % bei

CT-Untersuchungen am Erwachsenen reduziert werden. Zudem sind bei CT-Untersuchungen zahlreiche neue Untersuchungsregionen hinzugekommen.

5.8.4 Helfende Person

Die Röntgenverordnung (§ 2, Nr. 12) [17] und die Strahlenschutzverordnung (§ 3 Abs. 2 Nr. 24) [18] definieren, was unter einer helfenden Person zu verstehen ist:

Sie unterstützt oder betreut eine andere Person an der ionisierende Strahlung (oder radioaktive Stoffe) zur Ausübung der Heilkunde oder zur medizinischen Forschung unter folgenden Bedingungen angewandt wird:

- Die helfende Person führt es außerhalb ihrer beruflichen Tätigkeit durch.
- Sie tut dies freiwillig.
- Sie ist einwilligungsfähig, bzw. ihr gesetzlicher Vertreter hat die Einwilligung gegeben.

Als helfende Person sind Eltern von Kindern, die untersucht oder behandelt werden müssen vorstellbar, ebenso vertraute Bezugspersonen dementer oder verwirrter Patienten. Auch die Pflege eines Angehörigen, Freundes oder Nachbarn kann darunter fallen, wenn diesem radioaktive Stoffe appliziert wurden. Es gibt keine Altersbeschränkung für helfende Personen.

Keine helfenden Personen

Mitarbeiter eines externen Patiententransportdienstes führen die Betreuung der Patienten nicht außerhalb ihrer beruflichen Tätigkeit durch. Sie können somit nicht als helfende Personen eingestuft werden, um damit den Zutritt zum Kontrollbereich zu legitimieren. Auch beruflich nicht strahlenexponiertes Personal der eigenen Klinik oder Praxis auf diese Weise zur Unterstützung zu requirieren, ist unzulässig. Einen professionellen Dolmetscher als helfende Person in einen Kontrollbereich zu lassen, ist ebenfalls fragwürdig. ◄

Helfende Personen dürfen Überwachungsbereiche betreten, ebenso Kontrollbereiche nach Zustimmung eines fachkundigen Arztes. Sie dürfen sich auch in Sperrbereichen aufhalten, sofern ein fachkundiger Arzt seine Zustimmung schriftlich gegeben hat. Vor dem Betreten des Kontrollbereiches (und damit auch eines Sperrbereiches) sind helfende Personen über die Gefahren durch die Strahlung zu unterweisen (vgl. Abschn. 5.4.5). Es kann vorkommen, dass die Genehmigung den Aufenthalt von helfenden Personen in Sperrbereichen untersagt.

Für helfende Personen gelten keine Dosisgrenzwerte (vgl. Abschn. 5.6.1). Während des Aufenthaltes in Kontrollbereichen muss aber die Personendosis bestimmt werden und es

müssen Maßnahmen getroffen werden, um die Dosisbelastung der helfenden Person möglichst gering zu halten. Die Personendosis muss umgehend aufgezeichnet werden. Bei beruflich strahlenexponierten Personen trägt eine Personendosis als helfende Person nicht zur Ermittlung der Körperdosis bei. Die Art der Aufzeichnung ist nicht näher definiert.

Die Richtlinie Strahlenschutz in der Medizin [19] schlägt vor, dass „die Strahlenexposition nicht mehr als einige mSv für eine helfende Person durch Behandlung oder Untersuchung eines Patienten betragen sollte und dann auch nur in besonderen Fällen (z. B. für Eltern schwerkranker Kinder)".

Wechseln sich mehrere Personen bei der Betreuung des Patienten ab, müssen die genannten Maßnahmen selbstverständlich für jede helfende Person durchgeführt werden.

Schwangere als helfende Person siehe Abschn. 5.6.4.

5.9 Baulicher Strahlenschutz

Für die Anwendung von radioaktiven Stoffen und ionisierender Strahlung am Menschen bedarf es ausreichender Schutzeinrichtungen. Strahlenschutzverordnung und Röntgenverordnung legen fest, dass „der Schutz beruflich strahlenexponierter Personen vor äußerer und innerer Strahlenexposition vorrangig durch bauliche und technische Vorrichtungen oder durch geeignete Arbeitsverfahren sicherzustellen" ist [17, 18]. Insbesondere die Abschirmungen der Räume, in denen die Untersuchungen und Behandlungen stattfinden, müssen so bemessen sein, dass für die Dosisleistung an anderen Bereichen innerhalb und außerhalb des betroffenen Gebäudes alle vorgeschriebenen Grenzwerte eingehalten werden (vgl. Abschn. 5.5.1). Diese Grenzwerte hängen von der beabsichtigten Strahlenschutzklassifikation der umgebenden Räume und ihrer Verwendung ab und bestimmen wiederum die zulässige wöchentliche Betriebsbelastung des Bestrahlungsgerätes. Bei der Berechnung kann ein Lagerraum über einen speziellen Aufenthaltsfaktor anders berücksichtigt werden als beispielsweise ein Patientenwartebereich oder ein Daueraufenthaltsbereich. Es müssen die verwendeten Strahlenarten und gegebenenfalls erzeugte Sekundärstrahlungsarten (Bremsstrahlung bei Elektronennutzstrahlung, Neutronen bei Nutzung hochenergetischen Photonen > 8 MeV[9] und Ionenstrahlung) sowie die Kombination mehrerer Strahlenarten berücksichtigt werden. Für den Strahlenschutz werden Abschirmungsberechnungen für unterschiedliche Strahlenarten im Nutzstrahlbereich, nach einfacher Streuung (Sekundärstrahlung) und teilweise nach doppelter Streuung (Tertiärstrahlung, in der Regel im Bereich des Zuganges) durchgeführt. Relevant ist auch die Raumgröße, über die der Abstand zur Strahlenquelle in die Berechnung

---

[9] Die Grenzenergie erfolgt unter der Annahme, dass bei der Abschirmung im Nutzstrahlenfeld höchstens Blei genutzt wird und Material mit einem größeren Wirkungsquerschnitt für Kernphotoeffekte keine Anwendung findet [7].

einfließt. Es können Richtungsfaktoren Anwendung finden, sofern der Nutzstrahl bestimmte Richtungen nicht oder seltener überstreicht. Auch für die Anwendung besonderer Techniken können Faktoren bestimmt werden, um den Einfluss einer erhöhten oder verringerten Dosisbelastung Rechnung zu tragen. Ein Beispiel ist hier der IMRT-Faktor: Der Quotient für Monitoreinheiten pro Gray ist bei fluenzmodulierter Radiotherapie aufgrund vieler kleiner Felder gegenüber konventionellen Techniken höher. Bezogen auf die Betriebsbelastung (in Gray) tritt dadurch eine erhöhte Durchlassstrahlung (außerhalb des Nutzstrahlenfeldes) auf [6].

Technische Regeln zum baulichen Strahlenschutz

Unterschiedliche DIN-Normen bieten Berechnungsgrundlagen für Räume mit Nutzung von radioaktiven Stoffen oder ionisierender Strahlung für diagnostische Zwecke sowie therapeutische Anwendungen. Die wichtigsten technischen Regelwerke sind:

Allgemein:

- DIN 25430 Sicherheitskennzeichnung im Strahlenschutz
- DIN 6834-1 Strahlenschutztüren für medizinisch genutzte Räume

Röntgen:

- DIN 6812 Medizinische Röntgenanlagen bis 300 kV – Regeln für die Auslegung des baulichen Strahlenschutzes

Tele- und Brachytherapie:

- DIN 6847-2 Medizinische Elektronenbeschleuniger-Anlagen: Regeln für die Auslegung des baulichen Strahlenschutzes
- DIN EN 60601-2-1; VDE 0750-2-1:2003-12 Medizinische elektrische Geräte: Besondere Festlegungen für die Sicherheit von Elektronenbeschleunigern im Bereich von 1 bis 50 MeV (insbesondere: Anzeige der Einschaltzustände)
- DIN 6846-2 Medizinische Gammabestrahlungsanlagen: Strahlenschutzregeln für die Errichtung
- DIN 6853-2 Medizinische ferngesteuerte, automatisch betriebene Afterloading-Anlagen: Strahlenschutzregeln für die Errichtung
- DIN 6875-20 Spezielle Bestrahlungseinrichtungen: Protonentherapie – Regeln für die Auslegung des baulichen Strahlenschutzes

Nuklearmedizin:

In der Nuklearmedizin richtet sich die Abschirmung nach den verwendeten Nukliden. Die zugehörigen DIN-Normen haben die Nummern 6843 und 6844 Teil 1 bis 3. Zudem sind die Regeln für die Auslegung von Radionuklidlaboratorien zu beachten.

Beispiel

Oft kollidieren Strahlenschutzmaßnahmen mit anderen Regeln aus Arbeitssicherheit, Brandschutz oder Hygienevorschriften:

Es ist günstig, wenn ein Raum mit einem Elektronenlinearbeschleuniger für hochenergetische Elektronen- oder Photonenbestrahlung einen Unterdruck gegenüber den umliegenden Bereichen aufweist, damit durch Kernphotoeffekt aus der Luft entstehende Nuklide abgesaugt werden. Befindet sich das Gerät für eine intraoperative Strahlentherapie in einem Operationssaal, wird dieser jedoch mit Überdruck betrieben, um den Patienten vor von außen eintretenden Keimen und Verunreinigungen zu schützen.

Strahlenschutzbereiche haben so wenig freie Zugänge wie möglich, damit unbefugter Zugang oder unkontrolliertes Verlassen verhindert wird. Gleichzeitig müssen aber im Rahmen des Brandschutzes unterschiedliche Fluchtwege vorhanden sein, um eine schnelle Evakuierung zu ermöglichen. Insbesondere schwere und langsam öffnende Strahlenschutztüren sind dabei hinderlich, aber zur Strahlabschirmung notwendig.

Es gilt in solchen Fällen jeweils individuelle Lösungen und Kompromisse zu finden, um maximal mögliche Sicherheit in allen Bereichen zu gewährleisten. Technische Lösungen sollen hierbei bevorzugt werden, erst dann greift man auf organisatorische Maßnahmen zurück.

Es ist hilfreich den Sachverständigen und die Aufsichtsbehörden frühzeitig in Entscheidungsprozesse einzubinden, um Lösungen zu erarbeiten, die von allen Seiten getragen werden können. ◄

5.10 Freigrenzen/Entsorgung radioaktiver Stoffe

Die Freigrenze eines radioaktiven Stoffes in Becquerel – bzw. als spezifische Aktivität in Becquerel pro Gramm – definiert, ab wann Tätigkeiten mit diesem Nuklid durch die Strahlenschutzverordnung zu überwachen sind. Die Werte für die relevanten Nuklide finden sich in der Tabelle 1 der Anlage III der Strahlenschutzverordnung. Grundsätzlich gilt das Verursacherprinzip, d. h., der Hersteller eines radioaktiven Stoffes muss ihn normalerweise zurücknehmen und sich um die Entsorgung bzw. Abgabe kümmern.

Auch in medizinischen Einrichtungen sind die Vorschriften und Voraussetzungen für die Freigabe oder die Entsorgung radioaktiver Stoffe selbstverständlich einzuhalten. Sofern absehbar, wird bereits in der Umgangsgenehmigung festgelegt, wie mit den genutzten radioaktiven Stoffen nach Gebrauch umgegangen werden muss. Das erspart aufwendige Folgegenehmigungen oder Freigabeanträge bzw. Bescheide für den Betreiber und die Aufsichtsbehörde. Zentraler Richtwert ist die effektive Dosis im Bereich von 10 µSv pro Kalenderjahr für Einzelpersonen der Bevölkerung, die eingehalten oder unterschritten werden muss, um für (zuvor) radioaktive Stoffe eine Freigabe als nicht radioaktive Stoffe durch die Aufsichtsbehörde zu erhalten. Die Strahlenschutzverordnung verbietet diesbezüglich explizit, dass eine vorsätzliche Verringerung der spezifischen Aktivität durch Verdünnung herbeigeführt wird oder eine Aufteilung zum Erreichen von Freigrenzenmengen stattfindet. Anfallende radioaktive Abfälle, die oberhalb dieses Richtwertes liegen, müssen erfasst, deren Verbleib dokumentiert und an die Aufsichtsbehörde gemeldet werden. Sie sind generell an eine Landessammelstelle oder eine „Anlage des Bundes zur Sicherstellung und zur Endlagerung radioaktiver Abfälle" abzuliefern.

In der nuklearmedizinischen Diagnostik werden radioaktive Stoffe verwendet, die vornehmlich kurze Halbwertszeiten haben und anschließend zu einem stabilen Nuklid zerfallen. Die kurze Halbwertszeit gewährleistet eine hohe spezifische Aktivität, zeitnah zur Gabe der Radiopharmaka kann die Untersuchung erfolgen. Die vom Patienten ausgehende Dosis am Ende der Untersuchung ist gering und nimmt rasch ab. Nicht angewandte Restaktivitäten werden abgeschirmt und klingen entsprechend schnell ab. Kontaminationen können ebenfalls abgeschirmt und durch angemessene Wartezeiten beseitigt werden, ohne Personal durch aufwendige Dekontaminationsmaßnahmen radiologisch zu belasten. Eine Verschleppung der Kontamination muss dabei verhindert werden.

Ausscheidungen von Patienten werden gesammelt und gefiltert, in einer Abklinganlage gelagert, ausgemessen und bei Unterschreiten der genehmigten Aktivitätswerte über das Abwasser entsorgt. Bei der Schilddrüsentherapie mit Radiojod befindet sich das Nuklid zu einem geringen Maß auch in Speichel und Schweiß und wird darüber ausgeschieden. Hier muss geregelt sein, wie sich in Behandlung befindliche, stationäre Patienten verhalten und mit den Gegenständen umgegangen wird, die diese nutzen. Beispielsweise können Reste der Mahlzeiten inklusive Besteck eingefroren und nach einer Abklingzeit entsorgt bzw. normal gespült werden.

Der Umgang mit radioaktiven Stoffen, die durch den Betrieb von medizinischen Beschleunigeranlagen entstehen, wird in der Regel ebenfalls in der Betriebsgenehmigung beschrieben. Die durch Kernphotoeffekt bei (Photonen-)Energien größer als 10 MeV auftretende Luftaktivierung[10] erzeugt kurzlebige Nuklide mit Halbwertszeiten im Minutenbereich [19]. Die aus dem Kern ausgesandten Neutronen wirken auf die Umgebung. Sie zerstören mittel- bis langfristig elektronische Bauteile und aktivieren das im Eisen vorhandene stabile ^{59}Co zu radioaktivem ^{60}Co[11]. Eine Umgangsgenehmigung für die erzeugten radioaktiven Stoffe ist normalerweise nicht erforderlich, da die aufsichtsführende Behörde das in der Betriebsgenehmigung des Bestrahlungsgerätes in der Regel bereits berücksichtigt hat, jedoch müssen die aktivierten Komponenten des Beschleunigers bei der Stilllegung entsprechend den Regeln der Strahlenschutzverordnung abgegeben werden. Es gibt Firmen, die sich auf die Entsorgung von radioaktiven Stoffen spezialisiert haben und die die notwendigen Genehmigungen besitzen, Abfälle entgegennehmen und transportieren zu dürfen.

5.11 Transport radioaktiver Stoffe

Für den Transport bzw. die Beförderung von radioaktiven Stoffen, der zugehörigen Genehmigung und zur Beschaffenheit von Transportbehältern gelten die Bestimmungen der Strahlenschutzverordnung in den Abschnitten 4 und 5 sowie im Anhang X. Auch die Gefahrgutverordnung Straße, Eisenbahn und Binnenschifffahrt (GGVSEB) ist für dieses Thema relevant.

Die Möglichkeiten der nationalen und internationalen Verbringung radioaktiver Stoffe regelt das Europäische Übereinkommen über die internationale Beförderung gefährlicher Güter auf der Straße (ADR). Radioaktive Stoffe sind dort als Gefahrstoff der Klasse 7 definiert. Das ADR liefert die Details über die notwendigen Transportbedingungen, die Sicherheitsbestimmungen sowie den Gefahrengrad bei einem Transport. Auch die Verpackungsgruppe oder die Bedingungen zur Einstufung als freigestelltes Versandstück, die entsprechenden Kennzeichnungspflichten und die Vorschriften zur Dokumentation sind dort zu finden.

Aufgaben

5.1 Welche Arten von Dosen haben die Einheit Sievert?

5.2 Wo ist die Fachkunde im Strahlenschutz Teletherapie für Medizinphysik-Experten geregelt? Wo sind die Voraussetzungen für den Erhalt der Fachkunde im Strahlenschutz für Radiologen festgelegt?

5.3 Wer definiert den Zuständigkeitsbereich eines Strahlenschutzbeauftragten (SSB)?

5.4 Wie oft muss die Strahlenschutzunterweisung wiederholt werden? Wer muss sie nach erfolgter Durchführung unterschreiben? Wer darf die Strahlenschutzunterweisung durchführen?

---

[10] Auftretende Kernphotoeffekte, die im Wesentlichen die Luftaktivierung ausmachen sind ^{14}N (γ,n) ^{13}N (Schwellenenergie: 10,6 MeV, Halbwertszeit von ^{13}N: 9,96 min) und ^{16}O (γ,n) ^{15}O (Schwellenenergie: 15,7 MeV, Halbwertszeit von ^{15}O: 2,03 min) [10]

[11] Nur ^{60}Co ist aufgrund der langen Halbwertszeit von 5,27 Jahren relevant. Andere Neutronenaktivierungen von stabilen Elementen der Beschleunigerkonstruktion finden auch statt, jedoch haben die resultierenden Nuklide deutlich kürzere Halbwertszeiten und niedrigere Energien.

5.5 Welche Regeln müssen bei der elektronischen Archivierung von Patientendaten im Rahmen der gesetzlichen Fristen eingehalten werden?

5.6 Welche Aussagen zu Strahlenschutzbereichen treffen zu?

a. Der Kontrollbereich ist ein Teil des Sperrbereiches.
b. Besucher dürfen in den Überwachungsbereich.
c. Der Sperrbereich ist immer ein Teil des Kontrollbereiches.
d. Vor dem Kontrollbereich befindet sich immer ein Überwachungsbereich.
e. Ein Kontrollbereich muss ab einer zu erwartenden Organdosis der Haut von mehr als 150 mSv eingerichtet werden.
f. Ein Computertomograph kann bei einem Ganzkörperscan mehr als 10 mSv in 10 min applizieren, demzufolge muss für den Raum ein Sperrbereich eingerichtet werden, solange der Strahl eingeschaltet ist.
g. Ein nach Strahlenschutzverordnung eingerichteter Kontrollbereich kann temporär niemals zu Betriebsgelände werden, sondern muss immer mindestens ein Überwachungsbereich sein.
h. Sperrbereiche dürfen von Patienten oder helfenden Personen nur nach schriftlicher Zustimmung durch einen im Strahlenschutz fachkundigen Arzt betreten werden. Bei Kontrollbereichen reicht die Zustimmung eines solchen Arztes für den genannten Personenkreis.

5.7 Welche gesetzlichen Regelwerke beinhalten Bestimmungen zum Transport radioaktiver Stoffe?

5.8 Welcher besondere Grenzwert gilt für ungeborene Kinder und für welchen Zeitraum gilt dieser? In welchen Zeitabschnitten muss der Schwangeren die berufliche Strahlenexposition mitgeteilt werden?

5.9 Welches Prinzip steht hinter der Festlegung der Notwendigkeit der rechtfertigenden Indikation?

5.10 Welche Wechselwirkung der Photonen sorgt bei Röntgendiagnostik bei Erhöhung der Strahlenenergie für eine zunehmend schlechte Bildqualität, warum?

5.11 Bei der Inkorporation eines Radionuklidgemisches werden die unten stehenden Organ-Energiedosen ermittelt. Bestimmen Sie die effektive Dosis nach ICRP 103. Wird der zulässige Grenzwert überschritten? In welche Kategorie müsste ein volljähriger Mitarbeiter eingestuft werden, falls er jährlich dieser Strahlenexposition ausgesetzt wäre? Wie viele Jahre könnte er dieser Tätigkeit nachkommen?

- Knochenmark: 5 mGy, Photonen
- Knochenoberfläche: 10 mGy, Photonen
- Lunge: 2 mGy, Alpha-Strahler, 5 mGy Photonen
- Brust: 1 mGy, Photonen
- Leber: 4 mGy, Photonen
- Blase: 3 mGy, Photonen

Literatur

1. Bundesamt für Strahlenschutz (BfS) (2012) Durchführung der Röntgenverordnung (RöV), Richtlinie Fachkunde und Kenntnisse im Strahlenschutz bei dem Betrieb von Röntgeneinrichtungen in der Medizin oder Zahnmedizin (Fachkunderichtlinie) vom 22. Dezember 2005, Zuletzt geändert durch Rundschreiben vom 27. Juni 2012 (GMBl 2012, S. 724; ber. S. 1204)
2. Bundesamt für Strahlenschutz (BfS) (2001) Richtlinie über Anforderungen an Personendosismessstellen nach Strahlenschutz- und Röntgenverordnung vom 10. Dezember 2001
3. Bundesamt für Strahlenschutz (BfS) (2003) Richtlinie für die physikalische Strahlenschutzkontrolle zur Ermittlung der Körperdosen Teil 1: Ermittlung der Körperdosis bei äußerer Strahlenexposition (§§ 40, 41, 42 StrlSchV; § 35 RöV) vom 08.12.2003
4. Bundesamt für Strahlenschutz (BfS) (2007) Die Empfehlungen der Internationalen Strahlenschutzkommission (ICRP) von 2007; ICRP-Veröffentlichung 103 verabschiedet im März 2007; Deutsche Ausgabe; (BfS-SCHR-47/09)
5. Bundesamt für Strahlenschutz (BfS) (2016) Bekanntmachung der aktualisierten diagnostischen Referenzwerte für diagnostische und interventionelle Röntgenanwendungen 22. Juni 2016
6. Deutsches Institut für Normung (DIN) (2014) DIN 6847-2, Medizinische Elektronenbeschleuniger-Anlagen – Teil 2: Regeln für die Auslegung des baulichen Strahlenschutzes
7. DIN-Normenausschuss Radiologie (NAR). http://www.nar.din.de. Zugegriffen: 3. Nov. 2016
8. Emami B, Lyman J, Brown A, Coia L, Goitein M, Munzenrider JE, Shank B, Solin LJ, Wesson M (1991) Tolerance of normal tissue to therapeutic irradiation. Int J Radiat Oncol Biol Phys 21(1):109–122
9. EURATOM (1997) Richtlinie 97/43/ EURATOM des Rates über den Gesundheitsschutz von Personen gegen die Gefahren ionisierender Strahlung bei medizinischer Exposition und zur Aufhebung der Richtlinie 84/466/Euratom vom 30. Juni 1997
10. Ewen K (2013) Strahlenschutz an Beschleunigern. Springer, Berlin, Heidelberg
11. Gesetz zum Schutz vor der schädlichen Wirkung ionisierender Strahlung (Strahleschutzgesetz – StrlSchG) in der Fassung der Bekanntmachung vom 27. Juni 2017 (BGBl. I Nr. 42 S. 1966)
12. International Commission on Radiological Protection (ICRP) (1984) Nonstochastic Effects of Ionizing Radiation. ICRP Publication 41. Ann ICRP 14(3)
13. International Commisson on Radiation Units and Measurements (ICRU) (1980) ICRU report 51: quantities and units in radiation protection dosimetry
14. International Commisson on Radiation Units and Measurements (ICRU) (1985) ICRU Report 39: Determination

Teil I

of Dose Equivalents Resulting from External Radiation Sources

15. Leitlinie der Bundesärztekammer zur Qualitätssicherung in der Computertomographie, Beschluss des Vorstandes der Bundesärztekammer vom 23. November 2007 (2007)

16. Leitlinie der Bundesärztekammer zur Qualitätssicherung in der Röntgendiagnostik, Qualitätskriterien röntgendiagnostischer Untersuchungen, Beschluss des Vorstandes der Bundesärztekammer vom 23. November 2007 (2007)

17. Röntgenverordnung (RöV) (2003) „Röntgenverordnung in der Fassung der Bekanntmachung vom 30. April 2003 (BGBl. I S. 604), die zuletzt durch Artikel 6 der Verordnung vom 11. Dezember 2014 (BGBl. I S. 2010) geändert worden ist"

18. Strahlenschutzverordnung (StrlSchV) (2001) Verordnung über den Schutz vor Schäden durch ionisierende Strahlen – Strahlenschutzverordnung vom 20. Juli 2001 (BGBl. I S. 1714; 2002 I S. 1459), die zuletzt durch Artikel 5 Absatz 7 des Gesetzes vom 24. Februar 2012 (BGBl. I S. 212) geändert worden ist

19. Strahlenschutzverordnung (StrlSchV) (2014) Strahlenschutz in der Medizin – Richtlinie zur Strahlenschutzverordnung (StrlSchV) vom 26. Mai 2011 (GMBl. 2011, Nr. 44–47, S. 867), zuletzt geändert durch RdSchr. des BMUB vom 11. Juli 2014 (GMBl. 2014, Nr. 49, S. 1020)

Radiologische Diagnostik

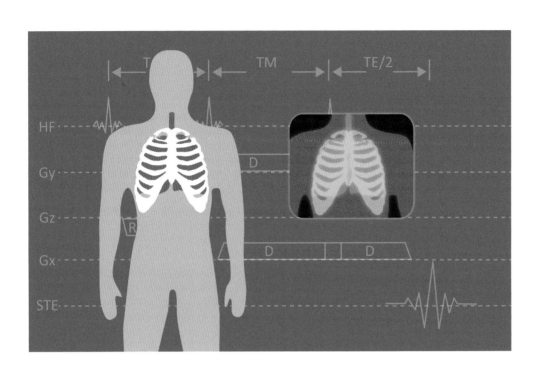

Mit der Entdeckung der Röntgenstrahlen vor ungefähr 120 Jahren entstand das erste bildgebende Verfahren in der Medizin. Zum ersten Mal ließen sich Strukturen innerhalb des Körpers sichtbar machen, ohne den Körper aufschneiden zu müssen. Seither wurden beeindruckende Fortschritte erzielt. Neben statischen Aufnahmen des Körperinneren können auch bewegte Prozesse mit Hilfe der Röntgenfluoroskopie dargestellt werden. Die konventionelle Röntgendiagnostik (Kap. 6 und 7) zählt zu den wichtigsten diagnostischen Verfahren mit einer sehr großen Verbreitung in fast jeder Klinik und jedem Krankenhaus sowie bei vielen niedergelassenen Ärzten.

Ein großer Durchbruch im Bereich der radiologischen Diagnostik gelang mit der Einführung der Schnittbildverfahren Computertomographie (CT, Kap. 8), Magnetresonanztomographie (MRT, Kap. 9) und Sonographie (Ultraschall (US), Kap. 10). Mit diesen Verfahren lassen sich zwei- und dreidimensionale Schnittbilder, also tomographische Datensätze des Körpers mit hoher räumlicher Auflösung und vielfältigen Gewebekontrasten nichtinvasiv aufnehmen. Die Verbreitung der neuen Methoden führte beispielsweise dazu, dass die bis dato übliche explorative Chirurgie nahezu vollständig von der nichtinvasiven tomographischen Bildgebung verdrängt werden konnte.

Die faszinierenden Entwicklungen beruhten zum einen auf Fortschritten bei der Medizintechnik, der Forschung und Entwicklung von Physikern, Mathematikern und Ingenieuren, zum anderen aber ganz wesentlich auch auf rasanten Entwicklungen bei der Computertechnologie. Denn erst die enorme Steigerung der Leistungsfähigkeit von Computern und die Entwicklung ausgefeilter Rechenverfahren (Algorithmen) hat es ermöglicht, die bei den Untersuchungen anfallenden, großen Datenmengen in angemessener Zeit zu verarbeiten und das Körperinnere in Form eindrucksvoller Bilder zu visualisieren.

In der klinischen Medizin ist die Schnittbildgebung essenzieller Teil des gesamten Behandlungsprozesses: Individuelle Therapieentscheidungen benötigen die Kenntnisse individueller anatomischer Gegebenheiten sowie die präzise dreidimensionale Visualisierung der krankhaften Veränderungen. Dies umfasst die initiale Diagnostik, die Therapieplanung, die Therapiesteuerung bis hin zur Therapieerfolgskontrolle (Follow-up). Insbesondere minimal-invasive Eingriffe erfolgen auf Grundlage einer bildgestützten Planung und Durchführung.

Als Medizinprodukt unterliegen alle Methoden und Techniken der bildgebenden Diagnostik einer regelmäßigen Kontrolle und Überwachung (Kap. 11). Dies gilt in besonderer Weise für die röntgenbasierten Verfahren, die aufgrund der Nutzung ionisierender Strahlung ein zwar geringes, aber nicht zu vernachlässigendes Strahlenrisiko beinhalten.

Physikalisch-Technische Grundlagen der Röntgendiagnostik

6

Ralf Ringler

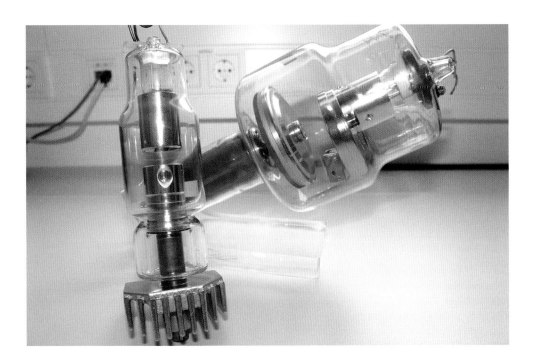

© Springer-Verlag GmbH Deutschland, ein Teil von Springer Nature 2018
W. Schlegel, C.P. Karger, O. Jäkel (Hrsg.), *Medizinische Physik*, https://doi.org/10.1007/978-3-662-54801-1_6

6.1 Entdeckung der Röntgenstrahlung

Drei Jahre vor der Entdeckung der Röntgenstrahlung durch Röntgen publizierte im Jahre 1892 Ludwig Hopf eines seiner medizinischen und anthropologischen Märchen von der Elektra. Unter dem Pseudonym des „Philanders" schrieb Immanuel Ferdinand Ludwig Hopf (1838–1924) aus Esslingen seine Märchen. In seiner Zeit aktuell war das Thema Elektrizität. Darauf basierend wird die Geschichte des Landarztes Redlich erzählt, „der den Pfarrer von seiner Infektion durch Trichinen therapieren möchte. Die Heilung ist Dr. Redlich möglich, obwohl der Pfarrer sich gegen die zur Diagnose nötige Gewebeentnahme wehrt. Elektra, der Geist des zwanzigsten Jahrhunderts, schenkt Dr. Redlich eine Büchse, mit deren Licht es möglich ist, den Menschen so durchsichtig zu machen wie eine Qualle. Mit dessen Hilfe kann die Diagnose geklärt werden und der junge Arzt erhält seine Anerkennung" [7, 22].

Wilhelm Conrad Röntgen veröffentlichte seine Entdeckung von neuer unsichtbarer, wohl aber durchdringungsfähiger Strahlung am 8. November 1895 und machte das Märchen von Elektra somit zur Realität. Die Presse, die im Folgejahr 1896 die Publikationen von Röntgen veröffentlichte, griff dabei das Märchen vom Philander mit auf.

Nur gut einen Monat nach der Entdeckung der neuartigen Strahlung nahm Wilhelm Conrad Röntgen am 22.12.1895 die berühmt gewordene Hand seiner Frau Anna Bertha auf und legte damit den Grundstein der Radiologie [5].

Bereits am 23. Januar 1896 hielt Röntgen einen Vortrag vor der Physikalisch-Medizinischen Gesellschaft zu Würzburg. Mitglieder und Gäste waren Persönlichkeiten aus der Wissenschaft, der Generalität und des Offizierskorps und Gäste aus der Öffentlichkeit. W. C. Röntgen präsentierte seine Forschungsarbeiten an der Kathodenstrahlröhre mitsamt den physikalischen Grundlagen. Zudem berichtete Röntgen von seiner Entdeckung der neuen X-Strahlen und ihren Eigenschaften, die er durch Versuche demonstrierte. Die „Röntgen-Aufnahme" der Hand des anwesenden berühmten Anatomen Geheimrat A. von Kölliker zeigte den Anwesenden die Tragweite und Bedeutung der Röntgenstrahlung für die weitere Forschung in den Naturwissenschaften der Physik und Technik sowie die ungeahnten Möglichkeiten für die Medizin [6].

Die Röntgenstrahlung – ein Vorschlag von Kölliker, die neue X-Strahlung zu Ehren von Röntgen so zu benennen – wurde ein neues diagnostische Verfahren, das es ermöglichte, Bilder vom menschlichen Körper zu erlangen, ohne diesen zu öffnen. Anfangs waren Fragestellungen der Anatomie und bald der Funktion von Organen Zielsetzung der weiteren Entwicklung. Aufgrund der noch geringen Leistung der Röntgenröhren waren anfangs noch lange Strahlzeiten notwendig. Doch waren bereits einfache radiologische Untersuchungen möglich. Damit konnten Frakturen und Veränderungen am Knochen abgebildet werden. Die Suche nach Fremdkörpern war ein weiteres Einsatzgebiet der Pionierzeit des Röntgens. Bilder von pathologischen Veränderungen durch Tumoren im Weichteilgewebe

waren bereits 1902 nach technischen Erweiterungen der Anlagen durch G. E. Pfahler und C. K. Mills möglich, die die erste Aufnahme eines Schädeltumors präsentieren konnten [5].

Die Entwicklung der Aufnahmetechnik führte von der unmittelbaren Durchleuchtung des Patienten am Leuchtschirm zur Film-Folien-Technik. Erst die Entwicklung von fluoreszierenden Substanzen, die als Verstärkerfolien bekannt wurden, verbesserte die Bildgebung und verringerte die zur Röntgenaufnahme nötige Dosis.

6.1.1 Evakuierte Kathodenstrahlröhren

In der Folgezeit bauten zahlreiche Wissenschaftler auf der Veröffentlichung von W. C. Röntgen auf und widmeten sich den Grundlagen und der Optimierung von Röntgenröhren. Allen Konstruktionen gemeinsam war ein evakuierter Glaszylinder als Gasentladungsröhre, in welchem eine Kathode und Anode (oder Antikathode) platziert wurde. Die Kathode wurde mit der Heizspannung versorgt und erzeugte die Kathodenstrahlung. Diese wurde so benannt, da freie Elektronen noch nicht bekannt waren. Im Jahre 1896 experimentierten Röntgen, Philipp Lenard und Walter König mit schwerem Platin zur Erzeugung von Röntgenstrahlung in der Anode [9].

6.1.2 Eigenschaften der Röntgenstrahlung/X-Strahlung

Bei der Analyse seiner Experimente konnte W. C. Röntgen den X-Strahlen folgende Eigenschaften zuordnen:

X-Strahlen

- können Materie durchdringen, werden dabei geschwächt,
- schwärzen photographische Schichten,
- bringen fluoreszierendes Material zum Leuchten,
- breiten sich geradlinig aus und
- lassen sich nicht wie Licht fokussieren.

6.2 Die Entstehung von Röntgenstrahlung

6.2.1 Atommodell von Bohr

W. C. Röntgen erkannte bei seinen Experimenten bereits wesentliche Eigenschaften der nach ihm benannten Röntgenstrahlung, hatte jedoch keine Erklärung der physikalischen Vorgänge. Erst der Physiker Niels Bohr, der das nach ihm benannte Atommodell entwarf, konnte die physikalischen Zusammenhänge erklären. Mit der Quantenphysik, aber auch schon mit dem halbklassischen Bohr'schen Atommodell (Niels Bohr 1913) konnten die Vorgänge bei der Entstehung der Röntgenstrahlung mit hinreichender Genauigkeit beschrieben werden.

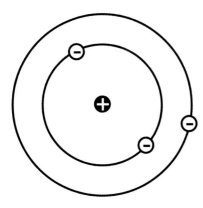

Abb. 6.1 Schematischer Aufbau des Bohr'schen Atommodells. Das Elektron bewegt sich strahlungslos und nach den Gesetzen der klassischen Mechanik auf diskreten Kreisbahnen mit den Energien E_n, n: Nummer der Kreisbahn

Die schematische Darstellung der Abb. 6.1 zeigt den prinzipiellen Aufbau des Atoms nach dem Bohr'schen Atommodell [15]. Die Nukleonen, die den Atomkern mit der Massenzahl A (mit $A = Z + N$) bilden, sind die Summe der Protonen ($Z =$ Anzahl der positiven Elementarladungen, Ordnungszahl) und der Neutronen ($N =$ Anzahl der Neutronen) [15]. Die Größe des Atomkerns ergab sich aus den Abschätzungen der Versuche von Rutherford und Bohr zu ca. 10^{-15} m. Der Durchmesser der Atomhülle liegt in der Größenordnung von 10^{-12} m. Für ungeladene Atome ist die Zahl der Protonen im Kern gleich der Zahl der Elektronen in der Hülle. Nach dem Bohr'schen Atommodell umkreisen die Elektronen den Kern auf diskreten, als stabil postulierten Bahnen. Die Atommasse steigt mit der Ordnungszahl Z des Atoms, ebenso die Bindungsenergie der Elektronen, die durch die Coulomb-Kraft gebunden sind.

6.2.2 Aufbau einer Röntgenröhre

Abb. 6.2 zeigt den schematischen Aufbau einer Röntgenröhre mit den wichtigsten Komponenten.

Die Glühwendel der Kathode wird mit der Heizspannung U_H versorgt. Der elektrische Widerstand des Heizdrahtes bewirkt ein Aufheizen auf Temperaturen von 2000 bis 2600 °C und damit einen Austritt von Elektronen aus der Kathode. Die freien Elektronen werden durch das elektrische Potenzial zwischen negativ geladener Kathode und positiv geladener Anode hin beschleunigt.

Die Beschleunigungsspannung U_B, in der Röntgendiagnostik typischerweise zwischen 30 und 150 kV, gibt den Elektronen am Ende der Beschleunigungsstrecke eine kinetische Energie $E_{kin} = U_B \cdot e$ (mit e: Elementarladung des Elektrons). Die mittlere Geschwindigkeit bei $U_B = 100$ kV beträgt ca. $v_e = 165.000$ km/s. In der Anode stehen den Elektronen die Atome des Anodenmaterials (z. B. Wolfram, Molybdän oder Rhodium) gegenüber [19].

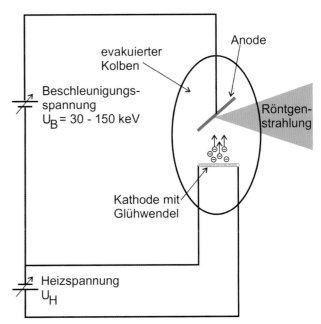

Abb. 6.2 Komponenten und Funktionsweise der Röntgenröhre. Die Elektronen treten durch die Heizspannung U_H aus der Kathode (entspricht der Glühwendel) aus. Die freien Elektronen werden durch die Beschleunigungsspannung U_B durch den Kolben im Vakuum zur Anode beschleunigt. Dort entstehen Bremsstrahlung und charakteristische Röntgenstrahlung

Wie sich aus den Atommodellen von Rutherford und Bohr ergibt, ist der Raum zwischen den Atomkernen im Vergleich zu der Größe der Kerne und der Größe der Elektronen riesig.

Die von der Anode emittierte Röntgenstrahlung hat die maximale Energie von

$$E_{max} = e \cdot U_B = h \cdot f = h \cdot \frac{c}{\lambda} \qquad (6.1)$$

mit h: Planck'sches Wirkungsquantum und c: Vakuumlichtgeschwindigkeit. Damit lässt sich die Wellenlänge λ bestimmen zu

$$\lambda = \frac{c \cdot h}{e \cdot U_B} \approx \frac{1240 \, \text{nm eV}}{e \cdot U_B}$$
$$\approx 0{,}008 \ldots 0{,}041 \, \text{nm} - 8 \, \text{pm} \ldots 41 \, \text{pm} \qquad (6.2)$$

Typische Beschleunigungsspannungen in der Röntgendiagnostik bewegen sich zwischen 30 kV und 150 kV. Damit erhält man Wellenlängen λ im Bereich von 8 ... 41 pm. Die Wellenlänge der Röntgenstrahlung ist damit um einen Faktor 10^4 kleiner als sichtbares Licht und damit jenseits des sichtbaren oder UV-Lichts (100 bis 400 nm für den UV-C- bis UV-A-Bereich) [1].

6.2.3 Wechselwirkungen der Elektronen mit dem Atom des Anodenmaterials

Im Energiebereich der diagnostischen Radiologie findet die Wechselwirkung von Elektronen mit dem Anodenmaterial

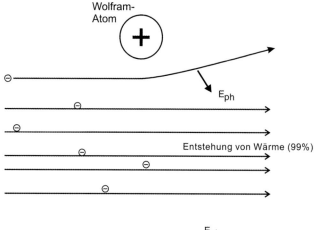

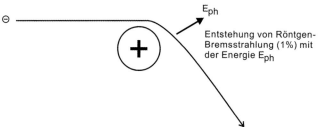

Abb. 6.3 99 % des Energieübertrages der Elektronen erfolgt in Form von Wärme durch Wechselwirkung mit den Hüllenelektronen des Anodenmaterials. Nur 1 % der Wechselwirkungen erfolgt mit dem Atomkern, sodass Bremsstrahlung entsteht

über drei wesentliche Wechselwirkungsmechanismen statt. Zum einen die klassische Streuung von Elektronen am Anodenmaterial ohne Energieübertragung, die sogenannte „Thomson-Streuung". Diese hat für die Entstehung von Röntgenstrahlung aber keine weitere Bedeutung, so dass die Wechselwirkung auf die zwei eigentlichen Prozesse mit Energieverlust durch Ionisation (Ionisationsbremsung) und Energieverlust durch Bremsstrahlung beschränkt ist. Aufgrund des elektrischen Feldes der Elektronen ist beim Durchgang der beschleunigten Elektronen durch das elektrische Feld der Atome des Anodenmaterials eine Wechselwirkung von nahezu 100 % gegeben.

Rund 99 % des Energieübertrages der Elektronen erfolgt in Form von Coulombwechselwirkungen mit den Hüllenelektronen der Anode. Die dabei entstehende Wärme erhitzt die Anode auf Temperaturen weit über 1000 °C.

6.2.3.1 Bremsstrahlung

Lediglich 1–2 % der Elektronen fliegen so dicht am Atomkern vorbei, dass dadurch eine Wechselwirkung stattfindet [15]. Diese Elektronen, deren Beschleunigung hinreichend groß ist, werden im elektrischen Feld der Atomkerne des Anodenmaterials abgebremst und geben dabei Bremsstrahlung ab. Durch den Abbremsvorgang wird ein Teil der kinetischen Energie des Elektrons infolge der Energieerhaltung in Energie der entstehenden Photonen (= Röntgenstrahlung) umgesetzt. Abb. 6.3 zeigt den schematischen Prozess der Entstehung der Röntgenstrahlung [15].

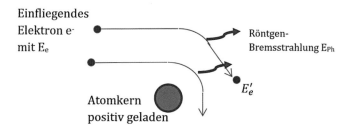

Abb. 6.4 In Abhängigkeit vom Abstand zum positiv geladenen Atomkern wird das vorbeifliegende Elektron unterschiedlich stark abgelenkt. Dadurch entsteht Röntgen-Bremsstrahlung und das Photon erhält die Energie $E_{Ph} = E_e - E'_e$. Je dichter das Elektron am positiv geladenen Atomkern vorbeifliegt, desto größer ist der Energieübertrag auf das Photon

Die Abgabe der Energie an das Photon ist dabei nicht an feste Größen gebunden, sondern es entsteht ein kontinuierliches Energiespektrum für die Photonen. Abb. 6.4 skizziert schematisch den Energieübertrag, den das Photon erhält, in Abhängigkeit vom Abstand des einfliegenden Elektrons zum Atomkern [16].

Die Energie des Photons E_{Ph} berechnet sich aus der Differenz der Energien des einfliegenden Elektrons E_e und des aus seiner Bahn gelenkten Elektrons E'_e zu:

$$E_e - E'_e = E_{Ph} = h \cdot f = h \cdot \frac{c}{\lambda} \qquad (6.3)$$

mit f: Frequenz, λ: Wellenlänge, h: Planck'sches Wirkungsquantum.

Das Energiespektrum der Photonen ist nach oben hin begrenzt. Gibt ein Elektron seine gesamte Energie beim Abbremsen an das Photon ab, so erhält dieses die größte Frequenz oder kleinste Wellenlänge λ_{min}. Die Wellenlänge λ_{min} ist indirekt proportional zur angelegten Beschleunigungsspannung U_B zwischen Kathode und Anode:

$$E_{Ph,max} = e \cdot U_B = h \cdot \frac{c}{\lambda_{min}} \qquad (6.4)$$

6.2.3.2 Charakteristische Strahlung

Trifft ein Elektron bei seinem Flug durch die Anode auf Elektronen eines Kernes des Anodenmaterials werden diese aus der jeweiligen Schale herausgeschlagen. Die Energie, die dabei aufzuwenden ist, wird vom einfliegenden Elektron im Stoßprozess übertragen. Zum Beispiel beträgt die Bindungsenergie bei Wolfram $E_{Bind,K} = 69{,}51$ keV für die K-Schale, dies ist in Tab. 6.1 dargestellt, modifiziert aus [15]. Die Folge ist eine Ionisation des Atoms und ein kurzfristig freier Platz auf der K-Schale. Dieser freie Platz wird i. d. R. sofort durch ein Elektron aus der höheren Schale wieder besetzt und die dabei frei werdende Energie wird auf ein Photon der Energie E_{Ph} übertragen. Die Energie des Photons E_{Ph} ergibt sich als Differenz der Bindungsenergie zwischen L- und K-Schale. Abb. 6.5 zeigt schematisch den Prozess der Entstehung der charakteristischen Röntgenstrahlung [10, 16].

$$E_{Ph} = E_{Bind,K} - E_{Bind,L} = \frac{h \cdot c}{\lambda} \approx \frac{1240\,\text{eV} \cdot \text{nm}}{\lambda} \qquad (6.5)$$

Tab. 6.1 Aufbau des Wolframatoms ($Z = 74$) im Beispiel des Schalenmodels. Die Bindungsenergien (keV) der Elektronen wurden ganzzahlig gerundet. Modifiziert aus [15]

Elektronenschale	K	L	M	N	O	P	Q
Hauptquantenzahl n	1	2	3	4	5	6	7
Max. Anzahl der Elektronen je Schale	2	8	18	32	50	72	98
Anzahl der Elektronen je Schale bei Wolfram	2	8	18	32	12	2	0
Bindungsenergie der Elektronen (keV)	69	11	2	0,6	0,1	0	0

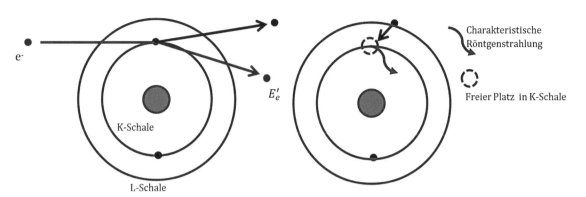

Abb. 6.5 Durch ein einfliegendes Elektron, das auf ein Elektron in der K-Schale trifft, wird dies aus dem Atom gelöst. Der freie Platz auf der K-Schale kann nun durch ein Elektron aus einer höheren Schale belegt werden. Die freiwerdende Energie wird auf ein Photon übertragen, das als charakteristische Röntgenstrahlung bezeichnet wird

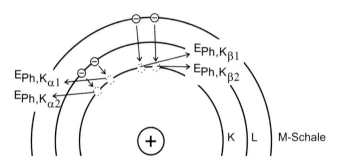

Abb. 6.6 Die Energiespektren der charakteristischen Röntgenstrahlung aus dem Übergang der Elektronen aus der L- in die K-Schale ($E_{Ph,K_{\alpha1}}$ und $E_{Ph,K_{\alpha2}}$) und dem Übergang aus der M- in die K-Schale ($E_{Ph,K_{\beta1}}$ und $E_{Ph,K_{\beta2}}$)

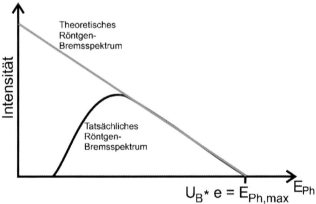

Abb. 6.7 Das gesamte Energiespektrum der Röntgen-Bremsstrahlung. Die maximale Energie $E_{Ph,max}$, die die Photonen besitzen können, bestimmt sich aus der anliegenden Beschleunigungsspannung U_B

Für Wolfram, das in Anoden zur Erzeugung der Röntgenstrahlung Verwendung findet, ergeben sich die Übergänge $K_{\alpha1}$ und $K_{\alpha2}$ beim Übergang der Elektronen von der L- auf die K-Schale, wie in Abb. 6.6 gezeigt [15, 16]. Die zwei Übergänge α1 und α2 lassen sich durch eine quantenphysikalische Beschreibung erklären.

Im Energiespektrum der diagnostischen Radiologie liegen noch die beiden Übergänge $K_{\beta1}$ und $K_{\beta2}$, für die Übergänge der Elektronen von der M- auf die K-Schale. Alle anderen Übergänge sind in der Regel energetisch außerhalb des Energiebereichs der Radiologie oder von so geringer Wahrscheinlichkeit, dass diese im gesamten Energiespektrum keinen wesentlichen Beitrag liefern.

6.2.3.3 Spektrum der Röntgenröhre

Die Bremsstrahlung erzeugt ein kontinuierliches Spektrum der Röntgenstrahlung, das in Abb. 6.7 dargestellt ist [11, 15]. Das in blau dargestellte theoretische Spektrum verläuft im Wesentlichen linear mit steigender Anzahl (entspricht der Intensität) von Photonen kleinerer Energie. Photonen mit geringer Energie werden durch Eigenfilterung des Röntgenstrahlers – Anodenmaterial und Röhrengehäuse – absorbiert, so dass diese zu Zwecken der Bildgebung nicht zur Verfügung stehen.

Eine Erhöhung der Beschleunigungsspannung U_B führt zu einer höheren maximalen Energie der Photonen $E_{Ph,max}$. Die Abb. 6.8 zeigt die Verschiebung der maximalen Energie der Photonen, die sich analog zur Beschleunigungsspannung U_B verhält und im Weiteren den Einfluss des Heizstroms auf das Spektrum zeigt [25]. Eine Erhöhung des Heizstromes I_h mit $I_{h,2} > I_{h,1}$ an der Kathode bewirkt ein Ansteigen der maximalen Intensität bedingt durch mehr Elektronen, die zur Anode beschleunigt werden können. Dies bewirkt eine höhere

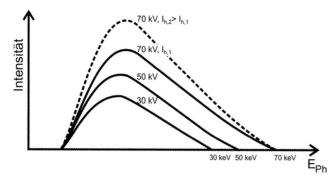

Abb. 6.8 Das Energiespektrum der Röntgen-Bremsstrahlung in Abhängigkeit von der maximalen Beschleunigungsspannung U_B und dem Heizstrom I_h bei konstanter U_B

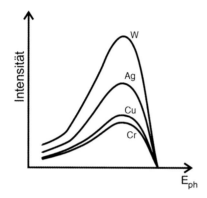

Abb. 6.9 Schematische Darstellung des Spektrums der Röntgen-Bremsstrahlung für verschiedene Anodenmaterialien bei konstanten U_B und I_h

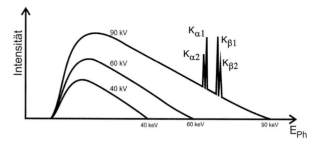

Abb. 6.10 Schematische Darstellung der charakteristischen Röntgenstrahlung überlagert mit dem kontinuierlichen Spektrum der Röntgen-Bremsstrahlung

Stellenwert. Eine Ausnahme davon bildet z. B. die Mammografie, bei der als Anodenmaterial Molybdän eingesetzt wird, das eine höhere Ausbeute für die charakteristische Strahlung besitzt [21].

6.2.4 Grundsätze und Maßeinheiten bei der Erzeugung von Röntgenstrahlung

W. C. Röntgen berichtete in seiner 2. Mitteilung „Über eine neue Art von Strahlen", dass Luft und andere Gase bei der Exposition in einem Strahlenfeld ionisiert werden. Die dabei entstehenden Elektronen (negative Ladung) und die ionisierten Atome (positiven Ladung) lassen sich durch elektrische Felder trennen, z. B. in einem klassischen Plattenkondensator. Mit Hilfe der Ionisationskammer ist es möglich, die „Stärke" der Röntgenstrahlung zu quantifizieren und für die Bildgebung und den Strahlenschutz zu optimieren.

Die Photonen der Röntgenstrahlung können Atome des Gases oder der Luft in der Kammer ionisieren. Die positiv geladene Anode der Ionisationskammer zieht dabei die freien Elektronen an, während die negativ geladene Kathode die ionisierten Gasatome anzieht. Die ionisierten Atome und die Elektronen, wie in Abb. 6.11 skizziert, entladen die geladenen Platten und es fließt ein Strom, dessen Ladungsmenge dQ proportional zur

Intensität von Röntgen-Bremsstrahlung, die zu keiner Verschiebung der maximalen Photonenenergie führt: $E_{Ph,max}(I_{h,1}) = E_{Ph,max}(I_{h,2})$. Die Gesamtintensität der von der Röntgenröhre emittierten Strahlung ergibt sich aus dem Integral über das Röntgen-Bremsspektrum.

Das von der Anode emittierte Röntgen-Bremsspektrum ist von dem Material der Anode und damit von der Ordnungszahl abhängig. Die thermische Belastung der Anode für die durch die Röntgendiagnostik geforderte Leistung, lässt dabei nicht jedes Material zu. In der Regel eignen sich Elemente mit hoher Ordnungszahl und hohem Schmelzpunkt, unter anderem z. B. Wolfram. Abb. 6.9 zeigt die schematische Darstellung der Bremsspektren von Röntgenstrahlung für verschiedene Materialien der Anode [21].

Treten die beschleunigten Elektronen aus der Kathode mit den Elektronen des Anodenmaterials in Wechselwirkung, so überlagern sich das kontinuierliche Röntgen-Bremsstrahlungsspektrum und die Linienspektren der charakteristischen Strahlung wie in Abb. 6.10 gezeigt [21].

Die Linienspektren treten dann auf, wenn die Beschleunigungsspannung größer ist als die Bindungsenergie der K- oder L-Schale des betreffenden Atoms der Anode. Die gesamte Intensität der charakteristischen Strahlung mit einem Anteil von weniger als 10 % hat für die Röntgendiagnostik einen geringen

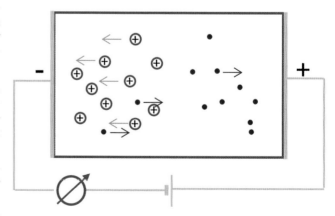

Abb. 6.11 Schematischer Aufbau einer Ionisationskammer

Tab. 6.2 Dosisumrechnungsfaktoren für die Röntgendiagnostik bei 50 und 100 keV. Modifiziert nach [12]

| Röntgenstrahlung | Dosisumrechnungsfaktor f = Gy · kg/C | | | |
keV	Luft	Wasser	Muskel	Knochen
50	34	34	36	163
100	34	35	36	140

Anzahl der erzeugten Ladungsträger ist [14, 24]. Die Anzahl der erzeugten Ladungsträger ist proportional zur Gesamtenergie der eingestrahlten Photonen. Durch die Messung des Ionenstromes ist es möglich, die Röntgenstrahlung als Dosisleistung aus der Ionendosis zu quantifizieren. Die Ionendosis J wird definiert aus dem Quotienten der erzeugten elektrischen Ladung der Ionen eines Vorzeichens (dQ), die durch die Strahlung in Luft gebildet werden, und der Masseneinheit der Luft in der Messkammer (dm) [12].

Die Ionendosis J besitzt die SI-Einheit Coulomb/Kilogramm, $[J] = C/kg$:

$$J = \frac{dQ}{dm} = \frac{1}{\rho} \cdot \frac{dQ}{dV} \qquad (6.6)$$

Die Ionendosis J stellt als physikalische Messgröße die Grundlage für Strahlungsmessgeräte, Dosismesskammern und Belichtungsautomatiken dar.

Von Bedeutung für die Dosimetrie ist die Energiedosis und daraus abgeleitet die Äquivalentdosis. Bei der Energiedosis D handelt es sich um den Quotienten aus der absorbierten Energie aus einer Bestrahlung mit ionisierender Strahlung und der Masse des bestrahlten Volumens des Materials. Die SI-Einheit der Energiedosis D in der Einheit Gray ist definiert als $[D]$ = Joule/Kilogramm = J/kg = Gy:

$$D = \frac{dE_{abs}}{dm} = \frac{1}{\rho} \cdot \frac{dE_{abs}}{dV} \qquad (6.7)$$

Die bei der Absorption des Röntgenphotons entstehenden Sekundärelektronen tragen zur Entstehung der Energiedosis maßgeblich bei. Die Elektronen können als Sekundärteilchen freigesetzt werden, wenn ihre Bindungsenergie kleiner ist als die Energie des einfallenden Photons.

Die Energiedosis berechnet sich als Produkt der Ionendosis mit einem Dosisumrechnungsfaktor f der in Tab. 6.2 exemplarisch für Röntgenstrahlung bei 50 und 100 keV aufgeführt ist [12]. In den Umrechnungsfaktor gehen dabei die Strahlungsqualität (keV, Vorfilterung in der Röntgenröhre) und der Gewebetyp (Muskel, Knochen, Luft, Wasser, o. a.) ein:

$$D = f \cdot J \qquad (6.8)$$

mit f: Dosisumrechnungsfaktor.

Die Kerma dient als Nachfolger der Standard-Ionendosis seit der Einführung der SI-Einheiten: Kerma $[K]$ = Gy/s. Die Kerma wurde von der ICRU 1962 eingeführt und steht als englische Abkürzung für kinetic energy released per unit mass. Die Kerma ist dabei der Quotient aus übertragener Bewegungsenergie,

die durch indirekt ionisierende Strahlung auf Sekundärteilchen übertragen wird, und der Masse des bestrahlten Materievolumens. In der Röntgendiagnostik sind die Sekundärteilchen in der Regel Elektronen [15]:

$$K = \frac{dE_{tran}}{dm} = \frac{1}{\rho} \cdot \frac{dE_{tran}}{dV} \qquad (6.9)$$

Für die Röntgendiagnostik mit niederenergetischer Photonenstrahlung wird die Kerma aus messtechnischen und theoretischen Erwägungen der Energiedosis vorgezogen. Die Luft-Kerma wird zur Kalibrierung herangezogen und stellt dabei die Basis für die weiteren daraus abgeleiteten Dosisgrößen wie die Äquivalentdosis H dar. Die Äquivalentdosis ist als Basisgröße zur Grenzwertdefinition wichtig für den Strahlenschutz:

$$H = Q \cdot D \qquad (6.10)$$

mit Q, einem dimensionslosen Strahlen-Wichtungsfaktor, der für Röntgenstrahlung $Q = 1$ beträgt. Zum Vergleich ist $Q \approx 30$ für Alpha-Strahlung. Die SI-Einheit der Äquivalentdosis ist $[H]$ = Sv.

6.3 Röntgenröhre

6.3.1 Technische Ausprägungen der Röntgenröhre

Die unterschiedlichen Anforderungen der Röntgendiagnostik, wie z. B. dentales Röntgen, CT-Untersuchungen oder interventionelle Radiologie, haben großen Einfluss auf die Bauform der Röntgenröhre. Bei allen Röntgenröhren sind jedoch die grundlegenden Komponenten, die sich in Abb. 6.2 wiederfinden, gleich.

Zur Verbesserung der Bildqualität und Zeichenschärfe entwickelte Jackson im Jahre 1896 die Elektronenfokussierung mittels des Wehnelt-Zylinders. Die Glühwendel, aus der die Elektronen durch thermische Energie freigesetzt werden, sind in einem Zylinder eingebracht. Der Wehnelt-Zylinder fungiert als Kathode und als eine elektrostatische Elektronenoptik. Der Wechselstrom zum Heizen bringt dabei die Wolfram-Glühwendel mit einem Durchmesser von 0,2 bis 0,3 mm auf Temperaturen bis zu 2600 °C. Der Wehnelt-Zylinder ist gegenüber der Kathode mit einem negativen elektrischen Potenzial beaufschlagt. Nur Elektronen, die beim Austritt aus der Glühkathode dieses Potenzial überschreiten, werden zur Anode beschleunigt. Damit Elektronen aus dem Glühfaden emittiert werden können, muss den Elektronen mindestens die Austrittsarbeit, bei Wolfram 4,56 eV, zugeführt werden. Wie in Abb. 6.12 skizziert, erlaubt das negative Potenzial der Wand des Wehnelt-Zylinders, den divergenten Strahl der Elektronen aus der Kathode zu fokussieren [13, 24].

Legt man das Potenzial des Wehnelt-Zylinders auf einen hohen negativen Wert (ca. 2 kV) gegenüber der Kathodenwendel, findet kein Elektronenfluss zur Anode hin statt. Die Röntgenröhre ist „gesperrt" – diese „Gittersteuerung" ermöglicht

Abb. 6.12 Glühwendel der Kathode im Wehnelt-Zylinder. Das negative Potenzial fokussiert die Elektronen auf die Anode. Eine Erhöhung des negativen Potenzials auf 2 kV ermöglicht es, die Röhre in einem Gittersteuerungsbetrieb laufen zu lassen

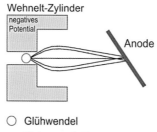

Wehnelt-Zylinder

negatives Potential

Anode

○ Glühwendel

• Elektron mit Flugbahn

ein vollkommen verzögerungsfreies Ein- und Ausschalten der Röntgenstrahlung. Die Gittersteuerung findet u. a. bei einigen Herstellern im gepulsten Betrieb sowie bei Anwendungen in der Kardiologie oder Angiographie Anwendung.

Das Richardson'sche Gesetz stellt die Grundlage für die Emission von Elektronen aus der Glühkathode dar. Durch Zufuhr von Energie über den Heizstrom I_K werden Elektronen aus dem Wolfram-Metall-Faden durch Glühemission in den Außenraum gebracht.

Dabei erfolgt die Emission der Elektronen aus einem bis zum Glühen erhitzten Wolfram-Draht. Die Austrittsarbeit W_A, die einem Leitungselektron in einem Metall zugeführt werden muss, beträgt zwischen 1 eV und 5 eV. Die Richardson-Gleichung definiert die Stromdichte j der emittierten Elektronen in Abhängigkeit von der Temperatur T und der Austrittsarbeit W_A:

$$j = A_R \cdot T^2 \cdot e^{-\frac{W_A}{k_B \cdot T}} \qquad (6.11)$$

mit der Boltzmann-Konstante k_B [J/K], der Temperatur T [K] der Kathodenwendel und der Austrittsarbeit W_A [J] und der Richardson-Konstante $A_R \approx 6 \cdot 10^{-3} \frac{A}{m^2 K^2}$ [23]. Für alle reinen Metalle mit gleichmäßig emittierender Oberfläche kann die Richardson-Konstante verwendet werden [23].

Der Heizstrom ist proportional zu der Temperatur der Glühkathode und mit obiger Gleichung ergibt sich, dass die Anzahl der emittierten Elektronen proportional zu $T^2 \cdot e^{-\frac{W_A}{k_B \cdot T}}$ ist.

Abb. 6.13a zeigt die Glühwendel der Kathode im Wehnelt-Zylinder eingebettet. Die unterschiedlichen Anforderungen und Anwendungen in der Röntgendiagnostik bezüglich Leistung und Auflösung im Röntgenbild fordern verschiedene Anordnungen der Glühwendel, die in Abb. 6.13b–d schematisch angeordnet sind [13, 17].

Die Komponenten der Röntgenröhre befinden sich in einem Hochvakuum mit einem Luftdruck von 10^{-6} bis 10^{-7} hPa. Das vorherrschende Vakuum soll verhindern, dass die Elektronen auf ihrer Bahn zur Anode mit Gasteilchen kollidieren und somit Energie durch eine Stoßionisation verlieren. Durch das Vakuum wird zudem die weißglühende chemisch hochaktive Wolframwendel vor der „Vergiftung" mit Sauerstoff geschützt.

6.3.1.1 Festanoden- oder Stehanodenröhre

Werden bei Aufnahmen in der Röntgendiagnostik kleine Leistungen bis ca. 2 kW benötigt, finden kompakte Röntgenröhren mit einer Festanode ihren Einsatz. Abb. 6.14 zeigt den schematischen Aufbau einer Festanodenröhre mit kleiner Röntgenleistung, die u. a. in der Dentalradiographie oder kleineren Geräten in der Chirurgie verwendet werden. Neben dem Begriff der Festanodenröhre findet sich auch der Begriff der Stehanodenröhre.

Die aus der Kathode emittierten Elektronen treffen auf die Anode, deren Oberfläche mit einem Plättchen aus Wolfram überzogen ist. In dem Wolframplättchen werden die Elektronen abgebremst und es entsteht Röntgenbremsstrahlung zur diagnostischen Bildgebung. Bei der Festanodenröhre wird die entstehende Wärmeleistung durch einen Schaft aus Kupfer nach außen abgeführt. Kupfer eignet sich neben Molybdän durch seine gute Wärmeleitfähigkeit. Mitunter finden sich vereinzelt

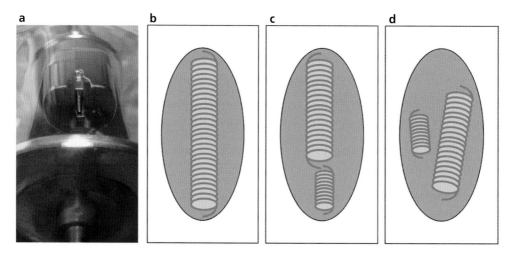

a   b   c   d

Abb. 6.13 **a** Glühwendel der Kathode im Wehnelt-Zylinder, unten im Bild der Anodendrehteller. Schematische Anordnungsmöglichkeiten verschiedener Kathodenwendel: **b** Eine Kathodenwendel, **c** zwei Kathodenwendel, auf zwei Brennflecke fokussiert, **d** zwei Kathodenwendel auf einen Brennfleck fokussiert

Abb. 6.14 Schematischer Aufbau einer Stehanoden-Röntgenröhre: 1) Kathode (mit nicht sichtbarer Glühwendel), 2) Wolfram-Anode umgeben mit Kupferschaft, 3) Molybdänträger zur Ableitung der Wärme, 4) Ableitung der Wärme, 5) evakuierter Glaskolben

Abb. 6.16 Anodenteller mit zwei Brennflecken: 1) Kathode mit zwei Glühwendeln, 2) Molybdänteller mit Graphitunterbau und 2a) Brennfleckbahn Eins und 2b) Brennfleckbahn Zwei, 3) Fokus, 4) Nutzstrahlenbündel mit Röhrenauslassfenster

Hochleistungs-Festanodenröhren, die mit aufwendiger Öl- oder Wasserkühlung ausgestattet sind und damit keine kompakte Bauform mehr aufweisen.

6.3.1.2 Drehanodenröhre

Die Drehanodenröhre – ein Beispiel zeigt Abb. 6.15 – kommt dann zum Einsatz, wenn eine höhere Leistung (bis zu 100 kW) notwendig wird. Durch die kontinuierliche Drehung des Anodentellers wird die entstehende Wärme gleichmäßig über die größere Fläche des Anodentellers verteilt, im Gegensatz zu der Festanodenröhre. Die Drehanode ist als Verbundanode als ein mehrschichtiger Aufbau konzipiert und hat einen Durchmesser von mehr als 100 mm. Die Trägerscheibe besteht aus einer oder mehreren Schichten von Molybdän und Graphit, um die entstehende Wärme in der Wolfram-Schicht (Brennfleckbahn) abzuführen. Als strahlenerzeugende Deckschicht kommen neben Wolfram auch Legierungen aus Wolfram und Rhenium zum Einsatz.

Abb. 6.15 Schematischer Aufbau einer Doppelfokus-Drehanodenröhre: 1) Kathode mit zwei Glühwendeln, 2) Anodendrehteller, 3) Molybdänwelle, 4) kugelgelagerter Rotor, 5) evakuierter Glaskolben

6.3.1.3 Brennfleck

Der Brennfleck oder Fokus (lat. Focus = Feuer, Feuerstätte) entsteht auf der Anode durch die beschleunigten Elektronen aus der Glühkathode und wird aufgrund der schiefen Ebene der Anode nochmals in drei Kategorien aufgeteilt.

Der Normenausschuss Radiologie (NAR) im DIN definiert den elektronischen Brennfleck als Schnittfläche des Elektronenstrahlbündels mit der Anodenoberfläche [8]. Der daraus resultierende thermische Brennfleck ist der auf der Anode vom Elektronenstrahlbündel getroffene Anteil. Lediglich bei Festanoden ist der elektronische und der thermische Brennfleck gleich groß, bei Drehanoden ist dieser auf Grund der Drehung des Anodentellers unterschiedlich.

Der optische Brennfleck ist die Parallelprojektion des thermischen Brennflecks der Anode auf die zum Zentralstrahl senkrechte Ebene und befindet sich in der Bildempfängerebene [20]. Abb. 6.16 zeigt ein präpariertes Modell einer Röntgenröhre mit zwei unterschiedlich großen Kathodenwendel. Diese erzeugen zwei unterschiedlich große thermische Brennflecke auf der Anode.

Die Größe des Brennflecks ist abhängig von der Länge der Kathodenwendel und dem Neigungswinkel der Anode (Anodenwinkel α). Dabei gilt, je kleiner der Anodenwinkel α, desto kleiner der optische Fokus, der bei konstanter Länge der Kathodenwendel entsteht (siehe Abb. 6.17a, b) [13, 20, 24].

Die Bildschärfe wird sehr stark von der Brennfleckgröße beeinflusst (siehe Abb. 6.17b, c) [13, 20, 24]. Daher sind die Bezeichnung des Nennwertes des Brennflecks, die zulässige Abweichung von Nennwert und die dazugehörigen Messmethoden normiert. In Tab. 6.3 sind auszugsweise übliche Brennfleckgrößen tabelliert [4, 13].

Die auf der Anode entstehende Röntgenstrahlung verteilt sich in alle Raumrichtungen und wird deswegen nur zu einem geringen Teil in Richtung des Patienten abgestrahlt. Über 90 % der Bremsstrahlung müssen daher vom Strahlenschutzgehäuse absorbiert werden.

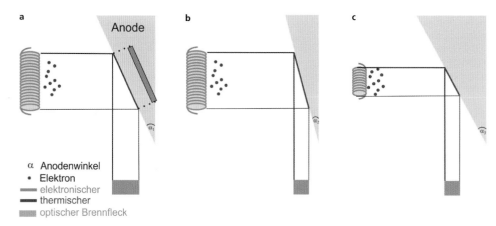

Abb. 6.17 a Die Elektronen aus der Glühwendel treffen auf die Anode und bilden den elektronischen Fokus. Durch die Neigung mit dem Anodenwinkel α_1 ist der thermische Fokus auf der Anode größer als der optische Brennfleck. Der *grau* gezeichnete optische Brennfleck symbolisiert die Projektion der entstehenden Röntgenstrahlung in Richtung des Patienten. **b** Die größere Leistungsdichte im kleineren optischen Brennfleck ist durch den kleineren Anodenwinkel α_2 herbeigeführt. **c** Durch den sehr großen Anodenwinkel α_3 und einer kleineren Kathodenwendel behält der optische Brennfleck die gleiche Größe wie in **b**. Die Leistung ist hierbei geringer, die Auflösung und die gute Zeichenschärfe im Bild bleiben erhalten

Tab. 6.3 Brennflecknennwert und maximal zulässige Abmessungen des optischen Brennflecks. Modifiziert aus [4, 13]

Brennfleck-nennwert	Abmessungen des optischen Brennflecks, maximal zulässige Werte in mm	
f	Breite	Länge
0,1	0,15	0,15
0,15	0,23	0,23
0,20	0,30	0,30
0,25	0,38	0,38
⋮	⋮	⋮
0,50	0,75	1,10
⋮	⋮	⋮
1,00	1,40	2,00
⋮	⋮	⋮

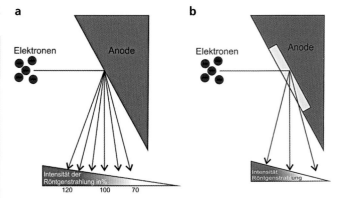

Abb. 6.18 a Kathodenseitige Röntgenstrahlung weist eine viel breitere Intensitätsverteilung auf als anodenseitige. Das Dosisprofil ist höchst unsymmetrisch. **b** Die in der Tiefe der Anode entstehende Röntgenstrahlung hat unterschiedlich lange Wege, wie die drei exemplarisch gezeichneten Wege zeigen. Demnach haben die Röntgenquanten, die anodennah austreten, einen deutlich längeren Weg in der Anode selbst, was wiederum zu Streuung und teilweisen Absorption führen kann. Dies führt zu einer Schwächung der anodennahen Röntgenstrahlung

6.3.1.4 Heel-Effekt

Als Heel-Effekt (aus dem englischen heel = Kante) der Anode versteht man die Intensitätsverteilung des Röntgenstrahls in Patientenrichtung, die über die laterale Ausdehnung nicht homogen ist. Der anodennahe Anteil der Röntgenstrahlung, d. h., der Teil, der nahezu parallel zur Anodenoberfläche emittiert wird, hat eine geringere Intensität als der kathodennahe Anteil [10].

Die Ursache des Heel-Effekts liegt in der Absorption der Röntgenstrahlung im Anodenmaterial. Normiert man die Intensitätsverteilung so, dass der zentrale Strahl zu 100 % gesetzt wird, zeigt sich, dass auch keine Symmetrie der Verteilung besteht (Abb. 6.18a) [3, 17, 18].

Die von der Kathode beschleunigten Elektronen dringen teilweise mehrere 100 μm in das Anodenmaterial ein, bevor die Röntgenstrahlung entsteht. Auf dem Weg des Röntgenquants zum Austrittsfenster werden diejenigen Röntgenquanten stärker absorbiert oder geschwächt, die aufgrund des längeren Weges anodennaher bleiben (Abb. 6.18b) [3, 18].

6.3.2 Röntgengenerator

Der Röntgengenerator dient der Erzeugung von Röntgenstrahlung und ist für die Hochspannung zwischen Glühkathode und Anode verantwortlich. Zudem muss der Generator von Drehanoden die Energie zur Erzeugung des Drehfeldes für den Antrieb des Anodenläufers bereitstellen. Grundsätzlich wird bei der klassischen diagnostischen Bildgebung die Hochspannung von bis zu 120 kV durch einen passenden Transformator

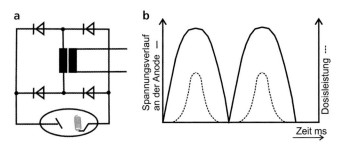

Abb. 6.19 **a** Gleichrichterschaltung mittels vier Trocken-Selen-Dioden in Graetzschaltung. **b** Spannungsverlauf in der Röntgenröhre bei einem Zwei-Puls-Generator mit dem zu erwartenden Dosisleistungsprofil

erzeugt. Im Folgenden werden verschiedene Schaltungen vorgestellt, mit denen die Hochspannung erzielt werden kann.

6.3.2.1 Spannungsformen, technische Ausprägungen

Eine einfache Möglichkeit aus den Anfangszeiten der Generatortechnik stellt das Zwei-Puls-Prinzip dar. Durch eine Gleichrichterschaltung, z. B. durch vier Trocken-Selen-Dioden in Graetzschaltung, wie in Abb. 6.19a gezeichnet wird die jeweils negative Halbwelle der sinusförmigen Netzspannung ins Positive gerichtet [16, 24]. Daraus ergibt sich ein sehr welliges Profil, das in Abb. 6.19b zu sehen ist [13, 24]. Das Spannungsmaximum wird bei der eurasischen Netzfrequenz von 50 Hz nur alle 10 ms erreicht.

Die Weiterentwicklung der Generatortechnik in den 80er und 90er-Jahren führte zu einem Zwölf-Puls-Generator mit einer deutlich höheren Dosisausbeute und höheren Dosisleistung, wie schematisch in Abb. 6.20 gezeigt [13]. Der positive Effekt, der sich daraus ergab, war eine kürzere Belichtungszeit bei Röntgenaufnahmen und damit einhergehend eine verbesserte Bildschärfe durch Minimierung der Bewegungsartefakte [17].

Abb. 6.21 zeigt schematisch den Aufbau eins Multipuls- oder Hochfrequenzgenerators [13]. Dieser arbeitet nach dem Prinzip der Hochfrequenz-Umrichter-Technik, auch unter dem Begriff des Gleichspannungswandlers bekannt. Der erforderliche Netzanschluss – in der Regel 400 V, 50 Hz – wird in einem ersten Schritt gleichgerichtet. Die gleichgerichtete und

Tab. 6.4 Einsatz der Generatoren in der Röntgendiagnostik. Übersicht der Leistung und Anwendungsbereich

Leistung P_G [kW]	Anwendungsbereich in der Radiologie
≤ 1,5	Dentales Röntgen
1,5–15	C-Bogensysteme
2,5–30	Fahrbare Röntgenanlagen
25–35	Mammographie
30–80	Aufnahmeplätze in der RöD, Urologie, Durchleuchtung, Angio
80–100	Kardiologie, Neurologie

geglättete Wechselspannung wird mit Hilfe eines Umrichters, auch Gleichstrom-Wechselrichter, in eine hochfrequente Wechselspannung gewandelt. Die hochfrequente Multipuls-Röhrenspannung steht nach Gleichrichtung und Glättung zur Erzeugung der Röntgenstrahlung zu Verfügung. Der Hochfrequenzgenerator – auch Konverter-Generator genannt – erfüllt die Anforderung nach hoher Dosisausbeute und zu vernachlässigbar geringer Welligkeit bei sehr kurzen Schaltzeiten (Größenordnung von ≈ 1 ms).

Die benötigte Generatorleistung variiert in der praktischen Anwendung je nach Anforderungen an die Bildqualität und dem Einsatzort am Menschen. Die Leistung des Röntgengenerators muss mit den Leistungsdaten des Röntgenstrahlers harmonieren. Eine Übersicht ergibt sich aus Tab. 6.4, modifiziert nach [13]. Die Leistung des Generators P_G wird in kW angegeben und ist immer das Produkt aus Röhrenspannung und Röhrenstrom $P_G = U_B \cdot I_R$. Zum Beispiel beträgt die Leistung $P_G = 80$ kW eines Generators bei einer Spannung von 100 kV und 800 mA.

6.3.2.2 mAs-Strom-Zeit-Produkt

Röhrenspannung, Röhrenstrom und Aufnahmezeit sind drei typische Parameter der Röntgendiagnostik, die eine Aufnahme charakterisieren. Die Qualität der Strahlung wird durch die kV-Werte der Röhrenspannung eingestellt, was als Härte der Röntgenstrahlung bezeichnet wird. Durch das mAs-Produkt wird die Quantität der Strahlung bestimmt.

Werden alle drei oben aufgeführten Parameter manuell eingestellt, wird dies als 3-Punkt-Technik bezeichnet. Bei modernen

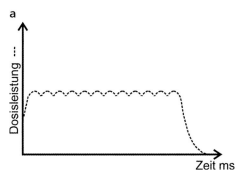
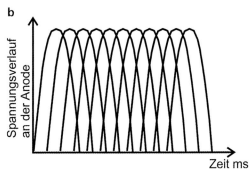

Abb. 6.20 **a** Dosisleistungsprofil eines Zwölf-Puls-Generators. **b** Der Spannungsverlauf an der Röntgenröhre bei einem Zwölf-Puls-Generator mit einer Restwelligkeit von ca. 3 %

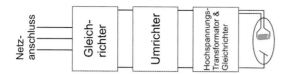

Abb. 6.21 Multipuls- oder Hochfrequenzgenerator

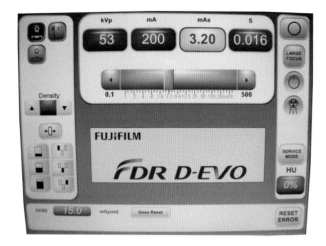

Abb. 6.22 Gerätesteuerung eines modernen Röntgen-Arbeitsplatzes über Touch-Display. Neben den typischen Parametern kV, mA, mAs und s können Fokus und Dominante ausgewählt werden. In den weiteren Menüs findet sich die Möglichkeit der Auswahl von 0/1/2/3-Punkt-Aufnahmetechnik

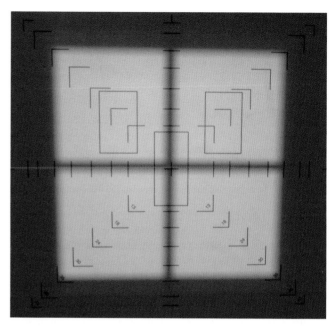

Abb. 6.23 3-Felder-Kammer. Die rechteckige Markierung im Zentrum des Bildempfängers zeigt die Lage der Messkammer 1. Die beiden anderen Messkammern liegen jeweils links und rechts oberhalb. Zur Einstellung der Bildgröße dient das Lichtfeld auf dem Detektor das entsprechend der gewünschten Bildgröße ausgewählt wird. Zur Ausrichtung des Patienten dient ein Laser als Positionierungshilfe

Röntgengeräten kommt diese Option sehr selten zum Einsatz oder ist nicht vorgesehen, da diese ein hohes Maß von Erfahrung und Wissen zur richtigen Belichtung einer Röntgenaufnahme erfordert.

Bei Röntgengeräten der vorletzten Generation herrschte die 2-Punkt-Technik vor. Nach wie vor bieten die aktuellen Geräte dem Anwender diese Möglichkeit der Einstellung an. Bei der 2-Punkt-Technik werden der Röhrenstrom und die Aufnahmezeit zu einem Teilprodukt zusammengefasst, dem mAs-Produkt. Die grundlegende Bedeutung des mAs-Produkts liegt in der Dosis. Bei der Vorgabe eines mAs-Produkts zur Bildgebung wird der Prozessor des Generators automatisch die Einstellung eines Röhrenstroms (mA) und einer Aufnahmezeit (s) optimieren. Ziel der 2-Punkt-Automatik ist es, die Röhre nicht zu überlasten und zum anderen, dass die kürzeste Schaltzeit angefahren wird, um Bewegungsartefakte zu minimieren.

Mit der Belichtungsautomatik liefert die 1-Punkt-Technik Röntgenaufnahmen, die nahezu automatisch erstellt werden können. Bei der Belichtungsautomatik muss der Anwender für Röntgenaufnahmen vorab nur noch die Röhrenspannung (kV) anwählen. Abb. 6.22 zeigt die Gerätesteuerung eines modernen Röntgen-Arbeitsplatzes über ein Touch-Display.

Wird eine Durchleuchtung gefahren, kann die sogenannte 0-Punkt-Technik zum Einsatz kommen. Anhand der laufenden Durchleuchtung ermittelt das System die Parameter, mit denen eine optimal belichtete Durchleuchtung erzielt wird. In diesem Zusammenhang ist auch auf die Röntgenverordnung hinzuweisen, die Aufnahmen zur Dokumentation bei Diagnostik und Therapie fordert.

6.3.2.3 Dosis, Dosisabschaltung

Neben der richtigen Aufnahmetechnik zur Bildgewinnung stellt die Auswahl des Organprogramms an der Anlage sicher, dass die richtige Filterung und der richtige Spannungsbereich der Röntgenröhre angewählt werden. Ziel der Organprogramme ist, eine Aufnahme zu generieren, die in ihrer Qualität ausreichend zur Befundung ist. Das Prinzip der Dosisabschaltung zeigt Abb. 6.24 [13]. Die vorgewählte Belichtung ergibt ein Dosisprofil, das für eine optimierte Belichtung vonnöten ist. Die Dosismesskammer (Abb. 6.23) hinter dem Patienten und vor dem Bildempfänger misst die aktuell kumulierte Dosis. Wird die Dosis erreicht, schaltet der Generator die Röhre ab.

6.3.2.4 Dominate für die Belichtungsautomatik

Bei der Radiographie wird die Röntgenstrahlung durch die Messung der aktuellen Austritts-Dosis hinter dem Patienten mittels einer oder mehrerer Messkammern ermittelt. In einer typischen 3-Felder-Kammer (Abb. 6.23) wird der Ionisationsstrom, in der Größenordnung von μA, gemessen. Beim Erreichen der eingestellten Dosis wird der Generator abschaltet. Typische Zeitkonstanten bis zum Erreichen der vorgewählten Dosis sind i. d. R. von 5 bis 200 ms.

Abb. 6.24 Belichtungsautomatik oder automatische Dosisleistungsregelung (ADR) an einem modernen Röntgen-Arbeitsplatz. Über das Bediendisplay wählt der Anwender die Aufnahme- oder Durchleuchtungsparameter aus. Diese Steuersignale (kV, mAs, Fokus, Dominante, Organprogramm, u. a.) werden zum Generator weitergeleitet, der die Röhre ansteuert. Die Messung der Dosisleistung hinter dem Patienten liefert die Gesamtdosis durch Integration. Bei Erreichen der vorgewählten Parameter wird der Generator automatisch abgeschaltet. Im Falle der Fluoroskopie übernimmt die ADR die Steuerung des Generators

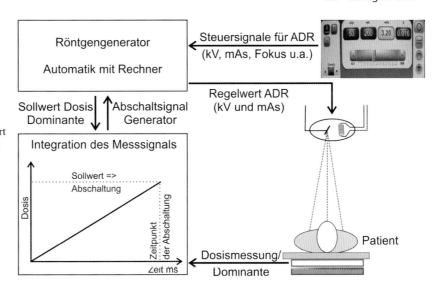

Teil II

Die 3-Felder-Kammer beinhaltet die drei Dosismesskammern, so genannte Dominanten, von denen jeweils eine zur Messung angewählt wird. Die Dominante liegt dabei in dem diagnosewichtigen Bereich des Röntgenbildes und daher spielt die Position der Messkammer für die Belichtungsautomatik eine zentrale Rolle (Abb. 6.24) [13]. Im Fall der Fluoroskopie bei der Darstellung von bewegten Bildern und ganzen Szenen übernimmt eine automatische Dosisleistungsregelung (ADR) die Steuerung des Generators.

Die Dosis-Messkammer ist dabei immer hinter dem Patienten oder Objekt und vor der Bildgebung.

6.3.3 Strahlenbegrenzung

6.3.3.1 Nutzstrahl/Streustrahlung aus der Röntgenröhre

Die entstehende Röntgenstrahlung kann nur zum geringen Teil direkt als Nutzstrahlung verwendet werden, da sie von der Anode aus in nahezu alle Raumrichtungen abgegeben wird. Der Anteil der nicht nutzbaren Röntgenstrahlung wird als Streu-/Störstrahlung zusammengefasst und muss nach der Röntgenverordnung mit dem Strahlenschutzgehäuse geschwächt werden. Die maximale Dosisleistung der Störstrahlung, die das Gehäuse verlassen darf, muss ≤ 1 mSv/h sein.

Beim Austreten der Röntgen-Nutzstrahlung aus dem Austrittsfenster (Abb. 6.16, Punkt 4) der Röntgenröhre wird die Strahlung einer Eigenfilterung unterzogen. Die Eigenfilterung beschreibt die Absorption niederenergetischer Röntgenstrahlung durch die Anode und das Strahlenaustrittsfenster. Die Eigenfilterung wird als Aluminium-Gleichwert angegeben und muss mindestens einer Filterung von 2,5 mm Aluminium-äquivalenter Gesamtfilterung entsprechen. Wird dies nicht erreicht, so muss durch einen Zusatzfilter die erforderte Schwächung sichergestellt sein.

6.3.3.2 Technische Maßnahmen zur Primärstrahlenbegrenzung

Die Streustrahlung wirkt sich störend auf die Bildqualität und den Strahlenschutz für Personal und Patient aus und kann nicht vernachlässigt werden. Die Röntgenstrahlung wird durch das Röhrengehäuse, das als Strahlenschutzgehäuse ausgelegt ist, begrenzt. Die Primärstrahlung, die zur Bildgebung genutzt wird, gelangt durch das Austrittsfenster auf den Detektor des Röntgensystems. Auch dieses Strahlenbündel muss entsprechend dem Workflow der Patientenuntersuchung kollimiert werden, um die von der Röntgenverordnung geforderte Dosisbegrenzung sicherzustellen. Dazu wird in den Röntgensystemen in der Regel ein (meist dreistufiges) Mehrebenen-Blendensystem verwendet, das in Abb. 6.25 schematisch aufgezeichnet ist [13].

6.3.3.3 Schlitzblende

Die ursprüngliche Idee der Blenden nahe der Röntgenröhre war die Reduktion der Streustrahlung. Die Primärblenden, anfangs einfache Bleiplatten, erzielten eine Reduktion der Streustrahlung und die Bildqualität verbesserte sich. Die „Bleikistenblende" von Albers-Schönberg war im Jahre 1903 das erste geschlossene Röhren-Strahlenschutzgehäuse. In der Bleikistenblende wurde seinerzeit eine kreisförmige Blende verwendet. Durch eine starke Einblendung, die einen kleinen Bildausschnitt nach sich zieht, verbesserte sich die Bildqualität. Die resultierenden Bilder waren aber damit in ihrer diagnostischen Aussagekraft sehr gering und es mussten mehrere Aufnahmen für ein größeres Bild erstellt werden. Diese Art der Einblendung ist als Schlitzblende bekannt. Die Schlitzblende ist dann gegeben, wenn der Kollimator mit nur einer Primärblende in der Blendenebene ausgestattet ist [2].

6.3.3.4 Tiefenblende

Die Problematik der Streustrahlen ließ sich in den Folgejahren nicht durch einzelne röhrennahe Blenden befriedigend lösen.

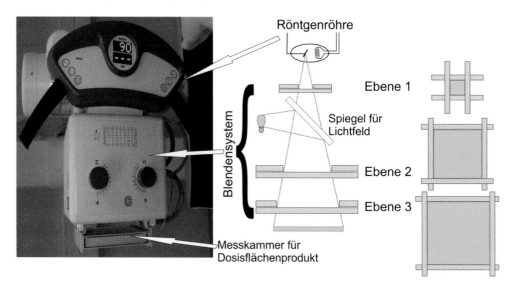

Abb. 6.25 Das Strahlungsfeld der Röntgenstrahlung wird über ein dreistufiges Tiefen-Blendensystem kollimiert. Die Ebene 1 sind die fokusnahen Blenden zur ersten Reduktion der extrafokalen Strahlung. Vor der Ebene 2 wird in der Regel ein „Vorfeld-Lichtvisier" über einen einklappbaren Spiegel eingeblendet, der die strahlungslose Positionierung des Patienten ermöglicht. Über die Blendenpaare in den Ebenen 2 und 3 wird der Kontrast des Bildes verbessert. In Ebene 3 kann ggf. eine optionale Irisblende verfügbar sein

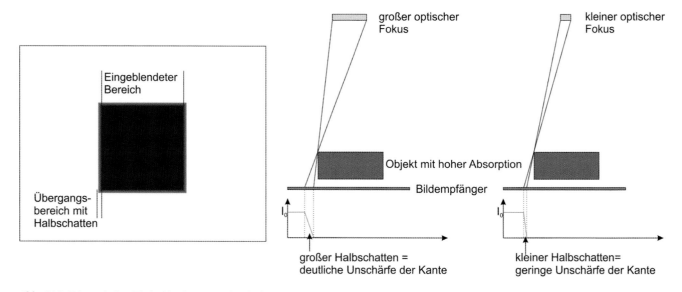

Abb. 6.26 Die nach dem Tiefenblendensystem kollimierte Röntgenstrahlung erzeugt unscharfe Abbildungen der Objekte im Röntgenbild, die am deutlichsten an den Rändern der Bilder durch einen graduellen Übergang der Grauwerte sichtbar werden. Zusätzlich beeinflusst die Größe des optischen Fokus den entstehenden Halbschatten und damit die Unschärfe der Kante im Bild

Die Bildgebung konnte in der Folge verbessert werden, indem zwei Blendenpaare im Kollimator verwendet wurden, da die extrafokale Strahlung im Vergleich zur Schlitzblende weiter ausgeblendet wurde. Diese Art von Blendensystem ist unter der Bezeichnung der Doppelschlitzblende oder Tiefenblende in die Konstruktion des Röntgenstrahlers eingegangen.

Die Einblendung erfolgt durch Bleilammelen in mehreren Ebenen bzw. Tiefen. Durch eine erste fokusnahe Ebene ist die Wirksamkeit der Einblendung am erfolgreichsten. Das oben aufgeführte Prinzip der Tiefenblende kann damit die extrafokale Strahlung erfolgreich absorbieren und das Strahlungsfeld

kann den diagnostischen Vorgaben entsprechend eingeblendet werden. Zur Reduktion der Strahlenexposition von Patient und Personal werden in der Radiologie die Primärstrahlenblenden um ein „Vorfeld-Lichtvisier" ergänzt. Damit kann vor der Aufnahme, mittels des Lichtfeldes, der Patient exakt und strahlungslos positioniert und die Feldgröße entsprechend dem Untersuchungsfeld eingestellt werden. Dazu wird ein Spiegel temporär in den Strahlengang zwischen den Blendenebenen 1 und 2 eingeklappt, der die Lichtquelle (Glühlampe, Halogen oder LED) auf den Patienten, analog dem späteren Strahlungsfeld, projiziert. Die Position der Lichtquelle im Blendensystem und die des Spiegels müssen dabei so eingestellt werden, dass die beiden Abstände Fokus der Anode zum Spiegel und Lichtquelle zum Spiegel gleich dimensioniert sind. Mit dem Einblenden der Lichtquelle in den späteren Strahlengang der Röntgenstrahlung wird erreicht, dass das Lichtfeld dem späteren Nutzstrahlenfeld entspricht. Über die Blendenpaare in den Ebenen 2 und 3 wird der Kontrast des Bildes deutlich verbessert. Fahrbare Röntgenanlagen besitzen i. d. R. nur die Ebene zwei. Ein solches Blendensystem ist unter dem Begriff der Doppelschlitzblende bekannt. Das Tiefenblendensystem wie in Abb. 6.25 dargestellt mit drei Ebenen findet sich in der Regel an fest installierten Röntgenanlagen mit Stativ [13]. Optional kann in Ebene 3 eine Irisblende zur weiteren Einblendung des Strahlengangs verfügbar sein.

6.3.3.5 Einfluss auf das Röntgenbild

Durch die Primärblenden wird das Bild beim Röntgen auf den zu untersuchenden Bereich eingeblendet. Dabei werden die Kanten am Rand des Bildes unscharf abgebildet, wie in Abb. 6.26 schematisch aufgeführt ist [17, 25]. Bei den Kanten fällt die Unschärfe am deutlichsten auf; der Effekt tritt aber an jedem Punkt im Röntgenbild auf. Die resultierende Kantenunschärfe kann durch fokusnahe Lamellen und ein fokusnahes Blendenpaar lediglich minimiert werden. Weiterhin wird die Unschärfe noch durch die Größe des optischen Fokus dominiert, was in dem rechten Teil der Abb. 6.26 demonstriert ist [13, 17, 25].

Die Kantenunschärfe ist das Ergebnis extrafokaler Strahlung und optischem Fokus, der nicht unendlich klein und idealisiert punktförmig ist, sondern nur durch eine endliche Fläche realisiert werden kann.

Aufgaben

6.1 Beschreiben Sie die grundlegenden Eigenschaften der Röntgenstrahlung und berechnen Sie die Frequenz und Wellenlänge von Röntgenstrahlung einer Energie von 100 keV.

6.2 Beschreiben Sie stichpunktartig die Grundlagen des Atommodels von Bohr.

6.3 Beschreiben Sie die notwendigen Komponenten zum Aufbau einer Röntgenröhre.

6.4 Beschreiben Sie die Wechselwirkungen der beschleunigten Elektronen, die in der Anode abgebremst werden.

6.5 Skizzieren Sie das Spektrum der Röntgenstrahlung und markieren Sie das Spektrum der Bremsstrahlung und der charakteristischen Röntgenstrahlung.

6.6 Welche Maßeinheiten werden zur physikalischen Beschreibung der Röntgenstrahlung verwendet?

6.7 Beschreiben Sie die Unterschiede der technischen Ausprägungen und den Einsatz von Festanodenröhre und Drehanodenröhre.

6.8 Erklären Sie die Zusammenhänge von Brennfleckgröße, Anodenwinkel und dem nutzbaren Format des Röntgenfeldes. Skizzieren Sie hierzu die geometrischen Bedingungen von Kathodenwendel und Anodenwinkel (sowie den prinzipiellen Verlauf der Energieflussdichte im Nutzstrahlenbündel).

6.9 Nach welchem Prinzip arbeitet ein moderner Multipuls-Röntgengenerator? Beschreiben Sie die einzelnen Schritte der Spannungsumwandlung.

6.10 Erklären Sie das prinzipielle Vorgehen bei der 2-Punkt-Technik eines Röntgengenerators. Erklären Sie insbesondere, was man unter der 0-Punkt-Technik bei einem Röntgengenerator versteht.

6.11 Erklären Sie den Begriff der „Dominante" und die Bedeutung der richtigen Wahl der Dominante für eine optimale Röntgenaufnahme.

6.12 In der Radiographie werden vorzugsweise Tiefenblenden mit Vorfeldlichtvisier verwendet.

a. Welchen Nutzen hat ein Vorfeldlichtvisier für den Anwender/Patienten?
b. Welche geometrischen Anforderungen müssen die Lichtquelle und der Spiegel erfüllen, um eine Übereinstimmung von Lichtfeld/Strahlenfeld zu gewährleisten?

Literatur

1. Bundesamt für Strahlenschutz (BfS) (2016) Optische Strahlung. http://www.bfs.de/DE/themen/opt/opt_node.html. Zugegriffen: 18. Okt. 2016
2. Busch DU (2013) 100 Jahre Streustrahlenblende. Deutsche Röntgengesellschaft, Gesellschaft für medizinische Radiologie e.V. http://www.drg.de/de-DE/1267/100-jahre-streustrahlenblende. Zugegriffen: 18. Okt. 2016
3. Carlton RR, Adler AM (1996) Principles of radiographic imaging: an art and a science Bd. 2. Delmar Pub, Albany
4. Deutsches Institut für Normung (DIN) (2006) DIN EN 60336:2006-09: Medizinische elektrische Geräte – Röntgenstrahler für medizinische Diagnostik – Kennwerte von Brennflecken (IEC 60336:2005)
5. Deutsches Röntgenmuseum (2016) Chronik 100 Jahre Anwendungen der Röntgenstrahlen in der medizinischen Diagnostik. http://www.roentgenmuseum.de/fileadmin/bilder/PDF/ChronikDiagnostik.pdf. Zugegriffen: 17. Okt. 2016
6. Deutsches Röntgenmuseum (2016) Lebenslauf von W. C. Röntgen. http://www.roentgenmuseum.de/fileadmin/bilder/PDF/DRM_Roentgen_Lebenslauf.pdf. Zugegriffen: 17. Okt. 2016

7. Deutsches Röntgenmuseum. http://www.roentgenmuseum.de/. Zugegriffen: 17. Okt. 2016 2016

8. DIN-Normenausschuss Radiologie (NAR), DIN.de. https://www.din.de/de/mitwirken/normenausschuesse/. Zugegriffen: 01.06.2018 2018

9. Dörfel G (2006) Julius Edgar Lilienfeld und William David Coolidge – ihre Röntgenröhren und ihre Konflikte Bd. 315. Max-Planck-Institut für Wissenschaftsgeschichte (Preprint)

10. Dössel O (2000) Bildgebende Verfahren in der Medizin: Von der Technik zur medizinischen Anwendung. Springer, Berlin, Heidelberg

11. Felix R, Ramm B (1988) Das Röntgenbild. Thieme, Stuttgart

12. Flemming K, Gehring D, Hoffmann G, Konermann G, Prütz W, Reinwein H, Wannenmacher M, Wenz W, Mönig H (2013) Radiologie: Begleittext zum Gegenstandskatalog für den ersten Abschnitt der ärztlichen Prüfung Bd. 176. Springer, Berlin, Heidelberg

13. Hoxter EA, Schenz A (1991) Röntgenaufnahmetechnik Bd. 14. Siemens AG, Berlin

14. Kamke D, Walcher W (1994) Physik für Mediziner. B.G. Teubner

15. Krieger H (2009) Grundlagen der Strahlungsphysik und des Strahlenschutzes Bd. 3. Vieweg + Teubner/GWV Fachverlage, Wiesbaden

16. Krieger H, Petzold W (1992) Strahlenphysik, Dosimetrie und Strahlenschutz: Band 1: Grundlagen. Vieweg + Teubner/GWV Fachverlage, Wiesbaden

17. Laubenberger T, Laubenberger J (1999) Technik der medizinischen Radiologie: Diagnostik, Strahlentherapie, Strahlenschutz; für Ärzte, Medizinstudenten und MTRA. Deutscher Ärzteverlag

18. MTA-R Radiologie & Technologie. Basiswissen: Der Heel-Effekt. MTA-R.de. http://www.mta-r.de/blog/der-heel-effekt/. Zugegriffen: 17.10.2016

19. MTA-R Radiologie & Technologie. Basiswissen: Die Mammographie – Roentgenroehre, Anode, ... MTA-R.de. http://www.mta-r.de/blog/die-mammographie-roentgenroehre-anode/. Zugegriffen: 17.10.2016

20. MTA-R Radiologie & Technologie. Basiswissen: Die verschiedenen Brennflecke. MTA-R.de. http://www.mta-r.de/blog/stichwortsonntag-die-verschiedenen-brennflecke/. Zugegriffen: 17.10.2016

21. Pohl RW (1976) Optik und Atomphysik Bd. 13. Springer, Berlin, Heidelberg

22. Rosenstock E (2005) „Philander": Ludwig Hopf aus Esslingen und seine „Medizinischen und anthropologischen Märchen". Esslinger Studien, Bd. 44. Stadtarchiv, Esslingen, S 99–116

23. Schaaf P, Große-Knetter J (2009) Kennlinie der Vakuumdiode. Georg-August-Universität Göttingen. https://lp.uni-goettingen.de/get/text/4256. Zugegriffen: 28. Nov. 2017

24. Schlegel W, Bille J (2002) Medinische Physik 2: Medizinische Strahlenphysik. Springer

25. Schmidt T, Freyschmidt J (2014) Handbuch diagnostische Radiologie: Strahlenphysik, Strahlenbiologie, Strahlenschutz. Springer

Teil II

Röntgendiagnostik

Reinhard Loose

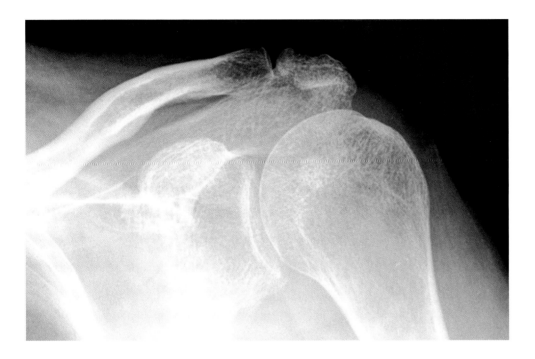

© Springer-Verlag GmbH Deutschland, ein Teil von Springer Nature 2018
W. Schlegel, C.P. Karger, O. Jäkel (Hrsg.), *Medizinische Physik*, https://doi.org/10.1007/978-3-662-54801-1_7

7.1 Historische Entwicklung

Seit der bahnbrechenden Entdeckung Röntgens 1895 werden Röntgenstrahlen in Verbindung mit Röntgenfilmen zur medizinischen Diagnostik eingesetzt. Fortschritte auf dem Gebiet der Röntgen- und insbesondere der Computertechnik führten in den letzten Jahrzehnten zu neuen bildgebenden Verfahren, die das Spektrum radiologischer Untersuchungsmöglichkeiten wesentlich erweitert haben. Trotz erheblicher technologischer und diagnostischer Fortschritte auf dem Gebiet der MRT und der Multidetektor-CT stellen großflächige radiographische Aufnahmen von Lunge, Skelett und Organen mit bis zu 80 % der Untersuchungen noch immer den größten Anteil im radiologischen Routinebetrieb dar. Aufnahmen in Film-Folientechnik stellen hierbei bis heute eine bewährte Technik der Projektionsradiographie dar. Vorteile sind die hohe Bildqualität, die einfache Aufnahmetechnik und ein günstiges Kosten-Nutzen-Verhältnis. Nachteilig sind der geringere Dynamikbereich, die fehlende Möglichkeit einer Nachbearbeitung, der Dosisbedarf, die umständlichere Handhabung mit chemischer Entwicklung und die eingeschränkte Verfügbarkeit der Röntgenfilme. Der belichtete Röntgenfilm ist gleichzeitig Detektor sowie Auswerte- und Archivmedium.

Die zunehmende Verbreitung digitaler Detektoren löst hierbei zumindest in den Industrieländern mehr und mehr die Film-Folien-Radiographie ab, wobei verspätet, bedingt durch die höheren Anforderungen an die Ortsauflösung, auch die digitale Mammographie hinzukam. Seit 2002 stehen als Ersatz des seit ca. 40 Jahren verwendeten Bildverstärkers neue dynamische Festkörperdetektoren für die Fluoroskopie zur Verfügung. In Entwicklungs- und Schwellenländern ist die Film-Folien-Kombination auch heute noch Basis der Radiographie.

7.2 Film-Folien-Systeme und digitale Radiographie-Detektoren

In den letzten 20 Jahren hat sich in den Industriestaaten ein weitgehender technologischer Wandel in der Radiographie und Fluoroskopie von Film-Folien-Systemen hin zu digitalen Detektoren vollzogen. Detektoren zur Radiographie und Fluoroskopie müssen hierbei folgende Anforderungen erfüllen, um ihr Potenzial gegenüber der Film-Folien-Technik auszuschöpfen:

- Hohe Bildqualität (Auflösung, Kontrasterkennbarkeit, Dynamikbereich, Homogenität)
- Geringer Dosisbedarf (hohe Effizienz für Röntgenquanten)
- Hohe Bildfrequenz bei dynamischen Detektoren
- Einfache und schnelle Handhabung (Untersuchungsfrequenz)
- Integration in vorhandene Röntgenanlagen und Funktionsabläufe
- Integration in PACS/RIS
- Günstiges Kosten-Nutzen-Verhältnis

Der prinzipielle Unterschied zur Film-Folien-Technik sind die getrennten Stufen der digitalen Aufnahmetechnik, die aus den drei unabhängigen Teilschritten Bilddetektion, Bildverarbeitung und Bilddarstellung besteht. Die Unterschiede innerhalb der verschiedenen Systeme zur digitalen Projektionsradiographie bestehen in erster Linie hinsichtlich Bilddetektion und Signalverarbeitung. Die nachgeschaltete Bildverarbeitung und Bilddarstellung stellt eine gemeinsame Komponente für alle Verfahren dar. In Ergänzung zur Film-Folien-Technik sollen folgende auf dem Markt weit verbreitete oder neuartige Techniken der digitalen Projektionsradiographie und Fluoroskopie beschrieben werden:

1. Speicherfolien (Einführung 1981)
2. Flachdetektoren mit:
   - direkter Wandlung (Selen) (Einführung 1992)
   - indirekter Wandlung (Szintillator) (Einführung 1998)
3. Digitale Bildverstärkersysteme zur Fluoroskopie (Einführung ca. 1977)
4. Dynamische Festkörperdetektoren zur Fluoroskopie (Einführung 2000)

Abb. 7.1 zeigt eine strukturierte Übersicht über die wichtigsten derzeit im Einsatz befindlichen oder zukünftigen Techniken der digitalen Radiographie. Auf inzwischen ausgelaufene Techniken, wie die Selentrommel für die Thorax-Radiographie, oder in Deutschland nur in geringer Zahl eingesetzter Systeme, wie digitale Scanverfahren mit Liniendetektoren oder Lumineszenz-Verfahren mit CCD-Chips, soll außer bei mammographischen Anwendungen nicht weiter eingegangen werden. Für Interessierte sei hierzu auf eine frühere Übersichtsarbeit verwiesen [11].

Eine gemeinsame Eigenschaft aller digitalen Aufnahmesysteme ist ihr extrem weiter Dynamikbereich in Bezug auf die Detektordosis, die im Unterschied zur Film-Folien-Technik nicht mehr durch die Filmschwärzung limitiert ist (Abb. 7.2). Aufgrund ihres großen Dynamikbereichs werden die Signale der einzelnen Pixel mit 10 bis 14 Bit (meist 12 Bit) digitalisiert, was 1024 bis 16.384 Graustufen entspricht. Bei allen digitalen Systemen werden aus dem Histogramm der Grauwerte in der proprietären Vorverarbeitung Bereiche abgeschnitten, die keine Bildinformationen enthalten. Bei Objekten mit großem Dynamikbereich der Röntgenabsorption können hierbei allerdings Fehler auftreten.

Andererseits besitzen digitale Detektoren gegenüber Film-Folien-Systemen eine etwa um den Faktor 2 geringere Ortsauflösung. Bei Film-Folien-Systemen für die normale Radiographie erreicht die mit dem Bleistrichraster gemessene Ortsauflösung etwa 6–7 Lp/mm, bei vergleichbaren digitalen Detektoren werden 2,5–3,5 Lp/mm erreicht, wobei aufgrund der Matrixstruktur dieser Wert sehr von der Orientierung des Bleistrichrasters relativ zur Matrix abhängt und im günstigsten Fall die Nyquistfrequenz $f_{\text{Nyquist}} = 1/(2 \cdot \text{Pixelgröße})$ erreicht wird. In der Mammographie werden mit Film-Folien-Systemen ca. 15 Lp/mm, mit digitalen Detektoren 5–8 Lp/mm erreicht.

Trotz des großen Belichtungsspielraums der Digitaltechnik sollte aus Gründen des Strahlenschutzes auf eine optimale Einblendung geachtet werden. Weiterhin sollten wie bei Film-Folien-Aufnahmen alle Ausgleichsmittel zur Homogenisierung der Detektordosis, wie Keilfilter oder ein „Strahlenkranz" bei

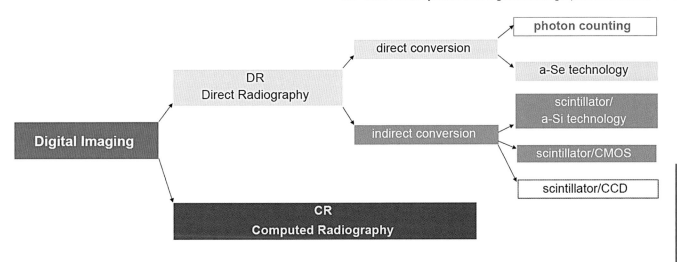

Abb. 7.1 Strukturierte Übersicht der Techniken zur digitalen Radiographie und Fluoroskopie (© Siemens)

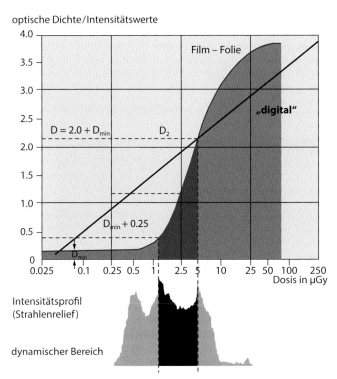

Abb. 7.2 Vergleich des nutzbaren Dynamikbereichs (Dosis) zwischen Film-Folien-Systemen und digitalen Detektoren (© Karl Friedrich Kamm)

Schädelaufnahmen verwendet werden. Hierdurch werden Überstrahlungsartefakte vermieden, wie sie auftreten können, wenn der Detektor sowohl durch Direktstrahlung als auch hinter Körperbereichen mit hoher Absorption (z. B. Skelett) exponiert wird.

7.2.1 Film-Folientechnik

Seit der ersten Anwendung von Röntgenstrahlen in der Medizin bis heute sind für kurze Zeit Filme und nachfolgend Film-Folien-Systeme ein bewährter Bestandteil der radiographischen Diagnostik. Der Nachteil der geringen Röntgenabsorption von Filmen mit ca. 1 % wird heute durch Film-Folien-Systeme mit beidseits beschichteten Filmen und zwei Verstärkerfolien kompensiert, bei denen das Fluoreszenzlicht der Verstärkerfolie zu 95–97 % zur Filmschwärzung beiträgt [6, 10]. Die optische Dichte (D) (früher Schwärzung) eines Films ist definiert als

$$D = \lg(I_0/I_1), \tag{7.1}$$

wobei I_0 die Intensität des einfallenden und I_1 die Intensität des durchgelassenen Lichts ist. Eine Lichtschwächung von 1:10 entspricht also $D = 1$, 1:100 entspricht $D = 2$ usw. Trägt man D eines Films als Funktion der Dosis auf, erhält man die S-förmige Schwärzungskurve (rote Kurve in Abb. 7.2). Zur Bildgebung ist es sinnvoll, nur den annähernd linearen Teil der Schwärzungskurve zu verwenden. Bei geringeren Dosen erhält man die konstante Schleierleuchtdichte D_{min}, bei hohen Dosen zeigt die Schwärzungskurve eine Sättigung, die bei sehr hohen Dosen sogar abfallen kann (Solarisation). Die mittlere Dichte einer Röntgenaufnahme sollte zwischen 1,0 und 1,4 liegen, bei Mammographien zwischen 1,2 und 1,6 [1]. Die Empfindlichkeit S eines Film-Folien-Systems ist der Quotient von 1 mGy geteilt durch die Dosis K_s, die auf einem Film eine Schwärzung von 1 über Schleier und Unterlage erzeugt:

$$S = 1000 \,\mu\text{Gy}/K_s \,[\mu\text{Gy}] \tag{7.2}$$

Aus Gründen der Praktikabilität werden Film-Folien-Systeme in Empfindlichkeitsklassen eingeteilt, denen entsprechende Dosiswerte zugeordnet sind (Tab. 7.1).

Film-Folien-Systeme bieten von allen Röntgendetektoren das größte Spektrum an Formaten. Typische Kassettengrößen sind:

Tab. 7.1 Speed Class SC und Bildempfängerdosis K_s zur Erzeugung der Nettodichte 1,0 und Mindestwert des visuellen Auflösungsvermögens R_{Gr} bei Direktaufnahmen mit Film-Folien-Systemen nach DIN EN 61223-3-1 und SV-RL Anlage I [1]. Für die Mammographie gelten gesonderte europäische EUREF-Kriterien [2]

K_s [µGy]	Speed Class SC	R_{Gr} [Lp/mm]	Beispiel für Anwendung
5	200	2,8	Peripheres Skelett
2,5	400	2,4	Körperstamm
1,25	800	2,0	Stellungskontrollen, Pädiatrie

13 × 18 cm, 15 × 40 cm, 18 × 24 cm, 20 × 40 cm, 24 × 30 cm, 30 × 40 cm, 35 × 35 cm, 35 × 43 cm und weitere Spezialformate z. B. für lange Skelettaufnahmen, in der Zahnmedizin oder für Orthopantomographiegeräte.

Typische Möglichkeiten für Fehler und Artefakte sind:

- Überalterung oder falsche Lagerung der Filme mit Anstieg des Schleiers
- Fehler von Entwickler, Fixierer oder Temperatur des Entwicklungsprozesses
- Mechanische Schäden am Film durch die Entwicklermaschine
- Mechanische Schäden an Film oder Folie bei automatischen Tageslichtsystemen
- Elektrische Entladungen mit Artefakten auf dem entwickelten Film
- Fehlender Andruck zwischen Film und Folie mit Unschärfe im Bild

7.2.2 Speicherfolien

Diese Systeme werden in der DICOM-Nomenklatur mit CR = Computed Radiography oder auch DFR = Digitale Fluoreszenz-Radiographie bezeichnet. Statt Röntgenfilmen werden in folienlosen Kassetten identischer Größe Speicherfolien belichtet. Die Zahl der verfügbaren Formate ist hierbei geringer als bei der Film-Folien-Technik. Typische Kassettengrößen sind: 18 × 24 cm, 24 × 30 cm, 20 × 40 cm und 35 × 43 cm. In den Speicherfolien hebt die Röntgenstrahlung Elektronen im Kristallverband auf ein höheres Energieniveau an. Anzahl und Verteilung dieser Elektronen entsprechen der Intensität der einfallenden Röntgenstrahlung. Die aktive Schicht ist ca. 5–10 µm dick. Sie besteht meist aus Europium dotierten Barium-Fluor-Bromid-Kristallen (BaFBr:Eu^{2+}). In einer separaten Leseeinheit (Reader) tastet ein Laserstrahl der Wellenlänge 500–700 nm die belichtete Speicherfolie zeilenweise Punkt für Punkt ab. Bei diesem Vorgang fallen Elektronen unter Lichtaussendung wieder in ihren Grundzustand zurück (Photolumineszenz). Ein Photomultiplier registriert die lokale Lichtausbeute. Nach Umwandlung der analogen Signale in digitale Werte (Analog-Digital-Wandler) wird jedem Punkt der Bildmatrix ein Intensitätswert zugeordnet. Nach dem Auslesevorgang löscht eine homogene intensive Lichteinstrahlung die verbliebenen Restbildinformationen der Speicherfolie [11] (Abb. 7.3). Aufgrund der körnigen Struktur wird in der aktiven Schicht das fokussierte Ausleselicht des Lasers und die Lumineszenz-Strahlung gestreut. Dickere aktive Schichten erhöhen zwar die Quantenausbeute, verschlechtern jedoch die Ortsauflösung, so dass sich bei den

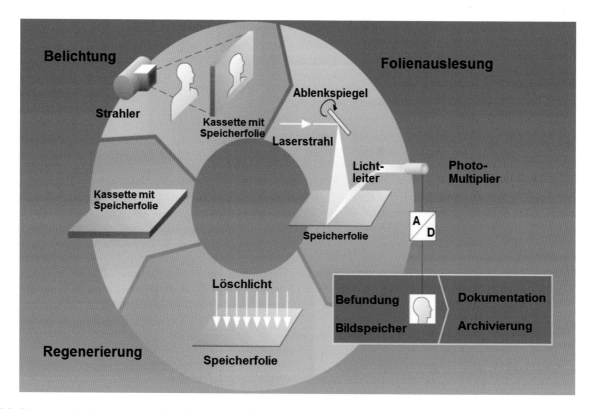

Abb. 7.3 Prinzip der Speicherfolientechnik an Hand eines Aufnahme-Auslese-Lösch-Zyklus und Beispiel eines Speicherfolien-Readers (© Agfa)

Teil II

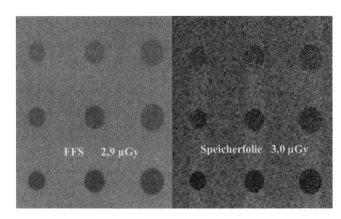

Abb. 7.4 Aufnahme eines Niedrigkontrast-Phantoms mit einer Dosis von ca. 3 μGy in Film-Folien-Technik (*links*) und mit einer Speicherfolie der ersten Generation (*rechts*)

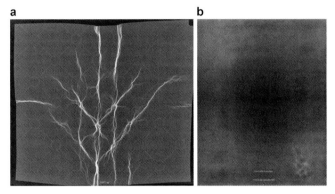

Abb. 7.5 a Mehrere Risse und ein kompletter Bruch eines Kassettendeckels, **b** wolkenartige Artefakte durch Alterung und vielfache Reinigung einer Speicherfolie (© Karl Friedrich Kamm)

verfügbaren Systemen eine maximale Röntgenabsorption von 20–30 % ergibt. Die Ortsauflösung wird durch die Fokusgröße des Laserstrahls und die Struktur der aktiven Schicht bestimmt. Typische Größen der Bildmatrix liegen zwischen 150–200 μm [7].

Neuere Speicherfoliensysteme verwenden anstelle polymorpher Kristalle ausgerichtete kristalline Nadelstrukturen, ähnlich wie Festkörperdetektoren. Hierdurch wird die Quanteneffizienz und – durch verminderte Streuung in der Speicherfolie – die Ortsauflösung erhöht [16]. Auch eine beidseitige Beschichtung und Auslesung der Folie wird zur Erhöhung der Quanteneffizienz eingesetzt.

Durch die mechanischen Belastungen im Speicherfolien-Reader beim Öffnen der Kassette, Entnahme der Speicherfolie mit Transport durch die Auslesemechanik und das erneute Einlegen in die Kassette ergibt sich eine Abnutzung, die die Lebensdauer der Folie und Kassette auf ca. 10.000 Zyklen begrenzt. Mit Strahlung exponierte Folien sollten in weniger als 1 h ausgelesen werden, da es mit der Zeit zu einem Verlust des latent gespeicherten Bildes kommt. Nach 24 h sind nur noch weniger als 50 % der Bildinformation vorhanden.

Da die optische Aufbelichtung eines Scribors wie in der Film-Folien-Technik bei Speicherfolien entfällt, werden die zur Dokumentation vorgeschriebenen Daten (Patient, Untersucher, Zeitpunkt usw.) vor dem Auslesevorgang über Kontakte oder drahtlos über einen RFID-Chip in der Kassette gespeichert. Dies erfolgt über einen an das RIS gekoppelten PC (ID-Station).

Typische Auslesezeiten einer Speicherfolie liegen zwischen 20 und 40 s mit einem maximalen Durchsatz eines Readers zwischen 90 und 120 Folien pro Stunde [7].

Ein großer Vorteil der Speicherfolientechnik war die Möglichkeit, sie in vorhandene Systeme (Bucky-Tische, Raster-Wandgeräte) anderer Hersteller zu integrieren. Da hierbei, außer mit Speziallösungen, eine Kopplung zwischen Generator und Reader fehlt, sind die Expositionsdaten kV, mAs und DFP nicht im DICOM-Bild verfügbar. Die Hersteller haben daher einen Expositionsindex eingeführt, um zumindest semiquantitativ eine Abschätzung der Speicherfolienexposition angeben zu können. Nachdem dieser Expositionsindex nicht vergleichbar war und zum Teil mit linearen oder logarithmischen Werten angegeben wurde, hat man sich jetzt auf einen einheitlichen linearen Exposure Index EI geeinigt (IEC 62494-1:2008) [4]. Dieser EI-Wert korreliert mit der Detektordosis, aber aufgrund unterschiedlicher Patientenabmessungen oder Röhrenspannungen nicht mit der Einfallsdosis ED oder dem Dosisflächenprodukt DFP. Eine Kalibrierung in Abhängigkeit der Strahlenqualität ist notwendig. Bei 70 kV entspricht der EI exakt der Detektoreinfallsdosis in μGy × 100, z. B. 2,5 μGy einem EI von 250. Trotz aller Vorteile der Digitaltechnik waren die frühen Speicherfoliensysteme in Bezug auf die Bildqualität einem Film-Folien-System noch unterlegen. Abb. 7.4 zeigt die Aufnahmen eines Niedrigkontrast-Phantoms mit ca. 3 μGy Detektordosis mit einem Film-Folien-System und einer Speicherfolie der 1. Generation. Erst die aktuell verfügbaren Speicherfoliensysteme sind in Bezug auf die Bildqualität einem Film-Folien-System ebenbürtig. Im Deutschen Mammographie-Screening-Programm und bei stereotaktisch gesteuerten Eingriffen an der Mamma sind Speicherfoliensysteme nicht mehr zugelassen. Im Vergleich zu Festkörperdetektoren benötigen sie eine höhere Dosis, um die Anforderungen an Hoch- und Niedrigkontrasterkennbarkeit bei Phantommessungen zu erfüllen [17].

Typische Artefakte treten in der Speicherfolientechnik auf, wenn bei den Aufnahmen oder im Auslesevorgang Beschädigungen der Kassette oder der Folie auftreten (Abb. 7.5). Typische Kassettenschäden sind Brüche oder Risse (a). Speicherfolien zeigen Artefakte durch allgemeine Alterung, Wolken und Schlieren nach vielfacher Reinigung (b), hygroskopischen Schäden an nicht korrekt verschlossenen Rändern, Kratzspuren und punktförmigen Schäden durch das Transport- und Entnahmesystem im Reader.

7.2.3 Festkörperdetektoren

Festkörperdetektoren werden in der DICOM-Nomenklatur mit DR = Direct Radiography bezeichnet. Hierbei sind Systeme mit direkter Konversion und indirekter Konversion zu unterschei-

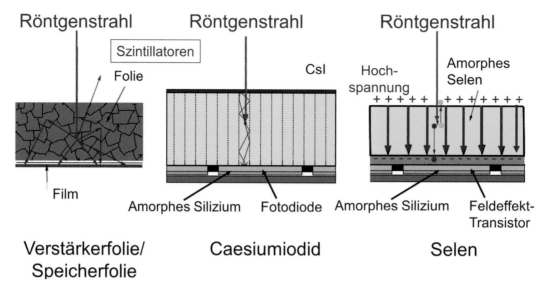

Abb. 7.6 Aufbau eines Speicherfoliendetektors (*links*), eines direkt konvertierenden Detektors mit Selen aSe/aSi (*Mitte*) und eines indirekt konvertierenden Detektors mit Selen CsI/aSi (*rechts*). Die aSe/aSi und CsI/aSi Detektoren werden über eine Matrix aus Dünnfilmtransistoren aus amorphem Silizium ausgelesen (© Karl Friedrich Kamm)

den. Bereits 1992 brachte Philips einen direkt konvertierenden Selendetektor auf den Markt, der in Form einer rotierenden Trommel realisiert war. Die mit dem Halbleiter Selen beschichtete Oberfläche wurde zunächst über eine Hochspannungsquelle elektrisch geladen und anschließend durch Röntgenstrahlung in Abhängigkeit ihrer Intensität mehr oder weniger entladen. Die verbliebene Ladung wurde während der Rotation durch einen linearen Kamm abgetastet und nach der geometrischen Entzerrung der Trommel-Geometrie in ein digitales Bild umgewandelt. Diese „Selentrommel" war über zehn Jahre im klinischen Einsatz und wies bereits alle Eigenschaften eines guten Festkörperdetektors auf, wie zum Beispiel ein großes Bildformat, hohe Quanteneffizienz und hohe Ortsauflösung. Als nur für die Thorax-Radiographie verwendbares Spezialsystem mit mechanischen bewegten Komponenten wurde es ab etwa 2000 zunehmend durch Festkörperdetektoren ohne bewegte Teile abgelöst. Alle modernen Detektoren werden heute in Flachbautechnik gefertigt (Flat Panel Detector), wobei in der allgemeinen digitalen Radiographie mit Aufnahmespannungen von 60–120 kV fast ausschließlich CsI-Detektoren und neuerdings auch Detektoren mit Gadoliniumoxysulfit (GOS) als Szintillator Verwendung finden. Für niedrige Aufnahmespannungen zwischen 25 und 30 kV in der Mammographie finden sowohl CsI als auch Selen Verwendung. Abb. 7.6 zeigt die Realisierung und die technischen Unterschiede zwischen beiden Detektortypen im Vergleich zur Film-Folien-Kombination und Speicherfolie.

7.2.3.1 Flachdetektoren mit direkter Wandlung (aSe/aSi-Technik)

Flachdetektoren mit Selentechnik erlauben die direkte Umwandlung der Röntgenquanten in Ladung (Elektronen). An eine 500 µm dicke Selenschicht wird eine Hochspannung von ca. 6 kV angelegt. Hinter der Selenschicht liegt eine Matrix aus Bildelementen (Pixel). Jedes Pixel enthält eine Elektrode

zur Ladungsaufnahme, einen Speicherkondensator und einen Feldeffekttransistor. Die durch Röntgenquanten in der Selenschicht erzeugte Ladung wird direkt entlang der Feldlinien zur darunter liegenden Ladungselektrode transportiert und im Kondensator gespeichert (Abb. 7.6 rechts). Wird der entsprechende Transistor angesteuert, erfolgt die Weiterleitung der Ladung an einen Analog-Digital-Wandler. Nach einer zeilenweisen Auslesung wird somit ein digitales Bild erzeugt. Selendetektoren werden heute überwiegend für die Mammographie verwendet. Als Beispiel werden für den weit verbreiteten Detektor von Hologic folgende Spezifikationen genannt: Detektorgröße 24 × 29 cm, Matrix 3328 × 4096, Pixelgröße 70 µm, dynamischer Bereich 400 : 1, 14 Bit Bildtiefe, Nyquistfrequenz 7,1 Lp/mm, DQE 61 % (126 µGy, 0 Lp/mm).

7.2.3.2 Flachdetektoren mit indirekter Wandlung (CsI/aSi-Technik)

Auf eine Glasunterlage wird eine Schicht von amorphem (nicht kristallinem) Silizium aufgebracht, die ähnlich den CCD-Sensoren als Matrix von Silizium-Photodioden strukturiert ist (Abb. 7.6 Mitte, Abb. 7.7). Ein Schalttransistor, der über eine Ausleseleitung angesteuert werden kann, ist mit jedem Element verbunden. Über den Siliziumelementen liegt eine Szintillatorschicht, die wie beim Bildverstärker aus Caesiumiodid besteht. In dieser Schicht erfolgt die Umwandlung von Röntgen- in Lichtquanten. Die nadelförmige Struktur der Caesiumiodidkristalle leitet die Lichtquanten auf die Detektorelemente. Bei entsprechender Ansteuerung wird die Ladung der einzelnen Photodioden ausgelesen und einem Analog-Digital-Wandler zugeführt.

Ein weit verbreiteter Flachdetektor der Firma Thales, der von Philips und Siemens verwendet wird, besitzt eine Detektorfläche von 43 × 43 cm (Matrix 3121 × 3121). Dies entspricht

Abb. 7.7 Aufbau eines CsI/aSi-Detektor-Panels mit dem CsI-Szintillator, der aSi-Matrix zur Registrierung der Lichtquanten und der Auslesematrix mit Zeilen und Spalten [11]

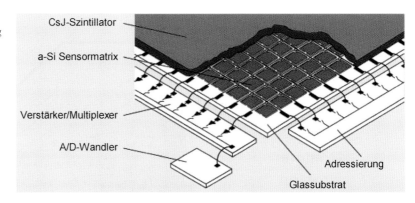

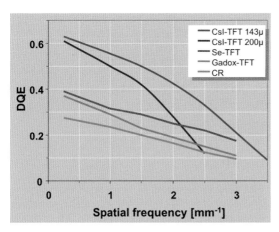

Abb. 7.8 Verlauf der Detective Quantum Efficiency (DQE) als Funktion der Ortsfrequenz. Man erkennt, dass die CsI-Detektoren bei gleicher Ortsfrequenz in der Quanteneffizienz deutlich über dem Selen- und GOS-Detektor (Gadox) liegen und diese wiederum über der Speicherfolie (CR) [5] (© Karl Friedrich Kamm)

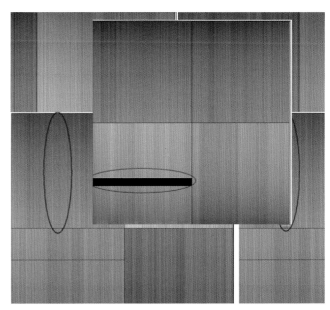

Abb. 7.9 Artefakte eines digitalen Festkörperdetektors durch elektronischen Defekt in der Auslesematrix (© Dipl. Phys. Renger TU München)

einer Pixelgröße von 0,143 mm und damit einer Nyquistfrequenz von 3,5 Lp/mm. Der Dynamikbereich ist > 1 : 10.000, die Quanteneffizienz 70 % (70 kV, 0 Lp/mm). Die Auslesezeit beträgt 1,25 s [13]. Abb. 7.8 zeigt die Quanteneffizienz DQE als Funktion der Ortsfrequenz.

Artefakte bei digitalen Festkörperdetektoren können bei mechanischen Beschädigungen auftreten. Insbesondere CsI-Detektoren sind empfindlich gegen mechanische Erschütterungen. Weiterhin treten Artefakte auf, wenn die einzelnen Pixel in Bezug auf ihr Ausgangssignal bei einer homogenen Röntgenexposition nicht ausreichend kalibriert sind. Artefakte wie in Abb. 7.9 dargestellt sprechen für Defekte in der Elektronik, die die Matrix des Detektors dekodiert und ausliest.

7.2.4 Sonstige Techniken

Neben der unter Abschn. 7.2.3 genannten Selentrommel sind noch zwei weitere Aufnahmetechniken erwähnenswert, die jedoch keine nennenswerte Verbreitung auf dem Markt gefunden haben. Eine Variante sind lineare Zeilen-Detektoren. Hierbei tastet ein schlitzförmig kollimierter Röntgenstrahl den Patien-

ten ab, wobei sich hinter dem Patienten gleichzeitig ein linearer Digitaldetektor bewegt und die durchtretenden Photonen registriert. Falls sich dieser Detektor in einem gewissen Abstand zum Patienten bewegt, kann aufgrund der Geometrie auf ein Streustrahlenraster verzichtet werden. Eine weitere Variante sind Systeme, bei denen das Bild der Fluoreszenzschicht mittels einer Linse auf einen deutlich kleineren CCD-Chip abgebildet wird.

7.3 Fluoroskopie

Bis zur Einführung der dynamischen Festkörperdetektoren etwa 2000 war der Bildverstärker (BV) über mehrere Jahrzehnte das wichtigste Instrument zur Durchführung dynamischer Untersuchungen mittels Fluoroskopie wie Durchleuchtung, Angiographie oder Digitale Subtraktionsangiographie (DSA). Sowohl der BV als auch die Flachdetektoren verwenden das Material CsI als Szintillator. Daher besteht in Bezug auf die Quanteneffizi-

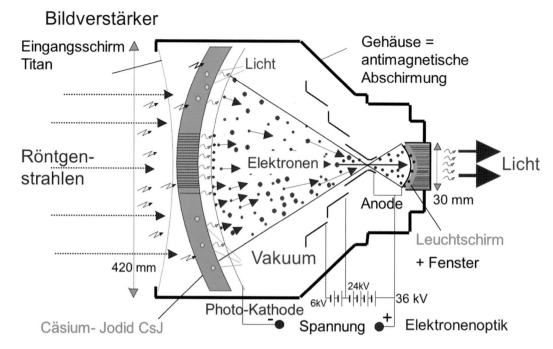

Abb. 7.10 Schematischer Aufbau eines Bildverstärkers (© Karl Friedrich Kamm)

enz kein großer Unterschied. Der BV weist allerdings aufgrund seiner aufwendigen Bauweise mit Vakuum und Elektronenoptik eine Reihe von Nachteilen gegenüber modernen Flachdetektoren auf.

7.3.1 Bildverstärker

Der BV besteht aus einem Hochvakuumsystem mit gewölbtem Eingangsfenster (Abb. 7.10). Die Röntgenstrahlung durchdringt das strahlendurchlässige Fenster und fällt auf einen Szintillator aus CsI. Im optischen Kontakt mit dem Szintillator befindet sich eine dünne lichtempfindliche Schicht, die Photokathode, die in Abhängigkeit der Lichtintensität des Szintillators Photoelektronen emittiert. Die Photokathode besteht aus einem Material, das diese Photoelektronen sehr leicht emittiert, bevorzugt $SbCs_3$. Die Elektronen durchlaufen eine Elektronenoptik mit einer Potenzialdifferenz von etwa 25–35 kV und treffen dann auf einen kleinen Ausgangsleuchtschirm (meist ZnCdS:Ag). Aufgrund ihrer kinetischen Energie kann ein Elektron hier etwa 1000 Lichtquanten erzeugen. Das sehr helle Bild am Ausgangsleuchtschirm des BV kann mit einer Kamera abfotografiert werden oder mit einer Videoaufnahmeröhre (Vidikon) auf einem Fernsehschirm wiedergegeben werden. Die Videoaufnahmeröhren wurden später durch CCD-Chips (Charge Coupled Device) abgelöst.

Bildverstärker stehen mit Durchmessern des Eingangsfeldes zwischen 15 und 40 cm zur Verfügung, in Einzelfällen wurden Bildverstärker bis 57 cm hergestellt. Durch Variation des Potenzials an den einzelnen Elektroden der Elektronenoptik können am BV verschiedene Vergrößerungsstufen (Zoom) eingestellt werden. Da mit steigendem Zoom eine immer kleinere

Fläche des Eingangsschirms in konstanter Helligkeit auf den Ausgangsschirm abgebildet werden soll, steigt mit zunehmender Vergrößerung die Eingangsdosis. Die typische Dosisleistung an Bildverstärkereingang beträgt im Durchleuchtungsbetrieb etwa 0,2 µGy/s. Die Leitlinien der Bundesärztekammer [1] geben als Obergrenze 0,6 µGy/s an, die nur in Ausnahmefällen kurzzeitig überschritten werden sollte.

Typische Artefakte von Bildverstärkern sind eine in homogene Verteilung der Bildhelligkeit mit Abfall zum Rand, kissenförmige Verzerrungen der Bildgeometrie und Verzerrungen der Bildgeometrie durch den Einfluss äußerer Magnetfelder. Bei rotierenden Detektoren zur 3D-Darstellung kann hierbei bereits das Magnetfeld der Erde zu Verzerrungen und Fehlerregistrierungen führen.

7.3.2 Dynamische Festkörperdetektoren

Dynamische Festkörperdetektoren unterscheiden sich im Prinzip nur wenig von den statischen Radiographie-Detektoren. Um eine hohe Quanteneffizienz zu erreichen, verwenden sie ebenfalls CsI als Szintillator. Im Wesentlichen waren es fertigungstechnische Herausforderungen, die erst im Jahr 2000 zur Einführung der ersten dynamischen Detektoren mit kleinem Bildformat von 20 × 20 cm für die Kardiologie und Neuroradiologie geführt haben. 2003 kam dann der erste dynamische Detektor mit einem Format von 30 × 40 cm für allgemeine radiologische Anwendungen auf den Markt (Hersteller Thales, von Philips und Siemens verwendet). GE fertigte einen ähnlichen Detektor mit 40 × 40 cm. Diese Detektoren weisen nicht die genannten Nachteile der Bildverstärker auf [15].

Sie können insbesondere in der Nähe von Magnetfeldern, zum Beispiel in der Nachbarschaft von Kernspintomographen verwendet werden oder an Magneten zur Steuerung von Kathetern in der Kardiologie. Die Pixelgröße liegt zwischen 150 und 200 µm (Thales 154 µm). Die Detektoren erlauben heute einen Betrieb im Hochauflösungsmodus, d. h., jedes Pixel wird ausgelesen und in der Bildmatrix dargestellt. Zur Erhöhung der Geschwindigkeit von Auslesung und Nachverarbeitung können die Detektoren auch im „Binning"-Modus betrieben werden. Hierbei werden z. B. jeweils 2 Zeilen und 2 Spalten zusammengefasst (2×2-Binning), wobei entsprechend die Ortsauflösung heruntergesetzt wird.

Aufgrund ihrer hohen Bildhomogenität und Verzerrungsfreiheit können die Detektoren zur 3D-Bildgebung verwendet werden. An fluoroskopischen C-Bögen zur Durchleuchtung oder Angiographie, und an dedizierte Systeme in der Zahn- oder HNO-Heilkunde rotieren die Systeme über einen Winkel von ca. 180–220° in 6–40 s um den Patienten und machen hierbei Aufnahmen in unterschiedlichen Winkeln. Aus den Projektionsdaten können dann 3D-Schnittbilder ähnlich einem CT berechnet werden. Die Technik wird als Cone-Beam-CT (CBCT) oder auch als Digitale Volumentomographie (DVT) bezeichnet [8]. Gegenüber einem CT weisen CBCT-Systeme jedoch Nachteile durch die langsamere Rotationszeit, eine geringere Bildhomogenität und ein eingeschränktes Field of View (FoV) auf [9]. Im Querformat des Detektors mit 40 cm in Bezug auf die Rotationsachse ergibt sich bei der dargestellten Geometrie nur ein maximales FoV von ca. 25 cm. Hierdurch kann am Körperstamm nicht mehr der gesamte Patientenquerschnitt abgebildet werden, so dass es zu sogenannten Truncation-Artefakten kommt. Abb. 7.1 zeigt einen klinischen Arbeitsplatz mit einem deckenmontierten C-Bogen-Angiographiesystem mit 30 × 40 cm CsI-Detektor. Der Detektor kann zur Formatanpassung stufenlos bis zu 90° gedreht werden.

7.4 Abbildungseigenschaften und Bildverarbeitung

Bei der digitalen Radiographie werden die Abbildungseigenschaften durch die Eigenschaften des Detektors, die Signalverarbeitung (Verstärkung, Digitalisierung), die digitale Bildnachverarbeitung und die Bilddarstellung bestimmt [11]. Charakteristische Parameter digitaler Aufnahmesysteme sind:

- Räumliche Auflösung (Grenzauflösung) und Modulationsübertragungsfunktion (MÜF)
- Dynamikbereich
- Quanteneffizienz (DQE)
- Art der Bildverarbeitung

7.4.1 Örtliche Auflösung

Die örtliche Auflösung beschreibt als Parameter die Erkennbarkeit kleiner hochkontrastierter Objekte. Üblich ist die Prüfung der örtlichen Auflösung mit einem Bleistrichraster. Die Angabe

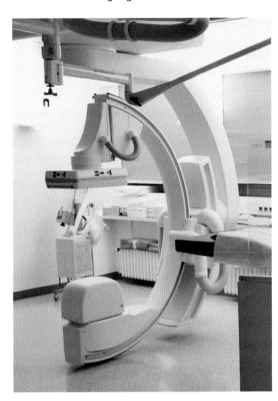

Abb. 7.11 30 × 40 cm dynamischer Flachdetektor an einer deckenmontierten C-Arm-Angiographie (Artis dTA, Siemens)

erfolgt in Linienpaaren (Lp/mm). Ähnlich den Film-Folien-Aufnahmen hat die Streuung von Röntgen- und Lichtquanten im Detektor einen gewissen Einfluss auf die Auflösung. Bei analogen Systemen wird die Grenzwertauflösung optisch oder densitometrisch von der Aufnahme des Bleistrichrasters auf einem Röntgenfilm bestimmt oder als 4 % der Modulationsübertragungsfunktion (MÜF) festgelegt. Bei digitalen Systemen ergibt sich eine zusätzliche und in der Regel wesentliche Begrenzung durch die Pixelgröße. Das Abtasttheorem besagt, dass bei einem Pixelabstand a die maximal darstellbare Frequenz $1/2a$ ist, d. h., ein Linienpaar entspricht 2 Pixeln. Dies führt z. B. bei einer Pixelgröße von 0,25 mm zu einer Grenzfrequenz (Nyquist-Grenze) von 2 Lp/mm. Wird diese Grenze bei einer Strichrasteraufnahme überschritten, kommt es zur Überlagerung von Moiré-Mustern (Aliasing) und damit zu einer Verminderung der Bildqualität. Die Pixelgröße in einer Detektorrichtung ergibt sich als Quotient aus Detektorgröße und Zeilen- bzw. Spaltenzahl in dieser Richtung. Ein Detektor mit 40 × 40 cm und einer Matrix von 3000 × 3000 besitzt beispielsweise eine Pixelgröße von 133 µm. In der Regel werden Detektoren mit quadratischer Pixelgröße gefertigt.

7.4.2 Dynamikbereich

Der Dynamikbereich eines digitalen Aufnahmesystems wird durch den Dosisbereich festgelegt, der ohne Über- und Untersteuerung in digitale Signale umsetzbar ist. Während digitale

Systeme sich durch einen linearen Zusammenhang zwischen Dosis und Signalstärke im gesamten Dynamikbereich auszeichnen, sind bei konventionellen Filmen durch die S-förmige Gradationskurve Absorptionsunterschiede nur in einem engen Dynamikbereich darstellbar. Ein großer Dynamikbereich führt zu einem größeren Belichtungsspielraum (z. B. bei Bettaufnahmen, Vermeidung von Wiederholungsaufnahmen) und ermöglicht die gleichzeitige Darstellung großer Absorptionsunterschiede (z. B. Knochen/Weichteile; Mediastinum/Lungenparenchym) in einer Aufnahme (Reduktion der Dosis). Voraussetzung ist eine Digitalisierung mit genügend vielen Graustufen, um keine Detektorinformationen zu verlieren. Die meisten Systeme arbeiten heute mit 10 bis 14 Bit, d. h. mit 1024 bis 16.384 Graustufen. Die Zahl der maximal darstellbaren Graustufen beträgt 2^n (n = Anzahl der Bits bei der Digitalisierung).

7.4.3 Modulationsübertragungsfunktion (MÜF)

Bei der Bildgebung sollen Objekte mit unterschiedlicher Größe und Absorption dargestellt werden. Die Beschreibung der Abbildung von Kontrast und Objektgröße (Ortsfrequenz) erfolgt über die Modulationsübertragungsfunktion (MÜF). Die MÜF zeigt, wie die Kontraste unterschiedlich großer Objektdetails (Objektkontrast) durch Intensitätskontraste im Bild (Bildkontraste) wiedergegeben werden. Da die medizinisch relevanten Details (außer in der Mammographie) in einem Bereich zwischen 0 und 2 Lp/mm liegen, sollte die MÜF in diesem Bereich möglichst hoch sein. Spezielle Werte der MÜF sind die Grenzauflösung (Ortsfrequenz bei 4 % Modulation) und die charakteristische Modulation bei einer festgelegten Ortsfrequenz (z. B. 60 % bei 1 Lp/mm). Der Referenzpunkt ist 100 % bei 0 Lp/mm, d. h. bei einem homogenen Bildhintergrund. Die charakteristische Modulation betont, dass die Form der Modulationsübertragungsfunktion im Bereich 0 bis 2 Lp/mm wichtiger ist als die Grenzfrequenz.

7.4.4 Quanteneffizienz (DQE)

Die Quanteneffizienz (Detective Quantum Efficiency – DQE) beschreibt den Wirkungsgrad, mit dem auftreffende Röntgenstrahlung in ein Signal umgewandelt wird. Die Quanteneffizienz hängt von der Dosis und der Ortsfrequenz (Objektgröße) ab und wird durch das Quantenrauschen und das Rauschen im Aufnahmesystem beeinflusst. Ein idealer Detektor hat eine DQE von 100 %. Ein hoher DQE-Wert entspricht einer hohen effektiven Quantenausnutzung. Damit besteht die Möglichkeit, bei gleicher Aufnahmequalität die Dosis zu reduzieren [5].

7.4.5 Noise-Power-Spektrum (NPS)

Das Aussehen von zwei Bildern kann unterschiedlich sein, auch wenn die Standardabweichungen identisch sind. Die Angabe eines Signal-zu-Rausch-Verhältnisses (SNR) ist daher nicht ausreichend das Rauschen eines Bildes zu charakterisieren. Wichtig

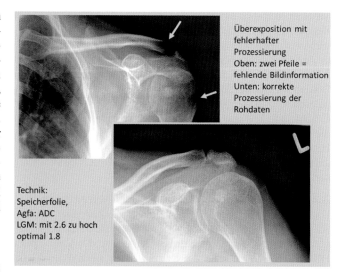

Abb. 7.12 Ergebnisbild einer fehlerhaften Histogrammverarbeitung

ist hierbei die räumliche Frequenzverteilung des Rauschens zu kennen. Das Noise-Power-Spektrum (NPS, auch Wiener Spektrum genannt) gibt eine vollständigere Beschreibung von Rauschen und stellt mathematisch eine Fouriertransformation von Rauschbildern dar [3]:

$$S(f_x, f_y) \qquad (7.3)$$
$$= \lim_{\Delta x, \Delta y \to \infty} \frac{1}{\Delta x, \Delta y} \left\langle \left| \int r(x, y) \exp[-2\pi i(xf_x + yf_y)] \mathrm{d}x \mathrm{d}y \right|^2 \right\rangle$$

$S(f_x, f_y)$ zweidimensionales NPS-Polynom
$\Delta x, \Delta y$ Pixelabstände
x, y Position: horizontale und vertikale Richtung
$r(x, y)$ Rauschbild als Funktion von x und y

7.4.6 Bildverarbeitung

Die Bildnachverarbeitung in der digitalen Radiographie und Fluoroskopie erfolgt in mehreren Schritten, die zum Teil für den Benutzer sichtbar und zugänglich sind, zum Teil proprietär nur für das Servicepersonal. Das nach der Digitalisierung vom Detektor zur Verfügung gestellte Bild wird auch als Rohbild bezeichnet und ist in der Regel diagnostisch nicht verwendbar. In einem ersten Schritt werden mit den Daten einer Kalibriermatrix Bildinhomogenitäten der einzelnen Pixel, die durch die Fertigung, Alterung oder Temperaturschwankungen entstehen, ausgeglichen. In einem zweiten Schritt wird das Bild in verschiedene Frequenzdomänen zerlegt, die je nach gewünschtem Bildeindruck mit unterschiedlichen Wichtungsfaktoren aufsummiert werden. Zusätzlich werden am oberen und unteren Ende des Histogramms der Grauwerte Bereiche abgeschnitten, die keine Bildinformationen erhalten. Bei diesem Schritt kann es jedoch durch Fehler der Software zu einem Verlust relevanter Bildinformationen kommen, so dass diese Bilder manuell nachbearbeitet werden müssen. Sobald die Bilder in das endgültige DICOM-Format zur Speicherung im PACS konvertiert sind, ist eine nachträgliche Korrektur nicht mehr möglich. Abb. 7.12

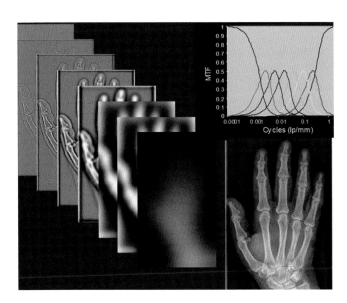

Abb. 7.13 Erzeugung eines Befundbildes nach Filterung des Rohbildes mit verschiedenen Frequenzdomänen

zeigt das Ergebnisbild einer fehlerhaften Histogrammverarbeitung. Abb. 7.13 zeigt die Erzeugung eines Befundbildes nach Filterung des Rohbildes mit verschiedenen Frequenzdomänen.

7.5 Klinische Anwendungen

7.5.1 Radiographie

In der Projektionsradiographie haben Speicherfolien, Selen- oder CsI/aSi-Festkörperdetektoren die älteren Film-Folien-Systeme weitestgehend verdrängt. Die neuen Digitaltechniken werden für nahezu alle Fragestellungen der Projektionsradiographie wie Thorax-, Skelett-, Abdomen- oder Spezialaufnahmen eingesetzt. Speicherfolien bieten den Vorteil, dass man sie in Kombination mit mobilen Röntgengeräten für Aufnahmen außerhalb der Radiologie, z. B. Bettaufnahmen auf Station verwenden kann. Nachteilig bei der Speicherfolientechnik ist ihre Handhabung, da nach der Aufnahme die Kassette meist zu einer zentralen Auslesestation und anschließend die gelöschte Kassette wieder zum Aufnahmearbeitsplatz zurückgebracht werden muss. Speicherfolien stellten lange Zeit die einzige Technik dar, die in vorhandenen Röntgensystemen mit relativ geringem Investitionsaufwand anstelle von Film-Folien-Kassetten einsetzbar war. Bei Ausfall einer der digitalen Komponenten kann ggf. sofort konventionell mit Film-Folien-Kassetten (sofern verfügbar) weitergearbeitet werden. Gegenüber Film-Folien-Systemen bieten sie jedoch bei vergleichbarer Bildqualität keinen Dosisvorteil.

Flachdetektoren haben in vergleichenden klinischen Studien sehr gute Ergebnisse gezeigt. Im Vergleich zu Film-Folien- und Speicherfolienaufnahmen ergaben sich eine deutlich höhere Bildqualität und eine bessere Ausnutzung der Röntgenquanten (DQE). Sie sind bei digitalen Neuinstallationen und bei Ersatz bestehender Systeme aufgrund ihrer im Vergleich zu konventionellen Arbeitsplätzen relativ hohen Kosten besonders bei hohen Untersuchungsfrequenzen geeignet und rentabel. In einer RIS-PACS-Umgebung reduzieren sie die Anzahl der Arbeitsschritte für die MTRA deutlich, da keine Kassetten existieren, eine Ausleseeinheit sowie Kassettenidentifikation entfällt und die aufzuzeichnenden Expositionsparameter digital mit dem Bild übermittelt werden. In den letzten Jahren sind als Alternative zu den Speicherfolien digitale Flachdetektoren hinzugekommen, die entweder auf der Basis von GOS oder CsI aufgebaut sind. Beide Detektortypen verfügen inzwischen über die Möglichkeit, die Bildinformationen über WLAN drahtlos an ein PACS zu übertragen, und erlauben damit eine sehr hohe Flexibilität. GOS-Detektoren haben eine etwas geringere Quanteneffizienz als CsI-Detektoren, sind jedoch mechanisch belastbarer. Inzwischen gelingt es auch, diese Detektoren in einer Größe herzustellen, die das Format von Film-Folien-Systemen oder Speicherfolien nicht überschreitet, so dass sie auch in bereits vorhandenen älteren Röntgenanlagen eingesetzt werden können (sogenannte „Retrofit-Systeme"). Auch das Problem der Fail-Safe-Schaltung, also das Verhindern einer Strahlungsauslösung, wenn der Detektor nicht betriebsbereit ist oder die Strahlenquelle nicht auf den Detektor gerichtet ist, wurde inzwischen gelöst. Neue Detektoren können über einen Auto-Detect-Modus bereits bei minimaler Strahlung der Röhre in den Bereitschaftszustand versetzt werden.

7.5.2 Fluoroskopie

Bei Durchleuchtungsanlagen hat die digitale BV-Aufnahmetechnik die Film-Folien-Aufnahmen vollständig verdrängt, jetzt werden Bildverstärker bei Neuinstallationen zunehmend durch dynamische Flachdetektoren ersetzt. Bei raumfesten und/oder interventionellen angiographischen Arbeitsplätzen kommen bei Neuinstallationen praktisch nur noch Flachdetektoren zur Anwendung. Die vergangenen Entwicklungen hatten die Reduzierung der Strahlendosis (gepulste Durchleuchtung, strahlungslose Einblendung, virtuelle Tischbewegung), eine Verbesserung der Handhabung und eine Steigerung der Bildqualität zum Ziel. Da bereits digitale BV-Anlagen leicht in PACS zu integrieren sind, war der Wunsch nach neuen Detektoren zunächst nicht so ausgeprägt wie in der allgemeinen Projektionsradiographie. Inzwischen stehen jedoch seit über 10 Jahren dynamische Festkörperdetektoren für die DSA bzw. Fluoroskopie zur Verfügung, die erheblich bessere Abbildungseigenschaften und die Möglichkeit einer Dosisreduktion von 10–20 % bei gleicher Bildqualität mit sich bringen. Da diese Detektoren aufgrund ihrer beschriebenen Eigenschaften besonders für die Akquisition von 3D-Datensätzen aus Rotationen geeignet sind, können sie bei angiographischen und intraoperativen Anwendungen mit einem CBCT bei speziellen Indikationen ein CT und damit einen Patiententransport ersparen [14].

Abb. 7.14 Erkennbarkeitsindex d' dividiert durch die Wurzel der Dosis [mGy] für verschiedene Objektgrößen eines Phantoms [17]. Man erkennt deutlich die schlechteren Abbildungseigenschaften der getesteten vier CR-Systeme

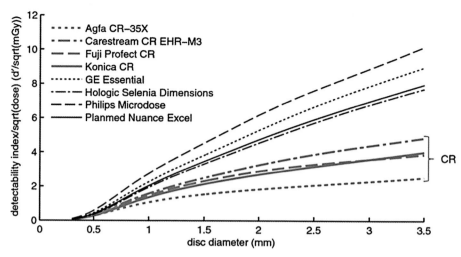

Abb. 7.15 Prinzip der Bilderzeugung der Mammatomosynthese durch Verschiebung der digitalen Einzelbilder [12]

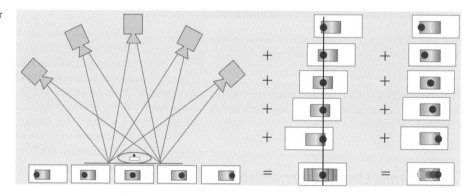

7.5.3 Mammographie

Die Mammographie weist in Bezug auf den Röntgenstrahler einige Besonderheiten im Vergleich zu den übrigen radiographischen Verfahren auf. Aufgrund der geringen Dicke und dem geringen Bildkontrast im Vergleich zu sonstigen Körperteilen wird mit sehr niedrigen Anodenspannungen zwischen ca. 25 und 30 kV gearbeitet (Weichstrahltechnik). Aus diesem Grund kommen als Anodenmaterial neben Wolfram auch Molybdän oder Rhodium zur Anwendung. Als Filter werden zusätzlich zu Aluminium- auch Rhodium- oder Silber-Filter verwendet.

In der kurativen Mammographie kommen Film-Folien-Systeme kaum noch zum Einsatz. Im bundesdeutschen Mammographie-Screening sind sowohl Film-Folien-Systeme als auch Speicherfolien nicht mehr zugelassen. Die Ablösung der Film-Folien erfolgte zunächst durch Speicherfolien, die in Bezug auf Dosisbedarf und Bildqualität gerade die Forderungen der deutschen und europäischen Qualitätssicherungsmaßnahmen erfüllen [2]. So wird mit Speicherfolien die geforderte Erkennbarkeit von kleinen Objekten bzw. Objekten mit niedrigem Kontrast an einem Phantom gerade erreicht [17] (Abb. 7.14). Insgesamt hat sich auch in der Mammographie mit dem Übergang von Film-Folien-Systemen zur Digitaltechnik die Ortsauflösung von Hochkontrastobjekten deutlich reduziert. Die Pixelgrößen der

meisten Systeme liegen zwischen 50 μm und 100 μm und damit bei Nyquistfrequenzen von 5–10 Lp/mm (zum Vergleich: Film-Folien-Mammographie ca. 15 Lp/mm) [11]. Bei Neuinstallationen kommen heute praktisch nur noch digitale Vollfeld-Systeme der Größe 24 × 30 cm zum Einsatz. Die Abbildung von großen Mammae mit mehreren Teilaufnahmen im Format 18 × 24 cm ist nicht mehr zulässig. Im Vergleich zu Film-Folien- und Speicherfoliensystemen weisen digitale Festkörperdetektoren eine deutlich höhere DQE auf und bieten damit das Potenzial einer signifikanten Dosisreduktion.

Die digitalen Festkörperdetektoren haben auch den Ablauf der stereotaktischen Markierung und Stanzbiopsie erheblich beschleunigt, da die Aufnahmen für die Interventionsplanung nach wenigen Sekunden zur Verfügung stehen. Speicherfolien sind daher für diese Eingriffe ebenfalls nicht mehr zulässig. Durch die schnelle mögliche Bildfolge digitaler Mammographie-Detektoren wurde als neue Anwendungsmöglichkeit die Mammatomosynthese entwickelt [12]. Der Mammographie-Detektor bewegt sich hierbei je nach Hersteller in ca. 10–20 s über einen Winkelbereich von ±7,5° bis zu ±25° und fertigt hierbei aus 11–25 unterschiedlichen Projektionen Aufnahmen an. Diese Aufnahmen werden so gegeneinander linear verschoben, dass sich für eine bestimmte Tiefe von wenigen mm eine scharfe Abbildung des Drüsengewebes ergibt, während die darüber und darunter liegenden Bereiche unscharf erscheinen (Abb. 7.15).

Aufgaben

Welche der nachfolgenden Aussagen ist richtig, welche falsch?

7.1 Im Vergleich zwischen Film-Folien-Systemen und digitalen Detektoren gilt:

a. Film-Folien-Systeme haben eine geringere Ortsauflösung.
b. Film-Folien-Systeme haben eine S-förmige Schwärzungskurve.
c. Digitale Detektoren haben einen geringeren Dynamikbereich.
d. Digitale Flachdetektoren sind nicht für dynamische Aufnahmeserien geeignet.

7.2 Welches waren die ersten digitalen Radiographie-Detektoren?

a. Dynamische Flachdetektoren
b. Flachdetektoren mit direkter Wandlung (Selen)
c. Flachdetektoren mit indirekter Wandlung (Szintillator)
d. Speicherfolien

7.3 Wie groß ist circa die mit einem Bleistrichraster gemessen Ortsauflösung eines digitalen Radiographie-Detektors (nicht Mammographie)?

a. 7 Lp/mm
b. 7 mm
c. 0,7 mm
d. 3 Linienpaare/mm
e. 3 mm

7.4 Wie erfolgt typischerweise die Digitalisierung der Graustufen eines digitalen Radiographie-Bildes?

a. mit 8 Bit
b. mit 10–14 Bit
c. mit 12 Byte
d. mit 2000×3000 Byte
e. mit 128 Graustufen

7.5 Welche Aussage im Vergleich zwischen Bildverstärker (BV) und Dynamischen Flachdetektor (FD) ist falsch?

a. Ein BV hat eine etwa 10-fach geringere Quanteneffizienz.
b. Ein BV zeigt geometrische Verzeichnungen.
c. Ein BV zeigt Inhomogenitäten in der Bildhelligkeit.
d. Magnetfelder können bei einem BV zu Bildverzerrungen führen.

7.6 Ein digitaler Detektor mit einer Matrixgröße von 2250×3000 Pixeln misst 30×40 cm. Wie groß ist seine Nyquistfrequenz?

a. $1,55\,\text{mm}^{-1}$
b. $3,75\,\text{mm}^{-1}$
c. $15,5\,\text{mm}^{-1}$
d. $37,5\,\text{mm}^{-1}$
e. $0,155\,\text{mm}^{-1}$

7.7 Welche Aussage gilt für die verschiedenen digitalen Detektortechniken (Speicherfolien, aSe/aSi, CsI/aSi)?

a. CsI/aSi-Detektoren benötigen keine Umwandlung von Röntgen- in Lichtquanten.
b. Speicherfolien werden in 1–2 s ausgelesen.
c. Detektoren mit Selen zum Quantennachweis finden sich bevorzugt in der Mammographie.
d. aSe/aSi-Detektoren haben über 100 kV eine höhere Quanteneffizienz als CsI/aSi-Detektoren.
e. Speicherfolien können bis zum Verschleiß ca. 500-mal verwendet werden.

Literatur

1. Bundesärztekammer (BÄK) (2007) Leitlinie der Bundesärztekammer zur Qualitätssicherung in der Röntgendiagnostik, Qualitätskriterien röntgendiagnostischer Untersuchungen, Beschluss des Vorstandes der Bundesärztekammer vom 23. November 2007
2. European guidelines for quality assurance in breast cancer screening and diagnosis (2013).
3. Hanson KM (1998) Simplified method of estimating noise-power spectra. In: International Society for Optics and Photonics (Hrsg) Medical Imaging'98, S 243–250
4. International Electrotechnical Commision (IEC) (2008) IEC 62494-1: 2008, Medical electrical equipment – Exposure index of digital X-ray imaging systems – Part 1: Definitions and requirements for general radiography
5. KCARE KCARE Reports. http://www.kcare.co.uk/Publications/pasa.html. Zugegriffen: 21. Nov. 2016
6. Knüpfer W (1988) Verstärkerfolien u. Filme. In: Krestel E (Hrsg) Bildgebende Systeme für die medizinische Diagnostik. Abteilung Verlag, S 262–281
7. Korner M, Weber CH, Wirth S, Pfeifer KJ, Reiser MF, Treitl M (2007) Advances in digital radiography: physical principles and system overview. Radiographics 27(3):675–686. https://doi.org/10.1148/rg.273065075
8. Kyriakou PDY, Struffert T, Dörfler A, Kalender W (2009) Grundlagen der Flachdetektor-CT (FD-CT). Radiologe 49(9):811–819
9. Kyriakou Y, Kolditz D, Langner O, Krause J, Kalender W (2011) Digital volume tomography (DVT) and multi-slice spiral CT (MSCT): an objective examination of dose and image quality. Rofo 183(2):144–153. https://doi.org/10.1055/s-0029-1245709
10. Laubenberger T, Laubenberger J (1999) Technik der medizinischen Radiologie Bd. 7. Deutscher Ärzte-Verlag, S 61–80
11. Loose R, Busch H, Wucherer M (2005) Digitale Radiographie und Fluoroskopie. Radiologe 45(8):743–755
12. Schulz-Wendtland R, Hermann K-P, Uder M (2010) Digitale Tomosynthese der Brust. Radiol Up2date 10(3):195–205
13. Spahn M, Strotzer M, Volk M, Bohm S, Geiger B, Hahm G, Feuerbach S (2000) Digital radiography with a large-area, amorphous-silicon, flat-panel X-ray detector system. Invest Radiol 35(4):260–266

Teil II

14. Struffert T, Doerfler A (2009) Flachdetektor-CT in der diagnostischen und interventionellen Neuroradiologie. Radiologe 49(9):820–829
15. Vano E, Geiger B, Schreiner A, Back C, Beissel J (2005) Dynamic flat panel detector versus image intensifier in cardiac imaging: dose and image quality. Phys Med Biol 50(23):5731–5742. https://doi.org/10.1088/0031-9155/50/23/022
16. Wirth S, Treitl M, Reiser MF, Korner M (2009) Imaging performance with different doses in skeletal radiography: comparison of a needle-structured and a conventional storage phosphor system with a flat-panel detector. Radiology 250(1):152–160. https://doi.org/10.1148/radiol.2493080640
17. Yaffe MJ, Bloomquist AK, Hunter DM, Mawdsley GE, Chiarelli AM, Muradali D, Mainprize JG (2013) Comparative performance of modern digital mammography systems in a large breast screening program. Med Phys 40(12):121915. https://doi.org/10.1118/1.4829516

Teil II

Computertomographie

Marc Kachelrieß

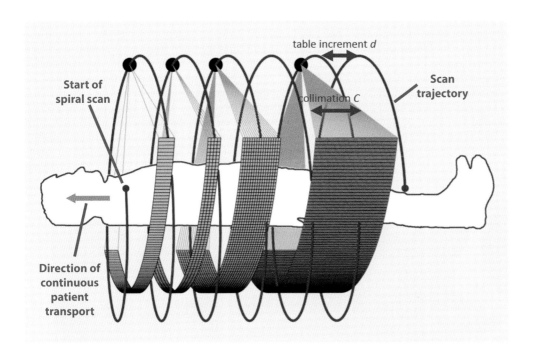

8.1 Einleitung

Die röntgenbasierte Computertomographie (CT) ist das wichtigste diagnostische Werkzeug des Radiologen. CT-Systeme sind nahezu überall verfügbar und decken nahezu vollständig das Spektrum radiologischer diagnostischer Fragestellungen für alle menschlichen Organe ab. Dichtekontraste, materialspezifische Kontraste und funktionelle Parameter lassen sich mit CT in Scanzeiten von wenigen Sekunden mit submillimetergenauer Ortsauflösung und Subsekunden-Zeitauflösung über Scanlängen bis zu zwei Metern routinemäßig erfassen (Abb. 8.1) [75]. Die CT-Volumina, typischerweise bestehend aus Tausenden von Schichten, sind verzerrungsfrei, hochgenau und jederzeit reproduzierbar. Zudem stellen die Graustufen, CT-Werte genannt, ein quantitatives Maß der Dichtewerte dar. Somit ist CT, im Gegensatz zur Magnetresonanztomographie (MR), eine quantitative bildgebende Modalität.

Vorbehalte gegenüber CT-Untersuchungen betreffen lediglich die potenziell schädliche Strahldosis. Laut der Unterrichtung durch die Bundesregierung über die Umweltradioaktivität und Strahlenbelastung im Jahr 2012 beträgt die mittlere jährliche Anzahl der CT-Untersuchungen in Deutschland mehr als 0,14 pro Einwohner, gefolgt von MR-Untersuchungen mit ca. 0,12 pro Einwohner und Jahr [16]. Die Strahlendosis konnte jedoch im letzten Jahrzehnt durch Einführung neuer CT-Systeme bei gleichzeitigen Verbesserungen in der Bildqualität um nahezu einen Faktor fünf gesenkt werden. Während noch um die Jahrtausendwende typische CT-Untersuchungen dosismäßig im Bereich von 5 bis 30 mSv (und bei Perfusionsmessungen auch darüber) lagen, sind heute Scans im mSv-Bereich üblich (vergleiche Tab. 8.11). Damit liegt die Dosis einer CT-Untersuchung im Bereich der jährlichen natürlichen Umgebungsstrahlung (2,1 mSv im Mittel in der Bundesrepublik Deutschland) [40, 95]. Obwohl sich Strahlungsrisiken am Menschen erst bei einem Vielfachen der CT-Dosis wissenschaftlich

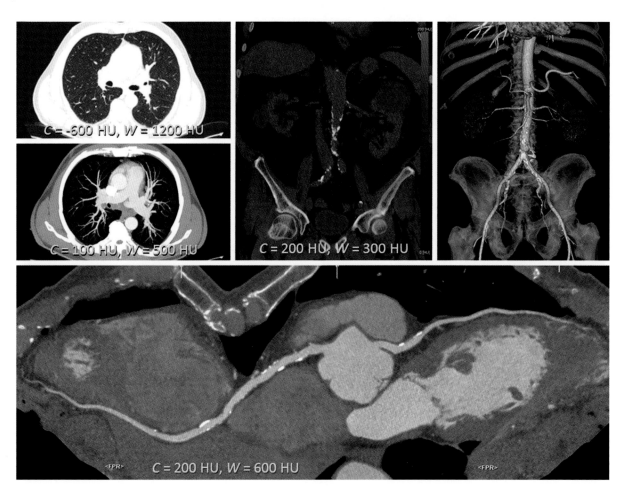

Abb. 8.1 Typische CT-Bilder. Die *obere Reihe* zeigt Standardanwendungen: Eine Thorax-CT in Form einer primären axialen Schicht im Lungenfenster zusammen mit der zugehörigen Maximum-Intensity-Projection (MIP), daneben ein Abdomen-Dual-Energy-CT (DECT) in Form einer koronalen multiplanaren Reformation (MPR), gerechnet aus ca. 103 axialen Schichten, in Rottönen überlagert die DECT-basierte Jodquantifizierung. Daneben ist eine CT-Angiographie im Abdomenbereich in Form eines Volume Renderings (VRT) dargestellt. Die *untere Reihe* zeigt eine Herz-CT in Form eines entlang beider Koronararterien gekrümmten MPRs. Alle Aufnahmen wurden mit Dual-Source-CT (DSCT) aufgenommen. Gedruckt mit freundlicher Genehmigung des Instituts für Klinische Radiologie und Nuklearmedizin, der Medizinischen Fakultät Mannheim, Universität Heidelberg (*obere Reihe*) bzw. mit freundlicher Genehmigung von Prof. Dr. Stephan Achenbach, Friedrich-Alexander-Universität Erlangen-Nürnberg (Koronarangiographie *unten*)

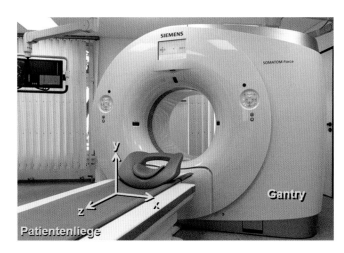

Abb. 8.2 Ein klinisches bzw. diagnostisches CT besteht aus einer in der Höhe und in z-Richtung verstellbaren Patientenliege und einer Gantry, in der sich Röhre und Detektoren um den Patienten drehen. Die Gantryöffnung hat typischerweise einen Durchmesser von circa 70 cm. Das Messfeld, also der Bereich in dem CT-Daten akquiriert werden, hat einen Durchmesser von ca. 50 cm. Der Verfahrweg der Liege beträgt in etwa 2 m

nachweisen lassen [21], wird vorsichtshalber davon ausgegangen, dass auch die sehr niedrigen Dosiswerte der CT potenziell schädlich sein könnten (Linear-No-Threshold-Hypothesis, LNT-Hypothese). Um dieses potenzielle Risiko zu minimieren, sind zahlreiche Verfahren zur Dosisreduktion in modernen CT-Geräten integriert.

Ein modernes klinisches CT-System besteht aus einer Gantry, auf deren rotierender Seite Röntgenröhre und Detektor montiert sind, und aus der Patientenliege (Abb. 8.2). Die Rotationszeiten t_rot der Gantry liegen deutlich unter einer halben Sekunde, die Röntgenröhren haben Leistungswerte um die 100 kW bei submillimeter-großen Fokuspunkten und das Detektorarray mit seinen größenordnungsmäßig 10^5 Detektorelementen wird pro

Sekunde bis zu 10^4-mal ausgelesen. Die Patientenliege ist höhen- und längsverstellbar und kann vor, zwischen oder während der Messung automatisiert in Längsrichtung (z-Richtung) verfahren. Bei vielen diagnostischen CT-Systemen lässt sich zudem die Gantry um einen Winkel von bis zu 30° neigen, um strahlensensitive Organe, wie beispielsweise die Augenlinsen, bei einfachen Kreisscans aus dem Strahlengang nehmen zu können.

Abb. 8.3 zeigt schematisch die Anordnung der Komponenten und den Strahlengang in den klinischen CT-Systemen. In lateraler Richtung wird ein Strahlenfächer generiert, der das Messfeld durchdringt und auf ein bogenförmiges Detektorarray trifft. Der Krümmungsmittelpunkt des Bogens ist gleich der nominellen Fokusposition. Der Fächerwinkel beträgt etwa $\Phi \approx 50°$. Der Abstand Fokus-Drehzentrum beträgt typischerweise ungefähr $R_\mathrm{F} \approx 0{,}6$ m, der Abstand Fokus-Detektor ungefähr $R_\mathrm{FD} \approx 1$ m. Wird eine sehr hohe Zeitauflösung gefordert, wie dies beispielsweise für die Cardio-CT der Fall ist, so gibt es CT-Systeme mit zwei Röhre-Detektor-Einheiten. Mit der Dual-Source-CT (DSCT) lässt sich mit einer mechanischen Drehung von nur 90° bereits ein Datensatz von 180° erfassen. Die Zeitauflösung beträgt bei solchen zweigängigen Systemen also $t_\mathrm{rot}/4$, wohingegen eingängige Systeme eine Zeitauflösung von lediglich $t_\mathrm{rot}/2$ erreichen. Zudem lässt sich mit der DSCT auf einfache Art und Weise Zweispektren-CT (DECT) realisieren.

Longitudinal gesehen besteht das CT-System heutzutage aus mehreren Detektorzeilen (Abb. 8.3). Der vom Röntgenstrahlensemble aufgespannte Winkel in z-Richtung wird Kegelwinkel genannt. Die Konfigurationen der Hersteller unterscheiden sich teils signifikant bezüglich der Anzahl der Detektorzeilen, der z-Abdeckung (Kollimierung), dem Kegelwinkel, und auch den minimal möglichen Rotationszeiten t_rot (Tab. 8.1).

Das CT-System misst die Schwächung von Röntgenstrahlung für eine Vielzahl von Röntgenstrahlen. Die Schwächung der Röntgenstrahlung wird durch das Lambert-Beer'sche Gesetz beschrieben: Wenn N_0 Photonen (einer bestimmten Energie E) auf einen Absorber mit Schwächungskoeffizient μ und Dicke d

Abb. 8.3 Lateral, also in x-y-Richtung, besteht ein klinisches CT-System aus einer oder zwei Röhre-Detektor-Einheiten. Jede dieser Einheiten besteht aus einer Röntgenröhre und einem Detektor mit größenordnungsmäßig 1000 Detektorelementen pro Detektorzeile. Longitudinal, also in z-Richtung, stehen heutzutage bis zu 320 Detektorzeilen und eine Kollimierung C von bis zu 160 mm zur Verfügung. (Die Kollimierungsangabe bezieht sich immer auf die ins Drehzentrum umskalierten Werte.)

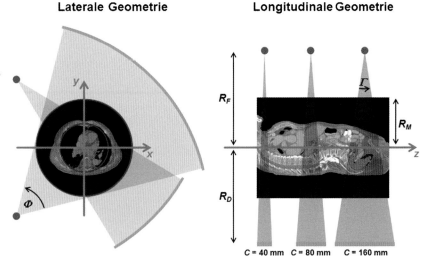

Laterale Geometrie Longitudinale Geometrie

$C = 40$ mm $C = 80$ mm $C = 160$ mm

Tab. 8.1 Detektorkonfiguration und Kollimierung C (beide Angaben beziehen sich auf die skalierten Größen im Drehzentrum), Kegelwinkel Γ und schnellste Rotationszeit t_{rot} moderner High-End-CT-Systeme (gültig für 2014 und 2015). Der zusätzliche Faktor 2 in den Kollimierungsangaben steht für die vom z-Springfokus effektiv verdoppelte Schichtzahl. Diese Technik kommt bei Philips und Siemens zum Einsatz. Ein weiterer Faktor 2 steht für Dual-Source-CT-Systeme, bei denen sich die Schichtzahl nochmals verdoppelt. Diese Technik kommt derzeit ausschließlich bei Siemens zum Einsatz

CT-System	Hersteller	Konfiguration	C	Γ	t_{rot}
Revolution CT	GE	$256 \times 0{,}625$ mm	160 mm	15°	0,28 s
Brilliance ICT	Philips	$2 \cdot 128 \times 0{,}625$ mm	80 mm	7,7°	0,27 s
IQon	Philips	$2 \cdot 64 \times 0{,}625$ mm	40 mm	3,9°	0,27 s
Definition Flash	Siemens	$2 \cdot 2 \cdot 64 \times 0{,}6$ mm	38,4 mm	3,7°	0,28 s
Somatom Force	Siemens	$2 \cdot 2 \cdot 96 \times 0{,}6$ mm	57,6 mm	5,5°	0,25 s
Aquilion ONE Vision	Toshiba	$320 \times 0{,}5$ mm	160 mm	15°	0,275 s

treffen, so durchlaufen im Mittel

$$N = N_0 e^{-\mu d} \tag{8.1}$$

Photonen diesen Absorber auf direktem Weg. Die restlichen $N_0 - N$ Photonen wurden entweder im Absorber absorbiert (Photoeffekt) oder in eine andere Richtung gestreut (Comptoneffekt). Durch die Messung der Photonenzahl N hinter dem Absorber lässt sich die Schwächung $\mu \cdot d$ ausrechnen (N_0 ist durch eine Normierungsmessung bekannt). Bei heterogenen Objekten, wie beispielsweise dem Patienten, ist $\mu = \mu(\mathbf{r})$ mit $\mathbf{r} = (x, y, z)$ und die Schwächung $\mu \cdot d$ ist durch das Linienintegral $\int d\lambda \mu(\mathbf{s} + \lambda \boldsymbol{\Theta})$ zu ersetzen, so dass das Lambert-Beer'sche Gesetz sich zu

$$N = N_0 e^{-\int d\lambda \mu(\mathbf{s} + \lambda \boldsymbol{\Theta})} \tag{8.2}$$

verallgemeinert. Der Punkt $\mathbf{s}$ und der Richtungsvektor $\boldsymbol{\Theta}$ beschreiben den Aufpunkt und die Richtung des Röntgenstrahls. Die CT misst die Schwächungseigenschaften des Patienten aus einer Vielzahl von Blickrichtungen, so dass sich dann aus der Gesamtheit der Schwächungsdaten, den sogenannten Rohdaten, die Verteilung $\mu(\mathbf{r})$ gemäß Abschn. 8.3 errechnen lässt. Zu diesem Zweck rotieren die Röntgenröhre und der Detektor mit hoher Geschwindigkeit um den Patienten. Um ein größeres Volumen zu erfassen, wird oft zusätzlich zur Rotation die Patientenliege in z-Richtung bewegt, so dass die Fokusbahn nicht mehr kreisförmig sondern spiralförmig ist. Die Geschwindigkeit dieser Translationsbewegung wird üblicherweise durch den Tischvorschub pro Umlauf d bzw. durch den dazu proportionalen Pitchwert p festgelegt, der sich durch Division des Tischvorschubs durch die longitudinale Ausdehnung des Röntgenkegels ergibt: $p = d/C$.

Die Computertomographie stellt letztendlich die räumliche Verteilung des linearen Schwächungskoeffizienten $\mu(\mathbf{r})$ in Form von Graustufen dar. Bereits in den ersten CT-Systemen hat es sich als vorteilhaft herausgestellt, die Schwächungskoeffizienten relativ zu dem im Menschen dominierenden Material Wasser darzustellen. Um dies zu erreichen, wird der lineare Schwächungskoeffizient mittels folgender linearen Transformation in den sogenannten CT-Wert umgerechnet:

$$CT(\mathbf{r}) = \frac{\mu(\mathbf{r}) - \mu_{\text{Water}}}{\mu_{\text{Water}}} \cdot 1000 \, \text{HU} \tag{8.3}$$

Die CT-Skala ist so beschaffen, dass Luft einen CT-Wert von -1000 Hounsfield Units (HU) hat und Wasser einen CT-Wert von 0 HU. Diagnostische CT-Systeme müssen auf diese CT-

Tab. 8.2 Organe bzw. Gewebearten und deren typische CT-Werte (bei 120 kV). Die Werte (außer die von Luft und Wasser) können lediglich als grobe Anhaltspunkte dienen, da sie von Patient zu Patient variieren

Gewebeart, Organ	CT-Wertebereich
Luft	-1000 HU
Lunge	-900 HU bis -500 HU
Fett	-100 HU bis -70 HU
Wasser	0 HU
Niere	20 HU bis 40 HU
Bauchspeicheldrüse	20 HU bis 50 HU
Blut	30 HU bis 60 HU
Leber	40 HU bis 70 HU
Knochen (spongiös)	70 HU bis 350 HU
Knochen (kortikal)	350 HU bis 2000 HU

Skala kalibriert sein, um als Medizinprodukt zugelassen zu werden. Im CT-Bild selbst lässt sich der CT-Wert jederzeit ablesen, beispielsweise durch Positionierung des Mauszeigers über einem bestimmten Voxel oder durch Einzeichnen einer Region of Interest (ROI).

Da der lineare Schwächungskoeffizient in guter Näherung proportional zur Massendichte des entsprechenden Gewebes ist, lässt sich der CT-Wert in guter Näherung auch als Dichtewert interpretieren. Zudem lassen sich für die menschlichen Organe und Gewebearten typische CT-Werte angeben (s. Tab. 8.2).

Aufgrund der hohen Dynamik der CT-Detektoren und dem im Vergleich zu anderen tomographischen Modalitäten geringem Rauschen (bei gleichzeitig extrem kurzer Messzeit) ergeben sich sehr hohe Verhältnisse von Kontrast zu Rauschen (CNR), so dass die CT-Bilder in Schritten von 1 HU quantisiert zur Verfügung gestellt werden müssen. Aus historischen Gründen hat sich die Repräsentierung der CT-Bilder als 12 Bit vorzeichenloses Ganzzahlbild mit einem Offset von 1024 durchgesetzt. Somit liegen die darstellbaren CT-Werte zwischen -1024 HU und 3071 HU. Der Bereich reicht für die Darstellung der menschlichen Anatomie vollständig aus. Künstlich eingebrachte Materialien sehr hoher Dichte, wie Zahnfüllungen, Metallprothesen oder unverdünntes Kontrastmittel (z. B. im Bereich der Zugangsvene) können zwar geometrisch präzise, nicht aber in allen Fällen dichtemäßig korrekt repräsentiert werden, da die über 3071 HU liegenden CT-Werte abgeschnitten und als 3071 HU in das Bild eingetragen werden.

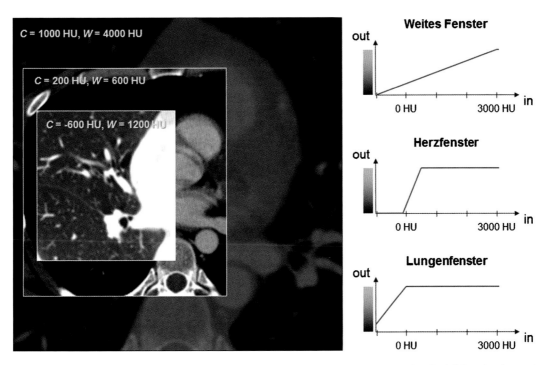

Abb. 8.4 Fensterung eines CT-Bilds. Das *Bild im Hintergrund* zeigt ein weites Fenster, so dass alle im CT-Bild vorhandenen Graustufen am Monitor dargestellt werden. Der Bildeindruck ist für das menschliche Auge kontrastarm. Im Weichteilfenster (*Bild in der mittleren Ebene*) ist der Kontrast im Weichteilbereich hoch. Man kann deutlich das Kontrastmittel im Herzen und den umgebenden Herzmuskel erkennen. Das Lungenfenster (*vordere Ebene*) hat sein Zentrum bei einem negativen CT-Wert und arbeitet die Lungenkontraste klar heraus. Die Anatomie des Herzens, bestehend aus Weichteilen und Kontrastmittel ist im Lungenfenster nicht beurteilbar

Der Grauwertumfang mit seinen 4096 Graustufen ist für das menschliche Auge nicht kontrastreich erfassbar, da der Mensch weniger als 100 Graustufen zu unterscheiden vermag. Um den Kontrast für das menschliche Sehvermögen zu optimieren, werden die CT-Bilder bei der Anzeige gefenstert. Die Fensterung entspricht der Anwendung einer trunkierten linearen Kennlinie, die die CT-Werte in Graustufen übersetzt (Abb. 8.4). Im CT-Bereich ist es üblich, den linearen Bereich durch sein Zentrum C und seine Breite W darzustellen. Beispielsweise bedeutet ein Graustufenfenster $C = 200\,\mathrm{HU}$, $W = 600\,\mathrm{HU}$, dass die CT-Werte zwischen $-100\,\mathrm{HU}$ und $500\,\mathrm{HU}$ linear von schwarz bis weiß als Graustufen dargestellt werden und dass Werte unterhalb von $-100\,\mathrm{HU}$ schwarz und Werte oberhalb von $500\,\mathrm{HU}$ weiß dargestellt werden.

Die Graustufenfensterung ist von hoher Bedeutung, so dass oft drei Einstellmöglichkeiten an der CT-Konsole vorhanden sind: Funktionstasten mit vorbelegten Fensterungen für typische Organregionen (s. Tab. 8.3), die zudem vom Anwender anpassbar sind, je ein Drehknopf für C und W, sowie die Möglichkeit mit der Maus durch Drücken einer Maustaste und gleichzeitiger horizontaler bzw. vertikaler Bewegung C bzw. W einzustellen.

Tab. 8.3 Einstellungen für die Organfenster, wie sie an einem klinischen CT-Gerät standardmäßig voreingestellt sein könnten

	Center C	Width W
Pelvis	35 HU	350 HU
Abdomen	40 HU	300 HU
Leber	40 HU	200 HU
Lunge	−600 HU	1200 HU
Herz	200 HU	600 HU
Knochen	450 HU	1500 HU
Wirbelsäule	40 HU	350 HU
Schulter	400 HU	2000 HU
Extremitäten	300 HU	1400 HU
Mediastinum	40 HU	400 HU
Larynx (Kehlkopf)	50 HU	250 HU
Innenohr	700 HU	4000 HU
Osteo	450 HU	1500 HU
Cerebrum (Großhirn)	35 HU	80 HU
Nebenhöhlen	400 HU	2000 HU
Dental	400 HU	2000 HU
Angiographie	80 HU	700 HU

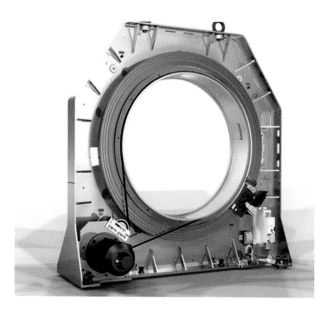

Abb. 8.5 Einfache Gantrys klinischer CTs sind mit Riemenantrieb und klassischen Schleifringen ausgestattet (*links*). Um die Serviceintervalle zu verlängern, den Gleichlauf zu verbessern und die Energieaufnahme zu minimieren, geht man dazu über, möglichst viele Komponenten kontaktlos zu konzipieren. Im Extremfall modernster Gantrys erfolgt sowohl die Daten- und die Energieübertragung als auch die Lagerung kontaktlos (*rechts*). Gedruckt mit freundlicher Genehmigung der Schleifring und Apparatebau GmbH, Fürstenfeldbruck, Deutschland

8.2 Hardware

8.2.1 Mechanische Komponenten

8.2.1.1 Gantry

Je nach Anforderungen kommen in der Gantry unterschiedliche Technologien zum Einsatz. In allen Fällen können die Systeme heutzutage kontinuierlich, d. h. dauerhaft rotieren, was den Einsatz von Schleifringen erfordert. Vergleichsweise kostengünstige Gantry-Subsysteme basieren zwar auf kontaktloser Datenübertragung, aber noch auf kontaktbehafteter Energieübertragung: Die Röntgenenergie wird über klassische Schleifringe geschickt, in denen Kontaktbürsten verbaut sind. Ebenso erfolgt der Antrieb im einfachsten Fall über einen an einen Elektromotor gekoppelten Antriebsriemen. Bei modernen Gantrys geht man dazu über, sowohl die Energie- als auch die Datenübertragung kontaktlos durchzuführen, beispielsweise durch kapazitive oder induktive Kopplung, oder durch optische Übertragung. Auch der Riemenantrieb wird durch einen Direktmotor ersetzt, um so schnelle Beschleunigungen und einen perfekten Gleichlauf garantieren zu können. Die modernsten Systeme arbeiten gänzlich kontaktlos: Das mechanische Lager, auf dem der rotierende und bis zu 1000 kg schwere Teil des CT-Systems liegt, wird durch Luftlager ersetzt (Abb. 8.5). Dadurch wird die Gantry mikrometergenau und vibrationsarm und muss zudem kaum noch gewartet werden.

8.2.1.2 Patientenliege

Die Patientenliege ist ein weiteres wichtiges Bauteil des diagnostischen CT-Systems. Sie ist höhenverstellbar und wird zur

Tab. 8.4 Komponenten wie Röhre und Detektor sind in Abständen von 50 bis 70 cm vom Drehzentrum entfernt montiert. Die Tabelle zeigt für typische Rotationszeiten t_{rot} die im Abstand von 60 cm auftretenden Zentrifugalbeschleunigungen a, wobei $g = 9{,}81 \, \text{m/s}^2$ die Erdbeschleunigung ist

t_{rot}	a
1,00 s	2,41 g
0,75 s	4,29 g
0,50 s	9,66 g
0,40 s	15,1 g
0,30 s	26,8 g
0,25 s	38,6 g
0,20 s	60,4 g
1,00 s	2,41 g
0,75 s	4,29 g
0,50 s	9,66 g
0,40 s	15,1 g
0,30 s	26,8 g
0,25 s	38,6 g
0,20 s	60,4 g

Aufnahme des Patienten auf ein niedriges Niveau gefahren, um leicht darauf Platz nehmen zu können. Für die Messung wird die Liege in der Höhe so angehoben, dass der interessierende anatomische Bereich möglichst nahe am Drehzentrum zu liegen kommt und dass der Patient an möglichst keiner Seite aus dem Messfeld ragt. Viel wichtiger als die Höhenverstellung ist die Längsverstellung der Liege, also die Bewegung in z-Richtung. Diese dient einerseits dazu, den Patienten in die Gantry zu schieben und somit die interessierende anatomische Region in den Messbereich zu fahren. Andererseits ist die z-Verschiebung während der Messung nötig, um längere anatomische Bereiche abzudecken. Entweder wird im sogenannten Step-and-Shoot- oder Sequence-Modus eine Abfolge von Kreisscans aufgenommen oder im Spiralmodus eine kontinuierliche Verschiebung

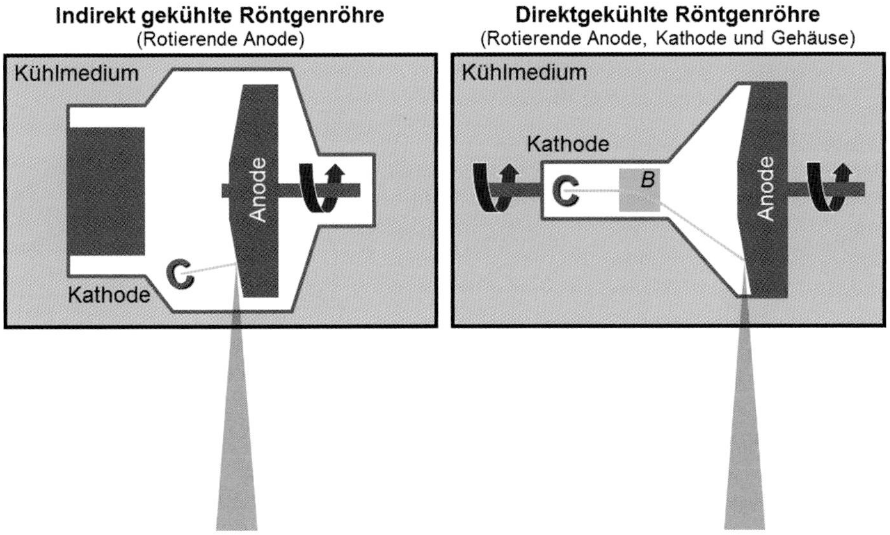

Abb. 8.6 Herkömmliche CT-Röntgenröhren sind indirekt gekühlt, d. h. die Anode kann die Wärmeenergie nur durch Strahlungstransport an das Kühlmedium abgeben. Moderne Röhren sind direkt gekühlt. Dies kann beispielsweise geschehen, indem die Anode in direkten Kontakt mit dem Kühlmedium gebracht wird. Die Röhrenkühlzeiten verringern sich dadurch. Allerdings muss ein erhöhter technischer Aufwand in Kauf genommen werden, da sich nun auch das Gehäuse und das Filament (Glühwendel) mit der Anode drehen

Indirekt gekühlte Röntgenröhre (Rotierende Anode)

Direktgekühlte Röntgenröhre (Rotierende Anode, Kathode und Gehäuse)

während der Messung durchgeführt [63]. Zudem gibt es noch Spezialanwendungen, wie beispielsweise die dynamische CT, bei der ein und dieselbe Körperregion wiederholt gemessen werden. In diesen Fällen muss die Liege in schneller und präziser Abfolge den Patienten submillimeter- und hundertstelsekundengenau über längere Distanzen hin- und herfahren [7, 28, 77].

8.2.2 Röntgenkomponenten

8.2.2.1 Röntgenröhre

Vor dem Detektor und der Bildrekonstruktion ist die Röntgenröhre die erste der drei Schlüsselkomponenten eines CT-Systems. In der Röhre herrscht ein Vakuum, so dass die aus dem Glühwendel (Filament) austretenden Elektronen über die angelegte Beschleunigungsspannung U hin zur Anode beschleunigt werden können. Auf der Anode werden die Elektronen einerseits abgebremst und erzeugen Bremsstrahlung, andererseits schlagen sie Elektronen aus der Hülle der Atome im Anodenmaterial. Die so erzeugten Fehlstellen werden durch Elektronen aus höheren Energieniveaus aufgefüllt. Diese geben dabei die sogenannte charakteristische Röntgenstrahlung ab. Die Intensität der Röntgenstrahlung ist proportional zum Röhrenstrom I, also zu der Anzahl an Elektronen, die pro Zeiteinheit von der Kathode auf die Anode treffen. Der Röhrenstrom kann über den Heizstrom des Filaments gesteuert werden.

In der klinischen CT sind Röhrenspannungen zwischen $U = 80$ kV und $U = 140$ kV weit verbreitet, beispielsweise werden bei manchen Systemen die Spannungen in Schritten von 20 kV angeboten, also etwa 80 kV, 100 kV, 120 kV und 140 kV. Diese Werte sind teils von Hersteller zu Hersteller, aber auch von Modell zu Modell unterschiedlich. Aus Dosisgründen ist insbesondere bei dünnen Patienten oder Kindern der Übergang zu 70 kV empfehlenswert. Solch niedrige Spannungen werden inzwischen von einigen Herstellern zur Verfügung gestellt. Die derzeit größte Flexibilität an Spannungswerten stellt das Force-System von Siemens zur Verfügung. Bei dessen Vectronröhren

sind alle Spannungswerte von 70 kV bis hin zu 150 kV, wählbar in Schritten von 10 kV, für den Anwender routinemäßig verfügbar. Damit lässt sich das Röhrenspektrum sehr individuell auf den Patienten abstimmen und die Strahlungsdosis minimieren.

Der Röhrenstrom I ist in weiten Grenzen frei wählbar. Typisch sind Werte um die 100 bis 1000 mA. Moderne Hochleistungsröhren, wie beispielsweise die Vectronröhre, erreichen Röhrenströme bis zu 1300 mA. Die Patientendosis ist direkt proportional zum Röhrenstrom. Das Rauschen im CT-Bild ist proportional zu $1/\sqrt{I}$. Höhere Röhrenströme, bei ansonsten unveränderten Parametern, führen zu besseren Bildern, aber auch zu höherer Patientendosis. Um die Bildqualität weiter zu verbessern oder um die Patientendosis zu verringern, ist es heutzutage üblich, den Röhrenstrom während der Datenaufnahme so zu modulieren, dass er an die Patientenanatomie angepasst ist [25, 64].

In der klinischen CT sind verschiedene Röhrenkonzepte verwirklicht. Abb. 8.6 zeigt den Unterschied zwischen indirekt und direkt gekühlten Röntgenröhren. Für die Direktkühlung gibt es unterschiedliche Ansätze, die sich im Wesentlichen dadurch unterscheiden, ob das Kühlmedium über die Lager in die Anode eingebracht, dort erwärmt, und dann wieder abtransportiert wird [110] oder ob die Anode direkt in Kontakt mit einem Kühlbad steht, wie bei der in Abb. 8.6 dargestellten Stratonröhre [108]. Letztendlich ist bei indirekt gekühlten Röhren ein Großteil der während der Patientenmessung entstehenden Wärmeenergie auf der Anode zu speichern, wohingegen bei direkt gekühlten Röhren die Wärme nahezu instantan an das Kühlmedium abgegeben werden kann. Kühlraten bis zu 4,8 MHU/min sind heutzutage möglich, wobei für eine Mega-Heat-Unit 1 MHU $= \sqrt{1/2}$ MJ gilt. Indirekt gekühlte Röhren mit ihren geringen Kühlleistungen erfordern daher im Routinebetrieb mehr Kühlpausen, als dies bei direkt gekühlten Röhren der Fall ist. Da solche Kühlpausen in der Größenordnung mehrerer Minuten liegen, wird der Arbeitsablauf empfindlich gestört, insbesondere wenn man bedenkt, dass typische Scanzeiten nur im Sekundenbereich liegen.

Abb. 8.7 Abrufbare Röhrenleistung der Straton- und der Vectronröhre als Funktion der Scandauer. Die vom Hersteller angegebene Maximalleistung kann, wie bei Röntgenröhren üblich, nur bei sehr kurzen Scanzeiten abgerufen werden. Für längere Scanzeiten muss die Röhrenleistung vom Röhrenlastrechner reduziert werden, um eine Überhitzung der Röhre zu vermeiden. Die maximale Kühlrate der Stratonröhre beträgt 4,8 MHU/min [108]

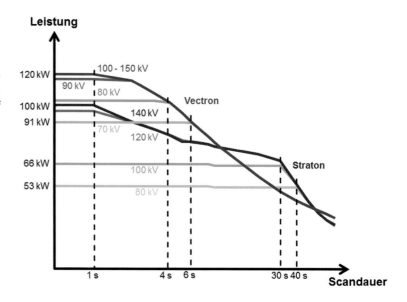

Abb. 8.7 stellt für verschiedene Spannungswerte die vom Anwender maximal abrufbare Röntgenleistung als Funktion der Scanzeit am Beispiel eines Definition-Flash-Systems und eines Force-Systems (Siemens Healthcare) dar. Ersteres ist mit zwei Stratonröhren ausgestattet, letzteres mit zwei Vectronstrahlern. Die Werte in Abb. 8.7 beziehen sich auf nur jeweils eine Röhre. Bei simultanem Betrieb beider Röhren sind die Maximalleistungswerte zu addieren. Solche Kurven können prinzipiell an jedem CT-System abgelesen werden, indem man für die gewünschte Spannung U viele verschiedene Scanzeiten vorgibt und für jede Scandauer den maximal einstellbaren Röhrenstrom I ermittelt. Die Leistung P ergibt sich als Produkt der Röhrenspannung und dem Röhrenstrom gemäß $P = U \cdot I$. Oft ist es üblich, statt des Röhrenstroms das Röhrenstrom-Zeit-Produkt $Q = I \cdot t_{rot}$ oder gar das effektive Röhrenstrom-Zeit-Produkt $Q_{eff} = I \cdot t_{rot}/p$ an der Konsole einzugeben bzw. dessen Maximum abzulesen. Diese Werte können bei Kenntnis der Rotationszeit t_{rot} und des Spiralpitchwertes p in den Röhrenstrom umgerechnet werden.

Die so ermittelten Werte sind jedoch lediglich die vom Anwender maximal nutzbare Leistung. Die tatsächliche Maximalleistung der Röntgenröhre liegt deutlich über diesen Werten. Jedoch wird diese herstellerseitig gedrosselt, um die Lebensdauer der Röntgenröhre zu erhöhen. Man spricht bei dieser Drosselung vom sogenannten Derating.

Weitere Anforderungen an die Röntgenröhre sind ein wohldefinierter, möglichst kleiner, aber reproduzierbar stabiler Röntgenfokuspunkt. Oft werden zwei bis drei verschiedene Fokusgrößen realisiert, z. B. 0,6 mm und 0,9 mm, wobei die besonders kleinen Fokusgrößen für niedrigere Röhrenströme und die größeren Foki für die hohen Röhrenleistungen geeignet sind. Zudem gibt es bei den Herstellern Siemens und Philips die Möglichkeit, den Fokus von Projektion zu Projektion auf verschiedene Positionen auf der Anode springen zu lassen. Mit diesem Springfokus (Flying Focal Spot, FFS) kann die Abtastung in lateraler sowie in longitudinaler Richtung Nyquist-konform erfolgen, d. h., es können die Abstände benachbarter Röntgenstrahlen halb so groß wie die auf das Drehzentrum umskalierten Detektorpixel-

größe bzw. Fokusgröße gewählt werden [23, 59, 72]. Marketingseitig ist besonders der Springfokus in z-Richtung interessant, da er die Anzahl der simultan akquirierbaren Schichten verdoppelt. Mit einem CT-Gerät mit 96 Detektorzeilen lassen sich mit zFFS dann $2 \cdot 96 = 192$ Schichten simultan aufnehmen. Die Kollimierung verdoppelt sich aber durch den zFFS nicht, das Gerät hat nach wie vor eine Kollimierung von $C = 96 \cdot 0,6\,mm = 57,6\,mm$. Abb. 8.8 zeigt Beispiele solch moderner Strahler.

8.2.2.2 Kollimatoren und Vorfilter

Im CT-System sorgen die röhrennahe Abschirmung sowie patientenseitige Kollimatoren dafür, dass nur Nutzstrahlung auf den Patienten trifft. Die Kollimatoren sind teils beweglich, um unterschiedlich große Kollimierungen realisieren zu können. Bei Spiralscans wird die Kollimierung sogar dynamisch geregelt, um nicht nutzbare Strahlung beim ersten und beim letzten Halbumlauf zu blockieren.

Die Strahlenqualität wird durch sogenannte Vorfilter verbessert (Abb. 8.9). Wichtigstes Ziel ist das Herausfiltern niederenergetischer Strahlung. Photonen unterhalb etwa 60 keV können einen erwachsenen Patienten kaum durchdringen. Solch niederenergetische Röntgenquanten würden daher lediglich zur Patientendosis, nicht aber zum CT-Bild beitragen. Sie werden durch Vorfilter aus dem Strahlengang entfernt (Abb. 8.10). Außerdem dienen die Vorfilter der Aufhärtung des Spektrums, so dass sich das Spektrum besser auf den Patienten abstimmen lässt (bessere Bilder, weniger Dosis) und dass spektrale Artefakte reduziert werden. Idealerweise würde man einen extrem dicken Vorfilter bevorzugen, um ein nahezu monochromatisches Röntgenspektrum zu erhalten. Dies würde jedoch extrem hohe Röhrenleistungen erfordern, so dass die heutzutage umgesetzten Lösungen ein Kompromiss zwischen Vorfilterdicke und verfügbarer Röhrenleistung darstellen. Um die Vorfilter besser an die Bildgebungsaufgabe oder an die Patientengröße anpassen zu können, sind manche CT-Systeme mit einem Wechselmechanismus versehen. Filter können dann automatisiert in den

**PerformixHDw
(GE)**　　**iMRC
(Philips)**　　**Straton
(Siemens)**　　**Vectron
(Siemens)**　　**MegacoolVi
(Toshiba)**

Abb. 8.8 Beispiele moderner Strahler. GEs Performix HDw-Strahler wird im Revolution CT eingesetzt. Die iMRC-Röhre wird in den Philipssystemen Brilliance iCT sowie IQon verbaut. Die Stratonröhre befindet sich beispielsweise in den Siemens Definition Flash- und Edge-Systemen. Die Vectronröhre strahlt im Siemens Somatom Force. Gedruckt mit freundlicher Genehmigung von GE Healthcare, Milwaukee, WI, USA, der Philips Medical Systems GmbH, Hamburg, Deutschland, von Siemens Healthcare, Forchheim, Deutschland, sowie von Toshiba America Medical Systems, USA

Teil II

Abb. 8.9 Kollimatoren im CT-System sorgen dafür, dass nur die Nutzstrahlung auf den Patienten trifft. Die Strahlenqualität wird durch Einbau von Vorfiltern gesteuert. Beispielsweise müssen niederenergetische Photonen aus dem Nutzstrahlenbündel entfernt werden, da sie den Patienten nicht durchdringen können und daher lediglich zur Patientendosis, aber nicht zum CT-Bild beitragen würden. Die Zeichnung ist nicht maßstabsgetreu. Die Anordnung der Filter kann von Hersteller zu Hersteller variieren. Nicht alle Hersteller nutzen alle Filtermöglichkeiten

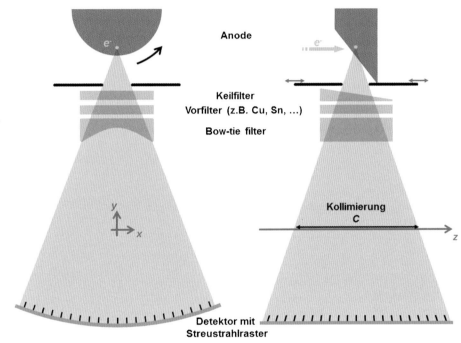

Abb. 8.10 Plot eines typischen 120-kV-Spektrums ohne (*rot*) und mit (*grün*) 1-mm-Al- und 0,9-mm-Ti-Vorfilter sowie vor und nach Durchlaufen von 32 cm Wasser (Patient). Durch die Vorfilterung werden niederenergetische Anteile des Spektrums entfernt, die ohnehin nicht zum Bild, wohl aber zur Patientendosis beitragen würden. Die Spektren sind auf die gleiche Fläche skaliert. Dies entspricht der Vorgehensweise im realen CT-System wo durch den Einbau eines Vorfilters gleichzeitig der Röhrenstrom erhöht werden muss, um die Schwächung des Vorfilters zu kompensieren

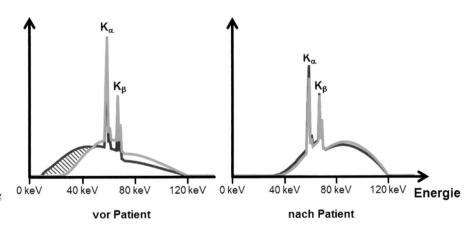

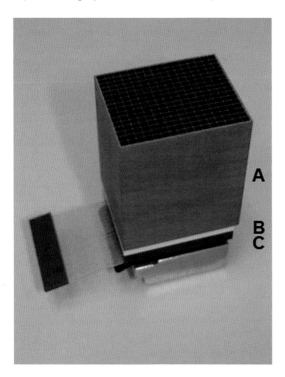

Abb. 8.11 Detektormodul mit zweidimensionalem Streustrahlraster. Die Röntgenstrahlung fällt von oben auf das Streustrahlraster A, in dem schräg einfallende Röntgenphotonen absorbiert werden. Primärstrahlung erreicht den Szintillator B, in dem die Röntgenstrahlung in sichtbares Licht gewandelt wird. Das Licht wird im darunter liegenden Photodioden- und ASIC-Array in digitale Werte gewandelt. Gedruckt mit freundlicher Genehmigung der Philips Medical Systems GmbH, Deutschland

Strahlengang gefahren werden bzw. durch Filter mit anderen Eigenschaften ersetzt werden.

Der Bowtie- oder Formfilter (Abb. 8.9) ist ein spezieller Filter mit dem Ziel, periphere Regionen des Patienten mit weniger Strahlung zu belasten als zentrale Regionen. Somit sorgen die in allen klinischen CT-Systemen zum Einsatz kommenden Formfilter für eine ausgeglichenere Dosisverteilung und für einen homogeneren Rauscheindruck im CT-Bild. Auch die Formfilter lassen sich teils per Filterwechsler patienten- oder anwendungsspezifisch automatisiert wechseln. Im Gegensatz zum Formfilter wirkt der Wedge- oder Keilfilter in longitudinaler Richtung. Er kompensiert den sogenannten Heel-Effekt, also den durch die Eigenabsorption der Anode verursachten Intensitätsabfall der Strahlung in Längsrichtung.

Detektorseitig sind zudem Streustrahlraster angebracht, um zu verhindern, dass im Objekt gestreute Photonen vom Detektor erfasst werden können. Das Streustrahlraster ist auf den Fokuspunkt ausgerichtet und lässt somit vorrangig Primärstrahlung passieren. Moderne CT-Systeme sind teils mit zweidimensionalen Streustrahlrastern ausgestattet (Abb. 8.11). In anderen Geräten sind die einfacher zu fertigenden eindimensionalen, also linearen Streustrahllamellen verbaut. Diese sind in z-Richtung orientiert, um die in lateraler Richtung eintreffenden Streuphotonen möglichst gut zu absorbieren.

8.2.2.3 Detektor

Der Röntgendetektor ist das erste Element der Datenakquisition und Datenverarbeitung. Die Anforderungen an den CT-Detektor sind vielfältig. So soll er möglichst 100 % der Röntgenphotonen erfassen, unabhängig von der Photonenenergie. Zudem muss der Detektor mit sehr großen Signalunterschieden umgehen können, d. h., er benötigt einen sehr hohen Dynamikbereich. Hinzu kommt die sehr schnelle Ausleserate: Pro Sekunde muss jeder Detektorpixel mehrere Tausend Werte liefern und die gemessenen Signale einer Projektion sollen bis zur nächsten Projektion möglichst abgeklungen sein, d. h., es darf kein signifikantes Nachleuchten des Detektors auftreten. Außerdem sollten die Eigenschaften aller Detektorelemente möglichst ähnlich sein, so dass sich keine Bildqualitätsunterschiede als Funktion der Pixelposition ergeben.

Der Dynamikbereich eines Detektors ist das Verhältnis aus dem größten nachweisbaren Signal zum kleinsten nachweisbaren Signal. Das größte Signal ist gegeben durch den Wert, bei dem der Detektor in Sättigung geht. Das kleinste Signal ist nicht in etwa der Wert 0, sondern entspricht der Standardabweichung des Grundrauschens des Detektors, welches beispielsweise durch Elektronikrauschen verursacht werden kann. Weder Signale, die unterhalb des Grundrauschens liegen, noch Signalunterschiede, also Kontraste, die kleiner als das Grundrauschen sind, lassen sich sinnvoll nachweisen.

Um eine größenordnungsmäßige Abschätzung des benötigten Dynamikbereichs zu machen, betrachten wir nun ein wasseräquivalentes Objekt mit Durchmesser D, in dem sich eine Läsion mit Kontrast δ und Durchmesser d befindet. Am Detektor sind dann

$$I(D, \delta d) = I_0 \cdot e^{-\mu D - \mu \delta d} \tag{8.4}$$

Photonen nachzuweisen, wobei $\mu = 0{,}0192\,\text{mm}^{-1}$ der Schwächungskoeffizient von Wasser bei einer effektiven Energie von 70 keV ist. Im Bereich der Humandiagnostik liegen die Schnittlängen D typischerweise zwischen $D_{\min} = 50\,\text{mm}$ und $D_{\max} = 500\,\text{mm}$, je nach Patientengröße oder nach anatomischer Region (vergleiche beispielsweise die Schnittlängen von Hals mit der der Schulterregion). Läsionen mit 5 HU Kontrast und 5 mm Durchmesser sind mit klinischen CT-Systemen ohne Weiteres nachweisbar, so dass $\delta d = 0{,}025\,\text{mm}$ ist oder darunter liegt. Der minimal nachzuweisende Signalunterschied beträgt also $I(D_{\max}, \delta d) - I(D_{\max}, 0) \approx \mu \delta d\, I(D_{\max}, 0)$. Das maximal nachzuweisende Signal beträgt $I(D_{\min}, 0)$. Daraus ergibt sich ein Dynamikbereich von

$$\mu \delta d \frac{I(D_{\max}, 0)}{I(D_{\min}, 0)} \approx 1 : 10^7, \tag{8.5}$$

der für gute Bildqualität in der diagnostischen CT benötigt wird. Die tatsächlichen Anforderungen können durch den Einsatz von Formfiltern und durch Anpassung des Röhrenstromes um schätzungsweise bis zu eine Größenordnung verringert werden.

Die Funktionsweise der Detektoren ist in Abb. 8.12 dargestellt. Bei den heutzutage üblichen indirekten Konvertern trifft das Röntgenphoton auf eine Szintillatorschicht, die beispielsweise

Abb. 8.12 Heutzutage sind die CT-Detektoren indirekt konvertierende Detektoren. Die Röntgenstrahlung wird zunächst in sichtbares Licht gewandelt, welches dann in Photodioden einen Photostrom erzeugt, der letztendlich gemessen und digitalisiert wird. Zukünftige Konzepte sehen die direkte Wandlung von Röntgenstrahlung in elektrische Impulse vor, und zwar so, dass die Impulslänge kurz genug ist, um einzelne Röntgenphotonen zählen zu können

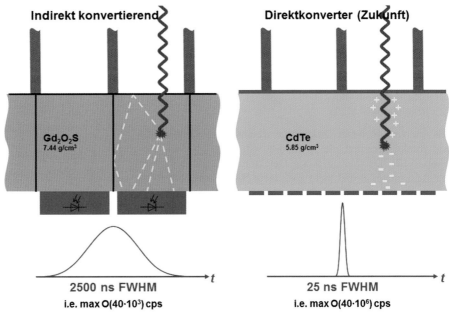

Abb. 8.13 Ein moderner CT-Detektor besteht aus zahlreichen Detektormodulen, die so gegeneinander geneigt sind, dass ein Polygonzug entsteht, der einen Kreisbogen annähert. Zu Illustrationszwecken wurde bei Modul A nur das Photodiodenarray (*schwarz*) mit darunter liegendem Analog-Digital-Wandler verbaut. Bei Modul B sitzt der Szintillator mit seiner lichtreflektierenden weißen Hülle bereits auf der Photodiode. Im Modul C ist nun auch das Streustrahlraster (hier: *beigefarbener* Dummy) montiert. Gedruckt mit freundlicher Genehmigung von Siemens Healthcare, Forchheim, Deutschland

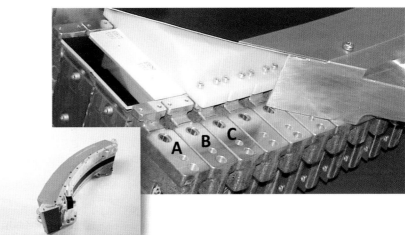

aus Gadoliniumoxysulfid (GOS, Gd_2O_2S), einem keramischen Szintillator, besteht. Dort wechselwirkt das Röntgenphoton mit hoher Wahrscheinlichkeit (ca. 90 %) und erzeugt Elektronen-Loch-Paare (Exzitonen), deren Anzahl proportional zur Energie des Röntgenphotons (Größenordnung 100 keV) geteilt durch die Energie der Bandlücke (Größenordnung 10 eV) des Szintillators ist. Die erzeugten Exzitonen geben ihre Energie an die Lumineszenz-Zentren, bestehend aus Dotierungsatomen (Eu, Pr, Ce, F, Tb, …) ab. Diese erzeugen bei der Abregung optische Photonen, deren genaue Wellenlänge vom Dotierungsatom abhängt. Der Szintillator leuchtet nun mit einer Helligkeit proportional zur Energie der pro Zeiteinheit einfallenden Röntgenphotonen. Pro Kiloelektronenvolt Röntgenenergie werden größenordnungsmäßig 10^2 Photonen sichtbaren Lichts erzeugt. Die indirekt konvertierenden Detektoren sind somit energiegewichtend. Da einzelne Photonen in ihrer schnellen Abfolge vom indirekten Konverter aufgrund dessen relativ langsamer Abklingzeit nicht unterschieden werden können, summieren sich die Signale auf. Der Detektor ist somit energieintegrierend.

An einer Seite des Detektorpixels ist eine Photodiode angebracht, die das sichtbare Licht in einen Photostrom verwandelt, der dann durch nachfolgende Elektronik verstärkt und digitalisiert wird. Um zu vermeiden, dass das Szintillatorleuchten auch benachbarte Detektorpixel beeinflusst, und damit möglichst alle Photonen des sichtbaren Lichts zum Signal der Photodiode beitragen, ist das Detektorpixel an fünf Seiten mit einer lichtundurchlässigen reflektierenden Schicht umgeben. Das Übersprechen von Licht auf die Nachbarpixel wird somit unterdrückt. Dennoch gibt es Cross-Talk zwischen den Pixeln, beispielsweise durch kapazitive oder induktive Kopplung benachbarter analoger stromführender Leitungen.

Der komplette CT-Detektor besteht typischerweise aus bis zu 320 Detektorzeilen (Tab. 8.1). Jede Detektorzeile setzt sich herstellerabhängig aus ungefähr 900 Detektorpixeln zusammen. Das Detektorarray ist nicht aus einem Stück gefertigt, sondern setzt sich aus zahlreichen Detektormodulen zusammen, von denen jedes beispielsweise aus $16 \cdot 16$ Detektorpixeln bestehen kann (Abb. 8.11 und 8.13). Bei manchen CT-Geräten sind bereits auf diesen Modulen die Streustrahlraster angebracht. Die Module sind so angeordnet, dass in lateraler Richtung ein auf den Röntgenfokus blickender Kreisbogen entsteht und dass der Detektor in longitudinaler Richtung flach ist (vergleiche Abb. 8.3). Bei CT-Systemen mit großem Kegelwinkel und somit vielen Detektorzeilen werden die Detektormodule in longitudinaler Richtung teils individuell so geneigt, dass jedes Modul auf den Röntgenfokus blickt.

Als vielversprechende zukünftige Technologie werden derzeit direktkonvertierende Detektoren entwickelt [6, 65, 109] (Abb. 8.12). Der Sensor dieser Detektoren besteht aus einem Halbleitermaterial und nicht aus einem Szintillator. Das Röntgenphoton wird im Sensor direkt in eine Ladungswolke aus Elektronen und Löchern gewandelt, die über eine am Sensor angelegte Spannung abgesaugt wird. Der dadurch erzeugte Stromimpuls ist sehr kurz, und zwar so kurz, dass die Röntgenphotonen einzeln gezählt werden können. Außerdem ist die pro Photon erzeugte und gemessene Ladung proportional zur Energie des Röntgenphotons. Dank dieser beiden Tatsachen kann ein direktkonvertierender Detektor energieselektiv arbeiten, d. h., er kann die einfallenden Röntgenquanten gemäß ihrer Energiebereiche in Bins aufteilen. Die Technik ist derzeit aber noch nicht ausgereift genug, um im diagnostischen CT-Bereich Anwendung zu finden [6, 65, 69, 109, 126].

8.2.2.4 Vorverarbeitungsschritte

Das ausgelesene Detektorsignal entspricht leider nicht direkt der gemessenen Röntgenintensität oder absorbierten Röntgenenergie. Es ist vielmehr von anderen Signalen überlagert. Dazu gehört in erster Linie das Offsetsignal oder Dunkelsignal, das der Detektor bei abgeschalteter Röntgenstrahlung liefert. Dieses Offset ist zudem temperaturabhängig und kann von der Vorgeschichte des Detektors abhängen. Wenn diese Effekte kompensiert wurden, kann das Dunkelsignal vom Detektorsignal subtrahiert werden. Das so erhaltene offsetkorrigierte Signal ist (in gewissen Grenzen) annähernd, aber nicht unbedingt exakt proportional zur im Detektor absorbierten Röntgenenergie. Um den Proportionalitätsfaktor zu eliminieren, wird ein offsetkorrigiertes Hellbild genutzt, so dass das relative Röntgensignal durch das offsetkorrigierte Detektorbild geteilt durch das offsetkorrigierte Hellbild gegeben ist. Gilt die o. g. Proportionalität nur näherungsweise, so müssen mehrere Hellbilder, aufgenommen bei unterschiedlichen Belichtungswerten, zur Normierung herangezogen werden, um letztendlich eine möglichst lineare Kennlinie zu erhalten (Multigain-Kalibrierung). Außerdem müssen mögliche Schwankungen im Röhrenstrom kompensiert werden. Dies kann durch einen speziellen Monitordetektor geschehen, der so angebracht ist, dass er die ungeschwächte Primärstrahlung erfasst. Die Werte des Monitorkanals können dann zur Skalierung der gemessenen Schwächungswerte herangezogen werden.

Da der Detektor Nachleuchten zeigt und somit Signalanteile von vorherigen Projektionen die aktuelle Projektion verfälschen, muss zudem eine Nachleuchtkorrektur durchgeführt werden, was typischerweise in Form von Infinite-Impulse-Response(IIR)-Filtern geschieht [38, 79, 119, 120], die sich teils auch als Rekursivfilter formulieren lassen.

Nach diesen Korrekturen (Offset, Multigain, Temperaturkompensation, Nachleuchten etc.) liegen relative Intensitätswerte vor, die dann logarithmiert werden. Die nun vorhandenen polychromatischen Schwächungswerte werden dann noch wasservorkorrigiert (vergleiche Abschn. 8.5.2), was der Anwendung einer weiteren nichtlinearen Kennlinie entspricht. Herstellerabhängig können der Logarithmus und die Wasservorkorrektur auch in eine nichtlineare Kennlinie oder eine Lookup-Tabelle (LUT) zusammengefasst und in einem Schritt durchgeführt werden. Teilweise erfolgt dann noch eine Streustrahlkorrektur, um letztendlich möglichst ideale Linienintegrale zu erhalten, die für die Rekonstruktion geeignet sind.

Um Rauschartefakte zu unterdrücken, werden vor der Rekonstruktion sogenannte adaptive Filter auf die Schwächungswerte angewendet (vergleiche Abschn. 8.5.1). Da das CT-Detektorarray aus kleineren Kacheln aufgebaut ist, die innerhalb der Fertigungstoleranzen leichte geometrische Ungenauigkeiten aufweisen und die zudem den Detektorbogen nur durch einen Polygonzug approximieren, wird meist auch noch eine Geometriekorrektur auf die Schwächungsdaten angewendet, so dass danach die (nunmehr virtuellen) Detektorpixel auf einem regulären zylindrischen Raster sitzen.

8.2.3 Trajektorie

Die Scantrajektorie der ersten CT-Systeme war eine Kreisbahn. Auch heute wird die Kreistrajektorie genutzt. Während eines Halb- oder Voll-Umlaufs werden Daten für ein oder mehrere CT-Bilder erfasst, je nachdem wie viele aktive Detektorzeilen an der Aufnahme beteiligt sind.

Die meisten CT-Systeme haben eine relativ geringe z-Abdeckung, die typischerweise im Bereich von 10 bis 50 mm liegt. Lediglich manche High-End-Systeme können nennenswerte anatomische Bereiche mit einem Kreisscan abbilden (vergleiche Tab. 8.1). Um längere anatomische Bereiche scannen zu können, gibt es zwei Strategien. Einerseits kann im Sequenzmodus, auch Step-and-Shoot-Modus genannt, akquiriert werden. Dabei handelt es sich um eine Abfolge aus mehreren Kreisscans mit dazwischen liegendem Tischvorschub (Abb. 8.14). Letztendlich werden dabei die CT-Bilder der einzelnen Kreisscans zu einem durchgängigen CT-Volumen zusammengefügt. Solche Sequencescans sind einfach zu implementieren. Aufgrund der zwischen den Einzelscans entstehenden kurzen Pausen ist die Scangeschwindigkeit relativ gering, und aufgrund von Dateninkonsistenzen, wie z. B. einer unbeabsichtigten Bewegung des Patienten, können leicht Artefakte entstehen. Im Prinzip ist es sogar möglich, dass anatomische Details verpasst werden, beispielsweise wenn der Patient genau zwischen zwei Kreisscans einatmet, also während die Patientenliege ein Stück verschoben wird.

Ende der 80er-Jahre wurden die ersten CT-Systeme mit Schleifringtechnologie ausgestattet, so dass erstmals eine kontinuierliche Rotation möglich wurde. Als naheliegende Konsequenz hat sich daraufhin die Spiraltrajektorie etabliert. Bei kontinuierlicher Rotation und kontinuierlicher Datenaufnahme

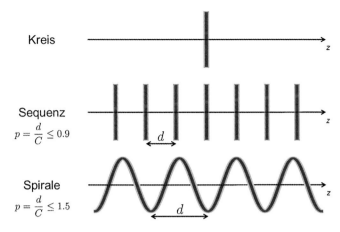

Abb. 8.14 Bei kleinen anatomischen Bereichen werden Kreisscans gefahren. Längere Bereiche lassen sich mit der Sequenztechnik oder mit der Spiralbahn abdecken. Letztere weist die bessere Bildqualität auf. In beiden Fällen gibt es als neuen Parameter den Tischvorschub d und den daraus abgeleiteten (einheitenlose) Pitchwert $p = d/C$, wobei C die z-Kollimierung des Systems ist

wird der Patient mit konstanter Geschwindigkeit durch den Messbereich gefahren [63]. Aus Patientensicht ist die Fokusbahn somit spiralförmig (Abb. 8.14). Ein wichtiger Parameter der Spiraltrajektorie ist der sogenannte Pitchwert. Er setzt den Tischvorschub d, also die von der Patientenliege zurückgelegte Wegstrecke pro 360°-Gantry-Umlauf, in Relation zur longitudinalen Kollimation C des CT-Systems:

$$p = \frac{d}{C}. \tag{8.6}$$

Beispielsweise ist der Pitchwert eines Systems mit 64 Detektorzeilen zu je 0,6 mm bei einem Tischvorschub von 40 mm pro Umlauf gleich 1,04, ebenso wie bei einem Sechzehnzeiler mit gleich breiten Detektorzeilen und 10 mm Tischvorschub. Üblich sind Pitchwerte zwischen ungefähr 0,2 und 1,5. Bei Dual-Source-CT-Geräten kann der Pitchwert in speziellen Scanmodi bis zu 3,4 betragen.

Die Spiralbahn weist eine höhere Symmetrie auf als die Sequenztrajektorie. Somit ist sie für echte Volumenaufnahmen prädestiniert. Per definitionem sind nunmehr keine bestimmten Schichtpositionen (z-Positionen) mehr ausgezeichnet, weder bei der Messung noch bei der Rekonstruktion. Unabhängig von der z-Position des Patienten kann nun immer die gleiche Information akquiriert werden. Bei der Rekonstruktion empfiehlt es sich zudem, die Schichten überlappend zu rekonstruieren, d. h. den Schichtmittenabstand kleiner zu wählen als die Schichtdicke, also der Halbwertsbreite des Schichtempfindlichkeitsprofils (vgl. Abschn. 8.4.2). Damit wird eine isotrope Nyquist-konforme Abtastung ermöglicht. Nur durch diese Isotropie lassen sich die volumetrischen Daten in allen Raumrichtungen gleichermaßen betrachten. Aufgrund dessen konnte sich die dreidimensionale Gefäßdarstellung, die sogenannte CT-Angiographie (CTA), erst nach Einführung der Spiral-CT etablieren.

Für spezielle Anwendungen werden teils auch andere Trajektorien genutzt. Beispielsweise lässt sich durch periodisches Vor-

und Zurückfahren der Patientenliege bei gleichzeitiger Scannerrotation ein Volumenbereich (ein Organ oder ein Gefäßsystem) mehrfach erfassen. Dann können Aussagen über das zeitliche Verhalten der Kontrastmittelverteilung und somit über den Blutfluss und die Perfusion getroffen werden.

8.3 Bildrekonstruktion

Die mit CT gemessenen Daten entsprechen im Wesentlichen Röntgenbildern aus sehr vielen verschiedenen Blickrichtungen (üblicherweise 10^3 pro Umlauf). Diese Daten müssen in Schnittbilder, sogenannte Tomogramme, umgerechnet werden. Dieser Prozess wird Bildrekonstruktion genannt. Weitere Schritte, um diagnostisch hochwertige und artefaktarme Bilder zu erzeugen, wie beispielsweise dedizierte Datenvorverarbeitungsschritte, Datennachverarbeitungsverfahren oder Artefaktreduktionsverfahren, werden in diesem Abschnitt nicht beschrieben.

Vielmehr gehen wir hier davon aus, ideale Projektionsdaten zu rekonstruieren, und es sollen die wichtigsten mathematischen Verfahren erläutert werden. Ideale Projektionsdaten durch ein Objekt $f(r)$ sind Linienintegrale:

$$p(L) = \int_{-\infty}^{\infty} \mathrm{d}\lambda\, f(s + \lambda \boldsymbol{\Theta}). \tag{8.7}$$

Hierbei steht L für den Index einer Linie, also eines Röntgenstrahls, $s = s(L)$ ist ein Punkt der Integrationsgerade, und der Einheitsvektor $\boldsymbol{\Theta} = \boldsymbol{\Theta}(L)$ ist der Richtungsvektor. Es ist vorteilhaft, sich unter s die Fokusposition der Röntgenröhre vorzustellen und die Orientierungsrichtung des Richtungsvektors so zu wählen, dass er in Ausbreitungsrichtung der Röntgenstrahlung zeigt. Das heißt, s ist der Ausgangspunkt des Strahls, und $\boldsymbol{\Theta}$ zeigt in Richtung des zugehörigen Detektorelements. Dann kann sich die Integration auf eine Halbgerade beschränken:

$$p(L) = \int_{0}^{\infty} \mathrm{d}\lambda\, f(s + \lambda \boldsymbol{\Theta}) \tag{8.8}$$

Für die Mathematik in den nächsten Abschnitten macht dies jedoch keinen Unterschied.

Die Menge aller möglichen Linienintegrale in 2D wird als Radontransformation oder Röntgentransformation bezeichnet. Die Menge aller möglichen Linienintegrale in 3D (und in höheren Dimensionen) ist die Röntgentransformation. Die Radontransformation in 3D ist nicht etwa die Menge aller möglichen Linienintegrale, sondern die Menge aller möglichen Ebenenintegrale und unterscheidet sich somit von der Röntgentransformation. Wir kürzen die Röntgentransformation mit dem Operator X ab und schreiben beispielsweise $p = \mathrm{X}f$ für Linienintegrale wie Gl. 8.7. Bei einer CT-Messung werden nie alle in drei Raumdimensionen möglichen Linienintegrale gemessen, sondern nur eine leicht messbare Untermenge, die bevorzugt so gestaltet sein sollte, dass sich aus den gemessenen Projektionen $p(L)$ das Objekt $f(r)$ oder eine Teilmenge desselben eindeutig berechnen lässt. In vielen Fällen und insbesondere in der diagnostischen CT besteht ein CT-System aus einer relativ zueinander starren Anordnung von Fokuspunkt und flächenartigem Detektor, so dass drei unabhängige Variablen zur Parametrisierung der Linien ausreichen. Wir schreiben beispielsweise $L = L(\alpha, \beta, \gamma)$, wobei wir α als Trajektorienparameter auffassen können, beispielsweise als Drehwinkel, und das Paar (β, γ) die Position auf dem 2D-Detektor parametrisiert. Da der Detektor nicht unendlich ausgedehnt ist, sind dessen Positionsparameter üblicherweise auf ein zusammenhängendes Gebiet beschränkt, beispielsweise (aber nicht notwendigerweise) in der Form $\beta_{min} \leq \beta \leq \beta_{max}$ und $\gamma_{min} \leq \gamma \leq \gamma_{max}$. Ebenso ist der Trajektorienparameter beschränkt. Im Falle der klinischen CT kann das ein Winkelintervall oder die Vereinigung von mehreren disjunkten Winkelintervallen (z. B. bei der Cardio-CT) sein. Die konkrete Wahl der Parameter zur Parametrisierung der gemessenen Linien L hängt stark vom CT-System oder der Anwendung ab, so dass in den nächsten Abschnitten lediglich wenige Beispiele eine Rolle spielen können und werden.

Die Bildrekonstruktion lässt sich im Wesentlichen in zwei Bereiche unterteilen, in die analytischen und in die iterativen Verfahren. Die iterativen Verfahren können zudem in algebraische oder statistische Verfahren unterteilt werden, wobei je nach Betrachtungsweise die algebraischen Verfahren auch als Untermenge der statistischen Verfahren angesehen werden können.

Die analytischen Verfahren sind dadurch charakterisiert, dass die durch den Messvorgang definierte Integralgleichung gelöst wird. Es wird also eine Lösungsformel der Form $f = X^{-1} p$ errechnet, das gesuchte Volumen $f(r)$ wird also als Funktional X^{-1} der gemessenen Funktion $p(L)$ dargestellt. Da die Messdaten nur an diskreten Punkten vorliegen und da das entstehende Volumen ebenfalls nur an diskreten Punkten (den Voxeln) abgespeichert werden kann, wird die Lösungsformel diskretisiert und kann so in ein Computerprogramm umgesetzt werden. Die analytische Inversion funktioniert nur in wenigen speziellen Fällen. Die klinisch relevanten CT-Geometrien sind jedoch genau so beschaffen, dass sich analytische Rekonstruktionen durchführen lassen. Aufgrund der Vorteile der analytischen Bildrekonstruktion in Bezug auf Rechenzeit, Reproduzierbarkeit und Robustheit sind daher alle klinischen CT-Systeme mit analytischer Bildrekonstruktion ausgestattet.

In der klassischen iterativen Rekonstruktion ist die Vorgehensweise anders. Das Problem wird zunächst diskretisiert, d. h., die Messdaten werden als Vektor p von Datenpunkten aufgefasst, und das Objekt wird als Vektor f von Graustufen aufgefasst. Durch die Messung sind die Unbekannten f mit den Messdaten p verknüpft. Diese Verknüpfung wird üblicherweise durch eine Abbildung $p = X(f)$ dargestellt, die nach f aufzulösen ist, oder durch eine Kostenfunktion $C(f)$, die es bezüglich f zu minimieren gilt. Ein sehr einfaches Beispiel für die Abbildung ist die lineare Gleichung $p = X \cdot f$, die diskrete Variante von Gl. 8.7, die es nach f aufzulösen gilt. Hierbei ist X die sogenannte Systemmatrix oder Röntgentransformationsmatrix, die diskrete Variante des Operators X. Ein sehr einfaches Beispiel für eine Kostenfunktion ist $C(f) = \|p - X(f)\|_2^2$. Selbst in den sehr einfachen Beispielen lässt sich nur durch numerische iterative Verfahren eine Lösung errechnen. Dies leuchtet unmittelbar ein, wenn man die Größe der Matrix X betrachtet: Die Zahl der

Zeilen der Systemmatrix entspricht der Zahl der CT-Messwerte, also ca. 10^7 bis 10^9 für klinische Anwendungen. Die Anzahl der Spalten von X entspricht der Anzahl von Voxeln in f, also üblicherweise ebenfalls im Bereich von 10^7 bis 10^9. Die Matrix X, mit ihren 10^{14} bis 10^{18} Einträgen ist zwar schwach besetzt, aber ihre Inverse hingegen ist nicht schwach besetzt und lässt sich daher nicht vorab berechnen oder abspeichern. Daher müssen selbst im linearen Fall die Gleichungen iterativ gelöst werden. Offensichtlich erfordert dies teils immensen Rechenaufwand. Aufgrund der Flexibilität der Wahl der zu invertierenden Funktion oder aufgrund der Wahl der Kostenfunktion versprechen iterative Verfahren jedoch Vorteile in puncto Bildqualität und Dosis.

Die klassische iterative Rekonstruktion ist also aufgrund der schieren Problemgröße oder aufgrund der Komplexität der zu lösenden Gleichungen oder minimierenden Funktionen auf eine numerisch approximative und somit iterative Lösung angewiesen. Die Rechenzeiten betragen ein Vielfaches (10^1 bis 10^3) der Rechenzeit der analytischen Rekonstruktion und sind daher für den routinemäßigen klinischen Einsatz nicht geeignet. Aufgrund der durch iterative Ansätze zu erwartenden Dosiseinsparung und Artefaktreduktion wurden Hybridverfahren entwickelt, die die Vorteile der analytischen Bildrekonstruktion mit denen der iterativen Rekonstruktion verknüpfen. Im Wesentlichen basieren diese Verfahren auf einer iterativen Anwendung analytischer Verfahren. Sie sollen in einem weiteren Unterabschnitt kurz diskutiert werden (Abschn. 8.3.3).

8.3.1 Analytische Bildrekonstruktion

Der wohl wichtigste Grundbaustein der analytischen Bildrekonstruktion ist die gefilterte Rückprojektion [62].

8.3.1.1 Gefilterte Rückprojektion in Parallelstrahlgeometrie

Die einfachste Variante der analytischen Bildrekonstruktion ist die gefilterte Rückprojektion (Filtered Back Projection, FBP) in Parallelstrahlgeometrie. In der Parallelstrahlgeometrie wird schichtweise rekonstruiert, d. h., man betrachtet ein zweidimensionales Problem. Üblicherweise werden die Strahlen durch zwei Parameter ϑ und ξ so parametrisiert, dass ϑ den Winkel der Strahlen einer Parallelprojektion und ξ deren Abstand zum Drehzentrum, also zum Ursprung des Koordinatensystems angibt. Das heißt, dass $L = L(\vartheta, \xi)$ also eine Gerade mit Winkel ϑ zur y-Achse und mit Abstand ξ zum Drehzentrum ist, wobei der somit parametrisierte Strahl durch die Gerade $x \cos \vartheta + y \sin \vartheta = \xi$ gegeben ist.

In 2D-Parallelstrahlgeometrie wird nunmehr Gl. 8.7 zu

$$
\begin{aligned}
p(\vartheta, \xi) &= \int d\lambda\, f(s + \lambda \boldsymbol{\Theta}) \\
&= \int dx dy\, f(x, y) \delta(x \cos \vartheta + y \sin \vartheta - \xi) \quad (8.9) \\
&= \int d^2 r f(r) \delta(r \cdot \boldsymbol{\vartheta} - \xi),
\end{aligned}
$$

wobei $\delta(\cdot)$ die Dirac'sche Deltafunktion ist,

$$\boldsymbol{\vartheta} = \begin{pmatrix} \cos\vartheta \\ \sin\vartheta \end{pmatrix}, \tag{8.10}$$

und $\boldsymbol{\Theta} = \boldsymbol{\vartheta}^{\perp}$, $s = \boldsymbol{\vartheta}\cdot\xi$ und $\xi = s\cdot\boldsymbol{\vartheta}$ gilt.[1]

Der erste Schritt zur Inversion der Integralgleichung Gl. 8.9 ist die Berechnung der Fouriertransformation[2] von $p(\vartheta,\xi)$ bezüglich des Parameters ξ:

$$\begin{aligned} P(\vartheta,u) &= (\mathsf{F}p)(\vartheta,u) \\ &= \int \mathrm{d}\xi\, p(\vartheta,\xi)\cdot\mathrm{e}^{-2\pi iu\xi} \\ &= \int \mathrm{d}x\mathrm{d}y\, f(x,y)\cdot\mathrm{e}^{-2\pi iu(x\cos\vartheta + y\sin\vartheta)}. \end{aligned} \tag{8.11}$$

Vergleicht man nun den letzten Schritt mit der zweidimensionalen Fouriertransformation F von f

$$F(u_x,u_y) = \int \mathrm{d}x\mathrm{d}y\, f(x,y)\cdot\mathrm{e}^{-2\pi i(u_x x + u_y y)}, \tag{8.12}$$

so zeigt sich, dass

$$P(\vartheta,u) = F(u\cos\vartheta, u\sin\vartheta) \tag{8.13}$$

gilt. Dieser Zusammenhang besagt, dass die eindimensionale Fouriertransformierte der Projektion bezüglich ihres Abstandsparameters ξ gleich der zweidimensionalen Fouriertransformierten der gesuchten Objektfunktion f in Polarkoordinaten ist. Dieser Zusammenhang ist unter dem Begriff Zentralschnitttheorem oder Fourier-Slice-Theorem bekannt.

Man könnte nun der Versuchung unterliegen, Gl. 8.12 direkt zur Bildrekonstruktion zu verwenden, denn eine inverse Fouriertransformation von F würde direkt zum gesuchten Bild f führen. Da F aufgrund der diskreten Messdaten nur auf einem Polarraster bekannt ist, muss vor der inversen Fouriertransformation auf ein kartesisches Raster umgerechnet werden. Diese Neuabtastung, auch Resampling genannt, erfordert jedoch eine Interpolation im Frequenzraum, was zu niederfrequenten Fehlern im Ortsraum führt, die sich nicht beheben lassen, sofern man das Resampling auf herkömmliche Weise durchführt. Um die entstehenden Artefakte korrigieren zu können, muss das Resampling als sogenanntes Gridding realisiert werden [46, 94]. Gridding ist in der MR-Bildgebung die übliche Resamplingmethode, insbesondere weil dort die Daten direkt im Frequenzraum

(dort wird vom k-Raum gesprochen) erhoben werden. Da die Daten bei CT im Ortsraum gemessen werden, wird üblicherweise ein weiterer analytischer Schritt angeschlossen und Gl. 8.13 zurück in den Ortsraum transformiert.

Dazu seien $u_x = u\cos\vartheta$ und $u_y = u\sin\vartheta$ die zugehörigen kartesischen Koordinaten im Frequenzraum. Damit gilt $\mathrm{d}u_x\mathrm{d}u_y = |u|\mathrm{d}u\mathrm{d}\vartheta$ und wir erhalten

$$\begin{aligned} f(x,y) &= \int_0^\pi \mathrm{d}\vartheta \int_{-\infty}^\infty \mathrm{d}u\,|u|\,P(\vartheta,u)\mathrm{e}^{2\pi iu(x\cos\vartheta + y\sin\vartheta)} \\ &= \int_0^\pi \mathrm{d}\vartheta \int_{-\infty}^\infty \mathrm{d}u\,K(u)\,P(\vartheta,u)\mathrm{e}^{2\pi iu\xi} \end{aligned} \tag{8.14}$$

mit dem Rampenkern $K(u) = |u|$ und mit $\xi = x\cos\vartheta + y\sin\vartheta$. Aufgrund des Faltungstheorems für Fouriertransformationen[3] erhalten wir die gesuchte Lösungsformel:

$$f(x,y) = \int_0^\pi \mathrm{d}\vartheta\, p(\vartheta,\xi) * k(\xi)\Big|_{\xi = x\cos\vartheta + y\sin\vartheta} \tag{8.15}$$

Gl. 8.15 ist die Formel für die gefilterte Rückprojektion. Sie besagt, dass die Projektionen $p(\vartheta,\xi)$ zunächst mit dem Rekonstruktionskern

$$k(\xi) = \mathsf{F}^{-1}K(u) = \int \mathrm{d}u|u|\mathrm{e}^{2\pi iu\xi} = \frac{-1}{2\pi^2\xi^2} \tag{8.16}$$

gefaltet werden müssen. In einem zweiten Schritt muss über die gefalteten Projektionen $\hat{p}(\vartheta,\xi) = p(\vartheta,\xi) * k(\xi)$ entlang der Sinuskurve $\xi(\vartheta) = x\cos\vartheta + y\sin\vartheta$ integriert werden, und zwar innerhalb eines $180°$-Intervalls. Daraus erhält man den gesuchten Funktionswert an der Stelle (x,y).

Üblicherweise wird dieser zweite Schritt in einer anderen Reihenfolge realisiert. Anstatt sich ein Pixel (x,y) auszusuchen und für diesen die Integration über alle ϑ-Winkel durchzuführen und dann mit dem nächsten Pixel äquivalent zu verfahren, wählt man eine Projektionsrichtung ϑ. Für diesen Winkel geht man dann alle Pixel (x,y) nacheinander durch und für jedes so erhaltene Tripel (ϑ, x, y) berechnet man $\xi = x\cos\vartheta + y\sin\vartheta$. Dann wird der Wert $\hat{p}(\vartheta,\xi)$ auf das soeben betrachteten Pixel (x,y) addiert. Nachdem alle Pixel aktualisiert wurden, wird der nächste Projektionswinkel ϑ gewählt und man verfährt analog.

Dieses projektionsweise Vorgehen ist anschaulich eine Verschmierung der gefalteten Projektionsdaten zurück in das Bild. Man spricht hierbei von Rückprojektion. Die Bildrekonstruktion Gl. 8.15 besteht also aus einer Faltung gefolgt von einer Rückprojektion und heißt daher Filtered Back Projection (FBP). Abb. 8.15 illustriert den Rückprojektionsvorgang.

---

[1] Der Senkrechtoperator dreht den Vektor $\boldsymbol{v}$ um $90°$ gegen den Uhrzeigersinn: $\boldsymbol{v}^{\perp} = \begin{pmatrix} -v_y \\ v_x \end{pmatrix}$. Es gilt $\boldsymbol{v}_1^{\perp}\cdot\boldsymbol{v}_2^{\perp} = \boldsymbol{v}_1\cdot\boldsymbol{v}_2$ und $\boldsymbol{v}_1^{\perp}\cdot\boldsymbol{v}_2 = -\boldsymbol{v}_1\cdot\boldsymbol{v}_2^{\perp}$.

[2] Für die Fouriertransformation G einer Funktion g und für die inverse Fouriertransformation verwenden wir folgende Konvention:

$$G(u) = (\mathsf{F}g)(u) = \int_{-\infty}^\infty \mathrm{d}x g(x)\mathrm{e}^{-2\pi iux}$$

$$g(x) = (\mathsf{F}^{-1}G)(x) = \int_{-\infty}^\infty \mathrm{d}u G(u)\mathrm{e}^{2\pi iux}.$$

[3] Das Faltungstheorem besagt, dass die Faltung zweier Funktionen g_1 und g_2

$$(g_1 * g_2)(x) = g_1(x) * g_2(x) = \int \mathrm{d}t g_1(t)g_2(x-t)$$

als Multiplikation im Frequenzraum ausgeführt werden kann:

$$\mathsf{F}(g_1 * g_2) = (\mathsf{F}g_1)(\mathsf{F}g_2) = G_1 G_2.$$

Teil II

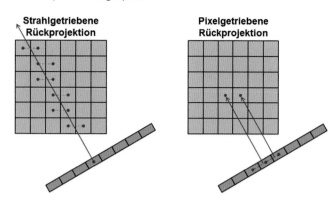

Strahlgetriebene Rückprojektion

Pixelgetriebene Rückprojektion

Abb. 8.15 Die Rückprojektion (und die Vorwärtsprojektion) kann strahlgetrieben oder pixelgetrieben durchgeführt werden. Für die Rückprojektion ist die pixelgetriebene Variante zu empfehlen, wobei man ausgehend von einem Pixel den benötigten Wert auf dem Detektor durch Interpolation zwischen benachbarten Abtastpunkten errechnet. Strahlgetrieben würde man den dem Strahl entsprechenden Rohdatenwert entlang einer Gerade zurück auf das Bild verschmieren. Aus Normierungsgründen ist dabei eine schlechtere Bildqualität zu erwarten. Die unübliche Alternative, die Beiträge für ein Pixel aus allen Projektionsrichtungen aufzuaddieren und danach das nächste Pixel zu rekonstruieren, ist numerisch äquivalent zur pixelgetriebenen Rückprojektion

Um den Algorithmus zu implementieren, muss die Diskretisierung der Daten und die Diskretisierung der Pixel definiert werden:

$$p_{nm} = p(\vartheta_n, \xi_m), \quad f_{ij} = f(x_i, y_j) \qquad (8.17)$$

mit

$$\begin{aligned}
\vartheta_n &= \vartheta_0 + n\Delta\vartheta & n &= 0, \ldots, N-1 \\
\xi_m &= \xi_0 + m\Delta\xi & m &= 0, \ldots, M-1 \\
x_i &= x_0 + i\Delta x & \text{und} \quad i &= 0, \ldots, I-1 \\
y_j &= y_0 + j\Delta y & j &= 0, \ldots, J-1.
\end{aligned} \qquad (8.18)$$

N bezeichnet die Anzahl der Projektionen, M die Anzahl der Detektorpixel pro Projektion, I die Anzahl der Bildspalten, J die Anzahl der Bildzeilen. Die Parameter ϑ_0, $\Delta\vartheta$, ξ_0, $\Delta\xi$, x_0, Δx, y_0 und Δy definieren die Nullpositionen und die Inkremente der Abtastpunkte in den vier Koordinaten.

Für die Faltung muss die diskrete Variante des Rekonstruktionskerns verwendet werden. Dazu ist zunächst zu berücksichtigen, dass nur Daten bis zur Nyquistfrequenz $b = 1/2\Delta\xi$ nutzbar sind und somit $K(u)$ durch

$$K_b(u) = |u|\Pi\left(\frac{u}{2b}\right) \quad \text{mit } \Pi(x) = \begin{cases} 1 & \text{falls } |x| < \frac{1}{2} \\ \frac{1}{2} & \text{falls } |x| = \frac{1}{2} \\ 0 & \text{sonst} \end{cases}$$

$$(8.19)$$

zu ersetzen ist. Die inverse Fouriertransformation von $K_b(u)$ abgetastet an den Stellen $m\Delta\xi$ ergibt den gesuchten diskreten

Faltungskern:

$$k_m = \begin{cases} (2\Delta\xi)^{-2} & \text{falls } m = 0 \\ -(\pi m \Delta\xi)^{-2} & \text{falls } m \in 2\mathbb{Z}+1 \\ 0 & \text{sonst} \end{cases} \qquad (8.20)$$

Diese diskrete Variante des Rampenkerns ist der sogenannte Ramachandran-Lakshminarayanan-Kern [98], bekannt auch unter dem Kürzel RamLak-Kern.

Nach der diskreten Faltung, die bevorzugt über eine Fast-Fourier-Transformation (FFT) realisiert wird, folgt die Rückprojektion. Listing 8.1 zeigt eine Referenzimplementierung für die hier beschriebene pixelgetriebene Rückprojektion mit linearer Interpolation (d. h., um detektorseitig die benötigten Daten zu erhalten, werden die Projektionen per linearer Interpolation von den diskreten Messpunkten auf das Kontinuum fortgesetzt).

Listing 8.1: Referenzimplementierung einer Parallelstrahlrückprojektion

```
void PixDrivenBackProjParCartesian(double const
    theta0, double const dtheta, int const N,
  double const xi0, double const dxi, int const M,
  float const * const Sino,
  double const x0, double const dx, int const I,
  double const y0, double const dy, int const J,
  float * const * Ima)
{
// xi=xi0+m*dxi, thus m=(xi-xi0)/dxi=a*xi+b;
double const a=1/dxi, b=-xi0/dxi;

for(int n=0; n<N; n++)
    {
    double const theta=theta0+n*dtheta;

    double const c=cos(theta);
    double const s=sin(theta);

    float const * const Proj=Sino+n*M;

    for(int j=0; j<J; j++)
        {
        double const y=y0+j*dy;
        float * const Row=Ima+j*I;

        for(int i=0; i<I; i++)
            {
            double const x=x0+i*dx;

            double const xi=x*c+y*s;
            double const mreal=a*xi+b;
            int const m=int(mreal+1)-1;

            if(0<=m && m<M-1)
                {
                float const w=float(mreal-m);
                Row[i]+=(1-w)*Proj[m]+w*Proj[m+1];
                }
            } // next i
        } // next j
    } // next n
}
```

Abb. 8.16 Vor der Rückprojektion werden die gemessenen Intensitäten normiert, logarithmiert und dann zeilenweise mit dem Rekonstruktionskern gefaltet. Um hochwertige Bilder zu erhalten, ist es wichtig, dass einerseits mindestens 180° an Daten vorhanden sind und dass andererseits die Anzahl der Projektionen hoch genug ist. Die Fensterung der CT-Bilder in den unteren beiden Reihen ist $C = 0\,\text{HU}$, $W = 1000\,\text{HU}$

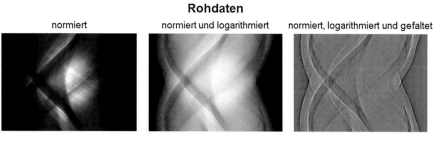

Rohdaten

normiert — normiert und logarithmiert — normiert, logarithmiert und gefaltet

Rückprojektion ins Bild

nach 36° — nach 72° — nach 108° — nach 144° — nach 180°

1 Projektion — 2 Projektionen — 4 Projektionen — 8 Projektionen — Alle Projektionen

Abb. 8.16 veranschaulicht den Weg der Daten bis zum Bild. Die gemessenen Intensitätssinogramme müssen zuerst normiert und logarithmiert werden. Danach werden die Sinogramme gefaltet. Der letzte Schritt, die Rückprojektion, ist in zwei Varianten gezeigt. Zuerst wird die Rückprojektion über aufsteigende Winkelbereiche gezeigt. Daraus ist erkenntlich, dass bei Winkelbereichen von kleiner als 180° starke Artefakte auftauchen, die sogenannten Limited-Angle-Artefakte. Die zweite Version ist in einer bitrevertierten Reihenfolge gezeigt, um zu veranschaulichen wie sich unterschiedliche Projektionszahlen pro Halbumlauf auf die Bildqualität auswirken. Offensichtlich tauchen bei zu wenigen gleichverteilten Projektionen sogenannte Sparse-Artefakte auf.

8.3.1.2 Gefilterte Rückprojektion in Fächerstrahlgeometrie

Die Messung der CT-Daten erfolgt in der klinischen CT nicht in Parallelstrahlgeometrie, sondern in Fächer- bzw. Kegelstrahlgeometrie: Ausgehend von dem Fokuspunkt $s(\alpha)$ wird ein kompletter Strahlenkegel erfasst und die zu einer Projektion gehörigen Strahlen sind nicht parallel, sondern divergieren.

In der klinischen CT ist beispielsweise die Kreistrajektorie üblich. Für sie gilt

$$s(\alpha) = \begin{pmatrix} R_\text{F} \sin\alpha \\ -R_\text{F} \cos\alpha \\ z_\text{circle} \end{pmatrix}, \qquad (8.21)$$

wobei α der Rotationswinkel, R_F der Radius der Kreistrajektorie, und z_circle die z-Position des Kreises ist. Der Detektor ist auf der gleichen Dreheinheit wie die Röntgenquelle montiert und dreht sich daher im gleichen Winkel wie der Fokuspunkt. In den üblichen Fällen ist der Detektor in guter Näherung ein Zylindersegment, so dass er durch

$$\boldsymbol{d} = \boldsymbol{d}(\alpha, \beta, b) = s(\alpha) + \begin{pmatrix} -R_\text{F} \sin(\alpha + \beta) \\ R_\text{F} \cos(\alpha + \beta) \\ b \end{pmatrix} \qquad (8.22)$$

parametrisiert werden kann. Der Parameter β beschreibt den Winkel innerhalb des Fächers und der Parameter b ist die longitudinale Koordinate im Kegel. Innerhalb einer Detektorspalte ist β konstant und innerhalb einer Detektorzeile ist b konstant. Wie aus der Definition ersichtlich ist, befindet sich der hier spezifizierte Detektor im Drehzentrum, also im und nicht hinter dem Patienten. Dieser virtuelle Detektor ist vorteilhaft für viele mathematische Betrachtungen. Der echte Detektor liegt im Abstand R_D zur z-Achse auf der dem Fokus gegenüberliegenden Seite und hat somit den Abstand $R_\text{FD} = R_\text{F} + R_\text{D}$ zum Röntgenfokus. Er geht aus dem virtuellen Detektor durch Streckung um den Faktor R_FD/R_F hervor.

Für die Fächerstrahlrekonstruktion betrachtet man – ganz wie im Parallelstrahlfall – das zweidimensionale Problem und vernachlässigt dabei die z-Positionen der Strahlen und somit die Tatsache, dass die Strahlen nicht unbedingt parallel zur x-y-Ebene verlaufen. Die Start- und Richtungsvektoren der Strahlen sind nunmehr

$$s(\alpha) = R_\text{F} \begin{pmatrix} \sin\alpha \\ -\cos\alpha \end{pmatrix} \quad \text{und} \quad \boldsymbol{\Theta}(\alpha, \beta) = \begin{pmatrix} -\sin(\alpha + \beta) \\ \cos(\alpha + \beta) \end{pmatrix}. \qquad (8.23)$$

Für jeden Strahl (α, β) lassen sich nun die zugehörigen Parallelstrahlkoordinaten (ϑ, ξ) angeben:

$$\vartheta = \alpha + \beta \quad \text{und} \quad \xi = -R_F \sin\beta \qquad (8.24)$$

Die Fächerstrahlkoordinaten (α, β) lassen sich also durch eine einfache Koordinatentransformation in die Parallelstrahlkoordinaten (ϑ, ξ) umrechnen.

Es existieren nun drei Vorgehensweisen, um diese Koordinatentransformation in Form einer Fächerstrahlrekonstruktion umzusetzen. Im einfachsten Fall werden die Fächerstrahldaten $q(\alpha, \beta)$ durch Neuabtastung (Resampling, Rebinning) in Parallelstrahldaten $p(\vartheta, \xi)$ gewandelt. Das heißt, für jeden gesuchten Punkt (ϑ, ξ) in Parallelstrahlgeometrie wird der zugehörige Punkt (α, β) in Fächerstrahlgeometrie berechnet und daraus durch Interpolation aus den vier benachbarten Messpunkten der zugehörige Messwert in Parallelstrahlgeometrie bestimmt:

$$p(\vartheta, \xi) = q(\vartheta - \beta, \beta) \quad \text{mit } \beta = -\arcsin\xi/R_F \qquad (8.25)$$

Nach dem Rebinning der Daten liegen die Projektionen in Parallelstrahlgeometrie vor und es kann eine gefilterte Rückprojektion in Parallelstrahlgeometrie erfolgen.

Die zweite Möglichkeit zur Fächerstrahlrekonstruktion verzichtet auf das Rebinning und führt die Koordinatentransformation in der Lösungsformel Gl. 8.15 durch. Das heißt, die dort vorhandene Integration über $d\vartheta$ und $d\xi$ wird durch eine Integration über $d\alpha$ und $d\beta$ substituiert. Die Herleitung ist unter anderem dadurch ein wenig umfangreich, dass aus Rechenzeitgründen die äußerst vorteilhafte Struktur von Faltung und Rückprojektion zu erhalten ist [52]. Letztendlich führt sie zu folgender Rekonstruktionsformel:

$$f(\mathbf{r}) = \frac{1}{2}\int_0^{2\pi} d\alpha\, \frac{1}{(\mathbf{r}-\mathbf{s})^2}\int d\beta\, q(\alpha, \beta) R_F \cos\beta\; k(\sin(\hat\beta - \beta))$$

$$= \frac{1}{2}\int_0^{2\pi} d\alpha\, \frac{1}{(\mathbf{r}-\mathbf{s})^2}\, q(\alpha, \hat\beta) R_F \cos\hat\beta * k(\sin\hat\beta) \qquad (8.26)$$

Hierbei ist

$$\hat\beta = \hat\beta(\alpha, \mathbf{r}) = -\arcsin\frac{x\cos\alpha + y\sin\alpha}{|\mathbf{r}-\mathbf{s}|} \qquad (8.27)$$

der Lookup-Parameter der gefilterten Fächerstrahlrückprojektion. Er tritt anstelle des Lookup-Parameters $\hat\xi(\vartheta, \mathbf{r}) = x\cos\vartheta + y\sin\vartheta$ der gefilterten Parallelstrahlrückprojektion.

Die dritte Möglichkeit eine Fächerstrahlrückprojektion durchzuführen, basiert auf einer Manipulation des Faltungsarguments des Integranden von Gl. 8.15. Durch Umschreiben von $(p * k)(\vartheta, \xi)$ in $\partial_\xi p(\vartheta, \xi) * K(\xi)$, wobei $K(\xi)$ die Stammfunktion des Kerns $k(\xi)$ ist, lässt sich die Ableitung nach ξ gegen eine Ableitung nach dem Trajektorienparameter α eintauschen, und sich nach ebenfalls etwas längerer Herleitung eine neue Rekon-

struktionsformel errechnen:

$$f(\mathbf{r}) = \int d\alpha\, \frac{w(\mathbf{r}, \alpha)}{|\mathbf{r}-\mathbf{s}|}\int d\beta\, ((\partial_\alpha - \partial_\beta)q(\alpha, \beta)) K(\sin(\beta - \hat\beta))$$

$$= \int d\alpha\, \frac{w(\mathbf{r}, \alpha)}{|\mathbf{r}-\mathbf{s}|}\, ((\partial_\beta - \partial_\alpha)q(\alpha, \hat\beta)) * K(\sin\hat\beta) \qquad (8.28)$$

Die Winkelgewichtungsfunktion $w(\mathbf{r}, \alpha)$ ist so zu wählen, dass das Voxel an der Position $\mathbf{r}$ unter genau 180° gesehen wird bzw. so dass sich 180°-Redundanzen zu Eins aufsummieren.

Jede dieser drei Möglichkeiten der analytischen Fächerstrahlrekonstruktion, Rebinning, Gl. 8.25 gefolgt von gefilterter Parallelstrahlrückprojektion, klassische gefilterte Fächerstrahlrückprojektion, Gl. 8.26, sowie die moderne gefilterte Fächerstrahlrückprojektion, Gl. 8.28, hat ihre Vor- und Nachteile. Das Rebinning besticht durch seine Einfachheit und die Flexibilität im Parallelraum (Winkelgewichtung sowohl vor als auch nach der Faltung möglich), kann aber in gewissen Fällen Auflösungsverluste (insbesondere in azimutaler Richtung) beinhalten. Die klassische gefilterte Rückprojektion ist relativ einfach zu handhaben, erfordert kein Resampling und erhält somit in allen Fällen die volle Auflösung der Daten. Allerdings lassen sich die Daten lediglich vor der Faltung winkelgewichten, wobei voxelspezifische Gewichte, wie sie beispielsweise für die Spiralrekonstruktion wichtig sind, nicht realisierbar sind. Letzteres ist bei der modernen Variante der gefilterten Rückprojektion möglich, wodurch diese die Methode der Wahl ist, wenn voxelspezifische Gewichte gefordert werden und ein Rebinning auf Parallelgeometrie ausscheidet. Leider führt die partielle Ableitung nach α, die sich lediglich durch deutlich erhöhten Rechenaufwand und somit höhere Rekonstruktionszeiten vermeiden lässt, zu einer potenziellen Winkelverschmierung. Durch partielle Integration lässt sich die numerische Realisierung der partiellen Ableitung vermeiden. Die dadurch entstehenden zusätzlichen Terme im Integranden bedeuten jedoch pro Term eine zusätzliche Rückprojektion. Das Verfahren ist dann zwar numerisch optimal, aber auch deutlich rechenaufwendiger.

8.3.1.3 Gefilterte Rückprojektion in Kegelstrahlgeometrie (Feldkampalgorithmus)

Die Kegelstrahlgeometrie unterscheidet sich von der Fächerstrahlgeometrie durch die z-Komponente der Strahlen. Im Falle einer kreisförmigen Trajektorie wird die Rekonstruktion von solchen Kegelstrahldaten in der klinischen CT üblicherweise in Anlehnung an den Feldkampalgorithmus [22] durchgeführt. Dieser basiert auf der gefilterten Rückprojektion in Fächerstrahlgeometrie mit zwei kleinen Unterschieden: 1) Die Projektionen werden durch Multiplikation mit $\cos\gamma$ längenkorrigiert, wobei γ der Winkel zwischen dem Strahl und der x-y-Ebene ist. 2) Die gefilterten Projektionen werden nicht in 2D-Schichten zurückprojiziert, sondern in 3D-Volumina entlang ihrer ursprünglichen Strahlrichtung, d. h. entsprechend ihres Kegelwinkels γ.

Im Gegensatz zur 2D-gefilterten Rückprojektion ist die hier beschriebene 3D-Variante mathematisch nicht exakt. Gemäß der Tuy-Bedingung sind nämlich nur solche Voxel mathematisch exakt rekonstruierbar, bei denen jede durch den Voxel laufende Ebene mindestens einmal von der Quelltrajektorie berührt oder durchstoßen wird [131]. Dies gilt bei Kegelstrahldaten aus Kreisscans lediglich für die Voxel in der Midplane, also in der Ebene, in der der Fokus seine Kreisbahn beschreibt. Aufgrund der mathematisch unvollständigen Daten resultieren sogenannte Kegelstrahlartefakte, die umso stärker werden, je größer der Kegelwinkel des CT-Systems ist, also je mehr Detektorzeilen das CT besitzt.

Um diesen Artefakten entgegenzuwirken, wurden zahlreiche Abwandlungen der Feldkampmethode entwickelt, die teils auf einem Rebinning auf Parallelstrahlgeometrie basieren [32, 58, 129]. Die Vermeidung von Kegelstrahlartefakten bei Tuy-unvollständigen Trajektorien ist bis heute Gegenstand der Forschung.

8.3.1.4 Spiralrekonstruktion

Die am häufigsten verwendete Scantrajektorie der klinischen CT ist die Spiraltrajektorie. Typischerweise (aber nicht ausschließlich) wird sie mit konstantem Tischvorschub gefahren, so dass sie durch

$$s(\alpha) = \begin{pmatrix} R_{\mathrm{F}} \sin \alpha \\ -R_{\mathrm{F}} \cos \alpha \\ \alpha \cdot \acute{d} \end{pmatrix} \tag{8.29}$$

beschrieben werden kann. Hierbei ist R_{F} wieder der Abstand vom Fokus zum Drehzentrum. Zudem ist $\acute{d} = d/2\pi$, wobei d der Tischvorschub pro Umlauf ist. Für die detektorseitigen Koordinaten gilt nach wie vor

$$d = d(\alpha, \beta, b) = s(\alpha) + \begin{pmatrix} -R_{\mathrm{F}} \sin(\alpha + \beta) \\ R_{\mathrm{F}} \cos(\alpha + \beta) \\ b \end{pmatrix}, \tag{8.30}$$

wobei $-\Phi/2 \leq \beta \leq \Phi/2$ und $-C/2 \leq b \leq C/2$ gilt und Φ den Fächerwinkel und C die longitudinale Kollimierung des Systems darstellt. Der Pitchwert der Spirale ist durch $p = d/C$ gegeben. Um im mathematischen Sinne vollständige Daten zu akquirieren, muss der Pitchwert limitiert werden, und zwar so, dass sein Absolutbetrag den Wert

$$p_{\max} = \frac{2\pi \cos \Phi/2}{\pi + \Phi} \tag{8.31}$$

nicht überschreitet [52]. Bei einem Fächerwinkel von typischerweise $\Phi = 50°$ ergibt sich somit ein maximaler Pitchwert von $p_{\max} \approx 1{,}42$. Herstellerabhängig können teils auch höhere Werte realisiert werden, die dann allerdings Verluste in der Bildqualität, stärkere Artefakte oder einen kleineren Messfelddurchmesser zur Folge haben können.

Für die analytische Rekonstruktion von Spiral-CT-Daten gibt es im Wesentlichen zwei in der klinischen CT genutzte Klassen von Algorithmen. In der ersten werden die Spiraldaten auf zweidimensionale virtuelle Kreisscans reduziert. Dies ist bis zu einem gewissen Kegelwinkel bzw. bis zu einer bestimmten Anzahl an Detektorzeilen mit hoher Genauigkeit möglich. Diese Kreisscans liegen auf bestimmten, nicht notwendigerweise parallelen Ebenen, die im Allgemeinen nicht senkrecht auf der z-Achse stehen. Die Rekonstruktion der virtuellen 2D-Daten

dieser Rekonstruktionsebenen erfolgt dann mit der gefilterten Fächer- oder Parallelstrahlrückprojektion. Die entstehenden Bilder entsprechen den Ebenen der Kreisscans und müssen ggf. in einem abschließenden Schritt neu abgetastet werden, um Voxelwerte auf einem dreidimensionalen kartesischen Raster zu erhalten.

Zu Beginn der Spiral-CT, also Ende der 1980er-Jahre, waren die CT-Systeme mit nur einer einzigen Detektorzeile ausgestattet. Die Reduktion der Spiraldaten auf virtuelle, senkrecht zur z-Achse stehende Kreisscans erfolgte durch eine einfache lineare Interpolation der Spiraldaten in z-Richtung. Um die Daten für eine Rekonstruktionsebene zu erhalten, werden beiderseits der Rekonstruktionsebene mindestens 180° an Spiraldaten für die z-Interpolation benötigt. Um weniger Rauschen oder weniger Artefakte im Bild zu haben, wurden zur damaligen Zeit jedoch auch z-Interpolationen mit 360° Datennutzung beiderseits der Rekonstruktionsebene eingesetzt, man unterschied also zwischen sogenannten 180°-LI- und 360°-LI-Rekonstruktionsalgorithmen. Erstere haben eine höhere Ortsauflösung in z-Richtung, aber auch ein höheres Bildrauschen. Für beide Verfahren gilt, dass die z-Auflösung mit steigendem Pitchwert schlechter wurde.

Gegen Ende der 1990er-Jahre mit dem Aufkommen der Mehrschicht-Spiral-CT mit ihren vier Detektorzeilen wurde die z-Interpolation durch eine Filterung in z-Richtung ersetzt, mit deren Hilfe man die z-Auflösung vor der Rekonstruktion festlegen konnte. Die Rekonstruktionsebenen wurden genau wie bei der z-Interpolation senkrecht zur z-Achse gewählt. Im Gegensatz zur z-Interpolation gilt nun aber, dass die Ortsauflösung in z-Richtung vom Pitchwert unabhängig ist.

Der Übergang zu 16 Detektorzeilen oder mehr erforderte wegen des zunehmenden Kegelwinkels ein Umdenken im Bereich der Spiralrekonstruktion. Um Artefakte zu vermeiden, ist es nunmehr nötig, die Rekonstruktionsebenen in die Spiraltrajektorie zu neigen, anstatt sie senkrecht auf die z-Achse zu stellen [15, 55, 56, 107]. Mit diesen sogenannten Advanced-Single-Slice-Rebinning(ASSR)-Verfahren lassen sich hochwertige CT-Bilder für klinische CT-Systeme mit bis zu 64 Detektorzeilen errechnen.

Die zweite Klasse von Spiralrekonstruktionsverfahren führt keine Reduktion der Daten auf zweidimensionale Mannigfaltigkeiten durch. Stattdessen werden die Rohdaten über eine dreidimensionale gefilterte Rückprojektion in Bilder umgerechnet. Nur so lassen sich auch für Systeme mit mehr als 64 Detektorzeilen qualitativ hochwertige Bilder berechnen. Der Übergang von der zwei- zur dreidimensionalen Rückprojektion ist jedoch nicht nur rechentechnisch anspruchsvoll, sondern auch bezüglich der Normierung der Daten. Ähnlich wie beim Feldkampalgorithmus werden die Daten längenkorrigiert, gefaltet und dreidimensional rückprojiziert. Im Gegensatz zum Feldkampalgorithmus darf die Faltung jedoch nicht entlang der Detektorzeilen erfolgen, sondern entlang schräger Linien auf dem Detektor, die so geneigt sind, dass sie parallel zur Tangente $s'(\alpha)$ an die Spiraltrajektorie sind. Die Detektordaten müssen also entweder longitudinal neu abgetastet werden, um sie entsprechend der Faltungsrichtung anzuordnen, oder auf Parallelstrahlgeometrie umgebinnt werden, was in etwa den gleichen

Effekt bezüglich der Faltungsrichtung hat. Der wichtigste Unterschied zum Feldkampalgorithmus jedoch ist die nun nötige voxelspezifische Gewichtung während der Rückprojektion, die einen auf das Voxel am Ort r unter dem Winkel ϑ auftreffenden Strahl mit $w(r, \vartheta)$ gewichtet. Dabei muss die Gewichtungsfunktion so beschaffen sein, dass

$$\sum_{k=-\infty}^{\infty} w(r, \vartheta + k\pi) = 1 \quad \text{und} \quad \int_{-\infty}^{\infty} d\vartheta\, w(r, \vartheta) = \pi \quad (8.32)$$

gilt [58]. Durch die Gewichtung werden die Beiträge zu jedem Voxel so normiert, dass sie einem 180°-Äquivalent entsprechen, d. h., dass sich direkte und komplementäre Strahlen zu eins aufaddieren und dass der Winkelbereich von 180° vollständig abgedeckt ist. Wichtige Vertreter dieser zweiten Klasse etablierter Spiralrekonstruktionsverfahren sind beispielsweise der Extended-Parallel-Beam-Backprojection(EPBP)-Algorithmus oder der Weighted-Filtered-Backprojection(WFBP)-Algorithmus [58, 123].

Exakte Rekonstruktionsverfahren für die Kegelstrahl-Spiral-CT, wie sie beispielsweise von Katsevich vorgeschlagen wurden [66, 67], und auch solche Verfahren, die zuerst die Rückprojektion und dann die Filterung durchführen [137], finden in der klinischen CT keine Anwendung. Nachteile dieser Verfahren sind beispielsweise geringere Robustheit, Einschränkung der Dosisnutzung, weil nicht alle aufgenommenen Messwerte zum Bild beitragen, kaum vorhandene Flexibilität etc.

8.3.2 Klassische iterative Bildrekonstruktion

Die analytische Bildrekonstruktion basiert auf vereinfachten Systemmodellen. Beispielsweise wird angenommen, ein Röntgenstrahl sei unendlich dünn, obwohl er in der Realität ein Querprofil besitzt, das sich zudem je nach Position auf dem Strahl ändert. Nahe der Röntgenröhre entspricht das Strahlprofil der Röntgenfokusausdehnung, nahe dem Detektorpixel entspricht es der Detektorapertur. Ebenso wenig kann die analytische Rekonstruktion statistische Eigenschaften des Röntgenstrahls modellieren, das Quantenrauschen wird somit vernachlässigt. Möchte man der Rekonstruktion ein realitätsnäheres Abbildungsmodell zugrunde legen, um bessere Bilder zu erhalten, so lässt sich für solche Modelle keine analytische Inversionsformel mehr berechnen.

Deshalb wird zur Verbesserung der Bildqualität, zur Verringerung gewisser Artefakte sowie zur Reduktion des Bildrauschens und somit der Patientendosis auf iterative Verfahren zurückgegriffen, die eine andere Lösungsmöglichkeit für die Inversion des Systemmodells darstellen. Wie eingangs erläutert, wird dazu die Diskretisierung des Modells zu Beginn stattfinden, so dass der Vektor p die Rohdaten und der Vektor f die Bilddaten beschreibt. Das Systemmodell X beschreibt unsere Vorstellung, wie die Bilddaten in Rohdaten umzuwandeln sind, d. h., es beschreibt die im Allgemeinen nichtlineare Abbildung $p = X(f)$.

In vielen Fällen lässt sich das Systemmodell gut durch eine lineare Abbildung annähern, so dass $p = X \cdot f$ gilt. Für solche Fälle sollen im Folgenden einfache Ansätze zur Invertierung der Gleichung skizziert werden.

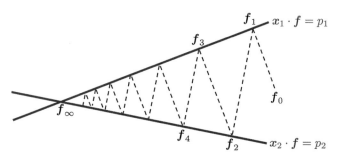

Abb. 8.17 Große Gleichungssysteme lassen sich gemäß der Methode von Kaczmarz durch sukzessive Projektion auf Ebenen lösen. Die gestrichelten Linien entsprechen den ersten sieben Iterationen für $J = 2$

8.3.2.1 Kaczmarzmethode, Algebraische Rekonstruktionstechnik (ART)

Bereits in der ersten Hälfte des zwanzigsten Jahrhunderts beschrieb Kaczmarz eine Möglichkeit, große Gleichungssysteme iterativ zu lösen [61]. Wenn J die Anzahl der Messwerte, also die Dimension des Vektors p, und I die Anzahl der Pixel oder Voxel, also die Dimension des Vektors f, darstellt, dann ist X eine $J \times I$-Matrix und unsere Bildgebungsgleichung

$$X \cdot f = p \quad (8.33)$$

kann als System von J linearen Gleichungen aufgefasst werden. O. B. d. A. können wir vorübergehend annehmen, dass X aus Einheitszeilenvektoren besteht, d. h., dass

$$X = \begin{pmatrix} x_1 \\ x_2 \\ \vdots \\ x_J \end{pmatrix} \quad \text{mit } |x_j| = 1 \quad (8.34)$$

gilt. Dies kann jederzeit durch geeignete Skalierung jeder der J linearen Gleichungen $x_j \cdot f = p_j$ erreicht werden. Offensichtlich beschreibt jede der Gleichungen eine I-dimensionale Ebene mit Einheitsnormalenvektor x_j und mit Abstand p_j zum Ursprung.

Ausgehend von einem Startwert $f^{(0)}$ führt Kaczmarz' Methode aufeinanderfolgende orthogonale Projektionen auf jede dieser Ebenen durch, und zwar in zyklischer Abfolge. Die Projektion von $f^{(k)}$ auf die Ebene j erhält man durch Lösen von

$$x_j \cdot (f^{(k)} + \lambda x_j) = p_j \quad (8.35)$$

nach λ. Offensichtlich folgt $\lambda = p_j - x_j \cdot f^{(k)}$. Der Lotfußpunkt ist somit

$$f^{(k+1)} = f^{(k)} + \lambda x_j = f^{(k)} + (p_j - x_j \cdot f^{(k)}) x_j \quad (8.36)$$

und wird als Wert für den nächsten Iterationsschritt genutzt. Nachdem alle Ebenen abgearbeitet sind, also für $k = J$, ist die erste Iteration beendet. Das Verfahren beginnt nun mit der zweiten Iteration, in der wieder die Projektionen auf alle Ebenen durchgeführt werden. Das heißt, nicht k sondern $\lceil k/J \rceil$ stellt die aktuelle Iterationsnummer dar. Das Vorgehen ist in Abb. 8.17 für $J = 2$ veranschaulicht.

Um die Konvergenzeigenschaften der Kaczmarz-Methode zu verstehen, betrachten wir die Abweichung des $(k + 1)$-ten Bilds von der wahren (aber unbekannten) Lösung f:

$$(f^{(k+1)} - f)^2 = (f^{(k)} - f)^2 + 2\lambda x_j \cdot (f^{(k)} - f) + \lambda^2 x_j^2$$
$$= (f^{(k)} - f)^2 - \lambda^2 \qquad (8.37)$$
$$\leq (f^{(k)} - f)^2,$$

wobei die Identitäten $x_j \cdot f^{(k)} = p_j - \lambda$ und $x_j \cdot f = p_j$ sowie die Eigenschaft $|x_j| = 1$ genutzt wurde. Offensichtlich fällt die Abweichung des errechneten Bilds vom wahren Bild monoton und das Verfahren konvergiert, sofern sich X invertieren lässt. Im Falle eines unterbestimmten Gleichungssystems ist f nicht eindeutig bestimmt und die Methode konvergiert zu einer der möglichen Lösungen. Bei überbestimmten Systemen kann das Verfahren nicht konvergieren. Es erzeugt stattdessen Lösungen, die im mittleren quadratischen Sinne optimal sind.

Anschaulich bedeuten die Elemente von Gl. 8.36 in Bezug auf die CT-Bildgebung Folgendes. Der Term $x_j \cdot f^{(k)}$ entspricht der Vorwärtsprojektion des k-ten Bilds entlang des j-ten Strahls, also der Summe aller (gewichteten) Bildpixel, die auf dem Strahl liegen. Somit ist $p_j - x_j \cdot f^{(k)}$ der Unterschied zwischen dem gemessenen Projektionswert und dem aus dem aktuellen Bild errechneten Projektionswert. Dieser Fehler wird durch die Multiplikation mit x_j und die Addition auf $f^{(k)}$ in das Bild zurückprojiziert, also auf alle Pixel gewichtet aufaddiert, die sich entlang des Strahls j befinden. Im nächsten Schritt wird dann das nun aktualisierte Bild $f^{(k+1)}$ entlang des Strahls $j + 1$ vorwärtsprojiziert, wieder die Abweichung zu den Rohdaten berechnet und dieser Fehler wieder in das Bild zurückprojiziert. Der auf diesem strahlweisen Verfahren basierende CT-Rekonstruktionsalgorithmus heißt algebraische Rekonstruktionstechnik (ART) [30, 31].

In kompakter, übersichtlicher, aber unpräziser Schreibweise lässt sich das ART-Update wie folgt formulieren:

$$f^{\text{neu}} = f^{\text{alt}} + X^{\text{T}} \cdot \frac{p - X \cdot f^{\text{alt}}}{X^2 \cdot 1} \qquad (8.38)$$

Aufgrund der Verwendung der Röntgenmatrix X spiegelt diese kompakte Schreibweise die Tatsache nicht wider, dass ART Strahl für Strahl vorgeht, sondern sie suggeriert, dass das Bild für alle Strahlen vorwärtsprojiziert wird, vom Sinogramm subtrahiert wird und nach Normierung wieder als Ganzes auf das Bild zurückprojiziert wird. Tatsächlich lassen sich mit dieser hier suggerierten simultanen Vorgehensweise ebenso gute CT-Bilder rekonstruieren wie mit ART. Der Nenner in Gl. 8.38 ist ein für die Voraussetzung $|x_j| = 1$ sorgendes Normierungs-Sinogramm, das durch Vorwärtsprojektion eines mit Einsen gefüllten Bilds erzeugt wird, und zwar mit quadratischen Vorwärtsprojektionsgewichten (d. h., X^2 steht in diesem Zusammenhang für die elementweise Quadrierung der Einträge von X). Die Division, also die Normierung, ist elementweise zu verstehen.

Die Rückprojektion X^T ist eine direkte Rückprojektion und ist nicht mit der Inversen X^{-1} zu verwechseln. Abb. 8.18 veranschaulicht den Unterschied zwischen X^T und X^{-1}. Für den Fall, dass X ideale Linienintegrale repräsentiert, ist die Inverse X^{-1} die gefilterte Rückprojektion. Somit lässt sich Abb. 8.18 als Illustration der direkten und der gefilterten Rückprojektion

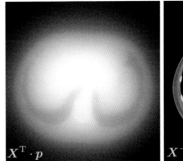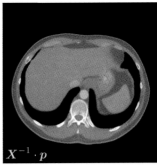

Abb. 8.18 Ungefilterte und gefilterte Rückprojektion im Vergleich. Fensterung des rechten Bilds $C = 0\,\text{HU}$, $W = 1000\,\text{HU}$

interpretieren. Das bei der direkten Rückprojektion entstehende Bild enthält keine hohen Frequenzen, nicht zuletzt weil nur positive Rohdatenwerte zurückprojiziert werden.

Als Startwert $f^{(0)}$ bei der iterativen Rekonstruktion wird häufig ein mit Nullen gefülltes Bild verwendet. Alternativ dazu lässt sich ein FBP-Bild zur Initialisierung nutzen. In vielen Fällen wird dadurch aber die Konvergenzgeschwindigkeit kaum verbessert. Für multiplikative Verfahren, also für Verfahren die ein Korrekturbild auf das aktuelle Bild aufmultiplizieren, statt es wie hier zu addieren, darf natürlich kein Nullbild zur Initialisierung verwendet werden.

8.3.2.2 Updategleichung durch Minimierung einer Kostenfunktion

Im Allgemeinen werden iterative Bildrekonstruktionsverfahren und deren zugehörige Updategleichungen durch Formulierung einer Kostenfunktion konstruiert, in der die gewünschten oder bekannten Eigenschaften des CT-Bilds und des abbildenden CT-Systems so formuliert werden, dass eine Minimierung (oder Maximierung) das gewünschte Bild liefert. Typischer Bestandteil der Kostenfunktion ist ein Rohdatendeckungsterm, der besagt, dass das gesuchte CT-Bild vorwärtsprojiziert möglichst gut den gemessenen Rohdaten entsprechen soll. Im einfachsten Fall handelt es sich bei dem Rohdatendeckungsterm um die quadratische Abweichung $(p - X \cdot f)^2$. Im Falle statistischer Rekonstruktionsverfahren, die die Poissonverteilung der Photonen modellieren, werden statt den Linienintegralen (logarithmierte Intensitäten) die Intensitätswerte gegeneinander verglichen. Oft handelt es sich dann um Maximum-Likelihood-Verfahren (ML-Verfahren), bei denen die Kostenfunktion dem Likelihood-Term entspricht und dann zu maximieren ist.

Auch der o. g. Fall der quadratischen Abweichung hat eine statistische Interpretation: Unter der Annahme, dass die logarithmierten Messwerte einer Normalverteilung folgen, entspricht er dem ML-Verfahren. Jeder Messwert gehorcht allerdings einer Normalverteilung mit einer der Schwächung entsprechenden Varianz. Durch Einfügen einer Diagonalmatrix W, auf deren Diagonale die inversen Varianzen stehen, lässt sich auch dies in die Kostenfunktion integrieren:

$$C(f) = (X \cdot f - p)^{\text{T}} \cdot W \cdot (X \cdot f - p) + \beta f^{\text{T}} \cdot Q \cdot f \qquad (8.39)$$

Die hier gezeigte verallgemeinerte Kostenfunktion weist nun neben der Rohdatenstatistik W einen zusätzlichen Strafterm auf, der hier als quadratischer Term formuliert wurde und das Ziel hat, Bildrauschen zu unterdrücken. Die Matrix Q ist eine Toeplitzmatrix und kann beispielsweise zur Bestrafung der ersten oder der zweiten Ableitung von f gewählt werden. Die Stärke dieses Glättungsterms wird durch den Regularisierungsparameter β kontrolliert. Rekonstruktionen, die auf dieser oder einer ähnlichen Kostenfunktion basieren, werden als Penalized-Weighted-Least-Squares(PWLS)-Verfahren bezeichnet. Konkret handelt es sich bei unserer Kostenfunktion um eine lineare PWLS-Kostenfunktion, da der Gradient der Kostenfunktion eine lineare Funktion der Unbekannten f ist. Bei anderer Wahl des Strafterms können auch nichtlineare Terme entstehen. Letztere sind nötig, um sowohl das Rauschen zu reduzieren als auch eine Glättung der Kanten zu vermeiden. Aus Platzgründen kann hier leider nicht auf diese Techniken eingegangen werden.

Eine einfache (aber nicht optimale) Möglichkeit, die Kostenfunktion zu minimieren, ist das Gradientenabstiegsverfahren. Der Gradient von $C(f)$ bezüglich der Unbekannten f lautet:

$$\nabla C(f) \propto X^{\mathrm{T}} \cdot W \cdot (X \cdot f - p) + \beta Q \cdot f \qquad (8.40)$$

Er zeigt in Richtung des steilsten Anstiegs der Kostenfunktion. Daher muss zur Minimierung der Kostenfunktion in entgegengesetzter Richtung gegangen werden, und zwar mit einer so gewählten Längenskalierung λ, dass

$$\begin{aligned} f^{\mathrm{neu}} &= f^{\mathrm{alt}} - \lambda \nabla C(f^{\mathrm{alt}}) \\ &= f^{\mathrm{alt}} - \lambda (X^{\mathrm{T}} \cdot W \cdot (X \cdot f - p) + \beta Q \cdot f) \end{aligned} \qquad (8.41)$$

die Kostenfunktion entlang dieser Gradientenrichtung minimiert. Für $\beta = 0$ ergibt sich bei dieser Vorgehensweise genau die gleiche Struktur der Updategleichung wie bei der ART-Methode (Gl. 8.38):

$$\begin{aligned} f^{\mathrm{neu}} &= f^{\mathrm{alt}} - \lambda \nabla C(f^{\mathrm{alt}}) \\ &= f^{\mathrm{alt}} - \lambda (X^{\mathrm{T}} \cdot W \cdot (X \cdot f - p) + \beta Q \cdot f) \end{aligned} \qquad (8.42)$$

Die ART entspricht dem Fall $W = 1$. Der Skalierungsfaktor λ übernimmt hier die Rolle des Normierungsfaktors $X^2 \cdot 1$ der ART.

Eine interessante Beobachtung lässt sich machen, wenn man den Konvergenzpunkt der Methode ansieht. Dort gilt $\nabla C(f_\infty) = 0$. Dies kann (zumindest formell) nach f_∞ aufgelöst werden,

$$f_\infty = (X^{\mathrm{T}} \cdot W \cdot X + \beta Q)^{-1} \cdot X^{\mathrm{T}} \cdot W \cdot p, \qquad (8.43)$$

und wie folgt interpretiert werden: Das Bild $X^T \cdot W \cdot p$ ist eine direkte Rückprojektion der gewichteten Rohdaten, also ein sehr unscharfes Bild. Der Term $(X^T \cdot W \cdot X + \beta Q)^{-1}$ ist eine lineare translationsinvariante Operation auf diesem unscharfen Bild, also ein Bildfilter. Folglich stellt die Gleichung eine direkte Rückprojektion gefolgt von einem Bildfilter dar. Der Bildfilter lässt sich auch analytisch herleiten. Rekonstruktionen dieser Art sind analytisch (und nicht iterativ) und werden Backprojection Filtration (BPF) genannt.

Eine weitere interessante Beobachtung folgt, wenn man annimmt, dass man ein Bild f_{Master} berechnet, für das $\tilde{X} \cdot$

$f_{\mathrm{Master}} = p$ mit hoher Genauigkeit gilt. Hierbei kann $\tilde{X}$ eine Vereinfachung des tatsächlichen Systemmodells sein, z. B. ein Modell, das die endliche Ausdehnung der Röntgenstrahlen nicht berücksichtigt. Das Masterbild lässt sich beispielsweise durch eine gefilterte Rückprojektion errechnen, wenn es sehr kleine Pixel besitzt, d. h. $f_{\mathrm{Master}} = \tilde{X}^{-1} \cdot p$. Ausgehend von diesem Masterbild gilt dann:

$$f_\infty = (X^{\mathrm{T}} \cdot W \cdot X + \beta Q)^{-1} \cdot X^{\mathrm{T}} \cdot W \cdot \tilde{X} \cdot f_{\mathrm{Master}} \qquad (8.44)$$

Anschaulich bedeutet das, dass das gewünschte Bild f_∞ durch Filtern eines Masterbilds berechnet werden kann.

8.3.3 Iterative Verfahren in der klinischen Routine

Die klassischen iterativen Verfahren konvergieren sehr langsam. Typischerweise sind bis zu hundert Iterationen nötig, um ein annähernd auskonvergiertes CT-Bild zu erhalten. Mit Beschleunigungstechniken, wie dem Ordered-Subsets-Verfahren [9], lässt sich die Konvergenz zwar um eine Größenordnung beschleunigen. Dennoch sind die Rekonstruktionszeiten für die klinische Anwendung zu hoch. Eine Iteration eines iterativen Verfahrens beinhaltet eine Vor- und eine Rückprojektion und dauert somit mindestens doppelt so lange wie eine gefilterte Rückprojektion.

Eine Möglichkeit, die Konvergenz zu beschleunigen, ist die sogenannte Vorkonditionierung des Gleichungssystems $X \cdot f = p$. Dazu wird eine approximative Inverse $\tilde{X}^{-1}$ von X benötigt. Als approximative Inverse dient in der CT-Bildgebung typischerweise die gefilterte Rückprojektion. Die Rechtskonditionierung geschieht durch den Ansatz

$$X \cdot \tilde{X}^{-1} \cdot q = p \qquad (8.45)$$

mit $q = \tilde{X} \cdot f$, der sich gemäß der linearen PWLS-Methode (Gl. 8.42) iterativ folgendermaßen lösen lässt:

$$q^{\mathrm{neu}} = q^{\mathrm{alt}} - \alpha (X \cdot \tilde{X}^{-1})^{\mathrm{T}} \cdot W \cdot (X \cdot \tilde{X}^{-1} \cdot q^{\mathrm{alt}} - p) \qquad (8.46)$$

Unter Nutzung von $f = \tilde{X}^{-1} \cdot q$ ergibt sich nach Multiplikation mit $\tilde{X}^{-1}$ von links

$$f^{\mathrm{neu}} = f^{\mathrm{alt}} - \alpha \tilde{X}^{-1} \cdot (X \cdot \tilde{X}^{-1})^{\mathrm{T}} \cdot W \cdot (X \cdot f^{\mathrm{alt}} - p). \qquad (8.47)$$

Da $(X \cdot \tilde{X}^{-1})^T$ ungefähr gleich der Einheitsmatrix ist, kann der Term fallengelassen werden und die Updategleichung ergibt sich zu

$$f^{\mathrm{neu}} = f^{\mathrm{alt}} - \alpha \tilde{X}^{-1} \cdot W \cdot (X \cdot f^{\mathrm{alt}} - p). \qquad (8.48)$$

Ein Vergleich mit Gl. 8.42 zeigt, dass die Vorkonditionierung einer Ersetzung der Rückprojektion X^T durch die gefilterte Rückprojektion $\tilde{X}^{-1}$ entspricht.

Die Konditionierung durch die gefilterte Rückprojektion ist meist so gut, dass ein oder zwei Iterationen ausreichen.

Die in der klinischen Routine eingesetzten Verfahren nutzen teilweise diese Beschleunigung und kommen mit wenigen Ite-

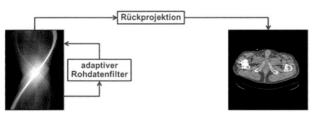

Conventional FBP with rawdata denoising (all vendors)

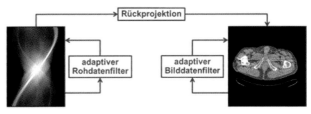

**ASIR, ASIR-V (GE), AIDR3D (Toshiba), IRIS (Siemens),
iDose (Philips),** SnapShot Freeze (GE), iTRIM (Siemens)

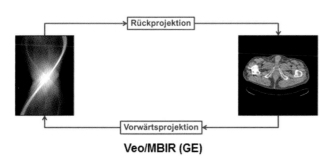

Veo/MBIR (GE)

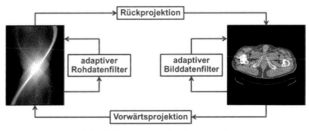

SAFIRE, ADMIRE (Siemens)

Abb. 8.19 Herstellerseitig werden derzeit verschiedene Ansätze der iterativen Rekonstruktion verfolgt. Sie unterscheiden sich darin, ob Rohdaten- und Bildfilter angewendet werden und ob Vorwärtsprojektionen genutzt werden, um das Bild an die gemessenen Rohdaten anzupassen. Die gefilterte Rückprojektion (oben links) zählt nicht zu den iterativen Verfahren. In der klinischen CT operiert die FBP immer auf bereits adaptiv gefilterten Rohdaten. Eine reine FBP-Rekonstruktion ist für den Anwender nicht zugängig

rationen aus. Zudem lässt sich zeigen, dass gewisse Anteile der iterativen Rekonstruktion komplett im Bildraum durchgeführt werden können. Dort entspricht die iterative Rekonstruktion im Wesentlichen einer kantenerhaltenden Glättung des Bilds, mit dem Ziel, das Rauschen zu reduzieren, ohne die Ortsauflösung zu verändern. Außerdem wird noch die Möglichkeit genutzt, durch adaptive Filter im Sinogramm-Raum die Daten statistisch optimal zu glätten [57].

Konkret lassen sich die Herstellerverfahren gemäß Abb. 8.19 in vier Klassen einteilen. Alle Hersteller bieten herkömmliche FBP-Verfahren an, die zudem adaptive Rohdatenfilterung beinhalten. FBP-Bilder ohne adaptive Vorverarbeitung der Daten lassen sich im Allgemeinen an der Konsole nicht erzeugen. Die erste Generation der iterativen Verfahren basierte auf einer Kombination von adaptiven Sinogrammfiltern und adaptiven Bildfiltern. Da Letztere auch mehrmals, also iterativ angewendet werden können, wird von iterativer Rekonstruktion gesprochen, obwohl es sich im engeren Sinne lediglich

um eine Bildrestaurierung handelt. In der zweiten Generation der iterativen Algorithmen findet auch eine Vorwärtsprojektion statt, um die Bilder konsistenter zu den Rohdaten zu machen. GE verwendet mit Veo einen klassischen iterativen Algorithmus, mit dementsprechend langer Rekonstruktionszeit und somit niedriger Akzeptanz. Siemens verfolgt den beschleunigten Ansatz und nutzt sowohl adaptive Rohdatenfilter, kantenerhaltende Bildfilter sowie eine oder zwei Iterationen zwischen Bild- und Rohdatenraum mit vorkonditionierter Rückprojektion.

Letztendlich wird durch die iterativen Verfahren das Ziel der Dosisreduktion gut erreicht (Abb. 8.20). Realistische Dosisreduktionswerte liegen wohl um die 30 %. Derzeit finden sich jedoch eine Vielzahl an Studien, die bei gleichem Algorithmus eine weite Spanne an Dosisreduktionen zu beobachten glauben [51]. Neben dem wohl wichtigsten Ziel der Dosisreduktion dienen die iterativen Verfahren zur Erhöhung der Ortsauflösung und zur Reduktion von Artefakten.

Abb. 8.20 Die iterative Rekonstruktion reduziert das Rauschen bei gleichzeitig erhaltener Ortsauflösung. Letzteres ist an dem Differenzbild erkenntlich, in dem kaum Objektkanten sichtbar sind. $C = 0\,\mathrm{HU}$, $W = 500\,\mathrm{HU}$

FBP (B50f)   **SAFIRE (I50f)**   **FBP minus SAFIRE**

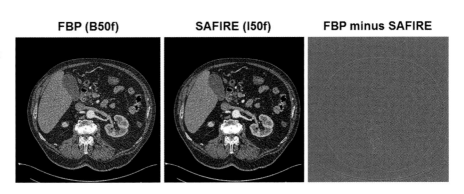

8.4 Bildqualität und Dosis

In der CT sind Bildqualität und Dosis eng miteinander verknüpft und dürfen nicht unabhängig voneinander betrachtet werden. Bildqualitätsvergleiche sind daher nur bei gleicher Dosis zulässig, bzw. wenn eine Umrechnung beispielsweise des ermittelten Bildrauschens so erfolgt ist, dass es Messungen bei gleicher Dosis entsprechen würde.

8.4.1 Scan- und Rekonstruktionsparameter

Vor der Durchführung eines CT-Scans sind anwenderseitig zahlreiche Parameter festzulegen (Abb. 8.21), die im Wesentlichen die Scangeschwindigkeit, die Bildqualität, die Dosis und das Artefaktverhalten beeinflussen. Die wichtigsten dieser Parameter sind in Tab. 8.5 aufgeführt, ebenso typische Werte, wie sie in der Routine genutzt werden.

Die Scanparameter müssen prospektiv gewählt werden, also vor der Messung. Die Röhrenspannung U hat Auswirkungen auf den Kontrast. Photonen höherer Energie werden weniger stark geschwächt, was einerseits den Kontrast, andererseits die Patientendosis und das Bildrauschen beeinflusst. Bei Verwendung von jodhaltigem Kontrastmittel sollte U möglichst niedrig gewählt werden. Allerdings wird die Untergrenze für die Spannung mit größer werdendem Patientenquerschnitt höher, so dass kontrastierte Scans oft mit 120 kV gefahren werden. Während die Röhrenspannung einen komplexen nichtlinearen Einfluss auf die Bildqualität hat, beeinflussen die anderen Scanparameter (Röhrenstrom, Scandauer, Kollimierung) lediglich die Anzahl der Röntgenquanten, die zur Messung verwendet werden, und gehen somit über die Quadratwurzel in die Bildqualität (Abschn. 8.4.2) und linear in die Dosis (Abschn. 8.4.3) ein.

Die Rekonstruktionsparameter lassen sich im Gegensatz zu den Scanparametern nach dem Scan ändern, um dann eine erneute Rekonstruktion durchzuführen. Im Wesentlichen beeinflussen die Rekonstruktionsparameter die Ortsauflösung des entstehen-

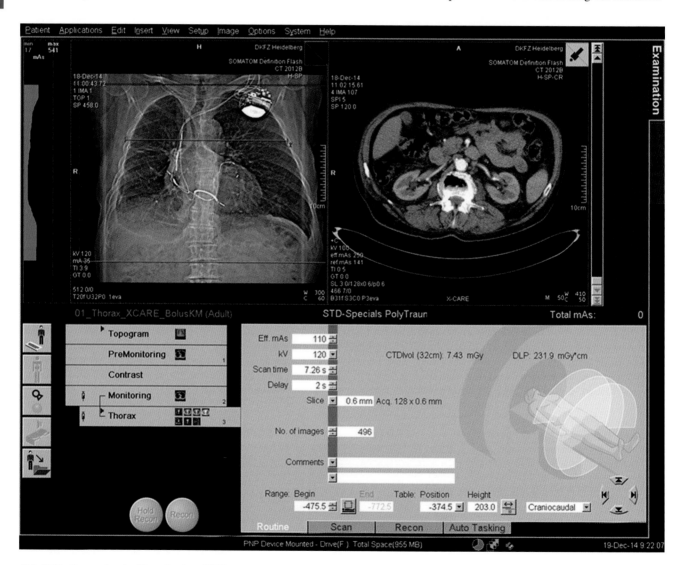

Abb. 8.21 Screenshot der Konsole eines CT-Systems beim Festlegen der Scanparameter

Tab. 8.5 Scan- und Rekonstruktionsparameter, die vom Anwender festzulegen sind, und typische Werte für moderne CT-Geräte

Parameter	Typische Werte
Röhrenspannung U	70 kV … 150 kV
Röhrenstrom I	40 mA … 1300 mA
Rotationszeit t_{rot}	0,25 s … 1,0 s
Pitch p	0,2 … 1,5 (bis 3,2 bzw. 3,4 bei DSCT)
Effektives Röhrenstrom-Zeit-Produkt	10 mAs … 2000 mAs
Kollimierung C	$16 \cdot 0{,}5$ mm … $320 \cdot 0{,}5$ mm
Scanbereich z_{Lo}, z_{Hi} und Scanlänge $z_{Hi} - z_{Lo}$	1 mm … 2000 mm
Dosismodulation	an oder aus
Rekonstruktionskern	weich … scharf
Rekonstruktionsalgorithmus	analytisch oder iterativ
Bildposition, Bildgröße	5 cm … 50 cm
Pixelgröße Δx, Δy	0,1 mm … 1 mm
Schichtinkrement Δz	0,1 mm … 2 mm
Effektive Schichtdicke S_{eff}	0,5 mm … 5 mm

den CT-Volumens. In lateraler Richtung wird die Ortsauflösung durch die Wahl des Faltungskerns, in longitudinaler Richtung wird sie durch die Wahl der effektiven Schichtdicke beeinflusst. Unschärfere Bilder sind auch rauschärmer (Abschn. 8.4.2), wodurch sich oft erst dann kontrastarme Läsionen im Patienten erkennen lassen. Diese Niedrigkontrastdetektierbarkeit ist für die Diagnose so wichtig, dass nur sehr wenige Scans mit maximal möglicher Ortsauflösung rekonstruiert werden.

8.4.2 Bildqualität

Die Qualität eines CT-Bilds ist durch viele Faktoren bestimmt. Der wohl wichtigste ist der Faktor Mensch, da letztendlich ein Radiologe die Bilder lesen und Krankheiten diagnostizieren muss. Dessen Auffassung von Bildqualität ist leider kaum quantifizierbar, da sie einerseits subjektiv ist, andererseits von sehphysiologischen Parametern abhängt und da sie auch stark von der Berufserfahrung geprägt ist.

Vom menschlichen Betrachter unabhängig sind Parameter wie Ortsauflösung und Rauschen und daraus abgeleitete Größen. Diese sollen im Folgenden erläutert werden. Ebenso wichtig wie diese systemtheoretischen Größen sind Artefakte. Da diese durch nichtlineare Prozesse entstehen, lassen sie sich systemtheoretisch nicht erfassen und daher gibt es auch keine allgemeinen Standards zu deren Quantifizierung, abgesehen von der Homogenität der CT-Werte, die im klinischen CT an 32 cm Wasserphantomen gemessen wird. Da das Verständnis über die Ursachen und das Aussehen der Artefakte sowohl für den Physiker als auch für den Radiologen extrem wichtig ist, werden die Artefakte in einem gesonderten Unterkapitel betrachtet (Abschn. 8.5).

Rauschen Die Wahrscheinlichkeit, dass ein von der Röntgenröhre in Richtung eines Detektorelements ausgesendetes Röntgenphoton der Energie E im Detektor nachgewiesen wird beträgt

$$(1 - e^{-\mu_{D(E)} d_D}) e^{-p(E)}. \tag{8.49}$$

Dabei ist $\mu_{D(E)}$ der lineare Schwächungskoeffizient des Detektors, d_D die Schnittlänge des Röntgenstrahls mit dem Detektormaterial und $p(E) = X\mu(\boldsymbol{r}, E)$ das Linienintegral durch die Schwächungskoeffizientenverteilung $\mu(\boldsymbol{r}, E)$ des Patienten. Der Nachweis des Photons ist also ein Bernoulli-Experiment mit oft sehr kleiner Erfolgswahrscheinlichkeit. Die Anzahl $N_0(E)$ der aus der Röntgenröhre und dem Vorfiltersystem innerhalb eines Zeitintervalls austretenden Photonen ist zudem poissonverteilt. Daraus ergibt sich, dass auch die Anzahl der detektierten Photonen poissonverteilt ist. Das heißt, es gilt

$$\mathrm{E}\,N(E) = \mathrm{Var}\,N(E), \tag{8.50}$$

Wobei E und Var den Erwartungswert und die Varianz der Zufallsvariablen $N(E)$ darstellen und $N(E)$ die Anzahl der bei der Energie E innerhalb eines Zeitintervalls detektierten Photonen ist.

Das im Detektor registrierte Signal entspricht unter gewissen Annahmen in guter Näherung einer gewichteten Summe

$$S = \int \mathrm{d}E\, a(E) N(E), \tag{8.51}$$

wobei $a(E)$ die Detektorantwort auf ein Photon der Energie E darstellt. Im Falle im Linearbereich operierender energieintegrierender Detektoren, wie sie in derzeitigen klinischen CT-Systemen zum Einsatz kommen, ist $a(E) \propto E$. Für den Erwartungswert und die Varianz der Zufallsvariable S gelten

$$\mathrm{E}\,S = \int \mathrm{d}E\, a(E)\,\mathrm{E}\,N(E) \quad \text{und} \quad \mathrm{Var}\,S = \int \mathrm{d}E\, a^2(E)\,\mathrm{E}\,N(E). \tag{8.52}$$

Zudem ist ein (durch Mittelung vieler Messungen) unverrauschter Referenzwert

$$\mathrm{E}\,S_0 = \int \mathrm{d}E\, a(E)\,\mathrm{E}\,N_0(E) \tag{8.53}$$

bekannt, der ohne Objekt im Strahlengang ermittelt wird. $\mathrm{E}\,N_0(E)$ stellt dabei die bei der Energie E erwartete Photonenzahl dar.

Der letztendlich der Vorverarbeitung und Bildrekonstruktion zur Verfügung stehende polychromatische Schwächungswert ist $Q = -\ln S / E S_0$. Durch Fehlerfortpflanzung ergibt sich in erster Näherung

$$\mathrm{E}\, Q \approx -\ln \frac{\mathrm{E}\, S}{\mathrm{E}\, S_0} \quad \text{und} \quad \mathrm{Var}\, Q \approx \frac{\mathrm{Var}\, S}{(\mathrm{E}\, S)^2}. \qquad (8.54)$$

Dieses Rauschen in den polychromatischen Schwächungswerten pflanzt sich entsprechend der Bildrekonstruktion nahezu linear in den Bildraum fort. Das Bildrauschen ist in den meisten CT-Bildern dieses Kapitels gut sichtbar.

Um die zugrunde liegenden Abhängigkeiten zu erkennen, empfiehlt es sich die Situation monochromatischer Strahlung genauer zu betrachten. Im Bereich der klinischen CT lassen sich die Schwächungseigenschaften und das Rauschen mehr oder weniger gut durch eine sogenannte effektive Energie E_{eff} annähern und eine monochromatische Betrachtung bei dieser Energie durchführen. Im diagnostischen CT-Bereich liegt E_{eff} je nach Röhrenspannung, Vorfilterung und Patientendicke im Bereich von 50 bis 90 keV.

Im Folgenden wird nun die Rauschbetrachtung auf den monochromatischen Fall spezialisiert. Zur Vereinfachung wird die Abhängigkeit von der Energie nicht explizit notiert, d. h. $a = a(E_{\mathrm{eff}})$, $N = N(E_{\mathrm{eff}})$, $N_0 = N_0(E_{\mathrm{eff}})$, $p = p(E_{\mathrm{eff}})$, … Für das Detektorsignal gilt nun $S = aN$, $\mathrm{E}\, S = a\, \mathrm{E}\, N$ sowie $\mathrm{Var}\, S = a^2\, \mathrm{Var}\, N = a^2\, \mathrm{E}\, N = a\, \mathrm{E}\, S$. Aus Gl. 8.54 folgt

$$\mathrm{E}\, Q \approx -\ln \frac{\mathrm{E}\, N}{\mathrm{E}\, N_0} \quad \text{und} \quad \mathrm{Var}\, Q \approx \frac{1}{\mathrm{E}\, N} \approx \frac{1}{\mathrm{E}\, N_0} \mathrm{e}^{\mathrm{E}\, Q}. \qquad (8.55)$$

Somit ist die Varianz des Rauschens des Projektionswertes indirekt proportional zur Anzahl der eingestrahlten Photonen. Eine Verdoppelung der Dosis durch Verdoppelung des effektiven Röhrenstrom-Zeit-Produkts (auch als $\mathrm{mAs_{eff}}$ bezeichnet) bewirkt folglich eine Reduktion der Standardabweichung des Rauschens auf $71\% = \sqrt{1/2}$. Dies gilt sowohl für das Rauschen in den Rohdaten, als auch für das Pixelrauschen im CT-Bild.

Zudem wird aus Gl. 8.55 deutlich, dass die Varianz des Projektionsrauschens exponentiell mit dem Schwächungswert steigt. Bei dickeren Patienten beobachtet man also ein überproportional ansteigendes Bildrauschen. Ebenso wird das Rauschen bei Strahlen, die dichtere Objekte im Patienten durchlaufen, überproportional stark sein. Dies führt im Extremfall von Metallimplantaten oder von hoch konzentrierten Kontrastmitteln dazu, dass Rauschartefakte in Form feiner nadelförmiger Streifen von den dichten Objekten ausgehen.

Letztendlich pflanzt sich das Rauschen in den Projektionswerten linear in den Bildraum fort. Im CT-Wert ergibt sich somit eine charakteristische Rauschverteilung. Typischerweise weisen die Pixelwerte in der Objektmitte die höchste Varianz auf und die am Messfeldrand eine deutlich geringere.

Die Höhe des Rauschens lässt sich im Bild quantifizieren, wenn man einen Bildbereich mit homogenem Hintergrund auswertet. Solche Auswerteverfahren sind auf allen CT-Systemen verfügbar. Im Prinzip zeichnet man den Bereich, die sogenannte Region of Interest (ROI) in das CT-Bild ein und der Rechner ermittelt dann den Mittelwert und die Standardabweichung aller in der ROI befindlichen Pixel oder Voxel. Die Standardabweichung ist dann ein Maß für das Rauschen im Bild. Auch im Bildraum gilt, dass das Rauschen mit der Wurzel aus der Dosis sinkt. Das heißt, eine Vervierfachung der Dosis würde eine Halbierung des Rauschens zur Folge haben.

Wesentlich genauer lässt sich das Bildrauschen in Differenzbildern erfassen. Dabei wird das Objekt zwei Mal unter identischen Bedingungen gemessen und zwei Bilder rekonstruiert. Diese werden dann voneinander subtrahiert. In dem so erhaltenen Differenzbild ist sichergestellt, dass der Hintergrund nahezu perfekt homogen ist, da sein Erwartungswert idealerweise den Wert null annimmt, und zwar unabhängig von der Position des Pixels im Messfeld. Der innerhalb einer ROI im Differenzbild ermittelte Rauschwert ist dann noch durch $\sqrt{2}$ zu dividieren, um das Rauschen des Einzelbilds zu erhalten. Um noch genauere Aussagen über das Rauschen zu treffen, können zudem komplette Zeitserien von Bilder ausgewertet werden, und es kann das sogenannte Noise-Power-Spektrum (NPS) berechnet werden. Da Mehrfachmessungen am Patienten aus Dosisgründen nicht möglich sind, können diese verfeinerten Verfahren lediglich an Phantomen durchgeführt werden.

8.4.2.1 Ortsauflösung

Ein abbildendes System S bildet ein Objekt $f(\mathbf{r})$ auf ein Bild $g(\mathbf{r}) = Sf(\mathbf{r})$ ab. Das System ist linear und translationsinvariant, wenn das Bild des Objektes $af_1(\mathbf{r}) + bf_2(\mathbf{r})$ gleich $ag_1(\mathbf{r}) + bg_2(\mathbf{r})$, wobei $g_i(\mathbf{r}) = Sf_i(\mathbf{r})$ sind, und wenn das Bild von $f(\mathbf{r} + \mathbf{t})$ gleich $g(\mathbf{r} + \mathbf{t})$ ist.

Ein CT-System ist in guter Näherung unter gewissen Bedingungen solch ein lineares translationsinvariantes abbildendes System. Eine der Bedingungen ist der Betrieb des Systems im linearen Bereich, d. h. in dem Bereich, in dem die Detektoren weder über- noch unterbelichtet sind und in dem Artefakte wie beispielsweise die Strahlaufhärtung oder Abtastartefakte eine untergeordnete Rolle spielen. Dann gilt beispielsweise, dass eine Veränderung der Objektdichte auch eine dazu proportionale Veränderung der Graustufen im CT-Bild nach sich zieht (Linearität). Ebenso bedingt eine Verschiebung des Objekts eine entsprechende Verschiebung des Bilds (Translationsinvarianz). Damit die Translationsinvarianz aber auch subvoxelgenau gilt, muss bei der Messung und bei der Rekonstruktion darauf geachtet werden, dass die diskreten Abtastabstände (z. B. die Voxelgröße) klein gegen die Ortsauflösung des Systems sind (siehe Abschn. 8.4.2 „Abtastung").

Für lineare translationsinvariante Systeme kann eine Ortsauflösung definiert werden. Da sich das Objekt f in Impulse zerlegen lässt,

$$f(\mathbf{r}) = \int \mathrm{d}^3 r'\, f(\mathbf{r}')\delta(\mathbf{r} - \mathbf{r}') = f(\mathbf{r}) * \delta(\mathbf{r}), \qquad (8.56)$$

und da aufgrund der Linearität und Translationsinvarianz von S

$$g(\mathbf{r}) = Sf(\mathbf{r}) = \int d^3 r'\, f(\mathbf{r}')S\delta(\mathbf{r} - \mathbf{r}') = f(\mathbf{r}) * S\delta(\mathbf{r})$$

$$(8.57)$$

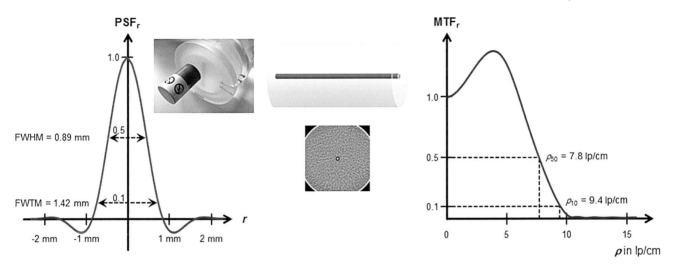

Abb. 8.22 Die laterale Punktbildfunktion kann im CT durch Messung eines sehr dünnen in z-Richtung aufgespannten und somit in lateraler Richtung punktförmigen Drahts erfolgen. Das Bild des Drahts ist die Punktbildfunktion $\mathrm{PSF}_{xy}(x, y)$, abgesehen von Abtastartefakten und nicht zum Draht gehörigen Bildelementen wie die Phantomhülle oder -halterung. Durch azimutale Mittelung erhält man dann das radiale Profil $\mathrm{PSF}_r(r)$ der lateralen Punktbildfunktion. Dessen Hankeltransformation ergibt $\mathrm{MTF}_r(\rho)$. Maßzahlen wie die FWHM der PSF oder der 10 %-Wert der MTF werden genutzt, um ein skalares Maß für die Ortsauflösung zu erhalten und zu kommunizieren

gilt, ist die abbildende Eigenschaft von **S** vollständig durch die sogenannte Punktbildfunktion (PSF)

$$\mathrm{PSF}(\boldsymbol{r}) = \mathbf{S}\delta(\boldsymbol{r}) \qquad (8.58)$$

beschrieben, und das Bild $g(\boldsymbol{r})$ eines Objekts $f(\boldsymbol{r})$ lässt sich durch Faltung mit der Punktbildfunktion errechnen:

$$g(\boldsymbol{r}) = f(\boldsymbol{r}) * \mathrm{PSF}(\boldsymbol{r}) \qquad (8.59)$$

Die Punktbildfunktion ist also das Bild eines unendlich kleinen Punkts. Eine Möglichkeit die Punktbildfunktion eines Systems zu bestimmen, ist folglich die Messung eines sehr kleinen punktförmigen Objekts. Dessen Größe muss klein gegenüber der zu erwartenden Breite der Punktbildfunktion sein, um den Einfluss des Testobjekts auf die PSF vernachlässigen zu können. In der Praxis weist das abbildende System Symmetrien auf, die bei der Bestimmung der PSF genutzt werden. Beispielsweise ist die PSF eines CT-Systems in guter Näherung rotations- und translationsinvariant, wodurch sich die PSF folgendermaßen in das Produkt einer lateralen und einer longitudinalen Punktbildfunktion zerlegen lässt:

$$\mathrm{PSF}(\boldsymbol{r}) = \mathrm{PSF}_{xy}(x, y)\mathrm{PSF}_z(z) = \mathrm{PSF}_r(r)\mathrm{PSF}_z(z) \qquad (8.60)$$

mit $r^2 = x^2 + y^2$.

Die Komponenten lassen sich nun einzeln vermessen. Beispielsweise kann die laterale PSF durch Scannen eines in z-Richtung aufgespannten sehr dünnen, aber ausreichend dichten Drahts erfolgen (Abb. 8.22). Da der Draht in z-Richtung invariant ist, wird der Einfluss der $\mathrm{PSF}_z(z)$ unterdrückt. Letztendlich kann durch Nutzung der Symmetrien in vielen Fällen auf eindimensionale Punktbildfunktionen übergegangen werden. Deren Form ist meist glockenförmig. Die Breite der Kurve, die beispielsweise als Halbwertsbreite (FWHM) angegeben wird, ist ein skalares

Maß für die Ortsauflösung. Da sich diese Zahlen leichter kommunizieren lassen als die Angabe kompletter Funktionsverläufe wie $\mathrm{PSF}_r(r)$ oder $\mathrm{PSF}_z(z)$, sind in der Literatur häufig nur die Maßzahlen zu finden. Eine vollständige Aussage über die Ortsauflösungseigenschaften lässt sich jedoch nur bei Angabe der kompletten Punktbildfunktion geben.

Die longitudinale Punktbildfunktion (Abb. 8.23) nimmt in der CT eine Sonderrolle ein, da sich für sie die spezielle Bezeichnung Schichtempfindlichkeitsprofil (SSP) durchgesetzt hat: $\mathrm{SSP}(z) = \mathrm{PSF}_z(z)$. Für die FWHM des SSP wird zudem der Begriff Schichtdicke oder effektive Schichtdicke verwendet. Dieser Wert ist nicht gleich der auf das Drehzentrum umskalierten Breite der Detektorzeilen, da die Bildrekonstruktion vorsieht, die Daten in z-Richtung zu glätten oder aufzusteilen, um je nach Anwenderwunsch schärfere oder glattere Volumina zu rekonstruieren. Für die laterale Ortsauflösung und deren FWHM hingegen gibt es keine spezielle Bezeichnung. Aber auch dort lässt sich die Ortsauflösung je nach Anwenderwunsch variieren, nämlich durch die Wahl der Rekonstruktionskerne.

Die Fouriertransformierte der Punktbildfunktion ist die Modulationsübertragungsfunktion (MTF):

$$\mathrm{MTF}(\boldsymbol{u}) = \int \mathrm{d}^3 r\, \mathrm{PSF}(\boldsymbol{r})\mathrm{e}^{-2\pi\mathrm{i}\boldsymbol{u}\cdot\boldsymbol{r}} \qquad (8.61)$$

Die Angabe der MTF ist äquivalent zur Angabe der PSF, da beide Funktionen leicht ineinander umgerechnet werden können. In der CT hat sich leider eine inkonsistente Vorgehensweise eingebürgert: Die laterale Auflösung wird üblicherweise im Frequenzraum in Form der MTF dargestellt, die longitudinale Auflösung hingegen wird (als Schichtempfindlichkeitsprofil) im Ortsraum angegeben. Zudem wird (mangels mathematischer Kenntnisse?) fälschlicherweise häufig davon ausgegangen, dass auch der Radialanteil $\mathrm{PSF}_r(\rho)$ der Punktbildfunktion

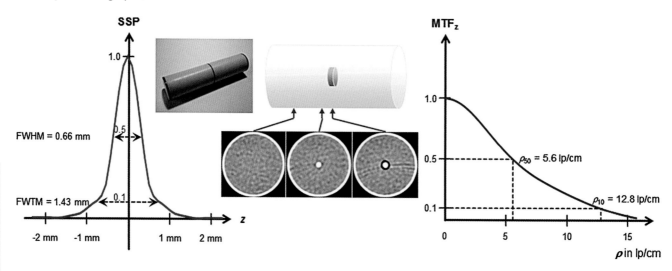

Abb. 8.23 Das Schichtempfindlichkeitsprofil kann durch Messung eines in z-Richtung sehr dünnen, und somit in longitudinaler Richtung punktförmigen Goldplättchens erfolgen. Das Bild des Goldplättchens ist das Schichtempfindlichkeitsprofil $\text{SSP}(z) = \text{PSF}_z(z)$

einfach fouriertransformiert werden müsse, um den Radialanteil $\text{MTF}_r(\rho)$ der Modulationsübertragungsfunktion zu erhalten. Dem ist jedoch nicht so, da die Radialanteile Hankeltransformierte zueinander sind:

$$\text{MTF}_r(\rho) = \int_0^\infty dr\, \text{PSF}_r(r)\, J_0(2\pi r\rho)\, 2\pi r \qquad (8.62)$$

Ebenso wie die PSF ist die MTF meist eine glockenförmige Kurve. Sie wird üblicherweise nur für positive Frequenzen dargestellt, wodurch sich eine Verwechslung mit der ähnlich aussehenden PSF vermeiden lässt. Als Maßzahlen der MTF wird nicht in etwa die Halbwertsbreite, sondern der 10 %-Wert ρ_{10} oder der 5 %-Wert ρ_5 kommuniziert, also der Wert $\rho > 0$, bei dem $\text{MTF}(\rho)/\text{MTF}(0)$ erstmals auf 0,1 bzw. auf 0,05 fällt.

Da der Mess- und Auswertungsaufwand zur Erfassung der Punktbildfunktionen relativ hoch ist, sind auch andere Maße für die Ortsauflösung üblich, die im Prinzip ohne Auswertung auskommen, weil sich die Maßzahl direkt am CT-Bild ablesen lässt (Abb. 8.24). Es muss an dieser Stelle betont werden, dass die ermittelte Ortsauflösung vom Messverfahren abhängt. Obwohl die Messungen aus den Abb. 8.23 und 8.24 allesamt mit den gleichen Parametern durchgeführt wurden, und somit die gleiche Punktbildfunktion haben, ergeben sich drei verschiedene Auflösungswerte.

Die Ortsauflösung lässt sich zudem aus den geometrischen Eigenschaften des CT-Systems abschätzen, zumindest dann, wenn sie in der nachgeschalteten Datenverarbeitung nicht durch glatte Faltungskerne oder andere Verfahren reduziert wird. Die Fokusgröße und die Detektorapertur, d. h. die Breite des Detektorpixels, prägen dem Röntgenstrahl effektiv ein Profil auf, das eine Funktion des Abstands zum Fokus bzw. Detektorpixels ist. Bezeichnen wir die Intensitätsverteilung auf dem Fokus senkrecht zur Strahlrichtung mit $p_F(\xi)$ und das Empfindlichkeitsprofils eines Detektorpixels senkrecht zur Strahlrichtung mit $p_D(\xi)$ und mit R_{FD} den Abstand Fokus zu Detektorpixel,

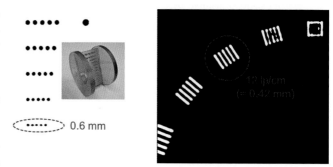

Abb. 8.24 Die Ortsauflösung kann auch durch Messung sogenannter Auflösungsmuster bestimmt werden. Wenn sich bei minimaler Fensterbreite das Zentrum der Graustufen so einstellen lässt, dass eines der Muster vollständig erfasst werden kann, ohne dass die Einzelstrukturen ineinander überlaufen, dann gilt diese Auflösungsstufe als erreicht. *Links* sind das beispielsweise die 0,6 mm Bohrungen, *rechts* die 12 Linienpaare pro Zentimeter

dann ist im Abstand r vom Fokus das transversale Strahlprofil durch

$$p_r(\xi) = p_F\left(\frac{r - R_{FD}}{R_{FD}}\xi\right) * p_D\left(\frac{r}{R_{FD}}\xi\right) \qquad (8.63)$$

gegeben. Auf halbem Weg zum Detektor, also ungefähr dort, wo der Strahl den Patienten hälftig durchlaufen hat, gilt $p_{R_{FD}/2}(\xi) = p_F(\xi/2) * p_D(\xi/2)$.

Nehmen wir die Fokus- und die Detektorapertur vereinfachend als Rechteckfunktion der Breite a_F bzw. a_D an, so ergibt sich durch die Faltungsoperation eine Trapezfunktion mit einer FWHM von

$$\frac{1}{2}a_F \vee \frac{1}{2}a_D, \qquad (8.64)$$

wobei $\vee$ der Maximumoperator ist. Die Auflösung in der Nähe des Drehzentrums ist also entweder fokus- oder detektorgrößendominiert, je nachdem, welche der beiden Abmessungen größer ist. Durch die Wahl einer kleineren Fokusgröße lassen sich somit, auf Kosten geringerer Röntgenleistung, höhere Ortsauflösungen erzielen. Niedrigere Auflösungen hingegen werden durch Glättung in der Signalverarbeitung erreicht.

8.4.2.2 Abtastung

Die in der CT erfassten Daten sind an diskreten Positionen gemessen, die durch die Positionen der Detektorpixel und durch die Winkelstellung der Gantry gegeben sind. Die Daten entsprechen also einer Abtastung der kontinuierlichen Röntgentransformierten des Patienten. Außerdem können die CT-Daten während und nach Abschluss der Bildrekonstruktion ebenfalls nur an diskreten Punkten gespeichert und verarbeitet werden. Dies macht sich insbesondere dadurch bemerkbar, dass das entstehende CT-Volumen aus Voxeln besteht, deren Graustufen letztendlich nur in der Mitte des Voxels gültig sind. Also ist auch das errechnete CT-Volumen nur eine abgetastete Version einer ansonsten kontinuierlichen Funktion.

Im vorangehenden Abschnitt wurde erläutert, dass ein lineares und translationsinvariantes System Grundvoraussetzung für die Definition von Ortsauflösung, Punktbildfunktion, Modulationsübertragungsfunktion usw. ist. Ein abgetastetes System jedoch ist per Definitionem nicht translationsinvariant. Lassen sich somit die Ortsauflösungsgrößen gar nicht bestimmen?

Offensichtlich müssen die Abtastabstände ausreichend klein gegenüber der Breite der Punktbildfunktion, also klein gegenüber dem Auflösungselement gewählt werden. Nur dann kann ein abbildendes System in guter Näherung invariant gegenüber Translationen sein. In Bezug auf die Voxelgröße heißt dies, dass die Voxel klein gegen die zu erwartende Ortsauflösung gewählt werden müssen. Ansonsten wird die in den Daten vorhandene Ortsauflösung nicht auf das CT-Bild übertragen und zudem können Aliasingartefakte entstehen. Konkret empfiehlt es sich, die Voxel etwa halb so groß wie die zu erwartende Ortsauflösung zu wählen. Beispielsweise erfordert ein CT-Volumen mit 0,6 mm effektiver Schichtdicke eine überlappende Rekonstruktion mit 0,3 oder 0,4 mm Schichtmittenabstand. Ebenso hat ein Volumen mit gegebener Voxelgröße allerhöchstens eine Ortsauflösung, die dem 1,5- bis 2-Fachen der Voxelgröße entspricht. Ein weit verbreiteter Irrtum – manch ein Leser mag sich nun ertappt fühlen – ist es, die Voxel- oder Pixelgröße mit der Ortsauflösung gleichzusetzen. Voxel oder Pixel lassen sich immer beliebig rechnerisch verkleinern (sei es bei der CT-Rekonstruktion, bei einem digitalen Foto oder anderswo), ohne dass dadurch ein Informationsgewinn, geschweige denn eine bessere Ortsauflösung resultieren würde.

Systemtheoretisch wird diese Bedingung der kleinen Abtastabstände durch das sogenannte Abtasttheorem auch Samplingtheorem oder Shannon-Samplingtheorem erklärt und quantifiziert: Bei einem Abtastabstand der Größe $\Delta\xi$ können lediglich bandlimitierte Funktionen mit einer Grenzfrequenz von $1/2\Delta\xi$ exakt erfasst werden. Beinhaltet die Funktion Frequenzen, die oberhalb dieser sogenannten Nyquistfrequenz liegen, so werden diese höheren Frequenzen mit den Frequenzen unterhalb der Nyquistfrequenz überlappen und als Aliasingartefakte

im Bild auftauchen. Salopp gesagt bedeutet diese Nyquistbedingung, dass pro Auflösungselement mindestens zwei Abtastpunkte vorhanden sein müssen.

In Bezug auf die Detektorpixelgröße und den Detektorpixelmittenabstand ist die Situation komplizierter, da der detektorseitige Abtastabstand aus Platzgründen nicht kleiner sein kann als die Pixelapertur. In der CT behilft man sich daher mit dem sogenannten Detektorviertelversatz, bei dem der Detektor um ein Viertel des Detektorpixelmittenabstands lateral verschoben wird. Somit werden im zweiten Halbumlauf eines Kreisscans nicht die gleichen Strahlen zum zweiten Mal gemessen, sondern genau dazwischen liegende. Der Abtastabstand ist nun die Hälfte des Detektormittenabstands. Auf ähnliche Art und Weise wirkt der Springfokus, den manche Hersteller einsetzen: bei jeder zweiten Projektion wird der Röntgenfokus leicht abgelenkt, um so die Abtastdichte des Detektors auf Kosten der Winkelabtastdichte zu verdoppeln [24, 59]. Dies kann sowohl in Detektorspalten- als auch in Detektorzeilenrichtung geschehen.

8.4.2.3 Zusammenhang Rauschen, Dosis, Ortsauflösung

Aus Gl. 8.55 wissen wir bereits, dass das Rauschen im CT-Bild indirekt proportional zur Wurzel aus der Anzahl der Röntgenquanten ist, dass also eine Vervierfachung der Dosis eine Halbierung des Rauschens bei ansonsten unveränderten Parametern nach sich zieht.

Offensichtlich muss aber auch ein Zusammenhang mit der Ortsauflösung bestehen, denn ein stark geglättetes Bild zeigt bei dann niedrigerer Ortsauflösung natürlich auch weniger Rauschen. Der gesuchte Zusammenhang kann beispielsweise durch Fehlerfortpflanzung der Bildrekonstruktionsformel geschehen, zum Beispiel durch Nutzung der diskreten Variante von Gl. 8.15 und dem diskreten Faltungskern Gl. 8.20: Fassen wir $\Delta\xi$ als Ortsauflösungselement auf, und nehmen an, dass die Fläche des Detektorpixels proportional zu $\Delta\xi^2$ und somit die Varianz des Messwerts proportional zu $1/\Delta\xi^2$ ist. Gemäß Gl. 8.20 ist auch der Faltungskern proportional zu $1/\Delta\xi^2$. Die Faltung bringt einen Faktor $\Delta\xi$ durch den Übergang vom Faltungsintegral zu einer diskreten Summe. Beide Faktoren zusammengenommen ergeben $1/\Delta\xi$. In der Fehlerfortpflanzung wird durch Quadrieren daraus $1/\Delta\xi^2$. Zusammen mit der Varianz des Messwerts ergibt sich dann, dass die Varianz des Voxelrauschens proportional zu $1/\Delta\xi^4$ ist.

Dieser Zusammenhang ist aber von viel universellerer Art, als dies nach obiger Rechnung angenommen werden könnte. Er lässt sich vielmehr herleiten, ohne auf ein konkretes Bildrekonstruktionsverfahren, ja sogar ohne auf CT im Allgemeinen Bezug nehmen zu müssen. Nehmen wir an, es soll eine Messung des linearen Schwächungskoeffizienten μ erfolgen, indem wir einen Absorber der Schwächung μ und der Dicke $\Delta\xi$ vermessen. Wenn wir N_0 Röntgenphotonen in den Absorber schicken, so durchdringen im Mittel

$$\mathrm{E}\,N = \mathrm{E}\,N_0 \mathrm{e}^{-\mu\Delta\xi} \qquad (8.65)$$

Photonen das Objekt. Die Wahrscheinlichkeit, dass es genau N Photonen sind lautet

$$P(N) = \binom{N_0}{N} a^N (1-a)^{N_0-N} \quad \text{mit } a = \mathrm{e}^{-\mu\Delta\xi}. \qquad (8.66)$$

Der Maximum-Likelihood-Schätzer A für a, also das Maximum von $P(N)$ bezüglich a, ist die Zufallsvariable $A = N/N_0$ und folglich ist der Maximum-Likelihood-Schätzer M für μ gleich der Zufallsvariablen

$$M = -\frac{1}{\Delta\xi} \ln \frac{N}{N_0}. \qquad (8.67)$$

Somit ist die Varianz von M proportional zu $1/\Delta\xi^2$. Berücksichtigen wir nun noch, dass der Strahlquerschnitt ebenfalls proportional zu $\Delta\xi^2$ sein muss, um auch lateral zur Strahlrichtung eine Ortsauflösung der Größe $\Delta\xi$ zu erhalten, so ergibt sich, dass die Varianz des Schätzwertes für μ proportional zu $1/\Delta\xi^4$ ist.

Das Rauschen σ^2 im CT-Bild ist also einerseits invers proportional zur vierten Potenz der Ortsauflösung und andererseits invers proportional zur Anzahl der für die Messung vorhandenen Photonen $\mathrm{E}\,N_0$, also somit auch invers proportional zum Röhrenstrom-Zeit-Produkt oder zur Dosis:

$$\sigma^2 \propto \frac{1}{\Delta\xi^4 \,\mathrm{E}\,N_0} \qquad (8.68)$$

Eine Verdoppelung der Ortsauflösung bei ansonsten unveränderten Parametern (Rekonstruktionsalgorithmus, Röhrenstrom, Patient, ...) bedingt also eine 16-fache Rauschvarianz, bzw. ein vierfaches Rauschen im CT-Bild. Würde man den Anstieg des Rauschens durch eine Dosiserhöhung kompensieren wollen, so müsste bei doppelter Ortsauflösung die 16-fache Dosis appliziert werden, um Bilder gleichen Rauschens zu erhalten. Sehr hohe Ortsauflösungen, beispielsweise einige Mikrometer, lassen sich aus Dosisgründen folglich nicht mit der klinischen CT erreichen. Bei kleineren Objekten hingegen, sind höhere Ortsauflösungen ohne Strahlenschäden möglich. Dies kann beispielsweise bei Spezialsystemen für Extremitäten der Fall sein, oder im Extremfall bei Mikro-CT-Systemen für die Messungen an Kleintieren in vivo (Auflösungsbereich zwischen 1 und 100 µm) oder bei Nano-CT-Systemen für die Messungen biologischer Proben in vitro (Auflösungsbereich zwischen 10 und 1000 nm).

8.4.3 Dosis

Die Röntgenstrahlung ist ionisierende Strahlung mit potenziellen Gesundheitsrisiken für den Patienten [20]. Daher sind Fragen der Energiedeposition und somit der Patientendosis bei CT von hohem Interesse. Die Energiedosis D ionisierender Strahlung ist definiert als $D = \mathrm{d}E/\mathrm{d}m$, wobei $\mathrm{d}E$ die Energie ist, die im Mittel in der Masse $\mathrm{d}m$ deponiert wurde. Die Dosis trägt die Einheit Gray (1 Gy = 1 J/kg). Mittels Dosimetern, z. B. nach

dem Prinzip der Ionisationskammer oder Halbleiterdetektoren, können Dosiswerte experimentell bestimmt werden. Dabei wird in der Regel die Luftkerma (kinetic Energy released per Unit Mass), also die durch Ionisation in Luft deponierte Energie, bestimmt. Die Luftkerma stimmt für den Energiebereich diagnostischer Röntgenanwendungen in sehr guter Näherung mit der absorbierten Dosis D überein, kann für höhere Energien jedoch zum Teil erheblich abweichen.

Die Luftkerma wird mit Hilfe einer zylinderförmigen in z-Richtung orientierten Messkammer ermittelt, die innerhalb der CT-Rotationsebene keine Vorzugsrichtung aufweist und daher die Dosis über den kompletten Umlauf erfassen kann. Die Messung erfolgt dabei frei in Luft, d. h., die luftgefüllte Ionisationskammer ist lediglich von Luft umgeben (Luftkerma in Luft). Messungen der Dosis in Luft ermöglichen zwar quantitative Aussagen und sind in DIN EN 60601 standardisiert. Sie sind allerdings für die Abschätzung der Dosisverhältnisse in einem Patienten oder in einem dem Patienten ähnlichen Prüfkörper (Phantom) aufgrund der Vernachlässigung von Nichtlinearitäten wie Strahlaufhärtung und Streustrahlung wenig hilfreich.

Aus diesem Grund ist eine standardisierte Messung von Dosiswerten innerhalb eines standardisierten Phantoms zu bevorzugen. In der CT hat sich als resultierende Maßzahl der CT-Dosisindex (CTDI) etabliert. Er ist in den üblichen Normen festgelegt [19, 44, 45]. Zur Quantifizierung und zum Vergleich von Röntgendosen bietet der CTDI ein standardisiertes Messverfahren.

Das grundsätzliche Vorgehen zur Messung des CTDI_{100} ist die Verwendung einer zylindrischen Messkammer mit einer aktiven Länge von 100 mm innerhalb eines CTDI-Phantoms. Dieses Phantom besteht aus PMMA und hat einen Durchmesser von 16 cm (Kopfprotokolle, Kinderprotokolle) oder einen Durchmesser von 32 cm (Thorax- oder Abdomenprotokolle bei Erwachsenen). Die Messkammer wird in dafür vorgesehene Bohrungen im Phantom eingeführt. Der gemessene Wert ist somit Luftkerma im CTDI-Phantom. Sowohl Phantom als auch Messkammer müssen senkrecht zur tomographischen Ebene positioniert sein, die Mitte der Messkammer muss in der tomographischen Ebene liegen, so dass jeweils das Dosisprofil von $z = -50$ mm bis $z = +50$ mm erfasst wird. Diese Anordnung geht von einer geringen Ausdehnung des Dosisprofils in z-Richtung aus, so dass nicht nur Primärstrahlung, sondern auch im Phantom gestreute Strahlung innerhalb der Messkammer integriert werden kann (Abb. 8.25). Der Wert für den CTDI_{100} ergibt sich aus

$$\mathrm{CTDI}_{100} = \frac{1}{C} \int\limits_{-50\,\mathrm{mm}}^{+50\,\mathrm{mm}} \mathrm{d}z\, D(z), \qquad (8.69)$$

wobei C die longitudinale Kollimierung darstellt, also die Schnittlänge des Nutzstrahlenkegels mit der z-Achse. In den meisten Fällen ist C gegeben durch das Produkt aus Schichtdicke mit der Anzahl der simultan gemessenen Schichten.

Um dem Einfluss von Aufhärtungseffekten Rechnung zu tragen, wird mit Hilfe mehrerer CTDI_{100}-Messungen der gewichtete Index CTDI_w ermittelt. Dazu werden jeweils bei zentriertem

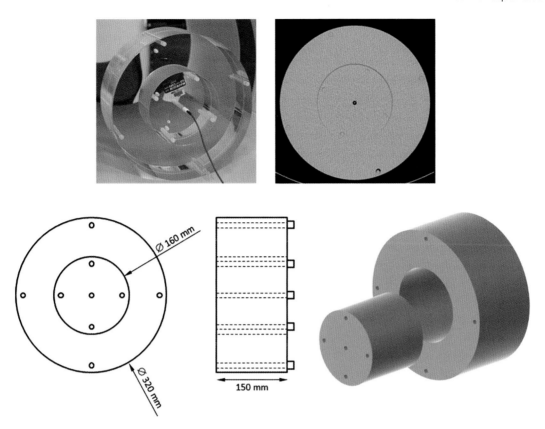

Abb. 8.25 CTDI-Phantom nach DIN EN 60601 mit einem Durchmesser von 160 mm und einem Erweiterungsring mit einem Außendurchmesser von 320 mm. Während 160 mm zur Dosisbestimmung für Kopfuntersuchungen sowie pädiatrische Anwendungen genutzt werden, muss der 320-mm-Ring das Phantom für Abdomenuntersuchungen erweitern

Phantom Messungen in der zentralen und den peripheren Bohrungen durchgeführt. Die jeweils nicht genutzten Bohrungen werden mit PMMA-Zylindern gefüllt. Die Berechnung des gewichteten CTDI erfolgt durch

$$\mathrm{CTDI_w} = \frac{1}{3}\mathrm{CTDI_{100}^{central}} + \frac{2}{3}\mathrm{CTDI_{100}^{peripheral}}. \qquad (8.70)$$

Typische gewichtete CTDI-Werte für das 16-cm- und das 32-cm-CTDI-Phantom sowie für zwei CT-Systeme unterschiedlicher Generationen desselben Herstellers sind in Tab. 8.6 und 8.7 gelistet.

Da in der Praxis die Untersuchung eines Volumens und nicht nur einzelner Schichten die Regel ist, ist eine Erweiterung des gewichteten CTDI für Volumenaufnahmen erforderlich. Für Spiral-CT-Aufnahmen ergibt sich

$$\mathrm{CTDI_{vol}} = \frac{\mathrm{CTDI_w}}{p}, \qquad (8.71)$$

wobei p der Pitchfaktor der Spirale ist, definiert als $p = d/C$, wobei d der Tischvorschub pro 360°-Umlauf ist und C die Kollimation des Systems, typischerweise gegeben als Produkt der Anzahl der Schichten mit der Schichtdicke. Dieser volumetrische CTDI-Wert lässt sich sinngemäß in voller Analogie auch auf Sequencescans (axiale Kreisscans mit Tischvorschub zwischen den Kreisscans) erweitern, und ebenfalls auf Teil- oder Überscans [19, 44, 45].

In manchen Fällen ist es von Interesse, die CTDI-Werte auf die Größe eines individuellen Patienten umzurechnen, beispielsweise um die Bildqualität auf die aktuelle Patientengröße zu normieren (z. B. zur Berechnung von CNRD-Werten). Aus diesem Grund wurden entsprechende Konversionsfaktoren zur größenabhängigen Dosisabschätzung (SSDE) bestimmt [1].

Im Detail wird hierzu ein ellipsoider Patientenquerschnitt mit den Achsdurchmessern a und b angenommen, aus dem der effektive Patientendurchmesser $d_{\mathrm{eff}} = \sqrt{ab}$ bestimmt wird. Neuerdings verwendet man dafür auch den wasseräquivalenten Durchmesser [2]. Bezogen auf diesen effektiven Patientenquerschnitt kann die Dosis anhand der Konversionsfaktoren $f(d)$ für 16 cm bzw. 32 cm durch Referenzmessungen mit dem an der Konsole angezeigten CTDI-Wert über den Zusammenhang

$$\mathrm{SSDE} = f(d) \cdot \mathrm{CTDI_{vol}} \qquad (8.72)$$

abgeschätzt werden. Dabei ist der von der Patientengröße d abhängige Korrekturfaktor

$$f(d) = 1{,}874799\mathrm{e}^{-0{,}03871313d}, \qquad (8.73)$$

falls die CTDI-Messwerte des 16-cm-Phantoms zugrunde gelegt werden, oder

$$f(d) = 3{,}704369\mathrm{e}^{-0{,}03671937d}, \qquad (8.74)$$

Tab. 8.6 Gewichtete CTDI-Werte in mGy/100 mAs bei unterschiedlichen Kollimierungen für das 16-cm- und das 32-cm-CTDI-Phantom, entsprechend einem Somatom-Definition-Flash-System. Der für DECT-Anwendungen genutzte 0,4-mm-Zinnvorfilter wird durch Sn gekennzeichnet. Der zusätzliche Faktor 2 in den Kollimierungsangaben steht für die vom z-Springfokus effektiv verdoppelte Schichtzahl (vergleiche hierzu auch Tab. 8.1)

	16-cm-CTDI-Phantom			32-cm-CTDI-Phantom		
Spannung	$2 \cdot 20 \times 0{,}6$ mm	$2 \cdot 32 \times 0{,}6$ mm	$2 \cdot 64 \times 0{,}6$ mm	$2 \cdot 20 \times 0{,}6$ mm	$2 \cdot 32 \times 0{,}6$ mm	$2 \cdot 64 \times 0{,}6$ mm
70 kV	4,0	3,7	3,2	2,1	1,9	1,7
80 kV	6,1	5,7	5,0	3,2	2,9	2,6
100 kV	11,9	11,0	9,6	6,3	5,8	5,1
120 kV	18,8	17,5	15,3	10,0	9,4	8,2
140 kV	27,8	25,9	22,6	15,0	14,0	12,2
140 kV Sn	8,0	7,5	6,5	4,5	4,1	3,6

Tab. 8.7 Gewichtete CTDI-Werte in mGy/100 mAs für das 16-cm- und das 32-cm-CTDI-Phantom, entsprechend einem Somatom-Force-System. Der für DECT-Anwendungen genutzte Sn-Vorfilter ist bei diesem System 0,6 mm dick [70, 90]

	16-cm-CTDI-Phantom				32-cm-CTDI-Phantom			
Spannung	$2 \cdot 32 \times 0{,}6$ mm	$2 \cdot 48 \times 0{,}6$ mm	$2 \cdot 64 \times 0{,}6$ mm	$2 \cdot 96 \times 0{,}6$ mm	$2 \cdot 32 \times 0{,}6$ mm	$2 \cdot 48 \times 0{,}6$ mm	$2 \cdot 64 \times 0{,}6$ mm	$2 \cdot 96 \times 0{,}6$ mm
70 kV	3,53	3,21	3,04	2,86	1,44	1,31	1,24	1,17
80 kV	5,55	5,04	4,78	4,50	2,37	2,15	2,04	1,92
90 kV	8,08	7,33	6,96	6,55	3,56	3,23	3,07	2,89
100 kV	10,95	9,94	9,43	8,87	4,95	4,49	4,26	4,01
110 kV	14,11	12,81	12,16	11,44	6,44	5,85	5,55	5,20
120 kV	17,59	15,96	15,15	14,25	8,25	7,49	7,11	6,69
130 kV	21,17	19,21	18,24	17,15	10,08	9,15	8,68	8,17
140 kV	24,94	22,64	21,49	20,21	12,03	10,92	10,36	9,75
150 kV	28,91	26,24	24,90	23,42	14,11	12,81	12,15	11,43
100 kV Sn	1,03	0,93	0,89	0,83	0,52	0,47	0,45	0,42
150 kV Sn	6,66	6,05	5,74	5,40	3,60	3,26	3,10	2,92

wenn der mit dem 32-cm-CTDI-Phantom gemessene CTDI-Wert auf die Patientengröße d umgerechnet werden soll. Die hier exponentielle Abhängigkeit der Umrechnungsfaktoren wurde in [1] anhand von Fits an zahlreiche Messwerte bestimmt und ist dort zusätzlich auch noch in Form von (auf zwei Nachkommastellen gerundeten) Tabellen aufgeführt. Als Patientengröße ist entweder der o. g. effektive Durchmesser d_{eff} aus [1] oder der wasseräquivalente Durchmesser d_{w} aus [2] einzusetzen. Das Konzept der SSDE darf allerdings nicht auf die im Folgenden erläuterten Begriffe des Dosislängenprodukts (DLP) und der effektiven Dosis übertragen werden, auch wenn es hierzu bereits Ansätze geben mag [88], die aber noch weit von einer Standardisierung entfernt sind.

Die bislang vorgestellten Maße des CTDI-Wertes geben jeweils eine Näherung der mittleren Dosis der zentralen Schicht, berücksichtigen dabei aber nicht die tatsächliche axiale Länge des untersuchten Volumens. Um eine Aussage über die im Mittel im Patienten deponierte Dosis zu treffen, ist daher das Einbeziehen der bestrahlten Länge L in Form des Dosislängenprodukts (DLP) erforderlich:

$$\mathrm{DLP} = \mathrm{CTDI_{vol}} \cdot L \qquad (8.75)$$

Bei mehreren Scans oder bei stückweise zusammengesetzten Scans ist das DLP entsprechend aus den DLPs der Einzelscans aufzusummieren, um letztendlich die Gesamtdosis zu erhalten, die in einem unendlich langen CTDI-Phantom absorbiert worden wäre, wenn dieses statt des Patienten im CT-Gerät gelegen hätte.

Um die mittlere potenzielle Schädigung durch die Bestrahlung einzelner, unterschiedlich sensibel auf Strahlung reagierender menschlicher Organe und Gewebe abschätzen zu können, wurde der Begriff der effektiven Dosis D_{eff} eingeführt. Um die effektive Dosis zu ermitteln, werden zunächst die Energiedosiswerte der Organe bestimmt. Diese werden dann mit der sogenannten relativen biologischen Wirksamkeit (RBW) multipliziert, ein Faktor der für Photonenstrahlung per Definition den Wert 1 Sv/Gy hat (und für Partikelstrahlung höhere Werte annimmt). Die so erhaltenen Dosiswerte heißen Äquivalentdosis. Man spricht im Falle der Äquivalentdosis einzelner Organe oft auch vereinfachend von Organdosiswerten. Die Äquivalentdosis ist keine physikalische Größe im eigentlichen Sinne und trägt daher die Einheit Sievert (Sv). Die effektive Dosis, die das Strahlenrisiko des Patienten quantifiziert, erhält man nun durch Multiplikation der Äquivalentdosen D_{T} der jeweiligen Organe mit Gewebewichtungsfaktoren w_{T} und Aufsummierung aller so erhaltenen Dosiswerte. D_{eff} trägt ebenso wie die Äquivalentdosis die Einheit Sievert. Die ICRP hat in ihrem Report 26 entsprechende Gewebewichtungsfaktoren veröffentlicht und in den Reporten 60 und 103 angepasst (Tab. 8.8) [41–43]. In der Praxis ist die Berechnung der effektiven Dosis auf diese Weise schwierig, weshalb mittels Monte-Carlo-Simulation entsprechende Faktoren k zur Abschätzung der effektiven Dosis aus dem DLP berechnet wurden (Tab. 8.9 und 8.10):

$$D_{\mathrm{eff}} \approx k \cdot \mathrm{DLP} \qquad (8.76)$$

Tab. 8.8 Gewebewichtungsfaktoren w_T der Publikationen 26, 60, 103 der ICRP [41–43] zur Berechnung der effektiven Dosis D_{eff} aus den Äquivalentdosiswerten D_T der einzelnen Organe gemäß $D_{eff} = \sum_T w_T D_T$

Gewebeart/Organ	Tissue/Organ	ICRP23 [41] (1977)	ICRP60 [42] (1991)	ICRP103 [43] (2007)
Keimdrüsen	Gonads	0,25	0,20	0,08
Rotes Knochenmark	Red bone marrow	0,12	0,12	0,12
Lunge	Lung	0,12	0,12	0,12
Dickdarm	Colon		0,12	0,12
Magen	Stomach		0,12	0,12
Brust	Breast	0,15	0,05	0,12
Harnblase	Bladder		0,05	0,04
Leber	Liver		0,05	0,04
Speiseröhre	Esophagus		0,05	0,04
Schilddrüse	Thyroid	0,03	0,05	0,04
Haut	Skin		0,01	0,01
Knochenoberfläche	Bone surface	0,03	0,01	0,01
Gehirn	Brain			0,01
Speicheldrüse	Salivary glands			0,01
Rest	Remainder	0,30	0,05	0,12
Gesamt	**Total**	**1,00**	**1,00**	**1,00**

Tab. 8.9 Für Erwachsene gültige Konversionsfaktoren k, in mSv/mGy/cm, um aus dem Dosislängenprodukt die effektive Dosis gemäß $D_{eff} = k \cdot DLP$ abzuschätzen. Beispielsweise ergibt sich für einen typischen Thoraxscan mit DLP $= 100\,mGy \cdot cm$ unter Nutzung des Faktors $k = 0{,}014\,mSv/mGy/cm$ eine effektive Dosis von 1,4 mSv. EC = European Commission, NRPB = National Radiological Protection Board

Region of body	CTDI phantom	Jessen [48] (1999)	EC [10] (2000)	EC [11] (2004)	EC [113] (2004), NRPB [114] (2005)
Head	16 cm	0,0021	0,0023	0,0023	0,0021
Head and neck	16 cm				0,0031
Neck	32 cm	0,0048	0,0054		0,0059
Chest	32 cm	0,014	0,017	0,018	0,014
Abdomen	32 cm	0,012	0,015	0,017	0,015
Pelvis	32 cm	0,019	0,019	0,017	0,015
Chest, abdomen, pelvis	32 cm				0,015

Tab. 8.10 Altersspezifische Konversionsfaktoren k in mSv/mGy/cm aus [10, 113, 115]. Die Chest-, Abdomen- und Pelvis-Werte für Erwachsene (rechte Spalte, untere drei Zeilen) beziehen sich auf ein 32-cm-CTDI-Phantom. Alle anderen k-Faktoren gelten für CTDI-Werte, die mit einem 16-cm-CTDI-Phantom zu messen sind

Region of body	0-year	1-year	5-year	10-year	Adult
Head	0,011	0,0067	0,0040	0,0032	0,0021
Head and neck	0,013	0,0085	0,0057	0,0042	0,0031
Neck	0,017	0,012	0,011	0,0079	0,0059
Chest	0,039	0,026	0,018	0,013	0,014
Abdomen and pelvis	0,049	0,030	0,020	0,015	0,015
Chest, abdomen and pelvis	0,044	0,028	0,019	0,014	0,015

Dabei ist zu beachten, dass die Konversion zu effektiver Dosis nicht für die individuelle Patientendosis entwickelt wurde und hierfür folglich kaum Aussagekraft hat. Vielmehr ist die effektive Dosis als mittlere Dosis eines untersuchten Patientenkollektivs bzw. eines mittleren Patienten zu verstehen [17]. Das aus der effektiven Dosis abschätzbare Risiko, einem strahleninduzierten Krebs zu erliegen beträgt für Erwachsene gemäß Risikoabschätzungen basierend auf Daten der Atombombenüberlebenden in Japan 5 %/Sv (ICRP 60) bzw. 4,1 %/Sv (ICRP 103) [42, 43]. Die Risikowerte gelten im statistischen Sinn und sind nicht auf ein einzelnes Individuum anzuwenden.

8.4.4 Dosisreduktionsmöglichkeiten

Seitens der Hersteller und seitens des Anwenders gibt es zahlreiche Möglichkeiten, die Patientendosis bei gleichbleibender Bildqualität zu verringern. Dieselben Verfahren können alternativ dazu eingesetzt werden, um bei gleicher Dosis die Bildqualität zu verbessern oder auch um einen Kompromiss aus Dosisreduktion und Bildqualitätsverbesserung zu schaffen.

8.4.4.1 Herstellerseitige Vorkehrungen zur Dosisreduktion

Um die Strahlendosis auf ein Minimum zu reduzieren, wurden von den Herstellern zahlreiche Dosisreduktionsmethoden entwickelt und implementiert.

Beispielsweise sind heutzutage viele CT-Systeme mit wechselbaren Vor- und Formfiltern ausgestattet, um die Strahlenqualität an die jeweilige Bildgebungssituation anzupassen (vergleiche Abb. 8.9). Der Vorfilter sorgt für eine Aufhärtung des Spektrums, wodurch in Kombination mit der optimalen Röhrenspannung bei gleichbleibend hoher Bildqualität die Patientendosis verringert werden kann. Zudem zeigen sich bei einem härteren Spektrum weniger Strahlaufhärtungsartefakte. Die Nutzung von Vorfiltern geht allerdings auf Kosten der verfügbaren Röntgenleistung, da ein Teil der Strahlung, nämlich vorrangig die niederenergetischen Photonen, im Vorfilter absorbiert werden. Daher sind besonders leistungsfähige Röntgenröhren von Vorteil, denn dann können auch dickere Vorfilter zum Einsatz kommen.

Die Formfilter, eine spezielle Art von Vorfilter, hingegen haben zum Ziel, die räumliche Verteilung der Dosis zu optimieren. Ist beispielsweise nur ein lateral kleiner anatomischer Bereich wie das Herz für den Radiologen von Interesse, so sollte ein Formfilter genutzt werden, der die Strahlung in den weiter vom Drehzentrum entfernten Regionen stark schwächt.

Um die Jahrtausendwende wurde die sogenannte Röhrenstrommodulation eingeführt [25, 64]. Anstatt mit konstantem Röhrenstrom zu scannen, konnte dieser nun während eines Umlaufs moduliert werden, um die Rausch- und die Dosisverteilung im Patienten zu optimieren. Dazu muss der Röhrenstrom in Projektionen hoher Schwächung angehoben und in Projektionen niedriger Schwächung abgesenkt werden. Bei gleichbleibendem Röhrenstrom-Zeit-Produkt konnte so ein Bild mit niedrigerem Rauschen und homogenerem Rauscheindruck erzeugt werden [33]. Alternativ dazu lässt sich bei gleichbleibendem Rauschen (aber dennoch homogenerer Rauschverteilung) die Dosis abhängig vom Patientenquerschnitt und der anatomischen Region um bis zu 50 % reduzieren [34].

Heutzutage wird der Röhrenstrom nicht nur während eines Umlaufs moduliert, sondern er passt sich auch in z-Richtung an die im Patienten vorherrschenden Schwächungsverhältnisse an. Ziel ist auch hier eine gleichmäßigere Bildqualität unabhängig von der anatomischen Region [81]. Besonders deutlich wird diese Anpassung beim Übergang vom Hals- in den Schulterbereich: Im Halsbereich ist der Röhrenstrom niedrig zu wählen und während des Umlaufs kaum zu modulieren, wohingegen im Schulterbereich mit seiner in lateraler Richtung hohen Schwächung und seinem exzentrischen Querschnitt sowohl sehr hohe Röhrenströme als auch sehr hohe Modulationsverhältnisse nötig werden.

Letztendlich führten diese Entwicklungen zur sogenannten Belichtungsautomatik, die eine vom Anwender spezifizierte Bildqualität realisiert, indem sie neben der Röhrenstrommodulation auch noch den (Mittel-)Wert des Röhrenstroms patientenspezifisch wählt. Die Form, in der der Anwender die Bildqualität spezifiziert, ist herstellerabhängig.

Bei GEs „AutomA" bzw. „SmartmA" wird ein sogenannter „Noise Index" vom Anwender vorgegeben, zusammen mit einem minimalen und maximalen Röhrenstrom. Das System versucht dann innerhalb der vorgegebenen Grenzen den Röhrenstrom so zu wählen, dass im Weichteilbereich das vorgegebene Rauschen (bei ebenfalls vorgegebenem Rekonstruktionskern) erreicht werden kann. Philips' „DoseRight"-Software lässt den Anwender einen „Baseline mAs"-Wert wählen, der sich auf Referenzbilder bezieht. Das Philips-System wird bei der Messung den Röhrenstrom patientenabhängig so wählen, dass das Bildrauschen den Referenzbildern entspricht. Bei Siemens' „Care Dose 4D" wird ganz ähnlich ein sogenannter Referenzröhrenstrom „Ref. mAs" (und bei „Care kV" auch eine Referenzröhrenspannung „Ref. kV") vom Anwender vorgegeben, wobei die Referenz ein sogenannter Standardpatient ist. Toshibas „Sure Exposure 3D" verfolgt eine vergleichbare Strategie wie GE und lässt den Anwender die gewünschte Standardabweichung des Rauschens im Weichteilbereich spezifizieren.

Dezidierte Belichtungsautomatiken für die Zweispektren-CT, wie sie beispielsweise in [121] vorgeschlagen und realisiert wurden, kamen bisher in den klinischen CT-Systemen nicht zur Anwendung.

Sämtliche genannten Verfahren, Formfilter, Dosismodulation und Belichtungsautomatik basieren auf einer Fehlerfortpflanzung des Projektionsrauschens in den Bildraum. Aus Gl. 8.55 wissen wir, dass das Rauschen Var Q in den logarithmierten Projektionen vom Röhrenstrom E N_0 und vom Projektionswert E Q wie folgt abhängt:

$$\text{Var}\, Q \approx \frac{1}{\text{E}\, N_0} e^{\text{E}\, Q} \tag{8.77}$$

Betrachten wir den Röhrenstrom und den Projektionswert nun als Funktion des Projektionswinkels α. Die Varianz pflanzt sich additiv ins CT-Bild fort, so dass das zu erwartende Rauschen proportional zu

$$\int d\alpha \frac{1}{\text{E}\, N_0(\alpha)} e^{\text{E}\, Q(\alpha)} \tag{8.78}$$

ist. Den Einfluss des Faltungskerns kann man bei dieser Betrachtung in guter Näherung vernachlässigen, da er bei der Fehlerfortpflanzung quadratisch eingeht und der quadrierte Faltungskern einer Deltafunktion ähnlich ist. Als Surrogat für die Patientendosis kann das mAs-Produkt dienen, das proportional zu

$$\int d\alpha\, \text{E}\, N_0(\alpha) \tag{8.79}$$

ist. Ein vorgegebenes Bildrauschen bei gleichzeitig optimaler Dosisnutzung lässt sich durch Minimierung von Gl. 8.79 unter der Nebenbedingung Gl. 8.78 erreichen:

$$\int d\alpha \left(\text{E}\, N_0(\alpha) + \lambda \frac{1}{\text{E}\, N_0(\alpha)} e^{\text{E}\, Q(\alpha)} \right). \tag{8.80}$$

Hierbei ist λ ein Lagrange-Multiplikator, der das Erreichen des gewünschten Rauschniveaus sichert. Nullsetzen der Ableitung nach E $N_0(\alpha)$ liefert den gesuchten optimalen Röhrenstromverlauf:

$$\mathrm{E}\,N_0(\alpha) \propto \mathrm{e}^{\frac{1}{2}\,\mathrm{E}\,Q(\alpha)} \qquad (8.81)$$

Offensichtlich muss der Röhrenstrom möglichst mit der Wurzel aus der Schwächung geregelt werden, um ein vorgegebenes Rauschen bei minimaler Patientendosis zu erreichen bzw. um bei vorgegebener Patientendosis minimales Bildrauschen zu erhalten. Für eine genauere Betrachtungsweise inklusive eines realistischeren Dosismodells sei auf [121] verwiesen.

In der Praxis muss der Schwächungsverlauf des Patienten bekannt sein, um den Röhrenstrom optimal modulieren zu können. Es bedarf also einer Vorhersage der Schwächungswerte. Zwei Verfahren werden hierzu herstellerseitig eingesetzt. Zum einen lässt sich aus der Übersichtsaufnahme (Topogram, Scout View, ...) der Patientenquerschnitt als Funktion der z-Position abschätzen. Wenn zwei Übersichtaufnahmen aus unterschiedlichen Blickrichtungen (z. B. eine laterale und eine a.p.-Aufnahme) vorhanden sind, gelingt dies noch genauer. Zum anderen wird von manchen Herstellern der Röhrenstrom in Echtzeit für den nächsten Halbumlauf vorhergesagt. Mit diesem technisch anspruchsvollen Verfahren lassen sich nicht nur genauere Modulationskurven realisieren, sondern auch Veränderungen des Patienten, die nach der Übersichtsaufnahme stattfinden (z. B. Einfluss von Kontrastmittel) berücksichtigen.

Für die Cardio-CT werden spezielle Röhrenstrommodulationsverfahren eingesetzt, die die Herzphase des Patienten mitberücksichtigen und den Röhrenstrom in solchen Herzphasen reduzieren, die für den Anwender kaum von Interesse sind. Aus Dosisgründen wird außerdem oft eine anatomieabhängige Röhrenstrommodulation realisiert, beispielsweise um die Augenlinsen vor Strahlung zu schützen oder um die weibliche Brust so wenig wie möglich zu durchstrahlen.

Neben der Belichtungsautomatik für den Röhrenstrom finden neuerdings auch Verfahren zur automatischen Wahl der Röhrenspannung Anwendung. Ein Beispiel hierfür ist das oben erwähnte „Care kV" von Siemens. Um dem Anwender einen Spannungsvorschlag unterbreiten zu können, muss dieser lediglich den Anwendungsfall spezifizieren, und zwar in Bezug auf die gewünschten Kontraste und den Einsatz von Kontrastmittel. Wird beispielsweise eine CT-Angiographie geplant, muss Kontrastmittel eingesetzt werden. Dann schlägt die Spannungsautomatik eine möglichst niedrige Röhrenspannung vor, und zwar umso niedriger je dünner der Patient ist. Ähnlich wie die Röhrenstrommodulation greift die Spannungsautomatik auf die Übersichtsaufnahmen des Patienten zurück, um ihre Vorhersagen treffen zu können.

Eine weitere Dosisreduktionsmaßnahme der Hersteller ist der Einsatz adaptiver Filter (vergleiche Abschn. 8.5.1). Hier handelt es sich nicht um Hardwarefilter, sondern um Algorithmen, die adaptiv Rauschen aus den Rohdaten entfernen, und zwar lediglich an den Projektionswerten hoher Schwächung, also dort, wo das Rauschen dominant wird [37]. Durch die Einführung mehrdimensionaler adaptiver Filter, die nicht nur in Detektorzeilenrichtung filtern, sondern auch in Spaltenrichtung und möglicherweise auch noch in Projektionsrichtung lässt sich die

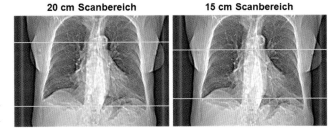

Abb. 8.26 Der Scanbereich wird üblicherweise in der einem Röntgenbild ähnlichen projektiven Übersichtsaufnahme (Topogram, Scout-View, Scanogram, ...) festgelegt. Gerade bei kurzen Scans erhöht ein zu groß gewählter Scanbereich die Patientendosis erheblich. In dem hier gezeigten Fall würde der Patient im ungünstigen Fall (*links*) über 30 % mehr Dosis erhalten, als bei optimaler Scanlänge (*rechts*)

Effizienz der adaptiven Filter enorm steigern, so dass dies heutzutage standardmäßig in den CT-Systemen durchgeführt wird [57]. Die Ortsauflösung wird durch die adaptive rohdatenbasierte Filterung nicht beeinträchtigt, da die Filter selektiv (dafür aber überproportional) arbeiten und nur sehr wenige Rohdatenwerte verändern (Abb. 8.30). Durch Bildfilter, also nach der Bildrekonstruktion, ist der Effekt nicht mehr zu erreichen, da im Bildraum der zu reduzierende Effekt nicht mehr lokal ist, sondern sich global auf das gesamte Bild verteilt.

8.4.4.2 Anwenderseitige Möglichkeiten zur Dosiseinsparung

Nicht nur seitens der Hersteller, sondern auch seitens des Anwenders lässt sich Dosis einsparen. Natürlich sind die Anwender dem ALARA-Prinzip (as low as reasonably achievable) verpflichtet: Sie dürfen gerade nur so viel Dosis applizieren, wie dies für die entsprechende Anwendung gerechtfertigt ist [41, 91]. Die CT-Bilder müssen aber diagnostisch ausreichend hohe Bildqualität haben, um Wiederholungsscans zu vermeiden. Der Anwender kann die Dosis beispielsweise durch den vorgegebenen Referenzwert für das effektive Röhrenstrom-Zeit-Produkt oder durch die vorgegebene Scanlänge beeinflussen. Beide Parameter gehen linear in die Patientendosis ein und sind somit intuitiv und leicht verständlich. Da der Referenzwert für das effektive Röhrenstrom-Zeit-Produkt direkten Einfluss auf das Bildrauschen hat, wird dessen Wert teils von persönlichen Vorlieben und Gewohnheiten abhangen, ebenso wie von der Erfahrung des Anwenders. Weniger subjektiv hingegen ist die Wahl des Scanbereichs, da sich dieser gut im Vorfeld anhand anatomischer Marker, die in der Übersichtsaufnahme sichtbar sind, festlegen lässt. Dennoch ist die Wahl des Scanbereichs sorgfältig durchzuführen, und die Sicherheitsmargen sind so gering wie möglich zu wählen (Abb. 8.26).

Ist auf dem CT-System keine Dosisautomatik vorhanden oder soll sie für den konkreten Fall nicht aktiviert werden, so wird die Wahl des Röhrenstrom-Zeit-Produkts deutlich schwieriger, da die Abhängigkeit der Bildqualität vom Patientenquerschnitt exponentiell ist. Wenige Zentimeter Änderung im Durchmesser können eine Verdoppelung des Röhrenstroms erfordern, sofern man das Rauschen und die Ortsauflösung gleich halten möchte (Abb. 8.27).

Abb. 8.27 Messung eines semianthropomorphen Thoraxphantoms mit 10 cm, mit 5 cm und ohne wasseräquivalentem Erweiterungsring für unterschiedliche Spannungen und effektive mAs-Werte. Letztere wurden (bei abgeschalteter Dosis- und Spannungsautomatik) so gewählt, dass jedes Bild das gleiche Rauschen und somit die gleiche Bildqualität hat. Die effektiven Halbwertsdicken zeigen an, bei welcher Änderung in der Phantomdicke eine Verdoppelung bzw. Halbierung des effektiven mAs-Wertes nötig wird, um die gleiche Bildqualität zu erhalten. Diese Werte sind nur für das Phantom und den konkreten CT-Scanner gültig. Größenordnungsmäßig sind sie aber auf andere Situationen übertragbar: Wenige Zentimeter Änderung im Patientenquerschnitt erfordern große Änderungen im Röhrenstrom

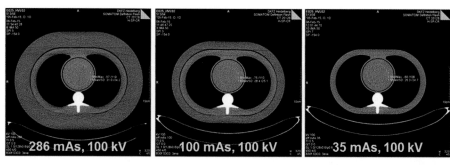

286 mAs, 100 kV   100 mAs, 100 kV   35 mAs, 100 kV

	40 cm × 30 cm	35 cm × 25 cm	30 cm × 20 cm	HVL_{eff}
80 kV	1018 mAs	316 mAs	98 mAs	3.0 cm
100 kV	286 mAs	100 mAs	35 mAs	3.3 cm
120 kV	135 mAs	50 mAs	19 mAs	3.5 cm
140 kV	80 mAs	32 mAs	13 mAs	3.8 cm

$S = 3$ mm, $\Delta z = 3$ mm $S = 3$ mm, $\Delta z = 1$ mm

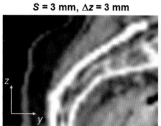 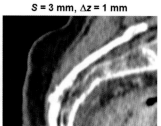

Dünne Schichten dünn dargestellt

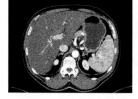 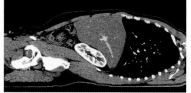

Dünne Schichten dick dargestellt

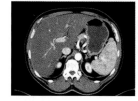 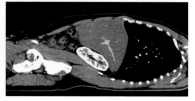

Abb. 8.28 Gemäß der Nyquistbedingung sind pro Schichtdicke mindestens zwei Schichten zu rekonstruieren. Links ist die Nyquistbedingung verletzt, da der Abstand der Schichten Δz gleich der Schichtdicke S gewählt wurde. Rechts ist das Rekonstruktionsinkrement Δz kleiner, die Rekonstruktion überlappend und somit die Bildqualität hoch. $C = 40$ HU, $W = 350$ HU

Abb. 8.29 Idealerweise sind die Bilder mit isotroper Ortsauflösung zu rekonstruieren, weil sie dann in beliebigen Orientierungen angesehen werden können. Bei isotroper Ortsauflösung ist jedoch das Rauschen möglicherweise erhöht. Um dies zu kompensieren, sehen die Bildbetrachtungsprogramme vor, die beliebig orientierten oder gar gekrümmten Schichten in Echtzeit dick darzustellen, d. h. durch Mittelung einiger dazu paralleler Schichten. Damit wird das Rauschen reduziert und die Ortsauflösung verschlechtert sich kaum (lediglich in Form des linearen Partialvolumeneffektes senkrecht zur Betrachtungsebene). $C = 40$ HU, $W = 400$ HU

Ähnliches gilt für die Wahl der Röhrenspannung. Falls keine Spannungsautomatik vorhanden ist, muss der Anwender das auf die Dosis normierte Kontrast-zu-Rausch-Verhältnis (CNRD) manuell optimieren. Für Weichteilkontraste gilt, dass mit zunehmendem Patientendurchmesser die Spannung erhöht werden sollte. Kinder sind möglichst mit 70 kV oder 80 kV zu scannen, dünne Erwachsene mit 80 bis 100 kV, normale Erwachsene mit ungefähr 120 kV und kräftige Patienten mit 140 kV oder 150 kV. Wird, wie in vielen Fällen nötig, jodhaltiges Kontrastmittel appliziert, so werden aufgrund der Absorptionseigenschaften von Jod niedrige Spannungswerte vorteilhaft. Da sich nur dünne Querschnitte mit den niedrigen Spannungen bei den verfügbaren Röhrenleistungen durchdringen lassen, muss meist ein Kompromiss zwischen der vorhandenen Röhrenleistung und der Spannungswahl getroffen werden.

Der Anwender hat zudem Sorge zu tragen, dass die Bilder ordnungsgemäß rekonstruiert und begutachtet werden. Bei der Rekonstruktion von Spiraldaten ist überlappend zu rekonstruieren, d. h., pro Schichtdicke sind mindestens zwei Bilder zu berechnen. Andernfalls würde die Nyquistbedingung verletzt

und die aufgenommene, in den Rohdaten vorhandene Information nicht vollständig in das rekonstruierte Volumen übertragen (Abb. 8.28). Zudem sollen nach Möglichkeit dünne Schichten rekonstruiert werden, so dass die Auflösung im Volumen möglichst isotrop ist, es also keine Vorzugsrichtungen gibt, und so dass der Radiologe beim Lesen der Bilder beliebig orientierte Schichten ins Volumen legen kann. Diese werden vom Viewer in Echtzeit optional dickgerechnet, um das Rauschen und somit die Dosis zu reduzieren (Abb. 8.29): Dünn rekonstruieren, dick ansehen.

Tab. 8.11 Scanprotokoll sowie zugehörige Dosiswerte am Beispiel eines modernen klinischen CT-Systems (Somatom Force, Siemens Healthcare, Forchheim). Die Dosisreduktionsmöglichkeiten automatische Spannungswahl (Herstellerbezeichnung Care kV) sowie Dosismodulation (Herstellerbezeichung Care Dose 4D) wurden hier mitberücksichtigt (daher die Angabe von Referenzwerten für kV und mAs), außer bei den DECT-Protokollen, bei denen das jeweilige Spannungspaar fest vorgegeben ist, und außer bei den Perfusionsprotokollen, bei denen sowohl die Spannung als auch der Röhrenstrom konstant gehalten wird. L steht für die angenommene Scanlänge, die Konversionsfaktoren k entsprechen denen aus Tab. 8.9

Protocol/Exam	Ref. kV [kV]	Ref. mAs [mAs]	$CTDI_{vol}$ [mGy]	L [cm]	DLP [mGy cm]	k [mSv/(mGy cm)]	D_{eff} [mSv]
Head	120	330	50	14	700	0,0021	1,47
Dental	120	60	10	10	100	0,0021	0,21
Thorax	110	50	3	40	120	0,014	1,68
Abdomen	120	150	10	30	300	0,015	4,5
Spine	130	200	16	20	320	0,015	4,8
Carotid Angio	120	90	6	30	180	0,014	2,52
Body Angio	110	90	5	100	500	0,015	7,5
Coronary CTA Seq	100	280	6	15	90	0,014	1,26
Coronary CTA Spi	100	280	18	15	270	0,014	3,78
DE Lung	90/150 Sn	60/45	4	40	160	0,014	2,24
DE Abdomen	100/150 Sn	190/95	11	30	330	0,015	4,95
DE Metal (Spine)	100/150 Sn	190/380	20	15	300	0,015	4,5
Neuro VPCT	70	200	150	12	1800	0,0021	3,78
Body VPCT	80	150	70	12	840	0,015	12,6

Generell gilt anwenderseitig: Vom Hersteller zur Verfügung gestellte Dosisreduktionsmaßnahmen (Dosisautomatik, Spannungsautomatik, iterative Rekonstruktion, ...) sollten auch genutzt werden, es sei denn, es sprechen gute Gründe dagegen. Zum Beispiel kann die Dosisautomatik falsche Ergebnisse liefern, wenn Protektoren zum Schutz der weiblichen Brust, der Gonaden oder der Augenlinsen eingesetzt werden. Durch die hohe Schwächung der Schutzabdeckungen würde die Dosisautomatik den Röhrenstrom auf ein Maximum anheben und so den vorgesehenen Schutz unterlaufen.

Tab. 8.11 zeigt die Dosiswerte eines modernen CT-Systems (Somatom Force, Siemens Healthcare, Forchheim) bei typischen Parametern, so wie sie vom Hersteller voreingestellt werden. Die Werte können lediglich als grobe Anhaltspunkte dienen, denn beispielsweise bewirkt bereits eine Änderung der Scanlänge bei ansonsten unveränderten Parametern eine entsprechende Veränderung des Dosislängenprodukts und somit auch der abgeschätzten effektiven Dosis. Zudem beinhaltet die Tabelle Erfahrungswerte bezüglich der Dosismodulation (lateral und longitudinal) sowie der automatischen Spannungsanpassung. Beide Verfahren sind patientenspezifisch, wodurch die angegebenen Werte stark von den patientenabhängigen Werten abweichen können. Außerdem gilt zu beachten, dass die vom Hersteller vorgeschlagenen Protokolle anwenderseitig angepasst werden, so dass die tatsächlichen Dosiswerte einer radiologischen Institution stark von den hier angegebenen nach oben oder nach unten abweichen werden.

8.5 Artefakte und Korrekturmöglichkeiten

Die Bildrekonstruktion geht von mehr oder weniger idealen Projektionsdaten aus. Im Falle der gefilterten Rückprojektion sind dies Daten, die idealen tiefpassgefilterten Linienintegralen

entsprechen. Darüber hinausgehend können iterative Rekonstruktionsverfahren auch die Statistik der Messdaten und möglicherweise auch das Strahlprofil mit seinem endlichen Strahlquerschnitt und mit seiner Winkelverschmierung berücksichtigen [130]. Zudem existieren spezielle, hier nicht beschriebene Rekonstruktionsalgorithmen, die in der Lage sind, Patientenbewegung zu detektieren, zu quantifizieren und zu kompensieren [13, 99, 125]. Alles in allem wird bei diesen Verfahren von idealen oder ausreichend vorkorrigierten Rohdaten ausgegangen.

In realen CT-Systemen ergeben sich abweichend von diesen Annahmen andere Messwerte, Messwertfehler oder gar fehlende Messwerte, die, sofern sie nicht berücksichtigt oder behoben werden, letztendlich Bildfehler, sogenannte Artefakte nach sich ziehen. Außerdem können Artefakte auch vom Anwender versehentlich oder unwissentlich erzeugt werden, indem dieser beispielsweise falsche Scan- oder falsche Rekonstruktionsparameter wählt.

8.5.1 Rauschartefakte

Wie bereits in Abschn. 8.4.2 diskutiert, führt die Photonenstatistik dazu, dass die CT-Bilder rauschbehaftet sind. Das Pixelrauschen lässt sich grundsätzlich nicht vermeiden. Es kann jedoch durch die Wahl der Akquisitions- und Rekonstruktionsparameter beeinflusst werden. Beispielsweise führt eine Erhöhung der Patientendosis zu einem niedrigeren Rauschen. Ebenfalls führt eine Rekonstruktion mit niedrigerer Ortsauflösung zu geringerem Rauschen. Zudem können, wie im Abschnitt zur iterativen Bildrekonstruktion (Abschn. 8.3.2 und 8.3.3) besprochen, spezielle Rekonstruktionsverfahren Bilder erzeugen, die bei gleicher Ortsauflösung weniger Rauschen als die gefilterte Rückprojektion aufweisen. Ähnliches ist auch bei kantenerhaltender Filterung im Bildraum möglich, beispielsweise durch Anwen-

Abb. 8.30 Durch die starken Schwächungsunterschiede in lateraler und in a.p.-Richtung tritt stark gerichtetes Rauschen auf, das beim Begutachten der Bilder vom Radiologen als störend empfunden wird. Die CT-Systeme setzen daher als Vorverarbeitungsschritt einen mehrdimensionalen adaptiven Filter (MAF) ein, der einen kleinen Anteil stark verrauschter Schwächungswerte beeinflusst, um dort lokal das Rauschen zu reduzieren. Nach der Rekonstruktion der adaptiv gefilterten Rohdaten ist der Bildeindruck erheblich besser und das Rauschen deutlich reduziert. Bilder $C = 0\,\mathrm{HU}$, $W = 500\,\mathrm{HU}$, Differenzbilder $C = 0\,\mathrm{HU}$, $W = 100\,\mathrm{HU}$

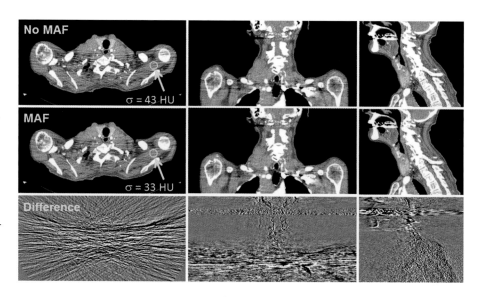

dung bilateraler oder tensorbasierter Bildfilter, wie sie auch aus der graphischen Datenverarbeitung bekannt sind.

Dedizierte Rauschartefakte, wie sie beispielsweise durch stark schwächende Objekte (Metallimplantate, dichte Knochen im Zahnbereich, ...) erzeugt werden, lassen sich mit diesen Verfahren nicht selektiv unterdrücken. Auch moderne Röhrenstrommodulationsverfahren, die gerichtetes Rauschen durch geschickte Umverteilung der Dosis größtenteils in ungerichtetes Rauschen wandeln und dabei zudem die Patientendosis verringern (Abschn. 8.4.4), stoßen bei stark schwächenden Objekten und bei extremen Patientenquerschnitten, wie beispielsweise dem Schulterbereich, schnell an ihre Grenzen. Zudem ist die Röhrenstrommodulation nicht in der Lage, einzelne Projektionswerte selektiv zu beeinflussen, da die Röhrenstromanpassung immer komplette Projektionen betrifft.

Daher werden in der Praxis adaptive Filter eingesetzt, die gezielt genau solche Projektionswerte beeinflussen, die die störenden Rauschartefakte erzeugen. Im Prinzip werden Sinogrammpixel mit besonders hohen Schwächungswerten selektiert und unter Zuhilfenahme ihrer Nachbarpixel geglättet, beispielsweise durch eine gewichtete Mittelung oder durch eine Kombination aus Median- und Glättungsfiltern [37]. Die Reichweite und die Stärke der Filterung werden dabei von dem jeweiligen Schwächungswert adaptiv gesteuert, d. h., in sehr stark schwächenden Bereichen wird stärker geglättet, in Bereichen geringer Schwächung gar nicht. Besonders effizient wird solch ein adaptiver Rohdatenfilter, wenn er in mehreren Dimensionen auf die Rohdaten wirkt, d. h., wenn die Nachbarschaft der stark verrauschten Pixel nicht nur in Detektorspalten-, sondern auch in Detektorzeilen- oder gar in Projektionsrichtung definiert wird, d. h., wenn mehrdimensionale adaptive Filter (MAF) eingesetzt werden [57].

Abb. 8.30 zeigt ein Beispiel der adaptiven Filterung. Offensichtlich lässt sich durch den MAF das gerichtete Rauschen nahezu völlig zu einem ungerichteten Rauschen reduzieren und der Bildeindruck signifikant verbessern. Aus dem Differenzbild ist ersichtlich, dass der Filter keine Ortsauflösungsverluste verursacht. Da adaptive Filter standardmäßig in klinischen CT-

Systemen aktiviert sind, sind die nicht adaptiv gefilterten Bilder im Allgemeinen nicht bekannt.

Eine andere Klasse rohdatenbasierter Rauschfilter stellen statistische Verfahren zur Rauschreduktion dar, die direkt auf die Rohdaten angewendet werden können. Ein Beispiel hierfür ist die Sinogrammglättung mittels Penalized Likelihood [103]. Die Wirkung ist vergleichbar der von statistischen Rekonstruktionsverfahren ohne kantenerhaltende Regularisierung: Das Rauschen wird gemäß der Rohdatenstatistik reduziert, die Ortsauflösung bleibt nahezu erhalten. Um eine der MAF vergleichbare Rauschartefaktreduktion zu erhalten, reicht die rein statistische Vorgehensweise nicht aus. Vielmehr muss bei stark verrauschten Datenpunkten überproportional stark gefiltert werden.

8.5.2 Spektrale Artefakte: Strahlaufhärtung und Streustrahlung

Röntgenstrahlung ist polychromatisch und die Wechselwirkung der Röntgenphotonen mit der Materie hängt zudem von der Energie der Röntgenphotonen ab. In dem für diagnostische Zwecke relevanten Energiebereich (20 bis 200 keV) fällt der Schwächungskoeffizient mit steigender Photonenenergie. Röntgenquanten niedriger Energie werden also schneller aus dem Strahl entfernt als solche mit hoher Energie. Das Röntgenspektrum $I(E)$ der Röntgenstrahlung verschiebt sich also beim Durchlaufen von Materie hin zu höheren Energien und daher spricht man auch von Strahlaufhärtung. Dieser Effekt führt zu einem nichtlinearen Zusammenhang zwischen den Linienintegralen (Schnittlängen) p und den gemessenen logarithmierten Werten q und folglich zu Artefakten im Bild.

8.5.2.1 Strahlaufhärtung erster Ordnung

Im einfachsten, aber zugleich auch wichtigsten Fall, kann näherungsweise angenommen werden, das Objekt bestünde nur

Abb. 8.31 32-cm-Wasserphantom ohne und mit Wasservorkorrektur (Somatom Definition Flash, 100 kV, 150 mAs_eff, 1 mm effektive Schichtdicke, B30s Faltungskern). Da das Objekt nur aus einem Material besteht kann die Strahlaufhärtung im Vorverarbeitungsschritt vollständig kompensiert werden. $C = 0\,\mathrm{HU}$, $W = 100\,\mathrm{HU}$

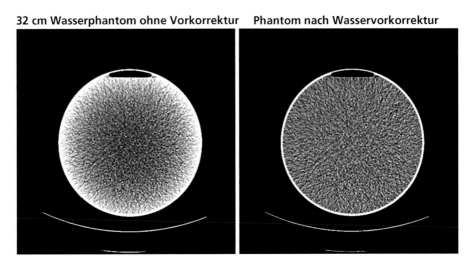

32 cm Wasserphantom ohne Vorkorrektur   **Phantom nach Wasservorkorrektur**

aus einem einzigen Material. Im diagnostischen CT-Fall wird üblicherweise Wasser als Material angenommen, da der Großteil des Patienten aus Weichgewebe besteht. Dieses ist in Bezug auf Röntgenstrahlung wasseräquivalent (gleicher Energieverlauf wie Wasser). Unter dieser Annahme lässt sich die Verteilung der Schwächungskoeffizienten $\mu(r, E)$ als Produkt einer Ortsabhängigkeit $f(r)$ und einer Energieabhängigkeit $\psi(E)$ darstellen. Unter der Ortsabhängigkeit können wir uns beispielsweise die Dichteverteilung $\rho(r)$ und unter der Energieabhängigkeit den Massenschwächungskoeffizienten $(\mu/\rho)(E)$ vorstellen. Als weiteres Beispiel kann die Aufteilung in das Produkt $\mu(r, E) = f(r)\psi(E)$ so erfolgen, dass $f(r)$ die Dichteverteilung relativ zur Dichte von Wasser und dass $\psi(E) = \mu W(E)$ gleich dem linearen Schwächungskoeffizienten von Wasser ist. In letzterem Fall wären die CT-Werte gegeben durch $(f(r) - 1) \cdot 1000\,\mathrm{HU}$. Unter diesen Annahmen gilt für den gemessenen Schwächungswert q eines Strahls beginnend bei s mit Richtung $\boldsymbol{\Theta}$:

$$
\begin{aligned}
q &= -\ln \int \mathrm{d}E\, w(E) \mathrm{e}^{-\int \mathrm{d}\lambda\, \mu(s + \lambda\boldsymbol{\Theta}, E)} \\
&= -\ln \int \mathrm{d}E\, w(E) \mathrm{e}^{-\int \mathrm{d}\lambda\, f(s + \lambda\boldsymbol{\Theta})\psi(E)} \\
&\quad - \ln \int \mathrm{d}E\, w(E) \mathrm{e}^{-\psi(E) \int \mathrm{d}\lambda\, f(s + \lambda\boldsymbol{\Theta})} \\
&= -\ln \int \mathrm{d}E\, w(E) \mathrm{e}^{-p\psi(E)},
\end{aligned}
\tag{8.82}
$$

wobei $w(E)$ das auf die Fläche 1 normierte detektierte Spektrum darstellt und

$$
p = \int \mathrm{d}\lambda\, f(s + \lambda\boldsymbol{\Theta})
\tag{8.83}
$$

das Linienintegral durch die gesuchte Objektfunktion f. Offensichtlich gibt es einen nichtlinearen Zusammenhang $q = q(p)$ zwischen q und p. Man kann unter den Annahmen $w(E) \geq 0$ und $\psi(E) \geq 0$ leicht zeigen, dass die Funktion streng monoton steigend und konkav ist, d. h., sie lässt sich beispielsweise numerisch invertieren. Anschaulich bedeutet die streng monotone Steigung, dass die gemessene Schwächung q mit der

Schnittlänge p ansteigt. Die Konkavität bedeutet, dass die gemessene Schwächung langsamer ansteigt als die Schnittlänge, d. h., bei doppelter Schnittlänge p wird sich die Schwächung nicht verdoppeln. Im Prinzip unterschätzt die Schwächung also immer das wahre Linienintegral. Folglich werden rekonstruierte CT-Bilder im Innenbereich des Objektes dunkler und am Objektrand heller aussehen als erwartet. Man spricht hierbei von sogenannten Cuppingartefakten. Besonders deutlich werden diese Artefakte in homogenen Objekten wie zum Beispiel in zylindrischen Wasserphantomen. Abb. 8.31 verdeutlicht dies am Beispiel eines Wasserphantoms mit 32 cm Durchmesser.

Da der Zusammenhang $q(p)$ invertierbar ist, lässt sich die Strahlaufhärtung erster Ordnung relativ einfach aus den Messdaten korrigieren: vor der Rekonstruktion wird eine Korrekturfunktion $p = p(q)$ auf die gemessenen Daten angewendet. Im Falle klinischer CTs heißt diese Cuppingkorrektur auch Wasservorkorrektur. Die Funktion $p(q)$ kann entweder aus Annahmen über das detektierte Spektrum des CT-Systems und die beteiligten Schwächungskoeffizientenverläufe numerisch errechnet werden oder üblicher durch Kalibrierverfahren, die einen Zusammenhang zwischen der physikalischen Schnittlänge und dem Messwert eines Objekts herstellen [35, 68, 83, 106, 124].

Ein besonders einfaches und im Bildraum arbeitendes Wasservorkorrekturverfahren ist die empirische Cuppingkorrektur [60, 100]. Das Ergebnis einer Wasservorkorrektur ist in Abb. 8.31 dargestellt. Erst die Wasservorkorrektur ermöglicht die Angabe von CT-Werten, denn nur dann sind die Daten auf die Dichte von Wasser kalibriert und nur dann erscheinen wasseräquivalente Objekte mit der korrekten Dichte- bzw. CT-Wert-Verteilung.

8.5.2.2 Strahlaufhärtung höherer Ordnung

Die oben getroffenen Annahmen, das Objekt sei wasseräquivalent und daher $\mu(r, E) = f(r)\psi(E)$, gelten jedoch nur näherungsweise. Im uns interessierenden Energiebereich wird die Wechselwirkung von Röntgenstrahlung mit Materie nahezu vollständig durch die Comptonstreuung (Streuung des Photons an schwach gebundenen Elektronen) und den Photoeffekt beschrieben. Deren Energieabhängigkeiten sind linear unabhängig voneinander. Letztendlich bedeutet dies, dass ein zweites

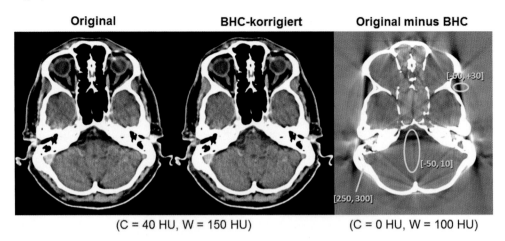

Abb. 8.32 Strahlaufhärtungskorrektur höherer Ordnung am Beispiel eines Kopfscans bei 120 kV. Deutlich sind im lediglich wasservorkorrigierten Bild die Strahlaufhärtungsartefakte zu sehen, insbesondere der sogenannte Hounsfieldbalken zwischen den Felsenbeinen. Eine Strahlaufhärtungskorrektur höherer Ordnung kann diese Artefakte größtenteils reduzieren. Im Differenzbild wird deutlich, dass dabei nicht nur die Artefakte geringer werden, sondern dass auch die Dichtewerte von Knochen korrigiert werden

Material berücksichtigt werden muss und somit $\mu(r, E) = f_1(r)\psi_1(E) + f_2(r)\psi_2(E)$ die physikalisch korrekte Darstellung ist. Die Energieverläufe $\psi_1(E)$ und $\psi_2(E)$ müssen jedoch nicht unbedingt die der Compton- und Photoeffektwirkungsquerschnitte sein, sondern können als eine Linearkombination derselben gewählt werden. Im medizinischen Bereich wird das erste Material üblicherweise als wasseräquivalent angenommen, für das zweite Material kann beispielsweise die Energieabhängigkeit von Knochen oder Jod verwendet werden. Die genaue Wahl der Materialien ist irrelevant, da im interessierenden Energiebereich jedes Material als Linearkombination zweier anderer Materialien dargestellt werden kann. Wichtig ist lediglich, dass sich die gewählten Basismaterialien im CT-Bild durch eine Segmentierung voneinander trennen lassen, wie dies beispielsweise beim Paar Wasser/Knochen durch eine einfache Schwellwertsegmentierung der Fall ist. Tritt zusätzlich jodhaltiges Kontrastmittel auf, so kann dies wahlweise als Linearkombination von Wasser und Knochen oder als drittes Material berücksichtigt werden.

Abb. 8.32 zeigt einen Kopfdatensatz der im linken Bild lediglich wasservorkorrigiert wurde. Dank der Wasservorkorrektur ist im Weichteilbereich kein Cupping sichtbar. Jedoch lassen sich dort dunkle Streifen zwischen dichten Strukturen erkennen. Diese resultieren aus der Tatsache, dass der Energieverlauf des Schwächungskoeffizienten von Knochen linear unabhängig von dem des Weichgewebes ist. Wir sprechen hierbei von Strahlaufhärtungsartefakten höherer Ordnung. Solche Artefakte können durch CT-Systeme mit starker Vorfilterung und somit härterem Eingangsspektrum vermindert werden. Hierzu ist seit circa einem Jahrzehnt ein Trend in der CT-Hardwareentwicklung zu erkennen: Bei steigender Röntgenröhrenleistung wird das Spektrum immer stärker aufgehärtet, so dass letztendlich einerseits die Patientendosis gleich bleibt oder geringer wird und dass andererseits die Strahlaufhärtungsartefakte reduziert werden.

Außerdem lassen sich die Strahlaufhärtungsartefakte höherer Ordnung durch dedizierte Algorithmen reduzieren. Dazu muss allerdings Vorwissen in den Korrekturprozess einfließen, und

zwar in Form einer Segmentierung, beispielsweise anhand eines unkorrigierten CT-Bilds, die das CT-Volumen in Wasser- und Knochenanteile zerlegt. Um auch Weichteil-Knochen-Gemische abzudecken, wie sie im Patienten häufig auftreten, erfolgt eine weiche Segmentierung, die beispielsweise einem CT-Wert von 100 HU einen 80 %-igen Wasseranteil und einen 20 %-igen Knochenanteil zuweist. Letztendlich lässt sich das Vorwissen als vorgegebene Gewichtsvolumen $w_1(r)$ und $w_2(r)$ auffassen, so dass $\mu(r, E) = g(r)(w_1(r)\psi_1(E) + w_2(r)\psi_2(E))$ gilt, mit der Weichteilverteilung $f_1(r) = g(r)w_1(r)$ und der Knochenverteilung $f_2(r) = g(r)\psi_2(r)$. Treten zusätzliche Materialien, wie beispielsweise Jod oder Gadolinium auf, so sind sie entweder gemäß ihrer Anteile in der Wasser-Knochen-Basis den Gewichtsvolumen w_1 und w_2 zuzurechnen oder sie werden durch Hinzufügen weiterer Gewichtsvolumina berücksichtigt. Ziel ist es beispielsweise, die Dichteverteilung $g(r)$ zu rekonstruieren und als CT-Bild darzustellen.

Um die Ansätze zur Strahlaufhärtungskorrektur höherer Ordnung zu erläutern, ist es zunächst sinnvoll die polychromatische Röntgentransformation Y zu definieren, die ein gegebenes Bild $g(r)$ mittels Gewichtung mit $w_i(r)$ in zwei Materialbilder $g(r)w_1(r)$ und $g(r)w_2(r)$ zerlegt, diese monochromatisch vorwärtsprojiziert, $p_i = Xgw_i$, und dann polychromatisch miteinander verrechnet:

$$q = Yg = -\ln \int dE\, w(E) e^{-p_1\psi_1(E) - p_2\psi_2(E)} \qquad (8.84)$$

Eine übliche Vorgehensweise, das Bild $g(r)$ aus den gemessenen Daten $q(L)$ zu rekonstruieren, ist die Annahme, dass die Bildartefakte klein gegen den Bildinhalt sind, d. h., dass $X^{-1}Yg \approx g$. Zudem gilt wegen $q = Yg$ für die Rekonstruktion der unkorrigierten Rohdaten

$$X^{-1}q = X^{-1}Yg = (X^{-1}Y - 1 + 1)g = (X^{-1}Y - 1)g + g, \qquad (8.85)$$

was sich nun zur Fixpunktgleichung

$$g^{(n+1)} = X^{-1}q - (X^{-1}Y - 1)g^{(n)} \qquad (8.86)$$

umstellen lässt. Anschaulich bedeutet dies, dass das korrigierte Bild g gleich dem unkorrigierten Bild $X^{-1}q$ minus einem (kleinen) Fehlerterm ist. Dieser besteht aus der Differenz eines polychromatisch vorwärtsprojizierten und monochromatisch rekonstruierten Bilds und dem Bild selbst. Der Fehlerterm beinhaltet somit die Strahlaufhärtungsartefakte. Das Verfahren wird typischerweise mit $g^{(0)} = X^{-1}q$ initialisiert und kann iterativ durchgeführt werden. In der Praxis reicht aber meist die erste Iteration aus,

$$g^{\mathrm{BHC}} = X^{-1}q - (X^{-1}Y - 1)X^{-1}q, \qquad (8.87)$$

was auch in Abb. 8.32 anhand eines Beispiels illustriert ist.

Falls kein Zugriff auf die Originalrohdaten möglich ist, kann das Verfahren bildbasiert realisiert werden, und zudem lassen sich Auflösungsverluste durch eine im numerischen Sinne optimale Umstellung der Terme vermeiden [54]. Viele in der Literatur beschriebenen Verfahren sind mit dem hier beschriebenen vergleichbar [12, 14, 18, 29, 36, 49, 68, 82, 84, 85, 89, 104, 124, 128]. Zudem wurden für bestimmte Spezialanwendungen dedizierte Segmentierungsverfahren beschrieben, wie beispielsweise im Falle dynamischer CT-Scans, bei denen es Kontrastmittel von Knochen zu unterscheiden gilt.

Eine mögliche Abwandlung nimmt die Korrektur im Rohdatenraum statt im Ortsraum vor. Dort wird Gl. 8.87 zu

$$q^{\mathrm{BHC}} = q - (Y - X)X^{-1}q. \qquad (8.88)$$

In dieser Darstellung wird offensichtlich, dass der Korrekturterm lediglich von den Schnittlängen p_1 und p_2 der beiden Basismaterialien im initial rekonstruierten Bild $g^{(0)} = X^{-1}q$ abhängt. Letztendlich lässt sich der Korrekturvorgang dann als Lookup-Tabelle wie folgt realisieren:

$$q^{\mathrm{BHC}} = q - \Delta q(p_1, p_2) \qquad (8.89)$$

Dies spart zwar keine Rechenzeit, da p_1 und p_2 nach wie vor aus einem initial rekonstruierten Bild bestimmt werden müssen, sondern zeigt lediglich dass und wie die Strahlaufhärtungskorrektur durch ein Kalibrierverfahren realisiert werden kann.

Für die bisher beschriebenen Verfahren zur Strahlaufhärtungskorrektur erster und höherer Ordnung sind Annahmen über die zugrunde liegenden Röntgenspektren und über die Energieverläufe der beteiligten Schwächungskoeffizienten nötig. Teils lassen sich diese Annahmen durch Kalibriermessungen ersetzen. Im zuletzt angesprochenen Beispiel der Lookup-Tabelle kann dies die Messung von Schwächungswerten $q(d_1, d_2)$ bei unterschiedlich kombinierten Absorberdicken d_1 und d_2 der beiden Basismaterialien sein. Ein gänzlich anderer Ansatz wird von der empirischen Strahlaufhärtungskorrektur EBHC verfolgt: Das Verfahren kalibriert sich anhand der gemessenen Daten selbst, indem es die Koeffizienten eines Korrekturpolynoms so wählt, dass artefaktfreie Bilder entstehen [73]. Annahmen über das detektierte Röntgenspektrum oder über die beteiligten Schwächungskoeffizienten sind nicht nötig.

8.5.2.3 Streustrahlartefakte

Die Schwächung der Röntgenstrahlung erfolgt im Bereich der diagnostischen Energien im Wesentlichen durch den Photoeffekt und durch die Comptonstreuung und nur in sehr geringem Maße durch die Rayleighstreuung. Der Einfluss des Photoeffekts sinkt mit steigender Photonenenergie, da der Wirkungsquerschnitt des Photoeffekts proportional zu $\rho Z^3 / E^3$ ist, wobei ρ die Dichte, Z die Ordnungszahl des Absorbers und E die Energie des Röntgenphotons ist. Bei Wasser ist beispielsweise die Schwächung durch den Photoeffekt ab Energien von ungefähr 28 keV kleiner als die Schwächung durch die Comptonstreuung. Bei den in der CT üblichen mittleren Energien von 70 keV tragen der Photoeffekt und die Rayleighstreuung zusammengenommen lediglich noch 10 % zum Wirkungsquerschnitt bei, 90 % der Schwächung werden folglich durch Comptonstreuung verursacht.

Leider findet ein nicht zu vernachlässigender, von der Größe des Streukörpers und vom Kegelwinkel des CT-Systems abhängiger Anteil der gestreuten Röntgenquanten den Weg zum CT-Detektor und wird dort als Strahlung registriert. Da die Streustrahlung nicht auf direktem Weg vom Röntgenfokus zum Detektor gelangt, wird sie von der Rekonstruktion nicht korrekt berücksichtigt [26]. Die entstehenden Artefakte sind denen der Strahlaufhärtung teils sehr ähnlich [50]. Ein Grund dafür ist, dass durch die Streustrahlung zusätzliche Röntgenphotonen im Detektor nachgewiesen werden und somit die wahre Schwächung durch das Objekt unterschätzt wird, ganz ähnlich wie dies bei der Strahlaufhärtung der Fall ist.

Die derzeit wirksamsten Verfahren zur Vermeidung von Streustrahlartefakten sind hardwareseitige Vorkehrungen. Hierzu gehört insbesondere die Nutzung von sogenannten Streustrahlrastern, nahezu röntgenundurchlässige Lamellen (Blei, Wolfram), die auf den Röntgenfokus ausgerichtet sind und möglichst nur Strahlung aus Richtung des Fokuspunkts in den Detektor eindringen lassen. Die Streustrahlraster gibt es im Bereich der klinischen CT in Form eindimensionaler, in z-Richtung ausgerichteter Lamellen und seit Kurzem auch in zweidimensionaler Form sich kreuzender Lamellen. Die zweidimensionalen Raster werden mit zunehmender Detektorzeilenzahl und daher mit zunehmendem Kegelwinkel wichtig, um die zunehmende aus z-Richtung einfallende Streustrahlung abzuweisen. Das Raster ist, im Gegensatz zur Flachdetektor-CT, auf die Detektorpixel ausgerichtet, so dass die Lamellenpositionen genau zwischen den Pixelgrenzen liegen. Wichtig ist, dass die Streustrahlraster ein hohes Schachtverhältnis aufweisen, so dass möglichst wenig Streustrahlung auf den Detektor gelangt und dass sie die Primärstrahlung so wenig wie möglich schwächen. Zudem müssen sie im klinischen CT den sehr hohen Fliehkräften standhalten.

Zusätzlich zu den Streustrahlrastern werden von den Herstellern teils Streustrahlmessungen durchgeführt, indem einige Detektorkanäle oder ganze Detektorzeilen außerhalb des Primärstrahlungsbereichs angebracht werden und dort nur den Streustrahlhintergrund messen. Die so ermittelten Streustrahlintensitäten lassen sich dann auf den Primärstrahlungsbereich des Detektors inter- oder extrapolieren und zu einer Streustrahlkorrektur verwenden [96]. Zusätzlich lässt sich die Streustrahlung über numerische Verfahren vorhersagen. Sie berechnen

Abb. 8.33 Beispiele mit Metallartefakten (*links*). Bei Zweispektren-CT-Scans lässt sich mittels pseudomonochromatischer Bildgebung (Linearkombination der beiden Ausgangsbilder) ein artefaktreduziertes CT-Bild $f_\alpha(r) = (1-\alpha)f_{100\,kV}(r) + \alpha f_{140\,kV}(r)$ errechnen (mittlere Spalte, Fallbeispiele 1 und 2), jedoch lassen sich besonders starke Metallartefakte so nicht ausreichend reduzieren (Fallbeispiel 2). Bei Anwendung eines dedizierten Metallartefaktreduktionsverfahrens, wie beispielsweise dem FSNMAR-Algorithmus, lassen sich in den meisten Fällen sehr gute Ergebnisse erzielen (*rechts*). Der dritte Patient wurde nur mit einem Spektrum gescannt. Daher lässt sich DEMAR nicht anwenden. $C = 0\,\text{HU}$, $W = 800\,\text{HU}$

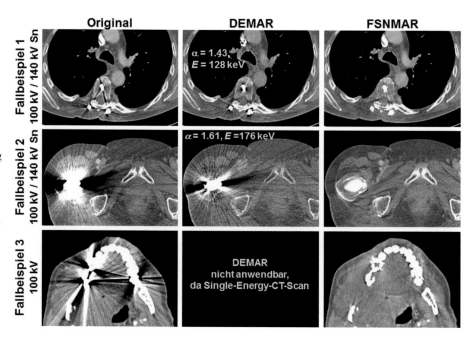

die Wechselwirkung einzelner Photonen mit dem Patienten und können so Streu- und Primärstrahlung bestimmen. Um den Rechenaufwand zu reduzieren, werden hierzu üblicherweise Monte-Carlo-basierte Verfahren eingesetzt. Auch diese sind sehr langsam, so dass zusätzlich Verfahren zur Glättung des errechneten Streustrahlsignals herangezogen werden müssen [3]. Letztendlich sind auch die schnelleren Verfahren derzeit nicht ausreichend performant, um im klinischen CT für eine patientenspezifische Korrektur eingesetzt zu werden. Man behilft sich daher mit vorberechneten Streustrahlverteilungen für zahlreiche Querschnitte und Patientengrößen [96] und mit der Nutzung von faltungsbasierten Streustrahlmodellen, wie beispielsweise dem PEP-Modell [92]. Eine detailliertere Zusammenstellung bekannter Streustrahlreduktionsverfahren ist in den Übersichtsartikeln zu finden.

Eine sehr interessante Alternative zu Streustrahlrastern oder zur numerischen Vorhersage von Streustrahlung ist der Einsatz von Primärstrahlmodulatoren. Diese röhrenseitig angebrachten Vorfilter prägen der Primärstrahlung ein hochfrequentes Muster auf. Die nach dem Modulator im Patienten entstehende Streustrahlung hingegen liefert ein niederfrequentes Signal auf dem Detektor. Durch Signalverarbeitungstechniken lassen sich so Streu- und Primärstrahlung voneinander trennen. Die sogenannte Primary Modulation Scatter Estimation (PMSE) ist derzeit allerdings noch nicht ausgereift und in bisher keinem klinischen CT-System implementiert. Derzeit konzentriert sich die Forschung in diesem Bereich auf die Vermeidung von modulatorinduzierten Strahlaufhärtungsartefakten und auf die Verbesserung der Streustrahlschätzungsalgorithmik [102].

8.5.3 Metallartefakte

Sehr stark schwächende Objekte, wie beispielsweise Metallimplantate oder ein über die Vene ins Blutgefäßsystem einflie-

ßender Kontrastmittelbolus, führen oft zu starken Artefakten im CT. Dabei handelt es sich um eine Kombination von Strahlaufhärtungsartefakten, Streustrahlartefakten, Abtastartefakten und Rauschartefakten. Insbesondere die Streustrahlung erzeugt ein starkes und kaum korrigierbares Störsignal in den Detektorelementen, die im Metallschatten liegen. Das liegt daran, dass Photonen aus Strahlen, die nicht durch das Metall laufen, in den Metallschatten gestreut werden. Teilweise kann dadurch im Metallschatten das Verhältnis von Streu- zu Primärstrahlung deutlich über 1 oder gar über 10 liegen, so dass sich das Primärsignal faktisch nicht mehr aus den gemessenen Daten extrahieren lässt.

Abb. 8.33 zeigt einige Beispiele für Metallartefakte. Die dunklen und hellen Bereiche um die Implantate sind durch Strahlaufhärtung und Streustrahlung hervorgerufen, feine nadelförmige Strahlen durch das starke Rauschen der Rohdaten im Bereich des Metallschattens.

Letztendlich lassen sich lediglich schwache Metallartefakte durch die Kombination bereits bekannter Verfahren zur Strahlaufhärtungskorrektur, zur Streustrahlkorrektur oder zur Rauschreduktion durch adaptive Filterung oder statistische Rekonstruktion reduzieren [5, 57, 76, 80, 133, 134]. In vielen relevanten Fällen (Hüftprothesen unilateral und bilateral, Knieprothesen, Verschraubungen und Versteifungen im Wirbelbereich, Füllungen und Implantate im Kieferbereich, ...) sind die Schwächungsdaten im Metallschatten komplett unbrauchbar, so dass gänzlich anders korrigiert werden muss: Die Daten im Metallschatten sind beispielsweise durch eine Interpolation zu ersetzen. Wir sprechen hierbei von Metallartefaktreduktion (MAR).

Das Standardverfahren zur Metallartefaktreduktion beinhaltet eine schwellwertbasierte Detektion der Metallimplantate im rekonstruierten CT-Bild. Die segmentierten Metallbereiche werden durch eine Vorwärtsprojektion in den Rohdatenraum umgerechnet und kennzeichnen dann die Regionen der Rohdaten, die ungültig sind und durch eine Interpolation oder ein ausgereifte-

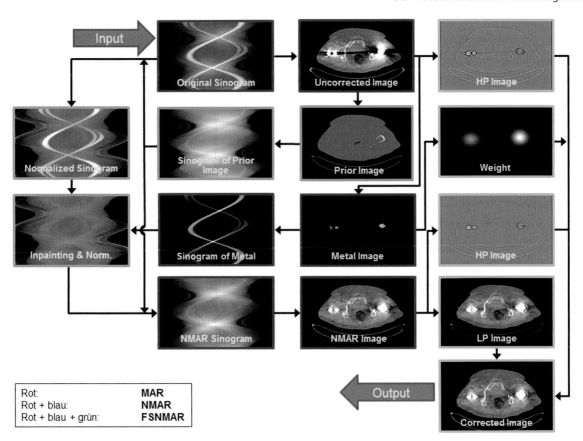

Abb. 8.34 Im einfachsten Fall (*rot umrandete Verarbeitungsschritte*) findet bei der MAR nach Rekonstruktion eines ersten Bilds eine Segmentierung der Metallregionen statt. Diese zeigen nach Vorwärtsprojektion die Bereiche im Sinogramm auf, die beispielsweise durch lineare Interpolation überbrückt werden müssen. Dieses Inpainting erzeugt allerdings meist neue Artefakte. Um diagnostisch hochwertige Bilder zu erhalten, muss ein Normierungsschritt zwischengeschalten werden (*blau umrandete Schritte*). Man spricht nun von der normierten Metallartefaktreduktion (NMAR). Die Bilder lassen sich mit einem Frequenzsplit weiter verbessern (*grün umrandet*, FSNMAR)

res Inpaintingverfahren gefüllt werden müssen. Im einfachsten Fall wird eine lineare Interpolation zwischen den gültigen Bereichen links und rechts des Metallschattens durchgeführt [27]. Die rot umrandeten Arbeitsschritte in Abb. 8.34 illustrieren die Vorgehensweise.

Das Standardverfahren führt jedoch meist dazu, dass zwar die Metallartefakte reduziert oder gar entfernt werden, gleichzeitig aber andere Artefakte im Bild auftauchen und dass die unmittelbare Umgebung von Implantaten nicht wirklichkeitsgetreu dargestellt wird. Beispielsweise kann meist nicht visualisiert werden, wie gut ein Implantat mit der Knochenumgebung verwachsen ist. Oder die derart MAR-korrigierten Bilder lassen keinen Rückschluss darauf zu, ob im Mundbodenbereich ein bösartiger Tumor wächst oder welche Abgrenzung er zum umliegenden gesunden Gewebe hat. Daher wurden andere Inpaintingverfahren entwickelt, die entweder sinogrammbasiert arbeiten (abstandsgewichtete Interpolation, direktionale Interpolation, Splineverfahren, Fourierverfahren, ...) oder über den Umweg einer iterativen Rekonstruktion durch eine Vorwärtsprojektion die fehlenden Bereiche in den Rohdaten auffüllen [4, 47, 78, 97, 132, 135, 136]. Leider zeigt sich, dass die komplexeren Inpaintingmethoden kaum Vorteile gegenüber dem herkömmlichen und einfach zu implementierenden linearen In-

terpolationsverfahren bieten: Die Metallartefakte werden durch neue Artefakte ersetzt und die Umgebung von Implantaten lässt sich nicht ausreichend beurteilen.

Vor wenigen Jahren gelang der entscheidende Fortschritt in der Metallartefaktreduktion: die Normierung des Sinogramms vor dem Inpainting gefolgt von der entsprechenden Denormierung. Die Idee dieser normierten Metallartefaktreduktion NMAR basiert darauf, dass man ein dem Patienten ähnliches Priorbild erzeugt das keine Metallartefakte hat. Durch Vorwärtsprojektion wird das Priorbild zum Priorsinogramm. Das zu korrigierende Sinogramm teilt man pixelweise durch das Priorsinogramm. Nun kann das Inpainting stattfinden, und zwar im normierten Sinogramm. Im Anschluss wird das normierte Sinogramm durch pixelweise Multiplikation mit dem Priorsinogramm denormiert und dann rekonstruiert [86, 87] (blau umrandet in Abb. 8.34). Das Priorbild selbst erhält man durch geeignete Schwellwertsetzung im unkorrigierten CT-Bild des Patienten. Die NMAR korrigiert die Metallartefakte sehr effizient und ohne nennenswerte neue Artefakte einzuführen. Wie bei jedem Inpaintingverfahren gilt allerdings auch hier, dass die Rauschtextur verändert wird und dass die Bereiche in der Nähe von Metallimplantaten oder zwischen Metallimplantaten zu wenig Rauschen aufweisen und daher künstlich wirken. Um dies zu

Abb. 8.35 Durch zu niedrige Patientenlagerung ragt ein Teil der Patientenschultern aus dem Messfeld. Typische Abschneideartefakte, auch Truncationartefakte genannt, zeigen sich. Durch eine einfache Extrapolation der Rohdaten über den Messfeldrand hinaus lässt sich im inneren des Messfelds eine nahezu vollständige Artefaktreduktion erreichen. Außerhalb des Messfelds sind die so korrigierten Daten aber nicht uneingeschränkt nutzbar. Bilder $C = 40\,\mathrm{HU}$, $W = 400\,\mathrm{HU}$, Differenzbild $C = 0\,\mathrm{HU}$, $W = 100\,\mathrm{HU}$

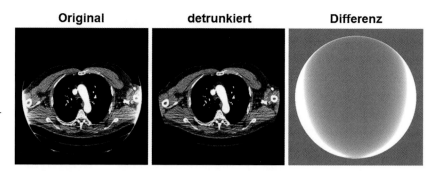

Original   detrunkiert   Differenz

vermeiden, kann ein Frequency-Split (FS), der hohe Frequenzen des Originalbilds mit niedrigen Frequenzen des metallartefaktreduzierten Bilds kombiniert, durchgeführt werden [87]. Die Kombination FSNMAR beider Verfahren (Abb. 8.33, rechte Spalte) stellt sich klinisch als gute Lösung des Metallartefaktproblems dar [74] (grün umrandet in Abbildung Abb. 8.34).

Neben diesen klassischen Ansätzen zur Reduktion von Metallartefakten, also der physikalischen Korrektur bei noch halbwegs brauchbaren Metallrohdaten und der Inpaintingmethodik bei unbrauchbaren Metallrohdaten, sind noch zwei weitere Ansätze zu erwähnen. Die Intensität der Strahlaufhärtungs- und Streustrahlartefakte und folglich auch die Intensität der Metallartefakte hängen von der gewählten Röhrenspannung ab. Bei Zweispektren-CT (Dual Energy CT, DECT) werden simultan zwei Bilddatensätze f_L und f_H erzeugt, wobei ersterer typischerweise einer Röhrenspannung von 90 oder 100 kV und letzterer einer Spannung von 140 oder 150 kV entspricht. Da die Artefakte spannungsabhängig sind, lässt sich eine Linearkombination $(1 - \alpha) f_L(r) + \alpha f_H(r)$ finden, bei der die Artefakte minimal werden [8]. Diese DEMAR-Methode funktioniert bei kleineren Implantaten halbwegs gut, jedoch nicht bei größeren (Abb. 8.33, mittlere Spalte) [71]. Die Linearkombination kann unter gewissen approximativen Annahmen auch als pseudomonochromatisches Bild einer gewissen Energie $E(\alpha)$ aufgefasst werden. Beispielsweise kann, abhängig vom CT-Scanner, $\alpha = 1,5$ einer Energie von 140 keV entsprechen. Herstellerseitig wird daher vom Anwender oft die Eingabe einer monochromatischen Energie E statt eines Wertes für α gefordert.

Der zweite Ansatz, den man zur Korrektur von Metallartefakten verwenden kann, basiert auf Rekonstruktionen mit Vorwissen. Klinische CT-Bilder zeichnen sich unter anderem dadurch aus, dass sie größtenteils aus homogenen Regionen bestehen, die durch Kanten voneinander getrennt sind. Dieses Wissen lässt sich sehr leicht in eine iterative Rekonstruktion umformulieren, nämlich indem vom zu berechnenden Bild gefordert wird, dass es einerseits zu den gemessenen Rohdaten passt und dass es andererseits die Totale Variation (TV) des Bilds minimiert [116, 117]. Fehlen nun Daten, wie dies beispielsweise im Metallschatten der Fall ist, so wird die Rekonstruktion aufgrund des TV-Terms ein zu den Rohdaten konsistentes Bild erzeugen, das zudem möglichst viele homogene Regionen aufweist. Mit dem klinisch robusten iTV-Algorithmus lassen sich so beispielsweise Metallartefakte sehr effizient reduzieren [101], allerdings bei recht hohem Rechenaufwand.

8.5.4 Truncationartefakte

Eine wichtige Klasse von Artefakten sind die sogenannten Truncation- oder Abschneideartefakte. Sie treten auf, wenn Teile des Patienten aus dem Messfeld ragen und somit nicht unter dem nötigen 180°-Bereich von der Röntgenstrahlung erfasst werden. Das passiert typischerweise bei sehr dicken Patienten und auch in Fällen, in denen die Arme neben dem Patienten gelagert werden müssen.

Die Truncationartefakte machen sich im Wesentlichen durch die starke Aufhellung am Messfeldrand bemerkbar. Ist der Patient nur an einigen Seiten abgeschnitten, so stimmen die CT-Werte im Messfeldzentrum recht gut mit den wahren CT-Werten überein. Ein solches Beispiel ist in Abb. 8.35 dargestellt. Wenn das Objekt von allen Blickrichtungen aus abgeschnitten erscheint, dann ergeben sich im Messfeld zudem starke Abweichungen der CT-Werte.

Die Artefakte lassen sich durch eine einfache Extrapolation im Rohdatenraum beheben. Dazu wird der physikalisch lateral zu kleine Detektor virtuell nach beiden Seiten hin vergrößert. Die neuen Außenbereiche werden genutzt, um die abgeschnittenen Daten stetig differenzierbar fortzusetzen und sanft gegen null zu führen, beispielsweise durch einen sinusförmigen Übergang oder durch Anfitten der Projektionen von Ellipsen (2D) oder Ellipsoiden (3D) [39, 93, 111]. Die Bilder werden dann rekonstruiert. Die Bildqualität im Bereich des Messfeldes kann so nahezu vollständig wieder hergestellt werden (Abb. 8.35). Außerhalb des Messfelds lassen sich mit solch einfachen Verfahren allerdings keine brauchbaren Bilddaten erzeugen. Die Hinzunahme weiterer Konsistenzbedingungen, oder der Einsatz iterativer Rekonstruktionsverfahren unter Nutzung von Vorwissen kann von Vorteil sein, um die Bildqualität im Außenbereich etwas zu verbessern [101, 118].

8.5.5 Bewegungsartefakte

Eine wichtige Klasse von Artefakten entsteht bei Patientenbewegung. Die Ursachen für Patientenbewegung sind vielfältig. Möglicherweise ist der Patient nicht willens oder in der Lage für wenige Sekunden still zu halten (Kinder, unkooperative Patienten, ...) oder er ist nicht willens oder in der Lage den Atem für die kurze Dauer der Untersuchung anzuhalten (Kinder, unkooperative Patienten, schwer kranke Patienten, alte Patienten, ...) oder die entsprechende Bewegung lässt sich nicht willentlich kontrollieren (Herzschlag, Umwälzungen im Magen- oder Darmbereich, ...).

Bewegt sich das zu messende Objekt, so führt dies zu Artefakten im CT-Bild (im einfachsten Fall ist dies eine Verschmierung des Objekts), da der Rekonstruktionsalgorithmus von einem statischen Objekt ausgeht. Je nach Geschwindigkeit der Bewegung (in Relation zur Umlaufzeit t_{rot} des CT-Systems) sind die Artefakte unterschiedlich stark ausgeprägt.

Eine Korrektur von Bewegungsartefakten kann grundsätzlich nur dann erfolgen, wenn die Bewegung des Patienten bekannt ist oder wenn sie aus den gemessenen Daten oder aus externen Daten abgeschätzt werden kann. In diesen Fällen würde eine bewegungskompensierte Rekonstruktion zum Einsatz kommen, bei der während der Rückprojektion die Deformation des Volumens zum gegebenen Zeitpunkt berücksichtigt wird. Die Schwierigkeit hierbei besteht nicht etwa in der Rekonstruktion, sondern in der Schätzung oder Messung des Deformationsvektorfeldes als Funktion der Zeit [13]. Bislang kommen solche Verfahren in der klinischen CT nicht zum Einsatz. Herstellerseitig wird jedoch an der Bewegungskompensation insbesondere im Bereich der Cardio-CT geforscht [105, 112, 122, 127], so dass vermutlich in Kürze entsprechende Verfahren auf den Markt kommen werden.

Die bisherige und derzeitige Strategie ist die Reduzierung oder die Vermeidung von Bewegungsartefakten. Dies geschieht einerseits durch immer schnellere CT-Systeme, die sowohl sehr geringe Rotationszeiten ermöglichen (derzeit bis zu $t_{rot} = 0{,}25$ s) als auch sehr schnelle Tischvorschubgeschwindigkeiten aufweisen (derzeit bis zu 74 cm/s), wobei für Letztere sowohl die schnelle Rotation als auch eine hohe Anzahl an Detektorzeilen beitragen. Andererseits werden Artefakte, die durch periodisch wiederkehrende Bewegungsmuster (Atmung, Herzschlag) verursacht würden, durch sogenanntes Gating reduziert. Beim prospektiven Gating wird die Röntgenstrahlung nur dann aktiviert, wenn sich die Bewegung in einer vorteilhaften Bewegungsphase (z. B. beim Herzen in der Diastole) befindet. Beim retrospektiven Gating hingegen werden die Daten aller Bewegungsphasen aufgenommen und erst die Rekonstruktion selektiert die gewünschten Daten (z. B. alle, die im eingeatmeten Zustand erfasst wurden). Letztendlich hat sich durch die Einführung des retrospektiven Gatings die Herzbildgebung mit CT etabliert [53]. Aufgrund der daraufhin erfolgenden technischen Entwicklung wurden die CT-Systeme immer schneller. Derzeit werden Herzaufnahmen sowohl mit prospektivem als auch mit retrospektivem Gating aufgenommen, abhängig vom EKG des Patienten.

8.5.6 Weitere Artefakte

In der CT-Bildgebung gibt es noch eine Reihe weiterer Artefakte, die in der klinischen CT durch herstellerseitige Korrekturen oder hardwareseitige Korrekturen sehr stark unterdrückt werden und daher eine untergeordnete Rolle spielen. Zu diesen Artefakten gehören beispielsweise die Limited-Angle-Artefakte, die auftreten, wenn ein Voxel weniger als 180° an Daten sieht, das Detektornachleuchten bei zeitlich zu langsamem Abklingen des Detektorsignals [38, 79, 119, 120], defekte Detektorpixel sowie lineare und nichtlineare Partialvolumeneffekte.

8.6 Spezialanwendungen

Neben den Standardanwendungen machen zahlreiche Spezialapplikationen die klinische CT zum Universalwerkzeug der radiologischen Diagnostik. Insbesondere die Kardio-CT, aber auch die Perfusionsbildgebung und die Dual-Energy-CT (DECT) haben in den letzten zwei Jahrzehnten die technische CT-Entwicklung vorangebracht. Aus Platzgründen kann hier leider nicht auf diese interessanten Verfahren eingegangen werden.

Danksagung Die Erstellung des Buchkapitels Computertomographie wurde von folgenden Mitarbeitern tatkräftig mit unterstützt: Sedat Aktaş, Andreas Hahn, Juliane Hahn, Thorsten Heußer, Dr. Michael Knaup, Dr. Stefan Kuchenbecker, Rolf Kueres, Dr. Jan Kuntz, Carsten Leinweber, Joscha Maier, Francesco Pisana, Christopher Rank, Sebastian Sauppe, Dr. Stefan Sawall, Tim Vöth. Ohne sie wäre das Kapitel wohl nicht zu Stande gekommen. Ich möchte ihnen hiermit herzlichst für die Hilfe danken.

Aufgaben

8.1 Welchem CT-Wert entspricht der Schwächungswert von $0{,}00205$ mm^{-1} bei 70 keV? Tipp: Rechnen Sie mit dem Schwächungswert von Wasser bei 70 keV, den Sie im Text finden. Um welches Organ handelt es sich, wenn man Tab. 8.2 zugrunde legt? Ist diese Vorgehensweise gerechtfertigt, um ein Organ zu identifizieren?

8.2 Welche Methoden zur Dosissenkung kann der Anwender selbst vornehmen?

8.3 Ein Notfallpatient wird mit starken Brustschmerzen in die Klinik eingeliefert. Zum Ausschluss eines Aortenaneurysmas wird vom behandelnden Arzt ein CT veranlasst. Der zuständige Radiologe wählt hierfür ein Thoraxprotokoll aus. Gescannt wird ein Bereich von 40 cm vom Hals an abwärts. Das verwendete Gerät akquiriert im Thoraxprotokoll 64 Schichten zu je 0,6 mm. Die Scandauer beträgt 2 s, die Rotationszeit 250 ms. Berechnen Sie den Pitchwert des Scans.

8.4 Das Gerät hat während des in Frage 3 beschriebenen Scans eine Leistung von 100 kW bei einer Röhrenspannung von 80 kV. Berechnen Sie das Röhrenstrom-Zeit-Produkt und das effektive Röhrenstrom-Zeit-Produkt. Wie hängt das effektive Röhrenstrom-Zeit-Produkt mit der Strahlendosis zusammen?

8.5 Erläutern Sie folgende Begriffe: $CTDI_{100}$, $CTDI_w$, $CTDI_{vol}$, SSDE. Wie werden diese bestimmt (berechnet)?

8.6 Bei einer Untersuchung sehen Sie, wie der behandelnde Radiologe an der CT-Konsole folgende Werte setzt: „$C = 300\,HU$, $W = 1600\,HU$". Welchen CT-Wertebereich deckt er damit ab? Welche Farbe hat beispielsweise ein Voxel mit $1300\,HU$? Sie wollen stattdessen einen Graustufenbereich von $-250\,HU$ bis $500\,HU$ abdecken. Wie fenstern Sie?

8.7 Wie wirkt sich die Röhrenspannung auf die Patientendosis aus? Warum ist es wichtig, bei einer Erhöhung der Röhrenspannung auch das effektive Röhrenstrom-Zeit-Produkt anzupassen? Muss dieses erhöht oder erniedrigt werden?

8.8 Welche Möglichkeiten der Dosisreduktion können hardware- und softwareseitig erreicht werden? Nennen Sie einige.

8.9 Zählen Sie einige Artefakttypen und ihre Korrekturmöglichkeiten auf.

8.10 Erklären Sie den Unterschied zwischen pixelgetriebener und strahlgetriebener Rückprojektion. Welche Rekonstruktionstechniken kennen Sie und was unterscheidet sie voneinander? Schreiben Sie die jeweiligen Lösungsansätze auf und erläutern Sie die Parameter.

8.11 Zählen Sie die Komponenten des CT-Geräts auf und beschreiben Sie jeweils die Funktionsweise der Komponenten. Wofür steht DSCT, DECT? Was sind die Vorteile?

Literatur

1. AAPM Task Group 204 (2011) AAPM report 204: size-specific dose estimates (SSDE) in pediatric and adult body CT examinations
2. AAPM Task Group 220 (2014) AAPM Report 220: Use of water equivalent diameter for calculating patient size and size-specific dose estimates (SSDE) in CT
3. Baer M, Kachelriess M (2012) Hybrid scatter correction for CT imaging. Phys Med Biol 57(21):6849–6867. https://doi.org/10.1088/0031-9155/57/21/6849
4. Bal M, Spies L (2006) Metal artifact reduction in CT using tissue-class modeling and adaptive prefiltering. Med Phys 33(8):2852–2859. https://doi.org/10.1118/1.2218062
5. Bal M, Celik H, Subramanyan K, Eck K, Spies L (2005) A radial adaptive filter for metal artifact reduction. In: Medical Imaging, 2005. International Society for Optics and Photonics, S 2075–2082
6. Ballabriga R, Alozy J, Blaj G, Campbell M, Fiederle M, Frojdh E, Heijne EHM, Llopart X, Pichotka M, Procz S, Tlustos L, Wong W (2013) The Medipix3RX: a high resolution, zero dead-time pixel detector readout chip allowing spectroscopic imaging. J Instrum 8(2):C2016. https://doi.org/10.1088/1748-0221/8/02/C02016
7. Bamberg F, Klotz E, Flohr T, Becker A, Becker CR, Schmidt B, Wintersperger BJ, Reiser MF, Nikolaou K (2010) Dynamic myocardial stress perfusion imaging using fast dual-source CT with alternating table positions: initial experience. Eur Radiol 20(5):1168–1173. https://doi.org/10.1007/s00330-010-1715-9
8. Bamberg F, Dierks A, Nikolaou K, Reiser MF, Becker CR, Johnson TR (2011) Metal artifact reduction by dual energy computed tomography using monoenergetic extrapolation. Eur Radiol 21(7):1424–1429. https://doi.org/10.1007/s00330-011-2062-1
9. Beekman FJ, Kamphuis C (2001) Ordered subset reconstruction for x-ray CT. Phys Med Biol 46(7):1835–1844. https://doi.org/10.1088/0031-9155/46/7/307
10. Bongartz G, Golding S, Jurik A, Leonardi M, Meerten Ev, Geleijns J, Jessen K, Panzer W, Shrimpton P, Tosi G (2000) European guidelines on quality criteria for computed tomography: EUR 16262. European Commission
11. Bongartz G, Golding S, Jurik A, Leonardi M, Van Persijn Van Meerten E, Rodríguez R, Schneider K, Calzado A, Geleijns J, Jessen K (2004) European guidelines for multislice computed tomography. European Commission
12. Brabant L, Pauwels E, Dierick M, Van Loo D, Boone MA, Van Hoorebeke L (2012) A novel beam hardening correction method requiring no prior knowledge, incorporated in an iterative reconstruction algorithm. Ndt E Int 51:68–73. https://doi.org/10.1016/j.ndteint.2012.07.002
13. Brehm M, Paysan P, Oelhafen M, Kachelriess M (2013) Artifact-resistant motion estimation with a patient-specific artifact model for motion-compensated cone-beam CT. Med Phys 40(10):101913. https://doi.org/10.1118/1.4820537
14. Brooks RA, Di Chiro G (1976) Beam hardening in x-ray reconstructive tomography. Phys Med Biol 21(3):390–398
15. Bruder H, Kachelriess M, Schaller S, Stierstorfer K, Flohr T (2000) Single-slice rebinning reconstruction in spiral cone-beam computed tomography. Ieee Trans Med Imaging 19(9):873–887. https://doi.org/10.1109/42.887836
16. Bundesamt für Strahlenschutz (BfS) (2013) Umweltradioaktivität und Strahlenbelastung im Jahr 2012: Unterrichtung durch die Bundesregierung
17. Christner JA, Kofler JM, McCollough CH (2010) Estimating effective dose for CT using dose–length product compared with using organ doses: consequences of adopting International Commission on Radiological Protection Publication 103 or dual-energy scanning. Am J Roentgenol 194(4):881–889
18. Coleman AJ, Sinclair M (1985) A beam-hardening correction using dual-energy computed-tomography. Phys Med Biol 30(11):1251–1256. https://doi.org/10.1088/0031-9155/30/11/007

19. Deutsches Institut für Normung (2003) DIN 6809-7: Klinische Dosimetrie – Teil 7: Verfahren zur Ermittlung der Patientendosis in der Röntgendiagnostik

20. Doss M, Little MP, Orton CG (2014) Point/counterpoint: low-dose radiation is beneficial, not harmful. Med Phys 41(7):70601

21. Feinendegen L (2014) Evidence for beneficial low level radiation effects and radiation hormesis. Br J Radiol 78(925):3–7

22. Feldkamp LA, Davis LC, Kress JW (1984) Practical cone-beam algorithm. J Opt Soc Am A 1(6):612–619. https://doi.org/10.1364/Josaa.1.000612

23. Flohr TG, Stierstorfer K, Ulzheimer S, Bruder H, Primak AN, McCollough CH (2005) Image reconstruction and image quality evaluation for a 64-slice CT scanner with z-flying focal spot. Med Phys 32(8):2536–2547. https://doi.org/10.1118/1.1949787

24. Flohr TG, Stierstorfer K, Suss C, Schmidt B, Primak AN, McCollough CH (2007) Novel ultrahigh resolution data acquisition and image reconstruction for multi-detector row CT. Med Phys 34(5):1712–1723. https://doi.org/10.1118/1.2722872

25. Gies M, Kalender WA, Wolf H, Suess C (1999) Dose reduction in CT by anatomically adapted tube current modulation. I. Simulation studies. Med Phys 26(11):2235–2247. https://doi.org/10.1118/1.598779

26. Glover GH (1982) Compton scatter effects in CT reconstructions. Med Phys 9(6):860–867. https://doi.org/10.1118/1.595197

27. Glover GH, Pelc NJ (1981) An algorithm for the reduction of metal clip artifacts in CT reconstructions. Med Phys 8(6):799–807. https://doi.org/10.1118/1.595032

28. Goetti R, Leschka S, Desbiolles L, Klotz E, Samaras P, von Boehmer L, Stenner F, Reiner C, Stolzmann P, Scheffel H, Knuth A, Marincek B, Alkadhi H (2010) Quantitative computed tomography liver perfusion imaging using dynamic spiral scanning with variable pitch: feasibility and initial results in patients with cancer metastases. Invest Radiol 45(7):419–426. https://doi.org/10.1097/RLI.0b013e3181e1937b

29. Goodsitt MM (1995) Beam hardening errors in postprocessing dual energy quantitative computed tomography. Med Phys 22(7):1039–1047. https://doi.org/10.1118/1.597590

30. Gordon R (1974) A tutorial on ART (algebraic reconstruction techniques). IEEE Trans Nucl Sci 21(3):78–93

31. Gordon R, Bender R, Herman GT (1970) Algebraic reconstruction techniques (ART) for three-dimensional electron microscopy and x-ray photography. J Theor Biol 29(3):471–481

32. Grass M, Kohler T, Proksa R (2000) 3D cone-beam CT reconstruction for circular trajectories. Phys Med Biol 45(2):329–347

33. Greess H, Wolf H, Kalender W, Bautz W (1998) Dose reduction in CT by anatomically adapted tube current modulation: first patient studies. In: Advances in CT IV. Springer, Berlin, Heidelberg, S 35–40

34. Greess H, Wolf H, Baum U, Lell M, Pirkl M, Kalender W, Bautz WA (2000) Dose reduction in computed tomography by attenuation-based on-line modulation of tube current: evaluation of six anatomical regions. Eur Radiol 10(2):391–394. https://doi.org/10.1007/s003300050062

35. Grimmer R, Fahrig R, Hinshaw W, Gao H, Kachelriess M (2012) Empirical cupping correction for CT scanners with primary modulation (ECCP). Med Phys 39(2):825–831. https://doi.org/10.1118/1.3676180

36. Herman GT (1979) Demonstration of beam hardening correction in computed tomography of the head. J Comput Assist Tomogr 3(3):373–378

37. Hsieh J (1998) Adaptive streak artifact reduction in computed tomography resulting from excessive x-ray photon noise. Med Phys 25(11):2139–2147. https://doi.org/10.1118/1.598410

38. Hsieh J, Gurmen O, King KF (2000) Recursive correction algorithm for detector decay characteristics in CT. In: Medical Imaging 2000, 2000. International Society for Optics and Photonics, S 298–305

39. Hsieh J, Chao E, Thibault J, Grekowicz B, Horst A, McOlash S, Myers T (2004) Algorithm to extend reconstruction field-of-view. In: IEEE International Symposium on Biomedical Imaging: Nano to Macro, S 1404–1407

40. Hunold P, Vogt FM, Schmermund A, Debatin F Jr, Kerkhoff G, Budde T, Erbel R, Ewen K, Barkhausen Jr (2003) Radiation exposure during cardiac CT: effective doses at multi–detector row CT and electron-beam CT 1. Radiology 226(1):145–152

41. International Commission on Radiological Protection (ICRP) (1977) Recommendations of the ICRP. ICRP publication 23. Ann Icrp 1(3)

42. International Commission on Radiological Protection (ICRP) (1991) 1990 recommendations of the international commission on radiological protection. ICRP Publication 60. Ann Icrp 21(1–3)

43. International Commission on Radiological Protection (ICRP) (2007) The 2007 recommendations of the international commission on radiological protection. ICRP Publication 103. Ann Icrp 37(2–4)

44. International Electrotechnical Commission (2004) IEC 61223-3-5: evaluation and routine testing in medical imaging departments – part 3–5: acceptance tests – imaging performance of computed tomography x-ray equipment

45. International Electrotechnical Commission (2009) IEC 60601-2-44: Medical electrical equipment – part 2-44: Particular requirements for the basic safety and essential performance of x-ray equipment for computed tomography

46. Jackson JI, Meyer CH, Nishimura DG, Macovski A (1991) Selection of a convolution function for Fourier inversion using gridding [computerised tomography application]. IEEE Trans Med Imaging 10(3):473–478

47. Jeong KY, Ra JB (2009) Reduction of artifacts due to multiple metallic objects in computed tomography. In: SPIE Medical Imaging, 2009. International Society for Optics and Photonics, S 72583E–72588

48. Jessen KA, Shrimpton PC, Geleijns J, Panzer W, Tosi G (1999) Dosimetry for optimisation of patient protection in computed tomography. Appl Radiat Isot 50(1):165–172

49. Joseph PM, Spital RD (1978) A method for correcting bone induced artifacts in computed tomography scanners. J Comput Assist Tomogr 2(1):100–108

50. Joseph PM, Spital RD (1982) The effects of scatter in x-ray computed tomography. Med Phys 9(4):464–472. https://doi.org/10.1118/1.595111

51. Kachelriess M (2013) Iterative reconstruction techniques: What do they mean for cardiac CT? Curr Cardiovasc Imaging Rep 6(3):268–281

52. Kachelriess M (2013) Interesting detector shapes for third generation CT scanners. Med Phys 40(3):31101. https://doi.org/10.1118/1.4789588

53. Kachelriess M, Kalender WA (1998) Electrocardiogram-correlated image reconstruction from subsecond spiral computed tomography scans of the heart. Med Phys 25(12):2417–2431. https://doi.org/10.1118/1.598453

54. Kachelriess M, Kalender WA (2005) Improving PET/CT attenuation correction with iterative CT beam hardening correction. In: IEEE Nuclear Science Symposium Conference Record, 2005, S 5

55. Kachelriess M, Schaller S, Kalender WA (2000) Advanced single-slice rebinning in cone-beam spiral CT. Med Phys 27(4):754–772. https://doi.org/10.1118/1.598938

56. Kachelriess M, Fuchs T, Schaller S, Kalender WA (2001) Advanced single-slice rebinning for tilted spiral cone-beam CT. Med Phys 28(6):1033–1041. https://doi.org/10.1118/1.1373675

57. Kachelriess M, Watzke O, Kalender WA (2001) Generalized multi-dimensional adaptive filtering for conventional and spiral single-slice, multi-slice, and cone-beam CT. Med Phys 28(4):475–490. https://doi.org/10.1118/1.1358303

58. Kachelriess M, Knaup M, Kalender WA (2004) Extended parallel backprojection for standard 3D and phase–correlated 4D axial and spiral cone–beam CT with arbitrary pitch and 100 % dose usage. Med Phys 31(6):1623–1641

59. Kachelriess M, Knaup M, Penssel C, Kalender WA (2006) Flying focal spot (FFS) in cone-beam CT. IEEE Trans Nucl Sci 53(3):1238–1247

60. Kachelriess M, Sourbelle K, Kalender WA (2006) Empirical cupping correction: a first-order raw data precorrection for cone-beam computed tomography. Med Phys 33(5):1269–1274. https://doi.org/10.1118/1.2188076

61. Kaczmarz S (1937) Angenäherte Auflösung von Systemen Linearer Gleichungen. Bull Acad Polon Sci Lett A 35:335–357

62. Kak AC, Slaney M (1988) Principles of computerized tomographic imaging. IEEE press

63. Kalender WA, Seissler W, Klotz E, Vock P (1990) Spiral volumetric CT with single-breath-hold technique, continuous transport, and continuous scanner rotation. Radiology 176(1):181–183. https://doi.org/10.1148/radiology.176.1.2353088

64. Kalender WA, Wolf H, Suess C (1999) Dose reduction in CT by anatomically adapted tube current modulation. II. Phantom measurements. Med Phys 26(11):2248–2253. https://doi.org/10.1118/1.598738

65. Kappler S, Henning A, Krauss B, Schoeck F, Stierstorfer K, Weidinger T, Flohr T (2013) Multi-energy performance of a research prototype CT scanner with small-pixel counting detector. In: SPIE Medical Imaging, 2013. International Society for Optics and Photonics, S 86680O-86680O-86688

66. Katsevich A (2002) Theoretically exact filtered back-projection-type inversion algorithm for spiral CT. SIAM J Appl Math 62(6):2012–2026. https://doi.org/10.1137/S0036139901387186

67. Katsevich A (2004) An improved exact filtered backprojection algorithm for spiral computed tomography. Adv Appl Math 32(4):681–697. https://doi.org/10.1016/S0196-8858(03)00099-X

68. Kijewski PK, Bjarngard BE (1978) Correction for beam hardening in computed tomography. Med Phys 5(3):209–214. https://doi.org/10.1118/1.594429

69. Koenig T, Schulze J, Zuber M, Rink K, Butzer J, Hamann E, Cecilia A, Zwerger A, Fauler A, Fiederle M, Oelfke U (2012) Imaging properties of small-pixel spectroscopic x-ray detectors based on cadmium telluride sensors. Phys Med Biol 57(21):6743–6759. https://doi.org/10.1088/0031-9155/57/21/6743

70. Krauss B, Grant KL, Schmidt BT, Flohr TG (2015) The importance of spectral separation: an assessment of dual-energy spectral separation for quantitative ability and dose efficiency. Invest Radiol 50(2):114–118. https://doi.org/10.1097/RLI.0000000000000109

71. Kuchenbecker S, Faby S, Sawall S, Lell M, Kachelriess M (2015) Dual energy CT: how well can pseudo-monochromatic imaging reduce metal artifacts? Med Phys 42(2):1023–1036

72. Kyriakou Y, Kachelriess M, Knaup M, Krause JU, Kalender WA (2006) Impact of the z-flying focal spot on resolution and artifact behavior for a 64-slice spiral CT scanner. Eur Radiol 16(6):1206–1215. https://doi.org/10.1007/s00330-005-0118-9

73. Kyriakou Y, Meyer E, Prell D, Kachelriess M (2010) Empirical beam hardening correction (EBHC) for CT. Med Phys 37(10):5179–5187. https://doi.org/10.1118/1.3477088

74. Lell MM, Meyer E, Schmid M, Raupach R, May MS, Uder M, Kachelriess M (2013) Frequency split metal artefact reduction in pelvic computed tomography. Eur Radiol 23(8):2137–2145. https://doi.org/10.1007/s00330-013-2809-y

75. Lell MM, Wildberger JE, Alkadhi H, Damilakis J, Kachelriess M (2015) Evolution in computed tomography: the battle for speed and dose. Invest Radiol 50(9):629–644. https://doi.org/10.1097/RLI.0000000000000172

76. Lemmens C, Faul D, Nuyts J (2009) Suppression of metal artifacts in CT using a reconstruction procedure that combines MAP and projection completion. IEEE Trans Med Imaging 28(2):250–260

77. Leng S, Zhao K, Qu M, An KN, Berger R, McCollough CH (2011) Dynamic CT technique for assessment of wrist joint instabilities. Med Phys 38(Suppl 1):S50. https://doi.org/10.1118/1.3577759

Teil II

78. Mahnken AH, Raupach R, Wildberger JE, Jung B, Heussen N, Flohr TG, Gunther RW, Schaller S (2003) A new algorithm for metal artifact reduction in computed tomography: in vitro and in vivo evaluation after total hip replacement. Invest Radiol 38(12):769–775. https://doi.org/10.1097/01.rli.0000086495.96457.54

79. Mail N, Moseley DJ, Siewerdsen JH, Jaffray DA (2008) An empirical method for lag correction in cone-beam CT. Med Phys 35(11):5187–5196. https://doi.org/10.1118/1.2977759

80. De Man B, Nuyts J, Dupont P, Marchal G, Suetens P (2001) An iterative maximum-likelihood polychromatic algorithm for CT. Ieee Trans Med Imaging 20(10):999–1008. https://doi.org/10.1109/42.959297

81. McCollough CH, Bruesewitz MR, Kofler JM Jr. (2006) CT dose reduction and dose management tools: overview of available options. Radiographics 26(2):503–512. https://doi.org/10.1148/rg.262055138

82. McDavid WD, Waggener RG, Payne WH, Dennis MJ (1975) Spectral effects on three-dimensional reconstruction from rays. Med Phys 2(6):321–324. https://doi.org/10.1118/1.594200

83. McDavid WD, Waggener RG, Payne WH, Dennis MJ (1977) Correction for spectral artifacts in cross-sectional reconstruction from x rays. Med Phys 4(1):54–57. https://doi.org/10.1118/1.594302

84. McLoughlin RF, Ryan MV, Heuston PM, McCoy CT, Masterson JB (1992) Quantitative analysis of CT brain images: a statistical model incorporating partial volume and beam hardening effects. Br J Radiol 65(773):425–430. https://doi.org/10.1259/0007-1285-65-773-425

85. Meagher JM, Mote CD, Skinner HB (1990) CT image correction for beam hardening using simulated projection data. IEEE Trans Nucl Sci 37(4):1520–1524. https://doi.org/10.1109/23.55865

86. Meyer E, Raupach R, Lell M, Schmidt B, Kachelriess M (2010) Normalized metal artifact reduction (NMAR) in computed tomography. Med Phys 37(10):5482–5493. https://doi.org/10.1118/1.3484090

87. Meyer E, Raupach R, Lell M, Schmidt B, Kachelriess M (2012) Frequency split metal artifact reduction (FSMAR) in computed tomography. Med Phys 39(4):1904–1916. https://doi.org/10.1118/1.3691902

88. Moore BM, Brady SL, Mirro AE, Kaufman RA (2014) Size-specific dose estimate (SSDE) provides a simple method to calculate organ dose for pediatric CT examinations. Med Phys 41(7):71917. https://doi.org/10.1118/1.4884227

89. Nalcioglu O, Lou RY (1979) Post-reconstruction method for beam hardening in computerised tomography. Phys Med Biol 24(2):330–340

90. Newell JD Jr, Fuld MK, Allmendinger T, Sieren JP, Chan K-S, Guo J, Hoffman EA (2015) Very low-dose (0.15 mGy) chest CT protocols using the COPDGene 2 test object and a third-generation dual-source CT scanner with corresponding third-generation iterative reconstruction software. Invest Radiol 50(1):40

91. Newman B, Callahan MJ (2011) ALARA (as low as reasonably achievable) CT 2011 – executive summary. Pediatr Radiol 41:453–455

92. Ohnesorge B, Flohr T, Klingenbeck-Regn K (1999) Efficient object scatter correction algorithm for third and fourth generation CT scanners. Eur Radiol 9(3):563–569. https://doi.org/10.1007/s003300050710

93. Ohnesorge B, Flohr T, Schwarz K, Heiken JP, Bae KT (2000) Efficient correction for CT image artifacts caused by objects extending outside the scan field of view. Med Phys 27(1):39–46. https://doi.org/10.1118/1.598855

94. O'Sullivan JD (1985) A fast sinc function gridding algorithm for fourier inversion in computer tomography. Ieee Trans Med Imaging 4(4):200–207. https://doi.org/10.1109/TMI.1985.4307723

95. Pantos I, Thalassinou S, Argentos S, Kelekis N, Panayiotakis G, Efstathopoulos E (2014) Adult patient radiation doses from non-cardiac CT examinations: a review of published results. Br J Radiol 84(1000):293–303

96. Petersilka M, Stierstorfer K, Bruder H, Flohr T (2010) Strategies for scatter correction in dual source CT. Med Phys 37(11):5971–5992. https://doi.org/10.1118/1.3504606

97. Prell D, Kyriakou Y, Kalender WA (2009) Comparison of ring artifact correction methods for flat-detector CT. Phys Med Biol 54(12):3881–3895. https://doi.org/10.1088/0031-9155/54/12/018

98. Ramachandran GN, Lakshminarayanan AV (1971) Three-dimensional reconstruction from radiographs and electron micrographs: application of convolutions instead of Fourier transforms. Proc Natl Acad Sci U S A 68(9):2236–2240

99. Ritchie CJ, Crawford CR, Godwin JD, King KF, Kim Y (1996) Correction of computed tomography motion artifacts using pixel-specific back-projection. Ieee Trans Med Imaging 15(3):333–342. https://doi.org/10.1109/42.500142

100. Ritschl L, Bergner F, Fleischmann C, Kachelriess M (2010) Water calibration for CT scanners with tube voltage modulation. Phys Med Biol 55(14):4107–4117. https://doi.org/10.1088/0031-9155/55/14/010

101. Ritschl L, Bergner F, Fleischmann C, Kachelriess M (2011) Improved total variation-based CT image reconstruction applied to clinical data. Phys Med Biol 56(6):1545–1561. https://doi.org/10.1088/0031-9155/56/6/003

102. Ritschl L, Kuntz J, Fleischmann C, Kachelriess M (2016) The rotate-plus-shift C-arm trajectory. Part I. Complete data with less than 180 degrees rotation. Med Phys 43(5):2295. https://doi.org/10.1118/1.4944785

103. La Rivière PJ, Billmire DM (2005) Reduction of noise-induced streak artifacts in X-ray computed tomography through spline-based penalized-likelihood sinogram smoothing. IEEE Trans Med Imaging 24(1):105–111

104. Robertson DD Jr, Huang H (1986) Quantitative bone measurements using x-ray computed tomography with second-order correction. Med Phys 13(4):474–479

105. Rohkohl C, Bruder H, Stierstorfer K, Flohr T (2013) Improving best-phase image quality in cardiac CT by motion correction with MAM optimization. Med Phys 40(3):31901. https://doi.org/10.1118/1.4789486

106. Ruth C, Joseph PM (1995) A comparison of beam-hardening artifacts in x-ray computerized tomography

with gadolinium and iodine contrast agents. Med Phys 22(12):1977–1982. https://doi.org/10.1118/1.597495

107. Schaller S, Stierstorfer K, Bruder H, Kachelriess M, Flohr T (2001) Novel approximate approach for high-quality image reconstruction in helical cone-beam CT at arbitrary pitch. In: Medical Imaging 2001 2001. International Society for Optics and Photonics, S 113–127

108. Schardt P, Deuringer J, Freudenberger J, Hell E, Knupfer W, Mattern D, Schild M (2004) New x-ray tube performance in computed tomography by introducing the rotating envelope tube technology. Med Phys 31(9):2699–2706. https://doi.org/10.1118/1.1783552

109. Schlomka JP, Roessl E, Dorscheid R, Dill S, Martens G, Istel T, Baumer C, Herrmann C, Steadman R, Zeitler G, Livne A, Proksa R (2008) Experimental feasibility of multi-energy photon-counting K-edge imaging in pre-clinical computed tomography. Phys Med Biol 53(15):4031–4047. https://doi.org/10.1088/0031-9155/53/15/002

110. Schmidt T, Behling R (2000) MRC: a successful platform for future X-ray tube development. Medica Mundi 44(2):50–55

111. Schomberg H (2004) Image reconstruction from truncated cone-beam projections. In: Biomedical Imaging: Nano to Macro, 2004 IEEE International Symposium on, 2004, S 575–578

112. Schöndube H, Allmendinger T, Stierstorfer K, Bruder H, Flohr T (2011) Evaluation of a novel CT image reconstruction algorithm with enhanced temporal resolution. In: SPIE Medical Imaging, 2011 International Society for Optics and Photonics, S 79611N-79611N-79617

113. Shrimpton P (2004) Assessment of patient dose in CT: European guidelines for multislice computed tomography funded by the European Commission 2004: contract number FIGMCT2000-20078-CT-TIP. European Commission, Luxembourg

114. Shrimpton P, Hillier M, Lewis M, Dunn M (2005) Doses from computed tomography (CT) examinations in the UK-2003 review Bd. 67. NRPB

115. Shrimpton P, Hillier M, Lewis M, Dunn M (2014) National survey of doses from CT in the UK: 2003. Br J Radiol 79(948):968–980

116. Sidky EY, Pan X (2008) Image reconstruction in circular cone-beam computed tomography by constrained, total-variation minimization. Phys Med Biol 53(17):4777–4807. https://doi.org/10.1088/0031-9155/53/17/021

117. Sidky EY, Kao CM, Pan XH (2006) Accurate image reconstruction from few-views and limited-angle data in divergent-beam CT. J Xray Sci Technol 14(2):119–139

118. Sourbelle K, Kachelriess M, Kalender WA (2005) Reconstruction from truncated projections in CT using adaptive detruncation. Eur Radiol 15 (5):1008–1014. https://doi.org/10.1007/s00330-004-2621-9

119. Spies L, Luhta R (2005) Characterization and correction of temporal artifacts in CT. Med Phys 32 (7):2222–2230. https://doi.org/10.1118/1.1929147

120. Starman J, Star-Lack J, Virshup G, Shapiro E, Fahrig R (2012) A nonlinear lag correction algorithm for a-Si flat-panel x-ray detectors. Med Phys 39 (10):6035–6047. https://doi.org/10.1118/1.4752087

121. Stenner P, Kachelriess M (2008) Dual energy exposure control (DEEC) for computed tomography: algorithm and simulation study. Med Phys 35 (11):5054–5060. https://doi.org/10.1118/1.2982150

122. van Stevendaal U, von Berg J, Lorenz C, Grass M (2008) A motion-compensated scheme for helical cone-beam reconstruction in cardiac CT angiography. Med Phys 35 (7):3239–3251. https://doi.org/10.1118/1.2938733

123. Stierstorfer K, Rauscher A, Boese J, Bruder H, Schaller S, Flohr T (2004) Weighted FBP – a simple approximate 3D FBP algorithm for multislice spiral CT with good dose usage for arbitrary pitch. Phys Med Biol 49 (11):2209–2218. https://doi.org/10.1088/0031-9155/49/11/007

124. Stonestrom JP, Alvarez RE, Macovski A (1981) A framework for spectral artifact corrections in x-ray CT. IEEE Trans Biomed Eng 28 (2):128–141. https://doi.org/10.1109/TBME.1981.324786

125. Taguchi K, Kudo H (2008) Motion compensated fan-beam reconstruction for nonrigid transformation. IEEE Trans Med Imaging 27 (7):907–917. https://doi.org/10.1109/TMI.2008.925076

126. Taguchi K, Zhang M, Frey EC, Wang X, Iwanczyk JS, Nygard E, Hartsough NE, Tsui BM, Barber WC (2011) Modeling the performance of a photon counting x-ray detector for CT: energy response and pulse pileup effects. Med Phys 38 (2):1089–1102. https://doi.org/10.1118/1.3539602

127. Tang Q, Cammin J, Srivastava S, Taguchi K (2012) A fully four-dimensional, iterative motion estimation and compensation method for cardiac CT. Med Phys 39 (7):4291–4305. https://doi.org/10.1118/1.4725754

128. Tang SJ, Mou XQ, Xu Q, Zhang YB, Bennett J, Yu HY (2011) Data consistency condition-based beam-hardening correction. Optical Engineering 50 (7):076501-076501-076513. https://doi.org/10.1117/1.3599869

129. Tang X, Hsieh J, Hagiwara A, Nilsen RA, Thibault JB, Drapkin E (2005) A three-dimensional weighted cone beam filtered backprojection (CB-FBP) algorithm for image reconstruction in volumetric CT under a circular source trajectory. Phys Med Biol 50 (16):3889–3905. https://doi.org/10.1088/0031-9155/50/16/016

130. Thibault JB, Sauer KD, Bouman CA, Hsieh J (2007) A three-dimensional statistical approach to improved image quality for multislice helical CT. Med Phys 34 (11):4526–4544. https://doi.org/10.1118/1.2789499

131. Tuy HK (1983) An Inversion-Formula for Cone-Beam Reconstruction. Siam Journal on Applied Mathematics 43 (3):546–552. https://doi.org/10.1137/0143035

132. Veldkamp WJ, Joemai RM, van der Molen AJ, Geleijns J (2010) Development and validation of segmentation and interpolation techniques in sinograms for metal artifact suppression in CT. Med Phys 37 (2):620–628. https://doi.org/10.1118/1.3276777

133. Wang G, Snyder DL, O'Sullivan JA, Vannier MW (1996) Iterative deblurring for CT metal artifact reduction. IEEE Trans Med Imaging 15 (5):657–664. https://doi.org/10.1109/42.538943

134. Watzke O, Kachelriess M, Kalender W (2001) A pragmatic approach to metal artifact correction in medical CT. In: Ra-

diology, 2001. Radiological SOC North America 820 Jorie Blvd, Oak Brook, IL 60523 USA, S 544–545

135. Wei J, Chen L, Sandison GA, Liang Y, Xu LX (2004) X-ray CT high-density artefact suppression in the presence of bones. Phys Med Biol 49(24):5407–5418

136. Yu L, Li H, Mueller J, Kofler JM, Liu X, Primak AN, Fletcher JG, Guimaraes LS, Macedo T, McCollough CH (2009) Metal artifact reduction from reformatted projections for hip prostheses in multislice helical computed tomography: techniques and initial clinical results. Invest Radiol 44 (11):691–696. https://doi.org/10.1097/RLI. 0b013e3181b0a2f9

137. Zou Y, Pan XC, Sidky EY (2005) Theory and algorithms for image reconstruction on chords and within regions of interest. J Opt Soc Am A 22 (11):2372–2384. https://doi. org/10.1364/Josaa.22.002372

Magnetresonanztomographie und -spektroskopie

Mark E. Ladd, Harald H. Quick, Michael Bock, Moritz Berger, Mathies Breithaupt, Armin M. Nagel, Andreas K. Bitz, Dorde Komljenovic, Frederik B. Laun, Tristan A. Kuder, Peter Bachert, Rotem Shlomo Lanzman und Hans-Jörg Wittsack

9

Teil II

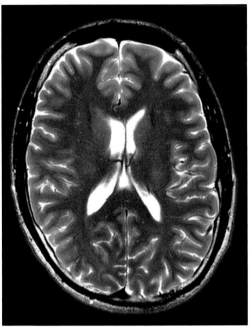
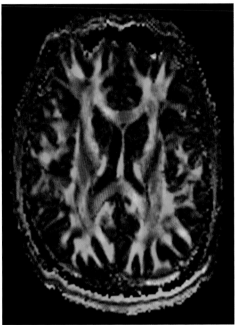

© Springer-Verlag GmbH Deutschland, ein Teil von Springer Nature 2018
W. Schlegel, C.P. Karger, O. Jäkel (Hrsg.), *Medizinische Physik*, https://doi.org/10.1007/978-3-662-54801-1_9

Seit der Einführung der Magnetresonanztomographie (MRT), früher auch Kernspintomographie oder bildgebende „Nuclear Magnetic Resonance" (NMR) genannt, Anfang der 1980er-Jahre, hat sich diese Untersuchungstechnik zu einer weitverbreiteten medizinischen Bildgebungsmethode entwickelt, die unterschiedlichste anatomische Regionen abbildet und verschiedenste morphologische und funktionelle Fragestellungen beantwortet. Dieses Kapitel soll einen Einblick in diese vielseitige diagnostische Technologie und ihre Möglichkeiten geben. Zunächst wird ein kurzer Überblick über die geschichtliche Entwicklung der Methode gegeben, im Folgenden werden nähere Details zur Entstehung des MR-Signals und dessen Verarbeitung erläutert. Es wird erklärt, welche Hardware-Voraussetzungen erforderlich sind, um Bilder anzufertigen. Dann wird erläutert, wie Bildkontraste entstehen und welche kernphysikalischen Eigenschaften die MRT-Schnittbilder eigentlich abbilden.

Schließlich wird eine Reihe von Themen behandelt, die das Potenzial sowie die Einschränkungen der modernen MRT in der klinischen Routine und die Vielfältigkeit dieser Methode offenbaren: Sicherheitsaspekte, Kontrastmittel, funktionelle Untersuchungen sowie MR-Spektroskopie und X-Kern-Bildgebung. Abgerundet wird das Ganze durch aktuelle Anwendungsbeispiele aus der klinischen Routine, die einen anschaulichen Überblick über das diagnostische Potenzial dieser Bildgebungsmethode geben sollen. Allerdings bleibt der Einsatz der MRT nicht ohne Tücken: Durch die Komplexität der Methode gibt es mehrere Quellen für Störungen in den rekonstruierten Bildern; dieser Aspekt wird im Abschn. 9.10 behandelt. Das Kapitel schließt dann mit einer Einführung in die interventionelle MRT, ein wachsendes Anwendungsgebiet der MRT, bei dem es nicht nur um die Diagnose einer Erkrankung geht, sondern auch um ihre Linderung oder Heilung.

9.1 Geschichtliche Entwicklung

Mark E. Ladd

> Ich weiß nicht, ob es besser wird, wenn es anders wird. Aber es muss anders werden, wenn es besser werden soll (Georg Christoph Lichtenberg, 1742–1799).

Die Bildgebung mittels Magnetresonanztomographie hat ihre Wurzeln in den grundlegenden physikalischen Untersuchungen der Wechselwirkungen zwischen Atomen und elektromagnetischer Strahlung. Bereits im Jahre 1946 wurde die Absorption und Emission von elektromagnetischer Strahlung in kondensierter Materie beobachtet, wenn die Kerne in einem starken externen Magnetfeld angeordnet sind. Sowohl Purcell et al. [8] als auch Bloch et al. [2] haben über diese Phänomene berichtet, eine Entdeckung, für die sie im Jahr 1952 mit dem Nobelpreis für Physik ausgezeichnet wurden. Eigentlich baute diese Entdeckung auf der Arbeit von Isidor Isaac Rabi auf. Er hat die Kernresonanz in einem Molekularstrahl (Gas) in einem Vakuum gemessen [9]. Dieses Phänomen hat er „Nuclear Magnetic Resonance" (NMR) getauft und bereits im Jahr 1944 den Nobelpreis für Physik erhalten. Für weitere Einblicke in die Entstehung der NMR wird der Leser auf [10] verwiesen.

Die Erforschung der magnetischen Kernresonanzphänomene setzte sich in den folgenden Jahrzehnten fort. In den frühen 1970er-Jahren hat Damadian einen vielversprechenden Bericht veröffentlicht, in dem gezeigt wurde, dass sich die NMR-Eigenschaften von malignem Tumorgewebe, insbesondere die T_1- und T_2-Relaxationszeiten, von denen des normalen Gewebes unterscheiden [4]. Dies führte zu der Aussicht, dass in irgendeiner Weise ein nützliches diagnostisches Verfahren auf der Basis von Wasserstoff-NMR entstehen könnte.

Die praktische Aufnahme von Bildern basierend auf magnetischer Resonanz wurde erst durch die Arbeit von Lauterbur [6] sowie Mansfield und Grannell [7] ermöglicht. Sie wendeten ein positionsabhängiges Magnetfeld (Gradient) zusätzlich zum statischen Hintergrundmagnetfeld an. Auf Grund der linearen Abhängigkeit der Resonanzfrequenz der Kernspins vom externen Magnetfeld und mit Hilfe der Fourier-Analyse wurde es möglich, die räumliche Verteilung der Spins innerhalb einer Scheibe schnell in Form eines 2D-Bildes zu rekonstruieren. Durch diese zusätzlichen Techniken wurde die Magnetic Resonance Imaging (Magnetresonanztomographie, MRT) geboren. Für diese Arbeit teilten sich Lauterbur und Mansfield im Jahr 2003 den Nobelpreis für Medizin.

Bereits kurz nach Einführung der MRT ist diese Bildgebungsmethode zu einer der wichtigsten diagnostischen Untersuchungsmethoden in der medizinischen Bildgebung geworden und baut ihre Rolle bis heute kontinuierlich aus. In einer Umfrage um die Jahrhundertwende wurden Ärzte gebeten, die 30 wichtigsten Entwicklungen in der Medizin in den letzten 25 Jahren einzuordnen [4]. Nummer eins in dieser Liste waren die Schnittbildgebungsmethoden MRT und Computertomographie (CT).

Die Signifikanz der MRT in der modernen Diagnostik wird durch die immer größer werdende Zahl an weltweit installierten Tomographen belegt. Obwohl die MRT erst in den frühen und mittleren 1980er-Jahren in klinischen Settings etabliert wurde, gibt es jetzt mehr als 30.000 Installationen weltweit (8465 in den USA im Jahr 2015 [5]), von denen die meisten bei einer Magnetfeldstärke von 1,5 oder 3 T arbeiten. Die MRT hat sich zu einem der flexibelsten Werkzeuge in der diagnostischen Bildgebung entwickelt; im Jahr 2015 wurden geschätzte 37,8 Millionen MRT-Untersuchungen in den USA durchgeführt. Die jährliche Wachstumsrate liegt bei etwa 4 % seit 2011 [5]. Diese Entwicklung ist allerdings als Teil eines allgemeinen Trends zu mehr bildgebenden Untersuchungen bei der Diagnose und Behandlung von Patienten zu sehen [11].

Die Vorteile der MRT im Vergleich zu den anderen Bildgebungstechniken, wie z. B. der konventionellen Röntgendiagnostik, der Nuklearmedizin und der Computertomographie (CT), liegen u. a. in folgenden Eigenschaften begründet:

- Die MRT kommt gänzlich ohne ionisierende (Röntgen-) Strahlen aus, daher kann die Untersuchung beliebig oft wiederholt werden.
- Der Weichteilkontrast ist besonders hoch und lässt pathologische Strukturen besonders gut abgrenzen.
- Die MRT ist nicht nur für die Darstellung morphologischer Strukturen geeignet, sondern kann eine Reihe funktioneller Prozesse abbilden.

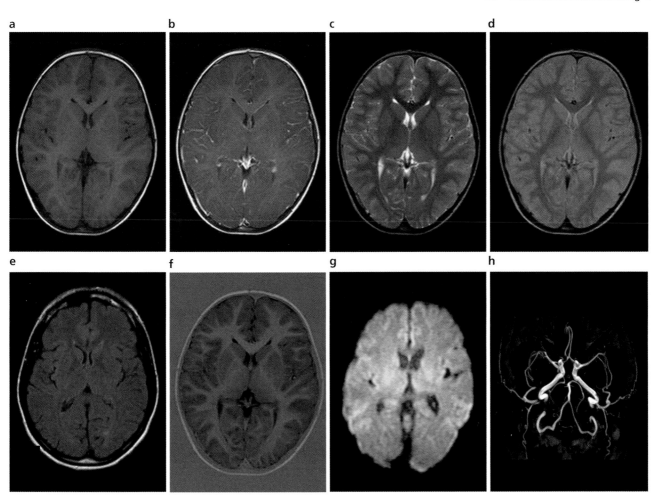

Abb. 9.1 Auswahl verschiedener Gewebekontraste, die bei der MRT zur Verfügung stehen. Jedes Bild entstand durch eine gesonderte Aufnahme desselben axialen Schnitts durch den Kopf eines normalen Probanden. Hierbei wurden die Bildgebungsparameter bei jeder Aufnahmesequenz variiert, um den gewünschten Kontrast zu erzielen. **a–d** zeigen die grundlegenden MRT-Kontraste: **a** T_1-Wichtung, **b** T_1-Wichtung mit Kontrastmittel (KM), **c** T_2-Wichtung, **d** Protonendichte-Wichtung. **e** FLAIR (Fluid Attenuated Inversion Recovery) und **f** zeigen zwei Varianten mit Inversionspulsen. In **g** wird die Wasserdiffusion (Brown'sche Molekularbewegung) im Gewebe dargestellt (Diffusion Weighted Imaging, DWI). **h** zeigt eine Maximum-Intensity-Projektion (MIP) durch den Kopf nach Aufnahme eines 3D-Bildstapels, die gegenüber Fluss empfindlich ist und somit die intrakraniellen Arterien hell ohne KM darstellt: ein sogenanntes Time-of-Flight(TOF)-Angiogramm

■ Die zur Verfügung stehenden Kontrastmittel (KM) sind sehr gut verträglich, sie können daher auch bei Patienten eingesetzt werden, die auf jodhaltige KM allergisch reagiert haben oder die auf Grund einer Niereninsuffizienz oder Schilddrüsenüberfunktion keine jodhaltigen KM erhalten dürfen.

Trotz vieler technischer Fortschritte in den letzten Jahren liegen die Gesamtuntersuchungszeiten der MRT allerdings immer noch bei relativ langen 15–60 min. Die Bilder können heutzutage zwar bereits in Echtzeit erzeugt werden, aber der Trend bei den MRT-Untersuchungen geht zu immer höheren Bildauflösungen; zudem spiegeln die langen Untersuchungszeiten die Vielfalt an Darstellungsmöglichkeiten wider, die mit der MRT möglich sind. Durch die multiparametrische Darstellung anatomischer Strukturen ist in der gleichen Untersuchungsdauer heutzutage eine sehr viel genauere Diagnostik als in der Vergangenheit möglich.

9.1.1 Was stellt ein MRT-Bild dar?

Unter all den im menschlichen Körper vorkommenden Atomkernen, die einen nuklearen Spin aufweisen (z. B. ^{1}H, ^{13}C, ^{17}O, ^{19}F, ^{23}Na, ^{31}P), kommt dem Wasserstoff eine besondere Bedeutung für die MRT zu. Einerseits kommt ^{1}H besonders häufig vor (in Wasser, das 73 % der fettfreien Massen des menschlichen Körpers ausmacht, aber auch in Fett, Proteinen und Zuckern), andererseits besitzt ^{1}H ein besonders hohes gyromagnetisches Verhältnis γ, das zu einer starken Wechselwirkung mit äußeren Magnetfeldern führt. Durch diese Eigenschaften können ^{1}H-Bilder mit ausreichendem Signal in kurzer Zeit gewonnen werden.

Obwohl man theoretisch verschiedene Kerne und Metaboliten im Körper untersuchen kann, basieren somit fast alle klinisch

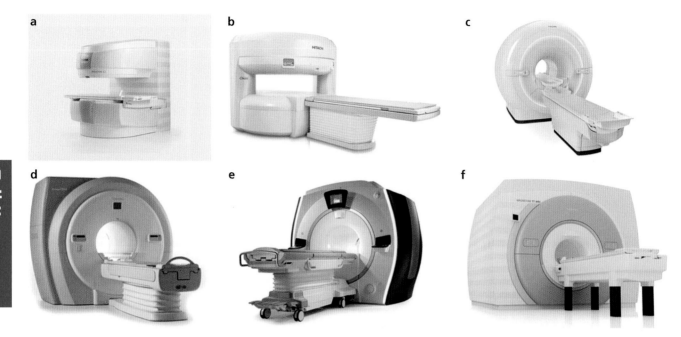

Abb. 9.2 Beispielhafter Querschnitt von aktuell erhältlichen MRT-Systemen (Stand 2015), die sich in Bauform und Magnetfeldstärke unterscheiden. Offene Systeme mit Permanentmagnet und 0,35 T (**a**) und mit supraleitendem Magneten und 1,2 T Magnetfeldstärke (**b**). MRT-Systeme mit zylinderförmigen und supraleitenden Magneten mit 1,5 T (**c**, **d**), mit 3 T (**e**) sowie ein Ultrahochfeld-MRT-System mit 7 T Magnetfeldstärke

relevanten diagnostischen Applikationen der MRT auf Wasserstoffprotonen, vor allem in wasser- und fetthaltigen Geweben. Bei diesem modernen diagnostischen Verfahren entsteht die Kontrastbildung durch die unterschiedlichen magnetischen Eigenschaften der Wasserstoffprotonen in ihrer jeweiligen biochemischen Umgebung. Auch wenn man sich auf Wasserstoff beschränkt, hängt somit das gewonnene MRT-Signal von einer Vielzahl physikalischer Eigenschaften im Gewebe ab [1, 3]; dies macht die MRT auch so vielseitig und steht in starkem Gegensatz zu anderen Methoden, die primär lediglich einen physikalischen Parameter im Gewebe darstellen können, wie z. B. die Röntgenstrahlabsorption beim CT. Mit der MRT kann folglich eine breite Palette an morphologischen und funktionellen Informationen wie Diffusion, Perfusion, Flussraten, Temperatur, magnetische Suszeptibilität usw. gewonnen werden. Eine Auswahl an verschiedenen Kontrasten zeigt Abb. 9.1.

9.1.2 Zusammenfassung

Die MRT ist und bleibt ein extrem spannendes – und im wahrsten Sinne auch anschauliches – Forschungsfeld nicht nur im medizinischen Bereich, sondern auch zur Darstellung kognitiver Prozesse. Ein wesentliches Ziel der Medizin ist die Entdeckung und Behandlung verschiedener Veränderungen und Erkrankungen, bevor auffällige Symptome auftreten und die damit einhergehenden Körperschädigungen vorangeschritten sind. Die MRT nimmt eine zentrale Rolle zur Erreichung dieses Ziels ein.

9.2 MR-Technologie: Tomographen, Gradienten, Hochfrequenzspulen

Harald H. Quick

9.2.1 Einleitung

Moderne Magnetresonanztomographie(MRT)-Systeme für die klinisch-diagnostische Bildgebung am Menschen unterscheiden sich grundsätzlich in ihrer Bauform, in ihrer Magnetfeldstärke und in dem Prinzip der Magnetfelderzeugung. Während zylindrische MRT-Systeme basierend auf supraleitenden Magneten mit einer magnetischen Feldstärke von 1,5 und 3,0 T (Tesla) in der klinischen Anwendung am weitesten verbreitet sind, sind mit dieser Bauform auch Ultrahochfeld(UHF)-MRT-Systeme mit 7,0 und 9,4 T Magnetfeldstärke zu Forschungszwecken realisierbar. Offene MRT-Systeme ermöglichen einen direkten Zugang zum Patienten während der Bildgebung, sind jedoch aufgrund ihrer Bauform auf niedrigere Feldstärken begrenzt. Offene MRT-Systeme werden entweder mit Permanentmagneten, Elektromagneten oder ebenfalls mit supraleitenden Magneten aufgebaut (Abb. 9.2).

9.2.2 MRT-Systemkomponenten

Unabhängig von der Bauform teilen alle MRT-Systeme die gleichen grundsätzlichen Systemkomponenten, die zur Bilder-

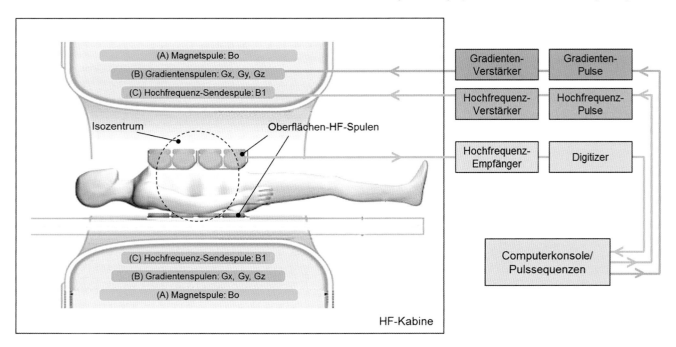

Abb. 9.3 Schematischer Aufbau eines zylindrischen MRT-Systems. Von außen nach innen: (A) Magnetspule zur Erzeugung des statischen Hauptmagnetfelds, B_0; (B) Gradientenspulen zur Erzeugung der zeitlich und örtlich varianten Gradientenfelder G_x, G_y, G_z; (C) Hochfrequenz(HF)-Sendespule zur Erzeugung des Hochfrequenz-Magnetfelds, B_1. Im sogenannten Isozentrum sind die Felder B_0 und B_1 sehr homogen und die Gradientenfelder G_{xyz} sind weitgehend linear. Das HF-Signal aus dem Patientenkörper wird durch lokale HF-Oberflächenspulen detektiert, die auf- oder unterhalb der jeweiligen Bildgebungsregion platziert werden. Der Untersuchungsraum ist durch eine HF-Kabine von elektromagnetischen Einflüssen von außen abgeschirmt. Die HF-Sendepulse und Gradientenpulse der MRT-Pulssequenzen werden durch leistungsstarke HF- und Gradientenverstärker verstärkt und dem jeweiligen Spulensystem zugeführt. Die von den HF-Oberflächen empfangenen HF-Signale werden verstärkt und digitalisiert und dann der Computerkonsole zur Bildrekonstruktion zugeführt

zeugung wichtig sind: den Hauptfeld-Magneten, das Gradientensystem und das Hochfrequenzsystem. Diese drei Hauptkomponenten sind in einem Gehäuse verbaut und werden durch die als Faraday'scher Käfig ausgebildete Kabine des Untersuchungsraums gegen störende elektromagnetische Einflüsse von außen abgeschirmt (Abb. 9.3).

9.2.2.1 Hauptfeld-Magnet

Physikalisch dient der Hauptfeld-Magnet der Erzeugung eines zeitlich stabilen, statischen und starken Magnetfeldes, B_0 [T], mit möglichst großer Homogenität in seinem Zentrum, welches zur Bildgebung genutzt wird [13]. Das Hauptmagnetfeld dient der Polarisierung und damit der Magnetisierung der Spins im Gewebe. Die zylindrische Bauform unter Verwendung von Supraleitern bietet Vorteile in der Erzeugung eines sehr homogenen Kugelvolumens im Isozentrum des Magneten mit Feldstärken von 1,0 T bis hinauf zu 9,4 T für die MRT-Bildgebung am Menschen. Die Homogenität des Hauptmagneten wird über ein bestimmtes Kugelvolumen angegeben. Typischerweise wird hier für 1,5- und 3,0-T-MRT-Systeme ein Kugelvolumen mit 50 cm Durchmesser zu einer Homogenität von z. B. 1–5 ppm (parts per million) spezifiziert. Dabei wird die Langzeitstabilität des Hauptmagneten mit z. B. weniger als 0,1 ppm/Stunde spezifiziert. Zusätzliche Homogenität des Hauptmagneten wird durch ein assoziiertes passives oder aktives Shimsystem erreicht. Hierbei werden im passiven Fall lokale Metall- oder

Kunststoffplättchen radial entlang der Zylinderbohrung verteilt, um bedarfsweise statische und lokale Anpassungen am Hauptmagnetfeld vorzunehmen, die einer weiteren Homogenisierung des B_0-Felds dienen. Das aktive Shimsystem nutzt zusätzlich weitere lokale Elektro-Shimspulen, die aktiv zugeschaltet werden können, um die B_0-Feldhomogenität im Isozentrum für jede Untersuchungssituation neu anpassen zu können.

Eine weitere Maßnahme zur dauerhaften Homogenisierung des Hauptmagnetfelds ist die passive oder aktive Abschirmung des Hauptfeldes. Ziel dieser Abschirmung ist es, das magnetische Streufeld des Hauptmagneten bestmöglich auf die unmittelbare Umgebung des Magneten zu begrenzen. Dies hat in erster Linie den Vorteil, dass externe Faktoren, die das statische Magnetfeld beeinflussen können, begrenzt werden. Das Hauptfeld bleibt damit homogen und langzeitstabil. Ein praktischer und auch sicherheitsrelevanter Vorteil der Abschirmung ist die Begrenzung des Streufeldes auf den eigentlichen Untersuchungsraum. Die passive Abschirmung erfolgt durch die Auskleidung der Untersuchungskabine mit Eisen oder magnetischem Stahl. Aufgrund von baustatischen Limitationen und der hohen Kosten, die mit einer Installation von mehreren hundert Tonnen Eisen einhergehen, kommt die passive Abschirmung bei heutigen MRT-Systemen nur noch bei sehr hohen Feldstärken (z. B. 9,4 T) zum Einsatz, nicht zuletzt da sich hier eine aktive Abschirmung technisch nur schwierig realisieren lässt. Die weit verbreiteten MRT-Systeme mit Feldstärken bis zu 3,0 T sind fast ausnahmslos aktiv geschirmt. Hier wird der Hauptmagnet mit

a   b

Abb. 9.4 Zylindrischer Hauptfeld-Magnet bestehend aus Magnetspule (**a**) und Kryogefäß (**b**). Supraleitende Niob-Titan-Kupfer-Drähte werden auf einem Aluminium-Spulenträger zu einer Spule gewickelt. Die beiden äußeren Ringe bilden die Gegenwicklung zur aktiven Streufeldabschirmung (**a**). Der Spulenträger wird in einem Kryogefäß aus Aluminium vakuumdicht eingeschweißt (**b**). Das Kryogefäß wird dann mit etwa 1500 Litern flüssigem Helium gefüllt und hält somit die Supraleitung in der Hauptmagnetfeldspule aufrecht

einer außen liegenden ebenfalls supraleitenden Gegenwicklung gebaut, die im Ergebnis eine effektive Begrenzung des Streufelds bewirkt.

Bei der Herstellung von supraleitenden Magneten kommen am häufigsten elektrische Supraleiter aus einer Niob-Titan(NbTi)-Legierung zum Einsatz. Diese Werkstoffe werden eingelagert in einer Kupfermatrix zu supraleitenden Drähten von mehreren Kilometern Länge gezogen. Daraus werden Magnetspulen gewickelt und in einem Kryogefäß permanent und vakuumdicht verschweißt. Zur Kühlung der Magnetspulen und zur Aufrechterhaltung der Supraleitung wird flüssiges Helium eingesetzt, welches eine Temperatur von etwa 4 K (−269 °C) im Kryogefäß erzielt (Abb. 9.4). Permanent vom Kryogefäß abdampfendes Helium wird durch einen Kompressor verdichtet, in einem Wärmetauscher heruntergekühlt und wieder in das Kryogefäß zurückgeführt. Neuere MRT-Systeme werden mit verbessertem Vakuum, mit effizienten Heliumkompressoren und mit wenigen Kältebrücken ausgestattet und somit als „Zero Helium Boiloff"-Systeme vermarktet. Typische Parameter und Abmessungen für zylindrische und supraleitende MRT-Systeme werden in Tab. 9.1 zusammengefasst.

Die Supraleitung ermöglicht die Realisierung von sehr starken und sehr langzeitstabilen Magnetfeldern und dies ohne die weitere Zufuhr von elektrischer Energie. Dies hat zur – mitunter sicherheitsrelevanten – Konsequenz, dass supraleitende MRT-Systeme immer „auf Feld" sind und sich nicht ohne Weiteres abschalten lassen. Zur Notabschaltung im Gefahrenfall kann die Supraleitung durch den sogenannten „Quench"-Notfallschalter unterbrochen werden. In diesem Fall wird die Magnetwicklung an einer definierten Stelle erwärmt, und die Supraleitung

Tab. 9.1 Typische Abmessungen und Parameter von zylindrischen supraleitenden MRT-Systemen

Feldstärke	1,5 T	3,0 T	7,0 T
Länge [cm]	125–170	160–190	280–350
Durchmesser [cm]	190–210	190–250	> 250
Gewicht [t]	3–6	5–12	> 25
Abschirmung	Aktiv	Aktiv	Passiv oder aktiv
Magnetische Energie [MJ]	2–4	10–15	50–90
Strom in Spule [A]	200–500		
Helium [l]	1200–2100		

bricht zusammen. Der Druck im Kryogefäß steigt an und das gasförmige Helium kann über ein Notfallventil nach draußen entweichen.

9.2.2.2 Gradientensystem

Physikalisch dient das Gradientensystem der Erzeugung von zeitlich variablen, schnell schaltbaren und möglichst linearen Gradientenfeldern in drei Raumrichtungen G_x, G_y, G_z, die dem statischen Hauptmagnetfeld überlagert werden [16]. Damit wird das effektive Magnetfeld im Isozentrum des MRT-Systems zeitlich und räumlich variabel und kann zur Ortskodierung der MRT-Signale genutzt werden. Gradienten werden mit den Parametern Amplitude [mT/m] und Anstiegsrate (slew rate) [T/m/s] spezifiziert. Typische Werte sind hier 20–80 mT/m als Amplitude für alle drei Raumachsen und 100–200 T/m/s für die Anstiegsrate. Eine hohe erzielbare Amplitude und eine möglichst schnelle Anstiegsrate sind Voraussetzungen für schnelle

a   b

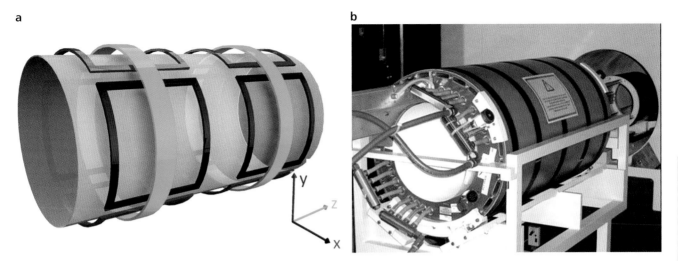

Abb. 9.5 Schematische Anordnung von zylindrischen Gradientenspulen (**a**) und Foto eines Gradientensystems vor dem Einbau in ein MRT-System (**b**). Das *grün* eingefärbte Ringspulenpaar bewirkt einen Feldgradienten in die *z*-Richtung, die *blau* und *rot* eingefärbten Sattelspulen bewirken Feldgradienten in *x*- und in *y*-Richtung (**a**). Die Gradientenspulen für alle Raumachsen werden gemeinsam in einem Gehäuse eingegossen, um die erforderliche mechanische Festigkeit zu erhalten (**b**). Zudem sind die Anschlüsse für die Wasserkühlung des Gradientensystems zu erkennen (**b**)

MRT-Bildgebung. Über alle drei Raumrichtungen sollten die Gradientenfelder dabei möglichst linear ausgebildet sein, um auch große Bildfelder geometrisch korrekt und mit wenigen Verzerrungen abzubilden.

Das Gradientensystem besteht aus drei voneinander unabhängigen Elektrospulen-Paarungen, die von drei unabhängigen und leistungsstarken Gradientenverstärkern angesteuert werden, um entlang jeder Raumachse *x*, *y*, *z* je ein Gradientenfeld erzeugen zu können (Abb. 9.5). Die drei Spulenpaare sind dabei zylindersymmetrisch geformt und werden bei der Herstellung gemeinsam in einer Form mit einem harten Kunststoff-Epoxidharz unter Vakuum zu einer steifen röhrenförmigen Einheit verbacken. Die Gradienteneinheit befindet sich in der zylinderförmigen Öffnung des Hauptmagneten. Moderne Gradientenspulen werden durch entsprechend geformte Gegenwicklungen aktiv geschirmt, um Wirbelströme in dem benachbarten Kryogefäß und damit negative Auswirkungen auf die MRT-Bildgebung weitgehend zu reduzieren.

Die hohen elektromagnetischen Leistungen von etwa 10–60 kW, die zum Betrieb des Gradientensystems erforderlich sind, machen eine Wasserkühlung der Gradientenspulen erforderlich. Um beispielsweise eine Amplitude von 40 mT/m mit einer Anstiegsrate von 200 T/m/ms in wenigen Millisekunden zu schalten, werden die Gradientenspulen mit einem Strom von 200–500 A betrieben. In der Spitze können Gradientenströme bis zu 900 A auftreten. Durch die auftretenden magnetischen Kräfte zwischen den schnell schaltenden Gradienten und dem statischen Hauptmagnetfeld wird das Gradientenrohr trotz seiner großen Masse und seiner hohen mechanischen Steifigkeit zu mechanischen Schwingungen angeregt. Während der MRT-Untersuchung wird somit Lärm erzeugt, der einen weiten akustischen Frequenzbereich abdeckt und Schalldrücke bis hin zu 130 dB(A) [21, 22] erreichen kann.

9.2.2.3   Hochfrequenzsystem

Über die Resonanzbedingung $\omega_0 = \gamma \cdot B_0$, wobei ω_0 die Larmorfrequenz und γ das gyromagnetische Verhältnis des zu messenden Kerns (Wasserstoff) darstellen (s. Abschn. 9.3.3), ist die Magnetfeldstärke B_0 direkt und linear mit der Hochfrequenz ω_0 [MHz] des MRT-Systems verknüpft. MRT-Systeme mit 1,5 T Hauptfeld arbeiten beispielsweise mit einer Resonanzfrequenz von etwa 64 MHz. Bei 3,0 T sind es entsprechend 128 MHz und bei 7,0 T 297 MHz.

Physikalisch ist das Hochfrequenzsystem bei der MRT-Bildgebung für die Anregung der Wasserstoffprotonen sowie für die anschließende Detektion der hochfrequenten MRT-Signale aus dem Körperinneren verantwortlich. Im Sendefall werden Hochfrequenzpulse mit der Larmorfrequenz aus der Bildgebungssequenz verstärkt und über die HF-Sendespule in das Gewebe eingestrahlt. Im Empfangsfall sorgen mehrere lokalisierte HF-Empfangsspulen für die Detektion des MRT-Signals, welches ebenfalls mit der Larmorfrequenz empfangen wird [14].

Das Hochfrequenzsystem ist daher zweiteilig aufgebaut und besteht aus einer HF-Sendeeinheit und einem HF-Empfangszweig. Die HF-Sendekomponenten umfassen die HF-Sendespule und einen HF-Verstärker. Die HF-Sendespule ist als innerste Lage der technischen Komponenten, also innerhalb der Bohrung des Kryogefäßes und innerhalb der Gradientenspule, hinter der Verkleidung des MRT-Systems verbaut (Abb. 9.6). Die HF-Sendespule soll für eine möglichst großvolumige und homogene Signalanregung über den gesamten Bildgebungsbereich sorgen. Der zugehörige HF-Verstärker verstärkt die HF-Pulse aus der Bildgebungssequenz und arbeitet mit einer Zentrumsfrequenz entsprechend der Larmorfrequenz. HF-Verstärker sind in der MRT für eine gepulste HF-Sendeleistung von etwa 10–40 kW (peak RMS, root mean square) ausgelegt.

Teil II

a

b

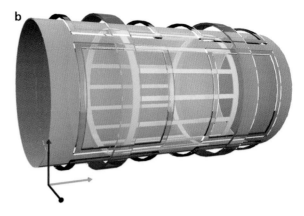

Abb. 9.6 Schematische Darstellung einer 1-Kanal-HF-Sendespule im „Birdcage"-Design mit zwei Endringen und sechzehn Leiterstäben (**a**). Die HF-Sendespule ist fest im MRT-System verbaut und bildet die innerste Lage des MRT-Spulensystems. Die Darstellung (**b**) zeigt die Position der HF-Sendespule relativ zu den Gradientenspulen

HF-Sendesystem Physikalisch bedingt nimmt mit zunehmender Magnetfeldstärke und mit zunehmender Resonanzfrequenz auch die Wellenlänge der hochfrequenten Signalanregung ab. Im menschlichen Körper beträgt die HF-Wellenlänge bei 1,5 T noch etwa 52 cm, während sie bei 3,0 T auf den halben Wert auf 26 cm abnimmt. Bei der 7-T-MRT beträgt die Wellenlänge der HF-Anregung im menschlichen Körper lediglich 11 cm. Sobald die Wellenlänge der Anregung kürzer als das abzubildende Objekt wird, können bei der HF-Anregung Wellenphänomene wie Signalauslöschungen oder -verstärkungen beobachtet werden. Dies ist beispielsweise bei der abdominellen Bildgebung bereits ab 3,0 T zu beobachten, wo teilweise Inhomogenitäten in der HF-Anregung (B_1-Feld) auftreten. Noch weiter verstärkt ist dieser Effekt in der Ultrahochfeld(UHF)-MRT bei 7 T, wo B_1-Inhomogenitäten auch bereits in der Kopfbildgebung beobachtet werden. Diese physikalischen Effekte haben daher zunehmend Einfluss auf das Design der HF-Sendekomponenten in der MRT-Bildgebung.

Während das HF-Sendesystem bei 1,5 und 3,0 T Magnetfeldstärke heute zumeist als Einkanalsystem ausgelegt ist, werden neue Hochfeld- (3 T) und Ultrahochfeld- (7 T und 9,4 T) MRT-Systeme aufgrund der B_1-Inhomogenitäten als Zwei- oder Mehrkanalsysteme ausgebildet [19, 20]. Bei der UHF-MRT sind Mehrkanalsysteme (z. B. acht unabhängige HF-Sendekanäle) eine zwingende Voraussetzung für die Homogenisierung des B_1-Anregungssignals [12, 17, 18, 20, 24, 25]. Dies hat Auswirkungen auf die Bildqualität, aber auch auf die Sicherheit, da B_1-Inhomogenitäten auch gleichzeitig mit einer inhomogenen E-Feld-Verteilung im Gewebe einhergehen. Die HF-Leistungsdichte im Gewebe ist proportional zu E^2, und sogenannte HF-„Hot Spots" müssen vermieden werden, damit die zulässige Erwärmung des Gewebes nicht überschritten wird (Abb. 9.7). Die HF-Exposition im Gewebe wird in der MRT typischerweise mit der spezifischen Absorptionsrate in W/kg angegeben ($SAR \sim \sigma \cdot E^2/\rho$ [W/kg], wobei σ die Leitfähigkeit und ρ die Dichte des Gewebes sind).

Die Kurzwelligkeit der HF-Anregung bei der UHF-MRT ist auch der Grund, warum in den UHF-MRT-Systemen herstellerseitig keine großvolumigen HF-Sendespulen eingebaut werden.

Hier werden stattdessen lokale Mehrkanal-Sende-/Empfangsspulen eingesetzt. Diese bieten die Möglichkeit einer B_1-Signalhomogenisierung durch individuelle Manipulation der Anregungsamplitude und Signalphase von einem HF-Sendekanal, der auf mehrere HF-Spulenelemente aufgeteilt wird. Dieses Verfahren wird auch als „B_1-Shimming" bzw. „HF-Shimming" bezeichnet, da das B_1-Anregungsfeld in gewissen Grenzen auf die jeweilige Untersuchungssituation variabel angepasst werden kann (Abb. 9.7b).

Die Verwendung von mehreren voneinander unabhängigen HF-Sendekanälen und deren Anschluss an jeweils ein HF-Spulenelement bietet gegenüber dem B_1-Shimming einen weiteren Freiheitsgrad, da nun je Sendeelement neben Anpassung der Signalamplitude und -phase auch ein komplett individueller HF-Puls ausgespielt werden kann. Dies wird auch als paralleles Senden oder „parallel Transmit (pTx)" bezeichnet und bietet die derzeit beste Möglichkeit der B1-Feldhomogenisierung bei der UHF-MRT [18, 20, 25]. Gleichzeitig steigt hierdurch die Komplexität des Bildgebungssequenzdesigns und der SAR-Sicherheitsüberwachung mit zunehmender Anzahl der HF-Sendekanäle (Abb. 9.7c).

HF-Empfangssystem In der MRT-Bildgebung dient das HF-Empfangssystem dem Empfang der hochfrequenten und nur sehr schwachen MRT-Signale aus dem Körperinnern. Das Empfangssystem besteht aus den HF-Antennen oder HF-Spulen, welche die MRT-Signale detektieren, und aus rauscharmen Signalverstärkern, welche die MRT-Signale verstärken [14]. Das Empfangssystem ist ebenfalls auf die Larmorfrequenz des MRT-Systems und damit auf die Feldstärke abgestimmt und sehr empfindlich. Dies macht eine Schutzvorrichtung innerhalb des MRT-Systems notwendig, die technisch dafür sorgt, dass das empfindliche HF-Empfangssystem inaktiv ist, während das leistungsstarke HF-Sendesystem für die Spinanregung aktiviert ist. Dem HF-Empfangssystem kommt innerhalb der MRT-Bildgebung eine zentrale Rolle zu: Die HF-Komponenten stehen in direkter Wechselwirkung mit dem abzubildenden Objekt und bestimmen damit maßgeblich das zu erzielende Signal-zu-Rausch-Verhältnis (SNR), welches letztendlich die Bildqualität beeinflusst.

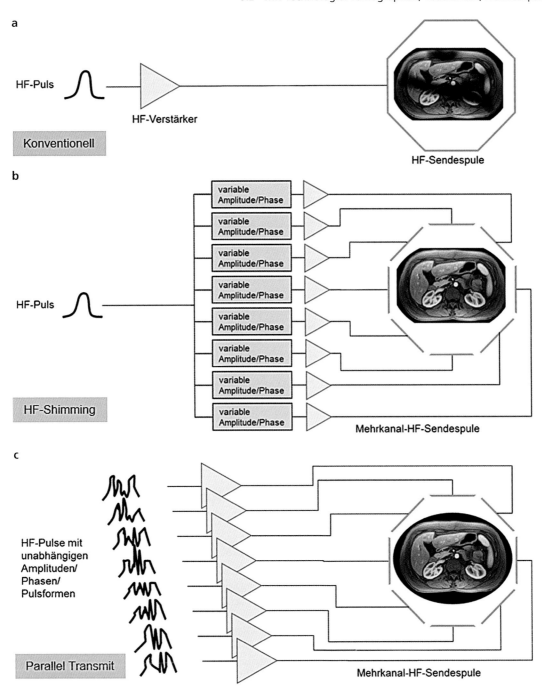

Abb. 9.7 Strategien zur Hochfrequenz(HF)-Signalanregung in der MRT-Bildgebung. Bei der konventionellen HF-Anregung (**a**) wird ein einzelner HF-Puls aus der Sequenz verstärkt und über eine 1-Kanal-HF-Sendespule in das Gewebe eingestrahlt. Dies kann, insbesondere bei der Hochfeld-MRT, zu starken B_1-Inhomogenitäten führen. Beim HF-Shimming (**b**) kann die Phase und die Amplitude von verschiedenen Sendekanälen unabhängig kontrolliert werden. Die HF-Pulsform bleibt dabei für alle Sendekanäle identisch. Das parallele HF-Senden (**c**) ermöglicht darüber hinaus die Verwendung von individuellen HF-Pulsformen je HF-Sendekanal. Damit wird eine noch größere Flexibilität erreicht, um eine verbesserte B_1-Homogenisierung in der Hochfeld-MRT zu erzielen

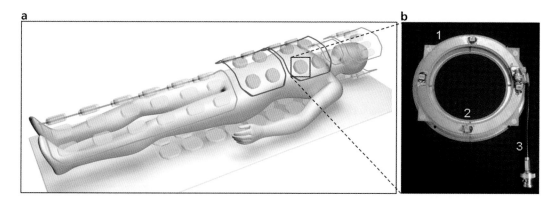

Abb. 9.8 Schematische Darstellung von Hochfrequenz-Empfangsspulen. Hier wurden mehrere HF-Empfangsspulen so miteinander kombiniert, dass eine Abdeckung des Patienten mit gutem Signalempfang von Kopf bis Fuß möglich ist (**a**). Beispiel für ein einzelnes HF-Empfangsspulenelement, bestehend aus der ringförmigen Kupferleitbahn (1), Keramikkondensatoren zur Abstimmung auf die Resonanzfrequenz (2) und Koaxialkabel zum elektrischen Anschluss (3). Viele solcher Einzelelemente werden in einer HF-Empfangsspule zu sogenannten HF-Empfangsarrays zusammengeschaltet

Kleine HF-Spulenelemente bieten den Vorteil, dass sie in ihrer unmittelbaren Umgebung ein relativ hohes SNR liefern, während ihr nutzbarer empfindlicher Bereich nur sehr begrenzt ist. Damit lassen sich kleine Spulenelemente sehr gut zur Signaldetektion und Bildgebung kleiner oder oberflächlich gelegener Gewebe einsetzen. Zur Darstellung größerer Objekte und für eine verbesserte Signalempfindlichkeit in tieferen Körperregionen sind Spulenelemente mit größeren Abmessungen vorteilhaft. Da sie jedoch nicht nur Signal, sondern auch das Rauschen aus einem größeren Volumen empfangen, ist das erzielbare SNR bei größeren Spulenelementen limitiert. Für die moderne Bildgebung haben sich daher Zusammenschlüsse aus mehreren HF-Spulenelementen, sogenannte Multikanal-„Arrayspulen", durchgesetzt [23]. Sie lassen sich in beliebiger Anordnung und anatomisch angepasst auf die jeweilige Untersuchungsregion ausführen. Dies bietet inhärent den Vorteil eines hohen erzielbaren SNR bei gleichzeitig großer Abdeckung der Bildgebungsregion bis hin zur Möglichkeit, Multistationen-Ganzkörper-MRT-Untersuchungen mit HF-Empfangsspulen zu unterstützen (Abb. 9.8).

Technisch geht die Entwicklung hin zu Oberflächenspulen mit zunehmender Anzahl von unabhängigen HF-Spulenelementen und HF-Empfangskanälen. Die HF-Empfangssysteme moderner 1,5-T- und 3,0-T-MRT-Systeme bieten 24–128 unabhängige HF-Empfangskanäle und eine Spulenabdeckung von bis zu 200 Einzelelementen. Dies ist auch eine Voraussetzung für die Anwendung immer höherer Beschleunigungsfaktoren in der parallelen MRT-Bildgebung [15].

9.2.3 Zusammenfassung

Zusammengefasst besteht ein MRT-System „aus einer Spule in einer Spule in einer Spule …". Die drei übergeordneten Spulensysteme für den Hauptmagneten, für das Gradientensystem und für das Hochfrequenzsystem haben innerhalb der MRT-Bildgebung unterschiedliche Aufgaben zu erfüllen und werden spezifisch für ihren jeweiligen Einsatz entwickelt und optimiert. Die technischen Entwicklungen der letzten drei Jahrzehnte seit dem ersten klinischen Einsatz der Methode haben bis heute immer leistungsfähigere und effizientere MRT-Systeme hervorgebracht. Neben den Trends zu höheren Feldstärken, schnelleren und stärkeren Gradienten und nicht zuletzt hochkanaligen HF-Systemen werden klinische Systeme verstärkt auch mit größeren Patientenöffnungen bei reduzierter Magnetlänge angeboten. Ein Ende der technischen Entwicklungen in diesem sehr dynamischen Feld ist nicht abzusehen.

9.3 Relaxation, Spingymnastik, Bilderzeugung, k-Raum

Michael Bock

> There is nothing that nuclear spins will not do for you, as long as you treat them as human beings (Erwin L. Hahn).

In diesem Kapitel werden die physikalischen Grundlagen der Magnetresonanztomographie vorgestellt; eine detailliertere Darstellung findet sich in den Lehrbüchern von Abragam [26] und Slichter [31]. Ausgehend von den magnetischen Eigenschaften der Atomkerne werden die Bewegungsgleichungen der Kernmagnetisierung im äußeren Magnetfeld abgeleitet, um sie dann phänomenologisch durch Relaxationsterme zu erweitern. Diese sogenannten Bloch-Gleichungen lassen sich dann für unterschiedliche Situationen eines MR-Experiments in geschlossener Form lösen. Die Lösungen können so in Matrixform dargestellt werden, dass die Bewegung des Magnetisierungsvektors als eine Abfolge von Matrixmanipulationen repräsentiert werden kann. Mit diesem Instrumentarium lassen sich die Kontraste vieler MR-Pulssequenzen direkt analytisch berechnen.

Die Kodierung der Bildinformation erfolgt dann unter Verwendung von Gradientenfeldern. Dazu wird zuerst eine Bildschicht während der Hochfrequenzanregung mit den Gradientenfeldern ausgewählt. Der angeregten Magnetisierung wird dann mit den Gradienten räumlich unterschiedliche Phasen und Frequenzen aufgeprägt. Bei geeigneter Kodierung lässt sich das aufgenommene MR-Signal als Fouriertransformierte der räumlichen Verteilung der Magnetisierung darstellen, und die Bildrekonstruktion reduziert sich auf eine zwei- oder dreidimensionale Fouriertransformation.

9.3.1 Kernspin und magnetisches Moment

Zwei Drittel aller Atomkerne (hauptsächlich diejenigen mit ungerader Nukleonenzahl) besitzen einen nicht verschwindenden Eigendrehimpuls oder Kernspin $\vec{J}$. Mit diesem Kernspin, der als dimensionslose Größe $\vec{I} = \vec{J}/\hbar$ in Einheiten des Planck'schen Wirkungsquantums $\hbar$ angegeben wird, ist ein magnetisches Moment

$$\vec{\mu} = \gamma \vec{J} = \gamma \hbar \vec{I} \qquad (9.1)$$

verbunden. Der Proportionalitätsfaktor γ wird dabei als gyromagnetisches Verhältnis bezeichnet. Das gyromagnetische Verhältnis ist für jeden Kern charakteristisch. In der Magnetresonanztomographie und -spektroskopie spielt das Proton (^{1}H) eine besondere Rolle, da es im menschlichen Gewebe im Wasser und Fett in hoher Konzentration vorhanden ist. Für das Proton beträgt das gyromagnetische Verhältnis in praktischen Einheiten $\gamma/2\pi = 42{,}577$ MHz/T. In Tab. 9.2 ist das gyromagnetische Verhältnis für einige Kerne aufgelistet, die in der In-vivo-MRT und -MRS von Bedeutung sind, da sie entweder im Körper vorkommen, oder in Form von Gasen (^{3}He, ^{129}Xe) oder über Therapeutika (z. B. ^{19}F im Chemotherapeutikum 5-Fluoro-Urazil) zugeführt und nachgewiesen werden können.

In der Quantenmechanik wird die Wechselwirkung des magnetischen Moments mit einem äußeren Magnetfeld $\vec{B}$ durch den Hamiltonoperator

$$\mathbf{H} = -\vec{\mu}\,\vec{B} \qquad (9.2)$$

beschrieben. Für ein zeitunabhängiges Magnetfeld in z-Richtung $\vec{B} = (0, 0, B_0)$ vereinfacht sich der Hamiltonoperator zu

$$\mathbf{H} = -\gamma \hbar I_z B_0. \qquad (9.3)$$

Da dieser Operator mit $\vec{I}^2$ und I_z kommutiert, lassen sich die Eigenfunktionen durch zwei Quantenzahlen I und m gemäß

$$\begin{aligned} I^2 \,|I, m\rangle &= I(I+1)\,|I, m\rangle \\ I_z \,|I, m\rangle &= m\,|I, m\rangle \end{aligned} \qquad (9.4)$$

charakterisieren, wobei m alle $2I + 1$ Werte zwischen $-I$ und I mit ganzzahligem Abstand annehmen kann. Für das Proton gilt $I = 1/2$, sodass m entweder $+1/2$ oder $-1/2$ ist. Die Eigenwerte E_m der Schrödingergleichung

$$H\,|I, m\rangle = E_m\,|I, m\rangle \qquad (9.5)$$

sind dann gegeben durch

$$E_m = -\gamma \hbar m B_0. \qquad (9.6)$$

Das Anlegen eines äußeren Magnetfeldes hat also die Entartung der $2I + 1$ magnetischen Energieniveaus aufgehoben (Zeeman-Effekt). Die Energiedifferenz benachbarter Niveaus lässt sich schreiben als

$$\Delta E = E_m - E_{m-1} = \gamma \hbar B_0 = \hbar \omega_0. \qquad (9.7)$$

9.3.2 Gleichgewichtsmagnetisierung

Im menschlichen Körper befinden sich die Kerne in einem thermischen Gleichgewicht mit der Umgebung. Da für Raumtemperatur $kT \gg \gamma \hbar B_0$ gilt (Hochtemperaturnäherung), kann die Besetzungswahrscheinlichkeit p_m der einzelnen Energieniveaus durch die Boltzmann-Statistik beschrieben werden:

$$p_m = \frac{e^{-\gamma \hbar m B_0/kT}}{Z}, \quad \text{mit } Z = \sum_{m=-I}^{I} e^{-\gamma \hbar m B_0/kT} \qquad (9.8)$$

Die makroskopische Magnetisierung M_0 der Probe mit N Kernen berechnet sich dann aus dem Erwartungswert des magnetischen Moments zu:

$$\begin{aligned} M_0 &= -N \sum_{m=-I}^{I} p_m \cdot \langle m| \mu_z |m\rangle = -N \sum_{m=-I}^{I} p_m \gamma \hbar m \\ &\approx -\frac{N}{2I+1} \sum_{m=-I}^{I} \gamma \hbar m \left(1 - \frac{\gamma \hbar m B_0}{kT}\right) \\ &= \frac{N \gamma^2 \hbar^2 I(I+1)}{3kT} B_0 \end{aligned} \qquad (9.9)$$

Bei Raumtemperatur ($T = 300$ K) und einer Feldstärke von $B_0 = 1{,}5$ T ist die Hochtemperaturnäherung sehr gut erfüllt. Für Protonen ($I = 1/2$) ist der Besetzungszahlunterschied

Tab. 9.2 Atomkerne für die In-vivo-MRT und -MRS

Kern	Kernspin I	Gyromagnetisches Verhältnis/2π [MHz/T]	Natürliche Häufigkeit
^{1}H	1/2	42,577	99,9885 %
^{31}P	1/2	17,25	100 %
^{23}Na	3/2	11,27	100 %
^{13}C	1/2	10,71	1,07 %
^{19}F	1/2	40,08	100 %
^{17}O	5/2	5,772	0,037 %
^{129}Xe	1/2	11,78	26,4 %
^{3}He	1/2	32,43	0,000137 %

Unter den Atomkernen, die in der In-vivo-MRT und -MRS verwendet werden, spielt das Proton (^{1}H) eine besondere Rolle, da es um mehrere Größenordnungen häufiger vorkommt als alle anderen Kerne. Die niedrige natürliche Häufigkeit mancher Kerne lässt sich ausnutzen, indem isotopenangereicherte Stoffe (z. B. ^{17}O-Gas) eingesetzt werden

$(p_{1/2} - p_{-1/2})/(p_{1/2} + p_{-1/2})$ von der Größenordnung 10^{-6} – dies bedeutet, dass von 2 Millionen Kernspins nur einige wenige zur Magnetisierung (und damit zum MR-Signal) beitragen. Aus diesem Grund gilt die MRT auch als eine signalarme Technik, da sie im Vergleich mit nuklearmedizinischen Methoden oft sehr viel größere Mengen eines Stoffes (hier: das Wasser im Gewebe) zur Bildgebung benötigt. Dennoch wird eine makroskopische Magnetisierung beobachtet, da N von der Größenordnung der Avogadro'schen Konstante ist.

Das gemessene Kernresonanzsignal ist zu dieser Gleichgewichtsmagnetisierung M_0 proportional. Um das Signal zu verstärken, gibt es nach Gl. 9.9 mehrere Möglichkeiten: Man kann zum einen die Temperatur des Messobjektes verringern, was bei Messungen am Menschen jedoch nicht möglich ist. Zum anderen kann das äußere Feld B_0 erhöht werden – Feldstärken von bis zu 9,4 T sind an Ganzkörpertomographen schon realisiert worden. Der wesentliche Faktor in Gl. 9.10 ist jedoch die Teilchenzahl N: Obwohl im menschlichen Körper neben dem Proton auch andere Kerne mit nichtverschwindendem Kernspin vorhanden sind (^{13}C, ^{19}F, ^{31}P), ist ihre Konzentration doch so gering, dass sie für die MR-Bildgebung nicht oder nur unter künstlicher Erhöhung ihrer Konzentration eingesetzt werden können.

Die zeitliche Entwicklung des Erwartungswertes der makroskopischen Magnetisierung lässt sich aus

$$\frac{d\vec{M}}{dt} = -i/\hbar[\vec{M}, \mathbf{H}] \quad \text{mit } \vec{M} = \sum_i^N \langle \vec{\mu}_i \rangle \quad (9.10)$$

ableiten. Unter Ausnutzung der Vertauschungsregel der Drehimpulsoperatoren ergibt sich allgemein für den Hamiltonoperator in Gl. 9.10:

$$\frac{d\vec{M}(t)}{dt} = \vec{M}(t) \times \gamma \vec{B}(t). \quad (9.11)$$

Stehen $\vec{M}$ und $\vec{B}$ zueinander parallel, so verschwindet das Kreuzprodukt auf der rechten Seite und $d\vec{M}(t)/dt = 0$. Dies ist der Gleichgewichtszustand der Magnetisierung. Für alle anderen Orientierungen von $\vec{M}$ beschreibt Gl. 9.11 eine Kreiselbewegung der Magnetisierung $\vec{M}(t)$ um die Achse $\vec{B}(t)$. Für ein konstantes äußeres Magnetfeld $\vec{B} = (0, 0, B_0)$ ist die Präzessionsfrequenz dieser Bewegung gegeben durch $\omega_0 = \gamma B_0$ (Larmor-Frequenz).

9.3.3 Hochfrequenzanregung

Um die Gleichgewichtsmagnetisierung aus ihrer Ruhelage auszulenken, wird dem konstanten $\vec{B}_0$-Feld ein Hochfrequenzfeld $\vec{B}_1(t)$ überlagert. Man verwendet dazu Hochfrequenzfelder der Amplitude B_1 und der Frequenz ω_{HF}, die senkrecht zur $\vec{B}_0$-Achse polarisiert sind:

$$\vec{B}_1(t) = B_1(\cos\omega_{HF}t, \sin\omega_{HF}t, 0) \quad (9.12)$$

Setzt man diese Gleichung in Gl. 9.11 ein, so erhält man als Bewegungsgleichung für die makroskopische Magnetisierung

$$\frac{d\vec{M}(t)}{dt} = \gamma \vec{M}(t) \times (B_1 \cos\omega_{HF}t, B_1 \sin\omega_{HF}t, B_0). \quad (9.13)$$

Zur Vereinfachung transformiert man diese Gleichung vom Laborsystem S in ein mit der Frequenz ω_{HF} um die z-Achse rotierendes Koordinatensystem. In diesem rotierenden Koordinatensystem S' ruht der $\vec{B}_1'$-Vektor auf der x'-Achse, und die Bewegungsgleichung lautet

$$\frac{d\vec{M}'(t)}{dt} = \gamma \vec{M}'(t) \times (B_1, 0, B_0 - \omega_{HF}/\gamma) = \gamma \vec{M}'(t) \times \vec{B}_{\text{eff}}. \quad (9.14)$$

Analog zu Gl. 9.11 vollführt der Magnetisierungsvektor im rotierenden System eine Rotationsbewegung, die Präzession, um das effektive Magnetfeld $\vec{B}_{\text{eff}}$. Ist insbesondere die Resonanzbedingung

$$\omega_{HF} = \gamma B_0 \quad (9.15)$$

erfüllt, so verschwindet die z-Komponente des effektiven Magnetfeldes. Der Winkel, um den die Magnetisierung $\vec{M}'(t)$ dann um die x'-Achse gedreht wird, ist

$$\alpha = \gamma B_1 \tau. \quad (9.16)$$

Hierbei bezeichnet τ die Zeitdauer, während der das konstante Hochfrequenzfeld eingestrahlt wird. Für den allgemeineren Fall einer amplitudenmodulierten Hochfrequenz berechnet sich der Drehwinkel (auch Flipwinkel genannt) zu

$$\alpha = \gamma \int_0^\tau B_1(t)\, dt. \quad (9.17)$$

Die zeitlich veränderliche Amplitude des B_1-Feldes wird auch die Einhüllende des HF-Pulses genannt. Wird die Magnetisierung von einem HF-Puls um einen Flipwinkel α von 90° bzw. 180° ausgelenkt, so bezeichnet man diesen Puls auch als $\pi/2$- oder π-Puls. Allgemein kann die Wirkung eines HF-Pulses auf die Magnetisierung mit Hilfe einer Drehmatrix $\tilde{R}_x(\alpha)$ beschrieben werden:

$$\vec{M}^+ = \tilde{R}_x(\alpha) \cdot \vec{M}^- \quad (9.18)$$

Hierbei ist $\vec{M}^-$ der Magnetisierungsvektor unmittelbar vor und $\vec{M}^+$ die Magnetisierung direkt nach dem HF-Puls. Der Index x an der Matrix zeigt an, dass es sich um eine Drehung um die x-Achse handelt. Prinzipiell kann die Rotation um jede beliebige Drehachse in der xy-Ebene erfolgen – um dies zu erreichen, wird das Argument der Winkelfunktionen $\omega_{HF}t$ in Gl. 9.12 ersetzt durch $\omega_{HF}t + \varphi$. Durch die zusätzliche Phase kann dann die Drehachse beliebig eingestellt werden.

In einem realen MR-Experiment wird die zu untersuchende Probe oder der Patient in eine Hochfrequenzspule eingebracht.

Strahlt man für eine kurze Zeit resonant einen HF-Puls ein, so wird die ursprünglich in z-Richtung ausgerichtete Gleichgewichtsmagnetisierung $\vec{M}^- = \vec{M}_0$ um einen Winkel α in die xy- oder Transversalebene geklappt. Danach präzediert die Magnetisierung $\vec{M}^+$ im Laborsystem gemäß Gl. 9.11 um die z-Achse. Diese zeitlich veränderliche Magnetisierung induziert nun umgekehrt in der HF-Spule eine Spannung, die zur Transversalmagnetisierung proportional ist. Ist die Datenaufnahme phasenstarr mit dem Hochfrequenzsender gekoppelt (Quadraturdetektion), so kann sowohl die x- als auch die y-Komponente der Magnetisierung als Signal beobachtet werden.

9.3.4 Bloch-Gleichungen

Direkt nach einer Hochfrequenzanregung präzediert die Transversalmagnetisierung um die z-Achse, und man erwartet als MR-Signal eine ungedämpfte Sinuswelle. In einem realen Experiment beobachtet man jedoch, dass die Transversalmagnetisierung (M_x und M_y) abnimmt und die Longitudinalmagnetisierung M_z wieder in den Gleichgewichtszustand M_0 zurückkehrt. Dieser Vorgang wird als Relaxation bezeichnet und wurde erstmals von Bloch [27] durch eine phänomenologische Erweiterung von Gl. 9.11 berücksichtigt. Er hatte beobachtet, dass die zeitliche Änderung der z-Komponente der Magnetisierung proportional zu ihrer Abweichung zum Gleichgewichtswert ist, während die Transversalkomponente proportional zu ihrer Stärke abnimmt. Im Laborsystem lauten diese Bloch-Gleichungen:

$$\frac{dM_x}{dt} = \gamma(\vec{M} \times \vec{B})_x - \frac{M_x}{T_2}$$
$$\frac{dM_y}{dt} = \gamma(\vec{M} \times \vec{B})_y - \frac{M_y}{T_2} \qquad (9.19)$$
$$\frac{dM_z}{dt} = \gamma(\vec{M} \times \vec{B})_z - \frac{M_z - M_0}{T_1}$$

T_1 wird hierbei als longitudinale oder Spin-Gitter-Relaxationszeit, T_2 als transversale oder Spin-Spin-Relaxationszeit bezeichnet. Beide Zeiten sind charakteristisch für das Gewebe – typische Relaxationszeiten liegen bei einer Feldstärke $B_0 = 1{,}5\,\text{T}$ für T_1 im Bereich von $300\,\text{ms}$ bis $3\,\text{s}$ und für T_2 bei $80\,\text{ms}$ bis $1{,}6\,\text{s}$ [28].

Die Ursache für das Auftreten dieser Relaxationszeiten liegt in der Wechselwirkung der Spins sowohl untereinander (Spin-Spin) als auch mit ihrer elektromagnetischen Umgebung (Spin-Gitter).

Die T_1-Relaxation beruht auf der Tatsache, dass die im Gewebe vorhandenen elektrischen und magnetischen Momente im thermischen Gleichgewicht wegen ihrer vielfältigen Rotations- und Translationsbewegungen fluktuierende Magnetfelder unterschiedlichster Frequenzen erzeugen. Der Anteil dieses Frequenzspektrums, der im Bereich der Resonanzfrequenz des Gewebes liegt, induziert Übergänge zwischen den Zeeman-Niveaus – dies führt zur Wiederherstellung der Gleichgewichtsmagnetisierung. Bei diesem T_1-Relaxationsprozess wird Ener-

gie vom Wärmebad der umliegenden Magnetisierungen (das sogenannte Gitter) auf den beobachteten Kernspin übertragen.

Die T_2-Relaxation wirkt nur auf die Transversalkomponenten der Magnetisierung. Direkt nach dem Einstrahlen des HF-Pulses sind alle Spins phasenrichtig in der Transversalebene zueinander ausgerichtet. Diese Phasenkohärenz geht mit der Zeit aufgrund von Spin-Spin-Wechselwirkungen irreversibel verloren, und die Transversalmagnetisierung nimmt exponentiell ab. Die T_2-Relaxation ist daher ein reiner Entropieeffekt, bei dem keine Energie ausgetauscht wird.

In der Praxis beobachtet man nach einem HF-Puls einen sogenannten freien Induktionszerfall (FID) der Transversalmagnetisierung mit einer Zeitkonstante T_2^*, die oft deutlich kürzer als T_2 ist. Die beschleunigte Relaxation entsteht durch eine Überlagerung der Dephasierungen aufgrund der Inhomogenität der lokalen Magnetfelder und der T_2-Relaxation. Befindet sich die Magnetisierung beispielsweise nahe der Grenzschicht zwischen zwei Geweben mit unterschiedlichen magnetischen Suszeptibilitäten, so ist dem homogenen Grundmagnetfeld hier ein lokaler Magnetfeldgradient überlagert, der zu einer zusätzlichen Dephasierung der Magnetisierung führt. Diese Dephasierung durch makroskopische Inhomogenitäten kann wieder aufgehoben werden, indem $180°$-Refokussierungspulse eingesetzt werden (Spinecho).

Für die Magnetresonanztomographie sind zwei spezielle Lösungen der Bloch-Gleichungen von besonderem Interesse: die Hochfrequenzanregung (Abschn. 9.3.3) und die freie Relaxation. Da die Zeit t_p, die ein Hochfrequenzpuls eingestrahlt wird, meist klein ist im Vergleich zu den Relaxationszeiten, kann die Relaxation während des HF-Pulses vernachlässigt werden, und die Wirkung des HF-Pulses kann allein durch eine Drehmatrix beschrieben werden. Diese Näherung gilt nicht mehr, wenn die Relaxationszeiten von der gleichen Größenordnung sind wie die HF-Pulslänge.

Umgekehrt beschreibt die freie Relaxation das Verhalten der Magnetisierung ohne Einwirkung eines HF-Pulses ($\vec{B}_1 = 0$). Im rotierenden Koordinatensystem fällt dann der Term mit dem Kreuzprodukt heraus und die Zeitentwicklung der Magnetisierung ist gegeben durch:

$$M'_{x,y}(t) = M'_{x,y}(0) \cdot e^{-t/T_2}$$
$$M'_z(t) = M_0 - (M_0 - M'_z(0)) \cdot e^{-t/T_1} \qquad (9.20)$$

Untersucht man eine Abfolge von HF-Pulsen, die durch Zeitelemente mit freier Relaxation unterbrochen werden, so ist es zweckmäßig, diese Gleichungen in Matrixform zu formulieren:

$$\vec{M}'(t) = \tilde{S}(t) \cdot \vec{M}'(0) + \vec{M}_0 \cdot (1 - e^{-t/T_1}) \qquad (9.21)$$

mit

$$\tilde{S}(t) = \begin{pmatrix} e^{-t/T_2} & 0 & 0 \\ 0 & e^{-t/T_2} & 0 \\ 0 & 0 & e^{-t/T_1} \end{pmatrix} \quad \text{und} \quad \vec{M}_0 = (0, 0, M_0)$$
$$(9.22)$$

9.3.5 Spingymnastik

Der für die Relaxation beschriebene Lösungsansatz der Bloch-Gleichungen aus Gl. 9.21 lässt sich verallgemeinern. Grundsätzlich kann die Zeitentwicklung der Magnetisierung beschrieben werden durch folgenden Ansatz:

$$\vec{M}'(t) = \vec{A}(t) + \tilde{B}(t) \cdot \vec{M}'(0) \qquad (9.23)$$

Der Vektor $\vec{A}(t)$ und die Matrix $\tilde{B}(t)$ beinhalten die eigentlichen zeitlich variablen Elemente. Für die Hochfrequenzanregung um die x-Achse mit einem Flipwinkel α gilt nach Gl. 9.18

$$\vec{A}_{\text{HF}}(t) = 0$$
$$\tilde{B}_{\text{HF}}(t) = \tilde{R}_x(\alpha) \qquad (9.24)$$

Hierbei wird die Wirkung des HF-Pulses oft als eine instantane Drehung angenommen.

Ist das Magnetfeld inhomogen (z. B. bei Anliegen eines Gradienten), so beobachtet man auch im rotierenden Koordinatensystem eine Präzessionsbewegung, deren Frequenz allerdings nur durch die Differenz $\Delta\omega = \omega_{\text{loc}} - \omega_{\text{HF}}$ gegeben ist. Auch diese Präzession lässt sich in der allgemeinen Notation formulieren:

$$\vec{A}_{\text{prec}}(t) = 0$$
$$\tilde{B}_{\text{prec}}(t) = \tilde{R}_z(\Delta\omega \cdot t) \qquad (9.25)$$

Man beachte, dass hierbei die Rotation der Magnetisierung um die z-Achse erfolgt und der Rotationswinkel (auch Phase der Magnetisierung genannt) linear mit der Zeit zunimmt. Für einen konstanten Gradienten in x-Richtung ist $\Delta\omega = \gamma \cdot x \cdot G_x$.

Für die Relaxation ergibt sich durch Vergleich von Gl. 9.21 und Gl. 9.23

$$\vec{A}_{\text{relax}}(t) = \vec{M}_0 \cdot (1 - e^{-t/T_1})$$
$$\tilde{B}_{\text{relax}}(t) = \begin{pmatrix} e^{-t/T_2} & 0 & 0 \\ 0 & e^{-t/T_2} & 0 \\ 0 & 0 & e^{-t/T_1} \end{pmatrix} \qquad (9.26)$$

Interessant ist, dass $\vec{A}_{\text{relax}}(t)$ die Transversalkomponente der Magnetisierung nicht verändert und $\tilde{B}_{\text{relax}}(t)$ nur die Länge, nicht aber den Phasenwinkel beeinflusst. Daher können Relaxation und Präzession formal nacheinander in beliebiger Reihenfolge angewendet werden, um die Zeitentwicklung der Magnetisierung zu beschreiben.

Ganz allgemein lassen sich mit dieser Notation Abfolgen von Hochfrequenzpulsen und Wartezeiten, in denen die Magnetisierung präzediert und relaxiert, iterativ durch wiederholtes

Einsetzen von Gl. 9.23 in sich selbst berechnen:

$$
\begin{aligned}
\vec{M}'(t_n) &= \vec{A}(\Delta t_n) + \tilde{B}(\Delta t_n) \cdot \vec{M}'(t_{n-1}) \\
&= \vec{A}(\Delta t_n) + \tilde{B}(\Delta t_n) \cdot (\vec{A}(\Delta t_{n-1}) \\
&\quad + \tilde{B}(\Delta t_{n-1}) \cdot \vec{M}'(t_{n-2})) \\
&= \vec{A}(\Delta t_n) + \tilde{B}(\Delta t_n) \cdot \vec{A}(\Delta t_{n-1}) \\
&\quad + \tilde{B}(\Delta t_n) \cdot \tilde{B}(\Delta t_{n-1}) \cdot \vec{M}'(t_{n-2}) \\
&= \ldots \\
&= \vec{A}(\Delta t_n) + \tilde{B}(\Delta t_n) \cdot \vec{A}(\Delta t_{n-1}) + \ldots + \tilde{B}(\Delta t_n) \cdot \ldots \\
&\quad \cdot \tilde{B}(\Delta t_1) \cdot \vec{A}(\Delta t_0) + \tilde{B}(\Delta t_n) \cdot \ldots \cdot \tilde{B}(\Delta t_0) \cdot \vec{M}'(t_0) \\
&= \vec{A}_{\text{total}} + \tilde{B}_{\text{total}} \cdot \vec{M}'(t_0)
\end{aligned} \qquad (9.27)
$$

Dieser Ausdruck ist sehr komplex, wenn man die einzelnen Definitionen der Matrizen und Vektoren einsetzt, allerdings lässt er sich numerisch sehr schnell und effizient berechnen. Insbesondere kann die gesamte Wirkung einer solchen Abfolge von Einzelelementen in nur einem 3-elementigen Vektor und einer 3×3-Matrix zusammengefasst werden.

Diese Notation ist dann von Bedeutung, wenn dynamische Gleichgewichtsbedingungen errechnet werden sollen. Man kann beispielsweise zeigen, dass die Magnetisierung am Ende einer solchen Abfolge asymptotisch gegen den Wert zu Beginn konvergiert, wenn die Abfolge nur oft genug wiederholt wird:

$$\vec{M}'(t_n) \rightarrow \vec{M}'(t_0) = \vec{A}_{\text{total}} + \tilde{B}_{\text{total}} \cdot \vec{M}'(t_0) \qquad (9.28)$$

Die Magnetisierung eines solchen dynamischen Gleichgewichtszustands, die sogenannte *Steady-State*-Magnetisierung, erhält man dann durch Auflösen von Gl. 9.28:

$$\vec{M}'(t_0) = (1 - \tilde{B}_{\text{total}})^{-1} \cdot \vec{A}_{\text{total}} \qquad (9.29)$$

9.3.6 Bilderzeugung

Nachdem nun das Instrumentarium zur mathematischen Beschreibung der Magnetisierung während eines MR-Experiments bereitgestellt wurde, sollen nun konzeptionell die Bestandteile einer MR-Bildaufnahme vorgestellt werden. Grundsätzlich verwendet die Bilderzeugung eine Hochfrequenzanregung zur Auswahl einer Messschicht, eine Phasen- und Frequenzkodierung durch Gradienten und eine Datenakquisition des in der Empfangsspule induzierten Signales. Die Abfolge dieser Elemente wird als *Sequenz* bezeichnet.

Der Zeitablauf einer Sequenz lässt sich grob in drei Teile untergliedern: Die *Schichtanwahl* erzeugt selektiv in einer Schicht eine Transversalmagnetisierung, der während der *Ortskodierung* eine Ortsinformation aufgeprägt wird, um sie schließlich in der *Datenaufnahme*phase als Signal auszulesen. Dieser Ablauf wird so oft wiederholt, bis genug Informationen zur Rekonstruktion eines Bildes akquiriert worden sind.

9.3.6.1 Schichtanwahl

Zu Beginn einer Messung wird die ursprünglich in z-Richtung ausgerichtete Gleichgewichtsmagnetisierung mit Hilfe eines Hochfrequenzpulses in die Transversalebene geklappt. Um nicht das gesamte Volumen anzuregen, das sich in der Hochfrequenzspule befindet, wird gleichzeitig ein Gradient parallel zur Schichtnormalen geschaltet – der *Schichtselektionsgradient*. Wählt man ohne Beschränkung der Allgemeinheit die Schichtnormale in z-Richtung, so erhält man für die Bloch-Gleichungen im rotierenden Koordinatensystem unter Vernachlässigung der Relaxation (die Relaxationszeiten sind typischerweise deutlich länger als die Zeit, in der der Hochfrequenzpuls eingestrahlt wird):

$$\frac{\mathrm{d}M_x}{\mathrm{d}t} = \gamma M_y z G_z$$
$$\frac{\mathrm{d}M_y}{\mathrm{d}t} = -\gamma M_x z G_z + \gamma M_z B_1(t) \qquad (9.30)$$
$$\frac{\mathrm{d}M_z}{\mathrm{d}t} = -\gamma M_y B_1(t)$$

Hierbei ist $B_1(t)$ die Einhüllende des Hochfrequenzpulses und G_z der Schichtselektionsgradient. Man kann diese Gleichung näherungsweise linearisieren, indem man die Bewegung der Magnetisierung in zwei Rotationen zerlegt. Aus praktischen Gründen fasst man dazu die Transversalmagnetisierung zu einer komplexen Größe $M_\perp = M_x + i M_y$ zusammen. Die Änderung der Transversalmagnetisierung lässt sich dann schreiben als

$$\mathrm{d}M_\perp(z) = M_0 \gamma B_1(t)\mathrm{d}t \cdot \mathrm{e}^{-i\gamma z G_z t}. \qquad (9.31)$$

Der komplexe Exponentialterm beschreibt hierbei die Rotation um die z-Achse, die allein durch den Gradienten verursacht wird, während der Faktor $M_0 \gamma B_1(t)\mathrm{d}t$ von einer infinitesimalen Drehung um die x-Achse herrührt. Bei dieser Herleitung wurde vorausgesetzt, dass die beiden Rotationen vertauschen. Dies ist im Allgemeinen nicht der Fall und daher gilt Gl. 9.31 nur für kleine Änderungen der z-Magnetisierung – diese Approximation wird auch als *Kleinwinkelnäherung* bezeichnet. Die direkte Integration liefert dann

$$M_\perp(z,t) = M_0 \gamma \int_0^t B_1(t') \cdot \mathrm{e}^{-i\gamma z G_z t'}\mathrm{d}t'. \qquad (9.32)$$

Die Ortsabhängigkeit der Transversalmagnetisierung ist also für kleine Flipwinkel durch die Fouriertransformierte der HF-Einhüllenden festgelegt. Für die Bildgebung ist das Rechteckprofil als Ortsfunktion von besonderem Interesse, weil nur innerhalb einer wohldefinierten Schicht der Dicke Δz eine konstante Transversalmagnetisierung angeregt werden soll. Die Einhüllende $B_1(t)$ ist dann durch die sinc-Funktion

$$B_1(t) = B_1 \frac{\sin \Delta\omega(t - \tau/2)}{\Delta\omega(t - \tau/2)} \qquad (9.33)$$

gegeben. Die Bandbreite $\Delta\omega$ ist mit der Schichtdicke über $\Delta\omega = \gamma\Delta z G_z$ verbunden.

Da die sinc-Funktion bei $t = \tau/2$ den größten Wert annimmt, wird in guter Näherung zu diesem Zeitpunkt die Transversalmagnetisierung erzeugt (eine genauere Analyse der Vorgänge während der Hochfrequenzanregung können durch numerische Integration der Bloch-Gleichungen gewonnen werden). Danach präzediert die Magnetisierung während der restlichen Pulsdauer im Gradientenfeld und akkumuliert eine ortsabhängige Phase $\varphi(z) = \gamma z G_z \tau/2$. Diese Dephasierung in Schichtselektionsrichtung führt zu einer vollständigen destruktiven Interferenz der verschiedenen Magnetisierungsbeiträge innerhalb der Schicht. Daher wird dem Schichtselektionsgradienten ein Rephasiergradient umgekehrter Polarität nachgestellt, der die Dephasierung wieder aufhebt.

9.3.6.2 Ortskodierung im k-Raum

Die schichtselektive Anregung reduziert das Problem der dreidimensionalen Ortsauflösung auf zwei Dimensionen. Das komplexe MR-Signal, das von der Empfangsspule aufgenommen wird, ist gegeben durch das Integral über aller im Spulenvolumen angeregten Transversalmagnetisierungen:

$$S = \iint\limits_{\text{Schicht}} c(x,y) \cdot M_\perp(x,y)\,\mathrm{d}x\mathrm{d}y \qquad (9.34)$$

$c(x,y)$ beinhaltet dabei alle Verstärkungs- und Geometriefaktoren, die durch die Spule und die Empfangselektronik vorgegeben sind – der Einfachheit halber wird im Folgenden $c = 1$ vorausgesetzt.

In einem ersten Schritt wird (o. B. d. A.) die Ortsinformation in x-Richtung kodiert. Dazu überlagert man dem Grundfeld einen Gradienten in x-Richtung für eine Zeit Δt_p. Je nach x-Position ergibt sich dann eine Phasenverschiebung $\varphi_p(x) = \gamma x G_x \Delta t_p = k_p x$, und die komplexe Magnetisierung lässt sich nach Abschalten des Gradienten schreiben als

$$M_\perp(x,y) = |M_\perp(x,y)| \cdot \mathrm{e}^{-ik_p x}. \qquad (9.35)$$

Da diese Lokalisationstechnik auf einer Phasenverschiebung beruht, spricht man von einer *Phasenkodierung* – der Gradient G_x wird auch als Phasenkodiergradient bezeichnet.

Im zweiten Schritt verfährt man analog mit der y-Richtung und das Gesamtsignal wird zu

$$S(k_p, k_r) = \iint\limits_{\text{Schicht}} |M_\perp(x,y)| \cdot \mathrm{e}^{-i(k_p x + k_r y)}\,\mathrm{d}x\mathrm{d}y. \qquad (9.36)$$

Zwischen der Kodierung in x- und in y-Richtung besteht jedoch ein wesentlicher Unterschied: Die x-Kodierung ist zu Beginn der Signalauslese schon abgeschlossen, wohingegen die y-Kodierung während der Auslese stattfindet. Man nennt den Gradienten G_y daher auch Readout- oder Auslesegradienten, und man bezeichnet das Lokalisationsschema in y-Richtung als *Frequenzkodierung*.

Das gemessene Signal ist nach Gl. 9.36 proportional zur zwei-dimensionalen inversen Fouriertransformation der Transversal-magnetisierung. Liegt ein vollständiges *Rohdatenbild* oder *Hologramm* $S(k_p, k_r)$ im sogenannten k-Raum vor, so lässt sich die räumliche Verteilung der Transversalmagnetisierung gemäß der Rücktransformation

$$M_\perp(x, y) = (2\pi)^{-1} \iint S(k_p, k_r) \cdot \mathrm{e}^{\mathrm{i}(k_p x + k_r y)} \, \mathrm{d}k_p \mathrm{d}k_r \quad (9.37)$$

eindeutig berechnen.

Um nicht nur eine Schicht, sondern ein ganzes Volumen ab-zubilden, kann man die Bildgebungssequenz mit jeweils un-terschiedlicher Schichtanwahl so lange wiederholen, bis das gesamte Volumen erfasst wurde. Es besteht jedoch auch die Möglichkeit, durch den Hochfrequenzpuls das gesamte abzu-bildende Volumen anzuregen und nachträglich in Schichtselek-tionsrichtung den Ort zu kodieren. Dies geschieht analog zur Phasenkodierung über einen Schichtkodiergradienten, der der Magnetisierung eine unterschiedliche Phase in z-Richtung auf-prägt. Die Rücktransformation in Gl. 9.37 muss dann in allen drei Dimensionen erfolgen – der Übersichtlichkeit halber wird im Folgenden nur der zweidimensionale Fall betrachtet.

Datenaufnahme Die im vorigen Abschnitt bereitgestellten Gleichungen der Datenaufnahme müssen für ein reales MR-Experiment modifiziert werden, da das Signal nicht kontinuier-lich, sondern immer nur in diskreten Schritten abgetastet werden kann.

In Readoutrichtung unterteilt man die Datenakquisitionsperiode in N_r gleich lange Teilstücke (Dwell Times), zu denen jeweils die k_r-Werte

$$k_r^n = n \Delta k_r = \frac{n \gamma G_y \Delta t_r}{N_r} \quad (9.38)$$

gehören. Δt_r ist hierbei die Gesamtdauer, die der Readoutgra-dient eingeschaltet bleibt. Der Index n nimmt alle ganzzahligen Werte zwischen $-N_r/2$ und $+N_r/2 - 1$ an. Hierbei wurde vor-ausgesetzt, dass durch zusätzliche Gradientenschaltungen die Signalphase in der Mitte des Ausleseintervalls (unabhängig von der Position der Magnetisierung) exakt null ergibt – diese Re-fokussierung der Gradientenphasen wird als Gradientenecho bezeichnet und wird im nachfolgenden Unterkapitel näher be-schrieben.

Da bei jeder Datenaufnahme nur eine Rohdaten- oder k-Raumzeile aufgenommen wird, wird der Sequenzablauf mit unterschiedlicher Phasenkodierung so oft wiederholt, bis genü-gend Rohdaten zur Rekonstruktion eines Bildes vorhanden sind. Diese Abtastung wird auch als kartesische k-Raum-Abtastung bezeichnet. Die Zeit, die dabei zwischen zwei Datenausle-sen vergeht, wird *Repetitionszeit TR* genannt. Sie bestimmt zusammen mit der Anzahl der Phasenkodierschritte N_p die Ge-samtmessdauer $T_{\mathrm{ACQ}} = TR \cdot N_p$ der Schichtaufnahme. Bei jeder Repetition wird die Amplitude des Phasenkodiergradienten in äquidistanten Schritten inkrementiert. Für den m-ten Phasenko-

dierschritt erhält man

$$k_p^m = m \Delta k_p = \frac{m \gamma G_x \Delta t_p}{N_p}. \quad (9.39)$$

Der Phasenkodiergradient nimmt dabei alle Werte von $-G_x/2$ bis $+G_x/2$ an. Die zweidimensionale Fouriertransformation in Gl. 9.37 zur Rekonstruktion des Bildes schreibt sich dann in diskreter Form

$$M_\perp(x_i, y_j) \propto \sum_{m=-N_p/2}^{N_p/2-1} \sum_{n=-N_r/2}^{N_r/2-1} S(k_p^m, k_r^n) \cdot \mathrm{e}^{-\mathrm{i}m x_i \Delta k_p} \cdot \mathrm{e}^{-\mathrm{i}n y_j \Delta k_r}. \quad (9.40)$$

Sie kann besonders effizient mit Hilfe des FFT-Algorithmus (Fast Fourier Transform) [29] berechnet werden, wenn N_p und N_r von der Form 2^k sind.

In der MR-Bildgebung werden Strukturen nur bis zu einer mini-malen Größe Δx aufgelöst. Nach dem Abtasttheorem können zwei Bildpunkte nur dann unterschieden werden, wenn ihre Phasendifferenz nach N_p (bzw. N_r) Kodierschritten gerade 2π beträgt. In Phasenkodierrichtung ist daher die minimale Auflö-sung gegeben durch

$$\Delta x = \frac{2\pi}{\gamma G_x \Delta t_p} \quad (9.41)$$

und in Readoutrichtung beträgt sie

$$\Delta y = \frac{2\pi}{\gamma G_y \Delta t_r}. \quad (9.42)$$

Interessanterweise hängt die minimale Auflösung nicht von der Anzahl der Kodierschritte ab.

Man macht sich diese Eigenschaft zunutze, um Artefakte, die durch die Periodizität der Fouriertransformation bedingt sind, zu vermeiden. Ist ein abgebildetes Objekt in Readoutrichtung grö-ßer als $N_r \Delta y$, so werden Strukturen außerhalb dieses Bereichs ins Innere abgebildet. Diese sogenannten Einfaltungsartefak-te sind eine direkte Konsequenz der diskreten Abtastung des MR-Signals, da Frequenzen oberhalb der durch die *Dwell Time* vorgegebene Grenzfrequenz nicht mehr eindeutig detektiert werden können. Einfaltungsartefakte vermeidet man, indem man die Anzahl der Kodierschritte in Readoutrichtung N_r und damit den eindeutig abgebildeten Bereich verdoppelt. Diese Technik wird als *Oversampling* bezeichnet und ist in Frequenz-kodierrichtung ohne zusätzlichen Zeitaufwand einsetzbar – in Phasenkodierrichtung wird sie meist nicht angewandt, weil hier eine Verdopplung der Kodierschritte auch eine Verdopplung der Messzeit bedeutet.

9.3.6.3 Echo Planar Imaging

Bisher wurde vorausgesetzt, dass das MR-Signal im k-Raum zeilenweise abgetastet wird. Dies lässt sich technisch besonders leicht realisieren, da die Datenaufnahme bei konstantem Gra-dienten erfolgt und zur Rekonstruktion des Bildes direkt die diskrete Fouriertransformation eingesetzt werden kann. Nachteilig ist jedoch, dass der Zyklus der HF-Anregung und der Phasenkodierung oft (typisch: $N_p = 128 - 512$) wiederholt werden muss. Da zwischen zwei Hochfrequenzanregungen immer eine Zeit TR gewartet werden muss, bis sich durch die T_1-Relaxation wieder eine nennenswerte Longitudinalmagnetisierung aufgebaut hat, ergeben sich Messzeiten von Sekunden bis Minuten.

Mansfield schlug daher schon 1977 eine Sequenz (*Echo Planar Imaging*, EPI) [30] vor, bei der nach der HF-Anregung die gesamten Rohdaten in nur einer einzigen Akquisitionsperiode aufgenommen werden. Vor der Datenauslese wird hier ein Dephasiergradient in Phasenkodierrichtung angelegt, der die Phase auf den negativen Maximalwert setzt. Danach wird während der Datenakquisition ein sinusförmig oszillierender Readout-gradient und ein schwacher, konstanter Phasenkodiergradient geschaltet. Die Abtastung des k-Raums erfolgt hier sinusförmig und nicht zeilenweise und erfasst bei geeignet schneller Schaltung der Gradienten das gesamte Rohdatenbild.

Das EPI-Verfahren kann Bilder vergleichbarer Auflösung in typischerweise 100 ms erzeugen. Es hat jedoch auch folgende Nachteile:

1. Das schnelle Schalten der oszillierenden Gradienten stellt höchste Anforderungen an die Qualität, Stärke und Ansteuerung des Gradientensystems. Durch die Einführung von aktiv abgeschirmten Gradienten sind allerdings EPI-Aufnahmen an nahezu allen modernen MR-Tomographen durchführbar.
2. Das Bild kann nicht direkt aus den Messdaten berechnet werden – vielmehr muss erst ein diskretes Hologramm aus den Messdaten interpoliert werden (*Regridding*), bevor die eigentliche Bildrekonstruktion erfolgt.
3. Durch die verlängerte Datenauslese im Vergleich zur kartesischen Akquisition einer einzigen Zeile bleibt die Signalamplitude während der Datenakquisition nicht konstant, sondern der T_2^*-Zerfall macht sich bemerkbar. Nach der Fouriertransformation führt dies zu einer scheinbaren Verschmierung der abgebildeten Objekte.
4. Die Echozeit (dies ist bei der EPI-Technik die Zeit von HF-Anregung bis zur Akquisition der Daten vom Zentrum des k-Raumes) ist gegenüber der kartesischen Abtastung deutlich verlängert. Dies führt zu einer starken T_2^*-Gewichtung der Bilder, die sich insbesondere an den Grenzschichten von Geweben negativ bemerkbar macht, weil hier durch den Sprung in der Suszeptibilität intrinsische Gradienten erzeugt werden, die T_2^* lokal stark verkürzen.

In den letzten Jahren sind allerdings auch auf konventionellen MR-Tomographen ohne oszillierende Gradienten Sequenzen entwickelt worden, die eine beschleunigte Abtastung des k-Raumes verwenden. Sie akquirieren pro HF-Anregung nicht eine, sondern mehrere Rohdatenzeilen mit unterschiedlicher Phasenkodierung und können so die Datenaufnahme beschleunigen. Im Gegensatz zu EPI werden allerdings mehrere HF-Anregungen benötigt. Diese Technik wird als k-Raumsegmentation bezeichnet, weil sie den k-Raum in Streifen oder Segmente einteilt, in denen alle Rohdatenzeilen die gleiche Echozeit aufweisen.

9.4 HF-Pulse, Pulssequenzen und Kontraste, Triggerung

Moritz Berger und Mathies Breithaupt

Im Vergleich zu anderen medizinischen Bildgebungsverfahren bietet die ^{1}H-Magnetresonanztomographie (MRT) eine Vielzahl unterschiedlicher Kontraste, die über eine reine Proportionalität des Signals zur Protonendichte hinausgehen. Durch die hohe Zahl von Wasserstoffkernen im Gewebe ergibt sich aus der Gesamtheit der dazugehörigen magnetischen Momente ein effektiver Magnetisierungsvektor. Dieser kann aus seiner Ruhelage ausgelenkt und während des Rückgangs in das thermische Gleichgewicht gemessen werden.

Obwohl alle Bildgebungssequenzen im klinischen Einsatz die Bilddaten auf die gleiche Weise akquirieren, unterscheiden sie sich weitgehend im erzielten Bildeindruck voneinander. Die stark vom Gewebe abhängigen Relaxationszeiten ermöglichen bisher einzigartig differenzierte Weichteilkontraste für die radiologische Diagnostik. Die konkrete Abfolge von HF-Pulsen, Wartezeiten und zusätzlich geschalteter Magnetfeldgradienten legt fest, welche Relaxationsprozesse und physiologischen Abläufe den Bildkontrast maßgeblich beeinflussen und wie lange die Messung dauert.

In diesem Unterkapitel werden mehrere Bildgebungstechniken vorgestellt. Zunächst wird die Wirkung von HF-Pulsen auf die Magnetisierung beschrieben. Um ein allgemeineres Verständnis zu schaffen, werden speziellere Verwendungen, die über die herkömmliche Anregung hinausgehen, kurz angesprochen. Anschließend werden die Spinecho- und Gradientenecho-Bildgebung in verschiedenen Ausprägungen beschrieben und exemplarische Anwendungen genannt. Dass das Kontrastverhalten nicht ausschließlich von der verwendeten Bildgebungssequenz abhängt, wird in dem Abschnitt über Magnetisierungspräparation beschrieben. Das Unterkapitel schließt mit Verfahren zur Bildgebung von periodischen Prozessen, welche auf Zeitskalen unterhalb der mit der MRT erreichbaren Bildwiederholzeiten ablaufen.

9.4.1 HF-Pulse

Hochfrequenzpulse (HF-Puls; *Radiofrequency Pulses, RF-Pulses*) werden in der Magnetresonanztomographie zur Änderung der Magnetisierung eingesetzt. Allen Pulsarten ist gemein, dass sie über eine Hochfrequenzantenne eingestrahlt werden und ihre Wirkung durch ihren Amplituden- und Frequenzgang sowie ihre initiale Phase bestimmt ist. Im Folgenden wird auf die Grundlagen eingegangen, welche zum Verständnis der meisten Anwendungen von HF-Pulsen in MR-Bildgebungssequenzen nötig sind; auf weiterführende Konzepte wird lediglich hingewiesen.

9.4.1.1 Pulse mit konstanter Frequenz

Der einfachste Fall von HF-Manipulation der Magnetisierung ist die Anregung der Magnetisierung durch einen Rechteck-

a

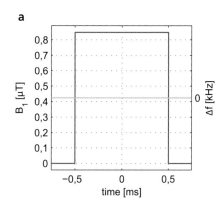

b

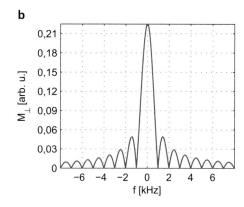

Abb. 9.9 Schematische Darstellung eines Rechteckpulses (**a**) und dessen Frequenzantwort aus einer numerischen Simulation der Bloch-Gleichungen (**b**). **a** Die Amplitude (*rote Kurve*) und die Offresonanz (*gelbe Kurve*) sind so gewählt, dass sie für eine Pulsdauer von 1 ms einen Flipwinkel von 13° realisieren. **b** Die Frequenzantwort ähnelt der Fouriertransformierten der Rechteckfunktion: einer sinc-Funktion. Für die zentrale Schwingung kann eine Halbwertsbreite von etwa 1,21 kHz bestimmt werden. Die Seitenbänder im Profil führen zu einer Anregung weiterer offresonanter Spins und können Artefakte im Bild verursachen

puls. Hierzu wird ein Puls mit konstanter Amplitude B_1 und konstanter Frequenz f für die Dauer τ eingestrahlt, wie in Abb. 9.9a dargestellt. Entspricht die Frequenz des HF-Pulses der Larmor-Frequenz des zu untersuchenden Kerns, so erfährt der Magnetisierungsvektor $\vec{M}$ die Rotation

$$\frac{\partial \vec{M}}{\partial t} = \vec{M} \times B_1 \begin{pmatrix} \cos\varphi \\ \sin\varphi \\ 0 \end{pmatrix} \tag{9.43}$$

um die Einstrahlrichtung des HF-Pulses, welche bezüglich der x-Achse durch die Phase φ gegeben ist. In Gl. 9.43 geht nur die Amplitude der magnetischen Komponente der HF-Strahlung ein. Die elektrische Komponente ist für die Anregung irrelevant, spielt jedoch eine Rolle für die Energiedeposition im Gewebe. Der Winkel, um den der Magnetisierungsvektor um die Einstrahlrichtung ausgelenkt wird, wird Kipp- oder Flipwinkel α genannt. Für den oben beschriebenen Rechteckpuls gilt

$$\alpha = \gamma B_1 \tau. \tag{9.44}$$

Unter realen Bedingungen variiert die Larmor-Frequenz örtlich durch Grundfeldinhomogenitäten ΔB_0, und der HF-Puls kann nicht mehr im gesamten Volumen die Resonanzbedingung erfüllen. In diesem Fall kann der Flipwinkel im Rahmen der sogenannten Kleinwinkelnäherung ($\sin\alpha \approx \alpha$, $\Delta M_z \approx 0$) genähert werden. Mit ihr kann die Pulswirkung im Frequenzraum über die Fouriertransformation des HF-Pulses in der Zeitdomäne berechnet werden. Für den Rechteckpuls ergibt dies ein sinc-förmiges Frequenzprofil, dessen Bandbreite $\Delta f_\text{rect} = 1{,}21/\tau$ über die Halbwertsbreite (*Full Width at Half Maximum*, FWHM) Δf_rect des zentralen Profilabschnitts gegeben ist (siehe Abb. 9.9b).

Rechteckpulse werden häufig als volumenselektive Anregungspulse eingesetzt. Durch eine geeignete Wahl der Pulsdauer ist es auch möglich, eine ausgewählte Resonanz unter mehreren chemisch verschobenen Spinspezies (Abschn. 9.8.2 MR-Spektroskopie und Abschn. 9.10.4.1 Chemische Verschiebung) selektiv anzuregen. Bei hohen Grundmagnetfeldstärken

kann damit beispielsweise ausschließlich Wassersignal erzeugt werden und die Notwendigkeit einer zusätzlichen Fettunterdrückungstechnik entfällt.

9.4.1.2 Schichtselektion

Ein HF-Puls konstanter Frequenz wird auch zur schichtselektiven Anregung eingesetzt, deren Ziel es ist, die Magnetisierung in einer Schicht der Dicke Δz um einen Winkel auszulenken und die Magnetisierung außerhalb dieses Bereichs nicht zu beeinflussen. Hierzu spreizt ein lineares Gradientenfeld in Schichtrichtung die Larmor-Frequenz der Protonen zu einem kontinuierlichen Frequenzbereich auf, wobei die Amplitude des angelegten Gradientenfeldes G_S die Bandbreite des Frequenzspektrums Δf bestimmt. Die gleichmäßige Anregung der Magnetisierung in einer Schicht am Ort z_0 entlang der Schichtrichtung entspricht daher der gleichmäßigen Anregung eines Frequenzbereichs

$$\Delta f = \frac{\gamma}{2\pi} G_S \Delta z \tag{9.45}$$

um die Mittenfrequenz

$$f_0 = \frac{\gamma}{2\pi} G_S z_0, \tag{9.46}$$

was mathematisch über eine Rechteckfunktion $\text{rect}(f/\Delta f)$ ausgedrückt werden kann und in Abb. 9.11a dargestellt ist. In der Kleinwinkelnäherung liefert die inverse Fouriertransformation dieser Verteilung den benötigten HF-Puls in der Zeitdomäne: Den sinc-Puls mit $\text{sinc}(\pi\Delta f t)$, gezeigt in Abb. 9.10a.

Der Flipwinkel α, um den die Magnetisierung gedreht werden soll, ist über die Amplitude des HF-Pulses einstellbar und über die Beziehung

$$\alpha = \gamma \int_0^\tau B_1(t)\, dt \tag{9.47}$$

gegeben. Sollen mehrere parallele Schichten nacheinander angeregt werden, bleiben das Gradientenfeld und die Bandbreite

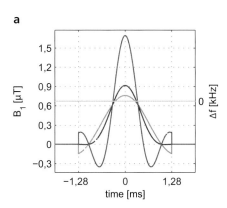
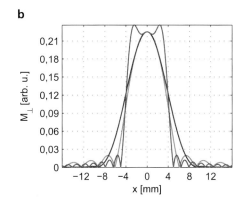

Abb. 9.10 Schematische Darstellung verschiedener sinc-Pulse (**a**) und deren Schichtprofile aus numerischen Simulationen der Bloch-Gleichungen (**b**). **a** Alle drei Pulse sind resonant (*gelbe Kurve*) eingestrahlt. Das Bandbreiten-Zeitprodukt (*blaue* und *braune Kurve*: 2,56; *rote Kurve*: 5,12) und die Filterfunktion (*blaue Kurve*: ohne; *braune* und *rote Kurve*: Hamming-Filter) der sinc-förmigen Amplituden variieren. Der Flipwinkel für resonante Spins beträgt 13°. **b** Um die Schichtbreite von 8 mm konstant zu halten, wurden die nicht gezeigten Amplituden der Gradienten angepasst. Die Bandbeschränkung durch die Pulslänge von 2,56 ms führt zu der Abweichung der Schichtprofile vom idealen Rechteck. Ohne eine Dämpfung der äußeren Amplitudenbereiche sind im blauen Profil deutlich Seitenbänder erkennbar. Der Hamming-Filter reduziert diese, führt aber zu einer Verbreiterung (*braune Kurve*). Die Profilschärfe nimmt wieder zu, wenn das Bandbreiten-Zeitprodukt erhöht wird (*rote Kurve*)

des HF-Pulses unverändert, lediglich die Trägerfrequenz des HF-Pulses wird angepasst.

In der Praxis werden sinc-Pulse von wenigen Millisekunden Dauer verwendet, was einer Bandbeschränkung der Anregung gleichkommt. Um daraus resultierende Fehler im Schichtprofil zu reduzieren, wird der HF-Puls mit einer Fensterfunktion wie dem Hanning- oder Hammingfilter zusätzlich gedämpft. Die Kurven (braun mit Filter, blau ohne) in Abb. 9.10b zeigen, wie der Filter den Rückgang der Seitenbänder bedingt. Die Schärfe des Schichtprofils wird zusätzlich durch die Zahl der Halbwellen zu den Seiten des zentralen Maximums der Einhüllenden des HF-Pulses bestimmt – je mehr Halbwellen, desto höher das sogenannte dimensionslose Bandbreiten-Zeitprodukt und umso schärfer das Schichtprofil.

Während der HF-Puls auf die Magnetisierung wirkt, prägt der Schichtselektionsgradient eine zusätzliche Phase entlang der Schichtrichtung auf, was zu einer Signalminderung führen würde, wenn nach dem HF-Puls direkt die Datenauslese begänne. Dieser Verlust wird nach der Anregung durch einen Refo-

kussiergradienten umgangen, welcher die akkumulierte Phase kompensiert. Das hierfür nötige Gradientenmoment entspricht ungefähr dem Negativen des Moments, welches ab der Mitte des sinc-Pulses bis zum Ende des Schichtselektionsgradienten appliziert wurde. Die Gradientenabfolge ist in Abb. 9.11b schematisch dargestellt.

9.4.1.3 Weiterführende Beschreibung der Wirkung von HF-Pulsen

Durch die Kleinwinkelnäherung und den Zusammenhang zwischen der HF-Pulswirkung im Ortsraum und dem zeitlichen Verlauf des HF-Pulses über die Fouriertransformation kann ein allgemeineres Konzept zur Beschreibung von HF-Pulsen verwendet werden: Der Anregungs-k-Raum (excitation k-space, [45]). Hierbei wird durch die zeitgleich zum HF-Puls geschalteten Gradientenfelder eine Trajektorie im Anregungs-k-Raum durchlaufen. Einträge entlang dieser Trajektorie werden durch die Amplitude und Phase des HF-Pulses bestimmt. Für den Rechteckpuls ohne Gradienten ergibt dies einen einzelnen Punkt

Abb. 9.11 Zusammenhang zwischen Ortsraum und der Pulsbandbreite (**a**) und die schematische Gradientenschaltung zur Schichtanregung mit Refokussiergradienten (**b**). **a** Der lineare Gradient spreizt das Spinensemble in ein lineares Frequenzband auf. Die Schichtdicke ist durch die Gradientenamplitude und Bandbreite des HF-Pulses bestimmt. **b** Die akkumulierte Phase während des *grau hinterlegten Teils* des Schichtselektionsgradienten wird durch den folgenden Refokussiergradienten mit gleichem (negativen) Moment zurücksetzt

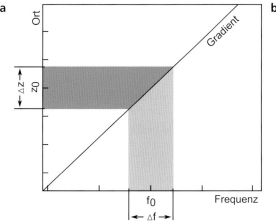
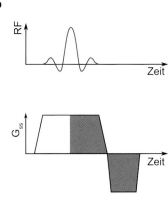

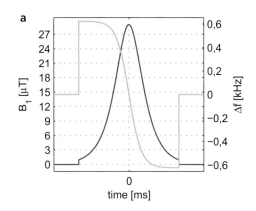
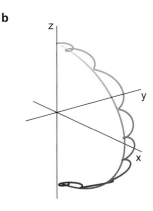

Abb. 9.12 Schematische Darstellung eines Sekans-Hyperbolicus-Pulses (**a**) und der zugehörige Verlauf der Magnetisierung aus einer numerischen Simulation der Bloch-Gleichungen (**b**). **a** Der Amplitudenverlauf (*rote Kurve*) wird durch die Sekans-Hyperbolicus-Funktion und der Frequenzverlauf (*gelbe Kurve*) mit einer Tangens-Hyperbolicus-Funktion beschrieben. Der Flipwinkel für solch einen adiabatischen Puls beträgt 180° – eine Amplitude von 29 µT ist messtechnisch nicht realisierbar und nur wegen des anschaulichen Verlaufs gewählt. Die Pulsdauer ist mit 10,24 ms deutlich länger als bei Rechteck- oder sinc-Pulsen. **b** Die Magnetisierung (Zeitverlauf: *grün* bis *blau*) rotiert um das annähernd parallel stehende effektive Magnetfeld (Zeitverlauf: *gelb* bis *rot*). Bei Einhaltung der adiabatischen Bedingung bleibt dieser Zustand bestehen, auch wenn sich der Azimutalwinkel beider Vektoren ändert. Der verbleibende Transversalanteil der Magnetisierung zum Ende entsteht durch die initiale und abschließende Abweichung des effektiven Magnetfeldes von der Longitudinalachse und Verlusten während des Pulses

im Anregungs-k-Raum, für den schichtselektiven sinc-Puls ist dies die sinc-Funktion in der zur Schichtrichtung gehörigen Anregungs-k-Raumrichtung. Werden Punkte mehrfach durchlaufen, so addieren sich aktueller und vorhandener Wert. Die inverse Fouriertransformation des Anregungs-k-Raums ergibt die dreidimensionale Flipwinkelverteilung im Ortsraum, mit der die Magnetisierung voxelweise manipuliert wird.

Über dieses Konzept gelingt es, Anregungen mit speziellen Eigenschaften zu entwerfen, beispielsweise Variable-Rate-Pulse [34], unter anderem zur Reduktion der spezifischen Absorptionsrate und Verbesserung der Profilschärfe, oder multidimensionale Pulse [32], welche vordefinierte Flipwinkelverteilungen im Untersuchungsbereich realisieren können. Des Weiteren können die entworfenen Pulse mit analytischen Methoden wie dem Shinnar-Le-Roux-Algorithmus (SLR, [47–49]) oder numerischen Verfahren wie genetischen Algorithmen oder Techniken der Optimal Control Theory optimiert werden.

Frequenzmodulierte Pulse Eine weitere Art von HF-Pulsen verwendet neben der Amplituden- auch eine Frequenzmodulation. Beim Übergang in das rotierende Koordinatensystem wirkt die Offresonanz wie ein zusätzliches Magnetfeld in z-Richtung, wodurch bei diesen Pulsen nicht nur der Rotationswinkel, sondern auch die Rotationsachse des HF-Pulses mit der Zeit variiert. Wenn sich die Rotationsrichtung im Vergleich zum Rotationswinkel langsam ändert, gilt:

Regel 1 Magnetisierung (anti-)parallel zum effektiven $\vec{B}$-Feld bleibt (anti-)parallel

Regel 2 Magnetisierung senkrecht zum effektiven $\vec{B}$-Feld bleibt senkrecht

Diese Pulse werden auch als adiabatische Pulse bezeichnet. Mathematisch kann die Adiabatizitätsbedingung über

$$\left| \frac{\partial \Psi_{\text{eff}}}{\partial t} \right| \ll \gamma |\vec{B}_{\text{eff}}| \qquad (9.48)$$

ausgedrückt werden, wobei Ψ_{eff} den Azimutalwinkel des effektiven Magnetfeldes $\vec{B}_{\text{eff}}$ darstellt. Durch das komplexe Zusammenspiel der Modulationen können diese Pulse nicht durch einfache Streckung oder Skalierung in ihrer Wirkung angepasst werden, sondern müssen für ihren jeweiligen Einsatzzweck entworfen werden. Insbesondere können B_0- oder B_1-feldunabhängige Pulswirkungen erzielt werden, was Vorteile beim Umgang mit Oberflächenspulen und in der Hochfeld-MRT bietet.

Die obigen Regeln sollen exemplarisch veranschaulicht werden: Im Fall der ersten Regel kann die Situation mit der eines stark offresonanten HF-Pulses verglichen werden. Die Magnetisierung richtet sich immer entlang des sich ändernden effektiven $\vec{B}$-Feldes aus und präzediert um dieses mit einer kleinen Winkelabweichung. Sowohl die Änderung des Azimutalwinkels als auch die akkumulierte Phase der Magnetisierung entsprechen im Wesentlichen denen des effektiven $\vec{B}$-Feldes. Der Endzustand des Verlaufs ist auch im Fall von B_0- oder B_1-Inhomogenitäten somit wohldefiniert.

Im Fall der zweiten Regel ist die Situation vollkommen anders: Das $\vec{B}_{\text{eff}}$-Feld des adiabatischen HF-Pulses steht senkrecht auf der Magnetisierung. Der Puls erscheint resonant und die Komponente der Magnetisierung senkrecht zum $\vec{B}_{\text{eff}}$-Feld ändert sich schnell: Dieses Verhalten wird adiabatic fast passage genannt. Nun hängt die akkumulierte Phase stark von lokalen B_0- oder B_1-Inhomogenitäten ab. Eine B_0- oder B_1-unabhängige Wirkung des Pulses ist somit nicht mehr gegeben.

Adiabatische Pulse können in Anregungs-, Sättigungs-, Inversions- und Refokussierungspulse unterteilt werden. Hierbei ist der Sekans-Hyperbolicus-Puls für die Inversion das prominenteste Beispiel [49]. Er ist in Abb. 9.12a gezeigt. Klarer wird die Wirkungsweise dieser Pulsklasse, wenn der komplexe Zeitverlauf der Magnetisierung in Abb. 9.12b betrachtet wird. Abhängig von der beabsichtigten Wirkung sind entsprechende Pulse zu wählen: Für Sättigungs- und Inversionspulse spielt die akkumulierte Phase keine Rolle – sie werden für Magnetisierungspräparationen verwendet. Im Vergleich dazu spielt die akkumulierte Phase für Anregungs- und Refokussionspulse eine entscheidende Rolle und muss durch den Puls für alle initialen Magnetisierungszustände korrekt realisiert werden. Beliebige Flipwinkel können im Fall adiabatischer Pulse nur durch eine Abfolge von Pulsen mit zusätzlichen Phasensprüngen in den Verläufen der effektiven $\vec{B}$-Felder erzeugt werden, wie beispielsweise im B_1-Independent-Rotation-Puls (BIR-4-Puls) realisiert [50].

9.4.2 Pulssequenzen und Kontraste

In der Magnetresonanztomographie trägt sämtliche transversale Magnetisierung im Bildgebungsvolumen zum Messsignal bei. Dieses dreidimensionale Kodierungsproblem kann zunächst um eine Dimension reduziert werden, indem die Anregung schichtselektiv auf den darzustellenden Schnitt beschränkt erfolgt. Die folgende Echoerzeugung und Kodierung entscheidet darüber, welcher Relaxationsprozess den Kontrast des fertigen Bildes dominiert. Die Art der Auslese teilt sich zunächst in zwei unterschiedliche Methoden auf: Spinecho- und Gradientenechotechniken.

Zur Kodierung des Signals wird das Grundmagnetfeld des Tomographen mit zusätzlichen, linearen Magnetfeldgradienten gezielt verändert. Durch Superposition der Gradientenfelder kann die Larmor-Frequenz linear in beliebige Raumrichtungen variiert werden, was der MRT erlaubt, die darzustellenden Schichten beliebig zu orientieren. Aus diesem Grund ist es zweckmäßig, die physikalischen Koordinaten x, y und z durch logische Richtungen zu ersetzen: Frequenzkodier-, Phasenkodier- und Schichtselektionsrichtung (*Read-Out*, *Phase-Encoding* und *Slice-Selection Direction*). Die Frequenzkodierrichtung ist diejenige, in welcher während der Datenaufnahme ein Auslesegradientenfeld geschaltet wird. Senkrecht zu dieser liegt die Phasenkodierrichtung und spannt mit der ebenfalls orthogonalen Schichtselektionsrichtung das logische Koordinatensystem auf.

9.4.2.1 Spinechotechniken

Die Spinechobildgebung zählt zu den ältesten und klinisch relevantesten Bildgebungsmethoden. Zur Erzeugung eines Spinechos wird neben dem Anregungspuls mindestens ein weiterer, refokussierender HF-Puls benötigt. Typischerweise handelt es sich um eine 90°-180°-Pulsfolge mit Wartepausen, welche zur Kontrastgenerierung und Kodierung der angeregten Schicht genutzt werden. Da der 90°-Puls die Magnetisierung in der angeregten Schicht sättigt, werden für In-vivo-Anwendungen Repetitionszeiten TR im Bereich von einigen hundert bis zu mehreren tausend Millisekunden benötigt. In dieser Zeit kann die Magnetisierung durch T_1-Relaxation wieder auf ein für den nächsten Kodierungsschritt ausreichendes Maß ansteigen. Das Auftreten des Spinechos wird durch den zeitlichen Abstand zwischen der jeweiligen Mitte des Anregungs- und des

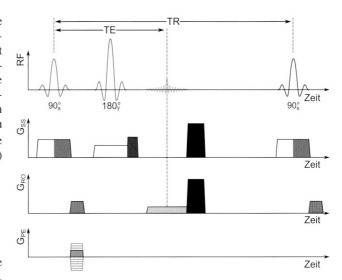

Abb. 9.13 Sequenzschema einer Spinecho-Sequenz mit Einzeilenauslese. Nach der schichtselektiven Anregung folgen die Vorphasiergradienten in Frequenz- und Phasenkodierrichtung (*orange* und *blau*). Der Schichtrefokussierungsgradient ist mit dem linken Crushergradienten gleichen (negativen) Moments zusammengelegt – beide fehlen daher im Diagramm. Der Refokussierungspuls wird mittig während des TE-Intervalls eingestrahlt. An den Frequenzkodiergradienten (*gelb*) schließt sich ein Spoilergradient (*schwarz*) an. Nach der Repetitionszeit TR wiederholt sich die Gradientenschaltung, wobei eine andere k-Raumzeile phasenkodiert und aufgenommen wird

Refokussierungspulses bestimmt, welcher der halben Echozeit TE entspricht. Alle Phasenunterschiede, welche während dieser Zeit durch statische Feldinhomogenitäten $\Delta B_0(x, y)$ der Transversalmagnetisierung aufgeprägt wurden, werden negiert

$$\varphi(x, y) = \gamma \Delta B_0(x, y) \frac{TE}{2} \xrightarrow{180°\text{-Puls}} -\gamma \Delta B_0(x, y) \frac{TE}{2} \quad (9.49)$$

und während der zweiten Hälfte der Echozeit nochmals akkumuliert. Dadurch ergibt sich zum Zeitpunkt TE die lokale Gesamtphase $\varphi(x, y) = 0$. Wird die Signalkodierung so gewählt, dass das k-Raumzentrum zum Zeitpunkt TE abgetastet wird, ergibt sich eine für Offresonanzen wenig anfällige Bildgebung. Durch geeignete Wahl der Parameter TE und TR lassen sich unterschiedliche Bildkontraste einstellen.

Einzeilenauslesen

Die Einzeilen-Spinechoauslese setzt das oben beschriebene MR-Prinzip direkt in eine Bildgebungssequenz um, deren Sequenzschema in Abb. 9.13 dargestellt ist. Der schichtselektiven Anregung folgt ein schichtselektiver 180°-Refokussierungspuls, welcher einen 0°- oder 90°-Phasenschub relativ zum Anregungspuls aufweist. Das Spinechosignal wird phasen- und frequenzkodiert und als Datenzeile in eine Matrix geschrieben, welche nach der Zeit

$$T_{\text{ACQ}} = TR \times N_{\text{Phasen}} \quad (9.50)$$

vollständig aufgenommen ist und zu einem Bild rekonstruiert werden kann. Spoilergradienten (*schwarz* in Abb. 9.13) am Ende der Datenauslese dephasieren das Signal vor der nächsten Anregung zusätzlich, damit der nächste Anregungspuls nur auf die longitudinale Magnetisierung wirkt.

Kontrastverhalten Der erzielbare Bildkontrast hängt von den gewählten Parametern TE und TR ab. Die Herleitung der Signalgleichung gelingt einfach, wenn zunächst nur die Longitudinalmagnetisierung betrachtet und die Relaxation während der HF-Pulse vernachlässigt wird.

Nach dem initialen 90°-Puls gilt $M_z = 0$. Die Magnetisierung relaxiert bis zum Beginn des Refokussierungspulses auf den Wert

$$M_z = M_0(1 - e^{-TE/(2T_1)}) \qquad (9.51)$$

und wird durch den HF-Puls zu

$$M_z = -M_0(1 - e^{-TE/(2T_1)}) \qquad (9.52)$$

invertiert. Freie T_1-Relaxation während der Zeit $TR - TE/2$ bis zum nächsten Anregungspuls führt zu der Longitudinalmagnetisierung

$$M_z^{SS} = M_0(1 - 2e^{-(TR-TE/2)/T_1} + e^{-TR/T_1}) \qquad (9.53)$$

im dynamischen Gleichgewicht (*Steady State*). Das erreichbare Signal ergibt sich dann unter Annahme perfekter HF-Pulse zu

$$S = M_z^{SS} e^{-TE/T_2}. \qquad (9.54)$$

Da in den meisten Fällen $TE \ll TR$ gilt, kann Gl. 9.54 durch

$$S = M_0(1 - e^{-TR/T_1})e^{-TE/T_2} \qquad (9.55)$$

genähert werden. Daraus ergibt sich folgendes Kontrastverhalten:

- Langes TR, kurzes TE: Die Longitudinalmagnetisierung kann wegen $TR \geq T_1$ vor jedem Anregungspuls weitgehend ausrelaxieren. Zum Zeitpunkt der Signalauslese ist wegen $TE \ll T_2$ die angeregte Transversalmagnetisierung nicht nennenswert abgeklungen. Der Kontrast des Bildes ist damit im Wesentlichen durch M_0 bestimmt: Es handelt sich um die sogenannte Protonendichte-Wichtung (PD-Wichtung). Gewebe mit hoher Protonendichte sind heller dargestellt als Gewebe geringerer Protonendichte.
- Langes TR, langes TE: Für die Longitudinalmagnetisierung gilt dieselbe Betrachtung wie im obigen Punkt, die angeregte Transversalmagnetisierung nimmt jedoch bis zur Datenaufnahme durch T_2-Relaxation ab. Da Gewebe mit unterschiedlichen T_2-Zeiten deshalb unterschiedlich starke Signale aufweisen, entsteht durch den Faktor e^{-TE/T_2} ein vornehmlich T_2-gewichtetes Bild (T_2-*weighted*, T_2w). Gewebe mit kurzer T_2-Zeit verlieren schneller ihre Transversalmagnetisierung und sind somit dunkler als Gewebe mit längeren T_2-Zeiten.
- Kurzes TR, kurzes TE: Durch $TE \ll T_2$ entfällt der T_2-abhängige Wichtungsfaktor wie im Fall der PD-Wichtung. Mit $TR \ll T_1$ ist jedoch der Faktor $(1 - e^{-TR/T_1}) \ll 1$, wodurch Gewebe mit unterschiedlichen T_1-Relaxationszeiten bis vor den folgenden Anregungspuls unterschiedlich stark

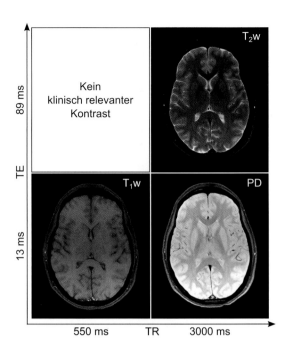

Abb. 9.14 Kontrastbeispiele einer TSE-Sequenz (Auflösung: 0,7 mm × 0,7 mm × 4,0 mm) bei $B_0 = 1,5$ T. Die Parameter TE/TR der einzelnen Wichtungen sind in der Abbildung angegeben

relaxieren. Der Kontrast des Bildes wird durch T_1 bestimmt, wodurch ein T_1-gewichtetes Bild (T_1-*weighted*, T_1w) aufgenommen wird. Gewebe mit kurzer T_1-Zeit kommen ihrer Gleichgewichtsmagnetisierung näher als Gewebe mit langer T_1-Zeit. Erstere weisen deshalb auch bei kurzen TR ein höheres Signal auf und sind heller als Gewebe mit langer T_1-Zeit.

Abb. 9.14 zeigt diese Kontraste exemplarisch. Die Aufnahmen wurden mit einer Mehrzeilenauslese erstellt, zeigen jedoch prinzipiell dasselbe Kontrastverhalten im Hirngewebe.

Artefaktreduktion In realen Messungen führen Unterschiede in den Schichtprofilen der HF-Pulse durch technische Imperfektionen dazu, dass der Flipwinkel des Refokussierungspulses über die Schicht hinweg von 180° abweicht und teilweise neue Magnetisierung anregt.

Damit das dadurch erzeugte unerwünschte Signal des freien Induktionszerfalls (*Free Induction Decay*, FID) sich nicht dem erwünschten Spinechosignal während der Auslese überlagert, werden um den Refokussierungspuls zusätzliche Crushergradienten geschaltet (Abb. 9.13, braun): Der Gradient nach dem HF-Puls dephasiert das FID-Signal so stark, dass es für die Datenaufnahme unproblematisch ist. Damit dieser Crushergradient das erwünschte Signal der ursprünglich angeregten Schicht nicht ebenfalls „zerstört", muss die angeregte Magnetisierung durch einen Gradienten gleichen Moments vor dem Refokussierungspuls vorphasiert werden. Die Crushergradienten können in beliebige Richtungen geschaltet werden, solange sie immer paarweise entlang jeder Achse auftreten. Entlang der Schichtselektionsrichtung ist es möglich, den ersten Crushergradienten mit dem Schichtrefokussierungsgradienten zusammenzulegen.

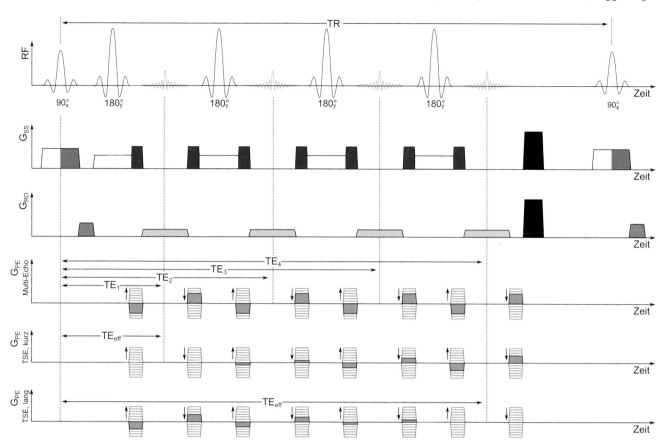

Abb. 9.15 Sequenzdiagramm einer Mehrkontrast-Spinecho- und TSE-Sequenz. Die Schaltung der HF-Pulse und Gradienten entlang der Schichtselektions- und Frequenzkodierrichtung sind in allen Fällen identisch. Die Refokussierungspulse haben einen Phasenschub von 90° gegenüber dem Anregungspuls, um Signalverluste durch Pulsimperfektionen auszugleichen. Crushergradienten (*braun*) unterdrücken unerwünschte Signalbeiträge, welche durch Abweichungen der Schichtprofile von der idealen Rechteckform entstehen können. Die Kodierung einer k-Raumlinie erfolgt in allen Phasenkodierschemata (*blau*) direkt vor der Frequenzkodierung (*gelb*) und wird nach der Auslese zurückgesetzt. Multi-Echo-Schema: Dieselbe k-Raumlinie wird mehrfach zu unterschiedlichen Echozeiten gemessen. TSE-Schema: Unterschiedliche k-Raumzeilen werden nacheinander kodiert. Es ist je ein Beispiel für kurze und lange TE_{eff} mit $ETL = 4$ gezeigt

Um die Auswirkung des unerwünschten FID-Signals weiter zu minimieren, werden die Phasenkodier- und Auslesevorphasiergradient (blau bzw. orange in Abb. 9.13) in ihrem Gradientenmoment invertiert und vor dem Refokussierungspuls platziert. Das unerwünschte FID-Signal wird dadurch nicht phasenkodiert und der Frequenzkodiergradient wirkt nur dephasierend. Der Beitrag des FID-Signals ist dadurch auf einen kleinen außenliegenden k-Raumbereich beschränkt und stört das Bild nicht als lokalisierte Struktur.

Varianten der Einzeilenauslese Um auch bei langen Repetitionszeiten mit der Spinechobildgebung zeiteffizient zu messen, bietet es sich an, während der Totzeit nach Auslese einer k-Raumzeile einer Schicht eine weitere Schicht anzuregen und eine weitere k-Raumzeile auszulesen. Abhängig von der Anzahl der aufzunehmenden Schichten und der Wartezeit innerhalb des TR-Intervalls lassen sich mit dieser verschachtelten Aufnahme (*Interleaved Acquisition*) mehrere Schichten in derselben Zeit messen. Um die Beeinflussung von Nachbarschichten durch Imperfektionen der Schichtprofile zu reduzieren, wird zunächst

jede zweite Schicht gemessen und danach mit den ausgelassenen Schichten weiter verfahren.

Anstatt mehrere Schichten aufzunehmen, ist es ebenfalls möglich, nach der Datenauslese einen weiteren Refokussierungspuls einzustrahlen und ein weiteres Spinecho mit einer längeren Echozeit $TE_2 > TE_1$ aufzunehmen und mit diesen Daten eine weitere k-Raumdatenmatrix zu füllen. Im klinischen Betrieb werden meist nur zwei Bilder, eines mit PD- und eines mit T_2-Wichtung, aufgenommen, da beide Kontraste diagnostische Relevanz haben. In einer CPMG-Mehrkontrast-Messung (CPMG: Carr-Prucell-Meiboom-Gill, [33, 41]) (*Multi-Contrast Measurement*) kann durch mehrfache Hintereinanderschaltung von Refokussierungspulsen und Datenauslesen der T_2-Signalzerfall aufgenommen und Bilder zu unterschiedlichen Echozeiten rekonstruiert werden. Die schnelle Folge der Spinechos reduziert dabei störende Einflüsse durch Diffusion, wodurch mit einem solchen Datensatz die T_2-Relaxationszeit pixelweise quantifiziert werden kann. Das Multi-Echo-Phasenkodierschema ist in Abb. 9.15 gezeigt. Der Einfluss stimulierter Echos kann reduziert werden, indem das Moment der Crushergradienten für jeden 180°-Puls variiert wird [37, 46] (nicht gezeigt).

Mehrzeilenauslese

Eine Beschleunigung erfährt die Spinecho-Bildgebung, wenn nach dem initialen Anregungspuls ein ganzer Zug unterschiedlich phasenkodierter k-Raumzeilen aufgenommen wird. Die Zahl der nach der Anregung aufgenommenen Linien wird als Auslesezuglänge ETL (*Echo Train Length*) bezeichnet. Gegenüber der Einzeilenauslese reduziert sich die Auslesezeit für eine Schicht auf

$$T_{\text{ACQ}} = TR \times N_{\text{Phasen}}/\text{ETL}. \qquad (9.56)$$

Die Messtechnik wird Rapid Acquisition with Relaxation Enhancement (RARE, [38]), Turbo Spin-Echo (TSE) oder Fast Spin-Echo (FSE) genannt und ist für zwei unterschiedliche effektive Echozeiten im TSE-Teil von Abb. 9.15 dargestellt.

Kontrastverhalten

Kontrastverhalten Die Phasenkodierung der refokussierten Magnetisierung erfolgt direkt vor der Auslese und wird sofort nach der Aufnahme durch einen Gradientenpuls mit negativem Moment zurückgesetzt (vgl. TSE-Phasenkodierungsschema in Abb. 9.15). Dadurch lässt sich festlegen, wann die k-Raummitte, welche die kontrastgebenden Strukturen des Bildes kodiert, abgetastet wird und damit den Bildeindruck bestimmt. Wird sie zu einem frühen Zeitpunkt aufgenommen, entsteht ein PD-gewichtetes Bild, zu einem späten Zeitpunkt ergibt sich ein T_2-gewichtetes Bild. Diese effektive Echozeit ist durch den Zeitabstand der Aufnahme der k-Raummitte und der Mitte des vorangegangenen Anregungspulses bestimmt und kann durch Umsortierung der Phasenkodierschritte festgelegt werden. Der Bildeindruck entspricht für die meisten Gewebe dem der Einzeilenauslese. Einen typischen Unterschied stellt jedoch das erhöhte Fettsignal dar.

Artefaktreduktion

Artefaktreduktion Da die angeregte Transversalmagnetisierung während der gesamten Auslese mit T_2 abnimmt, ist streng betrachtet jede aufgenommene k-Raumzeile leicht unterschiedlich gewichtet – im Gegensatz zur Einzeilenauslese, bei der jede k-Raumzeile im selben Maß von der Relaxation betroffen ist. Diese zusätzliche Modulation des k-Raums wirkt sich als Filter auf den Bildraum aus. Aufnahmen mit kurzen Echozeiten werden in Phasenkodierrichtung weichgezeichnet, da die zentralen k-Raumbereiche weniger durch den T_2-Effekt moduliert werden als die höheren Ortsfrequenzen. Umgekehrt erfahren Bilder mit langen Echozeiten eine Kantenanhebung. Um diese Filterung zu reduzieren, kann die Auslesezuglänge ETL reduziert werden. Typische Werte liegen im Bereich ETL $\approx 3, \ldots, 13$.

Die Auslesezuglänge spielt durch die große Zahl an eingestrahlten 180°-Pulsen auch die entscheidende Rolle bei der Energiedeposition im untersuchten Gewebe. Um *SAR*-Beschränkungen einzuhalten, ist es möglich, die Länge des Auslesezuges oder den Flipwinkel der Refokussierungspulse zu reduzieren, wobei Refokussierungspulse mit 120°–160° üblich sind. Eine weitere Methode besteht darin, die Flipwinkel der Refokussierungspulse während des Auslesezuges dynamisch anzupassen.

Es existieren geeignete Schemata, welche gleichzeitig deutliche *SAR*-Reduktionen mit geringer Kontraständerung erzielen können (sog. Hyperechos, [39]).

Varianten der Mehrzeilenauslese Die Half-Acquisition-Single-Shot-Turbo-Spin-Echo-Technik (HASTE-Technik, [44]) ist ein Spezialfall der Turbo-Spin-Echo-Sequenz und wird als besonders schnelle Bildgebungsmethode eingesetzt, wenn Bewegungsartefakte herkömmliche Aufnahmen unbrauchbar machen würden. Bei kooperativen Patienten wird sie unter Atemanhalte zur Darstellung des Abdomens und der Lunge eingesetzt und kommt bei eingeschränkt kooperativen Patienten, beispielsweise in der pränatalen und pädiatrischen Diagnostik, zum Einsatz. Nach der Schichtanregung wird hierbei etwas mehr als 50 % des k-Raums aufgenommen. Die Auflösung des Bildes und das FOV bleiben im Vergleich zur vollständigen Abtastung erhalten. Der fehlende Teil der Daten wird durch die Hermite'sche Symmetrie des k-Raums aus dem gemessenen Teil berechnet (Partial-Fourier-Technik) und das Bild anschließend rekonstruiert. Die vollständige Bildaufnahme ist mit einer Anregung (*Single-Shot*) in ungefähr einer Sekunde pro Schicht möglich. Artefakte wie Unschärfe (wegen des T_2-Zerfalls) oder geringes SNR werden durch den diagnostischen Vorteil aufgewogen, überhaupt MR-Aufnahmen der Untersuchungsregion erstellen zu können.

9.4.2.2 Gradientenechotechniken

Bei der Bildgebung mit Gradientenechotechniken (*Gradient Recalled Echo*, GRE) werden Flipwinkel $\alpha \leq 90°$ zur Anregung der Magnetisierung verwendet. In GRE-Sequenzen wird die Magnetisierung in der betrachteten Region nicht gesättigt, wodurch keine Totzeit für ihren Wiederaufbau nötig ist. Im Vergleich zu Spinechotechniken können somit deutlich kürzere Aufnahmezeiten realisiert werden. GRE-Sequenzen bieten in einem breiten Flipwinkelbereich auch bei sehr kurzen Repetitionszeiten hohe Signalstärken.

Trotz ihres sehr ähnlichen Sequenzablaufs können GRE-Sequenzen nach ihrer Wirkung auf die Transversalmagnetisierung in inkohärente (SSI: Steady State Incoherent) und kohärente (SSC: Steady State Coherent) Varianten aufgeteilt werden. Erstere erzwingen eine verschwindende Transversalmagnetisierung vor jedem Anregungspuls. Letztere nutzen die Transversalmagnetisierung, um in longitudinaler und transversaler Richtung ein dynamisches Gleichgewicht zu erzeugen. Abb. 9.16a zeigt ein generisches Sequenzdiagramm. Die Bedeutung der einzelnen Elemente ist im Folgenden dargelegt.

Steady State Incoherent

Einen Durchbruch in der MR-Bildgebung stellte 1986 die unter der Bezeichnung Fast Low Angle Shot (FLASH, [35]) vorgestellte SSI-Gradientenechobildgebung dar. Bei dieser handelt es sich um eine Einzeilenauslese, jedoch ist das SSI-Konzept auch für Mehrzeilenauslesen gültig. So können nach einem Anregungspuls mehrere Linien eines k-Raumes oder die gleiche Zeile mehrfach zu unterschiedlichen Echozeiten aufgenommen werden. Wie der Sequenzname andeutet, werden kleine

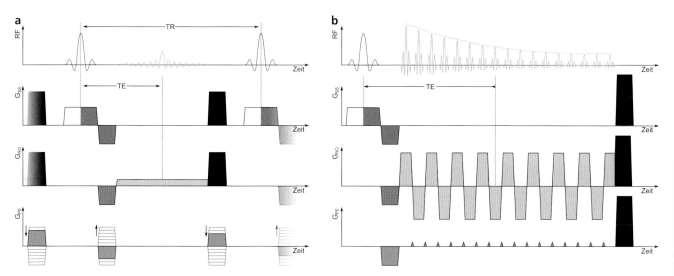

Abb. 9.16 a Generisches Sequenzdiagramm von GRE-Sequenzen mit Einzeilenauslese. SSI-Sequenz (FLASH): Die HF-Pulsphase variiert. SSC-Sequenz (Steady State Free Precession FID, SSFP-FID): Die HF-Pulsphase ist konstant. Bei einer SSFP-Echo-Sequenz wird das Schema rückwärts durchlaufen. Wird der Spoilergradient nach der Frequenzkodierung (*gelb*) durch den Vorphasiergradienten (*orange*) und der Spoilergradient in Schichtselektionsrichtung durch den Rephasiergradienten (*grau*) ersetzt sowie die HF-Pulsphase alternierend zwischen 0° und 180° geschaltet, so ergibt sich die (fully-balanced, fb) fbSSFP-Sequenz. Das Schema wird nach der Repetitionszeit *TR* für die nächste *k*-Raumzeile mit verändertem Phasenkodiergradienten (*blau*) wiederholt. **b** Sequenzdiagramm der EPI-Bildgebung. Die Frequenzkodierung (*gelb*) wechselt für jede *k*-Raumzeile die Ausleserichtung. Zwischen der Auslese unterschiedlicher *k*-Raumzeilen wird ein kurzer Gradientenblip (*blaue Dreiecke*) zur Phasenkodierung geschaltet. Die Aufnahme ist nach der Zeit *TR* beendet

Flipwinkel im Bereich von $\alpha \approx 7°$–$40°$ zur Bildgebung verwendet. Eine Besonderheit der FLASH-Sequenz unter den GRE-Methoden stellt der erzielbare T_1-Kontrast der Aufnahmen dar.

Experimentell wird die FLASH-Bildgebung entsprechend dem generellen Sequenzschema aus Abb. 9.16a umgesetzt. Nach der schichtselektiven Anregung mit einem Flipwinkel $\alpha \ll 90°$ folgt direkt die räumliche Kodierung durch Phasen- und Frequenzkodiergradienten (blau und gelb in Abb. 9.16a). Die Phase des HF-Pulses wird für jede Anregung auf einen anderen Wert gesetzt. Die schwarz eingezeichneten Spoilergradienten dephasieren die Transversalmagnetisierung innerhalb eines Voxels so stark, dass vor dem nächsten Anregungspuls in (Vektor-)Summe keine Transversalmagnetisierung mehr vorliegt. Das Zusammenspiel von Dephasierung und HF-Pulsphasenvariation führt dazu, dass die dephasierte Magnetisierung auch über mehrere *TR*-Intervalle hinweg nicht refokussiert wird. Die Anregung derselben Schicht folgt nach der Zeit *TR*, welche im Bereich weniger Millisekunden liegt. Auch für die FLASH-Bildgebung gilt für die Gesamtaufnahmezeit

$$T_{\mathrm{ACQ}} = TR \times N_{\mathrm{Phasen}},\qquad(9.57)$$

jedoch ist es durch das kurze *TR* möglich, ein Bild binnen weniger Sekunden vollständig aufzunehmen.

Kontrastverhalten Das Signalverhalten der FLASH-Bildgebung ist durch ein dynamisches Gleichgewicht der Longitudinalmagnetisierung und eine verschwindende Transversalmagnetisierung $M_{xy} = 0$ vor jedem Anregungspuls geprägt. Über diese Bedingungen lässt sich die Signalgleichung (auch FLASH-Gleichung genannt) herleiten.

Unter der Annahme, dass schon $n - 1$ Pulse auf die Magnetisierung eingewirkt haben und das dynamische Gleichgewicht erreicht ist, wird durch den n-ten HF-Puls die zur Verfügung stehende Magnetisierung $M_z^{n,-}$ um den Flipwinkel α ausgelenkt, wodurch sich die neue Longitudinalmagnetisierung

$$M_z^{n,+} = M_z^{n,-} \cos\alpha\qquad(9.58)$$

ergibt. Die hochgestellten Vorzeichen $-$ und $+$ symbolisieren hierbei „unmittelbar vor" und „unmittelbar nach" dem HF-Puls. Während des *TR*-Intervalls relaxiert die Longitudinalmagnetisierung gemäß den Bloch-Gleichungen zu

$$M_z^{(n+1),-} = M_z^{n,+} e^{-TR/T_1} + M_0(1 - e^{-TR/T_1}).\qquad(9.59)$$

Im dynamischen Gleichgewicht ist die Longitudinalmagnetisierung vor jedem HF-Puls konstant, was mit $M_z^{(n+1),-} = M_z^{(n),-}$ auf den Ausdruck

$$M_z^{SS} = M_0(1 - e^{-TR/T_1})/(1 - \cos(\alpha)e^{-TR/T_1})\qquad(9.60)$$

für die Longitudinalmagnetisierung führt. Das Signal dieser Magnetisierung ist dann der um den Winkel α ausgelenkte Teil von M_z^{SS}. Es zerfällt während der Zeit *TE* zwischen Anregung und Aufnahme des k-Raumzentrums der Phasenkodierlinie mit T_2^*:

$$S = M_z^{SS} \sin(\alpha)e^{-TE/T_2^*}\qquad(9.61)$$

Da kein Refokussierungspuls eingestrahlt wird, führen Feldinhomogenitäten ΔB nach Gl. 9.49 zu einer zusätzlichen Signalreduktion. Diese wird durch die effektive Relaxationszeit T_2^* anstelle von T_2 berücksichtigt.

In der Praxis wird häufig versucht, die Bildgebung für ein Gewebe (d. h. eine T_1-Zeit) so zu optimieren, dass dieses das

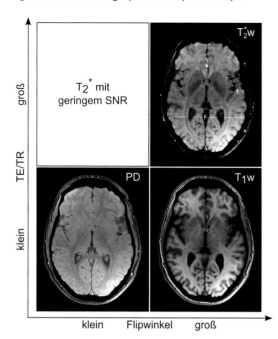

Abb. 9.17 Kontrastbeispiele einer 3D-FLASH-Sequenz (Auflösung: 0,9 mm × 0,9 mm × 3,0 mm) bei $B_0 = 1,5$ T. Die Parameter *TE*/*TR*/Flipwinkel der einzelnen Wichtungen sind 6 ms/13 ms/5° für die PD-, 6 ms/13 ms/15° für die T_1- und 29 ms/43 ms/20° für die T_2^*-Wichtung

maximale Signal pro Messzeit liefert. Der hierfür benötigte Anregungswinkel

$$\alpha_{\text{Ernst}} = \arccos e^{-TR/T_1} \qquad (9.62)$$

wird auch Ernst-Winkel genannt und lässt sich aus der FLASH-Gleichung ableiten.

Die FLASH-Gleichung zeigt, dass der Bildkontrast durch die Parameter *TR*, *TE* und α manipuliert werden kann und verhält sich weitgehend analog zu der Bildwichtung in Spinecho-Sequenzen:

- Langes *TR*, kurzes *TE*, kleiner Flipwinkel α: Es gilt $\cos\alpha \approx 1$, womit sich die von *TR* und T_1 abhängigen Terme aus Gl. 9.60 annähernd kürzen und ein PD-gewichtetes Bild entsteht.
- Langes *TR*, langes *TE*, kleiner Flipwinkel α: Für die Ausdrücke mit *TR*- und T_1-Abhängigkeit gilt obiges, jedoch wird der Faktor e^{-TE/T_2^*} aus Gl. 9.61 dominant, wenn *TE* nicht mehr minimal gewählt wird. Somit entsteht ein T_2^*-gewichtetes Bild. Zur T_2^*-Quantifizierung können nach dem Anregungspuls mehrere Echos zu unterschiedlichen Zeiten aufgenommen werden.
- Kurzes *TR*, kurzes *TE*, großer Flipwinkel α: Durch $TE \ll T_2^*$ entfällt der T_2^*-abhängige Wichtungsfaktor wie im Fall der PD-Wichtung. Die Näherung $\cos a \approx 1$ gilt nicht mehr, wodurch sich die T_1 enthaltenden Ausdrücke aus Gl. 9.60 nicht mehr kürzen. Mit steigendem Flipwinkel α steigt die T_1-Wichtung des Bildes.

In Abb. 9.17 sind unterschiedliche Kontrastbeispiele der Sequenz dargestellt.

Artefaktreduktion und technische Aspekte In der ursprünglichen Version der FLASH-Sequenz wurde die Transversalmagnetisierung ausschließlich durch Gradientenpulse dephasiert. Zusätzlich zu den in Abb. 9.16a schwarz dargestellten Spoilergradienten wurde nach der Signalauslese das in Phasenkodierrichtung aufgeprägte Moment nicht zurückgesetzt, was einem variablen Spoilergradienten entspricht. Durch die Verwendung linearer Gradientenfelder variiert die der Magnetisierung aufgeprägte Phase über das darzustellende Objekt hinweg. Dies führt dazu, dass die Voraussetzung einer verschwindenden Transversalmagnetisierung an unterschiedlichen Orten unterschiedlich gut erfüllt ist. Des Weiteren kann sich trotz der Dephasierung der Magnetisierung durch konstante wie auch variable Spoilergradienten über mehrere *TR*-Inervalle ein transversales dynamisches Gleichgewicht ausbilden [51]. Beide Effekte können zu Bildartefakten und Abweichungen vom FLASH-Verhalten führen.

Um ein Verschwinden der Transversalmagnetisierung über einen weiten Bereich von T_1-T_2-Zeitkombinationen sicherzustellen, wurde die ursprüngliche FLASH-Sequenz erweitert: Es werden hohe, in jedem *TR*-Intervall konstante Spoilermomente verwendet. Zusätzlich steigt die Phase des HF-Pulses quadratisch mit jedem HF-Puls an. Als Inkrement dieses Anstiegs sind 117° und 123° besonders geeignet [51], da es von ihnen keine kleinen ganzzahligen Vielfachen gibt, welche gleichzeitig ganzzahlige Vielfache von 360° sind, und somit eine phasenkohärente Signaladdition über mehrere *TR*-Intervalle hinweg unterdrückt wird. Dieses Verfahren wird HF-Spoiling genannt. Da der HF-Puls in den gesamten Untersuchungsbereich eingestrahlt wird, variiert die Wirkung nicht ortsabhängig wie die der reinen Gradientenspoiler der ursprünglichen FLASH-Sequenz, was zu homogenen FLASH-Bildern führt.

Steady State Coherent

Die Bildgebung mit Steady-State-Coherent-Techniken wurde 1986 von Oppelt [43] vorgeschlagen. Mittlerweile existieren unterschiedliche Bildgebungssequenzen, die das grundlegende Prinzip umsetzen und unterschiedliche Kontraste erzeugen können. Ihnen gemein ist, dass die Transversalmagnetisierung am Ende des *TR*-Intervalls einen nichtverschwindenden Wert im dynamischen Gleichgewicht erreicht. Sequenzen, die diese Bedingung erfüllen, werden auch Steady-State-Free-Precession-Sequenzen (SSFP) genannt. Im Vergleich zu SSI-Sequenzen weisen die erzeugten Aufnahmen durch die Mitverwendung der Transversalmagnetisierung eine höhere Signalstärke auf, jedoch einen geringeren Gewebekontrast.

In Steady-State-Coherent-Sequenzen wird wie in SSI-Sequenzen die Transversalmagnetisierung vor der nächsten Datenaufnahme dephasiert. Die lokal akkumulierte Phase innerhalb eines *TR*-Intervalls setzt sich aus zwei Beiträgen zusammen:

$$\varphi(\vec{r}) = \gamma(\Delta B_0(\vec{r})TR + \vec{r}\int_0^{TR}\vec{G}(\vec{r}, t)dt). \qquad (9.63)$$

Der erste Anteil ist durch lokale Feldinhomogenitäten bestimmt, der zweite durch die Gradientenschaltung. Überwiegt der durch das Gradientenfeld hervorgerufene Teil, so haben ortsabhängige Feldinhomogenitäten $\Delta B_0(\vec{r})$ einen vernachlässigbaren Einfluss auf die Phase. Da im Gegensatz zu SSI-Sequenzen aber kein HF-Spoiling verwendet wird, führen die folgenden TR-Zyklen zu einer Teilrefokussierung der Transversalmagnetisierung, wodurch diese zum Signal beiträgt. Es entsteht ein dynamisches Gleichgewicht in longitudinaler und transversaler Richtung. Die hierbei verwendeten Flipwinkel liegen im Bereich von 20°–70° mit konstanter oder zwischen 0° und 180° alternierender Phase.

Kontrastverhalten und Sequenzvarianten Um die Signalbeiträge voneinander zu unterscheiden, wird der Beitrag der neu erzeugten Magnetisierung als FID-artig (SSFP-FID) und die Beiträge der teilrefokussierten Komponenten als echoartig (SSFP-Echo) bezeichnet.

Die Gradientenschaltung bestimmt bei SSC-Sequenzen maßgeblich den Bildkontrast, da sie festlegt, ob das FID-artige oder echoartige Signal zur Darstellung kommt. Die komplexen Signalzusammenhänge werden im Folgenden nur exemplarisch für typische Fälle genannt:

- SSFP-FID (Sequenzschema aus Abb. 9.16a wird von links nach rechts durchlaufen)
  - Kurzes TR, kurzes TE, kleiner Flipwinkel α: Es entsteht ein hauptsächlich PD-gewichtetes Bild.
  - Langes $TR \gg T_2$: Die Transversalkomponente zerfällt weitgehend vor dem folgenden Anregungspuls. Lange Wartezeiten entsprechen einem effektiven, aber wenig effizienten Spoilingverfahren. Es ergibt sich ein FLASH-Verhalten mit langer TR-Zeit.
  - Langes TR, langes TE, kleiner Flipwinkel α: Es entstehen analog zum obigen Punkt T_2^*-gewichtete Aufnahmen.
  - Kurzes TR, kurzes TE, großer Flipwinkel α: Es entsteht eine für diese Sequenzart typische T_2/T_1-Mischwichtung mit geringem Gewebekontrast, aber hohem Signal in freien Flüssigkeiten und Fettgewebe.
- SSFP-Echo (Sequenzschema aus Abb. 9.16a wird von rechts nach links, also rückwärts, durchlaufen)
  - Kurzes TR, kurzes TE, großer Flipwinkel α: Das Kontrastverhalten ist ähnlich dem der SSFP-FID mit vergleichbaren Einstellungen, jedoch mit zusätzlicher, dominanter T_2-Wichtung.

Ein Sonderfall ergibt sich, wenn keine Spoilergradienten verwendet werden, sondern alle Gradientenmomente in einem TR-Interval exakt null sind. In diesem Fall tragen die Gradientenfelder nach Gl. 9.60 nicht zur Gesamtphase bei. In diesem voll balancierten Fall (fully-balanced SSFP, fbSSFP) fallen das FID- und Echo-ähnliche Signal sowie alle stimulierten Echos zeitlich mit gleicher Phase zusammen, wodurch mit einem hohen Flipwinkel ein sehr signalstarkes Bild entsteht. Der Flipwinkel α liegt bei dieser Bildgebungstechnik typischerweise zwischen 40° und 70°. Das Bild ist bei kleinen Flipwinkeln vorwiegend PD-gewichtet und weist bei hohen Flipwinkeln die stärkste T_2/T_1-Wichtung unter den SSFP-Sequenzen auf.

Artefaktreduktion und technische Aspekte Die SSFP-FID- und SSFP-Echo-Sequenzen sind durch die Gradienten-spoiler anfällig für Bewegungs-, Diffusions- und Flussartefakte, da diese Prozesse die Phase der transversalen Magnetisierung stochastisch stören. Kurze Repetitionszeiten TR und Echozeiten TE können helfen, diese Artefakte zu verringern.

Durch das Zurücksetzen der Phasen entlang aller Achsen innerhalb eines TR-Intervalls ist die fbSSFP-Sequenz besonders anfällig für Feldinhomogenitäten ΔB_0, wie aus Gl. 9.63 hervorgeht. Durch Inhomogenitäten ΔB_0 entstehen ortsabhängige Offresonanzen, welche zu einer destruktiven Wirkung der HF-Anregung führen und sich im Bild als scharf begrenzte, bandartige Signalauslöschungen manifestieren. Diese sogenannten *Banding Artifacts* sind für die fbSSFP-Sequenz charakteristisch und können durch Homogenisieren des Grundmagnetfeldes (Shimmen) und Wahl einer minimalen Repetitionszeit TR gemindert, aber nicht vollständig beseitigt werden.

Möglichkeiten der Gradientenecho-Techniken

Echoplanare Bildgebung Zur Beschleunigung der Datenaufnahme können auch mit Gradientenechosequenzen nach der Anregung mehrere unterschiedlich phasenkodierte k-Raumzeilen aufgenommen werden. Dazu wird nach dem Frequenzkodiergradienten ein kurzer Gradientenpuls in Phasenkodierrichtung (engl. *Blip*) ausgespielt und danach eine weitere frequenzkodierte Zeile aufgenommen. Um zeiteffizient zu messen, wird der k-Raum zur Messung dieser Zeile in umgekehrter Richtung durchlaufen. Folgt die vollständige k-Raumabtastung einem einzigen Anregungspuls, so wird von echoplanarer Bildgebung (*Echo-Planar Imaging*, EPI) gesprochen, deren Sequenzschema in Abb. 9.16b dargestellt ist. Die EPI-Sequenz ermöglicht es, vollständige MR-Aufnahmen in weniger als 100 ms zu erstellen. Die EPI-Technik wurde 1977 von Mansfield [40] vorgeschlagen, fand aber erst ca. 20 Jahre später Einzug in die klinische Diagnostik, da sie hohe Anforderungen an die Gradientensysteme stellt. EPI-Aufnahmen sind stark T_2^*-gewichtet, da sich die Echozeit von der Mitte des Anregungspulses bis zur Mitte der Auslese des k-Raumzentrums erstreckt. Typische Echozeiten liegen bei 20–60 ms und damit um einen Faktor 10 über denen von Einzeilenauslesen. Durch die hohe Auslesegeschwindigkeit eignet sich die EPI-Sequenz zur Abbildung komplexer statischer Strukturen wie Nervenfasern der weißen Hirnsubstanz mittels Diffusions-Tensorbildgebung als auch zur Darstellung dynamischer Prozesse wie der Blutperfusion des Gewebes oder neurofunktionell aktiver Hirnareale über den *Blood-Oxygenation-Level-Dependent* Effekt (BOLD-Effekt) [42].

Die EPI-Bildgebung ist anfälliger für Artefakte als Einzeilenauslesen. Ein spezifisches Problem der echoplanaren Bildgebung ist der Nyquist- oder $N/2$-Geist: Die MR-Aufnahme ist mit einer um ein halbes FOV verschobenen, intensitäts- und phasenmodulierten Kopie ihrer selbst überlagert. Dieses Artefakt entsteht, da sich Systeminstabilitäten wie Wirbelströme bei der Änderung der Gradientenfeldpolarität nicht identisch verhalten. Somit ist jede zweite k-Raumzeile sowohl in der Position des Echomaximums als auch der Signalphase moduliert. Um dieses Artefakt zu korrigieren, wird die mittlere k-Raumzeile mehrfach mit beiden Gradientenpolaritäten gemessen und über das scharf ausgeprägte Maximum des Echos die Positions-

und Phasenänderungen bestimmt. Die ermittelten Werte werden dann als Korrektur auf die Daten der EPI-Bildgebung angewendet, wodurch ein artefaktfreies Bild entsteht.

Ein weiteres Artefakt in der EPI-Bildgebung entsteht durch lokale Frequenzunterschiede im untersuchten Objekt, beispielsweise durch die chemische Verschiebung zwischen Wasser- und Fettprotonen. Wie in Einzeilenauslesen ist das Fettsignal gegenüber dem Wassersignal in Frequenzkodierrichtung verschoben, was jedoch wegen der sehr hohen Auslesebandbreite vernachlässigbar für die Bildqualität ist. In Phasenkodierrichtung ist die Auslesebandbreite um circa einen Faktor 100 geringer, wodurch in dieser Richtung das Fettsignal um den gleichen Faktor stärker verschoben ist. Damit ist die Verschiebung in der Größenordnung des Gesichtsfeldes (*Field of View*, FOV). Dieses Artefakt kann durch einen der Bildgebung vorgeschalteten Fettsättigungspuls oder frequenzselektive Anregungstechniken beseitigt werden.

3D-Aufnahmetechniken Durch ihre hohe Ausleseeffizienz ermöglichen GRE-Techniken die Aufnahme dreidimensionaler Datensätze, anstatt aufeinanderfolgender zweidimensionaler Schichten. In solchen Messungen wird eine dicke Schicht im Untersuchungsgebiet oder das gesamte Volumen angeregt. Die Ortskodierung innerhalb des angeregten Bereichs geschieht anschließend über eine zusätzliche zweite Phasenkodierung, die auch als Partitionskodierung bezeichnet wird. Somit entsteht ein dreidimensionaler k-Raum, aus welchem über eine dreidimensionale Fouriertransformation die Bilddaten rekonstruiert werden.

Die Schichtdicke ist in 3D-Messungen nicht mehr durch die maximal mögliche Frequenzaufspreizung in Schichtselektionsrichtung limitiert. Dadurch ist es möglich, sehr dünne Schichten und damit Bilder mit isotroper Auflösung in allen drei Richtungen aufzunehmen. In der klinischen Praxis erlauben isotrop aufgelöste Bilder die Reformatierung des Datensatzes in die drei radiologischen Körperebenen, wodurch die diagnostisch relevante Bildorientierung im Nachhinein gewählt werden kann. In 3D-Datensätzen treten keine Lücken oder Kontrastvariationen zwischen den Bildebenen auf, wie sie in 2D-Sequenzen vorhanden sein können.

Die Gesamtmesszeit einer 3D-GRE-Sequenz mit N_{Part} Partitionen ist

$$T_{\mathrm{ACQ}} = TR \times N_{\mathrm{Phasen}} \times N_{\mathrm{Part}}. \qquad (9.64)$$

Im 3D-Fall trägt das gesamte angeregte Volumen zum Signal jeder einzelnen k-Raumzeile bei. Dies erhöht das SNR von 3D-Aufnahmen bei ansonsten identischen Aufnahmeparametern um den Faktor $\sqrt{N_{\mathrm{Part}}}$ gegenüber dem der 2D-Messung. Dieser vermeintliche Vorteil wird relativiert, wenn Kontrastunterschiede zwischen der 2D- und 3D-Technik beachtet werden: 2D-Sequenzen können verschachtelt aufgenommen werden, wodurch sich die Repetitionszeit TR erhöht und in SSI-Sequenzen auch der optimale Flipwinkel für eine spezifische T_1-Zeit steigt. Diese Anpassung führt dazu, dass 2D-Sequenzen an SNR zurückgewinnen und die 3D-Variante nur bei kurzen T_1-Zeiten oder sehr hohen Schichtzahlen einen SNR-Vorteil

bietet. Damit eignen sich 3D-Messungen beispielsweise für hochaufgelöste anatomische Aufnahmen, kontrastmittelbasierte Untersuchungsmethoden mit hohem T_1-Kontrast sowie für die Aufnahme von Signalen anderer Kerne (zusammenfassend X-Kerne genannt), welche im Vergleich zu Protonen häufig deutlich kürzere T_1-Zeiten aufweisen.

9.4.2.3 Magnetisierungspräparation und Kontraste

Durch die Abhängigkeit der einzelnen Signalgleichungen der MR-Bildgebungssequenzen von Mess- und Gewebeparametern ergeben sich intrinsische Kontrasteigenschaften der jeweiligen Bildgebungssequenz. Jede MR-Aufnahme stellt immer einen Mischkontrast dar, zu dem die Gewebeparameter in unterschiedlicher Stärke beitragen. Die Messparameter können so gewählt werden, dass ein bestimmter Gewebeparameter den Bildeindruck maßgeblich bestimmt und somit eine Wichtung des Bildkontrasts erzielt wird. Der intrinsische Kontrastumfang einer Bildgebungssequenz ist jedoch begrenzt. Um eine stärkere Wichtung zu erzielen oder den benötigten Kontrast in der Sequenz überhaupt erst zu ermöglichen, können der Bildgebungssequenz sogenannte Magnetisierungspräparationen (MP) vorweggeschaltet werden. Exemplarisch werden im Folgenden zwei häufig verwendete Magnetisierungspräparationen vorgestellt.

Inversion-Recovery

Die Inversion-Recovery-Magnetisierungspräparation (IR-MP) ist in der klinischen Bildgebung von besonderem Interesse, da mit ihr unterschiedliche diagnostisch relevante Informationen zugänglich werden. Sie besteht aus einem 180°-HF-Puls, der die Magnetisierung invertiert, einer Wartezeit (Inversionszeit TI, seltener: τ) und der Auslese mit einer beliebigen Bildgebungssequenz. Gemäß den Bloch-Gleichungen relaxiert die Magnetisierung während der Inversionszeit mit T_1 dem thermischen Gleichgewicht von $-M_0$ nach M_0 entgegen. Für zwei unterschiedliche Gewebe A und B mit T_1^A und T_1^B und gleicher Protonendichte ergibt sich der maximale Kontrast bei

$$TI = \ln\left(\frac{T_1^A}{T_1^B}\right) \frac{T_1^A T_1^B}{(T_1^A - T_1^B)}. \qquad (9.65)$$

Verwendung

Erstellung stark T_1-gewichteter Bilder Um Zeit zu sparen, wird oftmals mehr als eine Linie des k-Raums ausgelesen. Dies ist beispielsweise bei der Magnetization-Prepared-Rapid-Acquisition-Gradient-Echo-Sequenz (MPRAGE-Sequenz) der Fall. Hierbei handelt es sich um eine 3D-FLASH-Sequenz mit dem Ziel, den präparierten Zustand der Magnetisierung darzustellen. Darum soll die Auslese selbst keine T_1-Wichtung erzeugen und die Messparameter entsprechen denen einer PD-gewichteten Messung mit kleinem Flipwinkel und minimalem TE. Die Sequenz nimmt pro MP-Schritt eine vollständige k-Raumpartition auf. Es bietet sich deshalb an, nach der Inversionszeit TI die Auslese in der Mitte des k-Raums zu beginnen und symmetrisch nach außen zu messen (*Centric-Out Ordering*). Dadurch wird der präparierte Zustand möglichst gut im

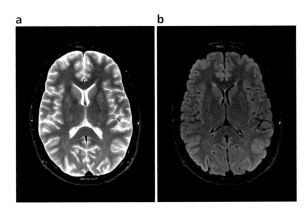

Abb. 9.18 TSE-Aufnahmen (Auflösung: 0,7 mm × 0,7 mm × 4,0 mm, *TE/TR*: 103 ms/8000 ms) bei $B_0 = 1,5$ T eines Gehirns mit identischen Messparametern ohne (**a**) und mit (**b**) Flüssigkeitsunterdrückung (FLAIR-Präparation). Der Gewebekontrast bleibt erhalten, das Flüssigkeitssignal wird hingegen vollständig unterdrückt. Strukturen in den Liquorräumen werden sichtbar

kontrastdefinierenden Teil des k-Raums wiedergegeben. Durch die Auslesepulse wird der präparierte Zustand der Magnetisierung dem dynamischen Gleichgewicht entgegengetrieben. Für höhere k-Raumfrequenzen ist dies unproblematisch, da sie keine Kontrast-, sondern Schärfeinformationen zum Bild beitragen.

Flüssigkeits- und Fettunterdrückung in TSE-Sequenzen
Eine spezielle IR-Anwendung ist die Unterdrückung von Gewebe mit extrem langen oder kurzen T_1-Zeiten. Ersteres wird beispielsweise bei Hirnuntersuchungen angewendet, um die in T_2-gewichteten Aufnahmen signalreiche Cerebrospinalflüssigkeit (CSF) zu unterdrücken, welche im Vergleich zum Hirngewebe eine circa vierfach längere T_1-Relaxationszeit aufweist. Die TI-Zeit ist so gewählt, dass die relaxierende Magnetisierung des CSF zu Beginn der Auslese ihren Nulldurchgang aufweist. Das übrige Hirngewebe ist durch die kürzeren T_1-Zeiten weitgehend relaxiert und liefert zu diesem Zeitpunkt annähernd das maximale Signal. Diese Flüssigkeitsunterdrückung (FLAIR: Fluid Attenuated Inversion Recovery) ermöglicht die Unterscheidung hyperintenser Läsionen wie Ödeme in Tumorarealen oder Multiple-Sklerose-Areale von CSF in T_2-gewichteten TSE-Bildern. Beispielhaft ist in Abb. 9.18 eine TSE-Aufnahme des Hirns mit und ohne FLAIR-Präparation dargestellt.

Gewebe mit extrem kurzem T_1 können auf ähnliche Weise unterdrückt werden. Zum Zeitpunkt des Nulldurchgangs der Magnetisierung sind Gewebe mit längeren T_1-Zeiten erst wenig relaxiert und tragen somit zum Zeitpunkt der Signalauslese mit hohem (negativen) Signal bei. Häufig wird diese Technik unter dem Akronym STIR (Short Tau Inversion Recovery) zur Fettunterdrückung angewendet. Sie wird eingesetzt, wenn andere, auf der chemischen Verschiebung beruhende Fett-Wasser-Trennungstechniken wegen zu hoher B_0-Inhomogenitäten unzureichende Ergebnisse liefern. Dies ist beispielsweise bei der Untersuchung des in Fett eingebetteten Sehnervs oder bei Knochenmarksödemen der Fall.

Fettsättigung

Fettsignale im Bild sind oft unerwünscht, da sie mit ihrer hohen Signalintensität Läsionen überstrahlen oder durch ihre chemische Verschiebung Bildartefakte hervorrufen können. Um MR-Aufnahmen ohne Beiträge von fetthaltigem Gewebe zu erstellen, kann der Bildgebungssequenz ein Fettsättigungsmodul vorangestellt werden. Dieses besteht aus einem frequenzselektiven HF-Puls, dessen Mittenfrequenz mit der des Fettes übereinstimmt. Dem HF-Puls folgt ein Spoilergradient, welcher die Transversalmagnetisierung des Fettes so weit dephasiert, dass es in der darauf folgenden Bildgebung keinen Signalbeitrag mehr liefert. Der Flipwinkel ist mit $\geq 90°$ so gewählt, dass zum Zeitpunkt des Anregungspulses die Longitudinalmagnetisierung des Fettgewebes ihren Nulldurchgang durchläuft und dadurch keine neue Transversalmagnetisierung erzeugt werden kann. Die Bandbreite dieses Pulses ist so weit beschränkt, dass der HF-Puls das circa 3,4 ppm weit entfernte Wassersignal weitgehend unverändert lässt. Der Fettsättigungspuls wird meist vor jedem Anregungspuls appliziert. Ist dies beispielsweise wegen *SAR*-Limitationen nicht möglich, so kann auf Kosten der Qualität der Fettunterdrückung eine segmentierte Aufnahme des Bildes erfolgen, bei der mehrere k-Raumzeilen nach dem Fettsättigungsmodul aufgenommen werden, wodurch die *SAR*-Belastung und die Messzeit reduziert werden.

9.4.3 Triggerung

Je nach eingesetzter Aufnahmetechnik ist es möglich, im Millimeterbereich aufgelöste MR-Aufnahmen von diagnostischer Qualität in Sekunden aufzunehmen. Bewegungen während der Bildaufnahme manifestieren sich als Bildartefakte, wenn der räumliche Versatz größer oder gleich der Auflösung des Bildes ist. Im menschlichen Körper ist dies insbesondere im Torso und Abdomen durch den kontinuierlichen Herzschlag, Pulsationen in großlumigen Gefäßen und die Atembewegung gegeben. Um diese Bereiche dennoch mit MR-Methoden darstellen zu können, wird die (annähernde) Periodizität der Bewegungen genutzt. Über ein zusätzliches, während der Messung abgeleitetes physiologisches Signal wird die Bildgebungssequenz zu durch den Nutzer festgelegten Zeitpunkten gestartet und beendet (getriggert). Im Folgenden werden zwei unterschiedliche Arten der Bildgebung dynamischer Prozesse anhand der EKG-getriggerten Herzbildgebung beschrieben und danach kurz auf das Triggern auf die Atembewegung eingegangen.

In allen Fällen kann entweder die Bildgebung auf mehrere Segmente aufgeteilt und somit verschiedene Phasenkodierlinien eines k-Raums ab dem Triggerzeitpunkt aufgenommen werden, oder es wird eine Phasenkodierlinie mehrfach aufgenommen und verschiedenen k-Räumen zugeordnet. Die erste Methode wird meist zur Aufnahme anatomischer Details verwendet, wohingegen die letztgenannte Technik den Bewegungsablauf zu mehreren unterschiedlichen Zeitpunkten darstellt. Ein weiterer grundlegender Unterschied stellt die Art der Triggerung dar: Sie kann während der Messung geschehen und die Bildgebung aktiv steuern (prospektive Triggerung) oder nach der Messung die Daten anhand des aufgezeichneten physiologischen Signals sortieren (retrospektive Triggerung).

Teil II

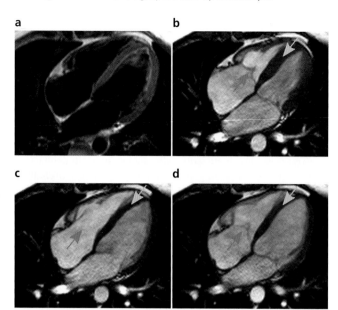

a b

c d

Abb. 9.19 Beispiel für Herzaufnahmen bei angehaltenem Atem. **a** Dies ist die TSE-Aufnahme des Herzens, aufgenommen mit prospektiver EKG-Triggerung auf jeden zweiten Herzschlag und ohne Signal des Blutes durch *Black-Blood*-Magnetisierungspräparation (Auflösung: 1,3 mm × 1,3 mm × 5,0 mm, *TE/TR/ETL*: 66 ms/2123 ms/17). **b–d** fbSSFP-Aufnahmen zeigen das schlagende Herz mit retrospektiver Triggerung (Auflösung: 1,6 mm × 1,6 mm × 5,0 mm, *TE/TR*/Flipwinkel: 1,7 ms/3,4 ms/70°). Die Dynamik der Aufnahmen ist sowohl an den Herzklappen (*orange Pfeile*) als auch am Herzmuskel (*gelbe Pfeile*) erkennbar

9.4.3.1 Prospektive EKG-Triggerung

Die Kontraktion des Herzmuskels ist der hochfrequenteste Bewegungsablauf des menschlichen Körpers und stellt eine Hürde für nichtsynchronisierte MR-Untersuchungen dar. Bei der prospektiven EKG-Triggerung wird das während der Untersuchung abgeleitete EKG-Signal in Echtzeit von einem Algorithmus auf die markante R-Zacke hin analysiert. Die Totzeit durch Signalausbreitung und Verarbeitung sollte kurz sein. Der Nutzer legt ein Akzeptanzintervall fest, in welchem der Algorithmus auf das Signalmaximum ansprechen soll. Daran anschließend kann eine nutzerdefinierte Wartezeit eingefügt werden, um den Start der Bildgebung in einen beliebigen Bereich der EKG-Kurve zu verschieben, beispielsweise in den bewegungsarmen Abschnitt der Diastole. Die verbleibende Zeit bis zum nächsten Akzeptanzintervall steht der Bildgebung zur Verfügung.

Die Bildgebung nach dem Triggersignal kann unterschiedlich verlaufen. Zum einen kann eine N_{Seg}-fach segmentierte Aufnahme der N_{Phasen} k-Raumzeilen einer Schicht erfolgen, wodurch die MR-Aufnahme in N_{Phasen}/N_{Seg} Herzschlägen abgeschlossen ist. Abb. 9.19a zeigt exemplarisch die TSE-Aufnahme einer Herzphase. Wird alternativ über einen längeren Zeitabschnitt hinweg dieselbe Zeile mehrfach gemessen, so wird die Dauer des Herzzyklus in Subintervalle unterteilt. Das Messergebnis ist ein Datensatz, der die Bewegung des Herzens innerhalb der Schicht mit einer Zeitauflösung *TR* darstellt.

9.4.3.2 Retrospektive EKG-Triggerung

Bei der retrospektiven EKG-Triggerung wird das EKG-Signal zusammen mit den k-Raumdaten der MR-Messung abgespeichert. Eine Echtzeitsteuerung der Bildgebungssequenz findet nicht statt und die Bildgebung verläuft kontinuierlich. Erst nach der Messung wird das EKG-Signal in unterschiedliche Phasen eingeteilt und jede gemessene k-Raumzeile über den während der Messung generierten Zeitstempel einer Herzphase zugewiesen. Anschließend werden die so sortierten k-Räume separat zu Bildern der Herzphasen rekonstruiert. Die Zeitauflösung kann in Grenzen im Nachhinein gewählt werden. Fehlende Einträge in den k-Räumen der einzelnen Herzphasen können dabei durch Einträge aus den k-Räumen der Nachbarphasen ersetzt werden. In Abb. 9.19b–d sind drei Aufnahmen einer so aufgenommenen Bewegungsserie dargestellt.

9.4.3.3 Triggerung auf die Atembewegung

Die große Amplitude der Atembewegung stellt ein Hindernis für pulmonale und abdominale MR-Untersuchungen dar. Kooperative Patienten können die Luft für ungefähr 25 Sekunden anhalten – wenn die Bildgebung in dieser Zeit abgeschlossen ist, sind die Bilder artefaktfrei. Sind die Patienten dazu nicht in der Lage, muss wie bei der EKG-Triggerung die Bildgebung durch ein zusätzliches physiologisches Signal mit der Bewegung korreliert werden. Hierzu wird ein Druckkissen unter einem eng am Torso anliegenden Gurt platziert. Durch die Atembewegung wird das Kissen proportional zur Amplitude der Atmung komprimiert, die Druckschwankungen in ein elektrisches Signal übersetzt und als Eingangssignal für die Triggerung der Bildgebung genutzt.

Alternativ kann auch ein MR-Navigatorsignal verwendet werden [36]. Dazu wird vor der eigentlichen Bildgebung ein zeitlich hochaufgelöstes 1D-Signal des Zwerchfell-Leber-Übergangs aufgenommen, dessen Position ebenfalls mit der Atmung korreliert. Aus dem Versatz des Übergangs wird die mittlere Dauer eines Atemzyklus berechnet und eine schnelle Bildgebungssequenz rechtzeitig im Aufnahmefenster gestartet. Danach wird die Navigatoraufnahme in Vorbereitung weiterer Messschritte fortgesetzt.

Beide Techniken benötigen eine Auswertung des physiologischen Signals in Echtzeit. Die Verwendung eines MR-Navigatorsignals kann zu einer Sättigung des darzustellenden Bereiches führen, wenn die Anregungsschichten der Navigatoraufnahme den zu untersuchenden Bereich schneiden. In beiden Verfahren wird das Aufnahmefenster typischerweise in die Ausatemphase gelegt, weil diese länger anhält und reproduzierbarer ist als die Einatemphase.

9.5 Sicherheitsaspekte

Armin M. Nagel und Andreas K. Bitz

Die Magnetresonanztomographie (MRT) ist ein äußerst leistungsfähiges Bildgebungsverfahren, welches zudem für den Patienten schonend in der Anwendung ist, da keine ionisierende Strahlung eingesetzt wird. Wie in Abschn. 9.2.2 erläutert, verwendet die MRT elektromagnetische Felder aus verschiedenen Frequenzbändern des elektromagnetischen Spektrums, um die magnetischen Momente der Kernspins zu manipulieren oder das MR-Signal zu detektieren. So werden ein statisches Magnetfeld B_0 zur Polarisation der Spin-Ensembles und Gradientenfelder (G_x, G_y, G_z), die im Frequenzbereich bis ca. 10 kHz geschaltet werden, zur räumlichen Kodierung der MR-Signale eingesetzt. Die Anregung der Kernspins sowie die Detektion der MR-Signale erfolgt im Hochfrequenzbereich mit entsprechenden Spulensystemen. Diese Felder weisen in den jeweiligen Frequenzbereichen unterschiedliche Charakteristika auf, die mit unterschiedlichen Wirkungen auf den menschlichen Organismus und auf Objekte, die in die Felder eingebracht werden, einhergehen. Um die möglichen Risiken dieser Wirkungen für die Gesundheit von Patienten und des medizinischen Personals sowie auch für das technische Equipment zu minimieren, sind in der Hersteller-Norm der International Electrotechnical Commission (IEC) [52] sowohl Grenzwerte für die physikalischen Felder und deren Wirkung als auch Betreiberpflichten über die Gebrauchsanweisung der MR-Geräte geregelt. Aufgrund der stetigen technischen Entwicklung von MR-Systemen unterliegen diese Normen und Verordnungen fortwährender Überprüfung und Anpassung an den aktuellen Stand der Technik.

Die in der international gültigen IEC-Norm spezifizierten Grenzwerte schützen den Patienten und das Bedienpersonal vor negativen gesundheitlichen Auswirkungen und unzumutbaren Risiken. Aus der nunmehr schon über 30-jährigen Anwendung der MRT in der klinischen Diagnostik ergeben sich keine Hinweise auf langfristige Nebenwirkungen. Derzeit stellt die MRT eines der sichersten bildgebenden diagnostischen Verfahren in der modernen Medizin dar, die Einhaltung entsprechender Sicherheitsmaßnahmen und Grenzwerte vorausgesetzt.

Betriebsarten Während des Betriebs von MR-Tomographen kann es in Abhängigkeit von der Stärke der physikalischen Felder zu physiologischen Belastungen des Patienten kommen. Die Überwachung des Patienten muss dabei entsprechend der physiologischen Belastung angepasst werden. Es werden drei Betriebsarten unterschieden [52], wobei im Falle der Gradientenfelder und des hochfrequenten Feldes der Übergang in eine höhere Betriebsart dem Bediener vom MR-System gemeldet wird. Der Bediener muss dann entscheiden, ob die weitere Durchführung der Untersuchung im Interesse des Patienten liegt.

Im Rahmen der normalen Betriebsart ist eine physiologische Belastung des Patienten höchst unwahrscheinlich. Die routinemäßige Überwachung des Patienten während der MR-Untersuchung, die mindestens aus Sicht- und Sprechverbindung bestehen sollte, ist in dieser Betriebsstufe angemessen. Allgemein ist die Überwachung jedoch immer entsprechend des Gesundheitszustandes des Patienten auszulegen.

In der kontrollierten Betriebsart erster Stufe liegt eine Exposition vor, bei der es zu einer physiologischen Belastung des Patienten kommen kann. Das MR-System muss den Übergang in diese Betriebsstufe anzeigen und der Bediener muss diesen aktiv bestätigen. In der kontrollierten Betriebsart erster Stufe muss der Patient medizinisch angemessen betreut werden, z. B. durch zusätzliche Überwachung diverser physiologischer Parameter (Herzfrequenz, EKG, Blutdruck, Pulsoxymetrie).

In der kontrollierten Betriebsart zweiter Stufe liegt eine Exposition vor, bei der ein signifikantes Risiko für den Patienten bestehen kann. Ein unautorisierter Betrieb des MR-Systems in dieser Betriebsart muss durch entsprechende Maßnahmen verhindert werden. Diese Betriebsart findet ausschließlich Anwendung bei klinischen Prüfungen und Studien; für diese muss zwingend ein positives Votum der Ethikkommission vorliegen.

9.5.1 Mögliche Risiken in der MRT-Umgebung

Im Folgenden werden Wechselwirkungen zwischen den physikalischen Feldern, die durch die drei Hauptkomponenten eines MR-Systems erzeugt werden, und magnetisierbaren sowie elektrisch leitfähigen Objekten und die daraus entstehenden Risiken zusammengefasst. Insbesondere werden die Auswirkungen der Felder auf den menschlichen Körper diskutiert. Die angegebenen Grenzwerte beziehen sich auf die derzeit gültige Ausgabe des MR-Sicherheitsstandards [52].

9.5.1.1 Statisches Magnetfeld (B_0)

Zurzeit werden in der klinischen Diagnostik MR-Systeme mit magnetischen Feldstärken (B_0) von bis zu 3 T eingesetzt. In der Forschung findet derzeit die Evaluierung des klinischen Nutzens von MR-Systemen mit Feldstärken im Bereich von 7 bis 11,7 T statt. Die Food and Drug Administration (FDA) in den USA sowie auch die International Commission on Non-Ionizing Radiation Protection (ICNIRP) haben den Grenzwert für MR-Systeme, die aufgrund ihres statischen Magnetfeldes kein signifikantes Risiko für volljährige Patienten und Bedienpersonal aufweisen, auf 8 T festgelegt. Die MR-Hersteller haben im Juni 2015 in ihrem internationalen IEC-Standard ebenfalls einen Grenzwert von 8 T festgelegt. Im Jahr 2017 hat ein MR-Hersteller erstmals 7-T-Systeme als Medizinprodukt mit CE-Kennzeichnung, die in Europa Voraussetzung für den klinischen Einsatz ist, auf den Markt gebracht. Für als Forschungsgerät deklarierte Systeme, die keine CE-Kennzeichnung tragen, gelten weiterhin gesonderte Anforderungen, z. B. Ethikanträge für Probandenstudien.

Die Stärke des Erdmagnetfeldes beträgt in Mitteleuropa ca. 48 µT. Das heißt, die in der MRT verwendeten Feldstärken können das Erdmagnetfeld um das bis zu 250.000-Fache übersteigen. Raumbereiche mit einer magnetischen Feldstärke über 500 µT (= 0,5 mT = 5 Gauß) müssen als Kontrollbereich gekennzeichnet sein, zu dem nur unterwiesenes Personal sowie Patienten und Probanden Zugang haben, die vorher über die Gefahren in der MR-Umgebung aufgeklärt wurden. Im Kontrollbereich kann die Funktion aktiver Implantate (z. B. Herzschrittmacher, Insulinpumpe) durch das Magnetfeld beeinträchtigt werden und es können hohe Kräfte auf magnetisierbare bzw. magnetisierte Objekte wirken.

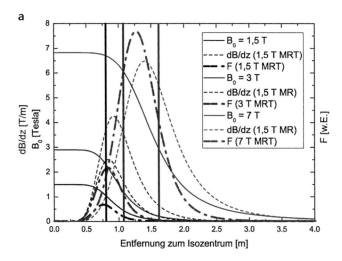

Abb. 9.20 a Darstellung des Verlaufs der magnetischen Feldstärke B_0 und deren örtlicher Ableitung für MR-Systeme mit 1,5 T, 3 T und 7 T Feldstärke entlang der Längsachse des Magneten. Die *vertikale* Linie gibt jeweils die Position der Öffnung der Magnetbohrung an. Die Anziehungskraft ist in der Nähe der Bohrungsöffnung maximal. Der genaue Verlauf hängt von der Bauart des jeweiligen Systems ab (u. a. passive oder aktive Abschirmung des Magnetfeldes). Die Abbildung wurde in modifizierter Form aus [56] entnommen. **b** Bohnermaschine, die aus Unachtsamkeit in den Untersuchungsraum eines 1,5-Tesla-MR-Tomographen gebracht wurde und aufgrund der im Magnetfeld wirkenden Kräfte in diesen hineingezogen wurde. Derartige Unfälle – auch mit deutlich kleineren Gegenständen – können zu tödlichen Verletzungen führen

Die Magnetisierbarkeit von Materialien in einem externen Magnetfeld wird durch die magnetische Suszeptibilität χ beschrieben. Diamagnetische Stoffe besitzen eine negative magnetische Suszeptibilität ($\chi < 0$), paramagnetische eine positive ($\chi > 0$). Der Betrag der Suszeptibilität ist bei beiden Stoffen jedoch sehr klein ($|\chi| \ll 1$). Die magnetische Suszeptibilität von ferromagnetischen Stoffen ist hingegen sehr groß ($\chi \gg 1$). Die Magnetisierung $\vec{M}$ (magnetisches Dipolmoment $\vec{m}$ pro Volumeneinheit) ist proportional zur Suszeptibilität und zur magnetischen Erregung $\vec{H}$:

$$\vec{M} = \frac{d\vec{m}}{dV} = \chi \cdot \vec{H} \qquad (9.66)$$

Die magnetische Feldstärke $\vec{B}$ im Inneren eines magnetisierbaren Objektes ist je nach magnetischer Suszeptibilität gegenüber dem externen Magnetfeld $\vec{H}$ erniedrigt oder erhöht:

$$\vec{B} = \mu_0(\vec{H} + \vec{M}) = \mu_0(1 + \chi)\vec{H} \qquad (9.67)$$

Für dia- und paramagnetische Materialien sowie ferromagnetische Materialien unterhalb der Sättigungsmagnetisierung ist die in einem externen Magnetfeld B_0 wirkende Kraft näherungsweise proportional zum Produkt aus dem externen statischen Magnetfeld und dem räumlichen Gradienten des externen statischen Magnetfeldes $\nabla \vec{B}_0$ [61],

$$\vec{F} = \nabla U = \nabla \left(\frac{1}{2} \vec{m} \cdot \vec{B}_0 \right) = \frac{\chi V}{\mu_0} \vec{B}_0 \cdot \nabla \vec{B}_0, \qquad (9.68)$$

wobei U die potentielle Energie darstellt. Aufgrund der Abhängigkeit von $\nabla \vec{B}_0$ wirkt die Kraft nur in einem inhomogenen Magnetfeld. Für ferromagnetische Materialien oberhalb der Sättigungsmagnetisierung ist die magnetische Kraft proportional zum räumlichen Gradienten des externen Magnetfeldes $\vec{F} \propto \nabla \vec{B}_0$. Für die meisten Magnete ist die Kraft in der Nähe der Öffnung der Röhre maximal (Abb. 9.20a). Die magnetische Kraft kann dabei mehr als das Hundertfache der Gewichtskraft betragen. Für abgeschirmte Magnete sind der Feldgradient und damit auch die Kraft tendenziell höher als für nicht abgeschirmte Magnete. Informationen über die räumliche Verteilung des statischen Magnetfeldes sowie dessen räumlichen Gradienten für das jeweilige MR-System können aus dem Kompatibilitätsdatenblatt des Betreiberhandbuchs entnommen werden.

In einem Magnetfeld der Feldstärke $\vec{B}$ wirkt außerdem auf ein magnetisches Moment $\vec{m}$ ein Drehmoment $\vec{D}$ (Gl. 9.69). Dies ist vor allem für Implantate relevant, deren Länge größer als deren Durchmesser ist (z. B. Stents). Die Kraft durch das Drehmoment wirkt auch in einem homogenen Magnetfeld und kann ein Vielfaches der Translationskraft betragen [56]:

$$\vec{D} = \vec{m} \times \vec{B} \propto B_0^2 \qquad (9.69)$$

Aufgrund der unter Umständen sehr großen Kräfte, die auf Objekte im Magnetfeld wirken können, dürfen Gegenstände sowie passive und aktive medizinische Geräte nur dann in den Kontrollbereich eingebracht werden, wenn diese vorher auf ihre Sicherheit im Magnetfeld hinsichtlich Anziehungskraft und Drehmoment geprüft wurden. Als „MR-unsicher" eingestufte Gegenstände oder Implantate dürfen unter keinen Umständen in den Kontrollbereich eingebracht werden, siehe hierzu auch Abb. 9.20b.

Bei hohen Magnetfeldstärken ($B_0 \geq 1,5$ T) werden supraleitende Magnete verwendet. Diese werden meist mit flüssigem Helium gekühlt und sind immer eingeschaltet. Bei einem Verlust der Supraleitung („Quench") wird die im Magnetfeld gespeicherte Energie in Wärme umgewandelt. Ein Quench kann in seltenen Fällen spontan durch einen Defekt im Supraleiter oder durch einen zu geringen Heliumstand ausgelöst werden. Bei Gefahr kann er auch absichtlich durch das Bedienpersonal ausgelöst werden. Bei einem Quench verdampft ein Großteil des flüssigen Heliums. Da aus einem Liter flüssigem Helium ca. 700 Liter Heliumgas entstehen, muss innerhalb kurzer Zeit eine große Menge gasförmiges Helium nach außen abgeführt werden. Dies geschieht über ein Rohr, das einen ausreichend großen Querschnitt aufweist. Eine regelmäßige Wartung dieses Quenchrohres ist wichtig, da im Falle eines Quenches hohe Drücke auftreten. Wird das Heliumgas nicht nach außen abgeführt, können erhebliche Gebäudeschäden auftreten. Des Weiteren wird der Luftsauerstoff verdrängt und es besteht Erstickungsgefahr. Daher muss bei einem Quench die unmittelbare Umgebung des MR-Systems evakuiert werden.

9.5.1.2 Auswirkungen des statischen Magnetfeldes auf den menschlichen Körper

Fast alle Gewebe im menschlichen Körper sind diamagnetisch ($\chi < 0$ mit $|\chi| \ll 1$) und besitzen eine magnetische Suszeptibilität ähnlich der von Wasser ($\chi_{H_2O} = -9{,}05 \cdot 10^{-6}$) [61]. Aufgrund der sehr kleinen Suszeptibilitäten ist die magnetische Kraft auf das stationäre menschliche Gewebe vernachlässigbar. Bewegt sich Körpergewebe jedoch mit der Geschwindigkeit $\vec{v}$ durch das Magnetfeld wird ein elektrisches Feld $\vec{E} = \vec{v} \times \vec{B}$ induziert, welches im verlustbehafteten Gewebe (elektrische Leitfähigkeit σ) in einer Stromdichte

$$\vec{J} = \sigma(\vec{v} \times \vec{B}) \qquad (9.70)$$

resultiert.

Diese bewegungsinduzierten Feldgrößen werden z. B. bei der Drehung des Kopfes, beim Heraus- und Hereinfahren des Körpers in den Magneten, aber auch durch den internen Blutfluss hervorgerufen [60]. Bei Letzterem ergeben sich Potenzialunterschiede auf der Körperoberfläche, die bei hohen Feldstärken zu einer möglichen Störung des EKG-Signals führen können. Induzierte Ströme in der Retina oder im Sehnerv können Magnetophosphene, sprich visuelle Sinneseindrücke wie Lichtblitze oder farbige Flächen, hervorrufen, die vermehrt ab Feldstärken über 4 T auftreten können [60]. Die Bewegungsrichtung von geladenen Teilchen (z. B. Ionen) in Körperflüssigkeiten (z. B. Blut, Speichel) wird im magnetischen Feld entsprechend der Lorenzkraft

$$\vec{F} = q(\vec{v} \times \vec{B}) \qquad (9.71)$$

abgelenkt. Daraus resultieren Druck und Kräfte, die auf Blutgefäße und Gewebe wirken, sowie auch sogenannte magnetohydrodynamische (MHD-) Kräfte, die auf Körperflüssigkeiten wirken. Diese sind zwar äußerst gering, so dass sie keine Erhöhung der Herzleistung nach sich ziehen [60], allerdings werden die geringen MHD-Kräfte oft zur Erläuterung von magnetfeldinduziertem Schwindelgefühl herangezogen, da diese auf die kaliumreiche Flüssigkeit (Endolymphe) des Gleichgewichtsorgan im Innenohr wirkt [60]. Es gibt ebenfalls Hinweise,

dass auch Suszeptibilitätsunterschiede zwischen dem Gleichgewichtsorgan und der umgebenden Flüssigkeit zur Entstehung des Schwindelgefühls beitragen [60].

Des Weiteren wird bei hohen Feldstärken (z. B. 7 T) manchmal über einen metallischen Geschmack im Mund berichtet. Dieser wird durch Ionen hervorgerufen, die durch induzierte Spannungen im Mund aufgrund der bewegungsabhängigen Änderungen des magnetischen Flusses erzeugt werden [53].

Die hier genannten physiologischen Effekte, Magnetophosphene, metallischer Geschmack im Mund und Schwindel, sind die am häufigsten bei MR-Untersuchungen berichteten Effekte, deren Empfindung sich mit steigendem Magnetfeld ebenfalls verstärkt. Schwindel stellt hier im Vergleich den wesentlichsten Effekt dar. Jedoch sind alle diese physiologischen Effekte äußerst leicht in ihrem Auftreten und nicht gesundheitsgefährdend. Sie treten nur vorübergehend während der Bewegung auf. Aufgrund der langsamen Anpassung des vestibulären Systems kann jedoch leichter Schwindel auch nach der Exposition im Magnetfeld für kurze Zeit andauern. Da die physiologischen Effekte meist durch Bewegung im Magnetfeld entstehen, können diese leicht durch eine verminderte Bewegungsgeschwindigkeit reduziert werden. Langfristige Wirkungen auf den Menschen oder kumulative biologische Effekte sind nicht bekannt.

9.5.2 Zeitlich variierende Magnetfelder (Gradientenfelder)

Zeitlich variierende Magnetfelder werden in der MRT zur Ortskodierung verwendet (siehe Abschn. 9.2.2.3). Bei modernen MR-Tomographen werden in der klinischen Routine zurzeit Gradientenamplituden von bis zu 80 mT/m und einer Anstiegsrate von bis zu 200 T/(m s) verwendet.

9.5.2.1 Stimulation peripherer Nerven durch Gradientenfelder

Entsprechend der Maxwell-Gleichung

$$\frac{\partial \vec{B}}{\partial t} = -\vec{\nabla} \times \vec{E} \qquad (9.72)$$

führt eine zeitliche Änderung der magnetischen Flussdichte zu einem elektrischen Wirbelfeld. Dieses elektrische Feld erzeugt in leitendem Gewebe eine elektrische Stromdichte

$$\vec{J} = \sigma \cdot \vec{E}, \qquad (9.73)$$

die die Stimulation peripherer Nerven und des Herzmuskels sowie auch Magnetophosphene hervorrufen kann. Die Stimulationsschwelle des Herzens liegt jedoch deutlich über der für periphere Nerven.

Die Stimulation hängt u. a. von der zeitlichen Änderung des Magnetfeldes ($\mathrm{d}B/\mathrm{d}t$), der effektiven Stimulationsdauer ($T_{S,\mathrm{eff}}$) und der Position des Patienten in der Gradientenspule ab. Die effektive Stimulationsdauer ist definiert als das Verhältnis aus

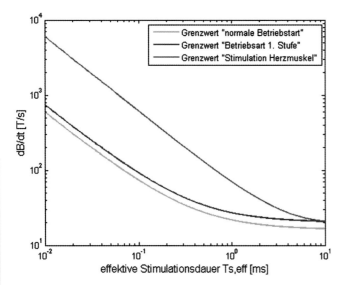

Abb. 9.21 Grenzwerte für periphere Nervenstimulation für Ganzkörpergradientensysteme [52]. Die Grenzwerte für die maximal zulässige Änderung der magnetischen Flussdichte dB/dt sind eine Funktion der effektiven Stimulationsdauer. Der Grenzwert für die normale Betriebsart beträgt 80 % des Grenzwertes der Betriebsart 1. Stufe. Zum Vergleich sind die Grenzwerte für die Stimulation des Herzmuskels gezeigt

der Änderung der magnetischen Flussdichte und dem Maximum der zeitlichen Ableitung des Gradienten während dieser Periode. Bei einem linearen Anstieg der Gradientenamplitude (z. B. bei einem trapezförmigen Gradienten) entspricht $T_{S,eff}$ der Anstiegszeit. Das Empfinden von peripherer Nervenstimulation (PNS) variiert zudem für verschiedene Patienten.

Im Rahmen der normalen Betriebsart müssen die Stärke und der zeitliche Verlauf der Gradientenfelder so begrenzt werden, dass das Auftreten von für den Patienten unangenehmer, jedoch tolerierbarer PNS minimiert wird. In der kontrollierten Betriebsart erster Stufe darf dagegen eine leichte PNS im Patienten induziert werden.

Die Stimulationsschwelle, sprich die Schwelle, bei der die Empfindung von PNS einsetzt, kann für jede der drei Gradientenachsen in Abhängigkeit von der Kurvenform des Gradienten und der effektiven Stimulationsdauer über Probandenversuche direkt ermittelt werden. Wenn keine direkte Bestimmung der Stimulationsschwelle durchgeführt wurde, muss sichergestellt sein, dass die zeitliche Änderung des Magnetfeldes (dB/dt) bestimmte Grenzwerte nicht überschreitet. Diese Grenzwerte sind eine Funktion der effektiven Stimulationsdauer (s. Abb. 9.21). In der normalen Betriebsart dürfen maximal 80 % der Stimulationsschwelle erreicht werden. In der Betriebsart erster Stufe können bis zu 100 % der Stimulationsschwelle erreicht werden.

Klinische MR-Tomographen sind mit Sicherheitssystemen ausgestattet, die die tatsächlich vom Gradientensystem ausgespielten Felder überwachen, um auch im Fehlerfall des Gradientensystems intolerable periphere Nervenstimulation zu vermeiden. Des Weiteren wird vor der Ausführung eines MR-Protokolls abgeschätzt, wie viel Prozent der Stimulationsschwelle während der Messung erreicht werden. Beim Übergang von der normalen in die kontrollierte Betriebsart erster Stufe erhält der Bediener den Hinweis, dass der Patient möglicherweise leichte Stimulationen erfahren kann. Der Bediener kann dann den Patienten darüber informieren und die Messung starten, wenn die Messung trotz möglicher leichter Stimulationen im Interesse des Patienten liegt.

9.5.2.2 Schalldruckpegel durch Gradientenfelder

Das schnelle Schalten der Magnetfeldgradienten erfordert hohe elektrische Stromstärken. Im statischen Magnetfeld wirken daher auf die Gradientenspulen starke Kräfte (Lorentzkräfte). Da die Richtung der Magnetfeldgradienten auf einer Zeitskala von einigen Millisekunden variiert wird, ändert sich auf dieser Zeitskala auch die Richtung der Kraft. Das heißt, das Magnetfeld zerrt an den Aufhängungen der Gradientenspulen wie ein Magnet an der Membran eines Lautsprechers. Daher entstehen während der Ortskodierung oder auch während des Schaltens von Diffusionsgradienten laute Töne mit Frequenzen im hörbaren Spektrum. Dabei können Schalldruckpegel von deutlich über 100 dB auftreten [60]. Im Untersuchungsraum müssen daher sowohl der Patient als auch das Bedienpersonal (ggf. auch die anwesende betreuende Person) Gehörschutz tragen. Der Gehörschutz muss so ausgelegt sein, dass er den Schalldruckpegel unter 99 dB(A) reduziert.

9.5.3 Exposition in hochfrequenten Feldern (Hochfrequenzspulen)

Das Hochfrequenzfeld wird zum Zweck der Kernspin-Anregung durch die im Magnetresonanz-Tomographen verbaute Ganzkörperspule oder durch lokale Sendespulen erzeugt (vgl. Abschn. 9.2.2.3). In Abhängigkeit vom statischen Magnetfeld des jeweiligen Tomographen sowie des interessierenden Kerns, werden Frequenzen im Bereich von 10 bis einigen 100 MHz angewendet.

Eine Gefährdung von Patienten und anderen Personen während der Exposition in hochfrequenten Feldern besteht durch eine mögliche Erwärmung von Körpergewebe aufgrund des Wärmeeintrages durch absorbierte Feldenergie im verlustbehafteten biologischen Gewebe. Übermäßige Energieabsorption sowie auch eine beeinträchtigte Thermoregulation des exponierten Körpers können zur Schädigung des Gewebes führen. Um eine Gefährdung von Personen auszuschließen, wurden regulatorische Grenzwerte für die maximale Gewebetemperatur sowie auch für die spezifische Absorptionsrate (SAR) festgelegt [52], die während der MR-Untersuchung eingehalten werden müssen. Dies wird technisch durch die Beschränkung der zeitlich gemittelten Sendeleistung der HF-Sendespulen erreicht. Voraussetzung dafür ist, dass die Gewebetemperatur bzw. die im Körper erzeugte SAR mit Hilfe geeigneter Mess- oder Simulationsmodelle in Abhängigkeit der HF-Sendeleistung bestimmt wird.

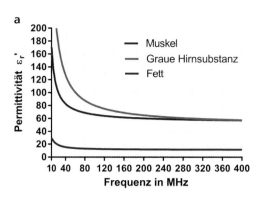 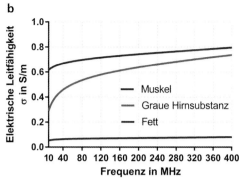

Abb. 9.22 Frequenzabhängigkeit der relativen Permittivität (**a**) und der elektrischen Leitfähigkeit (**b**) für Muskelgewebe, Fettgewebe und graue Hirnsubstanz im Frequenzbereich von 10–400 MHz [57]. Körpergewebe weisen mitunter deutliche Unterschiede in ihren dielektrischen Eigenschaften auf. Aufgrund der erwähnten Polarisationseffekte können bei niedrigen Frequenzen sehr hohe Werte für die Permittivität ε_r' auftreten. Mit steigender Frequenz nehmen die Verluste im Körpergewebe zu

9.5.3.1 Dielektrische Eigenschaften von biologischem Gewebe

Biologisches Gewebe ist für Radiowellen relativ transparent. Ihre Energie ist zu gering, um Vibrationsfreiheitsgrade und elektronische Niveaus von Molekülen anzuregen oder chemische Bindungen aufzubrechen. Die dielektrischen Eigenschaften von biologischem Gewebe zeigen eine Frequenzabhängigkeit aufgrund verschiedener Relaxationsprozesse. Diese sind im hier interessierenden Frequenzbereich bis ca. 100 MHz vorwiegend auf Maxwell-Wagner-Polarisation und Effekte von passiven Zellmembrankapazitäten und von intrazellulären Organell-Membranen zurückzuführen. Oberhalb von ca. 100 MHz überwiegen dipolare Mechanismen in polaren Medien, wie Wasser, Salze und Proteine [58]. Die bei den Relaxationsprozessen entstehenden Verluste werden in Joule'sche Wärme umgesetzt.

Die dielektrischen Eigenschaften werden über die komplexe, frequenzabhängige Permittivität

$$\varepsilon = \varepsilon_0 \varepsilon_r \qquad (9.74)$$

mit der relativen Permittivität

$$\varepsilon_r = (\varepsilon_r' - i\varepsilon_r'') \qquad (9.75)$$

angegeben. $\varepsilon_0 \approx 8{,}854187 \cdot 10^{-12}$ A s/V m ist die Permittivität des Vakuums. Die Verluste im biologischen Gewebe werden im Imaginärteil der relativen Permittivität zusammengefasst. Der Zusammenhang mit der elektrischen Leitfähigkeit σ ergibt sich über

$$\varepsilon_r'' = \sigma/(\omega\varepsilon_0). \qquad (9.76)$$

Abb. 9.22 zeigt den Frequenzverlauf des Realteils der relativen Permittivität und der elektrischen Leitfähigkeit für Muskelgewebe, Fettgewebe und graue Hirnsubstanz.

Wie weiter oben erwähnt, ist der Betrag der magnetischen Suszeptibilität von biologischem Gewebe sehr klein. Die Suszeptibilität verschiedener Gewebe unterscheidet sich in einer Größenordnung von ca. 10^{-6}. Obwohl die Suszeptibilitätsunterschiede mitunter entscheidenden Einfluss auf das MR-Signal

und die resultierenden MR-Bilder haben, können diese bei der Betrachtung der Hochfrequenzverteilung im Gewebe vernachlässigt werden, so dass hier für die relative Permeabilität $\mu_r \approx 1$ angenommen werden kann.

9.5.3.2 Bestimmung der Hochfrequenz-Exposition des Patienten

Zur Vermeidung einer übermäßigen Wärmebelastung und Gewebeschäden sind in [52] Werte für die maximal zulässige lokale Gewebetemperatur und die maximale Erhöhung der Körperkerntemperatur angegeben, siehe Tab. 9.3.

Die Temperaturverteilung im Körper ist nicht nur durch unterschiedliche Wärmetransportmechanismen, wie Wärmeleitung, Wärmekonvektion und Wärmestrahlung, bestimmt, sondern auch durch die aktive Wärmeregulation (metabolische Prozesse, Änderung des Blutflusses durch Gefäßerweiterung und Schwitzen). Diese Regulationsprozesse werden wiederum von vielen weiteren Parametern, wie dem Gesundheitszustand einer Person und der Umgebung, beeinflusst. Demzufolge kann die Temperaturverteilung infolge eines Wärmeeintrages durch Absorption von HF-Energie für verschiedene Individuen mitunter stark variieren. Eine Messung der lokalen Gewebetemperatur im gesamten Volumen des exponierten Körpers während der MR-Untersuchung ist nicht möglich, was eine direkte Anwendung und Überwachung der Temperaturgrenzwerte zurzeit ausschließt. Die lokale Temperaturverteilung $T(\vec{r})$ kann unter Zuhilfenahme von vereinfachten Modellen mit Hilfe von Simulationen näherungsweise bestimmt werden. Oft wird hierfür das

Tab. 9.3 Maximal zulässige Gewebetemperaturen [52]

Betriebs-art	Maximale Körperkern-temperatur in °C	Maximale lokale Gewebe-temperatur in °C	Maximale Erhöhung der Körperkern-temperatur in °C
Normal	39	39	0,5
1. Stufe	40	40	1
2. Stufe	> 40	> 40	> 1

Tab. 9.4 Grenzwerte für globale und lokale SAR-Aspekte. Der anzuwendende Grenzwert für die Teilkörper-SAR wird über das Verhältnis von exponierter Körpermasse zu Gesamtgewicht entsprechend [52] berechnet. Die Kopf-SAR wird durch Mittelung über das Kopfvolumen bestimmt. Die lokale SAR wird über jedes Gewebevolumen mit einer Masse von 10 g gemittelt. Die Grenzwerte unterscheiden sich für die Körperregionen Kopf, Körperstamm und in den Extremitäten. Die Grenzwerte sind für eine zeitliche Mittelung über 6 min angegeben; die über 10 s gemittelte SAR darf die Grenzwerte maximal um einen Faktor 2 überschreiten

Betriebsart	Normal	1. Stufe	2. Stufe
Globale SAR (W/kg)	Volumenspulen		
Ganzkörper	2	4	> 4
Teilkörper	2–10	4–10	> 4–10
Kopf	3,2	3,2	> 3,2
Lokale SAR (W/kg)	Lokale Sendespulen		
Kopf/Körperstamm	10	20	> 20
Extremitäten	20	40	> 40

Modell nach Pennes [59] verwendet,

$$\rho c \frac{\mathrm{d}T}{\mathrm{d}t} = k \left(\frac{\partial^2}{\partial x^2} T + \frac{\partial^2}{\partial y^2} T + \frac{\partial^2}{\partial z^2} T \right) \\ + \rho SAR - b(T - T_{\text{blood}}) + M_0, \quad (9.77)$$

mit der spezifische Dichte ρ in kg/m^3, der spezifischen Wärmekapazität c in J/(kg K) und der thermischen Leitfähigkeit k in W/(K m) für das jeweilige Gewebe am betrachteten Ort im Körper. Der Koeffizient b beschreibt die Blutperfusion in W/(m^3 K) und M_0 den metabolischen Wärmeeintrag im Gewebe in W/m^3. T_{blood} beschreibt die Temperatur des Blutes. Die spezifische Absorptionsrate SAR bestimmt sich aus der auf die Masse bezogenen in einem Gewebevolumen umgesetzten Verlustleistung

$$SAR = \frac{\mathrm{d}}{\mathrm{d}t} \left(\frac{\Delta W_V}{\Delta m} \right) = \frac{\Delta P_V}{\rho \Delta V} = \frac{1}{2\Delta V} \iiint_{\Delta V} \frac{\sigma(\vec{r})}{\rho(\vec{r})} |\vec{E}(\vec{r})|^2 \mathrm{d}V, \quad (9.78)$$

mit der lokal absorbierten Energie ΔW_V, der lokalen Verlustleistung P_V, dem Volumenelement ΔV mit der Masse Δm, der elektrischen Leitfähigkeit $\sigma = \omega \varepsilon_0 \varepsilon_r''$ und dem Betrag der elektrischen Feldstärke $|\vec{E}|$. Die spezifische Absorptionsrate wird entsprechend Gl. 9.78 durch die von der HF-Sendespule erzeugten Verlustleistungsdichte im Körper bestimmt. Sie hängt somit entscheidend von der Geometrie der Sendespule als auch vom Körperbau, der exponierten Körperregion und der lokalen Gewebeverteilung ab.

Da entsprechend Gl. 9.77 durch eine Begrenzung der SAR auch die Gewebetemperatur begrenzt werden kann, sind in [52] ebenfalls Grenzwerte für die SAR spezifiziert. Die Grenzwerte werden für die über verschiedene Körperregionen gemittelte SAR angegeben. Bei der HF-Exposition in Volumenspulen ist die Überwachung der über den Kopf gemittelten SAR, der über den exponierten Teilbereich des Körpers und der über den gesamten Körper gemittelten SAR durch das MR-System vorgeschrieben (Tab. 9.4). In [52] sind Volumenspulen definiert als Sendespulen, die ein homogenes Anregungsfeld in der zu untersuchenden Körperregion erzeugen. Bei lokalen Oberflächen-Sendespulen, z. B. Loopspulen, müssen die lokalen SAR-Aspekte und die Ganzkörper-SAR überwacht werden. Bei höheren Frequenzen kann nicht mehr eindeutig auf Basis der Feldverteilung zwischen Volumen- und Oberflächenspulen unterschieden werden, so dass dann ratsam ist, alle SAR-Aspekte zu prüfen.

Die globalen SAR-Aspekte aus Tab. 9.4 werden bei klinischen MR-Systemen über die in die Sendespule eingespeiste HF-Leistung und der exponierten Körpermasse bestimmt. Für letztere werden geometrische Modelle angewendet, die entsprechend des Körperbaus des aktuellen Patienten skaliert werden, zudem wird die Position der Patientenliege berücksichtigt. Für eine korrekte Abschätzung ist es daher wichtig, dass bei der Patientenregistrierung an der Konsole des MR-Systems die korrekte Körpergröße und das korrekte Gewicht des Patienten angegeben werden.

Präzisere Vorgehensweisen zur Bestimmung der SAR bedienen sich numerischer Berechnungsverfahren. Dies sind z. B. die Finite-Differenzen- (FDM) oder die Finite-Elemente-Methode (FEM). Die Anwendung solcher Verfahren stellt derzeit die einzige Möglichkeit dar, realitätsnahe Aussagen über die lokale SAR zu erhalten. Die numerische Lösung der Maxwell'schen Gleichungen erfolgt für ein detailliertes Computermodell der HF-Sendespule unter Berücksichtigung anatomischer Körpermodelle. Abb. 9.23 zeigt beispielhaft ein Simulationsergebnis für eine Ganzkörperspule (Bandpass-Birdcage) eines 3-T-Magnetresonanz-Tomographen. Solche Simulationsergebnisse müssen durch geeignete Messmethoden validiert werden. Anhand des aus den Simulationen bestimmten kritischsten SAR-Aspektes (Ganzkörper-, Teilkörper- oder lokale SAR) kann die maximal zulässige Sendeleistung der HF-Spulen durch Vergleich mit den entsprechenden Grenzwerten bestimmt werden.

Die SAR hängt unter anderem auch von Sequenzparametern ab, wie z. B. Flipwinkel, TR und Anzahl der Schichten. Vor dem Start einer Sequenz wird daher überprüft, ob mit den gewählten Parametern die SAR-Grenzwerte eingehalten werden. Falls diese überschritten werden, wird dies dem Bediener gemeldet und es werden möglicherweise Vorschläge für Parametereinstellungen gemacht, um die HF-Sendeleistung zu reduzieren und die Messung unter Einhaltung der Grenzwerte zu ermöglichen. MR-Tomographen überwachen zudem während der Messung die tatsächlich in die Sendespule eingespeiste HF-Leistung und berechnen online die aktuellen SAR-Aspekte. Somit kann, auch bei einer Fehlfunktion von HF-Komponenten, ein unerwartetes Überschreiten der SAR-Grenzwerte und damit eine unzulässig hohe HF-Exposition des Patienten durch Abbruch der Messung vermieden werden.

Acknowledgement The authors thank the International Electrotechnical Commission (IEC) for permission to reproduce Information from the IEC 60601-2-33 ed. 3.2 (2015). All such extracts are copyright of IEC, Geneva, Switzerland. All rights reserved. Further information on the IEC is available from www.iec.ch. IEC has no responsibility for the placement and context in which the extracts and contents are reproduced by the author, nor is IEC in any way responsible for the other content or accuracy therein.

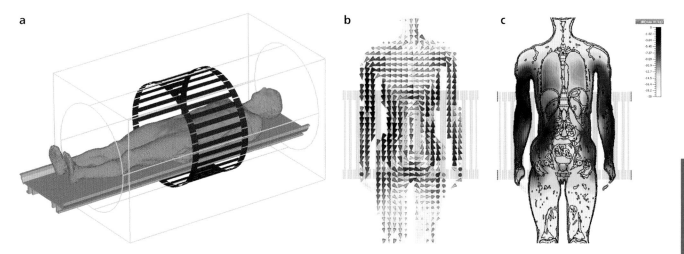

Abb. 9.23 **a** Simulationsmodell einer Bandpass-Birdcage-Spule mit Körpermodell, Patiententisch und Magnetbohrung für eine numerische Simulation der SAR. **b** Darstellung der im Körpermodell durch das zirkular-polarisierte B_1-Feld der Birdcage-Spule zu einem Zeitpunkt erzeugten Stromdichte in einem Koronalschnitt. Charakteristisch sind die Stromwirbel (vgl. Gl. 9.72) mit einem Minimum der Stromdichte im Bereich des Zentrums der Sendespule und ansteigenden Stromamplituden mit ansteigendem Radius zur Körperlängsachse. Die Stromdichte hängt zudem von der heterogenen Gewebeverteilung und der mitunter stark variierenden elektrischen Leitfähigkeit der Gewebe ab. **c** Räumliche Verteilung der 10-g-gemittelten SAR im Körpermodell (logarithmische Darstellung, 0 dB entspricht dem maximalen SAR_{10g} in der dargestellten Ebene). Entsprechend des Betrags der Wirbelströme nimmt auch die SAR mit zunehmendem Radius von der Körperachse zu. Die SAR auf der Körperachse ist minimal. Die Simulation wurde mit der Software CST Studio Suite, CST, Darmstadt, durchgeführt. Die Berechnung erfolgte bei der Larmor-Frequenz von Protonen bei einer Magnetfeldstärke von 3 T. Im verwendeten Körpermodell (männlich, 34 Jahre, [54]) wurden ca. 80 Gewebetypen bei einer räumlichen Auflösung von $(2\,\text{mm})^3$ berücksichtigt

9.5.4 Sicherheit von Implantaten

Die Gefahren bei der Untersuchung von Patienten mit Implantaten sind, dass je nach Magnetisierbarkeit des Implantats starke Kräfte und Drehmomente auftreten können (vgl. Abschn. 9.5.1), die zu schwerwiegenden Verletzungen des umliegenden Gewebes oder auch zu Fehlfunktionen (z. B. Ventile) führen können. Auch magnetisierbare Fremdkörper (z. B. Metallsplitter) können zu Gewebeschäden führen. Bei aktiven Implantaten können durch Bewegung im Magnetfeld oder durch die geschalteten Gradientenfelder Spannungen induziert werden, die Fehlfunktionen hervorrufen. Elektrisch leitfähige Implantate verzerren das Hochfrequenzfeld, so dass in der Umgebung des Implantats lokal deutlich überhöhte Stromdichten vorliegen können, die aufgrund des damit verbundenen hohen Wärmeeintrags zur Schädigung des Gewebes führen können. Die Effekte im Hochfrequenzfeld hängen stark von der Abmessung des Implantats im Verhältnis zur Wellenlänge im Gewebe ab. So können z. B. bei Elektroden, deren Länge ein ganzzahlig Vielfaches der halben Wellenlänge beträgt, Feldüberhöhungen (Resonanzen) auftreten, die insbesondere an der Elektrodenspitze zu Gewebeverbrennungen führen. Bei der Bildgebung können Implantate Bildartefakte erzeugen, die die Möglichkeit von Fehldiagnosen erhöhen.

Aufgrund der mit Implantaten und Fremdkörpern einhergehenden Gefahren, sind Patientenaufklärung und Pre-Screening von Patienten vor Betreten des Kontrollbereichs zwingend erforderlich.

Implantate müssen vom Hersteller bezüglich ihrer Kompatibilität in der MR-Umgebung getestet werden. Entsprechende Informationen und Kennzeichnung der Implantate finden sich im zugehörigen Datenblatt.

Medizinische Geräte und Implantate werden bezüglich ihrer Gefährdung von Patienten, medizinischem Personal oder anderen Personen bei Einbringen in den MR-Kontrollbereich in drei Kategorien eingeteilt (DIN EN 62570 [55]):

1. MR-sicher: Es bestehen keine Gefährdungen. Die verwendeten Materialien für solche Geräte und Implantate sind typischerweise nicht elektrisch leitfähig, nicht metallisch und nicht magnetisch.
2. Bedingt MR-sicher: Geräte und Implantate, deren Sicherheit in der MR-Umgebung nur unter bestimmten Bedingungen gegeben ist. Bei Verwendung solcher Geräte und Implantate sind die Herstellerangaben zwingend zu befolgen. Diese können einzuhaltende Bedingungen für das statische Magnetfeld, den räumlichen Gradienten des statischen Magnetfeldes, die Schaltung der Gradientenfelder und das Hochfrequenzfeld enthalten. Es können auch weitere Einschränkungen zur Gewährleistung der Sicherheit notwendig sein, so z. B. für die räumliche Anordnung der Geräte. Informationen über die räumliche Verteilung des statischen Magnetfeldes sowie des räumlichen Gradienten des statischen Magnetfeldes für das jeweilige MR-System können aus dem Kompatibilitätsdatenblatt des Betreiberhandbuchs entnommen werden.
3. MR-unsicher: Geräte und Implantate, die ein untragbares Risiko für Patienten, medizinisches Personal oder andere Personen darstellen. Diese Geräte und Implantate dürfen nicht in den MR-Kontrollbereich eingebracht werden.

9.6 MRT-Kontrastmittel

Dorde Komljenovic

Die Magnet-Resonanz-Tomographie (MRT) ist durch eine hohe räumliche Auflösung und einen ausgezeichneten Weichteilkontrast gekennzeichnet. Der Kontrast, beispielsweise benachbarter Gewebe, kann durch die Applikation entsprechender MRT-Kontrastmittel zusätzlich erhöht werden. Die Wirkweise solcher Kontrastmittel in der MRT beruht, im Gegensatz zu Computertomographie und Ultraschall, nicht auf der direkten Darstellung einer Substanz als solcher, sondern ihren magnetischen Wechselwirkungen mit der Umgebung.

Die Kontrastmittelaufnahme erkrankter Gewebe kann sich durch metabolische Veränderungen zum Teil deutlich von gesunder Gewebe unterscheiden. Hierbei sind sowohl positive als auch negative Kontraste möglich.

Die Mehrzahl der derzeit angewandten Kontrastmittel zielt auf eine Änderung der Relaxationszeiten ab. Positive Kontrastmittel reduzieren vorwiegend die T_1- und negative die T_2-Relaxationszeit. Während der letzten 30 Jahre erfolgte die rasche Verbesserung bestehender sowie die Entwicklung neuer MRT-Kontrastmittel. Derzeit existieren unterschiedliche, weitgehend übergreifende Klassifizierungen von MRT-Kontrastmitteln, die unter anderem auf der Art ihres Kerns, ihrer Wirkung auf den umgebenden Raum oder ihrer chemischen bzw. magnetischen Eigenschaften basieren.

Hier wird die Klassifizierung basierend auf den magnetischen Eigenschaften paramagnetisch und superparamagnetisch dargestellt. Zusätzlich werden sogenannte CEST-Kontrastmittel (*Chemical Exchange Saturation Transfer*) vorgestellt, deren Wirkung nicht direkt auf Veränderungen der Relaxationszeit von Wasserprotonen basiert.

9.6.1 Gadoliniumkomplex-Kontrastmittel

Gadolinium, ein Metall der seltenen Erden, ist durch sieben ungepaarte Elektronen auf der f-Schale charakterisiert und deshalb als stark paramagnetisches Kontrastmittel anwendbar. Paramagnetische Ionen (z. B. Gd^{3+}) induzieren in wässrigem Umfeld eine schnellere Relaxation der benachbarten Wasserprotonen, was schließlich zu einer Veränderung der durchschnittlichen Relaxation in einem Voxel führt [66]. Gadolinium darf in ionischer Form (Gd^{3+}) als Kontrastmittel aufgrund der hohen Toxizität und der Anreicherung in verschiedenen Organen, wie Knochen und Leber, nicht verwendet werden. Paramagnetische Metallionen erfordern daher die Verwendung von Chelaten (Metallionenkomplexen). Die für Kontrastmittel genutzten Chelate müssen besondere Stabilitätsanforderungen erfüllen, um die In-vivo-Freisetzung der Gd-Ionen zu verhindern. Neuere Studien berichten dennoch über die Speicherung von Gadolinium im Nucleus dentatus und Globus pallidus nach Serienanwendung des linearen, Gadolinium-basierten Kontrastmittels Gadopentetat-Dimeglumin. Für das makrozyklische Kontrastmittel Gadoterat-Meglumin ist diese Anreicherung nicht beschrieben [72].

Ein Überblick über die Gd^{3+}-basierten Kontrastmittel ist in der Tab. 9.5 [62, 65] dargestellt. Gd^{3+}-basierte Kontrastmittel werden heutzutage in etwa 25–30 % aller MRT-Untersuchungen, meist in einer Dosis von 0,1–0,3 mmol·kg^{-1} Körpergewicht, intravenös injiziert, verwendet [63]. Aufgrund ihrer In-vivo-Verteilung können Gd-basierte Kontrastmittel in drei Gruppen aufgeteilt werden: extrazelluläre, intravaskuläre (Blood-Pool) und leberspezifische Kontrastmittel. Ihre Ausscheidung erfolgt durch renale Filtration, bei gesunden Probanden mit einer approximativen Halbwertszeit von etwa 90 min [62].

Tab. 9.5 Überblick über Gd^{3+}-basierten Kontrastmittel. Das Bundesinstitut für Arzneimittel und Medizinprodukte (BfArM) setzte mit Bescheid vom 13. Dezember 2017 den entsprechenden Durchführungsbeschluss der Europäischen Kommission um. Die Europäische Kommission hat mit dem Beschluss entschieden, dass für die intravenös anzuwendenden linearen Kontrastmittel Gadodiamid, Gadopentetsäure und Gadoversetamid die Zulassungen in der EU ruhen sollen* (Gadopentetsäure kann weiterhin intraartikulär verabreicht werden). Das Anwendungsgebiet des linearen Kontrastmittels Gadobensäure soll auf die Leberbildgebung§ eingeschränkt werden. Das intravenös anzuwendende lineare Kontrastmittel Gadoxetsäure ist weiterhin ausschließlich für Leberbildgebungen§ zugelassen

Markenname	Generischer Name	Struktur	Typ
Ablavar/Vasovist	Gadofosveset	Linear ionisch	Blood-Pool
Dotarem	Gd-DOTA Gadoterat-Meglumin	Makrozyklisch ionisch	Extrazellulär
Eovist/Primovist§	Gd-EOB-DTPA Gadoxetsäure-Dinatrium	Linear ionisch	Leber
Gadovist	Gd-BT-DO3A Gadobutrol	Makrozyklisch Nicht ionisch	Extrazellulär
Magnevist*	Gd-DTPA Gadopentetat-Dimeglumin	Linear ionisch	Extrazellulär
MultiHance§	Gd-BOPTA Gadobenat-Dimeglumin	Linear ionisch	Extrazellulär
Omniscan*	Gd-DTPA-BMA Gadodiamid	Linear Nicht ionisch	Extrazellulär
OptiMARK*	Gd-DTPA-BMEA Gadoversetamid	Linear Nicht ionisch	Extrazellulär
ProHance	Gd-HP-DO3A Gadoteridol	Makrozyklisch Nicht ionisch	Extrazellulär

9.6.2 Eisenoxid-Partikel

Eisenoxidnanopartikel verschiedener Größe (50–200 nm) haben ein deutlich höheres magnetisches Moment als paramagnetische Kontrastmittel und sind als USPIO (*Ultra-Small Superparamagnetic Iron Oxides*, mittlerer Durchmesser < 50 nm), SPIO (*Superparamagnetic Iron Oxides*, mittlerer Durchmesser > 50 nm und < 1 μm) und MPIO (*micron-sized particles of iron oxide*, mittlerer Durchmesser > 1 μm), klassifiziert [64, 65]. Als USPIO werden derzeit Ferumoxtran-10 (Sinerem), Ferucarbotran C (Supravist) und Ferumoxytol (Feraheme) evaluiert [67]. Eisenoxidpartikel weisen unterschiedliche Oberflächenbeschichtungen auf und bestehen aus Kristalliten, die magnetische Ionen enthalten [65]. Diese erzeugen eine starke Magnetfeld-Inhomogenität und reduzieren die T_2-Relaxationszeit deutlich, wodurch die Visualisierung kleiner Zellzahlen möglich ist. Für In-vivo-Ansätze werden aufgrund ihrer hohen chemischen Stabilität und geringen Toxizität hauptsächlich die beiden Eisenoxide Magnetit Fe_3O_4 und Maghemit γ-Fe_2O_3 verwendet [64].

Aufgrund natürlich vorkommender Aggregation müssen Eisenoxidpartikel vor der In-vivo-Anwendung stabilisiert werden. Beispielsweise werden Polymerbeschichtungen (Dextran, Chitosan, PVA oder PEG (Polyethylenglycol)) oder elektrostatische Stabilisierung (Modifikation des isoelektrischen Punktes durch Adsorption von funktionellen Gruppen auf die Nanopartikeloberfläche) eingesetzt. Da die Pharmakokinetik von der Partikelgröße abhängig ist, werden Eisenoxid-basierte Kontrastmittel durch die Nieren ausgeschieden bzw. in Leber oder Milz aufgenommen. Aufgrund der größenabhängigen Aufnahme der Eisenoxidpartikel durch Phagozyten werden SPIO in größerem Ausmaß phagozytiert als die USPIO [73]. Die mit Dextran beschichteten SPIO-Nanopartikel Feromoxid (Endorem) sowie die mit Carboxydextran beschichteten Partikel Ferucarbotran (Resovist) wurden für die klinische Verwendung zugelassen. Kürzlich wurde diese Zulassung jedoch zurückgezogen bzw. hat der Hersteller die Kontrastmittel zum Teil aufgrund neuer wissenschaftlicher Erkenntnisse vom Markt genommen [64, 67].

Neben der Wirkung auf die Signalintensität T_2-gewichteter Bilder wurden Eisenoxidnanopartikeln in vivo zusätzlich für Hyperthermie und magnetische Arzneimittelabgabe verwendet. Nach der Exposition von γ-Fe_2O_3-Eisenoxidnanopartikeln kommt es im alternierenden Magnetfeld zu einer lokalen Temperaturerhöhung, die zu einer selektiven Wirkstoffausschüttung genutzt werden kann. Vielversprechende Ergebnisse wurden mit den mit dem Zytostatikum Doxorubicin beladenen, thermoreagierenden und polymerbeschichteten Eisenoxidnanopartikeln gezeigt [71]. Die Anwendung von Eisenoxid-Partikeln hat sich auch als eine vielversprechende Herangehensweise für die In-vivo-Zellverfolgung mittels MRT etabliert. Nach der Injektion von mesenchymalen Stammzellen, inkubiert mit SPIO (Ferumoxide), wurden mittels T_2-gewichteter Bildgebung bei Patienten mit Multipler Sklerose hypointense Regionen in den Dorsalwurzeln des Rückenmarks nachgewiesen [68].

9.6.3 CEST-Kontrastmittel

CEST-Bildgebung ist durch den spezifischen Protonenaustausch von kleinen Metaboliten ($-NH$ oder $-OH$) auf Gewebewassermoleküle charakterisiert. CEST-Kontrastmittel weisen solche übertragbaren Protonen auf und ermöglichen molekülspezifische Signale auf Basis des Wassersignals räumlich hochaufgelöst darzustellen. Zur Herstellung exogener CEST-Kontrastmittel wurden diamagnetische (D-Glukose, Glutamat, Kreatin, Salicylsäure, Thymidin und L-Arginin) und paramagnetische Stoffe (z. B. Lanthanoide) verwendet [70]. Weiterhin ist eine hochsensitive CEST-Signalerzeugung basierend auf Einkapseln von Komplexen mit austauschbaren Protonen (Glykogen, L-Arginine und Poly-L-Lysin) in der wässrigen Höhle von Liposomen beschrieben [69].

9.7 Funktionelle MRT: Fluss, Diffusion, Perfusion, fMRT

Frederik B. Laun und Tristan A. Kuder

Ein wichtiger Aspekt der Magnetresonanztomographie ist die große Vielfalt an intrinsischen und extrinsischen Kontrasten, die dem glücklichen Besitzer eines Tomographen zur Verfügung stehen. Neben den „klassischen" Kontrasten T_1- und T_2-Wichtung, welche in der Praxis oft mit einer spektralen Fettunterdückung oder Inversionspräparationen garniert werden (Abschn. 9.4.2.3), gibt es eine Fülle an weiteren Effekten, oft ehemalige Artefakte, die von erfinderischen Wissenschaftlern und Entwicklern in Messprinzipen umgemünzt wurden. In diesem Unterkapitel sollen vier dieser Prinzipien vorgestellt und erläutert werden, welche die Messung von Fluss und Diffusion, von Perfusion und Gehirnaktivität erlauben.

9.7.1 Fluss

Das Prinzip der Flussmessung in der MRT lässt sich mittels der Grundgleichung $\omega = \gamma B_{\text{eff}} = \gamma \boldsymbol{G} \cdot \boldsymbol{x}$ der MRT verstehen, welche hier im mit ω_0 rotierenden Koordinatensystem dargestellt ist. Während in Abschn. 9.3 und 9.4 noch angenommen wurde, dass die Spinpakete ortsfest sind, wird diese Annahme in diesem Abschnitt fallengelassen. Der Ort des Spins sei: $\boldsymbol{x}(t) = \boldsymbol{x}_0 + \boldsymbol{v}t$, was einer laminar geradlinig fließenden Substanz entspricht. Die Phase, die ein Spinpaket unter Einfluss eines zeitlich veränderlichen Gradienten $\boldsymbol{G}(t)$ der Gesamtlänge T erfährt, ist gegeben durch

$$
\begin{aligned}
\varphi &= -\gamma \int_0^T \mathrm{d}t\, \boldsymbol{G}(t) \cdot \boldsymbol{x}(t) \\
&= -\boldsymbol{x}_0 \cdot \gamma \int_0^T \mathrm{d}t\, \boldsymbol{G}(t) - \boldsymbol{v} \cdot \gamma \int_0^T \mathrm{d}t\, \boldsymbol{G}(t)t \\
&= -\boldsymbol{x}_0 \cdot \boldsymbol{k} - \boldsymbol{v} \cdot \boldsymbol{I}_1
\end{aligned}
\tag{9.79}
$$

mit $I_1 = \gamma \int_0^T dt\, G(t)\, t$. Der Signalbeitrag eines Spinpaketes zur komplexen Magnetisierung $M_\perp = M_x + iM_y$ ist proportional zu $\exp(i\varphi)$ und folglich gilt für das Signal

$$\tilde{S}(\boldsymbol{k}) \propto \langle e^{i\varphi} \rangle = \langle e^{-i\boldsymbol{x}_0 \cdot \boldsymbol{k} - i\boldsymbol{v}(\boldsymbol{x}_0) \cdot \boldsymbol{I}_1} \rangle, \qquad (9.80)$$

wobei die Erwartungswertklammern anzeigen, dass über alle Spins gemittelt werden soll[1]. Es wird angenommen, dass der Geschwindigkeitsvektor $\boldsymbol{v}(\boldsymbol{x}_0)$ jedes Teilchens während Dauer T konstant ist, jedoch möglicherweise vom Startpunkt $\boldsymbol{x}_0$ abhängt. Der Erwartungswert kann wie folgt berechnet werden:

$$\tilde{S}(\boldsymbol{k}) \propto \int d^3 x_0 e^{-i\boldsymbol{x}_0 \cdot \boldsymbol{k} - i\boldsymbol{v}(\boldsymbol{x}_0) \cdot \boldsymbol{I}_1} \varrho(\boldsymbol{x}_0)$$
$$\xrightarrow{FT} S(\boldsymbol{x}_0) \propto \varrho(\boldsymbol{x}_0) e^{-i\boldsymbol{v}(\boldsymbol{x}_0) \cdot \boldsymbol{I}_1}, \qquad (9.81)$$

wobei $\varrho(\boldsymbol{x}_0)$ die Spindichte am Ort $\boldsymbol{x}_0$ ist. Daher erhält das MR-Signal eine zusätzliche Phase, welche von der Geschwindigkeit der Teilchen relativ zum Gradienten $\boldsymbol{G}(t)$ abhängt. Wie so oft in der MRT kann auftretender Fluss entweder als störende Artefaktquelle oder als gewünschter Kontrast [77, 79, 84] betrachtet werden.

9.7.1.1 Flusskompensation

Betrachten wir zunächst den Fall, dass der Fluss störend sei und es das Ziel sein soll, eine Messsequenz auch bei vorhandenem Fluss stabil anwenden zu können. Beispielsweise führt der Blutfluss in Gefäßen dazu, dass diese ohne Flusskompensation wegen der zusätzlich akkumulierten Phase an falscher Stelle in den aufgenommenen MR-Bildern erscheinen. Da die Geschwindigkeit durch Pulsation schwankt, werden die Blutgefäße häufig in Phasenkodierrichtung mehrfach abgebildet. Um diese Artefakte zu unterdrücken, muss es das Ziel sein, $I_1 = |\boldsymbol{I}_1| = 0$ zu erreichen, was als Flusskompensation bezeichnet wird. Abb. 9.24 zeigt Beispiele für solcherart flusskompensierte Gradientenpaare, die zur Phasenkodierung, zur Schichtanregung und als Auslesegradienten verwendet werden können. Der Einfachheit halber wurde vernachlässigt, dass die Gradienten nur mit endlicher Geschwindigkeit hochgefahren werden können; daher ist die Anstiegszeit hier gleich null.

In der Praxis werden oft etwas kompliziertere zeitliche Gradientenprofile verwendet als in Abb. 9.24 dargestellt, um typische Artefakte zu kompensieren, welche beispielsweise durch Wirbelströme und sogenannte magnetische Begleitfelder (engl. concomitant magnetic fields [75]) verursacht werden.

9.7.1.2 Flusswichtung

Betrachten wir nun den Fall, dass Fluss gemessen werden soll [79, 84]. Derartige Messungen werden häufig in Blutgefäßen wie der Aorta ausgeführt mit dem Ziel, das Pumpvolumen des Herzens sowie das zeitliche Geschwindigkeitsprofil zu bestimmen, welches beispielsweise Rückschlüsse auf die Funktionsfähigkeit der Herzklappen zulässt. Das hierzu verwendete

---

[1] Anders als z. B. in Abschn. 9.3 wird das Tildesymbol in Abschn. 9.7 zur Kenntlichmachung von fouriertransformierten Größen verwendet.

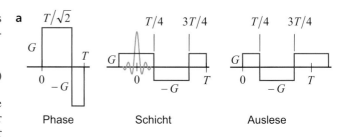

a Phase   Schicht   Auslese

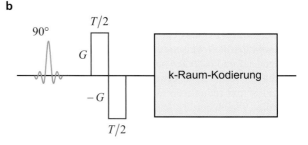

b

Abb. 9.24 a Flusskompensiertes Phasenkodier-Gradientenpaar, flusskompensierte Schichtanregung sowie Auslesegradient, der im k-Raumzentrum flusskompensiert ist. **b** Darstellung einer Gradientenecho-Sequenz, welche um ein bipolares Gradientenpaar erweitert ist. Dieses bewirkt sowohl eine Flusswichtung als auch eine Diffusionswichtung

Grundprinzip ist in Abb. 9.24b dargestellt. Eine Standard-Gradientenecho-Sequenz (vgl. Abschn. 9.4) wird also einfach um ein bipolares Gradientenpaar erweitert. Für alle sonstigen Bildgebungsgradienten werden flusskompensierte Gradienten verwendet, so dass nur die zusätzlichen Gradienten eine Flusswichtung bewirken. Die Richtung des Gradientenpaares ist frei wählbar, wodurch eine Flusswichtung entlang verschiedener Richtungen erzeugt werden kann; oft wird der Fluss jedoch nur senkrecht zur Schichtebene gemessen.

In der Praxis wird das Gradientenpaar beispielsweise in einer ersten Aufnahme mit der Amplitude G angelegt und in der zweiten $G = 0$ verwendet, so dass ein flussgewichtetes Bild und ein Referenzbild gemessen werden. Die Signale am Ort $\boldsymbol{x}_0$ sind demzufolge

$$S_G(\boldsymbol{x}_0) \propto \varrho(\boldsymbol{x}_0) e^{-i\boldsymbol{v}(\boldsymbol{x}_0) \cdot \boldsymbol{I}_1} \quad \text{für } G \neq 0 \quad \text{und} \qquad (9.82)$$
$$S_0(\boldsymbol{x}_0) \propto \varrho(\boldsymbol{x}_0) \quad \text{für } G = 0. \qquad (9.83)$$

Die Geschwindigkeit am Ort $\boldsymbol{x}_0$ kann mit Hilfe dieser Gleichungen bestimmt werden, wobei das Referenzbild den Bezugspunkt für die Phasen im flussgewichteten Bild liefert. Um die Projektion der Geschwindigkeit auf die Gradientenrichtung $\boldsymbol{I}_1/I_1$ zu erhalten, wird beispielsweise folgende Gleichung verwendet:

$$\boldsymbol{v}(\boldsymbol{x}_0) \cdot \frac{\boldsymbol{I}_1}{I_1} = \frac{1}{I_1}[\arg(S_0(\boldsymbol{x}_0)) - \arg(S_G(\boldsymbol{x}_0))]. \qquad (9.84)$$

Die Größe des ersten Gradientenmomentes I_1 wird oft durch die mit VENC (engl. *velocity encoding*) bezeichnete Größe angegeben, welche als VENC $= \pi/|I_1|$ definiert ist und die Einheiten einer Geschwindigkeit hat. Falls sich zwei gleichgerichtete Flussgeschwindigkeiten $\boldsymbol{v}_1$ und $\boldsymbol{v}_2$ im Messvolumen gerade um 2 VENC unterscheiden, also 2VENC $= |\boldsymbol{v}_1 - \boldsymbol{v}_2|$ gilt, erhält man

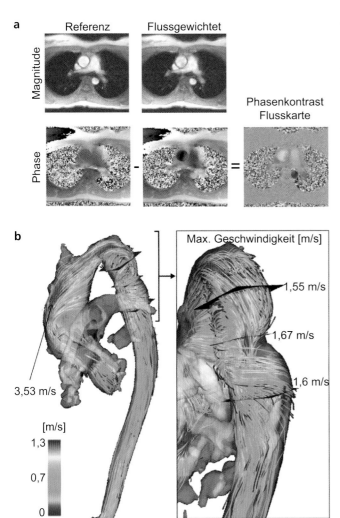

Abb. 9.25 a Magnituden- und Phasenbilder des Thorax mit und ohne Flusswichtung. Aus der Differenz der Phasenkarten kann ein flussgewichtetes Bild berechnet werden (modifiziert aus [79]). *Hellere Grauwerte* entsprechen Fluss aus der Schicht hinaus, *dunklere Grauwerte* entsprechen Fluss in die Schicht hinein. Die Phasenbilder sind stark verrauscht in Bereichen mit wenig Signal in den Magnitudenbildern, z. B. in den Lungen. **b** Dreidimensionale Visualisierung einer zeitaufgelösten Flussmessung in der Aorta eines Patienten mit einem Aortenklappendefekt sowie einer Aortenstenose in Form von Flusslinien (modifiziert aus [84])

aus der Flussmessung mit den oben genannten Methoden identische Phasenwerte, da eine zusätzliche Phase von Vielfachen von 2π keine Änderung des MR-Signals bewirkt. Daher gibt VENC das Messintervall $[-v_{max}, v_{max}]$ an, in welchem eine eindeutige Zuordnung eines gemessenen Phasenunterschiedes zu einer Flussgeschwindigkeit möglich ist. Wichtig ist, dass VENC nicht zu klein ist, da sonst Phasensprünge auftreten. Andererseits sollte VENC nicht zu groß sein, da sonst die Messung aufgrund der geringen Phasenunterschiede zwischen verschiedenen Flussgeschwindigkeiten durch Rauscheinflüsse instabil wird.

Abb. 9.25a zeigt beispielhaft die Messung des Blutflusses in der Aorta senkrecht zur Schichtrichtung. Die Grauwerte in

der resultierenden Phasenkontrastkarte sind proportional zur Geschwindigkeit. Abb. 9.25b zeigt eine dreidimensionale Darstellung des Flusses in der Aorta bei einem Patienten mit einer Fehlbildung an der Aortenklappe sowie einer pathologischen Verengung im Bereich des Aortenbogens. Der Fluss wurde zeitaufgelöst gemessen, so dass die maximale Geschwindigkeit während der Systole bestimmt werden konnte. Deutlich erkennbar sind in den Flusslinien typische Verwirbelungen im Aortenbogen in der Nähe der Verengung. Detaillierte zeitaufgelöste Informationen über die Flussrichtungen und -geschwindigkeiten können genutzt werden, um die Belastungen zu bewerten, welche sich beispielsweise aufgrund von Verengungen auf die Wände großer Gefäße wie der Aorta ergeben. Ein weiteres Ziel ist die Prognosestellung für Aortenaneurysmen, nämlich Aussackungen der Gefäßwand, anhand von Flussparametern, um die Notwendigkeit einer chirurgischen Intervention zu bewerten [84].

Abschließend seien noch für zeitaufgelöste Flussmessungen typische Sequenzparameter genannt: Gradientenecho-Sequenz mit HF-Spoiling, $TR = 5{,}1\,\mathrm{ms}$, $TE = 2{,}6\,\mathrm{ms}$, Anregungsflipwinkel $7°$, Zeitauflösung $41\,\mathrm{ms}$, Aufnahmevolumen über die gesamte Aorta im Brustbereich, Voxelgröße $1{,}7 \times 2{,}0 \times 2{,}2\,\mathrm{mm}^3$, parallele Bildgebung mit $R = 2$, EKG- und AtemTriggerung.

9.7.2 Diffusion

9.7.2.1 Einführung des Diffusionskoeffizienten

Unter Diffusion versteht der MR-Diffusionskundige gewöhnlich die Selbstdiffusion von Wasser, nicht die in Grundlagenvorlesungen üblicherweise behandelte Diffusion von Salzen in wässriger Lösung mit vorgegebenen Konzentrationsgradienten. Dies soll nicht weiter stören, die Mathematik und die zugrunde liegenden Prinzipen sind identisch: Teilchen, hier also Wassermoleküle in wässriger Lösung, haben beträchtliche thermische Energie und bewegen sich demzufolge mit relativ hoher Geschwindigkeit von über $1000\,\mathrm{km/h}$ im Raume. Trotz dieser einen gewöhnlichen Rennwagen in Schranken weisenden Zahl ist die resultierende Translation relativ bescheiden, da die Wassermoleküle im Pikosekundentakt auf ihre Nachbarn treffen und ihre Richtung ändern. Diese Stoßrate ist groß gegenüber der Lamorfrequenz. Folglich ist das Ziel in der MRT, nicht die Bewegung einzelner Teilchen nachzuverfolgen, was viel zu kompliziert und unübersichtlich wäre, sondern die resultierenden effektiven Verteilungsmechanismen zu untersuchen. Insbesondere folgender Größe kommt dabei überragende Bedeutung zu:

$$D(t) = \frac{\langle (\boldsymbol{x}_2 - \boldsymbol{x}_1)^2 \rangle}{2dt} \qquad (9.85)$$

Die spitzen Klammern beschreiben die Mittelung über alle Zufallspfade der Teilchen, $D(t)$ ist der zeitabhängige Diffusionskoeffizient und d die Dimension, sprich die Anzahl der Raumdimensionen, in der die Bewegung stattfindet. Gemäß der zugrunde liegenden Annahme bewegen sich die Teilchen in der Zeit t von einem zufälligem Startort $\boldsymbol{x}_1$ zu einem anderen Ort $\boldsymbol{x}_2$.

Für freie Diffusion, wenn also keine Zellmembranen oder sonstige Hindernisse den Weg versperren, hängt $D(t)$ gemäß der Definition in Gl. 9.85 nicht von der Zeit ab. In diesem Fall ist $D(t)$ identisch mit der freien Diffusionskonstante D_0. Dies ist eine Folge des zentralen Grenzwertsatzes.

In biologischem Gewebe sind jedoch Zellmembranen vorhanden, deren räumliche Anordnung und Permeabilität gewebespezifisch sind. Tumorgewebe weist eine andere Zell- und Gewebestruktur und damit andere Diffusionshindernisse auf als benachbartes gesundes Gewebe. In grauer Substanz des Gehirns ist die Struktur isotrop und in weißer Substanz anisotrop, ebenso im Muskel.

Kann $D(t)$ etwas über diese Struktur verraten? Etwas Vorwissen ist gefragt, um hier Einsicht zu erhalten. D_0 von Wasser beträgt typischerweise etwa $2\,\mu\mathrm{m}^2/\mathrm{ms}$ bei Raumtemperatur, und typische Echozeiten in der MR liegen im Bereich 10 bis 100 ms. Zellen sind oft etwa 10 μm groß, Axone sind meist kleiner, etwa 1 μm. Eine kurze Rechnung zeigt: Ja, die Diffusionsdistanz der Wassermoleküle in dieser Zeit liegt im Bereich der Zellgröße. Die Moleküle werden gegen die Doppellipidmembran, welche die Zellen begrenzt, stoßen, und $D(t)$ wird kleiner werden, je kleiner die Zelle, und je weniger permeabel die Membran ist. Es steht zu erwarten, dass man durch Messung von $D(t)$ indirekt Rückschlüsse auf die Gewebestruktur ziehen und beispielsweise einen Therapieerfolg bewerten kann.

9.7.2.2 Messung des Diffusionskoeffizienten in der MRT

Die Frage stellt sich, wie $D(t)$ in der MRT gemessen werden kann [80, 82, 90]. Üblicherweise wird die Methode nach Stejskal und Tanner [90] verwendet, welche, genau wie die Flussmessung im vorherigen Kapitel, darauf basiert, dass ein Paar bipolarer Gradienten (Abb. 9.24b, 9.26a) geschaltet wird.

Wie in Gl. 9.80 muss wieder der Erwartungswert $\langle \mathrm{e}^{\mathrm{i}\varphi} \rangle$ berechnet werden. Hier soll nur der einfachste Fall explizit durchgerechnet werden. Es wird freie Diffusion angenommen, und die beiden Gradienten sollen so kurz sein, dass die Diffusionsbewegung während Schaltung des jeweiligen Gradienten vernachlässigbar ist. Zudem soll zwischen den Gradienten eine Pause eingeführt werden, während derer die Teilchen die Diffusionsbewegung ausführen. Ferner wird zur Vereinfachung der Notation ein in x-Richtung weisender Gradient $\boldsymbol{G}(t) = (G(t), 0, 0)$ betrachtet und der Bildgebungsteil vernachlässigt. Die Phase, die ein diffundierendes Teilchen während des ersten Gradienten der Dauer δ erhält, ist demzufolge

$$\varphi_1 = -\gamma \int_0^\delta \mathrm{d}t\, G(t) x(t) = -\gamma \delta G x_1 = -q x_1 \quad (9.86)$$

mit $q = \gamma \delta G$. Entsprechend resultiert der zweite Gradient in der Phase $\varphi_2 = q x_2$, und für die Gesamtphase folgt $\varphi = \varphi_1 + \varphi_2 =$

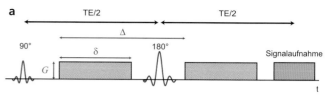

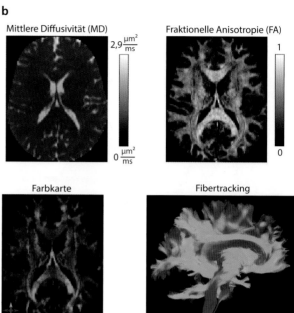

Abb. 9.26 a Schematische Darstellung einer diffusionsgewichteten Spinecho-Sequenz. **b** Aus einem Diffusionstensor-Datensatz des Gehirns gewonnene Parameterkarten. Die Farbkarte zeigt für eine Schicht farbkodiert die Hauptfaserrichtungen an, welche aus dem Haupteigenvektor von **D** ermittelt wurden. Das Fibertracking stellt dreidimensional den berechneten Verlauf von Nervensträngen in der weißen Substanz dar

$q(x_2 - x_1) = q x_{21}$ mit der Translation $x_{21} = x_2 - x_1$. Bei freier Diffusion ist der Propagator gegeben durch eine Gaußfunktion:

$$P(x_{21}, t) = \frac{\mathrm{e}^{-x_{21}^2/4 D_0 t}}{\sqrt{4\pi D_0 t}} \quad (9.87)$$

Nun muss wieder $\langle \mathrm{e}^{\mathrm{i}\varphi} \rangle$ berechnet werden:

$$\langle \mathrm{e}^{\mathrm{i}\varphi} \rangle = \langle \mathrm{e}^{\mathrm{i}q x_{21}} \rangle = \int \mathrm{d}x_{21}\, P(x_{21}, \Delta) \mathrm{e}^{\mathrm{i}q x_{21}} = \mathrm{e}^{-D_0 q^2 \Delta} = \mathrm{e}^{-b D_0},$$
$$(9.88)$$

mit $b = q^2 \Delta = \gamma^2 G^2 \delta^2 \Delta$, wobei δ die Dauer eines Gradientenpulses ist. Δ bezeichnet die Zeit vom Beginn des ersten bis zum Beginn des zweiten Gradientenpulses. Für den in Abb. 9.24b gezeigten Fall gilt beispielsweise $\delta = \Delta = T/2$. Üblicherweise wird jedoch eine Spinecho-Sequenz verwendet, so dass aufgrund der Phaseninvertierung durch den 180°-Puls die Orientierung beider Gradientenpulse identisch ist (Abb. 9.26a).

Gl. 9.88 liefert ein Rezept zur Messung der Diffusion. Zunächst wird ein Referenzbild $S_0(\boldsymbol{x})$ ohne Diffusionsgradienten gemessen und dann ein diffusionsgewichtetes Bild $S_b(\boldsymbol{x})$, bei dem die

Gradienten appliziert werden. In jedem Bildvoxel kann somit der Diffusionskoeffizient gemäß $D_0(\boldsymbol{x}) = \frac{1}{b}\ln(S_0(\boldsymbol{x})/S_b(\boldsymbol{x}))$ bestimmt werden.

Streng genommen gilt Gl. 9.88 nur für den hier beschriebenen Fall kurzer Gradienten und freier Diffusion. Ansonsten müssen folgende Anpassungen vorgenommen werden:

- Diffusion frei, Gradienten lang: Eine ausführlichere Rechnung zeigt, dass die Formel für den b-Wert korrigiert werden muss zu $b = \gamma^2 G^2 \delta^2 (\Delta - \delta/3)$, ansonsten ist Gl. 9.88 gültig.
- Diffusion eingeschränkt, Gradienten kurz: Gl. 9.88 wird modifiziert zu $\langle \mathrm{e}^{\mathrm{i}\varphi} \rangle = \mathrm{e}^{-bD(t) + O(b^2 D(t)^2)}$. Hierbei ist O das Landau-Symbol. Daher kann für kleine b-Werte, also z. B. für $bD(t) < 1$ der zeitabhängige Diffusionskoeffizient $D(t)$ bestimmt werden.
- Diffusion eingeschränkt, Gradienten lang: Gl. 9.88 wird modifiziert zu $\langle \mathrm{e}^{\mathrm{i}\varphi} \rangle = \mathrm{e}^{-bD_{\mathrm{app}}(t) + O(b^2 D_{\mathrm{app}}(t)^2)}$. Es wird nicht mehr $D(t)$ gemessen, sondern der scheinbare Diffusionskoeffizient bzw. der „Apparent Diffusion Coefficient" $D_{\mathrm{app}}(t)$. Dieser unterscheidet sich im Allgemeinen von $D(t)$, und eine genaue Betrachtung ist kompliziert. In vielen Fällen kann $D_{\mathrm{app}}(t)$ jedoch als gute Näherung für $D(t)$ angesehen werden[2]. Am klinischen Tomographen wird in Gewebe immer $D_{\mathrm{app}}(t)$ gemessen, da die Diffusionsgradienten relativ lang sind (δ etwa 30 ms).

9.7.2.3 Analogie Fluss- und Diffusionsmessung

Auffällig ist die enge Analogie der Fluss- und Diffusionsmessung. Tatsächlich basieren beide Techniken auf demselben Mechanismus, dass nämlich sich bewegenden Spins bzw. Teilchen in einem zeitabhängigen Gradientenfeld mit $\int_0^T \mathrm{d}t\, G(t) = 0$ eine Phase ungleich null aufgeprägt wird. Bei kohärentem Fluss erhalten alle Teilchen dieselbe Phase; deshalb ist die Teilchenphase identisch zur Phase der makroskopischen Magnetisierung. Bei der Diffusionsbewegung hingegen akkumulieren die Teilchen durch ihre ungeordnete Bewegung unterschiedliche Phasen. Im Mittel ist die Teilchenphase gleich null, so dass die makroskopische Magnetisierung keine zusätzliche Phase durch die Diffusionsgradienten erhält. Allerdings tritt eine Phasendispersion auf. Anschaulich gesprochen weisen die magnetischen Momente der Teilchen in unterschiedliche Richtungen, so dass die resultierende Gesamtmagnetisierung geringer ist. Dies führt letztendlich zu der in Gl. 9.88 beschriebenen Signalabnahme.

Normalerweise sind Amplitude und Dauer von Diffusionsgradienten wesentlich größer als bei flusswichtenden Gradienten, da die Diffusionsbewegung von wenigen Mikrometern sichtbar gemacht werden soll, während die typischen Distanzen beim Fluss eher im Bereich einiger Millimeter liegen. Findet im Gewebe zusätzlich zur Diffusion eine kohärente Bewegung statt, beispielsweise aufgrund der Pulsation in Gefäßen, führt dies zu einer pseudozufälligen Phase der makroskopischen Magnetisierung. Aus diesem Grund nimmt der Bildgebungsteil in der Diffusions-MRT fast immer den gesamten k-Raum nach einer einzigen Anregung auf, meist mittels einer echoplanaren Bildgebungssequenz (EPI-Sequenzen, Abschn. 9.4.2.2). Die resultierenden Bilder haben dann zwar eine instabile Phase; da aber zur Berechnung des Diffusionskoeffizienten nur die Magnitude des Signals verwendet wird, spielt dies keine Rolle. Der Sachverhalt wäre anders gelagert, wenn für jede k-Raumzeile eine neue Diffusionswichtung durchgeführt würde, da die k-Raumzeilen dann unterschiedliche Phasen aufwiesen, was zu schweren Bildartefakten führen würde.

9.7.2.4 Diffusionstensor

In anisotropem Gewebe ist auch die Diffusion anisotrop. Glücklicherweise können die Diffusionsgradienten entlang verschiedener Richtungen angelegt werden, so dass auch die anisotrope Diffusion mittels der MRT sichtbar gemacht werden kann. Beispielsweise können die Diffusionsgradienten in drei aufeinanderfolgenden Messungen entlang der Koordinatenachsen x, y und z angelegt werden, um D_x, D_y und D_z in jedem Bildvoxel zu bestimmen[3].

Gegeben sei nun eine Nervenfaser, in der die Diffusion parallel zur Faser durch $D_\parallel$ beschrieben ist. Senkrecht zur Faser sei die Diffusion durch die beiden Diffusionskoeffizienten $D_{\perp,1}$ und $D_{\perp,2}$ entlang zweier zueinander orthogonaler Richtungen bestimmt. Liegt die Faser parallel zur z-Achse des Koordinatensystems des Tomographen, können die gemessenen Diffusionskoeffizienten direkt mit denen der Faser gleichgesetzt werden. Eine elegante Beschreibung ist mittels des Diffusionstensors $\overline{\mathbf{D}}$ möglich, der in folgender Matrixnotation dargestellt werden kann:

$$\overline{\mathbf{D}} = \begin{pmatrix} D_x & 0 & 0 \\ 0 & D_y & 0 \\ 0 & 0 & D_z \end{pmatrix} = \begin{pmatrix} D_{\perp,1} & 0 & 0 \\ 0 & D_{\perp,2} & 0 \\ 0 & 0 & D_\parallel \end{pmatrix} \quad (9.89)$$

Werden die Gradienten nicht entlang der Koordinatenachsen, sondern entlang einer beliebigen Richtung $\boldsymbol{g}$ geschaltet, so wird die Projektion $D(\boldsymbol{g}) = \boldsymbol{g}^{\mathrm{T}} \overline{\mathbf{D}} \boldsymbol{g}$ gemessen. Im Allgemeinen ist die Faser nicht parallel zu einer Achse des Tomographen-Koordinatensystems orientiert. Die entsprechende Drehung wird durch die Rotationsmatrix $\mathbf{R}$ angegeben. Es kann gezeigt werden, dass sich $\overline{\mathbf{D}}$ in diesem Fall wie ein Tensor transformiert:

$$\overline{\mathbf{D}} \to \mathbf{D} = \mathbf{R}\overline{\mathbf{D}}\mathbf{R}^{\mathrm{T}} = \begin{pmatrix} D_{xx} & D_{xy} & D_{xz} \\ D_{xy} & D_{yy} & D_{yz} \\ D_{xz} & D_{yz} & D_{zz} \end{pmatrix}. \quad (9.90)$$

Aufgrund der Eigenschaften der Rotationsmatrizen ist diese Matrix symmetrisch, so dass sie sechs freie Parameter enthält, worin sich die sechs Freiheitsgrade (drei Diffusionskoeffizienten $D_{\perp,1}$, $D_{\perp,2}$, $D_\parallel$ sowie drei Rotationswinkel θ_1, θ_2 und θ_3) widerspiegeln. Zur Bestimmung des Diffusionstensors sind somit Messungen mit mindestens sechs Gradientenrichtungen sowie eine Messung mit $b = 0$ erforderlich. Durch Standardverfahren der linearen Algebra kann die Matrix $\mathbf{D} = \mathbf{R}\overline{\mathbf{D}}\mathbf{R}^{\mathrm{T}}$

---

[2] Die Nomenklatur ist in der Literatur nicht ganz einheitlich. Oft wird auch $D(t)$ als „Apparent Diffusion Coefficient (ADC)" bezeichnet.

[3] Das Zeitargument des Diffusionstensors und sowie der Index „app" werden in diesem Abschnitt nicht ausgeschrieben.

diagonalisiert werden, so dass die Diffusionseigenschaften der Faser (gegeben durch die Eigenwerte $D_{\perp,1}$, $D_{\perp,2}$, $D_\parallel$ von $\overline{\mathbf{D}}$) und deren Orientierung (gegeben durch $\mathbf{R}$) bestimmt werden können.

Oft verwendete, vom Tensor abgeleitete Größen sind die mittlere Diffusivität

$$MD = \frac{1}{3}\mathrm{Spur}(\mathbf{D}) = \frac{1}{3}(D_{xx} + D_{yy} + D_{zz})$$
$$= \frac{1}{3}\mathrm{Spur}(\overline{\mathbf{D}}) = \frac{1}{3}(D_{\perp,1} + D_{\perp,2} + D_\parallel) \quad (9.91)$$

und die fraktionelle Anisotropie

$$FA = \sqrt{\frac{3}{2}} \sqrt{\frac{(D_\parallel - MD)^2 + (D_{\perp,1} - MD)^2 + (D_{\perp,2} - MD)^2}{D_\parallel^2 + D_{\perp,1}^2 + D_{\perp,2}^2}}, \quad (9.92)$$

welche zwischen null und eins normiert ist, wobei $FA = 0$ vollkommen isotroper Diffusion entspricht und bei $FA = 1$ die Diffusion nur entlang einer Richtung möglich ist. Da MD und FA nur auf die Eigenwerte von $\mathbf{D}$ zurückgreifen und somit basisinvariant sind, hängen diese Größen nur von den Eigenschaften der Faser ab und nicht von der Orientierung. MD wird in der Literatur auch oft als „Apparent Diffusions Coefficient (ADC)" bezeichnet. Typische Werte, die im menschlichen Corpus callosum gemessen werden, sind beispielsweise $MD = 1{,}0\,\mu\mathrm{m}^2/\mathrm{ms}$ und $FA = 0{,}7$. Bildbeispiele sind in Abb. 9.26b dargestellt.

9.7.2.5 Praktische Aspekte der MR-Diffusionsbildgebung

Typische Sequenzeinstellungen sind: Echoplanare Spinecho-Sequenz mit diffusionswichtenden Gradienten, $TE = 80\,\mathrm{ms}$, $TR = 3\,\mathrm{s}$, Bandbreite $= 1500\,\mathrm{Hz/Pixel}$, parallele Bildgebung, Sichtfeld $= 256 \times 256\,\mathrm{mm}^2$, Matrix $= 128 \times 128$, 90° Anregungswinkel, $b = 0$ und $1000\,\mathrm{s/mm}^2$, 20 Richtungen, 10 Mittelungen, $\delta = 30\,\mathrm{ms}$, Δ so kurz wie möglich, um eine kleine Echozeit zu erreichen. Falls die Messung einer Richtungsabhängigkeit der Diffusion nicht nötig ist, beispielsweise bei im Wesentlichen isotropem Tumorgewebe, werden zur Zeitersparnis oft nur drei orthogonale Diffusionsrichtungen verwendet, die ausreichen, um MD zu bestimmen, nicht aber die Berechnung von FA erlauben.

Klinisch wird die diffusionsgewichtete Bildgebung vornehmlich in der Diagnostik des ischämischen Schlaganfalls verwendet, wobei sich das betroffene Gebiet durch einen deutlich verminderten Diffusionskoeffizienten auszeichnet. Ein Vergleich mit Perfusionsmessungen im Gehirn erlaubt die Identifikation von Arealen, die potenziell gerettet werden können. Ein weiteres Anwendungsgebiet stellt die Tumordiagnostik dar. Hier werden beispielsweise Ganzkörper-Diffusionsaufnahmen verwendet, um potenzielle Läsionen zu identifizieren, welche typischerweise einen reduzierten Diffusionskoeffizienten aufweisen.

Die Auswertung der aus dem Diffusionstensor ermittelten Hauptdiffusionsrichtung für jedes Volumenelement in Aufnahmen des Gehirns erlaubt die dreidimensionale Rekonstruktion

der Hauptnervenstränge [80, 91] (Abb. 9.26b). Auf diese Weise ist es möglich, beispielsweise den Grad der Verbindung verschiedener Gehirnregionen miteinander zu untersuchen.

9.7.3 Perfusion

Während sich Abschn. 9.7.1 mit der Messung des Flusses in großen Blutgefäßen befasst, deren Durchmesser typischerweise im Zentimeterbereich liegt, wird die eigentliche Versorgung des Gewebes mit Sauerstoff und Nährstoffen sowie der Abtransport der Stoffwechselprodukten durch Kapillargefäße sichergestellt. Mit der Durchblutung des Gewebes auf Kapillarebene, welche bei MR-Perfusionsmessungen ermittelt werden soll, befasst sich dieser Abschnitt. Die Perfusion stellt einen wichtigen Parameter in der radiologischen Diagnostik dar, da die Durchblutung bei vielen Pathologien verändert ist. Beispielsweise werden daher Perfusionsmessungen sowohl in der Schlaganfall- und Tumordiagnostik als auch bei Lungenerkrankungen wie zystischer Fibrose oder Lungenembolie durchgeführt [81, 83, 89, 93].

9.7.3.1 Perfusionsmessungen mit MR-Kontrastmitteln

Die am häufigsten verwendete Technik zur Messung der Geweberperfusion stützt sich auf die zeitaufgelöste Messung des Einflusses eines paramagnetischen Kontrastmittels (Abschn. 9.6) auf das MR-Signal.

Hierbei wird üblicherweise ein Bolus des Kontrastmittels, in der Regel ein kurzer Injektionspuls von einigen Sekunden Dauer, in eine Armvene injiziert. Dieser Bolus passiert sodann das Herz und gelangt anschließend in die Lunge, um danach erneut das Herz zu durchlaufen und in die übrigen Organe, wie das Gehirn, zu gelangen. Für die Berechnung von Perfusionsparametern wie Blutfluss und -volumen ist es erforderlich, in dem entsprechenden Organ den Konzentrations-Zeit-Verlauf des Kontrastmittels mit möglichst guter zeitlicher Auflösung zu bestimmen. Hierbei wird der erste Durchlauf des Bolus durch das Gewebe verfolgt. Zu diesem Zweck werden T_2^*- oder T_1-gewichtete MR-Sequenzen verwendet.

Für Perfusionsmessungen im Gehirn wird üblicherweise der erste im Folgenden beschriebene Ansatz verwendet, welcher die Reduktion von T_2 bzw. T_2^* durch das Kontrastmittel und die daraus resultierende Signalabnahme ausnutzt. Diese wird meist mit entsprechend gewichteten echoplanaren Gradienten- oder Spinecho-Sequenzen gemessen. Aufgrund der Auslese des gesamten k-Raums nach einer einzigen Anregung können hier Zeitauflösungen im Bereich von 1s erreicht werden. Diese Technik wird als dynamische suszeptibilitätsgewichtete MRT bezeichnet. MR-Kontrastmittel können die Blutgefäße aufgrund der Blut-Hirn-Schranke, falls diese nicht geschädigt ist, nicht verlassen. Im Vergleich zum T_1-Effekt ist die Reichweite des T_2^*-Effekts sehr viel größer und reicht weit über die Gefäßwände hinaus. Daher ist die Signaländerung durch das Kontrastmittel bei T_2^*-Wichtung sehr viel stärker, was sich positiv auf die Messung des Signalverlaufs auswirkt. Falls die

a

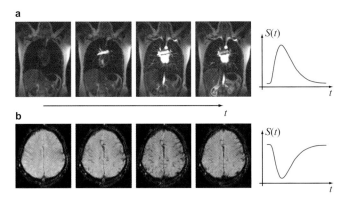

b

Abb. 9.27 Darstellung des Signal-Zeit-Verlaufes für kontrastmittelgestützte Perfusionsmessungen. **a** Das Kontrastmittel wird in den T_1-gewichteten MR-Bildern des Brustkorbes hell dargestellt. Deutlich ist anhand der vier gezeigten Zeitpunkte das Einströmen des Kontrastmittels in Herz und Lunge erkennbar. Auf der *rechten Seite* ist schematisch der Zeitverlauf des Signals $S(t)$ gezeigt. **b** Entsprechende Darstellung für eine T_2^*-gewichtete Aufnahme des Gehirns. Hier resultiert das Kontrastmittel in einem Signalabfall

Konzentration des Kontrastmittels nicht zu groß ist, da sonst Sättigungseffekte auftreten, und falls der T_1-Effekt auf das Signal vernachlässigt werden kann, lässt sich die Konzentration $C(t)$ des Kontrastmittels im betrachteten Volumenelement mittels

$$C(t) = -\frac{c_1}{T_E} \ln \frac{S(t)}{S_0} \qquad (9.93)$$

aus dem gemessenen Signalverlauf $S(t)$ berechnen mit einer Konstante c_1, die unter anderem von Gewebetyp, Feldstärke und Messsequenz abhängt. S_0 bezeichnet das Signal vor Gabe des Kontrastmittels.

Der zweite Ansatz misst die Signalanhebung in T_1-gewichteten Bildern und wird als dynamische kontrastmittelverstärkte MRT bezeichnet. T_1-gewichtete Messungen finden verbreiteten Einsatz in der Lungenbildgebung, da hier aufgrund der extrem kurzen T_2^*-Zeit in der Größenordnung von 1 ms eine suszeptibilitätsgewichtete Bildgebung nicht möglich ist. Der hohe Luftanteil der Lunge und die Vielzahl von Übergängen zwischen Luft und Gewebe führen zu vielen Suszeptibilitätsunterschieden und einem niedrigen Signal-zu-Rausch-Verhältnis. Daher werden hier T_1-gewichtete FLASH-Sequenzen (Abschn. 9.4.2.2) mit sehr kurzer Repetitions- und Echozeit verwendet. Seit Einführung der parallelen Bildgebung (siehe z. B. Kapitel 13.3. in [75]) ist mit diesen Sequenzen eine Abdeckung beispielsweise der gesamten Lunge mit ausreichender zeitlicher Auflösung möglich. Für $TR \ll T_1$ und $TE \ll T_2^*$ und kleine Kontrastmittelkonzentration kann unter Verwendung der FLASH-Gleichung (vgl. Gl. 9.60) gezeigt werden, dass für die Konzentration

$$C(t) = c_2 \frac{S(t) - S_0}{S_0} \qquad (9.94)$$

gilt, wieder mit dem gemessenen Signalverlauf $S(t)$, dem Signal S_0 ohne Kontrastmittel und einer Konstante c_2. Abb. 9.27

zeigt Beispiele für dynamische T_1- und T_2^*-gewichtete MR-Messungen.

9.7.3.2 Ein-Kompartiment-Modell

Häufig wird bei der Perfusionsbildgebung davon ausgegangen, dass das Kontrastmittel den Gefäßraum nicht verlassen kann und sich somit nur in einem Kompartiment bewegen kann [86, 88]. Dies ist im Gehirn bei intakter Blut-Hirn-Schranke und in der Lunge gut erfüllt. In Tumoren ist diese Annahme hingegen nicht uneingeschränkt gültig.

Ziel ist die Messung der Parameter relatives regionales BlutvolumenindexBlutvolumen, relatives regionales RBV, relativer regionaler BlutflussindexBlutfluss, relativer regionaler RBF und mittlere Transitzeit MTT im jeweils betrachteten Gewebe-Volumenelement. Diese Größen sind wie folgt definiert. Das Gewebe-Volumenelement habe das Volumen V und in ihm befinde sich Blut mit Volumen V_{Blut}. Dann ist RBV definiert als $RBV = V_{\text{Blut}}/V$. Die Flussrate F, die auch Volumenstrom genannt wird, beschreibt das Blutvolumen, welches pro Zeiteinheit durch arteriellen Zufluss, das Gewebe und venösen Abfluss fließt. Der regionale Blutfluss RBF ist dann definiert als $RBF = F/V$. Diesen teils gewöhnungsbedürftigen, volumennormierten Definitionen wird durch die Konvention Rechnung getragen, die Einheiten ml/100 ml und ml/(100 ml min) für RBV und RBF zu wählen. Die Kontrastmittelkonzentrationen im arteriellen Zufluss, dem Gewebe und dem venösen Abfluss werden mit $C_{\text{Arterie}}(t)$, $C(t)$ und $C_{\text{Vene}}(t)$ bezeichnet.

Das Blut fließt über verschiedene Kapillarwege unterschiedlicher Länge im Gewebe-Volumenelement zum venösen Abfluss. Aufgrund der Massenerhaltung des Kontrastmittels muss

$$\int_0^\infty dt\, F\, C_{\text{Arterie}}(t) = \int_0^\infty dt\, F\, C_{\text{Vene}}(t) = \int_0^\infty dt\, F\, C(t)/RBV \qquad (9.95)$$

gelten. Der Faktor $1/RBV$ ist nötig, da die Konzentration in den Kapillaren um $1/RBV$ größer ist als das gemessene $C(t)$. Folglich kann das regionale Blutvolumen

$$RBV = \frac{\int_0^\infty dt\, C(t)}{\int_0^\infty dt\, C_{\text{Arterie}}(t)} \qquad (9.96)$$

aus den gemessenen Zeitverläufen $C(t)$ und $C_{\text{Arterie}}(t)$ ermittelt werden. Zur Bestimmung von $C_{\text{Arterie}}(t)$ wird ein direkt das Gewebe versorgendes Gefäß gewählt.

Zur Ermittlung des regionalen Blutflusses RBF beachtet man, dass die Kontrastmittelmenge $F\, C_{\text{Arterie}}(t)dt$ während der Zeit dt in das Gewebe-Volumenelement zugeführt wird. Dies entspricht der Konzentrationsänderung $dC(t) = F\, C_{\text{Arterie}}(t)dt/V = RBF\, C_{\text{Arterie}}(t)dt$. Gleichzeitig fließt aber über den venösen Abfluss Kontrastmittel ab, was durch die Einführung der Funktion $R(t)$ berücksichtigt wird. $R(t)$ gibt den Anteil des Kontrastmittels an, der sich zur Zeit t noch im Volumen befindet, wenn bei $t = 0$ ein δ-Puls von Kontrastmittel

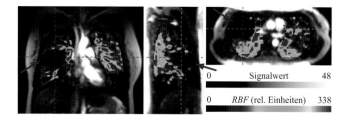

Abb. 9.28 Darstellung des relativen regionalen Blutflusses *RBF* bei einer Patientin mit akuter Lungenembolie, welche große Areale mit mangelhafter Durchblutung bedingt (*Pfeile*). Der Hintergrund stellt ein MR-Bild dar, in welchem jedes Volumenelement das Maximum des Kontrastmitteldurchflusses zeigt. Die *gestrichelten Linien* deuten die Schichtpositionen der jeweils beiden anderen Schnittebenen an. Modifiziert aus [81]

zugeführt wurde. Für einen beliebigen Verlauf $C_{\text{Arterie}}(t)$ ergibt sich $C(t)$ durch Faltung (symbolisiert durch $*$) mit $R(t)$:

$$
\begin{aligned}
C(t) &= RBF \int\limits_0^t \mathrm{d}t_1\, C_{\text{Arterie}}(t_1)\, R(t - t_1) \\
&= RBF \cdot (C_{\text{Arterie}} * R)(t)
\end{aligned}
\tag{9.97}
$$

Um *RBF* aus den gemessen Kurven $C(t)$ und $C_{\text{Arterie}}(t)$ zu ermitteln, wird *RBF* $R(t)$ aus obiger Gleichung bestimmt, woraus sich wegen $R(t = 0) = 1$ direkt *RBF* ergibt. Hierbei handelt es sich um ein sogenanntes inverses, schlecht gestelltes Problem, welches anfällig für Rauschen ist. In der Praxis wird Gl. 9.97 für diskrete Zeitpunkte in Matrixform dargestellt und *RBF* $R(t)$ mit einem numerischen Verfahren wie der Singulärwertzerlegung berechnet. Fortgeschrittenere Ansätze verwenden zusätzliche Regularisierungsverfahren zu Verbesserung der Stabilität. Für die mittlere Durchflusszeit folgt

$$
MTT = \frac{RBV}{RBF}.
\tag{9.98}
$$

Abb. 9.28 zeigt ein Beispiel für Blutflusskarten für den Fall einer Lungenembolie.

Als typische Parameter für die kontrastmittelgestützte Perfusionsmessungen sind zu nennen: T_2^*-Dynamik (Gehirn): Gradientenecho-EPI-Sequenz, $TR = 1500\,\text{ms}$, $TE = 47\,\text{ms}$, Flipwinkel 90°, Sichtfeld $= 240 \times 240\,\text{mm}^2$, Matrix $= 128 \times 128$, Auflösung $1,9 \times 1,9 \times 5\,\text{mm}^3$, 60 Zeitpunkte, 1 s Abstand. T_1-Dynamik (Lunge): FLASH-Sequenz mit paralleler Bildgebung, $TR = 1,9\,\text{ms}$, $TE = 0,8\,\text{ms}$, Flipwinkel 40°, Sichtfeld $= 480 \times 390\,\text{mm}^2$, Matrix $= 256 \times 208$, Voxelgröße $1,9 \times 1,9 \times 5\,\text{mm}^3$, 20 Zeitpunkte, 1,5 s Abstand.

9.7.3.3 Zwei-Kompartiment-Modell und kontrastmittelfreie Verfahren

Zum Abschluss gehen wir noch kurz auf den Fall ein, dass Kontrastmittel die Kapillaren verlassen und in den zwischenzellulären Raum eintreten kann, wie häufig in Tumoren beobachtet. In diesem Fall entstehen Fehler, wenn *RBF*, *RBV* und *MTT* nach dem obigen Verfahren berechnet werden. Aus diesem Grund

wurden Modelle entwickelt, die auch dieses zweite extrazelluläre Kompartiment berücksichtigen. Hier sei kurz auf einen von Brix et al. [76] dargestellten Ansatz eingegangen. Das Blut strömt mit der Kontrastmittelkonzentration $C_{\text{Arterie}}(t)$ und Flussrate F in ein Blutkompartiment (Konzentration $C_{\text{P}}(t)$, Volumen V_{P}), aus dem venöses Blut mit der Rate F abfließt. Das Kontrastmittel kann aus dem Blutkompartiment mit dem Transferkoeffizienten K_{PS} in das zwischenzelluläre Kompartiment (Konzentration $C_{\text{I}}(t)$, Volumen V_{I}) wechseln. Damit ergeben sich die Ratengleichungen

$$
V_{\text{P}} \frac{\mathrm{d}C_{\text{P}}(t)}{\mathrm{d}t} = F(C_{\text{Arterie}}(t) - C_{\text{P}}(t)) - K_{\text{PS}}(C_{\text{P}}(t) - C_{\text{I}}(t))
\tag{9.99}
$$

und

$$
V_{\text{I}} \frac{\mathrm{d}C_{\text{I}}(t)}{\mathrm{d}t} = K_{\text{PS}}(C_{\text{P}}(t) - C_{\text{I}}(t)),
\tag{9.100}
$$

die bei ausreichender Datenqualität letztlich genutzt werden können, um Volumenanteile, Blutfluss und K_{PS} zu ermitteln. Häufig wird im Bereich der Tumordiagnostik jedoch nicht die komplette Kontrastmitteldynamik aufgenommen, sondern lediglich die Anreicherung von Kontrastmittel in T_1-gewichteten Bildern beobachtet.

Neben den hier beschriebenen kontrastmittelgestützten Verfahren existieren weitere kontrastmittelfreie Ansätze. Einerseits ist hier die sogenannte arterielle Spinmarkierung (engl. arterial spin labeling, ASL, siehe z. B. Kapitel 17.1. in [75] sowie [92]) zu nennen, bei welcher das zuströmende Blut mit Präparations-Hochfrequenzpulsen markiert wird. Andererseits erlaubt die zeitaufgelöste Aufnahme von kleinen Intensitätsänderungen in der Lungenbildgebung, die mit der Atem- und Herzfrequenz moduliert sind, die Berechnung von Ventilations- und Perfusionskarten durch Fourier- oder Wavelet-Analyse [74].

9.7.4 Funktionelle Magnetresonanztomographie (fMRT)

Ein wenig merkwürdig mutet es an, wenn ein Abschn. 9.7 „Funktionelle MRT" einen Abschn. 9.7.4 „Funktionelle MRT" besitzt. Dies verdeutlicht die Zweideutigkeit des Begriffes. Oft wird er für alles „Funktionelle" verwendet. Flussmessungen gehören unter diesem Gesichtspunkt dazu, weil sie in Parametern resultieren, die Aussagen über die Funktionsfähigkeit des Herzens erlauben, beispielsweise hinsichtlich der Pumprate[4]. Im engeren Sinne bezieht sich die funktionelle MRT (engl. functional magnetic resonance imaging, fMRI) auf Messungen der Gehirnaktivität. Für gewöhnlich wird das Kürzel fMRT als stellvertretend für die engere Definition verstanden und dieser Abschnitt ist folgerichtig den Messungen der Hirnaktivität gewidmet [78].

---

[4] Selbst unter diesem allgemeinen Gesichtspunkt ließe sich sicherlich trefflich darüber diskutieren, ob die Diffusions-MRT zur funktionellen MRT gerechnet werden sollte.

Hier wird nur die auf dem sogenannten *Blood-Oxygenation-Level-Dependent*(BOLD)-Effekt [85] basierende fMRT beschrieben, welche den Großteil aller Messungen darstellt und auf folgender Beobachtung beruht. Während Oxyhämoglobin, an welches Sauerstoff gebunden ist, diamagnetisch ist wie auch Blutplasma und umliegendes Gewebe, erweist sich Desoxyhämoglobin (ohne Sauerstoff) als paramagnetischer als das Gewebe. Aufgrund dieser Suszeptibilitätsunterschiede und der daraus resultierenden Feldinhomogenitäten ist die T_2^*-Relaxationszeit (siehe Abschn. 9.3.4) für desoxygeniertes Blut kürzer. Wird mit einer T_2^*-gewichteten Sequenz gemessen, so bewirkt eine Änderung der Oxygenierung einen Unterschied im gemessenen Signal, welches für oxygeniertes Blut größer als desoxygeniertes Blut ist.

Dieser Effekt ist im Allgemeinen relativ klein (wenige Prozent), und um ihn zu detektieren, wird im einfachsten Fall ein sogenanntes Blockdesign verwendet: Durch einen Stimulus wird eine Gehirnaktivität angeregt. Beispielsweise werden dem Probanden abwechselnd ein blinkendes Schachbrettmuster (Stimulus) und ein schwarzer Bildschirm (Pause) für jeweils mehrere Sekunden gezeigt. Der optische Kortex ist beim blinkenden Schachbrett aktiv, während er beim Betrachten des schwarzen Hintergrundes eher ruht. Die Vermutung liegt nahe, dass das Blut bei Aktivität des Kortex aufgrund des höheren Energieverbrauches einen verringerten Oxygenierungsgrad aufweisen sollte, doch das Gegenteil ist der Fall. Nach wenigen Sekunden wird der erhöhte Sauerstoffverbrauch durch Erhöhung von Blutfluss und Blutvolumen überkompensiert, so dass das Blut im aktiven Gehirnareal sogar einen erhöhten Oxygenierungsgrad zeigt und in einem T_2^*-gewichteten Bild signalstärker erscheint. Die T_2^*-gewichteten Bilder werden in schneller Folge aufgenommen, so dass mehrere Bilder pro Aktivitätszyklus zur Verfügung stehen.

Typische Sequenzeinstellungen sind bei 3 T: Echoplanare Gradientenecho-Sequenz, $TE = 40\,\text{ms}$, $TR = 2\,\text{s}$, Bandbreite $= 1500\,\text{Hz/Pixel}$, FOV $= 192 \times 192\,\text{mm}^2$, Matrix $= 64 \times 64$, 90° Anregungswinkel, parallele Bildgebung, Dauer eines Blockes 30 s.

Da die Signaländerung durch den BOLD-Effekt oft nicht wesentlich größer ist als diejenige aufgrund von Störeffekten wie Pulsation, ist bei der Auswertung eine einfache Subtraktion von Bildern mit und ohne Aktivierung meist nicht ausreichend. Häufig werden aufwendige Nachverarbeitungsansätze verwendet; hier soll zur Veranschaulichung nur ein einfaches lineares Modell zur Auswertung der Bilddaten beschrieben werden. Hierbei gebe der Vektor $X = (x_1, \ldots, x_n)$ an, ob eine Stimulation vorliegt. Seine Dimension ist gleich der Anzahl n der aufgenommenen Bilder und seine Komponenten sind im einfachsten Fall gleich eins, wenn während der Bildaufnahme der Stimulus appliziert wurde, und null andernfalls. In der Praxis wird der Zeitverlauf des Stimulus zuvor mit der sogenannten hämodynamischen Antwortfunktion gefaltet, welche den typischen zeitlichen Verlauf der Reaktion der Perfusionsparameter und damit des MR-Signals auf einen Stimulus angibt. Die Komponenten des Datenvektors $Y = (y_1, \ldots, y_n)$ enthalten die Signale des betrachteten Volumenelements in der aufgenommenen Bilderserie. Im einfachsten Fall der linearen Regression wird $Y = \alpha + \beta X + \sigma$ angenommen, mit dem n-komponentigen Vektor $\alpha = (\alpha, \ldots, \alpha)$ mit der Konstante α, dem das Rauschen beschreibenden Vektor σ und dem Parameter β, der die Größe des BOLD-Effektes beschreibt. Unter Annahme von normalverteiltem Rauschen können dann α und β nach der Methode der kleinsten Quadrate bestimmt werden. Für jedes Volumenelement wird für den ermittelten Wert β nun mittels eines statistischen Tests überprüft, ob eine signifikante Korrelation des Signals mit dem Stimulus vorliegt oder die gemessene Korrelation auch durch störende Einflüsse wie das Rauschen bedingt sein könnte. Hierzu wird beispielsweise der sogenannte t-Test verwendet, indem für jedes Volumenelement des MR-Datensatzes aus dem β-Wert der t-Wert berechnet wird. Hierbei wird die Standardabweichung σ_β von β berücksichtigt, so dass sich für kleinere σ_β größere t-Werte ergeben. Schließlich wird ein Schwellenwert t^* festgelegt, so dass die Wahrscheinlichkeit für einen gemessenen Wert $t > t^*$, wenn tatsächlich – entgegen der Annahme – *keine* Aktivierung vorliegt (also der wahre Wert für β gleich null ist; Nullhypothese), kleiner als ein vorgegebener Wert p ist. Nur Bildpunkte mit $t > t^*$ werden dann farblich markiert als Überlagerung auf morphologischen Bildern dargestellt, wie in Abb. 9.29. In diesen Bildpunkten ist dann die Wahrscheinlichkeit, dass die als Aktivität interpretierte Korrelation tatsächlich *nicht* mit dem Stimulus zusammenhängt, sondern nur rauschbedingt ist, kleiner als $p = 0,01$.

Die fMRT eröffnet einerseits die für die Grundlagenforschung einzigartige Möglichkeit, in vivo Informationen über die Funktion einzelner Gehirnareale zu gewinnen. Andererseits sind auch Anwendungen denkbar im Bereich der Strahlentherapieplanung sowie in der Chirurgie zur besonderen Schonung von wichtigen Bereichen, die beispielsweise für motorische Aufgaben zuständig sind.

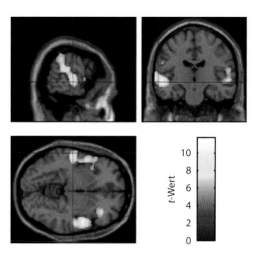

Abb. 9.29 Signifikanzkarte (t-Wert-Karte; $t > 5,2$; $p < 0,01$) eines Probanden bei Blockstimulus des auditorischen Kortex, welche als farbiger Bereich T_1-gewichteten Bildern überlagert ist. Da fMRT-Sequenzen üblicherweise sehr laut sind, wurde für diese Messung eine modifizierte echoplanare Sequenz verwendet, welche die Resonanzfrequenzen des Tomographen mied. Aus [87]

Teil II

9.8 MR-Spektroskopie und X-Kern-Bildgebung

Peter Bachert und Armin M. Nagel

Im Unterschied zur morphologischen MR-Tomographie (MRT) ermöglichen die MR-Spektroskopie (MRS) und die X-Kern-Bildgebung die nichtinvasive Beobachtung, Quantifizierung und bildliche Darstellung biochemischer und physiologischer Prozesse im lebenden Gewebe (in vivo). „X" steht für spintragende Atomkerne außer Wasserstoff (^{1}H). Alle Atomkerne, die eine ungerade Anzahl an Neutronen und/oder Protonen aufweisen – dies sind etwa zwei Drittel aller stabilen Atomkerne – besitzen einen Kernspin $I \neq 0$ und können theoretisch als Signalquelle für die MRT oder MRS verwendet werden.

Allerdings basieren die MRT und MRS in der klinischen Routine derzeit ausschließlich auf dem Wasserstoffatomkern (^{1}H). ^{1}H ist im Körper des Menschen das häufigste Element, es ist Bestandteil fast aller Biomoleküle – und natürlich des ubiquitären Wassers im Gewebe – und besitzt von allen stabilen Atomkernen die besten Eigenschaften für die Kernspinresonanz (NMR).

9.8.1 Sensitivität

Im Vergleich zu nuklearmedizinischen Verfahren ist die NMR eine insensitive Messtechnik, d. h., das Signal-Rausch-Verhältnis (SNR) normiert auf die Spindichte ist sehr gering (das gilt nicht, wenn das Spinsystem hyperpolarisiert werden kann). Für ^{1}H-Kerne ($I = 1/2$) im Magnetfeld $B_0 = 1{,}5$ T und im thermischen Gleichgewicht bei einer Temperatur $T = 310$ K (37 °C) beträgt der Besetzungszahlunterschied $\Delta N =$ $N_\uparrow - N_\downarrow$ der beiden Zeeman-Spinzustände $|\uparrow\rangle$ und $|\downarrow\rangle$ nur etwa $10^{-6} \cdot N$, mit $N = N_\uparrow + N_\downarrow =$ Gesamtzahl der Spins im Messvolumen (Voxel). Der Quotient $P_B = \Delta N / N$ für diese Bedingungen wird als thermische oder Boltzmann-Polarisation bezeichnet. Die Magnetisierung und somit das Messsignal ist proportional zur Polarisation.

Bei X-Kernen ist das Signal im Vergleich zu ^{1}H noch stärker vermindert aufgrund der deutlich geringeren Konzentrationen im Gewebe und ungünstiger physikalischer Eigenschaften, wie kleines gyromagnetisches Verhältnis γ oder sehr kurze transversale Relaxationszeiten. Daher können nur wenige X-Kerne für die In-vivo-MRT und -MRS verwendet werden (Tab. 9.6).

Das MR-Signal eines Atomkerns mit Kernspin I ist proportional zur Konzentration c der Atomkerne im Probenvolumen und zur dritten Potenz von γ (Gl. 9.101). Dem MR-Signal ist stets Rauschen überlagert, so dass das SNR eine entscheidende Rolle für die Spektren- und Bildqualität spielt. Das Rauschen wird durch die Elektronik oder durch induktive Verluste in der untersuchten Probe verursacht [112]. Bei MR-Untersuchungen von Kleintieren dominiert i. A. das elektronische Rauschen (Gl. 9.102); es wird vor allem durch den Skin-Effekt verursacht. Bei Studien am Menschen in modernen MR-Tomographen kann das elektronische Rauschen i. A. vernachlässigt werden (Gl. 9.103); hier dominieren die induktiven Verluste im Gewebe. In diesem Fall steigt das Rauschen linear mit der Frequenz an.

$$Signal \propto c \cdot I \cdot (I+1) \cdot \gamma^3 \qquad (9.101)$$

$$SNR_{\text{Spulen-dominiert}} \propto c \cdot I \cdot (I+1) \cdot \gamma^{2,75}$$
$$\cdot (\Delta x)^3 \cdot B_0^{7/4} \cdot \sqrt{n} \cdot \sqrt{T_{RO}} \qquad (9.102)$$

$$SNR_{\text{Proben-dominiert}} \propto c \cdot I \cdot (I+1) \cdot \gamma^2$$
$$\cdot (\Delta x)^3 \cdot B_0 \cdot \sqrt{n} \cdot \sqrt{T_{RO}} \qquad (9.103)$$

Tab. 9.6 Isotope, die in der In-vivo-MRT oder -MRS verwendet werden

Isotop	Natürliche Häufigkeit [%]	Spin	Larmor-Frequenz [MHz/7 T]	Relative Sensitivität	Relatives SNR (bei gleicher Konzentration des Elements)
^{1}H	99,99	1/2	298	100	100
^{3}He	0,000137	1/2	227	0,00006	0,00008
^{7}Li	92,41	3/2	116	27,1	69,8
^{13}C	1,07	1/2	75	0,017	0,0677
^{17}O	0,038	5/2	40	0,0011	0,00815
^{19}F	100	1/2	280	83,3	88,5
^{23}Na	100	3/2	79	9,25	35,0
^{31}P	100	1/2	121	6,63	16,4
^{35}Cl	75,78	3/2	29	0,356	3,64
^{37}Cl	24,22	3/2	24	0,0657	0,806
^{39}K	93,26	3/2	14	0,0473	1,02
^{129}Xe	26,44	1/2	83	0,0057	0,020

Die Angaben für die natürliche Häufigkeit wurden aus Harris et al. entnommen [107]. Die häufigen Isotope ^{12}C und ^{16}O haben keinen Kernspin ($I = 0$) und liefern daher kein MR-Signal. Die Larmor-Frequenz ist für die magnetische Feldstärke $B_0 = 7$ T angegeben. Bei den Angaben für relative Sensitivität und SNR wurden Variationen der In vivo-Konzentration nicht berücksichtigt. Bei der Berechnung des relativen SNR wurde angenommen, dass das Rauschen linear mit der Frequenz ansteigt. ^{23}Na liefert das zweitstärkste MR-Signal des Gewebes und eignet sich wie ^{1}H für die MR-Bildgebung. ^{7}Li und ^{19}F sind Spurenelemente und ergeben daher kein natives MR-Signal.

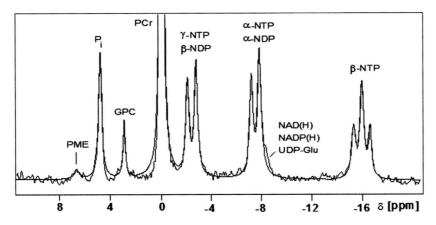

Abb. 9.30 In-vivo-^{31}P-MR-Spektrum vom Wadenmuskel eines gesunden Probanden, aufgenommen bei $B_0 = 1,5$ T mit einem Antennensystem aus zwei konzentrischen Oberflächenspulen von 5 cm (^{31}P) bzw. 10 cm Durchmesser (^{1}H). Die Resonanzen der Nukleosid-5′-Triphosphate (NTP, vor allem ATP = Adenosin-5′-Triphosphat) sind infolge skalarer ^{31}P-^{31}P-Kopplung in Dubletts aufgespalten. Die skalare ^{31}P-^{1}H-Kopplung wurde aufgehoben, indem die Protonen breitbandig während der Detektion des ^{31}P-MR-Signals angeregt wurden (sog. Protonen-Entkopplung). Das Signal von Glycerophosphorylcholin (GPC) ist nur mit Entkopplung auflösbar. Zuordnungen weiterer Resonanzen: PME = Phosphomonoester; P_i = anorganisches Phosphat; PCr = Phosphokreatin; NDP = Nukleosid-5′-Diphosphat; NAD = Nikotinamidadenindinukleotid; NADP = NAD-Phosphat; UDP-Glu = Uridindiphospho-Glucose. Dem gemessenen Spektrum ist eine Linienanpassung mit Lorentz-Funktionen unterlegt

Infolge der geringeren MR-Sensitivität und In-vivo-Konzentration ist das SNR bei der X-Kern-MR i. A. um mehr als 4 Größenordnungen kleiner als das Signal bei der ^{1}H-MR. Um dies mit Mittelungen (Anzahl n) auszugleichen, benötigt man mehr als die 10^8-fache Messzeit. Da dies nicht umsetzbar ist, werden die Messungen bei hohen Magnetfeldstärken B_0 und mit entsprechend großen Voxeln $(\Delta x)^3$ durchgeführt. Theoretisch lässt sich das SNR auch durch eine Erniedrigung der Auslesebandbreite erhöhen (dies entspricht einer Verlängerung der Auslesezeit T_{RO}). Diese Möglichkeit ist jedoch durch die transversale Relaxationszeit begrenzt. Für die MRS liefern höhere Magnetfeldstärken zusätzlich eine bessere spektrale Auflösung, da die chemische Verschiebung der Resonanzen linear mit B_0 ansteigt (Gl. 9.104).

Die MR-Signalstärke lässt sich bei einigen Atomkernen durch Hyperpolarisation (Hyp) beträchtlich erhöhen. Am effektivsten ist laseroptisches Pumpen (SEOP = Spin Exchange Optical Pumping) der Edelgase ^{3}He und ^{129}Xe (beide $I = 1/2$), wodurch ein bis 10^5-fach größerer Besetzungszahlunterschied ΔN gegenüber dem thermischen Wert P_B erzielt werden kann [133]. Dies entspricht Polarisationsgraden $P > 10\%$; bei ^{3}He erreicht man sogar 90 %. Damit ist schnelle MRT mit seltenen Kernen in der Gasphase möglich! Experimentell lässt sich die Hyp-^{3}He-und -^{129}Xe-MRT für Untersuchungen der Belüftung (Ventilation) der Lunge verwenden [97, 102]. Mit Hyp-^{129}Xe sind auch spektroskopische Messungen an verschiedenen Organen möglich. ^{129}Xe ist ein interessanter Sondenkern, da die chemische Verschiebung sehr sensitiv für die jeweilige molekulare Umgebung ist [129].

Es gibt eine Vielzahl von weiteren Techniken zur Erzeugung nicht-thermischer Polarisation, die letztlich alle auf den Overhauser-Effekt (1953) zurückgehen. Der Sammelbegriff ist DNP (Dynamic Nuclear Polarization) [129]. Spezielle Ausformungen, die bereits in experimentellen In-vivo-Studien eingesetzt werden, z. B. PHIP (Parahydrogen-Induced Polarization) [105]

und PASADENA (Parahydrogen and Synthesis Allow Dramatically Enhanced Nuclear Alignment), liefern wässrige Präparationen von Biomolekülen wie Pyruvat und Succinat mit hyperpolarisiertem ^{13}C [118]. Die Lebensdauer der Hyperpolarisation liegt in der Größenordnung der longitudinalen Relaxationszeit T_1, die für diese Substrate im Bereich von einigen 10 s liegt.

9.8.2 MR-Spektroskopie

Der für die MRS wichtigste Effekt ist die chemische Verschiebung (Symbol δ, engl. chemical shift): die Änderung der Resonanzfrequenz eines Kerns aufgrund der Abschirmung des äußeren Magnetfeldes B_0 durch Elektronen in seiner Umgebung. Der Effekt wird beschrieben durch Einführung eines Tensors $\overset{\leftrightarrow}{\sigma}$ (bzw. einer skalaren Größe σ bei flüssigen Proben) in den Hamilton-Operator für die Zeeman-Wechselwirkung:

$$\hat{H}_Z = -\sum_{i=1}^{N} \widehat{\vec{\mu}}_i \cdot (\overset{\leftrightarrow}{1} - \overset{\leftrightarrow}{\sigma}_i) \cdot \vec{B}_0. \qquad (9.104)$$

(μ_i = magnetisches Dipolmoment von Kern i). Die Frequenzänderungen liegen in der Größenordnung von 10^{-6} (ppm) der Larmor-Frequenz. Die chemische Verschiebung ermöglicht es, Atomkerne in unterschiedlichen molekularen Gruppen zu identifizieren und damit u. A. die chemische Zusammensetzung einer flüssigen Probe zu bestimmen. Dies gelingt auch in vivo am Menschen, wie die MR-Spektren in den Abb. 9.30 und 9.32 zeigen.

Neben der chemischen Verschiebung werden Aufspaltungen der Resonanzlinien in Multipletts beobachtet, die durch die skalare oder J-Kopplung erklärt werden. Diese Wechselwirkung wird für zwei Spins I und S durch den Hamilton-Operator

$$\hat{H}_J = 2\pi J \hat{\vec{I}} \cdot \hat{\vec{S}} \qquad (9.105)$$

beschrieben. Die Größe der Linienaufspaltung ist durch die Kopplungskonstante J gegeben. Die J-Kopplung wird durch die Elektronen der chemischen Bindungen vermittelt und wirkt daher nur auf Kernspins in demselben Molekül (intramolekular). Beispiele sind die Dubletts im ^{31}P-Spektrum in Abb. 9.30, deren Aufspaltung durch die Wechselwirkung benachbarter ^{31}P-Kerne in der Triphosphatgruppe des ATP verursacht wird ($J_{PP} = 17$ Hz). Heteronukleare J-Kopplungen, z. B. zwischen ^{31}P- und ^{1}H- oder ^{13}C- und ^{1}H-Kernen, können durch Breitband-Entkopplung eliminiert werden.

Durch Detektion von Signalen von Kernspins im Körpergewebe des Menschen ermöglicht die In-vivo-MRS die nichtinvasive Beobachtung von Metaboliten, exogen zugeführten Pharmaka und deren Disposition im Gewebe. Die quantitative Analyse der Spektren liefert Metabolitenkonzentrationen, intrazellulären pH (mit ^{31}P) und Raten von Enzym- und Austauschreaktionen.

Eine wichtige Forderung für die MRS am Menschen ist Lokalisierung: Um gewebespezifische Aussagen zu gewinnen, müssen die MR-Spektren selektiv aus einer vorgegebenen Region in einem Organ oder Tumor aufgenommen und Signalbeiträge vom Außengebiet weitgehend unterdrückt werden. Neben speziellen Antennensystemen, z. B. Oberflächenspulen, verwendet man zur Lokalisierung Single- und Multi-Voxel-Techniken; Letztere werden auch als spektroskopische Bildgebung oder Chemical Shift Imaging (CSI) bezeichnet. Bei CSI [101] wird mittels Phasenkodiergradienten jeder Punkt im Datenraum (k-Raum) einzeln kodiert, um die volle spektrale und räumliche Information zu erhalten. Daher erfordert CSI lange Messzeiten. Die Datenaufnahme kann durch die gleichzeitige Kodierung einer räumlichen Dimension und der Frequenzachse beschleunigt werden [122]. Wird dieser Ansatz mit Standard-Schichtanregung und Phasenkodierung verwendet, so wird er als echo-planare spektroskopische Bildgebung (EPSI) bezeichnet [127]. Ulrich et al. führten damit erstmals ^{31}P-EPSI am Gehirn des Menschen durch [131].

Allerdings ist die Sensitivität und die spektrale Auflösung limitiert; denn In-vivo-MR-Spektren stellen eine komplexe Überlagerung einer Vielzahl von Resonanzen von Metaboliten unterschiedlicher Größe, Mobilität und Konzentration dar. Mit den hier genannten Techniken können nur frei bewegliche Metaboliten mit kleiner Molekülmasse und Konzentrationen $> 10^{-4}$ mol/l ($= 100$ nmol pro g Gewebe) mit ausreichender spektraler Qualität detektiert werden. Die geringe Sensitivität und Metabolitenkonzentration bedingen lange Untersuchungszeiten und große Voxel im Vergleich zur konventionellen MRT mit den Wasserprotonen des Gewebes.

Eine vielversprechende Möglichkeit, die Limitationen der spektroskopische Bildgebung zu umgehen, ist CEST (Chemical Exchange Saturation Transfer): die indirekte Detektion verdünnter Metaboliten über das starke Wassersignal, indem die selektive Sättigung von schwach gebundenen Protonen in Metaboliten durch chemischen Austausch auf die viel zahlreicheren Wasserprotonen übertragen wird [135]. Die Auflösung der resultierenden CEST-Bilder liegt im Bereich der konventionellen MRT.

In der klinischen Diagnostik wird zurzeit nur ^{1}H zur MRS verwendet. Anwendungen betreffen Diagnose und Verlaufskontrolle von Tumoren, angeborenen Stoffwechselerkrankungen, Morbus Alzheimer und anderen degenerativen Erkrankungen des Gehirns. Die Untersuchungstechnik kann an jedem MR-Tomographen implementiert werden. Dagegen ist die Spektroskopie mit X-Kernen wesentlich aufwendiger; hier befindet sich die In-vivo-MRS am Ganzkörper-Tomographen immer noch im experimentellen Stadium.

9.8.2.1 Wasserstoff-(^{1}H)-MR-Spektroskopie

Hochauflösende Techniken für die lokalisierte In-vivo-^{1}H-MRS an Ganzkörper-Tomographen wurden Ende der 1980er-Jahre entwickelt. Die Pulssequenz für Single-Voxel-MRS mit der stimulierten Echo-Pulssequenz ist in Abb. 9.31 dargestellt. Die Ortskodierung erfolgt über 3 orthogonale Gradienten. Selektive Pulse vor den drei schichtselektiven 90°-Pulsen eliminieren das dominante Signal der Wasserprotonen („Wasserunterdrückung“).

In-vivo-^{1}H-MR-Spektren vom Gehirn des Menschen zeigen gut aufgelöste Resonanzen, die ^{1}H-Spins in kleinen Metaboliten zugeordnet werden können (Abb. 9.32). Die Resonanz der Methylprotonen von N-Acetyl-Aspartat (NAA, $\delta = 2{,}01$ ppm) wird als Marker für die Vitalität der Neuronen im Voxel, die Signalintensität der Resonanz von Cholin und Cholin-enthaltenden Metaboliten (Cho, $\delta = 3{,}2$ ppm) als Maß für Membran-Turnover und Zellproliferation verwendet. Die Signalintensitäten, die in Hirntumorgewebe beobachtet werden, unterscheiden sich deutlich vom Normalbefund. In ^{1}H-MR-Spektren von Hirntumoren ist das Cho-Signal typischerweise erhöht und das NAA-Signal vermindert.

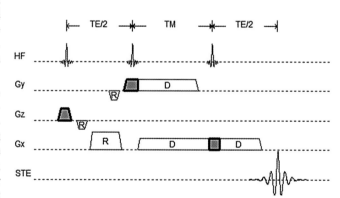

Abb. 9.31 Stimulierte Echo-Pulssequenz (STEAM) für die lokalisierte In-vivo-^{1}H-MRS. Zur Wassersignalunterdrückung werden vor den drei sinc-förmigen 90°-Pulsen selektive Pulse eingestrahlt (nicht eingezeichnet). Die während der HF-Pulse anliegenden Schichtselektionsgradienten sind grau markiert. Die Rephasierungsgradienten (R) heben die durch die Schichtselektionsgradienten bewirkte Störung der Phasenentwicklung auf. Die Dephasierungsgradienten (D) haben die Funktion, unerwünschte Echosignale zu eliminieren. Das Maximum des stimulierten Echos (STE) erscheint zum Zeitpunkt $TE + TM$ (Echozeit + Mischzeit) nach dem ersten 90°-Puls. Die Sequenz wird nach der Repetitionszeit TR wiederholt. Nach n Mittelungen ist das SNR um den Faktor $\sqrt{n}$ größer

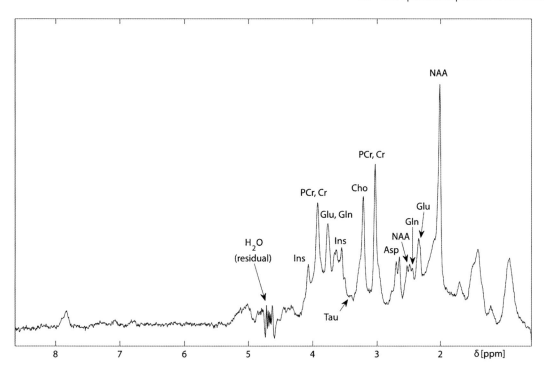

Abb. 9.32 In-vivo-[1]H-MR-Spektrum der weißen Hirnsubstanz einer gesunden Probandin (29 Jahre), aufgenommen bei $B_0 = 7$ T mit der Kopfspule und Single-Voxel-STEAM (Abb. 9.31). Aufnahmeparameter: $(\Delta x)^3 = (20\,\text{mm})^3$, $T_R/T_E/T_M = 2000/20/10\,\text{ms}$, $n = 192$, Messzeit = 6,5 min. Zuordnungen der Resonanzen (nach Tkáč et al. [130]): NAA = N-Acetyl-Aspartat; Glu = Glutamat; Gln = Glutamin; Asp = Aspartat; PCr = Phosphokreatin; Cr = Kreatin; Cho = Choline (freies Cholin, Phosphocholin, GPC, ...); Ins = Inositole; H_2O = residuales Wassersignal nach selektiver Unterdrückung. Im Spektralbereich $\delta > 5$ ppm finden sich Resonanzen von Amid- und Amin-Protonen und aromatischen Verbindungen

9.8.2.2 Phosphor-(^{31}P)-MR-Spektroskopie

Trotz der geringen physiologischen Konzentration des Phosphors, die drei bis vier Größenordnungen kleiner als die von ^{1}H ist, werden ^{31}P-MR-Spektren guter Qualität in vivo in Messzeiten von wenigen Minuten erhalten (die Resonanz von PCr im Muskel ist bereits nach 1 Anregung sichtbar). Die auflösbaren Resonanzen sind im ^{31}P-MR-Spektrum in Abb. 9.30 verschiedenen Phosphor-Metaboliten zugeordnet.

Die ^{31}P-MRS ermöglicht es, nichtinvasiv Phosphorylgruppen ($O=P[-O^-]_2R$) im lebenden Gewebe zu detektieren. Der Phosphorylgruppen-Transfer ist eine der wichtigsten Reaktionen der Biochemie. Die Bildung und Hydrolyse von P-O-P-Bindungen, z. B. im ATP-ADP-Zyklus

$$PCr^{2-} + MgADP^- + H^+ \Leftrightarrow Cr + MgATP^{2-}, \qquad (9.106)$$

ist von zentraler Bedeutung für die Energieübertragung und Energiespeicherung in biologischen Systemen. ATP ist aufgrund seiner beiden Phosphorsäureanhydrid-Bindungen ein „energiereiches" Molekül. Es stellt den primären und universellen Überträger freier Energie in allen Lebensformen dar. Phosphokreatin (PCr) ist eine Speicherform für energiereiche Phosphatgruppen in Muskel- und Gehirnzellen und ermöglicht eine rasche Resynthese von ATP. Beide Metaboliten liefern prominente Resonanzen in In-vivo-^{31}P-MR-Spektren und hieraus ein Maß für den energetischen Zustand von Zellen. Die primäre Zielstellung bei der Anwendung der In-vivo-^{31}P-MRS ist

daher die Beobachtung des Energiestoffwechsels in Skelettmuskel und Gehirn sowie in Tumoren. In Letzteren beobachtet man auch erhöhte Signale der Phosphomonoester (PME) und Phosphodiester (PDE), die als Zwischenstufen des Phospholipid-Metabolismus fungieren und beim Membranzerfall freigesetzt werden. Im Laufe der Gehirnentwicklung des Menschen, aber auch bei der Chemotherapie von Tumoren, werden Änderungen der Intensitäten dieser Signale beobachtet.

Aus dem Frequenzabstand von PCr und P_i in ^{31}P-MR-Spektren kann der intrazelluläre pH-Wert im Gewebe nichtinvasiv bestimmt werden. Für gesundes Muskelgewebe (M. gastrocnemius) lieferte die ^{31}P-MRS den Wert pH $= 7,11 \pm 0,05$ (Mittelwert $\pm$ Standardabweichung). In Tumoren wird vielfach eine pH-Verschiebung zu alkalischen Werten beobachtet, die mit Tumor-Nekrose erklärt wird.

Kohlenstoff-(^{13}C)- und Fluor-(^{19}F)-MR-Spektroskopie
Weitere X-Kerne, die in biochemischen Studien und auch in MRS-Untersuchungen von Patienten verwendet wurden, sind ^{13}C und ^{19}F (beide $I = 1/2$). Die natürliche Häufigkeit ist 1,1 % bzw. 100 %. Bei natürlicher Häufigkeit aufgenommene In-vivo-^{13}C-MR-Spektren werden dominiert von Resonanzen der freien Fettsäuren (Triacylglyceride). Die Sensitivität der ^{13}C-MRS lässt sich mit Hyperpolarisation und spezifischer Isotopenanreicherung erhöhen. Fluor (^{19}F) ist bei physiologischen Konzentrationen ($< 10^{-6}$ mol) im Körper nicht mit MR

nachweisbar; außerdem ist vorhandenes Fluor überwiegend immobilisiert. Allerdings ist wegen $(\gamma_F/\gamma_H)^3 = 0{,}83$ Fluor fast so sensitiv wie ^{1}H bei gleicher Zahl der Spins. Nach exogener Gabe fluorhaltiger Pharmaka (z. B. 5-Fluoruracil zur Chemotherapie) ist In-vivo-^{19}F-MRS am Menschen möglich, wobei die Metaboliten und die Dispositionskinetik ohne störendes Hintergrundsignal beobachtet werden können [96].

9.8.3 X-Kern-Bildgebung

Die ortsaufgelöste Darstellung des X-Kern-Signals stellt aufgrund der geringen Sensitivität und niedrigen Konzentration in vivo eine große Herausforderung an die Messtechniken dar. Außerdem ist bei den meisten X-Kernen der Kernspin $I \geq 1$, sie sind daher Quadrupolkerne. Dies hat zur Folge, dass sowohl die transversale als auch die longitudinale Relaxation multiexponentielle Zeitverläufe zeigen. Für ganzzahlige Kernspins ergeben sich I Komponenten, für halbzahlige Kernspins $I + 1/2$ Komponenten [113]. Die Zahl der Zeeman-Zustände ist $2I + 1$. Quadrupolkerne besitzen neben einem magnetischen Dipolmoment auch ein elektrisches Quadrupolmoment. Die elektrische Quadrupolwechselwirkung ist der dominante Relaxationsmechanismus, so dass Quadrupolkerne i. A. sehr kurze Relaxationszeiten aufweisen. Daher werden Messtechniken benötigt, die ultrakurze Echozeiten ($T_E < 0{,}5$ ms) ermöglichen und das Signal effizient aufnehmen [116].

9.8.3.1 Natrium (^{23}Na)-MRT

Nach ^{1}H ist Natrium (^{23}Na, $I = 3/2$) wegen seiner Häufigkeit im lebenden Gewebe und physikalischen MR-Eigenschaften der am besten für die In-vivo-MRT geeignete Atomkern. Das klinische Potenzial der ^{23}Na-MRT wurde bereits Anfang der 1980er-Jahre von Hilal et al. erkannt [108, 109]. Natriumionen spielen in vielen zellulären Prozessen eine wichtige Rolle. In gesundem Gewebe ist die extrazelluläre Natriumkonzentration ca. 10-fach höher als die intrazelluläre Natriumkonzentration ($[\mathrm{Na}^+]_e \approx 145$ mmol/l; $[\mathrm{Na}^+]_i \approx 10 \ldots 15$ mmol/l) [128]. Dieser Konzentrationsgradient wird u. a. durch die Na$^+$-K$^+$-ATPase („Natrium-Kalium-Pumpe") aufrechterhalten. Hierbei handelt es sich um ein Enzym, das in der Zellmembran lokalisiert ist und gegen den chemischen Konzentrationsgradienten pro ATP-Molekül drei Na$^+$-Ionen aus der Zelle und zwei K$^+$-Ionen in die Zelle befördert. Es handelt sich daher um eine elektrogene Pumpe, die zur Aufrechterhaltung des Zellmembranpotenzials beiträgt. Ein Funktionsverlust der Na$^+$-K$^+$-ATPase oder eine erhöhte „offen"-Wahrscheinlichkeit genetisch mutierter zellulärer Ionenkanäle, z. B. bei muskulären Ionenkanalerkrankungen [119], kann zu einem Anstieg der intrazellulären Natriumkonzentration und zu einer Depolarisation der Zelle führen. Derartige Veränderungen der Natriumkonzentration lassen sich mittels der ^{23}Na-MRT darstellen, bevor morphologische Veränderungen mit der konventionellen ^{1}H-MRT sichtbar werden. Eine Übersichtsarbeit über die X-Kern-MRT bei muskuloskelettalen Fragestellungen ist [124]. Die ^{23}Na-MRT wird derzeit auch bei vielen anderen Fragestellungen in der klinischen Forschung eingesetzt [121].

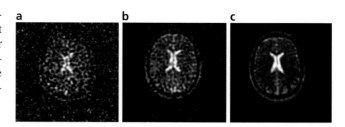

Abb. 9.33 ^{23}Na-MRT-Bilder vom Gehirn eines gesunden Probanden, aufgenommen bei **a** $B_0 = 1{,}5$ T, **b** 3 T und **c** 7 T. Um eine kurze Echozeit ($T_E = 0{,}2$ ms bei 1,5 T und 3 T, $T_E = 0{,}5$ ms bei 7 T) und eine hohe SNR-Effizienz zu ermöglichen, wurde eine Dichte-angepasste 3D-radiale Aufnahmetechnik verwendet. Weitere Messparameter: $T_R = 50$ ms, Flipwinkel $= 77°$, 13.000 Projektionen, Messzeit $= 10{:}50$ min, $(\Delta x)^3 = 4$ mm^3. Das SNR steigt ungefähr linear mit der Magnetfeldstärke an. Abbildung aus [117] übernommen. Abdruck mit freundlicher Genehmigung vom Verlag Wiley

Die ^{23}Na-MRT profitiert sehr stark von hohen Magnetfeldern ($B_0 \geq 7$ T) [117]. Das SNR steigt ungefähr linear mit der Magnetfeldstärke an (Abb. 9.33). Da die Resonanzfrequenz ca. 4-fach geringer ist als bei ^{1}H, treten bei der HF-Anregung nachteilige wellenbedingte Effekte bei den heute in der klinischen Forschung eingesetzten Ultra-Hochfeld-MRT-Systemen nicht auf. Eine weitere Verbesserung der Bildqualität ermöglichen iterative Rekonstruktionsverfahren, die Vorwissen aus der hochaufgelösten ^{1}H-MRT integrieren [104].

Von klinischem Interesse ist nicht nur die Darstellung der gesamten Natriumkonzentration, sondern auch die Trennung zwischen intra- und extrazellulärem Natrium. Paramagnetische Shift-Reagenzien ermöglichen eine derartige Trennung [106, 134]. Die Shift-Reagenzien verbleiben im extrazellulären Raum und verschieben so selektiv die Resonanzfrequenz der extrazellulären Natriumionen. Aufgrund ihrer Toxizität sind sie für den Einsatz am Menschen jedoch nicht geeignet. Eine nicht-invasive Alternative bieten relaxationsgewichtete Messtechniken. Inversion-Recovery-Sequenzen nutzen die unterschiedlichen T_1-Relaxationszeiten in verschiedenen Kompartimenten für eine zumindest partielle Differenzierung intra- $\leftrightarrow$ extrazellulär [115]. Eine weitere Alternative bieten Multi-Quantenfilter [114, 126]. Damit lassen sich selektiv Natriumionen detektieren, die eine eingeschränkte Beweglichkeit aufweisen. Multi-Quantenfilter erfordern jedoch lange Messzeiten, da die Bildgebungssequenz mit verschiedenen Phaseneinstellungen zyklisch wiederholt werden muss. Auch weisen sie nur eine geringe SNR-Effizienz auf. Dagegen ist die SNR-Effizienz biexponentiell gewichteter Techniken, die ebenfalls die selektive Detektion von Natriumionen mit eingeschränkter Beweglichkeit erlauben, höher und die Messzeit kürzer [98, 99].

9.8.3.2 Chlor (^{35}Cl) und Kalium (^{39}K)-MRT

Neben Natrium sind Chlorid und Kalium die häufigsten Ionen im menschlichen Körper. Sie spielen eine wichtige Rolle bei der zellulären Erregbarkeit und für das Ruhemembranpotenzial. ^{35}Cl und ^{39}K weisen aber eine deutlich geringere MR-Sensitivität als ^{23}Na auf (Tab. 9.6). Die Machbarkeit der

Abb. 9.34 ^{1}H-, ^{23}Na-, ^{39}K- und ^{35}Cl-MRT der Oberschenkelmuskulatur einer gesunden Probandin. Jedes X-Kern-Bild wurde in einer Messzeit von 10 min aufgenommen. Nominelle Auflösung: $\Delta x \times \Delta y \times \Delta z = 3,8 \times 3,8 \times 10 \, \text{mm}^3$ (^{23}Na-MRT), $8 \times 8 \times 16 \, \text{mm}^3$ (^{39}K-MRT) und $12 \times 12 \times 24 \, \text{mm}^3$ (^{35}Cl-MRT). Abbildung aus [124] übernommen. Abdruck mir freundlicher Genehmigung vom Verlag Springer

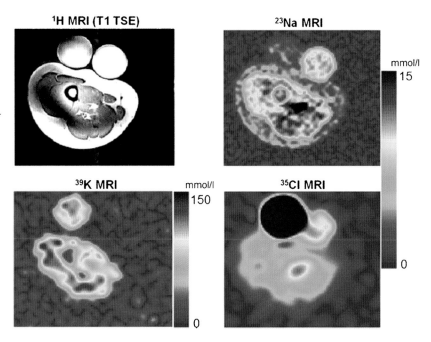

^{1}H MRI (T1 TSE) ^{23}Na MRI   mmol/l 15

^{39}K MRI   mmol/l 150 ^{35}Cl MRI   0

0

^{35}Cl- und der ^{39}K-MRT am Menschen konnte daher erst vor Kurzem an Hochfeld-Tomographen ($B_0 = 7\,$T und $9,4\,$T) gezeigt werden [94, 123, 132] (Abb. 9.34).

9.8.3.3 Lithium (^{7}Li)-MRT

Im menschlichen Körper sind nur sehr geringe Mengen des Quadrupolkerns ^{7}Li ($I = 3/2$) vorhanden, die unterhalb der Detektionsschwelle der In-vivo-MR liegen. Es gibt jedoch Lithiumsalze, die eine medizinische Wirkung haben und zur Therapie und Prophylaxe depressiver Zustände angewendet werden, z. B. bei bipolaren Störungen [103]. Eine Medikation mit Lithiumsalzen kann aber auch zu schweren Nebenwirkungen führen [125]. Daher sind nicht-invasive Messungen der Lithiumkonzentration im Gehirn in der medizinischen Forschung von Interesse. Die geringen therapeutischen Konzentrationen (< 1 mmol/l) liefern bei Feldern $B_0 \leq 3\,$T ein zu schwaches Signal für die Bildgebung. Boada et al. zeigten jedoch, dass bei $B_0 = 7\,$T 3D-^{7}Li-MRT des menschlichen Gehirns mit einer Voxelgröße $(\Delta x)^3 = 4\,\text{cm}^3$ in einer Messzeit von 32 min möglich ist [100].

9.8.3.4 Sauerstoff (^{17}O)-MRT

Es gibt drei stabile Sauerstoff-Isotope, ^{16}O, ^{17}O und ^{18}O, von denen nur das Isotop ^{17}O einen Kernspin $I \neq 0$ besitzt. ^{17}O weist von allen Sauerstoff-Isotopen die geringste natürliche Häufigkeit auf: 0,038 %. Mit der In-vivo-^{17}O-MRT lässt sich bislang nur in Wasser gebundenes ^{17}O nachweisen, so dass Aufnahmen bei natürlicher ^{17}O-Konzentration nur eine geringe Aussagekraft besitzen. Man führt daher Inhalationsexperimente mit angereichertem ^{17}O durch. Wegen den hohen Kosten von ^{17}O$_2$-Gas ist eine effiziente Verwendung des ^{17}O$_2$-Gases durch z. B. ein Rückatmungssystem wichtig [110]. Inhaliert ein Proband ^{17}O$_2$, bleibt der Sauerstoff so lange für die MRT unsichtbar

bis eine Metabolisierung zu H$_2^{17}$O stattgefunden hat. Durch ein Inhalationsexperiment mit angereichertem ^{17}O kann die zerebrale metabolische Rate des Sauerstoffumsatzes (engl. cerebral metabolic rate of oxygen, CMRO$_2$) mit Hilfe eines Drei-Phasen-Modells berechnet werden [95]. Mit dieser Methodik bestimmten Hoffmann et al. die CMRO$_2$ in einem Hirntumorpatienten [111].

Bei den bisher in diesem Abschn. 9.8.3 besprochenen X-Kernen handelt es sich um Atomkerne, die nur eine Resonanzlinie im MR-Spektrum aufweisen, denn ^{23}Na, ^{35}Cl, ^{39}K und ^{7}Li liegen im menschlichen Körper gelöst als Ionen vor und ^{17}O relaxiert in größeren Molekülen sehr schnell, so dass nur H$_2^{17}$O für die MR-Bildgebung eine Rolle spielt. Bei anderen Atomkernen, die in verschiedenen chemischen Verbindungen im lebenden Gewebe vorliegen, z. B. ^{13}C und ^{31}P, und damit mehrere Resonanzlinien im Spektrum aufweisen, ergeben sich andere Anforderungen an die MR (Abschn. 9.8.2). Bei hohen Magnetfeldstärken können aber mittels MRT-Messtechniken mit frequenzselektiver Anregung auch Konzentrationskarten einzelner ^{31}P-Metaboliten aufgenommen werden [120].

Von allen Atomkernen, die in der In-vivo-MRT und -MRS verwendet werden, hat ^{1}H aufgrund seiner sehr hohen Konzentration im Gewebe und seiner günstigen NMR-Eigenschaften (gyromagnetisches Verhältnis γ, T_1, T_2) die größte Bedeutung erlangt. Alle anderen Atomkerne werden zurzeit nur in der Forschung verwendet. Mit der fortschreitenden technischen Entwicklung zu neuen Messverfahren und MR-Tomographen mit immer höheren Magnetfeldstärken, ist zu erwarten, dass langfristig auch die X-Kern-MRT und -MRS in der klinischen Routine eine Rolle spielen werden.

Teil II

9.9 Klinische Anwendung der MRT und MRS

Rotem Shlomo Lanzman und Hans-Jörg Wittsack

9.9.1 Magnetresonanztomographie

Der Magnetresonanztomographie (MRT) kommt als bildgebendes Verfahren in der modernen Medizin eine stetig zunehmende Bedeutung zuteil. Da bei einer MRT-Untersuchung im Gegensatz zur Computertomographie (CT) keine ionisierende Strahlen verwendet werden, werden insbesondere Kinder und junge Erwachsene bevorzugt mittels MRT untersucht. Aufgrund einer durchschnittlichen Untersuchungsdauer von 20–30 min ist eine Kooperation der Patienten unbedingt notwendig. Bei kleinen Kindern und unruhigen Patienten kann daher eine medikamentöse Sedierung notwendig sein, um Bildartefakte durch Patientenbewegungen zu vermeiden. Zudem benötigen Patienten mit Klaustrophobie (Platzangst) zumeist eine Sedierung, alternativ können solche Patienten auch an einem offenen MRT untersucht werden. Zu berücksichtigen gilt, dass bei Patienten mit einliegenden metallischen oder elektrischen Implantaten (z. B. Herzschrittmacher, Defibrillator) eine MRT-Untersuchung kontraindiziert sein kann und vor Untersuchungsbeginn in jedem Fall die MR-Tauglichkeit der Implantate zu überprüfen ist [140] (Abschn. 9.5.4).

Neben einer hohen Ortsauflösung verfügt die MRT von allen bildgebenden Verfahren in der Medizin über den höchsten Weichgewebekontrast. So wird die MRT zur Diagnostik von Erkrankungen nahezu aller Körperregionen eingesetzt, wobei die MRT aufgrund des exzellenten Weichgewebekontrast zur Diagnostik von Erkrankungen des zentralen Nervensystems (Hirn und Rückenmark), des muskuloskelettalen Systems (Knochen, Muskel und Gelenke) des kardiovaskulären Systems (Herz und Gefäße) sowie bei unterschiedlichen Tumorerkrankungen inzwischen häufig das bildgebende Verfahren der ersten Wahl ist. Zur detaillierten anatomischen Darstellung werden gewöhnlich T_1-, T_2- oder Protonendichte-gewichtete Sequenzen (2D oder 3D) in unterschiedlichen Raumrichtungen akquiriert, wobei in Abhängigkeit von der Fragestellung und Körperregion eine Fettsättigung verwendet werden kann. Durch die intravenöse Injektion von Gadolinium-haltigem Kontrastmittel, das aufgrund seiner paramagnetischen Eigenschaften zu einer Verkürzung der T_1-Zeit führt (Abschn. 9.6.1), können Tumore, Entzündungen oder Blutgefäße (MR-Angiographie) häufig noch genauer dargestellt werden. Darüber hinaus können durch den Einsatz geeigneter Sequenzen auch funktionelle Parameter bestimmt werden, die häufig in Zusammenschau mit den anatomischen Informationen eine noch exaktere und verlässlichere Diagnosestellung ermöglichen. Als klinisch etablierte funktionelle Untersuchungstechniken sind insbesondere die Diffusionsbildgebung (Diffusion-Weighted Imaging, DWI) und Perfusionsbildgebung (Perfusion-Weighted Imaging, PWI) hervorzuheben (Abschn. 9.7.2 und 9.7.3), wobei häufig im Rahmen eines multiparametrischen Ansatzes die Informationen der DWI und PWI in Kombination berücksichtigt werden [147, 152]. Neben den genannten funktionellen Bildgebungstechniken, können anhand der MR-Spektroskopie (Abschn. 9.8.2) zudem Informationen über den Stoffwechsel des untersuchten Gewebes gewonnen werden, wie im Abschn. 9.9.2. Magnetresonanzspektroskopie weiter unten aufgezeigt.

Im Folgenden werden häufige klinische Anwendungen der MRT exemplarisch dargestellt.

9.9.1.1 Zentrales Nervensystem und Spinalkanal

Für die Diagnostik der meisten Erkrankungen des zentralen Nervensystems stellt die MRT die Methode der Wahl dar. Insbesondere die Lokalisation und Ausdehnung von entzündlichen Veränderungen und Tumoren des Hirns und Rückenmarks gelingt mittels MRT am genauesten (Abb. 9.35). Einen wesentlichen Bestandteil von Untersuchungsprotokollen bei der Frage nach entzündlichen und tumorösen Veränderungen stellt die FLAIR-Sequenz (Fluid-Attenuation Inversion Recovery) dar, bei der durch Verwendung eines 180°-Inversionspulses das Signal des Hirnwassers unterdrückt und somit pathologische Veränderungen deutlicher sichtbar gemacht werden (Abb. 9.36) [150].

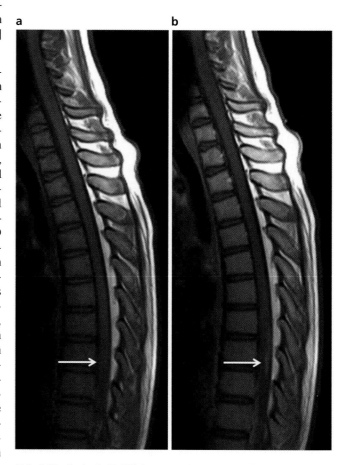

Abb. 9.35 Sagittale T_1-Wichtung vor (**a**) und nach (**b**) Kontrastmittelgabe bei einer Patientin mit einer Multiplen Sklerose. Es zeigt sich eine deutliche Kontrastmittelanreicherung der entzündlichen Läsion (*Pfeil*)

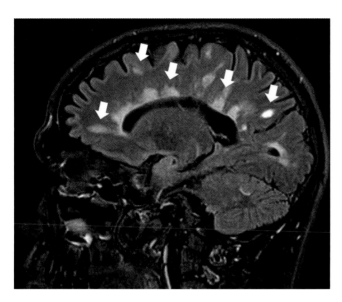

Abb. 9.36 Patient mit einer Multiplen Sklerose. Die sagittale FLAIR-Sequenz zeigt zahlreiche charakteristische hyperintense Veränderungen im Hirnparenchym (*Pfeile*)

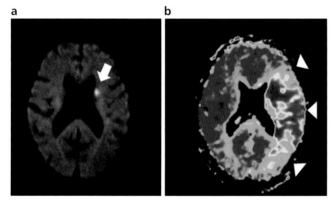

Abb. 9.37 Patient mit einem akuten ischämischen Schlaganfall. Die Diffusionswichtung (**a**) zeigt bei einem hohen b-Wert einen kleinen Infarkt (*Pfeil*). Die Perfusionswichtung (**b**) zeigt ein deutlich größeres, minderdurchblutetes Areal (Diffusion-Perfusion Mismatch), das potenziell rettbar ist

Bei einem akuten ischämischen Schlaganfall kann mittels MRT die Diagnose früher und sicherer als beispielsweise mittels CT gestellt werden. Zur frühen Infarktdiagnostik ist dabei die Diffusionsbildgebung (DWI) die sensitivste Sequenz. Diese kann den Infarkt bereits innerhalb der ersten Stunde nachweisen, wohingegen die T_1- oder T_2-Wichtung zu diesem Zeitpunkt zumeist noch keine Veränderungen aufweist. Die Infarktdetektion mittels DWI beruht dabei auf einer reduzierten freien Diffusion von Wassermolekülen im extrazellulären Raum des Hirngewebes, die durch eine deutliche Zellschwellung infolge der Minderperfusion mit Sauerstoff ist. Um das Ausmaß der Durchblutungsveränderungen bei einem akuten Schlaganfall abschätzen zu können, wird gewöhnlich eine Perfusionsbildgebung durchgeführt. Hierdurch können auch Rückschlüsse über das akut gefährdete, aber noch nicht infarzierte Hirngewebe getroffen werden (Abb. 9.37) [152].

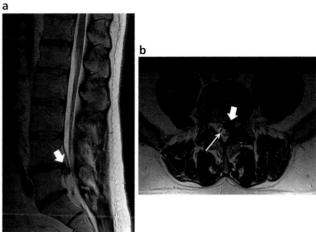

Abb. 9.38 Patient mit einem Bandscheibenvorfall. Das vorgefallene Bandscheibengewebe kann in der sagittalen (**a**) und axialen (**b**) T_2-Wichtung lokalisiert werden (*dicker Pfeil*). Auch die einzelnen Nervenfasern lassen sich erkennen (*dünner Pfeil*)

Auch unter Verwendung anatomischer und funktioneller Sequenzen kann die genaue Zuordnung von krankhaften Befunden nicht immer zuverlässig erfolgen. In solchen Fällen kann eine ergänzende Spektroskopie einen wesentlichen Beitrag zur Diagnosestellung leisten (Abschn. 9.9.2).

Bandscheibenvorfälle können neben Schmerzen einen Ausfall neurologischer Funktionen verursachen. Mittels MRT können zum einen die Bandscheibenvorfälle direkt lokalisiert und eingestuft werden, zum anderen aber auch die Lagebeziehung der Nervenfasern zum prolabierten Bandscheibengewebe beurteilt werden. Die Nervenfasern lassen sich besonders gut in T_2-gewichteten Sequenzen erkennen, da sich die hypointensen Nervenfasern hier deutlich gegen das hyperintense Signal des Hirnwassers (Liquor cerebrospinalis, engl. cerebrospinal fluid, CSF) differenzieren lassen (Abb. 9.38).

9.9.1.2 Muskuloskelettales System

Aufgrund des herausragenden Weichteilkontrasts der MRT lassen sich neben Bandscheiben auch sämtliche Band- und Knorpelstrukturen des muskuloskelettalen Systems exakt evaluieren, wobei häufig fettgesättigte, Protonendichte-gewichtete Sequenzen in unterschiedlichen Raumrichtungen zum Einsatz kommen (Abb. 9.39). Bei bestimmten Fragestellungen kann eine Injektion von Gadolinium-haltigem Kontrastmittel in den Gelenkspalt (MR-Arthrographie) die diagnostische Genauigkeit erhöhen. Auch können mittels MRT krankhafte Veränderungen des Knochenmarks wie beispielsweise ein Knochenmarködem als Folge eines Traumas oder bei Entzündungen sehr sensitiv dargestellt werden, so dass die MRT bei vielen Gelenkerkrankungen und -verletzungen das bildgebende Verfahren der Wahl darstellt. Allerdings kann die MRT die Knochenstruktur selbst anhand der routinemäßig eingesetzten Sequenzen nicht suffizient darstellen, so dass die Detektion und Einstufung von Knochenfrakturen mittels Röntgen- bzw. CT-Untersuchungen meistens besser gelingt.

a   b

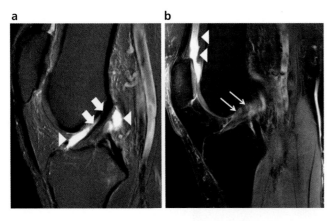

Abb. 9.39 Sagittale, fettgesättigte Protonendichte-gewichtete Sequenz des Knies. Darstellung eines intakten vorderen Kreuzbands (**a**, *dicke Pfeile*) sowie eines gerissenen vorderen Kreuzbands (**b**, *dünne Pfeile*). Die Pfeilköpfe (**a**, **b**) zeigen einen Kniegelenkserguss

Abb. 9.40 Kontrastmittel-gestützte MR-Angiographie der gesamten Becken- und Beinarterien. Es zeigt sich ein Verschluss der rechten Beinarterie auf Höhe der Kniekehle (Arteria poplitea, *Pfeil*)

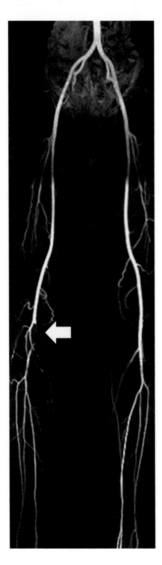

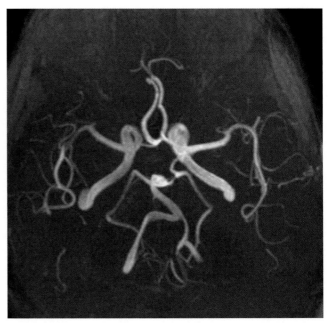

Abb. 9.41 Kontrastmittelfreie Time-of-Flight-MR-Angiographie der Hirnarterien

9.9.1.3 Kardiovaskuläres System

Die MRT wird zur Darstellung von Gefäßen in sämtlichen Körperregionen eingesetzt (MR-Angiographie, MRA). Zumeist werden nach intravenöser Gabe von Gadolinium-haltigem Kontrastmittel schnelle, stark T_1-gewichtete Gradientenecho-Sequenzen für die MR-Angiographie akquiriert [149] (Abb. 9.40). Bei Patienten mit Kontraindikation für Gadolinium-haltiges Kontrastmittel oder bei spezifischen Fragestellungen können Gefäße alternativ auch kontrastmittelfrei dargestellt werden. Hervorzuheben sind hierbei die Time-of-Flight(TOF)-MRA, Phasenkontrast-MRA oder balanced Steady-State Free Precession (bSSFP) MRA, wobei die TOF-MRA routinemäßig zur Darstellung der Hirn-Arterien verwendet wird (Abb. 9.41). Während die TOF- und Phasenkontrast-MRA flusssensitive Verfahren sind, wird bei bSSFP-Sequenzen, deren Kontrast durch das T_2/T_1-Verhältnis definiert ist, Blut unabhängig vom Fluss hyperintens dargestellt [145]. bSSFP-Sequenzen sind insbesondere ein wesentlicher Bestandteil von MRT-Untersuchungen des Herzens (Abb. 9.42), wobei durch eine EKG-getriggerte Datenakquisition die Bewegung des Herzmuskels dynamisch visualisiert werden kann. Neben der Beurteilung der Herzwandmuskulatur kann die MRT unter anderem zur Beurteilung der Herzklappen, der Herzmuskeldurchblutung (Perfusionsmessungen) und von Entzündungen des Herzmuskels (Myokarditis) eingesetzt werden.

9.9.1.4 Tumorerkrankungen

Die MRT stellt auch einen wesentlichen Bestandteil für die Detektion und Charakterisierung von Tumoren zahlreicher Or-

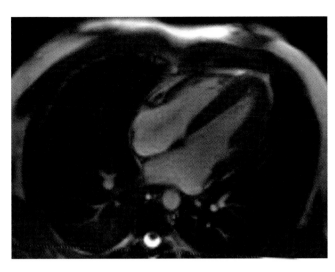

Abb. 9.42 Darstellung des Herzens im Vier-Kammer-Blick mittels bSSFP-Sequenz. Das Blut in den Herzkammern und Gefäßen wird mit dieser Sequenz signalreich dargestellt

a   b

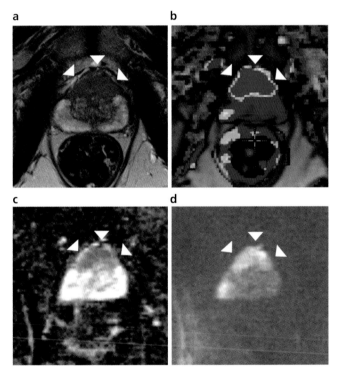

c   d

Abb. 9.43 Multiparametrische MRT der Prostata. Das Karzinom ist in der T_2-Wichtung als hypointense Raumforderung zu erkennen (**a**). Die Perfusionswichtung zeigt eine deutliche Perfusionssteigerung (**b**). In der Diffusionswichtung zeigt sich bei hohen b-Werten eine Signalsteigerung (**d**) mit korrespondierenden Signalabsenkungen im ADC-Parameterbild (**c**)

gane (z. B. Leber, Niere, Prostata, weibliche Brust etc.) dar. Dabei wird häufig die Möglichkeit ausgenutzt, anatomische Informationen mit funktionellen Untersuchungsparametern zu kombinieren. Ein gutes Beispiel für den Einsatz der multiparametrischen Bildgebung stellt die MRT der Prostata dar.

a   b

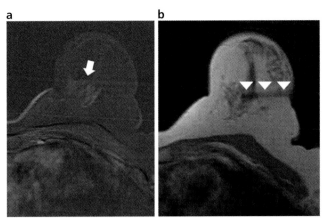

Abb. 9.44 Patientin mit unklarer Läsion in der linken Brust, die im T_1-Subtraktionsbild eine Kontrastmittelanreicherung zeigt (**a**, *Pfeil*). Es erfolgt eine MR-gesteuerte Biopsie dieser Läsion, die Nadelposition (**b**, *Pfeilspitzen*) lässt sich dabei mittels MRT kontrollieren

Zur Detektion von Prostatakarzinomen werden Ergebnisse anatomischer T_2-Sequenzen gemeinsam mit der Diffusionswichtung und Perfusionswichtung berücksichtigt und interpretiert (Abb. 9.43) [139] In bestimmten Fällen kann eine ergänzende Spektroskopie der Prostata die diagnostische Genauigkeit der MRT-Untersuchungen erhöhen (Abschn. 9.9.2). Auch bei MRT-Untersuchungen der weiblichen Brust wird neben anatomischen Informationen insbesondere die Kontrastmittel-Dynamik, vermehrt aber auch die Diffusionswichtung berücksichtigt. Zur Detektion von Karzinomen der weiblichen Brust wird die MRT in der Regel ergänzend zur Röntgen-Mammographie und Sonographie eingesetzt, wobei die MRT die höchste Sensitivität aufweist [143]. Unklare Befunde, die nur in der MRT-Untersuchung sichtbar sind, können MR-gesteuert biopsiert werden (Abb. 9.44). Neben der Tumordetektion wird die MRT auch zur Beurteilung der Tumorausdehnung, z. B. beim Rektum-Karzinom, eingesetzt, wobei die Ergebnisse der MRT-Untersuchung häufig das therapeutische Vorgehen erheblich mitbestimmen [148].

9.9.2 Magnetresonanzspektroskopie

Auch wenn die bildgebenden Verfahren wie die Computertomographie oder Magnetresonanztomographie heute eine hohe Bildqualität mit einer räumlichen Auflösung im Submillimeterbereich erreicht hat, bleibt die korrekte Diagnose anhand dieser medizinischen Bilder gelegentlich ein schwieriges Problem. Der Befund-erstellende Radiologe muss anhand von indirekten Kriterien wie dem Ort der sichtbaren Läsion, der Kontrastmittelaufnahme des Gewebes, dem Vaskularisationsgrad, der Bildung eines Ödems, von Verkalkungen und anderem mehr im Zusammenhang mit klinischen Parametern eine korrekte Diagnose stellen, wobei eine detaillierte Differenzierung zwischen möglichen Pathologien nicht immer gelingt.

Die MR-Spektroskopie kann in gezielten Fällen Informationen über den Metabolismus des untersuchten Gewebes liefern, die über die bildgebenden Informationen hinaus zu einer verbesserten Diagnostik verhelfen können. Bei der In-vivo-MRS können Metaboliten detektiert werden, die in einer ausreichend hohen Konzentration vorliegen. Anhand der gewonnenen Spektren lassen sich diverse Informationen über den Zustand des untersuchten Gewebes treffen. Im Hirngewebe können Aussagen zur neuronalen Integrität erzielt werden, Informationen über den Energiestoffwechsel, über eine mögliche Ausbildung von Gewebsnekrosen oder zum Ausmaß oder Vorhandensein einer anaeroben Glykolyse [146]. Aber auch an anderen Organen wie beispielsweise der Prostata oder der Leber kann die MRS zusätzliche diagnostische Informationen über die bildgebenden Daten der MRT hinaus liefern.

Bei der bildgebenden MRT werden die kernmagnetischen Momente der Wasser-gebundenen Protonen als Signalquelle herangezogen. Aufgrund des hohen Wassergehaltes im menschlichen Gewebe, ist hier die höchste Signalausbeute als Voraussetzung für eine hohe Bildqualität gegeben. Bei der klinischen Magnetresonanzspektroskopie (MRS) werden dagegen magnetische Momente von Kernen betrachtet, die nicht an Wassermolekülen gebunden sind. Aufgrund der chemischen Verschiebung, die vom Ort der Kerne im jeweiligen Molekül sowie der Molekülsorte abhängig ist, können einzelne Stoffwechselsubstanzen bei unterschiedlichen Resonanzfrequenzen im Spektrum selektiv betrachtet werden.

Generell kann die MRS auch anhand von nicht ^{1}H-Kernen durchgeführt werden. Insbesondere die Phosphor-^{31}P- und Kohlenstoff-^{13}C-Spektroskopie zeigt dabei für den diagnostischen Einsatz interessante Metaboliten [136, 142, 144]. Im Falle von ^{31}P sind die relevanten Energiemetaboliten wie Adenosintriphosphat (ATP), Adenosindiphosphat (ADP), Phosphat und Phosphorkreatin sichtbar. Bei ^{13}C können Aussagen über den Glukosestoffwechsel mit Glutamin und Glutamat gewonnen werden. Weil zur Spektroskopie von X-Kernen spezielle Hardware erforderlich ist und weil die Signalausbeute im Vergleich zu Wasserstoffkernen sehr gering ist, ist die Verbreitung dieser Technik auch sehr gering. Im Sinne der klinischen Anwendung wird daher im Weiteren ausschließlich auf die ^{1}H-MR-Spektroskopie eingegangen.

Im Vergleich zur MR-Tomographie ist die Signalausbeute bei der MR-Spektroskopie sehr beschränkt, da die Stoffwechselprodukte in sehr niedrigen Konzentrationen vorliegen. Die Nachweisbarkeitsgrenze liegt etwa bei 0,5 mM Konzentration, so dass nur wenige Metaboliten in der In-vivo-Spektroskopie sichtbar werden. Zusätzlich ist die Nachweisbarkeit durch überlappende Signale der einzelnen Moleküle eingeschränkt, weil die Magnetfeldhomogenität über die großen Messfelder von begrenzter Qualität ist.

9.9.2.1 Menschliches Gehirn

Das größte klinische Einsatzgebiet der MRS stellt die Untersuchung des menschlichen Gehirns dar. Bei entzündlichen Prozessen, Ischämien und niedriggradigen hirneigenen Tumoren kann aus der MR-Bildgebung nicht immer eine Einordnung der untersuchten Pathologie erfolgen [146]. In der T_2-gewichteten MRT

wird hierbei die mögliche Ausbildung eines lokalen Ödems als hyperintenses Areal erkannt. Die Kontrastmittel-unterstützte T_1-gewichtete MRT liefert aber keine weitere Information, da Hirntumore niedriger Graduierung keine vermehrte Kontrastmittelaufnahme zeigen. Hier kann die zusätzliche Information über den Metabolismus des untersuchten Gewebes entscheidend zur Differenzialdiagnostik beitragen. Zur Differenzierung werden üblicherweise Spektren mit der Lokalisationstechnik PRESS (Point REsolved SpectroScopy) bei langen Echozeiten aufgenommen. Hier können die Haupt-Metaboliten Cholin (Cho), (Phosphor-)Kreatin (Cr) und N-Acetyl-Aspartat (NAA) störungsfrei analysiert und eventuell auftretendes Laktat detektiert werden. Substanzen mit kurzen T_2-Relaxationszeiten wie Lipide tragen bei den üblichen Echozeiten zwischen 135 ms und 288 ms nicht zu den Spektren bei. Zur Detektion von Laktat, das ein gekoppeltes Signal bei 1,3 ppm mit einer Kopplungskonstante $J = 7,4$ Hz aufweist, werden üblicherweise Spektren mit 2 Echozeiten $TE_1 = 1/7,4$ Hz $= 135$ ms und $TE_2 = 270$ ms aufgenommen. Die auftretende Signalumkehr bei TE_1 lässt hierbei die eindeutige Differenzierung von Lipidresonanzen zu.

Als Bestandteil von Membranphospholipiden liefert Cholin Informationen über einen möglichen erhöhten Zellmembranumsatz, wie er bei schnell proliferierenden Tumoren zu finden ist [138]. Kreatin beinhaltet als Energie-Metabolit wichtige Informationen über den Energiestoffwechsel [138]. N-Acetyl-Aspartat stellt in gesundem Hirngewebe den größten Peak dar, wobei die genaue Funktion von NAA bis heute nicht vollständig geklärt ist [138]. Folgende Funktionen werden aktuell für NAA diskutiert: Neuronaler Osmolyt, zuständig für den Flüssigkeitshaushalt, Beitrag zur Energieversorgung in den neuronalen Mitochondrien, Quelle von Acetat für die Lipid- und Myelinsynthese in den Oligodendrozyten und Vorprodukt für die Synthese von N-Acetyl-Aspartat-Glutamat. Insgesamt kann NAA als Marker für die Integrität von neuronalem Gewebe angesehen werden [138].

9.9.2.2 Tumor, Entzündung, Ischämie

In Abb. 9.45 sind die PRESS-Spektren ($TE = 135$ ms, $TR = 2000$ ms) eines Patienten mit einem hirneigenen Tumor dargestellt [137]. Im Seitenvergleich zeigt sich eine deutliche Erhöhung des Cholin-Signals, als Folge eines erhöhten Zellmembranumsatzes im proliferierenden Tumorgewebe, bei einer starken Abnahme der NAA-Konzentration durch die Verdrängung von intaktem neuronalen Gewebe.

Abb. 9.46a zeigt die spektroskopischen Ergebnisse (PRESS, $TE = 135$ ms, $TR = 270$ ms) der Untersuchung eines Patienten mit akuter Ischämie. Das Spektrum des betroffenen Areals (Abb. 9.46) zeigt die Abnahme der Konzentration von NAA bei gleichzeitigem Auftreten von Laktat bei 1,3 ppm, das in gesundem Hirngewebe (Gegenseite, Abb. 9.46b) nicht nachweisbar ist. Der Verlust an NAA spricht für den Abbau der Integrität des neuronalen Gewebes. Durch die pathologische Minderperfusion schaltet der Energiestoffwechsel auf anaerobe Glykolyse um, bei der Laktat entsteht [151].

Bei einem entzündlichen Prozess wird ebenfalls ein Rückgang von NAA detektiert (Abb. 9.47), wobei sonst oft keine weite-

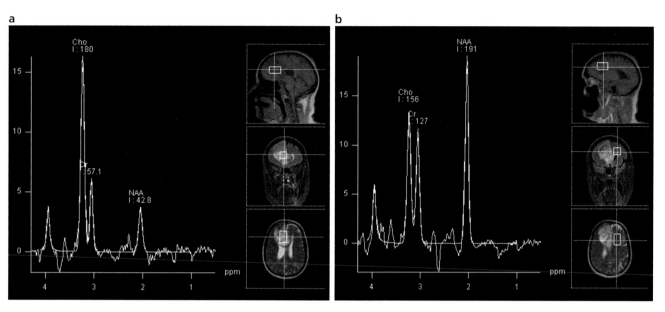

Abb. 9.45 a Patient mit einem hirneigenen Tumor (Gliom Grad III/IV). In der deutlich sichtbaren rechts frontalen Läsion ist die Zunahme der Konzentration von Cholin der entscheidende Hinweis auf die Neoplasie. **b** Zum Vergleich das Spektrum der nicht betroffenen contralateralen Hirnregion

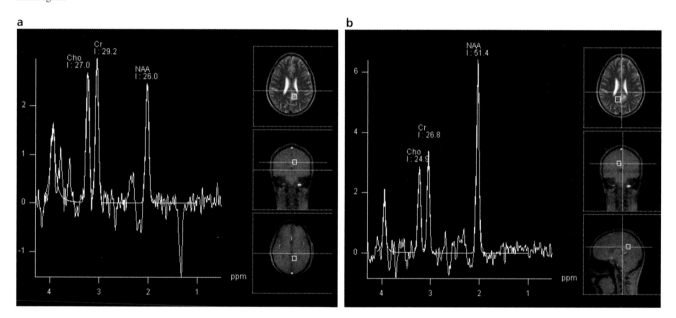

Abb. 9.46 a Patient mit akuter Ischämie. Im Läsionsareal finden sich eine Abnahme der Konzentration von N-Acetyl-Aspartat (NAA) und die Zunahme von Laktat bei 1,3 ppm. **b** Zum Vergleich das Spektrum der nicht betroffenen contralateralen Hirnregion

ren signifikanten spektralen Änderungen sichtbar werden. Auch hier spricht der NAA-Rückgang für die Schädigung des neuronalen Gewebes [146].

9.9.2.3 Stoffwechselerkrankungen

Ein weiteres großes Einsatzgebiet der In-vivo-MR-Spektroskopie ist die Untersuchung von Patienten mit Stoffwechselerkrankungen, die gehäuft im Kindesalter vorkommen. Bei zahlreichen Erkrankungen im Bereich der Mitochondriopathi-

en und Leukodystrophien können spektroskopische Ergebnisse die MRT unterstützen [154].

In Abb. 9.48 sind die Ergebnisse eines Patienten mit Biotin-ansprechender Basalganglienerkrankung (BBGD) dargestellt. Typisch sind die beidseitigen in der T_2-gewichteten MRT sichtbaren Läsionen im Basalganglienbereich, verbunden mit einer stark erhöhten Laktatkonzentration [141].

Die Untersuchung eines Patienten mit Leigh-Syndrom, einer subakuten nekrotisierenden Enzephalomyelopathie aus dem Be-

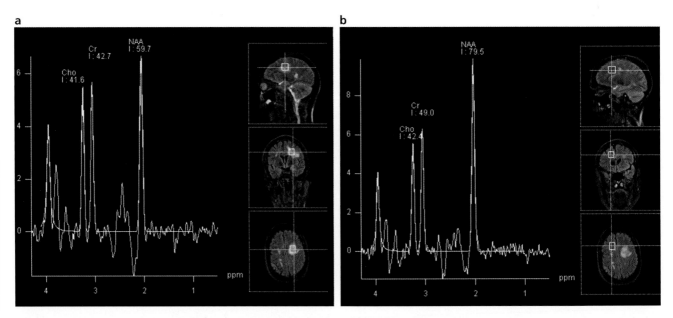

Abb. 9.47 **a** Patient mit einem entzündlichen Prozess (Vaskulitis). Nur das Signal von N-Acetyl-Aspartat (NAA) zeigt einen Rückgang der Intensität. **b** Zum Vergleich das Spektrum der nicht betroffenen contralateralen Hirnregion

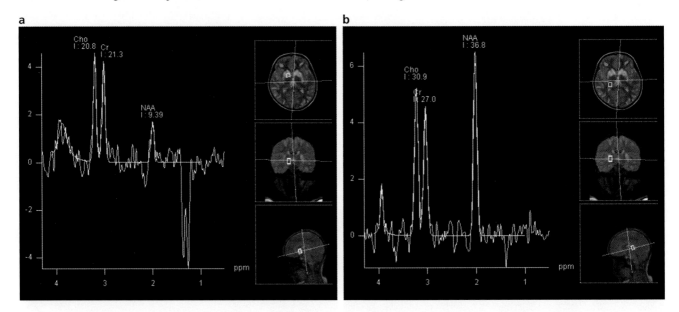

Abb. 9.48 **a** Patient mit Biotin-ansprechender Basalganglienerkrankung. Typisch ist das Laktatsignal bei 1,3 ppm im Bereich der Basalganglien. **b** Zum Vergleich das Spektrum der nicht betroffenen contralateralen Hirnregion

reich der Mitochondriopathien, ist in Abb. 9.49 dargestellt. Charakteristisches Merkmal ist hier das Auftreten eines Laktat-Signals im Bereich des Hirnstamms [153], das aber auch in den Stammganglienblöcken häufig erkennbar ist.

9.9.2.4 Andere Organe

Die ^{1}H-Spektroskopie findet auch an anderen Organen als dem Gehirn Einsatz, zumeist in der Tumordiagnostik. Hier wird hauptsächlich auf die Erhöhung des Cholin-Signals als Mar-

ker für erhöhte Proliferation geachtet, wie zum Beispiel bei der Diagnostik von Mamma-Karzinomen. Einen Sonderfall in der Anwendung der MR-Spektroskopie stellt die Untersuchung des Prostatakarzinoms dar. Weil gesundes Prostatagewebe Zitrat produziert, kann in der ^{1}H-MRS auch das Zitratsignal bei 2,6 ppm als Marker dienen. Wird gesundes Prostatagewebe von Tumorgewebe verdrängt, so nimmt die Zitratkonzentration im betroffenen Areal ab, während das Cholinsignal ansteigt (Abb. 9.50).

Abb. 9.49 Patient mit Morbus Leigh. Auffällig ist hier das Laktatsignal bei 1,3 ppm im Hirnstammbereich

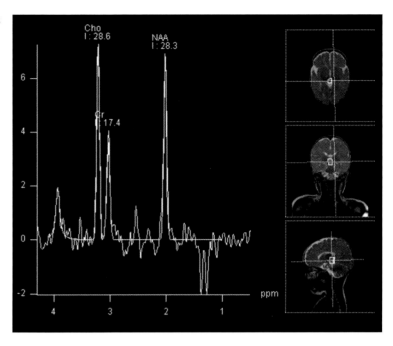

Teil II

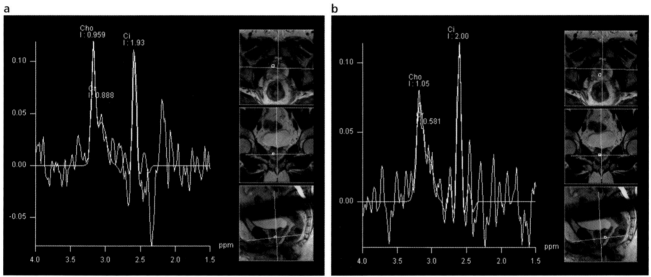

a

b

Abb. 9.50 a Untersuchung der Prostata eines Patienten mit Prostatakarzinom. Das Tumorspektrum zeigt eine Zitrat-Abnahme (2,6 ppm) und eine Cholin-Erhöhung. **b** Zum Vergleich ein Spektrum einer nicht betroffenen Region

9.10 MRT-Artefakte

Harald H. Quick

9.10.1 Einleitung

Der Begriff Artefakt (von Lateinisch „ars" Kunst und „factum" das Gemachte) bezeichnet ein durch menschliche oder technische Einwirkung entstandenes Produkt oder Phänomen. Bezogen auf die Magnetresonanztomographie (MRT) handelt es sich bei Artefakten um Strukturen im MRT-Bild, die nicht mit der tatsächlichen räumlichen Verteilung der Gewebe in der Bildebene übereinstimmen und einen physiologischen, physikalischen oder einen systembedingten Ursprung haben können.

Artefakte können sich in vielfältiger Art und Weise darstellen und dem eigentlichen MRT-Bild überlagern und mitunter die Beurteilung und Befundung beeinträchtigen oder sogar unmöglich gestalten (Abb. 9.51). Um diagnostische Fehlinterpretationen in der MRT-Bildgebung zu vermeiden, ist es wichtig, Artefakte und deren Ursprung zu erkennen und einordnen zu können. Nicht zuletzt sind dies wichtige Voraussetzungen, als Anwender geeignete Gegenmaßnahmen zur Artefaktreduktion oder sogar zu deren Vermeidung anzuwenden [157, 164].

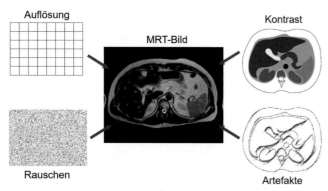

Auflösung

Kontrast

MRT-Bild

Rauschen

Artefakte

Abb. 9.51 Verschiedene Parameter beeinflussen die resultierende MRT-Bildqualität. Die räumliche Auflösung bestimmt die Bildschärfe und den Detailgrad; der Kontrast die Darstellung und Differenzierung der verschiedenen Gewebe. Inhärent zur Physik der Methode sind MRT-Bilder mit Rauschen überlagert. Fallweise können verschiedenste Artefakte auftreten, die dem MRT-Bild überlagert sind

Dieses Unterkapitel zeigt Beispiele für die häufigsten Artefakte der MRT-Bildgebung auf. Die im Folgenden gewählte Struktur des Kapitels ordnet die Artefakte ihrem Ursprung zu. Die wichtigsten und häufigsten Artefakte werden jeweils beschrieben, die Ursachen werden erläutert und es werden Hinweise zur Reduktion oder Vermeidung des jeweiligen Artefakts gegeben.

9.10.2 Rohdaten, Bildqualität und Artefakte

Die Kenntnis des Aufbaus des Rohdatenraums (k-Raum) und der Bilderzeugung in der MRT-Bildgebung ist wichtig, um die Entstehung von Artefakten, ihre Auswirkungen auf das MRT-Bild sowie die Vermeidung von Artefakten zu verstehen. Hierzu wird an dieser Stelle auf Abschn. 9.3 verwiesen, in dem die Grundlagen des Rohdatenraums und der Bilderzeugung im Detail erläutert wurden. Im Zusammenhang mit MRT-Artefakten werden hier noch einmal die wesentlichen Aspekte erwähnt.

Die hochfrequenten MRT-Signale werden zeilenweise in einer kartesischen Datenmatrix mit Real- und Imaginärteil abgelegt. Mit jeder neuen Repetitionszeit wird ein neues Signalecho entlang der Frequenzkodierrichtung generiert und eine neue Zeile im k-Raum gefüllt. In der darauf folgenden Repetitionszeit wird der Phasengradient geringfügig verändert und es wird eine benachbarte Zeile gefüllt. Wenn sequenziell alle Phasenkodierschritte durchgeführt und damit alle Signalechos in die Rohdatenmatrix eingetragen wurden, werden durch eine schnelle 2-dimensionale Fourier-Transformation (Fast Fourier Transformation, FFT) die MRT-Bilder rekonstruiert. Die Signale sind im k-Raum als Ortsfrequenzen kodiert. Jeder Punkt im k-Raum kodiert eine Ortsfrequenz, die sich im gesamten MRT-Bild wiederfindet. Die rekonstruierten MRT-Bilder zeichnen sich durch eine Frequenz- und eine Phasenrichtung aus.

Viele Bildartefakte in der MRT verlaufen entweder entlang der Frequenz- oder der Phasenrichtung und lassen daher schon aufgrund ihrer Verlaufsrichtung im Bild gewisse Rückschlüsse auf deren Ursprung zu.

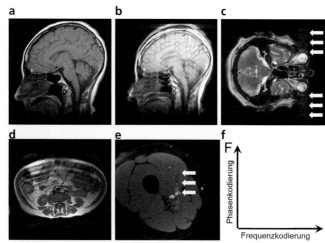

a   b   c

d   e   f

F

Phasenkodierung

Frequenzkodierung

Abb. 9.52 Bewegungsartefakte. Sagittalaufnahme eines Kopfes ohne (**a**) und mit (**b**) Bewegung des Probanden während der Aufnahme. Bewegungsartefakte zeigen sich als Verschmierungen, die zur Bildunschärfe führen (**b**). Augenbewegungen bei ruhigem Kopf resultieren in lokalen Verschmierungsartefakten ausgehend vom bewegten Organ (*Pfeile* in **c**). Periodische Bewegungen während der Bildakquisition (z. B. Atmung) führen zu regelmäßigen Artefakten, die auch als Geisterbilder oder „ghosting" bezeichnet werden (**d**). Blutfluss und -pulsation führen ebenfalls zu periodischen Signalüberlagerungen (*Pfeile* in **e**). Die Bildkoordinaten der gezeigten MR-Bilder (**f**) zeigen, dass Bewegungsartefakte vor allem in Richtung der Phasenkodierung der MR-Bilder auftreten

9.10.3 Artefakte mit physiologischem Ursprung

Artefakte mit einem physiologischen Ursprung sind Artefakte, die von der Physiologie des Patienten herrühren. Hier sind in erster Linie Atem-, Fluss- und Bewegungsartefakte zu nennen.

Die auffallendsten und häufigsten Artefakte in der klinischen MRT-Bildgebung entstehen durch Bewegung während der MRT-Datenakquisition. Atmung, Herzschlag, Blutfluss, Augen- und Schluckbewegungen sowie allgemeine Bewegungen des Patienten können Ursächlich für Bewegungsartefakte sein.

Wird der abzubildende Körperteil während der Datenakquisition bewegt, so kann es zu einer Fehlkodierung von MRT-Signalen kommen. Während die Datenakquisition in der Frequenzrichtung des Bildes sehr schnell mit einer Echozeit in wenigen Millisekunden abgeschlossen ist, dauert die gesamte Datenakquisition in der Phasenrichtung durch wiederholte Messungen länger und ist damit anfällig für zwischenzeitliche Bewegungen. Bei periodischer Bewegung, z. B. durch Atmung, Herzschlag oder Pulsation, kommt es dann zu teilweisen Mehrfachabbildungen, sogenannten Geisterbildern oder „ghosts" des bewegten Objekts in Phasenrichtung des Bildes. Nicht-periodische Bewegungen führen im Allgemeinen zu Verschmierungen und Unschärfe des Bildes (Abb. 9.52).

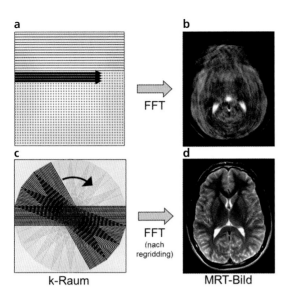

Abb. 9.53 Bewegungskorrektur mit einer radialen Multiecho-Sequenz. Bei der konventionellen kartesischen Multiecho-k-Raum-Abtastung werden mehrere k-Linien sequenziell von oben nach unten in den k-Raum eingefüllt (**a**). Das Zentrum des k-Raums wird dabei nur einmal abgetastet, die mittels Fast-Fourier-Transformation (FFT) rekonstruierten MRT-Bilder zeigen Bewegungsartefakte (**b**). Bei radialer Multiecho-Abtastung des k-Raums wird das Zentrum mehrfach abgetastet (**c**). Die radialen Daten werden zunächst mittels „regridding" im kartesischen k-Raum einsortiert und dann mittels FFT rekonstruiert. Bewegungen, die während der Datenakquisition auftreten, werden in ihrem Effekt gemittelt und Bewegungsartefakte werden effektiv unterdrückt (**d**)

Bewegungsartefakte können durch entsprechende Aufklärung und Vorbereitung des Patienten, durch eine möglichst bequeme Lagerung, Ruhigstellung und gegebenenfalls Fixierung der Extremitäten in ihrer Entstehung vorgebeugt werden. Die Verwendung von schnellen Sequenzen bei einer möglichst kurzen Aufnahmedauer hilft generell, Bewegungsartefakten entgegenzuwirken. Atemartefakte können durch Sequenzen in Atemanhalten oder durch die Nutzung eines Atemgurts reduziert werden (Abschn. 9.4.3). Fluss- und Pulsationsartefakte lassen sich durch die Verwendung einer EKG-Triggerung oder durch die Schaltung von geeigneten Hochfrequenz(HF)-Sättigungspulsen unterbinden.

Sequenzseitig bieten Multiecho-Sequenzen mit radialer Rohdatenakquisition (z. B. PROPELLER, BLADE, RADAR etc.) die Möglichkeit einer inhärenten Bewegungskompensation (Abb. 9.53) [155, 156, 162, 163]. Bei der konventionellen kartesischen k-Raum-Abtastung werden die Echos sequenziell in den k-Raum einsortiert. Damit wird der zentrale k-Raum, welcher maßgeblich den Bildkontrast bestimmt, nur einmal pro Aufnahme abgetastet. Findet hierbei Bewegung statt, so hat dies relativ starke Auswirkungen auf das rekonstruierte MRT-Bild. Radiale Multiecho-Sequenzen rotieren dagegen eine Anzahl von Echos (blades) durch das Zentrum des Rohdatenraums. Damit wird hierbei das Zentrum des k-Raums mehrfach abgetastet, mit dem Resultat, dass Bewegungseffekte in ihrer Auswirkung auf das rekonstruierte Bild herausgemittelt werden.

9.10.4 Artefakte mit physikalischem Ursprung

Als Artefakte mit physikalischem Ursprung werden solche Bildstörungen eingeordnet, die ihren Ursprung in der Methode der Signal- und Bilderzeugung der MRT-Bildgebung haben. Hierzu gehören sogenannte Einfaltungen, Suszeptibilitätsartefakte und Artefakte durch die chemische Verschiebung.

9.10.4.1 Chemische Verschiebung

In Fett und Wasser eingebundene Protonen besitzen aufgrund ihrer jeweiligen physikalischen Umgebung eine leicht unterschiedliche Resonanzfrequenz. Bei einer Larmor-Frequenz von 64 MHz (1,5 T) beträgt dieser Frequenzunterschied zwischen Fett und Wasser lediglich 220 Hz. Dies ist jedoch ausreichend, dass fett- und wasserhaltige Gewebe mit einer leichten Verschiebung entlang der Frequenzrichtung im MR-Bild dargestellt werden. Bei Verdoppelung der Magnetfeldstärke auf 3,0 T (128 MHz) verdoppelt sich auch der Effekt der chemischen Verschiebung zwischen Fett und Wasser auf 440 Hz. Das Artefakt zeigt sich als charakteristische helle und dunkle Randsäume an Gewebe- und Organgrenzen (Abb. 9.54).

Das Ausmaß der chemischen Verschiebung kann über die verwendete Auslesebandbreite berechnet und auch beeinflusst werden. Durch Verdoppelung der Auslesebandbreite von z. B. 110 Hz/Pixel auf 220 Hz/Pixel kann diese Verschiebung um die Hälfte verkleinert und das Artefakt damit reduziert werden (Abb. 9.54). Eine Fett- oder Wassersättigung hilft dabei, dass Bildsignal der entsprechenden Komponente zu unterdrücken, womit auch das Artefakt eliminiert wird.

9.10.4.2 Suszeptibilitätsartefakte

Alle Gewebe und Materialien besitzen die physikalische Eigenschaft der magnetischen Suszeptibilität. Die physikalische Größe χ beschreibt die individuelle Magnetisierbarkeit verschiedener Stoffe. Stoffe mit $\chi < 0$, also mit negativer Suszeptibilität, werden als diamagnetisch bezeichnet. Sie führen lokal zu einer leichten Abschwächung des Magnetfeldes. Stoffe mit einer schwach positiven Suszeptibilität ($\chi > 0$) werden als paramagnetisch bezeichnet. Sie verstärken das Magnetfeld geringfügig. Stoffe mit einer stark positiven Suszeptibilität $\chi \gg 0$ werden als ferromagnetisch bezeichnet, sie erhöhen deutlich das lokale Magnetfeld (Abb. 9.55).

Benachbarte Gewebe oder Organe weisen geringfügig unterschiedliche Suszeptibilitäten auf. An den Grenzflächen können sich daher schwache und lokal begrenzte Magnetfeldgradienten ausbilden. Diese können lokale Dephasierungen des MRT-Signals und somit Signalauslöschungen oder lokale Signalverzerrungen zur Folge haben. In der T_2^*-gewichteten oder der suszeptibilitätsgewichteten MR-Bildgebung (SWI) wird dieser Effekt diagnostisch genutzt, um feinste Suszeptibilitätsunterschiede beispielsweise bei Mikroblutungen und Kavernomen mit hoher Empfindlichkeit sichtbar zu machen.

Metallische Implantate wie Gefäß-Stents, chirurgische Clips und Verschraubungen, Gelenkprothesen, aber auch Zahnersatz und Zahnspangen sind aufgrund ihrer stark positiven Suszeptibi-

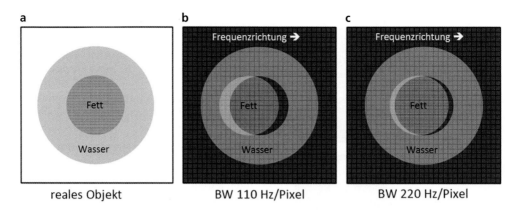

Abb. 9.54 Chemische Verschiebung. Ein reales Objekt mit Bestandteilen aus Fett und Wasser (**a**) wird in der MRT-Bildgebung entlang der Frequenzrichtung mit zueinander verschobenen Fett/Wasser-Anteilen abgebildet (**b**, **c**). Durch Verdoppelung der Auslesebandbreite von z. B. 110 Hz/Pixel auf 220 Hz/Pixel kann diese Verschiebung um die Hälfte verkleinert und das Artefakt damit reduziert werden (**b**, **c**)

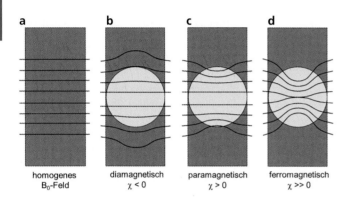

Abb. 9.55 Schematische Darstellung der magnetischen Suszeptibilitäten. Im homogenen Magnetfeld verlaufen die Feldlinien parallel zueinander (**a**). Wird ein Material mit diamagnetischen Eigenschaften eingebracht, so wird das Magnetfeld in diesem Material lokal abgeschwächt, die Feldlinien streben auseinander (**b**). Durch ein paramagnetisches Material wird das Magnetfeld in diesem Material lokal verstärkt, die Feldlinien verdichten sich (**c**). Ferromagnetische Materialien verstärken diesen Effekt noch weiter, die Feldlinien werden lokal stark verdichtet (**d**). Lokale Magnetfeldinhomogenitäten, beispielsweise in der Umgebung von metallischen Implantaten, führen zu magnetischen Feldgradienten, an denen es lokalisiert zu Verzerrungen und Signalauslöschungen und anderen Artefakten kommen kann

lität oftmals ursächlich für starke Suszeptibilitäts- oder Metallartefakte, die sich als großvolumige Signalauslöschungen und Verzerrungen in der Nähe des Implantats zeigen.

Suszeptibilitätsartefakte sind besonders stark ausgeprägt bei der Verwendung von Gradientenechosequenzen. Spinechosequenzen können sich hier artefaktreduzierend auswirken, da der 180°-HF-Refokussierungspuls lokale Signaldephasierungen an Gewebegrenzflächen und in der Nähe von Implantaten teilweise kompensieren kann. Darüber hinaus tragen kurze Echozeiten und hohe Auslesebandbreiten zu einer Artefaktreduktion bei. Eine neue Generation von MR-Sequenzen bietet die Möglichkeit, Artefakte, geometrische Verzerrungen und Signalauslöschungen in der Umgebung von metallischen Implantaten zu reduzieren (MAVRIC, SEMAC, WARP etc.) [158–161].

9.10.5 Artefakte mit systembedingtem Ursprung

Hochfrequenz-Artefakte und sogenannte „Spikes" sind Artefakte, die zumeist im Zusammenhang mit fehlerhaften Gerätschaften im Untersuchungsraum oder mit dem MRT-System selbst in Zusammenhang stehen.

9.10.5.1 HF-Artefakte

Das dem MRT-Bild zugrunde liegende Signal ist prinzipiell ein sehr schwaches und hochfrequentes elektromagnetisches Signal, das mit sehr empfindlichen Hochfrequenzantennen (HF-Spulen) detektiert wird. Um elektromagnetische Störeinflüsse von außen fernzuhalten, ist der MRT-Untersuchungsraum durch eine HF-Kabine elektromagnetisch komplett abgeschirmt. Alle elektrischen Geräte, die potenziell im Untersuchungsraum betrieben werden, so z. B. Anästhesiezubehör, Infusionspumpen, Kontrastmittelinjektoren und Perfusoren, müssen daher ebenfalls MRT-kompatibel sein, d. h., sie dürfen keine störende elektromagnetische Strahlung aussenden. Werden dennoch Störungen von den HF-Spulen detektiert, so können diese Störungen das MRT-Bild als diskrete signalreiche Streifen oder Muster in Phasenrichtung überlagern (Abb. 9.56).

9.10.5.2 Spikes

Signalreiche Störungen, die das gesamte rekonstruierte MRT-Bild mit waffel- oder rautenförmigen Mustern überziehen, können ihre Ursache in sogenannten „Spikes" haben. Hierbei verläuft das Störmuster vor allem diagonal, während es bei HF-Artefakten zumeist horizontal oder vertikal und immer in Phasenrichtung verläuft.

Das schnelle Schalten der Gradienten erzeugt in den benachbarten metallischen Bauteilen des MRT-Systems mechanische Schwingungen sowie Wirbelströme. Bei fehlerhaften Masseverbindungen und verstärkt auftretend bei bestimmten Schaltfrequenzen der Gradienten kann es zu mechanischen Resonanzen kommen und es können sich elektrische Potenziale zwischen

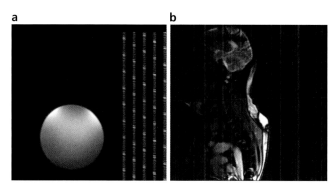

Abb. 9.56 Hochfrequenz-Artefakte zeigen sich als diskrete Bildstörungen und Muster streng entlang der Phasenkodierrichtung (hier oben-unten) orientiert. Die Frequenzkodierrichtung des MRT-Bildes (hier links-rechts) wirkt hier wie ein Spektrometer: bei einer bestimmten Frequenz treten Störungen auf, die in jedem Phasenkodierschritt an der gleichen Stelle übereinander abgelegt werden

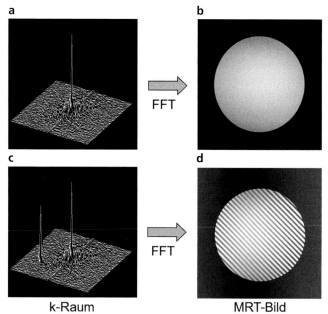

Abb. 9.57 Im Normalfall führt die schnelle Fouriertransformation (FFT) der Rohdaten des *k*-Raums (**a**) zu einem MRT-Bild ohne Artefakte (**b**). Wird jedoch beispielsweise durch eine statische Entladung während der Datenakquisition eine weitere energiereiche Spitze im *k*-Raum abgelegt (**c**), so können sich relativ starke Punkt, Streifen- oder Waffelmuster im gesamten MR-Bild als Spike-Artefakt ausbilden. Im Gegensatz zu HF-Artefakten verlaufen Spike-Artefakte zumeist nicht streng parallel zur Phasenkodierrichtung

Bauteilen ausbilden. Wenn sich diese elektrischen Potenziale, aber auch elektrostatische Entladungen innerhalb des HF-geschirmten Untersuchungsraums während der Bildakquisition entladen und von der HF-Empfangsspule detektiert werden, können sich sogenannte „Spikes", d. h. Signalspitzen im Rohdatensatz ausbilden. Nach der Bildrekonstruktion zeigen sich die „Spikes" im MRT-Bild als waffel- oder rautenförmiges Störmuster (Abb. 9.57).

Die Ursachensuche gestaltet sich bei Spike-Artefakten zumeist aufwendig. Das Artefakt tritt in vielen Fällen sporadisch auf und ist damit nicht gut reproduzierbar. Die Luftfeuchtigkeit im Untersuchungsraum sollte einen vorgeschriebenen Wert nicht unterschreiten, ansonsten kann es durch statische Entladungen innerhalb der HF-Kabine verstärkt zu Spike-Artefakten

kommen. Kann dies als Ursache bei wiederholt auftretenden Artefakten ausgeschlossen werden, sollte der Service zur Prüfung von Masseverbindungen hinzugezogen werden.

Tab. 9.7 Maßnahmen und Erläuterungen zur allgemeinen Reduzierung oder Vermeidung von Artefakten in der MR-Bildgebung

Maßnahme	Erläuterung
Patientenaufklärung	Vermeidung von Bewegungsartefakten
Bequeme Patientenlagerung	Vermeidung von Bewegungsartefakten
Fixierung des Untersuchungsbereichs	Vermeidung von Bewegungsartefakten
Atemkommandos und Anweisungen	Vermeidung von Bewegungsartefakten
Untersuchungsbereich im Isozentrum positionieren	Das statische Magnetfeld und die Gradienten sind in diesem Bereich homogen, Vermeidung von geometrischen Verzerrungen
Physiologische Triggerung (Atemgurt, EKG)	Vermeidung von Bewegungs- und Pulsationsartefakten
Flusssättigung nutzen	Vermeidung von Fluss- und Pulsationsartefakten
Bildfeld der Objektgröße anpassen	Einfaltungen in Phasenrichtung werden vermieden
Fett-/Wassersättigung nutzen	Vermeidung von Artefakten der chemischen Verschiebung
Spinecho- statt Gradientenechosequenzen nutzen	Signalrephasierung mit 180°-HF-Puls reduziert Artefakte und Signalauslöschungen in Implantatnähe
Hohe Bandbreiten nutzen	Spindephasierung und Signalauslöschungen werden reduziert, chemische Verschiebung wird reduziert
Frequenz-/Phasenkodierrichtung tauschen	Einfaltungen werden vermieden, unvermeidbare Bewegungs- und Flussartefakte werden relativ zum Objekt verschoben
Verzeichniskorrektur nutzen	Geometrische Verzerrungen, die bei großen Bildfeldern aufgrund von Gradienten-Nichtlinearitäten auftreten können, werden durch die Verzeichniskorrektur kompensiert
MRT bei niedriger Magnetfeldstärke durchführen	Viele der genannten Artefakte nehmen mit zunehmender Magnetfeldstärke zu

Teil II

9.10.6 Zusammenfassung

Die zugrunde liegende Physik der Signalerzeugung in der MRT-Bildgebung stellt hohe Anforderung an die beteiligten MRT-Systemkomponenten, an die Magnetfeldhomogenität, die Gradientenlinearität und an die Hochfrequenzdetektion. Nur bei diesbezüglich perfekten Bedingungen können geometrisch korrekte, rauscharme MRT-Bilder von hoher Bildqualität erzeugt werden, die mit der tatsächlichen Verteilung der Gewebe des Patienten übereinstimmen. Bewegung des Patienten während der MRT-Datenakquisition und Implantate sowie Hochfrequenzstörungen sind eine häufige Quelle von Artefakten in der MRT-Bildgebung. Die in diesem Kapitel genannten Maßnahmen (Tab. 9.7) sollen der Reduktion oder Vermeidung von Artefakten dienen. Darüber hinaus sind zunehmend MRT-Sequenzen verfügbar, die der Bewegungskompensation oder der verbesserten MRT-Bildgebung in der Nähe von Implantaten dienen.

9.11 Interventionelle MRT

Michael Bock

In den letzten Jahrzehnten wurden operative Eingriffe am eröffneten Körper vielfach durch minimalinvasive Eingriffe ersetzt. Bei minimalinvasiven Eingriffen ist die Überwachung der Prozedur mit Hilfe von bildgebenden Verfahren sehr wichtig, da meist keine direkte Sichtverbindung zum Operationsgebiet besteht. Mit zunehmender Komplexität der Eingriffe sind auch die technischen Anforderungen an die bildgebenden Verfahren gestiegen. Beispielsweise wurden bei Eingriffen an Blutgefäßen (intravaskuläre Eingriffe) zuerst Röntgenverfahren wie die Fluoroskopie oder die Digitale Subtraktionsangiographie (DSA) verwendet, um Katheter, Führungsdrähte und Kontrastmittel im Gefäß darzustellen. Auch wenn man die Röntgenbildgebung immer noch sehr häufig anwendet, so wird sie heute durch ein anderes Bildgebungsverfahren, den intravaskulären Ultraschall, unterstützt, mit dem Gefäßwandveränderungen mit Hilfe eines miniaturisierten Ultraschallapplikators im Katheter direkt abgebildet und danach sofort behandelt werden können.

Die MRT wurde in ihrer Anfangszeit zuerst nicht für die Überwachung von minimalinvasiven Eingriffen verwendet, da Bildaufnahmezeiten von mehreren Minuten zu lang für eine Echtzeitdarstellung des Eingriffs waren und weil der Zugang zum Patienten durch die großen Magnete erheblich erschwert wurde. Die MRT bietet jedoch gegenüber anderen medizinischen Bildgebungsverfahren einige Vorteile, die insbesondere bei therapeutischen Eingriffen sehr nützlich wären: sie hat einen exzellenten Weichteilkontrast, die Schnittebenen der MR-Bilder können beliebig im Raum orientiert werden und sie kommt ohne Belastung durch ionisierende Strahlung aus. Zusätzlich bietet sie neben der anatomischen Darstellung auch funktionelle Bildgebungsverfahren wie Messungen des Blutflusses, der Sauerstoffversorgung, der Diffusion, der Perfusion und der Temperaturveränderungen im Gewebe – eine solche Bandbreite an Techniken kann kein anderes Bildgebungsverfahren allein zur Verfügung stellen.

Im Folgenden werden zuerst die einzelnen technischen Entwicklungen dargestellt, die zu einer Implementierung von perkutanen und intravaskulären MR-geführten Eingriffen geführt haben. Im Anschluss werden dann einzelne Anwendungen in der Klinik präsentiert und zukünftige Entwicklungen diskutiert.

9.11.1 MRT-Systeme für interventionelle Eingriffe

Hochfeld-MR-Tomographen mit supraleitenden Magneten werden typischerweise in zylindrischer Bauform ausgeführt. Anfänglich hatte die Bohröffnung dieser Magneten einen Durchmesser von 60 cm, was für diagnostische Untersuchungen vollkommen ausreichend ist, allerdings nicht genug Platz bietet, um interventionelle Instrumente wie Nadeln oder Biopsiesysteme sicher an den Patienten heranzuführen. Neben dem eingeschränkten Durchmesser war auch die Länge des Magneten ein Problem, da ein Hineingreifen durch Baulängen von 1,60 m und mehr sehr erschwert wurde.

Um diese Probleme zu umgehen, wurden Mitte der 1990er-Jahre so genannte offene Magnete konstruiert, bei denen der Patient zwischen zwei Polschuhen eines vertikal verlaufenden Magnetfeldes positioniert wird. Offene Magnete wurden typischerweise als Permanentmagnete oder als Elektromagnete mit Feldstärken von $B_0 = 0{,}2 \ldots 0{,}5$ T ausgeführt. In Kombination mit einem optischen Trackingsystem und einer speziellen Bildkonsole konnten mit diesen Systemen die ersten vollständig MR-geführten Eingriffe am Patienten vorgenommen werden. Das Trackingsystem bestimmt dabei über externe Marker am Instrument kontinuierlich die Position, und im MR-Tomographen wird diese Positionsinformation dazu verwendet, die Lage der aktuellen Bildschicht mit dem Instrument mitzuführen. Hierzu werden spezielle Echtzeitsequenzen (z. B. FLASH, balanced SSFP oder segmented EPI) verwendet, die mit Bildabtastraten von 1 bis 10 Bildern pro Sekunde Daten akquirieren. Die in Echtzeit rekonstruierten Bilder werden dann auf der Konsole angezeigt, über die der Operateur auch Einstellungen an der Sequenz vornehmen kann.

Die offenen Niederfeldsysteme bieten zwar einen guten Zugang zum Patienten, allerdings lassen sie sich wegen des limitierten SNRs nur eingeschränkt in der klinischen Routinebildgebung einsetzen. Seit circa 10 Jahren werden allerdings konventionelle Hochfeldtomographen mit einem etwas vergrößerten Bohrungsdurchmesser (70 cm) und kürzeren Magneten (1,2 m) angeboten, so dass Interventionen auch bei Feldstärken von 1,5 T im MR-Tomographen vorgenommen werden können. Neben der Verfügbarkeit von kurzen und weit geöffneten Magneten waren aber weitere technische Entwicklungen nötig:

1. Monitore: Um die in Echtzeit aufgenommenen MR-Bilder allen an der Operation beteiligten Personen darstellen zu können, wurden spezielle HF-abgeschirmte Monitore entwickelt. Da die Bildgröße oft nicht ausreichend war, wurden auch Projektionssysteme eingesetzt, die man z. T. außerhalb des Faradaykäfigs aufgestellt hat. In speziellen Interventionsräumen für Eingriffe am eröffneten Schädel wurden Rückprojektionssysteme (z. B. von der Fa. BrainLab) in die

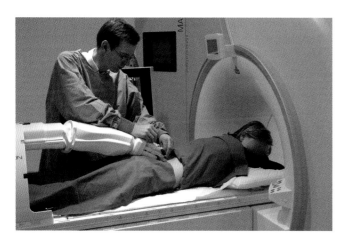

Abb. 9.58 Patient und robotisches Assistenzsystem auf der Patientenliege eines 1,5-T-Ganzkörpertomographen. Mit Hilfe des robotischen Arms kann ein Instrument (hier: eine Nadel) zielgenau auf vorher aufgenommene MR-Aufnahmen ausgerichtet werden – der Einstich erfolgt dann manuell

Wände integriert, um neben den aktuellen MRT-Bildern auch andere Bildinformationen präsentieren zu können.

2. Marker: Zur Detektion der Instrumentenposition wurden verschiedene Verfahren entwickelt. Bei der so genannten *passiven Instrumentenmarkierung* werden kleine Markierungen an dem Instrument angebracht, die lokal zu Magnetfeldverzerrungen und damit zu Auslöschungen im MR-Bild führen. Um die Markierungen besser kontrollieren zu können, wurden auch stromdurchflossene Spulen eingesetzt, deren Feldverzerrungen ein- und ausgeschaltet werden können. Bei der *aktiven Instrumentenmarkierung* setzt man Hochfrequenzspulen ein, die entweder direkt ausgelesen werden, oder deren Signal indirekt über induktive Kopplung mit den normalen Bildgebungsspulen ausgelesen wird. Neben diesen Verfahren, die das MR-Signal verwenden, wurden auch Systeme vorgeschlagen, die die Gradientenfelder direkt messen.

3. Kommunikationssysteme: Da die schnellen Gradientenschaltungen während der Echtzeitbildgebung zu einem erheblichen Geräuschpegel im Interventionsraum führen, wurden spezielle Kommunikationssysteme entwickelt, die die Gradientengeräusche unterdrücken.

4. Assistenzsysteme: Um Instrumente in den Hochfeldtomographen sicher halten und führen zu können, wurden verschiedene Halterungen und robotische Assistenzsysteme entwickelt (Abb. 9.58). Ziel dieser Entwicklungen war es, die Instrumente reproduzierbar und genau zu positionieren, so dass sie (zum Teil auch außerhalb des Tomographen) in das Zielgebiet der Intervention gebracht werden können.

Die Integration dieser Systeme in ein klinisches Umfeld kann einen erheblichen baulichen Aufwand nach sich ziehen, insbesondere, wenn das interventionelle MR-System in Kombination mit anderen Interventionsverfahren benutzt werden soll. Solche Kombinationssysteme verwenden meist eine gemeinsame Transportplattform, so dass der Patient vom MRT in andere Bildgebungssysteme (DSA, CT oder PET) mit wenigen Handgriffen schnell verlagert werden kann.

9.11.2 Instrumente für MRT-geführte Eingriffe

Neben den baulichen Voraussetzungen müssen auch die verwendeten Instrumente an die Anforderungen für MRT-geführte Eingriffe angepasst werden:

1. Alle Instrumente müssen aus nichtmagnetischen Materialien gefertigt werden, um eine ungewollte Anziehung im Streufeld des Tomographen zu vermeiden. Magnetische Anziehungskräfte auf ferromagnetische Gegenstände können bei modernen MR-Tomographen leicht das 100- bis 1000-Fache der Gewichtskraft betragen, so dass sich selbst kleine Instrumente in tödliche Geschosse verwandeln (engl. missile effect). Neben der Anziehungskraft muss auch das Drehmoment (engl. torque) vermieden werden, das auftreten kann, wenn sich ein Instrument im Magnetfeld ausrichtet.

2. Instrumente sollten weder das MR-Signal zu sehr stören (Auslöschungsartefakte) noch selber MR-Signale abgeben, die mit anatomischen Strukturen verwechselt werden könnten – diese Anforderung ist allerdings bei Markierungssystemen nur teilweise erfüllbar, da es ja gerade die Signalveränderungen der Marker sind, die zur Lokalisation des Instruments im MR-Bild verwendet werden.

3. Längliche, elektrisch leitende Strukturen wie Drähte sollten unbedingt vermieden werden, da die Hochfrequenzfelder des MRT in solche antennen-ähnliche Leiter im ungünstigsten Falle direkt einkoppeln können. Diese HF-Felder treiben dann im Leiter Ströme, die im umliegenden Gewebe zu erheblichen Erwärmungen führen können. Die HF-Einkopplung tritt nur bei Drahtlängen oberhalb einer kritischen Resonanzlänge auf, die von der Resonanzfrequenz (und damit von B_0) abhängt.

4. Instrumente, die elektrisch angetrieben werden oder die elektromagnetische Signale abgeben, müssen besonders sorgfältig abgeschirmt werden, um eine Beeinträchtigung des schwachen MRT-Signals zu vermeiden. Gleichzeitig dürfen die verwendeten Leitermaterialien nicht zu einer HF-Erwärmung führen, was beispielsweise durch elektronische Filter realisiert werden kann.

Für die Untersuchung und Optimierung der Instrumente gibt es unterschiedliche Richtlinien und Standards (beispielsweise der American Society for Testing and Materials, ASTM), diese werden zurzeit jedoch überarbeitet, um insbesondere bei aktiven Implantaten und Instrumenten die Vorgehensweisen bei Tests und Feldsimulationen genauer zu definieren.

Einige Instrumente wie intravaskuläre Katheter ohne Metallelemente, Gefäßschleusen aus Plastik oder kurze Injektionsnadeln können oft ohne Modifikationen in MRT-geführten Eingriffen eingesetzt werden – allerdings ist es unabdingbar, für jedes Instrument z. B. anhand von Datenbanken (z. B. [176]) zu prüfen, ob es MR-sicher („MR safe") ist (Abschn. 9.5.4). Komplexere Instrumente haben oft an unerwarteten Stellen metallische oder sogar magnetische Komponenten, die meist dazu führen, dass das Instrument nur unter bestimmten Bedingungen („MR conditional") oder gar nicht („MR unsafe") im MRT eingesetzt werden darf. In den letzten Jahren wurde bei der Herstellung von Nadeln, Biopsiesystemen, Führungsdrähten und anderen Instrumenten vermehrt auf die MR-Sicherheit geachtet. So existieren heute beispielsweise spezielle nicht-magnetische Nadeln, manuell betriebene Biopsieeinheiten und sogar Führungsdrähte aus Faserverbundstoffen für den Einsatz bei Feldstärken von 1,5 T und mehr.

9.11.3 Beispiele klinischer Anwendungen MR-geführter Interventionen

Obwohl prinzipiell nahezu jeder minimalinvasive Eingriff im MRT durchgeführt werden könnte, hat sich die MRT-Führung für einige klinische Anwendungen als besonders vorteilhaft erwiesen. Grundsätzlich gilt es immer dabei abzuwägen, ob die Intervention nicht auch mit einem etablierten Standardverfahren (Röntgenfluoroskopie, CT, US) überwacht werden kann, da der Einsatz der MRT meist mit einem größeren Aufwand und höheren Kosten verbunden ist. Die nachfolgenden Interventionen werden aber vermehrt unter MRT-Kontrolle durchgeführt.

9.11.3.1 Prostatabiopsien

Obwohl mit Hilfe von speziellen MRT-Protokollen die Darstellung von Tumoren der Prostata gut gelingt, ist dennoch eine bioptische Entnahme von Gewebeproben notwendig, um einen Tumor eindeutig von gutartigen Läsionen (z. B. der benignen Prostatahyperplasie) abzugrenzen. Wird die Biopsie mit speziellen, MR-kompatiblen Biopsiesystemen unter MRT-Führung durchgeführt (Abb. 9.59), so können Gewebeproben gezielt aus den vorher identifizierten suspekten Arealen entnommen werden. Hierzu wird die Biopsienadel durch das Rektum zusammen mit einem Marker eingeführt und auf das Zielareal ausgerichtet, wobei die Lage kontinuierlich in T_2-gewichteten Bildern kontrolliert wird. Die Entnahme der Gewebeprobe kann dann außerhalb des Tomographen erfolgen, da die Position der Nadel durch ein Haltersystem fixiert bleibt. Neben dem üblicherweise verwendeten transrektalen Zugang wurden in letzter Zeit auch

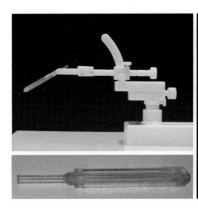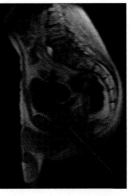

Abb. 9.59 *Links oben*: MR-kompatibler Nadelhalter für transrektale Prostatabiopsien. *Links unten*: Am Ende eines beweglichen Arms befindet sich ein zylindrischer Marker, durch den eine Biopsienadel eingeführt werden kann (nicht gezeigt). *Rechts*: Der Arzt kann über verschiedene Stellschrauben den Marker ausrichten und die jeweilige Zielausrichtung mit der MRT kontrollieren

vermehrt Prostatabiopsien über einen transglutealen Zugangsweg realisiert.

9.11.3.2 Lokale thermische Therapien im Abdomen

Um kleinere Tumoren in der Niere, der Leber oder anderen abdominellen Organen zu zerstören, werden vermehrt thermische Therapieformen wie die Kryotherapie, die HF-Ablation oder der fokussierte Ultraschall eingesetzt. Die MRT ist besonders gut geeignet, diese Therapien zu überwachen, weil sie lokal die Temperatur beispielsweise mit Hilfe der Protonenresonanzmethode (Proton Resonance Frequency, PRF) messen kann. Somit kann schon während der Therapie die applizierte thermische Dosis abgeschätzt und das umliegende Normalgewebe geschont werden.

Die PRF-Methode beruht auf der Änderung der Protonenresonanzfrequenz mit der Temperatur – dieser Effekt ist mit $-0,01$ ppm/°C sehr gering, und lässt sich als Phasenänderung messen. Da die Signalphase durch viele andere Effekte auch beeinflusst wird (Suszeptibilität, Wirbelströme etc.), wird üblicherweise die Differenz zwischen einem Phasenbild vor und während der Therapie gebildet und in eine Temperaturänderung umgerechnet. Gerade im Abdomen kann die Differenzbildung zu Artefakten führen, da die Organe durch Atmung, Herzschlag, Darmperistaltik und andere Bewegungen des Patienten verschoben werden.

9.11.3.3 Brustbiopsien

Für die Entnahme von Gewebeproben der weiblichen Brust werden vermehrt Rastersysteme angeboten, über die Nadeln gezielt in suspekte Regionen eingeführt werden können. Nach der Aufnahme von Übersichtsbildern der Brust wird dazu mit einer speziellen Software die Lage des Rasters relativ zur Zielregion bestimmt, und danach ein Rasterpunkt ausgewählt, um eine Biopsienadel so einzustechen, dass sie bei vordefinierter Einstichtiefe exakt in der suspekten Läsion positioniert ist. Der eigentliche Einstich erfolgt dann oft nicht unter MRT-Kontrolle, da der Zugang zur Patientin bei der üblichen Bauchlage schwer zu realisieren ist – vielmehr wird die Patientenliege so aus dem Tomographen gefahren, dass der Operator die Positionierung der Nadel und die Biopsieentnahme außerhalb des Magneten durchführen kann. Hierbei wird schrittweise vorgegangen, so dass nach jeder Repositionierung die Nadelposition erneut mit der MRT vermessen wird, bevor die eigentliche Probenentnahme durchgeführt wird. Die Genauigkeit dieser Methode wird wesentlich durch die Abstände der Rasterpunkte und die Präzision der Nadelführung bestimmt, die typischerweise im Bereich einiger Millimeter liegt.

9.11.4 Ausblick

Die hier aufgeführten Interventionsmethoden und Anwendungsbeispiele stellen nur einen kleinen Teil des möglichen Spektrums an MR-geführten Interventionen dar. Die Anzahl an Instrumenten, die für MR-geführte Interventionen zugelassen sind, nimmt ständig zu. So werden zurzeit Führungsdrähte entwickelt, so dass auch intravaskuläre Interventionen sicher und zielgenau durchgeführt werden können. Für perkutane Interventionen befinden sich robotische Assistenzsysteme in der Entwicklung, die so klein sind, dass sie zwischen Patient und Magnetbohrung eingebracht werden können und dort für eine genaue Positionierung einer Nadel sorgen. Schnellere Pulssequenzen werden bald verfügbar sein, die die Bewegung der Instrumente mit noch höherer Zeitauflösung darstellen und die Instrumentenposition automatisch detektieren können. Alle diese Entwicklungen sind dazu geeignet, MR-geführte Interventionen noch stärker in den klinischen Betrieb zu integrieren. Andererseits ist es sowohl technisch als auch finanziell aufwendig, Interventionen unter MR-Kontrolle durchzuführen, so dass nur ausgewählte Eingriffe hierfür infrage kommen.

Aufgaben

Fragen zu Abschn. 9.2

9.1 Welche statischen Magnetfeldstärken (B_0 in T) sind für klinische MRT-Systeme weitverbreitet und welche Magnetfeldstärken werden in der humanen Ultrahochfeld-MRT genutzt?

9.2 Durch welche Parameter kann der Hauptfeld-Magnet eines MRT-Systems charakterisiert werden und wozu dient das Hauptmagnetfeld in der MRT-Bildgebung?

9.3 Wozu dienen die Gradientenfelder in der MRT-Bildgebung und durch welche Parameter kann das Gradientensystem eines MRT-Systems charakterisiert werden?

9.4 Wie lautet die Resonanzbedingung für die MRT-Bildgebung und welche Anregungsfrequenzen (in MHz) werden bei einer Feldstärke von 1,5, 3,0, 7,0, und 9,4 T jeweils zur Anregung von Wasserstoffprotonen (^{1}H) genutzt?

9.5 Warum werden in der Ultrahochfeld-MRT Mehrkanal-HF Sendesysteme eingesetzt?

Fragen zu Abschn. 9.3

9.6 Gemäß Gl. 9.9 nimmt die makroskopische Magnetisierung mit dem Kernspin I zu. Warum ist die Magnetisierung in der Praxis für Kerne mit $I > 1/2$ dennoch kleiner als für Protonen mit $I = 1/2$?

9.7 Die Wirkung eines Hochfrequenzpulses auf die Magnetisierung wird durch eine Drehmatrix beschrieben (Gl. 9.18). Welche vereinfachenden Annahmen liegen dieser Beschreibung zu Grunde?

9.8 Bei der kartesischen Bildaufnahme in der MR werden Frequenzkodier- und Phasenkodiergradienten verwendet, die beide dem MR-Signal eine ortsabhängige Phase aufprägen. Worin unterscheiden sich diese beiden Kodierverfahren?

9.9 Es soll ein ^{1}H-MR-Bild mit den folgenden Parametern aufgenommen werden: FOV = 500 mm, NR = 256, ΔtR = 5,12 ms. Welche Amplitude hat der Readoutgradient?

9.10 Warum lässt sich das Oversampling in Frequenzkodierrichtung ohne zusätzlichen Messaufwand realisieren?

9.11 Nach Gl. 9.41 und 9.42 ist die erzielbare räumliche Auflösung abhängig vom Produkt der Gradientenstärke und der Kodierdauer. Dies bedeutet, dass theoretisch eine beliebig hohe räumliche Auflösung erreicht werden kann, indem die Datenaufnahme mit maximaler Gradientenstärke und langen Auslesezeiten erfolgt. Welche physikalischen Effekte beschränken jedoch in der Praxis die räumliche Auflösung?

Fragen zu Abschn. 9.4

9.12 **Ernst-Winkel:** Im Text ist die Formel für den Winkel genannt, welcher für eine gegebene T_1-Zeit das Signal in einer FLASH-Sequenz maximiert (Ernst-Winkel).

a. Leiten Sie diese Formel aus der Signalgleichung der FLASH-Sequenz her.
b. Berechnen Sie die Ernst-Winkel für die graue ($M_{0,\mathrm{GM}} = 0{,}95$, $T_{1,\mathrm{GM}} = 920$ ms) und weiße ($M_{0,\mathrm{WM}} = 0{,}95$, $T_{1,\mathrm{WM}} = 790$ ms) Hirnsubstanz für einen Bildgebungsversuch mit $TR = 10$ ms.
c. Diskutieren Sie welcher Flipwinkel für die Messung mit optimalem SNR und CNR verwendet werden sollte.

9.13 **Schichtselektion:** Gegeben ist ein ungefilterter sinc-Puls der Dauer $\tau = 3{,}2$ ms und mit $N_l = N_r = 2{,}3$ Nebenschwingungen zu jeder Seite des zentralen Maximums.

a. Schätzen Sie die Bandbreite der Frequenzantwort des Pulses ab.
b. Berechnen Sie die benötigte Gradientenamplitude zur Selektion einer Schicht mit der Breite $\Delta z = 3$ mm.

9.14 **Artefakte durch die chemische Verschiebung:** In der MRT sollen hauptsächlich die Protonen des Wassers dargestellt werden, deren Magnetisierungsvektor nach der Anregung mit der Larmor-Frequenz um B_0 präzidiert. Protonen anderer Moleküle weisen eine leicht unterschiedliche Resonanzfrequenz auf, da sie – im Vergleich zu den Protonen des Wassers, welche als Referenz dienen – von den bindungsspezifischen Elektronenwolken der Moleküle unterschiedlich stark vom äußeren Feld B_0 abgeschirmt werden. Dies ist im menschlichen Körper beispielsweise in Fetten der Fall. Die chemische Verschiebung von Fett beträgt ca. 3,4 ppm im Vergleich zur Wasserresonanzlinie.

$$\frac{\gamma}{2\pi} = 42{,}58 \, \frac{\mathrm{MHz}}{\mathrm{T}} \qquad (9.107)$$

a. Liegt die Protonen-Resonanzfrequenz in Fetten oberhalb oder unterhalb der des Wassers?

b. Wie groß ist der Unterschied zwischen der Wasser- und Fettresonanzlinie in Hertz bei $B_0 = 1,5$ T und $B_0 = 3,0$ T?

c. Bei $B_0 = 3,0$ T werde bei der Frequenzkodierung durch ein Gradientenfeld die Resonanzfrequenz um 102,4 kHz aufgespreizt. Das FOV in diese Richtung betrage 320 mm und das Bild werde mit 256 Pixeln in Frequenzkodierrichtung aufgenommen. Um wie viele Pixel und wie viele Millimeter würde das Fettgewebe gegenüber dem wasserhaltigen Gewebe verschoben dargestellt?

9.15   Fettsättigung durch frequenzselektive Sättigung: Um das oftmals unerwünschte Fett-Signal zu unterdrücken, kann die chemische Verschiebung zwischen Fett- und Wasser-Protonen genutzt und vor dem Anregungspuls der Bildgebungssequenz ein frequenzselektives Fettsättigungsmodul ausgespielt werden. Dieses besteht aus einem geeigneten Hochfrequenzpuls mit Flipwinkel α und einem nachgeschalteten Spoilergradienten zur Dephasierung der Transversalmagnetisierung des Fettes. Durch die endliche Dauer der Hochfrequenzpulse und des Gradientenpulses muss der Flipwinkel α so gewählt werden, dass für die Longitudinalmagnetisierung des Fettes zum Zeitpunkt des Anregungspulses (Isodelay-Punkt) $M_z^{\text{Fett}} = 0$ gilt.

Gehen Sie davon aus, dass sich das Fett-Signal in Bezug auf den Sättigungspuls im Steady State befindet. Der Zeitabstand der Isodelay-Punkte des Sättigungs- und Anregungspulses sei τ.

a. Bestimmen Sie $\alpha(\tau)$ in Abhängigkeit von T_1^{Fett} und TR, so dass $M_z^{\text{Fett}}(\tau) = 0$ ist.

b. Berechnen Sie α für die Werte $\tau = 8$ ms, $T_1^{\text{Fett}} = 260$ ms und $TR = 20$ ms.

9.16   Bildwichtung und quantitative Werte: MRT-Aufnahmen stellen relative Signalunterschiede auf einer Grauwertskala dar, welche – anders als beispielsweise bei der Computertomographie – nicht quantitativ sind. Damit weisen die Datensätze derselben Person, welche mit unterschiedlichen Geräten mit denselben Messeinstellungen gemessen wurden, unterschiedliche Grauwerte auf.

a. Erläutern Sie beispielhaft Gründe, weshalb die MRT mit einer einzelnen Aufnahme keine quantitativen Werte liefern kann! Denken Sie sowohl an die Limitationen durch Bildgebungssequenzen als auch an die unterschiedliche Hardware des MRTs.

b. Wie müssen mehrere Aufnahmen erstellt werden, um die Berechnung der quantitativen Werte (beispielsweise T_1-Zeiten) zu ermöglichen?

9.17   Black-Blood-Magnetisierungspräparation: In Abb. 9.19 ist eine TSE-Aufnahme mit vorgeschalteter IR-Black-Blood-Magnetisierungspräparation (T_1 von Blut/Herzmuskelgewebe: ca. 1500 ms/870 ms bei 1,5 T) dargestellt. Diese Präparation sorgt dafür, dass Blut im Bild dunkel erscheint – ähnlich dem CSF in der FLAIR-Methode. Der Inversionspuls wird auf den gesamten Körper im Tomographen eingestrahlt.

a. Welche Nachteile hat eine IR-Dark-Blood-MP, die einen nicht-schichtselektiven Inversionspuls verwendet?

b. Verbessern Sie die Magnetisierungspräparation! Überlegen Sie, wie Sie den Signalverlust im Herzmuskel verringern können!

c. Warum ist es sinnvoll, bei einer prospektiv EKG-getriggerten Messsequenz nur jede zweite R-Zacke zur Auslösung der Bildgebung zu verwenden? Nehmen Sie zur Abschätzung vereinfachend an, dass nach der Zeit TR alle Magnetisierung vollständig relaxiert ist.

9.18   Messung von T_1-Zeiten: Die Inversion-Recovery-Magnetisierungspräparation häufig zur Messung von T_1-Zeiten verwendet. Alternativ kann statt der Inversion eine Sättigung als Präparation verwendet werden (Saturation-Recovery, SR).

a. Welchen Vorteil bietet die SR- gegenüber der IR-Methode?

b. Welchen Nachteil bringt die SR- gegenüber der IR-Methode mit sich?

Fragen zu Abschn. 9.5

9.19   Betriebsarten/Patientenüberwachung: Fassen Sie die Unterschiede zwischen der normalen Betriebsart, der kontrollierten Betriebsart erster sowie zweiter Stufe zusammen. Diskutieren Sie dabei die möglichen physiologischen Belastungen für den Patienten sowie die unterschiedlichen Anforderungen an die Patienten-Überwachung.

9.20   Statisches Magnetfeld: Geben Sie die Abhängigkeit der auf ein ferromagnetisches Objekt wirkenden translatorischen Kraft vom statischen Magnetfeld B_0 an. Unterschieden Sie dabei die Fälle, dass die Magnetisierung des Objektes sich unterhalb und oberhalb der Sättigungsmagnetisierung befindet.

a. Wo tritt für den ersten Fall typischerweise die maximale Kraftwirkung bei zylindrischen Magneten auf?

b. Warum ist die Kraftwirkung auf Körpergewebe bei üblichen statischen Magnetfeldern in der klinischen MRT vernachlässigbar?

c. Ab welcher Feldstärke muss ein Bereich mit kontrolliertem Zutritt um einen Magnetresonanz-Tomographen eingerichtet werden?

9.21   Geschaltete Magnetfeldgradienten:

a. Welches sind mögliche physiologische Effekte, die in der Magnetresonanz-Tomographie durch geschaltete Magnetfeldgradienten hervorgerufen werden könnten?

b. Welcher physiologische Zusammenhang ist die Grundlage für die Stimulation peripherer Nerven oder des Herzmuskels?

c. Welche Maßnahmen sind hinsichtlich des akustischen Schalldrucks während einer MR-Untersuchung zu beachten?

9.22   Hochfrequente Felder:

a. Welche potenziellen Gefährdungen bestehen bei der Exposition von Personen in hochfrequenten Feldern?

b. Welche physikalische Größe wird in klinischen MR-Systemen verwendet, um die HF-Exposition von Patienten zu erfassen? Geben Sie deren Zusammenhang mit der im Körper absorbierten Verlustleistung an.

c. Was sind mögliche Maßnahmen, um die Ganzkörper-SAR für ein jeweiliges MR-Protokoll zu reduzieren?

9.23 Medizinische Geräte/Implantate: Geben Sie die drei Kennzeichnungen für medizinische Geräte und Implantate an und diskutieren Sie die einhergehende Konsequenz für deren Nutzung in der MR-Umgebung.

Fragen zu Abschn. 9.6

9.24 Wie beeinflusst die Gabe von Kontrastmitteln auf Basis paramagnetischer Ionen (z. B. Gd^{3+}) den Kontrast in der MRT?

9.25 Darf aus klinischer Sicht Gadolinium in ionischer Form (Gd^{3+}) als Kontrastmittel eingesetzt werden?

9.26 Wie verändern Kontrastmittel auf Basis von Eisenoxidpartikel den Kontrast in der MRT?

Fragen zu Abschn. 9.7

9.27 Fluss:

a. Zeige, dass das linke zeitliche Gradientenprofil in Abb. 9.24a einen k-Vektor mit Betrag $k = |\boldsymbol{k}| = \gamma G T \cdot (\sqrt{2} - 1)$ erzeugt und

b. dass $I_1 = \gamma \int_0^T \mathrm{d}t\, G(t) t = 0$ gilt.

c. Zeige, dass nach der Schichtanregung unter Verwendung des mittleren Gradientenprofils $k = 0$ und $I_1 = 0$ unter der Annahme gilt, dass der Anregungspuls instantan bei $t = 0$ wirkt.

d. Zeige, dass bei einer Auslesekodierung mit dem rechten Gradientenprofil für das k-Raumzentrum, also bei $t = T$, $k = 0$ und $I_1 = 0$ gilt.

e. Zeige, dass $I_1 = -\gamma G T^2 / 4$ für das bipolare Gradientenpaar aus Abb. 9.24b gilt.

9.28 Isotrope Diffusion:

a. Berechne das mittlere Verschiebungsquadrat gemäß Gl. 9.7 für den eindimensionalen Fall mit $D_0 = 2\,\mu m^2/ms$ und $t = 100\,ms$ und erkläre den Dimensionsfaktor d in selbiger Formel.

b. In einem isotropen Gewebe wird mit dem oft verwendeten b-Wert $b = 1000\,s/mm^2$ ein Signalabfall auf $50\,\%$ durch Schalten der Diffusionsgradienten gemessen. Wie groß ist demzufolge der scheinbare Diffusionskoeffizient D_{app}?

9.29 Diffusionstensor:

a. Bei einer Untersuchung der weißen Substanz werden die drei Eigenwerte $D_{\parallel} = 2\,\mu m^2/ms$, $D_{\perp,1} = D_{\perp,2} = 0{,}5\,\mu m^2/ms$ des Diffusionstensors gemessen. Wie groß sind die daraus resultierende mittlere Diffusivität MD und die fraktionelle Anisotropie FA?

b. Finde jeweils einen Wertesatz für $D_{\parallel}$, $D_{\perp,1}$ und $D_{\perp,2}$ für den gilt, dass die FA ihren minimalen bzw. maximalen Wert (0 bzw. 1) annimmt.

9.30 Perfusion: Man betrachte den unrealistischen Fall, dass die gesamte Kontrastmittelmenge durch einen sehr kurzen Bolus (Dauer $\Delta t = 1\,ms$, Kontrastmittelkonzentration $C_{\text{Arterie},0} = 24\,mol/l$) durch eine Arterie einem Gewebe-Volumenelement zur Zeit $t = 0$ zugeführt werde. Die Kontrastmittelkonzentration im Gewebe-Volumenelement sei danach durch die Funktion $C(t) = 0{,}0001\,mol/l \cdot \exp(-5t/48\,s)$ gegeben. Berechne RBV, RBF, MTT und $R(t)$. Zur Hilfestellung seien die Lösungen $RBV = 4\,ml/100\,ml$ und $RBF = 25 \sim ml/100\,ml/min$ angegeben.

9.31 fMRT: Die auf dem BOLD-Effekt beruhende fMRT profitiert von der Verwendung hoher Feldstärken. Als typische Echozeit bei 3 T ist im Text $TE_{3\,T} = 40\,ms$ genannt.

a. Bei welcher Echozeit $TE_{7\,T}$ ist der suszeptibilitätsbedingte Kontrast bei 7 T gleich stark wie zur Echozeit $TE_{3\,T}$ bei 3 T?

b. Beantworte folgende Frage unter der Annahme, dass die T_2-Zeit der grauen Substanz bei 3 T und bei 7 T gleich 100 ms ist und dass das Signal-zu-Rausch-Verhältnis (SNR) linear mit der Feldstärke skaliert: Wie viel größer ist das SNR der Bilddaten eines fMRT-Experiments in der grauen Substanz bei 7 T mit Echozeit $TE_{7\,T}$ im Vergleich zu 3 T mit Echozeit $TE_{3\,T}$?

Fragen zu Abschn. 9.8

9.32

a. Erläutern Sie die physikalischen Gründe für die geringe Sensitivität der MRT im Allgemeinen und der X-Kern-MRS/-MRT im Besonderen.

b. Nennen Sie Möglichkeiten, mit denen sich das SNR der MRS/MRT vergrößern lässt.

9.33

a. Welche grundlegende Eigenschaft muss ein Atomkern aufweisen, um als Signalquelle für die MRT oder MRS dienen zu können?

b. Welche Atomkerne liefern bei der In-vivo-MRT das höchste SNR? Ordnen Sie folgende Atomkerne von hohem zu niedrigem In-vivo-SNR und begründen Sie die Reihenfolge: ^{1}H, ^{7}Li, ^{17}O, ^{19}F, ^{23}Na, ^{35}Cl, ^{39}K.

9.34 Mittels der MRS können Atomkerne in unterschiedlichen molekularen Gruppen identifiziert und damit kann z. B. die chemische Zusammensetzung einer flüssigen Probe bestimmt werden. Nennen und erläutern Sie den der MRS zugrunde liegenden physikalischen Effekt.

9.35 Nennen und erklären Sie Methoden der MRS, mit denen (räumlich) lokalisierte Spektren aus dem Inneren des menschlichen Körpers aufgenommen werden können.

9.36 Nennen Sie drei Phosphor-enthaltende Metaboliten, die sich mit der ^{31}P-MRS im lebenden Gewebe beobachten lassen.

Fragen zu Abschn. 9.9

9.37 Warum verwendet man in der MRT des Gehirns FLAIR-Sequenzen?

9.38 Mit welcher MRT-Methode kann ein akuter Hirninfarkt möglichst früh nachgewiesen werden?

9.39 Was sind die Vor- und Nachteile der MRT in der Gelenkdiagnostik?

9.40 Warum hilft die Akquise von ^{1}H-Spektren mit unterschiedlichen Echozeiten zum Nachweis von Laktat?

9.41 In der T_1- und T_2-gewichteten MRT können entzündliche Prozesse und Hirn-eigene Tumore niedriger Graduierung gelegentlich nicht unterschieden werden. Welche Methode kann hier zur Differenzialdiagnostik eingesetzt werden?

9.42 Welcher Metabolit im ^{1}H-Spektrum kann bei der Diagnostik des Prostatakarzinoms entscheidende Hinweise liefern?

Fragen zu Abschn. 9.10

9.43 Wie lässt sich der Begriff „Artefakt" auf die MRT bezogen generell beschreiben?

9.44 Wie stellen sich Bewegungsartefakte in der MRT generell dar und wie lassen sie sich vermeiden?

9.45 Wie stellen sich Artefakte der chemischen Verschiebung dar und wie lassen sie sich reduzieren?

9.46 Wo und warum treten verstärkt Suszeptibilitätsartefakte auf und wie lassen sie sich reduzieren?

9.47 Wodurch lassen sich Hochfrequenz(HF)-Artefakte und HF-Spikes im MRT-Bild voneinander unterscheiden?

Fragen zu Abschn. 9.11

9.48 Ein wesentlicher Grund zur Durchführung von MR-geführten Interventionen ist die Möglichkeit, funktionelle Messungen während der Intervention einzusetzen. Welche Schwierigkeiten können hierbei auftreten?

9.49 Bei MR-geführten Interventionen wird der Zugang zum Patienten durch den Magneten stark eingeschränkt. Warum ist diese Einschränkung bei intravaskulären Eingriffen weniger ausgeprägt?

9.50 In einem bisher rein diagnostisch genutzten MR-Tomographen sollen in Zukunft auch minimalinvasive Eingriffe durchgeführt werden. Welche zusätzlichen Anforderungen stellt dies an den Tomographen und die Raumgestaltung?

Literatur

Literatur zu Abschn. 9.1

1. Bernstein MA, King KF, Zhou XJ (2004) Handbook of MRI pulse sequences. Elsevier, Burlington, MA
2. Bloch F, Hansen WW, Packard M (1946) Nuclear Induction. Phys Rev 69 (3–4):127–127. https://doi.org/10.1103/Physrev.69.127
3. Brown RW (2014) Cheng Y-CN, Haacke EM. Thompson MR, Venkatesan R (Magnetic resonance imaging: physical principles and sequence design. John Wiley & Sons, Inc., New Jersey)
4. Fuchs VR, Sox HC (2001) Physicians' views of the relative importance of thirty medical innovations. Health Affair 20 (5):30–42. https://doi.org/10.1377/hlthaff.20.5.30
5. IMV (2015) MR Market Outlook Report. http://www.imvinfo.com/index.aspx?sec=mri&sub=dis&itemid=200085. Zugegriffen: 2 March 2016
6. Lauterbur PC (1973) Image Formation by Induced Local Interactions – Examples Employing Nuclear Magnetic-Resonance. Nature 242 (5394):190–191. https://doi.org/10.1038/242190a0
7. Mansfield P, Grannell PK (1973) NMR Diffraction in Solids. J Phys C Solid State 6 (22):L422–L426. https://doi.org/10.1088/0022-3719/6/22/007
8. Purcell EM, Torrey HC, Pound RV (1946) Resonance Absorption by Nuclear Magnetic Moments in a Solid. Phys Rev 69 (1–2):37–38. https://doi.org/10.1103/PhysRev.69.37
9. Rabi ZJR II, Millman S, Kusch P (1938) A new method of measuring nuclear magnetic moment. Phys Rev 53:318
10. Ramsey NF (1985) Early history of magnetic resonance. Bulletin of Magnetic Resonance 7 (2/3), S 94–99
11. Smith-Bindman R, Miglioretti DL, Larson EB (2008) Rising use of diagnostic medical imaging in a large integrated health system. Health Aff (Millwood) 27 (6):1491–1502. https://doi.org/10.1377/hlthaff.27.6.1491

Literatur zu Abschn. 9.2

12. Collins CM, Liu W, Swift BJ, Smith MB (2005) Combination of optimized transmit arrays and some receive array reconstruction methods can yield homogeneous images at very high frequencies. Magn Reson Med 54(6):1327–1332
13. Cosmus TC, Parizh M (2011) Advances in whole-body MRI magnets. IEEE Trans Appl Supercond 21(3):2104–2109
14. Fujita H (2007) New horizons in MR technology: RF coil designs and trends. Magn Reson Med Sci 6(1):29–42
15. Griswold MA, Jakob PM, Heidemann RM, Nittka M, Jellus V, Wang J, Kiefer B, Haase A (2002) Generalized autocalibrating partially parallel acquisitions (GRAPPA). Magn Reson Med 47(6):1202–1210

16. Hidalgo-Tabon, SS (2001) Theory of gradient coil design methods for magnetic resonance imaging. Concepts Mag Res Part A 36A:223–242

17. Ibrahim TS, Lee R, Baertlein BA, Abduljalil AM, Zhu H, Robitaille P-ML (2001) Effect of RF coil excitation on field inhomogeneity at ultra high fields: a field optimized TEM resonator. Magnetic resonance imaging 19 (10):1339–1347

18. Katscher U, Börnert P, Leussler C, Van Den Brink JS (2003) Transmit sense. Magn Reson Med 49(1):144–150

19. Ladd ME (2007) High-field-strength magnetic resonance: potential and limits. Top Magn Reson Imaging 18(2):139–152

20. Ladd ME (2014) High Versus Low Static Magnetic Fields in MRI. In: Brahme A (Hrsg) Comprehensive Biomedical Physics, Bd. 3. Elsevier, Amsterdam, S 55–68

21. Price DL, De Wilde JP, Papadaki AM, Curran JS, Kitney RI (2001) Investigation of acoustic noise on 15 MRI scanners from 0.2 T to 3 T. J Magn Reson Imaging 13(2):288–293

22. Ravicz ME, Melcher JR, Kiang NY-S (2000) Acoustic noise during functional magnetic resonance imaging. J Acoust Soc Am 108(4):1683–1696

23. Roemer PB, Edelstein WA, Hayes CE, Souza SP, Mueller O (1990) The NMR phased array. Magn Reson Med 16(2):192–225

24. Van de Moortele PF, Akgun C, Adriany G, Moeller S, Ritter J, Collins CM, Smith MB, Vaughan JT, Uğurbil K (2005) B1 destructive interferences and spatial phase patterns at 7 T with a head transceiver array coil. Magn Reson Med 54(6):1503–1518

25. Zhu Y (2004) Parallel excitation with an array of transmit coils. Magn Reson Med 51(4):775–784

Literatur zu Abschn. 9.3

26. Abragam A (1961) The principles of nuclear magnetism Bd. 32. Oxford University Press

27. Bloch F (1946) Nuclear induction. Phys Rev 70(460):7–8

28. Bottomley PA, Foster TH, Argersinger RE, Pfeifer LM (1984) A review of normal tissue hydrogen NMR relaxation times and relaxation mechanisms from 1–100 MHz: dependence on tissue type, NMR frequency, temperature, species, excision, and age. Medical. Physics (College Park Md) 11(4):425–448

29. Cooley JW, Tukey JW (1965) An algorithm for the machine calculation of complex Fourier series. Math Comput 19(90):297301

30. Mansfield P (1977) Multi-Planar Image-Formation Using Nmr Spin Echoes. J Phys C Solid State 10(3):L55–L58. https://doi.org/10.1088/0022-3719/10/3/004

31. Slichter CP (1989) Principles of Magnetic Resonance. 1(3)

Literatur zu Abschn. 9.4

32. Bottomley PA, Hardy CJ (1987) Two-Dimensional Spatially Selective Spin Inversion and Spin-Echo Refocusing with a Single Nuclear-Magnetic-Resonance Pulse. J Appl Phys 62 (10):4284–4290. https://doi.org/10.1063/1.339103

33. Carr HY, Purcell EM (1954) Effects of Diffusion on Free Precession in Nuclear Magnetic Resonance Experiments. Phys Rev 94 (3):630–638. https://doi.org/10.1103/PhysRev.94.630

34. Conolly S, Nishimura D, Macovski A, Glover G (1988) Variable-Rate Selective Excitation. J Magn Reson 78 (3):440–458. https://doi.org/10.1016/0022-2364(88)90131-X

35. Haase A, Frahm J, Matthaei D, Hanicke W, Merboldt KD (1986) Flash Imaging – Rapid Nmr Imaging Using Low Flip-Angle Pulses. J Magn Reson 67 (2):258–266. https://doi.org/10.1016/0022-2364(86)90433-6

36. Hardy CJ, Darrow RD, Nieters EJ, Roemer PB, Watkins RD, Adams WJ, Hattes NR, Maier JK (1993) Real-time acquisition, display, and interactive graphic control of NMR cardiac profiles and images. Magn Reson Med 29(5):667–673

37. Hennig J (1988) Multiecho Imaging Sequences with Low Refocusing Flip Angles. J Magn Reson 78 (3):397–407. https://doi.org/10.1016/0022-2364(88)90128-X

38. Hennig J, Nauerth A, Friedburg H (1986) Rare Imaging – a Fast Imaging Method for Clinical Mr. Magnetic Resonance in Medicine 3 (6):823–833. https://doi.org/10.1002/mrm.1910030602

39. Hennig J, Scheffler K (2001) Hyperechoes. Magn Reson Med 46 (1):6–12. https://doi.org/10.1002/Mrm.1153

40. Mansfield P (1977) Multi-Planar Image-Formation Using Nmr Spin Echoes. J Phys C Solid State 10 (3):L55–L58. https://doi.org/10.1088/0022-3719/10/3/004

41. Meiboom S, Gill D (1958) Modified Spin-Echo Method for Measuring Nuclear Relaxation Times. Review of Scientific Instruments 29 (8):688–691. https://doi.org/10.1063/1.1716296

42. Ogawa S, Lee TM, Nayak AS, Glynn P (1990) Oxygenation-sensitive contrast in magnetic resonance image of rodent brain at high magnetic fields. Magn Reson Med 14(1):68–78

43. Oppelt A, Graumann R, Barfuss H, Fischer H, Hartl W, Schajor W (1986) FISP—a new fast MRI sequence. Electromedica 54(1):15–18

44. Patel MR, Klufas RA, Alberico RA, Edelman RR (1997) Half-fourier acquisition single-shot turbo spin-echo (HASTE) MR: comparison with fast spin-echo MR in diseases of the brain. Ajnr Am J Neuroradiol 18(9):1635–1640

45. Pauly J, Nishimura D, Macovski A (2011) A k-space analysis of small-tip-angle excitation. J Magn Reson 213 (2):544–557. https://doi.org/10.1016/j.jmr.2011.09.023

46. Poon CS, Henkelman RM (1992) Practical T2 Quantitation for Clinical-Applications. Journal of Magnetic Resonance Imaging 2 (5):541–553. https://doi.org/10.1002/jmri.1880020512

47. Roux L (1986) France Patent

48. Shinnar M, Eleff S, Subramanian H, Leigh JS (1989) The synthesis of pulse sequences yielding arbitrary magnetization vectors. Magn Reson Med 12 (1):74–80. https://doi.org/10.1002/mrm.1910120109

Teil II

49. Silver MS, Joseph RI, Hoult DI (1984) Highly Selective Pi/2 and Pi-Pulse Generation. J Magn Reson 59 (2):347–351. https://doi.org/10.1016/0022-2364(84)90181-1

50. Staewen RS, Johnson AJ, Ross BD, Parrish T, Merkle H, Garwood M (1990) 3-D Flash Imaging Using a Single Surface Coil and a New Adiabatic Pulse, Bir-4. Investigative Radiology 25 (5):559–567. https://doi.org/10.1097/00004424-199005000-00015

51. Zur Y, Wood ML, Neuringer LJ (1991) Spoiling of transverse magnetization in steady-state sequences. Magn Reson Med 21(2):251–263

Literatur zu Abschn. 9.5

52. International Electrotechnical Commission IEC (2015) IEC 60601-2-33/AMD 2:2010 Amendment 2 – Medical electrical equipment – Part 2–33 (ed. 3): Particular requirements for the safety of magnetic resonance equipment for medical diagnosis. ISBN 978-2-8322-2743-5

53. Cavin ID, Glover PM, Bowtell RW, Gowland PA (2007) Thresholds for perceiving metallic taste at high magnetic field. J Magn Reson Imaging 26 (5):1357–1361. https://doi.org/10.1002/jmri.21153

54. Christ A, Kainz W, Hahn EG, Honegger K, Zefferer M, Neufeld E, Rascher W, Janka R, Bautz W, Chen J, Kiefer B, Schmitt P, Hollenbach HP, Shen J, Oberle M, Szczerba D, Kam A, Guag JW, Kuster N (2010) The Virtual Family – development of surface-based anatomical models of two adults and two children for dosimetric simulations. Phys Med Biol 55 (2):N23–38. https://doi.org/10.1088/0031-9155/55/2/N01

55. Deutsches Institut für Normung (DIN) (2016) DIN EN 62570:2016-09: Standardverfahren für die Kennzeichnung medizinischer Geräte und anderer Gegenstände zur Sicherheit in der Umgebung von Magnetresonanzeinrichtungen (IEC 62570:2014); Deutsche Fassung EN 62570:2015.

56. Gröbner J (2011) Neue Messtechniken zur Bestimmung der Exposition von magnetischen und elektrischen Feldern in der Ultrahochfeld-Magnetresonanztomographie. Diss. Universität Heidelberg, Heidelberg

57. Hasgall P, Di Gennaro F, Baumgartner C, Neufeld E, Gosselin M, Payne D, Klingenböck A, Kuster, N. (2015) IT'IS Database for thermal and electromagnetic parameters of biological tissues: https://doi.org/10.13099/VIP21000-03-0, www.itis.ethz.ch/database

58. Martinsen OG, Grimnes S (2011) Bioimpedance and bioelectricity basics. Academic Press, press

59. Pennes HH (1948) Analysis of tissue and arterial blood temperatures in the resting human forearm. J Appl Physiol 1(2):93–122

60. Schenck JF (2000) Safety of strong, static magnetic fields. J Magn Reson Imaging 12(1):2–19

61. Schenck JF (2005) Physical interactions of static magnetic fields with living tissues. Prog Biophys Mol Biol 87 (2-3):185–204. https://doi.org/10.1016/j.pbiomolbio.2004.08.009

Literatur zu Abschn. 9.6

62. Brücher E, Tircsó G, Baranyai Z, Kovács Z, Sherry AD (2013) Stability and toxicity of contrast agents. The Chemistry of Contrast Agents in Medical Magnetic Resonance Imaging, Second Edition:157–208

63. Caravan P, Lauffer R (2005) Principles. In: Clinical Magnetic Resonance Imaging 3. Contrast Agents, Bd. 1. Basic, Philadelphia, S 357–375

64. Estelrich J, Sanchez-Martin MJ, Busquets MA (2015) Nanoparticles in magnetic resonance imaging: from simple to dual contrast agents. Int J Nanomedicine 10:1727–1741. https://doi.org/10.2147/IJN.S76501

65. Geraldes CF, Laurent S (2009) Classification and basic properties of contrast agents for magnetic resonance imaging. Contrast Media Mol Imaging 4 (1):1–23. https://doi.org/10.1002/cmmi.265

66. Hao D, Ai T, Goerner F, Hu X, Runge VM, Tweedle M (2012) MRI contrast agents: basic chemistry and safety. J Magn Reson Imaging 36 (5):1060–1071. https://doi.org/10.1002/jmri.23725

67. Iv M, Telischak N, Feng D, Holdsworth SJ, Yeom KW, Daldrup-Link HE (2015) Clinical applications of iron oxide nanoparticles for magnetic resonance imaging of brain tumors. Nanomedicine (Lond) 10 (6):993–1018. https://doi.org/10.2217/nnm.14.203

68. Karussis D, Karageorgiou C, Vaknin-Dembinsky A, Gowda-Kurkalli B, Gomori JM, Kassis I, Bulte JW, Petrou P, Ben-Hur T, Abramsky O, Slavin S (2010) Safety and immunological effects of mesenchymal stem cell transplantation in patients with multiple sclerosis and amyotrophic lateral sclerosis. Arch Neurol 67 (10):1187–1194. https://doi.org/10.1001/archneurol.2010.248

69. Liu GS, Moake M, Har-el YE, Long CM, Chan KWY, Cardona A, Jamil M, Walczak P, Gilad AA, Sgouros G, van Zijl PCM, Bulte JWM, McMahon MT (2012) In Vivo Multicolor Molecular MR Imaging Using Diamagnetic Chemical Exchange Saturation Transfer Liposomes. Magnetic Resonance in Medicine 67 (4):1106–1113. https://doi.org/10.1002/mrm.23100

70. McMahon MT, Chan K (2013) Developing MR probes for molecular imaging. Adv Cancer Res 124:297–327

71. Purushotham S, Chang PE, Rumpel H, Kee IH, Ng RT, Chow PK, Tan CK, Ramanujan RV (2009) Thermoresponsive core-shell magnetic nanoparticles for combined modalities of cancer therapy. Nanotechnology 20 (30):305101. https://doi.org/10.1088/0957-4484/20/30/305101

72. Radbruch A, Weberling LD, Kieslich PJ, Eidel O, Burth S, Kickingereder P, Heiland S, Wick W, Schlemmer HP, Bendszus M (2015) Gadolinium Retention in the Dentate Nucleus and Globus Pallidus Is Dependent on the Class of Contrast Agent. Radiology 275 (3):783–791. https://doi.org/10.1148/radiol.2015150337

73. Weinstein JS, Varallyay CG, Dosa E, Gahramanov S, Hamilton B, Rooney WD, Muldoon LL, Neuwelt EA (2010) Superparamagnetic iron oxide nanoparticles: diagnostic magnetic resonance imaging and potential therapeutic applications in neurooncology and central nervous system

Teil II

inflammatory pathologies, a review. J Cereb Blood Flow Metab 30 (1):15–35. https://doi.org/10.1038/jcbfm.2009.192

Literatur zu Abschn. 9.7

74. Bauman G, Puderbach M, Deimling M, Jellus V, Chefd'hotel C, Dinkel J, Hintze C, Kauczor HU, Schad LR (2009) Non-contrast-enhanced perfusion and ventilation assessment of the human lung by means of fourier decomposition in proton MRI. Magn Reson Med 62 (3):656–664. https://doi.org/10.1002/mrm.22031
75. Bernstein MA, King KF, Zhou XJ (2004) Handbook of MRI Pulse Sequences. Elsevier, San Diego
76. Brix G, Kiessling F, Lucht R, Darai S, Wasser K, Delorme S, Griebel J (2004) Microcirculation and microvasculature in breast tumors: pharmacokinetic analysis of dynamic MR image series. Magn Reson Med 52 (2):420–429. https://doi.org/10.1002/mrm.20161
77. Bryant DJ, Payne JA, Firmin DN, Longmore DB (1984) Measurement of flow with NMR imaging using a gradient pulse and phase difference technique. J Comput Assist Tomogr 8(4):588–593. https://doi.org/10.1097/00004728-198408000-00002
78. Buxton RB (2009) Introduction to functional magnetic resonance imaging: principles and techniques, 2. Aufl. Cambridge University Press, Cambridge https://doi.org/10.1017/CBO9780511605505
79. Gatehouse PD, Keegan J, Crowe LA, Masood S, Mohiaddin RH, Kreitner KF, Firmin DN (2005) Applications of phase-contrast flow and velocity imaging in cardiovascular MRI. Eur Radiol 15(10):2172–2184. https://doi.org/10.1007/s00330-005-2829-3
80. Jones DK (2011) Diffusion MRI: theory, methods, and applications. Oxford University Press, Oxford
81. Kuder TA, Risse F, Eichinger M, Ley S, Puderbach M, Kauczor HU, Fink C (2008) New method for 3D parametric visualization of contrast-enhanced pulmonary perfusion MRI data. Eur Radiol 18(2):291–297. https://doi.org/10.1007/s00330-007-0742-7
82. Laun FB, Fritzsche KH, Kuder TA, Stieltjes B (2011) Introduction to the basic principles and techniques of diffusion-weighted imaging. Radiologe 51(3):170–179. https://doi.org/10.1007/s00117-010-2057-y
83. Ley S, Ley-Zaporozhan J (2012) Pulmonary perfusion imaging using MRI: clinical application. Insights Imaging 3(1):61–71. https://doi.org/10.1007/s13244-011-0140-1
84. Markl M, Schnell S, Barker AJ (2014) 4D flow imaging: current status to future clinical applications. Curr Cardiol Rep 16(5):481. https://doi.org/10.1007/s11886-014-0481-8
85. Ogawa S, Tank DW, Menon R, Ellermann JM, Kim SG, Merkle H, Ugurbil K (1992) Intrinsic signal changes accompanying sensory stimulation: functional brain mapping with magnetic resonance imaging. Proc Natl Acad Sci U S A 89(13):5951–5955

86. Ostergaard L, Weisskoff RM, Chesler DA, Gyldensted C, Rosen BR (1996) High resolution measurement of cerebral blood flow using intravascular tracer bolus passages. Part I: mathematical approach and statistical analysis. Magn Reson Med 36(5):715–725. https://doi.org/10.1002/mrm.1910360510
87. Schmitter S, Diesch E, Amann M, Kroll A, Moayer M, Schad LR (2008) Silent echo-planar imaging for auditory FMRI. MAGMA 21(5):317–325. https://doi.org/10.1007/s10334-008-0132-4
88. Shiroishi MS, Castellazzi G, Boxerman JL, D'Amore F, Essig M, Nguyen TB, Provenzale JM, Enterline DS, Anzalone N, Dorfler A, Rovira A, Wintermark M, Law M (2014) Principles of T*-weighted dynamic susceptibility contrast MRI technique in brain tumor imaging. J Magn Reson Imaging. https://doi.org/10.1002/jmri.24648
89. Shiroishi MS, Castellazzi G, Boxerman JL, D'Amore F, Essig M, Nguyen TB, Provenzale JM, Enterline DS, Anzalone N, Dorfler A, Rovira A, Wintermark M, Law M (2015) Principles of T2*-weighted dynamic susceptibility contrast MRI technique in brain tumor imaging. J Magn Reson Imaging 41(2):296–313. https://doi.org/10.1002/jmri.24648
90. Stejskal EO, Tanner JE (1965) Spin diffusion measurements: spin echoes in the presence of a time-dependent field gradient. J Chem Phys 42(1):288–292. https://doi.org/10.1063/1.1695690
91. Stieltjes B, Brunner RM, Fritzsche K, Laun FB (2012) Diffusion tensor imaging: introduction and Atlas. Springer, Berlin
92. Weber MA, Kroll A, Gunther M, Delorme S, Debus J, Giesel FL, Essig M, Kauczor HU, Schad LR (2004) Noninvasive measurement of relative cerebral blood flow with the blood bolus MRI arterial spin labeling: basic physics and clinical applications. Radiologe 44(2):164–173. https://doi.org/10.1007/s00117-003-0941-4
93. Weber MA, Risse F, Giesel FL, Schad LR, Kauczor HU, Essig M (2005) Perfusion measurement using the T2* contrast media dynamics in neuro-oncology. Physical basics and clinical applications. Radiologe 45(7):618–632. https://doi.org/10.1007/s00117-004-1048-2

Literatur zu Abschn. 9.8

94. Atkinson IC, Claiborne TC, Thulborn KR (2014) Feasibility of 39-potassium MR imaging of a human brain at 9.4 Tesla. Magn Reson Med 71(5):1819–1825. https://doi.org/10.1002/mrm.24821
95. Atkinson IC, Thulborn KR (2010) Feasibility of mapping the tissue mass corrected bioscale of cerebral metabolic rate of oxygen consumption using 17-oxygen and 23-sodium MR imaging in a human brain at 9.4 T. Neuroimage 51(2):723–733. https://doi.org/10.1016/j.neuroimage.2010.02.056
96. Bachert P (1998) Pharmacokinetics using fluorine NMR in vivo. Prog Nucl Mag Res Sp 33:1–56. https://doi.org/10.1016/S0079-6565(98)00016-8

97. Bachert P, Schad LR, Bock M, Knopp MV, Ebert M, Grossmann T, Heil W, Hofmann D, Surkau R, Otten EW (1996) Nuclear magnetic resonance imaging of airways in humans with use of hyperpolarized 3He. Magn Reson Med 36(2):192–196

98. Benkhedah N, Bachert P, Nagel AM (2014) Two-pulse biexponential-weighted 23Na imaging. J Magn Reson 240:67–76. https://doi.org/10.1016/j.jmr.2014.01.007

99. Benkhedah N, Bachert P, Semmler W, Nagel AM (2013) Three-dimensional biexponential weighted 23Na imaging of the human brain with higher SNR and shorter acquisition time. Magn Reson Med 70(3):754–765. https://doi.org/10.1002/mrm.24516

100. Boada FE, Qian Y, Gildengers A, Phillips M, Kupfer D (2010) In Vivo 3D Lithium MRI of the Human Brain. In: Proc 18th Annual Meeting ISMRM Stockholm, S 592

101. Brown TR, Kincaid BM, Ugurbil K (1982) NMR chemical shift imaging in three dimensions. Proc Natl Acad Sci U S A 79(11):3523–3526

102. Dregely I, Ruset IC, Wiggins G, Mareyam A, Mugler JP 3rd, Altes TA, Meyer C, Ruppert K, Wald LL, Hersman FW (2013) 32-channel phased-array receive with asymmetric birdcage transmit coil for hyperpolarized xenon-129 lung imaging. Magn Reson Med 70(2):576–583. https://doi.org/10.1002/mrm.24482

103. Gijsman HJ, Geddes JR, Rendell JM, Nolen WA, Goodwin GM (2004) Antidepressants for bipolar depression: a systematic review of randomized, controlled trials. Am J Psychiatry 161(9):1537–1547. https://doi.org/10.1176/appi.ajp.161.9.1537

104. Gnahm C, Bock M, Bachert P, Semmler W, Behl NG, Nagel AM (2014) Iterative 3D projection reconstruction of (23) Na data with an (1) H MRI constraint. Magn Reson Med 71(5):1720–1732. https://doi.org/10.1002/mrm.24827

105. Golman K, Axelsson O, Johannesson H, Mansson S, Olofsson C, Petersson JS (2001) Parahydrogen-induced polarization in imaging: subsecond 13-C angiography. Magn Reson Med 46(1):1–5

106. Gupta RK, Gupta P, Moore RD (1984) NMR studies of intracellular metal ions in intact cells and tissues. Annu Rev Biophys Bioeng 13:221–246. https://doi.org/10.1146/annurev.bb.13.060184.001253

107. Harris RK, Becker ED, Cabral de Menezes SM, Goodfellow R, Granger P (2002) NMR nomenclature: nuclear spin properties and conventions for chemical shifts. IUPAC Recommendations 2001. International Union of Pure and Applied Chemistry. Physical Chemistry Division. Commission on Molecular Structure and Spectroscopy. Magn Reson Chem 40(7):489–505

108. Hilal SK, Maudsley AA, Ra JB, Simon HE, Roschmann P, Wittekoek S, Cho ZH, Mun SK (1985) In vivo NMR imaging of sodium-23 in the human head. J Comput Assist Tomogr 9(1):1–7

109. Hilal SK, Maudsley AA, Simon HE, Perman WH, Bonn J, Mawad ME, Silver AJ, Ganti SR, Sane P, Chien IC (1983) In vivo NMR imaging of tissue sodium in the intact cat before and after acute cerebral stroke. Ajnr Am J Neuroradiol 4(3):245–249

110. Hoffmann SH, Begovatz P, Nagel AM, Umathum R, Schommer K, Bachert P, Bock M (2011) A measurement setup for direct 17O MRI at 7 T. Magn Reson Med 66(4):1109–1115. https://doi.org/10.1002/mrm.22871

111. Hoffmann SH, Radbruch A, Bock M, Semmler W, Nagel AM (2014) Direct 17O MRI with partial volume correction: first experiences in a glioblastoma patient. MAGMA 27(6):579–587. https://doi.org/10.1007/s10334-014-0441-8

112. Hoult DI, Lauterbur PC (1979) Sensitivity of the zeugmatographic experiment involving human samples. J Magn Reson 34(2):425–433. https://doi.org/10.1016/0022-2364(79)90019-2

113. Hubbard PS (1970) Nonexponential nuclear magnetic relaxation by quadrupole interactions. J Chem Phys 53(3):985. https://doi.org/10.1063/1.1674167

114. Jaccard G, Wimperis S, Bodenhausen G (1986) Multiple-quantum NMR spectroscopy of $S = 3/2$ spins in isotropic phase: a new probe for multiexponential relaxation. J Chem Phys 85(11):6282. https://doi.org/10.1063/1.451458

115. Kline RP, Wu EX, Petrylak DP, Szabolcs M, Alderson PO, Weisfeldt ML, Cannon P, Katz J (2000) Rapid in vivo monitoring of chemotherapeutic response using weighted sodium magnetic resonance imaging. Clin Cancer Res 6(6):2146–2156

116. Konstandin S, Nagel AM (2014) Measurement techniques for magnetic resonance imaging of fast relaxing nuclei. MAGMA 27(1):5–19. https://doi.org/10.1007/s10334-013-0394-3

117. Kraff O, Fischer A, Nagel AM, Monninghoff C, Ladd ME (2015) MRI at 7 Tesla and above: demonstrated and potential capabilities. J Magn Reson Imaging 41(1):13–33. https://doi.org/10.1002/jmri.24573

118. Kurhanewicz J, Bok R, Nelson SJ, Vigneron DB (2008) Current and potential applications of clinical 13C MR spectroscopy. J Nucl Med 49(3):341–344. https://doi.org/10.2967/jnumed.107.045112

119. Lehmann-Horn F, Jurkat-Rott K (1999) Voltage-gated ion channels and hereditary disease. Physiol Rev 79(4):1317–1372

120. Lu A, Atkinson IC, Zhou XJ, Thulborn KR (2013) PCr/ATP ratio mapping of the human head by simultaneously imaging of multiple spectral peaks with interleaved excitations and flexible twisted projection imaging readout trajectories at 9.4 T. Magn Reson Med 69(2):538–544. https://doi.org/10.1002/mrm.24281

121. Madelin G, Regatte RR (2013) Biomedical applications of sodium MRI in vivo. J Magn Reson Imaging 38(3):511–529. https://doi.org/10.1002/jmri.24168

122. Mansfield P (1984) Spatial mapping of the chemical shift in NMR. Magn Reson Med 1(3):370–386

123. Nagel AM, Lehmann-Horn F, Weber MA, Jurkat-Rott K, Wolf MB, Radbruch A, Umathum R, Semmler W (2014) In vivo 35Cl MR imaging in humans: a feasibility study. Radiology 271(2):585–595. https://doi.org/10.1148/radiol.13131725

124. Nagel AM, Weber MA, Borthakur A, Reddy R (2014) Skeletal muscle MR imaging beyond protons: with a focus

on sodium MRI in musculoskeletal applications. In: Weber MA (Hrsg) Magnetic resonance imaging of the skeletal musculature. Medical radiology. Springer, Heidelberg

125. Newman PK, Saunders M (1979) Lithium neurotoxicity. Postgrad Med J 55(648):701–703

126. Pekar J, Renshaw PF, Leigh JS (1987) Selective detection of Intracellular sodium by coherence-transfer Nmr. J Magn Reson 72(1):159–161. https://doi.org/10.1016/0022-2364(87)90182-X

127. Posse S, DeCarli C, Le Bihan D (1994) Three-dimensional echo-planar MR spectroscopic imaging at short echo times in the human brain. Radiology 192(3):733–738. https://doi.org/10.1148/radiology.192.3.8058941

128. Robinson JD, Flashner MS (1979) The (Na+ + K+)-activated ATPase. Enzymatic and transport properties. Biochim Biophys Acta 549(2):145–176

129. Schröder L, Lowery TJ, Hilty C, Wemmer DE, Pines A (2006) Molecular imaging using a targeted magnetic resonance hyperpolarized biosensor. Science 314(5798):446–449. https://doi.org/10.1126/science.1131847

130. Tkac I, Andersen P, Adriany G, Merkle H, Ugurbil K, Gruetter R (2001) In vivo 1H NMR spectroscopy of the human brain at 7 T. Magn Reson Med 46(3):451–456

131. Ulrich M, Wokrina T, Ende G, Lang M, Bachert P (2007) 31P-{1H} echo-planar spectroscopic imaging of the human brain in vivo. Magn Reson Med 57(4):784–790. https://doi.org/10.1002/mrm.21192

132. Umathum R, Rösler MB, Nagel AM (2013) In vivo 39K MR imaging of human muscle and brain. Radiology 269(2):569–576. https://doi.org/10.1148/radiol.13130757

133. Walker TG, Happer W (1997) Spin-exchange optical pumping of noble-gas nuclei. Rev Mod Phys 69(2):629–642. https://doi.org/10.1103/RevModPhys.69.629

134. Winter PM, Bansal N (2001) TmDOTP(5-) as a (23)Na shift reagent for the subcutaneously implanted 9L gliosarcoma in rats. Magn Reson Med 45(3):436–442

135. Zaiss M, Bachert P (2013) Chemical exchange saturation transfer (CEST) and MR Z-spectroscopy in vivo: a review of theoretical approaches and methods. Phys Med Biol 58(22):R221–269. https://doi.org/10.1088/0031-9155/58/22/R221

Literatur zu Abschn. 9.9

136. Beyerbacht HP, Vliegen HW, Lamb HJ, Doornbos J, de Roos A, van der Laarse A, van der Wall EE (1996) Phosphorus magnetic resonance spectroscopy of the human heart: current status and clinical implications. Eur Heart J 17(8):1158–1166

137. Bottomley PA (1987) Spatial localization in NMR spectroscopy in vivo. Ann N Y Acad Sci 508(1):333–348

138. Castillo M, Kwock L, Mukherji SK (1996) Clinical applications of proton MR spectroscopy. AJNR Am J Neuroradiol 17(1):1–15

139. Durmus T, Baur A, Hamm B (2014) Multiparametric magnetic resonance imaging in the detection of prostate cancer. Rofo 186:238–246

140. Kanal E, Barkovich AJ, Bell C, Borgstede JP, Bradley WG Jr., Froelich JW, Gilk T, Gimbel JR, Gosbee J, Kuhni-Kaminski E, Lester JW Jr., Nyenhuis J, Parag Y, Schaefer DJ, Sebek-Scoumis EA, Weinreb J, Zaremba LA, Wilcox P, Lucey L, Sass N, Safety ACRBRPoM (2007) ACR guidance document for safe MR practices: 2007. Ajr Am J Roentgenol 188(6):1447–1474. https://doi.org/10.2214/AJR.06.1616

141. Kassem H, Wafaie A, Alsuhibani S, Farid T (2014) Biotin-responsive basal ganglia disease: neuroimaging features before and after treatment. Am J Neuroradiol 35(10):1990–1995. https://doi.org/10.3174/ajnr.A3966

142. Kugel H, Wittsack HJ, Wenzel F, Stippel D, Heindel W, Lackner K (2000) Non-invasive determination of metabolite concentrations in human transplanted kidney in vivo by 31P MR spectroscopy. Acta Radiol 41(6):634–641

143. Kuhl C (2007) The current status of breast MR imaging. Part I. Choice of technique, image interpretation, diagnostic accuracy, and transfer to clinical practice. Radiology 244(2):356–378. https://doi.org/10.1148/radiol.2442051620

144. Kurhanewicz J, Bok R, Nelson SJ, Vigneron DB (2008) Current and potential applications of clinical 13C MR spectroscopy. J Nucl Med 49(3):341–344. https://doi.org/10.2967/jnumed.107.045112

145. Lanzman RS, Schmitt P, Kropil P, Blondin D (2011) Nonenhanced MR angiography techniques. Rofo 183(10):913–924. https://doi.org/10.1055/s-0029-1246111

146. Moller-Hartmann W, Herminghaus S, Krings T, Marquardt G, Lanfermann H, Pilatus U, Zanella FE (2002) Clinical application of proton magnetic resonance spectroscopy in the diagnosis of intracranial mass lesions. Neuroradiology 44(5):371–381. https://doi.org/10.1007/s00234-001-0760-0

147. Moore WA, Khatri G, Madhuranthakam AJ, Sims RD, Pedrosa I (2014) Added value of diffusion-weighted acquisitions in MRI of the abdomen and pelvis. Ajr Am J Roentgenol 202(5):995–1006. https://doi.org/10.2214/AJR.12.9563

148. Nougaret S, Reinhold C, Mikhael HW, Rouanet P, Bibeau F, Brown G (2013) The use of MR imaging in treatment planning for patients with rectal carcinoma: have you checked the "DISTANCE"? Radiology 268(2):329–343. https://doi.org/10.1148/radiol.13121361

149. Prince MR, Meaney JF (2006) Expanding role of MR angiography in clinical practice. Eur Radiol 16(Suppl 2):B3–B8

150. Saleh A, Wenserski F, Cohnen M, Fürst G, Godehardt E, Mödder U (2014) Exclusion of brain lesions: is MR contrast medium required after a negative fluid-attenuated inversion recovery sequence? Br J Radiol 77(915):183–188

151. Saunders DE (2000) MR spectroscopy in stroke. Br Med Bull 56(2):334–345

152. Seitz RJ, Meisel S, Weller P, Junghans U, Wittsack HJ, Siebler M (2005) Initial ischemic event: perfusion-weighted MR imaging and apparent diffusion coefficient

for stroke evolution. Radiology 237(3):1020–1028. https://doi.org/10.1148/radiol.2373041435

153. Sijens PE, Smit GP, Rodiger LA, van Spronsen FJ, Oudkerk M, Rodenburg RJ, Lunsing RJ (2008) MR spectroscopy of the brain in Leigh syndrome. Brain Dev 30(9):579–583. https://doi.org/10.1016/j.braindev.2008.01.011

154. Tzika AA, Vigneron DB, Ball WS Jr., Dunn RS, Kirks DR (1993) Localized proton MR spectroscopy of the brain in children. J Magn Reson Imaging 3(5):719–729

Literatur zu Abschn. 9.10

155. Attenberger UI, Runge VM, Williams KD, Stemmer A, Michaely HJ, Schoenberg SO, Reiser MF, Wintersperger BJ (2009) T1-weighted brain imaging with a 32-channel coil at 3T using turboFLASH BLADE compared with standard cartesian k-space sampling. Invest Radiol 44(3):177–183

156. Deng J, Larson AC (2009) Multishot targeted PROPELLER magnetic resonance imaging: description of the technique and initial applications. Invest Radiol 44(8):454–462. https://doi.org/10.1097/RLI.0b013e3181a8b015

157. Dietrich O, Reiser MF, Schoenberg SO (2008) Artifacts in 3-T MRI: physical background and reduction strategies. Eur J Radiol 65(1):29–35. https://doi.org/10.1016/j.ejrad.2007.11.005

158. Hayter CL, Koff MF, Shah P, Koch KM, Miller TT, Potter HG (2011) MRI after arthroplasty: comparison of MAVRIC and conventional fast spin-echo techniques. Ajr Am J Roentgenol 197(3):W405–W411. https://doi.org/10.2214/AJR.11.6659

159. Koch KM, Brau AC, Chen W, Gold GE, Hargreaves BA, Koff M, McKinnon GC, Potter HG, King KF (2011) Imaging near metal with a MAVRIC-SEMAC hybrid. Magn Reson Med 65(1):71–82. https://doi.org/10.1002/mrm.22523

160. Kretzschmar M, Nardo L, Han MM, Heilmeier U, Sam C, Joseph GB, Koch KM, Krug R, Link TM (2015) Metal artefact suppression at 3 T MRI: comparison of MAVRIC-SL with conventional fast spin echo sequences in patients with Hip joint arthroplasty. Eur Radiol 25(8):2403–2411. https://doi.org/10.1007/s00330-015-3628-0

161. Sutter R, Ulbrich EJ, Jellus V, Nittka M, Pfirrmann CW (2012) Reduction of metal artifacts in patients with total hip arthroplasty with slice-encoding metal artifact correction and view-angle tilting MR imaging. Radiology 265(1):204–214. https://doi.org/10.1148/radiol.12112408

162. Tamhane AA, Arfanakis K (2009) Motion correction in periodically-rotated overlapping parallel lines with enhanced reconstruction (PROPELLER) and turboprop MRI. Magn Reson Med 62(1):174–182. https://doi.org/10.1002/mrm.22004

163. Wintersperger BJ, Runge VM, Biswas J, Nelson CB, Stemmer A, Simonetta AB, Reiser MF, Naul LG, Schoenberg SO (2006) Brain magnetic resonance imaging at 3 Tesla using BLADE compared with standard rectilinear data sampling. Invest Radiol 41(7):586–592. https://doi.org/10.1097/01.rli.0000223742.35655.24

164. Zhuo J, Gullapalli RP (2006) AAPM/RSNA physics tutorial for residents: MR artifacts, safety, and quality control. Radiographics 26(1):275–297. https://doi.org/10.1148/rg.261055134

Literatur zu Abschn. 9.11

165. Beyersdorff D, Winkel A, Hamm B, Lenk S, Loening SA, Taupitz M (2005) MR imaging-guided prostate biopsy with a closed MR unit at 1.5 T: Initial results. Radiology 234(2):576–581. https://doi.org/10.1148/radiol.2342031887

166. Bock M, Müller S, Zuehlsdorff S, Speier P, Fink C, Hallscheidt P, Umathum R, Semmler W (2006) Active catheter tracking using parallel MRI and real-time image reconstruction. Magn Reson Med 55(6):1454–1459

167. Bock M, Umathum R, Zuehlsdorff S, Volz S, Fink C, Hallscheidt P, Zimmermann H, Nitz W, Semmler W (2005) Interventional magnetic resonance imaging: an alternative to image guidance with ionising radiation. Radiat Prot Dosimetry 117(1–3):74–78. https://doi.org/10.1093/rpd/nci731

168. Bock M, Volz S, Zuhlsdorff S, Umathum R, Fink C, Hallscheidt P, Semmler W (2004) MR-guided intravascular procedures: real-time parameter control and automated slice positioning with active tracking coils. J Magn Reson Imaging 19(5):580–589. https://doi.org/10.1002/jmri.20044

169. Bock M, Wacker FK (2008) MR-guided intravascular interventions: techniques and applications. J Magn Reson Imaging 27(2):326–338. https://doi.org/10.1002/jmri.21271

170. de Oliveira A, Rauschenberg J, Beyersdorff D, Semmler W, Bock M (2008) Automatic passive tracking of an endorectal prostate biopsy device using phase-only cross-correlation. Magn Reson Med 59(5):1043–1050

171. Fink C, Bock M, Umathum R, Volz S, Zuehlsdorff S, Grobholz R, Kauczor HU, Hallscheidt P (2004) Renal embolization: feasibility of magnetic resonance-guidance using active catheter tracking and intraarterial magnetic resonance angiography. Invest Radiol 39(2):111–119. https://doi.org/10.1097/01.rli.0000110744.70512.df

172. Homagk AK, Umathum R, Bock M, Hallscheidt P (2013) Initial in vivo experience with a novel type of MR-safe pushable coils for MR-guided embolizations. Invest Radiol 48(6):485–491. https://doi.org/10.1097/RLI.0b013e3182856a6f

173. Homagk AK, Umathum R, Korn M, Weber MA, Hallscheidt P, Semmler W, Bock M (2010) An expandable catheter loop coil for intravascular MRI in larger blood vessels. Magn Reson Med 63(2):517–523. https://doi.org/10.1002/mrm.22228

174. Krafft AJ, Jenne JW, Maier F, Stafford RJ, Huber PE, Semmler W, Bock M (2010) A long arm for ultrasound: a combined robotic focused ultrasound setup for magnetic resonance-guided focused ultrasound surgery. Med Phys 37(5):2380–2393. https://doi.org/10.1118/1.3377777

175. Krafft AJ, Zamecnik P, Maier F, de Oliveira A, Hall-scheidt P, Schlemmer HP, Bock M (2013) Passive marker tracking via phase-only cross correlation (POCC) for MR-guided needle interventions: initial in vivo experience. Phys Med 29(6):607–614. https://doi.org/10.1016/j.ejmp.2012.09.002

176. MRISAFETY.COM. http://www.mrisafety.com. Zugegriffen: 10. Nov. 2016

177. Volz S, Zuehlsdorff S, Umathum R, Hallscheidt P, Fink C, Semmler W, Bock M (2004) Semiquantitative fast flow velocity measurements using catheter coils with a limited sensitivity profile. Magn Reson Med 52(3):575–581. https://doi.org/10.1002/mrm.20170

Teil II

Diagnostischer Ultraschall

10

Klaus-Vitold Jenderka und Stefan Delorme

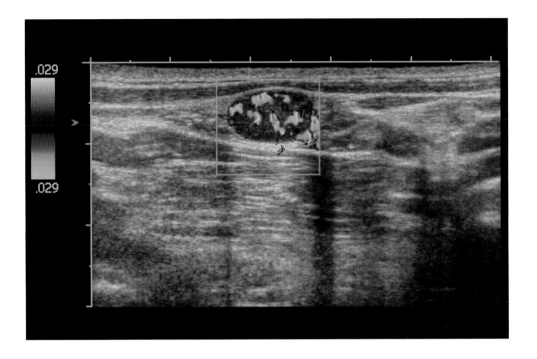

© Springer-Verlag GmbH Deutschland, ein Teil von Springer Nature 2018
W. Schlegel, C.P. Karger, O. Jäkel (Hrsg.), *Medizinische Physik*, https://doi.org/10.1007/978-3-662-54801-1_10

Die Sonographie hat sich zu den am häufigsten eingesetzten diagnostischen Bildgebungsverfahren entwickelt und sich in fast allen medizinischen Fachdisziplinen etabliert. Die Anwendungen sind sehr vielfältig und reichen vom schnellen Überblicksbild, wie z. B. in der Notfallmedizin, über die Differenzialdiagnostik, wie z. B. in der Tumordiagnostik, bis hin zur Anästhesiologie. Da in der Ultraschalldiagnostik die Belastung der Patienten mit ionisierender Strahlung ausgeschlossen ist, stellt sie das wichtigste bildgebende Verfahren in der Geburtshilfe und Gynäkologie dar. Weitere Vorteile sind die Echtzeitfähigkeit, die Portierbarkeit und schnelle Verfügbarkeit.

Einzelne Passagen und Illustrationen sind folgenden eigenen Veröffentlichungen in diesem Verlag entnommen: [30, 37, 40, 54].

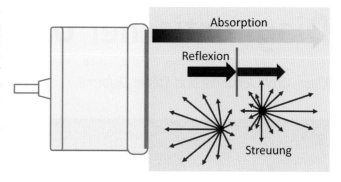

Abb. 10.1 Beiträge zur Schwächung der Ultraschallwellen während der Ausbreitung [37]

10.1 Physikalisch-Technische Grundlagen des Ultraschalls

10.1.1 Ausbreitung von Ultraschallwellen

Ultraschallwellen breiten sich in Abhängigkeit vom Medium (gasförmig, flüssig, fest) und von der Art der Anregung in verschiedenen Wellenformen aus. Für die Ultraschallbildgebung werden Longitudinalwellen genutzt, wobei im Gewebe auch Scherwellen angeregt und für spezielle diagnostische Verfahren eingesetzt werden können. Das Ausbreitungsmedium, z. B. Weichgewebe oder Blut, stellt ein System gekoppelter Schwinger (z. B. Zellen, Flüssigkeitsmoleküle) dar, die miteinander elastisch verbunden sind. Die Ausprägung dieser Bindung bestimmt die Ausbreitungsgeschwindigkeit der Schallwellen (oder kurz die Schallgeschwindigkeit) als einen spezifischen, durch die elastischen Eigenschaften bestimmten Parameter des Ausbreitungsmediums.

Die mittlere Schallgeschwindigkeit von $c = 1540\,\text{m/s}$ im Weichgewebe ist etwas höher als die Ausbreitungsgeschwindigkeit von Schallwellen im Wasser und ist für einzelne Gewebetypen je nach mechanischer Festigkeit unterschiedlich (siehe Tab. 10.1).

Für den diagnostischen Ultraschall werden Frequenzen im Bereich von 2 bis 20 MHz (für spezielle Anwendungen auch höher) genutzt. Damit ergeben sich Wellenlängen im Submillimeterbereich, und in dieser Größenordnung ist für die Bildgebung auch die Grenze des Auflösungsvermögens zu erwarten.

Ein Teil der Energie der Ultraschallwellen wird während der Ausbreitung vom Gewebe absorbiert, und die Wellen werden im Gewebe an Grenzflächen und Inhomogenitäten der akustischen Impedanz Z (Produkt aus Schallgeschwindigkeit c und Dichte ρ, siehe Tab. 10.1) reflektiert, gestreut und gebrochen (Abb. 10.1).

Für die reflektierte Intensität I_R bei senkrechtem Einfall der Intensität I_0 gilt, mit dem Reflexionskoeffizienten R der Intensität,

$$R = \frac{I_\text{R}}{I_0} = \left(\frac{Z_2 - Z_1}{Z_1 + Z_2}\right)^2, \qquad (10.1)$$

mit Z_1 und Z_2, den Impedanzen der aneinandergrenzenden Gewebe. Da die Impedanzunterschiede im Weichgewebe sehr gering sind (siehe Tab. 10.1), wird während der Schallausbreitung an jeder Grenzfläche nur ein sehr geringer Anteil der Schallintensität reflektiert. Mit $R + T = 1$ folgt für die transmittierte Intensität I_T

$$T = \frac{I_\text{T}}{I_0} = \frac{4Z_1 Z_2}{(Z_1 + Z_2)^2}, \qquad (10.2)$$

d. h., die Ultraschallwellen passieren nahezu ungehindert die Grenzflächen und können tief in das Gewebe eindringen. Gleichzeitig wird so viel Schallintensität reflektiert, dass verwertbare Echos entstehen – insgesamt Voraussetzungen für eine Bildgebung mit Ultraschallwellen auf Grundlage des Impuls-Echos-Prinzips.

Trotzdem verringert sich die Intensität der Ultraschallwellen während der Ausbreitung. Hierbei stellt die Absorption [69] neben der Streuung den überwiegenden Schwächungsmechanismus dar. Beide Phänomene sind frequenzabhängig und führen zu einem Anstieg der Dämpfung mit der Frequenz [65]. Für

Tab. 10.1 Akustische Eigenschaften von Gewebe [20]

Gewebe	Schall-geschwindigkeit	Dichte	Schallkenn-Impedanz	Dämpfungs-koeffizient
	m/s	kg/m^3	Ns/m^3 = Rayl	dB/(cm MHz)
Wasser (37 °C)	1524	992	1.511.808	0,002
Blut (37 °C)	1570	1060	1.664.200	0,15
Fett	1460	916	1.337.360	0,8
Leber	1575	1050	1.653.750	0,6
Muskel	1580	1041	1.644.780	1,2
Knochen	3500	1900	6.650.000	12

Teil II

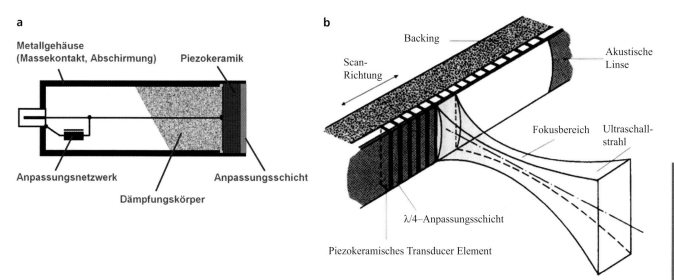

a
Metallgehäuse
(Massekontakt, Abschirmung)   Piezokeramik

Anpassungsnetzwerk   Anpassungsschicht

Dämpfungskörper

b
Backing
Akustische Linse
Scan-Richtung
Fokusbereich   Ultraschall-strahl
$\lambda/4$–Anpassungsschicht
Piezokeramisches Transducer Element

Abb. 10.2 a Aufbau eines Einzelelementwandlers. Die einzelnen Komponenten werden im Text erläutert [37]. **b** Aufbau eines Multielement-wandlers (Linear Array). Die einzelnen Piezoelemente des Arrays können in Gruppen zeitversetzt angesteuert werden. Die Anzahl der am Sende- und Empfangsvorgang beteiligten Elemente bestimmt die jeweilige Größe der Apertur [37, 52]

die intensitätsbezogenen Dämpfungsverluste von aus der Tiefe d rückkehrenden Echos gilt

$$\frac{I(d,f)}{I_0} = e^{-2\cdot\alpha(f)\cdot2d}. \tag{10.3}$$

Innerhalb der diagnostisch relevanten Frequenzbandbreite der Wandler kann näherungsweise von einer linearen Abhängigkeit des Dämpfungskoeffizienten $\alpha(f)$ ausgegangen werden (siehe Tab. 10.1).

10.1.2 Piezoelektrische Sende- und Empfangswandler, Schallfeld

Für das Senden und Empfangen von Ultraschallwellen haben sich für die überwiegende Mehrheit der Anwendungen in Technik und Medizin piezoelektrische Wandler etabliert. Durch Ausnutzung des inversen piezoelektrischen Effektes (Verformung beim Anlegen einer elektrischen Spannung) und des piezoelektrischen Effektes (Ladungsverschiebung beim Anlegen einer mechanischen Spannung) ist es möglich, ein und dasselbe Piezoelement wechselweise als Ultraschallsender (Aktor) und als Ultraschallempfänger (Sensor) einzusetzen.

Dünne piezoelektrische Keramikscheiben, die an Vorder- und Rückseite elektrisch leitend beschichtet sind, dienen als aktive Wandlerelemente eines Schallkopfes (auch Schallsonde). Die Dicke der Scheiben beeinflusst die optimale Arbeitsfrequenz des Wandlers. Die Resonanzfrequenz der Dickenschwingung einer 1 mm starken Piezokeramik beträgt ca. 2 MHz; bei dünneren Scheiben liegt sie entsprechend höher (Abb. 10.2a). Die Abmessungen der aktiven Fläche eines Wandlerelements bzw. einer Gruppe von Wandlerelementen (Apertur) (siehe Abb. 10.2b) bestimmt in Abhängigkeit von der Arbeitsfrequenz die räumliche Verteilung der Schallintensität, das sogenannte Schallfeld,

dessen Geometrie als Schallbündel oder Schallkeule beschrieben werden kann. Das gilt insbesondere für Schallfelder ebener, kreisförmiger Einzelelementwandler (siehe Abb. 10.3).

Generell lassen sich Schallfelder in zwei charakteristische Bereiche gliedern. Der Abschnitt unmittelbar vor der Schallsonde ist das Nahfeld. Hier führen Interferenzerscheinungen zu einer inhomogenen Intensitäts- bzw. Schalldruckverteilung. Die Grenze zum anschließenden Fernfeld wird durch das letzte Druckmaximum auf der akustischen Achse (Normale im Zentrum der Wandlerapertur) bestimmt und liegt für kreisförmige, ebene Ultraschallwandler bei

$$l_N = \frac{a^2 - \lambda^2}{4\lambda} \approx \frac{a^2}{4\lambda} = \frac{a^2 f}{4c}. \tag{10.4}$$

Für den halben Öffnungswinkel ϑ gilt:

$$\sin\vartheta = 1{,}22\frac{\lambda}{a} = 1{,}22\frac{c}{af} \tag{10.5}$$

Die Nahfeldlänge l_N nimmt mit der Apertur a und der Frequenz f zu (bzw. mit der Wellenlänge λ ab), und gleichzeitig verringert sich der Öffnungswinkel. Demzufolge ist zur Erzeugung eines gerichteten Ultraschallbündels in Abhängigkeit von der gewünschten Eindringtiefe und der Sendefrequenz eine Mindestgröße für die Apertur einzuhalten (siehe Abb. 10.3). Weiterhin trägt die Divergenz des Schallbündels im Fernfeld zusätzlich zur Schwächung der Intensität der Ultraschallwellen während der Ausbreitung bei.

Akustische $\lambda/4$-Anpassungsschichten reduzieren die Verluste beim Übergang der Schallenergie vom Wandler in das Gewebe. Sie bestehen aus Materialien mit akustischen Impedanzen im Bereich zwischen denen von Weichgewebe und Piezokeramik. Dementsprechend wird auch die Impedanz des elektrischen Anschlusses des Schallkopfes angepasst [52]. Mechanische Dämpfungskörper auf der Rückseite der Wandlerelemente

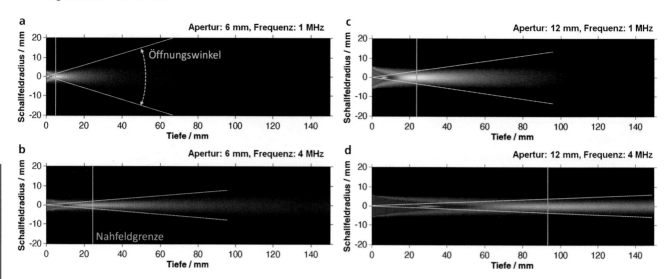

Abb. 10.3 Schallfelder von kreisförmigen, ebenen Einzelelementwandlern für verschiedene Kombinationen von Aperturen und Ultraschallfrequenzen [37]. Kleine Aperturen bewirken bei gleicher Frequenz deutlich kürzere Nahfeldlängen und größere Öffnungswinkel (**a**, **c** bzw. **b**, **d**). Bei gleicher Apertur vergrößert sich die Nahfeldlänge mit zunehmender Frequenz, der Öffnungswinkel verringert sich entsprechend (**a**, **b** bzw. **c**, **d**). (Die Berechnung der Schallfelder erfolgte mit Matlab® und dem Softwarepaket „Field II" [42])

(das sogenannte backing) verkürzen die Nachschwingzeit der Dickenschwingungen, die durch die elektrischen Impulse des Senders angeregt werden [55, 67] (siehe Abb. 10.2). Zur Verbesserung des axialen Auflösungsvermögens in der konventionellen Bildgebung und für kontrastspezifische Verfahren (siehe unten) werden möglichst kurze Pulse bzw. eine ausreichend hohe Bandbreite gefordert. Moderne, hochwertige Schallsonden zeichnen sich deshalb durch eine große Bandbreite aus, erkennbar an der Zahlengruppe auf dem Typenschild (z. B. „9-4" für den Frequenzbereich von 4 bis 9 MHz).

10.2 Grundlagen der Bilderzeugung mit Ultraschall

10.2.1 Bauformen von Schallköpfen

In der konventionellen Sonographie werden drei grundlegende Bauformen von Schallköpfen mit Wandlerarrays (sogenannte Multielementwandler) eingesetzt, die sich bezüglich der Anzahl und Anordnung der Piezoelemente im Array, der Größe der Schalleintrittsfläche in den Körper und der Geometrie des Schnittbildes unterscheiden (Abb. 10.4). Diese Faktoren bestimmen auch die bevorzugten Anwendungsgebiete. Die Bauformen von Schallköpfen für spezielle Anwendungen (z. B. 3D-Sonographie, intraluminale und intraoperative Sonographie) leiten sich aus den drei Grundformen ab.

Linear Arrays setzen bestehen aus 128 bis 192 einzelnen Piezoelementen, die äquidistant entlang einer geraden Linie auf einer Länge von meist ca. 40 bis 60 mm angeordnet sind. Die durch Gruppen von Piezoelementen erzeugten Ultraschallbündel verlaufen parallel zueinander. Damit ergibt sich für den gesamten Bildbereich eine homogene Liniendichte. Linear

Arrays werden vorwiegend für die Abbildung oberflächennaher Strukturen (Gefäße, Lymphknoten) und kleinerer Organe (Schilddrüse, Hoden) eingesetzt. Sie sind dementsprechend mit Arbeitsfrequenzen > 5 MHz für eine hohe örtliche Auflösung ausgelegt (Abb. 10.4a). Für die Untersuchung großer Organe z. B. im Abdomen sind sie hingegen weniger geeignet, weil das Bildfeld in der Tiefe nicht ausreicht.

Im Unterschied dazu befinden sich bei einem **Curved Array** bis zu 256 Piezoelemente auf einer gekrümmten Linie mit Krümmungsradien im Bereich von 50 bis 100 mm und einer Bogenlänge von ca. 65 bis 100 mm. Die durch die Elementgruppen ausgesendeten Schallstrahlen laufen hier fächerartig auseinander und ermöglichen so vorteilhaft die Darstellung eines größeren Gewebeareals in der Tiefe. Damit verbunden ist allerdings der Nachteil, dass mit zunehmendem Abstand vom Schallkopf die Liniendichte abnimmt und feinere Strukturen schlechter aufgelöst werden können. Das bevorzugte Anwendungsgebiet von Curved Arrays sind die abdominelle und die gynäkologische Sonographie, wo sie als „Allrounder" einen guten Kompromiss bieten, indem das Nahfeld eine akzeptable Bildqualität hat und zugleich das Fernfeld für den Einsatz im Abdomen breit genug ist. Die Ultraschallfrequenzen liegen hier im Bereich von 2,5 bis 5,0 MHz, bei neueren Geräten bis zu 9 MHz (Abb. 10.4b).

Phased Arrays zeichnen sich durch sehr kleine Schalleintrittsfenster in der Größenordnung von ca. 15 bis 25 mm aus. Sie sind im Aufbau vergleichbar mit einem Linear Array, besitzen aber mit 64 Piezoelementen deutlich weniger aktive Elemente. Der sektorförmige Bildbereich wird durch laterales Schwenken des Schallstrahls erreicht. Dazu werden die Piezoelemente mit Hilfe des „beamformers" phasenversetzt angeregt (siehe „beam steering", Abb. 10.7 rechts). Das kleine Schalleintrittsfenster ist da von Vorteil, wo nur ein kleiner Zugang möglich ist (z. B. zwischen den Rippen), denn dank der Divergenz des Scanfeldes bieten sie eine gute Bildbreite in der Tiefe. Wegen

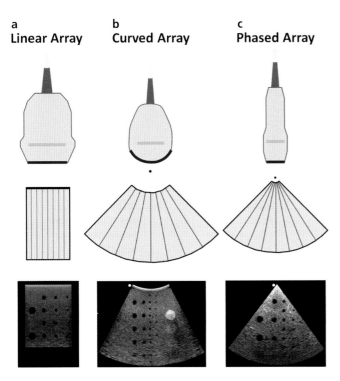

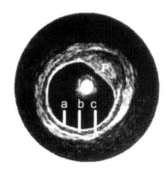

Abb. 10.6 Schnittbild eines Gefäßes, aufgenommen von einem miniaturisierten, im Katheter integrierten Ringarray. (Bildquelle [64])

Abb. 10.4 Scanfeld-Geometrie der typischen Wandlerbauformen: **a** Linear Array – rechteckiger Bildausschnitt, homogene Liniendichte, **b** Curved Array – fächerförmiger Bildausschnitt, mit der Tiefe abnehmende Liniendichte und **c** Phased Array – kleines Schalleintrittsfenster und sektorförmiger Bildausschnitt, mit der Tiefe stark abnehmende Liniendichte. Untere Bildreihe: Vergleichende Darstellung der künstlichen Zysten eines Ultraschalltestobjektes (Modell 539, ATS Laboratories, Bridgeport, USA) [37]

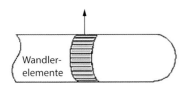

Abb. 10.5 Aufbau eines miniaturisierten Ringarrays zur Integration in einen Katheter. (Bildquelle [55])

der vergleichsweise geringen Liniendichte ist die Auflösung mit derjenigen eines Curved oder Linear Array nicht vergleichbar. Mit Arbeitsfrequenzen im Bereich von 2,5 bis 7,5 MHz werden Phased Arrays vorwiegend in der Echokardiographie und im Thoraxbereich eingesetzt (Abb. 10.4c).

In der Endosonographie kommen speziell zum Einführen in Körperhöhlen angepasste Bauformen von Schallköpfen zum Einsatz. Durch die auf diese Weise hergestellte Nähe zum Untersuchungsgebiet werden Dämpfungsverluste minimiert und wird der Einsatz hoher Ultraschallfrequenzen (bis 40 MHz) ermöglicht. Die Schallköpfe sind als Longitudinal- oder Radialsonde ausgeführt und in Endoskope integriert. Für intravaskuläre Anwendungen (intra-vaskulärer Ultraschall, IVUS) werden (Ultraschall-) Katheter mit miniaturisierten rotierenden Wandlerelementen oder Ringarrays ausgestattet [10] (Abb. 10.5

und 10.6). Für den transrektalen Ultraschall (TRUS), den transvaginalen Ultraschall (TVUS) sowie für den transösophagealen Ultraschall (TEE) in der Echokardiographie sind spezielle Schallkopfausführungen, zum Teil mit mehreren zeitgleich erfassbaren Bildebenen, verfügbar.

10.2.2 Fokussierung

Voraussetzung für die Erzeugung eines idealen Ultraschallbildes mit hoher örtlicher Auflösung und weitgehend frei von Bildartefakten ist ein Ultraschallbündel (bzw. -feld) mit einem möglichst dünnen und gleichbleibenden Querschnitt, vergleichbar mit einem Laserstrahl. Für ebene Einzelelementwandler ist diese Bedingung näherungsweise im Übergangsbereich vom Nahfeld in das Fernfeld, d. h. bei einem Abstand von einer Nahfeldlänge zum Wandler, erfüllt (siehe Abb. 10.3).

Durch geeignete Fokussierung kann die Form des Schallbündels gezielt verändert werden. Dazu werden entweder akustische Linsen auf den Wandler aufgebracht oder die Einzelelemente eines Multielementwandlers zeitversetzt angeregt. Akustische Linsen nutzen, genauso wie optische Linsen, die zum Umgebungsmedium – hier das Gewebe – unterschiedliche Ausbreitungsgeschwindigkeit der Ultraschallwellen innerhalb der Linse. So wird z. B. eine konvexe Linse aus Material mit einer geringeren Schallgeschwindigkeit im Vergleich zum Gewebe eine gekrümmte Wellenfront erzeugen, die einem Punkt, dem Fokus, zusammenläuft (siehe Abb. 10.7 links).

Bei Arraywandlern (z. B. Linear, Curved oder Phased Arrays) kann das Schallbündel elektronisch fokussiert werden. Durch zeitversetzte Anregung einer Gruppe von Einzelelementen eines Arrays – Elemente am Rand zuerst, zentrale Elemente verzögert – wird eine Wellenfront erzeugt, die im Fokuspunkt zusammenläuft (siehe Abb. 10.7 Mitte). Zusätzlich kann die Richtung des Schallstrahls beeinflusst werden (siehe Abb. 10.7 rechts). Das Schallbündel kann somit während des Sendens gleichzeitig auf einen wählbaren Abstand fokussiert und um einen vorgegeben Winkel geschwenkt werden. Nach demselben Prinzip werden für die Empfangsfokussierung die Echosignale der Einzelelemente wiederum gegeneinander verzögert und aufsummiert. Die elektronische Fokussierung kann daher bei Arraywandlern für das Senden und Empfangen unterschiedlich gewählt werden. Generell ist eine wirksame Fokussierung für das Senden und Empfangen nur bis zur Tiefe einer Nahfeldlänge möglich, so

Abb. 10.7 Prinzipien der Schallfeldfokussierung ([30], modifiziert aus [38], mit freundlicher Genehmigung des Deutschen Ärzte-Verlages)

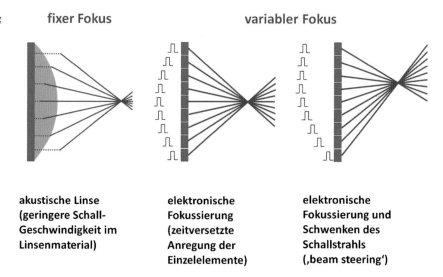

fixer Fokus

variabler Fokus

akustische Linse (geringere Schall-Geschwindigkeit im Linsenmaterial)

elektronische Fokussierung (zeitversetzte Anregung der Einzelelemente)

elektronische Fokussierung und Schwenken des Schallstrahls („beam steering')

dass zur Fokussierung in größere Tiefen eine Verlängerung des Nahfeldes erforderlich ist. Bei feststehender Frequenz muss dazu die Apertur (siehe Gl. 10.4) vergrößert werden. Das gelingt bei Multielementwandlern durch Erhöhung der Anzahl der aktiv am Sende- und Empfangsprozess beteiligten Elemente des Arrays. Der maximale Fokusabstand wird somit durch die Gesamtlänge des Wandlerarrays und die Arbeitsfrequenz bestimmt. Alle Maßnahmen zur Fokussierung führen gleichzeitig zu einer verstärkten Zunahme des Bündeldurchmessers hinter der Fokuszone, so dass nur in einem begrenzten Tiefenbereich um den Fokus ein schmaler Querschnitt des Schallbündels realisiert werden kann.

Akustische Linsen finden überwiegend bei der Fokussierung senkrecht zur Bildebene (Elevationsrichtung) Anwendung. Innerhalb der Bildebene erfolgt die Fokussierung elektronisch. Mit zweidimensionalen Arrays (sogenannten Matrixarrays) ist eine vollständige elektronische Fokussierung des Ultraschallstrahls möglich [23, 70].

10.2.3 Vom Echo zum Bild

Die Bilderzeugung in der Sonographie beruht auf dem Impuls-Echo-Prinzip, das auch beim Radar und Sonar Anwendung findet. Das Ortungssystem sendet einen gerichteten Impuls aus und empfängt anschließend die von den zu ortenden Objekten reflektierten Signale als Echos. Bei bekannter Ausbreitungsgeschwindigkeit c der Wellen kann aus der Signallaufzeit t der Abstand z des Objektes zur Signalquelle nach

$$z = c \frac{t}{2} \qquad (10.6)$$

berechnet werden und in Kombination mit der Sende- und Empfangsrichtung die Objektposition angegeben werden.

10.2.3.1 Das A-Bild als eindimensionale Abbildung

Entsprechend dem Impuls-Echo-Prinzip werden vom Schallkopf periodisch Ultraschallimpulse gesendet und die an Grenz-

flächen der akustischen Impedanz innerhalb des Gewebes reflektierten und gestreuten Echos nach der vom Abstand abhängigen Laufzeit wieder empfangen (siehe Abb. 10.8). In seiner Funktion als Sensor wandelt der Schallkopf die Echos in elektrische Signale, die direkt zur Anzeige gebracht oder weiter verarbeitet werden. In der Regel erfolgt die Darstellung der Einhüllenden, d. h. der Amplituden, des hochfrequenten Echosignals nach Demodulation. Die Impulsfolgefrequenz (Pulse Repetition Frequency – PRF) liegt je nach Untersuchungstiefe bei wenigen Kilohertz – typische Echolaufzeiten werden in Mikrosekunden gemessen.

Ausgehend von dem Impuls-Echo-Prinzip kann die komplexe Struktur von Gewebe untersucht werden, indem periodisch vom Schallkopf Ultraschallimpulse in das Gewebe abgegeben werden und die an den reflektierenden und streuenden Gewebestrukturen erzeugten und nach charakteristischer Laufzeit wieder am Ultraschallwandler eintreffenden Echos empfangen werden. Der Schallkopf wandelt die Echos in elektrische Signale um, die entweder direkt oder nach Demodulation auf dem Bildschirm in Abhängigkeit von der Laufzeit dargestellt werden. Bei der Demodulation wird die Einhüllende des hochfrequenten Echosignales gebildet (Abb. 10.8 rechts).

Bei einer Skalierung der Abszisse in Millimetern (Umrechnung entsprechend Gl. 10.6) können entlang der akustischen Achse Abstände zwischen Strukturen direkt gemessen werden. Die Echoamplituden geben zusätzlich Auskunft über die Echogenität der Struktur. Von ausgedehnten, flächigen Strukturen mit großem Impedanzunterschied zum umgebenden Gewebe (z. B. Knochen) sind deutlich stärkere Echos zu erwarten, als von kleineren Strukturen mit geringem Impedanzunterschied (z. B. Parenchym).

Werden die Echoamplituden (die Bezeichnung „A-Bild" ergibt sich aus dem „A" in „Amplitude") nicht auf der Ordinate dargestellt, sondern mit einem Helligkeitswert (Grauwert) kodiert, erhält man anstatt der Amplituden-Linie (A-Linie) eine Helligkeits-Linie (B-Linie, „B" wie „Brightness") (Abb. 10.8 unten). Aufgrund des hohen Dynamikumfangs der Echosignale aus dem Gewebe ergeben sich sehr große Amplitudenunter-

Abb. 10.8 Prinzip der Erzeugung einer eindimensionalen Abbildung nach dem Impuls-Echo-Prinzip. In modernen digitalen Systemen werden die Echoamplituden (Einhüllenden) mit Hilfe der Hilbert-Transformation oder über die IQ-Demodulation berechnet. Letztere ermöglicht eine laufzeitabhängige Gewichtung von Frequenzkomponenten ([30], modifiziert aus [38], mit freundlicher Genehmigung des Deutschen Ärzte-Verlages)

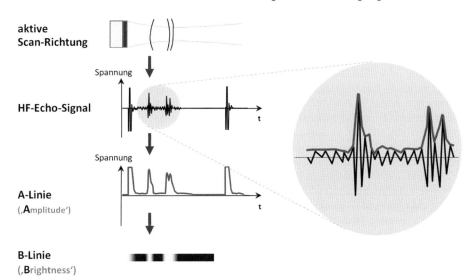

Teil II

schiede. Wegen dieses hohen Dynamikumfangs werden die Grauwerte in Dezibel skaliert, d. h. den logarithmierten Echoamplituden zugeordnet. Die exakte Zuordnung kann vom Anwender für eine optimale Kontrastdarstellung angepasst werden. So kann z. B. der Bereich mittlerer Echoamplituden auf mehr Grauwerte verteilt werden. Entsprechend verringert sich die Anzahl der nutzbaren Grauwerte für sehr starke und sehr schwache Echos. Geeignete (Vor-)Einstellungen sind, je nach Anwendungsgebiet, am Gerät wählbar.

10.2.3.2 Das B-Bild als zweidimensionale Abbildung

Für eine zweidimensionale bildliche Darstellung des Gewebes – ein sogenanntes Schnittbild bzw. B-Bild – muss die abzubildende Schnittebene mit B-Bild-Linien abgedeckt werden. Dazu wird das Schallbündel mit Hilfe der Arraywandler seitlich verschoben oder geschwenkt, d. h., der Bildbereich wird abgetastet (engl. scanning). Bei dem Scanvorgang werden in schneller zeitlicher Abfolge dicht beieinanderliegende, sich z. T. überlappende B-Linien erfasst und geometrisch korrekt zu einem Bild zusammengesetzt. Diese Aufgabe übernimmt der Scankonverter, der aus der Richtung der Schallabstrahlung und dem über die Laufzeit bestimmten Abstand zum Schallkopf die Bildkoordinaten berechnet (Abb. 10.9).

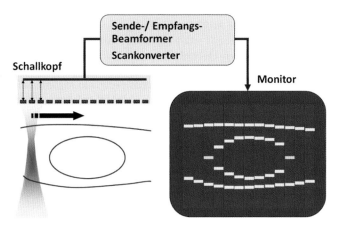

Abb. 10.9 Erzeugung eines Schnittbildes durch Abtastung der Abbildungsebene mit einer Serie gerichteter Schallbündeln. Die Auswahl und zeitversetzte Anregung von Gruppen von Einzelelementen eines Arraywandlers wird durch den Beamformer realisiert. Der Scankonverter übernimmt die Koordinatentransformation für die Zusammensetzung der erfassten B-Linien und eine geometrisch richtige, unverzerrte Darstellung auf dem Bildschirm (B-Bild) [30]

10.2.4 Auflösungsvermögen

Das Auflösungsvermögen ist ein wichtiges Qualitätsmerkmal von Abbildungsverfahren, insbesondere in der bildgebenden Diagnostik. Man unterscheidet zwischen Kontrastauflösung und räumlicher Auflösung.

In der Sonographie ist die **Kontrastauflösung** ein Maß für die Differenzierbarkeit von Echos unterschiedlich stark streuender und reflektierender Strukturen. Da die Echoamplituden von den akustischen Eigenschaften und der Struktur des untersuchten Gewebes bestimmt werden, stellen sie ein wichtiges Merkmal

zur Unterscheidung zwischen gesunden und krankhaften Zuständen dar. Selbst geringe Unterschiede können diagnostische Relevanz erreichen.

Die Amplituden der aus dem Körper zurückkehrenden Echos können einen Dynamikumfang von 60 dB und darüber haben. Für eine optimale Kontrastauflösung müssen alle Signalamplituden verarbeitet und adäquat einem Grauwert zugeordnet werden (siehe oben). Daher ist der Dynamikumfang eines Ultraschallsystems als ein wichtiges Qualitätsmerkmal anzusehen. Daneben ist eine korrekte Einstellung des Betrachtungsmonitors dringend anzuraten.

Das **räumliche Auflösungsvermögen** wird wesentlich von der Dauer bzw. Länge des Sendeimpulses und der Geometrie des Schallbündels bestimmt. Beide Faktoren sind abhängig von der

Ultraschallfrequenz und der Form und Größe der aktiven Wandlerfläche (siehe oben).

In der Sonographie ist das Auflösungsvermögen für die beiden Richtungen in der Bildebene und auch senkrecht dazu jeweils unterschiedlich. Die bestmögliche Auflösung wird entlang der akustischen Achse in Ausbreitungsrichtung der Ultraschallimpulse erreicht. Hier hängt das sogenannte **axiale Auflösungsvermögen** nur von der effektiven Impulslänge ab. Durch Anregung weniger Wellenzüge mit kurzen Wellenlängen kann die Gesamtlänge bzw. zeitliche Ausdehnung der Ultraschallimpulse verkürzt werden. Geeignete Maßnahmen zur Verbesserung der axialen Auflösung sind deshalb die Erhöhung der Arbeitsfrequenz und eine gute Bedämpfung („backing", siehe Abb. 10.2) der Piezoelemente. Moderne, breitbandige Schallköpfe erfüllen diese Anforderungen. Die Grenze der theoretisch erreichbaren axialen Auflösung liegt bei der halben Impulsdauer multipliziert mit der Schallgeschwindigkeit [32, 54] und damit bei Ultraschallfrequenzen > 5 MHz eindeutig im Submillimeterbereich.

Die Ortsauflösung senkrecht zur akustischen Achse in der Bildebene – das **laterale Auflösungsvermögen** – und die Auflösung senkrecht zur Bildebene – das **elevative Auflösungsvermögen** – werden durch den Querschnitt des Schallbündels bestimmt und hängen somit von der aktiven genutzten Apertur des Wandlers und der Arbeitsfrequenz ab. Durch geeignete Maßnahmen zur Fokussierung der Schallbündel (siehe oben) kann innerhalb eines begrenzten Tiefenbereiches um die Fokuszone die Auflösung optimiert werden. Die elevative Auflösung ist bei konventionellen Arraywandlern nicht einstellbar und etwas geringer als die laterale Auflösung.

Um über die gesamte dargestellte Tiefe eine bestmögliche laterale Auflösung zu erzielen, werden sendeseitig mehrere Fokuszonen gesetzt, d. h., pro Scanlinie erfolgen mehrere Sende-/Empfangszyklen mit unterschiedlichen Fokuspositionen. Empfangsseitig wird die Lage des Fokus schrittweise an die Laufzeit, d. h. die Tiefe, der eintreffenden Echos angepasst. Dieses Prinzip der dynamischen Empfangsfokussierung kann so weit ausgebaut werden, dass bei paralleler Verfügbarkeit der hochfrequenten Echosignale aller Einzelelemente eines Arrays im Empfangsfall auf jeden Punkt elektronisch fokussiert werden kann. Für Anwendungen die Bildfrequenzen im Kilohertzbereich erfordern (z. B. Scherwellenelastographie) wird dann ganz auf die sendeseitige Fokussierung verzichtet, d. h. der Schallkopf erzeugt eine ebene Wellenfront, die den zu untersuchenden Bildbereich durchläuft.

Generell lässt eine höhere Arbeitsfrequenz des Schallkopfes eine höhere räumliche Auflösung des Ultraschallbildes erwarten. Da mit steigender Frequenz aber auch die Schwächung der Ultraschallwellen während der Ausbreitung im Gewebe zunimmt (Gl. 10.3) und verwertbare Echos über dem Rauschpegel liegen müssen, kann die Wandlerfrequenz nicht beliebig erhöht werden. So reduziert sich, bei Annahme einer linearen Abhängigkeit des Dämpfungskoeffizienten von der Frequenz, die darstellbare Bildtiefe bei einer Frequenzverdoppelung auf die Hälfte. Bei der Wahl des Schallkopfes und der Arbeitsfrequenz muss der Untersucher deshalb ständig, je nach diagnostischer Fragestellung, einen Kompromiss zwischen Bildauflösung und Eindringtiefe finden.

Um eine gleichmäßige Helligkeit und Kontrastierung des Ultraschallbildes zu erreichen, wird die dämpfungsbedingte Abnahme der Echoamplituden mit der Tiefe ausgeglichen. Dazu wird die Empfangsverstärkung laufzeitabhängig angehoben. Die Charakteristik des Tiefenausgleichs, der sogenannten laufzeitabhängigen Verstärkung (LAV, engl. time gain compensation – TGC) kann vom Anwender angepasst werden. In der Grundeinstellung wird von einem zeitlichen Anstieg der Verstärkung linear in dB ausgegangen.

Generell sollten bei der Bildoptimierung vor einer weiteren Erhöhung der Sendeleistung die Möglichkeiten der Bildoptimierung durch optimale Fokussierung und Einstellung der Verstärkung ausgeschöpft werden.

10.2.5 Artefakte

Bei der oben beschriebenen Erzeugung eines Schnittbildes durch Abtastung der Abbildungsebene mit einer Serie gerichteter Schallbündeln werden einige vereinfachte Annahmen über die Ausbreitungsbedingungen und das Schallfeld gemacht, die unter bestimmten Bedingungen zu fehlerhaften, nicht den tatsächlichen Gegebenheiten entsprechenden Darstellungen im B-Bild führen. Allgemein wird von:

- konstanter Schallwellengeschwindigkeit,
- geradliniger Ausbreitung,
- konstantem Schwächungskoeffizient,
- konstant schmalen Schallbündeldurchmesser und
- relativ geringen Echoamplituden

ausgegangen. Diese Annahmen sind in der Praxis nur näherungsweise erfüllt, so dass mit dem Auftreten von Bildfehlern gerechnet werden muss.

Bildfehler können durch langsames Schwenken des Schallkopfes identifiziert werden. Ändert sich dabei die Position und Ausrichtung des untersuchten Gewebeausschnittes relativ zu der unklaren Struktur (z. B. ein Schallschatten, siehe Abb. 10.10) oder verschwindet diese, handelt es sich mit großer Wahrscheinlichkeit um ein Artefakt. Bildfehler sollten nicht um jeden Preis unterdrückt werden, da sie auch in vielen Fällen wichtige Informationen für die Befunderhebung liefern (siehe Tab. 10.2).

10.2.6 Von der Gewebestruktur zum Bild: Wechselwirkungen zwischen Schall und Gewebe

Sonographie ist die Darstellung der örtlichen Interaktion zwischen Schall und Gewebe im Bild (Abb. 10.11). Diese Wechselwirkungen sind Absorption, Streuung und Reflexion [14].

Im einfachsten Fall haben wir ein solitäres Ereignis: Eine klar definierte Grenzfläche zweier Gewebe mit verschiedenen akustischen Impedanzen erzeugt ein einzelnes Echo, das je nach

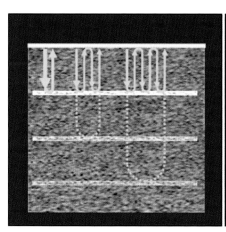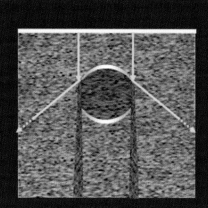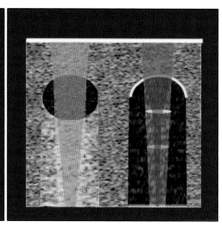

Abb. 10.10 Schema zur Entstehung der häufigsten Artefakte und deren typische Darstellung im B-Bild (*von links nach rechts*): Mehrfachreflexionen, Tangentenartefakt mit Randschatten und Bildüberhöhung bzw. Schallschatten [30]

Tab. 10.2 Klassifizierung der B-Bild-Artefakte (nach Jenderka in [38])

Änderung der Schallausbreitung	Entfernungsfehler	Abweichungen der Schallgeschwindigkeit in verschiedenen Geweben (siehe Tab. 10.1) von der mittleren, im System eingestellten Geschwindigkeit führen zu Fehlern in der Abstandsmessung und zu Verzerrungen im Bild
	Brechungsfehler	Schräger Einfall der Schallbündel auf Grenzflächen der akustischen Impedanz führt durch Brechung zu veränderten Position von Strukturen im Bild
	Mehrfachreflexionen/ Reverberation	Wiederholte Abbildung von Strukturen in der Tiefe durch mehrfach zwischen Schallkopf und stark reflektierender Grenzfläche (oder zwischen zwei stark reflektierenden Grenzflächen) hin- und herlaufender Ultraschallimpulse (Abb. 10.10 links)
	Spiegelechos	Mehrfachabbildung von Strukturen durch Reflexion (Spiegelung) an Grenzflächen der akustischen Impedanz
Inhomogene Schallschwächung	Tangenteneffekt/ Randschatten	Seitliche Ablenkung der Ultraschallwellen bei Einfall unter flachem Winkel auf stark reflektierende Grenzflächen führt zu Randschatten und unvollständig abgebildeten Grenzflächen (Abb. 10.10 Mitte)
	Bildüberhöhung	Geringe Dämpfung in Flüssigkeiten (z. B. Zysten, Gefäße) führt einer scheinbaren Signalanhebung (heller Streifen hinter der Struktur) gegenüber den benachbarten Bildregionen (Abb. 10.10 rechts)
	Schallschatten	Starke Dämpfung (z. B. durch Steine) führt zu einer scheinbaren Signalschwächung (bzw. Auslöschung) (dunkler Streifen hinter der Struktur) gegenüber den benachbarten Bildregionen (Abb. 10.10 rechts)
Schallfeldcharakteristik	Schichtdickenartefakt	Verbreiterte Darstellung schräg verlaufender Grenzschichten durch die Erfassung von Strukturen außerhalb der idealisierten Scan-Linien aufgrund der lateralen (und elevativen) Ausdehnung der Schallbündel, insbesondere vor oder hinter dem Fokusbereich in lateraler und elevativer Richtung
	Scheinbare Sedimentation	Ausfüllen von echofreien Bereichen durch Erfassung von Echos aus dem angrenzenden Gewebe aufgrund der lateralen (und elevativen) Ausdehnung der Schallbündel außerhalb der Fokusbereiche
	Nebenkeulenartefakt	Abbildung von abseits der Scanlinie liegenden Strukturen aufgrund der Erfassung durch Nebenkeulen des Schallbündels
Strukturartefakte	Speckles	Charakteristische Hell-Dunkel-Struktur durch Interferenz von Streuwellen der Gewebefeinstruktur

Winkel des Auftreffens zum Wandler zurückkehrt oder seitlich abgelenkt wird. Dies ist zum Beispiel bei der Oberfläche von Organen, Gefäß- oder Zystenwänden, Konkrementen oder Knochenoberflächen der Fall – geometrisch betrachtet also bei *Flächen, Linien oder Punkten*. Bei Volumina hingegen, deren mikroskopischer Aufbau eine charakteristische Mikrostruktur hat – dies trifft für fast alle parenchymatösen Organe zu – bilden Absorption, Streuung, Reflexion und zusätzlich die In-

terferenz zwischen den Schallwellen einen charakteristischen „sonographischen Fingerabdruck". Im Ultraschallbild ist dies ein feines Muster aus kleinen helleren oder dunkleren Flecken, den „Speckles" (engl. für Tupfen).

Speckles sind zwar formal Artefakte, aber zugleich charakteristische Bildmerkmale der Gewebe, indem sie aus deren Mikrostruktur resultieren. Vom Rauschen kann man sie leicht

Abb. 10.11 Beispiel für ein B-Bild: Leber im Querschnitt, Darstellung des Venensternes (die Lebervenen münden in die untere Hohlvene (Vena cava inferior)) [39]

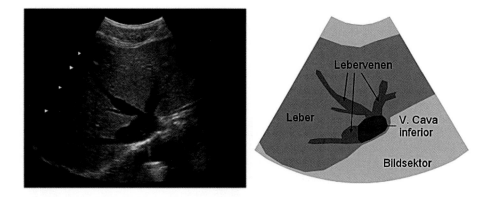

unterscheiden, indem sie bei Bewegung des Wandlers mit den Organen „mitwandern" und nicht bloß dem Bild überlagert sind. Die einzelnen Speckles repräsentieren aber auch nicht einzelne Strukturen. Damit unterscheidet sich das Ultraschallbild grundlegend von CT- oder MRT-Bildern, in denen homogene Gewebe wirklich homogen erscheinen bzw. Inhomogenitäten tatsächlich entweder Artefakten oder anatomischen Details entsprechen. Aus Sicht des Untersuchers ist die Specklestruktur in einem gewissen Maße störend, da es der Gewebestruktur eine nicht unmittelbar anatomisch interpretierbare Struktur überlagert. Daher erfolgt im Rahmen der Signal- und Bildverarbeitung in Ultraschallgeräten auch eine gewisse Glättung der Specklestruktur („speckle reduction"). Dies ist aber eine Gratwanderung, da die Bilder zwar optisch ansprechender und mittlerweile auch leichter zu „lesen" werden, aber zugleich charakteristische Gewebeinformation und womöglich feine anatomische Details maskiert werden.

Vor einer Überinterpretation der Specklestruktur muss man sich hüten, da sie auch vom Wandler (Arbeitsfrequenz, Bandbreite) und vom Gerät abhängt. So waren am Ende auch die Ansätze zur quantitativen Bildanalyse mit Parametern wie Homogenität, Kontrast und Körnigkeit wissenschaftlich zwar interessant, aber nicht praxistauglich. Die Helligkeit (Echogenität) der Gewebe im Ultraschallbild kann vom Untersucher aber mit etwas Übung sehr wohl beurteilt werden (z. B. im Vergleich mit anderen Strukturen) und erlaubt durchaus Rückschlüsse auf deren mikroskopischen Aufbau und diffuse pathologische Veränderungen.

Vereinfacht gesagt reflektiert die Helligkeit vornehmlich die Reflexivität und die Größe mikroskopischer Strukturen, die mit dem Schall in Wechselwirkung treten. Diese können z. B. Läppchen, Drüsenendstücke, Schilddrüsenfollikel, Fetttröpfchen oder Ähnliches sein. Die Reflexivität ergibt sich wie oben beschrieben aus den Impedanzen eines „akustischen Objekts" und seiner Umgebung. Interessant ist der Einfluss des Verhältnisses zwischen der Größe der Objekte und der Wellenlänge des Schallimpulses. Objekte, die sehr viel kleiner als die Wellenlänge sind, verursachen keine wahrnehmbare Wechselwirkung, Objekte, die um ein Vielfaches größer als die Wellenlänge sind, bedingen eine gerichtete Reflexion. Objekte etwa in der Größenordnung einer Wellenlänge bedingen eine Streuung, wobei

die Wechselwirkungen mit abnehmender Objektgröße schwächer werden. Insgesamt sind die Grenzen nach unten (zu keiner Wechselwirkung) oder oben hin (zur gerichteten Reflexion) fließend [33, 53, 66]. Hinzu kommt noch die Absorption, die in Verbindung mit der Reflexivität der Strukturen die Helligkeit der weiter distalen Strukturen beeinflusst.

Ein Merkmal, das hinzukommt, ist Anisotropie. Diese liegt vor, wenn akustische Grenzflächen im Gewebe eine Vorzugsrichtung haben, z. B. Muskelfasern, Sehnen, Nerven, aber auch Harnkanälchen im Nierenmark. Hier hängt die Echogenität zusätzlich vom Winkel zwischen Einschallrichtung und Vorzugsrichtung der Strukturen im Gewebe ab.

Einige Beispiele mögen diese Zusammenhänge verdeutlichen:

Reine Flüssigkeit enthält keine „akustischen Objekte" und ist echofrei (schwarz). Die Wechselwirkungen zwischen Ultraschall und Blutkörperchen sind aufgrund ihrer geringen Größe schwach – im B-Bild ist Blut in Gefäßen ganz oder annähernd echofrei. Gelegentlich erkennt man gleichwohl „wolkige" Echos, insbesondere bei sehr langsamem Fluss, und für die Dopplersonographie reicht das zurückgestreute Signal bekanntermaßen aus.

Normales Lebergewebe ist zellreich und arm an Grenzflächen zwischen Geweben unterschiedlicher Impedanz und demzufolge echoarm. Bei einer Leberverfettung sind in den Zellen Fetttröpfchen verschiedener Größe eingelagert. Diese stellen vermehrte akustische Grenzflächen dar, mit vermehrter Streuung und Dämpfung. Die Fettleber ist echoreich (hell).

Die normale Schilddrüse ist aus Follikeln aufgebaut – Kügelchen aus einem Protein (Thyreoglobulin), umgeben von einem Mantel aus Drüsenzellen und Bindegewebe. Thyreoglobulin ist Gerüst für die Synthese von Schilddrüsenhormon und zugleich dessen Speicher. Die Follikel stellen akustische Grenzflächen und somit Streuer dar. Somit ist die normale Schilddrüse echoreich (hell). Beim M. Basedow, einer Form der Schilddrüsenüberfunktion, wird die Schilddrüse durch einen Autoantikörper zur vermehrten Ausschüttung von Schilddrüsenhormon angeregt. Sie setzt dies aus den Speichern frei, indem sie Thyreoglobulin abbaut. Die Follikel schrumpfen, die Streuung nimmt ab, die Basedow-Schilddrüse ist echoarm (dunkel).

Bei den meisten malignen Lymphomen (Lymphknotenkrebs) sind die Lymphknoten dicht mit Zellen gepackt, mit wenig bindegewebigen Strukturen. Die Zellen selbst sind für eine Interaktion mit dem Schall zu klein, die Lymphknoten sind fast „perfekt homogen" und somit echoarm (dunkel).

Ein Blutschwamm in der Leber (Hämangiom) besteht aus erweiterten Hohlräumen mit langsam fließendem Blut. Die Wände der Hohlräume stellen vermehrte akustische Grenzflächen dar; das Hämangiom ist echoreich (hell). Da es aber überwiegend aus Flüssigkeit (Blut) besteht, ist seine Schallabsorption gering. Es verursacht trotz seiner verstärkten Reflexion keinen Schallschatten.

10.2.7 3D-Sonographie

Die dreidimensionale Sonographie ist für die Aufklärung der räumlichen Beziehungen zwischen verschiedenen anatomischen Strukturen, deren Form und Volumen hilfreich. Prinzipiell kann sich der erfahrene Untersucher bereits eine gedankliche, räumliche Vorstellung des Untersuchungsgebietes durch manuelles Schwenken des Schallkopfes und Beobachtung der dazugehörigen Bilder erarbeiten. Dieses Prinzip wird durch die Verfahren der 3D-Sonographie aufgegriffen und erweitert [58, 62]. Die Realisierung einer dreidimensionalen Darstellung erfolgt in zwei Schritten: Zunächst muss ein maßstabsgetreuer Volumendatensatz der Echoamplituden erstellt werden, der anschließend geeignet visualisiert werden muss. Der einfachste Ansatz hierfür ist die multiplanare Rekonstruktion mit Darstellung senkrecht aufeinander stehender Ebenen. Weitergehende Verfahren sind die halbtransparente Darstellung, bei der der betrachtete Datensatz interaktiv oder automatisch rotiert wird. Sie eignet sich z. B. für die Darstellung herdförmiger Veränderungen in parenchymatösen Organen, z. B. Lebermetastasen. Am geläufigsten sind Oberflächensimulationen – beliebt, um werdenden Eltern ein Bild des Kindes im Mutterleib mitzugeben („Babykino"). Über diesen Zweck hinaus sind diese Verfahren auch für den erfahrenen Untersucher ein gutes Hilfsmittel für die Diagnose komplexer Fehlbildungen, die sonst hohe Ansprüche an das räumliche Vorstellungsvermögen stellen.

Der Beitrag der 3D-Sonographie für die Diagnostik sollte nicht überschätzt werden. Anders als Datensätze aus der CT oder MRT kranken die aus der Sonographie zwangsläufig an Schallhindernissen (Luft und Knochen), am Fehlen absoluter, gewebespezifischer Intensitäten (vergleichbar den Hounsfield-Units in der CT) und, für Oberflächensimulationen, an der schwierigen Segmentierung. Das Gesicht des Fetus ist da eine Ausnahme, da sich seine Oberfläche vor dem echofreien Fruchtwasser gut abhebt. Zuletzt erfolgt die 3D-Darstellung noch stets am stehenden Datensatz – 3D in Echtzeit ist mit Verfahren des Fast Imaging wohl grundsätzlich möglich [63], aber Erfahrungen hiermit gibt es kaum. Somit ist 3D-Sonographie heute ein Hilfsmittel für die Beurteilung komplexer Geometrien und für halbwegs korrekte volumetrische Messungen sowie für die Visualisierung für den nicht mit Ultraschall vertrauten Betrachter – mehr vorerst nicht.

10.3 Spezielle Scanverfahren

10.3.1 Fast Imaging

Die Ausbreitungsgeschwindigkeit von Schall im Gewebe ist vorgegeben. Um die Bildwiederholrate zu erhöhen gibt es somit nur zwei Möglichkeiten: Entweder verringert man die Zahl der Sende-Empfangszyklen pro Bild oder man tastet mehrere Bildlinien simultan ab. In der Tat kann vom „Beamformer"-Prinzip gänzlich abgegangen und zur Anregung ein einziger, vom gesamten Array simultan abgestrahlter Impuls verwendet werden [57]. Die Antwort des Gewebes wird dann mit allen Empfangskanälen (Elementen des Arrays) zeitgleich aufgezeichnet, und die Zuordnung von Echostärke und der Lokalisation der Echos in der Schallebene erfolgt im Nachhinein [13]. Dies ist möglich, weil in Kenntnis der Ausbreitungsgeschwindigkeit jedem Punkt in der Schallebene eine eindeutige Kombination von Latenzen an den einzelnen Kanälen des Wandlers zugeordnet werden kann. Wenn unter Beibehaltung des Beamformer-Prinzips mehrere Scanlinien gleichzeitig „abgefeuert" werden sollen, müssen die Impulse unterscheidbar sein. Dies kann geschehen, indem diese individuell binär kodiert werden („Coded Excitation") [56], aber die Realisierung ist nicht trivial. Zum einen muss den Kristallen der Code individuell aufgeprägt werden, was die Herstellung aufwendig macht. Zum anderen dauern die Impulse zwangsläufig länger. Hierdurch wird die axiale Auflösung schlechter, und es treten vermehrt Nebenkeulen auf. Klar ist bei allen Verfahren: Die Anforderungen an die Signalverarbeitung sind ungleich höher als bei der konventionellen Sonographie. Hierin liegt aber auch eine Chance: Die Laufzeiten von Schall in Gewebe sind unabänderlich, aber bei den Rechnergeschwindigkeiten gilt weiterhin das Moore'sche Gesetz, nach dem sich alle 12 bis 24 Monate die Prozessorgeschwindigkeiten verdoppeln, ohne dass derzeit ein Ende dieses Prozesses absehbar ist [72].

10.3.2 Harmonic Imaging

Neben den bis hierher behandelten Wechselwirkungen erfährt das Schallsignal auch Veränderungen seiner spektralen Zusammensetzung, die aus sogenannte „nichtlinearen" Wechselwirkungen resultieren. Diese entstehen zum einen durch Streuung an schwingungsfähigen Partikeln, insbesondere Mikrobläschen (s. Abschn. 10.4.2 Kontrastmittelsonographie), zum anderen bei der Ausbreitung im Medium selbst.

Bisher sind wir davon ausgegangen, dass die Schallausbreitungsgeschwindigkeit innerhalb eines homogenen Gewebes konstant ist, aber dies ist bei näherer Betrachtung nicht der Fall. Eine Erhöhung des Drucks bewirkt einen Anstieg, eine Erniedrigung eine Abnahme der Geschwindigkeit [28]. Da der Schall einen Wechseldruck darstellt, beeinflusst er während seiner Ausbreitung zugleich seine eigene Ausbreitungsgeschwindigkeit – erhöht beim Wellenberg, erniedrigt im Tal . Dieser Effekt baut sich erst in einer gewissen Tiefe auf und bewirkt eine Deformierung, z. B. einer Sinuskurve hin zu einer Sägezahnkurve. Im Frequenzraum bedeutet dies, dass höherfrequente Komponenten beigemischt werden. Wird die fundamentale Frequenz beim sogenannten Tissue Harmonic Imaging (THI) durch geeignete Verfahren (z. B. Filterung) unterdrückt, entsteht ein Signal, das zwar durch einen eingestrahlten Schallimpuls angeregt wurde, dessen Ursprung aber im Gewebe selbst liegt. Ein THI-Bild ist im Vergleich zum konventionellen B-Bild kontrastreicher und weniger durch Streuung z. B. durch die Bauchdecken beeinflusst [26]. Sein Nachteil ist, dass die höherfrequenten Komponenten des Schallsignals schwächer als die fundamentale Frequenz sind und naturgemäß stärker geschwächt werden, und der Einsatz in größerer Tiefe deshalb beschränkt ist. Deshalb verwenden hochwertige Geräte als Option ein „Frequency Compounding", bei dem drei Teilbereiche des Schallbilds mit verschiedenen Frequenzen getrennt aufgenommen und erst danach zusammengefügt werden. So kann z. B. das Nahfeld (in dem sich höherfrequente Komponenten noch nicht aufgebaut haben) mit einer höherfrequenten fundamentalen Frequenz, das Mittelfeld mit THI und das Fernfeld wiederum mit einer niederfrequenten fundamentalen Frequenz gescannt werden.

Die Unterdrückung der fundamentalen Frequenz kann auf verschiedene Weise erfolgen. Das „klassische" Verfahren beruht auf einer Filterung, kann aber fundamentale Frequenz und den ersten Oberton nicht vollständig trennen, da diese unter realen Bedingungen stark überlappen. Beim Pulsinversionsverfahren [12] wird eine Doublette aus zwei exakt spiegelbildlichen Impulsen ausgesandt. Treffen diese auf einen „einfachen" Streuer mit linearen Rückstreueigenschaften, werden auch die beiden empfangenen Echos spiegelbildlich sein und können durch eine Addition im Speicher unterdrückt werden. Bei nichtlinearen Rückstreueigenschaften – klassischerweise durch Mikrobläschen, im Endeffekt aber auch bei Signaldeformierung durch das Gewebe wie oben beschrieben – sind die empfangenen Echos nicht mehr spiegelbildlich und können durch Addition nicht mehr annulliert werden. Pulsinversionsverfahren können zusätzlich mit Variationen der Sendeamplitude oder einer Filterung kombiniert werden, um eine noch bessere Trennung von linearen und nichtlinearen Anteilen der Gewebeantwort zu erreichen [21, 61].

10.3.3 Spatial Compounding

Mit Linearsonden können Impulse auch schräg abgestrahlt werden, indem die Kristalle zeitversetzt angeregt werden (siehe Abb. 10.7). Geläufig ist dies beim „Beam Steering" in der Duplex- bzw. Farbduplexsonographie (s. u.), aber auch bei der B-Bild-Sonographie ist dies möglich und kann in zweierlei Hinsicht genutzt werden. Zum einen kann in die Schallebene aus mehreren Richtungen eingestrahlt werden. Erfahrungsgemäß wird die Specklestruktur der Bilder hierdurch geglättet, und Schallschatten sowie Tangentialartefakte („Schallschatten" jenseits von tangential getroffenen Reflektoren wie die Seitenwand von Zysten) fallen schwächer aus [22]. Zum anderen kann das

Bildfeld seitlich erweitert werden, über das typische, rechteckige Scanfeld einer Linearsonde hinaus. Dies kann in Regionen von Vorteil sein, die sonographisch nur beschränkt zugänglich sind, und in denen zugleich die hohe Auflösung einer Linearsonde benötigt wird. Nachteil aller Compoundingverfahren ist die Verringerung der Bildwiederholrate.

10.4 Spezielle Techniken

10.4.1 Elastographie (RTE, Scherwellen)

Für die Beurteilung der Elastizität von Geweben werden zwei grundlegende Ansätze verwendet. Bei der Dehnungselastographie (Strain Elastography, Strain Imaging) wird das Gewebe durch eine mechanische Spannung verformt und die resultierende Verschiebung bzw. Dehnung gemessen. Geringe Dehnungen stehen für steifes, hartes Gewebe und entsprechend starke Dehnungen für weiches Gewebe [60]. Die auf Scherwellen beruhenden Verfahren (Transient Elastography, Shear Wave Elastography) basieren auf der Abhängigkeit der Scherwellengeschwindigkeit vom Scher- bzw. Elastizitätsmodul. Hier stehen hohe Geschwindigkeiten der Scherwellen für hartes Gewebe und umgekehrt geringere Geschwindigkeiten für weiches Gewebe.

Je nach Art und Weise der Erzeugung der mechanischen Spannungen bzw. der Scherwellen und der Analyse und Visualisierung der Ergebnisse können die Elastographieverfahren weiter unterteilt werden [7, 19]. Generell können Gewebeverschiebungen und auch Scherwellen einerseits von außen manuell bzw. mit mechanischen Schwingern, aber auch mit Hilfe von Schallstrahlungskraftstößen (Acoustic Radiation Force Impulse – ARFI) ausgelöst werden.

Bei der Realtime Elastographie (RTE) [27] wird die Verschiebung der Echos im Schallfeld analysiert, die auftritt, wenn das Gewebe willentlich oder unwillentlich durch den Druck mit dem Wandler deformiert wird. Je nachdem ob sich bei Druck des Schallkopfes eine Gruppe von Echos bei konstantem Abstand zueinander im Ganzen verschiebt (hartes Gewebe) oder ob sich die Echos einander annähern (weiches Gewebe), wird die Steifigkeit dem B-Bild durch eine Farbkodierung überlagert.

Bei der ARFI-Elastographie wird die erforderliche Deformierung des Gewebes durch einen „Push-Puls" erzeugt, der vom Wandler emittiert wird. Die entsprechenden Verfahren werden als ARFI- Imaging (Bewertung der resultierenden Dehnung) und Punktscherwellenelastographie (point Shear Wave Elastogaphy pSWE) bzw. ARFI-Quantification (Messung der Geschwindigkeit der resultierenden Scherwelle) bezeichnet [7, 59]. Generell beruht die Scherwellenelastographie auf der Tatsache, dass in Weichgeweben, anders als in reinen Flüssigkeiten und Gasen Transversalwellen (Schwingungsrichtung der Partikel senkrecht zur Ausbreitungsrichtung) auftreten, deren Geschwindigkeit ca. um den Faktor 100 geringer ist als die der Longitudinalwellen und direkt von der Steifigkeit des Gewebes abhängig ist. Generell bedarf es zur Detektion und Verfolgung der Scherwellen hoher Bildraten und damit-Fast Imaging-Techniken.

Ein Beispiel für die externe Anregung von Scherwellen ist die zeitharmonische Elastographie (Time Harmonic Elastography – THE). Hier werden von außen über einen in die Patientenliege integrierten Vibrator harmonische Scherwellen im Frequenzbereich von 30 bis 60 Hz in den Körper eingekoppelt, die Scherwellengeschwindigkeit gemessen und aus der Dispersion der Scherwellengeschwindigkeit die Elastizität und Viskosität des Gewebes bestimmt [73].

Werden die Schwerwellen mit Hilfe der Schallstrahlungskraft nicht nur an einem Punkt ausgelöst, sondern der „Push Puls" bei der Anregung in der Tiefe mit einer Geschwindigkeit höher als die Scherwellengeschwindigkeit verschoben (Supersonic Shear Imaging – SSI), so bildet sich ein Mach'scher Kegel heraus. Dies ist eine Stoßwelle, die durch Summation von Schallwellen entsteht, deren Quelle sich mit hoher Geschwindigkeit fortbewegt, wie z. B. beim Fliegen mit Überschall. Die damit verbundene nahezu ebene Scherwellenfront kann besser über eine größere Distanz verfolgt werden [8].

10.4.2 Kontrastmittelsonographie (Contrast-Enhanced Ultrasound, CEUS)

Ultraschall und Mikrobläschen treten in besonderer Weise in Interaktion. Zunächst streuen die gasgefüllten Bläschen aufgrund des großen Unterschiedes in der akustischen Impedanz die Ultraschallwellen stärker als die Blutbestandteile. Zusätzlich werden die Bläschen durch das Schallsignal zu Schwingungen angeregt – Kontraktionen und Expansionen [49]. Beispiel aus dem Alltag: Wer gegen einen prall aufgepumpten Ball klopft, hört einen hellen Ton. Diese Schwingungen sind aber asymmetrisch, nicht zuletzt infolge des Laplace'schen Gesetzes: Aus der Ruhelage heraus ist die Kontraktion geringer als die Expansion. Dies bewirkt eine Deformierung des gestreuten Schallsignals, im Frequenzraum wiederum eine Beimischung höherfrequenter Anteile, insbesondere ganzzahliger Vielfacher (Obertöne) der Fundamentalfrequenz. Durch geeignete Verfahren zur Unterdrückung der Fundamentalfrequenz (s. „Harmonic Imaging") wird so ein Bild erzeugt, das allein oder weit überwiegend die Verteilung des Kontrastmittels wiedergibt [44].

Bei der Einwirkung des Schallimpulses zerreißt, abhängig vom Schalldruck, stets ein Teil der Mikrobläschen, deren Lebensdauer im Blutkreislauf ohnehin nur 5 bis 10 min beträgt. Das Zerreißen der Mikrobläschen ist, wie beim Platzen eines Ballons, mit einem starken ausgesandten Schallimpuls verbunden, einer „stimulierten akustischen EmissionindexEmission, stimulierte akustische" (SAE) [15], anhand der bereits mit einem klinischen Ultraschallgerät jedes einzelne Mikrobläschen detektiert werden kann. Für die klinische Kontrastmittelsonographie ist dieses kurzlebige Signal aber wenig hilfreich, da das Signal nur einmal entsteht und das Bläschen hernach nicht mehr existiert. Es wird für experimentelle Anwendung wie z. B. die molekulare Bildgebung eingesetzt. Für den klinischen Einsatz der Kontrastmittelsonographie werden hingegen stark erniedrigte Schalldrücke verwendet (low-MI-Modus, MI = mechanischer

Index). Hiermit ist eine Untersuchung der Kontrastmittelverteilung im Körper (in der Regel nach intravenöser Injektion) in Echtzeit möglich, wenngleich auch mit niedrigem MI Mikrobläschen in signifikantem Ausmaß zerstört werden. Dies kann man z. B. im Nahfeld der Sonde beobachten, wenn man deren Position unverändert lässt.

Weiterführende und umfangreichere Informationen zur Physik und Technik des diagnostischen Ultraschalls sind in einer Vielzahl von Publikationen zu finden [14, 31, 32, 51, 71].

10.5 Dopplersonographie

10.5.1 Dopplerprinzip

Jeder kennt das Phänomen, dass die Tonhöhe eines bewegten Objekts davon abhängt, ob es sich auf den Hörer zu- oder fortbewegt – klassischerweise ein vorüberfahrender Rettungswagen. Die Schallquelle gibt Schallwellen ab, die sich im Raum konzentrisch ausbreiten. Wenn Schallquelle und Beobachter ihre Lage zueinander nicht verändern, wird der Beobachter die Schallwellen mit der ausgesandten Frequenz empfangen. Wenn aber die Schallquelle sich auf den Beobachter zubewegt, wird jeder neue Wellenberg genau um die Wegstrecke näher auf den vorangehenden gerückt sein, um die sich die Schallquelle in der Periodenlänge der Schallwelle auf den Beobachter zubewegt hat. Damit wird der Abstand der Wellenberge für den Beobachter kleiner. Die Frequenz steigt und damit auch die Tonhöhe. Entsprechend sinkt die Tonhöhe, wenn sich die Schallquelle vom Beobachter entfernt.

Allgemein wird die empfangene Frequenz f_E bei sich bewegender Schallquelle durch folgende Formel beschrieben:

$$f_E = f_S \left(1 + \frac{v}{c}\right) \tag{10.7}$$

Hierbei ist f_S die Frequenz der Welle der Schallquelle, v die Geschwindigkeit der bewegten Schallquelle und c die Schallausbreitungsgeschwindigkeit.

Die Dopplersonographie wird zur Messung der Blutflussgeschwindigkeit in Gefäßen eingesetzt. Hierbei wird der ausgesandte Ultraschallimpuls am bewegten Erythrozyten reflektiert (Abb. 10.12). Durch die Bewegung wird die Wellenlänge zweimal verkürzt oder verlängert, nämlich auf dem Hin- und dem Rückweg, so dass unter der Bedingung $v \ll c$ der Effekt der Frequenzverschiebung verdoppelt wird. Außerdem kann der Beobachter nur den Betrag der Geschwindigkeitskomponente direkt auf ihn zu oder von ihm weg erkennen, also $v \cos \alpha$. Dies bedeutet, dass nicht der ganze Geschwindigkeitsvektor v, sondern nur seine Komponente $v \cos \alpha$ erfasst wird, weil die Schalleinstrahlung nur unter einem bestimmten Winkel α zur Gefäßachse erfolgen kann. Also gilt die modifizierte Formel:

$$f_E = f_S \left(1 + \frac{v}{c} \cos \alpha\right)^2 \approx f_S \left(1 + 2\frac{v}{c} \cos \alpha\right) \tag{10.8}$$

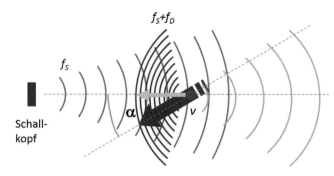

Abb. 10.12 Dopplereffekt an bewegten, schallstreuenden Partikeln (z. B. Erythrozyten; v Bewegungsgeschwindigkeit der Schallquelle, α Einschallwinkel bzw. Dopplerwinkel, f_D Dopplerfrequenz, f_S Sendefrequenz) ([40], modifiziert aus [30])

Die Differenz zwischen der Frequenz der empfangenen Welle f_E und der ausgesandten Welle mit der Frequenz f_S entsteht aufgrund des Dopplereffekts und wird als Dopplerfrequenz f_D (oft auch als Dopplershift Δf) bezeichnet:

$$f_D = 2 f_S \frac{v}{c} \cos \alpha \qquad (10.9)$$

Die Gleichungen besagen, dass die Dopplerfrequenz f_D direkt proportional zur Geschwindigkeit v ist, mit der sich die Schallquelle bewegt. Deshalb kann man auch die Geschwindigkeit der Erythrozyten direkt aus dem Frequenzshift unter Berücksichtigung eines Faktors bestimmen. Die Dopplerfrequenz liegt im hörbaren Frequenzbereich.

10.5.2 Continuous-Wave(CW)-Doppler

Da CW-Dopplergeräte kontinuierlich Schallwellen abstrahlen, besitzen ihre Sonden zwei Kristalle – einen für kontinuierliches Senden, den anderen für dauernden Empfang (Abb. 10.13). Der Sender S liefert die Anregungsspannung der Frequenz f_S für den Sendekristall. Dadurch gibt er kontinuierlich Schallwellen in den vom Sender ausgehenden, hellgrau schraffierten

Raumwinkel ab. Der zweite Kristall empfängt kontinuierlich aus dem vom Empfänger E ausgehenden Raumwinkel alle zurückkehrenden Echos mit der Frequenz f_E, die im Empfänger verstärkt werden. Der Demodulator liefert die elektrischen Signale mit der Dopplerfrequenz f_D, die direkt auf einen Kopfhörer gegeben werden können. Wenn gleichzeitig die Richtung des Blutflusses bestimmt werden soll, muss das Empfangssignal mit der Frequenz f_E auf zwei Kanäle gesplittet werden, so dass in der Demodulationsschaltung neben der Frequenz-Geschwindigkeits-Wandlung ein Phasenvergleich durchgeführt werden kann, der die Richtung des Blutflusses angibt. Nachteilig ist, dass alle Dopplersignale aus dem dunkelgrau schraffierten, überlappenden Bereich aus Sende- und Empfangskegel empfangen werden, d. h., es kann daraus nicht geschlossen werden, in welcher Tiefe sich das Gefäß befindet. Diese Geräte sind deshalb nur für oberflächennahe Gefäße geeignet.

10.5.3 Pulse-Wave(PW)-Doppler

In PW-Dopplergeräten wird ein und dasselbe piezoelektrische Element als Sender und Empfänger genutzt (Abb. 10.14). Wie in den B-Bild-Geräten wird ein Schallimpuls ausgesandt. Die rückkehrenden Echos gelangen über eine Weiche auf einen Empfänger E. Um eine gute Ortsauflösung zu erreichen, wird eine Stelle in den interessierenden B-Bild-Bereich durch ein Strichpaar (Tor, Gate) im laufenden B-Bild markiert, welches das Signal über ein zeitliches Tor zur Bearbeitung freigibt. Durch den sogenannten Fast-Fourier-Transform-Algorithmus (FFT) werden die Frequenzen des Echosignals an dieser Stelle als spektrale Verteilung ermittelt.

Bei dem PW-Doppler-Verfahren erhält man kein kontinuierliches, sondern ein mit der Pulsfolgefrequenz (Pulse Repeti-

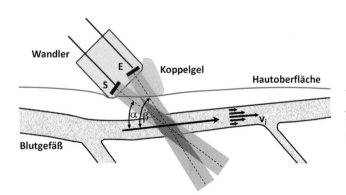

Abb. 10.13 Funktionsprinzip Continuous-Wave-Doppler (S Schallquelle, E Empfänger, α und β Einschallwinkel, v_i Flussgeschwindigkeit) [39]

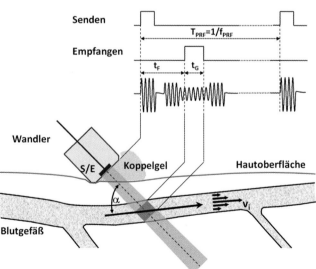

Abb. 10.14 Funktionsprinzip Pulse-Wave(PW)-Doppler (S Schallquelle, E Empfänger, f_{PRF} Pulsfolgefrequenz, t_F Gatetiefe, t_G Gatebreite, α Einschallwinkel, v_i Flussgeschwindigkeit) [39]

tion Frequency) f_{PRF} abgetastetes Dopplersignal. Das hat zur Konsequenz, dass für eine eindeutige Bestimmung der Flussgeschwindigkeiten zwei Randbedingungen eingehalten werden müssen. Erstens ist die maximale, eindeutig erfassbare Dopplerfrequenzverschiebung $f_{D\,max}$ – und damit die maximale Geschwindigkeit v_{max} – nach dem Abtasttheorem auf die halbe Abtastfrequenz beschränkt. Um Aliasing-Artefakte [38] zu vermeiden, muss bei hohen Flussgeschwindigkeiten eine ausreichend hohe Abtastrate, d. h. Pulsfolgefrequenz, gewählt werden (siehe unten). Daraus ergibt sich die zweite Bedingung, da hohe Pulsfolgefrequenzen die nutzbare Signallaufzeit zwischen zwei Pulsen – also die maximale Messtiefe d_{max} – für eine eindeutige Zuordnung der rückkehrenden Echos beschränkt.

Mit der maximalen Messtiefe $d_{max} = c/(2\,f_{PRF})$ und der maximalen Dopplerfrequenzverschiebung $f_{D\,max} = f_{PRF}/2$ ergibt sich mit der Dopplergleichung (Gl. 10.9) folgende Beziehung für das Produkt aus den Maximalwerten für Flussgeschwindigkeit und Messtiefe:

$$v_{max}d_{max} = \frac{c^2}{8\,f_S\cos\alpha} \qquad (10.10)$$

Das heißt, hohe Flüsse sind in tiefliegenden Gefäßen nicht eindeutig erfassbar – dies gelingt nur bis zu einer durch die erforderliche Pulsfolgefrequenz bestimmten maximalen Tiefe.

Die Spektralverteilung wird auf der Abszisse helligkeitsmoduliert oder mit helleren Farbtönen kodiert dargestellt, d. h., je mehr Erythrozyten derselben Geschwindigkeit in diesem Tor auftreten, desto heller wird der Bildpunkt gezeichnet. Dieses helligkeitsmodulierte Frequenzspektrum alias Geschwindigkeitsspektrum wird als Zeitfunktion (Spektraldopplerkurve, auch Dopplerspektrum) nach rechts auf dem Bildschirm geschrieben. zeigt ein Leberschnittbild mit Lebervene, in die das Tor für die Spektraldoppleraufnahme gelegt ist. Unten in der Abbildung ist die Spektraldopplerkurve aufgezeichnet. Da das Blut der Vene vom Schallkopf weg fließt, wird die Kurve unterhalb der Nulllinie geschrieben. Man sieht auch deutlich das triphasische Verhalten des venösen Gefäßes. Da nur die Komponente des Vektors der Blutflussgeschwindigkeit in Schallstrahlrichtung eine Frequenzverschiebung bewirkt, muss eine Winkelkorrektur vorgenommen werden. Indem der Untersucher die Gefäßachse im gespeicherten B-Bild festlegt, wird die Geschwindigkeitsskala der gespeicherten Spektraldopplerkurve automatisch winkelkorrigiert.

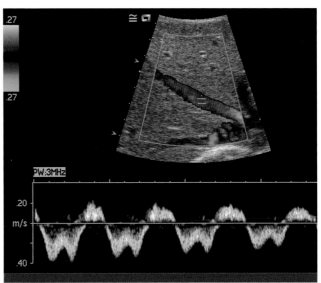

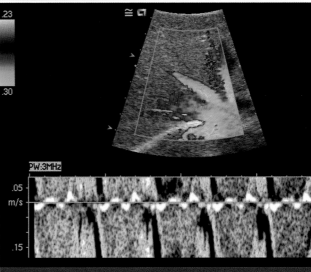

Abb. 10.15 Duplexsonographie der mittleren Lebervene mit einem typischen triphasischen Verlauf, mit korrekter (*oben*) und zu niedriger Pulsrepetitionsfrequenz (*unten*). Im oberen Bild ist das korrespondierende Farbdopplerbild in der Phase des physiologischen retrograden Flusses „eingefroren", der durch die Vorhofkontraktion entsteht. Die Messung ist nicht winkelkorrigiert, so dass die Werte auf der Ordinate durch $\cos\alpha$ dividiert werden müssten, um die wahre Flussgeschwindigkeit zu erhalten [40]

10.5.4 Farbduplex- und Powerdoppler-Sonographie

10.5.4.1 Farbdoppler

Mit der Farbdopplersonographie wird fließendes Blut im Ultraschallbild farbig dargestellt. Dazu kann man im B-Bild einen Bereich markieren (Farbfenster, Color Box, siehe Abb. 10.15), in dem zusätzlich die Flussinformationen bestimmt und dem Grauwertbild farbkodiert überlagert werden. Unter Verwendung eines Array-Schallkopfes kann – ähnlich wie beim B-Modus – durch sequenzielle Erregung flächenhaft eine Dopplerauswertung durchgeführt werden. Für die Erstellung einer Linie innerhalb des Farbfensters wird jeweils eine Folge von Echosignalen mit ausreichend hoher Pulsfolgefrequenz (siehe Abschnitt zum PW-Doppler) aufgenommen und daraus die mittlere Geschwindigkeit, Richtung und Varianz der Flussgeschwindigkeit berechnet [45]. Ein Schema der Signalverarbeitung findet sich in Abb. 10.16.

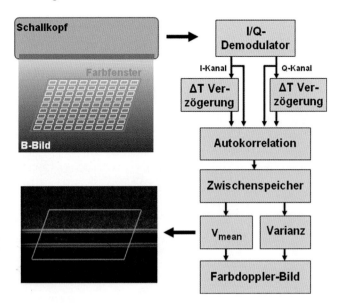

Abb. 10.16 Schema der Signalverarbeitung bei der Farbdopplersonographie ([38], mit freundlicher Genehmigung des Deutschen Ärzte-Verlages)

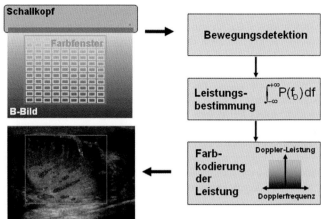

Abb. 10.17 Signalverarbeitung im Powerdopplersystem ([38], mit freundlicher Genehmigung des Deutschen Ärzte-Verlages)

Da nur die Geschwindigkeitskomponenten des Flusses entlang der akustischen Achse (diese kann ggf. durch Schwenken des Schallstrahls angepasst werden) erfasst werden und die spezifischen Einschallwinkel für jeden Punkt innerhalb des Farbfensters nicht bekannt sind (es wird $\cos\alpha = 1$ angenommen), ist mit dem Farbdoppler keine absolute Geschwindigkeitsmessung möglich. Im Farbdopplermodus nimmt zudem die Bildfrequenz ab, da pro Scanlinie im Farbfenster mindestens zwei Sende-Empfangs-Zyklen durchgeführt werden müssen. In der Regel werden zur Verbesserung der Genauigkeit und Empfindlichkeit 4 bis 10 Zyklen erfasst, insbesondere bei der Darstellung langsamerer Flüsse.

Die Darstellung des B-Bildes erfolgt wie üblich als Schwarzweißbild in Graustufen, jedoch auf einem Farbbildschirm. Die Information über die Blutflussgeschwindigkeiten wird nun zur Unterscheidung gegenüber der Echoinformation des B-Bildes in Farbe kodiert. Flüsse auf den Schallkopf zu werden z. B. in roter Farbe, Flüsse vom Schallkopf weg in blauer Farbe codiert, aber die Zuordnung von Farben zu Flussrichtungen und -geschwindigkeiten kann vom Untersucher frei konfiguriert werden. Je größer die Flussgeschwindigkeit ist, desto heller werden die Farben Rot oder Blau dargestellt, oder es werden andere Farbtöne beigemischt. Die Information über die Flussgeschwindigkeiten kann als Farbbild auf demselben Bildschirm in das Schwarzweiß-B-Bild hineingeschrieben werden. Der Winkel zwischen Schalleinstrahlung und Flussrichtung kann bei der Farbdopplerdarstellung naturgemäß nicht berücksichtigt werden. Gefäße, die senkrecht getroffen werden, liefern idealerweise kein Dopplersignal, so als fließe kein Blut darin, oder – bei niedriger Pulsrepetitionsfrequenz – zeigen ein „Nonsense"-Farbmuster. Nicht selten ist der Untersucher aufgrund anatomischer Gegebenheiten an eine Schallkopfposition

mit einem sehr stumpfen Winkel zwischen Einschallrichtung und Verlauf des Gefäßes gebunden. Deshalb gibt es bei Linearsonden die Möglichkeit des „Beam-Steering". Hiermit können neben der senkrechten Abstrahlung in der Regel noch zusätzliche schräge Einstrahlrichtungen für die Farbdopplermessungen gewählt werden, indem die abstrahlende Einheit des Arrays wie beim Phased Array zeitverzögert angesteuert wird. Um Turbulenzen in Gefäßen sichtbar zu machen, kann die Varianz als dritte Farbe (zum Beispiel Grün) dazu gemischt werden, je breiter die Spektralverteilung, desto turbulenter ist der Fluss und umso mehr Grün wird beigemischt.

Als praktisch hat sich die Vorgehensweise herausgestellt, mit der B-Bild-Erstellung zu beginnen, dann zur sicheren Gefäßerkennung den Farbdopplermodus dazu zu schalten und schließlich durch die Spektraldoppleroption die tatsächlichen Flussgeschwindigkeiten zu messen.

10.5.4.2 Powerdoppler

Beim Powerdoppler wird ausschließlich die Leistung des Dopplersignals (entspricht dem Quadrat der Signalamplitude) gemessen und in üblicherweise orange-gelben Farben kodiert dem B-Bild überlagert (Abb. 10.17). Auf die Bestimmung der Fließgeschwindigkeit und Richtung wird verzichtet, so dass durch die ausschließliche Akkumulation der Leistungen aller Geschwindigkeitsbeiträge – unabhängig von Betrag und Richtung – das Verfahren sehr geringe Strömungen nachweisen kann (Abb. 10.18).

Da keine Darstellung von Betrag und Richtung der Flussgeschwindigkeit erfolgt, ist der Powerdoppler relativ unempfindlich gegenüber Änderungen des Dopplerwinkels. Aliasing kann ebenfalls nicht auftreten. Trotzdem kann bei einem Dopplerwinkel von nahezu 90 Grad auch hier kein Fluss nachgewiesen werden. Nachteilig wirkt sich aus, dass eine relativ hohe Empfindlichkeit gegenüber Bewegungsartefakten besteht und das Verfahren eine vergleichsweise geringe Zeitauflösung hat. Die

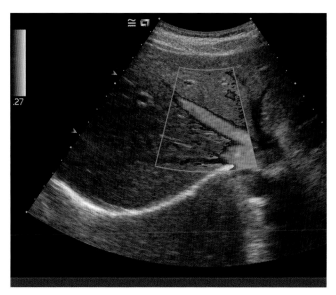

Abb. 10.18 Powerdopplerbild der mittleren Lebervene (vgl. Abb. 10.15) [40]

Überlegenheit für den Nachweis langsamer Flüsse gegenüber dem konventionellen Farbdoppler ist umstritten und hängt nach eigener Erfahrung in erster Linie von der Leistungsfähigkeit des Gerätes und der Erfahrung des Untersuchers ab.

10.5.5 Spezielle Dopplerverfahren

10.5.5.1 Gewebedoppler (Tissue Doppler Imaging – TDI)

Über den Dopplereffekt werden alle relativen Bewegungen zwischen Ultraschallsender/-empfänger und den reflektierenden Strukturen erfasst. Neben dem fließenden Blut erzeugen demzufolge auch bewegte Gewebsstrukturen Dopplersignale. In der konventionellen Dopplersonographie zur Charakterisierung und Quantifizierung des Blutflusses werden die vom Gewebe verursachten Signale durch geeignete Algorithmen unterdrückt [32], die auf den unterschiedlichen Signalamplituden, Bewegungsmustern und charakteristischen Geschwindigkeiten und Beschleunigungen von Gewebe und Blut basieren. In der Regel wird ein Dopplersignal in den Bildsegmenten unterdrückt, in denen Gewebesignale erfasst werden.

Durch die inverse Anwendung der Filteralgorithmen können die Dopplerverfahren für die Analyse der Bewegungsabläufe soliden Gewebes eingesetzt werden. In Kombination mit dem Farbdoppler können z. B. in der Echokardiographie die komplexen Myokardbewegungen dargestellt und quantifiziert werden. Hier werden im echofreien Lumen die Farbdopplersignale des Blutes unterdrückt.

10.5.5.2 Vector Velocity Imaging (VVI)

Mit den Spektral- und Farbdopplerverfahren können nur die Geschwindigkeitskomponenten der Strömung in Richtung der akustischen Achse gemessen und abgebildet werden. Auftretende Verwirbelungen im Bereich von Einengungen, Bifurkationen oder Klappen sind nur indirekt, z. B. über eine vergrößerte Varianz der mittleren Geschwindigkeit im Farbdoppler, erkennbar.

Um eine Aussage über Betrag und Richtung der lokalen Geschwindigkeiten zu erhalten, müssen in jedem Bildpunkt mindestens zwei in verschiedene Richtungen weisende Komponenten des Geschwindigkeitsvektors zeitgleich gemessen werden [29]. Dies gelingt mit Scanprozeduren, die eine hohe Bildrate ermöglichen (Synthetic Aperture Imaging, Plane Wave Imaging) und Bildverarbeitungsverfahren zur Verfolgung von Echomustern (Speckle Tracking) [43]. In der Echokardiographie wird das Verfahren bereits zur Quantifizierung der Myokardbewegung eingesetzt.

10.5.5.3 Ultrafast Doppler

Dieses Verfahren greift die Entwicklungen aus der Ultraschallelastographie (Messung der Scherwellengeschwindigkeit) auf und setzt diese zur Überwindung bisher bestehender Limitationen bei den Dopplerverfahren ein. Bei den konventionellen Methoden muss der Untersucher wählen zwischen der Erfassung des zeitlichen Verlaufs der Geschwindigkeitsverteilung an einem Ort (Spektraldoppler) oder des zeitlichen Verlaufs der örtlichen Verteilung der mittleren Geschwindigkeit (Farbdoppler). Stehen aber für einige Herzzyklen die gesamten hochfrequenten Echodaten in der Bildebene mit einer Bildfrequenz im kHz-Bereich zur Verfügung, lassen sich daraus sowohl Farbdopplerbilder als auch Dopplerspektren an verschiedenen, wählbaren Positionen berechnen.

Für beide Analyseverfahren sind innerhalb der eingestellten Farbbox die Echosequenzen nutzbar, die in ausreichender Zahl mit der erforderlichen Pulsfolgefrequenz aufgenommen worden sind [9]. Bei der praktischen Anwendung werden im ersten Schritt Farbdopplersequenzen (Loops) aufgezeichnet und anschließend im zweiten Schritt Dopplerfenster (Gates) frei platziert, die dazugehörigen Dopplerspektren berechnet und vergleichend dargestellt.

Auch zur Physik und Technik der Dopplersonographie sind in der Literatur weiterführende Informationen vorhanden [31, 32, 41, 47, 51, 71, 74, 75].

10.6 Biologische Wirkungen: Sicherheit, therapeutischer Ultraschall/Therapie

Die biologischen Wirkungen von Ultraschall während der Ausbreitung im Gewebe werden entsprechend der zugrunde liegenden Wirkungsmechanismen eingeteilt. So unterscheidet man die thermischen und die kavitativen Wirkungen von den weder thermischen noch kavitativen Wirkungen (Non-Thermal Non-Cavitational (NTNC) Effects). Die thermischen Wirkungen werden im Wesentlichen durch die im Gewebe absorbierte Schallenergie bestimmt, während die kavitativen Wirkungen von der Form und Amplitude der einzelnen Ultraschallimpulse abhängen. Unter Laborbedingungen gezeigte biologische Wirkungen, die durch den Schallstrahlungsdruck, akustische Strömungen oder elektroakustische und piezoelektrische Phänomene hervorgerufen werden, zählen zu den NTNC-Effekten und sind für den diagnostischen Ultraschall nicht von Bedeutung.

Für räumliche Spitzen- und zeitliche Mittelwerte der Ultraschallintensität I_{spta} [18] (spta steht für spatial peak/temporal average) von weniger als $100\,\text{mW/cm}^2$ sind unter normalen Untersuchungsbedingungen keine biologisch relevanten Erwärmungen zu erwarten, insbesondere nicht für Abbildungsmodalitäten, bei denen das Ultraschallbündel das Untersuchungsgebiet abtastet. Dahingegen können bei der Ableitung von Dopplerspektren mit dem PW-Doppler an einer fixen Position erhöhte Temperaturen auftreten.

Die im Gewebe pro Volumen- und Zeiteinheit deponierte Energie ist proportional zum zeitlichen Mittelwert der Intensität und zum Absorptionskoeffizienten der Schallamplitude [46], d. h., der tatsächliche Temperaturanstieg ist von der Untersuchungsdauer, der Durchblutung und dem frequenzabhängigen Absorptionsvermögen des im Schallfeld liegenden Gewebes abhängig. Deshalb sollte während der Untersuchung besonders auf stark absorbierende Gewebe geachtet werden, wie z. B. fetalen Knochen mit zunehmender Mineralisierung.

Dass Ultraschall bei entsprechender Intensität und Dauer tatsächlich Wirkungen zeigt, wird bei der Ultraschalltherapie genutzt. Zu nennen sind hier u. a. die Verfahren mit hochintensiven, fokussierten Ultraschallfeldern (High-Intensity Focused Ultrasound – HIFU) zur Tumortherapie [25, 68].

Der negative Spitzenschalldruck p_r [18] im Schallfeld und die Frequenz bestimmen die Wahrscheinlichkeit, mit der Kavitation auftritt. Auch hier gilt, dass bei diagnostischen Schallpegeln das Auftreten von Kavitation im Weichgewebe oder in Flüssigkeiten höchst unwahrscheinlich ist. Ein erhöhtes Risiko besteht hier für Gewebe, das an gasgefüllte Räume (Lunge oder Darm) angrenzt.

Zur besseren Abschätzung einer zu erwartenden Erwärmung des Gewebes oder der Wahrscheinlichkeit von Kavitationsereignissen während der Untersuchung wurde in der 90er-Jahren das Indexkonzept [1, 2] eingeführt, welches sich heute weltweit etabliert hat und in das Regelwerk für Herstellung, Vertrieb und Gebrauch von diagnostischen Ultraschallsystemen aufgenommen wurde [16, 17].

Der thermische Index TI ist definiert als das Verhältnis eines Leistungsparameters P_p, der sich aus der vom Gerät abgegebenen Ultraschallleistung und der Schallschwächung im Gewebe bestimmt, zu der abgeschätzten Leistung P_{deg}, die erforderlich ist, um die Temperatur des Gewebes um $1\,^\circ$C zu erhöhen [16]:

$$TI = \frac{P_p}{P_{deg}} \tag{10.11}$$

Zur Berücksichtigung unterschiedlicher Beschallungssituationen wurde für die Abschätzung des Temperaturanstieges von verschiedenen Gewebemodellen ausgegangen. Es wird unterschieden zwischen dem Index für Weichgewebe im Schallfeld (TIS), für Knochen in Fokusnähe (TIB) und Knochen nahe der Oberfläche (TIC). Der maximal erlaubte Wert für den TI ist 6, wobei der numerische Wert nicht als ein Temperaturanstieg in $^\circ$C interpretiert werden darf.

Die Definition des mechanischen Index MI beruht auf dem experimentell ermittelten quadratischen Zusammenhang von minimaler Kavitationsschwelle und Arbeitsfrequenz [6]:

$$MI = \frac{p_{r,\alpha}(z_{MI})}{\sqrt{f_{awf}}} \frac{\sqrt{\text{MHz}}}{\text{MPa}}, \tag{10.12}$$

mit $p_{r,\alpha}$, dem gedämpften negativen Spitzenschalldruck in MPa im Abstand z_{MI} vom Wandler, und f_{awf}, der Arbeitsfrequenz in MHz. Der maximal zulässige Wert für den MI beträgt 1,9. Mit der wachsenden Verbreitung des kontrastverstärkten Ultraschalls hat der mechanische Index zusätzlich an Bedeutung gewonnen. Er dient hier als Orientierung zur richtigen Einstellung der Geräteparameter für die optimale „Lebenszeit" und Darstellung der Kontrastmittelbläschen.

Bisher konnten bei der langjährigen, weltweiten klinischen Anwendung des diagnostischen Ultraschalls keine schädlichen Nebenwirkungen nachgewiesen werden. Damit stellt die Sonographie ein nebenwirkungsfreies, beliebig wiederholbares Bildgebungsverfahren dar und kann in einer Vielzahl klinischer Disziplinen eingesetzt werden. Hier sind insbesondere die Ultraschalluntersuchungen bei der Schwangerenvorsorge zu nennen. Trotzdem sollte immer das ALARA-Prinzip (as low as reasonably achievable) Anwendung finden. Von den nationalen und internationalen wissenschaftlichen Gesellschaften für Ultraschall in der Medizin (DEGUM, ÖGUM, SGUM, EFSUMB, AIUM, WFUMB) werden regelmäßig Richtlinien für die sichere Anwendung von Ultraschall herausgegeben.

Einen weiteren Sicherheitsaspekt stellt auch die Qualitätssicherung in der Ultraschalldiagnostik dar. Neben der Qualifikation des Untersuchers – geregelt durch die Kassenärztliche Bundesvereinigung (KBV) bzw. durch Empfehlungen der Deutschen Gesellschaft für Ultraschall in der Medizin (DEGUM) – ist die technische Qualitätssicherung von entscheidender Bedeutung für eine zuverlässige und sichere Befunderhebung.

Im Rahmen von Konstanzprüfungen soll die Leistungsfähigkeit von Ultraschalldiagnostikgeräten über einen längeren Zeitraum dokumentiert werden. Die dafür infrage kommenden Parameter zur Beschreibung der Abbildungsqualität und die entsprechenden Messverfahren werden in der internationalen Fachliteratur [11, 24, 48] und in Publikationen der wissenschaftlichen Ultraschallgesellschaften [3–5, 50], sowie in nationalen und internationalen Normen beschrieben [17, 34–36].

Aufgaben

10.1 Weshalb lassen sich hohe Auflösung und große Eindringtiefe nicht gleichzeitig erreichen?

10.2 Wenn ein Gewebe mit homogener Struktur im B-Bild (Echobild) betrachtet wird, erscheinen die Strukturen in der Tiefe senkrecht zur Schallrichtung oftmals breiter als in Schallkopfnähe. Worauf ist dies zurückzuführen?

10.3 Wie können elastische Parameter des Gewebes quantitativ bestimmt werden?

10.4 Was ist der wesentliche Unterschied zwischen der Farbdoppler- und der Powerdopplerdarstellung?

10.5 Unter welchen Bedingungen ist eine quantitative Auswertung einer Blutströmung möglich?

10.6 Welchen Vorteil haben Phased Arrays?

a. Kleines Schalleintrittsfenster
b. Schwenkbarer Schallstrahl
c. Homogene Liniendichte
d. Gute Handhabbarkeit
e. Gute axiale Auflösung

10.7 Durch welche Maßnahmen kann Aliasing unterdrückt werden?

a. Höhere Sendeleistung und bessere Ankopplung (Koppelgel)
b. Geringere Pulswiederholfrequenz und niedrigere Sendefrequenz
c. Geringere Pulswiederholfrequenz und höhere Sendefrequenz
d. Höhere Pulswiederholfrequenz, niedrigere Sendefrequenz und/oder Verschiebung der Nulllinie
e. Höhere Pulswiederholfrequenz und höhere Sendefrequenz

10.8 Welches Dopplerverfahren liefert die Geschwindigkeitsverteilung des fließenden Blutes an einem spezifischen Ort in Abhängigkeit von der Zeit?

a. CW-Doppler (continuous wave Doppler)
b. PW-Doppler (pulsed wave Doppler)
c. Farbdoppler (Color Doppler Imaging – CDI)
d. Powerdoppler (Power Doppler Imaging – PDI)
e. Gewebedoppler (Tissue Doppler Imaging – TDI)

10.9 Zur Abbildung welcher Gewebeeigenschaften wird das Verfahren der Ultraschall-Elastographie genutzt?

a. Der Dicke des Gewebes
b. Der Dichte des Gewebes
c. Der Steifheit des Gewebes
d. Der Ultraschallschwächung des Gewebes
e. Der Temperaturverteilung im Gewebe

10.10 Die Dopplerfrequenzverschiebung ist proportional zur Geschwindigkeit der Blutzellen. Außerdem hängt sie von welcher der folgenden Größe ab?

a. Der Schallgeschwindigkeit im Ausbreitungsmedium
b. Dem Einschallwinkel
c. Der Richtung des Blutflusses
d. Der Sendefrequenz
e. Allen oben genannten Faktoren (a bis d)

Literatur

1. Abbott JG (1999) Rationale and derivation of MI and TI – a review. Ultrasound Med Biol 25(3):431–441
2. American Institute of Ultrasound in Medicine (AIUM) / National Electrical Manufactures Association (NEMA) (1998) Standard for real-time display of thermal and mechanical acoustic output indices on diagnostic ultrasound equipment. American Institute of Ultrasound in Medicine AIUM/NEMA, Revision 1. AIUM
3. American Institute of Ultrasound in Medicine (AIUM) (1990) Standard methods for measuring performance of pulse-echo ultrasound imaging equipment. AIUM
4. American Institute of Ultrasound in Medicine (AIUM) (1995) Methods for measuring performance of pulse-echo ultrasound imaging equipment, Part II: Digital Methods, Stage 1. AIUM
5. American Institute of Ultrasound in Medicine (AIUM) (1995) Quality assurance manual for Gray-scale ultrasound scanners (stage 2). AIUM
6. Apfel RE, Holland CK (1991) Gauging the likelihood of cavitation from short-pulse, low-duty cycle diagnostic ultrasound. Ultrasound Med Biol 17(2):179–185
7. Bamber J, Cosgrove D, Dietrich CF, Fromageau J, Bojunga J, Calliada F, Cantisani V, Correas JM, D'Onofrio M, Drakonaki EE, Fink M, Friedrich-Rust M, Gilja OH, Havre RF, Jenssen C, Klauser AS, Ohlinger R, Saftoiu A, Schaefer F, Sporea I, Piscaglia F (2013) EFSUMB guidelines and recommendations on the clinical use of ultrasound elastography. Part 1: Basic principles and technology. Ultraschall Med 34(2):169–184. https://doi.org/10.1055/s-0033-1335205
8. Bercoff J, Tanter M, Fink M (2004) Supersonic shear imaging: a new technique for soft tissue elasticity mapping. IEEE Trans Ultrason Ferroelectr Freq Control 51(4):396–409
9. Bercoff J, Montaldo G, Loupas T, Savery D, Meziere F, Fink M, Tanter M (2011) Ultrafast compound Doppler imaging: providing full blood flow characterization. IEEE Trans Ultrason Ferroelectr Freq Control 58(1):134–147. https://doi.org/10.1109/TUFFC.2011.1780
10. Bom N, Carlier SG, van der Steen AF, Lancee CT (2000) Intravascular scanners. Ultrasound Med Biol 26(Suppl 1):S6–S9
11. Browne JE, Watson AJ, Gibson NM, Dudley NJ, Elliott AT (2004) Objective measurements of image quality. Ultrasound Med Biol 30(2):229–237. https://doi.org/10.1016/j.ultrasmedbio.2003.10.002

12. Chapman CS, Lazenby JC (1997) Ultrasound imaging system employing phase inversion subtraction to enhance the image. In: Google patents

13. Cheung CC, Yu AC, Salimi N, Yiu BY, Tsang IK, Kerby B, Azar RZ, Dickie K (2012) Multi-channel pre-beamformed data acquisition system for research on advanced ultrasound imaging methods. IEEE Trans Ultrason Ferroelectr Freq Control 59(2):243–253. https://doi.org/10.1109/TUFFC.2012.2184

14. Delorme S, Debus J, Jenderka K (2012) Duale Reihe–Sonographie, 3. Aufl. Thieme, Stuttgart

15. Deng CX, Lizzi FL (2002) A review of physical phenomena associated with ultrasonic contrast agents and illustrative clinical applications. Ultrasound Med Biol 28(3):277–286

16. Deutsches Institut für Normung (DIN) (2011) DIN EN 62359:2011-11: Ultraschall – Charakterisierung von Feldern – Prüfverfahren für die Ermittlung des thermischen und des mechanischen Indexes bezogen auf medizinische Ultraschalldiagnostikfelder (IEC 62359:2010 + Cor.: 2011).

17. Deutsches Institut für Normung (DIN) (2012) DIN EN 60601–2–37:2012-05; VDE 0750-2–37:2012–05: Medizinische elektrische Geräte – Teil 2-37: Besondere Festlegungen für die Sicherheit einschließlich der wesentlichen Leistungsmerkmale von Ultraschallgeräten für die medizinische Diagnose und Überwachung (IEC 60601-2-37:2007).

18. Deutsches Institut für Normung (DIN) (2013) DIN EN 62127–1:2013–01: Ultraschall – Hydrophone – Teil 1: Messung und Charakterisierung von medizinschen Ultraschallfeldern bis zu 40 MHz (IEC 62127-1:2007 + Cor.:2008 + A1:2013).

19. Doherty JR, Trahey GE, Nightingale KR, Palmeri ML (2013) Acoustic radiation force elasticity imaging in diagnostic ultrasound. IEEE Trans Ultrason Ferroelectr Freq Control 60(4):685–701. https://doi.org/10.1109/TUFFC.2013.2617

20. Duck F (1990) Physical properties of tissue. Academic Press, London

21. Duck FA (2002) Nonlinear acoustics in diagnostic ultrasound. Ultrasound Med Biol 28(1):1–18

22. Entrekin RR, Porter BA, Sillesen HH, Wong AD, Cooperberg PL (2001) Fix CH Real-time spatial compound imaging: application to breast, vascular, and musculoskeletal ultrasound. In: Seminars in ultrasound, CT and MRI, Bd. 1. Elsevier, Amsterdam, S 50–64

23. Freeman S, Jago J, Davidsen R, Anderson M, Robinson A (2012) Third generation xMATRIX technology for abdominal and obstetrical imaging. White Paper

24. Goodsitt MM, Carson PL, Witt S, Hykes DL, Kofler JM Jr. (1998) Real-time B-mode ultrasound quality control test procedures. Report of AAPM Ultrasound Task Group No. 1. Med Phys 25(8):1385–1406. https://doi.org/10.1118/1.598404

25. ter Haar G (2001) Acoustic surgery. Phys Today 54(12):29–34. https://doi.org/10.1063/1.1445545

26. Haerten R, Lowery C, Becker G, Gebel M, Rosenthal S, Sauerbrei E (1999) „Ensemble Tissue Harmonic Imaging": the technology and clinical utility. ELECTROMEDICA-ERLANGEN 67:50–56

27. Hall TJ, Zhu Y, Spalding CS (2003) In vivo real-time free-hand palpation imaging. Ultrasound Med Biol 29(3):427–435

28. Hamilton M, Blackstock D (1998) Nonlinear acoustics. Academic Press, San Diego

29. Hansen KL, Udesen J, Gran F, Jensen JA, Bachmann Nielsen M (2009) In-vivo examples of flow patterns with the fast vector velocity ultrasound method. Ultraschall Med 30(5):471–477. https://doi.org/10.1055/s-0028-1109572

30. Heynemann H, Jenderka K-V (2012) Von der Ultraschallwelle zum Ultraschallbild. In: Ultraschall in der Urologie. Springer, Berlin, Heidelberg, S 5–16

31. Hill C, Bamber J, ter Haar G (2004) Physical principles of medical ultrasonics, 2. Aufl. Wiley, Chichester

32. Hoskins PR, Martin K, Thrush A (2010) Diagnostic ultrasound: physics and equipment. Cambridge University Press, Cambridge

33. Insana MF, Brown DG (1993) Acoustic scattering theory applied to soft biological tissues. In: Ultrasonic scattering in biological tissues, S 75–124

34. International Electrotechnical Commission (IEC) (2006) IEC 61391-1:2006. Ultrasonics – Pulse-echo scanners – Part 1: Techniques for calibrating spatial measurement systems and measurement of system point-spread function response.

35. International Electrotechnical Commission (IEC) (2010) IEC 61391-2:2010. Ultrasonics – Pulse-echo scanners – Part 2: Measurement of maximum depth of penetration and local dynamic range.

36. International Electrotechnical Commission (IEC) IEC TS 62736 (Ed. 1): Ultrasonics – Pulse-Echo Scanners – Simple Methods for Periodic Testing to Verify Stability of an Imaging System's Elementary Performance (87/576/DTS), 2015.

37. Jenderka K-V (2013) Ausbreitung von Ultraschall im Gewebe und Verfahren der Ultraschallbildgebung. Radiologe 53(12):1137–1150

38. Jenderka KV (2009) Technische Grundlagen. In: Tuma JJ, Trinkler F (Hrsg) Sonographische Differenzialdiagnose: Krankheiten des Urogenitalsystem; systematischer Atlas, S 1–25

39. Jenderka K-V, Millner R (2010) Physik und Technik der Ultraschallanwendung in der Medizin. Studienbrief MPT0015. Technische Universität, Kaiserslautern

40. Jenderka KV, Delorme S (2015) Principles of Doppler sonography. Radiologe 55(7):593–609. https://doi.org/10.1007/s00117-015-2869-x (quiz 610)

41. Jensen JA (1996) Estimation of blood velocities using ultrasound: a signal processing approach. Cambridge University Press, Cambridge

42. Jensen JA (1999) A new calculation procedure for spatial impulse responses in ultrasound. J Acoust Soc Am 105(6):3266–3274. https://doi.org/10.1121/1.424654

43. Jensen JA, Nikolov SI, Udesen J, Munk P, Hansen KL, Pedersen MM, Hansen PM, Nielsen MB, Oddershede N, Kortbek J (2011) Recent advances in blood flow vector velocity imaging. In: IEEE (Hrsg) IEEE International Ultrasonics Symposium , S 262–271

44. de Jong N, Bouakaz A, Ten Cate FJ (2002) Contrast harmonic imaging. Ultrasonics 40(1-8):567–573

45. Kasai C, Namekawa K, Koyano A, Omoto R (1985) Real-time two-dimensional blood flow imaging using an autocorrelation technique. IEEE Trans Sonics Ultrason 32(3):458–464

46. Koch C (2001) Thermische Wirkungen von Ultraschall. Ultraschall Medizin 22(03):146–152

47. Kollmann C (2004) Basic principles and physics of duplex and color Doppler imaging. In: Duplex and color Doppler imaging of the venous system. Springer, Berlin, S 1–18

48. Kollmann C, Bergmann H (1995) Kontrolle der Bildqualität klinischer B-Mode-Ultraschallgeräte: Kenngrößen und Bewertungskriterien. Z Med Physik 5(2):74–80 https://doi.org/10.1016/S0939-3889(15)70551-9

49. Kollmann C, Putzer M (2005) Ultraschallkontrastmittel – physikalische Grundlagen. Radiologe 45(6):503–512

50. Kollmann C, de Korte C, Dudley NJ, Gritzmann N, Martin K, Evans DH, Group—US-TQA/B ETQA (2012) Guideline for Technical Quality Assurance (TQA) of ultrasound devices (B-Mode)—version 1.0 (July 2012): EFSUMB Technical Quality Assurance Group—US-TQA/B. Ultraschall Med 33(6):544–549. https://doi.org/10.1055/s-0032-1325347

51. Kremkau F (2006) Diagnostic ultrasound: principles and instruments. Elsevier Saunders, St. Louis

52. Lerch R, Sessler GM, Wolf D (2009) Technische Akustik: Grundlagen und Anwendungen. Springer, Berlin

53. Lizzi FL, Ostromogilsky M, Feleppa EJ, Rorke MC, Yaremko MM (1987) Relationship of ultrasonic spectral parameters to features of tissue microstructure. IEEE Trans Ultrason Ferroelectr Freq Control 34(3):319–329

54. Lorenz A, Delorme S (2002) Physikalische und technische Grundlagen der Sonographie. In: Handbuch Diagnostische Radiologie: Strahlenphysik, Strahlenbiologie, Strahlenschutz. Springer, Berlin

55. Millner RA (1987) Wissensspeicher Ultraschalltechnik und Anwendungen. Physikverlag, Fachbuchverlag, Weinheim, Leipzig

56. Misaridis TX, Gammelmark K, Jorgensen CH, Lindberg N, Thomsen AH, Pedersen MH, Jensen JA (2000) Potential of coded excitation in medical ultrasound imaging. Ultrasonics 38(1-8)·183–189

57. Montaldo G, Tanter M, Bercoff J, Benech N, Fink M (2009) Coherent plane-wave compounding for very high frame rate ultrasonography and transient elastography. IEEE Trans Ultrason Ferroelectr Freq Control 56(3):489–506. https://doi.org/10.1109/TUFFC.2009.1067

58. Nelson TR, Pretorius DH (1998) Three-dimensional ultrasound imaging. Ultrasound Med Biol 24(9):1243–1270

59. Nightingale K, McAleavey S, Trahey G (2003) Shear-wave generation using acoustic radiation force: In vivo and ex vivo results. Ultrasound Med Biol 29(12):1715–1723. https://doi.org/10.1016/j.ultrasmedbio.2003.08.008

60. Ophir J, Cespedes I, Ponnekanti H, Yazdi Y, Li X (1991) Elastography: a quantitative method for imaging the elasticity of biological tissues. Ultrason Imaging 13(2):111–134

61. Phillips P (2001) Contrast pulse sequences (CPS): imaging nonlinear microbubbles. In: Ultrasonics Symposium IEEE. IEEE, S 1739–1745

62. Prager RW, Ijaz UZ, Gee AH, Treece GM (2010) Three-dimensional ultrasound imaging. Proc Inst Mech Eng H 224(2):193–223

63. Savord B (2003) Solomon R Fully sampled matrix transducer for real time 3D ultrasonic imaging. In: Ultrasonics 2003 IEEE Symposium. IEEE, S 945–953

64. Schäberle W (2016) Ultraschall in der Gefäßdiagnostik – Therapieorientierter Leitfaden und Atlas Bd. 4. Springer, Berlin Heidelberg https://doi.org/10.1007/978-3-662-47432-7

65. Schmitz G (2002) Ultrasound in medical diagnosis. In: Pike R, Sabatier P (Hrsg) Scattering: scattering and inverse scattering in pure and applied science. Academic Press, London, S 162–174

66. Shung KK (1982) On the ultrasound scattering from blood as a function of hematocrit. IEEE T Son Ultrason 29(6):327–331

67. Souquet J, Defranould P, Desbois J (1979) Design of low-loss wide-band ultrasonic transducers for noninvasive medical application. IEEE T Son Ultrason 26(2):75–80

68. Special Issue on Therapeutic Ultrasound (2010). IEEE Transactions on Biomedical Engineering 57 (1)

69. Sutilov VA (2013) Physik des Ultraschalls: Grundlagen. Springer, Berlin, Heidelberg

70. Szabo TL (2004) Advances in transducers and techniques for diagnostic ultrasound. In: Journal of Physics: Conference Series, Bd. 1. IOP Publishing, S 3

71. Szabo TL (2013) Diagnostic ultrasound imaging: inside out, 2. Aufl. Elsevier, Burlington, San Diego, London

72. Tanter M, Fink M (2014) Ultrafast imaging in biomedical ultrasound. IEEE Trans Ultrason Ferroelectr Freq Control 61(1):102–119. https://doi.org/10.1109/TUFFC.2014.6689779

73. Tzschatzsch H, Ipek-Ugay S, Guo J, Streitberger KJ, Gentz E, Fischer T, Klaua R, Schultz M, Braun J, Sack I (2014) In vivo time-harmonic multifrequency elastography ot the human liver. Phys Med Biol 59(7):1641–1654. https://doi.org/10.1088/0031-9155/59/7/1641

74. Widder B, Görtler MW (2004) Doppler- und Duplexsonographie der hirnversorgenden Arterien. Springer, Berlin Heidelberg https://doi.org/10.1007/978-3-642-18585-4

75. Wolf K, Fobbe F (1993) Farbkodierte Duplexsonographie. Thieme, Stuttgart

Teil II

Qualitätssicherung in der Röntgendiagnostik

11

Roland Simmler

ACT   Qualitätsmanagementsystem   PLAN

RöV
QS-RL
Richtlinien
Leitlinien
Audits
MPG
MPBetreibV
SGB   DSGVO
StrlSchG
Aufsichtsbehörde
Diagnost. Referenzwerte

NAR   DIN
PAS
DIN EN
IEC   DIN ISO
DICOM   HL7
IHE
Ausbildung
Fortbildung
Weiterbildung

Nationale gesetzliche Umsetzungen
International Empfehlungen und Leitlinien: Stand von Wissenschaft und Technik
WHO, BEIR, IAEA, EURATOM, ICRP, ICRU, UNSEAR
ALARA
Qualitätssicherungsrichtlinie

Ärztliche-Stellen

CHECK   DO

© Springer-Verlag GmbH Deutschland, ein Teil von Springer Nature 2018
W. Schlegel, C.P. Karger, O. Jäkel (Hrsg.), *Medizinische Physik*, https://doi.org/10.1007/978-3-662-54801-1_11

Qualitätssicherung wird in der Regel automatisch mit Normen und aufwendigen, immer wiederkehrenden Messungen assoziiert. Dies erfasst aber nur einen Teil der operativen Aufgaben, die eine umfassende Qualitätssicherung im 21. Jahrhundert zu leisten hat, um sicherstellen zu können, dass effiziente, optimale diagnostische und interventionelle radiologische Ergebnisse erzielt und gleichzeitig Risiken für Patienten und Personal minimiert werden können. Es reicht demnach nicht mehr aus, nur die Einhaltung technischer Standards von Gerätschaften zu gewährleisten. Vielmehr ist ein differenzierter Prozess zu gestalten, der die Strukturqualität (Baumaßnahmen, Modalitäten, Infrastruktur inkl. Informationstechnologie, Ausbildung des Personal) und Prozessqualität (Verantwortungen und Zuständigkeiten, Schnittstellen, Arbeitsabläufe, vor allem aber auch Entscheidungsprozesse in interdisziplinären Teams) sachgerecht formt und fortschreibt, um den hohen Anforderungen an die Ergebnisqualität gerecht werden zu können. Medizinischer und technischer Fortschritt erfordern zudem eine kontinuierliche enge Theorie-Praxis-Verschränkung und permanente Anpassungsleistungen auf allen Ebenen. Jede Veränderung in diesem komplexen System kann nur auf der Grundlage sorgsamer Prüfung der Kompatibilität der zu implementierenden Komponenten vorgenommen werden und hat in den meisten Fällen auch Veränderungen angrenzender Bereiche und Schnittstellen zur Folge, die in die Entscheidungs- und Planungsprozesse mit einbezogen werden müssen, um die Funktionalität des Gesamtsystems zu gewährleisten.

11.1 Die Anfänge der Qualitätssicherung

Die Anfänge der Radiologie waren mit Gefährdungen des Personals und der Patienten durch schwere Unfälle durch Hochspannung und Strahlenschädigungen verbunden. Schnell wurde klar, dass hier im Bereich des apparativen Geräteschutzes Maßnahmen und Weiterentwicklungen dringend notwendig sein würden. Auf internationaler Ebene wurde 1906 die International Electronic Commission (IEC) gegründet, die sich unter anderem mit Sicherheitsfragen bei medizinisch elektronischen Geräten beschäftigt. Bereits ein Jahr zuvor (1905) wurde mit der Gründung der Deutschen Röntgengesellschaft (DRG) auch der Grundstein für den Aufbau der Qualitätssicherung an Röntgenanlagen in Deutschland gelegt. Mit den Veröffentlichungen unter dem Begriff „Sammelforschung" wurden die ersten Empfehlungen für den Umgang mit der neuen Strahlung dokumentiert [2]. Durch die konsequente Umsetzung dieser Empfehlungen und ab dem Jahr 1917 – nach Gründung der Normenorganisation – konnten, durch Einhaltung der Normen, elektrische Unfälle nahezu verhindert werden. Es wurden dadurch auch im Bereich Strahlenschutz des Personals und der Patienten entscheidende Verbesserungen eingeführt. Die anfangs massiv auftretenden Schädigungen durch Strahlung nahmen deutlich ab. Trotzdem hat das Thema Strahlenschutz und die Qualitätssicherung an Röntgenanlagen bis heute nichts an Bedeutung verloren. Es ändern sich lediglich die Inhalte der zu diskutierenden offenen Fragen, und es sind immer wieder neue Lösungsmodelle zu entwerfen, die geeignet sind, die Praxis zu optimieren.

11.2 Qualitätssicherung im 21. Jahrhundert

Gerade die kontinuierlichen Weiterentwicklungen in der Röntgentechnik stellen immer wieder neue Anforderungen, sowohl an die Qualitätssicherungen der Modalitäten inklusive softwaretechnischen Anwendungen, als auch an die Qualifikation des Personals, das die aktuell geltenden Standards normgerecht umsetzen und gleichzeitig kontinuierlich Veränderungen und Weiterentwicklungen mitgestalten bzw. auf diese flexibel reagieren muss, um den technischen und medizinischen Fortschritt in Arbeitsumgebung und Abläufe funktional zu integrieren.

Der aktuelle Stand von Wissenschaft und Technik wird in Fachzeitschriften und auf nationalen und internationalen Kongressen diskutiert. An diesem internationalen Diskurs auf mehreren Ebenen, der neue Lösungsansätze aus Theorie und Praxis generiert und kritisch hinterfragt, sind folgende Organisationen maßgeblich beteiligt:

- WHO (World Health Organization)
- IAEA (International Atomic Energy Agency)
- ICRP (International Commission on Radiological Protection)
- ICRU (International Commission on Radiation Units and Measurements)
- EURATOM (The European Atomic Community)
- UNSCEAR (United Nations Scientific Committee on the Effects of Atomic Radiation)
- BEIR (National Academy of Sciences Advisory Committee on the Biological Effects of Ionizing Radiation)
- …
- Internationale Gesellschaften (ASTRO, EFOMP, ESR, ESTRO, IOMP, ISR etc.)

Ergebnisse aus Forschungsprojekten und wissenschaftlichen Publikationen fließen in internationale und national entwickelte Normen, Leitlinien und Empfehlungen ein. Es werden dadurch allgemein anerkannte Regeln und Verfahren entwickelt, die in der jeweiligen nationalen Gesetzgebung spezifiziert werden.

Für die Europäische Union ist hierfür die Euratom mit den vom Europäischen Rat verabschiedeten Richtlinien verantwortlich. So sind beispielweise in der Richtlinie 2013/59/Euratom vom 5. Dezember 2013 [14] die Begriffsbestimmungen zu Qualitätssicherung, Qualitätskontrolle und Optimierung festgeschrieben:

- Artikel 4, (70). **Qualitätssicherung**: alle planmäßigen und systematischen Maßnahmen, die notwendig sind, um ausreichend sicherzustellen, dass Anlagen, Systeme, Komponenten oder Verfahren im Einklang mit vereinbarten Normen zufriedenstellend funktionieren. Die Qualitätskontrolle ist ein Bestandteil der Qualitätssicherung.
- Artikel 4, (71). **Qualitätskontrolle**: die Gesamtheit der Maßnahmen (Planung, Koordination, Ausführung), die der Aufrechterhaltung oder Verbesserung der Qualität dienen sollen. Dies beinhaltet die Überwachung, Bewertung und anforderungsgerechte Aufrechterhaltung aller Leistungsmerkmale für Ausrüstung, die definiert, gemessen und kontrolliert werden können.

- Artikel 57, (4) Die Mitgliedstaaten sorgen dafür, dass die **Optimierung** die Auswahl der Ausrüstung, die konsistente Gewinnung geeigneter diagnostischer Informationen oder therapeutischer Ergebnisse, die praktischen Aspekte medizinisch-radiologischer Verfahren, die Qualitätssicherung sowie die Ermittlung und Bewertung von Patientendosen oder die Überprüfung der verabreichten Aktivität unter Berücksichtigung wirtschaftlicher und gesellschaftlicher Faktoren umfasst.

Die verbindliche Umsetzung der **Europäischen Richtlinien** in nationales Recht ist von den Mitgliedstaaten der Europäischen Union durch die Römischen Verträge festgelegt. In der Bundesrepublik Deutschland erfolgt die Umsetzung dieser Vorgaben durch das Atomgesetz (AtG) [7]. Es erfüllt u. a. den Zweck, dass internationale Verträge auf dem Gebiet des Strahlenschutzes auf Bundesebene befolgt werden und das dafür notwendige gesetzliche und untergesetzliche Regelwerk zur Verfügung steht. Unter der Federführung des Bundesamtes für Umwelt und Bau erarbeitet der „Länderausschuss Röntgenverordnung" die Röntgenverordnung (RöV) [6]. Der Arbeitskreis Röntgenverordnung ist für die Erstellung der notwendigen technischen Richtlinien verantwortlich. Es werden dabei nicht nur die erwähnten internationalen, sondern auch nationale Leitlinien und Empfehlungen durch behördliche Organisationen, Kommissionen und Fachgesellschaften berücksichtigt. Beteiligt sind u. a.:

- BfS (Bundesamt für Strahlenschutz)
- SSK (Strahlenschutzkommission)
- DRG (Deutsche Röntgengesellschaft)
- DGMP (Deutsche Gesellschaft für Medizinische Physik)
- ZVEI (Zentralverband der Industrie)
- FRD (Fachverband Röntgentechnik in Deutschland e. V.)
- ...

Veröffentlichungen und Stellungnahmen der genannten Organisationen prägen den fachlichen Diskurs auf Bundesebene. Notwendige Normen zur Festlegungen von Qualitätssicherungsmaßnahmen werden im Normenausschuss Radiologie von praktisch tätigen, ehrenamtlichen Mitarbeitern (Ärzte, Assistenzen, Medizinphysiker, Sachverständige und Mitarbeiter aus Forschungsinstituten, Industrie, Handel und Behörden) erstellt.

Der **Normenausschuss Radiologie** [13] entwickelt, in enger Absprache mit dem Arbeitskreis Röntgenverordnung, auch im Bereich der diagnostischen Radiologie Normen. So wurde die Normenreihe DIN 6868 „Sicherung der Bildqualität in röntgendiagnostischen Betrieben" zur Umsetzung der Röntgenverordnung im praktischen Betrieb von diesem Gremium erarbeitet. Ergänzt wird diese Normenreihe durch die internationalen Normenreihe DIN EN 61223. Auf internationaler Ebene arbeitet der Normenausschuss an Normungsprojekten der IEC (International Electrotechnical Commission) und bei ISO (International Standardization Organisation) mit und vertritt dort deutsche Interessen.

11.3 Gesetzliche Grundlagen und Anforderungen an die Qualitätssicherung in der Röntgendiagnostik

Die Durchführung von Qualitätssicherungsmaßnahmen ist in §§ 16 und 17 der Röntgenverordnung (RöV) festgelegt. Deren Vollzug erfolgt durch die zuständige Behörde des jeweiligen Bundeslandes. Bei dem notwendigen Genehmigungs- bzw. Anzeigeverfahren nach §§ 3 und 4 der Röntgenverordnung legt die zuständige Behörde Bedingungen für den Betrieb der Anlage fest. In der Regel erfolgt hier ein Verweis auf anzuwendende Richtlinien und Normen, die durch diesen Akt formal die Rechtsverbindlichkeit erlangen.

In der **Qualitätssicherungsrichtlinie** (QS-RL) [20] ist das Konzept der Qualitätssicherung festgelegt und notwendige Qualitätssicherungsmaßnahmen und deren Durchführung geregelt. Durch kontinuierliche Anpassung an den aktuellen Stand von Wissenschaft und Technik sind hier neben den aktuell anzuwendenden Normen auch Verfahren beschrieben, die aktuell normungstechnisch noch nicht umgesetzt werden konnten, aber durch den klinischen Einsatz der Modalität einer Regelung bedürfen. Diese Verfahrensbeschreibungen sind verbindliche Handlungsanweisungen. Im Anhang der Qualitätssicherungsrichtlinie ist ein Verzeichnis angelegt, das kontinuierlich fortgeschrieben und ergänzt wird und bestimmt, welche Norm aktuell für Abnahme- und Konstanzprüfungen der jeweiligen Röntgeneinrichtung bzw. des bildgebenden Systems anzuwenden ist. Ebenso sind hier weitere Festlegungen bzgl. Prüfparameter und deren Häufigkeit für noch nicht genormte oder alternative Verfahren gelistet.

Mit der „Richtlinie für die technische Prüfung von Röntgeneinrichtungen und genehmigungsbedürftigen Störstrahlern – **Richtlinie für Sachverständigenprüfungen** nach der Röntgenverordnung (SV-RL)" [18] – stellt der Gesetzgeber die Grundlage für eine bundeseinheitliche Durchführung der technischen Prüfungen von Röntgeneinrichtungen sicher. Die Durchführung der Sachverständigenprüfung einer Röntgenanlage hat vor der Inbetriebnahme und während des Betriebes in regelmäßigen definierten Zeitintervallen zu erfolgen.

Zusätzlich fordert die Röntgenverordnung für Betrieb und Bedienung von röntgentechnischen Anlagen entsprechend ausgebildetes Personal. Die Umsetzung der §§ 3, 23, 24 RöV erfolgt durch die „**Richtlinie Fachkunde und Kenntnisse** im Strahlenschutz bei Betrieb von Röntgeneinrichtungen in der Medizin oder Zahnmedizin" [19]. Hier sind die Voraussetzungen für Erwerb und Erhalt der erforderlichen Fachkunden und Kenntnisse im Strahlenschutz festgelegt. Ohne ausreichend vorhandenes, fachkundiges Personal ist der Betrieb einer Röntgeneinrichtung nicht genehmigungsfähig. Personen, die Qualitätssicherung nach den §§ 16 und 17 RöV durchführen oder diese

Tätigkeiten leiten oder beaufsichtigen (§ 6 RöV), müssen ihre Fachkunde nach **Fachkunde-Richtlinie Technik** [17] nach RöV nachweisen.

Es ist zudem zu belegen, dass das mitarbeitende Personal die geforderte Einweisung erhalten hat, dass schriftliche Arbeitsanweisungen bereitgestellt und Röntgenbilddaten den Normen entsprechend archiviert werden. Die Umsetzung dieser Anforderungen aus § 18 Absatz 2, §§ 28, 43 RöV erfolgt durch Anwendung der **Richtlinie zur Aufzeichnungspflicht** [16] nach RöV.

Zur Überprüfung der Qualität der Anwendung von Röntgenstrahlen am Menschen richtet die zuständige Behörde, nach § 17a RöV, ärztliche und zahnärztliche Stellen ein und beauftragt diese damit, regelmäßig über die Umsetzung und Beachtung von geforderten medizinischen, technischen und administrativen Qualitätsstandards pro Röntgeneinrichtung zu berichten. In der **Richtlinie „ärztliche und zahnärztliche Stellen"** [15] ist eine Beschreibung der Aufgaben, des Gegenstands der Überprüfungen und der Beurteilungsgrundlagen festgelegt. Die Beurteilung der Bildqualität der Patientenaufnahmen und entsprechender Untersuchungstechnik erfolgt nach **Leitlinien der Bundesärztekammer** zu „Qualitätskriterien röntgendiagnostische Untersuchungen" [5] und „zur Qualitätssicherung in der Computertomographie" [4].

Die Verantwortung für den Betrieb genehmigungs- oder anzeigepflichtiger Anlagen nach § 13 RöV hat der **Strahlenschutzverantwortliche**. In Großbetrieben werden dessen organisatorische und administrative Aufgaben an sogenannte Strahlenschutzbevollmächtigte übertragen, wobei die juristische Verantwortung für die regelkonforme Umsetzung der Röntgenverordnung, insbesondere der §§ 4, 15 RöV, beim jeweiligen Strahlenschutzverantwortlichen verbleibt. Er hat demnach die Verantwortung dafür, dass geeignete Modalitäten inklusive Ausstattung in strahlenschutzsicheren Räumlichkeiten bereitgestellt und nur in Betrieb genommen werden, wenn zahlenmäßig genügend und ausreichend qualifiziertes Personal vor Ort ist. Um die Beaufsichtigung und Betreuung der Anlagen und der Anwender zu gewährleisten, sind vom Strahlenschutzverantwortlichen **Strahlenschutzbeauftragte** zu bestellen, die über die erforderliche Fachkunde nach Richtlinie Fachkunde und Kenntnisse [19] verfügen. Die Anzahl der Strahlenschutzbeauftragten richtet sich nach den Erfordernissen vor Ort. Sie sind mit genauer Festlegung der Aufgaben, Entscheidungsbereiche und Befugnisse schriftlich an die zuständige Behörde zu melden. Die Aufsichtsbehörde kann nach § 15a den Strahlenschutzverantwortlichen verpflichten eine **Strahlenschutzanweisung** zu erlassen. In dieser sind die betrieblich zu beachtenden Strahlenschutzmaßnahmen aufzuführen. In der Regel wird dies bei teleradiologischen Einrichtungen nach § 3 RöV von der zuständigen Behörde verlangt. Es besteht aber auch die Möglichkeit, die Verpflichtungen des Strahlenschutzes mittels interner Regeln festzuschreiben (Abschn. 11.6).

11.4 Qualitätssicherung und Lebenszyklus einer Modalität

Der Strahlenschutzverantwortliche trägt prinzipiell die Verantwortung für die korrekte Umsetzung der Röntgenverordnung und aller dazugehörigen untergesetzlichen Regelwerke wie Richtlinien, Normen und Leitlinien. Die Beauftragung von Strahlenschutzbeauftragten und deren Delegierung von Aufgaben an sonstige fachkundige Personen entbindet nicht von der Gesamtverantwortung, denn es sind Entscheidungen zu verantworten, die den Handlungsspielraum operativ Tätiger im laufenden Betrieb sprengen. Dies betrifft vor allem den Bereich der Strukturqualität, die größtenteils bestimmt wird durch die vorhandenen Ressourcen – geeignete Infrastruktur, geeignetes und ausreichend vorhandenes Personal, Investitionen in Beschaffung und Wartung der Gerätschaften, innerbetriebliche Strukturen usw.

Mit einer detaillierten Beschreibung der zugewiesenen Aufgaben, Pflichten und Verantwortungen (Abschn. 11.6) für den eventuell benannten Strahlenschutzbevollmächtigten und die bestellten Strahlenschutzbeauftragten für einzelne Bereiche und/oder Aufgabengebiete kann der Strahlenschutzverantwortliche ein mögliches organisatorisches Verschulden seinerseits minimieren bzw. für klar delegierte operative Aufgaben auch ganz ausschließen. Die Strahlenschutzbeauftragten sind für ihren Kompetenzbereich somit auch juristisch in der Verantwortung und können dann auch entsprechend belangt werden. Es erklärt sich von selbst, dass dieser Aufgabenbereich deshalb auch bestens qualifiziertes Personal verlangt, das imstande ist, in diesem sensiblen Bereich verantwortungsvoll, umsichtig und durchsetzungsstark zu agieren.

11.4.1 Beschaffung

Die Beschaffung einer Modalität setzt eine grundlegende Überlegung zur Verwendung der gewünschten neu zu implementierenden Gerätschaft voraus. Der medizinische Anwendungsbereich und die damit verbundenen technischen und hausspezifischen Anforderungen, wie z. B. die Integration in bestehende IT-Systeme, werden in der Ausschreibung spezifiziert und in der Regel in der Liefervereinbarung festgelegt. Die Einhaltung bestehender gesetzlicher Auflagen (siehe Kap. 3 und 4), wie z. B. Röntgenverordnung, Medizinproduktegesetz und Medizinprodukte-Betreiberverordnung, muss gewährleistet werden. Ebenso ist sicherzustellen, dass genügend fachkundiges Personal zur Verfügung steht, ausreichend baulicher Strahlenschutz gewährleistet wird und die notwendigen Strahlenschutzmittel vorhanden sind. Vor Inbetriebnahme eines Gerätes wird die Lieferleistung überprüft; das Prüfergebnis wird protokoliert. Diese Lieferprüfung kann mit der Abnahmeprüfung gemäß der Röntgenverordnung kombiniert werden.

Ebenso muss der zuständigen Behörde ein Sachverständigen-Prüfbericht (Abschn. 11.4.3), der die einwandfreie Funktionsfähigkeit der Anlage inklusive Zubehör bescheinigt, vorliegen.

11.4.2 Abnahmeprüfung

Für die Abnahmeprüfung des Gerätes ist der Strahlenschutzbeauftragte zuständig. In der Regel erfolgt die Prüfung in Zusammenarbeit mit einem Vertreter der Herstellerfirma bzw. des Lieferanten. Der geräteverantwortliche Konstanzprüfer ist ebenfalls einzubeziehen.

Gesetzliche Grundlagen des Prüfvorgangs sind festgeschrieben in §§ 16, 17 RöV, QS-RL inklusive Verweise z. B. auf Normen zur Abnahmeprüfungen.

Mit der gesetzlich vorgeschriebenen Abnahmeprüfung soll gewährleistet werden, dass nur Geräte in Betrieb genommen werden, die die für die vorgesehenen Untersuchungen erforderliche Bildqualität mit möglichst geringer Strahlenexposition erreichen. Es werden deshalb vor allem folgende Leistungsmerkmale kontrolliert:

- Entspricht das Produkt den Anforderungen des Medizinproduktegesetzes und der Liefervereinbarung?
- Sind die ermittelten Messwerte pro Prüfposition innerhalb der Toleranzgrenzen der Abnahmeprüfungsvorgaben?
- Wurden Bezugswerte für die Konstanzprüfung mit den zukünftig zu verwendenden Messmitteln inklusive Beschreibung des Messaufbaus festgelegt und dokumentiert?
- Wurden anlagenspezifische Standarddaten zur Ermittlung der Patientendosen erhoben und dokumentiert?
- Sind der medizinischen Fragestellung angepasste Patientenprotokolle (Einhaltung der diagnostischen Referenzwerte, Dosis- und Bildqualitäts-Optimierung) vorhanden und archiviert?
- Ist eine fehlerfreie Anbindung der Modalität an die IT-Landschaft (z. B. PACS, RIS, Planungs-, OP-System etc.) realisiert?
- Können die gerätespezifischen Messgrößen zur Ermittlung der Patientendosis gespeichert werden?

Die Unterlagen und Aufzeichnungen sind am Betriebsort aufzubewahren. Die Archivierungspflicht gilt für die gesamte Dauer des Betriebes der Anlage. Bei wiederholten vollständigen Abnahmeprüfungen dürfen Dokumente vorangegangener Prüfergebnisse frühestens zwei Jahre nach dem erneuten Prüftermin vernichtet werden. Die zuständige Behörde kann diesbezüglich Abweichungen festlegen.

11.4.3 Sachverständigenprüfung

Nach der Abnahmeprüfung durch den Strahlenschutzbeauftragten erfolgt die Sachverständigenprüfung. Mit dieser Prüfung wird eine zweite unabhängige Institution beauftragt, die kontrolliert, ob beim Betrieb einer Röntgeneinrichtung alle Anforderungen der Röntgenverordnung eingehalten werden. Sach-

verständige nach § 4a RöV – die nach Fachkunde-Richtlinie Technik [17] die entsprechende Fachanerkennung nachweisen müssen – werden von der zuständigen Behörde benannt. Eine Liste der Sachverständigen wird in der Regel von der zuständigen Behörde zur Verfügung gestellt.

Der Sachverständige bezieht den Strahlenschutzbeauftragten und in der Regel den Hersteller bzw. Lieferanten in den Prüfvorgang mit ein. Gesetzliche Grundlage für die technische Prüfung bildet § 4, Absatz 2 RöV. Die Durchführung und Erstellung des Prüfberichtes erfolgt nach der Richtlinie für die Sachverständigenprüfungen.

Gegenstand der Sachverständigenprüfung sind:

- die Abnahmeprüfung (stichprobenartig),
- der ortsbezogene Strahlenschutz (z. B. Kontrollbereich, bautechnischer Strahlenschutz, Zusammenwirken mehrerer Strahlenquellen, Arbeitsplätze),
- der personenbezogene Strahlenschutz (z. B. Strahlenschutzkleidung, Patientenschutzmittel),
- der gerätebezogene Strahlenschutz (z. B. Röntgenstrahler, Filterung, Feldgröße, Fokus-Haut-Abstand, Zentrierung, Nutzstrahlungsabschirmung),
- der schaltungsbezogene Strahlenschutz (z. B. Bedienungselemente, Betriebszustand, Einschaltsperren, Begrenzung von Betriebswerten),
- der anwendungsbezogene Strahlenschutz (z. B. Automatiken, Betriebs- und Dosisleistungswerte, Dosisflächenprodukt- bzw. Dosislängenprodukt-Anzeige, Geräteschwächungsfaktor),
- die Erfüllung der Anforderungen aus dem Medizinproduktegesetz (z. B. CE-Kennzeichnung, deutschsprachige Betriebsanleitung)
- u. v. m.

Das Prüfergebnis wird dokumentiert und dem Betreiber in Form einer Bescheinigung ausgehändigt. Festgestellte Mängel sind in drei Kategorien eingeteilt. Eine Bescheinigung darf vom Sachverständigen ausgestellt werden, wenn keine Mängel der Kategorien 1 oder 2 festgestellt oder festgestellte Mängel der Kategorien 1 oder 2 behoben worden sind. Mängel der Kategorie 3, die geringfügige Maßnahmen zur Verbesserung des Strahlenschutzes erforderlich machen, müssen innerhalb einer gesetzten Frist durch den Betreiber behoben worden sein

Der Prüfbericht enthält einen Vermerk zur Fälligkeit der nächsten Sachverständigenprüfung. Nach § 18 Absatz 1 Nr. 5 RöV hat der Strahlenschutzverantwortliche Sorge zu tragen, dass die Sachverständigenprüfung mindestens einmal innerhalb von fünf Jahren durchgeführt und der Prüfbericht der zuständigen Behörde übermittelt wird. Prüfvorschriften und Prüfberichtsmuster sind in der Richtlinie für Sachverständigenprüfungen nach Röntgenverordnung festgelegt.

11.4.4 Betrieb der Modalität

Nach Erhalt des Genehmigungsbescheides für die Röntgenanlage durch die zuständige Behörde und der Anmeldung bei der zuständigen Ärztlichen Stelle kann der Routinebetrieb der Anlage aufgenommen werden. Der Strahlenschutzverantwortliche hat dafür zu sorgen, dass nach § 16 Absatz 3 RöV die dort festgelegten Prüffristen eingehalten werden. Die zuständige Behörde kann abweichende Fristen festlegen. Bei Anlagen, die über einen längeren Zeitraum keine Unregelmäßigkeiten bei der Konstanzprüfung zeigen, wird meist einer Verlängerung der monatlichen auf eine vierteljährliche Frist zugestimmt. Allerdings erlischt diese Fristverlängerung nach Teilabnahmen wieder und muss eventuell neu beantragt werden. Die Handhabung der Fristverlängerung ist nicht bundeseinheitlich umgesetzt und sollte mit der Ärztlichen Stelle und der zuständigen Behörde abgeklärt werden.

11.4.5 Konstanzprüfung

Die Konstanzprüfung dient der regelmäßigen Überprüfung der bei der Abnahmeprüfung ermittelten Bezugswerte der Prüfparameter.

Die notwendigen Qualitätssicherungsmaßnahmen und deren Durchführung sind in der Qualitätssicherungsrichtlinie festgeschrieben. Das zeitliche Intervall der Durchführung ist von dem zu überprüfenden Anlagentyp abhängig und variiert von arbeitstäglich bis jährlich.

Es besteht eine Dokumentationspflicht. Die Aufzeichnungen sind zwei Jahre aufzubewahren. Die zuständige Behörde kann Abweichungen von der Aufbewahrungsfrist festlegen.

Liegen die ermittelten Messwerte außerhalb der zulässigen Toleranz müssen entsprechende Maßnahmen eingeleitet werde. Nach erfolgreich durchgeführter Behebung der Störung, muss durch eine erneute Konstanzprüfung die Stabilität der Anlage überprüft werden. Siehe diesbezüglich auch Abschn. 11.4.6 Reparaturmaßnahmen.

Der Strahlenschutzverantwortliche hat dafür Sorge zu tragen, dass eine Anwendung von Röntgenstrahlen am Menschen nur an technisch einwandfrei funktionierenden Modalitäten erfolgt und die gesetzlich vorgeschriebenen Prüfintervalle eingehalten werden.

11.4.6 Reparaturmaßnahmen

Nach der Behebung von Mängeln an einer Anlage ist in der Regel mittels einer Konstanzprüfung der technische Zustand erneut zu beurteilen. Sind die Messwerte außerhalb der Toleranz, sind für die betroffenen Prüfpositionen neue Bezugswerte, unter Beachtung der entsprechenden Norm für diese Abnahme, festzulegen. Bei Änderungen (z. B. Reparaturen, Austausch von Teilen, Softwareupdate, Erweiterungen etc.) an der Röntgeneinrichtung ist eine Beurteilung nach SV-RL „Tabelle II 1: *Änderungen an Röntgeneinrichtungen für die Anwendung von Röntgenstrahlung in der Heilkunde oder Zahnheilkunde, die*

eine Abnahme-, eine Teilabnahme oder eine Sachverständigenprüfung zur Folge haben können" [18] durchzuführen.

Entsprechend müssen dann Teil-/Abnahmeprüfung und Sachverständigenprüfung durchgeführt werden. Es ist dabei zu beachten, dass sich durch diese Intervention auch eine evtl. erteilte Fristverlängerung für das Prüfintervall der Konstanzprüfung an dieser Röntgenanlage ändern kann.

11.4.7 Prüfung durch Ärztliche Stellen

Die Ärztliche Stelle prüft als unabhängige externe Stelle alle röntgendiagnostischen Anlagen im Turnus von ein bis zwei Jahren. Die gesetzliche Grundlage dieser Prüfung ist im § 17a RöV durch die Richtlinie „Ärztliche Stellen" [15] festgelegt. Der Strahlenschutzverantwortliche muss der Ärztlichen Stelle die angeforderten Unterlagen zur Verfügung stellen. Bei Bedarf kann auch eine Prüfung vor Ort erfolgen. Folgende Unterlagen werden u. a. benötigt:

- Genehmigungsbescheid
- Abnahmebericht
- Sachverständigenbericht
- Konstanzprüfungen aus dem aktuellen Prüfungsintervall
- Unterlagen zur Konsistenz und Vollständigkeit der transferierten Bilddaten im Gesamtsystem der bildgebenden Systeme
- Schriftliche Arbeitsanweisungen für die häufigsten Röntgenuntersuchungen
- Patientenuntersuchung inklusive Röntgenaufnahmen mit den jeweiligen Angaben
  - zur rechtfertigenden Indikation,
  - den dazugehörenden technischen Aufnahmeparametern und
  - den Dosiswerten
- Werte von Strahlenexpositionen zum Vergleich mit den diagnostischen Referenzwerten

Ein Prüfungsausschuss, bestehend aus radiologisch tätigen Ärzten und Medizinphysikern, beurteilt die angeforderten Unterlagen. Im Protokoll werden eventuell festgestellte Fehler und Mängel aufgeführt, nach deren Klassifizierung eine Beurteilung der medizinischen Dienstleistung erfolgt. Bei Bedarf werden Verbesserungsvorschläge mit angemessener Umsetzungsfrist unterbreitet.

Der Ergebnisbericht wird dem Strahlenschutzverantwortlichen und der zuständigen Behörde zur Verfügung gestellt. Bei erheblichen Mängeln können Nachprüfungen und eine Meldung an die zuständige Behörde erfolgen. Die zuständige Behörde entscheidet aufgrund dieser Mitteilung über das weitere Vorgehen und leitet ggf. aufsichtsrechtliche Maßnahmen ein.

Mit Einführung des einheitlichen Bewertungssystems der Ärztlichen Stellen (ÄSt) [24] wurde ein generelles Beurteilungskonzept veröffentlicht. In der „Mängelliste Röntgen" sind festgelegte Prüfmerkmale und deren Beurteilung nach Mängelkategorien beschrieben. Zudem sind Kriterien, ab wann eine Meldung an die zuständige Aufsichtsbehörde erfolgen soll, benannt:

„Generell sollte eine entsprechende Meldung erst dann erfolgen, wenn

- die Prüfunterlagen der ÄSt. nach mind. 2 Erinnerungen nicht oder nicht vollständig zur Verfügung gestellt werden,
- die Hinweise der ÄSt. wiederholt nicht beachtet bzw. umgesetzt wurden,
- ‚Gefahr in Verzug' ist, also Schaden für die Patienten und/oder das Personal angenommen wird."

Neben Prüfaufgaben übernimmt die jeweilige Ärztliche Stelle auch beratende Funktion. Sie steht klinischen Anwendern als professioneller Gesprächspartner zur Verfügung, wenn in der Praxis bei den klinischen Anwendern Fragen zur Umsetzung der Qualitätssicherung an Röntgenanlagen auftauchen und nach praktikablen Problemlösungen gesucht wird. So stellen die verschiedenen Ärztlichen Stellen Vorlagen zu den unterschiedlichen Konstanzprüfungen und Informationsmaterial zu dessen Durchführung bereit. Ebenso werden der Standard-Anforderungskatalog und der Musterbericht eines Audits zur Verfügung gestellt.

11.4.8 Anforderungen aus dem Medizinproduktegesetz und der Medizinproduktebetreiberverordnung

In Kapitel 1.2.3 der Sachverständigenrichtlinie wird ausdrücklich auf die Umsetzung des MPG [11] und MPBetreibV [10] verwiesen:

„Die Anforderungen an die Beschaffenheit von Röntgeneinrichtungen, die Medizinprodukte oder Zubehör im Sinne des Medizinproduktegesetzes (MPG) sind, richten sich nach § 3 Absatz 6 RöV nach den jeweils geltenden Anforderungen des Medizinproduktegesetzes.

Während des Betriebes eines Medizinproduktes nach § 3 des MPG ist die MPBetreibV anzuwenden."

Der Strahlenschutzverantwortliche hat unter anderem dafür Sorge zu tragen, dass ein **Medizinproduktebuch** bzw. Betriebsbuch nach RöV geführt wird. Es listet alle gesetzesrelevanten Modalitäten einer Institution auf und ist nach Abschluss relevanter Veränderungen und Beschaffungen zu aktualisieren. Nach § 6 MPBetreibV sind **sicherheitstechnische Kontrollen** und Wartungen für Röntgenanlagen in den vom Hersteller vorgeschriebenen Intervallen, inklusive der nach § 4 (4) MPBetreibV geforderten Prüfungen, durchzuführen. Ebenso unterliegen die bei der Konstanzprüfung verwendeten Messmittel nach § 11 (1) 2. MPBetreibV und der Anlage 2 regelmäßigen **messtechnischen Kontrollen**. So sind Diagnostikdosimeter nach 1.6 dieser Anlage alle 5 Jahre nachzuprüfen.

Das Inverkehrbringen und die Inbetriebnahme von Medizinprodukten regelt § 6 MPG. Der Sachverständige geht in dem Prüfbericht auf Anforderungen aus dem Medizinproduktegesetz ein und bestätigt bei mangelfreien Prüfergebnissen in der Bescheinigung, dass für die geprüfte Röntgeneinrichtung die Vorschriften des MPG zum erstmaligen Inverkehrbringen und Inbetriebnehmen erfüllt werden.

11.4.9 Außerbetriebnahme

Bei Stilllegung der Modalität ist darauf zu achten, dass das Protokoll der Abnahmeprüfung und Konstanzprüfung noch zwei Jahre lang nach Außerbetriebnahme aufbewahrt werden muss und der zuständigen Behörde auf Verlangen vorzulegen ist. Die Abmeldung der Anlage bei der zuständigen Behörde und Ärztlichen Stelle muss schriftlich erfolgen.

Bei der Entsorgung sind die diesbezüglich gesetzlichen Auflagen, auf die in Kap. 5 verwiesen wird, zu beachten. Besondere Anforderungen aus dem Elektrogesetz [9] und der Elektro-StoffV [8] sind mit einem beauftragten Entsorger der Röntgenanlage zu beachten.

11.4.10 Bezugsquellen von Regelwerken und Normen

Für die Qualitätssicherungen grundlegende Gesetzestexte und Vorschriften können über folgende Quellen bezogen werden:

- Europäische Amtsblätter und Richtlichtlinien sind über EUR.Lex (http://eur-lex.europa.eu) abrufbar,
- Gesetze der Bundesrepublik Deutschland über das Bundesministerium der Justiz und für Verbraucherschutz (http://www.gesetze-im-internet.de).
- Verordnungen und Richtlinien im Bereich Strahlenschutz stellt das Bundesministerium für Umwelt, Naturschutz, Bau und Reaktorsicherheit zum Download zur Verfügung (http://www.bmub.bund.de).
- Eine Übersicht der aktuellen Normen und der zurzeit in Erarbeitung befindlichen wird vom DIN NA 080 Normenausschuss Radiologie (http://www.nar.din.de) zur Verfügung gestellt.
- Über den Beuth-Verlag (http://www.beuth.de) können publizierte Normen käuflich erworben werden.

Fachgesellschaften wie die DGMP (Deutsche Gesellschaft für Medizinische Physik) und die DRG (Deutsche Röntgengesellschaft) stellen auf ihren Websites Links zu internationalen und nationalen Behörden, Gremien und Rechtsvorschriften zur Verfügung. Die APT (Arbeitsgemeinschaft „Physik und Technik" der DRG, [1]) gibt zusätzlich auch Einblick in den Entstehungsprozess von aktuell geltenden Verordnungen und Richtlinien, da dort der Versionsverlauf dokumentiert wird.

11.4.11 Hinweise für die Praxis

Die Qualitätssicherung in der Röntgendiagnostik ist ein dynamischer Prozess, da im Laufe der Zeit regelmäßige Erweiterungen und Anpassungen der zugrunde liegenden gesetzlichen und untergesetzliche Regelwerke (Abschn. 11.3) erfolgen. Es ist also erforderlich, diesbezüglich kontinuierlich auf dem aktuellen Stand der Gesetzgebung und der Empfehlungen von Kommissionen, Behörden und Fachgesellschaften zu sein. Strahlenschutzverantwortliche und -beauftragte haben in diesem Kontext sowohl eine Hol- als auch eine Bringschuld. Sie müssen sich permanent informieren, sollten sich aber auch aktiv an der Verbesserung des Gesamtsystems durch Rückmeldungen aus der Praxis beteiligen.

Dies kann durch regelmäßige **Weiterbildungen auf Fachtagungen**, wie z. B. auf dem jährlich stattfindenden Deutschen Röntgenkongress oder auf den Jahrestagungen der Arbeitsgemeinschaft „Physik und Technik" (APT) und der Arbeitsgemeinschaften „Informationstechnologie" (AGIT) der Deutschen Röntgengesellschaft, erreicht werden.

Ebenso bieten die verschiedenen Ärztlichen Stellen durch Versand von Newslettern einen entsprechenden **automatisierten Informationsservice**. Auf den Internetportalen der verschiedenen Ärztlichen Stellen stehen auch Zusammenstellungen der aktuellen notwendigen Konstanzprüfung pro Modalität und entsprechende Vorlagen und Merkblätter herunterladbar zur Verfügung. Die Liste der bundeslandzuständigen Ärztlichen Stelle ist unter dem „Zentralen Erfahrungsaustausch der Ärztlichen Stellen" [26] abrufbar.

Der aktuelle Stand der **Normen** im Bereich der Radiologie wird vom Beuth-Verlag per Newsletter [3] verteilt.

Der Fachverband der Elektromedizinischen Technik im ZVEI (Zentralverband der Elektroindustrie) publiziert zu dem Themengebiet „Röntgenverordnung", „Bildgebung" und „Bilddarstellung" verschiedene **Übersichtsartikel** [27].

Das **Forum Röntgenverordnung** [25] bietet folgende Informationen und Downloads an:

- Gesetze, Verordnungen und Richtlinien
- BMU-Schreiben für den Vollzug der Röntgenverordnung
- Anschrift der Landesbehörden und Bundesbehörden
- Fachvorträge zum Themenkomplex Röntgenverordnung (Anforderungen – deren Umsetzung, Probleme und Lösungen aus der Praxis)

Zusätzlich bietet das Forum Röntgenverordnung die Möglichkeit, per E-Mail Fragen an einen Expertenkreis zu richten. Die Fragen und Antworten sind in einer Datenbank hinterlegt und können per Stichwortabfrage durchsucht werden. Hier ist ein Fundus an Interpretationen und praktischen Hilfestellungen für den Umgang und die Umsetzung der Anforderungen aus Röntgenverordnung, Richtlinien, Normen und Leitlinien angelegt.

11.5 Qualitätssicherung und IT-Anwendungen

Mit der Digitalisierung der Röntgendiagnostik ist auch eine Einbindung der bildgebenden und bildverarbeitenden Modalitäten in die IT-Landschaft verbunden. Die Anbindung von Röntgenanlagen an das RIS (Radiologisches Informationssystem) und das PACS (Picture Archiving and Communication System) wird meist von einer IT-Abteilung mit dem Hersteller oder Lieferanten der Röntgenanlage durchgeführt. In der Regel erfolgt deren Anbindung mittels der Standards DICOM (Digital Imaging and Communications in Medicine) [23] und HL7 (Health Level 7) [22].

11.5.1 Gesetzliche Anforderungen

Die Anforderungen der RöV und der entsprechenden Richtlinien sind beim Betrieb der Röntgenanlage und deren IT-Systemintegration zu beachten und entsprechend abzubilden. Als Beispiele sind hier zu nennen:

- Anforderungen an die Archivierung von Röntgenuntersuchungen nach § 28 RöV, die mit der Richtlinie zur Aufzeichnungspflicht [16] konkretisiert werden:
  - Aufbewahrungsfristen (10 oder bis zu 28 Jahre)
  - Kein Informationsverlust oder -änderung der Bilddaten
  - Datenschutzkonformes Löschen von Bilddaten
  - …
  - Anwendung der DIN 6862-1 Identifizierung und Kennzeichnung von Bildaufzeichnungen in der medizinischen Diagnostik; direkte und indirekte Radiographie
  - Anwendung der DIN 6878-1 Digitale Archivierung in der medizinischen Radiologie – Teil 1: Allgemeine Anforderungen an die Archivierung von Bildern
  - …
- Anforderungen an Arbeitsanweisungen in Kapitel 3 der Richtlinie zur Aufzeichnungspflicht: „Die Arbeitsanweisungen können gemäß § 43 RöV mit Zustimmung der zuständigen Behörden in digitaler Form vorgehalten werden, wenn es für das Bedienungspersonal der Röntgeneinrichtung möglich ist, die entsprechenden Einträge jederzeit auf einfache Weise am Arbeitsplatz einzusehen."
- Die Röntgenverordnung regelt die elektronische Kommunikation in § 43 RöV und fordert zusätzlich in § 16 Absatz 3 RöV eine Konstanzprüfung bei Bildübertragung: „Bei einer Röntgeneinrichtung nach § 3 Absatz 4 ist zusätzlich regelmäßig, mindestens jedoch jährlich, der Übertragungsweg auf Stabilität sowie auf Konstanz der Qualität und der Übertragungsgeschwindigkeit der übermittelten Daten und Bilder zu prüfen."

Die Verantwortung hierfür liegt beim Strahlenschutzverantwortlichen.

11.5.2 Anforderung der Ärztlichen Stelle

Mit der Prüfung der Ärztlichen Stelle (Abschn. 11.4.7) werden mit der Nachfrage nach Röntgenbilddaten und rechtfertigenden Indikationen meist elektronisch gespeicherte Daten angefordert, deren Handhabung und Qualitätssicherung nach RöV zu erfolgen hat. Als Beispiel sind hier folgende Normen zu nennen:

- DIN 6878-1 Digitale Archivierung in der medizinischen Radiologie – Teil 1: Allgemeine Anforderungen an die Archivierung von Bildern
- DIN 6827-5 Protokollierung bei der medizinischen Anwendung ionisierender Strahlung – Teil 5: Radiologischer Befundbericht
- DIN 6848-1:2003-02 (D) Kennzeichnung von Untersuchungsergebnissen in der Radiologie – Teil 1: Patientenorientierungen bei bildgebenden Verfahren

- DIN 6868-157 Sicherung der Bildqualität in röntgendiagnostischen Betrieben – Teil 157: Abnahme- und Konstanzprüfung nach RöV an Bildwiedergabesystemen in ihrer Umgebung
- DIN 6868-159 Sicherung der Bildqualität in röntgendiagnostischen Betrieben – Teil 159: Abnahme- und Konstanzprüfung in der Teleradiologie nach RöV
- DIN EN 61910-1 Medizinische elektrische Geräte – Dokumentation der Strahlungsdosis – Teil 1: Strukturierte Strahlungsdosis-Berichte für die Radiographie und Radioskopie
- DIN 6862-2 Identifizierung und Kennzeichnung von Bildaufzeichnungen in der medizinischen Diagnostik – Teil 2: Weitergabe von Röntgenaufnahmen und zugehörigen Aufzeichnungen in der digitalen Radiographie, digitalen Durchleuchtung und Computertomographie

Allein die Bereitstellung der angeforderten Bilddaten für die Ärztliche Stelle ist oft mit viel Aufwand verbunden. Es ist zudem immer wieder zu beobachten, dass die in den DICOM-Header [23] abgelegten Informationen (siehe DIN 6862-2) teilweise nicht zur Verfügung stehen oder auch mit falschen Werten ausgefüllt werden. Die digitale Dokumentation der Strahlenexpositionswerte pro Untersuchung stellt ebenfalls ein Problem dar, da aktuell noch nicht alle Röntgenanlagen technisch in der Lage sind, die notwendigen Daten zu liefern, bzw. die Werte nur in Bilddaten abgelegt sind und so nicht automatisch als Datenwert ausgelesen und zur Verfügung gestellt werden können.

11.5.3   Realisierungskonzepte

Um dieser Anforderung nachkommen zu können, müssen im Vorfeld die notwendigen Anpassungen bzw. Erweiterungen der IT-Infrastruktur erfolgt sein. Die Realisierung dieser Anforderungen – gerade auch für Röntgeneinrichtungen außerhalb der klassischen diagnostischen Radiologie, wie z. B. Kardiologie, Urologie oder Hybrid-OP – ist in großen, heterogenen Krankenhaus-IT-Systemen eine Herausforderung an alle beteiligten Abteilungen.

Diese Problematik wurde von den Anwendern und der Industrie erkannt. Mit der Gründung der Initiative IHE (Integrating the Healthcare Enterprise) werden Beschreibungen von Funktionalitäten zur Verfügung gestellt. Die Interaktionen der benötigten Komponenten eines verteilten Informationssystems in einem Krankenhausumfeld werden unter Verwendung von bestehenden Standards wie DICOM [23] und HL7 [22] mittels einzelner Integrationsprofile beschrieben, welche jeweils einer „IHE-Domain" zugeordnet sind.

Folgende Domains sind aktuell etabliert:

- Anatomic Pathology (für den Bereich Pathologie)
- Cardiology (Kardiologie)
- Eye Care (Augenheilkunde)
- IT Infrastructure (Technische Infrastruktur)
- Laboratory (Labormedizin)
- Patient Care Coordination (Einrichtungsübergreifende Behandlungsketten)
- Patient Care Devices (Gerätekommunikation von PCD-Daten)

- Pharmacy (Pharmazie)
- Quality, Research and Public Health (Qualitätssicherung, Forschung, Meldewesen)
- Radiation Oncology (Strahlentherapie)
- Radiology (Radiologie) inclusive Mammography (Mammographie)

Die Initiative IHE Deutschland stellt z. B. mit dem IHE-D-Cookbook [22] einen Leitfaden „Einrichtungsübergreifende elektronische Bild- und Befundkommunikation" zur Implementierung von medizinischen Netzen zur Verfügung. Auf jährlich stattfindenden Veranstaltungen, dem Connectathon, wird die Interoperabilität zwischen verschiedenen Systemen, in einer definierten, am Praxiseinsatz orientierten IT-Umgebung getestet. Die Hersteller haben so die Möglichkeit, in einer realistischen Testumgebung mit anderen Akteuren des Systems an Problemlösungen zu arbeiten. Die Ergebnisse sind bei IHE [21] abrufbar und dienen dazu, die Leistungsfähigkeit der Produkte öffentlich zu dokumentieren.

Der Strahlenschutzverantwortliche ist hier gefordert, in Zusammenarbeit mit allen beteiligten Fachabteilungen und im Speziellen mit der IT-Abteilung eine zufriedenstellende Lösung zu realisieren.

11.6   Qualitätsmanagement

Die Forderungen aus den grundlegenden Gesetzen, Verordnungen, Normen, Leitlinien und Empfehlungen bzgl. Qualitätssicherung nach Röntgenverordnung lassen sich nicht nur auf die „reine" technische Qualitätssicherung beschränken. Mit den Verweisen auf mitgeltende gesetzliche und untergesetzliche Regelwerke hat der Strahlenschutzverantwortliche ein weitgestecktes Aufgabengebiet zu verantworten. So sind z. B.

- Atomgesetz,
- Sozialgesetzbuch V,
- Bundesdatenschutzgesetz,
- Landesdatenschutzgesetz und Krankenhausgesetz des jeweiligen Bundeslandes,
- Medizinproduktegesetz,
- Elektro- und Elektronikgerätegesetz

und alle mitgeltenden Verordnungen und Richtlinien zu beachten. Ebenso muss die Umsetzung und das Einhalten von Leitlinien, wie die der Bundesärztekammer für Röntgen [5] und Computertomographie [4], gewährleistet werden.

Wie in Abschn. 11.3 beschrieben hat der Strahlenschutzverantwortliche die Möglichkeit, durch die Bestellung von einer ausreichenden Zahl von Strahlenschutzbeauftragten und der Erstellung einer oder mehrerer Strahlenschutzanweisungen die innerbetrieblichen Regelungen bzgl. Umsetzung der Qualitätssicherung und des Strahlenschutzes verbindlich zu regeln. Zudem ist eine Festlegung von Verantwortlichkeiten mit anderen innerbetrieblichen Organisationseinheiten, wie zum Beispiel Verantwortungen aus dem Datenschutzgesetz und einer möglichen IT-Abteilung oder dem Medizinproduktegesetz mit einer Abteilung für Medizintechnik, zu treffen.

Mit der Umsetzung der **Verpflichtung** zur Einführung eines einrichtungsinternen **Qualitätsmanagements**, nach § 135 ff SGB V [12], steht in allen Institutionen ein Qualitätsmanagementsystem zur Verfügung. Hier besteht die Möglichkeit des Strahlenschutzverantwortlichen, in Zusammenarbeit mit den Qualitätsmanagementbeauftragten Regelungen für Verantwortung, Aufgabenverteilung, Schnittstellen und Kommunikation in seinem Aufgabengebiet abteilungsintern und abteilungsübergreifend festzulegen. In der Praxis hat sich aber auch gezeigt, dass die Einführung eines Qualitätsmanagementsystems auf der Basis etablierter Managementsysteme inklusive Zertifizierung erheblichen Aufwand mit sich bringt und nicht immer den erhofften Mehrwert für die Institution liefert. Teilweise ist das QM-System nur rudimentär vorhanden und weist gerade im Bereich der Organisation des Strahlenschutzes und der Qualitätssicherung an Röntgenanlagen Lücken auf. Zum Aufbau eines Qualitätsmanagementsystems stellt der Normenausschuss für Radiologie [13] die Normenreihe DIN 6870 „Qualitätsmanagementsystem in der medizinischen Radiologie" zur Verfügung. Die Normenreihe orientiert sich an der DIN ISO 9000 und ist modular aufgebaut mit folgender, in der Einleitung beschriebenen Zielsetzung:

In der Norm DIN 6870-100 „werden die für ein *Qualitätsmanagementsystem* in *Organisationen* notwendigen Grundlagen festgeschrieben. In den ergänzenden Normen dieser Reihe werden spezifische Anforderungen für die einzelnen Teilbereiche von *Organisationen* festgelegt. Die Zertifizierung nach der Reihe „DIN 6870" ist deshalb immer eine Kombination aus der Grundnorm und mindestens einer der Teilbereichsnormen.

Somit wird für die Verantwortlichen einer *Organisation* die Möglichkeit geschaffen, den gesetzlichen Vorgaben zielgerichtet, unkompliziert und mit begrenztem Aufwand zu genügen."

Die Grundlagen zum Aufbau eines QMS werden durch spezifische Anforderungen an eine radiologische Einrichtung ergänzt. So wird neben den Anforderungen an Personal, Datenmanagement und Gerätemanagement auch auf die Kommunikation mit Aufsichtsbehörden eingegangen. Ein eigenes Kapitel beschäftigt sich mit der Organisation des Strahlenschutzes und den Aufgaben und der Verantwortung des Strahlenschutzverantwortlichen und der Beauftragten.

Die ergänzenden Normen DIN 6870-2 „Qualitätsmanagementsystem in der medizinischen Radiologie Teil 2: Radiologische Diagnostik und Intervention" beschreibt den Prozess der Leistungserbringung von der Indikationsstellung, Datenerhebung, Aufklärung, Durchführung der Untersuchung/Intervention bis zur ärztlichen Befundung.

In der Strahlenschutzanweisung werden Verantwortung, Zuständigkeiten und Befugnis bezüglich der Umsetzung aus der Röntgenverordnung abgebildet. Durch Ergänzungen mit Schnittstellenvereinbarungen sind auch verbindliche Vereinbarungen zwischen den beteiligten Fachabteilungen möglich. Wegen der Komplexität, des umfangreichen Aufgabengebiets und der damit nicht immer einfach und klar definierten Verantwortungen und Zuständigkeiten ist es empfehlenswert, diese Prozesse in einem Qualitätsmanagementsystem abzubilden.

Aufgaben

11.1 Sie sind als Strahlenschutzbeauftragter für die Inbetriebnahme eines Computertomographen verantwortlich. Bei welchen Behörden müssen Sie das Gerät anmelden und welche Unterlagen müssen Sie zur Verfügung stellen?

11.2 Nach einer Reparaturmaßnahme an einer Angiographie-Anlage gibt der Servicetechniker die Anlage für den klinischen Betrieb wieder frei. Darf der klinische Betrieb sofort wieder aufgenommen werden oder sind noch zusätzliche Maßnahmen erforderlich?

Literatur

1. Arbeitsgemeinschaft „Physik und Technik" (APT) der DRG. http://www.apt.drg.de/. Zugegriffen: 19. Nov. 2016
2. Bautz W, Busch U (2005) 100 Jahre Deutsche Röntgengesellschaft: 1905–2005; X2. Thieme, Stuttgart
3. Beuth-Verlag Newsletter http://www.beuth.de/de/rubrik/newsletter. Zugegriffen: 06. Juni 2018
4. Bundesärztekammer (BÄK) (2007) Leitlinie der Bundesärztekammer zur Qualitätssicherung in der Computertomographie, Beschluss des Vorstandes der Bundesärztekammer vom 23. November 2007
5. Bundesärztekammer (BÄK) (2007) Leitlinie der Bundesärztekammer zur Qualitätssicherung in der Röntgendiagnostik, Qualitätskriterien röntgendiagnostischer Untersuchungen, Beschluss des Vorstandes der Bundesärztekammer vom 23. November 2007
6. Bundesgesetzblatt (BGBl) (2003) Röntgenverordnung in der Fassung der Bekanntmachung vom 30. April 2003 (BGBl. I S. 604), die durch Artikel 2 der Verordnung vom 4. Oktober 2011 (BGBl. I S. 2000) geändert worden ist
7. Bundesgesetzblatt (BGBl) (2013) Atomgesetz in der Fassung der Bekanntmachung vom 15. Juli 1985 (BGBl. I S. 1565), das durch Artikel 2 Absatz 95 des Gesetzes vom 7. August 2013 (BGBl. I S. 3154) geändert worden ist
8. Bundesgesetzblatt (BGBl) (2013) Elektro- und Elektronikgeräte-Stoff-Verordnung
9. Bundesgesetzblatt (BGBl) (2013) Gesetz über das Inverkehrbringen, die Rücknahme und die umweltverträgliche Entsorgung von Elektro- und Elektronikgeräten (Elektro- und Elektronikgerätegesetz – ElektroG)
10. Bundesgesetzblatt (BGBl) (2013) Medizinprodukte-Betreiberverordnung in der Fassung der Bekanntmachung vom 21. August 2002 (BGBl. I S.3396), die zuletzt durch Artikel 4 des Gesetzes vom 29. Juli 2009 (BGBl. I S. 2326) geändert worden ist
11. Bundesgesetzblatt (BGBl) (2013) Medizinproduktegesetz in der Fassung der Bekanntmachung vom 7. August 2002 (BGBl. I S. 3146), das zuletzt durch Artikel 4 Absatz 62 des

Gesetzes vom 7. August 2013 (BGBl. I S. 3154) geändert worden ist

12. Bundesgesetzblatt (BGBl) (2014) Sozialgesetzbuch (SGB) Fünftes Buch (V) – Gesetzliche Krankenversicherung

13. DIN-Normenausschuss Radiologie (NAR). http://www.nar.din.de. Zugegriffen: 3. Nov. 2016

14. EURATOM (2013) Richtlinie 2013/59/Euratom des Rates vom 5. Dezember 2013 zur Festlegung grundlegender Sicherheitsnormen für den Schutz vor den Gefahren einer Exposition gegenüber ionisierender Strahlung und zur Aufhebung der Richtlinien 89/618/Euratom, 90/641/Euratom, 96/29/Euratom, 97/43/Euratom und 2003/122/Euratom

15. Gemeinsames Ministerialblatt (GMBl) (2004) Richtlinie „Ärztliche und zahnärztliche Stellen"

16. Gemeinsames Ministerialblatt (GMBl) (2006) Richtlinie zu Arbeitsanweisungen und Aufzeichnungspflichten

17. Gemeinsames Ministerialblatt (GMBl) (2011) Fachkunde-Richtlinie Technik nach der Röntgenverordnung

18. Gemeinsames Ministerialblatt (GMBl) (2011) Richtlinie für Sachverständigenprüfungen nach der Röntgenverordnung (SV-RL)

19. Gemeinsames Ministerialblatt (GMBl) (2012) Richtlinie Fachkunde und Kenntnisse im Strahlenschutz bei dem Betrieb von Röntgeneinrichtungen in der Medizin oder Zahnmedizin

20. Gemeinsames Ministerialblatt (GMBl) (2014) Richtlinie zur Durchführung der Qualitätssicherung bei Röntgeneinrichtungen zur Untersuchung oder Behandlung von Menschen

21. IHE Connectathon Results Browsing. http://connectathon-results.ihe.net/. Zugegriffen: 06. Juni 2018

22. IHE Deutschland http://www.ihe-d.de/downloads/. Zugegriffen: 06. Juni 2018

23. National Electrical Manufactures Association (NEMA) (2013) Digital Imaging and Communications in Medicine (DICOM)

24. Nischlesky E, Hawighorst H, Richter C, Piotrowski B, van Kampen M (2013) Einheitliches Bewertungssystem der Ärztlichen Stellen nach § 17a RöV und § 83 StrlSchV, Version 6.01 (01/2014)

25. Prüfstelle für Strahlenschutz Forum Röntgenverordnung. http://www.forum-roev.de/. Zugegriffen: 06. Juni 2018

26. Zentraler Erfahrungsaustausch der Ärztlichen Stellen. http://www.zaes.info. Zugegriffen: 06. Juni 2018

27. Zentralverband der Elektroindustrie (ZVEI). http://www.zvei.org/suche/. Zugegriffen: 06. Juni 2018

Teil II

Nuklearmedizinische Diagnostik und Therapie

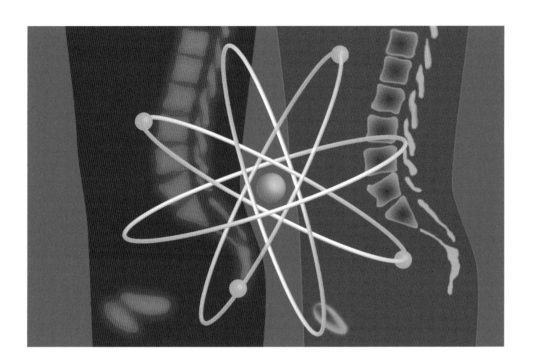

Die Nuklearmedizin repräsentiert ein medizinisches Spezialgebiet, welches durch die Verwendung offener Radionuklide und kernphysikalischer Messverfahren charakterisiert ist. Mittels Einbringung radioaktiv markierter Substanzen (Radiopharmaka) in den Organismus dient die Nuklearmedizin einerseits der Visualisierung physiologischer Vorgänge und hat somit eine hohe Anwendungsrelevanz in der Funktions-, Molekular- und Lokalisationsdiagnostik. Ein wichtiger Vorteil der nuklearmedizinischen Diagnostik – besonders im Vergleich zu den weiteren in diesem Buch beschriebenen diagnostischen (bildgebenden) Verfahren – besteht in der hohen Nachweissensitivität des Quellsignals, welche beim aktuellen Stand der Technik im Bereich von bis zu pikomolaren Konzentrationen liegt. Andererseits werden Radiopharmaka auch zu therapeutischen Zwecken eingesetzt; vorzugsweise mit Strahlern deren Zerfallsprodukte (α- und β-Teilchen) eine geringe Durchdringungstiefe aufweisen, um eine spezifische Wirkungsentfaltung am Ort der Anreicherung zu erzielen. Aufgrund der Verwendung offener radioaktiver Substanzen kommt der Dosimetrie und dem Strahlenschutz mit seinen physikalischen, biologischen und medizinischen Grundlagen eine besonders wichtige Bedeutung zu.

In den nachfolgenden Kapiteln wird in die Physik und aktuelle Technik des Spezialgebietes Nuklearmedizin eingeführt. Physikalisch-Technische Grundlagen der Nuklearmedizin einschließlich nicht-ortsauflösende Strahlungsdetektionsprinzipien, sofern nicht bereits an anderer Stelle dieses Buches besprochen, werden in Kap. 12 beschrieben. Die nuklearmedizinische bildgebende Diagnostik umfasst neben der zweidimensionalen (planaren) Szintigraphie, Kap. 13, auch die tomographischen bildgebenden Verfahren Single-Photon Emission Computed Tomography (SPECT; in deutscher Übersetzung: Einzelphotonen-Emissions-Computer-Tomographie), Kap. 14, sowie Positron Emission Tomography (PET; in deutscher Übersetzung: Positronen-Emissions-Tomographie), Kap. 15. Zum Zeitpunkt der Auflage dieses Fachbuches kommen (noch) vorwiegend Szintillationskristall-basierte Strahlendetektionssysteme zum Einsatz. Die von Hal Anger in den 1950er-Jahren entwickelte Gammakamera, als erster und bis zum heutigen Zeitpunkt immer noch hauptsächlich genutzter ortsauflösender Strahlungsdetektor in der Nuklearmedizin, wird grundlegend in Kap. 14 beschrieben. Gammastrahlendetektoren unterliegen gegenwärtig einer rasanten Weiterentwicklung hinsichtlich des Austausches sowohl des Sensors (Photoelektronenvervielfacher) als auch des Szintillationskristalls durch Halbleiterwerkstoffe in beiden Fällen. Da diese Entwicklung noch nicht abgeschlossen ist und aufgrund noch vorhandener Performanznachteile (insb. Rauschen) gegenwärtig auf bestimmte Anwendungsgebiete beschränkt bleibt (z. B. Gammastrahlendetektoren für die bimodale Anwendung in der Magnetresonanztomographie), wird der Leser auf weiterführende Literatur verwiesen.

Eine wichtige aktuelle Tendenz ist die Entwicklung von multimodalen Instrumenten, Kap. 16, in welcher die nuklearmedizinische durch eine anatomische Modalität erweitert wird. Hier liegt der Fokus im Speziellen auf der Integration beider Modalitäten innerhalb eines Gehäuses. Neben den Vorteilen orts- und ggf. zeitüberlagerter funktionaler und anatomischer Bildgebung von teils komplementären diagnostischen Informationen können auch ökonomische Aspekte der klinischen Anwendung für solche Systeme sprechen. Eine Einführung in die nuklearmedizinische Therapie, insbesondere in die Dosimetrie erfolgt in Kap. 17. Schließlich wird in Kap. 18 in die Prinzipien der Qualitätssicherung einschließlich der Angabe wichtiger rechtlicher und normativer Rahmen, sowie in das Qualitätsmanagement eingeführt. Beide Ansätze dienen der Gewährleistung und Umsetzung von Strahlenschutzmaßnahmen in der Nuklearmedizin.

Physikalisch-Technische Grundlagen der Nuklearmedizin

12

Uwe Pietrzyk, Klaus Gasthaus und Mirjam Lenz

© Springer-Verlag GmbH Deutschland, ein Teil von Springer Nature 2018
W. Schlegel, C.P. Karger, O. Jäkel (Hrsg.), *Medizinische Physik*, https://doi.org/10.1007/978-3-662-54801-1_12

12.1 Einleitung

Das Verständnis der Physiker über die Erzeugung und den möglichen Nachweis ionisierender Strahlung ist für deren Anwendung in der Medizin unter vielerlei Aspekten von entscheidender Bedeutung. Desgleichen liegt es in der Verantwortung der in der Medizin arbeitenden Physiker, neue Erkenntnisse zu gewinnen, z. B. neue Methoden des Nachweises ionisierender Strahlung zu entwickeln oder bekannte Verfahren zu verbessern. Ionisierende Strahlung, z. B. in Form von Photonen, Elektronen, Protonen, Alpha-Teilchen, hinterlässt im bestrahlten Körper Energie, die je nach Menge dazu führen kann, dass die Moleküle des Gewebes in ihrer Zusammensetzung verändert werden. Seit Beginn seiner Existenz ist der Mensch ionisierender Strahlung in Form von Sonnenlicht ausgesetzt, dessen potenzielle Gefahr durch Sonnenbrand für ihn direkt erfahrbar ist. Besonders die kurzwellige und somit sehr energiereiche UV-Strahlung kann DNA-Moleküle und somit die Erbsubstanz beschädigen, was im extremen Fall zur Entstehung von Hautkrebs führen kann. Gerade höher energetische Photonen, noch energiereicher als das Licht, das uns von der Sonne auf dem Erdboden erreicht, sind jedoch Voraussetzung für die medizinische Bildgebung. Es mag bezeichnend sein, dass das Verfahren, das zur ersten Fotografie geführt hat, von seinem Schöpfer, Joseph Nicéphore Niépce, Heliographie („von der Sonne gezeichnet") genannt wurde [8].

Dass die von Menschen im letzten und vorletzten Jahrhundert entdeckten Phänomene und daraus entwickelten Verfahren neben dem Nutzen auch deutlich größere Gefahren für die Gesundheit des menschlichen Körpers darstellen würden, war z. B. in den Anfängen der Nutzung von Röntgenstrahlen keineswegs offensichtlich, zumal quantitative Untersuchungen mangels entsprechender Verfahren und brauchbarer Messgeräte noch nicht möglich waren. Die Tatsache aber, dass ionisierende Strahlung in der bestrahlten Materie eine gewisse Menge an Energie hinterlässt, kann man sich zunutze machen, um geeignete, auf die entsprechende Strahlungsart angepasste Detektoren zu entwickeln.

In der medizinischen Physik, besonders im Rahmen der Dosimetrie, unterscheidet man zwischen direkt ionisierenden Teilchen (geladene Teilchen wie Elektronen) und indirekt ionisierenden Teilchen (ungeladene Teilchen wie Photonen oder Neutronen). So übertragen die Photonen in einem ersten Prozess per Photoeffekt oder Compton-Streuung ihre Energie ganz bzw. teilweise an Elektronen, die wiederum ihre Energie durch Ionisation an die umgebende Materie abgeben. Die bei gleicher Energie von Photonen und Elektronen deutlich kürzere Reichweite von Elektronen in Materie kann man sich so zunutze machen, um Detektoren für ionisierende Strahlung zu entwickeln. Der eigentliche Prozess der Ionisation hinterlässt ein negativ geladenes Elektron und ein positiv geladenes oder zumindest angeregtes Atom oder Molekül. Im Folgenden werden verschiedene Detektoren vorgestellt, die sich zum Nachweis ionisierender Strahlung eignen.

12.2 Gasgefüllte Detektoren

12.2.1 Grundlegende Eigenschaften

Zu diesem Typ Detektor gehören die Ionisationskammer, das Proportionalzählrohr und der Geiger-Müller-Zähler. Das grundlegende Prinzip ist in Abb. 12.1 dargestellt. Im Messvolumen befindet sich zwischen den beiden Elektroden, Kathode (negativ) und Anode (positiv) Luft oder ein Gasgemisch, welches im Normalfall als Isolator wirkt. Diese Anordnung stellt also im Wesentlichen einen Kondensator dar mit der Gasfüllung als Dielektrikum, weshalb zwischen beiden Elektroden kein Strom fließt. Dies ändert sich jedoch, sobald äußere Strahlung das Gas im Messvolumen ionisiert. Das geschieht einmal durch die primäre Strahlung, zusätzlich aber auch durch sekundäre Delta-Elektronen, die von primären Elektronen aus ihrem Atom oder Molekül gestreut werden. Die erzeugten Elektronen werden nun von der positiven Elektrode angezogen, die ionisierten Atome und Moleküle von der negativen Elektrode, was zu einem kurzzeitigen elektrischen Strom führt. Für die Bildgebung werden gasgefüllte Detektoren nicht mehr eingesetzt, jedoch in Bereichen, in denen die Nachweisempfindlichkeit nicht von wesentlichem Belang ist.

12.2.2 Ionisationskammern

Obwohl es je nach Anwendung viele verschiedene Designs gibt, so bestehen die meisten Ionisationskammern aus einem Zylinder, der als Kathode wirkt und in dessen Achse ein Draht verläuft, der als Anode dient. Im nicht zwangsläufig verschlossenen Innenraum befindet sich Luft, gegebenenfalls auch ein Gasgemisch, wie häufig bei abgeschlossenen Bauformen. Die Spannung muss so gewählt werden, dass der effiziente Nachweis von Strahlung gewährleistet ist. Dies bedeutet im Fall einer Spannung, die zu niedrig ist, dass die erzeugten freien Elektronen und Ionen nicht vollständig zur jeweiligen Elektrode wandern, sondern wieder zu neutralen Atomen oder Molekülen rekombinieren, ohne zum elektrischen Signal beizutragen. Mit steigender Spannung werden immer mehr Elektronen zur Anode

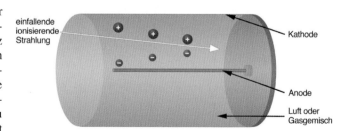

einfallende ionisierende Strahlung · Kathode · Anode · Luft oder Gasgemisch

Abb. 12.1 Schemazeichnung einer Ionisationskammer. Die einfallende Strahlung ionisiert das Gasgemisch im Innern der Kammer, so dass die erzeugten Elektronen zu einem an Anode und Kathode messbaren Strompuls führen

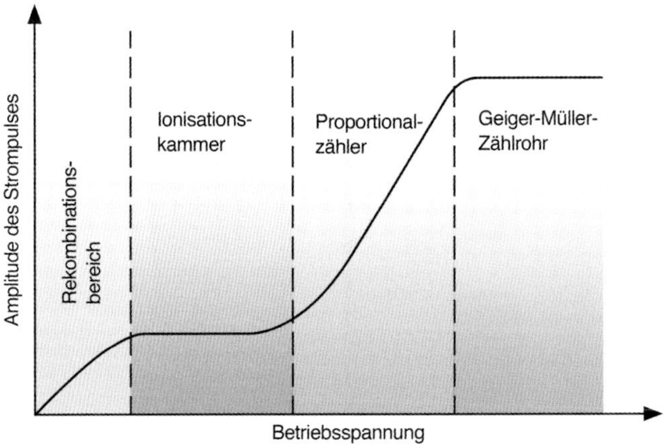

Abb. 12.2 Abhängigkeit der Strompuls-Amplitude von der Betriebsspannung des jeweiligen Messinstruments

wandern und entsprechend weniger rekombinieren. Abb. 12.2 verdeutlicht die Abhängigkeit des entstehenden elektrischen Stroms von der eingestellten Spannung. Ab einer bestimmten Spannung, Sättigungsspannung genannt, wird sich der elektrische Strom nicht mehr erhöhen. Diese kann je nach Ausführung der Ionisationskammer zwischen 50 und 300 V liegen. Wird eine Ionisationskammer im Bereich der Sättigungsspannung betrieben, so kann man zum einen ein optimales Ansprechverhalten erwarten, zum anderen ist die Empfindlichkeit gegen Schwankungen der angelegten Spannung geringer.

Die Menge an Ladung, die bei einer Ionisation im Gas einer Ionisationskammer freigesetzt wird, ist im Vergleich mit anderen eingesetzten Materialien, wie z. B. Germanium (Ge), äußerst gering. Die Stärke von Ionisationskammern liegt demnach nicht im Nachweis einzelner Ereignisse und in der Bestimmung der Anzahl pro Zeitintervall, sondern in der Erfassung der Gesamtionisation, die von einem Strahl von geladenen Teilchen oder Gammaquanten beim Durchdringen der Kammer ausgelöst wird. Im Fall der Gammaquanten lösen diese über Fotoeffekt oder Compton-Streuung Elektronen aus der Außenhülle der Ionisationskammer, die dann in der Kammer per Ionisation erfasst werden. Hier ist zu beachten, dass beide genannten Effekte von der Energie der einfallenden Gammastrahlen abhängen. Geräte, die auf dem Prinzip der Ionisationskammer basieren, wurden lange Zeit z. B. als Personendosimeter, oft auch Taschendosimeter genannt, zur Strahlenschutzüberwachung eingesetzt. Zur Aktivitätsmessung wiederum kommen sogenannte Aktivimeter zum Einsatz, die dem Personal erlauben, eine für die Injektion in einen Patienten oder Phantomvolumen vorbereitete Aktivitätsmenge zu überprüfen. Auch Aktivimeter arbeiten nach dem Prinzip einer Ionisationskammer, wobei hier das Messvolumen versiegelt und mit Argongas gefüllt und somit auch unabhängig von den aktuellen Luftdruckverhältnissen ist. Ferner werden Aktivimeter vor der Nutzung so kalibriert, dass sie nach Vorauswahl des für die Untersuchung eingesetzten Isotops die Aktivität im Spritzenvolumen in der heute üblichen Einheit Becquerel angeben. In der Strahlentherapie werden Ionisationskammern für Dosismessungen in Wasser- oder Festkörperphantomen eingesetzt. Diese Kammern mit Volumina im cm^3-Bereich sind offen und verwenden Luft als Füllgas. Über geeignete Kalibrierfaktoren erhält man aus dem Stromsignal die Wasserenergiedosis am Messort der Kammer.

Ein weiterer wichtiger Anwendungsbereich findet sich für Ionisationskammern in der radiologischen Diagnostik, wo gasgefüllte Durchstrahlkammern die Eintrittsdosis am Patienten über das sogenannte Flächendosisprodukt dokumentieren.

12.2.3 Proportionalzähler

Während die in einer Ionisationskammer angelegte Spannung gerade reicht, um die von der ionisierenden Strahlung erzeugten Elektronen und Ionen an den jeweiligen Elektroden wieder zu sammeln, so ergeben sich bei der Anwendung höherer Spannungen völlig neue Möglichkeiten. Eine höhere Spannung verleiht den bei der primären Ionisation erzeugten Elektronen auf dem Weg zur Anode eine höhere Geschwindigkeit und somit eine höhere Energie, so dass sie durch Kollision mit anderen Atomen oder Molekülen im Gas weitere Ionisationsprozesse auslösen können. Es bildet sich eine Lawine aus, die zu einem deutlich größeren Signal an der Anode führt. Diese Ladungsverstärkung steigt rapide mit steigender Spannung an und wird mit dem Gasverstärkungsfaktor erfasst. Der Spannungshub kann durch folgende Formel beschrieben werden:

$$\mathrm{d}V = A \cdot n \cdot \left(\frac{e}{C}\right), \qquad (12.1)$$

dabei ist A der Gasverstärkungsfaktor, n die Anzahl der Ionenpaare, e die Elementarladung und C die Kapazität des Zählrohrs. Der Gasverstärkungsfaktor kann leicht Werte von 10^6 erreichen, hängt aber jeweils von der Bauform des Detektors ab, der wegen der um den Gasverstärkungsfaktor erhöhten Ladung Proportionalzähler genannt wird (siehe Abb. 12.2). Proportionalzähler unterscheiden sich deutlich von Ionisationskammern darin, dass die Kammern hinsichtlich der Gasverstärkung und der Gleichförmigkeit im Ansprechverhalten optimiert sind. Auch die Gasfüllung ist dahingehend optimiert, dass Edelgase eingesetzt werden, meist Argon oder Xenon, die die Wanderung der freien Elektronen nicht behindern, um den Verstärkungsprozess nicht zu stören. Proportionalzähler haben gegenüber Ionisationskammern den wesentlichen Vorteil, dass sie ein deutlich höheres Signal liefern, aber auch, dass sie z. B. den Nachweis und das Zählen einzelner Strahlungsprozesse erlauben. Da das Ausgangssignal zudem proportional zur im Detektor deponierten Energie ist, kann man die Ereignisse hinsichtlich ihrer Energie unterscheiden und entsprechende Spektren erzeugen. Für den Einsatz zum Nachweis hochenergetischer Röntgen- und Gammastrahlung sind Proportionalzähler jedoch mangels ausreichender Sensitivität nur sehr eingeschränkt nutzbar. Sie finden jedoch dann Einsatz, wenn es z. B. um den Nachweis von Alpha- und Beta-Teilchen geht.

12.2.4 Geiger-Müller-Zähler

Beim Geiger-Müller-Zähler geht man durch Wahl einer höheren Spannung über den Gasverstärkungsbereich, wie er für den

Proportionalzähler gewählt werden muss, hinaus und versucht, eine maximale Verstärkung zu erreichen. Das Zählrohr besteht aus einer zylindrischen Kathode mit einem Draht in der Achse, der gleichzeitig die Anode darstellt. Das Eintrittsfenster wird dünn genug gewählt, um sensitiv zu sein auf geladene Teilchen wie bei Alpha- oder Beta-Strahlung. Einfallende Strahlung führt zu einer primären Ionisation. Vergleichbar mit dem Proportionalzählrohr werden die Elektronen wegen der hohen Spannung zur Anode hin beschleunigt. Zusätzlich treten aber auch noch Delta-Elektronen auf, die infolge der Primärionisation entstehen und sich zusammen mit den ersten lawinenhaft verbreiten. Ebenso werden Gasmoleküle durch Stöße in einen angeregten Zustand versetzt, von dem sie nach sehr kurzer Zeit (ca. 10^{-9} s) unter Aussendung von Strahlung im sichtbaren bzw. UV-Bereich in den Grundzustand zurückkehren. Die UV-Strahlung wiederum wechselwirkt mit dem Gas oder auch mit der Oberfläche der Kathode über Photoeffekt. Infolge dessen können durch die zusätzlich entstandenen Elektronen auf dem Weg zur Anode weitere Lawinen ausgelöst werden. Die Ionisationslawine verbreitet sich schließlich über das gesamte Gasvolumen und die gesamte Länge des Anodendrahtes. Die freien Elektronen werden, da sie leicht sind, schnell wieder eingefangen, nicht jedoch die schwereren, sich langsam bewegenden positiv geladenen Ionen. So bildet sich um den Zentraldraht praktisch eine Art Schlauch positiver Ladungen, der die Ausprägung des elektrischen Feldes rund um den Anodendraht deutlich reduziert, so dass die Elektronenvervielfachung versiegt und letztlich die Lawine zum Erliegen bringt.

Die verbleibende Wolke aus positiv geladenen Ionen bewegt sich nun zur äußeren, negativ geladenen Elektrode und löst bei zunehmend geringerer Distanz Elektronen aus, die die positiven Ionen neutralisieren. Einige dieser Elektronen können aber auch in angeregte Zustände der positiv geladenen Ionen gelangen und beim Übergang in niedrigere Zustände UV-Licht emittieren. Dieses UV-Licht kann wiederum zusätzliche Elektronen auslösen, die eine weitere Lawine starten. Dieser Prozess kann sich wiederholen und zu einer Serie an Entladungen weiter aufschaukeln. Verhindern kann man diesen Zustand durch Zusetzen von Gas (engl. quenching gas, deutsch: Löschgas), welches Elektronen abgeben kann und damit die Lawine der positiv geladenen Ionen neutralisiert. Es entsteht aber eine Wolke ionisierter Moleküle des Löschgases, die nun selbst von Elektronen neutralisiert werden, dabei aber in molekulare Fragmente zerfallen und kein UV-Licht aussenden. Im Gegenteil: die Moleküle des Löschgases absorbieren vielmehr UV-Licht, bevor eine weitere Lawine unter Erzeugung freier Elektronen ausgelöst werden könnte. Das zugesetzte Löschgas besteht häufig aus mehratomigen Dämpfen wie z. B. Alkohol, aber auch aus Halogengasen wie Cl_2. Abhängig von der Wahl des Löschgases braucht es sich im Betrieb auf und muss ersetzt werden. Dies trifft auf Halogengase nicht zu, da sie nach der Aufspaltung wieder intakte Moleküle bilden, und praktisch unbegrenzten Betrieb ermöglichen.

Gewöhnlich liefert ein Geiger-Müller-Zählrohr im normalen Betrieb mit Gasverstärkungsfaktor von bis zu 10^{10} einen hohen Ausgangspuls gleichbleibender Qualität unabhängig von der Spannung oder der Energie der einfallenden Strahlung. Anders als der Proportionalzähler ist hierbei aber keine Energiedis-

Abb. 12.3 Tragbarer Kontaminationsmonitor der Firma BERTHOLD TECHNOLOGIES GmbH & Co. KG

kriminierung möglich. Zur Bestimmung derjenigen Spannung, die einen optimalen fortlaufenden Betrieb eines Geiger-Müller-Zählers erlaubt, bestrahlt man ihn im Rahmen einer Versuchsreihe mit einer Quelle konstanter Stärke. Man startet bei einem unteren Spannungswert, ab dem der Betrieb erst möglich wird, und erhöht die Betriebsspannung, bei gleichzeitiger Dokumentation der Zählrate. Es ergibt sich ein in Abb. 12.2 dargestellter Verlauf. Ab einem Schwellenwert für die Betriebsspannung steigt die Zählrate zunächst kontinuierlich an, erreicht dann aber ein Plateau, wenn praktisch alle Pulse, die die Schwelle überschreiten, erfasst werden. Eine weitere Erhöhung der Spannung über jene Werte am Ende des Plateaus hinaus äußert sich zunächst in einer weiteren Steigerung der Zählrate, löst jedoch zusätzlich auch spontane Ionisation aus und kann letztlich zu kontinuierlichen Gasentladungen führen ohne nennenswerte zusätzliche Informationen für die Messung. In einem solchen Bereich sollte der Geiger-Müller-Zähler nicht betrieben werden.

Primär für den Nachweis jeglicher Strahlung Ende der 1920er-Jahre entwickelt, haben Geiger-Müller-Zähler Ende der 1940er-Jahre auch dedizierten Einsatz für medizinische Untersuchungen gefunden. Moore nutzte diese Detektoren [6] zum Nachweis von Anreicherungen mit radioaktivem Jod markierter Substanzen im Gehirn, indem er mit dem Geiger-Müller-Zählrohr mäanderförmig den Kopf des Patienten abtastete. Es zeigte sich aber auch bald der Nachteil der Geiger-Müller-Zählrohre: Sie sind für den Nachweis von Gamma- und Röntgenstrahlung schlicht nicht sensitiv genug und erlauben außerdem keinerlei Energiediskriminierung. Dass sie heute dennoch nicht völlig vom Markt der Nachweisgeräte verschwunden sind, liegt an der einfachen Handhabung der sehr robusten Geräte. Abb. 12.3 zeigt ein typisches Gerät für den Einsatz im Strahlenschutz. Auch einige Kontaminationsmonitore sind Geiger-Müller-Zählrohre, wobei der Zähldraht dann mäanderförmig über die Fläche geführt ist.

Verfügbar sind Modelle, die speziell für stark penetrierende Strahlung wie Gamma-Strahlen oder hochenergetische Elektronen entwickelt werden.

12.3 Halbleiterdetektoren (Ge, Si, CZT)

Vergleicht man die Bauformen von Halbleiterdetektoren mit denen von Ionisationskammern, wird man nicht sofort vermuten, dass beide Klassen nach demselben Messprinzip arbeiten. Während Strahlung in einer Ionisationskammer das Gas im Kammervolumen ionisiert, so ionisiert sie in einem Halbleiterdetektor einen Festkörper. Aus der Tatsache, dass Strahlung gleicher Energie in einem Festkörper eine erheblich kürzere Reichweite hat als in Gas, wird direkt verständlich, dass Halbleiterdetektoren deutlich kleiner und kompakter sein können. Dies ist besonders von Vorteil für den Nachweis von Gamma- und Röntgenstrahlung. Im Gegensatz zur Gas gefüllten Ionisationskammer, in der Elektronen und Ionen entstehen, werden im Halbleiterdetektor als Ladungsträger Elektronen und frei bewegliche Löcher (unbesetzte Elektronenzustände) erzeugt. Ein ganz wesentlicher Vorteil von Halbleiterdetektoren ist die deutlich geringere Energie, die für die Erzeugung eines Ionenpaares aufgebracht werden muss. Sie liegt bei $7,899\,\text{eV}$ bei Germanium, $8,152\,\text{eV}$ bei Silizium im Vergleich mit $15,760\,\text{eV}$ bei Argon. Dies bedeutet gleichzeitig, dass bei gleicher Energie der einfallenden Strahlung im Halbleiter erheblich mehr Ladungsträger erzeugt werden. Ebenso verbessert sich die zeitliche Auflösung beim Hableiterdetektor, da das Volumen des Detektors deutlich kleiner ist, sich so die Sammelzeiten der Ladungsträger verkürzen und der Impulsanstieg schneller abläuft. Die gute zeitliche Auflösung bietet zudem die Möglichkeit, einzelne Ereignisse zu unterscheiden und zu zählen. Da das erzeugte Signal proportional zur Energie der einfallenden ionisierenden Strahlung ist, bietet der Einsatz von Halbleitern als Detektor die Möglichkeit, ein Energiespektrum zu erzeugen, wofür sie letztlich bevorzugt eingesetzt werden.

Analog zum Gas in Ionisationskammern sind auch Halbleiter zunächst schlechte Leiter des elektrischen Stroms. Wenn jedoch ionisierende Strahlung im Halbleiter gestoppt wird, so kann über eine äußere angelegte elektrische Spannung an metallischen Elektroden die erzeugte elektrische Ladung nachgewiesen werden. Im Unterschied dazu würde leitendes Material, z. B. Metall, einen hohen Strom leiten, auch ohne jegliche Wechselwirkung mit ionisierender Strahlung. Die gegensätzliche Situation finden wir bei Isolatoren, die auch trotz Anwendung ionisierender Strahlung nichtleitend bleiben. Demnach sollten Halbleiter wie Silizium (Si), Germanium (Ge), Cadmiumtellurid, (CdTe) sowie Cadmiumzinktellurid (CZT) geeignet sein für Festkörperdetektoren, die als Ionisationskammern betrieben werden.

Eine weitere Variante an Halbleiterdetektoren bilden Dioden, bei denen sich zwischen den dotierten p- und n-Schichten eine weitere nur schwach oder undotierte Schicht befindet. Sie werden als PIN-Dioden bezeichnet, abgeleitet aus „positiv intrinsisch negativ", wobei hier intrinsisch für eigenleitend steht. Der

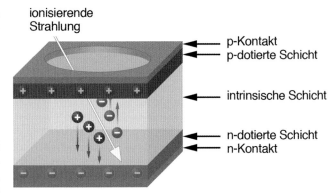

Abb. 12.4 Schematische Darstellung einer PIN-Diode. Die einfallende Strahlung erzeugt Elektron-Loch-Paare in der intrinsischen Schicht, die sich zur p- bzw. n-dotierten Schicht bewegen

Aufbau einer PIN-Diode ist schematisch in Abb. 12.4 dargestellt. An dem schwach n-leitenden Silizium wird auf einer Seite hochdotiertes p-Silizium und auf der anderen Seite hochdotiertes n-Silizium aufgebracht. Die PIN-Diode wird dann in Sperrrichtung betrieben. Mit ansteigender Dicke der Zwischenschicht steigt die kapazitiv deponierte Energie, wobei gleichzeitig das kapazitive Rauschen sinkt. Die Leitfähigkeit der Zwischenschicht ist gering, solange die Zahl der freien Ladungsträger klein ist. Durch in die Zwischenschicht eintreffende ionisierende Strahlung können Elektron-Loch-Paare entstehen, die dann in dem angelegten äußeren Feld analog wie bei Ionisationskammern durch den Detektor driften. Das Volumen des Detektors ist jedoch deutlich kleiner und die Mobilität der Ladungsträger größer. Entsprechend sind die Sammelzeiten für die Ladungen bei PIN-Dioden mit $10\text{--}100\,\text{ns}$ um mehrere Größenordnungen kürzer. Mit PIN-Dioden ausgestattete Detektoren werden einerseits für den Nachweis niederenergetischer Röntgenstrahlung eingesetzt, aber auch als sehr kompakte Personendosimeter im Strahlenschutz, zumal sie hierbei das sofortige Ablesen erlauben. In Abb. 12.5 ist ein modernes Personendosimeter zu sehen.

Neben all diesen positiven Eigenschaften der Halbleiter für ihren Einsatz als Detektoren für ionisierende Strahlung sollte man auch die nicht unwesentlichen Nachteile beachten. In Halbleitern ist die Energielücke zwischen Valenzband und unbe-

Abb. 12.5 Moderne Ausführung eines Personendosimeters der Firma Thermo Fisher Scientific Inc.

Teil III

setztem Leitungsband sehr gering. Sowohl in Silizium als auch in Germanium entstehen durch thermische Anregung (bereits bei Raumtemperatur) freie Ladungsträger, was sie elektrisch leitend macht, so dass bei Anlegen einer Spannung ein Strom fließen kann. Dieser Strom überlagert denjenigen, der infolge von ionisierender Strahlung entsteht. Deshalb werden Siliziumdetektoren gewöhnlich gekühlt, solche aus Germanium müssen immer auf deutlich unterhalb Raumtemperatur gekühlt werden. Des Weiteren können Verunreinigungen die reguläre Anordnung innerhalb der Kristallmatrix stören (Akzeptorstörstellen), die zuweilen freie Elektronen aus der Ionisation aufnehmen und dadurch das Signal erheblich vermindern. Infolge dessen muss die Dicke des Detektors auf ca. 1 cm beschränkt bleiben, mit der Konsequenz, dass wegen der relativ niedrigen Ordnungszahl von Silizium und Germanium der Nachweis höherenergetischer Strahlung beschränkt ist.

Man kann sich behelfen, indem man hochreines Germanium (HPGe; High Purity Germanium) einsetzt, welches sich in Größen von 5 cm Durchmesser und 1 cm Dicke herstellen lässt, was aber mit erheblichen Kosten verbunden ist. Alternativ kann man Silizium und Germanium mit Lithium dotieren, d. h., man baut gezielt Donatorstörstellen ein, eben jene Lithiumatome, die bereitwillig Elektronen abgeben, um die Akzeptorstörstellen zu kompensieren, und somit das Signal aus der Ionisation erhalten helfen. Die so erzeugten Kristalle werden als „Lithium-gedriftet" bezeichnet. Detektoren in der Größe von 5 cm Durchmesser und bis zu 5 cm Dicke lassen sich herstellen, aber auch hier gilt die Einschränkung der hohen Kosten und zusätzlich der zeitaufwendigen Herstellung. Ferner müssen diese Kristalle immer bei sehr tiefen Temperaturen ($-196\,^\circ$C mit Hilfe von flüssigem Stickstoff) betrieben werden. Um zu vermeiden, dass Lithium innerhalb der Kristallmatrix „kondensiert", muss zumindest Ge(Li) auch bei solch tiefen Temperaturen gelagert werden, da es sonst nach kurzer Zeit schon unbrauchbar wird. Die Nutzung von hochreinem Germanium oder Lithium-gedrifteten Silizium Si(Li) erscheint daher als der sinnvollere Weg, wenn man hoch aufgelöste Energiespektren erzeugen möchte. Si(Li) eignet sich besonders in der Anwendung mit niederenergetischer Strahlung, wenn sich die niedrige Ordnungszahl nicht einschränkend auswirkt.

Die schon zuvor genannten Halbleiter Cadmiumtellurid (CdTe) und Cadmiumzinktellurid (CZT) können im Vergleich mit Silizium und Germanium mit sehr interessanten Eigenschaften aufwarten. Zum einen können Detektoren aus CdTe oder CZT ohne Probleme bei Raumtemperatur betrieben werden und benötigen keine Kühlung, um starkes Rauschen zu unterdrücken, zum anderen können sie dank ihrer höheren Ordnungszahl (~ 50) auch für den Nachweis von ionisierender Gamma-Strahlung höherer Energie eingesetzt werden. Mittlerweile wird CZT nicht nur in kleinen Detektoren eingesetzt, sondern auch in Hybrid-Systemen wie SPECT/CT, auf die hier jedoch nicht weiter eingegangen werden soll. Ein limitierender Faktor sind die immer noch hohen Herstellungskosten von CZT in der geforderten Reinheit und der damit relativ höhere Gesamtpreis kompletter Systeme im Vergleich mit bisherigen, die einen Szintillator gekoppelt an einen Photosensor einsetzen. CZT wird in Zukunft sicherlich insbesondere dort eingesetzt, wo eine verbesserte Energieauflösung einen entscheidenden Vorteil darstellt.

12.4 Szintillationszähler

Wie bei den bisher vorgestellten Detektoren, namentlich den Ionisationskammern, deren Weiterentwicklungen zu Proportionalzählrohr oder Geiger-Müller-Zähler und den Halbleiterdetektoren, besteht auch bei den Szintillationszählern der Nachweisprozess darin, die im Detektor durch einfallende Strahlung verursachte Ionisation zu erfassen. Szintillationszähler bestehen jedoch, im Gegensatz zu den oben genannten Detektoren, aus zwei getrennten, aber aufeinander abgestimmten Modulen. Es handelt sich dabei um einen Szintillationskristall, in dem infolge der Ionisation u. a. Licht entsteht, das Szintillationslicht, sowie um ein Sensormodul, z. B. einen Photomultiplier, in dem dieses Licht erst für die elektronische Weiterverarbeitung verstärkt werden muss. Es handelt sich also um eine recht komplexe Kette an Wechselwirkungsschritten, letztlich Energieumwandlungsschritten, die nun im Einzelnen erläutert werden soll.

Jede ionisierende Strahlung erzeugt in Materie Ionisation oder Anregung, in deren Nachgang Energie abgegeben wird. Dies kann in Form von Wärme oder Schwingungen geschehen, in einigen Materialien aber auch in Form von Licht, welches für das menschliche Auge sichtbares Licht, aber auch unsichtbares, wie UV-Licht, sein kann. Dies wird zur Vereinfachung im Folgenden nicht weiter unterschieden. Primär für Detektoren in der Kern- und Teilchenphysik entwickelt, schließlich aber auch für Anwendungen in der medizinischen Physik und in der Nuklearmedizin angepasst, unterscheidet man prinzipiell zwei verschiedene Arten von Szintillatoren, den anorganischen in Form von Kristallen und den organischen Szintillatoren, die in Flüssigkeiten gelöst sind. Für beide Arten gilt gleichermaßen, dass die Menge an erzeugtem Szintillationslicht, ausgelöst durch einzelne Gamma-Strahlen oder Elektronen aus Beta-Zerfall, proportional ist zur deponierten Energie infolge der einfallenden Strahlung. Die Zahl der erzeugten Szintillationsphotonen ist abhängig vom Szintillator und der Energie der einfallenden Strahlung. Sie liegt bei wenigen 100 bis einigen 1000 Photonen für ein Gamma-Quant im Energiebereich von ca. 70 bis 511 keV, dem Energiebereich der in der medizinischen Bildgebung typischerweise eingesetzten radioaktiven Isotope. Häufig wird dieser Zusammenhang durch Angabe der Lichtausbeute (engl.: light yield, photon yield) ausgedrückt und angegeben als Anzahl der Photonen pro Energie einfallender Strahlung (in MeV oder keV). Für Natriumjodid ergaben die Untersuchungen, dass im Mittel die Energie von ca. 20 eV eines freigesetzten Elektrons für die Bildung eines Elektron-Loch-Paares aufgewandt wird [4]. Daraus entstehen ca. 40 Szintillationsphotonen pro 1 keV einfallender Strahlung (siehe auch Tab. 12.1). Vergleicht man den Energieaufwand für die Bildung eines Ionenpaares in Luft mit dem für die Bildung eines Elektron-Loch-Paares im Szintillator, wird offensichtlich, dass Letztere deutlich effizienter arbeiten. Luft hat bei der Erzeugung von Ladungsträgern zwar eine ähnliche Energieschwelle, fällt aber gegenüber dem Szintillator durch die um den Faktor 1000 geringere Dichte in der Nachweisempfindlichkeit zurück. Zwangsläufig muss man einen geeigneten Sensor auswählen, der das relativ schwache Photonensignal aus dem Szintillator entweder direkt erfassen kann oder zunächst verstärkt und damit die weitere elektro-

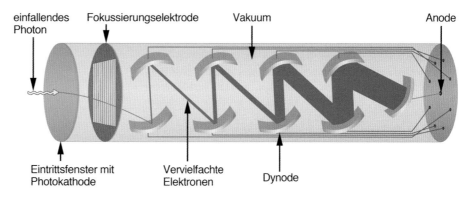

Abb. 12.6 Aufbau eines Photomultipliers: Durch ein einfallendes Photon wird aus der Photokathode ein Elektron ausgelöst, das mit Hilfe von mehreren Dynoden weitere Elektronen auslöst

nische Verarbeitung ermöglicht. Dass Szintillatoren trotz der relativ geringen Lichtausbeute breite Anwendung finden, liegt schlicht daran, dass sie sich aufgrund der Zusammensetzung aus Elementen höherer Ordnungszahl hervorragend dazu eignen, höherenergetische Gamma- und Röntgenstrahlung nachzuweisen, und dabei im gewissen Rahmen die Erzeugung von Energiespektren leisten können.

12.4.1 Photosensoren für Szintillationszähler

12.4.1.1 Photomultiplierröhren

Der erste und vermutlich einfachste Photosensor für Szintillationslicht dürfte das menschliche Auge gewesen sein. In älteren Lehrbüchern (z. B. [5]) wird häufig auf das Experiment von Rutherford verwiesen, bei dem er eine mit Zinksulfid beschichtete und daher fluoreszierende Scheibe nutzte, um die Winkelverteilung der an Gold-Atomkernen gestreuten Alpha-Teilchen durch Zählen der Lichtblitze zu bestimmen.

Ein dem heutigen Standard eher entsprechender Photosensor ist in Abb. 12.6 dargestellt, wobei es sich um eine Photomultiplierröhre (engl. photomultiplier tube, PMT) handelt, der im Folgenden anhand dieser Abbildung in seinen einzelnen Komponenten näher erläutert werden soll. Abb. 12.7 zeigt die Detailansicht eines Photomultipliers mit der Anordnung der Dynoden.

Ausgangspunkt ist ein im Szintillator entstandenes Photon, welches auf das Eintrittsfenster des PMT trifft. Dieses Eintrittsfens-

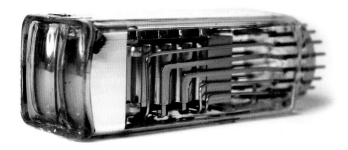

Abb. 12.7 Photomultiplier der Firma *Hamamatsu Photonics*. Gut erkennbar ist die sequenzielle Anordnung der Dynoden sowie eine zweigeteilte Photokathode

ter trägt von innen die Photokathode. Diese setzt sich zusammen aus einer dünnen Schicht, vorzugsweise aus Mischoxiden, z. B. SbCsO, BiAgCsO, die eine geringe Austrittsarbeit aufweisen, also leicht Elektronen abgeben können. Die lichtempfindliche Schicht selbst ist wiederum auf einer dünnen Metallschicht aufgetragen, damit das Nachliefern der Elektronen gesichert ist und gleichzeitig verhindert wird, dass sich die Photokathode positiv auflädt. Aus der Photokathode werden durch Photoeffekt Elektronen ausgelöst, wobei die Anzahl der Photoelektronen häufig mit Quantenausbeute oder Quanteneffizienz umschrieben wird. Typische Werte, die in der Literatur angegeben werden [1], liegen bei ein bis drei Photoelektronen pro 10 Photonen, die die Photokathode erreichen. Dazu gibt es eine Abhängigkeit von der Wellenlänge des Szintillationslichts, die die Quantenausbeute beeinflusst.

In kurzer Distanz zur Photokathode befindet sich eine metallische Dynode in Form einer kleinen Platte, die auf einer Spannung zwischen 200 und 400 V relativ zur Photokathode gehalten wird, wodurch die Elektronen von der Photokathode weg zur Dynode hin angezogen werden. Unterstützt wird dieser Vorgang zusätzlich von Fokussierungselektroden (engl. focussing grid). Für die Dynoden werden Materialien wie z. B. Cäsiummonoantimonid (CsSb) benutzt, das bei Beschuss mit beschleunigten Elektronen seinerseits mehrere Elektronen auslöst. Der Multiplikationsfaktor hängt dabei vom Spannungsunterschied zwischen Photokathode und Dynode ab. Die aus der ersten Dynode ausgelösten Elektronen können nun ihrerseits Elektronen aus einer zweiten Dynode auslösen, wobei zwischen diesen beiden Dynoden nun eine um 50 bis 150 V höhere Spannung angelegt wird. Dieser Prozess wird nun fortgesetzt, so dass man schließlich typischerweise insgesamt 9 bis 12 Dynoden hintereinander schaltet. Der Photomultiplier dient also nicht der Vervielfachung der Photonen an sich, sondern der Vervielfachung der eingangs von den Photonen erzeugten Photoelektronen. Im deutschen Sprachraum findet man deshalb in älteren Lehrbüchern gelegentlich noch die Bezeichnung „Sekundärelektronenvervielfacher" (SEV), was die eben beschriebene Wirkung der hintereinander geschalteten Dynoden recht treffend beschreibt. Bei einer Vervielfachung von 3 bis 6 pro Stufe, kann man bei z. B. 10 Stufen insgesamt eine Vervielfachung um 6^{10} erwarten, was ca. $6 \cdot 10^7$ entspricht. An der Anode schließlich werden die Elektronen gesammelt und erzeugen einen negativen Spannungsimpuls. Um reproduzierbare Messergebnisse zu erhalten, ist der Einsatz einer stabilen Hochspannungsversorgung erforderlich, besonders wenn die Auswertung von Pulshöhenspektren vorgesehen ist im Zusammenhang mit der Bestimmung der Energie von Gamma-Strahlung.

Szintillationszähler auf der Basis von Photomultipliern sind für verschiedene Anwendungen und in sehr unterschiedlichen Größen und Formen entwickelt worden, je nach verfügbarem Platz und oft als Teil für den Einbau in größere Ensembles wie z.B. ganze Gamma-Kamerasysteme oder als sehr kleine und handliche Sonde für die Anwendung zum Auffinden radioaktiv markierter Herde während eines chirurgischen Eingriffs. Problematisch jedoch ist der Betrieb in einem starken magnetischen Feld, wie es z.B. bei der Magnetresonanz-Tomographie der Fall ist. Die Elektronen würden auf dem Flug zwischen den einzelnen Verstärkungsstufen zu stark abgelenkt und je nach Konfiguration der Dynoden das Signal verfälscht, insbesondere bei positionssensitiven Photomultipliern. In diesem Fall behilft man sich mit dem Einsatz von Photodioden, die im folgenden Abschnitt vorgestellt werden.

12.4.1.2 Photodioden

Photodioden werden immer häufiger als Sensor für das schwache Licht aus einem Szintillationskristall anstelle des bereits präsentierten Photomultipliers eingesetzt. In diesem Fall geht es also nicht um den direkten Nachweis hochenergetischer Gammastrahlung, sondern um den Nachweis des Szintillationslichtes, welches durch die Wechselwirkung ionisierender Strahlung in einem Szintillationskristall entsteht. Die Energie der Szintillationsphotonen reicht aus, um Elektron-Loch-Paare im Siliziumkristall der Photodiode auszulösen. Zudem ist die dort induzierte Ladung proportional zur Anzahl der auftreffenden Szintillationsphotonen und somit zum Signal, welches im Kristall durch ionisierende Strahlung ausgelöst wurde. Photodioden haben dabei eine hohe Quantenausbeute, die zwischen 60 und 80 % liegt und somit deutlich höher ist als bei Photomultiplierröhren. Photodioden fehlt jedoch der Vervielfältigungsschritt. Der Verstärkungsfaktor liegt bei 1 verglichen mit 10^6 bis 10^7 bei Photomultiplierröhren, weshalb Photodioden zwingend eine spezielle Ausleseelektronik benötigen, die bei sehr niedrigem Rauschen arbeitet.

Verwandt mit Photodioden ist die aus Silizium bestehende Lawinen-Photodiode, APD (nach engl. avalanche photodiode), die mit einem hohen elektrischen Feld arbeitet, so dass die Elektronen aus den primär erzeugten Elektron-Loch-Paaren dadurch genügend Energie erhalten, um weitere Elektron-Loch-Paare zu erzeugen. Man kann sich dies analog zum Proportionalbereich der Ionisationskammern vorstellen. Die APD kann dadurch eine Verstärkung von 10^2 bis 10^3 erreichen, benötigt dazu jedoch auch wieder spezielle Ausleseelektronik mit niedrigem Rauschen. Zusätzlich muss beachtet werden, dass der Verstärkungsfaktor sehr abhängig ist von der Temperatur, so dass eine Temperaturstabilisierung erforderlich ist. Der entsprechende Aufwand ist daher nur gerechtfertigt beim Einsatz in speziellen Systemen der medizinischen Bildgebung, wie z.B. bei Hybridsystemen bestehend aus PET und MRT und simultaner Datenerfassung.

Wiederum analog zu gasgefüllten Ionisationskammern können APD auch im „Geiger"-Mode betrieben werden, d.h. bei

Abb. 12.8 SiPM der Firma Koninklijke Philips N.V. (Digital Photon Counting, PDPC), eingefasst in einen schwarzen Rahmen. Die 16 Dies, die jeweils vier Pixel umfassen, sind deutlich erkennbar

Anwendung einer höheren Bias-Spannung, oberhalb der Durchbruchspannung, so dass man ein deutlich höheres Ausgangssignal erhält, welches dann nicht mehr von der Energie der einfallenden Strahlung abhängt. Die auch als SPAD (nach engl. single-photon avalanche diode) bezeichneten Detektoren erlauben eine Verstärkung, die Werte von 10^7 oder 10^8 erreichen kann. Die entsprechenden Detektoren bestehen dabei aus vielen kleinen, nur 20–50 μm großen SPADs, die in mehreren Einheiten hierarchisch angeordnet sind. Abb. 12.8 zeigt einen solchen Detektor, bei dem 32×25 SPADs (à $59{,}4 \times 64 \, \mu m^2$) ein Subpixel bilden. 2×2 solcher Subpixel formen ein Pixel, von denen wiederum 2×2 für ein Die erforderlich sind. Der abgebildete Detektor besitzt 16 solcher Dies. Solche häufig als SiPM (engl.: silicon photomultiplier) bezeichnete Detektoren kommen vermehrt in modernen Szintillationszählern zum Einsatz. Sie eignen sich insbesondere für die Verwendung in Detektoren, die zur Hybridbildgebung, vornehmlich PET/MRT geeignet sind, da sie die Präsenz hoher magnetischer Feldstärken tolerieren. Darüber hinaus kommen sie unter Anwendung geeigneter elektronischer Auslese auch für Flugzeit-Messungen (engl. time of flight, TOF) in der PET in Betracht. Im Vergleich zu den klassischen Photomultiplierröhren bieten APD die Möglichkeit der kompakteren Bauweise und somit auch die Ausstattung moderner Bildgebung mit einer großen Zahl an Kanälen, was zu einer verbesserten räumlichen Auflösung führt.

12.4.2 Szintillatoren

Nachdem die Photosensoren als einer der Bestandteile der Szintillationszähler vorgestellt worden sind, wird im Folgenden die Rolle der Szintillatoren erläutert. Hier unterscheiden wir zwei Typen von Szintillatoren, die anorganischen und die organischen, die jeder für sich recht unterschiedliche Einsatzbereiche haben. Die anorganischen Szintillatoren werden in der wissenschaftlichen Literatur auch als Ionenkristalle bezeichnet. Beiden Typen gemeinsam ist jedoch, dass sie die Folgen der Wechselwirkung einfallender Strahlung, insbesondere Ionisation oder

Tab. 12.1 Eigenschaften einiger in der Nuklearmedizin verwendeter Szintillatoren (modifiziert nach [1])

Eigenschaft	NaI(Tl)	BGO	LSO(Ce)	GSO(Ce)	CsI(Tl)	LuAP(Ce)	LaBr$_3$(Ce)
Dichte (g/cm^3)	3,67	7,13	7,40	6,71	4,51	8,34	5,3
Effektive Ordnungszahl	50	73	66	59	54	65	46
Abklingzeit (ns)	230	300	40	60	1000	18	35
Lichtausbeute (pro keV)	38	8	20–30	12–15	52	12	61
Brechungsindex	1,85	2,15	1,82	1,85	1,80	1,97	1,9
Hygroskopisch	Ja	Nein	Nein	Nein	Leicht	Nein	Ja
Emissionsmaximum (nm)	415	480	420	430	540	365	358

Anregung, im Szintillator erfassen und in Licht umwandeln, welches dann im Photosensor nachgewiesen wird. Die Szintillatoren stellen damit ein wichtiges Zwischenglied in der Nachweiskette der ionisierenden Strahlung dar.

12.4.2.1 Anorganische Szintillatoren

Anorganische Szintillatoren sind Festkörper mit kristalliner Struktur, deren Besonderheit darin besteht, dass sie Szintillationslicht aussenden, wenn sie von ionisierender Strahlung getroffen werden. Zu beachten ist, dass die Eigenschaft, Szintillationslicht zu emittieren, unmittelbar an die Kristallstruktur gekoppelt ist. Einzelne Atome oder Moleküle dieser Stoffe zeigen diese Eigenschaft nicht. In Tab. 12.1 sind für Detektoren in der Nuklearmedizin häufig verwendete Szintillatoren mit ihren wesentlichen Eigenschaften angegeben. Auffällig ist, dass neben der primären Kennung, z. B. NaI, noch ein Zusatz, z. B. (Tl), steht. Damit werden Zusätze gekennzeichnet, die dem reinen Kristall jene Eigenschaft der Szintillation verleihen. Häufig werden diese Substanzen als „Verunreinigung" bezeichnet, die alternative Bezeichnung als „Aktivator" trifft die Wirkung der Zusätze jedoch deutlich besser.

Das Verhalten der Aktivatoren in den Szintillationskristallen lässt sich mit dem Bändermodell beschreiben. Demnach können sich die Elektronen nur in bestimmten erlaubten Energiebändern aufhalten, wobei man das oberste, voll besetzte Band als Valenzband bezeichnet. Ein verbotenes Band mit 7 eV Breite trennt das Valenzband vom darüber liegenden Leitungsband. Durch ein geladenes Teilchen, z. B. ein Elektron, welches durch Ionisation über eine höhere Energie verfügt, werden Elektronen vom Valenzband in das Leitungsband gehoben. Die hinterlassenen Löcher und die Elektronen des Valenzbandes können sich frei bewegen. Nur wenn ein Loch und ein Elektron den gleichen Impuls hätten, könnten sie sich unter Emission von Licht wieder vereinen. Dies ist jedoch äußerst unwahrscheinlich. Dagegen sehr viel wahrscheinlicher ist, dass das Szintillationslicht an Aktivatorzentren oder an Gitterfehlstellen emittiert wird. Weitere Anregungsmodi im Kristall sind Exzitonen genannte Elektron-Loch-Paare, die wegen ihrer geringeren Energie noch zeitweilig gebunden sind. Sie benötigen keine Fehlstelle oder ein Aktivatorzentrum, sondern können unter Aussendung von UV-Licht rekombinieren.

Szintillatorkristalle sind in der Regel Einkristalle, was ausreichende Durchlässigkeit für das im Kristall erzeugte Licht garantiert. Neben den Szintillatoren, denen ein Aktivator zugesetzt wurde, damit Szintillationslicht in ausreichendem Umfang erzeugt wird, gibt es solche, die diesen Zusatz nicht benötigen. In der wissenschaftlichen Literatur werden sie als selbstaktivierte intrinsische (engl. self-activated intrinsic) Szintillatoren bezeichnet. Zu diesem Typ gehören Bleiwolframat (PWO, PbWO$_4$), Calciumwolframat (CWO, CaWO$_4$) und das in Tab. 12.1 angegebene Bismutgermanat (BGO, Bi$_4$Ge$_3$O$_{12}$). Auch reines Natriumjodid (NaI) ist ein Szintillator, jedoch nur bei sehr tiefen Temperaturen (flüssigem Stickstoff), wobei sich dann eine veränderte Zeitabhängigkeit der Emission des Szintillationslichts zeigt. Die Liste der heute verfügbaren Szintillatoren ist inzwischen sehr umfangreich geworden, so dass in Tab. 12.1 nur eine kleine Auswahl der für die Detektoren in der medizinischen Physik und Nuklearmedizin sehr häufig genutzten Szintillatoren angegeben ist.

Mit in dieser Liste steht an erster Position der vielleicht bekannteste anorganische Szintillator, NaI(Tl), dessen Eigenschaften 1948 von Robert Hofstadter [2] charakterisiert wurden, insbesondere dass der Zusatz von Tl als Aktivator die Szintillationseigenschaften gravierend verbessert. In der Tat gilt NaI(Tl) seither und immer noch als Referenz, die es in den Eigenschaften an einigen wesentlichen Punkten zu übertreffen gilt. Unter den wichtigsten Eigenschaften, an denen man die Auswahl des Szintillators für eine bestimmte Anwendung gezielt schärfen kann, sind folgende zu nennen: Dichte und effektive Ordnungszahl des Szintillators; Zerfallszeit des erzeugten Szintillationssignals; Lichtausbeute pro keV der einfallenden Strahlung; Brechungsindex; Hygroskopie; Wellenlänge des Szintillationslichts. Neben allen technischen Überlegungen kommen auch finanzielle Aspekte in Betracht, denn die Herstellung der Szintillatoren ist mit erheblichem technischen Aufwand verbunden und schlägt sich auch je nach Menge in den Gesamtkosten eines Systems nieder. Im Folgenden sollen die verschiedenen gelisteten Eigenschaften in ihrer Relevanz betrachtet und anschließend an zwei Beispielen diskutiert werden:

a. **Dichte und effektive Ordnungszahl:** Aus beiden Angaben lässt sich jeweils ableiten, mit welcher Wahrscheinlichkeit Gamma- oder Röntgenstrahlung im Kristall wechselwirken und nachgewiesen werden können. Je höher die Ordnungszahl desto wahrscheinlicher ist die Wechselwirkung eines Photons mittels Photoeffekt und somit auch die Möglichkeit, dessen Energie vollständig zu erfassen. Bei Wechselwirkung über Compton-Effekt hinterlässt das Photon nur einen Teil seiner Energie im Kristall. Zu berücksichtigen ist hierbei jedoch auch die Energie der einfallenden Photonen. So dominiert im Energiebereich von 50 bis 250 keV die Wechselwirkung per Photoeffekt, wogegen bei höheren Energien, z. B. bei Annihilationsphotonen von 511 keV, der Compton-

Effekt überwiegt und die Erfassung der Gesamtenergie der einfallenden Photonen erschwert ist, es sei denn, dass man Szintillatoren mit besonders hoher Dichte bzw. effektiver Ordnungszahl einsetzt.

b. **Zerfallszeit des Szintillationssignals:** Allgemein wird darunter die Zeit verstanden, in der das zuvor erzeugte Szintillationslicht wieder abgeklungen ist und der Szintillator in der Lage ist, den Nachweis für eine nachfolgende Wechselwirkung im Kristall zu leisten, ohne dass das Signal vom vorhergehenden verfälscht würde. Eine kurze Zerfallszeit bedeutet demnach eine schnelle Antwortbereitschaft für ein neues Signal und beschreibt, vereinfacht ausgedrückt, einen schnellen Szintillator.

c. **Lichtausbeute:** Allgemein wird die Lichtausbeute angegeben als die Zahl der Szintillationsphotonen, die pro eV (manchmal auch pro keV oder MeV) absorbierter Strahlungsenergie erzeugt werden.

d. **Brechungsindex:** Da die Signale der Szintillatoren durch Photosensoren erfasst werden müssen, gilt es jeden Verlust an Photonen, z. B. durch Reflexion beim Übergang zwischen Szintillator und Sensor, zu minimieren. Dazu strebt man möglichst geringe Unterschiede im Brechungsindex zwischen den in Kontakt stehenden Materialien an.

e. **Hygroskopie:** Einige Szintillatoren wie NaI(Tl) und LaBr(Ce) sind hygroskopisch und erfordern daher einen besonderen Schutz vor jeglicher Feuchtigkeit, die die Brauchbarkeit des Kristalls sonst erheblich beeinträchtigen würde.

f. **Wellenlänge des Szintillationslichts:** Da die Photosensoren wie Photomultiplier oder Photodiode nur über einen eingeschränkten Wellenlängenbereich eine gute Effizienz aufweisen, ist es von Interesse, dass das im Szintillator erzeugte Licht möglichst gut mit diesem Wellenlängenbereich übereinstimmt. Nur so kann eine ausreichende Empfindlichkeit und Effizienz der Kombination aus Szintillator und Kristall und Photosensor für die Registrierung der Photonen gewährleistet werden. Typische Werte sind 30 % Effizienz dafür, dass die Szintillationsphotonen auch die Photokathode in einem PMT erreichen.

Die Auswahl eines geeigneten Szintillators sollte jeweils im Licht der primären Anwendung des Systems, dessen Bestandteil er wird, gefällt werden. Gedanklich kann dies in zwei Schritten geschehen:

1. Man setzt einen Szintillator als Referenz, d. h., seine entsprechenden Werte erhalten die „Güte" 100 %. Hier bietet sich z. B. NaI(Tl) als Referenz an.

2. Man ordnet den vorstehend genannten Eigenschaften (a bis f) je ein Gewicht zu, das angibt, für wie wichtig oder entscheidend man die Eigenschaft für die beabsichtigte Anwendung sieht. Da keiner der in Tab. 12.1 angegebenen Szintillatoren Bestwerte in allen Eigenschaften hat, ergeben sich zwangsläufig Kompromisse bei der Auswahl.

Dass Natriumjodid, NaI(Tl), hier als Referenz gewählt wurde, ist schlicht in seiner universellen Einsetzbarkeit und heutigen Verbreitung in den Bereichen der Nuklearmedizin und Strahlenmesstechnik im Allgemeinen begründet. Sind Gamma- und Röntgenstrahlen im Energiebereich von 50 bis 250 keV zu erfassen, so kann NaI(Tl) trotz seiner vergleichsweise geringeren

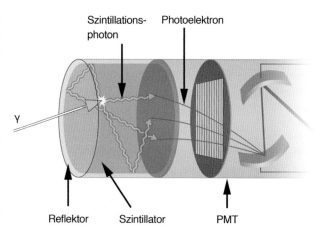

Abb. 12.9 Kombination von Szintillationskristall und Photomultiplierröhre

Dichte und effektiven Ordnungszahl als Szintillator bevorzugt eingesetzt werden. Das Spektrum seines Szintillationslichts deckt sich zudem gut mit dem Empfindlichkeitsbereich von Photokathoden der Photomultiplier. Natriumjodid ist zwar hygroskopisch, kann aber bei entsprechenden Vorkehrungen gut verarbeitet werden und wird in Detektoren sehr unterschiedlicher Bauform eingesetzt, als kleine Kristallblöcke im cm-Bereich bis zu großen rechteckigen Platten mit Abmessungen $40 \times 50 \, \text{cm}^2$ und Dicken von 1–2 cm. Generell müssen jegliche Beschädigungen oder Risse am empfindlichen Kristall sowie Eintrübungen, durch Feuchtigkeit verursacht, vermieden werden. In Verbindung von Kristall mit einem Photomultiplier steht der Szintillationsdetektor für vielfältige Einsätze zur Verfügung. Der typische Aufbau ist im Detail in Abb. 12.9 ersichtlich und in Tab. 12.1 sind typische Szintillatormaterialien für die Anwendung zum Erfassen von Gammastrahlen dargestellt. Was aus Abb. 12.9 nicht unmittelbar ersichtlich wird, sich aber für die Funktion der Kombination von Szintillationskristall und Photodetektor als unerlässlich darstellt, ist die Kopplung zwischen Szintillator und dem Einfallsfenster für das Szintillationslicht auf dem Weg zur Photokathode. Hierzu wird in der Regel die Verbindung mit einem speziellen, für optische Kopplungen tauglichen transparenten Kleber hergestellt.

Wird der Nachweis von Strahlung im Energiebereich von 250 keV und höher, z. B. die 511-keV-Photonen aus der Positron-Elektron-Vernichtung, verlangt, so zeigen sich bei der Benutzung von Natriumjodid erhebliche Einschränkungen. Besonders in der nuklearmedizinischen Bildgebung auf der Basis der Positronen-Emissions-Tomographie (PET) sind sowohl eine gute Energie- als auch eine gute Ortsauflösung unerlässlich. Um dieser Anforderung begegnen zu können, setzt man hierzu Szintillatoren höherer Dichte und höherer effektiver Ordnungszahl ein. Dazu gehören insbesondere Bismutgermanat (BGO), seit einigen Jahren auch Lutetium-Oxyorthosilicat (LSO) oder Mischungen aus Lutetium und Yttrium wie Lutetium-Yttrium-Oxyorthosilicat (LYSO). Folgende Argumente verdeutlichen die Vorzüge, aber auch Nachteile von BGO:

a. Bei höherer effektiver Ordnungszahl eines Szintillators verbessert sich das Verhältnis von Photoeffekt zu Compton-

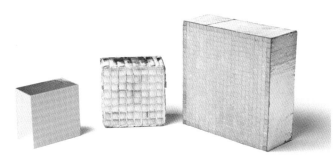

Abb. 12.10 Verschieden große Arrays aus L(Y)SO-Kristallnadeln

Effekt hinsichtlich der Wechselwirkung des hochenergetischen Photons im Kristall. Beim Photoeffekt wird die gesamte Energie des Photons am Wechselwirkungsort deponiert und erfasst, beim Compton-Effekt jedoch nur ein Teil. Das gestreute Photon kann zwar an einem anderen Ort durch Photoeffekt gestoppt und somit erfasst werden, die eindeutige Zuordnung des Nachweises bezüglich Energie und Ort geht jedoch verloren.

b. BGO-basierte Detektoren können wegen der höheren Dichte eine sehr kompakte Bauform erhalten, wogegen bei NaI(Tl)-basierten Detektoren durch den Mehreinsatz von Szintillatormaterial größere und unhandlichere Geräte entstehen. Kompakte Detektoren bieten sich u. a. auch als Handsonde für den Einsatz während Operationen an, wenn der Chirurg einen befallenen Lymphknoten nach Gabe eines geeigneten Tracers identifizieren möchte.

c. Die Vorteile von BGO an dieser Stelle können aber die Nachteile nicht völlig überdecken. BGO liefert sehr wenig Szintillationslicht, nur 8 Photonen pro keV einfallender Strahlung und hat dabei eine relativ lange Zerfallszeit, es gilt daher als langsam. Das Anfang der 1990er-Jahre entwickelte LSO kompensiert diese Nachteile und bietet sich auch schon wegen der deutlich kürzeren Zerfallszeit des Lichtes besonders dann an, wenn Schnelligkeit eine wesentliche Anforderung ist, wie z. B. für die Anwendung in PET-Systemen, die auch Flugzeit-Unterschiede (Time-of-Flight, TOF) im Rahmen der Datenakquisition und -selektion ausnutzen. Abb. 12.10 zeigt exemplarisch verschieden große Arrays aus L(Y)SO-Kristallen, die für PET-Detektoren verwendet werden.

Die weiteren in Tab. 12.1 angegebenen Szintillatoren finden teilweise Einsatz bei der Entwicklung spezieller Detektoren, die deren besondere Vorzüge ausnutzen sollen.

12.4.2.2 Organische Szintillatoren

Im Gegensatz zu den anorganischen Szintillatoren spielt bei den organischen Szintillatoren das Kristallgitter praktisch keine entscheidende Rolle, da der Szintillationsprozess auf die elektronischen Eigenschaften einzelner Moleküle zurückzuführen ist. Die Eigenschaft der Szintillation hängt daher auch nicht davon ab, ob der organische Szintillator aus einem Kristall, einer Flüssigkeit oder einem Plastikstoff besteht. Ähnlich zu Molekülspektren sind die Energieniveaus der Emissionsspektren nur wenig verbreitert. Zwei Mechanismen werden angenommen

für die Übertragung der Energie, die ionisierende Strahlung im Szintillator hinterlassen hat, vom Ort der Anregung zum abstrahlenden Molekül:

a. Strahlung überträgt die Energie, die an verschiedenen Stellen des Szintillators emittiert und absorbiert wird.

b. Durch Diffusion oder elektrische Dipolwechselwirkung zwischen den Molekülen geht die Übertragung strahlungslos vonstatten.

Im Vergleich mit den zuvor beschriebenen anorganischen Szintillatoren ist die Lichtausbeute wesentlich geringer, sie können aber mit einer sehr kurzen Abklingzeit glänzen und eignen sich daher sehr gut für exakte Zeitmessungen, z. B. als Plastikszintillatoren in der Hochenergiephysik in Form größerer Paneele als Bestandteil von Hodoskopen zur Definition von Teilchenspuren und damit verbundenen Triggersignalen für die Auslese weiterer Detektoren. In den Eigenschaften sind sie ähnlich den Flüssigkeitsszintillatoren, die im Folgenden beschrieben werden.

12.4.2.3 Flüssigkeitsszintillatoren

Bei Flüssigkeitsszintillatoren handelt es sich um organische Lösungen, die sich aus verschiedenen Komponenten zusammensetzen, womit sich der Nachweis wie folgt ergibt:

a. Einem organischen Lösungsmittel wird die mit radioaktiven Isotopen markierte Stoffprobe hinzugefügt, um den szintillierenden Stoff und die Stoffprobe zu lösen. Von diesem Lösungsmittel wird auch der größte Teil der aus der Probe stammenden Strahlungsenergie absorbiert. Die von der ionisierenden Strahlung erzeugten schnellen Elektronen übertragen ihre Energie an die Moleküle einer normalerweise nicht szintillierenden Lösung. Man kann diese Lösung als Primärlösung betrachten.

b. Aus dieser Primärlösung wird die Energie per Strahlung auf eine weitere Lösung, die Sekundärlösung, übertragen, da das Spektrum der Lichtemission der in der Primärlösung gelösten szintillierenden Moleküle häufig nicht optimal zu den eingesetzten Photomultipliern passt. Die Aufgabe der Sekundärlösung ist dabei die Absorption des Lichts aus der Primärlösung und die Emission von Licht einer größeren Wellenlänge, welches vom Photomultiplier effizienter verarbeitet werden kann.

c. Weitere Zusätze können notwendig sein, um z. B. die Löslichkeit der Probe oder aber auch den Energietransfer aus dem Lösungsmittel zur Sekundärlösung zu verbessern. Optimierte Lösungen für die Anwendung im Labor sind in verschiedensten Zusammensetzungen kommerziell erhältlich.

Was Flüssigkeitsszintillatoren besonders auszeichnet, ist der Umstand, dass sich Strahlenquelle und Detektor praktisch im selben Volumen befinden. Hieraus ergeben sich wichtige Vorteile, leider aber auch eine Reihe an Nachteilen, die nicht unerwähnt bleiben sollen. In Flüssigkeitsszintillatoren lassen sich daher insbesondere auch Isotope nachweisen, die niederenergetische Röntgen- und Gammastrahlung sowie niederenergetische Elektronen emittieren. In diesem Zusammenhang häufig genutzte Isotope sind ^{3}H und ^{14}C. Es handelt sich in beiden Fällen um β^--Emitter, wobei das Elektron im Mittel eine niedrige Energie besitzt und sehr schnell gebremst wird. Im medizinischen

Umfeld stehen die Untersuchungen von Urin- und Blutproben im Vordergrund. Generell muss man jedoch beachten, dass Flüssigkeitsszintillatoren auch eine Reihe an Nachteilen haben, worunter zu nennen sind:

a. Wegen der geringen Dichte und der Zusammensetzung aus Stoffen niedriger Ordnungszahl ist der Nachweis höherenergetischer, durchdringender Strahlen sehr ineffizient. Hinzu kommt noch, dass auch die Lichtausbeute, verglichen mit anorganischen Szintillatoren wie dem Natriumjodid, ebenso deutlich geringer ist. Auch die Ankopplung an die für den Nachweis des Szintillationslichtes benutzten Photomultiplier ist mit Verlusten behaftet. Ferner ist die Messung einer Probe nur einmalig möglich, da die Probe im Flüssigkeitsszintillator aufgelöst und dadurch zerstört wird, für weitere Messungen damit nicht zur Verfügung steht.

b. Flüssigkeitsszintillatoren unterliegen im Weiteren dem Problem des „Quenchen", was so viel wie „löschen" bedeutet, das abrupte Abbrechen eines chemischen Prozesses, was jedoch nicht mit dem Quenchen beim Geiger-Müller-Zähler verwechselt werden sollte. An dieser Stelle geht es um drei Effekte, die letztlich zum Verlust von Szintillationslicht führen. Das chemische Quenchen beschreibt den Vorgang, dass

1. Teile der Lösung mit der Primärlösung um die Absorption der zuvor durch ionisierende Strahlung erzeugten Energie konkurrieren,
2. farbige Substanzen, wie z. B. Blut, das emittierte Szintillationslicht absorbieren und
3. relativ große Mengen Probenmaterial der ursprünglichen Lösung hinzugefügt werden und dadurch die Konzentration der Primär- oder Sekundarlösung zu stark vermindert wird und die Effizienz des Nachweisvorganges deutlich reduziert ist.

Dem Problem des Quenchens muss begegnet werden, z. B. durch das Entfernen von gelöstem Sauerstoff durch Anwendung von Ultraschall auf die Probe oder durch Bleichzusätze, um Verfärbungen zu verhindern. Das Ziel im Besonderen ist, die Vergleichbarkeit der Versuchsergebnisse einer Reihe von Proben zu gewährleisten, so gut es technisch möglich und sinnvoll ist. Dadurch soll letztlich eine Kalibrierung möglich sein, eine Zuordnung von gemessenem Licht zur in der Probe vorhandener Aktivität, die die Erzeugung des Szintillationslichts ausgelöst hat.

12.4.2.4 Besonderheiten

Die Besonderheit, dass Quelle und Detektor dasselbe Volumen ausfüllen, trifft nicht ausschließlich auf Flüssigkeitsszintillatoren zu. So besitzen alle Lutetium-haltigen Szintillatoren wie LSO, LYSO immer auch einen geringen Anteil des radioaktiven Isotops Lu-176 von 2,6 % (des Lutetiums), welches eine Halbwertszeit von $3{,}85(7) \cdot 10^{10}$ Jahren hat. Diese natürliche radioaktive Untergrundstrahlung von ca. 280 Bq pro cm^3 bedeutet für die Messung mit LSO als Teil eines Szintillationsdetektors ein ständiges Signal, welches bei Messungen innerhalb eines PET-Systems aber nicht störend auffällt. Vielmehr ist dieses beständige Signal sehr gut für Kalibrierungsmessungen nutzbar [3]. Auch wurden schon Anwendungen wie die Nutzung als Quelle für Transmissionsmessungen im Rahmen der Schwächungskorrektur für die PET-MR berichtet [7, 9].

Aufgaben

12.1 Warum sind anorganische Szintillatoren mit hoher Lichtausbeute häufig bevorzugt?

12.2 Welche Aufgabe erfüllt die sogenannte Sekundärlösung bei Flüssigkeitsszintillatoren?

12.3 Warum strebt man bei anorganischen Szintillatoren eine möglichst hohe effektive Ordnungszahl an?

12.4 Worin besteht ein wesentlicher Unterschied zwischen einer Ionisationskammer, die im Bereich der Sättigungsspannung betrieben wird, und einem Proportionalzähler?

12.5 Worin liegt ein wichtiger Vorteil von Halbleiterdetektoren gegenüber gasgefüllten Ionisationskammern?

12.6 Was sind die wesentlichen Bestandteile eines Photomultipliers?

12.7 Warum werden gerade Halbleiter als Festkörperdetektoren verwendet?

Literatur

1. Cherry SR, Sorenson JA, Phelps ME (2012) Physics in nuclear medicine, 4. Aufl.
2. Hofstadter R (1948) Alkali halide scintillation counters. Phys Rev 74(1):100–101. https://doi.org/10.1103/PhysRev.74.100
3. Knoess C, Gremillion T, Schmand M, Casey ME, Eriksson L, Lenox M, Treffert JT, Vollmar S, Fluegge G, Wienhard K, Heiss WD, Nutt R (2002) Development of a daily quality check procedure for the high-resolution research tomograph (HRRT) using natural LSO background radioactivity. IEEE Trans Nucl Sci 49(5):2074–2078. https://doi.org/10.1109/Tns.2002.803787
4. Knoll GF (2010) Radiation detection and measurement, 4. Aufl.
5. Lapp RE, Andrews HL (1963) Nuclear radiation physics
6. Moore GE (1948) Use of radioactive diiodofluorescein in the diagnosis and localization of brain tumors. Science 107(2787):569–571. https://doi.org/10.1126/science.107.2787.569
7. Rothfuss H, Panin V, Moor A, Young J, Hong I, Michel C, Hamill J, Casey M (2014) LSO background radiation as a transmission source using time of flight. Phys Med Biol 59(18):5483–5500. https://doi.org/10.1088/0031-9155/59/18/5483
8. Tillmanns U (1981) Geschichte der Photographie: ein Jahrhundert prägt ein Medium. Huber
9. Lerche C, Kaltsas T, Caldeira L, Scheins J, Rota Kops E, Tellmann L, Pietrzyk U, Herzog, H, Shah NJ (2018) PET attenuation correction for rigid MR Tx/Rx coils from ^{176}Lu background activity. Phys Med Biol 63:035039. https://doi.org/10.1088/1361-6560/aaa72a

Die Gammakamera – planare Szintigraphie

13

Jörg Peter

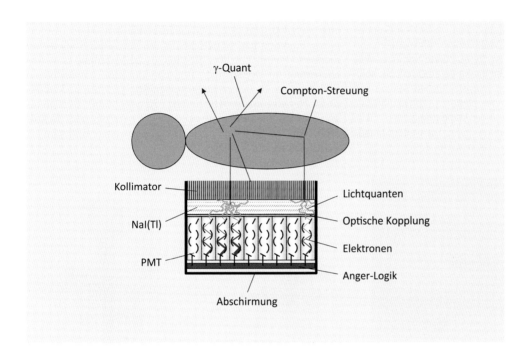

Teil III

© Springer-Verlag GmbH Deutschland, ein Teil von Springer Nature 2018
W. Schlegel, C.P. Karger, O. Jäkel (Hrsg.), *Medizinische Physik*, https://doi.org/10.1007/978-3-662-54801-1_13

Die Gammakamera ist *der* zentrale Instrumentierungsbestandteil der Szintigraphie und der SPECT. Gammakameras können zum heutigen Zeitpunkt in direkte (halbleiterbasierte) und indirekte (szintillationsbasierte) Gammastrahlendetektoren klassifiziert werden. Die Erforschung halbleiterbasierter Gammakameras umfasst gegenwärtig ein sehr aktives Feld in der nuklearmedizinischen Physik, und einige kommerzielle Hersteller haben bereits sehr moderne Halbleiterdetektoren wie z. B. Cadmiumzinktellurid-basierte (CZT) Detektoren im Vertriebsangebot. Solche neuen Detektormaterialien und -technologien weisen wichtige Vorteile – wie z. B. höhere räumliche Auflösung und bessere Energieauflösung der gemessenen Strahlung – im Vergleich zu konventionellen, indirekten Gammakameradesigns auf. Noch wird es wohl einige Jahre dauern, bis halbleiterbasierte Strahlendetektoren die etablierte und über viele Jahre bewährte röhrenbasierte(!) Gammakameratechnologie ablösen. In diesem Kapitel wird in den hauptsächlichen Aufbau und die wesentliche Funktionsweise einer planaren, konventionellen Gammakamera eingeführt, wie sie in der standardmäßigen nuklearmedizinischen Diagnostik Anwendung findet. Für weiterführende Informationen sei der Leser z. B. verwiesen auf [6, 8, 9].

13.1 Szintigraphie: Einführung und historischer Kontext

Als **Szintigraphie** bezeichnet man ein planares bildgebendes Verfahren der nuklearmedizinischen Diagnostik, mittels welchem die Verteilung von radioaktiv markierten Substanzen (Radiopharmaka) *in vivo* mittels (mindestens) eines extern positionierten, in zwei Ortsrichtungen auflösenden Strahlendetektors aufgezeichnet wird. Während das verwendete Radioisotop eine physikalische, d. h. signalerzeugende bzw. signalübertragende Funktion hat, so entscheidet das durch das Radioisotop markierte Pharmakon über die biologische Verteilung bzw. Anreicherung im Organismus. Typische klinische Anwendungen finden sich z. B. in der Lungendiagnostik (Perfusion, Ventilation), Herzdiagnostik (Herzinfarkt, Herzfunktion), Skelettdiagnostik (Tumor, Infektion; vgl Abb. 13.1 rechts) oder Neurologie (Hirntod, Dementia) [5]. Das aufgezeichnete Bild wird als **Szintigramm** bezeichnet.

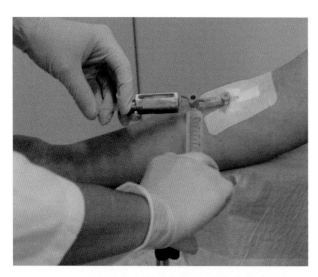

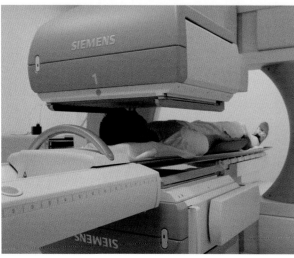

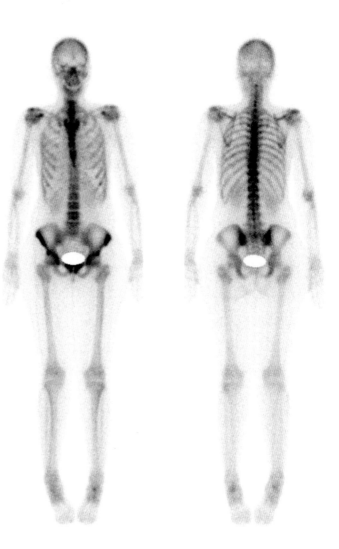

Abb. 13.1 Bildgebung mittels planarer Szintigraphie, beispielhaft zur Darstellung des Knochenstoffwechsels nach intravenöser Applikation einer ^{99m}Tc-markierten Phosphonatverbindung: Injektion des Radiopharmakons (*links oben*), Strahlendetektion mittels zweier Gammakameras (*links unten*), Knochenszintigramme von rechts ventral links und von links dorsal rechts (*rechts*)

Da in der Szintigraphie (und SPECT) Radioisotope eingesetzt werden, welche Gammastrahlen (Abk. γ-Quanten) emittieren, z. B. das synthetische Radionuklid ^{99m}Tc als reiner γ-Strahler mit einer Photonenenergie von 140,5 keV und einer Halbwertszeit von 6,01 h, bezeichnet man den in der nuklearmedizinischen Diagnostik eingesetzten, in zwei Raumkoordinaten (x, y) ortsauflösenden Strahlendetektor als Gammakamera (vgl. Abb. 13.1 links unten) – manchmal auch zu Ehren seines Erfinders, Hal Anger, als Anger-Kamera. Erste experimentelle Anordnungen zur Messung örtlich lokalisierter Strahlenquellenverteilungen *in vivo*, insbesondere von radioaktiv markiertem Jod (^{131}I) in der Schilddrüse [3], wurden mittels lokal am Körper angebrachter Geiger- bzw. Szintillationszählratendetektoren bereits in den 1930er Jahren realisiert [2, 7]. Durch Montage eines kollimierten Zählratendetektors an eine mechanische Verschiebungseinheit sowie durch sequenzielle Abtastung in zwei Ortsrichtungen konnte man erstmals zweidimensionale Zählratenverteilungen bildhaft darstellen. Die erste klinische Anwendung wurde im Jahre 1951 realisiert und als *Rectilinear Scanner* bezeichnet [4]. Der *Rectilinear Scanner* hatte einen wesentlichen Nachteil: Die Abtastung einer Zielregion dauerte mehrere Minuten, weshalb Verwischungsartefakte, verursacht durch Patienten- oder Organbewegungen, für eine Vielzahl von Bildgebungsanwendungen insbesondere im Thoraxbereich unvermeidbar waren. Etwa zur selben Zeit arbeitete Hal Anger an alternativen Möglichkeiten der zweidimensionalen Detektion von γ-Quanten. Der Durchbruch gelang ihm, als er einen im Vergleich zum *Rectilinear Scanner* deutlich größeren, soliden Szintillationskristall an eine zweidimensionale Matrix von Photoelektronenvervielfacherröhren (*photo multiplication tubes*, PMTs) koppelte (vgl. Abb. 13.2). Das im Szintillationskristall erzeugte Lichtfeld wird dabei von mehreren PMTs aufgezeichnet und in entsprechende elektronische Signale umgewandelt. Mittels einer elektronischen Schaltung, die sogenannte Anger-Logik (Positionsanalytik), wird der Ort der Wechselwirkung eines γ-Quants im Kristall durch Berechnung des Schwerpunktes der Ausgangssignale aller PMTs berechnet (vgl. Abb. 13.6). Anger koppelte das berechnete gewichtete Positionssignal in die Steuerelektronik einer Kathodenstrahlröhre (CRT) ein, womit durch Anbringung eines photoempfindlichen Films an den Schirm der CRT und mittels Aufzeichnung einer Vielzahl von Detektionsereignissen sich auf dem Film über die Messzeit ein zweidimensionales Belichtungsprofil ausbildete, welches im Anschluss an die Messdurchführung (und nach Filmentwicklung) als Bild, das sogenannte Szintigramm, betrachtet werden konnte. Um Strahlungsverteilungen in dreidimensionalen Objekten ortsaufgelöst abbilden zu können, bedarf es weiterhin eines Kollimators (vgl. Abb. 13.3); Anger kombinierte seine Kamera mit einem Einzellochkollimator [1]. Angers Arbeiten und die von ihm erfundene Kamera kennzeichnen eine der Sternstunden nuklearmedizinischer Instrumentierung.

Auch heute repräsentiert die Anger-Kamera mit ihren grundlegenden Bestandteilen den Goldstandard für die nuklearmedizinisch angewandte Detektion von γ-Quanten, wenngleich die Ausgangsdaten der Gammakamera heute in digitalisierter Form mittels Computer aufbereitet, korrigiert, abgespeichert und zur Diagnostik als Projektionsbilder am Bildschirm oder in ausgedruckter Form betrachtet werden.

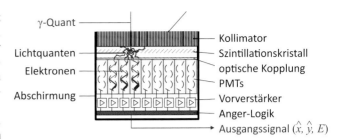

Abb. 13.2 Schematischer Aufbau einer konventionellen Gammakamera

13.2 Aufbau einer Gammakamera

Eine konventionelle Gammakamera (vgl. Abb. 13.2) besteht aus Kollimator, Szintillationskristall, PMTs, Vorverstärkern sowie Impulsverarbeitungselektronik (insbesondere Anger-Logik). All diese Komponenten sind in einer licht- und strahlendichten Abschirmung untergebracht, so dass nur γ-Quanten detektiert werden können, welche durch den Kollimator hindurch auf den Szintillationskristall treffen, und nur jene Lichtquanten mittels der PMTs umgewandelt und verstärkt werden, welche durch photoelektrische Absorption im Szintillationskristall erzeugt wurden. Weiterhin ist eine Hochspannungsversorgungseinheit für die PMTs notwendig.

Für die klinische Anwendung wird die Gammakamera an einer Aufnahmeeinheit (*Gantry*) befestigt (vgl. Abb. 13.1 links unten) und kann relativ zum Patienten dergestalt positioniert werden, dass zum Zwecke der Bildgebung ein Bereich des Patienten möglichst optimal hinsichtlich räumlicher Auflösung und Sensitivität mit dem Gesichtsfeld der Gammakamera in Übereinstimmung gebracht wird. Im Allgemeinen ist der Patient auf einer Liege positioniert, seltener auch stehend (z. B. Lungenperfusionsdiagnostik) bzw. sitzend (z. B. Brustbildgebung). Reicht eine einzige Anordnung nicht aus, beispielsweise weil der bildgebende Patientenbereich größer ist als das Gesichtsfeld der Gammakamera, und/oder bei der SPECT-Anwendung (vgl. Kap. 14), so wird die Gammakamera mittels der Aufnahmeeinheit sequenziell an mehreren Orten positioniert und es werden separate Aufnahmen durchgeführt. Oft bestehen konventionelle Gammakamerasysteme aus mehreren Gammakameras – Szintigraphie: bis zu zwei (oft anterior/posterior angeordnet), SPECT: bis zu vier –, um diesen Prozess zu parallelisieren und somit die Bildaufnahmezeit zu verkürzen.

13.2.1 Kollimator

Aufgabe des Kollimators ist es, aus dem Gesamtstrahlungsfeld der Quellverteilung nur jene γ-Quanten zum hinter ihm angeordneten Szintillationskristall durchzulassen (bzw. auszuselektieren), welche aus einer bestimmten Richtung des durch ihn definierten Gesichtsfeldes emittiert (bzw. unvermeidlicherweise gestreut) werden. Mit anderen Worten: der Kollimator bildet eine dreidimensionale radioaktive Quellverteilung auf den Kristall (und schließlich auf eine Bildebene) ab. Ohne

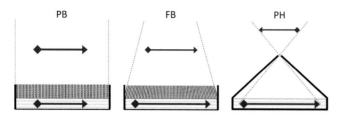

Abb. 13.3 Gebräuchliche Kollimatorgeometrien: Parallelstrahlkollimator (PB), konvergierender Kollimator (FB), Einzellochkollimator (PH). Illustrativ angedeutet ist jeweils ein Objekt im Gesichtsfeld sowie dessen Abbildung durch den Kollimator in der Bildebene der Kamera

Tab. 13.1 Ausgewählte (kommerziell verfügbare/klassifizierte) Kollimatoren und deren Abbildungseigenschaften; LEAP – *low energy all purpose*, HRES – *high resolution*, UHRES – *ultra high resolution*, HSNES – *high sensitivity high energy*; L – Bohrungslänge, D(eff.) – effektiver Bohrungsdurchmesser, T(eff.) – effektive Septumdicke, μ_c(rel.) – rel. Sensitivität, R_c – räumliche Auflösung (FWHM) in 100 mm Entfernung

	LEAP	HRES	UHRES	HSNES
L (mm)	24,0	24,0	36,0	24,0
D(eff.) (mm)	1,43	1,11	1,08	2,02
T(eff.) (mm)	0,25	0,25	0,2	0,3
μ_c(rel.)	1,0	0,64	0,28	2,05
R_c (mm)	8,9	7,4	5,8	12,2

Kollimator wäre eine räumlich aufgelöste Abbildung nicht möglich; sämtliche γ-Quanten würden ohne Ortsbezug auf den Kristall treffen. Mittels eines einzelnen Loches in einer Abschirmung (in Analogie zur *Camera obscura*) oder aber durch eine Vielzahl zylindrischer Bohrungen oder Faltungen (sogenannte Mehrlochkollimatoren) bildet ein realer Kollimator lokale Kegelvolumen (ideal: Linien) im Gesichtsfeld auf Punkte im hinter ihm angeordneten Szintillationskristall ab. Das Kollimatormaterial, in welche die Bohrungen eingebracht oder aus welchem die eine Septenmatrix mit i. Allg. regelmäßiger Hexagonstruktur formende Faltungen bestehen, muss von hoher Dichte oder Ordnungszahl sein (oft Blei, Wolfram), damit γ-Quanten, welche nicht jenen durch den Kollimator geformten freien Bereich passieren, um nachfolgend detektiert werden zu können, in ihm absorbiert werden können. Im Kollimator absorbierte Photonen gehen letztlich dem Messprozess verloren, d. h., der Kollimator, so notwendig er ist, verringert die Effizienz einer Gammakamera in ganz erheblichen Maße. Eine Unterscheidung zwischen im Gesichtsfeld kollimierten (d. h. durchgelassenen) primären und sekundären (das sind gestreute, nicht für die Bildgebung erwünschte) γ-Quanten ist im Kollimator selbst nicht möglich; eine solche Selektion findet erst im Detektor mittels Energiefensterung (s. Abschn. 13.2.4) statt. Der Kollimator kann jedoch Photonen außerhalb des Gesichtsfeldes sehr wirkungsvoll abschirmen.

Spezifische Ausführungsformen der Kollimatorgeometrie (vgl. Abb. 13.3) beeinflussen signifikant die räumliche Auflösungsfähigkeit sowie die Sensitivität einer Gammakamera. Der Kenntnis um die Bedeutung der Kollimatorwahl hinsichtlich der Optimierung dieser beiden Parameter kommt darum für das breite Spektrum klinischer (als auch präklinischer) Anwendungen eine große Bedeutung zu. Für klinische Anwendungen kommen heute fast ausschließlich Mehrlochkollimatoren zur Anwendung. Sind alle Kollimatorbohrungen orthogonal zur Szintillationskristallebene eingebracht, so spricht man von einem Parallelstrahlkollimator (*Parallel-Beam-*, PB-Kollimator). Ein PB-Kollimator bildet ein Objekt im Gesichtsfeld mit gleicher Größe auf dem Detektor ab. Bilden sämtliche Kollimatorbohrungen einen Fokuspunkt, so handelt es sich um einen Kegelstrahlkollimator (*Cone-Beam-*, CB-Kollimator); bilden sie eine Fokuslinie, so handelt es sich um einen Fächerstrahlkollimator (*Fan-Beam-*, FB-Kollimator). Letztgenannte Mehrlochkollimatoren stellen konvergierende Kollimatoren dar und vergrößern das bildgebende Objekt in einer (FB) bzw. in zwei (CB) Dimensionen. Sie werden eingesetzt, um Objekte oder Organe kleinerer Ausdehnung als der γ-Strahldetektor selbst,

z. B. das Herz, aufgrund einer geometrischen Projektionsvergrößerung im Detektor mit höherer resultierender räumlicher Auflösung zu detektieren. Darüber hinaus gibt es (sehr selten eingesetzt) divergierende Kollimatoren, welche Objekte im Gesichtsfeld verkleinert darstellen, sowie, insbesondere im Kleintierbereich oder für spezielle Organbildgebung, Einzellochkollimatoren (*Pinhole-*, PH-Kollimator), welche Objekte stark vergrößert – jedoch mit vergleichsweise sehr geringer Sensitivität – darstellen können[1]. Die Wahl der Kollimatorgeometrie richtet sich insbesondere nach der Objektgröße (im Vergleich zum γ-Strahldetektor) sowie der Objektentfernung von der Gammakamera und resultiert i. Allg. aus einem bestmöglichen Kompromiss zwischen höchster erzielbarer räumlicher Objektauflösung und Kollimatoreffizienz.

Neben der spezifischen Auswahl des Kollimatortyps gibt es unterschiedliche Ausführungsformen für Kollimatoren derselben Geometrie. Durch Variation der Septendicke (bei Mehrlochkollimatoren) beispielsweise kann man Kollimatoren für unterschiedliche zu detektierende Photonenenergien optimieren. Höhere Photonenenergien erfordern stärkere Septendicken (oder Materialien höherer Dichte/Ordnungszahl), um solche Photonen zu kollimieren. Sind die Septen zu dünn, dann können Photonen höherer Energie diese durchdringen, wodurch es zu erhöhter Detektion von unkollimierten Photonen bzw. Ausprägung von Hintergrundmustern kommen kann. Kollimatoren werden nicht nur energiespezifisch, sondern entweder hinsichtlich der räumlichen Auflösungsfähigkeit oder aber hinsichtlich der geometrischen Effizienz optimiert. Hohe räumliche Auflösung kann für Mehrlochkollimatoren durch lange Kollimatorbohrungen und kleine Bohrungsdurchmesser erzielt werden. Anderseits korrelieren beide Parameter jedoch invers mit der geometrischen Effizienz des Kollimators. Je nach appliziertem Radioisotop und/oder abhängig von der Größe und Entfernung des bildgebenden Zielbereiches und/oder hinsichtlich der o. g. Parameterpräferenz wird man in der Praxis deshalb einen geeigneten Kollimator aus einer Mehrzahl von (kommerziell) verfügbaren Kollimatoren auswählen (vgl. Tab. 13.1). Im Rahmen dieser Einführung kann nicht auf die mathematische Herleitung der Abbildungseigenschaften (räumliche Auflösung R_c, geometrische Effizienz μ_c) von Kollimatoren eingegangen werden. Ausführliche Darstellungen findet der Leser u. a. in [6].

---

[1] Auf neueste Entwicklungen, sogenannte Multi-PH-Kollimatoren, kann in dieser Einführung nicht eingegangen werden.

Tab. 13.2 Effektive räumliche Auflösung R_c(eff) und geometrische Effizienz μ_c für PB-, FB- und PH-Kollimatoren; D – Bohrungsdurchmesser, L – Bohrungslänge (Kollimatordicke), Z – Abstand des betrachteten Punktes im Gesichtsfeld vom Kollimator, G – Abstand vom Kollimator zur Mitte des Szintillationskristalls (Bildebene), θ – Winkel zwischen Normale des Kollimators zur projizierten Position des betrachteten Punktes auf der Bildebene, k – Konstante, die die Form (kreisrund, hexagonal, quadratisch) und Anordnung (quadratisch, hexagonal) der Bohrungen berücksichtigt, M – Objektvergrößerung

	PB	FB	PH
R_c(eff)	$D + \frac{D}{L}(Z + G)$	$\frac{D}{\cos\theta}\left(1 + \frac{Z+G}{L}\right)$	$D + \frac{D}{L+G}Z$
μ_c	$k\frac{D^2}{L^2}\left(1 + \frac{T}{D}\right)^{-2}$	$k\frac{D^2}{L^2}\left(1 + \frac{T}{D}\right)^{-2} M\cos^2\theta$	$\frac{0{,}25\pi D^2}{4\pi Z^2}$

In Tab. 13.2 sind die Gleichungen für R_c(eff.) und μ_c der in Abb. 13.3 gezeigten Kollimatortypen zusammengefasst.

In Abb. 13.4 und 13.5 sind die Zusammenhänge beider Parameter in Abhängigkeit vom Abstand zum Kollimator für die in den Tab. 13.1 und 13.2 aufgelisteten Kollimatoren aufgetragen.

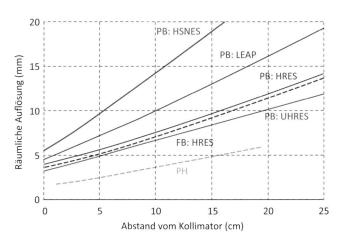

Abb. 13.4 Räumliche Systemauflösung in Abhängigkeit vom Objekt-Detektor-Abstand für verschiedene Kollimatoren (typische Werte für eine konventionelle Gammakamera mit einer intrinsischen Auflösung $R_i = 3{,}5\,\text{mm}$)

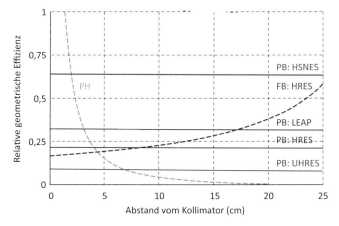

Abb. 13.5 Typische relative geometrische Effizienz einer Gammakamera für verschiedene Kollimatorgeometrien in Abhängigkeit vom Objekt-Detektor-Abstand

Neben der Kollimatorauflösung R_c wird die Systemauflösung, R_s auch durch die intrinsische räumliche Auflösung der Gammakamera R_i beeinflusst und es gilt: $R_s = \sqrt{R_i^2 + R_c^2/M}$. Die intrinsische räumliche Auflösung konventioneller Gammakameras liegt typischerweise etwa im Bereich 3,5–4,5 mm. Sie kann experimentell mittels ortsvariabler Vermessung einer radioaktiven Punktquelle ermittelt werden [6]. Wie in Abb. 13.4 ersichtlich, wird die Systemauflösung von der Kollimatorauflösung dominiert.

13.2.2 Szintillationskristall

Der Szintillationskristall befindet sich planparallel ausgerichtet zum Kollimator und hat die Zweckbestimmung, die Energie des γ-Quants durch photoelektrische Absorption in sichtbares Licht umzuwandeln. Das im Kristall erzeugte Licht wird nachfolgend im Photosensor, i. Allg. eine PMT-Matrix, welche mit der Rückseite des Kristalls optisch transparent verbunden ist, in ein elektrisches Signal umgewandelt. In Kap. 12 wurden die in der Nuklearmedizin verwendeten Szintillatormaterialien aufgelistet und deren Wirkungsweise beschrieben. In typischen Gammakameras, wie sie in der Szintigraphie und SPECT angewandt werden, kommt aufgrund seiner physikalischen Eigenschaften – hohe Lichtausbeute bei akzeptierbarer Abklingzeit, ausreichende Dichte bei im Vergleich zur PET i. Allg. geringeren Photonenenergien – als Szintillator oft NaI(Tl) zum Einsatz. Aufgrund der dominierenden Anwendung von ^{99m}Tc in der nuklearmedizinischen bildgebenden Diagnostik werden Gammakameras seitens der Hersteller oft für dieses Isotop ausgelegt und der innere Detektoraufbau für die Detektion von γ-Quanten mit der Energie von 140 keV optimiert. Ein NaI(Tl)-Kristall mit 9 mm Dicke reicht aus, um ca. 84 % der Gammastrahlung zu absorbieren. Typischerweise erzeugt ein NaI(Tl)-Kristall durch die Wechselwirkung eines γ-Quants mit einer Energie von 140 keV im Mittel etwa 4700 Szintillationsphotonen. Da die Kristalldicke einen Einfluss hat auf das intrinsische räumliche Auflösungsvermögen des Detektors wird man es i. Allg. vermeiden, den Kristall beliebig dick auszulegen. Typische NaI(Tl)-Kristalldicken liegen deshalb bei 9–10 mm. Die Größe des Szintillationskristalls richtet sich nach der Größe der Gammakamera und deren Anwendung. Typische Kristallgrößen für die Thoraxbildgebung liegen etwa im Bereich von 50 cm × 40 cm.

13.2.3 Photoelektronenvervielfacherröhren und Anger-Logik

Typischerweise werden in klinisch angewandten Gammakameras PMTs verbaut, wie sie bereits in Kap. 12 beschrieben worden sind. Im Allgemeinen wird eine hexagonale Matrix von PMTs photokathodenseitig mittels einer lichtleitenden Masse planparallel mit dem Szintillationskristall verbunden. Je nach Größe des Kristalls und je nach Durchmesser der einzelnen PMTs (ca. 50–70 mm) können mehrere Dutzend Röhren verbaut sein.

Abb. 13.6 Vereinfachtes Blockschaltbild der Signalverarbeitung in einer Gammakamera. Die Widerstandsmatrix (nur partiell dargestellt) wichtet die individuellen Ausgangssignale der PMTs entsprechend des PMT-Abstandes zu jenen an den Ausgangskanälen zugewiesenen Koordinatenendpunkten x^+, x^-, y^+ und y^-. In Verbindung mit Differenz- und Summenverstärker bezeichnet man diese Elektronik als Anger-Logik

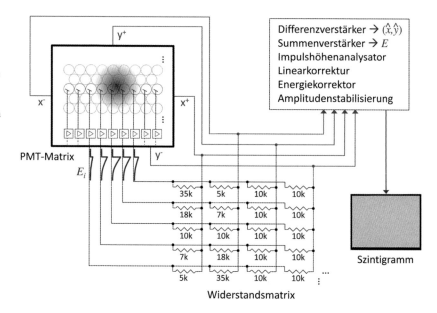

Die Ausgangssignale E_i der PMTs werden individuell vorverstärkt, womit eine Anpassung der relativ hohen Impedanz der PMTs an die Impedanz der nachfolgenden Elektronik erfolgt. Ebenso werden die Ausgangssignale in der Regel einem elektronischen Schwellwertverfahren zugeführt ($E_i \geq E_{\min}$), um die Signale solcher PMTs auszusieben, welche eine vergleichsweise große Entfernung zum Szintillationsort im Kristall aufweisen und deshalb größtenteils lediglich mittels ihres (Dunkelstrom-) Rauschanteils zur nachfolgenden Positionsanalytik beitragen. Mittels einer Widerstandsmatrix können die Ausgangssignale sämtlicher PMTs zu vier Ausgangskanälen (x^+, x^-, y^+, y^-) zusammengefasst werden (vgl. Abb. 13.6), da es (bei indirekten Gammastrahlendetektoren mit solidem Szintillationskristall wie in diesem einführenden Kapitel betrachtet) nicht notwendig ist, sämtliche PMTs einzeln auszulesen, um beispielsweise jene PMT mit der höchsten Ausgangssignalamplitude auszuselektieren.

Aufgrund der Größe der PMTs würde eine solche Betrachtung in einer inakzeptabel geringen räumlichen Auflösung resultieren. Die Originalität der Anger-Kamera liegt darum insbesondere in der Anger-Logik begründet. Wie in Abb. 13.6 ersichtlich, sind die Widerstandswerte zwischen jeder PMT und den Ausgangskanälen x^+, x^-, y^+ und y^- invers proportional zum Abstand zwischen PMT und entsprechendem Ausgangskanal. Mit Hilfe der Widerstandsmatrix erhält man je PMT normalisierte Ausgangssignalpegel, welche proportional zur x und y Position der entsprechenden PMTs bezüglich der Kristalloberfläche sind. Eine Schätzung des Ortes ($\hat{x}$, $\hat{y}$) eines photoelektrischen Wechselwirkungsprozesses des γ-Quants im Szintillationskristall bei bekannten Positionen (x_i, y_i) der individuellen PMTs sowie deren gemessenen Ausgangssignalen E_i kann z. B. mittels folgender Positionsanalytik erfolgen:

$$
\hat{x} = \frac{\sum_{E_i \geq E_{\min}} x_i \, w(x_i, E_i)}{\sum_{E_l \geq E_{\min}} w(x_i, E_i)},
$$
$$
\hat{y} = \frac{\sum_{E_i \geq E_{\min}} y_i \, w(y_i, E_i)}{\sum_{E_l \geq E_{\min}} w(y_i, E_i)}
$$

(13.1)

13.2.4 Energieauflösung

Die Magnituden der detektierten Ausgangssignale E_i korrespondieren zu den deponierten Energien der γ-Quanten im Szintillationskristall, d. h., höherenergetische γ-Quanten generieren eine höhere Szintillationslichtausbeute als geringerenergetische γ-Quanten. Dieser Effekt ist sehr wichtig für die nuklearmedizinische Anwendung, da es mittels eines energieauflösenden Detektors möglich ist, Compton-gestreute[2], d. h. niederenergetischere, sekundäre γ-Quanten durch Anwendung von Energiefenstern (*Energy Windows*) zu selektieren (vgl. Abb. 13.7).

In Abb. 13.7 ist ein repräsentatives Energiespektrum der Szintigraphie/SPECT eines Patienten in blauer Farbe abgetragen. Es setzt sich vereinfacht betrachtet zusammen aus ungestreuten (primären) sowie aus Compton-gestreuten Photonen. Comptongestreute Photonen bilden im Spektrum einen markanten Streuspektrenbereich aus. Da in Abb. 13.7 ein Energiespektrum des Radioisotops ^{99m}Tc mit einer Photonenenergie von 140,5 keV dargestellt ist und Wechselwirkungsprozesse von γ-Quanten „im besten Fall" die inzidente Photonenenergie ausschließlich verringern, ist es überraschend, dass ein signifikanter Teil des Spektrums Detektionsereignisse mit (scheinbar) höherer Energie ausweist. Ursache hierfür ist die begrenzte Energieauflösungsfähigkeit von (konventionellen) Gammakameras. Diese ist begrenzt durch **i.)** stochastische Fluktuation der Anzahl emittierter Szintillationsphotonen je photoelektrischer Absorption bei identischer Energie des γ-Quants, **ii.)** Variation der Photoneneinfangeffizienz in Abhängigkeit vom Auftreffwinkel der Lichtphotonen auf der Photokathode der PMT, **iii.)** stochastische Fluktuation der Anzahl ausgeschlagener Elektronen aus der Photokathode der PMT je inzidenten Lichtquant sowie **iv.)** zufällige Erzeugung sekundärer Elektronen an den Dynoden der PMT.

---

[2] Compton-Streuung von γ-Quanten ist für die meisten in der Szintigraphie und SPECT angewandten Radioisotope der dominierende Wechselwirkungsprozess in Gewebe.

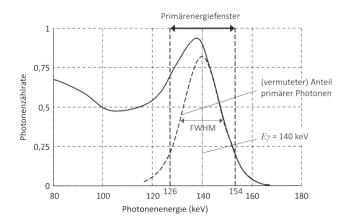

Abb. 13.7 Repräsentatives Energiespektrum (*blau*) einer Gammakamera mit NaI(Tl)-Kristall, aufgezeichnet bei einer Patientenbildgebung unter Verwendung von ^{99m}Tc. Der vermutete Anteil ungestreuter Photonen ist in *violetter Farbe* angedeutet. Dieser Teil des Spektrums ließe sich durch Bildgebung einer ^{99m}Tc-gefüllten Punktquelle in Luft besser approximieren

In Abb. 13.7 ist in violetter Farbe der Anteil ungestreuter Photonen eingezeichnet. Dieser Anteil kann für Messungen in streuenden Medien nur geschätzt werden. Durch Aufzeichnung eines Energiespektrums von γ-Quanten einer radioaktiven Punktquelle in Luft kann die Energieauflösung eines Gammakamerasystems direkt bestimmt werden. Sie wird mittels der Halbwertsbreite (*Full Width at Half Maximum*, FWHM) um die Amplitude einer Primärenergielinie (*Photopeak*), E_γ, wie folgt berechnet:

$$\text{Energieauflösung (\%)} = \frac{\text{FWHM}}{E_\gamma} \cdot 100 \qquad (13.2)$$

In der Illustration beträgt sie etwa 16 keV, womit die Energieauflösung des angenommenen Gammakamerasystems bei $E_\gamma = 140$ keV mit 11,4 % angegeben werden kann. Durch Definition eines Primärenergiefensters (sogenanntes *Photopeak Window*) können all jene detektierten Photonen verworfen werden, welche aufgrund ihres Ausgangssignals nicht dem Primärenergiebereich zugeordnet sind. Je besser also die Energieauflösungsfähigkeit eines Detektors ist, je schmaler kann die Breite des Primärenergiefensters gewählt werden, wodurch die Qualität der Bildgebung verbessert wird. NaI(Tl)-basierte Gammakameras haben typischerweise bei einer inzidenten Photonenenergie von 140 keV (^{99m}Tc) Energieauflösungsfähigkeiten im Bereich von ca. 9–12 %. Da sich die statistischen Variationen in den o. g. Ursachen prozentual bei höheren inzidenten Photonenenergien verringern, verbessert sich die Energieauflösung entsprechend. So liegt die Energieauflösungsfähigkeit einer NaI(Tl)-basierten Gammakamera für eine inzidente Photonenenergie von 662 keV (^{137}Cs) etwa im Bereich von 7–10 %.

13.2.5 Detektionseffizienz

Die Detektionseffizienz μ (auch Nachweiswahrscheinlichkeit, Nachweiswirkungsgrad, *Detection Efficiency*) eines Strahlendetektors kann durch das Verhältnis der detektierten Zählrate zur Zerfallsrate eines aufgezeichneten Radioisotops angegeben werden. Für klinische Anwendungen einer Gammakamera ist $\mu \ll 1$, wobei der Nachweiswirkungsgrad aufgrund mehrerer Faktoren limitiert ist: **i.)** Aufgrund der begrenzten Größe (Flächeninhalt A) des Detektors kann dieser nur einen Teil der (isotropisch) emittierten γ-Quanten einer radioaktiven Quellverteilung erfassen. Dies wird als geometrische Effizienz (auch geometrischer Wirkungsgrad) μ_g bezeichnet. Vereinfacht betrachtet schneiden die Trajektorien sämtlicher emittierter Photonen eine Kugelfläche mit Radius R, wobei ein Detektor mit Abstand R (sowie ausgerichtet) zum Kugelmittelpunkt mit seiner endlichen Ausdehnung nur einen Raumwinkel Ω auf der Kugelfläche abbildet. Es gilt also $\Omega = A/R^2$, wobei i. Allg. das Zentrum der Quellverteilung nicht mit dem Kugelmittelpunkt übereinstimmt und die Ausdehnung der Quellverteilung nicht durch die Kugelfläche begrenzt ist (ein Patient, und somit die anzunehmende Quellverteilung ist i. Allg. größer als eine Gammakamera). Für eine runde Detektorfläche mit Radius r ergibt sich $\mu_g = \pi r^2/4\pi R^2$. **ii.)** Nur eine Teilmenge aller den Detektor durchdringenden Photonen wird im Szintillationskristall absorbiert, und davon wiederum wird nur ein Teil des Szintillationslichts auf die Photokathoden der PMTs treffen und ein Signal generieren. Diese intrinsischen Detektoreigenschaften werden im intrinsischen Wirkungsgrad μ_i zusammengefasst. **iii.)** Jene Photonen, welche ein elektrisches Signal generieren, werden nachfolgend mittels Impulshöhenanalysator aufgrund ihrer inzidenten Energie selektiert, um unerwünschte Compton-gestreute γ-Quanten auszusieben. Da auch im Szintillationskristall γ-Quanten mit bestimmten Wahrscheinlichkeiten (abhängig von Photonenenergie sowie Szintillatormaterial und -dicke) mittels Compton-Streuung wechselwirken und solche aufgrund ihres Energieverlusts verworfen werden[3], so führt dies zu einer weiteren Verringerung der Detektionseffizienz. Dies wird als *Photopeak*-Nachweiswahrscheinlichkeit μ_p bezeichnet. **iv.)** Schließlich werden Photonen im bildgebenden Objekt selbst absorbiert und gestreut. Abhängig von der Energie der γ-Quanten sowie vom Material/Gewebe lassen sich hierfür Faktoren N_j aus Tabellen ableiten. Zusammengefasst setzt sich der Nachweiswirkungsgrad einer Gammakamera (einschließlich Kollimatoreffizienz) zusammen aus $\mu = \mu_g \cdot \mu_c \cdot \mu_i \cdot \mu_p \cdot N_j$.

---

[3] Im Allgemeinen kann nicht unterschieden werden, ob γ-Quanten im bildgebenden Objekt oder im Detektor selbst durch Compton-Streuung wechselwirken.

Aufgaben

13.1 Was bezeichnet man als Szintigraphie?

13.2 Aus welchen Komponenten besteht eine Gammakamera?

13.3 Warum gibt es unterschiedliche Kollimatorgeometrien?

13.4 Was versteht man unter Anger-Logik?

13.5 Warum ist die energieaufgelöste Detektion von γ-Quanten wichtig?

Literatur

1. Anger HO (1958) Scintillation camera. Review of Scientific Instruments 29(1):27–33
2. Ansell G, Rotblatt J (1948) Radioacive iodine as a diagnostic aid for intrathoracic goitre. British Journal of Radiology 21:552–558
3. Baumann E (1895) Über das normale Vorkommen von Jod im Tierkörper. Hoppe-Seyler's Zeitschrift für Physiologische Chemie 21:319–330
4. Cassem B, Curtis L, Reed C, Libby R (1951) Instrumentation for I-131 use in medical studies. Nucleonics 9(2):46–50
5. Kuwert T, Grünwald F, Haberkorn U, Krause T (2008) Nuklearmedizin. Georg Thieme Verlag, Stuttgart
6. Lawson R (2013) The Gamma Camera. Charlesworth Press, Wakefield
7. Livingood JJ, Seaborg GT (1938) Radioactive isotopes of iodine. Physical review 54:775–782
8. Powsner RA, Palmer MR, Powsner ER (2013) Essentials of Nuclear Medicine Physics and Instrumentation. Wiley-Blackwell, Oxford
9. Prekeges J (2012) Nuclear Medicine Instrumentation. Jones and Bartlett, Boston

Teil III

Single Photon Emission Computer Tomography

14

Jörg Peter

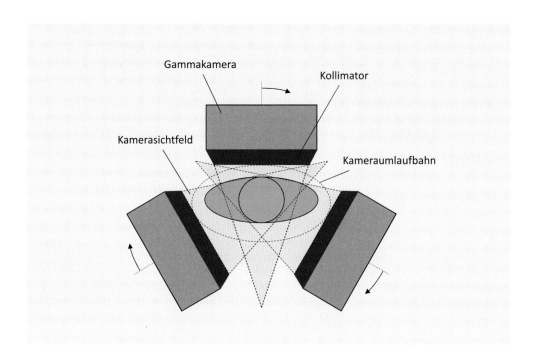

Teil III

© Springer-Verlag GmbH Deutschland, ein Teil von Springer Nature 2018
W. Schlegel, C.P. Karger, O. Jäkel (Hrsg.), *Medizinische Physik*, https://doi.org/10.1007/978-3-662-54801-1_14

In diesem Kapitel wird in den hauptsächlichen Aufbau und die wesentliche Funktionsweise konventioneller SPECT-Systeme eingeführt, wie sie in der standardmäßigen nuklearmedizinischen Diagnostik Anwendung finden. Den zentralen Bestandteil eines konventionellen SPECT-Systems bilden i. Allg. mehrere Gammakameras, welche an einer rotierenden Aufnahmeeinheit befestigt sind, um radioaktive Quellverteilungen in vivo aus unterschiedlichen Aufnahmewinkeln zu detektieren. Aufbau und Wirkungsweise einer Gammakamera sind in Kap. 13 beschrieben und werden hier nicht wiederholt. Aus den akquirierten Projektionsbildern werden mittels mathematischer Rekonstruktion transversale Bilder berechnet, welche zur Diagnostik herangezogen werden. Mit der gegebenen Konzentration auf wesentliche Aspekte der SPECT-Bildgebung kann im Rahmen dieser Einführung nicht auf interessante, i. Allg. jedoch auf bestimmte Anwendungsfälle begrenzte, Sonderformen von SPECT-Systemen – z. B. organspezifische Ausführungsformen, präklinische SPECT-Systeme – eingegangen werden. Für weiterführende Informationen sei der Leser z. B. verwiesen auf [2, 10] (klinische Anwendung), [3, 9, 14, 15] (Physik) und [5, 16] (Bildrekonstruktion).

14.1 Einführung und historischer Kontext

Als Einzelphotonen-Emissions-Computertomographie (*Single Photon Emission Computed Tomography*, SPECT) bezeichnet man ein tomographisches bildgebendes Verfahren der nuklearmedizinischen Diagnostik, mittels welchem die Verteilung von radioaktiv markierten Substanzen (Radiopharmaka) *in vivo* mittels mindestens eines – in klinischen SPECT-Systemen i. Allg. zwei bis vier – extern positionierten, in zwei Ortsrichtungen auflösenden Strahlendetektors (Gammakamera, vgl. Kap. 13) aufgezeichnet wird. Im Unterschied zur Szintigraphie sind die Gammakameras auf einer i. Allg. rotierenden Aufnahmeeinheit

(*Gantry*) beweglich dergestalt befestigt, dass eine Vielzahl von zweidimensionalen (2D) Aktivitätsverteilungen (Projektionen) aus unterschiedlichen Projektionswinkeln aufgezeichnet werden. Im Anschluss an die Datenaufnahme wird aus den Projektionsdaten mittels eines mathematischen Verfahrens, der sogenannten Bildrekonstruktion (*Image Reconstruction*), die projektionsdatenerzeugende dreidimensionale (3D) Aktivitätsverteilung berechnet. Während mittels Szintigraphie 2D-Abbildungen einer 3D-Radiopharmakaverteilung mit nur begrenzter Tiefeninformation erstellt werden, so liefert die SPECT eine vollständig dreidimensionale Darstellung (3D-Datenvolumen) der radioaktiven Quellverteilung *in vivo* mit gegenüber der Szintigraphie deutlich verbessertem Organ/Tumor/Läsion-zu-Hintergrund-Kontrast sowie verbesserter Quantifizierbarkeit der Aktivitätsverteilung. Ein typisches klinisches SPECT-System ist in Abb. 14.1 links dargestellt. Anwendungsgebiete für die SPECT sind u. a. die Sichtbarmachung von Glioblastomen (Hirntumoren), die Darstellung der Durchblutung des Herzens und die Ermittlung der Myokardvitalität (vgl. Abb. 14.1 rechts) oder die Bildgebung der fokalen Epilepsie.

In der SPECT (wie in der Szintigraphie) werden γ-Quantenemittierende Radioisotope eingesetzt. Tab. 14.1 listet einige klinisch eingesetzte Photonenstrahler auf.

Sowohl bei der Szintigraphie als auch bei der SPECT (als auch bei der PET, vgl. Kap. 15) handelt es sich um bildgebende diagnostische Verfahren, aus deren Bilddaten sich i. Allg. funktionelle und/oder molekulare Informationen aus den physiologischen Vorgängen im Organismus ableiten lassen. Die von Hal Anger in den 1950er Jahren entwickelte Gammakamera stellt einen entscheidenden Meilenstein in der nuklearmedizinischen Instrumentierung dar. Dieser szintillationsbasierte Detektor wurde kontinuierlich weiterentwickelt und optimiert, wobei besonders die Verbesserung der Bildqualität durch die Anwendung einer Reihe von Korrekturverfahren – u. a. Amplitudenkorrektur (*Gain Correction*) der PMT-Ausgangssignale,

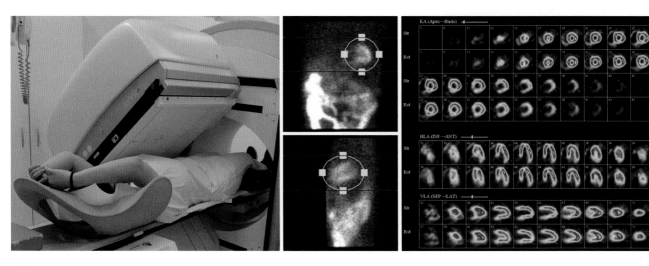

Abb. 14.1 Bildgebung mittels SPECT, beispielhaft in der Herzdiagnostik zur Gewinnung funktioneller Informationen über die Durchblutung des Herzmuskels nach intravenöser Applikation von ^{99m}Tc-markierten myocardaffinen Isonitril: SPECT-System mit zwei in 90-Grad-Position zueinander angeordneten Gammakameras (*links*), Eingrenzung des organspezifischen Rekonstruktionsbereiches in anterior und linkslateraler Projektionsansicht (*mitte*), rekonstruierte Bilder in unterschiedlichen axialen Ausrichtungen des Herzens, wobei SPECT-Aufnahmen unter Stress- sowie unter Ruhebedingungen durchgeführt wurden (*rechts*)

Tab. 14.1 Einige in der Nuklearmedizin angewandte Photonenstrahler zusammen mit Halbwertszeit $T_{1/2}$ und Photonenenergie(n) E. Photonenemittierende Radioisotope können γ-Quanten einer einzigen (z. B. ^{99m}Tc) oder mehrerer Energien (z. B. ^{67}Ga) mit bekannten Auftrittswahrscheinlichkeiten p emittieren [4]

Nuklid	$T_{1/2}$ (h)	E (keV)
^{99m}Tc	6,01	$\mathbf{140{,}51}^{p=1{,}0}$
^{123}I	13,27	$\mathbf{158{,}97}^{p=0{,}984}$, $528{,}96^{p=0{,}016}$
^{67}Ga	78,27	$\mathbf{93{,}31}^{p=0{,}448}$, $\mathbf{184{,}95}^{p=0{,}243}$, $\mathbf{300{,}22}^{p=0{,}192}$, ...
^{111}In	67,31	$\mathbf{171{.}28}^{p=0{,}489}$, $\mathbf{245{,}39}^{p=0{,}511}$
^{131}I	192,5	$284{,}31^{p=0{,}065}$, $\mathbf{364{,}49}^{p=0{,}86}$, $636{,}99^{p=0{,}0755}$

Linearitäts- und Empfindlichkeitskorrektor, Energiekorrektur – im Fokus stand und bis heute steht.

Es war bereits Anger selbst, welcher als einer der Ersten dreidimensionale Radionuklidverteilungen (abbildungsfehlerfrei) in einem 3D-Raum darzustellen versuchte [1]. Seine Idee basierte auf der Verwendung einer (modifizierten) Gammakamera mit stark fokussierendem Kegelstrahlkollimator (der Fokus befindet sich im Objekt), welcher in mäanderförmiger Weise das Zielobjekt abtastet. Zusätzlich zur Abtastung in der Ebene wird das Objekt in mehreren Abstandsebenen – ähnlich der Röntgenstrahl-Laminographie – abgetastet. Dieser Zugang kann als Tiefenschärfentomographie oder **longitudinale Emissionstomographie** klassifiziert werden. Das erste Instrument zur **transaxialen Emissionstomographie** wurde von Kuhl und Edwards in den 1960er Jahren vorgestellt [8]. Deren System bestand aus zwei gegenüber angeordneten diskreten Szintillationsdetektoren, wobei die Detektoren einer Translations-Rotationsbewegung folgten. Wenige Zeit später folgten Emissionstomographen mit bis zu acht zylindrisch angeordneten diskreten Detektoren [13]. Nachdem sich die Gammakamera schnell zu *dem* γ-Strahldetektor der Wahl etablierte, war es nur eine Frage der Zeit, bis diese auch für tomographische Anwendungen erforscht wurde. Gerd Muehllehner und Ronald Jaszczak können wohl als die Erfinder der SPECT bezeichnet werden. Muehllehner platzierte einen Patienten auf einem rotierenden Stuhl vor eine stationäre Gammakamera und akquirierte eine Reihe von Szintigrammen aus verschiedenen Projektionswinkeln [11]. Den Nachteil unvermeidbarer Bewegungsartefakte eines sich bewegenden Objektes eliminierte Jaszczak dadurch, dass er eine Gammakamera rotierbar lagerte und diese um den Patienten herum bewegte [7]. Ein erster kommerzieller SPECT-Prototyp – dann bereits ausgerüstet mit zwei Gammakameras – wurde von Jaszczak und Kollegen entwickelt. Infolge einer 1978 vollzogenen klinischen Validierung dieses Systems [12] wurde die SPECT (neben der PET) zu *dem* Bildgebungswerkzeug nuklearmedizinischer Diagnostik.

Abhängig von der Spezifizität des durch das Radioisotop markierten Pharmakons kann ggf. ein anatomischer Kontext lediglich begrenzt vorhanden sein[1] [2]. Ungeachtet dessen liefert die dreidimensionale nuklearmedizinische Diagnostik – z. B. insbesondere für die Tumordiagnostik – oft entscheidungsrelevante Informationen beispielsweise hinsichtlich der Tumorheterogenität, welche in der Therapie berücksichtigt werden müssen. Die

---

[1] Zur Bereitstellung anatomischer Informationen werden insbesondere die bildgebenden Verfahren CT, MRT und Sonographie eingesetzt.

diagnostische Wertigkeit von multimodaler funktioneller/molekularer und anatomischer dreidimensionaler Bildgebung wird besonders sichtbar, wenn man Bilddatensätze der SPECT (oder PET) mit Bilddatensätzen der CT oder MRT fusioniert (vgl. Kap. 16), um hierdurch mittels superpositionierter bildhafter Darstellung sowohl Position und Form, als auch Physiologie von Gewebe bestimmen zu können.

14.2 Tomographische Bildgebung

Die primäre Anwendung der SPECT (als auch der PET) ist die räumliche Darstellung der Radionuklidverteilung *in vivo* in Form von Schnittbildern (sogenannte Tomogramme). Während die szintigraphische Aufnahme in Abb. 13.1 rechts ein (aufnahmewinkelabhängiges) Projektionsbild der (überlagerten) radioaktiven Verteilung repräsentiert und somit nur eine begrenzte Zuordnung von Tiefeninformation zulässt, sind sämtliche in Abb. 14.1 rechts gezeigten Bilder des linken ventrikulären Herzmuskels rekonstruierte Tomogramme, welche mittels mathematischer Bildrekonstruktion aus einer Vielzahl von Projektionsbildern berechnet wurden. Im Allgemeinen werden die rekonstruierten Bilddaten in transversaler, sagittaler oder koronaler (frontaler) Ansicht selektiert. Die in Abb. 14.1 rechts gezeigten Tomogramme sind aufgrund der Besonderheit der Herzbildgebung zur besseren diagnostischen Bilddateninterpretation entlang der parasternalen Lang- und Kurzachsen des Herzens ausgerichtet.

14.2.1 Gammakamerabewegung

Um tomographische Bilddaten zu generieren, werden i. Allg. mehrere Gammakameras an einer rotierbaren Aufnahmeeinheit befestigt. Durch Rotation der Gammakameras um das bildgebende Objekt herum wird die Radioaktivitätsverteilung sequenziell unter einer Vielzahl von Projektionswinkeln aufgenommen und die Projektionsbilder (Szintigramme) einzeln gespeichert. Die Projektionen werden i. Allg. über einen Winkelbereich von $180°$ (allgemeine Anwendung; insbesondere Herzbildgebung) oder $360°$ (Schwächungskorrektur; verbesserte Bildqualität) mit einem Winkelversatz von ca. 3–9° gleichmäßig verteilt. Hierbei kann i. Allg. die Datenakquisition entweder schrittweise (*Step-and-Shoot*, d. h., die Datenaufnahme erfolgt an festen Projektionswinkeln) oder aber kontinuierlich erfolgen. Aus den gespeicherten Projektionsbildern wird die zugrunde liegende radioaktive Verteilung *in vivo* mittels eines mathematischen Bildrekonstruktionsverfahrens geschätzt. Da SPECT-Messungen aufgrund der Vielzahl der notwendigen Projektionsaufnahmen recht lange dauern können – eine einzelne Projektionsaufnahme kann bspw. 30 s dauern, wodurch eine Gesamtaufnahmezeit bei 90 Projektionen von 45 min resultiert, bestehen SPECT-Systeme i. Allg. aus mehreren, oft zwei (vgl. Abb. 14.1 links) oder drei Gammakameras. Mittels multipler Gammakameras können mehrere Szintigramme aus unterschiedlichen Projektionswinkeln simultan aufgenommen werden, wodurch die Gesamtaufnahmezeit entsprechend der Anzahl vorhandener Gammakameras verringert oder aber die

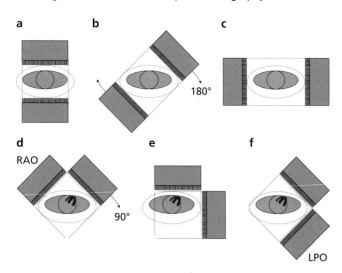

Abb. 14.2 Elliptische Gammakameraumlaufbahnen moderner SPECT-Systeme. **a–c** SPECT-System mit zwei antiparallel, gegenüber angeordneten Gammakameras für allgemeine SPECT-Anwendung mit i. Allg. einem Projektionswinkelabtastbereich von 360° (System rotiert 180°). **d–f** SPECT-System insbesondere für Anwendung zur Herzbildgebung mit rechtwinklig angeordneten Gammakameras, i. Allg. für einen Projektionswinkelabtastbereich von 180° (System rotiert 90° von rechter anteriorer Schrägprojektion (RAO) bis zur linken posterioren Schrägprojektion (LPO))

relative Nachweisempfindlichkeit bei unveränderter Gesamtaufnahmezeit entsprechend erhöht werden kann. Die gewählte Aufnahmezeit ist ein Kompromiss zwischen guter Zählratenstatistik und folglich hoher Bildqualität (lange Aufnahmezeit angestrebt) und Patientenkomfort (kurze Aufnahmezeit angestrebt). Im Allgemeinen wird man bestrebt sein, eine adäquate Gesamtzählrate innerhalb von 20–30 min zu akquirieren.

Im Allgemeinen erfolgt die Rotation der Gammakameras um die Längsachse eines liegenden Patienten herum, wie in Abb. 14.2 illustriert. Da wie in Kap. 13 erläutert die räumliche Auflösung mit größer werdendem Abstand zwischen Gammakamera und Objekt abnimmt, ist anzustreben, dass die Abstände zwischen Gammakamera und Patient minimal sind. Hieraus ergibt sich, dass die Umlaufbahnen von Gammakameras in modernen SPECT-Systemen i. Allg. elliptisch sind oder sogar an die Patientenkontur angepasst sein können.

14.2.2 Bildmatrixgröße und Anzahl an Projektionen

Während in der Szintigraphie hinsichtlich der Erzielung einer optimalen räumlichen Auflösung (und aufgrund einer i. Allg. vergleichsweise höheren Zählrate) Projektionsbilder mit 256×256 Bildpunkten (*Pixel*) gebräuchlich sind, ist die Anzahl der Bildpunkte in der SPECT vergleichsweise gering und liegt im Bereich von ca. 64–128. Grundsätzlich sollte die Pixelgröße nicht größer als 1/3 der Gammakameraauflösung sein, damit die Punktverbreiterungsfunktion des abbildenden Systems nicht unnötig durch die Bilddiskretisierung verbreitert wird. Wird sie je-

doch zu klein gewählt, dann verschlechtert sich die Datenstatistik je Pixel: eine Verdopplung der Matrixgröße resultiert in einer vierfach verringerten Zählrate. Im Gegensatz zur Szintigraphie ist die Aufnahmezeit je Projektion in der SPECT ein wichtiger Parameter. Für ein Ganzkörper-SPECT-System mit Gammakameras einer intrinsischen Auflösung $R_i = 3{,}5$ mm und Verwendung von HRES-Parallelstrahlkollimatoren kann in einer Entfernung von 15 cm (also etwa im Zentrum eines Patienten) eine räumliche Auflösung von etwa 10 mm erwartet werden (vgl. Abb. 13.4). Bei Diskretisierung der Ausgangssignale in eine Matrix mit 128×128 Bildpunkten ergibt sich eine Bildpunktgröße von ca. 3,1 mm (bei 40 cm Kantenlänge der Gammakamera). Dieser Wert entspricht der o. g. Vorgabe. Wenn mit gleicher Gammakamera ein Echokardiogramm(EKG)-getriggertes Herz-SPECT durchgeführt würde (die Gammakamera klassifiziert detektierte Photonen in meist 8 oder 16 Herzzyklusbereiche, um Bewegungsartefakte zu minimieren), so resultiert dies in einer erheblichen Verringerung der detektierten Zählrate je Projektion. Um eine für die Datenstatistik ausreichende Zählrate zu erhalten und gleichzeitig eine unpraktikable Gesamtaufnahmezeit zu vermeiden, reduziert man ggf. die Matrixgröße auf 64×64 Bildpunkte und die Projektionszahl auf 64 (bzw. 32 bei 180° Projektionswinkelabtastbereich).

Die Anzahl der für die tomographische Bildrekonstruktion notwendigen Projektionen liegt i. Allg. zwischen 64–128 für einen Winkelbereich von 360° oder zwischen 32–64 für einen Winkelbereich von 180°. Die Projektionszahl wird i. Allg. aus der Matrixgröße der Projektionsbilder so abgeleitet, dass sie in etwa der Anzahl an Bildpunkten auf der transversalen Achse entspricht. Für das oben genannte Beispiel einer Bildmatrix mit 128×128 Bildpunkten ergibt sich eine Projektionszahl von 120 oder 128. Die Anzahl der minimal notwendigen Projektionen kann mathematisch hergeleitet werden, ist jedoch auch vom verwendeten Rekonstruktionsverfahren abhängig [9].

14.3 Bildrekonstruktion

Die Bildrekonstruktion bezeichnet eine Klasse von analytischen und numerischen Verfahren zur Lösung eines sogenannten inversen Problems. Als solches ist die Bildrekonstruktion inhärenter Bestandteil aller tomographischen bildgebenden Verfahren. Ziel der Bildrekonstruktion in der nuklearmedizinischen Bildgebung ist die Berechnung der unbekannten 3D-Radiopharmaka- bzw. (präziser) 3D-Aktivitätsverteilung innerhalb eines Patienten (ggf. auch Tier oder Phantom) aus dem akquirierten Satz von 2D-Projektionsdaten. Die zugrunde liegende Aktivitätsverteilung wird durch Emission von γ-Quanten (SPECT) bzw. Positronen (PET) generiert, weshalb beide bildgebenden Verfahren als Emissions-Computertomographie (ECT) bezeichnet werden[2]. In der folgenden einführenden, vereinfachten Darstellung wird der

---

[2] Da die signalerzeugende Quelle in der Röntgen-CT außerhalb des bildgebenden Objektes positioniert ist, spricht man dort von Transmissions-Computertomographie (TCT oder kurz CT). Die grundsätzliche Methodik der mathematischen Rekonstruktion von tomographischen Bildern aus Projektionen ist sowohl auf die ECT als auch auf die TCT anwendbar, wenngleich es im Detail – zutreffende Modelle, numerische Implementierung – signifikante Unterschiede gibt.

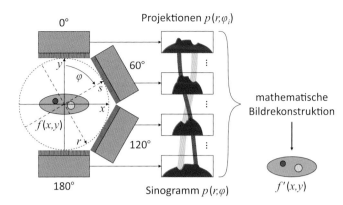

Abb. 14.3 Prinzip tomographischer Bildgebung in der SPECT (vereinfachte Illustration im 2D-Raum). Von der unbekannten Aktivitätsverteilung im Objekt $f(x, y)$ werden eine bestimme Anzahl Projektionen $p(r, \phi_i)$ aufgezeichnet. Mittels eines mathematischen Rekonstruktionsalgorithmus wird aus diesen Projektionsdaten die Aktivitätsverteilung im Objekt berechnet (Annäherung, Schätzung: $f'(x, y)$). Für ein 2D-Objekt resultiert eine Projektion als detektierte Aktivitätsrate entlang der Detektorlinie. Betrachtet man das Intensitätsprofil einer Projektionslinie als Grauwert- oder Farbverteilung und trägt diese gegenüber den Projektionswinkel in Matrixform auf, dann ergibt sich ein sogenanntes Sinogramm

natürlich vorhandene dreidimensionale Problemraum insbesondere in den illustrativen Abb. 14.3 und 14.4 auf 2D-Quellverteilungen reduziert, wodurch sich die Projektionsdaten auf eindimensionale Signale reduzieren. Darüber hinaus wird von einem idealisierten Parallelstrahlkollimator ausgegangen. Selbstverständlich können – insbesondere für iterative Rekonstruktionsmethoden – optimierte Berechnungsmodelle sowohl für sämtliche Kollimatortypen, wie in Kap. 13 eingeführt, als auch für in der praktischen Anwendung notwendige Korrekturverfahren (Streu-/Schwächungskorrektur) abgeleitet werden (vgl. [5, 16]).

Abb. 14.3 zeigt das vereinfachte Prinzip der tomographischen Bildgebung in der SPECT. Beispielhaft sind in dieser Illustration vier Projektionen dargestellt, wobei sich die eindimensionalen Aktivitätsprofile gegenüberliegender Projektionen (hier $\phi = 0°$ und $\phi = 180°$) (invertiert) sehr ähnlich sind. Sie wären identisch, wenn die Quellverteilung $f(x, y)$ keiner Schwächung und Streuung ausgesetzt wäre. Um ein mit der Projektionsebene fixiertes Koordinatensystem zu erhalten, führt man folgende Koordinaten ein:

$$r = x \cos \phi + y \sin \phi$$
$$s = y \cos \phi - x \sin \phi$$

Somit kann ein Bezug zwischen der Aktivität im Punkt (x, y) im Objekt und dem detektierten Signal an der Koordinate r im Detektor am Projektionswinkel ϕ hergestellt werden. Ordnet man sämtliche Intensitätsprofile in einer Matrix an, so ergibt sich ein sogenanntes Sinogramm. Sämtliche Punkte (x, y) im Objekt, welche sich nicht auf der Rotationsachse der Gammakamera befinden, bilden im Sinogramm einen sinusförmigen Verlauf. Die eigentliche mathematische Bildrekonstruktion kann sowohl unter Verwendung der Projektionen (vorzugsweise SPECT) oder der Sinogramme erfolgen.

14.3.1 Rückprojektion und gefilterte Rückprojektion

Das einfachste mathematische Verfahren zur Bildrekonstruktion beruht auf der Rückprojektion (*Backprojection*, BP) der Projektionsdaten zurück in den Bildraum. Das Verfahren ist in Abb. 14.4 illustriert und kann durch folgende Gleichung beschrieben werden:

$$f'(x, y) = \frac{1}{N} \sum_{i=1}^{N} p(x \cos \phi_i + y \sin \phi_i, \phi_i)$$

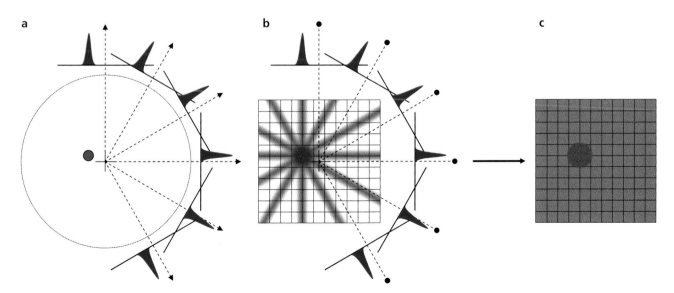

Abb. 14.4 Illustration der auf Rückprojektion basierenden Rekonstruktion einer Punktquelle. **a** SPECT-Bildgebung: Abbildung der Punktquelle auf Projektionen mit unterschiedlichen Projektionswinkeln. **b** Projektion der aufgezeichneten Signale zurück in den Objektraum. **c** Resultierendes rekonstruiertes Transversalbild, erzeugt durch eine sehr hohe Anzahl winkelverteilter Projektionen wie in **b** illustriert

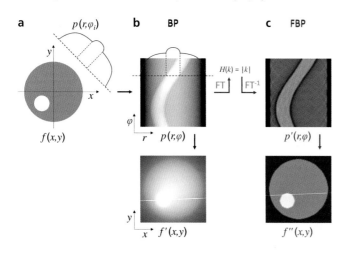

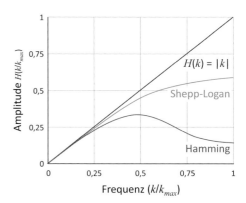

Abb. 14.6 Auswahl gebräuchlicher Fourier-Filterfunktionen für die FBP

Abb. 14.5 Vergleich einfacher Rückprojektion (**b**) und gefilterter Rückprojektion (**c**) einer zweidimensionalen synthetischen Quellverteilung (**a**). Während die einfache Rückprojektion der Sinogrammprofile zu einer Verwischung von Bildinformation führt, kann durch eine frequenzabhängige Filterung der Sinogrammprofile im Fourier-Raum die Qualität der Bildrekonstruktion deutlich verbessert werden

Eine Annäherung $f'(x, y)$ an die Quellverteilung $f(x, y)$ entsteht durch Superposition sämtlicher Projektionsprofilwerte als Funktion von r und ϕ, indem jeder der registrierten Intensitätswerte $p(r, \phi_i)$ gleichverteilt über die gesamte Länge der den Bildraum schneidenden Rückprojektionslinie aufgetragen wird. Das Problem der einfachen Rückprojektion besteht in einer in Abb. 14.4c deutlich sichtbaren Verschmierung der Quellverteilung, welche sich auch nicht durch die Verwendung einer sehr hohen Anzahl an Projektionen vermeiden lässt. Ursache ist die Punktverbreiterungsfunktion der Form $1/r$, welche durch die Rückprojektion entsteht und es gilt $f'(x, y) = f(x, y) \cdot 1/r$. Offensichtlich werden durch die einfache Rückprojektion hohe Frequenzanteile im Signal nicht erhalten. Es ist deshalb naheliegend, in den Sinogramm- bzw. Projektionsprofilen hohe Frequenzanteile vor der Rückprojektion zu verstärken. Das geschieht am effektivsten mittels Filterung der Fourier-transformierten Projektionsdaten, da im Fourier-Raum aus einer recht komplexen Faltungsoperation eine einfache Multiplikation wird (vgl. Radon-Transformation). Ein solches gefiltertes Rückprojektionsverfahren (*Filtered Backbrojection*, FBP) wird wie folgt durchgeführt: **i.)** Berechne die Fourier-Transformierten der 1D-Sinogrammprofile ($\mathcal{F}[p(r, \phi_i)] = F(k_r, \phi)$, wobei $F(k_r, \phi)$ das Resultat der Fourier-Transformierten am radialen Abstand k_r (Frequenzachse) entlang der Geraden mit Projektionswinkel ϕ im k-Raum ist. **ii.)** Führe frequenzabhängige Filterung im k-Raum durch; eine Reihe unterschiedlicher Fourier-Filterfunktionen sind denkbar und haben sich für unterschiedliche Datencharakteristiken in der SPECT etabliert. Eine Auswahl ist in Abb. 14.6 dargestellt. In Abb. 14.5c wurde ein linearer Anstiegsfilter angewandt: $P'(k_r, \phi) = |k_r| P(k_r, \phi)$, wobei $P(k_r, \phi)$ die ungefilterte Fourier-Transformierte ist. **iii.)** Berechne die inverse Fourier-Transformation der gefilterten Fourier-transformierten Sinogrammprofile: $p'(r, \phi) = \mathcal{F}^{-1}[P(k_r, \phi)]$. **iv.)** Führe Rückprojektion der gefilterten Profile durch. In Abb. 14.5 ist der Effekt der Filterung der Sinogramme deutlich zu erkennen.

Wenngleich der lineare Anstiegsfilter für das in Abb. 14.5a gezeigte Rekonstruktionsproblem eine adäquate Lösung darstellt – der Filter verstärkt hohe Frequenzanteile im Profil und reduziert somit sehr effektiv die Verwischung als Folge der einfachen Rückprojektion wie in Abb. 14.5b ersichtlich, so ist der Filter nicht unproblematisch für Projektionsdaten der SPECT, da diese Aufgrund der begrenzten Zählraten oft einen hohen Rauschanteil – und somit hohe Frequenzanteile – aufweisen. Deshalb führt der Anstiegsfilter oft zu einer Rauschverstärkung und, infolge dessen, zu einer Verringerung des Signal-Rausch-Verhältnisses. Aus diesem Grund sind eine Reihe von Fourier-Filterfunktionen wie beispielsweise in Abb. 14.6 gezeigt in modernen SPECT-Systemen implementiert, welche in ihrer Wirkung ein abgeschwächteres Verhalten ab einer definierbaren Grenzfrequenz k_c aufweisen. Typische Werte für k_c liegen im Bereich von 0,2–1,0 der Nyquist-Frequenz des SPECT-Systems. Der in Abb. 14.6 gezeigte Shepp-Logan-Filter ist definiert durch

$$H(k) = \frac{2k_c}{\pi k} \sin \pi \frac{k}{k_c},$$

der Hamming-Filter ist mittels

$$H(k) = 0{,}54 + 0{,}46 \frac{2k_c}{\pi} \cos \pi \frac{k}{k_c}$$

bestimmt.

Der FBP-Algorithmus stellte in den Anfangsjahren der SPECT *das* Rekonstruktionsverfahren der Wahl dar und ist heute immer noch als Standardrekonstruktionsverfahren in vielen SPECT-Systemen implementiert. Der analytische Algorithmus basiert auf einer wohlverstandenen Theorie (Radon-Transformation, Fourier-Slice-Theorem), und seine numerische Umsetzung ist einfach und führt zu sehr schnellen Lösungen. Die bereits angedeutete Problematik der Rauschverstärkung, aber auch die Erzeugung von Bildartefakten – betrachtet man das mittels FBP rekonstruierte Bild in Abb. 14.5c) so sind sternförmige Strukturen deutlich sichtbar – sind jedoch nachteilig. Darüber hinaus können mathematisch-physikalische Modelle die zugrunde liegende Statistik der Projektionsdaten (multivariate Poissonverteilung) sowie der Gammakamera (insbesondere die Abbildungseigenschaften des Kollimators betreffend) nicht ohne Weiteres in das analytische Rekonstruktionsverfahren eingebunden werden.

14.3.2 Iterative Bildrekonstruktion

Als iterative Bildrekonstruktionsverfahren werden eine Klasse von diskreten mathematischen Verfahren bezeichnet, welche das inverse Problem der Berechnung von tomographischen Schichtbildern aus Projektionsdaten dadurch zu lösen suchen, indem sie sich unter Annahme eines bestimmten Datenmodells sowie der Definition eines Optimierungskriteriums an eine hinsichtlich der Modellannahmen optimale Lösung anzunähern versuchen. Die iterativen Verfahren haben i. Allg. gegenüber der oben beschriebenen (gefilterten) Rückprojektion den Vorteil der mathematischen Integrationen verschiedener Modelle, u. a. hinsichtlich Absorption und Streuung von γ-Quanten in Gewebe, der Gammakameraübertragungsfunktion und insbesondere der Integration von komplexen Kollimatorabbildungsfunktionen. Folgende Liste zählt wichtige iterative Rekonstruktionsmethoden auf:

- Algebraische Verfahren
  (*Algebraic Reconstruction Techniques*, ART)
- Methode der kleinsten Quadrate
  (*Iterative Least Squares Reconstruction*, ILSR)
- Verfahren der größten Wahrscheinlichkeit
  (*Maximum Likelihood Expectation Maximization*, MLEM)
- Verwendung von geordneten Teilmengen
  (*Ordered Subset Expectation Maximization*, OSEM)
- Koordinatenabstiegsverfahren
  (*Simultaneous Iterative Coordinate Descent*, SIRT)
- Maximierung der A-posteriori-Wahrscheinlichkeit
  (*Maximum a Posteriori*, MAP)

Iterative Bildrekonstruktion kann als Parameterschätzproblem klassifiziert werden und nimmt typischerweise die Form

$$p_i = \sum_j w_{ji} f_j + n_i$$

an; p_i – Anzahl detektierter γ-Quanten und n_i – Rauschabschätzung im Projektionspixel i, f_j – die mittels des Rekonstruktionsverfahrens berechnete/geschätzte Zählrate im Objektpixel (2D) bzw. Objektvoxel (3D) j, w_{ij} – Wahrscheinlichkeit, dass ein γ-Quant, welches im Objekt am Ort j emittiert wird, im Projektionspixel i detektiert wird (Übergangsmatrix). In der Wahrscheinlichkeitsmatrix w können eine Vielzahl von Modellannahmen abgebildet werden. Als wichtigste sind Schwächungs- und Streukoeffizienten sowie Abbildungsfunktionen (z. B. des Kollimators) zu nennen, welche aus entsprechenden Modellen oder Messungen (bspw. aus CT-Daten zur patientenspezifischen Schwächungskorrektor) abgeleitet werden können. Die iterative Annäherung (n – Iterationsindex) an die unbekannte Aktivitätsverteilung f_j erfolgt am Beispiel der MLEM-Rekonstruktionsmethode durch folgende Beziehung:

$$f_j^{n+1} = \frac{f_j^n}{\sum_i w_{ji}} \sum_i w_{ji} \frac{p_i}{\sum_k w_{ki} f_k^n}.$$

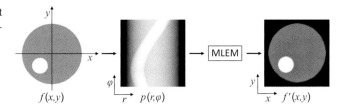

Abb. 14.7 Iterative Bildrekonstruktion mittels MLEM, angewandt auf dieselbe analytische Quellverteilung wie in Abb. 14.5

Eine Initialschätzung der Aktivitätsverteilung erfolgt meist mit der Annahme eines uniformen Wertes in einem durch das überlagerte Gesichtsfeld der Gammakameras geformten Kreis (2D) bzw. Zylinder (3D). Es kann aber auch eine (bessere) Initialschätzung durch Berechnung mittels der (schnellen) FBP erfolgen. Abb. 14.7 zeigt das Resultat der mittels iterativer MLEM rekonstruierten Quellverteilung aus Abb. 14.5.

Die adäquate Modellannahme der MLEM ist die Poisson-Natur der detektierten Projektionsdaten. Andere Rekonstruktionsverfahren wie oben genannt haben alternative Modellannahmen (z. B. MAP) und/oder schneller konvergierende Optimierungskriterien (z. B. OSEM) zur Grundlage. Aufgrund der Modellannahme im MLEM-Verfahren führt eine Konvergenz des Algorithmus zu Rekonstruktionsergebnissen, welche zwar eine nahe Lösung an den Projektionsdaten aufweisen, aber aufgrund der modellbasierten Erwartungsmaximierung der maximalen Wahrscheinlichkeit einer Poissonverteilung in den Projektionsdaten mit korrelativem Rauschen behaftet sind. Um diesen (ungewollten) Effekt abzuschwächen, kann man das o. g. Optimierungskriterium durch Einführung von *A-priori*-Kenntnis der verursachenden Aktivitätsverteilung z. B. dadurch regulieren, indem man von einer gewissen Homogenität der Aktivitätsverteilung ausgeht. Die o. g. MLEM-Rekonstruktionsmethode kann bspw. wie folgt in einer MAP-EM-Rekonstruktionsmethode „regularisiert" werden:

$$f_j^{n+1} = \frac{f_j^n}{\sum_i w_{ji} + \alpha \frac{\delta}{\delta f_i} U(f_j^k)} \sum_i w_{ji} \frac{p_i}{\sum_k w_{ki} f_k^n},$$

wobei $(\delta/\delta f_i) U(f_j^k)$ die Ableitung einer Energiefunktion U und α ein Modulationsparameter ist. Um eine Glättung der rekonstruierten Aktivitätsverteilung zu bewirken, wird U wie folgt definiert:

$$\frac{\delta}{\delta f_i} U(f_j^k) = \sum_{b \in B_j} w_{jb}(f_j^k - f_b^k),$$

wobei B_j eine Menge von Objektpunkten aus der Umgebung des betrachteten Pixels/Voxels j ist. Der beschriebene MAP-EM-Algorithmus ist gegenwärtig eines der gebräuchlichsten Rekonstruktionsverfahren in der SPECT. Von hoher praktischer Bedeutung ist ebenfalls das sogenannte OSEM-Verfahren, welches ein durch die Verwendung geordneter Teilprojektionsmengen beschleunigtes MLEM-Verfahren ist.

Teil III

Aufgaben

14.1 Was bezeichnet man als SPECT?

14.2 Worin unterscheidet sich SPECT von Szintigraphie?

14.3 Wovon hängt die Größe der Bildmatrix ab?

14.4 Was bewirkt Fourier-Filterung im Rückprojektionsverfahren?

14.5 Was sind die Vorteile iterativer Rekonstruktionsverfahren?

Literatur

1. Anger HO (1969) Multiplane Tomographic Gamma-Ray Scanner. In: Symposium on Medical Radioisotope Scintigraphy; Salzburg, IAEA-SM – 108/115; ISSN 0074-1884, S 203–215
2. Büll U, Schicha H, Biersack H-J (2007) Nuklearmedizin. Thieme, Stuttgart
3. Cherry SR, Sorenson JA, Phelps ME (2012) Physics in Nuclear Medicine. Elsevier, Philadelphia
4. Chu SYF, Ekström LP, Firestone RB (1999) Table of radioactive isotopes. http://nucleardata.nuclear.lu.se/toi/abouttoi.htm. Zugegriffen: 1 Sep 2016
5. Herman GT (2010) Fundamentals of Computerized Tomography Springer, New York
6. International Atomic Energy Agency, Wien (1969) Symposium on Medical Radioisotope Scintigraphy, Salzburg, IAEA-SM-108/115. ISSN 0074-1884, S 203–215
7. Jaszczak R, Huard D, Murphy P, Burdine J (1976) Radionuclide emission computed tomography with a scintillation camera. Journal of Nuclear Medicine 17:551
8. Kuhl DE, Edwards RQ (1964) Cylindrical and section radioisotope scanning of the liver and brain. Radiology 83:926–935
9. Lawson R (2013) The Gamma Camera. Charlesworth Press, Wakefield
10. Mettler FA, Guiberteau MJ (2012) Essentials of Nuclear Medicine Imaging. Elsevier, Philadelphia
11. Muehllehner G (1968) Radioisotope imaging in three dimensions. Journal of Nuclear Medicine 9:337
12. Murphy PH, Burdine JA, Moore M, Jaszczak RJ, Thompson Q, DuPuey G (1978) Single photon emission computed tomography (SPECT) of the body. Journal of Nuclear Medicine 19:683
13. Patton J, Brill AB, Erickson J, Cook WE, Johnston RE (1969) A new approach to mapping three-dimensional radionuclide distributions. Journal of Nuclear Medicine 10:363
14. Powsner RA, Palmer MR, Powsner ER (2013) Essentials of Nuclear Medicine Physics and Instrumentation. Wiley-Blackwell, Oxford
15. Prekeges J (2012) Nuclear Medicine Instrumentation. Jones and Bartlett, Boston
16. Zeng GL (2010) Medical Image Reconstruction. Springer, Heidelberg

Teil III

Positronen-Emissions-Tomographie

15

Michael Mix

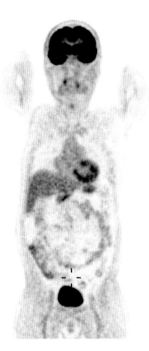
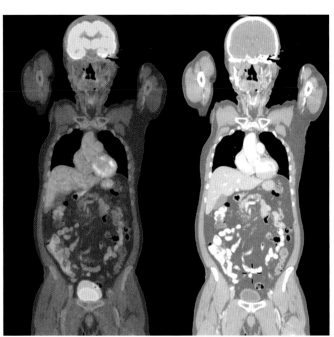

© Springer-Verlag GmbH Deutschland, ein Teil von Springer Nature 2018
W. Schlegel, C.P. Karger, O. Jäkel (Hrsg.), *Medizinische Physik*, https://doi.org/10.1007/978-3-662-54801-1_15

Die Positronen-Emissions-Tomographie (PET) ist eines der wichtigsten Bildgebungsverfahren in der Nuklearmedizin und wird seit Anfang des Jahrtausends ausschließlich als Kombinationsverfahren mit der Computertomographie (PET/CT) und neuerdings auch mit der Magnetresonanztomographie (PET/MRT) weiterentwickelt. Für die PET-Bildgebung wird die beim Positronenzerfall entstehende sekundäre γ-Strahlung genutzt. Man bildet also im Gegensatz zur Szintigraphie oder SPECT nicht direkt den Zerfallsort des eingesetzten radioaktiven Isotopes ab, sondern den Ort, an dem sich das emittierte Positron mit einem Elektron aus der Umgebung in Vernichtungsstrahlung umwandelt. Diese Besonderheit prägt die Bildgebungseigenschaften der PET, da sie einerseits messtechnische Vorteile mit sich bringt, andererseits aber auch eine grundsätzliche physikalische Grenze in der möglichen Ortsauflösung des Verfahrens darstellt.

15.1 Positronenzerfall und Annihilation

Beim Positronenzerfall, auch β^+-Zerfall genannt, wandelt sich im Kern des Ausgangsisotopes ein Proton p^+ in ein Neutron n um. Dabei kommt es zur Aussendung eines Positrons β^+ und eines masselosen Neutrinos v: $p^+ \rightarrow n + \beta^+ + v$. Die Umwandlung des Protons in ein Neutron erfordert 1,022 MeV Energie. Die darüber hinaus bei der Atomumwandlung frei werdende Zerfallsenergie wird auf das emittierte Positron und das Neutrino übertragen und führt zu einer kontinuierlichen Verteilung der kinetischen Energie des Positrons. Das Verteilungsspektrum der Energie des Positrons besitzt bei etwa einem Drittel der Maximalenergie ihr Häufigkeitsmaximum, die mittlere Positronenenergie liegt geringfügig höher [5]. Als Antiteilchen des Elektrons reagiert das Positron sehr schnell mit der umgebenden Materie. Durch Stöße verliert es rasch an Energie und vernichtet sich anschließend mit einem Elektron. Dieser Vernichtungsprozess wird Annihilation genannt und findet nahezu in Ruhe statt. Zum Teil entsteht dabei als Zwischenzustand ein Positronium, welches jedoch mit einer Lebensdauer von etwa 10^{-10} Sekunden augenblicklich wieder zerfällt. Bei der Annihilation wird die Ruhemasse der beiden beteiligten Teilchen in Strahlungsenergie umgewandelt. Es entstehen daher gleichzeitig nahezu immer zwei γ-Quanten mit jeweils 511 keV, die sich aufgrund der Impulserhaltung in entgegengesetzter Richtung voneinander entfernen (siehe Abb. 15.1).

Die Reichweite der Positronen in der Materie hängt neben ihrer kinetischen Energie stark von der Dichte und Massenzahl des umgebenden Materials ab. In Luft kann sie mehrere Meter betragen, in Gewebe oder Wasser jedoch nur wenige Millimeter. Tab. 15.1 listet einige physikalische Eigenschaften verschiedener klinisch eingesetzter Positronenstrahler auf.

15.2 Messprinzip der PET

15.2.1 Koinzidenzmessung, LOR, TOF

Die beiden bei der Annihilation zeitgleich abgestrahlten 511-keV-γ-Quanten werden innerhalb eines ringförmig aufgebauten Detektorsystems durch koinzidente Messung detektiert. Die klinisch eingesetzten Ringdurchmesser moderner PET/CT Geräte betragen zwischen 80 und 90 cm, bei speziellen Systemen zur präklinischen Kleintierbildgebung liegen die Ringdurchmesser etwa bei 10 bis 15 cm. Das transaxiale Messfeld (Gesichtsfeld, Field of View, FOV), welches für die eigentliche Bildgebung genutzt werden kann, ist etwa 15 % kleiner als der Detektorring. Die axiale Tiefe klinischer PET/CT Systeme liegt zwischen 16 und 25 cm. In diesem Bereich werden simultan alle γ-Quanten detektiert und auf Koinzidenz überprüft. Alle koinzidenten Ereignispaare definieren eine Projektionslinie zwischen den beiden beteiligten Detektoren (*Line of Response*, LOR), auf der die Annihilation stattgefunden hat. Während diese Richtungszuordnung bei der Szintigraphie nur mit einem die Anzahl an detektierbaren Ereignissen stark reduzierenden mechanischen Bleikollimator erreicht werden kann, bezeichnet man die Koinzidenzmessung in der PET häufig auch als elektronische Kollimation. Das Verfahren ist deshalb auch deutlich

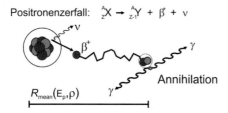

Abb. 15.1 Schematische Darstellung eines Positronenzerfalls mit anschließender Annihilation von Positron und Elektron. Die mittlere Reichweite der Positronen R_{mean} ist abhängig von der Zerfallsenergie E_{p} und dem umgebenden Material mit der Dichte ρ [22]

Tab. 15.1 Physikalische Eigenschaften häufig verwendeter Positronenstrahler [4]. (*HWZ*: Halbwertszeit des Isotops, E_{max}: maximal auftretende Zerfallsenergie, E_{mean}: mittlere Zerfallsenergie, R_{mean} und R_{max}: mittlere und maximale Positronenreichweiten in Wasser, Daten aus [36], R_{FW20M}: die Auflösung bestimmende Breite bei 20 % des Häufigkeitsmaximums der Reichweiteverteilung, Verschmierung in wasseräquivalentem Normalgewebe, Daten aus [31])

Nuklid	β^+-Anteil [%]	*HWZ* [min]	E_{max} [MeV]	E_{mean} [MeV]	R_{max} [mm]	R_{mean} [mm]	R_{FW20M} [mm]
^{15}O	99,9	2,04	1,735	0,737	7,3	2,5	1,87
^{13}N	99,8	9,97	1,198	0,493	5,1	1,5	1,26
^{11}C	99,8	20,37	0,961	0,386	4,1	1,1	0,96
^{68}Ga	88,9	67,83	1,899	0,783	8,2	2,9	2,12
^{18}F	96,7	109,73	0,633	0,249	2,4	0,6	0,54

Abb. 15.2 a Schematischer Aufbau und Signal-Positionsprofil eines 8×8-Blockdetektors. Die Einzelkristalle werden über einen Lichtleiter an die photonensensitiven Kathoden der 4 kleinen Photomultiplier gekoppelt, die hinter dem Block positioniert sind. **b** Hexagonale Anordnung von deutlich größeren und wesentlich weniger Photomultipliern hinter einem Flächendetektor. Die unterschiedlichen Signalhöhen der einzelnen Kristallelemente in den *x/y*-Positionsprofilen müssen durch eine entsprechende Normalisierung homogenisiert werden

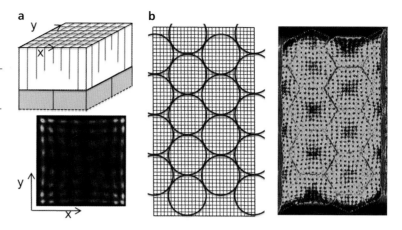

sensitiver. Betrachtet man LORs nur innerhalb einer transaxialen Ebene, so spricht man von einer 2D-Messung oder dem 2D-Modus. Werden auch LORs zwischen zwei im axialen FOV voneinander entfernten Ebenen analysiert, also im dreidimensionalen Raum, spricht man vom 3D-Modus.

Aufgrund der in der PET heutzutage verwendeten Detektortechnologie mit sehr kurzer Totzeit, hoher Lichtausbeute und schneller Signalauswertung können die gemessenen Ereignisse eines Detektorpaares sehr genau analysiert werden. Die zeitliche Toleranz, mit der man zwei Ereignisse als koinzident und damit aus einem Zerfall kommend behandelt, wird durch das Koinzidenzzeitfenster ΔT definiert. Es entspricht etwa zweimal der zeitlichen Länge τ, die ein einzelnes Signal zur vollständigen Verarbeitung im Detektorsystem benötigt ($\Delta T \approx 2\tau$). Je nach System und Kristallmaterial ist es etwa zwischen 4 und 8 Nanosekunden lang. Auch wenn die eigentliche Annihilation zeitgleich stattfindet, benötigt man also eine ausreichende Breite von ΔT, um Laufzeitunterschiede zwischen zwei Signalen innerhalb von Kabeln und elektronischen Baukomponenten sowie der Zeitauflösung des Detektors selbst zu tolerieren. Die messtechnische Genauigkeit, mit der ein Ereignis nach der Signalauswertung zeitlich zugeordnet werden kann, liegt bei modernen PET-Geräten im Bereich von wenigen hundert Picosekunden. Dies erlaubt eine Analyse der Flugzeiten der beiden γ-Quanten und somit die sogenannte *Time of Flight* (TOF) PET. γ-Quanten breiten sich mit Lichtgeschwindigkeit ($c = 3 \cdot 10^{10}$ cm/s) aus. Lassen sich die Ankunftszeiten zweier γ-Quanten in den Detektoren mit einer Genauigkeit von etwa 0,4 Nanosekunden ($\Delta t = 4 \cdot 10^{-10}$ s) bestimmen, so kann der Ortsbereich der Annihilation auf der LOR Δx in Bezug auf den Mittelpunkt zwischen beiden Detektoren gemäß der Formel $\Delta x = (\Delta t \cdot c)/2$ auf etwa 6 cm eingegrenzt werden. Berücksichtigt man diese eingrenzende Information auf der LOR innerhalb der Bildrekonstruktion, so lassen sich durch diese präzisere Ortszuordnung bessere Signal-zu-Rausch-Verhältnisse in den Bilddaten erzielen [15].

15.2.2 Detektor- und Scannerdesign

Bei aktuellen PET-Systemen werden für den Aufbau des Ringdetektors im Wesentlichen zwei unterschiedliche Detektordesigns mit LSO- oder LYSO-Kristallen eingesetzt. Am weitesten verbreitet sind die sogenannten Blockdetektoren, seltener verbaut sind Flächendetektoren. In beiden Fällen besteht das Detektorsystem aus kleinen Kristalleinheiten, die entweder zu einem Block mit bis zu 12 × 12 Elementen oder zu einem großflächigen Detektor mit vielen hundert Einzelkristallen zusammengesetzt sind. Ausgelesen wird das Szintillationslicht in der Regel mit nachgeschalteten Photomultipliern, die Ortszuordnung erfolgt dann über die unterschiedliche Signalhöhe nach dem Anger-Prinzip. Abb. 15.2 zeigt den schematischen Aufbau der beiden Detektorvarianten sowie ihre Signalstruktur (Positionsprofil) bei homogener Einstrahlung von 511-keV-Photonen. In der aktuellsten Gerätegeneration werden anstelle von Photomultipliern digitale Photocounting-Einheiten (SiPM) für die Signalauslesung verwendet, bei denen jedes Kristallelement eins zu eins ausgelesen wird und dadurch eine besonders akkurate Ortszuordnung besteht.

Beide Detektorvarianten haben aufgrund ihres Aufbaus gewisse Vor- und Nachteile. Hauptvorteil von Blockdetektorsystemen, bei denen das Licht innerhalb eines Blockes meist mit 4 kleinen Photomultipliern ausgelesen wird, ist die sehr gute Zählratenkapazität, die auch bei sehr hohen Zählraten nur zu geringen Zählratenverlusten durch Totzeit führt. Flächendetektoren bei denen deutlich größere Photomultiplier hexagonal oder polygonal hinter den Kristallen angeordnet sind, haben eine etwas schlechtere Zählratencharakteristik. Da wesentlich mehr Einzelkristalle von einer Ausleseeinheit verarbeitet werden müssen, kommt es zu einer größeren Systemtotzeit. Zu berücksichtigen ist jedoch, dass neben den Kosten für die Kristalle insbesondere die Anzahl an Ausleseeinheiten (analoge Photomultiplier oder digitale Photocounting-Einheiten) die Herstellungskosten eines Gerätes wesentlich beeinflussen. Für eine detailliertere Behandlung der in der PET verwendeten Detektor- und Scannerdesigns sei der Leser auf weiterführende Literatur verwiesen [5, 19].

15.2.3 Messdatenerhebung und Speicherung

Idealisiert lässt sich der Messprozess in der PET als Projektion der Aktivitätsverteilung $\lambda(\vec{x})$ im FOV betrachten. Innerhalb eines bestimmten Messzeitraumes ist die Summe aller Ereignis-

Abb. 15.3 Schematische Darstellung einer LOR im Detektorring (rechts oben) und deren Übertragung in ein Sinogramm (*links oben*). Die Abszisse enthält die Information über den radialen Abstand *r* der LOR zum Zentrum des transaxialen Gesichtsfeldes (FOV). Die Ordinate beinhaltet die Winkelinformation θ bezogen auf die vertikale Achse im FOV. Bei der Berücksichtigung der unterschiedlichen Flugzeiten der γ-Quanten (TOF) wird aus einem Histogrammpunkt eine Histo-Projektion, in der der Zerfallsort auf der LOR im Rahmen der Zeitauflösung des Systems kodiert ist. Das Sinogramm muss dann wie *im unteren Bereich* dargestellt, um eine Dimension erweitert werden

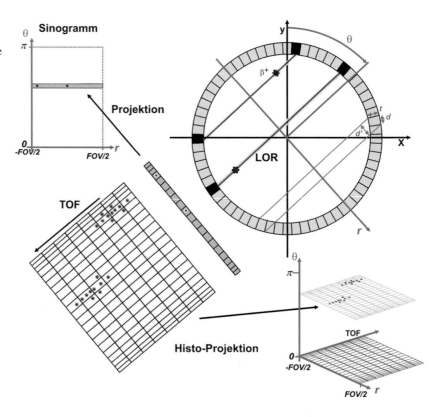

se *g* auf einer LOR proportional zum Integral über alle Zerfälle entlang dieser idealisierten Linie. Es gilt:

$$g(\text{LOR}) = a \cdot \int\limits_{\text{LOR}} \lambda(\vec{x}) \, d\vec{x} \qquad (15.1)$$

Die Proportionalitätskonstante *a* berücksichtigt dabei messtechnisch notwendige Korrekturen wie z. B. Totzeit, Ausbeutekorrekturen und insbesondere auch die Absorption der Quanten in der umgebenden Materie. Neben der nativen Speicherung der einzelnen Ereignisse als Datenstrom mit Orts-, Zeit- und Energieinformation (*List-Mode*) für alle Detektorelemente des Tomographen ist die Speicherung als zweidimensionales Histogramm eine gängige Struktur mit deutlich geringerem Datenaufkommen. Ein solches Histogramm beinhaltet die innerhalb eines vorgegebenen Messzeitintervalls aufsummierten Ereignisse und liegt bei der in der PET üblichen ringförmigen Detektoranordnung als sogenanntes Sinogramm vor (Abb. 15.3). Die Abszisse des Arrays beinhaltet dabei die radiale Ortsinformation *r* auf dem Detektorsystem, die Ordinatenachse enthält die Winkelinformation θ. Die Bezeichnung Sinogramm resultiert aus der Eigenschaft, dass eine außerhalb des Zentrums gelegene punktförmige Strahlungsquelle eine sinusförmige Struktur in dieser Polarkoordinatendarstellung liefert. Berücksichtigen muss man bei dieser Betrachtungsweise, dass in der PET die LOR keine Linie ist, sondern wegen der endlichen Detektorausdehnung eine Verteilungsfunktion um den durch die Detektormitte definierten Linienschwerpunkt darstellt. Diese vereinfacht als Gaußverteilung modellierbare Funktion kann als invariant entlang der LOR angenommen werden, sie hat aber mit zunehmender Radialposition *r*, also zum Rande des FOV hin, eine größere Halbwertsbreite.

Vor der Einführung der PET/CT wurde bei den PET-Geräten nicht nur in der Datenverarbeitung, sondern bereits messtechnisch zwischen einem 2D- und 3D-Akquisitionsmodus unterschieden. Während im 3D-Modus alle transaxialen und axialen Detektorelemente des Gerätes winkelunabhängig miteinander in Koinzidenz geschaltet sind, konnten im 2D-Modus zusätzliche Blei- oder Wolframsepten so vor den Detektoren positioniert werden, dass mit dem Detektorsystem in Richtung der axialen Geräteachse nur Ereignisse aus annähernd zweidimensionalen Schichten detektiert wurden. Bei den heutigen PET/CT-Systemen existieren diese mechanischen Septen nicht mehr, so dass grundsätzlich im 3D-Modus gemessen wird. In diesem Modus lassen sich elektronisch jedoch unterschiedlich große axiale Öffnungswinkel konfigurieren, so dass bis zu maximal N^2 Schichten im dreidimensionalen Detektorraum gemessen werden können. Von diesen Schichten sind lediglich *N* im 2D-Modus und damit orthogonal zur Detektorachse, d. h. mit einem axialen Öffnungswinkel von 0° [2].

15.2.4 Räumliche Auflösung

Unter der räumlichen Auflösung *A* eines PET-Systems versteht man die Genauigkeit, mit der man den Zerfallsort des Positrons bestimmen kann. In der PET besitzt es durch die Positronenreichweite R_{mean} eine physikalische Grenze. In wasseräquivalentem Umfeld (z. B. Körpergewebe) kann sie aus empirischen Daten mit der Größe R_{FW20M} abgeschätzt werden. R_{FW20M} entspricht der Breite bei 20 % des Häufigkeitsmaximums der Reichweiteverteilung (siehe Tab. 15.1). Zu dieser bereits beim Entstehungsprozess entstehenden Verschmierung kommen weitere auflösungseinschränkende Faktoren im Detektionsprozess hinzu. Ein ebenfalls bereits im Positronenzerfall begründeter Effekt beruht auf der Konstellation, dass die Annihilation nicht immer in vollständiger Ruhe stattfindet, sondern auf die beiden γ-Quanten ein Restimpuls mit einer bestimmten Häufigkeit übertragen wird. Dies führt zu einer Winkelunschärfe um die 180°-Emission. Sie wirkt sich mit zunehmendem Durchmesser D des Detektorringes immer stärker aus, da dann eines der γ-Quanten je nach Größe der verbauten Detektorelemente nur noch am Rand des Detektorelementes oder sogar in einem Nachbarelement auftrifft. Diese Auflösungsverschmierung ($R_{180°}$) kann als Gaußfunktion mit einer Breite auf halber Höhe (FWHM) von $R_{180°} = 0{,}0022 \cdot D$ abgeschätzt werden.

Weitere Komponenten sind durch das Detektorsystem selbst begründet. Sie setzen sich zusammen aus den Eigenschaften des Detektormaterials, wie z. B. der Absorptionsfähigkeit und der Lichtausbeute, sowie der räumlichen Anordnung und der Breite der Detektorelemente. Ferner beeinflussen die Art des Detektordesigns (Blockdetektor oder Flächendetektor) und die Anzahl an Elementen (z. B. Photomultipliern), mit denen das Licht des Detektors ausgewertet wird, die Auflösung.

Dominiert wird diese Auflösungsverschmierung jedoch durch die Detektorbreite d. Treffen die γ-Quanten senkrecht auf den Detektor auf, kann sie mit: $R_{det} = d/2$ approximiert werden. Wegen der hohen γ-Energie benötigen szintillationskristallbasierte Detektoren in der PET für eine ausreichende Absorption eine Tiefe von 20–30 mm. Dadurch entsteht zum Rand des FOV ein Parallaxeneffekt, der die Tiefe der Wechselwirkung im Detektorelement (Depth of Interaction, DOI) widerspiegelt. Er führt zusätzlich zu einer Verschmierung der Ortsinformation (Abb. 15.3), da mit zunehmendem Winkel θ, mit denen die γ-Quanten auf ein Detektorelement im Ring auftreffen, die Wahrscheinlichkeit größer wird, dass ein Teil der Energie erst im Nachbardetektor absorbiert wird. Diese scheinbare Detektorverbreiterung d' ergibt sich bei Detektorelementen mit einer Dicke t und gegebenem Einfallswinkel θ zu: $d' = d\cos\theta + t\sin\theta$. Die reduzierte Auflösung lässt sich unter Berücksichtigung dieses Effektes daher abschätzen als:

$$R_{det} = d'/2 = d/2 \cdot (\cos\theta + (t/d)\sin\theta) \quad (15.2)$$

Das Detektordesign und die Art, wie das Licht der einzelnen Detektorelemente ausgelesen wird, kann durch einen empirisch ermittelten Faktor R_{design} berücksichtigt werden. Wird das Licht nach dem Anger-Prinzip über mehrere Photomultiplier und im Blockdetektordesign ausgelesen, liegt die dadurch entstehende Auflösungsverschmierung etwa im Bereich von 1–2 mm. Vernachlässigt werden kann dieser Term nur dann, wenn jedes Detektorelement einzeln ausgelesen wird, so wie es z. B. bei Systemen mit digitalem Photocounting anstelle von Photomultipliern der Fall ist [35].

Für die durch alle Effekte beeinflusste Auflösung des Gesamtsystems gilt näherungsweise folgende Berechnungsformel [25]:

$$A_{FWHM} = 1{,}25 \cdot \sqrt{R_{FW20M}^2 + R_{180°}^2 + R_{det}^2 + R_{design}^2} \quad (15.3)$$

Der Skalierungsfaktor 1,25 berücksichtigt die über alle anderen Effekte wirksame Auflösungsverschlechterung, die dadurch

zustande kommt, dass die Rekonstruktion bei Ringsystemen auf Projektionsdaten basiert, die den Bildraum sehr inhomogen abtasten. Müssen in der Rekonstruktion zur Reduktion des Bildrauschens zusätzliche Glättungsfilter eingesetzt werden, erhöht sich dieser Faktor.

Gemessen werden kann die Geräteauflösung mit Punktquellen, die man an unterschiedlichen transaxialen und axialen Punkten im FOV positioniert. Als Ergebnis erhält man sogenannte *Point Spread Functions* (PSF), die das System charakterisieren. Für aktuelle PET/CT-Systeme mit einer Kristallgröße von $4 \times 4 \times 20\,\text{mm}^3$ und einem Ringdurchmesser von 90 cm ergibt sich nach Gl. 15.3 für Messungen mit dem Isotop ^{18}F im zentralen Bereich des FOV (0–10 cm) eine mögliche Bildauflösung mit einer FWHM der PSF von etwa 4,4–5,3 mm.

15.3 Bildrekonstruktion in der PET

Methodische Fortschritte werden in der PET seit einigen Jahren sowohl durch eine Weiterentwicklung der Gerätetechnik als auch durch Verbesserungen in der Bildrekonstruktion erzielt. Hier sind insbesondere die sogenannten iterativen Verfahren zu nennen, bei denen sich durch immer schneller werdende Computerhardware (CPU und GPU) die Datenverarbeitungszeiten drastisch reduzieren und somit komplexere und zeitintensivere Verarbeitungsschritte und Datenkorrekturen genutzt werden können. Im Gegensatz zu den analytischen Verfahren, wie der inversen Radon-Transformation, bei denen das Bild in einem Rechenschritt aus den Messdaten erzeugt wird, entsteht das Bild bei der iterativen Rekonstruktion in vielen hintereinander durchgeführten Rechenschritten.

15.3.1 Radon-Transformation und gefilterte Rückprojektion

Bei der mathematisch analytischen Betrachtungsweise der Bildrekonstruktion geht man i. d. R. von der zweidimensionalen Beschreibung des tomographischen Abbildungsvorganges nach Radon aus und realisiert dann eine etwas modifizierte, numerische Implementation der von ihm angegebenen Lösung (inverse Radon-Transformation) [27]. Es zeigt sich, dass dies im diskretisierten Fall des Messprozesses in der PET am effizientesten durch eine Filterung der gemessenen Projektionen (Sinogramme) mit anschließender Rückprojektion in den Bildraum geschieht. Dieses Rekonstruktionsverfahren wird deshalb gefilterte Rückprojektion bezeichnet und hat bei der in der PET gegebenen Datenlage wie der relativ geringen Anzahl an Detektoren und der sehr geringen Zählstatistik pro Detektor einige grundsätzliche Limitationen. Es resultiert daraus eine eingeschränkte Qualität des rekonstruierten Bildes. Bis auf sehr wenige Anwendungen, meistens nur bei Messungen zur Qualitätssicherung und bei Abnahmeprüfungen, wird das Rekonstruktionsverfahren in der PET kaum noch eingesetzt. Es wird daher nicht näher auf die gefilterte Rückprojektion eingegangen, der interessierte Leser findet aber ausführliche Informationen in der PET oder CT Literatur [2, 5, 36].

15.3.2 Iterative Rekonstruktion

Iterative Rekonstruktionsverfahren behandeln die Transformationsgleichungen zur Bildrekonstruktion vollständig in diskretisierter Form. Bereits die Verteilungsfunktion der Emissionen, d. h. die Verteilung der Traceraktivität $\lambda(x, y, z)$, wird innerhalb eines Voxelrasters (in 2D innerhalb eines Pixelrasters) beschrieben.

Bezeichnet λ_j die Radioaktivität im Voxel mit dem Index j (j läuft dabei über alle K Voxel (x, y, z) der Objektmatrix) und g_i die Gesamtheit aller gemessenen Ereignisse in einer LOR mit dem Detektorpaar-Index i, dann lässt sich die Abbildungsgleichung für den Messwert in einem Detektorpaar i wie folgt beschreiben:

$$g_i = \sum_{j=1}^{K} c_{ij} \lambda_j, \qquad (15.4)$$

c_{ij} repräsentiert in dieser Darstellung die Systemmatrix der tomographischen Akquisition und beinhaltet die Wahrscheinlichkeit, ein Zerfallsereignis aus Voxel j im Detektorpaar i zu messen. Diese Wahrscheinlichkeit setzt sich aus unterschiedlichen Komponenten zusammen. Es gibt rein geometrische Wichtungsfaktoren, wie z. B. der Volumenanteil des projizierten Voxels j an der durch die Detektorfläche aufgespannten LOR i. Hinzu kommt eine Bogenkorrektur (Arc Correction), die durch ringförmige Anordnung der Detektoren notwendig wird. Betrachtet man unter einem festen Winkel θ alle parallelen LORs (d. h. eine Zeile im Sinogramm), so wird deren Abstand zueinander mit größer werdendem r immer kleiner (Abb. 15.3). Grund hierfür ist, dass zum Rand des FOV die beiden Detektoren, die eine senkrecht liegende LOR aufspannen, immer stärker gekippt sind und somit die getroffene Detektorfläche immer kleiner wird. In diesen randständigen LORs ist zusätzlich der bereits als auflösungsverschlechternd genannte Parallaxeneffekt besonders hoch. Zu den geometrischen Faktoren kommen weitere Komponenten, die nur von den Detektorpaaren (LORs) selbst abhängen. Dies sind neben unterschiedlichen Detektoreffizienzen bzw. Homogenitätswerten Korrekturfaktoren für Totzeiteffekte und vor allem die sehr stark vom Untersuchungsobjekt abhängigen Schwächungsfaktoren.

15.3.2.1 Algebraische Methoden

Ein naheliegender Ansatz zur Lösung der Abbildungsgleichung 15.4 besteht in der einfachen Matrixinversion c_{ij}, mit der sich theoretisch das Objekt λ im Bildraum aus den gemessenen Projektionen g gewinnen lässt [12]. Dies ist (abgesehen von der numerisch kaum handhabbaren Größe der Matrizen) deshalb nur bedingt möglich, weil die tatsächlich akquirierten Projektionsdaten g der Statistik des radioaktiven Zerfalls unterliegen und somit bei geringer Zählstatistik stark von den Erwartungswerten $\langle g \rangle$ abweichen können. Man spricht bei diesem Inversionsproblem daher von schlecht konditioniert (*ill-posed*), da bereits relativ geringes Rauschen in den Projektionsdaten zu einem relativ großen Rauschen im Bild führen kann [7].

Die iterativen Rekonstruktionsverfahren betreiben aus diesem Grund eine Matrixinversion „auf Raten": Ausgehend von einer ersten Schätzung des zu rekonstruierenden Objektes wird der tomographische Abbildungsvorgang mathematisch simuliert, und das Ergebnis dieser Simulation („Vorwärtsprojektion") mit den gemessenen Projektionen verglichen. Aufgrund dieses Vergleichs wird die ursprüngliche Schätzung modifiziert (Bildupdate). Das neue Bild wird dann wieder vorwärts projiziert und aus dem Vergleich mit den Messdaten erneut ein Bildupdate errechnet. Dies wiederholt sich so lange, bis die Vorwärtsprojektion so gut wie möglich mit den Messdaten übereinstimmt.

In der Literatur wurden bereits sehr viele verschiedene iterative Algorithmen publiziert [30, 32, 33]. Sie unterscheiden sich hauptsächlich in der Rekursionsformel, in der zum einen die Korrektur enthalten ist, wie der Algorithmus auf die Abweichungen zwischen gemessenen und simulierten Projektionen reagiert und zum anderen, wie oft dies geschieht. Bei sogenannten „simultanen" Verfahren wird das geschätzte Bild zunächst über alle Winkel vorwärts projiziert und dann für das nächste Bildupdate eine über alle Winkel gemittelte Korrektur angewandt. Bei den „nicht-simultanen" Verfahren findet die Korrektur nach jedem Projektionswinkel statt. Während die simultanen Verfahren (zu denen auch die unten näher beschriebene Maximum-Likelihood-Methode gehört) sehr langsam konvergieren, sind die nicht-simultanen Verfahren bei rauschbehafteten Daten sehr instabil. Für den klinischen Einsatz in der PET haben sich Verfahren durchgesetzt, bei denen ein Kompromiss zwischen schneller Konvergenz und moderater Rauschentwicklung vorliegt [3, 14]. Zur Konvergenzbeschleunigung werden bei einigen Algorithmen multiplikativ verstärkte Korrekturen auf die beobachteten Abweichungen (*over-relaxation*) angewandt. Das am weitesten verbreitete Verfahren zur Beschleunigung ist jedoch die Verwendung von sogenannten *Ordered Subsets*, die im späteren Abschnitt genauer erläutert werden.

Einige generelle Eigenschaften der iterativen Verfahren sind:

- Im Vergleich zur gefilterten Rückprojektion (FBP) zeigen sie deutlich weniger Rekonstruktionsartefakte, insbesondere dann, wenn Daten mit weniger Detektorelementen und unter weniger Winkeln akquiriert werden als das Abtasttheorem[1] verlangt.
- Sie sind weniger anfällig gegen Rauschen in den Projektionsdaten als die FBP. So kann man rauscharme Rekonstruktionen erzielen, ohne dafür stark glättende und die Bildauflösung reduzierende Filter einsetzen zu müssen.
- Die physikalischen Eigenschaften des Abbildungsvorganges (Streuung und Absorption der Quanten, Auflösung des Detektors, Breite der LOR) lassen sich über die Vorwärtsprojektion direkt in die Rekursionsformel integrieren. Dies führt zu besseren und quantitativen Rekonstruktionsergebnissen.
- Die numerische Implementation der Vorwärtsprojektion (hier speziell der Geometrie) kann von größerer Bedeutung für das bildliche Resultat sein, als die Wahl der Rekursionsformel.

---

[1] Das Abtasttheorem besagt vereinfacht, dass man für eine korrekte Erfassung eine Funktion mit einer Frequenz abtasten muss, die doppelt so groß ist wie die maximale Frequenz, die in der Funktion vorkommt.

Abb. 15.4 Auftragung der mittleren quadratischen Abweichung zwischen simuliertem (Original) und rekonstruiertem Bild in Abhängigkeit vom Rauschen innerhalb der Rohdaten und der Anzahl der Iterationen. Die normierte Likelihood-Funktion L konvergiert unabhängig vom Rauschen mit zunehmender Iterationszahl gegen ihr Maximum bei vollständiger Übereinstimmung mit den simulierten Projektionsdaten [23]

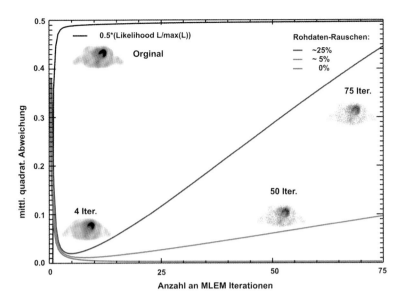

15.3.2.2 Maximum-Likelihood-Rekonstruktion

Die *Maximum-Likelihood*(ML)-Rekonstruktion wurde von Shepp und Vardi für die PET eingeführt und behandelt die Beobachtungsgleichung als unkorrelierten statistischen Prozess [33]. Dabei ist $\underline{\lambda} = (\lambda_j, \ldots, \lambda_K)$ der Parametersatz der gesuchten Aktivitätsverteilung, und die gemessenen Daten sind eine Realisierung $g = (g_i, \ldots, g_M)$ der Zufallsvariablen G mit der Dichtefunktion $\rho_G(g \mid \lambda)$. Die Wahrscheinlichkeit, eine Realisierung g der Zufallsvariablen zu messen, ist dann gegeben durch die Likelihood-Funktion L:

$$L(\lambda, g) = \rho(G = g \mid \lambda) = \prod_{i=1}^{M} \rho_G(g_i \mid \lambda). \qquad (15.5)$$

Der Maximum-Likelihood-Schätzer ist definiert als $\hat{\lambda} = \text{argmax}_\lambda \, \rho_G(g \mid \lambda)$ bzw. in logarithmischer Form:

$$\hat{\lambda} = \underset{\lambda}{\text{argmax}} \ln \rho_G(g \mid \lambda) \qquad (15.6)$$

Mit der Lösung dieses Maximierungsproblems ergibt sich ein Schätzer für die gesuchte Aktivitätsverteilung. Zur Anwendung in der iterativen Bildrekonstruktion kommt neben dem *Row-Action*(RA)-Algorithmus [3] hauptsächlich der *Expectation-Maximization*(EM)-Algorithmus von Dempster et al. [7]. Dazu wird eine Folge von Parametervektoren $\lambda(k)$ konstruiert, die bei positivem Startparameter $\lambda^{(0)} = 1$ gegen den gesuchten Likelihood-Schätzer konvergiert. Die Berechnung des ML-Schätzers mit Hilfe des EM-Algorithmus führt unter der Annahme einer einfachen Poisson-Statistik für $\rho_G(g \mid \lambda)$ zu der multiplikativen Rekursionsformel:

$$\lambda_j^{(k+1)} = \frac{\lambda_j^{(k)}}{\sum_{i=1}^{M} c_{ij}} \sum_{i=1}^{M} c_{ij} \frac{g_i}{\sum_{j=1}^{K} c_{ij} \lambda_j^{(k)}} \qquad (15.7)$$

15.3.2.3 Konvergenzbeschleunigung

Die durch den MLEM-Algorithmus generierte Folge von $\lambda^{(k)}$ konvergiert leider sehr langsam, d. h. erst bei sehr hohen Iterationszahlen, gegen das Maximum der Likelihood-Funktion. Um die daraus resultierenden langen Rekonstruktionszeiten auf ein kliniktaugliches Maß zu reduzieren, nutzt man zur Konvergenzbeschleunigung den *Ordered-Subsets-Expectation-Maximization*(OSEM)-Algorithmus [14]. Durch das Aufteilen der Winkelkomponente des Messdatensinogramms in disjunkte Untergruppen besteht die Möglichkeit der Parameterschätzung bereits nach jeder Untergruppe (Subset). Eine komplette Iteration ist erst dann erreicht, wenn alle Untergruppen durchlaufen sind – die visuellen Bildeigenschaften nach einer OSEM-Iteration mit beispielsweise 16 Subsets (bei genügend vielen Winkeln pro Untergruppe) sind jedoch vergleichbar mit 16 MLEM-Iterationen. Dabei hat sich bewährt, jede Untergruppe aus den Komponenten mit dem größtmöglichen Winkelabstand zusammenzusetzen.

Betrachtet man die Veränderung des rekonstruierten Bildes im OSEM-Algorithmus mit zunehmender Iterationszahl, so zeigt sich der Effekt der erwähnten schlechten Konditionierung: Mit zunehmender Iterationszahl wird die Likelihood-Funktion des Schätzers zwar stetig maximiert, gleichzeitig erhöht sich jedoch die lokale Varianz im Bild. Diese Bildeigenschaft wird wegen ihres Aussehens auch „Pfeffer und Salz"-Effekt genannt. Abb. 15.4 zeigt für simulierte Daten die mittlere quadratische Abweichung zwischen dem Original und dem rekonstruiertem Bild in Abhängigkeit von der Anzahl an Iterationen und dem Rauschen in den Projektionsdaten. Man erkennt bereits bei einem geringen Rauschanteil innerhalb der Rohdaten ($\sim 5\,\%$), dass das rekonstruierte Bild bei höheren Iterationszahlen für eine visuelle Auswertung unbrauchbar wird [23].

Zur Limitierung dieses Effektes gibt es zahlreiche Verfahren, die ähnlich der Wahl des Filters und der Cutoff-Frequenz in der gefilterten Rückprojektion zu einer Unterdrückung des Bildrauschens führen. Die einfachste Variante ist das Abbrechen der Rekonstruktion noch vor Erreichen der Konvergenz nach bereits wenigen Iterationen. Dies bringt zwar zusätzlich den Vorteil von kurzen Rekonstruktionszeiten mit sich, lässt jedoch ad hoc eine quantitative Auswertung der Bilddaten in der PET nicht zu. Die Verwendung von speziellen Glättungsoperatoren innerhalb der Projektion und Rückprojektion reduziert das Bildrauschen ebenfalls und verringert bei richtiger Implementation die Auflösung nur geringfügig.

15.3.2.4 Maximum-a-posteriori-Rekonstruktion

Theoretisch betrachtet erhält man durch Änderungen im Schätzmodell bessere Lösungen des schlecht gestellten Rekonstruktionsproblems. Bereits die Berücksichtigung, dass es sich bei PET-Messdaten durch die Korrektur zufälliger Koinzidenzen um keine „einfache", sondern um eine „verschobene" Poisson-Statistik handelt, optimiert das Resultat der Rekonstruktion [41]. Daneben finden auch Ansätze Verwendung, die von einer Gauß-Statistik ausgehen und die zur Lösung einen *Weighted Least Square Estimator* (WLS-Schätzer, gewichtete Schätzfunktion nach der Methode der kleinsten Quadrate) einsetzen [8].

Noch aufwendiger, aber in ihren Rekonstruktionsergebnissen stabiler, sind Schätzer aus der Gruppe der *Maximum a Posteriori Estimator* (MAP, Schätzen aus Beobachtungsdaten nach der Messung). Die MAP-Rekonstruktion ist eine Erweiterung des ML-Schätzers und berücksichtigt Vorwissen bezüglich des gesuchten Bildes. Dieses sogenannte A-priori-Wissen kann morphologische Kenntnisse aus der CT-Aufnahme oder physiologische Eigenschaften beinhalten, wie z. B. die Annahme, dass benachbarte Gewebeareale ähnliche Aktivitätsanreicherungen besitzen. Beinahe allen MAP-Ansätzen gemeinsam ist ein deutlich erhöhter Rechenaufwand und damit verbunden eine verlängerte Rekonstruktionszeit. Neben der verlängerten Rekonstruktionszeit bilden die vielfältigen Variationsmöglichkeiten in der Wahl des geeigneten Vorwissens bzw. des sogenannten Regularisierungsparameters derzeit die Limitation für eine universelle Anwendung der MAP-Schätzer in der klinischen Routine. Eine ausführliche Beschreibung der iterativen, statistischen Bildrekonstruktion findet der Leser in der Literatur [6, 10, 11, 26].

15.3.2.5 LOR-basierte TOF-Rekonstruktion

Mit der Möglichkeit, die Flugzeiten der γ-Quanten im PET/CT-System zu analysieren, müssen zur Nutzung der TOF für die Bildgebung auch die Rekonstruktionsalgorithmen angepasst werden. Bereits bei der Beschreibung der Abbildungsgleichung Gl. 15.4 muss jeder Histogrammpunkt g einer LOR wieder um eine Dimension erweitert werden, in der die Flugzeitinformation und damit die räumliche Zuordnung auf der Projektionslinie steckt. Man spricht in diesem Zusammenhang von Histo-Projektionen [20]. Die Zeitauflösung des TOF-PET wird dabei auf dieser Projektionslinie als eindimensionale Verschmierung mit dem sogenannten TOF-Kernel berücksichtigt (Abb. 15.3). Diese Zuordnungseigenschaft lässt sich auch innerhalb der Systemmatrix abbilden, so dass TOF im iterativen Rekonstruktionsalgorithmus sowohl bei der Projektion als

auch bei der Rückprojektion einbezogen werden kann. Da die TOF-Information i. d. R. für jedes einzelne LOR-Ereignis unterschiedlich ist, bietet sich eine direkte Rekonstruktion der List-Mode-Daten an. Da bei der List-Mode-Rekonstruktion jedoch die Rechenoperationen auf jedes Einzelereignis angewendet werden, besitzen sie einen sehr hohen Rechenaufwand [28]. Viele Optimierungen wurden daher unter dem Gesichtspunkt einer möglichst effizienten Datenbeschreibung und möglichst schnellen TOF-Rekonstruktion (z. B. durch Parallelisierung auf Rechenclustern) entwickelt [37].

> Vorteil aller TOF-Rekonstruktionen ist eine schnellere Konvergenz, die wegen der genaueren Ereigniszuordnung mit einem höheren Bildkontrast einhergeht. Insgesamt besitzen die Bilder ein besseres Signal-zu-Rausch-Verhältnis [15].

15.4 Datenkorrekturen und Quantifizierung

Die Positronen-Emissions-Tomographie erlaubt eine absolute Quantifizierung von Aktivitätsverteilungen innerhalb des Patienten. Damit dies möglich ist, müssen verschiedene Korrekturen an den Messdaten vorgenommen werden und es müssen gerätetechnische Voraussetzungen (Detektorabgleich und Systemkalibrierung) gegeben sein.

Die koinzidenten 511-keV-γ-Quanten, die innerhalb einer LOR zwischen zwei Detektoren gemessen werden, bezeichnet man als Prompts (G_P). Sie setzen sich zusammen als Summe aus echten Koinzidenzereignissen G_T (Trues), gestreuten Koinzidenzen S (Scatter) und zufälligen Koinzidenzen R (Randoms). Wegen der Abklingzeit der Detektoren und einer endlichen Verarbeitungszeit der Elektronik muss diese Ereigniszahl in Bezug auf Verluste durch Totzeiteffekte (*dtc*) und durch Photonenabsorption innerhalb des gemessenen Objektes (*atn*) korrigiert werden. Unterschiede in der Nachweiswahrscheinlichkeit der einzelnen Detektoren erfordern zusätzlich eine Normierung (*nrm*). Für die echten, korrigierten Koinzidenzereignisse G_{Tc} gilt daher:

$$G_{Tc} = dtc \cdot atn \cdot nrm \cdot G_T = dtc \cdot atn \cdot nrm \cdot (G_P - S - R) \tag{15.8}$$

Zusätzlich auftretende Mehrfachkoinzidenzen, d. h. Ereignisse, bei denen innerhalb des Koinzidenzzeitfensters $\Delta\tau$ mehr als zwei Detektoren ansprechen, werden in der Regel schon bei der Messung selbst verworfen. Um im rekonstruierten Bild die korrekte räumliche Aktivitätsverteilung zu erhalten, müssen die gemessenen Koinzidenzereignisse G_P entweder vor (wie bei der FBP) oder besser innerhalb der Rekonstruktion (iterative Algorithmen) korrigiert werden.

15.4.1 Streukorrektur

Der Anteil an gestreuten Koinzidenzen S in der PET liegt im 3D-Modus zwischen 30–50 % [2]. Zur Korrektur der gestreuten Koinzidenzereignisse wurden verschiedene Methoden publiziert. Sie lassen sich unterteilen in gemessene Methoden, bei denen die Streuung über ein zweites Energiefenster abgeschätzt werden kann, und in Entfaltungs- und in Simulationsmethoden.

Für den 3D-Modus hat sich eine Simulationsmethode nach Watson et al. etabliert [39], bei der im Objekt aus den Emissionsdaten und den bekannten Schwächungsfaktoren die Einfachstreuung, die etwa 80 % der gesamten Streuung ausmacht, berechnet wird. Die Implementierung dieser Methode kann vereinfacht durch folgende Schritte beschrieben werden: Nach der Rekonstruktion der Schwächungskoeffizienten μ wird ein schwächungskorrigiertes Emissionsbild rekonstruiert, welches die gestreuten Ereignisse noch beinhaltet und damit die Aktivitätsverteilung im Bild noch leicht überschätzt. Für die Berechnung der Streuung muss dieses Bild keine hohe Auflösung besitzen, in der Regel wird daher eine schnelle analytische Bildrekonstruktion eingesetzt. Zur Schätzung der einfach gestreuten Emissionsereignisse werden innerhalb der Grenzen des Körpers eine möglichst geringe, aber noch repräsentative Anzahl von Punkten (sogenannte Streuzentren) definiert. Für eine reduzierte Anzahl an LORs wird über die Klein-Nishina-Formel der Anteil an einfach gestreuten Ereignissen berechnet, den ein Streuzentrum bei gegebener Aktivitätsverteilung zur LOR beiträgt. Manche Algorithmen berücksichtigen dabei auch Streuung von außerhalb des Gesichtsfeldes. Durch Integration über das komplette streuende Volumen (dies entspricht numerisch einer Summation über alle Streuzentren) wird der Gesamtanteil an Streuung innerhalb der LOR ermittelt. Durch Interpolation zwischen den LORs wird der Streuanteil für die fehlenden 3D-Messdaten berechnet. Mit der Vernachlässigung von Mehrfachstreuung unterschätzt man bei diesem Ansatz den wirklichen Streuanteil etwas. Gleichzeitig wird bei diesem Verfahren der Streuanteil aber auch überschätzt, weil man als Simulationsgrundlage eine wegen noch fehlender Streukorrektur etwas zu hohe Aktivitätsverteilung verwendet. Diese beiden Effekte kompensieren sich annähernd.

Zur endgültigen Herstellung konsistenter Daten muss die geschätzte Streuung durch Skalierung an die gemessenen Daten angepasst werden. Ein mögliches Verfahren zur Skalierung besteht darin, dass man in den Flanken außerhalb der Körperkontur, in denen nur gestreute Ereignisse existieren, die geschätzte Streuung S mit den gemessenen Werten in Übereinstimmung bringt. Diese Skalierungsmethode hat bei stark verrauschten Messdaten ihre Grenzen, da dann die Anpassung an die Flanken nicht mehr gelingt. Dediziertere Monte-Carlo-basierte Streusimulationen erlauben eine globale Skalierung, die vom Datenrauschen unbeeinflusst bleibt. Neben der Streuung werden dabei auch die echten Koinzidenzereignisse G_T simuliert. Die globale Skalierung wird dann so gewählt, dass die Gesamtzahl an Koinzidenzereignissen G_P zwischen der Messung und dem Ergebnis der Streusimulation gleich ist [29, 38, 39].

Zur Verwendung der Streuung innerhalb der Rekonstruktion kann die skalierte Streuverteilung in der Regel als Histogramm für jede LOR oder als 3D-Sinogramm abgespeichert werden.

15.4.2 Korrektur zufälliger Koinzidenzen

Die Korrektur der zufälligen Koinzidenzereignisse erfolgt bei den meisten Systemen durch die direkte Messung von Ereignissen $G_{\Delta t}$ innerhalb eines um $\Delta t \gg \Delta T$ verzögerten Zeitfensters. Geht man von einer innerhalb von Δt zeitlich homogenen Verteilung der zufälligen Ereignisse aus, so werden in diesem zur eigentlichen Koinzidenz verschobenen Zeitfenster nur zufällige Ereignisse registriert. Es gilt $G_{\Delta t} \approx R$. Diese gemessenen Ereignisse können meist entweder online von der entsprechenden koinzidenten LOR subtrahiert (*Trues-Mode*) oder in einem separaten Sinogramm abgespeichert werden (*Prompts-Mode*).

Die Anzahl der zufälligen Koinzidenzen R lässt sich ferner unter der Kenntnis der Einzelereignisse (*Singles*) s_i und s_j am Detektorpaar i und j rechnerisch ermitteln. Für jedes Einzelereignis s_i am Detektor i werden vom Detektor j im Mittel $\Delta T \cdot s_j$ Einzelereignisse gemessen, an beiden Detektoren zusammen also $\Delta T \cdot s_i \cdot s_j$ Ereignisse. Insgesamt erhält man somit $R = \Delta T \cdot s_i \cdot s_j$ [5]. Auch mit der Bestimmung der zufälligen Koinzidenzen über die Singles-Zählrate lassen sich akkurate Korrekturen vornehmen. Bei der Einbindung der Korrektur innerhalb der iterativen Rekonstruktion zeigen Ansätze mit geglätteten und dadurch mit weniger Rauschen behafteten Sinogrammen für die zufälligen Koinzidenzen etwas bessere Rekonstruktionsergebnisse.

Da die Einzelzählrate proportional zur Aktivitätskonzentration im Gesichtsfeld ist, steigt R quadratisch mit der ins System eingebrachten Aktivität an und kann mehr als 50 % der insgesamt gemessenen Ereignisse betragen. Dabei sind besonders PET/CT-Systeme betroffen, bei denen ein sehr großer Detektorring und zur Maximierung der Patientenöffnung nur eine kleine Randabschirmung für die Detektoren eingebaut ist. Neben den aus dem eigentlichen FOV stammenden Zählraten erhöhen bei diesen Systemen auch Aktivitätsanreicherungen die Singles-Zählrate, die weit außerhalb des eigentlichen FOVs gelegen sind.

15.4.3 Totzeitkorrektur

Totzeitverluste des Gerätes führen zu einer Abweichung vom linearen Zusammenhang zwischen gemessener und im Messfeld eingebrachter Aktivität. Sie werden bei den meisten Systemen durch experimentell ermittelte Korrekturfaktoren ausgeglichen und sind im Gegensatz zu den zufälligen Koinzidenzen auch bei sehr hohen Zählraten in der Regel kein Problem für die Datenverarbeitung. Um eine Quantifizierbarkeit zu gewähren, müssen Totzeitverluste jedoch möglichst genau korrigiert werden.

15.4.4 Schwächungskorrektur

Die Schwächungskorrektur ist wegen der Absorption der Annihilationsstrahlung im Gewebe die wichtigste Datenkorrektur in der PET. Für die Photonenabsorption besteht eine exponentielle Abhängigkeit zwischen der Anzahl an Emissionsereignissen G_0 einer radioaktiven Quelle und den nach einer Wegstrecke x gemessenen Ereignissen $G(x)$. Es gilt:

$$G(x) = G_0 \cdot e^{-\int_0^x \mu(x')\mathrm{d}x'}, \qquad (15.9)$$

wobei μ der ortsabhängige lineare Schwächungskoeffizient des Materials ist. Bei einer Energie der Photonen von $511\,\mathrm{keV}$ unterteilen sich die Absorptionskoeffizienten der Gewebearten des menschlichen Körpers im Wesentlichen in drei Bereiche. Dominant für die Korrektur ist der Koeffizient für Weichteilgewebe von $\mu_G = 0{,}095\,\mathrm{cm}^{-1}$ (wasseräquivalent), er führt zu einer Halbierung der gemessenen Aktivität nach etwa $7\,\mathrm{cm}$ Gewebe. Die restlichen differenzierbaren Koeffizienten des menschlichen Körpergewebes sind die für Lungengewebe ($\sim 0{,}03\text{–}0{,}04\,\mathrm{cm}^{-1}$) und die für Knochen ($\sim 0{,}15\,\mathrm{cm}^{-1}$). Eine Besonderheit in der PET ist die Tatsache, dass die Schwächung entlang einer Koinzidenzlinie unabhängig vom Entstehungsort der Annihilation auf der LOR ist.

Dieser Umstand wurde bei dedizierten PET-Geräten ausgenutzt, um mit externen Quellen (zum Beispiel rotierenden ^{68}Ge-Stabquellen[2]) die Korrekturfaktoren für die Schwächung zu messen. Man benötigt dazu zwei Transmissionsmessungen, eine mit Messobjekt innerhalb des Messfeldes (Transmissions-Sinogramm *trans*) und eine ohne (Blank-Sinogramm *blank*). Die Korrekturfaktoren (*atn*) ergeben sich dann als Quotient der beiden auf die gleiche Messzeit normierten Akquisitionen: *atn* = *blank/trans*. Die direkte Messung der Absorptionsfaktoren führt zu einem statistischen Rauschen innerhalb der Schwächungsdaten. Zur Reduktion dieses Rauschens werden *trans* und *blank* entweder vor der Berechnung der *atn*-Faktoren geglättet oder es werden Segmentierungsalgorithmen vor der Weiterverarbeitung dazwischengeschaltet.

Bei den klinisch etablierten PET/CT wird die Schwächungskorrektur aus den rekonstruierten CT-Bildern ermittelt. Dazu werden die CT-Schwächungskoeffizienten in der Regel durch bilineare Transformation auf die für PET relevante Photonenenergie von $511\,\mathrm{keV}$ umgerechnet [18]. Im Kap. 16 wird auf diese Umrechnung genauer eingegangen. Einen Nachteil bei der Nutzung des CT-Bildes zur Korrektur der Absorption in der PET stellt die stark unterschiedliche Aufnahmetechnik der beiden Verfahren dar. Während die CT-Aufnahme mit sehr kurzer Messzeit und sehr hoher Auflösung quasi bei Atemstillstand durchgeführt wird, hat die PET-Aufnahme eine deutlich geringere Ortsauflösung und mittelt über den kompletten Atemzyklus. Dies kann insbesondere im Lungenbereich, am Herzen und im oberen Abdomen zu unpassenden Korrekturtermen und damit zu einer fehlerhaften Quantifizierung führen.

---

[2] Das radioaktive Germanium-Isotop ^{68}Ge zerfällt durch Elektroneneinfang mit einer Halbwertszeit von 270,8 Tagen zum ebenfalls radioaktiven Gallium-Isotop ^{68}Ga. Die Eigenschaften des Positronenstrahlers ^{68}Ga sind in Tab. 15.1 aufgeführt. Neben der Nutzung von ^{68}Ge für langlebige, umschlossene radioaktive PET-Quellen wird es auch in sogenannten ^{68}Ge/^{68}Ga-Generatoren verwendet. Nach dem gleichen Grundprinzip wie beim ^{99}Mo/^{99m}Tc-Generator werden mit einem solchen Generator ^{68}Ga-Ionen für die Herstellung von Radiopharmaka eluiert.

15.4.5 Normalisierung und Kalibrierung

Das unterschiedliche Ansprechverhalten der Detektoren und der nachgeschalteten Auslesetechnik (z. B. Photomultiplier) erfordert neben einer sorgfältigen elektronischen Justierung der einzelnen Komponenten einen zusätzlichen Abgleich des Gesamtsystems. Dabei werden anhand einer Normierungsmessung Faktoren ermittelt, die das nach der Justierung verbleibende unterschiedliche Ansprechvermögen im Detektorsystem zusätzlich homogenisieren. Je nach Gerätetyp wird diese Messung entweder mit einem mit Aktivität gefüllten Zylinderphantom, Flächenphantom, einer Punktquelle oder, falls vorhanden, mit eingebauten Transmissionsquellen durchgeführt. Im einfachsten Fall einer gleichmäßigen Bestrahlung aller Detektoren durch das Phantom lassen sich die Korrekturfaktoren direkt berechnen. Unterschiede durch die Quellengeometrie können dabei analytisch herausgerechnet werden, man spricht bei diesem Ansatz von direkter Normalisierung. Diese direkte Normalisierung stellt jedoch sehr hohe Anforderungen an die radioaktive Quelle und die Messung. So muss das Phantom wegen möglicher Totzeiteffekte mit relativ moderater Aktivität, aber sehr homogen gefüllt sein, es darf nur einen geringen Anteil an Streuung verursachen und die Messzeit muss sehr lang gewählt werden, damit das statistische Rauschen in jedem Detektor vernachlässigt werden kann.

Bei klinischen PET/CT-Systemen hat sich daher die sogenannte komponentenbasierte Normalisierung durchgesetzt [1]. Dabei spaltet man die Normalisierungsfaktoren jeder LOR in die einzelnen Komponenten auf, die die Detektionsempfindlichkeit bestimmen, und versucht deren Beiträge in einzelnen Messungen möglichst effizient zu ermitteln. Neben den eigentlichen Detektoreffizienzen, die durch die Kristalle und deren Auslesetechnik gegeben sind, müssen zusätzlich geometrische Komponenten aufgrund der transaxialen und axialen Position des Detektorelementes berücksichtigt werden. Hinzu kommen bei Systemen mit Blockdetektordesign zusätzliche Faktoren, die die unterschiedlichen Effizienzen aufgrund der Position eines Detektorelementes innerhalb eines Blocks berücksichtigen. Da die Normalisierung die koinzidente Messung in einer LOR korrigieren soll, beinhaltet sie in der Regel auch den Ausgleich für unterschiedliche elektronische Signallaufzeiten zwischen den beiden an der LOR beteiligten Detektoren.

Neben der als Voraussetzung für homogene Bilddaten notwendigen Normalisierung muss für eine Quantifizierbarkeit das Gerät zusätzlich kalibriert werden. Bei dieser Kalibrierung werden globale Faktoren berechnet, die die im Tomographen gemessenen Ereignisse pro Sekunde und Volumeneinheit in eine Aktivitätskonzentration [Bq/cc] umrechnen. Man führt diese Kalibrierung meist mit einem Zylinderphantom mit bekanntem Volumen durch, in das man eine bekannte Aktivität einfüllt und diese dann gut durchmischt. Diese Aktivität wird in der Praxis meist als ^{18}F in einer Spritze hinzugegeben, die man zuvor in dem auch bei den Patienten verwendeten Aktivimeter gemessen hat. Da die Aktivitätszugabe sehr genau sein soll, muss man unbedingt auch die ggf. in der Spritze zurückbleibende Restaktivität bestimmen. Bei manchen Untersuchungen ist es zusätzlich notwendig, dass man dem Patienten Blutproben

Abb. 15.5 Bildauflösungsverbesserung durch Rekonstruktion in einer größeren Bildmatrix. Das anthropomorphe Thoraxphantom ist mit einer ^{18}F-Hintergrundaktivität gefüllt und hat mehrere Läsionen unterschiedlicher Größe und Position, die mit höherer Aktivitätskonzentration gefüllt sind. Dargestellt sind Maximum-Intensitäts-Projektionen (MIP) sowie im unteren Bildbereich zwei koronale Schnitte der Ebene mit einer sehr kleinen, zentral gelegenen Läsion. Bei einer Rekonstruktion mit $2 \times 2 \times 2\,\text{mm}^3$ großen Voxeln ist diese sehr gut zu erkennen (*grüne Pfeile*), bei $4 \times 4 \times 4\,\text{mm}^3$ großen Voxeln führt der Partialvolumeneffekt dazu, dass sich die Läsion kaum noch vom Hintergrund abhebt (*rote Pfeile*)

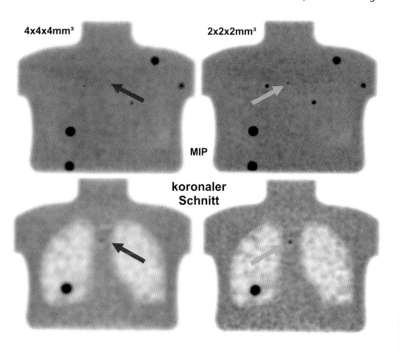

entnimmt und deren Aktivität in einem empfindlichen Bohrloch-Messplatz bestimmt. Damit die in der PET und im Bohrloch gemessenen Aktivitätskonzentrationen miteinander verglichen werden können, müssen alle beteiligten Messgeräte, in diesem Fall Aktivimeter, Bohrloch und PET, einer Kreuz-Kalibrierung unterzogen werden. Eine solche Kreuz-Kalibrierung am Tomographen ist auch dann notwendig, wenn man zur Überprüfung der Kalibrierung Phantome mit langlebigen Isotopen (z. B. ^{68}Ge-Zylinderquellen) einsetzt und nicht bei jeder Überprüfung automatisch wieder das Aktivimeter mit dem PET vergleicht. Für das langlebige Phantom muss dann einmalig ein Kreuz-Kalibrierungsfaktor bestimmt werden, der den Abgleich zu den mit dem Aktivimeter bestimmten PET-Werten gewährleistet. Sowohl der generelle Systemabgleich als auch die Kalibrierung sollten in regelmäßigen Abständen überprüft und bei Bedarf erneut durchgeführt werden.

Näheres dazu regeln nationale und internationale Vorschriften bzw. Normen.

15.4.6 Quantifizierung

Liegen alle mess- und gerätetechnischen Voraussetzungen an einem PET vor, muss man bei der Quantifizierung in den rekonstruierten Bildern zusätzliche Faktoren wie z. B. das Konvergenzverhalten des verwendeten Algorithmus (FBP, OSEM, MAP etc.) sowie die limitierte Auflösung der PET beachten. Während die gefilterte Rückprojektion als mathematisch gut verstandenes, lineares Verfahren relativ unkritisch ist, sind iterative Methoden bei einer geplanten quantitativen Bildauswertung mit Vorsicht zu behandeln. Dies ist darin begründet, dass das Konvergenzverhalten sowohl von der lokalen Aktivitätsverteilung abhängig ist (Bildbereiche mit hohen Aktivitätsanreicherungen konvergieren in der Regel schneller als Bereiche mit

geringer Anreicherung) als auch von der insgesamt in den Messdaten vorliegenden Zählstatistik.

Ein weiteres Phänomen, welches bei allen Bildgebungsverfahren mit begrenzter Ortsauflösung auftritt, ist der Partialvolumeneffekt. Er führt dazu, dass sich die gemessenen und rekonstruierten Ereignisse auf mehr Detektoren bzw. ein größeres Bildvolumen verteilen, als es der eigentlichen Objektausdehnung entspricht. Im Bild führt dies zu einer räumlich vergrößerten Darstellung des Objektes und damit einhergehend zu einer verringerten Ereigniszahl pro Volumenelement. In einem kalibrierten System entspricht dies einer fälschlich erniedrigten Aktivitätskonzentration bei allen kleineren Strukturen. Messbar ist dieser Effekt bereits bei Strukturen, die kleiner sind als etwa das Dreifache der FWHM der Geräteauflösung.

Eine Reduzierung des Partialvolumeneffektes ist nur über eine Verbesserung der Ortsauflösung im rekonstruierten Bild möglich. Bereits durch die Verwendung von größeren Bildmatrizen mit feinerer Raumabtastung lassen sich innerhalb der Rekonstruktion Verbesserungen erreichen, sofern es die Statistik innerhalb der Messdaten zulässt (Abb. 15.5).

An den meisten klinischen Systemen können mittlerweile auch iterative Algorithmen verwendet werden, die durch Berücksichtigung der PSF innerhalb der Systemmatrix eine Auflösungsrückgewinnung erzielen. Die Verwendung solcher Rekonstruktionsalgorithmen führt zwar in der Regel zu höheren Bildkontrasten, sie kann aber auch Bildartefakte verursachen, die keine korrekte Darstellung und Quantifizierung der Aktivitätsverteilung mehr erlauben (Abb. 15.6).

Der Partialvolumeneffekt kann auch nachträglich mit Hilfe des sogenannten Recovery-Koeffizienten *RC* korrigiert werden.

Abb. 15.6 Transaxialschnitte eines Zylinderphantoms mit einem befüllbaren Kugeleinsatz, welches mit ^{18}F-Aktivitätskonzentrations-Kontrast (Kugel zu Hintergrund) von 14 : 1 gefüllt ist. Bei der PSF-OSEM-Rekonstruktion mit Auflösungsrückgewinnung (Bildauflösung etwa 4,5 mm FWHM) erkennt man bei der größten Kugel bereits eine Randüberhöhung, die im Radialprofil dieser Kugel deutlich sichtbar wird. Die OSEM-Rekonstruktion ohne Auflösungsrückgewinnung ist artefaktfrei, hat jedoch eine geringere Bildauflösung von etwa 6 mm

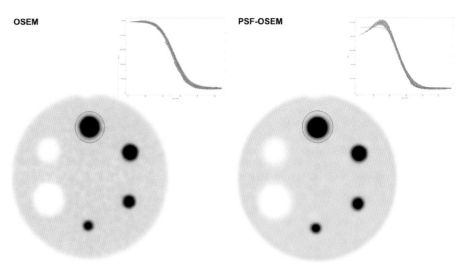

Abb. 15.7 Gemessene Recovery-Koeffizienten an einem PET-System mit einer Bildauflösung (FWHM) von etwa 8–10 mm. Die Messdaten wurden mit dem IEC-Ganzkörper-Kugelphantom für mehrere unterschiedliche Verhältnisse an Aktivitätskonzentrationen zwischen den Kugeln und dem Hintergrund gemessen. Wie bei einer rein geometrischen Größe zu erwarten ist, ist der Recovery-Koeffizent (RC) im Wesentlichen kontrastunabhängig (Abbildung aus [23])

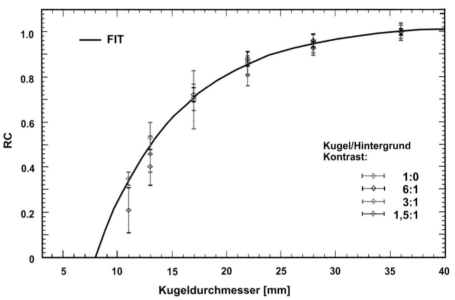

An einem kalibrierten Tomographen kann man bei bekannter Objektgröße und -form die echte Aktivitätskonzentration λ [Bq/cc] im Objekt aus der im rekonstruierten Bild gemessenen Aktivitätskonzentration λ_g wiedergewinnen. Der Recovery-Koeffizient wird definiert als $RC = \lambda_g/\lambda$. Der RC lässt sich in erster Näherung experimentell durch Messungen an einem Phantom mit unterschiedlich großen Kugeleinsätzen und einer Befüllung mit der gleichen Aktivitätskonzentration bestimmen. Kennt man die Recovery-Koeffizienten und die Strukturgrößen, so lassen sich die Werte von $\underline{\lambda}$ innerhalb einer quantitativen Bildauswertung (z. B. einer Region-of-Interest(ROI)-Analyse) korrigieren (Abb. 15.7). Möchte man die Anreicherungen intraindividuell für verschieden große Strukturen (z. B. Tumorläsionen oder Lymphknoten) vergleichen, so ist eine RC-Korrektur unerlässlich.

Durch die Einführung der multimodalen Bildgebung liegen zu den funktionellen PET-Bildern gleichzeitig hochaufgelöste morphologische CT- oder MRT-Bilder vor. Mit dieser zusätzlichen Information über die Strukturgrößen werden automatische bzw. semiautomatische RC-Korrekturen auch für eine klinische Routineanwendung tauglich (siehe Kap. 16).

15.5 Klinische Anwendungsgebiete

15.5.1 Onkologie

Das klinische Hauptanwendungsgebiet der PET liegt im Bereich der Onkologie. Für die Bildgebung macht man sich dabei zunutze, dass viele Stoffwechselprozesse in Tumoren massiv beschleunigt sind. Am häufigsten wird die PET mit der ^{18}F-Fluordesoxiglukose (FDG) durchgeführt, einem Glukoseanalogon, welches den bei malignen Tumoren erhöhten Glukosestoffwechsel (Hypermetabolismus) visualisiert. Abb. 15.8 zeigt eine solche PET/CT-Aufnahme eines Patienten nach The-

Abb. 15.8 Ganzkörper-PET/CT mit ^{18}F-Fluordesoxiglukose bei einem Patienten mit malignem Melanom. Für die Befundung werden in der Regel Maximum-Intensitäts-Projektionen (MIP) des PET, koronale Schnitte und axiale (hier nicht dargestellt) Schnitte des PET, des CT und fusionierten PET/CT genutzt. Die verschiedenen Organe haben abhängig von ihrer Stoffwechsellage eine unterschiedlich hohe physiologische Anreicherung (Gehirn, Leber, Muskeln, Milz), die bei Tumoren mit entartetem Stoffwechsel noch etwas höher ist. Die nicht verstoffwechselte Substanz wird über die Nieren ausgeschieden, weswegen diese ebenso wie die Blase eine besonders hohe Anreicherung besitzen. Das in Expiration akquirierte CT passt sehr gut zu dem in Atemmittellage akquirierten PET. An der Blase kann man sehr schön eine unterschiedliche Füllung zwischen CT und dem nur kurze Zeit später aufgenommenen PET erkennen. Auch bei optimaler Untersuchungsdurchführung lassen sich solche Fusionsprobleme nicht ausschließen

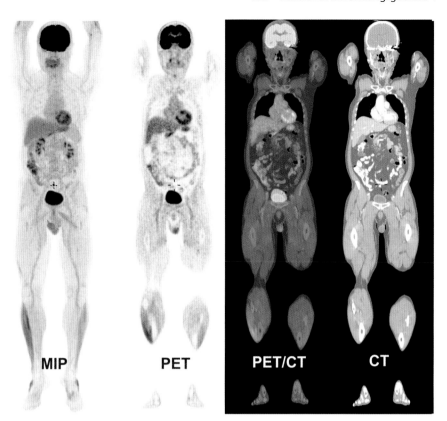

MIP PET PET/CT CT

Teil III

rapie eines metastasierenden, malignen Melanoms. Die Daten wurden 60 min nach Injektion des Radiopharmazeutikums FDG akquiriert. Neben der physiologischen Anreicherung in den verschiedenen Organen ist eine Läsion mit erhöhtem Glukosestoffwechsel im Sakralwirbelkörper zu sehen (rotes Fadenkreuz in der MIP-Darstellung). Der Patient muss zu dieser Untersuchung mindestens 6 h nüchtern sein, damit Glukose- und Insulinspiegel im Blut niedrig sind. Ein zu hoher Glukosespiegel blockiert die FDG-Aufnahme in die Tumorzellen, und ein zu hoher Insulinspiegel stimuliert die FDG-Aufnahme in die Muskulatur und in das Fettgewebe. Viele klinische Studien haben gezeigt, dass mittels FDG PET/CT die meisten Tumoren mit hoher Sensitivität und Spezifität diagnostiziert werden können. Lediglich fluoride entzündliche Veränderungen wie Abszesse und Granulome stellen Differenzialdiagnosen dar, die durch andere klinische Befunde ausgeschlossen werden müssen.

Die Beurteilung einer Anreicherung in der FDG PET/CT erfolgt klinisch meistens über den sogenannten Standardised Uptake Value (SUV). Bei diesem Parameter bezieht man die gemessene Aktivitätskonzentration $\lambda(t)$ innerhalb einer morphologischen Struktur auf die applizierte und auf den Messzeitpunkt t zerfallskorrigierte Aktivität $D_{inj}(t)$ pro Gramm Körpergewicht (KG) [42]:

$$SUV = \frac{\lambda(t)}{D_{inj}(t)/KG} \tag{15.10}$$

Der so definierte SUV hat damit die Einheit g/ml und kann als Bildnormierung betrachtet werden. Würde sich die applizierte Aktivität im Körper des Patienten komplett gleichmäßig

verteilen, hätten alle Volumeneinheiten die gleiche Aktivitätskonzentration und es ergäbe sich in allen Bildvoxeln ein SUV mit dem Wert 1. Abweichungen nach oben stellen dann eine Mehranreicherung dar, Abweichungen nach unten eine Minderanreicherung. Bei Phantommessungen, bei denen im Inneren eine genau definierte und homogen verteilte Aktivitätskonzentration vorliegt, berechnet sich der SUV ebenfalls zu einem Wert von 1,0. Qualitätskontrollen zur Kalibrierungsgenauigkeit der PET-Systeme werden bei manchen Geräteherstellern daher auch als SUV-Validierung bezeichnet. Diese Validierungsmessungen sollten eine maximale Abweichung von 10 % nicht überschreiten.

Bei der klinischen Verwendung von FDG besitzt der SUV zusätzlich auch noch eine physiologische Bedeutung. Die Kinetik der Aktivitätsanreicherung von FDG im Körper lässt sich mathematisch als Kompartiment-Modell beschreiben, bei dem FDG aus dem Blut zuerst in den extrazellulären Raum gelangt und dann über die Phosphorylierung in die Zelle eingebaut wird. Kennt man den zeitlichen Verlauf der Aktivitätskonzentration im Blut und im Zellkompartiment, lassen sich mit diesem kinetischen Modell die Ratenkonstanten berechnen. Zur weiteren Vereinfachung der Gleichungen für die Ratenkonstanten hat sich die Patlak-Gjedde-Analyse [9, 24] bewährt. Es zeigt sich in beiden Fällen, dass die den Glukosemetabolismus repräsentierende Übergangsrate proportional zur gemessenen Gewebeanreicherung und antiproportional zur bis zum Zeitpunkt der Messung integrierten Blutaktivität ist. Dieses Integral wird größer, wenn man mehr Aktivität appliziert und es wird kleiner, wenn sich die applizierte Aktivität auf eine größere Blutmenge, d. h. auf ein größeres Körpergewicht verteilt. Man erkennt, dass der in Gl. 15.10 definierte SUV in diesem kinetischen Modell damit proportional zur Ratenkonstante des Glukosemetabolismus ist. Änderungen im Glukosemetabolismus bei malignen Tumoren lassen sich also auch mit dem SUV analysieren. Diese Annahme wird durch Studien bestätigt, in denen man für verschiedene Tumoren den SUV mit den Berechnungen des Glukosemetabolismus sowohl über eine vollständige kinetische Modellierung als auch durch Patlak-Analysen verglichen hat [13, 21, 40]. Da der SUV nur mit einer einzigen statischen Messung bestimmt wird und er außerdem noch von zahlreichen Faktoren (Zeitpunkt der Messung, Blutzuckerwerte, Hormonlevel und Menge an Körperfett) beeinflusst wird, spricht man häufig nur von einer semiquantitativen Auswertung [16, 17, 34]. In der klinischen Routine hat er sich aber trotz dieser Limitationen für eine möglichst standardisierte und objektivere Beurteilung von FDG bewährt.

Alternative Radiopharmazeutika erlauben es für spezielle Tumorarten, bei denen FDG keine geeignete Substanz ist, auch andere Funktionen wie z. B. den Aminosäure-, den Cholinstoffwechsel oder Rezeptorexpressionen darzustellen. Bei der Bildgebung mit diesen Substanzen ist der SUV nur eine Bildnormierung, die unter Umständen auch nur eine beschränkte klinische Aussagekraft hat.

Bei allen onkologischen Bildgebungsfragen wird in der PET nach einem deutlichen Positivkontrast im rekonstruierten Bild gesucht. Dies kommt den derzeit verwendeten iterativen Rekonstruktionen entgegen, da bei diesen Verfahren Bereiche mit hohen Aktivitätsanreicherungen im Bild schneller konvergieren als Bereiche mit geringer Anreicherung.

15.5.2 Neurologie und Kardiologie

Bei der Anwendung der PET in der Neurologie stellen sich die Pathologien teilweise als Hypometabolismus dar, d. h., sie zeigen im PET-Bild eine Minderanreicherung. Indikationen für eine Hirn-PET sind z. B. Demenzerkrankungen, Bewegungsstörungen und Epilepsieerkrankungen. Die Rekonstruktion neurologischer Bilddaten erfordert im Vergleich zur onkologischen Bildgebung deutlich mehr Iterationen, damit aufgrund des langsameren Konvergenzverhaltens trotzdem ein optimaler Negativkontrast entsteht. Da die Messdatenstatistik bei diesen Aufnahmen durch eine deutlich längere Messzeit als bei Ganzkörperuntersuchungen in der Regel relativ gut ist, bleibt das Rauschen in den rekonstruierten Bildern auch bei höheren Iterationszahlen in einem akzeptablen Maß. Bei Hirn-Untersuchungen ist die MRT klinisch wesentlich aussagekräftiger als die CT. Daher ist die PET/MRT für diese Indikationen als multimodale Bildgebung prädestiniert. Bei der PET/CT dient das CT ausschließlich zur Schwächungskorrektur und wird zur Begrenzung der Strahlenexposition nur mit sehr niedriger Dosis akquiriert.

Der Stellenwert der PET bei kardiologischen Erkrankungen ist in Deutschland relativ gering und hat in den letzten Jahren weiterhin abgenommen. Mit PET können zwar sowohl die regionale Myokardperfusion als auch die Myokardvitalität sehr gut und quantitativ dargestellt werden, zunehmend kommen dafür aber alternative Verfahren ohne den Einsatz ionisierender Strahlung (Echokardiographie, MRT) zur Anwendung. Hinzu kommt, dass man bei diesen Fragestellungen eine ausreichend hohe Sensitivität und Spezifität auch mit SPECT erreicht und SPECT/CT einen geringeren apparativen Aufwand und für die Patientenversorgung eine bessere Verfügbarkeit besitzt.

Aufgaben

15.1 Beschreiben Sie den physikalischen Zerfallsprozess, der der PET zugrunde liegt. Welche Besonderheit ist im Hinblick auf die Nutzung zur Bildgebung besonders zu beachten?

15.2 Was bestimmt die Reichweite der Positronen und in welcher Größenordnung liegt diese bei typischen PET-Isotopen im menschlichen Gewebe?

15.3 Skizzieren Sie grob den wesentlichen Aufbau und das Messprinzip eines modernen PET-Scanners. Was bezeichnet in der PET die Abkürzung TOF?

15.4 Durch welche Eigenschaften des Detektorsystems und des Positronenzerfalls wird die räumliche Auflösung in der PET bestimmt?

15.5 Welche beiden grundlegenden Rekonstruktionsverfahren werden in der PET verwendet?

15.6 Welche Aussage trifft bei der iterativen Rekonstruktion nicht zu?

a. Die Daten werden bei der iterativen Rekonstruktion in diskretisierter Form behandelt.
b. Es wird die stochastische Natur des radioaktiven Zerfalls (Poisson-Statistik) berücksichtigt.
c. Das Bild wird in der iterativen Rekonstruktion in einem einzigen Rechenschritt erzeugt.
d. Es werden Maximierungsverfahren zur Bilderzeugung eingesetzt (z. B. EM oder RA).
e. Erst Konvergenzbeschleunigungen (z. B. OSEM) machen die iterativen Verfahren routinetauglich.

15.7 Nennen Sie die notwendigen Datenkorrekturen, um in der PET quantitative Aussagen über die absolute Aktivitätsverteilung im Messobjekt zu bekommen.

15.8 In der onkologischen Anwendung der PET wird häufig der „Standard Uptake Value" (SUV) verwendet. Wie berechnet sich dieser?

15.9 Bei der Verwendung von FDG als Tracer in der PET für die onkologische Diagnostik gelten folgende Aussagen:

a. FDG (Fluordesoxiglukose) mit dem Isotop ^{18}F visualisiert als Analogon den Glukosemetabolismus im Körper.

b. Der Glukosestoffwechsel ist bei Tumorzellen erhöht. Daher reichern Tumoren mehr FDG als Normalgewebe an.

c. Patienten müssen zur unmittelbaren Vorbereitung auf die Untersuchung zuckerhaltige Nahrung zu sich nehmen.

d. Der SUV-Wert wird bei FDG u. a. durch den Zeitpunkt der Messung, den Blutzuckerspiegel und der Menge an Körperfett beeinflusst.

e. Bei onkologischen Untersuchungen mit FDG sind diagnostisch insbesondere Negativkontraste relevant. Diese kommen bei der iterativen Rekonstruktion besonders schnell zum Vorschein (schnelle Konvergenz).

Literatur

1. Badawi RD, Marsden PK (1999) Developments in component-based normalization for 3D PET. Phys Med Biol 44(2):571–594
2. Bendriem B (1998) Developments in Nuclear Medicine. The Theory and Practice of 3D PET, Bd. 32. Kluver Academic Publishers, Dordrecht Boston London
3. Browne J, de Pierro AB (1996) A row-action alternative to the EM algorithm for maximizing likelihood in emission tomography. IEEE Trans Med Imaging 15(5):687–699. https://doi.org/10.1109/42.538946
4. Bureau International des Poids et Mesures (BIPM) Monographie BIPM-5 – "Table of Radionuclides". http://www.bipm.org/en/publications/scientific-output/monographie-ri-5.html. Zugegriffen: 19. Dez. 2016 1–7
5. Cherry SR (2012) Physics in nuclear medicine, 4. Aufl. Saunders, Philadelphia
6. Claude C, Paul EK, Jeffrey AF, Thomas B, David WT, Michel D, Christian M (2002) Clinically feasible reconstruction of 3D whole-body PET/CT data using blurred anatomical labels. Phys Med Biol 47(1):1
7. Dempster AP, Laird NM, Rubin DB (1977) Maximum Likelihood from Incomplete data via the EM Algorithm. J Royal Stat Soc Ser B (methodological) 39(1):1–38
8. Fessler JA (1994) Penalized weighted least-squares image reconstruction for positron emission tomography. IEEE Trans Med Imaging 13(2):290–300. https://doi.org/10.1109/42.293921
9. Gjedde A (1981) High- and low-affinity transport of D-glucose from blood to brain. J Neurochem 36(4):1463–1471. https://doi.org/10.1111/j.1471-4159.1981.tb00587.x
10. Green PJ (1990) Bayesian reconstructions from emission tomography data using a modified EM algorithm. IEEE Trans Med Imaging 9(1):84–93. https://doi.org/10.1109/42.52985
11. Hebert TJ, Leahy R (1992) Statistic-based map image–reconstruction from poisson data using gibbs priors. IEEE T Signal Proces 40(9):2290–2303. https://doi.org/10.1109/78.157228
12. Herman GT, Meyer LB (1993) Algebraic reconstruction techniques can be made computationally efficient [positron emission tomography application]. IEEE Trans Med Imaging 12(3):600–609. https://doi.org/10.1109/42.241889

13. Hoekstra CJ, Stroobants SG, Smit EF, Vansteenkiste J, van Tinteren H, Postmus PE, Golding RP, Biesma B, Schramel FJ, van Zandwijk N, Lammertsma AA, Hoekstra OS (2005) Prognostic relevance of response evaluation using [18F]-2-fluoro-2-deoxy-D-glucose positron emission tomography in patients with locally advanced non-small-cell lung cancer. J Clin Oncol 23(33):8362–8370. https://doi.org/10.1200/JCO.2005.01.1189
14. Hudson HM, Larkin RS (1994) Accelerated image reconstruction using ordered subsets of projection data. IEEE Trans Med Imaging 13(4):601–609. https://doi.org/10.1109/42.363108
15. Karp JS, Surti S, Daube-Witherspoon ME, Muehllehner G (2008) Benefit of time-of-flight in PET: experimental and clinical results. J Nucl Med 49(3):462–470. https://doi.org/10.2967/jnumed.107.044834
16. Keyes JW Jr. (1995) SUV: standard uptake or silly useless value? J Nucl Med 36(10):1836–1839
17. Kim CK, Gupta NC, Chandramouli B, Alavi A (1994) Standardized uptake values of FDG: body surface area correction is preferable to body weight correction. J Nucl Med 35(1):164–167
18. Kinahan PE, Townsend DW, Beyer T, Sashin D (1998) Attenuation correction for a combined 3D PET/CT scanner. Med Phys 25(10):2046–2053. https://doi.org/10.1118/1.598392
19. Kramme R (2011) Medizintechnik – Verfahren, Systeme und Informationsverarbeitung. Springer, Berlin
20. Matej S, Surti S, Jayanthi S, Daube-Witherspoon ME, Lewitt RM, Karp JS (2009) Efficient 3-D TOF PET reconstruction using view-grouped histo-images: DIRECT-direct image reconstruction for TOF. IEEE Trans Med Imaging 28(5):739–751. https://doi.org/10.1109/TMI.2008.2012034
21. Minn H, Zasadny KR, Quint LE, Wahl RL (1995) Lung cancer: reproducibility of quantitative measurements for evaluating 2-[F-18]-fluoro-2-deoxy-D-glucose uptake at PET. Radiology 196(1):167–173. https://doi.org/10.1148/radiology.196.1.7784562
22. Mix M (2002) Ansätze zur Optimierung der Datenverarbeitung in der Positronen Emissions Tomographie. Diss., Albert-Ludwigs-Universität Freiburg
23. Mix M, Eschner W (2006) Image reconstruction and quantification in emission tomography. Z Med Phys 16(1):19–30
24. Patlak CS, Blasberg RG, Fenstermacher JD (1983) Graphical evaluation of blood-to-brain transfer constants from multiple-time uptake data. J Cereb Blood Flow Metab 3(1):1–7. https://doi.org/10.1038/jcbfm.1983.1
25. Peng BH, Levin CS (2010) Recent development in PET instrumentation. Curr Pharm Biotechnol 11(6):555–571
26. de Pierro AR, Beleza Yamagishi ME (2001) Fast EM-like methods for maximum "a posteriori" estimates in emission tomography. IEEE Trans Med Imaging 20(4):280–288. https://doi.org/10.1109/42.921477
27. Radon J (1917) Über die Bestimmung von Funktionen durch ihre Integralwerte entlang gewisser Mannigfaltigkeiten. Ber Ver Sächs Akad Wiss Math Phys Kl 69:262–277
28. Rahmim A, Lenox M, Reader AJ, Michel C, Burbar Z, Ruth TJ, Sossi V (2004) Statistical list-mode image reconstruction for the high resolution research tomograph. Phys Med Biol 49(18):4239–4258

29. Roberto A, Lars-Eric A, Matthew EW, Joel SK (2004) Optimization of a fully 3D single scatter simulation algorithm for 3D PET. Phys Med Biol 49(12):2577

30. Rockmore AJ, Macovski A (1976) A maximum likelihood approach to emission image reconstruction from projections. IEEE Trans Nucl Sci 23(4):1428–1432. https://doi.org/10.1109/tns.1976.4328496

31. Sanchez-Crespo A, Andreo P, Larsson SA (2004) Positron flight in human tissues and its influence on PET image spatial resolution. Eur J Nucl Med Mol Imaging 31(1):44–51. https://doi.org/10.1007/s00259-003-1330-y

32. Schmidlin P (1994) Improved iterative image reconstruction using variable projection binning and abbreviated convolution. Eur J Nucl Med 21(9):930–936

33. Shepp LA, Vardi Y (1982) Maximum likelihood reconstruction for emission tomography. IEEE Trans Med Imaging 1(2):113–122. https://doi.org/10.1109/TMI.1982.4307558

34. Stahl A, Ott K, Schwaiger M, Weber WA (2004) Comparison of different SUV-based methods for monitoring cytotoxic therapy with FDG PET. Eur J Nucl Med Mol Imaging 31(11):1471–1478. https://doi.org/10.1007/s00259-004-1626-6

35. Tomic N, Thompson CJ, Casey ME (2005) Investigation of the "block effect" on spatial resolution in PET detectors. IEEE Trans Nucl Sci 52(3):599–605. https://doi.org/10.1109/Tns.2005.851433

36. Valk PE (2002) Positron emission tomography: basic sciences and clinical practice. Springer, London Berlin Heidelberg

37. Wang W, Hu Z, Gualtieri EE, Parma MJ, Walsh ES, Sebok D, Hsieh YL, Tung CH, Song X, Griesmer JJ, Kolthammer JA, Popescu LM, Werner M, Karp JS, Gagnon D (2006) Systematic and distributed time-of-flight list mode PET reconstruction. In: Nuclear Science Symposium Conference Record IEEE, 29. Oct–1.Nov. 2006, S 1715–1722 https://doi.org/10.1109/NSSMIC.2006.354229

38. Watson CC (2005) Extension of single scatter simulation to scatter correction of time-of-flight PET. In: Nuclear Science Symposium Conference Record IEEE, 23–29 Oct. 2005, S 2492–2496. https://doi.org/10.1109/NSSMIC.2005.1596846

39. Watson CC, Newport D, Casey ME (1996) A single scatter simulation technique for scatter correction in 3D PET. In: Grangeat P, Amans J-L (Hrsg) Computational imaging and vision. Three-dimensional image reconstruction in radiology and nuclear medicine, Bd. 4. Springer, Netherlands, S 255–268. http://doi.org/10.1007/978-94-015-8749-5_18

40. Weber WA, Ziegler SI, Thodtmann R, Hanauske AR, Schwaiger M (1999) Reproducibility of metabolic measurements in malignant tumors using FDG PET. J Nucl Med 40(11):1771–1777

41. Yavuz M, Fessler JA (1996) Objective functions for tomographic reconstruction from randoms-precorrected PET scans. In: Nuclear Science Symposium, 1996. Conference Record IEEE, 2–9 Nov 1996. Bd. 1062, S 1067–1071 https://doi.org/10.1109/NSSMIC.1996.591548

42. Zasadny KR, Wahl RL (1993) Standardized uptake values of normal tissues at PET with 2-[fluorine-18]-fluoro-2-deoxy-D-glucose: variations with body weight and a method for correction. Radiology 189(3):847–850. https://doi.org/10.1148/radiology.189.3.8234714

Teil III

Multimodale SPECT- und PET-Bildgebung

16

Philipp Ritt und Harald H. Quick

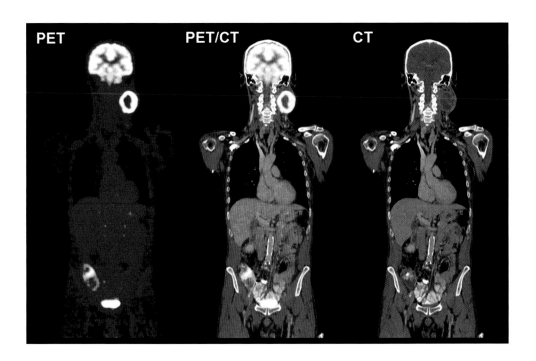

Teil III

16.1 Was ist multimodale Bildgebung?

Im weiteren Sinne kann man unter multimodaler Bildgebung oder auch Hybridbildgebung jegliche Nutzung medizinischer Bilddaten aus unterschiedlichen Quellen zum Zweck einer zuverlässigeren Befundfindung verstehen. Es werden dabei für einen Patienten beispielsweise Aufnahmen mittels Computer-Tomographie (CT) und mittels Magnetresonanz-Tomographie (MRT) erstellt. Die Verarbeitung der getrennt erzeugten Bilddaten findet durch die Beurteilung des befundenden Arztes statt. Im Folgenden wird unter multimodaler Bildgebung ein Kombinationsgerät verstanden, welches die Charakteristika zweier oder mehrerer Bildgebungsmodalitäten, wie z. B. Positronen-Emissions-Tomographie (PET), Single-Photon-Emission-Computed-Tomography (SPECT), CT oder MRT in einer funktionellen Einheit vereint und damit synergistische Effekte der einzelnen Bildgebungsmodalitäten nutzt. Dabei lassen sich die Einzelmodalitäten wie folgt charakterisieren:

1. PET: höchste Sensitivität gegenüber einem spezifischen nuklearmedizinischen Tracer, dreidimensionale (3D) Darstellung der Tracerverteilung im Körper, Möglichkeit zur absoluten Quantifizierung der Traceraktivität; jedoch limitierte räumliche Auflösung.
2. SPECT: hohe Sensitivität gegenüber spezifischen Radionukliden, 3D-Darstellung der Radionuklidverteilung im Körper; jedoch limitierte räumliche Auflösung.
3. CT: hohe räumliche Auflösung und damit sehr gute und detailreiche morphologische Darstellung in 2D und 3D; jedoch limitierter Weichteilkontrast, in der Regel nur geringe Möglichkeit zur Darstellung von Physiologie.
4. MRT: hohe räumliche Auflösung und damit sehr gute und detailreiche morphologische Darstellung, zudem exzellenter Weichteilkontrast; Nachteile im Bereich knöcherner Strukturen, geringe Anwendbarkeit zur Darstellung von physiologischen Prozessen.

Kombinationen aus diesen Einzelmodalitäten zu Hybridsystemen liefern synergistische Bildinformationen und helfen dabei, potenzielle Limitationen einer einzelnen Modalität zu kompensieren. Momentan etablierte Hybridsysteme im human-medizinischen Bereich sind PET/CT, SPECT/CT und PET/MRT, auf welche sich im Folgenden beschränkt wird. Weitere Hybridgeräte wie z. B. PET/SPECT/CT sind insbesondere für die präklinische Kleintierbildgebung realisiert worden.

Die multimodalen Aufnahmen bei Hybridgeräten werden entweder sequenziell oder parallel gewonnen. Beim sequenziellen Prinzip wird zunächst die Aufnahme der einen Modalität durchgeführt, im Anschluss folgt die Akquisition mit der noch fehlenden Modalität. Der Patient wird hierbei durch eine Tischbewegung von der einen Modalität zur anderen überführt. Diese Technik kommt in der Regel bei PET/CT und SPECT/CT zum Einsatz, jedoch sind auch PET/MRT-Systeme erhältlich, die auf diese Art und Weise arbeiten. Bei der parallelen Aufnahme werden die Bilddaten beider Modalitäten zeitgleich erfasst; die Notwendigkeit einer Tischbewegung entfällt. Dies ist beispielsweise bei den integrierten PET/MRT-Systemen der Fall.

16.2 Vorteile der multimodalen Bildgebung

Mit multimodalen Geräten lassen sich Synergieeffekte gegenüber Einzelmodalitäten erzielen. Zuallererst ermöglicht die fusionierte Bilddarstellung deutliche Zugewinne in der diagnostischen Konfidenz. Darüber hinaus werden die Daten von MRT und CT genutzt, um Effekte wie Abschwächung, Streuung, Partialvolumen-Modellierung und Bewegung in SPECT und PET zu korrigieren. Dies führt zunächst zu einer realitätsgetreueren Darstellung der Verteilung des radioaktiven Tracers im Körper des Patienten und damit einhergehend häufig auch zu einer Verbesserung der medizinischen Aussagekraft. Die Notwendigkeit dieser Korrekturen hängt vom Anwendungsgebiet ab [14]. Auf einzelne Korrekturmethoden wird im vierten Abschnitt dieses Kapitels eingegangen.

16.2.1 Fusionierte Bilddarstellung

Die multimodale Bildgebung ermöglicht eine punktgenaue anatomische Zuordnung der unterschiedlichen medizinischen Bilder. Diese Zuordnung wird als räumliche Registrierung bezeichnet. Bei sequenziell-akquirierenden Hybridgeräten ist die Registrierung durch die Verschiebung der Patientenliege definiert. Bei parallel-akquirierenden Geräten entfällt die Notwendigkeit der Registrierung, unter Voraussetzung eines korrekt kalibrierten Gerätes, da hier beide Modalitäten im selben Koordinatensystem arbeiten. Die Registrierung ist bei beiden Prinzipien durch die Hardware der Geräte vorgeben, man spricht von Hardwareregistrierung.

16.2.2 Hardwareregistrierung

Durch eine fusionierte Darstellung (Abb. 16.1) kann eine anatomische oder physiologische Struktur (z. B. ein bestimmtes Organ) aus einer Modalität der entsprechenden Struktur in der anderen Modalität zugeordnet werden. Dies ist vergleichbar mit dem Vorgehen des Arztes, wenn multimodale (allerdings separat akquirierte) Bilddaten eines Patienten retrospektiv beurteilt werden. Die Registrierung findet in dem Fall durch den Befunder statt und ist durch dessen Erfahrung und die in den Bilddaten vorhandenen Details limitiert. In der Nuklearmedizin existieren Untersuchungen bei denen der radioaktive Tracer so selektiv angereichert wird, dass eine retrospektive Registrierung der Bilddaten unmöglich ist, da keine anatomischen Landmarken vorhanden sind (Abb. 16.1).

Eine Vielzahl an Studien belegt, dass die Hardwareregistrierung eines multimodalen Gerätes genauer ist als softwarebasierte oder manuelle Verfahren [29, 35, 36, 55].

Die Genauigkeit der Hardwareregistrierung hängt vom Anwendungsgebiet und der betrachteten anatomischen Region ab. Im Allgemeinen liegt sie jedoch in der Größenordnung einiger Millimeter. Für Organe, die nicht von Atembewegungen betroffen

Abb. 16.1 SPECT/CT-Aufnahme. Trans-axiale Schnitte, 76-jährige Patientin, Wächterlymphknotenmarkierung mit Hilfe von ^{99m}Tc-Kolloid-SPECT/CT bei bekanntem Mamma-Karzinom. Eine re-trospektive Registrierung ist bei extrem selektiver Traceraufnahme häufig nicht möglich, da im SPECT die anatomischen Landmarken fehlen. Die Hardwareregis-trierung des SPECT/CT ermöglicht auch in diesen Fällen die korrekte Bildfusi-on. *Links*: CT; *Mitte*: Fusion SPECT/CT; *rechts*: SPECT

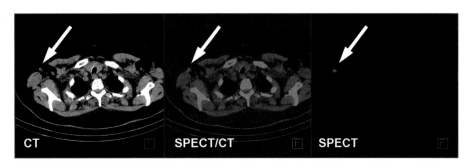

sind, werden 1–2 mm Registriergenauigkeit berichtet [36], für atembewegliche Organe hingegen 5–7 mm [19]. Dieser Unter-schied resultiert aus den potenziell stark unterschiedlichen Auf-nahmezeiten der einzelnen Modalitäten. Die Aufnahmezeiten für Emissionsmessungen wie PET und SPECT liegen üblicher-weise im Bereich 10–60 min, wohingegen Aufnahmezeiten von wenigen Sekunden bei CT und bei wenigen Minuten für MRT üblich sind. Dies führt dazu, dass bestimmte anatomische Struk-turen in der Emissionstomographie über mehrere Atem- und Herzzyklen gemittelt dargestellt werden, wohingegen diese bei CT und MRT nahezu bewegungsfrei erscheinen. Hieraus ent-stehende Artefakte lassen sich reduzieren, indem beispielsweise das CT und MRT bei Atemmittellage [17] oder SPECT/PET mit Hilfe von Atemgating akquiriert werden. Bei den sequenziell aufnehmenden Hybridgeräten führt jede Bewegung des Pati-enten zwischen den beiden Einzelaufnahmen unweigerlich zu Bildartefakten. Hier kann eine manuelle oder softwarebasierte Nachregistrierung die Genauigkeit verbessern [9].

16.3 Hybridsysteme

16.3.1 SPECT/CT

Die ersten klinisch eingesetzten multimodalen Systeme beste-hend aus SPECT und konventionellem CT-System wurden in den Jahren 1990–1999 entwickelt. Anfangs hatten die Syste-me getrennte Aufhängungen (Gantries) für SPECT und CT und eine gemeinsame Patientenliege. SPECT und CT werden in der Regel nicht simultan akquiriert, sondern sequenziell. Dabei wer-den beispielsweise zuerst die SPECT-Daten und anschließend die CT-Daten akquiriert. Der Patient wird durch eine Transla-tionsbewegung der Liege vom Bildfeld (Field-of-View, FOV) der einen Modalität zum FOV der anderen Modalität überführt. Später wurden beide Modalitäten in eine gemeinsame Gantry integriert, das Prinzip der Liegentranslation blieb allerdings er-halten (Abb. 16.2).

Abb. 16.2 Schematischer Aufbau eines SPECT/CT-Gerätes. Die SPECT-Detektoren sind zusammen mit dem CT an einer gemeinsamen Aufhängung befestigt. Bei den meisten Geräten bewegen sich die SPECT-Detektoren un-abhängig vom CT. Der Patient wird durch eine Translation der Liege von einer Modalität zur anderen überführt

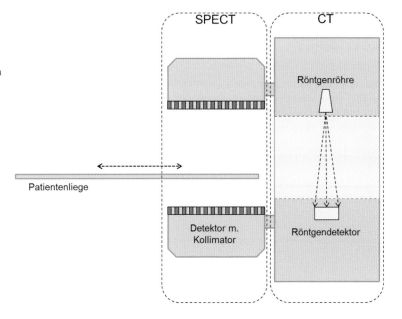

Abb. 16.3 SPECT/CT-Aufnahme. Sagittale Schnitte, 63-jährige Patientin, 454 MBq ^{99m}Tc-DPD, Verdacht auf Arthritis. *Links*: Standard-SPECT-Rekonstruktion mit OSEM 3D, 4 Iterationen, 8 Subsets, 8,4 mm Gauss-Filter. *Mitte*: Siemens-xSPECT-Bone-Rekonstruktion. Die CT-Information wird benutzt, um die SPECT-Rekonstruktion zu verbessern. *Rechts*: Rekonstruktion des Niedrig-dosis-CT

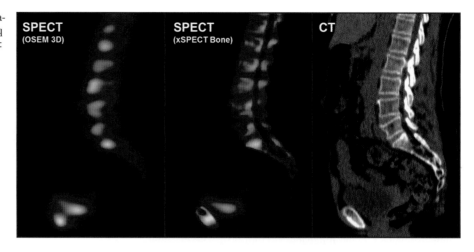

Das erste kommerziell erhältliche SPECT/CT-System war 1999 verfügbar. Praktisch alle klinischen SPECT/CT-Systeme verwenden CT-Daten, um die Schwächungskorrektur der SPECT-Daten durchzuführen. Zur Streustrahlenkorrektur wird routinemäßig die Energiefenstermethode eingesetzt. Je nach Radionuklid werden zwei (Dual Energy Window, DEW) oder drei (Triple Energy Window, TEW) Energiefenster angewandt. Eine CT basierte Streustrahlenkorrektur wird vereinzelt verwendet [16].

Durch konsequente Anwendung von Abschwächungs- und Streustrahlenkorrektur sowie durch genaue Kalibrierung des Systems ist eine quantitativ akkurate SPECT-Bildgebung für einige Nuklide bereits heute möglich [43]. Hierdurch wird für jeden Voxel im rekonstruierten Bild eine Aktivitätskonzentration in absoluten Einheiten (Bq/ml) errechnet. Dies war bisher bei der SPECT, im Gegensatz zur PET, nicht möglich. Im Sinne einer noch engeren Integration der Modalitäten gibt es weitere, vielversprechende Ansätze. Erste Produkte benutzen die Informationen aus der räumlich höher aufgelösten Modalität (in der Regel CT), um die rekonstruierte Auflösung der SPECT zu erhöhen (Abb. 16.3).

Meilensteine der SPECT/CT-Entwicklung (nach [23])

1958 Erfindung der Gammakamera [1].
1967 SPECT mit Hilfe eines drehbaren Stuhls [2].
1973 Erstes klinisches Röntgen-CT [22].
1977 SPECT mit Hilfe rotierbarer Gammakamera [24].
1990 Frühe SPECT/CT-Designs und -Prototypen [20].
1999 Erstes kommerzielles SPECT/CT-System [5].

16.3.2 PET/CT

Die Kombination aus PET und klinischem CT wurde maßgeblich in der Arbeitsgruppe von Townsend et al. [4] entwickelt. Im Unterschied zur SPECT wurde das PET/CT von Anfang an in einer gemeinsamen Gantry integriert (Abb. 16.4). Der Patient wird auch hier durch eine Liegenbewegung vom FOV einer

Abb. 16.4 Schematischer Aufbau eines PET/CT-Gerätes. Die PET-Detektorringe sind zusammen mit dem CT in einer gemeinsamen Gantry integriert. Der Patient wird durch eine Translation der Liege von einer Modalität zur anderen überführt

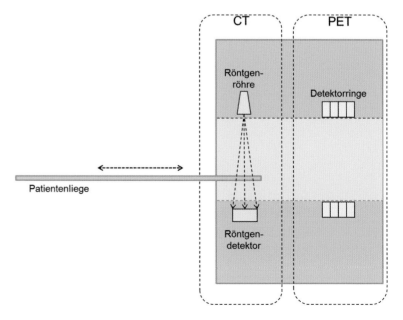

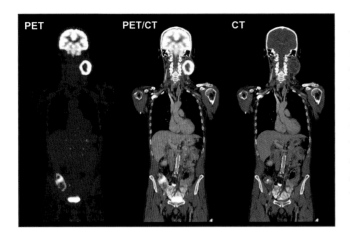

Abb. 16.5 Koronale Schnitte, 59-jähriger Patient, ^{18}F-DG-PET bei bekanntem Tumor im Halsbereich. Die Hardwareregistrierung des PET/CT ermöglicht eine genaue Zuordnung zwischen Informationen aus CT und PET. *Links*: PET; *Mitte*: Fusion PET/CT; *Rechts*: CT

Modalität zu dem der anderen überführt. Die PET-Detektor-Komponente besteht üblicherweise aus mehreren Kristallringen, welche die Patientenöffnung zirkulär umschließen. Die Lichtsignale aus den PET-Detektorringen werden über Photomultiplier (PMT) oder Halbleiterbausteine ausgelesen und elektronisch weiterverarbeitet. Im Gegensatz zum SPECT/CT sind bei der PET/CT häufig höherwertige Mehrzeilen-CT-Scanner verbaut. PET/CT-Geräte mit 128 CT-Zeilen sind erhältlich, während bei der SPECT/CT ein Maximum von 16 CT-Zeilen üblich ist. Dies führt, zusammen mit den hohen Kosten für die PET-Detektorringe, dazu, dass Anschaffung und Betrieb eines PET/CT deutlich aufwendiger als beim SPECT/CT sind.

Analog zum SPECT/CT werden die akquirierten CT-Daten auch hier zur Schwächungskorrektur der PET-Daten eingesetzt. Die Schwächungskarten werden bei der PET naturgemäß für eine Photonenenergie von 511 keV erstellt. Die Streustrahlenkorrektur wird theoriebasiert mit Hilfe der Emissions- und Transmissionsdaten durchgeführt, im Gegensatz zur SPECT, bei der der Streustrahlenanteil durch mehrere Energiefenster abgeschätzt wird. Durch die konsequente Verwendung von gemessenen oder modellierten Punktspreizfunktionen (Point Spread Functions, PSF) wird bei vielen Geräten das Auflösungsvermögen weiter verbessert. Darüber hinaus kann, eine schnelle PET-Detektortechnologie und PET-Elektronik vorausgesetzt, die sogenannte Time-of-Flight(TOF)-Technik eingesetzt werden, welche zu verbessertem Auflösungsvermögen und Signal-zu-Rausch-Verhältnis (SNR) führen kann (vgl. Kap. 15).

Gegenüber der SPECT/CT ist bei der PET/CT aufgrund routinemäßiger Kalibrierung und Vorteilen bei Ortsauflösung und Schwächungskorrektur die Fähigkeit der absoluten Quantifizierung seit Jahren üblich. Abb. 16.5 zeigt die PET/CT-Ganzkörperaufnahme eines onkologischen Patienten.

Meilensteine der PET/CT-Entwicklung (nach [26, 40, 49])

1951 Verwendung von Positronenstrahlern in der Diagnostik [56].

1972 Entwicklung einer Positronenkamera nach dem Anger-Prinzip [7].

1973 Erstes klinisches Röntgen-CT [22].

1974 Prototyp eines Positronen-Emissions-Tomographen [48].

1998 Klinischer PET/CT-Prototyp [4].

2000 Erstes kommerzielles PET/CT-System.

16.3.3 PET/MRT

Bei der Entwicklung der PET/MRT-Hybridbildgebung war eine Vielzahl an physikalischen und technischen Hürden zu überwinden. Die MRT arbeitet mit starken statischen Magnetfeldern zur Spinausrichtung sowie mit starken, schnell geschalteten elektromagnetischen Gradientenfeldern zur räumlichen Kodierung der MRT-Signale. Die Signalanregung sowie -detektion erfolgt über elektromagnetische Hochfrequenz(HF)-Felder. Aus physikalischen Gründen sind herkömmliche PET-Detektoren basierend auf Photomultipliern nicht für den Betrieb in der Nähe von elektromagnetischen Feldern geeignet [38, 39]. Die Entwicklung von halbleiterbasierten Avalanche-Photodioden (APD) war daher eine physikalische Grundvoraussetzung für die technische Integration von PET-Detektoren innerhalb der elektromagnetischen Umgebung eines MRT-Systems [38]. Infolge der technischen Herausforderungen waren erste PET/MRT-Prototypen noch auf die präklinische Kleintierbildgebung beschränkt. Später wurde, ebenfalls als technologischer Prototyp, ein PET-Einsatz für klinische MRTs entwickelt, welche bereits simultane PET/MRT-Aufnahmen des menschlichen Gehirns ermöglichten [6, 46, 47]. Nach weiterer Entwicklungsphase wurde 2011 das erste integrierte Ganzkörper PET/MRT-System vorgestellt und hat Produktstatus erreicht [11, 12, 41, 54] (Abb. 16.6). Die PET/MRT-Hybridbildgebung vereint damit die hohe Sensitivität der PET-Bildgebung in Kombination mit spezifischen Radiotracern mit dem exzellenten Weichteilkontrast, der hohen räumlichen Auflösung und den zahlreichen funktionellen Parametern der MRT-Bildgebung (Abb. 16.7).

Bereits im Jahre 2010 wurden kommerziell erhältliche Systeme zur sequenziellen Ganzkörper-PET/MRT vorgestellt. Hier sind PET-System und MRT-System nicht unmittelbar in einem Gehäuse integriert, jedoch über einen Tisch miteinander verbunden [58]. Eine weitere Variante zur sequenziellen Ganzkörper-PET/MRT-Hybridbildgebung sieht den Transfer des Patienten mittels einer rollengelagerten Tischplattform vor, die zwischen einem MRT-System und einem PET/CT-System in verschiedenen Untersuchungsräumen verschoben werden kann [51]. Die PET- und MRT-Datenakquisition erfolgt bei beiden Varianten

Teil III

Abb. 16.6 Schematischer Aufbau eines voll-integrierten Ganzkörper-PET/MRT-Systems. Die PET-Detektorringe liegen innerhalb der Hauptmagnetspule und der Gradientenspulen. Die Hochfrequenz-Sendespule ist innerhalb der PET-Detektorringe positioniert, um bessere Hochfrequenz-Sendeeigenschaften für die MRT-Bildgebung zu erreichen. Die Hochfrequenz-Empfangsspulen für die MRT-Bildgebung (hier nicht gezeigt) liegen während der gleichzeitigen PET-Datenakquisition auf dem Patienten und damit im Bildfeld des PET-Detektors und sollten daher möglichst in der Schwächungskorrektur berücksichtigt werden

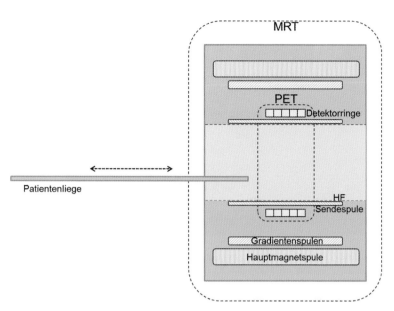

Abb. 16.7 Klinisches Beispiel für die integrierte Ganzkörper-PET/MRT-Hybridbildgebung. Die Abbildung zeigt koronale Schnitte einer 44-jährigen Patientin mit Bronchialkarzinom und weiteren FDG-aktiven Lymphknoten. Die MRT-basierte Schwächungskarte (AC links) zeigt die Unterteilung in die diskreten Gewebeklassen Hintergrund, Lungengewebe, Fett und Weichgewebe. Das PET zeigt die FDG-aktiven Läsionen und das Bronchialkarzinom (*Pfeil*), die aufgrund der Überlagerung (PET/MR) mit den MRT-Daten (MR) anatomisch eindeutig zugeordnet werden können

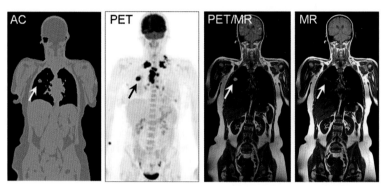

daher nicht zeitgleich, sondern sequenziell, d. h., zunächst werden die MRT-Daten, dann die PET-Daten akquiriert.

Insbesondere bei der Schwächungskorrektur müssen neue Konzepte in der PET/MRT-Hybridbildgebung verfolgt werden. Da das MRT-Signal proportional zur Protonendichte und Relaxationseigenschaften des Gewebes ist, jedoch nicht zur Elektronendichte, kann das MRT-Bild nicht direkt in lineare Schwächungskoeffizienten umgerechnet werden. Um eine Schwächungskarte (μ-Map) zur Schwächungskorrektur der PET-Daten zu erhalten, werden hier andere Ansätze verfolgt. Häufig werden auf Basis spezieller MRT-Sequenzen (z. B. Dixon-Sequenzen) Bilder erzeugt, welche wiederum mit Hilfe von Software in mehrere Gewebeklassen segmentiert werden (typisch Hintergrund, Fett, Weichgewebe, Lungengewebe). Diesen diskreten Gewebeklassen werden dann lineare Schwächungskoeffizienten zugewiesen [32]. Aufgrund der Schwierigkeit des MRT bei der Darstellung von protonenarmen Gewebsklassen weisen Knochen und Luft ähnliche niedrige Bildintensitäten auf und sind daher schwierig getrennt zu segmentieren. In erster Näherung wurden daher die Knochen in den Schwächungskarten (im Folgenden μ-Map) vernachlässigt und durch Weichgewebe substituiert [45]. Da dies gerade die absolute Quantifizierung jedoch deutlich einschränkt, gibt es weit reichende Anstrengungen, aus dem MRT ein „Pseudo-CT", inkl. der Knochen abzuschätzen und dieses dann für die Schwächungskorrektur zu verwenden. Hierfür befinden sich Atlas-basierte Verfahren [21] in der wissenschaftlichen Evaluation. Eine weitere Methode, Knocheninformation mittels MRT-basierter Information zu ergänzen, sind so genannte UTE-Sequenzen (Ultrashort Echo Time, UTE), die aufgrund ihrer kurzen Echozeit in der Lage sind, Knochen in MRT-Bildern darzustellen [3, 25, 28, 33].

Neben der Schwächungskorrektur der Patientengewebe ist in der integrierten PET/MRT-Hybridbildgebung ebenso die Schwächungskorrektur von Hardwarekomponenten, beispielsweise von Hochfrequenzspulen und der Patientenliege, erforderlich. Diese befinden sich während der MRT-Datenakquisition auch zugleich im Bildfeld der PET-Signaldetektion und schwächen daher die zu messende Aktivität. Die Schwächungskorrektur von Hardwarekomponenten erfolgt in der PET/MRT-Hybridbildgebung zumeist über virtuelle CT-basierte 3D-Modelle (Templates), die den zu korrigierenden Hardwarekomponenten während der Rekonstruktion der PET-Daten ortsgenau überlagert werden [27, 31, 37].

Über die Schwächungskorrektur hinaus bietet das noch relativ junge Feld der integrierten PET/MRT-Hybridbildgebung weitere Möglichkeiten, aber auch Notwendigkeiten zu Korrekturen im direkten Zusammenspiel der simultanen PET- und MRT-Datenakquisition. So sind beispielsweise Bewegungskorrekturen der MRT- und der PET-Daten denkbar, wobei auch die Bewegungsinformation aus der MRT-Bildgebung zur Korrektur der PET-Daten herangezogen werden kann. Die Detektion und Korrektur von Patientenbewegungen [8], Atembewegung [18, 50, 57] sowie Herzbewegung [34, 42] sind Gegenstand aktueller Untersuchungen.

Meilensteine der PET/MRT-Entwicklung

1972 Entwicklung einer Positronenkamera nach dem Anger-Prinzip [7].
1972 Früher MRT-Prototyp [30].
1974 Prototyp eines Positronen-Emissions-Tomographen [48].
1977 Erste MRT-Aufnahme eines Menschen [10].
2006 Erster klinischer Prototyp eines integrierten PET/MRT zur Kopfbildgebung [46].
2010 Erste klinische Systeme zur sequenziellen Ganzkörper-PET/MRT-Bildgebung [58].
2011 Erstes integriertes Ganzkörper-PET/MRT-System [11].

16.4 Korrekturmethoden in der multimodalen Bildgebung

Mit Hilfe moderner Hybridgeräte ist ein großes Maß an komplementären Informationen zugänglich. Diese werden eingesetzt, um insbesondere die Bildqualität und Genauigkeit der Traceraufnahme, dargestellt durch PET und SPECT, zu verbessern. Hierfür werden im Folgenden einige Korrekturmöglichkeiten detaillierter vorgestellt. Diese basieren durchweg auf multimodalen Daten und adressieren die Effekte Partialvolumen, Photonenabschwächung und -streuung.

16.4.1 Partialvolumenkorrektur

Unter Partialvolumeneffekten versteht man Effekte, die durch das begrenzte räumliche Auflösungsvermögen von SPECT (ausführliche Beschreibung in Kap. 14) oder PET (Kap. 15) bedingt sind. Alle Strukturen, welche innerhalb einer heterogenen Aktivitätsverteilung liegen und eine Größe unterhalb des 2- bis 3-Fachen des Auflösungsvermögens (gemessen als Halbwertsbreite, FWHM) aufweisen, sind von dem Effekt betroffen. Die Aktivitätskonzentration dieser Strukturen werden entweder unter- oder überschätzt, in Abhängigkeit der Aktivitätskonzentration der umliegenden Regionen. Das Ausmaß des Partialvolumeneffektes hängt damit maßgeblich vom (räumlich variablen) Auflösungsvermögen des Systems, vom abgebildeten Objekt (z. B. Bewegung) und der realen Aktivitätsverteilung ab.

Klinische SPECT/CT-Systeme haben typische intrinsische Auflösungen im Bereich 3–5 mm bei 140 keV (^{99m}Tc). Die räumliche Auflösung des gesamten Systems hängt aber in erster Linie vom verwendeten Kollimator und dem Abstand zwischen Quelle und Kollimator ab. Für 140 keV, Parallellochkollimation und bei üblichen Abständen liegt die Auflösung bei 7–15 mm FWHM (Abb. 16.8).

Die Methoden zur Korrektur von Partialvolumeneffekten können in zwei Klassen eingeteilt werden: solche, die nur auf den Emissionsdaten arbeiten, und Ansätze, die zusätzliche Bildinformationen (z. B. von CT oder MRT) benötigen. Letztgenannte sind prädestiniert für den Einsatz bei den hier besprochenen Hybridgeräten.

Sie verwenden zusätzliche Bildinformationen von MRT oder CT zur Korrektur, wobei meist die MRT- beziehungsweise CT-Bilder in gewünschte Klassen segmentiert werden. Dies erfolgt von Hand oder automatisiert. Anhand von zwei häufig genutzten Methoden, dem Geometric-Transfer-Matrix-Verfahren (GTM) [44] und der regionenbasierten, voxelweisen Korrektur (RBV) [13], soll das Prinzip erläutert werden.

GTM wird genutzt, um den mittleren, partialvolumenkorrigierten Aktivitätswert in einer Region-of-Interest (ROI) zu ermitteln. Dabei wird kein korrigiertes Bild erstellt. Zunächst werden die CT- oder MRT-Bilder in die gewünschten Klassen segmentiert. Mit Hilfe der PSF h des Systems werden die Transferkoeffizienten ω_{ij} berechnet. Diese beschreiben den Anteil der Aktivität der von einer Klasse i in eine andere Klasse j übertragen wird. Die korrigierte Aktivität T_i einer Klasse $j = 1, \ldots, n$ kann dann durch Lösen eines lineares Gleichungssystem aus den beobachteten, mittleren Aktivitäten t_i, $i = 1, \ldots, n$, bestimmt werden, in Matrixnotation:

$$
\begin{bmatrix} t_1 \\ t_2 \\ \vdots \\ t_n \end{bmatrix} = \begin{bmatrix} \omega_{11} & \omega_{21} & \cdots & \omega_{n1} \\ \omega_{12} & \ddots & & \omega_{n2} \\ \vdots & & \ddots & \vdots \\ \omega_{1n} & \omega_{2n} & \cdots & \omega_{nn} \end{bmatrix} \times \begin{bmatrix} T_1 \\ T_2 \\ \vdots \\ T_n \end{bmatrix} \quad (16.1)
$$

Durch GTM erhält man lediglich mittlere Aktivitätsmengen pro Klasse.

Als Erweiterung baut das RBV-Verfahren auf den Ergebnissen der GTM auf, resultiert jedoch in einem partialvolumenkorrigierten Bild. Zunächst werden wiederum CT- beziehungsweise MRT-Bilder in Klassen segmentiert. Für diese Klassen werden gemäß dem GTM-Verfahren die korrigierten Aktivitätsmengen errechnet. Es wird ein Bild s erstellt, indem den Klassen diese mittleren Aktivitätsmengen zugewiesen werden. Das Bild s wird mit Hilfe der PSF h des Systems abgebildet (Faltung). Die Korrekturfaktoren für jeden Voxel x erhält man aus der voxelweisen Division der Bilder s und $s \otimes h$. Um das korrigierte Bild f_c zu erhalten, werden die Voxelwerte des unkorrigierten Bilds f mit den zugehörigen Korrekturfaktoren multipliziert:

$$
f_c(x) = f(x) \left(\frac{s(x)}{s(x) \otimes h(x)} \right). \quad (16.2)
$$

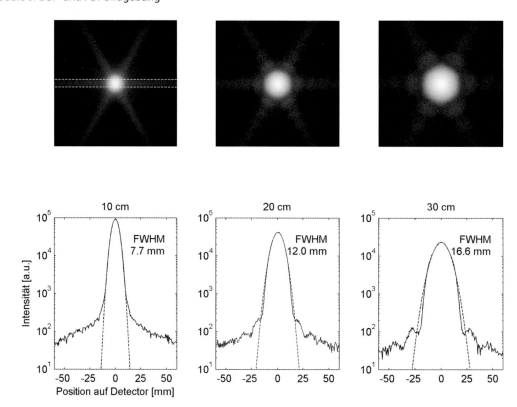

Abb. 16.8 Bilder einer ^{99m}Tc-Punktquelle (*oben*), aufgenommen mit einer Gammakamera, welche auch bei der SPECT eingesetzt wird. Für zunehmende Abstände (hier 10, 20 und 30 cm) zwischen Quelle und Detektor erscheint die quasi punktförmige Verteilung immer breiter und verschmierter. Dies ist insbesondere auch in den Linienprofilen (*unten*) sichtbar. Ein Gauß-Fit an die Daten weist eine zunehmende Verteilungsbreite, charakterisiert durch die FWHM, auf. Für eine bessere Visualisierung sind die Intensitäten der Bilder logarithmisch skaliert. Hierdurch wird auch die Feinstruktur der gemessenen Verteilung sichtbar. Diese wird bei der SPECT maßgeblich durch das Design des Kollimators bestimmt (hier hexagonale Löcher)

16.4.2 Schwächungskorrektur

Die vom Tracer emittierten Photonen treten auf ihrem Weg durch den Körper des Patienten in Wechselwirkung mit Materie. Durch diese Interaktion erreichen die Photonen die Detektoren des PET- beziehungsweise des SPECT-Systems nicht oder werden abgelenkt. Ersteres bezeichnet man als Abschwächung, Letzteres als Streustrahlung.

Im Folgenden wird die Abschwächung behandelt (vgl. ausführliche Betrachtungen in Kap. 14 (SPECT) und Kap. 15 (PET)). Die Abschwächungsleistung eines bestimmten Materials für Photonen einer bestimmten Energie wird durch den linearen Absorptionskoeffizienten μ charakterisiert. Seine Größe hängt in erster Linie von der Elektronendichte des Materials sowie von der Energie der Photonen $\mu = \mu(E)$ ab. Die Elektronendichte variiert jedoch im Patienten, der Absorptionskoeffizient ist somit stark ortsabhängig $\mu = \mu(E, x)$.

Die Auswirkung der Abschwächung auf nuklearmedizinische Bilder werden in Abb. 16.9 verdeutlicht. Ein zylindrisches Phantom wurde homogen mit ^{99m}Tc gefüllt, erscheint jedoch aufgrund der Abschwächung in den unkorrigierten Aufnahmen im Zentrum weniger aktiv als an den Rändern.

Um den Abschwächungseffekt zu korrigieren, sind verschiedene technische Verfahren verfügbar, welche auf der Abschätzung

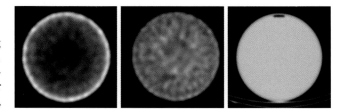

Abb. 16.9 Transversaler Schnitt durch die SPECT-Aufnahme eines homogen mit ^{99m}Tc gefüllten Phantoms. Links: Ohne Schwächungskorrektur. *Mitte*: Mit CT-basierter Schwächungskorrektur. *Rechts*: Zugehöriges CT. Die relative Signalabschwächung im Zentrum des Phantoms wurde durch die Schwächungskorrektur angehoben und das SPECT-Signal somit homogenisiert. Die nach der Korrektur verbleibenden lokalen Inhomogenitäten sind bedingt durch die Eigenschaften des verwendeten Rekonstruktionsalgorithmus und die begrenzte Statistik der Aufnahme. In der CT-Aufnahme sind oben im Phantom geringe Lufteinschlüsse und unten die Kontur der Liege zu erkennen

einer Schwächungskarte $\mu(E, x)$ basieren. Diese wird dann in der Bildrekonstruktion genutzt, um den Effekt zu korrigieren, es wird ein schwächungskorrigiertes Bild erstellt.

Die μ-Map wird, in Abhängigkeit der Hybridmodalität entweder durch eine Transmissionsmessung (SPECT/CT, PET/CT)

Abb. 16.10 Bi-lineare Transformation von Hounsfield-Einheiten des CT zu linearen Schwächungskoeffizienten für typische Photonenenergien von SPECT und PET. Die Steigung der Geradenabschnitte ändert sich bei 0 Hounsfield

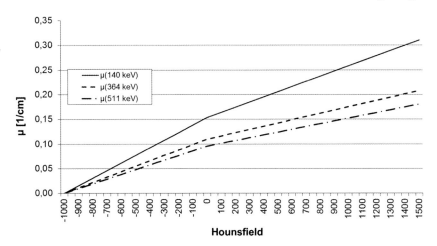

oder durch Verfahren wie Segmentierung (PET/MRT) generiert. Bei den ersteren wird das gewonnene CT-Bild (in Hounsfield-Einheiten, HU) durch eine bi-lineare Transformation in Schwächungskoeffizienten (Linear Attenuation Coefficients, LAC) konvertiert (Abb. 16.10), beim PET/MRT wird den einzelnen Gewebeklassen ein vorher festgelegter Schwächungskoeffizient zugewiesen.

Die Transformation ist charakterisiert durch die μ-Werte für Luft, Knochen und Wasser bei den jeweiligen Photonenenergien. Weiterhin hängt sie von der effektiven Röntgenenergie des CT ab und ist daher spezifisch für die jeweilige Beschleunigungsspannung.

Durch die Erstellung von μ-Maps aus CT-Scans und deren Einbindung in die iterative Rekonstruktion kann der Abschwächungseffekt wirkungsvoll korrigiert werden. Im Phantombeispiel erscheint das aktive Volumen nach Schwächungskorrektur nun homogen (Abb. 16.9). Eine exakte Schwächungskorrektur ist die Voraussetzung für Quantifizierungsmessungen in der SPECT- und PET-Bildgebung. Nur schwächungskorrigierte Bilder liefern die Grundlage für eine korrekte Bestimmung der Aktivitätskonzentration des Radiotracers im Phantom bzw. Patientenkörper.

16.4.3 Streustrahlenkorrektur

Unter Streustrahlung versteht man Photonen, die auf dem Weg zum Detektor durch Interaktion mit Materie von ihrer Bahn abgelenkt, jedoch noch detektiert werden. Die Ablenkung führt dazu, dass aus dem Detektionsort keine oder nur wenige Rückschlüsse auf den Emissionsort des Photons gezogen werden können. Für eine ausführliche Betrachtung sei an dieser Stelle auf die entsprechenden Abschnitte in Kap. 14 (SPECT) und Kap. 15 (PET) verwiesen.

Bei PET und SPECT werden zur Reduktion der Auswirkungen von gestreuten Photonen Energiefenster eingesetzt. Es werden nur jene Photonen zur Bilderzeugung genutzt, welche innerhalb radionuklidspezifischer Energiefenster liegen (Abb. 16.11). Da jedoch die Energieauflösung begrenzt ist (PET $\sim 15\%$, SPECT $\sim 10\%$), müssen zusätzliche Korrekturmethoden angewandt werden, um qualitativ hochwertige und quantitativ exakte Bilder zu erhalten.

Hierzu gibt es, analog zur Schwächungskorrektur, Verfahren, welche auf die zusätzlichen Daten der Hybridmodalitäten zurückgreifen.

Abb. 16.11 Energiespektrum des Nuklids ^{177}Lu, gemessen mit einem Germaniumdetektor. Die Photopeaks mit den höchsten Wahrscheinlichkeiten sind bei 113 keV und 208 keV. Der markierte Bereich des Spektrums repräsentiert ein Energiefenster mit einer für die SPECT typischen Breite von 20 % um den 208-keV-Photopeak. Photonen, die bei Energien außerhalb dieses Fensters detektiert werden, werden nicht zur Bilderstellung genutzt. Dadurch soll der Einfluss der Streustrahlung auf das Bild reduziert werden

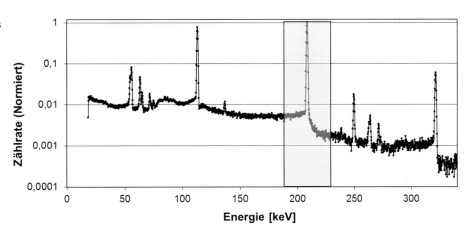

Zunächst werden Schätzungen der Aktivitätsverteilung (unkorrigiertes SPECT und PET) und der Elektronendichte (aus CT bzw. segmentiertem MRT) erstellt. Damit wird der Anteil an Streustrahlung in jedem PET/SPECT-Detektorelement p_i analytisch oder stochastisch abgeschätzt. Analytische Methoden verwenden die Klein-Nishina-Formel oder äquivalente Modelle, um die Winkelverteilung der gestreuten Photonen zu berechnen [53]. Stochastische Methoden modellieren in Monte-Carlo-Simulationen den gesamten Transportvorgang der Photonen vom Emissionsort zum Detektor schrittweise [15]. Monte-Carlo-Simulationen sind unter Berücksichtigung aller relevanten physikalischen Prozesse sehr genau, jedoch vergleichsweise rechenintensiv, was ihren Einsatz in der klinischen Routine bisher begrenzt. Analytische Methoden hingegen werden bereits in der klinischen Routine eingesetzt. Insbesondere bei der PET/CT [52] sind diese verbreiteter als in der SPECT/CT.

Mit der Abschätzung des Streuanteils können korrigierte Bilder beispielsweise mit Hilfe einer modifizierten Variante des Maximum-Likelihood–Expectation-Maximization(ML-EM)-Algorithmus rekonstruiert werden (Gl. 16.3, Projektionsdaten p, Bilddaten f, Systemmatrix a, Streuanteil s):

$$f_j^{\text{neu}} = \frac{f_j^{\text{alt}}}{\sum_l a_{lj}} \sum_i a_{ij} \frac{p_i}{\sum_k a_{ik} f_k^{\text{alt}} + s_i} \qquad (16.3)$$

16.5 Zusammenfassung

Die kontinuierliche Weiterentwicklung der multimodalen Bildgebung von der retrospektiven Kombination einzeln akquirierter Bilddaten hin zu parallel akquirierenden Hybridgeräten hat zu einer erheblichen Verbesserung der Qualität der gewonnenen Bilder geführt. Insbesondere die Möglichkeit zur genauen Bildfusion erbrachte einen signifikanten Zugewinn in der diagnostischen Konfidenz.

Darüber hinaus werden die Informationen aus der multimodalen Bildgebung genutzt, um die durch relativ schlechte Photonenstatistik und niedrige räumliche Auflösung limitierte SPECT und PET mit Hilfe von CT oder MRT zu verbessern. Insbesondere die Schwächungs-, Streustrahlen- und Partialvolumenkorrektur sind wichtige Methoden, um die Genauigkeit der Emissionstomographie weiter zu steigern. Für die Zukunft deutet sich der Trend zu einer noch weitreichenderen Verzahnung der Modalitäten an. Hier sind insbesondere die multimodale Bildrekonstruktion und eine dynamische, multimodale Bildgebung zu nennen. Damit wird sich das klinisch-diagnostische Einsatzspektrum der Hybridbildgebung weiter vergrößern.

Aufgaben

16.1 Um welchen Faktor verringert sich die Intensität von 140-keV-Photonen nach Durchgang durch 10 cm Weichteilgewebe (~ 0 HU)? Wie groß ist der Faktor für 511-keV-Photonen?

16.2 Ab welcher Strukturgröße kommt der Partialvolumeneffekt bei einer räumlichen Systemauflösung von 10 mm FWHM kaum noch zu tragen?

16.3 Man betrachte die Quantifizierung der Aktivitätsmenge (Bequerel) eines ^{99m}Tc-Radiopharmakons, z. B. in den Nieren, mit Hilfe von SPECT. Ordne die nachfolgenden Effekte gemäß ihres Einflusses auf die Quantifizierungsgenauigkeit in absteigender Reihung (größter Einfluss zuerst): Partialvolumenkorrektur, Schwächungskorrektur, Kalibrierung.

16.4 Wie erfolgt bei der PET/CT-Hybridbildgebung prinzipiell die Schwächungskorrektur?

16.5 Wie erfolgt bei der integrierten PET/MRT-Hybridbildgebung prinzipiell die Schwächungskorrektur?

Literatur

1. Anger HO (1958) Scintillation camera. Rev Sci Instrum 29(1):27–33. https://doi.org/10.1063/1.1715998
2. Anger H, Price D, Yost P (1967) Transverse-section tomography with scintillation camera. J Nucl Med 4:314 (SOC NUCLEAR MEDICINE INC 1850 SAMUEL MORSE DR, RESTON, VA 20190-5316)
3. Berker Y, Franke J, Salomon A, Palmowski M, Donker HC, Temur Y, Mottaghy FM, Kuhl C, Izquierdo-Garcia D, Fayad ZA (2012) MRI-based attenuation correction for hybrid PET/MRI systems: a 4-class tissue segmentation technique using a combined ultrashort-echo-time/Dixon MRI sequence. J Nucl Med 53(5):796–804
4. Beyer T, Townsend DW, Brun T, Kinahan PE, Charron M, Roddy R, Jerin J, Young J, Byars L, Nutt R (2000) A combined PET/CT scanner for clinical oncology. J Nucl Med 41(8):1369–1379
5. Bocher M, Balan A, Krausz Y, Shrem Y, Lonn A, Wilk M, Chisin R (2000) Gamma camera-mounted anatomical X-ray tomography: technology, system characteristics and first images. Eur J Nucl Med 27(6):619–627
6. Boss A, Stegger L, Bisdas S, Kolb A, Schwenzer N, Pfister M, Claussen CD, Pichler BJ, Pfannenberg C (2011) Feasibility of simultaneous PET/MR imaging in the head and upper neck area. Eur Radiol 21(7):1439–1446. https://doi.org/10.1007/s00330-011-2072-z
7. Burnham C, Brownell G (1972) A multi-crystal positron camera. IEEE Trans Nucl Sci 19(3):201–205
8. Catana C, Benner T, van der Kouwe A, Byars L, Hamm M, Chonde DB, Michel CJ, El Fakhri G, Schmand M, Sorensen AG (2011) MRI-assisted PET motion correction for neurologic studies in an integrated MR-PET scanner. J Nucl Med 52(1):154–161. https://doi.org/10.2967/jnumed.110.079343
9. Chen J, Caputlu-Wilson SF, Shi H, Galt JR, Faber TL, Garcia EV (2006) Automated quality control of emission-transmission misalignment for attenuation correc-

tion in myocardial perfusion imaging with SPECT-CT systems. J Nucl Cardiol 13(1):43–49. https://doi.org/10.1016/j.nuclcard.2005.11.007

10. Damadian R, Goldsmith M, Minkoff L (1976) NMR in cancer: XVI. FONAR image of the live human body. Physiol Chem Phys 9(1):97–100, 108

11. Delso G, Furst S, Jakoby B, Ladebeck R, Ganter C, Nekolla SG, Schwaiger M, Ziegler SI (2011) Performance measurements of the Siemens mMR integrated whole-body PET/MR scanner. J Nucl Med 52(12):1914–1922. https://doi.org/10.2967/jnumed.111.092726

12. Drzezga A, Souvatzoglou M, Eiber M, Beer AJ, Furst S, Martinez-Moller A, Nekolla SG, Ziegler S, Ganter C, Rummeny EJ, Schwaiger M (2012) First clinical experience with integrated whole-body PET/MR: comparison to PET/CT in patients with oncologic diagnoses. J Nucl Med 53(6):845–855. https://doi.org/10.2967/jnumed.111.098608

13. Erlandsson K, Buvat I, Pretorius PH, Thomas BA, Hutton BF (2012) A review of partial volume correction techniques for emission tomography and their applications in neurology, cardiology and oncology. Phys Med Biol 57(21):R119–R159. https://doi.org/10.1088/0031-9155/57/21/R119

14. El Fakhri G, Buvat I, Benali H, Todd-Pokropek A, Di Paola R (2000) Relative impact of scatter, collimator response, attenuation, and finite spatial resolution corrections in cardiac SPECT. J Nucl Med 41(8):1400–1408

15. Floyd CE, Jaszczak RJ, Greer KL, Coleman RE (1986) Inverse Monte-Carlo as a unified reconstruction algorithm for ect. J Nucl Med 27(10):1577–1585

16. Frey EC, Tsui B (1996) A new method for modeling the spatially-variant, object-dependent scatter response function in SPECT. In: Nuclear Science Symposium, 1996. Conference Record IEEE, S 1082–1086

17. Gilman MD, Fischman AJ, Krishnasetty V, Halpern EF, Aquino SL (2006) Optimal CT breathing protocol for combined thoracic PET/CT. AJR Am J Roentgenol 187(5):1357–1360. https://doi.org/10.2214/AJR.05.1427

18. Grimm R, Fürst S, Dregely I, Forman C, Hutter JM, Ziegler SI, Nekolla S, Kiefer B, Schwaiger M, Hornegger J (2013) Self-gated radial MRI for respiratory motion compensation on hybrid PET/MR systems. International Conference on Medical Image Computing and Computer-Assisted Intervention, Springer, Berlin, Heidelberg, S 17–24

19. Han J, Köstler H, Bennewitz C, Kuwert T, Hornegger J (2008) Computer-aided evaluation of anatomical accuracy of image fusion between X-ray CT and SPECT. Comput Med Imaging Graph 32(5):388–395

20. Hasegawa BH, Gingold EL, Reilly SM, Liew S-C, Cann CE (1990) Description of a simultaneous emission-transmission CT system. In: Medical Imaging'90 Newport Beach, 4–9 Feb 1990 International Society for Optics and Photonics, S 50–60

21. Hofmann M, Bezrukov I, Mantlik F, Aschoff P, Steinke F, Beyer T, Pichler BJ, Scholkopf B (2011) MRI-based attenuation correction for whole-body PET/MRI: quantitative evaluation of segmentation- and atlas-based methods. J Nucl Med 52(9):1392–1399. https://doi.org/10.2967/jnumed.110.078949

22. Hounsfield GN (1973) Computerized transverse axial scanning (tomography): Part 1. Description of system. Br J Radiol 46(552):1016–1022

23. Hutton BF (2014) The origins of SPECT and SPECT/CT. Eur J Nucl Med Mol Imaging 41(Suppl 1):S3–S16. https://doi.org/10.1007/s00259-013-2606-5

24. Jaszczak RJ, Murphy PH, Huard D, Burdine JA (1977) Radionuclide emission computed tomography of the head with 99mCc and a scintillation camera. J Nucl Med 18(4):373–380

25. Johansson A, Karlsson M, Nyholm T (2011) CT substitute derived from MRI sequences with ultrashort echo time. Med Phys 38(5):2708–2714. https://doi.org/10.1118/1.3578928

26. Jones T, Price P (2012) Development and experimental medicine applications of PET in oncology: a historical perspective. Lancet Oncol 13(3):e116–e125. https://doi.org/10.1016/S1470-2045(11)70183-8

27. Kartmann R, Paulus DH, Braun H, Aklan B, Ziegler S, Navalpakkam BK, Lentschig M, Quick HH (2013) Integrated PET/MR imaging: automatic attenuation correction of flexible RF coils. Med Phys 40(8):82301. https://doi.org/10.1118/1.4812685

28. Keereman V, Fierens Y, Broux T, De Deene Y, Lonneux M, Vandenberghe S (2010) MRI-based attenuation correction for PET/MRI using ultrashort echo time sequences. J Nucl Med 51(5):812–818. https://doi.org/10.2967/jnumed.109.065425

29. Kiefer A, Kuwert T, Hahn D, Hornegger J, Uder M, Ritt P (2011) Anatomische Genauigkeit der retrospektiven, automatischen und starren Bildregistrierung zwischen FDG-PET und MRI bei abdominalen Läsionen. Nuklearmedizin 50(4):147–154

30. Lauterbur PC (1973) Image formation by induced local interactions – examples employing nuclear magnetic-resonance. Nature 242(5394):190–191. https://doi.org/10.1038/242190a0

31. MacDonald LR, Kohlmyer S, Liu C, Lewellen TK, Kinahan PE (2011) Effects of MR surface coils on PET quantification. Med Phys 38(6):2948–2956. https://doi.org/10.1118/1.3583697

32. Martinez-Moller A, Souvatzoglou M, Delso G, Bundschuh RA, Chefd'hotel C, Ziegler SI, Navab N, Schwaiger M, Nekolla SG (2009) Tissue classification as a potential approach for attenuation correction in whole-body PET/MRI: evaluation with PET/CT data. J Nucl Med 50(4):520–526. https://doi.org/10.2967/jnumed.108.054726

33. Navalpakkam BK, Braun H, Kuwert T, Quick HH (2013) Magnetic resonance-based attenuation correction for PET/MR hybrid imaging using continuous valued attenuation maps. Invest Radiol 48(5):323–332. https://doi.org/10.1097/RLI.0b013e318283292f

34. Nensa F, Poeppel TD, Beiderwellen K, Schelhorn J, Mahabadi AA, Erbel R, Heusch P, Nassenstein K, Bockisch A, Forsting M, Schlosser T (2013) Hybrid PET/MR imaging of the heart: feasibility and initial results. Radiology 268(2):366–373. https://doi.org/10.1148/radiol.13130231

35. Nömayr A, Römer W, Hothorn T, Pfahlberg A, Hornegger J, Bautz W, Kuwert T (2005) Anatomical accuracy of

Teil III

lesion localization Retrospective interactive rigid image registration between 18F-FDG-PET and X-ray CT. Nukl Arch 44(4):149–155

36. Nömayr A, Römer W, Strobel D, Bautz W, Kuwert T (2006) Anatomical accuracy of hybrid SPECT/spiral CT in the lower spine. Nucl Med Commun 27(6):521–528

37. Paulus DH, Braun H, Aklan B, Quick HH (2012) Simultaneous PET/MR imaging: MR-based attenuation correction of local radiofrequency surface coils. Med Phys 39(7):4306–4315. https://doi.org/10.1118/1.4729716

38. Pichler BJ, Judenhofer MS, Catana C, Walton JH, Kneilling M, Nutt RE, Siegel SB, Claussen CD, Cherry SR (2006) Performance test of an LSO-APD detector in a 7-T MRI scanner for simultaneous PET/MRI. J Nucl Med 47(4):639–647

39. Pichler BJ, Judenhofer MS, Wehrl HF (2008) PET/MRI hybrid imaging: devices and initial results. Eur Radiol 18(6):1077–1086. https://doi.org/10.1007/s00330-008-0857-5

40. Portnow LH, Vaillancourt DE, Okun MS (2013) The history of cerebral PET scanning: from physiology to cutting-edge technology. Neurology 80(10):952–956. https://doi.org/10.1212/WNL.0b013e318285c135

41. Quick HH (2014) Integrated PET/MR. J Magn Reson Imaging 39(2):243–258. https://doi.org/10.1002/jmri.24523

42. Rischpler C, Nekolla SG, Dregely I, Schwaiger M (2013) Hybrid PET/MR imaging of the heart: potential, initial experiences, and future prospects. J Nucl Med 54(3):402–415. https://doi.org/10.2967/jnumed.112.105353

43. Ritt P, Kuwert T (2013) Quantitative SPECT/CT. In: Schober O, Riemann B (Hrsg) Molecular imaging in oncology. Recent results in cancer research, Bd. 187. Springer, Berlin, Heidelberg, S 313–330 http://doi.org/10.1007/978-3-642-10853-2_10

44. Rousset OG, Ma Y, Evans AC (1998) Correction for partial volume effects in PET: principle and validation. J Nucl Med 39(5):904–911

45. Samarin A, Burger C, Wollenweber SD, Crook DW, Burger IA, Schmid DT, von Schulthess GK, Kuhn FP (2012) PET/MR imaging of bone lesions – implications for PET quantification from imperfect attenuation correction. Eur J Nucl Med Mol Imaging 39(7):1154–1160. https://doi.org/10.1007/s00259-012-2113-0

46. Schlemmer HP, Pichler BJ, Schmand M, Burbar Z, Michel C, Ladebeck R, Jattke K, Townsend D, Nahmias C, Jacob PK, Heiss WD, Claussen CD (2008) Simultaneous MR/PET imaging of the human brain: feasibility study. Radiology 248(3):1028–1035. https://doi.org/10.1148/radiol.2483071927

47. Schwenzer NF, Stegger L, Bisdas S, Schraml C, Kolb A, Boss A, Muller M, Reimold M, Ernemann U, Claussen CD, Pfannenberg C, Schmidt H (2012) Simultaneous PET/MR imaging in a human brain PET/MR system in 50 patients – current state of image quality. Eur J Radiol 81(11):3472–3478. https://doi.org/10.1016/j.ejrad.2011.12.027

48. Ter-Pogossian MM, Phelps ME, Hoffman EJ, Mullani NA (1975) A positron-emission transaxial tomograph for nuclear imaging (PETT). Radiology 114(1):89–98. https://doi.org/10.1148/114.1.89

49. Townsend DW, Beyer T, Blodgett TM (2003) PET/CT scanners: a hardware approach to image fusion. In: Seminars in nuclear medicine, Bd. 3. Elsevier, Amsterdam, S 193–204

50. Tsoumpas C, Buerger C, King AP, Mollet P, Keereman V, Vandenberghe S, Schulz V, Schleyer P, Schaeffter T, Marsden PK (2011) Fast generation of 4D PET-MR data from real dynamic MR acquisitions. Phys Med Biol 56(20):6597–6613. https://doi.org/10.1088/0031-9155/56/20/005

51. Veit-Haibach P, Kuhn FP, Wiesinger F, Delso G, von Schulthess G (2013) PET-MR imaging using a tri-modality PET/CT-MR system with a dedicated shuttle in clinical routine. Magn Reson Mater Phy 26(1):25–35. https://doi.org/10.1007/s10334-012-0344-5

52. Watson CC (2000) New, faster, image-based scatter correction for 3D PET. IEEE Trans Nucl Sci 47(4):1587–1594. https://doi.org/10.1109/23.873020

53. Wells RG, Celler A, Harrop R (1998) Analytical calculation of photon distributions in SPECT projections. IEEE Trans Nucl Sci 45(6):3202–3214. https://doi.org/10.1109/23.736199

54. Wiesmüller M, Quick HH, Navalpakkam B, Lell MM, Uder M, Ritt P, Schmidt D, Beck M, Kuwert T, von Gall CC (2013) Comparison of lesion detection and quantitation of tracer uptake between PET from a simultaneously acquiring whole-body PET/MR hybrid scanner and PET from PET/CT. Eur J Nucl Med Mol Imaging 40(1):12–21. https://doi.org/10.1007/s00259-012-2249-y

55. Wolz G, Nomayr A, Hothorn T, Hornegger J, Romer W, Bautz W, Kuwert T (2007) Anatomical accuracy of interactive and automated rigid registration between X-ray CT and FDG-PET. Nucl Med 46(1):43–48

56. Wrenn FR Jr, Good ML, Handler P (1951) The use of positron-emitting radioisotopes for the localization of brain tumors. Science See Saiensu 113

57. Wurslin C, Schmidt H, Martirosian P, Brendle C, Boss A, Schwenzer NF, Stegger L (2013) Respiratory motion correction in oncologic PET using T1-weighted MR imaging on a simultaneous whole-body PET/MR system. J Nucl Med 54(3):464–471. https://doi.org/10.2967/jnumed.112.105296

58. Zaidi H, Ojha N, Morich M, Griesmer J, Hu Z, Maniawski P, Ratib O, Izquierdo-Garcia D, Fayad ZA, Shao L (2011) Design and performance evaluation of a whole-body Ingenuity TF PET-MRI system. Phys Med Biol 56(10):3091–3106. https://doi.org/10.1088/0031-9155/56/10/013

Nuklearmedizinische Therapie

Michael Laßmann

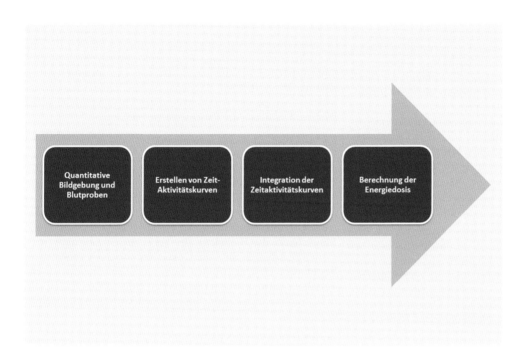

© Springer-Verlag GmbH Deutschland, ein Teil von Springer Nature 2018
W. Schlegel, C.P. Karger, O. Jäkel (Hrsg.), *Medizinische Physik*, https://doi.org/10.1007/978-3-662-54801-1_17

17.1 Einführung

In der nuklearmedizinischen Therapie werden radioaktive Substanzen, in der Hauptsache β^--Strahler, meist systemisch verabreicht. Sie verteilen sich dann über die Blutbahn im Körper, reichern sich in Organen und Zielstrukturen an und bestrahlen somit den Körper intern. Das Verteilungsmuster der verabreichten Aktivität im Körper wird durch die chemischen und physikalischen Eigenschaften des verabreichten Radiopharmakons bestimmt. Zusätzlich sind die Aktivität und die Art der Anreicherung für die durch ionisierende Strahlung deponierte Energie im Körper ausschlaggebend. Eine notwendige Voraussetzung für die patientenspezifische Dosimetrie während der nuklearmedizinischen Therapie ist daher die Kenntnis der räumlichen Verteilung und des zeitlichen Verlaufs der Aktivitätsanreicherung im Körper. Ziel der Dosimetrie ist es daher, mittels physikalischer Messmethoden und Berechnungen die entsprechenden Energiedosen zu bestimmen und die daraus abgeleitete Therapieaktivität so zu optimieren, dass kritische Organe nicht geschädigt werden, aber die Dosis im Tumor ausreicht, um diesen zu zerstören [1].

Für ein vertieftes Verständnis der für die Dosimetrie wichtigen Parameter ist zusätzlich die Kenntnis der biologischen Wirkung von inkorporierten Nukliden wichtig. Obwohl die Art der Wirkungen der inkorporierten Nuklide i. A. dieselbe ist wie bei externer Bestrahlung, so müssen doch die möglicherweise inhomogene räumliche Verteilung der Nuklide, die zeitabhängigen Dosisleistungen und die Energien und Häufigkeiten der emittierten Teilchen berücksichtigt werden [1]. Ebenso sollten bei der Bestrahlungsplanung auch strahlenbiologische Aspekte beachtet werden.

Die ersten Therapien mit offenen radioaktiven Substanzen wurden bereits in den 1940er Jahren durchgeführt. Diese Therapien wurden zur Behandlung von benignen [12] und malignen Schilddrüsenerkrankungen [24] mit dem Iodisotop ^{131}I durchgeführt. In den späteren Jahren kamen Therapien mit ^{131}I-MIBG [27], Radioimmuntherapien mit ^{90}Y („Zevalin") [32] bzw. Bexxar (^{131}I) [13] sowie Therapien endokriner Tumoren mit ^{90}Y- [20] bzw. ^{177}Lu-markierten Peptiden [15] hinzu. Seit Ende 2013 ist ^{223}Ra-Dichlorid („Xofigo") als systemisch zu verabreichender α-Strahler für die Behandlung schmerzhafter Knochenmetastasen beim kastrationsresistenten Prostatakarzinom in Europa zugelassen [21].

Die derzeit wichtigsten für die nuklearmedizinische Therapie verwendeten Radionuklide und deren physikalische Eigenschaften sind in Tab. 17.1 zusammengestellt.

Bei der Therapie muss patientenindividuell die Energiedosis in den kritischen Organen bestimmt werden, da der biologische Effekt unter anderem durch die Energiedosis bestimmt wird [28]. Weil sowohl die Entscheidung, ob der Patient im Sinne einer Risikoabwägung überhaupt therapiert werden kann, als auch die zu applizierende Aktivität von der möglichst genauen Bestimmung der Energiedosis abhängt, gewinnt die Dosimetrie immer mehr an Bedeutung. Zur Dokumentation der Ergebnisse sollten die Vorgaben des EANM Dosimetry Committee („EANM Dosimetry Committee guidance document: good practice of clinical dosimetry reporting" [17]) beachtet werden.

In einem Übersichtsartikel sind die wichtigsten Studien, die eine Dosis-Wirkungs-Beziehung in der nuklearmedizinischen Therapie herstellen, zusammengefasst [30]. Die in dieser Arbeit zitierten Daten belegen, dass eine dosimetriebasierte personalisierte Therapie die Wirksamkeit einer Therapie erhöht sowie längeres Überleben der Patienten erzielen könnte.

Für die therapeutische Anwendung werden in vielen Fällen Dosiseskalationsstudien durchgeführt, die auf der Grundlage der applizierten Aktivität, der Aktivität pro Körpergewicht oder der Aktivität pro Körperoberfläche die maximale tolerierbare Energiedosis für Normalgewebe bestimmen. Dieses Vorgehen entspricht demjenigen bei der Entwicklung von Chemotherapien. Die nuklearmedizinische Bildgebung bietet jedoch die Möglichkeit, die Biokinetik der verwendeten radioaktiv markierten Substanzen für viele Organe im einzelnen Patienten zu bestimmen. Deshalb wurden inzwischen patientenspezifische Verfahren entwickelt, um die von den eingesetzten Radiopharmaka verursachten Energiedosen in den kritischen Organen zu bestimmen.

Im Folgenden werden die verschiedenen Methoden zur Schätzung und Bewertung der Energiedosis im Rahmen der Therapieplanung vorgestellt und diskutiert [7]. Die genaue Bestimmung der Energiedosis ist eine Voraussetzung für die Erstellung von Dosis-Wirkungs-Beziehungen und damit entscheidend für die weitere Entwicklung der Radionuklidtherapie.

17.2 Der „MIRD"-Formalismus

Der Formalismus für die Abschätzung der Dosis wurde ursprünglich 1976 von der Arbeitsgruppe „Medical Internal Radiation Dose" (MIRD) der nuklearmedizinischen Gesellschaft der USA (SNM) entwickelt [19]. Ein Schema des Formalismus ist in Abb. 17.1 dargestellt. Danach müssen zur Bestimmung der Energiedosis im Patienten die beiden Komponenten Physik

Tab. 17.1 Halbwertszeiten, Maximalenergien und -reichweiten (in Wasser) sowie zur Bildgebung verwendbare γ-Emissionen für die wichtigsten in der nuklearmedizinischen Therapie verwendeten Nuklide

Radionuklid	Halbwertszeit (h)	Maximalenergie (α / β_{max}) (MeV)	Max. Reichweite (mm)	γ-Emissionen für Bildgebung (keV)
^{131}I	192	0,6	2,0	364
^{90}Y	64	2,3	12	–
^{177}Lu	161	0,5	1,5	113/208
^{223}Ra	274	5,8 (α) ≈ 28 (α)[a]	0,047	81/84/95/144/154/269

[a] Inkl. aller Nuklide der Zerfallsreihe

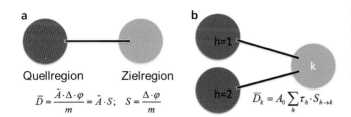

Abb. 17.1 Schematische Darstellung des MIRD-Formalismus für eine bzw. zwei Quellregionen (in *rot*, **a** Gl. 17.1, **b** Gl. 17.4)

und Biologie gleichermaßen berücksichtigt werden. Zur physikalischen Komponente zählen die applizierte Aktivität sowie die räumliche und zeitliche Verteilung der Deposition der beim Zerfall abgegebenen Energie um den Ort des Zerfalls. Diese Größen hängen von der (mittleren) Energie der verschiedenen Zerfallswege und deren Wahrscheinlichkeiten für das eingesetzte Nuklid ab. Die biologische Komponente umfasst die Form und Masse der Organe, die Lagebeziehungen zwischen strahlenden und bestrahlten Organen sowie die Biodistribution und Biokinetik der verwendeten radioaktiven Substanz [8].

Die grundlegende Gleichung in der Nuklearmedizin zur Schätzung der mittleren Energiedosis bei Radionukliden unter der Annahme einer homogenen Verteilung der Radioaktivität in der Quellregion lautet [1]:

$$\overline{D} = \frac{\tilde{A} \cdot \Delta \cdot \varphi}{m} = \tilde{A} \cdot S; \quad S = \frac{\Delta \cdot \varphi}{m} \qquad (17.1)$$

Dabei ist $\overline{D}$ die mittlere Energiedosis in Gray (Gy = J/kg), $\tilde{A}$ die Gesamtzahl der Zerfälle (Bq s), Δ die mittlere emittierte Energie pro Zerfall, φ der Anteil der emittierten Energie, welcher in der Quellenregion emittiert wurde und in der Zielregion absorbiert wird, und m die Masse des Zielvolumens. Im Wert S, der mittleren Energiedosis pro Zerfall, sind die physikalischen und geometrischen Anteile zusammengefasst.

Die gesamte Anzahl der Zerfälle $\tilde{A}$ im Zeitintervall $[t_1, t_2]$ folgt durch Integration aus der Zeit-Aktivitäts-Kurve:

$$\tilde{A} = \int_{t_1}^{t_2} A(t)\, dt \qquad (17.2)$$

Bezieht man die Gesamtzahl der Zerfälle $\tilde{A}$ auf die dem Patienten applizierte Aktivität A_0, so folgt für die mittlere Energiedosis

$$\overline{D} = A_0 \cdot \tau \cdot S; \quad \tau = \frac{\tilde{A}}{A_0} \qquad (17.3)$$

mit der Verweildauer τ (engl. „residence time" oder gemäß MIRD Pamphlet 21 [2] „time-integrated activity coefficient").

Bei den obigen Definitionen wurde nur von einer einzigen Quellenregion ausgegangen. Für mehrere Quellregionen h folgt für die Dosis in einer Zielregion k

$$\overline{D}_k = A_0 \sum_h \tau_h \cdot S_{h \to k}. \qquad (17.4)$$

Für ein Nuklid mit mehreren Zerfallswegen muss die mittlere emittierte Energie pro Zerfallsweg i und der zugehörige Anteil der emittierten Energie, welcher in der Quellenregion emittiert wurde und in der Zielregion absorbiert wird, im Wert S berücksichtigt werden:

$$S_{h \to k} = \sum_i \frac{\Delta_i \, \varphi_{i, h \to k}}{m_k} \qquad (17.5)$$

Der Index i läuft dabei über alle Zerfallswege. Die absorbierten Anteile φ_i können entweder analytisch – im Falle einfacher Geometrien und homogener Medien – oder mittels Monte-Carlo-Methoden bestimmt werden.

Der MIRD-Formalismus kann für beliebige Quell- und Zielregionen eingesetzt werden, also sowohl für den Ganzkörper als auch für subzelluläre Strukturen. Zudem können durch einfache Erweiterungen theoretisch auch zeitabhängige Massen der Regionen berücksichtigt werden [1]. Die Zusammenfassung der physikalischen Eigenschaften in den S-Werten und die Trennung von den biokinetischen Parametern, die durch die Verweildauer in Gl. 17.3 beschrieben werden, erlaubt zudem die Einführung von anthropomorphen Phantomen. Für diese Phantome können die S-Werte für alle Paare von Quellen- und Zielorganen einmal berechnet werden und für Dosisberechnungen eingesetzt werden. Bei den Berechnungen der S-Werte wird in der Regel eine homogene Aktivitätsverteilung in den Quellenorganen angenommen.

Als weitere Näherung wird für kurzreichweitige Strahlung, wie z. B. β-Teilchen, bei der Berechnung der S-Werte angenommen, dass diese ihre gesamte Energie nur in der Quellenregion abgeben, also $\varphi_i = 1$, wenn Quellen- und Zielregion identisch sind, und $\varphi_i = 0$ andernfalls.

Auch kann bei einer homogenen Verteilung im Organ der S-Wert nach Gl. 17.5 nicht immer das optimale Maß für die biologische Wirkung sein, weil in Gl. 17.5 alle Zerfallswege mit verschiedenen Energien Δ_i gleich behandelt werden. Dies ist für viele Nuklide erlaubt, bei denen nur eine Art von Strahlung emittiert wird. Wird dagegen ein Nuklid nach Gl. 17.5 beschrieben, welches neben β-Strahlung auch Strahlung mit einem hohen linearen Energie-Transfer (LET) z. B. durch Emission von α-Teilchen und/oder Auger-Elektronen freisetzt, so kann die biologische Wirkung nicht allein durch den S-Wert beschrieben werden [8].

17.3 Ablauf einer patientenspezifischen Dosimetrie

17.3.1 Übersicht

Für die patientenspezifische Dosimetrie in der nuklearmedizinischen Therapie sind mehrere Schritte notwendig [11]:

1. Der Bruchteil der verabreichten Aktivität, der in die Radiopharmakon-speichernden Organe/Organsysteme/Gewebe

Abb. 17.2 Vorgehen bei der individualisierten nuklearmedizinischen Therapie [11]

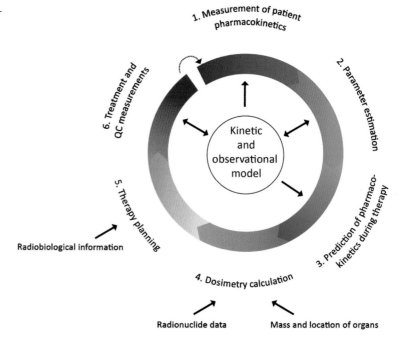

Radiobiological information

Radionuclide data   Mass and location of organs

aufgenommen wird, muss quantitativ bestimmt werden. Dies erfolgt entweder durch quantitative Bildgebung oder durch Messungen mit externen Sonden oder durch Messung der Aktivität von Blut- bzw. Urinproben.

2. Der erste Schritt muss zu bestimmten Zeitpunkten wiederholt werden, um Zeit-Aktivitäts-Kurven, d. h. die Pharmakokinetik der zu verabreichenden Substanz zu bestimmen.

3. Die Zeit-Aktivitäts-Kurven müssen integriert werden, um die Gesamtzahl der Zerfälle in den entsprechenden Organen/ Organsystemen/Geweben zu bestimmen.

4. Die Energiedosis muss berechnet werden. Dazu werden entweder Berechnungsmodelle für anthropomorphe Phantome oder Strahlungstransportrechnungen unter Einbeziehung patientenindividueller Parameter wie z. B. Organgröße und -gewicht verwendet.

5. Wenn vorhanden, sollten radiobiologische Modelle, die Informationen über die Strahlenempfindlichkeit von unterschiedlichen Geweben beinhalten, in die Berechnung der zu verabreichenden Aktivität einbezogen werden.

6. Nach der Therapie sollten die durch Therapieplanung mittels geringen Aktivitäten gemessenen und die tatsächlich durch die Therapie erzielten Energiedosen miteinander verglichen werden.

Schematisch ist dieses Vorgehen in Abb. 17.2 zusammengefasst. Die einzelnen für eine patientenspezifische Dosimetrie notwendigen Schritte werden in den folgenden Abschnitten detailliert erläutert.

17.3.2 Akquisition pharmakokinetischer Daten

17.3.2.1 Ganzkörper-Aktivität

Die Aktivität im gesamten Körper kann am einfachsten mit einer Sonde in größerem Abstand (> 2 m) gemessen werden.

Dabei muss die erste Messung erfolgen, bevor der Patient Aktivität ausgeschieden hat, damit dieser Wert zur Normierung verwendet werden kann. Die weiteren Messungen müssen in der gleichen Geometrie durchgeführt werden. Dieses Verfahren ist nur dann korrekt, wenn die Empfindlichkeit der Sonde unabhängig von der Verteilung der Aktivität im Patienten ist. Dies ist vor allem dann näherungsweise richtig, wenn die im Patienten gestreuten Ereignisse mit Hilfe eines Energiefensters um den Photopeak der eingesetzten γ-Strahlung aussortiert werden.

Die Bestimmung der Aktivität im gesamten Körper kann alternativ auch durch wiederholte Messungen mit einer Gammakamera erfolgen, sofern sichergestellt wurde, dass die Totzeitkorrektur der Kamera bei den eingesetzten Aktivitäten korrekt arbeitet. Dies wird insbesondere bei der Gabe therapeutischer Aktivitäten häufig nicht mehr der Fall sein.

17.3.2.2 Blutaktivität

Die Kinetik der Blutaktivität wird durch serielle Blutentnahmen heparinisierten Vollbluts nach der Applikation des Radiopharmazeutikums typischerweise in einem kalibrierten Bohrlochmessstand gemessen. Im Einzelnen müssen sich die Entnahmezeitpunkte nach der zu erwartenden Biokinetik richten. Messwerte, die zu späten Zeitpunkten (> 96 h) gewonnen werden, sind oft notwendig, da, abhängig vom Radiopharmakon, auch dann noch Aktivität im Blut nachgewiesen werden kann.

17.3.2.3 Organ- und Tumoraktivität

Planare Bildgebung Planare Bildgebung ist heute eigentlich nur noch für die Bestimmung der Pharmakokinetik sinnvoll, da die Organaktivität aufgrund der Organüberlagerung und den unzureichenden Möglichkeiten zur Schwächungs- und Streukorrektur nur mit großer Unsicherheit abgeschätzt werden kann.

Planare Aufnahmen mit Zweikopf-Kameras werden am häufigsten eingesetzt [9, 26]. Bei gegenüberliegenden Kameraköpfen (Conjugated View) sollte das geometrische Mittel als erste Näherung für die Aktivität im entsprechenden Pixel verwendet werden. Die Abhängigkeit der gemessenen Zählrate I_{PQ} [Impulse/s] von der Aktivität A_{PQ} [MBq] einer Punktquelle PQ lautet

$$I_{PQ} = C \cdot A_{PQ} \cdot \mathrm{e}^{-\mu_e x}. \tag{17.6}$$

Dabei ist C der Kalibrierfaktor [Impulse/(MBq s)] des Kamerakopfes, μ_e [1/cm] der effektive lineare Schwächungskoeffizient und x [cm] die Tiefe der Punktquelle im untersuchten Körper. Das geometrische Mittel der Zählraten G [Impulse/s] bei zwei gegenüberliegenden Kameraköpfen und einer Dicke des untersuchten Körpers D [cm] kann deshalb nach

$$G = \sqrt{I_a \cdot I_p} = A_{PQ} \cdot C \cdot \sqrt{\mathrm{e}^{-\mu_e x} \cdot \mathrm{e}^{-\mu_e (D-x)}}$$
$$= A_{PQ} \cdot C \cdot \mathrm{e}^{-\mu_e D/2} \tag{17.7}$$

berechnet werden. Dabei sind I_a und I_p die anterior und posterior gemessenen Zählraten und $C = \sqrt{C_a \cdot C_p}$ der Kalibrierfaktor für das geometrischen Mittel der beiden Kameraköpfe. Die Auflösung von Gl. 17.7 nach der gesuchten Aktivität der Punktquelle führt sofort zu

$$A_{PQ} = \frac{\sqrt{I_a \cdot I_p}}{C} \mathrm{e}^{\mu_e D/2}. \tag{17.8}$$

Somit wird zur Bestimmung der Aktivität einer Punktquelle mittels zweier gegenüberliegender Kameraköpfe nur die Dicke des untersuchten Körpers benötigt. Bei dieser Herleitung wurde angenommen, dass die Empfindlichkeit des Kamerakopfes nicht vom Abstand der Punktquelle zum Kamerakopf abhängt. Dies ist nur näherungsweise richtig und tatsächlich kann der Fehler – je nach eingesetztem Nuklid, Energiefenster und Kollimator – bezogen auf die Mittellage der Punktquelle durchaus bis zu 100 % betragen [8].

SPECT/CT In den letzten Jahren ist der Marktanteil an SPECT/CT-Systemen, d. h. Gammakameras, die mit einem CT zur Schwächungskorrektur gekoppelt sind, gewachsen. Aufgrund der Möglichkeiten, mit diesen Systemen Schwächungs- und Streukorrekturen durchzuführen und damit die Quantifizierung zu verbessern, werden für die Dosimetrie fast nur noch diese Kameras verwendet. Um die Aktivität in den akkumulierenden Organen und im Tumor mittels bildgebender Verfahren zu messen, ist heute die Quantifizierung mittels der SPECT/CT an mindestens einem Zeitpunkt State-of-the-Art. Aufgrund der Berücksichtigung von Streuung und Schwächung sind bei Phantomaufnahmen mit kommerziellen Systemen Genauigkeiten von besser als 10 % erzielbar.

Für die patientenspezifische Dosimetrie in der nuklearmedizinischen Therapie ist die Kalibrierung der bildgebenden Systeme unerlässliche Voraussetzung. Leider gibt es bis heute keine allgemeingültigen Kalibriervorschriften für die in der Radionuklidtherapie verwendeten Gammakameras. Zusätzlich fehlen großvolumige Kalibrierquellen für Nuklide, die entweder prätherapeutisch als Ersatz für ^{90}Y verwendet werden (^{111}In) oder

für therapeutisch verwendete Nuklide (^{131}I, ^{177}Lu). Daher ist man auf lokal hergestellte Kalibrierphantome angewiesen, die mit den entsprechende Nuklidlösungen befüllt werden.

Für die Kalibrierung und zur Bestimmung der optimalen Parameter für die Quantifizierung sollten SPECT/CT-Bilder einer großvolumigen Kalibrierquelle in Luft sowie Bilder von mit radioaktiven Substanzen gefüllten Kugeln in einem mit Wasser gefüllten Phantom aufgenommen und iterativ rekonstruiert werden (siehe Abb. 17.3).

Für die beste Quantifizierung müssen im Prinzip folgende Bedingungen erfüllt sein [31]:

a. Oberhalb von ca. vierzig effektiven Iterationen sollten die Abweichungen der gemessenen zur wahren Aktivität praktisch konstant sein; bei sehr viel höheren Werten besteht allerdings die Gefahr, dass das Bildrauschen zunimmt.
b. Aufgrund der begrenzten räumlichen Auflösung des SPECT/CT ist es für die optimale Quantifizierung ratsam, den Durchmesser des für die Quantifizierung markierten Volumens („Volume of Interest", VOI) um etwa die Systemauflösung im Vergleich zum tatsächlichen, mit dem CT bestimmten Volumen zu vergrößern, um den Spill-out-Effekt zu kompensieren. Alternativ können geometrieabhängige Korrekturfaktoren angewendet werden.
c. Bei korrekter Wahl der Energiefenster und Fenster für die Streukorrektur gibt es keine Unterschiede für ^{111}In bzw. ^{177}Lu, ob ein oder zwei Photopeaks berücksichtigt werden. Bei ^{177}Lu ist allerdings darauf zu achten, dass bei inkorrekter Einstellung der Streufenster für den 113-keV-Peak die Quantifizierung ungenau werden kann.

Prinzipiell können die benötigten Organvolumina aus tomographischen Emissions-Messungen gewonnen werden. Die Genauigkeit dieser Methoden ist jedoch, vor allem bei kleineren Strukturen, wegen ihrer relativ schlechten Auflösung begrenzt. Zusätzlich kann – wegen der bei der Messung erfolgten Mittelung über mehrere Minuten – ein Vielfaches des tatsächlichen Volumens eines Knotens aufgrund von (Atem-)Bewegungen des Patienten vorgetäuscht werden. Deshalb erscheint es sinnvoll, hochauflösende anatomische Verfahren wie die CT oder MRT für die Bestimmung der Volumina zu nutzen.

17.3.3 Pharmakokinetik und Integration der Zeit-Aktivitäts-Kurve

Die optimale Wahl der Messzeitpunkte zur Bestimmung der Aufnahme und Ausscheidung der Aktivität in einem untersuchten Organ ist für die zuverlässige Schätzung der Zahl der Zerfälle $\tilde{A}$ im Organ (siehe Gl. 17.2) sehr wichtig [8]. Die Zahl der benötigten Messungen hängt dabei von der Kinetik im betreffenden Organ ab. Üblicherweise werden jeweils drei Messungen für jede zur korrekten Beschreibung der Kinetik benötigte Exponentialfunktion angenommen [26]. Die Bestimmung der Zahl der benötigten Exponentialfunktionen ist dabei nicht trivial, weil für die exakte Beschreibung der Kinetik unendlich viele Exponentialfunktionen benötigt werden. Die tatsächlich verwendete näherungsweise Zahl von Exponentialfunktionen wird

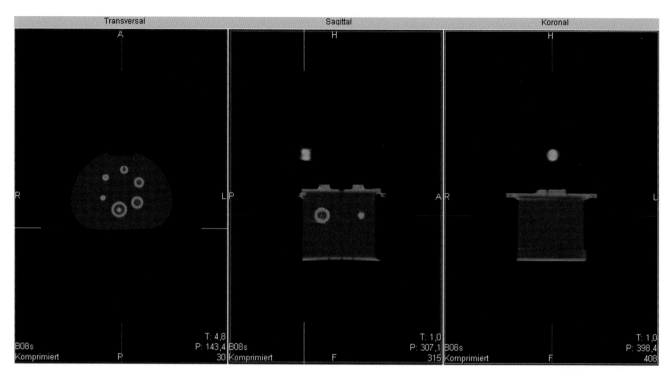

Abb. 17.3 Transversale, sagittale und koronale Schnittbilder einer Kalibrieraufnahme mittels eines SPECT/CT (Nuklid: [177]Lu)

also von der Größe des tolerierten Fehlers abhängen. Da auch die Patienten nicht beliebig untersucht werden können, werden üblicherweise fünf Messungen zu den Zeitpunkten $T_e/3$, $2T_e/3$, $3T_e/2$, $3T_e$, $5T_e$ empfohlen [26], wobei T_e die effektive Halbwertszeit für das betrachtete Organ und Nuklid ist. T_e ist definiert als

$$\frac{1}{T_e} = \frac{1}{T_p} + \frac{1}{T_b}, \tag{17.9}$$

wobei T_p die physikalische Halbwertszeit des Nuklids und T_b die biologische Halbwertszeit des Radiopharmakons beschreiben.

Für die Integration der Zeit-Aktivitäts-Kurven (= Berechnung der Residenzzeit) wurde in einer Arbeit eine neue Softwarelösung vorgestellt, die eine Auswahl aller in der Nuklearmedizin möglichen Funktionen mittels statistischer Kriterien anbietet und damit eine reproduzierbare Berechnung der Residenzzeit sowie der mit der Integration der Zeit-Aktivitäts-Kurve verbundenen Fehler ermöglicht [14].

17.3.4 Berechnung der Energiedosis

Im Laufe der letzten Jahre wurden verschiedene Softwarepakete entwickelt, um die klassische MIRD-Methodik zu implementieren. Das heute am weitesten verbreitete Programm für diesen Zweck ist OLINDA/EXM („organ level internal dose assessment") [29]. In dieser Software sind Daten für mehr als 800 Nuklide sowie 10 unterschiedliche Phantome und 5 Organmodelle

enthalten. Zusätzlich sind Daten für α-Emitter aufgenommen. Eine Anpassung der Organmasse an die tatsächliche Masse des Organs im Patienten ist zudem möglich.

In dieser Gruppe von Programmen werden in der Regel keine patientenspezifischen S-Werte eingesetzt und/oder neu berechnet. Inwieweit dies zur Unsicherheit der Dosisabschätzung beiträgt, hängt von der Erkrankung und dem verwendeten Radiopharmazeutikum ab.

In Volumina, die im Vergleich zur räumlichen Auflösung des zur Bildgebung verwendeten Systems groß sind, kann man oft eine heterogene Anreicherung des Radiopharmazeutikums in einem Organ beobachten. In diesem Fall ist es obsolet, eine mittlere Energiedosis zur Beschreibung der Dosis-Wirkungs-Beziehung heranzuziehen. Dieses Problem wird dadurch verschärft, dass man die Umrisse eines Organs oft schlecht abgrenzen kann. Zu beachten ist, dass die Wirksamkeit der Therapie wahrscheinlich stärker von dem Bereich des Volumens bestimmt wird, der eine geringere Dosis erhalten hat.

Ein besserer Zugang zur Dosimetrie wäre, die räumliche Verteilung der Energiedosis in einem Tumor und/oder in einem Organ zu berechnen und daraus Dosis-Volumen-Histogramme zu bestimmen. Dies kann erreicht werden, indem z. B. sequenzielle tomographische Daten so koregistriert werden, dass jedes Voxel innerhalb einer VOI dieselbe Koordinate in der zeitlichen Serie der Schnittbilder erhält. Daraus kann die mittlere Energiedosis pro Voxel berechnet werden.

Daher nutzt eine weitere Gruppe von Dosimetrie-Programmen ausschließlich 3D-Bilder und führt eine voxelbasierte Dosisberechnung durch [3, 6, 9, 10, 16, 18, 22, 25, 33]. Diese

Programme nutzen die räumliche und zeitliche Aktivitätsverteilung in einem gegebenen Patienten und kombinieren sie mit anatomischen Informationen von CT oder MR, um patientenspezifische und voxelspezifische Dosisverteilungen zu berechnen. Einige der Programme benutzen zusätzlich das Konzept der Dosis-Volumen-Histogramme, um Dosisverteilungen in einem Organ oder Tumor zu berechnen. Als Werkzeug zur Dosisberechnung werden entweder analytische Berechnungen der Dosisverteilung verwendet („point-kernels") oder Monte-Carlo-Simulationen durchgeführt.

17.3.5 Strahlenbiologie

Aufgrund der Biokinetik und insbesondere des radioaktiven Zerfalls sind die Dosisraten während der Radionuklid-Therapie zeitabhängig. Der Einfluss dieser Zeitabhängigkeit auf die biologische Wirkung darf – insbesondere bei sehr verschiedener Biokinetik zwischen verschiedenen Organen oder auch zwischen Patienten – nicht vernachlässigt werden. Wichtige Ursachen für die Abhängigkeit der biologischen Wirkung von der Dosisrate sind Reparaturprozesse innerhalb der einzelnen Zelle, aber auch Effekte der Proliferation der gesamten Zellpopulation [8]. Solche Effekte werden mittels des linear-quadratischen Modells beschrieben [5]:

$$F_S = e^{-(\alpha D + \beta D^2)} \qquad (17.10)$$

Dabei ist F_S der Anteil überlebender Zellen, D die Energiedosis und α, β sind die Parameter, welche die Zelleigenschaften beschreiben. Mit der relativen Effektivität (RE)

$$RE(D) = 1 + \frac{\beta}{\alpha} D \qquad (17.11)$$

und der biologischen effektiven Dosis (BED)

$$BED(D) = D \cdot RE(D) \qquad (17.12)$$

folgt somit

$$F_S = e^{-\alpha \cdot BED(D)} = e^{-\alpha \cdot D \cdot RE(D)} = e^{-\alpha \cdot D \cdot (1 + \frac{\beta}{\alpha} \cdot D)}. \qquad (17.13)$$

Im Rahmen des linear-quadratischen Modells werden Reparatureffekte durch den Parameter β beschrieben. Modifikationen aufgrund von Reparaturprozessen können deshalb mittels eines Korrekturfaktors G vor dem zweiten Term in Gl. 17.13 berücksichtigt werden [5]:

$$F_S = e^{-\alpha \cdot D \cdot (1 + G \frac{\beta}{\alpha} D)} \qquad (17.14)$$

Der genaue Wert von G hängt von dem Zeit-Aktivitäts-Verlauf ab, also der Biokinetik in Verbindung mit der Zerfallskonstante des Radionuklids, und von der Reparaturfähigkeit der betrachteten Zellen. Geht man z. B. von exponentiell abfallenden Dosisraten $\lambda = \ln(2)/T_e$ aus und nimmt eine exponentielle

Reparatur-Rate μ für sublethale Schäden an, so wurde der folgende Zusammenhang für G gezeigt [6]:

$$G = \frac{\lambda}{\mu + \lambda} \qquad (17.15)$$

Für detaillierte Ausführungen sei hier auf die Literatur verwiesen [1, 4, 5, 8].

Zwei wichtige Punkte müssen bedacht werden [8]:

- Beim Einsatz von Nukliden mit verschiedenen physikalischen Halbwertszeiten spielt – neben der unterschiedlichen Zerfallsenergie je Zerfall – auch die biologische Halbwertszeit eine wichtige Rolle für die biologische Wirkung.
- Da verschiedene Organe sich sowohl in der Reparaturfähigkeit μ, als auch in den Parametern α und β unterscheiden, ist die einfache Definition einer „günstigen Bioverteilung" ausschließlich anhand der Energiedosis im jeweiligen Organ nicht optimal.

Ein Beispiel für die Anwendung strahlenbiologischer Verfahren auf die nuklearmedizinische Therapie ist in der Arbeit von Prideaux et al. [23] zu finden.

17.3.6 Dosisverifikation

Um die tatsächlich erzielten Energiedosen während und nach der Behandlung zu verifizieren, müssen für jeden Patienten posttherapeutisch individuelle quantitative Messungen der Pharmakokinetik durchgeführt werden. Da die Totzeitkorrektur bei Gammakameras bei hohen Zählraten (und damit Aktivitäten) teilweise nur unvollständig erfolgt, sind Experimente mit hohen Aktivitäten notwendig, um ggf. diesen Effekt angemessen korrigieren zu können.

Eine Dosisverifikation ist insbesondere auch dann nötig, wenn neue Therapeutika eingesetzt werden, gerade auch um zu zeigen, dass die Tracerkinetik vor Therapie äquivalent zu der nach Therapie ist, oder um ggf. entsprechende Anpassungen der Therapieaktivität vorzunehmen.

17.4 Zusammenfassung und Empfehlungen

Die Dosimetrie in der nuklearmedizinischen Therapie rückt aus den folgenden Gründen in den letzten Jahren in den Mittelpunkt wissenschaftlicher Untersuchungen:

1. Die Entwicklung neuer Tracer macht es notwendig, für Phase-I/II-Studien die notwendigen Daten zur Effizienz und Toxizität der Behandlung zur Verfügung zu stellen.
2. Das Bewusstsein für die Bedeutung der inhomogenen Verteilung der radioaktiven Substanzen in Organen, einzelnen Geweben und sogar in der einzelnen Zelle, auch für bereits zugelassene diagnostische und therapeutische radioaktive Arzneimittel wächst.

Teil III

3. Behandelnde Ärzte fordern, individuelle Dosisschätzungen in der klinischen Routine bereitzustellen, um auch solche Substanzen einsetzen zu können, die eine große (physiologische oder krankheitsbedingte) biologische Variation in der Biodistribution und Biokinetik besitzen.
4. Die neuen technischen Entwicklungen, wie z. B. SPECT/CT, erlauben inzwischen eine deutlich verbesserte quantifizierende Bildgebung in der konventionellen Nuklearmedizin auch mit Therapienukliden und damit auch nachfolgende Dosisberechnungen bis auf Voxelebene.
5. Phantome und auf Monte-Carlo-Berechnungen zur patientenspezifischen Anpassung der physikalischen Modellierung der Zerfallsprozesse beruhende Dosisfaktoren sind heute verfügbar.

Insbesondere sollten für eine Radionuklid-Therapie folgende Punkte beachtet werden:

1. Es sollten nicht nur Mittelwerte für die Energiedosen angegeben werden, sondern auch die relevanten Einflussfaktoren wie Dosisleistung, die räumliche Inhomogenität und die relative biologische Wirksamkeit.
2. Für die Bestimmung der Pharmakokinetik sollten die Messzeitpunkte in Abhängigkeit von der effektiven Halbwertszeit festgelegt werden.
3. Es sollten tomographischen Verfahren mit inhärenter Schwächungskorrektur – entweder allein oder zusammen mit planaren Messungen – der Vorzug gegeben werden.
4. Anatomische Bildgebung mittels CT oder MRT sollte zusätzlich zur Bestimmung individueller Tumor- bzw. Gewebe-Volumina eingesetzt werden.
5. Die Vorgaben zur Dokumentation nuklearmedizinischer Therapien des EANM Dosimetry Committee („EANM Dosimetry Committee guidance document: good practice of clinical dosimetry reporting [17]") sollten beachtet werden.

Aufgaben

17.1 Welches Nuklid wird nicht zur nuklearmedizinischen Therapie verwendet?

a. ^{90}Y
b. ^{124}I
c. ^{131}I
d. ^{177}Lu
e. ^{223}Ra

17.2 Der S-Wert fasst die physikalischen Parameter der von einem Organ auf ein anderes ausgeübten Strahlenwirkung zusammen. Welche Größe ist hierin nicht enthalten?

a. Die Energie der beim Zerfall emittierten Strahlung
b. Die physikalische Halbwertszeit des Nuklids
c. Die Masse der betrachteten Organe
d. Die relative Lage (Entfernung) der betrachteten Organe
e. Die Ausscheidung des Nuklids aus den betrachteten Organen

17.3 In welcher Einheit wird $\tilde{A}$ auch angegeben?

a. MBq/mGy
b. GBq s^{-1}
c. GBq/h
d. Bq · s
e. Gy · GBq

17.4 Welche Eigenschaft eines SPECT/CT-Gerätes ist für die Dosimetrie gemäß MIRD-Schema unerheblich?

a. Auf Basis des CT kann eine Schwächungskorrektur für die SPECT gerechnet werden.
b. Mit der Schwächungskorrektur lässt sich die SPECT besser quantifizieren.
c. Mit Hilfe der morphologischen Information aus dem CT lässt sich die „Recovery" berücksichtigen.
d. Die Dosis durch das CT kann mit hoher Genauigkeit berechnet werden.

17.5 ^{131}I ist ein β-γ-Strahler für die Therapie. Welche Aussage ist richtig?

a. Die γ-Komponente deponiert lokal die höchste Dosis.
b. Mittels der β-Strahlung werden Scans quantifiziert.
c. Es wird mehr Energie durch γ- (inkl. X-rays) als durch β-Strahlung (inkl. EC) emittiert.
d. Es wird mehr Energie durch β- (inkl. EC) als durch γ-Strahlung (inkl. X-rays) emittiert.

17.6 Welche Gleichung ist richtig?

a. $T_{\text{eff}} = T_{\text{phy}} + T_{\text{bio}}$
b. $\frac{1}{T_{\text{eff}}} = \frac{1}{T_{\text{phy}}} - \frac{1}{T_{\text{bio}}}$
c. $\frac{1}{T_{\text{eff}}} = \frac{1}{T_{\text{phy}}} + \frac{1}{T_{\text{bio}}}$
d. $\frac{1}{T_{\text{eff}}} = \frac{1}{T_{\text{phy}}} \times \frac{1}{T_{\text{bio}}}$
e. $\frac{1}{T_{\text{eff}}} = \frac{1}{T_{\text{phy}}} : \frac{1}{T_{\text{bio}}}$

17.7 $\overline{D} = A_0 \cdot \tau \cdot S$; Wie ist $\overline{D}$ definiert?

a. $\overline{D}$ ist die mittlere im Zielvolumen k deponierte Energiedosis.
b. Die Gleichung gilt nicht für Teilchenstrahlung.
c. Die Gleichung gilt nur für Teilchenstrahlung.
d. $\overline{D}$ ist 1 für β-Teilchen.
e. $\overline{D}$ ist die in der Quelle zum Zeitpunkt $t = 24$ h vorhandene Aktivität.

Literatur

1. Adelstein S, Green A, Howell R, Humm J, Leichner P, O'donoghue J, Strand S, Wessels B (2002) Absorbed dose specification in nuclear medicine, Bd 2. Journal of the ICRU
2. Bolch WE, Eckerman KF, Sgouros G, Thomas SR (2009) MIRD pamphlet no. 21: a generalized schema for radiopharmaceutical dosimetry-standardization of nomenclature.

J Nucl Med 50(3):477–484. https://doi.org/10.2967/jnumed.108.056036

3. Chiavassa S, Bardies M, Guiraud-Vitaux F, Bruel D, Jourdain JR, Franck D, Aubineau-Laniece I (2005) OEDIPE: a personalized dosimetric tool associating voxel-based models with MCNPX. Cancer Biother Radiopharm 20(3):325–332. https://doi.org/10.1089/cbr.2005.20.325

4. Dale RG (1985) The application of the linear-quadratic dose-effect equation to fractionated and protracted radiotherapy. Br J Radiol 58(690):515–528. https://doi.org/10.1259/0007-1285-58-690-515

5. Dale R, Carabe-Fernandez A (2005) The radiobiology of conventional radiotherapy and its application to radionuclide therapy. Cancer Biother Radiopharm 20(1):47–51. https://doi.org/10.1089/cbr.2005.20.47

6. Dewaraja YK, Wilderman SJ, Ljungberg M, Koral KF, Zasadny K, Kaminiski MS (2005) Accurate dosimetry in ^{131}I radionuclide therapy using patient-specific, 3-dimensional methods for SPECT reconstruction and absorbed dose calculation. J Nucl Med 46(5):840–849

7. Erdi AK, Erdi YE, Yorke ED, Wessels BW (1996) Treatment planning for radio-immunotherapy. Phys Med Biol 41(10):2009–2026

8. Glatting G, Lassmann M (2007) Nuklearmedizinische Dosimetrie. In: Krause B-J, Schwaiger M, B AK (Hrsg) Nuklearmedizinische Onkologie, Bd 1. Hüthig Jehle Rehm, Landsberg

9. Glatting G, Landmann M, Kull T, Wunderlich A, Blumstein N, Koop B, Neumaier B, Reske S (2005) UlmDos – a software tool for voxelbased dosimetry before radionuclide therapy. Biomed Tech 50:94–95

10. Glatting G, Landmann M, Wunderlich A, Kull T, Mottaghy FM, Reske SN (2006) Internal radionuclide therapy – software for treatment planning using tomographic data. Nucl Med 45(6):269–272

11. Glatting G, Bardies M, Lassmann M (2013) Treatment planning in molecular radiotherapy. Z Med Phys 23(4):262–269. https://doi.org/10.1016/j.zemedi.2013.03.005

12. Hertz S, Roberts A (1946) Radioactive iodine in the study of thyroid physiology. 7. The use of radioactive iodine therapy in hyperthyroidism. J Am Med Assoc 131(2):81–86

13. Kaminski MS, Estes J, Zasadny KR, Francis IR, Ross CW, Tuck M, Regan D, Fisher S, Gutierrez J, Kroll S, Stagg R, Tidmarsh G, Wahl RL (2000) Radioimmunotherapy with iodine I-131 tositumomab for relapsed or refractory B-cell non-Hodgkin lymphoma: updated results and long-term follow-up of the University of Michigan experience. Blood 96(4):1259–1266

14. Kletting P, Schimmel S, Kestler HA, Hanscheid H, Luster M, Fernandez M, Broer JH, Nosske D, Lassmann M, Glatting G (2013) Molecular radiotherapy: the NUKFIT software for calculating the time-integrated activity coefficient. Med Phys 40(10):102504. https://doi.org/10.1118/1.4820367

15. Kwekkeboom DJ, Bakker WH, Kooij PP, Konijnenberg MW, Srinivasan A, Erion JL, Schmidt MA, Bugaj JL, de Jong M, Krenning EP (2001) [177Lu-DOTA0, Tyr3] octreotate: comparison with [^{111}In-DTPA0] octreotide in patients. Eur J Nucl Med 28(9):1319–1325

16. Larsson E, Jonsson BA, Jonsson L, Ljungberg M, Strand SE (2005) Dosimetry calculations on a tissue level by using the MCNP4c2 Monte Carlo code. Cancer Biother Radio 20(1):85–91. https://doi.org/10.1089/cbr.2005.20.85

17. Lassmann M, Chiesa C, Flux G, Bardies M (2011) EANM Dosimetry Committee guidance document: good practice of clinical dosimetry reporting. Eur J Nucl Med Mol Imaging 38(1):192–200. https://doi.org/10.1007/s00259-010-1549-3

18. Lehmann J, Siantar CH, Wessol DE, Wemple CA, Nigg D, Cogliati J, Daly T, Descalle MA, Flickinger T, Pletcher D, DeNardo G (2005) Monte Carlo treatment planning for molecular targeted radiotherapy within the MINERVA system. Phys Med Biol 50(5):947–958. https://doi.org/10.1088/0031-9155/50/5/017

19. Loevinger R, Budinger TF, Watson EE (1988) MIRD primer for absorbed dose calculations. Society of Nuclear Medicine

20. Paganelli G, Zoboli S, Cremonesi M, Bodei L, Ferrari M, Grana C, Bartolomei M, Orsi F, De Cicco C, Macke HR, Chinol M, de Braud F (2001) Receptor-mediated radiotherapy with 90Y-DOTA-D-Phe1-Tyr3-octreotide. Eur J Nucl Med 28(4):426–434

21. Parker C, Nilsson S, Heinrich D, Helle SI, O'Sullivan JM, Fossa SD, Chodacki A, Wiechno P, Logue J, Seke M, Widmark A, Johannessen DC, Hoskin P, Bottomley D, James ND, Solberg A, Syndikus I, Kliment J, Wedel S, Boehmer S, Dall'Oglio M, Franzen L, Coleman R, Vogelzang NJ, O'Bryan-Tear CG, Staudacher K, Garcia-Vargas J, Shan M, Bruland OS, Sartor O, Investigators A (2013) Alpha emitter radium-223 and survival in metastatic prostate cancer. N Engl J Med 369(3):213–223. https://doi.org/10.1056/NEJMoa1213755

22. Petoussi-Henss N, Zankl M, Nosske D (2005) Estimation of patient dose from radiopharmaceuticals using voxel models. Cancer Biotherapy Radiopharm 20(1):103–109

23. Prideaux AR, Song H, Hobbs RF, He B, Frey EC, Ladenson PW, Wahl RL, Sgouros G (2007) Three-dimensional radiobiologic dosimetry: application of radiobiologic modeling to patient-specific 3-dimensional imaging-based internal dosimetry. J Nucl Med 48(6):1008–1016. https://doi.org/10.2967/jnumed.106.038000

24. Seidlin SM, Marinelli LD, Oshry E (1946) Radioactive iodine therapy; effect on functioning metastases of adenocarcinoma of the thyroid. J Am Med Assoc 132(14):838–847

25. Sgouros G, Kolbert KS, Sheikh A, Pentlow KS, Mun EF, Barth A, Robbins RJ, Larson SM (2004) Patient-specific dosimetry for 131I thyroid cancer therapy using 124I PET and 3-dimensional-internal dosimetry (3D-ID) software. J Nucl Med 45(8):1366–1372

26. Siegel JA, Thomas SR, Stubbs JB, Stabin MG, Hays MT, Koral KF, Robertson JS, Howell RW, Wessels BW, Fisher DR, Weber DA, Brill AB (1999) MIRD pamphlet no. 16: techniques for quantitative radiopharmaceutical biodistribution data acquisition and analysis for use in human radiation dose estimates. J Nucl Med 40(2):37–61

27. Sisson JC, Yanik GA (2012) Theranostics: evolution of the radiopharmaceutical meta-iodobenzylguanidine in endocrine tumors. Seminars in nuclear medicine, Bd. 3. Elsevier, New York, S 171–184

Teil III

28. Stabin M (2006) Nuclear medicine dosimetry. Phys Med Biol 51(13):R187–R202. https://doi.org/10.1088/0031-9155/51/13/R12

29. Stabin MG, Sparks RB, Crowe E (2005) OLINDA/EXM: the second-generation personal computer software for internal dose assessment in nuclear medicine. J Nucl Med 46(6):1023–1027

30. Strigari L, Konijnenberg M, Chiesa C, Bardies M, Du Y, Gleisner KS, Lassmann M, Flux G (2014) The evidence base for the use of internal dosimetry in the clinical practice of molecular radiotherapy. Eur J Nucl Med Mol Imaging 41(10):1976–1988. https://doi.org/10.1007/s00259-014-2824-5

31. Tomas MF, Preylowski V, Schloegl S, Haenscheid H, Kletting P, Glatting G, Lassmann M (2012) Influence of the reconstruction parameters on image quantification with SPECT/CT. Eur J Nucl Med Mol Imaging 233:S254–S254

32. Wiseman GA, White CA, Sparks RB, Erwin WD, Podoloff DA, Lamonica D, Bartlett NL, Parker JA, Dunn WL, Spies SM, Belanger R, Witzig TE, Leigh BR (2001) Biodistribution and dosimetry results from a phase III prospectively randomized controlled trial of Zevalin (TM) radioimmunotherapy for low-grade, follicular, or transformed B-cell non-Hodgkin's lymphoma. Crit Rev Oncol Hemat 39(1–2):181–194. https://doi.org/10.1016/S1040-8428(01)00107-X

33. Wolf I, Zankl M, Scheidhauer K, Vabuliene E, Regulla D, Schilling Cv, Schwaiger M (2005) Determination of individual S-values for ^{131}I using segmented CT data and the EGS4 Monte Carlo code. Cancer Biotherapy Radiopharm 20(1):98–102

Qualitätssicherung in der Nuklearmedizin

18

Oliver Nix

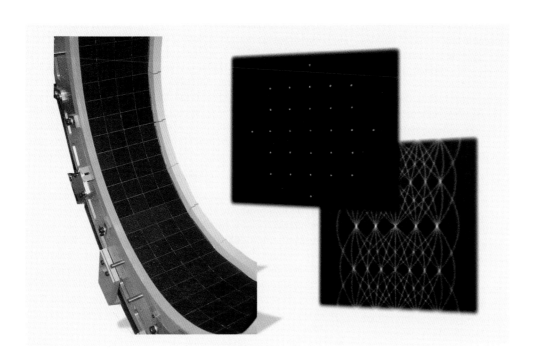

Teil III

18.1 Ziel und Zweck der Qualitätssicherung

Die Qualitätssicherung dient dem Zweck, einen einwandfreien und den jeweiligen Spezifikationen entsprechenden Ablauf von Vorgängen sicherzustellen. Für die technische Qualitätssicherung in einer nuklearmedizinischen Einrichtung bedeutet das, den bestimmungsgemäßen und im Rahmen der festgelegten Betriebsparameter liegenden Betrieb von Mess- und Untersuchungsgeräten sicherzustellen, die direkt oder indirekt für die Diagnostik und Therapie am Menschen angewendet werden. Oberstes Ziel ist die Sicherheit des Patienten bei maximalem Nutzen für den Patienten und, so weit wie möglich, minimierten Belastungen, ebenso wie die Sicherheit von Anwendern und Dritten. Eine Qualitätssicherung setzt voraus, dass der Begriff der Qualität für nuklearmedizinische Messsysteme definiert ist und dass objektive Kenngrößen existieren, anhand derer sich die Qualität bewerten lässt. Der allgemeinen Basisnorm des Qualitätsmanagements (QM), der DIN EN ISO 9000 ff, folgend, wird der Begriff der Qualität als der „Grad, in dem ein Satz inhärenter Merkmale Anforderungen erfüllt" definiert. Anforderungen können externen und/oder internen Ursprungs sein. Sie können verpflichtend sein, wie im Falle von gesetzlichen Anforderungen, oder den Charakter einer freiwilligen Selbstverpflichtung haben. Eine hohe Qualität ist dann erreicht, wenn alle an eine Sache gestellten Anforderungen erfüllt werden. Verpflichtend zu erfüllende Anforderungen an die physikalisch technische Qualitätssicherung in einer Nuklearmedizin resultieren aus dem Medizinproduktegesetz (MPG) und den daraus abgeleiteten Rechtsverordnungen, im Speziellen der Medizinprodukte-Betreiberverordnung (MPBetreibV), sowie dem Atomgesetz (AtG) und der daraus abgeleiteten Strahlenschutzverordnung (StrlSchV). Neben den gesetzlichen Anforderungen sind die internen Anforderungen nicht weniger wichtig, wenn es um die Sicherung und Aufrechterhaltung der Qualität geht. Interne Anforderungen ergeben sich aus den lokalen organisatorischen, personellen und infrastrukturellen Gegebenheiten und werden letztendlich aus den Zielen und der Strategie der Organisation abgeleitet. Bei der Durchführung der technischen Qualitätssicherung können Normen herangezogen werden. Die Verwendung von Normen ist hilfreich, da Normen eine Vermutungswirkung haben. Werden Normen angewendet und umgesetzt, wie beispielsweise die DIN 6855-Normengruppe zur Konstanzprüfung nuklearmedizinischer Messsysteme, kann von einer Qualitätssicherung mindestens gemäß des Standes der Technik ausgegangen werden. Weitere Anforderungen an die Qualitätssicherung ergeben sich aus den Angaben des Herstellers des jeweiligen Mess- oder Untersuchungssystems, in dessen Produktdokumentation die vom Betreiber durchzuführenden Maßnahmen zur Qualitätssicherung meist detailliert beschrieben sind.

18.2 Rechtlicher und normativer Rahmen

Der rechtliche Rahmen für den technisch-physikalischen Betrieb einer nuklearmedizinischen Einrichtung ergibt sich aus der Strahlenschutzgesetzgebung und dem Medizinproduktegesetz.

Auf untergesetzlicher Ebene gibt es eine Vielzahl von Normen und Empfehlungen von Fachgesellschaften zur Durchführung der Qualitätssicherung.

18.2.1 Medizinproduktegesetz

Gegenstand des Medizinproduktegesetzes ist es, „den Verkehr mit Medizinprodukten zu regeln und dadurch für die Sicherheit, Eignung und Leistung der Medizinprodukte sowie die Gesundheit und den erforderlichen Schutz der Patienten, Anwender und Dritter zu sorgen" (§ 1 MPG). In den meisten Teilen richtet sich das Gesetz an die Hersteller von Medizinprodukten, es belegt allerdings auch den Betreiber von Medizinprodukten mit Pflichten. § 37 Abs. 4 MPG ermächtigt das Bundesministerium für Gesundheit, Betriebsverordnungen zur Regelung des Betriebes und der Anwendung von Medizinprodukten zu erlassen. Die Medizinprodukte-Betreiberverordnung (MPBetreibV) formuliert Anforderungen an den Betreiber von Medizinprodukten.

Der Betreiber von Medizinprodukten ist verpflichtet:

- Ein Bestandsverzeichnis für alle aktiven nichtimplantierbaren Medizinprodukte zu führen. Der Inhalt des Bestandsverzeichnisses ist in § 13 MPBetreibV beschrieben.
- Ein Medizinprodukt darf nur betrieben werden, wenn eine dazu befugte Person das Medizinprodukt einer Funktionsprüfung unterzogen hat und eine vom Betreiber beauftragte Person durch die dafür befugte in die sachgerechte Handhabung, Anwendung und den Betrieb eingewiesen wurde. Das Medizinprodukt darf nur von eingewiesenen Personen angewendet werden (§ 10 MPBetreibV).
- Der Betreiber muss gemäß den Herstellerangaben sicherheitstechnische Kontrollen (STK) durchführen. Macht der Hersteller keine Angaben, so sind die STK gemäß den anerkannten Regeln der Technik durchzuführen. Sie dürfen nur von Personen durchgeführt werden, die keiner Weisung hinsichtlich der Kontrolle unterliegen, die über geeignete Messvorrichtungen verfügen und die dafür qualifiziert sind (§ 11 MPBetreibV).
- Medizinprodukte mit Messfunktion nach Anlage 2 MPBetreibV müssen messtechnischen Kontrollen unterzogen werden. Dies gilt auch für Geräte, für die der Hersteller solche Kontrollen vorgesehen hat.
- Für die in Anlage 1 und 2 MPBetreibV aufgeführten Medizinprodukte ist ein Medizinproduktebuch mit den in § 12 MPBetreibV aufgelisteten Angaben zu führen.

18.2.2 Strahlenschutzverordnung und Richtlinie Strahlenschutz in der Medizin

Die Strahlenschutzverordnung trifft Regelungen für den Umgang mit künstlich erzeugten radioaktiven Stoffen oder natürlich vorkommenden, sofern dieser Umgang wegen ihrer Radioaktivität erfolgt (§ 2 Abs. 1 StrlSchV). Die aus der Strahlenschutzgesetzgebung resultierenden nicht medizinphysikspezifischen Anforderungen sind nicht Gegenstand dieses Artikels. Eine zentrale Rolle bei der Umsetzung der Forderungen der Strahlenschutzverordnung hat der Strahlenschutzbeauftragte (SSB). In der medizinischen Strahlenanwendung ist ihm für physikalisch-technische Aspekte der Strahlenanwendung der Medizinphysik-Experte (MPE) zur Seite gestellt. SSB und MPE können eine Person sein, besonders in kleineren Einrichtungen. Ein Medizinphysik-Experte ist ein „in medizinischer Physik besonders ausgebildeter Diplom-Physiker mit der erforderlichen Fachkunde im Strahlenschutz oder eine inhaltlich gleichwertig ausgebildete sonstige Person mit Hochschul- oder Fachhochschulabschluss und mit der erforderlichen Fachkunde im Strahlenschutz" (§ 3 Abs. 21 StrlSchV). Für nuklearmedizinische Untersuchungen oder Standardbehandlungen muss ein MPE verfügbar sein. Seine Aufgaben liegen in der Durchführung der Qualitätssicherung und der Optimierung der Anwendung (§ 82 Abs. 4 StrlSchV). Die bei der Anwendung radioaktiver Stoffe oder ionisierender Strahlen zur Untersuchung oder Behandlung von Menschen verwendeten Anlagen und Geräte sowie die Vorrichtungen zur Befundung sind regelmäßig betriebsintern zur Qualitätssicherung zu überprüfen (§ 83 Abs. 6 StrlSchV). Umfang und Zeitpunkt der Prüfungen sind aufzuzeichnen (§ 83 Abs. 6 StrlSchV).

Für medizinische Strahlenanwendungen, die unter den Geltungsbereich der StrlSchV fallen, konkretisiert die vom Bundesministerium für Umwelt, Naturschutz, Bau und Reaktorsicherheit herausgegebene Richtlinie „Strahlenschutz in der Medizin" die Anforderungen für alle Arten von medizinischen Strahlenanwendungen. Ziel der Qualitätssicherung nuklearmedizinischer Untersuchungen gemäß dieser Richtlinie ist, „ein Höchstmaß an diagnostischer Treffsicherheit bei einem Minimum an Strahlenexposition für den Patienten zu erreichen" (Abs. 6.1.1). Die Qualität einer nuklearmedizinischen Untersuchung oder Therapie in Bezug auf die Minimierung der Strahlenexposition ergibt sich aus den Schritten sachgerechte Indikationsstellung, einwandfreie technische Durchführung und korrekte Interpretation der Ergebnisse. Indikationsstellung und Befundung liegen in der ärztlichen Verantwortung, für die einwandfreie technische Durchführung ist der MPE maßgeblich mitverantwortlich. In Kapitel 6 dieser Richtlinie sind die Anforderungen an Untersuchungen und Behandlungen mit offenen radioaktiven Stoffen beschrieben, im Kapitel 6.1 die konkreten Anforderungen an die Qualitätssicherung der Untersuchungs- und Messgeräte.

Die Umsetzung und Erfüllung der dort formulierten Anforderungen ist verpflichtend und wird in regelmäßigen Abständen von den Ärztlichen Stellen des jeweiligen Bundeslandes überprüft. Die rechtliche Grundlage für diese Überprüfungen ist § 83 StrlSchV. Die Strahlenschutzkommission hat Empfehlungen zur Qualitätskontrolle von nuklearmedizinischen Geräten – Festlegung von Reaktionsschwellen und Toleranzgrenzen – herausgegeben. Neu angeschaffte Geräte müssen einer Abnahmeprüfung unterzogen werden, und für durchgeführte Konstanzprüfungen müssen Reaktions- und Toleranzschwellen festgelegt sein. Es wird gefordert, dass ein internes Qualitätssicherungskonzept erstellt wird, in dessen Rahmen eine Reaktionsschwelle für qualitätsrelevante und im Rahmen der Qualitätssicherung erfasste und regelmäßig überprüfte Systemeigenschaften festgelegt ist. Bei Überschreiten der Reaktionsschwelle soll eine Ursachenforschung betrieben und Maßnahmen zur Verbesserung eingeleitet werden. Bei Überschreiten der Toleranzgrenze darf das Gerät nicht oder nur in Absprache mit dem SSB eingeschränkt genutzt werden.

18.2.3   Röntgenverordnung und Qualitätssicherungs-Richtlinie (QS-RL)

Befinden sich neben den klassischen nuklearmedizinischen Messsystemen Röntgeneinrichtungen im Einsatz, wie beispielsweise PET/CT- oder SPECT/CT-Systeme, dann sind die Anforderungen der Röntgenverordnung (RöV) an den Betrieb der Röntgenkomponenten einzuhalten. § 16 RöV verpflichtet zur Durchführung einer Qualitätssicherung bei Röntgeneinrichtungen zur Untersuchung von Menschen. Eine zentrale Anforderung ist die Durchführung einer verpflichtenden Abnahmeprüfung vor der Inbetriebnahme. Dies gilt ebenso bei jeder Veränderung an der Anlage, die Einfluss auf die Bildqualität und die Höhe der Strahlenexposition haben kann (§ 16 Abs. 2). In regelmäßigen Abständen sind Konstanzprüfungen durchzuführen, durch die festzustellen ist, ob die Bildqualität und die Höhe der Strahlenexposition den Bezugswerten aus der letzten Abnahme entsprechen (§ 16 Abs. 3). Die Qualitätssicherungs-Richtlinie (QS-RL) zur „Durchführung der Qualitätssicherung bei Röntgeneinrichtungen zur Untersuchung oder Behandlung von Menschen" nach den §§ 16 und 17 der RöV konkretisiert die durchzuführenden Qualitätssicherungsmaßnahmen. Zur Durchführung von Abnahme- und Konstanzprüfungen an Computertomographen (CT) wird auf einschlägige Normen verwiesen.

18.2.4   Normativer Rahmen

Der DIN-Normenausschuss Radiologie (NAR) ist zuständig für die Erarbeitung von Normen für diagnostische Radiologie, die Nuklearmedizin, die Strahlentherapie sowie den Strahlenschutz. Er stellt eine Liste von für diesen Bereich anwendbaren Normen zur Verfügung [2].

Für die Qualitätssicherung an nuklearmedizinischen Messgeräten sind folgende Normen von besonderer Relevanz, da sich die Richtlinie „Strahlenschutz in der Medizin" direkt auf sie bezieht:

- DIN 6855 – 1, Konstanzprüfung nuklearmedizinischer Messsysteme – Teil 1: In-vivo- und In-vitro-Messplätze
- DIN 6855 – 2, Konstanzprüfung nuklearmedizinischer Messsysteme – Teil 2: Einkristall-Gamma-Kameras zur planaren Szintigraphie und zur Einzel-Photonen-Emissions-Tomographie mit Hilfe rotierender Messköpfe
- DIN 6855 – 4, Konstanzprüfung nuklearmedizinischer Messsysteme – Teil 4: Positronen-Emissions-Tomographen (PET)
- DIN 6855 – 11, Konstanzprüfung nuklearmedizinischer Messsysteme – Teil 11: Aktivimeter

Die Deutsche Gesellschaft für Nuklearmedizin hat eine eigene Leitlinie für nuklearmedizinische Bildgebung herausgegeben [1].

Teil III

Die National Electrical Manufacturers Association (NEMA) hat Standards formuliert, anhand derer die Leistungsfähigkeit nuklearmedizinischer Messsysteme bewertet werden kann [5]:

- NEMA NU 1-2012, Performance Measurements of Gamma Cameras
- NEMA NU 2-2012, Performance Measurements of Positron Emission Tomographs (PETs)

Diese Anleitungen sind besonders bei der Neuanschaffung von Geräten wertvoll, um im Rahmen der gesetzlich geforderten Abnahme die Eigenschaften des Systems zu vermessen und als Referenz für qualitätssichernde Maßnahmen und Konstanzprüfungen festzulegen. Abb. 18.1 zeigt einen Auszug aus dem Abnahmeprotokoll eines PET/CT-Tomographen nach dem NEMA NU 2-Protokoll. Die bildgebenden Eigenschaften des Systems wurden bestimmt und den Herstellerspezifikationen gegenübergestellt.

Für die Abnahme und die Konstanzprüfung von Computertomographen sind folgende Normen relevant, auf die sich die QS-RL direkt bezieht:

- DIN EN 61223-3-5 Bewertung und routinemäßige Prüfung in Abteilungen für medizinische Bildgebung – Teil 3-5: Abnahmeprüfungen – Leistungsmerkmale zur Bildgebung von Röntgeneinrichtungen für Computertomographie
- DIN EN 61223-2-6 Bewertung und routinemäßige Prüfung in Abteilungen für medizinische Bildgebung – Teil 2-6: Konstanzprüfungen – Leistungsmerkmale zur Bildgebung von Röntgeneinrichtungen für die Computertomographie

18.3 Qualitätsmanagement in der Nuklearmedizin

Das Qualitätsmanagement (QM) ist eine sehr weit verbreitete Methode, die in allen Arten unternehmerischer Tätigkeit angewendet wird. Das Qualitätsmanagement wird im Rahmen eines etablierten und dokumentierten Qualitätsmanagementsystem (QMS) durchgeführt. Die DIN EN ISO 9001 ist eine weltweit harmonisierte Norm, die die Mindestanforderungen an ein QMS beschreibt. Eine Organisation kann sich als Nachweis für das Vorhandensein und der Aufrechterhaltung eines QMS nach dieser Norm zertifizieren lassen. QMS finden im Gesundheitswesen immer größere Verbreitung und sind zum Teil bereits in Gesundheitseinrichtungen gesetzlich gefordert.

Organisationen, die Leistungen nach SGB V (Sozialgesetzbuch) – gesetzliche Krankenversicherung – geltend machen wollen, sind nach § 136a verpflichtet, ein Qualitätsmanagement einzuführen. Die DIN EN ISO 9001 ist als Basis-Anforderungsnorm sehr allgemein formuliert, da sie sich auf alle Arten von Produkten und Dienstleistungen anwenden lassen soll. In anderen Bereichen der medizinischen Strahlenanwendung existieren bereits Normen, die diese Norm aufgreifen und für ihren Anwendungsbereich konkretisieren, wie beispielsweise die Normen DIN 6870-1, 2, 100 zu QMS in der medizinischen Radiologie. DIN 6870-1 legt Mindestanforderungen an das QM in strahlentherapeutischen Organisationen fest, die DIN 6870-2 an das QM in Organisationen zur radiologischen Diagnostik und In-

tervention. Für die Nuklearmedizin gibt es bisher keine eigene Norm, in der Anforderungen an ein QMS für die Nuklearmedizin festgelegt sind. Die in Richtlinien und Empfehlungen zur Qualitätssicherung in der Nuklearmedizin beschriebenen Anforderungen und Umsetzungsmöglichkeiten gehen immer weiter über eine klassische technische Qualitätssicherung hinaus und zeigen charakteristische Züge von Anforderungen aus dem QM. Die Durchführung einer nuklearmedizinischen Untersuchung wird in der Richtlinie Strahlenschutz in der Medizin prozessorientiert betrachtet, deren Schritte Indikationsstellung, Durchführung und Interpretation der Ergebnisse wesentliche Faktoren für die Qualität sind. Ein wichtiges Qualitätskriterium im Sinne der Richtlinie ist eine Reduktion der Strahlenexposition bei gegebenem diagnostischen oder therapeutischen Nutzen. Dies ist im Einklang mit einem der zentralen Grundsätze des Qualitätsmanagements – der Prozessorientierung.

Das Qualitätsmanagement hat sich historisch aus der Qualitätssicherung entwickelt und hat sich darüber hinausgehend eine ständige Verbesserung zum Ziel gesetzt. Der Grundgedanke ist der des PDCA-Zyklus (Plan – Do – Check – Act), der dauerhaft mit dem Ziel der kontinuierlichen Verbesserung ausgeführt wird. Entgegen der klassischen Qualitätssicherung wird nicht nur der Zustand eines Gerätes in Form einer Qualitätskontrollmessung erfasst, sondern die Abläufe rund um das Gerät werden als Ganzheit (Prozess) betrachtet. Die Art und Weise der Durchführung von Tätigkeiten wird schriftlich dokumentiert und die Verantwortung für die Durchführung den Inhabern von Rollen bzw. Funktionen zugewiesen. Um zu dokumentieren, dass ein Vorgang gemäß den internen Vorgaben (Arbeitsanweisungen, Standard Operation Procedures (SOPs)) durchgeführt wurde, werden Nachweisdokumente (Protokolle, Checklisten) erstellt. § 82 Abs. 3 StrlSchV fordert die Erstellung von schriftlichen Arbeitsanweisungen für häufig vorgenommene Untersuchungen und Behandlungen. Die SOPs werden im Rahmen der Prüfung durch die Ärztlichen Stellen angefordert. Im Rahmen eines QMS werden Vorgehensweisen bei Fehlern und Abweichungen festgelegt. Eine Abweichung liegt dann vor, wenn eine Anforderung nicht erfüllt ist. Das Festlegen von Reaktions- und Toleranzschwellen ist eine klassische Technik aus der Prozesskontrolle im Rahmen des Qualitätsmanagements.

Im Qualitätsmanagement wird zunehmend ein risikobasierter Ansatz verfolgt. Unter einem Risiko versteht man die Auswirkung von Unsicherheiten auf Ziele, wobei die Auswirkungen in diesem Zusammenhang meist als negativ verstanden werden. Im Bereich Medizinprodukte und medizinische Anwendungen wird das Risiko als Produkt der Wahrscheinlichkeit des Auftretens und der Schwere der Auswirkung eines Fehlers betrachtet. Eine Risikoanalyse identifiziert, analysiert und bewertet Risiken im Zusammenhang mit einem Gerät oder mit einem Vorgehen. Der risikobasierte Ansatz erlaubt die Flexibilisierung der Qualitätssicherungsstrategie und Prüfungen. Risikoreiche Tätigkeiten oder Geräte bzw. Gerätefunktionen können engmaschiger kontrolliert werden als solche, die weniger risikoreich sind. Die Technik des risikobasierten Ansatzes kann zur Minimierung des Gesamtaufwandes der Qualitätssicherung genutzt werden.

Auch wenn in der Nuklearmedizin noch vorwiegend von Qualitätssicherung gesprochen wird, ist zunehmend ein Qualitätsmanagement gemeint. Die Berücksichtigung der Prinzipien des Qualitäts- und Risikomanagements in dem internen Qualitätssicherungskonzept ist empfehlenswert.

18.4 Qualitätssicherung an nuklearmedizinischen Messsystemen

Gegenstand der technischen Qualitätssicherung ist die Führung des Nachweises, dass das Messsystem einwandfrei und im Rahmen seiner Spezifikation funktioniert. Dazu werden charakteristische Systemeigenschaften vermessen und mit einem Bezugswert verglichen. Welche und wie viele messtechnisch zugänglichen Größen notwendig sind, um ein System zu beschreiben und um eine Bewertung der Qualität zu ermöglichen, ist vom Gerätetyp und der vorgesehenen Anwendung abhängig. Geeignete Messgrößen sind solche, die mit einem vertretbaren Aufwand messbar sind, deren Messung möglichst robust gegen Störfaktoren ist und die einen möglichst großen und für den Betrieb relevanten Teilaspekt des zu charakterisierenden Systems beschreiben. Üblicherweise sind das Messgrößen, die bei der bestimmungsgemäßen Verwendung des Systems direkt ergebnisrelevant sind, wie beispielsweise räumliche oder zeitliche Auflösung bei einem bildgebenden System oder die Exaktheit und Korrektheit der gemessenen Aktivität einer Probe in einem Aktivimeter. Der Bezugswert wird im Rahmen der Abnahme festgelegt. Das kann entweder durch Messung geschehen, z. B. durch eine Vermessung der Systemeigenschaften einer Gammakamera oder eines PET-Scanners gemäß des zutreffenden NEMA-Standards, oder durch Festlegung durch den Hersteller (Produktspezifikation). Siehe Abb. 18.1.

Die im Rahmen der Qualitätssicherungsstrategie durchgeführten Messungen (Konstanzprüfungen) werden mit den Bezugswerten verglichen. Für alle charakteristischen und im Rahmen der Qualitätssicherung erfassten Messwerte werden Schwellen für einen den Anforderungen genügenden Betrieb festgelegt. Für nuklearmedizinische Messsysteme sind die zu überwachenden systembeschreibenden Messgrößen meist in Richtlinien, Normen und Empfehlungen zur Qualitätssicherung angegeben. Bei komplexen Geräten werden häufig durch den Hersteller im Rahmen der Gebrauchsinformationen Vorgaben zu Art, Umfang und Häufigkeit der Konstanzprüfungen gemacht. Oftmals sind in die Bedienerschnittstelle bereits Möglichkeiten zur Durchführung und Auswertung der Konstanzprüfungen eingebaut. Die Art der durchzuführenden Konstanzprüfungen, die Akzeptanzkriterien für die Ergebnisse der Konstanzprüfung, die Festlegung der Häufigkeit der Durchführung, die Festlegung der Verantwortung für die Durchführung und das Vorgehen bei Abweichungen ergibt die interne Qualitätssicherungsstrategie.

18.4.1 Interne Qualitätssicherungsstrategie

Die interne Qualitätssicherungsstrategie kann in einer oder mehreren Mantel-SOPs zur Qualitätssicherung dokumentiert werden, in der die Prüfstrategie, die verwendeten Normen und Richtlinien, die Häufigkeiten der durchzuführenden Prüfung sowie die Verantwortlichkeiten und Schnittstellen zu anderen organisatorischen Einheiten beschrieben sind. Die übergreifenden SOPs beschreiben das Verfahren der Qualitätssicherung an sich und wie es sich in andere Tätigkeiten der Organisation einfügt. Die Details der Durchführung der einzelnen Prüfungen können in eigenen SOPs beschrieben werden, die den Charakter von Prüfanweisungen (Arbeitsanweisungen) haben. Diese SOPs können Dokumentationsvorlagen zum Nachweis der Durchführung beinhalten. Häufig wird in größeren Organisationen arbeitsteilig vorgegangen, so dass es zentrale Einheiten (Stabsstellen) gibt, die organisationsweit den Rahmen für den Strahlenschutz, die Arbeitssicherheit etc. vorgeben und etablieren. Im Rahmen eines Qualitätssicherungskonzeptes ist es sinnvoll, die Verantwortung und die Schnittstellen in SOPs

Teil III

TEST	Messung	Spezifikation
RESOLUTION		
1 cm transverse FWHM [cm]	4,39	≤ 4.7
1 cm axial FWHM [cm]	4,48	≤ 4.8
10 cm transverse FWHM [cm]*	4,98	≤ 5.2
10 cm axial FWHM [cm]	5,82	≤ 6.2
SENSITIVITY		
0 cm [cps/kBq]	9,1	≥ 8,5
10 cm [cps/kBq]	9,4	≥ 8,5
SCATTER		
Peak NEC rate [kcps]	180	≥ 175
Eff. activity at peak [kBq/cc]	28,7	
Scatter fraction [%]	32,5	≤ 40
ACCURACY		
Mean bias at 22 kBq/cc [%]	3,7	≤ 5

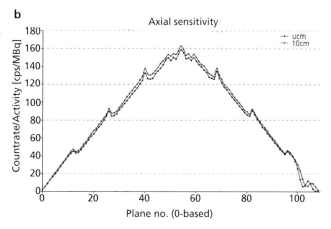

Abb. 18.1 **a** Ergebnisse der Abnahmeprüfung für einen Tomographen Siemens Biograph mCT PET/CT nach dem NEMA-NU2:2007-Protokoll, durchgeführt vom Hersteller im Auftrag und mit Unterstützung des Kunden vor Ort. Gezeigt sind die ermittelten bildgebenden Eigenschaften des Systems und die Akzeptanzgrenzen. **b** Vermessung der axialen Sensitivität eines Biograph mCT PET/CT-Tomographen, ermittelt als Teil der Abnahmeprüfung nach dem NEMA-NU2:2007-Protokoll

festzulegen und somit Transparenz bezüglich der Verantwortlichkeiten für die Durchführung von Tätigkeiten zu schaffen. Dies gilt auch für Prüfaktivitäten, die an Externe vergeben werden, wie beispielsweise die Durchführung besonders komplexer Konstanzprüfungen an einem Gerät durch den Hersteller oder einen Dienstleister, der über die notwendigen Messmittel und Erfahrung verfügt.

Die einzelnen für ein Gerät durchzuführenden Konstanzprüfungen unterliegen unterschiedlichen Prüfhäufigkeiten. Es kann zwischen einfachen arbeitstäglich oder wöchentlich durchzuführenden Prüfungen und komplexeren Quartalsprüfungen, halbjährlichen oder jährlichen Prüfungen unterschieden werden. Die arbeitstäglichen Prüfungen werden üblicherweise bei der arbeitstäglichen Inbetriebnahme durch das Bedienpersonal durchgeführt und dokumentiert. Der MPE oder SSB wird nur im Fehlerfall informiert. Diese Prüfungen sind i. A. schnell durchzuführen, und die Prüfdurchführung und Auswertung wird durch entsprechende Software und Hardware auf dem Messsystem unterstützt. Quartals- oder halbjährliche Prüfungen sind meist komplexer und werden vom MPE oder SSB durchgeführt, mitunter auch an Nicht-Arbeitstagen, um den Betrieb nicht zu stören. Für komplexe Messsysteme werden i. A. Wartungsverträge mit den Herstellern geschlossen. Diese Wartungsverträge können auch die Durchführung von aufwendigen, weniger häufigen Konstanzprüfungen beinhalten. Die Verantwortung für die korrekte Durchführung aller qualitätssichernden Maßnahmen verbleibt aber immer beim Betreiber des Medizinproduktes bzw. beim Genehmigungsinhaber nach StrlSchV oder RöV.

18.4.2 Aktivimeter

Die Richtlinie Strahlenschutz in der Medizin fordert eine Durchführung der Qualitätssicherung gemäß der DIN-Norm 6855-11. Aktivimeter, die zur Aktivitätsbestimmung von Technetium-99m verwendet werden, müssen über eine Vorrichtung zur Prüfung auf Molybdändurchbruch verfügen.

18.4.2.1 Arbeitstäglich durchzuführende Prüfungen

Eine Qualitätssicherung am Aktivimeter nach DIN 6855-11 erfordert die arbeitstägliche Prüfung des Nulleffektes und des Ansprechvermögens in einer Nuklideinstellung. In der Praxis bedeutet das die Messung des Nulleffektes in der am häufigsten verwendeten Nuklideinstellung. Dazu wird die Aktivität ohne Prüfkörper gemessen, sodass nur der Anteil der natürlichen Hintergrundstrahlung gemessen wird, der die Abschirmung bzw. die Öffnung zum Einbringen der Probe durchdringt. Ein erhöhter Wert deutet auf eine Kontamination des Aktivimeters oder das Vorhandensein eines externen, die Abschirmung des Aktivimeters durchdringenden Strahlungsfeldes hin bzw. auf einen andersartigen Gerätefehler. Das Ansprechverhalten in einer Nuklideinstellung wird arbeitstäglich gemessen. Dazu wird die Aktivität eines Probekörpers gemessen. Die Aktivität des Probekörpers wurde anderweitig mit ausreichender Sicherheit und Genauigkeit bestimmt. Der am Aktivimeter abgelesene Wert wird mit dem anderweitig bestimmten Wert verglichen und die Abweichung bestimmt. Häufig werden hierfür ^{137}Cs-

Prüfstrahler verwendet. Als Probekörper muss ein zertifiziertes oder rückführbares Aktivitätsnormal verwendet werden. Die Strahlenschutzkommission empfiehlt als Toleranzgrenze eine maximale Abweichung von 5 %.

Die Prüfung auf Molybdändurchbruch an für sich ist keine Konstanzprüfung des Aktivimeters, sondern eine Überprüfung vorhandener Technetium-Generatoren. Aktivimeter, die für die Aktivitätsbestimmung von Technetium-99m verwendet werden, müssen über eine dafür geeignete Vorrichtung verfügen. Dabei handelt es sich um eine speziell dafür vorgesehene Abschirmung. Die Prüfung auf Molybdändurchbruch sollte mit dem Ersteluat nach Anlieferung eines neu gelieferten Technetium-99m-Generators erfolgen. Werden Generatoren länger als 14 Tage nach der Erstelution eingesetzt, sollte eine erneute Überprüfung des Molybdändurchbruchs erfolgen. Das Eluat wird einmal direkt mit der Einstellung bei ^{99m}Tc gemessen und einmal in der speziell für diese Prüfung mitgelieferten Abschirmung. Der Molybdänanteil im Eluat sollte 0,1 % nicht überschreiten [4].

18.4.2.2 Halbjährlich oder seltener durchzuführende Prüfungen

Moderne Aktivimeter verfügen über feste Einstellungen für die einzelnen Nuklide als Bestandteil der Software des Gerätes, die nicht vom Anwender manipuliert werden können. In diesem Fall kann die nach DIN 6855-11 bzw. nach Richtlinie Strahlenschutz in der Medizin halbjährlich geforderte Prüfung des Ansprechverhaltens und des Nulleffekts in allen verwendeten Nuklideinstellungen entfallen. Die Systemlinearität überprüft das Ansprechvermögen des Aktivimeters in Abhängigkeit der zu messenden Aktivität. Die Linearität sollte über den verwendeten Aktivitätsbereich von 1 MBq bis zu 60 % der maximal gemessenen Aktivität bestimmt werden. Eine Methode zur Bestimmung ist die Verwendung eines kurzlebigen Nuklids, ^{18}F oder ^{99m}Tc, dessen radioaktiver Zerfall über einen geeigneten Zeitraum gemessen wird und die ermittelten Messwerte mit dem aus dem radioaktiven Zerfall errechneten Erwartungswert verglichen werden. Es müssen mindestens zwei Messwerte je Halbwertszeit vorliegen, mindestens jedoch ein Messwert pro Aktivitätsdekade. Moderne Aktivimeter verfügen über vorinstallierte Messprotokolle zur Qualitätssicherung, die die Messdatenerfassung engmaschig im Abstand von einigen Minuten durchführen. Auswertung und Dokumentation erfolgen automatisiert.

18.4.3 Gammakamera und SPECT

Die Richtlinie Strahlenschutz in der Medizin fordert die Durchführung von Konstanzprüfungen für alle relevanten Systemparameter. Wenn möglich, sollen technische Normen, wie die DIN 6855-2, oder andere geeignete Qualitätsstandards zur Überprüfung herangezogen werden.

18.4.3.1 Arbeitstäglich und wöchentlich durchzuführende Prüfungen

Arbeitstäglich werden für Gammakameras und SPECT-Systeme die Untergrundzählrate und die Einstellung des Energiefensters gemessen. Die vom verwendeten Kollimator abhängige gemessene Zählrate wird mit vorher ermittelten Bezugswerten verglichen. Abweichungen vom Bezugswert können durch Kontaminationen des Messsystems, Strahlungsquellen in der Nähe zum Messsystem oder sonstige Gerätefehler in der Signalerfassung verursacht werden. Sind festgelegte Reaktions- oder Toleranzschwellen überschritten, werden Maßnahmen zur Fehleranalyse oder Fehlerbeseitigung eingeleitet. Die Einstellung des Energiefensters wird für jedes verwendete Nuklid überprüft. Dabei wird überprüft, dass das eingestellte Energiefenster auf den Photopeak im Energiespektrum des verwendeten Nuklids abgestimmt ist.

Wöchentlich werden Ausbeute und Homogenität überprüft. Die Ausbeute ist ein Maß für die Empfindlichkeit des Messsystems. Sie wird ermittelt, indem das Verhältnis von gemessener Impulsrate zu bekannter Aktivität eines Prüfkörpers bestimmt wird. Bei dieser Prüfung ist darauf zu achten, dass die Messbedingungen bei jeder Durchführung identisch sind, also ein geeigneter Referenzstrahler (bekannte Aktivität, Energie $< 200\,\mathrm{keV}$) in einer definierten gleichbleibenden Messanordnung (Messabstände, Positionierung zum Messsystem, Kollimator) verwendet wird. Die Homogenität ist ein Maß für die Gleichmäßigkeit eines sich aus einer homogenen Einstrahlung ergebenden Bildes. Für planare Kameras kann die Messung mit einer Punktquelle (z. B. aktivitätsgefüllte Spritze) und ohne eingesetzten Kollimator erfolgen. Für tomographische Systeme werden ein Flächenphantom und ein festgelegter Kollimator verwendet. Abweichungen können durch defekte Photomultiplier, defekte Kristalle oder Fehler in der Ausleseelektronik verursacht werden.

18.4.3.2 Halbjährlich durchzuführende Prüfungen

Ortsauflösung, Linearität und Abbildungsmaßstab sind halbjährlich zu überprüfen. Die Ortsauflösung ist als minimaler Abstand definiert, bei dem zwei getrennte Punktquellen gerade noch aufgelöst werden können. Die Linearität ist ein Maß für die Güte der Abbildung einer Geraden und die Nichtlinearität somit ein Maß für die Verzerrung der Abbildung. Die Ortsauflösung und die Linearität werden mittels eines Transmissionsphantoms (Lochphantom, Streifenphantom) durchgeführt. Die Aufnahme kann mit einer Punktquelle und einem Kollimator oder einem Flächenphantom ohne Verwendung eines Kollimators aufgenommen werden. Die Aufnahme wird mit einer Referenzaufnahme verglichen. Unter dem Abbildungsmaßstab versteht man den Quotienten zwischen dem Abstand zweier Bildpunkte im Szintigramm und dem entsprechenden Abstand im Objekt. Der Abbildungsmaßstab kann unter Verwendung zweier Punkt- oder Linienquellen bestimmt werden oder durch Verwendung eines Transmissionsphantoms.

Für ein SPECT-System müssen zusätzliche Konstanzprüfungen durchgeführt werden, wie die Überprüfung des Rotationszentrums, des Kippwinkels des Messkopfes (nach DIN 6855-2 nach jeder Kippung des Messkopfes), des Rastermaßstabes und der tomographischen Inhomogenität. Die tomographische Inhomogenität wird mit einem zylindrischen Volumenphantom bestimmt. Die rekonstruierten Schichten werden mit den Bildern einer vorab festgelegten und unter den gleichen Bedingun-

gen aufgenommenen und rekonstruierten Referenz verglichen. Der Kontrast wird ebenfalls unter Verwendung eines geeigneten Volumenphantoms bestimmt. Ein geeignetes und vielverwendetes Phantom ist das Jaszczak-Phantom. Dieses hat Einsätze, z. B. Stäbe und Kugeln, anhand derer die abbildenden Eigenschaften und Kontraste bestimmbar sind. Die rekonstruierten Schichten der Aufnahme werden mit festgelegten Referenzen verglichen. Zur Kontrastbestimmung wird die Erkennbarkeit der inaktiven Kugeleinsätze variabler Größe in einer aktiven Umgebung betrachtet. Für eine umfangreichere Beschreibung der durchzuführenden Messungen und Messmethoden für die Qualitätskontrolle von Gammakameras und SPECT-Systemen sei auf [3] verwiesen.

18.4.4 PET

Die Richtlinie Strahlenschutz in der Medizin fordert soweit möglich eine Durchführung der Qualitätssicherung gemäß anwendbarer Normen (z. B. DIN 6855-4) oder der von den Herstellern vorgegebenen automatisierten Kalibrier- und Prüfprogrammen. Auf jeden Fall zu überprüfen sind Abbildungseigenschaften und Kalibrierung.

18.4.4.1 Arbeitstäglich durchzuführende Prüfungen

Der DIN 6855-4 folgend, werden arbeitstäglich die Koinzidenzempfindlichkeit (Messstrahlempfindlichkeit) und die Normalisierung überprüft. Dafür wird entweder mittels rotierender Transmissionsquellen oder eines homogen befüllten Zylinderphantoms eine Aufnahme mit ansonsten leerem Gesichtsfeld durchgeführt. Alte PET-Systeme besitzen rotierende Stabquellen zur Bestimmung der Abschwächungskorrektur, die meistens mit 68Ga/68Ge befüllt sind. Moderne PET/CT-Systeme benötigen keine Stabquellen, da die Abschwächungskorrektur aus der CT-Information errechnet wird. Deswegen wird zur Bestimmung der Messstrahlempfindlichkeit und zur Überprüfung der Normalisierung ein mit ^{68}Ga/^{68}Ge homogen befülltes Zylinderphantom verwendet. Es wird eine vorab festgelegte, ausreichend hohe Statistik an PET-Ereignissen aufgezeichnet, die es erlaubt, das Ansprechverhalten der einzelnen Detektoren und der Koinzidenzempfindlichkeit der aus den möglichen Detektorkombinationen erzeugten Koinzidenzlinien zu bestimmen. Die Auswertung erfolgt meist automatisch durch Prüfprotokolle und durch vom Hersteller zur Verfügung gestellte Auswertesoftware. Die Software erstellt einen Ergebnisbericht, anhand dessen der Anwender erkennen kann, ob die Ergebnisse innerhalb der Toleranz liegen oder nicht. Abweichungen kommen meistens durch Defekte in den PET-Detektorblöcken zustande, die zu einem zu geringen Ansprechen eines oder mehrerer Auslesekanäle eines Detektorblocks führen. Üblicherweise muss der schadhafte Detektorblock durch den Hersteller ausgetauscht werden. Eine andere Ursache kann eine nicht mehr korrekte, veraltete Normalisierung sein, die aus nicht mehr korrekten Korrekturfaktoren und Einstellungen für die einzelnen Auslesekanäle resultiert.

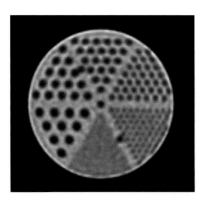

Abb. 18.2 Aufnahme eines mit ^{18}F-FDG gefüllten Jaszczak-Phantoms mit einem Siemens Biograph mCT PET/CT. Mit diesem Phantom kann das Auflösungsvermögen für inaktive Stäbe und ihre Abbildungseigenschaften in einer aktiven Umgebung bestimmt werden. Die Durchmesser der Stäbe betragen 4,8 mm, 6,4 mm, 7,9 mm, 9,5 mm, 11,1 mm und 12,7 mm

18.4.4.2 Halbjährlich durchzuführende Prüfungen

Im halbjährlichen Abstand ist eine Kreuzkalibration durchzuführen. Dadurch wird die Korrektheit der Quantifizierung überprüft, die für die Aktivitätskonzentrationsbestimmung und damit direkt für die Bestimmung des für die Befundung wichtigen Standard Uptake Value (SUV) verwendet wird. Zur Kreuzkalibration wird eine bekannte Aktivität eines PET-Nuklids, häufig ^{18}F in Form von ^{18}F-FDG als meistverwendetes PET-Pharmakon, in ein mit Wasser befülltes Zylinderphantom gegeben. Das Volumen des Zylinderphantoms wurde vorab bestimmt. Aus verwendeter Aktivität und bekanntem Volumen kann nach radioaktiver Zerfallskorrektur die Aktivitätskonzentration (Bq/ml) zu einem Zeitpunkt errechnet werden. Es wird eine Aufnahme vom Phantom mit ausreichender Statistik aufgenommen und die Daten mit einem vorab festgelegten Rekonstruktionsalgorithmus und definierten Parametern rekonstruiert. Aus den Bilddaten wird die Aktivitätskonzentration innerhalb einer Region-of-Interest (ROI) oder eines Volume-of-Interest (VOI) bestimmt. Die Abweichung zwischen der aus dem Bild bestimmten und der errechneten Aktivitätskonzentration wird durch Bildung des Quotienten bestimmt. Abweichungen können aus einer fehlerhaften Normalisierung des PET-Scanner resultieren, aber auch aus Fehlern bei der Messvorbereitung oder der Messung selber, z. B. einem nicht korrekt bestimmten Phantomvolumen, einer nicht korrekt bestimmten verwendeten Aktivität im Phantom oder einer fehlerhaften Zerfallskorrektur für den Zeitraum zwischen Messung der zugegebenen Aktivität und dem Zeitpunkt der Bildaufnahme. Ebenfalls halbjährlich sollen die transversale Auflösung und die Abbildungseigenschaften des Systems bestimmt werden. Zur Bestimmung der Auflösung können Linienquellen verwendet werden, die entlang der Zentralachsen und in 10 cm Abstand davon angeordnet sind. Der Durchmesser einer Linienquelle muss geringer sein als die Auflösung des Systems, damit sie einer Punktquelle entspricht, so dass die rekonstruierte Linienbreite im Bild der Auflösung des Systems entspricht. Die Abbildungseigenschaften können ebenfalls mit Linienquellen in einem definierten

Abstand zueinander bestimmt werden, indem der gemessene Abstand im Bild mit dem gemessenen Abstand der Objekte im Raum verglichen wird. Die bestimmten Auflösungen werden mit festgelegten Referenzwerten verglichen. Besonders bei den Abstandsmessungen ist auf eine geeignete Fixierung der Linienquellen zu achten, damit die Messungen immer unter gleichen Bedingungen stattfinden und mit den Referenzwerten vergleichbar sind. Alternativ können geeignete Phantome eingesetzt werden, beispielsweise ebenfalls das Jaszczak-Phantom, aus deren geometrischen Eigenschaften sich die abbildenden Eigenschaften und die Auflösung bestimmen lassen. Abb. 18.2 zeigt die Aufnahme eines Jaszczak-Phantoms, anhand dessen Abbildungseigenschaften bestimmt werden können. Hier gezeigt für inaktive Linienquellen in einer aktiven Umgebung.

18.4.5 Qualitätssicherung an CT-Komponenten von PET/CT und SPECT/CT

Für kombinierte Systeme sind die Qualitätssicherungsmaßnahmen anzuwenden, die für die entsprechenden Einzelsysteme anzuwenden wären. Zusätzlich ist die Übereinstimmung der Abbildungsebenen bei der Überlagerung (Fusion) der beiden Bildgebungen zu überprüfen. Hierfür gibt es spezielle Phantome, die einen Versatz der Koordinatensysteme der beiden bildgebenden Systeme erkennbar machen, indem Strukturen im Phantom, die in beiden Modalitäten einen Kontrast erzeugen, versetzt im Fusionsbild dargestellt werden. Aus diesen Daten lassen sich Transformationsparameter für die Korrektur des Versatzes der Koordinatensysteme ableiten, sodass korrespondierende Strukturen aufeinander abgebildet werden. DIN EN 61223-6, Konstanzprüfungen – Leistungsmerkmale zur Bildgebung von Röntgeneinrichtungen für die Computertomographie, beschreibt die Anforderungen an die Konstanzprüfungen von Computertomographen. Die Qualitätssicherungsrichtlinie nach RöV verlangt die Durchführung der Konstanzprüfung nach dieser Norm. Die Hersteller von Kombinationsgeräten bieten i. A. die Durchführung der Konstanzprüfung für alle Prüfungen außer der arbeitstäglichen im Rahmen von Wartungsverträgen an. Zu den Details der durchzuführenden Prüfungen wird auf [3] verwiesen.

Hinweis Zum Zeitpunkt der Erstellung dieses Kapitels befanden sich sowohl das Medizinprodukterecht als auch das Strahlenschutzrecht in einer Phase der Veränderung (siehe auch Abschn 4.4 und Kap. 5). Auch Normen unterliegen der regelmäßigen Veränderung, da sich ständig neue Erkenntnisse ergeben und neue Techniken eingeführt bzw. vorhandene verbessert werden. Beides hat Einfluss auf die Anforderungen an die Qualitätssicherung und die Art und Weise der Durchführung. Aufgrund der bereits beschlossenen und momentan in der Umsetzung befindlichen Änderungen, können sich demnächst auch Veränderungen für die Qualitätssicherung in der Nuklearmedizin ergeben. Die hier beschriebenen Anforderungen, Umsetzungen und Vorgehensweisen sollten daher regelmäßig auf Aktualität und Vollständigkeit überprüft werden.

Aufgaben

18.1 Welche Anforderungen an die Qualitätssicherungsstrategie ergeben sich aus dem Medizinproduktegesetz?

18.2 Welche Anforderungen an die Qualitätssicherungsstrategie ergeben sich aus der Strahlenschutzverordnung?

18.3 Welches Ziel verfolgt die Qualitätssicherung in der Nuklearmedizin?

Literatur

1. Deutsche Gesellschaft für Nuklearmedizin (DGN) (2016) Leitlinie für nuklearmedizinische Bildgebung. http://www.nuklearmedizin.de. Zugegriffen: 22. Dez. 2016
2. Deutsches Institut für Normung (DIN) (2016) Normenausschuss Radiologie (NAR). http://www.nar.din.de/. Zugegriffen: 3. Nov. 2016
3. Eckhardt J, Geworski L, Lerch H, Reiners C, Schober O (2009) Empfehlungen zur Qualitätskontrolle in der Nuklearmedizin: Klinik und Messtechnik, 2. Aufl. Schattauer, Stuttgart
4. Strahlenschutzkommission (SSK) (2010) Qualitätskontrolle von nuklearmedizinischen Geräten – Festlegung von Reaktionsschwellen und Toleranzgrenzen, Empfehlung der Strahlenschutzkommission, Verabschiedet in der 243. Sitzung der SSK am 16./17.09.2010
5. National Electrical Manufacturers Association (NEMA). All Standards. https://www.nema.org/Standards/Pages/All-Standards.aspx. Zugegriffen: 13.06.2018

Teil III

Strahlentherapie

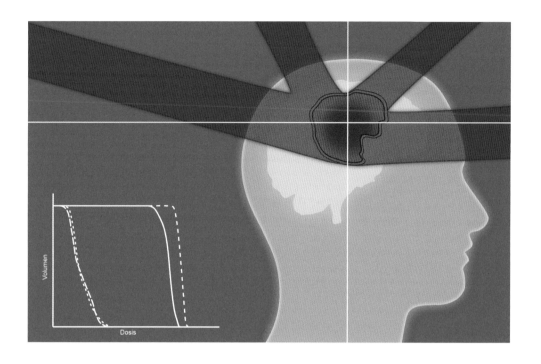

Ziel der Strahlentherapie ist fast immer die Behandlung von Tumoren mit Hilfe von ionisierender Strahlung. Dabei besteht die Herausforderung darin, mit einem unsichtbaren Strahl ein unsichtbares Ziel im Körperinneren zu treffen. Bei der Durchführung der Strahlentherapie hat sich ein Ablauf herausgebildet, der für alle Bestrahlungsverfahren und Strahlenarten gleich ist (vgl. Kap. 19). Für die externe Strahlentherapie, auch **Teletherapie** genannt, wurden hoch spezialisierte Bestrahlungsgeräte für die Anwendung ionisierender Strahlung entwickelt (vgl. Kap. 20), die außerhalb des Körpers platziert werden. Diese Geräte verwenden überwiegend hochenergetische Röntgenstrahlung ($\geq 6\,$MV Beschleunigungsspannung), aber auch γ-Strahlung, Elektronen oder Ionen. Bei der Umsetzung der Bestrahlung am Patienten muss die Dosis im gesamten Tumor einerseits hoch genug sein, um den gewünschten therapeutischen Effekt zu erzielen, andererseits darf die Toleranzdosis des umliegenden Normalgewebes nicht überschritten werden. Um dies sicherzustellen, muss zum einen der Begriff „Dosis" genau definiert und auf Messungen zurückgeführt werden (vgl. Kap. 21), zum anderen müssen die grundlegenden Zusammenhänge zwischen der Dosis und der Wirkung im Gewebe bekannt sein (vgl. Kap. 22).

Bildgebende Verfahren sind heute ein integraler Bestandteil der Strahlentherapie (vgl. Kap. 23). Sie werden zur Planung der Strahlenbehandlung (vgl. Kap. 24), zur Positionierung der Patienten an den Bestrahlungsgeräten (vgl. Kap. 25), aber auch im Zusammenhang mit modernen Bestrahlungstechniken wie der stereotaktischen Bestrahlung, der bildgeführten Strahlentherapie und der adaptiven Strahlentherapie eingesetzt. Diese Bestrahlungstechniken, mit denen Tumore hochpräzise und unter bestmöglicher Aussparung des Normalgewebes bestrahlt werden können, werden in Kap. 26 beschrieben.

Die **Brachytherapie** ist eine Form der Strahlentherapie, bei der eine oder mehrere umschlossene Strahlenquellen innerhalb oder in unmittelbarer Nähe des zu bestrahlenden Gebietes im Körper platziert werden. Auch diese sehr wirkungsvolle Technik profitiert von modernen Verfahren der Bildgebung und Navigation. Sie wird in Kap. 27 beschrieben.

Alle Methoden und Techniken der Strahlentherapie müssen mit größter Sorgfalt und Genauigkeit angewendet werden. Die regelmäßige Kontrolle aller Komponenten und Prozesse, die auch in der Strahlenschutzverordnung geregelt ist, gehört zu den Aufgaben der medizinphysikalischen Qualitätssicherung (Kap. 28).

Der Strahlentherapie-Prozess

19

Christian P. Karger

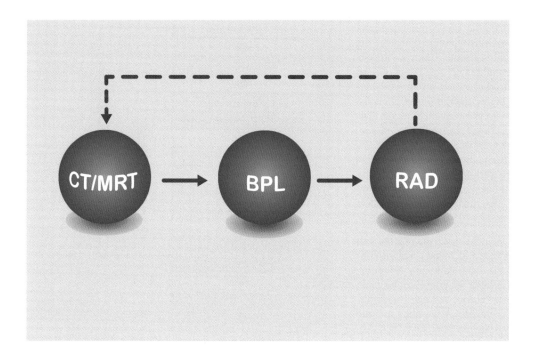

Teil IV

© Springer-Verlag GmbH Deutschland, ein Teil von Springer Nature 2018
W. Schlegel, C.P. Karger, O. Jäkel (Hrsg.), *Medizinische Physik*, https://doi.org/10.1007/978-3-662-54801-1_19

19.1 Einführung

Die Strahlentherapie ist neben der Chirurgie und der Chemotherapie eine der drei Säulen der Tumortherapie. Darüber hinaus wird sie in geringem Umfang auch für die Behandlung gutartiger Erkrankungen eingesetzt. Um die Tumortherapie von der Behandlung gutartiger Erkrankungen abzugrenzen, spricht man daher auch von der Radioonkologie. Die Strahlentherapie bei Krebserkrankungen wird sowohl als alleinige Therapie als auch in Kombination mit einem chirurgischen Eingriff (Resektion des Tumors) oder einer Chemotherapie eingesetzt. Grund für die Kombination mit der Chirurgie ist, dass eine vollständige Entfernung des Tumors oft nicht zuverlässig möglich ist. Auf der anderen Seite kann es trotz erfolgreicher lokaler Tumorbehandlung zu Absiedlungen von Tumorzellen kommen, die sich in Folge zu Metastasen entwickeln können. Dies versucht man durch eine systemische Behandlung mit Medikamenten, der Chemotherapie, zu verhindern. Die Festlegung der Behandlungsstrategie erfolgt oft in einem multidisziplinären Beratungsgremium, in dem die verschiedenen onkologischen Fachrichtungen vertreten sind.

Die Strahlentherapie wird überwiegend dazu eingesetzt, um Tumoren am Weiterwachsen zu hindern, d. h. sie lokal zu kontrollieren. Besteht dabei die Intention, den Patienten zu heilen, spricht man von einer kurativen Therapie. Ist eine Heilung nicht möglich, z. B. wegen einer Metastasierung, so kann die Strahlentherapie immer noch palliativ eingesetzt werden, um die Überlebenszeit des Patienten zu verlängern oder seine Schmerzen zu lindern. Ein großer Vorteil der Strahlentherapie ist, dass sie (mit Ausnahme der Brachytherapie, Kap. 27) ein nicht-invasives Verfahren darstellt. In Abgrenzung zur Brachytherapie spricht man in diesem Zusammenhang auch von der Teletherapie oder der perkutanen Strahlentherapie.

19.2 Ablauf der Strahlentherapie

Abb. 19.1 zeigt den prinzipiellen Ablauf einer Strahlentherapie. Ist die Strahlentherapie nach der Krebsdiagnose Teil der Behandlung, so folgt zunächst die Bestrahlungsplanung, bei der mittels einer computerbasierten Simulation alle relevanten Bestrahlungsparameter festgelegt und optimiert werden. Als Ergebnis erhält man die Dosisverteilung im Patienten, die dann in Bezug auf die therapeutischen Anforderungen beurteilt werden kann. Erst danach wird der Therapieplan am Bestrahlungsgerät umgesetzt. Für alle Schritte der Bestrahlungsplanung und der Bestrahlung muss durch Messungen im Rahmen der Qualitätssicherung (Kap. 28) nachgewiesen werden, dass sie fehlerfrei funktionieren und ineinandergreifen.

19.2.1 Bestrahlungsplanung

Basis der Therapieplanung ist ein Patientenmodell, welches mittels 3D-Bildgebungsverfahren erzeugt wird. Hierzu wird der

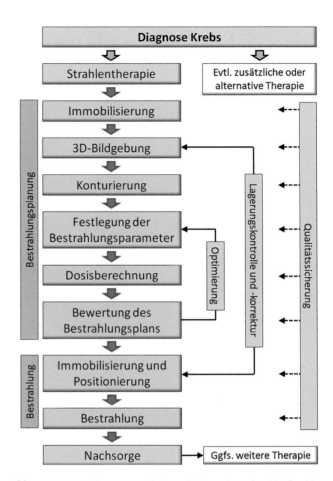

Abb. 19.1 Prinzipieller Ablauf einer Strahlentherapie. Die Strahlenbehandlung kann entweder allein oder ergänzend zu einer anderen Therapie eingesetzt werden. Der Behandlungsablauf selbst kann in die Bestrahlungsplanung und die eigentliche Bestrahlung eingeteilt werden, die wiederum aus mehreren Teilschritten bestehen. Jeder einzelne Schritt der Strahlenbehandlung muss durch Qualitätssicherungsmaßnahmen überprüft werden, um das korrekte Ineinandergreifen sicherzustellen. Die Nachsorge dient der Überprüfung des Behandlungserfolgs und kann im negativen Fall weitere Therapien nach sich ziehen

Patient am Bildgebungsgerät immobilisiert, um bei der späteren Bestrahlung eine reproduzierbare Lagerung zu gewährleisten (Kap. 25). Als Basis des Patientenmodells dient die Computertomographie (CT, Kap. 8), die neben der geometrischen Lage von Tumor und Risikoorganen auch Information über die Energieabsorptionseigenschaften des Gewebes liefert. Gegebenenfalls werden weitere Bildgebungsverfahren wie MRT (Kap. 9), SPECT (Kap. 14) oder PET (Kap. 15) hinzugezogen, um den Weichteilkontrast zu verbessern oder um funktionelle Information über das Gewebe zu erhalten. Diese zusätzlichen Bilddatensätze müssen dann ggf. mit den CT-Bildern registriert werden, um die verschiedenen Bildinformationen räumlich zu korrelieren.

Im nächsten Schritt erfolgen die Konturierung des Zielvolumens und der tumornahen Risikoorgane sowie die Festlegung des Zielpunktes, der bei der Bestrahlung im Referenzpunkt des Bestrahlungsgerätes (Isozentrum) positioniert werden soll. Die

Digital Linear Accelerator

ELEKTA

Bending magnets surround the flight tube to bend and focus the beam of electrons

High energy electron beams strike a small tungsten target creating a high energy X-ray beam with energies between 4 and 25 megavolts (MV)

After exiting the waveguide there is no further acceleration of the electrons. They then enter the flight tube in which the electron beam is bent achromatically

The circular waveguide accelerates and focuses the electron beam. It is surrounded by coils (magnets), that focus and steer the electrons into a fine beam

The Magnetron generates pulses of radio frequency (RF) waves which are transmitted into the circular waveguide via the rectangular waveguide

The Primary Collimator / assembly confines the X-rays to a cone shaped beam to minimize leakage

The Ion chamber assembly measures the dose of radiation delivered to the patient and monitors the beam quality providing feedback used to automatically control flatness and symmetry

The Electron gun generates electrons and propels them into the waveguide to be captured and accelerated by the RF waves

Real-time Digital monitoring and control of all parameters including MLC, Gantry and beam generation and control

The Multileaf collimator uses fine leaves of tungsten to shape the radiation beam to match the tumor shape

4513 371 0928 01-13

Human care makes the future possible
More at elekta.com

Elekta GmbH Hamburg, info.germany@elekta.com

Lage des Zielpunkts wird entweder auf der Haut des Patienten markiert oder mittels externer körperfester Koordinatensysteme (Stereotaxie, Abschn. 26.2) festgelegt. Bei der Konturierung des Zielvolumens müssen geometrische und dosimetrische Unsicherheiten bei der Umsetzung der Bestrahlung durch Anwendung international empfohlener Zielvolumenkonzepte [1, 2] berücksichtigt werden (Abschn. 24.2).

Nach der Konturierung schließt sich die eigentliche Therapieplanung mit Hilfe einer speziellen Software an, in der sowohl das Strahlmodell als auch ein Modell des Bestrahlungsgerätes implementiert sind. In diesem sogenannten Bestrahlungsplanungsprogramm werden alle relevanten Bestrahlungsparameter festgelegt. Dazu gehören neben Art und Energie der Strahlung vor allem die Einstrahlrichtungen sowie Anzahl, Form und Gewichtung der Bestrahlungsfelder. Für die Planparameter erfolgt dann eine Berechnung der Dosisverteilung, welche der anatomischen Darstellung in den CT-Bildern überlagert wird. Zusätzlich können für die konturierten Volumina geometrische und dosimetrische Kennzahlen sowie Dosis-Volumen-Histogramme ausgegeben werden (Abschn. 24.5).

Anhand dieser Informationen wird anschließend der Bestrahlungsplan bewertet. Dabei müssen die Planparameter so lange verändert werden, bis der Plan den therapeutischen Anforderungen entspricht. Dieser Prozess wird als Optimierung bezeichnet. Für manche Bestrahlungstechniken (z. B. der Intensitätsmodulierten Strahlentherapie, IMRT, Abschn. 26.3 und Abschn. 26.4) ist die Anzahl der Parameter sehr groß und die Optimierung kann nicht mehr von Hand durchgeführt werden. In diesem Fall wird die Optimierung unter Vorgabe weniger globaler Parameterbedingungen (Constraints) automatisiert durchgeführt. Man spricht in diesem Fall von einer inversen Optimierung (Abschn. 24.6). Auch hier kann sich das resultierende Ergebnis bei der Beurteilung als unzureichend erweisen, so dass die Planparameter erneut verändert werden müssen. Am Ende dieses iterativen Prozesses steht ein Bestrahlungsplan der von einem Medizinphysikexperten physikalisch-technisch und von einem Strahlentherapeuten medizinisch abgenommen wird. Abschließend wird der Bestrahlungsplan für die Umsetzung am Bestrahlungsgerät dokumentiert. Damit ist der Therapieplanungsprozess abgeschlossen.

19.2.2 Durchführung der Bestrahlung

Für die Umsetzung des Bestrahlungsplans muss der Patient am Bestrahlungsgerät so positioniert werden, dass sich der bei der Planung festgelegte Zielpunkt im Isozentrum befindet (Kap. 25). Da die Positionierung anhand externer Markierungen erfolgt, die während der Planung festgelegt wurden, ist es sehr wichtig, dass der Patient bei der Bestrahlung genauso gelagert wird wie bei der Bildgebung. Nach erfolgter Positionierung kann die korrekte Lagerung mit Hilfe von Bildgebungsverfahren am Bestrahlungsgerät (Kap. 23) überprüft werden. Hierzu werden die aufgenommenen Bilder mit Referenzbildern aus der Bestrahlungsplanung verglichen. Wenn Abweichungen festgestellt werden, muss die Lagerung oder Positionierung des Patienten

korrigiert werden. Wenn die korrekte Lagerung und Positionierung des Patienten sichergestellt ist, werden alle Planparameter am Bestrahlungsgerät eingestellt und der Bestrahlungsplan wird appliziert. Aus strahlenbiologischen Gründen (Kap. 22) erfolgt die Bestrahlung meist wiederholt in Form vieler Einzelbestrahlungen (Fraktionen) über einen Zeitraum von mehreren Wochen. Zur Überprüfung des Behandlungserfolgs muss sich der Patient schließlich regelmäßig einer Nachsorge unterziehen. Bei Fortschreiten der Tumorerkrankung oder bei Auftreten von Nebenwirkungen sind ggf. weitere therapeutische Maßnahmen erforderlich.

19.3 Neue Entwicklungen

Der in Abb. 19.1 gezeigte Ablauf gilt grundsätzlich für alle Verfahren der Teletherapie, unabhängig von der verwendeten Strahlenart und der angewendeten Bestrahlungstechnik. Während die dargestellte Überprüfung von Lagerung und Positionierung in der Photonentherapie früher mit radiographischen Filmen unter Verwendung des Therapiestrahls durchgeführt wurde, verfügen moderne Bestrahlungsgeräte heute über zweidimensionale Halbleiterdetektoren (sogenannte Flat Panels) als elektronische Bildaufnahmesysteme. Aufgrund der hohen Energie des Therapiestrahls ist der resultierende Bildkontrast allerdings oft ungenügend. Daher sind moderne Therapiegeräte zusätzlich mit einer diagnostischen Röntgenröhre und einem weiteren Flat Panel ausgestattet. Dieses System ist meist senkrecht zum Therapiestrahl angeordnet und erlaubt Aufnahmen in diagnostischer Qualität. In beiden Fällen können nicht nur planare Bilder aufgenommen werden, sondern durch die Aufnahme vieler Projektionen auch computertomographische Bilder (Cone Beam CTs).

Neben den normalerweise verwendeten Linearbeschleunigern gibt es inzwischen eine ganze Reihe von Bestrahlungsgeräten, die spezielle Lösungen für die Integration von radiologischen Bildgebungsverfahren anbieten (Kap. 23). Ziel dieser Entwicklungen ist die direkte Kontrolle der Lage von Tumor und Risikostrukturen vor oder sogar während der Bestrahlung. In diesem Zusammenhang spricht man von der bildgeführten Strahlentherapie (Image-Guided Radiotherapy, IGRT, Abschn. 26.5). Auch spezielle Bestrahlungsanlagen, wie Ionenbeschleuniger, sind heute mit Bildgebungsgeräten ausgestattet. Neuere Entwicklungen der IGRT zielen sogar auf die Kombination von Bestrahlungsgeräten mit einem Magnetresonanz-Tomographen ab (MR-geführte Strahlentherapie, MRgRT).

Die Bildgebung am Therapiegerät (Kap. 23) wird heute meist noch dazu verwendet, um Lagerung und Positionierung vor der Bestrahlung zu kontrollieren und ggf. zu korrigieren. Alternativ hierzu ist es grundsätzlich auch möglich, den Bestrahlungsplan oder sogar die Bestrahlung selbst an die in der Bildgebung festgestellten Veränderungen anzupassen. Dieses Vorgehen wird als adaptive Strahlentherapie (Adaptive Radiation Therapy, ART, Abschn. 26.6) bezeichnet. Bei der adaptiven Strahlentherapie werden grundsätzlich die Reaktion auf Veränderungen zwischen zwei Bestrahlungen (interfraktionelle Bewegung) und die Kompensation von Organbewegungen während der Bestrahlung (intrafraktionelle Bewegung) unterschieden. Die Entwicklung der adaptiven Strahlentherapie ist eng mit der Bildgebung am Bestrahlungsgerät verknüpft und befindet sich gegenwärtig noch in der Entwicklung. Die Umsetzung adaptiver Konzepte in der Strahlentherapie erfordert eine Bildgebung direkt vor oder sogar während der Bestrahlung. Je nachdem, wie die Bildinformation genutzt werden soll, muss das in Abb. 19.1 dargestellte Ablaufschema der Therapie modifiziert werden und es kommt dadurch zu weiteren Interaktionen der verschiedenen Teilschritte.

Aufgaben

19.1   Warum ist es wichtig, dass der Patient bei der Bildgebung für die Bestrahlungsplanung genauso gelagert wird wie bei der anschließenden Therapie?

19.2   Welches sind die wichtigsten Schritte im Ablauf der Strahlentherapie?

19.3   Was beinhalten die Begriffe „bildgeführte Strahlentherapie" und „adaptive Strahlentherapie"?

Literatur

1. International Commisson on Radiation Units and Measurements (ICRU) (1993) ICRU report 50: prescribing, recording and reporting photon beam therapy. Bethesda
2. International Commisson on Radiation Units and Measurements (ICRU) (1999) ICRU report 62: prescribing, recording and reporting photon beam therapy (supplement to ICRU report 50). Bethesda

Teil IV

Bestrahlungsgeräte der Teletherapie

20

Wolfgang Schlegel

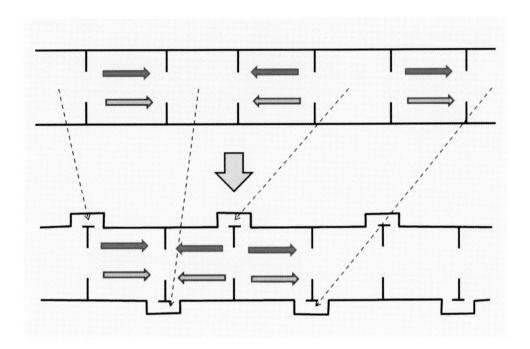

Teil IV

© Springer-Verlag GmbH Deutschland, ein Teil von Springer Nature 2018
W. Schlegel, C.P. Karger, O. Jäkel (Hrsg.), *Medizinische Physik*, https://doi.org/10.1007/978-3-662-54801-1_20

20.1 Einleitung

Die Bestrahlung mit außerhalb des Körpers gelegenen Strahlenquellen, die externe oder Teletherapie, ist heute die bei Weitem am häufigsten praktizierte Form der Strahlenbehandlung. Die in der Teletherapie eingesetzten Strahlenfelder ionisierender Strahlung erzeugen in gewebeäquivalenten Medien charakteristische Dosisverteilungen:

In Strahlrichtung ist die Dosis durch den Tiefendosisverlauf der Strahlung charakterisiert (Abb. 20.1). Der Tiefendosisverlauf wird hauptsächlich durch die Strahlenart und die Strahlenenergie bestimmt. Für tief liegende Tumoren wird der Tiefendosisverlauf von Photonenstrahlen hinsichtlich des Hautschonungseffektes (Aufbaueffekt) und einer höheren Dosis im Tumor im Vergleich zum umgebenden Gewebe mit höheren Energien zunehmend günstiger.

Senkrecht zur Strahlrichtung wird die Dosisverteilung durch das Querprofil charakterisiert, das sich durch einen nahezu konstanten Dosisverlauf im Bereich des offenen Strahlenfeldes und mehr oder weniger steil verlaufende Halbschattenbereiche an den Feldrändern auszeichnet. Die Breite der Halbschattenbereiche und damit die Steilheit des Randabfalls werden durch die geometrischen Randbedingungen der Bestrahlungstechnik, v. a. jedoch durch den Quellendurchmesser bestimmt. Bevorzugt wird in der Strahlentherapie die Darstellung der Dosisverteilung durch Isodosen-Linien (Abb. 20.2). Aus der Isodosen-Darstellung einzelner Felder können sowohl Tiefendosis-Verlauf als auch (durch die Dichte der Isodosenlinien am Feldrand) der laterale Feldgradient entnommen werden.

Eine weitere wichtige Eigenschaft einer Strahlenquelle der Teletherapie ist die Dosisleistung. Sie muss so hoch sein, dass sich für einen klinischen Einsatz möglichst kurze Bestrahlungszeiten (im Bereich weniger Minuten) ergeben.

Abb. 20.1 Tiefendosis-Kurven für 20-MeV-Elektronen, ^{60}Co-Strahlung, 8-MV-Photonen und 200-MeV-Protonenstrahlung

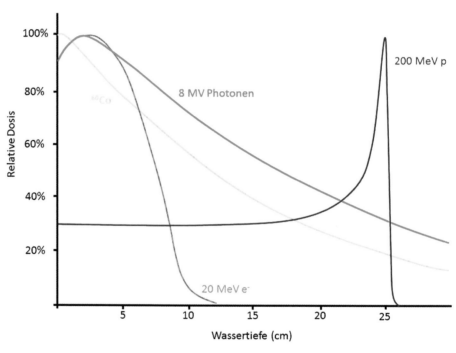

Abb. 20.2 Isodosen-Kurven für 200-kV-Röntgenstrahlung, ^{60}Co-Strahlung und 4-MV-Photonen-Strahlung. Für 200-kV-Strahlung ist der Halbschatten erheblich aufgeweitet und der Übergangsbereich zum Primärstrahl erscheint nichtkontinuierlich, da hier komplexe Effekte auftreten

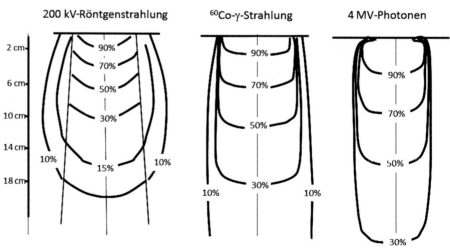

20.2 Historische Entwicklung der medizinischen Bestrahlungsgeräte

Kurz nach der Entdeckung der Röntgenstrahlen im Jahr 1895 wurden die ersten Strahlenbehandlungen mit Röntgenstrahlen durchgeführt. Die Technologie der Erzeugung von Röntgenstrahlen für die Strahlentherapie konzentrierte sich zunächst auf die stufenweise Erhöhung der Strahlenenergien und die Entwicklung von kompakten, zuverlässigen und preiswerten Geräten mit immer günstigerer Tiefendosisverteilung, kleinem Halbschatten und hoher Dosisleistung. In der jüngeren Vergangenheit spielte die Computersteuerung der Beschleuniger und die Integration bildgebender Verfahren in die Bestrahlungsgeräte eine zunehmende Rolle. Wie in Abb. 20.3 dargestellt, ging die Entwicklung über die Therapie-Röntgengeräte, die Isotopenbestrahlungsgeräte, verschiedene Elektronenbeschleuniger (Betatron, Microtron und Linacs) bis zu modernen Zyklotrons und Synchrotrons für die Strahlentherapie mit Protonen und schwereren Ionen (s. Abschn. 26.4).

In den folgenden Kapiteln wird, in geschichtlicher Reihenfolge, auf die verschiedenen Gerätegenerationen eingegangen. Die größte Rolle spielen heute immer noch die Bestrahlungsgeräte mit ultraharten Röntgenstrahlen im Energiebereich zwischen 4 MeV und 20 MeV.

20.3 Erzeugung von Röntgenstrahlen/Photonen

Den Therapie-Röntgengeräten und den Elektronen-Linearbeschleunigern ist gemeinsam, dass beschleunigte Elektronen in einer speziellen Metallanode (dem „Target") abgebremst werden (außer die Elektronen werden direkt für die Therapie genutzt). Der größte Teil der Elektronenenergie wird dabei in Wärme umgewandelt, ein kleinerer Anteil in Röntgenstrahlen, der sich wiederum in charakteristische Röntgenstrahlung und in Bremsstrahlung aufteilt.

20.3.1 Charakteristische Röntgenstrahlen

Charakteristische Röntgenstrahlung ist eine Folge einer Coulomb-Wechselwirkung zwischen einem freien (beschleunigten) Elektron und einem in der Atomhülle gebundenen Elektron. Das gebundene Elektron wird dabei aus seiner Schale herausgelöst und ein Elektron aus einer höheren Schale füllt das entstandene Elektronen-Loch. Die Energiedifferenz zwischen den beiden Schalen wird entweder in Form charakteristischer Röntgenstrahlen frei oder auf ein benachbartes Hüllenelektron übertragen (Auger-Effekt).

Da die charakteristischen Röntgenstrahlen durch Übergänge in den Elektronenschalen der Atomhülle entstehen, haben sie dis-

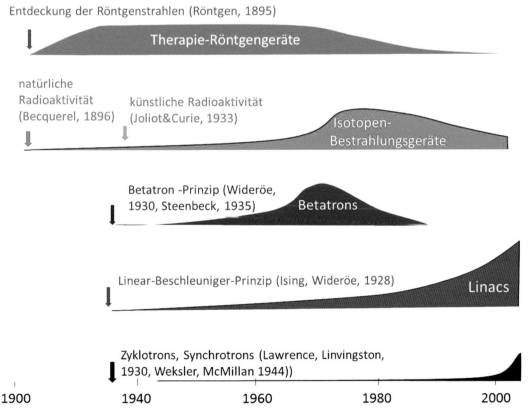

Entdeckung der Röntgenstrahlen (Röntgen, 1895)

Therapie-Röntgengeräte

natürliche Radioaktivität (Becquerel, 1896)

künstliche Radioaktivität (Joliot&Curie, 1933)

Isotopen-Bestrahlungsgeräte

Betatron -Prinzip (Wideröe, 1930, Steenbeck, 1935)

Betatrons

Linear-Beschleuniger-Prinzip (Ising, Wideröe, 1928)

Linacs

Zyklotrons, Synchrotrons (Lawrence, Linvingston, 1930, Weksler, McMillan 1944))

1900   1940   1960   1980   2000

Abb. 20.3 Entwicklungsgeschichte der Bestrahlungsgeräte für die externe Strahlentherapie (qualitativer Verlauf)

Teil IV

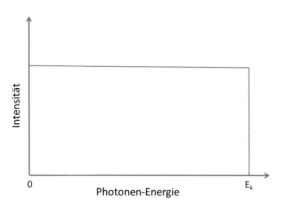

Abb. 20.4 Röntgenspektrum für ein dünnes Target. E_0 entspricht der Maximalenergie der einfallenden Elektronen

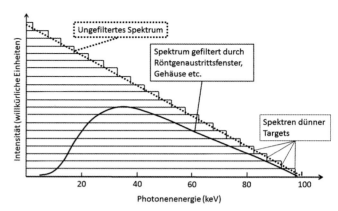

Abb. 20.5 Das Röntgenspektrum für ein dickes Target ergibt sich aus der Überlagerung vieler Spektren dünner Targets

krete Energien, die charakteristisch für das Target-Material sind. In der Strahlentherapie haben die charakteristischen Röntgenstrahlen kaum Bedeutung.

20.3.2 Bremsstrahlung

Die Bremsstrahlung resultiert aus der Coulomb-Wechselwirkung zwischen einem beschleunigten Elektron und einem Atomkern des Target-Materials. Das Elektron wird im elektrischen Feld des Atomkernes abgebremst und verliert einen Teil seiner Energie in Form von Bremsstrahlung. Die im MV-Bereich erzeugten Bremsstrahlen werden in der Strahlentherapie auch als Photonen bezeichnet. Es können Photonen mit Energien zwischen 0 und der Maximalenergie der einfallenden Elektronen erzeugt werden. Das Spektrum der Bremsstrahlen ist daher im Gegensatz zur charakteristischen Röntgenstrahlung kontinuierlich. Das Bremsstrahlenspektrum hängt von der kinetischen Energie der einfallenden Elektronen und von der Dicke und Kernladungszahl des Targets ab.

20.3.3 Röntgen-Targets

Der Reichweite R der Elektronen mit einer kinetischen Energie E_k entsprechend werden die Targets in dünne und dicke Targets eingeteilt.

Dünne Targets haben eine Dicke, die wesentlich kleiner als die Reichweite R der einfallenden Elektronen ist. Die als Bremsstrahlung emittierte Energie ist bei dünnen Targets näherungsweise $E_k Z$, wobei Z die Kernladungszahl des Target-Materials darstellt [7]. Die Intensität in Abhängigkeit von der Photonenenergie ist damit konstant von 0 bis zur kinetischen Energie E_k des einfallenden Elektrons und gleich 0 bei allen darüber liegenden Energien Abb. 20.4.

Dicke Targets haben eine Dicke, die in der Größenordnung der Elektronenreichweite R liegt (oder darüber). Ein dickes Target kann als Überlagerung vieler dünner Targets angesehen werden. Sein ungefiltertes Intensitätsspektrum entspricht einer von

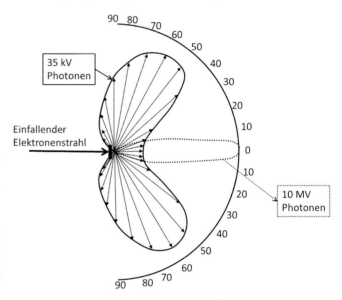

Abb. 20.6 Intensitätsverteilung der Röntgenstrahlen hinter einem dünnen Target für 35-kV- und 10-MV-Röntgenstrahlung

der Energie 0 zu höheren Energien linear abfallenden Geraden (Abb. 20.5):

$$I(E) = C \cdot Z(E_{max} - E) \tag{20.1}$$

Dabei ist $I(E)$ die Intensität der Bremsstrahlen bei der Röntgenenergie E, C eine Konstante, Z die Kernladungszahl und E_{max} die maximale kinetische Energie der einfallenden Elektronen.

Die Winkelverteilung der vom Target ausgehenden Röntgen-Bremsstrahlung hängt von der Energie der einfallenden Elektronen ab. Bei kleineren Energien ist die Bremsstrahlung senkrecht zum Elektroneneinfall, mit zunehmender Elektronen-Energie wird Bremsstrahlung in Vorwärtsrichtung erzeugt (Abb. 20.6). Das ist der Grund, warum bei Röntgenröhren die Röntgenstrahlung senkrecht zur Elektronenrichtung genutzt wird. Bei Beschleunigern werden dagegen Durchstrahlungstargets eingesetzt und die Bremsstrahlung in Vorwärtsrichtung genutzt.

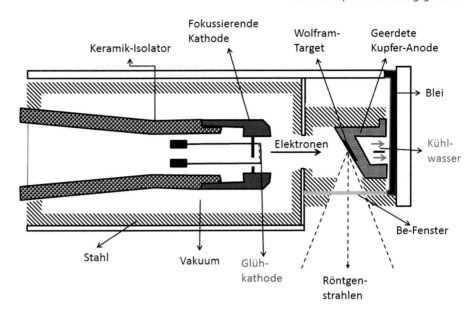

Abb. 20.7 Aufbau einer Therapie-Röntgenröhre

Keramik-Isolator
Fokussierende Kathode
Wolfram-Target
Geerdete Kupfer-Anode
Blei
Kühl-wasser
Elektronen
Be-Fenster
Stahl
Vakuum
Glüh-kathode
Röntgen-strahlen

20.4 Therapie-Röntgengeräte

Für oberflächennahe Bestrahlungen werden in der Strahlenthe-rapie nach wie vor Therapie-Röntgengeräte eingesetzt. Die we-sentlichen Komponenten eines Therapie-Röntgengerätes sind neben der Röntgenröhre selbst ein an der Decke oder dem Bo-den befestigtes Röhrengehäuse, das Kühlungssystem für das Target, die Steuerungseinheit und die Hochspannungsversor-gung. Der typische Aufbau einer Therapie-Röntgenröhre ist in Abb. 20.7 gezeigt.

Bei Therapie-Röntgengeräten wird die therapeutische Dosis mit einer Zeitschaltung appliziert, dabei muss die Behandlungszeit eine Korrektur für die Ein- und Ausschaltung des Gerätes bein-halten. Im Vergleich zu diagnostischen Röntgengeräten arbeiten Therapie-Röntgengeräte nur mit etwa 10 % des Röhrenstromes, aber mit 10-mal höherer gemittelter Leistung. Der Brennfleck auf der Anode ist deutlich größer als bei diagnostischen Röhren. Ty-pischerweise werden Stehanoden statt Drehanoden verwendet.

20.5 Isotopenbestrahlungsgeräte

Schon kurz nach der Entdeckung der Radioaktivität versuchte man, vor allem das Radioisotop ^{226}Ra als Strahlquelle für die externe Bestrahlung einzusetzen. Wegen der geringen Strahlen-dosisleistung und den extrem hohen Kosten erwies sich ^{226}Ra als Quelle eher ungeeignet. Es wurden in der Zeit zwischen dem 1. und dem 2. Weltkrieg nur wenige mit Radiumquellen bestück-te Bestrahlungsanlagen in Betrieb genommen.

Radioaktive Nuklide, die für die Strahlentherapie geeignet sind, müssen folgende Eigenschaften aufweisen:

- Möglichst hohe Energie der emittierten γ-Strahlung (> 1 MeV)
- Lange Halbwertszeit (> mehrere Jahren)
- Hohe spezifische Aktivität (mindestens 3,7 MBq/g)
- Hohe spezifische Luft/Kerma-Konstante

Von den ca. 3000 bekannten Radionukliden erfüllen nur 2 die genannten Anforderung, nämlich ^{137}Cs und ^{60}Co. In klinischen Bestrahlungsanlagen wird derzeit nur ^{60}Co in größerem Umfang eingesetzt.

20.5.1 ^{60}Co-Bestrahlungsanlagen

20.5.1.1 ^{60}Co-Standard-Teletherapieanlagen

In der Zeit zwischen 1950 und etwa 1970 waren ^{60}Co-Bestrahlungsgeräte die am häufigsten eingesetzten Strahlenthe-rapiegeräte. Sie sind inzwischen in der westlichen Welt für die Strahlentherapie tiefer gelegener Tumoren weitgehend durch Elektronen-Linearbeschleuniger ersetzt worden. Wegen ihres einfachen technischen Aufbaues sind sie v. a. noch in Entwick-lungsländern von größerer Bedeutung.

Das in der Natur vorkommende Kobalt besteht zu 100 % aus ^{59}Co, einem stabilen Element. ^{60}Co wird durch Neutronen-Aktivierung von ^{59}Co in Kernreaktoren gewonnen. Der Beginn des medizinischen Einsatzes von ^{60}Co-Bestrahlungsanlagen steht daher im unmittelbaren Zusammenhang mit dem Aufbau der ersten Kernreaktoren in Kanada und den USA wenige Jahre nach dem 2. Weltkrieg. Die ersten Kobalt-Bestrahlungsanlagen wurden um 1950 von dem kanadischen Medizinphysiker Harold Johns entworfen und in der Saskatoon Cancer Clinic in Kanada 1951 in Betrieb genommen [12].

Die Teletherapie mit ^{60}Co hat mit der Strahlenenergie von 1,17 MeV und 1,33 MeV (Abb. 20.8) gegenüber den Therapie-Röntgenröhren bereits große Vorteile hinsichtlich des Tiefen-dosisverlaufs, dagegen jedoch ungünstige Eigenschaften hin-sichtlich des Dosisrandabfalls der Strahlenfelder. Dies ist auf die relativ großen Quellendurchmesser von 2 cm zurückzufüh-ren. Die Halbwertszeit beträgt 5,27 Jahre, bei jeder Bestrahlung muss daher eine zeitliche Korrektur der Bestrahlungszeit be-rücksichtigt werden.

Teil IV

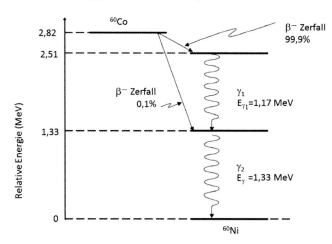

Abb. 20.8 Zerfallsschema von ^{60}Co

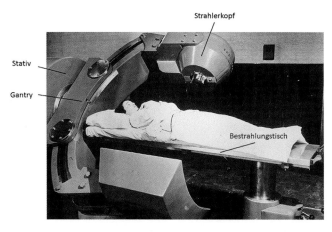

Abb. 20.9 ^{60}Co-Bestrahlungsanlage. Quelle: G. Terry Sharrer, Ph.D., National Museum Of American History, URL: https://upload.wikimedia.org/wikipedia/commons/7/7b/Nci-vol-1819-300_cobalt_60_therapy.jpg, Zugegriffen: 23.07.2018

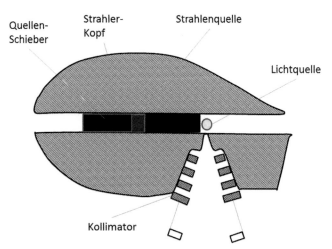

Abb. 20.10 Strahlerkopf einer ^{60}Co-Anlage nach dem Quellenschieber-Prinzip

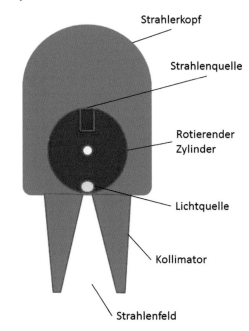

Abb. 20.11 ^{60}Co-Strahlerkopf mit rotierendem Zylinder als Quellenträger

Die wesentlichen Komponenten einer ^{60}Co-Bestrahlungsanlage sind die Strahlquelle selbst, der Strahlerkopf, ein feststehendes Stativ, an dem drehbar die „Gantry" befestigt ist, der Bestrahlungstisch und die Bedienungseinheit (Abb. 20.9).

Strahlerkopf Um eine ^{60}Co-Bestrahlungsanlage in den betriebsbereiten Zustand zu versetzen bzw. auszuschalten, existieren derzeit 2 unterschiedliche Methoden: Entweder befindet sich die Quelle im Inneren des Strahlerkopfes auf einem gleitenden Quellenschieber (Abb. 20.10) oder auf einem rotierenden Zylinder (Abb. 20.11). Bei beiden Methoden muss ein automatischer Schließ-Mechanismus vorhanden sein, der die Quelle bei Stromausfall in die geschlossene Position fährt.

Bei beiden Methoden erscheint im geschlossenen Zustand zur Kontrolle des Bestrahlungsfeldes in der Strahlöffnung eine Lichtquelle über dem Kollimator.

Durch das Abschirmmaterial des Strahlerkopfes gelangt auch in geschlossenem Zustand unvermeidlich eine gewisse Leckstrahlung nach außen. Diese Leckstrahlung liegt typischerweise unter 0,01 mSv/h in einem Abstand von 1 m von der Quelle. International gültige Vorschriften verlangen einen Höchstwert von 0,02 mSv/h in 1 m Abstand.

Kollimatoren Kollimatoren von ^{60}Co-Teletherapiegeräten können in der Regel rechteckige und quadratische Strahlenfelder zwischen $5 \times 5\,\mathrm{cm}^2$ und $35 \times 35\,\mathrm{cm}^2$ erzeugen. Der Halbschatten wird durch möglichst kleine Quellendurchmesser und sogenannte Halbschatten-Trimmer, die möglichst nah der Patientenoberfläche sind, minimiert.

In letzter Zeit sind auch Multileaf-Kollimatoren für ^{60}Co-Teletherapiegeräte verfügbar geworden, die ein breites Spektrum irregulär geformter Strahlenfelder abdecken [9]. Damit können diese Teletherapieanlagen auch für die modernen Be-

Abb. 20.12 ^{60}Co-Strahlenquelle

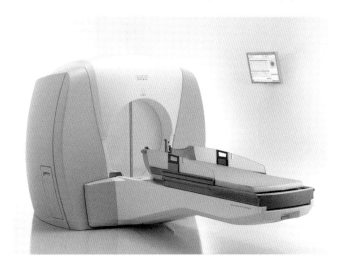

strahlungstechniken der 3D-konformalen Strahlentherapie eingesetzt werden.

Quellen Die radioaktive Quelle einer ^{60}Co-Teletherapieanlage befindet sich normalerweise in einer verschweißten Edelstahl-Kapsel (Abb. 20.12). Um den Quellenaustausch zwischen den Geräten und zur Erneuerung der Quelle zu vereinfachen, sind im Handel standardisierte Quellen mit Durchmessern von 1 cm, 1,5 cm und 2 cm erhältlich, die zylindrischen Quellen sind in der Regel 2,5 cm hoch. Typische Anfangs-Quellenaktivitäten liegen zwischen 185 und 370 TBq, damit kann eine Dosisleistung zwischen 100 und 200 cGy/min in 80 cm Abstand von der Quelle erreicht werden. ^{60}Co-Teletherapiequellen sollten nach einer Halbwertszeit (5,27 Jahre) ersetzt werden, finanzielle Aspekte verursachen oft wesentlich längere Nutzungsdauern.

20.5.1.2 ^{60}Co-Spezialgeräte

Gamma-Knife Neben den ^{60}Co-Teletherapiegeräten gibt es in der modernen Strahlentherapie ^{60}Co-Geräte für spezielle Anwendungsgebiete. Zunehmende Verbreitung hat in den letzten 40 Jahren ein Bestrahlungsgerät für die stereotaktische Einzeldosisbestrahlung zerebraler Zielvolumina gefunden, das sogenannte Gamma-Knife. Das Gerät wurde von dem schwedischen Neurochirurgen Leksell in den späten 1960er-Jahren entwickelt [10]. Die modernen Gamma-Knifes werden von der Firma Elekta (Stockholm) produziert [5]. Eine Vielzahl von Quellen produziert kegelförmige Strahlenfelder, die auf einen gemeinsamen Fokus ausgerichtet sind. Während bei früheren Modellen des Gamma-Knifes die Quellen auf einer Halbkugel angeordnet waren, sind im neuesten Modell des Gamma-Knifes, dem „Leksell-Gamma-Knife Perfexion" 192 ^{60}Co-Quellen zylindrisch in 5 Ringen montiert (Abb. 20.13 und 20.14). Im Gegensatz zu den früheren Gamma-Knife-Einheiten werden keine Kollimator-Helme für die Ein- und Ausblendung der Quellen mehr benötigt [1].

Die Strahlgeometrie, die sich bei einer bestimmten Kollimator-Einstellung ergibt, ist in Abb. 20.15 dargestellt. Irreguläre Zielvolumina können durch Überlagerung mehrerer Patientenpositionen und Kollimatoreinstellungen konformal bestrahlt werden.

Abb. 20.13 Gamma-Knife Perfexion der Firma Elekta [5]

a

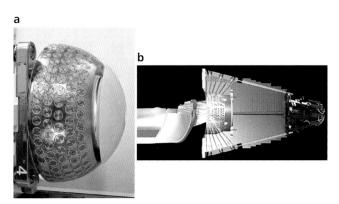

b

Abb. 20.14 **a** Kollimator-Helm des Gamma-Knife Modelles B2, **b** Zylindrischer Kollimator des neueren Modells Perfexion. Images courtesy of Elekta AB

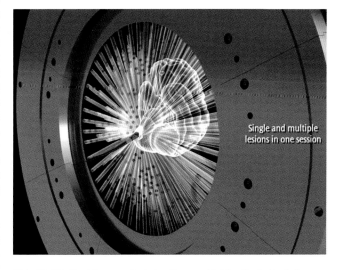

Single and multiple lesions in one session

Abb. 20.15 Strahlgeometrie beim Gamma-Knife „Perfexion". Images courtesy of Elekta AB

Teil IV

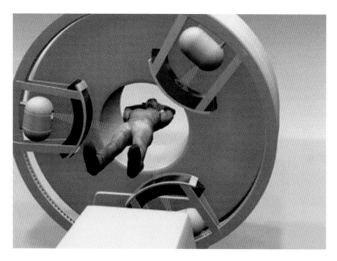

Abb. 20.16 γ-Bestrahlungssystem-System „MRIdian" der Firma Viewray [23]

Eine ausführliche Beschreibung des Gamma-Knife-Systems ist in [13–15] gegeben.

Das Viewray-System In jüngster Zeit werden mit großem technischem Aufwand Geräte für die bildgeführte adaptive Strahlentherapie entwickelt, bei denen ein Bestrahlungsgerät und ein Magnetresonanztomograph eine integrierte Einheit bilden. Ein solches System ist das MRIdian-System der Firma Viewray. Es besteht aus einem Niederfeld-MR-Tomographen und 3 mit ^{60}Co bestückten Strahlerköpfen (Abb. 20.16). Diese Systeme stehen in Konkurrenz zu MR-Linac-Systemen (siehe Kap. 23), die sich zur Zeit der Drucklegung dieses Buches noch in der klinischen Erprobung befanden.

20.5.2 ^{137}Cs-Bestrahlungsanlagen

^{137}Cs fällt als Spaltprodukt in Kernreaktoren an. ^{137}Cs-Quellen haben eine relativ geringe γ-Energie (0,662 MeV) und kleine spezifische Aktivität (max. 3 TBq/g). Bei gleicher Aktivität beträgt die Dosisleistung einer Cs-Anlage nur etwa 1/16 der einer ^{60}Co-Bestrahlungsanlage.

Aus diesem Grund sind Cs-Bestrahlungsanlagen Spezialgeräte für Strahlenbehandlungen im Kopf-Hals-Bereich und für strahlenbiologische Experimente geblieben.

20.6 Elektronenbeschleuniger

20.6.1 Einteilung der Elektronenbeschleuniger

Elektronenbeschleuniger lassen sich in die beiden Klassen elektrostatische Beschleuniger und Mehrfach-Beschleuniger einteilen.

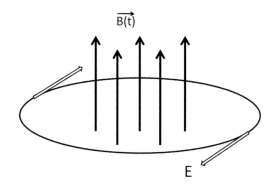

Abb. 20.17 Das Betatron-Prinzip: Die grundlegende Idee des Betatrons ist, dass ein sich änderndes magnetisches Feld B ein ringförmiges elektrisches Feld induziert. In einem ringförmigen Leiter wird der Strom I erzeugt

20.6.2 Elektrostatische Linearbeschleuniger

Die einfachsten Elektronenbeschleuniger sind Geräte, bei denen die Beschleunigungshochspannung durch einfache Transformation erzeugt wird (sogenannte Transformatormaschinen). Dazu gehören alle Therapie-Röntgengeräte (siehe Kap. 3), aber auch Geräte deren Röhrenspannung in deutlich höherem Spannungsbereich liegen.

Bereits 1928 wurden Hochspannungsgeneratoren für 750 kV entwickelt und für die Elektronenbeschleunigung genutzt. Wegen der Problematik, Hochspannungen gegenüber dem Erdpotenzial mit vertretbarem Aufwand zu isolieren, findet diese Technik bei etwa 1 MV ihre Grenze. Parallel zu den Transformatormaschinen wurde die Entwicklung der Van-de-Graaff-Beschleuniger vorangetrieben.

Wegen des hohen technischen Aufwandes fanden diese Beschleuniger keine große Akzeptanz in der Strahlentherapie. Ausführliche Darstellungen der historischen Entwicklung der Beschleunigertechnik für medizinische Anwendungen mit Hochspannungs- und Van-de-Graaff-Beschleunigern findet man bei [12] und [21].

20.6.3 Mehrfachbeschleuniger

20.6.3.1 Betatron

Das Betatron kann als der erste in größerem Rahmen in der Strahlentherapie eingesetzte Elektronenbeschleuniger angesehen werden.

Die Idee des Betatrons basiert auf dem physikalischen Prinzip, dass durch ein sich änderndes Magnetfeld ein ringförmiges elektrisches Feld induziert wird (Abb. 20.17 und 20.18). Das Magnetfeld induziert das elektrische Beschleunigungsfeld für die Elektronen. Gleichzeitig werden die Elektronen durch das Magnetfeld auf einer Kreisbahn gehalten werden.

Für das Betatron gilt die sogenannte Wideroe-Bedingung, oft auch 2:1-Bedingung genannt, die besagt, dass das Führungsfeld

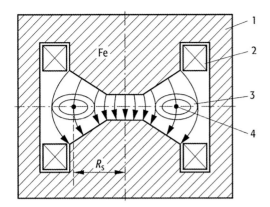

Abb. 20.18 Querschnitt durch ein Betatron: 1. Magnetkörper, 2. Spulenkörper, 3. Beschleunigerkammer, 4. Elektronenstrahl, (nach [20])

der Elektronen B_{so} die Hälfte des gemittelten Induktionsfeldes B_i betragen muss:

$$B_{so} = 1/2 B_i \qquad (20.2)$$

Die Erregungsspulen, die das Magnetfeld erzeugen, werden mit einer Wechselspannung betrieben. Als Beschleunigungsphase kann nur die erste Viertelperiode der Erregung genutzt werden, da sich dann das elektrische Feld umkehrt. Die mit dem Betatron erzeugte Strahlung ist also entsprechend dieser Frequenz gepulst.

Das erste medizinische Betatron wurde 1948 in Betrieb genommen. In den 50er- und 60er-Jahren wurden Betatrons mit für die strahlentherapeutischen Zwecke ausreichenden Dosisleistungen und Energien von mehreren medizintechnischen Firmen zur Serienreife entwickelt (z. B. von Siemens mit Elektronenenergien zwischen 18 MeV und 45 MeV, Abb. 20.19). Diese Maschinen waren zuverlässig und praxistauglich. Sie wurden jedoch schon 10 bis 20 Jahre später durch die Linearbeschleuniger verdrängt, die den Vorteil höherer Dosisleistungen hatten und kleiner, leichter und kostengünstiger waren.

20.6.3.2 Microtron

Das Microtron ist ein Elektronen-Mehrfachbeschleuniger, der Name rührt von den Mikrowellen her, die für die Beschleunigung genutzt werden. Es wurde 1944 von Veksler unter der Bezeichnung „Elektronen-Synchrotron" vorgeschlagen. Die Idee des Microtrons besteht darin, ein Elektronenbündel in einem Hohlraum-Resonator mit einer relativ geringen Energie zu beschleunigen, das Bündel aber durch eine Kreisbahn immer wieder durch den Resonator zu schicken. Bei jedem Durchlaufen der Beschleunigungsstrecke nimmt die Energie der Elektronen um einen gleichen Betrag zu und damit erreicht man entsprechend hohe Energien (Abb. 20.20). Mit klassischen Microtrons sind Energien von 25 MeV erreichbar.

Um die Elektronen auf den Kreisbahnen zu halten, besitzt das Microtron einen Ablenkmagneten mit einem homogenen, zeitlich stationären Magnetfeld. Der Hohlraumresonator befindet sich am Rand des Magnetfeldes und wird mit Mikrowellen im GHz-Bereich betrieben.

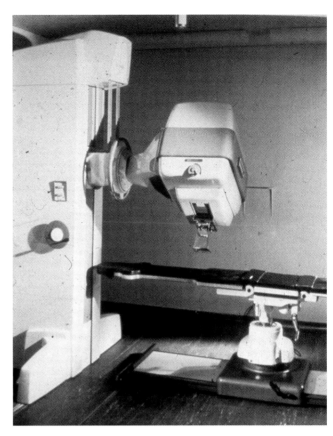

Abb. 20.19 18-MeV-Betatron (Siemens, 1960)

Eine Weiterentwicklung des Microtrons ist das Rennbahn-Microtron (englisch: Racetrack-Microtron), dessen Prinzip in Abb. 20.20 rechts dargestellt ist. Statt einem einzelnen Hohlraumresonator wird hier eine längere Beschleunigerstrecke, die aus einem kleinen Linac besteht, durchlaufen. So können noch wesentlich höhere Elektronen-Energien erzeugt werden. Die von der schwedischen Firma Scanditronix in den Jahren 1970–1990 produzierten Microtrons für die Strahlentherapie hatten Energien von 21 MeV (konventionelles Microtron) und 50 MeV (Racetrack-Microtron). Die Microtrons haben sich allerdings in der Strahlentherapie nicht gegenüber den Linearbeschleunigern durchsetzen können. Ihre Stärken liegen im Bereich hoher Energien (> 50 MeV), die in der Strahlentherapie bisher keine Anwendung finden.

20.6.3.3 Elektronen-Linearbeschleuniger (Linac)

Die grundlegenden Ideen zum Prinzip der modernen Linearbeschleuniger stammen von dem schwedischen Physiker Gustaf Ising. Ising ist für die Erfindung eines Linearbeschleuniger-Konzeptes bekannt, das er im Jahr 1924 formulierte. Sein auf oszillierenden elektromagnetischen Feldern beruhendes Konzept wurde 1928 von Rolf Wideroe aufgegriffen und in die Praxis umgesetzt. Die Idee der Elektronen-Beschleunigung war es, die Elektronen in eine Phasenlage vor dem Maximum der elektrischen Feldkomponente einer elektromagnetischen Welle zu bringen. Haben Teilchen und Welle annähernd gleiche

Teil IV

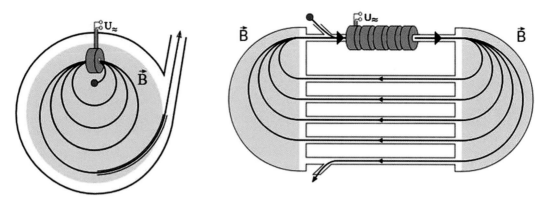

Abb. 20.20 Klassisches Microtron (*links*) und Rennbahn-Microtron (*rechts*) (nach [4])

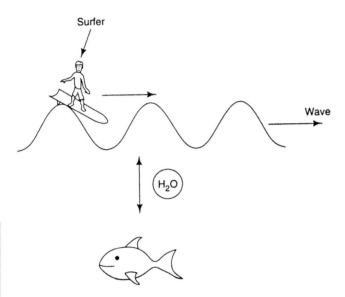

Abb. 20.21 Der Wellenreiter als Analogon zur Elektronenbeschleunigung durch Wanderwellen (nach [7])

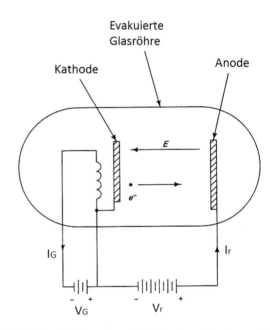

Abb. 20.22 Der einfache „einstufige" Linearbeschleuniger nach [15]

Geschwindigkeit, dann werden die Elektronen fortlaufend beschleunigt. Als Analogon wird oft das Prinzip des Wellenreitens benutzt: Ein Elektron, das von einer elektromagnetischen Welle beschleunigt wird, entspricht dem Surfer auf einer Wasserwelle (Abb. 20.21).

Physikalische Grundlagen Elektronen werden in Magnetfeldern auf eine Kreisbahn senkrecht zu den Feldlinien gezwungen. Dabei nehmen die Elektronen keine Energie auf. In elektrischen Feldern werden die Elektronen in Richtung der Feldlinien beschleunigt, die Energieaufnahme ist dabei proportional zur Feldstärke. Bei der Beschleunigung von Elektronen bedient man sich elektrischer, für die Bahnführung dagegen magnetischer Felder. Elektronen erreichen bereits bei Energien von unterhalb 2 MeV annähernd Lichtgeschwindigkeit. Eine weitere Beschleunigung bewirkt dann praktisch nur noch Massenzuwachs. Im für die Strahlentherapie wichtigen Energiebereich zwischen 4 MeV und 18 MeV haben die Elektronen also nahezu konstante Geschwindigkeit (Lichtgeschwindigkeit).

Prinzip eines einstufigen Linearbeschleunigers Der Aufbau eines einfachen einstufigen Linearbeschleunigers entspricht dem einer Therapieröntgenröhre (Abb. 20.22). In einem evakuierten Glasgefäß ist auf der einen Seite eine Heizspirale als Elektronenquelle eingebracht, auf der gegenüberliegenden Seite ein dünnes Metallfenster, zwischen beiden liegt eine Beschleunigungsspannung. Dabei bildet der Heizfaden die Kathode, das Metallfenster die Anode. Zwischen Kathode und Anode baut sich ein elektrisches Feld auf, die aus dem Heizfaden austretenden Elektronen werden in diesem Feld zum Metallfenster hin beschleunigt, treten durch das Metallfenster hindurch und prallen auf die hinter dem Metallfenster angebrachte Wolframscheibe (Target). Im Target werden die Elektronen abgebremst, beim Abbremsen entsteht (wie in einer Röntgenröhre) Röntgenbremsstrahlung.

Um nun für die Strahlentherapie Bremsstrahlung mit einer Strahlenqualität von mehreren MeV zu erreichen, müssten zwischen Anode und Kathode mehrere Millionen Volt Spannung

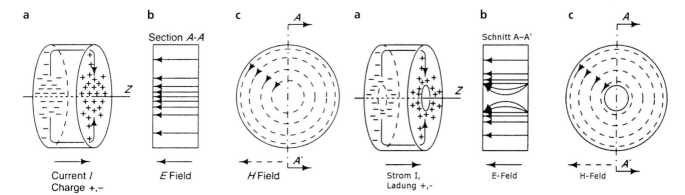

Abb. 20.23 Ladungs- und Feldverteilung in einem geschlossenen Hohlraumresonator nach [7]

Abb. 20.24 Beschleunigungssegment eines Linearbeschleunigers zum Zeitpunkt $t = t_0$ (nach [8])

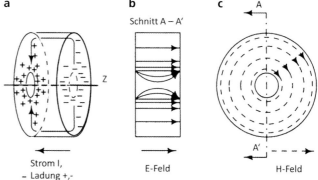

Abb. 20.25 Beschleunigungssegment eines Linearbeschleunigers zum Zeitpunkt $t = t_0 + \frac{T}{2}$

angelegt werden. Diese Spannungen können zwar erzeugt werden, z. B. mit Van-de-Graaff-Generatoren, das Problem besteht jedoch in der Isolation solch hoher Spannung gegenüber der auf Erdpotenzial liegenden Umgebung. Um die Elektronen zwischen Glühdraht und Austrittsfenster mit genügend hoher Energie zu versehen, kann man sie also nicht einfach mit beliebig hohen Spannungen beschleunigen. Diese Erkenntnis hat zur Entwicklung der mehrstufigen Beschleuniger geführt: Statt eine hohe Spannung einmal zu durchlaufen, wird eine niedrigere Spannung mehrfach durchlaufen. Die Spannungen werden dabei durch Mikrowellen in Hohlraumresonatoren erzeugt.

Hohlraumresonatoren Die Beschleunigungselemente einer mehrstufigen Linearbeschleunigerröhre haben die Eigenschaften von Hohlraumresonatoren. Ein Hohlraumresonator ist z. B. ein Metallzylinder einer bestimmten Länge l. Die Ladungen in der Metallwand des Resonators können zu Schwingungen zwischen Boden und Deckel des Zylinders angeregt werden. Eine solche Schwingung kann erzeugt werden, wenn sich der Hohlraumresonator im Feld einer Mikrowelle befindet und Resonanz herrscht. Das ist z. B. dann der Fall, wenn die Länge l des Resonators genau einer viertel Wellenlänge der Mikrowelle entspricht.

Die Ladungs- und Feldverteilung in einem solchen geschlossenen Hohlraumresonator ist in Abb. 20.23 gezeigt.

Das Beschleunigungselement einer Linearbeschleunigerröhre entspricht einem Hohlraumresonator mit je einer Lochblende (Apertur) in der linken und rechten Seite des Resonators zum Durchtritt der beschleunigten Elektronen.

Die Elektronen im Wandmaterial des Resonators schwingen mit der Frequenz der Mikrowelle zwischen der linken und der rechten Seite. Durch die Aperturen sind die Feldlinien des elektrischen Feldes zur Mitte hin gekrümmt. Die beiden Abbildungen zeigen die Ladungs- und Feldlinienverteilung zum Zeitpunkt t_0 und eine halbe Schwingungsdauer $T/2$ später (Abb. 20.24 und 20.25).

Beschleunigung mit Wanderwellen Das Kernstück des Linearbeschleunigers ist die Beschleunigerröhre. Ein Wander-

wellenbeschleunigerrohr, das im S-Hochfrequenzband (3 GHz) betrieben wird, besteht aus mehreren 2,5 cm langen Hohlraumresonatoren (Abb. 20.26). Wenn die Längen der Segmente des Beschleunigerrohres genau einer viertel Wellenlänge der Mikrowelle entsprechen, dann ist die Resonanzbedingung für die wie Hohlraumresonatoren wirkenden Segmente erfüllt.

Bei Resonanz stellt sich im Beschleunigerrohr eine Ladungsverteilung ein, die sich im Takt der Mikrowellenfrequenz ändert. In Abb. 20.27 sieht man, dass sich durch die von links nach rechts in das Beschleunigerrohr einlaufende Mikrowelle einerseits Segmente mit nur positiven Ladungen, andererseits solche mit nur negativen Ladungen bilden. Diese Segmente liegen an den Knoten (Nulldurchgängen) der elektrischen Feldkomponente der Mikrowellen. In solchen Segmenten kann keine Beschleunigung von Elektronen stattfinden. Weiterhin liegen zwischen den Segmenten mit gleichnamigen Ladungsträgern solche mit ungleichnamigen Ladungsträgern. Die Segmente, bei denen sich die negativen Ladungen auf der rechten Seite, die positiven Ladungen auf der linken Seite sammeln, entsprechen einer maximalen positiven Amplitude der elektrischen Feldkomponente der Mikrowelle. Elektronen, die sich in Richtung der Mikrowellenausbreitung bewegen und sich in diesen Segmenten befinden, werden abgebremst. Die Segmente, bei denen sich die positiven Ladungen auf der rechten Seite, die negativen Ladungen auf der linken Seite sammeln, entsprechen einer ma-

Teil IV

Abb. 20.26 Querschnitt durch die Beschleunigerröhre eines Wanderwellenbeschleunigers [17]

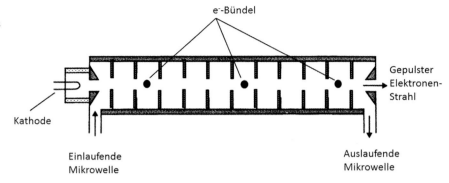

Abb. 20.27 Ladungsverteilung in den Segmenten eines Wanderwellenbeschleunigers zu den Zeiten t_0, $t_0 + \frac{1}{4}T$, $t_0 + \frac{1}{2}T$ und $t_0 + \frac{3}{4}T$

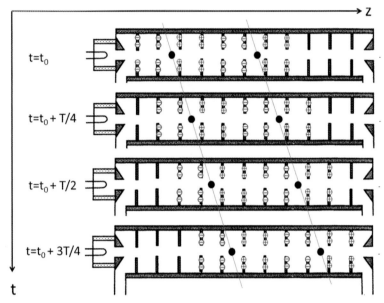

ximalen negativen Amplitude der elektrischen Feldkomponente der Mikrowelle. Elektronen, die sich in Richtung der Mikrowellenausbreitung bewegen und sich in diesen Segmenten befinden, werden beschleunigt.

Abb. 20.27 zeigt ebenfalls, was passiert, wenn die beschleunigten Elektronen von einem Segment in das nächste Segment eintreten: Dann ist die Flugzeit der Elektronen von Segment zu Segment gerade gleich der Zeitspanne die notwendig ist, die Ladungsverteilung im benachbarten Segment so zu ändern, dass dort gerade wieder ein Maximum der negativen elektrischen Feldkomponente erreicht ist. Diese Zeitspanne t entspricht einem Viertel der Schwingungsdauer T der Mikrowelle. Die Elektronen, die sich mit Lichtgeschwindigkeit c bewegen, legen dabei die Strecke $l/4$ cm zurück, was ja gerade der Segmentlänge entspricht. Aufgrund dieser Ladungsverteilung findet in jedem 4. Segment der Röhre eine Beschleunigung der Elektronen statt. Da die Geschwindigkeit der Elektronen derjenigen der Mikrowellen entspricht (Lichtgeschwindigkeit), werden die in jedem 4. Segment befindlichen Elektronenbündel in jedem Segment fortlaufend beschleunigt. Die maximal erreichbare Elektronenenergie hängt ganz offensichtlich von der Amplitude der elektrischen Feldstärke und der Anzahl der Segmente und damit der Länge des Beschleunigerrohres ab. Beträgt die Spannungsamplitude mehrere 100 kV dann können je nach

Rohrlänge Energien zwischen 6 MeV und 18 MeV erzielt werden. Bei den höheren Energien werden die Beschleunigerrohre, die typischerweise in horizontaler Lage in den Strahlerarm eingebaut werden müssen, relativ lang. Für besonders kompakte Beschleuniger werden meist X-Band Frequenzen verwendet, so dass auch die Resonatoren entsprechend kürzer werden. Dies ist jedoch technisch aufwendiger zu realisieren.

Im Stehwellenbeschleuniger werden die Mikrowellen nach Durchlaufen des Beschleunigers wieder entkoppelt, bzw. ausgeleitet und in den sogenannten Mikrowellensumpf geführt, wo sie verloren gehen.

Das Prinzip des Stehwellenbeschleunigers, das im Folgenden kurz erläutert werden soll, führt in der Regel zu kürzeren Beschleunigerrohren.

Beschleunigung mit Stehwellen Stehende Wellen werden im Beschleunigungsrohr erzeugt, indem man die Mikrowellen am rechten Rohrende reflektieren und in das Beschleunigerrohr zurücklaufen lässt. Durch Überlagerung von auslaufender und reflektierter Mikrowelle bilden sich in jedem zweiten Hohlraum Schwingungsbäuche, in den dazwischenliegenden Segmenten dagegen Schwingungsknoten. Die Lage der Knoten und Bäuche bleibt bei stehenden Wellen erhalten (Abb. 20.28).

Abb. 20.28 Felder in einem Stehwellenbeschleuniger zum Zeitpunkt $t = t_0, t = t_0 + T/4, t = t_0 + T/2$ und $t = t_0 + 3T/4$. Die *roten Pfeile* entsprechen einer nach rechts beschleunigenden elektrischen Feldkomponente, die *blauen Pfeile* den entgegengesetzten elektrischen Feldern

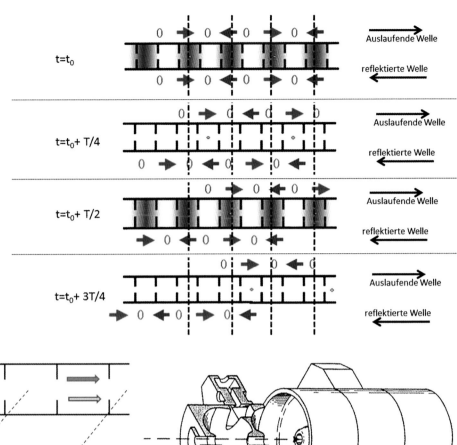

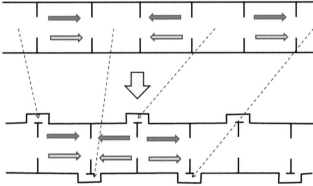

Abb. 20.29 Durch Auslagerung der Knotensegmente kann das Beschleunigerrohr eines Stehwellenbeschleunigers verkürzt werden

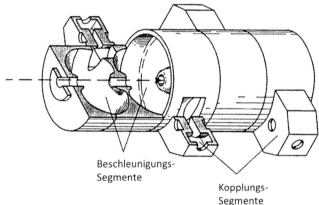

Abb. 20.30 Ausschnitt aus einem Stehwellenbeschleunigerrohr

Elektronen werden genau dann beschleunigt, wenn sie sich gerade zum Zeitpunkt der maximalen negativen elektrischen Feldstärke in den Segmenten mit Schwingungsbäuchen befinden. Sie werden dort mit der doppelten Spannung der ursprünglichen Mikrowellenamplitude beschleunigt, da sich im Wellenbauch die elektrischen Feldstärken der ein- und auslaufenden Welle addieren. Diese Feldstärke herrscht in jedem zweiten Hohlraum, in den dazwischenliegenden Segmenten findet keine Elektronenbeschleunigung statt. Die „Nettobeschleunigung" ist daher bei gleicher Rohrlänge zunächst dieselbe wie beim Wanderwellenbeschleuniger.

Nun macht man sich jedoch beim Stehwellenbeschleuniger zu Nutze, dass die feldfreien Segmente keine Beschleunigerfunktion haben und deshalb aus der Beschleunigungsstrecke herausgenommen und nach außen verlagert werden können (Abb. 20.29). Dadurch reduziert sich die Länge des Beschleunigungsrohres bei gleicher Energie auf die Hälfte. Hochener-

getische Linearbeschleuniger für die Strahlentherapie basieren daher oft auf dem Stehwellenprinzip. Die technische Ausführung eines Teilstückes eines Stehwellenbeschleunigerrohres ist in Abb. 20.30 gezeigt. Ausführliche Darstellungen der Elektronenbeschleunigung in Linearbeschleunigern finden sich in [6, 7, 16].

Bahnstabilität und Phasenstabilität Eine wichtige Eigenschaft eines Beschleunigers ist die Stabilität der Bahnen, die die einzelnen beschleunigten Teilchen einnehmen. Bei kleinen Abweichungen von der Sollbahn muss eine rücktreibende Kraft dafür sorgen, dass das Teilchen wieder auf die Sollbahn zurückkehrt (Abb. 20.31). Ohne Bahnstabilität gehen zu viele Teilchen unterwegs verloren, und die Stromausbeute wird zu gering.

Die Abb. 20.32 und 20.33 zeigen, dass die Bahnstabilität bei einem Elektronen-Linearbeschleuniger von der Phasenlage ab-

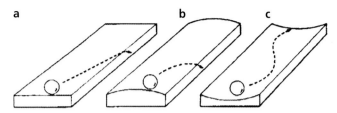

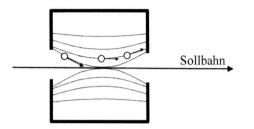

Abb. 20.31 Instabile (**a**), labile (**b**) und stabile (**c**) Bahn und einer Kugel auf einer Bahn als Analogon zur Elektronenbahn in einem Linearbeschleuniger

Sollbahn

Abb. 20.32 Elektrische Feldlinien in einem Beschleunigersegment und mögliche Bahnlagen: instabil (*rechtes Teilchen*), labil (*Teilchen in der Mitte*) und stabile Phasenlage (*linkes Teilchen*)

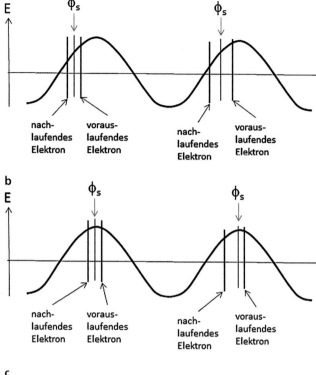

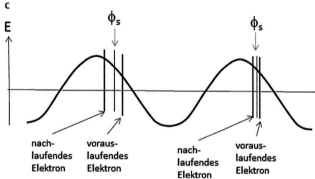

Abb. 20.33 Zur Phasenlage der Elektronen in einem Linearbeschleuniger: **a** Phasenlage der Sollphase links vom Maximum der Feldstärke: Die Phasen divergieren. **b** Phasenlage der Sollphase im Maximum der Feldstärke: Elektronen mit nachlaufenden Phasen gehen verloren. **c** Sollphase rechts vom Maximum der Feldstärke: Phasenlagen konvergieren, es kommt zu einer Bündelung der Elektronen

hängt. Je nach Phasenlage existieren elektrische Feldkomponenten, die die Teilchen bei Abweichung von der Sollbahn noch weiter ablenken (Phasenlage rechts von der Mitte der elektrischen Feldkomponente, instabile Lage Abb. 20.32) oder zur Sollbahn zurückführen (Phasenlage links der Mitte der elektrischen Feldkomponente, stabile Lage). Eine rücktreibende Kraft und damit Bahnstabilität wird also nur dann erreicht, wenn die Phasen des zu beschleunigenden Elektronenbündels links vom Maximum liegen.

Zur Erzielung von Phasenstabilität müssen die Phasen der Elektronen dagegen etwas vor dem Maximum der Welle (also rechts vom Maximum) liegen (Abb. 20.33). Dann werden vorauslaufende Elektronen weniger stark beschleunigt und nähern sich wieder der Soll-Phase. Nachlaufende Elektronen erfahren ein stärkeres elektrisches Feld und holen auf. Das trifft vor allem bei der Beschleunigung der Elektronen in den ersten 2 oder 3 Kavitäten zu, wo die Energiezunahme auch eine merkliche Geschwindigkeitszunahme bedeutet. Die in Abb. 20.33c gekennzeichnete Phasenlage führt dann zu einer Bündelung der Elektronen bezüglich ihrer Phasenlage, die ersten Segmente der Beschleunigerröhre werden deshalb auch die „Buncher"-Sektion genannt. Es lässt sich dort allerdings keine gleichzeitige Bahn- und Phasenstabilität erreichen!

In der Praxis lässt man das zu beschleunigende Elektronenbündel in der Buncher-Sektion dem Feldstärkenmaximum etwas vorauslaufen und erreicht damit Phasenstabilität. Um Bahnstabilität zu gewährleisten, sind am Beschleunigungsrohr zusätzliche Fokussierungselemente vorhanden (magnetische Linsen, Abb. 20.34). Nach Abklingen der adiabatischen Phasenschwingungen verschiebt man die vor dem Maximum liegende mittlere Phasenlage dann in das Feldstärken-Maximum.

20.6.3.4 Aufbau eines modernen Elektronen-Linearbeschleunigers (LINAC)

Übersicht Ein Elektronen-Linearbeschleuniger besteht neben den Spannungs- und Stromversorgungen aus den Kontrollelementen sowie einem feststehenden Teil (engl. „stand") und einem beweglichen Teil (Bestrahlungsarm, engl. „gantry"). Im Stand sind der Mikrowellensender (entweder Magnetron oder Klystron) und das Kühlsystem untergebracht, in der Gantry das Beschleunigungsrohr, Vakuum-, Druck- und AFC-Systeme sowie der Strahlerkopf. Eine Übersicht über den Aufbau eines Elektronen-Linearbeschleunigers ist in Abb. 20.35 dargestellt. Die wichtigsten Komponenten sind in Tab. 20.1 aufgeführt.

Abb. 20.34 Fokussierung des Elektronenstrahles in einem Linearbeschleuniger. Die Steuerspulen sorgen für die Einhaltung der Sollbahn, die Fokussierungsspule sorgt für die Einhaltung eines möglichst kleinen Strahlquerschnittes, nach [6]

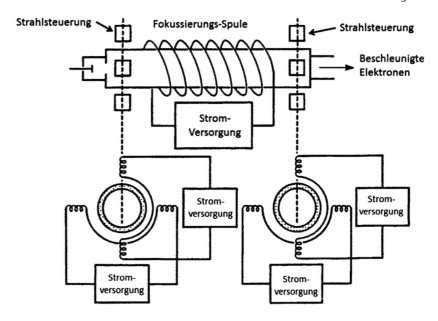

Strahlerkopf Der Strahlerkopf bestimmt die physikalischen Eigenschaften der therapeutisch eingesetzten Strahlung in entscheidender Weise. Bei einer nicht vertikal ausgerichteten Beschleunigerröhre muss zunächst die aus dem Beschleunigerrohr austretende Elektronenstrahlung im Strahlerkopf in Richtung des Isozentrums umgelenkt werden. Hierzu dient ein magnetisches Umlenksystem, das in der Regel als achromatisches Umlenksystem mit einer 270°- oder 112,5°-Ablenkung ausgelegt ist (Abb. 20.36).

Im 270°-Magneten nimmt die Stärke des Magnetfeldes für größere Bahnradien zu. Elektronen mit höheren Energien werden daher einem höheren Magnetfeld ausgesetzt. Das inhomogene Feld wirkt wie eine achromatische Linse: Unabhängig von der Energie treffen alle Elektronen in einem gemeinsamen Brennfleck minimaler Ausdehnung auf dem Target auf.

Der Grund für die achromatische Ablenkung ist der Umstand, dass die aus dem Beschleunigerrohr austretenden Elektronen eine gewisse Energieunschärfe aufweisen, was z. B. bei einer 90°-Umlenkung mit einem homogenen Feld zu einem unverhältnismäßig großen Brennfleck und dies wiederum zu großem Halbschatten der Strahlenfelder führen würde. In modernen Beschleunigern werden daher achromatische Umlenksysteme eingesetzt. Auf diese Weise können Brennflecke von etwa 1–2 mm Durchmesser erreicht werden (10-mal kleiner als der Durchmesser einer ^{60}Co-Quelle). Für viele strahlentherapeutische Fragestellungen kann damit der erwünsch-

Abb. 20.35 Aufbau eines Linearbeschleunigers

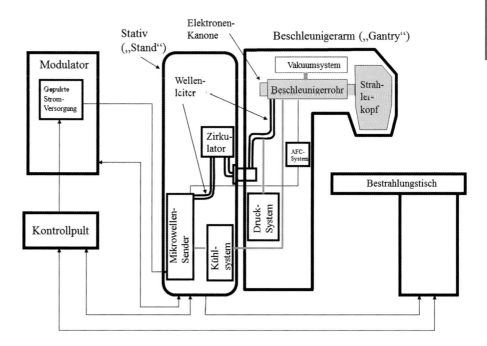

Teil IV

Tab. 20.1 Komponenten eines Linearbeschleunigers

Mikrowellensender	Die gängigen Mikrowellensender sind Klystrons und Magnetrons. Eine ausführliche Beschreibung von medizinisch eingesetzten Klystrons und Magnetrons findet sich in [6, 7]
Wellenleiter	Für den Transport der Mikrowellen vom Sender zum Beschleunigerrohr werden in der Regel rechteckige Hohlleiter eingesetzt. Um Hochspannungsüberschläge in den Hohlleitern zu vermeiden, werden diese mit Isoliergas (s. Drucksystem) gefüllt
Modulator	Aufgabe des Modulators ist es, negative Hochspannungspulse zu erzeugen, die an die Kathode des Mikrowellengenerators (Klystron oder Magnetron) gelegt werden
Zirkulator	Der Zirkulator (auch Isolator genannt) hat die Aufgabe, den Mikrowellensender vor reflektierten und auf den Wellenleitern zurücklaufenden Wellen zu schützen
Elektronenkanone	Die Elektronenkanone injiziert freie Elektronen in das Beschleunigerrohr
Beschleunigerrohr	Das Beschleunigerrohr ist das Kernstück des Elektronenbeschleunigers; je nach Betriebsart werden Wanderwellen- oder Stehwellenrohre eingesetzt (siehe Abschn. 20.6.3.3)
AFC-System	Das AFC-System („Auto-Frequency-Control-System") hat die Aufgabe, die Frequenz des Magnetrons oder Klystrons ständig an die sich zeitlich geringfügig ändernden Resonanzfrequenzen anzupassen
Kühlsystem	In einem Beschleuniger muss eine ganze Reihe von Komponenten (v. a. die Beschleunigerröhre, der Mikrowellensender, der Zirkulator und die Mikrowellensümpfe sowie die Hochspannungstransformatoren im Modulator) ständig gekühlt werden
Drucksystem	Um Spannungsüberschläge in den Wellenleitern zu vermeiden, werden diese mit Isoliergasen gefüllt (in der Regel Freon oder SF_6); das unter Druck stehende Gas muss gegenüber dem unter Vakuum stehenden Beschleunigerrohr und dem Mikrowellensender mit einem HF-Fenster abgedichtet werden
Vakuumsystem	Das Beschleuniger- und Strahlführungsrohr muss bei Hochvakuum betrieben werden, damit einerseits Hochspannungsüberschläge vermieden werden und andererseits der Elektronenstrahl nicht abgebremst wird; dieser Druck wird z. B. durch den kombinierten Einsatz von mechanischen Pumpen und Ionenpumpen aufrechterhalten

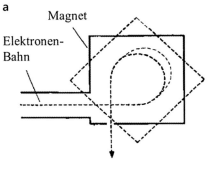

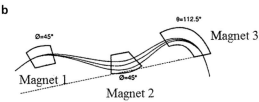

Abb. 20.36 Achromatische Strahl-Umlenkung in Linearbeschleunigern (nach [6]). **a** 270°-Umlenkung, **b** 112,5°-Umlenkung nach dem Slalom-Prinzip

te scharfe Abfall der Strahlendosis am Feldrand realisiert werden.

Nach der Umlenkung treten die Elektronen in den Bereich des Strahlerkopfes ein, in dem ein für die Therapie geeignetes aufgefächertes Elektronen- oder Photonen-Strahlenfeld erzeugt wird.

Sollen die Elektronen direkt therapeutisch genutzt werden, ist eine Aufweitung des aus dem Umlenkmagneten austretenden Nadelstrahls erforderlich. Die Aufstreuung wird in der Regel durch eine dünne Metallfolie (Elektronenstreufolie) erreicht. Mit sogenannten Elektronentuben oder variablen Blenden wird das Feld geformt (Abb. 20.37).

Bei der Erzeugung von Photonen werden die beschleunigten Elektronen auf ein Target gelenkt (Wolfram-Metallscheibe), wo sie abgebremst werden und dabei ultraharte Bremsstrahlung erzeugen (Abb. 20.38). Die Bremsstrahlung entsteht überwiegend in Vorwärtsrichtung, so dass in Strahlrichtung höhere Intensitäten auftreten als am Feldrand. Die erforderliche Homogenisierung wird durch Einführung eines Ausgleichskörpers („flattening filter") in den Strahlengang erreicht. Der Ausgleichskörper ist in modernen Beschleunigern meist so ausgelegt, dass ein Feld mit einer maximalen Größe von $40 \times 40\,cm^2$ homogenisiert werden kann. Diese Homogenisierung bewirkt jedoch, dass bis zu 80 % der Strahlintensität im Ausgleichsfilter absorbiert wird. Die primäre Strahlintensität gegenüber dem Elektronenmodus muss deshalb um Größenordnungen erhöht werden. In modernen Beschleunigern können, dank der erzielbaren hohen Elektronenströme im Beschleunigerrohr, trotzdem hohe Photonen-Dosisleistungen erreicht werden.

Bei kleinvolumigen Bestrahlungen (wie in der stereotaktischen Strahlentherapie oder der IMRT) ist es prinzipiell möglich, auf den Ausgleichskörper zu verzichten und damit die hohe Dosisleistung des nicht homogenisierten Photonenstrahles zu nutzen. Der Nichthomogenität des Feldes muss dann bei der Therapieplanung berücksichtigt werden.

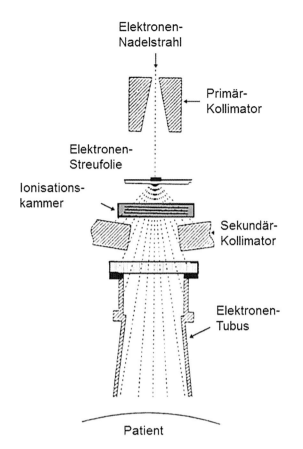

Abb. 20.37 Erzeugung eines Elektronenfeldes durch Aufstreuung der Elektronen in einer Streufolie

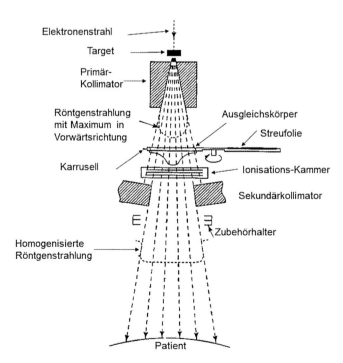

Abb. 20.38 Erzeugung eines Photonenfeldes in einer Wolfram-Metallscheibe („Target") nach [8]

Ein weiterer wichtiger Bestandteil des Strahlerkopfes ist das Monitorsystem. Dies besteht aus einer Anzahl von Transmissions-Ionisationskammern, die den gesamten Strahlquerschnitt hinter der Streufolie bzw. dem Ausgleichskörper erfassen. Diese Monitorkammern müssen dünn sein, sie müssen unempfindlich gegenüber Temperatur- und Luftdruckschwankungen sein und unter Sättigungsbedingungen arbeiten. Sie kontrollieren sowohl laufend die Strahlintensität als auch die Homogenität des Strahlenfeldes. Da für die Absolutdosierung der Strahlenbehandlungen höchste Zuverlässigkeit und Sicherheit gefordert ist, sind Monitorsysteme redundant ausgelegt. Eine ausführlichere Beschreibung der Anforderungen und Auslegung von Monitorsystemen findet sich bei [6].

Strahlbegrenzungssysteme (Kollimatoren) Die Standardstrahlbegrenzung besteht aus im Strahlengang übereinanderliegend angeordneten (meist etwa 10 cm hohen) Wolframblöcken, die variabel so einstellbar sind, dass rechteckige Strahlenfelder bis zu einer maximalen Größe von etwa $40 \times 40\,\text{cm}^2$ (im Isozentrum) erreicht werden. Man unterscheidet:

- den Kollimator, der die primär vom Target ausgehende Strahlung kollimiert,
- einen darunterliegenden, das maximale Strahlenfeld definierenden Sekundärkollimator und
- die variabel einstellbaren Kollimatorblöcke, die das endgültige, rechteckige Strahlenfeld definieren. Diese Kollimatorblöcke liegen ebenfalls getrennt übereinander und sind so einstellbar, dass rechteckige Strahlenfelder bis zu einer maximalen Größe von etwa $40 \times 40\,\text{cm}^2$ erreicht werden.

Multileaf-Kollimatoren Bei modernen Linearbeschleunigern sind Kollimatorsysteme im Linearbeschleuniger integriert, die nach dem „Multileaf-Prinzip" arbeiten. Diese Kollimatoren bestehen aus einer Vielzahl von dünnen Wolframscheiben, die paarweise einander gegenüberliegend angeordnet sind (Abb. 20.39). Die Lamellen können einzeln computergesteuert so verstellt werden, dass beliebig geformte Strahlenfelder aus dem Grundfeld des Beschleunigers ausgeblendet werden können. Multileaf-Kollimatoren sind heute die Voraussetzung für die Applikation tumorkonformer Strahlendosisverteilungen, z. B. mit der 3D-geplanten Konformationstherapie oder intensitätsmodulierten Feldern (Abschn. 26.3; [2, 3, 19]). Diese Therapieformen werden heute überwiegend mit im Strahlerkopf integrierten Multileaf-Kollimatoren durchgeführt, die irreguläre Strahlenfelder bis zu $40 \times 40\,\text{cm}^2$ oder intensitätsmodulierte Strahlenfelder erzeugen können.

Während für die Behandlung von großvolumigen Zielvolumina Leafdicken zwischen 5 mm und 10 mm eingesetzt werden, sind für Spezialbehandlungen wie z. B. die stereotaktisch geführte Strahlentherapie von kleinvolumigen Zielvolumina höher auflösende Multileaf-Kollimatoren (sogenannte „Mikro-Multileaf-Kollimatoren") mit Lamellenbreiten zwischen 1,6 und 3 mm im Einsatz, die entweder im Strahlerkopf integriert sind oder als Zusatzgeräte am Zubehörhalter des Linearbeschleunigers angebracht werden können. Eine ausführliche Darstellung der Problematik und des Einsatzes von Multileaf-Kollimatoren fin-

Teil IV

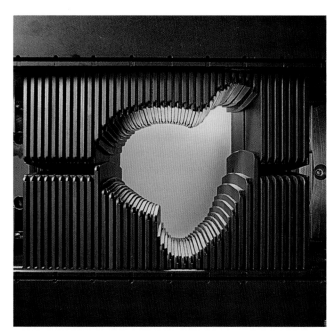

Abb. 20.39 Multileaf-Kollimator nach [22]

det man bei Webb [24–26], Boyer [3], Schlegel [18] und Loverock [11].

Zusammenfassung der Eigenschaften des Elektronen-LINAC
Die Technik und Physik der Elektronenbeschleunigung wird heute so perfekt und zuverlässig beherrscht, dass Linearbeschleuniger als wichtigste Strahlenquelle der Strahlentherapie angesehen werden können.

Durch die Variabilität der Strahlenart (Elektronen oder Photonen) und der Energie können Linearbeschleuniger im gesamten klassischen Gebiet der Teletherapie oberflächlicher und tief liegender Tumoren eingesetzt werden.

Entsprechend der günstigen physikalischen und technischen Eigenschaften sind Linearbeschleuniger heute universell einsetzbar: Sie eignen sich für Großfeldbestrahlungen, die zur Erreichung der erforderlichen Feldgrößen in mehreren Metern Entfernung vom Fokus mit hohen Dosisleistungen durchgeführt werden müssen bis hin zur Bestrahlung mittelgroßer und kleinster Zielvolumina in der intensitätsmodulierten Strahlentherapie oder der stereotaktisch geführten Strahlentherapie und Radiochirurgie.

Aufgaben

20.1 Beschreiben Sie die Röntgenspektren für ein dünnes und ein dickes Röntgen-Target!

20.2 Welche Eigenschaften haben ^{60}Co-Strahlenquellen, die für therapeutische Zwecke in der Teletherapie eingesetzt werden?

Tab. 20.2 Eigenschaften von ^{60}Co-Strahlenquellen

		Richtig	Falsch
a.	Sie haben eine Halbwertszeit von ca. 5 Jahren und müssen daher nach 10–15 Jahren ersetzt werden		
b.	Der Quellendurchmesser beträgt typischerweise 5–10 cm		
c.	Sie strahlen γ-Strahlung mit einem kontinuierlichen Spektrum und einer Grenzenergie von 1,4 MeV ab		
d.	Sie müssen gut verschlossen sein, weil sie sonst das radioaktive Gas Radon freisetzen		
e.	^{60}Co wird in Kernreaktoren gewonnen durch Neutronenbestrahlung von ^{59}Co		

20.3 Welche radioaktiven Isotope werden am häufigsten als Quellen in γ-Bestrahlungsanlagen genutzt:

a. ^{12}C
b. ^{60}Co
c. ^{226}Ra
d. ^{192}Ir

20.4 Welche Mikrowellen werden in Elektronen-Linearbeschleunigern typischerweise genutzt?

Tab. 20.3 Mikrowellen in Elektronen-Linearbeschleunigern

		Richtig	Falsch
a.	Wellen im Röntgenbereich ($\sim 10^{-8}$ cm)		
b.	Mikrowellen im S-Band (10-cm-Wellenlänge) oder Mikrowellen im X-Band (5-cm-Wellenlänge)		
c.	Wellen in den Radio-Frequenzbändern (UHF und VHF)		
d.	UV-Strahlung (Wellenlängen $\sim 10^{-6}$ cm)		

20.5 Ordnen Sie den untenstehenden Aussagen „richtig" oder „falsch" zu!

Tab. 20.4 Beschleuniger

		Richtig	Falsch
a.	^{137}Cs-Teletherapiegeräte werden sehr häufig für die Bestrahlung tief liegender Tumoren eingesetzt		
b.	^{60}Co-Bestrahlungseinrichtungen werden weltweit nicht mehr eingesetzt. Sie gelten als unzuverlässig und hoffnungslos veraltet		
c.	Elektronen-Linearbeschleuniger werden typischerweise im Energiebereich zwischen 30 MeV und 50 MeV betrieben		
d.	Betatrons und Microtrons sind Elektronenbeschleuniger, die heute nicht mehr im breiteren Einsatz sind		
e.	Linearbeschleuniger mit Wanderwellen-Beschleunigung können deutlich kompakter gebaut werden als Stehwellenbeschleuniger		
f.	Elektronen-Linearbeschleuniger werden derzeit durch die Elektronenbeschleunigung mit Zyklotrons und Synchrotrons abgelöst		

20.6 Richtig oder falsch?

Tab. 20.5 Elektronen-Linearbeschleuniger

	Richtig	Falsch
a. Die aus der Beschleunigerröhre eines Elektronen-Linearbeschleunigers austretende Strahlung ist gepulst		
b. Die aus der Beschleunigerröhre eines Elektronen-Linearbeschleunigers austretende Strahlung ist kontinuierlich		
c. Die aus der Beschleunigerröhre eines Elektronen-Linearbeschleunigers austretende Strahlung ist wahlweise gepulst oder kontinuierlich		
d. Die Elektronen in einem Linearbeschleuniger haben bei Austritt nahezu Lichtgeschwindigkeit		
e. Aus der Beschleunigerröhre treten keine Elektronen, sondern hochenergetische Photonen aus		
f. In Stehwellenbeschleunigern werden die einlaufende und rücklaufende Mikrowelle so überlagert, dass in den beschleunigenden Segmenten die doppelte Beschleunigungsspannung erreicht wird		
g. Der Umlenkmagnet in einem Elektronenbeschleuniger dient der Separation der beschleunigten Elektronen von anderen ebenfalls beschleunigten geladenen Teilchen (Protonen, α-Teilchen etc.)		

20.7 Ordnen Sie in Tab. 20.6 die Funktion der einzelnen Komponenten des Strahlerkopfes eines Linearbeschleunigers zu.

Tab. 20.6 Strahlerkopf eines Linearbeschleunigers

	Anpassung des Photonen-Strahlenfeldes an die Größe und Form des Zielvolumens	Kontrolle der Strahlintensität und Homogenität des Strahlenfeldes	Achromatisches System zur Erzeugung eines möglichst kleinen Strahlenfokus auf dem Target	Erzeugung eines aufgestreuten Elektronen-Feldes	Homogenisierung der Strahlung	Erzeugung von hochenergetischen Bremsstrahlen
a. Umlenkmagnet						
b. Monitorkammern						
c. Sekundärkollimator						
d. Target						
e. Ausgleichskörper (Flattening Filter)						
f. Elektronen-Streufolie						

Teil IV

Literatur

1. Bhatnagar JP, Novotny J, Niranjan A, Kondziolka D, Flickinger J, Lunsford D, Huq MS (2009) First year experience with newly developed Leksell Gamma Knife Perfexion. J Med Phys 34(3):141–148. https://doi.org/10.4103/0971-6203.54848

2. Bortfeld T, Stein J, Schlegel W (1998) Inverse Planung und Bestrahlungstechniken mit intensitätsmodulierten Feldern. In: Richter J (Hrsg) Strahlenphysik für die Radioonkologie. Thieme, Stuttgart, S 121–129

3. Boyer A, Xing L, Xia P (1999) Beam shaping and intensity modulation. In: van Dyk J (Hrsg) The modern technology of radiation oncology. Medical Physics Publishing, S 437–479

4. BR84, Wikimedia Commons. https://de.wikipedia.org/wiki/Mikrotron#/media/File:ClassicMicrotronSketch.svg, https://de.wikipedia.org/wiki/Mikrotron#/media/File:RacetrackMicrotronSketch.svg. Lizensiert unter Creative Commons CC0 1.0 Universal Public Domain Dedication https://creativecommons.org/publicdomain/zero/1.0/legalcode. Zugegriffen: 13. Apr. 2018

5. ELEKTA (2017) Leksell Gamma Knife® Perfexion™. http://ecatalog.elekta.com/neuroscience/leksell-gamma-knife(r)-perfexion/products/0/20367/22193/20231/leksell-gamma-knife(R)-perfexion.aspx. Zugegriffen: 5. Jan. 2017

6. Greene D, C. WP (1997) Linear accelerators for radiation therapy. IOP-Publishing, Bristol

7. Johns HE, Cunningham JR (1971) Physics of radiology, 3. Aufl. Charles C. Thomas, Springfield

8. Karzmark C, Nunan CS, Tanabe E (1993) Medical electron accelerators. McGraw-Hill, New York

9. Langhans M, Echner G, Runz A, Baumann M, Xu M, Ueltzhoffer S, Häring P, Schlegel W (2015) Development, physical properties and clinical applicability of a mechanical multileaf collimator for the use in cobalt-60 radiotherapy. Phys Med Biol 60(8):3375–3387. https://doi.org/10.1088/0031-9155/60/8/3375

10. Leksell L (1968) Cerebral radiosurgery. I. Gammathalamotomy in two cases of intractable pain. Karolinska Sjukhuset, Stockholm, S 585–595

11. Loverock L (2007) Linear accelerators. In: Mayles P, Nahum L, Rosenwald J (Hrsg) Handbook of radiotherapy physics. Taylor & Francis, London, S S197–240

12. Mould RF (1993) A century of X-rays and radioactivity in medicine: with emphasis on photographic records of the early years. IOP Publishing, Bristol

13. Phillips MH (1993) Physical aspects of stereotactic radiosurgery. Springer, Berlin, Heidelberg

14. Podgorsak EB (1999) Stereotactic irradiation. In: Van Dyk J (Hrsg) The modern technology of radiation oncology. Medical Physics Publishing, S 589–639

15. Podgorsak EB (2005) Radiation oncology physics: a handbook for teachers and students. International Atomic Energy Agency (IAEA), Wien

16. Podgorsak E, Metcalfe P, van Dyk J (1999) Medical accelerators. In: van Dyk J (Hrsg) The modern technology of radiation oncology. Medical Physics Publishing, S 349–435

17. Schlegel W (2002) Bestrahlungsgeräte der Teletherapie. In: Schlegel W, Bille J (Hrsg) Medizinische Physik 2. Springer, Berlin, Heidelberg, New York, Tokio, S 369–393

18. Schlegel W, Mahr A (2007) 3D conformal radiation therapy: multimedia introduction to methods and techniques, 2. Aufl. Springer, Berlin, Heidelberg, New York, Tokio

19. Schlegel W, Grosser K, Häring P, Rhein B (2006) Beam delivery in 3D conformal radiotherapy using multi-leaf collimators. In: Schlegel W, Bortfeld T, Grosu A (Hrsg) New technologies in radiation oncology, 2. Aufl. Springer, Berlin, Heidelberg, New York, Tokio, S 255–264

20. Spektrum Betatron-Querschnitt (2017) http://www.spektrum.de/lexika/images/physik/fff1065_w.jpg. Zugegriffen: 5. Jan. 2017

21. Trump JG (1964) Radiation for therapy – in retrospect and prospect. Am J Roentgenol Radium Ther Nucl Med 91:22–30

22. Varian Newsroom (2017) http://newsroom.varian.com/index.php. Zugegriffen: 5. Jan. 2017

23. ViewRay (2017) http://www.viewray.com/. Zugegriffen: 5. Jan. 2017

24. Webb S (1993) The physics of three dimensional radiation therapy: conformal radiotherapy, radiosurgery and treatment planning. IOP-Publishing, Bristol

25. Webb S (1997) The physics of conformal radiotherapy: advances in technology (PBK). IOP-Publishing, Bristol

26. Webb S (2000) Intensity modulated radiation therapy: a clinical review. IOP-Publishing, Bristol

Dosimetrie

21

Günter H. Hartmann

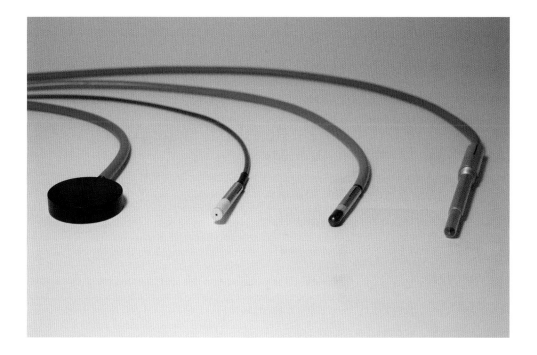

Teil IV

© Springer-Verlag GmbH Deutschland, ein Teil von Springer Nature 2018
W. Schlegel, C.P. Karger, O. Jäkel (Hrsg.), *Medizinische Physik*, https://doi.org/10.1007/978-3-662-54801-1_21

In der Radiologie bezeichnet der Begriff „Dosis" allgemein und etwas vereinfacht eine gewisse Menge an ionisierender Strahlung. Die genauere Begriffsbestimmung der Dosisgröße sollte zweckmäßigerweise mit der beobachteten Wirkung einer Strahlungsdosis korrelieren. Diese angestrebte Einbindung des Dosisbegriffs in ein Ursache-Wirkungs-Konzept zielt auf die praktische Anwendungsmöglichkeit ab. Sie wird mit der physikalisch definierten Größe der Dosis als Energiedosis in vielen Fällen auch gut erreicht. Felder der praktischen Anwendung sind der allgemeine Strahlenschutz, das Teilgebiet des Strahlenschutzes von Personal und Patient in der Radiologie (Röntgendiagnostik und Nuklearmedizin) und weiterhin das Gebiet der Strahlentherapie. Das vorliegende Kapitel befasst sich einerseits mit dem Dosisbegriff der Energiedosis, insbesondere mit seinen theoretischen Grundlagen, und andererseits mit seiner Anwendung, der Dosimetrie. Die Dosimetrie ist die entsprechende Lehre von den Verfahren zur Messung und Berechnung der Dosis bzw. der Dosisleistung, verursacht durch die Wechselwirkungen von ionisierender Strahlung in einem Medium.

21.1 Definitionen

21.1.1 Allgemeine Definitionen zur Beschreibung von Strahlung

Für die Dosimetrie als wissenschaftliche und messtechnische Disziplin ist die Definition einer Reihe von dosimetrischen Größen und deren zugehörigen Einheiten unabdingbar. In Deutschland hat der Normenausschuss Radiologie (NAR) diese Aufgabe mit den Normen DIN 6814 (Teil 1 bis 8) [11] übernommen. Auf internationaler Ebene verfolgt die „International Commission on Radiation Units and Measurements" (ICRU) schon seit ihrer Gründung im Jahr 1925 das Ziel der Entwicklung von international akzeptierten Empfehlungen in Bezug auf Strahlung und Radioaktivität. Die aktuellen Definitionen für die Dosimetrie sind in dem ICRU Report 85 [17] enthalten. Für ein gutes Verständnis der Grundlagen der Dosimetrie wird das Studium dieser beiden Texte dringend empfohlen.

Im vorliegenden Buch werden allgemeine Größen zur Beschreibung von Strahlung im ersten Teil von Kap. 1 eingeführt und deshalb an dieser Stelle mit einer Ausnahme nicht mehr näher erläutert. Die Ausnahme bezieht sich auf die für die Dosimetrie fundamentale Größe der Energiedosis.

21.1.2 Energiedosis

Nach einer Reihe von Entwicklungen von Konzepten hin zum Begriff der „Dosis" als eine gewisse Menge an ionisierender Strahlung hat sich heute die national und international gültige Definition der Energiedosis als eine streng physikalische Definition der Dosis durchgesetzt. Die Energiedosis D ist nach DIN 6814 Teil 3 der Differenzialquotient $d\bar{\varepsilon}$ durch dm, wobei $d\bar{\varepsilon}$ die mittlere Energie ist, die durch ionisierende Strahlung auf ein Medium in einem Volumenelement dV übertragen wird, und

dm die Masse des Materials mit der Dichte ρ in diesem Volumenelement ist (s. a. Abschn. 1.1.2.4):

$$D = \frac{d\bar{\varepsilon}}{dm} = \frac{1}{\rho} \cdot \frac{d\bar{\varepsilon}}{dV} \quad \text{Einheit „Gray"} \left(\text{Gy}, 1\,\text{Gy} = 1\,\frac{\text{J}}{\text{kg}}\right) \quad (21.1)$$

In der Strahlentherapie ist mit der oft verwendeten Kurzbezeichnung Dosis meist die Energiedosis und insbesondere die Energiedosis im Medium Wasser (Wasser-Energiedosis) gemeint. Man beachte, dass die Energiedosis mit der Definition als Differenzialquotient eine mathematische Punktgröße mit der Eigenschaft der Stetigkeit und Differenzierbarkeit ist.

21.2 Dosisbestimmung durch Messung

Die Abschnitte der Dosisbestimmung beziehen sich insbesondere auf den Anwendungsbereich von Strahlungen, wie er in DIN 6800 Teil 2 [9] formuliert ist, nämlich auf die Dosisbestimmung in ^{60}Co-Gammastrahlung, in Bremsstrahlung (Photonenstrahlung) bei Erzeugungsspannungen im Bereich von 1 MV bis 50 MV sowie auf Elektronenstrahlung bei Energien von 3 bis 50 MeV. Es wird dabei von der Bestimmung einer Dosis (und nicht von der Messung) die Rede sein, um auszudrücken, dass die eingangs definierte Energiedosis mit den meisten Methoden nicht direkt gemessen werden kann, sondern aus der Anzeige eines Detektors (allgemein: Sonde) und weiterer Hilfsgrößen bestimmt werden muss. Die folgenden Abschnitte zur Dosisbestimmung gliedern sich in einen konzeptionellen Teil und einen messtechnischen Teil.

21.2.1 Konzepte der Dosisbestimmung durch Messung

21.2.1.1 Sondenmethode

Die Energiedosis, die einem biologischen Gewebe oder einem anderen Material (typischerweise Wasser) an einem interessierenden Punkt (Messort) zugeführt wird, lässt sich in der Praxis nicht unmittelbar, d.h. durch messtechnische Erfassung von Strahlungswirkungen auf das interessierende Material selbst, messen. Man muss daher ein mittelbares Verfahren anwenden, das gemäß DIN 6800 Teil 1 [10] als Sondenmethode bezeichnet wird. Hierbei wird die Sonde, bestehend aus dem Detektormaterial und seiner Umhüllung, in das interessierende Material eingebracht oder an diesem befestigt und mit diesem zusammen bestrahlt. Die Sonde wird als Dosimeter bezeichnet. Aus dem Detektorsignal wird dann die Energiedosis am Messort ermittelt. Charakteristisch für eine Sonde ist also:

1. Das Sondenmaterial unterscheidet sich von dem Material, in dem die Energiedosis bestimmt werden soll.
2. Die Sonde hat ein bestimmtes Messvolumen, mit der Folge, dass damit die Anzeige der Sonde einer über das Sondenvolumen gemittelten Dosis entspricht.

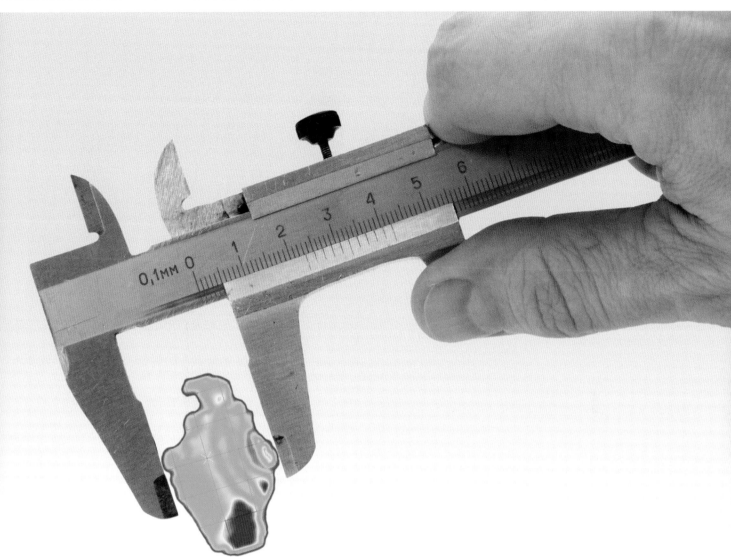

Tab. 21.1 Vergleich verschiedener Dosimeterarten (aus DIN 6800 Teil 1 [10])

Dosimeterart	Dosimetersonde	Sondenmaterial	Anzeigegerät
Ionisationsdosimeter	Ionisationskammer	Luft, in Sonderfällen andere Gase oder Flüssigkeiten	Ladungs- oder Strommessvorrichtung
Eisensulfatdosimeter	Eisensulfat-Lösung (Frickelösung) im Bestrahlungsgefäß	Frickelösung	Spektralphotometer
Thermolumineszenzdosimeter	Leuchtstoff mit oder ohne Umhüllung	Z. B. LiF (dotiert)	TLD-Auswertegerät, bestehend aus Heizvorrichtung und Photometer
Radiophotolumineszenzdosimeter	Glas	Glas (dotiert)	Photomultiplier
Filmdosimeter	Strahlungsempfindliche Schicht des Films	Silberhalogenide	Densitometer, Film-Scanner
Radiochromfilmdosimeter	Strahlungsempfindliche Schicht des Films	Polydiacetylen	Densitometer, Film-Scanner
Speicherfoliendosimeter	Strahlungsempfindliche Schicht der Speicherfolie	Z. B. BaFBr:Eu	Laser-Scanner
Halbleiterdosimeter	Diode, MOSFET	Si, GaAs	Ladungs-, Strom- oder Spannungs- messvorrichtung
Diamantdosimeter	Diamantdetektor	C	Ladungs- oder Strommessvorrichtung
Alanindosimeter	Alaninpulver oder -pressling	Alanin	ESR-Spektrometer
Szintillationsdosimeter	Kunststoff	Vinyltoluene	Photomultiplier

3. Konstruktiv bedingt können sich außerhalb der Sonde weitere Bauteile befinden, die Einfluss auf die Sondenanzeige haben.

In Tab. 21.1 sind verschiedene Arten von Dosimetern zusammengestellt, die sich für die Sondenmethode eignen.

Allgemeines Das grundlegende Konzept zur Dosisbestimmung ist das der Sondenmethode. Die folgenden Abschnitte zur Sondenmethode sind größtenteils aus der DIN 6800 Teil 1 [10] entnommen.

Zusammenhang zwischen der Anzeige der Sonde und der Energiedosis Die dem Material oder dem Gewebe am Messort zugeführte Energiedosis D in Abwesenheit der Sonde erhält man aus dem Sondensignal M mit Hilfe des Ansprechvermögens R der Sonde, das definiert ist als:

$$R = \frac{M}{D} \qquad (21.2)$$

Da das Ansprechvermögen im Allgemeinen nicht bekannt ist, kann man den Zusammenhang zwischen der Anzeige und der Dosis in mehrere Schritte zerlegen. Nachfolgend werden nach Rogers [22] drei Schritte unterschieden:

1. Umwandlung der unkorrigierten Anzeige M der Sonde in eine korrigierte Anzeige M^{corr}.
2. Bestimmung der Energiedosis in der Sonde D_{det} bzw. der Energiedosis im Sondenmaterial D_m mit Hilfe der korrigierten Anzeige. Der Unterschied zwischen D_{det} und D_m besteht darin, dass in D_{det} der Einfluss aller Bauteile, die nicht zu dem eigentlichen Messvolumen der Sonde gehören, berücksichtigt ist. Für D_m wird angenommen, dass alle Bauteile außerhalb der Sonde aus dem Umgebungsmaterial bestehen.
3. Berechnung der Dosis im interessierenden Material aus der Sondendosis mit Hilfe eines Dosis-Umrechnungsfaktors.

Diese drei Schritte sind in der Abb. 21.1 schematisch dargestellt. Im Folgenden wird das Material der Sonde mit dem Symbol m bezeichnet. Das umgebende Material, in dem die Energiedosis

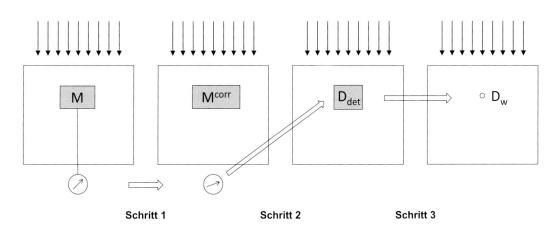

Schritt 1   Schritt 2   Schritt 3

Abb. 21.1 Schematische Darstellung der Dosisbestimmung aus der unkorrigierten Anzeige eines Detektors, der in einem Medium (hier Wasser) bestrahlt wird. Die Dosisbestimmung erfolgt in drei Schritten, die im Text beschrieben werden

bestimmt werden soll, ist üblicherweise Wasser und wird mit dem Symbol w bezeichnet.

Schritt 1: Umwandlung der Anzeige der Sonde in eine korrigierte Anzeige

Die Anzeige M der Sonde kann von bestimmten Umgebungs- oder Messbedingungen abhängen. Der Zusammenhang zwischen der Anzeige und der in der Sonde (Detektor) absorbierten Energiedosis D_{det} ist meist nur unter Referenzbedingungen bekannt. Die Anzeige wird deshalb so korrigiert, dass sie mit einer unter Referenzbedingungen durchgeführten Messung übereinstimmt. Ein Beispiel ist die von der Luftdichte abhängige Anzeige von offenen Ionisationskammern. Hier dient der Korrektionsfaktor k_ρ dazu, den Einfluss der Luftdichte zu korrigieren. Er berücksichtigt den Luftdruck p und der Temperatur T in der Form:

$$k_\rho = \frac{p_0}{p} \cdot \frac{T}{T_0} \qquad (21.3)$$

Die Bezugswerte (Referenzbedingungen) von Luftdruck und Temperatur sind üblicherweise $p_0 = 101{,}325\,\text{kPa}$ und $T_0 = 293{,}15\,\text{K}\ (= 20\,°\text{C})$.

Ein anderes Beispiel der Abhängigkeit von Messbedingungen ist der sogenannte Sättigungseffekt von Ionisationskammern, bei dem die Anzeige von der Dosisrate abhängt. Der Sättigungseffekt wird durch Rekombination von Ladungen im Messvolumen der Ionisationskammer hervorgerufen und führt zu einer Verringerung der gemessenen Ladung. Näheres zum Korrektionsfaktor k_s für den Einfluss der unvollständigen Sättigung ist in der einschlägigen Dosimetrie-Norm DIN 6800 Teil 2 [9] zu finden.

Zusätzlich zu diesen Korrektionsfaktoren muss ein möglicher „Nulleffekt" berücksichtigt werden. Die Umwandlung der unkorrigierten Anzeige der Sonde in eine korrigierte Anzeige lässt sich allgemein in folgender Weise ausdrücken:

$$M^{\text{corr}} = k_{\text{env}} \cdot k_{\text{dr}} \cdot (M - M_0) \qquad (21.4)$$

Dabei ist M die unkorrigierte Anzeige, M_0 die Nullanzeige des Dosimeters ohne Bestrahlung, k_{env} der Korrektionsfaktor zur Berücksichtigung von Umgebungseinflüssen und k_{dr} der Korrektionsfaktor zur Berücksichtigung einer möglichen Dosisraten-Abhängigkeit.

Schritt 2: Bestimmung der Energiedosis im Sondenmaterial

Bei diesem Schritt ist zunächst zu fragen, ob die Energiedosis in der Sonde D_{det} proportional zur korrigierten Anzeige ist. Die Abweichung von der Proportionalität kann durch den intrinsischen Linearitätsfaktor k_{il} korrigiert werden:

$$D_{\text{det}} \propto k_{\text{il}} \cdot M^{\text{corr}} \qquad (21.5)$$

Der Wert von k_{il} ist bei einer festgelegten Dosis gleich 1,00. Wenn der intrinsische Linearitätsfaktor unabhängig von der Sondendosis ist, dann spricht man von einer Sonde mit einem linearen Ansprechvermögen.

In Abb. 21.2 ist das Verhalten von Sonden mit linearem und nichtlinearem Ansprechvermögen schematisch dargestellt. Thermolumineszenzdetektoren sind ein Beispiel für ein Dosimeter mit einem nichtlinearen, nämlich einem supralinearen Verhalten.

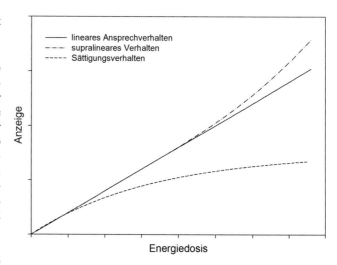

Abb. 21.2 Schematische Darstellung eines linearen Ansprechvermögens, eines supralinearen Ansprechvermögens und eines Ansprechvermögens mit Sättigungsverhalten

Weiterhin ist zu fragen, ob und welche Abhängigkeit von der Strahlungsqualität (der Energieverteilung der Strahlung) zwischen Anzeige und der Sonden-Energiedosis besteht. Dieser Zusammenhang wird durch den zusätzlichen intrinsischen Energieabhängigkeitsfaktor k_{intr} beschrieben:

$$D_{\text{det}} = k_{\text{intr}}\,(Q) \cdot k_{\text{il}} \cdot M^{\text{corr}} \qquad (21.6)$$

Bei Festkörperdetektoren ist der intrinsische Energieabhängigkeitsfaktor normalerweise nicht konstant und muss deshalb in Abhängigkeit von seinem Energieverlauf bzw. seiner Abhängigkeit von der Strahlungsqualität Q[1] berücksichtigt werden. Seine Ermittlung kann in den meisten Fällen nicht mit Hilfe eines Rechenmodells, sondern nur über experimentelle Messungen erfolgen, z. B. aus einer Kalibriermessung.

Eine Ausnahme stellt die Ionisationskammer als Sonde dar. In diesem Fall ist der intrinsische Energieabhängigkeitsfaktor k_{intr} konstant und wird berechnet durch:

$$k_{\text{intr}} = \frac{\left(\frac{w}{e}\right)}{\rho V} \qquad (21.7)$$

Dabei ist $\left(\frac{w}{e}\right)$ die mittlere Energie, die zur Erzeugung eines Ionenpaares in Luft aufgewendet werden muss, und ρV die Masse der Luft im Messvolumen der Ionisationskammer. Die in der praktischen Anwendung übliche Kalibrierung einer Ionisationskammer dient hier zu einer exakten Bestimmung des sensitiven Messvolumens V.

Schritt 3: Dosis-Umrechnungsfaktor

Die Umrechnung der Energiedosis in der Sonde D_{det} in die Energiedosis am

---

[1] Die Verwendung des Symbols Q zur allgemeinen Bezeichnung einer Strahlungsqualität wurde aus der englisch-sprachigen Literatur entnommen. Gemäß der deutschen Normung bezeichnet das Symbol Q im engeren Sinne den Strahlungsqualitätsindex. Er ist ein Parameter, durch den die relative spektrale Teilchenflussdichte einer hochenergetischen Photonenstrahlung charakterisiert wird.

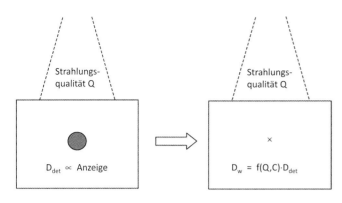

Abb. 21.3 Schematische Darstellung des Dosisumrechnungsfaktors $f(Q, C)$, der zur Bestimmung der Energiedosis in Wasser D_w aus der Energiedosis in der Sonde D_{det} dient

Messpunkt im interessierenden Medium D_w stellt in der Sondenmethode eine zentrale Aufgabe dar. In der allgemeinsten Form kann diese Aufgabe als eine Bestimmung eines Faktors f bezüglich einer Strahlungsqualität Q und unter Berücksichtigung der vorliegenden Messbedingungen C (wie z. B. Feldgröße, Abstand vom Zentralstrahl) in folgender Form beschrieben werden:

$$f(Q, C) = \left(\frac{D_w}{D_{det}}\right)_{Q,C} \quad (21.8)$$

Dies wird in Abb. 21.3 veranschaulicht. Man beachte, dass mit D_{det} die über die über das ganze Detektorvolumen gemittelte Energiedosis gemeint ist. Außerdem wird D_{det} nicht nur durch das Sondenmaterial, sondern auch durch bauartspezifische Konstruktionsmerkmale außerhalb des Sondenmessvolumens beeinflusst.

Zur Ermittlung des Dosis-Umrechnungsfaktors gibt es eine Reihe von Methoden, die in der Literatur im Rahmen der Hohlraumtheorie (Cavity Theory) behandelt werden. Eine gute Übersicht ist zum Beispiel in „Handbook of Radiotherapy Physics – Theory and Practice" [20] in Kapitel 6 zu finden.

Zusammenfassend wird der Zusammenhang zwischen Detektor-Anzeige und Energiedosis mit Hilfe der drei oben beschriebenen Schritte durch den folgenden Ausdruck beschrieben, wobei die bisher eingeführten Symbole verwendet werden:

$$D_w = f(Q, C) \cdot k_{intr}(Q) \cdot k_{il} \cdot k_{env} \cdot k_{dr} \cdot (M - M_0) \quad (21.9)$$

21.2.1.2 Hohlraumtheorie und Dosisumrechnungsfaktor

Dosisumrechnungsfaktor nach Bragg-Gray Diese Methode geht von der Vorstellung aus, dass die Sonde sehr klein bzw. aus einem Material mit geringer Dichte besteht (wie das beispielsweise bei Ionisationskammern der Fall ist). Bei Sonden dieser Art erfolgt der Prozess der Energieübertragung von Strahlung auf das Sondenmaterial überwiegend über das Bremsvermögen von Elektronen. Bei Kenntnis des Fluenzspektrums der Elektronen ergibt sich die Energiedosis in der Sonde damit in guter Näherung als:

$$D_m = \int \phi_{E,m} \left(\frac{S_{el}}{\rho}\right)_m dE \quad (21.10)$$

Hierbei ist $(S_{el}/\rho)_m$ das Massen-Stoßbremsvermögen des Sondenmaterials. Mit der Einführung eines mittleren Massen-Stoßbremsvermögens bezüglich des Fluenzspektrums als

$$\overline{\left(\frac{S_{el}}{\rho}\right)_m} = \frac{\int \phi_{E,m} (\frac{S_{el}}{\rho})_m dE}{\int \phi_{E,m} dE} \quad (21.11)$$

geht Gl. 21.10 wegen $\int \phi_{E,m} dE = \Phi_m$ über in:

$$D_m = \overline{\left(\frac{S_{el}}{\rho}\right)_m} \cdot \Phi_m \quad (21.12)$$

Die Energiedosis am Messort innerhalb des interessierenden Materials ist entsprechend:

$$D_w = \overline{\left(\frac{S_{el}}{\rho}\right)_w} \cdot \Phi_w \quad (21.13)$$

Die Verwendung einer sehr kleinen Sonde hat eine zweite Konsequenz: Man kann in diesem Fall als Näherung annehmen, dass die Fluenz der sekundären Elektronen in der Sonde im Vergleich zu der am Messort ohne die Anwesenheit der Sonde unverändert bleibt, d. h. $\Phi_m = \Phi_w$. Der Dosisumrechnungsfaktor f aus Gl. 21.8 kann unter diesen Voraussetzungen direkt berechnet werden als:

$$f = \left(\frac{D_w}{D_m}\right) = \overline{\left(\frac{S_{el}}{\rho}\right)_w} \Big/ \overline{\left(\frac{S_{el}}{\rho}\right)_m} \quad (21.14)$$

Zusammenfassend lauten die beiden Bedingungen, die zur Gültigkeit dieser Gleichung erfüllt sein müssen und die als Bragg-Gray-Bedingungen bezeichnet werden:

1. Die Energiedosis in der Sonde wird ausschließlich durch Elektronen vermittelt, die das Sondenmessvolumen durchqueren, so dass bei der Energieübertragung von der Strahlung auf das Material der Sonde nur die Wechselwirkung der Elektronen, genauer das Stoßbremsvermögen des Sondenmaterials, eingeht.
2. Die Fluenz der Elektronen innerhalb der Sonde ist identisch mit der im interessierenden Material M_{det} am Messpunkt ohne Anwesenheit der Sonde, d. h., die Fluenz der Elektronen wird durch die Einführung der Sonde nicht verändert.

Man bezeichnet das Verhältnis der mittleren Massen-Stoßbremsvermögen von Wasser zu Luft nach Bragg-Gray mit dem Symbol $s_{w,a}^{BG}$.

Ein Detail der Berechnungsmethode nach Bragg-Gray muss näher betrachtet werden, nämlich die Frage, welches Elektronenspektrum bei dieser Methode denn eingeht. Man könnte zunächst meinen, dass das Fluenzspektrum alle Elektronen innerhalb der Sonde, d. h. auch die energiereichen Sekundärelektronen (oft δ-Elektronen genannt) umfassen muss. In diesem Fall würde jedoch die Energieübertragung der δ-Elektronen doppelt berücksichtigt werden, nämlich beim Stoßbremsvermögen, das den Energieverlust aller Elektronen einschließlich der δ-Elektronen umfasst, und noch einmal bei dem Energieverlust dieser erzeugten δ-Elektronen selbst, sofern sie Bestandteil der Fluenz sind. Daraus folgt, dass in den Gln. 21.10 bis 21.14 nur die Fluenz der primären Elektronen (auch Elektronen der ersten Generation genannt) berücksichtigt werden darf.

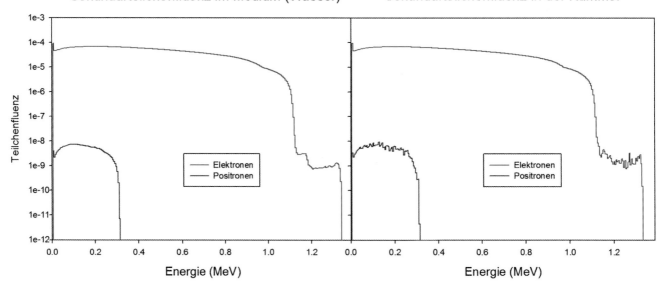

Abb. 21.4 Vergleich der Elektronenfluenz am Messort in Wasser und im Messvolumen einer Farmer-Ionisationskammer, die an diesem Messort positioniert ist

Spencer-Attix-Modifizierung Die Berechnung des Umrechnungsfaktor nach Gl. 21.14 ist nicht ganz korrekt, und dies liegt an den δ-Elektronen, die wegen ihrer hohen Energie die Sonde wieder verlassen können und damit einen Teil der Energie mitnehmen, die durch das Bremsvermögen in Gl. 21.12 bereits als Energieabsorption verbucht worden ist. Ein Weg zur Berücksichtigung dieses Effekts wurde von Spencer und Attix 1955 [24, 25] aufgezeigt, der eine Weiterentwicklung der Bragg-Gray-Methode ist. Dazu werden zwei Modifikationen von Gl. 21.14 benötigt:

1. Es wird ein energiebeschränktes Stoßbremsvermögen mit dem Ziel eingeführt, die Energieübertragung auf diejenigen energiereichen δ-Elektronen auszuschließen, die das Sondenvolumen wieder verlassen können. Die zugehörige Energieschwelle wird mit dem Symbol Δ und das zugehörige energiebeschränkte Stoßbremsvermögen mit dem Symbol L_Δ bezeichnet. Der Energiebeitrag dieser δ-Elektronen innerhalb der Sonde muss dann jedoch zusätzlich mit Hilfe der Fluenz der δ-Elektronen berücksichtigt werden, d. h., die Fluenz der Elektronen innerhalb der Sonde muss bei Verwendung des energiebeschränkten Stoßbremsvermögen auch die δ-Elektronen einschließen. Diese erweiterte Fluenz wird in den Gl. 21.15 und 21.16 mit dem Symbol Φ' bezeichnet.

2. Die Bestimmung der Energieübertragung mit Hilfe des Stoßbremsvermögens des Sondenmaterials setzt voraus, dass die Elektronen das Sondenvolumen ganz durchqueren (man bezeichnet diese Elektronen auch als „Crosser"). Das trifft jedoch nicht immer zu: bei sehr kleinen Energien können Elektronen im Sondenvolumen zur Ruhe kommen („Stopper"). Die absorbierte Energie ist damit gleich der kinetischen Restenergie der Elektronen. Zur Berücksichtigung dieses Effekts wird das Spektrum der Elektronen in zwei Energiebereiche eingeteilt, die durch eine Schwellenenergie getrennt sind. Üblicherweise verwendet man hierfür den gleichen Wert Δ

wie bei der unter (1) genannten Modifikation. Für Elektronen mit einer kinetischen Energie $E_{kin} \leq \Delta$ wird eine Reichweite von null angenommen (d. h., deren kinetische Energie wird am Ort ihres Entstehens vollständig absorbiert). Elektronen mit $E_{kin} > \Delta$ haben genügend Energie, um das Sondenvolumen ganz durchqueren zu können, d. h., die Energieübertragung erfolgt durch das Stoßbremsvermögen entlang der vollständigen Spurlänge im Messvolumen.

Diese Modifikationen führen für Ionisationskammern, die zur Messung der Wasser-Energiedosis dienen, schließlich zur heute üblichen Formulierung des Verhältnisses der mittleren, beschränkten Massen-Stoßbremsvermögen von Wasser zu Luft nach Spencer und Attix mit dem Symbol $s_{w,a}^{SA}$

$$s_{w,a}^{SA} = \frac{\int_\Delta^{E_{max}} \Phi'_{E,w} \cdot (L_\Delta/\rho)_w + TE_w}{\int_\Delta^{E_{max}} \Phi'_{E,a} \cdot (L_\Delta/\rho)_a + TE_a} \tag{21.15}$$

In diesem Fall ist das Sondenmaterial m mit a (= air) bezeichnet. TE ist ein sogenannter Track-End-Term, der den Anteil der Energieabsorption von Elektronen mit $E_{kin} \leq \Delta$ umfasst. Das sind Elektronen, die bei Entstehung innerhalb der Sonde eine kinetische Energie kleiner Δ haben. Nahum hat für den Track-End-Term die folgende Formulierung eingeführt [21]:

$$TE = \Phi'_E(\Delta) \cdot (S^{col}(\Delta)/\rho)_\Delta \cdot \Delta \tag{21.16}$$

Einführung von Störungsfaktoren Die oben genannten Bragg-Gray-Bedingungen sind im konkreten Fall einer Dosismessung nicht vollständig erfüllt. Die Einführung einer Sonde führt in Wirklichkeit immer zu einer, wenn auch sehr kleinen Veränderung des Fluenzspektrums. Ein Beispiel für die Veränderung des Fluenzspektrums zwischen Wasser und dem Messvolumen einer Farmerkammer ist in Abb. 21.4 gezeigt. Abb. 21.5 zeigt den Unterschied als das Verhältnis der Fluenz zwischen Wasser und Luft in Abhängigkeit der Energie.

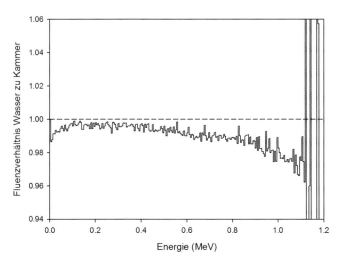

Abb. 21.5 Energieabhängiges Verhältnis zwischen der Fluenz in Wasser am Messort und der im Luftvolumen einer Farmerkammer, die mit ihrem Bezugspunkt am Messort positioniert ist

Man spricht deshalb von einer „Störung" des Fluenzspektrums am Messort, die durch die Sonde bewirkt wird. Formal wird diese Störung durch die Einführung eines Störungsfaktors berücksichtigt, dessen Zahlenwert nahe bei 1 liegen sollte. Der Dosisumrechnungsfaktor $f(Q)$ ergibt sich schließlich nach der folgenden Faktorisierung:

$$f(Q) = (s_{w,a}^{SA})_Q \cdot p_Q \qquad (21.17)$$

Der Störungsfaktor wird oftmals als Produkt aus Einzelstörungsfaktoren dargestellt, die jeder für sich und unabhängig voneinander eine bestimmte Störungsursache berücksichtigen. Beispielsweise werden bei Messungen mit Ionisationskammern unter Referenzbedingungen nach DIN 6800 Teil 2 [9] die folgenden Störungsfaktoren berücksichtigt:

- p_{stem}: Kammerstiel-Störungsfaktor
  Er berücksichtigt den Beitrag der aus dem Kammerstiel und Isolator stammenden Elektronen zur Gesamtionisation im Messvolumen.
- p_{wall}: Kammerwand-Störungsfaktor
  Er berücksichtigt, dass Sekundärelektronen mit verschiedenen Wechselwirkungskoeffizienten im Kammerwandmaterial (einschließlich einer gegebenenfalls vorhandenen Wasserschutzhülse) und im umgebenden Medium (Wasser) in unterschiedlichem Maße erzeugt, gestreut und abgebremst werden.
- p_{cel}: Mittelelektroden-Störungsfaktor
  Er berücksichtigt bei Kompaktkammern den Beitrag der aus der Mittelelektrode stammenden Elektronen zur Gesamtionisation im Messvolumen.
- p_{dis}: Gradienteneffekt-Störungsfaktor
  Er berücksichtigt den Gradienteneffekt, d. h., die in Tiefenrichtung verminderte Dichte der Wechselwirkungen der Photonenstrahlung und der Sekundärelektronen im Luftvolumen der Ionisationskammer im Vergleich zur Dichte dieser Wechselwirkungen in dem durch das Luftvolumen verdrängten Phantommaterial (Wasser). Der Gradienteneffekt wird

jedoch in der deutschen Norm DIN 6800 nicht durch den Störungsfaktor p_{dis}, sondern durch die Positionierung der Ionisationskammer im Zusammenhang mit einem Korrektionsfaktor k_r berücksichtigt.
- p_{cav}: Hohlraumeffekt-Störungsfaktor
  Er berücksichtigt den Hohlraumeffekt, d. h. den Einfluss der Abweichung von Form und Größe des Messvolumens vom Ideal eines punktförmigen Detektors auf das Sekundärelektronenfeld im Messvolumen und im umgebenden Medium (Wasser) sowie auf die Energiedeposition der Sekundärelektronen im Messvolumen unter Referenzbedingungen.

Eine tiefergehende Erörterung des Störungsfaktors und dessen mögliche weitere Faktorisierung bei Messungen unter Referenzbedingungen ist in der DIN 6800 Teil 2 [9] zu finden.

Zahlenwerte für die qualitätsabhängigen Verhältnisse der mittleren, beschränkten Massen-Stoßbremsvermögen von Wasser zu Luft nach Spencer und Attix und für Störungsfaktoren sind in den nationalen und internationalen Dosimetrieprotokollen zu finden.

Der globale Dosisumrechnungsfaktor f, der, wie zuvor gezeigt, von einer Reihe von Einflussfaktoren abhängt, kann heute durch Monte-Carlo-Verfahren direkt, d. h. nicht als Produkt einzelner Faktoren, berechnet werden kann. Bei Vorliegen von Referenzbedingungen liegen heute MC-berechnete Werte vor, die mit einer Unsicherheit von etwa 0,5 % behaftet sind. Voraussetzung für die Berechnung ist jedoch die Kenntnis des Strahlungsfeldes und des sensitiven Volumens des Detektors sowie sonstiger Konstruktionsmerkmale der Kammer. Diese Voraussetzung ist insbesondere bei Ionisationskammern erfüllt.

Neuere Ansätze zur Bestimmung des Dosisumrechnungsfaktors
Die oben beschriebene Hohlraumtheorie zur Ermittlung des Dosisumrechnungsfaktors f beruht auf der Idee eines idealen, punktförmigen Detektors, der das Spektrum der Elektronen am Ort der Messung nicht verändert und auf der Berücksichtigung der Abweichungen von dieser idealen Annahme bei einem realen Detektor. Dies führt zu einer Faktorisierung in die beiden Subfaktoren:

1. nämlich in das Verhältnis des Massenbremsvermögens nach Spencer-Attix und
2. in einen globalen Störungsfaktor. Dabei sollte der Zahlenwert des Störungsfaktors nahe bei eins liegen.

Die Monte-Carlo-Berechnung des globalen Dosisumrechnungsfaktors f macht diese Faktorisierung offensichtlich überflüssig. Es gibt jedoch gute Gründe, den Ansatz der Faktorisierung weiterhin zu verfolgen:

1. Der Aufwand zur MC-Berechnung des globalen Dosisumrechnungsfaktors f für beliebige Detektoren und für beliebige Messbedingungen ist mit heutigen Rechnerkapazitäten nicht zu leisten. Eine parametrische Beschreibung der Subfaktoren (zum Beispiel in Abhängigkeit der Strahlungsqualität) erscheint bei Weitem praktikabler.
2. Der Störungsfaktor kann unter Nicht-Referenzbedingungen erheblich von eins abweichen. Dafür möchte man gerne eine Erklärung, die durch die Berechnung des globalen Dosisumrechnungsfaktors nicht unmittelbar geleistet werden kann.

Teil IV

3. Die Monte-Carlo-Methode erlaubt es jedoch, durch eine geeignete Faktorisierung eine Reihe von Einflussfaktoren bei der Energiedeposition in einem Detektor insbesondere bei Nicht-Referenzbedingungen quantitativ und mit hoher Genauigkeit zu untersuchen und gegebenenfalls zu parametrisieren.

Fluenz-basierte Faktorisierung Hierzu ist es zweckmäßig, die bei der Monte-Carlo-Methode berücksichtigten Beiträge zur Energiedeposition innerhalb der Sonde hinsichtlich ihrer Verursachung zu kategorisieren:

- Energieverlust von Elektronen mit einer kinetischen Energie $> \Delta$
- Absorption der kinetischen Energie von Elektronen mit einer Energie $\leq \Delta$ (Track End)
- Energieverlust von Positronen mit einer kinetischen Energie $> \Delta$
- Absorption der kinetischen Energie von Positronen mit einer Energie $\leq \Delta$ (Track End)
- Photonenkomponente: Absorption der Energie von Photonen mit einer Energie $\leq \Delta$ (Track End) und freiwerdende Bindungsenergie bei Photonenwechselwirkungen

Man kann die ersten vier Kategorien der Energiedeposition als diejenigen zusammenfassen, die durch geladene Teilchen (engl. charged particles) verursacht werden. Die zugehörige Energiedosis sei mit D^{cp} bezeichnet. Da es die Monte-Carlo-Methode erlaubt, jede durch Elektronen und Positronen verursachte Energiedeposition über das Fluenzspektrum zu berücksichtigen, kann D^{cp} mit Hilfe des Fluenzspektrums wie folgt berechnet werden:

$$D^{\mathrm{cp}} = \int\limits_{\Delta}^{E_{\max}} \varphi_{\mathrm{el}}^{\Delta}(E) \cdot \left(\frac{L_{\mathrm{el}}^{\Delta}}{\rho} \right) \mathrm{d}E + \int\limits_{\Delta}^{E_{\max}} \varphi_{\mathrm{p}}^{\Delta}(E) \cdot \left(\frac{L_p^{\Delta}}{\rho} \right) \mathrm{d}E$$
$$+ TE_{\Delta,\mathrm{el}} + TE_{\Delta,\mathrm{p}} \qquad (21.18)$$

Dabei sind $\varphi_{\mathrm{el}}^{\Delta}(E)$ und $\varphi_{\mathrm{p}}^{\Delta}(E)$ die mit Hilfe des beschränkten Massenbremsvermögens erhaltenen energiedifferenziellen Spektren für Elektronen und Positronen und $TE_{\Delta,\mathrm{el}}$ bzw. $TE_{\Delta,\mathrm{p}}$ die Track-End-Terme für Elektronen und Positronen, die man ebenfalls aus dem Spektrumsanteil für $E \leq \Delta$ erhält. Diese Berechnungsformel mit den vier Termen wird im Folgenden vereinfacht ausgedrückt als:

$$D^{\mathrm{cp}} = \{\varphi^{\Delta}; (L^{\Delta}/\rho)\} \qquad (21.19)$$

Die Gesamtdosis setzt sich aus allen Beiträgen zusammen:

$$D = D^{\mathrm{cp}} + D^{\gamma} = D^{\mathrm{cp}} \left(1 + \frac{D^{\gamma}}{D^{\mathrm{cp}}} \right) = D^{\mathrm{cp}} \cdot f^{\gamma} \qquad (21.20)$$

wobei D^{γ} der durch Absorption der Energie von Track-End-Photonen und durch freiwerdende Bindungsenergie bei Photonenwechselwirkungen verursachte Dosisanteil ist.

Der Dosisumrechnungsfaktor ergibt sich gemäß Gl. 21.8 als:

$$f = D_{\mathrm{w}}^{\mathrm{cp}} \cdot f_{\mathrm{w}}^{\gamma} / D_{\mathrm{m}}^{\mathrm{cp}} \cdot f_{\mathrm{m}}^{\gamma} = (D_{\mathrm{w}}^{\mathrm{cp}}/D_{\mathrm{m}}^{\mathrm{cp}}) \cdot (f_{\mathrm{w}}^{\gamma}/f_{\mathrm{m}}^{\gamma}) \qquad (21.21)$$

Dabei wird $D_{\mathrm{w}}^{\mathrm{cp}}$ beispielsweise berechnet durch:

$$D_{\mathrm{w}}^{\mathrm{cp}} = \{\varphi_{\mathrm{w}}^{\Delta}; (L^{\Delta}/\rho)_{\mathrm{w}}\} \qquad (21.22)$$

Zur weiteren Faktorisierung wird eine fiktive Dosisgröße D_x^{cp} eingeführt:

$$D_x^{\mathrm{cp}} = \{\varphi_{\mathrm{w}}^{\Delta}; (L^{\Delta}/\rho)_{\mathrm{m}}\} \qquad (21.23)$$

Dabei werden einerseits das Fluenzspektrum am Messort im Wasser und andererseits das Massenbremsvermögen des Sondenmaterials verwendet. Damit erreicht man schließlich die folgende Faktorisierung:

$$f = f_1 \cdot f_2 \cdot f_3 \qquad (21.24)$$

Mit:

$$f_1 = (D_{\mathrm{w}}^{\mathrm{cp}}/D_x^{\mathrm{cp}}) = \{\varphi_{\mathrm{w}}^{\Delta}; (L^{\Delta}/\rho)_{\mathrm{w}}\}/\{\varphi_{\mathrm{w}}^{\Delta}; (L^{\Delta}/\rho)_{\mathrm{m}}\} \quad (21.25)$$
$$f_2 = (D_x^{\mathrm{cp}}/D_{\mathrm{m}}^{\mathrm{cp}}) = \{\varphi_{\mathrm{w}}^{\Delta}; (L^{\Delta}/\rho)_{\mathrm{m}}\}/\{\varphi_{\mathrm{m}}^{\Delta}; (L^{\Delta}/\rho)_{\mathrm{m}}\} \quad (21.26)$$
$$f_3 = (f_{\mathrm{w}}^{\gamma}/f_{\mathrm{m}}^{\gamma}) \qquad (21.27)$$

Man beachte, dass man zur Berechnung der ersten beiden Subfaktoren das Elektronen- und Positronen-Fluenzspektrum in dem Sondenvolumen und am Messort in Wasser benötigt, wie sie beispielsweise in Abb. 21.4 dargestellt sind.

Im Unterschied zur oben beschriebenen Spencer-Attix-Formulierung sind für diese Faktorisierung keinerlei Annahmen, z. B. die einer idealen Sonde, erforderlich. Die physikalische Interpretation dieser Faktorisierung ist:

- Der erste Faktor beschreibt den Einfluss der unterschiedlichen atomaren Zusammensetzung von Wasser und Sondenmaterial hinsichtlich des Bremsvermögens. Er entspricht dem Verhältnis der mittleren, beschränkten Massen-Stoßbremsvermögen von Wasser zu Luft nach Spencer und Attix mit dem Symbol $s_{\mathrm{w,a}}^{\mathrm{SA}}$ mit dem Unterschied, dass hier die Positronenkomponente explizit aufgeführt wird.
- Der zweite Faktor beschreibt den Einfluss des veränderten Fluenzspektrums der Elektronen und Positronen in der Sonde im Vergleich zu Wasser; er beinhaltet allerdings sämtliche Möglichkeiten der Beeinflussung, wie zum Beispiel durch das ausgedehnte Volumen oder durch bauartspezifische Eigenschaften der Sonde verursacht.
- Der dritte Faktor berücksichtigt den unterschiedlichen Beitrag von Track-End-Photonen und freiwerdender Bindungsenergie in Wasser und in der Sonde. Dieser Faktor liegt allerdings so nahe bei 1, dass er in guter Näherung vernachlässigt werden kann.

Zusammenfassend und vereinfacht ausgedrückt kann dieser Ansatz als Faktorisierung in einen Faktor „gleiches Fluenzspektrum (am Messort) bei unterschiedlichem Material" und in einen Faktor „unterschiedliches Fluenzspektrum bei gleichem Material (= Sondenmaterial)" beschrieben werden. Theoretische Begriffe wie Bragg-Gray-Bedingung, idealer Detektor oder Störung werden hier nicht benötigt.

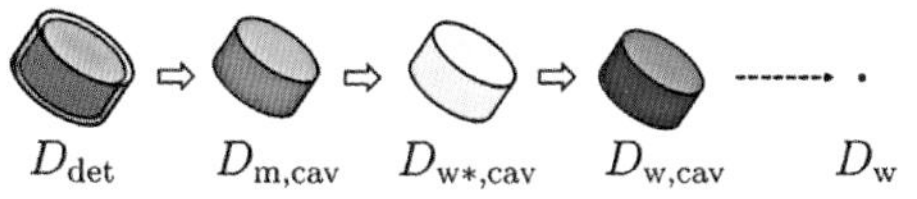

Abb. 21.6 Schema von Simulationsgeometrien, in denen die Dosis durch das Monte-Carlo-Verfahren berechnet wird [6]. Details werden im Text erläutert

Faktorisierung nach H. Bouchard In letzter Zeit wird eine Faktorisierung des Dosisumrechnungsfaktors $f(Q)$ diskutiert, die ebenfalls im Kontext von Monte-Carlo-Rechnungen ihre Stärke zeigt, insbesondere bei Vorliegen von Nicht-Referenzbedingungen. Sie wurde durch die Arbeiten von Hugo Bouchard et al. [5–7], aber auch durch die von anderen Autoren [14] im Detail beschrieben. Diese Faktorisierung beruht auf zwei Ideen:

1. Definition und Einführung einer Fano-Sonde, die die folgenden Bedingungen erfüllt:
   - Die atomaren Eigenschaften der Fano-Sonde unterscheiden sich nicht von Wasser.
   - Die Fluenz aller Teilchen, die die Fano-Sonde durchqueren, ist gleich der Fluenz in einer identisch großen, aus Wasser bestehenden Sonde.

Der Dosisumrechnungsfaktor f_Fano einer solchen Sonde ist

$$f_\text{Fano} = \left(\frac{\overline{Z}}{A}\right)_\text{m}^\text{w} P_\text{vol} \qquad (21.28)$$

mit $\overline{Z}$ = mittlere Ordnungszahl, A = Atomgewicht von Wasser (w) oder Sondenmedium (m). Der Volumenstörungsfaktor P_vol, definiert als Verhältnis von D_w und $D_\text{w,cav}$ (= Energiedosis in einer gleich großen Sonde bestehend aus Wasser), ist in diesem Fano-Dosisumrechnungsfaktor explizit enthalten.

Der Dosisumrechnungsfaktor f einer realen Sonde kann dann mit Hilfe der Monte-Carlo-Methode berechnet werden als:

$$f = \left(\frac{\overline{Z}}{A}\right)_\text{m}^\text{w} P_\text{MC} P_\text{vol} \qquad (21.29)$$

Dabei ist P_MC der globale, mit Hilfe der Monte-Carlo-Methode berechnete Störungsfaktor mit Ausnahme des Volumenstörungsfaktors.

2. Der globale Störungsfaktor P_MC wird in weitere, durch die Monte-Carlo-Methode gut zugängliche Subfaktoren zerlegt, die sich gemäß der in Abb. 21.6 dargestellten Geometrien als Verhältnisse von Dosen berechnen lassen.

Die Simulationsgeometrien und die zugehörigen Dosiswerte sind im Einzelnen:

- D_w: Wasser-Energiedosis in Wasser am Messort, die durch kleines Volumen mit dem Messort als Mittelpunkt berechnet wird.
- $D_\text{w,cav}$: Die über das Sondenmessvolumen gemittelte Wasser-Energiedosis einer aus Wasser bestehenden Sonde mit den identischen Abmessungen des Messvolumens wie bei der realen Sonde.

- $D_\text{w*,cav}$: Wie $D_\text{w,cav}$, wobei die Dichte des Wassers jedoch identisch ist mit der des Sondenmediums.
- $D_\text{m,cav}$: Die über das Sondenmessvolumen gemittelte Medium-Energiedosis.
- D_det: Die über das Sondenvolumen gemittelte Medium-Energiedosis bei vollständiger Berücksichtigung aller sondenspezifischen Bauartdetails, die nicht zum Sondenmessvolumen gehören, wie z. B. die Kammerwand einer Ionisationskammer.

Mit Hilfe dieser Dosiswerte lässt sich Gl. 21.29 weiter faktorisieren in:

$$f = \left(\frac{\overline{Z}}{A}\right)_\text{m}^\text{w} P_\text{ext} \cdot P_\text{med} \cdot P_\rho \cdot P_\text{vol} \qquad (21.30)$$

Dabei ist:

Kammerspezifischer Störungsfaktor: $\quad P_\text{ext} = D_\text{m,cav}/D_\text{det}$
$$(21.31)$$

P_ext korrigiert den Einfluss von Strukturen, die zur Sonde gehören, aber nicht Bestandteil des Sondenmessvolumens sind (engl. extracameral pertubation effect);

Mediumstörungsfaktor: $\quad P_\text{med} = D_\text{w*,cav}/D_\text{m,cav} \cdot \left(\frac{\overline{Z}}{A}\right)_\text{w}^\text{m}$
$$(21.32)$$

P_med korrigiert die unterschiedliche atomare Zusammensetzung zwischen Sondenmaterial und Wasser (engl. atomic composition pertubation effect).

Dichtestörungsfaktor: $\quad P_\rho = D_\text{w,cav}/D_\text{w*,cav} \qquad (21.33)$

P_ρ korrigiert die unterschiedliche Elektronendichte zwischen Sondenmaterial und Wasser (engl. density pertubation effect).

Volumenstörungsfaktor: $\quad P_\text{vol} = D_\text{w,cav}/D_\text{w} \qquad (21.34)$

P_vol korrigiert den Einfluss des ausgedehnten (nicht punktförmigen) Sondenmessvolumens (engl. volume pertubation effect).

Die Berechnung dieser Störungsfaktoren mit Hilfe moderner Monte-Carlo-Verfahren zur Dosisberechnung (zur Methodik siehe [7]) liefert für Nicht-Referenzbedingungen interessante Ergebnisse. Als Beispiel ist in Abb. 21.7 der Verlauf des Volumen-Störungsfaktors und des Dichte-Störungsfaktor für eine luftgefüllte, zylindrische Ionisationskammer in einem $4 \times 4\,\text{cm}^2$ großen Photonenstrahlungsfeld als Funktion des seitlichen Abstandes gezeigt. An der Feldkante (= 2 cm) sind die Störungen für die beiden Effekte beträchtlich. Es zeigt sich auch, dass der Dichte-Störungsfaktor fast ebenso groß ist wie der Volumen-Störungsfaktor, jedoch unterschiedlich vom seitlichen Abstand und von der Strahlungsqualität abhängt.

Scott et al. [23] haben gezeigt, dass der Dichte-Störungseffekt insbesondere bei kleinen Feldern, bei denen ein Nicht-Gleichgewicht der Sekundärelektronen herrscht, einen wesentlichen Beitrag zum gesamten Störungsfaktor liefert.

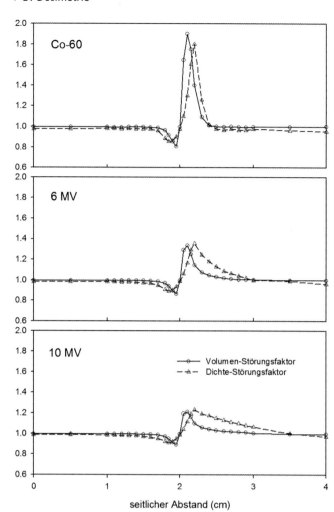

Abb. 21.7 Der Volumen-Störungsfaktor und der Dichte-Störungsfaktor als Funktion des seitlichen Abstandes bei einer zylindrischen, luftgefüllten Ionisationskammer mit dem Radius von 2 mm und der Länge von 10 mm. Bestrahlungsbedingungen: Feld = 4 cm × 4 cm, SSD = 95 cm, Tiefe im Wasserphantom = 5 cm

21.2.2 Prozeduren zur Dosisbestimmung

21.2.2.1 Messphantome

Die folgenden Abschnitte befassen sich mit den in der klinischen Dosimetrie üblichen Bedingungen und Messungen der Wasser-Energiedosis in einem Messphantom. Der Text orientiert sich dabei an den entsprechenden Kapiteln in der DIN 6800 Teil 1 [10].

Dosismessungen für die Strahlentherapie werden normalerweise in einem Wasserphantom durchgeführt, weil die Strahlungstransporteigenschaften (Absorption, Streuung, Sekundärteilchenfeld) von Wasser denen von Weichteilgeweben sehr ähnlich sind. Für eine Dosisbestimmung unter Referenzbedingungen, z. B. bei der Kalibrierung eines Beschleunigers muss ein Wasserphantom eingesetzt werden. Hierfür dient ein Wassertank, in dem das Dosimeter in allen drei Raumrichtungen

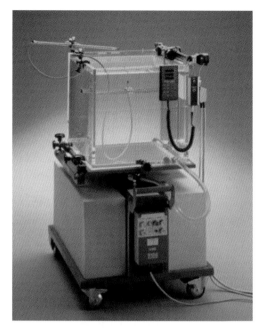

Abb. 21.8 Kommerzielles Wasserphantom mit einer motorischen, dreidimensionalen Positioniereinrichtung (Modell BEAMSCAN™, PTW, Freiburg, Germany, mit freundlicher Genehmigung der PTW Freiburg)

frei bewegt werden kann. Abb. 21.8 zeigt ein modernes Wasserphantom, mit dem die Messdaten über eine Software-Steuerung akquiriert und direkt ausgewertet werden können.

Andere Phantommaterialien können insbesondere bei relativen Messungen ebenso Verwendung finden. Sie sollten zu diesem Zweck jedoch in guter Näherung wasseräquivalent sein und eine gute Genauigkeit und Reproduzierbarkeit der Positionierung bieten. Zeigt ein Festkörperphantom bestehend aus einzelnen Platten (Material: RW3) mit einer Dicke von jeweils 1 cm. In Tab. 21.2 sind wichtige Daten von Wasser und einigen annähernd wasseräquivalenten Phantommaterialien angegeben.

Im Allgemeinen ist die Messunsicherheit einer Dosismessung in einem Festkörperphantom größer als in einem Wasserphantom, da zusätzliche Umrechnungsfaktoren benötigt werden, die selbst mit einer Unsicherheit behaftet sind. Umgerechnet

Abb. 21.9 Festkörperphantom bestehend aus einzelnen Platten (Material: RW3™) mit einer Dicke von jeweils 1 cm

Tab. 21.2 Daten von Wasser und einigen annähernd wasseräquivalenten Phantommaterialien

Material	Chemische Bruttoformel oder Massenanteile	Dichte ρ in $\mathrm{g\,cm^{-3}}$	Elektronendichte ρ_e in $1023\,\mathrm{cm^{-3}}$
Wasser	H_2O (20 °C)	0,998	3,336
Polyethylen niedriger Dichte	CH_2	0,92	3,160
Polyethylen hoher Dichte	CH_2	0,94	3,229
Plastic Water	H: 0,0925; C: 0,6282; N: 0,0100; O: 0,1794; Cl: 0,0096; Ca: 0,0795; Br: 0,0003	1,014	3,326
Polystyrol	C_8H_8	1,029	3,332
Solid Water (RMI-457)	H: 0,081; C: 0,672; N: 0,024; O: 0,199; Cl: 0,001; Ca: 0,023	1,043	3,389
RW3b	98 % Polystyrol + 2 % TiO_2	1,045	3,376
PMMA	$C_5H_8O_2$	1,19	3,865

werden muss beispielsweise die Messtiefe in eine wasseräquivalente Messtiefe. Bei Photonenstrahlung stehen die mit einer bestimmten Schwächung der Primärstrahlung verbundenen Tiefen z_w in Wasser (w) und z_m im annähernd wasseräquivalenten Material (m) im umgekehrten Verhältnis der zugehörigen linearen Schwächungskoeffizienten μ_w und μ_m:

$$\frac{z_w}{z_m} = \frac{\mu_m}{\mu_w} \tag{21.35}$$

Bei Elektronenstrahlung stehen die mit bestimmten Werten von Energieverlust und Vielfachstreuung der Primärstrahlung verbundenen Tiefen z_w in Wasser (w) und z_m im annähernd wasseräquivalenten Material (m) im Verhältnis der zugehörigen praktischen Reichweite $R_{p,w}$ und $R_{p,m}$:

$$\frac{z_w}{z_m} = \frac{R_{p,w}}{R_{p,m}} \tag{21.36}$$

Eine zweite Umrechnung, die gerne vergessen wird, kommt hinzu: Die in einem Festkörperphantom in der äquivalenten Wassertiefe ermittelte Wasser-Energiedosis stimmt nicht bei allen Materialien exakt mit der Wasser-Energiedosis in Wasser überein. Das Verhältnis der Wasser-Energiedosis im Dosismaximum in Wasser und im Material $D_{max,w}/D_{max,m}$ wird üblicherweise mit dem Symbol $h_{w/m}$ bezeichnet. Das bedeutet, dass man die korrekte Wasser-Energiedosis im Wasserphantom erst durch Multiplikation der unkorrigierten Anzeige des Dosimeters mit $h_{w/m}$ erhält. In Tab. 21.3 sind einige experimentell ermittelte Werte für den Quotienten $D_{max,w}/D_{max,m}$ angegeben.

21.2.2.2 Absolute und relative Dosis

Die Methoden der Dosisbestimmung sollten in der Lage sein, absolute Dosiswerte in der radiologischen Einheit Gray [Gy]

und relative Dosiswerte in Prozent zu liefern. Besonders in der Bestrahlungsplanung für die Strahlentherapie wird jedoch zunächst fast immer nur eine relative Dosisverteilung berechnet, bezogen auf einen, im Prinzip beliebig wählbaren Normierungspunkt. Dieser Punkt wird häufig durch die Methode der Dosierung (im Isozentrum, im ICRU-Punkt) festgelegt. Damit hängt die Genauigkeit der berechneten Dosisverteilung in hohem Maße von der Genauigkeit der Dosisbestimmung in diesem einen Punkt ab. Es ist daher vollkommen klar, dass die höchsten Ansprüche an die Korrektheit der Dosisbestimmung am Normierungspunkt gestellt werden müssen. Dies gilt für Berechnungen und für Messungen.

21.2.2.3 Absolute Dosisbestimmung mit Hilfe von kalibrierten Dosimetern

Als Kalibrierung bezeichnet man in der Dosimetrie allgemein die Ermittlung eines Sonden-Kalibrierfaktors. Darunter versteht man die Anzeige des Detektors bei Bestrahlung in Bezug auf eine bestimmte Dosisgröße. Bei Strahlenschutzdosimetern wird hierfür häufig die Luft-Kerma verwendet. Bei Ionisationskammern, die in der Strahlentherapie eingesetzt werden, dient die Wasser-Energiedosis als Bezugsdosis.

Der Sonden-Kalibrierfaktor N einer Ionisationskammer wird in einem Kalibrierlabor als das Verhältnis des mit einem Normaldosimeter in der Bezugstiefe gemessenen Wertes der Wasser-Energiedosis zu der für Bezugsbedingungen geltenden (also korrigierten) Anzeige des Dosimeters ermittelt:

$$N = \frac{D}{M} \tag{21.37}$$

Dabei ist D die am Messort bekannte Dosis im interessierenden Medium und M die zugehörige Anzeige des Dosimeters

Teil IV

Tab. 21.3 Experimentelle Werte für den Quotienten $D_{max,w}/D_{max,m}$

Strahlung	Phantommaterial						
	Polyethylen niedriger Dichte	Polyethylen hoher Dichte	Plastic Water	Polystyrol	Solid Water (RMI-457)	RW3	PMMA
^{60}Co	1,00	1,00	1,00	1,00	1,00	1,00	1,00
Photonen: $Q = 0,6\ldots0,8$	1,00	1,00	1,00	1,00	1,00	1,00	1,00
Elektronen: $E = 2\ldots20\,\mathrm{MeV}$	1,00	1,00	1,00	1,015	1,01	1,01	1,00

am Messort unter festgesetzten Bezugs- bzw. Messbedingungen für die Kalibrierung. Die Kalibrierung des Normaldosimeters sollte in Deutschland auf die Primärnormal-Messeinrichtung der Physikalisch-Technischen Bundesanstalt rückführbar sein. Das Messergebnis der Primärnormal-Messeinrichtung wird als der richtige Wert der Messgröße angesehen.

Der Vorteil der Verwendung von kalibrierten Dosimetern besteht in der sehr einfachen Prozedur der Dosisbestimmung, wenn bei einer Messung die bei der Kalibrierung festgesetzten Bezugsbedingungen exakt eingehalten werden können. In diesem Fall ergibt sich die Dosis unmittelbar aus:

$$D = N \cdot M \qquad (21.38)$$

In diesem Ausdruck ist eine eventuelle Nullanzeige des Dosimeters ohne Bestrahlung nicht berücksichtigt. Die Einfachheit der Dosisbestimmung wird durch den Vergleich mit dem Ausdruck Gl. 21.9 unmittelbar deutlich, da der Kalibrierfaktor das Produkt von drei Faktoren ersetzt, nämlich das aus dem Dosisumrechnungsfaktor f, aus dem Linearitätsfaktor k_{il} und dem intrinsischen Energieabhängigkeitsfaktor k_{intr}.

Bei (fast immer vorkommenden) Abweichungen von den Bezugsbedingungen werden zusätzliche Korrektionsfaktoren eingesetzt. Diese Korrektionsfaktoren können unterschiedliche Einflussfaktoren bei der Messung berücksichtigen; sie werden als voneinander unabhängig angesehen. Die Dosisbestimmung erfolgt dann in einer im Vergleich zu Gl. 21.38 immer noch sehr einfachen Weise nach

$$D = N \cdot M \cdot \prod k_i \qquad (21.39)$$

Dabei ist $\prod k_i$ das Produkt aller angewendeten Korrektionsfaktoren.

Die Korrektionsfaktoren k_i und die entsprechenden Einflussgrößen sind nach DIN 6800 Teil 2 im Einzelnen:

k_ρ Luftdichte
k_h Luftfeuchte
k_S unvollständige Sättigung
k_P Polarität der Kammerspannung
k_r unterschiedliche Positionierung von Kompaktkammern (zylindrische Kammern) bei der Kalibrierung und bei der Messung
k_T Temperatur, ausgenommen Effekte der Luftdichte
k_Q Strahlungsqualität der Photonenstrahlung in der Referenztiefe
k_E Strahlungsqualität der Elektronenstrahlung in der Referenztiefe
k_{NR} spektrale Verteilung und Richtungsverteilung der Photonen und Elektronen bei Messungen unter Nicht-Referenzbedingungen

Der Korrektionsfaktor k_Q ist nur bei Photonenstrahlung, der Korrektionsfaktor k_E nur bei Elektronenstrahlung anzuwenden. Sowohl bei Messungen unter Referenzbedingungen als auch bei Messungen unter Nicht-Referenzbedingungen sind die jeweiligen Werte der Korrektionsfaktoren k_ρ bis k_T anzuwenden.

In den bisherigen Ausführungen wurde deutlich gemacht, dass insbesondere bei Verwendung von kalibrierten Dosimetersonden die Dosisbestimmung nach einem klaren und einfachen Messprinzip erfolgen kann. Im Einzelfall ist jedoch eine Reihe von Regeln zu beachten. Nur die Einhaltung dieser Regeln garantiert ein Ergebnis mit einer möglichst kleinen Unsicherheit. Es wird daher dringend empfohlen, sich mit diesen Regeln vertraut zu machen, wie sie in der DIN 6800 Teil 2 [9] beschrieben sind. Dort sind die Regeln zur Ermittlung der Wasser-Energiedosis in Wasser mit offenen luftgefüllten Ionisationskammern nach dem Sondenverfahren bei Dosismessungen für die perkutane Strahlentherapie mit ^{60}Co-Gammastrahlung und mit Bremsstrahlung bei Erzeugungsspannungen im Bereich von 1 MV bis 50 MV sowie mit Elektronenstrahlen bei Energien von 3 bis 50 MeV sehr genau beschrieben. Sie werden deshalb an dieser Stelle nicht weiter behandelt.

21.2.2.4 Relativmethoden der Dosisbestimmung

Allgemeines Konzept

Die absolute Bestimmung der Wasser-Energiedosis in einem vorgegebenen Strahlungsfeld und unter wohl definierter Referenzbedingung nimmt in der klinischen Dosimetrie eine zentrale Rolle ein. Dennoch haben Messungen von relativen Dosisverteilungen in der Praxis eine nicht minder wichtige Bedeutung. Beispiele sind relative Tiefendosisverteilung, relative Querverteilungen oder die Verhältnisse der Dosisleistung bei einer bestimmten Feldgröße zur Dosisleistung beim Referenzfeld. In der einfachsten Form besteht eine Relativmessung aus der Bestimmung des Quotienten aus der Anzeige bei der gewählten Messbedingung und der Anzeige bei der Messbedingung, die zur Normierung dient. Dieser Ansatz ist jedoch zu einfach und kann unter Umständen zu erheblichen Fehlern führen. Die folgenden Abschnitte sind deshalb der Diskussion derjenigen Aspekte gewidmet, die bei Relativmessungen zusätzlich berücksichtigt werden müssen.

Im Folgenden werden relative Dosiswerte immer auf die Dosis unter Referenzbedingungen bezogen. Dies soll durch die Gleichung

$$D^{rel} = \frac{D(\text{Nicht-Referenzbedingung})}{D(\text{Referenzbedingung})} = \frac{D^{NR}}{D^{R}} \qquad (21.40)$$

ausgedrückt werden. Wir können nun Gl. 21.9 zur Herleitung der Dosis aus der Anzeige M heranziehen, um die spezifischen Probleme der relativen Dosisbestimmung zu beschreiben. Gl. 21.40 geht dann über in:

$$D^{rel} = \frac{f^{NR} \cdot k_{intr}^{NR} \cdot k_{il}^{NR} \cdot k_{env}^{NR} \cdot k_{dr}^{NR} \cdot (M - M_0)^{NR}}{f^{R} \cdot k_{intr}^{R} \cdot k_{il}^{R} \cdot k_{env}^{R} \cdot k_{dr}^{R} \cdot (M - M_0)^{R}} \qquad (21.41)$$

Dieser Ausdruck nimmt eine einfachere Form an, wenn folgende Bedingungen näherungsweise erfüllt sind:

- Der verwendete Detektor zeigt ein lineares Ansprechvermögen.
- Der Einfluss der Dosisrate ist unabhängig von den Messbedingungen.

- Der Einfluss der Umweltbedingungen ist unabhängig von den Messbedingungen.
- Die Null-Anzeige M_0 ist vernachlässigbar.

Man erhält dann:

$$D^{\text{rel}} = \frac{f^{\text{NR}} \cdot k_{\text{intr}}^{\text{NR}} \cdot M^{\text{NR}}}{f^{\text{R}} \cdot k_{\text{intr}}^{\text{R}} \cdot M^{\text{R}}} \qquad (21.42)$$

Weiterhin wird das Ansprechvermögen R eines Detektors als Quotient aus der um die Nullanzeige M_0 verminderten Anzeige M und dem Wert der sie verursachenden Dosis D eingeführt. Die relative Dosisbestimmung erfolgt damit nach:

$$D^{\text{rel}} = \frac{1}{R^{\text{rel}}} \cdot M^{\text{rel}} \qquad (21.43)$$

Dabei ist M^{rel} die relative Anzeige und R^{rel} das relative Ansprechvermögen, jeweils als Quotient bei Nicht-Referenzbedingungen und Referenzbedingungen.

Diese Formulierung wiederholt noch einmal die Aussage, dass die Relativdosis sich aus dem Produkt von relativer Anzeige und dem Kehrwert des relativen Ansprechvermögens ergibt. Der Vorteil dieser Formulierung liegt darin, dass damit die wesentliche Fragestellung bei relativen Dosismessungen mit einem gewählten Detektor deutlich wird, nämlich die Frage, ob und wie weit sich das Ansprechvermögen des Detektors bei einem Abweichen von den Referenzbedingungen verändert. Es gilt insbesondere die folgende Aussage: Nur wenn das Ansprechvermögen sich bei unterschiedlichen Messbedingungen nicht ändert, kann das gemessene Anzeigeverhältnis ohne Weiteres zur Bestimmung der relativen Dosis verwendet werden.

Der Vergleich mit Gl. 21.42 zeigt, dass der Kehrwert des relativen Ansprechvermögens bei Gültigkeit der oben eingeführten Näherungen durch das Produkt aus dem relativen Dosisumrechnungsfaktor f^{rel} und dem relativen intrinsischen Energieabhängigkeitsfaktor $k_{\text{intr}}^{\text{rel}}$ charakterisiert wird:

$$\frac{1}{R^{\text{rel}}} \approx f^{\text{rel}} \cdot k_{\text{intr}}^{\text{rel}} = \left(\frac{f^{\text{NR}}}{f^{\text{R}}} \right) \cdot \left(\frac{k_{\text{intr}}^{\text{NR}}}{k_{\text{intr}}^{\text{R}}} \right) \qquad (21.44)$$

Was wissen wir über diese beiden Faktoren? Wie schon in Abschn. 21.2.1.2 erwähnt, können Dosisumrechnungsfaktoren bei Kenntnis des sensitiven Volumens des Detektors durch Monte-Carlo-Verfahren berechnet werden, wobei in diesen Rechnungen die Strahlungsqualität und zusätzliche Messbedingungen berücksichtigt werden müssen. Daraus folgt, dass die Bestimmung von f^{rel} grundsätzlich über eine Berechnung zugänglich ist. Im Gegensatz dazu ist die Bestimmung von $k_{\text{intr}}^{\text{rel}}$ jedoch fast immer nur durch eine Messung möglich.

Eine wichtige Ausnahme sind wieder Ionisationskammern. Da der intrinsische Energieabhängigkeitsfaktor bei fast allen Kammern konstant ist (siehe Gl. 21.7) ergibt sich für $k_{\text{intr}}^{\text{rel}}$ der Wert 1,0. Bei Relativmessungen mit einer Ionisationskammer muss also nur untersucht werden, ob und gegebenenfalls wie stark sich der Dosisumrechnungsfaktor ändert. Dies erscheint auf den ersten Blick eine machbare Aufgabe zu sein, da hierfür das Werkzeug der Monte-Carlo-Methode zur Verfügung steht.

Es wird jedoch schnell klar, dass für Messungen mit Ionisationskammern bei jedem Messpunkt eine Berechnung von f^{rel} erforderlich ist. Diese Forderung würde zu einem erheblichen Rechenaufwand führen, der in der Praxis im Allgemeinen nicht geleistet werden kann. Die Entwicklung von geeigneten Näherungsformeln ist gegenwärtig noch Gegenstand der Forschung.

Die nächsten Abschnitte befassen sich näher mit solchen Methoden der Relativdosis-Bestimmung, die direkt empirische Daten des Ansprechvermögens von Detektoren verwenden.

Das relative Ansprechvermögen von Detektoren

Zugang über das Photonenspektrum In Tab. 21.1 sind eine Reihe von Dosimetern zusammengestellt, die sich für die Sondenmethode und damit für Relativmessungen eignen. Für einige dieser Dosimeter sind in der Literatur Ergebnisse von experimentellen Untersuchungen des Ansprechvermögens (engl.: response) zu finden. Sie beziehen sich meist auf Photonenstrahlung unterschiedlicher Energie und sind deshalb in Abhängigkeit von der Photonenenergie dargestellt. In Abb. 21.10 sind einige Daten für das experimentell bestimmte relative Ansprechvermögen aus der Arbeit von Chofor et al. [8] zusammengestellt.

In der Photonendosimetrie lässt sich dieses experimentell gefundene Ansprechvermögen näherungsweise für die Bestimmung des gesuchten relativen Ansprechvermögens von Detektoren verwenden. Wir folgen hier einem Ansatz von Chofor et al. [8], in dem das energieabhängige Ansprechvermögen $R(E)$ zunächst in ein Dosis-gewichtetes Ansprechvermögen und weiterhin bei Annahme der Kerma-Näherung in ein Fluenz-gewichtetes Ansprechvermögen überführt wird.

Ausgehend von einer integralen Formulierung der Anzeige bei Messungen in einem Photonenfeld mit der Strahlungsqualität Q in der Form:

$$M(Q) = \int R(E) \cdot D_E(E) \mathrm{d}E \qquad (21.45)$$

ergibt sich das gemittelte Ansprechvermögen als

$$R(Q) = \frac{\int R(E) \cdot D_E(E) \mathrm{d}E}{\int D_E(E) \mathrm{d}E} \qquad (21.46)$$

und bei Gültigkeit der Kerma-Näherung (vergl. Abschn. 1.1.2.5) als

$$R(Q) = \frac{\int R(E) \cdot \phi_E(E) \cdot E \cdot (\mu_{en}(E)/\rho) \mathrm{d}E}{\int \phi_E(E) \cdot E \cdot (\mu_{en}(E)/\rho) \mathrm{d}E}. \qquad (21.47)$$

Das bedeutet nun, dass bei Kenntnis des Photonenspektrums am Messort das gemittelte Ansprechvermögen $R(Q)$ direkt berechenbar wird. Diese beiden Gleichungen gelten auch, wenn man statt des energieabhängigen Ansprechvermögens ein auf eine bestimmte Energie normiertes energieabhängiges Ansprechvermögen einsetzt, wie es in den Beispielen oben zu sehen ist.

Man kann sogar noch einen Schritt weiter gehen: Die in Gl. 21.47 beschriebene differenzielle Abhängigkeit des gemittelten Ansprechvermögens von der Photonenenergie kann in

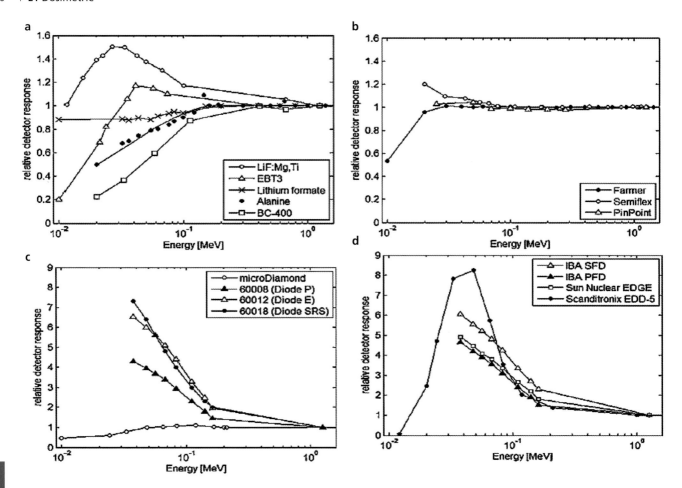

Abb. 21.10 Relatives Ansprechvermögen als Funktion der Photonenenergie bei einer Reihe von Detektoren für die Dosimetrie. Einzelheiten dazu sowie die Herkunft der Daten sind der Arbeit von Chofor et al. [8] zu entnehmen

guter Näherung durch eine Abhängigkeit von der mittleren Photonenenergie $\overline{E}$ ersetzt werden:

$$R(Q) = \alpha + \beta \cdot \overline{E} \tag{21.48}$$

Dabei ist $\overline{E}$ gegeben durch:

$$\overline{E} = \frac{\int E \cdot \phi_E(E)\mathrm{d}E}{\int \phi_E(E)\mathrm{d}E} \tag{21.49}$$

Damit steht ein recht elegantes Verfahren zur Bestimmung des Ansprechvermögens für eine spezielle Messsituation in der Photonendosimetrie zur Verfügung.

Es bleibt die Frage, inwieweit dieser Ansatz zur Berechnung des Ansprechvermögens auch für die Relativdosimetrie brauchbar ist, bei der man das Verhältnis des Ansprechvermögens unter Referenzbedingungen und unter Nicht-Referenzbedingungen benötigt. Zur Beantwortung dieser Frage muss man auf die Gln. 21.41 und 21.44 zurückgreifen und beachten, dass bei der Berechnung des gemittelten Ansprechvermögens im Wesentlichen die Energieabhängigkeit eingeht.

Mit den Symbolen Q^R bzw. Q^{NR} zur Kennzeichnung des Energiespektrums am Messort unter Referenz- und Nicht Re-

ferenzbedingungen ergibt sich der folgende Vergleich für das Verhältnis des Energie-gemittelten Ansprechvermögens und für das Verhältnis des globalen Ansprechvermögens:

$$\frac{R(Q^{NR})}{R(Q^R)} = \left(\frac{f_Q^R}{f_Q^{NR}}\right) \cdot \left(\frac{k_{\mathrm{intr}}^R(Q^R)}{k_{\mathrm{intr}}^{NR}(Q^{NR})}\right) \tag{21.50}$$

$$\frac{R^{NR}}{R^R} = \left(\frac{f_E^R}{f_E^{NR}}\right) \cdot \left(\frac{f_{\mathrm{rest}}^R}{f_{\mathrm{rest}}^{NR}}\right) \cdot \left(\frac{k_{\mathrm{intr}}^R(Q^R)}{k_{\mathrm{intr}}^{NR}(Q^{NR})}\right) \tag{21.51}$$

Aus diesem Vergleich wird deutlich, dass das relativen Ansprechvermögen, dessen Bestimmung in der Relativdosimetrie unverzichtbar ist, formal nur unter bestimmten Voraussetzungen mit Hilfe der Gl. 21.48 berechnet werden kann:

1) Es müssen die Voraussetzungen, die eingangs in diesem Abschnitt aufgelistet sind, erfüllt sein.
2) Am Messpunkt muss die Kerma-Näherung zur Dosisbestimmung anwendbar sein.
3) Diejenigen Einflussfaktoren auf den Dosisumrechnungsfaktor, die unter f_{rest} zusammengefasst sind, müssen vernachlässigbar sein.

Beispiele, für die diese Voraussetzungen nicht erfüllt sind, sind:

Zu 1):

- Der Nulleffekt kann nicht vernachlässigt werden.
- Der Detektor zeigt einen signifikanten Dosisrateneffekt.
- Der Detektor hat ein nicht-lineares Ansprechvermögen.

Zu 2):

- Die Kerma-Näherung ist nicht anwendbar, z. B. bei Messungen am Feldrand.

Zu 3):

- Im Dosisumrechnungsfaktor muss neben der Energieabhängigkeit der Einfluss einer Dosisinhomogenität am Messort (z. B. am Feldrand oder bei sehr kleinen Feldern) oder ein Verdrängungseffekt bei gleichzeitigem Dichteunterschied zwischen dem Detektormaterial und Wasser zusätzlich berücksichtigt werden.

Man kann sagen, dass dieser Zugang zur Bestimmung des relativen Ansprechvermögens eine recht elegante Methode darstellt. Man muss bei ihrer Verwendung jedoch immer prüfen, ob und wie weit die oben genannten Voraussetzungen erfüllt sind, insbesondere, ob Einflüsse, die in dem Faktor f_{rest} zusammengefasst sind, eine Rolle spielen können. Ein wichtiges Beispiel dafür sind Messungen am Feldrand oder bei sehr kleinen Feldern (wie sie bei der Methode der sogenannten Intensitätsmodulierten Strahlentherapie, IMRT, vorkommen), bei denen die Ausdehnung des Detektors zu einer signifikanten Abweichung der gemessenen von der tatsächliche Dosis führt. In diesen Fällen ist der als „Dichteeffekt" bezeichnete Einfluss im Faktor f_{rest} enthalten.

Relativdosimetrie mit Ionisationskammern

Wie im einleitenden Konzept zu den Relativmessungen bereits dargestellt, ist die intrinsische Energieabhängigkeit bei Ionisationskammern fast immer zu vernachlässigen. Eine Ausnahme bilden zylindrische Kammern, bei denen (wie beispielsweise bei sehr kleinen Kammern) das Volumen der Zentralelektrode im Verhältnis zum Messvolumen groß ist und bei denen die Elektronendichte der Zentralelektrode von der von Luft erheblich abweicht. Mit Ausnahme solcher Kammern ist daher bei Ionisationskammern das relative Ansprechvermögen nur von der möglichen Änderung des Dosisumrechnungsfaktors abhängig.

Es bleibt nun die Aufgabe, zu prüfen, wie groß der Einfluss des Abweichens von den Referenzbedingungen auf den Dosisumrechnungsfaktor tatsächlich ist. Diese Prüfung kann, wie schon gesagt wurde, mit Hilfe von Monte-Carlo-Methoden durchgeführt werden. Das erfordert allerdings Expertise mit dieser Methode. Unabhängig davon sind jedoch zwei Eigenschaften von Ionisationskammern charakteristisch:

1. Bei hochenergetischer Photonenstrahlung, die in der Strahlentherapie eingesetzt wird, ist die Abhängigkeit des Faktors f_Q von der Strahlungsqualität sehr klein. Das liegt daran, dass dieser Faktor im Wesentlichen vom Massenbremsvermögen der Elektronen und damit vom Spektrum der sekundären Elektronen bestimmt wird. Dieses Spektrum ändert sich in Photonenfeldern nur wenig. Ionisationskammern

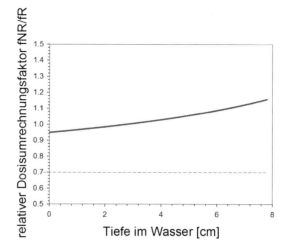

Abb. 21.11 Relativer Dosisumrechnungsfaktor für die Messung einer Tiefendosisverteilung mit einer Ionisationskammer für 12-MeV-Elektronenstrahlung in Wasser als Funktion der Messtiefe

sind daher in Photonenfeldern für Messungen beispielsweise von Dosistiefenverteilungen oder Querverteilungen sehr gut geeignet, die relative Anzeige kann direkt als Relativmessung der Dosis verwendet werden. Am Feldrand und kleinen Feldern wird jedoch zusätzlich der oben schon erwähnte Volumeneffekt wirksam. Eine genauere Diskussion und Methode zur Berücksichtigung des Volumeneffekts ist in der neuesten Auflage der Norm DIN 6800 Teil 2 [9] zu finden.

2. Bei hochenergetischer Elektronenstrahlung kann sich die Energie der Elektronen mit dem Messort signifikant ändern. Das trifft insbesondere auf die Tiefenabhängigkeit zu. Dementsprechend ändert sich der Faktor f_Q so, dass dessen Änderung bei Tiefendosismessungen immer berücksichtigt werden muss. Abbildung Abb. 21.11 zeigt den Verlauf des relativen Faktors f_Q als Funktion der Messtiefe in Wasser.

Zusammenfassung zur Relativdosimetrie

Die Relativdosimetrie kann grundsätzlich mit jedem der in Tab. 21.1 als geeignet charakterisierten Detektoren durchgeführt werden. Dabei ist jedoch fast immer die Änderung des globalen Ansprechvermögens des Detektors, das sich aus dem intrinsischen Ansprechvermögen und dem Dosisumrechnungsfaktor zusammensetzt, zu berücksichtigen. Das intrinsische Ansprechvermögen bezeichnet dabei das Verhältnis zwischen der um die Nullanzeige verminderten unkorrigierten Anzeige und der dem Detektormaterial zugeführten Energiedosis. Während der Dosisumrechnungsfaktor einer Berechnung zugänglich ist, muss das intrinsische Ansprechvermögen im Allgemeinen durch eine Messung ermittelt werden. Das kann beispielsweise durch eine sogenannte Anschlussmessung an eine Ionisationskammermessung geschehen, bei der Ergebnisse mit einem gewählten Detektor mit denen der Ionisationskammer verglichen werden. Nicht vergessen werden dürfen weitere mögliche Einflussfaktoren wie z. B. eine Nichtlinearität des Detektors oder eine Dosisratenabhängigkeit.

Teil IV

Das Problem von Relativmessungen wird auch in der DIN 6800 Teil 2 [9] unter dem Abschnitt „Messungen unter Nicht-Referenzbedingungen" behandelt. Insbesondere in den informativen Anhängen dieser Norm werden unterschiedliche Methoden der Herangehensweise ausführlich diskutiert.

Als Alternative kann man auch versuchen, die Größe der Änderung des globalen Ansprechvermögens des Detektors in irgendeiner Weise abzuschätzen und diese mögliche Änderung im Unsicherheitsbudget des Messergebnisses unterzubringen.

21.3 Rechnerische Dosisbestimmung

Eine eingehende Abhandlung der unterschiedlichen Verfahren zur Dosisberechnung ist im Rahmen dieses Kapitels nicht möglich. Im Folgenden werden Rechenverfahren in drei Kategorien eingeteilt und kurz vorgestellt. Diese Kategorien können als eine Orientierung zum Einstieg in eine tiefer gehende Beschäftigung mit den Methoden der Dosisberechnung dienen.

21.3.1 Faktorenzerlegung

Die Dosisberechnung mit Hilfe einer Faktorenzerlegung gehört zu den einfachsten Rechenverfahren und kann manuell durchgeführt werden. Sie dient überwiegend der Überprüfung der von einem Bestrahlungsplanungsprogramm erhaltenen Angaben der Monitoreinheiten (Monitor Units = MU) bei der Strahlenbehandlung mit einem Beschleuniger. Man könnte einwenden, dass im 21. Jahrhundert eine manuelle Berechnung der MU nicht mehr zeitgemäß ist und durch eine sorgfältige Qualitätssicherung des Bestrahlungsplanungsprogramms vollständig ersetzt werden kann. Es gibt jedoch gute Gründe, an dieser Form der Überprüfung festzuhalten:

- Man kann nicht alle in der klinischen Praxis vorkommenden Strahlungsbedingungen mit einem Qualitätssicherungsprogramm für das Bestrahlungsplanungsprogramm testen.
- Gültigkeit des „Garbage In, Garbage Out" (GIGO)-Prinzips. Dieses Prinzip besagt, dass ein Rechner mit hoher Wahrscheinlichkeit (aber nicht notwendigerweise) eine ungültige oder nicht aussagekräftige Ausgabe produziert, wenn die Eingabe ungültig oder nicht aussagekräftig ist. Dieses Argument wird üblicherweise verwendet, um darauf hinzuweisen, dass Rechner nicht von sich aus korrekte bzw. aussagekräftige Eingaben von falschen bzw. nicht aussagekräftigen unterscheiden können.
- Es ist nicht immer klar, mit welchem Algorithmus MU-Werte in einem Bestrahlungsplanungsprogramm überhaupt zustande kommen.

Es wird daher dringend empfohlen, ein Verfahren der manuellen Verifikation der Monitorberechnung zu beherrschen und anzuwenden. Stellvertretend sei aus dem AAPM Report TG 114 [1] zitiert: „Monitor Unit Verification (MUV) remains a useful and necessary step in assuring a safe and accurate patient treatment."

Die Dosisberechnung mit Hilfe einer Faktorenzerlegung besteht in der einfachsten Form aus dem folgenden Ansatz:

$$\frac{D(\text{Bestrahlungsbedingung})}{MU} = \frac{D_0(\text{Referenzbedingung})}{MU}$$
$$\cdot \frac{D(\text{Bestrahlungsbedingung})/MU}{D_0(\text{Referenzbedingung})/MU} \quad (21.52)$$

Dabei ist $D(\text{Bestrahlungsbedingung})$ die vom Arzt verordnete Dosis für den Dosierungspunkt und $D_0(\text{Referenzbedingung})$ die bei der Kalibrierung des Beschleunigers unter Referenzbedingungen ermittelte Dosis pro MU. Der erste Quotient auf der rechte Seite dieser Gleichung kann als Kalibrierfaktor des Beschleunigers bezeichnet werden, der zweite Quotient ist derjenige Faktor, der den Übergang von den Referenzbedingungen zu den Bestrahlungsbedingungen ermöglicht. Dieser Übergang ist in Abb. 21.12 schematisch dargestellt.

Dieser zweite Faktor kann in viele weitere Faktoren zerlegt werden, die sich jeweils auf einen bestimmte Änderung der Bestrahlungsparameter wie zum Beispiel die Feldgröße, der Fokus-Haut-Abstand oder die Tiefe des Normierungspunkts beziehen:

$$\frac{D}{MU} = \frac{D_0'}{MU} \cdot F_1 \cdot F_2 \cdot F_3 \cdot \ldots \cdot F_n \quad (21.53)$$

Die Nomenklatur zur Bezeichnung der Faktoren F_1 bis F_n ist unterschiedlich, wie zum Beispiel im ESTRO Booklet 10: Independent Dose Calculations – Concepts and Models [12] oder im AAPM Report TG 114 [1]. Es ist zu erwarten, dass die im AAPM Report verwendete Nomenklatur eine breite Anwendung finden wird, so dass dem Leser empfohlen werden kann, dieser Methode zu folgen.

Abb. 21.12 Übergang von der Dosis D_0' unter Referenzbedingungen (*links*) zur Dosis D unter Bestrahlungsbedingungen (*rechts*)

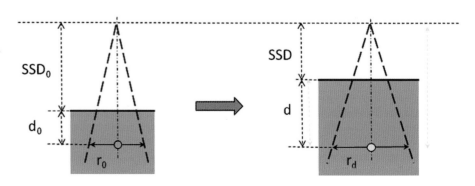

Die nachfolgende Berechnungsformel mit Hilfe einer Faktorenzerlegung, die sich auf eine isozentrische Bestrahlung mit Photonen bezieht, ist direkt aus dem AAPM Report entnommen.

$$\frac{D}{MU} = D_0' \cdot S_c(r_c) \cdot S_p(r_d) \cdot TPR(d, r_d) \cdot OAR(d, x)$$
$$\cdot TF \cdot WF(d, r, x) \cdot CF \cdot \left(\frac{SPD}{SSD_0 + d_0}\right)^2 \quad (21.54)$$

Dabei ist:

D_0'	Dosisrate oder Dosis pro MU in der Referenztiefe d_0 und bei einer Referenzfeldgröße r_0
$S_c(r_c)$	„in-air output ratio" für eine Feldgröße r_c zur Referenzfeldgröße r_0
$S_p(r_d)$	Verhältnis der Gesamtdosis im Phantom in der Referenztiefe d_0 auf der Strahlachse bei der Feldgröße r_d zur Gesamtdosis am gleichen Ort bei der Referenzfeldgröße
$TPR(d, r_d)$	„tissue phantom ratio" bei einer äquivalenten, quadratischen Feldgröße mit der Seitenlänge r_d in der Tiefe d
$OAR(d, x)$	„off-axis ratio" definiert als das Verhältnis der Dosis in einem Punkt in der Tiefe d und dem seitlichen Abstand x vom Zentralstrahl zur Dosis im Zentralstrahl in gleicher Tiefe
TF	Schwächungsfaktor des Halters für Zusatzeinrichtungen
$WF(d, r, x)$	Keil-Schwächungsfaktor für die Tiefe d, der Feldgröße r im Isozentrumsabstand und dem seitlichen Abstand x
CF	Korrektionsfaktor zur Berücksichtigung von Effekten verursacht durch die Patientengeometrie
$(SPD/SSD_0 + d_0)^2$	Faktor zur Berücksichtigung des Abstands des Phantoms

21.3.2 Rechenverfahren mit Hilfe von Modellen

Schon in dem relativen frühen ICRU Report 42 „Use of Computers in External Beam Radiotherapy Procedures with High Energy Photons and Electrons" [18] wurde für die computerunterstützte Bestrahlungsplanung das Konzept verfolgt, zwischen einem Strahlmodell und einem Patientenmodell zu unterscheiden. Die heute entwickelten Modelle sind im Vergleich zu den damals beschriebenen natürlich sehr viel komplexer, das Prinzip der Unterscheidung zwischen einem Strahlmodell und einem Patientenmodell ist jedoch immer noch nützlich. Angepasst an die Teletherapie mit modernen Beschleunigern werden die unterschiedlichen Rechenverfahren, die auf einem Strahlenmodell beruhen, mit dem englischen Ausdruck „Fluence Engine" charakterisiert, während Verfahren der eigentlichen Dosisberechnung im Patienten unter dem Ausdruck „Dose Engine" zusammengefasst werden.

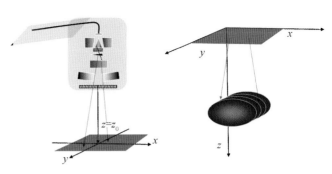

"Fluence Engine" auf einem Strahlmodell basierend   **"Dose Engine" auf einem Patientmodell basierend**

Abb. 21.13 Dosisberechnung in zwei Schritten: zunächst mit Hilfe einer „Fluence Engine" (*links*), gefolgt von einer Rechnung mit einer „Dose Engine". Details siehe Text

Schematisch ist dies in Abb. 21.13 dargestellt: Die „Fluence Engine" (links) liefert die Fluenz der Strahlung in einer zweidimensionalen Verteilung als Phasenraum mit den sechs Parametern Ort (x, y, z), Richtung (φ, ϑ) und Energie (E). Das zugehörige Berechnungsverfahren muss alle wesentlichen Einflüsse der Komponenten der Strahlführung berücksichtigen. Dazu gehören:

- die räumliche Ausdehnung der Strahlenquelle
- bei Photonenstrahlung: Form und Material des Ausgleichfilters bei Elektronenstrahlung: Form und Material des Streufilters
- alle zur Kollimierung dienenden Elemente (Primärkollimator, Sekundärkollimator, MLC, Leaf-Design)
- das Energiespektrum und dessen mögliche Veränderung mit dem seitlichen Abstand von der Strahlachse
- die Elektronenkontamination

Weitere wichtige Gesichtspunkte sind Forderung nach einer guten Verständlichkeit des Modells, einer möglichst geringen Anzahl von Modellparametern, einer Bestimmung dieser Parameter mit relativ einfachen Messmethoden (Tiefendosisverteilungen, Querverteilungen etc). Gleichzeitig soll das Modell einen ausreichenden Differenzierungsgrad aufweisen, um vorgegebene Genauigkeitskriterien der Übereinstimmung zwischen Messung und Rechnung zu erfüllen. Ein gutes Beispiel für eine „Fluence Engine" in diesem Sinne ist das von Ahnesjö et al. beschriebene „Multisource"-Verfahren [3].

Eine „Dose Engine" (Abb. 21.13, rechts) nimmt die Werte des Phasenraums aus der zweidimensionalen Verteilung als Eingangsparameter und berechnet (meist mit Hilfe eines Ray-Tracing-Verfahrens) die Dosis in einem dreidimensionalen Gitter, das das Patientenmodell enthält. Als die wichtigste Rechenmethode, die in vielen modernen Bestrahlungsplanungssystemen integriert ist, ist der Kernel-Ansatz zu nennen. Im Folgenden sei das Prinzip anhand von Abb. 21.14 kurz dargestellt.

Die Dosis im interessierenden Punkt $P(x, y, z)$ setzt sich aus einzelnen Energiebeiträgen zusammen, die durch Sekundärelektronen vermittelt werden (rote Pfeile) und deren Quellen kleine

Strahlenquelle der Photonen

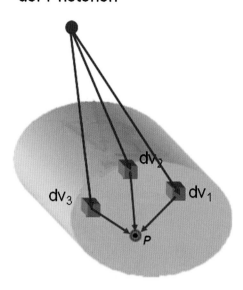

Abb. 21.14 Schematische Darstellung der Kernel-Methode zur Dosisberechnung im Punkt $P(x, y, z)$. Sie setzt sich aus einzelnen Energiebeiträgen zusammen, die durch Sekundärelektronen vermittelt werden (*rote Pfeile*) und deren Quellen kleine Volumenelement aus der Umgebung von P sind. Diese Sekundärelektronen werden durch Wechselwirkung mit der primären Photonenstrahlung (*blaue Pfeile*) erzeugt

Volumenelement aus der Umgebung von P sind. Diese Sekundärelektronen werden durch Wechselwirkung mit der primären Photonenstrahlung (blaue Pfeile) erzeugt. Die Fluenz dieser Sekundärelektronen ist direkt proportional zur Fluenz der Photonen am Ort x', y' und z' der einzelnen Volumenelemente.

Mit der Einführung eines Streuterms $s(x' \rightarrow x, y' \rightarrow y, z' \rightarrow z)$, der den Betrag der Energie beschreibt, der vom Ort x_0, y_0 und z_0 ausgeht und im Punkt $P(x, y, z)$ absorbiert wird, lässt sich die Dosis im Punkt P berechnen durch den Ausdruck:

$$D_p(x, y, z) = \frac{1}{m} \int\limits_{V,E} \Phi_E(x', y', z') \qquad (21.55)$$
$$\cdot s(x' \rightarrow x, y' \rightarrow y, z' \rightarrow z) \mathrm{d}V' \mathrm{d}E$$

Dabei ist $\Phi_E(x', y', z')$ die Fluenz der primären Photonen differenziell in der Energie und V das gesamte Phantomvolumen.

Man bezeichnet dieses Verfahren als eine Superposition mit einer Kernelfunktion, wobei hier der Streuterm $s(x' \rightarrow x, y' \rightarrow y, z' \rightarrow z)$ als eine dreidimensionale Funktion dient. Im Englischen wird der Streuterm als „Point Kernel" bezeichnet. Unter der Bedingung, dass es sich um ein paralleles Strahlenfeld handelt und dass das Phantom aus einem homogenen Medium (z. B. Wasser) besteht, vereinfacht sich der Streuterm in der Weise, dass er nur noch von der Differenz in x, y und z abhängt. In diesem Fall geht Gl. 21.55 in eine Faltung über:

$$D_p(x, y, z) = \frac{1}{m} \Phi_E(x', y', z') \otimes s(x' - x, y' - y, z' - z) \qquad (21.56)$$

Eine weitere Vereinfachung lässt sich bei parallelem Einfall der Photonen für jede Energie der einfallenden Photonen getrennt mit Hilfe einer Integration über die Tiefe z erreichen, da die Schwächung eines Photonenstrahls in z mit dem zur Energie zugehörigen linearen Schwächungsfaktor exakt beschrieben werden kann und damit bekannt ist. Diese Integration führt zu einem dreidimensionalen Streuterm, bei der die Superposition nur noch über die Koordinaten in x' und y' in der Ebene der einfallenden Photonen erfolgt:

$$D_p(x, y, z) = \frac{1}{m} \iiint \Phi_E(x', y') \cdot s(x' - x, y' - y, z) \mathrm{d}x' \mathrm{d}y' \mathrm{d}E \qquad (21.57)$$

Im Englischen wird dieser Streuterm als „Pencil Kernel" bezeichnet, das entsprechende Verfahren wird Pencil Beam Approach genannt.

In modernen Bestrahlungsplanungssystemen wird dieses Superpositionsprinzip häufig verwendet. Es wurden weitere Verfeinerungen entwickelt, um diese Verfahren auch auf divergente Strahlungen und inhomogene Medien anwenden zu können. Eine gute Übersicht über die Details dieser Rechenverfahren ist in dem Artikel von Ahnesjö und Aspradakis [2] zu finden.

21.3.3 Weitere moderne Methoden

In diesem Abschnitt werden zwei Verfahren, die auf der Lösung der Boltzmann-Transportgleichung für ionisierende Strahlung beruhen, kurz skizziert. Wie in Abschn. 21.2.1.1 schon angesprochen, kann die Dosis bei Kenntnis der energiedifferenziellen Fluenz aller Teilchen, die beim Prozess der Übertragung von Strahlungsenergie auf ein absorbierendes Medium beteiligt sind, immer berechnet werden. Die Boltzmann-Transportgleichungen für ionisierende Strahlung stellen hierfür eine geeignete Grundlage zur Verfügung.

21.3.3.1 Die Boltzmann-Transportgleichungen für ionisierende Strahlung

Die folgende Herleitung der Boltzmann-Transportgleichungen für ionisierende Strahlung wurde aus der Dissertationsarbeit von E. Boman [4] entlehnt. Sie beruht auf einer Bilanzierung aller ein- und austretenden Teilchen in einem Volumenelement, das einer ionisierenden Strahlung ausgesetzt ist. Als Teilchen werden dabei Photonen, Elektronen und Positronen betrachtet.

In einem Volumenelement ist die Bilanzierung aller Teilchen vom Typ j durch vier Prozesse bestimmt und kann durch folgende Gleichung in differenzieller Schreibweise:

$$\mathrm{d}N_j = -\mathrm{d}N_{j,\text{in,out}} - \mathrm{d}N_{j,\text{att}} + \mathrm{d}N_{j,\text{sec}} + \mathrm{d}N_{j,\text{src}} \qquad (21.58)$$

erreicht werden.

Dabei ist:

$\mathrm{d}N_{j,\text{in,out}}$ die Differenz der Anzahl der ein- und austretenden Teilchen

$\mathrm{d}N_{j,\text{att}}$ die Anzahl der durch Schwächung verlorenen Teilchen

Abb. 21.15 Volumenelement ΔV, an dessen Oberfläche Teilchen (z. B. Photonen) sowohl eintreten (*rote Pfeile*) als auch wieder austreten (*schwarze Pfeile*)

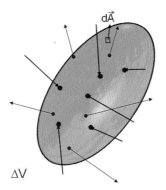

ΔV

$\mathrm{d}N_{j,\mathrm{sec}}$ die Anzahl der durch Umwandlungsprozesse erzeugten Teilchen

$\mathrm{d}N_{j,\mathrm{src}}$ die Anzahl der durch eine im Volumenelement enthaltene Quelle erzeugten Teilchen

Diese vier Terme werden nun im Einzelnen betrachtet.

Differenz der Anzahl der ein- und austretenden Teilchen

Wir betrachten die Oberfläche eines Volumenelements, wie es in Abb. 21.15 dargestellt ist. Das zugehörige Oberflächenelement kann durch einen Richtungsvektor $\mathrm{d}A$ repräsentiert werden, der jeweils senkrecht auf der Oberfläche nach außen zeigt. Die Differenz der Anzahl der ein- und austretenden Teilchen erhält man dann durch das Oberflächenintegral der vektoriellen Teilchenfluenz, differenziell in der Energie E und der Raumrichtung Ω:

$$\mathrm{d}N_{j,\mathrm{in,out}} = \int_{\mathrm{d}S} \vec{\Omega} \cdot \Phi_{j,E,\Omega}\,\mathrm{d}A\,\mathrm{d}\Omega\,\mathrm{d}E \qquad (21.59)$$

Mit Hilfe des Gauß'schen Integralsatzes, der einen Zusammenhang zwischen der Divergenz eines Vektorfeldes und der durch das Feld vorgegebenen Fluenz durch eine geschlossene Oberfläche herstellt, geht dieses Flächenintegral in ein Volumenintegral über:

$$\mathrm{d}N_{j,\mathrm{in,out}} = \int_{\mathrm{d}V} \vec{\Omega} \cdot \nabla \Phi_{j,E,\Omega}\,\mathrm{d}V\,\mathrm{d}\Omega\,\mathrm{d}E \qquad (21.60)$$

Anzahl der durch Schwächung verlorenen Teilchen

Wir führen einen Schwächungskoeffizienten $\sigma_{j,\mathrm{att}}$ ein, der die Wahrscheinlichkeit pro Einheitsweglänge beschreibt, mit der die Teilchenanzahl verringert wird. Die Anzahl der durch Schwächung verlorenen Teilchen erhält man dann als das Integral:

$$\mathrm{d}N_{j,\mathrm{att}} = \int_{\mathrm{d}V} \sigma_{j,\mathrm{att}}\mathrm{d}L\,\mathrm{d}\Omega\,\mathrm{d}E \qquad (21.61)$$

Wir erinnern uns nun an die alternative Definition der Fluenz als $\Phi = \mathrm{d}L/\mathrm{d}V$, wobei $\mathrm{d}L$ die Spurlänge eines Teilchens innerhalb eines Volumens $\mathrm{d}V$ ist, und können damit den Differenzialquotienten $\mathrm{d}L$ durch $\Phi \cdot \mathrm{d}V$ ersetzen. Damit erhält man für die Anzahl der durch Schwächung verlorenen Teilchen:

$$\mathrm{d}N_{j,\mathrm{att}} = \int_{\mathrm{d}V} \sigma_{j,\mathrm{att}} \cdot \Phi_{j,E,\Omega}\mathrm{d}V\,\mathrm{d}\Omega\,\mathrm{d}E \qquad (21.62)$$

Anzahl der durch Umwandlungsprozesse erzeugten Teilchen

Wir führen einen Koeffizienten $\sigma_{j'\to j}$ ein, der die Wahrscheinlichkeit pro Einheitsweglänge beschreibt, mit der ein Teilchen vom Typ j' mit der Energie E' und der Raumrichtung Ω' ein sekundäres Teilchen vom Typ j mit der Energie E und der Raumrichtung Ω erzeugt. Die Anzahl der durch Umwandlungsprozesse erzeugten Teilchen erhält man dann als das Integral:

$$\mathrm{d}N_{j,\mathrm{sec}} = \iiint_{\mathrm{d}V,\Omega,\mathrm{R}} \sum_{j'=1}^{3} \sigma_{j'\to j}\mathrm{d}L'\mathrm{d}\Omega'\mathrm{d}E', \qquad (21.63)$$

das wiederum in ein Volumenintegral überführt werden kann:

$$\mathrm{d}N_{j,\mathrm{sec}} = \iiint_{\mathrm{d}V,\Omega,E} \sum_{j'=1}^{3} \sigma_{j'\to j} \cdot \Phi'_{j,E,\Omega}\mathrm{d}V\mathrm{d}\Omega'\mathrm{d}E' \qquad (21.64)$$

Anzahl der durch eine im Volumenelement enthaltene Quelle erzeugten Teilchen

Diese Anzahl ist durch das Volumenintegral gegeben:

$$\mathrm{d}N_{j,\mathrm{src}} = \int_{\mathrm{d}V} \mathrm{Q}_j \cdot \Phi_{j,E,\Omega}\mathrm{d}V\mathrm{d}\Omega\mathrm{d}E, \qquad (21.65)$$

wobei $\mathrm{Q}_j(x,\Omega,E)$ ein Quellenterm für ein Teilchen vom Typ j ist.

Damit sind alle vier Terme als Volumenintegrale beschrieben. Sie dürfen daher zu einem einzigen Ausdruck zusammengefasst werden:

$$\mathrm{d}N_j = \mathrm{d}\Omega\mathrm{d}E \int_{\mathrm{d}V} \left\{ -\vec{\Omega} \cdot \nabla\Phi_{j,E,\Omega} - \sigma_{j,\mathrm{att}} \cdot \Phi_{j,E,\Omega} \right. \qquad (21.66)$$
$$\left. + \iint_{\Omega,E} \sum_{j'=1}^{3} \sigma_{j'\to j} \cdot \Phi'_{j,E,\Omega}\mathrm{d}\Omega'\mathrm{d}E' + \mathrm{Q}_j \right\}\mathrm{d}V$$

In einem stationären Zustand (z. B. nach Ende der Bestrahlung) kann es keine ionisierenden Teilchen geben, d. h., das Integral muss verschwinden. Daraus lassen sich unmittelbar die drei Gleichungen ableiten:

$$\vec{\Omega} \cdot \nabla\Phi_{1,E,\Omega} + \sigma_{1,\mathrm{att}} \cdot \Phi_{1,E,\Omega} \qquad (21.67)$$
$$- \iint_{\Omega,E} \sum_{j'=1}^{3} \sigma_{j'\to 1} \cdot \Phi'_{j,E,\Omega}\mathrm{d}\Omega'\mathrm{d}E' = Q_1$$

$$\vec{\Omega} \cdot \nabla\Phi_{2,E,\Omega} + \sigma_{2,\mathrm{att}} \cdot \Phi_{2,E,\Omega} \qquad (21.68)$$
$$- \iint_{\Omega,E} \sum_{j'=1}^{3} \sigma_{j'\to 2} \cdot \Phi'_{j,E,\Omega}\mathrm{d}\Omega'\mathrm{d}E' = Q_2$$

$$\vec{\Omega} \cdot \nabla\Phi_{3,E,\Omega} + \sigma_{3,\mathrm{att}} \cdot \Phi_{3,E,\Omega} \qquad (21.69)$$
$$- \iint_{\Omega,E} \sum_{j'=1}^{3} \sigma_{j'\to 3} \cdot \Phi'_{j,E,\Omega}\mathrm{d}\Omega'\mathrm{d}E' = Q_3$$

Teil IV

Diese drei als Boltzmann-Transport-Gleichungen bekannten Ausdrücke stellen ein gekoppeltes Integro-Differenzialgleichungssystem für die Teilchenfluenz ionisierender Strahlung dar, wie sie typischerweise in der Strahlentherapie vorkommen. Das bedeutet insbesondere, dass man durch eine Lösung dieses Gleichungssystems die Fluenz von Elektronen und Positronen erhalten und damit die Energiedosis berechnen kann.

21.3.3.2 Methoden der Lösung der Boltzmann-Transportgleichungen für ionisierende Strahlung

Prinzipiell kann man heute zwischen zwei Ansätzen zur Lösung der Boltzmann-Transportgleichungen unterscheiden:

1. Die direkte Lösung mit Hilfe von bestimmten Vereinfachungen der Gleichungen und moderner numerischer Methoden. Als Vereinfachung kann man beispielsweise den Wegfall der Erzeugung von Bremsstrahlung und die Gleichsetzung von Elektronen und Positronen verwenden.
2. Monte-Carlo-Simulierungsrechnungen, bei denen keine direkte Lösung eingesetzt wird, sondern durch eine Simulation des Teilchentransports in vorgegebenen Regionen und einer vielfachen Wiederholung des Teilchentransports bei jeweils unterschiedlich „gewürfelten" (engl. sampled) Werten für den Phasenraum und für die beteiligten Wechselwirkungskoeffizienten die Teilchenfluenz gewonnen werden kann.

Eine weitergehende Behandlung dieser Ansätze ist hier nicht möglich. Lesern, die sich mit der Methode der direkten Lösung näher auseinandersetzen möchten, seien die Artikel von Failla et al. [13] für die Teletherapie und von Gifford et al. [15, 16] für die Brachytherapie empfohlen.

Zum Einstieg in das Gebiet der Monte-Carlo-Simulation für die Dosisberechnung gibt es zahlreiche Referenzen, die hier nicht genannt werden können, ohne dabei eine subjektive Auswahl zu treffen. Der Autor dieses Kapitels vertritt die Meinung, dass dieses Gebiet in der akademischen Ausbildung eines Medizinphysikers eine wichtige Rolle spielen sollte. Die Möglichkeiten der Berechnung einer Vielzahl von Dosisgrößen oder Faktoren im Forschungsfeld der Dosimetrie sind fast unerschöpflich. Es wird auch erwartet, dass in der klinischen Anwendung von neuen Bestrahlungsplanungssystemen diese Methode immer wichtiger wird.

21.4 Genauigkeit und Messunsicherheit

Sowohl bei Messungen als auch bei Rechnungen wird angestrebt, eine möglichst hohe Genauigkeit zu erreichen. Dieser Anspruch erscheint evident, es ist jedoch nicht immer a priori klar, was mit Genauigkeit bzw. seinem Gegenteil, der Ungenauigkeit exakt gemeint ist. In diesem Abschnitt wird ein Konzept zur Bestimmung und Dokumentation der Genauigkeit dargestellt, das der internationalen Empfehlung des Joint Committee for Guides in Metrology mit dem Titel: „Evaluation of measurement data—Guide to the expression of Uncertainty in Measurement" entnommen ist [19]. Diese Empfehlung wird häufig auch als GUM apostrophiert.

Das durch eine Messung oder Rechnung gewonnene Resultat der Dosis sei mit D_{res} bezeichnet. Es spielt dabei keine Rolle, aus wie vielen einzelnen Messwerten oder Daten sich das Endergebnis der Dosisbestimmung zusammensetzt. D_{res} wird sich zwar aufgrund von unvermeidbaren Messungenauigkeiten oder Ungenauigkeiten der verwendeten Daten vom richtigen Wert D_{wahr} unterscheiden, die Differenz sollte jedoch nicht zu groß sein. Man kann das als Näherung ausdrücken durch:

$$D_{wahr} \approx D_{res} \qquad (21.70)$$

Durch Einführung einer als Ungenauigkeit u benannten Größe wird dieser Sachverhalt etwas genauer beschrieben:

$$D_{res} - u < D_{wahr} < D_{res} + u \qquad (21.71)$$

Die Angabe der Größe u dient dann zur Charakterisierung der Genauigkeit der Messung, etwa in der Art: Die Genauigkeit der Messung beträgt $\pm u$ oder, in Prozent ausgedrückt, die Genauigkeit der Messung beträgt $100 \cdot u / D_{res}$ %.

Diese Formulierung ist allerdings nicht ganz richtig, denn wir können höchsten sagen, dass D_{res} mit einer gewissen Wahrscheinlichkeit in dem Intervall $\{D_{res} - u, D_{res} + u\}$ liegt. Das bedeutet, dass dieses Intervall und damit der Wert von u zusätzlich von einer Größe abhängt, die man Vertrauensintervall nennt (s. Abschn. 2.3). Nehmen wir in dem folgenden Beispiel einer fiktiven Messung an, dass sich $D_{res} = 1$ Gy ergeben hat und dass der wahre Wert gemäß einer Gauß-Verteilung um D_{res} liegt. **Bei gleicher Genauigkeit** der Dosisbestimmung könnte man das Resultat dann mit einem **unterschiedlichen** Parameter u dokumentieren, etwa als $(1\pm 0{,}1)$ Gy bei einem Vertrauensintervall von 99 % oder als $(1 \pm 0{,}07)$ Gy bei einem Vertrauensintervall von 95 %.

Zusammenfassend lässt sich daher sagen, dass die vollständige Angabe eines Resultats aus drei Zahlenwerten bestehen muss: 1. aus dem Wert der Dosisbestimmung D_{res} selbst, 2. aus dem Ungenauigkeitsparameter u und 3. aus der Angabe des Vertrauensintervalls für die Ungenauigkeit u. Im Folgenden wird der Genauigkeitsparameter u, besser, der Ungenauigkeitsparameter u als Messunsicherheit bezeichnet wird.

21.4.1 Generelle Methode der Unsicherheitsbestimmung

Es wurde deutlich gemacht, dass die Qualität einer Messung mit Hilfe der Messunsicherheit u in Verbindung mit der Angabe des zugehörigen Vertrauensintervalls quantitativ ausgedrückt werden muss. Der Begriff der Messunsicherheit steht damit im Mittelpunkt dieses Abschnitts. Die exakte, in dem GUM enthaltene Definition der Messunsicherheit lautet:

uncertainty (of measurement)

parameter, associated with the result of a measurement, that characterizes the dispersion of the values that could reasonably be attributed to the measurand

Die Forderung, das zugehörige Vertrauensintervall anzugeben, führt sofort zu der Notwendigkeit, eine statistische Verteilung für das Ergebnis einer Dosisbestimmung einzuführen. Der entscheidende Gedanke dabei ist, dass das Ergebnis einer Messung D_{res} (engl.: measurand) als eine **stochastische** Größe gesehen wird, für die eine bestimmte Wahrscheinlichkeitsverteilung angenommen werden muss. Damit muss für die Bestimmung der Dosis und der zugehörigen Genauigkeit das Werkzeug der Statistik angewendet werden, wie es in Kap. 2 (Grundlagen der Statistik) dargelegt ist.

Die Vorschriften, mit deren Hilfe der Messwert und die zugehörige Messunsicherheit zu ermitteln sind, werden nun auf der Grundlage folgender statistischer Regeln definiert:

1. Als Messergebnis wird der beste Schätzwert aller möglichen Realisierungen einer Dosisbestimmung D_{res} verwendet.
   a. Der beste Schätzwert ist bei Kenntnis der Wahrscheinlichkeitsverteilung aller Realisierungen der Erwartungswert von D_{res}, der durch $E(D_{res})$ ausgedrückt wird.
   b. Liegt jedoch nur eine Stichprobe $D_{res,1}, \ldots, D_{res,n}$ mit einem Umfang n vor, so ist der beste Schätzwert das arithmetische Mittel der Stichprobe:

$$\overline{D}_{res} = \frac{1}{n} \sum_{i=1}^{n} D_{res,i} \qquad (21.72)$$

2. Zur Charakterisierung der Messgenauigkeit wird die Standard-Messunsicherheit definiert und mit dem Symbol u bezeichnet. Sie ist die positive Wurzel der Varianz aller möglichen Realisierungen einer Dosisbestimmung D_{res}.
   a. Bei Kenntnis der Wahrscheinlichkeitsverteilung aller Realisierungen ergibt sich die Standard-Messunsicherheit somit direkt aus der Varianz von D_{res}, die durch $Var(D_{res})$ ausgedrückt wird:

$$u = +\sqrt{Var(D_{res})} \qquad (21.73)$$

   b. Liegt jedoch nur eine Stichprobe mit einem Umfang n vor, so ist die Stichprobenvarianz oder empirische Varianz zu nehmen:

$$u = +\sqrt{\frac{1}{n-1} \sum_{i=1}^{n} (D_{res,i} - \overline{D}_{res})^2} \qquad (21.74)$$

Man beachte, dass mit dieser Definition (und bei Vorliegen einer Gauß-Verteilung) das 68,3 %-Vertrauensintervall festgelegt wird.

21.4.2 Kombinierte Standard-Messunsicherheit

Diese auf dem Werkzeug der Statistik beruhenden Vorschriften gelten ganz allgemein. Sie sind insbesondere nicht nur auf die Bestimmung des Endresultats anzuwenden, sondern auch auf die Ermittlung der Genauigkeit aller sonstigen Parameter

oder Zwischengrößen, die zur vollständigen Bestimmung einer Messgröße eingehen. Im Allgemeinen wird nämlich ein Messergebnis (hier mit dem großen Symbol Y benannt, um den stochastischen Charakter des Endresultats zu kennzeichnen), nicht direkt gemessen, sondern als Ergebnis einer Berechnung aus einer Reihe von Eingangsparametern, hier mit X_i bezeichnet, ermittelt:

$$Y = f(X_1, X_2, X_3, \ldots, X_N) \qquad (21.75)$$

Die Funktion f wird häufig Modellfunktion zur Bestimmung von Y genannt. Dabei darf nun nicht vergessen werden, dass auch die Eingangsparameter als stochastische Größen betrachtet werden müssen.

Ein Beispiel dafür ist die Grundgleichung zur Bestimmung der Energiedosis D mit Hilfe einer kalibrierten Ionisationskammer in einem Photonenstrahlungsfeld mit der Qualität Q dienen:

$$D = N \cdot M \cdot k_\rho \cdot k_s \cdot k_p \cdot k_r \cdot k_Q \qquad (21.76)$$

In diesem Beispiel sei N der Kalibrierfaktor der Kammer in Gy/nC, M die Anzeige des Messgeräts (nach Abzug der Nullanzeige) in Einheiten von nC und k_ρ, k_s, k_p, k_r und k_Q die wichtigsten anzuwendenden, dimensionslosen Korrekturfaktoren (siehe Abschn. 21.2.2.3). Der reine Messvorgang bezieht sich hier auf die Bestimmung der Anzeige M. Zur Dosisbestimmung gehen jedoch auch die sonstigen, oben genannten Parameter ein, für die ebenfalls beste Schätzwerte und zugehörige Ungenauigkeiten zu ermitteln sind.

Die allgemeine Bestimmung des besten Schätzwertes y für das Endresultat erfolgt schließlich gemäß der Modellfunktion

$$y = f(x_1, x_2, x_3, \ldots, x_N), \qquad (21.77)$$

wobei die Werte $x_1, x_2, x_3, \ldots, x_N$ nun die zugehörigen besten Schätzwerte der Eingangsparameter sind.

Die als kombinierte Standard-Messunsicherheit bezeichnete Unsicherheit von y wird berechnet nach:

$$u_c = +\sqrt{\sum_{i=1}^{N} \left[\left(\frac{\partial f}{\partial x_i} \right) \cdot u(x_i) \right]^2} \qquad (21.78)$$

Dabei bezeichnen die $u(x_i)$ die Standard-Messunsicherheit der Eingangsparameter.

Diese Gleichung gilt allerdings nur für den Fall, dass keine Korrelation zwischen den Eingangsparameter besteht. Bei Vorliegen einer Korrelation muss nach dem GUM-Dokument [19] eine andere Methode angewendet werden, die hier jedoch nicht näher erläutert wird.

Es mag zunächst überraschen, dass alle Eingangsparameter, wie zum Beispiel physikalische Konstante, ebenfalls als stochastische Größen behandelt werden. Grundsätzlich gilt jedoch, dass keine Größe mit absoluter Genauigkeit bekannt ist. Allerdings werden zwei unterschiedliche Methoden zur Ermittlung der Ungenauigkeiten der Eingangsgrößen in Abhängigkeit ihrer Herkunft angewendet. Dazu werden diese in zwei Kategorien eingeteilt:

Teil IV

Kategorie 1 Eingangsparameter, deren Wert und Ungenauigkeit aus wiederholten Messungen, also aus der statistischen Analyse einer Stichprobe gewonnen werden. Die zugehörigen Formeln sind im vorhergehenden Abschnitt dargestellt worden. Diese Methode wird als Typ-A-Evaluierung der Standard-Messunsicherheit bezeichnet.

Kategorie 2 Eingangsparameter, deren Wert und Ungenauigkeit mit Hilfe anderer Informationen gewonnen werden. Für diese wird eine A-priori-Wahrscheinlichkeitsverteilung für den zugehörigen Wert angenommen. Diese Methode wird als Typ-B-Evaluierung der Standard-Messunsicherheit bezeichnet. In dem eingangs zitierten GUM-Dokument [19] ist eine Reihe von Beispielen für diese Methode dargestellt, nämlich bei einer a priori angenommenen Rechtecksverteilung, einer Dreiecksverteilung und einer Gauß-Verteilung.

21.4.3 Erweiterte Messunsicherheit

Neben der kombinierten Standard-Messunsicherheit wird auch der Begriff der erweiterten Messunsicherheit verwendet. Dahinter steht der Wunsch, ein größeres Vertrauensintervall bei der Angabe der kombinierten Messunsicherheit in Betracht zu ziehen. Dazu muss angenommen werden, dass die Verteilung eines Endresultats, das sich aus einer Reihe von Eingangsparametern zusammensetzt, einer Gauß-Verteilung mit u_c als σ-Parameter unterliegt. Das zu einer kombinierten Standard-Messunsicherheit zugehörige Vertrauensintervall beträgt somit 68,3 %. Die erweiterte Messunsicherheit U wird definiert als der Wert, der sich ergibt als $U = k \cdot u_c$, wobei der Wert von k üblicherweise 1, 2 oder 3 ist. Der Parameter k wird als Erweiterungsfaktor bezeichnet. Bei einer erweiterten Messunsicherheit mit dem Erweiterungsfaktor $k = 2$ beträgt das Vertrauensintervall 95,5 %. In der Metrologie wird häufig der Zahlenwert der Unsicherheit mit diesem Erweiterungsfaktor $k = 2$ angegeben.

21.4.4 Unsicherheitsbudget

Die Berechnung der kombinierten Standard-Messunsicherheit kann im Einzelfall aufwendig sein. Man bezeichnet die gesamte Prozedur mit Hilfe der Standard-Messunsicherheit aller Eingangsparameter auch als Aufstellung eines Unsicherheitsbudgets der zu bestimmenden Größe. So ist beispielsweise auch in der Dosimetrie-Norm DIN 6800 Teil 2 [9] das ganze Kapitel 10 der Messunsicherheitsanalyse mit Hilfe der Aufstellung eines Unsicherheitsbudgets gewidmet.

Als einfachstes Beispiel eines Unsicherheitsbudgets soll wieder die Dosismessung in einem Kalibrierfeld unter Weglassung aller Korrekturfaktoren dienen:

$$D_{\text{res}} = N \cdot M \qquad (21.79)$$

In diesem Fall haben wir nur zwei Eingangsparameter. Der beste Schätzwert für D_{res} ergibt sich gemäß Gl. 21.77 als das Produkt des Mittelwerts der Anzeige M und des Kalibrierfaktors, wie er aus dem Kalibrierzertifikat der verwendeten Ionisationskammer entnommen wird.

Für die Berechnung der kombinierten Standard-Messunsicherheit benötigt man die Standard-Messunsicherheiten der beiden Eingangsgrößen.

Anzeige M Bei der Anzeige M erfolgt die Berechnung der Standard-Messunsicherheit durch:

$$u^2(\overline{M}) = \frac{1}{N(N-1)} \sum_{i=1}^{N} (M_i - \overline{M})^2 \qquad (21.80)$$

Kalibrierfaktor N Für die Bestimmung der Standard-Messunsicherheit des Kalibrierfaktors muss man das Kalibrierzertifikat bemühen. Darin ist die Angabe der Unsicherheit fast immer in der Form einer erweiterten Messunsicherheit U mit einem Erweiterungsfaktor 2 enthalten. Damit ergibt sich die Standard-Messunsicherheit des Kalibrierfaktors als:

$$u(N) = \frac{U}{2} \qquad (21.81)$$

Die kombinierte Standard-Messunsicherheit der Dosisbestimmung ergibt sich schließlich als:

$$u_c(D_{\text{res}}) = + \sqrt{N^2 \cdot \left(\frac{1}{N(N-1)} \sum_{i=1}^{N} (m_i - \overline{M})^2 \right) + \overline{M}^2 \cdot \left(\frac{U}{2} \right)^2} \qquad (21.82)$$

Die Bestimmung der absoluten und der relativen kombinierten Messunsicherheit wird oft verwechselt. Eine etwas einfachere Formel erhält man nämlich für die relative kombinierte Standard-Messungenauigkeit, wenn (und nur wenn) die Modellfunktion – wie in diesem Beispiel – aus einem Produkt oder Quotienten der Eingangsgrößen besteht. In diesem Fall berechnet sich diese aus der positiven Wurzel der Summe der Quadrate der relativen Standard-Messunsicherheiten der Eingangsparameter:

$$\frac{u_c(D_{\text{res}})}{D_{\text{res}}} = + \sqrt{\left(\frac{u(M)}{M} \right)^2 + \left(\frac{u(N)}{N} \right)^2} \qquad (21.83)$$

Aufgaben

21.1 Eine Strahlendosis ist, vereinfacht gesagt, der in einem Volumen absorbierte Teilbetrag der Energie einer Strahlung dividiert durch die Masse des Volumens. Der Prozess der Energieübertragung kann als eine Vielzahl von statistisch verteilten Einzelprozessen gesehen werden. Unterliegt die Energiedosis damit ebenfalls einer statistischen Verteilung? Begründen Sie Ihre Antwort.

Teil IV

21.2 Die Bestimmung der Wasser-Energiedosis in einem Messphantom erfolgt üblicherweise durch die Messanzeige einer als Dosimeter bezeichneten Sonde. Nennen Sie die drei wichtigsten Sondeneigenschaften, die Einfluss auf die Messanzeige haben.

21.3 Wie ist das (totale) Ansprechvermögen einer Sonde definiert?

21.4 Wodurch unterscheiden sich das (totale) Ansprechvermögen und das intrinsische Ansprechvermögen einer Sonde?

21.5 Die mit einer Sonde bestimmte Energiedosis einer Photonenstrahlung lässt sich in guter Näherung als Energie-Integral der energiedifferenziellen Fluenz der sekundären Elektronen und Positronen multipliziert mit deren Massenbremsvermögen berechnen. Welche Spezifikationen müssen bei der Fluenz und dem Massenbremsvermögen beachtet werden? Begründen Sie Ihre Antwort.

21.6 Welche Bedeutung haben Störungsfaktoren in der Hohlraumtheorie?

21.7 Kann die relative Anzeige eines Dosimeters als Maß für die Relativ-Dosis verwendet werden? Begründen Sie Ihre Antwort.

21.8 Die Bestimmung der Wasser-Energiedosis in einem Messphantom erfolgt mit Hilfe eines Regelwerks, das man als Dosimetrie-Protokoll bezeichnen kann. Welches Dokument wird hierfür in Deutschland herangezogen?

21.9 Nennen Sie drei unterschiedliche Kategorien der Dosisberechnung.

21.10 Versuchen Sie eine einfache Charakterisierung der Boltzmann-Transportgleichungen für ionisierende Strahlung.

21.11 Unter welchen Umständen kann die relative, kombinierte Messunsicherheit als Wurzel der Quadratsumme der relativen Unsicherheiten einzelner Beiträge geschrieben werden?

21.12 Was versteht man unter erweiterter Messunsicherheit?

Literatur

1. AAPM Task Group 114 (2011) AAPM report 114: verification of monitor unit calculations for non-IMRT clinical radiotherapy
2. Ahnesjö A, Aspradakis MM (1999) Dose calculations for external photon beams in radiotherapy. Phys Med Biol 44(11):R99–R155
3. Ahnesjö A, Weber L, Murman A, Saxner M, Thorslund I, Traneus E (2005) Beam modeling and verification of a photon beam multisource model. Med Phys 32(6):1722–1737. https://doi.org/10.1118/1.1898485
4. Boman E (2007) Radiotherapy forward and inverse problem applying Boltzmann transport equations. Doctoral dissertation
5. Bouchard H (2012) A theoretical re-examination of Spencer-Attix cavity theory. Phys Med Biol 57(11):3333–3358. https://doi.org/10.1088/0031-9155/57/11/3333
6. Bouchard H, Kamio Y, Palmans H, Seuntjens J, Duane S (2015) Detector dose response in megavoltage small photon beams. II. Pencil beam perturbation effects. Med Phys 42(10):6048–6061. https://doi.org/10.1118/1.4930798
7. Bouchard H, Seuntjens J, Duane S, Kamio Y, Palmans H (2015) Detector dose response in megavoltage small photon beams. I. Theoretical concepts. Med Phys 42(10):6033–6047. https://doi.org/10.1118/1.4930053
8. Chofor N, Harder D, Selbach H-J, Poppe B (2015) The mean photon energy $\bar{E}_F$ at the point of measurement determines the detector-specific radiation quality correction factor $k_{Q,M}$ in ^{192}Ir brachytherapy dosimetry. Z Med Phys 26(3):238–250
9. Deutsches Institut für Normung (DIN) (2008) DIN 6800-2: Dosismessverfahren nach der Sondenmethode für Photonen- und Elektronenstrahlung – Teil 2: Dosimetrie hochenergetischer Photonen- und Elektronenstrahlung mit Ionisationskammern
10. Deutsches Institut für Normung (DIN) (2016) DIN 6800-1: Dosismessverfahren nach der Sondenmethode für Photonen- und Elektronenstrahlung – Teil 1: Allgemeines
11. Deutsches Institut für Normung (DIN) (2016) DIN 6814: Begriffe in der radiologischen Technik (Teil 1 bis 8)
12. European Society for Radiotherapie and Oncology (2008) ESTRO booklet 10: independent dose calculations – concepts and models
13. Failla GA, Wareing T, Archambault Y, Thompson S (2010) Acuros XB advanced dose calculation for the Eclipse treatment planning system. Varian Medical Systems, Palo Alto
14. Fenwick JD, Kumar S, Scott AJD, Nahum AE (2013) Using cavity theory to describe the dependence on detector density of dosimeter response in non-equilibrium small fields. Phys Med Biol 58(9):2901–2923. https://doi.org/10.1088/0031-9155/58/9/2901
15. Gifford KA, Horton JL, Wareing TA, Failla G, Mourtada F (2006) Comparison of a finite-element multigroup discrete-ordinates code with Monte Carlo for radiotherapy calculations. Phys Med Biol 51(9):2253–2265. https://doi.org/10.1088/0031-9155/51/9/010
16. Gifford KA, Price MJ, Horton JL Jr, Wareing TA, Mourtada F (2008) Optimization of deterministic transport parameters for the calculation of the dose distribution around a high dose-rate I192r brachytherapy source. Med Phys 35(6):2279–2285
17. International Commisson on Radiation Units and Measurements (ICRU) (1985) ICRU report 39: determination of dose equivalents resulting from external radiation sources
18. International Commisson on Radiation Units and Measurements (ICRU) (1987) ICRU report 42: use of computers in external beam radiotherapy procedures with high-energy photons and electrons

Teil IV

19. Joint Committee for Guides in Metrology (BIPM I, IFCC, ILAC, IUPAC, IUPAP) (2008) Evaluation of Measurement Data – Guide to the Expression of Uncertainty in Measurement GUM 1995 with minor corrections. Joint Committee for Guides in Metrology, JCGM 100

20. Mayles P, Nahum A, Rosenwald JC (Hrsg) (2007) Handbook of radiotherapy physics: theory and practice. Taylor and Francis, New York

21. Nahum AE (1978) Water/air mass stopping power ratios for megavoltage photon and electron beams. Phys Med Biol 23(1):24–38

22. Rogers D (2009) General characteristics of radiation dosimeters and a terminology to describe them. Clinical dosimetry measurements in radiotherapy, S 137–145

23. Scott AJD, Nahum AE, Fenwick JD (2008) Using a Monte Carlo model to predict dosimetric properties of small radiotherapy photon fields. Med Phys 35(10):4671–4684. https://doi.org/10.1118/1.2975223

24. Spencer L, Attix F (1955) A theory of cavity ionization. Radiat Res 3(3):239–254

25. Spencer LV, Attix FH (1955) A cavity ionization theory including the effects of energetic secondary electrons. Radiology 64(1):113. https://doi.org/10.1148/64.1.113a

Teil IV

Klinische Strahlenbiologie

22

Christian P. Karger

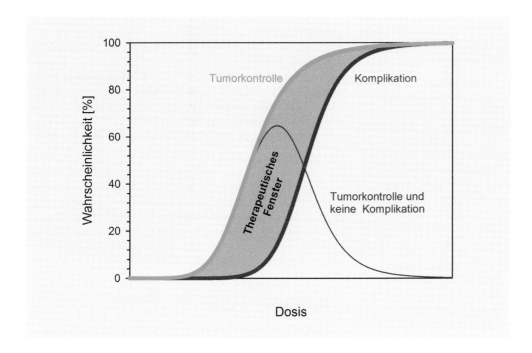

Teil IV

© Springer-Verlag GmbH Deutschland, ein Teil von Springer Nature 2018
W. Schlegel, C.P. Karger, O. Jäkel (Hrsg.), *Medizinische Physik*, https://doi.org/10.1007/978-3-662-54801-1_22

22.1 Grundlagen der Strahlenwirkung

Die Strahlenbiologie untersucht die Wirkung ionisierender Strahlung auf lebende Systeme. Das gewonnene Wissen wird sowohl im Strahlenschutz als auch für strahlentherapeutische Anwendungen genutzt. Die Bezeichnung klinische Strahlenbiologie betont dabei die Anwendung in der Strahlentherapie, in der neben hochenergetischen Photonen- und Elektronen auch Ionen und Neutronen zum Einsatz kommen (vgl. Kap. 1).

Die Strahlenwirkung auf das biologische System hängt von der Strahlenmenge ab, welche durch Angabe der Wasserenergiedosis in Gy (vgl. Kap. 21) spezifiziert wird. Darüber hinaus spielen jedoch auch zahlreiche andere Faktoren, wie die Strahlenart, das raum-zeitliche Bestrahlungsmuster sowie Eigenschaften des biologischen Systems eine Rolle. Ursache sind die komplexen Zusammenhänge zwischen der Energiedeposition durch die Strahlung und der daraus folgenden biologischen Wirkung. Diese entsteht über eine Kaskade von Prozessen, die sich in 3 Phasen einteilen lassen [27]:

Physikalische Phase Innerhalb von 10^{-18} bis 10^{-14} s finden die elementaren physikalischen Wechselwirkungen (vgl. Kap. 1) zwischen den Strahlungspartikeln und den Molekülen der Zellen statt. Hierbei finden zahlreiche Ionisationsprozesse statt (ca. 10^5 Gy^{-1} für ein Volumen mit $10\,\mu$m Durchmesser), bei denen Moleküle chemisch verändert und freie Radikale erzeugt werden.

Chemische Phase Während die sehr reaktiven Radikale innerhalb von ca. 1 ms mit anderen Biomolekülen reagieren und diese chemisch verändern, können andere Reaktionen auch noch nach Sekunden oder Minuten stattfinden.

Biologische Phase In diese Phase finden enzymatische Reaktionen und Regulationsprozesse in der Zelle statt, die in Folge zum Untergang, zur teilweisen oder vollständigen Reparatur oder auch zur Teilung der bestrahlten Zelle führen können. Die biologische Phase beginnt bereits nach etwa 1 s und kann Stunden, Tage, Monate oder sogar viele Jahre andauern.

Die physikalische Wirkung von Strahlung betrifft zunächst unspezifisch alle Bereiche der Zelle. Obwohl das Auftreten von Schäden an der Membran, an Zellorganellen oder wichtigen Biomolekülen zu Funktionseinschränkungen und der Bildung toxischer Substanzen führen kann, ist das primäre Target der Zellkern mit der darin enthaltenen Erbinformation (DNA). Da diese in der Zelle nur einmal vorliegt, haben Schäden an der DNA eine besonders große Auswirkung. Allerdings führen nicht alle Schäden an der DNA zum Absterben der Zelle. Beim Durchlaufen des Zellzyklus passieren die Zellen Kontrollpunkte (Checkpoints), an denen die Integrität der Zelle geprüft und bei Vorliegen von Schäden Reparaturprozesse eingeleitet werden. Hierdurch werden die strahleninduzierten Schäden ganz- oder teilweise beseitigt. Die Effizienz der Reparatur ist dabei von der Komplexität der Strahlenschäden abhängig. So sind Einzelstrangbrüche leichter als Doppelstrangbrüche und diese leichter als eine Anhäufung von Einzel- oder Doppelstrangbrüchen (Clusterschäden) zu reparieren.

Sind die Strahlenschäden in der Zelle jedoch zu groß, stirbt die Zelle schließlich ab. Hierbei unterscheidet man den frühen (prämitotischen) Zelltod und den späten (post-mitotischen) Zelltod [51]. Während die Zelle im ersten Fall durch ein körpereigenes Programm (Apoptose, Autophagie, Nekrose und Seneszenz) ihre Auflösung einleitet, durchläuft sie im zweiten Fall noch einen oder mehrere Teilungsvorgänge. Aufgrund persistierender Schäden ist die Replikation unvollständig oder fehlerhaft und die Zelle verliert nach einer oder mehreren Teilungen ihre Teilungsfähigkeit. Dies wird auch als mitotische Katastrophe bezeichnet. Dieser Vorgang kann ebenfalls von den oben genannten programmierten Abläufen begleitet sein. Das Absterben von Zellen nach Bestrahlung wird vom post-mitotischen Zelltod dominiert.

Die aus der Bestrahlung resultierenden biologischen Effekte reichen vom Untergang oder genetischer Veränderung einzelner Zellen über die Beeinträchtigung der morphologischen oder funktionellen Gewebeintegrität bis hin zum Tod des ganzen Organismus. Während im Strahlenschutz begrifflich zwischen deterministischen und stochastischen Strahlenschäden unterschieden wird (vgl. Kap. 5), spricht man in der Strahlentherapie von Früh- oder Spätreaktionen [22]:

Frühreaktion

Strahleninduzierter Reaktion des Normalgewebes, die Wochen bis wenige Monate nach Behandlung auftritt. Beispiele sind Hautrötungen- oder Abschuppungen.

Spätreaktion

Strahleninduzierte Reaktion des Normalgewebes durch Schädigung des Parenchyms, die Monate bis Jahre nach der Behandlung auftritt. Beispiele sind die Bildung einer Fibrose, Funktionsverlust der Speicheldrüsen oder Schädigung von Nervengewebe.

Früh- und Spätschäden haben eine unterschiedliche Pathogenese und aus dem Schweregrad von Frühschäden kann nicht auf das Risiko von Spätschäden geschlossen werden [13]. Beide können jedoch im gleichen Organ auftreten und sich gegenseitig verstärken. Spätschäden sind in der Strahlentherapie besonders gefürchtet, da sie lange nach Therapieende auftreten. Eine Reaktion durch Anpassung oder Aussetzung der Therapie ist somit nicht möglich.

Der Wirkmechanismus von Strahlung in Tumorzellen ist grundsätzlich vergleichbar mit dem in gesunden Zellen, auch wenn die differenzielle Strahlenwirkung zwischen beiden von einer Vielzahl biologischer und physikalischer Faktoren abhängt. Die Untersuchungen der klinischen Strahlenbiologie zielen darauf ab, diese Abhängigkeiten besser zu verstehen und sie für eine Optimierung der Strahlentherapie zu nutzen.

22.2 Quantifizierung der Strahlenwirkung in Zellen

22.2.1 Einzelbestrahlungen

Die Wirkung von Strahlung auf Zellen kann mit dem sogenannten Koloniebildungstest (Clonogenic Assay) quantitativ bestimmt werden. Hierzu werden Zellen auf einem Nährmedium ausgesät und mit einer Dosis bestrahlt. Im Anschluss bestimmt man den Anteil der Zellen, die noch in der Lage sind, durch mehrfache Zellteilung eine Kolonie zu bilden. Dazu sind nur die Zellen in der Lage, die nicht den unter Abschn. 22.1 beschriebenen prä- oder post-mitotischen Zelltod erlitten haben. Diese Zellen werden als klonogen bezeichnet und in vivo wird angenommen, dass diese Zellen verantwortlich für das unkontrollierte Tumorwachstum sind. Die im Koloniebildungstest gemessene Inaktivierung klonogener Zellen wird mit der lokalen Kontrolle von Tumoren in Verbindung gebracht und daher als relevanter Endpunkt betrachtet.

Wird der Koloniebildungstest für verschiedene Dosen durchgeführt, so erhält man eine Zell-Überlebenskurve (Abb. 22.1), welche die Dosisabhängigkeit der Überlebensfraktion (Survival Fraction, *SF*) beschreibt. Eine mathematische Beschreibung dieser Überlebendkurve liefert das linear-quadratische (LQ) Modell [20, 21], welches durch den folgenden Ausdruck gegeben ist:

$$SF(d) = \frac{N}{N_0} = \exp(-\alpha d - \beta d^2) \tag{22.1}$$

In Gl. 22.1 bezeichnet d die Dosis, N_0 die Anzahl der bestrahlten und N die Anzahl überlebender Zellen. α und β sind Modellparameter, die die Empfindlichkeit der Zellen gegenüber der verwendeten Strahlung beschreiben (Einheit Gy^{-1} bzw. Gy^{-2}) und durch Anpassung des Modells an experimentelle Daten ermittelt werden. Da der Koloniebildungstest nur für relativ kleine Bestrahlungsdosen durchgeführt werden kann, ist die genaue Bestimmung des quadratischen Anteils schwieriger. Die experimentelle Unsicherheit in der Bestimmung von β ist daher größer als für α.

Die an Zellen gemessenen Überlebenskurven zeigen in logarithmischer Darstellung einen schulterförmigen Verlauf, dessen Ausprägung durch das in Gy angegebene Verhältnis α/β gegeben ist. Zellen mit kleinem α/β-Verhältnis haben eine ausgeprägte Schulter, Zellen mit großem α/β-Verhältnis zeigen dagegen einen annähernd linearen Verlauf.

Es gibt Ansätze, die Form der Überlebenskurve aus elementaren statistischen Überlegungen abzuleiten. Hierzu wurde angenommen, dass entweder ein oder mehrere Targets in der Zelle inaktiviert werden müssen (Single- und Multi-Target-Modelle), um die Zelle abzutöten [26]. Es zeigte sich jedoch, dass das LQ-Modell bei klinisch relevanten Bestrahlungsdosen von wenigen Gy experimentelle Daten genauer beschreibt als diese Modelle,

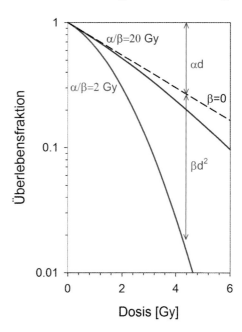

Abb. 22.1 Zellüberlebenskurven für ein kleines und ein großes α/β-Verhältnis. Es ergeben sich zwei Kurven mit unterschiedlich ausgeprägter Schulter. Für $d \ll \alpha/\beta$ dominiert der lineare, für $d \gg \alpha/\beta$ der quadratische Verlauf. Wählt man die Bestrahlungsdosis $d = \alpha/\beta$, so ist der Beitrag des α- und β-Terms gleich groß. *Die gestrichelte Linie* beschreibt den Verlauf für $\beta = 0$

weshalb sich das mathematisch einfachere LQ-Modell durchgesetzt hat. Obwohl das LQ-Modell als einfache empirische Parametrisierung betrachtet werden kann, besteht auch hier die Möglichkeit einer strahlenbiologischen Interpretation. Hierzu betrachtet man den linearen und quadratischen Term in Gl. 22.1 als Beschreibung von letalen Schadensereignissen, die entweder durch ein einzelnes oder durch zwei unabhängige Strahlungspartikel hervorgerufen werden. Während Erstere zu einem rein exponentiellen Verlauf des Zellüberlebens führen, geht man bei Letzteren davon aus, dass der erste Treffer nur zu einem subletalen Schaden führt, welcher die Zelle aber gegenüber dem zweiten Treffer empfindlicher macht. Beide Schadensereignisse finden unabhängig voneinander statt, so dass es zur Ausprägung der Schulterkurve kommt.

Das LQ-Modell geht von einer kurzzeitigen Bestrahlung aus, so dass die Reparatur subletaler Schäden vernachlässigt werden kann. Bei der Anwendung des LQ-Modells ist außerdem zu beachten, dass dieses nur im Dosisbereich von 1 bis etwa 5–6 Gy als validiert gilt [26]. Unterhalb von 1 Gy beobachtet man für manche Zellen eine Hyper-Radiosensitivität gefolgt von einer verstärkten Resistenz, bevor die Zellüberlebenskurve in den linear-quadratischen Verlauf übergeht. Als Ursache werden hier sogenannte Bystander-Effekte angesehen. Auf der anderen Seite zeigen die Überlebenskurven mancher Zellen bei hohen Dosen die von Multi-Target-Modellen vorhergesagte rein exponentielle Dosisabhängigkeit, während das LQ-Modell eine immer weiter zunehmende Steigung vorhersagt.

Teil IV

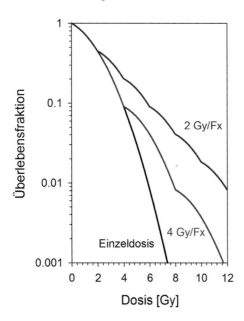

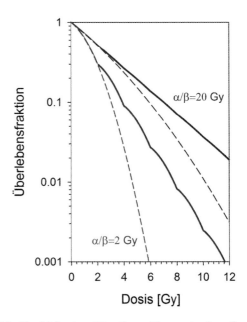

Abb. 22.2 Überlebensfraktion für verschiedene Fraktionierungsschemata. Ist die Pause zwischen den Fraktionen (Fx) ausreichend groß, um alle subletalen Strahlenschäden zu reparieren, so wird die Schulterkurve bei der nächsten Fraktion reproduziert. Dadurch steigt bei gleicher Gesamtdosis die Überlebensfraktion mit kleiner werdender Dosis pro Fraktion an

Abb. 22.3 Vergleich einer Einzelbestrahlung mit einer Standardbestrahlung mit 2 Gy/Fx für verschiedene Werte von α/β. Je kleiner das α/β-Verhältnis, desto größer ist der Fraktionierungseffekt

22.2.2 Fraktionierte Bestrahlungen

Wird die Gesamtdosis nicht auf einmal, sondern in zwei oder mehreren Teildosen verabreicht, so spricht man von einer fraktionierten Bestrahlung. Vergleicht man im Koloniebildungstest die entsprechenden Überlebensfraktionen, so stellt man fest, dass diese für eine fraktionierte Bestrahlung größer ist als für eine Einzelbestrahlung mit der gleichen Gesamtdosis (Abb. 22.2). Ursache hierfür ist die in der Bestrahlungspause stattfindende Reparatur subletaler Strahlenschäden, so dass sich diese Zellen bei der nächsten Bestrahlung wie unbestrahlte Zellen verhalten. Ist die Reparatur der subletalen Schäden vollständig (complete repair), so wird der linear-quadratische Verlauf der Überlebenskurve bei den folgenden Fraktionen reproduziert. Der Unterschied in der Überlebensfraktion (Fraktionierungseffekt) ist dabei gegenüber einer Einzelbestrahlung bei gleicher Gesamtdosis umso größer, je kleiner das α/β-Verhältnis ist (Abb. 22.3). Im LQ-Modell beschreibt das α/β-Verhältnis die Reparaturkapazität der Zellen und es gilt:

> Zellen mit kleinem α/β-Verhältnis zeigen einen großen Fraktionierungseffekt. Zellen mit großem α/β-Verhältnis zeigen einen kleinen Fraktionierungseffekt. Je größer der Fraktionierungseffekt, desto größer ist die Gesamtdosis der fraktionierten Bestrahlung, die zur gleichen Überlebensfraktion führt wie die Einzelbestrahlung.

Mit dem LQ-Modell kann die Überlebensfraktion nach n Bestrahlungen mit der Einzeldosis d und der Gesamtdosis $D = nd$ wie folgt beschrieben werden:

$$SF(D) = \exp(-n\alpha d - n\beta d^2) \qquad (22.2)$$

Hierbei wird vorausgesetzt, dass in der Bestrahlungspause alle subletalen Schäden vollständig repariert werden (Complete Repair) und dass sich die überlebenden Zellen in dieser Zeit nicht teilen (keine Proliferation). Man kann davon ausgehen, dass die Reparaturprozesse nach 8–10 Stunden weitgehend abgeschlossen sind, so dass einmal täglich durchgeführte Bestrahlungen als voneinander unabhängig angesehen werden können.

Gl. 22.2 kann dazu verwendet werden, ein Fraktionierungsschema 1 in ein anderes, isoeffektives Fraktionierungsschema 2 umzurechnen. Isoeffektiv bedeutet hier, dass die resultierenden Überlebensfraktionen beider Fraktionierungsschemata gleich groß sind, d. h. $SF(n_1d_1) = SF(n_2d_2)$. Daraus ergibt sich für den Zusammenhang der Gesamtdosen D_1 und D_2:

$$D_2 = D_1 \frac{\alpha/\beta + d_1}{\alpha/\beta + d_2} \qquad (22.3)$$

Interessiert man sich bei dem neuen Fraktionierungsschema für die Dosis pro Fraktion anstatt für die Gesamtdosis, so ergibt sich

$$d_2 = \frac{1}{2}\frac{\alpha}{\beta}\left(\sqrt{1 + \frac{4 \cdot BED}{n_2 \cdot \alpha/\beta}} - 1\right), \qquad (22.4)$$

mit der Biologisch Effektiven Dosis [21]

$$BED = -\frac{\ln(SF)}{\alpha} = n_1 d_1\left(1 + \frac{d_1}{\alpha/\beta}\right). \qquad (22.5)$$

Die *BED* ist dabei so definiert, dass verschiedene Fraktionierungsschemata mit gleicher *BED* im Rahmen der Gültigkeit des LQ-Modells isoeffektiv sind. Aus Gl. 22.5 ergibt sich die *BED* außerdem als die isoeffektive Dosis für eine Bestrahlung mit unendlich vielen unendlich kleinen Fraktionsdosen. Da trotzdem die Gültigkeitsbedingungen für das LQ-Modell vorausgesetzt werden, stellt die *BED* in diesem Fall eine extrapolierte Rechengröße dar.

22.2.3 Andere Einflussfaktoren

Neben der Dosis und der Anzahl Fraktionen gibt es noch andere wichtige biologische und physikalische Faktoren, die Einfluss auf die Strahlenwirkung haben. Dies führt dazu, dass die Gültigkeitsbedingungen für das LQ-Modell nicht immer erfüllt sind, und es wurden daher verschiedene Erweiterungen eingeführt. Für diese Erweiterungen kann nach $BED = -\ln(\text{SF})/\alpha$ (Gl. 22.5) auch eine verallgemeinerte Biologisch Effektive Dosis definiert werden. Nachfolgend wird die Abhängigkeit von den wichtigsten Einflussfaktoren beschrieben.

22.2.3.1 Unvollständige Reparatur

Die Grundform des LQ-Modells (Gl. 22.1 und Gl. 22.2) geht davon aus, dass die Dauer der einzelnen Bestrahlungsfraktionen so kurz ist, dass die Reparatur subletaler Schäden vernachlässigt werden kann. Andererseits wird bei einer fraktionierten Bestrahlung vorausgesetzt, dass die Bestrahlungspausen groß genug sind (8–10 h), damit alle subletalen Schäden vollständig repariert werden können. Sind diese Bedingungen nicht erfüllt, so hängt die Überlebensfraktion vom genauen Zeitmuster der Bestrahlung und der Reparaturhalbwertszeit der Zellen ab. Dies kann durch die Einführung des Reparaturfaktors C in Gl. 22.2 berücksichtigt werden [39, 46]:

$$SF(D) = \exp(-n\alpha d - n\beta d^2 \cdot C(n, \mu, \tau, \Delta t)) \qquad (22.6)$$

Der Korrekturfaktor C hangt dabei von der Anzahl der Fraktionen n, der Reparaturhalbwertszeit μ, der Dauer der Einzelbestrahlungen τ sowie der Größe der Bestrahlungspause Δt ab. Für den Fall $\tau \ll \mu$ und $\Delta t \gg \mu$ reduziert sich Gl. 22.6 auf Gl. 22.2. Während diese Bedingungen für die üblichen Fraktionierungsschemata der perkutanen Strahlentherapie normalerweise erfüllt sind, ist dies für Anwendungen in der Brachytherapie (Kap. 27) nicht immer gegeben.

22.2.3.2 Proliferation

Ist die Proliferation der Zellen (Repopulation) in den Bestrahlungspausen nicht vernachlässigbar, so spricht man auch von Repopulation. Diese kann in Gl. 22.2 durch einen weiteren Term berücksichtigt werden [21]:

$$SF(D) = \exp(-n\alpha d - n\beta d^2 + \gamma(T - T_k)) \qquad (22.7)$$

Hierbei beschreibt γ die Stärke der Proliferation, welche mit der mittleren Verdopplungszeit der Zellen T_p durch $\gamma = \ln 2/T_p$ zusammenhängt. T_k beschreibt die Zeit, nach der die Proliferation

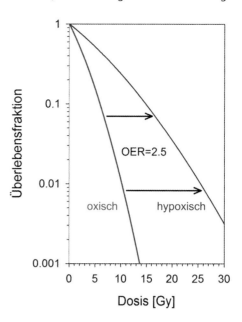

Abb. 22.4 Hypoxische Bedingungen bei der Bestrahlung führen zu einer erhöhten Strahlenresistenz. Die Verschiebung der Überlebenskurve wird durch den dosisunabhängigen Sauerstoffverstärkungsfaktor (*OER*) beschrieben

beginnt (Kick-off-Zeit). Durch die Proliferation erhöhen sich die Anzahl der Zellen und damit auch die Überlebensfraktion.

22.2.3.3 Hypoxie

Vergleicht man die Überlebensfraktionen von Zellen, die unter Luft- bzw. Stickstoffatmosphäre bestrahlt wurden, so stellt man fest, dass die Dosis, die zur gleichen Überlebensfraktion führt, für Stickstoff deutlich größer ist (Abb. 22.4). Die Abwesenheit von Sauerstoff (Hypoxie) erhöht also die Strahlenresistenz. Diese kann durch den Sauerstoffverstärkungsfaktor (*OER*, Oxygen Enhancement Ratio) beschrieben werden [24]:

$$OER(\text{pO}_2) = \left.\frac{D(\text{Hypoxie})}{D(\text{pO}_2)}\right|_{\text{Isoeffekt}} \qquad (22.8)$$

Hierbei sind $D(\text{Hypoxie})$ und $D(\text{pO}_2)$ die Bestrahlungsdosen unter vollständig hypoxischen Bedingungen bzw. bei Vorliegen eines Sauerstoffpartialdrucks pO_2. In Gl. 22.8 werden die vollständig hypoxischen Bedingungen als Referenz verwendet ($OER(\text{Hypoxie}) = 1$) und der *OER* misst die Empfindlichkeitssteigerung bei Anwesenheit von Sauerstoff. Biologische Ursache für die Empfindlichkeitssteigerung ist die vermehrte Bildung von hochreaktiven Sauerstoffradikalen nach Bestrahlung und der damit verbundenen Fixierung von Strahlenschäden in der Zelle.

Mit Gl. 22.8 kann das LQ-Modell wie folgt erweitert werden:

$$SF(d) = \exp(-\alpha_{\text{hyp}}d \cdot OER(\text{pO}_2) - \beta_{\text{hyp}}d^2 \cdot OER^2(\text{pO}_2)) \qquad (22.9)$$

Die Parameterwerte für die Strahlenempfindlichkeit α_{hyp} und β_{hyp} beziehen sich dabei auf die hypoxischen Referenzbedingungen. Experimentell kann durch Vergleich der unter hypoxischen und oxischen Bedingungen aufgenommenen Überlebenskurven der *OER* ermittelt werden. Die in Gl. 22.9 formulierte Unabhängigkeit des *OER*s von der Überlebensfraktion (und damit auch von der Dosis) findet man hierbei bestätigt.

Verwendet man in Gl. 22.9 die Strahlenempfindlichkeit bei guter Sauerstoffversorgung α_{ox} und β_{ox} (entsprechend dem maximalen Sauerstoffverstärkungsfaktor OER_{max}), so müssen α_{hyp} und β_{hyp} durch α_{ox}/OER_{max} bzw. β_{ox}/OER_{max}^2 ersetzt werden.

Analog zu Gl. 22.2 kann Gl. 22.9 auch auf fraktionierte Bestrahlungen verallgemeinert werden, solange sich die Sauerstoffversorgung der Zellen über die Fraktionen nicht ändert. Für Zellverbände kann es durch Abtöten von Zellen aber auch zu einer Reoxygenierung kommen, was zu einer Empfindlichkeitssteigerung gegenüber weiteren Bestrahlungsfraktionen führt (vgl. Abschn. 22.3.2).

22.2.3.4 Zellzyklus

In der Grundform des LQ-Modells (Gl. 22.1 und 22.2) wird von einer konstanten intrinsischen Strahlenempfindlichkeit der Zellen ausgegangen. Experimentell stellt man jedoch fest, dass Zellen in verschiedenen Zellzyklusphasen unterschiedlich strahlenempfindlich sind. Während die Zellen in der späten G_2- und der M-Phase besonders strahlenempfindlich sind, ist die späte S-Phase besonders strahlenresistent [52]. Außerdem gibt es verteilt über den Zellzyklus mehrere Checkpoints, an denen die Integrität der Zelle überprüft wird. Insbesondere die strahleninduzierte Aktivierung des Checkpoints in der späten G_2-Phase führt zu einer starken Verzögerung im Zellzyklus und ermöglicht der Zelle dadurch die entstandenen Strahlenschäden zu reparieren [27]. Bei einer Bestrahlung führt dies zu einer vorzugsweisen Abtötung der Zellen in strahlenempfindlichen Zellzyklusphasen und damit zu einer Synchronisierung der Zellen. Für nachfolgende Bestrahlungen kommt es dadurch zu einer Modulation der Strahlenempfindlichkeit, deren Größe von der aktuellen Zellzyklusphase und damit vom Zeitpunkt der zweiten Bestrahlung abhängt. Erst im Laufe der Zeit kommt es wieder zu einer Desynchronisation der Zellen, die auch als Redistribution bezeichnet wird. Neben Reparatur, Repopulation und Reoxygenierung kann auch die Redistribution durch eine Erweiterung des LQ-Modells berücksichtigt werden [9]. Dies kann zu einer sehr komplexen Abhängigkeit der Überlebensfraktion vom zeitlichen Muster der Dosisapplikation führen.

22.2.3.5 Große Fraktionsdosen

Der Übergang der Überlebenskurve von einem linear-quadratischen in einen rein linearen Verlauf bei hohen Fraktionsdosen kann empirisch durch die folgende Parametrisierung berücksichtigt werden:

$$SF(d) = \begin{cases} \exp(-\alpha d - \beta d^2) & d < d_t \\ \exp(-\alpha d_t - \beta d_t^2 - s_{max}(d - d_t)) & d \geq d_t \end{cases}$$

(22.10)

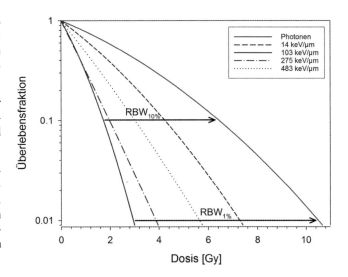

Abb. 22.5 Überlebenskurven für CHO-K1-Zellen nach Bestrahlung mit Photonen und Kohlenstoffionen bei unterschiedlichem LET (Daten aus [50]). Die Verschiebung der Überlebenskurven wird durch die Dosis- und LET-abhängige relative biologische Wirksamkeit beschrieben

Der Parameter $s_{max} = \alpha + 2\beta d_t$ hängt dabei von der Übergangsdosis (Transition Dose) d_t ab, bei der der linear-quadratische Kurvenverlauf in einen rein linearen Verlauf übergeht. Der Wert von d_t ist experimentell allerdings sehr schwer zu ermitteln, da hierfür der lineare vom quadratischen Kurvenverlauf diskriminiert werden muss.

22.2.3.6 Hoch-LET-Strahlung

Bestrahlt man Zellen mit Hoch-LET-Strahlung (Abschn. 22.3.7), wie z.B. Kohlenstoffionen oder Neutronen, so stellt man fest, dass die Überlebensfraktion bei gleicher Dosis geringer ist als bei einer Bestrahlung mit Photonen oder Elektronen (Nieder-LET-Strahlung). Anders ausgedrückt ist für Hoch-LET-Strahlung eine geringere Dosis erforderlich, um die gleiche Überlebensfraktion (Isoeffekt) zu erzielen wie für Nieder-LET-Strahlung. Für Ionen hängt die Erhöhung der Effektivität stark von der Ionenart und der residualen Energie des Teilchens ab, und die hierdurch festgelegte Strahlenqualität kann für biologische Zwecke durch Angabe der Ionenart und des linearen Energietransfers (LET) charakterisiert werden.

Abb. 22.5 zeigt die komplexe Abhängigkeit von Dosis und LET anhand von Zellüberlebenskurven nach Bestrahlung mit Photonen und Kohlenstoffionen. Beim Übergang von einer Photonen- zu einer Kohlenstoffbestrahlung wird die Überlebenskurve zunächst steiler, was einer größeren Effektivität der Ionenbestrahlung entspricht. Diese Tendenz setzt sich mit ansteigendem LET fort und die anfangs linear-quadratische Kurve wird zunehmend linear. Dies ist gleichbedeutend mit einer Zunahme des α/β-Verhältnisses mit ansteigendem LET. Bei fraktionierten Hoch-LET-Bestrahlungen können subletale Strahlenschäden in den Bestrahlungspausen demnach weniger gut repariert werden als bei Nieder-LET-Bestrahlungen, zu der insbesondere die Photonenstrahlung gehört. Ursächlich hierfür ist, dass Hoch-LET-Strahlung durch die höhere lokale Energiedeposition mehr komplexe Strahlenschäden (z. B. DNA-Doppelstrangbrüche und -Clusterschäden) erzeugt, die schwerer oder gar nicht zu reparieren sind. Die Lokalisierung der Strahlenschäden entlang der Teilchenspur lässt sich auch direkt nachweisen [43].

Steigert man den LET noch weiter (> 200 keV/µm), so nimmt die Effektivität der Ionenbestrahlung allerdings wieder ab und die Überlebenskurven verschieben sich zurück zu größeren Dosen. Grund hierfür ist einerseits, dass die zusätzliche lokale Energiedeposition durch einzelne Teilchen keine weiteren Zellen abtöten, weil dies bereits bei einem geringeren LET erfolgt. Andererseits werden für eine gegebene Bestrahlungsdosis bei höherem LET weniger Teilchen benötigt, so dass an anderen Stellen der Zellprobe mehr Zellen überleben. Die Abnahme der Effektivität von Ionenbestrahlungen bei sehr hohem LET wird auch als „Overkill"-Effekt bezeichnet, da bei der hohen lokalen Energiedeposition in Bezug auf die Zellabtötung Energie „verschwendet" wird.

Für die therapeutische Anwendung muss die erhöhte Effektivität von Ionen quantifiziert werden. Dies erfolgt durch Einführung der sogenannten relativen biologischen Wirksamkeit:

$$\text{RBW} = \frac{D_{\text{Photon}}}{D_{\text{Ionen}}}\bigg|_{\text{Isoeffekt}} \qquad (22.11)$$

Hierbei bezeichnen D_{Photon} und D_{Ionen} die Bestrahlungsdosen in Gy, die für Photonen und Ionen zum gleichen biologischen Effekt führen (z. B. einem Zellüberleben von 10 % oder 1 %). Multipliziert man umgekehrt die Dosis für eine Ionenbestrahlung mit der entsprechenden RBW, so erhält man eine Photonendosis mit gleicher Wirkung, die als RBW-gewichtete Dosis bezeichnet wird und in Gy (RBW) angegeben wird. Die Rückführung von Bestrahlungsdosen für Ionen auf isoeffektive Photonendosen ist für die Ionentherapie von großer praktischer Bedeutung, da die Wirkung einer Photonenbestrahlung bei gleicher Dosis über das Bestrahlungsfeld weniger variiert und außerdem genauer bekannt ist als für Ionen.

Vergleicht man die RBW für Überlebensfraktionen von 1 % und 10 %, so stellt man eine Zunahme fest, die sich zu noch größeren Überlebensfraktionen fortsetzt. Da eine größere Überlebensfraktion durch eine Verringerung der Dosis erreicht wird, ergibt sich der generelle Befund, dass die RBW mit kleiner werdender Dosis ansteigt. Dabei wird die maximale RBW im Grenzfall kleiner Dosen erreicht und kann mit den Parametern des LQ-Modells zu $\alpha_{\text{Ionen}}/\alpha_{\text{Photonen}}$ berechnet werden. Grund für die Dosisabhängigkeit der RBW ist der unterschiedliche linear-quadratische Verlauf der Überlebenskurven für Photonen und Ionen. Da dieser Unterschied für höhere LET-Werte zunimmt, nimmt auch die Dosisabhängigkeit mit dem LET zu. Abb. 22.6 zeigt die Abhängigkeit der RBW vom LET sowie der Überlebensfraktion bzw. der Dosis.

Da der LET außer von der residualen Energie auch von der Ladungszahl des Ions abhängt, ist auch die RBW von der Ionenart

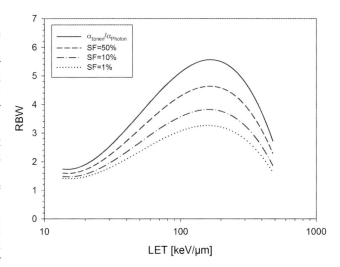

Abb. 22.6 RBW von CHO-K1-Zellen als Funktion des LET für verschiedene Überlebensfraktionen sowie für den Grenzfall kleiner Dosen. Mit ansteigendem LET nimmt die RBW zunächst zu und fällt bei hohen Werten wieder ab („Overkill"-Effekt). Für einen gegebenen LET nimmt die RBW mit größer werdender Überlebensfraktion bzw. mit kleiner werdender Dosis zu (Qualitative Darstellung anhand von Daten aus [50])

abhängig [32]. Obwohl auch für Protonen grundsätzlich ein Anstieg des LET und damit der RBW erwartet wird, stellt man diesen nur bei sehr kleinen Energien und damit in sehr kleinen räumlichen Bereichen am distalen Ende des Bestrahlungsfeldes fest. Die Variation der RBE mit LET und Dosis wird deswegen klinisch bisher vernachlässigt. Für schwerere Ionen dehnt sich der räumliche Bereich, in dem der hohe LET zum Tragen kommt, aus. Eine genauere Analyse zeigt, dass verschiedene Ionen auch beim gleichen LET eine unterschiedliche RBW haben [32].

Außer von den physikalischen Parametern Dosis, LET und Ionenart, ist die RBW auch von biologischen Faktoren abhängig. So hängt die RBW auch von der untersuchten Zelllinie ab. Zellen, mit geringem Reparaturvermögen gegenüber Photonenstrahlung (großes α/β-Verhältnis), zeigen mit steigendem LET nur einen kleinen oder sogar gar keinen Anstieg der RBW, während diese für Zellen mit hohem Reparaturvermögen (kleines α/β-Verhältnis) deutlich größer ist [50].

Eine weitere Abhängigkeit ergibt sich aus dem biologischen Endpunkt, der für die Messung der RBW verwendet wird. Für strahlentherapeutische Fragestellungen ist dies meist eine bestimmte Überlebensfraktion (z. B. 1 % oder 10 %). Stehen Strahlenschutzaspekte im Vordergrund, können alternativ auch Mutations- oder Aberrationsraten verwendet werden.

Prinzipiell kann die RBW weitere Abhängigkeiten von biologischen Faktoren aufweisen. Eine solche Abhängigkeit ist immer dann zu erwarten, wenn die Veränderung eines biologischen Faktors (z. B. Hypoxie) die Wirkung einer Photonen- und Ionenbestrahlung unterschiedlich stark beeinflusst.

Teil IV

22.3 Klinische Dosis-Wirkungs-Beziehungen

Während der Koloniebildungstest (Abschn. 22.2.1) eine einfache Möglichkeit darstellt, die Strahlenwirkung in vitro zu quantifizieren, besteht in vivo das Problem, dass sich die Überlebensfraktion und damit die Parameter α und β nicht bestimmen lassen. Als quantitatives Maß für die biologische Wirkung werden in vivo daher die Dosis-Wirkungs-Kurven verwendet (Abb. 22.7). Diese beschreiben die Wahrscheinlichkeit, dass ein definierter biologischer Endpunkt auftritt als Funktion der Dosis. Dosis-Wirkungs-Beziehungen existieren sowohl für Tumoren als auch für das Normalgewebe und werden meist für die Endpunkte lokale Tumorkontrolle (Tumor Control Probability, TCP) bzw. eine zu spezifizierende Normalgewebskomplikation (Normal Tissue Complication Probability, NTCP) angegeben.

Dosis-Wirkungs-Kurven haben eine sigmoide Form und werden durch den Parameter D_{50} (Dosis bei 50 %) und ihre Steigung charakterisiert. Je nachdem, ob es sich um Tumoren oder Normalgewebe handelt, spricht man ganz allgemein auch von:

Tumorkontrolldosen (TCD$_p$)

Die Dosis, die mit der Wahrscheinlichkeit p% zu einer lokalen Kontrolle des Tumors führt (z. B. TCD$_{50}$).

Toleranzdosen (TD$_p$)

Die Dosis, die mit der Wahrscheinlichkeit p% zu einer bestimmten Komplikation führt (z. B. TD$_5$).

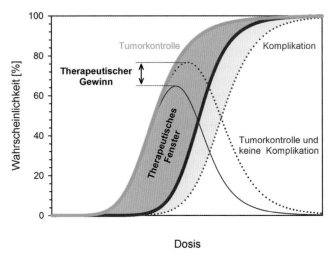

Abb. 22.7 Qualitative Darstellung der Dosis-Wirkungs-Kurven für Tumor und Normalgewebe. Der Bereich zwischen den Kurven wird als therapeutisches Fenster bezeichnet. Wird das therapeutische Fenster vergrößert (*hellgrauer Bereich*), so erhöht sich die Wahrscheinlichkeit für eine komplikationsfreie Kontrolle des Tumors (therapeutischer Gewinn)

Da die Endpunkte erst im Laufe der Zeit erreicht werden, muss auch immer der Zeitraum der Nachbeobachtung mit angegeben werden (z. B. TD$_{5/5}$, Toleranzdosis für 5 % nach 5 Jahren).

Lage und Steilheit von Dosis-Wirkungs-Kurven hängen von einer Vielzahl physikalischer und biologischer Parameter ab. Ist der Abstand der Dosis-Wirkungs-Kurven für Tumor- und Normalgewebe (therapeutisches Fenster) klein, so ist auch die Wahrscheinlichkeit für eine komplikationsfreie Tumorkontrolle beschränkt. Während die biologischen Faktoren des bestrahlten Gewebes vorgegeben sind, können die physikalischen Parameter bei der Bestrahlungsplanung optimiert werden. Ziel ist es dabei, diese Parameter so zu wählen, dass das therapeutische Fenster möglichst weit geöffnet und die Wahrscheinlichkeit für eine erfolgreiche Therapie maximiert wird.

22.3.1 Methodisches

22.3.1.1 Bestimmung von Dosis-Wirkungs-Kurven

Dosis-Wirkungs-Kurven beschreiben den kollektivbasierten Mittelwert für die Wahrscheinlichkeit, dass bei einer gegebenen Dosis ein vorgegebener biologischer Endpunkt (z. B. Tumorkontrolle oder Normalgewebsreaktion) auftritt. Für die Bestimmung von Dosis-Wirkungs-Kurven werden die dem Kollektiv zugrunde liegenden Individuen mit unterschiedlichen Gesamtdosen bestrahlt und bei Auftreten des Endpunkts als Responder ($z = 1$) und sonst als Non-Responder ($z = 0$) klassifiziert.

In präklinischen Experimenten liegen meist m Gruppen von n_i ($i = 1, \ldots, m$) Tieren vor, die mit der Dosis D_i bestrahlt werden. Ist x_i die Anzahl der Responder in der Gruppe i, so lässt sich die Inzidenz x_i/n_i angeben. Diese nimmt im Mittel mit ansteigender Dosis von 0 auf 100 % zu. In Patientenkollektiven können die Bestrahlungsdosen dagegen bei jedem Patienten anders sein (z. B. die Dosis im Normalgewebe), so dass die Guppengröße $n_i = 1$ ist. In diesem Fall nimmt die Häufigkeit der Responder gegenüber den Non-Respondern mit der Dosis zu.

In beiden Fällen werden die in Abb. 22.7 gezeigten sigmoiden Dosis-Wirkungs-Kurven dadurch bestimmt, dass man mit Hilfe der Maximum-Likelihood-Methode z. B. das logistische Dosis-Wirkungs-Modell an die Wirkungsvariable z anpasst [30]:

$$P(D) = \frac{\exp(b_0 + b_1 D)}{1 + \exp(b_0 + b_1 D)} \tag{22.12}$$

Hierbei ist $P(D)$ die von der Gesamtdosis abhängige Wahrscheinlichkeit für das Auftreten des biologischen Endpunkts (z. B. TCP oder NTCP). Die freien Parameter b_0 und b_1 resultieren aus der Anpassung und beschreiben Lage (D_{50}) und Steigung ($\sim b_1$) der Dosis-Wirkungs-Kurve. Für die Dosis bei 50 % Wahrscheinlichkeit ergibt sich $D_{50} = -b_0/b_1$, wobei für die Bestimmung des Fehlers von D_{50} die Korrelation zwischen b_0 und b_1 berücksichtigt werden muss. Andere Toleranz- oder Tumorkontrolldosen lassen sich ebenfalls aus den Parametern bestimmen.

Neben dem logistischen Modell gibt es weitere Dosis-Wirkungs-Modelle, die jeweils mit zwei Parametern Lage und

Steigung der Dosis-Wirkungs-Kurve beschreiben. Für die genaue Bestimmung von Dosis-Wirkungs-Kurven ist es wichtig, dass die dosisabhängige Inzidenz bzw. Responsehäufigkeit den Anstiegsbereich der Dosis-Wirkungs-Kurve abdeckt.

In der klinischen Anwendung sind die Dosis-Wirkungs-Beziehungen, Toleranzdosen oder Tumorkontrolldosen oft nur unzureichend bekannt. Grund hierfür ist, dass diese meist retrospektiv und oft ohne detaillierte Kenntnis der individuellen Dosisverteilungen bestimmt werden. Abschätzungen für Toleranzdosen des Normalgewebes finden sich in der Literatur [1, 17]. Die Dosierung für Tumoren ist dagegen in klinischen Protokollen festgelegt und durch das maximal vertretbare Risiko von Nebenwirkungen beschränkt.

22.3.1.2 In-vivo-Bestimmung von α/β

Da die Überlebensfraktion von Zellen und damit die Parameter α und β in vivo nicht bestimmt werden können, muss das Verhältnis α/β in vivo mit anderen Verfahren ermittelt werden. Hierfür gibt es verschiedene Verfahren, die alle auf der Grundform des LQ-Modells und den hierfür gemachten Voraussetzungen basieren (Abschn. 22.2). Sind die Voraussetzungen nicht oder nur näherungsweise erfüllt, so wirkt sich das auf den Wert von α/β aus. In einem solchen Fall spricht man auch von einem effektiven α/β-Verhältnis, welches neben der Reparatur (Abschn. 22.2.2) auch noch den Einfluss anderer biologischer Faktoren (Abschn. 22.2.3) widerspiegelt. Um das α/β-Verhältnis in vivo zu bestimmen, gibt es verschiedene Methoden, die im Folgenden kurz beschrieben werden.

Methode 1 Sind für zwei Fraktionierungsschemata n_1d_1 und n_2d_2 die isoeffektive Gesamtdosen D_1 und D_2 bekannt (z. B. die Toleranz- oder Tumorkontrolldosen D_{50}), so ergibt sich α/β direkt durch Auflösung von Gl. 22.3:

$$\frac{\alpha}{\beta} = -\frac{D_1 d_1 - D_2 d_2}{D_1 - D_2} \qquad (22.13)$$

Hierbei sollten die Fraktionierungsschemata nicht zu ähnlich sein, da sonst kleine Unsicherheiten in den Gesamtdosen großen Einfluss α/β auf haben.

Methode 2 Liegen die isoeffektiven Gesamtdosen für mehr als zwei Fraktionierungsschemata vor, so kann das Verhältnis α/β mittels linearer Regression bestimmt werden. Hierzu trägt man die reziproke Gesamtdosis $1/(nd)$ gegen die Dosis pro Fraktion d auf (Fe- oder Douglas-Fowler-Darstellung, [21]). Durch Umformung von Gl. 22.5 sieht man, dass der Zusammenhang zwischen diesen beiden Größen linear in der Fraktionsdosis ist:

$$\frac{1}{nd} = \frac{1}{BED} + \frac{d}{BED \cdot \alpha/\beta} \qquad (22.14)$$

Nach Anpassung einer Regressionsgerade der Form $y = a + bx$, ergibt sich $\alpha/\beta = a/b$. Da dieses Verfahren auf mehreren isoeffektiven Dosen basiert, ist es robuster gegenüber Unsicherheiten in den isoeffektiven Gesamtdosen. Hierbei ist allerdings zu beachten, dass $x = d$ und $y = 1/nd$ nicht unabhängig voneinander sind und eine einfache Fehlerbetrachtung für α/β zu unzuverlässigen Ergebnissen führt.

Methode 3 Liegen für verschiedene Fraktionierungsschemata nicht nur die isoeffektiven Gesamtdosen, sondern auch die Werte für die Responsevariable z vor (Responder: $z = 1$, Non-Responder: $z = 0$, Abschn. 22.3.1.1), so kann α/β mit Hilfe einer verallgemeinerten logistischen Regression bestimmt werden. Hierbei wird die Wahrscheinlichkeitsfunktion $\tilde{P}(D)$ mit den beiden unabhängigen Variablen D und Dd mit Hilfe des Maximum-Likelihood-Verfahrens an die Responsevariable z anpasst [30, 47]:

$$\begin{aligned} \tilde{P}(D) &= \frac{\exp(b_0 + b_1 D + b_2 Dd)}{1 + \exp(b_0 + b_1 D + b_2 Dd)} \\ &= \frac{\exp(b_0 + b_1 D(1 + \frac{d}{b_1/b_2}))}{1 + \exp(b_0 + b_1 D(1 + \frac{d}{b_1/b_2}))} \\ &= \frac{\exp(b_0 + b_1 BED(b_1/b_2, d, D))}{1 + \exp(b_0 + b_1 BED(b_1/b_2, d, D))} \end{aligned} \qquad (22.15)$$

Hierbei sind b_0, b_1 und b_2 freie Parameter, die bei der Anpassung ermittelt werden. Im mittleren Term kann $D(1 + d/(b_1/b_2))$ mit der biologisch effektiven Dosis (BED) identifiziert werden (vgl. Gl. 22.5), woraus $\alpha/\beta = b_1/b_2$ folgt. Damit beschreibt $\tilde{P}(D)$ eine Dosis-Wirkungs-Kurve mit der BED als fraktionierungsunabhängiger dosimetrischer Variable. Somit ergibt sich $BED_{50} = -b_0/b_1$, wobei b_1 ein Maß für die Steigung der Dosis-Wirkungs-Kurve ist. Bei diesem Verfahren wird der Parameter α/β simultan mit der Lage (BED_{50}) und Steilheit ($\sim b_1$) der Dosis-Wirkungs-Kurve durch die Anpassung der Parameter b_0, b_1 und b_2 bestimmt. Auch hier muss bei der Bestimmung des Fehlers von D_{50} und α/β die Korrelation der Parameter b_0 und b_1 bzw. b_1 und b_2 berücksichtigt werden.

Das beschriebene Verfahren benötigt als Eingangsdaten die individuellen Werte für die Responsevariable z. Diese sind allerdings nicht immer bekannt (z. B. bei der Analyse von Literaturdaten), so dass auch oft das unter Methode 2 beschriebene Verfahren zur Anwendung kommt.

22.3.1.3 In-vivo-Anwendung des LQ-Modells

Ist der Wert für α/β für ein Gewebe bekannt und sind die Voraussetzungen für das LQ-Modell erfüllt, so können Gl. 22.3 oder 22.4 dazu verwendet werden, ein gegebenes Fraktionierungsschema in ein anderes isoeffektives Fraktionierungsschema umzurechnen. Obwohl die Formeln auf Zellüberlebenswahrscheinlichkeiten basieren, kommen diese in den Gleichungen nicht explizit vor und es wird keine Annahme darüber gemacht, wie viele Zellen inaktiviert werden müssen, um in vivo eine bestimmte Wirkungswahrscheinlichkeit zu erzielen. Es wird lediglich angenommen, dass gleiche Zellüberlebenswahrscheinlichkeiten zu gleichen Wirkungswahrscheinlichkeiten führen.

Insbesondere für das Normalgewebe ist der Zusammenhang zwischen dem Überleben einzelner Zellen und der Entstehung morphologischer oder funktioneller Gewebeveränderungen sehr komplex, da eine Vielzahl unterschiedlicher Zellarten hierarchisch in funktionellen Einheiten organisiert sind. Es ist daher nicht unbedingt zu erwarten, dass die für einzelne Zellarten in vitro bestimmten Werte für α und β das Verhalten von Gewebe in vivo beschreiben können. Trotzdem lässt sich das LQ-Modell mit guter Genauigkeit auf präklinische und klinische Daten anwenden. In diesem Zusammenhang ist es bedeutsam, dass nur das Verhältnis α/β als Eingangsparameter benötigt wird, welches im Gegensatz zu den Einzelwerten α und β auch in vivo bestimmt werden kann (Abschn. 22.3.1.2). Selbst wenn die Voraussetzungen für das LQ-Modell nicht vollständig erfüllt sind, liefert das LQ-Modell eine wichtige Grundlage für das Verständnis der Wirkung fraktionierter Bestrahlungen.

22.3.2 Biologische Einflussfaktoren

Die biologischen Einflussfaktoren auf Dosis-Wirkungs-Kurven und die daraus resultierenden Toleranz- oder Tumorkontrolldosen können durch die sogenannten 5 Rs beschrieben werden [45, 52]. Diese stehen für:

Radiosensitivität

Die Radiosensitivität beschreibt die intrinsische Empfindlichkeit von Zellen auf Bestrahlung. Im LQ-Modell wird die Radiosensitivität durch den Parameter α beschrieben (Abschn. 22.2.1).

Reparatur

Reparatur beschreibt die Fähigkeit von Zellen, subletale Strahlenschäden zwischen zwei Bestrahlungen oder während einer protrahierten Bestrahlung zu reparieren. Im LQ-Modell wird die Reparaturkapazität durch das Verhältnis α/β beschrieben (Abschn. 22.2.2 und Abschn. 22.2.3.1).

Repopulation

Repopulation beschreibt die Fähigkeit der Zellen, während oder zwischen den Bestrahlungen zu proliferieren und dadurch die Anzahl der Zellen zu erhöhen. Quantitativ wird die Repopulation im LQ-Modell durch den Parameter γ bzw. T_p beschrieben (Abschn. 22.2.3.2).

Reoxygenierung

Hypoxische Zellen weisen eine höhere Strahlentoleranz auf als gut mit Sauerstoff versorgte Zellen. Im LQ-Modell wird dies durch den Sauerstoffverstärkungsfaktor OER

beschrieben (Abschn. 22.2.3.3). In vivo tritt Hypoxie vor allem bei Tumoren auf. Im Verlauf der Strahlentherapie kann es durch die Abtötung von Tumorzellen zu einer Verbesserung der Sauerstoffversorgung kommen, welche als Reoxygenierung bezeichnet wird.

Redistribution

Die unterschiedliche Strahlenempfindlichkeit der einzelnen Zellzyklusphasen führt zu einer bevorzugten Abtötung von Zellen in empfindlichen Phasen (Abschn. 22.2.3.4). Dadurch kommt es zu einer Synchronisation der Zellen und zu einer Abnahme der Strahlenempfindlichkeit für die nächste Bestrahlung. Redistribution beschreibt die im Laufe der Zeit erfolgende Neuverteilung der Zellen über die Zellzyklusphasen.

Während die Radiosensitivität und die Reparatur prinzipiell bei allen Geweben eine Rolle spielt, sind Repopulation und Redistribution nur bei proliferativ aktiven Geweben von Bedeutung. Relevant sind diese Prozesse daher für die lokale Tumorkontrolle und das Auftreten akuter Strahlenschäden. Da Hypoxie in gesundem Gewebe normalerweise nicht auftritt, spielt Reoxygenierung vor allem bei Tumoren eine Rolle. Mit Ausnahme der intrinsischen Strahlenempfindlichkeit hängen alle genannten Faktoren vom zeitlichen Muster der Bestrahlung ab. Der Fraktionierung und Gesamtbehandlungszeit kommt daher in der Strahlentherapie eine zentrale Bedeutung zu.

22.3.3 Fraktionierung und Gesamtbehandlungszeit

Die Effektivität fraktionierter Bestrahlungen hängt maßgeblich vom Verhältnis α/β und dem dadurch bestimmten Reparaturvermögen der bestrahlten Zellen ab (Abschn. 22.2.2). Vergleicht man Werte von α/β für Früh- und Spätreaktionen des Normalgewebes sowie für Tumoren, so stellt man allgemein fest:

Im Normalgewebe sind die α/β-Werte für Frühreaktionen größer als für Spätreaktionen. Typische Werte für Frühreaktionen liegen bei 8–15 Gy und für Spätreaktionen bei 1,5–5 Gy [21].

Die meisten Tumoren haben größere α/β-Werte. Typische Werte liegen bei 7–15 Gy [7]. Es kommen allerdings auch kleinere Werte vor (z. B. Prostata-Tumoren).

Ziel der Fraktionierung ist es, die Wirkung im Tumor zu maximieren und gleichzeitig Reaktionen im angrenzenden Normalgewebe zu vermeiden. Für das Normalgewebe sind hierbei vor allem die Spätreaktionen von Bedeutung. Da die α/β-Werte von Spätreaktionen kleiner sind als die der meisten Tumoren, ist das Reparaturvermögen in Bestrahlungspausen für das Normalgewebe ausgeprägter als in Tumoren. Der Übergang von einer Einzel- zu einer fraktionierten Bestrahlung schont daher das Normalgewebe im Verhältnis zum Tumor. Aus dieser Überlegung heraus wird die Strahlentherapie fast immer fraktioniert durchgeführt und dabei hat sich das folgende Fraktionierungsschema als Standard etabliert [3]:

Standardfraktionierung

Bei einer Standardfraktionierung werden Fraktionsdosen von 1,8–2,0 Gy verwendet. Abhängig von der Tumorart werden damit typischerweise Gesamtdosen von 40–70 Gy über einen Zeitraum von 3 bis 7 Wochen appliziert. Die Bestrahlung erfolgt einmal pro Tag mit einer Bestrahlungspause am Wochenende.

Mit diesem Schema werden die meisten Patienten behandelt und es ergibt sich in vielen Fällen ein gutes Verhältnis zwischen Tumoransprechen und Nebenwirkungsrisiko. Neben der Standardfraktionierung gibt es außerdem noch weitere Typen von Fraktionierungsschemata [3]:

Akzelerierte Bestrahlung

Die akzelerierte Bestrahlung zielt darauf ab, die Gesamtbehandlungszeit zu verkürzen. Hierzu wird entweder mehr als eine Fraktion pro Tag bestrahlt oder die Bestrahlungen werden auch am Wochenende fortgeführt.

Hyperfraktionierung

Bei einer Hyperfraktionierung werden Fraktionsdosen von weniger als 1,8 Gy verwendet. Um die gleiche Wirkung im Tumor (gleiche *BED*, Abschn. 22.2.2) zu erzielen, muss die Anzahl der Fraktionen vergrößert werden.

Hypofraktionierung

Bei einer Hypofraktionierung werden Fraktionsdosen von mehr als 2,0 Gy verwendet. Um die gleiche Wirkung im Tumor (gleiche *BED*, Abschn. 22.2.2) zu erzielen, muss die Anzahl der Fraktionen verringert werden.

In Tumoren können Bestrahlungen eine Verkürzung der Verdopplungszeit von Zellen auslösen. Dadurch kommt es zu einer akzelerierten Repopulation mit Tumorzellen und es werden höhere Dosen für eine Tumorkontrolle benötigt. Mit einer akzelerierten Bestrahlung versucht man dem entgegenzutreten, indem man die für die Repopulation zu Verfügung stehende Zeit verkürzt. Man geht davon aus, dass eine Verlängerung der Gesamtbehandlungszeit über 4 Wochen hinaus die erforderliche

Tumorkontrolldosis um etwa 0,6 Gy pro Tag erhöht [3]. Diese Dosiserhöhung wird auch im Zusammenhang mit Verlängerungen der Gesamtbehandlungszeit diskutiert, wie sie z. B. durch Feiertage oder Maschinenausfälle auftreten können. Solche Verlängerungen versucht man zu vermeiden.

Hyperfraktionierte Bestrahlungen basieren auf der Überlegung, dass eine kleinere Fraktionsdosis die Spätwirkungen im Normalgewebe relativ zur Wirkung im Tumor reduziert, wenn das Verhältnis α/β für das Normalgewebe kleiner ist als für den Tumor. Allerdings führt die Erhöhung der Fraktionszahl gleichzeitig zu einer Verlängerung der Gesamtbehandlungszeit. Um den daraus resultierenden Einfluss auf die Repopulation zu vermeiden, werden meist **akzelerierte hyperfraktionierte** Bestrahlungenindex Bestrahlung, akzelerierte hyperfraktionierte durchgeführt, bei denen z. B. zwei Fraktionsdosen von 1,15–1,6 Gy pro Tag appliziert werden [5]. Die täglich applizierten Fraktionen sind dabei durch einen zeitlichen Abstand von mindestens 6 h getrennt, um eine möglichst vollständige Reparatur der subletalen Strahlenschäden zu ermöglichen.

Eine strahlenbiologische Begründung für eine hypofraktionierte Bestrahlung liegt dann vor, wenn das Verhältnis α/β für den Tumor kleiner als das für Spätreaktionen im Normalgewebe ist. In diesem Fall führt eine höhere Fraktionsdosis zu einer geringeren Reparatur im Tumor im Vergleich zum Normalgewebe. Wegen der geringeren Fraktionszahl ist mit einer Hypofraktionierung automatisch eine Akzelerierung verbunden. Bei einer sehr starken Hypofraktionierung kann die Dosis auch in einer einzigen oder in sehr wenigen Fraktionen verabreicht werden. Man spricht dann auch von der stereotaktischer Radiochirurgie (Abschn. 26.2). Die Radiochirurgie wird in bestimmten Fällen auch dann eingesetzt, wenn α/β für den Tumor vergleichbar oder Größer ist als für das Normalgewebe. In diesem Fall wird allerdings mit höchster Genauigkeit bestrahlt, um das Normalgewebe so weit wie möglich auszusparen.

22.3.4 Dosisleistung

In der perkutanen Strahlentherapie reicht die Dosisleistung von etwa 1 Gy/min bis über 20 Gy/min für die sogenannte Flattening-Filter-Free-Technik (Bestrahlung ohne Ausgleichsfilter). Eine signifikante Änderung der Effektivität wird bei gleicher Dosis nicht beobachtet. Geht man jedoch zu deutlich kleineren Dosisleistungen, wie sie z. B. in der Brachytherapie vorkommen (vgl. Kap. 27), so können die in Abschn. 22.2.3.1 genannten zeitabhängigen Prozesse die Strahlenreaktion des Gewebes beeinflussen. Insbesondere führt eine protrahierte Bestrahlung zu einer verstärkten Reparatur subletaler Strahlenschäden, so dass die Strahlentoleranz von Tumoren und Normalgeweben im Allgemeinen zunimmt [31].

22.3.5 Bestrahlungsvolumen

Empirisch stellt man fest, dass die Strahlentoleranz vieler Gewebes (z. B. TD$_{50}$) um so höher ist, je kleiner das bestrahlte Volumen ist. Dies wird auch als Volumeneffekt bezeichnet. Der

Volumeneffekt liefert eine strahlenbiologische Begründung für das Bestreben, das Normalgewebe so weit wie möglich aus dem Bestrahlungsfeld auszusparen. Die dadurch gewonnene Erhöhung der Normalgewebstoleranz kann dazu genutzt werden, die Dosis im Tumor und damit die Wahrscheinlichkeit für eine Tumorkontrolle zu erhöhen. Um das Normalgewebe optimal zu schonen, wurden in den letzten Jahrzehnten immer präzisere Bestrahlungstechniken entwickelt, die auch unter den Begriffen Konformations- oder Präzisionsstrahlentherapie zusammengefasst werden (vgl. Kap. 26).

Der Volumeneffekt ist für verschiedene Gewebe unterschiedlich stark ausgeprägt und hängt von der Gewebearchitektur (parallel oder seriell, Abschn. 22.4.1.2 und 22.4.1.3) ab. Werden z. B. 100 %, 67 % oder 33 % der Lunge (parallele Gewebearchitektur) bestrahlt, so erhöht sich die Toleranzdosis TD_5 für den Endpunkt Pneumonitis von 17,5 über 30 auf 45 Gy [17]. Im Vergleich dazu steigt die TD_5 für nekrotische Myelitis nach Bestrahlung eines, 20, 10 oder 5 cm langen Segments des Rückenmarks (serielle Gewebearchitektur) nur von 47 auf 50 Gy an [17]. Experimentell wurde für das Rückenmark erst bei sehr kleinen Bestrahlungsvolumina ein starker Anstieg der Toleranzdosen nachgewiesen [14]. Als Ursache wird das Einwandern (Migration) von Progenitorzellen vermutet [8], die zu einer Repopulation im bestrahlten Areal führen könnte.

In Bezug auf den Volumeneffekt ist die Strahlenreaktion auf struktureller und funktioneller Ebene zu unterscheiden. Während die histologisch nachweisbare strukturelle Strahlentoleranz unabhängig vom bestrahlten Volumen ist und nur von der Strahlenempfindlichkeit der konstituierenden Zellen abhängt, kommt es auf der Gewebeebene auf die funktionelle Reserve des Organs und damit auf die Größe des bestrahlten Volumens an [14].

Um die volumenabhängige Belastung von Gewebe zu charakterisieren, werden sowohl Bestrahlungsdosen, die in einem bestimmten Volumen überschritten werden (D_V), als auch Volumina, die mit einer bestimmten Mindestdosis exponiert werden (V_D), angegeben. Beispiele sind $D_{1\,cm^3}$ (in 1 cm³ treten Dosen $> D_{1\,cm^3}$ auf) und $V_{30\,Gy}$ (Volumen, das mit mehr als 30 Gy bestrahlt wird). Beide Größen können in der Bestrahlungsplanung aus dem Dosis-Volumen-Histogramm des jeweiligen Gewebes bestimmt werden. Die Korrelation mit klinischen Komplikationswahrscheinlichkeiten (z. B. 5 %) erfolgt in der Regel empirisch und die erhaltenen Werte für D_V und V_D geben dem Strahlentherapeuten Anhaltspunkte bei der Bewertung des Komplikationsrisikos. Allerdings stellen diese Parameter eine Vereinfachung dar, da die Strahlenreaktion des Normalgewebes grundsätzlich von der gesamten Dosisverteilung abhängt. Um die Dosisverteilung im Detail zu berücksichtigen, benötigt man biomathematische Modelle (Abschn. 22.4).

22.3.6 Hypoxie

Die Relevanz von Hypoxie als prognostischer Faktor wurde in Studien nachgewiesen [24]. Hypoxische Tumoren haben eine schlechtere Prognose und benötigen höhere Dosen für eine lokale Kontrolle als gut mit Sauerstoff versorgte Tumore. Ursache für die geringere Empfindlichkeit hypoxischer Tumoren ist die fehlende Fixierung von Strahlenschäden durch strahleninduzierte Sauerstoffradiakale [24]. Die Anwesenheit von Sauerstoff führt dagegen zur Bildung von Sauerstoffradikalen, die erzeugte Strahlenschäden fixieren und damit eine Reparatur erschweren oder unmöglich machen.

Die hypoxischen Areale in Tumoren entstehen dadurch, dass die Neubildung von Gefäßen mit dem Wachstum von Tumoren nicht mithalten kann. Als Folge vergrößert sich der Abstand zwischen den Kapillaren, so dass entfernt liegende Zellen nicht mehr ausreichend mit Sauerstoff versorgt werden [24]. Da dies ein bleibender Zustand ist, spricht man auch von chronischer Hypoxie. Liegt die chronische Hypoxie über längere Zeit vor, kann es zum Fortschreiten der Tumorprogression [6] oder auch zum teilweisen Absterben von Gewebe, d. h. zur Bildung einer Nekrose kommen. Auf der anderen Seite sind die in Tumoren entstehenden Gefäße sehr irregulär und unreif, so dass es in den Gefäßen zu stark schwankenden Druckverhältnissen kommen kann. Dadurch kann es temporär (im Zeitraum von Minuten) zu einer Minderperfusion kommen, die als akute Hypoxie bezeichnet wird [24].

Hypoxie in Tumoren ist ein dynamisches Phänomen: Sie entwickelt sich mit dem Tumorwachstum (chronische Hypoxie) und unterliegt temporären Schwankungen (akute Hypoxie). Veränderungen können aber auch unter der Strahlentherapie auftreten. Mögliche Mechanismen sind unter anderem ein geringerer Sauerstoffverbrauch durch Abtöten von Tumorzellen, ein Schrumpfen des Tumors und eine dadurch bedingte Verringerung des Gefäßabstandes, eine Hypoxie-induzierte Neubildung von Gefäßen (Angiogenese) oder auch eine strahleninduzierte Zerstörung funktionell intakter Gefäße. Wie sich diese Mechanismen auf die Sauerstoffversorgung des Tumors auswirken, hängt von der relativen Bedeutung dieser Mechanismen ab und eine zuverlässige Prognose ist zurzeit nicht möglich. Überwiegen die Mechanismen, die zu einer Reoxygenierung des Tumors führen, so erwartet man eine Zunahme der Strahlenempfindlichkeit, die sich prinzipiell therapeutisch ausnutzen ließe.

Adaptive strahlentherapeutische Konzepte für die Behandlung hypoxischer Tumoren umfassen die Höherdosierung hypoxischer Tumorareale („dose painting") oder die gezielte Ausnutzung der Reoxygenierung durch veränderte Fraktionierungs- und Dosierungsschemata [6]. Auch der Einsatz von Schwerionen wird diskutiert, da hier erwartet wird, dass die Strahlenwirkung weniger vom Sauerstoffgehalt des Tumors abhängt (Abschn. 22.3.7). Eine Grundvoraussetzung für die Anwendung solcher Konzepte ist allerdings das Wissen über die räumliche und zeitliche Sauerstoffverteilung im Tumor sowie die quantitative Kenntnis der sauerstoffabhängigen Strahlenempfindlichkeit (OER, vgl. Abschn. 22.2.3.3). Dies ist zurzeit nicht oder nur sehr eingeschränkt möglich, so dass diese Konzepte derzeit noch Gegenstand wissenschaftlicher Untersuchungen sind.

Es gibt verschiedene Methoden, mit denen man direkt oder indirekt Information über die Oxygenierung von Tumoren erhalten kann [24]. Eine Möglichkeit, den Sauerstoffpartialdruck direkt zu messen, besteht in der Anwendung der sogenannten polarographischen Methode. Hierbei wird eine Elektrode an verschiedene Stellen im Tumor eingeführt und der lokale Sauerstoffgehalt gemessen. Eine Klassifizierung des Tumors erfolgt dann

z. B. durch die Angabe des Anteils von Messungen, die einen Sauerstoffpartialdruck < 5 mmHg haben. Gegenwärtig wird diese Methode als Goldstandard angesehen, allerdings ist das Verfahren invasiv und kann nur an oberflächlich gelegenen Tumoren (z. B. im Kopf-Hals-Bereich) eingesetzt werden. Außerdem erhält man nur eine relativ kleine und unter Umständen nicht repräsentative Stichprobe der Sauerstoffverteilung im Tumor.

Wegen dieser Limitationen werden auch 3D-Bildgebungsverfahren eingesetzt. Diese haben prinzipiell den Vorteil, dass sie den gesamten Tumor vermessen, und die resultierende Information könnte daher auch für die Bestrahlungsplanung eingesetzt werden. Das am häufigsten eingesetzte Verfahren besteht in der Anwendung der Positronen-Emissions-Tomographie (PET, vgl. Kap. 15). Hierbei werden radioaktiv markierte Hypoxie-Tracer (z. B. ^{18}FMISO, ^{18}FAZA) intravenös gespritzt, die von hypoxischen Zellen aufgenommen und irreversibel gebunden werden [6]. Obwohl mit diesem Verfahren prinzipiell hypoxische Tumorareale identifiziert werden können, ist eine Quantifizierung des Sauerstoffgehalts gegenwärtig nicht möglich. Ein Problem besteht darin, dass sich der Grad der Hypoxie auf einer Skala von 100 μm stark verändern kann, so dass die räumliche Auflösung der Bildgebungsverfahren nicht ausreichend ist. Darüber hinaus hängt die Tracer-Aufnahme nicht nur vom Hypoxiegrad, sondern auch von der Anzahl funktionell intakter Gefäße und deren Perfusion ab. So kann eine verminderte Perfusion dazu führen, dass der Tracer das hypoxische Areal nicht oder nur sehr verzögert erreicht. Neben spezifischen Hypoxie-Messungen sind daher auch Methoden zur Bestimmung der Tumorperfusion von Interesse, wofür z. B. die Magnetresonanztomographie (MRT) eingesetzt werden kann (vgl. Kap. 9). Auch andere Verfahren, wie z. B. die Messung der Sauerstoffsättigung im Blut oder die Bestimmung endogener Marker, liefern nur Teilinformationen über Tumor-Hypoxie. Mit Ausnahme der polarographischen Methode liefern daher alle gegenwärtig verfügbaren Verfahren nur Surrogate der eigentlich interessierenden Information über die Sauerstoffverteilung im Tumor.

22.3.7 Hoch-LET-Strahlung

Eine wichtige Frage ist, ob Hoch-LET-Bestrahlungen für den Patienten von Vorteil sind. Um diese Frage zu beantworten, wurden früher Neutronen klinisch angewendet. Da das Tiefendosis-Profil von Neutronen mit dem von Photonen vergleichbar ist und der LET über das gesamte Profil erhöht ist, wurden allerdings verstärkt Nebenwirkungen im Normalgewebe festgestellt. In der Folge wurde die Neutronentherapie weitgehend eingestellt und man hat sich stattdessen verstärkt der Ionentherapie zugewandt.

Im Vergleich zu Neutronen haben Ionen eine endliche Reichweite im Gewebe und ein „invertiertes" Tiefendosisprofil (Bragg-Kurve, Abschn. 26.4). Dies erlaubt eine optimale Anpassung der Dosisverteilung an den Tumor bei gleichzeitiger Schonung des umliegenden Normalgewebes [32]. Diese Eigenschaften gelten gleichermaßen für Protonen und leichte Ionen (z. B. Kohlenstoffionen). Für leichte Ionen steigt allerdings der LET zum Ende der Reichweite stark an und dies erhöht die auf Photonenbestrahlungen bezogene RBW (vgl. Gl. 22.11) im Gewebe. Für die klinische Anwendung der Ionentherapie muss die RBW daher mit Hilfe von biomathematischen Modellen berechnet werden

(Abschn. 22.4.3), Für Protonen ist die Variation der biologischen Wirkung über das Tiefendosisprofil vergleichsweise gering und für die klinische Anwendung der Protonentherapie wird daher als Näherung eine konstante RBW von 1,1 angenommen.

In der klinischen Anwendung hat man es immer mit einer Kombination von Tumor- und Normalgewebe zu tun. Die Frage, ob schwere Ionen aufgrund ihres höheren LETs gegenüber Protonen einen therapeutischen Vorteil haben, hängt vom Verhältnis der RBW zwischen Tumor und angrenzendem Normalgewebe ab. Ein Vorteil ist nur dann zu erwarten, wenn die RBW im Tumor höher ist als im umgebenen Normalgewebes. Da die RBW reziprok mit dem α/β-Verhältnis für Photonenbestrahlungen verknüpft ist, bedeutet dies, dass Hoch-LET-Strahlung besonders vorteilhaft für Tumoren ist, deren α/β-Verhältnis kleiner als das des umgebenden Normalgewebes ist [49]. Wenn Akut- und Spätreaktionen konkurrierend auftreten können, sind für diesen Vergleich die klinisch bedeutsameren Spätreaktionen mit ihrem kleineren α/β Verhältnis anzusetzen. Diese Überlegungen zur differenziellen RBW zwischen Tumor und Normalgewebe zeigen auch, dass sich nicht in jeder Behandlungssituation ein Vorteil für die Anwendung von Hoch-LET-Strahlung ergibt.

Für die an Geweben bestimmte RBW ergeben sich grundsätzlich die gleichen Abhängigkeiten von Dosis, LET, Ionenart, biologischem System und Endpunkt, wie sie in Abschn. 22.2.3.6 beschrieben wurden. Das biologische System bezeichnet einerseits die Spezies, andererseits die Art des bestrahlten Gewebes. Neben verschiedenen Normalgeweben sind hier vor allem auch Tumorgewebe von Interesse. Anders als in Zellexperimenten stellt hier der biologische Endpunkt eine Strahlenreaktion des Gewebes dar, die aus dem Zusammenwirken unterschiedlicher Zellarten entsteht. Im Gegensatz zur Untersuchung der isolierten Reaktion einzelner Zellen lässt sich die RBW in vivo nicht lokal messen, sondern wird für ein Organ oder einen Tumor als Ganzes bestimmt. Während beim Normalgewebe gewebespezifische Früh- und Spätreaktionen herangezogen werden, sind bei Tumoren vor allem lokale Kontrolle und Wachstumsverzögerung klinisch relevante Endpunkte.

Im Gegensatz zu Normalgeweben, deren Strahlenempfindlichkeit zwischen verschiedenen Individuen nur geringfügig variiert, hängt die Strahlenwirkung bei Tumoren nicht nur von der tumorzelleigenen Empfindlichkeit, sondern auch von zahlreichen weiteren biologischen Faktoren ab. Dies gilt insbesondere für die Strahlenwirkung von Photonen, während bei Hoch-LET-Strahlung biologische Einflussfaktoren eine geringere Rolle spielen. Als prominentestes Beispiel ist hier der Sauerstoffeffekt zu nennen. So sind für die Kontrolle hypoxischer Tumoren deutlich höhere Photonendosen nötig als für oxische Tumoren. Für Hoch-LET-Strahlung scheint das nicht oder weniger der Fall zu sein, d. h., der OER (Abschn. 22.2.3.3) nähert sich für große LET-Werte dem Wert 1 [25]. Für die klinische Anwendung leitet sich daraus die Hypothese ab, dass Hoch-LET-Strahlung besonders für die Behandlung hypoxischer Tumoren geeignet sein könnte. Wie hoch der LET sein sollte, um einen Vorteil für den Patienten zu erzielen, ist Gegenstand der Forschung. Aus diesem Grund gibt es auch Überlegungen neben Kohlenstoff- auch Sauerstoffionen am Patienten einzusetzen, da Letztere einen noch höheren LET aufweisen.

22.3.8 Interaktion mit Medikamenten

Ergänzend zu einer lokalen Strahlentherapie werden oft auch Medikamente zur Therapie von Krebserkrankungen eingesetzt. Der häufigste Fall ist die Durchführung einer Chemotherapie [2] zur Behandlung oder Vermeidung von Metastasen oder zur Vermeidung von Lokalrezidiven durch unsichtbare subklinische Tumorausläufer. Hierzu werden zytotoxische Medikamente mit der Intention verabreicht, dass diese in Tumorzellen stärker wirken als in gesunden Zellen. In Kombination mit einer Bestrahlung kann es dabei prinzipiell auch zu einer Wirkungsverstärkung im gesunden Gewebe kommen. Es ist daher wichtig, dies bereits vor dem klinischen Einsatz der Medikamente zu testen. Hierfür kann z. B. der Vergleich von Überlebenskurven mit und ohne Zusatz von Chemotherapeutika herangezogen werden.

Ein Problem der konventionellen Chemotherapie ist, dass die applizierbare Dosis durch die Toxizität im Normalgewebe begrenzt ist. Metastasen oder überlebende Tumorzellen nach Bestrahlung können daher oft nicht erfolgreich therapiert werden [4]. Daher wird die Entwicklung von Medikamenten angestrebt, die spezifisch in molekulare Signalwege von Tumorzellen eingreifen (Molecular Targeted Agents), so dass sich im Verhältnis zur Toxizität im Normalgewebe eine höhere Wirkung in den Tumorzellen ergibt [4]. Andere Medikamente zielen auf die Überwindung tumorspezifischer Resistenzfaktoren (Radiosensitizer), wie z. B. Hypoxie [23], oder auf den Schutz des Normalgewebes (Protektiva, [12]). Wie bei der Chemotherapie, muss auch bei diesen Verfahren die Interaktion der Medikamente mit der Bestrahlung untersucht werden. Die genannten neuen Ansätze sind zurzeit noch Gegenstand der Forschung.

22.4 Höhere biologische Modelle

Das LQ-Modell und seine Erweiterungen wurden bereits in Abschn. 22.2 eingeführt. Sie bildet das Rückgrat für die strahlenbiologische Erklärung der Abhängigkeit der Strahlenwirkung von verschiedenen Bestrahlungsparametern. Obwohl ursprünglich für Zellexperimente aufgestellt, kann das LQ-Modell auch in vivo angewendet werden, dann allerdings ohne Rückgriff auf die Überlebensfraktion und meist in seiner Grundform zur Umrechnung zwischen isoeffektiven Fraktionierungsschemata (Abschn. 22.2.2). Das LQ-Modell bildet auch die Grundlage für höhere Modelle zur Beschreibung der Strahlenwirkung, von denen einige in den folgenden Abschnitten besprochen werden.

22.4.1 NTCP-Modelle

NTCP-Modelle stehen für die Beschreibung der Komplikationswahrscheinlichkeit im Normalgewebe (Normal Tissue Complication Probability). Die NTCP hängt ab von der räumlichen und zeitlichen Dosisverteilung, der Strahlenqualität, den biologischen Parametern, welche die Strahlenreaktion bestimmen,

sowie von dem betrachteten Endpunkt. Diese Parameter werden in einer Funktion zusammengeführt, um das Komplikationsrisiko eines Bestrahlungsplans zu bewerten.

22.4.1.1 Das Lyman-Kutcher-Burman-Modell

Die Beschreibung der Komplikationswahrscheinlichkeit durch einfache Dosis-Wirkungs-Kurven wurde bereits in Abschn. 22.3 eingeführt (vgl. Gl. 22.12). Hierbei wurde allerdings nicht berücksichtigt, dass die Komplikationswahrscheinlichkeit außer von der Dosis auch von der Größe des bestrahlten Volumens abhängt (Abschn. 22.3.5). Im Lyman-Kutcher-Burman-Modell (LKB-Modell) wurde die Volumenabhängigkeit erstmalig berücksichtigt [34]. Hierzu wurde angenommen, dass von einem Organ mit dem Referenzvolumen V_{ref} der Anteil $v = V/V_{ref}$ mit einer homogenen Dosis D bestrahlt wird, während der Anteil $(1 - v)$ unbestrahlt bleibt. Hierfür kann die Komplikationswahrscheinlichkeit P durch folgenden Ausdruck beschrieben werden:

$$P(D, v) = \frac{1}{\sqrt{2\pi}} \int_{-\infty}^{t} \exp\left(-\frac{t^2}{2}\right) dt \qquad (22.16)$$

mit

$$t = \frac{1}{m}\left(\frac{D}{TD_{50}(v)} - 1\right) \qquad (22.17)$$

und

$$TD_{50}(v) = TD_{50}(1) \cdot v^{-n}. \qquad (22.18)$$

Das Gauß'sche Fehlerintegral in Gl. 22.16 beschreibt zusammen mit Gl. 22.17 eine sigmoide Dosis-Wirkungs-Kurve, in der TD_{50} die Lage der Kurve angibt (Dosis bei 50 % Komplikationswahrscheinlichkeit) und m ein Maß für die Steigung der Kurve ist. Der Unterschied zu Gl. 22.12 besteht, außer in der Wahl einer anderen Parametrisierung, darin, dass für $TD_{50}(v)$ nach Gl. 22.18 eine Abhängigkeit vom relativen Volumen v mit dem Parameter n eingeführt wird.

Basierend auf der Abschätzung von Toleranzdosen in [17] wurden die gewebespezifischen Parameter $TD_{50}(v)$, m und n für eine Reihe von Normalgewebe angepasst [11]. Da dieser Anpassung nur wenige Datenpunkte zugrunde lagen (TD_5 und TD_{50} jeweils für $v = 1/3$, $2/3$, und 1) und diese durch die Methode ihrer Erhebung mit Unsicherheiten verbunden waren, sind auch die Modellparameter mit einiger Unsicherheit behaftet. Trotzdem werden sie bis heute für Anwendungen des LKB-Modells eingesetzt. Spätere Versuche, die Toleranzdosen und Modellparameter genauer zu bestimmen, haben dieses Problem nicht grundsätzlich gelöst [1, 10].

In der beschriebenen Form ist das LKB-Modell allerdings nicht auf Bestrahlungspläne von Patienten anwendbar, da die Dosis im Normalgewebe normalerweise sehr inhomogen verteilt ist. Es wurden daher verschiedene Dosis-Volumen-Histogramm(DVH)-Reduktionsverfahren entwickelt, mit denen eine inhomogene Dosisverteilungen in einem Organ auf isoeffektive homogene Dosisverteilungen umgerechnet wird [33, 35].

Hierbei wird aus dem tatsächlichen DVH entweder für die Maximaldosis ein effektives Volumen oder für das Referenzvolumen eine effektive Dosis berechnet, die in Bezug auf den Endpunkt jeweils isoeffektiv sind. Unter diesen Verfahren hat sich die sogenannte Equivalent Uniform Dose (*EUD*) durchgesetzt. Die *EUD* ist die Dosis, mit der das gesamte Organ bestrahlt werden muss, um den gleichen biologischen Effekt zu erzielen, wie mit der ursprünglichen inhomogenen Dosisverteilung. Die *EUD* berechnet sich wie folgt:

$$EUD = \left(\sum_i v_i D_i^a \right)^{\frac{1}{a}} \qquad (22.19)$$

Dabei ist D_i die Dosis im Teilvolumen v_i (z. B. einem Voxel) und a ein gewebespezifischer Parameter, der den Volumeneffekt beschreibt und mit dem Parameter n des LKB-Modells durch $a = 1/n$ verknüpft ist. Für $a = 1$ ergibt sich die *EUD* als die mittlere Dosis, während sie sich für große Werte von a ($n \ll 1$) der Maximaldosis annähert. Für große negative Werte von a nähert sich die *EUD* der minimalen Dosis an, was die *EUD* auch für Tumoren anwendbar macht. Für ein einziges Teilvolumen v, das homogen mit einer Dosis D bestrahlt wird, reduziert sich Gl. 22.19 auf die Dosis-Volumenrelation des LKB-Modells (Gl. 22.18).

Da sich die *EUD* auf eine homogene Bestrahlung bezieht, kann das LKB-Modell direkt angewendet werden. Hierzu setzt man in Gl. 22.17 die Toleranzdosis TD_{50} für das gesamte Organ ein ($v = 1$). Der Volumeneffekt wird dann nicht mehr durch Gl. 22.18, sondern durch die Berechnung der *EUD* berücksichtigt. Neben den Gewebeparametern $TD_{50}(1)$, m und n wird für die Berechnung der *NTCP* eines Organs nur das entsprechende DVH benötigt, in dem die räumliche Dosisverteilung kondensiert ist. Die regionalen Unterschiede in der Strahlenempfindlichkeit und die gegenseitige Beeinflussung bestrahlter Teilvolumina werden somit nicht berücksichtigt.

22.4.1.2 Das Critical-Element-Modell

Das LKB-Modell ist zunächst ein phänomenologischer Ansatz zur Beschreibung der Dosis-Volumen-Beziehungen in der Strahlentherapie und trifft keine gesonderten Annahmen über die Struktur der Organe. Tatsächlich bestehen Organe aber aus sogenannten *Functional Subunits (FSU)*, die die Funktion des Organs aufrechterhalten und die durch Bestrahlung inaktiviert werden können. Die FSUs können in den Organen unterschiedlich angeordnet sein und als Grenzfälle unterscheidet man seriell und parallel strukturierte Organe (Abb. 22.8). Beispiele für serielle Organe sind Rückenmark oder Darm und die FSUs sind kleine Abschnitte des Organs, deren Integrität Voraussetzung für die Funktion des Gesamtorgans ist. Eine parallele Struktur liegt z. B. bei der Lunge, Niere oder den Speicheldrüsen vor. Hier können die FSUs mit den Alveolen, den Nephronen oder mit einzelnen Speicheldrüsenzellen identifiziert werden. Man muss allerdings berücksichtigen, dass es sich bei dieser Einteilung um eine Idealisierung handelt. In der Realität findet man auch bei seriellen Organen Eigenschaften paralleler Gewebe (z. B. Kompensation von Gewebeuntergang in kleinen Volumina) und parallele Organe können auch serielle Strukturen aufweisen (z. B. die Blutgefäße).

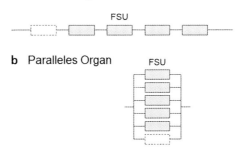

Abb. 22.8 Seriell (**a**) und parallel (**b**) strukturierte Organe. Während bei seriellen Organen bereits der Ausfall einer einzigen FSU zu einem vollständigen Funktionsverlust führt (Critical-Element-Modell), kann bei parallelen Organen die Inaktivierung von FSUs bis zu einem gewissen Grad durch die verbleibenden FSUs kompensiert werden (Critical Volume Effect)

Für die Beschreibung der Strahlenreaktion seriell strukturierter Organe wurde das Critical-Element-Modell (CE-Modell) entwickelt [37, 44]. Hierfür wird angenommen, dass das Organ aus N hintereinandergelegenen FSUs besteht, die jeweils das relative Volumen $v = 1/N$ haben, und dass diese unabhängig voneinander auf die Bestrahlung reagieren. Ein Funktionsverlust des Gesamtorgans tritt dann auf, wenn mindesten eine FSU inaktiviert wird. Oder anders ausgedrückt, nur wenn alle FSUs intakt bleiben, bleibt auch die Funktion des gesamten Organs erhalten. Geht man zunächst davon aus, dass das gesamte Organ mit einer homogenen Dosis D bestrahlt wird, so ergibt sich [44]:

$$1 - P(D, 1) = [1 - P(D, 1/N)]^N, \qquad (22.20)$$

wobei $P(D, 1/N)$ die Wahrscheinlichkeit für die Inaktivierung einer FSU und $P(D, 1)$ die Wahrscheinlichkeit für einen Funktionsverlust des gesamten Organs ist. Bestrahlt man dagegen nur M der insgesamt N FSUs ($v = M/N$), so erhält man:

$$1 - P(D, M/N) = [1 - P(D, 1/N)]^M, \qquad (22.21)$$

und Einsetzen von Gl. 22.20 in Gl. 22.21 ergibt:

$$P(D, v) = 1 - [1 - P(D, 1)]^v, \qquad (22.22)$$

Gl. 22.22 beschreibt also den Zusammenhang der Dosis-Wirkungs-Beziehung für eine homogene Bestrahlung des gesamten Organs mit der einer Teilvolumenbestrahlung. Die einzigen auftretenden Gewebeparameter sind die der Dosis-Wirkungs-Kurve $P(D, 1)$, welche durch TD_{50} und einen Steigungsparameter gegeben sind (Abschn. 22.3.1.1). Im Gegensatz zum LKB-Modell tritt beim CE-Modell kein eigener Gewebeparameter für die Beschreibung der Volumenabhängigkeit auf, sondern diese ergibt sich direkt aus der angenommenen seriellen Organstruktur. Für das Gewebe von Gehirn und Rückenmark wurde gezeigt, dass das CE-Modell die Volumenabhängigkeit besser beschreibt als das LKB-Modell [37, 44]. Für $P(D, 1) \ll 1$, also für subtherapeutische Dosen D, lässt sich außerdem zeigen, dass die Volumenabhängigkeit des CE-Modells in die des LKB-Modells übergeht.

Gl. 22.22 lässt sich auch für beliebige Dosisverteilungen $\{D_i, v_i\}$ verallgemeinern und man erhält [37]:

$$P(\{D_i, v_i\}) = 1 - \prod_{i=1}^{N}[1 - P(D_i, 1)]^{v_i} \qquad (22.23)$$

Für eine nennenswerte Komplikationswahrscheinlichkeit $P(\{D_i, v_i\})$ im Organ ist es ausreichend, wenn für ein einziges Volumenelement der Wert $P(D_i, 1)$ deutlich von 0 verschieden ist. Dies ist für große Bestrahlungsdosen gegeben, was bedeutet, dass das Risiko für eine Strahlenreaktion in seriellen Geweben besonders durch die Maximaldosis bestimmt wird.

22.4.1.3 Das Critical-Volume-Modell

Um die Strahlenreaktion parallel strukturierter Organe zu beschreiben, wurde das Critical-Volume-Modell (CV-Modell) eingeführt [38]. Dieses setzt voraus, dass die N homogen bestrahlten FSUs eines Organs unabhängig voneinander reagieren und dass eine Komplikation erst dann auftritt, wenn mehr als M FSUs inaktiviert werden. Unter Verwendung der Binomialverteilung gilt in diesem Fall für die Komplikationswahrscheinlichkeit des gesamten Organs:

$$P(D, 1) = \sum_{k=M+1}^{N}\binom{N}{k}p_{\text{FSU}}^k(1 - p_{\text{FSU}})^{N-k} \qquad (22.24)$$

Hierbei ist p_{FSU} die dosisabhängige Wahrscheinlichkeit, eine einzelne FSU zu inaktivieren. Werden höchstens M FSUs inaktiviert, so geht man davon aus, dass dieser Verlust durch die funktionelle Reserve des Organs kompensiert wird.

Gl. 22.24 enthält 2 Spezialfälle [38]: Setzt man $M = 0$, so ergibt sich:

$$P(D, 1) = 1 - (1 - p_{\text{FSU}})^N \qquad (22.25)$$

Dieser Ausdruck ist identisch mit Gl. 22.20 und beschreibt das CE-Modell. Für $M = N - 1$ ergibt sich dagegen:

$$P(D, 1) = p_{\text{FSU}}^N \qquad (22.26)$$

Dies entspricht einem vollständig parallel strukturierten Gewebe, bei dem erst dann eine Komplikation auftritt, wenn alle FSUs inaktiviert werden. Dieser Fall tritt in Normalgeweben allerdings nicht auf, da die funktionelle Reserve einer FSU nicht ausreichend ist, um die Organfunktion zu erhalten. Der Ausdruck kann aber auf Tumoren angewendet werden, wenn als Endpunkt die Tumorkontrolle statt Komplikation verwendet wird. In diesem Fall identifiziert man die FSUs mit den klonogenen Tumorzellen und p_{FSU} ist die dosisabhängige Wahrscheinlichkeit, eine Tumorzelle abzutöten. Eine lokale Tumorkontrolle wird also genau dann erreicht, wenn alle klonogenen Tumorzellen durch die Bestrahlung abgetötet werden.

Setzt man in Gl. 22.26 $p_{\text{FSU}} = 1 - SF_{\text{FSU}}$ und $P(D, 1) = 1 - SF(D, 1)$, wobei SF_{FSU} die Wahrscheinlichkeit ist, dass

die klonogene Zelle die Bestrahlung überlebt, und $SF(D, 1)$ die Wahrscheinlichkeit für ein Tumorrezidiv, so ergibt sich:

$$SF(D, 1) = 1 - (1 - SF_{\text{FSU}})^N \qquad (22.27)$$

In Gl. 22.27 erkennt man die mathematische Struktur des CE-Modells, allerdings dieses Mal für den Endpunkt „Überleben". Während also Tumoren in Bezug auf die Kontrollwahrscheinlichkeit ein parallel strukturiertes Gewebe darstellen, zeigt sich in Bezug auf die Rezidivwahrscheinlichkeit eine serielle Struktur. Anschaulich bedeutet dies, dass sich ein Rezidiv genau dann bildet, wenn mindestens eine klonogene Tumorzelle die Bestrahlung überlebt.

Die oben angegebenen Formeln des CV-Modells wurden für eine homogene Bestrahlung des gesamten Gewebes abgeleitet, lassen sich aber für eine inhomogene Bestrahlung verallgemeinern [38]. Zu beachten ist ferner, dass die Betrachtungen im CE- und CV-Modell probabilistischer Natur sind und alle FSUs als voneinander unabhängig angesehen werden. Sie geben daher nur die grundlegenden Mechanismen wieder und berücksichtigen weder die Interaktion zwischen Zellen oder der Zellen mit dem Gewebemilieu.

22.4.2 TCP-Modelle

TCP-Modelle stehen für die Beschreibung der Wahrscheinlichkeit, einen Tumor durch die Bestrahlung zu kontrollieren (Tumor Control Probability). Wie die NTCP hängt auch die TCP von der räumlich-zeitlichen Dosisverteilung, der Strahlenqualität sowie von gewebespezifischen Parametern ab. Das besondere an Tumoren ist, dass sie sehr heterogen sind und dass die Strahlenwirkung durch zahlreiche biologische Faktoren moduliert wird.

Prinzipiell kann auch die TCP durch einfache phänomenologische Modelle beschrieben werden (vgl. Abschn. 22.3.1.1). Meist will man jedoch den Zusammenhang zum Überleben klonogener Tumorzellen als den zugrundeliegenden FSUs herstellen. Bestrahlt man N Tumorzellen mit einer homogenen Dosis D, so ergibt sich die Wahrscheinlichkeit, dass k Zellen überleben aus der Binomialverteilung zu

$$P(D, k, N) = \binom{N}{k}p_{\text{FSU}}^k(1 - p_{\text{FSU}})^{N-k} \qquad (22.28)$$

Hierbei ist p_{FSU} die dosisabhängige Wahrscheinlichkeit, eine Tumorzelle abzutöten. Ersetzt man auf der rechten Seite wieder $p_{\text{FSU}} = 1 - SF_{\text{FSU}}$ und betrachtet statt des Endpunkts „abtöten von k Zellen" den Endpunkt „überleben von $m = N - k$ Zellen", so erhält man den Ausdruck:

$$P(D, k, N) = \binom{N}{m}SF_{\text{FSU}}^m(1 - SF_{\text{FSU}})^{N-m}$$
$$\approx \frac{N \cdot SF_{\text{FSU}}}{m!}e^{-N \cdot SF_{\text{FSU}}}, \qquad (22.29)$$

welcher für $N \to \infty$ und $SF_{FSU} \to 0$ unter Konstanthalten von $N \cdot SF_{FSU}$ durch eine Poissonverteilung angenähert werden kann. Die Voraussetzungen für die Poisson-Näherung sind erfüllt, da die Anzahl der Tumorzellen groß ist und SF_{FSU} für therapeutische Dosen sehr klein wird.

Interessiert man sich schließlich für die TCP, so müssen alle Tumorzellen abgetötet werden ($k = N$) bzw. es darf keine Tumorzelle überleben ($m = 0$). Daraus ergibt sich [36]:

$$TCP = P(D, k = N, N) = e^{-N \cdot SF_{FSU}} = e^{-N \cdot e^{-n\alpha d - n\beta d^2}}$$
(22.30)

Da SF_{FSU} die Überlebenswahrscheinlichkeit klonogener Tumorzellen beschreibt, kann hierfür der Ausdruck des LQ-Modells für eine Bestrahlung mit n Fraktionen und einer Fraktionsdosis d eingesetzt werden (Gl. 22.2). Für eine inhomogene Bestrahlung und eine variierende Tumorzelldichte ρ_i ergibt sich entsprechend [36]:

$$TCP = \prod_i e^{-N_i e^{-n\alpha d_i - n\beta d_i^2}} = \prod_i e^{-\rho_i v \cdot e^{-\alpha \cdot BED(\alpha/\beta, n, d_i)}}, \quad (22.31)$$

wobei $N_i = \rho_i v$ die Anzahl Tumorzellen im Volumen v ist. Der Exponent im Term des LQ-Modells kann durch die BED ersetzt werden, die ihrerseits von α/β, n und d abhängt (Abschn. 22.2.2). Gl. 22.30 und 22.31 beschreiben eine sigmoide Dosis-Wirkungs-Kurve (Abschn. 22.3) für die TCP, die nur von den Tumorspezifischen Parametern α, β und ρ sowie von den Therapieparametern n und d abhängen.

Beim Vergleich mit klinischen Dosis-Wirkungs-Kurven für Tumoren stellt man allerdings fest, dass die auf Gl. 22.30 basierenden Kurven sehr viel steiler sind [36]. Grund hierfür ist, dass die individuelle Strahlenempfindlichkeit zwischen realen Tumoren stark variiert, im Poisson-Modell aber bisher eine einheitliche Empfindlichkeit zugrunde gelegt wurde. Man kann die intratumorale Variation der Strahlenempfindlichkeit berücksichtigen, indem man über die TCP einer Population von Tumoren mittelt:

$$\overline{TCP} = \int_\alpha g(\alpha) \cdot TCP(\alpha, \beta, \rho) d\alpha, \quad (22.32)$$

wobei $g(\alpha)$ die Häufigkeitsverteilung der Strahlenempfindlichkeit widerspiegelt und je breiter $g(\alpha)$ verteilt ist, desto flacher steigen die Dosis-Wirkungs-Kurven für $\overline{TCP}$ an. In gleicher Weise können auch andere heterogen verteilte Parameter berücksichtigt werden.

Populationsgemittelte Dosis-Wirkungs-Kurven beschreiben einerseits klinische Daten besser, andererseits führen die flacheren TCP-Kurven zu größeren Unsicherheiten in der Prognose für den einzelnen Patienten, da die zugrunde liegende Population sehr heterogen ist. Dieses Problem kann nur durch Identifikation von Subgruppen innerhalb der Population gelöst werden, in der die Variation der biologischen Faktoren geringer ausfällt. Hierfür werden allerdings zusätzliche Informationen über die Tumoren benötigt, die man mit geeigneten diagnostischen Verfahren erheben muss. Große Hoffnung wird in diesem Zusammenhang auf die funktionelle Bildgebung gesetzt, mit der

Faktoren wie z. B. Hypoxie oder Proliferation in der Zukunft vielleicht besser beurteilt werden können. Da diese Faktoren allerdings dynamischen Veränderungen unterworfen sind, muss ihre Bewertung voraussichtlich mit biomathematischen Modellen verknüpft werden, und hierfür könnte z. B. auch die Erweiterungen des LQ-Modells verwendet werden. Allerdings wird es zunehmend schwierig, Modelle in mathematisch geschlossener Form aufzustellen. Man kann die einzelnen Teilmodelle jedoch in voxelbasierte Computersimulationen integrieren und die räumliche und zeitliche Entwicklung simulieren [18, 19].

22.4.3 RBW-Modelle

Ionen haben gegenüber Photonenbestrahlungen eine veränderte biologische Wirksamkeit (Abschn. 22.2.3.6 und Abschn. 22.3.7). Für die klinische Anwendung der Ionentherapie muss daher die RBW mit Hilfe biomathematischer Modelle berücksichtigt werden. Hierfür wurden in der Vergangenheit vor allem das phänomenologische „Mixed-Beam"-Modell und das Local-Effect-Modell verwendet. Diese beschreiben die Abhängigkeit der RBW von den physikalischen Parametern LET und Dosis.

Es wird diskutiert, ob auch für Protonen detailliertere RBW-Modelle eingesetzt werden sollten [40, 41]. In-vitro-Messungen zeigen, dass die RBW für Protonen am Ende der Reichweite deutlich erhöht ist. Ob eine solche Erhöhung auch in vivo eine Rolle spielt, ist allerdings weniger klar. Wegen der noch insgesamt sehr großen Unsicherheit in den derzeit verfügbaren Daten wird für die klinische Anwendung der Protonentherapie eine über das ganze Tiefendosisprofil konstante RBW von 1,1 verwendet. Die dieser Annahme zugrunde liegenden Unsicherheiten müssen allerdings im Auge behalten werden, da eine Unterschätzung der RBW am distalen Ende des Bestrahlungsfeldes ähnliche Auswirkungen haben kann wie eine Unterschätzung der Reichweite des Protonenstrahls.

22.4.3.1 Das Mixed-Beam-Modell

Das Mixed-Beam-Modell [28] wurde in Japan für die Berechnung der RBW bei der passiven Bestrahlungstechnik mit Kohlenstoffionen entwickelt (Abschn. 26.4). Diese Bestrahlungstechnik verwendet einen monoenergetischen Bragg-Peak, dessen Tiefenausdehnung mit Hilfe eines Modulators (Ridge-Filter) auf die Größe des Zielvolumens verbreitert wird [29, 48]. Dadurch entsteht ein sogenannter Spread-Out Bragg-Peak (SOBP), der eine gewichtete Überlagerung von vielen monoenergetischen Bragg-Peaks mit unterschiedlichen Energien bzw. Reichweiten darstellt. Die Gewichtung der einzelnen Bragg-Peaks ist dabei durch das Design des Modulators festgelegt.

In einer bestimmten Tiefe des SOBP trägt jeder monoenergetische Bragg-Peak mit einem anderen LET-Wert bei. Das dadurch entstehende LET-Spektrum kann durch den sogenannten Dosisgewichteten LET (dose-averaged LET) charakterisiert werden. Sowohl der Dosis-gewichtete LET als auch die RBW steigen im

SOBP mit der Tiefe an. Der genaue Wert der RBW hängt von der Zusammensetzung des LET-Spektrums ab und wird durch das Mixed-Beam-Modell berechnet.

Für die Anwendung des Mixed-Beam-Modells werden zunächst für monoenergetische Bragg-Peaks in verschiedenen Tiefen (d. h. für unterschiedlichen LET-Werte) Zellüberlebenskurven für Kohlenstoffionen gemessen. An diese wird das LQ-Modell (Abschn. 22.2.1) angepasst und die resultierenden Parameter α und β werden als Funktion des LET bestimmt. Anschließend werden die entsprechenden Parameter für das gemischte Bestrahlungsfeld, welches an einer Position im SOBP vorliegt, durch eine Dosis-gewichtete Mittelung berechnet [28]:

$$\alpha_{\mathrm{mix}} = \sum_i \frac{d_i}{D} \alpha_i \qquad (22.33)$$

$$\sqrt{\beta}_{\mathrm{mix}} = \sum_i \frac{d_i}{D} \sqrt{\beta_i} \qquad (22.34)$$

Dabei bezeichnet d_i den Dosisbeitrag des i-ten Bragg-Peaks und D die Gesamtdosis aller Bragg-Peaks an der entsprechenden Position im SOBP. Auf diese Weise kann die Zellüberlebenskurve für ein Bestrahlungsfeld mit gemischtem LET-Spektrum bestimmt werden. Durch Vergleich mit der entsprechenden Überlebenskurve für Photonen kann anschließend die RBW berechnet werden. Diese RBW-Bestimmung wird entlang des Tiefenprofils aller klinisch verwendeten SOBPs durchgeführt und man erhält auf diese Weise den relativen Tiefenverlauf der RBW im SOBP.

Für die therapeutische Anwendung muss das Zielvolumen mit einer über das Bestrahlungsvolumen konstanten RBW-gewichteten Dosis bestrahlt werden. Wegen der mit der Tiefe ansteigenden RBW, muss daher die physikalische Dosis mit der Tiefe abnehmen [29]. Auf diese Weise geht das mit dem Mixed-Beam-Modell berechnete RBW-Profil direkt in das Design des Modulators ein.

Die Verknüpfung des RBW-Profils eines SOBPs mit einer Hardware-Komponente hat zwei wichtige Konsequenzen. Zum einen können in einer Fraktion nicht mehrere Bestrahlungsfelder angewendet werden, da dies die Zusammensetzung des Bestrahlungsfeldes und damit das RBW-Profil verändern würde. Mit der passiven Bestrahlungstechnik wird daher in der Regel nur ein Bestrahlungsfeld pro Tag appliziert und bei mehreren Bestrahlungsfeldern werden diese täglich alternierend angewendet. Auf der anderen Seite ist der Verlauf des RBW-Profils abhängig von der in einer Fraktion verabreichten Dosis. Dies würde nicht nur für die verschiedenen Ausdehnungen der SOBPs, sondern auch für jede Dosierung einen eigenen Modulator und somit eine großen Anzahl von Hardware-Komponenten erforderlich machen. Obwohl dies prinzipiell möglich wäre, wird die Dosisabhängigkeit in der Praxis vernachlässigt und es wird für jede SOBP-Ausdehnung nur ein einziges RBW-Profil verwendet.

22.4.3.2 Das Local-Effect-Modell

Das Local-Effect-Modell (LEM) wird verwendet, um die RBW in Anlagen mit einem gescannten Ionenstrahl zu berechnen. Bei dem Scanning-Verfahren wird der SOBP durch Überlagerung vieler einzelner Nadelstrahlen (Pencil Beams) mit verschiedener Energie und Position erzeugt (Abschn. 26.4). Die Variation der Energie kann dabei entweder aktiv durch den Beschleuniger oder passiv durch Absorber erfolgen. Wie bei der passiven Bestrahlungstechnik entsteht dadurch ein SOBP als gewichtete Überlagerung vieler monoenergetischer Bragg-Peaks, wobei allerdings die Ausdehnung des SOBP und damit auch das RBW-Profil an jeder Stelle im Bestrahlungsfeld unterschiedlich sein kann [32]. Daher wird die RBW lokal an jeder Stelle im Bestrahlungsfeld mit Hilfe des LEM berechnet [32, 42].

Anders als das phänomenologische Mixed-Beam-Modell verwendet das LEM für die RBW-Berechnung die mikroskopische Dosisdeposition der Ionen. Das LEM wird daher auch als Bahnstruktur-Modell (Track Structure Model) bezeichnet. Die Grundlegende Annahme des LEM ist, dass für die Wirkung einer Bestrahlung nur die lokal deponierte Energie entscheidend ist, unabhängig davon, welche Strahlungsart diese deponiert. Unter dieser Voraussetzung kann die lokal deponierte Dosis verwendet werden, um mit Hilfe der Photonen-Überlebenskurve die Überlebenswahrscheinlichkeit der getroffenen Zelle zu bestimmen. Wird eine Zelle von einem Ion oder mehreren Ionen getroffen, wird die Überlebenswahrscheinlichkeit der Zelle wie folgt berechnet [32, 42]:

$$\ln(SF_{\mathrm{cell}}) = \int_V \ln(SF_x(d)) \frac{\mathrm{d}V}{V}. \qquad (22.35)$$

Dabei ist d die Summe der lokalen Dosisbeiträge der Ionen und SF_x beschreibt die Photonen-Überlebenskurve. Da d eine stochastische Größe ist, die von der Verteilung der Ionen im Gewebe abhängt, ist auch die Überlebenswahrscheinlichkeit der Zelle SF_{cell} stochastischer Natur. Die mittlere Überlebenswahrscheinlichkeit $\overline{SF}_{\mathrm{cell}}$ ergibt sich dann durch die Mittelung von SF_{cell} über viele Zellen. Für diese Mittelung wird die Verteilung der Ionen im Gewebe mittels Monte-Carlo-Verfahren simuliert, wobei neben den Primärteilchen auch auftretende Projektil-Fragmente berücksichtigt werden. Da die Anzahl der Teilchen für einen gegebenen LET mit der makroskopischen messbaren Dosis D verknüpft ist, bezieht sich $\overline{SF}_{\mathrm{cell}}$ auf diese Dosis und $\overline{SF}_{\mathrm{cell}}(D)$ beschreibt daher die Überlebenskurve für die entsprechende Ionenbestrahlung. Durch Vergleich der Dosen für Photonen und Ionen bei gleichem Zellüberleben kann so die RBW berechnet werden.

Vergleicht man also die biologische Wirkung von Photonen und Ionen bei gleicher Dosis, so wird die größere biologische Wirkung von Ionen auf die veränderte mikroskopische Energiedeposition zurückgeführt. Während für Photonen angenommen wird, dass die Energie gleichmäßig über ein makroskopisches Volumen verteilt wird, wird diese bei Ionen in einem sehr engen Schlauch um die Teilchenbahn deponiert. Für eine quantitative Berechnung mit dem LEM müssen allerdings einige zusätzliche Annahmen getroffen werden [32, 42]:

I. Die Integration in Gl. 22.35 erfolgt über das für die Strahlenwirkung relevante Volumen V. Da die Zellabtötung überwiegend durch Schäden an der DNA hervorgerufen wird, verwendet man das Volumen des Zellkerns, welches durch einen Zylinder mit 5 μm Radius approximiert wird. Alle Teilvolumina werden als gleich empfindlich betrachtet.

II. Die mikroskopische Energiedeposition eines Ions wird durch eine $1/r^2$-Abhängigkeit modelliert, wobei diese Abhängigkeit unterhalb von $r_{min} = 10$ nm durch einen konstanten Energieverlust ersetzt wird. Außerdem wird das Profil bei der maximalen Reichweite r_{max} der δ-Elektronen abgeschnitten. Schließlich wird das so entstehende Profil auf das für die betrachtete Energie vorliegende Stoßbremsvermögen normiert.

III. In der Umgebung der Ionenspur können lokal sehr hohe Dosen von 100 Gy oder mehr auftreten, so dass das LQ-Modell in seiner Grundform keine Gültigkeit mehr besitzt. Daher verwendet man für die Beschreibung der Photonen-Überlebenskurve die in Abschn. 22.2.3.5 beschriebene Erweiterung für große Bestrahlungsdosen. Neben den Empfindlichkeitsparametern α und β wird daher zusätzlich die Übergangsdosis D_t benötigt.

Das LEM ist prinzipiell auf alle therapeutisch relevanten Ionenarten anwendbar und erlaubt die Berechnung der RBW für das an einer Stelle im Bestrahlungsfeld vorliegende Teilchenspektrum. Auch für Protonen ergibt sich am Ende der Reichweite ein Anstieg der RBW über den klinisch verwendeten Wert von 1,1 hinaus. Vergleich zwischen berechneter und gemessener RBW im Tiermodell ergaben Abweichungen und führten in Folge zu Weiterentwicklungen des LEM, die als LEM II bis LEM IV bezeichnet werden [15, 16]. Welche Version des LEM für die klinische Anwendung am besten geeignet ist, wird derzeit noch untersucht, und bisher wurde nur LEM I an Patienten eingesetzt.

22.4.3.3 Zusammenhang zwischen In-vitro-Daten und der klinischen Anwendung

Beide dargestellten RBW-Modelle wurden zunächst anhand von Zellkultur-Experimenten entwickelt und getestet. Die resultierenden Modellparameter gelten daher zunächst für die In-vitro-Situation und die Übertragung auf den Patienten ist mit zusätzlichen Unsicherheiten verbunden. Um diese Unsicherheiten bei der Anwendung am Patienten zu minimieren, wird ein zusätzlicher Schritt durchgeführt, in dem In-vitro-Parameter durch In-vivo-Parameter ersetzt werden.

Für die klinische Anwendung der Therapie mit Kohlenstoffionen in Japan wurde die RBW zunächst für HSG-Zellen bestimmt, die als repräsentativ für Tumorzellen angesehen wurden. Als Endpunkt wurde dabei eine Überlebensfraktion von 10 % verwendet. Das für einen SOBP bestimmte RBE-Tiefendosisprofil wurde anschließend bei einem LET von 80 keV/μm auf einen RBE von 3,0 normiert. Grundlage dieser Normierung war, dass (i) Kohlenstoffionen mit einem LET von 80 keV/μm in HSG-Zellen die gleiche Wirkung haben wie Neutronen und (ii) bei der früheren Anwendung von Neutronen am Patienten eine RBE von 3,0 verwendet wurde [28, 29]. Damit resultiert der die Dosierung bestimmende absolute Wert der RBW aus klinischen Daten, während das relative RBW-Tiefenprofil weiterhin auf Zellexperimenten basiert.

Für die klinische Anwendung des LEM wird ausgenutzt, dass die RBW am stärksten vom α/β-Verhältnis für Photonen abhängt, während die Abhängigkeit von der absoluten Strahlenempfindlichkeit α von untergeordneter Bedeutung ist. Für die Anwendung des LEM an Patienten wird daher das in Zellexperimenten bestimmte α/β-Verhältnis durch einen an Patienten bestimmten Wert ersetzt (vgl. Abschn. 22.3.1.2). Ähnlich wie beim Mixed-Beam-Modell wird auch hier der wichtigste Modellparameter aus klinischen Daten gewonnen. Das LEM wurde als erstes für die Behandlung von Schädelbasis-Tumoren mit Kohlenstoffionen angewendet. Hierbei wurde als Endpunkt für die RBW-Berechnung eine Spätreaktion des normalen Hirngewebes gewählt, welches durch ein kleines α/β-Verhältnis gekennzeichnet ist. Daraus resultiert die konservative Festlegung von $\alpha/\beta = 2 Gy$, die bisher für nahezu alle klinischen LEM-Berechnungen verwendet wurde.

Vergleicht man das RBW-Konzept des Mixed-Beam-Modells mit dem des LEM, so verwendet das erstere eine Dosisunabhängige RBW, die sich auf Tumorzellen bezieht, während das LEM eine Dosis-abhängige RBW betrachtet, die sich auf Spätwirkungen im Normalgewebe bezieht. Dies erschwert den Vergleich der klinischen Dosierungskonzepte zwischen japanischen und europäischen Einrichtungen.

22.4.4 Relevanz biologischer Modelle für die Strahlentherapie

Entscheidend für die Anwendung der Strahlentherapie am Patienten ist die zuverlässige Einschätzung der Strahlenwirkung im Normalgewebe und im Tumor. Bis heute wird hierfür fast ausschließlich die räumliche Verteilung der absorbierten Dosis unter Einbeziehung des Fraktionierungsschemas verwendet. Die Bewertung der Wirkung basiert dabei auf der Erfahrung des behandelnden Strahlentherapeuten. Die Anwendung biomathematischer Modelle in der Strahlentherapie ist der Versuch, diese Bewertung zu objektivieren und quantitativ in Zahlen zu fassen. Die Art und Weise, wie diese biomathematischen Modelle angewendet werden können, ist dabei sehr verschieden und man kann die folgenden Anwendungsszenarios unterscheiden:

I. Retrospektive Anwendung an einem Patientenkollektiv, um gewebespezifische Modellparameter zu bestimmen.
II. Retrospektive Anwendung an individuellen Patienten, um die beobachtete Strahlenwirkung in Tumoren oder Normalgeweben zu erklären.
III. Prospektive Anwendung, um die relative Wirkung alternativer Bestrahlungspläne zu vergleichen.
IV. Prospektive Anwendung, um die absolute Wirkung von Bestrahlungsplänen vorherzusagen.
V. Einbeziehung in die für die Dosis-Optimierung verwendete Zielfunktion.

Voraussetzung für die Anwendung aller Modelle ist die Kenntnis der gewebespezifischen Parameter, welche nur an Kollektiven bestimmt werden können (I). Sind diese bekannt, so können die Modelle retrospektiv (II) oder prospektiv (III) auf individuelle Patienten angewendet werden. Meist stehen hierbei relative Vergleiche der Strahlenwirkung für verschiedene Dosisverteilungen im Vordergrund und es wird angenommen, dass die Unterschiede in der Wirkungsvorhersage vor allem von der

Dosisverteilung und nicht so sehr von Unsicherheiten in den gewebespezifischen Parametern abhängen. Letzteres ist allerdings nicht unbedingt gegeben, da die Strahlenempfindlichkeit von Geweben und insbesondere von Tumoren großen individuellen Schwankungen unterworfen sein kann. Die Vorhersage der absoluten Wirkung eines Bestrahlungsplans (IV) ist daher sehr problematisch und dies gilt in noch stärkerem Maße für die Einbeziehung von Wirkungsmodellen in die Optimierung der Dosisverteilung (V).

Bei den biomathematischen Modellen können grundsätzlich zwei verschiedene Typen unterschieden werden. Zum einen sind dies sogenannte Isoeffekt-Modelle, bei denen eine Bestrahlung mit unbekannter Wirkung auf eine bekannte isoeffektive Bestrahlung zurückgeführt wird. Ein Beispiel hierfür ist die Umrechnung von Fraktionierungsschemata mit Hilfe des LQ-Modells (Abschn. 22.2.2). Auch RBW-Modelle sind Isoeffekt-Modelle, da die Wirkung einer Ionenbestrahlung auf eine isoeffektive Photonenbestrahlung zurückgeführt wird (Abschn. 22.2.3.6). In beiden Fällen werden mathematische Beziehungen zwischen nominell isoeffektiven Bestrahlungsdosen hergestellt. Isoeffekt-Modelle haben den großen Vorteil, dass sich das Ergebnis der Modellrechnung auf eine Bestrahlung bezieht, deren Effektivität bereits bekannt ist.

Zum anderen gibt es Modelle, die das Risiko einer Bestrahlung absolut vorhersagen. Hierzu gehören NTCP- und TCP-Modelle. Obwohl diese Modelle auch als Isoeffekt-Modelle für den Vergleich von Bestrahlungen eingesetzt werden können, beanspruchen sie die Vorhersage eines absoluten Risikos. Dieses Risiko ist in Patienten allerdings nur sehr unzureichend bekannt und es ist daher sehr schwierig, die Werte der gewebespezifischen Eingangsparameter zu validieren. Obwohl einige Toleranzdosen vorliegen [1, 11], ist die darin enthaltene Unsicherheit immer noch sehr groß. Daher werden diese NTCP- und TCP-Modelle bisher noch nicht prospektiv an Patienten eingesetzt.

Im Vergleich dazu stellen Isoeffekt-Modelle für die klinische Anwendung geringere Anforderungen und die Grundform des LQ-Modells kann prinzipiell für klinische Fragestellungen angewendet werden. Hierbei sind allerdings die Gültigkeitsgrenzen zu beachten und Vorhersagen müssen immer kritisch anhand klinischer Erfahrung geprüft werden. Das LQ-Modell wird bisher allerdings nicht für die Optimierung von Dosisverteilungen in der Bestrahlungsplanung eingesetzt.

Die einzigen Modelle, die routinemäßig und prospektiv für die Optimierung von Dosisverteilungen eingesetzt werden, sind die RBW-Modelle für die Ionentherapie. Grund hierfür ist die klinische Notwendigkeit, die deutlich erhöhte und im Bestrahlungsvolumen stark variierende biologische Effektivität von Hoch-LET-Strahlung zu berücksichtigen. Als Folge der Einbeziehung der RBW in die Dosisoptimierung ergibt sich im Zielvolumen eine sehr inhomogene physikalische Dosisverteilung, während die RBW-gewichtete Dosisverteilung homogen ist. Die RBW-Modelle werden also prospektiv verwendet, um die biologische Wirkung im Zielvolumen zu homogenisieren und um die Wirkung im Normalgewebe besser abzuschätzen. Die im RBW-Modell enthaltenen Unsicherheiten müssen allerdings bei der Dosierung und bei der klinischen Bewertung des Bestrahlungsplans berücksichtigt werden.

Aufgaben

22.1 Eine Ganzkörperexposition mit 4,5 Gy hochenergetischer Photonenstrahlung führt mit einer Wahrscheinlichkeit von 50 % zum Tod. Wie groß ist die durch die Bestrahlung hervorgerufene Temperaturerhöhung, wenn man vereinfachend annimmt, dass der Mensch zu 100 % aus Wasser besteht (spezifische Wärmekapazität $c_w = 4184 \, \text{J}/(\text{kg K})$). Was bedeutet dies für den Mechanismus der Strahlenwirkung?

22.2 Unter welchen drei Voraussetzungen besitzt die Grundversion des linear-quadratischen Modells Gültigkeit?

22.3 Gegeben sind zwei Fraktionierungsschemata: (1) 24 × 2,4 Gy und (2) 38 × 1,8 Gy. Welches wirkt stärker im Normalgewebe, wenn man ein α/β-Verhältnis von 3 Gy annimmt. Wie viele Fraktionen mit 1,8 Gy muss man applizieren, um isoeffektiv zu Fraktionierungsschema (1) zu behandeln?

22.4 Gegeben ist ein Fraktionierungsschema von 36 × 1,8 Gy. Dieses soll auf eine Fraktionsdosis von 2 Gy umgestellt werden. Welche Gesamtdosis muss appliziert werden, wenn das neue Schema im Normalgewebe ($\alpha/\beta = 2$ Gy) isoeffektiv sein soll. Was ist bei der Interpretation der neuen Fraktionszahl zu beachten? Wie verändert sich dadurch die Wirkung im Tumor ($\alpha/\beta = 10$ Gy)?

22.5 Gegeben sind zwei Fraktionierungsschemata, die die gleiche Wirkung im Normalgewebe haben: (i) 20 × 2,5 Gy und (ii) 38 × 1,6 Gy. Welches α/β-Verhältnis hat das Gewebe und welche Art von Wirkung wurde dabei betrachtet?

22.6 Experimentell wurde für die folgenden vier Fraktionierungsschemata die gleiche Effektivität im Tumor festgestellt: (i) 42 × 1,5 Gy, (ii) 30 × 2,0 Gy, (iii) 13 × 4,0 Gy und (iv) 5 × 8,0 Gy. Schätze das α/β-Verhältnis mittels linearer Regression. Was sind Vor- und Nachteile dieser Methode? Welche tumorspezifischen Faktoren können dazu führen, dass das intrinsische, für die Reparatur verantwortliche α/β-Verhältnis tatsächlich einen anderen Wert hat?

22.7 Eine Bestrahlung von 35 × 1,8 Gy soll auf eine Bestrahlung mit 30 Fraktionen umgestellt werden, so dass die Wirkung im Normalgewebe ($\alpha/\beta = 2,5$ Gy) gleich bleibt. Welche Dosis muss pro Fraktion verabreicht werden?

22.8 An einer Zelllinie wird nach Bestrahlung mit Photonen unter oxischen Bedingungen ein α/β-Verhältnis von 3 Gy gemessen. Wie groß ist das α/β-Verhältnis unter hypoxischen Bedingungen, wenn das linear-quadratische Modell und ein Sauerstoff-Verstärkungsfaktor (OER) von 3 angenommen wird?

22.9 Ziel der Strahlentherapie ist es, den Tumor durch Bestrahlung zu inaktivieren und gleichzeitig das umliegende Normalgewebe zu schonen. Welche beiden grundlegenden strahlenbiologischen Erkenntnisse werden hierfür ausgenutzt?

22.10 Wie unterscheidet sich die Beschreibung des Volumeneffektes im Normalgewebe beim Lyman-Kutscher-Burman(LKM)-, beim Critical-Element(CE)- und beim Critical-Volume(CV)-Modell?

22.11 Nenne die wichtigsten physikalischen und biologischen Einflussfaktoren auf die relative biologische Wirksamkeit (RBW). Berechne mit dem linear-quadratischen Modell die RBW im Grenzfall sehr kleiner Dosen pro Fraktion.

Literatur

1. American Society for Radiation Oncology, American Association of Physicists in Medicine (2010) Quantitative Analysis of Normal Tissue Effects in the Clinic (QUANTEC). Int J Radiat Oncol Biol Phys 76(suppl 1):S1–S160
2. Baumann M, Gregoire V (2009) Combined radiotherapy and chemotherapy. In: Joiner MC, van der Kogel A (Hrsg) Basic clinical radiobiology, 4. Aufl. Hodder Education, London, S 246–258
3. Baumann M, Gregoire V (2009) Modified fractionation. In: Joiner MC, van der Kogel A (Hrsg) Basic clinical radiobiology, 4. Aufl. Hodder Education, London, S 135–148
4. Baumann M, Gregoire V (2009) Molecular-targeted agents for enhancing tumour response. In: Joiner MC, van der Kogel A (Hrsg) Basic clinical radiobiology, 4. Aufl. Hodder Education, London, S 287–300
5. Baumann M, Bentzen SM, Ang KK (1998) Hyperfractionated radiotherapy in head and neck cancer: a second look at the clinical data. Radiother Oncol 46(2):127–130. https://doi.org/10.1016/S0167-8140(97)00173-4
6. Bentzen SM, Gregoire V (2011) Molecular imaging–based dose painting: a novel paradigm for radiation therapy prescription. Seminars in radiation oncology, Bd. 2. Elsevier, New York, S 101–110
7. Bentzen SM, Joiner MC (2009) The linear-quadratic approach in clinical practice. In: Joiner MJ, van der Kogel A (Hrsg) Basic clinical radiobiology, 4. Aufl. Hodder Education, London, S 120–134
8. Bijl HP, van Luijk P, Coppes RP, Schippers JM, Konings AW, van der Kogel AJ (2003) Unexpected changes of rat cervical spinal cord tolerance caused by inhomogeneous dose distributions. Int J Radiat Oncol Biol Phys 57(1):274–281
9. Brenner DJ, Hlatky LR, Hahnfeldt PJ, Hall EJ, Sachs RK (1995) A convenient extension of the linear-quadratic model to include redistribution and reoxygenation. Int J Radiat Oncol Biol Phys 32(2):379–390. https://doi.org/10.1016/0360-3016(95)00544-9
10. Burman C (2002) Fitting of tissue tolerance data to analytic function: improving the therapeutic ratio. Normal tissue reactions in radiotherapy and oncology, Bd. 37. Karger Publishers, S 151–162
11. Burman C, Kutcher GJ, Emami B, Goitein M (1991) Fitting of normal tissue tolerance data to an analytic function. Int J Radiat Oncol Biol Phys 21(1):123–135
12. Dörr W (2009) Biological response modifiers: normal tissues. Basic clinical radiobiology, 4. Aufl. Hodder Arnold, London, S 301–315
13. Dörr W (2009) Pathogenesis of normal tissue side effects. Basic clinical radiobiology, 4. Aufl. Hodder Arnold, London, S 169–190
14. Dörr W, van der Kogel AJ (2009) The volume effect in radiotherapy. In: Joiner MJ, van der Kogel A (Hrsg) Basic clinical radiobiology, 4. Aufl. Hodder Education, London, S 191–206
15. Elsässer T, Krämer M, Scholz M (2008) Accuracy of the local effect model for the prediction of biologic effects of carbon ion beams in vitro and in vivo. Int J Radiat Oncol Biol Phys 71(3):866–872. https://doi.org/10.1016/j.ijrobp.2008.02.037
16. Elsässer T, Weyrather WK, Friedrich T, Durante M, Iancu G, Krämer M, Kragl G, Brons S, Winter M, Weber KJ, Scholz M (2010) Quantification of the relative biological effectiveness for ion beam radiotherapy: direct experimental comparison of proton and carbon ion beams and a novel approach for treatment planning. Int J Radiat Oncol Biol Phys 78(4):1177–1183. https://doi.org/10.1016/j.ijrobp.2010.05.014
17. Emami B, Lyman J, Brown A, Coia L, Goitein M, Munzenrider JE, Shank B, Solin LJ, Wesson M (1991) Tolerance of normal tissue to therapeutic irradiation. Int J Radiat Oncol Biol Phys 21(1):109–122
18. Espinoza I, Peschke P, Karger CP (2013) A model to simulate the oxygen distribution in hypoxic tumors for different vascular architectures. Med Phys 40(8):81703. https://doi.org/10.1118/1.4812431
19. Espinoza I, Peschke P, Karger CP (2015) A voxel-based multiscale model to simulate the radiation response of hypoxic tumors. Med Phys 42(1):90–102. https://doi.org/10.1118/1.4903298
20. Fowler J (1984) The first James Kirk memorial lecture. What next in fractionated radiotherapy? Br J Cancer Suppl 6:285–300
21. Fowler JF (1989) The linear-quadratic formula and progress in fractionated radiotherapy. Br J Radiol 62(740):679–694. https://doi.org/10.1259/0007-1285-62-740-679
22. Hall E, Giaccia A (2000) Radiation biology for the radiologist. Lippincott Williams & Wilkins, Philadelphia
23. Horsman MR, G. WB (2009) Therapeutic approaches to tumour hypoxia. In: Joiner MC, van der Kogel A (Hrsg) Basic clinical radiobiology. Hodder Education, London, S 233–245
24. Horsman MR, Wouters BG, Joiner MC, Overgaard J (2009) The oxygen effect and fractionated radiotherapy. In: Joiner MC, van der Kogel A (Hrsg) Basic clinical radiobiology, 4. Aufl. Hodder Education, London, S 207–216
25. Joiner MC (2009) Linear energy transfer and relative biological effectiveness. In: Joiner MC, van der Kogel A (Hrsg) Basic clinical radiobiology, 4. Aufl. Hodder Education, London, S 68–77
26. Joiner MC (2009) Quantifying cell kill and cell survival. In: Joiner MC, van der Kogel A (Hrsg) Basic clinical radiobiology, 4. Aufl. Hodder Education, London, S 41–55

27. Joiner MC, van der Kogel A, Steel GG (2009) Introduction: the significance of radiobiology and radiotherapy for cancer treatment. In: Joiner MC, van der Kogel A (Hrsg) Basic clinical radiobiology, 4. Aufl. Hodder Education, London, S 1–10

28. Kanai T, Furusawa Y, Fukutsu K, Itsukaichi H, Eguchi-Kasai K, Ohara H (1997) Irradiation of mixed beam and design of spread-out Bragg peak for heavy-ion radiotherapy. Radiat Res 147(1):78–85

29. Kanai T, Endo M, Minohara S, Miyahara N, Koyama-ito H, Tomura H, Matsufuji N, Futami Y, Fukumura A, Hiraoka T, Furusawa Y, Ando K, Suzuki M, Soga F, Kawachi K (1999) Biophysical characteristics of HIMAC clinical irradiation system for heavy-ion radiation therapy. Int J Radiat Oncol Biol Phys 44(1):201–210

30. Karger CP, Peschke P, Sanchez-Brandelik R, Scholz M, Debus J (2006) Radiation tolerance of the rat spinal cord after 6 and 18 fractions of photons and carbon ions: experimental results and clinical implications. Int J Radiat Oncol Biol Phys 66(5):1488–1497. https://doi.org/10.1016/j.ijrobp.2006.08.045

31. van der Kogel A (2009) The dose rate effect. In: Joiner MC, van der Kogel A (Hrsg) Basic clinical radiobiology, 4. Aufl. Hodder Education, London, S 158–168

32. Kraft G (2000) Tumor therapy with heavy charged particles. Prog Part Nucl Phys 45:S473–S544. https://doi.org/10.1016/S0146-6410(00)00112-5

33. Kutcher GJ, Burman C (1989) Calculation of complication probability factors for non-uniform normal tissue irradiation: the effective volume method gerald. Int J Radiat Oncol Biol Phys 16(6):1623–1630

34. Lyman JT (1985) Complication probability as assessed from dose volume histograms. Radiat Res 104(2):S13–S19. https://doi.org/10.2307/3576626

35. Lyman JT, Wolbarst AB (1989) Optimization of radiation therapy, IV: a dose-volume histogram reduction algorithm. Int J Radiat Oncol Biol Phys 17(2):433–436

36. Nahum AE, Sanchez-Nieto B (1999) Tumor control probabilitymodeling: basic principles and applications in treatment planning. Phys Medica XVII(suppl. 2):13–23

37. Niemierko A, Goitein M (1991) Calculation of normal tissue complication probability and dose-volume histogram reduction schemes for tissues with a critical element architecture. Radiother Oncol 20(3):166–176

38. Niemierko A, Goitein M (1993) Modeling of normal tissue response to radiation: the critical volume model. Int J Radiat Oncol Biol Phys 25(1):135–145

39. Nilsson P, Thames HD, Joiner MC (1990) A generalized formulation of the incomplete-repair model for cell-survival and tissue-response to fractionated low dose-rate irradiation. Int J Radiat Biol 57(1):127–142. https://doi.org/10.1080/09553009014550401

40. Paganetti H (2014) Relative biological effectiveness (RBE) values for proton beam therapy. Variations as a function of biological endpoint, dose, and linear energy transfer. Phys Med Biol 59(22):R419–R472. https://doi.org/10.1088/0031-9155/59/22/R419

41. Paganetti H (2015) Relating proton treatments to photon treatments via the relative biological effectiveness—should we revise current clinical practice? Int J Radiat Oncol Biol Phys 91:892–894

42. Scholz M, Kellerer AM, Kraft-Weyrather W, Kraft G (1997) Computation of cell survival in heavy ion beams for therapy. The model and its approximation. Radiat Environ Biophys 36(1):59–66

43. Scholz M, Jakob B, Taucher-Scholz G (2001) Direct evidence for the spatial correlation between individual particle traversals and localized CDKN1A (p21) response induced by high-LET radiation. Radiat Res 156(5):558–563. http://doi.org/10.1667/0033-7587(2001)156[0558:Deftsc]2.0.Co;2

44. Schultheiss TE, Orton CG, Peck RA (1983) Models in radiotherapy: volume effects. Med Phys 10(4):410–415. https://doi.org/10.1118/1.595312

45. Steel GG, McMillan TJ, Peacock JH (1989) The 5Rs of radiobiology. Int J Radiat Biol 56(6):1045–1048

46. Thames HD (1985) An incomplete-repair model for survival after fractionated and continuous irradiations. Int J Radiat Biol 47(3):319–339. https://doi.org/10.1080/09553008514550461

47. Thames HD Jr., Rozell ME, Tucker SL, Ang KK, Fisher DR, Travis EL (1986) Direct analysis of quantal radiation response data. Int J Radiat Biol Relat Stud Phys Chem Med 49(6):999–1009

48. Torikoshi M, Minohara S, Kanematsu N, Komori M, Kanazawa M, Noda K, Miyahara N, Itoh H, Endo M, Kanai T (2007) Irradiation system for HIMAC. J Radiat Res 48(Suppl A):A15–A25

49. Weyrather WK, Debus J (2003) Particle beams for cancer therapy. Clin Oncol (R Coll Radiol) 15(1):23–28

50. Weyrather WK, Ritter S, Scholz M, Kraft G (1999) RBE for carbon track-segment irradiation in cell lines of differing repair capacity. Int J Radiat Biol 75(11):1357–1364

51. Wouters BG (2009) Cell death after irradiation: how, when and why cells die. In: Joiner MC, van der Kogel A (Hrsg) Basic clinical radiobiology, 4. Aufl. Hodder Education, London, S 27–40

52. Zips D (2009) Tumor growth and response to radiation. In: Joiner MC, van der Kogel A (Hrsg) Basic clinical radiobiology, 4. Aufl. Hodder Education, London, S 78–101

Bildgebung für die Strahlentherapie

23

Oliver Jäkel

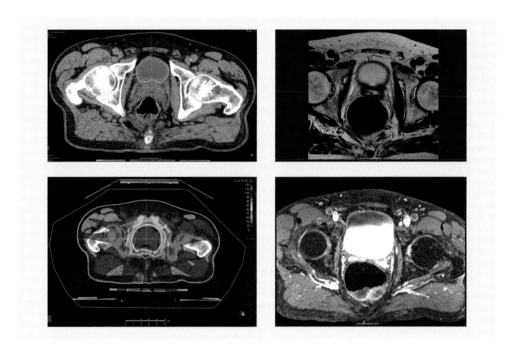

Teil IV

© Springer-Verlag GmbH Deutschland, ein Teil von Springer Nature 2018
W. Schlegel, C.P. Karger, O. Jäkel (Hrsg.), *Medizinische Physik*, https://doi.org/10.1007/978-3-662-54801-1_23

23.1 Einleitung

Die Entwicklung der Strahlentherapie von den empirischen Anfängen hin zu einer hochpräzisen, quantitativ planbaren Therapie wäre ohne die Entwicklung moderner Bildgebungsverfahren nicht möglich gewesen. So ist auch die Röntgen-CT-Bildgebung noch immer eine wesentliche Voraussetzung zur exakten Dosisberechnung. Nach der Einführung der bildgeführten Strahlentherapie (IGRT), bei der eine Bildgebung direkt vor der Therapie im Vordergrund steht, erfolgt nun eine Entwicklung hin zur Bildgebung während der Therapie. Hier spielt die MRT eine besondere Rolle, da sie einerseits detaillierte anatomische Informationen liefert, aber andererseits ohne ionisierende Strahlung auskommt. Daher erlebt die MR-geführte Strahlentherapie derzeit einen enormen Entwicklungsschub. Es ist jedoch auch kritisch anzumerken, dass insgesamt der klinische Nutzen der unterschiedlichen Bildgebungsverfahren der IGRT noch nicht klar belegt ist [21].

In diesem Kapitel wird die Rolle der Bildgebung für die Strahlentherapie erläutert, wobei auf die eigentliche Tumordiagnostik, welcher der Entscheidung für eine Strahlentherapie vorausgeht, nicht näher eingegangen wird. Auch die Bildgebung für die Nachsorge und Kontrolle der Therapie wird hier nicht näher besprochen. Für eine detailliertere Beschreibung der bildgebenden Verfahren siehe [27] sowie Teil II und III dieses Buches. Im Vordergrund stehen stattdessen die Aspekte der Bildgebung für die quantitative Therapieplanung, die Positionsverifikation sowie für das Monitoring des Patienten und seiner Bewegungen von Fraktion zu Fraktion (interfraktionelle Bewegung) bzw. während einer Fraktion (intrafraktionelle Bewegung).

Bei Bestrahlung mit Ionenstrahlen bietet sich die besondere Möglichkeit, die sekundäre Strahlung zum Monitoring der Therapie in vivo zu verwenden (sogenanntes In-vivo Dose Monitoring). Ein Beispiel hierfür ist die Aktivierung von β^+-Emittern (in einem Kohlenstoffstrahl vor allem ^{11}C), die zu einer Aktivierung des bestrahlten Gewebes führen, welche dann in einem PET dreidimensional abgebildet werden kann. Ein anders Beispiel ist die Messung von Gammastrahlen, welche von angeregten Atomkernen im Strahl ausgesandt werden (Prompt Gamma Imaging). Auch eine direkte Bildgebung mit Ionenstrahlen (Ionenradiographie und Ionentomographie) ist Gegenstand aktueller Forschung und Entwicklung. Ein Überblick über diese Methoden, auf die hier nicht näher eingegangen wird, findet sich in [16].

23.2 Bildgebung für die Therapieplanung

23.2.1 Segmentierung und Patientenmodell

Die Grundlage der heutigen dreidimensionalen virtuellen Therapieplanung ist ein dreidimensionales Patientenmodell. Dieses Modell besteht aus einem Bilddatensatz, wie er z. B. durch eine Computertomographie (CT) gewonnen wird, sowie aus einer Beschreibung der unterschiedlichen, für die Therapie relevanten Volumina, wie etwa dem Zielvolumen, der Außenkontur

und den Risikoorganen. Diese Aufteilung in unterschiedliche Volumina wird als Segmentierung bezeichnet und ist detailliert im nachfolgenden Kapitel beschrieben (s. Kap. 24). Die Segmentierung erfolgt nach unterschiedlichen Kriterien: So werden für die Risikoorgane oder die Außenkontur im Wesentlichen anatomisch-morphologische Strukturen definiert, während für das Tumorvolumen neben dem in der Bildgebung direkt sichtbaren Volumen eine ganze Reihe teils komplexer onkologischer Gesichtspunkte zu berücksichtigen sind, um das klinische Zielvolumen zu definieren. Wegen des kaum vorhandenen Weichteilkontrastes der Röntgen-CT kommen für die Therapieplanung meist kontrastverstärkte Röntgen-CT-Bilder und zusätzlich eine oder mehrere MRT-Sequenzen zum Einsatz sowie ggf. die Positronen-Emissions-Tomographie.

Die MRT bietet einerseits einen erheblich besseren Weichteilkontrast und erlaubt damit eine bessere Segmentierung von Risikostrukturen. Andererseits kann auch die Definition des Zielvolumens durch die Verwendung unterschiedlicher MRT-Sequenzen, vor allem für Tumoren des zentralen Nervensystems, erheblich verbessert werden (Abb. 23.1). Darüber hinaus erlaubt die MRT die Möglichkeit der Darstellung funktioneller physiologischer und mit dem Stoffwechsel verknüpfter Parameter, wie etwa der Diffusionskoeffizienten von Wasser im Gewebe, die Perfusion des Gewebes mit Blut oder des Sauerstoffgehaltes im Blut z. B. mittels der BOLD-MRT (Blood Oxygenation Level Dependent). Diese parametrischen Bildinformationen können herangezogen werden, um besonders stoffwechselaktive oder hypoxische Tumorareale zu definieren [26].

In ähnlicher Weise erlaubt es auch die PET-Bildgebung funktionelle Stoffwechselparameter abzubilden, wobei eine wesentliche Stärke der PET die erheblich verbesserte Sensitivität ist, die es erlaubt, auch molekulare Marker in sehr geringer Konzentration zu beobachten. Man spricht dann von molekularer Bildgebung [10]. Ein aktuelles Beispiel hierfür ist etwa die PSMA-Bildgebung (Prostate Specific Membrane Antigen), bei der z. B. eine sehr effektive Bildgebung der Prostatatumorzellen durch die Bindung an das mit ^{68}Ga markierte PSMA erfolgt ([34] und Abb. 23.2).

Bevor diese Datensätze für die Segmentierung verwendet werden können, ist eine Registrierung der unterschiedlichen CT- und MRT-Bilddatensätze notwendig.

Für die Therapieplanung ist insbesondere die geometrische Genauigkeit der Bilddaten wichtig, da sich Ungenauigkeiten in den Bildern direkt auf die räumliche Genauigkeit der berechneten Dosisverteilungen und Therapie auswirken. Daher spielt die Röntgen-CT noch immer eine besondere Rolle, da sie weitgehend frei von Verzerrungen und Abbildungsfehlern ist, wie sie etwa in der MRT auftreten können. Auch bei der Registrierung unterschiedlicher Bilddatensätze ist die geometrische Genauigkeit der Algorithmen sehr wichtig.

23.2.2 Dosisberechnung

Für die Dosisberechnung ist eine quantitative, möglichst exakte Charakterisierung der relativen Elektronendichte des durchstrahlten Gewebes erforderlich. Diese kann derzeit direkt nur

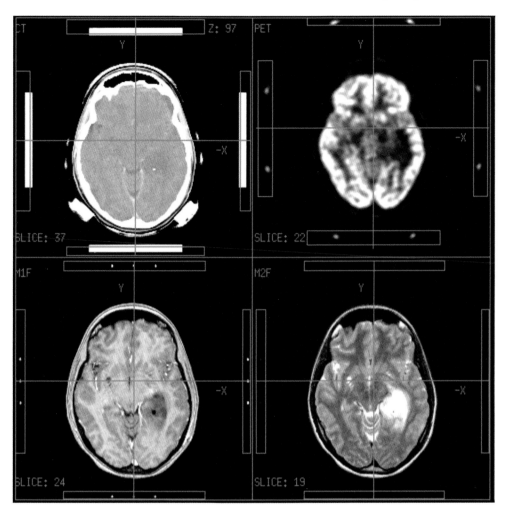

Abb. 23.1 Definition des Zielvolumens anhand von Bildern aus der CT (*oben links*), PET (^{18}FDG) (*oben rechts*), T1-gewichtete MRI (*unten links*) und T2-gewichtete MRI (*unten rechts*) eines Patienten mit Astrozytom Grad II (aus: [26]). Während der Tumor in der CT nicht sichtbar ist, zeigt er sich in unterschiedlichem Kontrast in den PET- und MRI-Bildern, was eine Definition des Zielvolumens erlaubt. Die Bilddaten wurden in diesem Falle mit Hilfe der im Bild sichtbaren stereotaktischen Lokalisatoren registriert

durch die Röntgen-CT in Form von Hounsfield-Zahlen (HU) bestimmt werden. Aufgrund der relativ flachen Dosisgradienten in konventionellen MV-Strahlen (jenseits des Dosisaufbaus) sind die Genauigkeitsanforderungen an die HU-Zahlen relativ gering, so dass unterschiedliche Bildgebungsprotokolle oder auch Kontrastmittel keinen merklichen Einfluss auf die Genauigkeit der Dosisberechnung haben. Für die Ionentherapie mit den stärkeren Dosisgradienten sind diese Effekte jedoch zu berücksichtigen. Daher sind in diesem Fall eine entsprechende Qualitätssicherung der CT sowie die Verwendung von nativen CT-Daten zur Therapieplanung der Standard.

MRT-Daten sind nicht direkt mit der Elektronendichte korreliert und können daher nicht ohne Weiteres zur Dosisberechnung verwendet werden. Da derzeit ein starkes Interesse an der MR-geführten Planung besteht, wird jedoch an Algorithmen gearbeitet, welche eine Konversion der MRT-Daten in Elektronendichte ermöglichen. Diese basieren entweder auf einer multi-parametrischen Bildgebung, d. h. unterschiedlichen MR-Sequenzen, welche empirisch mit der Elektronendichte korre-

liert werden. Oder man nutzt atlasbasierte Verfahren, um verschiedenen Organen Elektronendichten zuzuweisen [1, 7, 30].

23.3   Bildgebung zur Kontrolle vor der Therapie

Eine genaue Positionierung des Patienten am Therapiebeschleuniger ist eine weitere Grundvoraussetzung für eine genaue Behandlung. Hierfür wird heute üblicherweise eine CT-Simulation verwendet, bei welcher der Patient mit den gleichen Lagerungshilfen, die auch für die Therapie zum Einsatz kommen, im CT untersucht wird. Der im CT festgelegte Zielpunkt wird durch ein Lasersystem auf dem Patienten sichtbar gemacht und mit Hautmarken markiert. Am Bestrahlungsgerät kann der Patient dann anhand der Hautmarken mit Hilfe eines weiteren Lasersystems positioniert werden.

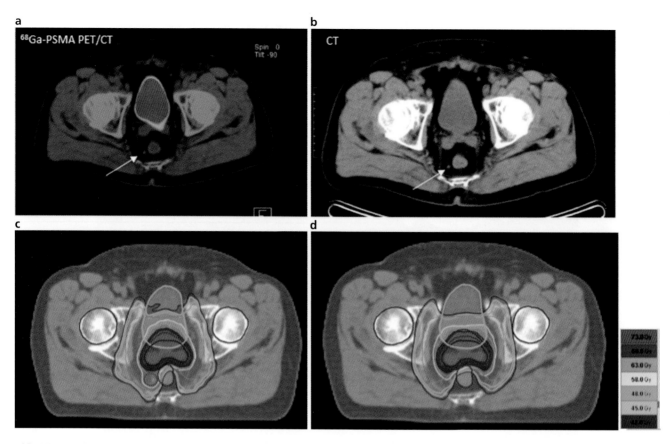

Abb. 23.2 Rezidivierendes Prostatakarzinom (intermediate-risk) (aus: [34]). Das PSMA PET/CT mit dem sichtbaren pathologischen präsakralen Lymphknoten (**a**), welcher im CT unscheinbar war (**b**). In der IMRT-Planung wurde der Lymphknoten durch einen integrierten simultanen Dosisboost einbezogen (**c**). In **d** ist der Therapieplan ohne die Information aus dem PET zu sehen

23.3.1 Lagerungskontrolle mittels Röntgenstrahlen

Bereits sehr früh wurde begonnen, die Position des Patienten in zwei Ebenen in der Behandlungsposition mit Hilfe von planaren Röntgensystemen, zu verifizieren. Derartige Röntgensysteme wurden etwa ab 1958 zusammen mit einem Kobalt-Bestrahlungsgerät am Princess Margaret Hospital (Ontario Cancer Center, Kanada) eingesetzt [15] und waren aufgrund der erhöhten Genauigkeitsanforderungen auch bei den ersten Bestrahlungen mit Ionenstrahlen in Berkeley Standard [35]. Die Lagerungskontrolle mit planaren Röntgensystemen erlaubt es jedoch im Wesentlichen nur die knöcherne Anatomie gut darzustellen und entsprechende Lagerungskorrekturen vorzunehmen. Bewegungen des Tumors selbst oder der Organverschiebungen im Bauchraum oder Becken relativ zu den knöchernen Strukturen sind damit nicht direkt darstellbar.

Mit Hilfe von Metallmarkern, welche nahe dem Tumor implantiert werden, können jedoch die planaren kV-Bilder zur genauen Verfolgung der Bewegungen der Marker verwendet werden. Auf Basis eines derartigen Systems arbeitet etwa das sogenannte Cyberknife (s. Abb. 23.6), bei welchem die Bewegung der implantierten Marker durch ein Röntgensystem räumlich erfasst wird. Die Bestrahlung wird dann auf Grundlage der so erfass-

ten Bewegung durch eine direkte Nachführung des Robotergesteuerten Linearbeschleunigers korrigiert und der Einfluss der Bewegung auf diese Weise kompensiert. Der Einsatz dieses System ist jedoch auf Situationen beschränkt, bei denen die Marker-Bewegung gut mit der Tumorbewegung korreliert und insbesondere keine starke Deformation zu beobachten ist.

Erst ab der Jahrtausendwende wurde die bildgeführte Strahlentherapie (IGRT) etabliert, bei der nicht nur eine Lagerungskorrektur ausgeführt wird, sondern in der Behandlungsposition eine volumetrische Bildgebung durchgeführt wird, um auch interne Organverschiebungen zu beobachten und ggf. die Bestrahlung entsprechend zu korrigieren.

23.3.2 Monitoring interfraktioneller Bewegung

23.3.2.1 Megavolt-CT-Bildgebung

Für die IGRT kommen heute fast ausschließlich Röntgensysteme zum Einsatz. Das erste integrierte System zur Bildgebung und Bestrahlung ist das Tomotherapie-Gerät (seit 2002), bei welchem der 4-MV-Therapiestrahl wie in einem CT um den Patienten rotiert, während der Tisch kontinuierlich fährt. Damit

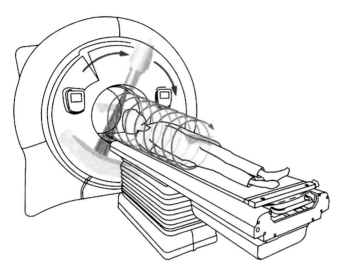

Abb. 23.3 Prinzip der helikalen Therapie oder Tomotherapie der Firma Accuray Inc. Der Linearbeschleuniger rotiert kontinuierlich um den Patienten, während dieser durch das Gerät bewegt wird. Die MV-Strahlung kann vor der Behandlung zur Bildgebung verwendet werden. © Accuray Incorporated. Nachdruck mit freundlicher Genehmigung

kann neben einer helikalen Therapie (s. Abb. 23.3) eine MV-CT-Bildgebung in Behandlungsposition erfolgen. Da die MV-CT jedoch, gegenüber kV, ein schlechteres Signal-Rausch-Verhältnis liefert und die räumliche Auflösung limitiert ist (ca. 3–5 mm), wird zur Therapieplanung meist weiterhin ein konventionelles kV-Planungs-CT verwendet. Auch ist die Dosisbelastung bei MV-CT deutlich höher (ca. 100 mSv für eine Schädel-Aufnahme), so dass vor der Therapie meist nur eine oder wenige Schichten des MV-CT im Bereich des Zielpunktes z. B. zur wöchentlichen Kontrolle angefertigt werden. Die Bilder eignen sich jedoch in manchen Fällen auch für eine langsame Adaption des Zielvolumens, wie etwa für Lungentumoren [25].

Ähnlich der Tomotherapie wurde in den 1990er-Jahren auch begonnen, die MV-Strahlung des Beschleunigers direkt für die MV-Bildgebung einzusetzen. Da in diesem Fall jedoch keine Kollimation des Strahles auf eine Fächergeometrie stattfindet, hat man es mit einer Kegelstrahl-Geometrie zu tun (MV Cone Beam CT oder MV-CBCT). Diese hat den zusätzlichen Nachteil, dass die Bilder einen erheblich höheren Streuanteil aufweisen.

23.3.2.2 Kilovolt-CT-Bildgebung

Eine Sonderlösung stellt sicher die Lösung dar, ein CT direkt im Behandlungsraum zu installieren und für die Bildgebung den Behandlungstisch zu verwenden. Hierfür wird dann das CT auf Schienen über den Tisch gefahren (CT-on-rails). Es bietet den Vorteil diagnostischer Bildqualität und niedriger Dosis, hat jedoch den Nachteil, dass der Patient auf dem Tisch aus der Behandlungsposition herausbewegt werden muss und keine Bildgebung direkt während der Therapie stattfinden kann. Das Verfahren wurde erstmals 1996 in Japan etabliert und ist mittlerweile kommerziell erhältlich [38]. Auch in der Protonentherapie wurden bereits Systeme mit einem CT im Behandlungsraum

installiert, wie z. B. am HIMAC (Chiba, Japan) [14], ATREP (Trento, Italien), PSI (Villigen, Schweiz) und Oncoray (Dresden).

Aufgrund der Limitationen der MV-CT wurden, ebenfalls in den 1990er-Jahren, separate Röntgensysteme und Flachbilddetektoren für die kV-Bildgebung am Beschleuniger entwickelt, welche erstmals 2002 eingesetzt wurden [12]. Diese Systeme sind direkt an der Gantry montiert und erlauben durch Gantry-Rotation ebenfalls die Aufnahme von Kegelstrahl-CTs (kV-CBCT). Gantry-montierte Systeme sind heute Standard bei den modernen Bestrahlungseinheiten. Für einen Vergleich verschiedener Systeme siehe [33]. Die kV-Systeme können viel effektiver eingesetzt werden als die MV-Bildgebung, da sie mit einer erheblich kleineren Dosisbelastung verbunden sind. Der Nachteil der Kegelstrahlgeometrie bleibt jedoch bestehen. Außerdem ist das Aufnahmevolumen (Field of View, FoV) aufgrund der Größe der Flachbilddetektoren begrenzt.

In den letzten Jahren wurden auch die Rekonstruktionsalgorithmen konsequent weiterentwickelt, so dass heute auch bei bewegten Tumoren CBCT-Aufnahmen, z. B. in einzelnen Atemphasen, bei guter Qualität gewonnen werden können. Diese finden beispielsweise Einsatz zur Kontrolle der Bestrahlungsparameter (ITV oder Gatingparameter) vor oder während der Therapie. In Abb. 23.4 sind Aufnahmen aus verschiedenen Systemen gegenübergestellt, welche die Bildqualität verdeutlichen.

Eine weitere wichtige Anwendung der kV-CBCT ist die Nutzung der Bilder zur Berechnung der tatsächlich in jeder Fraktion applizierten Dosis. Um dies zu ermöglichen, ist es jedoch notwendig die Hounsfieldwerte der CBCT mit der Elektronendichte zu korrelieren und die geometrische Genauigkeit der Bilder genau zu kennen. Hierfür sind eine Reihe zusätzlicher Maßnahmen zur Qualitätssicherung erforderlich. Außerdem muss das CBCT meist durch Daten aus dem Planungs-CT ergänzt werden, da aufgrund des limitierten FoV meist nicht das gesamte Patientenvolumen erfasst werden kann. Eine andere Möglichkeit ist die elastische Registrierung der CBCT-Bilder mit dem Planungs-CT, um dort die Dosisberechnung durchzuführen [20].

Die kV-CBCT kann auch zur zeitaufgelösten Bildgebung eingesetzt werden, um in Echtzeit beispielsweise die Bewegung eines Lungentumors zu verfolgen. Um eine schnellere Bildgebung zu erlauben und die Dosisbelastung zu reduzieren werden hierfür nur wenige Bilder aufgenommen. Diese können jedoch mit einem vorher aufgenommenen vollständigen 4D-CT oder 4D-CBCT korreliert und damit die Atemphase bestimmt werden.

Während die Verfügbarkeit von kV-CBCT bereits seit einigen Jahren zum Standard moderner Linearbeschleuniger gehört, sind diese Systeme erst seit Kurzem auch in der Protonentherapie kommerziell erhältlich. In diesem Fall ist die Qualität der Bilder für die Dosisberechnung noch wichtiger. In Abb. 23.5 ist ein Beispiel einer Dosisberechnung anhand der im CBCT generierten Daten für die Protonentherapie zu sehen.

23.3.2.3 MR-Bildgebung

Da die MRT einen hervorragenden Weichteilkontrast bietet und andererseits ohne Strahlenbelastung auskommt, bietet sie

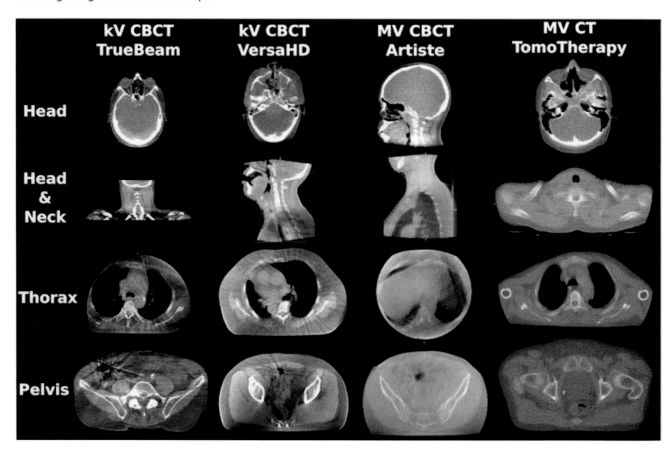

Abb. 23.4 Bildqualität in der IGRT. Zu sehen sind Aufnahmen mit kV-Bildgebungssystemem zweier unterschiedlicher Hersteller. (erste und zweite Spalte) bzw. zweier MV-Bildgebungssysteme (dritte und vierte Spalte) für verschiedene Körperregionen (Reihen von *oben* nach *unten*: Kopf, Kopf-Hals, Thorax und Becken). (Abb. aus [5]; zur Verfügung gestellt unter den Bedingungen der Creative Commons Attribution License; Quelle: https://doi.org/10.1120/jacmp.v17i2.6040. Zugegriffen: 30.07.2018)

hervorragende Voraussetzungen für die Bildgebung vor der Therapie. Aufgrund des Störeinflusses des starken Magnetfeldes und der Hochfrequenzfelder der MRT auf den Betrieb eines Linearbeschleunigers ist die Installation eines MRT im Behandlungsraum sehr aufwendig und technisch komplex. Daher wurde diese Kombination bislang nicht realisiert, sondern stattdessen direkt an der Entwicklung von echten Hybridgeräten gearbeitet (Abschn. 23.4).

Als Alternative wurden sogenannte Shuttlesysteme entwickelt, mit denen der Patient in Behandlungsposition vom MRT zum Linearbeschleuniger gefahren werden kann [4]. Diese Lösung erfordert MRT-kompatible Komponenten für das Shuttlesystem und die Lagerungshilfen sowie die Entwicklung spezieller MR-Körperspulen. Der große Nachteil dieser Lösung ist, dass eine Bewegung des Patienten während der Fahrt nicht auszuschließen ist. Dennoch erlauben die Systeme die Beobachtung von Veränderungen des Tumors sowie Organverschiebungen und prinzipiell eine Adaption der darauffolgenden Therapie. Neben rein morphologischen Veränderungen können auch funktionelle MR-Daten in die Planadaption einfließen. So wurde bereits für unterschiedliche Tumoren gezeigt, dass die funktionelle MRI möglicherweise als prognostischer Faktor einge-

setzt werden kann [3, 11]. Diese Information könnte genutzt werden, um die Strahlentherapie an die individuelle Situation des Patienten anzupassen. Außerdem können mit den Shuttle-basierten Systemen wertvolle Erfahrungen gesammelt werden, welche für die Anwendung von Hybridsystemen wertvoll sind.

Einen anderen Weg beschreitet die Realisierung eines fahrbaren MRs (MR-on-rails), bei welchem das MR an der Decke in den Behandlungsraum fährt und eine Bildgebung des Patienten in der Behandlungsposition ermöglicht [13]. Aufgrund der aufwendigen technischen Realisierung hat sich dieses Verfahren jedoch nicht durchgesetzt.

Die MRT spielt auch eine zunehmend wichtige Rolle bei der Therapie bewegter Tumoren, wenn zeitaufgelöste dreidimensionale Bildgebung erforderlich ist, um die Bewegung eines Tumors darzustellen. Mit der 4D-MRT lassen sich wiederholte Aufnahmen des Patienten anfertigen, um die Bewegungsmuster des Tumors auch über einen längeren Zeitraum zu untersuchen. Diese Daten können genutzt werden, um etwa einen sinnvollen Sicherheitssaum für einen bewegten Tumor zu definieren oder auch um die geeigneten Atemphasen für eine atemgesteuerte Bestrahlung zu definieren [9].

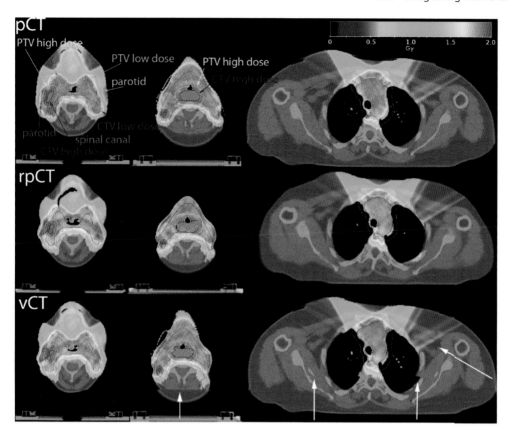

Abb. 23.5 Beispiel einer Dosisberechnung für die Protonentherapie anhand von CBCT-Daten. Gezeigt sind jeweils drei Schichten im Kopf, Hals und Thoraxbereich mit den Dosisverteilungen. *Von oben nach unten* sind zunächst die Berechnungen anhand dreier CT-Datensätze gezeigt: Planungs-CT (*oben*), Neuplanung anhand eines Kontroll-CTs, welches auf das Planungs-CT registriert wurde, und ein virtuelles CT, welches aus dem CBCT und dem Planungs-CT generiert wurde (2 Tage Abstand zum CBCT). Die *Pfeile* markieren die Stellen, wo die Daten des CBCT mit denen des Planungs-CT ergänzt wurden. Abbildung aus [20]

23.4 Bildgebung während der Therapie

Die oben beschriebenen Systeme zielen im Wesentlichen darauf ab, Veränderungen im Patienten von Fraktion zu Fraktion zu beobachten und zu korrigieren. Dies ist vor allem bei nicht regelmäßigen Bewegungen des Tumors sinnvoll, wie etwa bedingt durch Peristaltik, unterschiedlicher Füllung von Rektum und Blase oder bei Veränderung des Tumors unter Therapie (Wachstum oder Remission). Auch deutliche Variationen bei der Lagerung wie etwa bei Tumoren im Kopf-Hals-Bereich können so ausgeglichen werden. Eine Kompensation von Bewegungen während der Therapie (intrafraktionell), wie etwa Darmbewegungen, oder Bewegungen, die der Atmung oder dem Herzschlag korreliert sind, ist damit in keinem Fall zu erzielen. Auch für die oben genannten meist langsameren interfraktionellen Bewegungen bleibt die Unsicherheit, dass der Tumor sich zwischen der Bildgebung und der Therapie noch verändert. Daher ist eine durchgehende Überwachung der Bewegung auch während der Bestrahlung wünschenswert. Aufgrund der Dosisbelastung sind die röntgenbasierten Systeme in dieser Hinsicht weniger geeignet als Verfahren, die ohne ionisierende Strahlung auskommen.

Röntgenverfahren und Portal Imaging

Die Bildgebung während der Therapie ist mit den bislang verbreiteten Gantry-basierten CBCT-Röntgensystemen auf die Möglichkeit von Kontrollaufnahmen bei kurzer Unterbrechung der Therapie beschränkt. Eine Sonderstellung nimmt die Fluoroskopie bei Lungentumoren ein, da hier auch bei wenig kontrastreichen Bildern die atembedingte Bewegung des Tumors sicher erkannt werden kann. Somit lässt sich z. B. eine atemgesteuerte Bestrahlung (Gating) realisieren [38]. Dieses Verfahren wird heute auch bei der Kohlenstoffionentherapie der Lunge verwendet [23, 29]. Eine Sonderstellung nimmt hier auch das Cyberknife (Abb. 23.6) ein, bei dem regelmäßig Röntgenaufnahmen angefertigt werden, um die vorhergesagte mit der tatsächlichen Position der Marker abzugleichen [37].

Optische Verfahren

Optische Verfahren benutzen stereoskopische Kamerasysteme, mit denen entweder Marker auf der Oberfläche des Patienten oder Veränderungen eines auf den Patienten projizierten Gitternetzes verfolgt werden können. Dies geschieht meist mit Infrarotlicht. Das Verfolgen von Oberflächenmarkern (Tracking) entspricht prinzipiell dem Monitoring von internen Markern und ist daher der gleichen Limitation unterworfen, dass die Bewegung eines oder weniger Marker mit den dreidimensionalen

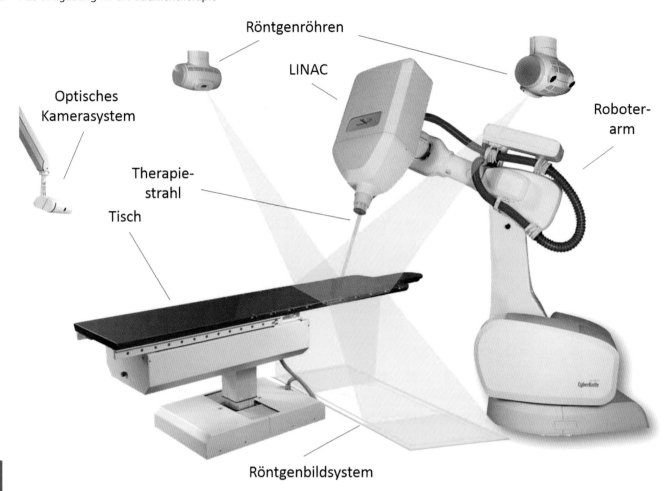

Röntgenröhren

LINAC

Optisches
Kamerasystem

Roboter-
arm

Therapie-
strahl

Tisch

Röntgenbildsystem

Abb. 23.6 Aufbau und Komponenten des Roboter-gesteuerten Linearbeschleunigers Cyberknife der Firma Accuray Inc (Quelle: Autor: Minafor-president, Titel: System for radiotherapy called "Cyberknife", Lizenz: CC BY-SA 3.0, URL: https://commons.wikimedia.org/wiki/File:Cyberknife.jpg, Zugegriffen: 15.06.2018, bearbeitet)

anatomischen Veränderungen korreliert werden muss. Sie werden vor allem für die Positionskorrektur eingesetzt [22] und können auch während der Therapie kontinuierlich die Position des Patienten überwachen.

Moderne Systeme erlauben mit der Projektionsmethode eine sehr realistische Rekonstruktion eines größeren Teils der Oberfläche des Patienten, welche erheblich mehr Informationen enthält [31]. Es kann daher von einer echten Oberflächenbildgebung gesprochen werden. Auch die Bewegung der Oberfläche muss zunächst mit der internen Bewegung verknüpft werden, was etwa im Schädel oder bei oberflächennahen Läsionen (Brust) gut möglich ist. Der wesentliche Vorteil ist, dass eine kontinuierliche Bewegungsüberwachung des Patienten ohne Strahlenbelastung möglich ist. Diese Systeme werden daher häufig z. B. zum Atemmonitoring bei Gatingverfahren eingesetzt.

Um die Korrelation von interner und externer Bewegung zu verbessern, kann zusätzlich die Oberflächeninformation mit anatomischen Daten, wie Röntgen-, CT- oder CBCT-Daten verknüpft werden. Damit kann etwa eine Vorhersage der aktuellen Tumorposition anhand vorausgegangener Bilder erzielt werden. Dieses Verfahren wird z. B. beim Cyberknife eingesetzt, um die Zahl der Röntgenaufnahmen zu reduzieren.

Ultraschall

Auch der Einsatz von Ultraschall hat den Vorteil, dass keine zusätzliche Strahlendosis anfällt und eine kontinuierliche Überwachung möglich ist. Auch der Weichteilkontrast ist in vielen Fällen besser als in der Röntgenbildgebung. Ultraschall ist jedoch auf bestimmte Körperregionen, wie etwa im Abdomen (z. B. für die Prostata- oder Leberbehandlung) oder in der Brust, beschränkt [2, 17]. Eine weitere Beschränkung ist, dass die Handhabung von Ultrasachallköpfen normalerweise direkt durch einen Radiologen erfolgt. Dies beschränkt die Anwendung für die Radiotherapie zunächst auf die Bildgebung vor der Therapie, bzw. auf starr montierte Systeme. Es sind jedoch auch robotergestützte Systeme in der Erprobung, die eine Bildgebung mittels Ultraschall auch während der Therapie im Behandlungsraum ermöglichen [28]. Wichtig ist zudem, dass die Position des Schallkopfes relativ zum Patienten bekannt sein muss, um die Bilder registrieren zu können. Dies geschieht meist mit optischen Trackingverfahren [22]. Ein Problem bei der Bildregistrierung ist noch die geometrische Verzerrung der Bilder im Ultraschall.

In Abb. 23.7 sind US-Aufnahmen eines Prostatapatienten zu sehen, welche mit Hilfe eines robotergesteuerten Systems aufgenommen wurden [28].

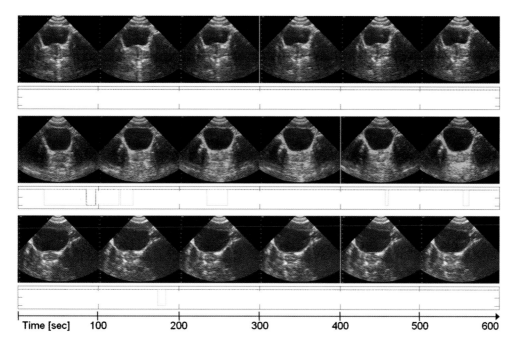

Abb. 23.7 In-vivo-Ultraschall-Bildgebung der Prostata dreier Probanden zur Erfassung der Bewegung während der Therapie mit Hilfe eines robotergesteuerten Systems als Funktion der Zeit über einen Zeitraum von etwa 10 min (aus [28]). Zu sehen ist die Blase (dunkle Struktur am *oberen Bildende*), die Prostata und dahinter das Rektum (*unterer Bildteil*) sowie die relative Bewegung der Strukturen untereinander

MR-Bildgebung

Aufgrund der Limitationen der röntgenbasierten Bildgebungssysteme im Weichteilgewebe und der mit ihnen verbundenen Dosisbelastung ist die Entwicklung einer echten MR-geführten Therapie sicher der konsequenteste Schritt hin zu einer Bildgebung in Echtzeit während der Therapie.

Aufgrund des bereits erwähnten Störeinflusses des Magnetfeldes auf den Linearbeschleuniger und der dadurch notwendigen gegenseitigen Abschirmung der Geräte bezüglich Magnetfeld und Hochfrequenzfelder ist die Entwicklung eines echten Hybridsystem technisch sehr komplex. Erste Prototypen wurden an den Universitäten in Utrecht (Niederlande) [18, 19] und Edmonton (Kanada) [8] entwickelt. Beide Systeme werden kommerziell vertrieben, sind jedoch noch nicht für die klinische Anwendung zugelassen.

Eine technisch einfachere Lösung bietet die Verwendung von Kobaltquellen, wie sie im System der Firma Viewray mit einem Niedrigfeld-MRT (0,35 T) kombiniert werden [6]. Dieses System ist seit Mitte 2015 im klinischen Einsatz. Ein Beispiel für den Einsatz dieses Systems ist in Abb. 23.8 gezeigt [24]. Dieses System wurde später mit einem Linearbeschleuniger ausgestattet und ist seit 2016 das erste kommerzielle Hybridgerät im klinischen Einsatz [36].

Unter Nutzung schneller MR-Sequenzen können einzelne Schichten des Zielvolumens im MR im Abstand von ca. 100 ms überwacht werden. Diese Systeme bieten damit erstmals die Möglichkeit einer Bewegungsüberwachung während der Therapie bei hohem Weichteilkontrast ohne Dosisbelastung. Da die klinische Nutzung erst am Anfang steht, ist das Potenzial der MR-geführten noch nicht vollständig absehbar. Es ist jedoch durchaus vorstellbar, dass die Möglichkeit einer Bewegungsüberwachung in Echtzeit durch MR einen Paradigmenwechsel in der Strahlentherapie darstellt. Bei konsequenter Entwicklung des Potenzials wäre etwa eine deutliche Reduktion des bestrahlten Normalgewebes bei bewegten Tumoren zu erwarten, was wiederum zu einer Dosiseskalation genutzt werden könnte. Auch die Erschließung neuer Indikationen für die Radiotherapie wie etwa für Nierentumoren oder die gezielte Bestrahlung einzelner Lymphknoten ist durchaus vorstellbar [32].

Aufgaben

23.1 Welche Bilddaten können heute standardmäßig für eine Dosisberechnung verwendet werden und warum?

23.2 Welche Anforderungen an die Bilddaten ergeben sich für die Erstellung eines Patientenmodells und wie werden diese durch die Modalitäten CT und MR erfüllt?

23.3 Welches sind die drei wichtigsten und am weitesten verbreiteten Methoden zur Bildgebung für die Lagerungskontrolle im Behandlungsraum an einem konventionellen Linearbeschleuniger?

23.4 Welches sind die drei wichtigsten Nachteile eines Kegelstrahl-CT im MV-Bereich im Vergleich zum kV-Bereich?

23.5 Welches ist der größte Nachteil den optische Systeme gegenüber Röntgen und anderen bildgebenden Verfahren für die Bewegungsdetektion haben?

23.6 Welches sind die beiden wichtigsten Argumente für die Einführung von Hybridgeräten zur MR-geführten Radiotherapie?

Teil IV

a

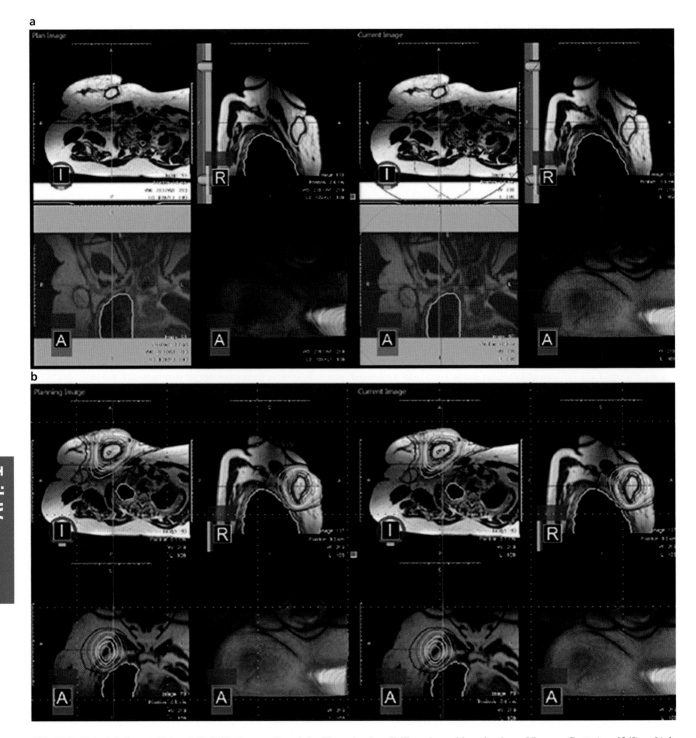

Abb. 23.8 Beispiel einer täglichen MR-Bildgebung während der Therapie einer Teilbrustbestrahlung in einem Viewray-Gerät (aus [24]). **a** *Links* ist die Bildgebung zum Planungszeitpunkt zu sehen und *rechts* eine der täglich wiederholten MR-Aufnahmen. In **b** sind *links* der Originalplan und *rechts* der durch automatisierte Konturierung und Reoptimierung erzielte tägliche IMRT-Plan zu sehen

Literatur

1. Andreasen D, Van Leemput K, Hansen RH, Andersen JA, Edmund JM (2015) Patch-based generation of a pseudo CT from conventional MRI sequences for MRI-only radiotherapy of the brain. Med Phys 42(4):1596–1605. https://doi.org/10.1118/1.4914158

2. Artignan X, Smitsmans MH, Lebesque JV, Jaffray DA, van Her M, Bartelink H (2004) Online ultrasound image guidance for radiotherapy of prostate cancer: impact of image acquisition on prostate displacement. Int J Radiat Oncol Biol Phys 59(2):595–601. https://doi.org/10.1016/j.ijrobp.2004.01.043

3. Bonekamp D, Deike K, Wiestler B, Wick W, Bendszus M, Radbruch A, Heiland S (2015) Association of overall survival in patients with newly diagnosed glioblastoma with contrast-enhanced perfusion MRI: comparison of intraindividually matched T1- and T2*-based bolus techniques. J Magn Reson Imaging 42(1):87–96

4. Bostel T, Nicolay NH, Grossmann JG, Mohr A, Delorme S, Echner G, Häring P, Debus J, Sterzing F (2014) MR-guidance – a clinical study to evaluate a shuttle-based MR-linac connection to provide MR-guided radiotherapy. Radiat Oncol 9(1):1. https://doi.org/10.1186/1748-717x-9-12

5. Held M, Cremers F, Sneed PK, Braunstein S, Fogh SE, Nakamura J, Barani I, Perez-Andujar A, Pouliot J, Morin OJ (2016) Assessment of image quality and dose calculation accuracy on kV CBCT, MV CBCT, and MV CT images for urgent palliative radiotherapy treatments. Appl Clin Med Phys 17(2): 279–290 https://doi.org/10.1120/jacmp.v17i2.6040

6. Dempsey JF, Benoit D, Fitzsimmons JR, Haghighat A, Li JG, Low DA, Mutic S, Palta JR, Romeijn HE, Sjoden GE (2005) A device for realtime 3D image-guided IMRT. Int J Radiat Oncol 63(2):202–S202. https://doi.org/10.1016/j.ijrobp.2005.07.349

7. Edmund JM, Kjer HM, Van Leemput K, Hansen RH, Andersen JAL, Andreasen D (2014) A voxel-based investigation for MRI-only radiotherapy of the brain using ultra short echo times. Phys Med Biol 59(23):7501–7519. https://doi.org/10.1088/0031-9155/59/23/7501

8. Fallone B, Carlone M, Murray B, Rathee S, Stanescu T, Steciw S, Wachowicz K, Kirkby C (2007) TU-C-M100F-01: development of a linac-MRI system for real-time ART. Med Phys 34(6):2547–2547

9. Feng M, Balter JM, Normolle D, Adusumilli S, Cao Y, Chenevert TL, Ben-Josef E (2009) Characterization of pancreatic tumor motion using cine MRI: surrogates for tumor position should be used with caution. Int J Radiat Oncol 74(3):884–891. https://doi.org/10.1016/j.ijrobp.2009.02.003

10. Grosu A-L, Sprague LD, Molls M (2006) Definition of target volume and organs at risk. Biological target volume. In: Schlegel W, Bortfeld T, Grosu A-L (Hrsg) 3D imaging for radiotherapy. New technologies in radiation oncology. Springer, Heidelberg, S 167–177

11. Intven M, Monninkhof EM, Reerink O, Philippens ME (2015) Combined T2w volumetry, DW-MRI and DCE-MRI for response assessment after neo-adjuvant chemoradiation in locally advanced rectal cancer. Acta Oncol 54(10):1729–1736. https://doi.org/10.3109/0284186X.2015.1037010

12. Jaffray DA, Siewerdsen JH, Wong JW, Martinez AA (2002) Flat-panel cone-beam computed tomography for image-guided radiation therapy. Int J Radiat Oncol Biol Phys 53(5):1337–1349

13. Jaffray DA, Carlone MC, Milosevic MF, Breen SL, Stanescu T, Rink A, Alasti H, Simeonov A, Sweitzer MC, Winter JD (2014) A Facility for Magnetic Resonance–Guided Radiation Therapy. Seminars in Radiation Oncology 24(3):193–-195

14. Kamada T, Tsujii H, Mizoe JE, Matsuoka Y, Tsuji H, Osaka Y, Minohara S, Miyahara N, Endo M, Kanai T (1999) A horizontal CT system dedicated to heavy-ion beam treatment. Radiother Oncol 50(2):235–237

15. Kim J, Meyer JL, Dawson LA (2011) Image guidance and the new practice of radiotherapy: what to know and use from a decade of investigation. IMRT, IGRT, SBRT, Bd. 43. Karger Publishers, S 196–216

16. Knopf AC, Lomax A (2013) In vivo proton range verification: a review. Phys Med Biol 58(15):R131–R160. https://doi.org/10.1088/0031-9155/58/15/R131

17. Kuban DA, Dong L, Cheung R, Strom E, De Crevoisier R (2005) Ultrasound-based localization. Seminars in radiation oncology, Bd. 3. Elsevier, New York, S 180–191

18. Lagendijk J, Raaymakers B, van der Heide U, Overweg J, Brown K, Bakker C, Raaijmakers A, Vulpen M, Welleweerd J, Jurgenliemk-Schulz I (2005) In room magnetic resonance imaging guided radiotherapy (MRIgRT). Med Phys 32(6):2067–2067. https://doi.org/10.1118/1.1998294

19. Lagendijk JJ, Raaymakers BW, Raaijmakers AJ, Overweg J, Brown KJ, Kerkhof EM, van der Put RW, Hardemark B, van Vulpen M, van der Heide UA (2008) MRI/linac integration. Radiother Oncol 86(1):25–29. https://doi.org/10.1016/j.radonc.2007.10.034

20. Landry G, Nijhuis R, Dedes G, Handrack J, Thieke C, Janssens G, de Xivry JO, Reiner M, Kamp F, Wilkens JJ, Paganelli C, Riboldi M, Baroni G, Ganswindt U, Belka C, Parodi K (2015) Investigating CT to CBCT image registration for head and neck proton therapy as a tool for daily dose recalculation. Med Phys 42(3):1354–1366. https://doi.org/10.1118/1.4908223

21. Ling CC, Yorke E, Fuks Z (2006) From IMRT to IGRT: frontierland or neverland? Radiother Oncol 78(2):119–122. https://doi.org/10.1016/j.radonc.2005.12.005

22. Meeks SL, Tomé WA, Willoughby TR, Kupelian PA, Wagner TH, Buatti JM, Bova FJ (2005) Optically guided patient positioning techniques. Seminars in radiation oncology, Bd. 3. Elsevier, S 192–201

23. Minohara S, Kanai T, Endo M, Noda K, Kanazawa M (2000) Respiratory gated irradiation system for heavy-ion radiotherapy. Int J Radiat Oncol Biol Phys 47(4):1097–1103

24. Mutic S, Dempsey JF (2014) The ViewRay system: magnetic resonance–guided and controlled radiotherapy. Seminars in radiation oncology, Bd. 3. Elsevier, S 196–199

25. Ramsey CR, Langen KM, Kupelian PA, Scaperoth DD, Meeks SL, Mahan SL, Seibert RM (2006) A technique for adaptive image-guided helical tomotherapy for lung cancer. Int J Radiat Oncol Biol Phys 64(4):1237–1244. https://doi.org/10.1016/j.ijrobp.2005.11.012

26. Schad L (2006) Magnetic resonance imaging for radiotherapy planning. In: Schlegel W, Bortfeld T, Grosu A-L (Hrsg) 3D imaging for radiotherapy. New technologies in radiation oncology. Springer, Heidelberg, S 99–111

27. Schlegel W, Bortfeld T, Grosu A-L (Hrsg) (2006) 3D imaging for radiotherapy. In: New Technologies in Radiation Oncology. Springer, Heidelberg, S 176–176

28. Schlosser J, Salisbury K, Hristov D (2010) Telerobotic system concept for real-time soft-tissue imaging during radiotherapy beam delivery. Med Phys 37(12):6357–6367. https://doi.org/10.1118/1.3515457

29. Shirato H, Shimizu S, Kunieda T, Kitamura K, van Herk M, Kagei K, Nishioka T, Hashimoto S, Fujita K, Aoyama H, Tsuchiya K, Kudo K, Miyasaka K (2000) Physical aspects of a real-time tumor-tracking system for gated radiotherapy. Int J Radiat Oncol Biol Phys 48(4):1187–1195

30. Sjolund J, Forsberg D, Andersson M, Knutsson H (2015) Generating patient specific pseudo-CT of the head from MR using atlas-based regression. Phys Med Biol 60(2):825–839. https://doi.org/10.1088/0031-9155/60/2/825

31. Spadea MF, Baroni G, Gierga DP, Turcotte JC, Chen GT, Sharp GC (2010) Evaluation and commissioning of a surface based system for respiratory sensing in 4D CT. J Appl Clin Med Phys 12(1):3288

32. Stam MK, van Vulpen M, Barendrecht MM, Zonnenberg BA, Intven M, Crijns SP, Lagendijk JJ, Raaymakers BW (2013) Kidney motion during free breathing and breath hold for MR-guided radiotherapy. Phys Med Biol 58(7):2235–2245. https://doi.org/10.1088/0031-9155/58/7/2235

33. Steinke MF, Bezak E (2008) Technological approaches to in-room CBCT imaging. Australasian Physics & Engineering Sciences in Medicine 31(3):167–179

34. Sterzing F, Kratochwil C, Fiedler H, Katayama S, Habl G, Kopka K, Afshar-Oromieh A, Debus J, Haberkorn U, Giesel FL (2016) 68Ga-PSMA-11 PET/CT: a new technique with high potential for the radiotherapeutic management of prostate cancer patients. Eur J Nucl Med Mol Imaging 43(1):34–41

35. Tobias C (1997) People and particles. San Francisco Press, San Francisco

36. Wen N, Kim J, Doemer A, Glide-Hurst C, Chetty IJ, Liu C, Laugeman E, Xhaferllari I, Kumarasiri A, Victoria J, Bellon M, Kalkanis S, Siddiqui MS, Movsas B (2018) Evaluation of a magnetic resonance guided linear accelerator for stereotactic radiosurgery treatment. Radiother Oncol 127(3):460–466

37. Winter JD, Wong R, Swaminath A, Chow T (2015) Accuracy of robotic radiosurgical liver treatment throughout the respiratory cycle. Int J Radiat Oncol Biol Phys 93(4):916–924. https://doi.org/10.1016/j.ijrobp.2015.08.031

38. Wu VW, Law MY, Star-Lack J, Cheung FW, Ling CC (2011) Technologies of image guidance and the development of advanced linear accelerator systems for radiotherapy. IMRT, IGRT, SBRT, Bd. 43. Karger Publishers, S 132–164

Bestrahlungsplanung

Mark Bangert und Peter Ziegenhein

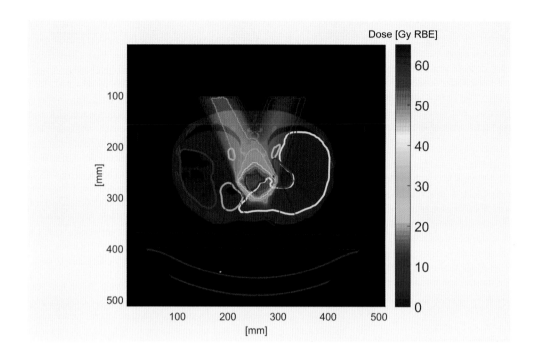

Teil IV

© Springer-Verlag GmbH Deutschland, ein Teil von Springer Nature 2018
W. Schlegel, C.P. Karger, O. Jäkel (Hrsg.), *Medizinische Physik*, https://doi.org/10.1007/978-3-662-54801-1_24

24.1 Einführung

Jeder Strahlentherapie geht ein mehrstufiger Entscheidungsprozess – die Bestrahlungsplanung – voraus, um eine ideale Behandlung für jeden einzelnen Patienten zu gewährleisten.

Das Ziel einer Bestrahlung ist die Applikation einer ausreichenden Strahlendosis im Tumorgewebe, um eine kurative oder palliative Behandlung zu ermöglichen. Leider geht eine Bestrahlung des Tumorgewebes immer mit einer Bestrahlung von Normalgewebe einher. Somit werden sowohl innerhalb als auch außerhalb des Zielvolumens Strahlenschäden erzeugt. Während einer Bestrahlungsplanung wird für einen individuellen Patienten ein Bestrahlungsplan generiert, der eine adäquate Bestrahlung des Zielvolumens bei möglichst minimaler Belastung des Normalgewebes ermöglicht.

Ein wichtiger Baustein für die Entwicklung moderner Bestrahlungsplanungsverfahren war die Einführung klinischer Computertomographen in den 1970er-Jahren. Erst mit transversalen Schnittbildern der dreidimensionalen Patientenanatomie ist eine präzise Dosisabschätzung für individuelle Patienten möglich. Die Bestrahlungsplanung ist stark computergestützt und hat – neben der Entwicklung von bildgebenden Verfahren – in den vergangenen 20–30 Jahren enorm von der technischen Weiterentwicklung der Hardware und den damit einhergehenden konzeptionellen Erweiterungen der Bestrahlungsplanungssoftware profitiert. Immer leistungsfähigere Arbeitsplatzrechner haben es ermöglicht, dass heutzutage eine dreidimensionale Planung basierend auf tomographischen Aufnahmen individueller Patienten dem klinischen Standard entspricht. Die Einführung der intensitätsmodulierten Strahlentherapie (IMRT) in den 1990er-Jahren hat eine immer weitergehende Automatisierung der Bestrahlungsplanung ebenfalls vorangetrieben. Während für die konformale Strahlentherapie eine iterative Vorwärtsplanung in einem überschaubaren Zeitrahmen möglich ist, bedingt IMRT eine computergestützte inverse Planung für die Bestimmung der Strahlungsfluenzen. Dadurch halten neben Konzepten der automatischen Datenverarbeitung auch immer mehr Methoden der mathematischen Optimierung Einzug in der Bestrahlungsplanung.

Aus Sicht der Bestrahlungsplanung lässt sich der Ablauf einer Strahlentherapie grob in sechs Abschnitte gliedern.

1. Bildgebung
2. Segmentierung und Bestimmung des Zielvolumens
3. Festlegung der Bestrahlungstechnik
4. Dosisberechnung
5. Planevaluation und Dosisoptimierung
6. Bestrahlung

Nach einer Therapieentscheidung für eine adjuvante oder alleinige Strahlentherapie werden zuerst dreidimensionale computertomographische Aufnahmen der Patientengeometrie für die Planung erstellt. Gegebenenfalls werden zusätzlich magnetresonanztomographische Aufnahmen, eine Positronen-Emissions-Tomographie oder weitere bildgebende Verfahren herangezogen. Auf diesen Datensätzen werden im nächsten Schritt Zielvolumina und weitere für die Behandlung relevante Risikoorgane

bestimmt. Auf die Festlegung der Bestrahlungstechnik folgt eine Dosisberechnung, um den Transport und die Absorption der Strahlung innerhalb des Patienten zu simulieren. Die resultierende Dosisverteilung wird im Rahmen der inversen Planung nach klinischer Maßgabe optimiert und an Hand von verschiedenen Qualitätsindikatoren evaluiert. Erst nachdem ein klinisch akzeptabler Bestrahlungsplan generiert wurde, kann die eigentliche Bestrahlung beginnen.

In diesem Kapitel möchten wir einen umfassenden und aktuellen Überblick der Bestrahlungsplanung geben. Die Gliederung des Kapitels orientiert sich an der oben beschriebenen Abfolge der Bestrahlungsplanung. Dafür gehen wir in Abschn. 24.2 im Detail auf die Segmentierung und die Bestimmung des Zielvolumens ein. Die Festlegung der Bestrahlungstechnik und die Auswahl von Einstrahlrichtungen werden in Abschn. 24.3 näher erläutert. In Abschn. 24.4 werden verschiedene Dosisberechnungsalgorithmen vorgestellt. Gebräuchliche Qualitätsindikatoren für die klinische Evaluation von Dosisteilungen werden in Abschn. 24.5 eingeführt und das Konzept der Dosisoptimierung wird in Abschn. 24.6 erklärt. Auf das Konzept der Vorwärtsplanung für konformale Strahlentherapie gehen wir nicht ein. Interessierte Leserinnen und Leser verweisen wir auf die Erstausgabe dieses Lehrbuchs, wo die Konzepte zur Vorwärtsplanung im Detail eingeführt werden ([5], Kapitel 14).

Die Bildgebung für die Strahlentherapie wird in einem eigenständigen Kap. 23 behandelt; die eigentliche Bestrahlung inklusive Patientenimmobilisierung, Positionierung und Qualitätssicherung wird in den eigenständigen Kap. 25, 26 und 28 genauer erläutert.

24.2 Segmentierung und Bestimmung des Zielvolumens

Der wohl wichtigste Schritt während der Bestrahlungsplanung ist die Entscheidung, welches Gewebe mit welcher Dosis bestrahlt werden soll – und welches Gewebe nicht. Grundlage für diese Entscheidung ist eine Segmentierung der Patientenanatomie, d. h. die Definition aller relevanten Strukturen auf Basis von Bilddaten für die Bestrahlungsplanung. Das umfasst sowohl Zielvolumina als auch Organe, die im Verlauf der Therapie durch Strahlung belastet werden.

Eine Segmentierung beruht auf bildgebenden Verfahren wie der Computertomographie (CT), der Magnetresonanztomographie (MR) oder der Positronen-Emissions-Tomographie (PET). Je nach Tumor- und Gewebeart sind die zu segmentierenden Strukturen mehr oder weniger deutlich zu erkennen. Wie in Abb. 24.1 ersichtlich, erfolgt die Definition der Zielvolumina und anderer anatomischer Strukturen meist noch durch manuelles Einzeichnen auf transversalen Schnittbildern und nur eingeschränkt mit automatisierten Verfahren. Durch die Segmentierung ergibt sich eine Zuweisung einzelner Bildpunkte innerhalb der dreidimensionalen Aufnahme, sogenannter Voxel, zu einer oder im Fall überlappender Konturen mehrerer Strukturen.

Teil IV

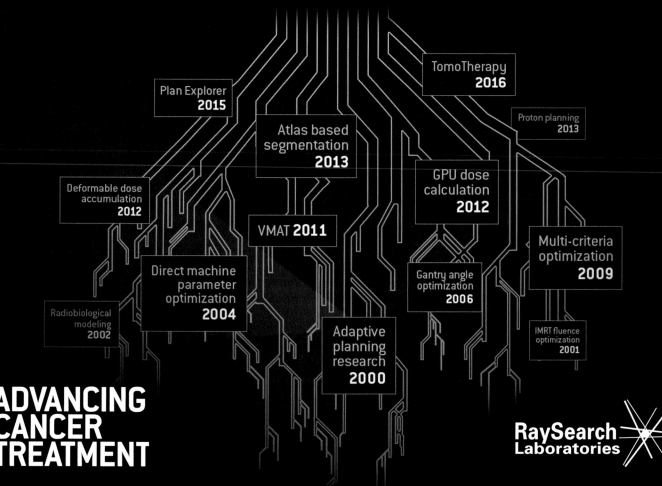

Subject to regulatory clearance in some markets

Monte Carlo for all modalities

Online adaptive

Digital workflows

Dynamic resource allocation

Personalized dose prediction

Additional treatment machines

Surgery planning

Chemo planning

Deep learning segmentation

Dynamic target tracking

RayStation

DEEPLY ROOTED AND FUTURE PROOF

TomoTherapy
2016

Plan Explorer
2015

Proton planning
2013

Atlas based segmentation
2013

Deformable dose accumulation
2012

GPU dose calculation
2012

VMAT **2011**

Multi-criteria optimization
2009

Direct machine parameter optimization
2004

Gantry angle optimization
2006

Radiobiological modeling
2002

Adaptive planning research
2000

IMRT fluence optimization
2001

ADVANCING CANCER TREATMENT

RaySearch
Laboratories

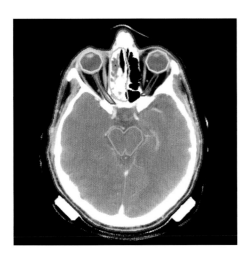

Abb. 24.1 Transversale CT-Aufnahme und Segmentierung des Zielvolumens (*cyan*), des Hirnstamms (*grün*), der optischen Nerven (*magenta*), der Augen (*gelb*) und der Patientenoberfläche (*blau*)

24.2.1 Bestimmung der Zielvolumina

Die Definition der Zielvolumina ist eine der wichtigsten Entscheidungen während der gesamten Bestrahlungsplanung. Werden bestimmte Tumorareale nicht als solche erkannt und segmentiert, dann resultiert normalerweise eine Unterdosierung eben dieser Volumina und somit eine Reduzierung der Tumorkontrollwahrscheinlichkeit. Wird gesundes Gewebe fälschlicherweise als Tumorgewebe klassifiziert, dann resultiert dies in einer vermeidbaren Dosisbelastung im Normalgewebe, was wiederum Nebenwirkungen begünstigen kann.

Normalerweise werden Zielvolumina auf CT-Bildern definiert. Für einen besseren Weichteilkontrast können darüber hinaus MR-Aufnahmen herangezogen werden. Da die Dosisberechnung (Abschn. 24.4) jedoch auf CT-Aufnahmen basiert, ist hierfür zuerst eine Bildregistrierung (Abschn. 24.2.5) notwendig. Heutzutage werden auch immer häufiger PET-Aufnahmen herangezogen, um metabolische Prozesse für die Zielvolumendefinition zu visualisieren. So kann man z. B. Tumorareale mit besonders ausgeprägtem Glukosestoffwechsel mittels einer Fluordesoxyglokuse(FDG)-PET sichtbar machen, hypoxische Subvolumina lassen sich mittels einer Fluor-Misonidazole(FMISO)-PET visualisieren. Leider entziehen sich die gewonnenen Bilddaten einer exakten quantitativen Auswertung und lassen sich oftmals nur qualitativ, z. B. zur Bestimmung von Boostvolumina, verwerten.

Für die intensitätsmodulierte Strahlentherapie mit Photonen (IMRT) definiert Report 83 der International Commission on Radiation Units and Measurements [14] eine standardisierte hierarchische Zielvolumendefinition. Eine detaillierte Wiedergabe der Empfehlungen würde deutlich über den Rahmen dieses Kapitels hinausgehen. An dieser Stelle werden wir deshalb nur eine kurze Übersicht präsentieren. Abb. 24.2 visualisiert die dabei verwendete Nomenklatur.

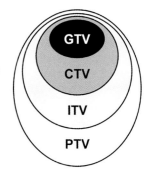

Abb. 24.2 Hierarchische Zielvolumendefinition und relative Beziehung von Gross Target Volume (GTV), Clinical Target Volume (CTV), Internal Target Volume (ITV) und Planning Target Volume (PTV)

Als Gross Target Volume (GTV) bezeichnet man das Volumen, welches sich aufgrund radiologischer oder klinischer Untersuchungen eindeutig vom Normalgewebe abgrenzen lässt. Hierbei wird zwischen GTV-T für den Primärtumor und – falls vorliegend – GVT-N für befallene Lymphknoten sowie GTV-M für Metastasen unterschieden. Bereits die Konturierung des GTV auf transversalen CT- oder MR- Schnittbildern ist nicht trivial, da sich die Tumormasse nicht immer eindeutig vom Normalgewebe aufgrund unterschiedlicher Grauwertcharakteristika in CT und MR abgrenzen lässt.

Das Clinical Target Volume (CTV) umfasst das GTV und davon ausgehende mikroskopische Tumorinfiltrationen von Normalgewebe, die sich nicht auf den bildgebenden Verfahren wiederfinden. Bei der Definition des CTV fließen klinische Erfahrungswerte ein, z. B. über die vorherrschende Ausbreitungsrichtung der Infiltration. Insofern bedeutet die Definition des CTV nicht eine einheitliche Expansion des GTV in alle Raumrichtungen. Der Therapeut hat hier explizit die Möglichkeit, Vorkenntnisse in die Therapieentscheidung, welches Gewebe bestrahlt werden soll, mit einfließen zu lassen.

Die Definition aller Volumina basiert üblicherweise ausschließlich auf einer einzelnen CT- oder MR-Aufnahme der Patientenanatomie, die vor dem Beginn der Bestrahlung aufgenommen wurde. Aufgrund physiologischer und physikalisch-technischer Unsicherheiten kann sich die Patientenanatomie und die relative Lage des Patienten zum Bestrahlungsgerät zwischen der Bildakquise für die Planung und der eigentlichen Bestrahlung stark verändert haben. Um diesem Sachverhalt Rechnung zu tragen, beinhaltet die Zielvolumendefinition nach [14] zwei weitere Strukturen.

Das Internal Target Volume (ITV) beinhaltet das CTV und berücksichtigt potenzielle Unsicherheiten, die auf interne Bewegungen der Patientenanatomie zurückzuführen sind. Hiermit möchte man also klassische inter- und intrafraktionelle Bewegungsphänomene durch Atmung, Pulsschlag und/oder variierende Füllung von Organen kompensieren.

Das Planning Target Volume (PTV) umfasst das ITV zuzüglich eines Sicherheitssaums, der Unsicherheiten bei der Patientenimmobilisierung und der Ausrichtung des Bestrahlungsgeräts ausgleichen soll. Oftmals wird auf eine separate Definition des ITV verzichtet und der Einfluss von internen Bewegungen ebenfalls für die Definition des PTV berücksichtigt.

Teil IV

Die genaue Größe der Sicherheitssäume hängt von verschiedenen Faktoren ab. Für die Definition des ITV muss die zu erwartende Bewegungsamplitude abgeschätzt werden. Für die Definition des PTV benötigt man Informationen über die Schwankungen bei der Patientenimmobilisierung und die Genauigkeit der Strahlapplikation.

Beides variiert unter anderem mit der Indikation, der Bestrahlungstechnik und der Bildgebung. Zum Beispiel hängt die zu erwartende Bewegung der Prostata davon ab, ob während der Bestrahlung ein rektaler Ballon verwendet wurde; eine Immobilisierung im Abdominalbereich ist ungenauer als im Schädel; und das Ausrichten das Patienten basierend auf einem Online-CT ist präziser als die Verwendung von Lasern.

Darüber hinaus ist zwischen stochastischen und systematischen Unsicherheiten zu unterscheiden bei der Definition eines geeigneten Sicherheitssaums [12]. Während sich systematische Unsicherheiten („Treatment Preparation Errors") in jeder Fraktion gleich manifestieren, gleicht sich der Einfluss von stochastischen Unsicherheiten („Treatment Execution Errors") stärker aus.

Die Sicherheitssäume von ITV und PTV um das ursprünglich zu bestrahlende CTV führen zu einer signifikanten Volumenerweiterung des zu bestrahlenden Gewebes. So bedeutet z. B. die überschaubare Erweiterung eines kugelförmigen CTVs mit Radius 3 cm (entspricht einem CTV Volumen von 113 cm^3) um einen Sicherheitssaum von 0, 3 cm eine Volumenzunahme von über 30 %. Dieser enorme Volumenzuwachs ist Hauptmotivation für immer konformalere Bestrahlungstechniken.

24.2.2 Segmentierung von Normalgewebe

Neben den Tumorvolumina werden für die Bestrahlungsplanung ebenfalls verschiedene Normalgewebe und Risikoorgane segmentiert. Hierbei beschränkt man sich üblicherweise auf Organe und Strukturen, die einer Bestrahlung ausgesetzt sind und in denen somit unmittelbar Nebenwirkungen induziert werden können. Für die Bestrahlung einer Prostata sind z. B. insbesondere Rektum und Blase von Interesse, für intrakranielle Bestrahlungen der Hirnstamm und die optischen Strukturen, wie in Abb. 24.1 zu sehen.

Nach dem Vorbild von ITV und PTV bei der Definition von Zielvolumina gibt es für die Segmentierung von Risikoorganen das Konzept eines Planning Organ at Risk Volume (PRV). Hierbei erweitert das PRV das Risikoorgan um einen Sicherheitssaum, um interne und externe Unsicherheiten zu modellieren.

Eine Segmentierung erlaubt während der Bestrahlungsplanung eine statistische Evaluation der Dosisverteilung innerhalb der segmentierten Strukturen. Somit können verschiedene mathematische Kenngrößen wie die mittlere oder maximale Dosis innerhalb einer Struktur oder komplexere Modelle zur Vorhersage von Nebenwirkungen zur Bewertung und Optimierung von Bestrahlungsplänen herangezogen werden, wie in Abschn. 24.5 eingehend diskutiert.

24.2.3 Unsicherheiten

Die Segmentierung einzelner Strukturen kann mit erheblicher Unsicherheit verbunden sein. Während sich manche anatomischen Strukturen eindeutig mit bildgebenden Verfahren lokalisieren lassen, sind andere Strukturen nur schwer abzugrenzen. Dadurch ergibt sich eine gewisse Variabilität bei der Segmentierung. Offensichtlich werden verschiedene Therapeuten dieselbe Struktur unterschiedlich definieren, aber auch derselbe Therapeut wird bei einer erneuten Vorlage der Bilddaten zu einer unterschiedlichen Segmentierung kommen. Die resultierende Inter- und Intra-Observer-Variabilität tritt bereits bei der Definition des GTV auf und verstärkt sich bei der Definition des CTV, die sehr stark von der klinischen Erfahrung des Therapeuten abhängt [29].

Darüber hinaus ist es schwierig bis unmöglich, den idealen Sicherheitssaum für das ITV und PTV für individuelle Patienten zu bestimmen. Da sich Bewegung und Unsicherheiten bei der Immobilisierung nur empirisch abschätzen lassen, kommen häufig generische Sicherheitssäume [12] zur Anwendung.

Die Lösungsansätze, um diese Unsicherheiten zu minimieren, beinhalten die Kombination von verschiedenen bildgebenden Verfahren wie PET/CT und PET/MR sowie die Standardisierung der Volumendefinition durch gezielte Schulung der Therapeuten [22]. Techniken der bildgeführten und adaptiven Strahlentherapie (IGRT und ART) erlauben eine generelle Reduktion von ITV und PTV, wie in den Abschn. 26.5 und Abschn. 26.6 diskutiert.

Grundsätzlich ist es fragwürdig, ob eine binäre Zuweisung einzelner Volumenelemente wirklich sinnvoll ist. Letztlich wird es immer Bereiche geben, die sich aufgrund der Datenlage nicht eindeutig als Tumorgewebe oder Normalgewebe klassifizieren lassen. Wahrscheinlichkeitstheoretische Konzepte für die Volumendefinition haben auf diesem Niveau jedoch noch nicht den Weg in den klinischen Alltag gefunden.

24.2.4 Autosegmentierung

Heutzutage finden auch immer häufiger automatische Segmentierungsalgorithmen Anwendung in der Bestrahlungsplanung. Zum einen lassen sich dadurch Inter- und Intra-Observer-Variabilität eliminieren, zum anderen wird der Zeitaufwand für den Therapeuten im Vergleich zu einer manuellen Segmentierung erheblich reduziert. Automatische Segmentierungsalgorithmen müssen speziell auf bestimmte Entitäten zugeschnitten werden. Da diese Algorithmen allerdings noch nicht zuverlässig für alle Entitäten funktionieren, entspricht derzeit eine manuelle Segmentierung durch einen Strahlentherapeuten klinischem Alltag.

Es gibt eine Vielzahl unterschiedlicher Algorithmen zur Autosegmentierung. Schwellwertverfahren basierend auf den Grauwerten von CT und/oder MR gehören zu den trivialsten Ansätzen mit begrenzten Anwendungsmöglichkeiten. Methoden, die Kantendetektion, Texturmodelle, Clustering-Algorithmen und/oder Region-Growing-Ansätze verwenden, liefern deutlich zuverlässigere Segmentierungsresultate – vor allen Dingen für Strukturen, die sich kontrastreich in den Bilddaten abzeichnen, wie die Patientenoberfläche, Knochen und Lunge. Neben diesen rein grauwertbasierten Methoden gibt es auch Ansätze, die Vorwissen in die Segmentierung einfließen lassen. Active-Shape-Modelle und andere Atlanten-basierte Segmentierungsalgorithmen sind sogar bereits kommerziell erhältlich. Die resultierende Segmentierung bedarf jedoch weiterhin einer aufmerksamen Überprüfung und Adaption durch einen erfahrenen Therapeuten. Neben voll automatisierten Ansätzen zur Bildsegmentierung gibt es auch interaktive oder semi-automatische Segmentierungsalgorithmen, bei denen der Prozess auf Input eines Therapeuten angewiesen ist.

24.2.5 Bildregistrierung

Wie eingangs erwähnt, werden zur Volumendefinition immer häufiger Bilddaten von verschiedenen Bildmodalitäten herangezogen. Werden diese nicht simultan innerhalb eines Geräts, wie z. B. bei einem kombinierten PET/MR, aufgenommen, benötigt man eine Bildregistrierung, um eine geometrische Korrelation zwischen verschiedenen Bildern herzustellen. Eine typische Fragestellung ist z. B. die Registrierung einer CT-Aufnahme und einer MR-Aufnahme, um den verbesserten Weichteilkontrast des MR zur Volumendefinition auf dem CT, der für die Dosisberechnung benötigt wird, auszunutzen. Stammen die Bilddaten von verschiedenen bildgebenden Verfahren, z. B. von CT und MR, spricht man von einer multimodalen Registrierung. Werden verschiedene Bilddaten als Überlagerung dargestellt, spricht man von einer Bildfusion.

Grundsätzlich lässt sich zwischen rigider und elastischer Bildregistrierung unterscheiden. Bei einer rigiden Registrierung werden zwei Aufnahmen lediglich durch Translation und Rotation, also mittels linearer Transformationen, miteinander räumlich korreliert. Im Vergleich zu elastischen Bildregistrierungsverfahren sind rigide Registrierungen sehr effizient, aber auch funktional stark eingeschränkt. Die zugrunde liegenden linearen Transformationen können morphologische Veränderungen, die innerhalb der Patientenanatomie auf verschiedenste Ursachen wie z. B. Gewichtsverlust oder Organbewegung zurückzuführen sind, nicht abbilden.

Ziel der Bildregistrierung ist es, eine Transformation zwischen zwei Bildern zu lernen. Hierfür wird ein Ähnlichkeitsmaß benötigt, welches quantitative Vergleiche zwischen dem transformierten Bild und dem Referenzbild ermöglicht. Oftmals werden hierfür Kreuzkorrelationen oder Mutual Information eingesetzt. Die Metriken verwenden entweder zuvor extrahierte Merkmale wie einzelne Bildpunkte, Flächen und Kanten oder sie basieren direkt auf den Grauwerten der Bildmatrizen. Sowohl Ähnlichkeitsmaße im Ortsraum als auch Ähnlichkeitsmaße im Frequenzraum finden Anwendung.

Ähnlich wie bei der Bildsegmentierung, gibt es auch bei der Bildregistrierung interaktive und semi-automatische Ansätze, die Wissen eines Therapeuten bereits während der Bildregistrierung berücksichtigen.

24.3 Festlegung der Bestrahlungstechnik

Eine externe Bestrahlung kann mittels verschiedener Techniken appliziert werden. Im Rahmen der Bestrahlungsplanung muss somit eine Therapieentscheidung für ein bestimmtes Verfahren getroffen werden. Im Wesentlichen lässt sich zwischen 3D-konformalen Bestrahlungstechniken und intensitätsmodulierten Bestrahlungstechniken unterscheiden. Kap. 26 gibt einen umfassenden Überblick der verschiedenen Möglichkeiten und stellt darüber hinaus spezielle Techniken zur Bildgebung und Planadaption vor, die in Kombination mit bestimmten Applikationsformen Anwendung finden.

Üblicherweise wird eine Bestrahlungstechnik gewählt, bevor mittels einer Dosisoptimierung (Abschn. 24.6) ein konkreter Bestrahlungsplan generiert wird. Die Entscheidung beruht also nicht auf konkreten dosimetrischen Berechnungen für einen individuellen Patienten. Dosimetrische Überlegungen spielen aber sehr wohl für bestimmte Patientenkohorten eine Rolle. Zum Beispiel werden an manchen Zentren alle Prostatabestrahlungen mit IMRT durchgeführt, da dies eine bessere Anpassung des Hochdosisbereichs an die konkave Form der Prostata ermöglicht. Neben dem Grad der benötigten Dosiskonformität für bestimmte Indikationen hat die Größe des Zielvolumens ebenfalls einen entscheidenden Einfluss auf die Wahl des Bestrahlungsverfahrens. Im klinischen Alltag spielen darüber hinaus auch ganz pragmatische Gründe wie die maximale Auslastung aller Behandlungsplätze eine Rolle; außerdem ist nicht jede Bestrahlungstechnik und Innovation in jeder Klinik unmittelbar verfügbar. Dies ist besonders für die Teilchentherapie der Fall, die nur an wenigen Zentren weltweit klinisch erprobt wird.

24.3.1 Einstrahlrichtungen

Einer der offensichtlichsten Schritte während der Bestimmung der Bestrahlungstechnik ist die Wahl der Einstrahlrichtungen, d. h., aus welchen Richtungen der Patient bestrahlt werden soll. Da das Dosismaximum bei Bestrahlung mit Photonen direkt nach Eintritt in den Patienten auftritt, ist eine zielvolumenkonforme Bestrahlung nur durch Superposition mehrerer Felder aus verschiedenen Einstrahlrichtungen möglich, wie in Abb. 24.3 dargestellt. Dies hat einen positiven Nebeneffekt, nämlich die Verteilung der Dosisbelastung innerhalb des Normalgewebes. Bei der Auswahl geeigneter Einstrahlrichtungen für Photonenbestrahlungen gelten zwei augenscheinliche Gesetzmäßigkeiten: Zum einen möchte man nicht direkt durch strahlensensitive Gewebe strahlen, zum anderen möchte man den ausgeprägten lateralen Dosisabfall von Photonen nutzen um den Hochdosisgradienten um das Zielvolumen zu modellieren. Leider genügen diese beiden Regeln nicht, um für einen individuellen Patienten die idealen Einstrahlrichtungen zu finden.

Mathematisch betrachtet ist die Auswahl der Einstrahlrichtungen ein äußerst schwieriges, weil nicht konvexes Optimierungsproblem. Darüber hinaus erschweren enorme Anforderungen an

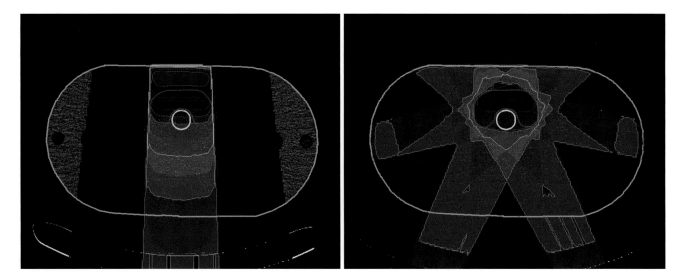

Abb. 24.3 Dosisverteilung im Wasserphantom von (*links*) einem und (*rechts*) sieben Photonenfeldern

Rechen- und Speicherleistung aufgrund der notwendigen Dosisberechnung für alle zu berücksichtigenden Einstrahlrichtungen eine effiziente Lösung. Auch deshalb werden im klinischen Alltag die Einstrahlrichtungen meistens an Hand von Template-Lösungen für einzelne Indikationen definiert oder per Hand von Therapeuten mit einschlägiger Erfahrung gewählt.

Für 3D-konformale Bestrahlungstechniken ist die Wahl der Einstrahlrichtungen die einzige Möglichkeit, einzelne Risikoorgane zu schonen. Für die Auswahl stehen dem Therapeuten verschiedene computergraphische Hilfsmittel zur Verfügung. Im Beam's Eye View, einer Projektion der segmentierten Patientengeometrie auf die Einstrahlrichtung, ist ersichtlich, welche Risikoorgane im Strahlengang mit dem Zielvolumen überlappen. Im Observer's View, einer dreidimensionalen Visualisierung der Strahlkonfiguration relativ zur Patientenanatomie, kann man die Separation der Einstrahlrichtungen überwachen.

Bei einer intensitätsmodulierten Bestrahlung kann eine Schonung der Risikoorgane neben der Wahl der Einstrahlrichtungen auch durch entsprechende Modulation der einzelnen Felder erfolgen. Deshalb wird hier oftmals mit fünf, sieben oder neun gleichverteilten Einstrahlrichtungen in der transversalen Ebene bestrahlt. Eine individuelle Anpassung wird nicht durchgeführt; der Freiheitsgrad der Intensitätsmodulation kompensiert zu gewissem Umfang für ein suboptimales Feldarrangement.

Sowohl für 3D-konformale als auch für intensitätsmodulierte Bestrahlungstechniken kann die Applikation von non-koplanaren Einstrahlrichtungen außerhalb der transversalen Ebene dosimetrische Vorteile für individuelle Patientenanatomien bedeuten. Die Applikation von non-koplanaren Feldern steht jedoch im Konflikt zu einer möglichst kurzen Behandlungszeit, da eine zusätzliche Rotation der Behandlungscouch benötigt wird. Wie so oft im Rahmen der Bestrahlungsplanung kommt auch hier der Konflikt zwischen Effizienz und Qualität zu tragen. Im klinischen Alltag muss ein pragmatischer Kompromiss gefunden werden, auch was die Anzahl an Einstrahlrichtungen

angeht, um eine adäquate Behandlung aller Patienten zu gewährleisten.

Für die Rotationstherapie, bei der kontinuierlich bestrahlt wird, während der Linearbeschleuniger um den Patienten rotiert, wird im Wesentlichen jede transversale Einstrahlrichtung genutzt. Somit wird das Problem der Auswahl geeigneter Einstrahlrichtungen gewissermaßen auf die Bestimmung geeigneter Feldöffnungen und Intensitäten für die Rotationstherapie übertragen. Da immer mehr kommerzielle Anbieter neben der Gantry-Rotation auch eine automatische Rotation der Patientencouch ermöglichen, sind in Zukunft auch Rotationstherapien denkbar, die eine komplexere Trajektorie außerhalb der einer einzelnen Ebene nutzen, um die Dosis kontinuierlich zu applizieren. Wie diese Trajektorien effizient und optimal bestimmt werden können sind jedoch genauso offene Fragen wie die adäquate Patientenimmobilisierung auf einer robotischen Couch.

Bei der Strahlentherapie mit Teilchen werden grundsätzlich weniger Einstrahlrichtungen gewählt, da die Tiefenmodulation eine Dosisanpassung ebenfalls entlang der Einstrahlrichtung, nicht nur in lateraler Richtung wie bei Photonen, ermöglicht. Auch hier werden die Einstrahlrichtungen üblicherweise nicht automatisch gewählt, sondern von einem erfahrenen Therapeuten manuell bestimmt. Eine Optimierung der Einstrahlwinkel wäre hier aufgrund der wenigen Einstrahlrichtungen und der größeren Empfindlichkeit auf Inhomogenitäten im Eingangsbereich durchaus sinnvoll.

Begünstigt durch immer effizientere Implementierungen der Inversen Planungsalgorithmen (Abschn. 24.6), wurde in der jüngsten Vergangenheit das Thema der optimalen Wahl der Einstrahlrichtungen für IMRT auch wieder verstärkt wissenschaftlich untersucht. Verschiedene Autoren (vgl. [3] und darin genannte Referenzen) konnten demonstrieren, dass eine Bestrahlung mit äquidistanten koplanaren Feldern nicht notwendigerweise das Erstellen idealer Bestrahlungspläne ermöglicht. Insbesondere konnte gezeigt werden, dass dezidierte Algorithmen zur Optimierung der Einstrahlwinkel eine Dosisreduzierung in Risikoorganen bei gleichbleibender Abdeckung der Zielvolumina ermöglichen – vor allen Dingen für komplexe, asymmetrische Tumorgeometrien. Eine besondere Bedeutung kommt hierbei nicht koplanaren Feldern zu, d. h. Einstrahlrichtungen, die relativ zur transversalen Ebene geneigt sind. Es wird interessant sein zu sehen, ob sich diese Ergebnisse weiterhin bestätigen und zu langsamen Veränderungen der klinischen Praxis koplanarer Feldkonfigurationen führen.

Neben der Optimierung von Einstrahlrichtungen für IMRT, werden sich zukünftige Planungsstudien auch mit alternativen Trajektorien für die Rotationstherapie beschäftigen. Eventuell sind nicht koplanare Trajektorien ein adäquates Mittel, eine verkürzte Behandlungszeit mit den dosimetrischen Vorteilen einer nicht koplanaren Bestrahlung zu verbinden.

24.3.2 Verifikation

Der Bereich physikalisch möglicher Einstrahlrichtungen, die nicht zu einer Kollision zwischen Bestrahlungskopf und Couch oder Patient führen, hängt von dem verwendeten Bestrahlungsgerät, von der Patientenoberfläche und der relativen Lage des Zielpunkts innerhalb des Patienten ab. Deshalb können die möglichen Einstrahlrichtungen nicht allgemeingültig bestimmt werden, sondern müssen individuell verifiziert werden. Um eine sichere Behandlung zu gewährleisten und den Patienten auf der Couch nicht zu sehr einzuengen, verwendet man hier üblicherweise großzügige Sicherheitssäume. Normalerweise kann die Verifikation der gewählten Einstrahlrichtungen mittels Computergrafik sowie einem virtuellen Modell des Bestrahlungsgeräts, der Patientencouch und den CT-Daten durchgeführt werden. Bei der Wahl einer Standard-Feld-Konfiguration wie transversalen äquidistanten Feldern entfällt dieser Schritt oft ganz.

24.4 Dosisberechnung

Die Dosisberechnung simuliert die räumliche Verteilung der absorbierten Energie pro Massenelement im Körper des Patienten während der Bestrahlung.

Die Dosisverteilung ist der Hauptindikator für die Bewertung eines Therapieplans. Nachdem ein Therapieplan erstellt wurde (vgl. Abschn. 24.6), entscheidet der behandelnde Arzt auf Grundlage der Dosisverteilung im Patienten, ob der vorliegende Plan klinisch akzeptabel ist (vgl. Abschn. 24.5). Falls nicht, muss eine erneute Planoptimierung mit angepassten Parametern durchgeführt werden. Für die therapeutische Behandlung von Tumoren werden unterschiedliche Modalitäten ionisierender Strahlung verwendet, wie z. B. Photonen, Elektronen und Schwerionen. Da die Dosisdeposition dabei durch unterschiedliche physikalische Prozesse charakterisiert wird, sind verschiedene Klassen von Algorithmen zur Dosisberechnung erforderlich. Auch innerhalb einer Bestrahlungsmodalität gibt es verschiedene Methoden und Algorithmen, die sich nach außen im Wesentlichen in Qualität und Geschwindigkeit der Berechnung unterscheiden. Qualitativ hochwertige Algorithmen

zeichnen sich dadurch aus, dass einerseits die physikalischen Wechselwirkungsprozesse sehr genau nachgebildet werden und andererseits die Patientengeometrie sowie die strahlungsapplizierende Vorrichtung detailgetreu modelliert wird. Sehr genaue Dosisberechnungsalgorithmen sind jedoch relativ aufwendig und damit langsamer als Algorithmen, die weitreichendere Approximationen zulassen. Die genaueste Dosisverteilung erhält man durch eine Monte-Carlo-Simulation der einfallenden Teilchen (Photonen, Elektronen oder Schwerionen) im Körper des Patienten. Dabei wird eine große Anzahl von Teilchen stochastisch simuliert. Die Dosisdeposition und der Transport der Teilchen werden direkt durch die physikalischen Wechselwirkungsprozesse (siehe Kap. 1) beschrieben.

Der klinische Anwender muss demnach eine Kosten-Nutzen-Abwägung zwischen Rechenzeit und Genauigkeit der Dosisberechnung treffen. Auch der konkrete Behandlungsfall spielt dabei eine entscheidende Rolle.

In den folgenden Unterkapiteln werden die gängigsten Methoden zur physikalischen Dosisberechnung in der Strahlentherapie erläutert. Grundlagen für alle Dosisberechnungsalgorithmen werden in den folgenden Abschn. 24.4.1 und 24.4.2 eingeführt. Abschn. 24.4.3 befasst sich mit unterschiedlichen Methoden zur Dosisberechnung unter Verwendung von hochenergetischen Photonen und Elektronen. Abschn. 24.4.4 führt Dosisberechnungskonzepte für Protonen und schwerere Ionen ein.

24.4.1 Diskretisierung des Planungsproblems

Um einen Therapieplan im Computer numerisch darstellen zu können, müssen alle klinischen Patienten- und Bestrahlungsdaten diskretisiert werden. Das Behandlungsvolumen des Patienten wird dazu in volumetrische Voxel aufgeteilt. Ein Voxel kann dabei einen Wert einer bestimmten Information aufnehmen und repräsentiert die kleinste Volumeneinheit, die bei der Planung berücksichtigt werden kann. Soll z. B. die Dosis im Patienten simuliert werden, so bekommt jedes Voxel genau einen absoluten physikalischen Dosiswert zugewiesen. Dieser Dosiswert wird nun über die gesamte Ausdehnung des Voxels für den Plan angenommen. Die Gesamtheit aller Voxel stellt dann eine diskretisierte Dosisverteilung (Dosiswürfel) im Patienten dar. Für die Bestrahlungsplanung werden in der Klinik üblicherweise Voxel in der Größe von ca. $(2{,}5\,\text{mm})^3$ verwendet. Daraus ergibt sich eine maximale Auflösung des Dosiswürfels von ebenfalls 2,5 mm in jeder Raumrichtung.

Neben der Dosis werden typischerweise auch andere patientenspezifische Informationen durch eine Voxeldarstellung erfasst. Beispielsweise werden rekonstruierte CT-Daten dreidimensional in einem Voxelwürfel gespeichert. Jedes Voxel bekommt dabei einen Hounsfield-Wert zugewiesen. Des Weiteren können segmentierte Organstrukturen durch Voxel erfasst werden (vgl. Abschn. 24.2). Man verwendet dazu ein binäres Voxelgitter, in dem einem Voxel entweder der Wert 1 (Voxel liegt innerhalb einer Organstruktur) oder der Wert 0 (Voxel liegt außerhalb der Struktur) zugewiesen wird.

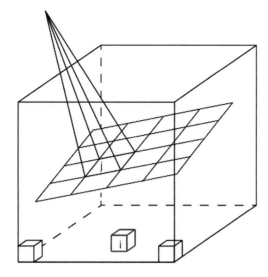

Abb. 24.4 Konzept der Voxel-Bixel-Diskretisierung. Der Patientenwürfel ist in kleine Voxel unterteilt, von denen drei exemplarisch dargestellt sind. Man erkennt zudem eine Einstrahlrichtung, die in diskrete Bixel unterteilt wurde. Bixel j wird zusätzlich verdeutlicht durch die Visualisierung der Grenzen der Primärfluenz, die als Pyramide oberhalb der Bestrahlungsebene zu erkennen ist

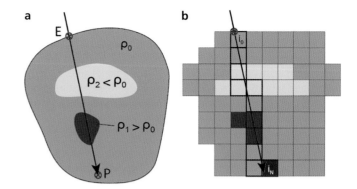

Abb. 24.5 Weg eines Nadelstrahls durch ein inhomogenes Medium. **a** kontinuierliche Darstellung, **b** diskrete Darstellung im Voxelgitter

Wie in Abschn. 26.3 beschrieben, bietet die moderne IMRT-Technik die Möglichkeit, die Intensität des einfallenden Therapiestrahls örtlich zu modulieren. Die applizierte Intensitätsmodulation muss ebenfalls für den Planungsprozess diskretisiert werden. Das Feld eines Behandlungsstrahles wird dazu in sogenannte Bixel unterteilt. Jedem Bixel wird genau ein Intensitätswert zugewiesen. Ein Bixel umfasst eine kleine Teilfläche mit einer Größe von typischerweise $(5\,\mathrm{mm})^2$ aus einem Behandlungsstrahl. Die abgestrahlte Leistung wird demnach über die ganze Teilfläche als konstant angenommen und entspricht dem angelegten Intensitätswert.

Die Voxel-Bixel-Diskretisierung ist ein grundlegendes Konzept für die Dosisberechnung und die Therapieplanung. In Abb. 24.4 wird der Zusammenhang zwischen beiden Diskretisierungen erläutert.

Aus der Voxel-Bixel-Diskretisierung ergibt sich eine weitere Diskretisierung für die Darstellung der Dosiswerte. Jedes Bixel j erzeugt einen bestimmten Dosisbeitrag in Voxeln im Umfeld des Strahlenganges. Diese Dosisbeiträge werden in Form einer sogenannten Dosisbeitragsmatrix D gespeichert. Ein Eintrag dieser Matrix in Zeile i und Spalte j bezeichnet dabei den Beitrag zur Dosis in Voxel i, der von Bixel j mit einer Einheitsintensität erzeugt wird. Die physikalische Gesamtdosis d_i in Voxel i kann demnach recht einfach durch eine Multiplikation der Dosisbeitragsmatrix mit dem Intensitätsvektor w_j aller zur Dosis beitragenden Bixel berechnet werden:

$$d_i = \sum_j D_{ij} w_j \qquad (24.1)$$

Der Eintrag w_j an der Stelle j des Intensitätsvektors w bezeichnet dabei die Intensität des j-ten Bixels. Diese Berech-

nungsvorschrift ist grundlegend für die Therapieplanung mit vorberechneten Dosisbeitragswerten.

24.4.2 Raycasting und Konvertierung von Hounsfield-Einheiten

Bevor wir die wichtigsten Dosisberechnungsmethoden in der Radioonkologie vorstellen, soll in diesem Abschnitt gezeigt werden, in welcher Weise patientenspezifische Informationen für die Dosisberechnung aufbereitet werden. Abb. 24.5 zeigt schematisch den Weg eines Nadelstrahls (schwarzer Pfeil) durch eine diskretisierte Geometrie mit inhomogener Dichte. Die geometrische Tiefe am Punkt P im Patienten ergibt sich aus der Distanz zwischen dem Eintrittspunkt E und dem Punkt P. Für dosimetrische Fragestellungen ist jedoch nicht die unmittelbare Weglänge des Strahls ausschlaggebend, sondern auch die Beschaffenheit des Gewebes, durch das der Strahl gelaufen ist. Um dies zu berücksichtigen, definiert man die radiologische Tiefe als Integral über die (Elektronen-) Dichteverteilung auf dem Weg des Strahls durch die Geometrie:

$$z_{\mathrm{rad}} = \int_E^P \mu(E, l)\mathrm{d}l \qquad (24.2)$$

Der Strahl folgt dabei dem Vektor l vom Eintrittspunkt E bis zum Punkt P innerhalb des Patienten. Im diskreten Fall wird die Dichteverteilung des Patienten durch ein Voxelgitter beschrieben (siehe vorherigen Abschnitt). Jedes Voxel kann dabei genau einen Dichtewert annehmen (siehe Abb. 24.5b). Die wasseräquivalente radiologische Tiefe z_{rad} berechnet sich dann aus der Summe der Teilstrecken l_i, die der Nadelstrahl in den entsprechenden Voxeln i zurücklegt, gewichtet mit dem Dichtewert ρ_i des Voxels:

$$z_{\mathrm{rad},i} = \sum_{i=0}^N l_i \rho_i \qquad (24.3)$$

Die Berechnung der radiologischen Tiefen für alle Voxel nach Gl. 24.3 wird Raycasting genannt und ist grundlegend für viele Dosisberechnungsalgorithmen. Für kernelbasierte Dosisberechnungsalgorithmen, d. h. Pencil-Beam- und Convolution-/Superpositions-Algorithmen, werden die Dichten ρ_i relativ zu Wasser bestimmt. Hierfür werden die gemessenen Hounsfield-Einheiten, die im Wesentlichen durch die Elektronendichte bestimmt sind, mit Hilfe von Kalibrationskurven, die auf Phantommessungen beruhen, in Dichten transformiert. In der Teilchentherapie muss anstelle der relativen Elektronendichte, das relative Bremsvermögen berücksichtigt werden.

Für Monte-Carlo-Dosisberechnungsalgorithmen wird die elementare Gewebezusammensetzung basierend auf den Hounsfield-Einheiten abgeschätzt. Diese Information muss ebenfalls aus dem CT-Datensatz des Patienten gewonnen werden. Leider gibt es keine eindeutige Beziehung zwischen den Hounsfield-Werten und den daraus resultierenden Gewebeklassen. In der Literatur werden verschiedene Ansätze diskutiert, wie man zu den Gewebeklassen und Materialdichten kommt.

Ein recht einfaches Verfahren wurde z. B. in [15] für die Protonendosisberechnung diskutiert. Bei diesem Verfahren unterscheidet man lediglich vier Gewebeklassen: Luft (HU < -950), Lungengewebe ($-950 < $ HU ≤ -700), Weichteilgewebe ($-700 < $ HU $\leq +125$) und Knochen (HU $> +125$). Die Dichte der Materialien wird anhand einer linearen Interpolation für jede Gewebeklasse individuell berechnet.

Ein genaueres Verfahren wird in [24] beschrieben. Auf Grundlage experimenteller Daten werden bei dieser Methode 71 verschiedene Gewebe des menschlichen Körpers unterschieden. Selbst diese hohe Anzahl an Gewebeklassen kann keine absolute Präzision garantieren. Die Autoren kamen zu dem Schluss, dass Weichteilgewebe von Knochengewebe gut unterschieden werden kann, jedoch lässt sich das Weichteilgewebe schwieriger in eindeutige Klassen einteilen. Dies liegt unter anderem daran, dass sich Weichteilgewebe im HU-Wertebereich von 0 bis 100 nur schwer unterscheiden lässt. Allerdings sei der Unterschied in der Dosisberechnung aufgrund der verschiedenen HU-Konvertierungsmethoden relativ klein. Lediglich bei großen Dichteunterschieden (wie z. B. im Kopf-Hals-Bereich) wirkt sich die Wahl der Konvertierungsroutine entscheidend auf das Planungsergebnis aus.

24.4.3 Photonendosisberechnung

24.4.3.1 Monte-Carlo-basierte Dosisberechnung für Photonen/Elektronen

Die Monte-Carlo-Simulation ist die genaueste Methode zur physikalischen Dosisberechnung und gilt in vielen Fällen als „Goldstandard" im Vergleich zu anderen Methoden. Allerdings ist sie auch die rechenintensivste Methode. Es vergehen mehrere Minuten oder sogar Stunden, bis eine exakte Dosisverteilung im Patienten simuliert werden kann.

Die grundlegende Idee der Monte-Carlo-Dosisberechnung ist simpel: Ein Algorithmus simuliert den Weg einzelner Strahlungspartikel durch das Gewebe. Je nach Energie und Modalität durchlaufen die Partikel eine Reihe von Wechselwirkungsmechanismen im Patientengewebe. Diese werden auf Grundla-

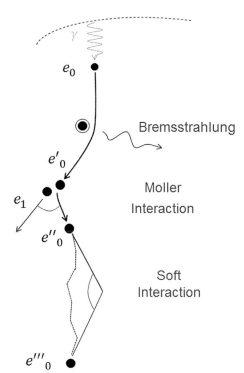

Abb. 24.6 Schematische Darstellung der Interaktionsprozesse bei der Monte-Carlo-Simulation für therapeutische Photonen

ge stochastischer Verteilungen simuliert, wobei der eventuelle Energieverlust zu einer Dosisdeposition führt.

Bei der Verwendung therapeutischer Photonen wird der Aufbaueffekt (siehe Kap. 1) maßgeblich durch die Comptonstreuung einfallender Partikel an den Elektronen im Patienten hervorgerufen. Die gestreuten Elektronen bekommen abhängig vom Streuwinkel eine kinetische Energie, die sie über verschiedene Wechselwirkungsprozesse wieder an den Patienten abgeben (Dosisdeposition). Abb. 24.6 zeigt eine schematische Darstellung der Wechselwirkungsprozesse von Elektronen im therapeutischen Energiebereich. Dargestellt ist ein Elektron e_0, welches durch eine Comptonstreuung aus einem Atom herausgeschlagen wurde und nun kinetische Energie transportiert.

Der Energieverlust der Teilchen wird oft nach dem sogenannten Class-II-Mixed-Simulation-Schema berechnet. Die Interaktionen werden dabei in zwei Klassen aufgeteilt: Wechselwirkungsprozesse, die einen Energieübertrag größer als eine bestimmte Schwellenenergie E_{cut} nach sich ziehen bzw. bei denen ein weiteres Teilchen erzeugt wird, werden als harte Interaktionen bezeichnet. Ein typisches Beispiel hierfür ist die Bremsstrahlung oder auch die hart-inelastische Elektron-Elektron Streuung. Im dargestellten Beispiel in Abb. 24.6 durchläuft das Elektron zuerst einen Bremsstrahlungsprozess. Dabei wird ein weiteres hochenergetisches Photon erzeugt, dass wiederum mit dem Patientengewebe in Wechselwirkung treten kann und somit simuliert werden muss. Das Elektron verliert dadurch Energie und ändert seine Richtung und wird zu einem neuen Teilchen e_1 das neben dem Photon ein weiteres Produkt des Bremsstrahlungsprozesses ist. Viel häufiger kommen jedoch sogenannte

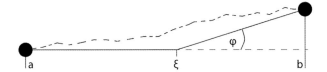

Abb. 24.7 Zusammenfassung vieler weicher Interaktionen mit dem Random-Hinge-Verfahren

„weiche" Interaktionen vor, bei denen der Energieübertrag kleiner als E_{cut} ist und kein weiteres Teilchen eine signifikante kinetische Energie erhält.

Während harte Interaktionen individuell (sprich analog) simuliert werden müssen, kann man mehrere weiche Interaktionen oft zu einer harten Interaktion zusammenfassen. Dies führt zu einer drastischen Reduzierung der Simulationszeit. Ein Beispiel dazu ist in Abb. 24.7 dargestellt.

Es zeigt eine Reihe von weichen Interaktionen (gestrichelte Linie), die jeweils zu einer relativ geringen Ablenkung des Teilchens führen. Anstatt jede einzelne Interaktion zu simulieren, werden die kleinen Winkelablenkungen zu einer harten Interaktion (durchgezogene Linie) zusammengefasst. Der Simulationsalgorithmus geht dabei folgendermaßen vor: Zwischen dem Anfangs- und Endzustand wird zufällig der Interaktionspunkt ξ (hinge) der harten Wechselwirkung bestimmt. Das Teilchen wird nun so betrachtet, als würde es geradlinig von Punkt a nach Punkt ξ transportiert. Dort erfährt es eine harte Wechselwirkung und wird um den Winkel φ abgelenkt. Danach wird das Teilchen bis zum Endpunkt b geradlinig weiterverfolgt. Die Energieabgabe der Teilchen während der weichen Interaktion wird durch die CSDA (siehe Kap. 1) simuliert. Man nimmt an, dass die Abweichung zwischen dem approximierten geradlinigen Weg und dem tatsächlichen Verlauf kleiner als die Ausdehnung eines Voxels ist. Man kann zeigen, dass dieses Verfahren sehr gute Ergebnisse liefert.

Eine effiziente Methode einer Monte-Carlo-Simulation für den Photon-/Elektron-Transport wird in [25] beschrieben und in [31] für moderne parallele Prozessoren implementiert. Die Autoren von [25] haben auch den Quellcode ihrer Simulation veröffentlicht. Interessierte Leser können also selbst eine Monte-Carlo-Simulation mit wenig Aufwand durchführen.

24.4.3.2 Superposition-/Convolution-Dosisberechnung für Photonen/Elektronen

Monte-Carlo-Simulationen, die im letzten Abschnitt beschrieben wurden, führen zu sehr genauen Ergebnissen. Aufgrund der hohen Rechenzeit und der Komplexität ist es jedoch nicht immer möglich, eine stochastische Simulation der mikroskopischen Wechselwirkungsvorgänge durchzuführen. In diesem Abschnitt werden die Grundlagen der sogenannten kernelbasierten Dosisberechnungsmethoden erläutert. Es handelt sich dabei um eine makroskopische Beschreibung der physikalischen Dosisdeposition im Patientengewebe. Anstatt die grundlegenden Wechselwirkungsprozesse zwischen einfallenden Teilchen und Gewebe zu betrachten, werden im kernelbasierten Ansatz analytische Modelle entwickelt, die den Energietransfer im Patienten

beschreiben. Die Darstellung in diesem Kapitel ist an [1] angelehnt.

Aus der theoretischen Beschreibung der physikalischen Wechselwirkungsmechanismen wissen wir, dass die Dosisdeposition im Patienten im Wesentlichen durch zwei Teilschritte erfolgt.

Zunächst betrachtet man die primäre Abschwächung des einfallenden Teilchenstrahls und damit die Verteilung der Energie, die lokal im Patienten freigesetzt wird. Wenn die Zusammensetzung des Gewebematerials bekannt ist (d. h., man kennt die Dichte $\rho(\vec{r})$ in jedem Voxel), so errechnet sich die sogenannte Total Energy Released per Unit Mass (TERMA) durch primäre Photonen der Energie E am Punkt t aus:

$$T_E(t) = \left(\frac{r_0}{t}\right)^2 \frac{\mu(E,t)}{\rho(t)} \Psi_E(r_0) \exp\left(-\int_{r_0}^{t} \mu(E,l)\mathrm{d}l\right)$$
(24.4)

Dabei ist $\mu(E,t)$ der lineare Schwächungskoeffizient im Medium an der Stelle t. $\Psi_E(r_0)$ ist die Energiefluenz für eine differenzielle Energie E auf einer Referenzebene im Kopf des Bestrahlungsgerätes, die der Strahl von der Quelle aus gesehen auf seinem Weg zum Punkt t bei r_0 schneidet. Der Korrekturfaktor (r_0/t) berücksichtigt die Divergenz des Strahls (Inverse Square Correction). Das Linienintegral im Exponenten berechnet eine sogenannte radiologische Tiefe. Im Gegensatz zur geometrischen Tiefe berücksichtigt die radiologische Tiefe die Dichteverteilung des Gewebes.

Die freigesetzte Energie $T_E(t)$ wird nicht vollständig am Entstehungsort absorbiert (und somit in einen Dosisbeitrag umgewandelt). Es entstehen Sekundärteilchen, die kinetische Energie in andere Teile des Patientengewebes bringen. Um diesen zweiten Teilschritt zu beschreiben, ist es notwendig, eine Energieübertragungsfunktion (Point Spread Function, auch Kernelfunktion oder kurz Kernel) zu definieren: Die energiespezifische Energieübertragungsfunktion $h(E,t,s)$ beschreibt den Anteil der Energie der durch primäre Photonen im Punkt t freigesetzt wird und an den Punkt s übermittelt wird. Die Dosis im Gewebe erhält man dann durch eine Faltung der TERMA mit der Kernelfunktion:

$$D(s) = [1/\rho(s)] \iiint T_E(t)\rho(t)h(E,t,s)\mathrm{d}^3t\mathrm{d}E$$
(24.5)

Der Term $T_E(t)\rho(t)h(E,t,s)$ bezeichnet dabei den Anteil der übertragenen TERMA von Punkt t an den Punkt s aus dem differenziellen Energiespektrum $\mathrm{d}E$. Die Division mit der Dichte bewirkt eine Umrechnung der übertragenen Energie pro Volumenelement zu einer übertragenen Energie pro Masseneinheit, was der Definition der Dosis entspricht.

In homogenen Medien ist die Kernelfunktion ortsinvariant und kann durch eine einfachere Darstellung $h(E,t-s)$ ersetzt werden. Des Weiteren wird aus praktischen Gründen versucht, auf die explizite Energieabhängigkeit des Faltungsintegrals zu verzichten. Um das zu erreichen, müssen TERMA und Kernelfunktion für ein polyenergetisches Spektrum angegeben werden. Eine energieunabhängige TERMA $T(t)$ erhält man dadurch,

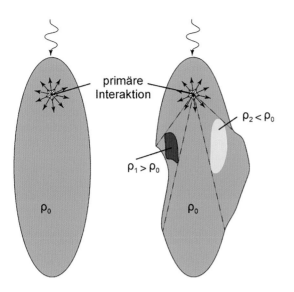

Abb. 24.8 Schematische Darstellung einer Energieübertragungsfunktion (Kernel). *Links*: in homogenen Medien, *rechts*: Dichteskalierung des Kernels in inhomogenen Medien

dass man in Gl. 24.4 einen gemittelten Schwächungskoeffizienten $\bar{\mu}(s)$ über ein breites Energiespektrum verwendet. Dies ist natürlich eine Näherung, man kann jedoch zeigen, dass die Ungenauigkeiten vertretbar sind. Eine polyenergetische Kernelfunktion wird als gewichtete Summe über eine Reihe monoenergetischer Kernels definiert. Das primäre Photonenspektrum variiert mit der Eindringtiefe, da sich Photonen mit unterschiedlicher Energie in ihrem Abschwächungsverhalten unterscheiden. Von daher können polyenergetische Kernelfunktionen nur für eine bestimmte Tiefe angegeben werden. Mit Hilfe der soeben erläuterten Annäherungen kann man die Dosisberechnungsvorschrift aus Gl. 24.4 vereinfacht schreiben als:

$$D(s) = f(s)[1/\rho(s)] \iiint T(t)\rho(t)h(t-s)\mathrm{d}^3 r \qquad (24.6)$$

Die Funktion $f(s)$ korrigiert dabei die Tiefenabhängigkeit der Kernelfunktion. Trotz dieser Vereinfachungen bedarf es immer noch eines relativ hohen Rechenaufwands, um Gl. 24.6 für alle Voxel einer Patientengeometrie auszuwerten. Besonders rechenintensiv ist die Auswertung der TERMA und der Kernelfunktion für jeden Punkt im Raum des Faltungsintegrals. Wie oben bereits erwähnt ist die Bestimmung einer radiologischen Tiefe für die Berechnung unumgänglich. Dazu muss der Strahlengang in zwei Teilschritten vom Referenzpunkt r_0 über t bis zum Punkt s, an dem die Dosis ausgewertet werden soll, verfolgt werden.

In einer diskretisierten, dreidimensionalen Patientengeometrie, die aus N Voxeln in jeder Raumrichtung besteht, bedeutet dies, dass in der Größenordnung $O(N)$ Voxel durchlaufen und deren Dichte aufaddiert werden muss. Eine ähnliche Operation ist für die Berechnung des Kernels erforderlich. Um den Energietransport vom primären Interaktionspunkt t zum Punkt s zu beschreiben, muss die Dichte der Voxel berücksichtigt werden, die die Sekundärteilchen auf ihrem Weg zwischen den beiden Punkten zurücklegen. Somit wird eine Dichteskalierung des Kernels erreicht, was für die Berechnung des Energietransportes unerlässlich ist (siehe Abb. 24.8).

Soll nun die Dosis im gesamten Patientenwürfel berechnet werden, so kann man die Rechenkomplexität folgendermaßen abschätzen: Das Faltungsintegral läuft über die gesamte Patientengeometrie, d. h., man erhält dafür einen Aufwand $O(N^3)$. Zwei Raycastingdurchläufe sind pro Interaktionspunkt notwendig, d. h., es kommt pro Dosispunkt ein Aufwand von $2 \cdot O(N)$ hinzu. Soll die Dosis in allen Voxeln des Patientenwürfels ausgewertet werden, so erhält man zusätzlich einen Aufwand $O(N^3)$. Insgesamt ist die Komplexität der Dosisberechnung nach Gl. 24.6 also in der Größenordnung von $O(N^7)$, was für praktische Berechnungen immer noch deutlich zu hoch ist.

Die dreidimensionale Faltung kann durch den sogenannten Collapsed-Cone-Ansatz weiter vereinfacht werden. Die Idee hinter dem Verfahren ist, dass das Integral in Kugelkoordinaten transformiert wird und man die Dosisberechnung nur entlang diskreter Raumrichtungen ausführt. Eine detaillierte Darstellung dieser Methode kann z. B. in [1] nachgelesen werden.

24.4.3.3 Schnelle Pencil-Beam-basierte Dosisberechnung

Im letzten Abschnitt wurde eine analytische Methode zur Dosisberechnung vorgestellt. Es wurde gezeigt, wie man mit sinnvollen Approximationen die Rechenzeit verbessern kann. Jedoch ist die Komplexität des Superpositionsansatzes noch relativ hoch. Insbesondere zu Beginn der klinischen Anwendung der IMRT waren superpositionsbasierte Dosisberechnungsalgorithmen mit prohibitiven Rechenzeiten verbunden. Daher hat sich eine weitere Variante der analytischen Dosisberechnung durchgesetzt, die ebenso auf dem Konzept der Faltung zwischen einem Kern und einer primären Interaktionsfunktion beruht. Im Gegensatz zur Superpositionsmethode ist die Rechenzeit jedoch signifikant kürzer. Dafür müssen allerdings weitere Approximationen in Kauf genommen werden. Eine praktisch nutzbare Umsetzung dieser Pencil-Beam-Methode wurde in [6] beschrieben und soll in diesem Abschnitt kurz erläutert werden.

Die Pencil-Beam-Methode zur physikalischen Dosisberechnung im Patienten wurde Anfang der 1990er-Jahre erweitert, um auch intensitätsmodulierte Felder berechnen zu können. In der Grundform lautet die Formel zur Dosisberechnung am Punkt $(x_p, y_p, z_{\mathrm{rad}})$ wie folgt:

$$D(x_p, y_p, z_{\mathrm{rad}}) = \iint_{-\infty}^{\infty} \Psi(x, y) F(x, y) \qquad (24.7)$$
$$\times K(x - x_p, y - y_p, z_{\mathrm{rad}})\mathrm{d}x\mathrm{d}y$$

Die Koordinaten $(x_p, y_p, z_{\mathrm{rad}})$ bezeichnen dabei einen Punkt relativ zum Isozentrum (siehe Abb. 24.9) in der radiologischen Tiefe z_{rad}.

$\Psi(x, y)$ bezeichnet das Primärfluenzfeld und $F(x, y)$ ist der sogenannte Transmissionsfaktor des modulierten Feldes. $F(x, y)$ kann Werte zwischen 0 und 1 annehmen. Ein Wert von 0 bedeutet, dass an dieser Stelle (x, y) im angelegten Strahlenfeld die Intensität auf 0 gesetzt wird (keine Transmission von Strahlung). Ein Wert von 1 bedeutet, dass an diesem Ort keine Abschwächung der Intensität erfolgt (siehe Abb. 24.9). Die Transmissionsfunktion entspricht somit der Intensitätsmodulation der Amplituden des angelegten Feldes (siehe Abschn. 26.3

Teil IV

Gantry system   Fan-line system

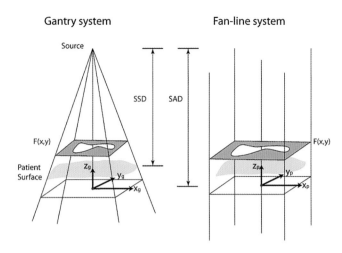

Abb. 24.9 Koordinatensysteme der Dosisberechnung. *Links*: Gantry-System. Eine punktförmig angenommene Quelle wird in Richtung des Patienten kollimiert. Die Intensität der Quelle nimmt quadratisch aufgrund der divergierenden Strahlengeometrie ab. *Rechts*: Fan-Line-System. In diesem Koordinatensystem wird die Divergenz der Strahlengeometrie herausgerechnet, so dass alle Strahlwege parallel verlaufen. In beiden Koordinatensystemen fällt der Ursprung mit dem Isozentrum der Therapieanordnung zusammen

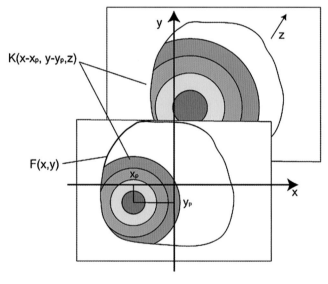

Abb. 24.10 Schematische Darstellung eines ortsinvarianten, tiefenabhängigen und radialsymmetrischen Pencil-Beam-Kernels

Abschn. 24.6). Im Vergleich zu Gl. 24.4 fällt auf, dass in der Pencil-Beam-Methode keine Energieabhängigkeiten zu finden sind. Der Kernel K ist polyenergetisch und hängt somit von der radiologischen Tiefe ab (siehe Abb. 24.10).

Im Gegensatz zum Superpositionsansatz wird zudem kein laterales Raycasting zwischen dem Primärinteraktionspunkt (x, y) und dem Wirkungspunkt (x_p, y_p) durchgeführt. Somit können keine Dichteunterschiede im Kernelbereich berücksichtigt werden (siehe Abb. 24.8). Darüber hinaus ist der Kernel radialsymmetrisch und ortsinvariant. Für die Dosisberechnung ist

lediglich ein Raycasting-Durchlauf notwendig, der die radiologische Tiefe für jedes Voxel im Patientenwürfel bestimmt. Allerdings ist weiterhin die rechenintensive Auswertung des Faltungsintegrals notwendig. Wegen der expliziten Tiefenabhängigkeit des Kernels muss die Faltung demzufolge für jede radiologische Tiefe neu berechnet werden. Um dies zu vermeiden, wurde von [6] mit Hilfe der sogenannte Singulärwert-Zerlegung (Singular Value Decomposition) ein Ansatz vorgeschlagen, die Kernelfunktion in einen tiefenabhängigen Teil und einen tiefenunabhängigen Teil zu separieren:

$$K(r, z_{\mathrm{rad}}) \approx \sum_{i=1}^{3} w_i(r) D_i(z_{\mathrm{rad}}), \qquad (24.8)$$

wobei aufgrund der Radialsymmetrie der Kernel im Folgenden $r = \sqrt{x_p^2 + y_p^2}$ als Abstand vom Isozentrum definiert wird. Der Kernel wird also als Überlagerung von einem Satz radialsymmetrischer Kernelkomponenten $w_i(r)$ und einem Satz tiefenabhängiger Funktionen $D_i(z_{\mathrm{rad}})$ beschrieben. Setzt man den separierten Kernelansatz in die Ausgangsgleichung ein, so erhält man eine vereinfachte Vorschrift zur Dosisberechnung:

$$D(x_p, y_p, z_{\mathrm{rad}}) = \sum_{i=1}^{3} D_i(z_{\mathrm{rad}}) \qquad (24.9)$$

$$\cdot \iint_{-\infty}^{\infty} \Psi(x, y) F(x, y) \times w_i(x - x_p, y - y_p) \mathrm{d}x \mathrm{d}y$$

Das Faltungsintegral ist nun unabhängig von der radiologischen Tiefe und muss nur noch einmal für jeden möglichen Abstand r vom Isozentrum berechnet werden (man beachte, dass es insgesamt 3 Faltungsintegrale sind, die berechnet werden müssen, da es auch drei tiefenunabhängige Kernelkomponenten w_i gibt).

In der praktischen Umsetzung werden die Faltungsintegrale im Fourier-Raum ausgewertet. Nach dem Faltungstheorem lässt sich die Faltung zweier Funktionen als Produkt ihrer Fouriertransformierten ausdrücken. Somit kann man das Doppelintegral aus Gl. 24.9 wie folgt formulieren:

$$\iint_{-\infty}^{\infty} \Psi(x, y) F(x, y) \times w_i(x - x_p, y - y_p) \mathrm{d}x \mathrm{d}y \qquad (24.10)$$

$$= \Im^{-1} \{ \Im\{\Psi * F\} * \Im\{w_i\} \},$$

wobei der Operator $\Im$ eine zweidimensionale Fouriertransformation darstellt und $\Im^{-1}$ deren inverse Transformation. In der Praxis benutzt man meist eine Hartley-Transformation (FHT), um die Kernelkomponenten sowie Primärfluenz und Transmissionsfunktion vom Ortsraum in den Frequenzraum zu konvertieren. Im Gegensatz zur schnellen Fouriertransformation (FFT) berücksichtigt die FHT keine imaginären Teile bei der Transformation, was bei der Dosisberechnung gewünscht ist. Da die tiefenunabhängigen Kernelkomponenten w_i nur vom Bestrahlungsgerät, nicht aber vom Patienten oder vom errechneten

Therapieplan abhängen, können diese Komponenten direkt im Frequenzraum abgespeichert werden. Insgesamt müssen also nur drei Transformationen und drei Rücktransformationen pro Einstrahlrichtung ausgewertet werden, um alle Dosispunkte im Patientenwürfel zu berechnen.

Die Pencil-Beam-Methode ist eine der schnellsten und einfachsten Rechenvorschriften zur Auswertung von Dosiswerten. Besonders im wissenschaftlichen Umfeld wird sie häufig als Werkzeug genutzt, um neue Forschungsthemen zu realisieren. Auf modernen Computern kann ein kompletter Dosiswürfel in wenigen Sekunden berechnet werden. Da jedoch kein laterales Raycasting zwischen Primärinteraktion und Dosispunkt ausgeführt wird, d. h., der Kern wird nicht entsprechend der Dichteverteilung des Patienten skaliert, gibt es klare Limitationen für das Pencil-Beam-Modell. Geometrien, die hohe Dichteunterschiede aufweisen, können nicht verlässlich berechnet werden. Im klinischen Bereich betrifft das z. B. Lungentumoren (wegen der stark unterschiedlichen Dichte zwischen Lungen- und Tumorgewebe) oder Tumoren im Kopf-Hals-Bereich (aufgrund nasaler Kavitäten, die eine kleinere Dichte aufweisen als das umliegende Gewebe). Ihre Grenzen findet die Pencil-Beam Methode auch für Dosisberechnungen im Magnetfeld (z. B. bei der Verwendung im MR-Linac). Die Bahnablenkungen der Elektronen können nur mit viel Mühe im Kernel berücksichtigt werden, während spezielle Effekte, wie z. B. der Electron-Return-Effekt, nicht mit dem Kernelmodell berechnet werden kann.

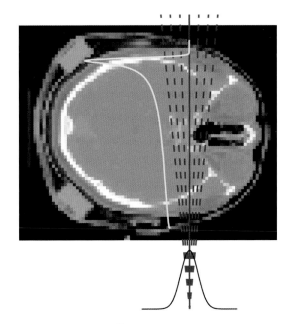

Abb. 24.11 Schematischer Überblick analytischer Dosisberechnungsalgorithmen. Die Tiefendosiskurve (*gelb*) wird nach der radiologischen Tiefe auf dem Zentralstrahl (*rot, durchgezogen*) skaliert. Der laterale Dosisabfall wird durch Gauß-Funktionen (*schwarz*) approximiert, die sich mit zunehmender Tiefe verbreitern. Bei Finesampling werden auch radiologische Tiefen neben dem Zentralstrahl (*rot, gestrichelt*) berücksichtigt. HIT-Basisdaten zur Verfügung gestellt von Oliver Jäkel

24.4.4 Dosisberechnung für Ionen

Ähnlich wie bei Photonen gibt es auch für Protonen und schwerere Ionen verschiedene Dosisberechnungsalgorithmen, die sich in Effizienz und Genauigkeit unterscheiden. Im Folgenden geben wir eine kurze Einführung in die unterschiedlichen Herangehensweisen. Ein umfassendes Verständnis bedarf jedoch Sekundärliteratur, die an den entsprechenden Stellen referenziert wird. Einige weitere Stichpunkte hierzu, wie etwa die Diskussion unterschiedlicher Strahlapplikationssysteme, finden sich in Abschn. 26.4.

24.4.4.1 Pencil-Beam-Algorithmus

Die einfachste Art der Dosisberechnung für Teilchen, die in diesem Kapitel diskutiert wird, ist ein Pencil-Beam-Algorithmus [13]. Ähnlich wie bei Photonen wird dafür die Dosisdeposition eines dünnen Nadelstrahls betrachtet. Die Dosisberechnung beruht üblicherweise auf Messungen der Tiefendosiskurve und den lateralen Strahlprofilen, die als Gauß-Funktion approximiert werden. Es erfolgt ausschließlich eine Tiefenskalierung der Dosis auf dem Zentralstrahl, wie in Abb. 24.11 schematisch dargestellt. Dies wird durch die generell sehr kleinen Reichweiten der sekundären Elektronen gerechtfertigt. Die Dosis d am Punkt $\boldsymbol{r} = (x, y, z_{rad})$ ist gegeben durch:

$$d(\boldsymbol{r}) = \frac{1}{\sqrt{2\pi\sigma^2}} e^{-\frac{(x-\mu_x)^2}{2\sigma^2}} \cdot \frac{1}{\sqrt{2\pi\sigma^2}} e^{-\frac{(y-\mu_y)^2}{2\sigma^2}} \cdot Z(z_{rad}) \quad (24.11)$$

μ_x und μ_y bezeichnen die laterale Strahlposition und z_{rad} steht für die radiologische Tiefe auf dem Zentralstrahl, welche mittels eines Raycastings und Summation über die relativen Dichten aus dem CT bestimmt wird. Die Tiefenabhängigkeit findet sich vornehmlich in der Tiefendosiskurve $Z(z_{rad})$ wieder, aber auch die Strahlbreite σ ist tiefenabhängig. Aufgrund von Mehrfach-Coulomb-Streuung und inelastischen Wechselwirkungsprozessen weitet sich der Strahl mit der Tiefe immer weiter auf. Für Mehrfach-Coulomb-Streuung kann dieser Zusammenhang gut durch analytische Rechnungen bestimmt werden [11], in der Praxis werden jedoch meist gemessene Werte verwendet. Eine endliche Strahlbreite bei Eintritt in den Patienten σ_{init} kann gut durch quadratische Addition mit dem tiefenabhängigen Beitrag der Mehrfach-Coulomb-Streuung $\sigma_{MCS}(z_{rad})$ modelliert werden:

$$\sigma^2 = \sigma(z_{rad})^2 = \sigma_{init}^2 + \sigma_{MCS}(z_{rad})^2$$

Eine Anwendung dieses Algorithmus für Protonen und schwerere Ionen unterscheidet sich ausschließlich in der verwendeten Tiefendosiskurve $Z(z_{rad})$ und den zugehörigen Strahlbreiten $\sigma_{MCS}(z_{rad})$. Es sei jedoch angemerkt, dass zur Berechnung der relativen biologischen Wirksamkeit, je nach Modell, das Strahlenfeld noch detaillierter charakterisiert werden muss. Abb. 24.12 zeigt die Abhängigkeit der Strahlbreiten für Protonen, Heliumionen und Kohlenstoffionen mit einer Reichweite von 20 cm. Offensichtlich streuen die schwereren Kohlenstoffionen nicht so stark auf, wie Heliumionen und Protonen. Diesem Sachverhalt ist für eine genaue Darstellung der Dosis ebenso Rechnung zu tragen wie der unterschiedlichen Tiefendosis

Teil IV

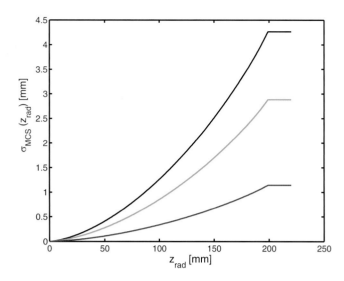

Abb. 24.12 Analytisch berechnete [11], tiefenabhängige Strahlbreiten $\sigma_{MCS}(z_{rad})$ für Protonen (*schwarz*), Heliumionen (*grün*) und Kohlenstoffionen (*rot*)

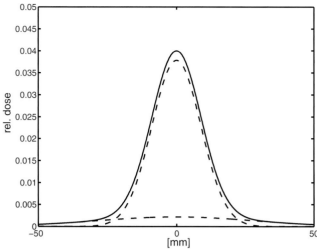

Abb. 24.13 Approximation des lateralen Dosisprofils (*durchgezogen*) von 165-MeV-Protonen in 10 cm Tiefe als Summe zweier Gauß-Funktionen (*gestrichelt*); HIT-Basisdaten zur Verfügung gestellt von Oliver Jäkel

mit Fragmentation Tail und unterschiedlich stark ausgeprägter Reichweiten-Streuung (vgl. Kap. 1).

24.4.4.2 Doppel-Gauß

Eine konzeptionell einfache Erweiterung des Pencil-Beam-Modells ist die Approximation des lateralen Strahlprofiles mit zwei Gauß-Funktionen, wie in Abb. 24.13 dargestellt. Somit lassen sich weitreichende Streuprozesse, die im Besonderen auf nuklearen Wechselwirkungen basieren, sowohl für Protonen [26] als auch für Kohlenstoff [20] besser modellieren. Die Parameter der Gauß-Verteilungen können durch Messung oder mittels Monte-Carlo-Simulation bestimmt werden.

24.4.4.3 Zweidimensionale Skalierung

Eine weitere Präzisionssteigerung ist möglich, indem man bei der Berechnung von σ_{MCS} mittels einer zweidimensionalen Skalierung explizit berücksichtigt, wie genau die Streuzentrendichte über den Strahlengang verteilt ist [27].

Beim konventionellen Ansatz wird ausschließlich die integrale radiologische Tiefe z_{rad} betrachtet. Um die Unzulänglichkeiten dieses Ansatzes zu verdeutlichen, betrachten wir einen unendlich dünnen Nadelstrahl, der in Szenario A zuerst eine 1 cm dicke Schicht Wasser penetriert und dann 100 cm Vakuum durchläuft. Der ursprünglich unendlich dünne Strahl wird sich innerhalb der Testgeometrie aufweiten; er hat nach Durchlauf der Testgeometrie eine endliche Gauß'sche Breite $\sigma_1 > 0$. Ohne zweidimensionale Skalierung würde der Pencil-Beam-Algorithmus auch in einem umgekehrten Szenario B, wo der unendliche dünne Strahl zuerst 100 cm Vakuum durchläuft und danach auf 1 cm Wasser trifft, mit der identischen Gauß'schen Breite σ_1 rechnen, da insgesamt die gleiche wasseräquivalente Tiefe von 1 cm vorliegt. Das ist offensichtlich falsch; für eine korrekte Modellierung muss die Position des Driftspace, den das

Vakuum darstellt, und die Position des Streuzentrums berücksichtigt werden. Während der Nadelstrahl in Szenario A bereits im Wasser aufstreut und dann über das Vakuum weiter auseinanderläuft, bleibt der Nadelstrahl beim Vakuumdurchgang in Szenario B vorerst ungestört. Hier weitet sich der Strahl erst bei Durchdringen der finalen 1 cm dicken Schicht Wasser auf. Somit erwarten wir in Szenario A einen deutlich breiteren Strahl als in Szenario B. Im Rahmen einer zweidimensionalen Skalierung des Pencil-Beams wird der räumlichen Beziehung zwischen den einzelnen Streuzentren Rechnung getragen.

24.4.4.4 Finesampling

Konventionelle Pencil-Beam-Algorithmen, die ausschließlich auf einem Raycasting auf dem Zentralstrahl basieren, haben große Probleme mit lateralen Inhomogenitäten im Strahlengang. Die Genauigkeit kann jedoch mit einem Finesampling der ursprünglichen Strahlbreite stark erhöht werden [26]. Hierfür wird die Gauß'sche Primärfluenz erneut in Gauß'sche Komponenten zerlegt, wie in Abb. 24.14 dargestellt. Mit Hilfe von Raycastings an den Positionen der einzelnen Subpencil-Beams kann nun auch Information über die radiologische Tiefe abseits des Zentralstrahls, wie in Abb. 24.11 angedeutet, berücksichtigt werden.

Abb. 24.15 demonstriert, dass es durch Finesampling möglich ist, das Resultat einer Monte-Carlo-Simulation sehr gut anzunähern; ganz lässt sich die Präzision eines Monte-Carlo-Dosisberechnungsalgorithmus jedoch nicht reproduzieren. Für das Beispiel in Abb. 24.15, nimmt der konventionelle Pencil-Beam-Algorithmus an, dass alle Protonen – genau wie der Zentralstrahl – die Luftinhomogenität penetrieren. Wie in der Monte-Carlo-Simulation ersichtlich, ist diese Annahme absolut unzutreffend. Die untere Hälfte des Protonenstrahls „sieht" die Luftinhomogenität nicht und verliert entsprechend mehr Energie, was sich in einem bimodalen Bragg Peak widerspiegelt. Ein Finesampling-Pencil-Beam-Algorithmus berücksich-

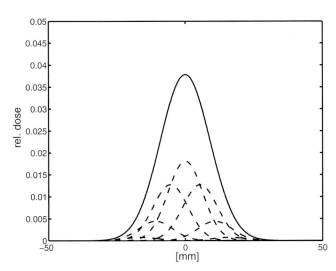

Abb. 24.14 Schematische Darstellung des Finesamplings. Die primäre Teilchenfluenz eines Pencil-Beams wird in Subpencil-Beams aufgeteilt

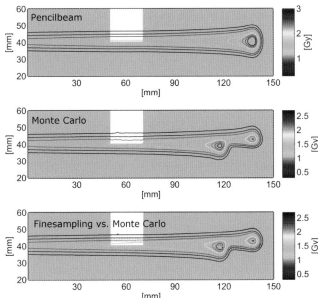

Abb. 24.15 Vergleich eines konventionellen Pencil-Beam-Algorithmus (*oben*) mit Monte-Carlo-Simulationen (*Mitte*) [21] und einem Finesampling-Pencil-Beam-Algorithmus (*unten*). Es wird jeweils ein Protonennadelstrahl mit 128 MeV und $\sigma_{init} = 3,4$ mm in einem Wasserphantom (*grau*) mit einer 20 mm Luftinhomogenität (*weiß*) simuliert. Bei der Darstellung der Feinsamplingdosisberechnung (*durchgezogen*) ist zur besseren Vergleichbarkeit ebenfalls das Resultat der Monte-Carlo-Simulationen zu sehen (*gepunktet*)

tigt ebenfalls Raycastings unter- und oberhalb des Zentralstrahls und kann somit die Bimodalität der Dosisverteilung modellieren. Da jedoch komplexere Streuphänomene, wie eine anteilige Penetration des Lufteinschlusses nicht modelliert werden, bleiben gewisse Diskrepanzen bestehen. Eine andere Möglichkeit, die Präzision von Pencil-Beam-basierten Dosisberechnungsalgorithmen zu steigern, ist nicht nur das Raycasting auf dem Zentralstrahl zu berücksichtigen, sondern mit einer kompletten volumetrischen Bestimmung der radiologischen Tiefe innerhalb des Patienten zu arbeiten [23].

24.4.4.5 Monte Carlo

Genau wie bei Photonen liefern Monte-Carlo-Simulationen auch für Ionen die zuverlässigsten Dosisberechnungsresultate – vor allen Dingen in Patientenanatomien mit ausgeprägten lateralen Inhomogenitäten. Die grundsätzliche Funktionsweise von Monte-Carlo-Simulationen für Teilchen ist vergleichbar mit den Ausführungen für Photonen in Abschn. 24.4.3.1. Basierend auf der Simulation von einzelnen Teilchen, deren Weg durch den Patienten als diskrete Abfolge verschiedener Wechselwirkungsprozesse implementiert wird, kann im stochastischen Mittel die Dosis bestimmt werden. Die Präzision der Dosisberechnung ist durch die Berücksichtigung der relevanten physikalischen Prozesse und die Genauigkeit der jeweiligen Wirkungsquerschnitte bestimmt. Auch die Beschreibung der sekundären Teilchenspektren, welche zur RBW-Berechnung erforderlich ist, erfolgt teilweise mit Monte-Carlo-Simulationen.

Für Ionen sind jedoch andere physikalische Prozesse relevant als für Photonen. Neben elastischen elektromagnetischen Wechselwirkungen, bei denen die Primärteilchen Energie verlieren, müssen insbesondere inelastische Wechselwirkungsprozesse berücksichtigt werden, bei denen Sekundärteilchen entstehen können bzw. die Primärteilchen fragmentieren. Genauso wie bei Photonen, ist auch bei Teilchen die Konvertierung der gemessenen Hounsfield Units des CT in Materialkompositionen

notwendig, um die Monte-Carlo-Simulationen durchzuführen (vgl. Abschn. 24.4.2).

Es gibt eine Vielzahl wissenschaftlicher Monte-Carlo-Toolkits, die für Probleme in der Medizinphysik genutzt werden können. Für GEANT4 existiert mit TOPAS [21] eine benutzerfreundliche Schnittstelle, die Module zur Implementierung von Bestrahlungsgeräten, das Design von Phantomen und den Import von Patientendaten bereitstellt und somit medizinphysikalische Anwendungen erleichtert.

24.4.4.6 Biologische Modellierung

Neben der physikalischen Dosis spielen bei der Ionentherapie – insbesondere für Kohlenstoff – auch andere Faktoren eine entscheidende Rolle bei der Bestimmung des biologischen Effekts innerhalb des Gewebes. Dieser Umstand wird durch eine relative biologische Wirksamkeit (RBW) modelliert, die unter anderem von der Dosis, der Gewebeart, dem linearen Energietransfer (LET) sowie dem Teilchen- und Energiespektrum der Strahlung abhängt.

Für Protonen wird klinisch eine konstante RBW von 1,1 angenommen. Vorhandene RBW-Variationen werden derzeit nicht berücksichtigt. Für Kohlenstoffionen schwankt die RBW ungefähr zwischen 2 und 4. Dieser Sachverhalt muss für die Bestrahlungsplanung explizit modelliert werden durch die Berechnung und Optimierung einer RBW-gewichteten Dosisverteilung. Diese Aspekte werden eingehend in den Kap. 22 und Abschn. 26.4 diskutiert.

24.5 Evaluation von Bestrahlungsplänen

Erklärtes Ziel der Bestrahlungsplanung ist die Bestimmung des idealen Bestrahlungsplans für jeden individuellen Patienten. Wie genau dieser ideale Bestrahlungsplan für einen individuellen Patienten jedoch aussehen sollte, hängt von verschiedensten Faktoren ab. Bestimmte Tumorerkrankungen bedürfen unterschiedlicher Dosierung – auch in Abhängigkeit vom Tumorvolumen und dem allgemeinen Fortschreiten der Erkrankung. Der ideale Bestrahlungsplan für eine palliative Bestrahlung sieht anders aus als der ideale Bestrahlungsplan für eine kurative Bestrahlung und bei der Bewertung von Plänen müssen etwaige Vorerkrankungen genauso in Betracht gezogen werden wie adjuvante Behandlungen. Aufgrund des unregelmäßigen Wachstums von Tumoren treten auch immer wieder neue anatomische Probleme während der Bestrahlungsplanung in den Vordergrund. Deshalb lassen sich kaum Klassenlösungen für bestimmte Patientenkohorten definieren. Jeder Patient bedarf einer maßgeschneiderten Bestrahlungsplanung und einer individuellen Bewertung des resultierenden Bestrahlungsplans.

24.5.1 Dosimetrische Kriterien

Das übergeordnete Ziel der Bestrahlungsplanung ist die Applikation einer adäquaten Strahlendosis innerhalb des Tumorgewebes. Da dies jedoch nur unter Inkaufnahme der Bestrahlung von Normalgewebe physikalisch realisierbar ist, gilt es, die Dosisabdeckung innerhalb der Zielvolumina gegen die Dosisbelastung innerhalb des Normalgewebes abzuwägen. Um diesen Zielkonflikt zwischen Tumor auf der einen Seite und Normalgewebe auf der anderen Seite zu bewerten, wägt man üblicherweise die lokalen Dosisverteilungen innerhalb der relevanten Strukturen gegeneinander ab. Für die Bewertung der Dosisabdeckung in Zielvolumina und die Bewertung der Dosisbelastung innerhalb des Normalgewebes werden verschiedene Ansätze genutzt, die wir im Folgenden kurz vorstellen möchten.

Eine Darstellungsmöglichkeit der dreidimensionalen Dosisverteilung sind zweidimensionale Schnittbilder. Wie in Abb. 24.16 gezeigt, kann die Dosisverteilung mittels transparenter Überlagerung und/oder Isodosenlinien relativ zur Patientenanatomie des CTs visualisiert werden. Dosisschnittbilder geben das direkte Resultat der Dosisberechnung wieder. Durch Identifikation von Isodosenlinien, die das Zielvolumen umschließen, kann die Dosisabdeckung des Zielvolumens bewertet werden; ein analoges Vorgehen ermöglicht Einschätzungen der Dosisbelastung im Normalgewebe. Darüber hinaus lassen sich Hotspots, d. h. ausgeprägte lokale Dosismaxima, gut identifizieren.

Da jedoch nur einzelne Schnittbilder des dreidimensionalen Datensatz gezeigt werden, ist es unmöglich, die Gesamtdosisbelastung innerhalb segmentierter Strukturen auf einen Blick zu erfassen. Eine parallele Darstellung aller Schnittbilder kommt schnell an Grenzen für ausgedehnte Strukturen; außerdem ist

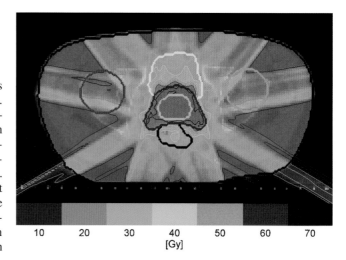

Abb. 24.16 Transversaler Schnitt durch CT und überlagerte Dosisverteilung durch Colorwash und Isodosenlinien für einen Prostatatumor. Die Farben der Segmentierung entsprechen der Legende aus Abb. 24.17

es schwierig für den Planer, die Information aus verschiedenen Bildern zu kombinieren.

Um die Komplexität der vollen dreidimensionalen Darstellung zu reduzieren, finden verschiedene Ansätze bei der Planbewertung Anwendung. Besonders naheliegend sind hierfür einfache statistische Kenngrößen wie z. B. die minimale Dosis im Zielvolumen und die maximale oder mittlere Dosis in Risikoorganen. Extrem- und Mittelwerte geben jedoch nur punktuelle Information über die Gesamtdosisverteilung innerhalb einzelner Strukturen. Dosisvolumenhistogramme (DVHs) versuchen exakt diesem Sachverhalt Rechnung zu tragen, indem die volumetrische Dosisverteilung über das gesamte Volumen einer Struktur visualisiert wird. Ein DVH gibt hierfür an, welcher Dosiswert in welchem Volumenanteil einer Struktur mindestens erreicht wird. Aus dem DVH für die Blase in Abb. 24.17 ist z. B. ersichtlich, dass ca. 20 % der Blase eine Dosis $\geq 50\,\mathrm{Gy}$ erhalten. Es handelt sich also um ein kumulatives Histogramm, wobei die Summation nicht bei $0\,\mathrm{Gy}$, sondern bei der Maximaldosis beginnt. DVHs geben zwar Information über die Dosisbelastung innerhalb des gesamten Volumens, sie können aber nicht wiedergeben, wo genau die Dosisbelastung auftritt. Räumliche Information innerhalb einer Struktur geht somit verloren.

Im Rahmen von Bestrahlungsplanungsstudien kommen auch mathematische Kenngrößen für die Zielvolumenkonformität der Dosisverteilung zur Anwendung. Ein Maß hierfür ist zum Beispiel die Konformitätszahl CN nach van't Riet [10]:

$$CN = \frac{V_{\mathrm{Target,ref}}}{V_{\mathrm{Target}}} \cdot \frac{V_{\mathrm{Target,ref}}}{V_{\mathrm{ref}}} \qquad (24.12)$$

V_{Target} bezeichnet das Volumen des Tumors, V_{ref} bezeichnet das gesamte Volumen, welches eine höhere Dosis als eine bestimmte Referenzdosis erhält, und $V_{\mathrm{Target,ref}}$ bezeichnet das Volumen innerhalb des Tumors, welches eine höhere Dosis als eine bestimmte Referenzdosis erhält. Eine häufige Wahl für die Referenzdosis d_{ref} ist 95 % der verschriebenen Dosis. $CN = 1$

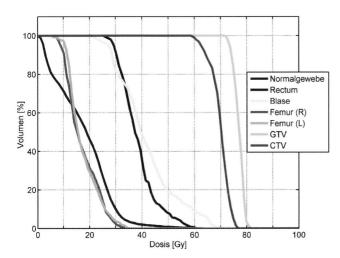

Abb. 24.17 Dosisvolumenhistogramm für einen Prostatapatienten

entspricht einer perfekten Konformität; das gesamte Zielvolumen erhält eine Dosis $\geq d_{\text{ref}}$ und außerhalb des Zielvolumens ist die Dosis immer kleiner als d_{ref}.

Zur Quantifizierung der Dosishomogenität werden üblicherweise einzelne Dosisvolumenpunkte herangezogen. Eine populäre Definition eines Homogenitätsindex ist z. B.:

$$HI = 100 \cdot \frac{D_5 - D_{95}}{D_{\text{pres}}} \qquad (24.13)$$

Hierbei bezeichnet D_x die Dosis, die $x\,\%$ des Zielvolumens mindestens erhalten.

Abstrakte Konformitäts- und Homogenitätsmaße sind jedoch nicht von primärem klinischem Interesse. Diese Faktoren werden zumeist indirekt auf transversalen Schnittbildern der Dosisverteilung und durch die Bewertung der Steilheit des DVHs für die Zielvolumen berücksichtigt.

24.5.2 Biologische Planqualitätsindikatoren

Biologisch motivierte Planqualitätsindikatoren spielen bei der klinischen Bewertung eines Bestrahlungsplans eine eher untergeordnete Rolle. Sowohl die biologischen Modelle selbst als auch die zugehörigen Modellparameter sind mit ausgeprägten Unsicherheiten verbunden; eine greifbare Interpretation bleibt schwierig.

Ein Konzept, welches vereinzelt sogar bei der inversen Planung (vgl. Abschn. 24.6) Anwendung findet, ist die sogenannte Equivalent Uniform Dose (*EUD*). Die *EUD* entspricht dem Dosiswert, der bei homogener Bestrahlung einer Struktur den gleichen biologischen Effekt induziert wie eine inhomogene Dosisverteilung. Der exakte mathematische Zusammenhang zwischen *EUD* und Dosisverteilung hängt natürlich von dem zugrunde liegenden biologischen Model ab. Eine populäre For-

mel zur Bestimmung der *EUD* lautet:

$$EUD = \left(\frac{1}{n} \sum_i d_i^a \right)^{\frac{1}{a}} \qquad (24.14)$$

n bezeichnet dabei die Anzahl an Voxeln der Sturktur und d_i die Dosis in Voxel i. a ist ein gewebespezifischer Parameter, der den biologischen Einfluss unterschiedlicher Dosisbereiche auf die *EUD* bestimmt. Für $a \to \infty$ entspricht die *EUD* der Maximaldosis, für $a \to -\infty$ entspricht die *EUD* der Minimaldosis und für $a = 1$ entspricht die *EUD* dem arithmetischen Mittel. Über den Parameter a ist es somit möglich, unterschiedliche Strahlungswirkungsbeziehungen zu modellieren und auf eine Zahl, nämlich die *EUD*, zu reduzieren.

Komplexere Modelle zur Beschreibung der Wahrscheinlichkeit von Normalgewebsreaktionen (Normal Tissue Complication Probability, NTCP) und Tumorkontrolle (Tumor Control Probability, TCP) finden bisher vor allem in wissenschaftlichen Untersuchungen Anwendung und dienen eher als zusätzliche Bewertung bei sonst nahezu gleichwertigen Dosisverteilungen.

24.5.3 Toleranzdosen

Bei der Bestrahlung eines einzelnen Patienten ist immer unklar wie genau der Patient reagieren wird. Ob die Therapie so wie gewünscht anschlagen wird, ist genauso unsicher wie etwaige Nebenwirkungen. Lediglich im Mittel über Patientenpopulationen lassen sich statistische Aussagen über den Verlauf einer Strahlentherapie treffen. Solche statistischen Dosiswirkungsbeziehungen wurden in einer Vielzahl von wissenschaftlichen Publikationen untersucht und von der QUANTEC (Quantitative Analysis of Normal Tissue Effects in the Clinic) Initiative für viele Strukturen zusammengefasst, um evidenzbasierte Entscheidungen während der Bestrahlungsplanung besser zu ermöglichen [17].

Für ausgewählte Organe beziehen sich die Zusammenfassungen der QUANTEC Initiative zumeist auf DVH-Punkte, besonders populär sind mittlere und maximale Dosis, welche dann in Zusammenhang mit Wahrscheinlichkeiten für bestimmte Nebenwirkungen gesetzt werden. Eine Empfehlung für Kopf-Hals-Bestrahlungen lautet z. B., dass eine mittlere Dosis von 25 Gy in den Ohrspeicheldrüsen nicht zu überschreiten sei, um in weniger als 20 % der Patienten eine Reduktion des Speichelflusses um 75 % zu beobachten.

Selbst mit Hilfe dieser deskriptiven Daten kann es schwierig sein, einen konkreten Fall basierend auf QUANTEC-Daten zu beurteilen. Da die Daten immer für ein bestimmtes Patientenkollektiv, eine bestimmte Behandlung, ein bestimmtes Fraktionierungsschema etc. erhoben wurden, ist unklar, ob und wie sich diese auf ähnliche – aber eben nicht identische – Patientenkollektive anwenden lassen. Aber obwohl die QUANTEC-Daten durchaus Interpretationsspielraum lassen und mit großen Unsicherheiten verbunden sind, sind sie doch ein wichtiger Anhaltspunkt während der Bestrahlungsplanung.

24.5.4 Effizienz

Neben dosimetrischen Eigenschaften der Dosisverteilung spielen auch sekundäre Kriterien des Bestrahlungsplans eine Rolle bei der abschließenden Bewertung. Im Hinblick auf eine kurze Behandlungszeit für den individuellen Patienten besteht die Motivation für eine Bestrahlung mit möglichst wenigen Einstrahlrichtungen – idealerweise unter ausschließlicher Verwendung koplanarer Felder, die ohne zusätzlich Rotation der Patientencouch realisierbar sind. Bei intensitätsmodulierten Bestrahlungen ist aus denselben Gründen eine Begrenzung der Anzahl von einzelnen Feldsegmenten wünschenswert. Natürlich wird sich eine allzu drastische Reduzierung der Einstrahlrichtungen oder der Feldsegmente negativ auf die Planqualität auswirken. Andererseits wird eine längere Behandlungsdauer sich aufgrund der größeren Unsicherheit durch Bewegungen generell negativ auswirken. Da eine kurze Bestrahlung außerdem auch im Interesse der Klinik ist, um den Patientendurchsatz und damit die Wirtschaftlichkeit zu erhöhen, entsteht hier ein Zielkonflikt. Ähnliche Argumente greifen im Übrigen auch bei der Rotationstherapie (vgl. Abschn. 26.3). Auch hier lässt sich durch eine Reduktion der Intensitätsmodulation die Bestrahlungszeit reduzieren.

24.5.5 Diskussion

Eine eindeutige Bewertung von Bestrahlungsplänen ist ein sehr schwieriges Unterfangen. Es sind oftmals weit mehr als die zwei direkt konkurrierenden Zielsetzungen einer homogenen Bestrahlung im Zielvolumen und einer möglichst niedrigen Dosis im umliegenden Normalgewebe zu berücksichtigen. Selbst bei einem relativ überschaubaren Planungsproblem wie einer Prostatabestrahlung (vgl. Abb. 24.16 und 24.17) sind mehrere Zielsetzungen gegeneinander abzuwägen. Neben der Dosis im Zielvolumen spielt vor allen Dingen die Dosisbelastung innerhalb des Rektums eine große Rolle. Aber auch die Dosisbelastung der Blase und der Oberschenkelknochen (Femur) sind zu berücksichtigen, genauso wie mögliche Hotspots im Normalgewebe. Zwischen vielen dieser eigenständigen Zielsetzungen bestehen wechselseitige Abhängigkeiten und es bleibt bis zu einem gewissen Maß den individuellen Vorlieben des Therapeuten überlassen, wie er den Zielkonflikt im Rahmen dieses multikriteriellen Entscheidungsprozesses auflöst. Die Komplexität dieses Entscheidungsprozess wird zusätzlich erhöht von der Möglichkeit durch Intensitätsmodulation die Dosisverteilung außerhalb des Tumors zu verändern bei gleichbleibender Bestrahlung des Zielvolumens.

Bei der Bewertung von Bestrahlungsplänen spielen auch Aspekte eine Rolle, die während der Dosisberechnung und inversen Planung nicht modelliert werden. So wird die Variabilität der Dosisverteilung aufgrund von Unsicherheiten bei der Patientenimmobilisierung sowie inter- und intrafraktioneller Bewegungen der Patientenanatomie nicht routinemäßig quantifiziert, sie kann aber wohl während der Bestrahlungsplanung indirekt berücksichtigt werden, z. B. durch Sicherheitssäume um Risikoorgane.

24.6 Inverse Planung

24.6.1 IMRT

Die klinische Anwendung der intensitätsmodulierten Strahlentherapie (IMRT) wird im Allgemeinen als eine der interessantesten Entwicklungen der modernen Radioonkologie bezeichnet.

Auch schon vor der weiten Verbreitung der IMRT in der klinischen Routine wurden Therapiepläne über sogenannte konformale Bestrahlungsfelder erzeugt (s. auch Abschn. 26.1). Ein offenes konformales Bestrahlungsfeld appliziert eine konstante zweidimensionale Intensitätsfunktion, die lateral an die Geometrie des zu bestrahlenden Volumens angepasst wird. Ein Beispiel einer solchen Intensitätsverteilung ist in Abb. 24.18 gegeben.

Das Zielvolumen (rot) wird von einer Quelle bestrahlt. Über eine Intensitätsfunktion $F(x, y)$ wird dabei das Bestrahlungsfeld für das Zielvolumen entsprechend „zugeschnitten". Man erkennt offene Intensitätsgebiete ($F(x, y)$ konstant und größer 0) die geometrisch auf das Zielvolumen abbilden. Damit wird sichergestellt, dass der Tumor ausreichend beleuchtet wird, während das umliegende (gesunde) Gewebe so weit wie möglich geschont wird. Ein Therapieplan realisiert durch konformale Felder bestimmt sich also aus der Form des offenen Bestrahlungsfeldes, der Anzahl der applizierten Felder und deren Richtung. Die Form der konformalen Bestrahlungsfelder ist aufgrund der geometrischen Anschaulichkeit relativ leicht nachvollziehbar. Daneben können Anzahl und Richtung der Bestrahlungsfelder von einem erfahrenen Therapeuten manuell bestimmt werden. Die Therapieplanung mit offenen Feldern ermöglicht eine effektive Behandlung von konvexen Zielvolumina, die sich in ausreichender Entfernung von strahlungs-

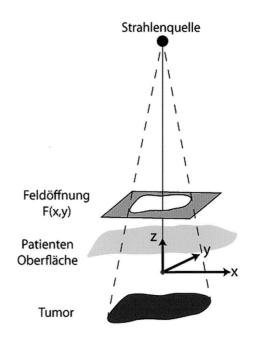

Abb. 24.18 Anlegen eines offenen Bestrahlungsfeldes angepasst an die Tumorgeometrie

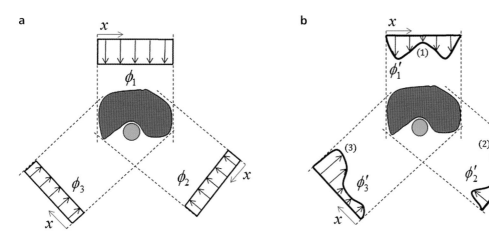

Abb. 24.19 Vergleich der konformalen Therapie mit IMRT an einer konkaven Tumorgeometrie. **a** 3D-konformale Therapie mit offenen Feldern im Tumorbereich, **b** Verwendung von intensitätsmodulierten Feldern (IMRT)

sensitivem Gewebe befinden. Für komplexe Geometrien, die strahlungssensitive Organe in der unmittelbaren Nähe von konkaven Zielvolumina beinhalten, wie in Abb. 24.19 gezeigt, ist die konformale Therapieform jedoch suboptimal.

Abb. 24.19 zeigt eine transversale Schnittebene durch einen 3-dimensionalen Planungsaufbau. Das Zielvolumen (rot) hat eine konkave Geometrie in dessen unmittelbarer Nähe ein strahlungssensitives Risikoorgan (OAR in grün) liegt. Man erkennt, wie die Feldöffnung an die Zielgeometrie angepasst wurde. Die Gesamtintensität jedes Strahlungsfeldes kann einzeln während der Behandlung variiert werden. Durch die geometrische Lage der beiden Organe zueinander ist es dem Planer jedoch nicht möglich einen großen Dosisunterschied zwischen Zielvolumen und Risikoorgan aufzubauen. Eine vollständige Ausleuchtung des Tumors führt unmittelbar zu einer Überdosierung des Risikoorgans, da sich dieses ebenfalls im Durchschnitt aller offenen Strahlungsfelder befindet. Die Strahlendosis, die appliziert werden kann, ist damit streng von der Toleranz des Risikoorgans limitiert. Eine ausreichende Dosiseskalation im Zielorgan ist nicht möglich, ohne das Risikoorgan nachhaltig zu schädigen.

Um Patientengeometrien wie in Abb. 24.19 mit einer höheren Dosis zu behandeln, muss die Intensitätsfunktion des Bestrahlungsfeldes moduliert werden können. Durch die zusätzlichen Freiheitsgrade ist es somit möglich, die Konformität des Dosismusters im Patienten zu erhöhen, d. h., die Dosisverteilung „schärfer" an die Zielgeometrie anzupassen. Eine solche Modulation ist in Abb. 24.19b gezeigt. Man erkennt, dass die Intensitätsfunktion einen hohen Wert annimmt für Amplitudenabschnitte, die hauptsächlich auf das Zielvolumenmaterial abgebildet werden. Für Amplitudenbereiche, die in der Projektion des Risikoorgans liegen, wird hingegen eine niedrigere Intensität appliziert. Abb. 24.20 visualisiert die resultierende Dosisverteilung einer intensitätsmodulierten Bestrahlung für ein vergleichbares Planungsszenario.

Das resultierende Dosismuster aus allen Einstrahlrichtungen zusammen ergibt eine schärfere Abgrenzung des Hochdosisbereiches für das Zielvolumen, als es mit der konformalen Planungsmethode unter Zuhilfenahme offener Felder möglich ist

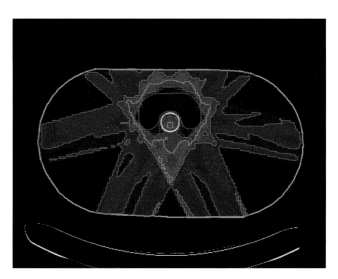

Abb. 24.20 Dosisverteilung mit sieben intensitätsmodulierten Feldern

(vgl. Abb. 24.3 rechts). Das beschriebene Therapieverfahren bezeichnet man als intensitätsmodulierte Strahlentherapie (IMRT) und wird heutzutage in vielen modernen Therapiezentren eingesetzt. Obwohl die prinzipielle Idee der Intensitätsmodulation in der Bestrahlung bereits 1982 von Brahme publiziert wurde [7], hat es nochmals 20 Jahre gedauert, bis die IMRT-Technik effizient am Patienten eingesetzt werden konnte.

24.6.2 Das inverse Planungsproblem in der intensitätsmodulierten Strahlentherapie

Mit der intensitätsmodulierten Strahlentherapie ist es möglich, eine hochkonforme Dosisverteilung für konkave Zielvolumen zu erzeugen. Um dies zu erreichen, muss für jede Einstrahlrichtung eine geeignete Modulation der Fluenzamplituden gefunden werden (vgl. Abb. 24.19). Im Gegensatz zu einer konformalen Bestrahlung ist die Anzahl an zu bestimmenden Freiheitsgraden jedoch so hoch, dass sich die IMRT-Planung eines computergestützten Verfahrens bedient, welches ein sogenanntes inverses Planungsproblem löst.

Bei der Formulierung eines inversen Planungsproblems gibt der Planer für vorsegmentierte Organe eine bestimmte Dosislimitation vor und fragt nach einer geeigneten Fluenzmodulation, die die geforderten Dosisvorgaben so gut es geht realisiert. Dies ist die umgekehrte Vorgehensweise zur herkömmlichen Vorwärtsplanung, die vor Einführung der IMRT angewendet wurde. Bei der Vorwärtsplanung gibt der Planer eine bestimmte Feldöffnungsform vor und fragt nach der Dosis die diese Feldöffnung im Patienten erwirkt. Diese Methode ist allerdings nur bei offenen Feldern effektiv. Bei modulierten Feldern wird der Planungsvorgang als inverses Problem definiert.

Ein Beispiel für die Formulierung eines inversen Planungsproblems kann man Anhand von Abb. 24.19b geben: Nimmt man an, dass das Zielvolumen (rot) z. B. eine Prostata darstellt und das Risikoorgan (grün) das Rektum ist, so könnte der Planer fordern, dass das Zielvolumen mit einer homogenen Dosis von ca. 70 Gy beleuchtet wird, während im Risikoorgan höchstens eine Dosis von 40 Gy appliziert werden soll. An dieser Formulierung wird eines der wesentlichen Probleme der inversen Planung deutlich: Die gewünschte Dosisverteilung muss nicht unbedingt physikalisch realisierbar sein. In dem gegebenen Beispiel sind Zielvolumen und Risikoorgan relativ dicht beieinander. Aufgrund der endlichen lateralen Streuung von Photonen können nicht beliebig steile Dosisgradienten erzeugt werden, so dass man nicht für alle Voxel die Dosisvorgaben erfüllen kann. Gerade im Randbereich des Risikoorgans zum Tumor hin wird es z. B. Voxel geben, die mehr als 40 Gy Dosis erhalten, wenn man eine homogene Tumorbeleuchtung von 70 Gy vorschreibt. Es entsteht also ein Zielkonflikt zwischen den verschriebenen Dosiswerten. Um diesen Zielkonflikt aufzulösen, wird gewöhnlich zu jedem verschriebenen Dosiswert ein relativer Gewichtungsfaktor mit angegeben. Die Güte eines Plans kann dann mit Hilfe einer mathematischen Zielfunktion für jedes segmentierte Organ beschrieben werden. Eine mögliche Wahl einer Zielfunktion für das Tumorvolumen lautet:

$$F^t = \sum_{i \in \text{Target}} s_u^t [d_t^{\min} - d_i]_{\geq 0}^2 + s_o^t [d_i - d_t^{\max}]_{\geq 0}^2 \quad (24.15)$$

Die Summation läuft dabei über alle Voxel i im Zielvolumen (Target). d_i bezeichnet die Dosis in einem Voxel, während $d_t^{\min}$ und $d_t^{\max}$ die maximale und die minimale Dosis im Zielvolumen festlegen. Die Faktoren $s_{u/o}^t$ erlauben eine unterschiedliche Wichtung der Beiträge von Unter- und Überdosierung in der Zielfunktion. In unserem Beispiel sollte der Tumor mit einer homogenen Dosis von 70 Gy bestrahlt werden, d. h. $d_t^{\min} = d_t^{\max} = 70$ Gy. Der Operator $[\cdot]_{\geq 0}$ gewährleistet, dass nur positive Werte mit in die Summation eingehen. Für die Definition der Zielfunktion bei Risikoorganen macht es keinen Sinn, eine untere Dosisgrenze vorzuschreiben. Dadurch vereinfacht sich die Beschreibung für Risikoorgane wie folgt:

$$F^r = \sum_{i \in \text{Risiko}} s_o^r [d_i - d_r^{\max}]_{\geq 0}^2 \quad (24.16)$$

wobei der Index i jetzt über alle Voxel im Risikoorgan läuft. Die gesamte Zielfunktion des Therapieplans würde in diesem einfachen Beispiel dann lauten: $F = F^r + F^t$. Sollen mehrere Tumorvolumina oder Risikoorgane bei der Planung in Betracht gezogen werden, so muss für jedes weitere Organ eine neue Zielfunktion aufgestellt werden. Die Gesamtsumme F (Zielfunktion des Therapieplans) unter Berücksichtigung aller N_t Tumorvolumina und N_r Risikoorgane lautet dann:

$$F = \sum_{t=1}^{N_t} F^t + \sum_{r=1}^{N_r} F^r \quad (24.17)$$

Anschaulich beschreibt die Zielfunktion F die gewichtete quadratische Abweichung des aktuellen Therapieplans von dem verschriebenen (gewünschten) Plan. Je höher der Wert der Zielfunktion ist, desto größer ist die Abweichung. Ein Zielfunktionswert von 0 würde bedeuten, dass der aktuelle Plan alle Dosisvorgaben, die mittels $d_t^{\min}$, $d_t^{\max}$ und $d_r^{\max}$ spezifiziert wurden, erfüllt.

Da die Dosis d_i in jedem Voxel eine Funktion der Feldmodulation w ist, kann man in der Zielfunktion den Term d_i durch folgende Gleichung ersetzen (vgl. Abschn. 24.4.1):

$$d_i = \sum_j D_{ij} w_j \quad (24.18)$$

Damit wird auch die Zielfunktion explizit von der Modulation abhängig und man formuliert die Lösung des inversen Problems durch Minimierung der Zielfunktion:

$$w^* = \underset{w \geq 0}{\arg\min} \, F(w) \quad (24.19)$$

Dieser Ausdruck bedeutet, dass man eine Modulation w^* sucht, welche die Zielfunktion hinsichtlich der vorgegebenen Dosislimitationen minimiert. Die Bedingung $w \geq 0$ beschränkt dabei den Lösungsraum auf positive Strahlungsfluenzen. Eine Lösung kann praktisch durch Anwenden einer mathematischen Optimierung gefunden werden, wie im folgenden Abschnitt gezeigt wird.

Zuvor soll noch einmal die Notwendigkeit einer Optimierung diskutiert werden. Man könnte vermuten, dass sich die Modulation w direkt aus Gl. 24.18 ergibt. Die Matrix D_{ij} ist bekannt. Setzt man nun für d_i die verschriebene Dosis ein, so erhält man durch Umstellen des Matrix-Vektor-Produkts direkt die gesuchte Modulation: $w = d * D^{-1}$. Formal ist dieser Ansatz korrekt, praktisch jedoch aus zwei Gründen kein adäquater Lösungsansatz: Zum einen ist die Matrix sehr groß und in der Regel schlecht konditioniert, d. h., es ist sehr rechenaufwendig (wenn überhaupt exakt möglich), die Pseudoinverse D^{-1} zu bilden. Angenommen man findet eine Pseudoinverse, so würde man darüber hinaus nicht ausschließen können, dass die Gleichung durch zum Teil negative Einträge im Modulationsvektor w gelöst wird. Dies würde aber bedeuten, dass man negativen Fluenzamplituden anlegen müsste, d. h., man müsste eine negative Dosis applizieren, was physikalisch nicht realisierbar ist.

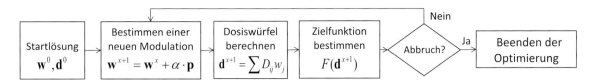

Abb. 24.21 Workflow einer konventionellen Newton-basierten IMRT-Optimierung

24.6.3 Praktische Lösung des inversen Planungsproblems – Planoptimierung

Das inverse Planungsproblem beschrieben durch Gl. 24.19 wird in modernen Strahlentherapieplanungsprogrammen durch ein mathematisches Optimierungsverfahren gelöst. Es handelt sich dabei um eine numerische Rechenvorschrift, die iterativ die Zielfunktion des Therapieplans minimiert. In der Praxis wird dazu oft ein Newton-Verfahren verwendet, das für die Anwendung in der Strahlentherapie in diesem Abschnitt beschrieben wird.

Der Ablauf der Optimierung für die IMRT ist in Abb. 24.21 dargestellt. Am Anfang jeder Planung wird eine initiale Modulation der Fluenzamplituden als Startlösung vorgeschlagen. Dabei werden z. B. alle Feldelemente auf einen konstanten Wert gesetzt, so dass eine mittlere Dosis im Zielvolumen erzeugt wird. Je nach Anwendungsfall kann die Strategie zur Bestimmung einer Startlösung variieren. In den meisten Fällen ist die Anfangsmodulation jedoch trivial und schnell bestimmbar. Im nächsten Schritt wird eine neue Fluenzmodulation nach der Optimierungsvorschrift erzeugt. Auf Grundlage der soeben gefundenen Modulation wird die Dosisverteilung im Patienten mit Hilfe von Gl. 24.18 berechnet. Anschließend wird die Zielfunktion (siehe Gl. 24.17) für jedes vorsegmentierte Organ berechnet, welches bei der Optimierung berücksichtigt werden soll. Die relative Änderung der Zielfunktion entscheidet darüber, ob die Optimierung fortgesetzt wird (d. h., ob eine weitere Iteration des Optimierungsalgorithmus durchgeführt werden soll). Hat sich der Wert der Zielfunktion signifikant verkleinert, ist davon auszugehen, dass eine erneute Iteration eine weitere Reduzierung der Zielfunktion bewirkt. Hat sich der Wert der Zielfunktion hingegen in den letzten 2 bis 3 Iterationen nur unmerklich verbessert, geht man davon aus, dass eine hinreichend optimale Lösung gefunden wurde und der Prozess bricht ab.

In jeder weiteren Iteration wird anhand der aktuellen Zielfunktion eine neue Fluenzmodulation nach folgender Vorschrift berechnet:

$$w_j^{x+1} = [w_j^x - \alpha \, p_j^x]_{\geq 0} \qquad (24.20)$$

Ein verbesserter Satz an Lösungsparametern wird iterativ aus dem vorherigen bestimmt, indem man ein Schritt im Lösungsraum in Richtung p^x mit der Schrittlänge α tätigt. Bei einem Newton-Verfahren wird hierfür ein quadratisches Modell der Zielfunktion konstruiert und der nächste Iterationsschritt wird in Richtung des Minimums der quadratischen Approximation p^x gesucht, welche sich aus dem Produkt des Gradienten und

der inversen Hessematrix der Zielfunktion ergibt:

$$p^x = (\nabla^2 F(w^x))^{-1} \nabla F(w^x) \qquad (24.21)$$

Der Gradient der Zielfunktion kann mit Hilfe von Gl. 24.15 bis 24.17 leicht berechnet werden:

$$\nabla F(w^x) = \sum_i \frac{\mathrm{d} f_i}{\mathrm{d} w_j} = \sum_i 2 s_i [d_i - d_i^{\mathrm{pres}}] D_{ij} \qquad (24.22)$$

Für diese Darstellung wurde nicht explizit zwischen Über- und Unterdosierung sowie Zielvolumen und Risikoorganen unterschieden. Das Ausrechnen der inversen Hessematrix ist im Gegensatz zum Gradienten deutlich zeitaufwendiger. Stattdessen verwendet man verschiedene Verfahren, um die Hessematrix anzunähern (Quasi-Newton-Verfahren). Eine relativ einfache Lösung ist, nur die Diagonalelemente zu berechnen und alle anderen Einträge der Matrix zu vernachlässigen. Das Invertieren der Hessematrix ist dann trivial. Eine schnellere Konvergenz der Optimierung kann mit Hilfe des Broyden-Fletcher-Goldfarb-Shanno(BFGS)-Näherungsverfahrens erreicht werden. In der Praxis wird oft die sogenannte Limited-Memory-Variante (L-BFGS) verwendet, die direkt das Produkt aus Gradient und inverser Hessematrix (Gl. 24.21) approximiert.

Die Konvergenz der Optimierung wird durch die Schrittweite α gesteuert. Man kann zeigen, dass es von einer Iteration zur nächsten zu einer stetigen Verbesserung des Plans kommt (bis das Minimum erreicht wird), wenn man die Schrittweite nur klein genug wählt. Alternativ dazu kann man eine sinnvolle Schrittweite für jede Iteration neu schätzen lassen, die einerseits groß genug ist, um einen signifikanten Schritt hin zum Minimum zu ermöglichen, ohne andererseits jedoch die Konvergenz zu gefährden. In modernen Bestrahlungsplanungsprogrammen wird dies z. B. durch entsprechende Line-Search-Algorithmen gewährleistet. Allgemeine Informationen hierzu und zum L-BFGS-Verfahren können z. B. aus [19] entnommen werden; die spezielle Anwendung für die inverse Planung wird in [2] näher erläutert.

24.6.4 Alternative Zielfunktionen

Die in Abschn. 24.6.2 und 24.6.3 diskutierte Zielfunktion entspricht im Wesentlichen einer Anpassung der eigentlichen Dosisverteilung an eine gewünschte Dosisverteilung mit Hilfe der Methode der kleinsten Quadrate (Least-Square Fit), welche über $d_{r/t}^{\mathrm{min/max}}$ spezifiziert wird. Diese quadratische Zielfunktion hat verschiedene Vorzüge. Da es sich um eine konvexe Formulierung des inversen Problems handelt [2], hat man keine Probleme mit lokalen Minima, sowohl Zielfunktion als auch Gradient sind effizient zu berechnen und die Formulierung des Optimierungsproblems lässt sich greifbar interpretieren.

Neben der hier eingehender vorgestellten quadratischen Zielfunktion gibt es eine Vielzahl alternativer Formulierungen, die sowohl wissenschaftlich als auch in kommerziellen Planungssystemen genutzt werden. Besonders hervorzuheben sind hierbei Optimierungsansätze, die nicht nur auf einzelnen Toleranzdosen $d_{r/t}^{\min/\max}$, sondern auf einer Reihe von Dosisvolumenpunkten (vgl. Abschn. 24.5.1) beruhen. Aber auch Zielfunktionen, die eine gewichtete Summe der EUD (vgl. Abschn. 24.5.2) in einzelnen Strukturen optimieren, finden bereits Anwendung innerhalb kommerzieller Planungssysteme. Immer häufiger werden auch Formulierungen des Planungsproblems genutzt, die explizit feste Nebenbedingungen in Form linearer Ungleichungen berücksichtigen. Somit ist es z. B. möglich, untere und/oder obere Dosisgrenzen innerhalb segmentierter Strukturen zu definieren, die nicht verletzt werden dürfen, und eine Zielfunktion unter Einhaltung dieser Nebenbedingung zu optimieren. Zur Lösung solcher beschränkten Optimierungsprobleme wird üblicherweise die Methode des sogenannten Sequential Quadratic Programming (SQP) verwendet oder Interior-Point-Methoden [19].

24.6.5 Segmentierung und Direct Aperture Optimization

Das Resultat einer inversen Planung, wie in Abschn. 24.6.2 und 24.6.3 beschrieben, sind die Amplituden aller diskreten Bixel, die die optimale Dosisverteilung gemessen an der verwendeten Zielfunktion liefern. Für die Applikation eines intensitätsmodulierten Feldes mit einem klinischen Linearbeschleuniger, muss diese Amplitudenfunktion jedoch mit einem Multileaf-Kollimator erzeugt werden (vgl. Kap. 20). Nach der Optimierung werden dafür die optimierten Bixelintensitäten in diskret applizierbare Segmente zerlegt, wie in Abb. 24.22 gezeigt.

Grundsätzlich unterscheidet man zwei verschiedene Applikationstechniken. Bei einer statischen Applikation bewegen sich die Leaves des Multileaf-Kollimators nicht während der Bestrahlung. Die Intensitätsmodulation wird durch sequenzielles Abstrahlen diskreter Segmente erreicht, wie in Abb. 24.22 verdeutlicht wird. Bei einer dynamischen Applikationstechnik hingegen wird die Intensitätsmodulation durch eine konzertierte Bewegung aller Leaves des Multileaf-Kollimators während der Bestrahlung erreicht. Mit beiden Applikationstechniken lässt sich im Prinzip jede beliebige eindimensionale Amplitudenfunktion verlustfrei darstellen (in Richtung parallel zur Leaf-Bewegung; orthogonal treten Diskretisierungen aufgrund der einzelnen Leaves auf). Bei der statischen Applikation ist dies jedoch erst zwingenderweise der Fall, wenn die Anzahl der Segmente der Anzahl an Bixeln entspricht. Möchte man die Anzahl der Segmente reduzieren, z. B. um die Behandlungszeit zu verkürzen, geht dies zwangsläufig mit einer Verschlechterung der Approximation der Amplitudenfunktion einher. Auch

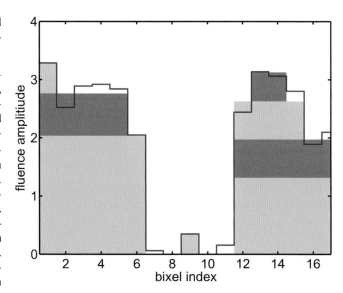

Abb. 24.22 Optimierte Bixelintensitäten (Amplitudenfunktion) entlang der Bewegungsrichtung der Leaves des Multileaf-Kollimators (*rot*) und diskrete Feldsegmente, die sequenziell appliziert werden können (*grau*)

bei einer dynamischen Applikation besteht ein Zusammenhang zwischen Bestrahlungszeit und Güte der Approximation der optimierten Amplitudenfunktion. Hier muss unter Umständen die Geschwindigkeit einzelner Leaves stark reduziert werden, um bestimmte Intensitätsmuster zu erzeugen. Das ist besonders bei „Intensitätslöchern" der Fall, die in Abb. 24.22 z. B. um die Bixelindizes 7/8 und 10/11 auftreten. Auch die maximale Geschwindigkeit der Leaves muss berücksichtigt werden.

Der Segmentierungsschritt nach der Optimierung, welcher zwingend notwendig ist, um die Lösung des inversen Problems klinisch applizierbar zu machen, entkoppelt gewissermaßen die Optimierung von der schlussendlich abgestrahlten Dosisverteilung. Die Segmentierung führt Approximationen der optimierten Amplitudenfunktion ein, die sich negativ in der Dosisverteilung niederschlagen können.

Um diesem Sachverhalt Rechnung zu tragen, wurden sogenannte Direct-Aperture-Optimization(DAO)-Algorithmen entwickelt, die zum Teil auch bereits in kommerziellen Planungssystemen verfügbar sind. DAO bezeichnet den Ansatz, direkt die Form und Intensität einzelner Feldsegmente zu optimieren. Die Optimierungsparameter sind also nicht mehr die Modulation w, sondern die Positionen der rechten und linken Leaves des Multileaf-Kollimators $l^{R/L}$ sowie die Intensität a_k des einzelnen Feld k. Mit DAO-Verfahren wird somit eine bessere Verzahnung von Planung und Applikation erreicht. Auch unmittelbar nach und sogar während der Optimierung gilt: „What you see is what you get."

Ein häufig angewendetes DAO-Verfahren ist die gradientenbasierte DAO. Hierfür muss zunächst sowohl die Dosisberechnungsvorschrift (Gl. 24.1) als auch die Gradientenberechnung (Gl. 24.18) mit Hilfe einer linearen Approximation der Bixelintensität als Funktion der Leafposition umgestellt werden [9]:

$$w_j = \sum_k a_k \cdot c_{jk} \qquad (24.23)$$

w_j bezeichnet die Intensität von Bixel j und c_{jk} die relative Öffnung von Bixel j in Segment k. Ist Bixel j komplett verdeckt in Segment k von den Leaves des Multileaf-Kollimators, gilt $c_{jk} = 0$. Ist Bixel j komplett einer Bestrahlung ausgesetzt in Segment k, gilt $c_{jk} = 1$. Wird Bixel j teilweise verdeckt von den Leaves des Multileaf-Kollimators in Segment k, entspricht c_{jk} der relativen Öffnung. Mit diesem Ansatz ist es möglich, an der Dosisberechnung in Form eines Matrix-Vektor-Produkts festzuhalten und Ableitungen der Zielfunktion F für die Position eines einzelnen Leafs und die Intensität einzelner Feldsegmente zu berechnen, um einen effizienten Optimierungsprozess zu ermöglichen:

$$\frac{\partial F}{\partial a_k} = \sum_j \frac{\partial F}{\partial w_j}\frac{\partial w_j}{\partial a_k} = \sum_j \frac{\partial F}{\partial w_j} c_{jk} \qquad (24.24)$$

$$\frac{\partial F}{\partial l_l^{L/R}} = \sum_j \frac{\partial F}{\partial w_j}\frac{\partial w_j}{\partial l_l^{L/R}} = \frac{\partial F}{\partial w_{j\in l}}\frac{a_k}{\delta} \qquad (24.25)$$

Die Notation $j \in l$ bezeichnet das Bixel, über welchem die Spitze von Leaf l steht; δ steht für die physikalische Breite eines Bixels (vgl. Abb. 24.4).

Da eine DAO ein hochgradig nicht-konvexes Optimierungsproblem ist, bedarf es einer guten Startlösung, um mit der gradientenbasierten DAO nicht in lokalen Minima zu landen, die sehr weit von der Planqualität des globalen Optimums entfernt sind. Üblicherweise werden deshalb mit einer konventionellen Optimierung und Segmentierung diskrete Feldsegmente erzeugt, die mit einer abschließenden gradientenbasierten DAO verfeinert werden.

Neben gradientenbasierten DAO-Algorithmen gibt es auch Ansätze, die auf Simulated Annealing, heuristischen Suchverfahren oder Column-Generation-Algorithmen basieren. [9] ist ein guter Ausgangspunkt, um Sekundärliteratur diesbezüglich zu identifizieren.

24.6.6 Inverse Planung in der Teilchentherapie

Grundsätzlich wird die inverse Planung für intensitätsmodulierte Teilchentherapie (IMPT) genauso implementiert wie in Abschn. 24.6.2 und 24.6.3 für Photonen beschrieben. Allerdings handelt es sich um ein ungleich größeres Optimierungsproblem, da als zusätzlicher Freiheitsgrad die Reichweite der Teilchen auftritt. Während für die konventionelle IMRT typischerweise $\sim 1 \cdot 10^3 \dots 5 \cdot 10^3$ Bixel in die Dosisberechnung und Optimierung eingehen sind für IMPT $\sim 5 \cdot 10^4$ Optimierungsvariablen keine Seltenheit. Methodisch kann das zugrunde liegende mathematische Optimierungsproblem identisch gelöst werden; aufgrund der größeren Dosisbeitragsmatrix und der größeren Anzahl an Freiheitsgraden sind jedoch die benötigten Laufzeiten deutlich

erhöht. Für Kohlenstoff muss darüber hinaus zwingend schon während der Optimierung die Variabilität der RBW modelliert werden (vgl. Abschn. 24.4.4.6 und Kap. 11), was mit zusätzlichem Rechenaufwand verbunden ist und Nichtlinearitäten in das Optimierungsproblem einführt.

24.6.7 Nachteile der konventionellen Planoptimierung

Obwohl sich die Newton-basierte Optimierungsmethode von Therapieplänen seit den Anfängen der IMRT durchgesetzt hat, gibt es heutzutage einige wesentliche Kritikpunkte.

Aus Sicht der klinischen Anwendung ist die Formulierung einer Zielfunktion als Planungsvorgabe relativ schlecht geeignet. Der Planer muss sein ganzes klinisches Wissen bzw. seine Vorstellung des Bestrahlungsplans als eine Reihe von Dosislimitationen formulieren. Konflikte zwischen verschiedenen Planungszielen können nur mit Hilfe der Gewichtsfaktoren s aufgelöst werden. Der Gewichtsfaktor hat jedoch keine unmittelbare klinische Bedeutung. Es ist unklar, welchen Einfluss eine Änderung der Gewichtsfaktoren (oder der verschriebenen Dosis) auf den sodann optimierten Plan haben wird. Erst nachdem die Optimierung komplett abgeschlossen ist, kann der Einfluss der Änderung auf den gesamten Plan abgeschätzt werden. Die Verwendung einer Optimierungsmethode unter Zuhilfenahme einer Zielfunktion führt zudem in erster Linie zu mathematisch optimalen Plänen, die nicht zwingend klinisch optimal sein müssen. In vielen Fällen sind diese Pläne sogar trotz ihrer Optimalität hinsichtlich der Zielfunktion noch nicht einmal klinisch akzeptabel. In diesem Fall muss man iterativ eine geeignete Ausbalancierung der Zielkonflikte (d. h. einen geeigneten Satz von Gewichtsfaktoren) finden. Wenn man bedenkt, dass jede Planoptimierung in der Größenordnung von einigen Minuten dauert, kann dieser Trial-and-Error-Prozess in einigen Fällen mitunter sehr zeitaufwendig sein.

Der Ansatz einer interaktiven multikriteriellen Optimierung (kurz MCO) [28] versucht dieses Problem zu lösen, indem ein Satz pareto-optimaler Bestrahlungspläne vorberechnet wird. Für die Bestrahlungsplanung bedeutet Pareto-Optimalität, dass ein Bestrahlungsplan in keiner Zielsetzung verbessert werden kann, ohne eine andere Zielsetzung zu verschlechtern. Bei einem pareto-optimalen Prostatabestrahlungsplan kann z. B. die maximale Dosis in Rektum und Blase nicht verringert werden ohne die Abdeckung des Zielvolumens zu beeinträchtigen. Mit einem Satz an Bestrahlungsplänen, welcher die Pareto-Front hinreichend abdeckt, ist es unter Umständen möglich, eine Lösung des Zielkonfliktes interaktiv zu erreichen und schneller einen Plan zu finden, der klinischen Vorgaben entspricht. Ein komplementärer, aber ebenso vielversprechender Ansatz zielt auf eine weitgehende Automatisierung des Planoptimierungsprozesses mittels beschränkter Optimierung ab [8].

Ein weiterer Nachteil, der auch im Rahmen einer multikriteriellen Optimierung bestehen bleibt, ergibt sich daraus, dass Dosislimitationen nur für vorsegmentierte Organe verschrieben werden können. Es ist hierbei nicht möglich, für einen Teil einer segmentierten Struktur andere Dosiswerte vorzuschreiben. Sollte dies aus klinischer Sicht notwendig sein (was für komplexe Fälle häufig vorkommt), so müssen zusätzlich virtuelle Hilfsorgane innerhalb der vorsegmentierten Struktur definiert werden, für die dann wiederum eine Dosislimitation festgelegt werden kann. Dieser Prozess ist jedoch ebenfalls sehr zeitaufwendig, da der Planungsprozess unterbrochen werden muss und der Plan im Segmentierungsmodus bearbeitet werden muss.

In den letzten Jahren hat sich die adaptive Strahlentherapie (ART) immer mehr als ein wichtiges Anwendungsgebiet herausgestellt (vgl. Abschn. 26.6). Die ART versucht den Bestrahlungsvorgang an eine geänderte Patientengeometrie möglichst zeitnah anzupassen. Eine neue Patientengeometrie kann durch bildgebende Verfahren wie CT und MR erfasst werden. Ein wichtiger Prozess in der ART ist das adaptive Re-Planen eines zuvor auf einer alten Patientengeometrie basierenden Bestrahlungsplans. In vielen Fällen ändert sich die Patientengeometrie nur lokal, so dass nicht der gesamte Behandlungsplan neu berechnet werden muss. Unter Verwendung der konventionellen Planungsmethode, wie im vorigen Abschnitt beschrieben, ist eine lokale Adaption der Planeigenschaften schwierig, da nur auf Basis vorsegmentierter Organe neue Planungsziele definiert werden können. Um dennoch lokalere Planadaptionen vornehmen zu können, müssen virtuelle Hilfsorgane definiert werden, die nur einen Teil vom klinischen Organ beinhalten. Selbst wenn man in der Zielfunktion nur lokale Planungsvorgaben ändert, ist die Optimierung schlussendlich immer eine globale Operation auf der gesamten Fluenzmodulation und hat somit Einfluss auf den gesamten Plan. Daher ist es gut möglich, dass bereits für gut befundene Planeigenschaften (aus dem Originalplan) außerhalb der betrachteten Adaptionslokalität wieder zerstört werden.

Abgesehen von den klinischen Nachteilen gibt es auch einen wesentlichen technologischen Nachteil der IMRT-Planoptimierung. Aus Sicht der Computertechnik ist das Optimierungsverfahren recht aufwendig in der Berechnung. Man kann zeigen, dass der Planungsalgorithmus speicherlimitiert ist, d. h., rechnet man die Optimierung auf einem modernen Computer, so ist die Laufzeit maßgeblich davon bestimmt, wie schnell die Dosisbeitragsmatrix D_{ij} vom Arbeitsspeicher des Rechners in die Recheneinheit (Prozessor) transportiert werden kann. Die eigentlichen arithmetischen Berechnungen mit den Daten erfolgt während den Transportvorgängen mit vernachlässigbarem Zeitaufwand. Die Speicherlimitierung kann man anhand der Gl. 24.18 veranschaulichen: Um einen Dosisbeitrag von Bixel j auf ein Voxel i zu berücksichtigen, sind vier Speicheroperationen (lesen der Werte von d_i, D_{ij}, w_j und Zurückschreiben von d_i) und nur zwei arithmetische Operation notwendig (multiplizieren und aufaddieren von D_{ij} und w_j). Da Speicheroperationen auf modernen Computerarchitekturen im Allgemeinen eine Größenordnung länger dauern als Rechenoperation, entsteht ein Ungleichgewicht zwischen diesen beiden Instruktionsklassen und das Planungsproblem skaliert somit schlecht auf Hochleistungsrechnern, d. h., die Performance entwickelt sich langsamer als die eigentliche Prozessorgeschwindigkeit. Hinzukommt dass der Optimierungsprozess streng sequenziell ist; das Ergebnis einer Iteration hängt von dem Ergebnis der vorherigen Iteration ab. Es ist daher nicht möglich mehrere Iterationen auf parallele Recheneinheiten aufzuteilen.

Die konventionelle Optimierungsmethode wie in diesem Kapitel beschrieben ist eine erfolgreiche, aber indirekte und wenig intuitive Methode, um einen Therapieplan zu finden. Der Planer hat während des Optimierungsvorganges keine Möglichkeit, interaktiv in den Planungsprozess einzugreifen. Zusätzlich verkompliziert die Schwierigkeit, klinische Vorgaben in Form einer Zielfunktion auszudrücken, die Anwendung für viele fortgeschrittene und zukünftige Anwendungsgebiete der intensitätsmodulierten Strahlentherapie.

24.7 Ausblick

Bestrahlungsplanung und -applikation haben sich in den vergangenen Jahren und Jahrzehnten enorm gegenseitig befruchtet. Das hat zur Entwicklung und klinischen Umsetzung immer konformalerer Bestrahlungstechniken geführt.

Von physikalischer Seite sind den erreichbaren Dosisgradienten innerhalb des Patienten grundsätzlich Grenzen gesetzt, die im Wesentlichen von der Brillanz und Beschaffenheit der Strahlungsquelle abhängen. Da im Hochdosisbereich derzeit bereits Dosisgradienten von bis zu 10 %/mm technisch umsetzbar sind, sehen wir zukünftige Entwicklungen in der Bestrahlungsplanung eher nicht in einer weiteren Steigerung der Konformität. Unserer Meinung nach sind vielversprechende Arbeitsgebiete eher in anderen Teilbereichen zu identifizieren. In Anbetracht der großen Unsicherheiten bei der Zielvolumendefinition kann eine Automatisierung und Standardisierung der CTV/PTV-Definition einen wirklichen therapeutischen Mehrwert bedeuten. Auch um eine Steigerung der Kosteneffizienz zu erreichen, wird die Erweiterung klassischer Optimierungsfragen um sekundäre Aspekte wie Effizienz der Bestrahlung weiter an Bedeutung gewinnen. Bei der Entwicklung maßgeschneiderter Bestrahlungspläne für individuelle Patienten wird die Weiterentwicklung biologischer Bestrahlungsplanungskonzepte in Verbindung mit klinischer Evaluation von sogenannten Dosepainting-Strategien eine entscheidende Rolle spielen. Die Deduktion komplexer Strahlungswirkungsmechanismen basierend auf Analysen klinischer Ergebnisse und deren Eingliederung in die Bestrahlungsplanung kann vermutlich ebenfalls ein wichtiger Beitrag sein, existierende Bestrahlungsplanungskonzepte weiter zu verbessern.

Neben den oben genannten Beispielen möchten wir zwei weitere Arbeitsgebiete, denen wir in Zukunft einen wichtigen Stellenwert beimessen, etwas eingehender vorstellen. Im nächsten Abschnitt gehen wir zunächst allgemein auf die Geschwindigkeit der Planoptimierung auf modernen Rechnern ein. Die Rechenzeit bis zur Lösung des inversen Problems ist für weiterführende Anwendungen der IMRT ein interessanter Faktor. In Abschn. 24.7.2 stellen wir kurz ein Konzept vor, das versucht, den Planer direkt in den IMRT-Optimierungsprozess mit einzubinden. Im Gegensatz zur Newton-basierten Optimierung, die mathematisch optimale Pläne liefert, wird dadurch versucht, direkt einen klinisch optimalen Plan zu erstellen. In Abschn. 24.7.3 wird die probalistische Strahlungsplanung vorgestellt die helfen soll Unsicherheiten bei der Therapie besser einzuschätzen und zu verringern.

24.7.1 Geschwindigkeitsorientierte Bestrahlungsplanung

Die Geschwindigkeit, mit der ein Bestrahlungsplanungsprozess durchgeführt werden kann, ist für viele aktuelle Anwendungen der IMRT von großer Bedeutung. Das Paradebeispiel hierfür ist mit Sicherheit die adaptive Strahlentherapie (ART, s. Abschn. 26.6), bei der eine möglichst schnelle Analyse neu gewonnener Bilddaten und darauffolgend die Berechnung eines adaptierten Bestrahlungsplanes entscheidend ist (vgl. Abschn. 26.6). Im besten Fall können die Bildgebung und der gesamte Bestrahlungsplanungsprozess inklusive Segmentierung, Dosisberechnung und inverser Planung erfolgen, während der Patient auf dem Bestrahlungstisch liegt.

Wie in Abschn. 24.6.7 diskutiert wurde, ist die effektive Umsetzung der konventionelle IMRT-Planung auf modernen Computern schwierig. Aufgrund der iterativen Optimierung, die auf einer großen vorberechneten Dosisbeitragsmatrix basiert, ist das Planungsproblem speicherdurchsatzlimitiert und lässt sich nur schwer parallelisieren. Die schnellsten Planungen können auf sogenannte NUMA-Architekturen (Non Uniform Memory Access) erreicht werden, wobei spezifische Details der Computerhardware explizit berücksichtigt werden müssen. Mit unserer Implementierung [30] konnten wir die Planungszeit von typischen klinischen Therapieplanungsfällen auf nur wenige Sekunden reduzieren. Weiterhin konnten wir zeigen, dass unsere Implementation der Planoptimierung nahezu den Höchstwert der theoretisch möglichen Leistung des gegebenen Rechners erreicht. Somit gibt es kein anderes Planungsframework auf Grundlage der Newton-Optimierung mit vorausberechneter Dosisbeitragsmatrix, das signifikant schnellere Planungsergebnisse liefert.

24.7.2 Interaktives Planen: Interactive Dose Shaping

Um direkt mit der Dosisverteilung des Therapieplans interagieren zu können, wurde die sogenannte Interactive-Dose-Shaping(IDS)-Methode entwickelt [16, 32]. Die IDS-Methode stellt dem Planer einen Satz von Tools zur Verfügung, mit dem sich lokale Dosisfeatures direkt manipulieren lassen, ohne dass sich der Plan außerhalb der betrachteten Lokalität signifikant ändert. In Abb. 24.23 wird die IDS-Methode beispielhaft für eine direkte Manipulation einer Isodosenlinie gezeigt. Die IDS-Methode wurde ursprünglich entwickelt, um kleine, lokal abgegrenzte Änderungen im Plan vorzunehmen, wie es z. B. bei der adaptiven Strahlentherapie notwendig ist. Es kann jedoch auch ein kompletter Neuplanungsprozess durchgeführt werden, indem man z. B. von einer unmodulierten offenen Fluenz ausgeht (siehe Abb. 24.3) und sukzessive verschiedene lokale Dosismerkmale verändert, bis man in der Gesamtheit alle gewünschten klinischen Eigenschaften des Plans implementiert hat.

Jede lokale Manipulation von Dosiseigenschaften muss interaktiv im Plan realisiert werden, d. h., die Antwortzeit auf eine Manipulationsoperation muss in Echtzeit ($\leq$ 1 Sekunde) erfolgen.

Dafür wurden leistungsfähige heuristische Planungsalgorithmen entwickelt, die speziell auf moderne Rechnerarchitekturen zugeschnitten sind und somit eine sehr geringe Antwortzeit erzielen. Im Kern des IDS-Planungstools arbeitet eine Dosisberechnung, die auf einem Pencil-Beam-Algorithmus basiert und innerhalb weniger Millisekunden ein lokales Dosisupdate durchführen kann [32]. Die IDS-Planungsmethode ist noch in der Entwicklung. In ersten klinischen Tests konnte gezeigt werden, dass das interaktive Planungsmodul zumindest ähnlich gute Ergebnisse erzielt wie die konventionelle Planung [16]. In Zukunft soll untersucht werden, ob IDS das Potenzial zu einer leistungsfähigen und modernen Alternative zum konventionellen Planen hat.

24.7.3 Probabilistische Bestrahlungsplanung

Die CT-Bildgebung, die Grundlage der Planoptimierung und Planbewertung ist, findet üblicherweise ein oder mehrere Tage vor der eigentlichen Bestrahlung statt. Die Patientenanatomie während der Bestrahlung entspricht somit nicht notwendigerweise dem Planungsszenario. Unter anderem führen Ungenauigkeiten während der Patientenimmobilisierung und/oder anatomische Veränderungen vor und während der Bestrahlung dazu, dass eine andere Dosisverteilung appliziert wird als die geplante Dosisverteilung. Die Diskrepanz zwischen applizierter und geplanter Dosisverteilung kann mehr oder weniger stark ausgeprägt sein. Während man bei intrakraniellen Bestrahlungen aufgrund guter Immobilisierungsmöglichkeiten und beschränkter anatomischer Bewegung eher kleine Abweichungen erwartet, wäre es bei abdominalen Bestrahlungen unrealistisch anzunehmen, dass applizierte und geplante Dosisverteilung genau übereinstimmen.

Mit konventionellen Planungsansätzen werden diese stochastischen Eigenschaften der Dosisverteilungen nicht explizit abgebildet. Der Planer muss eine indirekte Risikoabschätzung durchführen und z. B. mit Sicherheitssäumen arbeiten, um eine adäquate Bestrahlung zu gewährleisten.

Im Rahmen einer probabilistischen Bestrahlungsplanung wird versucht diese dosimetrischen Unsicherheiten zu berücksichtigen. In einem ersten Schritt können hierfür die Dosisunsicherheiten mit Extremwertabschätzungen, Sampling und analytischen Methoden [4] berechnet und für die klinische Entscheidungsfindung graphisch aufgearbeitet werden, wie in Abb. 24.24 gezeigt. Im zweiten Schritt ist es möglich, die Unsicherheit invers zu minimieren, also robuste Bestrahlungspläne zu generieren, deren Dosisverteilung weniger sensitiv auf Unsicherheiten in Patientenlagerung und/oder anatomische Veränderungen reagiert.

Existierende Ansätze zur probabilistischen Bestrahlungsplanung haben es noch nicht zur klinischen Anwendung geschafft, was auf verschiedene Faktoren zurückzuführen ist. Von physikalisch-mathematischer Seite tut sich hier ein interessantes Arbeitsgebiet auf, da viele Algorithmen noch mit prohibitiven Laufzeiten verbunden sind und/oder weitreichenden konzeptionellen Limitationen unterliegen.

Teil IV

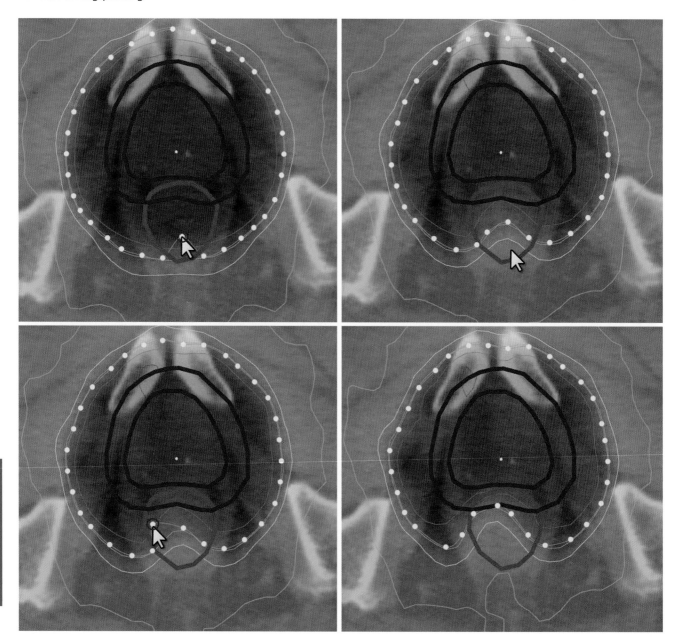

Abb. 24.23 Interaktive Dose Shaping (IDS): Eine neue Planungsmethode, die dem Planer erlaubt direkt mit der Dosisverteilung zu interagieren. In der Abbildung ist beispielhaft dargestellt, wie eine Isodosenlinie lokal manipuliert wird. Der Planer selektiert einen Punkt (*links oben*) auf einem frei gewählten Isodosenlevel und verschiebt diesen per Drag-and-Drop. Wird die Maustaste losgelassen, so versucht das IDS-Planungsframework die Verschiebung in Echtzeit (unter einer Sekunde) in dem Plan zu realisieren (*oben rechts*). Der Planer bekommt also direkt ein Feedback, ob und in welcher Weise die angeforderte Planmanipulation realisierbar ist. Auf Grundlage dieses Ergebnisses wird eine neue lokale Planmanipulation vom Planer durchgeführt (*unten links* und *unten rechts*)

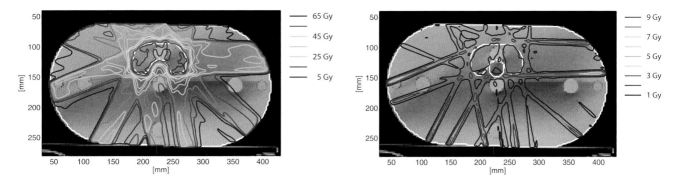

Abb. 24.24 *Links*: Nominelle Dosisverteilung eines IMRT-Bestrahlungsplans mit neun Einstrahlrichtungen. *Rechts*: Standardabweichung der Dosis unter der Annahme eines Gauß'schen Positionierungsfehlers ($\sigma_{\text{Sys}} = 1\,\text{mm}$, $\sigma_{\text{Rand}} = 2\,\text{mm}$) [4]

Aufgaben

24.1 In Abschn. 24.2.1 und 24.2.3 wird das PTV-Konzept diskutiert, welches bei der Zielvolumendefinition zur Anwendung kommt. Nutzen Sie die Sekundärliteratur [12], um Informationen über die Größe des PTV-Sicherheitssaums für die Bestrahlung eines Prostatatumors zu erhalten. Welche relative Volumenzunahme ergibt sich mit dem Sicherheitssaum für ein sphärisches Zielvolumen mit einem Radius von 5 cm?

24.2 In Abschn. 24.6.4 werden kurz alternative Zielfunktionen auf Basis der *EUD* diskutiert. Wie könnte eine *EUD*-basierte Zielfunktion, die für die inverse Planung genutzt werden kann, konkret aussehen? Wie lautet der Gradient einer solchen Zielfunktion? Handelt es sich um eine konvexe Zielfunktion, die somit effizient gelöst werden kann?

24.3 Nutzen Sie das Open Source Matlab Toolkit MatRad [18], um selbst Bestrahlungspläne zu erstellen. Führen Sie dosimetrische Betrachtungen der Bestrahlungspläne mit variierenden Wichtungsfaktoren s_o^r und Toleranzdosen $d_r^{\max}$ durch. Welchen Einfluss hat die Anzahl an Einstrahlrichtungen auf die Planqualität?

24.4 Wie groß wird die Dosisbeitragsmatrix D (vgl. Gl. 24.1) ungefähr für einen intrakraniellen, sphärischen Tumor mit 3 cm Radius. Nehmen Sie eine Bestrahlung mit 9 Einstrahlrichtungen, eine Bixelgröße von $(5\,\text{mm})^2$ und einen Schädeldurchmesser von 20 cm an. Die Dosisbeitragsmatrix D wird üblicherweise in einfacher Genauigkeit (Single Precision), d. h., ein Eintrag entspricht 4 Byte, gespeichert. Erwartet man eine größere oder kleinere Dosisbeitragsmatrix für einen Prostatapatienten?

24.5 In Abschn. 24.4.4.1 haben wir die Pencil-Beam-Dosisberechnungsmethode vorgestellt, die keine Dichteskalierung des Kernels vornimmt. Daher kann es in Bestrahlungsgeometrien, die hohe Materialdichteunterschiede aufweise (z. B. Lunge), zu fehlerhaften Ergebnissen kommen. Überlegen Sie, ob die Pencil-Beam-Methode die tatsächliche Dosis in einem Lungentumor eher über- oder unterschätzt. Warum könnte das speziell bei der Bewertung von Lungenplänen problematisch sein?

24.6 Berechnen Sie die Breite des lateralen Dosisabfalls von 90 % auf 10 % der Dosis in einer Tiefe von 20 cm für Protonen, Heliumionen und Kohlenstoffionen mit einer Reichweite von 20 cm. Gehen Sie dafür von der gleichen Strahlbreite $\sigma_{\text{init}}^2 = 3\,\text{mm}$ bei Eintritt in den Patienten für alle Modalitäten aus und nutzen Sie die Daten in Abb. 24.12, um σ_{MCS}^2 für einen einfachen Pencil-Beam-Algorithmus (vgl. Abschn. 24.4.4.1) abzuschätzen.

Literatur

1. Ahnesjö A (1989) Collapsed cone convolution of radiant energy for photon dose calculation in heterogeneous media. Med Phys 16(4):577–592
2. Bangert M (2011) New concepts for beam angle selection in IMRT treatment planning: From heuristics to combinatorial optimization. PhD Thesis, Heidelberg
3. Bangert M, Ziegenhein P, Oelfke U (2013) Comparison of beam angle selection strategies for intracranial IMRT. Med Phys 40(1):11716
4. Bangert M, Hennig P, Oelfke U (2013) Analytical probabilistic modeling for radiation therapy treatment planning. Phys Med Biol 58(16):5401–5419
5. Bille J, Schlegel W (2002) Medizinische Physik 2: Medizinische Strahlenphysik. Springer, Heidelberg
6. Bortfeld T, Schlegel W, Rhein B (1993) Decomposition of pencil beam kernels for fast dose calculations in three-dimensional treatment planning. Med Phys 20(2 Pt 1):311–318
7. Brahme A, Roos JE, Lax I (1982) Solution of an integral equation encountered in rotation therapy. Phys Med Biol 27(10):1221–1229
8. Breedveld S, Storchi PR, Voet PW, Heijmen BJ (2012) icycle: integrated, multicriterial beam angle, and profile

optimization for generation of coplanar and noncoplanar IMRT plans. Med Phys 39(2):951–963

9. Cassioli A, Unkelbach J (2013) Aperture shape optimization for IMRT treatment planning. Phys Med Biol 58(2):301–318

10. Feuvret L, Noel G, Mazeron JJ, Bey P (2006) Conformity index: a review. Int J Radiat Oncol Biol Phys 64(2):333–342

11. Gottschalk B, Koehler AM, Schneider RJ, Sisterson JM, Wagner MS (1993) Multiple coulomb scattering of 160 meV protons. Nucl Instrum Meth B 74(4):467–490

12. van Herk M, Remeijer P, Lebesque JV (2002) Inclusion of geometric uncertainties in treatment plan evaluation. Int J Radiat Oncol Biol Phys 52(5):1407–1422

13. Hong L, Goitein M, Bucciolini M, Comiskey R, Gottschalk B, Rosenthal S et al (1996) A pencil beam algorithm for proton dose calculations. Phys Med Biol 41(8):1305–1330

14. International Commisson on Radiation Units and Measurements (ICRU) (2011) ICRU report 83: state of the art on dose prescription, reporting and recording in intensity-modulated radiation therapy

15. Jiang H, Seco J, Paganetti H (2007) Effects of Hounsfield number conversion on CT based proton Monte Carlo dose calculations. Med Phys 34(4):1439–1449

16. Kamerling CP, Ziegenhein P, Sterzing F, Oelfke U (2016) Interactive dose shaping part 2: proof of concept study for six prostate patients. Phys Med Biol 61(6):2471–2484

17. Marks LB, Yorke ED, Jackson A, Ten Haken RK, Constine LS, Eisbruch A et al (2010) Use of normal tissue complication probability models in the clinic. Int J Radiat Oncol 76(3):S10–S19

18. Wiesner HP et al. (2017) Development of the open-source dose calculation and optimization toolkit matRad. Med Phys 44(6):2556–2568

19. Nocedal J, Wright SJ (1999) Numerical optimization. Springer, New York

20. Parodi K, Mairani A, Sommerer F (2013) Monte Carlo-based parametrization of the lateral dose spread for clinical treatment planning of scanned proton and carbon ion beams. J Radiat Res 54(Suppl 1):91–96

21. Perl J, Shin J, Schumann J, Faddegon B, Paganetti H (2012) TOPAS: an innovative proton Monte Carlo platform for research and clinical applications. Med Phys 39(11):6818–6837

22. Rasch C, Steenbakkers R, van Herk M (Hrsg) (2005) Target definition in prostate, head, and neck. Seminars in radiation oncology. Elsevier, New York

23. Schaffner B, Pedroni E, Lomax A (1999) Dose calculation models for proton treatment planning using a dynamic beam delivery system: an attempt to include density heterogeneity effects in the analytical dose calculation. Phys Med Biol 44(1):27–41

24. Schneider W, Bortfeld T, Schlegel W (2000) Correlation between CT numbers and tissue parameters needed for Monte Carlo simulations of clinical dose distributions. Phys Med Biol 45(2):459–478

25. Sempau J, Wilderman SJ, Bielajew AF (2000) DPM, a fast, accurate Monte Carlo code optimized for photon and electron radiotherapy treatment planning dose calculations. Phys Med Biol 45(8):2263–2291

26. Soukup M, Fippel M, Alber M (2005) A pencil beam algorithm for intensity modulated proton therapy derived from Monte Carlo simulations. Phys Med Biol 50(21):5089–5104

27. Szymanowski H, Oelfke U (2002) Two-dimensional pencil beam scaling: an improved proton dose algorithm for heterogeneous media. Phys Med Biol 47(18):3313–3330

28. Thieke C, Kufer KH, Monz M, Scherrer A, Alonso F, Oelfke U et al (2007) A new concept for interactive radiotherapy planning with multicriteria optimization: first clinical evaluation. Radiother Oncol 85(2):292–298

29. Vinod SK, Min M, Jameson MG, Holloway LC (2016) A review of interventions to reduce inter-observer variability in volume delineation in radiation oncology. J Med Imaging Radiat Oncol 60(3):393–406

30. Ziegenhein P, Kamerling CP, Bangert M, Kunkel J, Oelfke U (2013) Performance-optimized clinical IMRT planning on modern CPUs. Phys Med Biol 58(11):3705–3715

31. Ziegenhein P, Pirner S, Kamerling PC, Oelfke U (2015) Fast CPU-based Monte Carlo simulation for radiotherapy dose calculation. Phys Med Biol 60(15):6097–6111

32. Ziegenhein P, Kamerling CP, Oelfke U (2016) Interactive dose shaping part 1: a new paradigm for IMRT treatment planning. Phys Med Biol 61(6):2457–2470

Teil IV

Patientenlagerung und -positionierung

25

Gernot Echner

Teil IV

© Springer-Verlag GmbH Deutschland, ein Teil von Springer Nature 2018
W. Schlegel, C.P. Karger, O. Jäkel (Hrsg.), *Medizinische Physik*, https://doi.org/10.1007/978-3-662-54801-1_25

25.1 Lagerung für die Kopfbestrahlung

Mit der Präzisionssteigerung der Strahlentherapie wuchsen auch die Anforderungen an die Lagerung und Positionierung der Patienten. Ein erstes Beispiel hierfür ist die „scharfe" Fixierung des Patienten für die Behandlung mit dem Gamma-Knife. Hierbei wird der Kopf des Patienten mittels Schrauben in einem stereotaktischen Kopfring befestigt, ein Planungs-CT gefahren und nach Erstellen eines Bestrahlungsplans im Gamma-Knife behandelt. Die Befestigung ist dabei so rigide, dass eine Genauigkeit von unter 1 mm in allen Raumrichtungen erreicht wird und eine radiochirurgische Präzisions-Strahlentherapie unter Einsatz vieler auf einer Halbkugel angeordneter Rundkollimatoren appliziert werden kann (siehe Abschn. 26.2).

Ähnlich ist die Lagerung bei Einzeitbestrahlung z. B. von arterio-venösen Malformationen (AVMs). Da hier jeweils nur eine Fraktion verabreicht wird, ist die extrem genaue Fixierung im Ring (Abb. 25.1) tolerabel. Der Ring wird dabei am selben

Tag nach CT, Therapieplanung und Strahlentherapie wieder entfernt.

Anders verhält es sich bei fraktionierter Strahlentherapie, da der Patient an mehreren Tagen des Bestrahlungszyklus immer wieder gelagert und immobilisiert werden muss. Hierfür stehen mehrere Systeme zur Verfügung.

25.1.1 Thermoplast-Maske

Bei der Herstellung von individuellen Thermoplast-Masken (Abb. 25.2a) wird der Kopf des Patienten zunächst in liegender Position meist auf einer „Hinterkopfschale" gelagert. Dann wird ein thermoplastisch verformbares Material in einem speziellen Wärmebad bei ca. 70 °C erwärmt. Das Material wird nach etwa 5 bis 10 min aus dem Bad genommen, über den Kopf des Patienten gespannt und in einer speziellen Halterung auf einem Kopfbrett fixiert. Die Thermoplast-Maske wird an markanten Stellen wie beispielsweise Nasenwurzel und Kinn eng angeformt. Nach ca. 10 min ist das Material so erkaltet, dass es seine Form nicht mehr verändert, und die Maske kann aus der Halterung entfernt werden. Je nach Materialbeschaffenheit und -dicke ist die Maske unterschiedlich rigide.

Mit dem in der Maske fixierten Patienten wird zunächst ein Planungs-CT angefertigt. Danach wird ein Bestrahlungsplan erstellt und an einem der folgenden Tage wird mit der fraktionierten Strahlentherapie begonnen, wobei der Patient für CT und Strahlentherapie immer wieder in der Thermoplast-Maske fixiert wird.

Für die Behandlung von Tumoren im Kopf-Hals-Bereich stehen Maskenmaterialien mit angeformtem Schulterbereich zur Verfügung (Abb. 25.2b).

Theoretisch können Thermoplast-Masken nach Ablauf der Strahlentherapie eines Patienten durch Erwärmen in ihre Ursprungsform gebracht und wieder verwendet werden, was in der Praxis jedoch aus hygienischen Gründen eher selten gemacht wird.

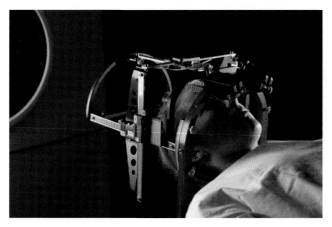

Abb. 25.1 Stereotaktischer Kopfring (invasiv befestigt) mit Einstellgerät

a

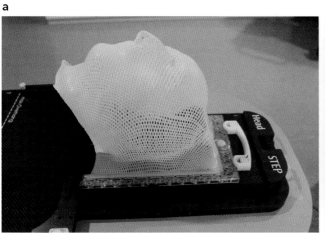

b

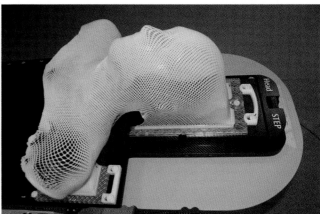

Abb. 25.2 **a** Thermoplast-Kopfmaske. **b** Kopf-Hals-Maske in Behandlungsposition

a

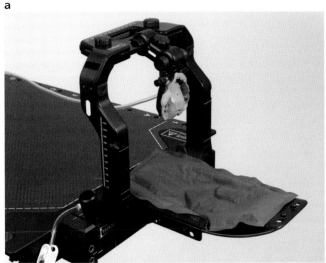

b

Abb. 25.3 **a** Stereotaxiesystem mit Bite Block nach [1]. **b** Stereotaxiesystem mit Bite Block und Thermoplast-Maske nach [1]

Thermoplast-Masken oder Teile des Systems können mit einem sogenannten „Bite Block" oder auch „Mouthpiece" kombiniert werden. Dieser besteht aus einem individuell angefertigten Gaumenabdruck des Patienten – ähnlich der Abformung für Zahnersatz oder Dentalprothetik – der an einem Grundrahmen befestigt werden kann. Dieser Bite Block kann die Genauigkeit des Systems noch einmal verbessern. Abb. 25.3 zeigt die Kombination von Bite Block mit einem Vakuumkissen und in Kombination mit einer Thermoplast-Maske in einem Stereotaxiesystem.

25.1.2 Scotchcast-Maske

Eine genauere nicht-invasive Kopffixierung kann durch Wickeln einer Maske aus selbstaushärtenden Scotchcast-Binden erreicht werden (siehe Abb. 25.4). Hierzu ist eine Grundhalterung notwendig, die fest mit einem stereotaktischen Grundbrett verbunden werden kann. In der Regel besteht diese Grundhalterung aus einem offenen Ring, an den 2 Bügel angeschraubt werden können. Der Patient zieht eine Art Strumpfmaske über den Kopf und legt seinen Kopf auf die beiden Bügel. Dann wird der Kopf mit Scotchcast-Binden umwickelt und die so entstandene Maske verbindet sich mit den Bügeln. Nach einer gewissen Aushärtezeit kann die Maske mittels einer Schere seitlich aufgeschnitten werden und der Patient kann den Kopf aus der Maske nehmen. Nachträglich werden an den seitlichen Öffnungen der Maske Scharniere angebracht, die mit Stiften geschlossen werden können. Diese Stifte sind an einer „Reißleine" befestigt, mittels derer der Patient im Notfall die Maske selbst öffnen kann. Die gesamte Prozedur ist ausführlich in [4, 5] beschrieben.

Diese Art von Kopfmaske ist präziser als die Thermoplast-Maske, da der Kopf des Patienten vollumfänglich umschlossen

ist [2]. Außerdem bietet die auskragend befestigte Maske gegenüber einer auf einem Grundbrett befestigten Maske den Vorteil von mehr „Clearance", d. h., es gibt weniger Einschränkungen bei der Einstellung von Bestrahlungsrichtungen.

Nachteil dieses Systems ist allerdings, dass die Herstellung der Maske zeitaufwendig ist und die Maske noch nachbearbeitet werden muss (scharfe Kanten entfernen, Trennschlitze mit Klebeband überkleben, Scharniere anbringen), so dass der Patient frühestens am nächsten Tag zum Planungs-CT einbestellt werden kann. Das Scotchcast-Material ist zudem nicht recycelbar und muss entsorgt werden.

25.1.3 Gedruckte Masken

Durch den Einzug von erschwinglichen 3D-Scannern und 3D-Druckern in die Technik haben sich neue Möglichkeiten für die Herstellung von Masken ergeben (Abb. 25.5). Mittels eines 3D-Scanners können Patienten berührungslos abgetastet und ein 3D-Datensatz – beispielsweise des Kopfes – erstellt werden. Dieser wird dann per Software nachbearbeitet und durch Halterungen oder Stereotaxie-Komponenten wie beispielsweise Lokalisatoren ergänzt. Die so entstandene Form kann mittels eines 3D-Druckers als Patientenmasken-Halterung ausgedruckt werden. Dieses Verfahren ist für den Patienten nicht belastend, da weder Hitze entsteht (Thermoplast-Maske) noch die aufwendige Prozedur des Maskenwickelns (Scotchcast-Maske) ertragen werden muss. Außerdem können im Gegensatz zu den beiden anderen Verfahren Masken mit gleichmäßiger Dicke erstellt, markante Stellen verstärkt oder bestimmte Bereiche ausgespart werden. Nachteil ist bisher die aufwendige Nachbearbeitung der 3D-Scandaten und die noch hohen Kosten des 3D-Drucks. Es ist jedoch davon auszugehen, dass dieses Prinzip in naher Zukunft erschwinglich und praktikabel sein wird.

Teil IV

a b

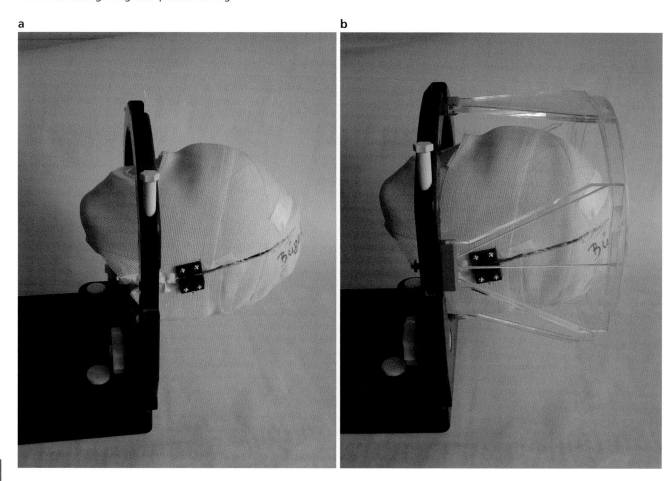

Abb. 25.4 **a** Scotchcast-Maske mit Bügelhalterung. **b** Scotchcast-Maske mit Bügelhalterung und angebautem Lokalisator

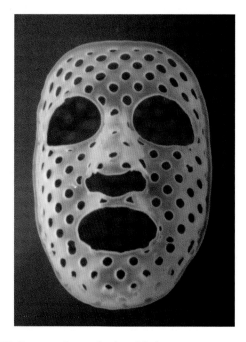

Abb. 25.5 Prototyp einer gedruckten Maske

25.1.4 Neue Entwicklungen

Eine neuere Entwicklung bietet eine Kombination aus Thermo-plast-Maske und rigider Hinterkopflagerung. Hierbei wird ein spezielles aushärtendes Kissen für den Hinterkopf des Patienten individuell angefertigt und in einer Lagerschale repositionierbar befestigt. Eine gegenüber herkömmlichen Kopfmasken verkleinerte Thermoplast-Maske kann an der Lagerschale direkt angeclipst und der Patient auskragend auf dem Grundbrett gelagert werden Abb. 25.6. Das Grundbrett mit angeformter Lagerschale ist hierbei aus einem Glas- oder Kohlefaser-Hartschaum-Compound hergestellt und sehr steif. Durch die auskragende Form des Grundbrettes sind auch hier – wie bei der Scotchcast-Maske – die Freiheitsgrade bei der Bestrahlung höher. Außerdem ist es möglich, den Patienten mit seiner Maske in der Kopfspule des MR zu untersuchen. Eine Variante der Maske mit angeformtem Schulterteil ermöglicht die Immobilisierung der Kopf-Hals-Region für Bestrahlungen in diesem Bereich.

Eine spezielle Ausgestaltung dieser Ausführung sieht eine Grundplatte mit eingearbeiteten Luftkissen vor, so dass der immobilisierte Patient vom Tisch des Bildgebungsgerätes auf

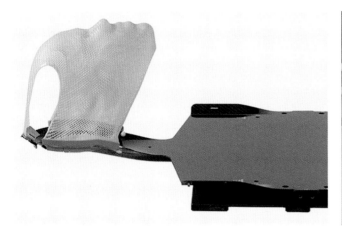

Abb. 25.6 Thermoplast-Kopfmaske nach [3]

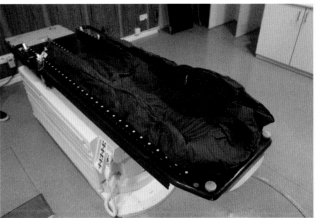

Abb. 25.7 Vakuummatratze

einen Transportwagen transferiert und nach Transport in den Bestrahlungsraum oder zu einer anderen Bildgebungsmodalität auf die jeweiligen Gerätetische verschoben werden kann. Da der Patient während des Transports in seiner Immobilisierung (z. B. Vakuummatratze) verbleiben kann, muss er nicht ständig neu gelagert werden, was zu einer Zunahme der Genauigkeit für die Behandlung und Einsparung von Zeit führt.

25.2 Extrakranielle Patientenlagerung

Im Gegensatz zur Schädelkalotte, die gut fixiert und immobilisiert werden kann, ist die präzise und reproduzierbare Lagerung im Körperbereich schwieriger. Hier wird in der Strahlentherapie meist mit zusätzlichen „Margins" gearbeitet, um Organbewegungen durch Atmung, Darmperistaltik u. Ä. zu kompensieren. Mit geeigneten Lagerungen und Immobilisierungshilfen ist es jedoch möglich, diese Bewegungen zu reduzieren und damit die Margins kleiner zu halten, so dass die Bestrahlung gesunden Gewebes verringert werden kann.

Einige Beispiele sollen hier einen Überblick der Möglichkeiten abbilden.

25.2.1 Vakuummatratze

Eine der einfachsten Möglichkeiten der Patientenlagerung im extrakraniellen Bereich ist die Verwendung einer Vakuummatratze (Abb. 25.7). Der Patient wird hierbei auf ein Kissen gelegt. Das mit Styroporkugeln gefüllte Kissen wird an den Körper angeformt und dann mittels einer Vakuumpumpe evakuiert. Hierbei entsteht eine individuelle starre Negativform des menschlichen Torsos. Der Patient kann aus der Form aussteigen

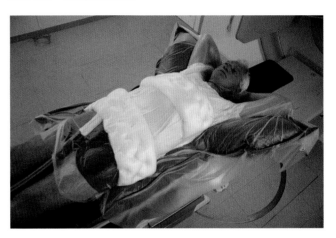

Abb. 25.8 Vakuummatratze mit Folie nach [4]

und die Form wird für Aufnahmen im CT, MR und für die spätere Strahlentherapie immer wiederverwendet. Hilfslinien und -punkte für die Repositionierung für die Strahlentherapie können auf der Matratze angezeichnet werden.

Zur Erhöhung der Genauigkeit kann die Vakuummatratze mit einer Folie kombiniert werden, die mit Hilfe spezieller Vakuumkissen und einer angeschlossenen Vakuumpumpe dafür sorgt, dass der Patient in die Vakuummatratze gepresst wird (Abb. 25.8). Nachteil ist hier der zusätzliche Aufwand bei der Lagerung des Patienten.

25.2.2 Bauchpresse

Speziell bei der Behandlung von Lungentumoren ergibt sich das Problem, dass sich der Tumor mit der Atemfrequenz auf einer dreidimensionalen Kurve bewegt. Um den Tumor sicher bestrahlen zu können, gibt es zum einen die Möglichkeit der Atemtriggerung während der Bestrahlung (Gating) oder

Teil IV

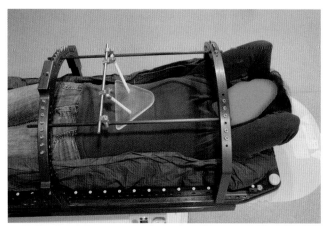

Abb. 25.9 Vakuummatratze, Stereotaxierahmen und Bauchpresse nach [4]

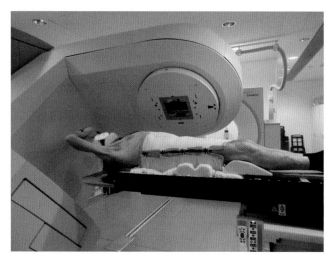

Abb. 25.10 Torso

der Nachverfolgung des Tumors, z. B. mittels eines dynamisch verfahrbaren Multileaf-Kollimators (Tracking). Wo beide Möglichkeiten nicht oder nur schwer zu realisieren sind, wird auf eine Methode zurückgegriffen, welche die Bewegung der Lunge auf ein für die Atmung nötiges Minimum einschränkt. Dies wird durch den Einsatz einer sogenannten Bauchpresse erreicht, die schräg auf das Abdomen drückt, so dass sich die Lunge nicht mehr so weit nach unten ausdehnen kann. Mit dieser Methode kann die Tumorbewegung und die Schädigung von gesundem Gewebe durch die Bestrahlung zumindest eingeschränkt werden (Abb. 25.9).

25.2.3 Torso

Ähnlich der Scotchcast-Maske für den Kopfbereich gibt es auch die Möglichkeit, einen „Torso" zur Fixierung des Körperbereichs zu wickeln (Abb. 25.10). Diese Art der Fixierung ist sehr genau, jedoch auch sehr aufwendig, und hat sich daher nicht als Standard durchgesetzt.

Eine einfachere Art stellen die thermoplastisch verformbaren und anpassbaren Materialien dar, die es in unterschiedlichsten Ausführungen gibt. Beispielhaft sei hier die Fixierung des Becken- und Brustbereichs mittels thermoplastischer Materialien gezeigt (Abb. 25.11).

Eine einfache Art, den Patienten zu lagern, besteht darin, standardisierte vorgefertigte Kissen, Unterlagen oder Halterungen zu verwenden. Ein Beispiel dafür ist in Abb. 25.12 gezeigt.

Für die Strahlentherapie mit Protonen oder Schwerionen haben sich motorisch verstellbare Stühle und Patiententische bewährt, die mittels eines Roboters oder eines mehrachsigen Linearsystems bewegt werden können.

a

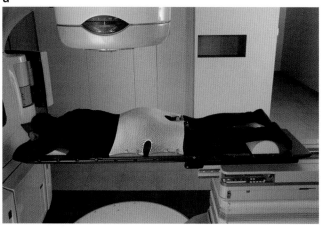

b

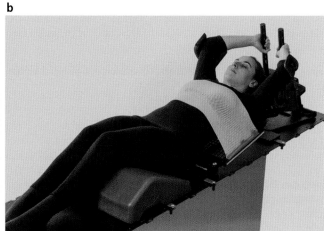

Abb. 25.11 **a** Thermoplastische Beckenfixierung nach [3]. **b** Thermoplastische Brustfixierung nach [3]. © Orfit Industries (http://www.orfit.com)

LASERSYSTEME IN DER STRAHLENTHERAPIE

ZUR PATIENTENMARKIERUNG UND -POSITIONIERUNG
INNERHALB DER BEHANDLUNGSKETTE

CT SCAN

Patientenpositionierung und -markierung mit externen Lasern
in Behandlungsposition

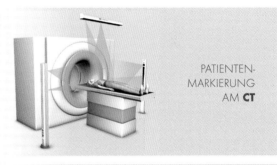

PATIENTEN-
MARKIERUNG
AM **CT**

MR SCAN

Identische Positionierung wie am CT mit externen Lasern

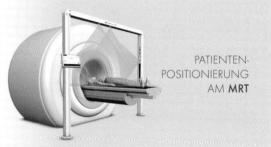

PATIENTEN-
POSITIONIERUNG
AM **MRT**

BILDFUSION + BESTRAHLUNGSPLANUNG

Zur Konturierung des Zielvolumens, Identifizierung der Risikoorgane und Planung der Bestrahlung

BESTRAHLUNG

Positionierung des Patienten mit externen Lasern

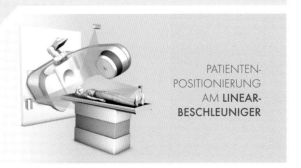

PATIENTEN-
POSITIONIERUNG
AM **LINEAR-
BESCHLEUNIGER**

LAP
LASER

www.LAP-LASER.com

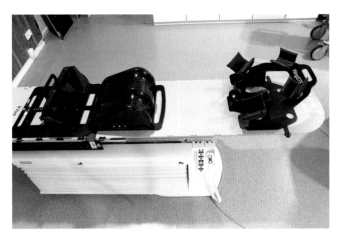

Abb. 25.12 Fußhalterung, Kniekeil und Armhalterung

Abb. 25.14 Einstellung des Zielpunktes anhand von aufgeklebten und angezeichneten Markern

25.3 Patientenpositionierung

Für die genaue Positionierung von Patienten für die Strahlentherapie gibt es unterschiedliche Verfahren. Bei der Patientenlagerung in stereotaktischen Systemen werden entweder Einstellhilfen in Form von Folien, aufgedruckten Skalen oder Papierausdrucken verwendet oder spezielle Zielvorrichtungen, die es ermöglichen, den gewünschten Zielpunkt im stereotaktischen Koordinatensystem einzustellen (siehe Abschn. 26.2). Der Patient wird danach auf dem Behandlungstisch des Bestrahlungsgeräts gelagert und mittels der vorher in der Bestrahlunsplanungs-software ermittelten Position in seinen Zielpunkt verschoben. Die Raumlaser im Bestrahlungsraum geben dabei die Position des Isozentrums an (Abb. 25.1 und 25.13).

Wurde der Patient nicht in einem stereotaktischen System gelagert, kann der Zielpunkt oder auch ein Referenzpunkt an den entsprechenden Lagerungshilfen angezeichnet werden. Ein Beispiel hierfür ist in Abb. 25.14 zu sehen. Zur besseren Orientierung können auch noch spezielle Marker am Patienten oder der Lagerungshilfe oder auch kleine Hauttätowierungen am Patienten angebracht werden.

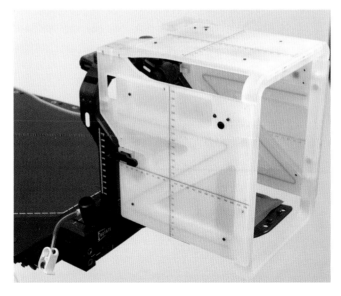

Abb. 25.13 Stereotaxiesystem mit Lokalisatoren und Einstellskalen nach [1]

Aufgaben

25.1 Welche Vorteile hat die Scotchcast-Maske gegenüber der Thermoplast-Maske?

25.2 Nennen Sie zwei Ursachen für eine intrafraktionelle Verschiebung und Bewegung eines Tumors bei der extrakraniellen Bestrahlung.

25.3 Mit welchem Hilfsmittel kann bei der Patientenlagerung die Bewegung der Lunge eingeschränkt werden?

25.4 Mit welchen technischen Hilfsmitteln wird die Position des Isozentrums im Bestrahlungsraum angezeigt?

25.5 Welches ist die genaueste und rigideste Lagerung für eine kranielle Einzeitbestrahlung?

Teil IV

Literatur

1. Elekta (2016) Fraxion™ – patient-specific cranial immobilization. https://www.elekta.com/radiotherapy/treatment-solutions/patient-positioning/fraxion.html. Zugegriffen: 20. Jan. 2017
2. Menke M, Hirschfeld F, Mack T, Pastyr O, Sturm V, Schlegel W (1994) Photogrammetric accuracy measurements of head holder systems used for fractionated radiotherapy. Int J Radiat Oncol 29(5):1147–1155
3. Orfit Radiation Oncology (2008) Patient immobilization and positioning. http://www.orfit.com/en/radiation-oncology-patient-immobilization-and-positioning/. Zugegriffen: 20. Jan. 2017
4. Schlegel W, Mahr A (2007) 3D conformal radiation therapy: multimedia introduction to methods and techniques, 2. Aufl. Springer, Berlin, Heidelberg
5. Schlegel W, Pastyr O, Bortfeld T, Gademann G, Menke M, Maier-Borst W (1993) Stereotactically guided fractionated radiotherapy: technical aspects. Radiother Oncol 29(2):197–204

Teil IV

Bestrahlungsverfahren

26

Wolfgang Schlegel, Christian Thieke, Oliver Jäkel, Martin Fast und Antje-Christin Knopf

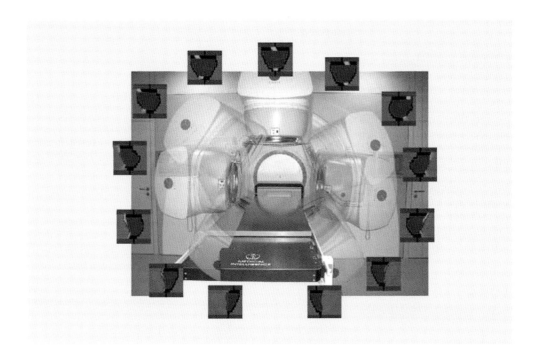

Teil IV

© Springer-Verlag GmbH Deutschland, ein Teil von Springer Nature 2018
W. Schlegel, C.P. Karger, O. Jäkel (Hrsg.), *Medizinische Physik*, https://doi.org/10.1007/978-3-662-54801-1_26

26.1 Konventionelle Bestrahlungstechniken mit Photonenstrahlung

Wolfgang Schlegel

Eine Strahlenbehandlung läuft stets nach einem vor Behandlungsbeginn festgelegten Verfahren, der sogenannten „Bestrahlungstechnik", ab.

Um Bestrahlungstechniken für die Patientenbehandlungen einsetzen zu können, muss eine Bestrahlungsanlage mit verschiedenen Komponenten ausgerüstet sein (Abb. 26.1). Wie aus Tab. 26.1 ersichtlich, sind derzeit 98 % der Bestrahlungssysteme in Deutschland mit Elektronen-Linearbeschleunigern ausgerüstet. Therapieanlagen mit Protonen- oder Ionenstrahlen stellen derzeit lediglich 1 % dar. Weiterhin sind derzeit sechs Gamma-Bestrahlungsanlagen (Gamma-Knifes) im Einsatz.

Die mit Elektronenlinearbeschleunigern ausgerüsteten Bestrahlungsanlagen unterteilen sich in konventionelle Linac-Anlagen mit C-Bogen-Gantry, Tomo-Therapie-Geräte und das Cyberknife. Die mit MR-Bildgebung kombinierten Linacs befinden sich in der klinischen Einführung (Abschn. 26.6)

Tab. 26.1 Beschleuniger für die Strahlentherapie in Deutschland

Art des Beschleunigers	Strahlenart	Anzahl
^{60}Co-Bestrahlungsanlage (γ-Knifes)	γ	6
Elektronen-Linearbeschleuniger (Stand: 2014)	e^-, Photonen	~ 570 C-Bogen-Linacs 16 Tomo-Therapiegeräte 10 Cyberknife
Zyklotrons (Stand: 2016)	p	4
Synchrotrons (Stand: 2016)	p, C12	2

Abb. 26.1 Komponenten eines Linac-Bestrahlungssystems

Gamma-Knife, Cyberknife und Tomo-Therapie sind spezielle Bestrahlungsanlagen für die stereotaktische Strahlentherapie und die bildgeführte, intensitätsmodulierte und adaptive Strahlentherapie, sie werden ausführlicher in den Abschn. 26.2, 26.3, 26.5 und 26.6 beschrieben. Die Strahlentherapie mit Protonen und schwereren Ionen ist Gegenstand des Abschn. 26.4.

Die folgenden Ausführungen konzentrieren sich auf Linearbeschleuniger mit C-Arm-Konfiguration. Diese Bestrahlungsanlagen werden weltweit am häufigsten für die Strahlentherapie eingesetzt.

26.1.1 Komponenten von Bestrahlungseinrichtungen

Linearbeschleuniger mit C-Arm-Konfiguration bestehen aus einem Bestrahlungsarm („Gantry"), der an einem feststehenden Teil („Stand") drehbar gelagert ist. Der Abstand zwischen der Strahlenquelle und der Drehachse beträgt in der Regel 1 m.

Die zweite wichtige Komponente jeder Bestrahlungsanlage ist der Behandlungstisch. Er ist üblicherweise in den drei Raumrichtungen verschiebbar und ebenfalls um mindestens eine Achse drehbar. Gantry und Behandlungstisch sind so zueinander angeordnet, dass sich die Drehachse der Gantry und die Drehachse des Tisches in einem Punkt, dem sogenannten Isozentrum, schneiden.

Zur Positionierung des auf dem Bestrahlungstisch gelagerten Patienten sind Seiten- und Deckenlaser im Bestrahlungsraum angebracht, deren projizierte Kreuz-Linien sich im Isozentrum schneiden (Abb. 26.2). Das durch die Laserlinien angezeigte Isozentrum ist der Ursprung des Raum-Koordinatensystems und der Referenzpunkt für die Patientenpositionierung. Die Ausrichtung der Laser auf das Isozentrum verlangt daher höchste Genauigkeit und muss in angemessenen Abständen kontrolliert werden.

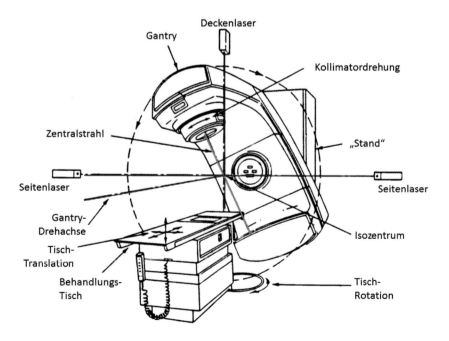

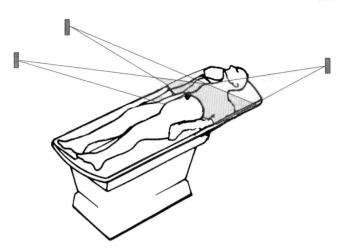

Abb. 26.2 Laserlichtvisiere sind im Bestrahlungsraum an der Decke und an den Wänden fest montiert und auf das Isozentrum ausgerichtet

26.1.2 Koordinatensysteme

Eine Bestrahlungstechnik setzt sich aus einer Kombination von Strahlenfeldern mit unterschiedlichen geometrischen und

physikalischen Parametern zusammen, die in einer bestimmten zeitlichen Reihenfolge appliziert werden. Die räumliche Lage der im Rahmen einer Bestrahlungstechnik applizierten Bestrahlungsfelder wird mathematisch üblicherweise in kartesischen Koordinatensystemen beschrieben. Durch Drehung oder Translation können diese ineinander transformiert werden. Im Einzelnen unterscheidet man die in Abb. 26.3 dargestellten Koordinatensysteme nach dem IEC Standard [2], deren zugehörige Transformationen ausführlich in [9] beschrieben sind.

26.1.3 Feldparameter

Strahlenfelder sind durch geometrische und physikalische Parameter definiert.

26.1.3.1 Geometrische Parameter

Die Geometrie eines Strahlenfeldes wird durch den Quellendurchmesser, den Abstand der Quelle vom Isozentrum, die räumliche Lage der Strahlenquelle im Raumkoordinatensystem und durch die Strahlbegrenzungssysteme (Kollimatoren) definiert.

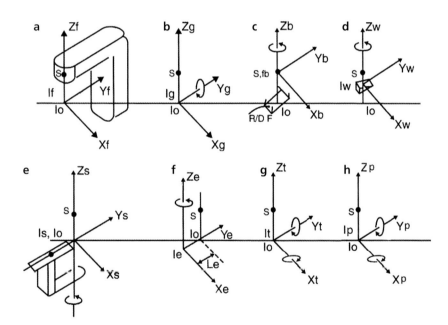

Abb. 26.3 Koordinatensysteme nach IEC 61217 [2]. **a** Raumfestes Koordinatensystem (X_f, Y_f, Z_f) mit dem System-Ursprung I_f; **b** Gantry-Koordinatensystem X_g, Y_g, Z_g mit der Lage des System-Ursprunges I_g im Isozentrum I_0 und einer Rotation um die Y_g-Achse mit dem Winkel φ_g; **c** Blenden-Koordinatensystem X_b, Y_b, Z_b mit der Lage des System-Ursprunges in der Strahlungsquelle S und einer Rotation um die Z_b-Achse mit dem Winkel Θ_b; **d** Keilfilter-Koordinatensystem X_w, Y_w, Z_w mit der Lage des System-Ursprunges I_w in einem ausgewählten Punkt auf dem Keilfilter und einer Rotation um die Z_w-Achse mit dem Winkel Θ_w; **e** Patiententisch-Koordinatensystem X_s, Y_s, Z_s mit der Lage des System-Ursprunges I_s auf der Rotationsachse der Drehscheibe und einer Rotation um die Z_s-Achse mit dem Winkel Θ_s; **f** Exzentrisches Koordinatensystem des Tischoberteiles X_e, Y_e, Z_e mit der Lage des System-Ursprunges I_e auf der exzentrischen Rotationsachse und einer Rotation um die Z_e-Achse mit dem Winkel Θ_e; **g** Tischoberteil-Koordinatensystem X_t, Y_t, Z_t mit der Lage des System-Ursprunges I_t auf der exzentrischen Rotationsachse und einer Rotation um die X_t-Achse um den Winkel ψ_t und um die Y_t-Achse mit dem Winkel ϕ_t; **h** Patienten-Koordinatensystem X_p, Y_p, Z_p mit der Lage des System-Ursprunges I_p in einem ausgewählten Punkt im Patienten und einer Rotation um die X_p-Achse um den Winkel ψ_p und um die Y_p-Achse mit dem Winkel ϕ_p. The author thanks the International Electrotechnical Commission (IEC) for permission to reproduce Information from its International Standards. All such extracts are copyright of IEC, Geneva, Switzerland. All rights reserved. Further information on the IEC is available from www.iec.ch. IEC has no responsibility for the placement and context in which the extracts and contents are reproduced by the author, nor is IEC in any way responsible for the other content or accuracy therein

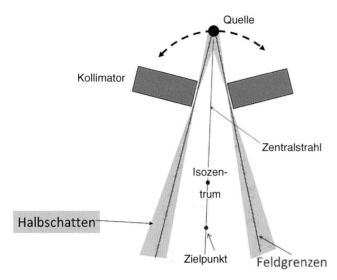

Abb. 26.4 Strahlgeometrie eines einzelnen Feldes. Geometrische Parameter, die das Strahlenfeld definieren, sind die räumliche Lage sowie die durch den Kollimator definierte Form des Strahlenfeldes

Der **Quellendurchmesser** bestimmt die Größe des Halbschattens. Typische Quellendurchmesser reichen von wenigen mm (Linearbeschleuniger) bis zu einigen cm (Isotopenbestrahlungsgeräte). Der **Abstand zwischen Quelle und Isozentrum** beträgt bei Isotopenbestrahlungsgeräten 60 cm oder 80 cm, bei Linearbeschleunigern ist ein Fokus-Isozentrumsabstand von 100 cm üblich. Quellendurchmesser und der Abstand zwischen Quelle und Isozentrum sind bei einer isozentrischen Bestrahlungsanlage Parameter, die im Rahmen einer Bestrahlungstechnik nicht variiert werden.

Abb. 26.5 In der Strahlentherapie vorkommende Feldformen

Bei isozentrischen Beschleunigeranlagen wird die **Lage der Strahlenfelder** im Raumkoordinatensystem allein durch den Gantrywinkel ϕ_g beschrieben. Nichtisozentrische Bestrahlungsanlagen (wie das Cyberknife, siehe Kap. 20) verfügen über eine wesentlich höhere Flexibilität der Strahlausrichtung. Hier wird die räumliche Lage des Strahlenfeldes durch die Drehwinkel der Armsegmente des Roboterarmes definiert.

Weitere wichtige geometrische Parameter von Strahlenfeldern sind die **Feldgröße und die Feldform**. Mit dem Sekundärkollimator eines Linearbeschleunigers können in der Regel Strahlenfelder bis zu $40 \times 40\,cm^2$ (gemessen im Isozentrum) eingestellt werden. Die Feldformen werden entweder durch rechteckige symmetrische oder asymmetrische Kollimatoren, runde oder irreguläre Blenden erzeugt (Abb. 26.4). In modernen Linearbeschleunigern werden zur Erzeugung irregulärer Strahlenfelder sogenannte Multileaf-Kollimatoren genutzt (Abb. 26.5).

26.1.3.2 Physikalische Parameter

Neben den geometrischen Parametern wird ein Strahlenfeld durch seine physikalischen Parameter charakterisiert. Wichtige physikalische Parameter, die ein Strahlenfeld bestimmen, sind:

- Strahlenart
- Energiespektrum
- Energie- und Fluenzverteilung im Strahlenfeld
- Feldgewicht

26.1.3.3 Strahlenart

Welche Strahlenart für die Strahlentherapie die günstigste ist, wird seit Jahrzehnten erforscht. Aus der Vielzahl der Mög-

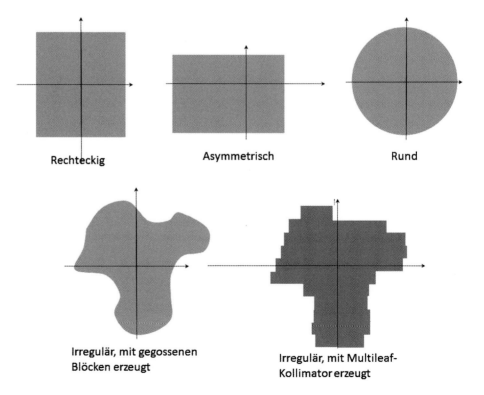

Rechteckig

Asymmetrisch

Rund

Irregulär, mit gegossenen Blöcken erzeugt

Irregulär, mit Multileaf-Kollimator erzeugt

lichkeiten haben sich inzwischen die Strahlentherapie mit γ-Strahlen, hochenergetischen Photonen und Elektronen etabliert. Der breitere Einsatz von γ-Strahlung aus ^{60}Co-Anlagen beschränkt sich inzwischen auf Entwicklungs- und Schwellenländer, in den westlichen Ländern werden fast ausschließlich Elektronen-Linearbeschleuniger zur Bestrahlung mit Elektronen und hochenergetischen Photonen im Bereich zwischen 4 MV und 15 MV eingesetzt. Daneben etablieren sich nach und nach Strahlentherapieanlagen für die Bestrahlung mit Protonen und schwereren geladenen Teilchen wie ^{12}C-Ionen (siehe Abschn. 26.4).

26.1.3.4 Energiespektrum

Das Energiespektrum eines Linearbeschleunigers stellt sich für die Elektronen als Linienspektrum, für die durch Abbremsung der Elektronen erzeugte Bremsstrahlung als kontinuierliches Spektrum dar. Dabei entspricht die Maximalenergie der Photonenstrahlung der ursprünglichen Elektronen-Energie.

Beim Einsatz der Elektronen liegen die Energien zwischen 4 und 18 MeV, im Photonen-Modus zwischen 4 MV und 15 MV. Es ist nicht üblich, die Energie innerhalb einer Bestrahlungstechnik zu wechseln. Auch ein kombinierter Einsatz von Elektronen und Photonen („Mixed-Beam-Technik") ist eher selten.

26.1.3.5 Fluenzverteilung im Strahlenfeld

In einem Strahlenfeld können während der Bestrahlung an unterschiedlichen Stellen eine unterschiedliche Anzahl von Teilchen (oder Photonen) emittiert werden. Dieser Wert wird durch die Teilchenfluenz beschrieben (s. auch Kap. 1):

$$\phi = N/A \qquad (26.1)$$

Wobei ϕ die Anzahl der Photonen oder Teilchen und A die durchstrahlte Fläche ist.

Wenn die Fluenzen im Strahlquerschnitt eines Feldes unterschiedlich verteilt sind, spricht man von einem modulierten Strahlenfeld. In der Strahlentherapie werden Bestrahlungstechniken mit nicht-modulierten (homogenen) sowie keilförmig und beliebig fluenzmodulierten Feldern eingesetzt (Abb. 26.6).

Keilförmige Modulation wird entweder durch Metall-Keile, die in den Strahlengang eingebracht werden, oder durch eine bei eingeschalteter Strahlung bewegte Blende erzeugt (sogenannte virtuelle Keile, Abb. 26.7). Beliebige Modulationen können durch sogenannte Kompensatoren oder mit Multileaf-Kollimatoren erreicht werden (siehe auch Abschn. 26.3).

26.1.3.6 Feldgewicht

Die einzelnen Strahlenfelder, die zu einer Bestrahlungstechnik gehören, können bezüglich ihres Dosisbeitrages in einem definierten Punkt unterschiedlich gewichtet sein. Den Feldern sind dann unterschiedliche Gewichtsfaktoren zugeordnet. Die Gewichtsfaktoren beziehen sich in der Regel auf den Referenzpunkt für die Normierung.

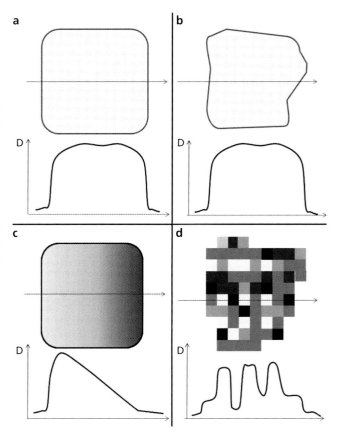

Abb. 26.6 In der Strahlentherapie eingesetzte Fluenzmodulationen: **a, b** homogene Fluenzmodulation in regulären und irregulären Feldern, **c** keilförmige Fluenzmodulation, **d** fluenzmoduliertes Strahlenfeld

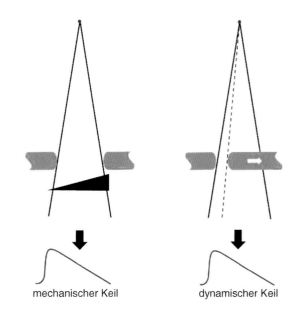

Abb. 26.7 Möglichkeiten der Erzeugung keilförmiger modulierter Felder, *links*: mechanischer Keil, *rechts*: dynamischer Keil

Teil IV

Tab. 26.2 Variable und feste Feldparameter einer Bestrahlungstechnik

Strahlenfeldparameter	Variabel	Fest
Räumliche Lage	×	
Feldgröße, Feldform	×	
Strahlenart		×
Strahlenenergie		×
Fluenz-Modulation	×	
Feldgewicht	×	

26.1.4 Zeitliche und räumliche Kombination von Strahlenfeldern

Bestrahlungstechniken mit nur einem einzigen Bestrahlungsfeld kommen in der Strahlentherapie meist nur bei oberflächennahen Zielvolumina oder in der Palliativbehandlung zum Einsatz. In der Regel setzt sich eine Bestrahlungstechnik jedoch aus mehreren Strahlenfeldern zusammen, die entweder gleichzeitig (z. B. beim Gamma-Knife) oder nacheinander appliziert werden. Dabei werden die Parameter von Feld zu Feld variiert. Bei der Bestrahlung mit Photonen wird die Energie normalerweise nicht variiert, variabel sind dagegen die räumliche Lage der Strahlenfelder, Feldgröße und -Form, die Feldmodulation und die Feldgewichte (siehe Tab. 26.2).

Dosisverteilungen, die aus Bestrahlungstechniken mit mehreren Feldern resultieren, können auf 100 % normiert werden. Es gelten die Regeln, dass der Normierungs-Referenzpunkt klinisch relevant und für die Dosisverteilung im Planungszielvolumen repräsentativ sein sollte, er muss zweifelsfrei und physikalisch genau definierbar sein und außerhalb der Gebiete starker Dosisgradienten liegen. Als Referenzpunkt für die Normierung dient bei isozentrischen Techniken in der Regel das Isozentrum, bei nicht isozentrischen Techniken z. B. der Kreuzungspunkt der Feldachsen. Die Wahl des geeigneten Referenzpunktes und dessen Auswirkung auf die Isodosen-Normierung wird ausführlicher in [6] in „Chapter 7.5.7: Beam combinations and clinical applications" und [3] beschrieben.

Im klinischen Einsatz haben sich bestimmte Formen von Bestrahlungstechniken etabliert, die im Folgenden kurz besprochen werden sollen.

26.1.5 Klinische Bestrahlungstechniken

26.1.5.1 Statische und dynamische Techniken

Im Rahmen einer Bestrahlungstechnik können die Feldparameter entweder schrittweise oder kontinuierlich appliziert werden. Bei der schrittweisen Applikation wird die Technik als „statisch" bezeichnet, bei der kontinuierlichen Applikation als „dynamisch". Bei den statischen Techniken wird die Strahlenquelle während der Einstellung der Feldparameter ausgeschaltet, bei den dynamischen Technik bleibt die Strahlung auch während der Parametervariation eingeschaltet. Typische Beispiele von statischen und einer dynamischen Bestrahlungstechnik sind in

Abb. 26.8 gezeigt. Beide Bestrahlungstechniken werden häufig eingesetzt, dabei ist ihnen gemeinsam, dass im Überschneidungsbereich der Felder eine gleichförmig hohe Dosis erreicht wird. Bei den Beispielen in Abb. 26.9 handelt es sich um isozentrische Techniken, d. h., alle Felder verfügen über ein gemeinsames Isozentrum, so dass bei der jeweiligen Feldeinstellung nur der Gantrywinkel, nicht jedoch die Position des Tisches geändert werden muss.

Zu beachten ist, dass durch Bewegungsbestrahlungen zwar eine hohe gleichförmige Dosis im Überschneidungsbereich der Felder erreicht wird, aber auch immer ein großes Volumen gesunden Gewebes mit einer kleineren Dosis bestrahlt wird („Dosisbad"). Wenn auch eher von historischem Interesse, bietet der Artikel von H. Kuttig [4] einen guten Überblick über mögliche dynamische Bestrahlungstechniken der Strahlentherapie.

26.1.5.2 Isozentrische und nicht-isozentrische Techniken

Isozentrische Bestrahlungstechniken zeichnen sich dadurch aus, dass die Lage der Strahlenfelder einer Bestrahlungstechnik durch ein gemeinsames Isozentrum definiert wird. Man nimmt dabei in Kauf, dass der Abstand zwischen der Quelle und der Oberfläche des Patienten von Feld zu Feld unterschiedlich sein kann. Im Gegensatz dazu stehen die Techniken z. B. mit aufgesetzten Stehfeldern (Abb. 26.9) oder mit aneinandergesetzten Feldern.

Je größer der Abstand der Quelle von der Patientenoberfläche, umso flacher (und für tiefer gelegene Zielvolumina daher eigentlich günstiger) verläuft die Tiefendosiskurve. Die meist geringfügigen dosimetrischen Nachteile isozentrischer Techniken werden aber gegenüber den Techniken mit größerem Quelle-Oberflächen-Abstand durch eine einfachere und sicherere Handhabung aufgewogen. Die meisten in der Praxis eingesetzten Techniken sind daher isozentrische Techniken [6].

26.1.5.3 Koplanare und nicht-koplanare Techniken

Bei koplanaren Bestrahlungstechniken liegen alle zur Technik beitragenden Strahlenfelder in einer Ebene, die senkrecht zur Körperlängsachse verläuft. Bei nicht-koplanaren Techniken sind eine oder mehrere Bestrahlungsebenen im Einsatz, die zueinander geneigt sind (Abb. 26.10).

An konventionellen Bestrahlungsanlagen mit Linearbeschleunigern werden nicht-koplanare Felder durch die Drehung von Gantry und Tisch eingestellt. Das kann zur Vermeidung der Bestrahlung von Risikoorganen sinnvoll sein. Es muss dabei darauf geachtet werden, dass Kollisionen zwischen der Gantry und dem Bestrahlungstisch bzw. dem Patienten vermieden werden. Nicht-koplanare Bestrahlungstechniken werden vor allem bei der Bestrahlung von Tumoren im Kopf-/Halsbereich und von Hirntumoren eingesetzt. Die Rotationsbestrahlung in nicht-koplanaren Ebenen (auch Konvergenz-Bestrahlung genannt) wird hauptsächlich in der stereotaktischen Strahlentherapie eingesetzt (s. Abschn. 26.2).

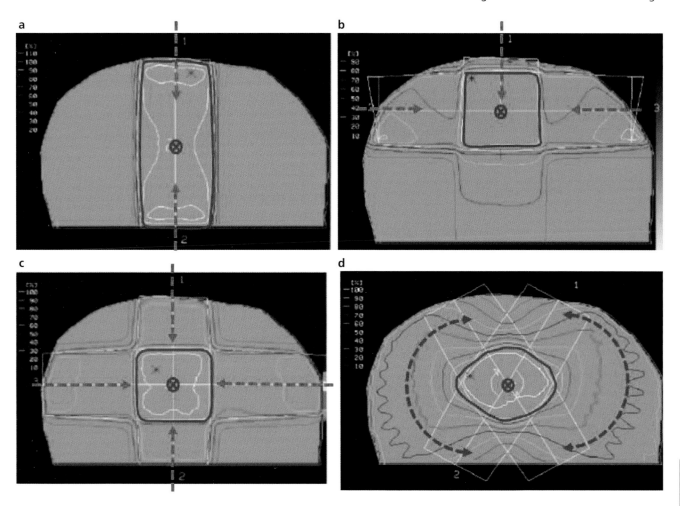

Abb. 26.8 Beispiel für statische und dynamische Bestrahlungstechnik. Die Isodosenlinien wurden auf das Isozentrum normiert (*rotes Kreuz*), die *rote Linie* entspricht der 90 %-Isodose. **a** Bestrahlungstechnik mit 2 parallelen opponierenden Feldern. Es wird eine relativ große rechteckige Fläche mit einer hohen, homogenen Strahlendosis überdeckt. **b** Bestrahlungstechnik mit 3 rechtwinklig zueinander ausgerichteten Strahlenfeldern, wobei aufgrund der Krümmung der Oberfläche die beiden Gegenfelder mit Keilen moduliert werden. Im Überschneidungsbereich wird eine hohe, homogene Strahlendosis erreicht. **c** Bestrahlungstechnik mit 4 rechtwinklig zueinander ausgerichteten Strahlenfeldern (4-Felder-Box). Im Überschneidungsbereich wird eine hohe, homogene Strahlendosis erreicht. Die Technik eignet sich insbesondere zur Bestrahlung zentral gelegener Zielvolumina. **d** Bestrahlungstechnik mit 2 bilateralen Rotationen mit einem Winkel von jeweils 120°. Es ergeben sich steile Dosisgradienten zu den nicht bestrahlten Regionen, damit können dort liegende Risikoorgane besser geschont werden [5]

26.1.5.4 D-konformale Strahlentherapie

Dreidimensional geplante statische oder dynamische Bestrahlungstechniken, die das Ziel haben, die räumliche Dosisverteilung möglichst genau an die Form des Zielvolumens anzupassen, werden „3D-konformale Strahlentherapie" genannt (Abb. 26.11).

Der wesentliche Aspekt der 3D-konformalen Strahlentherapie ist es, dass durch diese speziellen Bestrahlungstechniken die Dosis im Tumor und damit die Wahrscheinlichkeit für die Tumorkontrolle im Vergleich zu den herkömmlichen Techniken mit rechteckigen Strahlenfeldern erhöht werden kann. Gleichzeitig wird die Wahrscheinlichkeit für Nebenwirkungen in Risikoorganen oder im gesunden Gewebe nicht erhöht oder besser noch gesenkt.

Die Bestrahlungstechniken der 3D-konformalen Strahlentherapie sind durch räumliche Target-Definition, dreidimensionale

Therapieplanung und dreidimensionale Strahlapplikation charakterisiert (siehe Tab. 26.3).

Eine ausführliche Einführung in die 3D-konformale Strahlentherapie findet sich in [7].

26.1.5.5 Bestrahlungstechniken mit fluenzmodulierten Feldern

Die Fluenzmodulation gehört zu den physikalischen Parametern (siehe Abschn. 26.1.3) und ist eine Größe, die bei einer Bestrahlungstechnik von Feld zu Feld variiert werden kann. Die einfachste Form der fluenzmodulierten Bestrahlung ist die Keilfilter-Technik, die häufig dann eingesetzt wird, wenn die Patientenoberfläche stark gekrümmt ist (Abb. 26.8b). Der Keilwinkel beschreibt dabei die Neigung der Isodosen in einem Einzelfeld.

Teil IV

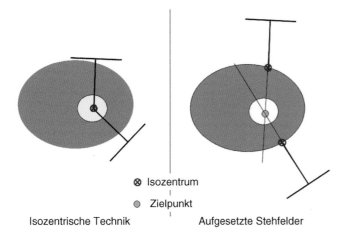

Isozentrum

Zielpunkt

Isozentrische Technik   Aufgesetzte Stehfelder

Abb. 26.9 *Links*: Isozentrische Bestrahlungstechnik, die beiden Felder haben ein gemeinsames Isozentrum, das im Zielpunkt der Planung liegt. Die beiden Felder haben unterschiedliche Quelle-Oberflächen-Abstände. *Rechts*: Bestrahlungstechnik mit „aufgesetzten Stehfeldern", auch Fixed-SSD-Technik genannt. Das Isozentrum liegt für beide Felder in diesem Fall an der Patientenoberfläche, beide Zentralstrahlen gehen durch den Zielpunkt

Die IMRT-Bestrahlungstechnik verwendet beliebig modulierte Felder (Abb. 26.6d), die entweder mit entsprechend geformten Metall-Kompensatoren, in den meisten Fällen jedoch mit Hilfe von Multileaf-Kollimatoren erzeugt werden. Statische und dynamische Bestrahlungstechniken sind in Abschn. 26.3 ausführlicher beschrieben. Detaillierte Darstellungen der IMRT sind in [1, 8, 10] beschrieben.

26.2 Stereotaktische Bestrahlungen

Wolfgang Schlegel

Die stereotaktische Strahlentherapie ist eine spezialisierte Bestrahlungstechnik, die in den Jahren zwischen 1960 und 1970 nur an wenigen Zentren mit großem Aufwand und speziellen Bestrahlungsgeräten durchgeführt werden konnte. Daraus hat sich ein Verfahren entwickelt, das heute weltweit verbreitet ist.

Unter dem Begriff „stereotaktische Strahlentherapie" werden heute ganz allgemein konforme Bestrahlungstechniken zusammengefasst, die eine geometrisch präzise Applikation der Strah-

Abb. 26.10 Isozentrische nicht-koplanare Bestrahlungstechniken: *Links*: Konvergenzbestrahlung mit 14 nicht-koplanaren irregulären Feldern, *rechts*: Rotations-Konvergenzbestrahlung mit 9 nicht-koplanaren Bögen

Abb. 26.11 *Links*: Nicht-konformale Strahlentherapie mit 4 rechteckigen Feldern, *rechts*: Konformale Strahlentherapie mit 3 irregulären MLC-Feldern

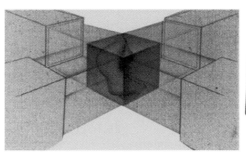
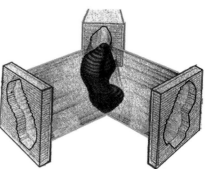

Tab. 26.3 Charakteristika der 3D-konformalen Strahlentherapie

Zielvolumen-Definition	3D-Bildgebung	CT, MRI, PET, SPECT
Therapieplanung	3D-Planung	3D-Vorwärtsplanung, 3D-inverse Planung
Strahlapplikation	3D-Bestrahlung	Reguläre oder irreguläre Felder, koplanare oder nicht-koplanare Felder, nicht-modulierte oder fluenz-modulierte Felder, statische oder dynamische Techniken

Teil IV

Abb. 26.12 Verschiedene Formen der stereotaktischen Bestrahlung. Im vorliegenden Kapitel wird nur die externe stereotaktische Bestrahlung behandelt

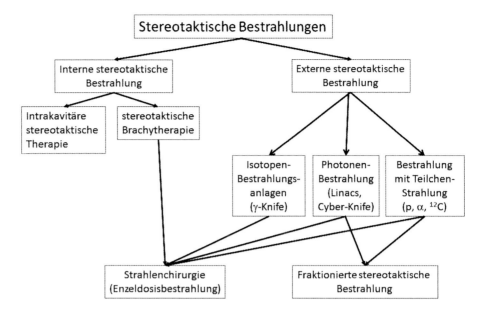

lendosisverteilung auf ein räumlich abgegrenztes Zielvolumen ermöglichen und gleichzeitig durch einen steilen Dosisabfall zum gesunden Gewebe hin charakterisiert sind (Abb. 26.12). Die hohe Genauigkeit der Bestrahlung wird durch besondere Präzisions-Bestrahlungsgeräte und stereotaktische Fixierungs-, Lokalisations- und Positionierungsgeräte erreicht. Mit stereotaktischen Zielgeräten kann z. B. ein im Körper des Patienten definierter Zielpunkt genau mit einer Sonde angepeilt oder in das Isozentrum des Linearbeschleunigers justiert werden. Die applizierten Dosen sind dabei erheblich höher als in der konventionell fraktionierten Radiotherapie. Dies wird durch die Beschränkung auf kleine Zielvolumina und eine extreme Konformität erreicht. Eine extreme Fokussierung der Strahlung auf das Zielvolumen wird durch die unterschiedlichsten Techniken erreicht, z. B. durch stereotaktisch implantierte Seeds und intrakavitäre Bestrahlungen, überwiegend jedoch durch nicht-koplanare isozentrische Vielfelder- oder Bewegungsbestrahlungstechniken („Konvergenzbestrahlung", Abb. 26.21). In diesem Kapitel wird nur auf die *externe* stereotaktische Bestrahlung eingegangen. Für die Themen der intrakavitären und interstitiellen stereotaktischen Strahlentherapie wird z. B. auf die Web-Site der Klinik für Stereotaxie der Uni Köln verwiesen [41].

Die externe *kraniale* stereotaktische Strahlentherapie wird heute überwiegend bei gut- und bösartigen Zielvolumina im Schädel eingesetzt. In einigen Zentren wird auch die extrakraniale stereotaktische Bestrahlung (SBRT, siehe Tab. 26.4) routinemäßig eingesetzt [24].

Der Begriff „Stereotaxie" leitet sich aus dem Griechischen ab und kann etwa mit „räumlichem Zielen" übersetzt werden. Im medizinischen Bereich wurde der Begriff zuerst in der Neurochirurgie verwendet, die schon seit etwa 60 Jahren stereotaktische Zielgeräte einsetzt. Für die unterschiedlichen Bestrahlungstechniken und Fraktionierungsschemata der stereotaktischen Strahlentherapie gibt es eine Reihe von Begriffen und Bezeichnungen, die in Tab. 26.4 erläutert werden.

26.2.1 Geschichtliche Entwicklung

Der schwedische Neurochirurg Lars Leksell hat 1951 die aus der Neurochirurgie stammende stereotaktische Methodik (Abb. 26.13 und 26.14) mit der Strahlentherapie verknüpft und hierfür den Ausdruck „Radiosurgery" (deutsch „Radiochirurgie") geprägt. Diese Bezeichnung hat sich bis heute erhalten. Leksell hatte die Idee, für die Behandlung bestimmter funktioneller Erkrankungen statt stereotaktisch geführter Sonden stereotaktisch geführte Strahlen zu verwenden [27]. Die ersten stereotaktischen Bestrahlungen mit hochenergetischen Strahlen wurden von Leksell mit hochenergetischen Protonenstrahlen (185 MeV) am Zyklotron der Universität Uppsala in Zusammenarbeit mit Börje Larsson durchgeführt [26]. Aufgrund der schwierigen Bedingungen am Zyklotron und der Notwendigkeit, die bereits fixierten Patienten von Stockholm nach Uppsala zu transportieren, suchte er eine andere Lösung für den breiteren klinischen Einsatz der Radiochirurgie. Die Radiochirurgie mit Protonen wird heute noch z. B. in Boston am Massachusetts General Hospital eingesetzt.

Das erste, exklusiv für die Radiochirurgie entwickelte Isotopen-Bestrahlungsgerät wurde unter der Leitung von Leksell 1968 in Stockholm gebaut und „Gamma-Knife" genannt. Der Prototyp bestand aus 179 zu einem Isozentrum hin kollimierten ^{60}Co-Quellen. Aus diesem Prototyp entwickelten sich verschiedene Ausführungen kommerziell vertriebener Geräte [20, 30].

Die Radiochirurgie am Linearbeschleuniger hat sich in den 1980er-Jahren entwickelt. Die ersten Berichte über den klinischen Einsatz von stereotaktischen Linearbeschleunigern stammen aus Buenos Aires [12], Heidelberg [22] und Vicenza [14], wo fast zeitgleich das Konzept der Einzeldosisbestrahlung mit konvergenten, nicht-koplanaren Bewegungsbestrahlungen über mehrere Ebenen definiert und realisiert wurde.

Die Radiochirurgie wurde in den letzten Jahren in vielerlei Hinsicht weiterentwickelt:

Tab. 26.4 Die gebräuchlichsten Begriffe der stereotaktischen Strahlentherapie

Englischer Begriff	Deutscher Begriff	International gebräuchliche Abkürzung	Bedeutung
Radiosurgery	Radiochirurgie	RS	Oberbegriff für stereotaktische Einzeldosisbestrahlungen
Stereotactic single dose irradiation	Stereotaktische Einzeldosisbestrahlung *oder* stereotaktische Einzeitbestrahlung		s. o.
Gamma-Knife-Radiosurgery			Stereotaktische Einzeitbestrahlung mit dem ^{60}Co-Isotopenbestrahlungsgerät der Firma Elekta
Linac-Radiosurgery			Stereotaktische Einzeitbestrahlung mit der Röntgenbremsstrahlung eines Elektronenlinearbeschleunigers
Bragg-Peak-Radiosurgery			Stereotaktische Einzeitbestrahlung mit schweren geladenen Teilchen (p, ^{4}He- oder ^{12}C-Ionen)
Stereotactic interstitial radiotherapy *oder* Stereotactic brachytherapy	Stereotaktische interstitielle Strahlentherapie *oder* stereotaktische Brachytherapie		Stereotaktisch geführte Implantation von radioaktiven Quellen (^{125}J- oder ^{192}Ir-Seeds)
Stereotactic fractionated radiotherapy	Stereotaktische fraktionierte Strahlentherapie		Oberbegriff für stereotaktisch geführte, fraktionierte Strahlenbehandlungen
Precision radiotherapy	Präzisions-Strahlentherapie		s. o.
Stereotactic convergent Beam Irradiation	Konvergenzbestrahlung	CBI	Stereotaktisch geführte, nicht koplanare, isozentrische Vielfelderbestrahlungstechnik
Stereotactic body radiotherapy	Stereotaktische Strahlentherapie im Körperbereich	SBRT	Stereotaktisch geführte Strahlentherapie im gesamten Körperbereich

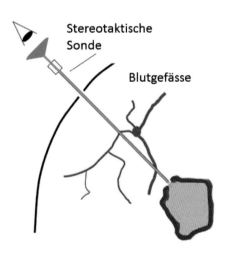

Stereotaktische Sonde

Blutgefässe

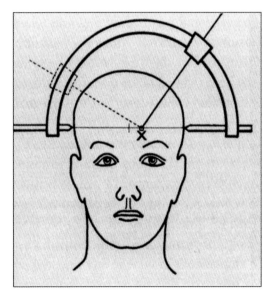

Abb. 26.13 Das Prinzip der stereotaktischen Neurochirurgie. *Links*: Prinzip der Anpeilung eines Zielvolumens mit einer stereotaktischen Sonde. *Rechts*: Vorschlag für ein stereotaktisches Zielgerät nach Leksell [27]

- Die Entwicklung nicht-invasiver Kopf-Fixationssysteme ermöglichte die Dosisfraktionierung. Die stereotaktische fraktionierte Strahlentherapie kombiniert die Präzision in der Strahlenapplikation mit dem biologischen Vorteil der Fraktionierung (Schlegel et al. 1992, [36]).
- Die Entwicklung von Mikro-Multileaf-Kollimatoren zur Feldformung erlaubt die Anpassung der Bestrahlungsfelder an irreguläre Zielvolumina. Dadurch können auch irreguläre Zielvolumina homogen bestrahlt werden [36, 37].
- Neben der Radiochirurgie mit konventionellen Linearbeschleunigern hat sich in den letzten Jahren die robotische Radiochirurgie mit dem „Cyberknife" etabliert [11]. Durch Bildführung und computergesteuerte Robotik ist das System in der Lage, auch bewegte Zielvolumina zu verfolgen und zu bestrahlen.

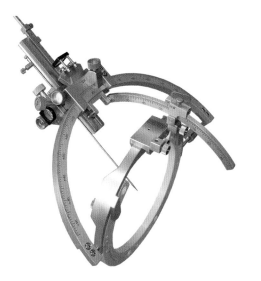

Abb. 26.14 Modernes stereotaktisches Zielgerät (Riechert/Mundiger-System, [41], © Inomed Medizintechnik GmbH)

26.2.2 Das stereotaktische Koordinatensystem

Das Grundkonzept der stereotaktischen Behandlungen ist die Verwendung eines „stereotaktischen Koordinatensystems" (Abb. 26.15).

Das stereotaktische Koordinatensystem ist ein kartesisches Koordinatensystem, das durch den stereotaktischen Rahmen (siehe unten) definiert wird. Der Ursprung des Koordinatensystems liegt im Mittelpunkt des stereotaktischen Rahmens, die x-y-Ebene deckt sich mit der Rahmenebene, die z-Koordinate weist in Körperlängsrichtung (Abb. 26.15).

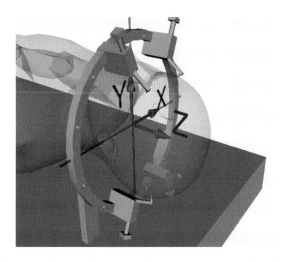

Abb. 26.15 Stereotaktische Koordinaten, der Ursprung des Koordinatensystems liegt im Zentrum des stereotaktischen Rahmens (nach Schlegel und Mahr 2007, [35])

26.2.3 Ablauf einer stereotaktischen Strahlenbehandlung und stereotaktische Komponenten

Der Ablauf einer stereotaktischen Strahlenbehandlung entspricht weitgehend einer herkömmlichen Bestrahlung: Nach der Lokalisation des Zielvolumens und der Risikoorgane durch dreidimensionale tomographische Bildgebung folgen Therapieplanung, Positionierung am Beschleuniger und die Bestrahlung. Es werden bei einer stereotaktischen Strahlenbehandlung jedoch spezielle technische Systeme und Softwarekomponenten eingesetzt, die es erlauben, die anatomischen Strukturen des Patienten in dem stereotaktischen Koordinatensystem abzubilden, die Planung in stereotaktischen Koordinaten durchzuführen und den Patienten mit Hilfe der stereotaktischen Koordinaten am Beschleuniger zu positionieren. Zudem wird die Bestrahlung mit Präzisions-Linearbeschleunigern und Tischen durchgeführt, deren mechanische Isozentren-Genauigkeit besonders geringen Toleranzen unterliegt. Die erreichte Präzision der Strahlenbehandlung übertrifft daher die konventionelle Strahlentherapie deutlich. Im Folgenden werden die einzelnen Schritte einer stereotaktischen Strahlenbehandlung mit den dazugehörigen stereotaktischen Komponenten beschrieben. Der Ablauf der Schritte und die dafür notwendigen Komponenten sind ebenfalls in Abb. 26.16 dargestellt.

26.2.3.1 Stereotaktische Fixierung und stereotaktischer Rahmen

Im ersten Schritt einer stereotaktischen Strahlenbehandlung wird der Schädel des Patienten im stereotaktischen Rahmen fixiert. Der stereotaktische Rahmen stellt ein Basissystem für die in den weiteren Schritten benötigten stereotaktischen Komponenten (Lokalisatoren, Positioniergeräte) dar und ist das Bezugssystem für das stereotaktische Koordinatensystem. Durch die Schädel-Fixierung im stereotaktischen Rahmen besteht zwischen dem stereotaktischen Rahmen und dem Planungszielvolumen für die Dauer der Behandlung (von der Durchführung der Bildgebung bis zum Abschluss der Strahlentherapie) eine starre und geometrisch eindeutige Beziehung.

Der stereotaktische Rahmen kann entweder invasiv mit Dornen an der Schädelkalotte verschraubt oder nicht-invasiv über individuelle Masken am Schädel fixiert werden (Abb. 26.17). Die invasive Fixierung wird bei der Radiochirurgie verwendet. Die nicht-invasiven Fixierungssysteme dienen der stereotaktischen fraktionierten Strahlentherapie. Während mit dem invasiven Fixierungssystem sehr hohe Immobilisierungsgenauigkeiten im Submillimeterbereich erreicht werden können, liegt die Genauigkeit der Kopfimmobilisierung bei den nicht-invasiven Systemen bei bestenfalls 1–2 mm.

Die gebräuchlichsten stereotaktischen Rahmen sind in der Literatur ausführlich beschrieben [13, 15, 23, 28, 29, 34, 39, 40]. Jedes System hat ein eigenes mechanisches Design für den Grundrahmen und die mechanische Adaption der Lokalisatoren und Positioniergeräte.

Teil IV

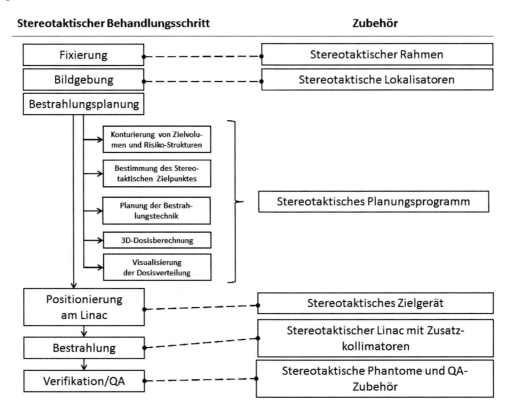

Abb. 26.16 Ablauf einer stereotaktischen Bestrahlung und zugehörige Komponenten

Abb. 26.17 Stereotaktische Fixierung. *Links*: Invasive Fixierung im stereotaktischen Ring, *rechts*: Maskenfixierung

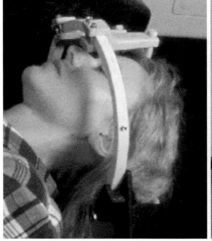

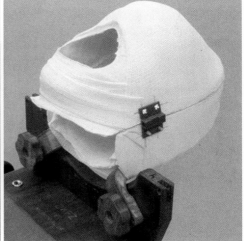

26.2.3.2 Stereotaktische Bildgebung und stereotaktische Lokalisatoren

Bei der Bildgebung wird am stereotaktischen Rahmen ein sogenannter „Lokalisator" adaptiert. Mit dem Lokalisator wird die Beziehung zwischen den Bildkoordinaten und den stereotaktischen Koordinaten bestimmt. Stereotaktische Lokalisatoren (Abb. 26.18) enthalten Markierungsdrähte (so genannte „Fiducials"), die in der Bildgebung abgebildet werden und aus deren Position in den Bildern die Koordinaten eines Bildpunktes im stereotaktischen Koordinatensystem errechnet werden können (Abb. 26.19 und 26.20). Der stereotaktische Rahmen,

die Fixierungssysteme und der stereotaktische Lokalisator müssen kompatibel mit den verwendeten radiologischen Untersuchungseinrichtungen (CT, MRT, Röntgen, PET) sein und eine möglichst artefaktfreie Bildgebung im interessierenden Volumen erlauben.

Bei der Bildgebung werden in einer Bildschicht (gelb) entsprechende Markierungspunkte abgebildet, die den Schnittpunkten der Markierungsdrähte mit der Bildschicht entsprechen.

Die stereotaktische Bildgebung mit der Röntgen-Computertomographie (CT) dient in erster Linie zur Definition des Ziel-

Abb. 26.18 Stereotaktischer Lokalisator. *Links*: am Grundring montiert, *rechts*: vergrößert

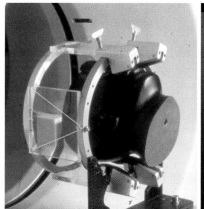
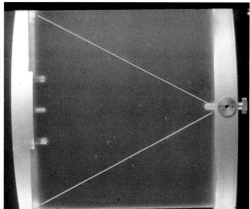

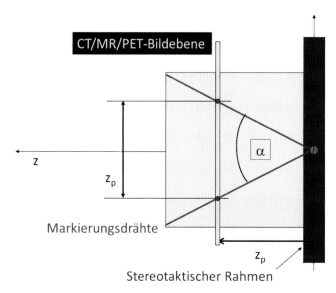

Abb. 26.19 Prinzip der stereotaktischen Lokalisation mit Markierungsdrähten. Am stereotaktischen Rahmen werden jeweils gegenüberliegende Plexiglasplatten adaptiert. In diese Platten sind Markierungsdrähte eingelassen (*rot*), die sich unter dem Winkel $\alpha = 53,6°$ in der Ebene $z = 0$ schneiden. Dieser Winkel ergibt sich aus der Bedingung $\tan \alpha/2 = 0,5$

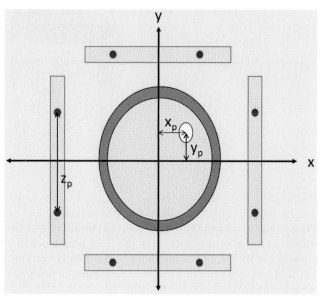

Abb. 26.20 Prinzip der Bestimmung stereotaktischer Koordinaten eines Zielpunktes. Anhand der Lage der Markierungspunkte kann das x-y-Achsenkreuz des stereotaktischen Koordinatensystems rekonstruiert werden. Daraus können die x- und y-Koordinate des Zielpunktes bestimmt werden. Die z-Koordinate ergibt sich aus dem Abstand zweier Markierungspunkte. Dazu muss allerdings überprüft werden, ob die Abstände der Markierungspunkte in den Lokalisatorplatten jeweils die gleichen sind, nur dann ist der Lokalisator exakt justiert

punktes, des Zielvolumens sowie zur Dosisberechnung und Visualisierung.

Ergänzende Untersuchungen wie Angiographie, MRT oder PET, die einer besseren Definition des Planungszielvolumens und der Risikoorgane dienen, werden ebenfalls unter stereotaktischen Bedingungen durchgeführt. Für MRT und PET wurden teilweise spezielle Lokalisatoren etwa mit kontrastmittelgefüllten Schläuchen (MRT) oder aktivierten Kupferdrähten (PET) entwickelt. Die Volumina können dann in die CT-Bilder transformiert werden.

26.2.3.3 Stereotaktische Bestrahlungsplanung

Konturierung des Zielvolumens und der Risikoorgane
Bei der Definition des Planungszielvolumens werden die In-

formationen aller bildgebenden Verfahren und die klinischen Informationen über den Krankheitsverlauf und den Patienten berücksichtigt. Die tumorspezifische Morphologie, das Wachstumsmuster der Läsion und die anatomischen Beziehungen zum gesunden Gewebe sind dabei wichtige Parameter. Besondere Bedeutung kommt in der stereotaktischen Strahlentherapie der Definition der Risikostrukturen zu. Ein fundiertes Verständnis der Grundlagen der Bildgebung und der funktionellen Hirnanatomie sind für die Planung unabdingbare Voraussetzung.

Bestimmung des stereotaktischen Zielpunktes Der Zielpunkt einer stereotaktischen Bestrahlung ist derjenige Punkt im Zielvolumen, der während der Bestrahlung mit höchster

Abb. 26.21 Bestrahlungstechniken der externen stereotaktischen Strahlentherapie, in Anlehnung an Abb. 26.19. **a** Bestrahlungstechnik des Gamma-Knifes, **b** einfache 360°-Rotationsbestrahlung, **c** Konvergenzbestrahlung mit mehreren nicht-koplanaren Bögen, **d** dynamische Konvergenzbestrahlung, **e** nicht-koplanare Stehfeld-Konvergenzbestrahlung

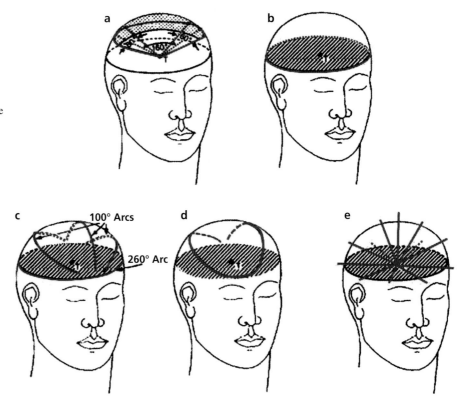

Genauigkeit in das Isozentrum des Linearbeschleunigers einjustiert werden muss. Die Lage des Zielpunktes wird vom Planer üblicherweise interaktiv vorgegeben. In stereotaktischen Planungsprogrammen können dann die Koordinaten des Zielpunktes mit Hilfe der stereotaktischen Lokalisatoren berechnet werden (Abb. 26.19 und 26.20). Diese Koordinaten werden später am stereotaktischen Positioniergerät eingestellt (Abb. 26.23 und 26.24).

Planung der Bestrahlungstechnik Stereotaktische Konvergenzbestrahlungen weisen einen steilen Dosisabfall am Rand des Planungszielvolumens auf, erreicht durch spezielle Zusatzkollimatoren und eine Vielzahl von Einstrahlungsrichtungen.

Für runde oder ovale Planungszielvolumina werden Rundkollimatoren eingesetzt, die am Zubehörhalter des Linearbeschleunigers angebracht werden. Das Cyberknife verfügt zudem über einen „Iris-Kollimator", dessen hexagonales Feld kontinuierlich verstellt werden kann (Echner et al. 2009, [19]). Für irregulär geformte Planungszielvolumina sind computergesteuerte Mikro-Multileaf-Kollimatoren verfügbar, deren Feldkonturen individuell an die Tumorformen angepasst werden können. Mikro-Multileaf-Kollimatoren sind Multileaf-Kollimatoren, die den in Linearbeschleunigern integrierten handelsüblichen Multileaf-Kollimatoren nachempfunden sind, aber über eine geringere Blattdicke und damit verbesserte Auflösung (zwischen 1 und 3 mm) verfügen. Computergesteuerte Mikro-Multileaf Kollimatoren bieten eine dynamische Feldanpassung bis hin zur stereotaktisch geführten IMRT [38].

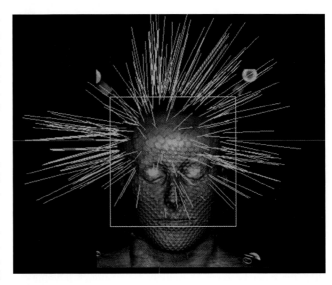

Abb. 26.22 Nicht-koplanare, nicht-isozentrische Mehrfelder-Bestrahlungstechnik mit dem Cyberknife [31]

Die Bestrahlungstechniken in der stereotaktischen Strahlentherapie sind in der Regel isozentrisch (mit Ausnahme des Cyberknifes, siehe Abb. 26.21e). Bei der Einführung der stereotaktischen Bestrahlungstechniken wurden sie in Rotationstechnik, später auch in Stehfeldtechnik (z. B. mit dem Cyberknife Abb. 26.22) durchgeführt. Bei der Rotationstechnik werden in der Regel zwischen 5 und 10 Bestrahlungsbögen eingesetzt, die

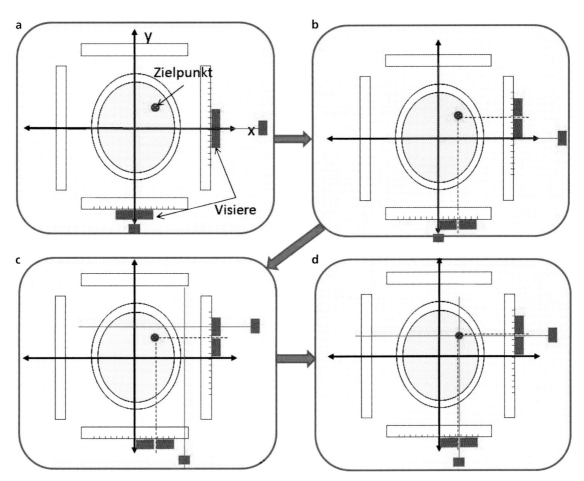

Abb. 26.23 Das Prinzip der stereotaktischen Positionierung. **a** Die Laserlichtvisierung wird auf den stereotaktischen 0-Punkt eingestellt, die Koordinaten an den elektronischen Schublehren werden auf 0 gestellt. **b** Die vorausberechneten Koordinaten des stereotaktischen Zielpunktes werden mit Hilfe der elektronischen Schublehren eingestellt. **c** Die Seiten- und Decken-Laser werden eingeschaltet. **d** Der Patienten-Lagerungstisch wird verstellt, bis die Laser-Linien genau auf die Laser-Visiere justiert sind

Größe des Bogenwinkels und der Winkel zwischen den einzelnen Bögen (realisiert durch eine isozentrische Tischdrehung) können variieren und dadurch die räumliche Isodosenverteilung beeinflussen [32].

Die stereotaktischen Bestrahlungen mit Multileaf-Kollimatoren können z. B. über mehrere non-koplanare Stehfelder (in der Regel zwischen 6 und 12) realisiert werden. Inzwischen werden auch dynamische Bestrahlungstechniken (Bogenbestrahlung mit kontinuierlich variierender Feldform) klinisch eingesetzt.

3D-Dosisberechnung Die stereotaktischen Bestrahlungstechniken sind komplexe Bewegungs- oder Vielfelderbestrahlungen [33]. Die Dosisberechnung muss bei im Voraus definierter Bestrahlungstechnik dreidimensional auf der Basis eines tomographischen Bilddatensatzes durchgeführt werden. Im Vergleich zu herkömmlichen 3D-Planungssystemen werden in der stereotaktischen Strahlentherapie oft vereinfachte, dafür aber deutlich schnellere Dosisberechnungs-Algorithmen eingesetzt. Die Vereinfachungen (Vernachlässigung von Gewebe-

Inhomogenitäten, Vernachlässigung der Divergenz der Strahlung, Beschränkung der Dosisberechnung auf ein quaderförmiges, das Zielvolumen umgebendes Gewebeareal) beeinflussen durch die Vielzahl der zu berechnenden Subfelder die Genauigkeit der Dosisberechnung kaum.

Die räumliche Dosisverteilung wird entweder als absolute oder als normierte Dosisverteilung angegeben (Normierung auf einen Dosis-Referenzpunkt nach [18, 25]). Die Verschreibungsdosis D_0 bezieht sich direkt auf eine Isodosenfläche, die in der Regel das Planungszielvolumen vollständig umschließt. Nach [17] und [26] sollen neben der minimalen Dosis D_{min} und der maximalen Dosis D_{max} im Planungszielvolumen im Bestrahlungsplan noch Angaben zu den verschiedenen Volumina gemacht werden (Planungszielvolumen, das von der Isodosenfläche umfasste Volumen, auf das dosiert wird) sowie der Anteil des Planungszielvolumens, der mit einer Dosis $> D_0$ bestrahlt wird. Bei der Einzeldosisbestrahlung kann die maximale Strahlendosis, je nach Indikation, im Bereich von mehreren zig Gy liegen. Neben den Angaben zum Planungszielvolumen sind noch Angaben über die maximale Dosis im Bereich der Risikostrukturen erforderlich.

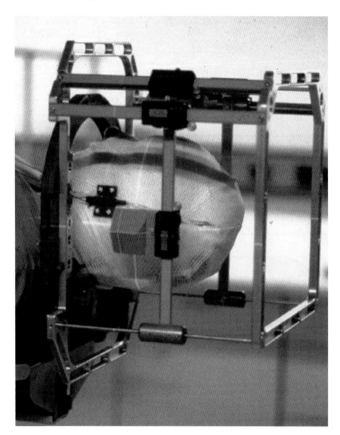

Abb. 26.24 Stereotaktisches Positionierungssystem (nach Schlegel et al. 1992, [36])

Optimierung der Dosisverteilung Die Bestrahlungspläne werden wie in der konventionellen 3D-Therapieplanung anhand von Isodosenkurven, Dosis-Volumen-Histogrammen (DVH), Konformationsindizes oder von mathematischen NTCP/TCP-Modellen optimiert (Kap. 22).

26.2.3.4 Stereotaktische Positionierung am Linearbeschleuniger

Zur Positionierung des Patienten am Linearbeschleuniger dienen stereotaktische Positionierungsgeräte (Abb. 26.23 und 26.24). Dieses Zielgerät ist eine Einstellhilfe, das es ermöglicht, die Koordinaten des Zielpunktes auf die x-y-, x-z- und y-z-Ebenen des stereotaktischen Koordinatensystems außerhalb des Patienten zu übertragen. Mit diesen nach außen projizierten Punkten kann dann der Patient so positioniert werden, dass der Zielpunkt und das Isozentrum exakt übereinstimmen.

26.2.3.5 Bestrahlung mit dem stereotaktischen Linearbeschleuniger

Nach der Positionierung des Patienten wird das Zielgerät entfernt und die eigentliche Bestrahlung kann beginnen. Beim Einsatz von Linearbeschleunigern sind die Anforderungen an die mechanische Stabilität und Genauigkeit des Linearbeschleunigers wesentlich höher als in der konventionellen Strahlentherapie. Die wichtigste Voraussetzung für die Nutzung eines

isozentrischen Linearbeschleunigers für die Radiochirurgie und die stereotaktische Strahlentherapie ist die Genauigkeit des Isozentrums: Unter idealen Bedingungen müssen sich die Achse der Gantry-Drehung, der Zentralstrahl und die Rotationsachse des Patiententisches in einem Punkt, dem Isozentrum, schneiden. In der Praxis kann diese Bedingung bei allen denkbaren Gantry-, Kollimator- und Tischeinstellungen nicht eingehalten werden. Man geht auf die Forderung zurück, dass die drei Achsen (Gantry-Rotationsachse, Zentralstrahl- und Tisch-Rotationsachse) sich in einer Kugel treffen, deren Mittelpunkt mit dem Isozentrum zusammenfällt und deren Durchmesser in der Größenordnung von 1 mm liegt (Hartmann et al. 1995, [22]). Diese mechanischen Spezifikationen können von den Herstellern heute eingehalten werden, sie müssen jedoch bei der Inbetriebnahme des Linearbeschleunigers überprüft werden und sind Gegenstand der laufenden Qualitätssicherungsmaßnahmen an einem stereotaktischen Linearbeschleuniger.

Neben den Genauigkeitsanforderungen des Isozentrums bestehen weitere spezifische Anforderungen an eine stereotaktische Bestrahlungsanlage, wie z. B. die genaue Justierbarkeit der Zusatzkollimatoren (Rundkollimatoren und Mikro-Multileaf-Kollimatoren), ein stabiler und präzise geführter ferngesteuerter Behandlungstisch mit Verriegelung der vertikalen, longitudinalen und lateralen Tischbewegungen während der Behandlung und die Befestigung des stereotaktischen Rahmens in einer definierten Weise am Bestrahlungstisch.

26.2.4 Qualitätssicherung

Für den klinischen Betrieb eines stereotaktischen Linearbeschleunigers ist eine ausgefeilte Qualitätssicherung nach definierten Protokollen erforderlich. Die Qualitätssicherungsmaßnahmen unterscheiden sich im Allgemeinen deutlich von den Anforderungen der perkutanen Strahlentherapie mit Elektronenbeschleunigern. Die Prüfverfahren orientieren sich an den DIN-Normen (DIN 6827-1), die in Arbeitsgemeinschaft mit der Deutschen Röntgengesellschaft, der Deutschen Gesellschaft für Medizinische Physik und der Deutschen Gesellschaft für Radioonkologie erarbeitet wurden.

Die Qualitätssicherungsprotokolle erstrecken sich auf die Qualitätssicherung der stereotaktischen Zielvolumen- und Zielpunktsbestimmung mit CT, MRT, PET und DSA, auf die grundlegende Dosimetrie und Bestrahlungsplanung und insbesondere auf die Kalibrierung der Absolutdosis und der Dosisapplikation. Für die Durchführung der Qualitätssicherungsmaßnahmen müssen geeignete Phantome und eine spezielle dosimetrische Ausrüstung verfügbar sein. Eine ausführliche Dokumentation der Qualitätssicherungsmaßnahmen der stereotaktischen Strahlentherapie findet sich in [22].

26.2.5 Schlussbemerkung

In den vergangenen Jahren wurde die so genannte „rahmenlose Stereotaxie" weiterentwickelt. Die rahmenlose Stereotaxie sieht stereotaktische Strahlenbehandlungen ohne stereotaktischen Rahmen vor. Dabei wird auf ein invasives Fixierungssystem verzichtet, jedoch unter Beibehaltung der Genauigkeit der Strahlenapplikation von < 1 mm. Die Idee ist es, interne oder externe Marker zu nutzen, um die Position des Patienten mit optischen oder radiologischen bildgebenden Verfahren exakt einzustellen. Mit zunehmender Integration bildgebender Verfahren in die Strahlentherapie (siehe Abschn. 26.5) wird die stereotaktische Strahlentherapie in Zukunft mehr und mehr durch die IGRT ersetzt. Der Gold-Standard in der kranialen Bestrahlung wird hinsichtlich der Bestrahlungsgenauigkeit aber auch mittelfristig die stereotaktische Radiochirurgie bleiben [16, 21, 35].

26.3 Intensitätsmodulierte Radiotherapie

Christian Thieke

In der intensitätsmodulierten Radiotherapie mit Photonen (IMRT) werden die einzelnen Bestrahlungsfelder nicht nur in ihrer äußeren Begrenzung auf die Form des Tumors angepasst, sondern auch die Intensitäten (genauer eigentlich die Fluenzen, s. Abschn. 26.1.3.5) innerhalb der Feldöffnung ortsaufgelöst moduliert. Durch Überlagerung mehrerer solcher intensitätsmodulierten Felder aus verschiedenen Einstrahlrichtungen kann dadurch in deutlich mehr Fällen als bei den konventionellen Bestrahlungstechniken mit offenen Feldern eine konformale Anpassung des Hochdosisbereichs an das Zielvolumen unter Schonung des gesunden Gewebes erreicht werden. So kann z. B. mit der IMRT Gewebe geschont werden, das sich innerhalb einer Konkavität des Zielvolumens befindet (siehe Beispielfall in Kap. 24, Abb. 24.19). Als Prinzip vor über 30 Jahren von Anders Brahme vom Karolinska Institut in Stockholm publiziert [47], mussten zunächst zahlreiche methodische und technische Herausforderungen gemeistert werden, bevor Mitte der 1990er-Jahre erste Patienten behandelt werden konnten. Die IMRT befindet sich nun seit ca. 20 Jahren im klinischen Einsatz und stellt einen der bedeutendsten technischen Fortschritte der Strahlentherapie dar. Der mit IMRT behandelte Anteil aller Patienten in der Strahlentherapie ist kontinuierlich steigend, und die Technik wird immer weiter verbessert. Dieser Abschnitt gibt eine Übersicht über die klinischen Einsatzgebiete der IMRT, die Planung und Dokumentation der Therapie, die aktuellen Bestrahlungstechniken und -geräte sowie einen Ausblick auf künftige Entwicklungen.

26.3.1 Einsatzgebiete der IMRT

Die Entscheidung für eine bestimmte Bestrahlungstechnik trifft der Radioonkologe in Zusammenarbeit mit dem Medizinphysiker individuell für jeden einzelnen Patienten. Im Vordergrund steht dabei das bestmögliche Therapieergebnis. Dabei sollten

die Ressourcen der Klinik hinsichtlich Personal- und Geräteeinsatz optimal eingesetzt werden, d. h., bei gleicher Eignung sollte die jeweils einfachste Therapieform zum Einsatz kommen. Insbesondere in der Anfangszeit, als eine IMRT-Behandlung einen hohen Planungs-, Verifikations- und Bestrahlungsaufwand bedeutete, war die Indikation hierzu besonders komplexen Fällen vorbehalten. Mit zunehmender Vereinfachung des technischen Ablaufs, Erfahrung des Personals und Erkenntnissen über die klinischen Möglichkeiten konnte die Indikationsstellung für IMRT immer weiter ausgedehnt werden. Typische Einsatzgebiete für eine IMRT sind:

- Unzureichende Risikoorganschonung mit konventionellen Techniken: Zum Beispiel um das Rückenmark herumwachsende Tumoren.
- Re-Bestrahlung: Hier ist die bestmögliche Schonung der Risikoorgane aufgrund der Vorbelastung von besonderer Bedeutung.
- Dosiseskalation: Ziel ist eine höhere Dosis im Zielvolumen bei gleichbleibender Schonung der Risikoorgane, z. B. beim Prostatakarzinom.
- Hypofraktionierung: Bezeichnet die Verabreichung erhöhter Einzeldosen. Das Normalgewebe muss dabei so gut wie möglich geschont werden. Beispiel: Lungentumoren mit komplexer Geometrie.
- Integrierte Boost-Konzepte: Diese nutzen die Fähigkeit der IMRT, unterschiedliche Zielvolumina mit unterschiedlichen Dosislevels innerhalb der gleichen Fraktion zu bestrahlen. Statt wie bei konventioneller Bestrahlung nach einer bestimmten Zahl von Fraktionen das Zielvolumen zu verkleinern oder zu einem komplett neuen Plan zu wechseln, kann in der IMRT durchgehend der gleiche Plan appliziert werden. Die höhere Einzeldosis verstärkt dabei noch den gewünschten biologischen Effekt im Boostareal. Beispiel: Kopf-Hals-Tumoren, bei denen der makroskopische Tumor mit Einzeldosen von 2,2 Gy bis zu einer Gesamtdosis von 66 Gy bestrahlt wird und das Lymphabflussgebiet mit 1,8 bis 54 Gy.

Weitere fortgeschrittene strahlentherapeutische Konzepte, die den Einsatz von IMRT erfordern, sich aber teilweise erst im Stadium der klinischen Forschung befinden, sind in Abschn. 26.5 „Bildgeführte Strahlentherapie" beschrieben.

Die weltweit ersten IMRT-Behandlungen wurden 1994 am Baylor College of Medicine in Houston mit serieller Tomotherapie und 1995 am Memorial Sloan Kettering Cancer Center in New York mit MLC-basierter IMRT durchgeführt [59]. Ebenfalls noch im Jahr 1995 fand die europaweit erste IMRT-Behandlung am Deutschen Krebsforschungszentrum in Heidelberg statt. Mittlerweile ist die IMRT in nahezu jeder Strahlentherapieeinrichtung etabliert, und praktisch jede Tumorart kann mit IMRT behandelt werden. Im Vordergrund stehen dabei kurative Therapiekonzepte, bei denen die Tumordosis maximiert werden soll, und Patienten mit guter Prognose, bei denen auch spät auftretende strahlenbedingte Nebenwirkungen vermieden werden sollen.

Als mögliche Nachteile einer IMRT-Behandlung wurden in der Vergangenheit der hohe Aufwand und die Komplexität der Behandlung aufgeführt. Dazu kamen lange Bestrahlungszeiten von bis zu einer halben Stunde pro Fraktion oder länger, die in Zellexperimenten und Modellrechnungen ungünstige Auswirkungen auf die Wirksamkeit der Therapie haben [68, 73] und die der Patient wegen begrenzter bildgebender Kontrolle zudem in einer unbequemen, rigiden Fixierung verbringen musste. Viele dieser Punkte sind heutzutage deutlich gebessert oder ganz überwunden: Neue Planungssysteme, standardisierte Verifikationstools und optimierte Bestrahlungsgeräte haben den Zeit- und Ressourcenbedarf pro IMRT-Behandlung deutlich gesenkt. Die Bestrahlungszeiten pro Fraktion konnten deutlich reduziert werden und betragen teilweise nur noch 2 min (z. B. bei Single-Arc-Rotationsbestrahlung). Der möglicherweise ungünstige biologische Effekt einer verlängerten Bestrahlungszeit, der klinisch nie nachgewiesen werden konnte, ist in diesen Fällen irrelevant geworden. Auch der Patientenkomfort konnte durch kürzere Bestrahlungszeiten und durch bildgebende Kontrollen anstelle rigider Fixierungen gesteigert werden. Mittlerweile kann die IMRT eine Behandlung sogar vereinfachen, wie z. B. bei Kopf-Hals-Tumoren, für die früher verschiedene konventionelle Techniken aufwendig miteinander kombiniert werden mussten (Einhängung eines Rückenmarksblocks nach 40 Gy, Wechsel zwischen Photonen- und Elektronenfeldern, Wechsel von Grund- zu Boostplan) und die nun mit einem einheitlichen IMRT-Plan behandelbar sind.

Noch unklar ist das mit einer IMRT-Behandlung einhergehende Zweitkarzinomrisiko. Eine Abschätzung aus 2003 geht so weit, dass das Risiko von 1 % bei konformaler 3D-Strahlentherapie auf 1,75 % bei IMRT ansteigen könnte [51]. Als Gründe wurden die Verteilung des Niedrigdosisbereichs in der IMRT auf ein größeres Volumen sowie die erhöhte Zahl von Monitoreinheiten (Monitor Units, MU) verglichen mit einer konventionellen 3D-konformalen Bestrahlung genannt. Bisher fehlen noch klinische Daten, die derartige Abschätzungen bestätigen oder widerlegen. Da die Latenz von Bestrahlung bis zum Auftreten eines Zweittumors bis zu 20 Jahre und mehr betragen kann, spielt dieses Risiko für viele Krebspatienten nur eine untergeordnete Rolle, insbesondere wenn man die Vorteile der IMRT in Betracht zieht. Bei der Behandlung von Kindern mit guter Prognose ist aber aufgrund des noch unbekannten Zweitkarzinomrisikos die Indikation zur IMRT eher zurückhaltend zu stellen und in schwierigen Fällen stattdessen die Überweisung der jungen Patienten an ein Partikeltherapiezentrum zu erwägen.

26.3.2 Richtlinien zur Dosisverschreibung und -dokumentation

Für die IMRT existiert eine Richtlinie einer internationalen Expertenkommission, der Internationalen Kommission für Strahlungseinheiten und Messungen (International Commission on Radiation Units and Measurements, ICRU), die 2010 als „ICRU Report 83" veröffentlicht wurde [55]. Darin enthalten sind Empfehlungen für die Verschreibung und Dokumentation einer IMRT-Strahlenbehandlung. Sie basieren auf dem vorgehenden „ICRU Report 50" aus 1993 [53] und „ICRU Report 62" aus 1999 [54], die die externe Strahlentherapie bzw. 3D-konformale Strahlentherapie beschreiben. Die Einhaltung dieser Richtlinien

ist zwar nicht gesetzlich vorgeschrieben, sie bieten aber einen sehr guten Anhaltspunkt für die klinische Praxis und erleichtern die konsistente Umsetzung von Behandlungsrichtlinien, die spätere Behandlungsevaluierung und die Kommunikation mit anderen Zentren. Im Folgenden sollen nur einige der wichtigsten Punkte dieser Reports genannt werden.

Die Definition der Planungs-Zielvolumina folgt grundsätzlich wie bereits in der ICRU 62 beschrieben mit GTV, CTV und PTV (siehe auch Kap. 24 „Bestrahlungsplanung"). Neu hinzugekommen ist die explizite Berücksichtigung des Restgewebes (Remaining Volume at Risk, RVR), damit ungeplant auftretende Hotspots in der Dosisverteilung leichter entdeckt werden können und damit die Integraldosis dokumentiert werden kann.

In den früheren ICRU Reports 50/62 wurde zur Dosisverschreibung und -dokumentation die Dosisangabe in einem einzelnen Punkt, dem sogenannten „ICRU Reference Point", empfohlen. Dies war in der damaligen Zeit der beste Ansatz, allerdings ist er für die IMRT nicht länger praktikabel: Die Zielvolumendosis in der IMRT ist oft inhomogener als bei offenen Feldern, so dass ein einzelner Punkt weniger repräsentativ ist. Die mittlerweile häufig eingesetzten Monte-Carlo-Verfahren sind wegen statistischer Variationen über ein gewisses Volumen hinweg zuverlässiger als in einem einzelnen Punkt. Weiterhin kann die IMRT steile Dosisgradienten erreichen, so dass schon leichte Verschiebungen eines Punktes große Abweichungen zur Folge haben können. Daher wird nun eine umfassende, volumenbasierte Dosisverschreibung und -dokumentation empfohlen inkl. des Dosis-Volumen-Histogramms jeder Planstruktur und Isodosislinienplots jeder einzelnen Schicht des bestrahlten Volumens. Der Dosislevel soll angegeben werden als mediane Dosis im PTV ($D_{50\%}$) oder Dosis eines anderen Teilvolumens im PTV ($D_{V\%}$) (zur näheren Beschreibung der DVH-Parameter siehe Abschn. 24.5.1). Das Homogenitätskriterium im Zielvolumen wurde fallen gelassen. Diese und weitere Änderungen der ICRU 83 gegenüber den früheren Reports sind in Tab. 26.5 aufgeführt.

26.3.3 Inverse Bestrahlungsplanung

Mit der Einführung der IMRT einher ging auch eine neue Form der Bestrahlungsplanung: Statt wie in der Planung einer konventionellen Bestrahlung Feldkonfigurationen und -formen vorzugeben und die daraus folgende Dosisverteilung zu berechnen, werden in der IMRT Dosisvorgaben für die einzelnen Ziel- und Risikostrukturen gemacht und der Computer berechnet daraus „invers" die erforderlichen Intensitätsverteilungen in einem Optimierungsprozess [45, 74]. In der Praxis gestaltet sich dieser Prozess allerdings komplizierter, weil oft mehrere Pläne mit verschiedenen Optimierungseinstellungen berechnet werden müssen, bis ein klinisch zufriedenstellendes Ergebnis erreicht ist. Die anfangs mit der IMRT verbundene Hoffnung, die Bestrahlungsplanung auf einen „Knopfdruck" reduzieren zu können und den Rest vom Computer erledigen zu lassen, hat sich bisher nicht erfüllt. Daher ist die inverse Bestrahlungsplanung weiterhin Gegenstand aktueller Forschung und Entwicklung. Einzelheiten siehe Kap. 24 „Bestrahlungsplanung".

Tab. 26.5 Dosisverschreibung und -dokumentation für die IMRT gemäß den Empfehlungen der ICRU. Die „Soll-Dosis" in der letzten Zeile bezeichnet die durch das Planungssystem berechnete Dosis, die „Ist-Dosis" die gemessene oder durch ein unabhängiges zweites System berechnete Dosis

	ICRU Report 50 (1993)	ICRU Report 62 (1999)	ICRU Report 83 (IMRT) (2010)
Dosisverschreibung	Dosis im ICRU Referenzpunkt	Dosis im ICRU Referenzpunkt	Mediane Dosis ($D_{50\%}$) im Planungsziel-volumen (PTV)
Dokumentation der maximalen Dosis	Maximale Dosis über eine Kugel von 15 mm Durchmesser	Maximale Dosis über eine Kugel von 15 mm Durchmesser	$D_{2\%}$
Dokumentation der minimalen Dosis	Minimale Dosis (ohne Volumen-begrenzung, also einzelnes Voxel)	Minimale Dosis (ohne Volumen-begrenzung, also einzelnes Voxel)	$D_{98\%}$
Anforderung an Dosishomogenität im Zielvolumen	Innerhalb +7 % und −5 % der verschriebenen Dosis	Innerhalb +7 % und −5 % der verschriebenen Dosis	Keine spezifische Anforderung. Empfehlung zur Dokumentation von $HI = (D_{2\%} - D_{98\%})/D_{50\%}$
Dokumentation der Dosiskonformität	Kein Konformitätsindex angegeben	Konformitätsindex $CI =$ Behandeltes Volumen (TV)/ Planungszielvolumen (PTV)	Spezifischer Konformitätsindex nicht zwingend erforderlich
Anforderung an Genauigkeit der Dosisberechnung	Differenz zwischen Soll- und Ist-Dosis innerhalb 5 %	Differenz zwischen Soll- und Ist-Dosis innerhalb 5 %	Niedrig-Gradientenbereich (relative Dosis-änderung $< 20\,\%$/cm): Differenz zwischen Soll- und Ist-Dosis, normalisiert auf Dosis-verschreibung ($D_{50\%}$), innerhalb 3,5 % Hoch-Gradientenbereich ($\geq 20\,\%$/cm): Distanz zur Übereinstimmung (Distance to Agreement, DTA) innerhalb 3,5 mm

26.3.4 Applikation der intensitätsmodulierten Strahlentherapie

Die Applikation hat die Deposition der Dosis gemäß des zuvor berechneten Bestrahlungsplans zum Ziel. Eine Voraussetzung hierfür ist, dass sich der Patient relativ zum Isozentrum an exakt der gleichen Stelle befindet wie zum Zeitpunkt der CT-Bestrahlungsplanungsuntersuchung. Neben der Patientenpositionierung in individuell angefertigten Lagerungshilfen dienen hierzu auch Techniken wie die Stereotaxie und die bildgeführte Strahlentherapie. Einzelheiten hierzu siehe die entsprechenden Kapitel dieses Buchs, insbesondere Kap. 23, 25 und Abschn. 26.2.

Im Folgenden soll darauf eingegangen werden, wie die vorberechneten Intensitätsverteilungen vom Linearbeschleuniger technisch umgesetzt werden, um schließlich im Patienten die geplante Dosisverteilung zu erzeugen. Dies kann auf verschiedene Arten erfolgen. So können für jede Einstrahlrichtung dreidimensionale Kompensatoren gegossen werden, deren Dicke invers zur Intensität verläuft, so dass bei Abstrahlung eines offenen Feldes hinter dem Kompensator das gewünschte intensitätsmodulierte Feld entsteht. Technisch mit schlichten Mitteln umsetzbar und prinzipiell hochauflösend, sind die Nachteile wie die arbeitsaufwendige Herstellung und der manuelle Kompensatorwechsel bei jedem Feldwechsel jedoch so gravierend, dass dieser Ansatz in der klinischen Praxis praktisch keine Rolle spielt.

Stattdessen hat sich in der klinischen Routine für praktisch alle aktuellen Arten der IMRT der Einsatz von Multileaf-Kollimatoren (MLC) durchgesetzt. Eine Übersicht über die Formen der MLC-basierten IMRT gibt Abb. 26.25.

Die folgenden Abschnitte beschreiben die verschiedenen Techniken übersichtsartig. Für weitergehende Informationen seien die Review-Artikel [43, 61, 71, 78] empfohlen.

26.3.4.1 Multiple statische Felder

Der Ansatz multipler statischer Felder arbeitet mit diskreten Einstrahlrichtungen, aus denen intensitätsmodulierte Felder auf den Patienten eingestrahlt werden. Dabei können durch Drehungen des Bestrahlungstisches auch non-koplanare Einstrahlrichtungen zum Einsatz kommen. Während des Wechsels der Einstrahlrichtung (also während der Gantry- und/oder Tischdrehung) ist der Strahl ausgeschaltet. Die Zahl der Einstrahlrichtungen und deren Anordnung werden in der klinischen Routine meist manuell gesetzt, wobei 5 bis 9 koplanare Felder die Regel sind. Non-koplanare Felder können bei speziellen Bestrahlungsgeometrien, z. B. im Kopf-Hals-Bereich, vorteilhaft sein.

Für die Applikation der einzelnen intensitätsmodulierten Felder gibt es zwei Methoden: Step & Shoot bzw. dynamische IMRT.

Step & Shoot IMRT In der Step & Shoot IMRT (ssIMRT) wird ein intensitätsmoduliertes Feld dadurch erzeugt, dass mehrere Segmente nacheinander aus der gleichen Richtung abgestrahlt werden. Die Überlagerung dieser Segmente ergibt das intensitätsmodulierte Feld. Während sich die Lamellen des MLCs bewegen, um ein Subsegment einzustellen, bleibt der Strahl ausgeschaltet – daher die Begriffe „Step" für die Lamelleneinstellung und „Shoot" für die anschließende Bestrahlung. Dadurch ist die Form der Segmente unabhängig voneinander. Die Qualitätssicherung und das Kontrollsystem sind robust und vergleichsweise unkompliziert, da nur die Endpunkte der Lamellen für die applizierte Dosis bedeutsam sind. Die erste

Teil IV

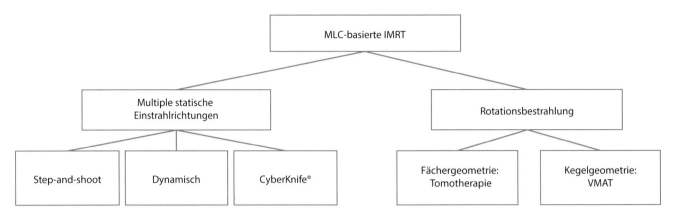

Abb. 26.25 Formen der MLC-basierten IMRT

Bestrahlung eines Phantoms mit MLC-basierter IMRT basierte auf einem Step & Shoot Algorithmus [46] und wurde 1993 am MD Anderson Cancer Center in Houston, TX, USA durchgeführt [44].

Die Segmente können durch Sequenzierung einer kontinuierlichen Intensitätsverteilung berechnet werden [46]. Dadurch können zunächst effiziente Optimierungsalgorithmen eingesetzt werden, allerdings kann die Planqualität sinken, wenn durch die anschließende Sequenzierung das optimierte Intensitätsprofil nur näherungsweise reproduziert werden kann. Eine Alternative ist die direkte Optimierung der Segmente (Direct Aperture Optimization, DAO [66]), so dass die Sequenzierung entfällt. Einzelheiten hierzu siehe Kap. 24.

Die endgültige Bestrahlungssequenz wird in Form von Kontrollpunkten im DICOM-Format an das Beschleunigersystem übermittelt. Jeder Kontrollpunkt beschreibt die Lamellenpositionen des MLCs, den Gantry-Winkel, die Kollimatordrehung und die zu applizierenden Monitoreinheiten (Monitor Units, MU). Bei der ssIMRT ändern sich von einem Kontrollpunkt zum nächsten entweder nur die geometrischen Parameter oder die Monitoreinheiten.

Dynamische (Sliding Window) IMRT Bei der dynamischen IMRT bleibt die Strahlung angeschaltet, während sich die Lamellen des Multileaf-Kollimators bewegen. Die oben genannten Kontrollpunkte können sich daher in einem einzelnen Schritt sowohl in den Lamellenpositionen als auch den Monitoreinheiten verändern.

Die wesentlichen Grundlagen zur dynamischen IMRT wurden 1992–1994 gelegt [49, 67]. In diesen Arbeiten wird die Bewegung eines Lamellenpaares (d. h. gegenüberliegende Lamellen) in die gleiche Richtung mit unterschiedlicher Geschwindigkeit (Sweep bzw. Sliding Window) genutzt, um jeweils eindimensionale Intensitätsprofile zu erzeugen. Spätere Arbeiten verfeinerten diesen Ansatz durch analytische statt numerische Lösungen des Optimierungsproblems und durch Berücksichtigung physikalischer MLC-Eigenschaften wie z. B. Transmission und Tongue-and-Groove-Effekt (die „tongues and grooves" verringern die Leckstrahlung zwischen zwei nebeneinanderliegenden

Lamellen, können aber bei Nichtberücksichtigung zu Unterdosierungen führen). Da die Bestrahlung während der Lamellenbewegungen angeschaltet bleibt, sind bei der Optimierung mehr MLC-Eigenschaften als bei der ssIMRT zu berücksichtigen, z. B. die maximale Lamellengeschwindigkeit.

Sowohl die Step & Shoot als auch die dynamische IMRT befinden sich bis heute im klinischen Einsatz. Die dynamische Applikation erlaubt in gewissen Fällen kürzere Behandlungszeiten, allerdings sind wegen der Strahlapplikation während der Lamellenbewegung das Kontrollsystem kritischer und die Qualitätssicherung anspruchsvoller.

Lamellenbreite des MLC Je feiner die einzelnen Lamellen eines MLCs sind, desto besser lässt sich die Dosisverteilung an die Zielvolumenform anpassen und angrenzendes Gewebe aussparen. In der Praxis haben sich Lamellenbreiten von 5 bis 10 mm im Isozentrum etabliert [79] bei einer maximalen Feldgröße von $40 \times 40\,cm^2$ im Isozentrum. Für Spezialanwendungen wurden Zusatz-Kollimatoren entwickelt, die im Isozentrum eine Lamellenbreite von z. B. 2,5 mm [52] aufweisen, bei verringerter maximaler Feldgröße.

Cyberknife Das Cyberknife ist ein Bestrahlungssystem der Firma AccuRay, bei dem ein kompakter 6-MV-X-Band-Linearbeschleuniger auf einem Roboterarm montiert ist und der Patiententisch ebenfalls robotisch bewegt werden kann, was eine hohe Zahl an Freiheitsgraden ergibt. Die Lagerung und Überwachung des Patienten erfolgt über zwei orthogonal konfigurierte Röntgenquellen in der Decke mit korrespondierenden Flatpanel-Detektoren im Boden. Die Bestrahlung erfolgt aus fest definierten Beschleunigerpositionen (Nodes), wobei pro Node mehrere Winkeleinstellungen (Pointing Vectors) möglich sind. Bei 110 Nodes mit je bis zu 12 Pointing Vectors ergeben sich 1320 mögliche Einstrahlrichtungen (Beams). Die Strahlformung erfolgt über 12 wechselbare Rundkollimatoren mit Durchmessern von 5 bis 60 mm bezogen auf einen Quell-Isozentrums-Abstand (Source to Axis Distance, SAD) von 80 cm bzw. schneller und flexibler über einen einzelnen Rundkollimator mit motorisch verstellbarer Apertur („Iris"). Im Jahr 2015 wurde zusätzlich ein Multileaf-Kollimator („InCise

MLC") klinisch eingeführt, der die Behandlungszeiten deutlich senken, durch die Mindestöffnung von 7,6 mm × 7,5 mm allerdings den Rundkollimatoren dosimetrisch unterlegen sein kann [56]. Das Cyberknife ist insbesondere geeignet für intra- und extrakranielle Stereotaxie sowie für das Tracking von Zielstrukturen in Echtzeit.

26.3.4.2 Rotationsbestrahlung

Bei der Rotationsbestrahlung erfolgt die Bestrahlung, während sich der Beschleunigerkopf um den Patienten dreht. Dadurch besteht keine Beschränkung auf wenige Einstrahlrichtungen, was prinzipiell eine noch bessere Anpassbarkeit der Dosisverteilung an das Zielvolumen erlaubt.

Tomotherapie In sprachlicher Analogie zur Tomographie, der Schnitt- bzw. Schichtbildgebung, bezeichnet Tomotherapie die schichtweise Behandlung des Patienten. Bei der Tomotherapie kommen sogenannte „binäre" Kollimatoren zum Einsatz, bei denen zwischen den beiden Zuständen „offen" und „geschlossen" pneumatisch sehr schnell, im Bereich von Millisekunden, umgeschaltet werden kann, während sich der Strahlerkopf mit eingeschalteter Strahlung um den Patienten dreht.

Serielle Tomotherapie Die serielle Tomotherapie wurde durch die vom Neurochirurgen Mark Carol gegründete Firma Medco, später umbenannt in Nomos, entwickelt [48] und 1994 erstmals am Patienten eingesetzt (s. o.). Ab 1996 mit einer Freigabe der Food and Drug Administration (FDA) versehen, war es das erste kommerziell erhältliche IMRT-System. Das Peacock™ genannte System war als Zusatz für einen konventionellen Linearbeschleuniger konzipiert, an den ein zweireihiger binärer Kollimator („MIMiC") angehängt wurde. Während einer Gantry-Drehung wurden dadurch zwei Schichten des Patienten bestrahlt, daraufhin erfolgte der Tischvorschub um zwei Schichten, dann die Bestrahlung der nächsten zwei Schichten und so weiter bis zur vollständigen Abdeckung des Zielvolumens. Da bei dieser Technik ein hohes Risiko für Über- oder Unterdosierung an den Anschlussstellen besteht, wurde der Tischvorschub durch ein zusätzliches externes System kontrolliert und der Patient maximal rigide fixiert, im Kopfbereich durch invasive Schrauben in die knöcherne Schädeldecke. Das dazugehörige Bestrahlungsplanungsprogramm „Corvus" basiert auf Simulated Annealing (siehe Kap. 24) und wurde später um Planungsmöglichkeiten für MLC-basierte IMRT erweitert.

Helikale Tomotherapie Die helikale Tomotherapie wurde an der Universität von Wisconsin von einem Team um den Medizinphysiker Rock Mackie entwickelt und als Konzept 1993 erstmals publiziert [62]. Inspiriert vom Spiral-CT [57] erfolgt die Bestrahlung des Patienten, während sich der Beschleuniger um den Patienten dreht und zugleich der Bestrahlungstisch entlang der Körperachse gefahren wird. Die resultierende spiralförmige (= helikale) Bahn des Beschleunigerkopfes um den Patienten bedeutet gegenüber der seriellen Tomotherapie ein entscheidend verringertes Risiko von Über- bzw. Unterdosierung einzelner Schichten sowie eine höhere Effizienz. Die erste Patientenbehandlung erfolgte 2002 an der Universität von

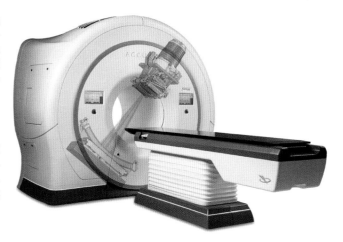

Abb. 26.26 Helikale Tomotherapie: Geräteansicht und Querschnittszeichnung. © 2015 Accuray Incorporated. Nachdruck mit freundlicher Genehmigung

Wisconsin. Die Tomotherapie wird von der Firma Tomotherapy Inc. (seit 2011 Teil der Firma AccuRay) als Komplettsystem für IMRT/IGRT inkl. der nötigen Software für Bestrahlungsplanung und bildgeführte Strahlentherapie produziert. Abb. 26.26 zeigt das Gerät mit einer schematisierten Andeutung des integrierten Beschleunigers sowie CT-Detektors. Der Aufbau besteht aus einer CT-ähnlichen, geschlossenen Gantry mit einer Öffnung von ca. 85 cm Durchmesser, in der ein mit ca. 40 cm Länge sehr kompakter Linearbeschleuniger (S-Band 3 GHz, 6 MV) um den Patienten kreist (1 bis 6 Rotationen pro Minute) mit einem SAD von 85 cm. Der einzeilige, binäre Kollimator besteht aus 64 Lamellen (Umschaltzeit < 40 ms) mit einer Breite von jeweils 6,25 mm im Isozentrum. Dies ergibt eine maximale Feldbreite von 40 cm. Die Feldlänge wird durch zwei sekundäre Blockblenden (Jaws) in dazu senkrechter Anordnung bestimmt und kann auf 1 cm, 2,5 cm oder 5 cm gesetzt werden.

Nicht-koplanare Einstrahlrichtungen sind durch diesen Aufbau ausgeschlossen. Die Gesamt-Feldlänge ist nur durch den Tischvorschub begrenzt und kann bis ca. 150 cm betragen, ohne dass Feldanschlüsse nötig werden, was z. B. bei der Bestrahlung von Neuroachsen (Gehirn plus Rückenmark, siehe Abb. 26.27) genutzt werden kann. Auch die Bestrahlung räumlich getrennter Zielvolumina in einer Behandlungssitzung, z. B. bei mehreren Metastasen, ist möglich. Im Vergleich zu konventionellen Linearbeschleunigern mit frei schwebender Gantry hat das System einen geringeren Flex durch Gravitationskräfte.

Einstellbar sind die Gantry-Umdrehungsgeschwindigkeit, der Tischvorschub (Pitch) und der Modulationsfaktor des binären Kollimators. Der 360°-Vollkreis wird eingeteilt in 51 Teilbögen (Arcs) von je etwas über 7°. Die geforderte Intensität wird über die Öffnungszeit einer einzelnen Lamelle innerhalb dieses Arcs eingestellt: Für eine hohe Intensität öffnet die Lamelle gleich zu Beginn und schließt erst zum Ende des Arcs, für eine niedrige Intensität erfolgt die Öffnung erst kurz vor der Mitte des Arcs und das Schließen bereits kurz danach. Die Einstellung der Blockblenden zwischen 1 und 5 cm beeinflusst die mögliche Auflösung der Dosisverteilung, aber auch die Behandlungszeit

Abb. 26.27 Dosisverteilung eines Tomotherapie-Bestrahlungsplans zur Bestrahlung einer Neuroachse (Gehirn plus Rückenmark), Isodosen in Gy. Aus [69]

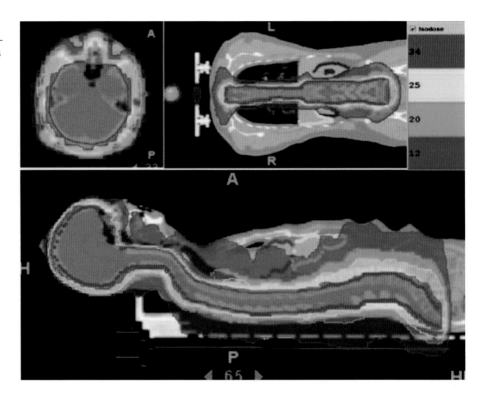

(kleinere Einstellungen erlauben eine höhere Auflösung, erfordern aber mehr Umläufe und damit längere Behandlungszeiten).

Mit der helikalen Tomotherapie sind hochkonformale Dosisverteilungen erreichbar, die grundsätzlich der Qualität der MLC-basierten IMRT mit multiplen statischen Feldern entsprechen. Spezifische Stärken der Tomotherapie sind die Bestrahlung langgestreckter Zielvolumina, mehrerer Zielpunkte in einer Sitzung und, aufgrund des hohen Integrationsgrads inkl. Software, bildgeführte Therapien (siehe Abschn. 26.5). Im Gegenzug ist die Tomotherapie als hochspezialisiertes IMRT-System weniger flexibel einsetzbar als ein konventioneller Linearbeschleuniger mit MLC, der einen Mischbetrieb mit hochkomplexer, bildgeführter IMRT mit kV-Bildgebung einerseits und schnellen Therapien mit offenen Feldern, teilweise Elektronenfeldern, andererseits erlaubt. Weiterhin können non-koplanare Einstrahlrichtungen in manchen Fällen vorteilhaft sein. Zudem benötigt die Tomotherapie mehr Monitoreinheiten (MUs).

Zwei neuere Entwicklungen in der Tomotherapie sind unter den Vermarktungsbegriffen TomoDirect und TomoEdge in den klinischen Betrieb eingeführt worden. TomoDirect bezeichnet die Möglichkeit, auch in der Tomotherapie den Patienten aus nur wenigen (2–12) diskreten Richtungen zu bestrahlen. Dies kann z. B. zur Nachbildung von Tangentialbestrahlungen bei der Mamma-Bestrahlung zur Schonung von Lungengewebe genutzt werden. Ein Zeitvorteil gegenüber dem regulären, nun Tomo-Helical genannten, Modus ergibt sich daraus oft nicht, weil der Tisch für jede einzelne Einstrahlrichtung über die ganze Feldlänge gefahren werden muss [63]. TomoEdge erlaubt die Anpassung der zuvor über die gesamte Behandlung fest eingestellten sekundären Blockblenden am kaudalen und kranialen

Ende des Zielvolumens bis auf das Minimum von 1 cm, auch wenn in der Mitte des Zielvolumens 2,5 oder 5 cm genutzt werden, womit in einigen Fällen die Bestrahlungszeit um ca. 35 % verkürzt werden kann [58]. Bisher nur experimentell verfügbar ist die komplett dynamische Anpassung der sekundären Blockblenden und der Geschwindigkeit des Tischvorschubs (Dynamic Jaws/Dynamic Couch, DJDC), womit in einer Planstudie die Bestrahlungszeit für Nasopharynx-Tumoren um ca. 66 % reduziert werden konnte [70].

Rotations-Kegelbestrahlung (VMAT) Die Rotations-Kegelbestrahlung ist ein Betriebsmodus von konventionellen Linearbeschleunigern mit Standard-MLC, bei dem sich die Gantry mit angeschalteter Strahlung kontinuierlich um den Patienten dreht (ein Beispiel zeigt Abb. 26.28). Dynamisch moduliert während der Bestrahlung werden dabei die Parameter: Gantry-Geschwindigkeit, Dosisrate und MLC-Lamellenpositionen und zumindest in Planstudien auch der Kollimatorwinkel. In der Literatur wurden verschiedene Namen und Abkürzungen für dieses Verfahren eingeführt, z. B. Intensity-Modulated Arc Therapy (IMAT), Volumetric-Modulated Arc Therapy (VMAT), Aperture-Modulated Arc Therapy (AMAT) und Sweeping Window Arc Therapy (SWAT). Im Folgenden wird stellvertretend der am häufigsten genutzte Begriff VMAT verwendet.

Die kontinuierliche Bestrahlung mit konstanter Apertur, während sich der Beschleunigerkopf auf einem Kreisbogen um den Patienten herumbewegt, wurde schon früh für die konformale Bestrahlung von kleinen, ellipsoiden Zielvolumina genutzt, z. B. in der Hirnstereotaxie. Die dynamische Anpassung von MLC-Lamellen auf das Zielvolumen wurde 1995 von Yu vor-

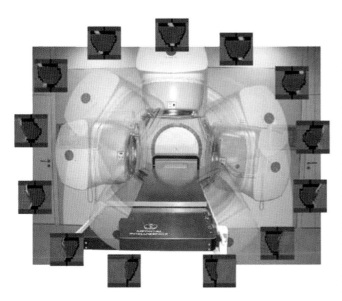

Abb. 26.28   Illustration von VMAT [75]

geschlagen und IMAT genannt [77]. In den dann folgenden 10 Jahren wurde dieser Ansatz aber kaum weiter verfolgt. Die zwei wichtigsten Gründe waren fehlende Planungsprogramme und fehlende Steuerungs-/Kontrollsysteme für die Beschleuniger wie z. B. für die variable Dosisrate. Seit 2008 ist VMAT bei den beiden größten Anbietern konventioneller Linearbeschleuniger, Varian [60] und Elekta [42], kommerziell verfügbar.

Die Planung einer VMAT erfolgt grundsätzlich ähnlich wie die einer IMRT mit multiplen statischen Feldern. Es wurden viele Ansätze davon übernommen und auf die spezifischen Anforderungen der VMAT angepasst und erweitert. Dabei wird in der VMAT der Bestrahlungskreis der Gantry von 360° in einzelne Einstrahlrichtungen diskretisiert, die je nach Anzahl einen gewissen Winkelbereich abdecken (180 Richtungen bzw. 2° gelten dabei als gute und zugleich noch praktikable Annäherung, manche Verfahren arbeiten auch mit nur 36 Richtungen bzw. 10°). Basierend auf dieser Zerlegung kommen die bereits bekannten Prinzipien der IMRT-Optimierung zur Anwendung: Zunächst kann für jeden Einstrahlwinkel die Intensitätsverteilung mit einer konvexen Zielfunktion optimiert und durch schnelle Gradientenverfahren das globale Optimum gefunden werden. Diese idealisierte Intensitätsverteilung muss dann in eine applizierbare Sequenz umgesetzt werden. Das Arc Sequencing für VMAT erzeugt aus der Intensitätsverteilung eine Sequenz von offenen Feldern über einen gewissen Winkelbereich um die jeweilige Einstrahlrichtung herum. Dabei müssen Grundeigenschaften des MLC berücksichtigt werden wie z. B. die maximale Lamellengeschwindigkeit und erlaubte Interdigitationen; die einzelnen Aperturen sind daher nicht unabhängig voneinander, sondern müssen gewisse Kontinuitätsbedingungen erfüllen. Diese Aperturen können als Startwerte dienen für eine Direct Aperture Optimization (DAO), die die Form und das Gewicht der einzelnen Aperturen weiter optimiert. Dieses Grundprinzip (Fluenzoptimierung diskreter Einstrahlrichtungen

– Arc Sequencing – DAO) wird in verschiedenen Ausprägungen von den meisten aktuellen VMAT-Planungsprogrammen eingesetzt (z. B. Raystation® von RaySearch Labs und Monaco® von Elekta). Bei RapidArc® von Varian wurde der DAO-Ansatz aus der statischen IMRT [66] direkt auf die VMAT übertragen [64]; als Start-Aperturen dienen Beam's-Eye-View-Projektionen des Zielvolumens, ggf. unter Aussparung bestimmter Risikoorgane, und ein Simulated-Annealing-Algorithmus soll ein Feststecken in einem lokalen Optimum vermeiden. Eine Übersicht mit Beschreibung der aktuellen Forschungsfelder zum Thema VMAT-Planung findet sich in einem Review-Paper, das aus einem Workshop am Massachusetts General Hospital hervorgegangen ist [72].

Bei einer Rotationsbestrahlung, die in einem einzelnen Gantry-Umlauf um den Patienten herum appliziert wird (Single-Arc VMAT), erfolgt keine Intensitätsmodulation auf der Ebene der MLC-Apertur, aber aufgrund der Vielzahl der Einstrahlrichtungen ist bereits hiermit in vielen Fällen eine hohe Dosiskonformalität erreichbar. Bei komplexen Geometrien von Zielvolumina und Risikoorganen kann zudem die Dosisverteilung noch weiter angepasst werden, indem durch mehrere Gantry-Umläufe (Multiple-Arc VMAT) eine Intensitätsmodulation auch auf Apertur-Ebene erfolgt.

In der VMAT wird der gesamte Kegelstrahl des Beschleunigers genutzt und das gesamte Zielvolumen bis zur maximalen Feldlänge des MLC, typischerweise 40 cm, zugleich bestrahlt. Damit sind Bestrahlungszeiten von 2 min pro Fraktion oder weniger erreichbar. Dies ist im klinischen Routinebetrieb mit begrenzten Ressourcen und steigenden Patientenzahlen ein entscheidender Vorteil gegenüber anderen IMRT-Techniken. Auch der Patientenkomfort wird dadurch gesteigert, und die eingangs erwähnten Unklarheiten bezüglich biologischer Wirksamkeit langer Bestrahlungszeiten ausgeräumt. Es werden konventionelle Linearbeschleuniger genutzt mit aller Flexibilität für andere Bestrahlungstechniken. Es stehen weiterhin non-koplanare Einstrahlrichtungen zur Verfügung. Aktuelle Systeme erlauben sogar die dynamische Tischdrehung parallel zur Gantry-Drehung. Entsprechend wird zurzeit an Optimierungsverfahren hierfür gearbeitet [65]. In Kombination mit mehreren Umläufen erlaubt VMAT damit die wohl bestmögliche Konformität der Dosis zum Zielvolumen aller IMRT-Verfahren.

Dem gegenüber stehen hohe Ansprüche an das Steuerungs- und Kontrollsystem des Beschleunigers, an die nötige Expertise des Personals bezüglich Planung und Qualitätssicherung und an die Planungssysteme selbst. Bei den aktuellen Planungssystemen bestehen zum Teil noch große Qualitäts- und Laufzeitunterschiede, und fortgeschrittene Konzepte der inversen Planung wie multikriterielle Optimierung und Interaktivität (siehe Kap. 24) sind für VMAT nur experimentell verfügbar.

Insgesamt kann davon ausgegangen werden, dass die genannten Nachteile in den nächsten Jahren von den kommerziellen Anbietern immer weiter ausgeräumt werden und die VMAT damit in der klinischen Routine zumindest für die auf konventionellen Linearbeschleunigern basierende IMRT die bedeutendste Technik werden wird.

Teil IV

26.3.5 Schlussbemerkungen und Ausblick

Die IMRT ist seit nunmehr über 20 Jahren im klinischen Einsatz und kann als State of the Art der Strahlentherapie mit Photonen gelten. Eine statische Patientengeometrie über den Behandlungsverlauf vorausgesetzt, kann sie bereits jetzt Dosisverteilungen nahe am physikalisch möglichen Optimum erzeugen. Es besteht allerdings weiterhin großer Bedarf an Forschung und Entwicklung in verschiedener Hinsicht:

1. **Vereinfachung/Automatisierung**
   Es ist zu erwarten, dass immer mehr Teile des IMRT-Ablaufs besser unterstützt oder sogar ganz automatisiert werden. Das beginnt mit der Definition von Risikoorganen und Zielvolumina mit atlasbasierten Verfahren und anderen Ansätzen der assistierten Segmentierung und geht über den vereinfachten Planungsprozess (Ansätze siehe Kap. 24) über die schnelle Applikation mit Verzicht auf Ausgleichsfilter (Flattening Filter Free, FFF [76]) und Rotationstechniken bis hin zu einer automatisierten Verifikation. Damit wird die IMRT kostengünstiger, und sie kann noch mehr Patienten zugutekommen.

2. **Genauere und sicherere Applikation**
   Die IMRT stellt hohe Anforderungen an die Qualitätssicherung, da durch die möglichen steilen Dosisgradienten das Risiko für Unterdosierungen im Zielvolumen bzw. Überdosierungen in Risikoorganen besteht. Methoden der bildgeführten und der adaptiven Strahlentherapie stellen die korrekte Dosisapplikation sicher. Weiterentwicklungen auf diesen Gebieten (siehe Kap. 24, Abschn. 26.5 und 26.6) lassen sich direkt mit der IMRT kombinieren, die dadurch an Einsatzgebieten hinzugewinnt bzw. deren Potenzial sich besser ausschöpfen lässt.

3. **Verbesserte Therapiekonzepte**
   Losgelöst von den technischen Aspekten kann sich schließlich die klinische Forschung darauf konzentrieren, das Potenzial der IMRT für eine optimale Krebstherapie voll auszuschöpfen. Dazu gehören neue Planungsziele wie z. B. die Berücksichtigung der Monitoreinheiten [50] im Entscheidungsprozess, aber auch neue Therapiestrategien hinsichtlich besserer Risikoorganschonung, Dosiseskalation im Zielvolumen, Hypofraktionierung, differenzierter Zielvolumendefinition und Detektion und Adaption frühen Therapieansprechens. Einzelheiten siehe Abschn. 26.5 „Bildgeführte Strahlentherapie".

26.4 Ionentherapie

Oliver Jäkel

26.4.1 Grundlagen der Ionentherapie

26.4.1.1 Historische Anmerkungen

Nach der Erfindung des Zyklotrons durch Ernest Orlando Lawrence im Jahr 1929 wurden am Berkeley Radiation Laboratory (später Lawrence Berkeley National Laboratory, LNBL) in den USA immer größere Beschleuniger gebaut. Als sich 1946 ein Protonenzyklotron mit einem Durchmesser von 184 Inch und einer Maximalenergie von 340 MeV vor der Fertigstellung befand, wurde von Dr. Robert Rathburn Wilson erstmals der Einsatz von Protonen und leichten Ionen für die Strahlentherapie vorgeschlagen [115]. Bereits 1954 wurde an dieser Maschine der erste Patient mit Protonen behandelt und 1957 die ersten Patienten mit Helium-Ionen. Ab 1977 wurden am LBNL insgesamt 433 Patienten mit leichten Ionen (hauptsächlich Neon-, aber auch Kohlenstoff-, Silizium- und Argon-Ionen) behandelt. Die ersten klinischen Anlagen zur Protonen- bzw. Kohlenstoff-Ionentherapie wurden 1990 in Loma Linda, USA, und 1994 in Chiba, Japan, eröffnet. Derzeit sind über 50 Protonen-Therapieanlagen und 10 klinische Anlagen für die Therapie mit Kohlenstoff (sechs in Japan, eine in China und drei in Europa) in Betrieb [107].

26.4.1.2 Physikalische Eigenschaften von Ionenstrahlen

Protonen und leichte Ionen[1] zeichnen sich gegenüber Röntgenstrahlung dadurch aus, dass sie beim Durchgang durch Materie ihre Energie allmählich in vielen Stoßprozessen verlieren und, im Gegensatz zu Elektronen, dabei nur eine geringe Seitenstreuung erfahren. Der mittlere Energieverlust pro Wegstrecke, dE/dx, wird durch inelastische Stöße mit Hüllenelektronen, d. h. durch das Stoßbremsvermögen dominiert. Andere Prozesse wie elastische Stöße mit Atomkernen tragen nur sehr wenig zum Energieverlust bei bzw. sind in dem betrachteten Energiebereich völlig vernachlässigbar (z. B. Bremsstrahlung). Inelastische Kernwechselwirkungen (hauptsächlich Kernfragmentation) tragen zwar ebenfalls zum Energieverlust bei, werden aber durch die Änderung des Teilchenspektrums beschrieben. Das Stoßbremsvermögen dE/dx wird durch die Bethe-Formel beschrieben:

$$\frac{dE}{dx} = c \cdot Z_P^2 \cdot \frac{Z_T}{A} \cdot \rho \frac{1}{\beta^2} \cdot \ln\left(\frac{2m_e c^2 \cdot \beta^2 \cdot W_{max}}{I^2 \cdot (1-\beta^2)}\right) - \beta^2 - \frac{\delta}{2} + C \tag{26.2}$$

Hierbei ist $c = 0{,}307075\,\text{MeV}\,\text{cm}^2\,\text{g}^{-1}$ eine Konstante, Z_P ist die Ladungszahl des Projektils, Z_T und A sind Ladung- und Massenzahl des Targetatoms, ρ ist die Massendichte des Absorbers, β ist die Geschwindigkeit des Projektils relativ zur Lichtgeschwindigkeit c, m_e die Elektronenmasse, W_{max} ist der maximale Energieübertrag an ein Elektron, I ist die mittlere Ionisierungsenergie des Mediums und δ wird als Dichtekorrektur bezeichnet. Weitere Korrekturen (wie z. B. Schalenkorrektur, Barkas- und Bloch-Korrektur) sind in dem Term C zusammengefasst. Die Dosis kann aus dem Energieverlust, der Dichte ρ und der Fluenz φ der Teilchen näherungsweise wie folgt berechnet werden:

$$D(x,y,z) = \frac{1}{\rho} \cdot \varphi(x,y,z) \cdot \frac{dE}{dx}(z) \tag{26.3}$$

Die quadratische Abhängigkeit des Energieverlustes von der Ladung des Ions führt zu einer starken Zunahme des Energieverlustes beim Übergang von Protonen zu leichten Ionen

---

[1] Entsprechend der Nomenklatur der ICRU werden Ionen mit einer Kernladungszahl bis einschließlich 10 (Neon) als leichte Ionen bezeichnet und nur Ionen mit einer höheren Ladungszahl als schwere Ionen.

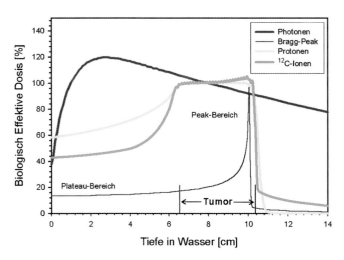

Abb. 26.29 Biologisch effektive Tiefendosis für Röntgenstrahlen (*rot*), monoenergetische Ionen (*blau*) und modulierte Tiefendosis für Protonen (*gelb*) und Kohlenstoff (*grün*)

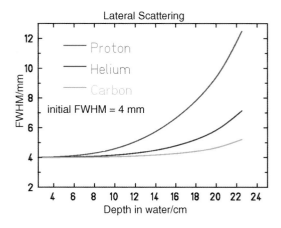

Abb. 26.30 Strahlbreite (Full Width at Half Maximum) als Funktion der Eindringtiefe in Wasser für Protonen (*rot*), Kohlenstoff (*grün*) und Heliumionen (*blau*)

wie etwa Kohlenstoff. Die starke Zunahme des Energieverlustes bei kleiner Geschwindigkeit des Ions führt zum Auftreten eines scharfen Maximums in der Tiefendosisverteilung, dem sogenannten Bragg-Peak, benannt nach dem Entdecker dieses Phänomens William Henry Bragg [84]. Diese charakteristische Tiefendosisverteilung (Abb. 26.29) ermöglicht eine erhebliche Dosisreduktion in Normalgewebe vor und hinter dem Tumor gegenüber einer Bestrahlung mit Röntgenstrahlen.

Die durch Ionisation erzeugten sekundären Elektronen haben aufgrund der Stoßkinematik nur eine vergleichsweise geringe Energie, die maximal im Bereich von 1 MeV und im Mittel nur bei etwa 1 keV liegt. Daher wird die Energie der Ionen in einem sehr engen Bereich in direkter Umgebung des Primärions abgegeben. Man spricht deshalb auch von *„dicht ionisierender Strahlung* index Strahlung, dicht ionisierende*"*. Dies ist vor allem für die radiobiologische Wirkung relevant.

Elastische Coulomb-Wechselwirkung der Ionen mit den Atomkernen führt zu einer Streuung der Ionen, welche als Rutherford-Streuung bekannt ist und zu kleinen Streuwinkeln führt. Da beim Durchgang durch Materie vieler solcher Streuprozesse auftreten spricht man von *„Kleinwinkel-Vielfachstreuung"*. Die dabei entstehende Winkelaufstreuung der Ionen wird durch die Theorie von Moliere beschrieben [82]. In erster Näherung ergibt sich eine gaußförmige Winkelverteilung mit der Wahrscheinlichkeit $P(\Theta)$ im Raumwinkelelement $d\Omega$ unter dem Winkel Θ ein Ion zu finden:

$$P(\Theta)d\Omega \approx P(\Theta) \cdot 2\pi \cdot \Theta d\Theta = 2\frac{\Theta}{\Theta_0^2}\exp\left(-\frac{\Theta^2}{\Theta_0^2}\right)d\Theta \tag{26.4}$$

Dabei ist Θ_0 der mittlere quadratische Streuwinkel, welcher nach der empirischen Formel von Highland [90] als Funktion der Eindringtiefe x, relativ zur Strahlungslänge L_{rad} beschrieben wird:

$$\Theta_0^2 = 20\frac{\text{MeV}}{c} \cdot \frac{Z}{p\beta} \cdot \sqrt{\frac{x}{L_{rad}}\left(1+\frac{1}{9}\log_{10}\frac{x}{L_{rad}}\right)} \tag{26.5}$$

Dabei ist Z die Ladung des Ions, p sein Impuls und β seine Geschwindigkeit. Die Abhängigkeit von p und β führen zu einer erheblich reduzierten Winkelstreuung von leichten Ionen gegenüber Protonen Abb. 26.30.

Kernwechselwirkungen führen außerdem zu einer Abnahme der Anzahl der primären Ionen und dem Anstieg der Anzahl von sekundären Teilchen. Im Falle von Protonen entstehen sekundäre Protonen und Neutronen mit hohen Energien und eine geringe Zahl von schwereren Rückstoßkernen, die jedoch nur sehr geringe Reichweite haben. Im Falle schwererer Ionen entstehen daneben noch schnelle Fragmente des Projektils, die mit annähernd der gleichen Geschwindigkeit wie das primäre Ion weiterfliegen. Im Falle von Kohlenstoffionen entsteht so ein Spektrum aus sekundären Protonen, Helium, Lithium, Beryllium und Bor sowie schnellen Neutronen. Da die geladenen Fragmente wegen ihrer geringeren Ladung einen geringeren Energieverlust haben, besitzen sie eine höhere Reichweite und bilden den charakteristischen *Tail*, welcher in der Dosisverteilung hinter dem Bragg-Peak sichtbar ist.

26.4.1.3 Biologische Eigenschaften von Ionenstrahlen

Die hohen Energien der Ionen werden durch sekundäre Elektronen in einem sehr engen Bereich um die Teilchenspur deponiert. Dieses Verhalten wird durch den linearen Energietransfer (Linear Energy Transfer, LET) gekennzeichnet. Generell wird beobachtet, dass Strahlung mit höherem LET bei gleicher Dosis eine höhere radiobiologische Wirkung entfaltet. Dies wird durch die *relative biologische Wirksamkeit* (Relative Biological Effectiveness, RBE) beschrieben. Der RBE ist das Verhältnis der Dosis von Röntgenstrahlen (D_X) relativ zur Dosis der Ionenstrahlung (D_{ion}) bei Erzielung der gleichen biologischen Wirkung bzw. des gleichen Endpunktes:

$$\text{RBE} = \frac{D_X}{D_{ion}} \tag{26.6}$$

Der RBE kann daher verwendet werden, um eine bekannte Dosis zur Erzielung einer bestimmten Wirkung in die Dosis einer

Abb. 26.31 Zusammenstellung der RBE-Werte für 10 %-Überlebenswahrscheinlichkeit unterschiedlicher Ionen als Funktion des LET, nach [103]

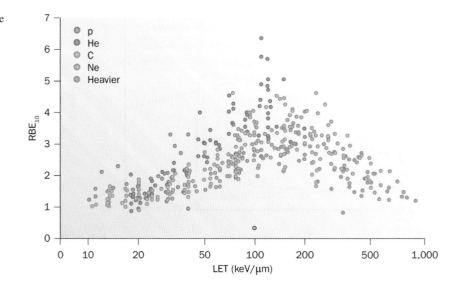

anderen Strahlqualität umzurechnen, die benötigt wird, den gleichen Effekt zu erzielen. Leider ist der RBE eine komplexe Größe, die von vielen Parametern abhängt, darunter der Dosis selbst, dem LET, der Teilchenart sowie der Zelle und dem biologischen Endpunkt. Der Anstieg des RBE mit dem LET ist für unterschiedliche Ionen in Abb. 26.31 dargestellt.

Die Veränderung des RBE mit den oben genannten Parametern muss in der Therapieplanung berücksichtigt werden, wobei unterschiedliche Modelle zur Berechnung des RBE zum Einsatz kommen. Generell ist jedoch die Berechnung klinisch relevanter RBE-Werte mit erheblichen Unsicherheiten verbunden. Für Protonen wird aufgrund der kleineren Variation des RBE derzeit ein konstanter RBE von 1,1 angenommen.

26.4.2 Strahlerzeugung und -applikation

Die Erzeugung von Ionenstrahlen und deren Applikation am Patienten erfordert spezielle Anlagen, welche die Größe und den Preis von herkömmlichen Bestrahlungsanlagen zur Therapie mit hochenergetischen Röntgenstrahlen erheblich übertreffen. Die Anlagen werden im Folgenden kurz beschrieben.

26.4.2.1 Ionenstrahlbeschleuniger

Für die Protonentherapie kommen überwiegend Zyklotrons zum Einsatz, deren Prinzip bereits 1932 von Lawrence entwickelt wurde. Hier werden die Protonen in der Mitte eines zylindrischen Magnetfelds eingebracht und dann durch hochfrequente elektrische Felder beschleunigt, wobei sie durch das Magnetfeld auf eine größer werdende Spiralbahn gebracht werden. Insbesondere durch die Technik der Supraleitung wurde das Zyklotron in den letzten Jahrzehnten stark optimiert und verkleinert, so dass heute Zyklotrons mit Durchmessern unter 2 m für die Therapie verfügbar sind. Für leichte Ionen wie Kohlenstoff kommen derzeit nur Synchrotrone zum Einsatz, wie sie 1945 von Vexler und McMillan nahezu gleichzeitig vorgeschlagen wurden. In einem Synchrotron kreisen die Ionen auf einer geschlossenen nahezu kreisförmigen Bahn und werden

bei jedem Umlauf in einer Hochfrequenzkavität beschleunigt. Hierbei können die notwendigen höheren Energien auch für leichte Ionen erreicht werden. Ein Synchrotron benötigt jedoch einen separaten Vorbeschleuniger als Injektor, wobei Linearbeschleuniger zum Einsatz kommen. Abb. 26.32 zeigt schematisch den Aufbau von Zyklotron und Synchrotron. Teilweise werden Synchrotrone auch für die Protonentherapie eingesetzt. Die wesentlichen Unterschiede zwischen beiden Beschleunigertypen sind in Tab. 26.6 zusammengefasst.

Die Vorteile eines Zyklotrons liegen in der relativ geringen Größe und in einem Strahlstrom der sehr gut regelbar ist. Ein Nachteil besteht in einer festen Energie, die dann durch Absorber variiert werden muss, sowie in hohen Strahlverlusten bei Injektion und Extraktion, was zu hoher Neutronenproduktion und großen Abschirmdicken (bis zu 5–6 m) führt. Ein Synchrotron hat dagegen nur sehr geringe Strahlverluste, benötigt daher auch erheblich weniger Abschirmung (2–3 m) und kann mit variabler Energie betrieben werden. Der Nachteil des Synchrotrons liegt in seinem größeren Durchmesser (ca. 5 m für Protonen und 25 m für Kohlenstoffionen) sowie der Tatsache, dass der Strahlstrom deutlich geringer als bei einem Zyklotron und auch weniger gut kontrollierbar ist. Da ein Synchrotron ohnehin einen separaten Injektor benötigt, kann es mit mehreren Quellen, z. B. für den Betrieb mit Protonen und verschiedenen anderen Ionen eingesetzt werden.

26.4.2.2 Passive Applikationstechnik

Um einen schmalen monoenergetischen Ionenstrahl an ein Tumorvolumen anzupassen, muss einerseits der Strahldurchmesser vergrößert werden und es müssen mehrere Energien so überlagert werden, dass die Tiefendosis über die Tiefe des Tumors im Gewebe moduliert wird (siehe [106] für einen detaillierten Überblick). Beides kann durch Einbringen verschiedener Elemente in den Strahlengang erreicht werden, wobei man hierbei von einer passiven Strahlapplikation spricht. Die laterale Aufweitung kann durch spezielle Streukörper erreicht werden, die einerseits eine möglichst homogene Dosis über die nutzbare Strahlbreite erzeugen und gleichzeitig einen gleichförmigen Energieverlust im Streukörper erzielen. Hierfür müssen

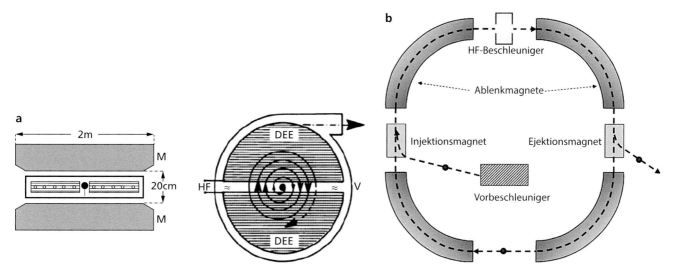

Abb. 26.32 Schematische Darstellung eines Zyklotrons (Querschnitt, *links* und Draufsicht, *Mitte*) und eines Synchrotrons (*rechts*) für die Strahlentherapie

Tab. 26.6 Wesentliche Eigenschaften von Zyklotron und Synchrotron für den Einsatz in der Strahlentherapie mit Protonen und leichten Ionen

	Zyklotron	Synchrotron
Ionensorten	Derzeit nur Protonen	Protonen und leichte Ionen
Energievariabilität	Nur mit Absorbern (Degrader)	Von Puls zu Puls
Strahlstrom	Kontinuierlich (Isochronzyklotron)	Gepulst
Extrahierter Strahlstrom	Hoch (bis 500 nA)	Niedrig (bis ca. 10 nA)
Durchmesser	2 bis 5 m (Protonen)	5 m (Protonen) bis 25 m (Kohlenstoffionen)
Strahlverluste	Hoch	Sehr gering
Intensitätsanpassung	Sehr schnell	Von Puls zu Puls
Intensitätsstabilität	Wenige %	10–20 %
Aktivierung von Komponenten	Hoch	Gering

mehrere Streukörper und -materialien kombiniert werden, so dass man auch von Double-Scattering-Systemen oder Bimetall-Streusystemen spricht. Durch feld- und patientenspezifische Kollimatoren wird das Strahlenfeld dann lateral an den Tumor angepasst (Abb. 26.33).

Für die Anpassung der Tiefenmodulation werden meist sogenannte Modulatoren verwendet, welche mit hoher Frequenz rotieren und so die Absorberdicke im Strahl permanent variieren. Auf diese Weise kann eine homogene Dosis über die Modulationstiefe erreicht werden (sogenannter Spread-out Bragg-Peak, SOBP) bzw. bei leichten Ionen die Tiefendosis so angepasst werden, dass die Zunahme des RBE mit der Tiefe ausgeglichen wird. Alternativ werden (meist für leichte Ionen) auch sogenannte Ridgefilter eingesetzt. Diese sind Platten mit unterschiedlich tiefen, etwa dreiecksförmigen Rippen, die ebenfalls eine Mischung von Energien in der Tiefe erzeugen. Durch die Seitenstreuung vermischen diese Teilstrahlen sich in der Tiefe auch lateral. Durch einen feld- und patientenspezifischen sogenannten Kompensator wird die Tiefendosis dann an die distale Kante des Tumors angepasst. Dabei wird die Modulationstiefe nicht verändert und der Hochdosisbereich des SOBP wird vor allem an den Feldrändern vor das Zielvolumen verschoben, was ein erheblicher Nachteil dieses Verfahrens ist. Der Vorteil dieser Methode ist, dass das Bestrahlungsfeld stets das gesamte Zielvolumen bestrahlt, so dass Organbewegungen wie in der

konventionellen Therapie durch einen Sicherheitssaum berücksichtigt werden können.

26.4.2.3 Aktive Applikationstechnik

Bei der aktiven Strahlapplikation wird die Energie des Strahles laufend der benötigten Tiefe im Gewebe angepasst, um einen SOBP zu erzeugen. Hierfür kann bei Verwendung eines Synchrotrons direkt die Beschleunigerenergie variiert werden oder es werden Absorber in den Strahlweg gebracht, die schnell variiert werden können. Um eine laterale Aufweitung des Strahles zu erreichen, wird der Strahl bei jeder Energie dann mit Hilfe eines magnetischen Ablenksystems horizontal und vertikal über die jeweilige laterale Ausdehnung des Tumors in der Tiefe gelenkt. Mit diesem Verfahren wird der Tumor in Schichten unterschiedlicher Tiefe bzw. Energien bestrahlt (Abb. 26.33). Da hierbei die Modulationstiefe angepasst werden kann, wird bereits mit einem Strahl eine dreidimensionale Anpassung an das Tumorvolumen erreicht und Hochdosisbereiche außerhalb des Zielvolumens vermieden. Hinzu kommt, dass die Anzahl der Teilchen punktweise so variiert werden kann, dass auch eine intensitätsmodulierte Bestrahlung ermöglicht wird. Die notwendige Steuerung eines solchen Scanning-Systems erfordert eine genaue Messung und Kontrolle der Strahlintensität und -position in Echtzeit, was erhebliche Anforderungen an die Komplexität des Kontrollsystems stellt. Obwohl die Ent-

Abb. 26.33 Schematische Darstellung eines passiven (*oben*) und eines aktiven Strahlapplikationssystems (*unten*)

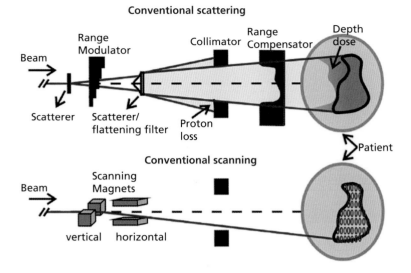

wicklung solcher Systeme bereits vor etwa 30 Jahren begann, kommen Scansysteme erst in den letzten Jahren vermehrt zum klinischen Einsatz.

Ein Nachteil der aktiven Strahlapplikation ist, dass der dynamische Ablauf der Bestrahlung mit Bewegungen des Tumors (Atmung, Herzschlag, Peristaltik) interferieren kann und eine inhomogene Dosis appliziert wird. Es wird daher an einer Vielzahl von Methoden gearbeitet, um dies zu vermeiden. So werden beispielsweise wiederholtes Scanning (Rescanning) oder Gating eingesetzt und es wird daran gearbeitet, die Bestrahlungszeit so zu verkürzen, dass die Organbewegung keine Rolle mehr spielt.

Eine Variante des Strahlscannings ist das sogenannte Wobbling. Hierbei wird ebenfalls der Strahl magnetisch abgelenkt, allerdings nur zu dem Zweck, eine homogene laterale Dosis im Feld zu erreichen. Daher ist keine aufwendige Intensitätssteuerung wie beim eigentlichen Scanning notwendig. Wobbler werden häufig für leichte Ionen eingesetzt, da deren Seitenstreuung stark reduziert ist und passive Streukörper nur für kleine Felder geeignet sind.

26.4.3 Therapieplanung

Die Therapieplanung für Protonen erfolgt im Wesentlichen zur Anpassung der physikalischen Dosis. Der RBE wird dabei als konstanter Faktor berücksichtigt. Für leichtere Ionen muss neben der Dosis auch die Variation des RBE berücksichtigt werden. Dabei ist das Vorgehen bei passiven und aktiven Verfahren sehr unterschiedlich, da im Falle der aktiven Strahlapplikation erheblich mehr Bestrahlungsparameter angepasst werden müssen.

26.4.3.1 Physikalische Strahlenmodelle

Die physikalische Dosis wird gut durch sogenannte Pencil-Beam-Modelle beschrieben [108]. Dabei werden i. d. R. gemessene Tiefendosisverteilungen für jede Energie $d_E(r)$ als

Ausgangsdaten verwendet. Die Dosis im Patienten wird dann durch Multiplikation mit der energie- und tiefenabhängigen Strahlbreite $\sigma(r, E)$ erhalten:

$$d_{E_i}(x, y, z) = \frac{1}{2\pi} \exp\left(-\frac{r_p^2}{2\sigma(r, E)^2}\right) d_E(r) \qquad (26.7)$$

Dabei wird die Strahlbreite durch eine Gaußverteilung genähert, wobei r_P die kürzeste Distanz des betrachteten Punktes $P(x, y, z)$ zur Strahlachse ist und alle gestreuten Teilchen enthält. Die Tiefendosis ist die eines monoenergetischen Strahles in der Tiefe r, welche über die gesamte Ebene senkrecht zum Strahl integriert wurde. Als Tiefe ist hier generell die radiologische Tiefe zu verstehen, d. h. eine Tiefe im Gewebe, welche einer Tiefe r in Wasser entspricht.

Die Superposition aller Teilstrahlen erhält man durch ein Faltungsintegral von Teilchenfluenz und Pencil-Beam-Dosis sowie einer Summation über alle Energien [91, 108]:

$$D(x, y, z) = \sum_i \iint \Phi_{E_i}(x', y') \cdot d_{E_i}(x - x', y - y', z) \cdot \mathrm{d}x' \mathrm{d}y'$$

$$(26.8)$$

Die Strahlbreite wird zudem in verschiedene Anteile zerlegt, welche quadratisch summiert werden: die initiale Breite, die Streuung des Strahles im Strahlapplikationssystem und dem Patienten und die geometrische Aufweitung.

26.4.3.2 Biologische Modelle

Die biologische Modellierung des RBE erfolgt derzeit nur für Ionen schwerer als Protonen. Im Falle einer passiven Strahlapplikation ist diese relativ einfach, da die Zunahme des RBE mit der Tiefe im SOBP durch den Modulator durch einen einfachen tiefenabhängigen Faktor kompensiert werden muss. Dieser tiefenabhängige RBE ist prinzipiell abhängig von der Fraktionsdosis sowie Tumorart und Endpunkt. Da jedoch hierfür ein Element der Strahlführung angepasst werden müsste, wird diese

Abhängigkeit meist vernachlässigt. Außerdem ist der in jedem Feld berechnete RBE nur für jeweils ein Feld richtig berücksichtigt. Daher werden einzelne Felder eines Therapieplanes meist an aufeinanderfolgenden Tagen appliziert.

Im Falle der aktiven Strahlführung kann die Abhängigkeit des RBE explizit berücksichtigt werden. Hierfür werden unterschiedliche Modelle eingesetzt, welche explizit die oben genannten Parameter Zelltyp, Dosis, LET, Teilchenart und Endpunkt berücksichtigen. Beispiele sind das sogenannte Local-Effect-Modell (LEM), welches an der GSI entwickelt wurde [89], oder das Microdosimetric-kinetic-Modell (MKM), welches am HIMAC in Japan entwickelt wurde [92]. Grundlage des LEM ist die Annahme, dass die Strahlenwirkung auf mikroskopischem Niveau, d. h. in Subkompartimenten des Zellkerns, unabhängig von der Strahlenart ist und Unterschiede nur durch die unterschiedliche mikroskopische Dosisverteilung um die Bahnspuren herum entstehen. Sind die radiobiologischen Parameter für Röntgenstrahlen bekannt, erlaubt das LEM eine Berechnung der RBE für gemischte Strahlenfelder von Ionen.

Das MKM beruht auf mikrodosimetrischen Parametern, welche teilweise experimentell zugänglich sind. Mit Hilfe dieser Parameter und einer bekannten Abhängigkeit der RBE von diesen Parametern ist dann eine Berechnung der RBE möglich. Praktisch werden die mikrodosimetrischen Parameter eines komplexen Strahlenfeldes durch Monte-Carlo-Simulationen ermittelt.

Während die relativen Veränderungen des RBE noch relativ gut beschrieben werden können (weniger als 10 % Unsicherheit), sind absolute Werte für klinische Endpunkte meist erheblich weniger gut bestimmbar (bis zu 30 % Unsicherheit). Daher haben präklinische und klinische Studien zur Ermittlung klinisch relevanter RBE-Werte eine hohe Bedeutung.

26.4.3.3 Klinische Therapieplanung

In der klinischen Anwendung ergeben sich gegenüber der konventionellen Strahlentherapie Besonderheiten aufgrund der Charakteristik des Bragg-Peaks als auch aus strahlenbiologischen Gesichtspunkten für leichte Ionen.

Der starke Dosisgradient am distalen Ende der Dosisverteilung von Ionenstrahlen ist der wichtigste Vorteil von Ionen gegenüber Photonen. Allerdings ist die Dosisverteilung aufgrund der starken Gradienten sehr viel empfindlicher auf Unsicherheiten in der Lagerung, Gewebe-Inhomogenitäten und Organbewegungen. Damit diese Unsicherheiten sich nicht negativ auf die Dosisverteilung auswirken, wird eine Reihe von Konzepten verwendet, um gegenüber solchen Einflüssen weniger anfällig zu sein. Dies wird auch als Robustheit der Therapiepläne bezeichnet. Robustheit kann durch geschickte Wahl der Einstrahlrichtungen, Kombination von Feldern oder direkt durch eine Optimierung unter Berücksichtigung der Unsicherheiten erfolgen (siehe z. B. [102]). Auch der Einfluss von Unsicherheiten im RBE kann durch robuste Planung reduziert werden [114].

Im Falle von leichten Ionen müssen zusätzlich die radiobiologischen Parameter des Tumors und des umliegenden Normalgewebes berücksichtigt werden. Da in den meisten Fällen bereits selbst die radiobiologischen Parameter für Röntgenstrahlen nicht gut bekannt sind, werden für die Tumor- und Gewebeparameter, welche für die radiobiologischen Modelle benötigt werden, meist konservative klinische Abschätzungen verwendet. Für die Behandlung von Chordomen der Schädelbasis mit Kohlenstoffionen beispielsweise wird daher ein α/β-Wert für den Tumor verwendet, welcher dem dosislimitierenden Normalgewebe (Spätreaktionen im Hirngewebe und Hirnstamm) entspricht [95]. Damit ist gewährleistet, dass die Dosen im Risikoorgan weitgehend korrekt bestimmt werden. Mit zunehmender Erfahrung können jedoch vermehrt detailliertere Parameter in der Therapieplanung eingesetzt werden. Insbesondere ist es sinnvoll, die unterschiedlichen Werte der infrage kommenden Parameter für unterschiedliche Szenarien im Planungsprozess zu verwenden und so den Einfluss der Parameter auf die Dosisverteilung beurteilen zu können. In Abb. 26.34 sind Beispiele für Dosisverteilungen mit der passiven und aktiven Strahlapplikation gezeigt.

26.4.4 Dosimetrie und Qualitätssicherung

Im Gegensatz zu Röntgenstrahlen und weiteren Strahlqualitäten stehen für die Dosimetrie der Protonen und Ionenstrahlen weltweit keine Primärstandards zur Verfügung. Daher wird hier auf das Konzept berechneter Qualitätsfaktoren zurückgegriffen. Die generellen Anforderungen an die Qualitätssicherung ergeben sich aus der sehr hohen Genauigkeit, mit der Ionenstrahlen klinisch appliziert werden können. Sie entsprechen daher denen vieler anderer Hochpräzisionstherapien, wie etwa der stereotaktischen Strahlentherapie oder der Radiochirurgie, nur dass teilweise andere Parameter überwacht werden müssen.

26.4.4.1 Dosimetrieprotokoll

Das für Protonen und Ionen eingesetzte Dosimetrieprotokoll ist der weltweit verwendete sogenannte *Code of Practice* der Internationalen Atomenergiebehörde IAEA [81]. Hier wird für Ionen zur Bestimmung der Dosis die Verwendung von Ionisationskammern empfohlen, welche in Einheiten der Wasserenergiedosis in der Referenzstrahlqualität ^{60}Co kalibriert wurden. Die Dosis im Ionenstrahl $D_{w,Q}$ wird dann bestimmt durch:

$$D_{w,Q} = M_{\text{corr}} \cdot N_{D,w} \cdot k_Q \qquad (26.9)$$

Dabei ist $N_{D,w}$ der Kalibrierfaktor der verwendeten Ionisationskammer in einem ^{60}Co-Referenzstrahlenfeld, M_{corr} die gemessene Ladung, welche auf Abweichungen von den Referenzbedingungen (Temperatur, Druck, Spannung, Polarität) korrigiert wurde, und k_Q ist ein kammerspezifischer Qualitätsfaktor, welcher alle Unterschiede in der Dosisbestimmung zwischen dem Referenzfeld und dem Ionenfeld berücksichtigt.

Die so bestimmte Dosis wird einem Referenzpunkt z_{ref} zugeordnet, welcher für Protonen mit dem Mittelpunkt der Ionisationskammer übereinstimmt, für leichte Ionen jedoch um einen Betrag von 0,75 mal dem Kammerradius gegen die Richtung

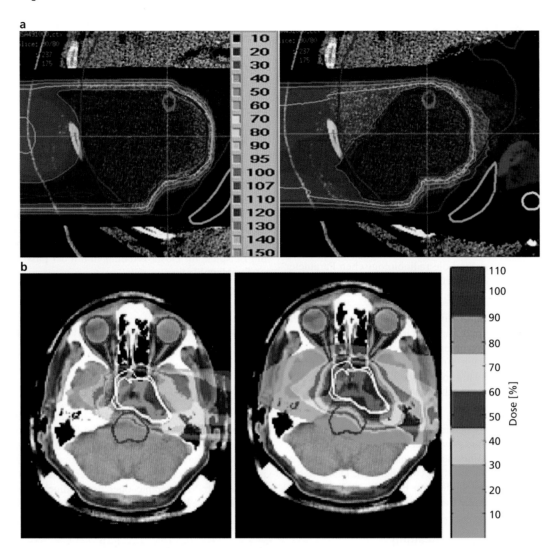

Abb. 26.34 Therapiepläne für passive (*links*) und aktive (*rechts*) Strahlapplikation in einem Lebertumor mit einem einzelnen Feld (**a**). In **b** sind Dosisverteilungen für die Behandlung eines Schädelbasistumors gezeigt, die jeweils mit Protonen und Kohlenstoffionen bei ansonsten gleichen Bestrahlungsparametern durchgeführt wurde

des Strahles verschoben wird. Dieser Unterschied ist historisch begründet.

Der Faktor k_Q ergibt sich aus der Hohlraumtheorie der Dosimetrie wie folgt:

$$k_Q = \frac{\left[w_{\text{air}} \cdot (\frac{\overline{L}}{\rho})_{\text{air}}^{w} \cdot P_{\text{wall}} P_{\text{cel}} P_{\text{repl}}\right]_{Q=\text{proton}}}{\left[W_{\text{air}} \cdot (\frac{\overline{L}}{\rho})_{\text{air}}^{w} \cdot P_{\text{wall}} P_{\text{cel}} P_{\text{repl}}\right]_{Q_0={}^{60}\text{Co}}} \quad (26.10)$$

Dieser Faktor besteht im Wesentlichen aus dem Verhältnis der drei Größen W-Wert (W_{air}), Verhältnis der Massenbremsvermögen von Wasser zu Luft (L/ρ) und den kammerspezifischen Korrekturfaktoren (P_{ch}). Dabei stehen die Werte für ^{60}Co jeweils im Nenner und die Werte für Protonen bzw. Ionen im Zähler.

Die Unsicherheiten in dieser Dosisbestimmung für Protonen und Ionen sind derzeit mit 2 % bzw. 3 % noch deutlich höher als in der Dosimetrie mit Photonenstrahlen (ca. 1 %). Dies

liegt insbesondere an den Unsicherheiten in der Berechnung der Massenbremsvermögen und des W-Wertes für leichte geladene Teilchen.

26.4.4.2 Dosimetrische Ausrüstung

Die dosimetrische Ausrüstung für den klinischen Einsatz von Ionenstrahlen ist weitgehend identisch zu anderen Präzisionsverfahren mit hochenergetischer Röntgenstrahlung. Einfache zylindrische Ionisationskammern werden vor allem zur präzisen Dosisbestimmung etwa bei der Monitorkalibrierung eingesetzt [94]. Bei zunehmendem Kammerradius ist auch die zunehmende Messortverschiebung zu beachten, so dass präzise Messungen meist in Regionen mit geringen Gradienten eingesetzt werden, wie etwa dem Eingangsbereich oder dem SOBP. Da insbesondere mit gescannten Strahlen auch starke Gradienten in der Dosisverteilung erzeugt werden können, sind für dosimetrische Verifikationsmessungen vor allem kleine Ionisationskammern geeignet [100]. Außerdem erfordert die dynamische Applikationstechnik idealerweise die Messung von zwei- oder dreidimensionalen Messsystemen. Da hierfür noch keine befriedigenden Lösungen existieren, werden derzeit noch Systeme mit vielen einzelnen Kammern eingesetzt, welche durch Vielkanalelektrometer ausgelesen werden. Auch Linien- und Arraydetektoren finden hier vielfach Verwendung.

Da bei Flachkammern im Gegensatz zu Zylinderkammern der Messort genau festgelegt ist, werden diese vor allem zur präzisen Vermessung des Bragg-Peaks bzw. der Reichweitenbestimmung der Ionenstrahlen eingesetzt. Ein Beispiel hierfür ist der sogenannte Peakfinder: Hier werden zwei großflächige Parallelkammern vor und hinter einer variablen Wassersäule zur Bestimmung der relativen Tiefendosis eines Pencil Beams eingesetzt.

Bezüglich aller Detektoren aus dichten Materialien ist anzumerken, dass generell Rekombinationseffekte aufgrund der Anfangsrekombination in Bereichen mit hohem LET zu berücksichtigen sind. Dies führt zu einer starken Reduktion des gemessenen Signals mit zunehmendem LET (Quenching). Dies gilt nicht nur für leichte Ionen, sondern (in geringerem Maße) auch für den Bragg-Peak von Protonen und betrifft radiographische und radiochrome Filme ebenso wie Dioden, TLD, Alanin oder flüssigkeitsgefüllte Ionisationskammern [101]. Diese Systeme eignen sich also meist nur für die Vermessung relativer Verteilungen bei konstantem LET. Für sehr dünne Diamantdetektoren (ca. $10\,\mu m$) scheint dieser Effekt keine Rolle zu spielen [104]. Für manche Detektoren, wie etwa Alanin, ist eine recht genaue Korrektur der Quenchingeffekte möglich, so dass diese z. B. für Transferdosimetrie eingesetzt werden können [80].

26.4.4.3 Qualitätssicherung

Die Qualitätssicherung für Protonen und Ionenstrahltherapie folgt grundsätzlich denselben Grundsätzen und Empfehlungen für andere Präzisionstechniken. Da bisher noch keine dedizierten Empfehlungen vorliegen, müssen basierend auf den bisherigen Erfahrungen eigene Maßnahmen definiert werden. Ein besonderes Augenmerk ist dabei auf die Aspekte zu legen, welche die Therapie besonders stark beeinflussen können, wie etwa die Tiefendosisverteilung, die Patientenpositionierung, die Therapieplanung, die Strahleigenschaften und – insbesondere bei gescannten Strahlen – die Kontroll- und Interlocksysteme.

Messungen zur Tiefendosischarakteristik verlangen vor allem spezifische dosimetrische Systeme wie das oben genannte Peakfindersystem, können aber auch durch einfache Phantome schnell überprüft werden, wie z. B. einem Keilphantom vor einem Film. Hierbei bildet sich die Tiefendosis hinter dem Keil als lateraler Dosisabfall ab und lässt eine schnelle Überprüfung der Reichweite zu. Da die Ionentherapie eine sehr hohe räumliche Genauigkeit erlaubt, sind neben genauen Systemen zur Patientenpositionierung meist auch Röntgensysteme zur Positionierung vorhanden, deren Überprüfung hinsichtlich geometrischer Genauigkeit ebenfalls große Bedeutung hat. Bei der Überprüfung der Therapieplanungssysteme steht vor allem die Genauigkeit der Algorithmen im Vordergrund, welche in Phantomen mit zunehmender Komplexität messtechnisch untersucht

und dann mit einem Monte-Carlo-Verfahren validiert werden kann. Dies erlaubt eine recht gute Beurteilung der Genauigkeit eines TPS. Da Strahlapplikation und Kontrollsysteme sehr unterschiedlich konfiguriert sein können, sind hier die spezifischen Eigenheiten des jeweiligen Systems genau zu berücksichtigen. Generell sollte bei komplexen Systemen und Arbeitsabläufen auch eine Risikoanalyse oder eine sogenannte Failure Mode and Effects Analysis (FMEA) in Betracht gezogen werden, um Fehler und Risiken bei der Behandlung zu minimieren. Eine beispielhafte detaillierte Beschreibung der qualitätssichernden Maßnahmen ist allgemein in [99] und für die Therapieplanung in [93] zu finden. Eine FMEA-Analyse eines TPS ist unter [85] zu finden.

26.4.5 Klinischer Einsatz der Ionenstrahltherapie

Obwohl Protonen und Ionen seit den 1950er-Jahren zur Tumortherapie eingesetzt werden, hat eine weitere Verbreitung erst in den letzten beiden Jahrzehnten stattgefunden. Noch immer ist diese Form der Strahlentherapie eine Randerscheinung, was die Zahl der behandelten Patienten im Vergleich zur Strahlentherapie insgesamt betrifft. Dies ist sicher auch durch die deutlich höheren Kosten verursacht, welche eine heftige Diskussion über Kosten und Nutzen der Protonen- und Ionentherapie verursacht haben. Auch gibt es bis heute nur eine schwache klinische Evidenz für die vermutete Überlegenheit von Protonen gegenüber Photonen und Ionen gegenüber Protonen, da es nur wenige klinische Studien hierfür gibt (s. u.). Die Gründe hierfür können in folgenden Aspekten liegen:

- Die Dosisreduktion im Normalgewebe wird vor allem bei niedrigen und mittleren Dosen beobachtet, so dass klinische Effekte weniger evident sind, als im Hochdosisbereich.
- Die technische Entwicklung der Protonen- und Ionentherapie hat nicht mit der konventionellen Therapie schrittgehalten. So arbeitet die Mehrzahl der Zentren noch mit passiven Techniken, welche keine Intensitätsmodulation (IMRT) erlauben, und verfügt nicht über moderne bildgebende Verfahren für die bildgeführte Strahlentherapie (IGRT). Auch eine Rotationsbestrahlung ist bisher nicht möglich.
- Die Finanzierung der teuren Zentren ist, vor allem in den USA, oft nur mit Hilfe privater Investoren möglich, die wenig Interesse an einer klinischen Validierung haben.

Erst in den letzten Jahren ist eine Veränderung in diesen Bereichen zu verzeichnen.

26.4.5.1 Anlagen zur Protonen- und Ionentherapie

Derzeit existieren 50 klinische Anlagen zur Protonentherapie und 10 Anlagen zur Therapie mit Kohlenstoffionen (aktuelle Zahlen finden sich unter [107]). Die Anzahl der Protonenzentren ist weltweit weiter stark im Anstieg begriffen und die Anzahl der Anlagen zur Ionentherapie wächst ebenfalls stetig. Bis 2020 werden nach heutiger Planung 97 Protonenanlagen und 13 Kohlenstoffanlagen in Betrieb sein. Als Beispiel eines

Teil IV

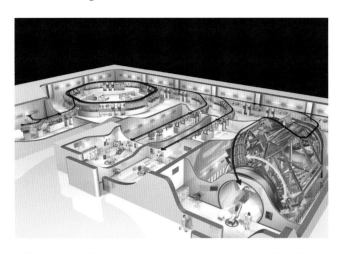

Abb. 26.35 Aufbau der Ionenstrahltherapieanlage am Heidelberger Universitätsklinikum. Die *roten Pfeile* demonstrieren den Weg der Ionen von den Ionenquellen (*linker Rand*) in das Synchrotron (*oben links*) und von dort in die drei Behandlungsplätze (*unten*). *Ganz rechts unten* ist die Gantry zu sehen (Mit freundlicher Genehmigung des Universitätsklinikums Heidelberg)

modernen Zentrums für Ionentherapie ist die Ionentherapieanlage in Heidelberg in Abb. 26.35 gezeigt. Diese Anlage bietet Protonen- und Ionenstrahlen an und verfügt neben den beiden festen Horizontalplätzen über den weltweit ersten Behandlungsplatz mit einer isozentrischen Gantry für Kohlenstoffionen. Die Strahlapplikation erfolgt in allen Räumen mit Hilfe des Rasterscanverfahrens und erlaubt so eine biologisch optimierte IMRT-Behandlung mit Protonen und Ionen. Die Patienten werden mittels robotisch gesteuerter Tische positioniert. Eine Röntgenbildgebung ist in Behandlungsposition mit Hilfe eines ebenfalls robotisch gesteuerten C-Armes in 2D als auch in 3D möglich.

Neben der Therapie mit Protonen und Kohlenstoffionen stehen auch Strahlen von Helium und Sauerstoff für präklinische Untersuchungen an einem Experimentierplatz zur Verfügung. Ein ebenfalls sehr wichtiger Faktor ist die Einbindung der Anlage in das onkologische Versorgungskonzept und die Forschungslandschaft an einem Universitätsklinikum. Dies gewährleistet einen effizienten Austausch mit anderen onkologischen Disziplinen, die Etablierung innovativer Studienkonzepte sowie interdisziplinäre Forschungsansätze.

26.4.5.2 Klinische Ergebnisse und Studien

In den 60 Jahren, seit Beginn der Ionentherapie 1954, wurden bis Ende 2014 insgesamt mehr als 137.000 Patienten mit dieser Therapie behandelt [107], davon allein 15.000 im Jahr 2014. Die überwiegende Mehrzahl der Patienten (86 %) erhielten eine Protonentherapie und etwas weniger als 20.000 eine Therapie mit Kohlenstoffionen oder anderen Ionen. Insgesamt stehen derzeit 60 Anlagen zur Ionentherapie zur Verfügung, weitere 30 befinden sich im Bau. Dies verdeutlicht die wachsende Bedeutung dieser Therapieform.

Obwohl schon früh mit der Ionentherapie klinische Erfahrungen gesammelt wurden, ist die klinische Evidenz hierfür noch immer sehr begrenzt. Die Mehrzahl der klinischen Untersu-

chungen waren Phase-I II-Studien und wurden an einzelnen Institutionen mit relativ geringen Patientenzahlen durchgeführt oder waren als retrospektive Untersuchungen mit historischen Vergleichen angelegt [86]. In vielen der frühen Studien wurde zudem nur ein Teil der Dosis in Form der Ionentherapie appliziert, beispielsweise als Boost-Bestrahlung, was die Interpretation der Ergebnisse erschwert.

Für die Protonentherapie hat die American Society for Therapeutic Radiation Oncology (ASTRO) die klinische Evidenz zusammengefasst und bewertet [83]. Dort wurden nur für zwei Indikationen randomisierte Studien identifiziert: ausgedehnte Aderhautmelanome des Auges und Adenokarzinome der Prostata.

Aderhautmelanome gehören mit etwa 5000 Patienten zu einer der größten Patientengruppen, welche mit Protonen behandelt wurden. In einer Studie mit 151 Patienten [88] wurde gezeigt, dass insbesondere das Risiko einer späteren Enukleation des Auges signifikant reduziert ist. Auch im Vergleich zu anderen Therapieformen, wie etwa der Brachytherapie, sind die Behandlungsergebnisse deutlich besser [87].

Prostatatumoren gehören zur insgesamt größten Patientengruppe, welche mit Protonen behandelt wird. Hierfür wurden zwei randomisierte Studien mit insgesamt 612 Patienten durchgeführt. In der ersten Phase-III-Studie [109] wurde eine Boostbehandlung mit entweder Protonen (Gesamtdosis 75,5 Gy [RBE]) oder Photonen (Gesamtdosis 67,2 Gy) nach einer konventionellen Therapie (50,4 Gy) verglichen. Die Ergebnisse in den beiden Vergleichsarmen waren sowohl hinsichtlich Tumorkontrolle als auch Nebenwirkungen signifikant nicht unterschiedlich. In einer zweiten Studie wurde daraufhin die Wirksamkeit unterschiedlicher Dosen (70,2 Gy [RBE] vs. 79,2 Gy [RBE]) einer Boostbehandlung mit Protonen untersucht [116]. Die Dosiseskalation führte zu einer deutlichen Verbesserung der lokalen Kontrolle bei nur moderat erhöhten Nebenwirkungen, jedoch hat diese keine Aussagekraft bezüglich eines potenziellen Vorteils der Protonen gegenüber Photonen. Da mittlerweile mit Hilfe der IMRT und SBRT sehr viel höhere Dosen bei Bestrahlungen der Prostata appliziert werden, ist die Anwendung der Protonen in dieser Patientengruppe weiterhin sehr kontrovers.

Neben diesen wenigen randomisierten klinischen Studien gibt es starke Hinweise darauf, dass die Protonentherapie in weiteren Tumoren einen Vorteil bietet. Zu dieser Gruppe gehören insbesondere pädiatrische Tumoren, bei denen der Schonung des Normalgewebes eine besondere Rolle zukommt, da einerseits die Strahlenempfindlichkeit höher ist und andererseits das Risiko von strahleninduzierten Tumoren aufgrund höherer Strahlenempfindlichkeit und potenziell langer Überlebenszeit erhöht ist. Weitere Indikationen, die von einer Protonentherapie profitieren können, sind Tumoren der Schädelbasis, der Lunge und teilweise der Brust, Kopf-Hals-Tumoren und einige gastrointestinale Tumoren der Leber, Pankreas, Ösophagus und Rektum [105].

Aufgrund der offensichtlichen Vorteile der Protonentherapie hinsichtlich der Dosisverteilungen wird teilweise argumentiert, dass die Durchführung klinischer Studien ethisch gar nicht vertretbar ist [110]. Andererseits steigt aufgrund der deutlich höheren Kosten der Protonentherapie als auch wegen der deutlich verbesserten Ergebnisse der IMRT und auch der SBRT in den letzten Jahren das Interesse an klinischen Studien zur Protonentherapie erheblich. Da auch die Zahl der Zentren in den letzten Jahren stark gestiegen ist, werden nun vermehrt Patienten in derartigen Studien behandelt. Daher ist in den kommenden Jahren mit erheblich besseren Daten zur klinischen Evidenz zu rechnen. Eine Liste klinischer Studien findet sich auf der Website der PTCOG [107].

Für die Kohlenstoffionentherapie liegen derzeit noch keine Ergebnisse randomisierter Studien vor. Dies liegt u. a. auch daran, dass die japanischen Zentren, welche die mit Abstand größten Patientenzahlen aufweisen, keine konventionelle und meist auch keine Protonentherapie anbieten. Erst mit Eröffnung des Ionenstrahlzentrums in Heidelberg wurde eine größere Patientenzahl in Vergleichsstudien zwischen Protonen und Kohlenstoff eingeschlossen, um den klinischen Unterschied beider Strahlenarten zu untersuchen. Die erfolgversprechendsten Ergebnisse liegen derzeit für Chordome und Chondrosarkome der Schädelbasis vor [112, 113] sowie für adenoidzystische Karzinome [96, 97]. Eine Liste der derzeit 16 klinischen Studien ist auf der Website des American National Institutes for Health mit den Schlagworten „carbon" und „heidelberg" zu finden [111]. Eine Zusammenfassung der klinischen Ergebnisse aus Japan findet sich in [98].

26.5 Bildgeführte Strahlentherapie

Christian Thieke

26.5.1 Einführung

Die Bildgebung spielt an nahezu allen Punkten im Verlaufe einer strahlentherapeutischen Behandlung eine entscheidende Rolle: Zur Diagnosestellung, bei der Therapieplanung, bei der Therapiedurchführung und in der Nachsorge. Allerdings bezeichnet man mit dem Begriff „bildgeführte Strahlentherapie" (Image-Guided Radiotherapy, IGRT) in der Regel speziell den Abschnitt der Therapiedurchführung, d. h. die im Behandlungsraum installierte Bildgebung und ihren Einsatz direkt vor und während der Bestrahlung.

Ziel der bildgeführten Strahlentherapie ist es, die korrekte Applikation der Strahlendosis zu überprüfen und ggf. durch Korrekturen sicherzustellen. Dies ist insbesondere bei hochkonformalen Bestrahlungstechniken wie der intensitätsmodulierten Strahlentherapie erforderlich, bei denen ein steiler Dosisabfall direkt am Rand des Zielvolumens besteht und Risikoorgane zum Teil in direkter Nähe zum Hochdosisbereich liegen: Dann könnte bereits eine leichte Verschiebung während der Bestrahlung dazu führen, dass Teile des Zielvolumens aus dem Hochdosisbereich herausfallen und damit unterdosiert werden bzw. Teile von Risikoorganen in den Hochdosisbereich hineingeraten und geschädigt werden.

Von der bildgeführten Strahlentherapie unterschieden wird die adaptive Strahlentherapie, wobei diese Begriffe in der Literatur und Praxis nicht einheitlich, sondern teilweise überlappend oder sogar synonym verwendet werden. Im Allgemeinen, so auch in diesem Buch, bezeichnet man mit adaptiver Strahlentherapie weitergehende Korrekturen als einfache Tischverschiebungen; insbesondere die Anpassung und Neuberechnung des Bestrahlungsplans an eine veränderte Patientengeometrie oder die Echtzeitkompensation von Bewegungen während der Bestrahlung, z. B. von Atembewegungen. Die hierzu nötigen Techniken und Verfahren werden im nachfolgenden Abschnitt vorgestellt.

Die Entwicklung und klinische Nutzung der IMRT und der IGRT sind eng miteinander verwoben, so dass auch der Begriff „IG-IMRT" (Image-Guided Intensity-Modulated Radiation Therapy) verwendet wird. Nur durch gemeinsame Nutzung beider Techniken ist es möglich, fortgeschrittene strahlentherapeutische Konzepte mit präziser Applikation hochkonformaler Dosisverteilungen umzusetzen. Dazu gehören verbesserte Risikoorganschonung, Dosiseskalation, differenzierte Zielvolumenkonzepte, Hypofraktionierung und Erfassung des frühen Therapieansprechens. Diese Konzepte und praktische Anwendungen werden im Verlaufe dieses Kapitels näher beschrieben.

26.5.2 Unsicherheiten in der Strahlentherapie

Abweichungen der aktuellen Bestrahlungssituation von der Planungssituation können vielfältige Ursachen haben. Wegen der grundsätzlich verschiedenen Anforderungen an Detektion und Korrektur unterscheidet man zwischen interfraktionell (also zwischen den einzelnen Bestrahlungssitzungen) und intrafraktionell (während der Bestrahlung) auftretenden Abweichungen. Eine weitere Unterscheidung ist die zwischen zufälligen Abweichungen, die bei jeder Fraktion eine andere Größe und Richtung aufweisen können, und systematischen Abweichungen, die in die gleiche Richtung gehen und meist ähnliche oder zunehmende Größe aufweisen.

Als Ursachen kommen in Betracht:

- Lagerungsvariationen. Interfraktionell, je nach Rigidität der Fixierhilfe (z. B. Vakuummatratze, Kniepolster, Kopfunterlage) unterschiedlich stark ausgeprägt. Insbesondere bei langer Bestrahlungsdauer auch intrafraktionell durch Bewegungen des Patienten möglich. Meist zufällig verteilt, wobei systematische Komponenten enthalten sein können (z. B. kann der Patient bei der Planungsuntersuchung und den ersten Bestrahlungsfraktionen noch verspannt sein und mit zunehmender Gewöhnung an den Therapieablauf entspannen).
- Unterschiedliche Füllungszustände von Hohlorganen. Meist interfraktionell, z. B. Verlagerung der Prostata durch unterschiedliche Füllung von Blase und/oder Rektum. Zufällig verteilt, lassen sich aber z. T. durch Patienteninformation und -training verringern.
- Ansprechen des Tumors auf Bestrahlung. Einige Tumoren (z. B. Lymphome, Lungentumoren) können schon während der mehrwöchigen Therapieserie eine deutliche Größenabnahme zeigen. Interfraktionell mit systematischer Charakteristik.
- Postoperative Veränderungen bei adjuvanter Bestrahlung. Zum Beispiel Abbau von Seromen (Flüssigkeitsansammlun-

Abb. 26.36 Zufällige und systematische Fehler in der IGRT. Aus [131]

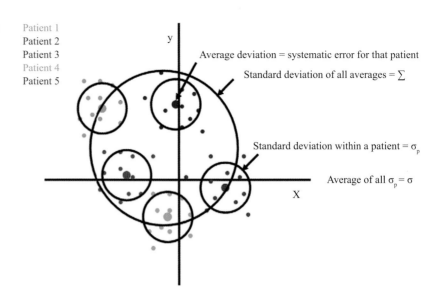

Patient 1
Patient 2
Patient 3
Patient 4
Patient 5

Average deviation = systematic error for that patient

Standard deviation of all averages = $\sum$

Standard deviation within a patient = σ_p

Average of all $\sigma_p = \sigma$

gen nach Operation). Ebenfalls interfraktionell mit systematischer Charakteristik.

- Gewichtsabnahme bzw. Zunahme. Zum Beispiel bei fortschreitender konsumierender Tumorerkrankung oder Bestrahlung im Kopf-Hals-Bereich mit Schluckbeschwerden und daraus folgend reduzierter Nahrungsaufnahme. Interfraktionell, systematisch.
- Atembewegungen. Intrafraktionell, am stärksten ausgeprägt sind die Bewegungen nahe des Zwerchfells (Lungentumoren der unteren Lungenabschnitte, Lebertumoren).
- Schluckbewegungen, Darmperistaltik, Herzschlag. Intrafraktionell, nur wenig beeinflussbar.

Mit „Unsicherheiten" bezeichnet man also statistisch verteilte Abweichungen einer Ist- von einer Soll-Situation. Sie werden durch Sicherheitssäume (Margins) in der Bestrahlungsplanung berücksichtigt, wobei oft nur auf allgemeine Annahmen und Informationen aus ganzen Patientenkollektiven zurückgegriffen werden kann (s. Kap. 24 „Bestrahlungsplanung"). Abb. 26.36

zeigt die Fehlerverteilung für eine Gruppe von fünf Patienten und veranschaulicht, dass patientenindividuelle Sicherheitssäume deutlich kleiner ausfallen können als die aus einem Kollektiv abgeleiteten. Dieses Potenzial wird durch die IGRT nutzbar gemacht.

26.5.3 Bildgebende Modalitäten für die IGRT

Für die Detektion und Quantifizierung der im vorhergehenden Abschnitt beschriebenen Abweichungen steht eine Vielzahl an Bildgebungsmodalitäten im Bestrahlungsraum zur Verfügung. Abb. 26.37 gibt eine Übersicht darüber und führt kommerzielle Anbieter und Produktbezeichnungen beispielhaft auf. Für technische Details der verschiedenen Gerätearten und ihren Einsatz in der klinischen Praxis siehe Kap. 23 „Bildgebung für die Strahlentherapie".

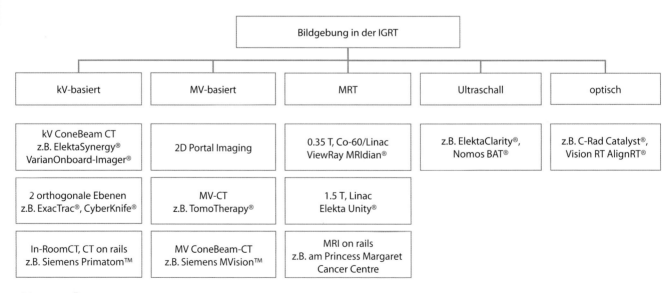

Abb. 26.37 Übersicht über die klinisch verfügbaren bildgebenden Verfahren in der IGRT

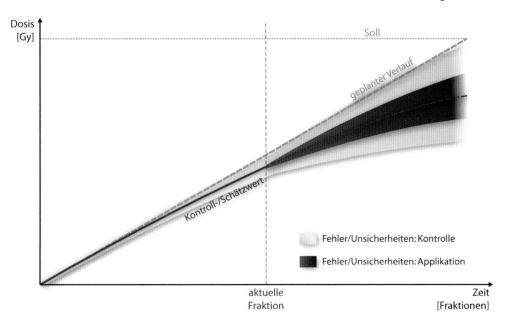

Abb. 26.38 Unsicherheiten im Therapieverlauf. © R. Floca, Deutsches Krebsforschungszentrum. Abdruck mit freundlicher Genehmigung

26.5.4 IGRT als Qualitätssicherungsinstrument

Mittlerweile kann die IGRT als Teil der klinischen Routine gelten. In einer Umfrage unter Mitgliedern der Amerikanischen Gesellschaft für Strahlentherapie (ASTRO) im Jahr 2015 gaben 95 % der Teilnehmer an, fortgeschrittene IGRT-Techniken in ihrer Klinik einzusetzen, die über die einfache 2D-Bildgebung mittels Portal Imaging hinausgehen [134]. Dabei verwendeten 92 % die volumetrische Bildgebung mittels kV-ConeBeam-CT bzw. MV-CT.

Der aktuelle Routineeinsatz der IGRT dient hauptsächlich dazu, die Therapie mit größerer Sicherheit und mit besserer Qualitätskontrolle klinisch durchzuführen. Die volumetrische Bildgebung erlaubt dabei die Kontrolle und ggf. Lagekorrektur der tatsächlichen Zielstruktur, d. h. des Tumor-Zielvolumens, anstelle der bisherigen Hilfsmittel wie raumfeste Laserkreuze, Hautanzeichnungen und Überprüfung knöcherner Strukturen auf 2D-Projektionen. Die vorhandenen Behandlungskonzepte (z. B. PTV-Sicherheitssäume) bleiben dabei zunächst meist unverändert.

Da es sich um eine technische Verbesserung der Therapie handelt, finden sich in der Fachliteratur nur wenig Studien, die die bildgeführte Strahlentherapie mit konventioneller, nicht-bildgeführter Strahlentherapie vergleichen. Allerdings konnte der klinische Nutzen der IGRT durch retrospektive Analysen belegt werden, so z. B. für die Prostatabehandlung, bei der unterschiedliche Füllungszustände des Rektums durch IGRT kompensiert werden konnten [136, 141]. Weiterhin wurden in verschiedenen Zentren die während der Therapieserie gewonnenen Bilddaten genutzt, um retrospektiv die Behandlungsqualität zu evaluieren und die für den Therapieerfolg besonders wichtigen Aspekte zu erkennen, z. B. für Kopf-Hals-Tumoren [125, 147], paraspinale Tumoren [142] und Prostatatumoren [133]. Wegen fehlender spezialisierter Auswertewerkzeuge mussten

solche Arbeiten allerdings mit hohem Aufwand für das Datenhandling und die Analyse durchgeführt werden und blieben daher bisher auf ausgewählte Entitäten und eine im Verhältnis zur Gesamtzahl der durchgeführten Bildkontrollen kleine Patientenzahl beschränkt.

Das Potenzial der IGRT auch für die reine Qualitätssicherung ist deutlich höher als zurzeit im Routinebetrieb klinisch umgesetzt werden kann. Daher findet eine intensive Weiterentwicklung der Technologie statt: Automatisierte Workflows, nicht-lineare und multimodale Registrierung [123, 148] und Dosisberechnung auf CBCT- und MRT-Bildgebung bis hin zur Rekonstruktion der tatsächlich applizierten Dosis sind in Forschungsinstituten und Industrie aktuell ein zentrales Thema. Ziel ist eine routinemäßige, exakte Dokumentation der Therapie inklusive der Quantifizierung der Unsicherheiten in der Rekonstruktion und im prognostizierten weiteren Therapieverlauf für jeden Patienten, siehe Abb. 26.38. Dies wird auch weitere klinische Forschungsarbeiten, wie z. B. quantitative Dosis-Wirkungs-Analysen, deutlich erleichtern bzw. erst ermöglichen.

26.5.5 Fortgeschrittene strahlentherapeutische Konzepte in der IGRT

Die Kombination von Freiheit bei der Dosisgestaltung durch IMRT mit der sicheren Applikation durch IGRT eröffnet der Strahlentherapie Möglichkeiten für neue Therapiekonzepte. Hierbei geht es z. T. auch um Änderungen der Therapiestrategie, deren Nutzen für den Patienten nicht im Vorhinein abschätzbar ist, so dass diese durch klinische Studien begleitet werden sollten. Die neuen Konzepte können in verschiedene Typklassen bzw. „Paradigmen" [129] eingeteilt werden: Verbesserte Risikoorganschonung, Dosiseskalation, Hypofraktionierung, differenzierte Zielvolumenkonzepte und die Detektion und Adaption frühen Therapieansprechens. Diese sollen im Folgenden näher beleuchtet werden.

26.5.5.1 Verbesserte Risikoorganschonung

Bereits durch Nutzung der IGRT als Mittel der Qualitätssicherung zur korrekten täglichen Positionierung des Zielvolumens ergibt sich eine bessere Risikoorganschonung. Eine weitere deutliche Schonung ist nur dann erreichbar, wenn die höhere Genauigkeit der Applikation auch dazu genutzt wird, die Sicherheitssäume für die Bestrahlungsplanung, insbesondere des Planungszielvolumens PTV, zu reduzieren und damit weniger Normalgewebe in das Hochdosisgebiet einzuschließen. Für verschiedene Tumorentitäten wurden bereits die beobachteten Variationen detailliert analysiert und in optimierte PTV-Konzepte umgesetzt, so z. B. für die Bestrahlung von Kopf-Hals-Tumoren [140, 151], Prostatatumoren [150] und Analtumoren [120]. Es ist zu erwarten, dass die Weiterentwicklung der Auswertewerkzeuge in der IGRT es immer einfacher machen wird, derart optimierte Zielvolumenkonzepte für weitere Tumorentitäten zu erstellen und damit das Potenzial der IMRT/IGRT zur schonenden Behandlung voll auszunutzen.

26.5.5.2 Dosiseskalation

Eine möglichst hohe Dosis im Zielvolumen zu deponieren ist neben der Normalgewebsschonung das zweite grundlegende Ziel in der Strahlentherapie. Auch hierbei kann die durch IMRT und IGRT mögliche hochkonformale Dosisdeposition genutzt werden. Für das Prostatakarzinom konnte z. B. eine verbesserte biochemische Kontrolle, gemessen durch Verlaufskontrollen des PSA-Wertes (PSA = prostataspezifisches Antigen, ein durch Blutanalysen bestimmbarer Tumormarker) gezeigt werden, wenn die Dosis von 70 auf 78 Gy erhöht wird [138], damals (2002) allerdings unter Inkaufnahme stärkerer strahlentherapiebedingter Nebenwirkungen am Rektum. Durch IMRT/IGRT kann die Nebenwirkungsrate deutlich reduziert werden [149], und mittlerweile wird für die primäre Strahlentherapie des Prostatakarzinoms eine Dosis von über 80 Gy empfohlen (Abb. 26.39, [122]). Ebenfalls sehr gut belegt ist der Nutzen der Dosiseskalation beim Bronchialkarzinom (z. B. [121]). Auch für die Dosiseskalation ist eine Anwendung auf weitere Tumorentitäten Gegenstand aktueller Untersuchungen.

26.5.5.3 Hypofraktionierung

Die Fraktionierung in der Strahlentherapie macht sich die unterschiedlichen radiobiologischen Eigenschaften (wie z. B. die Reparaturkapazität) von Tumor- und Normalgeweben zunutze, um das therapeutische Fenster der Behandlung zu erweitern [135] (siehe auch Kap. 22 „Klinische Strahlenbiologie"). Als Standard-Einzeldosis gilt eine Fraktionsdosis von 1,8–2 Gy im Tumor (Normofraktionierung). Durch eine Verringerung der Normalgewebsbelastung in der IMRT/IGRT und der präzisen Fokussierung auf das Tumorvolumen kann die Behandlung in einzelnen Fällen auf weniger Fraktionen mit höheren Einzeldosen umgestellt werden (Hypofraktionierung). Dies hat zum

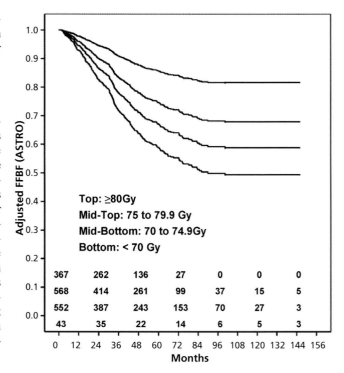

Abb. 26.39 Dosiseskalation beim Prostatakarzinom. Aus [122]

einen direkte therapeutische Vorteile wie eine erhöhte lokale Kontrolle (gezeigt z. B. für das nicht-kleinzellige Bronchialkarzinom [130]), wobei auch eine Schädigung der Tumorvaskularisation eine Rolle zu spielen scheint [124], aber auch den positiven Effekt der verkürzten Gesamtbehandlungszeit mit verbessertem Patientenkomfort, einfacherer Logistik und geringeren Behandlungskosten. Neben der Lunge ist die Hypofraktionierung Gegenstand aktueller klinischer und radiobiologischer Forschung z. B. für das Prostatakarzinom, das Mammakarzinom und in der palliativen Strahlentherapie (z. B. in der Bestrahlung von Knochenmetastasen).

26.5.5.4 Differenzierte Zielvolumenkonzepte

In der Strahlentherapie wird der Tumor mittels seiner Außengrenze definiert (Gross Tumor Volume, GTV) und soll in der Regel mit einer möglichst hohen Dosis homogen bestrahlt werden. Dabei ist schon lange bekannt, dass ein Tumor intern sehr heterogen sein kann, z. B. mit Entzündungsreaktionen, Nekrosen und Arealen unterschiedlicher Sauerstoffsättigung (bis hin zur Hypoxie), die sich auch in ihrer Radiosensitivität unterscheiden [127]. Daher kam etwa im Jahr 2000, bald nach Einführung der IMRT, die Idee auf, die Heterogenität innerhalb des Tumors zunächst durch geeignete Bildgebung darzustellen (z. B. durch funktionelle MRT oder PET mit verschiedenen Tracern, siehe Teil II und III dieses Buchs), sogenannte biologische Zielvolumina (Biological Target Volume, BTV) als Subvolumina des GTV zu definieren und diese dann mit unterschiedlicher Dosis zu bestrahlen [132]. Eine Verfeinerung dieses Konzeptes sieht die voxelgenaue Auflösung und zusätzlich die Berücksichtigung

Teil IV

der zeitlichen Veränderung vor; hierfür wurde im Jahr 2005 der Begriff „Dose Painting by Numbers" geprägt [119].

So bestechend die Begründung dieser Konzepte auch ist, so muss man doch konstatieren, dass sie bis heute, also über 15 Jahre nach ihrer Vorstellung, außerhalb klinischer Forschung kaum eine Rolle spielen. Gründe sind die eingeschränkte Verfügbarkeit der geeigneten Bildgebungsmodalitäten, der oft immer noch unklare Zusammenhang der verschiedenen Bildkontraste mit der tatsächlichen Gewebecharakteristik und -strahlensensitivität, die unsichere zeitliche Stabilität der Bildkontraste/Gewebeeigenschaften, die begrenzte räumliche Auflösung der diagnostischen Bildgebung bzw. der therapeutischen Dosismodulation und der logistisch hohe Aufwand von Studien in diesem Bereich. In der Literatur finden sich meist Planungs- und Machbarkeitsstudien, die eine bildbasierte Änderung der Dosisverschreibung innerhalb des Zielvolumens hypothetisch untersuchen, z. B. zum Prostatakarzinom [143]. Eine multizentrische, randomisierte klinische Studie zu Kopf-Hals-Tumoren untersucht einen Dosis-Boost auf FDG-PET-positive Subareale (NCT01504815, [128]); und eine Studie zum nicht-kleinzelligen Bronchialkarzinom vergleicht einen Dosis-Boost auf FDG-PET-positive Subareale des Tumors mit einem Dosis-Boost auf den gesamten Tumor, wobei die Normalgewebsbelastung gleich bleiben soll (NCT01024829, [146]).

Neue Impulse könnte dieser Ansatz durch die Radiomics erhalten, d. h. die automatisierte, computerunterstützte quantitative Auswertung multimodaler Bilddaten großer Patientenzahlen [117]. Dabei werden hunderte Parameter verschiedener Typklassen wie z. B. Form und Textur extrahiert. Radiomics ist potenziell in der Lage, Korrelationen von Bildinhalten mit dem späteren klinischen Verlauf (und damit auch Informationen über den Tumor) aufzudecken, die für das menschliche Auge nicht direkt erkennbar sind, was für eine automatisierte, differenzierte Definition des Zielvolumens genutzt werden könnte.

26.5.5.5 Detektion und Adaption frühen Therapieansprechens

Die ständige Erfassung der aktuellen Patientengeometrie während der mehrwöchigen Strahlentherapie erlaubt nicht nur die genaue Erfassung und Rekonstruktion der tatsächlich applizierten Dosis (siehe Abb. 26.38), sondern sie bietet auch die Grundlage, durch Plananpassungen (Adaption) das ursprüngliche Ziel, z. B. eine bestimmte Dosis im Zielvolumen, trotz eventueller Veränderungen des Patienten zu erreichen. Methoden hierzu sind beschrieben im Abschn. 26.6 „Adaptive Strahlentherapie".

Neben Anpassungen zum Erreichen des ursprünglichen Dosiszeils ist auch denkbar, das Therapieansprechen möglichst frühzeitig zu detektieren, um das Dosisziel zu ändern und individuell auf den Patienten abzustimmen – was sowohl eine Erniedrigung als auch Erhöhung der verschriebenen Tumordosis bedeuten kann. Wie beim vorhergehenden Ansatz der differenzierten Zielvolumina handelt es sich auch hier im Wesentlichen um ein aktuelles Forschungsgebiet und noch nicht um den klinischen Regelfall. Sowohl die geeignetste Bildgebung als auch die beste Adaptationsstrategie muss noch für jede Tumorentität einzeln erforscht werden. Dabei gibt es Hinweise, dass sich durch funktionelle Bildgebung ein Therapieansprechen früher detektieren lässt als durch rein morphologische Bildgebung, z. B. bei befallenen Lymphknoten von Kopf-Hals-Tumoren durch Messung des scheinbaren Diffusionskoeffizienten (Apparent Diffusion Coefficient, ADC) im MRT anstelle der morphologischen T2-Bildgebung [144].

26.5.6 IGRT in der Partikeltherapie

Bisher wurden die Methoden der IGRT im Zusammenhang mit der photonenbasierten IMRT beschrieben. Aufgrund der noch höheren möglichen Konformität auch bei komplexen Zielvolumina sowie aufgrund der erhöhten Sensitivität auf Veränderungen der Patientengeometrie ist die IGRT auch bei der Teilchentherapie ein zentrales Thema. Im Prinzip lassen sich alle genannten IGRT-Verfahren auch in der Partikeltherapie einsetzen, siehe hierzu auch Kap. 23 „Bildgebung für die Strahlentherapie", Abschn. 26.4 „Ionentherapie" und Abschn. 26.6 „Adaptive Strahlentherapie".

Die bisher vorgestellten IGRT-Verfahren lassen einen Rückschluss der tatsächlich applizierten Dosis nur indirekt zu durch die Anwendung des Bestrahlungsplans inkl. Dosisberechnung auf der aktuellen Volumenbildgebung des Patienten, z. B. einem Cone-Beam-CT. In der Partikeltherapie ist es durch die spezifischen Eigenschaften der Strahlung zusätzlich möglich, die Interaktion mit dem Gewebe und die dabei entstehende sekundäre Strahlung mit bildgebenden Methoden direkt darzustellen und dadurch die Dosisdeposition direkt während der Bestrahlung oder kurz danach zu überprüfen. Das Hauptaugenmerk liegt dabei auf der Position des Bragg-Peaks, d. h. des Dosismaximums am Bahnende, denn dies ist sowohl der kritischste als auch der am besten zu messende Bereich in der Partikeltherapie. Man kann ihn auf verschiedene Arten detektieren, die im Folgenden kurz vorgestellt werden sollen.

26.5.6.1 PET-Verifikation

Durch Kernwechselwirkungen entstehen bei der Bestrahlung von Gewebe mit Protonen oder leichten Ionen β^+-emittierende Kerne. Im Falle der Kohlenstoffionentherapie sind dies zum einen Fragmente des Therapiestrahls selbst (^{11,10}C aus ^{12}C) und Fragmente von Kernen des Zielgewebes, in der Protonentherapie nur Letzteres. Die Aktivitätsverteilung ist für Kohlenstoff oder schwerere Ionen nahe dem Bragg-Peak am größten, wobei die Beziehung zwischen deponierter Dosis und β^+-Aktivitätsverteilung durch Monte-Carlo-Simulationen berechnet werden kann (für leichtere Ionen entstehen nur Targetaktivierungen im Eingangskanal). Die induzierten β^+-Emitter wirken wie ein endogener Tracer und lassen sich mit PET-Detektoren detektieren (siehe Kap. 15 „Positronen-Emissions-Tomographie"), wobei die Aktivitätsraten allerdings um Größenordnungen geringer sind als in der klassischen, tracergestützten PET. Es wurden bereits verschiedene PET-Detektoren und -Konfigurationen in der Ionentherapie klinisch erfolgreich eingesetzt, mit Bildgebung in der Bestrahlungsposition, Bildgebung direkt nach Bestrahlung im Bestrahlungsraum und

Bildgebung im Anschluss an die Bestrahlung an einem benachbarten PET- bzw. PET/CT-Scanner. Eine Schwierigkeit für manche Körperregionen insbesondere der verzögerten Bildgebung ist der sogenannte Washout-Effekt, d. h. der Abtransport der entstandenen β^+-Aktivität im Blut. Da bisher meist „zweckentfremdete" diagnostische PET-Komponenten aus der Nuklearmedizin zum Einsatz kamen, sind noch deutliche Verbesserungen dieser Technik durch für den Einsatz in der Partikeltherapie optimierte Geräte zu erwarten. Für nähere Details siehe z. B. [137].

26.5.6.2 Prompt-Gamma-Bildgebung und geladene Teilchen

Eine schnellere und direktere Methode der Bragg-Peak-Verifikation ist prinzipiell möglich durch Messung der sogenannten Prompt-Gamma-Strahlung im Energiebereich mehrerer MeV, die durch Anregung der Kerne entsteht. Die Messung erfolgt in der Regel 90° zur Einfallsrichtung des Strahls. Ein erster nicht-kommerzieller Prototyp der Firma IBA mit anorganischen Kristalldetektoren und Knife-Edge-Kollimator wurde erstmals erfolgreich klinisch an der Protonentherapieanlage in Dresden getestet [139], aufwendigere Kameras mit Kollimatoren oder aktiven Streuelementen sind Gegenstand aktueller Forschung und Entwicklung. Derzeit ist die erzielbare räumliche Genauigkeit allerdings noch im Bereich von mehreren Millimetern.

In einem ähnlichen Ansatz wird die Detektion der durch die Bestrahlung entstehenden sekundären geladenen Teilchen diskutiert. Erste Experimente dazu wurden an einem kopfgroßen Phantom durchgeführt [126].

26.5.6.3 Ionoakustik

Bei der Energiedeposition eines typischen therapeutischen Ionenstrahls erfolgt im Bragg-Peak eine Temperaturerhöhung im Bereich von Millikelvin in kurzer Zeit (im Bereich von Mikrosekunden) und in einem eng begrenzten Volumen (im Submillimeter-Bereich). Dies führt über den thermoakustischen Effekt zur Aussendung eines Ultraschallpulses im Frequenzbereich von 0,1–10 MHz, der mit einem Ultraschallkopf detektiert werden kann. Potenziell ist damit eine sehr kostengünstige Lösung zur Dosisverifikation in der Teilchentherapie möglich. Erste Phantomexperimente zeigen die Machbarkeit dieses Ansatzes für eine genau abgestimmte Mikrostruktur und Dosisrate der Strahlenquelle [118], die Verfügbarkeit eines klinisch einsetzbaren Prototyps ist allerdings noch nicht absehbar.

26.5.7 Ausblick

Die IGRT ist ein unverzichtbarer Bestandteil der Präzisionsstrahlentherapie und wird dies auch in Zukunft bleiben. Das ConeBeam-CT ist dabei die klinisch mit Abstand am häufigsten eingesetzte Technik, die hinsichtlich Bildqualität (z. B. Beseitigung von Bewegungsartefakten und Metallartefakten, Streukorrektur) und Dosisbedarf (z. B. reduzierter Röhrenstrom mit statistischer Rauschreduktion oder iterativer Rekonstruktion) weiter verbessert werden wird. Dadurch kann nicht nur die geometrische Zielpunktskorrektur, sondern auch die Dosisberechnung zur Dosisrekonstruktion und Replanung klinisch routinemäßig durchgeführt werden, und die Dosisbelastung des Patienten wird verringert. Für den Ultraschall und die optischen Verfahren werden weitere klinische Studien untersuchen, für welche Entitäten sie besonders geeignet sind und der Vorteil der fehlenden Dosisbelastung voll zum Tragen kommt. Sehr interessant aus Gründen der dosisfreien, tomografischen, echtzeitfähigen, morphologischen und funktionellen Bildgebung ist die zukünftige Entwicklung der MR-geführten Strahlentherapie (Näheres siehe Abschn. 26.6). Für alle Verfahren gleich wichtig ist die Weiterentwicklung des klinischen Workflows, d. h. die schnelle und unkomplizierte Einbindung der Bildführung in den täglichen Therapieablauf. Dies wird wahrscheinlich eine höhere Integration der Einzelkomponenten sowohl auf Software- als auch auf Hardwareebene mit sich bringen.

Die vorgestellten fortgeschrittenen strahlentherapeutische Konzepte werden jedes für sich weiter entwickelt und klinisch erprobt, es ist aber auch eine Kombination all dieser Ansätze in einer Therapie denkbar. Weitere Modifikationen der Strahlentherapie können aus ganz anderen Bereichen kommen, z. B. von Gensignaturen zur Feststellung der individuellen Strahlensensitivität. Insgesamt wird sich damit auch die Strahlentherapie immer weiter entwickeln hin zur Personalisierung der Krebstherapie.

26.6 Adaptive Strahlentherapie

Martin Fast und Antje-Christin Knopf

26.6.1 Grundbegriffe und Motivation

Das Konzept der adaptiven Strahlentherapie (Adaptive Radiation Therapy, ART) wurde erstmals von Di Yan definiert [189, 190]. Yan stellte sich den Ablauf einer Strahlentherapie-Behandlung als geschlossenen Kreislauf vor, in dem die Behandlungsprozedur und der Behandlungsplan kontinuierlich, basierend auf patientenspezifischen Feedback-Messungen, angepasst wird. Dieses Feedback kann Organbewegungen und Anatomieänderungen, aber auch biologische Veränderungen des Gewebes beinhalten. Der Feedback-Mechanismus erlaubt es nicht nur, auf schnelle unvorhersehbare Modifikationen der Patientengeometrie einzugehen, sondern ermöglicht auch, periodische Bewegungen oder langfristigere Drifts zu berücksichtigen. Das ultimative Ziel der ART ist es für individuelle Patienten den bestmöglichen Kompromiss zwischen der Tumorkontrollwahrscheinlichkeit (Tumour Control Probability, TCP) und der Schädigungswahrscheinlichkeit des Normalgewebes (Normal Tissue Complication Probability, NTCP) zu erreichen. Dies geschieht indem der Patient dauerhaft während jeder Bestrahlungsfraktion überwacht wird, was wiederum eine kontinuierliche Anpassung des Bestrahlungsplans bei auftretenden morphologischen und funktionalen Veränderungen (z. B. Tumorwachstum, veränderte Tumoroxygenierung, Füllstand der Blase etc.) ermöglicht. ART ist gleichwohl anwendbar in der Strahlentherapie mit Photonen wie auch in der Teilchentherapie.

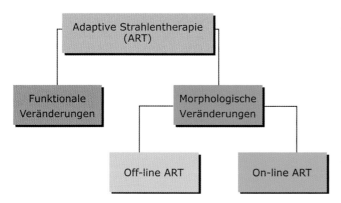

Abb. 26.40 Schematische Darstellung der verschiedenen ART Methoden

Idealerweise sollte sich der Mehraufwand in der Behandlung sowohl in einer erhöhten Überlebensrate als auch in verringerten Nebenwirkungen bemerkbar machen. Um diese beiden Ziele zu erreichen, ist es entscheidend, den verschriebenen Dosisgesamtwert und die Margins (d. h. den Sicherheitssaum um das eigentliche Bestrahlungsvolumen) für jeden Patienten individuell festzulegen. Dies steht im Gegensatz zum konventionellen Therapieansatz, in dem Dosisverschreibungen auf empirischen Erfahrungswerten basieren und Margins für Patientenkollektive errechnet werden. In der konventionellen Strahlentherapie wird ein einzelnes Planungs-CT aufgenommen, um einen optimierten Bestrahlungsplan zu errechnen. Dieser prätherapeutische „Schnappschuss" der Patientenanatomie gibt aber in der Regel nicht die genaue Position des Tumors und der Risikoorgane (Organs At Risk, OAR) während der Behandlung selbst an.

Der heutige Einsatz von bildgestützter Strahlentherapie (Image Guided Radiation Therapy, IGRT) erlaubt es bereits, Variationen in der Patientenposition oder -geometrie zu erkennen und darauf zu reagieren. Grundsätzlich kann die ART aber nicht als Alternative zur IGRT interpretiert werden, sondern muss als ein weit umfangreicheres Konzept verstanden werden, welches die IGRT als einen ihrer wichtigen Bestandteile beinhaltet, aber zusätzlich alle anderen Aspekte des Therapieablaufes anpasst.

Prinzipiell lassen sich zwei Feedback-Methoden in der ART unterscheiden (Abb. 26.40):

- Offline-ART: Systematische und zufällige Patientenpositionierungsfehler sowie zufällige und periodische Organbewegungen werden kurz vor oder während der eigentlichen Therapiesitzung beobachtet. Diese Beobachtungen fließen dann, falls nötig, (und unter vorher definierten Kriterien) in die Adaption des Bestrahlungsplans für die nächsten Therapiesitzungen ein.
- Online-ART: Positionierungsfehler und Organbewegungen werden wie bei der Offline-ART kontinuierlich beobachtet, wobei der Schwerpunkt insbesondere auf den intrafraktionellen Messungen liegt. Basierend auf diesen Messungen wird die Bestrahlung unmittelbar, d. h. entweder in Echtzeit, aber mindestens so schnell, dass es noch einen Einfluss auf die aktuelle Fraktion hat, angepasst.

Die Begriffe Offline- und Online-ART beziehen sich also insbesondere auf den Zeitpunkt der Intervention, nicht aber auf das Ausmaß der Intervention. Jedes ART-System sollte die folgenden Kernkomponenten aufweisen: (i) integrierte Bildgebungsmodalität(en), die in der Lage ist (sind), anatomische und zukünftig vielleicht auch funktionale Informationen über den Patienten zu sammeln; (ii) (automatische) Auswerteroutinen, wie zum Beispiel Autosegmentierungsalgorithmen, und klar definierte „Actionlevels", bei denen in den Therapieablauf eingegriffen werden muss; (iii) Planungssoftware, die ein häufiges Wiederholen des Planens erlaubt; (iv) ein Therapiegerät, dass auf Planmodifikationen reagieren kann. Für Online-ART ist die Geschwindigkeit all dieser Komponenten von entscheidender Bedeutung, da die Anpassung des Bestrahlungsplans passiert während der Patient sich in der Behandlungsposition befindet.

In diesem Kapitel wird ART im Kontext der Strahlentherapie mit Photonen (Abschn. 27.6.2 und 27.6.3) sowie der Teilchentherapie (Abschn. 27.6.4) betrachtet. Aspekte der adaptiven Brachytherapie und große Teile der funktionalen ART werden in diesem Kapitel ausgelassen.

26.6.2 Offline-ART in der Strahlentherapie

Als einfachstes Beispiel eines Offline-ART-Feedback-Verfahrens wird bereits eine IGRT-Prozedur verstanden. In diesem Fall wird die interne Anatomie des Patienten mit Hilfe von Bildgebungsverfahren (z. B. 2D-Portalbild, 3D- oder 4D-CBCT) zu einem bestimmten Zeitpunkt im Therapieverlauf überprüft, die ermittelten Fehler gegenüber der Geometrie zu Beginn der Behandlung im Rahmen einer vordefinierten Fehlertoleranz bewertet und abschließend der Patient oder die Bestrahlungsapparatur neu ausgerichtet. Das wohl bekannteste Beispiel hierfür ist das „No Action Level"(NAL)-Protokoll [155]. Hierbei wird der mittlere Patientenpositionierungsfehler aus den ersten 3–5 Fraktionen für die restlichen Fraktionen der Bestrahlung korrigiert. Wichtig ist hierbei die Annahme, dass der systematische Positionierungsfehler bereits mit einer kleinen Anzahl an Messungen abzuschätzen ist und dass der zufällige Positionierungsfehler, der die einzelne Messung dominiert, sich im Mittel über alle Fraktionen wieder ausgleicht.

Was in diesen alleinigen IGRT-Prozessen allerdings zur vollständigen Offline-ART fehlt, ist Feedback von der Bildgebung in die Adaption des Bestrahlungsplans. Eine häufig verwendete Methode ist die Berechnung der „Dose of the day" mit Hilfe des unmittelbar vor der Therapie aufgenommenen 3D- oder 4D-CBCT. Hierzu kann der CBCT-Datensatz bei ausreichender Bildqualität entweder direkt verwendet werden oder der Planungs-CT-Datensatz mit einer rigiden oder nicht-rigiden Transformation entsprechend des CBCT-Datensatzes verformt werden (Letzteres ist insbesondere bei 4D-CBCTs mit schlechterer Bildqualität nötig). Sollte die tatsächlich applizierte Dosis zu stark von der geplanten Dosis abweichen, besteht die Möglichkeit, den restlichen Ablauf der Therapie durch erneute Therapieplanung anzupassen [178]. Hierbei ist nicht nur die volumetrische Deposition der Dosis zu beachten, sondern insbesondere auch die biologischen Effekte der Fraktionierung. Dies gilt insbesondere, wenn die Anzahl der Fraktionen gering ist und/oder die Dosisabweichungen groß sind.

26.6.3 Online-ART in der Strahlentherapie

Es gibt verschiedene Ansätze, dosimetrische Effekte von Organbewegungen während der Bestrahlung zu kompensieren. Die technisch wohl einfachsten Möglichkeiten sind die „Breath Hold"-Technik und das „Gating". In ersterem Fall wird der Patient gebeten, während des Planungs-CTs und auch während der Bestrahlung wiederholt die Atembewegung anzuhalten. Je nach Patientenphysis kann es allerdings vorkommen, dass diese Technik nicht tragbar ist. Weniger belastend ist das Gating. Hierbei wird der Therapiestrahl nur eingeschaltet, wenn das Zielvolumen richtig positioniert ist. Der Nachteil dieser Verfahren ist die Verlängerung der Therapiezeit bei periodischen Bewegungen. Einen anderen Ansatz verfolgt das Couch-Tracking [187]. Hierbei wird die Patientenliege entgegengesetzt zum Zielorgan bewegt, womit dieses im Raumkoordinatensystem idealerweise unbewegt bleibt, also relativ zum Therapiestrahl ruht. Als Nachteil dieses Verfahrens muss die Verträglichkeit von Couch-Beschleunigungen und Rotationen für den Patienten sowie deren eventuelle Auswirkungen auf die interne Anatomie des Patienten gesehen werden. Technisch komplexer und variabler einsetzbar ist das dynamische Multileaf-Kollimator(MLC)-Tracking. Mit Hilfe des MLCs kann das Bestrahlungsfeld während der Bestrahlung deformiert werden. Periodische, aber auch zufällige Bewegungen können so in kürzester Zeit kompensiert werden [161] Der erste Prostata- Patient wurde Ende 2013 in Sydney (Australien) mit dieser adaptiven Bestrahlungstechnik bestrahlt [165]. Hierbei wurde die Prostata mit implantierten elektromagnetischen Transpondern [152] lokalisiert. Intensive Anstrengungen werden auch unternommen, um MLC-Tracking basierend auf Röntgenbildgebung zu realisieren. Dabei ist eine große Schwierigkeit, Bewegung in beiden Raumrichtungen senkrecht zum Therapiestrahl zu detektieren [160]. Bewegungen parallel zum Therapiestrahl haben dosimetrisch gesehen weniger Einfluss, was mit der relativ flachen Tiefendosiskurven von Photonen zu tun hat. Bewegungen senkrecht zum Photonenstrahl können dagegen durch die starken Dosisgradienten in dieser Richtung in großen dosimetrischen Abweichungen resultieren. Auch wenn die Bewegungsdetektion mit Hilfe der Röntgenbildgebung im Prinzip nicht-invasiv ist, werden dennoch häufig metallische Marker in Tumornähe implantiert, um die Erfolgsrate der Bewegungsdetektion zu steigern. Ein weiteres ART-Konzept stellt das robotergestützte Tracking dar, welches in Geräten wie dem CyberKnife® oder der VERO®-Behandlungsmaschine verwirklicht ist. Bei beiden Therapiegeräten kann der gesamte Linearbeschleuniger der Zielbewegung nachgeführt werden. Erste Patientenstudien haben die Anwendbarkeit dieser neuartigen Bestrahlungsgeräte demonstriert [157, 175].

Unabhängig von der konkreten Implementierung der aktiv getrackten Bestrahlung stellt sich die Frage, wie der Bestrahlungsplan in der ART gegenüber der traditionellen Bestrahlungsmethode verändert werden muss. Für respirative Bewegung (für welche die größte Therapieverbesserung zu erwarten ist) besteht die Möglichkeit, ein über alle Atemphasen gemitteltes Planning-Target-Volume (PTV) mit Hilfe eines 4D-CTs oder -CBCTs zu bestimmen. Je nach Stärke der Bewegung und Tumordeformationen kommt es so zu einer deutlichen Reduzierung des PTVs und zur dementsprechenden Schonung von Normalgewebe.

26.6.4 ART in der Teilchentherapie

Protonendosisverteilungen sind empfindlicher bezüglich Schwankungen der Tumorgröße und Veränderungen des Normalgewebes als Photonendosisverteilungen. Durch die endliche Reichweite von Teilchenstrahlen im Patienten können geometrische Änderungen signifikante dosimetrische Auswirkungen in allen Raumrichtungen haben. Daher ist für adaptive Ansätze in der Teilchentherapie eine Bildüberwachung in 3D besonders wichtig. Es ist zu erwarten, dass mit zunehmender Verwendung von Protonen auch die Wichtigkeit von adaptiven Techniken steigen wird [156]. Zurzeit sind klinisch vor allem Offline-ART-Ansätze für die Protonentherapie in Gebrauch. Das heißt, wie bei der konventionellen Strahlentherapie, dass nach einer Kontrollbildnahme zu einem bestimmten Zeitpunkt in der fraktionierten Bestrahlung eine Anpassung des Bestrahlungsplans vorgenommen wird, falls auf den Bildern geometrische Änderungen zu sehen sind. Eine Studie von Simone et al. vergleicht IMRT, adaptive IMRT, IMPT (Intensity-Modulated Proton Therapy) und adaptive IMPT für Tumore in der Kopf- und Hals-Region. Es konnte gezeigt werden, dass adaptive IMRT günstigere Dosisverteilungen als Standard-IMRT erzielt. Darüber hinaus konnte mit nicht-adaptiver Protonentherapie ein dosimetrischer Vorteil in angrenzenden normalen Strukturen erreicht werden. Mit adaptiver Protonen-Therapie konnten die besten dosimetrischen Resultate erzielt werden, was heißt, dass im Vergleich zur nicht-adaptiven Protonentherapie die Dosis in einigen angrenzenden kritischen Strukturen weiter reduziert werden konnte [183]. Tab. 26.7 zeigt eine Zusammenfassung dieser Resultate. Studien zur adaptiven Planung im oben beschriebenen Sinn haben für Lungentumoren gezeigt, dass insbesondere für Patienten mit großen Tumoren, die während der Therapie erheblich schrumpfen können, reduzierte Dosen in normalem Gewebe erreicht werden können und ein Verfehlen des Zielvolumens verhindert werden kann. Die untersuchten adaptiven Pläne hatten eine akzeptable Toxizität und erreichen ähnliche lokale und regionale Kontrollraten und Gesamtüberlebenswerte wie die nicht-adaptiven Pläne [167]. Die Vorteile einer adaptiven Kohlenstoff-Therapie für Gebärmutterhalskrebs wurden in einer Studie untersucht, in der die Dosisverteilung für eine tagesspezifisch modellierte Tumorgeometrie optimiert wurde. Hierbei konnten dosimetrische Vorteile im Rektum und im Darm erzielt werden [174]. Es sei allerdings angemerkt, dass Studien, die den klinischen Nutzen von Offline-ART-Ansätzen in der Teilchentherapie untersuchen, noch rar sind und meist auf sehr begrenzten Patientenzahlen basieren.

Für Lungentumoren und bewegliche Zielvolumen im Allgemeinen besteht die größere Herausforderung für adaptive Ansätze darin, intrafraktionellen Geometrie-Änderungen Rech-

Tab. 26.7 Vergleich der gemittelten maximalen oder mittleren Strahlenbelastung für ausgewählte Risikoorgane bei Behandlungen mit IMRT, adaptiver IMRT, IMPT und adaptiver IMPT aus Simone et al. [183]

	Rückenmark	Linke Parotis	Rechte Parotis	Ipsilaterale Parotis	Contralaterale Parotis	Hirnstamm
	Max (Gy)	Mean (Gy)	Mean (Gy)	Mean (Gy)	Mean (Gy)	Max (Gy)
IMRT	42,1	37,8	32,0	43,1	26,8	44,8
Adaptive IMRT	41,7	32,8	31,6	39,0	25,3	42,2
IMPT	30,5	27,2	25,3	32,9	19,5	31,3
Adaptive IMPT	28,4	25,0	23,1	29,8	18,3	29,0

nung zu tragen [153, 154]. Damit werden also auch in der Teilchentherapie Online ART Ansätze nötig. Klinisch eingesetzt wird wie in der Strahlentherapie das Gating. Darüber hinaus werden Methoden wie dynamisches Gating (Anpassung des Gating-Fensters bei Auftreten von Drifteffekten), Slow Tracking (Strahlkorrekturen bei auftretenden Unterschieden zweier Breath-hold-Positionen) und Tracking untersucht. Vor allem für Letzteres sind vor der klinischen Implementierung noch Verbesserungen bezüglich der intrafraktionellen Bildüberwachung nötig.

Die Integration von Online-Bildgebung in die Teilchentherapieräume wird oft aufgrund der komplexeren Strahlführung im Vergleich zur konventionellen Strahlentherapie erschwert. Ein innovatives Design wurde an der neuen Gantry 2 am Paul Scherrer Institut (Schweiz) entwickelt. Das „Beams-Eye-View" System (BEV) ermöglicht die 2D-Röntgenbildaufnahme im Fluoroskopie-Modus während der Bestrahlung [177, 191]. Auch wenn adaptive Ansätze für bewegte Tumoren technisch umsetzbar sind, ist ihre Sicherheit schwer zu gewährleisten, da im Gegensatz zu vergleichbaren Techniken in der Strahlentherapie, Ungenauigkeiten in der Teilchentherapie leicht drastische dosimetrische Folgen haben.

Eine alternative Möglichkeit, um Unsicherheiten zu berücksichtigen, ist es, sie direkt in die Therapieplanung einzubringen. Auf diese Weise soll die Behandlung robust gegenüber Änderungen werden. Derzeit ist noch nicht klar, ob nur einer dieser beiden Ansätze (adaptive Therapie oder robuste Planung) allein den Standard in zukünftigen Teilchenstrahlentherapiebehandlungen darstellen wird oder ob beide sich ergänzen werden. Sollten adaptive Ansätze zu einem integralen Bestandteil der Teilchentherapie werden, wäre zum Beispiel eine Re-Optimierung des Therapieplans im Laufe der Behandlung denkbar [169].

26.6.5 Strahlentherapie in Kombination mit MRT-Bildgebung

Wenn das Potenzial der ART zukünftig voll ausgeschöpft werden soll, bedarf es zeitlich und räumlich hoch aufgelöster 3D-Bilder der Patientenanatomie während der Bestrahlung. Moderne CT-Scanner sind in der Lage, 3D-Volumen in sehr kurzer Zeit zu akquirieren, allerdings gibt es bisher keine echten Kombinationsgeräte aus Linearbeschleuniger (Linac) oder Teilchentherapie-Gerät und diagnostischem CT-Scanner. Die hohe akkumulierte Dosisbelastung durch das CT macht den

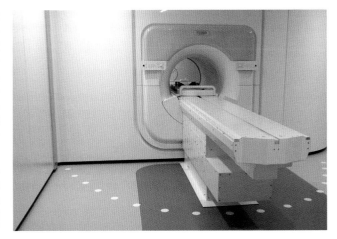

Abb. 26.41 Der Elekta Unity MR-Linac an NKI-AvL (Amsterdam, Niederlande)

Einsatz für die Online-ART – zumindest in der jetzigen Technikgeneration – unwahrscheinlich. Sehr vielversprechend ist dagegen der Einsatz der MRT-Bildgebung, da diese bekannt ist für ihren hohen Weichgewebekontrast und inhärent nicht-ionisierend ist. Zurzeit werden verschiedene Konzepte verfolgt, um Strahlentherapie-Geräte mit MRT-Bildgebung auszustatten (z. B. Abb. 26.41). Eine klinisch bereits genutzte Möglichkeit sieht den Einsatz eines 0,35-T-MRT-„Split Magnet"-Scanners in Kombination mit drei auf einer ringförmigen Gantry montierten ^{60}Co-Quellen, oder alternative einem Linearbeschleuniger, vor [173]. Der Einsatz von ^{60}Co, obwohl Linearbeschleunigern dosimetrisch unterlegen (geringere Eindringtiefe, höhere Hautdosis, nachlassende Dosisrate), hat den Vorteil, dass keine sensitiven elektronischen Komponenten vom Magnetfeld abgeschirmt werden müssen, wodurch sich das Gerätedesign vereinfacht. Ein gänzlich anderes Konzept sieht die Kombination eines 1,5-T-MRT- „Closed Bore" Scanners und gantrymontiertem 6-MV-Linearbeschleuniger vor [168]. In Sydney (Australien) werden gegenwärtig zwei verschiedene Gerätedesigns evaluiert: (i) die „inline" Geometrie, in der ein 6-MV-Linearbeschleuniger und das 1-T-Hauptmagnetfeld parallel zueinander ausgerichtet sind und (ii) eine senkrechte Orientierung von Linearbeschleuniger und Magnetfeld [164]. Im Gegensatz zu den bisher genannten Ansätzen wird auch die Möglichkeit verfolgt, einen 6-MV-Linearbeschleuniger mit einem Ganzkörper-„Open Bore"-0,6 T-MRT-Gerät zu kombinieren [158]. Für alle Ansätze ist allerdings einschränkend anzumerken, dass selbst modernste MRT-Scanner kaum komplette 3D-Volumen unter 1 Sekunde in annehmbarer Auflösung und Qualität aufnehmen können. Ziel zukünftiger Forschung muss es daher sein, MRT-Sequenzen für den Einsatz in der adaptiven Strahlentherapie zu optimieren und, wo nötig, auf repräsentative 2D-Tomographie-Aufnahmen auszuweichen. Unabhängig von der konkreten Implementierung des Strahlentherapie-MRT-Kombinationsgerätes sind Effekte des Magnetfeldes auf die Bahn der Sekundärelektronen und damit die Dosisverteilung zu beachten. In der senkrechten Orientierung von Magnetfeld und Einstrahlrichtung treten z. B. Verzerrungen der Dosisverteilung und Unter- oder Überdosierungen an Gewebe-zu-Luft-Grenzen („Electron Return Effect") auf. Eine weitere große Herausforderung, die in der Entwicklung des MRT-Linacs überwunden werden muss, ist der Einfluss des Magnetfeldes auf Dosismessgeräte und damit auf die Dosimetrie und die allgemeine Qualitätssicherung der Patientenpläne.

Neben der anatomischen Bildgebung eröffnen MRT-Linac-Kombinationsgeräte auch Chancen für die Integration der funktionellen Bildgebung in die ART. So wäre es zum Beispiel denkbar, dass zukünftig Messungen zur Tumorregression oder Hypoxie direkt am Therapiegerät durchgeführt werden und den weiteren Behandlungsablauf steuern könnten. Diese Entwicklungen sind dabei immer im Kontext der steigenden Bedeutung der MRT in der Strahlentherapie zu sehen [184].

26.6.6 Teilchentherapie in Kombination mit MRT-Bildgebung

Die Kombination von Protonentherapie und MRT-Bildgebung wird zurzeit meist auf der theoretischen bzw. konzeptionellen Ebene untersucht [180, 181]. Ein Hybrid-Protonen-MRT-System würde den Vorteil einer hohen Weichgewebe-Auflösung mit der Steuerungsfähigkeit von Protonenstrahlen kombinieren. Bedenken gibt es vor allem bezüglich der Auslenkung von Protonenstrahlen in Magnetfeldern. Eine frühere Veröffentlichung kam zu dem Schluss, dass die Auswirkungen eines 0,5 T starken Magnetfelds auf die Dosisverteilung von Protonen sehr klein ist und seitliche Auslenkungen deutlich unter 2 mm bleiben [181]. Neuerer Untersuchungen finden, dass die maximale seitliche Auslenkung am Reichweitenende eines Protonenstrahls proportional zu der dritten Potenz der Ausgangsenergie ist. Dementsprechend, wegen der starken Abhängigkeit von der Energie, werden auch in einem relativ kleinen Magnetfeld von 0,5 T Protonenstrahlen mit einer Ausgangsenergie von 200 MeV am Ende ihre Reichweite bis zu 1 cm abgelenkt [188]. Die maximale Auslenkung bei 200 MeV ist mehr als 10-mal größer als die eines 90-MeV-Strahls. Im Gegensatz zu kombinierten MRT-Linac-Systemen ist für Protonen an Gewebe-Luft-Grenzflächen keine Wirkung des Magnetfeldes auf die Dosisverteilung zu erwarten. Dies liegt an der relativ geringen Energie der erzeugten Sekundärelektronen. Im Allgemeinen ist die Kurvenbahn von Protonenstrahlen in Magnetfeldern leicht vorhersagbar, und es sollte möglich sein, diese in der Behandlungsplanung zu berücksichtigen [176]. Auch die Kombination aus Kohlenstoff-Therapie und MRT-Bildgebung wurde erwogen. Allerdings entstehen bei der Bestrahlung mit schwereren Teilchen viele geladene Fragmente. Die dosimetrische Berücksichtigung ihres Verhaltens im Magnetfeld erschwert die Therapieplanung für solche Systeme zusätzlich.

26.6.7 ART-Verifikation

Ein weiterer wichtiger Baustein für die zukünftige klinische Implementierung der adaptiven Strahlentherapie ist die Fähigkeit, die tatsächlich applizierte Dosisverteilung zeitlich und räumlich aufgelöst zu messen. Im Gegensatz zur traditionellen Qualitätssicherung ist es in der ART von entscheidender Bedeutung, diese Messung nicht nur vor Therapiebeginn durchzuführen, sondern gerade während der Therapie. Idealerweise sollte die zeitlich aufgelöste Information über die Bestrahlungsparameter (Strahlrichtung, Strahlenenergie, Dosisrate etc.) mit der 4D-Positionsinformation über den Patienten verknüpft werden [159, 163]. Informationen über den Zustand der Bestrahlungsapparatur sind bei modernen Therapiegeräten (fast) in Echtzeit abrufbar. Eine zeitlich aufgelöste Volumeninformation über die interne Anatomie des Patienten zu erzielen, ist hier die deutlich größere Herausforderung. Vor allem für die Teilchentherapie ist diese aber unverzichtbar. Ein vielversprechender Ansatz ist die bereits besprochene Kombination der MRT-Bildgebung mit dem Therapiegerät. Zu beachten ist allerdings, dass die MRT-Aufnahmen nicht ohne Weiteres in der Therapieplanung eingesetzt werden können, da die Bildinformation im MRT nicht proportional zur Elektronendichte, sondern ein Maß für die Anzahl der Kernspins und der Geweberelaxationszeiten ist. Zwischen beiden Größen besteht kein direkter analytischer Zusammenhang, so dass nur über Umwege (z. B. räumliche Korrelation oder nicht-rigide Registrierung) ein synthetisches CT-Bild aus einem MRT-Bild und dem Planungs-CT berechnet werden kann.

Bei vielen Linearbeschleunigern besteht zusätzlich die Möglichkeit, die Austrittsfluenz hinter dem Patienten mit Hilfe eines elektronischen Portal-Bildgebungs-Systems (Electronic Portal Imaging Device, EPID) kontinuierlich zu messen [170]. Die Transmissionsdosis wird dann entweder durch Vorwärts-Projektion des Therapiestrahls rekonstruiert, oder sie wird basierend auf dem Planungs-CT in eine Patientendosis umgerechnet [186]. Unabhängig von der Wahl der Dosisrekonstruktion ist es allerdings fraglich, inwieweit die Messungen der Fluenz hinter dem Patienten (gefaltet mit der Antwortfunktion des Detektors) tatsächlich als In-vivo-Messung gelten darf. Dies gilt insbesondere, wenn der Detektor nicht aus wasseräquivalentem Material besteht und somit die Dosis nicht einfach als wasseräquivalent angenommen werden kann. Eine Schwäche dieses Verfahren ist, dass, bedingt durch die Messtechnik, die gewünschte Information (3D-Dosisverteilung im Patienten) nicht direkt messbar ist und stattdessen ein Ersatzsignal (2D-Transmissionsdosis) auf dem Detektor dazu genutzt wird, die gewünschte Information abzuleiten. Es besteht somit die Gefahr, dass sich in einer solchen kumulativen Messung verschiedene Fehler, zum Beispiel eine Abweichung in der vom Therapiegerät abgestrahlten Fluenz und der Patientengeometrie, kompensieren und unentdeckt bleiben. Eine prinzipielle Limitation ist außerdem die derzeit bestehende Abhängigkeit vom Planungs-CT, dass oft nur eine Momentaufnahme der Patientengeometrie darstellt.

In der Teilchentherapie ist vor allem die Verifikation der Reichweite essenziell. Hierfür steht ein Spektrum von bildgebenden Verfahren zur Verfügung, von denen allerdings nur wenige die Information in Echtzeit liefern. Die PET-Bildgebung ist die klinisch am weitesten untersuchte Methode auf dem Weg zur In-vivo-Reichweitenüberprüfung, obwohl neuere Studien darauf hindeuten, dass Prompt-Gamma-Messungen aussichtsreicher sind, dieses Ziel zu erreichen [166]. Online-PET wie auch Online-Prompt-Gamma-Systeme sind in Entwicklung, um eine „intra-fraction" und „in-beam" bildgestützte, adaptive Teilchentherapie zu ermöglichen [179, 182]. Die Online-Verifikation von Teilchendosisverteilungen und die Reduzierung des Einflusses von Unsicherheiten sind zwei Forschungsschwerpunkte in der Teilchentherapie. Lösungen werden hauptsächlich durch die Weiterentwicklung von Bildgebungstechniken erwartet und durch die Anwendung von ART-Techniken [171, 180].

26.6.8 Zusammenfassung und Ausblick

Bisher hat sich die klinische Umsetzbarkeit der Zielsetzung von ART, insbesondere die Reduktion von Dosis im Normalgewebe (NTCP) und der ausreichenden Dosisdeposition im Zielvolumen (TCP), häufig auf Verfahren der Offline-ART beschränkt. Dies liegt insbesondere an der deutlich höheren technischen Komplexität der Online-ART gegenüber der Offline-ART und der Notwendigkeit von neuartigen Bestrahlungsmaschinen und Behandlungsabläufen. Zurzeit ist die Bildgebung in der Teilchentherapie noch nicht so weit entwickelt wie in der Strahlentherapie mit Photonen [172]. Dies liegt vor allem daran, dass die Anforderungen an eine die Therapie überwachende Bildgebung für die Teilchentherapie wesentlich höher sind. Um adaptive Techniken sicher anwenden zu können, sind Informationen über Geometrieänderungen in allen drei Raumrichtungen nötig. Um die Eindringtiefe von Teilchen anzugleichen, sind zusätzliche Informationen über Dichteänderungen in Strahlrichtung nötig.

Viele Offline-Verfahren kommen mit einer geringeren Anpassung der bestehenden klinischen Routine aus, da patientenspezifische Messungen erst retrospektiv ausgewertet und medizinisch begutachtet werden. Für die nächsten Jahre ist ein verstärkter Fokus auf die Online-ART-Verfahren zu erwarten, da verschiedene neuartige Therapiegeräte (z. B. MRT-Linacs), aber auch sehr schnelle Re-Planning-Software eine größere Verbreitung finden werden. Sobald die technischen Voraussetzungen geschaffen sind, wird es auch möglich sein, in Patientenstudien zu untersuchen, ob der deutliche Mehraufwand, der mit der Einführung der ART einhergeht, messbar ist und deutliche Verbesserungen der Therapie zur Folge hat. Die erfolgreiche Einführung von Online-ART-Verfahren wird letztlich auch davon abhängen, inwieweit es gelingt, klinische Erfahrungswerte und medizinische Entscheidungen zu standardisieren und zu automatisieren. Selbst im idealisierten Szenario, in dem die „perfekte" anatomische Information über den Patienten vorliegt und in dem alle Glieder der Strahlentherapie-Kette hinreichend schnell reagieren können, bedarf es – zumindest bei Echtzeit-ART – einer computergestützten Therapiemodifikations-Entscheidung. Die vielleicht größte verbleibende Unsicherheit in der heutigen Strahlentherapie ist die geometrische/biologische Definition des Zielvolumens. Diese ist bedingt durch Limitationen der Bildgebungsmodalitäten und Variabilität zwischen Bestrahlungsplanern [185], und kann den Erfolg der ART reduzieren. Wird das Bestrahlungsfeld zu eng um den Tumor angelegt, kann es zum Bespiel passieren, dass mikroskopische Tumorausläufer, die in den Bildgebungsmodalitäten nicht sichtbar sind, unzureichend bestrahlt werden und sich somit der Behandlungsausgang verschlechtert.

Eine Zukunftsvision für die Strahlentherapie ist die Biologiegestützte adaptive Strahlentherapie („BiGART") [162], in der ein besseres Verständnis der Strahlenbiologie und ein verstärkter Einsatz von funktionaler Bildgebung dafür sorgen, dass sich die Therapie besser auf den individuellen Patienten abstimmen lässt und der Therapieerfolg besser vorhersagen lässt. Es bleibt abzuwarten, ob diese Vision technologisch und finanziell umsetzbar ist.

Aufgaben

Fragen zu Abschn. 26.1

26.1 Wo liegt der Ursprung der in Tab. 26.8 genannten Koordinatensysteme (KS)?

Tab. 26.8 Ursprung der Koordinatensysteme

	1. Gantry-KS	2. Blenden-KS	3. Keilfilter-KS	4. Patiententisch-KS	5. Patienten-KS
a. Auf der Rotationsachse der Drehscheibe					
b. Isozentrum					
c. In der Strahlungsquelle					
d. In einem ausgewählten Punkt im Patienten					
e. In einem ausgewählten Punkt auf dem Keilfilter					

Teil IV

26.2 Teilen Sie die in der Tabelle genannten Parameter ein:

Tab. 26.9 Physikalische und geometrische Parameter

	Physikalische Parameter	Geometrische Parameter
a. Räumliche Lage des Strahlen-feldes		
b. Strahlenart		
c. Abstand zwischen Quelle und Isozentrum		
d. Energiespektrum		
e. Quellendurchmesser		
f. Fluenzverteilung im Strahlenfeld		
g. Feldgröße		
h. Feldgewicht		
i. Feldform		

26.3 Was ist das Ziel der Bestrahlungstechniken in der Strahlentherapie? (2 mögliche Antworten)

a. Erzielen einer möglichst hohen Dosis im gesunden Gewebe
b. Erzielen einer tumorkonformen Dosisverteilung
c. Bestmögliche Schonung des gesunden Gewebes
d. Erzielen einer möglichst hohen Volumendosis

26.4 Ordnen Sie den in Tab. 26.10 genannten Bestrahlungstechniken (BT) die genannten Eigenschaften zu!

26.5 Wie wirkt sich die Vergrößerung des Abstandes zwischen der Quelle eines Bestrahlungsgerätes für die Teletherapie (^{60}Co-Teletherapieanlage, Linearbeschleuniger, ...) und der Patientenoberfläche („Quelle-Haut-Abstand") aus?

26.6 Beschreiben Sie das Energiespektrum der Elektronen eines Elektronen-Linearbeschleunigers!

26.7 Wie ist der Begriff „Fluenz" definiert?

26.8 Beschreiben Sie die Möglichkeiten der Erzeugung irregulär begrenzter Strahlenfelder.

Fragen zu Abschn. 26.2

26.9 Welche Komponenten werden für die stereotaktische Strahlentherapie benötigt?

Tab. 26.11 Komponenten der stereotaktischen Strahlentherapie

	Wird benötigt	Wird nicht benötigt
a. Lokalisationssystem		
b. Positionierungssystem		
c. Planungssystem zur Koordinatenberechnung		
d. Röntgen-Therapiesimulator		

26.10 Wie können die stereotaktischen Koordinaten des in Abb. 26.42 markierten Zielpunktes ermittelt werden?

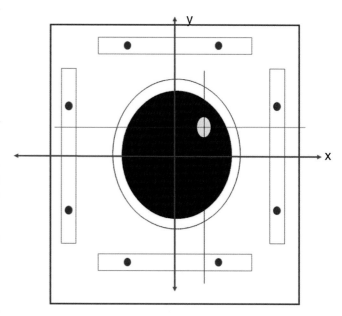

Abb. 26.42 Stereotaktische Koordinaten

Tab. 26.10 Bestrahlungstechniken (BT)

	1. Isozentrische BT	2. Koplanare BT	3. 3D-konformale BT	4. IMRT-BT (intensitätsmodulierte Strahlentherapie)	5. Dynamische BT
a. Die Strahlung bleibt eingeschaltet, während bestimmte Parameter variiert werden					
b. Die Lage der Strahlenfelder wird durch ein gemeinsames Isozentrum definiert					
c. Im Strahlenfeld eines oder mehrerer zur Bestrahlungs-technik beitragender Felder wird die Strahlfluenz moduliert					
d. Die Bestrahlungstechnik hat auch ihrem Namen nach das Ziel, die räumliche Dosisverteilung möglichst genau an die Form des Zielvolumens anzupassen					
e. Alle zur Bestrahlungstechnik beitragenden Strahlenfelder liegen in einer Ebene senkrecht zur Körperlängsachse					

26.11 Wozu dienen stereotaktische Lokalisationssysteme?

Tab. 26.12 Stereotaktische Lokalisationssysteme

	Richtig	Falsch
a. Der stereotaktischen Lagerung und Fixierung des Patienten		
b. Der Verifikation der Bestrahlungstechnik		
c. Der Erzeugung von Markierungspunkten in tomographischen Bildern, mit deren Hilfe die stereotaktische Koordinaten eines Zielpunktes berechnet werden können		
d. Der Berechnung der Dosisverteilung im Zielvolumen		
e. Dem Vergleich stereotaktischer Therapiepläne		

26.12 Wie kann die z-Koordinate eines stereotaktischen Zielpunktes (Koordinate in Körperlängsrichtung) ermittelt werden?

Tab. 26.13 z-Koordinate eines stereotaktischen Zielpunktes

	Richtig	Falsch
a. Aus den x- und y-Koordinaten des Punktes nach der Formel $z = (x^2 + y^2)^{-1/2}$		
b. Aus den Koordinaten des Bestrahlungstisches		
c. Aus dem Abstand der Markierungspunkte, die das stereotaktische Lokalisationssystem in einem tomographischen Bild erzeugt		
d. Aus der Lage der Dosisverteilung auf dem Bestrahlungsplan		
e. Aus dem Durchmesser des stereotaktischen Ringes		

26.13 Welche Strahlenarten werden für stereotaktische Strahlenbehandlungen eingesetzt?

Tab. 26.14 Strahlenarten von stereotaktischen Strahlenbehandlungen

	Richtig	Falsch
a. Hochenergetische Photonen		
b. Niederenergetische Röntgenstrahlen		
c. Protonen		
d. ^{60}Co-Gammastrahlen		
e. Elektronenstrahlen		

26.14 Bringen Sie die folgenden Arbeitsschritte einer stereotaktischen Behandlung in die richtige zeitliche Reihenfolge:

a. stereotaktische Therapieplanung
b. stereotaktische Behandlung
c. stereotaktischen Fixierung
d. stereotaktische Bildgebung
e. stereotaktische Positionierung

26.15 Welche Aussagen für stereotaktische Behandlungen sind richtig?

Tab. 26.15 Stereotaktische Behandlungen

	Richtig	Falsch
a. Bei stereotaktischen Bestrahlungen wird eine hohe Dosis im Zielvolumen angestrebt		
b. Bei stereotaktischen Bestrahlungen wird eine sehr hohe Dosis in Risikoorganen verabreicht		
c. Bei stereotaktischen Bestrahlungen wird nur ein sehr kleines Volumen des Normalgewebes bestrahlt		
d. Bei stereotaktischen Bestrahlungen ist die Dosis im Normalgewebe niedrig		
e. Bei stereotaktischen Bestrahlungen besteht zwischen dem Zielvolumen und dem Normalgewebe ein steiler Dosisgradient		

Fragen zu Abschn. 26.3

26.16 Nennen Sie die wichtigsten klinischen Anforderungen an einen Bestrahlungsplan, die eine intensitätsmodulierte Technik nahelegen.

26.17 Wie hat sich die Dosisverschreibung und -dokumentation gemäß den Richtlinien der ICRU beim Übergang von konformaler 3D-Radiotherapie zur IMRT geändert?

26.18 Was sind die Vor- und Nachteile der helikalen Tomotherapie verglichen mit einem Step & Shoot IMRT-System?

Fragen zu Abschn. 26.4

26.19 Welche beiden Eigenschaften von Kohlenstoffionen sind für den Einsatz in der Strahlentherapie besonders interessant?

26.20 Wie groß ist der Energieverlust eines ^{4}He-Ions relativ zu einem ^{12}C-Ion näherungsweise, wenn das Helium-Ion die halbe Geschwindigkeit des Kohlenstoff-Ions besitzt?

26.21 Wie groß ist der Energieverlust eines ^{12}C-Ions relativ zu einem Proton bei gleicher Geschwindigkeit?

26.22 Wie ist die Dosiskomponente hinter dem Bragg-Peak von Kohlenstoffionen zu erklären?

26.23 Welche Vor- und Nachteile bietet ein Synchrotron gegenüber einem Zyklotron für die Protonentherapie?

Fragen zu Abschn. 26.5

26.24 Was ist die meist verwendete Bildgebungstechnik in der IGRT?

26.25 Welche fortgeschrittenen Therapiekonzepte werden durch IGRT möglich?

26.26 Für welche Tumorentitäten werden hypofraktionierte Bestrahlungsschemata klinisch erforscht bzw. klinisch eingesetzt?

Fragen zu Abschn. 26.6

26.27 Inwieweit kann die ART als Nachfolger der IGRT verstanden werden?

26.28 Was sind die größten technischen und physikalischen Hindernisse bei der Konstruktion eines MRT-Strahlentherapie-Kombinationsgerätes?

26.29 Warum sind adaptive Therapieansätze oftmals eine größere Herausforderung in der Teilchentherapie als in der Strahlentherapie?

Literatur

Literatur zu Abschn. 26.1

1. Bortfeld T, Schmidt-Ullrich R, De Neve W, Wazer ED (2006) Image-guided IMRT, 1. Aufl. Springer, Berlin, Heidelberg https://doi.org/10.1007/3-540-30356-1
2. Deutsches Institut für Normung (DIN) (2015) DIN EN 61217:2015-11: Strahlentherapie-Einrichtungen – Koordinaten, Bewegungen und Skalen (IEC 61217:2011). Deutsche Fassung EN 61217:2012
3. International Commisson on Radiation Units and Measurements (ICRU) (1999) ICRU report 62: prescribing, recording and reporting photon beam therapy (supplement to ICRU report 50)
4. Kuttig H (1971) Bewegungsbestrahlung. In: Diethelm L, Heuck F, Olsson O et al (Hrsg) Handbuch der Medizinischen Radiologie, Bd XVI/2. Springer, Berlin, Heidelberg ,New York, S 255–351
5. Parker W, Patrocinio H (2005) Clinical Treatment Planning in External Photon Beam Radiotherapy. In: Podgorsak EB (Hrsg) Radiation Oncology Physics: A Handbook for Teachers and Students. International Atomic Energy Agency, Vienna, S 219–272
6. Podgorsak EB (2005) Radiation oncology physics: a handbook for teachers and students. International Atomic Energy Agency (IAEA), Wien
7. Schlegel W, Mahr A (2007) 3D conformal radiation therapy: multimedia introduction to methods and techniques, 2. Aufl. Springer, Berlin, Heidelberg
8. Schlegel WC, Bortfeld T, Grosu AL (2006) New technologies in radiation oncology. Radiation oncology, 1. Aufl. Springer, Berlin, Heidelberg https://doi.org/10.1007/3-540-29999-8
9. Siddon RL (1981) Solution to treatment planning problems using coordinate transformations. Med Phys 8(6):766–774. https://doi.org/10.1118/1.594853
10. Webb S (2005) Contemporary IMRT: Developing Physics and Clinical Implementation. Medical Physics and Biomedical Engineering, 1. Aufl. BioMed Central

Literatur zu Abschn. 26.2

11. Adler JR Jr, Chang S, Murphy M, Doty J, Geis P, Hancock S (1998) The cyberknife: a frameless robotic system for radiosurgery. Stereotact Funct Neurosurg 69(1–4):124–128
12. Betti O, Derechinsky V (1983) Multiple-beam stereotaxic irradiation. Neurochirurgie 29(4):295–298
13. Brown RA (1979) A stereotactic head frame for use with CT body scanners. Invest Radiol 14(4):300–304
14. Colombo F, Benedetti A, Pozza F, Avanzo RC, Marchetti C, Chierego G, Zanardo A (1985) External stereotactic irradiation by linear accelerator. Neurosurgery 16(2):154–160
15. Couldwell WT, Apuzzo MLJ (1990) Initial experience related to the use of the Cosman-Roberts-Wells stereotactic instrument – technical note. J Neurosurg 72(1):145–148. https://doi.org/10.3171/jns.1990.72.1.0145
16. Debus J, Pirzkall A, Schlegel W, Wannenmacher M (1999) Stereotaktische Einzeitbestrahlung (Radiochirurgie) Methodik, Indikationen, Ergebnisse. Strahlenther Onkol 175(2):47–56. https://doi.org/10.1007/bf02753842
17. Deutsches Institut für Normung (DIN) (2000) DIN 6814-8: Begriffe in der radiologischen Technik, Teil 8: Strahlentherapie
18. Deutsches Institut für Normung (DIN) (2001) DIN 6827-1: Protokollierung bei der medizinischen Anwendung ionisierender Strahlung – Teil 1: Therapie mit Elektronenbeschleunigern sowie Röntgen- und Gammabestrahlungseinrichtungen
19. Echner GG, Kilby W, Lee M, Earnst E, Sayeh S, Schlaefer A, Rhein B, Dooley JR, Lang C, Blanck O, Lessard E, Maurer CR Jr., Schlegel W (2009) The design, physical properties and clinical utility of an iris collimator for robotic radiosurgery. Phys Med Biol 54(18):5359–5380. https://doi.org/10.1088/0031-9155/54/18/001
20. Elekta (2016) Gamma knife treatment process. https://www.elekta.com/patients/gammaknife-treatment-process/?utm_source=radiosurgery&utm_medium=redirect&utm_campaign=redirects. Zugegriffen: 20. Jan. 2017
21. Grosu A-L, Sprague LD, Molls M (2006) Definition of target volume and organs at risk. Biological target volume. In: Schlegel W, Bortfeld T, Grosu A-L (Hrsg) 3D imaging

for radiotherapy. New technologies in radiation oncology. Springer, Heidelberg, S 167–177

22. Hartmann GH, Schlegel W, Sturm V, Kober B, Pastyr O, Lorenz WJ (1985) Cerebral radiation surgery using moving field irradiation at a linear-accelerator facility. Int J Radiat Oncol 11(6):1185–1192

23. Heilbrun MP, Roberts TS, Apuzzo ML, Wells TH Jr., Sabshin JK (1983) Preliminary experience with Brown-Roberts-Wells (BRW) computerized tomography stereotaxic guidance system. J Neurosurg 59(2):217–222. https://doi.org/10.3171/jns.1983.59.2.0217

24. Herfarth KK, Debus J, Lohr F, Bahner ML, Fritz P, Höss A, Schlegel W, Wannenmacher MF (2000) Extracranial stereotactic radiation therapy: set-up accuracy of patients treated for liver metastases. Int J Radiat Oncol Biol Phys 46(2):329–335

25. International Commisson on Radiation Units and Measurements (ICRU) (1993) ICRU Report 50: Prescribing, recording and reporting photon beam therapy

26. Larsson B, Leksell L, Rexed B (1958)The high-energy proton beam as a neurosurgical tool. Nature 182:1222–1223

27. Leksell L (1951) The stereotaxic method and radiosurgery of the brain. Acta Chir Scand 102(4):316–319

28. Leksell L, Jernberg B (1980) Stereotaxis and tomography. A technical note. Acta Neurochir (Wien) 52(1):1–7

29. Leksell L, Leksell D, Schwebel J (1985) Stereotaxis and nuclear magnetic resonance. J Neurol Neurosurg Psychiatry 48(1):14–18

30. Lindquist C (1995) Gamma knife radiosurgery. Seminars in radiation oncology, Bd. 3. Elsevier, New York, S 197–202

31. Pantelis E, Antypas C, Frassanito MC, Sideri L, Salvara K, Lekas L, Athanasiou O, Piperis M, Salvaras N, Romanelli P (2016) Radiation dose to the fetus during CyberKnife radiosurgery for a brain tumor in pregnancy. Phys Med Eur J Med Phys 32(1):237–241. https://doi.org/10.1016/j.ejmp.2015.09.014

32. Pike B, Podgorsak EB, Peters TM, Pla C (1987) Dose distributions in dynamic stereotactic radiosurgery. Med Phys 14(5):780–789. https://doi.org/10.1118/1.596003

33. Podgorsak EB, Pike GB, Olivier A, Pla M, Souhami L (1989) Radiosurgery with high-energy photon beams – a comparison among techniques. Int J Radiat Oncol 16(3):857–865

34. Riechert T, Mundinger F (1955) Beschreibung und Anwendung eines Zielgerätes für stereotaktische Hirnoperationen (II. Modell). In: Röntgendiagnostische Probleme bei intrakraniellen Geschwülsten. Springer, Berlin, Heidelberg, S 308–337

35. Schlegel W, Mahr A (2007) 3D conformal radiation therapy: multimedia introduction to methods and techniques, 2. Aufl. Springer, Berlin Heidelberg

36. Schlegel W, Pastyr O, Bortfeld T, Becker G, Schad L, Gademann G, Lorenz WJ (1992) Computer systems and mechanical tools for stereotactically guided conformation therapy with linear accelerators. Int J Radiat Oncol Biol Phys 24(4):781–787

37. Schlegel W, Pastyr O, Kubesch R, Stein J, Diemer T, Höver K, Rhein B (1997) A computer controlled micro-multileaf-collimator for stereotactic conformal radiotherapy. Proc XIIth International Conference on the Use of Computers in Radiotherapy (ICCR). Medical Physics Publishing, Madison, S 163–165

38. Schlegel WC, Bortfeld T, Grosu AL (2006) New technologies in radiation oncology. Radiation oncology, 1. Aufl. Springer, Berlin, Heidelberg https://doi.org/10.1007/3-540-29999-8

39. Spiegelmann R, Friedman WA (1991) Stereotactic suboccipital transcerebellar biopsy under local anesthesia using the Cosman-Roberts-Wells frame: technical note. J Neurosurg 75(3):486–488

40. Sturm V, Pastyr O, Schlegel W, Scharfenberg H, Zabel HJ, Netzeband G, Schabbert S, Berberich W (1983) Stereotactic computer-tomography with a modified Riechert-Mundinger device as the basis for integrated stereotactic neuroradiological investigations. Acta Neurochir (Wien) 68(1–2):11–17. https://doi.org/10.1007/Bf01406197

41. Uniklinik Köln – Zentrum für Neurochirurgie (2017) Interstitielle Bestrahlung mit Iod-125-Seeds. http://neurochirurgie.uk-koeln.de/de/stereotaxie/patienten/therapieverfahren/interstitielle-bestrahlung-mit-iod-125-seeds. Zugegriffen: 20. Jan. 2017

Literatur zu Abschn. 26.3

42. Bedford JL, Nordmark Hansen V, McNair HA, Aitken AH, Brock JE, Warrington AP, Brada M (2008) Treatment of lung cancer using volumetric modulated arc therapy and image guidance: a case study. Acta Oncol 47(7):1438–1443. https://doi.org/10.1080/02841860802282778

43. Bortfeld T (2006) IMRT: a review and preview. Phys Med Biol 51(13):R363–R379. https://doi.org/10.1088/0031-9155/51/13/R21

44. Bortfeld T, Boyer AL, Schlegel W, Kahler DL, Waldron TJ (1994) Realization and verification of three-dimensional conformal radiotherapy with modulated fields. Int J Radiat Oncol Biol Phys 30(4):899–908

45. Bortfeld T, Burkelbach J, Boesecke R, Schlegel W (1990) Methods of image reconstruction from projections applied to conformation radiotherapy. Phys Med Biol 35(10):1423–1434

46. Bortfeld TR, Kahler DL, Waldron TJ, Boyer AL (1994) X-ray field compensation with multileaf collimators. Int J Radiat Oncol Biol Phys 28(3):723–730

47. Brahme A, Roos JE, Lax I (1982) Solution of an integral equation encountered in rotation therapy. Phys Med Biol 27(10):1221–1229

48. Carol MP (1995) Peacock™: a system for planning and rotational delivery of intensity-modulated fields. Int J Imaging Syst Technol 6(1):56–61

49. Convery DJ, Rosenbloom ME (1992) The generation of intensity-modulated fields for conformal radiotherapy by dynamic collimation. Phys Med Biol 37(6):1359–1374. https://doi.org/10.1088/0031-9155/37/6/012

50. Craft D, Suss P, Bortfeld T (2007) The tradeoff between treatment plan quality and required number of monitor

Teil IV

units in intensity-modulated radiotherapy. Int J Radiat Oncol 67(5):1596–1605. https://doi.org/10.1016/j.ijrobp.2006.11.034

51. Hall EJ, Wuu CS (2003) Radiation-induced second cancers: the impact of 3D-CRT and IMRT. Int J Radiat Oncol Biol Phys 56(1):83–88

52. Hartmann GH, Föhlisch F (2002) Dosimetric characterization of a new miniature multileaf collimator. Phys Med Biol 47(12):N171–177

53. International Commisson on Radiation Units and Measurements (ICRU) (1993) ICRU report 50: prescribing, recording and reporting photon beam therapy

54. International Commisson on Radiation Units and Measurements (ICRU) (1999) ICRU report 62: prescribing, recording and reporting photon beam therapy (supplement to ICRU report 50)

55. International Commisson on Radiation Units and Measurements (ICRU) (2011) ICRU report 83: state of the art on dose prescription, reporting and recording in intensity-modulated radiation therapy

56. Jang SY, Lalonde R, Ozhasoglu C, Burton S, Heron D, Huq MS (2016) Dosimetric comparison between cone/Iris-based and InCise MLC-based CyberKnife plans for single and multiple brain metastases. J Appl Clin Med Phys 17(5):184–199

57. Kalender WA, Polacin A (1991) Physical performance characteristics of spiral CT scanning. Med Phys 18(5):910–915. https://doi.org/10.1118/1.596607

58. Katayama S, Haefner MF, Mohr A, Schubert K, Oetzel D, Debus J, Sterzing F (2015) Accelerated tomotherapy delivery with TomoEdge technique. J Appl Clin Med Phys 16(2):4964. https://doi.org/10.1120/jacmp.v16i2.4964

59. Ling CC, Burman C, Chui CS, Kutcher GJ, Leibel SA, LoSasso T, Mohan R, Bortfeld T, Reinstein L, Spirou S, Wang XH, Wu QW, Zelefsky M, Fuks Z (1996) Conformal radiation treatment of prostate cancer using inversely-planned intensity-modulated photon beams produced with dynamic multileaf collimation. Int J Radiat Oncol 35(4):721–730. https://doi.org/10.1016/0360-3016(96)00174-5

60. Ling CC, Zhang P, Archambault Y, Bocanek J, Tang G, Losasso T (2008) Commissioning and quality assurance of RapidArc radiotherapy delivery system. Int J Radiat Oncol Biol Phys 72(2):575–581. https://doi.org/10.1016/j.ijrobp.2008.05.060

61. Mackie TR (2006) History of tomotherapy. Phys Med Biol 51(13):R427–R453. https://doi.org/10.1088/0031-9155/51/13/R24

62. Mackie TR, Holmes T, Swerdloff S, Reckwerdt P, Deasy JO, Yang J, Paliwal B, Kinsella T (1993) Tomotherapy: a new concept for the delivery of dynamic conformal radiotherapy. Med Phys 20(6):1709–1719. https://doi.org/10.1118/1.596958

63. Murai T, Shibamoto Y, Manabe Y, Murata R, Sugie C, Hayashi A, Ito H, Miyoshi Y (2013) Intensity-modulated radiation therapy using static ports of tomotherapy (TomoDirect): comparison with the TomoHelical mode. Radiat Oncol 8(1):68. https://doi.org/10.1186/1748-717x-8-68

64. Otto K (2008) Volumetric modulated arc therapy: IMRT in a single gantry arc. Med Phys 35(1):310–317. https://doi.org/10.1118/1.2818738

65. Papp D, Bortfeld T, Unkelbach J (2015) A modular approach to intensity-modulated arc therapy optimization with noncoplanar trajectories. Phys Med Biol 60(13):5179–5198. https://doi.org/10.1088/0031-9155/60/13/5179

66. Shepard DM, Earl MA, Li XA, Naqvi S, Yu C (2002) Direct aperture optimization: a turnkey solution for step-and-shoot IMRT. Med Phys 29(6):1007–1018. https://doi.org/10.1118/1.1477415

67. Stein J, Bortfeld T, Dörschel B, Schlegel W (1994) Dynamic X-ray compensation for conformal radiotherapy by means of multi-leaf collimation. Radiother Oncol 32(2):163–173

68. Sterzing F, Munter MW, Schafer M, Haering P, Rhein B, Thilmann C, Debus J (2005) Radiobiological investigation of dose-rate effects in intensity-modulated radiation therapy. Strahlenther Onkol 181(1):42–48. https://doi.org/10.1007/s00066-005-1290-1

69. Sterzing F, Schubert K, Sroka-Perez G, Kalz J, Debus J, Herfarth K (2008) Helical tomotherapy. Strahlenther Onkol 184(1):8–14. https://doi.org/10.1007/s00066-008-1778-6

70. Sterzing F, Uhl M, Hauswald H, Schubert K, Sroka-Perez G, Chen Y, Lu W, Mackie R, Debus J, Herfarth K, Oliveira G (2010) Dynamic jaws and dynamic couch in helical tomotherapy. Int J Radiat Oncol Biol Phys 76(4):1266–1273. https://doi.org/10.1016/j.ijrobp.2009.07.1686

71. Teoh M, Clark C, Wood K, Whitaker S, Nisbet A (2011) Volumetric modulated arc therapy: a review of current literature and clinical use in practice. Br J Radiol 84:967–996

72. Unkelbach J, Bortfeld T, Craft D, Alber M, Bangert M, Bokrantz R, Chen D, Li R, Xing L, Men C, Nill S, Papp D, Romeijn E, Salari E (2015) Optimization approaches to volumetric modulated arc therapy planning. Med Phys 42(3):1367–1377. https://doi.org/10.1118/1.4908224

73. Wang JZ, Li XA, D'Souza WD, Stewart RD (2003) Impact of prolonged fraction delivery times on tumor control: a note of caution for intensity-modulated radiation therapy (IMRT). Int J Radiat Oncol Biol Phys 57(2):543–552

74. Webb S (1989) Optimization of conformal radiotherapy dose distributions by simulated annealing. Phys Med Biol 34(10):1349–1370. https://doi.org/10.1088/0031-9155/34/10/002

75. Wolff D, Stieler F, Welzel G, Lorenz F, Abo-Madyan Y, Mai S, Herskind C, Polednik M, Steil V, Wenz F, Lohr F (2009) Volumetric modulated arc therapy (VMAT) vs. serial tomotherapy, step-and-shoot IMRT and 3D-conformal RT for treatment of prostate cancer. Radiother Oncol 93(2):226–233. https://doi.org/10.1016/j.radonc.2009.08.011

76. Xiao Y, Kry SF, Popple R, Yorke E, Papanikolaou N, Stathakis S, Xia P, Huq S, Bayouth J, Galvin J, Yin FF (2015) Flattening filter-free accelerators: a report from the AAPM therapy emerging technology assessment work group. J Appl Clin Med Phys 16(3):5219. https://doi.org/10.1120/jacmp.v16i3.5219

Teil IV

77. Yu CX (1995) Intensity-modulated arc therapy with dynamic multileaf collimation: an alternative to tomotherapy. Phys Med Biol 40(9):1435–1449

78. Yu CX, Tang G (2011) Intensity-modulated arc therapy: principles, technologies and clinical implementation. Phys Med Biol 56(5):R31–54. https://doi.org/10.1088/0031-9155/56/5/R01

79. Zwicker F, Hauswald H, Nill S, Rhein B, Thieke C, Roeder F, Timke C, Zabel-du Bois A, Debus J, Huber PE (2010) New multileaf collimator with a leaf width of 5 mm improves plan quality compared to 10 mm in step-and-shoot IMRT of HNC using integrated boost procedure. Strahlenther Onkol 186(6):334–343. https://doi.org/10.1007/s00066-010-2103-8

Literatur zu Abschn. 26.4

80. Ableitinger A, Vatnitsky S, Herrmann R, Bassler N, Palmans H, Sharpe P, Ecker S, Chaudhri N, Jäkel O, Georg D (2013) Dosimetry auditing procedure with alanine dosimeters for light ion beam therapy. Radiother Oncol 108(1):99–106. https://doi.org/10.1016/j.radonc.2013.04.029

81. Andreo P, Burns D, Hohlfeld K, Huq MS, Kanai T, Laitano F, Smyth V, Vynckier S (2000) Absorbed dose determination in external beam radiotherapy: an international code of practice for dosimetry based on standards of absorbed dose to water. IAEA TRS 398

82. Bethe, HA (1953) Molière's Theory of Multiple Scattering, Phys. Rev. 89:1256f.

83. Bonilla L, Bucci MK, Buyyounouski M, Cengel K, Dong L, Fourkal E, Plastaras J, Yock T (2009) An evaluation of proton beam therapy

84. Brown A, Suit H (2004) The centenary of the discovery of the Bragg peak. Radiother Oncol 73(3):265–268. https://doi.org/10.1016/j.radonc.2004.09.008

85. Cantone MC, Ciocca M, Dionisi F, Fossati P, Lorentini S, Krengli M, Molinelli S, Orecchia R, Schwarz M, Veronese I, Vitolo V (2013) Application of failure mode and effects analysis to treatment planning in scanned proton beam radiotherapy. Radiat Oncol 8(1):127. https://doi.org/10.1186/1748-717X-8-127

86. Combs SE, Djosanjh M, Pötter R, Orrechia R, Haberer T, Durante M, Fossati P, Parodi K, Balosso J, Amaldi U (2013) Towards clinical evidence in particle therapy: ENLIGHT, PARTNER, ULICE and beyond. Oxford University Press, Oxford

87. Damato B (2004) Developments in the management of uveal melanoma. Clin Exp Ophthalmol 32(6):639–647. https://doi.org/10.1111/j.1442-9071.2004.00917.x

88. Desjardins L, Lumbroso-Le Rouic L, Levy-Gabriel C, Dendale R, Delacroix S, Nauraye C, Esteve M, Plancher C, Asselain B (2006) Combined proton beam radiotherapy and transpupillary thermotherapy for large uveal melanomas: a randomized study of 151 patients. Ophthalmic Res 38(5):255–260. https://doi.org/10.1159/000094834

89. Elsässer T, Krämer M, Scholz M (2008) Accuracy of the local effect model for the prediction of biologic effects of carbon ion beams in vitro and in vivo. Int J Radiat Oncol Biol Phys 71(3):866–872. https://doi.org/10.1016/j.ijrobp.2008.02.037

90. Highland VL (1975) Some practical remarks on multiple-scattering. Nucl Instrum Methods 129(2):497–499. https://doi.org/10.1016/0029-554x(75)90743-0

91. Hong L, Goitein M, Bucciolini M, Comiskey R, Gottschalk B, Rosenthal S, Serago C, Urie M (1996) A pencil beam algorithm for proton dose calculations. Phys Med Biol 41(8):1305–1330

92. Inaniwa T, Furukawa T, Kase Y, Matsufuji N, Toshito T, Matsumoto Y, Furusawa Y, Noda K (2010) Treatment planning for a scanned carbon beam with a modified microdosimetric kinetic model. Phys Med Biol 55(22):6721–6737. https://doi.org/10.1088/0031-9155/55/22/008

93. Jäkel O, Hartmann GH, Karger CP, Heeg P, Rassow J (2000) Quality assurance for a treatment planning system in scanned ion beam therapy. Med Phys 27(7):1588–1600. https://doi.org/10.1118/1.599025

94. Jäkel O, Hartmann GH, Karger CP, Heeg P, Vatnitsky S (2004) A calibration procedure for beam monitors in a scanned beam of heavy charged particles. Med Phys 31(5):1009–1013. https://doi.org/10.1118/1.1689011

95. Jäkel O, Schulz-Ertner D, Debus J (2007) Specifying carbon ion doses for radiotherapy: the Heidelberg approach. J Radiat Res 48(Suppl A):A87–A95

96. Jensen AD, Nikoghosyan AV, Lossner K, Haberer T, Jäkel O, Münter MW, Debus J (2015) COSMIC: a regimen of intensity modulated radiation therapy plus dose-escalated, raster-scanned carbon Ion boost for malignant salivary gland tumors: results of the prospective phase 2 trial. Int J Radiat Oncol Biol Phys 93(1):37–46. https://doi.org/10.1016/j.ijrobp.2015.05.013

97. Jensen AD, Nikoghosyan AV, Poulakis M, Höss A, Haberer T, Jäkel O, Münter MW, Schulz-Ertner D, Huber PE, Debus J (2015) Combined intensity-modulated radiotherapy plus raster-scanned carbon ion boost for advanced adenoid cystic carcinoma of the head and neck results in superior locoregional control and overall survival. Cancer 121(17):3001–3009

98. Kamada T, Tsujii H, Blakely EA, Debus J, De Neve W, Durante M, Jäkel O, Mayer R, Orecchia R, Potter R, Vatnitsky S, Chu WT (2015) Carbon ion radiotherapy in Japan: an assessment of 20 years of clinical experience. Lancet Oncol 16(2):e93–e100. https://doi.org/10.1016/S1470-2045(14)70412-7

99. Karger CP, Hartmann GH, Jäkel O, Heeg P (2000) Quality management of medical physics issues at the German heavy ion therapy project. Med Phys 27(4):725–736. https://doi.org/10.1118/1.598935

100. Karger CP, Jäkel O, Hartmann GH (1999) A system for three-dimensional dosimetric verification of treatment plans in intensity-modulated radiotherapy with heavy ions. Med Phys 26(10):2125–2132. https://doi.org/10.1118/1.598728

Teil IV

101. Karger CP, Jäkel O, Palmans H, Kanai T (2010) Dosimetry for ion beam radiotherapy. Phys Med Biol 55(21):R193–R234. https://doi.org/10.1088/0031-9155/55/21/R01

102. Liu W, Li Y, Li X, Cao W, Zhang X (2012) Influence of robust optimization in intensity-modulated proton therapy with different dose delivery techniques. Med Phys 39(6):3089–3101. https://doi.org/10.1118/1.4711909

103. Loeffler JS, Durante M (2013) Charged particle therapy – optimization, challenges and future directions. Nat Rev Clin Oncol 10(7):411–424. https://doi.org/10.1038/nrclinonc.2013.79

104. Marinelli M, Prestopino G, Verona C, Verona-Rinati G, Ciocca M, Mirandola A, Mairani A, Raffaele L, Magro G (2015) Dosimetric characterization of a microDiamond detector in clinical scanned carbon ion beams. Med Phys 42(4):2085–2093. https://doi.org/10.1118/1.4915544

105. Mitin T, Zietman AL (2014) Promise and pitfalls of heavy-particle therapy. J Clin Oncol 32(26):2855–2863

106. Paganetti H (2012) Proton therapy physics. CRC Press, Boca Raton

107. Particle Therapy Co-Operative Group (PTCOG) (2016) Clinical trials for particle therapy (up-date january 2017). https://www.ptcog.ch/index.php/clinical-protocols. Zugegriffen: 23. Jan. 2017

108. Petti PL (1992) Differential-pencil-beam dose calculations for charged particles. Med Phys 19(1):137–149. https://doi.org/10.1118/1.596887

109. Shipley WU, Verhey LJ, Munzenrider JE, Suit HD, Urie MM, Mcmanus PL, Young RH, Shipley JW, Zietman AL, Biggs PJ, Heney NM, Goitein M (1995) Advanced prostate-cancer – the results of a randomized comparative trial of high-dose irradiation boosting with conformal protons compared with conventional-dose irradiation using photons alone. Int J Radiat Oncol 32(1):3–12. https://doi.org/10.1016/0360-3016(95)00063-5

110. Suit H, Kooy H, Trofimov A, Farr J, Munzenrider J, DeLaney T, Loeffler J, Clasie B, Safai S, Paganetti H (2008) Should positive phase III clinical trial data be required before proton beam therapy is more widely adopted? No. Radiother Oncol 86(2):148–153

111. U. S. National Institutes of Health ClinicalTrials.gov (2017) Database. https://clinicaltrials.gov/. Zugegriffen: 23. Jan. 2017

112. Uhl M, Mattke M, Welzel T, Oelmann J, Habl G, Jensen AD, Ellerbrock M, Haberer T, Herfarth KK, Debus J (2014) High control rate in patients with chondrosarcoma of the skull base after carbon ion therapy: first report of long-term results. Cancer 120(10):1579–1585. https://doi.org/10.1002/cncr.28606

113. Uhl M, Mattke M, Welzel T, Roeder F, Oelmann J, Habl G, Jensen A, Ellerbrock M, Jäkel O, Haberer T (2014) Highly effective treatment of skull base chordoma with carbon ion irradiation using a raster scan technique in 155 patients: first long-term results. Cancer 120(21):3410–3417

114. Wieser HP, Hennig P, Wahl N, Bangert M (2017) Analytical probabilistic modeling of RBE-weighted dose for ion therapy. Phys Med Biol 62(23):8959–8982

115. Wilson RR (1946) Radiological use of fast protons. Radiology 47(5):487–491

116. Zietman AL, DeSilvio ML, Slater JD, Rossi CJ Jr., Miller DW, Adams JA, Shipley WU (2005) Comparison of conventional-dose vs high-dose conformal radiation therapy in clinically localized adenocarcinoma of the prostate: a randomized controlled trial. JAMA 294(10):1233–1239. https://doi.org/10.1001/jama.294.10.1233

Literatur zu Abschn. 26.5

117. Aerts HJ, Velazquez ER, Leijenaar RT, Parmar C, Grossmann P, Carvalho S, Bussink J, Monshouwer R, Haibe-Kains B, Rietveld D (2014) Decoding tumour phenotype by noninvasive imaging using a quantitative radiomics approach. Nat Commun 5(1):4006

118. Assmann W, Kellnberger S, Reinhardt S, Lehrack S, Edlich A, Thirolf PG, Moser M, Dollinger G, Omar M, Ntziachristos V, Parodi K (2015) Ionoacoustic characterization of the proton Bragg peak with submillimeter accuracy. Med Phys 42(2):567–574. https://doi.org/10.1118/1.4905047

119. Bentzen SM (2005) Theragnostic imaging for radiation oncology: dose-painting by numbers. Lancet Oncol 6(2):112–117. https://doi.org/10.1016/S1470-2045(05)01737-7

120. Chen YJ, Suh S, Nelson RA, Liu A, Pezner RD, Wong JYC (2012) Setup variations in radiotherapy of anal cancer: advantages of target volume reduction using image-guided radiation treatment. Int J Radiat Oncol 84(1):289–295. https://doi.org/10.1016/j.ijrobp.2011.10.068

121. Chi A, Nguyen NP, Welsh JS, Tse W, Monga M, Oduntan O, Almubarak M, Rogers J, Remick SC, Gius D (2014) Strategies of dose escalation in the treatment of locally advanced non-small cell lung cancer: image guidance and beyond. Front Oncol 4:156. https://doi.org/10.3389/fonc.2014.00156

122. Eade TN, Hanlon AL, Horwitz EM, Buyyounouski MK, Hanks GE, Pollack A (2007) What dose of external-beam radiation is high enough for prostate cancer? Int J Radiat Oncol Biol Phys 68(3):682–689

123. Eiland RB, Maare C, Sjostrom D, Samsoe E, Behrens CF (2014) Dosimetric and geometric evaluation of the use of deformable image registration in adaptive intensity-modulated radiotherapy for head-and-neck cancer. J Radiat Res 55(5):1002–1008. https://doi.org/10.1093/jrr/rru044

124. Garcia-Barros M, Paris F, Cordon-Cardo C, Lyden D, Rafii S, Haimovitz-Friedman A, Fuks Z, Kolesnick R (2003) Tumor response to radiotherapy regulated by endothelial cell apoptosis. Science 300(5622):1155–1159. https://doi.org/10.1126/science.1082504

125. Giske K, Stoiber EM, Schwarz M, Stoll A, Muenter MW, Timke C, Roeder F, Debus J, Huber PE, Thieke C, Bendl R (2011) Local setup errors in image-guided radiotherapy for head and neck cancer patients immobilized with a custom-made device. Int J Radiat Oncol Biol Phys 80(2):582–589. https://doi.org/10.1016/j.ijrobp.2010.07.1980

126. Gwosch K, Hartmann B, Jakubek J, Granja C, Soukup P, Jäkel O, Martisikova M (2013) Non-invasive monitoring of therapeutic carbon ion beams in a homogeneous

phantom by tracking of secondary ions. Phys Med Biol 58(11):3755–3773. https://doi.org/10.1088/0031-9155/58/11/3755

127. Hanahan D, Weinberg RA (2000) The hallmarks of cancer. Cell 100(1):57–70

128. Heukelom J, Hamming O, Bartelink H, Hoebers F, Giralt J, Herlestam T, Verheij M, van den Brekel M, Vogel W, Slevin N, Deutsch E, Sonke JJ, Lambin P, Rasch C (2013) Adaptive and innovative Radiation Treatment FOR improving Cancer treatment outcomE (ARTFORCE); a randomized controlled phase II trial for individualized treatment of head and neck cancer. BMC Cancer 13(1):84. https://doi.org/10.1186/1471-2407-13-84

129. Jaffray DA (2012) Image-guided radiotherapy: from current concept to future perspectives. Nat Rev Clin Oncol 9(12):688–699. https://doi.org/10.1038/nrclinonc.2012.194

130. Kaster TS, Yaremko B, Palma DA, Rodrigues GB (2015) Radical-intent hypofractionated radiotherapy for locally advanced non-small-cell lung cancer: a systematic review of the literature. Clin Lung Cancer 16(2):71–79. https://doi.org/10.1016/j.cllc.2014.08.002

131. Korreman S, Rasch C, McNair H, Verellen D, Oelfke U, Maingon P, Mijnheer B, Khoo V (2010) The European Society of Therapeutic Radiology and Oncology-European Institute of Radiotherapy (ESTRO-EIR) report on 3D CT-based in-room image guidance systems: a practical and technical review and guide. Radiother Oncol 94(2):129–144. https://doi.org/10.1016/j.radonc.2010.01.004

132. Ling CC, Humm J, Larson S, Amols H, Fuks Z, Leibel S, Koutcher JA (2000) Towards multidimensional radiotherapy (MD-CRT): biological imaging and biological conformality. Int J Radiat Oncol Biol Phys 47(3):551–560

133. Mak D, Gill S, Paul R, Stillie A, Haworth A, Kron T, Cramb J, Knight K, Thomas J, Duchesne G, Foroudi F (2012) Seminal vesicle interfraction displacement and margins in image guided radiotherapy for prostate cancer. Radiat Oncol 7(1):139. https://doi.org/10.1186/1748-717X-7-139

134. Nabavizadeh N, Elliott DA, Chen Y, Kusano AS, Mitin T, Thomas CR Jr., Holland JM (2016) Image Guided Radiation Therapy (IGRT) practice patterns and IGRT's impact on workflow and treatment planning: results from a national survey of American Society for Radiation Oncology Members. Int J Radiat Oncol Biol Phys 94(4):850–857. https://doi.org/10.1016/j.ijrobp.2015.09.035

135. Nahum AE (2015) The radiobiology of hypofractionation. Clin Oncol (R Coll Radiol) 27(5):260–269. https://doi.org/10.1016/j.clon.2015.02.001

136. Park SS, Yan D, McGrath S, Dilworth JT, Liang J, Ye H, Krauss DJ, Martinez AA, Kestin LL (2012) Adaptive image-guided radiotherapy (IGRT) eliminates the risk of biochemical failure caused by the bias of rectal distension in prostate cancer treatment planning: clinical evidence. Int J Radiat Oncol Biol Phys 83(3):947–952. https://doi.org/10.1016/j.ijrobp.2011.08.025

137. Parodi K (2015) Vision 20/20: positron emission tomography in radiation therapy planning, delivery, and mo-nitoring. Med Phys 42(12):7153–7168. https://doi.org/10.1118/1.4935869

138. Pollack A, Zagars GK, Starkschall G, Antolak JA, Lee JJ, Huang E, Von Eschenbach AC, Kuban DA, Rosen I (2002) Prostate cancer radiation dose response: results of the MD Anderson phase III randomized trial. Int J Radiat Oncol Biol Phys 53(5):1097–1105

139. Richter C, Pausch G, Barczyk S, Priegnitz M, Keitz I, Thiele J, Smeets J, Stappen FV, Bombelli L, Fiorini C, Hotoiu L, Perali I, Prieels D, Enghardt W, Baumann M (2016) First clinical application of a prompt gamma based in vivo proton range verification system. Radiother Oncol 118(2):232–237. https://doi.org/10.1016/j.radonc.2016.01.004

140. Schwarz M, Giske K, Stoll A, Nill S, Huber PE, Debus J, Bendl R, Stoiber EM (2012) IGRT versus non-IGRT for postoperative head-and-neck IMRT patients: dosimetric consequences arising from a PTV margin reduction. Radiat Oncol 7(1):133. https://doi.org/10.1186/1748-717X-7-133

141. Silverman R, Johnson K, Perry C, Sundar S (2015) Degree of rectal distension seen on prostate radiotherapy planning CT scan is not a negative prognostic factor in the modern era of image-guided radiotherapy. Oncology 90(1):51–56

142. Stoiber EM, Lechsel G, Giske K, Muenter MW, Hoess A, Bendl R, Debus J, Huber PE, Thieke C (2009) Quantitative assessment of image-guided radiotherapy for paraspinal tumors. Int J Radiat Oncol Biol Phys 75(3):933–940. https://doi.org/10.1016/j.ijrobp.2009.04.010

143. Thorwarth D, Notohamiprodjo M, Zips D, Muller AC (2016) Personalized precision radiotherapy by integration of multi-parametric functional and biological imaging in prostate cancer: A feasibility study. Z Med Phys. https://doi.org/10.1016/j.zemedi.2016.02.002

144. Tyagi N, Riaz N, Hunt M, Wengler K, Hatzoglou V, Young R, Mechalakos J, Lee N (2016) Weekly response assessment of involved lymph nodes to radiotherapy using diffusion-weighted MRI in oropharynx squamous cell carcinoma. Med Phys 43(1):137–147

145. U. S. National Institutes of Health ClinicalTrials.gov Database. https://clinicaltrials.gov/. Zugegriffen: 23. Jan. 2017

146. van Elmpt W, De Ruysscher D, van der Salm A, Lakeman A, van der Stoep J, Emans D, Damen E, Ollers M, Sonke JJ, Belderbos J (2012) The PET-boost randomised phase II dose-escalation trial in non-small cell lung cancer. Radiother Oncol 104(1):67–71. https://doi.org/10.1016/j.radonc.2012.03.005

147. van Kranen S, van Beek S, Rasch C, van Herk M, Sonke JJ (2009) Setup uncertainties of anatomical sub-regions in head-and-neck cancer patients after offline CBCT guidance. Int J Radiat Oncol Biol Phys 73(5):1566–1573. https://doi.org/10.1016/j.ijrobp.2008.11.035

148. Veiga C, Lourenco AM, Mouinuddin S, van Herk M, Modat M, Ourselin S, Royle G, McClelland JR (2015) Toward adaptive radiotherapy for head and neck patients: uncertainties in dose warping due to the choice of deformable registration algorithm. Med Phys 42(2):760–769. https://doi.org/10.1118/1.4905050

149. Viani GA, Viana BS, Martin JE, Rossi BT, Zuliani G, Stefano EJ (2016) Intensity-modulated radiotherapy reduces

Teil IV

toxicity with similar biochemical control compared with 3-dimensional conformal radiotherapy for prostate cancer: a randomized clinical trial. Cancer 122(13):2004–2011. https://doi.org/10.1002/cncr.29983

150. Wen N, Kumarasiri A, Nurushev T, Burmeister J, Xing L, Liu D, Glide-Hurst C, Kim J, Zhong H, Movsas B, Chetty IJ (2013) An assessment of PTV margin based on actual accumulated dose for prostate cancer radiotherapy. Phys Med Biol 58(21):7733–7744. https://doi.org/10.1088/0031-9155/58/21/7733

151. Yock AD, Garden AS, Court LE, Beadle BM, Zhang L, Dong L (2013) Anisotropic margin expansions in 6 anatomic directions for oropharyngeal image guided radiation therapy. Int J Radiat Oncol Biol Phys 87(3):596–601. https://doi.org/10.1016/j.ijrobp.2013.06.2036

Literatur zu Abschn. 26.6

152. Balter JM, Wright JN, Newell LJ, Friemel B, Dimmer S, Cheng Y, Wong J, Vertatschitsch E, Mate TP (2005) Accuracy of a wireless localization system for radiotherapy. Int J Radiat Oncol Biol Phys 61(3):933–937. https://doi.org/10.1016/j.ijrobp.2004.11.009

153. Bert C, Graeff C, Riboldi M, Nill S, Baroni G, Knopf AC (2014) Advances in 4D treatment planning for scanned particle beam therapy - report of dedicated workshops. Technolcancer Restreat 13(6):485–495. https://doi.org/10.7785/tcrtexpress.2013.600274

154. Chang JY, Zhang X, Knopf A, Li H, Mori S, Dong L, Lu HM, Liu W, Badiyan SN, Both S, Meijers A, Lin L, Flampouri S, Li Z, Umegaki K, Simone CB 2nd, Zhu XR (2017) Consensus guidelines for implementing pencil-beam scanning proton therapy for thoracic malignancies on behalf of the PTCOG Thoracic and Lymphoma Subcommittee. Int J Radiat Oncol Biol Phys 99(1):41–50. https://doi.org/10.1016/j.ijrobp.2017.05.014

155. de Boer HC, Heijmen BJ (2001) A protocol for the reduction of systematic patient setup errors with minimal portal imaging workload. Int J Radiat Oncol Biol Phys 50(5):1350–1365. https://doi.org/10.1016/S0360-3016(01)01624-8

156. DeLaney TF (2011) Proton therapy in the clinic. Front Radiat Ther Oncol 43:465–485. https://doi.org/10.1159/000322511

157. Depuydt T, Poels K, Verellen D, Engels B, Collen C, Buleteanu M, Van den Begin R, Boussaer M, Duchateau M, Gevaert T, Storme G, De Ridder M (2014) Treating patients with real-time tumor tracking using the Vero gimbaled linac system: implementation and first review. Radiother Oncol 112(3):343–351. https://doi.org/10.1016/j.radonc.2014.05.017

158. Fallone BG (2014) The rotating biplanar linac–magnetic resonance imaging system. Semin Radiat Oncol 24(3):200–202. https://doi.org/10.1016/j.semradonc.2014.02.011

159. Fast MF, Kamerling CP, Ziegenhein P, Menten MJ, Bedford JL, Nill S, Oelfke U (2016) Assessment of MLC tracking performance during hypofractionated prostate radiotherapy using real-time dose reconstruction. Phys Med Biol 61(4):1546–1562. https://doi.org/10.1088/0031-9155/61/4/1546

160. Fast MF, Krauss A, Oelfke U, Nill S (2012) Position detection accuracy of a novel linac-mounted intrafractional x-ray imaging system. Med Phys 39(1):109–118. https://doi.org/10.1118/1.3665712

161. Fast MF, Nill S, Bedford JL, Oelfke U (2014) Dynamic tumor tracking using the Elekta Agility MLC. Med Phys 41:11. https://doi.org/10.1118/1.4899175

162. Grau C, Høyer M, Alber M, Overgaard J, Lindegaard JC, Muren LP (2013) Biology-guided adaptive radiotherapy (BiGART)–more than a vision? Acta Oncol 52:1243–1247. https://doi.org/10.3109/0284186X.2013.829245

163. Kamerling CP, Fast MF, Ziegenhein P, Menten MJ, Nill S, Oelfke U (2016) Real-time 4D dose reconstruction for tracked dynamic MLC deliveries for lung SBRT. Med Phys 43(11):6072–6081. https://doi.org/10.1118/1.4965045

164. Keall PJ, Barton M, Crozier S (2014) The Australian magnetic resonance imaging–linac program. Semin Radiat Oncol 24(3):203–206. https://doi.org/10.1016/j.semradonc.2014.02.015

165. Keall PJ, Colvill E, O'Brien R, Ng JA, Poulsen PR, Eade T, Kneebone A, Booth JT (2014) The first clinical implementation of electromagnetic transponder-guided MLC tracking. Med Phys 41(2):20702. https://doi.org/10.1118/1.4862509

166. Knopf AC, Lomax A (2013) In vivo proton range verification: a review. Phys Med Biol 58(15):R131–160. https://doi.org/10.1088/0031-9155/58/15/R131

167. Koay EJ, Lege D, Mohan R, Komaki R, Cox JD, Chang JY (2012) Adaptive/nonadaptive proton radiation planning and outcomes in a phase II trial for locally advanced non-small cell lung cancer. Int J Radiat Oncol Biol Phys 84(5):1093–1100. https://doi.org/10.1016/j.ijrobp.2012.02.041

168. Lagendijk JJ, Raaymakers BW, Raaijmakers AJ, Overweg J, Brown KJ, Kerkhof EM, van der Put RW, Hardemark B, van Vulpen M, van der Heide UA (2008) MRI/LINAC integration. Radiother Oncol 86(1):25–29. https://doi.org/10.1016/j.radonc.2007.10.034

169. McGowan SE, Burnet NG, Lomax AJ (2013) Treatment planning optimisation in proton therapy. Br J Radiol 86(1021):20120288. https://doi.org/10.1259/bjr.20120288

170. Mijnheer B (2008) State of the art of in vivo dosimetry. Radiat Prot Dosimetry 131(1):117–122. https://doi.org/10.1093/rpd/ncn231

171. Mohan R, Bortfeld T (2011) Proton therapy: clinical gains through current and future treatment programs. IMRT, IGRT, SBRT, Bd 43. Karger Publishers, S 440–464. https://doi.org/10.1159/000322509

172. Mori S, Zenklusen S, Knopf AC (2013) Current status and future prospects of multi-dimensional image-guided particle therapy. Radiol Phys Technol 6(2):249–272. https://doi.org/10.1007/s12194-013-0199-0

173. Mutic S, Dempsey JF (2014) The ViewRay system: magnetic resonance–guided and controlled radiotherapy. Semin Radiat Oncol 24(3):196–199. https://doi.org/10.1016/j.semradonc.2014.02.008

174. Nagano A, Minohara S, Kato S, Kiyohara H, Ando K (2012) Adaptive radiotherapy based on the daily regression of a tumor in carbon-ion beam irradiation. Phys Med Biol 57(24):8343–8356. https://doi.org/10.1088/0031-9155/57/24/8343

175. Nuyttens JJ, Prevost JB, Praag J, Hoogeman M, Van Klaveren RJ, Levendag PC, Pattynama PM (2006) Lung tumor tracking during stereotactic radiotherapy treatment with the CyberKnife: marker placement and early results. Acta Oncol 45(7):961–965. https://doi.org/10.1080/02841860600902205

176. Oborn BM, Dowdell S, Metcalfe PE, Crozier S, Mohan R, Keall PJ (2017) Future of medical physics: real-time MRI guided proton therapy. Med Phys 44(8): e77–e90. https://doi.org/10.1002/mp.12371

177. Pedroni E, Bearpark R, Bohringer T, Coray A, Duppich J, Forss S, George D, Grossmann M, Goitein G, Hilbes C, Jermann M, Lin S, Lomax A, Negrazus M, Schippers M, Kotle G (2004) The PSI Gantry 2: a second generation proton scanning gantry. Z Med Phys 14(1):25–34. https://doi.org/10.1078/0939-3889-00194

178. Persoon LC, Egelmeer AG, Ollers MC, Nijsten SM, Troost EG, Verhaegen F (2013) First clinical results of adaptive radiotherapy based on 3D portal dosimetry for lung cancer patients with atelectasis treated with volumetric-modulated arc therapy (VMAT). Acta Oncol 52(7):1484–1489. https://doi.org/10.3109/0284186X.2013.813642

179. Polf JC, Mackin D, Lee E, Avery S, Beddar S (2014) Detecting prompt gamma emission during proton therapy: the effects of detector size and distance from the patient. Phys Med Biol 59(9):2325–2340. https://doi.org/10.1088/0031-9155/59/9/2325

180. Raaymakers BW, Lagendijk JJ, Overweg J, Kok JG, Raaijmakers AJ, Kerkhof EM, van der Put RW, Meijsing I, Crijns SP, Benedosso F, van Vulpen M, de Graaff CH, Allen J, Brown KJ (2009) Integrating a 1.5 T MRI scanner with a 6 MV accelerator: proof of concept. Phys Med Biol 54(12):N229–237. https://doi.org/10.1088/0031-9155/54/12/N01

181. Raaymakers BW, Raaijmakers AJ, Lagendijk JJ (2008) Feasibility of MRI guided proton therapy: magnetic field dose effects. Phys Med Biol 53(20):5615–5622. https://doi.org/10.1088/0031-9155/53/20/003

182. Shao Y, Sun X, Lou K, Zhu XR, Mirkovic D, Poenisch F, Grosshans D (2014) In-beam PET imaging for on-line adaptive proton therapy: an initial phantom study. Phys Med Biol 59(13):3373–3388. https://doi.org/10.1088/0031-9155/59/13/3373

183. Simone CB 2nd, Ly D, Dan TD, Ondos J, Ning H, Belard A, O'Connell J, Miller RW, Simone NL (2011) Comparison of intensity-modulated radiotherapy, adaptive radiotherapy, proton radiotherapy, and adaptive proton radiotherapy for treatment of locally advanced head and neck cancer. Radiother Oncol 101(3):376–382. https://doi.org/10.1016/j.radonc.2011.05.028

184. van der Heide UA, Houweling AC, Groenendaal G, Beets-Tan RG, Lambin P (2012) Functional MRI for radiotherapy dose painting. Magn Reson Imaging 30(9):1216–1223. https://doi.org/10.1016/j.mri.2012.04.010

185. Van Herk M (2004) Errors and margins in radiotherapy. Semin Radiat Oncol 14(1):52–64. https://doi.org/10.1053/j.semradonc.2003.10.003

186. Wendling M, McDermott LN, Mans A, Sonke JJ, van Herk M, Mijnheer BJ (2009) A simple backprojection algorithm for 3D in vivo EPID dosimetry of IMRT treatments. Med Phys 36(7):3310–3321. https://doi.org/10.1118/1.3148482

187. Wilbert J, Meyer J, Baier K, Guckenberger M, Herrmann C, Hess R, Janka C, Ma L, Mersebach T, Richter A, Roth M, Schilling K, Flentje M (2008) Tumor tracking and motion compensation with an adaptive tumor tracking system (ATTS): system description and prototype testing. Med Phys 35(9):3911–3921. https://doi.org/10.1118/1.2964090

188. Wolf R, Bortfeld T (2012) An analytical solution to proton Bragg peak deflection in a magnetic field. Phys Med Biol 57(17):N329–337. https://doi.org/10.1088/0031-9155/57/17/N329

189. Yan D (2006) Image-guided/adaptive radiotherapy. In: New technologies in radiation oncology. Springer, Berlin, Heidelberg, S 321–336

190. Yan D, Vicini F, Wong J, Martinez A (1997) Adaptive radiation therapy. Phys Med Biol 42(1):123–132. https://doi.org/10.1088/0031-9155/42/1/008

191. Zhang Y, Knopf A, Tanner C, Boye D, Lomax AJ (2013) Deformable motion reconstruction for scanned proton beam therapy using on-line x-ray imaging. Phys Med Biol 58(24):8621–8645. https://doi.org/10.1088/0031-9155/58/24/8621

Teil IV

Brachytherapie

Frank Hensley

27

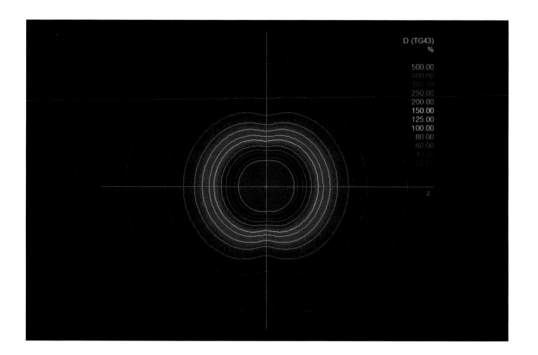

Teil IV

© Springer-Verlag GmbH Deutschland, ein Teil von Springer Nature 2018
W. Schlegel, C.P. Karger, O. Jäkel (Hrsg.), *Medizinische Physik*, https://doi.org/10.1007/978-3-662-54801-1_27

Die Brachytherapie nutzt den durch das Abstandsquadratgesetz bedingten steilen Dosisgradienten im Nahbereich einer Strahlungsquelle, um (meist kleinvolumige) Dosisverteilungen mit steilem Abfall nach allen Seiten zu erzeugen. Hierzu werden kleine umschlossene Strahler direkt in das Zielgebiet (bzw. in nahen Kontakt damit) eingebracht. Die Bezeichnung Brachytherapie leitet sich vom griechischen brachy = kurz ab, womit der kurze Abstand zwischen Strahlungsquelle und Zielpunkt gemeint ist. Abb. 27.1 zeigt einen Vergleich des Dosisgradienten $1/r^2$ einer Punktquelle in der Tele- und Brachytherapie. In der Teletherapie werden Abstände im Bereich von 1 m eingesetzt, um einen möglichst flachen Dosisgradienten zu erhalten. Damit soll eine möglichst geringe Dosisüberhöhung am Strahleintritt gegenüber dem Zielgewebe in der Tiefe erreicht werden. In der Brachytherapie erfolgt die Deposition der therapeutischen Dosis im Abstand von etwa 1–2 cm vom Strahler, so dass der Do-

sisabfall hinter dem Dosierungspunkt sehr rasch ist, aber eine Dosisüberhöhung in unmittelbarer Nähe des Strahlers entsteht. Zur Behandlung von größeren Volumina werden mit Hilfe von vorgefertigten Applikatoren oder von Kathetern Anordnungen von mehreren Strahlungsquellen in das Zielgebiet oder in unmittelbaren Kontakt damit gebracht.

Abb. 27.2 zeigt den Vergleich einer Dosisverteilung für die Bestrahlung eines Tumors in der Zunge mit Brachytherapie (linke Abbildung, interstitielles Zungenimplantat) mit einer entsprechenden Verteilung in der Teletherapie (rechte Abbildung: 3D-konformale Technik). Das Zielvolumen ist als fette rote Linie in beiden CT-Schnitten gleich segmentiert. Es wird mit beiden Techniken von der 100 %-Isodose ähnlich gut umfasst. Der wesentliche Unterschied in den Dosisverteilungen sind die Volumina der von der 50 %- und der 30 %-Isodose umfassten

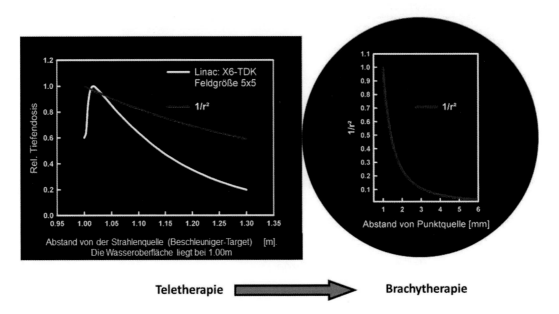

Abb. 27.1 Anteil der $1/r^2$-Abhängigkeit in Teletherapie und Brachytherapie

Abb. 27.2 Vergleich einer Dosisverteilung (Bestrahlung eines Zungentumors) mit interstitieller Brachytherapie (*links*) und 3D-konformaler Teletherapie (*rechts*). Das Zielvolumen (*fette rote Umrandung*) ist in beiden Schnitten identisch. Bei gleicher Abdeckung des Zielvolumens sind in der Brachytherapie die Volumina, die von 50 und 30 % der Referenzdosis umfasst werden, kleiner als bei der Teletherapie

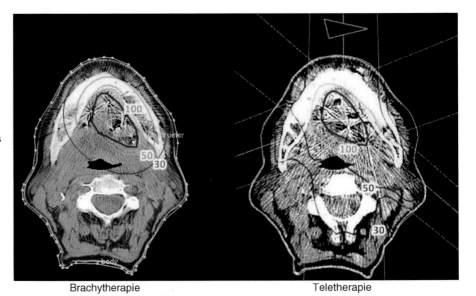

Brachytherapie   Teletherapie

Tab. 27.1 Hochenergetische Photonen-Brachytherapie-Strahler ($\overline{E}_N$, aus [10, 96], $t_{1/2}$, HVL, Γ_δ aus [10], Λ aus [112])

Radionuklid	Mittlere Photonenenergie $\overline{E}_N$ (MeV)	$t_{1/2}$	HVL (mm Pb)	Γ_δ (μGy h^{-1} MBq^{-1} m^2)	Λ (cGy h^{-1} U^{-1})	Anwendung
^{60}Co	1,25	5,26 a	12	0,0359	1,11	Afterloading, manuelle Applikation
^{103}Pd	0,021	17 d	0,008	0,0361	0,67–0,71	Seeds
^{125}I	0,028	60 d	0,025	0,0348	0,014–1,038	Seeds
^{137}Cs	0,66	30 a	7	0,0771	1,11	Manuelle Applikation, älteres Afterloading
^{192}Ir	0,136–1,06 (0,38 MeV Mittelw.)	73,8 d	3	0,1091	1,12	Afterloading, manuelle Applikation
^{198}Au	960,7 (γ), 411,8 (β^-)	2,694 d	2,8	0,0545		Seeds
^{226}Ra	0,047–2,45 (0,83 MeV Mittelw.)	1626 a	13	0,197		Manuelle Applikation, nicht mehr in Verwendung

Gebiete. Diese sind bei der Brachytherapie wesentlich kleiner als bei der Teletherapie, was bei Behandlung mit Brachytherapie zur Schonung der Speicheldrüse beiträgt. Als weiterer Unterschied in den Dosisverteilungen ist festzustellen, dass die Brachytherapie im Zielvolumen eine sehr inhomogene Dosisverteilung mit starken Dosisüberhöhungen in der Nähe der Strahler erzeugt. (Die Strahlerstandorte sind im CT durch Röntgenmarker sichtbar gemacht, die man an den punktförmigen Metallartefakten erkennt.) Ein wesentliches Ziel der Bestrahlungsplanung ist es, die überdosierten Volumina klein und bei vergleichbaren Bestrahlungen reproduzierbar zu halten. Die Inhomogenität der Dosisverteilung hat zudem die Folge, dass die Ermittlung einer Dosis-Wirkungsbeziehung in der Brachytherapie schwieriger ist als in der Teletherapie.

Eine Schwierigkeit sowohl bei der systematischen Beschreibung als auch beim Erlernen der Brachytherapie besteht darin, dass jede Dosisverteilung aus einer Vielzahl von Kombinationen von Strahleranordnung und Strahlerstandzeiten erzeugt werden kann. Mathematisch wird die Dosis D in einem Punkt (x, y, z) durch die Lösung einer Gleichung mit den Variablen (Strahler-)Ort (x_i, y_i, z_i) und Standzeit t_i beschrieben. Für eine Anordnung mit n Strahlern gilt:

$$D(x, y, z) = \sum_{i=1}^{n} \dot{D}_i \cdot t_i \cdot [(x - x_i)^2 + (y - y_i)^2 + (z - z_i)^2]^{-1} \tag{27.1}$$

Der Strahler-abhängige Parameter der Gleichung ist die Dosisleistung $\dot{D}$. Es handelt sich dabei um eine unterbestimmte Gleichung mit im Prinzip unendlich vielen Lösungen. Diese algebraische Form weist bereits drauf hin, dass die Bestimmung der Strahleranordnung eine Optimierungsaufgabe ist, wie sie in modernen Bestrahlungsplanungssystemen behandelt wird. In der Praxis werden reproduzierbare Lösungen durch die Verwendung einer Vielzahl von technisch bedingt unterschiedlichen Applikationsformen und -techniken geschaffen, von denen nur die wichtigsten exemplarisch beschrieben werden sollen. Dieses Kapitel kann nur eine kurzgefasste Einführung in die Physik der Brachytherapie geben, die allerdings helfen soll, in die Arbeit in diesem Gebiet und in die wissenschaftliche Literatur einzusteigen. In einigen Abschnitten wird das zusätzliche Studium der Originalliteratur empfohlen. Ausführlichere Darstellungen der physikalischen Grundlagen der Brachytherapie finden sich

in den Lehrbüchern von Baltas et al. [10] und Venselaar et al. [113] sowie in den Berichtbänden der AAPM Sommerschulen 1994 und 2005 [109, 115]. Eine umfassende Darstellung der klinischen Brachytherapie gibt das GEC-ESTRO Handbook of Brachytherapy [45], dessen zweite Auflage (2016) nur in elektronischer Form zur Verfügung steht.

27.1 Physik der Brachytherapie

Die steilen Dosisgradienten um einen Brachytherapie-Strahler erfordern ein spezielles, von der Teletherapie abweichendes dosimetrisches Vorgehen. Der Dosisgradient beträgt in 1 cm von einer Punktquelle etwa 17 %/mm, so dass für eine Messung die Positionierung von Strahler und Detektor mit einer Präzision von 0,01 mm erfolgen muss, um eine Messunsicherheit von < 2 % zu erreichen. Zudem braucht der Detektor eine räumliche Auflösung in der gleichen Größe, um den Gradienten nachzuweisen. Dies alles macht ein routinemäßiges Ausmessen des Strahlungsfeldes, wie es in der Teletherapie üblich ist, impraktikabel. Weitere Unsicherheiten bei der Dosismessung werden im Abschnitt *Praktische Dosimetrie* beschrieben.

27.1.1 Strahler

Die heute in Brachytherapie-Strahlern gebräuchlichsten Radionuklide sind ^{192}Ir und ^{125}I, eine zunehmende Anwendung dürfte in nächster Zeit ^{60}Co finden. Tab. 27.1 führt eine Reihe von weiteren Strahlern mit ihren für die für die Brachytherapie wichtigsten physikalischen Eigenschaften und Anwendungen auf.

Tab. 27.2 zeigt einige Radionuklide, deren Nutzbarkeit für die Brachytherapie derzeit untersucht wird. Es handelt sich durchweg um NE- und ME-Strahler (siehe nächsten Abschnitt und Tab. 27.3). Das Interesse an diesen Radionukliden liegt hauptsächlich im erheblich geringeren Strahlenschutz, der bei ihrer Anwendung erforderlich wäre. Es ist jedoch fraglich, ob diese Strahler tatsächlich eine kommerzielle Verwendung finden werden. Gründe hierfür sind zum einen die kurzen Halbwertszeiten, die einen häufigen Strahlerwechsel erfordern und deshalb unwirtschaftlich sind. Für einige Radionuklide (^{170}Tm, ^{131}Cs) lassen sich aufgrund ihrer Kombination von maximal erzeugbarer

Tab. 27.2 Zurzeit experimentell untersuchte Brachytherapie-Photonenstrahler ($\overline{E}_N$, $t_{1/2}$, HVL, Γ_δ aus [10] Λ aus [112])

Radionuklid	Mittlere Photonen-energie (MeV)	$t_{1/2}$	HVL	Γ_δ	Λ	Anwendung
^{131}Cs	0,03	9,689 d	0,03	0,0151	1,05	Seeds[a]
^{169}Yb	0,093	32 d	0,23	0,0431	1,19	Afterloading[a]
^{170}Tm	0,066	128,6 d	0,17	0,00053		Afterloading[a]

[a] mögliche Anwendung wird untersucht

Tab. 27.3 HE-, ME- und NE-Photonen-Brachytherapie-Strahler

Energiebereich	Mittlere Energie der Fluenz-verteilung der Primärstrahlung	Radionuklid	Anwendung
Hochenergetische (HE) Photonen	$\overline{E}_N > 150$ keV	^{192}Ir, ^{60}Co, ^{137}Cs	Afterloading-Strahler
Mittelenergetische (ME) Photonen	50 keV $< \overline{E}_N < 150$ keV	^{186}Yb, ^{170}Tm	Experimentelle Strahler
Niederenergetische (NE) Photonen	$\overline{E}_N < 50$ keV	^{125}I, ^{103}Pd, ^{131}Cs	Seeds

Tab. 27.4 β^--emittierende Brachytherapie-Strahler (β-Energie, $t_{1/2}$ aus [96])

Radionuklid	β-Energie	$t_{1/2}$	Anwendung
^{90}Sr	546 keV	28,8 a	Kontaktbestrahlungen (Haut, Pterygium), radioaktive Kontrollpräparate
^{106}Ru/^{106}Rh	3451 keV/511,9 keV	372,6 d/29,8 s	Augenapplikatoren

spezifischer Aktivität und Energiedeposition pro Zerfall (d. h. ihrer Kermaleistungskonstante Γ_δ, siehe Abschn. 27.1.2.1: Spezifikation der Dosisleistung des Strahlers) nur Strahler mit einer äußerst kleinen Luftkerma-Stärke S_K (siehe Abschn. 27.1.2.3: Dosisberechnung nach TG-43) herstellen, die extrem lange Bestrahlungszeiten erfordern. Hinzu kommen die derzeit noch ungelösten Probleme in der Dosisberechnung für NE- und ME-Strahler.

Aufgrund der Energie der emittierten Strahlung werden die Radionuklide eingeteilt in hochenergetische (HE-)Strahler mit einer mittleren primären Photonenenergien (= mittlere Energie des Photonenspektrums an der Strahleroberfläche) $\overline{E}_N > 100$ keV, niederenergetische (NE-)Strahler mit $\overline{E}_N < 50$ keV und mittelenergetische (ME-)trahler mit 50 keV $< \overline{E}_N < 100$ keV. Einige gebräuchliche Radionuklide der drei Energieklassen und ihre Anwendung sind in Tab. 27.3 zusammengestellt.

Die häufigste Wechselwirkung der Photonen von hochenergetischen Strahlern mit gewebeähnlichen Materialien ist der Compton-Effekt, so dass die Dosisdeposition (= die Übertragung der Energie der Sekundärelektronen auf die Materie) nur wenig von der Ordnungszahl Z des Absorbermaterials abhängt. Die Photonen der NE-Strahler deponieren ihre Energie hauptsächlich durch den Photoeffekt, so dass ihre Schwächung stark material- und energieabhängig ist. Bei den ME-Strahlern ändert sich material- und energieabhängig die vorherrschende Wechselwirkung, so dass die Dosisdeposition schwierig zu modellieren ist.

Tab. 27.4 zeigt die Eigenschaften der heute in der Brachytherapie gebräuchlichen β-Strahler ^{90}Sr und ^{106}Ru. β-Strahler werden wegen der begrenzten Reichweite der Elektronen zur Therapie von oberflächlichen Tumoren verwendet, z. B. ^{90}Sr als Hautapplikatoren und ^{106}Ru in Augenapplikatoren. ^{90}Sr fand eine Zeit lang Verwendung in der Bestrahlung der Gefäßwand der Herzkranzgefäße.

Ein weiterer, in Europa bislang wenig in der Brachytherapie verbreiteter Strahlertyp sind niederenergetische (meist 50-keV-)

Röntgenstrahler wie der Xoft Axxent Strahler der Fa. Xoft (Xoft Inc. 345 Potero Ave. Sunnyvale, CA 94085, USA) sowie der Intrabeam Strahler der Fa. Zeiss (Carl Zeiss Meditec AG, Göschwitzer Str. 51–52, 07745 Jena)[1].

In der Brachytherapie werden durchweg umschlossene radioaktive Stoffe verwendet, d. h., das Radionuklid ist von einer inerten, biologisch verträglichen Metallhülle (meist Stahl, Ti oder einem Edelmetall wie Au oder Ag) umschlossen, die das Strahlungsspektrum filtert und verändert. Der technische Aufbau einiger Strahler ist in Abb. 27.3 gezeigt. Die Abbildung zeigt außerdem Dosisverteilungen in der Ebene der Längsachse der Strahler. Aufgrund der Selbstabsorption der Strahlung im Strahlermaterial selbst und in seiner Umhüllung ist die Dosisverteilung anisotrop, d. h., entlang der Längsachse eines zylinderförmigen Strahlers ist die Dosisleistung bei gleichem Abstand geringer als in der transversalen Richtung.

27.1.2 Dosimetrie der Brachytherapie-Strahler

Wegen der Schwierigkeiten beim dosimetrischen Ausmessen des Strahlungsfelds erfolgt für die medizinische Anwendung die Dosisbestimmung des einzelnen Strahlers und die Bestrahlungsplanung mit standardisierten Tabellenwerten, die für die gebräuchlichen kommerziell erhältlichen Strahlertypen durch Arbeitsgruppen der Medizinphysik-Gesellschaften (AAPM Task Group 43 (im weiteren als TG-43 abgekürzt), Braphyqs-Gruppe der ESTRO) geprüft und publiziert werden [85, 97].

---

[1] Das Intrabeam-System wird bislang hauptsächlich in der intraoperativen Strahlentherapie verwendet, Brachytherapie-Anwendungen mit speziellen Brachytherapie-Applikatoren sind allerdings möglich. Die Dosisberechnung für die kV-Röntgenstrahlung dieser Systeme unterscheidet sich jedoch wesentlich von den in diesem Kapitel beschriebenen Methoden. Eine Übersicht sowie Referenzen zu den physikalischen Aspekten der IORT sind in [57] zu finden.

Teil IV

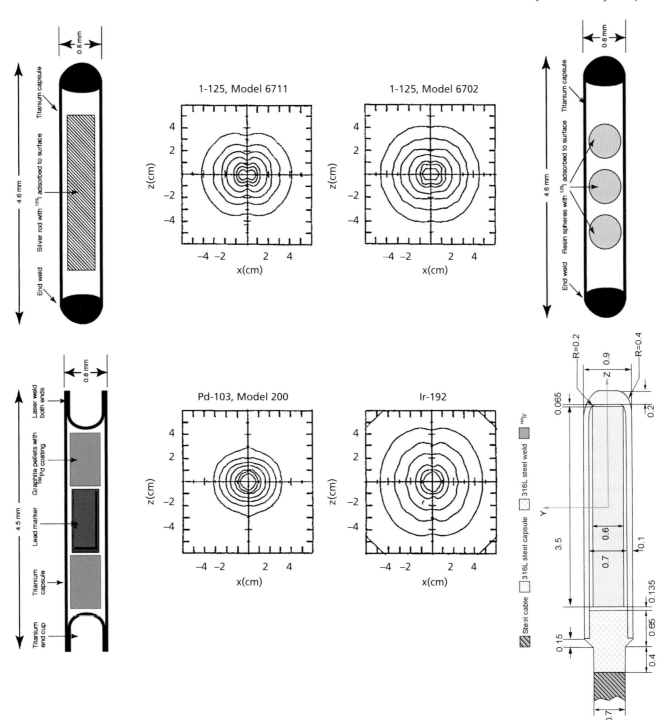

Abb. 27.3 Konstruktion von ausgesuchten Strahlertypen (^{125}I-Strahler Typ Amersham 6711 und 6702, ^{103}Pd-Strahler Typ Theragenics 200 und ^{192}Ir Typ Nucletron mHDR v2). Der unterschiedliche technische Aufbau zusammen mit den unterschiedlichen Energien der verschiedenen Radionuklide führt zu unterschiedlicher Selbstabsorption in den Strahlern und zu unterschiedlicher Anisotropie der Dosisverteilung. In den Dosisverteilungen sind (jeweils von außen nach innen) die Isodosen für Dosisleistungen von 2, 5, 10, 20, 50, 100 und 200 cGy/h gezeigt. (Abbildung aus [97] und [112]. © 2017 John Wiley & Sons, Inc. und J. Pérez-Calatayud, Hospital Universitario y Politecnico La Fe)

27.1.2.1 Spezifikation der Dosisleistung des Strahlers: Strahlerstärke

Verschiedene Strahlertypen unterscheiden sich durch das enthaltene Radionuklid und durch ihren technischen Aufbau. Die Standardtabellen des TG-43-Formalismus enthalten Parameter, welche die relative Dosisverteilung um den jeweiligen Strahlertyp beschreiben. Die absolute Dosisleistung an einem bestimmten Punkt um den Strahler wird dann zusätzlich durch die im Strahler enthaltene Aktivität bestimmt. Diese wird durch die aktuelle Strahlerstärke beschrieben. Die Spezifikation der Strahlerstärke erfolgt durch Angabe der Referenz-Luftkermaleistung des Strahlers. Als Referenz-Luftkermaleistung $\dot{K}_{a,0}$ wird die Kermaleistung des Strahlers an ein infinitesimales Luftvolumen im Umgebungsmedium Vakuum (d. h. ohne Absorption und Streuung der Strahlung auf dem Weg zwischen Strahler und Referenzpunkt) in 1 m Abstand vom Schwerpunkt der Verteilung der Aktivität auf der Querachse des Strahlers angegeben.

$$\dot{K}_{a,0} = \text{Luftkermaleistung } \dot{K}_a \text{ in 1 m Abstand vom Strahler.}$$

Die Strahlerstärke wird für jeden Strahler durch den Hersteller gemessen, in einem Strahlerzertifikat dokumentiert und durch den anwendenden Medizinphysiker nachgemessen.

Der physikalische Zusammenhang zwischen enthaltener Aktivität A und Luftkermaleistung wird durch die Kermaleistungskonstante Γ_δ beschrieben. Für einen Punktstrahler gilt:

$$\Gamma_\delta = \frac{r^2 \cdot \dot{K}_{a,\delta}}{A}, \qquad (27.2)$$

wobei r der Abstand zwischen Strahler und Messort im freien Raum (Vakuum) ist. Mit Γ_δ in den Einheiten $\text{J kg}^{-1} \text{m}^2 \text{h}^{-1} \text{GBq}^{-1}$ bzw. in $\text{Gy m}^2 \text{h}^{-1} \text{GBq}^{-1}$ (Aktivität in GBq, Abstand r in m) ergibt sich $\dot{K}_a$ in Gy/h. Γ_δ lässt sich für einen punktförmigen Strahler als über den Raumwinkel (4π) gemittelte Summe der Energieübertragungen in Luft aus sämtlichen pro Zeiteinheit vom Strahler emittierten Photonen berechnen:

$$\Gamma_\delta = \left(\frac{1}{4\pi}\right) \sum_i n_i E_i \left(\frac{\mu_{\text{tr}}}{\rho}\right)_{a,E_i} \qquad (27.3)$$

Hierbei ist n_i die Zahl der pro Zerfall des Strahlers emittierten Photonen der Energie E_i (mit $E_i > \delta$) und $(\mu_{\text{tr}}/\rho)_{a,E_i}$ der Massen-Energietransferkoeffizient in Luft für die Photonenenergie E_i. Die Abschneideenergie δ (von ca. 5 keV) schließt niederenergetische Photonen aus, die bei einem umschlossenen Strahler bereits durch die Strahlerumhüllung absorbiert werden, sowie niederenergetische Fluoreszenzstrahlung aus der Strahlerumhüllung, die zwar zur Luftkerma in einer Vakuumumgebung beitragen würde (da die niederenergetische Strahlung im Vakuum nicht absorbiert wird), aber nicht zur Wasserenergiedosis in Abständen $\gtrsim$ 1 mm von der Strahleroberfläche.[2]

In einem realen, ausgedehnten Strahler wird man aufgrund der Selbstabsorption der Strahlung im Strahlermaterial selbst und in

seiner Umhüllung eine geringere Kermaleistung im Messvolumen feststellen, als es der tatsächlich im Strahler enthaltenen Aktivität entsprechen würde. Eine gemessene Kermaleistung entspricht deshalb einer geringeren, der sogenannten *scheinbaren Aktivität*. Diese ist von Aktivitätsverteilung und Aufbau des individuellen Strahlers abhängig. Wegen dieser Bauartabhängigkeit in der Beziehung zwischen Γ_δ und scheinbarer Aktivität wird in der Praxis zur Beschreibung der Dosisleistung des Strahlers (Strahlerspezifikation) und zur Dosisberechnung die messbare Referenz-Luftkermaleistung $\dot{K}_{a,\delta}(r_0)$ im Referenzabstand $r_0 = 1$ m verwendet. Tab. 27.1 gibt Γ_δ für Punktstrahler der heute in der Brachytherapie verwendeten Radionuklide an [10, 67, 96].

Korrektion für den radioaktiven Zerfall Aus der im Kalibrierzertifikat für das Kalibrierdatum t_0 angegebenen Referenz-Luftkermaleistung wird die zum Berechnungszeitpunkt t aktuelle Luftkermaleistung entsprechend dem radioaktiven Zerfall des jeweiligen Radionuklids berechnet:

$$\dot{K}_a(t) = \dot{K}_a(t_0) \cdot e^{(-\ln 2/t_{1/2})\cdot(t-t_0)}, \qquad (27.4)$$

wobei $t_{1/2}$ die Halbwertszeit des Radionuklids ist.

27.1.2.2 Dosisberechnung: physikalischer Formalismus

Zur Planung der Brachytherapie wird die Kenntnis der Wasser-Energiedosisleistung D_W des Strahlers in Abständen r von ca. 1 mm bis 20 cm vom Strahler benötigt. Unterhalb 1 mm wird die Unsicherheit zu groß, um eine sinnvolle Dosisberechnung zu erlauben (im Übrigen würde ein Punkt in diesem Abstand im Strahler selbst bzw. im Applikator liegen), über 20 cm ist der Dosisbeitrag klein und für den Patienten kaum von Bedeutung. Die Wasserenergie-Dosisleistung im Abstand r von einem idealen punktförmigen Strahler errechnet sich aus der Referenz-Kermaleistung nach der Beziehung:

$$\dot{D}_W(r) = \dot{K}_a(r_0) \cdot \left(\frac{r_0}{r}\right)^2 \cdot (\mu_{\text{tr}}/\rho)_a^W \cdot (1 - g_a) \cdot k_r(r) \quad (27.5)$$

Hierbei wird die Luftkermaleistung $\dot{K}_a(r_0)$ zunächst mit $(r_0/r)^2$ vom Referenzabstand r in $\dot{K}_a(r)$ im interessierenden Abstand r umgerechnet. Durch Multiplikation mit $(\mu_{\text{tr}}/\rho)_a^W$, dem Verhältnis der über das Spektrum der Strahlung (am Ort von r) summierten Massen-Energieübertragungskoeffizienten in Wasser zur Summe in Luft, ergibt sich die Kermaleistung in Wasser. Mit dem Faktor $(1 - g_a)$ wird die von der Strahlung in Luft als Bremsstrahlung erfolgte Energieübertragung abgezogen, die in der Luftkerma enthalten ist, aber nicht zur Dosis beiträgt. Mit der Korrektion $k_r(r)$ wird die in der Kerma fehlende Streustrahlung und die Absorptionsverluste der Primärstrahlung im Umgebungsmaterial Wasser entlang der Weglänge r korrigiert und somit aus der Wasser-Kermaleistung die Wasser-Energiedosisleistung berechnet. Die Korrektionsfaktoren $k_r(r)$ wurden von verschiedenen Autoren empirisch bestimmt. Ihre Abstandsabhängigkeit wird meist in Form von Polynomen des Abstands r beschrieben (sogenannte Meisberger-Polynome) [14, 25, 70, 78, 80].

---

[2] Dieser Ausschluss niederenergetischer Strahlung hat zur Folge, dass die Dosisberechnung nach den hier beschriebenen Formalismen in unmittelbarer Nähe zur Strahleroberfläche falsch sein kann. Eine zweite wesentliche Ursache für die Unsicherheit an der Oberfläche ist das Versagen der Kermaextrapolation mit dem Abstandsquadrat, da der Strahler in kleinen Abständen immer weniger als punktförmig erscheint.

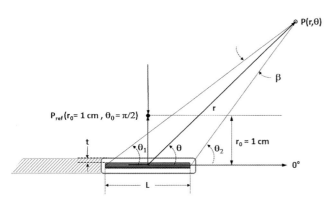

Abb. 27.4 Polarkoordinatensystem zur Berechnung der Dosisleistung eines Strahlers im Punkt $P(r, \theta)$ mit dem Sievert-Integral und nach TG-43. In den TG-43-Basisdaten ist die Dosisleistung des Strahlers im Punkt $P_{ref}(r_0 = 1\,\text{cm}, \theta_0 = \pi/2)$ spezifiziert. Für einen Afterloading-Strahler deutet das Strahlerkabel in Richtung des Polarwinkels $\theta = 180°$, so dass bei $\theta > 90°$ kleinere Dosisleistungen auftreten als bei $\theta < 90°$. Die Anisotropiefunktion ist deshalb für diese Strahler asymmetrisch

Sievert-Integral Zur Berechnung der Dosisverteilung eines ausgedehnten umschlossenen Strahlers in Wasser muss die Absorption der Strahlung im Strahlermaterial selbst sowie in seiner Umhüllung berücksichtigt werden. Die Dosisleistung in einem Punkt $P = (r, \theta)$ muss durch Integration der geschwächten Dosisleistung über die gesamte Länge des Strahlers berechnet werden. Mit den bisher definierten Parametern ergibt das sogenannte Sievert-Integral [102] nur eine angenäherte Lösung dieses Problems, da $\dot{K}_a(r_0)$ und die Streu- und Absorptionskorrektur $k_r(r)$ bereits die Selbstabsorption des Strahlers sowie die daraus resultierende Änderung des Strahlungsspektrums enthalten:

$$\dot{D}_w(r, \theta) \approx \frac{\dot{K}_a(r_0)}{L \cdot h} \cdot \left(\frac{r_0}{r}\right)^2 \cdot \frac{(\mu_{tr}/\rho)_{H_2O}}{(\mu_{tr}/\rho)_a}(1 - g_a)$$
$$\cdot\, e^{\mu_{H,S} \cdot t} \cdot \int\limits_{\theta_1}^{\theta_2} e^{-\mu_{H,S} \cdot d / \cos\theta'} \cdot k(r) d\theta' \qquad (27.6)$$

Hierin ist L die Länge der Aktivitätsverteilung, h der radiale Abstand des Punktes P von der Strahlerachse, d der halbe Durchmesser des Strahlers (aktiver Strahlerkern plus Umhüllung) und $\mu_{H,S}$ ein effektiver Schwächungskoeffizient für Hülle plus Strahler (siehe Abb. 27.4). Die Berechnung des Sievert-Integrals erfolgt heute meist durch Monte-Carlo-Simulation [116], Tabellen zur Berechnung finden sich z. B. in [101]. Für die kurzen Afterloading-Strahler und für Seeds ist die Selbstabsorption in der Anisotropie-Korrektur des TG-43-Formalismus enthalten.

Durch die Selbstabsorption in einem ausgedehnten Strahler entsteht eine anisotrope Dosisverteilung, wie sie in Abb. 27.3 beispielhaft für einige Strahler gezeigt wird. In der Dosisberechnung wird dieser Effekt durch eine Anisotropiekorrektur $F(r, \theta)$ (siehe Abschn. 27.1.2.3: Dosisberechnung nach TG-43) korrigiert.

27.1.2.3 Dosisberechnung nach TG-43:

In den Bestrahlungsplanungssystemen erfolgt die Dosisberechnung heute meist nach einem Formalismus mit standardisierten Daten, der von der Interstitial Collaborative Working Group (ICWG) entwickelt [6] und von der Task Group Nr. 43 der AAPM im Jahre 1995 veröffentlicht (TG-43) [85] und 2004 (TG-43 U1) [97] nochmals revidiert wurde. Die Gültigkeit des Formalismus und der empfohlenen Datensätze wurde durch Arbeitsgruppen der AAPM und ESTRO (LEBD: Low Energy Brachytherapy Source Dosimetry Working Group, HEBD: High Energy Brachytherapy Source Dosimetry Working Group) evaluiert [92].

Zur Beschreibung der Dosisverteilung wird der Strahler in ein System von Polarkoordinaten gelegt (Abb. 27.4).

Der Ursprung des Koordinatensystems liegt auf der Strahlerlängsachse im geometrischen Mittelpunkt des Strahlers. In einem Punkt $P(r, \theta)$ mit Abstand r von der Strahlermitte und Polarwinkel θ vom Ursprung wird die Dosisleistung berechnet mit der Gleichung:

$$\dot{D}(r, \theta) = S_K \cdot \Lambda \cdot \frac{G(r, \theta)}{G(r_0, \theta_0)} \cdot g(r) \cdot F(r, \theta) \qquad (27.7)$$

TG-43 verwendet im Prinzip die gleichen Berechnungsschritte, wie sie für Gl. 27.5 beschrieben wurden, führt jedoch eine Reihe von neu definierten Parametern ein. Die Parameter werden im Folgenden diskutiert.

TG-43-Referenzpunkt Alle Daten des TG-43-Formalismus beziehen sich auf den TG-43-Referenzpunkt,

$$P_{ref} = P_{ref}(r_0 = 1\,\text{cm}, \theta_0 = \pi/2), \qquad (27.8)$$

die radiale Dosisfunktion und Anisotropiefunktion sind dort normiert.

Luftkerma-Stärke S_K Die Strahlerspezifikation wird im TG-43-Formalismus als abstandsunabhängige Luftkerma-Stärke (Air Kerma Strength)

$$S_K = \dot{K}_{a,\delta}(d) \cdot d^2 \qquad (27.9)$$

angegeben. Die im TG-43-Formalismus verwendete standardisierte Einheit für S_K ist $1\,\text{U} = 1\,\mu\text{Gy}\,\text{m}^{-2}\,\text{h}^{-1} = 1\,\text{cGy}\,\text{cm}^{-2}\,\text{h}^{-1}$.

Dosisleistungskoeffizient Λ Der Dosisleistungskoeffizient (Dose Rate Constant) Λ in Gl. 27.7 ist das Verhältnis der Dosisleistung im Referenzpunkt P_{ref} zur Luftkerma-Stärke S_K

$$\Lambda = \frac{\dot{D}(r_0, \theta_0)}{S_K} \qquad (27.10)$$

und ersetzt die Umrechnung von Luftkerma in Wasserenergiedosis über die Massen-Energieabsorptionskoeffizienten.

Teil IV

g(r)
verschiedene Strahlertypen und Radionuklide

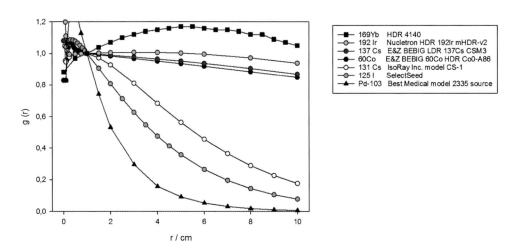

Abb. 27.5 Radiale Dosisfunktion $g(r)$ für beispielhaft ausgewählte Typen von kommerziell erhältlichen Brachytherapie-Strahlern mit verschiedenen Radionukliden. (Daten aus der GEC-ESTRO-TG-43-Strahlerdatenbank [112])

Geometriefunktion $G(r, \theta)$ Die Geometriefunktion $G(r, \theta)$ beschreibt die geometrische Abhängigkeit der Dosisleistung um einen ausgedehnten Strahler mit der Form des aktiven Strahlerkerns. Diese ist sowohl abstands- als auch polarwinkelabhängig und ersetzt das Abstandsquadratgesetz bei einem punktförmigen Strahler. Im ersten Bericht der TG-43 wird die Geometriefunktion $G(r, \theta)$ noch als Integral des $1/r^2$-Gesetzes über die gesamte Aktivitätsverteilung des Strahlers definiert:

$$G(r, \theta) = \frac{\int_V [\rho(r') dV' / |r - r'|^2]}{\int_V \rho(r') dV'}, \qquad (27.11)$$

wobei $\rho(r')$ die Aktivitätsdichte im Punkt $P(r')$ in einem Volumenelement dV' innerhalb des Volumens V ist, welches die Aktivitätsverteilung enthält (aktiver Strahlerkern); $|r' - r|$ ist der Abstand des zu berechnenden Punktes $P(r, \theta)$ von $P(r')$.

Die Integrale in der obigen Formel können für einen punktförmigen oder einen linienförmigen Strahler (Form des aktiven Strahlerkerns) wie folgt analytisch errechnet werde.

Punktförmiger Strahler:

$$G_p(r, \theta) = r^{-2}, \qquad (27.12)$$

bzw. linienförmiger Strahler:

$$G_L(r, \theta) = \begin{cases} \frac{\beta}{L \cdot r \cdot \sin \theta} & \theta \neq 0° \\ (r^2 - \frac{L^2}{4})^{-1} & \theta = 0° \end{cases} \qquad (27.13)$$

für einen ausgedehnten Strahler der Länge L, der von $P(r, \theta)$ aus gesehen einen Winkel β (in Radiant, siehe Abb. 27.4) einnimmt. Diese Näherungen gelten für einen „Linien"-Strahler mit homogener Aktivitätsverteilung. Der zylinderförmige aktive Strahlerkern (aller HDR-, PDR-Strahler und vieler Seeds) wird von TG-43 als linienförmiger Strahler approximiert.

Radiale Dosisfunktion $g(r)$ Die radiale Dosisfunktion $g(r)$ beschreibt den Verlauf der Dosisleistung entlang der transversalen Achse des Strahlers aufgrund von Schwächung und Streuung der Photonen in Wasser unter Ausschluss der geometrischen Abstandsabhängigkeit. Sie ist definiert als:

$$g(r) = \frac{\dot{D}(r, \theta_0)}{\dot{D}(r_0, \theta_0)} \cdot \frac{G(r_0, \theta_0)}{G(r, \theta_0)}. \qquad (27.14)$$

Für die linienförmige Approximation gilt:

$$g_L(r) = \frac{\dot{D}(r, \theta_0)}{\dot{D}(r_0, \theta_0)} \cdot \frac{G_L(r_0, \theta_0)}{G_L(r, \theta_0)} \qquad (27.15)$$

Der Index L gibt an, dass $g_L(r)$ unter Verwendung der Geometriefunktion $G_L(r, \theta)$ für einen linienförmigen Strahler berechnet wurde. Analog kann für eine Punktstrahler-Näherung eine radiale Dosisfunktion $g_p(r)$ unter Verwendung von $G_p(r, \theta)$ berechnet werden. Die radiale Dosisfunktion ersetzt die Streu- und Absorptionskorrektur-Faktoren $k_r(r)$ des oben beschriebenen klassischen Formalismus. TG-43 legt jedoch fest, dass die Umrechnung von Luftkerma in Wasserenergiedosis einmalig über den Dosisleistungskoeffizienten Λ im Referenzpunkt $P_{\text{ref}}(r_0, \theta_0)$ erfolgt. Die Bestimmung der radialen Dosisfunktion und Anisotropiefunktion erfolgt deshalb aus Wasser-Energiedosisleistungen, die im Prinzip messbar sind. Abb. 27.5 zeigt radiale Dosisfunktionen für eine Reihe von beispielhaft ausgewählten kommerziell erhältlichen Strahlertypen mit verschiedenen Radionukliden.

Anisotropiefunktion $F(r, \theta)$ Die Anisotropiefunktion beschreibt den Effekt der Schwächung und Streuung durch den aktiven Strahlerkern und durch die Umhüllung auf die Dosisleistung. Die Funktion ist abstands- und winkelabhängig und

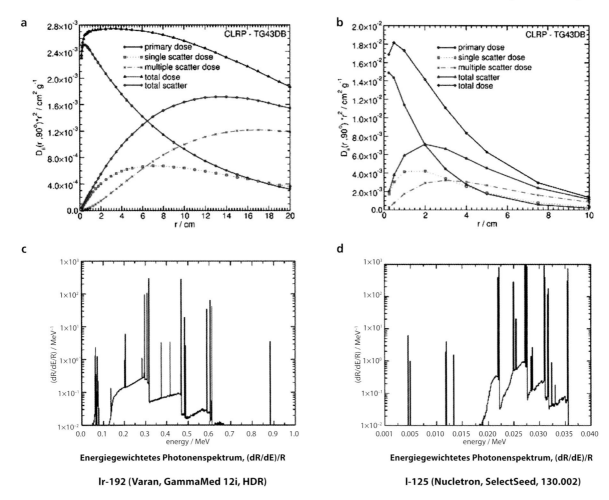

Abb. 27.6 Zusammensetzung der Wasser-Energiedosis von Brachytherapie-Strahlern aus Primär- und Streudosis. Für die Gesamt-Streudosis ist zusätzlich der Anteil aus Einfach- und Mehrfachstreuung dargestellt. **a** Primäres Photonenspektrum an der Oberfläche eines Ir-192-Strahlers (Typ: Varian GammaMed 12i HDR) **b** Primäres Photonenspektrum an der Oberfläche eines J-125-Strahler (Typ: Nucletron SelectSeed). In den Spektren ist der Anteil der Strahlungsenergie dR im Energieintervall dE normiert auf die gesamte vom Strahler pro Zerfall ausgesandte Strahlungsenergie R. **c, d** Zusammensetzung der Wasserenergiedosis der beiden Strahler in Abhängigkeit des Abstands vom Strahler in Wasser entlang der radialen Strahlerachse. In den Diagrammen ist der Dosisabfall nach $1/r^2$ herausgekürzt. (Abbildung aus [106]. © 2017 D. Rogers, Carleton Labortory for Radiotherapy Physics, Carleton University, Ottawa, Canada) Hinweis: da Strahleraufbau und Spektren in der Carleton Datenbank [106] ständig aktualisiert werden, sollten hierzu quantitative Informationen immer direkt der aktuellen Datenbank-Version entnommen werden

definiert als

$$F(r,\theta) = \frac{\dot{D}(r,\theta)}{\dot{D}(r,\theta_0)} \cdot \frac{G_L(r,\theta_0)}{G_L(r,\theta)}. \qquad (27.16)$$

Sie beschreibt die anisotrope Dosisverteilung eines länglich ausgedehnten Strahlers als Verhältnis der Dosisleistungen im Rechenpunkt zu einem Punkt gleicher Entfernung von der Strahlermitte auf der radialen Achse (bei θ_0) und kann somit zusammen mit der eindimensional auf der Radialachse geltenden Funktion $g_L(r)$ bestimmt werden. Definitionsgemäß ist $F(r,\theta)$ in der Transversalebene des Strahlers gleich 1,0: $F(r,\theta_0) = 1,0$.

Datensätze für den TG-43-Formalismus Parameterwerte für den TG-43-Formalismus stammen aus Messungen und Monte-Carlo-Simulationen der Dosisverteilung um kommerziell erhältliche Brachytherapie-Strahler. Die verfügbaren Datensätze werden von gemeinsamen Arbeitsgruppen der AAPM und der Physik-Arbeitsgruppe Braphyqs der Europäischen Gesellschaft für Radioonkologie ESTRO geprüft und als sogenannte Konsensus-Datensätze veröffentlicht [92]. Geprüfte Strahler mit verfügbaren Datensätzen werden im Strahlerregister des Radiological Physics Center der AAPM [3] eingetragen, die TG-43-Datensätze werden in zwei über das Internet zugänglichen Datenbanken der Carleton-Universität in Ottawa [106] und der Braphyqs Database der Universität Valencia [112] veröffentlicht.

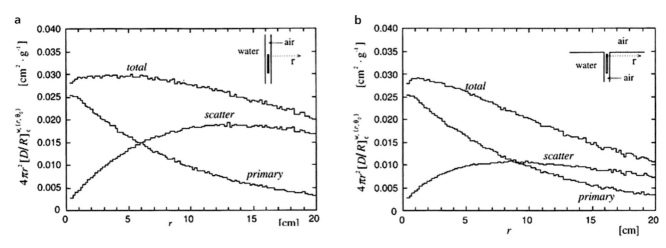

Abb. 27.7 Mit Monte-Carlo-Rechnung simulierte Zusammensetzung der Dosis eines ^{192}Ir-Strahlers. Der Strahler ist enthalten in einem Nylonkatheter, der **a** im Zentrum eines zylindrischen Wasserphantoms mit 80 cm Durchmesser und 80 cm Höhe und **b** 5 mm unter der Wasseroberfläche eines ebenso dimensionierten Phantoms liegt. Die Anteile der Gesamt-, Primär- und Streudosis sind gegen den radialen Abstand vom Strahler in der Mitte der Strahlers aufgetragen (gezeigt in den eingesetzten Skizzen). (Abbildung aus [98]. © 2017 Institute of Physics and Engineering in Medicine. Reproduced by permission of IOP Publishing. All rights reserved)

Grenzen des TG-43-Formalismus Die offensichtliche Schwäche des TG-43-Formalismus ist, dass die Dosisleistung in einer reinen Wasserumgebung ohne Berücksichtigung von Inhomogenitäten berechnet wird. (Die Berechnung erfolgt meist in einem Wasserphantom mit 80 cm Durchmesser. Dies erfüllt für hochenergetische Strahler für Abstände $r \leq 20$ cm die Bedingungen vollständiger Streuung. Realistische Dosisleistungen für kleinere Phantome können von den nach TG-43 berechneten abweichen [92].) Wegen der geringen Abhängigkeit des Compton-Effekts von der Kernladung Z ist diese Näherung für hochenergetische Strahler wie ^{192}Ir in den meisten Fällen akzeptabel, führt aber für niederenergetische Strahler, für welche die Dosis hauptsächlich als Folge des Z-abhängigen Photoeffekts übertragen wird, zu großen Unsicherheiten. Abb. 27.5 zeigt, dass $g_L(r)$ für ^{192}Ir im Bereich 0,5–10 cm trotz der Schwächung im Wasser praktisch konstant ist. Die Ursache hierfür ist in Abb. 27.6 zu sehen, in der im gleichen Bereich die Zusammensetzung der Dosis aus Primär- und Streustrahlung aufgetragen ist: Die Abnahme der Primärstrahlung aufgrund der Schwächung im Wasser wird weitgehend durch die Zunahme der Streustrahlung kompensiert. Der Dosisgradient wird deshalb (in Abständen $r \gg 2 \cdot L$, wobei L die Länge des aktiven Strahlerkerns ist) hauptsächlich durch die geometrische Abstandsabhängigkeit $1/r^2$ bestimmt. Da die wichtigste Photonenwechselwirkung mit Wasser (und gewebeähnlichen Materialien) bei hochenergetischen Strahlern der Compton-Effekt ist, der nur wenig von der Ordnungszahl des schwächenden Materials abhängt, hat auch $g_L(r)$ nur eine geringe Materialabhängigkeit. Zudem sind Brachytherapie-Applikationen in der Regel so angelegt, dass sowohl Strahlerort als auch Dosisaufpunkt im wasserähnlichen Weichteilgewebe liegen. Die Strahlung muss deshalb im Gegensatz zur Teletherapie keine nicht-wasserähnlichen Inhomogenitäten durchdringen, um zum Dosisort zu gelangen (Ausnahme: Applikator und bei Seeds-Bestrahlungen: andere Strahler). Für niederenergetische

Strahler, wo der Photoeffekt mit einer Materialabhängigkeit $\sim Z^3$ vorherrscht, führt die Berechnung auf der Basis von Dosisverteilungen in Wasser zu größeren Unsicherheiten. Wie Abb. 27.6 zeigt, wird für [125]I $g_L(r)$ die Gesamtdosis in Wasser überwiegend von der Schwächung der Primärstrahlung bestimmt. Die Abbildung zeigt zusätzlich die energiegewichteten Photonenspektren an der Oberfläche von zwei Brachytherapie-Strahlern mit den Radionukliden ^{192}Ir und [125]I.

Eine der bedeutenden Unsicherheiten des Formalismus ist die inkorrekte Berücksichtigung von fehlender Streustrahlung bei Bestrahlungen in der Nähe der Oberfläche. Abb. 27.7 zeigt die unterschiedliche Zusammensetzung der Dosisleistung eines ^{192}Ir-Strahlers im umgebenden Wasser, wenn er entweder in unendlicher Wasserumgebung (Abb. 27.7a) oder in 5 mm Tiefe unter der Oberfläche eines Wasserphantoms liegt (Abb. 27.7b). Aufgrund fehlender Streustrahlung ist die Dosisleistung in Wasser in 1 cm Entfernung im Wasser um 1,4 %, in 5 cm 11,5 % und in 10 cm 27 % geringer als die eines vollständig von Wasser umgebenen Strahlers [98]. Ähnliche Fehlberechnungen treten in der Nähe von massiven Streukörpern wie z. B. Abschirmungen im Applikator auf. Derartige Fehlberechnungen werden durch neue, auf physikalischen Modellen der Strahlungswechselwirkung basierende Rechenalgorithmen verringert. Modellbasierte Algorithmen wie Separations-/Superpositions-Modelle, welche die Primär- und Sekundärstrahlung getrennt berechnen und anschließend addieren [98] (z. B. der Collapsed Cone Algorithmus [22]), rastergestützte Lösungen der Boltzmann-Gleichung für den Strahlungstransport [1] oder auch Monte-Carlo-Rechnungen sind in Entwicklung und sind zum Teil bereits in kommerzielle Bestrahlungsplanungssysteme implementiert worden. Die Entwicklung und Umsetzung sowie Methoden zur Kommissionierung und Verifikation dieser neuen Rechenverfahren wird fortlaufend durch die Task Group 186 der AAPM untersucht [12].

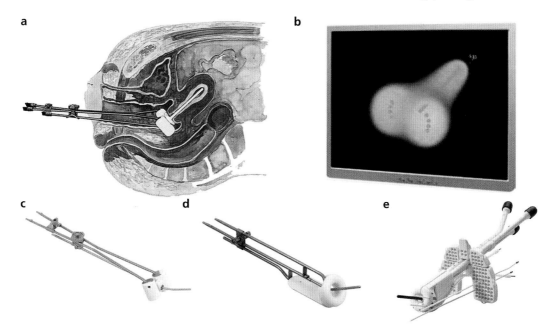

Abb. 27.8 Applikatoren zur Bestrahlung des Cervix-Karzinoms. **a** Anatomische Anordnung eines Fletcher-Applikators zur Bestrahlung eines Cervix-Karzinoms, **b** Schematische birnenförmige Dosisverteilung eines Fletcher- oder Ring-Stift-Applikators („Manchester-Verteilung"), **c** Fletcher-Applikator, **d** Ring-Stift-Applikator, **e** Moderner Ring-Stift-Applikator mit Führungsschablone („Template") zum Einsetzen zusätzlicher interstitieller Kunststoffnadeln zur Erweiterung der Dosisverteilung bei Patientinnen mit Tumorbefall außerhalb der klassischen „Manchester-Dosisverteilung". Zur Anwendbarkeit in der MR-gestützten Bestrahlungsplanung sind die modernen MR-tauglichen Applikatoren aus Kunststoff oder Titan angefertigt. (© 2018 Elekta | Nucletron B.V., Veenendaal, Niederlande)

27.2 Bestrahlungsplanung beim Nachladeverfahren³

Die Abdeckung eines ausgedehnten Zielvolumens mit ausreichender Strahlendosis erfolgt durch Einbringen einer Vielzahl von räumlich geeignet verteilten Strahlerpositionen in das Gewebe des Zielvolumens. Die Planung und Vorbereitung der Bestrahlung erfolgt in 3 Schritten:

1. Ermittlung einer geeigneten Applikationsgeometrie, um eine geeignete Verteilung der Strahlerpositionen zu ermöglichen, und Einlegen der Applikatoren.
2. Rekonstruktion der Applikationsgeometrie aufgrund von CT-, MR-, Radiographie- oder Ultraschallaufnahmen.
3. Festlegung der Strahlerpositionen und Standzeiten. Schritt 2 und 3 erfolgen meist mit computergestützten Bestrahlungsplanungssystemen.

Im Afterloading-Verfahren (Nachladeverfahren) werden zunächst vorgefertigte Applikatoren oder Katheter in das Zielgebiet eingebracht, in die nach der Bestrahlungsplanung die Strahlungsquelle mit einem fernbedienten Afterloading-Gerät eingefahren wird. Das Afterloading-Gerät wird über Transferschläuche an den Applikator angeschlossen. Moderne Afterloading-

Geräte haben nur einen einzigen Strahler, der am Ende eines Transportkabels angeschweißt ist (Abb. 27.20). Mit einem Schrittmotor wird das Kabel von seiner Aufbewahrungsrolle abgerollt, so dass der Strahler aus dem Strahlenschutz-Tresor über eine Weiche in verschiedene Kanäle geschoben und von dort über Transferschläuche bis in den Applikator gefahren wird.

27.2.1 Applikatoren

Im Afterloadingverfahren werden zuerst Applikatoren in das Gewebe eingebracht, in welche dann nachträglich ohne Strahlenbelastung des Personals der/die Strahler eingefahren werden. Die Geometrie der Applikatoren ist der Anatomie und der gewünschten Dosisverteilung angepasst und gibt die geometrische Anordnung der möglichen Strahlerpositionen vor.

27.2.1.1 Gynäkologische Applikatoren

In der Therapie des Cervix-Karzinoms und anderer Tumoren am Uterus werden häufig Fletcher- Applikatoren (Abb. 27.8) eingesetzt. Ein Kanal wird in der Uterushöhle eingebracht und erzeugt eine zylinderförmige Dosisverteilung zur Abdeckung des Uteruskörpers. In zwei weiteren Kanälen werden Strahlerpositionen vor den Muttermund gelegt, um hier die Dosisverteilung zu verbreitern und das befallene Gebiet am Muttermund (Cervix) und Umgebung abzudecken. Um hohe Kontaktdosen an der Cervix-Schleimhaut zu verhindern, liegen die Kanäle

---

³ In diesem Abschnitt wird die Bestrahlungsplanung für das heute übliche Nachladeverfahren mit schrittbewegten HDR-Strahlern oder LDR-Strahlern und Seeds beschrieben. Die zukunftsweisende fortgeschrittene Bestrahlungsplanung für die Behandlung der Prostata mit permanenten Seeds- oder auch temporären HDR-Implantaten wird im Abschn. 27.8.2 beschrieben.

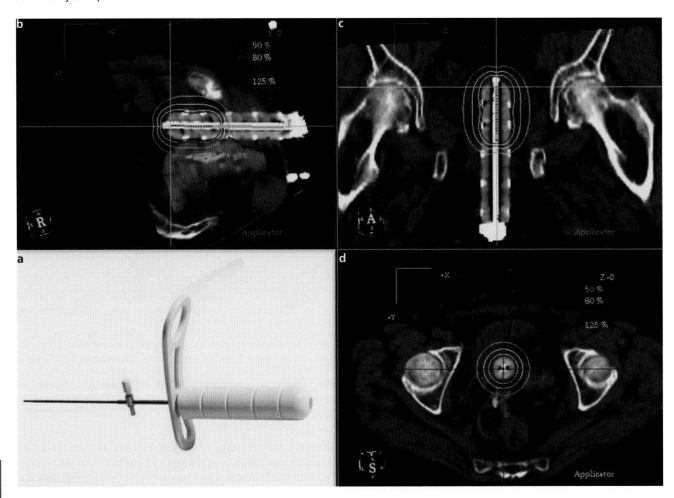

Abb. 27.9 Vaginalzylinder. **a** Applikator, **b–d** CT-gestützter Bestrahlungsplan mit eingelegtem Vaginalzylinder. Der Referenzpunkt der Dosis liegt in 5 mm Abstand von der Applikator-Oberfläche in der Mitte der beladenen Strecke. In **b** und **d** sind die als Risikoorgane segmentierten Enddarmabschnitte Rektum und Sigma sichtbar (**a**: © 2018 Elekta I Nucletron B.V., Veenendaal, Niederlande)

vor der Cervix in zylindrischen Kunststoffumhüllungen („Ovoide"). Abb. 27.8a zeigt in einer anatomischen Schnittzeichnung einen Fletcher-Applikator, Abb. 27.8b den Fletcher-Applikator allein und Abb. 27.8c die resultierende Dosisverteilung. Die Zylinder können Abschirmungen/Abschirmsegmente enthalten, die die Dosis am Rektum verringern. Der Ring-Stift-Applikator (Abb. 27.8d) erzeugt vergleichbare Dosisverteilungen, indem er die beiden Kanäle vor der Cervix durch einen einzelnen ringförmigen Kanal ersetzt. Der Ring erlaubt die Beladung von mehr Positionen ventral und dorsal der Cervix und somit eine größere Variabilität der Dosisverteilung.

Vaginalzylinder werden meist zur prophylaktischen Bestrahlung der Vaginalschleimhaut bei Uterus-/Cervixkarzinomen eingesetzt. In den meisten Fällen erfolgt diese Bestrahlung nach operativer Entfernung des Uterus, so dass der verbleibende Vaginalstumpf wesentliches Zielgebiet ist. Ein einziger, gerader Kanal liegt in einem zylinderförmigen Abstandhalter. Der Zylinder spannt die sonst faltige Vaginalschleimhaut glatt auf der Oberfläche auf. Dadurch liegt die Schleimhaut in konstantem Abstand vom zentralen Strahlerkanal. Die Dosierung erfolgt in der Regel einfach in 5 mm Abstand von der Applikatorober-

fläche in der Mitte der aktiven Länge. Abb. 27.9 zeigt einen Vaginalzylinder sowie seinen Einsatz in einem CT-Schnitt.

Da die gynäkologischen Applikatoren durch den Hohlraum der Vagina eingebracht werden, bezeichnet man die Therapie mit ihnen als intracavitäre Therapie.

27.2.1.2 Interstitielle Implantate

Die Bestrahlung von frei der Tumorform angepassten Zielvolumen kann durch Einbringen von Kunststoffkathetern (oder auch Stahlnadeln) direkt in das befallenen Gewebe erfolgen. Die Formung der Dosisverteilung erfolgt im ersten Schritt durch geometrische Anordnung der Katheter und kann danach durch die Wahl der Strahlerstandorte und durch Modulation der Strahlerstandzeiten optimiert werden. Die geometrische Anordnung der Katheter wird (soweit keine invers geplante Applikation wie bei Prostata-Implantaten möglich ist) meist nach den Regeln des Pariser Systems (Abschn. 27.2.4.4) gewählt. Einfache, kleine Volumina werden mit Anordnungen von einem oder mehreren Kathetern in einer Ebene bestrahlt (z. B. Bestrahlung eines oberflächennahen Lymphknotens, der Lippe, kleiner Hauttumo-

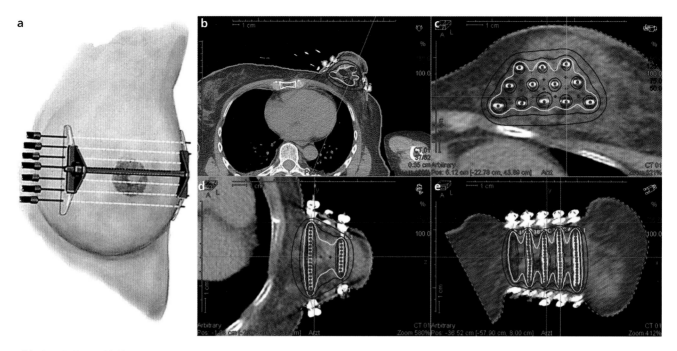

Abb. 27.10 Interstitielles Implantat zur Bestrahlung des Mamma-Karzinoms. **a** Anatomische Anordnung des Implantats. **b–e** Dosisverteilung im CT-Schnitt. **b** anatomieorientierter coronaler CT-Schnitt durch die Patientin. **c–e** rekonstruierte CT-Schnitte in den Hauptebenen des Pariser Systems. **c** transversaler Schnitt orthogonal durch die Katheter. **d, e** Schnitte in den Hauptebenen parallel zu den Kathetern. Die Dosisverteilungen in den Hauptebenen zeigen ein regelmäßiges Muster mit Hochdosisbereichen (z. B. 125 %), welche die einzelnen Katheter eng umschließen und nur selten zwischen Kathetern zusammenfließen während die 100 %-Isodose das implantierte Volumen umhüllt. Diese Muster erlauben eine erste visuelle Abschätzung der Güte der Dosisverteilung, die im anatomieorientierten CT-Schnitt oft nicht leicht ersichtlich ist. Eine reproduzierbare quantitative Beurteilung erfolgt mit Dosis-Volumen-Histogrammen und DVH-Kenngrößen (Abschn. 27.2.4.3) (**a**: © 2018 Elekta | Nucletron B.V., Veenendaal, Niederlande)

ren). Bestrahlung größerer Volumina erfolgt durch Anordnung in mehreren Ebenen. Abb. 27.10 zeigt ein interstitielles Implantat zur Bestrahlung des Mamma-Karzinoms, Abb. 27.11 eine interstitielle Behandlung eines Karzinoms in der Zunge.

27.2.1.3 (Oberflächen-)Moulagen

Zur Behandlung von oberflächlich erreichbaren Zielvolumen (z. B. in der Haut, in Körperhöhlen wie Mundhöhle oder Rektum oder auch in einer Operationshöhle) können Katheter in Moulagen angeordnet und von außen an das Zielgebiet gebracht werden. Abb. 27.12 zeigt eine Hautmoulage zur Behandlung großflächiger Hauttumoren. Abb. 27.13 zeigt eine Moulage zur Behandlung eines Tumors in der Mundhöhle (linke Wange). Die Behandlung mit Moulagen wird auch als Kontakttherapie bezeichnet.

27.2.2 Computergestützte Bestrahlungsplanung

Die computergestützte Bestrahlungsplanung erfolgt im Gegensatz zur Teletherapie meist nach der Applikation. Ausnahme ist die intraoperative (meist Ultraschall-, z. T. auch CT- oder MR-basierte) Planung der interstitiellen Seeds-Applikation (oder auch HDR-Applikation) zur Behandlung der Prostata. Hier

existieren im Gegensatz zur übrigen Brachytherapie Applikationshilfen und Navigationswerkzeuge, die es ermöglichen, eine vorausgeplante Applikation exakt am Patienten umzusetzen.

27.2.2.1 Bildgestützte Rekonstruktion der Applikation

Die bildgestützte Rekonstuktion einer Afterloading-Applikation besteht im Wesentlichen aus einer möglichst genauen Beschreibung des Fahrwegs des Strahlers innerhalb des Bild- und Rechenvolumens. Entlang dieses Fahrweges können dann die möglichen Strahlerpositionen ausgewählt werden. Die Dosisverteilung setzt sich dann aus der Summe der Dosisbeiträge des Strahlers an den verschiedenen Standorten zusammen. Das ältere Rekonstruktionsverfahren basiert auf Projetionsradiographie und verwendet Paare von orthogonal bzw. isozentrisch aufgenommenen Röntgenaufnahmen des liegenden Applikators mit bekannter Geometrie (Fokus-Film- und Fokus-Isozentrumsabstand, Durchleuchtungswinkel). In den Röntgenaufnahmen wird der Applikator durch Röntgenmarker sichtbar gemacht. Die Aufnahmen der Röntgenmarker (oder auch andere interessierende Punkte) werden mit einem Digitalisiertablett in den Planungsrechner eingegeben, der durch Rückprojektion die Lage der Marker rekonstruiert und so ein dreidimensionales Bild der Applikation erzeugt, in dem die Strahlerpositionen gewählt und die Dosisverteilung berechnet wird. Auf diese Weise entsteht eine dreidimensionale, rein applikatorbezogene Do-

Teil IV

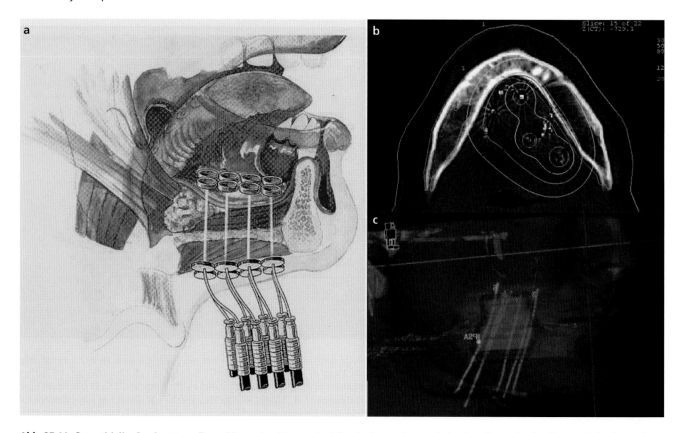

Abb. 27.11 Interstitielles Implantat zur Bestrahlung eines Tumors im Mundboden. **a** Anatomische Anordnung des Implantats. **b** Dosisverteilung im CT-Schnitt Wie in Abb. 27.10 können auch hier Dosisverteilungen in den Hauptebenen des Pariser Systems eine erste Beurteilung der Dosisverteilung erleichtern während die abschließende Beurteilung durch Dosis-Volumen-Histogramme und DVH-Kenngrößen. **c** Die 3D-Rekonstruktion des Implantats gibt lediglich eine qualitative Darstellung des Zielvolumens (*rot*) und seiner anatomischen Lage sowie der Abdeckung durch die Dosisverteilung. Gezeigt sind die Projektionen der Volumina, die von 125 % (*gelb*) und 50 % (*grün*) der Referenzdosis umschlossen sind. (Die Projektionen zeigen jeweils den größten Querschnitt des Abgebildeten Volumens in Blickrichtung) (**a**: © 2018 Elekta | Nucletron B.V., Veenendaal, Niederlande)

sisverteilung ohne Abbildung der umliegenden anatomischen Strukturen. Eine genauere Beschreibung dieses Verfahrens findet sich in [73, 79] bzw. in den Handbüchern der Bestrahlungsplanungssysteme.

Die anatomische Lage der Dosisverteilung wird in der moderneren CT- bzw. MR-gestützten Bestrahlungsplanung sichtbar gemacht. Hierbei wird eine CT- oder MR-Aufnahme mit liegendem Applikator angefertigt, auf der der Fahrweg des Strahlers am Rechner eindigitalisiert wird. Zur Festlegung der Ausfahrlänge des Strahlers (= Strecke von der Startposition im Afterloading-Gerät bis zum Strahlerstandort) dient hier meist die Spitze des Katheters, der restliche Fahrweg wird relativ hierzu bestimmt. Da die Dosisberechnung bislang für eine reine Wasserumgebung erfolgt, erzeugt man auf diese Weise eine Überlagerung der Dosisverteilung in homogenem Wasser über die im Planungsbild dargestellte dreidimensionale Anatomie.

27.2.3 Optimierung der Dosisverteilung

Die Anpassung der Dosisverteilung an das Zielvolumen erfolgt durch geeignete Auswahl der Strahlerstandorte und der Standzeiten des Strahlers an den Standorten. Der erste Schritt ist hierbei bereits die Auswahl bzw. die Neukonstruktion eines geeigneten Applikators. Wenn die Form der Applikation festlegt, besteht der zweite Schritt in der Optimierung der Dosisverteilung (Ausnahme: inverse Optimierung, z. B. bei Prostata-Implantaten: Hier erfolgt die Auswahl von Strahlerpositionen vor der Festlegung der Applikationsgeometrie). Neben der Anpassung der Dosisverteilung an die Topographie des Zielgebietes hat die Optimierung als weiteres Ziel die Minimierung der Bereiche hoher Dosis in unmittelbarer Nähe des Strahlers. Diese Hochdosisbereiche bewirken eine hohe Belastung von im Tumorgewebe befindlichen, zu schützenden Gewebestrukturen, des Stromas (Nerven, Gefäße, Bindegewebe, gesunde Zellen, die zur Erholung des Gewebes erforderlich sind). Um Nebenwirkungen zu minimieren, müssen die Hochdosisbereiche minimiert werden. Dies kann bereits weitgehend durch geometrische Optimierung erreicht werden. Das zweite wesentliche Ziel der Optimierung ist (ähnlich wie in der Teletherapie) die ausreichende Schonung aller benachbarten Risikoorgane (OAR).

27.2.3.1 Geometrische Optimierung

Die geometrische Optimierung bezweckt die Verringerung der Inhomogenität in einer vorgegebenen Verteilung von Strah-

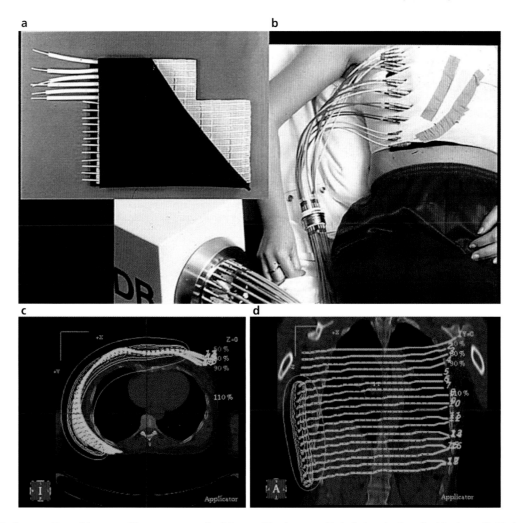

Abb. 27.12 Moulage zur Bestrahlung von Hautmetastasen des Mamma-Karzinoms. **a** Technischer Aufbau der Moulage: die Katheter sind äquidistant und parallel auf einem Kunststoffnetz fixiert. Die Katheteranordnung liegt zwischen zwei Lagen Schaumstoff, welche den gewünschten Abstand zur Hautoberfläche erzeugen. **b** Die Moulage ist durch Bandagen auf der Thoraxwand der Patientin befestigt. Die Schnellkupplung neben der Patientin erlaubt die gleichzeitige verwechslungsfreie Kupplung und Trennung von sämtlichen Kathetern mit einem Handgriff. **c**, **d** Katheteranordnung und Überlagerung der (in homogenem Wasser gerechneten) Dosisverteilung auf CT-Schnitte. Die Referenzdosis (100 %) liegt in 5 mm Tiefe in der Haut, 80 % der Referenzdosis in etwa 1 cm und 50 % in etwa 4 cm Tiefe

lerpositionen durch Anpassung der Standzeiten. Hierbei wird in jeder Strahlerposition die Standzeit im Verhältnis des Dosisbeitrags der übrigen Positionen reduziert. Als Maß für die Dosisbeiträge wird allein das $1/r^2$-Gesetz verwendet. Dies erfolgt iterativ so lange, bis die Veränderungen einen Grenzwert unterschreiten, danach werden alle Standzeiten neu normiert, um die gewünschte Referenzdosisleistung zu erreichen. Bei der Distanzoptimierung werden sämtliche beladenen Standorte in allen Kathetern berücksichtigt. Es werden damit Dosisverteilungen erzeugt, in welchen die Referenzisodose die einzelnen Katheter bzw. das ganze Implantat in einem gewissen Abstand umschreibt. Bei der Volumenoptimierung werden nur die beladenen Standorte der andern Katheter berücksichtigt. Dabei entstehen Dosisverteilungen, bei denen die Referenzisodose die gesamte Katheteranordnung ohne Dosisabsenkungen zwischen den Kathetern umfasst (Abb. 27.14). Eine Nützliche Auswirkung der geometrischen Optimierung ist die Anhebung der

Standzeiten am Ende eines einzelnen Katheters und am Rand einer Applikation. Hierdurch wird der Dosisabfall am Rand der Anordnung ausgeglichen, der durch fehlende Dosisbeiträge von Strahlerpositionen jenseits des Endes der Beladung entsteht (Abb. 27.15). Parameter zur Beeinflussung der geometrischen Optimierung sind die Schrittweite der Standorte sowie die Zahl der Standorte in den einzelnen Kathetern [39, 41, 108].

27.2.3.2 Anatomie-basierte Optimierung

Die anatomiebasierte Optimierung hat das Ziel, durch Modulation der Strahlerstandzeiten (bei Seeds durch Vorgabe von Seed-Standorten) vom Planer gestellte Zielforderungen auf vorgegebenen Strukturen der Anatomie (Volumes of Interest – VOI) und/oder der Applikation zu erfüllen. Zielforderungen sind z. B. die Abdeckung eines möglichst großen Anteils des Zielvolumens mit einer Minimaldosis (z. B. der Verschreibungs-

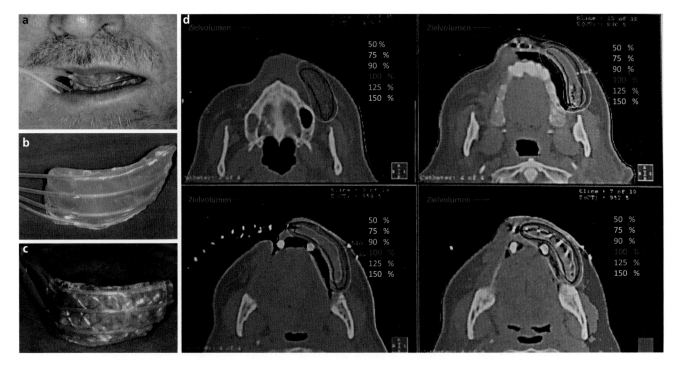

Abb. 27.13 HNO-Moulage zur Bestrahlung eines Tumors in der Wange. **a** Sitz der Moulage im Patienten. **b** In einen Zahnabdruck wurden nachträglich vom Zahntechniker Katheter eingebracht. **c** Nach dem Planungs-CT wurde zur Schonung von Zähnen und Kiefer vom Zahntechniker eine Pb-Abschirmung aufgebracht. **d** Dosisverteilung der Moulage im CT ohne Berücksichtigung der Pb-Abschirmung

dosis), die Belastung eines Risikoorgans mit höchstens einer Maximaldosis (z. B. der Toleranzdosis) oder der Ausschluss von einzelnen Strahlerorten mit extrem hohen Standzeiten. Hierzu werden in vom Planer definierten VOIs repräsentative Dosispunkte gewählt, in denen die vom Plan erreichte Dosis (D_{ist}) mit der geforderten Zieldosis (D_{soll}) verglichen wird. Der Vergleich von Punkten auf der Oberfläche einer Struktur misst die Konformität der Dosisverteilung mit der Struktur, Punkte im Inneren der Struktur messen die Homogenität der Dosisverteilung. Statt des direkten Vergleichs einzelner Dosispunkte können z. B. auch Kenngrößen von Dosis-Volumen-Histogrammen verglichen werden. Die Aufgabe der Optimierung der Dosisverteilung ist nun die Minimierung der Differenz $|D_{ist,i} - D_{soll}|$ für alle i Dosispunkte. Mathematisch wird dies durch Minimierung einer Zielfunktion (Objective Function), z. B. in der Form

$$f = \sum_i |D_{ist,i} - D_{soll}| \quad \text{oder} \quad f = \sum_i (D_{ist,i} - D_{soll})^2 \tag{27.17}$$

behandelt. Die Zielforderungen (z. B. „$|D_{ist,i} - D_{soll}|$" für alle i Dosispunkte ist zu minimieren", $D_{ist,i} > D_{min}$ oder $D_{ist,i} < D_{max}$) entsprechen dabei Nebenbedingungen (Constraints) der Optimierung. Typisch für Optimierungen in der Strahlentherapie ist, dass gleichzeitig mehrere Nebenbedingungen gefordert werden, die sich zum Teil widersprechen können, wenn z. B. eine minimale Dosis im Zielvolumen nicht unterschritten und eine kleinere Maximaldosis in einem direkt benachbarten Risikoorgan nicht überschritten werden soll. Die Lösung einer solchen Multi-Kriterien-Optimierung (Multi-Objective Optimization) wird in der einfachsten Form durch Minimierung einer

gewichteten Summen-Zielfunktion, z. B.

$$f = w_{PTV} \sum_i (D_{PTV,i} - D_{PTV})^2$$
$$+ w_{OAR_1} \sum_j (D_{ARO_1,j} - D_{crit_1})^2$$
$$+ w_{OAR_2} \sum_{jj} (D_{OAR_2,jj} - D_{crit_2})^2 + \ldots + w_{P_1} P_1 + \ldots \tag{27.18}$$

gesucht. Hierbei sind w_{PTV}, w_{OAR_1}, w_{OAR_2} usw. normierte Gewichtsfaktoren für das Zielvolumen (PTV), für das Risikoorgan OAR_1, das Risikoorgan OAR_2 usw. D_{PTV} ist die Verschreibungsdosis im PTV, $D_{PTV,i}$ sind die Ist-Dosen in den Dosierungspunkten im PTV; D_{crit_1} ist die im OAR_1 gewünschte Maximaldosis (Toleranzdosis), $D_{OAR_1,i}$ sind die Ist-Dosen in OAR_1 usw. Zusätzlich können Pönalien P_i (Penalties) eingeführt werden, d. h. Zahlenmaße, welche eine Vergrößerung der Summenfunktion bewirken, wenn ein unerwünschter Zustand eintritt. Zum Beispiel könnte die Pönale zur Beschränkung der Zahl von Nadeln in einem interstitiellen Implantat einfach die Anzahl der Nadeln sein. In der einfachsten Form muss nun der Planer die Zielkriterien und ihre Gewichte definieren, z. B. entsprechend ihrer Bedeutung für das Behandlungsergebnis oder entsprechend ihrer technischen Umsetzbarkeit. Da die Auswirkung der Gewichte nicht unmittelbar voraussehbar ist, muss der Planer Erfahrung sammeln, um die Optimierung steuern zu können. Häufig werden deshalb als Startparameter Klassenlösungen verwendet, bei der für eine bestimmte Gruppe von Behandlungen ein vorgegebener Satz von erprobten Zielkriterien und Gewichten verwendet wird.

Abb. 27.14 Geometrische Optimierung der Dosisverteilung von zwei Kathetern. Bei der Volumenoptimierung wird in einem iterativen Verfahren für jeden beladenen Strahler-Standort die Standzeit um die Dosisbeiträge aller beladenen Strahlerpositionen der jeweils anderen Katheter (entsprechend $1/r^2$ für den jeweiligen Abstand) reduziert. Bei der Distanzoptimierung werden alle Dosisbeiträge von allen Kathetern berücksichtigt. **a** Volumenoptimierung, beide Katheter sind im paralleln Bersich gleich lang beladen: Der Bereich zwischen den divergenten Katheterenden wird von der Referenzisodose (100 %) umschlossen. Die Dosisüberhöhung entlang den divergenten Katheterenden muss berücksichtigt und möglicherweise korrigiert werden. **b** Distanzoptimierung: Die Referenzisodose umläuft die Katheter in gleichförmigem Abstand. Durch die Optimierung wird in der Regel eine akzeptables Verhältnis der überdosierten Volumina nah am Katheter zum Gesamtvolumen des Implantats erzeugt. **c** Volumenoptimierung bei einem im parallelen Bereich kurz beladenen Katheter: Der Bereich zwischen den divergenten Katheterenden wird wieder von der 100 %-Isodose umschlossen, aber im Bereich um die parallelen Enden entsteht eine Überdosierung. Die Abbildung zeigt, dass die geometrische Optimierung auch zu unerwünschten Ergebnissen führen kann (Fall **c** und möglicherweise Fall **a**) und in jedem Fall in der gesamten Dosisverteilung kontolliert werden muss. (Abbildung aus [108]. © 2018 John Wiley & Sons, Inc.)

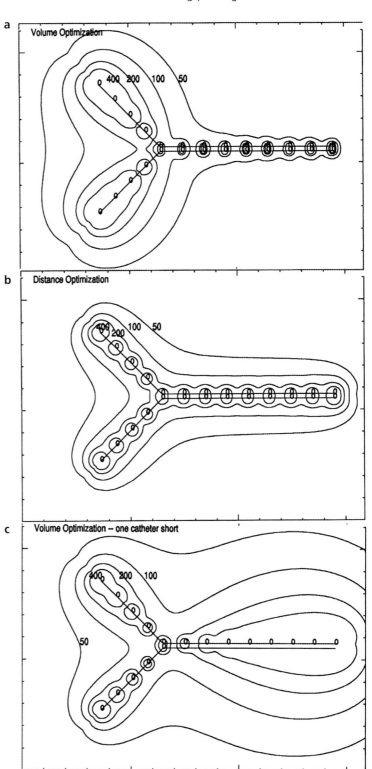

Teil IV

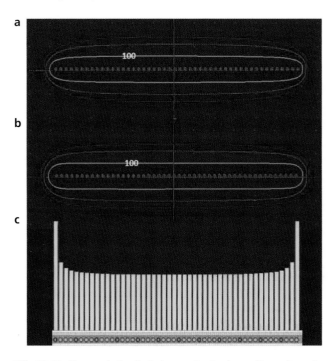

a

b

c

Abb. 27.15 Geometrische Optimierung der Dosisverteilung eines einzelnen Katheters. **a** Dosisverteilung bei gleichen Standzeiten in allen Strahlerstandorten. Die Referenzisodose (100 %) verengt sich an den Katheterenden aufgrund von fehlenden Dosisbeiträgen aus dem Bereich jenseits der beladenen Strecke. **b** Geometrisch optimierte Dosisverteilung: Die Referenzisodose umläuft in konstantem Abstand den Katheter. **c** Die Strahlerstandzeiten an den Enden des Katheters sind erhöht und gleichen so die fehlenden Dosisbeiträge von außerhalb des Katheters aus

Ein Problem der Minimierung einer gewichten Summen-Zielfunktion ist, dass die Funktion mehrere lokale Minima besitzen kann, so dass der Minimierungsalgorithmus nicht immer das gesuchte globale Minimum findet [26]. Im Gegensatz zu deterministischen Algorithmen, welche zur Minimierung der Summen-Zielfunktion verwendet werden, können stochastische Algorithmen wie z. B. SA (Simulated Annealing) die lokalen Minima umgehen. So folgt der IPSA-Algorithmus (Inverse Plan Optimization by Simulated Annealing) [76] im Prinzip dem Gradienten der Zielfunktion, verwendet aber, um den Nebenminima zu entkommen, in jedem neuen Suchschritt einen Zufallszahlengenerator, der auch „temperaturabhängige" Schritte in Richtung des positiven Gradienten erlaubt. Der Algorithmus simuliert die Abkühlung eines Metalls bis zum Erreichen der maximalen Bindungsenergie im kalten Kristallgitter, bei der die temperaturabhängige Molekularbewegung ebenfalls das zufällige Aufsuchen von höherenergetischen Anregungszuständen bewirkt. So entspricht die simulierte „Temperatur" in IPSA dem Abstand von Soll- und Ist-Dosis. Die Wahrscheinlichkeit, das globale Minimum zu finden, wird größer, je langsamer die „Abkühlung" stattfindet, d. h., je mehr zufällige Schritte bei jeder „Temperatur" ausprobiert werden. Dies macht den Algorithmus im Vergleich zu anderen Methoden langsam. Der wesentliche Nachteil von IPSA ist, dass er in jedem Suchgang nur einen Vorschlag für das Minimum anbietet.

Andere Algorithmen berechnen, teilweise auch ohne vom Anwender vorgeschlagene Gewichtung der Zielkriterien, eine Vielzahl von Pareto-optimalen Lösungen, d. h. Lösungen, bei denen kein Zielkriterium verbessert werden kann, ohne dass simultan mindestens ein anderes Kriterium verschlechtert wird. Aus der Menge der Pareto-optimalen Lösungen, der sogenannten Pareto-Front, muss nun entschieden werden, welche Lösung verwendet wird. Dies kann durch den Nutzer geschehen, z. B. durch Vergleich der Dosis-Volumen-Histogramme der unterschiedlichen Dosisverteilungen. Es können auch automatisiert berechnete Entscheidungskriterien angeboten werden wie das Verhältnis von DVH-Kenngrößen (z. B. V_{150}/V_{100} usw.) in Zielvolumen und Risikoorganen oder Maßzahlen wie der Koinzidenz-Index COIN [9]. COIN für einen Dosiswert D ist definiert als

$$\text{COIN} = c_1 \cdot c_2 \prod_{i=1}^{N_O} \left(1 - \frac{V_{OAR}^i(D > D_{\text{crit}}^i)}{V_{OAR}^i} \right) \tag{27.19}$$

$$c_1 = \frac{PTV_D}{PTV} \tag{27.20}$$

$$c_2 = \frac{PTV_D}{V_D} \tag{27.21}$$

Hierin ist c_1 der Volumenanteil des Zielvolumens PTV_D am gesamten Zielvolumen PTV mit einer Dosis von mindestens D; c_2 ist der Volumenanteil am gesamten Berechnungsvolumen V_D, der mindestens eine Dosis D erhält und zum Zielvolumen PTV gehört. c_2 misst damit den Anteil des Normalgewebes außerhalb des PTV, der eine Dosis D erhält. V_{OAR}^i ist das Volumen des i-ten Risikoorgans und $V_{OAR}^i(D > D_{\text{crit}}^i)$ ist das Volumen des Risikoorgans, das eine höhere Dosis als D_{crit}^i erhält. N_O ist die Zahl der betrachteten Risikoorgane. Im Idealfall ist COIN = 1, ein kleinerer Wert zeigt eine weniger günstige Dosisverteilung an: Wenn die Dosis in einem Risikoorgan den Wert D_{crit}^i überschreitet, wird COIN um einen Wert reduziert, der proportional zum Volumen ist, welches eine überhöhte Dosis erhält.

Die Optimierung von Bestrahlungsplänen ist ein komplexes Unternehmen, bei dem der Planer sich Klarheit verschaffen muss über

- die Auswahl der Zielkriterien (Zielvolumen, Risikostrukturen, Zahl der Nadeln, Vermeidung negativer Standzeiten usw.),
- Kriterien für die Gewichtung der verschiedenen Zielfunktionen und die Größe der Gewichte,
- Entscheidungskriterien für die Auswahl eines Plans aus einer Menge von angebotenen Lösungen und
- Kriterien und Vorgehen zur möglichen manuellen Verbesserung einer berechneten Lösung des Optimierungsproblems.

Eine Einführung in die Optimierung in der Brachytherapie gibt Ezzel [40], einen Überblick über verschiedene Optimierungsmethoden geben De Boeck et al. [17]. Eine Beschreibung des Vorgehens bei Multi-Kriterien-Optimierung geben Deasy [26] und Milickovic et al. [82]. Die in den heutigen Planungssystemen verwendeten Algorithmen IPSA (Inverse Planning anatomy-based optimization by Simulated Annealing) und HIPO (Hybrid Inverse Plan Optimization) werden von Lessard und Pouliot [76] und Lahanas et al. [74] beschrieben.

Teil IV

27.2.4 Definition der Referenzdosis, Dosierungssysteme, Reproduzierbarkeit der Applikation

Die Inhomogenität der Dosisverteilung und die steilen Dosisgradienten sowohl um den einzelnen Strahler als auch um das gesamte Implantat erschweren die Festlegung des Referenzpunktes und die Benennung der Referenzdosis sowie die Erzeugung von reproduzierbaren Brachytherapie-Applikationen: Durch geringe Verschiebung des Referenzpunktes (oder der Referenzdosisleistung) im Dosisgradienten können große Unterschiede in der Integraldosis über das Zielvolumen oder auch über den gesamten Patienten entstehen, so dass entsprechend große Unterschiede in der Strahlenwirkung erzeugt werden. Durch die Anwendung einer Vielzahl von Strahlerpositionen und Standzeiten entsteht ein unterbestimmtes Gleichungssystem zur Erzeugung der Dosis, so dass die die gleiche Referenzdosis bei völlig verschiedenen Dosisverteilungen und insbesondere völlig unterschiedlichen Hochdosisvolumina um die Strahlerpositionen erzeugt werden kann. Auch hierdurch entstehen unterschiedliche Integraldosen mit unterschiedlicher Dosiswirkung. Um (von Anwendung zu Anwendung und von Institution zu Institution) reproduzierbare Applikationen zu erzeugen, folgt man in der Brachytherapie deshalb üblicherweise historisch entwickelten Regeln sowohl bei der geometrischen Anlage der Applikatoren als auch bei der Festlegung von Referenzpunkt und Referenzdosis. Die Regeln unterscheiden sich für verschiedene Arten von Applikationen. Im Wesentlichen wendet man 3 unterschiedliche Formen von Regeln an:

- die Verwendung von erprobten Applikationsanordnungen,
- die rein geometrische Festlegung des Referenzpunktes bezogen auf den Applikator und
- die Anwendung von Dosierungssystemen.

Empfehlungen für die Spezifikation von Referenzpunkt und Referenzdosis werden für standardisierte gynäkologische Applikationen in den Berichten ICRU 38 [64] und ICRU 89 [66] und für interstitielle Applikationen in ICRU 58 [65] gegeben. ICRU 38 und ICRU 58 geben hauptsächlich Empfehlungen für Applikationen, die auf Grundlage von Radiographien geplant werden. In der modernen CT-gestützten Bestrahlungsplanung werden diese Empfehlungen noch sinngemäß angewandt. Die von ICRU 38 empfohlene graphische Rekonstruktion von Dosierungspunkten ist in der Dosisverteilung auf CT überflüssig geworden, allerdings können regelmäßige Protokollierung und Vergleich der Dosierungspunkte zur Reproduzierbarkeit der Applikationen und zur Kontrolle von Nebenwirkungen beitragen.

Die Reproduzierbarkeit der Dosisverteilung ist Voraussetzung für die gleichartige Wirkung einer strahlentherapeutischen Technik von Patient zu Patient, von Fraktion zu Fraktion und von Institution zu Institution. Eine zentrale Rolle spielt dabei die reproduzierbare Wahl des Referenzpunkts der Dosisverteilung. Die Forderung, dass die verordnete Dosis das gesamte Zielgebiet abdecken soll, bedeutet bei den inhomogenen Dosisverteilungen der Brachytherapie, dass die Isodose der Verschreibungsdosis als Minimaldosis das Zielgebiet umschließt.

Deshalb ist es naheliegend, die Referenzdosis in einen Punkt auf der Oberfläche des Zielvolumens zu legen. Hier liegen jedoch steile Dosisgradienten vor, so dass eine kleine Verschiebungen des Referenzpunkts zu großen Änderungen der Integraldosis und auch der Referenzdosisleistung führt und damit eine große Änderung der Dosiswirkung zur Folge haben kann. Zur Erzeugung reproduzierbarer Applikationen folgt die Brachytherapie deshalb den anfangs genannten drei Grundregeln.

Zum Erreichen von reproduzierbaren Applikationen mit optimierten Dosisverteilungen kann mit den obigen Regeln bei der nicht-optimierten Dosisverteilung (d. h. bei gleichen Standzeiten in allen Strahlerpositionen) eine Referenzdosisleistung bestimmt werden, die dann auch mit den optimierten relativen Standzeiten zur Berechnung der endgültigen Standzeiten verwendet wird.

Für eine Reihe von wichtigen Applikationen geben die DIN 6827-3 [34] und der DGMP-Bericht Nr. 14 [71] Empfehlungen zur Definition des Referenzpunkts und zur Protokollierung.

Die in der CT-geplanten Brachytherapie verwendeten DVH-Kenngrößen (engl.: DVH metrics) wie $V_{90\%}$ oder $D_{2\,cm^2}$ (siehe weiter unten) ermöglichen eine quantitative Beurteilung der Dosisverteilung in Zielvolumen und Risikoorganen, welche eine strenge Anwendung der rein geometrischen Definition des Referenzpunktes weniger bedeutsam machen kann. Zur Qualitätssicherung der Vielzahl von verschiedenen Applikationsformen der Brachytherapie ist es sinnvoll, für jede Methode eigene angepasste Verfahren zur Bestimmung der Referenzdosis und Protokollierung anzuwenden und zu vergleichen.

Im Folgenden soll an einfachen Beispielen die Anwendung, aber auch die Grenzen der geometrischen Dosierungs- und Protokollierungsregeln gezeigt werden. Letztlich ist allerdings für die Wahl des Referenzpunkts die in der medizinischen Literatur beschriebene oder auch die in der Institution gewonnene Erfahrung ausschlaggebend.

27.2.4.1 Einzelne Katheter

Bei einfachen Applikationen mit einzelnen Kathetern liegt der Referenzpunkt meist in der Mitte der beladenen Strecke im Katheter (der sogenannten „aktiven Länge") in einem definierten Abstand von der Katheterachse (Abb. 27.16). Bei Einzelkatheter-Anwendungen (z. B. im Bronchus oder Oesophagus oder auch bei der interstitiellen Bestrahlung eines kleinen Zielvolumens) liegt der Referenzpunkt häufig in 10 mm Abstand von der Katheterachse, um die Volumina mit hoher Dosis unmittelbar am Strahler klein zu halten.

27.2.4.2 Intracavitäre gynäkologische Applikationen – ICRU 38

Die intracavitären Applikationen werden zur Behandlung der wichtigsten gynäkologischen Tumoren der Cervix (Muttermund) und des Corpus Uteri und zur (meist) prophylaktischen Bestrahlung der Vaginalschleimhaut angewendet. Sie sind mit etwa 50 % die häufigsten Anwendungen der Brachytherapie in

Teil IV

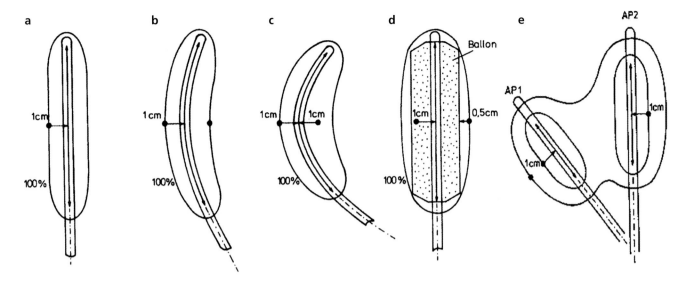

Abb. 27.16 Lage des Referenzpunktes der Dosisverteilung bei Bestrahlung mit einem einzelnen Katheter. **a** Referenzpunkt in 10 mm Abstand von der Katheterachse in der Mitte der beladenen Strecke. **b** Bei einem gekrümmten Katheter liegt der Referenzpunkt auf der konvexen Seite des Katheters. Der entsprechende Punkt auf der gegenüberliegenden konkaven Seite erhält eine höhere Dosis. **c** Bei starker Krümmung des Katheters ist die Dosis auf der konkaven Seite stark überhöht. Deshalb sollte die Dosis auf der konkaven Seite im Bestrahlungsprotokoll vermerkt werden. **d** Der Referenzpunkt bei einem Einzelkatheter in einem zylindrischen Distanzhalter (z. B. Vaginalzylinder) liegt in 5 mm Abstand von der Oberfläche des Zylinders in der Mitte der beladenen Strecke. **e** Bei der Bestrahlung von zwei Zielvolumina mit zwei Kathetern (z. B. von zwei Tumorherden an zwei benachbarten Bronchien) wird in der Summendosisverteilung für jeden Katheter die Dosis in einem Referenzpunkt in 10 mm Abstand festgelegt. (Abbildung aus DGMP-Bericht Nr. 14 [71]. © 2018 Deutsche Gesellschaft für Medizinische Physik e. V., Berlin)

Europa [52] und verwenden historisch entwickelte spezielle Applikatoren (siehe Abschn. 27.2.1: Applikatoren) mit historisch erprobten Festlegungen des Referenzpunkts der Dosisverteilung.

Vaginalzylinder Die Bestrahlung der Vaginalschleimhaut zur prophylaktischen Verhinderung oder Behandlung von Rezidiven des Cervix- oder Uteruskarzinoms erfolgt mit Vaginalzylindern auf die die Vaginalschleimhaut glatt aufgespannt wird. Der Referenzpunkt dieser Bestrahlung wird in der Regel in der Mitte der aktiven Länge in 5 mm Abstand von der Oberfläche des Zylinders gelegt, also in eine Tiefe, die der Dicke der Schleimhaut entspricht (Abb. 27.9).

Applikatoren zur Behandlung des Cervix-Karzinoms – Punkt A Die Brachytherapie des Cervix-Karzinoms erfolgt meist mit Applikatoren, die aus den historischen Methoden der Radiumtherapie [81, 93] entwickelt wurden. Sie sind an die weibliche Anatomie angepasst und werden durch die Vagina (intracavitär) an das Zielgebiet geführt. Typische Beispiele sind der Fletcher- [27] und der Ring/Stift-Applikator, die in der Abschn. 27.2.1 beschrieben werden (Abb. 27.8). Die Strahlerverteilung in diesen Applikatoren erzeugt Dosisverteilungen, die bereits weitgehend an das typische Zielgebiet bei Karzinomen von Cervix und Uterus angepasst sind. Der Referenzpunkt dieser Dosisverteilungen wird in dem sogenannten „Punkt A" des Manchester-Systems [81] gelegt, der definiert wird als Punkt 2 cm kranial und 2 cm lateral vom Eintritt des Intrauterinkanals in die Cervix (Abb. 27.17). Obwohl dieser Punkt ursprünglich anatomisch definiert sein sollte, zeigt Abb. 27.17c, d, dass eine solch strenge geometrische Definition bei unterschiedlich großem Uterus eine unterschiedliche Abdeckung der anatomischen Strukturen mit Dosis bewirkt. Letztlich erzeugt der Bezug auf den Punkt A eine reproduzierbare Verteilung der Dosisleistung in einem reproduzierbaren Referenzvolumen (dem Volumen, das von der Referenzdosis umgeben ist). Beides zusammen ermöglichte vor Einführung von CT und MR ohne anatomisch aufgelöste Bildgebung die Erzeugung einer reproduzierbaren therapeutischen Wirkung, kann allerdings mit Planung auf Grundlage moderner Bildgebung verbessert werden [44].

ICRU Bericht 38 [64] geht von einer Dosierung im Punkt A aus und empfiehlt die Protokollierung des Referenzvolumens (von der Referenzdosis umfasst) und Behandlungsvolumens (von der Verschreibungsdosis umfasst) sowie der Dosis in einer Reihe von weiteren Punkten an Risikoorganen (Blase, Rektum, Beckenwand, „lymphatisches Trapezoid"), die alle in einer auf Radiographien basierten Bestrahlungsplanung bestimmbar sind. Bei einer CT-basierten Bestrahlungsplanung werden diese standardisierten Protokollierungen durch Dosis-Volumen-Kenngrößen (DVH Metrics) ersetzt. Als Kenngröße für die Gesamtbelastung der Patientin empfiehlt ICRU 38 die Protokollierung der TRAK (Total Reference Air Kerma), des Produkts aus Referenz-Luftkermaleistung des Strahlers mit der Gesamtbestrahlungszeit. Bei vergleichbaren Applikationen sollte die TRAK eine vergleichbare Größe haben.

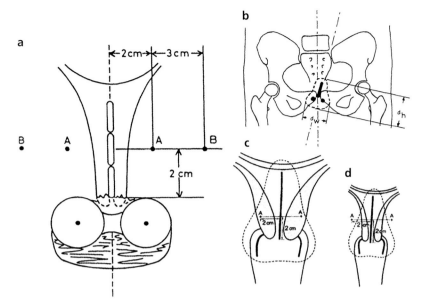

Abb. 27.17 Referenzpunkt A des Manchester-Systems bei der Bestrahlung des Cervix-Karzinoms. **a** Der Referenzpunkt A wird im Manchester-Systems 2 cm lateral und 2 cm kranial zum Muttermund (Eintrittspunkt in die Cervix) gelegt. Das Manchester-System sieht zusätzlich einen Berechnungspunkt B vor, der weitere 3 cm lateral von Punkt A gelegt wird. Die Dosis in Punkt B wurde als repräsentativ für die Dosis an der Beckenwand angesehen. Da der Muttermund auf Röntgenaufnahmen nicht zu erkennen ist, wird der Referenzpunkt A in Bezug auf den Applikator definiert: Beim Fletcher-Applikator wird als Ort des Muttermundes der Schnittpunkt der Symmetrieachse des Intrauterinkanals mit der Frontalebene der Ovoide angenommen (beim Ring-Stift-Applikator der Schnittpunkt der Kanalachse mit der Ringebene). **b** Bei schräger Lage des Uterus orientieren sich die Lateral- und Kranial-Richtungen an der Ausrichtung des Intrauterinkanals. Damit wird Punkt A in Relation zur Uteruslage definiert. **c** Bei großem Uterus liegt A innerhalb der Uteruswand. Um eine Abdeckung des gesamten Uterus mit der Verschreibungsdosis zu erreichen (*gestrichelte Linie*), müsste im Punkt A ein höherer Dosiswert als die Verschreibungsdosis vorliegen. **d** Bei kleinem Uterus liegt A außerhalb der Uteruswand. Um eine Abdeckung des gesamten Uterus mit der Verschreibungsdosis zu erreichen (*gestrichelte Linie*), könnte im Punkt A ein niedrigerer Dosiswert als die Verschreibungsdosis vorliegen. (Abbildung aus ICRU 38 [64]). © 2016 Oxford University Press

27.2.4.3 CT-basierte Behandlung des Cervix-Karzinoms – Empfehlungen von ICRU 89 und GEC-ESTRO

Die aktuellen Empfehlungen zur Behandlung des Cervix-Karzinoms werden im ICRU Bericht 89 [66] ausführlich beschrieben und basieren wesentlich auf den Leitlinien der Europäischen Brachytherapie-Gruppe GEC-ESTRO [50, 54]. Für die Arbeit in der gynäkologischen Brachytherapie wird das ergänzende Studium dieser Berichte im Original dringend empfohlen. Die Berichte empfehlen je nach Stadium des Cervix-Karzinoms die Definition und Bestrahlung eines High Risk Clinical Target Volume (HR-CTV), das den klinisch manifesten Tumor (Gross Tumor Volume, GTV) zum Zeitpunkt der Brachytherapie ohne Sicherheitssaum umfasst, sowie eines Intermediate Risk CTV (IR-CTV), welches das HR-CTV (oder bei kompletter Remission die Cervix) mit einem Sicherheitssaum umgibt, der möglicherweise infiltrierte Gebiete um den Tumor einschließt. Bei fortgeschrittenen Tumoren wird zusätzlich die Behandlung eines Low Risk CTV (LR-CTV) empfohlen, das die Tumorausdehnung bei Diagnosestellung (vor einer evtl. der Brachytherapie vorausgegangenen Therapie) umfasst und in Kombination mit Teletherapie behandelt wird. Für die drei Zielvolumina werden entsprechend der Tumorzelldichte unterschiedliche Behandlungsdosen empfohlen.

Zur Verbesserung der Reproduzierbarkeit empfiehlt sich auch bei Anwendung der neuen Leitlinien die Definition der Referenzdosisleistung der Brachytherapie-Anteile im Punkt A sowie die Anwendung einer standardisierten Anordnung von Standorten im Applikator.

Zur Beschreibung der heterogenen Dosisverteilung empfehlen ICRU [66] und GEC-ESTRO [50, 54] die Erzeugung von kumulativen Dosis-Volumen-Histogrammen (DVH) für GTV, HR-CTV, IR-CTV sowie von Risikoorganen (Organs at Risk, OAR). In den DVHs werden DVH-Kenngrößen bestimmt und protokolliert: die minimale Dosis, die 90 und 100 % von GTV, HR-CTV und IR-CTV umschließt ($D_{90\%}$, $D_{100\%}$), das Gewebevolumen, welches von minimal 150 und 200 % der Verschreibungsdosis umschlossen wird ($V_{150\%}$, $V_{200\%}$) sowie $V_{100\%}$ zur Qualitätssicherung der Behandlungsmethode. Für die Risikoorgane wird die Protokollierung der Hochdosisvolumen ($D_{0,1\,cc}$, $D_{1\,cc}$, $D_{2\,cc}$ = minimale Dosis der höchstdosierten 0,1 cm³, 1 cm³, 2 cm³, optional auch $D_{5\,cc}$ und $D_{10\,cc}$) empfohlen.

Die Protokollierung der Dosen erfolgt in Wasser-Energiedosis. Zur Überlagerung von Brachytherapie und Teletherapie empfiehlt die Leitlinie die Umrechnung der Brachytherapie-Dosen in Äquivalentdosen (EQD2) mit dem linear-quadratischen Modell.

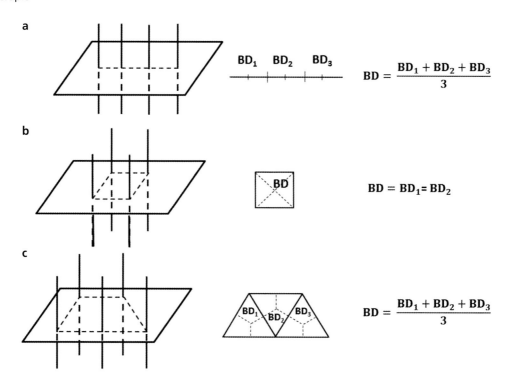

Abb. 27.18 Katheteranordnung und Lage der Basaldosisleistung nach dem Pariser System. Die Katheter werden parallel und in gleichen Abständen (ca. 10–15 mm) in geometrischen Anordnungen angelegt. **a** Implantat in einer Ebene: Die Basaldosisleistung BD wird als Mittelwert der Dosisleistungen BD_1, BD_2 und BD_3 in der Mitte zwischen den Kathetern berechnet. **b** Implantat in zwei Ebenen. Die Katheter liegen an den Ecken eines Quadrates. Die Basaldosis BD wird in der geometrischen Mitte des Quadrats bestimmt. **c** Implantat in zwei Ebenen. Die Katheter sind in Form von gleichschenkligen Dreiecken angeordnet. Die Basaldosis BD wird als Mittelwert der Dosisleistungen BD_1, BD_2 und BD_3 in den geometrischen Mittelpunkten der Dreiecke berechnet. (Abbildung aus Dutreix A, Marinello G, Wambersie A (1982) Dosimetrie en Curietherapie, [38])

27.2.4.4 Interstitielle Implantate, freie Applikationen: ICRU 58, Pariser System

Interstitielle Therapie Zielvolumina, die nicht durch natürliche Körperöffnungen (z. B. Vagina, Oesophagus, Bronchus) erreicht werden, können häufig durch interstitielle Therapie behandelt werden. Hierbei werden durch die Haut eingestochene Hohlnadeln oder Katheter mit Strahlern beladen, so dass direkt von innerhalb des Gewebes bestrahlt wird. Beispiele: interstitielle Behandlung der Mamma, Implantate im Kopf-Hals-Bereich, Anal-Implantate. Gelegentlich können auch tiefer gelegene Zielvolumina, z. B. Blasenkarzinome, durch operatives Einbringen von Kathetern interstitiell bestrahlt werden.

Pariser System Regeln zur geometrischen Anordnung der Strahler zur Behandlung von ausgedehnten Zielvolumina in der interstitiellen Therapie oder auch in der Kontakttherapie, z. B. mit Moulagen, beschreibt das Pariser System [38, 94], moderne Empfehlungen zur Definition der Referenzdosis und zur Protokollierung gibt der ICRU Bericht 58 [65]. Die Regeln des Pariser Systems waren ursprünglich für die Behandlung mit ^{192}Ir-Drähten vorgesehen, die meisten können aber unverändert zur Konstruktion von Katheteranordnungen für die moderne Therapie mit schrittbewegten Einzelstrahlern angewandt werden. Die Katheter (oder auch andere Strahlerführungen) werden

parallel und in gleichen Abständen von ca. 10–15 mm (Pierquin 1978: 5–20 mm) angeordnet (Abb. 27.18). Die Katheter können in einer (Abb. 27.18a) oder in mehreren Ebenen angeordnet werden. Bei Applikationen mit mehreren Ebenen ordnet man die Katheter am günstigsten so an, dass ihre Durchtritte durch eine Transversalebene in den Ecken von gleichschenkligen Dreiecken liegen (Abb. 27.18c), so dass sich zwischen je 2 Kathetern immer der gleiche Abstand ergibt (alternative Anordnung: Quadrate). Zur Berechnung der Referenzdosisleistung werden zunächst in der Zentralebene des Implantats die geometrischen Mittelpunkte aller durch die Katheter gebildeten geometrischen Formen bestimmt. Die mittlere Dosisleistung in diesen sogenannten Basalpunkten wird Basaldosisleistung genannt. Das Pariser System empfiehlt als Richtwert für die Referenzdosisleistung (d. h. derjenigen Dosisleistung, mit der die Bestrahlungszeit bestimmt wird) 85 % der Basaldosisleistung. Für die meisten Volumenimplantate mit ^{192}Ir ergibt sich so die Referenzisodose mit der niedrigsten Dosisleistung, die das gesamte Volumen glatt und ohne große Einbrüche zwischen den Kathetern umgibt und akzeptable Hochdosisareale in Strahlernähe erzeugt.

ICRU Bericht 58 Der ICRU Bericht 58 [65] kombiniert im Wesentlichen die Regeln des Pariser Systems zur geometrischen Anordnung der Strahler mit den modernen Begriffen

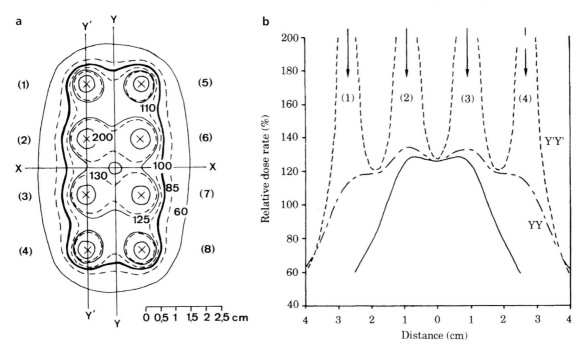

Abb. 27.19 Berechnung der Mean Central Dose nach ICRU Report 58 [65]. **a** Lage der Zentralachsen X und Y des Implantats. Die Linie Y′ verläuft in Y-Richtung durch die Strahlerpositionen. **b** Dosisprofile entlang X (XX), Y (YY) und Y′ (Y′Y′). Das Profil Y′Y′ zeigt, dass die Basaldosisleistung in der Mitte zwischen den Strahlerpositionen jeweils in einem flachen Dosisgradienten liegt, während Punkte an der Oberfläche des Implantats in steilen Dosisgradienten liegen, so dass eine geringe Ortsverschiebung zu einem großen Dosisunterschied führt. Die Festlegung des Referenzpunktes in den Basalpunkten führt deshalb zu geringerer Unsicherheit als die Festlegung in einem Punkt auf der Oberfläche des Zielvolumens. (Abbildung aus ICRU 58 [65]). © Oxford University Press

von Tumorvolumen (GTV), klinischem Zielvolumen (CTV), Planungs-Zielvolumen (PTV) und behandeltem Volumen (Treated Volume). Zur Bestimmung der Referenzdosisleistung wird die **Mean Central Dose (MCD)** berechnet, die ebenfalls der Basaldosisleistung des Pariser Systems entspricht (Abb. 27.19). Die Referenzdosisleistung des Pariser Systems wird als **Minimum Target Dose (MTD)** bezeichnet und kann von der Verschreibungsdosis des Arztes (**Prescription Dose**) abweichen. Zusätzlich empfiehlt ICRU 58 die Protokollierung von unterdosierten Volumina innerhalb des CTV (**Low Dose Volumes**) mit Dosis < 90 % Verschreibungsdosis und von überdosierten Volumina (**High Dose Volumes**, auch außerhalb des CTV) mit > 150 % Verschreibungsdosis sowie der Variation der Dosis in den Basalpunkten und des **Dose Homogenity Index**, der sich als Verhältnis MTD/MCD berechnet.

Abb. 27.19b zeigt den Grund für die Berechnung der Referenzdosis aus den Basaldosen: Ein Punkt auf der Oberfläche des Implantats befindet sich in einem steilen Dosisgradienten, so dass eine geringe Verschiebung des Punktes nach außen zu großen Änderungen der Referenzdosis führt. Die Basaldosen befinden sich dagegen in kleinen Bereichen homogener Dosis, so dass eine Verschiebung sich nur geringfügig auswirkt.

In der CT-basierten Planung ist es sinnvoll, der Anwendung angepasste Homogenitätsindizes wie z. B. COIN [9] und auch DVH-Kenngrößen wie V_{90}, D_{100}, $D_{2\,cc}$, $D_{0,2\,cc}$ zu protokollieren.

27.2.4.5 Historische Dosierungssysteme

Zum Verständnis der älteren Literatur kann es sinnvoll sein, die Regeln der historischen Dosierungssysteme nachzulesen.

Manchester-System/Patterson-Parker-System Das Patterson-Parker-System [88–91] beschreibt Anordnungen von Radiumstrahlern und Dosisberechnung zur Erzeugung von homogenen Dosisverteilungen bei der Kontaktbestrahlung mit Moulagen und bei der interstitiellen Bestrahlung mit Nadeln. Das Manchester-System [81, 110, 111] beschreibt Anordnung und Dosierung für gynäkologische Bestrahlungen (siehe Abschnitt Intracavitäre gynäkologische Applikationen).

Pariser System Das ursprüngliche Pariser System [93, 95] beschreibt Methoden zur Brachytherapie mit Radium, insbesondere auch die ursprüngliche Pariser Radium-Anordnung zur Bestrahlung des Cervix-Karzinoms. Zusätzlich zu den oben beschriebenen Regeln zur geometrischen Anordnung, gibt das Pariser System von 1982 [38, 94] Vorschriften zur Bestimmung der Aktivitäten und Dosimetrie von ^{192}Ir-Drähten („Escargot Diagramm" zur Bestimmung der Dosisleistung von langen Linienstrahlern) und zur Berechnung der Bestrahlungszeiten.

Quimby- und Memorial-System Das Quimby-System [47] erzeugt Dosisverteilungen durch regelmäßige Anordnungen von

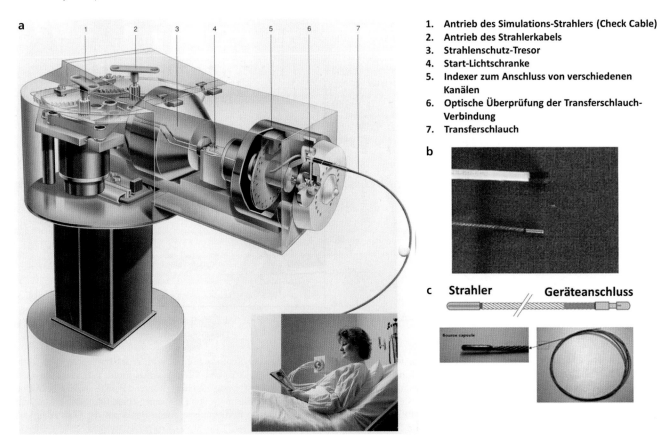

a

1 2 3 4 5 6 7

1. **Antrieb des Simulations-Strahlers (Check Cable)**
2. **Antrieb des Strahlerkabels**
3. **Strahlenschutz-Tresor**
4. **Start-Lichtschranke**
5. **Indexer zum Anschluss von verschiedenen Kanälen**
6. **Optische Überprüfung der Transferschlauch-Verbindung**
7. **Transferschlauch**

b

c **Strahler**   **Geräteanschluss**

Source capsule

Abb. 27.20 Afterloading-Gerät. **a** Schnitt durch ein Afterloading-Gerät. **b** Typische Abmessungen von modernen Afterloading-Strahlern: Länge ca. 4 mm, Durchmesser ca. 1 mm (Abbildung eines Simulationsstrahlers ohne Radioaktivität). **c** Der Strahler ist am Ende des Transportkabels angeschweißt (© 2018 Elekta | Nucletron B.V., Veenendaal, Niederlande)

^{228}Ra-Linienstrahlern mit jeweils gleicher linearer Aktivität und beschreibt dafür die Minimal- und Maximaldosis im bestrahlten Volumen. Das Memorial-System [75] erweitert das Quimby-System auf gleichförmige Anordnungen von Punktstrahlern gleicher Aktivität.

Eine zusammenfassende Beschreibung der historischen Systeme ist im Berichtsband der AAPM Summer School von 1994 [115] zu finden.

27.3 Afterloading-Gerät

In der modernen Brachytherapie erfolgt die Bestrahlung in den meisten Anwendungen (Ausnahmen: siehe Abschnitt Seeds-Implantate) mit computergesteuerten Afterloading-Geräten (AL-Gerät). Diese bieten dem Personal vollkommenen Strahlenschutz, da die Strahlenquelle nach Einbringen eines nichtaktiven Platzhalters (Applikator) in den Patienten (der sich hierzu in einem strahlengeschützten Raum befindet) fernbedient eingefahren, überwacht und wieder zurückgefahren wird (englisch afterloading = Nachlade-Verfahren). Moderne AL-Geräte verwenden einen einzigen Schrittbewegten umschlossenen Strahler (Abb. 27.20b,c). Der Strahler wird hintereinander in verschiede-

ne Kanäle einer Applikation gefahren. Dort verweilt er mit vorprogrammierten unterschiedlichen Standzeiten an den verschiedenen Standpositionen im Applikator. Die heutigen AL-Strahler verwenden als Radionuklid meist ^{192}Ir und ^{60}Co mit Abmessungen von ca. 1 mm Durchmesser und 4–5 mm Länge. Die Strahler sind am Ende eines 2–3 m langen Transportkabels meist angeschweißt. Im Ruhezustand ist das Kabel auf einer Trommel im AL-Gerät aufgerollt. Der Strahler befindet sich dann in einem Strahlenschutz-Tresor aus Wolfram oder Blei (Abb. 27.20a). Zum Ausfahren wird das Kabel von der Trommel abgerollt, so dass der Strahler im AL-Gerät in einem Führungsrohr vorgeschoben wird, danach durch einen am Gerät angeschlossenen Transferschlauch bis in den am Transferschlauch angekoppelten Applikator im Patienten. Der Antrieb der Kabeltrommel erfolgt über einen Schrittmotor, so dass die vom Strahler zurückgelegte Strecke exakt vorbestimmt werden kann. Die Verbindung der Kabeltrommel mit dem Schrittmotor erfolgt über eine schwache Ankopplung, z. B. durch einen Reibriemen oder durch Reibrad-Antrieb, so dass die Drehung der Trommelachse bereits bei kleinen Gegenkräften gestoppt wird. Die Gerätesteuerung kann so durch Vergleich der angesteuerten Schrittzahl und der erfolgten Achsdrehungen (über Drehgeber gemessen) feststellen, wenn der Strahler auf ein Hindernis trifft. Es wird dann ein Alarm ausgelöst, der Strahler wird in den Tresor zurückgezogen und erst wieder zur Ausfahrt freigegeben, wenn er Hindernisfrei seinen vorprogrammierten Standort erreichen kann. Zum Überprüfen des Strahlerwegs vor der Ausfahrt des radioaktiven Strahlers enthält das AL-Gerät einen zweiten nicht-aktiven Simulationsstrahler (Dummy, Check Cable). Der Simulationsstrahler ist identisch aufgebaut wie der radioaktive. Er befindet sich im Ruhezustand an der gleichen Position im Tresor und wird durch einen identischen Antrieb durch das gleiche Ausfahrsystem gefahren. Die wichtigste Sicherheitsüberprüfung des AL-Gerätes besteht darin, dass die Strahlerausfahrt erst erlaubt wird, wenn unmittelbar davor eine fehlerfreie Probefahrt mit dem Simulationsstrahler erfolgt ist. Weitere Komponenten der elektronischen Überwachung sind in Abb. 27.20a gezeigt (z. B. Lichtschranke zur Bestimmung des Startpunkts der Strahlerfahrt, Erfassung von Verlassen und Rückkehr des Strahlers in den Tresor, Prüfung der korrekten Anfahrt des Applikator-Kanals usw.). Die Umschaltung des Strahlers auf verschiedene Applikator-Kanäle erfolgt im Beispiel der Abbildung durch Rotation eines S-förmigen Führungsrohrs vor einer kreisförmigen Anordnung von Anschlussbuchsen, kann aber z. B. auch durch Verschieben einer Anschlussplatte vor einer einzigen Rohröffnung erfolgen.

27.4 Qualitätssicherung der Brachytherapie

In allen Gebieten der Strahlentherapie ist die Aufgabe der Medizinischen Physik neben der Entwicklung der physikalisch-technischen Methodik die Qualitätssicherung, d. h. die Gewährleistung einer sicheren und reproduzierbaren Therapie. In Deutschland wird die Qualitätssicherung der Brachytherapie in der Strahlenschutzverordnung (§§ 2–8, 82, 83) [19] und in der Richtlinie Strahlenschutz in der Medizin (RL StrlSchMed, Abschnitte 7.3 und 7.6) [20] vorgeschrieben, in praktisch allen anderen Ländern gelten ähnliche Vorschriften. Die wesentlichen Aufgaben sind die Qualitätskontrolle (Quality Assurance, QA):

- des Strahlers, insbesondere die Verifikation seiner Referenz-Luftkermaleistung,
- des Afterloading-Gerätes,
- der Applikatoren,
- der Bestrahlungsplanung sowie der Verwendung der korrekten Daten,
- die Qualitätssicherung jeder Applikation,
- sowie des Strahlenschutzes einschließlich der Vorbereitung für die Bergung des Strahlers bei Versagen der Strahlerrückkehr in das AL-Gerät.

Eine ausführliche Beschreibung der Prozeduren der QA der Brachytherapie geben die Richtlinien der IAEA [60, 62], der Fachgesellschaften der Medizinischen Physik [16, 72, 86] sowie die DIN-Normen [28–32, 35–37].

Die deutsche Richtlinie RL StrlSchMed schreibt in Abschnitt 7.3.3 eine Qualitätssicherung durch Überprüfung des Behandlungserfolges vor. Zu dieser Qualitätssicherung trägt die Medizinische Physik wesentlich durch Erarbeiten und Gewährleisten von reproduzierbaren Prozeduren und auswertbarer Dokumentation und Protokollierung bei.

27.4.1 Verifikation der Referenz-Luftkermaleistung des Strahlers

Die Richtlinie Strahlenschutz in der Medizin schreibt die Verifikation der Referenz-Luftkermaleistung für jeden Brachytherapie-Strahler durch einen Medizinphysik-Experten vor der ersten Verwendung des Strahlers am Patienten vor (Abschnitt 7.6.1.2 in [20]). Zusätzlich muss die Kenndosisleistung nach der Erstüberprüfung innerhalb eines der Halbwertzeit angepassten Zeitintervalls noch mindestens einmal zur Kontrolle der Radionuklidreinheit kontrolliert werden.

Die Verifikation der Referenz-Luftkermaleistung ($\dot{K}_a$ oder S_K) erfolgt in der Klinik mit kalibrierten Schachtkammern oder Dosimeter-Phantomanordnungen (Abb. 27.21). Die Kalibrierung durch den Hersteller oder durch ein Standardlaboratorium (in Deutschland durch die Physikalisch-Technische Bundesanstalt PTB) erfolgt durch Bestimmung der Luftkermaleistung des jeweiligen Radionuklids und gilt nur für die komplette Messanordnung, die zusammen kalibriert wird (Schachtkammer mit dem bei der Kalibrierung verwendeten Strahlerhalter bzw. für die gesamte unveränderte Anordnung von Ionisationskammer, Halter und Phantom). Bei der kalibrierten Schachtkammer ist zu beachten, dass die Messung am Strahlerstandort im Applikator mit der höchsten Dosisleistung (Sweet Spot) erfolgt. Bei der Detektor-Phantom-Anordnung wird der Mittelwert der Messung in allen 4 Kammerpositionen ausgewertet, um über die Rotations-Anisotropie der Dosisleistung des Strahlers zu mitteln.

Eine Bestimmung von $\dot{K}_a$ ist durch direkte Messung der Luftkermaleistung in einer „frei in Luft Messung" mit einer kalibrierten Ionisationskammer (kalibriert in Luftkerma oder Wasser-Energiedosis) möglich, jedoch wegen des großen Aufwands zum Erreichen einer akzeptablen Messunsicherheit für die Routine in der Klinik nicht zu empfehlen. Anleitungen für eine solche Messung sind in IAEA Tecdoc-1274 [60] und in DGMP Bericht Nr. 13 [72] zu finden. Mit einer in Wasser-Energiedosis kalibrierten Ionisationskammer kann man $\dot{K}_a$ nach der Gl. 27.22 bestimmen:

$$\dot{K}_a(d_{\text{ref}}) = M/t \cdot (d/d_{\text{ref}})^2 \cdot N_D \cdot k_Q \cdot \frac{(\mu_{\text{en}}/\rho)_{\text{air}}}{(\mu_{\text{en}}/\rho)_{\text{H}_2\text{O}}}$$
$$\cdot \frac{1}{1-g} \cdot k_{\text{H}_2\text{O}\rightarrow\text{air}} \cdot k_{\text{scatt}} \cdot k_{\text{air}} \quad (27.22)$$

Hierin sind:

M die Kammeranzeige (korrigiert für Luftdichte ($k_{T,p}$) und Leckstrom)

t die Messzeit

$(d/d_{\text{ref}})^2$ die Umrechnung der Kermaleistung vom Messabstand d in den Referenzabstand d_{ref}

N_D der Kalibrierfaktor der Kammer für Wasser-Energiedosis

k_Q der Korrektionsfaktor für den Einfluss der unterschiedlichen Strahlenqualität bei der Kalibrierung und bei der Messung (unterschiedliches Ansprechen des Detektors)

Teil IV

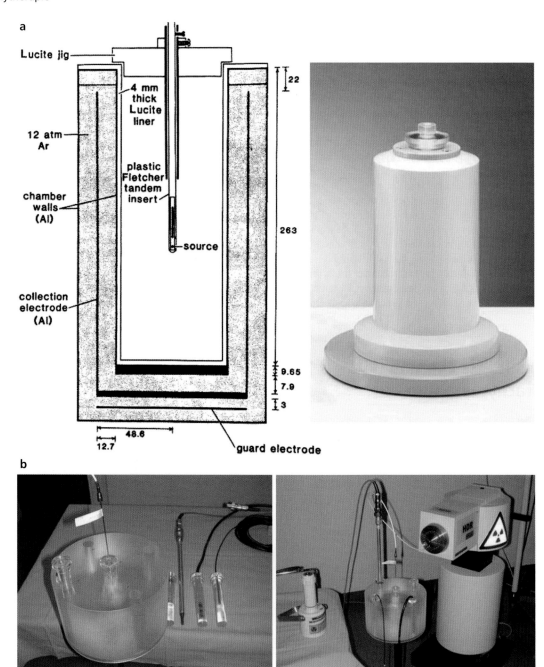

a

Lucite jig

4 mm thick Lucite liner

22

12 atm Ar

plastic Fletcher tandem insert

chamber walls (Al)

263

source

collection electrode (Al)

9.65

7.9

3

48.6

12.7

guard electrode

b

Abb. 27.21 Messanordnungen zur Verifikation der Referenz-Luftkermaleistung. **a** Schachtkammer: *links*: Schnittzeichnung, *rechts*: Schachtkammer Typ 33004 der Fa. PTW Freiburg. **b** Dosimeter-Phantom-Anordnung (Krieger-Phantom) (**a** *links*: © 2014 Lippincott Williams & Wilkins, **a** *rechts*: © 2017 PTW Freiburg)

$\frac{(\mu_{en}/\rho)_{air}}{(\mu_{en}/\rho)_{H_2O}}$ das Verhältnis der Massen-Energieabsorptionskoeffizienten von Luft zu Wasser für die Strahlerenergie

$k_{H_2O \rightarrow air}$ eine Korrektur für unterschiedliche Streustrahlung und Absorption bei der Wasser-Energiedosis-Kalibrierung in Luft und Wasser ($\sim 1{,}0$)

$k_{scatt} \cdot k_{air}$ die Korrektur für Streustrahlung aus der Umgebung und Absorption in Luft bei der Messung (= Umrechnung der Dosis in Kerma) ($\sim 1{,}0$)

$\frac{1}{1-g}$ eine Korrektur für Bremsstrahlungsverluste in der Luft des Kammervolumens ($\sim 1{,}0$)

Bei einer Messung mit einer Luftkerma-kalibrierten Ionisationskammer vereinfacht sich Gl. 27.22 zu:

$$\dot{K}_a(d_{ref}) = M/t \cdot (d/d_{ref})^2 \cdot N_K \cdot k_Q \cdot k_{scatt} \cdot k_{air}, \quad (27.23)$$

wobei N_K der Kalibrierfaktor der Ionisationskammer für Luftkerma ist.

Bei diesen Messungen wird der unbekannte Korrektionsfaktor k_Q durch Interpolation zwischen erhältlichen Kalibrierfaktoren bestimmt, z. B. kann für ^{192}Ir zwischen den Kalibrierfaktoren

Teil IV

für ^{137}Cs und 150-keV-Röntgenstrahlung interpoliert werden [48]. Die Unsicherheit in der Positionierung von Strahler und Messkammer kann verringert werden durch eine Messreihe in mehreren Abständen, deren Differenz genauer bestimmt werden kann, z. B. durch Verfahren des Detektors mit der Positioniermechanik eines Wasserphantoms. Durch Anpassung (Fit) der Messreihe mit einer $1/r^2$-Funktion kann dann auf den korrekten Abstand zwischen Strahler und Detektor zurückgeschlossen werden [60].

Neben der dosimetrischen Verifikation muss vor der Anwendung am Patienten eine Überprüfung und Dokumentation der Übereinstimmung der programmierten und tatsächlichen Ausfahrlänge jedes neuen Strahlers und jedes neuen Simulationsstrahlers mit den im Abschn. 27.4.2: *Qualitätssicherung des Afterloading-Gerätes* beschriebenen Methoden erfolgen.

27.4.2 Qualitätssicherung des Afterloading-Gerätes

Bei Erhalt eines Afterloading-Gerätes erfolgt vor der Anwendung am Patienten eine Abnahmeprüfung, in der sämtliche für die Anwendung bedeutsamen Funktionen sowie die in den betreffenden Normen (in Deutschland DIN IEC 601-2-17 [31]) und Richtlinien (RL StrlSchMed 2014 [20]) vorgeschriebenen Gerätefunktionen verifiziert und dokumentiert werden. Danach sind in regelmäßigen Abständen Konstanzprüfungen durchzuführen, in denen der Fortbestand der Kennmerkmale überprüft und dokumentiert wird (DIN 6853-5 [35]). Arbeitstägliche Prüfungen sind:

- die Überprüfung des korrekten Datums und der Uhrzeit am Steuergerät (als Voraussetzung für die korrekte Umrechnung der Kenndosisleistung des Strahlers entsprechend dem radioaktiven Zerfall),
- die Überprüfung sämtlicher Sicherheitsfunktionen (Not-Stop, Warn- und Alarm-Schilder, akustische und optische Signale) sowie
- die Überprüfung der Übereinstimmung der Ausfahrlängen von Strahler und Simulationsstrahler mit den programmierten Werten (Verfahren siehe unten) mit einer zulässigen Differenz von < 1 mm.

DIN 6853-5 schreibt eine arbeitstägliche Überprüfung der Genauigkeit des die Standzeit des Strahlers bestimmenden Zeitschalters vor. Es ist jedoch anzumerken, dass die meisten modernen AL-Geräte redundante Uhren benutzen (z. B. am Steuercomputer und in der Bordelektronik des AL-Gerätes), die sich im Selbsttest beim Einschalten des Gerätes mit größerer Genauigkeit gegenseitig überprüfen.

Es ist sinnvoll, bei Inbetriebnahme des AL-Gerätes die Transportzeit zu notieren, die das AL-Gerät benötigt, um den Strahler von seiner Startposition bis zu einer reproduzierbaren Position im Applikator zu fahren. Diese Zeit sollte während der Anwendungsdauer des Gerätes konstant bleiben. Eine Änderung der Transportzeit kann auf einen Gerätefehler, z. B. eine Fehlfunktion des Strahlerantriebs hinweisen.

Abb. 27.22 Messlehre zur Überprüfung der korrekten Ausfahrlänge des Strahlers. In der Messlehre schiebt der Strahler einen Schleppzeiger, der dann die maximale Ausfahrposition der Strahlerspitze anzeigt. Gleichzeitig kann die Strahlerposition auf einem radiographischen Film mit Skala dokumentiert werden (© 2018 Elekta | Nucletron B.V., Veenendaal, Niederlande)

Die Überprüfung der Ausfahrlänge erfolgt mit speziellen Werkzeugen wie der in der Abb. 27.22 gezeigten Messlehre: Die Lehre wird mit einem Transferschlauch standardisierter Länge an das Gerät angeschlossen. Der Strahler fährt in die Lehre ein und schiebt dabei einen Schleppzeiger vor sich her, der am Ort der maximalen Ausfahrt stehen bleibt. Dieser kann nach Zurückfahren des Strahlers auf einer Skala abgelesen werden. Manche AL-Geräte verfügen über eine Überprüfung der Ausfahrlänge mit einer Videokamera. Die Dokumentation der korrekten Ausfahrlänge erfolgt am besten mit Film. Abb. 27.22 zeigt eine kommerzielle Lehre, die mit speziellen radiochromen Filmen mit aufgedruckter Skala bestückt werden kann.

Die Abb. 27.23 zeigt wie mit einer Radiographie durch Bestrahlen eines regelmäßigen geometrischen Musters die übereinstimmende Ausfahrlänge eines AL-Gerätes in allen Kanälen überprüft werden kann.

27.4.3 Qualitätssicherung der Applikatoren

Bei jedem Applikator muss vor der ersten Anwendung am Patienten die Lage der Strahlerstandorte im Applikator bei vorprogrammierter Ausfahrlänge überprüft und dokumentiert werden. Dies geschieht am einfachsten durch eine Autoradiographie des Applikators wie in der Abb. 27.24 gezeigt. Die Übereinstimmung der Lage der Röntgenmarker mit tatsächlichen Strahlerstandorten wird durch Radiographie überprüft. Danach müssen vor jeder Anwendung alle Komponenten der Applikation (Applikator, Transferschläuche, Röntgenmarker usw.) auf Schadensfreiheit und Funktionalität kontrolliert werden.

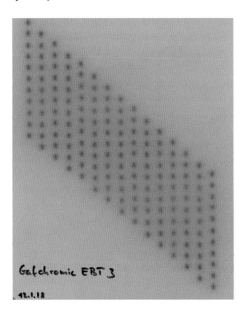

Abb. 27.23 Durch Bestrahlung eines regelmäßigen geometrischen Musters kann die korrekte Positionierung des Strahlers in allen Kanälen überprüft werden

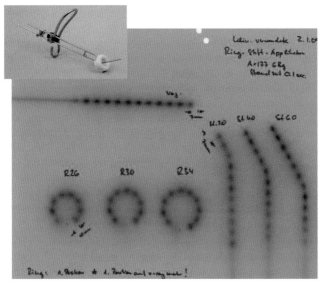

Abb. 27.24 Radiographie zur Überprüfung der Positionen des Strahlers im *oben links* abgebildeten Ring-Stift-Applikator (© 2018 Elekta | Nucletron B.V., Veenendaal, Niederlande)

27.4.4 Qualitätssicherung der Bestrahlungsplanung

Grundsätzlich gelten bei der Qualitätssicherung der Bestrahlungsplanung für die Brachytherapie die gleichen Anforderungen wie in der Teletherapie: Es muss vor Aufnahme der klinischen Arbeit mit dem Bestrahlungsplanungssystem oder auch einer neuen Programmversion eine Zustandsprüfung (Kommissionierung) erfolgen [20], welche die ausreichende Funktionalität und Genauigkeit des Systems für alle geplanten klinischen Anwendungen bestätigt. Danach erfolgen periodische

Konstanzprüfungen, bei denen nachgewiesen und dokumentiert wird, dass die ausreichende Qualität erhalten bleibt. Im Rahmen der Kommissionierung wird als Kontrolle der Basisdaten die Verwendung der korrekten TG-43-Daten für den verwendeten Strahlertyp überprüft, z. B. durch Vergleich mit den im Internet publizierten Daten. Zur Verifikation einer ausreichenden Genauigkeit der Planung muss eine geometrische Überprüfung bestätigen, dass die Abbildungsgeometrie und Rekonstruktionsmethode eine ausreichende Rekonstruktionsgenauigkeit (< 1 mm) des Applikators und seiner Lage im Patienten erlauben. Zur Verifikation der Dosisberechnung werden zunächst für einfache Strahleranordnungen (einzelner Strahler, Kombination von einem, dann von mehreren Strahlerstandorten), dann für komplexere Anordnungen (ganzer Applikator) geplante Ortsdosen mit „manuell" nach TG-43 berechneten Dosen verglichen. Die Berechnung erfolgt in homogenem Wasser. Eine Verifikation durch Messung ist derzeit nicht praktikabel. Zur Konstanzprüfung können die Prüfungen der Kommissionierung wiederholt werden.

Zur Kommissionierung der neuen modellbasierten Rechenalgorithmen (Collapsed Cone, rasterbasierte Lösungen der Boltzmann-Gleichung, Monte-Carlo-Berechnung sowie Hybrid-Algorithmen, die eine Kombination von Dosisberechnungen nach TG-43 und fortgeschrittenen Algorithmen benutzen) muss durch zusätzliche Prüfungen die korrekte Dosisberechnung in komplexen inhomogenen Umgebungen bestätigt werden. Da eine Verifikation durch Messung nicht praktikabel ist, wird ein Verfahren nach Empfehlungen der Task Group 186 der AAPM angewandt [12]. Zur Vorbereitung der Arbeit mit den fortgeschrittenen Rechenalgorithmen wird das Studium des Berichts der TG-186 empfohlen.

Als Grundlage für eine korrekte Dosisberechnung mit den modellbasierten Algorithmen muss die korrekte Materialzuordnung aus den CT-(HU)-Informationen verifiziert werden. Soweit diese in den Datensätzen des Planungsprogramms erkennbar sind, sollte eine Kontrolle der in den Algorithmen verwendeten Wechselwirkungsdaten (Wirkungsquerschnitte usw.) erfolgen. Zur Verifikation der Dosisberechnung erfolgt zunächst eine Verifikation von berechneten Ortsdosen für eine homogene Wasserumgebung durch Vergleich mit einer TG-43-Rechnung. Danach erfolgt eine Verifikation von berechneten Ortsdosen für inhomogene Phantomanordnungen und klinische Anwendungen. Da für diese Anordnungen in der Regel keine Informationen über korrekte Dosisverteilungen verfügbar sind, erfolgt die Verifikation durch Vergleich der eigenen Rechnung mit von TG-186 publizierten, vorgerechneten und überprüften bildbasierten Dosisverteilungen. Dafür stellt TG-186 eine Reihe von CT-Studien von Phantomen und klinischen Applikationen einschließlich Monte-Carlo-überprüfter Dosisverteilungen im Internet zur Verfügung. Die Berechnung erfolgt für einen generischen, rechnerisch erzeugten Strahler, dessen Daten ohne unsicherheitsbehaftete Messung bestimmt werden können. Die Daten des generischen Strahlers werden ebenfalls von TG-186 im Internet publiziert und müssen zusätzlich zum eigenen, klinisch verwendeten Strahler im Planungssystem implementiert werden. Diese standardisierten Anordnungen werden zur Verifikation mit dem klinikeigenen Planungssystem nachgerechnet und mit den Vorgaben der TG-186 verglichen.

27.4.5 Qualitätssicherung der Applikation

Die Qualitätssicherung jeder Applikation ist erforderlich, da eine fehlerhafte Verabreichung der hohen Fraktionsdosen der Brachytherapie große Schäden beim Patienten bewirken kann. Hinzu kommt, dass wesentliche Teile der Applikation nicht durch z. B. Verifikationssysteme kontrolliert werden können. Die wahrscheinlich häufigsten Fehler bei der Applikation der Brachytherapie entstehen durch Verwechseln der Applikator-Kanäle beim Anschluss des Patienten. Die QA der Applikation erfolgt wesentlich durch organisatorische Maßnahmen, indem das Ausüben von Zeitdruck untersagt wird und durch unabhängige zweite Kontrollen der Applikation durch eine zweite Person („vier Augen Prinzip"). Wesentliche Aufgaben der QA der Applikation sind die Kontrolle

- der Bestrahlungsdaten, insbesondere bei manueller Eingabe,
- dass (z. B. beim Vorliegen verschiedener Planversionen) der korrekte Plan angewandt wird,
- der Korrektion der Bestrahlungszeiten für den radioaktiven Zerfall des Strahlers zwischen Planung und Applikation sowie
- des korrekten Anschlusses der Kanäle an Gerät und Patient.

27.5 Strahlenschutz

27.5.1 Strahlenschutzvorschriften für die Brachytherapie

Der folgende Abschnitt benennt beispielhaft einige der wichtigen Strahlenschutzvorschriften, die über die in der Teletherapie als bekannt vorauszusetzenden Vorschriften hinaus zu beachten sind. Er enthält deshalb nur einen Teil der Regelungen im Strahlenschutz. Der Gesamtumfang der zu beachtenden Strahlenschutzregelungen entspricht den in der Richtlinie Strahlenschutz in der Medizin in Abschnitt 3 geforderten und in der Anlage A der Richtlinie detailliert aufgeführten Fachkunden und Kenntnissen im Strahlenschutz [20]. Die in diesem Text genannten Vorschriften und Normen gelten für Deutschland, in anderen Ländern gelten entsprechende landeseigene Vorschriften.

Der Umgang mit AL-Strahlern ist genehmigungspflichtig (§ 11 StrlSchV [19]). Die Genehmigung muss von der entsprechenden Aufsichtsbehörde erteilt werden, wenn keine Bedenken gegen die Zuverlässigkeit des Antragstellers vorliegen, die erforderlichen Fachkunden von Arzt und Strahlenschutzbeauftragten vorliegen und die Strahlenschutzeinrichtungen des Betriebes einen ausreichenden Schutz von Bevölkerung und Umwelt sowohl im Normalbetrieb als auch bei einem Störfall gewährleisten (§ 13 StrlSchV [19]). Wichtige Voraussetzung für die Anwendung von Strahlung am Menschen ist die rechtfertigende Indikation (§ 80 StrlSchV [19]), d. h., der gesundheitliche Nutzen einer Anwendung am Menschen muss gegenüber dem Strahlenrisiko überwiegen. Die RL StrlSchMed beschreibt die erforderlichen Voraussetzungen und Fachkenntnisse, die Personalvoraussetzungen (z. B. Vorhandensein von fachkundigem

Arzt und Medizinphysik-Experten), organisatorische Pflichten, Unterweisungen sowie Qualitätssicherungsmaßnahmen.

Der bauliche Strahlenschutz von Afterloading-Anlagen wird in DIN 6853-2 [32] beschrieben und umfasst

- eine bauliche Abschirmung des Bestrahlungsraumes, der gewährleistet, dass außerhalb des Raumes keine Personendosen von – in der Regel – 0,1 mSv im Jahr auftreten können,
- die Bedienung des Afterloading-Gerätes an einer Bedieneinheit außerhalb des Bestrahlungsraumes,
- Not-Aus-Schalter, Türkontakte, welche keine Bestrahlung bei offener Tür des Bestrahlungsraumes zulassen, Warnschilder und -signale, die den Betriebszustand des AL-Gerätes anzeigen, sowie
- ein unabhängiges Strahlungsmessgerät im Bestrahlungsraum, das die erhöhte Strahlung bei ausgefahrenem Strahler an einer Warnampel anzeigt und bei erhöhter Strahlung bei geöffneter Tür ein akustisches Warnsignal auslöst.

Zum Strahlenschutz einer AL-Anlage gehört nach § 65 Strahlenschutzverordnung (StrlSchV [19]) die Sicherung des Strahlers vor Brand und Diebstahl.

Der Bestrahlungsraum ist bei ausgefahrenem Strahler Sperrbereich, in dem sich keine Person außer einem zu bestrahlenden Patienten aufhalten darf (§ 36 StrlSchV [19]). Wenn sich der Strahler im Ruhezustand im Schutzbehälter des AL-Gerätes befindet, ist die Durchlass-Dosisleistung außerhalb des Gerätes entscheidend für die Einstufung des Bestrahlungsraumes. Wenn sich der Bereich, in dem eine Dosisleistung von mehr als 0,5 μSv/h (0,1 mSv/(50 Wochen × 40 h)) auftritt, nur an der Oberfläche oder in einem kleinen Bereich um das Gerät befindet, kann der restliche Bestrahlungsraum als Überwachungsbereich eingestuft werden, den (im Gegensatz zum Kontrollbereich) nicht-strahlenüberwachte Personen ohne besondere Kontrolle durch den Strahlenschutzbeauftragten betreten dürfen.

Wegen der hohen Aktivitäten von Brachytherapie-Strahlern sind besonders aufmerksame Strahlenschutz-Kontrollen bei Erhalt, Handhabung und Abgabe erforderlich:

Bei Erhalt eines Strahlers müssen die Oberflächen der Verpackungen auf Kontamination und Beschädigungen überprüft werden, um z. B. Personenschäden durch Kontamination zu verhindern. Erhalt und Abgabe genehmigungspflichtiger Strahler sind der Genehmigungsbehörde innerhalb eines Monats mitzuteilen (§ 70 StrlSchV [19]). Die Strahler für AL-Geräte gehören durchweg zur Klasse der hochradioaktive Strahlungsquellen, deren Erhalt und Abgabe zusätzlich dem Bundesamt für Strahlenschutz zu melden ist, das darüber ein bundesweites Register führt (§ 70a StrlSchV [19]). Über den Bestand der in einer Institution aufbewahrten Strahler ist Buch zu führen. Er muss regelmäßig kontrolliert werden. Es ist jährlich eine Liste des Bestandes bei der Überwachungsbehörde abzugeben (§ 70 StrlSchV [19]). Hochradioaktive Strahler und mit einer Halbwertszeit $t_{1/2} > 100$ Tagen sind jährlich auf Dichtheit und Unversehrtheit der Umhüllung zu prüfen (§ 66 StrlSchV [19]).

Für den sicheren Umgang mit AL-Strahlern gelten die Kennzeichnungspflicht von Strahler und Verpackung mit standardisierten Strahlenwarnzeichen (§ 68 StrlSchV [19]), die mit besonderen Sicherheitsauflagen verbundene Genehmigungspflicht

Teil IV

für die Beförderung (§ 16, 18 StrlSchV [19]), besondere Ver-
packungsvorschriften in Schutzbehältern (§ 65 StrlSchV [19])
sowie die besonderen Vorschriften der Gefahrgutbeförderungs-
verordnung (GGVSEB) [21] für den Transport. Radioaktive
Stoffe aus genehmigungsbedürftigem Umgang dürfen nicht als
nicht-radioaktive Stoffe entsorgt werden, auch wenn ihre Aktivität unterhalb der in der StrlSchV (Anlage II, Tabelle 1 [19])
genannten Freigrenzen liegt, sondern müssen als radioaktive
Abfälle an eine Sammelstelle abgegeben werden (§ 76 StrlSchV
[19]). Wenn die Aktivität unter den in Anlage III Tabelle 1
genannten niedrigeren Freigabe-Werten liegt, kann durch die
Aufsichtsbehörde ein aufwendiges Freigabe-Verfahren genehmigt werden (§ 29 StrlSchV [19]). Es sollte deshalb darauf
geachtet werden, dass z. B. der Hersteller oder Lieferant oder
eine Sammelstelle die Stoffe zurücknimmt. Für die hochaktiven
AL-Strahler ist der Hersteller zur Rücknahme verpflichtet (§ 69a
StrlSchV [19]).

27.5.2 Strahlerbergung

Die RL StrlSchMed schreibt die Vorbereitung und das halbjährliche Üben von Maßnahmen zur Strahlerbergung für den Fall
einer Störung der selbsttätigen Rückkehr der Strahlquelle in
die Ruhestellung vor (Abschnitt 7.6.1.2 in [20]). Unfallsitua-
tionen, die eine Strahlerbergung erforderlich machen können,
sind die Abtrennung des Strahlers vom Strahlerkabel, z. B.
durch Versagen der Verschweißung des Strahlers mit dem Kabel
oder das mechanische Festklemmen des Strahlers, so dass das
Afterloading-Gerät ihn nicht mehr in den Tresor zurückfahren
kann. Strahlerunfälle und Sicherheitsprozeduren sind im Bericht
ICRP 97 der Internationalen Strahlenschutzkommission ICRP
beschrieben [63]. Da ein typischer ^{192}Ir-Afterloading-Strahler
mit einer Aktivität von 370 GBq in 1 cm Abstand eine Dosisleistung von etwa 7 Gy/min hat, müssen die für eine Bergung
erforderlichen Prozeduren vorher durchdacht und geübt werden.
Das für die Bergung zuständige Personal muss die Grundfunk-
tionen von Strahler und Afterloading-Gerät kennen und wissen,
wie sie die zur Bergung erforderlichen Informationen einholen
können (z. B. aus der Geräteanzeige den wahrscheinlichen Ort
des Strahlers). Sie müssen wissen, wie man den Strahler z. B.
mit einem unempfindlichen Strahlenschutzmessgerät lokalisieren kann, und brauchen Kenntnisse zu folgenden Punkten:

- Not-Rück-Schalter und manuelle Vorrichtungen zur Rückführung des Strahlers in den Tresor.
- Trennung des Applikators vom Gerät und evtl. der Entfernung des Applikators aus dem Patienten.
- Sie müssen wissen, mit welchem Werkzeug (z. B. lange Pin-
zette oder Zange) man den Strahler greifen und in einen
bereitstehenden Strahlenschutztresor werfen kann und wo
sich dieses Werkzeug befindet.
- Bei einer Bergung sollte der Strahler nicht vom Kabel getrennt werden, damit er später mit den sonst üblichen Prozeduren im Transportbehälter untergebracht werden kann.
- Nach einer Bergung muss der Patient mit einem Strahlenschutzmessgerät vermessen werden, um sicherzustellen, dass
die Aktivität tatsächlich entfernt wurde.

27.6 Praktische Dosimetrie der Strahlungsfelder von Brachytherapie-Strahlern

27.6.1 Strahlungsspektren

Bei der Wechselwirkung der Strahlung mit der Materie wird
das Strahlungsspektrum verändert. Bei der Strahlung eines
Brachytherapie-Strahlers verringert sich einerseits durch die
Wechselwirkung der Anteil der Primärstrahlung (die direkt
aus dem Radionuklid stammt, abzüglich Eigenfilterung). Andererseits entsteht Sekundärstrahlung, die sich im Energiebereich der Brachytherapie-Strahler hauptsächlich aus Photonen-
Streustrahlung und Sekundärelektronen zusammensetzt. Insbesondere die Zunahme der Streustrahlung aus dem Compton-
Effekt führt im Umgebungsmaterial Wasser mit wachsendem
Abstand vom Strahler zu einer kontinuierlichen starken Veränderung des Photonenspektrums, wie sie für einen ^{192}Ir-Strahler
in Abb. 27.25 zu sehen ist. Direkt an der Strahleroberfläche
entspricht die Strahlungsfluenz noch weitgehend dem primären
Emissionsspektrum des ^{192}Ir. Ab etwa 3 cm Abstand vom Strahler überwiegt im Spektrum die Streustrahlungsfluenz aus dem
Compton-Effekt.

Das veränderliche Strahlungsspektrum führt zum einen zu einer veränderlichen mittleren Photonenenergie, zum anderen
zu einer veränderlichen Zusammensetzung der Dosis aus primärem und Streustrahlungsanteil. Dies ist für wachsenden radialen Abstand von 4 monoenergetischen Strahlungsquellen
in Wasser in Abb. 27.26 gezeigt. Die primären Energien der
Strahler entsprechen den mittleren primären Energien von einigen typischen Brachytherapie-Strahlern: ^{125}I (28,4 keV), ^{192}Ir
(350 keV), ^{169}Yb (100 keV) und ^{137}Cs (662 keV). Die Kurven
zeigen, dass bereits ab wenigen cm Abstand vom Strahler die
Dosis überwiegend von der Streustrahlung erzeugt wird.

Die starke Veränderlichkeit der Spektren und auch der Zu-
sammensetzung der Dosis hat Auswirkungen sowohl auf die
Berechnung als auch auf die experimentelle Bestimmung der
Dosis von einem Brachytherapie-Strahler.

27.6.2 Detektoren

Bei der Auswahl von Detektoren für die Dosimetrie in der
Brachytherapie müssen die komplexen Eigenschaften des Strahlungsfeldes berücksichtigt werden.

Um im steilen Dosisgradienten in der Nähe der Strahlungsquelle eine ausreichende Ortsauflösung zu erreichen, brauchen
die Detektoren ein kleines empfindliches Volumen. Innerhalb
dieses Volumens muss der effektive Messort bekannt sein. In
1 cm Abstand vom Strahler beträgt der Dosisabfall aufgrund
des $1/r^2$-Gesetzes 21 %/mm, in 5 cm 4 %/mm. Innerhalb dieses
Dosisgradienten muss der Detektor ausreichend genau positio-
nierbar sein. Im Abstand von 1 cm wäre für eine Unsicherheit

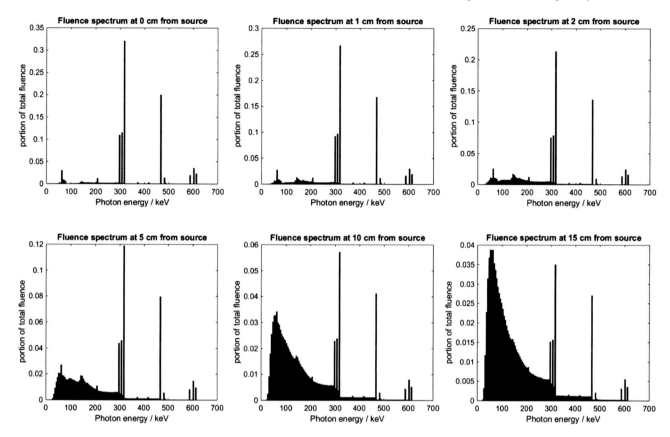

Abb. 27.25 Photonenspektrum eines ^{192}Ir-Strahlers in verschiedenen Abständen entlang der radialen Strahlerachse in Wasser. Die Spektren wurden mit der Monte-Carlo-Methode berechnet für einen Strahler in der Mitte eines zylindrischen Wasserphantoms mit Radius 20 cm und Länge 40 cm [99]. Während an der Strahleroberfläche noch fast das unveränderte Linienspektrum des Ir-192 vorliegt, nimmt mit wachsendem Abstand vom Strahler der Anteil des kontinuierlichen Compton-Streustrahlungsuntergrundes zu. Bei Abständen > ca.6 cm überwiegt der Anteil der Streustrahlung an der Dosisdeposition. Siehe auch Abb. 27.6 (Abbildung aus [99]). © 2017 Institute of Physics and Engineering in Medicine. Reproduced by permission of IOP Publishing. All rights reserved)

< 2 % eine Positioniergenauigkeit von Detektor und Strahler innerhalb 0,04 mm erforderlich. Realistisch ist deshalb eher die Forderung nach einer Positioniergenauigkeit von 0,1 mm, entsprechend einer Messgenauigkeit von 3,2 % in 1 cm und 1 % in 2 cm Abstand. Die Ansprechvermögen sollten richtungsunabhängig sein, da der Dosisgradient in allen Richtungen verläuft. Das Ansprechvermögen muss über eine große Dynamik verfügen, da der Detektor z. B. in 1 cm Abstand von einem ^{192}Ir-HDR-Afterloading-Strahler einer Dosisleistung von etwa 7 Gy/min und in 5 cm Abstand 0,3 Gy/min ausgesetzt ist.

Aufgrund der variablen Spektren muss das Ansprechvermögen eines Brachytherapie-Detektors eine geringe und korrigierbare Energieabhängigkeit haben. Diese wird bestimmt durch die unterschiedliche Energiedeposition der Strahlung im Referenzmaterial Wasser und im Detektor. Da nach dem Theorem von Fano [42] die Dichte eines Hohlraumdetektors keine Rolle spielt (hierbei muss der Detektor von allen Seiten vom gleichen oder zumindest äquivalenten Material umgeben sein), wird die Energiedeposition durch das energie- und damit abstandsabhängige Verhältnis der Massen-Energieabsorptionsverhältnisse von Wasser und Detektormaterial $(\mu_{en}/\rho)_W/(\mu_{en}/\rho)_{det}$ bei der mittleren Energie $\overline{E}_N(r)$ der Strahlenfluenz im Abstand r bestimmt. Abb. 27.27 zeigt das Ansprechvermögen (im Wesent-

lichen $(\mu_{en}/\rho)_W/(\mu_{en}/\rho)_{det}$) für einige in der Strahlentherapie übliche Detektoren. Da im niedrigen Energiebereich unterhalb 100 keV der materialunabhängige Compton-Effekt ab- und der stark materialabhängige Photoeffekt zunimmt, setzt hier für alle Detektoren eine vom Detektormaterial abhängige Energieabhängigkeit ein. Geeignete Detektoren für die Brachytherapie sind kleinvolumige und möglichst richtungsunabhängige Ionisationskammern, Thermo- und andere Lumineszenzdetektoren, radiochromer Film, Micro-Diamantdetektoren und bestimmte Szintillatoren. Es ist ersichtlich, dass Dioden (Abb. 27.27d) und Silber-Halogenid-Film (Abb. 27.27e) wegen ihrer starken Energieabhängigkeit für die Dosimetrie in der Brachytherapie nicht geeignet sind.

27.6.3 Dosisbestimmung mit kalibrierten Detektoren

Im Prinzip kann die Dosis eines Brachytherapie-Strahlers mit dem gleichen Formalismus der Sondendosimetrie bestimmt werden, wie er in IAEA TRS 398 [61] oder DIN 6800-2 [33] beschrieben wird. Mit einer Ionisationskammer wird die Ener-

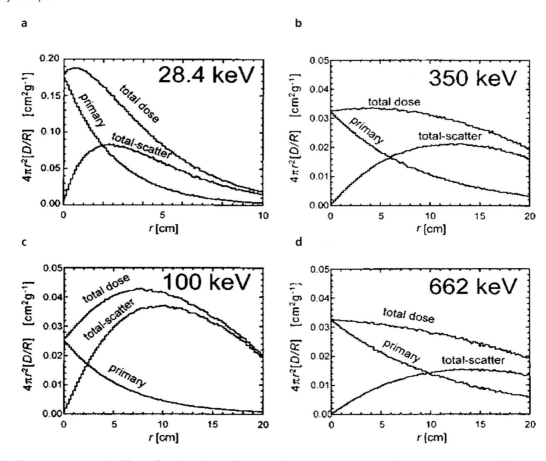

Abb. 27.26 Zusammensetzung der Wasser-Energiedosis aus Dosisanteilen erzeugt aus primärer Photonenstrahlung und Streustrahlung in Abhängigkeit vom Strahlerabstand in Wasser für 4 Punktstrahler mit für die Brachytherapie typischen Photonenenenergien **a** 28,4 keV, **b** 100 keV, **c** 350 keV und **d** 662 keV. Aufgetragen gegen den Abstand r ist die Dosis D normiert auf die vom Strahler in Richtung Dosispunkt emittierte Strahlungsenergie $R/4 \cdot \pi$ (entsprechend der relativen Tiefendosiskurve in der Teletherapie). Diese Größe ist zusätzlich multipliziert mit r^2, um den steilen Dosisabfall allein durch $1/r^2$ außer Betracht zu lassen. Die Form der Gesamtdosiskurven entspricht damit etwa der der radialen Dosisfunktion für die jeweilige Energie. Die Kurven wurden mit der Monte-Carlo-Methode berechnet für punktförmige Strahler in der Mitte eines kubischen Wasserphantoms mit Kantenlänge 20 cm für 28,4 keV und 40 cm Kantenlänge für die höheren Energien (Abbildung aus [22]. © 2017 John Wiley & Sons, Inc)

giedosis in Wasser D_W nach Gl. 27.24 bestimmt:

$$D_W = (M - M_0) \cdot N_W \cdot k_{Q,Q_0} \cdot k_V \cdot \prod k_i \qquad (27.24)$$

wobei M der Messwert, M_0 die Leeranzeige des Dosimeters bei der gleichen Messzeit und N_W der Kalibrierfaktor der Ionisationskammer bei der Referenzqualität Q_0 (nach modernen Dosimetrieprotokollen für Ionisationskammern ^{60}Co) ist. Der Faktor k_{Q,Q_0} korrigiert für das unterschiedliche Ansprechvermögen des Detektors bei der gemessenen Strahlungsqualität Q und der Referenzqualität Q_0, der Faktor k_V korrigiert für den Volumeneffekt, das heißt die Mittelung der Dosis über das gesamte Detektorvolumen im Gegensatz zur Punktdosis im Referenzpunkt des Detektors. Die Faktoren k_i korrigieren für weitere Einflussgrößen wie Temperatur, Luftdruck, Polarität, Rekombinationsverluste usw. Diese Gleichung kann im Prinzip mit entsprechend angepassten Korrektionen der Einflussgrößen für jeden Detektor angewandt werden. Unbekannte Größen sind die Korrektionsfaktoren k_{Q,Q_0} und k_V für Brachytherapie-Strahler. Das abweichende Ansprechvermögen kann durch die Methode von Goetsch et al. [48] abgeschätzt werden, bei der zwischen zwei Kalibrierungen bei einer höheren und einer niedrigeren

Photonenenergie interpoliert wird. Diese Interpolation ist allerdings nur eine Näherung, da die Kalibrierungen in der Regel in einer Broad-Beam-Geometrie erfolgen, das heißt in einem ausreichend großen Feld, so dass Sekundärelektronengleichgewicht vorherrscht und die Strahldivergenz vernachlässigbar ist. Beides liegt in der Nähe von Brachytherapie-Strahlern nicht vor, außerdem müssen die Änderungen des Strahlungsspektrums mit dem Abstand berücksichtigt werden. Zurzeit wird im Rahmen einer DIN-Norm für die Brachytherapie-Dosimetrie an der Ermittlung von k_{Q,Q_0} für Brachytherapie-Strahler gearbeitet [37]. Zur Verkleinerung des Volumeneffektes (k_V) sollte ein Detektor mit möglichst kleinem empfindlichen Volumen gewählt werden.

27.6.4 Phantome

Zur Bestimmung der Wasserenergiedosis ist natürlich Wasser das ideale Phantommaterial, allerdings ist in Wasserphantomen die erforderliche Positioniergenauigkeit schwierig zu erreichen, man wird deshalb für viele Messaufgaben wasseräquivalente

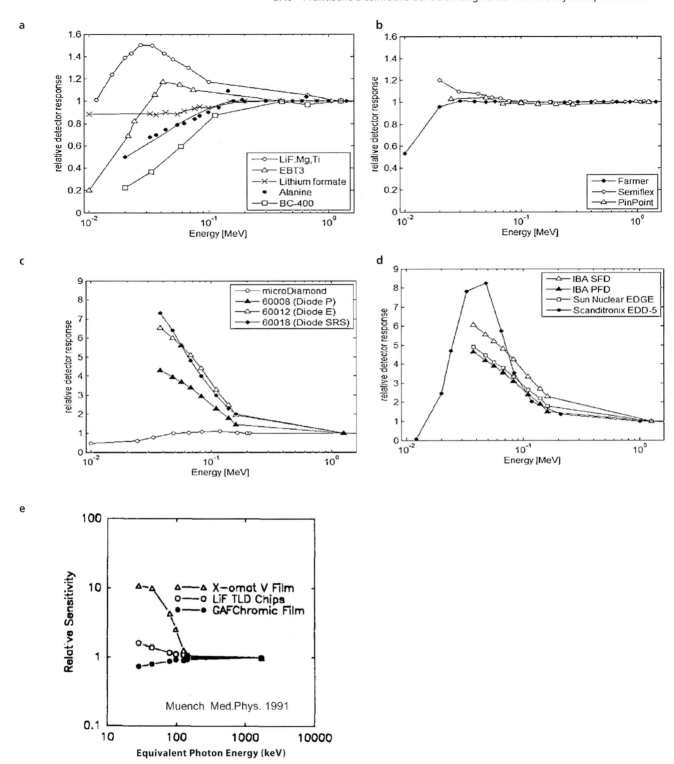

Abb. 27.27 Energieabhängigkeit des Ansprechvermögens von Detektoren (aus [23, 83]. **a–d**: © 2017 Elsevier, **e**: © 2017 John Wiley & Sons, Inc)

Festphantome vorziehen. Wasseräquivalenz eines Phantomma-terials bedeutet, dass an jedem Ort im Phantom die gleiche Fluenzverteilung der Strahlung wie im Wasser vorliegt. Diese Eigenschaft wird durch das Verhältnis der linearen Energie-absorptionskoeffizienten $\mu_{en,W}/\mu_{en,det}$ von Wasser und Phan-

tommaterial und von der Dichte des Materials bestimmt. Im Bereich niedriger Photonenenergien unterhalb 100 keV, wo der Photoeffekt vorherrscht, wird auch das Verhältnis $\mu_{en,W}/\mu_{en,det}$ stark material- und energieabhängig. Unterschiedliche Dichte kann durch entsprechende Skalierung des Phantoms ausgegli-

Tab. 27.5 Maximale prozentuale Abweichung der im Phantommaterial gemessenen Wasser-Energiedosis von der Dosis im Phantommaterial in %, angegeben für Messabstände vom Strahler bis zu 10 cm. Abweichungen ≤ 1,00 % sind durch Fettdruck gekennzeichnet. (Aus Schönfeld et al. (2015) [99])

Phantommaterial	Phantomradius (cm)			
	5	10	20	30
Polyäthylen	**+0,89**	+2,60	+6,00	+8,11
RW1[a]	**+0,10**	**+0,30**	**−0,46**	**−0,47**
Plastic Water (1995)[b]	**−0,49**	−1,99	−5,35	−6,01
Plastic Water LR[b]	**−0,04**	**−0,08**	**−0,17**	**−0,17**
Original Plastic Water (2015)[b]	**−0,42**	−1,51	−4,72	−5,27
HE Solid Water[c]	**−0,14**	**−0,42**	**−1,05**	**−1,16**
Plastic Water DT[b]	**−0,06**	**−0,11**	**−0,34**	**−0,32**
Virtual Water[d]	**−0,18**	**−0,53**	**−1,05**	−1,21
Solid Water[c]	**−0,29**	**−0,76**	−1,22	−1,36
RW3[a]	**−0,11**	**+0,20**	**+1,00**	+1,10
Polystyrol	**−0,18**	**+1,00**	+5,23	+6,00
Blue Water[e]	**−0,84**	−2,34	−2,99	−3,33
PMMA	−1,95	−4,25	**+0,90**	**+0,99**

Hersteller:
[a] PTW-Freiburg, Lörracher Str. 7, 79115 Freiburg
[b] CIRS Inc., 2428 Almeda Avenue Suite 316, Norfolk, Virginia 23513, USA
[c] Sun Nuclear Corporation, 3275 Suntree Blvd, Melbourne, FL 32940, USA
[d] Med-Cal Inc., 7500 Midtown Rd. Verona, WI 53593, USA
[e] JRT Associates, 5 Nepperhan Avenue, Elmsford, NY 10523, USA

chen werden. Allerdings spielt auch die Größe des Phantoms eine entscheidende Rolle: Zum einen kann bei einem zu kleinen Phantom Streustrahlung von Wechselwirkungen in größerem Abstand fehlen, so dass sich die Dosis verringert. Zum anderen ändert sich das Spektrum der Strahlung durch den Streustrahlungsbeitrag auch aus entfernteren Teilen des Phantoms. Im Energiebereich der Brachytherapie-Strahler besteht ab etwa 3,5 cm Abstand von einem Strahler der überwiegende Teil des Spektrums aus Streustrahlung [99]. Die Änderung des Spektrums führt dazu, dass sich auch das Verhältnis $\mu_{\mathrm{en,W}}/\mu_{\mathrm{en,det}}$ mit der Phantomgröße ändern kann. In der Summe aus allen Effekten (Dichte, fehlende Streustrahlung, Änderung der linearen Absorptionskoeffizienten durch Spektrumsänderungen) hat dies z. B. zur Folge, dass z. B. für ^{192}Ir (für Messabstände vom Strahler bis 10 cm) die phantombedingte Dosiskorrektur für ein kleines zylindrisches Polystyrol-Phantom mit einem Radius von < 10 cm kleiner als 1 % ist, bei einem Phantomradius von 20 cm aber bereits 5,23 % beträgt (Tab. 27.5). Im Gegensatz dazu ist die Dosiskorrektur bei einem zylindrischen Plexiglas(PMMA)-Phantom bei kleinen Radien größer 1 % und bei Radien größer 20 cm kleiner als 1 %. Das verbreitete Phantommaterial RW3 (Hersteller: PTW Freiburg) muss für Phantomradien kleiner 20 cm um weniger als 1 % korrigiert werden, für einen Radius von 30 cm beträgt die Korrektion 1,1 %. Durchweg kleinere Korrektionen für ^{192}Ir erfordern Materialien wie das nicht mehr erhältliche RW1 oder auch die Materialien Plastic Water LR oder Plastic Water DT (Hersteller: CIRS Inc., 2428 Almeda Avenue Suite 316, Norfolk, Virginia 23513, USA). Für niederenergetische Strahler dürften die größenabhängigen Korrektionen kleiner, dafür die materialabhängigen Korrektionen

größer ausfallen. Diese Beispiele zeigen, dass für Messungen der Dosis im Nahbereich von Brachytherapie-Strahlern praktisch immer von Phantommaterial und Phantomgröße abhängige Korrektionen erforderlich sind.

Bei der Wahl von Phantommaterial und Größe spielt natürlich auch die Messaufgabe eine Rolle: Grundsätzlich sollten die Phantomgröße den Dimensionen des interessierenden Originalkörpers oder Körperteils entsprechen. Dabei ist zu beachten, dass z. B. eine Dosisberechnung mit dem TG-43-Formalismus immer in einer unendlich ausgedehnten Wasserumgebung erfolgt, also für eine Situation nahe der Körperoberfläche fehlerhaft ist. Soll die korrekte Dosis mit einer Phantommessung ermittelt werden, muss man zunächst die durch die Phantomgröße veränderte Dosis abschätzen und kann sie dann mit der für Phantomgröße und Material korrigierten gemessenen Dosis vergleichen.

27.7 Strahlenbiologie der Brachytherapie

27.7.1 Der Dosisleistungseffekt

Beim Vergleich der Brachytherapie mit anderen Therapieformen kommt der Strahlenbiologie eine große Rolle zu: Zum einen arbeitet die Brachytherapie häufig mit größeren Fraktionsdosen, so dass eine andere Dosis-Wirkungs-Beziehung sowohl für den Tumor als auch für das Normalgewebe gilt. Zum anderen wird die Dosis in der Brachytherapie häufig mit geringeren Dosisleistungen appliziert als in der Teletherapie, was ebenfalls zu abweichenden Dosis-Wirkungs-Beziehungen führt.

Der Dosisleistungs-Effekt ist in Abb. 27.28 dargestellt: In der Abbildung sind typisierte Zell-Überlebenskurven gezeigt. Die Kurven zeigen in einer logarithmischen Skala den Bruchteil von Zellen an, welche eine Einzeitbestrahlung (= die Bestrahlung mit einer einzelnen Fraktion) mit einer bestimmten Dosis überleben. Die Kurven haben in der Regel eine Schulter, die

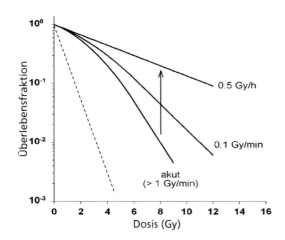

Abb. 27.28 Dosisleistungseffekt

anzeigt, dass bei kleineren Fraktionsdosen eine größere Zahl von Zellen den Strahlenschaden reparieren kann, so dass die Kurve hier etwas flacher verläuft. Bei höheren Einzeitdosen wird der reparierte Anteil unbedeutend, so dass die Kurve in einen geraden Verlauf übergeht. Das heißt, das Zellüberleben hat einen logarithmischen Verlauf: Eine bestimmte Dosis reduziert die Zellen immer um den gleichen Faktor. Im Diagramm sind mehrere Kurven für Bestrahlungen mit verschiedenen Dosisleistungen gezeigt. Mit kleinerer Dosisleistung werden die Kurven flacher, d. h., es überleben bei einer bestimmten Dosis bei einer kleineren Dosisleistung mehr Zellen als bei einer höheren Dosisleistung. Dieser Dosisleistungseffekt entsteht durch die Reparatur subletaler Strahlenschäden (d. h. Schäden, die erst nach Eintreten eines zweiten Schadensereignis letal werden) während der Bestrahlung. Der Effekt hängt also damit zusammen, dass die Bestrahlungszeit eine ähnliche Größe hat wie die Zeit, die zur Reparatur der subletalen Strahlenschäden benötigt wird. Bei kleineren Dosisleistungen treten die Schäden mit einer niedrigeren Frequenz ein, so dass die Wahrscheinlichkeit einer Reparatur vor einem zweiten Schaden wächst.

Es ist zu beachten, dass jeder Zelltyp eine eigene Schar von Überlebenskurven mit eigener Steigung, eigener Ausprägung der Schulter und eigener Ausprägung des Dosisleistungseffekts hat. Die Veränderung der Zellüberlebenskurve durch den Dosisleistungseffekt hat die gleichen Ursachen wie die Veränderungen durch Fraktionierung der Bestrahlung und hängt von ähnlichen Parametern wie dem Verhältnis α/β, der Position der Zelle im Zellzyklus, der Geschwindigkeit des Zellwachstums, der Zelloxygenierung usw. ab (siehe Kap. 22: Klinische Strahlenbiologie) Eine ausführliche Beschreibung des Dosisleistungseffekts für Tumor- und Normalzellen sowie mit Beispielen für bestimmte Zelltypen findet sich in den Lehrbüchern von Joiner [69] und Hall [55].

27.7.2 HDR, LDR, PDR

Man unterscheidet zwei Dosisleistungsbereiche, in welchen jeweils ein ähnliches Verhalten der Strahlenempfindlichkeit vorherrscht: den High-Dose-Rate(HDR)-Bereich mit Dosisleistungen > 12 Gy/h und den Low-Dose-Rate(LDR)-Bereich mit Dosisleistungen < 2 Gy/h. Im LDR-Bereich sind die Bestrahlungszeiten lang genug, dass ein wesentlicher Teil der subletalen Schäden vor dem Eintreten eines zweiten Strahlenschadens repariert werden. Dies führt zu einer Abflachung der Schulter. Die oberste Kurve in Abb. 27.28 hat praktisch keine Schulter mehr: Der gesamte subletale Schaden wird während der Bestrahlung repariert, es verschwindet die Steigerung der Strahlenempfindlichkeit mit der Dosis. Die Steigung der Kurve entspricht praktisch der initialen Steigung aller Schulterkurven. Im HDR-Bereich erfolgt die Bestrahlung so schnell, dass praktisch keine Reparatur von subletalen Schäden während der Bestrahlung erfolgt. Die Kurven haben Schultern im Bereich niedriger Fraktionsdosen, welche die Reparatur von subletalen Schäden zwischen den Fraktionen anzeigen. Die steilste gestrichelte Kurve zeigt eine hypothetische Extrapolation der HDR-Kurven für

einen Fall, in dem überhaupt keine Reparatur subletaler Schäden mehr erfolgt. Der Dosisleistungsbereich zwischen 2 und 12 Gy/h wird gelegentlich MDR-Bereich (interMediate Dose Rate) genannt. Hier ändert sich mit der Dosisleistung ständig die Reparaturfähigkeit, so dass der MDR-Bereich strahlenbiologisch schwer einzuschätzen ist und in der Therapie kaum zum Einsatz kommt. Wie unten gezeigt wird, treten jedoch ein MDR-Bereich und ein LDR-Bereich bei jeder Bestrahlung im Bereich niedriger Dosen auf.

Wie auch sonst in der Strahlentherapie nutzt man in der Brachytherapie die in der Regel geringere Reparaturfähigkeit von Tumorzellen gegenüber dem Normalgewebe. Durch Fraktionierung der Bestrahlung oder auch durch den Dosisleistungseffekt bei LDR-Bestrahlungen erzeugt man eine größere Strahlenwirkung (Zellvernichtung) beim Tumor als beim Normalgewebe. Dieser Unterschied, therapeutische Breite genannt, ist unter allen Formen der Strahlentherapie bei der kontinuierlichen Bestrahlung mit niedriger Dosisleistung am größten. In der Regel kann man davon ausgehen, dass bei gleicher Enddosis eine kontinuierliche LDR-Bestrahlung mit 0,5 Gy/h etwa die gleiche biologische Wirkung hat wie eine mit 2 Gy/Fraktion täglich fraktionierte Teletherapie.

Die Zuordnung zum Dosisleistungsbereich erfolgt im Referenzpunkt der Bestrahlung. Es ist offensichtlich, dass bei jeder Bestrahlung Gewebe in der Nähe der Strahlerpositionen im HDR-Bereich liegen. Im Außenbereich der Dosisverteilung gibt es immer Volumina, die die Dosis als LDR-Bestrahlung akkumulieren. Es existieren also bei jeder Bestrahlung Gewebevolumina, die mit großer biologischer Wirkung reagieren, neben solchen mit günstigerer biologischer Wirksamkeit. Dies macht die Zuordnung der biologischen Wirkung der Brachytherapie zur Bestrahlungsdosis unübersichtlich.

Auch die Fraktionsdosis wird im Referenzpunkt festgelegt. Auch hier ist offensichtlich, dass es Gewebebereiche mit hohen Fraktionsdosen (nahe am Strahler) und solche mit niedrigen Fraktionsdosen gibt. Eine Abschätzung der veränderten Strahlenbiologischen Wirkung unterschiedlicher Fraktionierungen ist mit dem linear-quadratischen (LQ-)Modell [11] und dem Incomplete-Repair(ICR)-Modell [107] möglich. Die unterschiedliche biologische Wirkung verschiedener Dosisleistungen kann mit dem ICR-Modell und dem Lethal-Potentially-Lethal(LPL)-Modell [24] abgeschätzt werden. Mit den Modellen können biologisch effektive Dosen (BED) abgeschätzt werden, die für einen bestimmten Zelltyp bei verschiedenen Fraktionierungen oder Dosisleistungen zum gleichen biologischen Effekt (z. B. Überlebensfraktion) führen. Hiermit kann z. B. der Effekt von der Kombination von zwei Bestrahlungen mit unterschiedlicher Fraktionierung abgeschätzt werden. Die Dosiswirkung einer Kombination von Teletherapie mit Brachytherapie wird meist mit Hilfe der „EQD2" abgeschätzt, d. h. mit derjenigen BED, die bei einer täglichen Fraktionierung mit 2 Gy den gleichen biologischen Effekt erzeugt wie die betrachtete Bestrahlung. Allerdings erfolgt die Umrechnung der Bestrahlung in BED üblicherweise nur im Referenzpunkt der Dosisverteilung. Auch hier ist offensichtlich, dass streng genommen in jeder Entfernung vom Applikator aufgrund der

Teil IV

unterschiedlichen Fraktionsdosis und Dosisleistung eine unterschiedliche Umrechnung in BED erfolgen müsste. Dies erzeugt eine Unsicherheit der Abschätzung, welche durch den Umstand vergrößert wird, dass LQ- und ICR-Modell beide nur zur Umrechnung von fraktionierter Bestrahlung gültig sind und eine Extrapolation zu hohen Einzeldosen eigentlich unzulässig ist [13, 53, 68].

Grundsätzlich versucht man deshalb in der Brachytherapie erprobte Fraktionierungen beizubehalten. Änderungen der Fraktionierung sollten immer im Rahmen einer Dosierungsstudie erfolgen.

27.7.2.1 HDR-Bestrahlungen

HDR-Bestrahlungen mit fernbedienten Afterloading-Geräten sind heute die häufigste Bestrahlungstechnik der Brachytherapie. Dies liegt zum einen an der technischen Verfügbarkeit dieser Technik: Die Bestrahlungsdauer ist kurz, so dass man keine strahlengeschützten Patientenzimmer für Langzeit-Bestrahlungen braucht. Stattdessen kann man in bestehenden Bestrahlungsräumen behandeln, z.B. im Bunker eines Beschleunigers in dessen Bestrahlungspausen. Afterloading-Geräte sind deshalb an fast allen Strahlenkliniken verfügbar. Der wesentliche physikalische Vorteil ist die Möglichkeit der Dosisoptimierung mit den schrittbewegten Einzelstrahlern der Afterloading-Geräte. Während der kurzen Bestrahlungszeit ist es möglich, die Bestrahlung unter lokaler oder sogar kompletter Anästhesie durchzuführen, so dass man z.B. bei intracavitären gynäkologischen Therapien (der häufigsten Therapieform) Risikoorgane wie das Rektum durch austamponieren der Vagina aus dem Hochdosisbereich „herausdrücken" (distanzieren) kann. Ein Nachteil der HDR-Bestrahlung ist, dass man wegen der kleinen Zahl von Fraktionen innerhalb von wenigen Wochen kaum die Reoxigenierung des Tumors ausnutzt.

27.7.2.2 LDR-Bestrahlungen

LDR-Bestrahlungen haben das günstigste Verhältnis von Tumorwirkung zu den Nebenwirkung auf Normalgewebe (therapeutische Breite). Ihr Nachteil ist die lange Behandlungsdauer (z.B. 60 h für 30 Gy bei einer kontinuierlichen Bestrahlung mit 0,5 Gy/h), während der man den Patienten in einem strahlengeschützten Zimmer isolieren muss. (Eine Ausnahme sind hier Permanentimplantate mit Seeds, deren Strahlenenergie so niedrig ist, dass der größte Teil der Strahlung vom Patienten selbst absorbiert wird.) Kontinuierliche LDR-Bestrahlungen können nicht mit schrittbewegten Einzelstrahlern erfolgen, sondern benötigen eine große Zahl von Strahlern, die gleichzeitig in das Implantat eingebracht werden. Es gibt deshalb kaum Möglichkeit zur nachträglichen Dosisoptimierung. Die Qualität der Dosisverteilung wird praktisch allein durch die Qualität des Implantats bestimmt. Auch die LDR-Brachytherapie nutzt kaum die Reoxygenierung des Tumors. Zudem ist bei sehr langen Bestrahlungszeiten Repopulation des Tumors möglich.

27.7.2.3 PDR-Bestrahlungen

Die PDR-Technik versucht durch Hyperfraktionierung einer HDR-Bestrahlung („Pulsung") eine kontinuierliche LDR-Bestrahlung zu simulieren. Die strahlenbiologische Äquivalenz einer gepulsten Bestrahlung mit Pulsen von ca. 0,5 Gy und Pausen von ca. 1 h mit einer kontinuierlichen LDR-Bestrahlung mit einer Dosisleistung von 0,5 Gy/h wurde in ICR-Modellrechnungen mehrerer Autoren hergeleitet [18, 43, 56]. Diese strahlenbiologische Äquivalenz wurde bisher durch die klinische Praxis nicht widerlegt, allerdings nur durch wenige klinische Studien bestätigt [8]. Mit der PDR-Technik versucht man die Dosisoptimierung der HDR-Therapie mit der günstigen Strahlenbiologie der LDR-Bestrahlung zu kombinieren. Es werden dazu spezielle Afterloading-Geräte mit schrittbewegtem Einzelstrahler verwendet. Der Nachteil der PDR-Technik sind hauptsächlich Probleme des Strahlenschutzes: Wie bei der LDR-Therapie braucht man strahlengeschützte Patientenzimmer für Langzeitbestrahlungen und im Strahlenschutz ausgebildetes Personal. Da jedoch ein HDR-Strahler verwendet wird, braucht man zu jeder Zeit Personal, das eine Notfallbergung des Strahlers innerhalb von wenigen Minuten durchführen kann, falls das Afterloading-Gerät den Strahler nicht selbst zurückfahren kann. Zudem sind die gesetzlichen Bestimmungen, welches Personal während einer PDR-Bestrahlung anwesend oder in kürzester Zeit verfügbar sein muss (Physiker oder eingewiesenes Personal?), in verschiedenen Ländern unterschiedlich und in Deutschland nicht endgültig geklärt. Darüber hinaus verursacht die PDR-Technik zusätzliche, allerdings lösbare, technische Probleme wie das Abknicken von Kunststoffkathetern oder Materialveränderungen an den Applikatoren durch Wärme und Feuchtigkeit während der Behandlung.

Durch neue technische Katheterentwicklung in den letzten Jahren ist inzwischen eine tägliche Fraktionierung einer konventionellen HDR-Bestrahlung möglich geworden, so dass die PDR-Technik weitgehend überholt ist.

27.8 Brachytherapie mit radioaktiven Seeds

27.8.1 Anwendungsgebiete von Seeds

Neben der fernbedienten Afterloading-Technik erzeugt die Brachytherapie Dosisverteilungen auch mit Anordnungen von losen (nicht über Kabel positionierten) umschlossenen radioaktiven Strahlern, sogenannten Seeds. Das Hauptanwendungsgebiet der Seedstechnik ist derzeit die Bestrahlung des Prostatakarzinoms, aber auch in anderen Lokalisationen wie Hirn [100], Brust [114] oder Lunge [103, 104] werden Seeds eingesetzt. Bei den meisten Lokalisationen (außer der Prostata) werden temporäre Implantate verwendet: Ein oder mehrere Katheter werden in das Zielgebiet eingeführt, in die Katheter werden Seeds eingesetzt, nach der Behandlung werden Katheter und Seeds entfernt. Die am häufigsten verwendeten Radionuklide sind ^{125}I, ^{197}Au und ^{103}Pd, zurzeit wird über die Verwendung von ^{131}Cs diskutiert [84]. Aufgrund der niedrigen Photonenenergien dieser Strahler lassen sich mit Seeds kleine Behandlungsvolumina mit hoher Dosis und extrem steilem Dosisabfall nach außen erzeugen.

27.8.2 Permanentimplantate der Prostata mit radioaktiven Seeds

Permanentimplantate der Prostata sind derzeit die häufigste Anwendung von radioaktiven Seeds und haben eine Sonderstellung wegen ihrer wegweisenden technischen Entwicklung. Mit dieser Technik können extrem hohe Behandlungsdosen mit hervorragender Konformität erreicht werden. Eine große Anzahl (in der Größenordnung 60 bis 100) Strahler mit einer Aktivität von je einigen 100 MBq werden direkt in das Zielgewebe eingesetzt und verbleiben dort permanent (bis an das Ende des Lebens des Patienten oder bis sie zufällig ausgeschieden werden). Als Radionuklide werden meist ^{125}I und ^{103}Pd, zum Teil auch ^{131}Cs eingesetzt. Aufgrund der niedrigen Aktivität der Strahler akkumuliert sich die Dosis über eine lange Zeit, so dass beim ^{125}I 90 % der Verschreibungsdosis nach etwa 6,5 Monaten, beim ^{103}Pd nach etwa 1,8 Monaten erreicht wird. Diese extrem protrahierte Bestrahlung bei niedriger Dosisleistung (in Kombination mit den trotzdem hohen Dosisleistungen in unmittelbarer Nähe vom Strahler) hat eine hohe therapeutische Breite (siehe Dosisleistungseffekt Abschn. 27.7.1), die mit ^{125}I Tumor-umfassende Dosen von 145 Gy (entsprechend EQD2 = 66,2 Gy mit $\alpha = 0,15$ Gy^{-1}, $\beta = 0,05$ Gy^{-2}, $\alpha/\beta =$ 3,0 Gy, einer Tumorwachstumsrate von $t_p = 42$ Tagen und einer Reparatur-Halbwertszeit von $t_{1/2} = 0,27$ Tagen), mit ^{103}Pd: 125 Gy (entsprechend EQD2 = 68,3 Gy) und mit ^{131}Cs: 115 Gy (entsprechend EQD2 = 58,0–68,7 Gy) erlaubt [2, 49, 51, 58]. Zur Kontrolle der Dosisverteilung wird die Verwendung von DVH-Kenngrößen empfohlen, das GTV sollte von 150 % der Verschreibungsdosis umschlossen sein ($V_{100} \geq 150$ %), Prostata (CTV): $V_{100} \geq 95$ %, $V_{150} \leq 50$ %, am Rektum $D_{2cc} < 145$ Gy, $D_{0,1\,cc} < 200$ Gy und Dosen am Urethra-Abschnitt (innerhalb der Prostata) von bis zu $D_{10} < 150$ %, $D_{30} < 130$ % der Verschreibungsdosis [49, 58].

Da die Prostata während des Implantationsprozesses anschwillt, wird etwa 4–6 Wochen nach der Implantation, wenn die Prostata wieder auf ihre normale Größe abgeschwollen ist, eine zweite Post-Implantations-Rekonstruktion und Dosisberechnung auf Basis von CT oder MR gefordert. Aus der Dosisverteilung dieser Post-Implantations-Berechnung werden die gleichen DVH-Kenngrößen berechnet und die gleichen Anforderungen gestellt. Aus dem Vergleich soll die Therapiegruppe Erfahrungen gewinnen, wie die Dosisverteilung bei der Implantation aussehen muss, um Über- und Unterdosierungen zu vermeiden [15].

27.8.2.1 Technik der Prostata-Implantation

Die Technik der Prostata-Permanentimplantation verknüpft:

- Echtzeit-Bildgebung,
- Echtzeit-Bestrahlungsplanung mit zielvolumenorientierter inverser Optimierung,
- Navigation der Applikation,
- Echtzeit-Aktualisierung der Dosisverteilung anhand der tatsächlichen Seedslagen
- und die Möglichkeit der Korrektur anhand der tatsächlichen Seedslagen.

Vor der Implantation werden aufgrund des in der Vordiagnostik wenige Wochen vor der Behandlung ermittelten Prostatavolumens eine geeignete Zahl von Seeds mit geeigneter Aktivität (Referenzkermaleistung) bestellt und vorbereitet. Hilfe bei der Ermittlung der erforderlichen Seedszahl und -aktivität können empirisch ermittelte Nomogramme aus der Literatur geben [5, 7, 46, 117]. Die Seeds werden mit einem Kalibrierschein geliefert, der eine Referenzaktivität und die typische Exemplarstreuung angibt. Die Kermaleistung von exemplarischen Seeds muss vor der Implantation durch den Physiker verifiziert werden [36].

Ein Abschätzung der für ein Permanentimplantat erforderlichen Anzahl und Referenz-Kermaleistung (entsprechend der Anfangsaktivität) von Seeds ist durch die manuelle Abschätzung der Anfangsdosisleistung des Implantats möglich. Die kumulative Dosis in einem Raumpunkt P (z. B. des Zielvolumens) zum Zeitpunkt t errechnet sich nach der Gleichung

$$D(P) = \int\limits_0^t \dot{D}(P,0) \cdot e^{-\lambda t} \cdot dt \qquad (27.25)$$

wobei λ die Zerfallskonstante des verwendeten Radionuklids ist. Damit bei einem Permanentimplantat nach der Bestrahlungszeit $t \to \infty$ die Dosis $D(P)$ beträgt, muss die Dosisleistung zum Zeitpunkt $t = 0$ den Wert

$$\dot{D}(P,0) = \lambda \cdot D(P) = \frac{\ln 2}{t_{\frac{1}{2}}} \cdot D(P) \qquad (27.26)$$

haben. Mit Hilfe der Anfangsdosisleistung und dem Volumen des Zielvolumens können dann Referenz-Kermaleistung und Zahl der erforderlichen Seeds unter Berücksichtigung der Verteilungsstrategie (z. B. gleichmäßige oder periphere Verteilung) der Seeds im Zielgebiet abgeschätzt werden. Beispiele für Seed-Verteilungen und die Abschätzung der Startwerte sind im Kapitel 29 des Tagungsbandes der AAPM Summer School 2005 gegeben [109]. Die Implantation der Seeds erfolgt unter bildgeführter Navigation (Abb. 27.29): Die Prostata wird mit einer ins Rektum eingeführten Ultraschallsonde (transrektal) mit einem axial und einem transversal rotierenden Schallkopf dreidimensional abgebildet. Die Rektumsonde ist auf einem Präzisions-Führungstisch montiert, der eine Längs-, Quer- und Höhenverstellung der Sonde in Millimeterschritten erlaubt. Fest mit dem Führungstisch verbunden ist eine Führungsschablone (Template), die eine präzise Einführung von Implantationsnadeln parallel zur Sonde in einem Raster mit 5-mm-Abständen erlaubt. Die Position des Templates wird gegenüber dem bildgebenden System so kalibriert, dass die Projektion des Einstechrasters in allen transversalen Bildebenen korrekt eingeblendet wird. Auf diese Weise ist in jedem Transversalschnitt jeder Rasterpunkt mit einer Rasterkoordinate und dem Abstand vom Template verknüpft, so dass die Seeds unter Echtzeit-Navigation durch die Nadeln an exakt vorbestimmten Positionen in der Prostata abgelegt werden können.

Die Planung erfolgt in Echtzeit während der Untersuchung: PTV (meist die gesamte Prostata einschließlich eines Sicher-

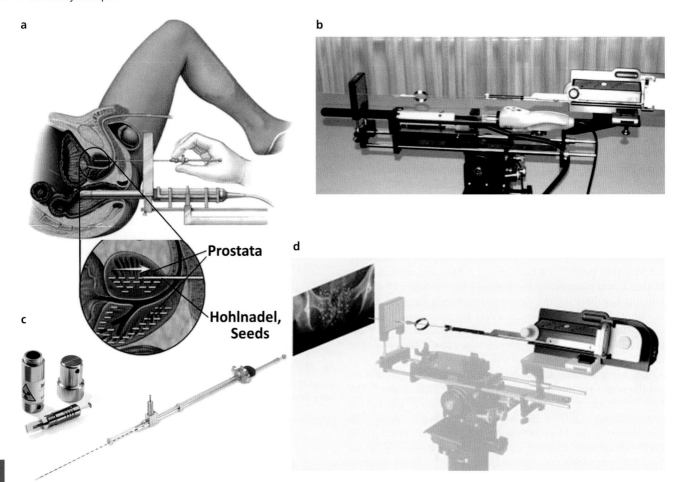

Abb. 27.29 Technik der Applikation von Seeds für die interstitielle Brachytherapie des Prostata-Karzinoms. **a** Implantationstechnik. **b** Rektal-Ultraschallsonde auf Führungstisch (Stepper) mit aufgesetztem Template und Seeds-Afterloader. Alle Komponenten sind in geometrisch fest definierter Anordnung auf einem beweglichen Kreuztisch montiert. **c** Mick-Applikator zur manuellen Seed-Ablage und Abschirmbehälter zum Einsatz von einzelnen Seeds in den Applikator. **d** Seeds-Afterloader zur fernbedienten Seed-Ablage mit integrierter Abschirmung (**a**: © 2017 Mayo Clinic, Rochester, USA, **b,d**: © 2018 Elekta | Nucletron B.V., Veenendaal, Niederlande, **c**: © 2017 Eckert & Ziegler Bebig)

heitssaums von 3 mm, PTV = CTV), unter Umständen ein GTV und die Risikoorgane innerprostatische Urethra (sichtbar durch einen Blasenkatheter) und Rektumwand (sichtbar als Gewebelage zwischen der Prostata und der Kreisrunden Oberfläche der Ultraschallsonde) werden auf den Ultraschallbildern segmentiert [49]. Die optimale Zahl und Lage der zu implantierenden Seeds wird durch inverse Planung ermittelt, wobei die Lage in Rasterkoordinaten und Tiefen bezüglich des Einstechtemplates beschrieben wird. Für die Optimierung der Dosisverteilung an Hand der Randbedingungen Dosis auf der Oberfläche des PTV, DVH des PTV, Dosis oder DVH in Rektum und Urethra werden unterschiedliche Algorithmen eingesetzt. Eine ausführliche Beschreibung der Optimierungsalgorithmen in der Brachytherapie gibt das Kapitel 22 des Tagungsbandes der AAPM Summer School 2005 [109].

Nach Erzeugung eines von Strahlentherapeut, Urologen und Physiker akzeptierten Plans werden die Seeds durch Hohlnadeln (Durchmesser etwa 1,5 mm) mit offener Spitze in der vom Plan vorgesehenen Anordnung in der Prostata abgelegt. Dazu wird die Nadel durch das geplante Rasterloch des Templates bis in die für das Seed vorgesehene Tiefe in der Prostata eingestochen. Die Einstechtiefe wird über Zentimetermarkierungen auf der Nadel und über die simultan laufende Ultraschallaufnahme kontrolliert. Zur Stabilisierung der Nadel während des Einstechens wird in den Hohlraum ein unbiegsamer Stahldraht (Mandrain) eingesetzt. Nach entfernen des Mandrain kann das Seed mit einem Applikationsdraht durch die Nadel bis an die Spitze geschoben werden. Durch zurückziehen der Nadel bei stehendem Draht wird das Seed an der vorigen Spitzenposition abgelegt. Zum Ablegen der Seeds werden unterschiedliche Applikationshilfen verwendet. Deren Zweck ist zum einen eine präzise Positionierung der Strahler in der Prostata, zum anderen verkürzen sie die Beladungs- und Applikationszeit und dienen so dem Strahlenschutz des Personals. Beim Mick-Applikator (benannt nach seinem Erfinder F. Mick) wird ein Manipulator für den Einschiebedraht an eine Nadel angeschlossen (Abb. 27.29c). Jedes Seed wird einzeln durch Federkraft aus einer vorbeladenen Strahlenschutz-Kassette in den Applikator eingebracht und dann manuell bis an die Nadelspitze vorgeschoben.

Zur Beschleunigung des Ablegevorgangs können sämtliche Seeds einer Nadel vorbeladen werden. Hierzu wird eine Anordnung von Seeds und „Spacern" (Distanzhalter aus biologisch abbaubarem Material) vorbereitet und gemeinsam in die Nadel eingeschoben und abgelegt. Eine vereinfachte Vorbereitung und verbesserte Anordnung der Strahler in der Prostata ermöglichen radioaktive „Strands", bereits vom Hersteller fest miteinander verbundene Ketten von Seeds und Spacern. Nochmals verbesserter Strahlenschutz des Personals wird durch den Seeds-Afterloader (Abb. 27.29d) erreicht, der computergesteuert die Seeds und Spacer aus den Vorratskassetten entnimmt, strahlengeschützt die Nadelbeladung aufbaut und dann selbsttätig die Anordnung in die Nadel einschiebt und ablegt.

Das Einstechen der Hohlnadeln und das Ablegen der Seeds erfolgen ebenfalls unter Ultraschallbildgebung, so dass eine abweichende Nadellage während des Einstechens korrigiert werden kann. Nach Einbringen einer abweichenden Nadel oder abweichender Seeds berechnet das Planungssystem sofort eine aktualisierte Dosisverteilung, so dass über weitere Korrekturmaßnahmen entschieden werden kann.

Eine ausführliche Beschreibung der Grundlagen und Technik der Permanentimplantation der Prostata mit Seeds geben [2, 118] sowie die Kapitel 28–31 des Tagungsbandes der AAPM Summer School 2005 [109] und [105].

Die über die Ultraschallsonde stabilisierte Position des Patienten zusammen mit der kalibrierten Anordnung aller Applikationsmittel ermöglicht die Entwicklung einer noch weiter gehenden Automatisierung der Seeds-Implantation. In einer Reihe von Institutionen sind Anlagen für eine robotisch applizierte Brachytherapie in der Entwicklung. Grundsätze zur Anwendung und Qualitätssicherung solcher automatisierten Therapien werden im Bericht der AAPM-GEC-ESTRO Task Group 192 [4] beschrieben.

27.9 Zukünftige Entwicklungen in der Brachytherapie

Insbesondere die Technik der Seeds-Implantation zeigt die Richtung, in welche die Brachytherapie sich in Zukunft weiterentwickeln kann, um bessere Therapieergebnisse zu erreichen. Bessere Dosisverteilungen können durch eine Vorplanung der Applikation erreicht werden, in der auf dreidimensionalen Planungsbildern die optimale Lage des Applikators und der Strahlerpositionen vorbestimmt wird (Brachytherapie-Simulation). Zur präzisen Positionierung von Applikatoren und Kathetern müssen bildnavigierte Implantationsverfahren entwickelt werden, mit denen in Echtzeit Bildgebung, Dosisberechnung und Korrektur der aktuellen Applikation möglich sind. Mit einer solchen Technik werden sichere Applikationen möglich und das Erlernen der Implantationstechnik kann schneller und mit weniger misslungenen Versuchen erfolgen. Auf diese Weise können präzisere Applikationen der Brachytherapie erfolgen, die eine Erhöhung der Tumordosis bei gleichzeitiger Minimierung der Umgebungsdosis erlauben. Damit kann z. B. bei bewegten Organen eine Dosiseskalation in Hochrisikobereichen des Zielvolumens erfolgen, die mit der Teletherapie nur unter nicht tolerabler Dosisbelastung von benachbarten Risikoorganen zu erreichen wäre. Durch navigierte oder auch durch intraoperativ eingelegte Brachytherapie kann operativ nicht entfernbares Tumorgewebe mit hohen Dosen bestrahlt werden, die aufgrund ihres kleinen Volumens die weitere Therapie nicht beeinträchtigen.

Hinweis Zu der Zeit der Drucklegung dieses Textes (2017) findet eine Änderung des Strahlenschutzrechtes statt, in der die vom Bundesministerium für Umwelt erlassenen Strahlenschutzverordnung zusammen mit der vom Bundesministerium für Inneres erlassenen Röntgenverordnung zu einem vom Bundestag erlassenen gemeinsamen Strahlenschutzgesetz zusammengefasst werden. Die im Text zitierten Abschnitte der Strahlenschutzverordnung beziehen sich auf die Verordnung von 2012 [19]. Zitate der Richtlinie Strahlenschutz in der Medizin beziehen sich auf die Richtlinie von 2014 [20]; eine neue Richtlinie zum Strahlenschutz in der Medizin soll im Laufe des Jahres 2018 erscheinen.

Aufgaben

27.1 Wie entsteht der steile Dosisabfall um ein Brachytherapie-Implantat:

- Durch effektive Kollimierung der Strahlung?
- Durch die starke Absorption der Strahlung im Gewebe?
- Durch den Dosisabfall nach dem Abstandquadratgesetz?
- Durch eine Kombination von Kollimierung und Abstandquadratgesetz?

27.2 Warum gilt der in Abb. 27.1 gezeigte Dosisabfall mit $1/r^2$ für einen realistischen Brachytherapie-Strahler nur näherungsweise?

27.3 Welche der in den Tab. 27.1 und 27.2 aufgeführten Radioisotope sind reine Beta-Strahler, welche sind reine Gamma-Strahler?

27.4 Warum gilt die Berechnung von Γ_δ nach Gl. 27.2 nur für einen punktförmigen und nicht für einen realistischen (ausgedehnten) Strahler?

27.5 Berechne nach Gl. 27.22 die Kermaleistungskonstante Γ_δ eines punktförmigen ^{137}Cs-Strahlers für eine Abschneideenergie $\delta = 10\,\text{keV}$.

- Die für die Berechnung erforderlichen Spektraldaten (Photonenenergien und Intensitäten) sind in der Spektren-Datenbank NuDat2 des amerikanischen National Nuclear Data Center (NNDC) am Brookhaven National Laboratory zu finden [87].
- Die zur Berechnung benötigten Massen-Energietransferkoeffizienten $(\mu_{\text{tr}}/\varrho)(a, E_i)$ sind der XCOM-Datenbank des amerikanischen nationalen Standardlabors NIST zu entnehmen [59].

Teil IV

- Die Navigation in den Datenbanken und die Nutzung der Daten werden in der Beschreibung der Lösungen erklärt. Der Zugang zu den Lösungen erfolgt über die am Anfang des Buches genannte Website.
- Hinweis: Die Daten sowie die Lösung sind auch im Lehrbuch „The Physics of Modern Brachytherapy for Oncology" von Baltas et al. [10] in der Tabelle 5.5 c (S. 154) zu finden.

27.6 Berechnung einer Dosisleistung nach dem physikalischen Grund-Formalismus.

- Berechne mit Gl. 27.5 für einen ^{192}Ir-Strahler mit einer Referenz-Luftkermaleistung von $\dot{K}_{a,0} = 41{,}4\,\mathrm{mGy/h}$ die Wasser-Energiedosisleistung in 2 cm Abstand (ohne Korrektion der Anisotropie).
- Da die Bremsstrahlungsverluste g_a vernachlässigt werden können $[(1 - g_a) = 1{,}0]$, kann man zur Berechnung von $(\mu_{tr}/\rho)_a^W$ die Massen-Energieabsorptionskoeffizienten $(\mu_{en}/\varrho)_a$ und $(\mu_{en}/\varrho)_W$ aus der XCOM-Datenbank [59] verwenden. Berechnung für eine effektive Energie der ^{192}Ir-Strahlung von $E_{eff} = 0{,}3719\,\mathrm{MeV}$. (Lösung: $(\mu_{tr}/\rho)_a^W = 1{,}11$)
- Berechne die Korrektion für Streuung und Absorption der Strahlung $k_r(r)$ nach der Gleichung von Meisberger et al. [78]:

$$k_r(r) = a_0 + a_1 \cdot r + a_2 \cdot r^2 + a_3 \cdot r^3 \qquad (27.27)$$

mit: $a_0 = 1{,}0128$, $a_1 = 5{,}019 \cdot 10^{-3}$, $a_2 = -1{,}178 \cdot 10^{-3}$, $a_3 = -2{,}008 \cdot 10^{-5}$ (für r in cm). Die Navigation in den Datenbanken und die Nutzung der Daten werden in der Beschreibung der Lösungen erklärt. Der Zugang zu den Lösungen erfolgt über die am Anfang des Buches genannte Website.

27.7 Berechnung einer Dosisleistung nach TG-43.

- Berechne mit Gl. 27.7 für einen ^{192}Ir-Strahler des Typs HDR GammaMed 12i mit einer Referenz-Luftkermaleistung von $\dot{K}_{a,0} = 41{,}4\,\mathrm{mGy/h}$ die Wasser-Energiedosisleistung im Punkt P($r = 2\,\mathrm{cm}, \theta = 30$) (Berechnung mit Korrektion der Anisotropie-Korrektion). Die TG-43-Rechenparameter können der TG-43-Datenbank der GEC-ESTRO [111] entnommen werden.
- Berechne die Geometriefunktion nach der Gl. 27.13 für einen Strahler der Länge 3,5 mm. Die Navigation in den Datenbanken und die Nutzung der Daten werden in der Beschreibung der Lösungen erklärt. Der Zugang zu den Lösungen erfolgt über die am Anfang des Buches genannte Website.

27.8 Was ist der Unterschied zwischen der Korrektionsfunktion $k_r(r)$ für Streuung und Absorption der radialen Dosisfunktionen $g(r)$?

27.9 Ein ^{192}Ir-Strahler wird am 12.10.2013 16:00 MEZ geliefert.

- Sein Kalibrierzertifikat weist eine Referenz-Luftkermaleistung von 41,40 mGy/h aus, gemessen am 08.10.2013 um 9:52 MEZ. Der Strahler wird am 12.10.2013 16:30 MEZ verifiziert.
- Welche Kenndosisleistung wird bei der Verifikation erwartet?

27.10 Ein Strahler hat eine Referenz-Luftkermaleistung von $\dot{K}_{a,0} = 41{,}4\,\mathrm{mGy/h}$. Berechne hieraus die Luftkerma-Stärke S_k zur Verwendung im TG-43-Formalismus.

27.11 Für eine gynäkologische Applikation mit einem Fletcher-Applikator wird ein Plan erstellt.

- Zu dieser Zeit (10.10.2013 10:30 MEZ) hat der im Planungssystem eingepflegte ^{192}Ir-Strahler eine Aktivität von 24,6 mGy/h. Der Plan ergibt für die gesamte Fraktion eine Gesamtbestrahlungszeit von 720 s. Die erste Bestrahlung erfolgt am 12.10.2013 10:30 MEZ. Welche Gesamtbestrahlungszeit ergibt sich bei der Bestrahlung? Wie ändern sich die Standzeiten des Strahlers in den einzelnen Strahlerpositionen? (Verwende die Strahlerdaten aus Tab. 27.1.)
- Am 12.10.2013 16:00 MEZ wird ein neuer ^{192}Ir-Strahler geliefert und in das Afterloading-Gerät eingebaut. Sein Kalibrierzertifikat weist eine Referenz-Luftkermaleistung von 41,40 mGy/h aus, gemessen am 08.10.2013 9:52 MEZ. Welche Gesamtbestrahlungszeit ergibt sich bei der zweiten Bestrahlung am 15.10.2013 11:00 MEZ?

Literatur

1. Adams ML, Larsen EW (2002) Fast iterative methods for discrete-ordinates particle transport calculations. Prog Nucl Energy 40(1):3–159. https://doi.org/10.1016/S0149-1970(01)00023-3
2. Nath R, Bice WS, Butler WM, Chen Z, Meigooni AS, Narayana V, Rivard MJ, Yu Y, American Association of Physicists in M (2009) AAPM recommendations on dose prescription and reporting methods for permanent interstitial brachytherapy for prostate cancer: report of Task Group 137. Med Phys 36(11):5310–5322. https://doi.org/10.1118/1.3246613
3. American Association of Physicists in Medicine (AAPM) Strahlerregister des Radiological Physics Center. http://rpc.mdanderson.org/rpc/. Zugegriffen: 2. Febr. 2017
4. Podder TK, Beaulieu L, Caldwell B, Cormack RA, Crass JB, Dicker AP, Fenster A, Fichtinger G, Meltsner MA, Moerland MA, Nath R, Rivard MJ, Salcudean T, Song DY, Thomadsen BR, Yu Y, American Association of Physicists in Medicine Brachytherapy S, Therapy Physics C, Groupe Europeen de Curietherapie-European Society for R, Oncology BS (2014) AAPM and GEC-ESTRO guidelines for image-guided robotic brachytherapy: report of Task Group 192. Med Phys 41(10):101501. https://doi.org/10.1118/1.4895013
5. Anderson LL (1976) Spacing nomograph for interstitial implants of 125I seeds. Med Phys 3 (1):48–51. https://doi.org/10.1118/1.594269
6. Anderson LL, Nath R, Weaver KΛ (1990) Interstitial Brachytherapy: physical, biological and clinical considerations. Raven, New York
7. Anderson LL, Moni JV, Harrison LB (1993) A nomograph for permanent implants of palladium-103 seeds. Int J Radiat Oncol Biol Phys 27(1):129–135

8. Bachtiary B, Dewitt A, Pintilie M, Jezioranski J, Ahonen S, Levin W, Manchul L, Yeung I, Milosevic M, Fyles A (2005) Comparison of late toxicity between continuous low-dose-rate and pulsed-dose-rate brachytherapy in cervical cancer patients. Int J Radiat Oncol Biol Phys 63(4):1077–1082

9. Baltas D, Kolotas C, Geramani K, Mould RF, Ioannidis G, Kekchidi M, Zamboglou N (1998) A conformal index (COIN) to evaluate implant quality and dose specification in brachytherapy. Int J Radiat Oncol Biol Phys 40(2):515–524

10. Baltas D, Sakelliou L, Zamboglou N (2007) The physics of modern brachytherapy for oncology. Taylor & Francis, New York London

11. Barendsen GW (1982) Dose fractionation, dose rate and iso-effect relationships for normal tissue responses. Int J Radiat Oncol Biol Phys 8(11):1981–1997

12. Beaulieu L, Carlsson Tedgren A, Carrier JF, Davis SD, Mourtada F, Rivard MJ, Thomson RM, Verhaegen F, Wareing TA, Williamson JF (2012) Report of the Task Group 186 on model-based dose calculation methods in brachytherapy beyond the TG-43 formalism: current status and recommendations for clinical implementation. Med Phys 39(10):6208–6236. https://doi.org/10.1118/1.4747264

13. Bentzen SM, Joiner MC (2009) The linear-quadratic approach in clinical practice. In: Joiner MJ, van der Kogel A (Hrsg) Basic clinical radiobiology, 4. Aufl. Hodder Education, London, S 120–134

14. Berger MJ (1968) Energy deposition in water by photons from point isotropic sources. J Nucl Med:suppl 1:17–25

15. Bice WJ (2005) Post procedural evaluation for prostate implants. In: Thomadson B, Rivard M, Butler W (Hrsg) Brachytherapy physics, 2. Aufl. Proceedings of the Joint Americam Association of Physicists in Medicin/ American Brachytherapy Society Summer School. Seattle University, Seattle, July19–July22. Medical physics monograph no.31. Medical Physics Publishing, Madison, S 477–484

16. Bidmead M, Venselaar J, Pérez-Calatayud J (2004) A practical guide to quality control of brachytherapy equipment: European guidelines for quality assurance in radiotherapy. ESTRO

17. De Boeck L, Beliën J, Egyed W (2011) Dose optimization in HDR brachytherapy: A literature review of quantitative models. Brussel HUB Research Papers 2011/32

18. Brenner DJ, Hall EJ (1991) Conditions for the equivalence of continuous to pulsed low dose rate brachytherapy. Int J Radiat Oncol Biol Phys 20(1):181–190

19. Bundesministerium für Umwelt (2001) Strahlenschutzverordnung (StrlSchV), Verordnung über den Schutz vor Schäden durch ionisierende Strahlen – Strahlenschutzverordnung vom 20. Juli 2001 (BGBl. I S. 1714; 2002 I S. 1459), die zuletzt durch Artikel 5 Absatz 7 des Gesetzes vom 24. Februar 2012 (BGBl. I S. 212) geändert worden ist

20. Bundesministerium für Umwelt (2014) Strahlenschutz in der Medizin – Richtlinie zur Strahlenschutzverordnung (StrlSchV) vom 26. Mai 2011 (GMBl. 2011, Nr. 44–47, S. 867), zuletzt geändert durch RdSchr. des BMUB vom 11. Juli 2014 (GMBl. 2014, Nr. 49, S. 1020)

21. Bundesministerium für Verkehr und digitale Infrastruktur (BMVI) (2015) Verordnung über die innerstaatliche und grenzüberschreitende Beförderung gefährlicher Güter auf der Straße, mit Eisenbahnen und auf Binnengewässern (Gefahrgutverordnung Straße, Eisenbahn und Binnenschifffahrt – GGVSEB). BGBl 2015 Teil I Nr. 13, S 366

22. Carlsson ÅK, Ahnesjö A (2000) The collapsed cone superposition algorithm applied to scatter dose calculations in brachytherapy. Med Phys 27(10):2320–2332. https://doi.org/10.1118/1.1290485

23. Chofor N, Harder D, Selbach H-J, Poppe B (2016) The mean photon energy Ē F at the point of measurement determines the detector-specific radiation quality correction factor k Q, M in 192 Ir brachytherapy dosimetry. Z Med Phys 26(3):238–250

24. Curtis SB (1986) Lethal and potentially lethal lesions induced by radiation – a unified repair model. Radiat Res 106(2):252–270

25. Dale RG (1986) Revisions to radial dose function data for 125I and 131Cs. Med Phys 13(6):963–964. https://doi.org/10.1118/1.595828

26. Deasy JO (1997) Multiple local minima in radiotherapy optimization problems with dose-volume constraints. Med Phys 24(7):1157–1161. https://doi.org/10.1118/1.598017

27. Delclos L, Fletcher GH, Moore EB, Sampiere VA (1980) Minicolpostats, dome cylinders, other additions and improvements of the fletcher-suit afterloadable system – indications and limitations of their use. Int J Radiat Oncol 6(9):1195–1206

28. Deutsches Institut für Normung (DIN) (1992) DIN 6853-1: Medizinische ferngesteuerte, automatisch betriebene Afterloading-Anlagen. Besondere Festlegungen für die Sicherheit einschließlich der Geräte (IEC 601-2-17: 1989)

29. Deutsches Institut für Normung (DIN) (1993) DIN 6809-2: Klinische Dosimetrie – Brachytherapie mit umschlossenen gammastrahlenden radioaktiven Stoffen

30. Deutsches Institut für Normung (DIN) (2002) DIN 6853-2: Medizinische ferngesteuerte, automatisch betriebene Afterloading-Anlagen – Teil 2: Strahlenschutzregeln für die Errichtung

31. Deutsches Institut für Normung (DIN) (2004) DIN IEC 601-2-17: Medizinische elektrische Geräte – Teil 2-17: Besondere Anforderungen für die Sicherheit einschließlich der wesentlichen Leistungsmerkmale von ferngesteuerten automatisch betriebenen Afterloading-Geräten für die Brachytherapie (IEC 62C/470/CD:2009)

32. Deutsches Institut für Normung (DIN) (2005) DIN 6853-2: Medizinische ferngesteuerte, automatisch betriebene Afterloading-Anlagen – Teil 3: Strahlenschutzregeln für die Errichtung

33. Deutsches Institut für Normung (DIN) (2008) DIN 6800-2: Dosismessverfahren nach der Sondenmethode für Photonen- und Elektronenstrahlung – Teil 2: Dosimetrie hochenergetischer Photonen- und Elektronenstrahlung mit Ionisationskammern

34. Deutsches Institut für Normung (DIN) (2012) DIN 6827-3: Protokollierung bei der medizinischen Anwendung ionisierender Strahlung – Teil 3: Brachytherapie mit umschlossenen Strahlungsquellen

35. Deutsches Institut für Normung (DIN) (2012) DIN 6853-5: Medizinische ferngesteuerte, automatisch betriebene Afterloading-Anlagen – Teil 5: Konstanzprüfung von Kennmerkmalen

36. Deutsches Institut für Normung (DIN) (2017) DIN 6803-2: Dosimetrie für die Photonen-Brachytherapie. Teil 2: Strahler, Strahlerkalibrierung, Strahlerprüfung und Dosisberechnung (Als Normentwurf verabschiedet 17.11.2017)

37. Deutsches Institut für Normung (DIN) (2018) DIN 6803-3: Dosimetrie für die Photonen-Brachytherapie. Teil 3: Dosismessverfahren, Verifikationsmessungen und in-vivo Dosimetrie (in Arbeit)

38. Dutreix A, Marinello G, Wambersie A (1982) Dosimetrie en Curietherapie. Masson, Paris

39. Edmundson G (1990) Geometry based optimization for stepping source implants. In: Martinez A, Orton C, Mould R (Hrsg) Brachytherapy HDR And LDR Proceedings Brachytherapy Meeting Remote Afterloading: State of the Art, Dearborn, 4–6 May 1989, Nucletron, Columbia, S 184–192

40. Ezzel G (2005) Optimization in brachytherapy. In: Thomadson B, Rivard M, Butler W (Hrsg) Brachytherapy physics, 2. Aufl. Proceedings of the Joint American Association of Physicists in Medicin / American Brachytherapy Society Summer School. Seattle University, Seattle, July19–July22, 2005 Medical Physics Publishing, Madison, S 415–434 (Medical Physics Monograph No. 31)

41. Ezzell G, Luthmann R (1995) Clinical implementation of dwell time optimization techniques for single stepping-source remote applicators. In: Williamson J, Thomadson B, Nath R (Hrsg) Brachytherapy Physics. AAPM Summer School 1994. Medical Physics Publishing, Madison, S 617–639

42. Fano U (1954) Note on the Bragg-Gray cavity principle for measuring energy dissipation. Radiat Res 1(3):237–240

43. Fowler J, Mount M (1992) Pulsed brachytherapy – the conditions for no significant loss of therapeutic ratio compared with traditional low-dose rate brachytherapy. Int J Radiat Oncol 23(3):661–669

44. Gerbaulet A, Pötter R, Haie-Meder C, Mazeron J (2002) Cervix carcinoma. In: Gerbaulet A, Pötter R, Mazeron J, Meertens H, Van Limbergen E (Hrsg) The GEC-ESTRO handbook of brachytherapy. European Society for Therapeutic Radiology and Oncology (ESTRO), Brüssel, S 301–363

45. Gerbaulet A, Pötter R, Mazeron J-J, Meertens H, Van Limbergen E (2002) The GEC-ESTRO Handbook of Brachytherapy. European Society for Therapeutic Radiology and Oncology (ESTRO), Brüssel, https://www.estro.org/about/governance-organisation/committees-activities/gec-estro-handbook-of-brachytherapy

46. Gil'ad NC, Amols HI, Zelefsky MJ, Zaider M (2002) The Anderson nomograms for permanent interstitial prostate implants: a briefing for practitioners. Int J Radiat Oncol Biol Phys 53(2):504–511

47. Glasser O, Quimby E, Taylor L, Weatherwax J, Morgan R (1961) Physical foundations of radiology, 3. Aufl. Harper & Row, New York

48. Goetsch SJ, Attix FH, Pearson DW, Thomadsen BR (1991) Calibration of 192Ir high-dose-rate afterloading systems. Med Phys 18(3):462–467. https://doi.org/10.1118/1.596649

49. Salembier C, Lavagnini P, Nickers P, Mangili P, Rijnders A, Polo A, Venselaar J, Hoskin P, Group GEP (2007) Tumour and target volumes in permanent prostate brachytherapy: a supplement to the ESTRO/EAU/EORTC recommendations on prostate brachytherapy. Radiother Oncol 83(1):3–10. https://doi.org/10.1016/j.radonc.2007.01.014

50. Potter R, Haie-Meder C, Van Limbergen E, Barillot I, De Brabandere M, Dimopoulos J, Dumas I, Erickson B, Lang S, Nulens A, Petrow P, Rownd J, Kirisits C, Group GEW (2006) Recommendations from gynaecological (GYN) GEC-ESTRO working group (II): concepts and terms in 3D image-based treatment planning in cervix cancer brachytherapy-3D dose volume parameters and aspects of 3D image-based anatomy, radiation physics, radiobiology. Radiother Oncol 78(1):67–77. https://doi.org/10.1016/j.radonc.2005.11.014

51. Ash D, Flynn A, Battermann J, de Reijke T, Lavagnini P, Blank L, Group EEUB, Group ER (2000) ESTRO/EAU/EORTC recommendations on permanent seed implantation for localized prostate cancer. Radiother Oncol 57(3):315–321

52. Guedea F, Venselaar J, Hoskin P, Hellebust TP, Peiffert D, Londres B, Ventura M, Mazeron JJ, Limbergen EV, Potter R, Kovacs G (2010) Patterns of care for brachytherapy in Europe: updated results. Radiother Oncol 97(3):514–520. https://doi.org/10.1016/j.radonc.2010.09.009

53. Guerrero M, Li XA (2004) Extending the linear-quadratic model for large fraction doses pertinent to stereotactic radiotherapy. Phys Med Biol 49(20):4825–4835

54. Haie-Meder C, Potter R, Van Limbergen E, Briot E, De Brabandere M, Dimopoulos J, Dumas I, Hellebust TP, Kirisits C, Lang S, Muschitz S, Nevinson J, Nulens A, Petrow P, Wachter-Gerstner N, Gynaecological GECEWG (2005) Recommendations from Gynaecological (GYN) GEC-ESTRO Working Group (I): concepts and terms in 3D image based 3D treatment planning in cervix cancer brachytherapy with emphasis on MRI assessment of GTV and CTV. Radiother Oncol 74(3):235–245. https://doi.org/10.1016/j.radonc.2004.12.015

55. Hall E, Giaccia A (2000) Radiation biology for the radiologist. Lippincott Williams & Wilkins, Philadelphia

56. Hall EJ, Brenner DJ (1991) The dose-rate effect revisited: radiobiological considerations of importance in radiotherapy. Int J Radiat Oncol Biol Phys 21(6):1403–1414

57. Hensley FW (2017) Present state and issues in IORT physics. Radiat Oncol 12:37. https://doi.org/10.1186/s13014-016-0754-z

58. Hoskin P, Kovacs G, van Vulpen M, Baltas D (2014) Prostate cancer. In: Van Limbergen E, Pötter R, Hoskin P, Baltas D (Hrsg) The GEC-ESTRO handbook of brachytherapy, 2. Aufl. Part II: Clinical Practice. European Society for Radiotherapy and Oncology (ESTRO), Brüssel

59. Hubbell JH, Seltzer SM (2017) Tables of X-Ray mass attenuation coefficients and mass energy-absorption coefficients from 1 keV to 20 meV for elements $Z = 1$ to 92

and 48 additional substances of dosimetric interest. National institute of standards and technology (NIST). https://www.nist.gov/pml/x-ray-mass-attenuation-coefficients. Zugegriffen: 2. Febr. 2017

60. International Atomic Energy Agency (IAEA) (2002) Calibration of photon and beta ray sources used in brachytherapy: guidelines on standardized procedures at secondary standards dosimetry laboratories (SSDLs) and hospitals, IAEA-TECDOC-1274. International Atomic Energy Agency (IAEA), Vienna

61. International Atomic Energy Agency (IAEA) (2004) Absorbed dose determination in external beam radiotherapy: an international code of practice for dosimetry based on standards of absorbed dose to water. IAEA technical reports series 398

62. International Atomic Energy Agency (IAEA) (2008) Setting up a radiotherapy programme: clinical, medical physics, radiation protection and safety aspects. International Atomic Energy Agency (IAEA), Vienna

63. International Commission on Radiological Protection (ICRP) (2005) Prevention of high-dose-rate brachytherapy accidents. ICRP Publication 97. Ann Icrp 35(2):1–51

64. International Commisson on Radiation Units and Measurements (ICRU) (1985) ICRU report 38: dose and volume specification for reporting intracavitary therapy in gynecologytherapy

65. International Commisson on Radiation Units and Measurements (ICRU) (1997) ICRU report 58: dose and volume specification for reporting interstital therapy

66. International Commisson on Radiation Units and Measurements (ICRU) ICRU Report 89: Prescribing, Recording and Reporting Brachytherapy for Cancer of the Cervix. The international Commission on Radiation Units and Measurements prepared in collaboration with Groupe Européen de Curiethérapie – European Society for Radiotherapy and Oncology (GEC-ESTRO)

67. Jäger R, Hübner W (1974) Dosimetrie und Strahlenschutz. Physikalisch-technische Date und Methoden für die Praxis, 2. Aufl. Thieme, Stuttgart

68. Joiner MC, Bentzen SM (2009) Fractionation: the linear-quadratic approach. In: Joiner MJ, van der Kogel A (Hrsg) Basic clinical radiobiology, 4. Aufl. Hodder Education, London, S 102–119

69. Joiner MC, van der Kogel A (2009) Basic clinical radiobiology, 4. Aufl. Hodder Education, London

70. van Kleffens HJ, Star WM (1979) Application of stereo X-ray photogrammetry (SRM) in the determination of absorbed dose values during intracavitary radiation therapy. Int J Radiat Oncol Biol Phys 5(4):557–563

71. Krieger H, Baltas D, Kneschaurek P (1999) DGMP-Bericht Nr. 14: Dosisspezifikation in der HDR-Brachytherapie

72. Krieger H, Baltas D, Kneschaurek P (2006) DGMP-Bericht Nr. 13: Praktische Dosimetrie in der HDR-Brachytherapie

73. Van der Laarse R, de Boer R (1990) Computerized high dose rate brachytherapy treatment planning. In: Martinez A, Orton C, Mould R (Hrsg) Brachytherapy HDR And LDR Proceedings Brachytherapy Meeting Remote Afterloading: State of the Art. 4–6 May 1989, Dearborn. Nucletron, Columbia, S 169–183

74. Lahanas M, Baltas D, Zamboglou N (2003) A hybrid evolutionary algorithm for multi-objective anatomy-based dose optimization in high-dose-rate brachytherapy. Phys Med Biol 48(3):399–415

75. Laughlin JS, Holodny EI, Ritter FW, Siler WM (1963) A dose description system for interstitial radiation therapy – seed implants. Am J Roentgenol Radium Ther Nucl Med 89(3):470

76. Lessard E, Pouliot J (2001) Inverse planning anatomy-based dose optimization for HDR-brachytherapy of the prostate using fast simulated annealing algorithm and dedicated objective function. Med Phys 28(5):773–779

77. Van Limbergen E, Pötter R, Hoskin P, Baltas D (2014) The GECESTRO handbook of brachytherapy, 2. Aufl. European Society for Therapeutic Radiology and Oncology (ESTRO), Brüssel

78. Meisberger LL, Keller RJ, Shalek RJ (1968) The effective attenuation in water of the gamma rays of gold 198, iridium 192, cesium 137, radium 226, and cobalt 60. Radiology 90(5):953–957. https://doi.org/10.1148/90.5.953

79. Meli J (1995) Source localization. In: Williamson J, Thomadson B, Nath R (Hrsg) Brachytherapy physics. AAPM summer school 1994. Medical Physics Publishing, Madison, S 235–251

80. Meli JA, Meigooni AS, Nath R (1988) On the choice of phantom material for the dosimetry of 192Ir sources. Int J Radiat Oncol Biol Phys 14(3):587–594

81. Meredith WJ, Paterson R (1967) Radium dosage: the Manchester system. Livingstone

82. Milickovic N, Lahanas M, Papagiannopoulo M, Zamboglou N, Baltas D (2002) Multiobjective anatomy-based dose optimization for HDR-brachytherapy with constraint free deterministic algorithms. Phys Med Biol 47(13):2263–2280

83. Muench PJ, Meigooni AS, Nath R, Mclaughlin WL (1991) Photon energy-dependence of the sensitivity of radiochromic film and comparison with silver-halide film and Lif Tlds used for brachytherapy dosimetry. Med Phys 18(4):769–775. https://doi.org/10.1118/1.596630

84. Murphy MK, Piper RK, Greenwood LR, Mitch MG, Lamperti PJ, Seltzer SM, Bales MJ, and Phillips MH (2004) Evaluation of the new cesium-131 seed for use in low-energy x-ray brachytherapy. Med Phys 31, 1529–1538 https://doi.org/10.1118/1.1755182

85. Nath R, Anderson LL, Luxton G, Weaver KA, Williamson JF, Meigooni AS (1995) Dosimetry of interstitial brachytherapy sources: recommendations of the AAPM Radiation Therapy Committee Task Group No. 43. Med Phys 22(2):209–234

86. Nath R, Anderson LL, Meli JA, Olch AJ, Stitt JA, Williamson JF (1997) Code of practice for brachytherapy physics: Report of the AAPM Radiation Therapy Committee Task Group No. 56. Med Phys 24(10):1557–1598. https://doi.org/10.1118/1.597966

Teil IV

87. National Nuclear Data Center, Brookhaven National Laboratory Spektren-Datenbank NuDat2. http://www.nndc.bnl.gov/nudat2/. Zugegriffen: 2. Febr. 2017

88. Parker HM (1938) A dosage system for interstitial radium therapy. Part II – physical aspects. Br J Radiol 11(125):313–340

89. Paterson R, Parker H (1934) A dosage system for gamma ray therapy. Br J Radiol 7(82):578–579

90. Paterson R, Parker HM (1938) A dosage system for interstitial radium therapy. Br J Radiol 11(124):252–266

91. Paterson R, Parker H, Spiers F (1936) A dosage system for cylindrical therapy. Br J Radiol 9(104):487–508

92. Pérez-Calatayud J, Ballester F, Das RK, DeWerd LA, Ibbott GS, Meigooni AS, Ouhib Z, Rivard MJ, Sloboda RS, Williamson JF (2012) Dose calculation for photon-emitting brachytherapy sources with average energy higher than 50 keV: report of the AAPM and ESTRO. Med Phys 39(5):2904–2929

93. Pierquin B (1964) Précis de curiethérapie: endocuriethérapie, plésiocuriethérapie. Masson, Paris

94. Pierquin B, Dutreix A, Paine CH, Chassagne D, Marinello G, Ash D (1978) The Paris system in interstitial radiation therapy. Acta Radiol Oncol Radiat Phys Biol 17(1):33–48. https://doi.org/10.3109/02841867809127689

95. Regaud C (1922) Sevices de Curiethérapie. In: Regaud C, Lacassagne A, Ferroux R (Hrsg) Radiophysiologie et radiothérapie recuil de traveaux biologiques, techniques et thérapeutics. Archives de l'Institut du Radium de L'Université de Paris et de la Fondation Curie. Les Presses Universitaires de France, Paris

96. Reich H (1990) Dosimetrie ionisierender Strahlung. Grundlagen und Anwendungen. Teubner, Stuttgart

97. Rivard MJ, Coursey BM, DeWerd LA, Hanson WF, Saiful Huq M, Ibbott GS, Mitch MG, Nath R, Williamson JF (2004) Update of AAPM task group no. 43 report: a revised AAPM protocol for brachytherapy dose calculations. Med Phys 31(3):633–674

98. Russell KR, Ahnesjö A (1996) Dose calculation in brachytherapy for a Ir-192 source using a primary and scatter dose separation technique. Phys Med Biol 41(6):1007–1024. https://doi.org/10.1088/0031-9155/41/6/005

99. Schoenfeld AA, Harder D, Poppe B, Chofor N (2015) Water equivalent phantom materials for 192Ir brachytherapy. Phys Med Biol 60(24):9403

100. Schwarz SB, Thon N, Nikolajek K, Niyazi M, Tonn JC, Belka C, Kreth FW (2012) Iodine-125 brachytherapy for brain tumours – a review. Radiat Oncol 7(1):30. https://doi.org/10.1186/1748-717X-7-30

101. Shalek RJ, Stovall M (1990) In: Kase K, Bjärngard B, Attix F (Hrsg) Radiation Dosimetry, Bd 3. Academic Press, San Diego, S 259–322

102. Sievert RM (1921) Die Intensitätsverteilung der primären γ-Strahlung in der Nähe medizinischer Radiumpräparate. Acta radiol 1:89–128

103. Stewart A, Parashar B, Patel M, O'Farrell D, Biagioli M, Devlin P, Mutyala S (2016) American Brachytherapy Society consensus guidelines for thoracic brachytherapy for lung cancer. Brachytherapy 15(1):1–11. https://doi.org/10.1016/j.brachy.2015.09.006

104. Stewart AJ, Mutyala S, Holloway CL, Colson YL, Devlin PM (2009) Intraoperative seed placement for thoracic malignancy – A review of technique, indications, and published literature. Brachytherapy 8(1):63–69. https://doi.org/10.1016/j.brachy.2008.09.002

105. Stock RG, Stone NN, Wesson MF, DeWyngaert JK (1995) A modified technique allowing interactive ultrasound-guided three-dimensional transperineal prostate implantation. Int J Radiat Oncol Biol Phys 32(1):219–225. https://doi.org/10.1016/0360-3016(95)00521-Y

106. Taylor REP, Rogers DWO (2013) The CLRP TG-43 parameter database for brachytherapy. Carleton Laboratory for Radiotherapy Physics. http://www.physics.carleton.ca/clrp/seed_database. Zugegriffen: 2. Febr. 2017

107. Thames HD (1985) An "incomplete-repair" model for survival after fractionated and continuous irradiations. Int J Radiat Biol Relat Stud Phys Chem Med 47(3):319–339. https://doi.org/10.1080/09553008514550461

108. Thomadson B, Houdek P, van der Laarse R, Edmundson G, Kolkmann-Deurloo I-K, Visser A (1994) Treatment planning and optimization. In: Nag S (Hrsg) High dose rate brachytherapy. A Textbook Futura Publishing Company Inc, New York, S 79–145

109. Thomadson B, Rivard M, Butler W (2005) Brachytherapy physics, 2. Aufl. Medical Physics Publishing, Madison (AAPM Summer School 2005)

110. Tod M, Meredith W (1953) Treatment of cancer of the cervix uteri – a revised "Manchester method". Br J Radiol 26(305):252–257

111. Tod MC, Meredith WJ (1938) A dosage system for use in the treatment of cancer of the uterine cervix. Br J Radiol 11(132):809–824

112. Universität Valencia Dosimetry Parameters for source models used in Brachytherapy (GEC-ESTRO Strahlerdatenbank). http://www.uv.es/braphyqs/. Zugegriffen: 30. Jan. 2017

113. Venselaar J, Baltas D, Meigooni A, Hoskin P (2013) Comprehensive brachytherapy: physical and clinical aspects. CRC Press, Boca Raton, London

114. Vicini F, White J, Gustafson G, Matter RC, Clarke DH, Edmundson G, Martinez A (1993) The use of iodine-125 seeds as a substitute for iridium-192 seeds in temporary interstitial breast implants. Int J Radiat Oncol Biol Phys 27(3):561–566

115. Williamson J, Thomadson B, Nath R (1995) Brachytherapy physics. AAPM summer school 1994. Medical Physics Publishing, Madison

116. Williamson JF, Morin RL, Khan FM (1983) Monte Carlo evaluation of the Sievert integral for brachytherapy dosimetry. Phys Med Biol 28(9):1021–1032

117. Wu A, Zwicker RD, Sternick ES (1985) Tumor dose specification of I-125 seed implants. Med Phys 12(1):27–31. https://doi.org/10.1118/1.595733

118. Yu Y, Anderson LL, Li Z, Mellenberg DE, Nath R, Schell MC, Waterman FM, Wu A, Blasko JC (1999) Permanent prostate seed implant brachytherapy: Report of the American Association of Physicists in Medicine Task Group No. 64. Med Phys 26(10):2054–2076

Teil IV

Qualität und Sicherheit in der Strahlentherapie

28

Oliver Jäkel

Teil IV

© Springer-Verlag GmbH Deutschland, ein Teil von Springer Nature 2018
W. Schlegel, C.P. Karger, O. Jäkel (Hrsg.), *Medizinische Physik*, https://doi.org/10.1007/978-3-662-54801-1_28

Dieser Abschnitt gibt einen Überblick über Qualitäts- und Risikomanagement in der Strahlentherapie. Es werden dazu die regulatorischen Grundlagen und Konzepte vorgestellt sowie die verwendeten Begriffe erläutert. Beispielhaft werden anschließend einige praktische Aspekte der Qualitätssicherung für verschiedene Verfahren der Strahlentherapie sowie einige Methoden des Risikomanagements vorgestellt.

28.1 Gesetzliche und normative Bestimmungen

28.1.1 Gesetzliche Bestimmungen

In diesem Abschnitt wird zunächst der gesetzliche Rahmen für das Qualitätsmanagement (QM) dargelegt, um die rechtlich verbindlichen Vorschriften von den individuellen betriebsinternen Regelungen abzugrenzen.

Die grundlegende Forderung nach Qualitätssicherung wird ganz allgemein für medizinische Leistungen im 5. Sozialgesetzbuch in § 135a *Verpflichtung der Leistungserbringer zur Qualitätssicherung* erhoben. Dort heißt es: „Die Leistungserbringer sind zur Sicherung und Weiterentwicklung der Qualität der von ihnen erbrachten Leistungen verpflichtet. Die Leistungen müssen dem jeweiligen Stand der wissenschaftlichen Erkenntnisse entsprechen und in der fachlich gebotenen Qualität erbracht werden." Noch weitergehend ist die Forderung, dass die Leistungserbringer verpflichtet sind „sich an einrichtungsübergreifenden Maßnahmen der Qualitätssicherung zu beteiligen, die insbesondere zum Ziel haben, die Ergebnisqualität zu verbessern und einrichtungsintern ein Qualitätsmanagement einzuführen, wozu in Krankenhäusern auch die Verpflichtung zur Durchführung eines patientenorientierten Beschwerdemanagements gehört."

Hierbei ist insbesondere die Forderung nach einem *Qualitätsmanagement* (QM) hervorzuheben, da dies weit über die anderen Regelungen hinausgeht, in denen lediglich von *Qualitätssicherung* (QS) die Rede ist. Die begriffliche Unterscheidung wird weiter unten erläutert. Neben der Einführung eines Beschwerdemanagements werden in § 136a auch Mindeststandards für Risikomanagement- und Fehlermeldesysteme gefordert, welche eine wichtige Rolle bei der Vermeidung von Zwischenfällen und Unfällen spielen.

Außerdem wird im SGB V unter § 135b geregelt, dass die Kassenärztlichen Vereinigungen mit der Prüfung der Qualität der erbrachten Leistungen beauftragt werden.

Konkretere Anforderungen an die Qualitätssicherung bei der medizinischen Strahlenanwendung finden sich in der Strahlenschutzverordnung (SSV, Fassung vom Mai 2016) unter § 83 *Qualitätssicherung bei der medizinischen Strahlenanwendung*. Hier ist konkret geregelt, dass die sogenannten *Ärztlichen Stellen* (eine Einrichtung der Ärztekammern) mit der Überprüfung der Qualitätsstandards beauftragt werden. Diese Prüfungen werden i. d. R. alle 2 Jahre durchgeführt und meist als *Audit* bezeichnet. Hierbei werden u. a. auch die Aufzeichnungen zu qualitätssichernden Maßnahmen überprüft. Weiterhin fordert

die SSV, dass vor der Inbetriebnahme eines Therapiegerätes am Patienten eine *Abnahmeprüfung* durch den Hersteller durchzuführen ist. Diese wird i. d. R. unter Beteiligung des Betreibers durchgeführt. Zusätzlich muss der Betreiber zum Zeitpunkt der Abnahme die Anlage *einer Prüfung unterziehen, die alle eingebundenen Systeme zur Lokalisation, Therapieplanung und Positionierung umfasst* und hierbei Bezugswerte festlegen. Darüber hinaus sind regelmäßig betriebsintern festgelegte Qualitätsprüfungen (Konstanzprüfungen) vorzunehmen. Es besteht ferner eine Aufzeichnungspflicht für Umfang und Zeitpunkt aller oben genannten Prüfungen. Für diese Aufzeichnungen besteht zudem eine Aufbewahrungspflicht, welche sich über die gesamte Dauer des Betriebs (mindestens jedoch 2 Jahre) für die Abnahmeprüfung erstreckt und 10 Jahre für die regelmäßigen Prüfungen beträgt. Schließlich gibt es noch weitere in § 66 SSV vorgeschriebene jährliche Prüfungen zum Strahlenschutz und der Sicherheit der Bestrahlungsanlagen.

Neben der Strahlenschutzverordnung existieren verschiedene Richtlinien, die detailliertere Regelung zur Umsetzung der Maßnahmen enthalten. Die wichtigste ist die Richtlinie Strahlenschutz in der Medizin (RLSSM, in der Fassung vom Juli 2015), in der insbesondere die Verantwortlichkeiten und die Rolle des Strahlenschutzbeauftragten und *Medizinphysikexperten (MPE)* in der Strahlentherapie geregelt ist (Abschnitt 2. *Genehmigungsanforderungen*). Im Abschnitt 7. *Strahlenbehandlungen* werden außerdem unter 7.3 *Qualitätssicherung* die Aufgaben und Verantwortlichkeiten des MPE im Bereich der QS definiert.

Hier wird u. a. explizit gefordert, dass die Vorgaben der QS mit nationalen und internationalen Empfehlungen übereinstimmen müssen. Ebenfalls in der RLSSM ist festgelegt, dass umfangreiche Konstanzprüfungen mindesten jährlich und ausgewählte Prüfungen in kürzeren Intervallen zu erfolgen haben, wobei auf eine Reihe von Publikationen des Deutschen Instituts für Normung (DIN) verwiesen wird (s. Tab. 28.1). Insbesondere bei Prüfungen im Bereich medizinischer und physikalischer Bestrahlungsplanung, Bildgebung, Lokalisation, Verifikation, Datenverwaltung und Nachsorge der Patienten wird auf die DIN-Normen verwiesen.

Weitere Aspekte des QM, nämlich Vorgaben zur personellen Ausstattung, sowie Inhalt und Dauer der Ausbildung von Medizinphysikexperten, welche Grundlage für die Erteilung der Fachkunde ist, sind ebenfalls im Abschnitt 2 der RLSSM geregelt.

Generell ist erkennbar, dass die gesetzlichen Vorgaben dem Betreiber einen großen Spielraum bezüglich Art und Umfang sowie der Prüfintervalle und Toleranzen lassen. Weder die Richtlinie noch die DIN-Dokumente besitzen Gesetzescharakter und sie enthalten im Bereich der QS meist nur allgemeine Vorgaben bzw. nur wenige konkrete Vorschriften. Dies ist so zu verstehen, dass der Betreiber in jedem Einzelfall unter Betrachtung der verwendeten Ausrüstung und der geplanten Anwendung eigenständig geeignete Maßnahmen definieren und umsetzen muss. Die Empfehlungen der RLSSM sind jedoch die Grundlage für die Erteilung einer Betriebsgenehmigung durch die zuständigen Behörden und spielen daher eine wichtige Rolle. Die DIN-Normen dokumentieren dabei den Stand von Wissenschaft und Technik, so dass auch hier Abweichungen gut begründet sein müssen.

Tab. 28.1 Auswahl einiger für die Qualitätssicherung in der Strahlentherapie relevanter Normen der DIN

Dokument	Inhalt	Bemerkung
6870-1	Qualitätsmanagementsystem in der medizinischen Radiologie – Teil 1: Strahlentherapie	Allgemeine Vorgaben
Reihe 6800 bis 6003 und 6809	Dosismessverfahren und klinische Dosimetrie (DIN 6800 bis 6803 und 6809) für verschiedene Strahlenqualitäten von Photonen, Neutronen, Partikel	Relevant für dosimetrische QS
6873-5	Bestrahlungsplanungssysteme – Teil 5: Konstanzprüfungen von Kennmerkmalen	
6847-1 bis 5	Medizinische Elektronenbeschleuniger-Anlagen (insbes. Teil 5: Konstanzprüfungen von Kennmerkmalen)	
6875-1	Spezielle Bestrahlungseinrichtungen – Teil 1: Perkutane stereotaktische Bestrahlung, Kennmerkmale und besondere Prüfmethoden	Regelungen für die Stereotaxie
6875-2	Spezielle Bestrahlungseinrichtungen – Teil 2: Perkutane stereotaktische Bestrahlung – Konstanzprüfungen	Regelungen für die Stereotaxie
6875-3	Spezielle Bestrahlungseinrichtungen – Teil 3: Fluenzmodulierte Strahlentherapie – Kennmerkmale, Prüfmethoden und Regeln für den klinischen Einsatz	Regelungen für die IMRT
6875-4	Spezielle Bestrahlungseinrichtungen – Teil 4: Fluenzmodulierte Strahlentherapie – Konstanzprüfungen	Regelungen für die IMRT
6847-6	Medizinische Elektronenbeschleuniger-Anlagen – Teil 6: Elektronische Bildempfänger (EPID) – Konstanzprüfung	
6874-5	Therapiesimulatoren – Teil 5: Konstanzprüfung von Kennmerkmalen	
DIN EN 60601-2-1	Medizinische elektrische Geräte – Teil 2-1: Besondere Festlegungen für die Sicherheit einschließlich der wesentlichen Leistungsmerkmale von Elektronenbeschleunigern im Bereich von 1 bis 50 MeV	Kennmerkmale für die Abnahmeprüfung
DIN EN 60601-2-29	Medizinische elektrische Geräte – Teil 2-29: Besondere Festlegungen für die Sicherheit einschließlich der wesentlichen Leistungsmerkmale von Strahlentherapiesimulatoren	Kennmerkmale für die Abnahmeprüfung
DIN EN 60601-2-64	Medizinische elektrische Geräte – Teil 2-64: Besondere Festlegungen für die Sicherheit einschließlich der wesentlichen Leistungsmerkmale von Leichtionen-Bestrahlungseinrichtungen	Kennmerkmale für die Abnahmeprüfung
DIN EN 60976	Medizinische elektrische Geräte – Medizinische Elektronenbeschleuniger – Apparative Qualitätsmerkmale	Kennmerkmale für die Abnahmeprüfung
DIN EN 62083	Medizinische elektrische Geräte – Festlegungen für die Sicherheit von Bestrahlungsplanungssystemen	
DIN EN 62274	Medizinische elektrische Geräte – Sicherheit von Aufzeichnungs- und Verifikationssystemen für die Strahlentherapie	

Teil IV

Neben den Normen, die im nächsten Abschnitt behandelt werden, gibt es eine Reihe von Empfehlungen der Fachgesellschaften für Medizinische Physik (DGMP [5]), Radioonkologie (DEGRO [6]) und der Strahlenschutzkommission (SSK [18]), in denen Themen behandelt werden, welche noch nicht Eingang in Normen gefunden haben.

28.1.2 Normen zur QS

Für das Gebiet der Strahlentherapie existieren zahlreiche DIN-Normen, welche im Detail die Kenngrößen und sinnvolle Prüfparameter aller etablierten Systeme in der Strahlentherapie behandeln. Diese werden vom Normenausschuss Radiologie (NAR) erarbeitet. Tab. 28.1 gibt einen Überblick über einige der wichtigsten Normen. Ein vollständiger Überblick über die derzeit etwa 280 Normen des NAR findet sich in [7].

28.1.3 Internationale Richtlinien

Neben den DIN-Normen wird in der RLSSM auch explizit auf internationale Empfehlungen verwiesen, im Detail wird auf die Berichte der International Commission on Radiation Units and Measurements, ICRU [12], verwiesen. Die ICRU hat in der Strahlentherapie einen sehr hohen Stellenwert und hat eine Reihe sehr wichtiger Empfehlungen für verschiedene Strahlentherapieverfahren publiziert. Die wohl wichtigsten Empfehlungen beziehen sich auf die Anforderungen zur Dokumentation der Therapieplanung und Therapieapplikation,

d. h. insbesondere die Aspekte der Dosisverschreibung, Zielvolumendefinition, Dosisdokumentation, Bestrahlungsdokumente und Bestrahlungsreports [14, 15]. Sie tragen im Titel stets „Prescribing, Recording and Reporting . . . ". Sie dienen vor allem einer einheitlichen Dokumentation, welche einen Vergleich von Ergebnissen verschiedener Zentren überhaupt erst ermöglicht. Diese Berichte enthalten stets auch einen Abschnitt zur Qualitätssicherung der jeweiligen Bestrahlungsmodalität und sind bei neuen Verfahren häufig den DIN-Normen zeitlich voraus, so dass hier bereits wertvolle Empfehlungen etwa für die Protonentherapie zu finden sind, welche noch nicht in der DIN-Norm existieren (Letztere ist jedoch bei der DIN in Vorbereitung). Ähnliches gilt für die Berichte der American Association for Physicists in Medicine (AAPM [3]) und der European Society for Therapeutic Radiation Oncology (ESTRO [10]). Als Beispiel sei hier noch auf den Bericht der AAPM Taskgroup 46 verwiesen [2], der wichtige Empfehlungen zur Konzeption der Qualitätssicherung in der Strahlentherapie gibt.

Von der Europäischen Atomgemeinschaft EURATOM wurde zudem die Medical Exposure Directive MED [8] verabschiedet und ein sogenanntes *Quality Assurance Reference Centre* etabliert. Dieses hat auch eine Publikation zum Strahlenschutz publiziert, welche u. a. Empfehlungen für die Qualitätssicherung in der Strahlentherapie enthält. Diese sind explizit nicht als bindend eingestuft, werden aber als absolut minimale Anforderungen bezeichnet [9].

28.2 Qualitätsmanagement in der Strahlentherapie

Wenn von *Qualitätssicherung* die Rede ist, bezieht sich dies meist auf durchzuführende Prüfungen, welche in der täglichen Routine im Vordergrund stehen (diese werden nach DIN als *Qualitätsprüfungen* bezeichnet). Ohne ein umfassendes *Qualitätsmanagementsystem* (QMS) sind solche Prüfungen jedoch nur begrenzt wirksam, da zunächst definiert werden muss, was die Anforderungen an die QS sind und welche Ziele dadurch erreicht werden sollen. Die DIN definiert ein QMS als ein System aufeinander abgestimmter Tätigkeiten zum Leiten und Lenken einer Organisation bezüglich Qualität. Dies umfasst eine Festlegung der Qualitätspolitik und Qualitätsziele sowie weitere Maßnahmen zur Planung, Lenkung, Sicherung und Verbesserung der Qualität. Die Rahmenbedingungen für ein QMS in der Strahlentherapie sind in DIN 6870-1 dargelegt.

Als *Qualitätslenkung* bezeichnet man den Teil des QMS, welcher auf die Erfüllung von Qualitätsanforderungen gerichtet ist, wie etwa vorbeugende, überwachende und korrigierende Tätigkeiten, nicht jedoch die *Qualitätssicherung* selbst. Die *Qualitätssicherung* umfasst dagegen alle geplanten und systematisch durchgeführten Maßnahmen im QMS, deren Ziel es ist, Vertrauen zu schaffen, dass die Qualitätsforderungen erfüllt werden. In *Qualitätsprüfungen* wird lediglich festgestellt, ob eine bestimmte Qualitätsanforderung erfüllt ist, indem eine festgelegte Prüfanweisung ausgeführt wird.

Teil des QM sind auch *Qualitätsaudits*, welche die Wirksamkeit des QM durch eine unabhängige Untersuchung beurteilen sollen. Audits können intern oder extern organisiert werden. Interne Audits sind beispielsweise die Grundlage für eine Konformitätserklärung einer Organisation mit den Normen zur QS. Externe Audits können durch eine benannte Stelle, wie etwa den TÜV, durchgeführt werden. Gesetzlich vorgeschrieben sind die Audits aller strahlentherapeutischen Einrichtungen durch die Ärztliche Stelle im Rhythmus von 2 Jahren.

28.2.1 Organisatorische Struktur der Qualitätssicherung

Zur Organisation des QMS gehört die Benennung einer Person als *Qualitätsmanagementbeauftragter* (QMB), welche mit der Durchführung des QM von der Leitung der Einrichtung beauftragt ist. Die Leitung muss zunächst die Qualitätsziele definieren und ist außerdem für die Bereitstellung von Ressourcen und qualifiziertem Personal verantwortlich. Die wichtigsten Ziele in der Strahlentherapie sind zunächst die Sicherheit von Patienten und Personal sowie die Genauigkeit der Behandlung. Letztere hängt von der Art der Therapie und dem Indikationsspektrum ab. Darüber hinaus kann es jedoch eine Reihe weiterer Qualitätsziele geben, wie etwa Zufriedenheit der Patienten, die Verkürzung von Wartezeiten, die Zufriedenheit des Personals oder Optimierung der Kosten-Nutzen-Effektivität der Therapie. Diese Vorgaben werden in einem Dokument zur Qualitätspolitik von der Leitung einer Einrichtung in einem Dokument dargelegt.

Der QMB hat dann die Aufgabe, die Prozesse in der Strahlentherapie im Einzelnen zu beschreiben und zu dokumentieren. Dies ist die Grundlage für eine Analyse aller Prozesse und ihrer Einflussfaktoren, so dass in einem zweiten Schritt gezielte Maßnahmen festgelegt werden können, um die vorgegebenen Ziele zu erreichen. Die medizinphysikalische Qualitätssicherung ist dann ein Teil dieser Maßnahmen, jedoch gehören hierzu noch weitere organisatorische Elemente, wie z. B. die gezielte Aus- und Weiterbildung des Personals, eine Analyse der Risiken und ein Risiko- und Fehlermanagementsystem.

28.2.2 Anforderungen an die Genauigkeit und Sicherheit der Strahlentherapie

In der Qualitätssicherung für die Strahlentherapie steht stets der Aspekt der sicheren Applikation und der Einhaltung der geforderten Genauigkeit im Vordergrund. Für die geforderte Genauigkeit werden in den Regelwerken der DIN keine konkreten Zahlen genannt. Sie ist vielmehr durch den Anwender selbst festzulegen und zu begründen. Es gibt jedoch von der ICRU [13] die allgemeine Forderung, dass bei der Dosisapplikation eine Gesamtungenauigkeit von weniger als 5 % anzustreben ist.

In der EU MED Radiation Protection No 162 [9] werden detailliert Genauigkeitsanforderungen definiert, welche jedoch ebenfalls nur den Status von Minimalanforderungen definieren. In Tab. 28.2 sind einige dieser Anforderungen wiedergegeben.

Tab. 28.2 Beispiele für die minimalen Anforderungen an die Genauigkeit der Strahlenfelder, des Monitorsystems und des Isozentrums, wie sie in [9] angegeben sind

Uniformity of radiation fields	Intervention threshold
X-radiation	
Flatness of square X-ray fields (max/min ratio)	1,06
Symmetry of square X-ray fields (max/min ratio)	1,03
Dose monitoring system	
Weekly calibration check	2 %
Reproducibility	0,5 %
Proportionality	2 %
Dependence on angular position of gantry and beam limiting device	3 %
Dependence on gantry rotation	2 % – electron radiation 3 % – X-radiation
Stability throughout the day	2 %
Depth dose characteristics	
X-radiation	
Penetrative quality	3 % or 3 mm, A
Depth dose and profiles	2 % IPEM (1999) B
Electron radiation	
Minimum depth of dose maximum	1 mm
Ratio of practical range at 80 % absorbed dose	1,6
Deviation of actual value of penetrative quality	3 % or 2 mm
Maximum relative surface dose	100 %
Stability of penetrative quality	1 % or 2 mm
Isocentre	
Maximum displacement of radiation beam axis from isocentre	2 mm
Mechanical isocentre	1 mm
Indication of the isocentre	2 mm
Indication of the isocentre for SRS	0,5 mm

28.2.3 Verantwortlichkeiten von Herstellern und Anwendern

Wie aus der RLSSM hervorgeht, ist der Betreiber einer Strahlentherapie selbst für die Definition und die Einhaltung von QS-Maßnahmen verantwortlich. Dabei sind sowohl die geplanten klinischen Anwendungen und deren Qualitätsanforderungen als auch weitergehende Qualitätsziele, wie sie von der Leitung der Einrichtung definiert wurden, zugrunde zu legen. Die konkrete Definition und Dokumentation der QS-Maßnahmen wird in der Regel einem MPE übertragen sein. Dieser ist auch für weitergehende Aspekte verantwortlich, wie etwa die Einhaltung der Vorschriften des Strahlenschutzes und des Medizinproduktegesetzes (MPG). Das MPG hat insofern Auswirkungen auf die QS, als die Ausrüstung, welche für Messungen verwendet wird, den gesetzlichen Anforderungen entsprechen muss. Dies bedeutet u. a., dass die Messgeräte als Medizinprodukte zugelassen sein oder alternativ vom Anwender im Sinne einer Eigenherstellung entsprechend geprüft und qualifiziert werden müssen. Dies soll vermeiden, dass fehlerhafte Ausrüstung zu

falschen Schlussfolgerungen über die Qualität oder Sicherheit der Bestrahlungsanlage führen. Daher ist im MPG u. a. die zweijährige Messtechnische Kontrolle (MTK) der Ausrüstung vorgeschrieben, um die korrekte Anzeige der Geräte (z. B. der Dosimetrieausrüstung) zu überprüfen.

Der Anwender muss außerdem sicherstellen, dass die verwendeten Geräte der gesamten Einrichtung kompatibel sind. So reicht es beispielsweise nicht aus, beim Einsatz von Hilfsmitteln zur Patientenlagerung auf eine Zulassung zu achten, sondern es muss eine gegenseitige Kompatibilitätserklärung beider Hersteller (z. B. Hersteller von Beschleuniger und Zubehör) vorliegen, welche sicherstellt, dass auch eine Kombination der Geräte einen sicheren Einsatz gewährleistet. So hat in den USA z. B. die Anwendung nicht kompatibler Kollimatoren für stereotaktische Behandlungen zu einer Serie von Fehlbestrahlungen mit massiven Schädigungen der Patienten geführt [4].

Eine weitere Aufgabe des MPE, die dem Qualitätsmanagement zugerechnet wird, ist die Sicherstellung der Qualifikation der Mitarbeiter, welche neben den formalen Aspekten der Fachkunde auch die regelmäßige Schulung und Weiterbildung der beteiligten Mitarbeiter beinhaltet. Hier kommt den internen Schulungen eine wichtige Bedeutung zu, da sie u. a. dazu dient, wichtige Informationen im Umgang mit der Ausrüstung der Einrichtung zu verbreiten. Ein Beispiel ist etwa, wenn der Hersteller einer Therapieplanungssoftware über Softwareänderungen informiert, welche direkt oder indirekt Auswirkungen auf die Therapie haben können. Da diese Information meist nur an eine Person geht, ist sicherzustellen, dass alle beteiligten Personen (Physiker, MTRA, Ärzte) entsprechend informiert und ggf. geschult werden. Ein weiteres wichtiges Beispiel sind etwa Produktwarnungen, welche der Hersteller an den Kunden schickt. Diese enthalten oft wichtige Hinweise und erfordern evtl. auch interne Verfahrensanweisungen, wie mit einem Problem umzugehen ist. Schließlich ist auch die Dokumentation aller Aspekte der QS Aufgabe des MPE-Teams.

Der Hersteller hat insbesondere die Pflicht, entsprechende Dokumente (in der jeweiligen Landessprache) zu Spezifikation, Kompatibilität und Wartung zu liefern, Schulungen durchzuführen sowie den Kunden über Systemänderungen und mögliche Risiken oder Gefährdungen zu informieren.

28.3 Elemente eines Qualitätssicherungssystems

Im Folgenden wird dargelegt, wie ein Qualitätssicherungssystem prinzipiell strukturiert sein muss und welche Aspekte es umfasst, ohne jedoch konkret auf spezielle Therapieformen einzugehen.

28.3.1 Spezifikation der Anforderungen: Qualitätsmerkmale und Interventionsschwellen

Die Grundlage der eigentlichen Qualitätsprüfungen ist eine Spezifikation der Anforderungen, d. h. insbesondere der Ge-

Teil IV

nauigkeit, die für verschiedene Systeme angestrebt wird. Diese Spezifikation orientiert sich an den klinischen Zielen, den individuellen Arbeitsabläufen sowie der technischen Ausrüstung und dem verwendeten Zubehör. Somit sind die Anforderungen immer spezifisch für jede Einrichtung schriftlich niederzulegen. In internationalen Empfehlungen werden meist nur Mindestziele definiert und eine grobe Orientierung für die Definition der individuellen Anforderungen gegeben.

Um die Anforderungen an die Teilsysteme definieren zu können, sollten zunächst übergeordnete Ziele vorgegeben werden, wie etwa die insgesamt angestrebte dosimetrische und geometrische Genauigkeit. Die Anforderung an die Teilsysteme muss dann so gewählt sein, dass im Zusammenspiel aller Teilsysteme diese Werte auch erreicht werden. So wird z. B. die geometrische Genauigkeit einer applizierten Dosisverteilung von der Genauigkeit des Fixierungs- und Lagerungssystems, der Bildgebung, der Positioniereinrichtung, der Software zur Bildregistrierung und -verarbeitung, der Strahlapplikation, der Bildgebung im Behandlungsraum und ggf. weiterer Komponenten beeinflusst. Die sich ergebende Gesamtgenauigkeit muss wiederum bei der Definition des Sicherheitssaumes um das Zielvolumen berücksichtigt werden (siehe hierzu [14] und Kap. 24).

Im Detail werden dann sogenannte Qualitätsmerkmale für die zu überprüfenden Systeme definiert. Diese werden wiederum in Sicherheits- und Leistungsmerkmale unterteilt. Die Leistungsmerkmale legen die Leistungsfähigkeit eines Gerätes bei *bestimmungsgemäßen Gebrauch* fest. Die Festlegung von Sicherheitsmerkmalen macht Gefährdungen für Mensch und Umwelt im Betrieb unwahrscheinlich (etwa im Strahlenschutz). Hierbei wird nicht unbedingt von einem bestimmungsgemäßen Gebrauch ausgegangen, sondern es werden auch explizit Fehlerszenarien einbezogen.

Die Leistungsmerkmale werden weiter in Kennmerkmale und Prüfmerkmale unterteilt. Kennmerkmale sind quantitative Leistungsmerkmale und Gegenstand der Abnahmeprüfungen. Sie dienen auch der Spezifikation der Geräteeigenschaften durch den Hersteller. Zur messtechnischen Bestimmung vieler Kennmerkmale sind Prüfverfahren einschließlich Prüfbedingungen in den Normen festgelegt. Neben den Kennmerkmalen werden Prüfmerkmale definiert. Ein Prüfmerkmal ist ein quantitatives Merkmal für die Konstanzprüfung und ist entweder identisch mit dem Kennmerkmal oder streng mit ihm korreliert. Durch Bestimmung des Prüfmerkmals lässt sich auf eine Veränderung des Kennmerkmals schließen.

Die Qualität eines Systems wird dann durch zusätzliche Spezifikation von *Interventionsschwellen* zu den einzelnen Kennmerkmalen festgelegt. Die Interventionsschwelle entspricht meist der vom Hersteller vorgegebenen Toleranz, kann aber in Abhängigkeit von der geplanten Anwendung auch enger oder weiter gefasst werden. Die Interventionsschwellen legen die tolerierbaren Abweichungen fest, welche mit den im QM definierten Zielen noch vereinbar sind. Bei der Festlegung der Interventionsschwellen ist zu beachten, dass die Bestimmung eines Kennmerkmals auch eine Messunsicherheit enthält. Die Messmittel sollten so gewählt werden, dass die Messunsicherheit kleiner ist als die Interventionsschwelle. Die verwendeten Messmittel sollten zusammen mit einer detaillierten Beschreibung des Messaufbaus festgelegt werden.

28.3.2 Kommissionierung

Die Kommissionierung einer Bestrahlungseinrichtung fasst alle Aufgaben zusammen, welche für eine Inbetriebnahme notwendig sind. Dazu gehören beispielsweise die Erfassung von Basisdaten für die Therapieplanung, die Erstellung von Checklisten und Protokollen für die QS, die Definition von Arbeitsabläufen in Arbeitsanweisungen (Standard Operating Procedures, SOPs) und ggf. Gebrauchsanweisungen sowie die Durchführung der eigentlichen Abnahmeprüfungen (s. u.). Auch die Durchführung von Sicherheitstests und die strahlenschutzrechtliche Überprüfung einer Anlage sind Teil der Kommissionierung.

28.3.3 Qualitätsprüfung: Abnahme-, Konstanz- und Sicherheitsprüfungen

Die eigentliche Qualitätsprüfung erfolgt in Abnahme- und Konstanzprüfungen. Die Abnahmeprüfung (auch Zustandsprüfung) erfolgt als Teil der Kommissionierung, wenn das System vollständig konfiguriert ist und von einem optimalen Zustand aller Komponenten ausgegangen werden kann. In der Abnahmeprüfung werden die Bezugswerte der Leistungsmerkmale bestimmt. Diese Bezugswerte dienen als Referenz für den sich anschließenden Betrieb. Mit Hilfe von Konstanzprüfungen wird dann in festgelegten Zeitintervallen überprüft, ob sich der Zustand der Einrichtung gegenüber dem Zeitpunkt der Abnahme verändert hat.

Abnahmeprüfungen sind meist aufwendiger als Konstanzprüfungen, da ihr Ziel eine möglichst genaue Erfassung der Kennmerkmale ist. Konstanzprüfungen sollten dagegen so definiert werden, dass eine Abweichung von den Bezugswerten möglichst einfach, schnell und sicher festgestellt werden kann. Daher werden für Konstanzprüfungen oft einfachere Tests definiert. So wird beispielsweise bei der Abnahme eines Monitorsystems meist eine exakte dosimetrische Kalibrierung mit einem Absolutdosimeter durchgeführt. Eine Konstanzprüfung kann jedoch auf eine einfacher durchzuführende Messung mit einem Relativdosimeter zurückgreifen.

Wird bei einer Konstanzprüfung eine Abweichung zwischen Kennmerkmal und Bezugswert festgestellt, die größer ist als die Interventionsschwelle, so gilt die Prüfung als nicht bestanden. Bei Überschreitung der Interventionsschwelle muss der Strahlenschutzbeauftragte für den physikalisch-technischen Bereich im Einvernehmen mit dem ärztlichen Strahlenschutzbeauftragten über weitere Maßnahmen entscheiden. Dies kann evtl. dazu führen, dass die Anlage nicht oder nur eingeschränkt weiter betrieben werden kann und dass weitere Maßnahmen zur Wiederherstellung der Qualität ergriffen werden müssen. Für die Konstanzprüfungen sind weiterhin Prüfintervalle festzulegen, nach denen die Prüfungen wiederholt werden müssen. Prüfintervalle können anhand von Erfahrungswerten sinnvoll angepasst werden (i. d. R. täglich, wöchentlich, monatlich, vierteljährlich oder jährlich).

Die Abnahmeprüfung beginnt mit der Abnahme der Bestrahlungseinheit (z. B. Beschleuniger) und wird auf Veranlassung des Betreibers unter Beteiligung des Herstellers durchgeführt. Hierbei wird dokumentiert, dass das Gerät die Herstellerspezifikation sowie die gesetzlichen Anforderungen (insbesondere hinsichtlich Strahlenschutz und Sicherheit) erfüllt. Darüber hinaus muss der Betreiber die Kennmerkmale, die er selbst festgelegt hat, überprüfen und dokumentieren. Insbesondere liegt es in der Verantwortung des Betreibers, die Bestrahlungseinrichtung in Kombination mit dem verwendeten Zubehör zu testen, welches nicht im spezifizierten Lieferumfang des Herstellers liegt (z. B. Lagerungszubehör, Positionierungslaser, spezielle Kollimatoren).

Bei Reparaturen oder Änderungen an der Anlage kann es notwendig werden, das betroffene Teilsystem erneut abzunehmen und neue Bezugswerte festzulegen. Man spricht dann von einer Teilabnahme. Hierbei muss sichergestellt sein, dass tatsächlich nur das überprüfte Teilsystem von den Änderungen betroffen ist. Unterscheiden sich Abnahme- und Konstanzprüfung für ein Kennmerkmal, so muss auch das Prüfmerkmal direkt nach der Abnahme neu bestimmt werden.

Sicherheitsprüfungen werden in drei Schritten durchgeführt: Prüfgrad A besteht nur in einer Prüfung der bereitgestellten Unterlagen; bei Prüfgrad B basiert das Prüfverfahren auf dem bestimmungsgemäßen Gebrauch; Prüfgrad C geht darüber hinaus und erfordert Eingriffe in die Konstruktion. Ein Beispiel hierfür ist etwa der Test der Abschaltung der Bestrahlung durch den sekundären Dosismonitor, wenn der primäre Monitor ausgefallen ist. Nach einem solchen Test muss der Ausgangszustand wieder hergestellt und überprüft werden.

28.3.4 Übergreifende Maßnahmen

Die oben beschriebenen Prüfungen beziehen sich auf einzelne Kennmerkmale und betrachten immer nur Teilsysteme. Daher werden meist zusätzliche übergreifende Prüfungen durchgeführt, wie etwa die patienten- oder feldspezifische QS. Hierbei handelt es sich beispielsweise um eine dosimetrische Verifikation patientenbezogener Bestrahlungspläne oder Bestrahlungsfelder. Dies wird häufig bei komplexen Techniken durchgeführt, um sicherzustellen, dass die sequenzielle Applikation vieler kleiner Teilfelder in der IMRT zu der gewünschten Gesamtdosis führt. Auch in der Ionentherapie mit gescannten Strahlen wird i. d. R. eine solche Dosis-Verifikation durchgeführt. Neben der korrekten Applikation wird dabei auch die korrekte Therapieplanung, die Datenübertragung vom Bestrahlungsplanungssystem an das Therapiegerät als auch die Applizierbarkeit und Dauer komplexer Bestrahlungspläne überprüft.

Um den gesamten Therapieprozess zu überprüfen hat die Strahlenschutzkommission 2010 auch die Durchführung sogenannter End-to-end-Tests empfohlen [17]. Hierbei durchläuft beispielsweise ein Phantom den gesamten Therapieprozess von der Lagerung, Bildgebung, Planung und Positionierung. Bei der abschließenden Bestrahlung wird die Dosis im Phantom gemessen und mit den durch die Bestrahlungsplanung vorgegebenen Werten verglichen. Dabei sollten sowohl die Absolutdosis als auch geometrische Verteilung untersucht werden, um alle wichtigen Aspekte der Bestrahlung zu prüfen. Bei Abweichungen sind ggf. eine Analyse und weitere Überprüfungen einzelner Komponenten erforderlich.

28.3.5 Sicherheits- und Risikomanagement

Neben der Qualitätssicherung hat in den letzten Jahren das Risikomanagement immer mehr an Bedeutung gewonnen. Vorrangiges Ziel des Risikomanagements ist es, mögliche Gefährdung von Patient und Mitarbeitern so weit wie möglich zu reduzieren. Hierfür gibt es eine Reihe von Instrumenten, welche hier kurz vorgestellt werden sollen.

Eine Risikoanalyse dient der prospektiven systematischen Identifikation und Bewertung von Risiken. Hierfür werden alle Teilprozesse und Einzelsysteme eingehend betrachtet und untersucht, ob Einflüsse von Mensch, Material, Organisation oder Umwelt zu potenziellen Risiken und Gefährdungen führen können. Die identifizierten Risiken werden dann bewertet und es werden Gegenmaßnahmen definiert. Mit Risiken sind hierbei nicht nur gesundheitliche Risiken für Patienten oder Personal gemeint, sondern ganz allgemein auch Risiken für die Einrichtung, wie etwa eine schlechte Außendarstellung oder finanzielle Risiken. Die Gegenmaßnahmen können Risiken entweder ganz vermeiden, ihre Auswirkung bzw. Häufigkeit minimieren oder das Risiko auf Dritte abwälzen (z. B. durch Übertragung bestimmter Aufgaben an eine externe Institution oder durch abschließen einer Versicherung zur Vermeidung finanzieller Schäden).

Die sogenannte Fehlermöglichkeits- und Einflussanalyse (Failure Mode and Effects Analysis, FMEA) geht im Vergleich zur Risikoanalyse umgekehrt vor und identifiziert zunächst mögliche Risikoszenarien oder konkrete Gefahren. Anschließend wird untersucht, wodurch diese ausgelöst werden können. Auf diese Weise gelangt man zu kritischen Fehlzuständen von Einzelkomponenten, welche wiederum hinsichtlich ihrer Kritikalität bewertet werden, um abschließend Gegenmaßnahmen zu definieren.

Eine wichtige Rolle spielen auch anonyme Berichtssysteme für sicherheitsrelevante Ereignisse (Critical Incidence Reporting System, CIRS). Diese Systeme erfassen Ereignisse, welche tatsächlich oder beinahe zu einer Gefährdung geführt haben. Diese werden dann analysiert, um das erneute Auftreten dieser Ereignisse möglichst zu vermeiden. Es dient also dazu, dass die Gesamtorganisation aus Fehlern lernt und diese künftig vermeidet. Durch die Anonymität soll erreicht werden, dass kritische Ereignisse nicht vertuscht werden, da unerkannte Risiken für die Zukunft sonst nicht ausgeschlossen werden können. Ein Beispiel für ein offen zugänglichen CIRS in der Strahlentherapie

Tab. 28.3 Liste von Kennmerkmalen mit Prüfintervallen und Interventionsschwellen, wie sie von der AAPM empfohlen wird [2]

Frequency	Procedure	Tolerance[a]
Daily	Dosimetry	
	– X-ray output constancy	3 %
	– Electron output constancy[b]	3 %
	Mechanical	
	– Localizing lasers	2 mm
	– Distance indicator (ODI)	2 mm
	Safety	
	– Door interlock	Functional
	– Audiovisual monitor	Functional
Monthly	Dosimetry	
	– X-ray output constancy[c]	2 %
	– Electron output constancy[c]	2 %
	– Backup monitor constancy	2 %
	– X-ray central axis dosimetry parameter (PDD, TAR) constancy	2 %
	– Electron central axis dosimetry parameter constancy (PDD)	2 mm @ therapeutic depth
	X-ray beam flatness constancy	2 %
	– Electron beam flatness constancy	3 %
	– X-ray and electron symmetry	3 %
	Safety interlocks	
	– Emergency off switches	Functional
	– Wedge and electron cone interlocks	Functional
	Mechanical Checks	
	Light/radiation field coincidence	2 mm or 1 % on a side[d]
	– Gantry/collimator angle indicators	1 deg
	– Wedge position	2 mm (or 2 % change in transmission factor)
	– Tray position	2 mm
	– Applicator position	2 mm
	– Field size indicators	2 mm
	– Cross-hair centering	2 mm diameter
	– Treatment couch position indicators	2 mm/1 deg
	– Latching of wedges, blocking tray	Functional
	– Jaw symmetry[e]	2 mm
	– Field light intensity	Functional

ist das System ROSIS (Radiation Oncology Information System [11]) der Europäischen Organisation für Strahlentherapie (ESTRO). Meist wird ein CIRS jedoch nur innerhalb einer Organisation eingerichtet.

28.4 Spezielle Qualitätssicherungsmaßnahmen

28.4.1 Allgemeine Strahlentherapie

Um die Qualität einer Behandlung zu beurteilen, ist eine Unterteilung des Gesamtprozesses (s. Kap. 19) in Einzelschritte sinnvoll. In der konventionellen Therapie sind dies in der Regel: Patientenlagerung- und Fixierung, Bildgebung, Bildsegmentie-

rung, Auswahl der Behandlungstechnik und Dosisverschreibung, Dosisberechnung, Planbeurteilung, Patientenpositionierung, Behandlung und Verifikation sowie Nachsorge. Je nach Methode können weitere Schritte wie Optimierung des Behandlungsplanes oder zusätzliche Bildgebung vor oder während der Therapie hinzukommen. Alle diese Teilschritte sind hinsichtlich der Qualität gesondert zu betrachten und zu untersuchen. Gegebenenfalls ist es sinnvoll, die Prozesse noch weiter zu unterteilen.

Im Bereich der Bildgebung müssen alle Modalitäten gesondert betrachtet werden. So ist beispielsweise in der computertomographischen Bildgebung die geometrische Genauigkeit der Bilder als auch die korrekte Bestimmung der Elektronendichte aus den Aufnahmen ein wichtiges Kriterium. Während die CT meist geometrisch eine sehr genaue Abbildung liefert, ist dies für die MRT aufgrund verschiedener Artefakte nicht immer der Fall. Die Anforderung an die geometrische Genauigkeit der

Tab. 28.3 (Fortsetzung)

Frequency	Procedure	Tolerance[a]
Annual	Dosimetry	
	– X-ray/electron output calibration constancy	2 %
	– Field size dependence of X-ray output constancy	2 %
	– Output factor constancy for electron applicators	2 %
	– Central axis parameter constancy (PDD, TAR)	2 %
	– Off-axis factor constancy	2 %
	– Transmission factor constancy for all treatment accessories	2 %
	– Wedge transmission factor constancy[f]	2 %
	– Monitor chamber linearity	1 %
	X-ray output constancy vs. gantry angle	2 %
	– Electron output constancy vs. gantry angle	2 %
	– Off-axis factor constancy vs. gantry angle	2 %
	– Arc mode	Mfrs. specs.
	Safety interlocks	
	– Follow manufacturers test procedures	Functional
	Mechanical Checks	
	– Collimator rotation isocenter	2 mm diameter
	– Gantry rotation isocenter	2 mm diameter
	– Couch rotation isocenter	2 mm diameter
	– Coincidence of collimetry, gantry, couch axes with isocenter	2 mm diameter
	– Coincidence of radiation and mechanical isocenter	2 mm diameter
	– Table top sag	2 mm
	– Vertical travel of table	2 mm

[a] The tolerances listed in the tables should be interpreted to mean that if a parameter either: (1) exceeds the tabulated value (e. g., the measured isocenter under gantry rotation exceeds 2 mm diameter); or (2) that the change in the parameter exceeds the nominal value (e. g., the output changes by more than 2 %), then an action is required. The distinction is emphasized by the use of the term constancy for the latter case. Moreover, for constancy, percent values are ± the deviation of the parameter with respect its nominal value; distances are referenced to the isocenter or nominal SSD

[b] All electron energies need not be checked daily, but all electron energies are to be checked at least twice weekly

[c] A constancy check with a field instrument using temperature/pressure corrections

[d] Whichever is greater. Should also be checked after change in light field source

[e] Jaw symmetry is defined as difference in distance of each jaw from the isocenter

[f] Most wedges' transmission factors are field size and depth dependent

MRT ist wiederum davon abhängig, wie die Bilder mit den CT-Aufnahmen registriert werden (z. B. rigide oder elastisch). Auch die verwendeten Algorithmen der Bildregistrierung sind auf ihre Genauigkeit hin zu untersuchen.

Besonders komplex ist die Prüfung von Therapieplanungssystemen (TPS). Auch wenn die DIN hier nur wenige Kennmerkmale definiert, sollte ein TPS eingehend getestet werden, um die Genauigkeit und Limitationen bei den unterschiedlichen Anwendungen zu identifizieren. Ein Problem besteht darin, dass ein direkter Vergleich einer gemessenen Dosis mit einer im TPS berechneten immer auch die Unsicherheiten der Dosisapplikation beinhaltet und somit die Unsicherheiten des TPS nicht isoliert ermittelt werden können. Daher wird für diesen Zweck häufig ein Referenzsystem, wie etwa ein Monte-Carlo-Algorithmus eingesetzt. Diese erlauben prinzipiell eine genauere Beschreibung des physikalischen Strahlungstransports, allerdings muss auch das Monte-Carlo-System selbst vorher überprüft werden, was aufgrund der Vielzahl der Inputparameter und möglichen Konfigurationen sehr komplex ist. Dennoch kann der kombi-nierte Vergleich von TPS-basierter Dosisberechnung, Messungen und Monte-Carlo-Simulation sehr aussagekräftig sein.

Die Einzelaspekte für die Prüfung von Therapiegeräten sind detailliert in der DIN 6847-4 (für Linearbeschleuniger) festgelegt. Dort sind Kennmerkmale für Dosismonitor, Tiefendosis, Feldausgleich, Lichtfeld, Anzeigen, Isozentrum, Winkelskalen, Patiententisch und elektronische Bildempfänger festgelegt und auch die Prüfbedingungen angegeben, welche hierfür empfohlen werden. Generell ist zu berücksichtigen, dass nicht notwendigerweise alle Prüfungen der DIN auch durchzuführen sind. Ein einfaches Beispiel ist etwa, wenn keine Behandlung mit Elektronen geplant ist. Dann können auch die entsprechenden Prüfungen entfallen (wobei betriebsintern dann sicherzustellen ist, dass Elektronen nicht doch zur Anwendung kommen können).

Eine Übersicht über eine typische Liste von Prüfungen mit den jeweiligen Kennmerkmalen, Prüfintervallen und Interventionsschwellen ist in Tab. 28.3 abgebildet. Sie ist der Empfehlung der AAPM [2] entnommen.

Teil IV

28.4.2 Stereotaxie

Für die stereotaktische Bestrahlung (s. Abschn. 26.2) werden die Anforderungen in der DIN 6875-1 definiert. Der Schwerpunkt liegt auf der deutlich höheren geometrischen Genauigkeit, welche sowohl für die mechanischen Komponenten als auch die Bestrahlungsplanung und die bildgebenden Systeme gefordert wird. Diese liegt insgesamt im Bereich von 0,5–2 mm und stellt damit deutlich höhere Anforderungen als für die konventionelle Strahlentherapie. Insbesondere werden hier auch die stereotaktischen Instrumente, wie Fixierungsrahmen, Marker- und Zielsystem behandelt. Die DIN gilt gleichermaßen für Gammabestrahlungseinrichtungen wie für Linearbeschleuniger-basierte Stereotaxie.

28.4.3 IMRT

Der besondere Schwerpunkt der QS für die IMRT (s. Abschn. 26.3) liegt auf der Planung und Applikation komplexer Felder. Daher stehen hier die Genauigkeit bei Applikation kleiner Felder und allgemein Feldgrößenabhängigkeiten im Vordergrund. Da die Applikation heute im Wesentlichen durch Multileaf-Kollimatoren (Multi-Leaf Collimators, MLC) erfolgt, kommt der Prüfung der Lamellenposition und der Transmission des MLC eine wichtige Rolle zu. Auch die Charakterisierung des Bestrahlungsplanungssystems und die patientenbezogene Qualitätssicherung werden in der DIN 6875-3 explizit angesprochen.

28.4.4 IGRT und ART

Aufgrund der Vielzahl existierender Systeme und der anhaltenden dynamischen Weiterentwicklung gibt es für die IGRT (s. Abschn. 26.5 und 26.6) noch keine Empfehlungen der DIN. Die AAPM hat für CT-gestützte Systeme Empfehlungen zur QS der bildgebenden Systeme herausgegeben [1]. Der Schwerpunkt liegt hier auf der Bildqualität und geometrischen Genauigkeit der Systeme, der Dosisbelastung sowie der Genauigkeit der Bildregistrierungsverfahren und ggf. der für die Dosisberechnung verwendeten CT-Zahlen. Neuere Verfahren wie MR-geführte Systeme, werden hierbei noch nicht berücksichtigt.

28.4.5 Partikeltherapie

Für die Partikeltherapie (s. Abschn. 26.4) existiert bereits eine IEC-Norm zur Beschreibung der Kennmerkmale, jedoch noch keine Vorgaben zur QS. Es gibt jedoch Empfehlungen der ICRU zur Protonentherapie [16] sowie Arbeitsgruppen der AAPM zur Protonentherapie und ICRU zur Ionentherapie (die jedoch noch keinen Bericht herausgegeben haben). Ein besonders wichtiges Kennmerkmal ist hier die Reichweite der Partikel. Ihre Bestimmung erfordert einerseits die Kontrolle der entsprechenden Beschleunigerparameter, andererseits auch die exakte Bestimmung der Reichweite aus den CT-Zahlen und im TPS.

Ein weiterer besonderer Aspekt ist die Verwendung dynamischer Applikationstechniken (Scanning), da hier die Dosimetrie und die Strahlapplikation sehr komplex sind. So sind spezielle Verfahren zur dosimetrischen Charakterisierung der verwendeten Nadelstrahlen (Pencil Beams) notwendig, welche denen der Dosimetrie kleiner Photonenfelder ähneln. Bei der Strahlapplikation ist einerseits die exakte geometrische Lage der Einzelstrahlen als auch die Konstanz der Strahlparameter (z. B. Strahlbreite und -form) wichtig.

Ein besonderer Schwerpunkt bildet auch die QS der Bestrahlungsplanung, welche sich stark von der konventionellen QS unterscheidet und bei der ebenfalls aktive und passive Systeme unterschieden werden müssen. Zusätzlich sind Kennmerkmale zur biologischen Therapieplanung zu prüfen, wie etwa die korrekte Handhabung der relativen biologischen Wirksamkeit (RBW, vgl. Kap. 22).

Aufgaben

28.1 Was ist der Unterschied zwischen Qualitätsmanagement und Qualitätssicherung?

28.2 Wo werden national und international Mindestanforderungen an Genauigkeit und Sicherheit in der Strahlentherapie definiert?

28.3 Was versteht man unter Kommissionierung?

28.4 Was ist das Ziel einer Konstanzprüfung und welche Merkmale werden dabei geprüft?

28.5 Was versteht man unter Risikomanagement?

28.6 Welche generellen Aspekte bei der Anwendung der Strahlentherapie sind in der Qualitätssicherung zu überprüfen?

28.7 Welche Aspekte der Qualitätssicherung sind spezifisch für die IMRT?

Literatur

1. AAPM Task Group 204 (2012) AAPM report 179: quality assurance for image-guided radiation therapy utilizing CT-based technologies
2. AAPM Task Group 40 (1994) AAPM report 46: comprehensive QA for radiation oncology
3. American Association of Physicists in Medicine (AAPM). http://www.aapm.org/. Zugegriffen: 24. Jan. 2017

4. Bogdanich W (2010) Radiation offers new cures, and ways to do harm. The New York Times
5. Deutsche Gesellschaft für Medizinische Physik e.V. (DGMP) (2017). http://www.dgmp.de/. Zugegriffen: 24. Jan. 2017
6. Deutsche Gesellschaft für Radioonkologie e.V. (DEGRO) (2016). https://www.degro.org/. Zugegriffen: 24. Jan. 2017
7. DIN-Normenausschuss Radiologie (NAR). http://www.nar.din.de/. Zugegriffen: 3. Nov. 2016
8. EURATOM (1997) Richtlinie 97/43/ EURATOM des Rates über den Gesundheitsschutz von Personen gegen die Gefahren ionisierender Strahlung bei medizinischer Exposition und zur Aufhebung der Richtlinie 84/466/Euratom Vom 30. Juni 1997
9. European Commission (2012) Radiation protection N° 162 – criteria for acceptability of medical radiological equipment used in diagnostic radiology, nuclear medicine and radiotherapy
10. European Society for Radiotherapie and Oncology (ESTRO) (2016). http://www.estro.org/. Zugegriffen: 24. Jan. 2017
11. European Society for Radiotherapie and Oncology (ESTRO) (2017) Radiation Oncology Safety Information System (ROSIS). http://www.rosis-info.org/about.php. Zugegriffen: 24. Jan. 2017
12. International Commission on Radiation Units and Measurements (ICRU) (2017). http://www.icru.org/. Zugegriffen: 24. Jan. 2017
13. International Commission on Radiation Units and Measurements (ICRU) (1976) ICRU report 24: determination of absorbed dose in a patient irradiated by beams of X or gamma rays in radiotherapy
14. International Commission on Radiation Units and Measurements (ICRU) (1993) ICRU report 50: prescribing, recording and reporting photon beam therapy
15. International Commission on Radiation Units and Measurements (ICRU) (1999) ICRU Report 62: Prescribing, recording and reporting photon beam therapy (supplement to ICRU report 50)
16. International Commission on Radiation Units and Measurements (ICRU) (2007) ICRU report 78: prescribing, recording, and reporting proton therapy
17. Strahlenschutzkommission (SSK) (2010) Qualitätskontrolle von nuklearmedizinischen Geräten – Festlegung von Reaktionsschwellen und Toleranzgrenzen, Empfehlung der Strahlenschutzkommission, verabschiedet in der 243. Sitzung der SSK am 16./17.09.2010, veröffentlicht im BAnz Nr. 64 vom 27.04.2011.1564
18. Strahlenschutzkommission (SSK) (2017) http://www.ssk.de/DE/Home/home_node.html. Zugegriffen: 24. Jan. 2017

Teil IV

Medizintechnik

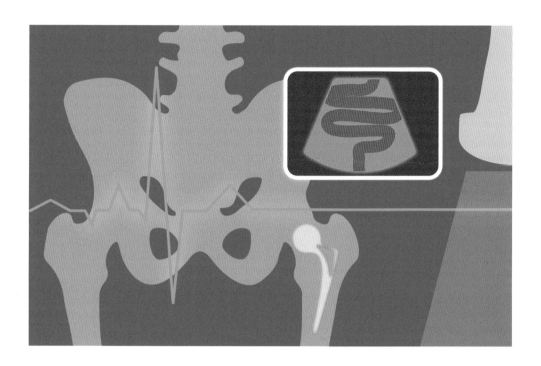

In vielen Bereichen überlappt das Tätigkeitsfeld des Medizinphysikers mit denen des verantwortlichen Medizintechnikers oder Medizininformatikers einer Klinik. In Forschung und Entwicklung sowie in der Industrie sind diese Berufe ohnehin nicht scharf abgrenzbar. Die folgenden Kapitel geben einen Überblick über die wichtigsten Gebiete der Medizintechnik, mit denen ein klinisch arbeitender Medizinphysiker konfrontiert werden kann.

Wesentliche Elemente der Medizintechnik sind:

- das interdisziplinäre Vorgehen aller ingenieur- und naturwissenschaftlichen Disziplinen mit der Medizin,
- die Transdisziplinarität zwischen Wissenschaft und industrieller Forschung sowie die Translation von der Grundlagenforschung in die klinische Anwendung,
- das Zusammenwirken von technischen Systemen mit dem Patienten und Anwender (das sogenannte Mensch-Maschine-Interaktionsdreieck), welches große Bedeutung für die Patienten- und Anwendersicherheit, die Ergonomie, für Zulassungsprozesse und für Regulatorien in den Krankenhäusern hat.

Diese Punkte haben in den folgenden Beiträgen eine unterschiedlich stark ausgeprägte Bedeutung. Die Beiträge wurden von ausgewiesenen Experten der Medizintechnik verfasst. Die Auswahl der Themen orientiert sich dabei am Stoffkatalog für die Weiterbildung in Medizinischer Physik der Deutschen Gesellschaft für Medizinische Physik (DGMP) und deckt daher nur einen kleinen Teilbereich der biomedizinischen Technik ab. Für eine ausführlichere Darstellung dieser und weiterer Gebiete sei auf das mehrbändige Kompendium „Biomedizinische Technik" von den Herausgebern Morgenstern U. und Kraft M verwiesen [2]. Einen Überblick über die Medizintechnik sowie über deren berufsständische Vertretung in Deutschland findet man auf der Website der Deutschen Gesellschaft für Biomedizinische Technik (DGBMT im VDE, [1]).

Wir würden uns freuen, wenn die ausgewählten Themen dazu beitragen, das Interesse des Medizinphysikers an diesem spannenden Wissens- und Forschungsgebiet zu wecken, und wenn es dem Leser ermöglicht, tiefer in die Materie einzusteigen.

Literatur

1. Deutsche Gesellschaft für Biomedizinische Technik (DGBMT) im VDE (Verband der Elektrotechnik, Elektronik und Informationstechnik). www.dgbmt.de. Zugegriffen: 21.11.2016
2. Morgenstern U, Kraft M (2014) Band 1 Biomedizinische Technik – Faszination, Einführung, Überblick, Band 1. De Gruyter. https://doi.org/10.1515/9783110252187

Optische Bildgebung in Diagnostik und Therapie

Operationsmikroskopie und Endoskopie

Michael Kaschke und Michael S. Rill

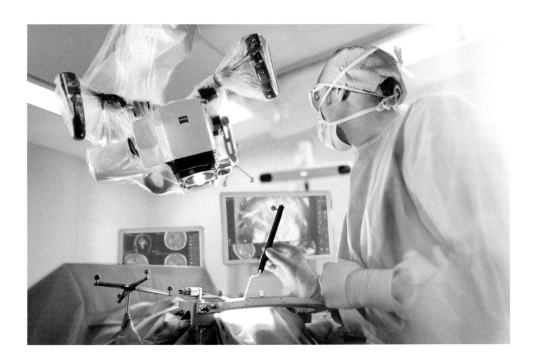

Teil V

29.1 Optische Hilfsmittel in der Medizintechnik

Trotz seiner erstaunlichen Leistungsfähigkeit sind dem menschlichen Auge in Bezug auf Auflösung und Vergrößerung optische Grenzen gesetzt. Deshalb wurden bereits im 16. Jahrhundert einfache Linsensysteme benutzt, um winzige Objekte genauer untersuchen zu können. Seither haben sich die Vergrößerungs- und Auflösungsanforderungen an optische Hilfsmittel, insbesondere im Zusammenhang mit Anwendungen in Wissenschaft, Technik und Medizin, stetig erhöht.

In der medizinischen Diagnose müssen oft sehr kleine, teils durch Knochen oder Organe überdeckte Gewebestrukturen gut sichtbar abgebildet werden, um das Krankheitsbild des Patienten richtig interpretieren zu können. Für diese Zwecke werden spezielle Verfahren wie beispielsweise Magnet-Resonanz-Tomographie (Kap. 9), Computer-Tomographie (Kap. 8), Röntgendiagnostik (Kap. 7), oder nuklearmedizinische Bildgebung (Teil III) verwendet, welche sich vor allem durch eine hohe Auflösung, Detailtreue und einen hohen Strukturkontrast auszeichnen. Diese Lösungen sind ihrem Wesen nach indirekte Visualisierungsmethoden und benötigen deshalb meist eine aufwendige Datenverarbeitung, da die Bilddaten rekonstruiert und nach der Detektion aufbereitet werden müssen.

In therapeutischen Applikationen geht es hauptsächlich um die visuelle Unterstützung während chirurgischer und anderer therapeutischer Eingriffe. In der Mikrochirurgie ist beispielsweise das zu behandelnde Gewebe sehr klein und/oder nur über enge Gewebekanäle zugänglich, so dass der Chirurg es mit freiem Auge nicht deutlich sehen kann. Als optische Standardhilfsmittel hierfür haben sich Kopflupen (ergonomisch gehalterte Vergrößerungslupen), Endoskope (Abschn. 29.2) und Operationsmikroskope (Abschn. 29.3) durchgesetzt. Sie liefern ein vergrößertes Bild des zu behandelnden Gewebes und sind ergonomisch an die klinischen Bedingungen angepasst. Einige dieser Bildgebungssysteme bieten darüber hinaus hilfreiche Assistenzfunktionen, welche z. B. die Navigation im Operationsfeld erleichtern, diagnostische Zusatzinformationen oder wichtige Geräte- und Operationsparameter anzeigen.

29.2 Endoskopische Untersuchungsmethoden

Der Begriff „Endoskopie" wird aus dem Griechischen *endo* (innen, innerhalb) und *skopein* (betrachten) abgeleitet. Er bedeutet also „etwas innerhalb" zu sehen. Auf die Medizin bezogen heißt dies, dass Bilder vom Innern des Körpers betrachtet werden können. Dies wird mit Hilfe von starren oder flexiblen Endoskopen erreicht, die durch künstlich geschaffene oder natürliche Körperöffnungen eingeführt werden. Die Bildübertragung aus dem Körperinnern erfolgt dabei entweder optisch mittels Linsensystemen und Fasern oder auf elektronische Weise. Mit dem Endoskop wird gleichzeitig – im Allgemeinen durch Faserbündel – für eine ausreichende Beleuchtung des Körperinnenraums gesorgt. Ebenso kann durch einen parallelen Arbeitskanal mittels mikrochirurgischer Instrumente eine minimalinvasive Behandlung realisiert werden. Interessanterweise kamen und kommen die medizinisch-technischen Innovationen überwiegend aus Deutschland. Wie im Branchenbericht des Bundesverbands Medizintechnologie beschrieben [1], stammen viele Innovationen aber auch aus den Vereinigten Staaten (Welthandelsanteil von 30,9 % bei Medizinprodukten; Stand 2001) und von japanischen Firmen (Welthandelsanteil von 5,5 % bei Medizinprodukten; Stand 2001).

29.2.1 Aufbau, Grundelemente und Bauformen von Endoskopen

Der Grundaufbau eines Endoskops ist in Abb. 29.1 dargestellt. Alle Endoskope arbeiten dabei nach dem sogenannten Bild- und Lichtleitprinzip. Nach dem Lichtleitprinzip wird Licht mittels transparenter optischer Elemente wie Fasern, Stäbe oder Röhren transportiert. Die Lichtleitung wird dabei durch Reflexion an der Grenzfläche des Lichtleiters entweder durch Totalreflexion oder durch Verspiegelung der Grenzfläche bewerkstelligt.

Die Grundbauelemente eines Endoskops sind dabei:

- Bildaufnahmesystem mit Objektiv
- Bildübertragungssystem
- Beobachtungssystem (Okular, Video)
- Beleuchtungssystem mit Lichtquelle (Lichtleiter)
- Dokumentationssystem
- Arbeitskanal (Abbildungskanal)
- ggf. Spülkanal

Grundsätzlich wird zwischen starren und flexiblen Endoskopen unterschieden. Endoskope können auch entsprechend ihrem optischen Übertragungssystem in Linsenendoskope (Relaysysteme), Faserbündel-Endoskope und Gradientenfaser(GRIN)-Endoskope eingeteilt werden. Letztere sind jedoch relativ selten in der Medizin zu finden. Linsen-Relaysysteme sind fast ausschließlich bei starren Endoskopen zu finden, während die flexiblen Endoskope im Allgemeinen aus Faserbündeln aufgebaut sind. Wird die Bildinformation vom körperseitigen Ende des Endoskops (distales Ende) elektronisch übertragen, so unterscheidet man zwischen distalen Videoendoskopen und Schluckkapsel-Endoskopen. Je nach der Beobachtungsart spricht man entweder von direkten Durchblick(Okular)-Endoskopen oder Videoendoskopen. Das Videosignal kann dabei entweder distal oder proximal (d. h. am benutzerseitigen Ende) erzeugt werden. Als Lichtquellen kommen heute neben Halogenlampen (mit einer Farbtemperatur von 3200 K) vor allem auch LED-Beleuchtungen (vor allem für Videoendoskope) zum Einsatz.

29.2.2 Faserendoskope

Man unterscheidet zwischen zwei Gruppen von Faserendoskopen:

- Bildleiter-Endoskope (meist flexibel)
- Gradientenfaser-Endoskope (im Allgemeinen starr)

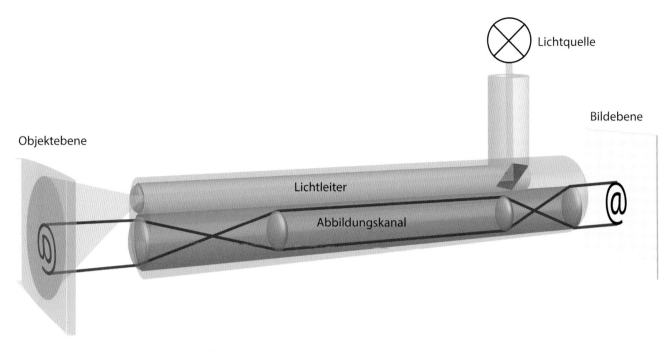

Abb. 29.1 Grundaufbau eines Endoskops. Über einen Lichtleiter (*orange*) wird das Objekt beleuchtet und über einen Abbildungskanal (*blau*) in die Bildebene projiziert

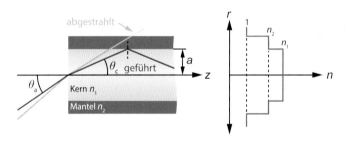

Abb. 29.2 Interne Totalreflexion in einer Stufenindexfaser mit Kernradius a. Unterhalb eines maximalen Einfallswinkels θ_a wird das Licht in der Faser geführt (*rot*). Bei größeren Einfallswinkeln wird das Licht wieder über den Mantel abgestrahlt (*orange*). Die Verteilung der Brechungsindices n über den Radius r ist im Diagramm auf der *rechten Seite* dargestellt

Die am weitaus häufigsten anzutreffenden Endoskope, insbesondere im diagnostischen Bereich, sind Bildleiter-Endoskope. Wie in Abb. 29.2 dargestellt, führen Lichtleitfasern auf Basis einer Stufenindexstruktur das eingekoppelte Licht fast verlustfrei vom einen Ende zum anderen. Die physikalische Grundlage dafür ist die Totalreflexion an der Grenzfläche zwischen Fasermantel und Faserkern, wobei die Brechzahl des Fasermantels n_2 kleiner als die Brechzahl des Faserkerns n_1 ist ($n_2 < n_1$).

Der maximale Akzeptanzwinkel, auch numerische Apertur NA $= \sin \theta_a$ genannt, ergibt sich aus der Bedingung für die Totalreflexion an einer Grenzfläche:

$$\sin \theta_c = n_2/n_1 \qquad (29.1)$$

Wenn die Frontfläche des Endoskops auf Luft trifft, was nicht immer der Fall ist, dann gilt

$$\sin \theta_a = n_1 \cdot \sin \overline{\theta_c} \quad \text{mit } \overline{\theta_c} = 90° - \theta_c. \qquad (29.2)$$

Wir erhalten damit für die numerische Apertur

$$NA = \sin \theta_a = n_1 \sin \overline{\theta_c} = n_1 \cos \theta_c$$

$$= n_1 \sqrt{1 - \sin^2 \theta_c} = n_1 \sqrt{1 - \frac{n_2^2}{n_1^2}} = \sqrt{n_1^2 - n_2^2}. \qquad (29.3)$$

Typische Werte für Quarzfasern sind $n_1 = 1,475$ und $n_2 = 1,460$, woraus sich eine numerische Apertur von NA $= 0,21$ und ein Akzeptanzwinkel von $\theta_a = 12°$ ergibt.

Die einzelnen Lichtleit-Glasfasern werden zu geordneten Faserbündeln zusammengefasst, so dass eine Bildübertragung (Pixel zu Pixel) möglich wird. Bildleiter bestehen dabei aus bis zu 100.000 Fasern mit typischen Durchmessern zwischen 5 und 10 μm. Die Beleuchtungsbündel, welche die Bildleitfasern umgeben, sind ähnlich aufgebaut und haben ca. 5000 bis 10.000 Fasern mit etwa 20 bis 30 μm Durchmesser.

Das Auflösungsvermögen eines solchen Endoskops ist naturgemäß durch die Rasterung der Fasern und somit durch die Faserzahl festgelegt. Faserendoskope werden besonders für Magen- und Enddarmuntersuchungen (Gesamtdurchmesser des Endoskops bis etwa 1 cm) oder in der Hals-Nasen-Ohren-Heilkunde (Abb. 29.3a) verwendet.

Teil V

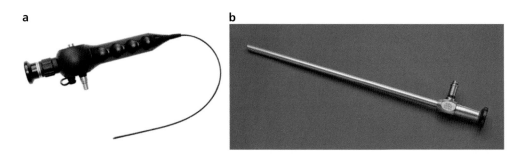

Abb. 29.3 a Flexibles Endoskop (sogenanntes Naso-Pharyngoskop) für die Hals-Nasen-Ohren-Heilkunde. (Mit freundlicher Genehmigung der SCHÖLLY Fiberoptic GmbH). **b** Starres Endoskop für die Neurochirurgie bestehend aus Stablinsen-Relaysystemen. (Mit freundlicher Genehmigung der KARL STORZ GmbH & Co. KG)

29.2.3 Relay-Linsenendoskope

Linsenendoskope bestehen aus einer Kette von Linsen, mit denen das betrachtete Objekt jeweils 1 : 1 abgebildet wird. Diese meist stabförmigen Linsenketten werden auch Relaysysteme genannt. Das Abbildungskonzept eines Linsenendoskops basierend auf Relaysystemen (sogenanntes 1 : 1-Umkehrsystem) ist in Abb. 29.4a gezeigt.

> Ein Relaysystem ist eine spezielle optische Anordnung, welche ein Bild aus einer Position in eine andere überträgt.

Im Grunde ist eigentlich jedes abbildende System ein Relaysystem. Im engeren Sinne wird jedoch unter einem Relaysystem eine spezielle optische Anordnung verstanden, welche ein Bild aus einer Position in eine andere überträgt (wie in Zielfernrohren und Endoskopen). Viele dieser Relaysysteme haben einen

Abbildungsmaßstab nahe 1. Für sie gelten zwei grundlegende physikalische Beziehungen. Als erstes sei die sogenannte Lagrange-Invariante (siehe auch Abb. 29.4b) erwähnt:

$$n_1 \cdot y_1 \cdot \theta_1 = n_2 \cdot y_2 \cdot \theta_2 = \text{const.} \qquad (29.4)$$

Hierbei bezeichnet n die Brechzahl, y die Bildhöhe (Abstand von der optischen Achse) und θ den Öffnungswinkel (Aperturwinkel). Das Produkt aus diesen Größen ist also eine Konstante und beschreibt die Energieerhaltung bzw. die Erhaltung des Lichtleitwertes durch das optische System. Die zweite Gleichung stellt einen Zusammenhang zwischen der lateralen Vergrößerung (Abbildungsmaßstab) m und der axialen Vergrößerung (Winkelvergrößerung) α her:

$$\alpha = m^2 \qquad (29.5)$$

Mit Gl. 29.4 kann man beispielsweise überprüfen, ob ein Relaysystem an ein Objektiv oder Okular passt. Ein Objektiv hat entsprechend seiner Öffnung und Brennweite eine numerische

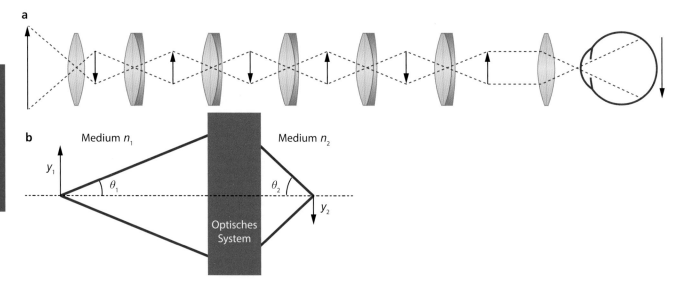

Abb. 29.4 a Optische Abbildung eines Relaysystems mit 1 : 1-Teilabbildungen. **b** Grafische Veranschaulichung der Lagrange-Invariante eines optischen Systems

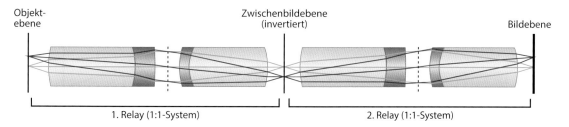

Objekt-
ebene

Zwischenbildebene
(invertiert)

Bildebene

1. Relay (1:1-System)

2. Relay (1:1-System)

Abb. 29.5 Optisches Layout eines Relaysystems aus Stablinsen. Die *roten* und *blauen Linien* veranschaulichen die optische Abbildung zweier Objektpunkte

Apertur und erzeugt ein Bild der Höhe y in einem Medium mit dem Brechungsindex n. Ein nachfolgendes Relaysystem muss demnach die gleiche Lagrange-Invariante gemäß Gl. 29.4 haben.

Mit Gl. 29.5 lässt sich abschätzen, wie sich Bildfehler in einem optischen System fortpflanzen. So kann man z. B. ableiten, dass sich in einem 1 : 1-Relaysystem (mit Abbildungsmaßstab 1 sowie gleicher lateraler und axialer Vergrößerung) die Bildfehler (siehe Kaschke et al. (2014) [2]) weitgehend herauskorrigieren – insbesondere Koma, Verzeichnung und chromatische Queraberration.

Relay-Linsenendoskope werden heute überwiegend mit Stablinsen realisiert. Das hat zum einen den Grund, dass Endoskope dadurch stabiler justiert werden können. Zum anderen kann eine bessere optische Qualität erreicht werden. Das Objektiv eines Endoskops soll im Allgemeinen relativ große Feldwinkel ermöglichen („Weitwinkelbetrachtung"). Gleichzeitig hat das System nur sehr kleine Durchmesser (3 bis 5 mm). Zur Minimierung der Bildfehler legt man das System symmetrisch aus.

Linsenendoskope sind, wegen der notwendigen Baulänge, aus typischerweise 3 bis 5 Relaysystemen aufgebaut, deren Linsendurchmesser im Bereich von 3 bis maximal 7 mm liegt. Man legt bei modernen Endoskopen alle Zwischenbilder in die Glaselemente (Stablinsen). Die Erklärung dafür liefert die Lagrange-Invariante gemäß Gl. 29.4. Wenn wir zunächst von $n_1 = n_2 = 1$ ausgehen, so gilt, dass das Produkt aus Objekthöhe und Objektapertur gleich dem Produkt von Bildhöhe und Bildapertur ist. Wählt man jetzt im Bildraum ein Glas mit einem Brechungsindex von $n_2 = 1.8$, dann ist bei unveränderter Objekthöhe die Objektapertur um 80 % größer und damit das Bild mehr als dreimal so hell.

Um eine gute Bildqualität zu erreichen, ist es ebenfalls wichtig, dass das Bildfeld weitgehend eben ist. Ein optisches System mit geringer Bildfeldkrümmung basierend auf Stablinsen ist in Abb. 29.5 zu sehen. Das Relay-Einzelmodul besteht aus zwei symmetrischen Hälften, von denen jede einen Stab darstellt. Im Hinblick auf Fertigung und Design möchte man natürlich möglichst wenige verschiedene Linsen und Kitglieder haben.

Eine praktische Ausführung von starren Endoskopen für die HNO- und Neurochirurgie mit chirurgischen Instrumenten im Arbeitskanal zeigt Abb. 29.3b.

29.2.4 Aktuelle Entwicklungsziele

29.2.4.1 Videoendoskopie

Grundsätzlich kann bei jedem Linsen- oder Faserendoskop das Bild am Ausgang mit einem Videosystem aufgenommen werden. Dazu wird eine Videokamera an das Endoskop-Okular oder an eine Auskoppelschnittstelle angebracht. Die ergonomischen Vorteile sind offensichtlich. Man spricht von Videoendoskopie im engeren Sinne, wenn sich die Videokamera am distalen Ende befindet. Dabei ermöglichen kleine, kompakte und hochempfindliche CCD-Kameras die Anordnung der Bildaufnahmeeinheit unmittelbar hinter dem Objektiv. Optische Relaysysteme entfallen, da das Bildsignal elektronisch übertragen wird.

Da mittlerweile die Preise der CCD- und CMOS-Bildsensoren deutlich gefallen sind, sind Einweg-Endoskope oder zumindest Wegwerf-Distalkomponenten denkbar. Eine spezielle Form davon sind die sogenannten Schluckkapsel-Endoskope („Pillcams"), die heute mit Durchmessern zwischen 8 und 12 mm verfügbar sind und deren aufgenommene Bilder mit einer UKW-Frequenz von 2 bis 4 Hz aus dem Körper gesendet werden.

29.2.4.2 3D-Endoskopie

Der chirurgische Nachteil der Endoskopie gegenüber der Operationsmikroskopie (Abschn. 29.3) ist der Verlust an Stereosehen. Daher gibt es schon seit einigen Jahren Versuche, 3D-Endoskope zu entwickeln. Die klassische Anordnung besteht im Grunde aus einem Doppel-Endoskop. Offensichtlich führt solch ein Doppelendoskop auf mindestens die doppelte Baugröße bezüglich des Durchmessers. Darüber hinaus müssen beide Kanäle extrem gut aufeinander abgeglichen werden, so dass es zu keinen Binokularfehlern kommt. Vor einigen Jahren wurde bereits ein innovatives Konzept mit nur einem Relaykanal vorgestellt (Abb. 29.6). Jedoch ist der reale Durchmesser auch bei diesem System noch relativ groß. Bisher haben sich 3D-Endoskope nur bei speziellen Applikationen in der Herzchirurgie (z. B. bei Herzklappen-Operationen) und Laparoskopie durchgesetzt.

29.2.4.3 Ausblick

Aktuelle Innovationen in der Endoskopie zielen vor allem auf eine bessere Bildqualität und höhere Funktionalität ab. Die verbesserte Bildqualität beinhaltet hierbei eine erhöhte Auflösung sowie eine natürlichere und kontrastreichere Be-

Teil V

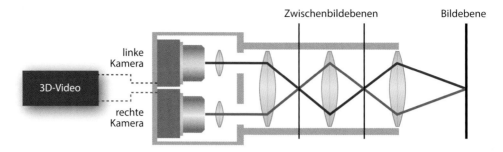

Abb. 29.6 Aufbau eines 3D-Endoskops mit einem gemeinsamen Relaykanal für linke und rechte Kamera

leuchtung. Bezüglich Funktionalitäten will man einen besseren Überblick mittels Zoom-Funktionen, Weitwinkelbeobachtungen und Blickrichtungsänderung erreichen. Zudem zielen aktuelle Entwicklungsprojekte auf Mikroskopie-Endoskope, Zell-Endoskope und sogenannte *Ultra-slim*-Endoskope für kleinste Körperöffnungen ab. Die 3D-Endoskopie wird vor allem auch durch neue Head-Mounted-Display-Technologien beflügelt. Man wird in Zukunft auch eine stärkere Kopplung zwischen Visualisierung und Manipulation beobachten können. Hierbei sollen Präzisionsinstrumente, Manipulatoren und Laser zum Teil ferngesteuert und robotisch navigiert und bedient werden können.

Zusätzliche (Diagnose-)Informationen, z. B. zur Gewebedifferenzierung bis hin zu optischen Biopsien, sowie die Kopplung und Bildfusion mit anderen Bildgebungsmodalitäten (z. B. Ultraschall und Fluoreszenz) sind ebenfalls Gegenstand aktueller Entwicklungen.

29.3 Operationsmikroskope

Operationsmikroskope haben seit den 1950er-Jahren in vielen mikrochirurgischen Disziplinen Einzug gehalten. Diese Systeme vereinen die wesentliche Aufgabe eines Mikroskops, winzige Objekte vergrößert, scharf und kontrastreich darzustellen, mit hoher Ergonomie und unterstützenden Assistenzfunktionen. Es ist deshalb nicht erstaunlich, dass sie heutzutage zur Standardausrüstung vieler Operationssäle gehören und zahlreiche mikrochirurgische Methoden grundlegend geändert, vereinfacht oder überhaupt erst ermöglicht haben.

29.3.1 Optischer Aufbau

Bei therapeutischen Anwendungen sind vor allem eine variable Gesamtvergrößerung, ein großer Arbeitsabstand (Abstand zwischen Gewebestruktur und Objektivlinse), ein optimales Sichtfeld des behandelten Bereichs und eine große Schärfentiefe relevant. Operationsmikroskope basieren auf der Stereomikroskopie (Abb. 29.7) und erfüllen damit all diese Anforderungen in idealer Weise.

Bei einer solchen Anordnung befindet sich das betrachtete Objekt in der optischen Brennebene einer Objektivlinse (Obj). Diese wirkt wie eine Lupe und bildet das Objekt vergrößert

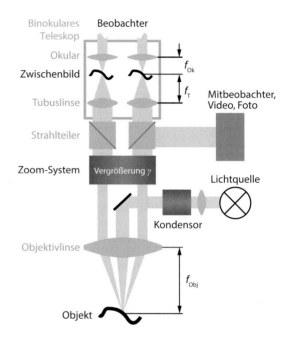

Abb. 29.7 Schematischer Aufbau der Optikeinheit eines Operationsmikroskops

nach Unendlich ab. Das Bild wird dann mit Hilfe eines binokularen Teleskops betrachtet. Dieses besteht wiederum aus zwei Abbildungskanälen mit Tubuslinse (T) und Okular (Ok). Zwischen Objektivlinse und Tubuslinse werden meist auch ein Zoom-System mit kontinuierlich oder diskret einstellbarer Zusatzvergrößerung sowie ein Strahlteiler zum Auskoppeln und Aufzeichnen von Bildinformationen integriert. Durch die Eintrittspupillen des binokularen Teleskops oder des Zoom-Systems wird das Objektbild in zwei leicht unterschiedliche Ansichten aufgeteilt, so dass der Beobachter das Objekt dreidimensional wahrnimmt.

Neben der optimal angepassten optischen Abbildung des beobachteten Objekts muss bei einem Operationsmikroskop auch für eine hervorragende Beleuchtung gesorgt werden. Zum einen ist hierbei die optimale Farbtemperatur der Lichtquelle (Halogenlampen, Xenonlampen oder LEDs) für die jeweilige Applikation ausschlaggebend. Zum anderen muss die Beleuchtung derart in den Strahlgang eingekoppelt werden, dass auch tief liegende Objekte oder sehr enge Gewebekanäle ausreichend ausgeleuchtet werden.

29.3.2 Optische Parameter und Abbildungseigenschaften

Bei der Auslegung des Operationsmikroskops wird auf eine optimierte Balance von Helligkeit (bzw. Kontrast), Schärfentiefe und Vergrößerung (bzw. Auflösung) Wert gelegt. Diese optischen Parameter und Abbildungseigenschaften wirken zum Teil einander entgegen und müssen je nach medizinischem Einsatzgebiet speziell gewählt und abgeglichen werden.

29.3.2.1 Vergrößerung

Die Gesamtvergrößerung V eines Operationsmikroskops nach Abb. 29.7 ist durch

$$V = \frac{f_T}{f_{Ok}} \gamma \frac{s_d}{f_{Obj}} \qquad (29.6)$$

gegeben. Dabei bezeichnen f_T, f_{Ok} und f_{Obj} die jeweiligen Brennweiten der Tubuslinse T, des Okulars Ok und der Objektivlinse Obj. γ ist die Vergrößerung des Zoom-Systems und s_d die als angenehm empfundene deutliche Sehweite, die bei Erwachsenen etwa 250 mm beträgt. Gl. 29.6 lässt sich intuitiv nach dem Fernrohrlupenprinzip verstehen. Dabei entspricht s_d/f_{Obj} der Lupenvergrößerung des Objektivs und f_T/f_{Ok} der Vergrößerung des binokularen Teleskops.

> Die Gesamtvergrößerung eines Operationsmikroskops berechnet sich mit der Formel:
>
> $$V = \frac{f_T}{f_{Ok}} \gamma \frac{s_d}{f_{Obj}}$$
>
> Dabei entspricht s_d/f_{Obj} der Lupenvergrößerung des Objektivs, f_T/f_{Ok} der Vergrößerung des binokularen Teleskops und γ der Vergrößerung des Zoom-Systems.

29.3.2.2 Numerische Apertur und räumliche Auflösung

Die numerische Apertur eines optischen Systems ist ein dimensionsloser Parameter, der sich über das Produkt aus dem Sinus des halben objektseitigen Öffnungswinkels und dem Brechungsindex des Mediums zwischen Objektiv und Fokusebene berechnet. Sie bestimmt beispielsweise die minimale Fokusgröße eines Objektivs und somit die beugungsbegrenzte Auflösung einer optischen Abbildung. Im Gegensatz zu monokularen Mikroskopen ist die numerische Apertur von Operationsmikroskopen nicht vom Durchmesser der Objektivlinse, sondern vom effektiven, objektseitigen Durchmesser des Zoom-Systems d_{Zoom} abhängig. Dies ist auf die Pupillenteilung in einen linken und rechten Abbildungskanal zurückzuführen. Damit lässt sich die numerische Apertur via

$$NA_{Obj} = \frac{d_{Zoom}}{2 f_{Obj}} \qquad (29.7)$$

berechnen. Aus Gl. 29.7 leitet sich wiederum die laterale, räumliche Auflösung als

$$\delta_{x,y} = \frac{1,22\lambda}{NA_{Obj} + NA_K} \qquad (29.8)$$

ab. Hier bezeichnet λ die Wellenlänge der Beleuchtung und NA_K die numerische Apertur des Kondensors (Feldlinse der Beleuchtung). Falls das Objektiv vollständig durch den Kondensor ausgeleuchtet wird, gilt $NA_K = NA_{Obj}$.

29.3.2.3 Schärfentiefe

Die Schärfentiefe D bezeichnet den Bereich im Bildraum, in dem das betrachtete Objekt eine akzeptable Bildschärfe aufweist. Es gilt

$$D = \frac{\lambda}{2NA^2} + \frac{0,34\,\text{mm}}{V\,NA} + \frac{s_d^2}{V^2}\left(\frac{1}{l_n} - \frac{1}{l_f}\right), \qquad (29.9)$$

wobei l_n und l_f für die Nah- und Fernakkommodationslängen des Beobachterauges stehen. Der erste Term in Gl. 29.9 beschreibt dabei die durch Beugungsbegrenzung gegebene Schärfentiefe, Term 2 den durch die geometrisch-optische Abbildung gegebenen und Term 3 den akkommodationsabhängigen Beitrag zur gesamten Schärfentiefe.

> **Akkommodation**
>
> Akkommodation ist die Fähigkeit des Auges, Objekte in unterschiedlichen Entfernungen zu fokussieren. Dabei wird die Brechkraft der Augenlinse durch Kontraktion und Relaxation des Ziliarmuskels angepasst. Fokussiert das Auge auf weit entfernte Objekte, bezeichnet man die Einstellung als Fernakkommodation. Werden nahe Objekte scharf gesehen, bezeichnet man dies als Nahakkommodation.

29.3.3 Operationsmikroskope in der Neurochirurgie

Bei der Konzeption von Operationsmikroskopen ist nicht nur die optische Qualität bedeutend, sondern auch mechanische Designkriterien, die sich aus den Anforderungen z. B. an die Ergonomie, Mobilität und Stabilität ergeben. Diese sind in allen typischen Anwendungsgebieten wie der Neurochirurgie, HNO, Gynäkologie, Zahnmedizin und plastischen Chirurgie gleichermaßen wichtig. Im Folgenden erläutern wir am Beispiel der Neurochirurgie, wie diffizile, applikative Anforderungen durch ausgeklügelte Lösungen bedient werden.

29.3.3.1 Stative in der Neurochirurgie

In der Neurochirurgie muss der Operateur das Operationsmikroskop mit minimalem Krafteinsatz bewegen können, so dass er den Einblick schnell und flexibel verändern kann. Gleichzeitig muss es mechanisch stabil sein, so dass das Bild selbst bei hohen Vergrößerungseinstellungen nicht merkbar wackelt. Aus diesem Grund wird das Operationsmikroskop am Auslegearm eines stabilen Boden- oder Deckenstativs befestigt, der leicht beweglich sowie mittels Friktions- oder Magnetbremsen schnell und exakt fixierbar ist (Abb. 29.8a). Das Eigengewicht des Operationsmikroskops wird dabei durch dynamisch angepasste Gegengewichte (z. B. sogenannte Contraves-Systeme) oder Federsysteme ausbalanciert. Moderne Stativsysteme führen die Ausbalancierung zum Teil automatisiert aus. Solange die Bremsen des Stativs gelöst sind, scheint das Mikroskop zu schweben, d. h., es lässt sich nahezu ohne Kraftaufwand in alle Raumrichtungen verschieben. Wurde die gewünschte Endposition vom Chirurgen gefunden, fixieren elektromagnetische oder mechanische Bremsen augenblicklich die aktuelle Lage. Die neuste Stativ-Generation besitzt sogar Robotikfunktionen zum automatisierten Anfahren und Ausrichten des Mikroskopkopfs, wodurch die Navigation wesentlich vereinfacht wird (siehe Abschn. 29.3.4).

Die Stative werden darüber hinaus genutzt, um Strom- und Datenleitungen sowie einen Computer zur Ansteuerung, Bildauswertung und Bildverarbeitung zu integrieren.

29.3.3.2 Assistenzfunktionen in der Neurochirurgie

Bei neurochirurgischen Eingriffen ist es selbst bei optimaler Beleuchtung mit Weißlicht schwierig, Tumore und Gewebeanomalien von gesundem Gewebe zu unterscheiden. Um die Erfolgschancen dieser äußerst anspruchsvollen Operationen zu erhöhen, wurden in den letzten Jahren verschiedene Fluoreszenz-Kontrastverfahren etabliert. Dabei verabreicht man dem Patienten einen Farbstoff, der sich speziell im zu behandelnden Gewebe oder im Blut anreichert. Durch geeignete Selektion der Beleuchtungs- und Beobachtungswellenlängen werden mittels fluoreszenter Bildgebung die markierten Bereiche visuell hervorgehoben.

Eine gewebespezifische Kontrasterhöhung erleichtert zum Beispiel auf eindrucksvolle Weise (Abb. 29.8b) die eindeutige Identifikation von tumorbefallenen Hirnregionen. Bei der Hirntumorchirurgie (z. B. bei maliganten Gliomen) wird 5-Aminolävulinsäure (5-ALA) verabreicht, die sich im Körper in Protoporphyrin IX umwandelt. Protoporphyrin IX lagert sich dann besonders stark in den Tumorzellen ein, wohingegen dieses polare Molekül die Blut-Hirn-Barriere gesunder Zellen nicht passieren kann.

Zur Behandlung von Blutflussanomalien werden Farbstoffe wie Indocyaningrün in den Blutkreislauf injiziert. Diese Farbstoffe werden im Körper nicht abgebaut und können gesundes Adergewebe nicht durchdringen. Durch zeitaufgelöste Beobachtung des Farbstoffflusses ist es möglich, Blutansammlungen und den Blutdurchfluss in Arterien, Venen und Mikrogefäßen visuell hervorzuheben (Abb. 29.8c, d). Auf diese Weise kann z. B. auch festgestellt werden, ob ein Aneurysma erfolgreich abgeklemmt wurde oder ob der Farbstoff in die Aussackung eindringen kann.

Fluoreszente Bildgebung

Das Prinzip der fluoreszenten Bildgebung wird in medizinischen Applikationen verwendet, um bestimmte Zielbereiche scheinbar homogener Gewebestrukturen sichtbar zu machen. Hierzu wird im Beleuchtungsstrahlengang Licht eines definierten Spektralbereichs herausgefiltert. Das Licht regt einen abgestimmten Farbstoff an, den man zuvor speziell im Zielgewebe (z. B. 5-Aminolävulinsäure) oder Blut (z. B. Indocyaningrün und Fluorescein) angereichert hat. Infolge der Licht-Materie-Wechselwirkung sendet der Farbstoff nach Absorption des eingestrahlten Lichts wiederum Licht aus, welches jedoch eine andere Wellenlänge als die anregende Beleuchtung hat. Das vom Farbstoff ausgesendete Fluoreszenzlicht wird aus dem Beobachtungsstrahlengang gefiltert und kann mittels Kamerasystem oder direkt mit dem Auge betrachtet werden. Auf diese Weise tritt das fluoreszierende Gewebe visuell deutlich hervor und kann vom restlichen Gewebe gut unterschieden werden.

29.3.4 Aktuelle Entwicklungsziele

Moderne Operationsmikroskope sind längst keine reinen Bildgebungssysteme mehr, sondern stellen dem Chirurgen alle relevanten Informationen auf möglichst ergonomische Weise zur Verfügung. Damit fungiert es sozusagen als „Cockpit des Chirurgen". Bei aktuellen Neu- und Weiterentwicklungen stehen folgende Ziele im Vordergrund:

- Die Nutzung spektroskopischer Fingerabdrücke – wie beispielsweise bei der erwähnten Fluoreszenzdiagnostik (Abschn. 29.3.3) – wird aktuell auch für andere Applikationen, z. B. die Alzheimer-Therapie, weiterentwickelt.
- Durch die Weiterentwicklung einfacher, benutzerfreundlicher und robotisch gesteuerter Bedienkonzepte sollen die Arbeitsbedingungen und der Arbeitsablauf des Chirurgen optimiert werden. Dadurch verspricht man sich zeit- und kosteneffizientere Eingriffe.
- Assistenzsysteme zur Navigation im Operationsfeld sowie zur Anzeige von relevanten Patienten- und Gerätedaten werden kontinuierlich optimiert. Bereits heute ist es möglich, bestimmte Strukturen oder Landmarken im OP-Feld zu definieren, um die sich der Mikroskopkopf mittels Roboterarm bewegen kann (Point Lock) oder die das Mikroskopsystem automatisch wieder finden kann (Position Memory).
- Eine intraoperative, korrelative Überlagerung von Bilddaten und externen Bilddatenquellen, beispielsweise („Image Fusion") ermöglicht dem Chirurgen, einen umfassenden Überblick der aktuellen OP-Situation zu gewinnen. Zur Erzeugung zusätzlicher Bilddaten dient beispielsweise die tomographische Bildgebung oder die Wellenfrontanalyse.
- Die Kombination aus operationsmikroskopischer Bildgebung und optischer Kohärenztomografie (OCT) (siehe Kaschke et al. [2]) erweitert die übliche stereoskopische Visualisierung durch Schnittbilder in die Tiefe. Damit werden

Teil V

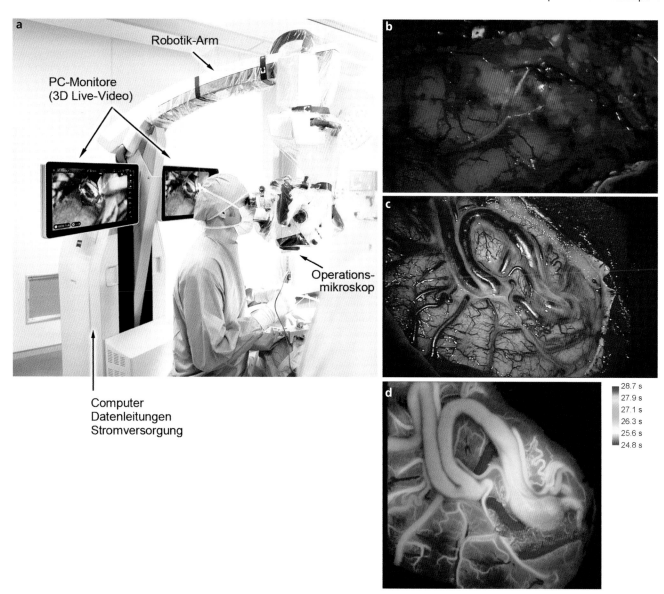

Abb. 29.8 **a** ZEISS KINEVO 900. Mit freundlicher Genehmigung von Carl Zeiss. **b** Fluoreszenzbild eines Hirntumors unter Verwendung von 5-Aminolävulinsäure, die sich im Körper in Protoporphyrin IX umwandelt und in den Tumorzellen angereichert wird. Im Fall eines Glioblastoms kann man im Fluoreszenzbild üblicherweise drei Regionen unterscheiden: Abgestorbene Tumorzellen reichern keinen Farbstoff an und erscheinen daher schwarz. An das Tumorzentrum angrenzende Gewebebereiche reichern sich sehr stark mit dem Farbstoff an und leuchten tiefrot. Vom Tumorzentrum weiter entferntes Gewebe erscheint violett, da die Dichte der Tumorzellen graduell zum Rand hin abnimmt. Mit freundlicher Genehmigung von Dr. med. Walter Stummer, Abteilung für Neurochirurgie, Universitätsklinikum Münster. **c** Weißlichtaufnahme eines Aneurysmas. Mit freundlicher Genehmigung von Dr. med. Yasushi Takagi, Abteilung für Neurochirurgie, Universität Kyoto. **d** Zeitaufgelöste Aufnahme des Blutflusses in das Aneurysma aus Bildteil **c**. Die Falschfarbengrafik zeigt an, wie lange das farbstoffmarkierte Blut braucht, bis es in den sichtbaren Gefäßen und Geweberegionen ankommt (hier 24,8 bis 28,7 s nach Start der Videoaufnahme). (Mit freundlicher Genehmigung von Dr. med. Yasushi Takagi, Abteilung für Neurochirurgie, Universität Kyoto)

dem Chirurgen echte dreidimensionale Bildinformationen des OP-Feldes zur Verfügung gestellt.

- Aktuell werden auch Kombinationen optischer und digitaler Bildgebung untersucht. Als Beispiel versucht man eine Trennung von Bildaufnahme und Einblickeinheit zu erreichen. Aus optischen Gründen findet die Bildaufnahme des Operationsfeldes in der Regel nah am Patienten statt. Wenn man in der Lage ist, das aufgenommene Bildsignal digital in ausrei-

chend hoher Qualität zu übertragen, kann die Einblickeinheit des Operationsmikroskops (Okular) beliebig im Raum positioniert werden. Auf diese Weise könnte man unter anderem die Ergonomie für den Chirurgen deutlich verbessern.

- Operationsmikroskope werden zunehmend auch als Tragvorrichtung und/oder Applikator für lasertherapeutische Anwendungen verstanden. Dadurch lassen sich z. B. angekoppelte Laser-Applikatoren motorgestützt im Raum bewegen.

Teil V

■ Operationsmikroskope dienen längst nicht mehr als reine bildgebende Systeme, sondern zusätzlich als zentrales Verwaltungsinterface für Patientendaten und bildgestützte Dokumentationen. Mit Hilfe dieser Funktionen hat das OP-Team auch während einer Operation direkten Zugriff auf die gesamte Patientenhistorie. Vorangegangene OP-Berichte lassen sich mit Hilfe der integrierten Verwaltungstools ebenso abrufen wie präoperative Diagnosebefunde (inkl. Bildmaterial) und der dokumentierte Verlauf des Krankheitsbilds.

Aufgaben

29.1   Lagrange-Invariante: Für die Auslegung von Endoskopen ist die Betrachtung der Lagrange-Invariante wichtig. Deren Formulierung in Gl. 29.4 ist für Systeme mit endlicher Bildweite gebräuchlich. Leiten Sie die Formulierung für afokale Systeme in Abhängigkeit des Feldwinkels φ und des Pupillendurchmessers d her.

29.2   Linsenendoskope: Es sei ein Linsenendoskop betrachtet, dessen Objektiv einen halben Öffnungswinkel $\theta = 40°$ in Wasser (Brechungsindex $n = 1{,}34$) und den Sichtfelddurch-

messer $d = 0{,}5\,\text{mm}$ hat. An das Objektiv seien Relaysysteme bestehend jeweils aus einer Relaylinse und zwei (optionalen) Feldlinsen mit 4 mm Durchmesser und Gesamtlänge $L = 200\,\text{mm}$ angeschlossen. Berechnen Sie den Aperturwinkel in den Relayoptiken und die Gesamtzahl der Relaysysteme, die zur Überbrückung der Gesamtlänge benötigt werden.

29.3   Operationsmikroskope:

a. Erläutern Sie den Grundaufbau eines Operationsmikroskops anhand einer Skizze.
b. Was sind die Grundanforderungen, die durch ein Operationsmikroskop zu erfüllen sind?

Literatur

1. Bundesverband Medizintechnologie (BVMed) (2016) Branchenbericht Medizintechnologien
2. Kaschke M, Donnerhacke K-H, Rill MS (2014) Optical devices in ophthalmology and optometry: technology, design principles and clinical applications. Wiley & Sons, Weinheim

Patientenüberwachung

30

Michael Imhoff

Teil V

© Springer-Verlag GmbH Deutschland, ein Teil von Springer Nature 2018
W. Schlegel, C.P. Karger, O. Jäkel (Hrsg.), *Medizinische Physik*, https://doi.org/10.1007/978-3-662-54801-1_30

30.1 Einleitung

Die Überwachung des Patienten sowie von Prozessen in der Patientenversorgung dient der Erfassung veränderlicher Variablen und der Erkennung von Veränderungen dieser Variablen, um handlungsrelevante Informationen zu liefern. Die Begriffe Patientenüberwachung und Monitoring werden häufig synonym verwendet. Folgend den hier verwendeten Definitionen, die weiter unten ausgeführt werden, ist das Monitoring Teilmenge der Patientenüberwachung. Monitoring dient primär der Überwachung von physiologischen Variablen des Patienten, während die Patientenüberwachung darüber hinaus auch alle anderen Bereiche der Patientenversorgung erfasst.

30.2 Definitionen

30.2.1 Definition Patientenüberwachung

Patientenüberwachung im engeren Sinne ist das systematische, geplante und sich wiederholende Erfassen und Darstellen von Körper- und Organfunktionen sowie von biochemischen und anderen Prozessen auf Basis von registrierten Biosignalen mit dem Grundziel, Informationen über den momentanen Zustand eines Patienten bereitzustellen [10]. Auftretende Änderungen der beobachteten Funktionen und Prozesse sollen möglichst früh erkannt werden.

Weiterführend bilden die erfassten Messwerte die Grundlage für entscheidungsunterstützende Systeme, die die erkannten Störungen bezüglich ihrer Wirkung auf die klinische Zielsetzung abbilden und daraus mögliche diagnostische, präventive und therapeutische Maßnahmen ableiten und nachvollziehbar darstellen.

Patientenüberwachung im weiteren Sinne umfasst darüber hinaus die Überwachung von Prozessen und Gerätefunktionen, die auf den Patienten einwirken.

30.2.2 Definition Monitoring

Eine Untergruppe der Patientenüberwachung ist das Patientenmonitoring, welches häufig allein unter dem Begriff Patientenüberwachung verstanden wird. Patientenmonitoring ist aber noch enger beschrieben und kann wie folgt definiert werden:

- Messung einer oder mehrerer physiologischer Variablen
- Kontinuierliche, diskontinuierliche oder automatisch aktivierte diskontinuierliche Funktion
- Möglichkeit des Alarms
- Erfassung und Darstellung von Änderungen über die Zeit
- Aktuelle, klinisch relevante Messung

In diesem Kapitel soll in erster Linie auf die direkte Überwachung physiologischer und biochemischer Funktionen des einzelnen Patienten eingegangen werden, also insbesondere auf das Patientenmonitoring.

30.3 Ziele der Patientenüberwachung

Als Patient wird entsprechend allgemeiner Definitionen in diesem Kontext ein Mensch verstanden, der an einer Erkrankung oder an Krankheitssymptomen leidet und ärztlich behandelt wird. Als Patient in diesem Kontext wird auch ein Gesunder verstanden, der Einrichtungen des Gesundheitswesens zu Diagnostik, Therapie oder Prophylaxe in Anspruch nimmt.

Ziele der Patientenüberwachung umfassen unter anderem die Herstellung oder Verbesserung der Patientensicherheit, die Unterstützung von Diagnostik und Therapie, die Qualitätsoptimierung und Qualitätssicherung medizinischer Prozesse und die Erweiterung des „sicheren Freiraumes" eines überwachten Patienten.

30.3.1 Herstellung oder Verbesserung der Patientensicherheit

Die Anfänge der gezielten Patientenüberwachung durch Pflegekräfte reichen zumindest bis in das 19. Jahrhundert zurück [14]. Erste spezielle Stationen zur Überwachung frisch operierter Patienten wurden in den 1930er-Jahren etabliert [12]. Diese frühen Anwendungen der Patientenüberwachung sind Beispiele für nicht-apparative Überwachungsprozesse.

Der Beginn der routinemäßigen apparativen und kontinuierlichen Überwachung kann an der Entstehung der ersten kardialen Intensivstationen festgemacht werden. Patienten, die einen schweren Herzinfarkt überleben, sind in den ersten Tagen und Wochen besonders gefährdet durch schwere Herzrhythmusstörungen, die in ein Kammerflimmern übergehen können, welches sofortige Defibrillation und Wiederbelebungsmaßnahmen erforderlich macht. Da das Überleben dieser Patienten von dem sofortigen Erkennen (Überwachung) dieser Rhythmusstörungen und dem Beginn der Maßnahmen (Therapie) innerhalb kürzester Zeit abhängt, wurden 1962 zum ersten Mal diese Patienten in einer sogenannte Coronary Care Unit zusammengefasst, wo sie kontinuierlich mittels EKG-Monitoren überwacht werden konnten [8, 11].

Gerade in der Intensivmedizin und der Anästhesie kann die notwendige Therapie auch selbst zu Komplikationen und zur Schädigung des Patienten führen. Auch hier kann die kontinuierliche Überwachung des Patienten und seiner Organfunktionen helfen, mögliche Probleme und Komplikationen frühzeitig zu erkennen. So führt eine maligne Hyperthermie, eine potenziell tödliche, durch bestimmte Anästhetika ausgelöste, pharmakogenetische Krankheit, zu einer Hyperkapnie, welche als frühes klinisches Zeichen der Erkrankung durch einen Anstieg der CO_2-Konzentration in der Ausatemluft (endtidale CO_2-Konzentration, $etCO_2$) entdeckt werden kann [1]. Beim beatmeten Intensivpatienten kann die maschinelle Beatmung zu einer Beeinträchtigung der Herzkreislauffunktion führen, welches unmittelbar im kontinuierlichen hämodynamischen Monitoring erkannt werden kann [3].

Zudem ist beim Einsatz von lebenserhaltenden Geräten wie z. B. Anästhesiemaschinen, Beatmungsgeräten oder herzunterstützenden Systemen die kontinuierliche Überwachung von Patientenvariablen in Ergänzung zu der direkten Überwachung der Gerätefunktion zwingend erforderlich, um sowohl die Therapie adäquat zu steuern (s. u.) als auch technische Störungen, wie z. B. das Abknicken des Beatmungstubus, frühzeitig zu erkennen.

Daher verfügen viele Therapiegeräte auch über integrierte Funktionen der Patientenüberwachung, mit denen die physiologischen Variablen überwacht werden können, die durch die jeweilige Therapie beeinflusst werden.

30.3.2 Unterstützung von Diagnostik und Therapie

Die Patientenüberwachung im Allgemeinen und das Patientenmonitoring im Speziellen unterstützen Diagnostik und Therapie in verschiedener Weise.

Das Monitoring vitaler Organfunktionen insbesondere von Herzkreislaufsystem, Atmung und Oxygenation dient dem frühzeitigen Erkennen lebensbedrohlicher Zustände. Dabei hat die automatische Alarmierung eine zentrale Bedeutung, wie weiter unten ausgeführt wird.

Besonders beim kritisch Kranken wie auch beim Patienten in Narkose oder beim Notfallpatienten ist die Sicherstellung und ggf. Wiederherstellung der Sauerstoffversorgung und Blutdurchströmung (Perfusion) aller Organe und Gewebe von zentraler Bedeutung. Grundsätzlich gilt dies natürlich für jeden Patienten.

Daneben dient das Monitoring auch der Bestimmung des Therapieeffektes und der Adjustierung der jeweiligen Therapie. So wird die Dosierung von stark kreislaufwirksamen Medikamenten wie Vasopressoren (Adrenalin, Noradrenalin), Vasodilatatoren (Nitroglycerin) sowie kurz wirksamen Betablockern, in der Regel gegen die gemessene Wirkung auf Blutdruck, Herzfrequenz und Herzzeitvolumen titriert.

Grundsätzlich haben Monitoring im Speziellen wie auch die Patientenüberwachung im Allgemeinen nur einen tatsächlichen Nutzen für den Patienten, wenn die Informationen aus der Überwachung in therapeutische Entscheidungen übersetzt werden können, wobei eine Entscheidung auch sein kann, nichts zu tun. Auf der anderen Seite sind viele Konzepte des akutmedizinischen Patientenmanagements, wie z. B. Medical Emergency Teams, erst durch den Einsatz entsprechender Überwachungsverfahren sinnvoll umsetzbar [6].

Bedeutung gewinnt die Möglichkeit, aus einer Vielzahl an komplexen Messwerten weitergehende, zielgerichtete und therapeutische Entscheidungen abzuleiten. Die erfassten Werte werden dabei aufbereitet, zur Verfügung gestellt, mit weiteren Datenbanken, z. B. klinischen Informationssystemen, abgeglichen und können die Basis für Therapiesysteme bilden.

30.3.3 Erweiterung des „sicheren Freiraumes" eines überwachten Patienten

Oft ist die Notwendigkeit der kontinuierlichen Überwachung und der Möglichkeit, unmittelbar bei Bedarf intervenieren zu können, der Hauptgrund, warum ein Patient das Bett nur eingeschränkt oder gar nicht verlassen kann. Besonders evident ist dies im stationären Bereich bei Patienten mit der Gefahr bedrohlicher Rhythmusstörungen. Ursprünglich bedingte allein schon die Notwendigkeit der EKG-Überwachung, dass der Patient auf einer Coronary Care Unit behandelt werden musste und durch den stationären Monitor auch weitgehend an das Bett gefesselt war. Durch den Einsatz der kardialen Telemetrie, bei der kontinuierlich EKG-Daten von einem kleinen tragbaren Monitor auf eine Monitorzentrale drahtlos übertragen werden, ist es möglich, dass solche Patienten das Bett oder sogar die Intensivstation verlassen können und trotzdem weiterhin überwacht werden.

Dieses Konzept kann grundsätzlich auch weiter auf den ambulanten oder sogar den häuslichen Bereich erweitert werden. Immer muss aber bedacht werden, dass auf bedrohliche Ereignisse, die in der Überwachung detektiert werden, auch adäquat und hinreichend zeitnah reagiert werden kann, was insbesondere im häuslichen Bereich logistisch oft nicht darzustellen ist.

30.4 Technik der Überwachung

Ein Medizingerät für das Patientenmonitoring im eigentlichen Sinne, ein Patientenmonitor oder physiologischer Monitor, besteht typischerweise aus folgenden Komponenten (Abb. 30.1):

- Sensor/Sensorik zur Aufnahme eines biologischen oder biochemischen Signals und Umwandlung in ein elektrisches Signal. Dies können u. a. elektrische Sensoren (z. B. EKG-Elektroden), mechanische Sensoren (z. B. Drucksensoren für den Blutdruck), optische Sensoren (z. B. bei der Pulsoximetrie) oder biochemische Sensoren (z. B. für die Blutzuckermessung) sein. Häufig besteht auch eine Kombination aus einer kontrollierten Energiezuführung in den Körper (z. B. Licht bei der Pulsoximetrie, pneumatischer Druck bei der nichtinvasiven Blutdruckmessung) und einem entsprechenden Sensor, um den entsprechenden Effekt zu messen. Auf dieser Ebene können auch andere Medizingeräte angebunden werden.
- Biosignalverarbeitung: In der Biosignalverarbeitung wird das Signal vom Sensor aufgenommen und verarbeitet, so dass ein entsprechender Messwert ermittelt werden oder eine grafische Darstellung des Signals erfolgen kann.
- Datenverarbeitungseinheit: In der Datenverarbeitungseinheit werden die von der Biosignalverarbeitung kommenden Daten weiter aufbereitet, um dann dargestellt, gespeichert oder weitergeleitet zu werden. Es werden die Daten von verschiedenen Signalquellen zusammengeführt und weitere Berechnungen durchgeführt. Auch die Alarmgebung ist typischerweise hier abgelegt.

Teil V

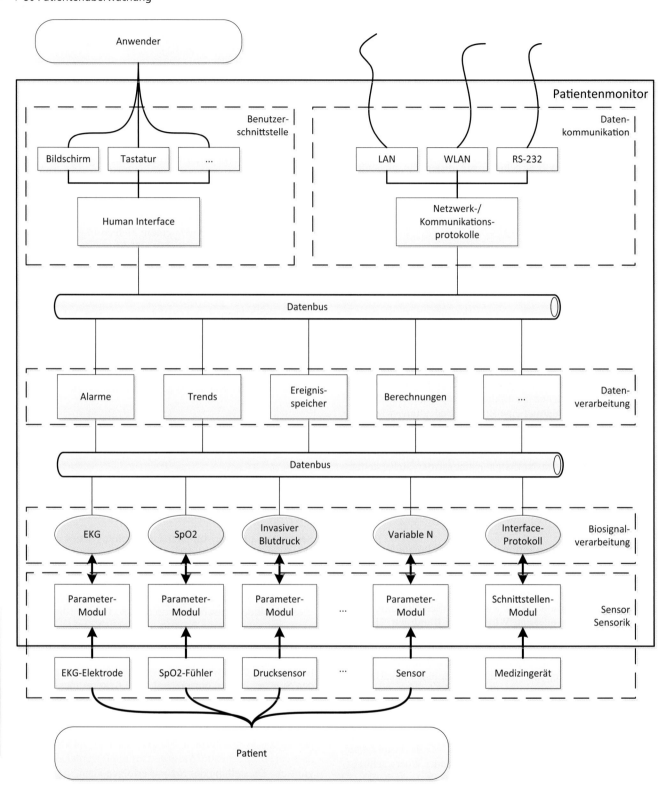

Abb. 30.1 Vereinfachtes, schematisches Bockdiagram eines Patientenmonitors, Erläuterungen im Text

- Darstellungseinheit und Benutzerschnittstelle: Hier werden die Überwachungsinformationen auf einem Bildschirm oder bei einfachen Geräten auf einer Digitalanzeige dargestellt. Die Bedienung erfolgt über Tasten, Knöpfe und/oder einen Touchscreen.
- Alarmgebung: Typischerweise ist diese Funktionalität in der Datenverarbeitungseinheit abgelegt. Alle oder ausgewählte Variablen werden hierbei auf relevante Abweichungen hin kontinuierlich überwacht. Wird eine solche Abweichung festgestellt, z. B. bei Überschreiten eines Schwellwertes, wird eine entsprechende Alarmmeldung ausgelöst (Abschn. 30.6).
- Datenkommunikation: Eine oder mehrere Schnittstellen können der Datenkommunikation dienen, z. B. mit einem Monitoringnetzwerk (Abschn. 30.5) oder zum Datenimport/-export von/zu anderen Medizingeräten.

Bei der über das Patientenmonitoring hinausgehenden Überwachung kann diese gerätebezogene Struktur anders sein.

30.4.1 Klassifizierung von Überwachung und Monitoring

Die Überwachung des Patienten, insbesondere das Monitoring der Körper- und Organfunktionen, kann man unter anderem nach folgenden Kriterien einteilen: Invasivität der Sensorik, Interaktion mit dem Patienten, Organsysteme oder Körperfunktionen, die überwacht werden, Patientenkategorien, Ort der Überwachung.

Invasives Monitoring ist durch Penetration der Haut, z. B. bei der Blutdruckmessung über eine arterielle Verweilkanüle, oder (weniger invasiv) durch die Einführung des Sensors in natürliche Körperöffnungen, z. B. rektale Temperatursonde, charakterisiert. Beim nicht-invasiven Monitoring treten die meisten Verfahren in direkten Kontakt mit dem Körper, z. B. durch die Druckmanschette der nicht-invasiven Blutdruckmessung oder die EKG-Elektroden bei der EKG- und Herzfrequenzüberwachung. Bei manchen Verfahren, wie z. B. dem Ultra-Wide-Band-Radar zur Atemfrequenzüberwachung oder der Thermografie, ist ein Kontakt nicht notwendig.

Monitoringverfahren können zudem noch danach unterschieden werden, in welcher Weise sie mit dem Körper in Interaktion treten, insbesondere ob Energie in den Körper eingebracht wird:

- Keine Interaktion (z. B. EKG)
- Mechanische Interaktion (z. B. automatische nicht-invasive Blutdruckmessung)
- Elektrische, magnetische, thermische Interaktion (z. B. Impedanzrheographie zur Bestimmung der Atemfrequenz)
- Chemische Interaktion (z. B. kontinuierliche Messung der subkutanen Zuckerkonzentration als Näherung für die Blutzuckerkonzentration)

Außerdem können Patientenmonitore noch nach der jeweiligen Gerätekonfiguration unterteilt werden, wobei diese Unterteilung nicht standardisiert ist und unterschiedlich gehandhabt wird:

- Einzelparameter-Monitore: Diese Monitore überwachen nur eine physiologische Variable und ggf. davon abgeleitete Größen, z. B. Blutdruck, Herzzeitvolumen.
  - Hierunter können auch Monitore gezählt werden, die spezielle Messverfahren bereitstellen, z. B. Farbstoffdilution.
- Multiparameter-Monitore: Diese Monitore überwachen mehrere physiologische Variablen gleichzeitig. Sie sind der übliche Standard in Intensivmedizin, Anästhesie und Notfallmedizin:
  - Integrierte („konfigurierte") Multiparameter-Monitore: In diesen Monitoren sind alle Messfunktionen und Variablen fest konfiguriert und zusätzliche Messfunktionen können meist nicht nachträglich integriert werden.
  - Modulare Multiparameter-Monitore: In diesen Monitoren sind alle oder einige Messfunktionen in austauschbaren Modulen verfügbar, die nach Bedarf an ein Hauptgerät angeschlossen werden.
- Mehrere Monitore, z. B. ein Multiparameter-Monitor und ein oder mehrere Monitore für spezielle Messverfahren, können bettseitig miteinander verbunden sein, so dass alle Messwerte auf dem Hauptmonitor (meist der Multiparameter-Monitor) angezeigt und weiter verarbeitet werden.
- Spotchecker: Diese Messgeräte ermöglichen die punktuelle, manuelle Messung von einer oder mehreren Variablen. Da sie keine automatische Messung und keine Alarmgebung bieten, erfüllen sie nicht die Kriterien von Monitoren im eigentlichen Sinne, werden aber häufig hierunter subsumiert.

Zusätzlich wird bettseitige (Point of Care) oder bettnahe (Near Patient) In-vitro-Diagnostik unter dem Begriff „Monitoring" subsumiert, auch wenn sie in einigen Punkten der obigen Definition nicht entspricht. Hierbei spielen in der Akutmedizin insbesondere die Blutzuckerüberwachung und die Blutgas- und Elektrolytanalytik eine große Rolle.

Für zahlreiche Variablen stehen verschiedene Messverfahren alternativ zur Verfügung, dabei unterscheiden sich die Verfahren oft in ihre Messeigenschaften, so sind invasive gemessene diastolische und systolische Blutdruckwerte meist verschieden von den nicht-invasiv gemessenen Werten. Auch unterscheiden sich Präzision und Genauigkeit der Verfahren wie auch Anwendungsrisiken, Patientenkomfort oder Kosten oft in relevanter Weise, so dass der Anwender sich dieser Unterschiede bei der Wahl des am besten in einer bestimmten Situation geeigneten Verfahrens bewusst sein muss.

30.4.2 Anforderungen an Geräte der Patientenüberwachung

Es ist wichtig, die spezifischen Bedürfnisse der Patientenüberwachung in bestimmten Patientengruppen (z. B. Intensivpatienten, Patienten während der Narkose, Notfallpatienten, bettlägerige Patienten, mobile Patienten, Kinder, Neonaten) zu berücksichtigen. Dies gilt natürlich auch für den Ort der Überwachung. So sind in der Prähospital-Versorgung zusätzlich bestimmte Anforderungen an Robustheit (z. B. Vibrationen im Ambulanzfahrzeug), Automonie (z. B. Stromversorgung) und

Teil V

Umgebungsbedingungen (z. B. bei der Flugrettung) zwingend zu beachten.

Die Patientenüberwachung soll der Patientensicherheit dienen. Auf der anderen Seite dürfen Geräte zur Patientenüberwachung selbst die Patientensicherheit nicht beeinträchtigen. Hier ist wie auch für alle anderen elektrisch betriebenen Medizingeräte auf die ausreichenden Isolationsbarrieren zu achten sowie auf die Sicherheit bei möglicher Anwendung von Defibrillatoren. Anforderungen an die elektrische Sicherheit sind in den einschlägigen Normen geregelt (insbesondere DIN EN IEC 60601-1-1, [9])

Je nach Anwendungsbereich kommen noch weitere elektrische und andere Anforderungen hinzu. So müssen Monitore zum Einsatz während chirurgischer Eingriffe hinreichend gegen Auswirkungen elektrochirurgischer Geräte geschützt sein.

Des Weiteren können Geräte der Patientenüberwachung durch elektromagnetische Felder gestört werden sowie potenziell selbst elektromagnetische Interferenzen verursachen. Die entsprechende technische Auslegung und Überprüfung der Geräte ist durch einschlägige Normen geregelt. Allerdings müssen im klinischen Einsatz die Vorgaben des Herstellers in Bezug auf elektromagnetische Interferenzen beachtet werden. So dürfen die meisten Geräte nicht im Kontrollbereich von MRT eingesetzt werden. Auch wird häufig vor Interferenzen von Mobiltelefonen gewarnt.

Für den Einsatz im Kontrollbereich von MRT gibt es speziell abgeschirmte Monitore. Hierzu müssen je nach überwachter Körperfunktion auch spezielle Sensoren und Leitungswege eingesetzt werden.

Relevante Standards und Normen (Auswahl)

DIN EN IEC 60601-1-1, Medizinische elektrische Geräte – Teil 1-1: Allgemeine Festlegungen für die Sicherheit einschließlich der wesentlichen Leistungsmerkmale

DIN EN IEC 60601-1-6, Medizinische elektrische Geräte – Teil 1-6: Allgemeine Festlegungen für die Sicherheit – Ergänzungsnorm: Gebrauchstauglichkeit

DIN EN IEC 60601-1-8, Medizinische elektrische Geräte – Teil 1-8: Allgemeine Festlegungen für die Sicherheit einschließlich der wesentlichen Leistungsmerkmale – Ergänzungsnorm: Alarmsysteme – Allgemeine Festlegungen, Prüfungen und Richtlinien für Alarmsysteme in medizinischen elektrischen Geräten und in medizinischen Systemen

DIN EN IEC 60601-2-49, Medizinische elektrische Geräte – Teil 2-49: Besondere Festlegungen für die Sicherheit von multifunktionalen Patientenüberwachungsgeräten

DIN EN ISO 62366:2008, Medizinprodukte – Anwendung der Gebrauchstauglichkeit auf Medizinprodukte

DIN EN ISO 14971:2007, Medizinprodukte – Anwendung des Risikomanagements auf Medizinprodukte

DIN EN 80001-1:2010, Anwendung des Risikomanagements für IT-Netzwerke, die Medizinprodukte beinhalten – Teil 1: Aufgaben, Verantwortlichkeiten und Aktivitäten

Verordnung (EU) 2017/745, Verordnung über Medizinprodukte

30.5 Vernetzung

Ein Patientenüberwachungsgerät kann grundsätzlich alleinstehend oder vernetzt sein. Fast alle heute im Markt verfügbaren Geräte bieten zumindest optional eine Möglichkeit der Vernetzung mit anderen Medizingeräten oder anderen medizinischen Netzwerken. Die Vielzahl der möglichen Konfigurationen sprengt den Rahmen dieser Darstellung. Deshalb soll an dieser Stelle nur auf einige grundlegende Aspekte der Vernetzung von Patientenmonitoren eingegangen werden.

Auch wenn praktisch alle Patientenmonitore als alleinstehende Geräte betrieben werden können, sind sie in der Regel vernetzt. Durch die Vernetzung werden zusätzliche Funktionen und Funktionalitäten ermöglicht, die insbesondere Arbeitsabläufe der Patientenversorgung unterstützen können. Typische Netzwerkfunktionen können sein (Abb. 30.2):

- Zentrale Patientenüberwachung, wobei die bettseitige Überwachung auf einem zentralen Arbeitsplatz (z. B. Pflegestützpunkt einer Intensivstation) in Echtzeit dargestellt wird.
- Zentrale Dokumentation und Verwaltung von Patientendaten im Monitoringsystem.
- Zentrale Alarmgebung, die eine Weiterleitung der bettseitigen Alarme auf die Zentrale ermöglicht, so dass Alarme auch wahrgenommen werden können, wenn keine Pflegeperson im Patientenzimmer anwesend ist.
- Datenexport z. B. in ein klinisches Informationssystem (elektronische Patientenakte).
- Kommunikation zwischen bettseitigen Geräten, u. a. auch mit der Möglichkeit der Fernsteuerung von Monitoringfunktionen und der Alarmgebung.

Das Monitor-LAN ist ein proprietäres Netzwerk, welches das Backbone des Monitorsystems ist. Innerhalb dieses Netzwerks (kabelgebunden oder funkbasiert) werden Echtzeit- und Antwortverhalten garantiert, z. B. bei der Alarmweiterleitung. An dieses Netzwerk werden nur zugelassene Geräte angeschlossen, insbesondere Patientenmonitore (evtl. lokale Schnittstellen zu anderen Medizingeräten), Telemetrie-Monitore (portable Patientenmonitore), die Monitorzentrale (ggf. mit lokalem Drucker), weitere Arbeitsplätze. Das Monitor-LAN als Teil des Monitoringsystems ist ein Medizingerät.

Das Monitor-LAN kann durch ein spezielles Gateway mit dem Krankenhaus-LAN verbunden sein. Hierüber können Daten aus dem Monitoringsystem an andere Informationssysteme, z. B. das Krankenhausinformationssystem (KIS), weitergegeben, oder Patientenstammdaten aus dem KIS abgerufen werden.

Teil V

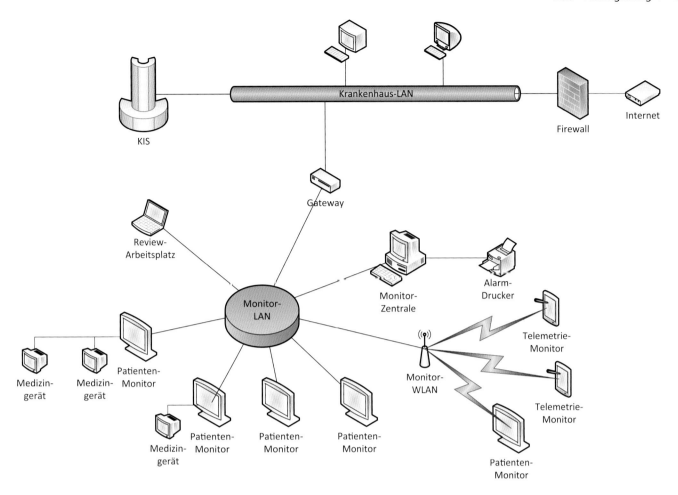

Abb. 30.2 Schematische, vereinfachte Darstellung des Monitoringnetzwerkes und seiner Netzwerkumgebung (Erläuterungen im Text)

Das Gateway sorgt u. a. dafür, dass die kritischen Funktionen des Monitor-LAN nicht von außen beeinflusst werden.

Das Krankenhaus-LAN ist kein Medizingerät und bietet auch nicht die Übertragungssicherheit und das Echtzeitverhalten des Monitor-LANs.

Viele dieser Funktionen, insbesondere Alarmgebung und -weiterleitung sowie zentrale Überwachungsfunktionen, sind kritisch für die Patientensicherheit und müssen in Echtzeit verfügbar sein. Diese Anforderungen haben dazu geführt, dass Monitoringnetzwerke häufig proprietär sind und getrennt von anderen Netzwerken betrieben werden, auch wenn heute Monitoringnetzwerke auf den Standards von IT-Netzwerken basieren. Allerdings müssen insbesondere bei der Verwendung drahtloser Netzwerke (WiFi) grundlegende Anforderungen wie Quality of Service sowie Vertraulichkeit und Sicherheit der übertragenen Daten berücksichtigt werden. Zudem ist zu berücksichtigen, dass die Anforderungen der Datenübertragung in IT-Netzwerken sich teilweise grundlegend von denen in Monitoringnetzwerken unterscheiden, z. B. in Bezug auf garantierte Übertragungszeiten, bidirektionale Bestätigung von Alarmmeldungen.

Darüber hinaus geht die Einbindung von Medizingeräte wie Monitoren oder Monitoringsystemen in medizinische IT-Netz-

werke. Hier muss nicht nur die sichere und zuverlässige Datenübertragung gewährleistet werden. Es muss auch ausgeschlossen werden, dass es zu negativen Rückwirkungen auf die Medizingeräte und deren Funktion kommt. Grundlegende Aspekte sind in der DIN EN 80001-1 geregelt.

30.6 Alarmgebung

Da die schnelle Erkennung eines kritischen Zustands für Patienten lebensrettend sein kann, werden auf Intensivstationen, in Operationssälen, in Notaufnahmen und anderen Bereichen der Akutversorgung Alarmsysteme zur Überwachung (Monitoring) des Patientenzustands sowie der Funktion medizintechnischer Geräte eingesetzt. Diese Systeme informieren das medizinische Personal mittels akustischer und visueller Signale über Abweichungen vom Normalzustand[1].

Ein Alarm (von französisch „a l'arme": an die Waffen) bedeutet im übertragenen Sinne, dass eine bestimmte Zielgruppe (hier

---

[1] Gerade bei Intensivpatienten kann dieser „Normalzustand" auch außerhalb normaler physiologischer Grenzen liegen, entsprechend dem Erkrankungszustand des jeweiligen Patienten.

Teil V

medizinische Fachpersonen), an die der Alarm gerichtet ist, auf ein Ereignis aufmerksam werden soll und anschließend darauf reagieren soll.

30.6.1 Klassifikation von Alarmen

Entsprechend der auslösenden Ereignisse und ihrer Bedeutung für die Versorgung des einzelnen Patienten kann man Alarme in verschiedene funktionale Gruppen klassifizieren.

Die sofortige Erkennung akut lebensbedrohlicher Zustände des Patienten, wie Herzstillstand, Atemstillstand oder Sauerstoffmangel, war die ursprüngliche Motivation der Alarmgebung im Patientenmonitoring. Diese Art der Alarme ist ein Standard in allen Patientenmonitoren heutzutage.

Die unmittelbare Erkennung akut (lebens-)bedrohlicher Fehlfunktion ist eine notwendige Alarmfunktion aller Therapiegeräte insbesondere mit lebenserhaltender Funktion, wie z. B. Beatmungsgeräte. Dabei müssen neben patientenbezogenen Störungen (z. B. Abknicken des Beatmungsschlauches) und internen Fehlfunktionen auch externe Fehler wie die Diskonnektion von Versorgungssystemen wie Strom oder Atemgasen sicher erkannt werden.

Die Erkennung drohender Gefahr, bevor sie zu einer bedrohlichen Störung führt, ist bei der Überwachung des Patienten als Alarmfunktion in der Regel noch nicht verfügbar.

Bei der Überwachung der Gerätefunktion sind solche Warnungen oder „präventiven" Alarme hingegen weitverbreitet, z. B. bei der Warnung vor niedrigem Batteriestand, der Vorwarnung bei Verschleißteilen etc.

Eine komplexere Stufe der Alarmgebung ist die Erkennung pathologischer Zustände, z. B. die Angabe der Diagnose „Hypovolämie als Ursache der Hypotonie" anstelle separater Alarme für niedrigen arteriellen Blutdruck, hohe Herzfrequenz und evtl. niedrigen zentralvenösen Druck. Solche Systeme sind heute noch nicht kommerziell verfügbar und gehen über die reine Alarmgebung hinaus, indem es sich hierbei schon um Computer assistierte Diagnosestellung handeln würde. Eine noch komplexere Stufe wäre die darauf aufbauende computerbasierte Entscheidungsunterstützung.

Von klinischen Alarmen können grundsätzlich technische Alarme abgegrenzt werden, bei denen angezeigt wird, dass das Gerät oder Teile davon, z. B. Sensoren, nicht in der Lage sind, den Zustand des Patienten richtig zu überwachen, z. B. ein zu schwaches Signal auf einer EKG-Elektrode.

Alarme können auch nach ihrer klinischen Priorität unterschieden werden, die sich klinisch in der notwendigen Reaktion auf den Alarm und technisch in der Art und Intensität der Alarmmeldung widerspiegelt:

- Alarm hoher Priorität: Eine unmittelbare Reaktion des Bedieners ist erforderlich, wie z. B. ein Herzstillstand in der EKG-Überwachung (klinisch) oder Ausfall des Beatmungsgeräts (technisch).

- Alarm mittlerer Priorität: Eine unverzügliche Reaktion des Bedieners ist erforderlich, wie z. B. ein zu hoher arterieller Blutdruck (klinisch) oder Verschlussalarm einer Infusionspumpe (technisch).
- Alarm niedriger Priorität: Kenntnisnahme des Bedieners ist erforderlich, wie z. B. Blutdruckmessung – Ergebnisanzeige (klinisch) oder Kontaktproblem einer einzelnen EKG-Elektrode (technisch).

Die Sicherheit des Patienten wird von der Fähigkeit des Bedieners bestimmt, also des medizinischen Fachpersonals, inwieweit diese die Merkmale der Alarme und Signale korrekt unterscheiden. Die Wirksamkeit eines Alarmsystems ist zudem entscheidend von seiner Implementierung durch die verantwortliche Organisation, z. B. das Krankenhaus, abhängig.

Es ist wichtig, dass die verantwortliche Organisation das Alarmsystem so konfiguriert, dass der Bediener nicht in der Lage ist, es negativ zu beeinflussen (siehe auch DIN EN 60601-1-8).

30.6.2 Fehlalarme

Die meisten der heute verfügbaren Alarmsysteme weisen zwar hohe Sensitivitäten für die Erkennung kritischer Zustände auf, jedoch zu Lasten einer hohen Rate an Alarmen ohne klinische Konsequenz [4, 5, 7]. Die Raten von klinisch nicht relevanten Alarmen werden in diesen Studien mit 85 % und 99 % angegeben. Da fast jeder (Fehl-)Alarm quittiert werden muss, führen häufige Alarme zu einem vergrößerten Arbeitsaufwand. Auch führt die hohe Zahl akustischer Alarme zu einer erheblichen Lärmbelastung für Patienten und medizinisches Personal.

Fehlalarme können zahlreiche Ursachen haben, die am Beispiel eines Patientenmonitors wie folgt klassifiziert werden:

- Technische Fehlalarme durch fehlerhafte Messwerte, d. h., der tatsächliche Wert des Patienten liegt innerhalb der der Alarmgrenzen (Beispiel: SpO2-Alarm bei Unterkühlung).
- Klinische Fehlalarme, d. h., der Messwert ist korrekt und liegt außerhalb der Alarmgrenzen, hat aber keine klinische Relevanz (Beispiel: Kurzfristiger Herzfrequenz-Alarm bei Patient mit Arrhythmia absoluta).
- Fehlalarme durch Interventionen. Diese sind technisch *und* klinisch bedingt (Beispiele: Bewegungsartefakte bei Lagerung, Blutabnahme über arterielle Kanüle etc.).

Das umfassende Monitoring des Patientenzustands hat einerseits das Ziel einer besseren Patientenüberwachung, andererseits bestehen auch haftungsrechtliche Gründe. So wird die Überwachung einiger Parameter von Leitlinien empfohlen, obwohl diese mit einer Vielzahl an Fehlalarmen verbunden ist, z. B. die Pulsoximetrie, oder aber in den Leitlinien werden Parameter vorgeschlagen, die bei korrekter Umsetzung seitens der Hersteller zu inakzeptabel hoher Fehlalarmrate führen. Daneben zeigt sich ein Trend zu einer zunehmenden Anzahl der überwachten Vitalparameter im einzelnen Patienten, woraus sich immer mehr Quellen für Alarme, somit auch für Fehlalarme, ergeben. Dasselbe gilt analog für die Ausweitung von Patientenmonitoring in

Teil V

Bereiche der Patientenversorgung, z. B. Normalstation, ambulante Versorgung, häusliche Versorgung, in denen bisher keine derartige Patientenüberwachung durchgeführt wird.

Das Konzept der Alarmgebung baut auf einer möglichst hohen Sensitivität der Alarmgeräte auf, da klinisch relevante Situationen „nie" unentdeckt bleiben dürfen. Im Gegensatz dazu ist die Spezifität bzw. Fehlalarmrate der Systeme in der Regel von geringerem Interesse. Daher führt die exzessive Überwachung von Patienten, die dies eigentlich nicht benötigen bzw. nicht davon profitieren, zu zahlreichen Fehlalarmen – also solchen Alarmen, die irrelevant sind bzw. keine klinische Konsequenz haben [15].

Eine weiterführende Diskussion der Herausforderungen und Problemlösungen in der Alarmgebung medizinischer Geräte findet sich in einem Positionspapier des VDE zu diesem Thema [2, 13].

30.7 Validierung von Patientenüberwachungssystemen und physiologischen Messfunktionen

Für den klinisch sicheren und sinnvollen Gebrauch eines Patientenüberwachungsgerätes oder -systems muss sichergestellt sein, dass die erhobenen Messwerte auch genau sind, d. h., dass sie sowohl einen geringen systematischen Fehler (Richtigkeit) als auch eine geringe Streuung (Präzision) aufweisen. Der gesamte Messfehler darf in der Regel nicht so groß sein, dass er klinische Entscheidungsrelevanz hat.

Der Nachweis der Messgenauigkeit kann mit verschiedenen Methoden erfolgen und hängt von der Art des zugrunde liegenden Messverfahrens ab. Oft wird auch zwischen einer Validierung im Laborversuch und in klinischen Studien unterschieden. Grundsätzlich werden folgende Validierungskonzepte eingesetzt:

■ Vergleich gegen absolute, bekannte Referenzwerte: Dieses Konzept wird vor allem bei Labormethoden, also der biochemischen Patientenüberwachung, regelhaft eingesetzt. Dabei werden Proben mit genau bekannten Konzentrationen der zu messenden Substanz untersucht und die Abweichung des gemessenen Wertes von der bekannten Konzentration bestimmt. Analog können z. B. Arrhythmiealgorithmen in EKG-Monitoren gegen bekannte EKG-Datenbasen oder Temperaturfühler in einem präzise temperierten Wasserbad getestet werden.

■ Vergleich gegen eine anerkannte Referenzmethode, die dieselbe Variable misst: Dieses Vorgehen wird häufig bei physiologischem Monitoring, z. B. Herzfrequenz, Blutdruck, eingesetzt. Hierbei muss zwischen Messungen im Labor, Messungen an freiwilligen Probanden unter Laborbedingungen und klinischen Studien an Patienten unterschieden werden. Grundsätzlich ist hierbei zu beachten, dass sich Messfehler beider Methoden überlagern und unter Umständen nicht voneinander zu differenzieren sind.

Von solchen Validierungsuntersuchungen sind Studien zum klinischen Effekt insbesondere Outcome-Studien mit Geräten und Systemen zur Patientenüberwachung abzugrenzen. Überwachung und Monitoring selbst haben in sich keine Möglichkeit das Behandlungsergebnis zu beeinflussen, es sei denn, es kommt zu Komplikationen durch das Verfahren selbst, was hier aber nicht betrachtet werden soll. Erst wenn die Ergebnisse der Patientenüberwachung in therapeutische Entscheidungen umgesetzt werden, kann ein Verfahren der Patientenüberwachung Einfluss auf Patienten-Outcomes haben. Dies bedingt aber, dass die „nachgeschalteten" Therapieverfahren in geeigneter Weise einen vorhersehbaren, bekannten und gewünschten Effekt auf den Patienten haben. Somit sind Outcome-Studien mit Verfahren der Patientenüberwachung nur sinnvoll möglich im Zusammenspiel mit klar definierten Behandlungsprotokollen.

Aufgaben

30.1 Nennen Sie mindestens drei Eigenschaften mit denen Monitoring definiert werden kann!

30.2 Beschreiben Sie kurz mindestens vier der grundlegenden Komponenten eines Patientenmonitors!

30.3 Welche beiden grundlegenden Methoden werden zur Validierung von physiologischen Messfunktionen verwendet?

Literatur

1. Anetseder M, Roewer N (2004) Maligne Hyperthermie (MH). In: Roissant R, Werner C, Zwißler B (Hrsg) Die Anästhesiologie. Springer, Berlin, S 1318–1326
2. Borowski M, Görges M, Fried R, Such O, Wrede C, Imhoff M (2011) Medical device alarms. Biomedizinische Technik/Biomedical Engineering. Bd 56. De Gruyter, Berlin, S 73–83
3. Burchardi H, Rathgeber J (2004) Kardiovaskuläre Nebenwirkungen. In: Burchardi H, Larsen R, Schuster H, Suter P (Hrsg) Die Intensivmedizin, Bd 9. Springer, Berlin, S 487
4. Chambrin MC (2001) Alarms in the intensive care unit: how can the number of false alarms be reduced? Crit Care 5(4):184–188. https://doi.org/10.1186/cc1021
5. Chambrin MC, Ravaux P, Calvelo-Aros D, Jaborska A, Chopin C, Boniface B (1999) Multicentric study of monitoring alarms in the adult intensive care unit (ICU): a descriptive analysis. Intensive Care Med 25(12):1360–1366
6. Churpek MM, Yuen TC, Edelson DP (2013) Risk stratification of hospitalized patients on the wards. Chest 143(6):1758–1765. https://doi.org/10.1378/chest.12-1605

Teil V

7. Cropp AJ, Woods LA, Raney D, Bredle DL (1994) Name that tone. The proliferation of alarms in the intensive care unit. Chest 105(4):1217–1220

8. Day HW (1962) A cardiac resuscitation program. J Lancet 82:153–156

9. Deutsches Institut für Normung (DIN) (2013) DIN EN 60601-1:2013-12; VDE 0750-1:2013-12: Medizinische elektrische Geräte – Teil 1: Allgemeine Festlegungen für die Sicherheit einschließlich der wesentlichen Leistungsmerkmale (IEC 60601-1:2005 + Cor. :2006 + Cor. :2007 + A1:2012); Deutsche Fassung EN 60601-1:2006 + Cor. :2010 + A1:2013

10. DGBMT – Fachausschuss Methodik der Patientenüberwachung (2009) Definition: Patientenüberwachung. https://www.vde.com/de/InfoCenter/Seiten/Details.aspx?eslShopItemID=47486f07-5334-4409-a8ce-62f59becd94f. Zugegriffen: 21. Aug. 2014

11. Goble AJ, Sloman G, Robinson JS (1966) Mortality reduction in a coronary care unit. Br Med J 1(5494):1005–1009

12. Kirschner M (1930) Construction of the university hospital of Tuebingen. Chirurg 2:54–61

13. Patientenüberwachung DFMd (2010) VDE-Positionspapier Alarmgebung medizintechnischer Geräte. Verband der Elektrotechnik Elektronik Informationstechnik e. V. https://www.vde.com/de/InfoCenter/Seiten/Details.aspx?eslShopItemID=47486f07-5334-4409-a8ce-62f59becd94f. Zugegriffen: 21. Aug. 2014

14. Rosengart MR (2006) Critical care medicine: landmarks and legends. Surg Clin North Am 86(6):1305–1321. https://doi.org/10.1016/j.suc.2006.09.004

15. The hazards of alarm overload. Keeping excessive physiologic monitoring alarms from impeding care (2007). Health devices 36 (3):73–83

Infusionstechnik

Physikalisch-technische Grundlagen

Simone Barthold-Beß

31

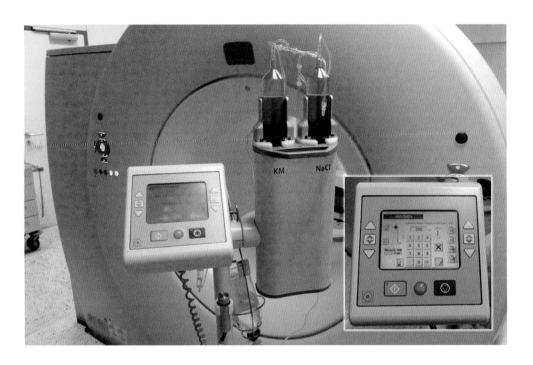

Teil V

© Springer-Verlag GmbH Deutschland, ein Teil von Springer Nature 2018

W. Schlegel, C.P. Karger, O. Jäkel (Hrsg.), *Medizinische Physik*, https://doi.org/10.1007/978-3-662-54801-1_31

31.1 Einführung

Die Ursprünge der Infusionstechnik reichen bis ins Mittelalter zurück. Beschrieben wurde hier der Blutaustausch zwischen zwei Menschen als eine Art Verjüngungskur oder auch zur Heilung. 1633 erfolgte die erste blutige Venendruckmessung durch *Hales* in den Femoralarterien und der Vena Jugularis. Anfang des 17. Jahrhunderts wurde mit der Entdeckung des Blutkreislaufes durch *Harvey* die anatomisch-physiologische Basis für die Infusion und Transfusion geschaffen. Es folgten verschiedene experimentelle Transfusionen und Infusionen von Blut an Tieren und Menschen, wobei noch kein therapeutischer Nutzen nachgewiesen werden konnte. Erst im 19. Jahrhundert lebte das Thema um die Infusion und Transfusion wieder auf. 1824 erfolgte durch *Blundell* eine indirekte Überleitung von Blut mit Hilfe einer Spritze. Dies gilt als Begründung der Methodik der Injektion. Die Entwicklung einer speziellen Injektionsspritze durch *Pravaz* im Jahr 1853 ebnete den Weg zur Injektionstherapie. Erste Anwendung war unter anderem die Einführung der intravenösen Injektion von Kochsalzlösung bei Anämiepatienten in der Klinik durch *Landerer* und der direkten Punktierung der angestauten Vene durch die Haut. Ein Meilenstein in der Infusions- und Transfusionstechnik war die Entdeckung der Blutgruppen durch *Landsteiner* im Jahre 1901. Zusammen mit den physikalisch-technischen Grundlagen zur Strömungslehre waren die Voraussetzungen für den klinischen Einsatz gegeben. Heute kommen zwei verschiedene Methoden zur Anwendung, die Schwerkraftinfusion und die apparativ unterstützte Infusion. Damit sind neben kontinuierlichen Dosis-Zeit-Profilen auch medikamentenspezifische und an Biorhythmen angepasste Applikationsformen möglich.

31.2 Grundlagen der Infusionstechnik

Im Allgemeinen wird die Infusionstherapie als kontrollierte Zufuhr von Flüssigkeiten aus einem Vorratsgefäß über ein Leitungssystem in das Gefäßsystem definiert. Lateinisch auch infundere = eingießen, eindringen. Die Infusionstechnik, meist im täglichen Routinebetrieb verwendet, ist durch viele Fachgebiete geprägt. Da ist von physikalischer Seite die Strömungslehre, hinzu kommen Physiologie, Biochemie, Pharmakologie, aber auch die Mess- und Regelungstechnik. Daneben sind auch gesetzliche Vorschriften wie das Medizinproduktegesetz zu berücksichtigen.

Mit Hilfe der Infusionstechnik können verschiedene Ziele diagnostischer oder therapeutischer Art verfolgt werden, wie in nachfolgender Tab. 31.1 dargestellt.

Eine Sonderform der Infusion ist die Transfusion oder auch als intravenöse Infusion bezeichnet, wobei Blutbestandteile (Erythrozyten) verabreicht werden.

Zur Infusion müssen die folgenden Druckverhältnisse im menschlichen Körper überwunden werden. Das sind im venösen Gefäßsystem ca. 3,3/1,3 kPa und im arteriellen Gefäßsystem ca. 16/10,6 kPa (1 mmHg = 0,1333 kPa).

Das Gebiet der Infusionstechnik lässt sich in Abhängigkeit vom zu applizierenden Volumen grob in die **Perfusion** und die **Infusion** unterteilen.

1. Bei der **Infusion**, die auch als Volumenersatztherapie zu verstehen ist, wie auch bei der parenteralen Ernährung können dem Patienten mehrere Liter Flüssigkeit pro Tag zugeführt werden. Dies geschieht überwiegend nach dem Prinzip der **Schwerkraft**, wobei meist Genauigkeiten von um die ± 15–$20\,\%$ bezogen auf das applizierte Volumen erreicht werden können. Diese sind in vielen Fällen ausreichend. In Ausnahmefällen oder bei Sonderanwendungen können sie deutlich höher liegen, z. B. in der Kinderheilkunde bei $\pm 2\,\%$. Alternativ dazu finden **Infusionspumpen** Anwendung mit einer Genauigkeit von bis zu $\pm 5\,\%$. Die Infusionsraten liegen in den meisten Fällen zwischen 60 und 500 ml/h. Bei Diurese oder Hämofiltration können sich diese auf bis zu 10 ml/h reduzieren oder auch auf 1–3 l/h erhöhen.
2. Der Begriff der **Perfusion** wurde aus der Pharmakologie abgeleitet und beschreibt die Technik der Organdurchspülung mit hochwirksamen Medikamenten unter Verwendung von Spritzenpumpen. Bei der Perfusion werden kleine Volumina appliziert, in der Regel bis zu 100 ml. Dies geschieht mit **Spritzenpumpen**, die eine Dosiergenauigkeit von um die $\pm 2\,\%$ erreichen.

Infusion wie Perfusion müssen **therapiegerecht, anwendungssicher** und **patientensicher** durchgeführt werden. Die Anwendungs- und Patientensicherheit kann durch Konstruktion, Design und Sicherheitstechnik beeinflusst werden. Die therapiegerechte Infusion/Perfusion verlangt:

- Eine ausreichende Genauigkeit, wie oben näher beschrieben
- Meist eine möglichst gleichmäßige, pulsationsfreie Förderung
- Bei Perfusion: sofortiger Beginn der Förderung und Applikation ohne Anlaufverluste
- Vermeidung von Luftinfusion
- Anpassung der Infusionstechnik an Einsatzzweck und Einsatzort

Tab. 31.1 Ziele der Infusionstechnik

Therapeutischer Art	Diagnostischer Art
Ausgleich von Flüssigkeits-/Volumenverlusten	Zufuhr von Kontrastmitteln für die Bildgebung
Regulierung des Wasser-Elektrolyt-Haushaltes	Funktionsdiagnostik
Regulierung des Säure-Basen-Gleichgewichts	
Künstliche Ernährung	
Verabreichung von Medikamenten/Zytostatika	

31.3 Physikalisch-Technische Grundlagen

31.3.1 Das Überleitungssystem (Infusionsgerät, -schlauch)

Wichtigster Bestandteil der Infusion unabhängig von der Infusionstechnik ist das Überleitungssystem, durch das der Flüssigkeitsstrom geleitet wird. Entsprechend der Verwendung werden verschiedene Anforderungen an derartige Systeme gestellt. Grundlegende Anforderungen sind:

- Biegsamkeit und Flexibilität, um sich bei Bewegung des Patienten ohne große Übertragung mechanischer Widerstände der wechselnden Situation anpassen zu können
- Ermöglichen eines ausreichenden Volumenstroms in Abhängigkeit von der Viskosität des Flüssigkeitsmediums

Abhängig von der Bewegung eines beliebigen durch ein Rohr strömenden Flüssigkeitselements werden in der Strömungstechnik zwei Grundformen, die **laminare** und die **turbulente** Rohrströmung unterschieden.

31.3.2 Laminare Strömung

Bis zu einem gewissen Geschwindigkeitsbereich bleibt ein Volumenelement auf einer zur Rohrachse parallelen geradlinigen Bahn, wobei die Strömungsgeschwindigkeit konstant bleibt. Aufgrund von Reibungsprozessen zwischen benachbarten Flüssigkeitselementen bzw. zwischen Flüssigkeitselementen und der Wand ist die Geschwindigkeit an jedem Punkt des Rohrquerschnitts unterschiedlich, wobei die maximale Strömungsgeschwindigkeit in der Rohrmitte auftritt und zur Rohrwand hin abfällt (parabolisches v-Profil). Die Beschreibung dieses Prozesses erfolgt durch das **Hagen-Poiseuille'sche Gesetz** (Ohm'sches Gesetz für laminare Strömung):

$$\dot{V} = \int\limits_{0}^{r} 2\pi R_{\text{Zyl}} v(R_{\text{Zyl}}) \, \mathrm{d}R_{\text{Zyl}} = \frac{\pi \Delta p}{8\eta L} r^4 \quad \text{bzw.}$$

$$\Delta p = R\dot{V} \quad \text{mit } R = \frac{8\eta L}{\pi r^4} \tag{31.1}$$

Dabei besteht folgender Zusammenhang zwischen Druckkraft F_p und Volumenstrom:

$$F_p = \pi r^2 \Delta p \quad \text{bzw.} \quad F_p = \frac{8\eta L}{r^2}\dot{V} \tag{31.2}$$

Der für eine bestimmte Flüssigkeitsströmung erforderliche Druck ist damit abhängig vom Volumenstrom $\dot{V}$ und dem Strömungswiderstand R_x. Der Strömungswiderstand R (an der Stelle x) wird beschrieben durch die Viskosität η, die Rohrlänge L und dem Rohrradius r. Dabei ist die Blutzirkulation bis auf wenige Abweichungen wie z. B. in der Aorta oder der Vena Cava als laminar anzusehen.

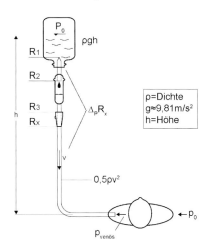

Abb. 31.1 Schematische Darstellung des Energieerhaltungssatzes am Beispiel der Infusion

31.3.3 Turbulente Strömung

Der Umschlag zwischen laminarer und turbulenter Strömung ist abhängig von der **Reynolds-Zahl**. Die Strömung ist laminar für sehr kleine Werte. In Rohren findet man den Umschlag zu turbulenter Strömung etwa bei einer Reynolds-Zahl von 1000 bis 2000. Beim Umschlag zu turbulenter Strömung wächst der Strömungswiderstand erheblich, er ist dann nicht mehr proportional zum Volumenstrom, sondern lässt sich durch ein quadratisches Strömungsgesetz annähern:

$$\Delta p \approx R\dot{V}^2 \tag{31.3}$$

31.3.4 Energieerhaltungssatz am Beispiel der Schwerkraftinfusion

Ausgangspunkt ist, dass die Summen der Energien an jeder Stelle des betrachteten Systems konstant sind, d. h., die Gesamtenergie eines Volumenelements im Infusionsbehälter ist genau so groß wie die Gesamtenergie eines strömenden Volumenelements in der Infusionsleitung, vgl. Abb. 31.1. In der Infusionstechnik finden wir Lage-, Druck- und Bewegungsenergie vor.

Es folgt eine Betrachtung des Volumenelements an verschiedenen Punkten:

- Im Vorratsbehälter: Druck- und Lageenergie:

$$p_0 + \rho g h = \text{const} \tag{31.4}$$

- Freihängendes Infusionssystem (Schlauchende als Bezugssystem): Druck + Bewegungsenergie:

$$p_0 + 0{,}5\rho v^2 = \text{const} \tag{31.5}$$

- Nach Energieerhaltungssatz gilt dann:

$$p_0 + \rho g h = p_0 + 0{,}5\rho v^2 \tag{31.6}$$

Teil V

Mit $v = \frac{\dot{V}}{A}$ ergibt sich eine Berechnungsgleichung für die maximale Infusionsrate ohne venösen Gegendruck und ohne Flüssigkeitsreibung (ideale Strömung) – das Torricelli'sche Ausströmungsgesetz mit A für die Fläche bzw. Querschnitt:

$$v = \sqrt{2gh} \quad \text{bzw.} \quad \dot{V} = \frac{\pi}{4}d^2\sqrt{2gh} \qquad (31.7)$$

Dieses liefert aber wegen der Vernachlässigung der Flüssigkeitsreibung und der real vorhandenen Strömungswiderstände zu hohe Infusionsraten. Aus diesem Grund muss für jeden Abschnitt des Infusionssystems ein Verlustdruck infolge des Strömungswiderstandes R eingeführt werden. Hier greifen die Betrachtungen zur laminaren und turbulenten Strömung. Das Energieerhaltungsgesetz bzw. das **Bernoulli'sche Gesetz** für ein Schwerkraftinfusionssystem mit reibungsbehafteter Strömung lautet dann:

$$\rho g h = p_{\text{venös}} + 0{,}5\rho v^2 + \Delta p \qquad (31.8)$$

Der Umgebungsdruck p_0 ist dabei vernachlässigbar, da er auf beiden Seiten der Gleichung enthalten ist. Dabei ist $\rho g h$ der hydrostatische Druck, $p_{\text{venös}}$ der venöse Gegendruck, $0{,}5\rho v^2$ der Staudruck und Δp der Verlustdruck.

Mit Hilfe dieses Zusammenhangs kann die Infusionsrate bestimmt werden. Die Infusionsrate ist damit eine Funktion der Höhendifferenz zwischen Vorratsbehälter und Patient, dem venösen Gegendruck, der Widerstände in den einzelnen Schlauchabschnitten und der Viskosität der Infusionslösung.

31.4 Schwerkraftinfusion

Bei der Schwerkraftinfusion macht man sich die Höhendifferenz zwischen Infusionsbehälter und Patient zu nutze. Diese bestimmt den **hydrostatischen** Druck und damit die Flussgeschwindigkeit, die z. B. durch Rollenklemmen, welche eine kontinuierlich Verengung des Schlauchquerschnitts ermöglichen, noch nachgeregelt werden kann. Die Volumenstromänderung durch Höhendifferenz beträgt rund 0,3 % je 1 cm.

Die wichtigsten Komponenten der Schwerkraftinfusion sind der Infusionsbehälter mit Lösung, Infusionsständer, Infusionsbesteck mit Tropfkammer, Verbindungselemente, Filter und die Verweilkanüle. Es finden überwiegend Einmalartikel Anwendung, die max. 24 h im Einsatz bleiben dürfen. Die Tropfenkammer hat dabei vor allem die Funktion der visuellen Kontrolle des Infusionsverlaufs und der Infusionsrate anhand der Tropfenrate.

Ein großer Nachteil der Schwerkraftinfusion sind die hohen Ungenauigkeiten in der Volumenstromdosierung. Hierbei haben folgende Faktoren Einfluss auf das Tropfenvolumen:

- Tropfrohr (Durchmesser, Form, Toleranzen)
- Tropfenbildungsgeschwindigkeit (Mitnahme von zusätzlichen Flüssigkeitsanteilen)
- Eigenschaft der Flüssigkeit (Dichte, Oberflächenspannung)
- Umgebungseinflüsse (Druck und Temperatur)

Für ein Standardinfusionsgerät nach ISO kann überschlägig folgendes Verhältnis angesetzt werden: **20 Tropfen entsprechen 1 ml** $\pm$**10 %** (bei Einsatz von destilliertem Wasser, 20 °C).

Während der Anwendung können sich die Eigenschaften des Schlauchmaterials und der Querschnitt des Schlauchs ändern. Der Einfluss des Schlauchradius geht dabei mit der 3. Potenz in die Änderung des Volumenstroms ein.

Eine Optimierung der Schwerkraftinfusion ist durch mechanische Durchflussregler möglich, die einen konstanteren Fluss ermöglichen, aber nicht die Nachteile der Schwerkraftinfusion beheben können. Eine Optimierung der Regelung des Volumenflusses über die Tropfenrate ist nur eingeschränkt geeignet, da das Tropfenvolumen stark variieren kann. Reicht die Höhendifferenz und der damit erzeugte hydrostatische Druck nicht aus, um eine bestimmte Flussrate zu erzielen, kann mit Hilfe von Druckmanschetten kurzfristig der Arbeitsdruck erhöht werden. Voraussetzung hierfür ist die entsprechende Druckfestigkeit des Infusionsbehälters und des Überleitsystems.

Grundlage für die Berechnung der Infusionsgeschwindigkeit bzw. der Menge ist das Tropfenvolumen und die Tropfgeschwindigkeit. In der Routine wird meist mit 1 Tropfen/min = 3 ml/h gerechnet.

$$\frac{\text{Infusionsmenge [ml]} \cdot 20\,\text{Trp/ml}}{\text{Infusionsdauer [h]} \cdot 60\,\text{min/h}} = \frac{\text{Gesamttropfenzahl}}{\text{Infusionsdauer [min]}}$$
$$= \frac{\text{Tropfen}}{\text{Minute}}. \qquad (31.9)$$

Die Infusionsrate bei der Schwerkraftinfusion ist durch die hydrostatische Druckdifferenz begrenzt. Zur Erzielung höherer Förderraten sind daher technische Hilfsmittel, wie Infusionspumpen, erforderlich. Richtlinien für die Infusionsgeräte finden sich in der ISO 8536-8.

31.5 Grundlagen der apparategestützten Infusionstechnik

Infusionspumpen unterscheiden sich im Förderantrieb und der Regelung bzw. Steuerung der Infusionsrate. Die Dosiergenauigkeit hängt dabei hauptsächlich vom Überleitsystem und der Art der Regelung/Steuerung ab.

31.5.1 Tropfenregelung

Die Dosierung der Infusion erfolgt indirekt über die Bestimmung der fallenden Tropfen pro Minute. Dies geschieht mit Hilfe eines **Tropfensensors**. Hier wird die Geschwindigkeit der Pumpe so lange verändert, bis die am Tropfensensor registrierte Tropfenzahl mit der voreingestellten übereinstimmt. Der Tropfensensor dient neben der Regelung der Infusionsrate ebenfalls zur Kontrolle der Förderunterbrechung.

Die volumetrische Genauigkeit, die hierbei erzielt wird, liegt im Bereich von $\pm$10 %, trotz der Möglichkeit cine hohe Tropfgenauigkeit zu erzielen. Die Ursache für die noch sehr hohen Ungenauigkeiten im applizierten Volumen sind auf die Ungenauigkeiten des Tropfenvolumens zurückzuführen (Viskosität, Geschwindigkeit der Tropfenbildung, Überleitsystem).

31.5.2 Volumensteuerung

Die Dosierung erfolgt direkt bezogen auf das applizierte Volumen. Das Fördervolumen ist determiniert durch Leitungsquerschnitt und Länge des abgequetschten, quasi zylinderförmigen Leitungsabschnitts. Hierbei werden besondere Ansprüche an das verwendete Überleitsystem gestellt. Diese verfügen über einen speziellen, genau kalibrierten Schlauchabschnitt, in der Regel aus Silikon gefertigt, der die Eigenschaft besitzt nach mechanischer Verformung wieder seinen Ausgangszustand anzunehmen (Rückstellvermögen). Die hier erzielbaren Genauigkeiten liegen im Bereich von $\pm 5\,\%$, unter der Voraussetzung, dass nur genormte und für die entsprechenden Geräte zugelassene Überleitsysteme Anwendung finden.

Eine andere Möglichkeit der Volumensteuerung bietet der Einsatz von **Volumenmesskammern**. Mit Hilfe einer derartigen Messkammer lassen sich Genauigkeiten von ± 1–$2\,\%$ in der Einregelung und Wiederholbarkeit erreichen.

31.5.3 Infusion

Infusionspumpen können nach ihrer Förderart in zwei Kategorien unterteilt werden:

- Pumpen mit kontinuierlicher Förderung: Rollenpumpen, Schieberperistaltikpumpen
- Pumpen mit diskontinuierlicher Förderung: Kolbenpumpen, Membranpumpen

Rollen- wie auch Schieberperistaltikpumpen benötigen einen Pumpenschlauch als kalibriertes Förderelement. Hier liegen die größten Unsicherheiten bei der Bestimmung der applizierten Fördermenge.

31.5.3.1 Rollenpumpen

Bei Rollenpumpen finden gefederte Rollen in Kombination mit Führungsrollen Anwendung, wobei mittels einer Peristaltikbewegung die Pumpwirkung erzielt wird. Auch das Gegenlager, der Stator, ist hierbei federnd ausgeführt, um eine zu große mechanische Belastung des Schlauches zu vermeiden und optimalen Anpressdruck zu gewährleisten. Dabei kann aber nicht die mögliche Bildung von Abrieb im Innenlumen des Pumpenschlauchs vermieden werden. Auch durch verbesserte Schlauchmaterialien konnte hier kaum Abhilfe geschaffen werden. Aus diesem Grund ist dieses Pumpenprinzip nur für einen zeitlich begrenzten Schlaucheinsatz geeignet. Es wird bis auf einige Spezialanwendungen (**Blutpumpen**) kaum noch angewendet. Wichtig bei diesem Pumpenbetrieb ist, dass der Schlauch an mindestens einer Stelle durch eine Rolle abgedrückt wird, um so ein Rücklaufen der Flüssigkeiten zu verhindern.

31.5.3.2 Schieberperistaltikpumpen

Am häufigsten finden Schieberperistaltiken als Pumpenprinzip Verwendung. Hier werden mehrere Schieber durch eine Nockenwelle so angetrieben, dass diese im Verlauf einer Nockenwellenumdrehung eine **sinusförmige Welle** durchlaufen. Ein häufig zusätzlich verwendeter Steuerschieber verhindert das Durchlaufen der zu applizierenden Flüssigkeit in der Phase des Freiwerdens des letzten Schiebers und des Eingreifens des ersten Schiebers der Pumpperistaltik. Die Methodik der Schieberperistaltik wird meist in senkrechter Richtung angewendet, man findet aber auch Queranordnungen. Um eine optimale Okklusion zu erzielen, ist es vorteilhaft die Schieberperistaltik federnd auszuführen oder gegen ein gefedertes Gegenlager laufen zu lassen. Der Federmechanismus mit Zwangsdruckbegrenzung dient im Weiteren dazu, den unkontrollierten Druckaufbau im Überleitsystem zu vermeiden.

Die Unterbrechung der Förderrate der Flüssigkeit oder das Gegenteil dazu, der freie Fluss, werden bei beiden Pumpenarten, über einen **Tropfensensor** erfasst.

31.5.3.3 Membranpumpen

Eine hohe Fördergenauigkeit von $\pm 2\,\%$ bei kleinen Förderraten kann mit Hilfe von Membranpumpen erzielt werden. Dies liegt im Prinzip der Pumpe begründet, die mit Membrankammern arbeitet, deren Volumen definiert ist. Am verbreitetsten sind Doppelmembranpumpen.

Nachteile dieser Pumpenart sind zum einen die pulsierende Förderung und zum anderen die aufwendigen und damit teuren Überleitsysteme, da diese aus Infektionsgefahr nur maximal 24 h Verwendung finden dürfen.

31.5.3.4 Weitere Pumpenarten

Zur Vollständigkeit seien noch folgende Pumpenarten erwähnt, auf die aber nicht näher eingegangen wird:

- Patient-Controlled-Analgesia(PCA)-Pumpen dienen der bedarfsabhängigen Medikamentenapplikation z. B. im Bereich der Schmerzmitteldosierung
- Spezielle Medikamentenpumpen z. B. für die Insulintherapie oder Schmerztherapie zum Teil mit Spezialfunktionen wie einer Anpassung an den Biorhythmus unter Zuhilfenahme der Pharmakokinetik
- Ambulante tragbare Pumpen für die Chemo-, Schmerz- oder Hormontherapie
- Implantierbare Pumpen für eine uneingeschränkte Bewegungsfreiheit
- Substitutionspumpen für die Hämofiltration mit Bilanzierungssteuerung
- Blutpumpen mit speziellen technischen Anforderungen an einen schonenden Transport, damit es nicht zur Erythrozytenverformung bzw. mechanischen Hämolyse kommt. Die Anwendung erfolgt z. B. bei künstlicher Niere oder in der Herz-Lungen-Maschine

Teil V

31.5.4 Perfusion

Bei der Perfusion erfolgt die Applikation von Infusionslösungen mittels Spritzenpumpen (auch Perfusor) und einer speziellen Maschinenspritze. In den meisten Fällen finden diese Pumpen Verwendung, um hochwirksame Medikamente verabreichen zu können. Durch spezielle auf die Spritzenpumpe angepasste Spritzen (Spritzengröße üblicherweise 20, 50 und 100 ml) kann eine hohe Dosiergenauigkeit von ±2 % erreicht werden. Die Förderraten sind hier sehr gering z. B. 1 ml/h. Die Entleerung der Infusionsspritzen erfolgt mit Hilfe eines Präzisionslinearantriebs. Insbesondere bei sehr kleinen Förderraten ist es wichtig, dass es zu keinen Anlaufverzögerungen durch den Antriebsmechanismus kommt.

Einige Pumpenarten ermöglichen den gleichzeitigen Einsatz mehrerer Spritzen. Neben der kontinuierlichen Infusion bieten die meisten Spritzenpumpen auch die Möglichkeit der zusätzlichen **Bolusgabe**. Eine weitere Besonderheit spezieller für die Medikation ausgerichteter Spritzenpumpen ist die auf das Körpergewicht bezogene Förderratenvorgabe des Wirkstoffs in µg/kg/min.

Die spezielle Ausführung von Spritzenpumpen erfolgt meist Funktionsbezogen, so existieren:

- Standardperfusoren mit Möglichkeit zur Bolusgabe
- Doppelspritzenpumpen
- Perfusoren für die Neonatologie
- Ernährungspumpen für die Neonatologie
- Perfusoren zur patientenkontrollierten Schmerztherapie (PCA) (der Patient kann den Abruf des Analgetikums durch Knopfdruck in gewissen Grenzen selbst steuern; Parameter wie Dosis und Abrufhäufigkeit werden vom Arzt vorprogrammiert)
- Anästhesie-Perfusor (z. B. für die totale intravenöse Anästhesie; Einsatz in der Neurochirurgie, Thoraxchirurgie)
- Blutspiegel gesteuerter Anästhesie-Perfusor auf Basis pharmakokinetischer Modelle

31.5.5 Parallelinfusion

Die Parallelinfusion ermöglicht die gleichzeitige Infusion verschiedener Flüssigkeiten. Sie findet insbesondere in der Intensivtherapie und der Chemotherapie Anwendung. Für die Zusammenführung der Systeme werden spezielle standardisierte Verbindungsstücke in das Überleitsystem eingesetzt.

Die gleichzeitige Anwendung mehrerer Infusionssysteme wird mit Hilfe eines Infusionsmanagers überwacht und gesteuert. Dabei werden vor allem folgende Merkmale überwacht:

- Fördermenge, Bolusgabe
- Luftinfusion
- Beschädigungen oder Lösung von Verbindungsstücken
- Druck
- Fehlförderung (Rückfluss)

Luftinfusion kann erfolgen z. B. durch Leerlaufen einer Schwerkraftinfusion in Kombination mit einer Infusionspumpe, durch unzureichende Entlüftung oder einem Fehler in der Anwendung. Die dadurch entstehenden Luftembolien stellen ein deutliches Patientenrisiko dar und sind daher genau zu überwachen (vgl. auch Lufterkennungssystem).

31.5.6 Sicherheitstechnik

Während der Infusionstherapie bestehen verschiedene Gefahrenquellen. Diese sind u. a. das Zuführen von Partikeln, die ggf. aufgrund einer mechanischen Manipulation erzeugt wurden (Abrieb), Verunreinigungen in Behältnissen oder das Einschleppen von Keimen.

Zum Schutz des Patienten werden hierfür folgende Filterarten verwendet:

- Hydrophobe Filter zur Verhinderung des Durchtritts von Luftblasen
- Filter für die Infusion von kristallinen Lösungen und Medikamenten
- Filter für die Infusion von lipidhaltigen Lösungen

Neben Filtern finden verschiedene funktionsbezogene Sensoren Anwendung, um eine sichere Infusionstherapie zu ermöglichen.

31.5.6.1 Tropfensensor

Tropfensensoren detektieren die Tropfrate, die bei tropfengeregelten Infusionspumpen zur Ansteuerung der Regeleinrichtung bzw. des Pumpenantriebs genutzt werden. Bei volumetrischen Infusionspumpen übernimmt der Tropfensensor die Überwachung der Infusion (Detektion von Leerlauf bzw. Durchfluss).

31.5.6.2 Drucksensor

Ein federnd gelagerter Pumpmechanismus kann zum Druckabbau (bei vollständigem Verschluss) beitragen, indem bei steigendem Druck auf die Feder eine Unterbrechung der Förderleistung erfolgt. Der Tropfensensor registriert dabei zusätzlich die Unterbrechung und führt zur vollständigen Abschaltung der Pumpe. Bei Spritzenpumpen ist ebenfalls durch federnd gelagerte Spritzenhalterungen ein Druckabbau bei erhöhtem Druck im Überleitsystem gegeben. Eine Möglichkeit schon früher auf Druckerhöhungen zu reagieren, bieten Membrankammern in Einmalleitungen, die in entsprechende Drucksensor-Aufnahmen der Infusionspumpe eingelegt werden. Hier kann je nach Empfindlichkeit ein Alarm bereits ausgelöst werden, bevor es zum vollständigen Verschluss im System kommt.

31.5.6.3 Lufterkennungssystem

Neben dem Tropfensensor, der vor allem zur Detektion des Leerlaufens des Infusionsbehälters dient, wird nicht selten ein zweites zusätzliches Lufterkennungssystem auf dem Leitungsweg zwischen aktivem Pumpenelement und Patient eingesetzt.

Teil V

Diese Systeme erkennen mittels Ultraschall Luftblasen (Mikroblasen) im Leitungssystem und führen bei Überschreitung eines Grenzwertes zu einem Alarm und zum Abschalten der Pumpe. Der Grenzwert für Luftinfusion ist umstritten, da die Auswirkungen einer Luftinfusion von der eingedrungenen Menge und der Geschwindigkeit des Eintritts abhängig sind. Demzufolge werden zwei Grenzwerte gleichzeitig angesetzt, die Größe der Einzel-Luftblase und die Kumulierung der Volumina von Luftblasen über einen definierten Zeitraum, da diese sich an einem Punkt sammeln können. Lufterkennungssysteme werden eigensicher ausgeführt, d. h., sie müssen sich in regelmäßigen Abständen selbst testen und bei Ausfall Alarm geben.

31.5.6.4 Heizimpuls-Geber und Wärmesensor

Heizimpuls-Geber finden bei Parallelinfusion zur Überwachung der Flussrate Verwendung. Mit Hilfe von an die Flüssigkeit abgegebenen Heizimpulsen, die durch einen Wärmesensor erfasst und dann ausgewertet werden, ist über den Temperaturverlauf eine Aussage zur Förderrate möglich. Jede Änderung im Temperaturverlauf ist auf eine Veränderung in der Förderrate zurückführbar.

Literatur

1. Deutsches Institut für Normung (DIN) (2015) DIN EN ISO 8536-8:2015-11: Infusionsgeräte zur medizinischen Verwendung – Teil 8: Infusionsgeräte zur einmaligen Verwendung mit Druckinfusionsapparaten (ISO/DIS 8536-8:2015); Deutsche Fassung EN ISO 8536-8:2015
2. Kramme R (1997) Medizintechnik – Verfahren, Systeme und Informationsverarbeitung. Springer, Berlin, Heidelberg https://doi.org/10.1007/978-3-662-08644-5
3. Obermayer A (1994) Physikalisch-Technische Grundlagen der Infusionstechnik Teil 1. mt-Medizintechnik 114/4:144–147
4. Obermayer A (1994) Physikalisch-Technische Grundlagen der Infusionstechnik Teil 2. mt-Medizintechnik 114/5:185–190

Aufgaben

31.1 Welche Tropfrate muss bei Verwendung eines Standardüberleitgerätes eingestellt werden, wenn einem Patienten innerhalb von 12 Stunden 500 ml Kochsalzlösung appliziert werden sollen?

31.2 Welcher Druck muss von einer Spritzenpumpe bei einer Förderrate von 2 ml/h zur Aufrechterhaltung der Infusionsrate geleistet werden? (Bemerkung: Aufgrund sehr kleiner Förderraten kann der Verlustdruck und die Bewegungsenergie vernachlässigt werden.)

31.3 Durch welche Größe ist die volumetrische Genauigkeit von tropfengeregelten Infusionspumpen determiniert?

Teil V

Maschinelle Beatmung und Narkose

32

Ute Morgenstern und Olaf Simanski

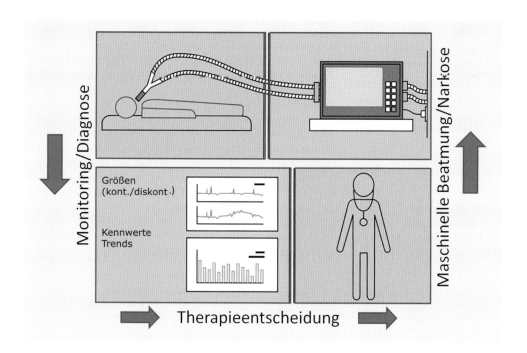

Teil V

© Springer-Verlag GmbH Deutschland, ein Teil von Springer Nature 2018
W. Schlegel, C.P. Karger, O. Jäkel (Hrsg.), *Medizinische Physik*, https://doi.org/10.1007/978-3-662-54801-1_32

32.1 Maschineller Ersatz von Teilfunktionen der Atmung

Über die Atmung gewährleistet der Organismus hauptsächlich Sauerstoff- und Kohlendioxidaustausch mit der Umgebung, um durch Glukoseverbrennung Energie für alle lebenswichtigen Stoffwechselprozesse gewinnen zu können [2]:

$$C_6H_{12}O_6 + 6\,H_2O + 6\,O_2 \xrightarrow{\text{Energie (38ATP)}} 6\,CO_2 + 12\,H_2O \tag{32.1}$$

Diese „innere Atmung" ist auf Transportprozesse zur Zu- und Abführung von Glukose, Wasser und der Atemgase angewiesen:

- Diffusion der Atemgase über die zellulär-kapilläre Membran
- konvektiver Transport der Gase durch Perfusion des Organismus über den Blutkreislauf
- Diffusion der Gasphasen über die alveolo-kapilläre Membran zwischen Blut und Lungenbläschen
- diffusiver wie konvektiver Transport von O_2 und CO_2 zwischen Alveolarbereich und Umgebung, die „äußere Atmung", die Ventilation der Lunge.

Über das Atemzentrum im verlängerten Rückenmark (*Medulla oblongata*) wird der Prozess in Ruhe über CO_2, unter Belastung über O_2 und den pH-Wert geregelt. Ist die normale Atemfunktion gestört, lassen sich die Gaswechselprozesse maschinell ergänzen oder ersetzen, um eine möglichst ungestörte biologische Oxidation in den Körperzellen aufrechtzuerhalten. Dafür steht eine Reihe therapeutischer Möglichkeiten zur Verfügung, siehe Abb. 32.1.

Das am häufigsten während Operationen und auf Intensivtherapiestationen wie auch bei der Heimbeatmung (intermittierende Selbstbeatmung ISB) angewendete Verfahren ist die maschinelle Überdruckbeatmung (*Mechanical Ventilation*). Neben der Kürassbeatmung zur normofrequenten mechanischen Atemunterstützung bei physiologischen Druckverhältnissen (Atemfrequenz Af $\approx$ 10 ... 16 min^{-1}) lässt sich der Thorax mittels Hochfrequenzbeatmung (HFV, Af $\approx$ 300 ... 3000 min^{-1}) mechanisch relativ gut stabilisieren, z. B. für eine Bronchoskopie oder Operation im Bauch- oder Thoraxraum, und bietet ausreichend Gaswechsel bei offen gehaltenen Alveolen beispielsweise bei respiratorisch insuffizienten Neonaten oder Patienten mit akutem respiratorischem Atemnotsyndrom ARDS. Für mit Ventilatoren nicht mehr optimal beherrschbare Intensivpatienten stehen Methoden der extrakorporalen Membranoxigenierung (ECMO) und der Kohlendioxid-Elimination (ECCO2) als extrakorporale Lebensunterstützung (*Life Assist*, ECLA; *Life Support*, ECLS) ergänzend zur Verfügung. Die elektrische Zwerchfellstimulation (direkte Diaphragmastimulation, DDS) wird hauptsächlich unterstützend bei neuronal bedingter Hypoventilation angewendet, z. B. bei Patienten mit amyotropher Lateralsklerose (ALS) oder Paraplegie (Querschnittslähmung).

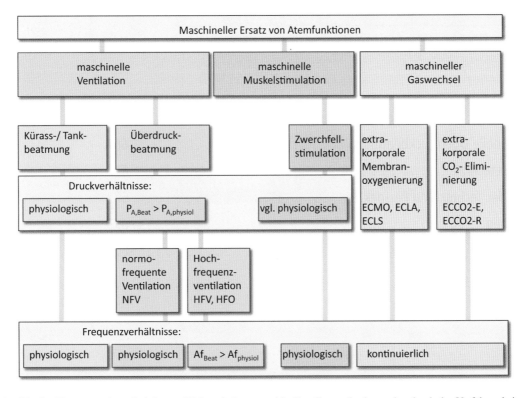

Abb. 32.1 Maschineller Ersatz von Atemfunktionen. Während eines maschinellen Gaswechsels werden durch das Verfahren keine atmungsähnlichen Druckwechsel im Thoraxinnenraum generiert. Die bei Zwerchfellstimulation erzeugten Drücke sind mit physiologischen Verhältnissen während Spontanatmung bzw. Unterdruckbeatmung vergleichbar, aber nicht identisch

Teil V

32.2 Maschinelle Überdruckbeatmung

32.2.1 Indikationen für einen Ersatz der Ventilationsfunktion

Maschinelle Ventilation kann nur helfen, wenn alle anderen Teilprozesse der spontanen Atmung korrekt funktionieren. Bildet man technisch die spontane Ventilation in physiologischer Weise nach, wird im natürlichen Atemrhythmus außen am Thorax des zwar atemgelähmten oder -geschwächten, aber wachen Patienten ein Unterdruck gegenüber dem Umgebungsdruck appliziert, um die defekte Atemmuskelaktivität des Patienten zu simulieren. Diese Tankbeatmung (engl. *tank* = Panzer, Kürass) wurde in der Vergangenheit mittels „Eiserner Lunge" vornehmlich während der Vor- und Nachkriegszeit im 20. Jahrhundert zur Therapie bei Kinderlähmung eingesetzt. Heute bietet die Kürass-Beatmung (frz. *cuirasse* = Lederpanzer) die Möglichkeit, über druckdicht angepasste Brust- und Rückenwesten einen nichtinvasiven Unterdruck in der Lunge zu erzeugen, um die Inspiration (Einatmung) in Gang zu setzen. Ausgeatmet wird passiv durch die elastischen Rückstellkräfte von Lunge, Thorax und Zwerchfellmuskulatur. Beide Unterdruckverfahren lassen sich weder während Operationen unter Narkose noch bei langzeitzubeatmenden schwerkranken Intensivpatienten anwenden, da durch die körperbedeckende Gerätetechnik keine ausreichende Pflege zugelassen wird. Für diese Anwendungsfälle sowie für langdauernde Atemunterstützung bzw. eine verbesserte Sauerstoffversorgung bei Heimbeatmung wird die unphysiologische Überdruckbeatmung verwendet. Das Beatmungsgerät insuffliert inspiratorisch ein temperiertes und angefeuchtetes Atemgasgemisch im normalen Atemrhythmus in die Lunge, gefolgt von (größtenteils) passiver Ausatmung. Beatmet werden damit lungengesunde Patienten, wenn der Arzt für Operation oder Intensivbehandlung die Eigenatmung des Patienten mittels Narkose unterdrückt, oder die Atmung ausgefallen ist (*Apnoe*). Beatmet werden auch Patienten mit pathologischen Veränderungen im respiratorischen System und demzufolge unzureichender Spontanatmung (respiratorische Insuffizienz) zu therapeutischen Zwecken. Eine Überdruckintensivbeatmung kann damit Wochen oder Monate bis zu Jahren dauern, und der Patient kann bewusstlos, unter Narkose oder auch im wachen Zustand bei Schmerzunterdrückung ventiliert werden.

32.2.2 Ziel und Funktionsprinzip der maschinellen Überdruckbeatmung

Bei der maschinellen Überdruckbeatmung wird die spontane Ventilation des Patienten mittels Ventilator (Beatmungsgerät, engl. *ventilator* oder auch *respirator*) und diversen Zusatzgeräten und Adaptern für die Konditionierung und Applikation des Gasstroms zum und vom Patienten ergänzt oder ersetzt. Die dazu nötige Technik kooperiert mit der „biologischen Komponente" Patient (respiratorisches System, Herz-Kreislauf-System, ...) in einem biologisch-technischen Regelkreis. Wie generell beim Einsatz biomedizinischer Technik wird auch bei der Entwicklung, Herstellung und Anwendung von Beatmungstechnik größter Wert darauf gelegt, die therapeutische Zielstellung durch optimale Anpassung der Technik an die individuelle Situation des Patienten umzusetzen. Die Gerätetechnik soll sich an erhalten gebliebene Eigenfunktionen des Patienten anpassen und so wenig invasiv wie möglich zur schnellstmöglichen Wiederherstellung der vollständigen Eigenatmung des Patienten unter geringstmöglicher Beeinträchtigung anderer Körperfunktionen beitragen. Um das aufgebrochene biologische Regelsystem technisch schließen zu können, sind sowohl der Patientenzustand als auch der gesamte technische Teil des Beatmungsprozesses möglichst kontinuierlich und so wenig invasiv wie möglich zu überwachen. Die Funktionalität der Gerätetechnik hinsichtlich Diagnose, Entscheidungsfindung und Therapie ist über eine verständliche und an das sensorische, kognitive und aktorische Vermögen des medizinischen Personals angepasste Bedienoberfläche zugänglich zu machen. Die Sicherheit des Patienten wie des medizinischen Personals ist zu beachten, genauso wie ein regulatorisch korrekter und wirtschaftlicher klinischer Betrieb des Gerätesystems [8].

Damit ergibt sich die diagnostisch-therapeutische Schleife im Intensivbeatmungsprozess (Abb. 32.2) durch die Einstellung der Steuergrößen und -parameter am Beatmungsgerät aufgrund des Wissens und der Erfahrung des Anästhesisten bzw. Intensivmediziners und der Verarbeitung der Monitoring-Informationen über den gesamten Prozess.

32.2.3 Aufgaben der Beatmungstechnik

Die Gerätetechnik zur maschinellen Beatmung hat folgende Funktionen zu übernehmen:

- Applikation des Atemgasstroms am Patienten durch Ventilation (Volumenverschiebung): Einstellen von Ventilationsmodus, -form und -muster mittels P- bzw. V'-Quellen (Druck: P; Flow, Volumenstrom: $V' = dV/dt$; Volumen: V; Zeit: t), Strategie der Zyklussteuerung bei Adaption an die Patientensituation inkl. Entwöhnung, einstellbar über eine Bedienoberfläche zur Wahl der Steuergrößen und -parameter
- Konditionierung des Atemgases: Zusammensetzung (Mischung), Anfeuchtung und Erwärmung
- ventilatorinternes wie patientennahes Monitoring und Entscheidungsunterstützung: Sensorik zur Erfassung der Biosignale, Überwachung von Prozessgrößen (Physiologie/Pathophysiologie und Gerätetechnik), Ableiten von Überwachungsparametern und Entscheidungshilfen, intelligente Alarmierung und ggf. geräteinterne Regelung
- Protokollierung: Datenspeicherung, -vernetzung und -präsentation
- Gewährleistung von Patientensicherheit und Gerätezuverlässigkeit.

Das im Ventilator gemischte Atemgas wird zeitvariabel unter dem eingestellten Druck bzw. mit dem geforderten Volumenstrom im entsprechenden Rhythmus dem Patienten zugeführt:

Teil V

Abb. 32.2 Diagnostisch-therapeutischer Regelprozess bei maschineller Überdruckbeatmung, aus [11]

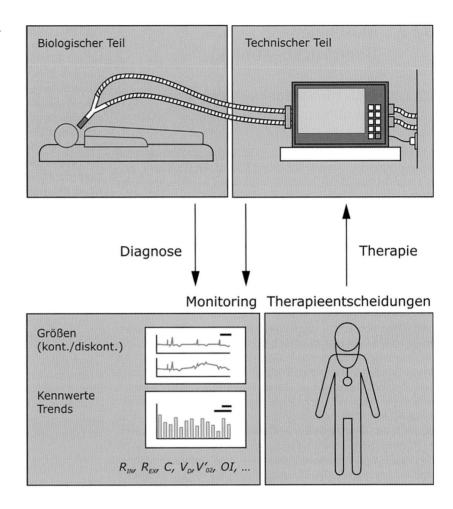

über Beatmungsschlauchsystem, Wasserfalle, Anfeuchter oder Filter („Künstliche Nase") zur Konditionierung, zusätzliche Sensoren, einen Konnektor mit Zugang zum Absaugen von Sekret, das Y-Stück, einen flexiblen Schlauch („Gänsegurgel"), den Tubus über Mund oder Nase oder bei Tracheotomie direkt in die Luftröhre bzw. über eine Atemmaske. Der exspiratorische Schenkel des Beatmungsschlauchsystems führt die Ausatemluft über ein Bakterienfilter und das Exspirationsventil (*Positive-Endexpiratory-Pressure*-Ventil, PEEP-Ventil) des Beatmungsgerätes ab, siehe Abb. 32.3.

Für den Betrieb des Beatmungsgerätes sind medizinisch reine Druckluft und reiner Sauerstoff aus der Klinikgasversorgung bzw. bei mobilen Geräten aus Druckgasflaschen und die Stromversorgung nötig. Schlauchsysteme und Zubehör sind meist Einmalgebrauchsartikel. Einige Geräte zur Gaskonditionierung müssen sterilisierbar sein und ggf. mit Wasser zur Befeuchtung befüllt werden [5–7].

32.2.4 Beatmungsmodi, Ventilationsformen und -muster

Die Menge des dem Patienten zur Verfügung gestellten Atemgases und die Häufigkeit der Atemzüge bestimmen die Effektivität des Gasaustauschs hinsichtlich der stoffwechselabhängigen Energieforderung des Organismus:

$$AMV = V_T \cdot Af \tag{32.2}$$

mit Atemminutenvolumen, Atemzeitvolumen: AMV; Tidal- oder Atemzugvolumen: V_T, Atem-, Beatmungsfrequenz: Af.

Die Regelung der Beatmung erfolgt, indem eine Strategie für die Kooperation zwischen Mensch und Maschine festgelegt wird, siehe Abb. 32.4: Über den Beatmungsmodus wird fixiert, wer welchen Anteil an der zu verrichtenden Atemarbeit erbringt. Bei einem relaxierten und sedierten Patienten wird mit einem kontrollierten (geregelten) Modus (*Controlled Mechanical Ventilation,* CMV) begonnen; die Beatmungsmaschine bestimmt allein über die Art der Ventilation. Treibt eine Volumenstromquelle den Gasstrom an, spricht man von VCV (*Volume Controlled Ventilation*), bei einer Druckquelle von PCV (*Pressure Controlled Ventilation*). Obere Druck- bzw. Volumengrenzen werden eingestellt, um Baro- bzw. Volutrauma (Gewebeschädigung aufgrund erhöhter Druck- oder Volumenbelastungen) zu vermeiden.

Erwacht der Patient langsam aus der Narkose, atmet er zuerst schnell und flach. Hier ist eine assistierende Beatmung angebracht, bei der dem Patienten die Möglichkeit gegeben

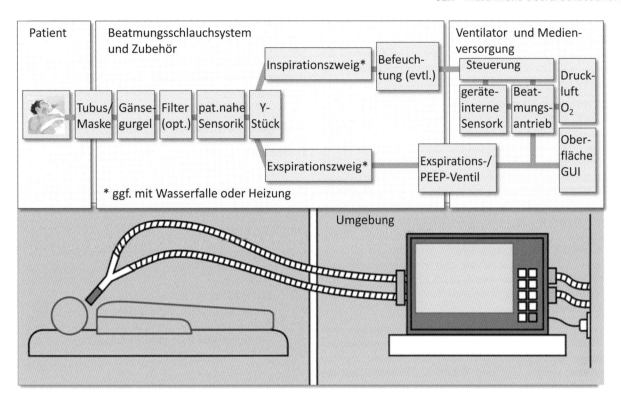

Abb. 32.3 Prinzipschema der Energie-, Stoff- und Informationsflüsse beim Zusammenwirken technischer Geräte mit dem Respiratorischen System des Patienten bei maschineller Beatmung, nach [1]

Abb. 32.4 Beatmungsmodi bei Überdruckbeatmung in der zeitlichen Abfolge während des Entwöhnungsprozesses, nach [1, 11]

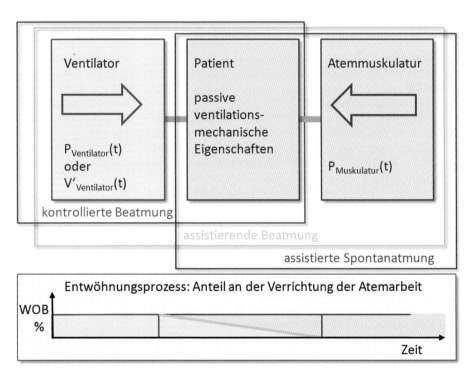

Teil V

wird, seine Eigenatmung langsam zu verstärken und durch Reißen eines Triggers bei Inspiration den Start des maschinellen Atemzugs in Grenzen selbst zu bestimmen. Der Hauptteil der Atemarbeit wird immer noch vom Ventilator übernommen (*Synchronized Intermittent Mandatory Ventilation*, SIMV).

Nach erstarkender Spontanatmung ist der Patient dann selbst in der Lage, einen Großteil des benötigten Atemminutenvolumens zu fördern und auch den Rhythmus zu bestimmen. Die Maschine greift im Folgenden nur noch unterstützend ein (assistierte Spontanatmung, *Assisted Spontaneous Breathing*, ASB), um z. B. ein festgelegtes Minimum an AMV (*Mandatory Minute Volume*, MMV; *Adaptive Support Ventilation*, ASV) zu gewährleisten oder bei wieder beinahe vollständiger Spontanatmung nur noch inspiratorische Druckunterstützung (*Inspiratory Pressure Support*, IPS) zu geben. Auf diese Weise wird der Patient langsam wieder dem Beatmungsgerät entwöhnt (engl. *weaning*). Eine Arbeitspunktanhebung über einen gegenüber dem Umgebungsdruck erhöhten Druck durch PEEP oder CPAP/BiPAP (*Continuous/Biphasic Positive Airway Pressure*) verhindert einen Alveolenkollaps.

Regel- und Sicherheitsmechanismen im Algorithmus des Ventilators verhindern u. a., dass einem erwachenden Patienten kontrollierte Maschinenrhythmen aufgeprägt werden, da dies kontraproduktiv wäre und zum Kampf des Patienten mit der Maschine führen würde (*Ventilator Fighting*). Weiterhin müssen bei obstruktiven und/oder restriktiven respiratorischen Veränderungen erlaubte Maximaldrücke festgelegt werden, um eine irreversible Gewebsschädigung bei Langzeitbeatmung oder gar ein partielles Reißen des Lungengewebes zu verhindern.

Die Ventilationsform gibt innerhalb eines Beatmungsmodus Auskunft über die zeitliche Abfolge der durch das Beatmungsgerät bzw. den Patienten selbst erzeugten Ventilationsmuster:

- Wer verrichtet die Atemarbeit? (Atmet der Patient spontan, arbeitet nur die Maschine, oder sind beide abgestimmt aufeinander durch Triggerung oder Synchronisation aktiv am Beatmungsprozess beteiligt?)
- Wo liegt der „Arbeitspunkt" des Systems? Wird die funktionelle Residualkapazität (FRC) und damit der bei Ausatmung wirksame Umgebungsdruck angehoben durch PEEP/CPAP/BiPAP/AutoPEEP? (AutoPEEP wird auch *Intrinsic* PEEP genannt, dieser PEEP$_i$ stellt sich als Reaktion auf eine unvollständige Exspiration am Patienten ein, z. B. bei Beatmung mit umgekehrtem Atemzeitverhältnis, *Inverse Ratio Ventilation*, IRV.)
- Sind die mechanischen Aktionen zur Volumenverschiebung zwischen Patient und Gerät getriggert oder synchronisiert? (Als einfache Steuergröße lässt sich beispielsweise bei assistierender Beatmung ein Patiententrigger einstellen, der bei Überschreitung einer Druck-, Volumen- oder Flussschwelle durch die Patientenaktion den Einsatz der Beatmungsmaschine auslöst, oder es wirkt ein komplexerer maschineninterner Regelalgorithmus zur Synchronisation von Patienten- und Ventilatoraktivität.).

Das Ventilationsmuster ist definiert als der zeitliche Verlauf der Beatmungsgrößen Druck, Flow und/oder Volumen während eines Beatmungszyklus, bestehend aus den Zeitabschnitten Insufflation, inspiratorischer Pause (es fließt kein Volumenstrom)

und Exspiration. Oft werden die Monitoringgrößen auch als Schleifen (*Loops*) dargestellt, siehe Abb. 32.5.

Eine Vielzahl herstellerspezifischer Beatmungsmuster und -formen werden über folgende, am Ventilator einstellbare Beatmungsparameter (Steuerparameter und Begrenzungen/Freiheitsgrade) festgelegt:

Zeitfolge: Af, I : E, t_{IN}, t_{EX}, t_{Pause}, Trigger (P, V oder V')

Dosierung: V_T, AMV, V'_{ins}, P_V, P_{max}, PEEP/CPAP/BiPAP, $F_{IN,O2}$

Form der insufflatorischen Steuergröße: konstant, sinusförmig, akzelerierend, dezelerierend, ...

mit

I : E	Inspirations-zu-Exspirationszeit-Verhältnis
IN	Inspiration
EX	Exspiration
ins	Insufflation
P_V	Druck, im Ventilator gemessen
P_{max}	maximal zulässiger inspiratorischer Spitzendruck
$F_{IN,O2}$	inspiratorische Sauerstoff-Fraktion.

32.2.5 Bewertung der Wirksamkeit der Beatmung

Anhand der mittels Spiro-, Baro-, Kapno- und Pulsoximetrie, Blutgasanalyse sowie ggf. Bildgebung gewonnenen Monitoringgrößen, daraus abgeleiteter kontinuierlich und diskontinuierlich, invasiv und nichtinvasiv erfasster Messwerte, berechneter Parameter, Kennwerte, Indizes und des Trends dieser Charakteristika lassen sich Ventilationsmechanik, Gaswechsel und der gewünschte Effekt der maschinellen Beatmung, die Aufrechterhaltung der Vitalfunktionen durch Energiegewinnung bei Beatmung, bewerten [6]. Mittels verschiedener Maße werden sowohl die Wirksamkeit als auch die „Invasivität" der Beatmung eingeschätzt, um den Beatmungsprozess patientenbezogen zu optimieren.

32.3 Narkosetechnik

Narkose- und Schmerzmittelgaben sorgen während einer Operation oder auch ggf. bei Intensivbeatmung einerseits für Schmerzfreiheit (Analgesie), andererseits für die Ausschaltung der Spontanatemregelung (Sedierung) und der Muskelaktivität (Relaxation). Weiterhin wird unter Narkose durch die Gabe von Hypnotika bewusst eine temporäre Amnesie (kurzzeitige Ausschaltung des Bewusstseins für die Dauer der Operation) herbeigeführt. Bei Narkoseformen unterscheidet man reine Gasnarkosen, total-intravenöse Anästhesien (TIVA) oder Kombinationsnarkosen. Oftmals wird der Begriff einer balancierten Anästhesie verwendet: Der Anästhesist balanciert dabei die Mittel und Verfahren aus mit dem Ziel, mit geringster Dosis den

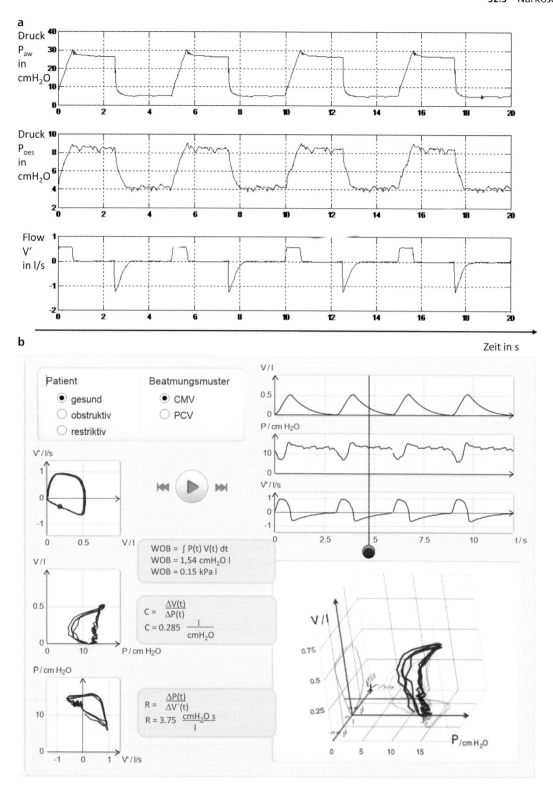

Abb. 32.5 Beatmungsmonitoring der ventilationsmechanischen Größen Druck, Volumen und Volumenstrom. **a** Zeitverläufe der Messgrößen nach Lavage (Lungenspülung) während kontrollierter Überdruckbeatmung mit CMV (VCV) und PEEP mit Paw ... Atemwegsdruck in cmH_2O; Poes ... Ösophagusdruck in cmH_2O; Flow ... Volumenstrom in l/s; V ... Volumen in l, [3]. **b** Darstellung der Atemschleifen (loops) im V'-V-, V-P- und P-V'-Diagramm bzw. dreidimensional bei PSV-Beatmung (PSV ... Pressure Support Ventilation) eines Patienten mit Akutem Lungenversagen und Pneumothorax rechts und der Software-Möglichkeit zur Berechnung der Monitoringparameter WOB ... *Work of Breathing*, Atemarbeit; C ... Compliance und R ... Resistance, nach [3] aus [11]

Teil V

Abb. 32.6 Narkosebeatmung: Gasfluss im Kreissystem bei Spontanatmung, wobei die *blauen Pfeile* die O_2-arme, CO_2-reiche Ausatemluft, die *violetten Pfeile* das Gemisch aus Ausatemluft und Frischgas und die *roten Pfeile* die CO_2-bereinigte Inspirationsluft charakterisieren. Aus [9]. Mit freundlicher Genehmigung des Verlages Walter de Gruyter, Berlin

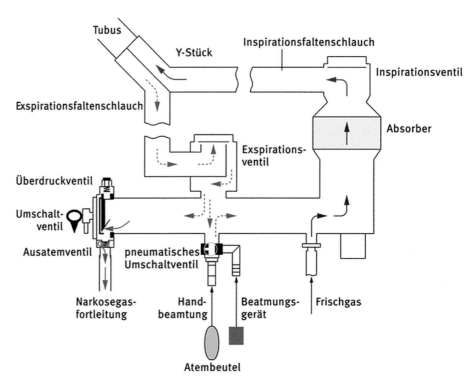

gewünschten Effekt zu erzielen und die Nebenwirkungen möglichst zu minimieren. Bei einer Kombinationsnarkose wird zu Beginn die Aktivität des vegetativen Nervensystems gedämpft, dann werden flüssige Anästhetika intravenös appliziert und/oder eine Narkosegasinhalation aktiviert. Bei Vollnarkose ist wegen der damit verbundenen Atemdepression des Patienten eine Narkosebeatmung unabdingbar. In modernen Narkosebeatmungsmaschinen stehen mit Intensivbeatmung vergleichbare Ventilationsformen und -muster zur Verfügung. Patientenzustand wie Gerätefunktion müssen unter Narkose zwingend überwacht werden [9].

32.3.1 Narkoseformen und -systeme

Volatile (flüchtige) Anästhetika werden dem Patienten über gasspezifische Dosiereinrichtungen (Verdampfer, Verdunster, Vergaser) verabreicht.

Generell unterscheidet man Narkosesysteme nach dem Grad der Rückatmung. In den kaum noch verwendeten Systemen ohne Rückatmung wird der Patient lediglich bei Narkosemittelgabe mit Frischgas belüftet. Gerätetechnik und Narkoseführung dafür sind unaufwändig und reagieren schnell auf veränderten Bedarf. Der Narkosemittelverbrauch ist jedoch hoch, was teuer und umweltschädlich ist. Die Gase, der sogenannte Frischgasflow als Gemisch aus O_2, N_2O/Luft und Narkosemittel, sind beim Eintritt in den Patienten nicht klimatisiert. Diese Nachteile können gemildert werden, indem bei Systemen mit Teilrückatmung ein Teil des Exspirationsgases unter CO_2-Entzug dem Patienten wieder zur Inspiration zur Verfügung gestellt wird. Im Narkose-

system mit vollständiger Rückatmung wird bei geschlossenem Kreislauf nur Kohlendioxid eliminiert, alle anderen Gasphasen (Frischgas, Sauerstoff, Lachgas N_2O, Anästhetika, ggf. Xenon) werden patientenbedarfsgerecht dem geräteinternen Kreislauf zugegeben. Damit ist zwar der gerätetechnische Aufwand erhöht, aber die Narkosen sind für Patient wie medizinisches Personal schonend sowie wirtschaftlich zu realisieren.

Unterteilt man nach der Art der Aufnahme des Gases durch den Patienten, werden Überschuss- (Zugabe von Gasen höher als Aufnahme) und Gleichgewichtssysteme (Aufnahme = Angebot bei Rückatmung) unterschieden.

32.3.2 Aufbau und Funktion des Narkosekreissystems

Der CO_2-Absorber, ein mit einer Mischung aus Kalzium- und Natriumhydroxid (Atemkalk) gefüllter Behälter, kann im In- oder Exspirationsschenkel des Kreissystems mit Rückatmung implementiert sein. Über ein Überdruckventil wird nicht benötigtes Gas abgegeben. Die Narkosegase werden angefeuchtet und erwärmt. Sauerstoff, Lachgas und Druckluft werden für die Anästhesiebeatmung aus der Klinikgasversorgung gespeist oder ggf. aus Druckluftflaschen mit entsprechend reduziertem Druck gemischt. Die flüssigen Anästhetika werden verdampft und dann in modernen Narkosegeräten über elektronische Dosierventile geregelt dem Frischgasstrom zugefügt. Wegen der dabei entstehenden Verdunstungskälte werden Fluss, Druck und Temperatur in die Regelung einbezogen. Werden die Amnesie, die Analgesie oder die Muskelrelaxation durch rein intravenös zu applizierende Medikamente erreicht, so spricht man von einer total-intravenösen Anästhesie (TIVA). Bei ihr ist gegebenenfalls zusätzlich eine Beatmung notwendig. Bei einer balancierten Anästhesie werden sowohl Narkosegase also auch intravenöse Medikamente für die Einleitung und Aufrechterhaltung der Narkose verwendet. Die intravenösen Anästhetika können mittels moderner Spritzenpumpen appliziert werden (*Target-Controlled Infusion*, TCI). Dabei gibt der Anästhesist die gewünschte Zielkonzentration der Medikamente im Blut oder im sogenannten „Effektkompartiment" vor, und anhand eines implementierten Steuerungsalgorithmus applizieren die Pumpen die entsprechenden Medikamente automatisch. Der erreichte Effekt muss jedoch durch ein spezifisches Monitoring überprüft werden.

32.3.3 Monitoring bei Narkose

Im geschlossenen Narkosekreislauf (Abb. 32.6) müssen die Muskelrelaxation wie auch die Hypnosetiefe (Bewusstseinsausschaltung) kontinuierlich diagnostiziert werden, um ggf. entsprechend dem Narkoseziel nachregeln zu können. Beispielsweise werden die inspiratorische Sauerstoffkonzentration und die endexspiratorische Narkosegaskonzentration vorgewählt und bei konstantem Gasvolumen patientenadäquat eingestellt. Druck, Temperatur, O_2-Fraktion, exspiratorisches Volumen und Narkosegaskonzentration werden sensorisch erfasst und überflüssiges Narkosegas über Aktivkohlefilter aus dem Kreislauf entfernt. Sauerstoffverbrauch und CO_2-Produktion lassen sich im dichten System bilanzieren. Neben dem üblichen Patientenmonitoring wie Blutdrücken, Herzfrequenz, Temperaturen etc. inkl. Labortests (*Point-of-Care Testing*, POCT) und der Beobachtung der Narkosetiefe, z. B. mittels HF-Variation, Bispektralindex (BIS), Narkotrend-Index oder weiterer Elektroenzephalographie(EEG)-basierter Parameter werden ggf. Hirndruck und Nierenfunktion mit herangezogen. Charakteristische Parameter wie *Surgical Stress Index* (SSI) und Herzfrequenzvariabilität (*Heart Rate Variability*, HRV) sind in der Diskussion, um zukünftig automatisierte Mehrgrößenregelungen implementieren zu können. Die variable Adaption an die Narkosesituation hilft Narkosemittel zu sparen, Aufwachzeiten zu verkürzen und das Risiko intraoperativer Wachheit zu vermindern [6].

32.4 Stand der Technik und Perspektive

Mit der Weiterentwicklung der Technik werden Beatmungsgeräte immer kleiner, schneller und komplexer in der Datenverarbeitung. Die Ventilatoren sind mit besserer Sensorik wie auch komplexeren Funktionen ausgestattet. Intelligente Algorithmen erlauben nach dem „Ausmessen" der Charakteristika des Patienten eine adaptive Beatmungsregelung, die sich besser an die individuellen Eigenschaften und erkrankungsbedingt wechselnden Bedürfnisse des Patienten anpasst und eine optimale Synchronisation zwischen Mensch und Maschine gestattet. Dabei schlägt sich das generelle Ziel der Reduktion überdruckbeatmungsinduzierter Lungenschäden in verschiedenen Varianten der sogenannten lungenprotektiven Beatmung nieder. Neue Varianten von Ventilationsformen und -mustern bewähren sich: *AutoFlow* ermöglicht jederzeit Spontanatmung bei einem geplanten Tidalvolumen, aber minimiertem Spitzendruck. Bei variabler Beatmung (*Noisy Pressure Support Ventilation*) werden die Steuerparameter im Lauf der Zeit in gewissen Bereichen verändert, um durch ein spontanatemähnliches dynamisches Spiel in der mechanischen Dehnung von Lungen und Thorax die Beatmungsschäden bei Langzeitbeatmeten zu minimieren [10]. Der geräteinterne Regelalgorithmus bei *Intelligent Ventilation* führt bei unkomplizierten Fällen auf der Basis eines spezifischen dynamischen Patientenmodells selbsttätig Beatmungsparameter nach, um die vom Arzt gesetzten Zielgrößen endtidaler CO_2-Partialdruck $p_{et,CO2}$ und arterielle Sauerstoffsättigung S_{aO2} zu erreichen [4]. In Zeiten des demografischen Wandels mit einer hohen Zahl von älteren beatmeten Patienten kann eine sichere und zuverlässige automatische Beatmung Pflegeaufwand minimieren und damit Kosten senken helfen. Der Datenaustausch zwischen den Geräten und dem Kliniknetz ermöglicht ein patienten- und nicht mehr gerätebezogenes modulares Monitoring auch des Beatmungsprozesses vom Transport über die Intensivstation bis zur Entlassung aus der Klinik. Von nächtlicher Heimbeatmung mit erhöhter Sauerstoff-Fraktion als der technisch am einfachsten umzusetzenden Beatmungsform verspricht sich mancher Manager Gesundheitseffekte und größere Leistungsfähigkeit am Tage – hier verschwimmen die Grenzen zwischen medizinischer Indikation zur Therapie und dem Gesundheitsmarkt.

Aufgaben

32.1 Welche Teilprozesse der menschlichen Atmung lassen sich maschinell ersetzen?

32.2 Welche Ventilationsmodi, -formen und -muster unterscheidet man bei Überdruckbeatmung? Erklären Sie den Verlauf der Entwöhnung des Patienten vom Beatmungsgerät!

32.3 Zeichnen Sie ein Prinzipbild, aus dem Funktionalitäten und technisches Zubehör bei maschineller Beatmung hervorgehen, und erläutern Sie den Prozess!

32.4 Worin besteht die Aufgabe der Narkosetechnik? Beschreiben Sie den Regelkreis bei Narkosebeatmung inkl. Monitoring!

32.5 Was versteht man unter lungenprotektiver Beatmung? Erläutern Sie Entwicklungstendenzen bzgl. der Gerätetechnik anhand eines Beispiels!

Teil V

Literatur

1. Dietz F (2014) Beatmungstechnik. In: Werner J (Hrsg) Automatisierte Therapiesysteme. Biomedizinische Technik, Bd. 9. De Gruyter, Berlin
2. Egan DF, Scanlan CL, Wilkins RL, Stoller JK (1999) Egan's fundamentals of respiratory care. Mosby, St. Louis
3. Gama de Abreu M (2013) Messdaten, visualisiert mit freundlicher Genehmigung: Die abgebildeten Signale wurden im Rahmen einer tierexperimentellen Studie durch die Pulmonary Engineering Group, Klinik für Anästhesiologie und Intensivtherapie, Medizinische Fakultät Carl Gustav Carus, TU Dresden, erhoben. Die Ergebnisse dieser Studie wurden publiziert in [10].
4. Hamilton M, Blackstock D (1998) Nonlinear acoustics. Academic Press, San Diego
5. von Hintzenstern U, Bein T (2007) Praxisbuch Beatmung. Elsevier, München
6. Hoeft A (2008) Monitoring in Anästhesie und Intensivmedizin. Springer, Berlin, Heidelberg
7. Larsen R, Ziegenfuß T (2012) Beatmung: Indikationen-Techniken-Krankheitsbilder. Springer, Berlin, Heidelberg
8. Morgenstern U, Kraft M (2014) Biomedizinische Technik – Faszination, Einführung, Überblick, Band 1. De Gruyter, Berlin https://doi.org/10.1515/9783110252187
9. Simanski O (2014) Narkosetechnik. In: Werner J (Hrsg) Automatisierte Therapiesysteme. Biomedizinische Technik, Bd. 9. De Gruyter, Berlin
10. Spieth PM, Carvalho AR, Pelosi P, Hoehn C, Meissner C, Kasper M, Hubler M, von Neindorff M, Dassow C, Barrenschee M, Uhlig S, Koch T, de Abreu MG (2009) Variable tidal volumes improve lung protective ventilation strategies in experimental lung injury. Am J Respir Crit Care Med 179(8):684–693. https://doi.org/10.1164/rccm.200806-975OC
11. TheraGnosos/Respiratos (2015) Elektronisches Lernsoftwaresystem Biomedizinische Technik. http://www.theragnosos.de. Zugegriffen: 23. Mai 2015

Kreislaufunterstützung

33

Olaf Simanski und Berno J.E. Misgeld

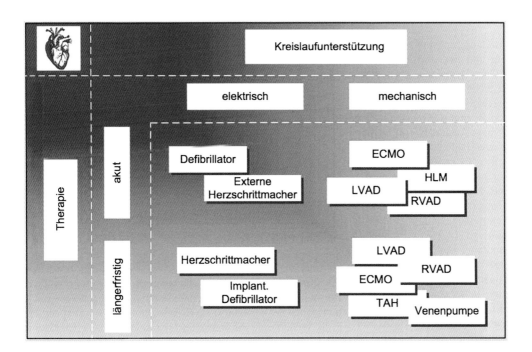

Teil V

© Springer-Verlag GmbH Deutschland, ein Teil von Springer Nature 2018
W. Schlegel, C.P. Karger, O. Jäkel (Hrsg.), *Medizinische Physik*, https://doi.org/10.1007/978-3-662-54801-1_33

Nach einem geschichtlichen Überblick und Einteilung der Kreislaufunterstützung werden in diesem Kapitel drei Arten von kreislaufunterstützenden Systemen vorgestellt, die sich nach Anwendung, Dauer der Therapie und verwendeten Technologie unterscheiden.

33.1 Einleitung

Die Geschichte der Kreislaufunterstützung spiegelt sich in vielfältiger Weise in technologischem und medizinischem Fortschritt wider, die sich in diesem Gebiet vereinen. So bedingten beispielsweise neue Operationstechniken der Feldärzte des zweiten Weltkrieges die Einführung der Herz-Lungen-Maschine in den 1950 Jahren und somit den Beginn der mechanischen extrakorporalen Kreislaufunterstützung. Auch nach zahlreichen Erfindungen und der Einführung neuer Techniken und Produkte ist heute auf diesem Gebiet keine Sättigung in Forschung und Entwicklung erreicht. Im Gegenteil – aktuelle Daten der Industrienationen weisen auf eine dramatische Entwicklung der Anzahl von Herz-Kreislauf-Neuerkrankungen hin (2008 machten in Deutschland Kreislauferkrankungen mit Kosten von 36.973 Mio. € den größten Anteil mit 14,5 % aller Krankheiten aus). Wenn bei der Behandlung von Herz-Kreislauf-Erkrankungen die konservativ-medikamentöse Therapie versagt, sind operativ-kausale Therapien sowie elektrische oder mechanische Kreislaufunterstützung gefragt. Die wachsende Anzahl operativer Eingriffe und Kurz- sowie Langzeittherapien verlangt die Entwicklung neuartiger, kostengünstiger, aber gleichzeitig qualitätssensitiver Lösungen, um die Lebensqualität der Patienten zu verbessern sowie die Kosten des Gesundheitssystems zu minimieren.

33.2 Geschichtlicher Hintergrund

Einige Zeit nach der Entdeckung der Pumpfunktion des Herzens im Kreislauf durch W. Harvey 1628 und der Entdeckung von Bioelektrizität durch L. Galvani 1791 setzte in Europa mit der Aufklärung und der Säkularisierung ein dramatischer Fortschritt der medizinisch-technischen Forschung, auch in Bezug auf Kreislaufunterstützung, ein. So wurde durch G. B. A. Duchenne de Boulogne 1872 das menschliche Herz in vivo temporär elektrisch stimuliert [1]. Bereits 1885 wurde von M. von Frey und M. Gruber der erste geschlossene extrakorporale Kreislauf beschrieben, welcher der isolierten Organperfusion diente und mit Luftfallen sowie Temperatur- und Druckmessern versehen war [2]. Die erste erfolgreiche Anwendung eines künstlichen Herzschrittmachers (engl. „artificial pacemaker") wurde von A. S. Hyman 1932 beschrieben (siehe auch Tab. 33.1). Die Stimulation erfolgte mittels einer transthorakal eingestochenen Nadel über ein elektromechanisches Stimulationsgerät. Der Durchbruch bei der mechanischen Kreislaufunterstützung wurde 1953 durch J. H. Gibbon erreicht. Unter Einsatz einer Herz-Lungen-Maschine wurde ein Vorhofseptumdefekt erfolgreich geschlossen. Weitere wichtige Meilensteine in der elektrischen und mechanischen Kreislaufunterstützung folgten in den frühen 1960er- und 1970er-Jahren. Die erste Implantation eines Herz-

Tab. 33.1 Meilensteine in der Entwicklung elektrischer und mechanischer Kreislaufunterstützung

Jahr	Meilenstein	Autor
1628	Entdeckung der Pumpfunktion des Herzens	W. Harvey
1791	Entdeckung von Bioelektrizität	L. Galvani
1885	Extrakorporaler Kreislauf zur isolierten Organperfusion	M. von Frey, M. Gruber
1932	Anwendung künstlicher Herzschrittmacher	A. S. Hyman
1953	Einsatz der Herz-Lungen-Maschine	J. H. Gibbon
1958	Implantation eines Herzschrittmachers	R. Elmquist, A. Senning
1963	Implantation eines LVAD	D. Liotta
1967	Erste Herztransplantation	C. Barnard
1969	Anwendung Kunstherz als Überbrückungslösung	D. A. Cooley
1976	Erstmalige Anwendung der ECMO bei Neugeborenen	R. H. Bartlett
1982	Implantierbares Kunstherz, mit dem der Patient 112 Tage überlebte	W. C. deVries

schrittmachers mit starrfrequenter Ventrikelstimulation über eine auf dem Perikard fixierte Elektrode, wurde 1958 von R. Elmquist und A. Senning vorgenommen. Es folgte kurze Zeit später die Implantation mittels eines transvenösen Zugangs, in welcher die Stimulationselektrode in das rechte Herz eingeführt und der Herzschrittmacher in einer Hauttasche verbracht wurde. Auch im Bereich der mechanischen Kreislaufunterstützung expandierte die Technologie von statischen operationssaalbasierten Lösungen (Herz-Lungen-Maschine, HLM) hin zu mobilen, implantierten Lösungen. 1963 wurde von D. Liotta ein linksventrikuläres Unterstützungssystem (Left Ventricular Assist Device, LVAD) für einen Patienten zur Unterstützung nach kardiogenem Schock implantiert. Nur kurze Zeit nach der ersten Herztransplantation durch C. Barnard im Jahr 1967 wurde 1969 von D. A. Cooley ein Kunstherz für einen Patienten als Überbrückungslösung bis zur Herztransplantation verwendet. Von W. C. deVries wurde 1982 schließlich Jarvik 7, ein implantierbares Kunstherz, verwendet, bei dessen Einsatz der Patient über einen Zeitraum von 112 Tagen überlebte. Auch im Bereich des extrakorporalen Lungenersatzes wurden nach der Einführung der HLM weitreichende Fortschritte erzielt. Nachdem die Mortalität bei den ersten HLM-Einsätzen durch das Entstehen von Mikro- und Makroluftblasen in der künstlichen Lunge noch relativ hoch war, führten technische Verbesserungen schließlich zum erfolgreichen Einsatz der extrakorporalen Membranoxygenation (ECMO). 1976 wurde schließlich die ECMO von R. H. Bartlett bei Neugeborenen mit schwerem Lungenversagen eingesetzt.

33.3 Einteilung von Kreislaufunterstützungssystemen

Systeme und Geräte zur Kreislaufunterstützung lassen sich generell nach der Dauer der Therapie und der Wirkweise unterteilen. In der Therapie wird zwischen akutem und längerfristigem Einsatz des Kreislaufunterstützungssystems unterschieden.

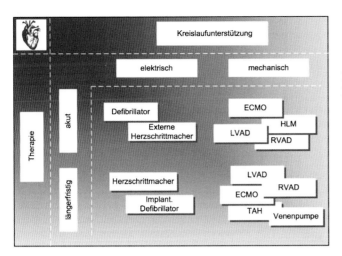

Abb. 33.1 Einteilung der verschiedenen Systeme zur Kreislaufunterstützung (Extracorporeal Membrane Oxygenation, ECMO; Herz-Lungen-Maschine, HLM; Left Ventricular Assist Device, LVAD; Right Ventricular Assist Device, RVAD; Total Artificial Heart, TAH)

Unter der Wirkweise des Gerätes ist die Art der Interaktion mit dem Kreislaufsystem zu verstehen. Elektrische Kreislaufunterstützungssysteme (siehe auch Kap. 35) wirken über elektrische Interaktion auf das menschliche Herz ein, währenddessen mechanische Systeme die Pumpfunktion des Herzens unterstützen oder vollkommen ersetzen. Abb. 33.1 zeigt eine Aufteilung verschiedener Kreislaufunterstützungssysteme nach Art der Therapie und Wirkweise. Jedoch enthalten auch mechanische Kreislaufunterstützungssysteme heutzutage elektronische Komponenten, wie zum Beispiel Energiespeicher, Sensorik, Telemetrie, Energieübertragung und Steuerkomponenten, und stellen somit mechatronische Systeme der Medizintechnik dar. Da kreislaufunterstützende Systeme entweder mit dem menschlichen Körper gekoppelt oder der Körper sogar einen Teil einer Regelstrecke darstellt (der Regelkreis also über den Körper geschlossen wird), gelten besondere Sicherheitsanforderungen an die Apparatur und die Steueralgorithmen.

33.3.1 Akute elektrische Kreislaufunterstützung

Bei akuten Fällen notwendiger Kreislaufunterstützung sind bei elektrischen Systemen Defibrillatoren und Herzschrittmacher zu nennen. Diese werden mobil und teils außerhalb des Körpers verbracht. Beim Defibrillator, aber auch beim Herzschrittmacher, ist eine transkutane Stimulation möglich. Hierbei werden große Elektroden auf der Haut aufgebracht und das Herz durch die Haut stimuliert. Da relativ große Stromstärken notwendig sind (Abstand zum Herz) und es zu einer Anregung der Skelettmuskulatur kommen kann, sind diese Verfahren nur augenblicklich bzw. über einen kürzeren Zeitraum sinnvoll. Für den kurzzeitigen Einsatz während einer Operation ist die intrakardiale Stimulation geeignet. Hierbei wird, ähnlich wie beim implantierten Herzschrittmacher, die Elektrode über eine Vene ins rechte Herz eingeführt.

33.3.2 Akute mechanische Kreislaufunterstützung

Die akute mechanische Kreislaufunterstützung findet auf extrakorporalem Wege statt. Die Aufgabe der eingesetzten mechanischen Systeme ist hierbei der Transport des Blutes (Übernahme oder Unterstützung der Herzfunktion) oder/und die Anreicherung des transportierten Blutes mit Sauerstoff, bzw. die Entfernung von Kohlendioxid. Im Fall der HLM wird zum Zwecke eines ruhenden, stillgelegten Herzens Lunge und Herz über den extrakorporalen Kreislauf vollständig überbrückt. Das dem venösen System entnommene Blut wird nach Anreicherung mit Sauerstoff in das arterielle System reperfundiert. Falls das Herz in seiner Pumpfunktion beeinträchtigt ist (z. B. Herzinsuffizienz bedingt durch einen Herzanfall oder defekte Herzklappen), kommen LVAD und RVAD zum Einsatz. Diese Systeme entnehmen Blut aus dem Ventrikel und fördern es je nach Typ, Rechts- bzw. Linksherzunterstützung (RVAD bzw. LVAD), in Lungen- bzw. Körperkreislauf. Hierbei ist auch eine Kombination von RVAD und LVAD zu einem biventrikulären Unterstützungssystem (BIVAD) möglich. Eine ECMO übernimmt schließlich die Funktion einer künstlichen Lunge, die zum Beispiel im akuten Fall von schwerem Lungenversagen extrakorporal eingesetzt wird. Auch bei einer ECMO muss gewährleistet werden, dass eine ausreichende Menge von Blut aus dem venösen System über die ECMO in das arterielle System gelangt. Eine hämodynamisch stabilisierende oder unterstützende Funktion wird von der ECMO nicht übernommen.

33.3.3 Längerfristige mechanische Kreislaufunterstützung

Auch bei mechanischen Kreislaufunterstützungssystemen ist bei längerfristigem Einsatz wegen einer drohenden Infektionsgefahr eine Implantation sinnvoll. RVAD, LVAD und BIVAD werden in diesem Fall im Herz verbracht und sind mit einer ebenso implantierten (ähnlich wie beim Herzschrittmacher) Energie bzw. Steuereinheit verbunden. Da mechanische Unterstützungssysteme im Vergleich zu elektrischen einen größeren Energieverbrauch haben, müssen interne Speicher regelmäßig transkutan versorgt werden. Alternativ ist auch eine Aktuierung der künstlichen Ventrikel durch Druckluft möglich, bei der pneumatische Schläuche in den Körper geführt werden. Dieses Prinzip wird auch bei einigen Kunstherzen (Total Artificial Heart, TAH) verwendet, bei denen Vorhof- und Ventrikelklappen überbrückt werden und das Kunstherz über eine externe Konsole mit Druckluft versorgt und gesteuert wird. Als ein weiteres Beispiel eines mechanischen Systems soll an dieser Stelle noch die künstliche Kreislaufunterstützung durch die Beinvenenpumpe erwähnt werden. Hier kommt es bei Patienten durch einen Fehler oder eine Beschädigung der Venenklappen zu einer venösen Hypertonie und somit der Verschlechterung der Durchblutung des Beines. Um diesem Effekt entgegenzuwirken, hilft nur eine externe Kompressionstherapie, welche über Kompressionsstrümpfe oder externe mechanische Kompression erbracht werden kann.

Das wohl bekannteste langfristige elektrische Unterstützungssystem ist der Herzschrittmacher, HSM. Dieser wird bei einer Dysfunktion der Herzerregung eingesetzt. Der Sinusknoten ist das primäre Reizbildungszentrum des Herzens, das die Herzaktivität mit einer Ruheherzrate zwischen 60 und 70 min^{-1} triggert. Das autonome Nervensystems, ANS, passt diese Frequenz den aktuellen Bedingungen an, man spricht dann von einer chronotropen Beeinflussung der Herzaktivität. Neben dem Sinusknoten und verschiedenen Leitungsbahnen spielt der Atrioventrikular-Knoten eine wichtige Rolle in der herzinternen Erregungsleitung. Seine Aufgabe besteht darin, durch die Modifikation der atrioventrikulären Überleitungzeit die Kontraktion der beiden Vorhöfe und Kammern zu synchronisieren. Das autonome Nervensystem übernimmt diese Steuerung. Man spricht dann von einer dromotropen Beeinflussung der Herzaktivität. Neben der chronotropen und dromotropen Beeinflussung der Herzaktivität kann das Autonome Nervensystem auch die Kontraktionskraft des Herzens verändern. Dies wird dann als Inotropie bezeichnet. Dieser vom autonomen Nervensystem geregelte Herzrhythmus kann pathologisch gestört werden, es kommt zu sogenannten Herzrhythmusstörungen. Man spricht von Bradykardie, wenn das Herz zu langsam schlägt (HR < 60 min^{-1}), Tachykardie (HR > 100 min^{-1}), wenn das Herz zu schnell schlägt, oder von unregelmäßigem Herzschlag, der zum Beispiel durch sogenannte Extrasystolen ausgelöst werden kann. Infolge von Arrhythmien kann die Durchblutung von Organen, insbesondere aber die des Herzens und des Gehirns, negativ beeinflusst werden [3].

Insbesondere die bradykarden Rhythmusstörungen, wie die Sinusknotendysfunktion oder die atrioventrikulären (AV-) Blockierungen können mit Hilfe von Herzschrittmachern therapiert werden. Moderne Herzschrittmacher bestehen aus einem Mikroprozessor, Mess- und Stimulationselektroden sowie einer Energiequelle und einer Telemetrieschnittstelle. Über die Messelektroden kann die elektrische Eigenaktivität des Herzens „wahrgenommen" werden, weshalb man auch von Wahrnehmungseinheit spricht [3]. In Abhängigkeit von der „wahrgenommenen" Aktivität oder dem gewünschten Stimulationsmuster berechnet der Prozessor die für die Erregung des Herzens notwendige Stimulation. Mit Hilfe der Stimulationselektroden werden dabei niederenergetische elektrische Impulse an das Herz übertragen. Die Telemetrieeinheit dient auch nach der Implantation zur Wartung und Parametrierung des HSM. Ein 5-stelliger Schrittmachercode, der nach der NASPE (North American Society of Pacing and Electrophysiology) genormt ist, gibt ein Schema für die Kodierung der Ausstattung und den Betrieb der HSM an. Dieser Code besteht aus 3–5 Buchstaben, die den Ort der Stimulation, den Ort der Messung, die Betriebsart, die Frequenzadaption bzw. die biventrikuläre oder biatriale Stimulation kodieren. Sowohl für den Ort der Stimulation als auch für den Ort der Wahrnehmung können die Varianten 0 = keine, A = Atrium, V = Ventrikel, D = Dual (A+V), S = Single (A oder V) verschlüsselt werden. Die HSM können in der Betriebsart 0 = keine Impulssteuerung/festfrequent, T = getriggert, I = Inhibiert, Dual (T+I) betrieben werden. Besitzt ein HSM eine Frequenzadaption, so wird diese mit R kodiert oder an der 4. Stelle eine 0 angegeben. Ein einfacher Einkammerschrittmacher kann beispielhaft mit SSIR kodiert werden, was besagt, das im Atrium oder im Ventrikel stimuliert und gemessen wird, wobei bei Eigenaktivität des Herzens, der Stimulationsimpuls, inhibiert wird sowie eine Frequenzadaption erfolgt [3]. Mit der Kodierung DDDR wird demensprechend ein Zweikammerschrittmacher, der sowohl im Atrium als auch im Ventrikel detektiert und stimuliert, abgebildet. Dieser unterdrückt bei vorhandener Eigenaktivität des Herzens seine Stimulation, ist aber auch in der Lage, eine durch das Atrium getriggerte Stimulation des Ventrikels zu realisieren.

Neben den klassischen, oben beschriebenen HSM (siehe auch Kap. 35) geht der Trend hin zu sensorgesteuerten Herzschrittmachern. Diese sind dann in der Lage, mit Hilfe körpereigener Signale die Stimulationsfrequenz an die aktuelle Belastung anzupassen. Die Schwierigkeit besteht hierbei insbesondere in der Auswahl der entsprechenden Sensorgröße. Sowohl die Idee der ANS-gesteuerten Herzschrittmacher, z. B. des dromotropen Herzschrittmachers, als auch der nicht-ANS-gesteuerten HSM, z. B. des atmungsgesteuerten Herzschrittmachers, werden weiterführend in [3] diskutiert, worauf an dieser Stelle verwiesen werden soll.

Mechanische Herzunterstützungssysteme werden eingesetzt, um Patienten mit schwerer Herzinsuffizienz zu behandeln. Dabei werden 3 Gruppen unterschieden:

- Intraaortale Ballon-Pumpen (IABP)
- Extrakorporale und intrakorporale Herzunterstützungssysteme – Ventricular Assist Devices (VAD)
- Komplette Kunstherzen – Total Artificial Hearts (TAH)

Bei der IABP wird ein Ballon in die Aorta eingesetzt, der während der Diastole aufgeblasen und während der Systole entleert wird. Ziel einer IABP ist die Verbesserung der Durchblutung der Herzkranzgefäße und die Verminderung der Nachlast des linken Ventrikels durch eine Volumenverschiebung [5].

VADs sind mechanische Pumpen, die an den Ventrikel bzw. das Atrium angeschlossen werden. Rechtsherzunterstützungssysteme (RVADs) pumpen das Blut in die Arteria pulmonalis, während linksventrikuläre Unterstützungssysteme (LVAD) das Blut in die Aorta auswerfen. Weiterhin können die Kardiochirurgen zwischen intrakorporalen, rotierenden Blutpumpen und extrakorporalen pulsierenden Blutpumpen wie z. B. das EX-COR von der Berlin Heart GmbH wählen. Das EXCOR-System kann Blutpumpen mit einem Volumen von 10 bis 80 ml antreiben und wird damit sowohl zur Therapie von Kindern als auch von erwachsenen Patienten genutzt.

Die schematische Darstellung in Abb. 33.2 zeigt die Komponenten des EXCOR-Systems. In der elektromechanischen Antriebseinheit wird ein vorgebbares Motordrehmoment in eine Kolbenbewegung umgesetzt. Diese Kolbenbewegung bewirkt eine Druckänderung im pneumatischen System, welches aus Kolbenantriebskammer, Luftantriebsschlauch und Luftkammer der Blutpumpe besteht. Die künstliche Blutpumpe als Kernstück des dargestellten Herzunterstützungssystems enthält eine flexible Membran, welche das zu pumpende Blut in der Blutkammer von der Luft auf der Antriebsseite separiert. Über die Membran besteht eine Kopplung des pneumatischen Druckes in

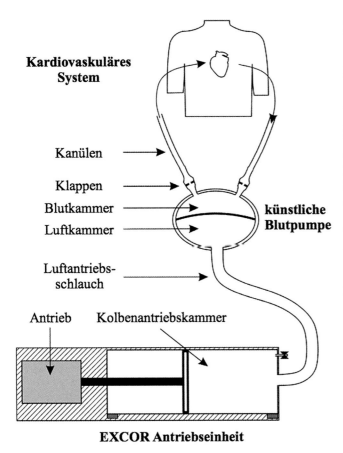

Kardiovaskuläres System

Kanülen →

Klappen →

Blutkammer →

Luftkammer →

künstliche Blutpumpe

Luftantriebsschlauch →

Antrieb   Kolbenantriebskammer

EXCOR Antriebseinheit

Abb. 33.2 Schematische Darstellung des EXCOR-Systems

33.4 Herz-Lungen-Maschine

33.4.1 Extrakorporale Zirkulation

Unter der extrakorporalen Zirkulation versteht man die Beförderung des Blutes außerhalb des menschlichen Körpers. Unabhängig von der Anwendung wird hierzu Blut aus einem Gefäß entnommen und über künstliche Gefäße, welche in der Regel durch Schläuche realisiert sind, geleitet. Extrakorporale Zirkulation wird beispielsweise bei der Dialyse, Herzunterstützungssystemen, der ECMO und der Herz-Lungen-Maschine (HLM) angewendet. Die extrakorporale Zirkulation mit Einsatz einer Herz-Lungen-Maschinen wird auch als kardiopulmonaler Bypass bezeichnet. Auch wenn ein partieller kardiopulmonaler Bypass (Cardiopulmonary Bypass, CPB) möglich ist, bezieht sich dieses Kapitel auf den vollständigen CPB, bei dem das körpereigene Herz und die Lunge vollständig überbrückt werden.

33.4.2 Prinzip und Komponenten des extrakorporalen Kreises

Die HLM für den vollständigen CPB ist eine komplexe Anordnung einer Vielzahl von Komponenten, bei denen Blutpumpe (Herzfunktion), Oxygenator (künstliche Lunge) und Schlauchsystem (künstliches Gefäßsystem) die essenziellen Funktionen übernehmen. Abb. 33.3 stellt den typischen Aufbau einer HLM für den vollständigen CPB dar. Weitere Komponenten sind Wärmetauscher (oftmals in den Oxygenator integriert), ein venöses Reservoir, eine Kardioplegielinie für den Schutz des Myokards sowie Luftfallen, Luftblasendetektoren und arterielle Filter. Zusätzlich sind noch eine Reihe von Sensoren für die Überwachung sowie Steuerkonsolen für die manuelle Einstellung des Blutflusses und der Blutgase vorhanden. Der extrakorporale Kreis für den CPB besitzt immer eine Hauptlinie für den Bluttransport. Die Hauptlinie wird hierbei venöse Rückführungslinie vor dem Oxygenator und arterielle Linie hinter dem Oxygenator genannt. Weitere, für die Herzoperation benötigte Linien, sind die Ventlinie zur Drainage des Ventrikels und die Sauglinie zur Sammlung des Blutes im Operationsfeld. Herz-Lungen-Maschinen werden heutzutage meist aus einzelnen Komponenten aufgebaut und somit kann die Struktur des extrakorporalen Kreises, je nach Krankenhaus, variieren. Jedoch gibt es mittlerweile auch Gesamtlösungen und integrierte HLM einzelner Hersteller. In Abb. 33.3 ist die venöse Rückführlinie dem kohlendioxidreichen Blut entsprechend dunkel dargestellt. Das venöse Blut wird in einem venösen Beutel gepuffert und anschließend durch den Oxygenator ins arterielle System des Patienten gepumpt. Hierbei wird im Oxygenator aus dem Blut Kohlendioxid entfernt, Sauerstoff angereichert und anschließend über die arterielle Linie gefiltert. Alle Komponenten der HLM, die mit dem Blut direkt in Verbindung kommen, sind sterile Einmalprodukte. Es folgt eine Beschreibung der Hauptkomponenten der HLM.

der Luftkammer mit dem hydraulischen Druck der Blutkammer. Die Blutpumpe ist mit dem Herzkreislaufsystem des Patienten über flexible Kanülen verbunden. Durch die sich ergebenden Druckunterschiede zwischen Blutkammer und Körperkreislaufgegendruck kommt es zu einem Blutfluss. Die Richtung dieses Flusses ist durch passiv arbeitende Klappen in der Ein- und Auslasskanüle bestimmt. Diese Funktionalität ist der Arbeitsweise der natürlichen Herzklappen nachempfunden. Der Pumpvorgang des Herzunterstützungssystems wird durch die zyklische Kolbenbewegung zwischen zwei Umkehrpunkten realisiert. Durch den Batteriebetrieb des EXCOR-Systems wird im Vergleich zu stationären Herzunterstützungssystemen ein deutlicher Zugewinn an Mobilität für den Patienten erreicht. Das System ist für den uni- und biventrikulären Betrieb ausgelegt, wobei im letzteren Fall zwei synchronisierte Pumpen je eine Herzkammer unterstützen [4].

TAHs ersetzen die Ventrikel des Patienten vollständig. Die Indikation für ein TAH ist gegeben, wenn eine Unterstützung mit VADs nicht mehr möglich ist. Derzeit stehen nur zwei TAHs für die Implantation zur Verfügung: das AbioCor TAH und das temporäre SynCardia TAH. Ersteres ist ein Therapie-Gerät für Patienten, die keine Kandidaten für eine Herztransplantation sind, während das SynCardia TAH als Brücke zur Transplantation vorgesehen ist [5].

Teil V

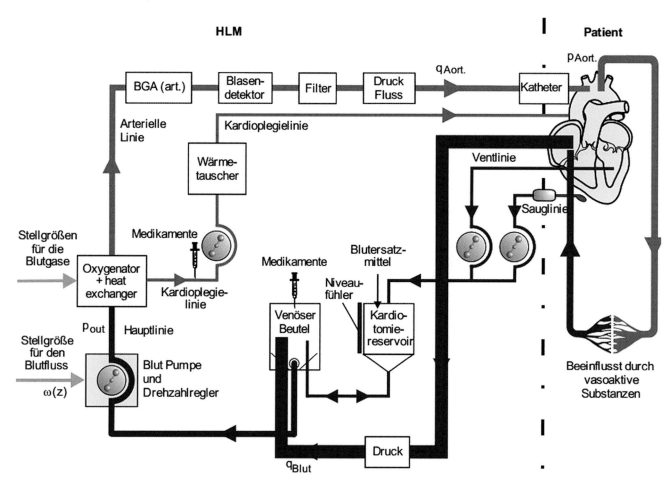

Abb. 33.3 Komponenten des extrakorporalen kardiopulmonalen Bypasses, mit der HLM auf der *linken Seite* und dem vaskulären System des Patienten auf der *rechten Seite* (BGA: Blutgasanalyse (arteriell), Ventlinie: Drainage des Ventrikels, Kardioplegielinie: Kühlung, Stilllegung des Herzens und Versorgung mit Medikamenten)

33.4.2.1 Künstliche Lunge – Oxygenator

Der Oxygenator ersetzt während der Operation die menschliche Lunge. Venöses, de-oxygeniertes Blut wird im Oxygenator mit Sauerstoff angereichert und Kohlendioxid wird entfernt. Heutzutage werden ausschließlich Membranoxygenatoren eingesetzt. Bubble und stationäre Film-Oxygenatoren besitzen nur noch historische Relevanz. Im modernen Membranoxygenator sind Blut- und Gaskompartiment durch eine halb-durchlässige Mikromembran getrennt, die aus Polypropylen oder Silikongummi besteht. Der Gasaustausch wird durch das Gefälle an Partialdrücken in Gas und Blut und den damit verbundenen Diffusionsprozessen über die Membran ermöglicht. Oxygenatoren verfügen zudem oftmals über integrierte Wärmetauscher über einen weiteren Wasseranschluss. Die Abkühlung oder Erwärmung des Patienten ist damit vor oder nach der Operation möglich.

33.4.2.2 Blutpumpen

Blutpumpen übernehmen während der Operation die Funktion des Herzens und pumpen das Blut aus dem venösen in das arterielle System. An Blutpumpen werden hohe Anforderungen in Bezug auf eine geringe Schädigung des Blutes (Turbulenz), Sta-

gnation des Blutes (möglichst geringe Bildung von Totzonen in der Pumpe) und Zuverlässigkeit gestellt. Gleichzeitig sollte die Pumpe einen Blutfluss von bis zu 7 l/min gewährleisten und als Einmalprodukt möglichst günstig sein. In heutigen HLM werden hauptsächlich Roller- und Zentrifugalpumpen eingesetzt, die nachfolgend erläutert werden. Rollerpumpen bestehen aus einem halbkreisförmigen Stator, welcher auf einem Rotor angebracht ist. Abb. 33.4 zeigt die Funktionsweise der Rollerpumpe, die durch die rotatorische Bewegung das Blut in Richtung der Bewegung versetzt. Da ständig ein Rotor in Kontakt mit dem Schlauchsystem ist, wird bei Stillstand der Rollerpumpe kein Rückfluss zugelassen. Rollerpumpen sind bedingt durch die Funktionsweise einfache und günstige Geräte. Der große Nachteil dieser Blutpumpe liegt in der Blutschädigung (Hämolyse), bedingt durch die Komprimierung des Schlauches. Weiterhin kann es bei der Rollerpumpe zu einem plötzlichen Druckanstieg kommen, sollte sich die arterielle Linie plötzlich verschließen. Schließlich verdrängt die Pumpe Luft und Blut gleichermaßen, was im Fall von im Blut eingeschlossenen Luftblasen zu schwerem Organversagen führen kann, wenn diese den Patienten erreichen. In Zentrifugalpumpen gibt es einen rotierenden Impeller, der das Blut durch die Wirkung von Zentrifugalkräften in die gewünschte Richtung befördert. In der Pumpe strömt das

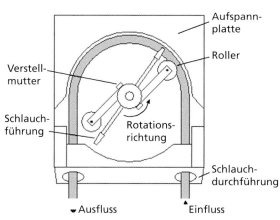
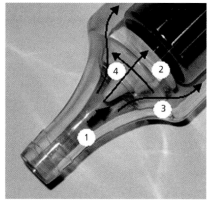

Abb. 33.4 Rollerpumpe (*links*) und DeltaStream© Zentrifugalpumpe (*rechts*), mit (1) der Richtung des Blutflusses, (2) dem rotierenden Impeller, (3) Flussrichtung des Blutstroms um den Impeller und (4) Rotationsrichtung des Impellers

Blut axial in Richtung des Impellers bzw. der rotierenden Achse und wird tangential ausgeworfen. Heutige Zentrifugalpumpen sind von ihrer Geometrie hinsichtlich einer Minimierung der Scherkräfte ausgelegt, um so eine Blutschädigung möglichst zu vermeiden. Die Hauptvorteile von Zentrifugalpumpen sind ihre geringe Blutschädigung, eine lange Lebenszeit und leichter praktischer Einsatz sowie nur ein moderater Druckanstieg bei Verschluss der arteriellen Linie. Nachteile sind die höheren Kosten des Einmalproduktes (Einmalbenutzung von gesamter Pumpe oder nur Pumpenkopf), ein möglicher Rückfluss bei Pumpenstillstand und der in der Praxis meist fehlende pulsatile Modus.

33.4.2.3 Extrakorporales Gefäßsystem

Während des CPB mit HLM kommt das menschliche Blut in Kontakt mit einer großen Fläche des Schlauchsystems. Um Abwehrreaktionen des Körpers, wie zum Beispiel Koagulation, einzudämmen, müssen eine Reihe von Maßnahmen getroffen werden. Die systemische Antwort des Körpers auf den großen Fremdflächenkontakt kann höchst entzündlich ausfallen und Herz, Lungen, Gehirn und andere Organe betreffen. Die ultimative Lösung zur Beherrschung der hämostatischen Mechanismen des vaskulären Endotheliums wäre die Ausstattung des Schlauchsystems mit einer biokompatiblen Oberfläche, im besten Fall vaskuläres Endothelium. Stand der Technik sind heutzutage allerdings heparinisierte Biooberflächen aus Polyvinylchlorid (PVC).

33.4.2.4 Durchführung des kardiopulmonalen Bypasses mit Einsatz der Herz-Lungen-Maschine

Mit Bezug auf die Anästhesie kann die Durchführung des CPB mit HLM-Unterstützung in vier Phasen unterteilt werden. In einer ersten Phase vor der Operation arbeiten Kardiotechniker mit Chirurgen und Anästhesisten zusammen, um nach der Anamnese und klinischen Historie die geeignete Perfusionsstrategie zu finden. Während des CPB-Einsatzes wird die HLM nach den Richtlinien des Krankenhauses konfiguriert und eingestellt und zu Beginn der Operation mit einem Blutersatzstoff gefüllt und entlüftet. Die Einleitung des CPB ist die kritische

Phase der Operation mit HLM-Unterstützung, in der eine Kanüle in die Aorta und Vena Cava gelegt wird, während das Herz noch schlägt. Während der Operation werden die Messwerte der HLM kontinuierlich überwacht und manuelle Korrekturen vorgenommen. In der letzten Phase wird der Patient von der Maschine entwöhnt.

33.4.2.5 Die künstliche Umgebung

Hämodilution ist der Anstieg des Flüssigkeitsanteils im Blut, der aus der Füllung der HLM mit einem Blutersatzstoff resultiert. Blutersatzstoffe können zum Beispiel Ringer-Lactat oder isotonische Kochsalzlösung sein, aber auch Spenderblut kann verwendet werden. In der Regel werden jedoch Blutersatzstoffe Spenderblut vorgezogen, um verbundene Probleme zu vermeiden. Probleme, die mit Spenderblut auftreten können, sind eine erhöhte Viskosität, Hämolyse, Reaktion auf die Transfusion und das potenzielle Risiko einer Infektion. Auf der anderen Seite erniedrigen Blutersatzstoffe allerdings den Hämatokrit-Wert um 20–50 % mit dem Risiko von post-operativem Schaden, wie zum Beispiel Ödemen.

Hypothermie ist die Unterkühlung des menschlichen Körpers, die während der Operation gezielt herbeigeführt wird. Übliche Temperaturen während des CPB reichen von moderater Hypothermie (34 °C) bis zum kompletten Kreislaufstillstand (um 10 °C). Jedoch werden heute in den meisten Krankenhäusern Temperaturen um 30 °C angestrebt. Die Vorteile der Hypothermie sind die gedrosselte metabolische Rate (Gewebe protektiv) und der erhöhte total periphere Widerstand (Total Peripheral Resistance, TPR), der zu einem erniedrigten Blutfluss in der arteriellen Linie führt (erniedrigte Bluttraumatisierung). Ein weiterer Vorteil der Hypothermie ist die gewährleistete Sicherheit bei einem Ausfall der HLM bis zum Anschluss eines Ersatzsystems. Die Nachteile sind die erhöhte Viskosität des Blutes und die Linksverschiebung der Sauerstoffbindungskurve, welche durch die Dosierung des Blutersatzstoffes und die Einstellung des Sauerstoffpartialdruckes kompensiert werden können.

Die **Hämodynamik** während des CPB ist abhängig von der Perfusionsstrategie und unterliegt großen Änderungen. Ideale Eigenschaften einer Blutpumpe sind die des Herzens: minimale Hämolyse, pulsatiler Fluss und einstellbares Schlagvolumen.

Teil V

Trotz der fortgeschrittenen Technik moderner extrakorporaler Blutpumpen treten Scherkräfte auf, die das Blut über den Zeitraum einer Operation schädigen. Die Elemente zwischen Blutpumpe und Einfluss in der Aorta ändern zudem die hydraulische Impedanz, so dass eine Erzeugung eines physiologischen Druckpulses in der Aorta erschwert wird.

Aufgaben

33.1 Wie lassen sich Kreislaufunterstützungssysteme einteilen?

33.2 Was versteht man unter einem kardiopulmonalen Bypass, welche Bestandteile gehören dazu?

33.3 Was versteht man unter Hämodilution und warum wird eine bewusste Hypothermie herbeigeführt?

Literatur

1. Duchenne G-B (1872) De l'electrisation localisee et de son application a la pathologie et a la therapeutique. Bailliere
2. von Frey M, von Gruber M (1885) Untersuchungen über den Stoffwechsel isolierter Organe. Ein Respirationsapparat für isolierte Organe. Virchow's Arch Physiol 9:519–532
3. Hexamer M (2014) Elektrotherapie des Herzens mittels Herzschrittmacher. In: Werner J (Hrsg) Automatisierte Therapiesysteme. Biomedizinische Technik, Bd. 9. De Gruyter, Berlin
4. Sievert A, Drewelow W, Lampe BP, Arndt A, Simanski O (2011) Modellbasierte regelung pneumatisch betriebener herzunterstützungssysteme. At-automatisierungstechnik Methoden Anwendungen Steuerungs- Regelungs- Informationstechnik 59(11):661–668
5. Walter M, Heinke S, Schwandtner S (2012) Leonhardt S Control strategies for mechanical heart assist systems. In: Control Applications (CCA) (Hrsg) 2012 IEEE International Conference on. IEEE, S 57–62

Teil V

Dialyse als Nierenersatztherapie

34

Christian P. Karger

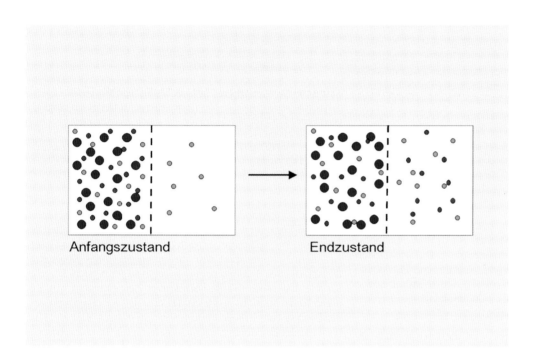

Anfangszustand   Endzustand

Teil V

© Springer-Verlag GmbH Deutschland, ein Teil von Springer Nature 2018
W. Schlegel, C.P. Karger, O. Jäkel (Hrsg.), *Medizinische Physik*, https://doi.org/10.1007/978-3-662-54801-1_34

34.1 Einführung

Beim gesunden Menschen sorgen die Nieren für die Regulation des Wasser- und Elektrolythaushalts sowie für die Ausscheidung wasserlöslicher Abbauprodukte des Körpers (harnpflichtige Substanzen). Sinkt die glomeruläre Filtrationsrate der Nieren, d. h. die Menge des Primärharns, aufgrund von angeborenen, erworbenen oder vererbten Krankheiten unter 15 ml/min (K/DOQI-Richtlinie), so wird die Dialyse als Nierenersatztherapie zur Lebenserhaltung eingesetzt. Bei der Entwicklung des Nierenversagens spricht man von chronischer Niereninsuffizienz und bei Vorliegen einer Dialysepflichtigkeit von terminaler Niereninsuffizienz, die dauerhaft mittels Dialyse (chronischer Dialyse) behandelt wird. Außer bei chronischer Niereninsuffizienz kann es im Zusammenhang mit anderen Erkrankungen zu akutem Nierenversagen kommen, für das unter Umständen nur eine vorübergehende Dialysebehandlung erforderlich ist. Die Dialyse wird oft als Überbrückung bis zu einer Nierentransplantation oder nach Abstoßung einer transplantierten Niere wieder als Dauertherapie eingesetzt. Die Dialyse wird umgangssprachlich auch als „Blutwäsche" bezeichnet. Die Anzahl der Dialysepatienten wird in Deutschland mit etwa 80.000 [2] und weltweit (Stand 2010) mit 1,8 Mio. [8] angegeben.

Wie bei gesunden Nieren werden mit der Dialyse überschüssiges Wasser sowie die angereicherten Elektrolyte und harnpflichtige Substanzen aus dem Körper entfernt. Die wichtigsten Vertreter der Elektrolyte sind Kalium, Natrium und Phosphate, die harnpflichtigen Substanzen Harnstoff und Kreatinin sowie weitere Moleküle im nieder- bis mittelmolekularen Bereich (Molekülmasse < 50.000 Dalton (Da)).

Außer für die Nierenersatztherapie wird die Dialyse auch als Ersatz für die Leberfunktion (Leber-Dialyse) eingesetzt. Diese Verfahren werden allerdings wesentlich seltener eingesetzt und sind im Vergleich zur Nierendialyse auch weniger effektiv und ausgereift. Die Leber-Dialyse entfernt überwiegend eiweißgebundene Giftstoffe und ist nicht Gegenstand dieses Kapitels. Es wird hierfür auf die weiterführende Literatur verwiesen [7, 8].

34.2 Funktionsprinzip der Dialyse

Die Dialyse basiert auf dem Prinzip der Osmose, d. h. dem Stoffaustausch über eine semipermeable Membran. Auf der einen Seite der Membran wird das Blut vorbeigeführt, während sich auf der anderen Seite das sogenannte Dialysat befindet (Abb. 34.1). Die Porengröße in der Membran ist dabei so beschaffen, dass Wasser, Elektrolyte und die harnpflichtigen Substanzen Harnstoff und Kreatinin (Masse 60 bzw. 113 Da) die Membran gut passieren können, während wichtige Biomoleküle, wie z. B. Proteine (Molekülmasse > 50.000 Da) auf der Blutseite verbleiben. Wasserlösliche Stoffe, die die Membran passieren können, werden auch als dialysable Stoffe bezeichnet.

Die physikalischen Prozesse, auf denen der Stoffaustausch über die Membran basiert, sind die Diffusion und die Konvektion. Die Diffusion ist Folge der Brown'schen Mokularbewegung, die die zufällige und ungerichtete Bewegung einzelner Mole-

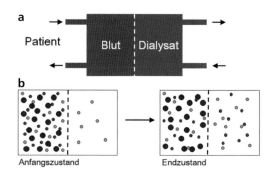

Abb. 34.1 Grundprinzip der Dialyse. **a** Blut- und Wasserseite werden durch eine semipermeable Membran getrennt. **b** Der Konzentrationsunterschied führt für alle Moleküle, die durch die Poren der Membran passen, zu einem Nettotransport in Richtung Dialysat. Damit der Prozess nicht zum Erliegen kommt, müssen Blut und Dialysat ausgetauscht werden. Die Zugabe von Elektrolyten im Dialysat verhindert eine zu starke Elektrolytverschiebung im Patienten

küle gemäß thermodynamischer Gesetzmäßigkeiten beschreibt. Liegt ein Konzentrationsunterschied zwischen beiden Seiten der Membran vor, so kommt es nach dem ersten Fick'schen Gesetz zu einem Nettotransport von Stoffen entgegen des Konzentrationsgradienten und in einem abgeschlossenen System käme es für alle dialysablen Stoffe nach kurzer Zeit zu einem vollständigen Konzentrationsausgleich. Da dies den Reinigungsprozess der Dialyse zum Erliegen bringen würde müssen Blut und Dialysat regelmäßig durch noch nicht gereinigtes Blut bzw. frisches Dialysat ersetzt werden. Während bei der Dialyse die harnpflichtigen Substanzen möglichst vollständig entzogen werden sollen, darf die Konzentration der Elektrolyte im Patienten den Normbereich nicht unterschreiten. Um den Elektrolytentzug zu begrenzen, werden dem Dialysat daher die entsprechenden Salze zugefügt.

Um bei der Dialyse den medizinisch notwendigen Wasserentzug zu erreichen, sind zusätzliche technische Maßnahmen erforderlich (Abschn. 34.3.1.2). Durch den Wasserentzug kommt es auch zu einem konvektiven Transport von Molekülen, der für die Reinigungswirkung der Dialyse allerdings nur von untergeordneter Bedeutung ist.

34.3 Dialyseverfahren

Als Dialyseverfahren werden die Hämodialyse [4, 7, 8] und die Peritonealdialyse [5] unterschieden. Diese werden im Folgenden genauer beschrieben.

34.3.1 Hämodialyse

Bei der Hämodialyse wird das Blut extrakorporal mittels einer Maschine über einen Filter geleitet, in dem das Blut gereinigt wird. Anschließend wir das gereinigte Blut dem Patienten wieder zurückgegeben. Die Maschine übernimmt dabei die Steuerung und Überwachung aller für die Behandlung relevanten Parameter.

34.3.1.1 Der Dialysefilter

Die eigentliche Blutreinigung findet im Dialysefilter (Dialysator) statt. Im Dialysator befinden sich Hohlfasern (Kapillaren) aus biokompatiblem Kunststoff (z. B. Polysulfon, Polyacrylnitril, Polymethylmethacrylat oder Polyamid), die von Dialysat umspült werden und in deren Innerem das Blut fließt (Abb. 34.2). Die Dialysatoren existieren in unterschiedlichen Größen und enthalten zwischen 5000 und 20.000 Kapillaren, die eine Länge von ca. 25 cm und einen Durchmesser von ca. 0,2 mm besitzen. Hieraus ergibt sich eine Austauschoberfläche von 0,6 bis 2,2 m². Durch eine sehr geringe Wandstärke (ca. 0,04 mm) sind die Diffusionsstrecken kurz und der Stoffaustausch damit effektiv. Der Porendurchmesser der Kapillaren ist der Größe der zu entziehenden Moleküle angepasst. Damit der Konzentrationsgradient zwischen Blut und Dialysat aufrechterhalten wird, werden Blut und Dialysat mit einem bestimmten Fluss durch den Dialysator geleitet. Dieser Fluss beträgt für das Blut etwa 250–300 ml/min und für das Dialysat meist 500 ml/min. Durch Verwendung des Gegenstromprinzips wird der mittlere Konzentrationsunterschied zwischen Blut und Dialysat und damit die Reinigungswirkung des Dialysators erhöht.

Die Reinigungswirkung (Clearance) eines Dialysators hängt von verschiedenen Parametern ab (Tab. 34.1). So steigt die Clearance sowohl mit der Größe der effektiven Oberfläche als auch mit der Höhe des Blutflusses an. Mit zunehmendem Blutfluss nimmt die Clearance allerdings immer weniger zu, da die Verweildauer des Blutes in der Kapillare immer kürzer wird. Andererseits verringert sich die Clearance mit zunehmender Molekülgröße. Oberhalb von 500 ml/min hängt die Clearance nicht mehr sehr stark vom Dialysatfluss ab, weshalb normalerweise dieser Wert verwendet wird.

34.3.1.2 Aufbau von Dialysemaschinen

Die Aufgabe der Dialysemaschine besteht im Transport von Blut und Dialysat sowie in der Kontrolle aller damit zusammenhängenden Parameter (Abb. 34.3). Der extrakorporale Blutfluss erfolgt über ein steriles Schlauchsystem und wird durch eine Rollenpumpe aufrechterhalten. Der Schlauchanteil vor der Pumpe wird als arterieller, der nach der Pumpe als venöser Zweig bezeichnet. Die Entnahme vom und Rückführung des Blutes zum Patienten erfolgen mittels Kanülen (Durchmesser ca. 1,4–1,8 mm), die bei jeder Dialyse erneut in ein spezielles venöses Gefäß gelegt werden (Abschn. 34.4). Die Drücke in beiden Zweigen werden überwacht, wobei der arterielle Druck negativ (ca. −150 bis −200 mmHg) und der venöse Druck positiv ist (ca. 150 bis 200 mmHg). Durch einen Abfall des arteriellen Drucks wird ein Hindernis im arteriellen Zweig angezeigt (z. B. Nadel liegt am Gefäß an, hat dieses durchstochen oder ein arterieller Schlauchs ist abgeknickt), während ein Anstieg des venösen Drucks vor einem erhöhten Rückflusswiderstand warnt (z. B. Nadel hat das Gefäß durchstochen, es befindet

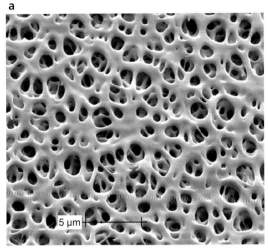

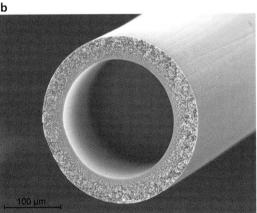

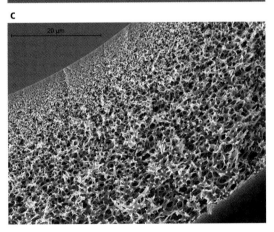

Abb. 34.2 Vergrößerte Ansicht einer einzelnen Hohlfaser eines Dialysefilters. **a** Poröse Oberflächenstruktur, **b** Querschnitt einer Kapillare und **c** Querschnitt der Kapillarwand in stark vergrößerter Darstellung. Die poröse Wandstruktur erlaubt den Stoffaustausch zwischen Blut und Dialysat und ist innen feinporiger als außen (© Fresenius Medical Care Deutschland GmbH 2015)

Teil V

Tab. 34.1 Clearance-Werte am Beispiel der FX-class high-flux Dialysatoren™ bei verschiedenen Blutflüssen und für ansteigende Molekülgrößen [3]

Dialysator	FX 40	FX 50	FX 60	FX 80	FX 100
Oberfläche [m^2]	0,6	1,0	1,4	1,8	2,2
Blutfluss [ml]	200	200/300	200/300/400	200/300/400	300/400/500
Clearance^a [ml/min]					
Harnstoff	170	189/250	193/261/303	197/276/326	278/331/365
Kreatinin	144	170/210	182/230/262	189/250/287	261/304/332
Phosphat	138	165/201	177/220/248	185/239/272	248/284/308
Vitamin B$_{12}$	84	115/130	135/155/167	148/175/190	192/213/225
Inulin	54	76/81	95/104/109	112/125/133	142/152/158

^{a} Bei einem Dialysatfluss von 500 ml/min

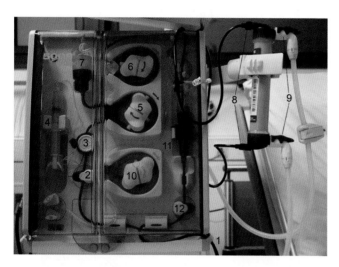

Abb. 34.3 Beispiel für den Aufbau einer Dialysemaschine (Modell Fresenius 5008). 1: Schlauchverbindung zum Patienten, 2: arterielle Schlauchklemme, 3: arterielle Druckmessung, 4: Antikoagulanz-Infusion, 5: Blutpumpe, 6 und 7: zweite Blutpumpe und Reservoir für Single-Needle-Betrieb, 8: Blutzulauf (*rot*) und -ablauf (*blau*) des Dialysators, 9: Dialysatzulauf (*rot*) und -ablauf (*blau*) des Dialysators, 10: Pumpe für Dialysat-Substitution (Abschn. 34.3.1.3), 11: venöser Luftfänger mit Detektor für Luft bzw. Mikrobläschen, 12: venöse Schlauchklemme. Die Bedienung der Maschine erfolgt über einen Bildschirm, auf dem alle relevanten Parameter dargestellt werden

sich koaguliertes Blut im Rücklauf). In beiden Fällen wird ein Alarm ausgelöst, die Blutpumpe gestoppt und die Blutschläuche werden abgeklemmt. Damit es nicht zu einer Koagulation kommt, wird dem Blutsystem kontinuierlich oder diskontinuierlich (als Bolus) ein Antikoagulationsmittel (z. B. Heparin) zugegeben. Im venösen Zweig wird das Blut durch den Dialysator (Abschn. 34.3.1.1) geleitet, in dem der eigentliche Reinigungsprozess stattfindet. Bevor das Blut über die venöse Kanüle an den Patienten zurückgegeben wird, fließt es über einen Luftfänger, in dem sich evtl. vorhandene Luftblasen abscheiden und Luft bzw. Mikrobläschen optisch und mit einem Ultraschallsensor detektiert werden.

Die meisten Dialysemaschinen verfügen über eine zweite Blutpumpe für das sogenannte „Single-Needle-Verfahren". Bei diesem Verfahren wird mit nur einer Kanüle über eine angeschlossene Weiche dialysiert, wobei die erste Blutpumpe für die Entnahme und die zweite für die Rückführung des Blutes sorgt.

Hierbei muss das entnommene Blut bis zur Rückführung durch die zweite Pumpe in einem Reservoir zwischengespeichert werden. Wegen der dadurch bedingten Standzeiten des Blutes ist diese Dialyseform weniger effektiv als die Dialyse mit zwei Kanülen.

Das Dialysat enthält neben verschiedenen Ionensorten (Na$^+$, K$^+$, Mg^{2+}, Ca^{2+}, Cl$^-$, HCO$_3^-$, CH$_3$COO$^-$) auch einen geringen Zusatz an Glukose und wird entweder direkt aus einer sterilen Ringleitung entnommen oder von der Maschine anhand eines bereitgestellten Konzentrats mit sterilem Wasser gemischt. Außerdem wird dem Dialysat Natriumbicarbonat als Puffer zur Erhaltung des Säure-Basen-Haushalts beigemischt. Eine Leitfähigkeitsmessung stellt sicher, dass das Dialysat die korrekte Elektrolytkonzentration besitzt. Das Dialysat wird anschließend nach dem Gegenstromprinzip durch die Kapillare geleitet, wo es die aus dem Blut entzogenen Stoffe aufnimmt und abtransportiert. Pro Dialysebehandlung werden dabei 120–150 l Wasser verbraucht. Um die Bluttemperatur im extrakorporalen Kreislauf auf Körpertemperatur zu halten, wird das Dialysat auf 36–37 °C erwärmt.

Im Unterschied zu Elektrolyten und harnpflichtigen Substanzen kann dem Patienten überschüssiges Wasser nicht durch Osmose entzogen werden. Um dem Patienten trotzdem 2–3 kg Wasser während der Dialysebehandlung zu entziehen (Ultrafiltration), wird auf der Dialysatseite der Membran zusätzlich ein Unterdruck angelegt. Dadurch kommt es zu einer Erhöhung des Transmembrandrucks (TMP = Differenz des venösen Drucks auf der Blutseite und dem Unterdruck auf der Wasserseite) und zu einem vermehrten Übertritt von Wasser von der Blut auf die Wasserseite. Die Ultrafiltrationsrate wird über den TMP bei jeder Dialysebehandlung dem erforderlichen Wasserentzug angepasst und millilitergenau bilanziert.

34.3.1.3 Verschiedene Verfahren der maschinellen Blutreinigung

Der Stofftransport durch die Membran des Dialysators basiert auf den Prozessen Diffusion und Konvektion (Abschn. 34.2). Bei der Hämodialyse ist der konvektive Austausch für leichte Ionen (z. B. Kalium, Natrium) oder Moleküle (z. B. Harnstoff, Kreatinin) im Verhältnis zur Diffusion allerdings unbedeutend, da sich diese Teilchen mit hoher Geschwindigkeit bewegen und die Membran des Dialysators damit sehr schnell passieren. Für schwerere Moleküle kann die Konvektion allerdings eine größere Rolle spielen. Physikalische Ursache hierfür ist, dass im

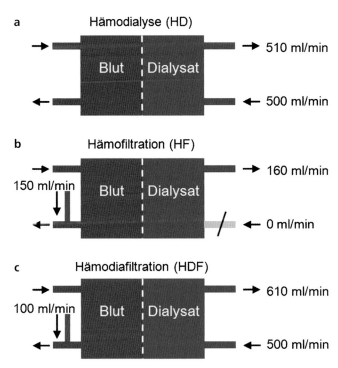

a Hämodialyse (HD)

Blut | Dialysat

→ 510 ml/min

← 500 ml/min

b Hämofiltration (HF)

150 ml/min

Blut | Dialysat

→ 160 ml/min

← 0 ml/min

c Hämodiafiltration (HDF)

100 ml/min

Blut | Dialysat

→ 610 ml/min

← 500 ml/min

Abb. 34.4 Verschiedene Verfahren der maschinellen Blutreinigung. **a** Hämodialyse (HD): überwiegend diffusiver Transport bei sehr geringer Filtrationsrate, **b** Hämofiltration (HF): ausschließlich konvektiver Transport durch eine sehr hoher Filtrationsrate, **c** Hämodiafiltration (HDF): überwiegend diffusiver, aber für schwerere Moleküle auch verstärkter konvektiver Transport durch eine deutlich erhöhte Filtrationsrate. In allen drei Fällen wird dem Patienten Wasser mit einer effektiven Rate von 10 ml/min (2,4 bis 3 kg pro Behandlung) entzogen

thermischen Gleichgewicht die mittlere kinetisch Energie $\overline{E}$ für alle Moleküle gleich groß ist und somit die mittlere Geschwindigkeit

$$\overline{v} = \sqrt{2\overline{E}/m} \qquad (34.1)$$

für schwere Moleküle kleiner ist als für leichte Moleküle (*m*: Masse der Moleküle). Schwere Teilchen haben also während der Passage durch die Kapillaren eine geringere Wahrscheinlichkeit ins Dialysat überzutreten. Verstärkt wird dies durch ihre größeren Durchmesser relativ zur Porengröße der Membran. Die relative Bedeutung von Diffusion und Konvektion hängt aber auch von der Flüssigkeitsmenge ab, die pro Zeit über die Membran filtriert wird.

Diese Aspekte haben zu verschiedenen Varianten der Blutreinigung geführt, bei denen die diffusiven und konvektiven Anteile der Blutreinigung unterschiedlich stark gewichtet sind. Hierbei kann man grundsätzlich drei verschiedene Verfahren unterscheiden (Abb. 34.4).

Hämodialyse (Abb. 34.4a) Bei der Hämodialyse (HD) fließen Blut und Dialysat nach dem Gegenstromprinzip durch den Dialysator. Dabei wird die Ultrafiltrationsrate über den Transmembrandruck so eingestellt, dass die dem Blut entzogene

Wassermenge gerade dem überschüssigen Wasser im Patienten entspricht, welches vor der Behandlung durch Wiegen des Patienten ermittelt wird. Dadurch kommt es an der Membran zu einem geringen konvektiven Stofftransport, der zur Blutreinigung insgesamt kaum beiträgt.

Hämofiltration (Abb. 34.4b) Bei der Hämofiltration (HF) wird dem Dialysefilter kein Dialysat zugeführt. Stattdessen wird dem Blut durch Anlegen eines Unterdrucks ein substanzieller Anteil (bis 25 %) des enthaltenen Wassers entzogen (filtriert). Da dies viel mehr ist, als dem Patienten eigentlich entzogen werden darf, wird auf der Blutseite eine entsprechende Menge an Elektrolytlösung substituiert. Die Substitution kann entweder vor (Prädilution) oder nach (Postdilution) dem Dialysator erfolgen. Die Reinigungswirkung basiert bei der Hämofiltration auf der Mitführung von Stoffen, d. h. auf einem konvektiven Transport. Damit die Effektivität der Blutreinigung vergleichbar zur Hämodialyse ist, muss die Ultrafiltrationsrate sehr hoch sein (bis 180 ml/min) und es werden Filter mit hoher Permeabilität benötigt. Damit hierbei das Blut bei einer Postdilution nicht zu stark eindickt und koaguliert, muss auch der Blutfluss sehr hoch sein. Da dies meist nicht erreichbar ist, kann alternativ auch eine Prädilution erfolgen. Dies führt allerdings wegen der Verdünnung des Blutes vor dem Dialysefilter zu einer Verringerung der Reinigungswirkung. Insgesamt wird diese Form der Hämofiltration nur sehr selten angewendet.

Die Hämofiltration kann allerdings auch intermittierend bei der Hämodialyse eingesetzt werden, z. B. wenn der Patient stark überwässert ist und den eingestellten Wasserentzug schlecht verträgt. In diesem Fall kann die Maschine für kurze Zeit (z. B. 15 min) auf Hämofiltration umgestellt werden, jedoch ohne dass dem Blut Flüssigkeit substituiert wird. Die daraus resultierende geringe Ultrafiltrationsrate führt in diesem Fall nur zu einem geringen konvektiven Transport mit vernachlässigbarer Reinigungswirkung. Da die Elektrolyte aber genau in der Konzentration entzogen werden, in der sie im Blut vorliegen, kommt es zu keiner Elektrolytverschiebung im Blut und der Patient verträgt dadurch den Flüssigkeitsentzug besser.

Hämodiafiltration (Abb. 34.4c) Die Hämodiafiltration (HDF) kombiniert die Verfahren von Hämodialyse und Hämofiltration. Hierbei werden zunächst wie bei der Hämodialyse Blut und Dialysat nach dem Gegenstromprinzip durch den Dialysator geleitet. Gleichzeitig wird der Wasserentzug über den Dialysefilter deutlich (aber weniger als bei der reinen Hämofiltration) erhöht und die Differenz zum erforderlichen Wasserentzug auf der Blutseite substituiert (Prä- oder Postdilution). Hierdurch wird einerseits der effektive diffusive Stoffaustausch beibehalten und andererseits der konvektive Austausch verstärkt. Während der verstärkte konvektive Austausch bei leichten Molekülen wie Harnstoff und Kreatinin nur eine sehr geringe Bedeutung hat, werden Abbauprodukte im mittelmolekularen Bereich besser entfernt. Da die Filtrationsrate über die Membran (~100 ml/min) geringer ist als bei der Hämofiltration, erfolgt die Substitution meist über eine Postdilution. Inzwischen kann das Dialysat so rein aufbereitet werden, dass es direkt als Substituat verwendet werden kann (Online-HDF). Dies hat die

Abb. 34.5 Prinzip der Peritonealdialyse. Das verbrauchte Dialysat läuft unter Einfluss der Schwerkraft über den implantierten Katheter in den unteren Beutel ab und wird durch neues Dialysat aus dem oberen Beutel ersetzt. Die Dialyse erfolgt über das Bauchfell durch Übertritt von Molekülen vom Blut ins Dialysat (© Fresenius Medical Care Deutschland GmbH 2015)

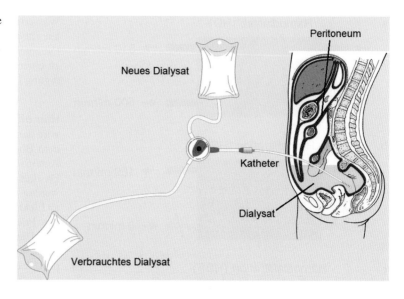

Durchführung der HDF sehr vereinfacht und zu einer breiteren Anwendung des Verfahrens geführt [1]. Der Vorteil der Online-HDF gegenüber der HD für den Patienten wird zurzeit noch in klinischen Studien untersucht [1, 6].

34.3.1.4 Behandlungsparameter

Die Effektivität der Dialysebehandlung wird durch verschiedene Parameter bestimmt. Die wichtigsten Parameter sind die Behandlungsdauer und -frequenz sowie der Blutfluss. Typische Werte sind drei vier- bis fünfstündige Behandlungen pro Woche bei einem Blutfluss von 250 bis 300 ml/min. Das umgesetzte Blutvolumen beträgt dadurch ca. 60–90 l, was etwa 12–18 Passagen des gesamten Blutvolumens entspricht.

Nach einem Durchgang durch den Dialysefilter ist das Blut bereits sehr gut gereinigt. Die langen Behandlungszeiten sind dennoch erforderlich, da die Reinigung zunächst nur für das Blutvolumen erfolgt, die zu entfernenden Moleküle aber auch im nachgeschalteten Inter- bzw. Intrazellulärraum vorhanden sind. Erst wenn ein Konzentrationsunterschied zwischen Blut und Interzellulärraum bzw. zwischen Inter- und Intrazellulärraum erreicht ist, beginnt ein diffusiver Transport aus den nachfolgenden Kompartimenten in Richtung Blutvolumen. Bei gleichen umgesetzten Blutvolumina ist daher das Therapieschema mit der längeren Behandlungszeit effektiver und eine Erhöhung des Blutflusses zu Lasten der Behandlungsdauer ist daher nicht sinnvoll.

Weitere Parameter der Dialyse beziehen sich auf die Auswahl von Art und Größe des Dialysefilters und die Konzentrationen der Elektrolyte im Dialysat. Diese werden für den Patienten individuell festgelegt. Schließlich muss bei jeder Dialyse durch Wiegen festgestellt werden, wie viel Wasser in der Pause zwischen zwei Dialysen aufgrund fehlender Ausscheidung im Patienten verblieben ist. Um dieses Wasser zu entziehen, wird an der Dialysemaschine die entsprechende Ultrafiltrationsrate eingestellt.

34.3.2 Peritonealdialyse

Die Peritonealdialyse (Bauchfelldialyse) stellt eine Alternative zur Hämodialyse dar. Hierbei übernimmt das gut durchblutete körpereigene Bauchfell die Funktion der semipermeablen Dialysemembran (Abb. 34.5). Damit die Blutreinigung erfolgen kann, wird die Bauchhöhle mit Dialysat gefüllt, welches regelmäßig ausgetauscht werden muss. Der Konzentrationsunterschied zwischen Blut und Dialysat führt wie bei der Hämodialyse zu einem Entzug von Elektrolyten und harnpflichtigen Substanzen. Für den regelmäßigen Austausch des Dialysats muss dem Patienten ein Verweilkatheter in die Bauchhöhle eingenäht werden. Da die Druckverhältnisse auf der Blut- und Dialysatseite im Gegensatz zur Hämodialyse nicht gesteuert werden können, erfolgt der Wasserentzug bei der Peritonealdialyse durch Zugabe von Glukose zum Dialysat. Die hierdurch bedingte Erhöhung der Osmolarität bewirkt dabei einen verstärkten Flüssigkeitsentzug, der beim Dialysatwechsel durch Wiegen bilanziert wird. Auch bei der Peritonealdialyse wird die Dialysatzusammensetzung auf den Patienten abgestimmt.

Die am häufigsten praktizierten Formen der Bauchfelldialyse sind die kontinuierliche ambulante Peritonealdialyse (CAPD) und die kontinuierliche zyklische Peritonealdialyse (CCPD). Während bei der CAPD das Dialysat über den Tag verteilt drei bis fünf Mal ausgetauscht wird, wird der Patient bei der CCPD nachts an eine Maschine angeschlossen, die den Dialysatwechsel alle 30 bis 60 min automatisch durchführt. Gegebenenfalls erfolgt ein zusätzlicher Beutelwechsel über Tag.

34.4 Klinische Aspekte

Um den für die Hämodialyse notwendigen Blutfluss zu erreichen, ist ein chirurgischer Eingriff erforderlich, bei dem (meist am Unterarm) eine Arterie mit einer Vene kurzgeschlossen wird.

Dadurch wird der arterielle Druck direkt an die Vene weitergegeben, was nach einiger Zeit zu einer Aufweitung des Gefäßes und nach regelmäßiger Punktion zu einer Verstärkung der Gefäßwand führt. Dieser sogenannte Shunt (auch Fistel genannt) wird dann regelmäßig mit zwei großlumigen Kanülen (meist 15 bis 17 Gauge) punktiert. Zur Überbrückung bis zur Shunt-Anlage oder bei Vorliegen einer sehr schlechten Gefäßsituation können auch zweilumige Verweilkatheter (Shaldon- oder Demers-Katheter) gelegt werden, die in großen venösen Gefäßen enden.

Da die Hämodialyse intermittierend angewendet wird, sammeln sich Wasser, Elektrolyte und harnpflichtige Substanzen in der dialysefreien Zeit an und ihre Konzentrationen sind somit starken Schwankungen unterworfen. Um den Wasserentzug an der Dialyse zu begrenzen, unterliegen Dialysepatienten Einschränkungen hinsichtlich der Trinkmenge. Zusätzlich muss durch diätische Maßnahmen sichergestellt werden, dass nicht zu viel Kalium oder Phosphat aufgenommen wird, da dies zu Störungen der Erregungsleitung im Herzen bzw. zu einer Entmineralisierung der Knochen führen kann.

Für jeden Patienten wird ein sogenanntes Trockengewicht festgelegt. Dieses entspricht dem Gewicht, das der Patient bei intakter Nierenfunktion, d. h. ohne Wassereinlagerungen, hätte. Die in der dialysefreien Zeit angesammelte Wassermenge wird vor jeder Dialysebehandlung durch Wiegen des Patienten bestimmt und bei der Dialyse durch Einstellen einer entsprechenden Ultrafiltrationsrate entzogen. Wie gut der Wasserentzug vertragen wird, hängt maßgeblich von der Höhe der Ultrafiltrationsrate, der Elektrolytkonzentration im Dialysat, der korrekten Festlegung des Trockengewichts und nicht zuletzt von der Konstitution des Patienten ab. Wegen des hohen technischen Aufwandes wird die Hämodialyse heute normalerweise in einem Dialysezentrum und nur in Ausnahmefällen zu Hause durchgeführt.

Im Gegensatz zur Hämodialyse wird die Peritonealdialyse an jedem Tag der Woche kontinuierlich durchgeführt. Dies führt zu wesentlich kleineren Konzentrationsschwankungen bei Elektrolyten, harnpflichtigen Stoffen und bei der Wassereinlagerung, wodurch auch die Einschränkungen bei der Ernährung geringer sind. Auch die daraus resultierende Kreislaufbelastung ist geringer. Da die Peritonealdialyse keinen Gefäßzugang benötigt, wird sie häufig bei jüngeren Kindern eingesetzt und allgemein zur Überbrückung bis zu einer Nierentransplantation. Sowohl die CAPD als auch die CCPD werden vom Patienten eigenständig zu Hause durchgeführt.

Die Gegenwart des Verweilkatheters stellt jedoch hohe Anforderungen an die Hygiene im Alltag und beim Wechseln des Dialysats, um eine Entzündung des Bauchfells (Peritonitis) zu vermeiden. Eine rezidivierende Peritonitis kann die Entfernung und Wiederanlage des Katheters erforderlich machen oder im ungünstigsten Fall die Peritonealdialyse unmöglich machen. Auch ohne diese Komplikationen kann sich die Permeabilität des Bauchfells mit der Zeit verringern, was ebenfalls einen Wechsel zur Hämodialyse erforderlich machen kann. Hämodialyse und Peritonealdialyse stellen komplementäre Behandlungsverfahren dar, die in Abhängigkeit von der Situation des Patienten eingesetzt werden.

Aufgaben

34.1 Welche Stoffe sollen bei der Dialysebehandlung aus dem Blut entfernt werden? Wie wird dies erreicht und welche dieser Stoffe befinden sich auch im Dialysat?

34.2 Worin unterscheidet sich die Hämodialyse von der Hämodiafiltration, welche physikalischen Prozesse sind jeweils beteiligt und wie ist ihre Bedeutung für die Blutreinigung?

34.3 Gegeben sind die folgenden zwei Behandlungsschemata: (i) 3 Dialysen pro Woche mit einer Behandlungsdauer von 3,5 h und einem Blutfluss von 400 ml/min und (ii) 3 Dialysen pro Woche mit einer Behandlungsdauer von 5 h und einem Blutfluss von 280 ml/min. Welches Behandlungsschema ist sinnvoller und warum?

34.4 Von welchen Größen hängt die Reinigungswirkung (Clearance) eines Dialysators ab und wie sieht diese Abhängigkeit aus?

34.5 Welchen Einschränkungen bei der Ernährung unterliegen Patienten an der Hämodialyse und warum? Warum sind diese Einschränkungen bei der Bauchfelldialyse geringer?

Literatur

1. Canaud B (2011) The early years of on-line HDF: how did it all start? How did we get here? On-line hemodiafiltration: the journey and the vision, Bd. 175. Karger Publishers, Basel, S 93–109
2. Deutsche Gesellschaft für Nephrologie (2017) https://www. dgfn.eu/pressemeldung/nierenspezialist-wird-zukuenftiger-praesident-der-deutschen-gesellschaft-fuer-innere-medizin-dgim.html. Zugegriffen: 4. Juni 2018
3. Fresenius Medical Care Deutschland GmbH (2015) Datenblatt FX-class Dialysatoren™
4. Geberth S, Nowack R (2014) Hämodialyse – technische Komponenten. In: Geberth S, Nowack R (Hrsg) Praxis der Dialyse, 2. Aufl. Springer, Berlin, Heidelberg, S 27–72
5. Geberth S, Nowack R (2014) Peritonealdialyse (PD). In: Geberth S, Nowack R (Hrsg) Praxis der Dialyse, 2. Aufl. Springer, Berlin, Heidelberg, S 183–224
6. Mostovaya IM, Grooteman MP, Basile C, Davenport A, de Roij van Zuijdewijn CL, Wanner C, Nube MJ, Blankestijn PJ (2015) High convection volume in online post-dilution haemodiafiltration: relevance, safety and costs. Clin Kidney J 8(4):368–373. https://doi.org/10.1093/ckj/sfv040
7. Schreiber C, Al-Chalabi A, Tanase O, Kreymann B (2009) Grundlagen der Nieren- und Leberdialyse. In: Wintermantel E, Ha SW (Hrsg) Medizintechnik: Life Science Engineering, 5. Aufl. Springer, Berlin, Heidelberg, S 1519–1584
8. Vienken J (2011) Extrakorporale Blutreinigungssysteme. In: Kramme R (Hrsg) Medizintechnik: Verfahren–Systeme–Informationsverarbeitung, 4. Aufl. Springer, Berlin, Heidelberg, New York, S 495–514

Teil V

Behandlung mit elektrischem Strom

35

Norbert Leitgeb

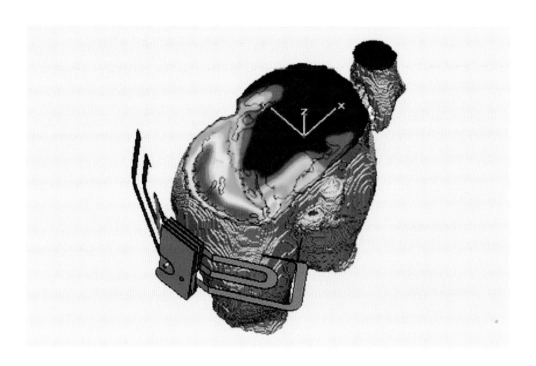

Teil V

© Springer-Verlag GmbH Deutschland, ein Teil von Springer Nature 2018
W. Schlegel, C.P. Karger, O. Jäkel (Hrsg.), *Medizinische Physik*, https://doi.org/10.1007/978-3-662-54801-1_35

Elektrische Ströme können je nach ihrer Frequenz und Stärke vielfältige Wirkungen besitzen, die zahlreiche therapeutische Anwendungen ermöglichen: von der transkutanen Verabreichung von Medikamenten, Beeinflussung der Zellerregbarkeit, Zellstimulation, Gewebserwärmung und Tumorentfernung bis zum Schneiden und Koagulieren von Gewebe. Die Einkopplung der Ströme erfolgt über Hautelektroden, mittels implantierter Elektroden oder durch Bestrahlung mit elektromagnetischen Feldern. Die Palette implantierbarer Elektrostimulatoren ist breit und reicht vom Blasen-, Atem-, Cochlea-Stimulator und Herzschrittmacher bis zu Gehirnstimulatoren.

35.1 Einleitung

Unter elektrischem Strom i versteht man bewegte elektrische Ladungsträger q ($i = \mathrm{d}q/\mathrm{d}t$). Am Stromfluss können sich entweder nur die leicht beweglichen Elektronen beteiligen (Leiter 1. Ordnung, z. B. Metalle) oder zusätzlich auch Ionen (Leiter 2. Ordnung, z. B. menschliches Gewebe). Während die Ladungen bei Wechselstrom um ihre Ruhelage pendeln, kommt es bei Gleichstrom zu einem realen Ladungstransport zu den beiden Polen der Spannungsquelle.

Wenn elektrischer Strom durch den menschlichen Körper fließt, kann er, abhängig von seiner Frequenz und der Stromdichte, folgende Effekte verursachen:

a. Veränderungen elektrischer Potenziale, die z. B. zur Stimulation von Nerven- und Muskelzellen führen können;
b. Temperaturerhöhungen, die zunächst z. B. eine Durchblutungssteigerung, bei stärkerer Erwärmung eine Eiweißdenaturierung (Koagulation) und bei höheren Temperaturen eine Gewebszerstörung verursachen kann;
c. Thermomechanische Wirkungen z. B. Aufplatzen von Zellen aufgrund des entstehenden Dampfdrucks der erhitzten Gewebsflüssigkeit (Schneiden).

Bei Gleichstrom treten zusätzlich auf:

a. Transport von Ionen z. B. durch die Haut zur perkutanen Verabreichung von Substanzen;
b. Dissoziation (Auftrennung) von Molekülen;
c. Thermische Reaktionen an den Elektroden.

Elektrische Ströme werden für folgende **medizinische Indikationen** eingesetzt:

- Schmerzlinderung (Analgesie)
- Muskelstimulation (Rehabilitation)
- Funktionelle Stimulation der Skelettmuskulatur (z. B. bei Lähmungen)
- Beeinflussung der glatten Muskulatur innerer Organe
- Durchblutungssteigerung
- Stoffwechselsteigerung
- Entzündungshemmung
- Regenerationsförderung (Stimulation der Wundheilung)
- Schneiden von Gewebe
- Koagulieren von Blut und Gewebe
- Krebsbehandlung (Sensibilisierung für die Wirkung anderer Faktoren, Thermoablation)
- Transkutane Medikation (Iontophorese)

35.2 Gleichstrom

Gleichstrom kann zwar keine Zellen erregen, er kann jedoch deren Erregbarkeit beeinflussen. Er führt zur Dissoziation von Molekülen, z. B. $H_2O \rightarrow H^+ + OH^-$ oder $NaCl \rightarrow Na^+ + Cl^-$. Darüber hinaus kommt es bei Gleichstrom zum Transport von Ionen zu den Elektroden. An ihnen kommt es zu chemischen Reaktionen, z. B. an der Anode $Na^+ + OH^- = NaOH$ (Natronlauge) und an der Kathode $Cl^- + H^+ = HCl$ (Salzsäure). Dies kann zu unerwünschten Nebenwirkungen in Form von Gewebsschäden führen. Bei Verwendung von „Wasserelektroden" in Form von Voll- oder Teilbädern kann diese Nebenwirkung vermieden werden.

Im **Stangerbad** befindet sich der Patient in einer mit Wasser gefüllten Badewanne mit seitlich eingelassenen (und abgedeckten) Elektroden und wird im Nebenschluss von Gleichstrom durchströmt. Zur Verbesserung der Leitfähigkeit können dem Wasser salz- oder gerbstoffhaltige Substanzen zugegeben werden. Die Behandlung wirkt durchblutungssteigernd. Sie wird z. B. bei rheumatischen Erkrankungen, bei Schmerzen, Spastiken und Lähmungen eingesetzt.

Vierzellenbäder werden verwendet, um den großen Aufwand und Wasserverbrauch eines Stangerbades zu vermeiden. Der Patient gibt dabei seine Extremitäten in vier einzelne Wasserwannen, in denen sich Elektroden befinden. Die Ankopplung geschieht großflächig über die Wasserstrecke, der Durchströmungsweg lässt sich in diesem Fall jedoch durch Ansteuerung der Wannen auswählen.

35.3 Wechselstrom

Die Membran von Körperzellen besteht aus einer Phospholipid-Doppelschicht mit eingebauten Makromolekülen (Ionenkanälen), die für verschiedene Ionenarten selektiv durchlässig sind. Im Ruhezustand ist das Zellinnere gegenüber dem Zelläußeren elektrisch negativ, je nach Zelltyp zwischen ca. -100 und $-50\,\text{mV}$ (Membranruhepotenzial). Dieses Potenzial ergibt sich im Wesentlichen aus den Konzentrationsunterschieden der Ionen Kalium (K^+), Natrium (Na^+) und Chlor (Cl^-). Das Diffusionspotenzial ΔU eines Ions kann durch die Nernst-Gleichung ermittelt werden. Für Kalium ergibt sich z. B. mit der Ionenkonzentration außen ($c_{K,a}$) und innen ($c_{K,i}$), der Temperatur T, der Gaskontante R, der Faradaykonstante F und der Wertigkeit z_K des Ions:

$$\Delta U_K = \frac{R \cdot T}{z_K \cdot F} \cdot \ln \frac{c_{K,a}}{c_{K,i}} = -91\,\text{mV} \qquad (35.1)$$

Je nach Polarität können elektrische Stromdichten das Ruhepotenzial negativer machen (Hyperpolarisation) und somit die Zellerregung erschweren (Schmerztherapie) oder positiver machen (Depolarisation) und somit die Zellerregung erleichtern (Rehabilitation). Überschreitet die Depolarisation einen Schwellwert (Reizschwelle), kommt es bei Nervenzellen zur

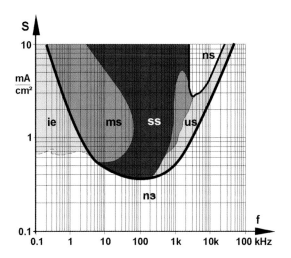

Abb. 35.1 Erregungsbereiche einer markhaltigen Nervenfaser für sinusförmige Stromdichten (ss = eine Stimulation pro Periode, ms = mehrfache Stimulationen pro Periode, us = mehrere Perioden für eine Stimulation, ie = unvollständige Erregung, ns = keine Stimulation)

Auslösung eines elektrischen Nervenimpulses (Aktionspotenzial) und bei Muskelzellen zu einer Muskelkontraktion.

Zur Erregung einer Zelle müssen jedoch drei Bedingungen gleichzeitig und ausreichend erfüllt sein:

a. Die Stromdichte muss genügend stark sein, also über der Reizschwelle liegen.
b. Die Einwirkungsdauer muss genügend lang sein, damit eine ausreichend große Ladungsmenge durch die Membran hindurchtreten kann.
c. Die zeitliche Änderung der Stromdichte muss genügend groß sein.

Daraus ergibt sich einerseits, dass Gleichstrom (unter den Elektroden) zwar die Erregbarkeit von Zellen verändern kann, aber wegen der fehlenden Reizänderung nicht in der Lage ist, eine Zellerregung auszulösen. Andrerseits kann Wechselstrom keine Erregung mehr verursachen, wenn die Dauer der erregenden Halbwelle zu kurz ist. Dies ist bei Frequenzen über ca. 30–100 kHz der Fall, während niedrige Frequenzen wegen zu geringer Reizänderung ebenfalls keine Erregung mehr auslösen können. Insgesamt hängt die Reizwirkung von der Art der Zelle sowie des Zeitverlaufs, der Frequenz und der Amplitude des Reizes ab. Abb. 35.1 zeigt das Erregungsverhalten am Beispiel einer markhaltigen Nervenzelle für sinusförmige Ströme: Bei niedrigen Frequenzen können pro depolarisierender Halbwelle mehrere Aktionspotenziale ausgelöst werden, während bei höheren Frequenzen mehrere Perioden für die Erregung erforderlich sein können (Gildemeister-Effekt).

Um deren unterschiedliche biologische Wirkungen auszunutzen, werden je nach Indikation folgende Stromformen verwendet:

- Sinusförmiger Wechselstrom (Niederfrequenz bis 1 kHz, Mittelfrequenz bis 100 kHz, Hochfrequenz über 100 kHz);

- Interferenzstrom (im Überlagerungsgebiet zweier Sinusströme mit wenig unterschiedlicher Frequenz, z. B. 4 und 4,05 kHz, auftretende Schwebungen);
- Gepulster Strom (gleichgerichteter Sinus, Dreieck, Rechteck);
- Exponentialstrom.

Gleichstrom kann die Zellerregung nicht auslösen, aber an den Elektroden die Erregbarkeit erleichtern oder erschweren. Die Gefahr besteht in Gewebsschäden durch Verätzungen an den Elektroden. Wechselstrom kann Nerven- und Muskelzellen erregen, wenn er genügend stark ist (Alles-oder-nichts-Gesetz). Lebensgefahr besteht im Auslösen von Herzkammerflimmern.

35.4 Behandlungsarten

35.4.1 Transkutane Elektrostimulation

35.4.1.1 Nerven-Stimulation

Neuralgien, also Schmerzen, können wegen der Schädigung peripherer Nerven z. B. durch Druck (z. B. beim Bandscheibenvorfall), Entzündung (z. B. bei Überbeanspruchung), Stoffwechselstörungen (z. B. bei Diabetes), Strahlung (z. B. Röntgenstrahlung) oder chemisch (z. B. Verätzungen) entstehen.

Darüber hinaus kann die Elektrostimulation auch zur Behandlung von zerebralen Störungen (z. B. Epilepsie, Alzheimer oder Schizophrenie) verwendet werden, z. B. durch großflächige Durchströmung mittels Oberflächenelektroden, durch extrakorporale Magnetspulen oder durch implantierte Elektroden.

Bei transkutaner elektrischer Nervenstimulation (TENS) wird die Erregungsschwelle afferenter (zum Gehirn führender) Nervenbahnen durch die Stromeinwirkung angehoben, wodurch diese gehemmt werden. Verwendet werden meist Oberflächenelektroden und mono oder biphasische Rechteckpulse mit einer Frequenz im Bereich 1–100 Hz, die auch in Form von Bursts abgegeben werden können.

Um höhere Stromdichten in tiefer gelegenen Gebieten schmerzfrei applizieren zu können, werden mit Hilfe zweier ca. orthogonal angelegter Elektrodenpaaren zwei mittelfrequente Ströme, z. B. 4 kHz, mit einem geringen Frequenzunterschied von z. B. 1–100 Hz so appliziert, dass sich ihre Stromwege im Behandlungsgebiet kreuzen und dort Stromschwankungen mit der Differenzfrequenz und hoher Amplitude auftreten.

35.4.1.2 Muskelstimulation

Bei Ausfall der Innervierung der Muskulatur, z. B. durch Verletzung von Nerven, Erkrankung, Schlaganfall oder Drogen, kann durch Stromapplikation eine tetanische Muskelkontraktion erreicht werden. Dadurch können Muskelatrophien vermieden bzw. strukturelle und funktionelle Verbesserungen des Muskels

Teil V

erreicht werden. Mit großflächigen Oberflächenelektroden kann der gesamte Muskel, mit kleinräumigen Oberflächenelektroden oder implantierten Elektroden auch selektive Muskelpartien stimuliert werden.

Muskelstimulatoren für kosmetische Zwecke (Bodyshaping) führen nur zu gering erhöhtem Kalorienverbrauch und daher zu keinem relevanten Fettabbau. Zum Krafttraining sind sie nur bedingt geeignet, da sie nur die Muskelzellen aktivieren, ohne die Sehnen und Gelenke zu stärken.

35.4.1.3 Herzmuskelstimulation

Der Herzschlag läuft nach der Triggerung durch den sich selbstständig erregenden Sinusknoten autonom ab, indem sich eine Erregungswelle zunächst über das Vorhofmyokard ausbreitet, vom Atrio-Ventrikular-Knoten aufgenommen und über Nervenleitung an die Ventrikelspitze übertragen wird, von wo eine weitere Erregungswelle das Vorhofmyokard erfasst und zur Pumpbewegung veranlasst. Wenn dieser zeitlich koordinierte Vorgang durch unzeitige Reizung gestört wird, geht die Koordination verloren, der Herzmuskel verfällt in ein Zittern und die Pumpwirkung fällt aus. Bei Vorhofflimmern verringert sich (lediglich) die Leistungsfähigkeit, bei Ventrikelflimmern bricht der Kreislauf zusammen und besteht unmittelbare Lebensgefahr (siehe auch Kap. 33). Die einzige Abhilfe besteht in der Wiederherstellung der Koordination durch Abgabe eines starken elektrischen Stromimpulses. Bei Vorhofflimmern muss dies EKG(R-Zacken)-getriggert erfolgen (Kardioversion), um zu vermeiden, dass der Defibrillationsimpuls in die vulnerable Phase der Herzaktion fällt und die noch koordiniert pumpende Ventrikelmuskulatur zum Flimmern bringt. Die Defibrillation erfolgt entweder mit monophasischen oder biphasischen Exponentialströmen. Bei externer Defibrillation mit Oberflächenelektroden wird eine Spannung von bis zu 5000 V angelegt.

35.4.2 Funktionelle Elektrostimulation

Durch Stimulation der innervierenden Nerven können gelähmte oder nicht mehr ausreichend willkürlich kontrollierbare Muskelpartien (z. B. bei Querschnittslähmung) auch selektiv kontrahiert werden.

Mit Hilfe von **Oberflächenelektroden** lassen sich durch koordinierte Ansteuerung auch komplexe Bewegungsabläufe wie z. B. das Ergreifen, Aufstehen und – mit Unterstützung eines Exoskelettes – auch das Gehen realisieren.

Für eine Vielzahl von Anwendungen werden darüber hinaus implantierbare Stimulatoren eingesetzt.

- **Implantierbare Herzschrittmacher** messen die vorhandene Herzaktivität zur Steuerung ihrer Funktion. Zur Behandlung von Reizleitungsstörungen stimulieren sie EKG-getriggert und überbrücken so die Störstelle elektronisch. Bei Ausfall der Eigenerregung stimulieren sie bei Bedarf (on demand) entweder festfrequent oder durch physiologische Parameter frequenzgesteuert. Das Herzschrittmachergehäuse wird subkutan implantiert und die Elektroden entlang der

Blutgefäße bis in den Vorhof und/oder Ventrikel vorgeschobenen (siehe auch Kap. 33).

- **Implantierbare Cardioverter-Defibrillatoren** (ICD) messen die Herzaktivität und behandeln ventrikuläre Tachykardien durch gezielte Überstimulation und Herzkammerflimmern durch Abgabe eines Defibrillationsimpulses über intrakardiale Elektroden.
- **Implantierbare Cochlear-Stimulatoren** erfassen die akustischen Signale mit einem externen Bauteil, das sie telemetrisch auf einen implantierten Stimulator überträgt. Mit Hilfe einer in die Hörschnecke vorgeschobenen tonotopen Multikontakt-Elektrode wird die Basilarmembran der Ganglienzellen stimuliert. Dadurch kann Patienten mit starkem oder vollständigem Hörverlust ein Hörerlebnis und mit entsprechendem Training ein Sprachverständnis vermittelt werden.
- **Implantierbare Hirnstimulatoren** (Deep Brain Stimulator) mit subkutan implantiertem Gehäuse stimulieren Hirnareale über subkutan verlegte und in das Gehirn eingeführte Mikroelektroden. Damit werden derzeit vor allem zerebral bedingte Bewegungsstörungen behandelt, z. B. Parkinson, Tremor und fokale Epilepsie. Die Anwendung soll ausgeweitet werden z. B. auf Migräne und psychische Erkrankungen wie Zwangsneurosen, Depression und Tourette-Syndrom.
- **Implantierbare Nervenstimulatoren** (Rückenmarksstimulatoren) werden bei therapieresistenten neuropathischen Schmerzen eingesetzt, wobei das Rückenmark epidural stimuliert wird.
- **Implantierbare Atemschrittmacher** (Zwerchfellstimulatoren) stimulieren den Nervus phrenicus, der das Zwerchfell innerviert, um Querschnittsgelähmten mit Verletzungen im Bereich oberhalb des 3. Halswirbels (Tetraplegiker) zu beatmen. Dadurch kann die Kontraktion des Zwerchfelles und somit das Einatmen gesteuert werden.
- **Implantierbare Blasenstimulatoren** stimulieren die sakralen Nervenwurzeln S2 bis S4, um bei Querschnittsgelähmten eine Blasenentleerung zu erreichen.
- **Implantierbare Darmschrittmacher** stimulieren die für die Darmentleerung zuständigen Sakralnerven bereits in der Nähe des Rückenmarks (Kreuzbein), um bei Querschnittspatienten eine Darmentleerung zu erreichen.
- **Implantierbare Netzhautstimulatoren** werden bei degenerativen Netzhauterkrankungen angewendet, um mit Hilfe eines an die Netzhaut angelegten Elektrodenarrays die Ganglienzellen mit einem Signal zu stimulieren, welches mit Hilfe einer Minikamera generiert wurde. Auf diese Weise soll erblindeten Patienten zur Wahrnehmung eines Lichtmusters verholfen werden.

35.4.3 Transkranielle Elektrostimulation (TES)

Die Ursprünge der TES liegen in den Versuchen zur Behandlungen von Schlafstörungen und der Elektroanästhesie. Mit Hilfe von Schläfen- oder Stirnelektroden wird das Gehirn mit niederfrequenten Strömen im Bereich 0,5–1 Hz und Stromstärken unter 1 mA durchströmt. Die Wirksamkeit ist jedoch umstritten.

Eine nur mehr selten praktizierte Sonderform der TES stellt die Elektrokrampfbehandlung (Elektrokonvulsionstherapie) dar. Über Schläfenelektroden wird dabei den Patienten ein Strompuls von mehreren Ampere verabreicht, um einen ca. 30 s langen Krampfanfall (epileptischer Anfall) auszulösen. Zur Behandlung schwerer therapieresistenter Depressionen, wahnhafter Zustände und katatonischer Schizophrenie werden innerhalb von 2–3 Tagen ca. 8–12 Behandlungen vorgenommen.

35.5 Hochfrequenz

Die Wärmewirkung hochfrequenter elektrischer Ströme entsteht durch Ohm'sche Verluste am Stromweg. Die auf das Volumen ΔV bezogene Verlustleistung ΔP ergibt sich mit dem spezifischen Widerstand ρ und der Stromdichte S zu $\Delta P = \rho \Delta S^2$. Damit lässt sich mit der Wärmekapazität für Wasser c_W und dem spezifischen Gewicht γ die Temperaturerhöhung ΔT pro Zeit t wie folgt berechnen:

$$\frac{\Delta T}{t} = \frac{\rho \cdot S^2}{c_W \cdot \Delta V \cdot \gamma} \qquad (35.2)$$

Wenn an Stellen hoher Stromdichte die Temperaturerhöhung sehr rasch erfolgt, kommt es aufgrund des entstehenden Dampfdrucks zum Aufplatzen von Körperzellen. Bei Überschreiten der Eiweiß-Koagulationstemperatur von 56 °C treten Gewebsnekrosen auf. Gleichzeitig mit dem Schneiden können dadurch durchtrennte Blutgefäße auch thermisch verschlossen werden.

> Für die Wärmewirkung ist nicht die Stromstärke, sondern die Dichte des Stromes entscheidend. Daher können unerwünschte Verbrennungen auch durch kleine Ströme entstehen, wenn sie über entsprechend kleine Kontaktflächen fließen.

35.5.1 Elektrochirurgie

In der Elektrochirurgie wird der Strom über eine kleinflächige („aktive") Elektrode zugeführt. Dadurch treten an der Kontaktstelle so hohe Stromdichten auf, dass das Gewebe mechanisch durchtrennt wird und sich je nach Schnittgeschwindigkeit, Stromstärke und Modulationsart zusätzlich ein Koagulationssaum ausbilden kann, so dass auch in stark durchbluteten Organen blutungsarme Schnitte möglich sind. Mit Hilfe einer großflächigen („Neutral"-)Elektrode kann der Strom mit niedriger Stromdichte und daher ohne unerwünschte Nebenwirkungen ausgekoppelt werden. Um Muskelkontraktionen zu vermeiden, werden Frequenzen von 300 kHz bis ca. 5 MHz verwendet, die sicher über der nervalen und muskulären Stimulationsgrenze liegen. Ungewollte Verbrennungen können im bzw. am Körper

entstehen, wenn am Durchströmungsweg Stromdichteerhöhungen auftreten, z. B. durch Inhomogenitäten (z. B. Metallimplantate), an Engstellen (z. B. Gelenken), an kleinen Kontaktflächen von Nebenschlüssen (z. B. über Extremitäten) oder durch Teilablösung der Neutralelektrode. Funkenüberschläge zwischen aktiver Elektrode und Gewebe verursachen Explosionsgefahr in Anwesenheit von entzündbaren Gasgemischen (Darm- und Anästhesiegas) und erfordern daher in kritischen Bereichen eine Beblasung mit Schutzgas.

35.5.2 Diathermie

Zur kontaktlosen Gewebsdurchwärmung (griechisch dia = durch) werden hochfrequente elektromagnetische Felder verwendet. Während im Kurzwellenbereich die Erwärmung durch magnetisch induzierte Wirbelströme oder elektrisch verursachte Verschiebungsströme dominiert, tritt im Mikrowellenbereich die direkte Kraftwirkung auf Teilchen in den Vordergrund, und zwar auf elektrische Dipole durch die elektrische Feldstärke und auf atomare magnetische Momente durch die magnetische Feldstärke der elektromagnetischen Welle. Dadurch können Atome und Moleküle je nach ihrer Masse und der Anregungsfrequenz translatorisch, pendelnd und/oder rotatorisch bewegt werden. Auf diese Weise kann elektromagnetische Feldenergie in kinetische Energie umgewandelt werden, die sich makroskopisch als Wärme zeigt. Das Wassermolekül ist für die Absorption der Feldenergie am besten geeignet, weil es eine geringe Trägheit besitzt und daher leicht bewegt werden kann, einen elektrischen Dipol bildet, auf den die elektrischen Feldkomponente einwirken kann und die Wasserstoffatome überdies auch ein großes magnetisches Dipolmoment aufweisen, an dem somit auch die magnetische Feldkomponente einwirken kann. Als Maß für die Erwärmung wird die spezifische Absorptionsrate (SAR) verwendet, also die absorbierte Strahlungsleistung pro Gewebsmasse. Sie ergibt sich mit dem spezifischen Gewebewiderstand ρ, der elektrischen Feldstärke E und der Referenzmasse (Volumen ΔV mal spezifisches Gewicht γ) zu:

$$SAR = \frac{E^2}{\rho \cdot \Delta V \cdot \gamma} \qquad (35.3)$$

Zur Diathermie sind bestimmte Frequenzen aus dem ISM-Band (Industrial, Scientific and Medical Band) freigegeben, nämlich 27 MHz (Kurzwelle), 434 MHz und 2,45 GHz (Mikrowelle). Für die Abgabe von Kurzwellen werden plattenförmige (kapazitive) oder spulenförmige (induktive) Applikatoren verwendet. Zur Aussendung von Mikrowellen werden Hornantennen verwendet.

> Mit elektrischen Feldern (von kapazitiven Applikatoren) werden bevorzugt Gewebe mit höherem Widerstand (z. B. Fett) erwärmt, während magnetische Felder (von induktiven Applikatoren) vorwiegend Gewebe mit niedrigerem Widerstand (z. B. Muskel) erwärmen.

Teil V

35.5.3 Wärmetherapie

Bei der Wärmetherapie wird das zu behandelnde Gewebe auf Temperaturen bis ca. 41 °C erwärmt. Indikationen sind die Verbesserung der Durchblutung und Anregung des Stoffwechsels zur Behandlung von Schmerzen, Rheuma, Arthrose, Muskelverkrampfungen sowie Stirn- und Kieferhöhlenentzündungen.

35.5.4 Hyperthermie

Zur Krebsbehandlung wird das Tumorgewebe, meist als Teil einer trimodalen Therapie (Wärme-/Strahlen-/Chemotherapie), lokal auf Temperaturen bis ca. 45 °C erwärmt. Diese Übererwärmung kann geschehen durch Hochfrequenzstrom mit vergrößerter aktiver Elektrode, durch fokussierte elektromagnetische Bestrahlung oder durch ringförmig um den Körper gelegte Antennenarrays, mit denen eine lokale Hyperthermie auch in größeren Tiefen erreicht werden kann, wobei die Arrayelemente, basierend auf computerisierter Bestrahlungsplanung selektiv angesteuert werden.

35.5.5 Radiofrequenz-Thermoablation

Zur hochfrequenzinduzierten Thermotherapie (HITT) wird mit Hilfe von Nadelelektroden, die unter Bildkontrolle in das Gewebe solider Tumore eingestochen werden, Hochfrequenzstrom mit hoher Dichte direkt im Tumorgewebe appliziert. Damit kann der Tumor minimal-invasiv thermisch zerstört werden. Hauptanwendungen sind Leber- und Nierenkarzinome und Metastasen in Knochen und Lunge.

Aufgaben

35.1 Was versteht man unter elektrischem Strom?

35.2 Welche direkten biologischen Wirkungen kann elektrischer Gleichstrom verursachen?

35.3 Welche Bedingungen zur Zellerregung müssen Wechselströme erfüllen?

35.4 Welche biologischen Wirkungen können Hochfrequenzströme verursachen?

35.5 Was versteht man unter Diathermie?

Literatur

1. Baghai T, Frey R, Kasper S, Möller H-J (2004) Elektrokonvulsionstherapie: Klinische und wissenschaftliche Aspekte. Springer, Wien
2. Barold SS, Ritter P (2007) Devices for cardiac resynchronization: technological and clinical aspects. Springer, New York
3. Fröhlig G, Carlsson J, Jung J, Koglek W, Lemke B (2013) Herzschrittmacher- und Defibrillator-Therapie: Indikation – Programmierung – Nachsorge. Thieme, Stuttgart
4. Jenrich W (2010) Grundlagen der Elektrotherapie. Urban & Fischer, Stuttgart
5. Kramme R (2011) Medizintechnik – Verfahren, Systeme und Informationsverarbeitung. Springer, Berlin
6. Pothmann R (2010) TENS: Transkutane elektrische Nervenstimulation in der Schmerztherapie. Haug, Stuttgart
7. Wenk W (2011) Elektrotherapie. Springer, Berlin

Teil V

Computerassistierte und bildgestützte Chirurgie

36

Werner Korb und Andreij Machno

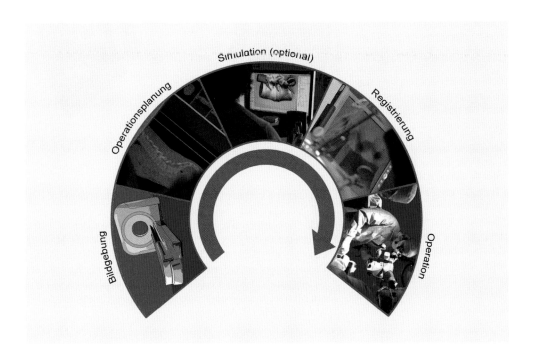

Teil V

© Springer-Verlag GmbH Deutschland, ein Teil von Springer Nature 2018
W. Schlegel, C.P. Karger, O. Jäkel (Hrsg.), *Medizinische Physik*, https://doi.org/10.1007/978-3-662-54801-1_36

Nicht nur in der Radiologie, sondern auch in der Chirurgie sind die Anwendungen von bildgebenden Modalitäten bereits weit fortgeschritten. Schon in den 1940er-Jahren hat man begonnen, Röntgendaten zu nutzen, um stereotaktische neurochirurgische Eingriffe auf Basis von Bilddaten durchzuführen [3] (zur Stereotaxie vgl. auch Abschn. 26.2). Diese Methoden haben sich mit der Verbreitung des Einsatzes von Computertomographie und Magnetresonanztomographie noch weiter etabliert.

Heute sind viele chirurgische Eingriffe ohne die Unterstützung der biomedizinischen Bildgebung nicht mehr denkbar. Dabei werden oftmals eigene Aufnahmeprotokolle genutzt, die sich von den diagnostischen Aufnahmen abgrenzen. Diese präoperativ gewonnenen Bilddaten können vom Chirurgen als eine Art „Kartenmaterial" für die zwei- oder dreidimensionale Orientierung im Operationsfeld (*Situs*) genutzt werden. Dies erleichtert die Erkennung bzw. das Auffinden von Pathologien, die Detektion von Risikostrukturen, die Einschätzung von Abständen, aber auch die Überprüfung von Position und Winkel von Implantaten und vielem mehr.

Man spricht in diesem Zusammenhang auch von „bildgestützter Chirurgie" [7]. Im Laufe der Zeit – seit der ersten Nutzung um 1947 – haben sich die Methoden für die bildgestützte Chirurgie weiter verfeinert, gerade durch die Nutzung von leistungsfähigen und gleichzeitig kostengünstigen Computersystemen. Diese werden für die Berechnung der Koordinatentransformationen (sogenannte Registrierung, siehe Vertiefungskasten), für die immer komplexer werdende OP-Planung, aber auch für die intraoperative Messung der Instrumentenpositionen eingesetzt. Vermehrt kommen auch Roboter und mechatronische Systeme zum Einsatz. Man spricht daher auch von der roboter- und computerassistierten Chirurgie (Computer-Assisted Surgery, CAS), siehe auch [8].[1]

36.1 Grundlagen

Es gibt vier verschiedene Varianten der computerassistierten Chirurgie. Alle vier basieren auf der Nutzung von *biomedizinischen Bilddaten* zur Planung des chirurgischen Eingriffs. Die Varianten unterscheiden sich in der Art und Weise, wie diese Planungsdaten während des operativen Eingriffs auf den Patienten übertragen werden.

1. **Stereotaxie:** Bei den *stereotaktischen Techniken* werden mechanische Skalensysteme zur Übertragung der Operationsplanung eingesetzt. Es handelt sich dabei um rein mechanische Führungssysteme, die vorwiegend in der Neurochirurgie eingesetzt werden.
2. **Chirurgische Navigation:** Dabei werden opto- oder elektromagnetische Messtechniken (sogenannten Trackingsysteme) genutzt. Zur Übertragung der Planung auf den Situs werden frei bewegliche Instrumente eingesetzt, deren Bewegungen im Raum von den Trackingsystemen vermessen werden.
3. **Robotik und Mechatronik:** Auch die robotergestützte Chirurgie basiert auf der Nutzung prä- oder intraoperativer

Abb. 36.1 Prozessschritte der computerassistierten Chirurgie (der „chirurgische Workflow")

Bildgebung und der Übertragung der Planungsdaten auf den OP-Situs per elektronischer Messtechnik.
4. **Schablonentechnik:** Bei dieser Variante werden aus den Bilddaten mittels geeigneter Software virtuelle 3D-Modelle erzeugt, die dann von 3D-Druckern oder anderen Rapid-Prototyping-Geräten zu Schablonen (meist aus Kunststoff) weiterverarbeitet werden. In der Technik wird dieses Verfahren oft als computerunterstützte Fertigung (Computer-Aided Manufacturing, CAM) bezeichnet.

Der chirurgische Ablauf (auch als „chirurgischer Workflow" bezeichnet) ist dabei insgesamt mit wenigen Abweichungen für alle vier genannten Varianten gleich (siehe auch Abb. 36.1).

Zunächst benötigt man eine geeignete Bildgebung (mit passender Modalität und Protokoll). In der Praxis ergeben sich hierbei immer wieder Probleme, da die Anforderungen zwischen den Chirurgen und den Radiologen möglichst genau abzustimmen sind.

Der zweite Schritt ist die Operationsplanung (einschließlich der Bildverarbeitung). Dieser Schritt beinhaltet ähnliche Methoden wie in der Strahlentherapieplanung (siehe Kap. 24). Weitere vertiefende Beschreibung ist in [8] zu finden.

Teilweise wird im Rahmen der Operationsplanung auch eine computerassistierte Simulation der zu erzielenden anatomischen oder funktionalen Ergebnisse oder des Operationsablaufs durchgeführt. Dieser Schritt wird allerdings aus Zeitgründen im klinischen Alltag oftmals eingespart oder gekürzt. Ferner ist die Möglichkeit der Simulation nach dem heutigen Stand der Technik noch nicht für alle Arten chirurgischer Eingriffe realisierbar.

Der wichtigste Schritt in der computerassistierten Chirurgie ist der Schritt der Registrierung (siehe Vertiefungskasten Bild-zu-Patientenregistrierung). Dabei werden die Koordinatensysteme der Bildgebung, der Messsysteme (also der Geräte wie Trackingsysteme, Roboter u. a.) sowie des Patienten aufeinander abgestimmt. Dazu können singuläre Landmarken oder

---

[1] In diesem Fachgebiet haben sich inzwischen eigene nationale und internationale und interdisziplinär ausgerichtete wissenschaftliche Gesellschaften gegründet (in Deutschland bspw. die „curac", international die „ISCAS")

Abb. 36.2 Schematische Darstellung der Bild-zu-
Patientenregistrierung

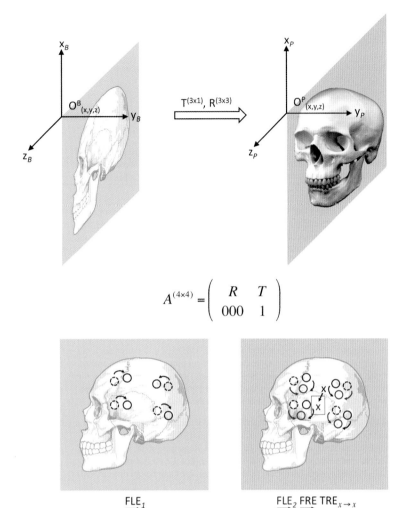

$$A^{(4\times4)} = \begin{pmatrix} R & T \\ 000 & 1 \end{pmatrix}$$

$\overset{\longrightarrow}{\text{FLE}_1}$

○ p_i^B gemessene Landmarken

◌ tatsächliche Landmarken

$\overset{\longrightarrow}{\text{FLE}_2}$ FRE $\text{TRE}_{x \to x}$

○ p_i^P gemessene Landmarken

◌ tatsächliche Landmarken

Oberflächenscans genutzt werden. Die sorgfältige Durchführung dieses Schrittes hat entscheidende Auswirkungen auf die Gesamtgenauigkeit des chirurgischen Eingriffs. Außerdem ist dieser Schritt auch bei der Entwicklung des Systems genauestens zu beachten, da er einen großen Einfluss auf die gesamte Gebrauchstauglichkeit des Systems hat (siehe unten).

Abschließend erfolgt der letzte Schritt des chirurgischen Ablaufs: die Operation.

Bild-zu-Patientenregistrierung

Jede Messung, sowohl in den bildgebenden Modalitäten als auch die Vermessung der Instrumente und Roboterbewegungen, wird in einem eigenen Koordinatensystem durchgeführt. Die Korrelation dieser Koordinatensysteme wird als Registrierung bezeichnet. In der Chirurgie wird als zentrales Referenzkoordinatensystem immer der Patient herangezogen und nicht – wie in anderen Domänen oft üblich – der Laborraum oder der Operationssaal (Weltkoordinatensystem). Somit ist es notwendig, dass der Patient entweder für die gesamte Operation bzw. jede neue Messung fixiert wird oder dass die Bewegung des Patienten ebenfalls gemessen werden kann. In der Stereotaxie wird der Patient beispielsweise für den gesamten Verlauf der

Operation fixiert. In der Navigation mit optischen Trackingsystemen (siehe Abschn. 36.3) werden die Patientenbewegungen durch am Patienten fixierte Messkörper in Echtzeit vermessen. Alle anderen Koordinatensysteme werden dann automatisch nachberechnet.

Die Darstellung von Koordinatensystemen kann mit Hilfe der Vektorschreibweise erfolgen. Es werden für jedes Koordinatensystem ein Ursprung (O_x, O_y, O_z) und drei orthonormale Vektoren x, y und z ausgewählt. Auf diese Vektoren können dann 3×1-Vektoren als Translationen T und 3×3-Matrizen als Rotationen R angewandt werden. Weitere lineare Operationen werden in der Bild-zu-Patientenregistrierung nicht genutzt, da Scherungen, Skalierungen und ähnliche Bildungenauigkeiten bereits vorab im Rahmen der Bildgebung und -verarbeitung kompensiert wurden. In der Registrierung wird mit weitestgehend maßgetreuem Bildmaterial gearbeitet.

Der Zusammenhang zwischen Bild- und Patientenkoordinatensystemen ist in Abb. 36.2 dargestellt. Um eine Registrierung durchzuführen, benötigt man nun in jedem Koordinatensystem mindestens vier Landmarken. Diese Landmarken sind entweder künstliche oder anatomische Strukturen, die im Bild und am Patienten identisch und möglichst präzise auffindbar sind. Vielfach werden Schrauben oder Klebemarker auf den Patienten bereits vor der Bildgebung aufgebracht. Diese künstlichen Landmarken sollten natürlich im Bild gut erkennbar sein und müssen bis zum Ende der Operation im Patienten verbleiben.

Teil V

Die n Landmarken werden mit $p_1^B, \ldots, p_n^B$ und $p_1^P, \ldots, p_n^P$ bezeichnet. Bei bekannten Landmarken muss nun folgende mathematische Aufgabe gelöst werden:

$$\sum^2 = \sum_{i=1}^n \| p_i^P - (R p_i^B + T) \|^2 \to \min \qquad (36.1)$$

Zur Lösung dieser Minimierungsaufgabe können unterschiedliche mathematische Verfahren eingesetzt werden, u. a. die Singulärwertzerlegung [1].

Da die Translation T nicht linear ist, werden üblicherweise Homogene Koordinatentransformationen eingesetzt, wodurch auch die Berechnungen verfeinert werden. Für die software-technisch einfachere und schnellere Berechnungen werden außerdem oft Quaternionen genutzt.

Für die Bewertung der Genauigkeiten eines Registrierungsprozesses wird oftmals der „Restfehler" des in Gl. 36.1 dargestellten Minimierungsproblems genutzt. Dieser Fehler wird Fiducial Registration Error (FRE, auf Deutsch Landmarken-Registrierfehler) genannt. Es wurde jedoch gezeigt, dass der FRE nicht mit dem eigentlich interessierenden Fehler, dem Target Registration Error (TRE, auf Deutsch Zielgebiets-Registrierfehler) korreliert [2]. Der TRE gibt den Registrierungsfehler des chirurgischen Zielgebiets an, d. h., wie genau das Zielgebiet nach einer erfolgten Registrierung mit einem Instrument erreicht werden kann. Den TRE kann man abschätzen, wenn man die Fiducial Localization Error (FLE, auf Deutsch Landmarken-Lokalisierungsgenauigkeit) kennt. Für jeden Koordinatenraum (Bild- und Patientenraum) gibt es einen separaten FLE. Die FLE und damit auch der TRE sind abhängig von der Qualität der Bildgebung (Auflösung, Kontrast, Signal-Rausch-Verhältnis), der Beschaffenheit der Landmarken (d. h., wie gut können die Landmarken im Bild und am Patienten möglichst genau gemessen werden) und der Messgenauigkeiten des Trackingsystems.

Insgesamt muss jedem Chirurgen jedoch klar sein, dass die Genauigkeit im Operationsgebiet nicht mit der Genauigkeit des FRE korreliert. Ein hoher FRE ist lediglich ein Indikator, dass im Registrierprozess etwas nicht korrekt verlaufen ist [2]. Bei hohem FRE sollten Landmarken, Fixierung und Trackingsystem überprüft werden. Umgekehrt kann bei niedrigem FRE nicht automatisch von einem „sehr genauen Eingriff" ausgegangen werden.

Alle Schritte von Bildgebung bis Simulation können sowohl im Operationssaal als auch präoperativ außerhalb des Operationssaales durchgeführt werden. Sowohl die Registrierung als auch der nachfolgende Schritt – Nutzung von Stereotaxie, Navigation, Robotik oder Schablonen – erfolgen dagegen immer im Operationssaal. Deshalb ist beim Design der Gerätetechnik stets auf Reinigungs- und Sterilisierungsmöglichkeiten zu achten. Roboter werden dabei oft mit entsprechenden sterilen Hüllen verpackt.

36.2 Stereotaktische Chirurgie

Die Stereotaxie ist eine sehr alte Methode. Erste Vorläufer dieser Methodik wurden in der (Neuro-)Chirurgie bereits vor 1900 eingesetzt, auch wenn die Patienten zu dieser Zeit die Operationen aufgrund der chirurgischen Rahmenbedingungen noch nicht überlebten.

In dieser frühen Zeit wurden die Operationsplanungen noch auf Basis von anatomischen Studien (Atlanten) durchgeführt. Erst durch die Nutzung der zerebralen Röntgen-Ventrikulografie und später der Computertomographie sowie Magnetresonanztomographie hat sich die Stereotaxie verstärkt durchsetzen können.

Im Wesentlichen handelt es sich bei der stereotaktischen Chirurgie um den Einsatz von mechanischen Führungssystemen für die chirurgischen Instrumente (wie Biopsienadeln, Sonden, Elektroden usw.). Diese Instrumente werden auf ein Führungssystem montiert und so justiert, dass das Instrument auf einer (geraden) Trajektorie höchstpräzise in das Gehirngewebe eingebracht werden kann. Gerade bei sehr tief liegenden Tumoren oder der sogenannten tiefen Hirnstimulation sind solche Methoden besonders etabliert, da so vorab identifizierte Risikostrukturen geschont und der Zielpunkt präzise und sicher erreicht werden kann. Neben einem geeigneten Bildgebungs- und Planungssystem ist somit auch ein geeignetes Justagesystem erforderlich. Dafür stehen derzeit unterschiedliche bogenartige Systeme zur Verfügung, wie beispielsweise das Riechert-Mundinger-System (RM), der Leksellrahmen, das Zamorano-Dujovny-System, das Brown-Roberts-Wells-System, das Cosman-Roberts-Wells-System u. a.

Viele computerassistierte Stereotaxie-Planungssysteme liefern die jeweiligen „Koordinaten" (Parameter) auf Knopfdruck. Diese sind vom Chirurgen im OP entsprechend genau einzustellen. Beim RM-System sind beispielsweise sechs Koordinaten (siehe Abb. 36.3) einzustellen. Wie oben dargestellt ist die Registrierung, neben der Wahl eines geeigneten Messsystems, der bedeutendste Schritt für die Genauigkeit. Diese erfolgt bei der Stereotaxie ebenfalls automatisiert mittels des entsprechenden Planungssystems. Bei der Stereotaxie wird der Patient bereits vor der Bildgebung in einen sogenannten Stereotaxierahmen eingespannt. Dieser Rahmen wird während der Bildgebung mit sogenannten Lokalisierungsplatten ausgestattet. Diese Platten enthalten dünne Fäden, die in der Bildgebung (am Rande der Bilder) gut erkannt werden können. Dabei laufen die Fäden aufeinander zu, um die entsprechende Position der Schicht und des Rahmens abhängig vom Abstand der Fäden zu errechnen. Da der Rahmen vor der OP nicht abgeschraubt wird und der Stereotaxiebogen fest mit dem Rahmen verbunden ist, werden die stereotaktischen Koordinaten automatisch berechnet.

36.3 Navigation

Die Navigation nutzt optische oder elektromechanische Messverfahren, um berührungslos die Position von Instrumenten im Raum zu erfassen. Die so erfassten Instrumente werden als *virtuelle* Instrumente am Bildschirm eines Computersystems, das intern die Berechnungen durchführt, in das „Kartenmaterial" (also die medizinischen Bilddaten) entsprechend ihrer Position eingeblendet. Diese Überlagerung von Instrumenten und Bildern ist erst mit ausreichender Genauigkeit möglich, nachdem eine achtsame Registrierung durchgeführt wurde.

Die ersten Versuche in diese Richtung wurden bereits 1988 von Schlöndorff et al. unternommen. Inzwischen hat sich die Navigation in der Kopfchirurgie weitgehend etabliert. Typische Anwendungen sind komplizierte Tumoroperationen in der Neurochirurgie oder die Operation von Nasenneben- und Stirnhöhlen im Bereich der Schädelbasis. Es gibt aber auch Anwendungen in der Wirbelsäulen- und Gelenkschirurgie (Knie, Hüfte) oder auch in der Leber- und Viszeralchirurgie.

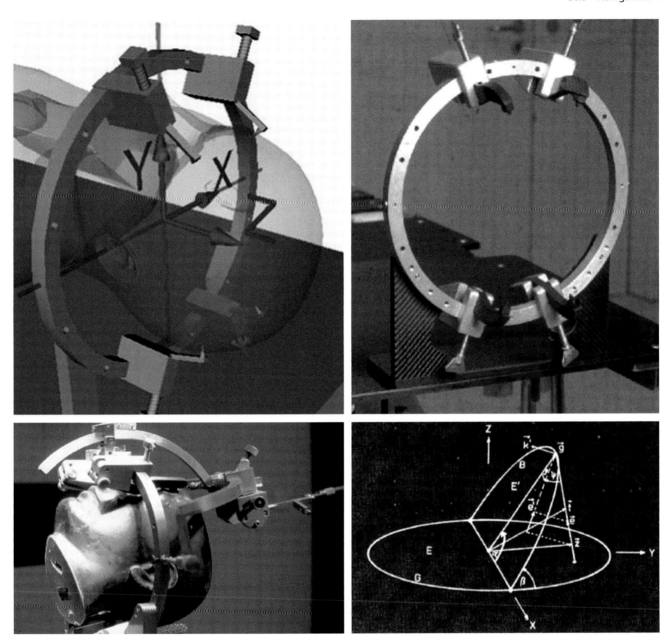

Abb. 36.3 Stereotaxie mit dem Riechert-Mundinger-Verfahren

Die am häufigsten angewendete Methode der chirurgischen Navigation ist das optische Messverfahren. Dazu wird meist Infrarotlicht genutzt, das entweder von Markerkugeln reflektiert wird oder direkt von den Markern ausgestrahlt wird (kabelgebunden oder batteriebetrieben). CCD-Kameras erfassen im nächsten Schritt das (reflektierte) Infrarotlicht dieser Marker und extrahieren (zweidimensionale) Koordinaten innerhalb der jeweiligen Kamerakoordinatensysteme.

Um die Position eines Markers $\vec{p} = (p_x, p_y, p_z)$ im Raum zu erfassen, werden mindestens zwei Kameras benötigt. Die Berechnung der Tiefeninformation, nennt man **Triangulation**.

Hierbei werden aus der bekannten Position der Kamerabrennpunkte (Projektionszentren) $\vec{s}_1$ und $\vec{s}_2$ sowie der Pixelwerte des Objektpunktes $\vec{p}_1 = (p_u^1, p_v^1)$ und $\vec{p}_2 = (p_u^2, p_v^2)$ die Koordinaten von $\vec{p} = (p_x, p_y, p_z)$ errechnet. Die Methode ist aus [9] entnommen. Zur Berechnung benötigt man die beiden Geraden G_1 und G_2. Sie ergeben sich aus den Punkten $\vec{s}_1$ und $\vec{s}_2$ sowie den Richtungsvektoren $\vec{t}_1$ und $\vec{t}_2$, die wiederum aus den Paaren $(\vec{s}_1, \vec{p}_1)$ sowie $(\vec{s}_2, \vec{p}_2)$ zu berechnen sind. Da sich die Geraden in der Regel nicht schneiden, betrachtet man folgenden geschlossenen Streckenzug:

$$\vec{s}_1 + \lambda_1 \vec{t}_1 - (\vec{s}_2 + \lambda_2 \vec{t}_2) + \lambda_3 (\vec{t}_1 \times \vec{t}_2) = 0 \qquad (36.2)$$

Abb. 36.4 Berechnung der Triangulation

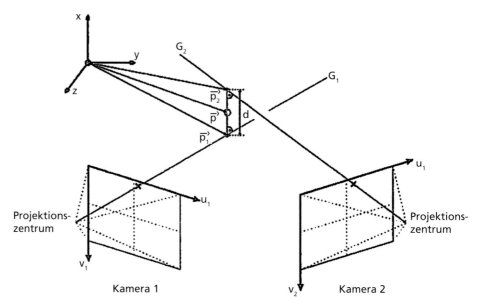

Oder in Matrixschreibweise:

$$
\begin{pmatrix}
(\vec{t_1})_x & -(\vec{t_2})_x & (\vec{t_1})_y(\vec{t_2})_z - (\vec{t_1})_z(\vec{t_2})_y \\
(\vec{t_1})_y & -(\vec{t_2})_y & (\vec{t_1})_z(\vec{t_2})_x - (\vec{t_1})_x(\vec{t_2})_z \\
(\vec{t_1})_z & -(\vec{t_2})_z & (\vec{t_1})_x(\vec{t_2})_y - (\vec{t_1})_y(\vec{t_2})_x
\end{pmatrix}
\begin{pmatrix}
\lambda_1 \\
\lambda_2 \\
\lambda_3
\end{pmatrix}
$$
$$
=
\begin{pmatrix}
(\vec{s_2})_x - (\vec{s_1})_x \\
(\vec{s_2})_y - (\vec{s_1})_y \\
(\vec{s_2})_z - (\vec{s_1})_z
\end{pmatrix}
\tag{36.3}
$$

Dieses lineare Gleichungssystem hat eine eindeutige Lösung. Somit können die Parameterwerte von λ_i bestimmt werden und auch die Schnittpunkte der Geraden G_1 und G_2 sowie folglich die Position des Objektpunktes im Raum (siehe Abb. 36.4) berechnet werden:

$$
\vec{p} = \vec{p_1} + \frac{1}{2}(\vec{p_2} - \vec{p_1})
\tag{36.4}
$$

Um die (kartesische) Position in drei Koordinaten im Raum – beispielsweise einer Instrumentenspitze – zu erfassen, würde theoretisch ein Marker genügen. In der Chirurgie werden jedoch ausschließlich Instrumente mit mehr als einem Marker eingesetzt. Einerseits um redundante Messinformation zu erhalten und somit Verdeckungen (das sogenannten Line-of-Sight) zu kompensieren. Andererseits können mit geeigneten Markerkonfigurationen neben der Position der Instrumentenspitze auch die Orientierung und die Drehung der Instrumente im Raum errechnet werden.

Wenn jedoch mehrere Marker gleichzeitig in mehreren Kamerabildern erfasst werden, entsteht ein neues mathematisches Problem: die Zuordnung der jeweiligen Marker in den verschiedenen Bildern. Diese Zuordnung ist jedoch für die Berechnung der Triangulation (siehe oben) zwingend erforderlich. Das

Zuordnungsproblem kann mit der **Epipolargeometrie** gelöst werden. Hierbei werden zunächst die beiden Projektionszenten (Fokalpunkte) der Kameras bestimmt. Der Schnittpunkt der Verbindungslinie der Fokalpunkte mit der jeweiligen Bildebene wird Epipol genannt (siehe Abb. 36.5). Die durch die Epipole und die jeweiligen Bildpunkte (welche durch die Marker erzeugt werden) entstehenden Linien nennt man Epipolarlinien. Somit beschränkt sich die Suche nach den korrespondierenden Punkten auf die jeweiligen Epipolarlinien.

Mit den dargestellten Systemkomponenten und mathematischen Methoden können heute Fehler von unter 1 mm für optische Systeme (vor allem in der Kopfchirurgie) und 3–5 mm für elektromagnetische Systeme (u. a. in der Viszeralchirurgie) erreicht werden. Um jedoch eine gute Genauigkeit zu erreichen, ist es zwingend erforderlich, in allen CAS-Schritten (siehe Abb. 36.1) größte Sorgfalt walten zu lassen:

1. Bei der Bildgebung sind geeignete Protokolle zu wählen.
2. Bei der Bildverarbeitung im Rahmen der Planung sind geeignete Bildverarbeitungsalgorithmen zu wählen, auch wenn diese keinen direkten Einfluss auf die Gesamtgenauigkeit haben müssen.
3. Bei der Registrierung (siehe oben) sind die Landmarken geeignet zu wählen und zu messen.
4. Es sollte ein Trackingsystem mit einer möglichst hohen technischen Genauigkeit verwendet werden. Um die technische Genauigkeit bei optischen Messsystemen zu erhöhen, wird eine extrinsische und intrinsische Kalibrierung durchgeführt. Die extrinsische Kalibrierung kalibriert den Kameraabstand bzw. die Kameraabstände (falls mehr als zwei Kameras genutzt werden). Die intrinsische Kalibrierung optimiert die kamerainternen Parameter, wie Brennweite, Linsenverzerrungen u. a.

Abb. 36.5 Auffinden der korrespondierenden Marker in den beiden Kameras durch die Epipolargeometrie

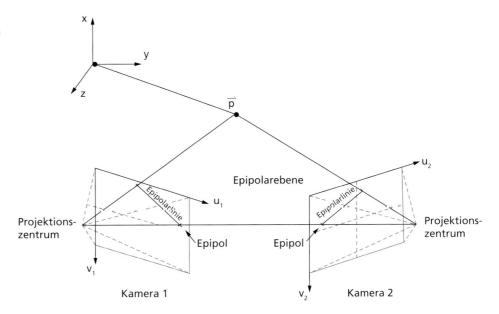

36.4 Robotik

In der medizinischen und teilweise auch interdisziplinären Literatur wird eine Vielzahl von Systemen als chirurgische Roboter bezeichnet. Neben denen in diesem Buch besprochenen (Roboter-) Systemen, die auf Basis von Bildinformationen gesteuert werden, umfassen diese auch ferngesteuerte mechatronische Telemanipulatorsysteme, wie das „Da Vinci System".

Seit ungefähr den 1980er-Jahren werden in der Chirurgie auch Robotersysteme als mechatronische Führungshilfen in der bildgestützten Chirurgie eingesetzt. Die Motivation entspringt der Eigenschaft von Robotern, wiederholbare Tätigkeiten höchstpräzise und ermüdungsfrei durchzuführen. Typische Aufgaben von Robotern in der Industrie sind Verschraubung-, Fräs- und Bohraufgaben. Für solche Aufgaben werden Roboter auch in der Chirurgie (z. B. in der Orthopädie) eingesetzt. Zusätzlich wurden Roboter auch immer wieder als präziser, ermüdungsfreier Instrumentenhalter eingesetzt. Dies macht insbesondere dort Sinn, wo intraoperativ Röntgenbilder erzeugt werden und somit der Operateur den schädlichen Strahlenbelastungen ausgesetzt ist. Auch hier sind die Roboteranwendungen wieder vergleichbar mit anderen industriellen Domänen, wo Roboter für Aufgaben im Zusammenhang mit schädlichen Dämpfen, radioaktiver Strahlung etc. eingesetzt werden (u. a. Lackierereien, Kernkraftwerke etc.).

Im Operationssaal konnten sich Roboter allerdings bei Weitem nicht so gut durchsetzen, wie die oben genannten Stereotaxie- oder Navigationssysteme. Das Hauptproblem beim Einsatz von Robotern ist die Integration in den chirurgischen Workflow. Die erste Kategorie von Herausforderungen, nämliche jene, die sich auf die Bildgebung, -verarbeitung und -registrierung beziehen,

sind dabei vergleichbar mit der Navigation (siehe oben). Hinzu kommen aber weitere Kategorien von Herausforderungen, die mit der Kinematik des Roboters zusammenhängen. Unter anderem ist es erforderlich, die Bewegungen des Roboters zu modellieren und mögliche Kollisionen zu detektieren. Diese Kollisionen umfassen das medizinische Equipment im Operationssaal, das OP-Personal und natürlich auch den Patienten. Auch die Bewegungseinschränkungen im medizinischen Notfall sind zu beachten. Sollten Notversorgungsmaßnahmen, wie eine Wiederbelebung nötig sein, so ist es notwendig, dass der Roboter innerhalb kürzester Zeit das Instrument aus dem Situs führt und der oftmals behäbige Roboterarm zügig vom OP-Tisch entfernt werden kann.

Dazu haben [5] sieben Risikokategorien eingeführt, die bei der Integration von Chirurgierobotern zu beachten sind (siehe Abb. 36.6).

36.5 Schablonen-Systeme

Vergleichbar mit der Industrie – wo mittels Computer-Aided Design (CAD) die Modelle geplant und anschließend computergestützt mittels Computer-Aided Manufacturing (CAM) gefertigt werden – können auch in der Chirurgie aus den computerbasierten Patientenmodellen physische Modelle (u. a. aus Kunststoffen) gefertigt werden, vgl. Abb. 36.7. Insbesondere durch die voranschreitende und immer günstiger werdende 3D-Drucktechnik bzw. das Rapid-Prototyping setzt sich diese Methode in der Chirurgie immer mehr durch. Gleichzeitig muss festgestellt werden, dass diese Technik in der Medizin (z. B. der Mund-Kiefer-Gesichtschirurgie und der Zahntechnik) zumindest vereinzelt (da bisher sehr kostenintensiv) bereits seit vielen Jahrzehnten eingesetzt wird. Die Stereolithographiemethode wurde bereits seit der Erfindung 1986 auch in der Chirurgie verwendet.

Teil V

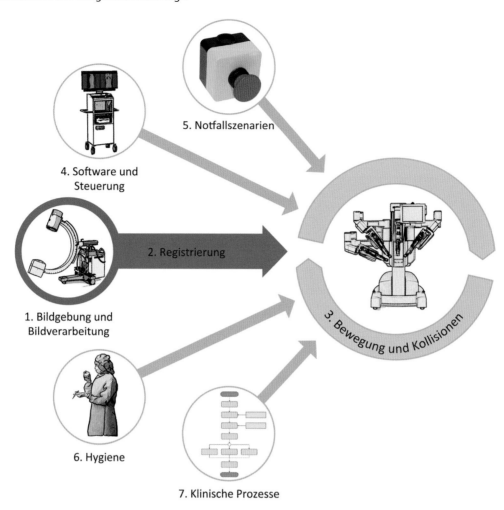

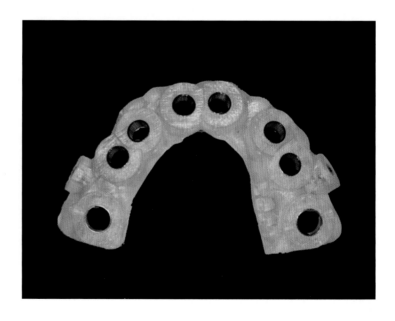

Abb. 36.6 Die 7 Risiken bei computerassistierten und bildgestützten Roboterchirurgiesystemen

Abb. 36.7 Schablonen für die Implantologie

Der Hauptnachteil bei der Nutzung von Schablonensystemen ist die Inflexibilität gegenüber den während einer Operation nötigen Planänderungen. Während solche Planänderungen bei allen anderen drei genannten Methoden mehr oder weniger einfach durch Neuplanung und Neuprogrammierung umgesetzt werden können, benötigt man für die Fertigung von neuen Schablonen mehrere Stunden, so dass eine kurzfristige Umplanung nicht möglich ist. Vorteil demgegenüber ist eine einfache und schlichte Anwendung im Operationssaal ohne komplexe mechatronische/mechanische Technik sowie eine meist sehr gute Genauigkeit.

Für die Entwicklung, Nutzung und Betrieb solcher Systeme benötigt der verantwortliche Medizinphysiker Kompetenzen im Bereich des 3D-Drucks bzw. des Rapid-Prototypings. Wichtig ist dabei insbesondere die Verwendung von unbedenklichen Kunststoffen/Materialien.

36.6 Intraoperative Bildgebung

Bisher wurde in diesem Abschnitt nicht spezifisch darauf eingegangen, welche Bilddaten für die computerassistierte Chirurgie genutzt werden. Vielfach werden präoperative Bilddaten genutzt, wobei auch während der präoperativen Bildgebung darauf geachtet werden muss, dass einerseits die geeigneten Protokolle gewählt werden und andererseits – falls benötigt – künstliche Landmarken für die Registrierung vorhanden sind.

Mehr und mehr wird die Bildgebung auch intraoperativ eingesetzt. Dabei handelt es sich um Röntgen- und Computertomographie sowie selten auch um Magnetresonanztomographie (vgl. Abschn. 9.11), die direkt im Operationssaal installiert werden. Die grundsätzliche Art der Bildgebung ist vergleichbar mit den Methoden, die auch anderweitig im Buch dargestellt wurden. Da MRT-Geräte kostenintensiv in der Anschaffung und Wartung sind, wird für die intraoperative Darstellung von Weichgeweben vermehrt auch die Sonographie eingesetzt. Nachteilig dabei ist der vergleichsweise kleine Bildausschnitt, jedoch können zunehmend gute Ergebnisse erzielt werden.

Eine häufige Anwendung ist die Navigation von Kathetern mittels fluoroskopischer Angiographie (sowohl in der Neurochirurgie zur Behandlung von Schlaganfällen als auch in der Herzchirurgie). Die Fluoroskopie ist eine Röntgenbildgebungstechnik, in der Bildfolgen dargestellt werden. Da diese Bildfolgen heutzutage in Echtzeit erstellt werden können, ist dadurch die Steuerung der Instrumente im Inneren des Patienten möglich. Dies ist vergleichbar mit endoskopischer Chirurgie (vgl. Abschn. 29.2) – jedoch können bei der Fluoroskopie noch kleinere Zugänge gewählt werden.

Für jede Einrichtung von intraoperativen Bildgebungssystemen (außer bei Sonographie) sind umfassende bauliche und planerische Maßnahmen erforderlich, welche auch den Strahlenschutz umfassen.

36.7 Zusammenfassung

Nicht nur durch die Nutzung von Bildgebung, sondern auch durch eine Vielzahl von Biosignalen, die heutzutage im Operationssaal genutzt werden, wird der Operationssaal immer mehr zu einer Schalt- und Informationsverarbeitungszentrale, was sich auch in der Vielzahl von Bildschirmen und sonstigen Anzeigen widerspiegelt. Der OP von heute gleicht damit einem Flugzeugcockpit, woraufhin vielfach der Begriff „Surgical Cockpit" [6] genutzt wird. Wichtig ist daher eine geeignete Systemintegration aller Komponenten aus Sicht der Informations- und Kommunikationstechnologie (IKT).

Gleichzeitig bleibt der taktile und haptische Sinn für Chirurgen von dominanter Bedeutung. Die Integration des menschlichen Nutzers und all seiner Sinne in ein immer komplexer werdendes OP-System ist Gegenstand der Ergonomie- und Arbeitswissenschaftsforschung. In der Medizintechnik erfolgt die Betrachtung der Ergonomie dabei vor allem aus dem Blickwinkel des Risikomanagements und damit der Sicherheit von Technik, Mensch und Mensch-Technik im Zusammenspiel [4].

Je nach Anwendungsfall (und Budget einer Klinik) kann die Auswahl eines geeigneten Systems durch den Chirurgen und bestmöglich auch einen verantwortlichen Techniker und/oder Medizinphysiker erfolgen.

Aufgaben

36.1 Welche Nachteile werden sich durch die klassischen mechanischen Stereotaxiesysteme ergeben? Zur Beantwortung dieser Frage können Sie u. a. [3] zu Rate ziehen.

36.2 Welche Aufgaben und welche daraus abgeleiteten Herausforderungen entstehen durch die intraoperative Bildgebung für den Medizinphysiker?

36.3 Besorgen Sie sich die Norm ISO 62366 und wenden Sie diese auf die vier in diesem Kapitel dargestellten Systeme an. Welche spezifischen Herausforderungen im Hinblick auf die Usability können Sie für die computerassistierte Chirurgie erkennen, die es in anderen medizinischen und nichtmedizinischen Domänen so nicht gibt?

Literatur

1. Arun KS, Huang TS, Blostein SD (1987) Least-squares fitting of two 3-d point sets. Ieee Trans Pattern Anal Mach Intell 9(5):698–700

Teil V

2. Fitzpatrick JM (2009) Fiducial registration error and target registration error are uncorrelated. SPIE Medical Imaging. International Society for Optics and Photonics, S 726102–726112
3. Kelly P (1991) Tumor Stereotaxis. W.B. Saunders and Co, Philadelphia
4. Korb W (2012) Ergonomie und Anwendertraining für den Digitalen Operationssaal. In: Niederlag W, Lemke H (Hrsg) Der digitale Operationssaal, Bd 17. Health Academy, Dresden, S 156–184
5. Korb W, Engel D, Bösecke R, Eggers G, Kotrikova B, O'Sullivan N, Raczkowsky J, Marmulla R, Wörn H, Mühling J, Hassfeld S (2004) Safety of surgical robots in clinical trials. In: Buzug TM, Lueth TC (eds) Perspectives in image guided surgery (Proceedings of the Scientific Workshop on Medical Robotics, Navigation and Visualization, RheinAhrCampus Remagen, Germany 11–12 March 2004). World Scientific Publishers, Singapore, S 391–396
6. Lemke H, Berliner L (2011) Systems design and management of the digital operating room. Int J Cars 6(Suppl 1):S144–S158
7. Peters TM, Cleary K (2008) Image-guided intervention principles and applications. Springer, Berlin, Heidelberg
8. Schlag PM, Eulenstein S, Lange T (2010) Computerassistierte Chirurgie. Elsevier, New York
9. Schneberger M (2003) Spezifikation und Einsatz eines Stereokamerasystems zur videobasierten Patientenpositionierung in der Präzisionsstrahlentherapie. PhD Thesis, University of Heidelberg, Heidelberg

Prothesen und Orthesen

Was den kranken Körper stützt, das nützt.

Marc Kraft

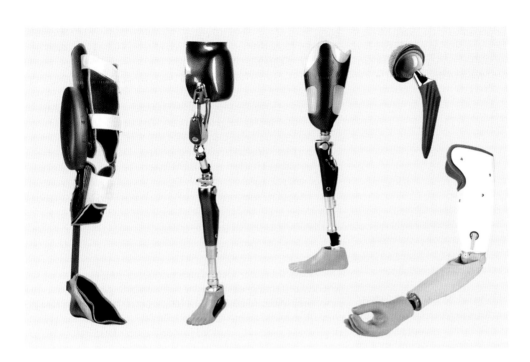

37

Teil V

© Springer-Verlag GmbH Deutschland, ein Teil von Springer Nature 2018
W. Schlegel, C.P. Karger, O. Jäkel (Hrsg.), *Medizinische Physik*, https://doi.org/10.1007/978-3-662-54801-1_37

Prothesen und Orthesen werden in der Orthopädie und Unfallchirurgie, aber auch in vielen weiteren medizinischen Fachdisziplinen häufig verwendet. Während Prothesen als künstliche Ersatzstücke ganz unterschiedliche Körperteile ersetzen, sind Orthesen extern angewandte Hilfsmittel zur Veränderung der strukturellen und funktionellen Eigenschaften des neuromuskulären und des skelettalen Systems. Prothesen müssen in Endoprothesen, die innerhalb des Körpers angewandt werden, und in Exoprothesen unterschieden werden, die außerhalb des Körpers nutzbar sind. Orthesen gehören in der Orthopädietechnik zu den sehr häufig genutzten Hilfsmitteln. Exemplarisch werden orthopädische und kardiovaskuläre Endoprothesen (Gelenkimplantate, Herzklappenprothesen und kardiovaskuläre Stents), Gliedmaßenprothesen (Arm- und Beinprothesen) sowie Orthesen (Knieorthesen) vorgestellt.

37.1 Prothesen

37.1.1 Prothesenarten

> **Prothesen** (gr. προτιθέναι vorsetzen, an eine Stelle setzen) sind als künstliche Ersatzstücke von Körperteilen definiert [6].

Diese allgemeine Abgrenzung schließt auch zahlreiche Medizinprodukte ein, die im üblichen Sprachgebrauch nicht den Prothesen zugeordnet werden, wie z. B. Insulinpumpen (die eine Teilfunktion der Bauchspeicheldrüse ersetzen). Weiterhin wird mit dieser Bezeichnung nicht unterschieden, ob diese „künstlichen Ersatzstücke" im Körper oder am Körper verwendet werden. Eine entsprechende Präzisierung ist jedoch durch die Begriffe Endoprothese (endo gr. ἔνδον innen) und Exoprothese (exo gr. ἔξω außen) möglich.

> **Endoprothesen** sind Implantate, wenn sie mindestens 30 Tage im menschlichen Körper verbleiben. **Implantate** sind jedoch nicht zwangsläufig Endoprothesen, sondern gelten als ein künstliches Material, das durch einen chirurgischen Eingriff ganz oder teilweise in den Körper eingeführt wird.

Dabei müssen Implantate keine Ersatzstücke von Körperteilen sein (z. B. Portsystem für eine perkutane Medikamentengabe). Nachfolgend werden exemplarisch häufig verwendete orthopädische und kardiovaskuläre Endoprothesen sowie Gliedmaßenprothesen (Exoprothesen) vorgestellt (Zitate eigener Beiträge aus [5] und [4]).

37.1.2 Endoprothesen

37.1.2.1 Gelenkendoprothesen

Orthopädische Implantate gehören zu den sehr häufig verwendeten Endoprothesen. Sie werden zur Behandlung angeborener oder erworbener Störungen und Anomalien des Stütz- und Bewegungsapparats eingesetzt. Ihre wichtigsten Anwendungsgebiete sind der Ersatz von Gelenken (u. a. Hüfte, Knie, Schulter sowie Ellenbogen), der Ersatz von Bandscheiben und Wirbelkörpern bzw. die Stabilisierung der Wirbelsäule, die Unterstützung der Knochenheilung (Osteosynthese) und die Fixation von Muskeln, Sehnen und Bändern.

> Unter den orthopädischen Implantaten sind **Gelenkimplantate** die wichtigste Gruppe. Die beiden großen Gelenke der unteren Extremität (Knie-/Hüfte) werden am häufigsten durch Implantate ersetzt. Der endoprothetische Ersatz ist aber auch im Bereich der großen Gelenke der oberen Extremität und für Finger- und Zehengelenke möglich. Auch im Bereich der Wirbelsäulenchirurgie werden verschiedene orthopädische Implantate (u. a. als Bandscheibenersatz) verwendet.

Die Zielstellung der Gelenkendoprothesen-Implantation ist die Wiederherstellung eines zuvor schmerzhaft geschädigten und bewegungseingeschränkten Gelenks unter besonderer Beachtung der biomechanischen Verhältnisse. An eine Gelenkendoprothese sind die Anforderungen einer dauerhaft stabilen, lasttragenden Verankerung im Stützapparat und einer ausreichend guten Nachbildung der Gelenkkinematik inklusive der notwendigen Biokompatibilität zu stellen, welche die Verträglichkeit ggf. freigesetzter Ionen oder Abriebpartikel einschließt.

Bei den Verankerungstechniken der Gelenkendoprothetik ist zwischen einer zementfreien und einer zementierten Variante zu unterscheiden. Bei einer zementfrei verankerten Endoprothese kann der Halt im Knochen durch die Passfähigkeit der äußeren Implantatform in der Knochenaushöhlung (Kavität, Hohlraum) erreicht werden (Press-Fit-Verfahren: Form- und Kraftschluss zwischen Implantat und Knochen). Das Knochengewebe wächst (ggf. unterstützt durch bioaktive Beschichtungen) in poröse oder raue Implantatoberflächen ein. Diese Verankerungsform wird überwiegend bei jüngeren Patienten oder bei Patienten mit guter Knochenbeschaffenheit genutzt. Gelenkendoprothesen für ältere Patienten oder bei Patienten mit schlechter Knochenbeschaffenheit werden aufgrund der verringerten Regenerationsfähigkeit des Knochens und einer weniger belastbaren Knochenstruktur eher zementiert verankert. Der dafür verwendete Knochenzement ist ein Polymethylmethacrylat(PMMA)-Material, das während der Operation aus Monomeren hergestellt wird und danach innerhalb von einigen Minuten verarbeitbar ist.

Abb. 37.1 Hüftgelenkendoprothese mit zementfreiem kurzem Hüftschaft sowie zementfreier Pfanne mit Keramik-Inlay und Keramik-Kopf (Fa. Biomet GmbH)

Pfannen-Inlay sowie Metall-Kopf mit Polyethylen- oder Metall-Pfannen-Inlay. Die Auswahl der patientenindividuell geeigneten Kombination wird in Abhängigkeit vom erwarteten Abrieb, von der Biokompatibilität, der Bruchgefahr und den Kosten getroffen (siehe auch [2]). ◄

Beispiel

Knieendoprothesen werden in vier verschiedene konstruktive Varianten unterschieden, die in Abhängigkeit von der Größe der geschädigten und zu ersetzenden Gelenkbereiche eingesetzt werden:

- Bei einem einseitigen (unikondylären) Oberflächenersatz wird nur eine Seite des Gelenkes ersetzt (öfter die innere als die äußere), die andere Gelenkseite und der das Gelenk sichernde Bandapparat bleiben erhalten (siehe Abb. 37.2 links).
- Bei einem kompletten Oberflächenersatz werden der gesamte Gelenkknorpel und ggf. auch die Kreuzbänder ersetzt, die Seitenbänder bleiben erhalten (siehe Abb. 37.2 Mitte). Bei einer extremen seitlichen Gelenkinstabilität, Fehlstellung oder im Revisionsfall wird ein teilgekoppelter Gelenkersatz notwendig, wobei möglichst ein Seitenband erhalten bleibt.
- Bei einem vollständigen, achsgeführten Gelenkersatz sind auch beide Seitenbänder zu ersetzen (siehe Abb. 37.2 rechts). Eine Scharnierachse verbindet dabei die Implantatkomponenten im Ober- und Unterschenkel. Im Kniegelenk kommen aufgrund der notwendigen Dämpfung, Elastizität und Bruchsicherheit überwiegend Metall-Polyethylen-Gleitpaarungen zum Einsatz.

Es sind, wie bei den Hüftgelenken, zementierte und zementfreie Verankerungen möglich. ◄

Beispiel

Eine **Hüftendoprothese** ersetzt das natürliche Hüftgelenk und ist wie dieses als Kugelgelenk aufgebaut. Sie besteht aus einem Schaft, der im oberen Teil des Oberschenkelröhrenknochens verankert wird und den Kugelkopf mit einer Konusverbindung trägt, der in der passenden Gelenkpfanne gleitet (siehe Abb. 37.1). Die Gelenkpfanne besteht aus einem Inlay und einer äußeren, im Beckenknochen verankerten Schale. Der modulare Aufbau des prothetischen Systems erlaubt die Kombination unterschiedlicher Reibpartner (Gelenkkopf und Pfanne) sowie die Verwendung der jeweils auf die Patientenanatomie abgestimmten Größen der Verankerungskomponenten (Schaft, Pfannenaußenschale) in der gewünschten Verankerungsform (zementiert, zementfrei). Für die Gleitpaarung zwischen Hüftkopf und -pfanne werden unterschiedliche Kombinationen eingesetzt. Üblich sind Keramik-Kopf mit Keramik- oder Polyethylen-

Abb. 37.2 Knieendoprothesen. **a** Einseitiger (unikondylärer) Oberflächenersatz. **b** Kompletter Oberflächenersatz. **c** Vollständiger, achsgeführter Gelenkersatz. 1 Unterschenkelknochen (Tibia), 2 Oberschenkelknochen (Femur), 3 Oberschenkelimplantat, 4 Verankerungsschaft, 5 Metallplateau, 6 Polyethylen-Gleitfläche

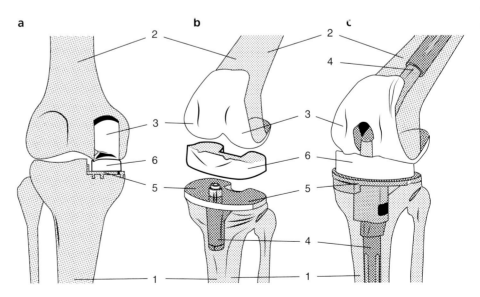

Teil V

37.1.2.2 Kardiovaskuläre Endoprothesen

> Herzklappenprothesen sowie koronare Stents sind als weitere Endoprothesen sehr häufig verwendete Implantate im kardiovaskulären System.

Das Herz erzeugt durch seine Kontraktion einen pulsatilen Blutfluss im Gefäßsystem. Damit das Blut nur aus einer Richtung (Vene) angesaugt wird und in eine andere Richtung (Arterie) strömt, sind Einlass- und Auslassventile notwendig. Diese Aufgabe übernehmen die vier Herzklappen. Sie öffnen, sobald der Druck auf der Innenseite höher als der Druck auf der Außenseite ist, und schließen, sobald dieser Differenzdruck nach der Systole aufgeboben wird. Insbesondere die Aorten- und die Mitralklappe auf der linken Herzseite, die den Körperkreislauf mit einem systolischen Druck von 120 mmHg versorgt, sind bei herzkranken Menschen häufig in ihrer Funktion beeinträchtigt. Diese Menschen weisen eine geringe Belastbarkeit und eine verringerte Lebenserwartung auf. Die Indikation zur Behandlung von Herzklappenfehlern hängt vom Ergebnis der vorangegangenen Untersuchungen und den Beschwerden des Patienten ab. Bevor ein operativer Ersatz einer erkrankten Herzklappe durchgeführt wird, ist abzuwägen, ob nicht eine medikamentöse Therapie oder eine operative Herzklappenkorrektur mit einer geringeren Belastung des Patienten erfolgreich sein könnten.

> Bei den **Herzklappenprothesen** werden heute sogenannte Bioprothesen (aus Materialien biologischen Ursprungs) und mechanische Prothesen mit Schließkörpern unterschieden.

Zu einem geringen Anteil werden auch humane Spenderklappen eingesetzt und zunehmend kathetergestützte Aortenklappen-Implantationsverfahren durchgeführt, welche aus einer ballonexpandierbaren Gerüstkonstruktion (Stent aus Edelstahl oder einer Nickel-Titan-Formgedächtnislegierung) mit einer eingenähten biologischen Klappe aus Rinderperikard bestehen. Eine optimale Herzklappenprothese sollte gut implantierbar sein und schnell sowie dauerhaft stabil in das umliegende Gewebe integriert werden. Die oberflächen- und strömungsbedingte blutschädigende Wirkung muss minimal sein. Es sollten nur geringste Leistungsverluste auftreten. Dazu gehören ein minimaler Strömungswiderstand bei geöffneter Klappe, eine geringe Rückströmung während des Klappenschlusses und eine gute Dichtung der verschlossenen Klappe. Die Massenträgheit der Klappe muss so gering sein, dass Öffnung und Verschluss synchron mit der Herzaktion erfolgen. Vorteile der heute verfügbaren mechanischen Klappen liegen in ihrer hohen Dauerfestigkeit und in ihren reproduzierbaren mechanischen Eigenschaften aufgrund der standardisierten Fertigung. Nachteilig sind vor allem die Notwendigkeit einer parallelen und dauerhaften Antikoagulationstherapie und die Geräuschentwicklung einiger Klappen. Vorteile biologischer Herzklappenprothesen sind ihre natürliche Form und Funktion sowie die damit verbundenen

Abb. 37.3 Koronarstentsystem 3D-Modell (Fa. Biotronik, Berlin)

besseren Strömungseigenschaften. Die Nachteile mechanischer Klappen (dauerhafte Antikoagulationstherapie und Geräuschbildung) haben biologische Klappen nicht. Allerdings stehen dem eine schlecht reproduzierbare Herstellung und nicht genau bekannte Dauerfestigkeit (eingeschränkt durch Kalzifizierungen, Biodegradation und mögliche Infektionen) nachteilig gegenüber [2].

Um verengte Koronargefäße zu behandeln, werden heute Koronarstents eingesetzt. Sie sind bei medikamentös nicht therapierbaren Verengungen der Herzkranzgefäße indiziert, wenn eine operative Verbesserung der Blutversorgung im Rahmen einer Bypassoperation nicht notwendig ist. Die kardiologischen Kathetertechniken der sogenannten interventionellen Behandlung belasten den Patienten wenig, da nur eine Punktion der Leistenarterie notwendig ist. Über eine abdichtende Schleuse und einen in der Aorta liegenden Führungskatheter sind die Herzkranzgefäße für koronare Katheter direkt erreichbar.

> Eine Option in der Behandlung von Verengungen der Koronargefäße ist die **mechanische Aufweitung** des verengten Gefäßabschnittes (Stenose) mit einem Ballonkatheter (Perkutane Transluminale Coronare Angioplastie, PTCA). Inzwischen hat sich die Kombination der Ballondilatation von Koronarstenosen mit der Platzierung einer drahtgeflechtartigen Gefäßprothese (koronarer Stent, siehe Abb. 37.3) durchgesetzt.

Einen Erfolg bei der Vermeidung erneuter Verschlüsse (Restenose) von Koronargefäßen nach deren Aufweitung brachte die Beschichtung von Gefäßprothesen mit Medikamenten (Drug-Eluting-Stent), welche das für den erneuten Verschluss ursächliche, überschießende Wachstum des mechanisch gereizten Gewebes unterdrücken. Anforderungen an die Werkstoffe der

Teil V

Grundstruktur koronarer Stents sind eine hohe Bruchdehnung, eine ausreichend niedrige Dehngrenze (für die Expansion mit einem Ballon), ein ausreichend hoher Elastizitätsmodul (geringe Rückfederung nach der Aufweitung), eine geringe Kriechneigung, eine hohe Dauerfestigkeit (zyklische Arterienwandbewegung), hohe Korrosionsbeständigkeit (sofern diese nicht für die Resorption genutzt wird), eine gute Röntgenabsorption (Sichtbarkeit in der Angiografie) und nicht magnetische Eigenschaften für die Anwendung der Magnetresonanztomografie. Wie alle Implantate müssen koronare Stents biokompatibel und sterilisierbar sein.

> Es werden heute überwiegend **metallische Werkstoffe** für die Grundstruktur koronarer Stents (in Kombination mit verschiedenen medikamentenbeladenen Beschichtungen) eingesetzt. Dies sind hauptsächlich Chrom-Nickel-Stähle (kubisch flächenzentrierter austenitischer Stahl nach AISI 316L) und kaltumformbare Kobaltbasislegierungen (CoCrNiMo). Eine untergeordnete Bedeutung in der Kardiologie besitzen Formgedächtnislegierungen auf Nickel-Titan-Basis (Nitinol, je 50 % Nickel und Titan), die jedoch in peripheren Gefäßen zum Einsatz kommen.

37.1.3 Exoprothesen

> Die **Gliedmaßenprothetik** ist das wichtigste Teilgebiet der Exoprothetik und befasst sich mit Körperersatzstücken für die oberen und unteren Extremitäten.

Zu den Exoprothesen gehören auch Epithesen, die aus ästhetischen (kosmetischen) Gründen zur Abdeckung von Körperdefekten (z. B. nach Tumor oder Verletzungen) insbesondere im Gesichtsbereich dienen. Gliedmaßenprothesen können Amputierten sowohl einen funktionellen als auch den kosmetischen Ersatz für die verlorenen Gliedmaße bieten.

37.1.3.1 Beinprothesen

> Eine funktionelle **Beinprothese** muss dem Patienten die erforderliche statische und dynamische Sicherheit beim Gehen und Stehen bieten. Mobile Patienten erwarten zusätzlich die Nachbildung eines natürlichen Bewegungsablaufes. Weiterhin sollte eine Beinprothese (bei Amputationen im und oberhalb des Kniegelenks) das Sitzen möglichst wenig behindern. Kosmetische Prothesen hingegen stellen ausschließlich das äußere Erscheinungsbild wieder her.

Beinprothesen können nach unterschiedlichen Kriterien klassifiziert werden. Das wichtigste, über die notwendigen Kompo-

Abb. 37.4 Beinprothese mit einem mikroprozessorgesteuerten Kniegelenk (Fa. Ottobock)

nenten und die Komplexität des Systems entscheidende Kriterium ist das Amputationsniveau. So werden Beinprothesen für Fuß-, Unterschenkel-, Knie-, Oberschenkel- und Hüft- bzw. Beckenamputierte unterschieden. Beinprothesen für Amputationen oberhalb des Fußes sind modular aufgebaut (Rohrskelett- oder endoskelettale Bauweise). Die lösbar miteinander verbundenen mechanischen Bauteile sind so dimensioniert, dass sie innerhalb einer kosmetischen Schaumstoffverkleidung untergebracht und ohne großen Aufwand ausgetauscht werden können. Korrekturen der Ausrichtung der Komponenten untereinander (statischer Aufbau der Prothese) sind reproduzierbar möglich und können sowohl während der Montage und Anprobe als auch nach der Fertigstellung der Prothese durchgeführt werden.

Eine modulare Beinprothese (siehe Abb. 37.4) kann abhängig vom Amputationsniveau aus den nachfolgend beschriebenen Komponenten bestehen: Prothesenschaft oder Beckenkorb bzw. Stumpfankopplung, Hüftgelenk (bei Becken- oder Hüftamputation), Kniegelenk (bei Becken-, Hüft-, Oberschenkel- und Knieamputation), Prothesenfuß (bei Becken-, Hüft-, Oberschenkel- und Knie-, Unterschenkel- und Fußamputation), weitere Strukturkomponenten (z. B. Adapter, Torsions- und Stoßdämpfer) sowie kosmetische Verkleidung (auf Wunsch des Patienten). Für die Auswahl der innerhalb einer Beinprothese kombinierten funktionellen Komponenten sind die physiologischen Patiententendaten (z. B. Alter, Geschlecht, Gewicht, Begleiterkrankungen, geistiger und körperlicher Allgemeinzustand) sowie die pathophysiologischen Bedingungen des Amputationsstumpfes entscheidend. Von ihnen hängt der erreichbare Mobilitätsgrad des Betroffenen ab, welcher vor einer prothetischen Versorgung abzuschätzen ist. Der Prothesenschaft eines Amputierten muss das Stumpfvolumen aufnehmen und statische wie dynamische Kräfte und Momente beim Gehen und Stehen übertragen. Er beinhaltet die Kontaktflächen zur Haut und stellt die Ankopplung der Prothese an den Patienten sicher. Das prothetische Hüftgelenk ist die gelenkige Verbindung des Beckenkorbes mit den darunter befindlichen prothetischen Bauteilen, die zusammen eine Gliederkette bilden. Die Drehbewegung des Hüftgelenks findet in der Sagittalebene statt, muss aber nicht auf diese Ebene beschränkt sein. Das Hüftgelenk gewährleistet gemeinsam mit dem Kniegelenk und dem Prothesenfuß die Standphasensicherheit, ggf. die Schwungphasensteuerung der Beinprothese und ermöglicht das Sitzen. Das prothetische Kniegelenk ersetzt die wichtigsten Funktionen des natürlichen Kniegelenks einschließlich des angrenzenden Band- und Muskelapparats. Es gewährleistet immer eine Sicherung des Gelenks im Stehen und in der Standphase des Gangzyklus. Zusatzfunktionen ermöglichen u. a. eine harmonische Beugung/Streckung in der Sagittalebene während der Schwungphase des Gangzyklus (ggf. mit einer Gelenksverkürzung), eine Stoßdämpfung beim Fersenauftritt, die beugewinkelabhängige Verlagerung des Gelenkdrehpunktes, eine kontinuierliche Vorwärtsbewegung des Körperschwerpunktes während der Standphase (Kniebeugung unter Last) und das alternierende Gehen auf Treppen und Rampen. Prothetische Füße stellen gemeinsam mit dem Schuh den Bodenkontakt des Beinamputierten her. Ihre Funktionalität wird durch die Art der Einleitung von Kräften und Momenten, die Abrolleigenschaften in der Sagittalebene, die Anpassungsfähigkeit an Bodenunebenheiten, die Fähigkeit zum Zwischenspeichern und Abgeben potenzieller Energie und die Dämpfungseigenschaften u. a. beim Fersenauftritt bestimmt.

37.1.3.2 Armprothesen

> **Funktionelle Prothesen** zur Versorgung von Amputationen im Bereich des Ober- und Unterarms (Armprothese/Handprothesen) haben die Aufgabe, zahlreiche Bewegungsmuster nachzubilden. Schulter- und Ellbogengelenk erfüllen hauptsächlich den Zweck, die Hand an ein Zielobjekt in der jeweils günstigsten Positionierung heranzuführen. Die prothetische Hand ist das Greiforgan.

Gliedmaßenprothesen der oberen Extremitäten werden in aktive und passive Systeme unterteilt. Kosmetische Armprothesen gehören zu den passiven Prothesen, mit denen ausschließlich das äußere Erscheinungsbild wiederhergestellt wird. Unter den aktiven Armprothesen werden mit Eigenkraft bzw. Fremdkraft betriebene Systeme unterschieden. Die Bewegung einer Arm-

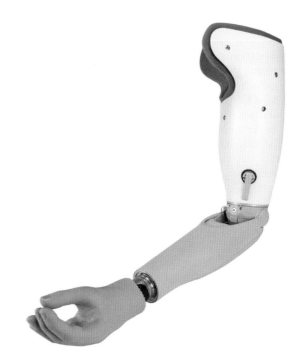

Abb. 37.5 Myoelektrische Armprothese (Fa. Ottobock)

bzw. Handprothese mit Eigenkraft erfolgt über Zugbandagen, die Schulterbewegungen über Gurte und Seilzüge in Greif- und Unterarmbewegungen und in ein Sperren des Ellbogengelenks der Prothese umformen können. Als zweite wichtige Gruppe der aktiven Systeme haben sich fremdkraftgetriebene Prothesen durchgesetzt. Sie sind in Hybridprothesen mit einer Eigenkraftnutzung kombinierbar (z. B. für die Bewegung und Sperrung des Ellenbogengelenkes) und werden in aller Regel elektromechanisch angetrieben. Die am Stumpf vorhandene Muskulatur generiert das Steuersignal. Dazu messen spezielle auf die Haut des Stumpfes aufgelegte Elektroden die bei der Muskelkontraktion entstehenden bioelektrischen Spannungen im µV-Bereich. Die notwendige Unempfindlichkeit dieser Systeme gegenüber elektromagnetischen Störungen wird u. a. über hohe Gleichtaktunterdrückungsverhältnisse der verwendeten Verstärker erreicht. Ansteuerbar sind Bewegungen bzw. die Sperrung von Prothesen-Ellbogengelenken, die Rotation von Prothesenhänden und deren Greifbewegung. Obwohl die Einführung dieser myoelektrischen Prothesen ein großer Fortschritt in der Orthopädietechnik war, ist der Versorgte noch gezwungen, die Bewegung seiner Prothese visuell zu überwachen, denn ihm fehlt die taktile Rückmeldung der natürlichen Hand. Um den Armamputierten auch in solchen Situationen von Überwachungsfunktionen zu entlasten, sind heute Handprothesen mit Greifkraftregelung verfügbar. Patienten mit Amputationen im Bereich des Oberarms benötigen neben einer Prothesenhand auch eine Unterarmprothese mit Ellbogengelenk und einen Stumpfschaft für den Oberarm (siehe Abb. 37.5). Der Verlust einer Vielzahl von Körperfunktionen führt bei diesem Amputationsniveau zu höheren Anforderungen an die Prothese.

37.2 Orthesen

Eine **Orthese** (griech. ορθωτικών) ist ein extern angewandtes Hilfsmittel zur Veränderung der strukturellen und funktionellen Eigenschaften des neuromuskulären und des skelettalen Systems [3].

Der Spitzenverband der gesetzlichen Krankenversicherung beschreibt Orthesen im Hilfsmittelverzeichnis [1] als funktionssichernde, körperumschließende oder körperanliegende Hilfsmittel, die stabilisieren, immobilisieren, mobilisieren, entlasten, korrigieren, retinieren (zurückhalten), fixieren, redressieren (richten) und ausgefallene Körperfunktionen ersetzen. Es können auch mehrere Eigenschaften kombiniert auftreten, insbesondere dann, wenn therapeutische und behinderungsausgleichende Maßnahmen gleichzeitig erforderlich sind. Die Anwendung von Orthesen kann an den Gliedmaßen, am Kopf (Hals) und am Rumpf (insbesondere an der Wirbelsäule) erfolgen.

Es sind sehr unterschiedliche Klassifizierungssystematiken für Orthesen gebräuchlich. Die wichtigste Systematik ist die international standardisierte Klassifikation von Orthesen nach Applikationsort gemäß ISO 8549. Sie beschreibt jeweils die von der Orthese bedeckten bzw. einbezogenen Körperregionen.

> **Beispiel**
>
> Exemplarisch wird nachfolgend kurz auf **Knieorthesen** eingegangen, die unter den industriell vorgefertigten Orthesen den größten Marktanteil haben, jedoch auch individuell angefertigt werden können. Unabhängig vom Typ lassen sich bei Knieorthesen die Konstruktionselemente Körperformteile, Gelenkschienen (mit Gelenk) und Vergurtung mit Verschlüssen unterscheiden. Die Gestaltung der Körperformteile, die Anzahl und die Konstruktion der Gelenkschienen, die Position und die Elastizität der Gurte sowie die Positionierung der Pelotten (Polster) variieren zwischen den Orthesentypen sowie bei einzelnen Produkten erheblich. Sie sind primär vom beabsichtigten biomechanischen Effekt, aber auch von einer Reihe weiterer Faktoren wie den Weichgeweveverhältnissen, dem Mobilitätsgrad des Patienten und der zu erwartenden Therapiemitarbeit etc. abhängig. Komplexere Orthesen, insbesondere für Patienten mit einseitigen Lähmungen der Beine, beziehen neben dem Knie auch den Fuß ein. Sie können im Kniegelenk gesperrt, mit einer sensorgesteuerten, elektromagnetischen Verriegelung oder mit einer mikroprozessorgesteuerten, hydraulischen Dämpfung versehen sein (siehe Abb. 37.6). ◄

Abb. 37.6 C-Brace, eine Lähmungsorthese mit mikroprozessorgesteuerter Stand- und Schwungphasendämpfung (Fa. Ottobock)

Aufgaben

37.1 Wie sind Prothesen definiert?

37.2 Wie unterscheiden sich Endo- und Exoprothesen?

37.3 Nennen Sie die wichtigsten Arten und Vertreter von Endo- und Exoprothesen?

37.4 Wie sind Orthesen definiert?

Teil V

Literatur

1. GKV-Spitzenverband (2014) Hilfsmittelverzeichnis. http://www.gkv-spitzenverband.de/Aktuelles_Hilfsmittelverzeichnis.gkvnet. Zugegriffen: 16. Juli 2014
2. Glasmacher B, Urban GA (2016) Biomaterialien. Biomedizinische Technik, Bd. 3. Walter de Gruyter, Berlin
3. ISO 8549 Prothetik und Orthetik; Vokabular; Teil 1: Allgemeine Begriffe für Gliedmaßen-Prothesen und -Orthesen (1989), Beuth, Berlin
4. Klein S, Kraft M, Botterweck H, Manigel J, Ryschka M, Hanke H, Schouwink P, Hölscher UM (2014) F3. Biomedizinische Technik. In: Grote K-H, Feldhusen J (Hrsg) Dubbel Taschenbuch für den Maschinenbau, Bd 24. Springer, Berlin, Heidelberg
5. Morgenstern U, Kraft M (2014) Biomedizinische Technik – Faszination, Einführung, Überblick, Band 1. De Gruyter, Berlin https://doi.org/10.1515/9783110252187
6. Pschyrembel W (2011) Pschyrembel Klinisches Wörterbuch, 262. Aufl. De Gryuter, Berlin

Sachverzeichnis

© Springer-Verlag GmbH Deutschland, ein Teil von Springer Nature 2018
W. Schlegel, C.P. Karger, O. Jäkel (Hrsg.), *Medizinische Physik*, https://doi.org/10.1007/978-3-662-54801-1